石油化工设备维护检修规程

第一册

通 用 设 备

2019 版

中国石油化工集团有限公司
中国石油化工股份有限公司 组织编写

中国石化出版社

图书在版编目（CIP）数据

石油化工设备维护检修规程：2019 版．第一册，通用设备 / 中国石油化工集团有限公司，中国石油化工股份有限公司组织编写．—北京：中国石化出版社，2020.10（2023.7 重印）
ISBN 978-7-5114-5995-4

Ⅰ．①石… Ⅱ．①中…②中… Ⅲ．①石油化工设备-检修-技术操作规程-中国 Ⅳ．①TE960.7-65

中国版本图书馆 CIP 数据核字（2019）第 188137 号

中国石化出版社出版发行

地址：北京市东城区安定门外大街 58 号
邮编：100011　电话：(010)57512500
发行部电话：(010)57512575
http://www.sinopec-press.com
E-mail：press@sinopec.com
北京柏力行彩印有限公司印刷
全国各地新华书店经销
*
787×1092 毫米 16 开本 71.5 印张 1551 千字
2020 年 10 月第 1 版　2023 年 7 月第 2 次印刷
定价：420.00 元

《石油化工设备维护检修规程》
修编指导委员会

《石油化工设备维护检修规程》
修编专家库

（以姓氏笔画为序）

于晓鹏	王建军	王　群	方紫咪	叶国庆	白　桦
邢　勐	吕　伟	吕建成	朱有志	朱　哲	朱晓明
朱瑞松	任　刚	任名晨	刘子英	刘训书	刘国帅
刘　昕	刘　栋	刘振宁	刘海春	刘　骏	安永明
孙新文	麦郁穗	杜博华	李　江	李江平	李志远
李　晖	李海根	吴尚兵	岑奇顺	何承厚	佘东升
邹吉翼	汪剑波	沈顺弟	张庆河	张如俊	张继兵
张森林	张锁有	陈立义	陈立群	陈永忠	陈志雄
陈金林	陈董清	邰爱民	金　强	周　卫	周文鹏
郑显伟	赵宝成	赵　勇	胡　佳	姜　琳	袁代红
袁红斌	栗雪勇	顾雪冬	钱青松	侯言超	徐文广
徐旺喜	徐继斌	黄绍硕	黄夏林	黄　强	黄勤卫
常培挺	康宝惠	章　文	彭学群	董玉波	董雪林
蒋利军	韩建宇	游碧龙	谢小强	谢道雄	蔡培源
黎德初	潘地培	潘向阳			

通用设备专业组

组长单位： 中国石油化工股份有限公司茂名分公司

组员单位： 中国石油化工股份有限公司金陵分公司

中国石油化工股份有限公司镇海炼化分公司

中国石油化工股份有限公司安庆分公司

中国石油化工股份有限公司武汉分公司

中国石油化工股份有限公司齐鲁分公司

中国石油化工股份有限公司广州分公司

中国石油化工股份有限公司燕山分公司

中国石油化工股份有限公司洛阳分公司

中国石油化工股份有限公司扬子分公司

中国石油化工股份有限公司上海分公司

沈阳鼓风机集团

西安陕鼓动力股份有限公司

天华化工机械及自动化研究设计院有限公司

中密控投股份有限公司

哈尔滨博实自动化股份有限公司

通用设备专业审查专家组

组　长：吴尚兵

成　员：郑显伟　陈董清　方紫咪　林昌基　王　晨
储昭松　朱晓明　范根芳　任名晨　岑奇顺
陈　兵　李海根　赵师敏　华迪冠

《石油化工设备维护检修规程》编辑部

主　任：白　桦

副主任：潘向阳

成　员：李跃进　龚志民　孙立泉　蒋　璐　吕芳蕾
赵子萱

《石油化工设备维护检修规程》（2019）修订编制说明

《石油化工设备维护检修规程》（以下简称《规程》），自2004年出版发行以来，作为石化设备完整性管理的支持性文件，在加强石化企业设备完整性管理，提高设备维护检修水平，确保装置安全、稳定、长周期运行等方面发挥了积极作用，受到了广大石油化工设备管理及维护检修人员的欢迎。

随着新装置、新设备的增加，石油化工设备维护检修技术得到了较大的发展，同时，新工艺、新技术、新工具在设备的检维修方面逐步得到应用，装置检修周期已逐步提高到三年、四年或者更长的时间，对设备的正常维护、科学检修提出了更高的要求；随着特种设备、安全环保等方面新的法规、标准颁布，2004版《规程》部分内容已经不能满足石化企业目前设备维护检修工作的需要。

为进一步完善规程，更科学地指导企业石油化工设备的维护检修工作，不断提高设备维护检修质量和设备管理水平，以便适应装置长周期运行的要求，实现企业效益的最大化，中国石化总部决定对2004版《规程》进行修订编制。

为加强对《规程》修编工作的领导，2017年8月中国石化总部组织成立了《规程》修编指导委员会，时任集团公司总经理戴厚良任指导委员会主任，化工事业部牵头，徐钢任副主任，承担了具体领导和组织工作，炼油事业部、资本运营部、生产经营管理部、能源管理与环境保护部和石化出版社的有关领导任副主任，石化企业的设备经理任委员。委员会下设通用设备组、炼油设备组、化工设备组、化纤设备组、碳一化工设备组、电气设备组、仪表组、热电联产设备组、环保设备组、空分设备组、储运设备组等11个专业组，具体负责各专业规程的修编工作。为确保《规程》修编质量，成立了《规程》修编专家库，由国内石化设备相关领域的专家组成；特别邀请了沈鼓集团、陕鼓集团、大橡塑、杭汽集团、杭氧股份、浙江中控、天华院、中密控股、哈博实、吴忠仪表、南防集团、时林公司等优秀石化设备供应商、服务商直接参与规程的修编工作；中国石油、中国海油和中国中化各相关单位及石油石化建安检维修专业协会下属各检维修单位参与了规程审查工作。在石化出版社设立《规程》编辑部，负责规程修编的具体组织以及稿件编辑和出版技术工作。

本次修编工作，新增了48项装置维护检修规程，规定了各装置的主要设备和专用设备的检修周期、检修项目及质量要求、检修过程管理和日常维护等相关内容，同时结合装置的工艺路线，介绍了装置的工艺特性和危害特性，可为编制装置设备检修计划提供指导；新编和调整了部分设备维护检修规程，原部分按照工艺名称命名的设备按照结构进行合并调整；删除了原《规程》中已经淘汰的设备和技术陈旧或经过试行证明不合实际甚至错误的内容，调整后共计286项设备维护检修规程。

2019版《规程》按照GB/T 1.1要求，对规程进行规范，增加了前言、规范性引用文件、附录等内容；对规程中术语进行了统一，力求语言表述规范化；对设备检修周期进行了调整，删除了小修与中修的提法，将小修和中修的部分内容并入大修，日常维护的内容并入了维护章节中，同时将检修项目分解成拆卸程序与要求、回装程序与要求，进一步细化了检修工序，使规程更具可操作性；故障处理章节按照RCM的分析方法重新编制。

在《规程》修编过程中，力图按照信息化、数字化的要求，将维护检修的内容尽量工序化、条目化，为今后石油化工设备维护检修建立统一的信息化管理平台奠定良好的基础。

本次修订编制工作，中国石化各相关企业领导、设备管理人员给予了大力支持，同时得到了中国石油、中国海油、中国中化等兄弟企业以及设备供应商、服务商、检维修单位的大力支持，在此表示衷心感谢。

新编的规程，特别是装置维护检修规程，是新的尝试，还有一个试用的过程；即使是修订的设备规程，由于修订量较大，也难免会有疏漏甚至错误，敬请广大读者提出宝贵意见和建议，以便修订时补充更正。

《石油化工设备维护检修规程》修编指导委员会

2019年11月18日

《石油化工设备维护检修规程》（2004）修订编制说明

由原中国石油化工总公司生产部1992年组织编制完成、中国石化出版社1993年出版印发各石化企业试行的《石油化工设备维护检修规程》（以下简称《规程》），在加强石化企业设备管理、搞好维护和科学检修、提高设备的可靠度、延长装置运行周期、确保“安、稳、长、满、优”生产方面起到了一定的作用，深受石化企业的好评。

该《规程》出版试行以来，迄今已有十个年头。十年来，随着石油化工技术的进步，石油化工设备维护检修技术得到了较大的发展；随着新装置、新设备的不断增加，原《规程》需要扩大它的涵盖面；随着新工艺、新技术的应用，装置检修由原来的“一年一修”提高到目前的两年、三年甚至更长的检修周期，对设备的正常维护、科学检修提出了更高的要求；随着我国有关压力容器、计量管理、劳动安全等方面新法规和条例的颁布，原《规程》部分内容已不适应新的要求。因此，无论在涵盖面还是技术内容上，原《规程》已不能满足石化企业目前设备维护检修工作的需要。

为进一步完善《规程》，更科学地指导企业石油化工设备的维护检修工作、不断提高设备维护检修质量和设备管理水平、适应装置长周期运行的要求，以实现企业效益的最大化，中国石油化工集团公司和股份公司总部决定对原《规程》组织有关企业进行一次修订。

为了加强对《规程》修订工作的领导，石化集团公司及股份公司于2003年6月组成了以股份公司高级副总裁曹湘洪为主任、炼油事业部、化工事业部、炼化企业经营管理部和中国石化出版社有关领导为副主任、总部有关部门和石化企业有关同志参加的《规程》修订编制委员会，负责修订编制工作的领导。委员会下设炼油、化工、系统三个专业委员会，负责具体组织各专业规程的修订编制工作，并在石化出版社设立《规程》修订编辑部，负责具体的文字编辑和出版技术工作。

本次修订编制工作，按专业进行了分工，将原《规程》10个专业（408个单项规程）划分为三大部分，分别由炼油、化工、系统三个专业委员会负责组织修订、编制及审查工作。炼油专业委员会由炼油事业部牵头，负责通用设备、炼油设备、电气设备和仪表4个专业；化工专业委员会由化工事业部牵头，负责化工设备、化纤设备和化肥设备3

个专业；系统专业委员会由炼化企业经营管理部牵头，负责电站设备、供排水设备和空分设备3个专业。每个专业成立修订编制专业组，分别由中国石油化工集团公司和股份公司下属有关企业担任专业组组长单位，石化企业上千人参与了修订编制工作。

本次修订编制工作，主要遵循了以下几个基本原则：

(1) 应反映出石油化工设备维护检修技术的最新发展，以及对设备维护、检修在工艺、技术上的更高要求。

(2) 根据目前新颁布的有关法规、条例，对原《规程》的相关内容进行更新。

(3) 删减及修改原《规程》中涉及的已经淘汰的设备和技术陈旧或经过试行证明不切合实际甚至错误的内容。

(4) 增补《规程》中未涉及的新装置、新设备，编制增加有关内容，扩大《规程》的涵盖面。

(5) 修订和改进原《规程》中的排版、印刷方面的错误等。

本次修订编制工作的范围，主要针对中国石化系统涵盖面广、大多数企业共有的普遍性设备；对数量极少或某个企业独有的设备未列入本次修订的范围，可由设备所在企业根据情况，进行修订编制，作为本企业的规程。

由于中国石化集团公司和股份公司领导的重视，炼油事业部、化工事业部、炼化企业经营管理部、石化出版社和各有关企业的大力支持，以及全体参加修订编制人员的共同努力，整个修订编制工作进行得比较顺利。由2003年6月总部以中国石化社〔2003〕7号文“关于组织修订《石油化工设备维护检修规程》的通知”下达，整个修订编制工作正式开始起动，到2004年6月底全部修订编制工作完成，总共用了1年的时间。修订编制后的《规程》，经过删减和增补，最终共有395个单项规程，分为159个单行本，10个合订本，由中国石化出版社出版发行。

本次修订编制，除了对原《规程》进行修订外，还增补制订了一些新的单项规程。新编的规程，还有一个试行的过程；即使修订的规程，由于修订人的水平不一，也难免会有一些不适应的内容，因而各企业在执行过程中，希望能积极反馈宝贵意见。有问题和不足之处，请及时向总部有关部门提出，总部将汇总研究，于今后适当时刻给予进一步修订，使之更加完善。

本《规程》在修订编制过程中，各石化企业领导、有关设备管理、维护、检修的工程技术人员和广大职工给予了热情的帮助和大力支持，在此谨表衷心的感谢。

《石油化工设备维护检修规程》修订编制委员会

2004年6月1日

《石油化工设备维护检修规程》(1992)编制说明

随着我国石油化学工业的迅速发展，近年来一大批新装置、新设备陆续投产，并由此推动了设备维护检修技术的不断发展。总公司成立以来，设备维修一直沿用及参照十几年前有关行业部门颁发的维护检修规程进行。这些规程无论在覆盖面上，还是在技术内容上已不能满足目前设备维护检修工作的需要，且部分内容已不符合我国新颁布的有关法规或规定的要求。因此，不少企业多次要求总公司发挥石化集团的整体优势，统一编制出一整套能满足我国现代石油化工生产、指导设备维护检修工作的《石油化工设备维护检修规程》(以下简称《规程》)。

为搞好设备的精心维护和科学检修，不断提高维护检修质量，向设备的可靠度深化，总公司生产部于1990年开始组织有关石化企业着手进行《规程》的编制筹备工作，并于1991年4月正式成立编委会，以大连石油化工公司、抚顺石油化工公司、北京燕山石油化工公司、辽阳石油化纤公司、大庆石油化工总厂、齐鲁石油化工公司、上海石油化工总厂、安庆石油化工总厂、金陵石油化工公司及扬子石油化工公司等10家直属石化企业为专业编制组组长单位，分别负责牵头，全面开展通用、炼油、化工、化纤、化肥、电气、仪表、电站、锅炉、供排水和空分等设备维护检修规程的编制工作。总公司系统有35家生产企业1000余人参加了《规程》的资料收集、调研、编写、修改和审查工作。由于总公司领导的重视，各有关企业的大力支持和全体参编人员的共同努力，整个编制工作进展顺利，至1992年10月全部编制完成。全套《规程》共有500个单项规程，约600万字，分168个单行本，9个合订本，由中国石化出版社负责出版发行。

这套《规程》在参考原有有关规程、标准的基础上，总结并采用石化企业长期实践中积累的成熟经验，吸收国内外石化设备维护检修方面的先进技术，贯彻国家现行的有关法规，力图做到反映先进的维护检修技术，有利于加强设备管理，有利于搞好设备的精心维护和科学检修，对提高设备的维修质量，保证装置“安、稳、长、满、优”生产将起到积极作用。

总公司系统生产企业现有近千套装置、100万台设备，门类品种繁多。由于受调研范围、时间和篇幅的限制，本《规程》只编制了主要的和量大面广的设备。由于水平有限，内容和深度也不尽完善，希望各单位在试行中不断总结、积累经验，提出修改意见，待意见汇总后，再行修订补充，使之更加完善。

在编制本《规程》过程中，得到了有关单位领导、工程技术人员和广大职工的大力支持，在此一并表示衷心感谢。

《石油化工设备维护检修规程》编制委员会

1992年10月20日

关于《石油化工设备维护检修规程》第一册《通用设备》修订编制说明

本规程是由中国石油化工股份有限公司茂名分公司和金陵分公司、镇海炼化、安庆分公司和武汉分公司等，以及沈阳鼓风机集团、陕股动力股份有限公司、天华化工机械及自动化研究设计院有限公司、中密控股股份有限公司、哈尔滨博实自动化股份有限公司相关专业技术人员修订编制，由各企业选派优秀的专业技术人员和集团公司特邀专家经过两次集中评审修改后通过。修订编制后的规程更具有适应性、代表性、实用性和前瞻性。

针对通用设备逐步大型化、专业化的发展趋势，编委会和全体参加编制的专业技术人员结合2004版《石油化工设备维护检修规程》第一册通用设备、第二册炼油设备、第三册化工设备的编制情况，对通用设备中SHS 01018《离心式空气压缩机维护检修规程》、SHS 01019《离心式氨气压缩机维护检修规程》、SHS 01022《离心式风机维护检修规程》，以及炼油设备中SHS 02005《M系列主风机组维护检修规程》、SHS 02008《EI系列、D系列主风机组维护检修规程》、SHS 02010《MCL系列主风机组维护检修规程》等结构相似、名称类同、主要检修内容相似的规程进行了合并，按照结构特点重新整合为三项规程，分别是SHS 01018《垂直剖分离心式压缩机维护检修规程》、SHS 01019《水平剖分离心式压缩机维护检修规程》和SHS 01041《齿轮离心式压缩机维护检修规程》；对通用设备SHS 01023《轴流式风机维护检修规程》和炼油设备SHS 02006《AG系列主风机组维护检修规程》、SHS 02007《AV系列主风机组维护检修规程》等合并为SHS 01050《轴流式压缩机组维护检修规程》。增加了SHS 01051《干气密封维护检修规程》、SHS 01052《机械密封维护检修规程》、SHS 01053《螺纹锁紧环换热器维护检修规程》、SHS 01054《Ω环换热器维护检修规程》、SHS 01048《板壳式换热器维护检修规程》、SHS 01055《液力透平维护检修规程》、SHS 01059《螺杆真空泵维护检修规程》、SHS 01060《旋转喷射泵维护检修规程》、SHS 01061《烟气轮机维护检修规程》、SHS 01063《常温球形储罐维护检修规程》、SHS 01044《废热锅炉维护检修规程》、SHS 01073《一般机泵用联轴器检修及质量标准》、SHS 01035《高速离心泵维护检修规程》

和 SHS 01049《多点式地面火炬维护检修规程》。更名了 1 个维护检修规程，即 SHS 01031《火炬维护检修规程》更名为 SHS 01031《高架火炬维护检修规程》。《储运设备》共 2 项规程 SHS 11001—2019《长输（油气）管道维护检修规程》和 SHS 11002—2019《码头输油臂维护检修规程》，不单独成册，收入《通用设备》分册。经过对规程合并、取消、删除及增加后，本册最终编制的维护检修规程数量为 60 项。

相关规程修订情况如下：

一、规程编写规范性引用文件增加了新的国家、行业标准、规范及厂家使用维护说明书等。另外，对规程中技术的专用术语进行了统一，力求语言表述规范化。同时明确了规程适用各类设备的型号。

二、在规程“检修周期与内容”章节中，对设备检修周期进行了调整，删除了小修与中修的提法；检修内容为大修项目，除了机身，还包括诸如出入口阀门、单向阀、油冷却器、油过滤器、高位油箱、电器、仪表和其他辅助设施等内容，这些辅助系统的设备，在检修内容里提及，但在“检修程序与质量标准”里不一定有出现，或者只用一句话概括，目的是提醒在考虑检修内容时不要漏项。

三、规程对“检修前准备”进行了模块格式化，充分体现出检修以及检修过程中安全和环保的有关要求；“拆卸与检测”和“回装与质量标准”是本规程的重中之重，拆卸与回装程序要求按实际施工工序进行详细叙述，且对重点或难点的工序、容易犯的错误或易造成质量事故与安全事故的步骤，进行了重点叙述。

四、对原规程“常见故障与处理表”进行了修改和必要的增补，采用 RCM 分析方法，明确设备故障的后果，制定维修策略和维修周期。

五、规程对检修质量控制提出了明确的表格化确认签字要求，增加了附录 A《检修质量控制确认表》，附录 B《试验（车）与验收数据记录表》。

目　录

1. 石油化工设备润滑管理制度

SHS 01002—2019

代替 SHS 01002—2004

目　次

前　言

本规程按照GB/T 1.1—2009《标准化工作导则　第1部分：标准的结构和编写》给出的规则起草。

本规程代替SHS 01002—2004《石油化工设备润滑管理制度》，与SHS 01002—2004相比，除了编辑性修改外，主要技术变化如下：

——增加强制润滑系统管理；

——增加油雾润滑要求；

——增加“附录C常用油品执行标准及油品换油指标”。

本规程由中国石油化工集团有限公司、中国石油化工股份有限公司提出。

本规程起草单位：中国石油化工股份有限公司茂名分公司。

本规程主要起草人：黄光、王晨、林昌基。

本规程所代替规程的历次版本发布情况为：

——SHS 01002—1992、SHS 01002—2004。

石油化工设备润滑管理制度

1　范围

1.1　润滑是保证设备正常运转的必要条件。为减少设备磨损，降低动力消耗，延长设备使用寿命，保证设备安、稳、长、满、优运行，特制定本制度。

1.2　本制度包括设备润滑管理职责、油品的贮存与保管、润滑用具的管理与使用、润滑油品的使用、润滑油（脂）标准和废油品的回收。

1.3　本制度适用于石油化工设备润滑管理。

1.4　各单位应依据本制度制定本单位的润滑管理制度。

1.5　定义

"五定"是指定点、定人、定质、定时、定量。

——定点：规定每台设备的润滑部位及加油点；

——定人：规定每个加、换油点的负责人；

——定质：规定每个加油点的润滑油品牌号；

——定时：规定加、换油品时间；

——定量：规定每次加、换油品数量。

"三级过滤"中，一级过滤为领油大桶到贮油箱（桶），二级过滤为贮油箱（桶）到油壶、三级过滤为油壶到润滑部位。

2　规范性引用文件

下列文件中的条款通过本规程的引用而成为本规程的条款。凡是注日期的引用文件，其随后所有的修改单（不包括勘误的内容）或修订版均不适用于本规程，然而，鼓励根据本规程达成协议的各方研究是否可使用这些文件的最新版本。凡是不注日期的引用文件，其最新版本适用于本规程。

API 614　润滑、轴密封和控制油系统及辅助设备

Q/SHCG 0100—2014—SPTS—RE01—T001　离心压缩机润滑油站采购通用技术规定

3　设备润滑管理职责

3.1　设备管理部门的职责

3.1.1　设备管理部门是润滑管理的归口部门，负责贯彻执行国家有关法律、法规和中

国石化有关设备润滑管理的制度和标准，并配备专业人员负责日常管理工作。

3.1.2 负责制定本单位设备润滑管理制度、润滑五定指示表和润滑油（脂）消耗定额。五定指示表见附录B。

3.1.3 负责审核本单位润滑油品的计划、监督油品的使用及润滑用具的管理，并组织定期检查，发现问题及时研究解决。

3.1.4 负责组织推广先进润滑技术、润滑管理经验，做到合理用油、节约用油，不断提高设备润滑管理水平。

3.1.5 负责制定油雾润滑系统维护保养标准，并定期检查系统的日常维护、使用情况。

3.1.6 负责润滑油品国产化工作。

3.2 供应部门的职责

3.2.1 负责编制年度购油计划，并组织采购订货。

3.2.2 以合格证为依据，认真做好新油品的入库检验工作。

3.2.3 负责润滑油品和润滑油用具的保管和发放工作。

3.2.4 负责对库存油品按规定时间提出质量鉴定委托，并保存好化验分析单及有关资料。

3.2.5 负责组织废油品回收和再生工作。

3.3 检验部门的职责

根据委托，负责对本单位在用和库存润滑油品进行分析检验，并提供检验报告。

3.4 使用单位（车间）的职责

3.4.1 负责本单位设备润滑管理工作，制定本单位油雾润滑系统操作规程，检查、考核设备润滑管理制度的执行情况，落实润滑油品的贮存、保管、检验、发放等管理工作。

3.4.2 负责组织本单位职工认真学习设备润滑手册，做好本单位职工的润滑管理培训工作。

3.4.3 负责制定本单位的润滑油品消耗定额，按时提出润滑油品的使用计划。

3.4.4 认真填写设备润滑档案和五定指示表，负责提出润滑油国产化和替代方案，经设备管理部门审核后组织落实。

3.4.5 负责本单位润滑油品及用具的管理和使用。

3.4.6 负责检查设备的润滑情况，发现问题及时处理。

3.4.7 协助、监督报废油品的回收工作。

4 工作程序

4.1 润滑油品的计划与采购

4.1.1 使用单位根据本单位润滑油品消耗和储备情况，上报润滑油品下一年度采购计划，经设备管理部门审批后，由供应部门负责采购。

4.1.2 使用单位结合本单位油品的消耗和储备情况上报月度润滑油品领用计划。

4.2 油品的贮存与保管

4.2.1 油品库房应防雨、防晒、防尘、防冻，干燥清洁，通风良好，并有完善的消防设施。已开盖使用过的领油大桶和润滑用具须存放在油品库房里。

4.2.2 贮油容器应定期清洗，保持干净清洁，零附件齐全完好无损。容器应标明所盛油品的名称和牌号。

4.2.3 入库油品必须有合格证，库存超过 1 年的油品应按标准取样分析，不合格油品应及时进行处理。

4.2.4 容器换装不同种类、不同牌号的油品前，必须按规定彻底冲洗干净，方可改装别的油品。

4.2.5 润滑油品的保管，应备有如下资料：

a）各类润滑油品质量指标；

b）设备润滑管理制度；

c）设备润滑油品消耗定额；

d）油品合格证及化验分析报告单。

4.3 润滑用具的管理与使用

4.3.1 润滑用具（不包括领油大桶）应采用不锈钢材料，按统一的规格、标准进行购置或制作，并按岗位需要进行发放。基本用具有：固定式油桶、抽油器、提油桶、油壶、接油盘、过滤漏斗、油脂桶、油脂铲、油脂枪等。

4.3.2 各润滑用具应标记清晰，专油专用，定期清扫。一般情况下，固定式油桶（箱）每 3 个月清扫一次；其余各用具每周清洗一次。各用具使用或清洗后，应按指定地点放置整齐。

4.3.3 设备润滑用油应按“三级过滤”管理，特别是第三级过滤必须严格执行。三级过滤示意图见图 1。

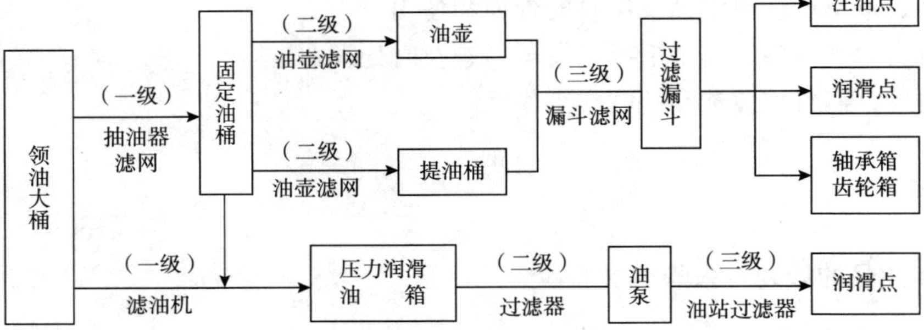

图 1 设备润滑“三级过滤”示意图

4.3.4　三级过滤所用滤网要符合下列规定：

4.3.4.1　液压油、透平油、冷冻机油、压缩机油、车用机油或其他黏度相近的油品所用滤网：一级 60 目；二级 80 目；三级 100 目。

4.3.4.2　其他黏度大的油品的滤网目数相应减少，如有特殊要求，应按特殊规定执行。

4.4　润滑油品的使用

4.4.1　设备必须按规定要求用油，不得任意滥用和混用，不合格油品不准使用。设备润滑用油选择应综合考虑三个方面的因素：设备说明书中推荐的润滑油牌号、附录 A 设备润滑用油推荐表及本单位统一管理的优化。

4.4.2　如需变更油品时，应报设备管理部门审批，用油单位不得随意更改。

4.4.3　润滑油品代用必须符合同等质量或以优代劣的原则，规定油品得到供应后应停止代用。

4.4.4　需要更换不同型号的润滑油品或油品经检验不合格需要更换时，一般先将原油品清除干净，然后再加入新油品。如受条件限制需在线更换油品，应制定更换油方案并经设备管理部门批准才能实施。

4.4.5　新安装设备第一次（跑合期）投入运转的设备，一般应在 15 ～ 30d 内更换一次新油；正常运转时，换油周期应根据五定指示表或润滑油检验报告而定。间歇运行、较长时间不运转的设备，应定期检查润滑油质量并及时更换。

4.4.6　运行中的关键机组润滑油应每月至少检验一次，条件恶劣或运行后期应适当增加检验频次及漆膜指数等检查内容，不合格应及时处理，推荐使用具有脱水、除漆膜的在线净油装置。润滑油的检验报告要妥善保管。

4.5　设备润滑加油（脂）标准

4.5.1　油润滑

加油以刻度线为准。无刻度线时应符合如下规定：

4.5.1.1　循环润滑

正常运行时油箱油位应保持在 2/3 以上。

4.5.1.2　油环带油润滑

4.5.1.2.1　油环内径 D=25～40mm 时，油位高度应浸没油环 D/4。

4.5.1.2.2　油环内径 D=45～60mm 时，油位高度应浸没油环 D/5。

4.5.1.2.3　油环内径 D=70～130mm 时，油位高度应浸没油环 D/6。

4.5.1.3　浸油润滑

a）滚动轴承的浸油润滑

（a）n＞3000r/min 时，油位在轴承最下部滚动体中心以下，但须浸没滚动体下缘。

（b）n=1500～3000r/min 时，油位在轴承最下部滚动体中心以上，但不得浸没滚动体上缘。

（c）n<1500r/min 时，油位在轴承最下部滚动体的上缘或浸没滚动体。

b）变速机的浸油润滑

（a）圆柱齿轮变速机油面应浸没高齿轮副低速齿轮齿高的 2～3 倍。

（b）圆锥齿轮变速机油面应浸没其中一个齿轮的全齿宽。

（c）蜗轮蜗杆减速机油面应浸没蜗轮齿高的 2～3 倍，或蜗杆的一个齿高。

4.5.2 脂润滑

4.5.2.1 n>3000r/min 时，加脂量为轴承箱容积的 1/3。

4.5.2.2 n≤3000r/min 时，加脂量为轴承箱容积的 1/2。

4.6 废油品回收

4.6.1 符合下列条件之一者为废油：

a）分析化验不合格，无法通过加热、过滤、脱水等措施达到标准的；

b）设备检修时排出的；

c）长期使用颜色明显变色的；

d）不同油品相互混合的；

e）润滑油乳化严重；

f）润滑脂变干变硬。

4.6.2 各单位应根据自己的实际情况，制定废油品回收指标和有关管理制度，做好废油品的回收、再生和处理工作。

4.6.3 废油不得随意排放，应收回废油桶（罐）。废油桶须密封，与其他油桶分开存放，摆放整齐。

5 强制润滑系统管理

5.1 润滑系统的采购和配置可以参考 API 614 标准和 Q/SHCG 0100—2014—SPTS—RE01—T001《离心压缩机润滑油站采购通用技术规定》。

5.2 设备新安装或检修后，须将油系统彻底清洗干净，才准加入润滑油。润滑油应循环一定时间后，检查合格方可试车或投入运行。

5.3 备用设备的润滑系统须定期进行静态联锁试验，油泵应定期启动试运行。

5.4 润滑系统检修后应进行辅助油泵自启动和联锁保护的静态和动态试验，试验至少由检维修单位、使用单位共同见证进行，并签字确认。

5.5 设备润滑附件安装或检修完成后，经验收合格方可投用。在润滑设备上开口施工，须得到设备管理部门的批准。

6 油雾润滑系统管理

6.1 油雾润滑系统应按说明书要求，对主机定期进行维护，确保运行参数在正常范围内。

6.2 油雾润滑应设油雾回收系统，油雾排放应符合环保标准的要求。

6.3 油雾润滑系统应定期由专人负责给主油箱添加润滑油。加入主辅油箱的润滑油必须经过过滤处理，精度至少应达到 10μm。

6.4 主、辅系统应定期切换，检查辅系统是否能正常工作。应定期对配雾器和集油盒内的润滑油进行排放。

6.5 油雾润滑系统设计能力应与现场实际润滑工作能力相匹配，并留有 20% 的余量。

6.6 油雾发生器用净化风应符合相关工艺要求。

6.7 装置大检修时应对油雾润滑系统的主管线进行检查、清洗和吹干。

7 检查与考核

7.1 设备管理部门应按照本管理规定要求不定期进行检查，并将检查结果纳入企业内部考核，不断提高设备润滑管理及运行水平。

7.2 设备润滑的专业检查内容和标准按《中国石化炼化企业设备检查细则》执行。

附 录 A
（资料性附录）
设备润滑用油推荐表

序号	设备名称	操作条件	润滑部位名称	规定油品		代用油品（Ⅰ）		备注
				牌号	名称	牌号	名称	
1	离心泵	$n>1500$ r/min	轴承	汽轮机油	TSA 32	长寿命汽轮机油	TSA/LF 32	
		$n\leqslant1500$ r/min	轴承	汽轮机油	TSA 46	长寿命汽轮机油	TSA/LF 46	
		脂润滑	轴承	锂基润滑脂	2号	复合锂基润滑脂	2号	
		各种情况下	齿轮联轴器	工业齿轮油	CKC 220	工业齿轮油	CKD 220	
2	蒸汽往复泵	饱和蒸汽	汽缸	蒸汽汽缸油	680	—	—	
			拉杆部分	蒸汽汽缸油	680	—	—	
		过热蒸汽	汽缸	蒸汽汽缸油	1000	—	—	若温度超过300℃，建议用1500号
			拉杆部分	蒸汽汽缸油	1000	—	—	
3	比例泵	各种情况下	减速机	工业齿轮油	CKD 100	无灰抗磨液压油	100	液压隔膜式计量泵采用无灰抗磨液压油
			轴承	锂基润滑脂	2号	复合锂基润滑脂	2号	
4	往复式真空泵	通常情况下	汽缸、曲轴箱、十字头	空气压缩机油	L-DAB 100号	空气压缩机油	4502（100号）	
5	SZ型真空泵	通常情况下	轴承	锂基润滑脂	2号	复合锂基润滑脂	2号	

设备润滑用油推荐表（续）

序号	设备名称	操作条件	润滑部位名称	规定油品 牌号	规定油品 名称	代用油品（Ⅰ） 牌号	代用油品（Ⅰ） 名称	备注
6	汽轮机组	n>3000 r/min	轴承及变速部分	汽轮机油	TSA 32	长寿命汽轮机油	TSA/LF 32	
		n≤3000 r/min	轴承及变速部分	汽轮机油	TSA 46	长寿命汽轮机油	TSA/LF 46	
7	离心式压缩机	通常情况下	轴承	汽轮机油	TSA 32/46	长寿命汽轮机油	TSA/LF 32/46	与驱动机的牌号一致
8	风机	n>3000 r/min	轴承	汽轮机油	TSA 32	长寿命汽轮机油	TSA/LF 32	
		n≤3000 r/min	轴承	汽轮机油	TSA 46	长寿命汽轮机油	TSA/LF 46	
		润滑脂	轴承	锂基润滑脂	2 号	复合锂基润滑脂	2 号	
9	往复式压缩机		汽缸	空气压缩机油	L-DAB 100/150 号	空气压缩机油	4502（100/150号）	根据环境温度选择
			曲轴箱	汽轮机油	TSA 46	长寿命汽轮机油	TSA/LF 46	
		氨介质	汽缸	冷冻机油	DRA 22/32	冷冻机油	4521-1（22/32）	
		氟利昂介质	汽缸	冷冻机油	4523（32）	—	—	
10	螺杆压缩机			螺杆压缩机油	DAH 32/46	压缩机油	4502（32/46）	
11	减速机	稀油润滑	齿轮轴承	汽轮机油	TSA 46	长寿命汽轮机油	TSA/LF 46	
		稀油润滑	蜗轮、蜗杆、轴承	涡轮蜗杆油	CKE 100/150	中负荷工业齿轮油	4405（100/150）	
		脂润滑	轴承	锂基润滑脂	2 号	复合锂基润滑脂	2 号	
12	电机	稀油润滑 n>1500 r/min	轴承	汽轮机油	TSA 32	长寿命汽轮机油	TSA/LF 32	
		稀油润滑 n≤1500 r/min	轴承	汽轮机油	TSA 46	长寿命汽轮机油	TSA/LF 46	
		脂润滑	轴承	锂基润滑脂	2 号	复合锂基润滑脂	2 号	

设备润滑用油推荐表（续）

序号	设备名称	操作条件	润滑部位名称	规定油品		代用油品（Ⅰ）		备注
				牌号	名称	牌号	名称	
13	套管结晶器	通常情况下轴承链条	减速机	按一般减速机				
			锂基润滑脂	2号	复合锂基润滑脂	2号		
			蒸汽汽缸油	680	—	—		
14	高压柱塞泵	通常情况下曲轴箱	减速机	工业齿轮油	4406（150）			
			空气压缩机油	L-DAB 150号	空气压缩机油	4502（150号）		
15	滑阀	通常情况下风动马达减速箱定位器、阀位变送器阀杆	喷雾润滑器	汽轮机油	TSA 32	长寿命汽轮机油	TSA/LF 32	
			汽油机油	SF 30	汽油机油	SG 30		
			汽轮机油	TSA 32	长寿命汽轮机油	TSA/LF 32		
			汽轮机油	TSA 32	长寿命汽轮机油	TSA/LF 32		
			锂基润滑脂	2号	复合锂基润滑脂	2号		
16	转鼓真空过滤机	通常情况下减速机	轴承、分配头	汽油机油	SF 30	汽油机油	SG 30	
			按减速机					
17	氧压机	通常情况下	曲轴箱	同一般往复式压缩机				
			汽缸	蒸馏水加7%～8%润滑脂				
18	顶盖机	通常情况下	液压执行机构	液压油	HV 15	液压油	HS 10	
19	PX吸附转阀	通常情况下	上下部轴承棘轮		Lubriplate 930AA	润滑脂	SHG41-03	
20	干燥机	通常情况下	大齿圈/转滚	工业齿轮油	CKD 460	工业齿轮油	AP 460	
			干燥机壳体减速器	工业齿轮油	CKD 220	工业齿轮油	AP 220	

设备润滑用油推荐表（续）

<table>
<tr><th rowspan="2">序号</th><th rowspan="2">设备名称</th><th rowspan="2">操作条件</th><th rowspan="2">润滑部位名称</th><th colspan="2">规定油品</th><th colspan="2">代用油品（Ⅰ）</th><th rowspan="2">备注</th></tr>
<tr><th>牌号</th><th>名称</th><th>牌号</th><th>名称</th></tr>
<tr><td rowspan="6">21</td><td rowspan="6">聚乙烯造粒机</td><td rowspan="6"></td><td>齿轮减速器</td><td>工业齿轮油</td><td>CKD 220</td><td>工业齿轮油</td><td>AP 220</td><td></td></tr>
<tr><td>凸轮离合器</td><td>长寿命汽轮机油</td><td>TSA/LF 68</td><td></td><td></td><td></td></tr>
<tr><td>螺杆花键轴</td><td>润滑脂</td><td>Molub alloy 882EP -Heavy</td><td>开式齿轮脂</td><td>7190-1（1）</td><td></td></tr>
<tr><td>螺杆融体密封</td><td>润滑脂</td><td>Shinetsu G-40M</td><td>硅脂</td><td>7501</td><td></td></tr>
<tr><td>齿轮减速器输入联轴节</td><td>润滑脂</td><td>Molub alloy 882EP-Heavy</td><td>开式齿轮脂</td><td>7190-1（1）</td><td></td></tr>
<tr><td>轴承</td><td>锂基润滑脂</td><td>3 号</td><td>复合锂基润滑脂</td><td>3 号</td><td></td></tr>
<tr><td>22</td><td>聚丙烯造粒机</td><td></td><td>主减速机</td><td>工业齿轮油</td><td>AP 320</td><td>工业齿轮油</td><td>4406（320）</td><td></td></tr>
<tr><td rowspan="2">23</td><td rowspan="2">切粒机</td><td rowspan="2">通常情况下</td><td>风机轴承</td><td>极压锂基脂</td><td>3 号</td><td>极压复合锂基脂</td><td>7019-1（3 号）</td><td></td></tr>
<tr><td>干燥剂轴承</td><td>极压锂基脂</td><td>3 号</td><td>极压复合锂基脂</td><td>7019-1（3 号）</td><td></td></tr>
<tr><td rowspan="3">24</td><td rowspan="3">板框过滤机</td><td rowspan="3"></td><td>开式齿轮</td><td>二硫化钼锂基润滑脂</td><td>2 号</td><td>二硫化钼复合锂基润滑脂</td><td>2 号</td><td></td></tr>
<tr><td>丝杆、螺母、导向架</td><td>锂基润滑脂</td><td>2 号</td><td>复合锂基润滑脂</td><td>2 号</td><td></td></tr>
<tr><td>液压系统</td><td>液压油</td><td>L-HM 68</td><td>液压油</td><td>AE 68</td><td></td></tr>
<tr><td rowspan="2">25</td><td rowspan="2">给粉机</td><td rowspan="2">通常情况下</td><td>主轴轴承</td><td>二硫化钼锂基润滑脂</td><td>3 号</td><td>二硫化钼复合锂基润滑脂</td><td>3 号</td><td></td></tr>
<tr><td>减速机</td><td>工业齿轮油</td><td>L-CKC 68</td><td>工业齿轮油</td><td>4405（68）</td><td></td></tr>
<tr><td>26</td><td>排粉机</td><td>通常情况下</td><td>主轴轴承</td><td>工业齿轮油</td><td>L-CKC 68</td><td>工业齿轮油</td><td>4405（68）</td><td></td></tr>
</table>

设备润滑用油推荐表（续）

序号	设备名称	操作条件	润滑部位名称	规定油品		代用油品（Ⅰ）		备注
				牌号	名称	牌号	名称	
27	磨煤机	通常情况下	轴瓦	工业齿轮油	L-CKC 68	工业齿轮油	4405（68）	
			减速机	工业齿轮油	L-CKC 68	工业齿轮油	4405（68）	
			大牙轮	开式齿轮油	320	开式齿轮脂	7420（00号）	
			小牙轮轴承	二硫化钼锂基润滑脂	3号	二硫化钼复合锂基润滑脂	3号	
28	螺旋输粉机	通常情况下	减速机	工业齿轮油	L-CKC 150	工业齿轮油	L-CKD 150	
			主轴轴承	二硫化钼锂基润滑脂	3号	二硫化钼复合锂基润滑脂	3号	
29	给煤机	通常情况下	链轴轴承	二硫化钼锂基润滑脂	3号	二硫化钼复合锂基润滑脂	3号	
			减速机	工业齿轮油	L-CKC 150	工业齿轮油	L-CKD 150	
30	碎渣机	通常情况下	主轴轴承	二硫化钼锂基润滑脂	3号	二硫化钼复合锂基润滑脂	3号	
			减速机	工业齿轮油	L-CKC 68	工业齿轮油	4405（68）	
31	皮带运输机	通常情况下	轴承	锂基润滑脂	2号	复合锂基润滑脂	2号	
			齿轮减速机	工业齿轮油	L-CKC 68	工业齿轮油	4405（68）	
			拉紧滑道	锂基润滑脂	2号	复合锂基润滑脂	2号	
			外露齿轮	锂基润滑脂	2号	复合锂基润滑脂	2号	
32	机床	通常情况下	变速箱部分	液压导轨油	L-HG 46	—	—	
			液压系统	液压油	L-HV 15	—	—	

附 录 B
（资料性附录）
设备润滑五定表

序号	设备位号	设备名称	润滑点编号	润滑点名称	润滑方法	规定用油		规定代用油		加油标准	加油		换油		负责人
						名称	代号	名称	代号		时间	加油量	周期	换油量	
1															
2															
3															
4															
5															
6															
7															
8															

附 录 C
（资料性附录）
常用油品执行标准及油品换油指标

附表 C.1 常用油品执行标准

油品类别	油品名称及牌号	执行标准号
涡轮机油	TSA 32、46 汽轮机油	GB 11120
涡轮机油	TSA/LF 32、46 长寿命汽轮机油	Q/SH PRD157
压缩机油	DAB 100、150 号空气压缩机油	GB 12691—1990
压缩机油	DAH 32、46 喷油回转式空气压缩机油	Q/SH PRD106
冷冻机油	DRA 22、32 冷冻机油	GB/T 16630
压缩机油	4502 合成压缩机油	Q/SH PRD0327
冷冻机油	4521-1 冷冻机油	Q/SH303 0175
齿轮油	4405 合成中负荷工业齿轮油	Q/SH PRD235
齿轮油	4406 合成重负荷工业齿轮油	Q/SH303 172
润滑脂	SHG 41-03 合成座椅调角器润滑脂	Q/SH303 451
润滑脂	7190-1 润滑脂	SHRHYXY 4049
润滑脂	7501 高真空硅脂	Q/SH PRD129
润滑脂	7019-1 极压高温润滑脂	Q/SH PRD234
润滑脂	7420 重负荷齿轮润滑脂	Q/SH303 223

附表 C.2 常用油品换油指标

油品名称	执行标准
TSA 汽轮机油	NB/SH/T 0636
HM 液压油	NB/SH/T 0599
轻负荷喷油回转式空气压缩机油	SH/T 0538
工业闭式齿轮油	NB/SH/T 0586

2. 石油化工旋转机械振动标准

SHS 01003—2019

代替 SHS 01003—2004

目　　录

前　言

本标准按照GB/T 1.1—2009《标准化工作导则　第1部分：标准的结构和编写》给出的规则起草。

本标准代替SHS 01003—2004《石油化工旋转机械振动标准》，与SHS 01003—2004相比，除了编辑性修改外，主要技术变化如下：

——限定本标准的测量方法仅用于振动评定，对于振动分析，根据机器具体情况可在满足本标准的基础上适当扩展；

——考虑有些制造厂标准或其他标准更适合某些具体机器的运行要求，允许买卖双方协商后采用；

——轴振动传感器安装方位受机器结构限制，要做到完全相同难度很大。对大型旋转机械，由于安全运行和振动分析的需要，应安装轴位移和键相位传感器或预留安装位置。

本标准由中国石油化工集团有限公司、中国石油化工股份有限公司提出。

本标准起草单位：中国石油化工股份有限公司镇海炼化分公司。

本标准主要起草人：董亚婷、孙炯明、何文丰。

本标准所代替规程的历次版本发布情况为：

——SHS 01003—1992、SHS 01003—2004。

石油化工旋转机械振动标准

1 范围

1.1 本标准规定了石油化工旋转机械振动评定的现场测量方法（包括测量参数、测量仪器、测点布置、测试技术要求、机器分类等）及评定准则。石油化工旋转机械振动分析的现场测量方法应满足本标准的规定，但不仅限于此。

1.2 本标准适用的设备包括电动机、发电机、蒸汽轮机、烟气轮机、燃气轮机、离心压缩机、离心泵和风机等类旋转机械。

按照本标准规定的方法进行测试得到的振动数据，可作为设备状态评定和设备验收的依据。经买卖双方协商认可，亦可采用制造厂标准或其他标准。

1.3 本标准不适用于主要工作部件为往复运动的原动机及其传动装置。

本标准也不适用于在振动环境中的旋转机械的振动测量。振动环境是指环境传输的振动值大于运行振动值 1/3 的情况。

1.4 未能纳入本标准范围的其他旋转机械，暂按设备出厂标准进行检验和运行。

2 规范性引用文件

下列文件中的条款通过本标准的引用而成为本规程的条款。凡是注日期的引用文件，其随后所有的修改单（不包括勘误的内容）或修订版均不适用于本标准，然而，鼓励根据本标准达成协议的各方研究是否可使用这些文件的最新版本。凡是不注日期的引用文件，其最新版本适用于本标准。

GB/T 6075.1—2012 机械振动　在非旋转部件上测量评价机器的振动　第 1 部分：总则

GOST ISO 10816-1-1997 Mechanical vibration. Evaluation of machine vibration by measurements on non-rotating parts. Part 1. General guidelines

GB/T 6075.3—2011 机械振动　在非旋转部件上测量评价机器的振动　第 3 部分：额定功率大于 15kW、额定转速在 120r/min 至 15000r/min 之间的在现场测量的工业机器

GB/T 11348.1—1999　旋转机械转轴径向振动的测量和评定　第 1 部分：总则

3 振动评定方法

本标准提供两种振动评定方法，即机壳表面振动评定及轴振动的评定。

在机壳表面，例如轴承部位测得的振动是机器内部应力或运动状态的一种反映。现场应用的多数机泵设备（电动机、各种油泵、水泵等），由机壳表面测得的振动速度，可为实际遇到的大多数情况提供与实践经验相一致的可信评定。

汽轮机、离心压缩机等大型旋转机械（如炼油催化三机、化肥五大机组、乙烯三大机组和空分装置的空压机等）通常含有挠性转子轴系，在固定构件（如轴承座）上测得的振动响应不足以表征机器的运转状态，对这类设备必须测量轴振动，根据实际需要，结合固定构件上的振动情况综合评定设备的振动状态。

4 机壳表面振动

4.1 本标准适用于转速为600～12000r/min旋转机械振动烈度的现场测量与评定。

4.2 测量参数

本标准规定在机壳表面（例如轴承盖处）测得的、频率在10～1000Hz范围内的振动速度的均方根（V_{rms}）值作为表征机械振动状态的测量参数，在规定点和规定的测量方向上测得的最大值作为机器的振动烈度。其他的量如位移、加速度或代替均方根的峰值也可以选用，在这种情况下需要另外的准则。

注：对于不同类型的机器可用不同的频率范围和测量量。如测量仪器也用于诊断目的，频率上限可能需要超过1000Hz。对于转速低于600r/min的机器，频率范围限值为2～1000Hz，在大多数情况下仅对振动速度的测量就可满足要求。如估计的振动频谱中包含有低频成分，则应当将速度及位移二者的宽带测量作为基础进行评价。

4.3 测量点的布置

测点一般布置在每一主轴承或主轴承座上，并在径向和轴向两个方向上进行测量，见图1。对于立式或倾斜安装的机器，测量点应布置在能得出最大振动读数的位置或规定的位置上，并将测点位置和测量值一同记录。测点位置应固定，一般应作明显标记。机器护罩、盖板等零件不适宜作测点。

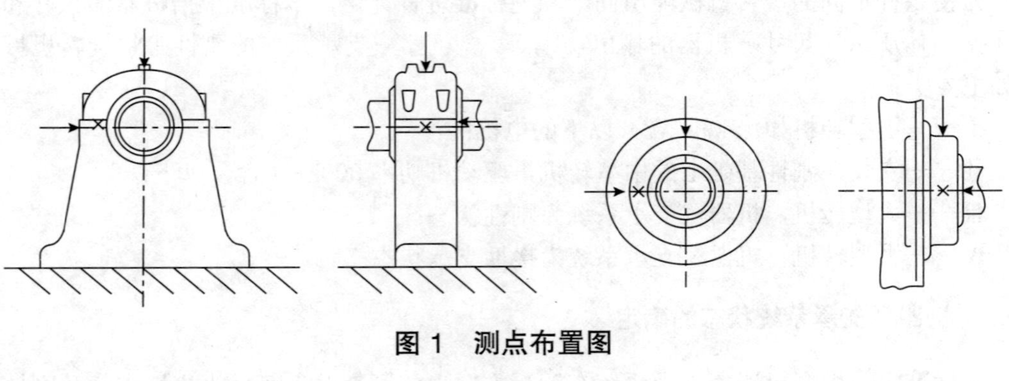

图1 测点布置图

4.4 测量仪器

4.4.1 一般采用由传感器、滤波放大器、指示器和电源装置等组成的测量仪表。允许采用能取得同样结果的其他仪器。

4.4.2 测量仪表滤波放大器的带通频率为 10～1000Hz。

4.4.3 测量仪表系统误差不超过 ±10%。

4.4.4 传感器振动速度线性响应的最大值至少为感受方向上满量程振动速度的 3 倍，传感器横向灵敏度应小于 10%。

4.4.5 直读仪器应能指示或记录振动速度的均方根值。

4.4.6 测量仪表尽可能采用电池为电源装置。

4.4.7 测量仪表需定期校准，保证它具有可靠的测量结果。

4.5 测量技术要求

测量时应当掌握在整个测量范围之内仪器的频率响应和精度，并考虑下述因素对测量系统的影响：

a）温度变化；

b）磁场；

c）声场；

d）电源波动；

e）传感器的电缆长度；

f）传感器的方位和安装方式。

要细心、合理地进行测试安装，保证不会明显地影响机器的振动特性。

4.6 振动评定

4.6.1 机器分类

在 10～1000Hz 的频段内，振动速度均方根值相同的振动，被认为具有相同的烈度，为使各种不同的旋转机械能用同一烈度标准进行评定，本标准根据机器的尺寸和功能（振动体质量、尺寸、机器的输出功率等）、机器－支承系统的刚性等将旋转机械分为如下 4 类：

Ⅰ——小型转机如 15kW（含）以下的电机；

Ⅱ——安装在刚性基础上的中型转机，驱动机功率 300kW（含）以下；

Ⅲ——大型转机，机器－支承系统为刚性状态；

Ⅳ——大型转机，机器－支承系统为挠性支承状态。

4.6.2 机器－支承系统状态的确定

本标准中，根据机器－支承系统在测量方向上的刚度关系可分为挠性支承和刚性支承两种支承系统状态。对于挠性支承，机器－支承系统的基本固有频率低于机器的工作频率（透平、发电机、压缩机功率大于 10MW 以及立式机器装置，通常为挠性支承）；对于刚性支承，机器－支承系统的固有频率高于机器的工作频率（大、中型电机低转速时，通常为刚性支承）。支承状态可通过计算，也可通过强迫振动或自由振动试验来确定。

4.6.3 评定振动标准

每类旋转机械分 4 个区段作振动状态评定，振动烈度评定界限见表 1。当振动烈度变化达到表中所列一级数值时，表示振动烈度变化了 1.6 倍，即相差了 4dB，表明大多数机器振动状态发生了有意义的变化，应及时报告。振动烈度变化了两级，意味着振动变化了 2.5 倍，即振动状态变化了一个区段，应及时调查研究，分析原因。

表 1 振动烈度评定等级表

<table>
<tr><th colspan="2">振动烈度的范围</th><th colspan="4">振动烈度评定等级</th></tr>
<tr><th>分级范围 /（mm/s）</th><th>在该范围极限上的速度均方根值 /（mm/s）</th><th>Ⅰ</th><th>Ⅱ</th><th>Ⅲ</th><th>Ⅳ</th></tr>
<tr><td>0.28</td><td>0.28</td><td rowspan="3">A</td><td rowspan="4">A</td><td rowspan="5">A</td><td rowspan="6">A</td></tr>
<tr><td>0.45</td><td>0.45</td></tr>
<tr><td>0.71</td><td>0.71</td></tr>
<tr><td>1.12</td><td>1.12</td><td rowspan="2">B</td></tr>
<tr><td>1.8</td><td>1.8</td><td rowspan="2">B</td></tr>
<tr><td>2.8</td><td>2.8</td><td rowspan="2">C</td><td rowspan="2">B</td></tr>
<tr><td>4.5</td><td>4.5</td><td rowspan="2">C</td><td rowspan="2">B</td></tr>
<tr><td>7.1</td><td>7.1</td><td rowspan="7">D</td><td rowspan="2">C</td></tr>
<tr><td>11.2</td><td>11.2</td><td rowspan="2">D</td><td rowspan="2">C</td></tr>
<tr><td>18</td><td>18</td><td rowspan="2">D</td></tr>
<tr><td>28</td><td>28</td><td rowspan="3"></td><td rowspan="2">D</td></tr>
<tr><td>45</td><td>45</td><td rowspan="2"></td></tr>
<tr><td>71</td><td></td><td></td></tr>
</table>

注： Ⅰ、Ⅱ、Ⅲ、Ⅳ为机器分类，见 3.6.1；

A 区——新交付使用的机器应达到的状态或优良状态；

B 区——机器可以长期运行或合格状态；

C 区——机器尚可短期运行但必须采取相应补救措施，或不合格状态；

D 区——不允许状态。

5 轴振动

轴振动评定方法，通常用于确定如下 3 个方面的问题：

a）振动特性的变化；

b）过大的动力载荷；

c）径向间隙监测。

5.1 测量参数

5.1.1 位移

轴振动测量参数是位移，测量单位用 μm（$1\mu m=10^{-6}m$）。

位移分为相对位移和绝对位移两种，它们的定义如下：

a）相对位移：转轴相对于机器的非转动部件（如轴承座、机壳及基础）的振动位移；

b）绝对位移：以地面为静参考系统的转轴振动位移。

两种位移可用不同的位移值进一步定义，它们是：

S_{p-p}：测量方向上振动位移的峰峰值；

S_{max}：测量平面内最大振动位移值；

（S_{p-p}）$_{max}$：测量平面内最大振动位移的峰峰值。

本标准规定采用 S_{p-p} 值作为轴振动评定参数。

轴振动测量频带应足够宽，按具体机器的类型和工作状态加以选择，使对测量分析有用的振动频谱包括在内。

5.1.2 相位

在评定机器振动状态的变化时，应同时进行相位测量。

5.2 测点布置

传感器应放置在能对转轴的径向振动作出正确评定的重要测点上。推荐在机器的每个轴承处或靠近轴承处安装两只传感器，在垂直于轴线的同一测量平面内沿径向安装，两只传感器的测量方向应互相垂直，传感器的轴线和转轴径线的夹角小于 ±5°。对所有轴承，传感器安装的方位要尽量相同。大型旋转机械应在设计、制造阶段安装轴振动、轴位移、键相位传感器或预留安装位置，并且对机器相关部件根据传感器测量要求进行相应处理。

5.3 仪器要求

在各种应用环境下，测量系统误差不应超过相当于所测值的 10%，或满刻度值的 6% 两者中的最大值。

测试仪器应当有直读式仪器的在线校准功能，测试仪器应当有合适的独立输出，用来做进一步分析。在线振动指示仪表应在背板处有原始振动信号的缓冲输出口，以便引出信号进行振动频谱分析和故障诊断。

仪器在设备停工大检修时应同时进行校验。

5.4 测量方法与要求

5.4.1 轴相对振动通常使用非接触式传感器进行测量。在轴承内安装传感器时不能影响润滑油膜压力区。在支架上安装传感器时，支架的固有频率要高于机器最高转速的10倍以上。

5.4.2 轴绝对振动测量有两种方法，即用接触式轴振动传感器方法和把惯性传感器与非接触式传感器结合使用的方法。当采用惯性传感器与非接触式传感器结合使用的方法时，要求惯性传感器和非接触式传感器固接在一起，刚性地安装在机器的轴承座上，以保证两个传感器在测量方向上承受相同支承的绝对振动。两种传感器的灵敏度轴线应尽量重合，以保证它们输出信号的矢量和能成为轴绝对振动的精确测量值。

5.4.3 两种轴振动测量方法，都需确定由于轴表面金相组织不均匀、局部剩磁及轴的机械偏差所引起的总的非振动性偏差，其值不能超过振动位移允许值的1/4或6μm两者中的较大值。

5.5 评定准则

当评定指标为轴承动载荷或径向间隙时，用轴相对振动值为评定参数。

当评定转轴的振动变化时，如果传感器支承结构的绝对振动值等于或大于转轴相对振动值的20%，要进行转轴绝对振动测量。

5.6 评定标准

5.6.1 轴振动A区（优良状态）上限值，推荐按下式计算：

$$S_{p\text{-}p} < \frac{2782}{\sqrt{N_{max}}} \quad 且 \leqslant 50.8\mu m$$

式中 N_{max}——机器最大工作转速，r/min。

5.6.2 轴振动B区（合格状态）的上限，建议取为A区上限的1.6～2.5倍。工作转速较高者取下限，工作转速较低者取上限。其值建议定为黄灯值（一级报警）。

5.6.3 轴振动C区（不合格状态）的上限，建议取为B区上限的1.5倍，其值建议定为红灯值（二级报警）。

5.6.4 要重视振动值的变化。在稳定运行条件下，尽管振动值仍在合格范围内，如果振动值发生明显变化，例如其变化量大于B区上限值的25%，无论振动值是变大还是变小，都要及时报告并进一步分析原因。

3. 压力容器维护检修规程

SHS 01004—2019

代替 SHS 01004—2004

目　　次

前　言

本规程按照GB/T 1.1—2009《标准化工作导则　第1部分：标准的结构和编写》给出的规则起草。

本规程代替SHS 01004—2004《压力容器维护检修规程》，与SHS 01004—2004相比，除了编辑性修改外，主要技术变化如下：

——更新和增加了部分编写依据的标准规范；

——对本规程压力容器适用范围进行了修改，修改后与TSG 21—2016《固定式压力容器安全技术监察规程》一致；

——增加了TOFD检测的一些具体要求，大型压力容器（如球罐等）采用γ射线全景曝光检测时，应另外增加用X射线或TOFD检测进行50%的附加局部检测。奥氏体不锈钢和有色金属制压力容器焊接后一般不要求做焊后热处理，如有特殊要求需要进行热处理时，应当在设计图样上注明；

——增加了压力容器改造与重大修理含义；

——增加了压力容器安装、改造与重大修理作业办理告知的责任单位；

——增加了压力容器的改造或者重大修理程序上的要求："压力容器的改造或者重大修理方案应当经过原设计单位或者具备相应能力的设计单位书面同意"；

——增加了改造与重大修理后，需要做耐压试验的几种情况；

——在维护与故障处理章节中，采用了RCM的分析方法根据实际重新进行了编写；

——增加了"附录A 压力容器检修质量验收控制表"。

本规程由中国石油化工集团有限公司、中国石油化工股份有限公司提出。

本规程起草单位：中国石油化工股份有限公司茂名分公司。

本规程主要起草人：罗汉本。

本规程所代替规程的历次版本发布情况为：

——SHS 01004—1992、SHS 01004—2004。

压力容器维护检修规程

1 范围

1.1 主题内容

本规程规定了压力容器的检修周期与内容、检修与质量标准、试验与验收、维护与故障处理等。

1.2 适用范围

本规程中压力容器为符合 TSG 21—2016《固定式压力容器安全技术监察规程》中 1.3 适用范围内容的压力容器：

1.2.1 最高工作压力大于等于 0.1MPa；

1.2.2 容积大于或等于 $0.03m^3$ 并且内直径（非圆形截面指截面内边界最大几何尺寸）大于等于 0.15m；

1.2.3 盛装介质为气体、液化气体以及最高工作温度高于或等于其标准沸点的液体。

1.3 本规程不适用于下列压力容器：

1.3.1 移动式压力容器、气瓶、氧舱；

1.3.2 军事装备、核设施、航空航天器、铁路机车、海上设施和船舶以及矿山井下使用的压力容器；

1.3.3 正常运行工作压力小于 0.1MPa 的容器（包括与大气连通的在进料或者出料过程中需要瞬时承受压力大于或者等于 0.1MPa 的容器），非金属材料制造的压力容器；

1.3.4 旋转或者往复运动的机械设备中自成整体或者作为部件的受压器室（如泵壳、压缩机外壳、涡轮机外壳、液压缸、造纸轧辊等）；

1.3.5 板式热交换器、螺旋板热交换器、空冷式热交换器、冷却排管；

1.3.6 常压容器的蒸汽加热盘管、过程装置中的管式加热炉；

1.3.7 电力行业专用的全封闭式组合电器（如电容压力容器）；

1.3.8 橡胶行业使用的轮胎硫化机以及承压的橡胶模具；

1.3.9 塑料压力容器。

2 规范性引用文件

下列文件中的条款通过本规程的引用而成为本规程的条款。凡是注日期的引用文件，其随后所有的修改单（不包括勘误的内容）或修订版均不适用于本规程，然而，鼓励根据本规程达成协议的各方研究是否可使用这些文件的最新版本。凡是不注日期的引用文件，其最新版本适用于本规程。

GB/T 150.1～150.4　压力容器

GB/T 151　热交换器

GB/T 567　爆破片安全装置

GB/T 713　锅炉和压力容器用钢板

GB/T 12337　钢制球形储罐

GB/T 30579　承压设备损伤模式识别

GB/T 26610　承压设备系统基于风险的检验实施导则

TSG 21　固定式压力容器安全技术监察规程

TSG 08　特种设备使用管理规则

JB 4732　钢制压力容器——分析设计标准

NB/T 47007　空冷式热交换器

NB/T 47041　塔式容器

NB/T 47042　卧式容器

NB/T 47014　承压设备焊接工艺评定

NB/T 47015　压力容器焊接规程

NB/T 47013.1～47013.6　承压设备无损检测

NB/T 47013.10　承压设备无损检测 第 10 部分：衍射时差法超声检测

SH/T 3074　石油化工钢制压力容器

SH/T 3075　石油化工钢制压力容器材料选用规范

SH/T 3096　高硫原油加工装置设备和管道设计选材导则

3　检修周期与内容

3.1　检修周期

3.1.1　压力容器检修周期应根据压力容器（法定）检验周期情况，结合装置生产及设备情况来确定，以（法定）检验周期为主线。

3.1.2　压力容器检修周期一般为 3～6 年。

3.1.3　压力容器（法定）检验周期

3.1.3.1　在用压力容器的安全状况分为 1 级至 5 级。

3.1.3.2　金属压力容器一般于投用后 3 年内进行首次定期检验。以后的检验周期由检验机构根据压力容器的安全状况等级，按照以下要求确定：

——安全状况等级为 1、2 级的，一般每 6 年检验一次；

——安全状况等级为 3 级的，一般每 3～6 年检验一次；

——安全状况等级为 4 级的，监控使用，其检验周期由检验机构确定，累计监控使用时间不得超过 3 年，在监控使用期间，使用单位应当采取有效的监控措施；

——安全状况等级为 5 级的，应当对缺陷进行处理，否则不得继续使用。

3.1.3.3 检验周期的特殊情况，按照 TSG 21—2016《固定式压力容器安全技术监察规程》相关规定，可以缩短或延长压力容器检验周期，还可以通过基于风险的检验（RBI）确定压力容器的检验周期。

3.2 检修内容

压力容器检修一般分为常规检修、改造和重大修理。

3.2.1 常规检修

常规检修主要以压力容器拆装、清扫、检查及检验等内容为主，根据检查、测厚、检验情况进行修理或更换；

3.2.1.1 容（塔）器人孔（或头盖）拆装、检查；

3.2.1.2 内构件、塔盘拆装、抽芯、清扫、检查；

3.2.1.3 器内清扫、检查、检验；

3.2.1.4 容器本体检查、检验、修理；

3.2.1.5 安全附件检查、修理；

3.2.1.6 容器基础及地脚螺栓检查、修理；

3.2.1.7 防腐、保温检查、修理。

3.2.2 改造和重大修理

压力容器的改造是指改变主要受压元件的结构或者改变压力容器运行参数、盛装介质、用途等。

压力容器的重大修理是指主要受压元件的更换、矫形、挖补，以及对压力容器 A 类和 B 类对接（焊接）接头（图 1）的补焊或者对非金属压力容器粘接缝的修补。

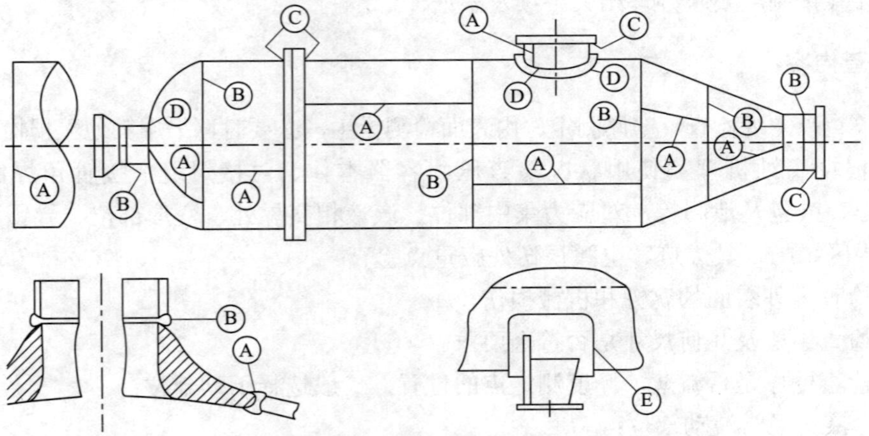

图 1 焊接接头分类

3.2.2.1 压力容器安装、改造与重大修理前，从事压力容器安装、改造与重大修理的单位应当向使用地的特种设备安全监管部门书面告知。

3.2.2.2 压力容器的改造或者重大修理方案应当经过有相应资质的设计单位书面同意。

3.2.2.3 压力容器的改造或者重大修理可以采用原产品标准，应当保证其结构和强度满足安全使用要求。

3.2.2.4 改造与重大修理的耐压试验

有下列情况之一的压力容器，在改造与重大修理施工过程中应当进行耐压试验：

——用焊接（粘接）方法更换或者新增主要受压元件的；

——主要受压元件补焊深度大于二分之一实测厚度的；

——改变使用条件，超过原设计参数并且经过强度校核合格的；

——需要更换衬里的（耐压试验在更换衬里前进行）。

3.2.3 压力容器修复后的无损检验按原设计要求进行，对大型压力容器（如球罐等）采用γ射线全景曝光检测时，应另外增加用X射线或TOFD检测进行50%的附加局部检测。

3.2.4 压力容器修复后，对有焊后消除应力热处理要求时，应当根据补焊深度确定是否需要进行消除应力处理。奥氏体不锈钢和有色金属制压力容器焊接后一般不要求做焊后热处理，如有特殊要求需要进行热处理时，应当在设计图样上注明。

4 检修与质量标准

4.1 检修前准备

4.1.1 备齐图纸和技术资料，必要时编写施工方案；

4.1.2 备齐机具、量具、材料和劳动保护用品；

4.1.3 施工现场符合有关安全规定；

4.1.4 切断与压力器相连的管路，内部介质应排净并置换至合格状态，符合有关安全检修条件并按制度要求办理相关手续及票证。

4.2 检查内容

4.2.1 检查以宏观检查、壁厚测定、内表面检测为主，必要时可采用其他无损检测方法。

4.2.2 根据腐蚀机理和使用状况检查压力容器本体、对接焊缝、接管角焊缝有无裂纹、变形、鼓包及泄漏等，对应力集中部位、汽液相交界处、变形部位、异钢种焊接部位、补焊区、工卡具焊迹、电弧损伤处应重点检查。

4.2.3 检查内外表面的腐蚀和机械损伤。

4.2.4 检查结构及几何尺寸是否符合要求。

4.2.5 检查壁厚是否减薄，厚度测定点的位置，一般选择下列部位：

4.2.5.1 液位经常波动部位；

4.2.5.2 易腐蚀、冲蚀部位；

4.2.5.3 制造成形时，壁厚减薄部位和使用中易产生变形的部位；

4.2.5.4 表面缺陷检查时，发现的可疑部位；

4.2.5.5 接管部位；

4.2.6 检查焊缝有无埋藏缺陷。

4.2.7 检查材质是否符合要求。

4.2.8 检查法兰密封面有无裂纹。

4.2.9 检查紧固螺栓的完好情况，对重复使用的螺栓应逐个清洗，检查其损伤情况，必要时进行表面无损检测，应重点检查螺纹及过渡部位有无环向裂纹。

4.2.10 检查支承或支座的损坏，大型容器的基础下沉、倾斜及开裂。

4.2.11 检查保温层、隔热层、衬里有无破损，堆焊层有无剥离。

4.2.12 检查安全附件是否灵敏、可靠。

4.2.13 各类压力容器重点检查部位及内容：

4.2.13.1 冷换设备

检查部位主要有管板、管箱、换热管、折流板、壳体、防冲板、小浮头螺栓、小浮头盖、接管及连接法兰等。重点检查以下部位：

a）易发生冲蚀、汽蚀的管程热流入口的管端，易发生缝隙腐蚀的壳程管板和易发生冲蚀的壳程入口和出口；

b）容易产生坑蚀、缝隙腐蚀和应力腐蚀的管板和换热管管段；

c）介质流向改变部位，如换热设备的入口处、防冲挡板、折流板处的壳体及套管换热器的U形弯头等；

d）检查壳体应力集中处是否有裂纹；

e）换热管壁厚；

f）接管及法兰密封面。

4.2.13.2 塔器、容器

重点检查以下部位：

a）积有水分、湿气、腐蚀性气体处或汽液相交界处；

b）物流“死角”及冲刷部位；

c）焊缝及热影响区；

d）可能产生应力腐蚀以及氢损伤的部位；

e）封头过渡部位及应力集中部位；

f）可能发生腐蚀及变形的内件（塔盘、梁、分配板及集油箱等）；

g）破沫器、破沫网、分布器、涡流器和加热器等内件；

h）接管部位；

i）检查金属衬里有无腐蚀、裂纹、局部鼓包或凹陷。

4.2.13.3 反应器

重点检查以下部位：

a）检查反应器对接焊缝、接管角焊缝、支持圈凸台有无裂纹；

b）检查法兰密封槽有无裂纹；

c）检查冷壁反应器衬里有无脱落、孔洞、裂纹、麻点及疏松等；

d）检查热壁反应器堆焊层有无表面裂纹、层下裂纹及剥离；

e）检查重复使用的紧固螺栓有无裂纹；

f）检查支承梁、分配器泡罩及热电偶套管有无裂纹等；

g）检查其他内构件。

4.2.14 开盖检查（腐蚀调查）后的补充计划

a）开盖检查发现需要补充项目的，一般要求在开盖后3d内上报补充计划；

b）常规测厚发现需要更换弯头等管件，也要求随补充计划一起上报；

4.2.15 对监控使用期满的压力容器，或者定期检验发现严重缺陷，可能导致停止使用的压力容器，应当对消除缺陷处理或者进行合于使用评价。

4.3 检修与质量标准

4.3.1 一般要求

4.3.1.1 对于特殊的生产工艺过程，需要带温带压紧固螺栓或出现紧急泄漏需进行带压堵漏时，使用单位必须按设计规定制定有效的操作要求和防护措施，作业人员应经专业培训并持证操作，并经使用单位技术负责人批准。在实际操作时使用单位安全部门应派人进行现场监督。

4.3.1.2 从事压力容器改造或重大修理的单位必须是已取得相应制造资格的单位或者是经省级安全监察机构审查批准的单位。压力容器的改造或重大修理方案应经原设计单位或具备相应资格的设计单位同意并报施工所在地的地、市级安全监察机构审查备案。改造或重大修理单位应向使用单位提供修理或改造后的图样、施工质量证明文件等技术资料。

4.3.1.3 采用焊接方法对压力容器进行修理或改造时，一般应采用挖补或更换方法，不应采用贴补方法，且应符合以下要求：

a）压力容器的挖补、更换筒节及焊后热处理等技术要求，应参照相应制造技术规范，制定施工方案及适合于使用的技术要求，焊接工艺应经焊接技术负责人批准；

b）焊缝同一部位（指焊补的填充金属重叠的部位）的返修次数不宜超过2次，超过2次以上的返修，应经施工单位技术总负责人批准，并应将返修的次数、部位、返修后的无损检测结果和技术总负责人批准字样记入压力容器修理技术资料中；

c）缺陷清除后，一般均应进行表面无损检测，确认缺陷已完全消除，完成焊接工作后，应再做无损检测，确认修补部位符合质量要求；

d）母材焊补的修补部位，必须磨平，焊接缺陷消除后的修补长度应满足要求；

e）返修的现场记录应详尽，其内容至少包括坡口形式、尺寸、返修长度、焊接工艺参数（焊接电流、电弧电压、焊接速度、预热温度、层间温度、后热温度和保温时间、焊材牌号及规格、焊接位置等）和施焊者及其钢印等；

f）要求焊后热处理的压力容器，应在热处理前焊接返修，如在热处理后进行焊接返修，返修后应再做热处理；

g）压力试验后需返修的，返修部位必须按原要求经无损检测合格，主要受压元件返修深度大于 1/2 壁厚的压力容器，还应重新进行压力试验；

h）有抗晶间腐蚀要求的奥氏体不锈钢制压力容器，返修部位应需保证原有抗晶间腐蚀性能；

i）根据介质使用情况，制定焊补的焊接工艺时应考虑焊接前除氢处理，同时，焊接工艺应按制造要求进行；

j）对球罐缺陷进行焊补应符合以下规定：

（a）对球壳表面缺陷进行焊补时，每处的焊补面积应在 $5000mm^2$ 以内，如有两处以上焊补时，任何两处的净距应大于 50mm，每块球壳板上焊补面积总和必须小于该块球壳板面积的 5%，补焊后的表面应修磨平滑，修磨范围内的斜度至少为 1：3，且高度不大于 1.5mm，当球壳板表面缺陷焊补深度超过 3mm 时，还应进行超声检测，坡口表面应平滑，表面粗糙度 $R_a \leqslant 50\mu m$；平面度 $B \leqslant \delta_s$（δ_s 为钢材厚度），且不大于 1mm，熔渣与氧化皮应清除干净，坡口表面不得有裂纹和分层等缺陷；

（b）焊缝表面缺陷进行焊补时，焊补长度应大于 50mm，材料的标准抗拉强度下限值 $R_m \geqslant 540MPa$ 的钢材焊缝焊补后，应在焊补焊道上加焊一道凸起的回火焊道，回火焊道焊完后，应磨去回火焊道多余的焊缝金属，使其与主焊缝平缓过渡；

（c）焊缝的内部缺陷焊补时，清除的缺陷深度不得超过球壳板厚度的 2/3，若清除到球壳的 2/3 处还残留缺陷时，应在该状态下焊补，然后在其背面再次清除缺陷，进行焊补，焊补长度应大于 50mm。

4.3.1.4 所用的材料及附件应具有质量证明书，并符合图样要求。

4.3.1.5 施焊环境出现下列任一情况，且没有有效防护措施时，禁止施焊：

a）手工焊时风速大于 10m/s；

b）气体保护焊时风速大于 2m/s；

c）相对湿度大于 90%；

d）雨、雪环境。

4.3.1.6 当焊件温度低于 0℃时，应在始焊处 100mm 范围内预热到 15℃左右。

4.3.1.7 压力容器的焊后热处理要求：

a）压力容器及受压元件应按原设计要求进行焊后热处理；

b）修补后的焊缝，尤其是厚壁容器，宜采用环带加热，焊缝每侧加热宽度不得小于壳体名义厚度的 2 倍，接管与壳体相焊时加热宽度不小于两者厚度（取较大值）的 6 倍，靠近加热部位的壳体应采取保温措施，避免产生较大的温度梯度；

c）低合金高强度钢压力容器焊补时，必须预热，坡口大而深时，预热温度应高些，容器大接管环形角焊缝的一定部位进行焊补时，为减少热应力，要沿大接管整周预热；

d）低合金高强度钢压力容器焊补后或焊补过程因故停顿后，必须立即进行后热处理，以去除扩散氢，后热处理后缓冷；

e）对结构刚性很大的部位进行焊补时，需进行中间热处理，以降低焊接应力；

f）低合金高强度钢压力容器的重要部位和主要焊缝焊补后，必须进行热处理以消除应力，如焊补部位有多处，宜采用整体热处理或局部采用环带热处理，热处理温度通常不高于原来的焊后消除应力处理温度，消除应力处理的温度为 600～680℃；

g）热处理应在焊接工作全部结束并在验收合格后，压力试验之前进行。热处理后的焊缝应做硬度检查，其硬度值须符合以下要求：碳钢和普通低合金钢不大于母材硬度的 120%，且 HB≤200，铬钼钢不大于母材硬度的 125%，且 HB≤225，对于 3Cr-1Mo-1/4V、2Cr-1Mo-1/4V，其硬度值不大于母材硬度的 125%，且 HB≤235。

4.3.1.8　筒体和封头更换主要控制项目

a）坡口几何形状和表面质量；

b）塔器垂直度，筒体直线度，纵、环焊缝对口错边量和棱角度，同一断面的最大、最小直径差；

c）封头的拼接成形和主要尺寸偏差；

d）球壳板的尺寸偏差和表面质量；

e）筒体与封头的不等厚度对接连接。

4.3.1.9　压力容器局部挖补要求

a）形状一般为圆形或者方形圆角过渡，尽量减少应力集中；

b）焊缝打磨与母材齐平；

c）焊缝须经射线检测及磁粉检测合格。

4.3.1.10　压力容器的组焊要求

a）不宜采用十字焊缝。相邻两筒节间的纵缝和封头拼接焊缝与相邻筒节的纵缝应错开，其焊缝中心线之间的外圆弧长一般应大于筒体厚度的 3 倍，且不小于 100mm；组装筒体中，任何单个筒节的长度不得小于 300mm。

b）在压力容器上焊接临时吊耳和拉筋的垫板等时，应采用与压力容器壳体相同或在力学性能和焊接性能方面相似的材料，并用相适应的焊材及焊接工艺。临时吊耳和拉筋的垫板割除后留下的焊疤必须打磨平滑，并应进行磁粉检测或渗透检测，确保表面无裂纹等缺陷。打磨后的厚度不应小于该部位的设计厚度。

c）更换筒节时，其 A、B 类焊接接头对口错边量 b（图 2）应符合表 1 的规定。锻焊压力容器 B 类焊接接头对口错边量 b 应不大于对口处钢材厚度 δ_s 的 1/8，且不大于 5mm，符合钢板的对口错边量 b（图 3）不大于复层厚度的 5%，且不大于 2mm。

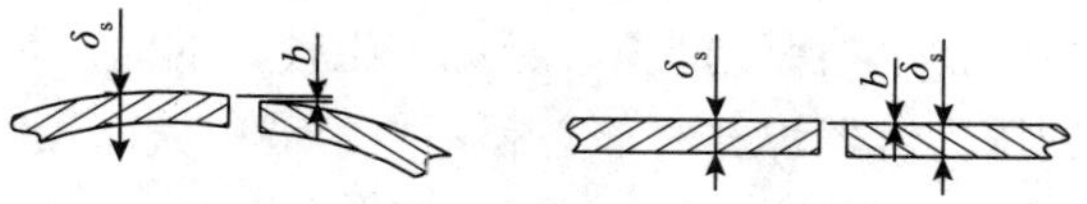

图 2　A、B 类焊接接头对口错边量示意图

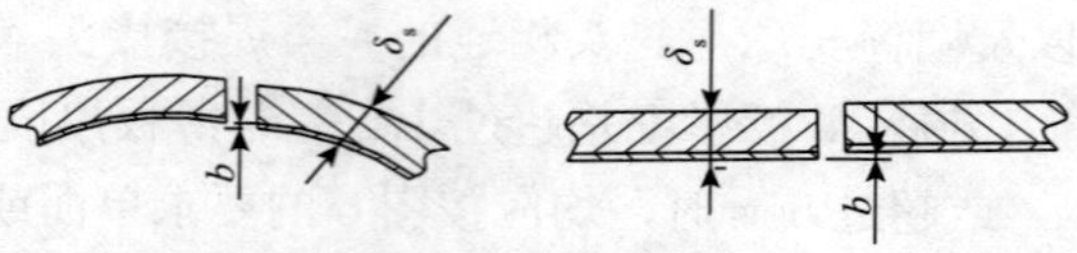

图 3　锻焊压力容器 B 类焊接接头对口错边量示意图

表 1　A、B 类焊接接头对口错边量 *b*

mm

对口处钢材厚度 δ_s	按焊接接头类别划分对口错边量 b	
	A	B
≤12	≤1/4δ_s	≤1/4δ_s
>12～20	≤3	≤1/4δ_s
>20～40	≤3	≤5
>40～50	≤3	≤1/8δ_s
>60	≤1/6δ_s，且≤10	≤1/8δ_s，且≤20

注：球形封头与圆筒连接的环向接头以及嵌入式接管与圆筒或封头对接连接的 A 类接头，按 B 类焊接接头的对口错边量要求。

d）在焊接接头环向形成的棱角度 E，用弦长等于 1/6 内径 D_i，且不小于 300mm 的内样板或外样板检查（图 4），其 E 值不得大于（δ_s/10+2）mm，且不大于 5mm。

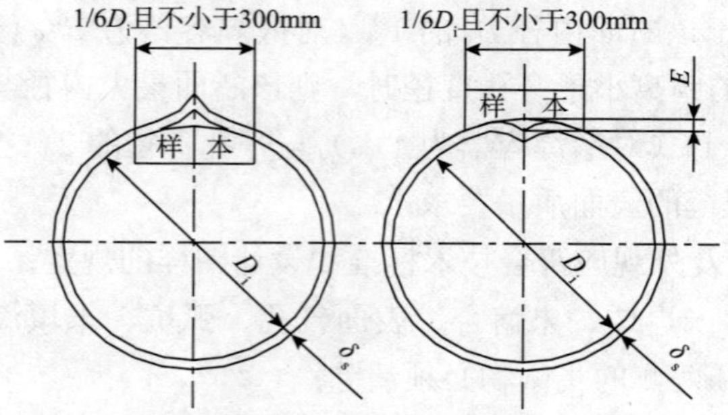

图 4　环向棱角度检查

在焊接接头轴向形成的棱角度 E（图 5），用长度不小于 300mm 的直尺检查，其 E 值不得大于（δ_s/10+2）mm，且不大于 5mm。

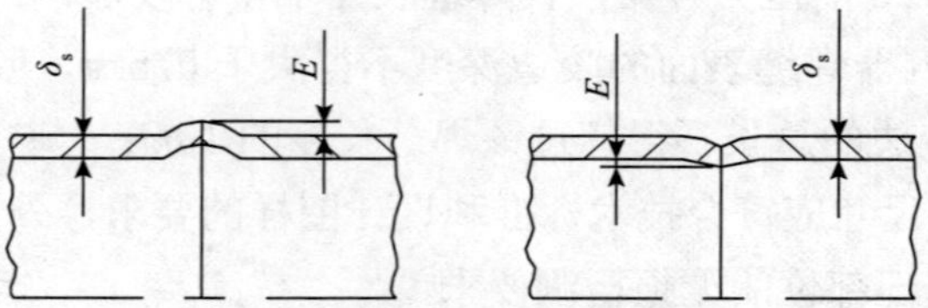

图 5　轴向棱角度检查

e）B 类焊接接头以及圆筒与球形封头相连的 A 类焊接接头，当两侧钢材厚度不等时，若薄板厚度不大于 10mm，两板厚度差超过 3mm；若薄板厚度大于 10mm，两板厚度差大于薄板厚度的 30%，或超过 5mm 时，均应按图 6 的要求单面或双面削薄厚板边缘，或按同样要求采用堆焊方法将薄板边缘焊成斜面。

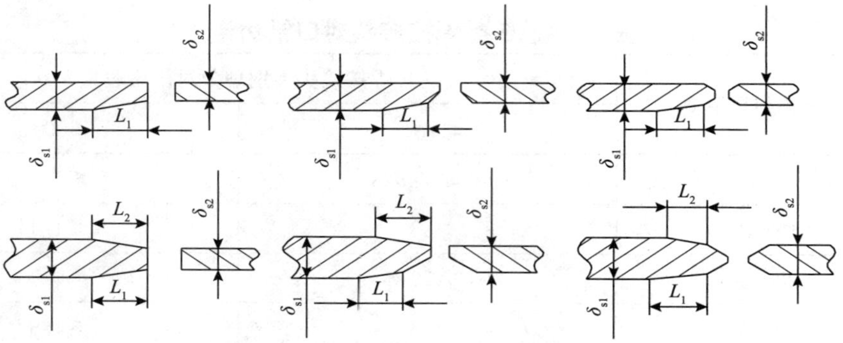

图 6　不等壁厚对接接头坡口加工要求

f）压力容器内件和壳体焊接的焊缝应尽量避开筒节间相焊及圆筒与封头相焊的焊缝。

g）受压元件之间或受压元件与非受压元件组装成的定位焊，若保留成为焊缝金属的一部分，则应按受压元件的焊缝要求施焊。

h）容器组焊完成后，应检查壳体的直径符合要求。壳体同一断面上最大内径与最小内径之差，应不大于该断面内径 D_i 的 1%（对锻焊容器为 1‰），且不大于 25mm；当被检断面与开孔中心的距离小于开孔直径时，则该断面最大内径与最小内径之差，应不大于该断面内径 D_i 的 1%（对锻焊容器为 1‰）与开孔直径的 2% 之和，且不大于 25mm。

4.3.1.11　压力容器焊缝的表面质量要求

a）形状、尺寸以及外观应符合技术标准和设计图样的规定；

b）不得有裂纹、未焊透、未熔合、表面气孔、弧坑、未填满和肉眼可见的夹渣等缺陷，焊缝上的熔渣和两侧的飞溅物必须清除；

c）焊缝与母材应圆滑过渡，角焊缝的外形应凹形圆滑过渡；

d）焊缝咬边应符合下列条件：

使用抗拉强度规定值 R_m 下限大于等于 540MPa 的低合金钢材制造的压力容器，Cr-Mo 低合金钢材、奥氏体不锈钢材、有应力腐蚀容器，承受循环载荷的容器，低温压力容器，焊缝系数取 1.0 的压力容器，其焊缝表面不得有咬边；

上述以外的压力容器焊缝表面的咬边深度不得大于 0.5mm，咬边的连续长度不得大于 100mm，焊缝两侧咬边的总长不得超过该焊缝长度的 10%；

e）角焊缝的焊脚尺寸应符合技术标准和设计图样的要求，外形应平缓过渡。

4.3.1.12　压力容器修理部位的无损检测要求

a）压力容器的无损检测按 NB/T 47013《承压设备无损检测》执行；

b）在制造厂房施工的压力容器，对接接头无损检测比例按原图纸要求执行，在现场施工的压力容器，对接接头无损检测比例为100%，合格标准按原图纸要求；

c）压力容器表面无损检测要求：

（a）钢制压力容器的坡口表面、对接、角接和T形接头，应符合NB/T 47013《承压设备无损检测》标准中磁粉或渗透检测的缺陷显示痕迹等级评定的I级要求；

（b）有色金属制压力容器应按相应的标准或设计图样规定进行；

d）压力容器的焊接接头，应先进行形状尺寸和外观质量的检查合格后，才能进行无损检测，有延迟裂纹倾向（如12Cr2Mo1R）的材料应在焊接完成24h后进行无损检测，有再热裂纹倾向的材料（如07MnNiVDR）应在热处理后再增加一次无损检测，拼接封头应当在成形后进行无损检测，标准抗拉强度下限值R_m≥540MPa的低合金钢制容器，在耐压试验后，还应当对焊接接头进行表面无损检测。

4.3.2　压力容器表面缺陷

4.3.2.1　表面裂纹

对表面裂纹、超标的腐蚀坑点、表面机械损伤、电弧擦伤或弧坑、工卡具伤痕等表面缺陷，应当打磨消除。如缺陷消除后压力容器的实际壁厚不小于设计厚度、磨除深度不大于名义厚度的5%且不超过2mm，可不补焊。修磨斜度应不大于1∶3。当球罐球壳板表面焊补深度超过3mm时，还应进行超声检测。

4.3.2.2　腐蚀

对于分散的点腐蚀，如果腐蚀深度不超过壁厚（不含腐蚀裕量）的1/5，在直径为200mm的范围内，沿任一直径的点腐蚀面积之和不超过45cm^{2}和直径为200mm的范围内，沿任一直径的点腐蚀长度之和不超过50mm时，一般可不作处理；对于均匀性面腐蚀，如按剩余的平均壁厚（应扣除至下一次检验期的腐蚀量）校核强度合格，可不作处理；非均匀性面腐蚀，如按最小剩余壁厚（应扣除至下一次检验期的腐蚀量）校核强度合格，可不作处理。否则，应据具体情况作降压使用、焊补、更换或判废处理。如腐蚀严重、强度校核不合格者，难于修复或已达使用寿命者，应考虑予以报废。

4.3.2.3　机械损伤、电弧擦伤、弧坑、工卡具焊迹

在其周围未发现异常者，一般压力容器可不处理，有特殊要求的压力容器且缺陷较严重者，应打磨消除。

4.3.3　母材内部的夹层与母材自由表面平行或夹角小于10°的不用处理，夹角大于或等于10°时，需计算在板厚方向的投影长度，判断该缺陷的走向和位置，严重时应报废。在使用过程中产生的鼓包，应查明原因，并判断该缺陷的稳定情况，如果能查清起因并确定其不再扩展，可进行修理后使用；如果无法查清起因，或虽查明原因，但仍会继续扩展的应报废。

4.3.4　焊缝内部缺陷处理

压力容器内部缺陷，包括焊缝中的内部裂纹、未熔合、未焊透、条状夹渣等，以及母材分层、鼓包等缺陷若超出TSG 21—2016《固定式压力容器安全技术监察规程》规

定的缺陷允许范围的，应当进行修复；暂时无法修复处理的，应进行合于使用评价能够继续使用；否则，不能继续使用。

4.3.5 压力容器及其接管的法兰密封面不得有径向划痕、腐蚀斑点等影响密封性能的损伤。压力容器的接管采用螺纹连接的，其螺纹表面不得有裂纹、凹陷等缺陷。法兰不得强行连接。

4.3.6 压力容器密封垫片表面不得有径向划痕。金属垫片应进行研磨，并做印痕检查，印痕线应连续。用于250℃以上非金属垫片两侧涂防咬合剂。

4.3.7 压力容器主螺栓应逐个清洗干净，用磁粉或渗透检测，确认螺纹根部无裂纹。用于250℃以上的螺栓应涂防咬合剂。

4.3.8 与受压元件焊接的保温钉、支持圈、垫板等更换时，应选用与受压元件相同或相近材料，焊材合金元素应与受压元件相同或略高，焊接应牢固，咬边深度不得超过0.5mm。

4.3.9 安全附件

4.3.9.1 安全附件应实行定期检修、校验制度；

4.3.9.2 新安全阀在安装之前，应根据使用情况进行调试后，才准安装使用；

4.3.9.3 爆破片装置应符合GB/T 567《爆破片安全装置》的要求，定期更换；

4.3.9.4 压力表的校验和维护应符合国家计量部门的有关规定，压力表安装前应进行校验，在刻度盘上应划出指示最高工作压力的红线，注明下次校验日期，压力表校验后应加铅封；

4.3.9.5 液面计除应符合有关规定外，还应符合下列要求：

a）应根据压力容器的介质、最高工作压力和温度正确选用；

b）液面计安装前应进行水压试验，试验压力对中低压容器用液面计为1.5倍最高工作压力，对高压容器用的液面计为1.25倍最高工作压力。

5 试验与验收

5.1 试验

5.1.1 用焊接方法修理或更换主要受压元件的压力容器，经检验合格后应做耐压试验。对于介质毒性程度为极度、高度危害或设计上不允许有微量泄漏的压力容器，必须进行气密性试验。

5.1.2 耐压试验包括液压和气压试验。试验的压力应符合设计图样要求。

5.1.3 耐压试验前，压力容器各连接部位的紧固螺栓必须装配齐全，紧固妥当。必须用两个量程相同并经校正的压力表，压力表精度等级，低压的不应低于2.5级，中、高压的不应低于1.5级，刻度极限值为最高工作压力的1.5～3倍，表盘直径不应小于100mm，应安装在被试验压力容器顶部便于观察的位置。

5.1.4 耐压试验场地应有可靠的安全防护措施，并应经单位技术负责人和安全部门检查认可。耐压试验过程中，不得进行与试验无关的工作，无关人员不得在试验现场停留。

5.1.5 液压试验的要求

5.1.5.1 凡在试验时，不会导致发生危险的液体，在低于其沸点的温度下，都可用作液压试验介质。一般应采用水。当采用可燃性液体进行液压试验时，试验温度必须低于可燃性液体的闪点。试验场地附近不得有火源，且应配备适用的消防器材。

5.1.5.2 以水为介质进行液压试验，其所用的水必须是洁净的。奥氏体不锈钢压力容器用水进行液压试验后，应严格控制水中的氯离子含量不超过 25mg/L。试验合格后，应立即将水渍去除干净。

5.1.5.3 碳素钢、16MnR 和正火 15MnVR 制压力容器液压试验时，液体温度不得低于 5℃；其他低合金钢压力容器，液体温度不得低于 15℃。如果由于板厚等因素造成材料无延性转变温度升高，则需相应提高液体温度。其他材料制压力容器液压试验温度按设计图样规定。铁素体钢制低温压力容器在液压试验时，液体温度应高于壳体材料和焊接接头两者夏比冲击试验规定温度的高值再加 20℃。

5.1.5.4 压力容器充满液体，滞留在压力容器内的气体必须排净，压力容器外表面应保持干燥，当压力容器壁温与液体温度接近时，才能缓慢升压至设计压力；确认无泄漏后继续升压到规定的试验压力，保压 30min，然后降至规定试验压力的 80%，保证足够的时间检查。检查期间压力应保持不变，不得采用连续加压以维持试验压力不变。压力容器液压试验过程中一般不得带压紧固螺栓或向受压元件施加压力。

5.1.5.5 压力容器液压试验后，符合下列情况者即认为合格：

a）无渗漏；

b）无可见的变形；

c）试验过程中无异常的响声；

d）对抗拉强度规定值下限大于等于 540MPa 的材料，表面经无损检测抽查未发现裂纹。

5.1.6 气压试验的要求

5.1.6.1 由于结构或支承原因，不能向压力容器内充灌液体，以及运行条件不允许残留试验液体的压力容器，可按设计图样规定采用气压试验。

5.1.6.2 气压试验所用气体，应为干燥、洁净的空气、氮气或其他惰性气体。

5.1.6.3 碳素钢和低合金钢制压力容器的试验用气温度不得低于 5℃；其他材料制压力容器，其试验用气温度应符合设计图样规定。

5.1.6.4 气压试验时，试验单位的安全部门应进行现场监督。

5.1.6.5 应先缓慢升压至规定试验压力的 10%，保压 5～10min，并对所有焊缝和连接部位进行初次检查；如无泄漏可继续升压到规定试验压力的 50%；如无异常现象，其后按每级为规定试验压力的 10%，逐级升到试验压力，保压 30min，然后降到规定试验压力的 87%，保压足够时间进行检查。检查期间压力应保持不变。不得采用连续加压以维持试验压力不变。气压试验过程中一般不得带压紧固螺栓。

5.1.6.6 气压试验过程中，压力容器无异常响声，经肥皂液或其他检漏液检查无漏气，无可见的变形即为合格。

5.1.7 气密性试验要求

5.1.7.1 介质毒性程度为极度、高度危害或设计上不允许有微量泄漏的压力容器，必须进行气密性试验。

5.1.7.2 碳素钢和低合金钢制压力容器，其试验用气体的温度应不低于5℃，其他材料制压力容器按设计图样规定。

5.1.7.3 气密性试验所用气体，应符合 5.1.6.2 的规定。

5.1.7.4 压力容器进行气密性试验时，一般应将安全附件装配齐全。

5.1.7.5 保压不少于 30min，经检查无泄漏即为合格。

5.2 验收

5.2.1 验收应由设备管理部门组织有关单位参加，所有压力容器检修后的技术资料应按职责范围由设备管理部门主管压力容器的技术人员签字才能生效。

5.2.2 压力容器修理后，必须履行严格的验收手续，各项数据达到技术要求或能满足安全生产的要求。压力容器检修质量验收按附录 A“压力容器检修质量验收控制表”执行。

5.2.3 压力容器达到完好标准。

5.2.4 提交下列技术资料：

5.2.4.1 设计变更及材料代用通知单、材料及零部件合格证。

5.2.4.2 各项施工记录，包括：

a）隐蔽工程记录；

b）封闭记录；

c）检修记录（含焊缝质量检验报告）；

d）中间检验记录。

5.2.4.3 试验记录和安全附件校验、定压记录。

5.2.4.4 压力容器检验报告

a）检验评定综合报告；

b）原始资料审查报告；

c）VT 检测报告；

d）UT 检测报告；

e）MT 检测报告；

f）PT 检测报告；

g）材料检验报告；

h）强度校核；

i）检验结论。

6 维护与故障处理

6.1 日常维护

6.1.1 压力容器操作人员应经安全教育和考核合格，持证上岗。严格执行工艺操作规程和岗位操作规程，严禁超温、超压和超负荷运行。

6.1.2 定期巡回检查，检查重点如下：

6.1.2.1 压力容器本体、接口（阀门、管路）部位、焊接接头等的裂纹、过热、变形、泄漏及损伤等；

6.1.2.2 外表面的腐蚀；

6.1.2.3 保温层破损、脱落、潮湿、跑冷；

6.1.2.4 压力容器与相邻管道或构件的异常振动、响声，相互摩擦；

6.1.2.5 支承或支座的损坏，基础下沉、倾斜和开裂，紧固螺栓的完好情况；

6.1.2.6 排放（疏水、排污）装置；

6.1.2.7 运行的稳定情况，是否有超温、超压和超负荷运行的现象；

6.1.2.8 压力容器接地设施是否完好；

6.1.2.9 安全状态等级为 4 级的压力容器监控措施和异常情况。

6.1.3 压力容器发生下列异常现象之一时，操作人员应立即采取紧急措施，并按规定向有关部门报告：

6.1.3.1 工作压力、介质温度或壁温以及介质组成中的某种腐蚀成分超过许用值，采取措施仍不能得到有效控制；

6.1.3.2 主要受压元件发生裂缝、鼓包、变形、泄漏等危及安全的缺陷；

6.1.3.3 安全附件失效；

6.1.3.4 接管、紧固件损坏，难以保证安全运行；

6.1.3.5 发生火灾，直接威胁到压力容器安全运行；

6.1.3.6 过量充装；

6.1.3.7 液位失去控制，采取措施仍不能得到有效控制；

6.1.3.8 压力容器与管道发生严重振动，危及安全运行；

6.1.3.9 其他异常情况。

6.1.4 压力容器内部有压力，一般不得进行修理或紧固。对于特殊生产过程，开（停）车、升（降）温过程中，需要带压紧固螺栓时，应制定有效的安全操作规程和防护措施，并经单位技术负责人批准，安全部门监督实施。

6.1.5 做好停用和备用容器的维护检查，防止器内剩余介质引起反应或腐蚀，对长期停用的压力容器，应清洗并排净介质，用氮气等封存，启用时应按要求进行检验。

6.2 常见故障与处理

在用压力容器常见功能故障与处理方法见表 2。

表 2 在用压力容器常见功能故障与处理方法

序号	功能	功能故障	故障模式	故障后果	故障应对策略与检修内容	检修周期
1	连接、隔离、密封、密闭	法兰密封泄漏	法兰密封面损坏	密封泄漏	修复密封面或更换法兰	
			垫圈承压不足、腐蚀	密封失效泄漏	紧固螺栓、更换垫圈	
			螺栓松动或腐蚀	密封泄漏	紧固或更换螺栓	
			法兰面不平行、中心偏差	密封泄漏	调整或更换法兰	
			法兰密封结构选型不当	密封失效	重新选型更换	
			管线热膨胀异常	法兰密封变形失效	重新核算调整	
			升、降温，或升、降压过快	操作不当，密封泄漏	按规程操作	
2	连接、密闭	焊缝开裂	应力腐蚀开裂	焊缝开裂泄漏	消除裂纹，补焊修复	
			疲劳开裂	焊缝开裂泄漏	消除裂纹，补焊修复	
			制造时遗留裂纹	焊缝开裂泄漏	消除裂纹，补焊修复	
3	承压、密闭	壳体减薄	腐蚀减薄	腐蚀穿孔泄漏	补焊或换板	
			冲刷、磨损	减薄泄漏	补焊或加防冲板	
4	防腐	防腐衬里损坏	衬里层开裂脱落	防腐失效	修复或更换衬里	
5	超压保护	安全附件失效	附件损坏	设备超压损坏	修复或更换附件	

附　录　A

（资料性附录）

压力容器检修质量验收控制表

<table>
<tr><td rowspan="3">位号</td><td rowspan="3">名称</td><td rowspan="3">规格</td><td colspan="2">设计条件</td><td colspan="5">操作条件</td></tr>
<tr><td>温度 /℃</td><td>压力 /MPa</td><td colspan="2">温度 /℃</td><td>压力 /MPa</td><td colspan="2">介质</td></tr>
<tr><td></td><td></td><td colspan="2"></td><td></td><td colspan="2"></td></tr>
<tr><td>序号</td><td colspan="2">检修主要内容</td><td>质量标准</td><td>控制级别</td><td>检查情况</td><td>施工单位</td><td>生产装置</td><td>设备管理部门</td><td>日期</td></tr>
<tr><td rowspan="4">1</td><td colspan="2" rowspan="4">容器外部及安全附件检查；</td><td>1. 外防腐层完好，无锈蚀或脱落；有外保温、保冷的容器其保温、保冷层完好，无松散、冒汗现象</td><td>B</td><td></td><td></td><td></td><td></td><td></td></tr>
<tr><td>2. 安全阀、液位计、压力表等安全附件完好、齐全并校验合格，打上铅封</td><td>B</td><td></td><td></td><td></td><td></td><td></td></tr>
<tr><td>3. 检查设备防静电接地装置符合设计要求</td><td>B</td><td></td><td></td><td></td><td></td><td></td></tr>
<tr><td>4. 检查基础是否有裂纹蹦碎，外保温及裙座的防火涂层是否符合要求</td><td>B</td><td></td><td></td><td></td><td></td><td></td></tr>
<tr><td rowspan="2">2</td><td colspan="2" rowspan="2">检查容器内构件安装质量</td><td>1. 内表面腐蚀状况检查及消缺验收。
各开口接管及母材的焊缝上无凹坑、开裂等腐蚀现象；内表面无鼓包、脱层、凹坑、沟槽、龟裂、针孔等腐蚀现象；有缺陷的要有消缺记录</td><td>A</td><td></td><td></td><td></td><td></td><td></td></tr>
<tr><td>2. 器内积垢检查及清扫后的验收，清扫前器内油垢、锈垢、残留的剂及粉尘等垢物积存情况的检查记录，清扫后的检查验收记录</td><td>B</td><td></td><td></td><td></td><td></td><td></td></tr>
</table>

压力容器检修质量验收控制表（续）

<table>
<tr><td rowspan="3">位号</td><td rowspan="3">名称</td><td rowspan="3">规格</td><td colspan="2">设计条件</td><td colspan="5">操作条件</td></tr>
<tr><td>温度 /℃</td><td>压力 / MPa</td><td colspan="2">温度 /℃</td><td>压力 / MPa</td><td colspan="2">介质</td></tr>
<tr><td></td><td></td><td colspan="2"></td><td></td><td colspan="2"></td></tr>
<tr><td>序号</td><td colspan="2">检修主要内容</td><td>质量标准</td><td>控制级别</td><td>检查情况</td><td>施工单位</td><td>生产装置</td><td>设备管理部门</td><td>日期</td></tr>
<tr><td rowspan="2">2</td><td colspan="2" rowspan="2">检查容器内构件安装质量</td><td>3. 内构件齐全，如进料分配管、出口防涡旋器、破沫网安装符合要求（与器壁无缝隙，固定件牢固）</td><td>B</td><td></td><td></td><td></td><td></td><td></td></tr>
<tr><td>4. 目测检查内构件支承圈是否变形，角焊缝是否有裂纹、脱焊等现象。
不锈钢内构件表面进行酸洗钝化</td><td>A</td><td></td><td></td><td></td><td></td><td></td></tr>
<tr><td rowspan="2">3</td><td colspan="2" rowspan="2">容器内杂物检查，容器</td><td>容器内无积垢，无残留工具及配件、杂物等；进出容器要有随身携带物品的检查登记；办理有进设备作业许可证</td><td>B</td><td></td><td></td><td></td><td></td><td></td></tr>
<tr><td>各管口通畅、无杂物</td><td>B</td><td></td><td></td><td></td><td></td><td></td></tr>
<tr><td>4</td><td colspan="2">气密或耐压试验</td><td>试验的压力应符合设计图样要求。试验压力下保压时间不小于 30min，无泄漏、无可见变形、无异响为合格</td><td>A</td><td></td><td></td><td></td><td></td><td></td></tr>
</table>

注： A 级：施工单位、生产装置、设备管理部门专业人员检查确认后签字。
B 级：施工单位和生产装置专业人员检查确认后签字。
C 级：施工单位专业人员检查确认后签字。
另：如果有监理，监理的职责由甲方授权。

4. 工业管道维护检修规程

SHS 01005—2019

代替 SHS 01005—2004

目　次

前　言

本规程按照GB/T　1.1—2009《标准化工作导则　第1部分：标准的结构和编写》给出的规则起草。

本规程代替SHS　01005—2004《工业管道维护检修规程》，与SHS　01005—2004相比，除了编辑性修改外，主要技术变化如下：

——补充新的法律法规和技术规范；

——补充说明了工业管道的新分类；

——补充新的检修内容；

——对工业管道的检修周期重新定义。

本规程由中国石油化工集团有限公司、中国石油化工股份有限公司提出。

本规程起草单位：中国石油化工股份有限公司茂名分公司。

本规程主要起草人：陈智。

本规程所代替规程的历次版本发布情况为：

——SHS　01005—1992、SHS　01005—2004。

工业管道维护检修规程

1 范围

1.1 主题内容

本规程规定了在役工业管道的检查周期与内容、检修程序与质量标准、试验与验收、维护与故障处理等。

1.2 适用范围

本规程适用于《特种设备名录》(2014) 中规定的工业管道。

1.3 本规程不适用于下列管道:

1.3.1 有色金属管道、铸铁管道和非金属管道;
1.3.2 直接受火焰加热的管道。

1.4 分类

在用工业管道按设计压力、设计温度、介质等因素分为 GC1、GC2 和 GC3 级。具体分级内容如下:

1.4.1 符合下列条件之一的工业管道为 GC1 级:

1.4.1.1 输送毒性程度为极度危害介质,高度危害气体介质和工作温度高于其标准沸点的高度危害的液体介质的管道;

1.4.1.2 输送火灾危险性为甲、乙类可燃气体或甲类可燃液体(包括液化烃),并且设计压力≥4.0MPa 的管道;

1.4.1.3 输送除前两项介质的流体介质并且设计压力≥10.0MPa,或者设计压力≥4.0MPa,并且设计温度≥400℃的管道。

1.4.2 符合下列条件之一的工业管道为 GC2 级:

除 1.4.3 规定的 GC3 级管道外,介质毒性程度、火灾危险性(可燃性)、设计压力和设计温度低于 1.4.1 规定的 GC1 级的管道。

1.4.3 符合下列条件的工业管道划分为 GC3 级:

输送无毒、非可燃流体介质,设计压力≤1.0MPa,并且设计温度高于 -20℃但不高于 185℃的管道。

2 规范性引用文件

下列文件中的条款通过本规程的引用而成为本规程的条款。凡是注日期的引用文件，其随后所有的修改单（不包括勘误的内容）或修订版均不适用于本规程，然而，鼓励根据本规程达成协议的各方研究是否可使用这些文件的最新版本。凡是不注日期的引用文件，其最新版本适用于本规程。

特种设备安全法

特种设备安全监察条例

TSG D0001　压力管道安全技术监察规程——工业管道

TSG D5001—2009　压力管道使用登记管理规则

TSG R1001—2012　压力容器压力管道设计许可规则

《特种设备目录》的公告（2014 年第 114 号）

TSG D7005　压力管道定期检验规则——工业管道

TSG 08　特种设备使用管理规则

GB/T 5777　无缝钢管超声波探伤检验方法

GB/T 30579　承压设备损伤模式识别

GB 50160　石油化工企业设计防火标准

GB 50235　工业金属管道工程施工规范

GB 50236　现场设备、工业管道焊接工程施工规范

GB 50316　工业金属管道设计规范

GB 50683　现场设备、工业管道焊接工程施工质量验收规范

GB/T 20801　压力管道规范 工业管道

GBZ 230　职业性接触毒物危害程度分级

HG 20660　压力容器中化学介质毒性危害和爆炸危险程度分类

SH/T 3059　石油化工管道设计器材选用规范

SH/T 3096　高硫原油加工装置设备和管道设计选材导则

SH/T 3129　高酸原油加工装置设备和管道设计选材导则

SH 3501　石油化工有毒、可燃介质钢制管道工程施工及验收规范

SH/T 3520　石油化工铬钼钢焊接规范

SH/T 3526　石油化工异种钢焊接规范

NB/T 47013　承压设备无损检测

3 检修周期与内容

3.1 检修周期

工业管道的检修周期并不是固定的，根据生产的实际需要和国家法律法规的要求，企业一般是按“赶早不赶晚”的原则来确定检修时间，而且一套装置有几十甚至几千条工业管道，即便在装置停工大修期间，也不是每一条管道都进行检修，往往是根据以下几个方面的需求决定是否进行检修：

a）全面检验报告中列出存在超标缺陷；

b）年度检验或日常使用过程中发现隐患；

c）管道曾经发生重大故障，仍然存在需停工才能彻底消除的缺陷；

d）管道已经不满足国家或行业技术规范的要求，需维修改造升级。

3.1.1 基于全面检验的检修周期

工业管道按照 TSG D7005《压力管道定期检验规则——工业管道》进行的定期检验，检验报告中会有“检验周期”，并给出下次检验日期，这是一个具有法定效力的日期，在此日期之前企业应该进行工业管道的下一次检验，并对发现的缺陷进行闭环，可以称为“基于全面检验的检修周期”。

3.1.1.1 一般规定（引自 TSG D7005—2018《压力管道定期检验规则——工业管道》第 1.6 条）

管道一般在投入使用后 3 年内进行首次定期检验。以后的检验周期由检验机构根据管道的安全状况等级，按照以下要求确定：

a）安全状况等级为 1 级、2 级，GC1、GC2 级管道每 6 年检验一次，GC3 级管道不超过 9 年检验一次；

b）安全状况等级为 3 级，有条件监控使用，其检验周期不超过 3 年，在监控使用期间，使用单位应当采取有效的监控措施；

c）安全状况等级为 4 级，应当对缺陷进行处理，否则不得继续使用。

3.1.1.2 基于风险的检验周期（引自 TSG D7005—2018《压力管道定期检验规则——工业管道》第 1.6 条）

管道定期检验可以采用基于风险的检验（RBI）。应用基于风险检验技术的成套装置或者系统中的管道，其检验周期可以采用以下方法确定：

a）依据基于风险检验的情况确定管道的检验周期，根据管道的风险水平延长或者缩短检验周期，但是最长不超过 9 年；

b）以管道的剩余寿命为依据，检验周期最长不超过管道剩余寿命的一半，并且不得超过 9 年。

对于风险等级超过使用单位风险可接受水平的管道，应当分析产生较高风险的原因，采用针对性的检验检测方法和措施来降低风险，使风险控制在使用单位可接受范围内。

3.1.1.3 特殊规定（引自 TSG D7005—2018《压力管道定期检验规则——工业管道》第 1.6 条）

a）检验周期的缩短

有下列情况之一的管道，定期检验周期应当适当缩短：

（a）介质或者环境对管道材料的腐蚀情况不明或者腐蚀减薄情况异常的；

（b）具有环境开裂倾向或者产生机械损伤现象，并且已经发现开裂的（注：环境开裂主要包括应力腐蚀开裂、氢致开裂等，机械损伤主要包括各种疲劳、高温蠕变等，参见 GB/T 30579《承压设备损伤模式识别》）；

（c）改变使用介质并且可能造成腐蚀现象恶化的；

（d）材质劣化现象比较明显的；

（e）使用单位没有按照规定进行年度检查的；

（f）基础沉降造成管道挠曲变形影响安全的；

（g）检验中对其他影响安全的因素有怀疑的。

b）未按期进行定期检验的情况

（a）因特殊情况不能按期进行定期检验的管道，由使用单位提出书面申报报告说明情况，经使用单位主要负责人批准，征得上次承担定期检验的检验机构同意（首次检验的延期除外），向使用登记机关备案后，可以延期检验；或者由使用单位提出申请，按照 TSG D7005—2018《压力管道定期检验规则——工业管道》中 2.6 的规定办理。

（b）对不能按期进行定期检验的管道，使用单位应当采取有效的监控与应急管理措施。

3.1.1.4 工业管道的定期检验内容详见 TSG D7005—2018《压力管道定期检验规则——工业管道》第 2 章的内容。

3.1.2 基于管道状况（存在故障、隐患、合法合规问题）的检修周期

3.1.2.1 在炼化企业的正常管理模式下，一般是依据装置连续运行时间来决定装置的检修周期，例如催化装置3年1修、蒸馏装置5年1修等，也可以依据设备的运行状况（故障、隐患、合法合规问题等），安排装置停工检修，这时是以装置为单位的检修，如某工业管道可能是没有到期，但也应随之进行检验和必要的检修，否则，当工业管道到期时，装置又无法停工检修，会导致工业管道超期，不符合国家的法规规定。

3.1.2.2 工业管道按法规要求必须进行一年一度的年度检查，按规定可以由企业内部取证人员进行，每年一度的检查报告必须包含已经发现的故障、隐患、合法合规问题等内容，并逐项安排整改，实现闭环管理，在下一次全面检验时，检验单位需要对年度检验报告进行审查。

3.1.2.3 工业管道的年度检查要求详见 TSG D7005—2018《压力管道定期检验规则——工业管道》附件 A。

3.1.3 企业的管理者选择哪一种检修周期，往往都是根据“生产优先”的原则，因为国家法规也允许在满足一定条件下延长工业管道的检验周期，使得工业管道可以随装置

一同大修，在延长的时间内，企业要对管道的安全运行负责，企业的管理者必须签字同意。

3.1.4　工业管道进行检修的理由必须是有缺陷或隐患，否则，经过全面检验及合于使用评价，本质是安全的可以长期服役。

3.2　检修内容

3.2.1　检修分类

工业管道需要进行检修的理由源自本规程第3.1条中的4个方面，而工业管道的检修作业内容与管道的实体相关，下面分别列举炼化企业经常用到的几项检修作业内容：

a）补焊、包焊与贴焊（参考SH 3501、GB/T 150）；

b）更换管节或管件（参考SH 3501）；

c）阀门维修；

d）防腐层与保温层修复（参考SH/T 3022、SHS 01033）；

e）支吊架维修（参考SH/T 3073、GB/T 17116）；

f）膨胀节维修或更换（参考GB/T 12777、SH 3501）；

g）管架管托维修或更换（参考设计院通用图纸）；

h）带压作业（参考HG 20201）；

i）开孔补强（参考SH 3059）；

j）安全附件定检与维修；

k）非金属补强。

3.2.2　阀门维修

3.2.2.1　阀门维修还没有国家或行业专用的技术规范，阀门维修的标准就是通过维修恢复到新阀门的功能，大部分阀门能够实现，但是也有的阀门不能得到完美的维修，主要是寿命不如新阀门，但经过评估，制定合理的维修（周期）策略，备好合理的备件，仍然可以再继续使用。

3.2.2.2　阀门维修要注意以下几点：

a）维修前的准备工作必须是充分的，图纸、配件、工具缺一不可；

b）维修阀门的实施单位是否具备必备的能力，需要认真地考察；

c）维修阀门的方案要经过审查，最重要的是质量验收标准；

d）对维修后的阀门要有寿命要求。

3.2.3　非金属补强

3.2.3.1　近些年，非金属补强技术快速发展起来，并已经在石化行业被广泛地应用，但非金属补强技术并未得到国家监管部门的正式认可，TSG技术规范在这一领域还是空白。

3.2.3.2 石化行业特殊的运行方式的确有该方面的需求，将非金属补强技术作为一种临时措施逐渐得到行业内的认可，但仍需要注意以下几点：

a）非金属补强所使用的材料是有时效性的，特别是一些材料不耐紫外线，一些材料具有导电性，可能会引起腐蚀等，这需要对补强材料的使用严格控制，材料应该得到国家级第三方试验机构的报告；

b）非金属补强的施工与焊接一样，也是要严格按照技术方案执行，特别是非金属补强之后是否能够达到预期的强度很难检验，对施工工艺的要求必须更加严格；

c）非金属补强是临时措施，在具备条件的时候应该按设计条件进行恢复。

4 检修程序与质量标准

工业管道的检维修可分为一般检修和重大检修。

4.1 一般检修

在实际工作中，一般检修的全过程管理可执行企业规章制度、行业技术标准（如 GB 50235、SH 3501 等），我国在管道类设备的技术标准已经基本上比较齐全。

4.2 重大检修

对于重大检修，使用单位需要编制施工方案，一般是由施工单位编写交给业主进行审批，特种设备的重大检修或改造还需要向当地监管部门报备，还需要得到设计院的同意，重大维修的实施过程应该是非常严谨的，全过程设置质量控制点，层层把关，方案的变更也要办理审批手续，所有在原设计基础上的变更都要规定办理手续，重大检修的管理核心就是“合法合规”。

4.3 质量标准

工业管道维修的质量标准，需要参考国内现行的各类标准，其中有 GB、HG、SH、NB 等标准体系的内容，下面列举几个比较重要的质量标准：

GB 50235　工业金属管道工程施工规范

GB 50236　现场设备、工业管道焊接工程施工规范

GB 50316　工业金属管道设计规范

GB 50683　现场设备、工业管道焊接工程施工质量验收规范

GB/T 20801　压力管道规范 工业管道

SH 3501　石油化工有毒、可燃介质钢制管道工程施工及验收规范

SH/T 3520　石油化工铬钼钢焊接规范

SH/T 3526　石油化工异种钢焊接规范

NB/T 47013　承压设备无损检测

我国的国家标准及各行业标准已经对工业管道检维修质量标准有了明确的规定，需要时可直接引用。

4.4 其他

4.4.1 阀门的检修见 SHS 01030《阀门维护检修规程》。

4.4.2 管道的防腐见 SHS 01034《设备及管道涂层检修规程》。

4.4.3 管道的绝热见 SHS 01033《设备及管道绝热维护检修规程》。

5 试验与验收

5.1 耐压强度校验和应力分析（引自 GB/T 20801《压力管道规范 工业管道》）

5.1.1 管道的全面减薄量超过公称厚度的 20% 或者检验人员对管道强度有怀疑时应进行耐压强度校验。耐压强度校验参照 GB/T 20801《压力管道规范 工业管道》的相关要求进行。

5.1.2 对下列情况之一者，必要时应进行管系应力分析：

5.1.2.1 无强度计算书，并且 $t_0 \geqslant D_0/6$ 或 $p_0/[\sigma]^t > 0.385$ 的管道，其中 t_0 为管道设计壁厚（mm），D_0 为管道外径（mm），p_0 为设计压力（MPa），$[\sigma]^t$ 为设计温度下材料的许用应力（MPa）；

5.1.2.2 存在下列情况之一的管道：有较大变形、挠曲，由管系应力引起密封结构泄漏、破坏的，管段应设而未设置补偿器或补偿器失效，支吊架异常损坏，结构不合理且已经发现严重缺陷的，严重的全面减薄。

5.1.3 耐压试验一般规定（引自 TSG D0001 第四章第五节）

定期检验过程中，使用单位或者检验机构对管道安全状况有怀疑时，应当进行耐压试验。耐压试验由使用单位负责实施，检验机构负责检验。耐压试验的试验参数［试验压力、温度等以本次定期检验确定的允许（监控）使用参数为基础计算］、准备工作、安全防护、试验介质、试验过程、试验结论等应当符合有关安全技术规范规定。

5.2 液压试验

5.2.1 液压试验应用洁净水进行，注水时应将空气排净。

5.2.2 奥氏体不锈钢管液压试验，水中氯离子含量不得超过 25mg/L。

5.2.3 液压试验压力应符合下列规定：

5.2.3.1 真空管道为 0.2MPa（表压）；

5.2.3.2 其他管道为设计压力的 1.5 倍；

5.2.3.3 设计温度高于试验温度时，试验压力应不小于计算值 p_t；但当 $[\sigma_0]/[\sigma_t]$ 大于 6.5 时，取 6.5：

$$p_t=1.5p_0[\sigma_0]/[\sigma_t]$$

式中 p_t——常温时的试验压力，MPa；

p_0——设计压力，MPa；

$[\sigma_0]$——材料在试验温度下的许用应力，MPa；

$[\sigma_t]$——材料在设计温度下的许用应力，MPa。

5.2.4 水压试验过程中，碳素钢、普通低合金钢的管道各部水温须保持在5℃以上，其他钢材的水温按设计要求执行。水压试验后及时将水排净。

5.2.5 水压试验以不降压、无泄漏、无变形为合格。

5.3 气压试验

管道系统水压试验有困难时可用气压试验代替，气压试验按SH 3501《石油化工有毒、可燃介质钢制管道施工及验收规范》的要求执行。

5.4 泄漏性试验及真空度试验

5.4.1 泄漏试验

对于输送极度危害、高度危害介质，或者设计上不允许有微量泄漏的管道应当进行泄漏试验（如气密性试验和氨、卤素、氦检漏试验）。试验方法的选择，应当符合设计文件、相关标准要求。泄漏试验由使用单位负责实施，检验机构负责检验。

5.4.2 管道试验应具备如下条件：

5.4.2.1 试验范围内的管道安装工程除防腐、绝热外，已按设计图纸全部完成，安装质量符合有关规定，试验用临时加固措施确认安全可靠。

5.4.2.2 试验用压力表须校验合格，精度不低于1.5级，表的量程为最大被测压力的1.5～2倍。

5.4.2.3 将不参与试验的系统、设备、仪表及管道等隔离。拆除安全阀、爆破片。

5.4.3 局部修理的管道，在保证施工质量的条件下，可随装置贯通试压一并进行。

5.4.4 泄漏性试验可结合装置试车同时进行。

5.4.5 泄漏性试验应逐级缓慢升压，当达到试验压力，并停压10min后，应采用刷涂中性发泡剂等方法，巡回检查阀门填料函、法兰或螺纹连接处、放空阀、排气阀、排净阀等所有密封点应无泄漏。泄漏性试验合格后，应及时缓慢泄压，填写试验记录。

5.4.6 经气压试验合格，且在试验后未经拆卸过的管道可不进行泄漏性试验。

5.4.7 真空管道系统，压力试验合格后，应以0.1MPa试验压力，气体介质按5.4.1的要求进行泄漏性试验。

5.4.8 真空管道在泄漏性试验合格后，系统联运转时，还应按设计压力进行真空度试验，时间为24h，增压率不大于5%为合格。

$$\Delta p = \frac{p_2 - p_1}{p_1} \times 100\%$$

式中 Δp——24h增压率；

p_1——试压初始压力（表压），MPa；

p_2——24h 后的实际压力（表压），MPa。

5.4.9 严密性试验时，应缓慢升压，达到试验压力后稳压 10min，然后降压至最高工作压力，以不降压、无泄漏和无变形为合格。

5.4.10 设计文件规定用卤素、氦气、氨气或气泡等其他方法进行敏感泄漏性试验时，应按专门技术规定进行。

5.5 验收（参考 SH 3501）

5.5.1 竣工资料交付（参考 SH/T 3503）

a）材料质量证明书或合格证；

b）隐蔽工程施工和验收记录；

c）施工图纸（含单线图）；

d）焊缝质量检验报告；

e）试验记录。

5.5.2 业主抽查项目（自选项目）

a）阀门各组件材质抽查，尤其关注特殊工况；

b）螺栓（螺母）性能抽查；

c）焊材抽查（提前进行）；

d）焊缝抽查；

e）硬度抽查；

f）绝热抽查；

g）支吊架抽查。

6 维护与故障处理

6.1 日常维护

6.1.1 操作人员必须按照操作规程使用管道，定时巡回检查。专业技术人员对压力管道进行年度检查发现的问题，必须及时进行治理。

6.1.2 日常定时巡回检查内容：

6.1.2.1 在用管道有无超温、超压、超负荷和过冷；

6.1.2.2 管道有无异常振动，管道内部有无异常声音；

6.1.2.3 管道有无发生液击；

6.1.2.4 管道安全保护装置运行是否正常；

6.1.2.5 绝热层有无破损；

6.1.2.6 支吊架有无异常。

6.1.3 年度检查的内容参考 TSG D0001《压力管道安全技术监察规程——工业管道》。

6.2 常见故障与处理

6.2.1 在用工业管道常见功能故障处理方法见表 1。

表 1 在用工业管道常见功能故障与处理方法

功能	功能故障	故障模式	故障后果	故障应对策略与检修内容	检修周期
密闭输送	法兰泄漏	螺栓上紧力不够	造成污染，甚至着火爆炸	上紧或更换螺栓	日常随时
		法兰密封面损坏		修复密封面或更换法兰	日常随时
		法兰密封垫失效		更换密封垫 / 带压堵漏	日常随时
	焊缝泄漏	焊缝有砂眼、裂纹、腐蚀减薄		补焊修复或带压密封堵漏	日常随时
	管子泄漏	管子腐蚀穿孔		补焊修复 / 带压密封堵漏 / 更换管段	日常随时
平稳输送，振动小	振动大	强组对、支吊架问题	管道开裂，甚至断裂	释放安装应力、修复支吊架	大修时

6.2.2 带压堵漏处理

6.2.2.1 带压密封堵漏是指采用堵漏密封胶粘补或注入预制的夹具盒内对管道的法兰、焊缝和管子等部位泄漏进行堵漏的一种新型密封技术。

6.2.2.2 剧毒介质管道、均匀腐蚀的管道不宜采用带压堵漏。

6.2.2.3 带压密封堵漏施工前应办理许可证，并经有关部门审批。

6.2.2.4 带压密封堵漏应由专门人员执行。

6.2.2.5 密封胶应根据泄漏介质、温度和压力等特性选择。

6.2.2.6 密封夹具应根据泄漏部位具体形状设计加工，并进行强度计算和校核。

6.2.2.7 带压密封堵漏前应制定安全防范措施。

6.2.2.8 带压堵漏设施是临时处理措施，系统停车时应拆除，并修复泄漏部位。

6.3 紧急情况停车

当管道发生以下情况之一时，应采取紧急措施并同时向有关部门报告：

6.3.1 管道超温、超压、过冷，经过处理仍然无效；

6.3.2 管道发生泄漏或破裂，介质泄出危及生产和人身安全时；

6.3.3 发生火灾、爆炸或相邻设备和管道发生事故，危及管道的安全运行时；

6.3.4 发现不允许继续运行的其他情况时。

附 录 A
（资料性附录）
工业管道质量验收数据记录表

序号	检修主要内容	质量标准	控制级别	检查情况	施工单位检查确认人	生产装置检查确认人	设备管理部门检查确认人	日期
1	材料	板材、管道及管件材质应符合设计要求	B					
2	焊材	焊材的材质应符合设计要求和规范规定	B					
3	坡口清理	清理时，应将坡口及其内外表面20mm范围内的油、漆、锈、毛刺等污物清除掉	B					
4	相邻两道焊缝的距离	当 DN<150mm时，不小于外径，且不小于50mm	B					
		当 DN≥150mm时，不小于150mm	B					
		焊缝距离支吊架不应小于50mm；需要热处理的焊缝其支吊架之间的净距离不小于焊缝宽度的5倍且不小于100mm	B					
		除定型管件外，卷管相邻二纵缝间距不小于100mm	B					
		焊缝中心距离弯管起弯点不小于100mm，且不小于管子外径	B					
5	对接错边量	内壁错边量不大于壁厚的10%且不大于2mm	B					
		外壁错边量不大于2mm	B					
6	表面成形	焊缝表面应整齐均匀，无裂纹、未熔合、气孔、夹渣和内壁可视的未焊透、烧穿等缺陷	B					
7	焊接预热、层间温度的控制	符合规范和焊接工艺文件规定的范围	B					

工业管道质量验收数据记录表（续）

序号	检修主要内容	质量标准	控制级别	检查情况	施工单位检查确认人	生产装置检查确认人	设备管理部门检查确认人	日期
8	焊接热处理过程控制	热电偶数量、现场热处理参数符合规范和热处理工艺文件要求，热处理曲线图上过程记录及时、真实、完整	A					
9	焊缝清理	焊缝及其周围应清除干净，不应存在电弧烧伤母材的缺陷	B					
10	焊缝宽度	焊缝宽度应符合焊接工艺规程的要求，无要求时为坡口上两侧各加宽 0.5～2mm	B					
11	焊缝余高	壁厚≤6mm 的 ，焊缝余高不大于 1.5mm；壁厚＞6mm 的，不大于 2.5mm	B					
12	咬边	应符合设计要求和规范规定（SHA1 和 SHB1 的管道、不锈钢和抗拉强度下限值等于或大于 540MPa 的合金管道焊缝表面，不得有咬边现象。其他管道焊缝咬边深度不应大于 0.5mm，连续咬边长度不应大于 100mm，且焊缝两侧咬边总长度不大于该焊缝全长的 10%）	B					
13	无损检测	焊缝无损检测应符合设计要求和规范规定	A					
14	耐压和泄漏试验	试验的压力应符合设计图样要求。试验压力下无泄漏、无变形、无异响为合格	A					

注： A 级：施工单位、生产装置、设备管理部门专业人员检查确认后签字。

B 级：施工单位和生产装置专业人员检查确认后签字。

C 级：施工单位专业人员检查确认后签字。

另：如果有监理，监理的职责由甲方授权。

5. 管式加热炉维护检修规程

SHS 01006—2019

代替 SHS 01006—2004

目　次

前　　言

本规程按照GB/T 1.1—2009《标准化工作导则　第1部分：标准的结构和编写》给出的规则起草。

本规程代替SHS 01006—2004《管式加热炉维护检修规程》，与SHS 01006—2004相比，主要技术变化如下：

——增加了焊接材料的检查、复验内容；

——增加炉管安装时，对导向管与定位管、炉管段部和炉管扩面部分段部与管板的相对位置相关要求；

——更新了部分规范性引用文件；

——增加加热炉主要故障与处理表；

——增加“附录A加热炉检修质量控制确认表”；

——增加“附录B加热炉设备试验与验收数据记录表”；

——增加“附录C加热炉检修后试运行记录表”。

本规程由中国石油化工集团有限公司、中国石油化工股份有限公司提出。

本规程起草单位：中国石油化工股份有限公司金陵分公司。

本规程主要起草人：丁银标。

本规程所代替规程的历次版本发布情况为：

——SHS 01006—1992、SHS 01006—2004。

管式加热炉维护检修规程

1 总则

1.1 本规程规定了石油化工管式加热炉的检修周期与内容、检修程序与质量标准、试验与验收、维护与故障处理等。

1.2 本规程适用于石油化工管式加热炉，不适用于裂解、转化管式炉。

2 规范性引用文件

下列文件中的条款通过本规程的引用而成为本规程的条款。凡是注日期的引用文件，其随后所有的修改单（不包括勘误的内容）或修订版均不适用于本规程，然而，鼓励根据本规程达成协议的各方研究是否可使用这些文件的最新版本。凡是不注日期的引用文件，其最新版本适用于本规程。

GB 50235 工业金属管道工程施工规范
SH/T 3112 石油化工管式炉炉管胀接工程技术条件
SH/T 3113 石油化工管式炉燃烧器工程技术条件
SH/T 3114 石油化工管式炉耐热铸铁件工程技术条件
SH/T 3115 石油化工管式炉轻质浇注料衬里工程技术条件
SH/T 3127 石油化工管式炉铬钼钢焊接回弯头技术标准
SH/T 3520 石油化工铬钼钢焊接规范
SH/T 3096 高硫原油加工装置设备和管道设计选材导则
NB/T 47013 承压设备无损检测
SH/T 3036 一般炼油装置用火焰加热炉
SH/T 3037 炼油厂加热炉炉管壁厚计算方法
SH/T 3065 石油化工管式炉急弯弯管技术标准
SH/T 3070 石油化工管式炉钢结构设计规范
SH/T 3085 石油化工管式炉碳钢和铬钼钢炉管焊接技术条件
SH/T 3086 石油化工管式炉钢结构工程及部件安装技术条件
SH/T 3087 石油化工管式炉耐热钢铸件工程技术条件
SH/T 3506 管式炉安装工程施工质量验收规范
SH/T 3534 石油化工筑炉工程施工质量验收规范
SH/T 3503 石油化工建设工程项目交工技术文件规定
SHS 01034 设备及管道涂层检修规程

SH 3531　隔热耐磨衬里技术规范

中国石油化工股份有限公司炼油生产装置管式加热炉运行管理规定

3　检修周期与内容

3.1　检修周期

管式加热炉应根据对设备功能故障及其影响分析的结果，并结合生产装置运行周期，确定设备检修周期，一般为 4～6 年。

3.2　检修内容

3.2.1　根据损坏程度，修理或更换炉管、弯管、管板和吊挂等炉内构件。

3.2.2　修补或更换对流室、辐射室和烟道等部位的炉墙及衬里。

3.2.3　修理或更换燃烧器、吹灰器、空气预热器、引风机、鼓风机和烟道挡板等。

3.2.4　修理炉体钢结构，修理烟、风道及燃料油、燃料气、蒸汽等附属管线，并防腐和保温。

3.2.5　清扫或清洗炉管表面灰垢及管内结焦。

3.2.6　仪表（包括探头）、电气系统检查、检修、调校。

3.2.7　检查、检修、调校安全附件。

3.2.8　炉管试压、炉衬养护及烘炉。

4　检修程序与质量标准

4.1　检修前的准备

4.1.1　掌握管式加热炉的运行状况，编制、审批、下达检修计划，备齐检修所需的图纸和技术资料，如使用维护说明书、维修手册和相关检修记录，制定检修方案（含焊接和起重作业方案）或检修作业指导书，产权单位、检修单位按规定进行检修作业的双向交底，并做好交底记录。

4.1.2　按要求备齐检修工器具、量具、吊具。

4.1.3　备齐检修所需备品、配件、材料（要有生产厂的出厂合格证），检查核实配件材料的尺寸和材质是否满足技术要求。

4.1.3.1　新更换炉管、弯管及炉内铸件必须进行外观检查，必要时对新更换炉管、弯管进行无损检测。炉管、弯管需经过胀接试验。

4.1.3.2　炉管、弯管等材料必须 100% 复验硬度和化学成分，应进行强度试压检查。按 SH/T 3065《石油化工管式炉急弯弯管技术标准》、SH/T 3085《石油化工管式炉碳钢和铬钼钢炉管焊接技术条件》和SH/T 3127《石油化工管式炉铬钼钢焊接回弯头技术标准》的有关规定执行。试验压力按设计规范确定。

4.1.3.3 焊接材料的检查

a）焊接材料进厂后，采购人员会同材料质控负责人对焊材质量证明书的项目、数据是否符合相关标准、订货协议、技术条件及特殊要求进行检查，检查合格后，材料质控负责人给出焊接材料检查编号。

b）焊接材料质量证明书经检查核实后，采购人员会同材料保管员对焊材实物的批号，包装等应对照质量证明书进行核实，其内容应一致。

c）焊材复检：对焊条、焊丝、焊剂等焊接材料的化学成分，熔敷的金属晶间腐蚀倾向、选择性腐蚀及金相组织进行复检。复检合格后，焊接材料应放在符合管理要求的焊材库，并由保管人员在明显的位置作出材料标记。

4.1.4 从事检修的单位必须具有检修资质和业绩，检修人员必须取得相应等级证书，且熟读检修方案或检修作业指导书。焊工和起重工必须持证，并经业主技能验证合格，方能从事检修工作。

4.1.5 检修前，施工现场 HSSE 的条件确认：

4.1.5.1 切断与加热炉相连的电源、气源、汽源。检查确认与炉内相连的所有工艺管线是否隔断或加盲板隔离。充分吹扫并保持炉内空气流畅。

4.1.5.2 检查确认是否按规定办理了各类作业票证。特别注意：动火、防中毒、防窒息分析的取样要具有代表性，必要时，取样人员穿戴长管空气呼吸器进入加热炉内部取样。

4.1.5.3 检查确认加热炉内部检修、照明用电符合标准规范。

4.2 检查内容

4.2.1 炉管及附件

4.2.1.1 检查炉管、弯管有无弯曲变形、鼓胀、鼓包、氧化爆皮、裂纹、腐蚀、冲蚀等。高温重油介质（如温度在450℃以上的渣油）的炉管要特别注意检查有无局部过烧。

4.2.1.2 应结合检修安排炉管的厚度、挠度和硬度测定，并根据实际腐蚀情况，适当调整测厚周期。

4.2.1.3 检查回弯头堵头、顶紧螺杆、元宝螺母及支耳有无裂纹；打开堵头检查胀口处有无结焦积炭、腐蚀、松动等异常情况。

4.2.1.4 检查炉管管内结焦及管外积灰、结垢情况。

4.2.1.5 检查管板、吊挂件和导向杆的变形、断裂及卡死等损坏情况。

4.2.1.6 临氢炉管、易结焦介质炉管及连续运行 4～6 年以上的炉管，必要时，应进行焊缝射线检查及金相检查。

4.2.1.7 检查炉管热电偶和套管的焊缝及其他缺陷。

4.2.2 辐射室

4.2.2.1 检查炉墙、衬里、膨胀缝填充料的外观状况及损坏情况。

4.2.3 对流室

4.2.3.1 检查耐火砖或衬里的损坏情况。
4.2.3.2 检查弯头箱内保温、弯头箱门有无损坏变形。

4.2.4 燃烧器

4.2.4.1 检查燃烧器火嘴的结焦和烧损状况，筒体有无变形，风门是否卡死，稳焰器是否损坏。
4.2.4.2 检查火盆砖及衬里的损坏情况。
4.2.4.3 检查燃料油、燃料气、雾化蒸汽线及阀门是否有腐蚀、堵塞、泄漏或卡死。

4.2.5 空气预热器

4.2.5.1 检查空气预热器换热元件的腐蚀、损坏及积灰结垢情况。
4.2.5.2 检查烟道、风道是否有腐蚀及破损，烟道、风道蝶阀是否有腐蚀和密封不严、开闭不灵活。
4.2.5.3 检查引风机、鼓风机的轴承是否完好，叶轮及机壳有无腐蚀，地脚螺栓是否松动。
4.2.5.4 根据烟气的泄漏情况，对密封进行有针对性的检查。

4.2.6 烟道、烟囱

4.2.6.1 检查耐火砖、衬里及外保温的损坏情况。
4.2.6.2 检查烟囱严重腐蚀情况。

4.2.7 吹灰器

4.2.7.1 蒸汽吹灰器

a）检查传动部分的损坏、吹灰管的腐蚀情况。

b）检查程控部分是否工作正常。

c）检查吹灰蒸汽管线、阀门的腐蚀程度，特别是要检查蒸汽阀门有无泄漏，蒸汽系统有无完备的排凝设施。

4.2.7.2 声波吹灰器

a）检查声波发生器声波导管的腐蚀情况，声波发生器工作是否正常。

b）检查程控器和控制电缆是否完好，工作是否正常，有无受潮、锈蚀、接触不良、短路等异常情况。

c）检查配风、配气管线和阀门是否完好。

4.2.7.3 激波吹灰器

a）检查激波发生器和发射喷口的腐蚀、损坏情况。

b）检查控制部分是否完好正常，有无受潮、锈蚀、接触不良、短路等异常情况。

c）检查主发生器的燃气（如乙炔）和配风系统，重点检查分配器、点火系统、混合器、控制阀等设备、管线、阀门是否工作正常，特别是燃气系统阀门有无泄漏。

4.2.8 其他检查

4.2.8.1 检查烟道、风道挡板及手动或电动调节机构是否腐蚀、卡涩或动作不灵。

4.2.8.2 检查炉体、烟囱钢结构和附属管线的保温、防腐层及腐蚀、损坏情况。

4.2.8.3 检查看火门、防爆门等的完好状况。

4.2.8.4 检查灭火蒸汽线是否畅通，避雷针和接地线是否可靠。

4.2.8.5 检查加热炉氧含量分析仪（包括探头）、热电偶、负压表（包括探头）及环保在线分析仪和CEMS分析小屋等监测设施和计算机控制系统是否完好。

4.2.8.6 检查加热炉系统的联锁系统是否完好。

4.3 检修质量标准

4.3.1 炉管、弯管更换标准

4.3.1.1 在用炉管和急弯弯管经外观检查、测厚或金相检查等后，有以下情况之一的应更换：

a）鼓包、严重裂纹或网状裂纹；

b）卧置炉管相邻两支架间的弯曲度大于炉管外径的2倍；

c）炉管由于严重腐蚀、爆皮，管壁厚度小于计算允许值；

d）外径增大5%；

e）胀口在使用中胀接次数超过2次，胀大值总和超过0.8mm；

f）胀口腐蚀、脱落，胀口露头低于3mm；

g）金相组织有晶界氧化、严重球化、脱碳及晶界裂纹等缺陷。

4.3.1.2 在用回弯头经检查有以下情况之一时应更换：

a）由于严重腐蚀、爆皮，回弯头壁厚小于计算允许值的；

b）支耳开裂，无法承载的；

c）回弯头、堵头密封圆锥面有腐蚀深坑，直径大于2mm，深度大于0.4mm的。

4.3.1.3 因加工高硫、高酸原油而需对炉管材质升级的，应更换炉管、急弯弯管、回弯头。升级后的炉管材质不应低于SH/T 3096《高硫原油加工装置设备和管道设计选材导则》推荐的材质。

4.3.2 炉管管内清焦及管外清垢时的要求

4.3.2.1 清焦过程中，不得损伤炉管及回弯头。

4.3.2.2 清焦后，炉管内壁用光照或内窥镜检查，应无残焦，呈金属本色，无可见的损伤及裂纹、坑疤。

4.3.2.3 清扫炉管表面灰垢时，不得损伤炉管、衬里和炉墙。

4.3.2.4 清除灰垢后，外观检查炉管表面，应基本无积灰、结垢现象。

4.3.3 回弯头的拆装

4.3.3.1 拆卸回弯头堵头应在炉熄火后，回弯头温度降到200～150℃时进行，应先在顶丝上浇上润滑油，然后编号并标上相对位置再进行拆卸，安装时不得装错。拆卸回弯头顶丝时，不准用火烤。

4.3.3.2 回弯头卸开后，堵头和回弯头的接触面用细砂纸轻轻除焦并用研磨剂研磨，研磨后其连续环状密封面面积不得小于60%。

4.3.3.3 重复利用的回弯头，必须按照SH/T 3112《石油化工管式炉炉管胀接工程技术条件》、SH/T 3127《石油化工管式炉铬钼钢焊接回弯头技术标准》等相关标准、规范的质量、检验要求进行抽检。

4.3.3.4 剔除回弯头内炉管管头宜用机械方法，也可用氧气切割，但在切割时，不得将管壁割穿，以免损伤回弯头胀接孔内表面。

4.3.3.5 安装时，应在堵头密封面及顶丝丝扣上均匀涂抹机油调制的石墨粉。

4.3.4 炉管与回弯头的胀接

4.3.4.1 胀接前必须对炉管和回弯头进行选配，使硬度值和间隙值相配。

a）胀接处硬度：碳钢管管端应低于HB170，铬钼钢管管端应低于HB210；回弯头胀口处硬度应比炉管管端硬度高HB30～HB40。硬度值不满足要求时必须对炉管进行退火处理，退火长度应比胀接长度长80～100mm。

b）回弯头胀口与炉管的间隙：炉管外径小于或等于102mm时，直径差为1～1.5mm，炉管外径大于102mm时，直径差为1.5～2mm。

4.3.4.2 回弯头胀口加工面的凹面及环槽端面处不应有纵向刻痕，不连续的环向刻痕深度应小于0.2mm。

4.3.4.3 炉管的胀接端必须用机械方法切割，切割后管头平面应与管子中心垂直，用角尺检查无大于0.1mm的间隙。

4.3.4.4 炉管管端150mm范围内应进行打磨，打磨后的表面应露出金属光泽，且不应有起皮、凹痕、裂纹及纵向刻痕等缺陷，但打磨减薄量应小于0.2mm。炉管端部150mm范围内的内表面也应清理。

4.3.4.5 胀接面清理完毕后，如短时间内不能进行胀接施工，应在胀接表面上涂一层防锈油并包好，以防锈蚀。管端内表面经清理后，亦应采取防护措施。

4.3.4.6 炉管胀接前，必须清理管端及胀口表面上的所有油污、铁屑、纤维或灰尘等杂质，清理后立即开始胀接。

4.3.4.7 胀接时的环境温度应高于5℃。雨雪天在露天胀接时必须有防护措施，胀接过程中严禁油类、水、灰尘等进入胀口。

4.3.4.8 每组炉管管端应齐平，长短相差不得超过 2mm。管端应伸出胀口 6～8mm，保证翻边长度。

4.3.4.9 胀接时，在胀管器的胀杆及炉管管端 200mm 范围内的内表面，应涂一层黄油，但不得渗入管端与胀口的间隙中。

4.3.4.10 胀接处炉管内径胀大值参见表 1。表中胀大值是根据直径差为 1.5mm 确定的，当大于或小于此值时，胀大值应相应加大或缩小。

表 1　炉管内径胀大值参照表

mm

管壁厚度	5 ～ 6.5	6.6 ～ 10.0	10.1 ～ 12.7	12.8 ～ 14.5
内径胀大值	3.0 ～ 3.5	3.3 ～ 4.2	4.0 ～ 4.5	4.2 ～ 4.8

4.3.4.11 管端必须翻边，翻边开始位置应距离回弯头胀口斜边与胀接槽交接处 2mm，翻边角度 15°；翻边与胀接应同时进行，不得过胀。

4.3.4.12 胀管后管子的内表面应达到：翻边均匀过渡，无裂纹和明显的皱折、压痕，内部管壁光洁平滑。

4.3.4.13 胀管检查合格后，应洗净堵头接触面，在堵头上涂上一层机油调合的石墨粉，按拆卸时的标记对号上堵头，并上紧紧定螺钉。

4.3.4.14 如胀口有泄漏，允许补胀。一个管口的补胀次数不应超过 2 次，补胀的胀大值总和不应超过 0.8mm。如补胀两次仍不合格，应更换炉管重新胀接。

4.3.5 炉管与急弯弯管、回弯头，炉管与炉管的焊接

4.3.5.1 焊接现场必须有防风、雨、雪侵袭的设施，施焊的环境温度不得低于 5℃，焊条电弧焊时风速不得大于 8m/s，氩弧焊时风速不得大于 2m/s，环境相对湿度不得大于 90%。

4.3.5.2 炉管、管件、焊材以及对焊工的资质要求必须符合 SH/T 3085《石油化工管式炉碳钢和铬钼钢炉管焊接技术条件》和 SH/T 3506《管式炉安装工程施工及验收规范》的规定。

4.3.5.3 炉管、管件焊接坡口的形式及尺寸，应符合设计文件的要求。炉管、管件焊接坡口应采用机械方法加工，并对焊接坡口进行宏观检查，必要时进行无损检测。

4.3.5.4 炉管焊接应根据钢种、焊材和焊接工艺编写焊接工艺方案。焊接工作必须按焊接工艺方案的要求进行。首次施焊的钢种、焊材和焊接工艺，应在焊前进行焊接工艺评定。评定合格后，应编写焊接工艺评定报告，并据此编写焊接工艺方案，经技术负责人审查批准后实施。

4.3.5.5 焊接前，应先将坡口端面 20mm 范围内的氧化皮、水、油污、油漆、垢、毛刺等清洗干净，并用砂轮打磨至露出金属光泽。

4.3.5.6 焊在 180°急弯弯管或焊接回弯头上的两根炉管的两端应齐平，长短相差不得超过 2mm，并保证规定的对口间隙。

4.3.5.7 炉管与炉管、急弯弯管或回弯头的对接焊口不应有过大的内错口。炉管外径小于或等于 102mm 时，错口不得大于 0.5mm；炉管外径大于 102mm 时，错口不得大于 1mm。

4.3.5.8 炉管和管件施焊前，应根据钢材的淬硬性、焊接环境、焊接方法进行预热，预热温度和方法应符合 SH/T 3085《石油化工管式炉碳钢和铬钼钢炉管焊接技术条件》的规定。

4.3.5.9 焊后热处理

a）需要进行焊后热处理的焊口焊完后，应立即进行焊后热处理，否则应采取后热、缓冷等措施。焊后热处理的参数应符合 SH/T 3085《石油化工管式炉碳钢和铬钼钢炉管焊接技术条件》的规定。

b）热处理后，应对焊缝、热影响区及附近母材抽检表面布氏硬度，抽检数量应不少于热处理焊口总量的 10%。所测焊缝及热影响区的硬度值应小于母材的 125%，且应符合下列要求，否则，必须重新进行热处理并做硬度测试：

12CrMo、15CrMo、1.25Cr-0.5Mo	HB≤225
1Cr2Mo、2.25Cr-1Mo、1Cr5Mo、1Cr9Mo	HB≤241

c）对先进行无损检测、后进行热处理的焊缝，焊后热处理完成后，应对热处理焊口做 10% 超声检测及渗透或磁粉检测，以无裂纹为合格。

4.3.5.10 焊接后的焊缝应进行外观检查，其表面质量应符合以下要求：

a）外观尺寸应符合设计文件或相关规范的要求，焊缝与母材应圆滑过渡；

b）焊缝和热影响区表面不应有裂纹、气孔、弧坑和肉眼可见的夹渣等缺陷；

c）焊缝表面的咬边深度不得大于 0.5mm，焊缝两侧咬边总长度不得超过该焊缝总长度的 10%。否则，应进行修磨或补焊，使之平滑过渡。经修磨部位的炉管壁厚不应小于设计要求的厚度。

4.3.5.11 对接焊缝应进行 100% 无损探伤。检测方法宜采用射线检测。若采用超声检测时，需用射线检测复验，复验比例为焊缝总数的 20%。上述两种检测方法均应符合 NB/T 47013《承压设备无损检测》的规定。其中，射线检测合格等级为Ⅱ级，超声检测合格等级为Ⅰ级。不能用射线或超声检测的焊缝，可采用磁粉或渗透检测方法检查缺陷。

4.3.5.12 不合格的焊缝必须进行返修，同一部位的焊接返修次数不宜超过 2 次。经过 2 次焊接返修仍不合格的焊缝，如需再进行返修，应编制返修工艺方案并经业主设备主管部门同意，由施工单位技术总负责人批准后方可实施，并将返修次数、部位和无损检测等结果记入焊缝返修记录中。返修后仍按原规定方法进行检测。要求焊后热处理的，应在热处理前进行返修。如在热处理后还需返修，返修后应重新进行热处理并做硬度测试。

4.3.6 炉管的安装

4.3.6.1 炉管安装前应详细检查管板、管架和定位管的安装位置是否符合设计要求。

4.3.6.2 炉管预制件在运输和吊装过程中，应有预防变形的加固措施。

4.3.6.3 炉管安装或焊接前，应将管内、外壁清扫干净。

4.3.6.4 立管吊装时应平稳，不得撞击炉墙和衬里。水平管穿管时，不得撞击管板、管架和折流砖。

4.3.6.5 炉管安装时，应保证导向管与定位管的安装尺寸准确，以满足炉管升、降温后能自由伸缩。

4.3.6.6 立管上端采用炉外支承时，每根炉管的两个支耳应水平地支承在吊管梁上。若立管采用炉内吊管时，炉管上部弯管应与吊钩紧密接触，并使吊钩确实承重，炉管中部的拉钩不应与炉管紧密接触，以免影响炉管自由膨胀。

4.3.6.7 立管采用炉内下部支承时，炉管上部的导向吊挂应按设计文件要求正确安装，炉管应能向上自由膨胀。

4.3.6.8 圆筒炉辐射管组焊安装后，其节圆直径误差不大于设计值的0.2%，并不超过12mm。检查炉管段部和炉管扩面部分段部与管板的相对位置，并应符合设计文件的要求。

4.3.7 燃烧器的检修

4.3.7.1 燃烧器安装必须按图施工，方位应符合设计图要求，经交接验收合格后方可安装，位置偏差应小于8mm。

4.3.7.2 燃烧器主要部件的轴线应同心或互相平行，轴线偏差不大于2mm，燃烧器轴线与火道砖轴线的偏差不大于5mm。油枪或瓦斯枪的高度位置必须严格按照设计要求，其垂直度偏差不大于1mm。

4.3.7.3 燃烧器的喷嘴及供气、供油、供汽系统的管路必须畅通无阻，连接部位应严密、无泄漏。

4.3.7.4 喷嘴砖砌筑时必须磨砖对缝，砖缝不得大于2mm。

4.3.7.5 一、二次风门等调节机构应牢固可靠，开闭灵活。强制通风风道应严密无泄漏。

4.3.7.6 燃烧器油、气枪安装前，可用蒸汽或水试喷检查喷射角度，有条件时第一次使用的油枪应进行冷态试验。

4.3.8 耐火砖、耐火衬里的检修

4.3.8.1 施工前的准备

a）施工的环境温度应保持在5℃以上，夏季或冬季施工应分别采取降温或保温措施，雨季应有防雨及排水措施。

b）施工所用的容器和工具应清洗干净，防止有害杂质混入集料中。

c）各种管架、套管及其他金属构件（锚固件除外）埋在炉衬内的部分，应按设计文件要求留置膨胀间隙。设计文件无要求时，可缠绕牛皮纸或耐火纤维纸。管嘴应有防止堵塞措施。

d）炉内锚固件及托砖板等器壁上的附件要按设计文件的要求完成施工并通过检查验收。

e）施工前应将炉壁内表面的焊渣、油污、浮锈及其他附着物清理干净，除锈后的炉壁表面应防止雨淋受潮，必要时应采取内壁防腐措施。

4.3.8.2　耐火砖砌筑

a）砌筑所用的耐火砖（包括耐火泥浆）的种类、外观尺寸、理化性能指标应符合设计文件要求和 SH/T 3534《石油化工筑炉工程施工质量验收规范》的规定。当设计未规定泥浆的种类、牌号和性能指标时，应根据炉子的温度和操作条件选定。

b）耐火砖在砌筑前，应经外观尺寸检查并挑选合格后方可使用。经挑选的耐火砖应分类挂牌标识，分类应按砌筑方式决定。

c）耐火砖在砌筑时，经挑选后仍不能满足砌筑要求，应对砖进行加工。砖加工的精细程度，根据砌体质量要求来决定。

d）砌筑工业炉宜采用成品泥浆，泥浆的最大粒径不应大于规定砖缝厚度的 30%。当无成品耐火泥浆而需现场配制时，应按照 SH/T 3534《石油化工筑炉工程施工质量验收规范》的规定进行配制。在配好的泥浆内不得任意加水。对松动的耐火砖必须刮去旧泥浆重砌。冻过或已初凝的泥浆不得再使用。

e）砌筑工业炉砌体，应符合下列规定：

（a）砌体应错缝砌筑，同一砖层内前后相邻砖列和上下相邻砖层的砖缝不得重缝；

（b）砌体应横平竖直，表面光滑平整；

（c）砌体的砖缝中，泥浆应饱满，其表面应勾缝，砖缝厚度一般不应大于 2～3mm；

（d）复杂或重要的部位，必要时可进行预砌筑；

（e）不得在砌体上砍凿砖，砖体砌筑时，可使用木锤或橡胶锤找正，在泥浆干固后，不得敲打砌体；

（f）砌砖中断或返工拆砖而必须留茬时，应做成阶梯形的斜茬；

（g）耐火砌体中不得使用宽度、长度小于原砖 1/2 的砖或厚度小于原砖 2/3 的砖，吊砖的砖槽不得加工，砖的加工面，不宜朝向炉膛和烟气通道的内表面；

（h）耐火和隔热砌体，在施工过程中，直至投入生产前，应防止雨淋。

f）耐火砖砌体应按设计文件和 SH/T 3534《石油化工筑炉工程施工质量验收规范》的要求留设膨胀缝并严格施工，膨胀缝内应保持清洁，按照规定填充材料。

g）工业炉一般部位的泥浆饱满度不得低于 90%。对气密性要求较严格以及有熔渣侵蚀的部位，其砖缝的泥浆饱满度不应低于 95%。

h）工业炉砌体的允许偏差和检查应按照设计文件要求和 SH/T 3534《石油化工筑炉工程施工质量验收规范》的规定执行。

4.3.8.3　不定型耐火材料炉衬的修补或更换

a）不定型耐火材料炉衬包括耐火浇注料、耐火喷涂料、耐火可塑料和耐火涂抹料。施工方法分为手工涂抹、手工捣制、支模浇注、机械喷涂等。

b）受潮结块的水泥不得使用。

c）耐火浇注料炉衬成形后，不得抹面。

d）耐火浇注料应充分搅拌均匀，搅拌好的浇注料应在初凝前使用。要按规定要求严格控制水质和水灰比。

e）不定型耐火材料炉衬的施工和检验应严格按照设计文件要求、SH/T 3534《石油化工筑炉工程施工质量验收规范》和 SH/T 3115《石油化工管式炉轻质浇注料衬里工程技术条件》的规定执行。施工前和施工中应制作试块，对材料的性能进行实验。材料的性能应满足设计文件的要求。

f）喷涂或捣制完的衬里应密实，厚度均匀，无孔洞，表面平整，但不得压光。厚度误差不得大于 5mm。

g）衬里局部修补时，必须将修补部位的衬里凿到坚实面（至少凿出一个锚固钉），接合处应外小内大，并清理干净，用水充分湿润；修补用料、养护方法应和原炉衬一致。

h）炉衬在施工后应按规定养护，养护后应在干燥环境保管，防止日晒、风吹、雨淋和受冻。施工后至烘炉前，应防止急热和强振。

i）衬里的养护，应按设计规定或材料生产厂家的施工说明书进行。如无规定，则应按照 SH/T 3534《石油化工筑炉工程施工质量验收规范》的规定执行。

4.3.8.4 耐火纤维炉衬的检修

a）耐火纤维炉衬可采用层铺式、叠砌式、贴面式方法施工，不定型耐火纤维炉衬施工可手工涂抹、支模浇注和机械喷涂。

b）设计要求对炉壳特殊防腐处理时，炉壳除锈应满足设计要求。无特殊防腐要求时，炉壳除锈应符合第 4.3.8.1 条规定。

c）耐火纤维炉衬不得受外力碰撞。喷涂炉顶时，炉顶外壁不得敲打振动，且喷涂过程中不得污染燃烧器、炉管等炉内器件。

d）耐火纤维炉衬施工和检验应严格按照设计文件要求和 SH/T 3534《石油化工筑炉工程施工质量验收规范》的规定执行。

e）耐火纤维及制品在施工过程中直至投产前，均应防止受潮或雨淋。

4.3.9 其他加热炉设备的检修

4.3.9.1 管架、管板、砖架和锚固件

a）管架、管板、砖架和锚固件在安装前应进行外观检查，其表面质量、外形尺寸应符合设计文件和有关标准的规定。

b）铸造的管架、管板和砖架在安装时，严禁敲打、摔撞和强制安装，螺栓不应拧得过紧，上紧后应退回 1/4 扣。

c）耐热铸钢件的焊接应由合格焊工按照评定合格的焊接工艺规程进行。焊接时应采取预防变形措施。

d）管架、管板、砖架、托砖板和吊砖架的安装应按照SH/T 3506《管式炉安装工程施工及验收规范》的规定执行。

e）锚固件的安装应符合下列规定：

（a）锚固件的焊接材料与锚固件材质及炉壳体材质相匹配；

（b）锚固件的规格、材质、安装位置、方向应符合设计文件的规定；

（c）锚固件与炉壳体的连接应逐个检查，必须牢固。

4.3.9.2　吹灰器

a）支架必须焊接牢固，传动系统应运行正常，吹灰器转动灵活，伸缩长度符合设计要求。

b）调试程控器应工作正常，满足定时吹灰的需要。控制电缆和各个接点、电气元件应无受潮、锈蚀、接触不良、短路等异常情况。

c）蒸汽吹灰器的蒸汽管线、阀门应畅通、无泄漏，蒸汽系统没有排凝设施的必须增设排凝设施。

d）声波导管、激波发生器和发射喷口应完好，各接口处应无泄漏。

e）激波吹灰器主发生器的燃气（如乙炔）和配风系统应工作正常，燃气系统阀门应无泄漏。

4.3.9.3　空气预热器

a）换热管必须清扫干净，无灰垢；各部位密封良好，风道蝶阀开闭灵活。

b）空气预热器内的隔热衬里无脱落、破损，连接的烟、风道完好无泄漏。

c）引风机、鼓风机应运转平稳、无振动，入口的调节挡板应动作灵活，非金属柔性补偿器应完好无破损。

4.3.9.4　人孔门、观察孔和防爆门安装位置的偏差应小于8mm，人孔门与门框、观察孔与孔盖均应接触严密、转动灵活。

4.3.9.5　烟、风道挡板应转动灵活，挡板与衬里内壁的间隙符合设计要求。手动或电动调节机构应启闭准确、转动灵活，开、关位置与标记指示相一致。

4.3.9.6　应对全部氧含量分析仪（包括探头）、热电偶和负压表（包括探头）、在线分析仪及CEMS小屋进行检查、清扫和标定。

4.3.9.7　加热炉系统联锁投用试验正常。

4.3.10　保温及防腐

4.3.10.1　加热炉炉体钢结构的防腐、油漆或保温应按设计文件或根据相关规范要求进行。

4.3.10.2　更换炉壁、炉顶钢板、烟风道和风机壳体等时，均必须先刷防腐耐温涂料。

4.3.10.3　对因油漆保温脱落而造成锈蚀的炉体钢结构应重新进行防腐、保温或油漆。保温、油漆及防腐前必须先清除被刷表面的脏物并除锈，而后防腐、刷漆或保温。

4.3.10.4　炉体钢结构面漆颜色，参见SHS 01034《设备及管道涂层检修规程》的规定。

4.4 烘炉

4.4.1 筑炉工程施工完成后，应及时组织烘炉。如不能及时烘炉，应采取相应的保护措施。

4.4.2 耐火浇注料炉衬应按 SH/T 3115《石油化工管式炉轻质浇注料衬里工程技术条件》和 SH/T 3534《石油化工筑炉工程施工质量验收规范》的有关规定进行养护。养护完毕，应在环境温度5℃以上，根据施工面积的大小，自然干燥2～5d后，再进行烘炉。

4.4.3 全耐火纤维炉衬的炉子，不需烘炉即可投入生产。如使用热硬性黏合剂粘结炉衬，投产前应按规定升温。

4.4.4 烘炉时炉管内应先通入蒸汽进行暖炉，当炉膛温度升到约 130℃时，再点燃燃烧器。烘炉时宜采用气体燃料。烘炉过程中，升温应均匀，烘炉曲线应按照生产厂家的规定或参照图 1 曲线进行。

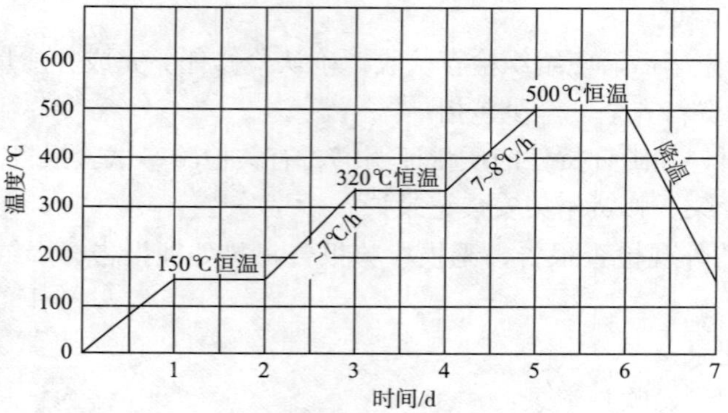

图 1

4.4.5 烘炉过程中，炉管出口的蒸汽温度应为：碳钢炉管不得超过 350℃，铬钼钢炉管不得超过 450℃。

4.4.6 烘炉时应做好记录，并绘制实际烘炉曲线。

4.4.7 烘炉结束后，应对筑炉质量进行全面检查，并做好检查记录。如有损坏应及时分析原因并加以修补。

4.4.8 耐火浇注料炉衬烘炉后，其炉衬表面裂纹宽度不应大于 3mm，连续长度不应大于 500mm，且不应有贯穿性网状裂纹。特殊材质的耐火浇注料按设计规定。炉衬表面裂纹宽度大于 3mm、长度大于 500mm 或有贯穿性裂纹时应进行修补，裂纹修补方法与设计和监理商定。当无特殊要求时，可用浸泡水玻璃泥浆或磷酸盐泥浆和高温黏合剂的耐火纤维填塞。

5 试验与验收

5.1 炉管压力试验

5.1.1 加热炉炉管部分检修施焊后，必须进行整体强度试验。炉管系统的强度试验压力和方法应按照设计文件的规定进行。当设计无规定时，应按照GB 50235《工业金属管道工程施工规范》的规定执行。

5.1.2 试压前应检查炉管及与炉管有关的钢结构、管架、管板、仪表管嘴等的安装和筑炉施工是否符合设计文件的规定。用弹簧吊架吊置的炉管，在液压试验前应采取临时支承固定。

5.1.3 液压试验应使用洁净水，奥氏体不锈钢炉管试验用水的氯离子含量应小于25mg/L。水压试验前注水时，应将炉管内的空气排净。碳钢和奥氏体不锈钢炉管试验时，环境温度不宜低于5℃；铬钼钢炉管试验时，环境温度不宜低于15℃。否则应采取加热或防冻措施。

5.1.4 试验用压力表应经校验合格，精度、量程符合规范要求。

5.1.5 试压合格后，必须立即将水放净，并用压缩空气或氮气将水吹扫干净。

5.2 验收

5.2.1 加热炉检修完毕后，应组织检查验收，确认检修任务完成并质量合格。

5.2.2 加热炉检修资料齐全，至少包括：

a）设备、材料、加工订货件的质量证明书、有关检验、试验报告；

b）钢结构、管架、弹簧吊架安装记录；

c）炉管焊缝的外观检查报告、无损检验报告、热处理报告、焊缝返修记录、焊缝位置单线图；

d）炉管胀接记录；

e）炉管试压记录、吹扫记录；

f）燃烧器安装记录；

g）封闭和隐蔽工程记录；

h）筑炉工程施工验收记录；

i）耐火浇注料施工试验报告；

j）烘炉记录；

k）设计变更单及材料代用证明文件。

5.2.3 工程验收交工技术文件应符合SH/T 3503《石油化工建设工程项目交工技术文件规定》的规定。

6 维护与故障处理

6.1 加热炉的运行管理应遵照中国石油化工股份有限公司《炼油生产装置管式加热炉运行管理规定》的要求执行。操作中应严格遵守操作规程及加热炉工艺指标，保证加热炉在设计允许的范围内运行，严禁超温、超压、超负荷运行，并尽量避免过低负荷运行（过低负荷一般指低于设计负荷的60%）。在提高加热炉热效率的同时，应避免烟气露点腐蚀。要合理控制物料进料温度，确保炉管壁温高于烟气露点温度。

6.2 为了节能降耗，加热炉运行应控制以下指标：

6.2.1 最终排烟温度一般应不大于140℃。如燃料含硫量偏离设计值较大，则应进行标定和烟气露点测试，然后确定加热炉合理的烟气排放温度。

6.2.2 为了保证燃烧完全，达标排放，应尽量降低排放烟气中的CO含量，符合环保规定。

6.2.3 对流室顶部烟气中的氧含量，燃气加热炉应控制在2%～4%，燃油加热炉应控制在3%～5%。

6.3 为了保护环境，减少设备腐蚀，应采取有效措施控制燃料中的S、N含量，减少排放烟气中的SO_x、NO_x等含量。确保气体排放符合环保要求。

6.4 加强加热炉运行情况的检查和管理：

6.4.1 生产装置管理人员应做好下列工作：

6.4.1.1 每日至少对本装置管辖范围内加热炉的运行情况进行一次巡检。

6.4.1.2 定期进行加热炉的炉效分析工作，并编写加热炉运行情况分析报告。

6.4.1.3 应加强加热炉的日常维修，特别是对引风机、烟道挡板、吹灰器等附件的维修，发现问题要及时修理，排除故障，不得影响加热炉的正常运行。

6.4.2 生产装置操作人员应按以下规定进行巡回检查：

6.4.2.1 每1～2h检查一次燃烧器及燃料油（气）、蒸汽系统。检查燃烧器有无结焦、堵塞、漏油现象，长明灯是否正常点燃；火嘴应定期清洗、保养，发现损坏及时更换；备用的燃烧器应关闭风门、汽门；长时间停用的油枪、瓦斯枪应拆下清洗保存。

6.4.2.2 每1～2h检查一次加热炉进出料系统，包括流控、分支流控、压控及流量、压力、温度的一次指示是否正常，随时注意检查有无偏流。情况异常必须查明原因，并及时处理。

6.4.2.3 每班检查灭火蒸汽系统。检查看火窗、看火孔、点火孔、防爆门、人孔门、弯头箱门是否严密，防止漏风。检查炉体钢架和炉体钢板是否完好严密，是否超温。

6.4.2.4 每班检查辐射炉管有无局部过烧、开裂、鼓包、弯曲等异常现象，检查炉内壁衬里有无脱落，炉内构件有无异常，仪表监测系统是否正常。

6.4.2.5 每班检查燃烧器调风系统、风门挡板、烟道挡板是否灵活好用，余热回收系统的引风机、鼓风机是否正常运行。发现问题应及时联系处理。

6.4.2.6 有吹灰器的加热炉，定期吹灰，检查吹灰器有无故障，是否灵活好用；使用蒸汽吹灰器的，应定期检查蒸汽系统有无泄漏，吹灰前须先排除蒸汽凝结水。

6.4.2.7 每天应检查一次仪表完好情况。每季度至少应对所有氧含量分析仪标定一次，发现问题及时处理。

6.4.2.8 应定期检查避雷针和接地线的完好状况。

6.4.2.9 加热炉的控制保护、联锁应符合中国石化的有关规定。

6.4.3 操作人员应精心操作，保持加热炉良好的运行状态。要加强三门一板（油门、汽门、风门，烟道挡板）的调节，保证炉膛明亮不浑浊，避免燃烧器火焰过长、过大、冒烟，严禁舔管。要尽量保持多火嘴齐火焰，维持高效运行。在火焰区停用的火嘴应稍开蒸汽保护。

6.5 加热炉的运行维护中，要特别注意防止以下意外事故、故障的发生：

a）炉管破裂，炉膛着火；

b）熄火，爆燃；

c）炉衬烧损、塌落；

d）火焰偏斜、舔管和二次尾燃；

e）突然停电、停汽、停风。

6.6 发生事故时，要按照安全操作规程和事故预案的规定，在避免事态扩大的前提下，尽可能地保护设备，减少损失。

6.7 加热炉的开停工必须严格按照工艺操作规程执行。开停工前必须制定详细严谨的开停工方案，并经有关部门审核会签。停工时特别要注意防止硫化物在对流室内自燃，防止连多硫酸造成奥氏体不锈钢炉管应力腐蚀开裂。

6.8 管式加热炉常见功能故障与处理方法见表2。

表2 管式加热炉常见功能故障与处理方法

设备功能		功能故障	故障模式	故障后果	故障应对策略与检修内容	检修周期/月
总功能	分项功能					
炉膛燃烧热能满足工艺产品要求；排烟温度要高于露点腐蚀温度；为介质加热提供换热场所	炉膛燃烧热能满足工艺产品要求	提供能量不足	回火	设备损坏，产品质量不合格	提高瓦斯压力	视情而定
			脱火	设备损坏，产品质量不合格	改进燃烧器结构，加设稳焰器	视情而定
				设备损坏，产品质量不合格	降低瓦斯压力	
			熄火	设备损坏，产品质量不合格	关小空气门	视情而定
				设备损坏，产品质量不合格	稳定瓦斯压力	
			火焰脉动	设备损坏，产品质量不合格	稳定瓦斯压力	视情而定
				设备损坏，产品质量不合格	开大烟囱挡板	
			燃烧器能力不足	设备损坏，产品质量不合格	调整空气门	视情而定
				设备损坏，产品质量不合格	调整瓦斯量	
				设备损坏，产品质量不合格	调整瓦斯喷孔尺寸	

表 2　管式加热炉常见功能故障与处理方法（续）

设备功能		功能故障	故障模式	故障后果	故障应对策略与检修内容	检修周期/月
总功能	分项功能					
炉膛燃烧热能满足工艺产品要求；排烟温度要高于露点腐蚀温度；为介质加热提供换热场所	炉膛燃烧热能满足工艺产品要求	提供能量不足	风机故障	设备损坏，产品质量不合格	风机维修	视情而定
			瓦斯阻火器堵塞	装置降量或停工	清洗或更新阻火器	视情而定
			加热炉瓦斯压控阀故障，瓦斯流量不可控	装置降量或停工	联系仪表对控制阀进行效验	视情而定
		炉膛最高温度高于炉膛设计要求的最高温度	因高温加热炉炉管被烧变形、炉管膨胀鼓泡、炉管外壁脱皮	装置降量或停工	停工更换炉管	视情而定
			加热炉炉管内介质结焦	装置降量或停工	停工更换加热炉炉管	视情而定
			加热炉瓦斯压控阀故障，瓦斯流量不可控	装置降量或停工	联系仪表对控制阀进行效验	视情而定
			加热炉内衬里耐火砖脱落、炉墙龟裂脱落，进而造成加热炉外壁温度高	装置降量或停工	停工更换加热炉内衬里的耐火砖和保温	视情而定
			加热炉瓦斯压控阀故障，瓦斯流量不可控	装置降量或停工	联系仪表对控制阀进行效验	视情而定
			加热炉内温度仪表失灵	装置降量或停工	停工效验温度指示仪表	视情而定
			因火焰温度过高导致加热炉燃烧器被损坏	装置降量或停工	停工更换燃烧器	视情而定

表 2　管式加热炉常见功能故障与处理方法（续）

设备功能		功能故障	故障模式	故障后果	故障应对策略与检修内容	检修周期/月
总功能	分项功能					
炉膛燃烧热能满足工艺产品要求；排烟温度要高于露点腐蚀温度；为介质加热提供换热场所	排烟温度要高于露点腐蚀温度	排烟温度低于露点腐蚀温度	加热炉热管腐蚀导致换热效果差	装置降量	更换加热炉的换热管	视情而定
			因露点腐蚀导致加热炉空气预热器内漏	装置降量	对加热炉空气预热器进行堵漏或更换	视情而定
			吹灰器吹灰效果不理想	装置降量	吹灰器检修或更换	视情而定
			因露点腐蚀导致空气预热器外漏，漏出的低 pH 值的水造成环保排放超标	装置降量	对加热炉空气预热器进行补漏	视情而定
	为介质加热提供换热场所	介质加热的密闭通道泄漏	加热炉辐射室炉管泄漏	装置着火、停工	停工维修	视情而定
			加热炉对流室炉管泄漏	装置着火、停工	停工维修	视情而定

附　录　A

（资料性附录）

加热炉设备检修质量控制确认表

位号	名称	规格	设计条件		操作条件		
			温度/℃	压力/MPa	温度/℃	压力/MPa	介质

序号	检修主要内容		质量标准	控制级别	检查情况	施工单位	生产装置	设备管理部门	日期
1	炉管更换	材料	板材、管道及管件材质应符合设计要求	A					
		焊材	焊材的材质应符合设计要求和规范规定	A					
		坡口	内、外表面20mm范围内无油、漆、锈、毛刺等污物	B					
		焊缝	符合规范要求	B					
		无损检测	焊缝无损检测应符合设计要求和规范规定	A					
2	衬里更换	炉砖施工前	各种管架、套管及其他金属构件、炉内锚固件及托砖板等器壁上的附件完成施工并通过检查验收	B					
		砖体检查	砖层的砖缝不得重缝、砌体应横平竖直，表面光滑平整、砖缝中泥浆应饱满，其表面应勾缝。砖缝厚度一般不应大于2～3mm	B					

加热炉设备检修质量控制确认表（续）

位号	名称	规格	设计条件		操作条件				
			温度 /℃	压力 / MPa	温度 /℃		压力 / MPa	介质	
序号	检修主要内容		质量标准	控制级别	检查情况	施工单位	生产装置	设备管理部门	日期
2	衬里更换	耐火浇注料炉衬	耐火浇注料应充分搅拌均匀，搅拌好的浇注料应在初凝前使用，严格控制水质和水灰比	A					
		喷涂衬里	应密实，厚度均匀，无孔洞，表面平整，但不得压光。厚度误差不得大于 5mm	A					
		外部检查	火嘴、安全阀、调节阀、挡板符合工艺要求	B					
			有无腐蚀和机械损伤						
			燃料切断阀泄漏试验合格						
			油漆无变色、起泡，壁板无变形						
		内部检查	衬里无表面损伤、空洞、缝隙	A					
			炉管表面无颜色变化、胀大、氧化及表面坑点						
		保温材料	保温材料应符合设计和规范要求	B					

注：A 级：施工单位、生产装置、设备管理部门专业人员检查确认后签字。

B 级：施工单位和生产装置专业人员检查确认后签字。

C 级：施工单位专业人员检查确认后签字。

另：如果有监理，监理的职责由甲方授权。

附 录 B
（资料性附录）
加热炉设备试验与验收数据记录表

<table>
<tr><td>试验类型</td><td colspan="3">□水压 □气压 □气密</td><td>设备名称</td><td></td></tr>
<tr><td>设计压力</td><td colspan="3">MPa</td><td>设备位号</td><td></td></tr>
<tr><td>设计温度</td><td colspan="3">℃</td><td>操作介质</td><td></td></tr>
<tr><td>压力表
精度等级</td><td colspan="3"></td><td>压力表量程</td><td>MPa</td></tr>
<tr><td>压力表
检定日期</td><td colspan="3"></td><td>压力表
表盘直径</td><td>mm</td></tr>
<tr><td>环境温度</td><td colspan="3">℃</td><td>试验介质温度</td><td>℃</td></tr>
<tr><td colspan="4">奥氏体不锈钢设备试验用水氯离子含量</td><td colspan="2">mg/L</td></tr>
<tr><td rowspan="3">耐压试验</td><td>试验部位</td><td></td><td></td><td>试验介质</td><td></td></tr>
<tr><td>试验压力</td><td></td><td>MPa</td><td>保压时间</td><td>min</td></tr>
<tr><td>试验结论</td><td colspan="2">□</td><td colspan="2">□有渗漏 □无渗漏
□有可见异常变形 □无可见异常变形
□有异常响声 □无异常响声
□不合格 □合格</td></tr>
<tr><td rowspan="3">气密试验</td><td>试验部位</td><td></td><td></td><td>试验介质</td><td></td></tr>
<tr><td>试验压力</td><td></td><td>MPa</td><td>保压时间</td><td>min</td></tr>
<tr><td>试验结论</td><td colspan="2">□</td><td colspan="2">□有渗漏 □无渗漏
□有可见异常变形 □无可见异常变形
□有异常响声 □无异常响声
□不合格 □合格</td></tr>
<tr><td>其他试验</td><td colspan="5"></td></tr>
</table>

设备管理部门	监理单位	生产装置	施工单位
专业工程师： 日期： 年 月 日	专业工程师： 日期： 年 月 日	专业工程师： 日期： 年 月 日	专业工程师： 质量检查员： 施工班组长： 日期： 年 月 日

附　录　C
（资料性附录）
加热炉检修后试运行记录表

序号	日期							记录人
1	处理量							
2	排烟温度							
3	氧含量							
4	炉膛负压							
5	热效率							
6	火焰情况							
7	引风机状况							
8	鼓风机状况							
结论								

6. 塔类设备维护检修规程

SHS 01007—2019

代替 SHS 01007—2004

目　　次

前　言

本规程按照GB/T　1.1—2009《标准化工作导则　第1部分：标准的结构和编写》给出的规则起草。

本规程代替SHS　01007—2004《塔类设备维护检修规程》，与SHS　01007—2004相比，除了编辑性修改外，主要技术变化如下：

——更新了部分编写依据的标准规范；

——检修周期与内容增加检查塔体、裙座、地脚螺栓等部分内容；

——检修前准备增加“对存在连多硫酸应力腐蚀开裂倾向的不锈钢复合板塔设备应考虑中和清洗”“进人前务必对可燃气体和氧含量进行分析，分析合格方可进入”等内容。

——增加检修条件确认内容；

——日常维护增加检查设备运行参数，检查塔的温度及压力（压力降），操作过程中流量调节要缓慢（不得大起大落），检查塔的振动情况，劳动保护平台的完好情况，设备及接管各保温完好，压力表和温度计安装齐全、指示准确等部分内容。

——常见故障与处理增加塔体壁厚减薄、塔体振动严重、塔压力控制不稳、塔压降增大等部分内容。

——《加工高硫高酸原油重点装置主要设备设计选材导则》已经分为SH/T　3096—2012《高硫原油加工装置设备和管道设计选材导则》和SH/T　3129—2012《高酸原油加工装置设备和管道设计选材导则》，加工高硫高酸原油装置塔设备材质要求据此修订。

本规程由中国石油化工集团有限公司、中国石油化工股份有限公司提出。

本规程起草单位：中国石油化工股份有限公司镇海炼化分公司。

本规程主要起草人：武明波。

本规程所代替规程的历次版本发布情况为：

——SHS　01007—1992、SHS　01007—2004。

塔类设备维护检修规程

1 范围

1.1 主题内容

本规程规定了塔类设备的检修周期与内容、检修程序与质量标准、试压与验收、维护与故障处理。

1.2 适用范围

本规程适用于设计压力低于10.0MPa（包括真空）、设计温度为-40～550℃的钢制板式塔和填料塔。

1.3 受压元件的维护检修遵照 SHS 01004《压力容器维护检修规程》。

1.4 对具有特殊结构的塔还应符合设计规定。

2 规范性引用文件

下列文件中的条款通过本规程的引用而成为本规程的条款。凡是注日期的引用文件，其随后所有的修改单（不包括勘误的内容）或修订版均不适用于本规程，然而，鼓励根据本规程达成协议的各方研究是否可使用这些文件的最新版本。凡是不注日期的引用文件，其最新版本适用于本规程。

GB/T150.1～150.4 压力容器

GB 50461 石油化工静设备安装工程质量验收规范

TSG 21 固定式压力容器安全技术监察规程

NB/T 47013 承压设备无损检测

NB/T 47015 压力容器焊接规程

NB/T 47041 塔式容器

HG 20652 塔器设计技术规定

HG/T 20592～HG/T 20635 钢制管法兰、垫片、紧固件

JB/T 1205 塔盘技术条件

JB/T 1119 卡子

JB/T 1120 双面可拆连接件

SH/T 3088 石油化工塔盘技术规范

SH/T 3098 石油化工塔器设计规范

SH/T 3514 石油化工设备安装工程质量检验评定标准

SHS 01033 设备及管道绝热维护检修规程

SHS 01034 设备及管道涂层检修规程
SHS 01004 压力容器维护检修规程
SH/T 3096 高硫原油加工装置设备和管道设计选材导则
SH/T 3129 高酸原油加工装置设备和管道设计选材导则

3 检修周期与内容

3.1 检修周期

塔类设备应根据对设备功能故障及其影响分析的结果并结合生产装置运行周期，确定设备检修周期，一般为36～72个月。

3.2 检修内容

3.2.1 打开人孔、拆通道板或者拆卸塔内件。
3.2.2 清扫塔内壁和塔盘等内件。
3.2.3 检查修理塔体和内衬的腐蚀、变形和各部位焊缝。
3.2.4 必要时对塔体垂直度、直线度、圆度进行检查。
3.2.5 检查修理或更换塔盘板和鼓泡元件及其紧固件。
3.2.6 检查修理或更换支承圈、支承梁、连接板等塔内构件。
3.2.7 检查修理分配器、集油箱、喷淋装置和除沫器等部件。
3.2.8 检查修理填料塔中填料的腐蚀、塌陷、结垢情况。
3.2.9 检查校验安全阀和液位计等仪表附件。
3.2.10 检查附塔管线及其支吊架并调整修理。
3.2.11 检查修理劳动保护设施。
3.2.12 检查修理塔基础的破损、倾斜和下沉等缺陷。
3.2.13 检查修理塔体外部的油漆和保温的损坏情况。
3.2.14 检查修理裙座防火层破损、脱落和地脚螺栓腐蚀、损坏、松动等缺陷。
3.2.15 压力容器检验。
3.2.16 腐蚀调查。

4 检修程序与质量标准

4.1 塔设备检修前准备

4.1.1 检修前应备好必要的图纸、技术资料和施工方案。
4.1.2 备好工机具、材料和劳动保护用品。
4.1.3 检查备件准备情况，如螺栓、垫片、内件等。
4.1.4 塔设备交出检修时应当按照停工工艺流程逐步切断进料，并按照要求做好工艺介质置换、吹扫（蒸煮）、除臭钝化、清洗干净等工作，并符合有关安全规定。

4.1.5 除臭钝化和清洗结束后应对所有进、出塔的可能引起物料窜入的塔连接管线进行盲板隔离。

4.1.6 加工高含硫原油装置的塔设备经吹扫置换后，内部残留的硫化亚铁遇空气会引起自燃，必须在塔设备吹扫（蒸煮）后用钝化剂进行钝化和水清洗。

4.1.7 对存在连多硫酸应力腐蚀开裂倾向的不锈钢复合板塔设备应考虑中和清洗。

4.1.8 进人前务必对塔内部的可燃气体和氧含量进行分析，分析合格方可进入。

4.1.9 对劳动保护进行检查确认，符合安全检修要求。

4.2 检修主要内容

4.2.1 塔设备应按照“先上后下”的原则逐级打开人孔，并对人孔螺栓做好保护和标记，打开的人孔应悬挂受限空间警示牌。

4.2.2 进入塔内检查、拆卸内件必须符合有关安全要求，办理所需的各类许可票证。

4.2.3 塔体检查内容：

4.2.3.1 必要时检查塔体的垂直度、直线度和圆度。

4.2.3.2 检查塔体腐蚀、变形、壁厚减薄、裂纹及各部件焊接情况，筒体有内衬的还应检查其腐蚀、鼓包、开裂和焊缝情况。

4.2.3.3 检查塔内污垢情况。

4.2.3.4 检查塔体的安全阀、液位计、压力表等附件的完好情况。

4.2.3.5 检查塔的基础、裙座、地脚螺栓、油漆、保温的完好情况。

4.2.4 塔内件的检查内容：

4.2.4.1 检查塔板各部件的结焦、污垢、堵塞情况，视情况是否拆出塔外进行机械或化学清洗，并做好拆出塔内件的标记编号工作。检查塔板、鼓泡元件和支承结构的腐蚀变形及坚固情况，修复或更换损坏的塔内件。

4.2.4.2 检查塔板上各部件（出口堰、受液盘、降液管）的尺寸是否符合图纸及标准。

4.2.4.3 对于各种浮阀、条阀塔板应检查其浮阀、条阀的灵活性，是否有卡死、变形、冲蚀等现象，浮阀、条阀孔是否有堵塞和阀孔尺寸超标等情况，如有异常进行更换。

4.2.4.4 检查分配器、集油箱、喷淋装置和除沫器等部件的腐蚀、结垢、破损、堵塞、松动情况。

4.2.4.5 检查填料的腐蚀、结垢、破损、堵塞情况，修复、更换或补充填料。

4.2.4.6 检查进料入口防冲挡板，检查内件支承主梁和牛腿的连接情况。

4.2.4.7 检查塔釜接管防涡流挡板并做好塔釜接管的保护，防止异物落入其中。

4.3 检修质量标准

4.3.1 塔体

塔体同一断面的不圆度允差见表 1。

表 1　不圆度允差

mm

序号	塔体承压形式	部位	不圆度
1	内压	塔体	≤1%*DN*，且不大于 25
2	外压	塔体	≤0.5%*DN*，且不大于 25
3	内外压	塔板处	≤0.5%*DN*，且不大于 15

4.3.1.1　塔体筒节更换按设计要求进行

塔体分段处外圆周长允差见表 2。塔体分段处端面不平度偏差不大于 1‰ *DN*，且不大于 2mm。

表 2　外圆周长允差

mm

塔公称直径 *DN*	<800	800～1200	1300～1600	1700～2400	2600～3000	3200～4000	4200～6000	6200～7600	>7600
外圆周长允差	±5	±7	±9	±11	±13	±15	±18	±21	±24

塔体高度允差为 3‰ *H*，且不允许超过表 3 的规定。

表 3　塔体高度允差

塔体高度 *H*/m	*H*≤30	30<*H*<60	60<*H*<90	*H*>90
允差 Δ*H*/mm	±30	±40	±60	每增加 10m，加差 5mm

4.3.1.2　塔体不直度允差见表 4。

表 4　塔体不直度允差

序号	塔体高度 *H*/m	塔体不直度允差 /mm
1	*H*≤20	≤2*H*/1000，且不大于 20
2	20<*H*≤30	≤*H*/1000
3	30<*H*≤50	≤35
4	50<*H*≤70	≤45
5	70<*H*≤90	≤55
6	90<*H*	≤65

4.3.1.3　塔体防腐层不应有鼓包、裂纹和脱层。

4.3.1.4　塔体腐蚀减薄、变形、裂纹缺陷的修复方法可采用更换部分筒节、挖补、打磨堆焊、内外贴补等，对压力容器需进行合于使用评价。

4.3.1.5　塔体的保温材料符合图纸要求。

4.3.1.6　塔体外壁按 SHS 01034《设备及管道涂层检修规程》、SHS 01033《设备及管道绝热维护检修规程》的规定刷漆、保温。

4.3.2 塔内件

4.3.2.1 内件安装前，应清理表面油污、焊渣、铁锈、泥沙和毛刺等。对塔盘零部件应编制序号，以便组装。

4.3.2.2 塔内构件和塔盘等必须坚固牢靠，不得有松动现象。

4.3.2.3 塔盘板排列和开孔方向、塔盘板和塔内构件之间的连接方式、尺寸和密封填料等应符合图纸规定。

4.3.2.4 塔盘、鼓泡元件和塔内构件等受腐蚀、冲蚀后，其剩余厚度应保证至少能使用到下个检修周期。

4.3.3 板式塔内件检修标准

4.3.3.1 支承圈

a）支承圈上表面应平整，与塔壁焊接后，其上表面在300mm弦长的局部平面度公差为1mm，整个支承圈上表面水平度允差见表5。

表5 支承圈上表面水平度允差表

mm

序号	塔器公称直径 *DN*	水平度允差
1	≤1600	3
2	＞1600～4000	5
3	＞4000～6000	6
4	＞6000～8000	8
5	＞8000～10000	10
6	＞10000～12000	12

b）相邻两层支承圈的间距尺寸偏差为±3mm，任意两层支承圈间距尺寸偏差在20层内为±10mm。

4.3.3.2 支承梁

a）支承梁上表面应平直，其直线度公差值为1‰L（L为支承梁长度），且不大于5mm。

b）支承梁组装中心位置偏差为±2mm。

c）支承梁安装后，其上表面应与支承圈上表面在同一水平面上，其水平度允差同表5。

4.3.3.3 受液盘、降液板和溢流堰

a）受液盘上表面应平整，整个受液盘上表面的水平度允差见表6。

表6 受液盘上表面水平度允差表

mm

序号	塔器公称直径 *DN*	水平度允差
1	≤4000	3
2	＞4000	1‰L，且不大于7

b）受液盘、降液板组装后，降液板底端与受液盘的垂直距离 K（mm）的允差、降液板与受液盘之边的水平距离 B（mm）的允差见图 1。

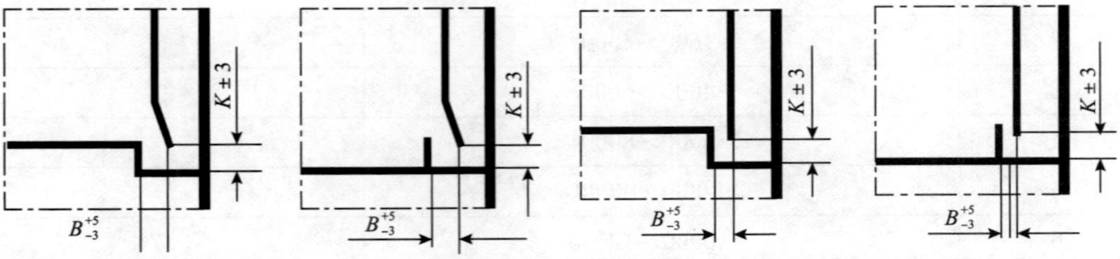

图 1　降液盘底端与受液盘的垂直距离的允差、降液盘与受液盘之边的水平距离的允差

c）固定在降液板上的塔盘支承件，其上表面与支持圈上表面应在同一水平面上，允许偏差为 -0.5～+1mm。

d）溢流堰安装后，堰顶端直线度公差值见表 7，堰高允差见表 8。

表 7　溢流堰顶直线度公差值表

mm

序号	塔器公称直径 DN	直线度
1	≤1500	3
2	＞1500～2500	4.5
3	＞2500	6

表 8　溢流堰堰高允差表

mm

序号	塔器公称直径 DN	堰高允差
1	≤3000	±1.5
2	＞3000	±3

4.3.3.4　塔盘板

a）塔盘板应平整，整个塔盘板的水平度公差值见表 9。

表 9　塔盘板的水平度公差值表

mm

序号	塔盘板长度 L	水平度允差	
		筛板、浮阀、泡罩、网孔塔盘	舌形塔盘
1	≤1000	2	3
2	＞1000～1500	2.5	3.5
3	1500	3	4

b）塔盘组装后，塔盘面水平度在整个面上的公差值见表 10。

表 10　塔盘面水平度公差值表

mm

序号	塔体内径	水平度允差
1	≤1600	4
2	＞1600～4000	6
3	＞4000～6000	9
4	＞6000～8000	12
5	＞8000～10000	15
6	＞10000～12000	17

4.3.3.5　浮阀

a）浮阀弯脖角度一般为 45°～90°，且浮阀应开启灵活，开度一致，不得有卡涩和脱落现象。

b）塔盘上阀孔直径冲蚀后，其孔径增大值不大于 2mm。

4.3.3.6　圆泡罩

a）圆泡罩安装时，应调整泡罩高度，使同一层塔盘上所有泡罩齿根到塔盘板上表面的高度符合图纸要求，其尺寸偏差为 ±1.5mm。

b）圆泡罩与升气管的同心度偏差不大于 3mm。

4.3.3.7　浮动喷射塔盘

a）托板安装后，梯形孔底面的水平度公差值为 2‰ *DN*；托板平等度及间距差不大于 1mm。

b）浮动板安装后，应开启灵活，开度一致，不得有卡涩和脱落现象。

4.3.3.8　条形泡罩

a）条形泡罩安装时，应调整泡罩高度，使同一层塔盘上所有泡罩齿根到塔盘板上表面的高度符合图纸规定，其尺寸偏差为 ±1.5mm。

b）条形泡罩与升气罩的中心位置偏差不大于 3mm。

4.3.3.9　S 形泡罩

a）S 形泡罩安装时，应调整泡罩高度，使同一层塔盘上所有泡罩齿根到塔盘板上表面的距离符合图纸要求，其尺寸偏差为 ±5mm。

b）相邻 S 形泡罩安装中心位置偏差不大于 3mm。

4.3.3.10　网孔塔盘

网孔塔盘组装后，进口堰尺寸偏差见图 2，挡沫板尺寸偏差见图 3。

4.3.3.11　其他新型塔盘按原设计要求进行。

4.3.4　填料塔内件

4.3.4.1　支承结构

a）填料支承结构应平稳、牢固，通道孔不得堵塞。

b）填料支承结构水平度（指规整填料）不大于 2‰ *DN*，且不大于 4mm。

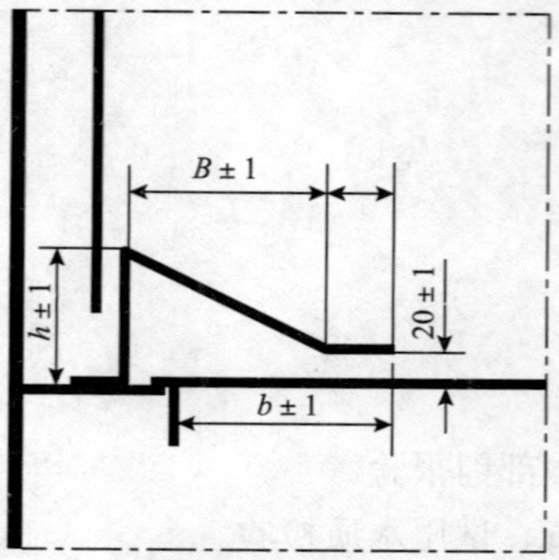

图 2　进口堰尺寸偏差

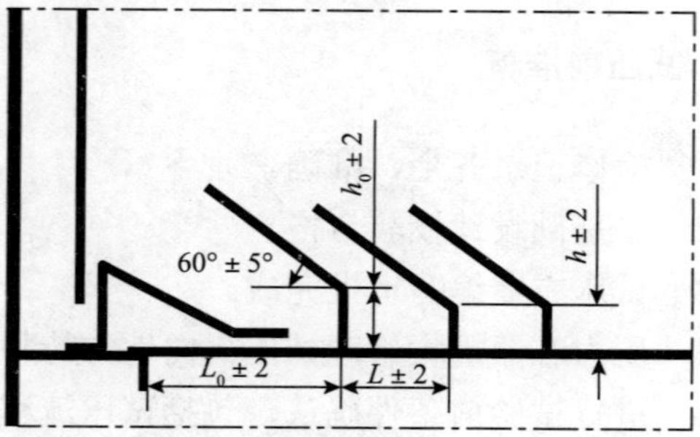

图 3　挡沫板尺寸偏差

4.3.4.2　液体分布装置

a）喷雾孔不得堵塞。

b）溢流槽支管开口下缘（齿高）应在同一水平面上，其水平度公差值为 2mm。

c）宝塔式喷头各个分布管应同心，分布盘底面应位于同一平面内，并与轴线垂直。盘表面应平整光滑、无渗漏。

d）液体分布装置安装位置公差见表 11。

表 11　液体分布装置安装位置公差表

mm

部件名称规格	水平度公差		垂直度公差	中心偏差	高度偏差
公布管、公布盘公称直径 *DN*	*DN*≤1500	3		3	4
	DN＞1500	4			
液流盘、液流槽公称直径 *DN*	1‰ *DN*，且不大于 4			5	10
莲蓬喷头			≤1	3	3
宝塔喷头			≤1	3	3

4.3.4.3　除沫器

a）除沫筐之间及除沫筐与器壁之间均应挤紧，并用栅板压紧固定。

b）除沫器安装中心、标高及水平均应符合技术规定，丝网不得堵塞、破损。

4.3.4.4　填料的装填按原设计要求。

4.3.4.5　填料的龟甲网压板应完好，安装牢固。

4.3.5　加工高硫原油重点装置塔设备材质要求

为满足炼化企业加工高硫、高酸原油的需要，提高重点装置塔设备防腐能力，保证安全生产及长周期运行，对重点装置塔设备材质应按 SH/T 3096—2012《高硫原油加工装置设备和管道设计选材导则》和 SH/T 3129—2012《高酸原油加工装置设备和管道设计选材导则》规定的要求进行选材。

5 试验与验收

5.1 试压前准备

5.1.1 检修记录齐全、准确。

5.1.2 塔基础设计校验合格。

5.1.3 试压方案编写审批完成。

5.1.4 压力容器重大修理试压需向地方特种设备监检部门报验。

5.1.5 进行试验前条件确认，包括试压流程完成检查、试压水质检验。

5.2 试压

5.2.1 对压力容器承压元件进行重大修补或更换的，按容规要求需做强度试验。

5.2.2 结合系统进行试压查漏。

5.2.3 新更换的泡罩塔盘应做充水和鼓泡试验。

5.2.3.1 充水试验

试验前应将所有泪孔堵死，加水至泡罩最高液面，充水后 10min，水面下降高度不大于 5mm 为合格，试验后应使所有泪孔畅通。

5.2.3.2 鼓泡试验

将水不断地注入受液盘内，在塔盘下部通入 0.001MPa 以下的压缩风，要求所有齿缝都均匀鼓泡，且泡罩无震动现象为合格。

5.2.3 新更换的填料塔盘液体分布装置应做喷淋试验，按技术要求通入具有一定压力和流量的清洁水，要求喷淋装置在塔截面上分布均匀，喷孔不得堵塞。

5.3 验收

5.3.1 试运行一周，各项指标达到技术要求或能满足生产需要。

5.3.2 设备达到完好标准。

5.3.3 提交下列技术资料：

a）设计变更及材料代用通知单，材质、零部件合格证。

b）隐蔽工程记录和封闭记录。

c）检修记录。

d）焊缝质量检验（包括外观、无损探伤等）报告。

e）试验报告。

6 维护与故障处理

6.1 日常维护

6.1.1 塔器操作中，严禁超温、超压、超负荷。

6.1.2 定期检查安全附件及液位计等仪表附件。

6.1.3 定期检查人孔、阀门和法兰等密封点的泄漏。

6.1.4 定期检查劳动保护、静电接地及附属设施。

6.1.5 检查保持绝热层完好。

6.1.6 检查塔的振动情况。

6.2 常见故障与处理

塔类设备常见功能故障与处理方法见表12。

表12 塔类设备常见功能故障与处理方法

设备功能		功能故障	故障模式	故障后果	故障应对策略与检修内容	检修周期/月
总功能	分项功能					
对设备进料进行分离、洗涤、吸收、萃取，控制各抽出口温度、整塔压降、塔顶压力等工艺参数在指标范围内	压降指标在控制指标值内	压降增大，抽出温度不合格	设备结构材料被腐蚀而产生腐蚀产物，物料中有结晶析出和沉淀，物料中含有机械杂质导致塔盘工作表面结垢	装置降量或停工	①增加过滤设备； ②清除结晶、水垢和腐蚀产物； ③采取防腐蚀措施； ④调整工艺； ⑤清洗塔盘	视情而定
	设备外部无泄漏	设备密封不合格	法兰密封泄漏。主要由以下原因造成： ①法兰连接螺栓没有拧紧； ②螺栓拧得过紧而产生塑性变形； ③由于设备在工作中发生振动，而引起螺栓松动； ④密封垫圈产生疲劳破坏（失去弹性）； ⑤垫圈受介质腐蚀而坏； ⑥法兰密封面损伤； ⑦法兰变形； ⑧温度、压力突变	装置降量或停工	①拧紧松动螺栓； ②更换变形螺栓； ③消除振动，拧紧松动螺栓； ④更换变质的垫圈； ⑤选择耐腐蚀垫圈； ⑥加工法兰密封面； ⑦更换新法兰； ⑧稳定操作	视情而定
	设备外部形状参数合格	设备形状不合格	塔体局部变形。 主要由以下原因造成： ①塔局部腐蚀或过热使材料强度降低，而引起设备变形； ②开孔无补强或焊缝处的应力集中，使材料的内应力超过屈服极限而发生塑性变形； ③受外压设备，当工作压力超过临界工作压力时，设备失稳而变形	装置降量或停工	①防止局部腐蚀产生； ②矫正变形或切割下严重变形处，焊上补板； ③稳定操作	视情而定

表 12　塔类设备常见功能故障与处理方法（续）

设备功能		功能故障	故障模式	故障后果	故障应对策略与检修内容	检修周期／月
总功能	分项功能					
对设备进料进行分离、洗涤、吸收、萃取，控制各抽出口温度、整塔压降、塔顶压力等工艺参数在指标范围内	设备强度满足要求	设备强度不够	塔体壁厚减薄	装置降量	修理腐蚀严重部分，或设备减压使用，或报废	视情而定
	设备密封性能满足生产要求	设备密封性能下降	塔体出现裂缝、穿孔泄漏	装置降量或停工	进行修补	视情而定
	塔体振动值符合要求	设备稳定性差	塔体振动严重	装置降量或停工	①调整运行参数使之在正常范围内运行； ②加固管道，检查弹簧或固定支承是否完好； ③进行计算加固	视情而定
	工艺抽出口指标合格	设备内部分离效果变差	塔板上鼓泡元件脱落和腐蚀	装置降量	①重新调正； ②改善操作，加强管理； ③择耐蚀材料，更新泡罩	视情而定
	工艺抽出口指标合格	操作不稳定，抽出口温度不合格	塔压力控制不稳	装置降量	①关闭泄漏安全阀的前手阀，注意防止设备超压； ②联系检修压力控制阀	视情而定

附 录 A
（资料性附录）
板式塔设备检修质量验收记录表

位号	名称	规格	设计条件		操作条件				
			温度/℃	压力/MPa	温度/℃		压力/MPa	介质	
T102	加氢分馏塔	ϕ4761×280.5×19999	454	10.8	435		2.1	油气、氢气、硫化氢	
序号	检修主要内容	质量标准	控制级别	检查情况	施工单位	生产装置	设备管理部门	日期	
1	塔体	塔体内、外壁无腐蚀、变形、裂纹，检验评定合格，塔体壁厚无减薄或减薄后剩余厚度评定合格，金属衬里无腐蚀、裂纹、局部鼓包或凹陷，检验评定合格，塔体防腐层不应有鼓泡、裂纹和脱层	B/A						
2	内件	支承圈，各连接焊缝检查，无脱焊裂纹等缺陷，塔内件各部件完整无损坏、缺少。降液板和溢流堰、受液盘上表面应平整，整个受液盘上表面的水平度允差满足标准要求	B						
3	内件	塔盘、鼓泡元件和塔内构件有无腐蚀、冲蚀现象	B/A						
4	塔附件	塔体的附件完好	B						

板式塔设备检修质量验收记录表（续）

位号	名称	规格	设计条件		操作条件				
T102	加氢分馏塔	ϕ4761×280.5×19999	温度/℃	压力/MPa	温度/℃		压力/MPa	介质	
			454	10.8	435		2.1	油气、氢气、硫化氢	
序号	检修主要内容	质量标准	控制级别	检查情况	施工单位	生产装置	设备管理部门	日期	
5	压力试验	设备的压力试验应符合设计要求	A						
6	塔基础	塔基础没有裂纹、破损、倾斜和下沉等缺陷	B						
7	设备封孔	封孔前应由成本中心/运行部组织检查验收且合格确认。安排全面检验的设备，复位前确认设备已检验合格，需返修的应确认设备已返修合格，并按规范要求履行告知、监检手续。对回装前密封面、密封垫及紧固件（含螺栓清洗润滑）做好完好性确认	B/ A						
8	设备封孔	填写人孔封闭确认单，按规范做好相应力矩紧固工作	B						

注： A级：施工单位、生产装置、设备管理部门专业人员检查确认后签字。

B级：施工单位和生产装置专业人员检查确认后签字。

C级：施工单位专业人员检查确认后签字。

另：如果有监理，监理的职责由甲方授权。

附　录　B
（资料性附录）
填料塔设备检修质量验收记录表

<table>
<tr><td>位号</td><td>名称</td><td>规格</td><td colspan="3">设计条件</td><td colspan="4">操作条件</td></tr>
<tr><td rowspan="2">T302</td><td rowspan="2">加氢脱硫塔</td><td rowspan="2">ϕ4761×280.5×19999</td><td colspan="2">温度/℃</td><td>压力/MPa</td><td colspan="2">温度/℃</td><td>压力/MPa</td><td>介质</td></tr>
<tr><td colspan="2">454</td><td>10.8</td><td colspan="2">435</td><td>2.1</td><td>油气、氢气、硫化氢</td></tr>
<tr><td colspan="2">序号</td><td>检修主要内容</td><td>质量标准</td><td>控制级别</td><td>检查情况</td><td>施工单位</td><td>生产装置</td><td>设备管理部门</td><td>日期</td></tr>
<tr><td colspan="2">1</td><td>塔体</td><td>塔体内、外壁无腐蚀、变形、裂纹，检验评定合格，塔体壁厚无减薄或减薄后剩余厚度评定合格，金属衬里无腐蚀、裂纹、局部鼓包或凹陷，检验评定合格，塔体防腐层不应有鼓泡、裂纹和脱层</td><td>B/A</td><td></td><td></td><td></td><td></td><td></td></tr>
<tr><td colspan="2">2</td><td>内件</td><td>支承件、各连接焊缝检查，无脱焊裂纹等缺陷，塔内件各部件完整无损坏、缺少。塔内构件和塔盘等必须坚固牢靠，不得有松动现象。填料和塔内构件有无腐蚀、冲蚀、塌陷、结焦、结垢等现象</td><td>B</td><td></td><td></td><td></td><td></td><td></td></tr>
<tr><td colspan="2">3</td><td>塔附件</td><td>塔体的附件完好</td><td>B</td><td></td><td></td><td></td><td></td><td></td></tr>
<tr><td colspan="2">4</td><td>压力试验</td><td>设备的压力试验应符合设计要求</td><td>A</td><td></td><td></td><td></td><td></td><td></td></tr>
</table>

填料塔设备检修质量验收记录表（续）

<table>
<tr><td>位号</td><td>名称</td><td>规格</td><td colspan="2">设计条件</td><td colspan="5">操作条件</td></tr>
<tr><td rowspan="2">T302</td><td rowspan="2">加氢脱硫塔</td><td rowspan="2">φ4761×280.5×19999</td><td>温度/℃</td><td>压力/MPa</td><td colspan="2">温度/℃</td><td>压力/MPa</td><td colspan="2">介质</td></tr>
<tr><td>454</td><td>10.8</td><td colspan="2">435</td><td>2.1</td><td colspan="2">油气、氢气、硫化氢</td></tr>
<tr><td colspan="2">序号</td><td>检修主要内容</td><td>质量标准</td><td>控制级别</td><td>检查情况</td><td>施工单位</td><td>生产装置</td><td>设备管理部门</td><td>日期</td></tr>
<tr><td colspan="2">5</td><td>塔基础</td><td>塔基础没有裂纹、破损、倾斜和下沉等缺陷</td><td>B</td><td></td><td></td><td></td><td></td><td></td></tr>
<tr><td colspan="2">6</td><td>设备封孔</td><td>封孔前应由成本中心/运行部组织检查验收且合格确认。安排全面检验的设备，复位前确认设备已检验合格，需返修的应确认设备已返修合格，并按规范要求履行告知、监检手续。对回装前密封面、密封垫及紧固件（含螺栓清洗润滑）做好完好性确认</td><td>B/ A</td><td></td><td></td><td></td><td></td><td></td></tr>
<tr><td colspan="2">7</td><td>设备封孔</td><td>填写人孔封闭确认单，按规范做好相应力矩紧固工作</td><td>B</td><td></td><td></td><td></td><td></td><td></td></tr>
</table>

注：A 级：施工单位、生产装置、设备管理部门专业人员检查确认后签字。

B 级：施工单位和生产装置专业人员检查确认后签字。

C 级：施工单位专业人员检查确认后签字。

另：如果有监理，监理的职责由甲方授权。

附　录　C
（资料性附录）
试压与验收数据记录表

序号	试压时间	气压（密）试验压力值 /kPa	试压检查方法	部位	检查情况
1					
2					
3					
4					
5					

7. 固定床反应器维护检修规程

SHS 01008—2019

代替 SHS 01008—2004

目　次

前　　言

本规程按照GB/T　1.1—2009《标准化工作导则　第1部分：标准的结构和编写》给出的规则起草。

本规程代替SHS　01008—2004《固定床反应器维护检修规程》，与SHS　01008—2004相比，除了编辑性修改外，主要技术变化如下：

——更新了部分编写依据的标准规范；

——增加SH/T　3074—2018《石油化工钢制压力容器》中相应内容；

——增加API　RP　934《加氢反应器制造》中部分内容；

——增加了三个石化常用管道检修标准；

——根据目前专业管安全要求，细化了反应器检修前准备工作，并增加器内带氮作业的安全监控要点内容；

——增加内壁堆焊式反应器缺陷简单修复步骤及注意事项；

——细化反应器内构件拆装要求；

——细化反应器高压密封面安装要求及修复手段；

——细化反应器紧固螺栓要求；

——细化开工气密具体要求，明确预防铬钼钢回火脆化要求；

——在维护与故障处理章节中，采用了RCM的分析方法根据实际重新进行了编写；

——增加反应器类设备检修质量验收样表；

——删除了连续重整流动床反应器内件部分检修内容，使本规程更简洁易懂。

本规程由中国石油化工集团有限公司、中国石油化工股份有限公司提出。

本规程起草单位：中国石油化工股份有限公司茂名分公司。

本规程主要起草人：陈慧群。

本规程所代替规程的历次版本发布情况为：

——SHS　01008—1992、SHS　01008—2004。

固定床反应器维护检修规程

1 范围

1.1 主题内容

本规程规定了固定床反应器（以下简称反应器）的检修周期与内容、检修程序与质量标准、试验与验收及维护与故障处理。

1.2 适用范围

本规程适用于加氢类装置和重整类装置中的固定床反应器的维护检修。设计有特殊要求时，应符合设计要求。

2 规范性引用文件

下列文件中的条款通过本规程的引用而成为本规程的条款。凡是注日期的引用文件，其随后所有的修改单（不包括勘误的内容）或修订版均不适用于本规程，然而，鼓励根据本规程达成协议的各方研究是否可使用这些文件的最新版本。凡是不注日期的引用文件，其最新版本适用于本规程。

GB150 压力容器释义

API RP 934 加氢反应器制造

SH/T 3074 石油化工钢制压力容器

NB/T 47013 承压设备无损检测

TSG 21 固定式压力容器安全技术监察规程

SH/T 3075 石油化工钢制压力容器材料选用规范

SH/T 3407 石油化工钢制管法兰用缠绕式垫片

SH/T 3403 石油化工钢制管法兰用金属环垫

SH/T 3501 石油化工有毒、可燃介质钢制管道工程施工及验收规范

SHS 01004 压力容器维护检修规程

3 检修周期与内容

3.1 检修周期

固定床反应器的检修和装置大修同步，同时应符合 TSG 21《固定式压力容器安全

技术监察规程》的规定。

3.2 检修内容

检查如下各部位，根据损坏情况决定修复或更换：

3.2.1 壳体、头盖及出、入口弯管等受压元件；

3.2.2 内衬里（冷壁）；

3.2.3 内衬保护罩（冷壁）；

3.2.4 堆焊层或复层（热壁）；

3.2.5 密封面和密封垫；

3.2.6 入口扩散器、分配盘和积垢篮；

3.2.7 支持圈、支耳和热电偶支承台；

3.2.8 出口收集器、卸料口挡板；

3.2.9 格栅、冷氢管、冷氢盘、热偶套管和外壁热电偶支承台；

3.2.10 保温层（热壁反应器）；

3.2.11 外壁示温漆（冷壁反应器）；

3.2.12 裙座、地脚螺栓和基础；

3.2.13 反应器所有的紧固件（螺栓和螺母）。

4 检修程序与质量标准

4.1 反应器检修前的准备

4.1.1 检修前应具备相关图纸、技术资料并制定详细的施工方案及安全保护措施。

4.1.2 制定防硫化亚铁自燃和防连多硫酸应力腐蚀开裂措施，提前用无盐水制备 pH 值大于 9 的碳酸钠溶液，用于奥氏体不锈钢内件及堆焊层的喷淋保护。

4.1.3 检查备件准备情况，如螺栓、垫片、内构件等。

4.1.4 准备必要的劳动保护用品，如检修服、带通气管面罩、防毒面具、护目镜、简易通信设施等。

4.1.5 准备必要的工具，并组织准入验收，如倒链、手动起重器械、呆头扳手、成套液压工具或风动工具、焊机、电缆、临时开关箱、临时脚手架等。

4.1.6 拆反应器头盖前，要准备枕木，便于安放头盖，反应器顶应采取措施防止雨雪进入反应器内，反应器本体及弯管法兰密封面要提前准备相应保护措施，以免检修过程损坏。

4.1.7 切断与反应器相连的油气管路，内部介质应排净并置换油气至合格状态，符合有关安全检修条件并按制度要求办理相关手续，器内无氧作业见附录 A“反应器内带氮作业安全监控要点”。

4.2 检修质量标准

4.2.1 反应器壳体及受压元器件的检修按SHS 01004《压力容器维护检修规程》执行。

4.2.2 冷壁反应器内衬里：

4.2.2.1 当出现如下情况，内衬里应该进行局部更换：

a）局部衬里脱落；

b）衬里内部出现掏空或孔洞，外壁相同部位出现超温或示温漆变色；

c）局部穿透裂纹，裂纹间隙超过5mm；

d）内衬里鼓包直径大于100mm。

4.2.2.2 同一水平位置如修补面积大于整圈面积的1/3，则应整圈更换。

4.2.2.3 纵向裂纹宽度在5mm以下，裂纹周围没有疏松现象可不修理，填入高硅铝纤维棉捣实即可。

4.2.2.4 衬里局部修补时，应将修补部位的衬里凿到坚实面或金属表面，并至少露出两个以上锚固钉，结合处应外小内大，并清理干净，用水充分湿润。

4.2.2.5 修补后的内衬里表面不得有蜂窝、麻面现象，厚度误差为±5mm。

4.2.2.6 推荐采用气硬性衬里材料，修补后不用烘干。

4.2.2.7 内衬里更新施工按原设计规定或不低于原设计的规定进行。

4.2.3 内衬里保护罩：

4.2.3.1 内衬里保护罩损坏严重部位，应采取局部修补或更换的办法，如同一水平位置修补过多，可采用局部整圈更换的方法。

4.2.3.2 内衬里保护罩修补时，应对旧内衬里保护罩焊接接头处采用电加热法或火焰加热法进行消氢处理后方可进行焊接，焊接采用氩弧焊，焊后对焊缝进行着色检查应无裂纹。

4.2.4 热壁反应器内壁堆焊层或复层：

4.2.4.1 可能产生连多硫酸腐蚀的热壁反应器，在开盖后接触大气之前，建议对器内奥氏体不锈钢进行中和清洗。

4.2.4.2 内壁堆焊层或复层若发现裂纹、剥离或鼓包，应请有关专家和部门进行会诊、评估，并制定相应检修或监控措施，如需处理时，可按消氢、裂纹打磨、焊前预热、补焊第一层（TP309L）、中间热处理、PT及UT检查、补焊表层（TP347L）、PT及UT检查、硬度检测等工序制定修复方案。

注意：反应器的母体材质是Cr-Mo合金钢，制作过程经过整体热处理，故反应器内、外严禁除制定修复方案内的其他一切动火。

4.2.4.3 应用描图纸或照片将裂纹、剥离或鼓包区域记录下来，作为制定维修、检测和修复方案的依据。

4.2.5 加氢反应器内构件：

4.2.5.1 可能产生连多硫酸腐蚀的反应器内件，在拆开后应立即进行中和清洗。

4.2.5.2 反应器分配盘拆装：

a）拆前将分配盘分别编上号，并作好标记，在记录本上记录好排放顺序，将拆出的分配盘组件中和清洗；

b）安装时应符合原设计要求；

c）用柔性石墨密封塔盘，塔盘面应保持在同一水平面上，其水平偏差值不应小于5mm，分配盘的弯曲度及局部不平度在整个板面不应超过 2mm；

d）检查分配盘泡帽有无裂纹、椭圆及翻边现象，测量泡帽外径与升气管之间的间距各处应相等，其最大与最小尺寸之差不得超过 2mm，泡帽与升气管之间的顶隙偏差应小于 1mm，且固定牢固，无法相对转动；

e）检查分配盘支承梁有无裂纹；

f）各螺栓应紧固可靠。

4.2.5.3 反应器喷射盘、冷氢盘安装：

a）拆卸时做好标记及记录；

b）安装时应符合原设计要求；

c）用柔性石墨密封塔盘；

d）检查支承梁有无裂纹；

e）各螺栓应紧固可靠。

4.2.5.4 反应器格栅与丝网安装：

a）格栅与丝网之间的连接要牢固，丝网铺装严密，搭接处宽度不小于 30mm；

b）催化剂卸料管按要求插到格栅、冷氢盘、喷射盘和分配盘的套管内，并把紧卸料管上的法兰；

c）检查容器内侧和格栅外缘之间的间隙满足反应器装配图的要求。

4.2.5.5 冷氢管、热电偶套管安装：

a）冷氢管连接丝扣无损伤，管内无杂物；

b）冷氢管的安装方向准确无误；

c）冷氢管上的单向阀试压合格；

d）热偶套管着色检查不允许有裂纹，严重弯曲的热偶套管须更换，新安装的热偶套管应经过水压试验，试验压力依照原设计要求，水压试验后应进行干燥，严禁管内存有残液。

4.2.5.6 出口收集器、积垢篮的所有焊缝不得开裂，丝网无损，捆扎坚固，并清扫干净。

4.2.5.7 入口扩散器和顶部分配器所有焊缝不得开裂，器内无杂物，产生连多硫酸腐蚀的须进行中和清洗。

4.2.5.8 支持圈和支耳以及法兰密封面应进行着色检查，并按 4.2.4.2 条处理。

4.2.5.9 反应器内件的螺栓紧固件应涂上高温防咬合剂，或采用渗铝螺栓紧固件。

4.2.6 密封面、密封垫和紧固件：

4.2.6.1 法兰密封面、金属环垫的更换和安装：

以下特指高压密封面及金属环垫，低压部分密封垫应满足 SH/T 3407《石油化工钢制管法兰用缠绕式垫片》对密封选用的要求。

a）密封面及金属环垫要光洁，无机械损伤、径向刻痕、严重锈蚀、焊疤、物料残迹等缺陷，并检查金属环垫与密封槽底的间隙；

b）金属环垫安装前应进行试装，密封面均匀涂抹上一层薄薄的湿红丹，人工转动密封垫圈 45°，取出金属环垫检查密封面和密封垫的接触线应连续，否则应修研密封面；

c）部分法兰由于制造问题，使钢圈与法兰只有内表面或外表面单密封面接触，对于这类密封面，应认真检查密封面的接合情况，同时在上紧时应比正常力矩加大 20%；

d）更换的超标的金属环垫应符合反应器的原设计相关技术要求，或满足 SH/T 3403《石油化工钢制管法兰用金属环垫》对密封的要求，金属环垫材料的硬度应比密封面硬度低 30～40HB，硬度试验点不得在密封面进行；

e）选用椭圆垫材质硬度应低于法兰面 15～20HB，而且不宜重复使用；

f）应对管道合金钢以上材质的金属环垫进行光谱检查，以免用错材料；

g）法兰密封面与金属环垫做着色探伤检验，探查是否有表面裂纹，如有表面裂纹应反复打磨消除后使用，必要时采取堆焊、机加工等手段修复，直至裂纹消失后方可使用，否则应更换；

h）安装金属环垫时，若设计要求不得添加任何涂料，则应彻底清洗密封面及密封垫方可安装；

i）金属环垫应安装平正，位置准确，不得有偏斜或中心偏移，并接触良好，安装过程不允许有杂物掉落。

4.2.6.2 法兰密封面、金属环垫的修复：

a）法兰密封面需要手工打磨时，宜使用 240 目⟶ 400 目⟶ 800 目金相砂纸沿密封线方向手工打磨（研磨过程加适量煤油效果更好），打磨长度 L≥垫片周长 1/8，且不应小于 300mm，直至消除缺陷；

b）法兰密封面需要修复时，宜采用研磨胎具和研磨膏配合进行研磨处理，直至缺陷消除，法兰密封面研磨时注意控制金属环垫与密封槽底的间隙；

c）法兰密封面缺陷无法手工修复时，可采用在线堆焊、机械加工等方法进行修复，对于有堆焊层的法兰修复方案见 4.2.4.2 条；

d）金属环垫缺陷的修复与法兰密封面修复方法大致相同（金属环垫不允许堆焊修复）。

4.2.6.3 紧固件的安装与紧固：

a）螺栓在安装前应再次进行检查，加工尺寸准确，表面光洁，无裂纹、毛刺或凹陷等缺陷，M50 以上（包括 M50）螺栓应进行超声检测，M36 以上（包括 M36）螺栓应进行磁粉检测，M36 以下螺栓应抽查磁粉检测，上述无损检测均按 JB4730 的Ⅰ级为合格，对于高温高压位置螺栓要 100% 打光谱确认材质；

b）配对法兰的相对位置应安装准确，使所有的螺栓都能顺利穿入且不受任何强制力，并应在螺栓、螺母的螺纹及螺母与垫圈的接触面涂上高温抗咬合剂；

c）采用液压扳手紧固螺栓，应先用均匀的紧固力将螺母初步上紧，然后采用三步法进行螺栓的上紧：

第一步：用力矩扳手按规定力矩值的 50%（图 1）依次紧固 1～8 的螺栓，然后，再同样按照规定力矩值的 50% 依次紧固其余螺栓；

第二步：采用间隔法按 100% 的力矩值隔个螺栓进行紧固，见图 2；

第三步：采用顺序法按 100% 的力矩值逐个螺栓进行紧固，见图 3；

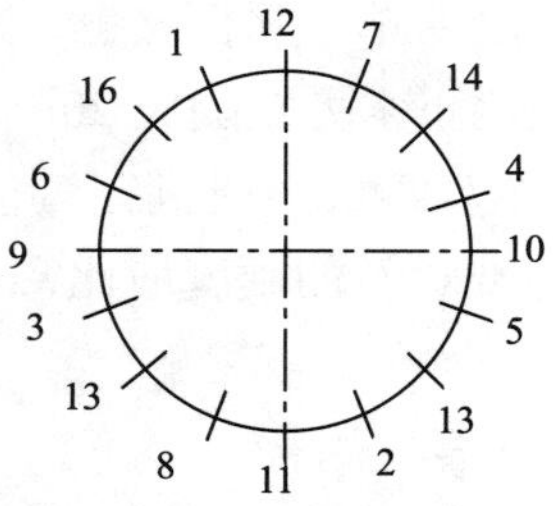

图 1　第一步螺栓上紧次序

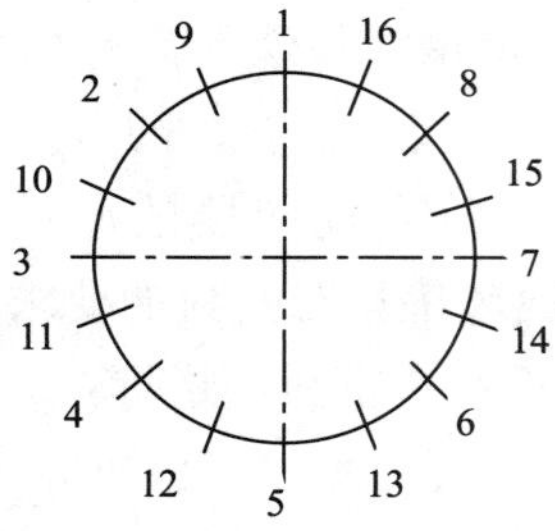

图 2　第二步螺栓上紧次序

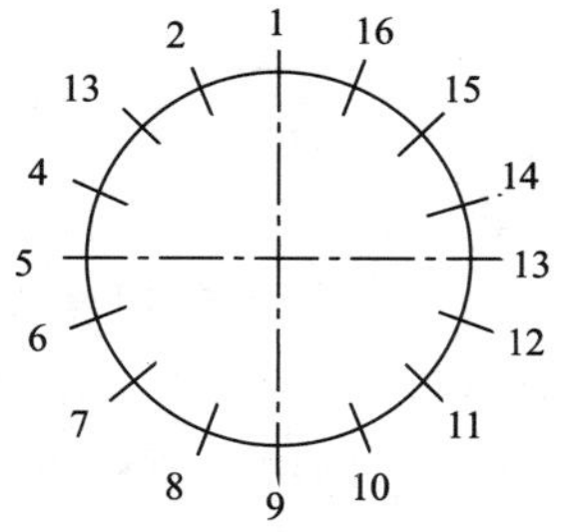

图 3　第三步螺栓上紧次序

d）采用螺栓拉伸器紧固螺栓，按说明书要求进行；

e）设计图样或说明书对螺栓紧固有要求的按设计要求；

f）螺栓紧固后，用游标卡尺测量上、下法兰的间距（平行度），检查法兰是否对正，并记录，测量点一般为 4～8 处，标准见表 1（对于长期使用的旧法兰，特别是高压环槽面法兰，可通过与以前施工记录作对比的方法确认是否能够平行，或检查安装过程使用力矩是否均匀来确认是否能够平行，切不可盲目追求平行度造成法兰泄漏）；

表 1　法兰间隙偏差标准表

管道等级 1	平行度 /mm	
	DN≤300	*DN*＞300
SHA1、SHA2、SHB1、SHB2	≤0.4	≤0.7
SHA3、SHA4、SHB3、 SHB4	≤0.6	≤1.0

g）用规定紧固力矩值不能制止泄漏时，将最大力矩值与正常力矩值的差，分为 5 等份，逐级进行上紧，直到制止泄漏为止，若达到最大力矩值仍不能制止泄漏，则应分析原因，采取措施或重新安装，最大紧固力矩值查表不得超过该螺栓屈服强度的 100%。

4.2.7　裙座和基础：

4.2.7.1　裙座不得出现变形、裂纹等缺陷，裙座基础板不得出现腐蚀。

4.2.7.2　基础不得出现下沉、倾斜或开裂，地脚螺栓不得出现松动或腐蚀。

4.2.7.3　裙座的防火层完好，无剥落或裂纹，否则应按相关的防火规范进行修复。

4.2.8　冷壁反应器示温漆变色温度不超过器壁设计温度，漆膜完整无鼓包、裂纹或脱落。

4.2.9　热壁反应器的外保温层不得出现破损或脱落。外保护层箍圈不得出现松弛。

4.2.10　与反应器连接管线在安装时不得进行强制组装，否则应对附属管线进行必要的调整。

5 试验与验收

5.1 反应器气密

5.1.1 反应器气密试验前设备的检查

反应器的施工及验收除应严格按固定床反应器的相关检修及验收规程进行外，在试验前还应再次由有关部门、生产单位和检修单位共同进行预验收检查，确认所有的检修工作已完成。

5.1.2 反应器的气密试验

气密试验时，严格按有关的操作规程要求进行逐级升压检查，应无泄漏。气密泄漏的处理见 4.2.6.3 的 g）条。

5.1.3 高压临氢反应器的气密试验

反应器的气密试验是随着整个高压系统进行的，系统气密试验分氮气气密试验和氢气气密试验两个阶段进行。

5.1.3.1 氮气气密试验：

a）低压气密合格后，进入中高压氮气气密阶段；

b）进入中高压氮气气密阶段分别按台阶升压检查泄漏情况，直到合格，气密压力应不超过 Cr-Mo 钢回火脆化压力。

5.1.3.2 氢气气密试验

a）氮气气密合格后，降压至合适压力启动循环机，加热炉点火升温干燥，启动新氢压缩机将反应系统分阶段升压，进行气密试验；

b）分阶段进行系统升压气密，每升到一个压力等级停新氢机，维持循环机运转，各密封点查漏，发现漏点及时处理，处理好后，继续升压，在高压下不能处理的漏点要泄压进行处理。

注意：为防止反应器母材发生脆裂的危险，当反应器操作温度低于回火脆化温度时，其操作压力所产生的应力应限制不超过 Cr-Mo 钢容器器壁屈服强度 1/5（按照 SH/T 3075，回火脆化设计压力由设计院提供为准）。

5.2 验收

5.2.1 试运行 1 周后，各项指标达到技术要求，或能满足生产要求。

5.2.2 达到设备完好标准。

5.2.3 反应器检修完毕后，应提交下列技术资料。

5.2.3.1 设计变更及材料代用通知单、材质和零部件合格证。

5.2.3.2 隐蔽工程记录。
5.2.3.3 隔热内衬里施工记录。
5.2.3.4 无损检测报告（包括焊缝和螺栓）。
5.2.3.5 封闭记录。
5.2.3.6 检修记录。
5.2.3.7 试验报告。

6 维护与故障处理

6.1 日常维护

6.1.1 定时检查人孔、阀门、法兰等密封点。
6.1.2 定时检查压力表、消防蒸汽线、表面热电偶等安全设施是否灵活好用。
6.1.3 严禁设备超温、超压或超负荷。
6.1.4 反应器开停工应严格遵守有关的操作规程。
6.1.5 定时检查冷壁反应器器壁温度，如变色漆变色，要立即测出变色部位温度，并对该部位监护，根据情况处理。

6.2 常见故障及处理

固定床反应器类设备常见功能故障与处理方法见表 2。

表 2 固定床反应器类设备常见功能故障与处理方法

设备功能		功能故障	故障模式	故障后果	故障应对策略与检修内容	检修周期/月
总功能	分项功能					
单反压降不大于设计值，单系列压差不大于设计值；反应器任一点温度不超过454℃，且处理量满足设计要求时产品合格；给加氢反应提供密闭通道	单反压降不大于设计值，单系列压降不大于设计值且产品合格	单反压降大于设计值，单系列压降大于设计值	催化剂质量差缩短使用周期，加速板结	装置降量或停工	停工换剂	视情而定
			催化剂装填质量差，装填密度不够缩短使用周期	装置降量或停工	停工换剂	视情而定
			原料质量差加速催化剂失活	装置降量或停工	停工换剂	视情而定
			催化剂自然板结	装置降量或停工	停工换剂	视情而定
			仪表失灵	装置降量或停工	停工更换	视情而定

表2 固定床反应器类设备常见功能故障与处理方法（续）

<table>
<tr><th colspan="2">设备功能</th><th rowspan="2">功能故障</th><th rowspan="2" colspan="2">故障模式</th><th rowspan="2">故障后果</th><th rowspan="2">故障应对策略与检修内容</th><th rowspan="2">检修周期/月</th></tr>
<tr><th>总功能</th><th>分项功能</th></tr>
<tr><td rowspan="15">单反压降不大于设计值，单系列压差不大于设计值；反应器任一点温度不超过454℃，且处理量满足设计要求时产品合格；给加氢反应提供密闭通道</td><td rowspan="7">任一点床层温度不超454℃，处理量满足设计要求且产品合格</td><td rowspan="7">任一点床层温度超454℃，或处理量不满足设计要求导致产品不合格</td><td colspan="2">催化剂质量差使用缩短使用周期</td><td>装置降量或停工</td><td>停工换剂</td><td>视情而定</td></tr>
<tr><td colspan="2">催化剂装填质量差，装填密度不够缩短使用周期</td><td>装置降量或停工</td><td>停工换剂</td><td>视情而定</td></tr>
<tr><td colspan="2">原料质量差加速催化剂失活</td><td>装置降量或停工</td><td>停工换剂</td><td>视情而定</td></tr>
<tr><td colspan="2">催化剂自然板结</td><td>装置降量或停工</td><td>停工换剂</td><td>视情而定</td></tr>
<tr><td colspan="2">热电偶失灵</td><td>装置降量或停工</td><td>停工更换</td><td>视情而定</td></tr>
<tr><td colspan="2">分配盘失效反应介质偏流</td><td>装置降量或停工</td><td>停工更换</td><td>视情而定</td></tr>
<tr><td colspan="2">冷氢阀本体故障</td><td>装置降量或停工</td><td>停工维修</td><td>视情而定</td></tr>
<tr><td rowspan="8">提供加氢反应的密闭通道</td><td rowspan="8">加氢反应的密闭通道泄漏</td><td colspan="2">堆焊层剥离</td><td>装置停工，着火</td><td>停工维修</td><td>视情而定</td></tr>
<tr><td rowspan="4">法兰外漏</td><td>头盖大法兰</td><td>装置停工，着火</td><td>停工维修</td><td>视情而定</td></tr>
<tr><td>头盖小法兰/出口法兰</td><td>装置停工，着火</td><td>停工维修</td><td>视情而定</td></tr>
<tr><td>卸料口法兰</td><td>装置停工，着火</td><td>停工维修</td><td>视情而定</td></tr>
<tr><td>其他管口法兰泄漏</td><td>装置停工，着火</td><td>停工维修</td><td>视情而定</td></tr>
<tr><td colspan="2">接管焊缝泄漏</td><td>装置停工，着火</td><td>停工维修</td><td>视情而定</td></tr>
<tr><td colspan="2">热电偶套管穿孔或密封失效外漏</td><td>装置停工，着火</td><td>停工维修</td><td>视情而定</td></tr>
</table>

附 录 A
（资料性附录）
反应器内带氮作业安全监控要点

A.1 反应器盲板加好，器内作业平面温度小于50℃，检测可燃气体浓度小于最低爆炸极限的20%，硫化氢浓度小于10mg/m^3。

A.2 施工单位有专人保障供气系统实现双路供气，现场备有应急供空气气瓶，供空气系统脱水设施有效。

A.3 供空气管线无老化、漏气现象。供空气面具气密性良好，无漏风现象，供风系统易脱落部位有铁丝加固。

A.4 供风使用的气体分配器压力不小于0.38MPa，小于0.38MPa时，报警有效。

A.5 施工人员的劳保防护用品穿戴符合要求，进入器内人员正确佩戴供风面罩。作业人员及使用工具进、出反应器有记录。

A.6 施工人员进、出反应器佩带完好的安全带、防坠器。

A.7 施工使用的钢梯完好、牢固，器内照明、工具符合防爆要求。

A.8 进容器作业时，施工单位监护人在反应器入口监护，并佩戴好供风面罩。

A.9 车间监护人对反应器入口每隔2h时检测可燃气体浓度应小于最低爆炸极限的20%，硫化氢浓度小于10mg/m^3。

A.10 车间及施工单位监测、通信等设施（备）齐全、完好。在底部作业时，要随时监听施工人员的呼吸声音是否异常。

A.11 反应器入口应急逃生路线畅通，卸料口（反应器底部）与反应器上部入口无对流。施工人员在反应器内时，应密封好卸料口，防止空气对流。

A.12 卸剂期间反应器顶平台备好干冰及水。

A.13 施工用电有专人监护，夜间照明符合作业要求。

附 录 B
（资料性附录）
Cr–Mo 反应器的检验

B.1 检验前的准备工作

B1.1 成立检验工作领导小组，建立检验质量保证体系。
B1.2 成立专家组，审查完善统一的检验技术方案。
B1.3 成立无损检测专家小组，负责统一标准试块，上岗前统一调校仪器，检验过程中对检验单位查出的缺陷进行复查确认。
B1.4 选定检验队伍。2.25Cr-1Mo 钢制加氢反应器是在用压力容器中定期检验最复杂、最困难的设备，有些检验和安全状况等级评定项目已经超出《石油工业在用压力容器检验》的范围。因此，该设备的定检工作不是所有持检验许可证的检验单位都能胜任的。由于一次定期检验费用昂贵，潜在危险性大，所以使用单位应选择技术水平高，且有检验加氢反应器业绩的检验单位承担定检任务。

B.2 确定检验重点

国内外检验经验表明，选择新生缺陷可能发生的部位和制造产生先天缺陷的部位作为局部检查的重点是可行的，经济上也是合理的。

几台反应器共同的重点部位有：
B.2.1 反应器本体 A、B、D 类焊接接头；
B.2.2 下封头与裙座对接的环向接头；
B.2.3 上、下弯管环向对接接头；
B.2.4 壳体内壁分配盘支承圈；
B.2.5 壳体内壁堆焊层（含人孔、头盖内表面堆焊层）；
B.2.6 人孔配对的法兰梯形密封槽及八角垫等；
B.2.7 热电偶套管；
B.2.8 连接构件所有角焊缝（如表面热电偶测温台、上弯管处吊耳、内壁分配盘支承圈、热电偶套管及其支承结构等）；
B.2.9 上、下封头母材全面积；
B.2.10 壳体外壁 A、B 类焊缝接头中心上下 400mm 环形段（若与 10 有重叠，则同一检验项目在重叠区域内不能重复检验）；
B.2.11 嵌入式接管（如人孔、出料管、卸剂管等）与壳体连接的 D 类对接接头中心外半径 200mm 包容的母材表面；

B.2.12　支承圈中心上下 400mm 的环形段（若与 10、11 有重叠，则同一检验项目在重叠区域内不能重复检验）；

B.2.13　热电偶套管插入孔及 ϕ300mm 邻近周边；

B.2.14　所有制造时的返修处；

B.2.15　高压螺柱、螺母。

B.3　资料审查

检验人员在检测前，应对反应器的有关资料进行审查与审阅，其主要内容有：

B.3.1　设计资料

设计单位、设计图纸、设计规范、主体材料、安全系数、设计压力、设计强度、设计壁厚、腐蚀裕度、焊接系数、水压试验压力、安全附件、设计计算书和说明书。

B.3.2　制造资料

制造单位、竣工图、产品合格证、质量证明书、产品铭牌、主体材料、设备壁厚、规格、验收规范、日期、检验报告、返修资料等。

B.3.3　安装资料

安装单位、安装验收记录、报告、日期等。

B.3.4　运行资料

设备运行记录、操作参数变化、腐蚀情况、故障与停工情况、维护保养与维修情况、注册登记、安全登记等。

B.3.5　检验资料

查找以往的检验和修理资料、记录、报告和安全附件校验报告等，审查以下资料后，制定检验方案。

以上审查重点是：运行过程中有无超温、修理记录、历次检验记录。

B.4　宏观检查（VT）

宏观检查主要有以下内容：

B.4.1　表面检查

B.4.1.1　保温层是否完好。

B.4.1.2　外表面的腐蚀情况。

B.4.1.3　是否存在表面裂纹。

B.4.1.4　焊缝是否存在咬边。

B.4.1.5　是否存在局部变形。

B.4.1.6　结构检查。

B.4.1.7　封头形式是否合格。

B.4.1.8　筒体与封头连接方式是否合格。

B.4.1.9　开孔与补强结构是否合格。

B.4.1.10　焊缝布置是否合理。

B.4.1.11　支座选型与布置是否合理。

B.4.2　几何尺寸检查。

B.4.2.1　焊缝最大对接错边量。

B.4.2.2　焊缝最大棱角度。

B.4.2.3　焊缝余高和焊缝填充金属不满值。

B.4.2.4　角焊缝。

B.4.2.5　同断面最大直径与最小直径。

B.4.2.6　封头表面凹凸量。

B.4.2.7　封头直边高度。

B.5　超声波检测（UT）

B.5.1　“二”中 1、3 点 100%

分别采用 2.5P20-D 直探头，2.5PK1、2.5PK2 两种斜探头从外壁对 A、B 类接头，上、下弯管环向接头均进行共计 9 个方向扫查，对 D 类接头共计进行 7 个方向扫查。

直探头扫查时，将无缺陷处二次底波调节为荧光屏满幅 20%，应予以记录。

斜探头扫查时，垂直焊缝方向灵敏度为 $\phi 1\times 6$-6dB，平行焊缝方向灵敏度为 $\phi 1\times 6$-12dB。

B.5.2　“二”中 2 点 100%

分别采用 2.5PK1.5、2.5PK2.0 两种斜探头从外壁沿平行和垂直环向接头方向进行共计 8 次扫查，灵敏度为 $\phi 1\times 6$-9dB。

B.5.3　“二”中 4 点 100%

分别采用 2.5P20-D 直探头与 2.5PK1、2.5PK1.5 两种斜探头从外壁对支持凸台进行共计 9 个方向扫查，并确定、标记支持凸台的位置，斜探头以 $\phi 4$ 当量灵敏度进行扫查，并确定、标记支持凸台的位置；斜探头以 $\phi 3$-6dB 灵敏度进行扫查。

B.5.4　堆焊层界面

首先分别采用 2.5Pϕ20 直探头、5N14 窄脉冲直探头对“二”中 9、11、12 点所划定的范围从外壁进行 100% 扫查，然后用 2.5Pϕ10 双晶探头从内壁对应方位复查，记录 $\geqslant\phi 10$ 当量缺陷，确定界面剥离尺寸和位置。

B.5.5　堆焊层层下

首先分别采用 2.5PK1 斜探头、2.5PK1 纵波斜探头对“二”中 9、10、11 和 12 点所划定的范围从外壁沿带极堆焊方向和垂直带极堆焊方向进行共计 8 次扫查，然后采用 70° 双晶斜探头从内壁对应方位进行共计 4 个方向复查时记录 $\geqslant\phi 3\times 40$ 当量缺陷。

B.5.6　高压螺柱

a）仪器：CTS22；

b）探头类型：5N15；

c）耦合剂：机油；

d）对比试块：同型尺寸螺纹根部切割深度为 1mm 人工槽试件；

e）探测面：从螺柱两端进行探测；

f）灵敏度：将对比试件上深 1mm 人工槽回波高度调整到仪器荧光屏满幅 80% 作为起始灵敏度。

B.6 磁粉检测（MT）

B.6.1 “二”中 1 点，但其中下封头与筒体的 A 类接头除外，2、3、8 点中仅吊耳处角接接头和 13 点均为 100%。

B.6.2 采用磁轭法两次交叉磁化。

B.6.3 缺陷记录要求：

B.6.3.1 任何裂纹；

B.6.3.2 任何横向缺陷显示；

B.6.3.3 长度＞1.5mm 线性缺陷显示；

B.6.3.4 单个尺寸≥4mm 圆形缺陷显示。

B.7 渗透探伤（PT）

B.7.1 “二”中 5、6、7 点中热电偶套管表面、8 点中除吊耳均为 100%。

B.7.2 对大面积受检部位，可采用水洗型探伤方法。

B.7.3 缺陷记录要求同“六”中 3 点。

B.8 壁厚测定

B.8.1 测厚部位

B.8.1.1 上下封头：选择上、中、下三个横截面，分别在其 0°、90°、180°、270° 方位共测 12 点。

B.8.1.2 筒节：距 B 类接头中心 200mm 处横截面上沿 0°、90°、180°、270° 方位共测 4 点。

B.8.1.3 嵌入式接管：任选一个横截面，沿 0°、90°、180°、270° 方位共测 4 点。

B.8.1.4 上、下弯管：在每个管段中间截面上沿上述四个方位共测 4 点。

B.8.2 上述测厚部位的测厚应分别给出母材厚度和堆焊层厚度。

B.9 硬度测定

B.9.1 测定部位

B.9.1.1 “二”中 1、2、3 点，每个焊接接头测 1 组，每组分别给出焊缝、热影响区、母材的硬度值。

B.9.1.2 “二”中 6 点，在每个检测的法兰梯形密封槽底沿 0°、90°、180°、270° 方位共测 4 点。

B.9.1.3 “二”中 14 点，检测的每个螺柱端部各测 1 点，检测的每个螺母测 1 点。

B.9.2 采用便携式硬度计进行测定。

B.10 堆焊层铁素体含量测定

采用便携式铁素体仪在上封头、筒节的内壁堆焊层上，分别对不同规格的焊带、制造时手工补焊处，以及查出裂纹处现场测定铁素体含量。

B.11 金相检验

对壳体的 A 类接头、弯管的环向接头内壁堆焊层手工补焊处，以及查出裂纹的部位，采用现场观察或金相覆膜进行金相组织分析。

B.12 *X*、*J* 系数

从筒节母材、B 类接头各选 1 处分别取样进行全成分分析，计算 *X*、*J* 系数。

B.13 提交报告

B.13.1 检验评定综合报告；

B.13.2 原始资料审查报告；

B.13.3 VT 检测报告；

B.13.4 UT 检测报告；

B.13.5 MT 检测报告；

B.13.6 PT 检测报告；

B.13.7 材料检验报告；

B.13.8 强度校核；

B.13.9 检验结论。

附　录　C
（资料性附录）
反应器类设备检修质量验收样表

<table>
<tr><td colspan="9">反应器类设备检修质量验收样表</td></tr>
<tr><td>位号</td><td>名称</td><td>规格</td><td colspan="2">设计条件</td><td colspan="4">操作条件</td></tr>
<tr><td rowspan="2">Ⅱ-R105</td><td rowspan="2">加氢反应器</td><td rowspan="2">ϕ4761×280.5×19999</td><td>温度/℃</td><td>压力/MPa</td><td colspan="2">温度/℃</td><td>压力/MPa</td><td>介质</td></tr>
<tr><td>454</td><td>18</td><td colspan="2">435</td><td>17.1</td><td>油气、氢气、硫化氢</td></tr>
<tr><td>序号</td><td colspan="2">检修主要内容</td><td>质量标准</td><td>控制级别</td><td>检查情况</td><td>施工单位</td><td>生产装置</td><td>设备管理部门</td><td>日期</td></tr>
<tr><td>1</td><td colspan="2">头盖、弯管、钢垫及密封面清洗和检查</td><td>清理并检查确认垫片和法兰的密封面是没有划痕或缺陷；垫片和螺栓的规格按要求配装</td><td>B</td><td></td><td></td><td></td><td></td><td></td></tr>
<tr><td>2</td><td colspan="2">入口扩散器、分配盘回装</td><td>扩散器安装到位，边缘与设备贴合紧密；分配盘安装牢固，缝隙用耐火带填充</td><td>B</td><td></td><td></td><td></td><td></td><td></td></tr>
<tr><td>3</td><td colspan="2">热电偶拆、卸、检查及校验，热电偶保护套管检查更换</td><td>热电偶铠管不能破损，PT检查无缺陷，清理必须干净，安装符合要求</td><td>A</td><td></td><td></td><td></td><td></td><td></td></tr>
<tr><td>4</td><td colspan="2">卸料管法兰盖、反应器出口45°弯头拆、装盲板</td><td>螺栓按要求装配；检查合格；盲板抽除、法兰安装到位</td><td>B</td><td></td><td></td><td></td><td></td><td></td></tr>
<tr><td>5</td><td colspan="2">全部垫圈、法兰密封槽PT检查</td><td>检查垫片、法兰密封面、凸台PT检查是否有缺陷</td><td>A</td><td></td><td></td><td></td><td></td><td></td></tr>
<tr><td>6</td><td colspan="2">催化剂及瓷球卸装</td><td>按装催化剂及瓷球方案安装</td><td>B</td><td></td><td></td><td></td><td></td><td></td></tr>
<tr><td>7</td><td colspan="2">出口收集器丝网检查、清理</td><td>出口收集器清理干净，丝网无破损或漏洞</td><td>B</td><td></td><td></td><td></td><td></td><td></td></tr>
</table>

反应器类设备检修质量验收样表（续）

反应器类设备检修质量验收样表										
位号	名称	规格	设计条件		操作条件					
Ⅱ-R105	加氢反应器	ϕ4761×280.5×19999	温度/℃	压力/MPa	温度/℃		压力/MPa	介质		
			454	18	435		17.1	油气、氢气、硫化氢		
序号	检修主要内容		质量标准	控制级别	检查情况	施工单位	生产装置	设备管理部门	日期	
8	反应器垢层清理，器壁中和清洗、内构件入口扩散器、分配盘中和清洗后除垢		反应器垢层及内构件的垢层是否按要求清理干净	B						
9	头盖弯管回装		回装前确认容器内部清扫符合要求；器壁腐蚀及减薄情况符合使用要求	A						

注： A级：施工单位、生产装置、设备管理部门专业人员检查确认后签字。

B级：施工单位和生产装置专业人员检查确认后签字。

C级：施工单位专业人员检查确认后签字。

另：如果有监理，监理的职责由甲方授权。

8. 管壳式换热器维护检修规程

SHS 01009—2019

代替 SHS 01009—2004

目　次

前　言

本规程按照GB/T 1.1—2009《标准化工作导则　第1部分：标准的结构和编写》给出的规则修订。

本规程代替SHS 01009—2004《管壳式换热器维护检修规程》，与SHS 01009—2004相比，除了编辑性修改外，主要技术变化如下：

——增加了拆卸、安装与试验过程中步骤的具体描述、注意事项和技术要求；

——原检修周期与内容章节中，根据装置长周期运行特点，检修周期有所调整；

——依据新标准与规范，垫片和螺栓使用范围进行了调整；

——删除了螺纹锁紧环换热器检修内容。

本规程由中国石油化工集团有限公司、中国石油化工股份有限公司提出。

本规程起草单位：中国石油化工股份有限公司安庆分公司。

本规程主要起草人：程先步。

本规程所代替规程的历次版本发布情况为：

——SHS 01009—1992、SHS 01009—2004。

管壳式换热器维护检修规程

1 范围

1.1 主题内容

本规程规定了管壳式换热器的检修周期与内容、检修程序与质量标准、试验与验收、维护与故障处理。

1.2 适用范围

1.2.1 本规程适用于石油化工装置常用管壳式换热器，设计压力在35MPa以下的石油化工钢制固定管板式、浮头式、U形管式等管壳式换热器及釜式重沸器，有特殊要求的换热器应遵循其特殊的维护检修规程。
1.2.2 除符合本规程外，管壳式换热器维护检修还应符合设计文件的要求。
1.2.3 受压元件的检修遵照SHS 01004《压力容器维护检修规程》。

2 规范性引用文件

下列文件中的条款通过本规程的引用而成为本规程的条款。凡是注日期的引用文件，其随后所有的修改单（不包括勘误的内容）或修订版均不适用于本规程，然而，鼓励根据本规程达成协议的各方研究是否可使用这些文件的最新版本。凡是不注日期的引用文件，其最新版本适用于本规程。

中华人民共和国特种设备安全法
特种设备安全监察条例
TSG 21　固定式压力容器安全技术监察规程
TSG 08　特种设备使用管理规则
GB/T 150.1～150.4　压力容器
GB/T 151　热交换器
GB/T 29463　管壳式热交换器用垫片
GB 50461　石油化工静设备安装工程施工质量验收规范
GB 50484　石油化工建设工程施工安全技术规范
GB 50645　石油化工绝热工程施工质量验收规范
GB/T 19066.3　柔性石墨金属波齿复合垫片 技术条件
GB/T 3098.8　紧固件机械性能 -200℃～+700℃使用的螺栓连接零件

NB/T 47015　压力容器焊接规程
SH/T 3074　石油化工钢制压力容器
NB/T 47027　压力容器法兰用紧固件
HG/T 20583　钢制化工容器结构设计规定
SH/T 3536　石油化工工程起重施工规范
SH/T 3555　石油化工工程钢脚手架搭设安全技术规范
SH/T 3430　石油化工管壳式换热器用柔性石墨波齿复合垫片
SH/T 3503　石油化工建设工程项目交工技术文件规定
SH/T 3540　钢制换热设备管束复合涂层施工及验收规范
JGJ 46　施工现场临时用电安全技术规范
SHS 01004　压力容器维护检修规程
SHS 01033　设备及管道绝热维护检修规程
SHS 01034　设备及管道涂层检修规程

3　检修周期与内容

3.1　检修周期

根据 TSG 21《固定式压力容器安全技术监察规程》的要求，结合装置长周期运行、设备运行状况，统筹考虑，确定管壳式换热器检修周期，一般为 36～72 个月。

3.2　检修内容

3.2.1　压力容器月检查、年度检查、定期检验时确定返修的项目。
3.2.2　拆除绝热层，安装盲板，拆除进、出口管线和阀门。
3.2.3　抽芯、清扫管束和壳体、管箱。
3.2.4　管束焊口、胀口处理及单管修复、堵管或更换。
3.2.5　检查、修理管箱及内附件、浮头盖、钩圈、外头盖、接管等及其密封面，更换垫片、填料等。
3.3.6　检查或更换部分螺栓、螺母。
3.3.7　检查、检修衬里（复合或堆焊层）。
3.3.8　检查、修理支座、支耳和基础。
3.3.9　检查、修理、校验安全、仪表附件。
3.3.10　更换管束或壳体。
3.3.11　检查接地完好情况。
3.3.12　拆除盲板，管线阀门安装。
3.3.13　试压、气密。
3.3.14　绝热层、防腐层修理或更换。

4 检修程序与质量标准

4.1 检修前准备

4.1.1 掌握设备运行状况，编制、审批、下达检修计划，备齐检修所需的图纸、技术资料和相关检修记录，制定检修方案（含焊接和起重作业方案）或检修作业指导书，产权单位、检修单位按规定进行检修作业的双向交底，并做好交底记录。

4.1.2 准备好必要的检修工器具及试验胎具、工装、起吊工具等。管束需高压水射流清洗的，准备好射流清洗机械和场地。

4.1.3 准备好检修所需更换的备品、配件和材料，并检查核实备品、配件材料的尺寸和材质是否满足技术要求。

4.1.4 从事检修的单位必须具有检修资质和业绩，检修人员必须熟悉检修方案或检修作业指导书。焊工和起重工必须持证，并经业主技能测试合格，方能从事检修工作。

4.1.5 检修前条件确认。

4.1.5.1 切断换热器进料并排净，内部介质置换、清扫干净。

4.1.5.2 检查确认是否按规定办理了各类作业票证。特别注意：动火、防中毒、防窒息分析的取样要具有代表性，必要时，取样人员穿戴长管空气呼吸器进入受限空间取样。

4.1.5.3 易生成 FeS 介质的换热器，为防止 FeS 自燃，应尽量采用化学清洗，也可拆除后尽快进行射流清洗。采取措施，确保环境不受污染。

4.1.5.4 确认检修、照明用电符合相关标准规范。

4.2 检查内容

4.2.1 宏观检查壳体、管束及构件腐蚀、裂纹、变形等，必要时采用表面检测及涡流、超声检测，有机械、腐蚀或冲刷产生的沟槽、划痕、表面腐蚀严重的情况之一者，应进行详细检查和确认。

4.2.2 对接管、筒体、管束、管箱和封头进行抽查测厚，不符合原设计文件要求的应更换。

4.2.3 检查防腐层有无老化、脱落。

4.2.4 检查衬里腐蚀、鼓包、褶折和裂纹。

4.2.5 检查密封面、密封垫有无划痕、沟槽、腐蚀等情况。

4.2.6 检查紧固件的损伤情况，对高压螺栓、螺母应逐个清洗检查，必要时进行无损检测。

4.2.7 检查基础有无下沉、倾斜、破损、裂纹及其地脚螺栓、垫铁等有无松动、损坏。

4.3 检修质量标准

4.3.1 换热器管束抽芯、装芯、运输和吊装作业中，不得用裸露的钢丝绳直接捆绑，捆绑位置应加垫板。移动和起吊管束时，应放置在专用的支承结构上，避免损伤管束。

4.3.2 管束内、外表面结垢应清理干净。

4.3.3 管箱、浮头有隔板时，其垫片应整体加工，并不得有影响密封的缺陷。

4.3.4 管束堵漏，在同一管程内，堵管数一般不超过其总数的10%，在工艺指标允许范围内，可以适当增加堵管数。

4.3.5 更换的零部件应符合有关技术要求，具有材质质量合格证，必要时进行复验。

4.3.6 更换换热管：

4.3.6.1 管子表面应无裂纹、折叠、凹瘪、重皮等缺陷，必要时单管应进行压力试验。

4.3.6.2 U形管弯管段包括至少50mm长直管段内不得有拼接焊缝，对口错边量应不超过管壁厚的15%，且不大于0.5mm。

4.3.6.3 管子与管板采用胀接时应检验管子的硬度，一般要求管子硬度比管板硬度低30HB，管子硬度高于或接近管板硬度时，应将管子两端进行退火处理，退火长度比管板厚度长80～100mm。

4.3.6.4 管子两端和管板孔应干净，无油脂等污物，并不得有贯通的纵向或螺旋状刻痕等影响胀接紧密性的缺陷。

4.3.6.5 管子两端应伸出管板，其长度符合设计要求。

4.3.6.6 管子与管板的胀接宜采用液压胀，每个胀口重胀不得超过两次。

4.3.6.7 管子与管板采用焊接时，管子的切口表面应平整，无毛刺、凹凸、裂纹、夹层等，且焊接处不得有熔渣、氧化铁、油垢等影响焊接质量的杂物。

4.3.7 管束整体更换应按GB/T 151《热交换器》或设计图纸要求进行。

4.3.8 壳体等受压元件修理按SHS 01004《压力容器维护检修规程》的要求执行。

4.3.9 密封垫片的更换按设计要求选用，选用的垫片如与原设计不同，应征得设计单位同意，使用有成功经验的垫片。金属环垫片硬度应低于法兰面硬度15～20HB，加氢装置压力较高，垫片硬度要求低于法兰面硬度30HB。

4.3.10 换热器的螺栓、螺母需要更换时，应与原设计要求或材质相同，可以参照表1选用。螺栓要对称更换，均匀分布。

表1 螺栓、螺母选用表

螺栓用钢	螺母用钢	使用温度范围/℃
20	10、15	-20～350
35	20、25	0～350
40MnB	40Mn、45	0～400
40MnVB		
40Cr		
30CrMoA	40Mn、45	-10～400
	35CrMoA	-100～500

表 1　螺栓、螺母选用表（续）

螺栓用钢	螺母用钢	使用温度范围 /℃
35CrMoA	40Mn、45	-10～400
	30CrMoA、35CrMoA	-70～500
35CrMoVA	35CrMoA、35CrMoVA	-20～425
25Cr2MoVA	30CrMoA、35CrMoA	-20～500
	25Cr2MoVA	-20～550
40CrNiMoA	35CrMoA、40CrNiMoA	-50～350
S45110（1Cr5Mo）	S45110（1Cr5Mo）	-20～600
S42020	S42020	0～400
S30408	S30408	-253～700
S31008	S31008	-253～800
S31608	S31608	-253～700
S32168	S32168	-253～700

4.3.11　拆卸螺栓时，第一轮每个螺母松开半圈或更少，以防止少数螺栓应力较大，产生屈服变形失效或残压泄漏伤害。

4.3.12　拧紧换热器螺栓时，一般应按图 1 表示的顺序进行，并应涂抹适当的螺纹润滑剂或防咬合剂。

4.3.13　螺栓首轮加载的载荷不易过高，以不超过最终螺栓预紧载荷的 15% 为宜，首轮交叉加载后，顺时针紧 1 圈，到螺栓预紧载荷的 40% 为宜，再逆时针紧一圈，到螺栓预紧载荷的 70% 为宜，再顺时针紧一圈，达到 100% 载荷，最后检查、微调每个螺栓载荷是否均匀。

4.3.14　紧固螺栓时应使用扭力扳手，直径较大的螺栓紧固时使用液力扳手或液压拉伸器。

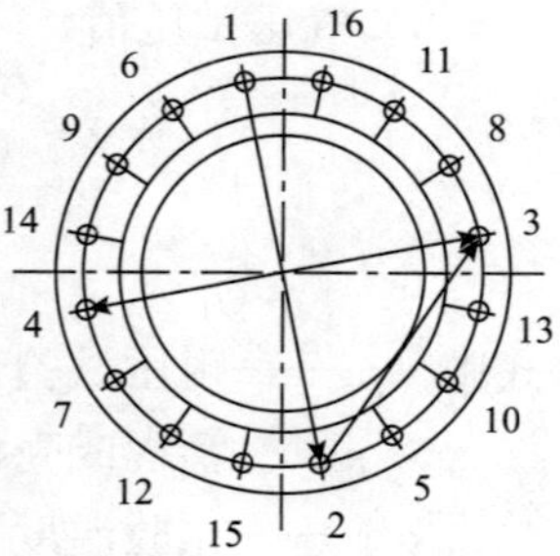

图 1　螺栓紧固顺序

4.3.15　螺栓紧固后，设备升温一定时间，待螺栓温度上升到不再变化时，检查和重新校正螺栓的扭矩，必要时进行热紧。

4.3.16　采用内防腐涂料的冷换设备，宏观检查换热器涂层，涂层表面应光滑、平整，颜色一致，并无气孔滴坠、流挂、漏涂等缺陷，用 5～10 倍的放大镜检查，无微孔者为合格；涂层应完全固化；吊运安装、检修清扫时，不得损伤防腐涂层。

4.3.17　冷换设备绝热层、防腐涂层的维护检修质量标准分别按 SHS 01033《设备及管道维护检修规程》、SHS 01034《设备及管道涂层检修规程》执行。

5 试验与验收

5.1 试验

5.1.1 检修记录齐全、准确，并经施工单位、使用单位双方签字确认。

5.1.2 施工单位、使用单位确认合格，并具备试验条件。

5.1.3 压力试验：

5.1.3.1 试压用压力表为 2 块，并对压力表预先进行校验，精度不低于 1.6 级，量程应为试验压力的 1.5～3 倍，表盘直径不小于 100mm。

5.1.3.2 对于设计文件是按压差设计的，应保证设计文件的试验压差，管程与壳程同步进行试压。

5.1.3.3 充入试压液体，温度不低于 5℃或符合设计文件要求，排净容器内气体，待容器壁温与液体温度相同时，并确认连接部位无泄漏，方可缓慢升压。

5.1.3.4 试验介质为清洁水或其他液体，奥氏体不锈钢设备试验用水，应限制水中氯离子含量不超过 25mg/L。

5.1.3.5 试压值采用下列中较大值

a）液压试压值

$$p_T=\begin{cases}1.25\ p\ \dfrac{[\sigma]}{[\sigma]_t}\\ p+0.1\end{cases}$$

b）气压试压值

$$p_T=\begin{cases}1.15\ p\ \dfrac{[\sigma]}{[\sigma]_t}\\ p+0.1\end{cases}$$

式中 p_T——耐压试验试压值，MPa；

p——管程或壳程最高操作压力，MPa；

$[\sigma]$——试验温度下材料的许用应力，MPa，按 GB/T 150 选取。

$[\sigma]_t$——操作温度下材料的许用应力，MPa，按 GB/T 150 选取。

c）气密查漏试验值，采用设备的最高工作压力值。

5.1.3.6 试压时压力缓慢上升至规定压力，恒压时间不低于 10min，然后降到最高操作压力，保压时间不低于 30min，进行详细检查，无破裂、渗漏、残余变形和异常声响为合格。如有泄漏等问题，处理后再试验。

5.1.3.7 液体试验完毕后，应将液体排尽，必要时用压缩空气将内部吹干。

5.1.3.8 换热设备进行气压试验时的介质，应为干燥洁净的空气、氮气或其他惰性气体，气体温度不低于 15℃或符合设计文件要求。

5.1.3.9 气体试压时，压力缓慢上升至规定压力 10%，恒压 10min，初次检查合格后，继续缓慢上升至规定压力的 50%，检查无问题后，再继续按试验压力的 10% 的级差逐级升至试验压力，保压 10min，将压力降至最高操作压力，保压时间不低于 30min，经肥皂液或其他检漏液检查，无渗漏、破裂、残余变形和异常声响为合格。如有泄漏等问题，处理后再试验。

5.1.3.10 压力试验顺序及要求：

a）固定管板式

壳体试压：检查壳体、换热管与管板相连接接头及有关部位。

管程试压：检查管箱及有关部位。

b）U 形管式换热器、釜式重沸器（带 U 形管束）及填料函式换热器。

壳程试压（用试验压环）：检查壳体、管板、换热管与管板连接等部位。

管程试压：检查管箱的有关部位。

c）浮头式换热器、釜式重沸器（带浮头式管束）

用试验压环和浮头专用工具进行管与管板相连接接头试压，对釜式重沸器，还应配备管与管板连接接头试压专用壳体，检查换热管与管板连接接头及有关部位。

管程试压：检查管箱、浮头盖及有关部位。

壳程试压：检查壳体、换热管与管板连接接头及有关部位。

d）按压差设计的换热器

管头试压：检查管箱的有关部位。

管程和壳程步进试压：检查壳体、管箱及有关部位。

要有相应控制压差措施，保证试压时升压和降压过程中压差不超。

e）当管程的试验压力高于壳程压力时，试验压力值应按图样规定，或按生产和施工单位双方商定的方法进行。

5.2 验收

5.2.1 设备投用运行一周，各项指标达到技术要求或能满足生产需要。

5.2.2 设备防腐、绝热完整无损，达到完好标准。

5.2.3 提交下列技术资料：

5.2.3.1 设计变更及材料代用变更单、材料材质质量证明书、零部件合格证；

5.2.3.2 检修记录；

5.2.3.3 焊缝质量检验（包括外观检验和无损探伤等）报告；

5.2.3.4 试验记录，按 SH/T 3503《石油化工建设工程项目交工技术文件规定》填写热交换设备耐压和泄漏试验记录。

6 维护与故障处理

6.1 日常维护

6.1.1 装置系统蒸汽吹扫时，应尽可能避免对有涂层的冷换设备进行吹扫，工艺上确实避免不了的，应严格控制吹扫蒸汽温度不大于200℃，避免造成涂层破坏。

6.1.2 装置开停工过程中，换热器应缓慢升温和降温，避免造成压差过大和热冲击，同时应遵循停工时“先热后冷”，即先退热介质，再退冷介质；开工时“先冷后热”，即先进冷介质，后进热介质，特殊情况按具体工艺要求执行。

6.1.3 换热器在开工前应确认系统通畅，避免管板单面超压。

6.1.4 认真检查设备运行参数，严禁超温、超压、超液位，对按压差设计的换热器，在运行过程中不得超过规定的压差。

6.1.5 操作人员应严格遵守设备操作规程，定时对换热设备进行巡回检查，检查基础支座稳固及设备泄漏等。

6.1.6 应经常对管、壳程介质的温度及压降进行检查，分析换热器的泄漏和结垢情况。在压降增大和传热系数降低超过一定数值时，应根据介质和换热器的结构，选择有效的方法进行清洗。

6.1.7 应经常检查换热器振动的变化情况。

6.1.8 有防腐涂层的冷换设备在操作运行时，应严格控制温度，避免涂层损坏。

6.1.9 保持绝热层完好。

6.2 常见故障与处理

管壳式换热器常见功能故障与处理方法见表2。

表2 管壳式换热器常见功能故障与处理方法

序号	功能	功能故障	故障模式	故障后果	故障应对策略与检修内容	检修周期／月
1	两种冷热介质换热，处理量满足设计要求且产品合格	两种介质互串（内漏）	换热管腐蚀穿孔、开裂	换热效果达不到要求，介质被污染	更换或堵管	视情而定
			换热管与管板胀口（焊口）开裂	换热效果达不到要求，介质被污染	重胀、补焊或堵管	视情而定
			浮头式换热器浮头法兰密封漏	换热效果达不到要求，介质被污染	紧固或更换螺栓、更换密封垫片	视情而定
			换热器管板开裂泄漏	换热效果达不到要求，介质被污染	补焊或更换管束	视情而定
2	两种冷热介质换热，产品质量合格且无环境污染。	法兰处密封泄漏	垫圈承压不足、腐蚀、变质	换热效果达不到要求，产品质量不合格，介质泄漏造成环境污染	紧固螺栓，更换垫片	视情而定
			螺栓强度不足、松动或腐蚀	换热效果达不到要求，产品质量不合格，介质泄漏造成环境污染	螺栓材质升级，紧固螺栓或更换螺栓	视情而定

表 2　管壳式换热器常见功能故障及处理方法（续）

序号	功能	功能故障	故障模式	故障后果	故障应对策略与检修内容	检修周期 / 月
2	两种冷热介质换热，产品质量合格且无环境污染	法兰处密封泄漏	法兰刚性不足或密封面缺陷	换热效果达不到要求，产品质量不合格，介质泄漏造成环境污染	更换法兰、处理密封面	视情而定
			法兰不平行或错位	换热效果达不到要求，产品质量不合格，介质泄漏造成环境污染	重新组焊或更换法兰	视情而定
			垫片质量不合格	换热效果达不到要求，产品质量不合格，介质泄漏造成环境污染	更换垫片	视情而定
3	两种冷热介质换热，处理量满足设计要求且产品合格	传热效果差	换热管结垢	换热效果差，处理量达不到设计要求	化学清洗或射流清洗	视情而定
			水质不好、油污与微生物多	换热效果差，处理量达不到设计要求	加强循环水过滤及净化	视情而定
			隔板短路	换热效果差，处理量达不到设计要求	修复或更换隔板	视情而定
4	换热效率、处理量满足设计要求	阻力降超过允许值	过滤器失效	换热效果差，处理量达不到设计要求	清理或更换过滤器	视情而定
			壳体和换热管内、外结垢	换热效果差，处理量达不到设计要求	射流清洗、化学清洗或在线清洗	视情而定
5	换热器提供两种冷热介质互换热量	振动严重	因介质频率引起的共振	振动严重引起设备失效，造成泄漏环境污染	改变流速或改变管束固有频率	视情而定
			外部管道振动引发的共振	振动严重引起设备失效，造成泄漏环境污染	加固管道，减小振动	视情而定

附　录　A
（资料性附录）
管壳式换热器耐压和泄漏试验记录表

<table>
<tr><td>SH/T 3503—J340</td><td colspan="3">项目名称：</td><td colspan="3">所在单位：</td></tr>
<tr><td>设备名称</td><td></td><td>设备位号</td><td colspan="2"></td><td>产品编号</td><td></td></tr>
<tr><td>设备型号</td><td colspan="2"></td><td colspan="2">操作介质</td><td colspan="2">管程：　　壳程：</td></tr>
<tr><td>设计压力</td><td colspan="2">管程：　MPa 壳程：　MPa</td><td colspan="2">设计温度</td><td colspan="2">管程：　℃ 壳程：　℃</td></tr>
<tr><td>压力表编号</td><td></td><td>压力表精度等级</td><td colspan="2"></td><td>压力表检定日期</td><td></td></tr>
<tr><td>压力表量程</td><td>MPa</td><td>试验介质温度</td><td colspan="2">℃</td><td>环境温度</td><td>℃</td></tr>
<tr><td colspan="3">奥氏体不锈钢设备试验用水氯离子含量</td><td colspan="4">mg/L</td></tr>
<tr><td colspan="7">试验程序：</td></tr>
</table>

<table>
<tr><td rowspan="2">试验类型</td><td rowspan="2">试验部位</td><td rowspan="2">试验介质</td><td rowspan="2">介质温度／℃</td><td rowspan="2">试验压力／MPa</td><td rowspan="2">保压时间／min</td><td rowspan="2">试验日期设备管理部门／监理单位</td><td rowspan="2">试验结果生产装置施工单位</td><td colspan="3">检查人员</td></tr>
<tr><td></td><td></td><td></td></tr>
<tr><td rowspan="3">耐压试验</td><td></td><td></td><td></td><td></td><td></td><td></td><td></td><td></td><td></td><td></td></tr>
<tr><td></td><td></td><td></td><td></td><td></td><td></td><td></td><td></td><td></td><td></td></tr>
<tr><td></td><td></td><td></td><td></td><td></td><td></td><td></td><td></td><td></td><td></td></tr>
<tr><td rowspan="3">泄漏试验</td><td></td><td></td><td></td><td></td><td></td><td></td><td></td><td></td><td></td><td></td></tr>
<tr><td></td><td></td><td></td><td></td><td></td><td></td><td></td><td></td><td></td><td></td></tr>
<tr><td></td><td></td><td></td><td></td><td></td><td></td><td></td><td></td><td></td><td></td></tr>
<tr><td colspan="11">补充试验：</td></tr>
</table>

附　录 B
（资料性附录）
管壳式换热器检修质量控制确认表

检修项目名称：　　　　　　　　　　　　　　　　所在单位：

序号	检查项目	检查标准	控制级别	检查结果	施工单位	生产装置	设备管理部门	检查时间
1	换热器拆装	管壳式换热器抽芯应采用抽芯机械	C					
		吊装换热器管束时，不得用钢丝绳或其他锐利的索具直接捆绑管束。管束放置时，必须支承在管板或支持板上	C					
2	换热器清理	管束内、外表面结垢应清洗干净，设备见本色	B					
3	查漏顺序及要求	符合规范和要求	B					
4	管束堵漏	在同一管程内，堵管数一般不超过其总量的10%，通过甲方允许，可以适当增加堵管数。管堵的锥度在3°～5°，堵头材质应与换热管材质一致	B					
5	密封面检查	各法兰密封面应清理干净，无缺陷	C					
6	压力试验	试压时压力缓慢上升至规定压力，保压时间不低于30min，无破裂、渗漏、残余变形为合格	A或B（A为重要设备）					
7	排空	换热器试压后内部积水应排净，必要时应吹干	B					
8	冷紧、热紧	符合GB 50461《石油化工静设备安装工程施工质量验收规范》	B					

控制级别说明： A级：施工单位、生产装置、设备管理部门专业人员检查确认后签字。

B级：施工单位和生产装置专业人员检查确认后签字。

C级：施工单位专业人员检查确认后签字。

另：如果有监理，监理的职责由甲方授权。

9. 空气冷却器维护检修规程

SHS 01010—2019

代替 SHS 01010—2004

目　次

前　言

本规程按照GB/T 1.1—2009《标准化工作导则　第1部分：标准的结构和编写》给出的规则修订。

本规程代替SHS 01010—2004《空气冷却器维护检修规程》，与SHS 01010—2004相比，除了编辑性修改外，主要技术变化如下：

——增加了拆卸与安装过程中步骤的具体描述、注意事项和技术要求；

——增加了“6.1.8　对于高黏度介质，而且没有百叶窗和加热盘管的装置，工艺介质应被迅速充入，以避免最初的介质与低温的管子接触而发生过冷而冷凝堵塞。”

本规程由中国石油化工集团有限公司、中国石油化工股份有限公司提出。

本规程起草单位：中国石油化工股份有限公司金陵分公司。

本规程主要起草人：丁银标。

本规程所代替规程的历次版本发布情况为：

——SHS 01010—1992、SHS 01010—2004。

空气冷却器维护检修规程

1 范围

1.1 主题内容

本规程规定了空气冷却器的检修周期与内容、检修程序与质量标准、试验与验收、维护与故障处理。

1.2 适用范围

本规程适用于石油化工钢制空气冷却器维护与检修。

2 规范性引用文件

下列文件中的条款通过本规程的引用而成为本规程的条款。凡是注日期的引用文件，其随后所有的修改单（不包括勘误的内容）或修订版均不适用于本规程，然而，鼓励根据本规程达成协议的各方研究是否可使用这些文件的最新版本。凡是不注日期的引用文件，其最新版本适用于本规程。

GB/T 150.1～150.4　压力容器

GB/T 151　换交换器

NB/T 47007　空冷式热交换器

SHS 01023　轴流式风机维护检修规程

3 检修周期与内容

3.1 检修周期

空气冷却器应根据对设备功能故障及其影响分析的结果并结合生产装置运行周期，结合生产装置特点、介质性质、腐蚀速率、装置运行周期等情况，确定设备检修周期，一般为48～72个月。

3.2 检修内容

3.2.1　清扫检查管箱、换热管及翅片。

3.2.2　更换腐蚀严重的管箱丝堵、管箱法兰的连接螺栓、法兰垫片。

3.2.3　检查修复风筒、百叶窗、喷水设施及循环系统。

3.2.4 处理泄漏的管子。

3.2.5 校验安全附件。

3.2.6 整体更换管束。

3.2.7 对管束进行试压。

3.2.8 检查修复大梁、侧板等受力件。

3.2.9 轴流风机检修。

4 检修程序与质量标准

4.1 检修前准备

4.1.1 掌握空气冷却器的运行状况，编制、审批、下达检修计划，备齐检修所需的图纸技术资料和相关检修记录，制定检修方案或检修作业指导书，产权单位、检修单位按规定进行检修作业的双向书面交底，并做好交底记录。

4.1.2 按要求备齐检修工器具、量具、吊具。

4.1.3 备齐检修所需备品、配件、材料，检查核实配件材料的尺寸和材质是否满足技术要求。

4.1.4 落实检修队伍（包括施工技术人员、质量管理人员、安全、主修、辅修），组织检修人员熟读检修方案或检修作业指导书。

4.1.5 检修前条件确认。

4.1.5.1 切断风机电源，将空冷器内介质排净，并吹扫、置换合格。

4.1.5.2 采取适当的安全防护措施，确保介质不就地和对空排放，不会对现场环境造成污染。

4.1.5.3 检查确认空气冷却器与其他设备相通的工艺管线是否隔断或用盲板隔离。

4.1.5.4 按照Q/SHS 0001.3《炼油化工企业安全、环境与健康（HSE）管理规范》中的规定，对检修过程进行危害识别及风险评估、环境因素识别和影响评价。

4.1.5.5 搭设好检修作业平台。

4.1.5.6 按规定办理好相关作业票证。

4.2 检查内容

4.2.1 检查管箱法兰、管箱上丝堵的泄漏及其垫片的腐蚀情况。对可拆盖板式，还需检查盖板密封面、垫片及紧固件的损坏情况。

4.2.2 检查管束翅片管的变形、腐蚀及翅片损坏情况。

4.2.3 打开堵头，检查管箱内、管子胀口及管内部腐蚀及结垢。

4.2.4 检查风筒、百叶窗等腐蚀及严密情况，检查喷水设施是否畅通。

4.2.5 检查框架及其他构件的腐蚀和紧固件的稳固情况。

4.3 检修质量标准

4.3.1 所有垫片应符合技术要求，由定点、专业厂家制造并提供合格证明书。密封面不得有贯穿纵向的沟纹及影响密封性能的缺陷。

4.3.2 管箱、管内应清洁。

4.3.3 胀管不宜在气温低于0℃条件下进行。管子胀接后其胀接处及过渡部分应圆滑。翅片管端泄漏时，允许将管子重胀，重胀次数不得超过2次，并注意不要过胀。

4.3.4 管束同一管程内，堵管数要严格控制，保证满足工艺生产需要。堵管束超过管数15%，整台更新。

4.3.5 喷水设施应畅通无泄漏，风筒、百叶应完好，框架不得有缺损，其连接螺栓不松动，焊接牢固。

4.3.6 安全附件应完好。

4.3.7 空冷吊装、安装过程中做好防护，不得损坏翅片。

4.3.8 轴流风机检修质量标准见SHS 01023《轴流式风机维护检修规程》。

5 试验与验收

5.1 耐压试验前准备

5.1.1 检修记录必须齐全、准确。

5.1.2 施工单位确认质量合格，并具备试验条件。

5.2 试压

空冷器在检修后要进行耐压试验，压力试验的项目和要求应符合设计图样及GB/T 150《压力容器》的规定。

5.3 验收

5.3.1 运行1周，满足生产要求。

5.3.2 空冷器应达到完好标准。

5.3.3 空冷器检修资料齐全，至少包括：

a）材料材质、零部件合格证；

b）检修记录；

c）焊缝质量检验（包括外观检验和无损探伤等）报告；

d）试验报告。

6 维护与故障处理

6.1 日常维护

6.1.1 设备运行中严禁超温、超压、超负荷。

6.1.2 定时对各密封面、管束进行检查，发现泄漏及时处理。检查维护时，人员不得在管束的翅片上行走。如需到管束表面上检查时，应在翅片管上垫以木板或橡胶板，以免损坏翅片。

6.1.3 定时检查喷水设施，保持喷水畅通。

6.1.4 定期用压缩空气吹掉管束翅片上的灰垢、油垢。若翅片沾有灰垢可用压缩空气或高压清水清理干净；如翅片表面沾有油垢应采用压缩蒸汽清理去除。

6.1.5 冬季应做好防冻防凝工作。

6.1.6 及时对框架及其他物件进行外防腐处理。

6.1.7 故障处理按检修程序与质量标准、试验与验收条款进行。

6.1.8 对于没有百叶窗和加热盘管的空冷器，工艺介质应被迅速充入，以避免最初的介质与管子接触发生过冷而冷凝堵塞。

6.1.9 根据实际使用情况，在每年夏季来临之前对管束外表面进行清理。

6.2 常见故障与处理

空气冷却器常见功能故障及处理方法见表1。

表1 空气冷却器常见功能故障及处理方法

设备功能		功能故障	故障模式	故障后果	故障应对策略与检修内容	检修周期
总功能	分项功能					
介质冷却；提供密闭通道	介质冷却	冷却效果不满足工艺需求	翅片管结垢，堵塞，通风不良	降量	化学清洗或射流清洗垢物	12个月
	提供密闭通道	管箱泄漏	焊缝开裂	装置降量或停工	补焊	视情而定
		管束泄漏	空冷器管束腐蚀穿孔、开裂；换热管与管板胀口（焊口）裂开	装置降量或停工	更换或堵管；重胀（补焊）或堵死	视情而定

附 录 A

（资料性附录）

空气冷却器设备检修质量验收数据记录表

<table>
<tr><td rowspan="3">位号</td><td rowspan="3">名称</td><td rowspan="3">规格</td><td colspan="2">设计条件</td><td colspan="5">操作条件</td></tr>
<tr><td>温度 /℃</td><td>压力 / MPa</td><td colspan="2">温度 /℃</td><td>压力 / MPa</td><td colspan="2">介质</td></tr>
<tr><td></td><td></td><td colspan="2"></td><td></td><td colspan="2"></td></tr>
<tr><td>序号</td><td colspan="2">检修主要内容</td><td>质量标准</td><td>控制级别</td><td>检查情况</td><td>施工单位</td><td>生产装置</td><td>设备管理部门</td><td>日期</td></tr>
<tr><td>1</td><td colspan="2">换热管束安装</td><td>管束吊装时，吊点合理。管束回装时一次性到位</td><td>A</td><td></td><td></td><td></td><td></td><td></td></tr>
<tr><td>2</td><td colspan="2">管束清理</td><td>换热管 100% 通畅（堵头堵管除外），水质清晰，无明显污物流出。管外壁无明显结垢附着物</td><td>B</td><td></td><td></td><td></td><td></td><td></td></tr>
<tr><td>3</td><td colspan="2">管束堵漏</td><td>在同一管程内，堵管数一般不超过其总量的 10%。管堵的锥度在 3°～5°。管堵材质与换热管材质相同。管堵与换热管的连接采用强度焊</td><td>C</td><td></td><td></td><td></td><td></td><td></td></tr>
<tr><td>4</td><td colspan="2">密封面检查</td><td>设备和接管法兰应清理干净，无明显缺陷</td><td>A</td><td></td><td></td><td></td><td></td><td></td></tr>
<tr><td>5</td><td colspan="2">水压试验</td><td>试压时压力缓慢上升至规定试压值，保压时间不低于 30min，无破裂、渗漏、残余变形为合格</td><td>B</td><td></td><td></td><td></td><td></td><td></td></tr>
</table>

注： A 级：施工单位、生产装置、设备管理部门专业人员检查确认后签字。

B 级：施工单位和生产装置专业人员检查确认后签字。

C 级：施工单位专业人员检查确认后签字。

另：如果有监理，监理的职责由甲方授权。

10. 钢制圆筒形常压容器维护检修规程

SHS 01011—2019

代替 SHS 01011—2004

目　次

前　言

本规程按照GB/T 1.1—2009《标准化工作导则　第1部分：标准的结构和编写》给出的规则起草。

本规程代替SHS 01011—2004《钢制圆筒形常压容器维护检修规程》，与SHS 01011—2004相比，除了编辑性修改外，主要技术变化如下：

——对本规程适用范围进行修改，修改后与NB/T 47003.1《钢制焊接常压容器》、GB/T 150《压力容器》等标准一致；

——增加了规范性引用文件、标准；

——对检修周期不作具体年限要求，根据设备运行情况与装置停工大修同步；

——增加了法兰、密封面、螺栓螺母等方面的检查检修内容；

——检修质量标准中增加了焊缝返修方面的要求；

——维护与故障处理增加了日常检查维护内容、故障及处理。

本规程由中国石油化工集团有限公司、中国石油化工股份有限公司提出。

本规程起草单位：中国石油化工股份有限公司镇海炼化分公司。

本规程主要起草人：华迪冠。

本规程所代替规程的历次版本发布情况为：

——SHS 01011—1992、SHS 01011—2004。

钢制圆筒形常压容器维护检修规程

1 范围

1.1 主题内容

本规程规定了钢制常压圆筒形容器的检修周期与内容、检修程序与质量标准、试验与验收、维护与故障处理。

1.2 适用范围

本规程适用于设计压力大于0.02MPa、小于0.1MPa，设计温度范围为钢材允许使用温度的钢制圆筒形常压容器。

本规程不适用于下列各类容器：

a）直接受火焰加热的容器；

b）受核辐射作用的容器；

c）盛装毒性为极度或高度危害介质的容器；

d）直接埋入地下的容器；

e）可升降气柜；

f）经常搬运的容器；

g）料仓；

h）几何容器大于100m^{3}的立式圆筒形容器；

i）高度大于10m且长径比大于5的塔式容器。

容器在维护检修时，除遵守本规程外还应遵守原设计要求。

2 规范性引用文件

下列文件中的条款通过本规程的引用而成为本规程的条款。凡是注日期的引用文件，其随后所有的修改单（不包括勘误的内容）或修订版均不适用于本规范，然而，鼓励根据本规范达成协议的各方研究是否可使用这些文件的最新版本。凡是不注日期的引用文件，其最新版本适用于本规程。

GB/T 150.1～150.4　压力容器

GB/T 699　优质碳素结构钢

GB/T 700　碳素结构钢

GB/T 711　优质碳素结构钢热轧钢板和钢带

GB 50300　建筑工程施工质量验收统一标准
GB 50252　工业安装工程施工质量验收统一标准
GB 50755　钢结构工程施工规范
GB 50205　钢结构工程施工质量验收规范
GB 50461　石油化工静设备安装工程施工质量验收规范
NB/T 47003.1　钢制焊接常压容器
SHS 01033　设备及管道绝热维护检修规程
SHS 01034　设备及管道涂层检修规程
NB/T 47013　承压设备无损检测
SH/T 3548　石油化工涂料防腐蚀工程施工质量验收规范
SH/T 3606　石油化工涂料防腐蚀工程施工技术规程
SH/T 3510　石油化工设备混凝土基础工程施工质量验收规范
SH/T 3503　石油化工建设工程项目交工技术文件规定

3　检修周期与内容

3.1　检修周期

钢制圆筒形常压容器应根据对设备功能故障及其影响分析的结果并结合生产装置运行周期，确定设备检修周期，一般为48～72个月，与装置停工大修同步。

3.2　检修内容

3.2.1　检查外部防腐或绝热层（如容器有这些防护）以及铭牌等，修复损坏区域。

3.2.2　检查容器变形、凹陷、鼓包及渗漏等，修理缺陷区域。

3.2.3　检查容器以及各接管连接焊缝的渗漏和裂缝等，修理缺陷区域。对易产生应力腐蚀的容器焊缝应进行表面无损检测。

3.2.4　检查容器内部衬里或防腐层的变形、腐蚀、裂纹和损坏，修理缺陷区域。

3.2.5　检查容器内件及焊缝的变形、腐蚀、裂纹和损坏，修理缺陷区域。

3.2.6　检查安全附件。

3.2.7　检查设备基础、裙座是否存在裂纹、破损、倾斜和下沉，修理缺陷区域。

3.2.8　检查法兰密封面是否存在点蚀、裂纹和凹坑，如有，修理缺陷区域。

3.2.9　检查新垫片有无划痕、缺陷。

3.2.10　检查管段接口部位、焊接接头等裂纹、泄漏、损伤情况。

3.2.11　检查螺母清洗、除锈情况，螺栓、螺母不允许存在严重腐蚀痕迹，不允许有严重的螺牙损伤；手动检查，所有螺母必须顺畅旋合螺栓。

4 检修程序与质量标准

4.1 检修前准备

4.1.1 备齐必要的图纸、技术资料（产品说明书和作业指导书及相关检修记录），必要时编制施工方案及安全保护措施。

4.1.2 备齐工机具、材料和劳动保护用品。

4.1.3 切断容器与系统联系，内部吹扫、置换干净、检测数据分析合格，符合有关安全检修要求并按制度要求办理相关票证。

4.1.4 检修现场应符合 HSSE 要求。

4.2 检修质量标准

4.2.1 容器外部的防腐层及绝热层，应分别符合 SHS 01034《设备及管道涂层检修规程》和 SHS 01033《设备及管道绝热维护检修规程》。

4.2.2 对于均匀腐蚀容器，其剩余壁厚不得小于计算壁厚，根据 NB/T 47003.1—2009《钢制焊接常压容器》4.5.2 规定，其最小壁厚对碳素钢及低合金钢筒体为 3mm，对高合金钢为 2mm。

4.2.3 从事焊条电弧焊、埋弧焊的焊工应按《锅炉压力容器压力管道焊工考试与管理规则》的有关规定进行考试，并取得相应合格证书。

4.2.4 焊缝接头外观应符合以下规定：

4.2.4.1 焊接接头表面不得有裂纹、气孔、弧坑和飞溅物。

4.2.4.2 焊接接头咬边的连续长度不得大于 100mm，焊接接头两侧咬边的总长度不得超过该条焊接接头总长的 10%，咬边深度不得大于 0.5mm，高合金钢制容器不得有咬边。

4.2.4.3 壳体上各类焊接接头对口错边量 b（图 1）应符合表 1 的规定。复合钢板的对口错边量 b（图 2）应不大于钢板覆层厚度的 50%，且不大于 2mm。

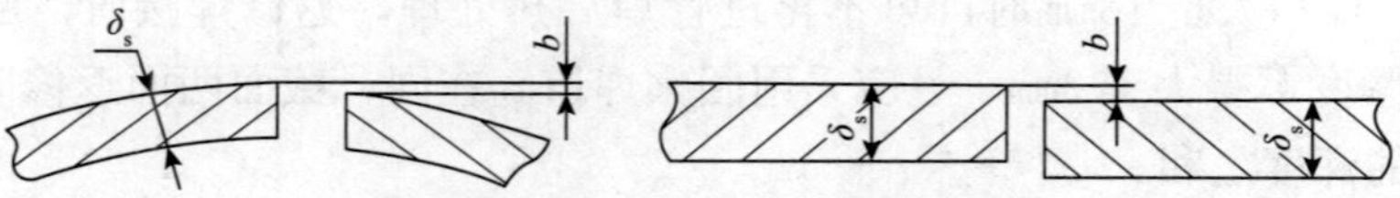

图 1 焊接接头对口错边量

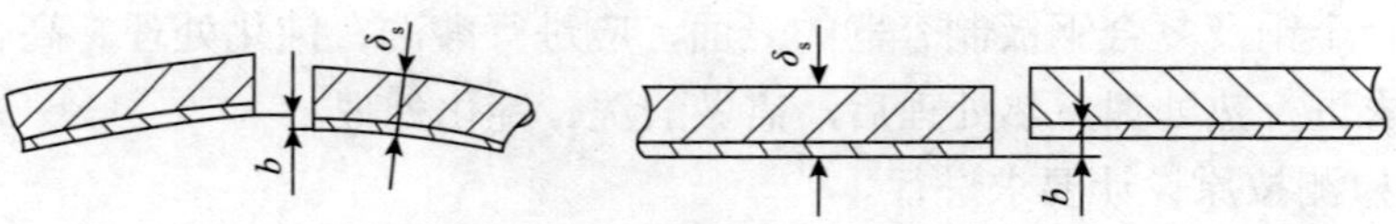

图 2 复合钢板的对口错边量

表 1 焊接接头对口错边量 b

mm

对口处钢材厚度 δ_s	按焊接接头类别划分对口错边量 b	
	纵向焊接接头	环向焊接接头
≤12	≤1/4δ_s	≤1/4δ_s
>12～20	≤3	≤1/4δ_s
>2～40	≤3	≤5

4.2.4.4 在焊接接头环向形成的棱角 *E*，用弦长等于 1/6 内径 D_i，且不小于 300 mm的内样板或外样板检查，其 *E* 值不得大于（δ_s/10+2）mm，且不大于 5mm；在焊接接头轴向形成的棱角 *E*，用长度不小于 300mm 钢直尺检查，其 *E* 值不小于 300mm 的直尺检查，且不大于 5mm。

4.2.4.5 对接焊接接头的余高 *e* 应控制在 0～4mm。角焊缝焊脚高度在图纸未规定时，取施焊件中较薄者的厚度。补强圈的焊脚不小于补强圈厚度的 70%，且不大于补强圈的名义厚度。

4.2.4.6 为消除焊接接头表面缺陷或机械损伤而打磨的焊接接头厚度应不小于母材的厚度。

4.2.4.7 有抗晶间腐蚀要求的高合金钢制容器，焊接接头返修部位仍需保证原有要求。

4.2.4.8 焊缝返修要求：焊缝同一部位的返修次数不宜超过 2 次。如超过 2 次，返修前应经制造单位技术负责人批准，返修次数、部位和返修情况应记入容器的质量证明文件。

4.2.4.9 下列容器在焊后热处理后如进行任何焊接返修，应对返修部位重新进行热处理

a）盛装毒性为极度或高度危害介质的容器；

b）Cr-Mo 钢制容器；

c）低温容器；

d）图样注明有应力腐蚀的容器。

4.2.4.10 按要求焊后热处理的容器，如在热处理后进行返修，当返修深度小于钢材厚度 δ 的 1/3，且不大于 13mm 时，可不再进行焊后热处理。返修焊接时，应先预热并控制每一焊层厚度不得大于 3mm，且应采用回火焊道。在同一截面两面返修时，返修深度为两面返修的深度之和。

4.2.4.11 检查金属衬里有无腐蚀、裂纹、局部鼓包等。

4.2.5 热处理：图样注明有应力腐蚀的容器，检修后应进行消除应力的热处理。有防腐要求的高合金钢及复合钢板制容器的表面，应进行酸洗、钝化处理。高合金钢制零部件按图样要求进行热处理，热处理后，需做酸洗、钝化处理。

4.2.6 无损检测按原设计要求进行。

4.2.7 容器内部具有内衬和防腐层的焊缝，检修焊接后应将焊缝打磨至与母材平齐。

4.2.8 容器内部衬里和防腐层不得有剥离、裂纹和鼓包等缺陷。

5 试验与验收

5.1 试压

5.1.1 检修记录必须齐全准确。

5.1.2 确认质量合格，并具备试压条件。

5.1.3 试压按原图纸要求进行。试压方法见附录C“常压容器常用试验方法”。

5.1.4 开孔补强圈检修焊接后在容器整体试验前，通入0.1MPa的压缩空气检查，不得有泄漏。

5.2 验收

5.2.1 设备试运行一周，各项指标达到技术要求，或满足生产要求。

5.2.2 达到完好标准。

5.2.3 提交以下技术资料：

a）设计变更及材料代用通知单，材质、零部件合格证；

b）隐蔽工程记录和封闭记录；

c）检修记录；

d）焊缝质量检验（包括外观、无损探伤等）报告；

e）试验报告。

6 维护与故障处理

6.1 日常维护

6.1.1 定时检查铭牌、漆色、标志等情况，外表面腐蚀、结霜、结露检查，隔热层检查。

6.1.2 容器使用中不允许超设计条件，如温度、压力、流量等。

6.1.3 定时检查人孔、阀门、法兰、各接管及各附件等密封情况，本体、焊接接头等部位缺陷情况。

6.1.4 定时检查液面计、温度计等安全附件是否灵活、可靠。

6.1.5 检查检漏孔、信号孔情况。

6.1.6 设备与相邻管线或者构件异常振动、响声或者相互摩擦情况检查。

6.1.7 排放（疏水、排污）装置检查。

6.1.8 接地装置检查。

6.2 常见故障与处理

钢制圆筒形常压容器常见功能故障及处理方法见表2。

表 2　钢制圆筒形常压容器常见功能故障及处理方法

设备功能		功能故障	故障模式	故障后果	故障应对策略与检修内容	检修周期／月
总功能	分项功能					
主要提供液体、气体等介质储存、缓冲及净化分离的安全密闭场所	提供密闭场所	泄漏	法兰或垫片密封泄漏	影响装置生产	堵漏或停工	视情而定
			焊缝腐蚀开裂或腐蚀穿孔泄漏	影响装置生产	堵漏或停工	视情而定
			母材腐蚀开裂或腐蚀穿孔泄漏	影响装置生产	堵漏或停工	视情而定
	提供安全场所	变形或鼓泡	承压不足，壳体变形	影响装置生产	设备更新	视情而定
			局部壳体腐蚀鼓泡变形	影响装置生产	设备更新	视情而定
			壳体分层夹层	影响装置生产	设备更新	视情而定
			材料性能劣化	影响装置生产	设备更新	视情而定
			焊缝或母材内部存在严重缺陷	影响装置生产	设备更新	视情而定
	提供缓冲或分离场所	达不到缓冲及分离要求	气液夹带严重	产品不合格	重新设计	视情而定
			液体沉降分离效果	产品不合格	重新设计	视情而定
			流速高、冲刷严重、产品不合格	设备损坏、产品不合格	重新设计	视情而定

附 录 A
（资料性附录）
钢制圆筒形常压容器检修质量验收记录表

位号	名称	规格	设计条件		操作条件			
			温度 /℃	压力 / MPa	温度 /℃		压力 / MPa	介质
序号	检修主要内容	质量标准	控制级别	检查情况	施工单位	生产装置	设备管理部门	日期
1	内件拆装	拆装内件时，按拆除顺序编号，避免回装后不匹配；内件上所有连接螺栓必须配齐，符合装配的要求	C					
2	器内清理	内部及内件检修后应清理干净，设备各接管通畅	B					
3	内件质量	内件应符合设计图纸或产品使用说明书要求，并符合技术文件（技术附件）、图纸所提供的安装技术参数要求	C					
4	内部器壁、内件检查	设备内部、焊缝有损伤，按规范进行修复。支承圈、分布板、隔板等发现脱焊开裂按设计图要求修理或更换。	B					
5		旋流管、除雾器等内件腐蚀减薄超过 1/3 应更换或修补	B					
6	密封面检查	各人孔和接管法兰密封面应清理干净，无明显缺陷	B					

钢制圆筒形常压容器检修质量验收记录表（续）

<table>
<tr><td>位号</td><td>名称</td><td>规格</td><td colspan="2">设计条件</td><td colspan="5">操作条件</td></tr>
<tr><td rowspan="2"></td><td rowspan="2"></td><td rowspan="2"></td><td>温度 /℃</td><td>压力 / MPa</td><td colspan="2">温度 /℃</td><td>压力 / MPa</td><td colspan="2">介质</td></tr>
<tr><td></td><td></td><td colspan="2"></td><td></td><td colspan="2"></td></tr>
<tr><td>序号</td><td>检修主要内容</td><td colspan="2">质量标准</td><td>控制级别</td><td>检查情况</td><td>施工单位</td><td>生产装置</td><td>设备管理部门</td><td>日期</td></tr>
<tr><td>7</td><td>设备封孔</td><td colspan="2">封孔前生产装置检查确认人已组织检查验收且合格。安排检验的设备，复位前已确认检验合格</td><td>B</td><td></td><td></td><td></td><td></td><td></td></tr>
<tr><td>8</td><td>压力试验</td><td colspan="2">设备的压力试验应符合规范要求</td><td>B</td><td></td><td></td><td></td><td></td><td></td></tr>
<tr><td>9</td><td>保温拆装</td><td colspan="2">做好保温拆装工作记录表单，确保保温质量</td><td>C</td><td></td><td></td><td></td><td></td><td></td></tr>
<tr><td>10</td><td>环境清理</td><td colspan="2">工作场所的环境需经设备所在单位检查、认可</td><td>C</td><td></td><td></td><td></td><td></td><td></td></tr>
</table>

注： A 级：施工单位、生产装置、设备管理部门专业人员检查确认后签字。

B 级：施工单位和生产装置专业人员检查确认后签字。

C 级：施工单位专业人员检查确认后签字。

另：如果有监理，监理的职责由甲方授权。

附　录　B
（资料性附录）
钢制圆筒形常压容器试压与验收数据记录表

序号	试压时间	试验压力值 /MPa	试压检查方法	部位	检查情况
1					
2					
3					
4					
5					

附 录 C
（资料性附录）
常压容器常用试验方法

C.1 盛水试验

试验前应将焊缝的外表面清除干净，并使之充分干燥。试验的持续时间应根据观察和检查所需的时间决定，但不得少于1h。试验中焊缝无泄漏为合格。如有渗漏，修补后应重新试验。试验完毕后，应立即放水排净，并使之干燥。

C.2 煤油渗漏试验

将焊缝能够检查的一面清理干净，涂以白粉浆，晾干后，在焊缝另一面涂以煤油，使表面得到足够的浸润，经0.5h后白粉上没有油渍为合格。在图样允许的情况下或经设计单位同意，可以用煤油渗漏代替盛水试验。

C.3 液压试验

C.3.1 试验时必须采用两个经校验的量程相同的压力表。压力表的量程为试验压力的2倍左右。

C.3.2 试验液体的温度应不低于5℃。试验液体一般采用水。但凡在试验时不会导致危险的液体均可采用，试验时液体的温度应低于其沸点和闪点。

C.3.3 试验时，容器的顶部应设排气口。进液时，将容器内的空气全部排净，试验过程中，应保持容器外表面干燥。

C.3.4 试验时，压力应缓慢上升，达到原图样规定试验压力后，应保持30min以上，并检查所有焊缝和连接部位。如有渗漏，修补后重新试验。

C.3.5 试验完毕后，应立即将液体排净，并使之干燥。

C.3.6 对高合金制容器，用水进行试验后，应立即将水渍除干净。当无法达到这一要求时，应控制水的氯离子含量不超过25mg/L。

C.4 气密性试验

对图样规定有气密性试验要求的容器，需经液压试验合格后方可进行气密性试验。在下列情况下，可以用气压试验代替液压试验：（1）由于结构和支承原因，容器不能安全地盛水；（2）容器内部不容易干燥，运行中不允许残留试验液体。试验时，压力应缓慢上升，达到规定试验压力后，保持10min，然后降至设计压力，在焊缝接头和连接部位进行泄漏检查。小型容器亦可浸入水中检查。如有泄漏，修补后重新做液压试验和气密性试验。

11. 常压立式圆筒形钢制焊接储罐维护检修规程

SHS 01012—2019

代替 SHS 01012—2004

目　　次

前言

本规程按照GB/T 1.1—2009《标准化工作导则 第1部分：标准的结构和编写》给出的规则起草。

本规程代替SHS 01012—2004《常压立式圆筒形钢制焊接储罐维护检修规程》。与SHS 01012—2004相比，主要技术变化如下：

——规程的适用范围中增加化工产品介质储罐，内压力扩大至18kPa，与GB 50341—2014相对应；

——规范性引用文件予以更新；

——对外部检查和全面检查的维护内容予以明确；

——结合管理实践和相关规程要求，对储罐检修周期、定点测厚等予以差别化要求；

——结合新标准要求，完善装配式内浮顶管理；

——增加基于风险的检验及评价、声发射检测等内容；

——增加罐顶气治理相关设施的检查维护内容；

——增加转动浮梯、自动采样器、液位报警等检查维护内容；

——增加储存温度超过100℃重质油储罐相关内容；

——修订储罐基础技术要求的相关内容，与GB 50341保持一致；

——增加储罐进、出口接管柔性连接要求；

——取消部分全面检查维护时对储罐罐壁焊道进行超声检测的要求；

——增加储罐阴极保护检查、检测方面要求；

——增加储罐工况适用性评价要求；

——取消附录中不必要的内容，修改关于呼吸阀的部分内容；

——结合储罐管理实际和标准最新要求，在附录中增加储罐与防火堤相关内容；

——结合近年来内浮顶罐检修时常出现的事故，在附录中增加浮舱积油和密封进油的处理内容。

本规程由中国石油化工集团有限公司、中国石油化工股份有限公司提出。

本规程起草单位：中国石油化工股份有限公司洛阳分公司。

本规程主要起草人：孙新宇、王元波、董旭辉。

本规程所代替规程的历次版本发布情况为：

——SHS 01012—1992、SHS 01012—2004。

常压立式圆筒形钢制焊接储罐维护检修规程

1 范围

本规程适用于建造在具有足够承载能力的均质基础上，其罐底与基础紧密接触，储存液态石油及石油、化工产品等介质，内压不大于 18kPa 的立式圆筒形钢制焊接储罐（以下简称储罐）的检修周期与内容、检修程序与质量标准、试验与验收、运行维护与故障处理。

储罐按结构分为：固定顶罐、浮顶罐、内浮顶罐。公称直径大于或等于 30m、公称容积大于或等于 10000m^3 的储罐，为大型储罐。

各类储罐在维护检修时，除遵守本规程外，还应遵守国家现行有关标准和原建罐设计要求的规定。

2 规范性引用文件

下列文件中的条款通过本规程的引用而成为本规程的条款。凡是注日期的引用文件，其随后所有的修改单（不包括勘误的内容）或修订版均不适用于本规程，然而，鼓励根据本规程达成协议的各方研究是否可使用这些文件的最新版本。凡是不注日期的引用文件，其最新版本适用于本规程。

GB 50126　工业设备及管道绝热工程施工规范
GB 50128　立式圆筒形钢制焊接储罐施工规范
GB 50160　石油化工企业设计防火标准
GB 50185　工业设备及管道绝热工程施工质量验收规范
GB 50341　立式圆筒形钢制焊接油罐设计规范
GB 50727　工业设备及管道防腐蚀工程施工质量验收规范
GB/T 30578　常压储罐基于风险的检验及评价
GB/T 50393　钢质石油储罐防腐蚀工程技术标准
AQ 3053　立式圆筒形钢制焊接储罐安全技术规程
JB/T 10764　无损检测　常压金属储罐声发射检测及评价方法
JB/T 10765　无损检测　常压金属储罐漏磁检测方法
SH/T 3007　石油化工储运系统罐区设计规范
SH/T 3041　石油化工管道柔性设计规范
SH/T 3194　石油化工储罐用装配式内浮顶工程技术规范
SH/T 3528　石油化工储罐地基与基础施工及验收规范

SH/T 3530　石油化工立式圆筒形钢制储罐施工技术规程

API STD 653　储罐检验、维修、改造和重建

3　检修周期及内容

3.1　检修周期

3.1.1　储罐的检修周期依据全面检查维护（定期检验）需要确定，应保证下次检修时，罐体厚度不小于标准所要求的最小厚度。一般为 6 年。

3.1.2　对于储存介质腐蚀速率≤0.1mm/a，并有可靠的防腐蚀措施，上次全面检查维护时确认储罐技术状况良好、可确保安全运行的，经企业专业技术负责人批准后可延长检修（全面检查维护）周期，但原则上不超过 9 年。

3.1.3　对于公称容积不大于 5000m^3、储存介质洁净的不锈钢储罐，防泄漏及运行监控措施到位，经企业专业技术负责人批准后可根据需要确定检修（全面检查维护）时间。

3.1.4　对于腐蚀较严重的储罐，应根据实际情况，合理缩短检修（全面检查维护）周期。

3.1.5　储罐检修（全面检查维护）周期应相对固定，形成企业制度予以明确；变更时，应执行相应程序。

3.2　检修策略

可借助基于风险的检验及评价结果确定储罐的检验策略。

3.3　检修内容

3.3.1　储罐本体的变形、泄漏以及板材严重减薄等。

3.3.2　储罐各接管的裂纹、气孔、泄漏等缺陷。

3.3.3　与储罐相连接的阀门等存在的缺陷。

3.3.4　浮顶罐、内浮顶罐的浮顶系统、密封系统及升降导向系统存在的缺陷。

3.3.5　储罐受损的防腐设施。

3.3.6　储罐阻火呼吸阀、检尺口、盘梯等附件存在的缺陷。

3.3.7　储罐的加热器、搅拌器、自动采样器等内部附属设施存在的缺陷。

3.3.8　储罐的电仪设施存在的缺陷。

3.3.9　储罐的安全、环保、消防设施存在的缺陷。

3.3.10　储罐基础缺陷。

3.3.11　储罐绝热层存在的缺陷。

4 检修程序与质量标准

4.1 检修前的准备

4.1.1 需进罐检查或在罐体上动火时，检修前应做好工艺介质管道隔离和储罐清理，达到安全作业条件。

4.1.2 采用软密封的浮顶罐、内浮顶罐，动火前宜拆除密封系统并将密封件置于罐外。若密封系统检查无明显泄漏、不影响动火安全时，也可不拆除密封系统，但宜采取遮挡等防护措施，避免密封系统在检修时受损。

4.1.3 采用机械化清洗的浮顶罐，应在检修前将浮顶支柱予以恢复。

4.1.4 保护性拆移检修施工中可能影响的火灾报警、仪表等系统，并妥善存放。

4.2 确定检修内容

设备专业牵头，组织工艺、安全专业对储罐进行详细检查，确定检修内容。

4.2.1 检查罐壁是否变形，有无突然的起伏及渗漏穿孔。罐壁的垂直度不应大于罐壁高度的0.4%，且不应大于50mm。用样板检查凹凸变形应符合表1要求，超过允许值应进行修复。

表1 罐壁的局部凹凸变形允许值

mm

板厚 δ	罐壁局部凹凸变形
$\delta \leqslant 12$	≤15
$12 < \delta \leqslant 25$	≤13
$\delta > 25$	≤10

注： 当曲率半径小于或等于12.5m时，弧形样板的弦长不应小于1.5m；曲率半径大于12.5m时，弧形样板的弦长不应小于2m。

对有绝热层的储罐，罐体无明显损坏、绝热层无渗漏痕迹时，可不拆除绝热层进行检查。

4.2.2 检查罐壁、罐顶是否有严重腐蚀坑。当坑蚀深度超过表2规定值时，应进行修补或局部更换。

表2 坑蚀深度允许值

mm

钢板厚度	允许坑蚀深度
5	1.8
6	2.2
7	2.5
8	2.8
9	3.2
≥10	3.5

4.2.3 用超声波测厚仪检查罐壁和罐顶，若不能满足GB 50341《立式圆筒形钢制焊接油罐设计规范》设计名义厚度要求，应进行更换或加固；经企业专业技术负责人确认，在保证安全前提下，也可采取降效使用。

可依据API STD 653《储罐检验、维修、改造和重建》相关要求，对点蚀集中区域、壁厚减薄部分进行评估，确定操作液位极限值。

罐壁的最小名义厚度应符合表3要求。

表3 罐壁板的最小名义厚度

储罐内径 D/m	罐壁板的最小名义厚度/mm
$D<15$	5
$15\leq D<36$	6
$36\leq D\leq 60$	8
$60<D\leq 75$	10
$D>75$	12

钢制浮顶罐浮顶的隔舱顶板、隔舱底板、单盘板和固定顶罐罐顶的名义厚度均不应小于5mm。

4.2.4 用样板检查固定顶，间隙不应大于15mm；支承柱的垂直度不应大于1‰，且不应大于10mm。

4.2.5 用5～10倍放大镜目检罐体焊缝。重点检查罐壁与罐底间的角焊缝和下部两圈壁板的纵、横焊缝以及进出口接管与罐体的连接焊缝有无渗漏和裂纹。

对于罐体腐蚀较重或目检焊缝存在疑似缺陷的大型储罐，应对罐体下部第一、第二圈板的焊缝进行无损检测，检测方法参照GB 50128—2014《立式圆筒形钢制焊接储罐施工规范》第7.2节要求，检测比例不宜小于25%。

4.2.6 检查浮顶罐的浮顶单盘板是否有明显影响外观及排水的局部凹凸变形。检查浮顶及泡沫堰板的腐蚀程度，浮舱内隔板、肋板和桁架等是否完好，内表面是否清洁，有无腐蚀。查找泄漏浮舱的泄漏部位，进行检修消漏。查找泄漏部位时，可采用真空试漏、充气试漏、着色试漏、煤油试漏等方法。

采用真空箱法试漏时，其真空度不得低于53kPa。

浮舱采用充气试漏时，应逐舱鼓入压力不小于785kPa的压缩空气。

4.2.7 检查内浮顶罐密封、导向（防转钢丝绳）、防雷和防静电导线、浮顶自动通气阀等系统是否完好，浮舱、浮筒（浮箱）有无泄漏。检查内浮顶及泡沫堰板的腐蚀程度，是否有明显影响外观的局部凹凸变形；浮舱内隔板、肋板和桁架等是否完好，内表面是否清洁，有无腐蚀。

单盘式和双盘式内浮顶的检漏方式同上。

装配式内浮顶应着重检查连接螺栓有无松动，板间密封胶有无脱落，骨架有无变形，浮筒（浮箱）是否泄漏。对于浮筒（浮箱），可在目检的基础上通过叩击以确认是否泄漏。

进入装配式内浮顶上部检查时，不得损坏浮顶板；内浮顶上同一地点承重不能超过3人。

4.2.8　检查浮顶罐、内浮顶罐的密封系统是否保持完好，环形密封间距应均匀无异常。

对于管式一次密封，检查吊带是否无破损、无渗漏，压条完整、紧固到位，内部充液饱满、贴紧罐壁无缝隙；上部平整，下部规则无扭曲。若发现渗油或密封塌瘪，应局部拆开吊带，检查内部密封管完好状况，必要时充装密封液或对一次密封系统进行整体更换。

对于囊式一次密封，检查密封带是否完好无破损、无渗漏，压条完整、紧固到位，填料是否饱满、贴紧罐壁无缝隙，支承板是否正常有效。如发现密封向上翻出，应拆开一次密封，补充支承板。如发现渗油或密封塌瘪，应局部拆开密封带，检查内部进油及弹性填料完好状况，必要时予以检修更换。

对于机械式一次密封，检查密封板、密封膜、弹性构件是否完好，不得出现破损。

检查二次密封橡胶刮板、承压板、防蒸发隔膜、导静电片是否完好；密封应紧贴罐壁，压接整齐平滑。对于舌形二次密封，检查密封件是否紧贴罐壁、弹性良好，紧固是否整齐、有效。

当量油管、导向管安装有密封囊套时，应检查其密封性能，保证骨架、密封膜完好。

4.2.9　检查浮顶罐的浮顶排水系统、紧急排水装置是否完好，出口阀门伴热是否正常。浮顶静电导线是否完好，接头是否牢固。

检查转动浮梯、导向及限位装置、刮（除）蜡装置是否灵活好用。转动浮梯中心线的水平投影，应与轨道中心重合，其偏差不应大于10mm。刮蜡板应紧贴罐壁，局部的最大间隙不应超过5mm。

4.2.10　检查储罐基础有无下沉，罐体有无倾斜，环墙、环梁面层是否粉化，散水坡有无破损，边缘板防腐是否完好。

宜对储罐基础进行沉降观测，径向沉降差应满足表4要求。

表4　储罐基础及罐底径向沉降差许可值

浮顶罐与内浮顶罐		固定顶罐	
罐内径 D/m	任意直径方向沉降差许可值	罐内径 D/m	任意直径方向沉降差许可值
$D\leqslant 22$	$0.007D$	$D\leqslant 22$	$0.015D$
$22<D\leqslant 30$	$0.006D$	$22<D\leqslant 40$	$0.010D$
$30<D\leqslant 40$	$0.005D$	$40<D\leqslant 60$	$0.008D$
$40<D\leqslant 60$	$0.004D$		
$60<D\leqslant 80$	$0.035D$		
$D>80$	$0.003D$		

4.2.11　对于浮顶罐和内浮顶罐，当发现导向管、量油管外壁侧面有明显硬划伤或导轮、盖板、密封板、压板损坏严重时，应检查导向管、量油管的直线度和垂直度，其全

长直线度允许偏差为 5mm，垂直度不大于 10mm。

清理导向管、量油管内壁附着物和锈皮，确保不影响人工检尺、取样进行和液位计工作。

对于不同高度检测碳钢导向管、量油管壁厚，必要时结合沉降观测值，对储罐基础进行检修；对导向管、量油管进行检修、更换。

对于不符合 GB 50160《石油化工企业设计防火标准》、SH/T 3194《石油化工储罐用装配式内浮顶工程技术规范》要求的内浮顶，应予以更换。其中，对于装配式内浮顶，浮力元件用铝合金板厚度≥2mm，不锈钢板厚度≥1.5mm。

当导向管、量油管更新时，应采用不锈钢材质。

4.2.12 检查罐底锥面坡度应平缓，与基础表层接触良好，无严重变形、鼓包、凹坑和空洞，径向沉降差应满足表 4 要求。锥面坡度不应小于 8‰。

4.2.13 用超声波测厚仪或其他检测设备检查罐底腐蚀减薄程度。底板余厚原则上应不小于表 5、表 6 的规定值，必要时应补焊或更换。

表 5 罐底板厚度

储罐内径 D/m	罐底板厚度 /mm
D≤10	5
D>10	6

表 6 罐底环形边缘板厚度

mm

<table>
<tr><td rowspan="3">底圈罐壁板
名义厚度</td><td colspan="2">环形边缘板厚度</td></tr>
<tr><td colspan="2">底圈罐壁板标准屈服强度下限值 /MPa</td></tr>
<tr><td>≤390</td><td>>390</td></tr>
<tr><td>≤6</td><td>6</td><td>—</td></tr>
<tr><td>7～10</td><td>7</td><td>—</td></tr>
<tr><td>11～20</td><td>9</td><td>—</td></tr>
<tr><td>21～25</td><td>11</td><td>12</td></tr>
<tr><td>26～30</td><td>12</td><td>16</td></tr>
<tr><td>31～34</td><td>14</td><td>18</td></tr>
<tr><td>35～39</td><td>16</td><td>20</td></tr>
<tr><td>≥40</td><td>—</td><td>21</td></tr>
</table>

4.2.14 对罐底板和浮顶底板、顶板及单盘板进行目检，必要时可采用真空试漏、充水试漏等方法检漏，也可采用涡流或漏磁等方法进行检漏。采用真空箱法试漏时，其真空度要求同 4.2.6 条。

原油罐宜采用漏磁对罐底进行检测。

4.2.15 检查储罐罐底与罐内加热器支腿、浮顶支柱、仪表卡子等附件相接触部位补强垫板的完好情况，必要时予以更换。检查补强垫板周边焊道焊接情况，如果未实施连续焊或焊肉不饱满，应予补焊。

4.2.16　对于有虹吸式脱水管的储罐，如果脱水管罐内的部分为不可拆卸焊接，应自弯头处割开，检查虹吸式脱水管遮挡部分罐底腐蚀情况，必要时予以补焊或局部更换。宜加装一对法兰，内防腐完工后恢复。

4.2.17　对储罐低低液位报警、低液位报警、高液位报警、高高液位报警、紧急切断阀、火灾报警系统进行检验，对进、出口阀门及其执行机构予以维护。

检查储罐照明设施的完好程度。

4.2.18　检查进、出口阀门，人孔，清扫孔等处的紧固件是否牢靠；消防泡沫管的密封是否完好；泡沫发生器护板和网罩是否齐全。

对于有密封要求的储罐，泡沫发生器刻痕密封玻璃应保持完好、紧固严实；对于浮顶罐，其刻痕密封玻璃应拆除或打碎。

宜利用储罐检修时机，对固定、半固定泡沫灭火设施进行实战试运，发现问题，予以处理。

4.2.19　对于安装有搅拌装置的储罐，其搅拌装置检查和维护的具体要求可参照制造厂或设计文件的有关规定。

4.2.20　安装有自动采样器的储罐，应对自动采样器进行检查维护。

4.2.21　检查罐体外部和浮顶罐裸露部分防腐层有无脱落、起皮、粉化等缺陷，根据检查结果决定是否需要对原涂层进行修补或重新防腐。

检查储罐盘梯、浮梯、平台（含仪表设施用平台）、抗风圈、栏杆、踏步板（或防滑条）的腐蚀程度，必要时予以检修加固或更换。

检查绝热层及防水檐是否完好。当绝热层破损严重时，应检查罐壁腐蚀程度。

4.2.22　对于采用了牺牲阳极法阴极保护的储罐，检查阳极的溶解情况，与储罐的连接是否完好等；测量其保护电位，与GB/T 50393《钢质石油储罐防腐蚀工程技术标准》中要求值或原设计参数进行核对，确定阳极是否需要重新安装或更换。

4.2.23　土壤腐蚀性强的地区，必要时，开挖检查储罐静电接地体、静电接地干线、支线腐蚀情况，腐蚀严重的应予更换。

4.2.24　有衬里的储罐还应检查罐内衬里有无开裂和脱落。

4.2.25　结合清罐和全面检查，宜对储罐正常生产状态下无法更换的罐根第一道法兰的垫片进行更换。

4.2.26　依据SH/T 3007《石油化工储运系统罐区设计规范》，检查人孔、排污孔（或清扫孔）是否设置到位，必要时予以增加。

4.2.27　根据检查出的问题，确定检修内容，做到“七落实”，即：计划项目落实、图纸资料落实、施工方案落实、物资材料落实、施工力量和机具落实、施工质量措施落实、安全环保措施落实。

施工方案编写、审批完成后，要组织学习，保证每名施工人员熟悉。

4.2.28　对于内浮顶罐浮舱积油、囊式密封进油等处理安全风险高的作业，应由上级工艺专业主管部门牵头，组织安全、设备专业进行讨论，确定处理方案并组织彻底清理。处理方法可参见附录 C。

4.2.29　交付检修前，工艺专业应组织各专业进行安全条件确认，核实检修内容，并共同签字，避免产生疏漏。

4.3　检修质量标准

4.3.1　储罐进行焊接修理时应严格执行焊接工艺规程的规定；焊工必须持证上岗。

4.3.2　补焊或更换局部罐体时所用的钢材和焊条应与原设计相同；不能确定材料性能时应进行复验，材料代用要经设备主管部门同意。

4.3.3　储罐在检修过程中的检验方法和要求可参照 SH/T 3530—2011《石油化工立式圆筒形钢制储罐施工技术规程》的第 13 章有关规定。检修时新焊接焊缝的外观质量应符合第 13.1 节要求。焊接接头表面质量用焊接检验尺检查，应符合表 7 规定。

表 7　对接焊接接头表面质量

mm

项目			允许值
咬边		深度	＜0.5
		连续长度	≤100
		两侧总长度	≤10%L
凹陷	环向焊接接头	深度	≤0.5
		总长度	≤10%L
		连续长度	≤100
	纵向焊接接头		不允许
余高	外侧纵向焊接接头	$\delta \leq 12$	≤1.5
		$12 < \delta \leq 25$	≤2.5
		$\delta > 25$	≤3
	外侧环向焊接接头	$\delta \leq 12$	≤2.0
		$12 < \delta \leq 25$	≤3.0
		$\delta > 25$	≤3.5
	罐底焊接接头	$\delta \leq 12$	≤2.0
		$12 < \delta \leq 25$	≤3.0

注：δ—板厚；L—该焊接接头长度。

4.3.4　储罐在检修过程中焊缝的无损检测和严密性试验应符合 SH/T 3530—2011《石油化工立式圆筒形钢制储罐施工技术规程》第 13.2 节要求。

4.3.5　储罐检修时，所有新焊接的焊缝和经过返修的焊缝在未进行总体试验前不得涂刷防腐涂料。

4.3.6 储罐防腐蚀工程的施工质量标准，按 GB/T 50393《钢质石油储罐防腐蚀工程技术标准》的规定执行。

4.3.6.1 涂料宜选用无溶剂、水性涂料、高固体份涂料。涂料中的挥发性有机化合物 VOC 含量应小于 420g/L。其中，浮顶浮舱内部涂装的防腐蚀涂料应采用水性或无溶剂涂料。

4.3.6.2 对于罐壁上一、二次密封运行区域的腐蚀坑，应用腻子填平。

4.3.6.3 储罐防腐涂层交工验收并投用后，不得进行焊接等动火作业。

4.3.6.4 储罐防腐涂层的局部维修，应采用与原涂料相同或匹配的涂料。

4.3.7 储罐绝热工程的施工质量标准，按 GB 50126《工业设备及管道绝热工程施工规范》的规定执行。

4.3.8 密封系统、浮顶系统、升降导向系统、浮顶排水管、喷淋设施、加热器等的检修质量标准按设计及制造厂要求执行。

5 试验与验收

5.1 试验

5.1.1 储罐修理完毕，在罐底严密性试验合格后，根据检修的具体内容和实际情况，有选择地进行充水试验或气液组合试验。

5.1.2 仅对罐底或罐壁进行局部修理，且焊缝已进行了无损检测和严密性试验，可根据实际情况确定是否进行充水试验。

5.1.3 浮顶罐、内浮顶罐的浮顶（内浮顶）大修后原则上应进行充水试验。在充水和放水时检查浮顶（内浮顶）的升降是否均匀平稳，密封和导向部分有无卡涩，浮顶有无渗漏，排水管是否泄漏等。充水试验按照 SH/T 3530—2011《石油化工立式圆筒形钢制储罐施工技术规程》第 13.4 节要求进行。

浮顶排水管在储罐充水前以 390kPa 进行水压试验，充水试验后再进行一次水压试验，持续 30min 无渗漏为合格。在浮顶升降过程中，浮顶排水管的出口应保持开启状态。

5.1.4 对搅拌器、浮顶排水管、加热器、自动采样器、喷淋设施等的试验参照各自的设计文件。

5.2 验收

5.2.1 储罐本体及附件修理完毕，应按照 GB 50128—2014《立式圆筒形钢制焊接储罐施工规范》第 7 章要求进行验收。

5.2.2 储罐防腐蚀工程的验收，应按 GB 50727《工业设备及管道防腐蚀工程施工质量验收规范》、GB/T 50393《钢质石油储罐防腐蚀工程技术标准》的规定执行。

5.2.3 储罐绝热工程的验收，应按 GB 50185《工业设备及管道绝热工程施工质量验收规范》要求执行。

5.2.4 储罐检修后，相关单位按照 SH/T 3530—2011《石油化工立式圆筒形钢制储罐施工技术规程》第 14.3 节要求交付过程资料。

5.2.5 脱水阀、浮顶排水管出口阀调整到位，附属设施恢复完成。

5.2.6 储罐检修完毕后，设备专业应组织各专业进行检修质量确认，并共同签字。

6 维护与故障处理

储罐的维护分为日常检查维护和定期检查维护。

定期检查维护分为外部检查维护和全面检查维护。外部检查维护每年进行一次；全面检查维护结合清罐进行，内容见 4.2。检查维护内容应及时记载于技术管理档案内。

6.1 日常检查维护

储罐在使用时，要制定操作规程和巡回检查维护制度，并严格执行。

6.1.1 操作人员巡回检查时，应检查罐体及其附件有无泄漏，有无鼓包或抽瘪等异常现象。

6.1.2 储罐发生以下现象时，操作人员应按照操作规程采取紧急措施，并及时报告：

6.1.2.1 浮顶、内浮顶罐的浮顶（内浮顶）沉没，或转动浮梯错位、脱轨；

6.1.2.2 浮顶罐浮顶排水管漏油；

6.1.2.3 浮顶罐浮顶上积油；

6.1.2.4 储罐基础泄漏管或基础下部发现渗油、渗水；

6.1.2.5 储罐控制阀失灵；

6.1.2.6 储罐罐存介质超工艺指标，发生冒罐等；

6.1.2.7 储罐罐底翘起或设置锚栓的低压储罐基础环墙（或锚栓）被拔起；

6.1.2.8 储罐低低液位报警、低液位报警、高液位报警、高高液位报警、火灾报警系统或紧急切断阀动作；

6.1.2.9 接管焊缝出现裂纹或阀门、紧固件、柔性连接损坏，难以保证安全生产；

6.1.2.10 罐体发生裂缝、鼓包、凹陷等异常现象，危及安全生产；

6.1.2.11 重质油储罐突沸；

6.1.2.12 发生火灾直接威胁储罐安全生产。

6.1.3 储罐在操作过程中应注意的事项：

6.1.3.1 新投用储罐或者检修后首次进液储罐，在收付物料过程中要加强检查，检查各静密封点是否泄漏。对于浮顶罐，至少每 2h 检查一次浮顶及附属设施运行情况，发现异常，及时报告，并暂停物料收付；

6.1.3.2 在人工检尺、取样后应将量油孔盖盖严；

6.1.3.3 浮顶罐浮顶上的雨雪应及时排除，油蜡、氧化铁等脏物应定期清扫；

6.1.3.4 必须在浮顶罐、内浮顶罐的液位升高至 4m 以上后方可启动搅拌器或调合器；

6.1.3.5 浮顶罐和内浮顶罐正常操作时，其最低液面不应低于浮顶、内浮顶的支承高度，对于有加热器运行的储罐，其液位应保证高出加热器最高点至少 0.5m；

6.1.3.6 对于储存介质温度高于 100℃的重质油储罐，扫线时，原则上应采取上扫，避免产生突沸。

6.1.4 储罐液位计、低低液位报警、低液位报警、高液位报警、高高液位报警、温度测量、压力测量、火灾报警、紧急切断阀、氮封等仪表系统，依据《石油化工设备维护检修规程》相应部分有关内容，结合现场实际制定检查维护内容，于适当时机进行。

对于频繁收付的储罐，每月宜对其液位计进行手工检尺比对。检尺应在液位最高或最低时的静止状态进行，并及时对液位计进行校准。

6.1.5 对于采取阴极保护的储罐，罐外牺牲阳极应每年进行一次综合测试，每月测量保护电位；对于外加电流阴极保护系统，每月应测试一次保护电位。如发现保护参数异常或故障，应立即进行检测，并重新调整参数。

所有测试结果应详细记录，包括当天的气象参数、储罐液位等。

测试表格参照 GB/T 50393《钢质石油储罐防腐蚀工程技术标准》。

6.1.6 运行中的储罐，当工况条件发生变化，如罐存介质改变等，生产主管部门应组织设备、安全专业和主管处室进行工况适用性评价，完善相关设施，确定工艺指标，履行变更程序，开展技术培训，保证储罐运行安全。

6.1.7 储罐附件检查维护的主要内容见表 8～表10。固定顶罐附件检查维护的主要内容见表 8；浮顶罐附件检查维护的主要内容见表 9；内浮顶罐附件检查维护的主要内容见表 10。

表 8 固定顶罐附件检查维护的主要内容

附件名称	检查内容	维护保养	检查周期
进、出口阀门	阀门及垫片的完好程度	阀杆加润滑油，清除油垢，关闭不严时应进行研磨或更换	清罐或全面检查维护时进行
机械式呼吸阀	阀盘和阀座接触面是否良好，阀杆上下是否灵活，阀壳网罩是否破裂，压盖衬垫是否严密，冬季阀体保温套是否良好、伴热是否运行正常，阀内有无冰冻。呼吸阀挡板是否完好	清除阀盘上的水珠、灰尘、锈渣，螺栓上加油，必要时调换阀壳衬垫。若呼吸阀挡板腐蚀严重，应予更换	每 3 个月检查维护一次，冰冻季节应加强检查新安装呼吸阀、紧急通气孔，在安装就位后，应立即对其进行解体检查，确认完好后方可投入运行。宜定期对呼吸阀进行标定
阻火器	波纹板阻火盘是否清洁，垫片是否严密，有无腐蚀、冰冻、堵塞	清洁或更换波纹板阻火盘	
紧急通气孔	运行轨道是否清洁光滑，密封是否严密，静电导线是否完好	清洁运行轨道，必要时涂抹润滑介质。更换破损的静电导线	

表 8　固定顶罐附件检查维护的主要内容（续）

附件名称	检查内容	维护保养	检查周期
升降管（起落管）	试验升降灵活性，检查旋转接头有无破裂，绞车是否灵活好用，钢丝绳腐蚀情况	绞车活动部分加油，钢丝绳涂润滑脂保护，顶部滑轮销轴上油	清罐或全面检查维护时进行
活门操纵装置（保险阀门）	试验灵活性，检查填料函是否渗油，钢丝绳是否完好	活动关节加润滑油，上紧并调整填料，必要时更换钢丝绳及填料	
加热器	加热管腐蚀情况，有无渗漏，支架有无损坏，管线接头有无断裂	进行试压、补漏	
调合器	腐蚀程度，喷嘴有无堵塞	清理喷嘴	
人孔、透光孔	是否渗油或漏气	更换垫片	1 个月
量油孔	孔盖与支座间密封垫是否脱落或老化，导尺槽磨损情况，压紧螺栓活动情况，盖子支架有无断裂	铸铁量油孔应改为铸铝，蝶形螺母及压紧螺栓各活动部位加润滑油，部件损坏及时更换	
液压安全阀	检查封液高度和阀腔	若封液被吹掉应及时加入，清洁阀壳内部，必要时更换封液	3 个月
通气管	防护网是否破损	清扫干净或更换	1 年
排污阀（虹吸阀）	填料函有无渗漏，手轮转动是否灵活，阀体是否内漏	调整填料函或换阀、加双阀	1 个月
泡沫发生器	管内有无油气排出，刻痕玻璃和网罩是否完好	更换已损坏的刻痕玻璃和网罩，压紧螺栓加油防锈	3 个月
液下消防系统	高背压泡沫发生器和爆破片是否完好，控制阀门是否灵活好用，扪盖是否完好	高背压泡沫发生器、爆破片、控制阀门进行检修或更换，配齐扪盖	
水喷淋系统	喷嘴是否堵塞，控制水阀是否灵活好用	清理堵塞的喷嘴，维修阀门	
管道阻火器	波纹板阻火盘是否清洁，垫片是否严密，有无腐蚀、冰冻、堵塞。对于罐顶气相连通用阻火器，是否符合阻爆轰要求	清洁或更换波纹板阻火盘	半年

表 9　浮顶罐附件检查维护的主要内容

<table>
<tr><th>附件名称</th><th>检查内容</th><th>维护保养</th><th>检查周期</th></tr>
<tr><td>浮顶排水管</td><td>单向阀腐蚀程度，关闭是否严密。排水装置本体腐蚀程度，转动部分是否灵活，是否泄漏</td><td>清除单向阀污垢，涂防腐涂料或更换。对浮顶排水装置试压消漏</td><td rowspan="5">清罐或全面检查维护时进行</td></tr>
<tr><td>导向管滚轮</td><td>滚轮有无脱落，转动是否灵活</td><td>转动部位加润滑油</td></tr>
<tr><td>加热器</td><td>加热管腐蚀情况，有无渗漏，支架有无损坏，管线接头有无断裂</td><td>进行试压、补漏</td></tr>
<tr><td>调合器</td><td>腐蚀程度，喷嘴有无堵塞</td><td>清理喷嘴</td></tr>
<tr><td>进、出口阀门</td><td>阀门及垫片的完好程度</td><td>阀杆加润滑油，清除油垢，关闭不严时应进行研磨或更换</td></tr>
<tr><td>人孔、透光孔</td><td>是否渗油或漏气</td><td>更换垫片</td><td rowspan="2">1 个月</td></tr>
<tr><td>量油孔</td><td>孔盖与支座间密封垫是否脱落或老化，导尺槽磨损情况，压紧螺栓活动情况，盖子支架有无断裂</td><td>铸铁量油孔应改为铸铝，蝶形螺母及压紧螺栓各活动部位加润滑油，部件损坏及时更换</td></tr>
<tr><td>转动浮梯</td><td>踏板是否牢固、灵活，升降是否平稳无卡阻</td><td>转动部分加润滑油</td><td>3 个月</td></tr>
<tr><td>密封装置</td><td>密封带有无破损</td><td>进行修补</td><td rowspan="2">清罐或全面检查维护时进行</td></tr>
<tr><td>浮顶自动通气阀</td><td>密封垫片有无损坏</td><td>更换垫片</td></tr>
<tr><td>排污阀（虹吸阀）</td><td>填料函有无渗漏，手轮转动是否灵活，阀体是否内漏</td><td>调整填料函或换阀、加双阀</td><td>1 个月</td></tr>
<tr><td>泡沫发生器</td><td>网罩和护板是否完好</td><td>更换已损坏的网罩和护板，压紧螺栓加油防锈</td><td rowspan="2">3 个月</td></tr>
<tr><td>喷淋系统</td><td>喷嘴是否堵塞，控制水阀是否灵活好用</td><td>清理堵塞的喷嘴，维修阀门</td></tr>
<tr><td>事故排液口</td><td>排液口是否畅通</td><td>清理过滤网</td><td>3 个月</td></tr>
<tr><td>紧急排水装置</td><td>过滤网是否堵塞，封液是否减少</td><td>清理过滤网，补充水封</td><td>1 个月</td></tr>
<tr><td>机械式呼吸阀</td><td>阀盘和阀座接触面是否良好，阀杆上下是否灵活，阀壳网罩是否破裂，压盖衬垫是否严密，阀内有无冰冻</td><td>清除阀盘上的水珠、灰尘，螺栓上加油，必要时调换阀壳衬垫</td><td rowspan="2">每 3 个月检查一次，冰冻季节应加强检查。宜定期进行标定</td></tr>
<tr><td>阻火器</td><td>波纹板阻火片是否清洁，垫片是否严密，有无腐蚀、冰冻、堵塞</td><td>清洁或更换波纹板阻火片</td></tr>
</table>

表 10　内浮顶罐附件检查维护的主要内容

<table>
<tr><th>附件名称</th><th>检查内容</th><th>维护保养</th><th>检查周期</th></tr>
<tr><td>罐壁通气孔</td><td>金属网有无破裂</td><td>清除灰尘、油垢或更换金属网</td><td>1 年</td></tr>
<tr><td>导向管滚轮</td><td>滚轮有无脱落，转动是否灵活，与管子外壁接触是否良好</td><td>转动部分加润滑油，调整滚轮位置</td><td rowspan="4">清罐或全面检查维护时进行</td></tr>
<tr><td>加热器</td><td>加热管腐蚀情况，有无渗漏，支架有无损坏，管线接头有无断裂</td><td>进行试压、补漏</td></tr>
<tr><td>调合器</td><td>腐蚀程度，喷嘴有无堵塞</td><td>清理喷嘴</td></tr>
<tr><td>进、出口阀门</td><td>阀门及垫片的完好程度</td><td>阀杆加润滑油，清除油垢，关闭不严应进行研磨或更换</td></tr>
<tr><td>人孔、透光孔</td><td>是否渗油或漏气</td><td>更换垫片</td><td rowspan="2">1 个月</td></tr>
<tr><td>量油孔</td><td>孔盖与支座间密封垫是否脱落或老化，导尺槽磨损情况，压紧螺栓活动情况，盖子支架有无断裂</td><td>铸铁量油孔应改为铸铝，蝶形螺母及压紧螺栓各活动部位加润滑油，部件损坏及时更换</td></tr>
<tr><td>导向钢丝绳</td><td>有无腐蚀，松紧程度是否合适，是否有断股</td><td>拉紧或更换</td><td rowspan="3">清罐或全面检查维护时进行</td></tr>
<tr><td>密封装置</td><td>密封带有无破损</td><td>进行修补</td></tr>
<tr><td>浮盘自动通气阀</td><td>密封垫片有无损坏</td><td>更换垫片</td></tr>
<tr><td>排污阀（虹吸阀）</td><td>填料函有无渗漏，手轮转动是否灵活，阀体是否内漏</td><td>调整填料函或换阀、加双阀</td><td rowspan="2">1 个月</td></tr>
<tr><td>带芯人孔</td><td>是否渗油或漏气</td><td>更换垫片</td></tr>
<tr><td>泡沫发生器</td><td>管内有无油气排出，刻痕玻璃是否损坏，网罩和护板是否完好</td><td>更换已损坏的刻痕玻璃和网罩，压紧螺栓加油防锈</td><td>3 个月</td></tr>
<tr><td>机械式呼吸阀</td><td>同表 8</td><td>同表 8</td><td rowspan="3">同表 8</td></tr>
<tr><td>阻火器</td><td>同表 8</td><td>同表 8</td></tr>
<tr><td>紧急通气孔</td><td>同表 8</td><td>同表 8</td></tr>
<tr><td>管道阻火器</td><td>同表 8</td><td>同表 8</td><td>同表 8</td></tr>
</table>

6.2　外部检查维护

储罐每年一次的外部检查维护，除日常检查维护内容外，尚应包括以下方面。

6.2.1　浮顶罐的高液位报警、高高液位报警每年应检验一次，并出具书面报告。有条件的拱顶罐、内浮顶罐也应进行相应检验。

6.2.2 对于腐蚀严重的储罐，每年应对储罐顶、壁做一次测厚检查。罐壁最下部圈壁板的每块板沿竖向至少测 2 个点，其他圈板可沿盘梯每圈板测 1 个点。测厚点应相对固定，设置标志，并按编号做好测厚记录。有绝热层的储罐，其测厚点处绝热层可做成活动块便于拆装。

对于腐蚀速率一般的储罐，企业可酌情安排。

各类储罐测厚要求，应相对固定，并于制度中明确；变更时，应执行相应程序。

6.2.3 对于微内压储罐，其检查维护还应增加以下内容：

6.2.3.1 对其罐顶排气、补气装置，如：安全阀、压控阀按照相应规程进行检查、维护保养和校验，必要时予以检修或更换。对紧急放空阀进行检查和维护。

6.2.3.2 其压力表应按照相应规程进行校验，必要时予以更换。

6.2.3.3 对其锚栓进行上油维护。

6.2.4 对罐体外部、浮顶罐浮顶上进行目检，检查内容和方法同 4.2 项。

6.2.5 每年检查防雷和防静电接地设施，测量接地电阻，形成书面报告存档。

6.2.6 储罐进、出口管线应采用柔性连接，宜利用改变管道走向增加柔性。对于安装的金属软管，企业安全、设备主管处室每年应组织检查其完好状况，并采取消除或降低液击、胀压影响的措施，保证安全运行。

6.2.7 根据需要，每年对泡沫线进行排渣。对喷淋线过滤器进行清理，并试验喷淋效果，对堵塞的喷头进行清理，损坏的喷头予以更换。

6.2.8 投入运行的新建储罐，运行满 1 年、2 年、3 年时，应对其进行沉降观测，将检测数据与交工时检测的基础数据比对，确定其沉降量。如沉降量超标，应采取补救措施，必要时清罐检修处理。

发生 5.0 级以上地震后，应对储罐进行沉降观测，并检查相连管线、管件完好情况，发现问题，及时处理。

6.2.9 对于进行罐顶气体连通的常压储罐，每年要对连通管进行排液。对于使用氮封的储罐，每年应对呼吸阀进行密封性检验，必要时检修处理或更新。

6.3 全面检查维护

全面检查维护包括宏观检查、罐体腐蚀监测、厚度测定、安全附件检查和储罐安全管理检查。全面检查维护应出具检验报告。

全面检查维护内容除 4.2、6.1、6.2 项外，还应包括以下方面：

6.3.1 对储罐自动脱水器进行检查维护。检查连接法兰是否泄漏，排水是否正常；清理过滤器和分离小罐，必要时更换内部配件。

6.3.2 可采用声发射等方法，对储罐进行在线检测与评价。对于检测出的缺陷，应及时予以处理。

6.4 常见故障与处理

常压立式圆筒形钢制焊接储罐常见功能故障与处理方法见表 11。

表 11　常压立式圆筒形钢制焊接储罐常见功能故障与处理方法

序号	功能	功能故障	故障模式	故障后果	故障应对策略与检修内容	检修周期／月
1	浮顶排水管正常运行	浮顶排水管泄漏	罐内叠管、软管或连接法兰泄漏	介质自排水装置出口流出	清罐检修消漏或在排水管上口加手阀暂用	适时
			浮顶集水坑泄漏	介质自排水装置出口流出	清罐检修或暂时铆入软金属、黏堵消漏	适时
2	储罐压力正常	机械式呼吸阀堵塞	阻火器波纹板结冰或有介质堵塞	呼吸阀不能够正常呼吸，可能引起储罐抽瘪或升举破坏	清理污物，必要时更换阻火片；加保温设施	参照表 8
			阀盘和阀座黏结		清理阀盘和阀座污物	
			阀杆上下运行卡阻	呼吸阀失效，储罐内气相与大气相通	维修或更换阀盘、阀杆	
3	加热器完好，保证介质温度	加热器出口有介质排出	加热器泄漏	腐蚀引起壁厚减薄、穿孔	清罐时进行试压、补漏或整体更新	清罐时
4	阀门和开口、接管运行好，保证收储正常	阀门、人孔、排污孔连接法兰面渗油	连接法兰漏	法兰面受损	修补法兰面	清罐时
				垫片老化或螺栓紧固异常	更换垫片或紧固螺栓	适时
			阀门盘根密封泄漏	盘根老化或压盖紧固异常	紧固压盖或更换盘根	适时
5	转动浮梯运行良好	转动浮梯脱轨	转动浮梯自轨道上脱下，甚至顶漏浮顶板	轨道设计安装不合理	重新安装	清罐时
				轨道变形	更换轨道	
				障碍物阻塞	清理障碍物	适时
6	浮顶密封运行好，油气不外泄	浮顶密封装置部件损坏	密封内油气含量超标	设计安装不合理；密封内弹性材料失效	整体维修	清罐时
			密封局部变形、损坏	障碍物阻塞	清除障碍物	适时或清罐时
			囊式一次密封上翻、失效	密封内支承板缺失	补充支承板	清罐时
7	罐体正常运行	浮顶或罐壁腐蚀	浮顶或罐壁渗油	腐蚀穿孔、材质或焊接缺陷	清罐进行检修或采用粘补、铆入软金属	适时或清罐时

表 11　常压立式圆筒形钢制焊接储罐常见功能故障与处理方法（续）

序号	功能	功能故障	故障模式	故障后果	故障应对策略与检修内容	检修周期／月
8	拱顶罐正常运行不失稳	拱顶罐失稳	拱顶罐罐壁或罐顶抽瘪变形	生产操作失误，储罐所需补气量超过呼吸阀的最大补气量	按照附录C方法恢复，并做好管理改进	适时或清罐时
				设计缺陷，呼吸阀的补气量不足	完善设计，加大呼吸阀的补气量	适时或清罐时
				阻火呼吸阀堵塞	定期维护	参照表8
				罐体强度不足	检修储罐	清罐时
9	罐底正常运行	罐底泄漏	介质自罐底漏出	腐蚀穿孔、材质或焊接缺陷	清罐进行检修	清罐时

附 录 A
（规范性附录）
储罐呼吸阀

A.1 呼吸阀（含阻火器）的设置

新建的储罐，呼吸阀的设置应符合下列要求。对已投用的储罐，若不符合下列要求时，也应按此规定完善。

A.1.1 下列储罐通向大气的通气管上应设呼吸阀：

a）储存甲$_B$、乙类液体的固定顶储罐和地上卧式储罐；

b）采用氮气或其他惰性气体密封保护系统的储罐。

A.1.2 呼吸阀的排气压力应小于储罐的设计正压力，进气压力应高于储罐的设计负压力。

A.1.3 下列储罐通向大气的通气管或呼吸阀上应安装阻火器：

a）储存甲$_B$、乙、丙$_A$类液体的固定顶储罐和地上卧式储罐；

b）储存甲$_B$、乙类液体的覆土卧式储罐；

c）采用氮气或其他惰性气体密封保护系统的储罐；

d）内浮顶储罐罐顶中央通气管。

A.1.4 当建罐地区历年最冷月份平均温度的平均值低于或等于 0℃时，呼吸阀及阻火器应有防冻功能或采取防冻措施。在环境温度下物料有结晶可能时，呼吸阀及阻火器应采取防结晶措施。

A.1.5 呼吸阀的通气量，不得小于下列各项的呼出量之和及吸入量之和。

a）液体出罐时的最大出液量所造成的空气吸入量，应按液体最大出液量考虑；

b）液体进入固定顶储罐时所造成的罐内液体气体呼出量，当液体闪点（闭口）高于45℃时，应按最大进液量的 1.07 倍考虑；当液体闪点（闭口）低于或等于 45℃时，应按最大进液量的 2.14 倍考虑。液体进入采用氮气或其他惰性气体密封保护系统的内浮顶储罐时所造成的罐内气体呼出量，应按最大进液量考虑。

c）因大气最大温降导致罐内油气收缩所造成储罐吸入的空气量和因大气最大温升导致罐内气体膨胀而呼出的气体，宜按表 A.1 确定。

表 A.1 储罐热呼吸通气需要量

罐的容量 /m^3	吸入量（负压）/（m^3/h）	呼出量（正压）/（m^3/h）	
		闪点≥37.8℃	闪点＜37.8℃
100	16.9	10.1	16.9
200	33.8	20.3	33.8

表 A.1 储罐热呼吸通气需要量（续）

罐的容量 /m^3	吸入量（负压）/（m^3/h）	呼出量（正压）/（m^3/h）	
		闪点≥37.8℃	闪点<37.8℃
300	50.4	30.4	50.4
500	84.5	50.7	84.5
700	118.0	71.0	118.0
1000	169.0	101.0	169.0
2000	338.0	203.0	338.0
3000	507.0	304.0	507.0
4000	647.0	472.0	647.0
5000	787.0	538.0	787.0
10000	1210.0	726.0	1210.0
20000	1877.0	1126.0	1877.0
30000	2495.0	1497.0	2495.0

A.1.6 通气管或呼吸阀的规格应按确定的通气量和通气管或呼吸阀的通气量曲线来选定。当缺乏通气管或呼吸阀的通气量曲线时，可按表 A.2 确定。

表 A.2 设有阻火器的通气管（或呼吸阀）规格和数量

储罐容量 /m^3	进（出）储罐的最大液体量 /（m^3/h）	通气管（或呼吸阀）个数 × 公称直径 *DN*
100	≤60	1×50（1×80）
200	≤50	1×50（1×80）
300	≤150	1×80（1×100）
400	≤135	1×80（1×100）
500	≤260	1×100（1×150）
700	≤220	1×100（1×150）
1000	≤520	1×150（1×200）
2000	≤330	1×150（2×150）
3000	≤690	1×200（2×200）
4000	≤660	2×150（2×200）
5000	≤1600	2×200（2×250）
10000	≤2600	2×250（2×300）
20000	≤3500	2×300（3×300）
30000	≤5500	3×300（4×300）
50000	≤6400	3×300（4×350）

A.2 呼吸阀的管理

储罐呼吸阀除按照要求进行定期检查外，尚应注意以下几点；

a）对于储存低温时易结晶介质的储罐，或外界气温较低时可能会在呼吸阀阀盘、阻火器上形成冰冻的储罐，其呼吸阀外部应加装伴热套；

b）对于生产使用、操作过程中可能会在呼吸阀阀盘、阻火器上产生污物从而影响呼吸阀正常运行的储罐，其呼吸阀每月至少检查一次。当上游装置来料异常时，应进行专门检查；

c）扫线罐或经常有高温油品、蒸汽进入的储罐，安装呼吸阀、阻火器时应采取防堵塞措施；

d）与氮封配套使用的呼吸阀或其内介质有可能对人体造成伤害的储罐呼吸阀、阻火器检查时，应注意个人防护。

附 录 B
（规范性附录）
储罐与防火堤

B.1 储罐相关要求

B.1.1 储罐应采用钢罐，并应符合下列规定：

a）浮顶储罐单罐容积不应大于 150000m^3；

b）固定顶和储存甲$_B$、乙$_A$类可燃液体的内浮顶储罐直径不应大于 48m；

c）储罐罐壁高度不应超过 24m；

d）容积大于等于 50000m^3 的浮顶储罐应设置两个盘梯，并应在罐顶设置两个平台。

B1.2 储存甲$_B$、乙$_A$ 类液体应选用金属浮舱式的浮顶或内浮顶罐。

对于有特殊要求的物料或储罐容积小于或等于 200m^3 的储罐，在采取相应安全措施后可选用其他形式的储罐。浮盘应根据可燃液体物性和材质强度进行选用，并应符合下列规定：

a）单罐容积大于或等于 50000m^3 的浮顶储罐应采用钢制双盘式浮顶；

b）单罐容积大于 5000m^3 的内浮顶储罐应采用钢制单盘或双盘式浮顶；

c）当单罐容积小于或等于 5000m^3 的内浮顶储罐采用易熔材料制作的浮盘时，应设置氮气保护等安全措施，铝浮盘、不锈钢和铝材制作的组合式浮盘，均为易熔材料制作的浮盘。

B.1.3 储存沸点低于 45℃的甲$_B$类液体宜选用压力或低压储罐。

B.1.4 甲$_B$类液体固定顶罐或低压储罐应采取减少日晒升温的措施。

B.1.5 储存温度超过 120℃的重油固定顶罐应设置氮气保护；多雷区单罐容积大于等于 50000m^3 的浮顶储罐应采取减少一、二次密封之间空间的措施。

B.1.6 常压固定顶罐的罐顶应采用弱顶结构或采取其他泄压措施。

B.1.7 储存温度高于 100℃的丙$_B$类液体储罐应设专用扫线罐。

B.1.8 设有蒸汽加热器的储罐应采取防止液体超温的措施。

B.1.9 可燃液体的储罐应设液位计和高液位报警器，必要时可设自动联锁切断进料设施，并宜设自动脱水器。

B.2 防火堤相关要求

B.2.1 罐组应设防火堤。

B.2.2 防火堤及隔堤内的有效容积应符合下列规定：

a）防火堤内的有效容积不应小于罐组内一个最大储罐的容积，当浮顶、内浮顶罐组不能满足此要求时，应设置事故存液池储存剩余部分，但罐组防火堤内的有效容积不应小于罐组内一个最大储罐容积的一半；

b）隔堤内有效容积不应小于隔堤内一个最大储罐容积的10%。

B.2.3　立式储罐至防火堤内堤脚线的距离不应小于罐壁高度的一半，卧式储罐至防火堤内堤脚线的距离不应小于3m。

B.2.4　相邻罐组防火堤的外堤脚线之间应留有宽度不小于7m 的消防空地。

B.2.5　设有防火堤的罐组内应按下列要求设置隔堤：

a）单罐容积大于20000m^3 时，应每个储罐一隔；

b）单罐容积大于5000m^3 且小于或等于20000m^3 时，隔堤内的储罐不应超过4个，对于甲$_B$、乙$_A$ 类可燃液体储罐，储罐之间还应设置高度不低于300mm的围堰；

c）单罐容积小于或等于5000m^3时，隔堤所分隔的储罐容积之和不应大于20000m^3；

d）隔堤所分隔的沸溢性液体储罐不应超过2个。

B.2.6　多品种的液体罐组内应按下列要求设置隔堤：

a）甲$_B$、乙$_A$类液体与其他类可燃液体储罐之间；

b）水溶性与非水溶性可燃液体储罐之间；

c）相互接触能引起化学反应的可燃液体储罐之间；

d）助燃剂、强氧化剂及具有腐蚀性液体储罐与可燃液体储罐之间。

B.2.7　防火堤及隔堤应符合下列规定：

a）防火堤及隔堤应能承受所容纳液体的静压，且不应渗漏；

b）立式储罐防火堤的高度应为计算高度加0.2m，但不应低于1.0m（以堤内设计地坪标高为准），且不宜高于2.2m（以堤外3m范围内设计地坪标高为准），卧式储罐防火堤的高度不应低于0.5m（以堤内设计地坪标高为准）；

c）立式储罐组内隔堤的高度不应低于0.5m，卧式储罐组内隔堤的高度不应低于0.3m；

d）管道穿堤处应采用不燃烧材料严密封闭；

e）在防火堤内雨水沟穿堤处应采取防止可燃液体流出堤外的措施；

f）在防火堤的不同方位上应设置人行台阶或坡道，同一方位上两相邻人行台阶或坡道之间距离不宜大于60m，隔堤应设置人行台阶。

附 录 C
（资料性附录）
储罐常用检修方法

C.1 罐底的修复

C.1.1 在罐底发现严重的麻点、蚀坑、气孔、砂眼、裂纹、凹坑等缺陷均应进行修理。

C.1.1.1 在允许动火的条件下，应尽量采用打磨补焊或局部更换等方法进行修补。

a）对于数量较少的机械穿孔、腐蚀穿孔等缺陷，可以直接进行补焊。

b）对于较大面积的穿孔，应将原缺陷部位割去，焊上新的钢板。

c）发现的裂纹，可将裂纹周围钢板割去，焊上新钢板。新钢板长度应超过裂纹长度。

d）由于基础局部沉陷引起罐底局部严重凹陷，应当沿焊缝将钢板割开，在基础上填入沥青砂捣实，重新焊接。如凹陷处的底板已无法校正，则应更换钢板。小面积的凹陷可割一圆孔，并于基础填实后焊上。

C.1.1.2 不允许动火的储罐可用粘接剂进行粘补。

C.1.2 罐底更换

C.1.2.1 经测厚确认大部分罐底钢板的剩余厚度小于允许值或罐底钢板有大面积的腐蚀坑、穿孔（含罐底外腐蚀所形成）等严重缺陷时应对罐底进行更换。

C.1.2.2 罐底更换根据不同情况可只更换中幅板或中幅板、边缘板一起更换。

C.1.2.3 更换中幅板按下列步骤进行：

先将原钢板全部割去，按照SH/T 3530—2011《石油化工立式圆筒形钢制储罐施工技术规程》第7章要求对罐基础和沥青砂层进行检查修补，必要时更换新砂，按原设计要求压实，并保证一定坡度；新铺中幅板应根据钢板规格做排板图，铺板时应按照排板图先铺设中心带板，再依次向两侧铺设中幅板。若底板用对接接头连接，应先铺设垫板，按照SH/T 3530—2011《石油化工立式圆筒形钢制储罐施工技术规程》第6章要求进行。

底板铺设前应在下表面涂刷防腐涂料，但每块底板边缘50mm范围内不刷。

C.1.2.4 大型储罐边缘板的更换采用逐张更换法，先将原来的边缘板割下来，换上新的边缘板，新板的尺寸应尽可能和原边缘板尺寸一致。

从罐内侧用气割枪沿水平方向进行吹割，将边缘板和罐壁底圈壁板之间的T形焊缝全部割去。

抽出被割掉的边缘板，同时铺以新边缘板，并与罐壁先点焊连接。

为防止在更换边缘板时引起罐壁变形，在外抽旧边缘板时可在板上焊接定位件，用千斤顶顶住罐壁缓慢用力。

在铺新边缘板之前，其下部罐基础应按原设计要求，补齐沥青砂。

C.1.2.5　要采用合理的施工工艺和焊接次序防止焊接时变形过大。底板的焊接顺序和质量要求应按照 SH/T 3530—2011《石油化工立式圆筒形钢制储罐施工技术规程》第 12 章要求执行。

C.1.2.6　小型储罐可将整个储罐移位，把旧罐底割掉，换上新罐底，再安放到原来位置。

C.1.2.7　对于大型浮顶罐（或内浮顶罐）罐底的更换，在罐底板割除之前应先将浮顶（或内浮顶）悬挂于罐内，具体做法如下：

a）依据浮顶（或内浮顶）的重量大小，在罐壁设置一定数量的三角形临时支承，使浮舱立柱离开罐底板。支承点要尽可能接近浮舱桁架，以减少浮舱变形。

b）在浮顶中部设置相应数量的临时支柱，其周围浮顶板上焊垫铁，用钢丝绳自上部斜拉，用肋板自下部支承，使浮顶整体处于悬挂状态。临时支柱需提前预制支墩。

c）按照 C1.2.3、C1.2.4、C1.2.5 所述方法更换罐底板。

C.2　罐顶的修复

C.2.1　罐顶的一般性腐蚀穿孔，在不允许动火时，可用弹性聚氨酯或其他粘接剂粘补。

C.2.2　腐蚀较为严重，孔洞较多时，应在清罐后补焊或局部更换罐顶钢板处理。

C.2.3　拱顶罐由于设计、使用、操作不当造成罐顶变形时，可采用充气正压法恢复。其修复的方法如下：

C.2.3.1　准备工作

a）清罐，达到进入作业条件。

b）罐进、出口加盲板（双面垫片），呼吸阀、泡沫发生器等罐体开口接管处加盲板予以封堵。

c）封人孔、透光孔、清扫孔。

d）清除罐顶一切杂物，呼吸阀附件连接坚固，以防罐顶鼓起振动时崩飞伤人。

e）拆下检尺口，安装预制好的法兰盖，连接 U 形管差压计。

C2.3.2　充气恢复

a）按储罐原设计的强度试验压力计算充气时罐顶的最大提升力。自脱水阀处接预制好的临时接头往罐内注水，注入水的重力应不小于最大提升力的 1.5～2 倍。

b）自罐壁水面上任一开口处接皮管往罐内通入氮气（或净化风）。

c）在充气过程中，于相邻储罐顶部用望远镜观察 U 形管差压计读数。同时监视储罐下部，一旦有异常情况，立即停止充气。

d）随着罐内压力升高，罐顶变形会逐渐恢复。当压力达设计压力的 80% 时，停止充气，稳定 0.5h 后继续。

e）当压力达设计压力时，再次稳定 0.5h，若弹性变形已完全恢复，充气恢复过程结束。若弹性变形尚未完全恢复，储罐四周无异常，继续充气升压。

f）当压力达原设计的强度试验压力后，停止充气。若仍有局部塑性变形不曾复原，可在风压作用下借助吊车对局部牵引提升使其恢复。

g）松开检尺口上法兰盖和注风临时接管排气。打开罐顶透光孔，拆除呼吸阀、泡沫发生器等罐体开口接管处盲板，自脱水阀处放水。

C.2.3.3 安全注意事项

a）充气恢复过程中，所有作业人员佩戴好劳动保护用品，并远离作业罐。

b）如果罐顶局部塑性变形处有裂缝而大量漏气，影响恢复正常进行，应停止作业，动火补焊后，再次充气恢复。

c）充气作业过程中，认真检查罐顶弱焊连接处和罐壁下部角焊缝，一旦有异常，立即停止作业。

d）罐顶恢复后应及时将通气口打开，以防再次抽瘪。

e）充气作业宜在天气较好时进行，且宜在当天气温降低之前完成。

C.2.4 罐顶腐蚀严重，或由于设计、使用、操作不当造成罐顶严重变形而无法修复时，均应更换。

C.3 内浮顶罐浮盘沉没的处理

C.3.1 将罐内介质倒至最低液位。

C.3.2 进行清罐。

C.3.3 拆除密封带，取出软泡沫塑料，将泡沫块置于罐外阴凉处晾干。

C.3.4 清扫浮盘、浮舱及罐底。

C.3.5 全面检查，对损坏部分进行修复；检验导向管的垂直度。

C.3.6 按原设计要求安装软密封装置。

C.3.7 充水进行内浮顶升降试验。

C.4 储罐倾斜的处理

C.4.1 储罐的倾斜多由于基础不均匀沉降造成。当倾斜值超标，危及储罐安全生产和正常操作时应处理。处理前储罐必须清洗干净，与罐体连接的管线及静电接地线要拆开，有绝热层的应将绝热层拆除，便于施工。

C.4.2 测量储罐倾斜方向和倾斜值。

C.4.3 打掉储罐散水坡。若是环梁式和护圈式基础，首先检查环梁或护圈有无倾斜，然后用千斤顶顶起储罐倾斜基础较低的一面，向罐底吹砂或填砂。利用原来的环梁或护圈做挡砂圈，直至达到要求的高度。对于环台式和护坡式基础，打掉散水坡后，沿罐壁外围挖深 500mm，做钢筋混凝土挡砂圈，然后顶起储罐倾斜的一面，吹砂至要求高度。

回填用砂必须是炒干的细砂。吹砂时注意不能将砂吹到罐底板上，以免将罐底吹漏。

C.4.4 恢复储罐静电接地及散水坡，并连接进出口管线，罐内充水，观察底板及 T 形角焊缝有无渗漏。

C.4.5　有绝热层的储罐恢复绝热层。

在场地允许的情况下，小型储罐可以将罐整体移位，修补基础。

C.5　罐壁修复

C.5.1　罐壁腐蚀穿孔或焊缝渗漏时，应予处理。若可以补焊，则应用焊接的方法修补。若一时不能补焊，可以降低液面，用粘接剂粘补。腐蚀比较严重，但还未造成孔洞的部位，在保证安全使用条件下，亦可用防腐涂料涂刷，以延长储罐的使用时间。

C.5.2　由于设计、使用、操作不当，罐壁被抽瘪，其修复的方法如下：

C.5.2.1　排出罐内油品，向罐内充水（水温不得低于5℃）至设计最高操作液面，充水时应时刻注意，一旦罐壁恢复正常，即可停止充水；

C.5.2.2　当罐内充水至设计最高操作液面，仍无法使变形罐壁恢复原状时，予以清罐，达进入作业条件，借助外力整形恢复；

C.5.2.3　用外力整形仍无法使变形部位恢复时，可将凹陷处割除，局部更换。

C.6　内浮顶储罐浮舱积油清理与进油囊式密封的拆除检修

C.6.1　浮舱积油清理

C.6.1.1　在清罐过程中，盲板有效隔离、罐底油彻底倒完，打开内浮顶下部罐壁人孔和内浮顶上部罐壁的带芯人孔、罐底排污孔、罐顶透光孔后，站在内浮顶下部罐壁人孔外用消防水冲洗罐底。

C.6.1.2　自然通风24h以上。

C.6.1.3　于罐顶透光孔上安装防爆鼓风机向罐内强制通风，确保内浮顶上气体分析合格、作业安全。

C.6.1.4　进入内浮顶上检查。当发现浮舱泄漏、内部存油时，如果密封相对完整、可基本隔离内浮顶上部与下部可燃气体流通时，用气动隔膜泵最大限度将存油回收。

C.6.1.5　如果存油浮舱较多、回收油品过程中可能发生内浮顶偏沉倾倒时，可将下部罐壁人孔、排污孔封上，注水至内浮顶下部。

C.6.1.6　待气动隔膜泵抽油后，向存油浮舱逐个注水，将浮舱底部的余油置换出。为便于余油流至罐底，可用光滑的圆木棍插入临近密封处，引流余油和水。

当内浮顶相对稳定时，也可在内浮顶下部罐底清理后，适当加固支承内浮顶，再用气动隔膜泵回收存油、注水进行余油置换。

C.6.1.7　对于浮箱式装配内浮顶，如果浮箱进油，宜将进油的浮箱逐个拆除、移至罐外处理。

C.6.1.8　以上操作，严格执行安全和职业卫生要求，做好个人防护，办理相应作业许可证。

C.6.2　进油囊式密封的拆除

C.6.2.1　囊式密封进油后，需拆除维修。

C.6.2.2 根据内浮顶支承高度，用铁皮或薄钢板预制简易流槽，卡在内浮顶周边外环板与罐底板角焊缝之间；用刀片划破密封带，让其内油品沿流槽自流至罐底，水冲洗集中至脱水池后，予以回收。流槽和划口的多少，根据需要而定。

C.6.2.3 油品流净后，于内浮顶上将密封带上部一周全部划开；罐顶透光孔上安装防爆鼓风机向罐内鼓风，促进密封填料内油品挥发、外排。

C.6.2.4 待油气基本挥发干净，内部气体分析合格，逐块抽出弹性填料，拆除密封带及紧固件、支承件等附件。

C.6.2.5 禁止密封带划口后任由油品自然洒落，避免产生静电、引发火灾。

C.6.2.6 以上操作，严格执行安全和职业卫生要求，做好个人防护，办理相应作业许可证。

12. 离心泵维护检修规程

SHS 01013—2019

代替 SHS 01013—2004

目　次

前　言

本规程按照GB/T 1.1—2009《标准化工作导则　第1部分：标准的结构和编写》给出的规则修订。

本规程代替SHS 01013—2004《离心泵维护检修规程》，与SHS 01013—2004相比，除了编辑性修改外，主要技术变化如下：

——根据对离心泵功能故障及其影响分析的结果、有无备用设备并结合生产装置运行周期，确定离心泵检修周期；

——删除填料密封相关检修内容和检修标准；

——滑动轴承检修要求中增加了推力轴瓦相关要求；

——增加辅助系统投用要求，主要是机械密封辅助系统；

——增加检修前条件确认和试验前条件确认，同时明确试运行时间为72h，且试运行期间需加大巡检频次特护运行；

——增加了附录A“离心泵检修质量确认表”和附录B“离心泵试车与验收数据记录表”。

本规程由中国石油化工集团有限公司、中国石油化工股份有限公司提出。

本规程起草单位：中国石油化工股份有限公司镇海炼化分公司。

本规程主要起草人：华迪冠。

本规程所代替规程的历次版本发布情况为：

——SHS 01013—1992、SHS 01013—2004。

离心泵维护检修规程

1 范围

1.1 主题内容

本规程规定了离心泵的检修周期与内容、检修程序与质量标准、试车与验收、维护与故障处理。

1.2 适用范围

本规程适用石油化工常用离心泵：石油化工重载荷离心泵（一般指符合API 610、ISO 13709、GB/T 3215、SH/T 3139等标准），石油化工中、轻载荷离心泵（一般指符合ISO 5199、GB/T 5656、GB/T 5657、SH/T 3140等标准），其他离心泵。

2 规范性引用文件

下列文件中的条款通过本规程的引用而成为本规程的条款。凡是注日期的引用文件，其随后所有的修改单（不包括勘误的内容）或修订版均不适用于本规程，然而，鼓励根据本规程达成协议的各方研究是否可使用这些文件的最新版本。凡是不注日期的引用文件，其最新版本适用于本规程。

GB/T 3215 石油、重化学和天然气工业用离心泵

GB/T 16907 离心泵技术条件（Ⅰ类）

GB/T 5656 离心泵技术条件（Ⅱ类）

GB/T 5657 离心泵技术条件（Ⅲ类）

GB/T 150.1～150.4 压力容器

GB/T 151 热交换器

TSG 21 固定式压力容器安全技术监察规程

SH/T 3139 石油化工重载荷离心泵工程技术规范

SH/T 3140 石油化工中、轻载荷离心泵工程技术规范

SHS 01003 石油化工旋转机械振动标准

SH/T 3156 石油化工离心泵和转子泵用轴封系统工程技术规范

ISO 13709 石油、石化和天然气工业用离心泵

ISO 5199 离心泵技术规范Ⅱ级

ISO 1940-1 动平衡标准

API 610　石油、重化学和天然气工业用离心泵

API 682　离心泵与转子泵用轴封系统；

API 614　润滑、轴密封和控制油系统及辅助设备

API 670　振动、轴向位置和轴承温度监测系统

ASME B73.1　化工用卧式端吸离心泵规格

ASME B73.2M　化学工艺用立式管线离心泵规范

3　检修周期与内容

3.1　检修周期

离心泵根据功能故障及其影响分析的结果、有无备用设备并结合生产装置运行周期，确定离心泵检修周期，一般为实际运行36个月。原则上除单系列连续运行泵和有备用连续运行的重载荷离心泵安排计划检修外，其余泵均按运行状态安排计划检修时间。

3.2　检修内容

3.2.1　检查驱动机与泵的对中情况，拆装联轴器并检查联轴器各部件有无损伤。

3.2.2　检查并清洗冷却水系统，结合实际运行情况进行化学清洗。

3.2.3　检查润滑油系统，更换润滑油滤芯并对润滑油冷却器进行试压检查。

3.2.4　解体检查并清洗轴承箱、油视镜、自动补油杯及呼吸帽，同步更换润滑油，并对轴承各部件进行清洗、测量，视情况更换轴承等配件并调整各部间隙。

3.2.5　解体检查机械密封并更换损坏件，同步对密封辅助系统进行解体、清洗检查并更换损坏件。

3.2.6　泵体解体检查蜗壳（导叶）、口环、平衡座及各衬套等部件的磨损、腐蚀和冲蚀情况，视情况更换损坏件。

3.2.7　检查、测量主轴、叶轮、平衡鼓盘、平衡盘、口环、轴套等各部尺寸和配合，视检查情况更换损坏件，泵轴、叶轮、平衡鼓、平衡盘等部件必要时无损探伤。

3.2.8　测量主轴及转子各部圆跳动和端面跳动，视情况校正或更换处理，对转子（或叶轮）做动平衡校检。

3.2.9　回装时测量并调整各部间隙。

3.2.10　检查泵体，基础，地脚螺栓及进、出口法兰的错位情况，视运行情况做无应力检查，防止附加应力施加于泵体，必要时重新配管。

3.2.11　配套电机检修由电气专业同步完成。

3.2.12　附属测振探头、测温探头、压力显示、液位显示及远传等仪表的检修由仪控专业同步完全完成。

4 检修程序与质量标准

4.1 检修前准备

4.1.1 方案准备：备齐必要的图纸和资料（包括随机资料和历次检修情况），根据泵组的运行状态、泄漏情况以及上次检修情况分析故障原因和部位，制定详尽的检修施工方案（如检修拆装方案，起重吊装方案等）。

4.1.2 工器具准备：备齐检修工具（包括专用工具）、量具、起重机具、清洗工具，落实环境布置，对转子、泵盖、密封等部件堆放位置进行明确，放置工具架子并视情况在现场铺设橡胶垫并做好隔离。

4.1.3 材料准备：落实检修所需材料及相关备品、配件。

4.1.4 人员准备：落实检修团队（包括施工技术人员、质量管理人员、安全、主修、辅修）持证上岗，组织检修人员现场交底并熟悉检修施工方案。

4.1.5 检修前条件确认

4.1.5.1 各项准备工作应符合安全、环保、质量等方面的要求，对检修过程进行危害识别及风险评估、环境因素识别和影响评价，并办理相关票证。

4.1.5.2 切断电源（泵主电机断电、阀门电动头断电、润滑油泵电机断电、润滑油电加热器断电）、切断阀门气动头动力风。

4.1.5.3 确认泵与系统阀门切断且已完全卸压放空（包括机械密封冲洗系统），同时切断冷却水、氮气密封线，对泵进行置换并吹扫干净，对于有毒、有害、易燃、易爆等介质应做好有效隔离（如加盲板隔离）。

4.1.5.4 确认泵温度降到可以检修施工的温度达到设备安全与检修条件。

4.2 拆卸与检测

4.2.1 辅助管线的拆卸与检测

4.2.1.1 拆除妨碍检修的冷却水、机械密封冲洗管线、润滑油管线等辅助管线，封好泵体所有开口并做好标记，清扫润滑油管线及冷却水管线，用干净物（一般用塑料布）包扎管线进、出口处，以防止异物进入管线中。

4.2.2 联轴器及护罩的拆卸与检测（注：以叠片联轴器为例）

4.2.2.1 拆卸对轮护罩螺栓及对轮护罩，做好联轴器相互定位标记，复测机泵的对中情况并记录。

4.2.2.2 拆卸联轴器螺栓及联轴器短节，检查联轴器螺栓、叠片等部件有无损伤。

4.2.2.3 测量驱动机与机泵联轴器预拉量是否符合要求：将机泵转子推至其止推轴承主工作面，将电机转子推至磁力中心位置，测量两半联轴器（轮毂）端面距离与叠片组件长度，计算联轴器预拉量。

4.2.2.4　测量机泵端半联轴器（轮毂）在主轴上安装的相对位置（回装时作参考），利用拉马拆除半联轴器（视情况加热），检查联轴器轮毂内孔及轴颈表面应无拉毛、损伤。

4.2.3　轴承部件的拆卸与检测

4.2.3.1　滚动轴承部件的拆卸与检测

a）拆卸定位轴承前先用定位卡板对机械密封部件进行轴向定位，并拧松驱动环螺钉和密封压盖螺栓，同时做好泵转子定位标记，拆卸定位轴承后测量出泵转子半窜量、总窜量（如泵轴向力采用平衡鼓盘＋推力轴承结构的，总窜量在拆除平衡机构再进行测量，但需测量平衡盘间隙）并记录。

b）拆下轴承压盖上的连接螺栓，将轴承压盖从轴承架上取出，在取下的过程中如果出现困难，则可以用拆卸下的连接螺栓利用轴承压盖上的顶丝孔将轴承压盖卸下。

c）解体轴承箱检查轴承箱内孔表面情况、主轴轴颈表面情况，测量轴承压盖间隙、轴承箱内孔与轴承外圈配合及轴承内圈与主轴配合并记录。

注意：在主轴上拆卸滚动轴承时，只能对轴承的内环均匀地施加压力，不可对外环施加力，否则会使滚珠受力过大，引起损坏。

d）清洗轴承箱、油视镜、自动补油杯及呼吸帽，同步更换润滑油。

4.2.3.2　滑动轴承部件的拆卸与检测

a）拆卸推力轴承（定位轴承）前先用定位卡板对机械密封部件进行轴向定位，并拧松驱动环螺钉和密封压盖螺栓，同时做好泵转子定位标记，拆卸定位轴承后测量出泵转子半窜量、总窜量（如泵轴向力采用平衡鼓盘＋推力轴承结构的，总窜量在拆除平衡机构后再进行测量，但需测量平衡盘间隙）并记录。

b）拆除轴承箱上盖，并用海绵零布堵住润滑油管口，以防杂物进入。

c）复测瓦背紧力（一般采用压铅法）。

d）用抬轴法（或轴瓦解体后用测量法）测量轴承间隙和油封间隙并记录。

e）在拆除上半轴承后，把轴稍微抬起 0.10～0.20mm，取出下半轴承检查轴承衬背与座孔的接触面积应大于 60%～85%，且沿轴向分布均匀。

f）检查轴承合金与轴承衬料应结合牢固，合金层表面不得有气孔、夹渣、裂纹、剥离等缺陷，视情况着色探伤处理。

g）对于双支承泵（BB 系列泵型）检查泵转子两端的总抬轴量并记录。

注：对于悬臂泵轴承部件的拆卸与检测放在泵体拆卸后，轴承箱解体时机械密封部件、叶轮及泵体等已解体完成。

4.2.4　机械密封部件的拆卸与检测

4.2.4.1　拆除机械密封驱动环螺钉和密封压盖螺栓，将整个密封部件从泵盖上拆卸下来。

4.2.4.2 机械密封拆回至班组进一步解体检查，一般情况下更换新的集装密封，但也可以只更换密封零部件（辅助密封圈必需换新）。

4.2.4.3 机械密封检修时同步对泵体冷却夹套、机械密封辅助系统换热器进行清洗（视情况酸洗处理）。

4.2.5 泵体拆卸与检测

4.2.5.1 悬臂泵体的拆卸与检测

a）拆卸泵体大盖螺栓，最后留上、下、左、右四颗螺帽拧在大盖螺栓上，用顶丝缓慢顶出大盖，使泵大盖（带轴承箱部件）与泵壳分离。

b）检查叶轮及密封环各部跳动及叶轮背帽紧固程度，拧下叶轮螺母后拆除叶轮。

注：拆卸过程中注意保护叶轮螺母与叶轮、叶轮与轴套之间的静密封件，并妥善保存键，不得遗失，如机械密封为集装机械密封的泵，拆叶轮螺母前先用定位卡板对机械密封部件进行轴向定位并拧松轴套定位螺钉。

c）测量转子各部跳动、间隙及尺寸并做好记录

注：悬臂泵的拆卸，先拆卸解体泵体后拆卸解体机械密封及轴承箱。

4.2.5.2 两端支承泵的拆卸与检测（以 BB4 节段式多级泵为例）

a）拆除平衡机构，测量平衡机构各部间隙，检查平衡鼓盘磨损情况，同时测量泵的总窜量并记录。

b）检查测量前后端大盖间距并记录（泵盖回装时检查是否到位作参考，对于 BB5 双壳体泵测量泵盖与泵体间距）。

c）拆卸泵体大盖螺栓，最后留上、下、左、右四颗螺帽拧在大盖螺栓上，用顶丝缓慢顶出大盖，使泵大盖与泵体分离。检查大盖螺栓有无裂纹、丝扣损伤等缺陷，视情况对螺栓进行无损探伤检查。（对于 BB5 泵测量泵芯在泵体的相对间距并记录供回装时参考，并利用拆装工具抽出整个泵芯）。

d）按顺序自后往前逐级拆出末级叶轮、中段、叶轮、隔板导叶，并做好相关定位记号（BB5 泵芯解体可参考执行）。

注意：对于级数较多的泵，泵芯拆卸和安装时最好竖起来，在拆卸泵盖包括密封部件时注意保护密封，以防密封损坏。

e）解体检查各部口环、级间轴套及各部衬套有无磨损，测量各部间隙并记录。

f）对间隙超差的口环进行拆卸更换，拧下骑缝螺钉，在口环和镶嵌口环的位置之间放拉拔器或翘杆将口环拆卸下来；如果拆卸困难可均匀加热口环外表面，以利于拆卸。注：如果口环已被严重地划伤、磨损出沟槽，必须要更换新的零件。

4.2.6 转子检测（以一台多级泵转子为例）

4.2.6.1 参照图 1，检查并测量转子各部数据并做好记录。

4.2.6.2 测量主轴颈圆度及径向跳动并记录。

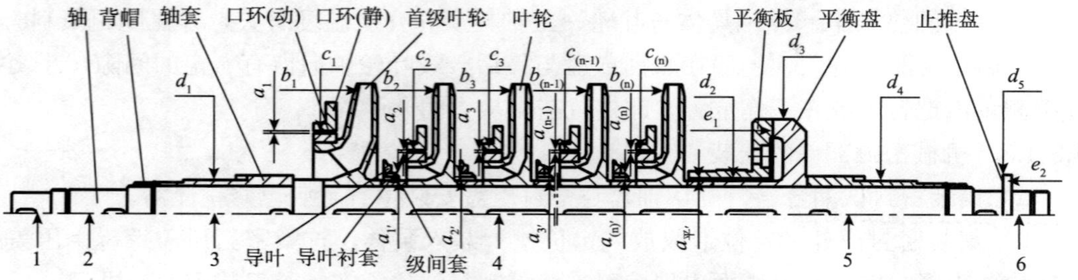

图 1　转子各部跳动测量示意图

4.2.6.3　测量主轴、叶轮各部尺寸及配合并记录（注：过盈用负表示）。

4.2.6.4　各部位清洗检查，更换超标配件并做记录。

4.2.6.5　组装转子并检查转子径向、轴向跳动（以 2、6 为基准）并记录。

注意：如需更换叶轮、级间轴套和中段等部件时还需测量叶轮间轴套的总长度与泵壳厚的轴向长度要保持一致，同时检查叶轮及轴套两端面间的平行度，有偏差时修磨处理。

4.3　回装与质量标准

4.3.1　回装

4.3.1.1　泵芯部件回装按以下顺序回装（建议立式组装，以下回装顺序参照 BB4 导叶结构泵结构）

a）更换超标零部件，测量主轴、叶轮、密封口环、级间套、平衡鼓盘各部尺寸及配合均合格，转子动平衡校验已合格。

b）首先将吸入段平稳垫起，将带有首级叶轮的轴放入吸入段并垫起，确保首级叶轮与吸入段轴向不接触即可（一般根据解体时的半窜量考虑）。

c）将中段从非驱动端装入，确保导叶与吸入段的销定位。

d）装入中段，插入键安装下一级叶轮，同样的安装方式安装其他零件（叶轮、级间轴套及中段按编号顺序安装）。

注意：每安装一级叶轮和中段后需检查确认是否安装到位，具体可通过检查转子的窜量是否合理确认；

e）安装出口段，对大盖螺栓、螺母加防卡剂，用穿杠螺栓稍紧固泵体部件；

f）调整泵支承脚至同一平面（视情况把泵接到现场后调整），参考螺栓上紧顺序后将螺栓按规定力矩上紧，测量泵进出段上下左右总长，与解体前尺寸核对一下，对于其他结构泵复核大盖间距是否与解体前一致以确保泵体组装到位。

g）检查测量泵转子总窜量并记录，确保总窜量值符合要求。

h）泵转子的轴向位置的确定（指半窜量），泵转子轴向位置定位的原则是：叶轮流道中心与导叶流道中心对齐。

i）回装泵平衡盘或平衡鼓，考虑到叶轮、轴套等部件与主轴材料不同（主要考虑叶轮与主轴间热胀不一样，具体与叶轮、主轴材质和介质温度有关，详见随机资料），为防止转子膨胀不均匀，一般在平衡鼓盘与最后一级叶轮轴向留有一定的间隙，平衡盘间隙测量需把转子放在工作位置（即定位在主推力面）。

4.3.1.3 机械密封部件的安装

a）集装密封试漏合格，确认轴套与密封压盖安装位置毛刺已修正光滑。

b）集装密封部件（定位卡板放入定位槽）装入泵体，拧紧密封压盖螺母，压盖螺栓应均匀上紧，防止压盖端面出现偏斜，机械密封定位需在轴承组装到位后进行。

注意：密封部件安装时O形圈上要涂抹一定的润滑剂（硅脂），所使用的润滑剂一定要与O形圈不会发生反应，不能破坏O形圈的使用性能，如：乙丙橡胶O形圈就不能使用矿物油润滑，否则乙丙橡胶O形圈将被溶蚀掉。

4.3.1.4 轴承部件组装

a）滚动轴承部件组装

（a）测量轴承内圈与主轴配合、轴承箱内孔与滚动轴承外圈配合及轴承压盖间隙均符合要求并记录；

（b）安装定位轴承时需检查半窜量符合要求（确保叶轮流道与涡室流道对中），同时对于轴向力平衡机构采用平衡鼓盘结构的泵推力轴承安装时，还需考虑平衡盘的工作间隙（注：这一点尤其在只检修定位轴承时注意）。

注意事项：对于两端支承离心泵径向轴承采用内外圈可分离短圆柱滚动轴承的应保证外圈轴向位置与内圈轴向位置一致，同时采用热装时加热温度不得超过120℃；

b）滑动轴承部件的组装

（a）清洗轴承箱，检查各轴瓦表面无损伤、气孔、裂纹等缺陷，检查轴瓦背与座孔的接触面积合格，且沿轴向分布均匀。

（b）测量轴瓦间隙、紧力及油封间隙并记录，轴承瓦间隙测量可使用测量法也可使用抬轴法测量。

（c）径向轴瓦调整横向水平中心位置。先装入下轴瓦再用上、下顶丝将轴承座顶到百分表能动0.02mm左右，将下瓦拿出后放轴径上向左右塞入量是否对称，不对称时调整左右顶丝。

（d）调整转子垂直中心位置，把两个百分表分别放在轴的吸入端与排出端上，调整百分表零位，提升轴并记下两端的上升数值，然后滑出下部轴瓦，测得轴下降数值，调整轴承座垂直方向位置，使得上升数值比下降数值小0.05～0.10mm时转子垂直方向调整结束（注：随机资料中有要求的按随机资料执行，没有的参照此标准执行）。

（e）转子中心调整后，重新检查转子抬轴量和左右中心位置，如有变化应查明原因重新调整检查，调整时应前后分开进行。

（f）安装推力轴承或推力轴瓦，需检查半窜量是否符合要求，确保叶轮流道与涡室流道对中，同时对于轴向力平衡机构采用平衡鼓盘结构的泵推力轴承安装时，还需考虑平衡盘的工作间隙（注：这一点尤其在只检修定位轴承时注意）。

（g）推力轴承安装完后对机械密封进行定位。

注：对于悬臂泵的回装相比BB泵来说顺序不一样：先组装轴承箱部件、再组装机械密封部件，最后安装叶轮并组装整泵。

4.3.1.5 回装联轴器并对中

a）检查联轴器轮毂内孔表面及轴颈无拉毛、损伤，对轮毂进行加热，根据解体时半联轴器端面与轴端相对距离把轮毂安装在泵轴上。

b）确认联轴器螺栓、叠片等部件无损伤，安装联轴器螺栓、叠片等部件。

c）泵与电机联轴器对中校核，对于温度较高的泵需在暖泵后再进行热态对中校核并记录。注：对于叠片联轴器还需控制好预位量。

4.3.1.6 附属系统、润滑油系统及冷却系统管线回装

a）对于泵带机械密封辅助系统的（如带冲洗冷却器、辅助密封罐的），每次检修时需对机械密封冷却夹套、机械密封冲洗冷却器、辅助密封罐冷却器进行清理、疏通，必要时对冷却夹套和冷却器进行酸洗处理（或碱洗）以提高换热效果。

b）油视镜清洗，恒位油杯清理回装（对于强制润滑系统，更换润滑油滤芯并对冷却器进行试压检查）。

c）相关仪控专业测振、测温仪表安装完成，电机检修完成，相关电气、仪控试验完成试验并合格。

d）施工现场清扫干净，做到工完料尽场地清，交付运行部门试运行。

4.3.2 质量标准

4.3.2.1 联轴器检修标准。

a）叠片（膜片）联轴器对中要求

（a）径向圆跳动≤0.10mm，端面偏差≤0.05mm。如机泵使用温度与冷态安装温度相差较大，需在暖泵（或冷泵）后进行对中校核并记录（或根据随机资料）。

（b）预拉量一般控制在0～0.4mm（如机泵运行时主轴热膨胀量较大，需采用轴向补偿，以减小联轴器运行时的变形，改善受力状况，按随机资料）。

注：在进行联轴器校正时一般通过调整驱动机与底座之间的垫片来实现，垫片数量不应超过4片，所有垫片都应跨在压紧螺栓和垂直顶丝上，并且应延伸出设备支脚外缘至少5mm。详见SHS 01073—2019《一般机泵用联轴器检修及质量标准》。

4.3.2.2 滚动轴承

a）安装承受轴向和径向载荷的滚动轴承轴颈公差为js6。

b）安装仅承受径向载荷的滚动轴承轴颈公差为k6。

c）安装滚动轴承的轴承箱内孔公差为Js7。

d）凡轴向止推采用滚动轴承的泵，止推滚动轴承外圈的轴向间隙应至少留有0.02～0.06mm。

e）自由浮动端轴承外圈轴向间隙至不留 0.5mm+ 转子壳体相对膨胀量。

f）滚动轴承回装时，加热温度不得超过 120℃，严禁直接用火焰加热，推荐采用高频感应加热器。

注：滚动轴承采用火焰加热拆卸后建议直接更换。

g）滚动轴承的滚动体与滚道表面应无腐蚀、坑疤与斑点，接触平滑无杂音，保持架完好。

4.3.2.3 滑动轴承

a）滑动轴瓦各部件应无裂纹及损伤，用煤油清洗视情况渗透检查。

b）径向轴瓦瓦背紧力（轴瓦与轴瓦压盖的过盈量）一般为 0～0.02mm（轴承衬为球面的除外），下轴承衬与轴承座接触应均匀，接触面积达 60% 以上且沿轴向分布均匀，轴承衬不许加垫片。

c）径向轴瓦合金层与轴承衬应结合牢固，合金层表面不得有气孔、夹渣、裂纹、剥离等缺陷。

d）用涂色法检查径向轴瓦接触面积，应在轴瓦中下部 60°～90° 内接触，且沿轴向分布均匀，轴瓦水平剖分面自由状态下间隙不得大于 0.03mm，各螺栓、定位销应无划痕和变形。

e）径向轴瓦顶部间隙值应符合表 1 要求。

表 1　径向轴瓦间隙表

mm

轴径	顶部间隙	瓦背紧力	瓦接触面积	瓦背接触面积
18～30	0.07～0.12	0～0.02	轴颈与下瓦接触角 60°～90°，接触点不少于 2～3 点 /cm^2	60% 以上
＞30～50	0.08～0.15	0～0.02		
＞50～80	0.10～0.18	0～0.02		
＞80～120	0.14～0.22	0～0.02		
＞120～180	0.16～0.26	0～0.02		

注：有随机资料的参照随机资料要求执行，没有随机资料的参照以上标准执行。

f）径向轴瓦侧间隙对于圆瓦在水平中分面上的两侧间隙各为顶部间隙的一半，对于椭圆瓦在水平中分面上的两侧间隙各为顶部间隙。注：对于离心泵来说一般是圆瓦，具体需按泵厂说明书执行。

g）检查推力轴承瓦块巴氏合金应无裂纹、拉毛、划痕、偏磨等现象，单块瓦块厚度差≤0.01mm，瓦块背部承力面应光滑干净，瓦块装配后应摆动自由，如需更换止推瓦块时，原则上应成套更换。

h）检查止推轴承安装调整套与隔离轴套的两端面的平行度及与轴心的垂直度，其允许偏差≤0.02mm。

i）止推轴承箱回装时，应检查主推瓦承力面与轴心的垂直度，其允许偏差≤0.02mm。

j）推力轴瓦间隙一般要求在 0.25～0.35mm，具体参考泵厂说明书执行。

4.3.2.4 机械密封检修质量标准

详见 SHS 01052—2019《机械密封维护检修规程》。

4.3.2.5 转子质量标准

a）转子跳动要求

单级离心泵转子跳动应符合表 2 的要求，多级离心泵转子跳动应符合表 3 的要求。

表 2 单级离心泵转子跳动表

mm

测量部位直径	径向圆跳动		叶轮端面跳动
	叶轮密封环	轴套	
≤50	0.05	0.04	0.20
＞50～120	0.06	0.05	
＞120～260	0.07	0.06	
＞260	0.08	0.07	

表 3 多级离心泵转子跳动表

mm

测量部位直径	径向圆跳动		端面圆跳动	
	叶轮密封环	轴套、平衡盘	叶轮端面	平衡盘
≤50	0.06	0.03	0.20	0.04
＞50～120	0.08	0.04		
＞120～260	0.10	0.05		
＞260	0.12	0.06		

b）轴套与轴配合为 H7/h6，表面粗糙度 R_a 1.6。

c）平衡盘与轴配合为 H7/js6。

d）叶轮组装要求：叶轮与轴的配合为 H7/js6，对于热油泵，叶轮与轴装配时，键顶部应留有 0.10～0.40mm 间隙，叶轮与前后隔板的轴向间隙不小于 1～2mm。

e）主轴

（a）主轴颈跳动值≤0.025mm，且表面应无伤痕。

（b）以两轴颈为基准，找联轴节和轴中段的径向圆跳动≤0.04mm。

（c）键与键槽应配合紧密，不允许加垫片，键与轴键槽的过盈量应符合表 4 要求。

表 4 键与轴键槽的过盈量

mm

轴径	40～70	＞70～100	＞100～230
过盈量	0.009～0.012	0.011～0.015	0.012～0.017

f）口环（密封环）或衬套

（a）检查和测量各泵体、叶轮口环尺寸，当间隙超差时更换。

（b）各泵体、叶轮口环装配时应松紧适宜，且迷宫齿应无卷边、折断及毛边等缺陷。

（c）测量泵体口环与叶轮口环、中间衬套与中间轴套的直径间隙值应符合表 5 要求。

表 5　口环、中间衬套、轴套配合间隙

mm

泵类	口环直径	壳体口环与叶轮口环间隙	更换间隙	中间衬套与中间轴套间隙	更换间隙
冷油泵	＜100	0.40～0.60	1	0.30～0.40	0.8
	≥100	0.60～0.70	1.2	0.40～0.50	0.9
热油泵	＜100	0.60～0.80	1.3	0.40～0.60	1
	≥100	0.80～1.00	1.5	0.60～0.70	1.1

具体参照随机资料。

g）转子动平衡精度应不低于 G6.3 级，对于叶轮与主轴配合较紧的泵动平衡精度要求不低于 G2.5 级，对于水平剖分的泵（BB1 和 BB3 泵型）转子动平衡后不用二次拆装的动平衡精度可要求达到 G1.0 级。

注：一般对于悬臂泵只做叶轮动平衡即可；对于多级泵，转子组装时其轴套、叶轮、平衡盘、推力盘端面跳动须达到表 3 的技术要求，必要时研磨修刮配合端面，组装后各部件之间的相对位置须做好标记，然后进行动平衡校验，校验合格后转子解体，泵体组装量各部件按标记进行回装。平衡校验一般情况在叶轮上去重，但切去厚度不得大于叶轮壁厚的 1/3。

h）转子定位（泵体组装）

（a）测量并确定平衡盘调整环的轴向尺寸，使得转子在叶轮流道对中时（推力轴承定位在主推处），平衡盘与平衡套端面之间的间隙为 0.1～0.2mm（具体参考每台泵的出厂数据）。

（b）泵总窜量≥6～8mm，分窜量≥6～8mm（具体按随机资料），一般控制入口的轴向间隙比出口的轴向间隙大 0.5～1.0mm。

4.3.2.6　只有轴承全部安装完成后才能对机械密封轴套进行定位。

5　试车与验收

5.1　试车前准备

5.1.1　检查检修记录，确认检修数据正确。

5.1.2　单试电机合格，确认转向正确。

5.1.3　对于热油泵启动前要暖泵，对泵进行盘车检查转动是否灵活，暖泵时温度均匀上升，每小时升温不应大于 50℃，预热时候应每隔 0.5h 盘车 540°（1 圈半），暖泵后需进行联轴器同心度对中。

5.1.4　对于低温泵注意事项：预冷前需对管道和蜗室进行除湿处理，预冷时，应全部打开放空阀门，宜先用低温气体进行冷却，然后再用低温液体冷却，缓慢均匀冷却到运转温度到放空阀流出液体，再将防空阀关闭，泵预冷时应同时对机械密封腔进行排气（如密封采用机械密封），采用双端面机械密封的低温泵，应保持辅助密封罐的液位，同时确保投用氮气背冷以防密封节流环处结冰，低温泵在冷泵后需进行联轴器的同心度对中。

5.1.5 投用辅助系统，待整个辅助系统工作稳定后，方可进行下一步，辅助系统包括润滑油系统（对于自润滑需检查油位、油质，对于强制润滑应检查确认润滑油总管压力是否在要求范围，润滑油温度是否满足开泵条件，各润滑点进、回油是否正常）、机械密封冲洗系统（主要是 PLAN21 冷却器、PLAN23 冷却器、PLAN52 辅助罐冷却器及火炬线、PLAN53 辅助罐冷却器及氮气加压系统）、冷却保温系统等。

注意：机械密封冲洗系统投用注意事项。对 PLAN23 系统投用时做好排气。对于采用 PLAN32+52、PLAN32+53A、PLAN32+53B 冲洗方案的，建议投用次序为先投用 PLAN53 或 PLAN52（PLAN53 和 PLAN52 系统充液时需注意系统排气），再投用 PLAN32 再打开入口阀灌泵。对于采用背冷 PLAN62 系统，高温泵原则上需用低压蒸汽、除盐水，低温泵用氮气，其他介质泵（比如碱液泵）可采用循环水和新鲜水，但投用时需控制好冲洗量以防进入轴承箱。

5.1.6 盘车无卡涩现象和异常声响，轴封无泄漏。

5.1.7 试车前条件确认

5.1.7.1 所有检修项目完成，泵组及管线内无遗留物，润滑油系统临时滤网已全部拆除（如有），各密封点无泄漏，工完料尽场地清，轴承箱油视镜全部清晰，检修质量记录确认并签字。

5.1.7.2 辅助系统：冷却水系统、润滑油系统及机械密封辅助系统投用正常，机械密封无泄漏。

5.1.7.3 工艺管线介质气密合格，置换合格。盘车检查无异常，安全阀、压力表、温度计、液位计等完好已投用，报警联锁确认合格并投用正常，状态监测系统完好并已投用（如有）。

5.1.7.4 电气联锁试验合格并投用正常，相关电机绝缘测试合格并投用正常，电气其他部分确认合格并投用正常，电机单试合格。

5.1.7.5 仪表测量显示正常并投用，仪表报警联锁测试合格并投用，仪表控制部分确认合格并投用。

5.1.7.6 联锁系统调试正常并投用。

5.2 试车

5.2.1 离心泵严禁空负荷试车，应按操作规程进行负荷试车。

5.2.2 运转平稳、无杂音，封油、冷却水和润滑油系统工作正常，泵及附属管路无泄漏。

5.2.3 流量、压力和电流在规定范围内，泵出口流量不小于泵最小流量。

5.2.4 轴端密封介质不允许有泄漏。

5.3 验收

5.3.1 连续运转72h后，各项技术指标均达到设计要求，该72h运行期间需特护加强巡检。

5.3.2 达到完好标准。对于强制润滑系统，油池温升不应超过28℃，轴承金属的温度应小于93℃。对于油环润滑或飞溅润滑系统，油池的温升不应超过39℃，油池温度应低于82℃。

5.3.3 轴承箱及轴振动标准见SHS 01003—2019《石油化工旋转机械振动标准》。

5.3.4 检修记录齐全、准确，按规定办理验收手续。

6 维护与故障处理

6.1 日常维护

6.1.1 严格执行润滑管理制度。

6.1.2 检查并保持轴承箱油视镜、补油杯、冷却水视镜清晰干净，无油污杂物，定期清洗轴承箱、油视镜、自动补油杯及呼吸帽等。

6.1.3 检查润滑油位正常、油质未见明显乳化变质；强制润滑系统各润滑点油路畅通，油压、油温、油位、颜色及回油正常，油滤器差压正常。

6.1.4 检查泵出口压力和流量在额定范围内。

6.1.5 检查机械密封封油冲洗压力和冲洗量在正常范围内，检查机械密封泄漏在正常范围，检查机械密封辅助罐液位、压力在正常范围内，阻封液（或隔离液）循环正常，机械密封冲洗冷却系统正常。

6.1.6 电机电流不得超过额定电流。

6.1.7 检查轴承箱箱体振动或轴振动正常。

6.1.8 检查泵运转平稳无杂音，泵体及相关管系振动正常。

6.1.9 检查各附属设施（附属管线、紧固螺栓）完好。

6.1.10 热油泵停泵后每0.5h盘车一次，直到泵体温度降到80℃以下为止，备用泵应定期盘车。

6.2 常见故障与处理

离心泵常见功能故障与处理方法见表6。

表6　离心泵常见功能故障与处理方法

序号	功能	功能故障	故障模式	故障后果	故障应对策略与检修内容	检修周期／月
1	泵启动不了	无法启动	电动机或者电路有问题	不能正常投用	电气检查修理	视情而定
			泵零部件卡死	不能正常投用	解体检修	视情而定
2	泵跳闸无法再启动	传动系统故障	滚动轴承损坏	不能正常投用	解体检修更换轴承	36
			转子与泵体卡死或叶轮螺母掉	不能正常投用	解体检修	视情而定
			泵体进异物卡死	不能正常投用	解体检修	视情而定
3	保证流量、扬程正常	流量、扬程降低	泵内或吸入管内存有气体	无法满足工艺要求	重新灌泵，排除气体	视情而定
			泵内或管路有杂物堵塞	无法满足工艺要求	检查清理	视情而定
			泵的旋转方向不对	无法满足工艺要求	改变旋转方向	视情而定
			泵转速低	无法满足工艺要求	检查电机	视情而定
			叶轮流道不对中	无法满足工艺要求	检查、修正流道对中	视情而定
			叶轮打滑	无法满足工艺要求	解体检修	视情而定
			介质黏度变大	无法满足工艺要求	工艺检查调整	视情而定
4	保证连续运行	电机过载	泵偏大流量运行	无法满足工艺要求	工艺检查并调整	视情而定
			转子与定子碰擦	无法满足工艺要求	解体修理	视情而定
			介质密度、黏度变大	无法满足工艺要求	工艺调整	视情而定
			密封环磨损严重，内回流偏大	无法满足工艺要求	解体修理	视情而定
			轴承磨损	无法满足工艺要求	更换	36
5	保证平稳运行	振动增大	泵转子或驱动机转子不平衡	火灾、爆炸、环境污染，非计划停工	转子重新平衡	视情而定
			泵轴与原动机轴对中不良	火灾、爆炸、环境污染，非计划停工	重新校正	视情而定
			轴承磨损严重，间隙过大	火灾、爆炸、环境污染，非计划停工	修理或更换	36
			地脚螺栓松动或基础不牢固	火灾、爆炸、环境污染，非计划停工	紧固螺栓或加固基础	视情而定

表 6　离心泵常见功能故障与处理方法（续）

序号	功能	功能故障	故障模式	故障后果	故障应对策略与检修内容	检修周期／月
5	保证平稳运行	振动增大	泵抽空	火灾、爆炸、环境污染，非计划停工	进行工艺调整	视情而定
			转子零部件松动或损坏	火灾、爆炸、环境污染，非计划停工	紧固松动部件或更换	视情而定
			支架不牢引起管线振动	火灾、爆炸、环境污染，非计划停工	管线支架加固	视情而定
			泵内部摩擦.	火灾、爆炸、环境污染，非计划停工	拆泵检查消除摩擦	视情而定
6	保证运行无泄漏	密封泄漏严重	泵轴与原动机对中不良或轴弯曲	火灾、爆炸、环境污染，非计划停工	重新校正	视情而定
			轴承或密封环磨损过多形成转子偏心	火灾、爆炸、环境污染，非计划停工	更换并校正轴线	36
			机械密封损坏或安装不当	火灾、爆炸、环境污染，非计划停工	更换检查	36
			密封液冲洗压力及冲洗量控制不合理	火灾、爆炸、环境污染，非计划停工	比密封腔前压力大 0.05～0.15MPa	36
			操作波动大	火灾、爆炸、环境污染，非计划停工	稳定操作	视情而定
7	保证平稳运行	轴承温度过高	轴承安装不正确	火灾、爆炸、环境污染，非计划停工	按要求重新装配	视情而定
			转动部分平衡破坏，轴向力大	火灾、爆炸、环境污染，非计划停工	检查消除	视情而定
			轴承箱内油过少、过多或太脏变质	火灾、爆炸、环境污染，非计划停工	按规定添放油或更换油	6
			轴承磨损或松动	火灾、爆炸、环境污染，非计划停工	修理更换或紧固	36
			轴承冷却效果不好	火灾、爆炸、环境污染，非计划停工	检查调整	视情而定
			轴承工作游隙小	火灾、爆炸、环境污染，非计划停工	更换轴承并调整	36

附 录 A
（资料性附录）
离心泵检修质量控制确认表

mm

项目	主要控制内容			等级	施工单位	生产装置	设备管理部门	备注
	标准值	部位	现场记录					
拆卸中检测								
泵与驱动机对中复测	径向 端面	联轴器		C级	★			
转子前窜量	1/2总窜量+（0.5～1.0）	泵体		C级	★			
转子总窜量	≥6～8	泵体		C级	★			
转子径向跳动	≤0.08	转子		C级	★			
主轴径向跳动	≤0.02	转子		C级	★			
驱动端密封底套间隙	≤0.6～0.8	泵体		C级	★			
非驱动端密封底套间隙	≤0.6～0.8	泵体		C级	★			
叶轮口环间隙	随机资料	转子		C级	★			
级间衬套间隙	随机资料	转子		C级	★			
平衡鼓、盘各部间隙	随机资料	转子		B级	★	★		
叶轮与轴配合	H7/js6	转子		C级	★			
回装时检测								
主轴径向跳动	≤0.02	转子		B级	★	★		
叶轮与轴配合	H7/js6	转子		B级	★	★		
转子径向跳动	≤0.08	转子		B级	★	★		
叶轮口环间隙	随机资料	转子		B级	★	★		
级间衬套间隙	随机资料	转子		B级	★	★		
平衡鼓、盘各部间隙	随机资料	转子		B级	★	★		
驱动端密封底套间隙	≤0.6～0.8	泵体		C级	★			

离心泵检修质量控制确认表（续）

项目	主要控制内容			等级	施工单位	生产装置	设备管理部门	备注
	标准值	部位	现场记录					
非驱动端密封底套间隙	≤0.6～0.8	泵体		C 级	★			
转子动平衡精度	G6.3 以上	转子		A 级	★	★	★	
机械密封压缩量	4～6	机械密封		B 级	★	★		
轴承安装	随机资料	轴承		A 级	★	★	★	
转子前窜量	1/2 总窜量 +（0.5～1.0）	泵体		A 级	★	★	★	
转子总窜量	≥6～8	泵体		A 级	★	★	★	
对中数据	径向端面	联轴器		B 级	★	★		

注： A 级：施工单位、生产装置、设备管理部门检查确认后签字。
B 级：施工单位和生产装置检查确认后签字。
C 级：施工单位检查确认后签字。
另：如有监理，监理的职责由甲方授权。

附 录 B
（资料性附录）
离心泵试车与验收数据记录表

设备名称		位号		工作介质	
驱动机种类		转速	r/min	试车介质	
试车类型	空负荷	环境温度	℃	试车日期	
连续运转	h	启动电流	A	启动时刻	

检查项目		标准	实测值				
运行记录时刻							
泵	流量 /（m^3/h）						
	进口压力 /MPa						
	出口压力 /MPa						
	联轴器侧轴承温度 /℃						
	非联轴器侧 /℃						
	联轴器侧振动水平 / 竖直 /（mm/s）						
	非联轴器侧振动水平 / 竖直 /（mm/s）						
	轴向 /（mm/s）						
驱动机	电压 /V						
	电流 /A						
	蒸汽压力 /MPa						
	蒸汽流量 /（m^3/h）						
	联轴器侧轴承温度 /℃						
	非联轴器侧 /℃						
	联轴器侧振动水平 / 竖直 /（mm/s）						
	非联轴器侧振动水平 / 竖直 /（mm/s）						
	轴向 /（mm/s）						
冷却水	进水压力 /MPa						
	进水温度 /℃						
	回水温度 /℃						

离心泵试车与验收数据记录表（续）

润滑油	进口压力 /MPa						
	进口温度 /℃						
	回油温度 /℃						
轴端密封运行情况							
联锁系统调试情况							
试车后检查情况							
总体运行评价							

标准参照随机资料，振动按 SHS 01003《石油化工旋转机械振动标准》执行。

13. 蒸汽往复泵维护检修规程

SHS 01014—2019

代替 SHS 01014—2004

目　次

前 言

本规程按照GB/T 1.1—2009《标准化工作导则 第1部分：标准的结构和编写》给出的规则修订。

本规程代替SHS 01014—2004《蒸汽往复泵维护检修规程》，与SHS 01014—2004相比，除了编辑性修改外，主要技术变化如下：

——增加了目前应用得最广泛的改性聚苯酯填料的安装和注意事项；

——增加填料安装的要求及注意事项；

——增加了附录A“蒸汽往复泵检修质量控制确认表”和附录B“蒸汽往复泵试车与验收数据记录表”。

本规程由中国石油化工集团有限公司、中国石油化工股份有限公司提出。

本规程起草单位：中国石油化工股份有限公司金陵分公司。

本规程主要起草人：丁银标。

本规程所代替规程的历次版本发布情况为：

——SHS 01014—1992、SHS 01014—2004。

蒸汽往复泵维护检修规程

1 范围

1.1 主题内容

本规程规定了蒸汽往复泵的检修周期与内容、检修程序与质量标准、试车与验收、维护与故障处理。

1.2 适用范围

本规程适用于石油化工常用的QS、QB、VC型等蒸汽往复泵。

2 规范性引用文件

下列文件中的条款通过本规程的引用而成为本规程的条款。凡是注日期的引用文件，其随后所有的修改单（不包括勘误的内容）或修订版均不适用于本规程，然而，鼓励根据本规程达成协议的各方研究是否可使用这些文件的最新版本。凡是不注日期的引用文件，其最新版本适用于本规程。

GB 50231 机械设备安装工程施工及验收通用规范

GB 50275 风机、压缩机、泵安装工程施工及验收规范

GB/T 14794 蒸汽往复泵

SH/T 3538 石油化工机器设备安装工程施工及验收通用规范

3 检修周期与内容

3.1 检修周期

蒸汽往复泵根据设备功能故障及其影响分析的结果、有无备用设备，并结合生产装置运行周期，确定检修周期，一般为12～24个月。

3.2 检修内容

3.2.1 更换填料，检查修理注油器、汽缸切水阀。

3.2.2 检查及紧固各部螺栓。

3.2.3 检查和修理配汽机构（校正错气），更换传动机构的销轴。

3.2.4 检查液缸进、出口阀的弹簧、阀座和阀盖。

3.2.5 检查汽、液缸活塞及其他运动部件磨损情况。

3.2.6 检查更换活塞环、活塞杆及压盖衬套和填料底套。

3.2.7 清洗填料箱水套。

3.2.8 检查更换配汽活塞、配汽拉杆和错汽板。

3.2.9 检查汽、液缸和牵动机构。

3.2.10 测量及调整汽、液缸的同轴度。

3.2.11 检查基础、地脚螺栓。

3.2.12 校验压力表及安全阀调校。

4 检修程序与质量标准

4.1 检修前准备

4.1.1 掌握泵的运行状况，编制、审批、下达检修计划，备齐检修所需的图纸和技术资料，如使用维护说明书、维修手册和相关检修记录，检修单位编制检修方案或作业指导书，产权单位、检修单位按规定进行检修作业的双向交底，并做好交底记录。

4.1.2 按要求备齐检修工器具、量具、吊具和零部件摆放设施。

4.1.3 备齐检修所需备品、配件、材料和劳保用品，检查核实备品、配件、材料的规格尺寸和材质是否满足技术要求。

4.1.4 落实检修队伍（包括施工技术人员、质量管理人员、安全、主修、辅修），组织检修人员熟读检修方案或作业指导书。

4.1.5 各项准备工作应符合安全、环保、质量等方面的要求，对检修过程进行危害识别及风险评估、环境因素识别和影响评价。

4.2 检修前条件确认

4.2.1 工艺确认：进出口阀门关闭，物料排空、置换冲洗干净；切断相关汽源、水源等。

4.2.2 安全确认：确认已无压力、温度（常温）等，具备检修作业条件，设置好相关警示标识，方可施工。

4.2.3 采取适当的安全防护措施，确保泵体内残留的介质能够及时收集，不会对现场造成污染。

4.2.4 办理好相关检修作业票证。

4.3 拆卸与检查

4.3.1 拆卸冷却水管，检查腐蚀情况。

4.3.2 拆卸检查注油器、油管路及附件。

4.3.3 拆卸牵动机构，检查各传动件磨损情况。

4.3.4 拆卸汽、液缸，检查内表面，应光滑、无裂纹、砂眼、沟槽等缺陷。

4.3.5 检查活塞、活塞杆、活塞环等磨损情况。液缸活塞在缸内两端死点余隙应符合技术要求，活塞表面应光滑，无裂纹、砂眼、伤痕等缺陷。
4.3.6 拆卸检查填料。
4.3.7 拆卸液缸进、出口阀，检查阀座、阀盖、阀杆等磨损情况。进、出口阀盖与阀座的接触面应光滑严密。用涂色检查应呈环状接触，不允许有间断。
4.3.8 拆卸配汽机构，检查缸、活塞、活塞环、配汽板等磨损情况。

4.4 检修质量标准

4.4.1 汽缸与液缸

4.4.1.1 汽缸圆柱度公差值见表1，如圆柱度超过极限值时应修理或镗缸，但汽缸内径增大值不应超过表1。

表1 汽缸圆柱度公差及汽缸内径增大值

mm

汽缸内径	汽缸内径增大值 ≤	圆柱度	
		公差值	极限值
≤100	1.50	0.03	0.30
100～150	2.00	0.04	0.35
150～300	3.00		0.40
300～400	4.00	0.05	0.45
>400	5.00	0.06	0.50

4.4.1.2 液缸套磨损沟槽极限深度见表2。

表2 液缸套磨损沟槽极限深度

mm

液缸内径	沟槽极限深度
≤100	0.20
100～200	0.30
200～300	0.50
300～400	0.80
>400	1.10

4.4.1.3 活塞

活塞的圆柱度公差值见表3。

表3 活塞的圆柱度公差

mm

汽、液缸活塞直径	圆柱度	
	公差值	极限值
≤200	0.02	0.10
200～400	0.025	0.15
>400	0.03	0.20

4.4.1.4 汽、液缸与活塞安装间隙见表 4。

表 4 汽、液缸与活塞安装间隙

mm

汽、液缸直径	汽缸与活塞安装间隙	液缸与活塞安装间隙	
		＜200℃	200～400℃
≤75	0. 25～0. 45	0. 45～0. 50	0. 50～0. 70
75～100	0. 30～0. 50		
100～125	0. 35～0. 55	0. 50～0. 65	0. 70～1. 05
125～150	0. 40～0. 80		
150～200	0. 45～0. 90	0. 65～0. 75	1. 05～1. 45
200～250	0. 50～1. 00		
250～300	0. 55～1. 10	0. 75～0. 90	1. 45～1. 85
300～350	0. 60～1. 20		
350～400	0. 70～1. 40	0. 90～1. 00	1. 85～2. 30
＞400	0. 80～1. 60		

4.4.1.5 活塞环

a）活塞环应无砂眼、气孔，具有足够的弹力。

b）汽缸活塞环的厚度应小于活塞槽深 0. 50～1. 00mm，液缸活塞环的厚度应小于活塞槽深 0. 50～1. 50mm。活塞环安装对口位置彼此错开 120°。

c）活塞环表面不允许有严重纵向沟槽，其圆周与缸壁接触良好，用 0. 05mm 塞尺不允许塞入。

d）汽、液缸活塞环安装间隙见表 5。当介质温度小于 200℃时，液缸活塞环安装间隙按表 5 中汽缸活塞环要求执行。

表 5 汽、液缸活塞环安装间隙

mm

汽、液缸直径	汽缸活塞环安装间隙		液缸活塞环安装间隙	
	200～400℃			
	对口	槽侧	对口	槽侧
≤100	0. 60～0. 70	0. 04～0. 06	1. 00～1. 60	0. 06～0. 08
100～125	0. 80～0. 90		1. 00～1. 90	
125～150	1. 00～1. 10	0. 05～0. 07	1. 20～2. 40	
150～200	1. 201～1. 30		1. 60～3. 10	0. 07～0. 10
200～250	1. 40～1. 50	0. 06～0. 09	2. 003～2. 80	
250～300	1. 60～1. 70		2. 50～4. 50	

表 5　汽、液缸活塞环安装间隙（续）

<table>
<tr><td rowspan="3">汽、液缸直径</td><td colspan="2">汽缸活塞环安装间隙</td><td colspan="2">液缸活塞环安装间隙</td></tr>
<tr><td colspan="4">200～400℃</td></tr>
<tr><td>对口</td><td>槽侧</td><td>对口</td><td>槽侧</td></tr>
<tr><td>300～350</td><td>1.80～1.90</td><td rowspan="2">0.07～0.10</td><td>2.60～5.30</td><td rowspan="4">0.10～0.12</td></tr>
<tr><td>350～400</td><td>2.00～2.10</td><td>3.00～6.00</td></tr>
<tr><td>400～450</td><td>2.20～2.30</td><td rowspan="2">0.07～0.12</td><td>3.40～6.80</td></tr>
<tr><td>400～500</td><td>2.50～2.60</td><td>3.80～7.50</td></tr>
</table>

4.4.1.6　活塞杆

a）活塞杆最大磨损量和圆度公差值见表 6。

表 6　活塞杆最大磨损量和圆度公差值

mm

活塞杆直径	最大磨损量	圆度
≤30	0.15	0.06
30～50	0.20	0.08
50～60	0.25	0.10
＞60	0.30	0.12

b）活塞杆表面不允许有严重纵向沟槽直线度值见表 7。

表 7　活塞杆表面直线度公差

mm

活塞杆长度	直线度
≤1000	0.10
＞1000	0.15

c）活塞与活塞杆装配后，活塞端面与活塞杆垂直度公差值见表 8。

表 8　活塞端面与活塞杆垂直度公差

mm

活塞直径	垂直度
＞63～100	0.06
100～160	0.08
160～250	0.10
＞250～400	0.12
＞400～630	0.15

d）活塞杆与填料压盖直径间隙见表 9。

表 9　活塞杆与填料压盖直径间隙

mm

汽、液缸直径	间隙
≤100	0.50～1.00
＞100～150	0.55～1.25
＞150～200	0.65～1.50
＞200～250	0.70～1.75
＞250～300	0.75～2.00
＞300～350	0.80～2.25
＞350～400	0.85～2.50
＞400～450	0.95～2.75
＞400～500	1.10～3.00

e）填料压盖外径与填料箱内孔配合为 H9/d9。

4.4.1.7　汽、液缸同轴度公差值为 0.15mm。

4.4.1.8　回装进、出口阀，阀杆与阀座孔同心，阀杆与阀盖孔配合为 H9/c9 或 H9/d9。

4.4.1.9　阀座装在泵体上必须牢固、紧密。

4.4.2　配汽机构

4.4.2.1　平板式配汽阀

a）阀板与阀座接触应光滑严密，用涂色法检查接触点，每平方厘米不少于 2～3 点。

b）配汽拉杆最大磨损量见表 6。

c）配汽拉杆表面和螺纹部分应无损坏，螺母结合良好不松动。

4.4.2.2　活塞式配汽阀

a）无活塞环式配汽：活塞、配汽缸的圆柱度公差值为 0.05mm。活塞与配汽缸装配间隙为 0.08～0.15mm。

b）带活塞环式配汽：活塞和配汽缸的圆柱度公差值见表 1 和表 3。

c）活塞与配汽缸装配间隙见表 4；活塞环的技术要求见 4.3.1.5。

d）配汽活塞与配汽缸表面应光滑、无裂纹，其磨损沟深不大于 0.20mm。

4.4.3　牵动机构、各传动件配合应符合要求

4.4.3.1　中心支架衬套与摇臂轴配合为 H9/f9。

4.4.3.2　连杆衬套与汽室拉杆接头销轴配合为 H7/f6。

4.4.3.3　连杆衬套与长短臂手销轴配合为 H7/f6。

4.4.4　填料密封

4.4.4.1　填料切口应平行、整齐、不松散，切口角度成 45°。装填料时两根填料接头相

互错开 180°，3 或 6 根填料相互错开 120°，4 或 8 根填料相互错开 90°。

4.4.4.2　填料压盖压入填料箱深度一般为一圈填料的高度，最小不得少于 5mm。

4.4.4.3　填料压盖螺栓均匀拧紧，保证填料压盖端面与填料端面平行。

4.4.4.4　填料底套外径与填料箱内孔配合为 H7/k6。

4.4.4.5　填料底套内孔与轴配合间隙为 0.30～0.50mm。

4.4.4.6　注油器清扫干净无杂物，油管畅通，止回阀好用。

5　试车与验收

5.1　试车前准备

5.1.1　检查检修记录，确认检修数据正确。

5.1.2　注油器、冷却水投用正常。

5.1.3　活塞至少往复行走一个行程，运动自由无卡涩。

5.1.4　启动前对汽缸进行预热及排凝。

5.1.5　热油泵液缸预热。

5.2　试车

5.2.1　打开进、出口管线阀门。

5.2.2　逐渐开启蒸汽控制阀，使泵启动。检查泵在运行中有无异常响声和摩擦现象。

5.2.3　调整压力、流量达到规定值。

5.2.4　冷却水和注油畅通，温度正常，无渗漏。

5.2.5　活塞杆往复行程符合规定要求，速度均匀。

5.2.6　润滑系统正常。

5.2.7　填料密封无泄漏。

5.3　验收

5.3.1　连续运转 72h 后，各项技术指示达到设计要求或能满足生产需要。

5.3.2　设备达到完好标准。

5.3.3　检修记录齐全、准确。按规定办理验收手续。

6　维护与故障处理

6.1　日常维护

根据检维修策略规定的检查频次，对如下部位进行检查：

6.1.1 在运泵

6.1.1.1 严格按操作规程进行操作。

6.1.1.2 定时检查下列主要内容，如有异常及时处理，并做好相应的记录。

a）流量、压力、往复次数、泵体振动、声音是否正常。

b）注油器注油情况及液面情况。

c）各部件（活塞杆、十字头、螺栓、销轴等）有无松动或脱落。

d）密封是否泄漏。

e）冷却水是否畅通。

6.1.1.3 定期将注油器加足合格的汽缸油，液面保持在 1/2～2/3。

6.1.1.4 每班向各注油点加入合格的润滑油。

6.1.2 备用或长期停用泵

6.1.2.1 定期在传动机构的各注油点注油，以防长期不用锈蚀或卡死。

6.1.2.2 冬季做好防冻、防凝工作。

6.2 常见故障与处理表

蒸汽往复泵常见功能故障与处理方法见表 10。

表 10 蒸汽往复泵常见功能故障与处理方法

序号	功能	功能故障	故障模式	故障后果	故障应对策略与检修内容	检修周期／月
1	流量和压力满足生产要求	不上量	弹簧断裂	生产负荷下降	更换弹簧	视情而定
			液缸套损坏，活塞环损坏	生产负荷下降	更换缸套或活塞环	视情而定
			阀芯不严密	生产负荷下降	研磨或更换阀	视情而定
			活塞运行慢，行程太短	生产负荷下降	调节活塞运行次数和调节活塞行程	视情而定
2	保证泵体连续运转	传动系统不正常	填料与传动轴接触过紧	填料烧损，泄漏	调整填料压盖	视情而定
			填料压盖偏斜后与传动轴接触摩擦	泄漏量大	调整填料压盖	视情而定
			拨叉连接销脱落	停泵	重新安装	视情而定
3	保证系统密闭生产	填料密封泄漏或静密封点泄漏	填料过渡磨损	停泵	更换填料	12～18
			阀盖或泵体密封垫损坏	停泵	更换	12～18

附　录　A
（资料性附录）
蒸汽往复泵检修质量控制确认表

项目	主要控制内容			等级	施工单位	生产装置	设备管理部门	日期
	标准值	部位	现场记录					
拆卸时检测								
汽缸内径				B	★	★		
汽缸圆柱度				B	★	★		
汽缸活塞的圆柱度				B	★	★		
汽缸与活塞安装间隙				B	★	★		
活塞杆表面直线度				B	★	★		
活塞杆最大磨损量和圆度				B	★	★		
液缸内径				B	★	★		
液缸圆柱度				B	★	★		
液缸活塞的圆柱度				B	★	★		
液缸与活塞安装间隙				B	★	★		
液缸活塞环安装间隙				B	★	★		
汽、液缸同轴度				B	★	★		
回装时检测								
汽缸内径				B	★	★		
汽缸圆柱度				B	★	★		
汽缸活塞的圆柱度				B	★	★		
汽缸与活塞安装间隙				B	★	★		
活塞杆表面直线度				B	★	★		
活塞杆最大磨损量和圆度				B	★	★		
液缸内径					★	★		

蒸汽往复泵检修质量控制确认表（续）

项目	主要控制内容			等级	施工单位	生产装置	设备管理部门	日期
	标准值	部位	现场记录					
液缸圆柱度				B	★	★		
液缸活塞的圆柱度				B	★	★		
液缸与活塞安装间隙				B	★	★		
液缸活塞环安装间隙				B	★	★		
汽、液缸同轴度				B	★	★		

注： A 级：施工单位、生产装置、设备管理部门专业人员检查确认后签字。

B 级：施工单位和生产装置专业人员检查确认后签字。

C 级：施工单位专业人员检查确认后签字。

另：如果有监理，监理的职责由甲方授权。

附　录　B

（资料性附录）

蒸汽往复泵试车与验收数据记录表

装置：　　　　　　　　　　　　　　设备名称：　　　　　　　　　　　　位号：

试车参数记录			记录时间							
记录名称	参数位号	标准								
出口压力										
出口流量										
蒸汽温度										
蒸汽流量										
液缸振动 X										
液缸振动 Y										
液缸振动 Z										
汽缸振动 X										
汽缸振动 Y										
汽缸振动 Z										
验收确认		施工单位：			生产装置：			设备管理部门：		

注： 1. 三方验收签字后交付生产使用。

2. 检修后 15 个工作日内，将试车和验收记录表扫描录入设备管理系统。

14. 电动往复泵维护检修规程

SHS 01015—2019

代替 SHS 01015—2004

目　　次

前　言

本规程按照GB/1.1—2009《标准化工作导册　第1部分：标准的结构和编写》给出的规则起草。

本规程代替SHS 01015—2004《电动往复泵维护检修规程》，与SHS 01015—2004相比，除了编辑性修改外，主要技术变化如下：

——电动往复泵检修周期，按RCM分析，根据故障模式，制定维修周期；

——增加了“6.2常见故障与处理”，主要是通过RCM分析，根据故障模式，制定维修策略和维修周期；

——增加附录A“电动往复泵检修质量控制确认表”附录B“电动往复泵试车与验收数据记录表”；

——增加了隔膜泵的有关内容。

本规程由中国石油化工集团有限公司、中国石油化工股份有限公司提出。

本规程起草单位：中国石油化工股份有限公司安庆分公司。

本规程主要起草人：周斌。

本规程所代替规程的历次版本发布情况为：

——SHS 01015—1992、SHS 01015—2004。

电动往复泵维护检修规程

1 范围

1.1 主题内容

本规程规定了电动往复泵维护检修周期与内容、检修程序与质量标准、试车与验收、维护与故障处理。

1.2 适用范围

本规程适用于电动往复（柱塞、活塞、隔膜）泵的维护和检修，对于活塞式电动往复泵的维护和检修可参照SHS 01014《蒸汽往复泵维护检修规程》有关章节执行。

2 规范性引用文件

下列文件中的条款通过本规程的引用而成为本规程的条款。凡是注日期的引用文件，其随后所有的修改单（不包括勘误的内容）或修订版均不适用于本规程，然而，鼓励根据本规程达成协议的各方研究是否可使用这些文件的最新版本。凡是不注日期的引用文件，其最新版本适用于本规程。

SH/T 3141 石油化工往复泵工程技术规范
SH/T 3541 石油化工泵组施工及验收规范
GB/T 9234 机动往复泵
GB/T 7784 机动往复泵试验方法
JB/T 9090 容积泵零部件液压与渗漏试验
API Std 674 容积式泵 往复式
SHS 01009 管壳式换热器维护检修规程
SHS 01014 蒸汽往复泵维护检修规程
SHS 01017 齿轮泵维护检修规程
SHS 01028 变速机维护检修规程
SHS 03059 化工设备通用部件检修及质量标准
SHS 01073 一般机泵用联轴器检修及质量标准
设备随机图纸及技术资料、使用维护说明书、维修手册

3 检修周期与内容

3.1 检修周期

电动往复泵根据设备功能故障及其影响分析的结果、有无备用设备，并结合生产装置运行周期，确定检修周期，一般为24～48个月。

3.2 检修内容

泵解体、清洗，检查、测量各零部件间隙及磨损情况，视情更换相应零部件。具体检修项目如下：

3.2.1 检查泵出、入口附属管线及管件（含阀门、过滤器等）；

3.2.2 检查、校验泵出口压力表、安全阀及稳压装置等；

3.2.3 检查进、出口阀组零部件，视情修理或更换；

3.2.4 电机检查、修理或更换，电气、仪表校验、修理或更换；

3.2.5 修理或更换活（柱）塞、十字头、连杆、曲轴等主要零部件；

3.2.6 更换活塞环、密封填料；隔膜泵应检查膜片使用情况，校验压力表、内置压力限制阀、补油阀和隔膜破裂报警装置是否完好；

3.2.7 检查各部轴承磨损情况，视情修理或更换；

3.2.8 检查减速机并调整各部间隙；

3.2.9 检查计量调节机构是否灵活好用；

3.2.10 机体找水平；

3.2.11 检查机身、地脚螺栓紧固情况；

3.2.12 检查联轴器零部件及对中情况，视情调整和更换；

3.2.13 检查清洗油系统（油箱、油泵、油冷器和油滤器），调整润滑油油泵压力。

4 检修程序与质量标准

4.1 检修前准备

4.1.1 掌握泵的运行状况，编制、审批、下达检修计划，备齐检修所需的图纸和技术资料，如使用维护说明书、维修手册和相关检修记录，检修单位编制检修方案或作业指导书，产权单位、检修单位按规定进行检修作业的双向交底，并做好交底记录。

4.1.2 按要求备齐检修工器具、量具、吊具和零部件摆放设施。

4.1.3 备齐检修所需备品、配件、材料和劳保用品，检查核实备品、配件、材料的规格尺寸和材质是否满足技术要求。

4.1.4 落实检修队伍（包括施工技术人员、质量管理人员、安全、主修、辅修），组织检修人员熟读检修方案或作业指导书。

4.1.5　各项准备工作应符合安全、环保、质量等方面的要求，对检修过程进行危害识别及风险评估、环境因素识别和影响评价。

4.1.6　检修前条件确认

4.1.6.1　工艺确认：进出口阀门关闭，物料排空、置换冲洗干净；切断电源；切断相关水、气（汽）源等。

4.1.6.2　安全确认：确认已无压力、温度（常温）等，具备检修作业条件，设置好相关警示标识，方可施工。

4.1.6.3　办理好相关检修作业票证。

特别注意：在膜片破裂时，被输送的介质仍然会残留在夹层膜片、液压腔及储油腔内，因此拆卸前应采取适当的安全防护措施，确保残留的介质能够及时收集，且不会对现场造成污染。

4.2　拆卸与检查

4.2.1　拆检联轴器，检查对中情况。

4.2.2　拆卸附属管线及附件。

4.2.3　拆卸十字头组件，检查十字头、十字头销轴、十字头与滑板的配合间隙及磨损情况。

4.2.4　拆卸曲轴箱，检查曲轴、连杆及各部轴承。

4.2.5　拆卸泵体上的进、出口阀，检查各部件及密封。

4.2.6　拆卸工作缸、活（柱）塞，检查缸与活（柱）塞的配合间隙及磨损情况。

4.2.7　拆卸减速机盖，检查轴承磨损与齿轮啮合情况。

4.2.8　检查润滑系统，拆卸油泵、油冷器、油滤器等部件，确认完好情况。

4.2.9　检查基础地脚螺栓是否完好。

4.3　检修质量标准

4.3.1　缸体

4.3.1.1　缸体内表面应光滑，无伤痕、沟槽、裂纹等缺陷。有轻微拉毛和擦伤时，可用半圆形油石沿缸体内圆周方向磨光，伤痕严重时应予以更换。缸体内径最大磨损量不得超过原始尺寸的 2%。

4.3.1.2　用内径千分尺检测缸体内径的圆度和圆柱度，不得超过内径公差的 50%，超标时应予以处理或更换。

4.3.1.3　检测缸体中心线直线度，不得超过 0.08mm/m，超出须予以修理或更换。

4.3.1.4　缸体大修时应做水压试验，试验压力为设计压力的 1.25 倍，试压 10～15min 无渗漏现象。缸体因腐蚀、冲蚀减薄不能承受水压试验时，应予以报废。

4.3.2　曲轴

4.3.2.1　检测曲轴安装水平度，不得超过 0.10mm/m，超出须予以调整。

4.3.2.2 曲轴各表面应光滑无损伤，主轴颈与曲柄颈擦伤凹痕面积大于轴颈面积的2%，轴颈上的沟槽深度达 0.10mm 以上时，应予以修理或更换。

4.3.2.3 在机床上用千分表检测主轴颈、曲轴颈圆柱度，不得超过直径公差的 50%，超出须予以修理或更换。

4.3.2.4 检测主轴颈径向圆跳动，不得超过 0.03mm，超出须予以修理或更换。

4.3.2.5 检测曲轴直线度，不得超过 0.05mm/m，超出须予以修理或更换。

4.3.2.6 用仪器及缸体拉钢丝等方法测量曲轴中心线与缸体中心线垂直度，不得超过 0.15mm/m，超出须予以调整。

4.3.2.7 主轴颈与曲轴颈直径减小 1% 时，应予更换。

4.3.3 连杆

4.3.3.1 检测连杆两孔中心线平行度，不得超过 0.30mm/m，超出须予以调整。

4.3.3.2 连杆和连杆螺栓应进行无损探伤，不得有裂纹等缺陷。

4.3.3.3 检查连杆螺栓孔，螺栓孔若损坏，用铰刀铰孔修理后并配制新的连杆螺栓。

4.3.3.4 连杆螺栓拧紧时的伸长不超过原长度 2‰，否则更换。

4.3.4 十字头、滑板和导轨

4.3.4.1 十字头体用放大镜或着色探伤检查，不得有裂纹等缺陷。

4.3.4.2 检测十字头销轴的圆度和圆柱度，不得超过直径公差的 50%，超出须予以更换。

4.3.4.3 十字头销轴与十字头两端销轴孔用着色法检查，接触应良好。

4.3.4.4 十字头、滑板和导轨的表面应光滑，无毛刺、伤痕等缺陷。滑板与导轨的接触面有轻微的擦伤、沟痕深度不超过 0.10mm 时，可用半圆形油石修磨并抛光。

4.3.4.5 十字头滑板与导轨的间隙值应为十字头直径的 2‰以内（或按照厂家说明书）。十字头滑板与导轨接触均匀，用着色法检查，接触点不少于 2 点 /cm^2。

4.3.4.6 滑板螺栓在紧固时应涂厌氧胶防止松动。

4.3.4.7 十字头销轴与轴套的间隙为 0.03～0.06mm。

4.3.5 活（柱）塞

4.3.5.1 柱塞表面应无裂纹、凹痕、斑点、毛刺等缺陷。有轻微擦伤、沟槽深度不超过 0.10mm 时，应予以修磨并抛光。

4.3.5.2 检测柱塞的圆柱度，不得超过 0.05mm，超出须予以修理或更换。

4.3.5.3 柱塞与导向套配合间隙为 H9/f9。

4.3.5.4 检测导向套的内孔、外径的圆柱度，不得超过 0.10mm，超出须予以更换。

4.3.5.5 导向套内孔轴承合金不允许有脱壳现象，局部缺陷用同样材料补焊修复。

4.3.6 进、出口阀

4.3.6.1 进、出口阀的阀座与阀芯密封工作面不得有沟痕、腐蚀、麻点等缺陷，阀芯与阀座成对研磨，环向接触线不间断，组装后煤油试 5min 不渗漏。如发现有轻微斑痕时，可用研磨砂进行研磨；如蚀痕较深，则可先在车床上光车后再进行研磨。

4.3.6.2 检查弹簧，泵阀各弹簧的张力应接近，自由高度应基本相等。如弹簧工作时间过长失去弹性，自由高度减少 5% 以上，应予以更换。

4.3.6.3 阀芯（片）的升程应符合技术要求。

4.3.6.4 阀必须牢固、紧密装在缸体上，不得有泄漏现象。

4.3.7 轴承

4.3.7.1 滑动轴承

a）轴承合金应与瓦壳结合良好，不得有裂纹、气孔和脱壳等缺陷，可用煤油浸透法和敲击听音鉴别法来判断轴承合金与轴承体结合是否良好。检查油道、油孔是否畅通，润滑情况是否良好。

b）轴颈与轴承的接触面在轴颈正下方 60°～90°，连杆瓦在受力方向 60°～75°，应均匀接触，用着色法检查，接触点不少于 2 点 /cm^2。

c）轴承体与轴承座、连杆瓦与瓦座都应均匀贴合，用涂色法检查接触面积不少于总面积的 70%。

d）各部滑动轴承装配间隙见表 1，或以厂家说明书为准。

表 1 滑动轴承径向间隙

mm

部位名称	径向间隙
主轴轴承	（1～2）d/1000
曲轴轴承	（1～1.5）d/1000
连杆小头轴承	0.05～0.10

注：d 为轴颈直径。

4.3.7.2 滚动轴承

a）滚动轴承的滚动体与内、外滚道应无坑疤、麻点、锈蚀等缺陷，且保持架完好，保证轴承接触平滑、转动灵活、无杂音。

b）滚动轴承拆装应使用专用工具。轴承在热装时，严禁直接用火焰加热和用锤直接敲击轴承。

c）用千分表检查轴向串量是否符合要求，超过规定时应调整和更换。

d）按滚动轴承的游隙要求，用塞尺或千分表或其他方法检查磨损情况，当游隙大于规定值时则更换滚动轴承。

e）轴与轴承内圈配合一般为 H7/k6，轴承与轴承座孔的配合一般为 K7/h6。

4.3.8 填料密封

4.3.8.1 填料函有密封液系统的，密封液管道必须畅通，液封环位置正确。

4.3.8.2 压盖紧固螺栓的松紧程度要均匀一致。

4.3.8.3 压盖压入填料箱深度一般为1圈的高度，但最小不能小于5mm。

4.3.8.4 填料的切口应平行、整齐，安装时切口应错开120°～180°。

4.3.8.5 填料压入填料函时必须一圈一圈压入，严禁多圈同时压入。填料安装的松紧程度应适中，当软填料磨损泄漏增加时，可左右交替均匀地压紧填料压盖，注意不得偏斜。当填料用久变质、发硬而失去密封性时，必须更换填料。

4.3.8.6 对于可拆卸填料函，在安装时须保证填料函、活（柱）塞、十字头三者的同心度。

4.3.9 隔膜泵膜片

4.3.9.1 检查膜片，应光滑，无划痕、破裂，弹性符合要求。

4.3.9.2 膜片安装应按生产厂家使用维护说明书中的要求进行。

4.3.10 电机与减速机、减速机与泵的对中允许误差值见表2。

表2 对中允许误差值

mm

联轴器名称	联轴器外径	径向中心允差	端面允差	端面间隙
弹性柱销联轴器	100～190	0.025	0.14	2～5
	＞190～260		0.16	
	＞260～350	0.05	0.18	2～8
	＞350～500		0.20	
齿轮联轴器	150～300	0.75	0.30	
	＞300～600	0.10	0.40	

4.3.11 减速机质量标准见SHS 01028《变速机维护检修规程》。

4.3.12 齿轮油泵检修质量标准按SHS 01017《齿轮泵维护检修规程》执行。

4.3.13 油冷器检修质量标准按SHS 01009《管壳式换热器维护检修规程》执行。

4.3.14 联轴器检修质量标准SHS 01073《一般机泵用联轴器检修及质量标准》执行。

5 试车与验收

5.1 试车前准备

5.1.1 检修记录齐全。

5.1.2 检查电器、仪表和安全自保系统应灵敏、完好。

5.1.3 检查润滑油、液压油的油位、油压和油温。

5.1.4 机组盘车检查应无卡涩及异常响声。
5.1.5 附件齐全完好，设备符合完好标准。
5.1.6 检查确认进、出口阀门开关灵活，且处于全开位置。

5.2 试车

5.2.1 空负荷试车

5.2.1.1 首先脱开联轴器，单试电机并检查电机转向是否正确。
5.2.1.2 启动电机前，先进行人工盘车，检查有无异常情况。经确认泵已具备试车条件后，接通电源，先点动一次，若无异常，则进行空负荷试车。
5.2.1.3 按操作规程，启动主机空运 1h，检查应无撞击和异常现象。
5.2.1.4 空负荷试车时应检查设备运行情况。

a）声响和振动；
b）轴承状况；
c）填料密封状况；
d）电流值。

5.2.1.5 确认空负荷试车正常后，进行负荷试车。

5.2.2 负荷试车

5.2.2.1 负荷试车时压力应逐渐提高，如遇不正常情况，应立即停车处理后，重新试车。
5.2.2.2 流量、压力平稳，达到铭牌出力或满足生产需要。
5.2.2.3 电流不超过额定值。
5.2.2.4 各连接处的密封点不应有渗漏现象。
5.2.2.5 各部润滑、冷却系统正常，温度和压力符合要求。
5.2.2.6 在额定负荷下运转，应无异常振动和噪声，泵体振动情况见表 3 或以厂家说明书为准。

表 3 机体振动

转速 /（r/min）	最大振幅值 /mm
＜200	0.20
200～400	0.15
＞400	0.10

5.3 验收

检修质量达到本规程要求，检修记录齐全。泵经负荷试车（一般运行 4h），运行情况良好，各主要操作指标达到铭牌出力或设计要求，即可按规定程序办理交接手续，交付生产使用。

6　维护与故障处理

6.1　日常维护

根据检维修策略规定的检查频次，对如下部位进行检查：

6.1.1　定时检查各部轴承温度；

6.1.2　定时检查各出口阀压力、温度；

6.1.3　定时检查润滑油压力，定期检验润滑油油质；

6.1.4　检查填料密封泄漏情况，适当调整填料压盖螺栓松紧度；

6.1.5　检查各传动部件应无松动和异常声音；

6.1.6　检查各连接部件紧固情况，防止松动；

6.1.7　泵在正常运行中不得有异常振动声响，各密封部位无泄漏，压力表灵活好用，安全阀完好。

6.2　常见故障与处理

电动往复泵常见功能故障与处理方法见表4。

表4　电动往复泵常见功能故障与处理方法

序号	功能	功能故障	故障模式	故障后果	故障应对策略与检修内容	检修周期／月
1	泵输出流量正常	输出流量不足	出、入口管道上的阀门关闭	停泵检查	检查出、入口管道上的阀门是否打开	
			入口管道漏气	停泵检查	检查入口管道各连接点的密封状况	视情而定
			入口过滤器堵塞	停泵检查	检查入口过滤器滤芯清洁度	视情而定
			泵的进出、口阀密封不严	停泵检查	检查阀的严密性，必要时换阀	视情而定
			活（柱）塞填料泄漏	停泵检查	拧紧填料压盖或更换填料	视情而定
			安全阀泄漏	停泵检查	安全阀检查校验	12
2	泵运行正常	阀箱出现剧烈敲击声	阀的升程过高	停泵检查	检查阀的升程高度	视情而定
			阀内弹簧断裂或弹力不足	停泵检查	检查阀内弹簧	视情而定

表 4 电动往复泵主要功能故障与处理方法（续）

序号	功能	功能故障	故障模式	故障后果	故障应对策略与检修内容	检修周期／月
3	泵运行正常	泵体出现异常响声或振动	泵与电机对中不好	停泵检查	重新找正	视情而定
			轴弯曲	停泵检查	校直轴或更换新轴	视情而定
			轴承损坏	停泵检查	更换轴承	视情而定
			传动部件间隙过大	停泵检查	调整间隙或更换部件	视情而定
			地脚螺栓松动	停泵检查	紧固地脚螺栓	视情而定
			活塞螺母松脱	停泵检查	重新紧固活塞螺母	视情而定
			活塞环损坏	停泵检查	更换活塞环	视情而定
4	泵运行正常	密封泄漏增大	填料磨损严重	停泵检查	更换填料	视情而定
			填料老化	停泵检查	更换填料	视情而定
			活（柱）塞磨损	停泵检查	更换活（柱）塞	视情而定
5	泵运行正常	轴承温度过高	润滑油质量或油量不符合要求	停泵检查	更换润滑油、调整油量	视情而定
			轴承装配质量不好	停泵检查	重新装配	视情而定
			泵与电机对中不好	停泵检查	重新找正	视情而定

附 录 A
（资料性附录）
电动往复泵检修质量控制确认表

项目	标准值	主要控制内容		等级	施工单位	生产装置	设备管理部门	日期
		部位	现场记录					
拆卸中检测								
缸体水压试验	10～15min 无渗漏			B	★	★		
阀座与阀芯严密性试验	煤油试 5min 无渗漏			B	★	★		
柱塞与导向套的配合间隙	H9/f9			B	★	★		
十字头滑板与导轨的间隙	≤2*d*/1000			B	★	★		
十字头销轴与轴套的间隙	0.03～0.06mm			B	★	★		
轴与轴承内圈的配合间隙	H7/k6			B	★	★		
轴承与轴承座孔的配合间隙	K7/h6			B	★	★		
回装时检测								
缸体水压试验	10～15min 无渗漏			B	★	★		
阀座与阀芯严密性试验	煤油试 5min 无渗漏			B	★	★		
柱塞与导向套的配合间隙	H9/f9			B	★	★		
十字头滑板与导轨的间隙	≤2*d*/1000			B	★	★		
十字头销轴与轴套的间隙	0.03～0.06mm			B	★	★		
轴与轴承内圈的配合间隙	H7/k6			B	★	★		
轴承与轴承座孔的配合间隙	K7/h6			B	★	★		

备注：若厂家提供的安装使用维护说明书中含有检修质量控制要求，以厂家说明书为准。

注：A 级：施工单位、生产装置、设备管理部门专业人员检查确认后签字。

B 级：施工单位和生产装置专业人员检查确认后签字。

C 级：施工单位专业人员检查确认后签字。

另：如果有监理，监理的职责由甲方授权。

附　录　B

（资料性附录）

电动往复泵试车与验收数据记录表

装置：　　　　　　　　　　　　设备名称：　　　　　　　　　　　　位号：

试车参数记录			记录时间			
记录名称	参数位号	标准	1：00	2：00	3：00	4：00
电机电流						
电机轴承温度						
泵轴承温度						
润滑油温度						
润滑油压力						
报警联锁试验						
流量						
进、出口压力						
机座振动						
密封泄漏情况						
运行异响						
验收确认	检修单位：		生产装置：		设备管理部门：	

注： 1. 三方验收签字后交付生产使用。

2. 检修后15个工作日内，将试车和验收记录表扫描录入设备管理系统。

15. 螺杆泵维护检修规程

SHS 01016—2019

代替 SHS 01016—2004

目　次

前　言

本规程按照GB/T 1.1—2009《标准化工作导则　第1部分：标准的结构和编写》给出的规则起草。

本规程代替SHS 01016—2004《螺杆泵维护检修规程》，与SHS 01016—2004相比，除了编辑性修改外，主要技术变化如下：

——本规程按照回装程序对安装内容及质量技术标准进行了调整；

——本规程对密封的泄漏标准进行了修订；

——主要故障与处理通过RCM分析，根据故障模式，制定维修策略和维修周期；

——增加了附录A“螺杆泵检修质量控制确认表”和附录B“螺杆泵试车与验收数据记录表”。

本规程由中国石油化工集团有限公司、中国石油化工股份有限公司提出。

本规程起草单位：中国石油化工股份有限公司洛阳分公司。

本规程主要起草人：忽朝新、白聪俐。

本规程所代替规程的历次版本发布情况为：

——SHS 01016—1992、SHS 01016—2004。

螺杆泵维护检修规程

1 范围

1.1 主题内容

本规程规定了螺杆泵的检修周期与内容、检修程序与质量标准、试车与验收、维护与故障处理。

1.2 适用范围

本规程适用于石油化工单螺杆、双螺杆、三螺杆泵的维护和检修。

2 规范性引用文件

下列文件中的条款通过本规程的引用而成为本规程的条款。凡是注日期的引用文件，其随后所有的修改单（不包括勘误的内容）或修订版均不适用于本规程，然而，鼓励根据本规程达成协议的各方研究是否可使用这些文件的最新版本。凡是不注日期的引用文件，其最新版本适用于本规程。

JB/T 8644　单螺杆泵

GB/T 10886　三螺杆泵

GB/T 10831　船用电动单螺杆泵

GB/T 11035　船用电动双螺杆泵

GB/T 11705　船用电动三螺杆泵试验方法

GB/T 3852　联轴器轴孔和联结型式与尺寸

SHS 01003　石油化工旋转机械振动标准

SHS 01052　机械密封维护检修规程

SHS 01073　一般机泵用联轴器检修及质量标准

3 检修周期与内容

3.1 检修周期

螺杆泵根据设备功能故障及其影响分析的结果、有无备用设备，并结合生产装置运行周期，确定设备检修周期，一般为 24～36 个月。

3.2 检修内容

3.2.1 检查轴封泄漏情况，调整压盖与轴的间隙。

3.2.2 检查轴承润滑情况。

3.2.3 检查各部位螺栓紧固情况。

3.2.4 消除冷却水、封油和润滑系统在运行中出现的跑、冒、滴、漏等缺陷。

3.2.5 检查联轴器及对中情况。

3.2.6 检查、清洗入口过滤器。

3.2.7 校验压力表、溢流阀等。

3.2.8 解体检查各部件磨损情况，测量并调整各部件配合间隙。

3.2.9 检查齿轮磨损情况，调整同步齿轮间隙。

3.2.10 检查螺杆直线度及磨损情况，螺杆啮合间隙、端面间隙，螺杆与壳体间隙，螺杆与衬套配合。

3.2.11 检查泵体内表面磨损情况。

3.2.12 检查、更换轴承、机械密封。

4 检修与质量标准

螺杆泵的典型结构见图 1。

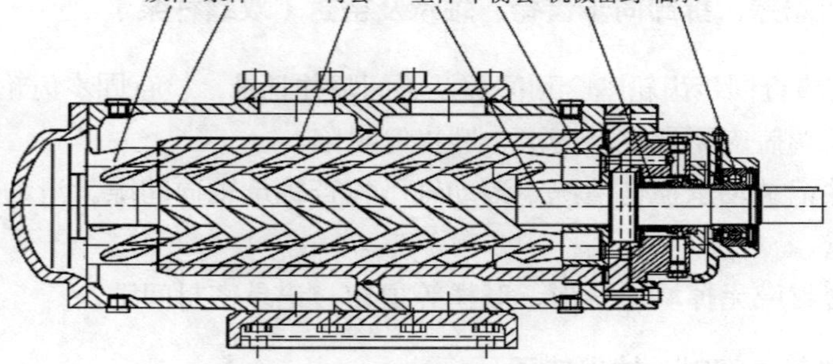

图 1 螺杆泵结构图

4.1 检修前准备

4.1.1 掌握泵的运行状况，编制、审批、下达检修计划，备齐检修所需的图纸和技术资料，如使用维护说明书、维修手册和相关检修记录，检修单位编制检修方案或作业指导书，产权单位、检修单位按规定进行检修作业的双向交底，并做好交底记录。

4.1.2 按要求备齐检修工器具、量具、吊具和零部件摆放设施。

4.1.3 备齐检修所需备品、配件、材料和劳保用品，检查核实备品、配件、材料的规格尺寸和材质是否满足技术要求。

4.1.4 落实检修队伍（包括施工技术人员、质量管理人员、安全、主修、辅修），组织检修人员熟读检修方案或作业指导书。

4.1.5 各项准备工作应符合安全、环保、质量等方面的要求，对检修过程进行危害识别及风险评估、环境因素识别和影响评价。

4.1.6 检修前条件确认

4.1.6.1 工艺确认：进出口阀门关闭，物料排空、置换冲洗干净；切断电源；切断相关水、气（汽）源等。

4.1.6.2 安全确认：确认已无压力、温度（常温）等，具备检修作业条件，设置好相关警示标识，方可施工。

4.1.6.3 办理好相关检修作业票证。

4.2 拆卸与检测

4.2.1 复查联轴器对中，拆卸联轴器

4.2.1.1 记录对中情况。

4.2.1.2 检查联轴器及螺栓表面无损伤。

4.2.2 拆卸泵后端盖、轴承、轴向定位塞（单或三螺杆泵）

4.2.2.1 检查垫片应无损伤，必要时更换。

4.2.2.2 检查止推垫片应无划痕、变形等缺陷，记录垫片厚度。

4.2.3 拆卸泵后端盖，拆卸同步齿轮、轴承及密封（双螺杆泵）

4.2.3.1 拆卸前检查同步齿轮啮合顶间隙及侧间隙并记录，检查同步齿轮外观是否完好。

4.2.3.2 检查后端盖应无裂纹、变形、磨损等缺陷。

4.2.3.3 检查并记录轴承损伤情况。滚动轴承检查轴承轴向间隙。滑动轴承检查轴承顶部间隙、侧间隙。

4.2.3.4 检查密封应无掉块、变形、磨损等损伤，记录密封间隙。

4.2.4 拆卸前端盖、密封，抽出转子

4.2.4.1 检查垫片应无损伤，必要时更换。

4.2.4.2 机械密封应检查压盖与轴套的直径间隙，压盖与密封腔间的垫片厚度。检查机械密封弹性元件是否损伤及失弹，检查动、静环表面结垢、损伤情况。

4.3 回装与质量标准

本标准为一般性的要求，对于不同的螺杆泵，以设备生产厂家设计指标为准。

4.3.1 回装时注意事项

4.3.1.1 回装时严禁随意敲打、野蛮作业。

4.3.1.2　回装前确认各零部件已清理并且外观完好，更换的零部件规格型号及尺寸符合要求并具有质量证明文件。

4.3.2　泵体检查

4.3.2.1　泵体内表面粗糙度为 R_a3.2。
4.3.2.2　泵体、端盖和轴承座的配合面及密封面应无明显伤痕，粗糙度为 R_a3.2。

4.3.3　转子检查

4.3.3.1　螺杆表面要求不得有伤痕，螺旋型面粗糙度为 R_a1.6，齿顶表面粗糙度为 R_a1.6，螺旋外圆表面 R_a1.6。
4.3.3.2　螺杆轴颈圆柱度为直径的 0.25‰。
4.3.3.3　螺杆轴线直线度为 0.05mm。

4.3.4　安装轴承

4.3.4.1　滚动轴承与轴的配合采用 H7/k6。
4.3.4.2　滚动轴承与轴承箱配合采用 H7/h6。
4.3.4.3　滚动轴承外圈与轴承压盖的轴向间隙为 0.02～0.06mm。
4.3.4.4　滚动轴承采用热装时，加热温度不得超过 100℃，严禁用火焰直接加热，推荐采用高频感应加热。
4.3.4.5　滚动轴承的滚子和内、外滚道表面不得有腐蚀、坑疤、斑点等缺陷，保持架无变形、损伤。
4.3.4.6　滑动轴承衬套与轴的配合间隙（经验值）如表 1 所示。

表 1　轴颈与滑动轴承配合间隙

转速 /（r/min）	1500 以下	1500～3000	3000 以上
间隙 /mm	1.2‰ *D*	1.5‰ *D*	2‰ *D*

注：*D* 为轴颈直径，单位 mm。

4.3.4.7　滑动轴承衬套与轴承座孔的配合为 R7/h6。

4.3.5　回装转子

4.3.5.1　回装转子及端盖。
4.3.5.2　测量并调整转子端面间隙，符合厂家给定标准。
4.3.5.3　测量螺杆齿顶与衬套间隙，冷态为 0.11～0.48mm。
4.3.5.4　螺杆啮合时齿顶与齿根间隙冷态为 0.11～0.48mm。

4.3.6　安装同步齿轮

4.3.6.1　主动齿轮与轴的配合为 H7/h6，从动齿轮与锥行轮毂的配合为 H7/h6，锥形轮毂与轴的配合为H7/h6，锥形轮毂与从动齿轮锥面接触面积不小于70%。

4.3.6.2 锥形轮毂质量应符合技术要求，内表面粗糙度为 R_a0.8，如有裂纹或一组锥形轮毂严重磨损，f 值小于0.5mm时应更换（图2）。

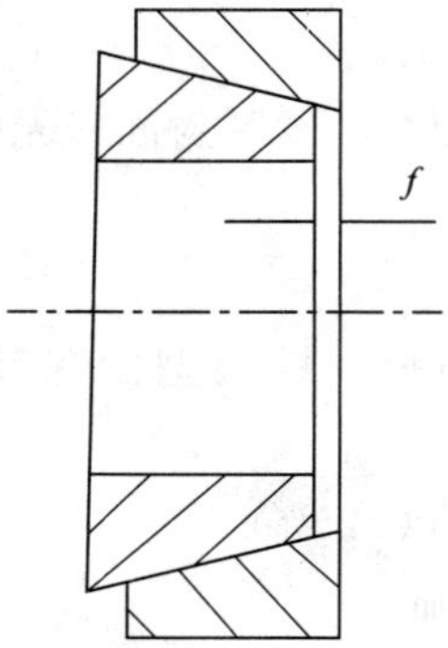

图2 锥形轮毂配合

4.3.6.3 齿轮不得有毛刺、裂纹、断裂等缺陷。齿轮的接触面积，沿齿高不小于50%，沿齿长不小于70%，并均匀地分布在节圆线周围，齿轮啮合侧间隙为0.08～0.10mm。

4.3.6.4 测量并调整螺杆啮合时法向间隙为0.10～0.29mm，且处于相邻两齿中间位置。

4.3.7 回装机械密封

4.3.7.1 压盖与垫片接触面对轴中心线的垂直度为0.02mm。

4.3.7.2 密封压盖与静环密封圈接触部位的粗糙度为 R_a3.2。

4.3.7.3 安装机械密封部位的轴或轴套，表面无锈斑，裂纹等缺陷，粗糙度 R_a1.6。

4.3.7.4 弹簧压缩后的工作长度符合设计要求。

4.3.7.5 压盖螺栓均匀上紧，防止压盖端面偏斜。

4.3.7.6 其他质量标准按SHS 01052《机械密封维护检修规程》执行。

4.3.8 回装联轴器

联轴器检修质量标准按SHS 01073《一般机泵用联轴器检修及质量标准》执行。

5 试车与验收

5.1 试车前准备

5.1.1 检查检修记录，确认符合质量要求。

5.1.2 轴承箱内润滑油油质及油量符合要求。

5.1.3 封油、冷却水管不堵、不漏。

5.1.4 检查电机旋转方向。

5.1.5 盘车无卡涩，无异常响声。
5.1.6 必须向泵内注入输送液体。
5.1.7 出、入口阀门打开，至少应有 30% 开度。

5.2 试车

5.2.1 螺杆泵不允许空负荷试车。
5.2.2 运行良好，应符合下列机械性能及工艺指标要求；

a）运转平稳，无杂音；
b）振动烈度应符合 SHS 01003 相关规定；
c）冷却水和油系统工作正常，无泄漏；
d）流量、压力平稳；
e）轴承温升符合相应技术标准；
f）电流不超过额定值；
g）机械密封不得有明显可见泄漏。

5.2.3 安全阀回流不超过 3min。
5.2.4 试车 24h 合格后，按规定办理验收手续，移交生产。
5.2.5 试车期间维修人员和检修人员加强巡检次数。
5.2.6 停车时不得先关闭出口阀。

5.3 验收

5.3.1 检修质量达到本规程要求，检修记录齐全、准确。
5.3.2 连续运行 4h，设备技术指标达到设计要求或能满足生产需要。
5.3.3 设备状况达到完好标准。

6 维护与故障处理

6.1 日常维护

6.1.1 定时检查泵出口压力。
6.1.2 定时检查泵轴承温度及振动情况。
6.1.3 检查密封泄漏及螺栓紧固情况。
6.1.4 封油压力应比密封腔压力大 0.05～0.1MPa。
6.1.5 泵有不正常响声或过热时，停泵检查。

6.2 常见故障与处理

螺杆泵常见功能故障与处理方法见表 2。

表 2　螺杆泵常见功能故障与处理方法

功能	功能故障	故障模式	故障后果	故障应对策略与检修内容	检修周期/月
1. 满足流量、压力需求	1.1 不上量	1.1.1 吸入管路堵塞或漏气	不能满足使用需求	检修吸入管路	视情而定
		1.1.2 吸入高度超过允许吸入真空高度	不能满足使用需求	降低吸入高度	视情而定
		1.1.3 电动机/蒸汽透平转速不够	不能满足使用需求	修理或更换电动机/调整透平转速	视情而定
		1.1.4 介质黏度过大	不能满足使用需求	将介质加温	视情而定
		1.1.5 螺杆、衬套或轴承严重磨损	泵损坏	磨损严重时应更换零部件	24～36
		1.1.6 安全阀弹簧太松或阀瓣与阀座接触不严	不能满足使用需求	调整弹簧，研磨阀瓣与座	24～36
	1.2 压力表指针波动大	1.2.1 吸入管路漏气	出口压力不稳	检修吸入管路	视情而定
		1.2.2 安全阀没有调好或工作压力过大，使安全阀时开时闭	出口压力不稳	调整安全阀或降低工作压力	视情而定
2. 泵平稳运行	2.1 电流过大	2.1.1 电机原因	电机损坏	电气专业查找原因	24～36
		2.1.2 排出管路堵塞	电机损坏	停泵清洗管路	视情而定
		2.1.3 螺杆与衬套内严重摩擦	泵及电机损坏	检修或更换有关零件	24～36
		2.1.4 介质黏度太大	电机损坏	将介质升温	视情而定
	2.2 泵振动大	2.2.1 对中不良	泵轴承损坏	重新找正	视情而定
		2.2.2 螺杆与衬套不同心或间隙大、偏磨	泵轴承损坏	检修调整	24～36
		2.2.3 泵内有气	泵螺杆及轴承损坏	检修吸入管路，排除漏气部位	视情而定
		2.2.4 安装高度过大，泵内产生汽蚀	泵螺杆及轴承损坏	降低安装高度或降低转速	视情而定
		2.2.5 泵入口滤网堵塞	泵螺杆及轴承损坏	清理泵入口滤网	视情而定

表 2　螺杆泵常见功能故障与处理方法（续）

功能	功能故障	故障模式	故障后果	故障应对策略与检修内容	检修周期/月
2. 泵平稳运行	2.3 泵发热	2.3.1 泵内严重摩擦	泵螺杆及壳体损坏	检查调整齿轮等部件间隙	24～36
		2.3.2 机械密封回油孔堵塞	机械密封频繁泄露	疏通回油孔	视情而定
		2.3.3 油温过高	润滑、散热不良	适当降低油温	视情而定
	2.4 机械密封漏油	2.4.1 装配位置不对	机械密封损坏、泵停止运行	重新按要求装配	视情而定
		2.4.2 密封压盖未压平	机械密封损坏、泵停止运行	调整密封压盖	视情而定
		2.4.3 动环和静环密封面碰伤	泵停止运行	研磨密封面或更换新件	视情而定
		2.4.4 动环和静环密封圈损坏	泵停止运行	更换密封圈	视情而定

附　录　A
（资料性附录）
螺杆泵检修质量控制确认表

项目	主要控制内容			等级	施工单位	生产装置	设备管理部门	日期
	标准值	部位	现场记录					
拆卸中检测								
联轴器轴颈处跳动	≤0.04mm			B	★	★		
泵体、端盖和轴承座的配合面及密封面粗糙度检查	R_a3.2			B	★	★		
转子检查	各表面粗糙度 R_a1.6；螺杆轴颈圆柱度为直径的 0.25‰；螺杆轴线直线度为 0.05mm			B	★	★		
同步齿轮与轴及轮毂等配合间隙	H7/h6			B	★	★		
同步齿轮啮合侧间隙	0.08～0.10mm			B	★	★		
同步齿轮的接触面积	接触斑点均匀，接触面积沿齿长不小于 70%，沿齿高不少于 50%			B	★	★		
螺杆啮合时法向间隙	0.10～0.29mm							
轴颈与滑动轴承配合间隙	1～2/1000D							
轴与轴承配合位置尺寸公差	k6			B	★	★		
轴承箱与轴承配合位置尺寸公差	J7							

螺杆泵检修质量控制确认表（续）

<table>
<tr><td rowspan="2">项目</td><td colspan="3">主要控制内容</td><td rowspan="2">等级</td><td rowspan="2">施工单位</td><td rowspan="2">生产装置</td><td rowspan="2">设备管理部门</td><td rowspan="2">日期</td></tr>
<tr><td>标准值</td><td>部位</td><td>现场记录</td></tr>
<tr><td colspan="9">回装时检测</td></tr>
<tr><td>联轴器轴颈处跳动</td><td>≤0.04mm</td><td></td><td></td><td>B</td><td>★</td><td>★</td><td></td><td></td></tr>
<tr><td>泵体、端盖和轴承座的配合面及密封面粗糙度检查</td><td>R_a3.2</td><td></td><td></td><td>B</td><td>★</td><td>★</td><td></td><td></td></tr>
<tr><td>转子检查</td><td>各表面粗糙度R_a1.6；螺杆轴颈圆柱度为直径的0.25‰；螺杆轴线直线度为0.05mm</td><td></td><td></td><td>B</td><td>★</td><td>★</td><td></td><td></td></tr>
<tr><td>同步齿轮与轴及轮毂等配合间隙</td><td>H7/h6；锥面接触面积不小于70%</td><td></td><td></td><td>B</td><td>★</td><td>★</td><td></td><td></td></tr>
<tr><td>同步齿轮啮合侧间隙</td><td>0.08～0.10mm</td><td></td><td></td><td>B</td><td>★</td><td>★</td><td></td><td></td></tr>
<tr><td>同步齿轮的接触面积</td><td>接触斑点均匀，接触面积沿齿长不小于70%，沿齿高不少于50%</td><td></td><td></td><td>B</td><td>★</td><td>★</td><td></td><td></td></tr>
<tr><td>螺杆啮合时法向间隙</td><td>0.10～0.29mm</td><td></td><td></td><td>B</td><td>★</td><td>★</td><td></td><td></td></tr>
<tr><td>轴颈与滑动轴承配合间隙</td><td>（1‰～2‰）D</td><td></td><td></td><td>B</td><td>★</td><td>★</td><td></td><td></td></tr>
<tr><td>轴与轴承配合位置尺寸公差</td><td>k6</td><td></td><td></td><td>B</td><td>★</td><td>★</td><td></td><td></td></tr>
<tr><td>轴承箱与轴承配合位置尺寸公差</td><td>J7</td><td></td><td></td><td></td><td></td><td></td><td></td><td></td></tr>
</table>

注： A 级：施工单位、生产装置、设备管理部门专业人员检查确认后签字。

B 级：施工单位和生产装置专业人员检查确认后签字。

C 级：施工单位专业人员检查确认后签字。

另：如果有监理，监理的职责由甲方授权。

附 录 B
（资料性附录）
螺杆泵试车与验收数据记录表

装置： 设备名称： 位号：

试车参数记录			记录时间							
记录名称	参数位号	标准	1	2	3	4	5	6	7	8
出口压力										
出口流量										
前端温度										
后端温度										
前端振动										
后端振动										
异响										

验收确认	施工单位：	生产装置：	设备管理部门：

注： 1. 三方验收签字后交付生产使用。

2. 检修后 15 个工作日内，将试车和验收记录表扫描录入设备管理系统。

16. 齿轮泵维护检修规程

SHS 01017—2019

代替 SHS 01017—2004

目　次

前　言

本规程按照GB/T 1.1—2009《标准化工作导则　第1部分：标准的结构和编写》给出的规则起草。

本规程代替SHS 01017—2004《齿轮泵维护检修规程》，与SHS 01017—2004相比，除了编辑性修改外，主要技术变化如下：

——本规程调整了输送介质范围和温度范围；

——本规程按照回装程序对内容及质量技术标准进行了调整；

——本规程对密封的泄漏标准进行了修订；

——主要故障与处理通过RCM分析，根据故障模式，制定维修策略和维修周期。

——增加了附录A“齿轮泵检修质量控制确认表”和附录B“齿轮泵试车与验收数据记录表”。

本规程由中国石油化工集团有限公司、中国石油化工股份有限公司提出。

本规程起草单位：中国石油化工股份有限公司洛阳分公司。

本规程主要起草人：忽朝新、白聪俐。

本规程历次发布情况：

——SHS 01017—1992、SHS 01017—2004。

齿轮泵维护检修规程

1 范围

1.1 主题内容

本规程规定了齿轮泵的检修周期与内容、检修程序与质量标准、试车与验收、维护与故障处理。

1.2 适用范围

本规程适用于输送不含固体颗粒和纤维，温度不高于150℃，具有润滑性质的液体的齿轮泵；介质温度高于150℃的齿轮泵维护检修见相应技术文件要求。

2 规范性引用文件

下列文件中的条款通过本规程的引用而成为本规程的条款。凡是注日期的引用文件，其随后所有的修改单（不包括勘误的内容）或修订版均不适用于本规程，然而，鼓励根据本规程达成协议的各方研究是否可使用这些文件的最新版本。凡是不注日期的引用文件，其最新版本适用于本规程。

JB/T 6434 输油齿轮泵
JB/T 7041 液压齿轮泵
SHS 01003 石油化工旋转机械振动标准
SHS 01037 机械密封维护检修规程
SHS 01073 一般机泵用联轴器检修及质量标准

3 检修周期与内容

3.1 检修周期

齿轮泵根据设备功能故障及其影响分析的结果、有无备用设备，并结合生产装置运行周期，确定检修周期，一般为24～48个月。

3.2 检修内容

3.2.1 检查轴封，更换密封元件，调整压盖间隙或修理。
3.2.2 检查清洗入口过滤器。

3.2.3　检查联轴器及对中情况。

3.2.4　校验压力表及溢流阀等。

3.2.5　紧固各部位螺栓。

3.2.6　解体检查各部零部件磨损情况，检查调整各部位间隙。

3.2.7　修理或更换齿轮副、齿轮轴、端盖。

3.2.8　检查修理或更换轴承、联轴器、壳体和填料压盖。

3.2.9　检查修理机械密封。

4　检修与质量标准

齿轮泵结构如图 1 所示。

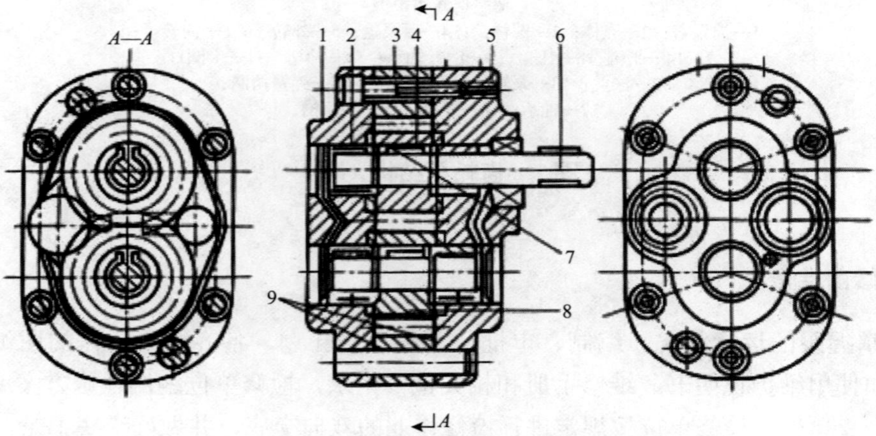

外喷合齿轮泵的结构

1—后泵盖；2—滚针轴承；3—泵体；4—主动齿轮；5—前泵盖；
6—传动轴；7—键；8—从动齿轮；9—环形卸载槽；

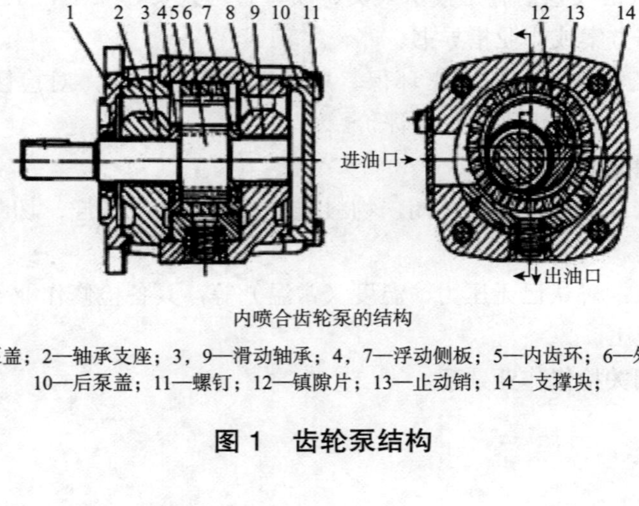

内喷合齿轮泵的结构

1—前泵盖；2—轴承支座；3，9—滑动轴承；4，7—浮动侧板；5—内齿环；6—外齿轮；
10—后泵盖；11—螺钉；12—镇隙片；13—止动销；14—支撑块；

图 1　齿轮泵结构

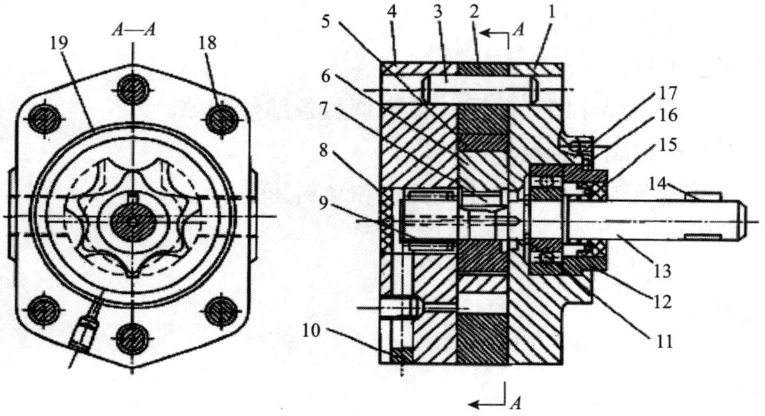

摆线齿轮泵结构

1—前泵盖；2—壳体；3—圆柱销；4—后泵盖；5—外转子；6—内转子；
7，14—平键；8—压盖；9—滚针轴承；10—油堵；11—卡圈；
12—法兰；13—泵轴；15—密封环；16—弹簧挡圈；
17—轴承；18—螺栓；19—卸荷槽；

图1　齿轮泵结构（续）

4.1　检修前准备

4.1.1　掌握泵的运行状况，编制、审批、下达检修计划，备齐检修所需的图纸和技术资料，如使用维护说明书、维修手册和相关检修记录，检修单位编制检修方案或作业指导书，产权单位、检修单位按规定进行检修作业的双向交底，并做好交底记录。

4.1.2　按要求备齐检修工器具、量具、吊具和零部件摆放设施。

4.1.3　备齐检修所需备品、配件、材料和劳保用品，检查核实备品、配件、材料的规格尺寸和材质是否满足技术要求。

4.1.4　落实检修队伍（包括施工技术人员、质量管理人员、安全、主修、辅修），组织检修人员熟读检修方案或作业指导书。

4.1.5　各项准备工作应符合安全、环保、质量等方面的要求，对检修过程进行危害识别及风险评估、环境因素识别和影响评价。

4.1.6　检修前条件确认

4.1.6.1　工艺确认：进出口阀门关闭，物料排空、置换冲洗干净；切断电源；切断相关水、气（汽）源等。

4.1.6.2　安全确认：确认已无压力、温度（常温）等，具备检修作业条件，设置好相关警示标识，方可施工。

4.1.6.3　办理好相关检修作业票证。

4.2 拆卸与检测

4.2.1 复查对中，拆卸联轴器。

a）记录对中情况。

b）检查联轴器及螺栓表面无损伤。

4.2.2 拆卸后端盖，检查轴承。

a）检查后端盖应无裂纹、变形、磨损等缺陷。

b）检查并记录轴承损伤情况。滚动轴承检查轴承轴向间隙。滑动轴承检查轴承顶部间隙、测间隙。

4.2.3 拆卸压盖，检查机械密封。

a）检查压盖应无裂纹、变形、磨损等缺陷。

b）机械密封应检查压盖与轴套的直径间隙，压盖与密封腔间的垫片厚度。检查机械密封弹性元件是否损伤及失弹，检查动静环表面结垢、损伤情况。

4.2.4 拆卸检查齿轮、齿轮轴和轴承。

a）外啮合齿轮泵拆卸前检查齿轮啮合顶间隙和侧间隙，检查齿顶与壳体的径向间隙。

b）内啮合齿轮泵拆卸前检查齿轮与壳体的侧间隙，检查外齿轮（从动轮）与壳体（支承块）的径向间隙。

c）拆卸后检查齿轮磨损情况。

d）检查滚动轴承与轴颈及壳体配合尺寸，检查轴承滚珠及内表面是否有磨损、坑疤等缺陷，内外圈滚动是否卡涩。

4.3 回装与质量标准事项

原则上以设计或使用、维护说明书要求为准，无要求时参照以下标准执行。

4.3.1 回装时注意事项：

a）回装时严禁直接敲打零部件。

b）回装前确认各零部件已清理并且外观完好，更换的零部件规格型号及尺寸符合要求并具有质量证明文件。

4.3.2 壳体检查

4.3.2.1 壳体两端面粗糙度为 R_a3.2。

4.3.2.2 两孔轴心线平行度和对两端垂直度公差值不低于 IT6 级。

4.3.2.3 壳体内孔圆柱度公差值为 0.02～0.03mm/100mm。

4.3.2.4 孔径尺寸公差和两中心距偏差不低于 IT7 级。

4.3.3 端盖检查

4.3.3.1 端盖加工表面粗糙度为 R_a3.2，两轴孔表面粗糙度为 R_a1.6。

4.3.3.2 端盖两轴孔中心线平行度公差值为 0.01mm/100mm，两轴孔中心距偏差为±0.04mm。

4.3.3.3 端盖两轴孔中心线与定位端面垂直度公差值为 0.03mm/100mm。

4.3.4 转子检查

4.3.4.1 齿轮与轴的配合为 H7/m6。

4.3.4.2 传动齿轮的齿轮跳动≤0.02mm，端面全跳动≤0.05mm。

4.3.4.3 轴颈圆柱度公差值为 0.01mm，表面不得有伤痕，粗糙度为 R_a1.6。轴颈最大磨损量小于 0.01D（D 为轴颈直径）。

4.3.4.4 两齿轮宽度一致，单个齿轮宽度误差不得超过 0.05mm/100mm。

4.3.5 安装轴承

4.3.5.1 轴颈与滑动轴承的配合间隙（经验值）如表 1 所示。

表 1 轴颈与滑动轴承配合间隙值

转速 /（r/min）	1500 以下	1500～3000	3000 以上
间隙 /mm	1.2‰ D	1.5‰ D	2‰ D

注： D 为轴颈直径，单位 mm。

4.3.5.2 滑动轴承外圆与端盖配合为 R7/h6。

4.3.5.3 滑动轴承内孔与外圆的同轴度公差值为 0.01mm。

4.3.5.4 滚动轴承内圈与轴的配合为 H7/Js6。

4.3.5.5 滚针轴承外圈与端盖的配合为 K7/h6。

4.3.5.6 滚针轴承无内圈时，轴与滚针的配合为 H7/h6。

4.3.6 回装转子

4.3.6.1 回装转子及两侧端盖。

4.3.6.2 测量齿轮端面与端盖的轴向总间隙，一般为 0.10～0.15mm。

4.3.6.3 测量齿轮两端面与轴孔中心线或齿轮轴齿轮两端面与轴中心线的垂直度，垂直度公差值为 0.02mm/100mm。

4.3.6.4 测量齿顶与壳体的径向间隙，一般为 0.15～0.25mm，但必须大于轴颈与轴瓦的径向间隙。

4.3.6.5 测量两齿轮轴线平行度不得超过 0.02mm/100mm。

4.3.6.6 测量齿轮啮合顶间隙为（0.2～0.3）m（m 为模数）。

4.2.6.7　齿轮啮合的侧间隙应符合表 2 的规定。

表 2　齿轮啮合侧间隙标准

mm

中心距	≤50	51～80	81～120	121～200
啮合侧间隙	0.085	0.105	0.13	0.17

4.3.6.8　测量齿轮啮合接触斑点均匀，其接触面积沿齿长不小于 70%，沿齿高不少于 50%。

4.3.6.9　传动齿轮测量侧间隙 0.35mm，顶间隙 1.35mm。

4.3.7　内啮合齿轮泵转子回装

4.3.7.1　回装内齿轮，回装外齿轮，检查其与壳体（支承块）间隙根据设备转速参照表 1 选取计算。

4.3.7.2　渐开线齿轮泵回装填隙块，检查内齿轮、外齿轮齿顶与填隙块间隙 0.15～0.25mm，检查时填隙块位于运行位置。

4.3.7.3　测量齿轮端面与侧盖板轴向间隙，其间隙值见表 3。

表 3　轴向间隙标准

mm

泵尺寸	*DN*25/32	*DN*40	*DN*50/65	*DN*80/100	*DN*125/150	*DN*200
轴向间隙	0.10～0.125	0.1～0.15	0.15～0.20	0.20～0.25	0.30～0.375	0.40～0.50

注：不锈钢材质的泵轴向间隙应较上表大 0.10mm。

4.3.8　回装机械密封

4.3.8.1　压盖与垫片接触面对轴中心线的垂直度为 0.02mm。

4.3.8.2　密封压盖与静环密封圈接触部位的粗糙度为 R_a3.2。

4.3.8.3　安装机械密封部位的轴或轴套，表面无锈斑，裂纹等缺陷，粗糙度 R_a1.6。

4.3.8.4　弹簧压缩后的工作长度符合设计要求。

4.3.8.5　压盖螺栓均匀上紧，防止压盖端面偏斜。

4.3.8.6　其他质量标准按 SHS 01037《机械密封维护检修规程》。

4.3.9　回装联轴器

联轴器检修质量标准详见 SHS 01073《一般机泵用联轴器检修及质量标准》。

5 试车与验收

5.1 试车前准备

5.1.1 检查检修记录，确认检修数据正确。
5.1.2 盘车无卡涩，填料压盖不歪斜。
5.1.3 点动电机确认旋转方向正确。
5.1.4 检查液面，应符合泵的吸入高度要求。
5.1.5 压力表、溢流阀应灵活好用。
5.1.6 打开入口阀向泵内注入输送介质。
5.1.7 确认出口阀门打开。

5.2 试车

5.2.1 齿轮泵不允许空负荷试车。
5.2.2 运行良好，应符合下列机械性能及工艺指标要求。

a）运转平稳，无杂音。

b）振动烈度符合 SHS 01003《石油化工旋转机械振动标准》相关规定。

c）冷却水和封油系统工作正常，无泄漏。

d）流量、压力平稳。

e）轴承温升符合相应标准。

f）电流不超过额定值。

g）机械密封无明显可见泄漏。

5.2.3 安全阀回流不超过 3min
5.2.4 试车 24h 合格后，按规定办理验收手续，移交生产。
5.2.5 试车期间维修人员和检修人员加强巡检次数。
5.2.6 停车时不得先关闭出口阀。

5.3 验收

5.3.1 检修质量本规程的要求和规定，检修记录齐全、准确。
5.3.2 连续运行 4h，设备技术指标达到设计要求或能满足生产需要。
5.3.3 设备状况达到完好标准。

6 维护与故障处理

6.1 日常维护

6.1.1 定时检查泵出口压力，不允许超压运行。

6.1.2 定时检查泵紧固螺栓有无松动，泵内无杂音。

6.1.3 定时检查填料箱、轴承、壳体温度。

6.1.4 定时检查轴密封泄漏情况。

6.1.5 定时检查电流。

6.1.6 定期清理过滤器。

6.2 常见故障与处理

齿轮泵常见功能故障与处理方法见表 4。

表 4 齿轮泵常见功能故障与处理方法

功能	功能故障	故障模式	故障后果	故障应对策略与检修内容	检修周期／月
1. 流量、压力满足需求	1.1 不上量	1.1.1 吸入管路堵塞或漏气	泵供油不足	检修吸入管路	视情而定
		1.1.2 吸入高度超过允许吸入真空高度	泵供油不足	降低吸入高度	视情而定
		1.1.3 电动机转速不够	泵供油不足	修理或更换电动机	视情而定
		1.1.4 电动机反转	泵供油不足	改变电动机转向	视情而定
		1.1.5 介质黏度过大	泵供油不足	将介质加温	视情而定
		1.1.6 泵内齿轮或轴承等部件严重磨损	泵损坏	磨损严重时应更换零部件	24～36
		1.1.7 安全阀弹簧太松或阀瓣与阀座接触不严	泵供油不足	调整弹簧，研磨阀瓣与座	24～36
	1.2 压力表指针波动大	1.2.1 吸入管路漏气	出口压力不稳	检修吸入管路	视情而定
		1.2.2 安全阀没有调好或工作压力过大，使安全阀时开时闭	出口压力不稳	调整安全阀或降低工作压力	视情而定
2. 泵平稳运行	2.1 电流过大	2.1.1 电机原因	电机损坏	电气专业查找原因	24～36
		2.1.2 排出管路堵塞	电机损坏	停泵清洗管路	视情而定
		2.1.3 泵内齿轮等部件严重摩擦	泵及电机损坏	检修或更换有关零件	24～36
		2.1.4 介质黏度太大	电机损坏	将介质升温	视情而定

表 4　齿轮泵常见功能故障与处理方法（续）

功能	功能故障	故障模式	故障后果	故障应对策略与检修内容	检修周期／月
2. 泵平稳运行	2.2 泵振动大	2.2.1 对中不良	泵轴承损坏	重新找正	视情而定
		2.2.2 齿轮与泵不同心或间隙大	泵轴承损坏	检修调整	24～36
		2.2.3 泵内有气体	泵齿轮及轴承损坏	检修吸入管路，排除漏气部位	视情而定
		2.2.4 安装高度过大，泵内产生汽蚀	泵齿轮及轴承损坏	降低安装高度或降低转速	视情而定
	2.3 泵发热	2.3.1 泵内严重摩擦	泵齿轮及壳体损坏	检查调整齿轮等部件间隙	24～36
		2.3.2 机械密封回油孔堵塞	机械密封频繁泄漏	疏通回油孔	视情而定
		2.3.3 介质温度过高	润滑、散热不良	适当降低介质温度	视情而定
	2.4 机械密封泄漏	2.4.1 装配位置不对	机械密封损坏、泵停止运行	重新按要求装配	视情而定
		2.4.2 密封压盖未压平	机械密封损坏、泵停止运行	调整密封压盖	视情而定
		2.4.3 动环和静环密封面碰伤	泵停止运行	研磨密封面或更换新件	视情而定
		2.4.4 动环和静环密封圈损坏	泵停止运行	更换密封圈	视情而定

附 录 A
（资料性附录）
齿轮泵检修质量控制确认表

项目	主要控制内容			等级	施工单位	生产装置	设备管理部门	日期
	标准值	部位	现场记录					
拆卸时检测								
联轴器轴颈处跳动。	≤0.04mm			B	★	★		
壳体内孔圆柱度公差值	0.02～0.03mm/100mm			B	★	★		
端盖两轴孔中心线与定位端面垂直度公差值	0.03mm/100mm。			B	★	★		
齿轮宽度误差，齿轮跳动及端面全跳动误差	≤0.05mm/100mm，齿轮跳动≤0.02mm，端面全跳动≤0.05mm			B	★	★		
齿轮端面与端盖的轴向总间隙。	0.10～0.15mm			B	★	★		
齿轮啮合精度检测	接触斑点均匀，接触面积沿齿长不小于70%，沿齿高不少于50%。			B	★	★		
轴与轴承配合位置尺寸公差	k6			B	★	★		
回装时检测								
联轴器轴颈处跳动	≤0.04mm			B	★	★		
壳体内孔圆柱度公差值	0.02～0.03mm/100mm			B	★	★		
端盖两轴孔中心线与定位端面垂直度公差值	0.03mm/100mm			B	★	★		

齿轮泵检修质量控制确认表（续）

项目	主要控制内容			等级	施工单位	生产装置	设备管理部门	日期
	标准值	部位	现场记录					
两齿轮宽度，传动齿轮的齿轮跳动，端面全跳动	宽度误差不得超过0.05mm/100mm，齿轮跳动≤0.02mm，端面全跳动≤0.05mm			B	★	★		
测量齿轮端面与端盖的轴向总间隙	0.10～0.15mm			B	★	★		
齿轮啮合精度检测	接触斑点均匀，接触面积沿齿长不小于70%，沿齿高不少于50%			B	★	★		
轴与轴承配合位置尺寸公差	k6			B	★	★		

注： A级：施工单位、生产装置、设备管理部门专业人员检查确认后签字。

B级：施工单位和生产装置专业人员检查确认后签字。

C级：施工单位专业人员检查确认后签字。

另：如果有监理，监理的职责由甲方授权。

附 录 B

（资料性附录）

齿轮泵试车与验收数据记录表

装置： 设备名称： 位号：

试车参数记录			记录时间							
记录名称	参数位号	标准								
出口压力										
出口流量										
泵体振动										
泵体温度										
电机电流										
运行异响										
验收确认		施工单位：		生产装置：			设备管理部门：			

注：1. 三方验收签字后交付生产使用；

2. 检修后 15 个工作日内，将试车和验收记录表扫描录入设备管理系统。

17. 垂直剖分离心式压缩机维护检修规程

SHS 01018—2019

代替 SHS 03003—2004，部分代替 SHS 01018—2004、
SHS 01019—2004、SHS 05010—2004、SHS 05013—2004 等

目　次

前　言

本规程按照GB/T 1.1—2009《标准化工作导则　第1部分：标准的结构和编写》给出的规则修订。

本规程代替SHS 03003—2004《垂直剖分离心式压缩机维护检修规程》，部分代替SHS 01018—2004《离心式空气压缩机维护检修规程》、SHS 01019—2004《离心式氨气压缩机维护检修规程》、SHS 05010—2004《氮气压缩机组维护检修规程》、SHS 05013—2004《离心式空气压缩机组维护检修规程》等，与SHS 03003—2004等相比，除了编辑性修改外，主要技术变化如下：

——规范性引用文件予以更新；

——主要故障与处理按照RCM分析的方法重新编制；

——增加附录A“垂直剖分离心式压缩机检修质量控制确认表”、附录B“垂直剖分离心式压缩机试车与验收数据记录表”。

本规程由中国石油化工集团有限公司、中国石油化工股份有限公司提出。

本规程起草单位：沈阳鼓风机集团安装检修配件有限公司。

本规程主要起草人：刘一闻、马驰。

本规程所代替规程的历次版本发布情况为：

——SHS 03003—1992、SHS 03003—2004；

——SHS 01018—1992、SHS 01018—2004；

——SHS 01019—1992、SHS 01018—2004；

——SHS 05010—1992、SHS 05010—2004；

——SHS 05013—1992、SHS 05013—2004。

垂直剖分离心式压缩机维护检修规程

1 范围

1.1 主题内容

本规程规定了BCL/2BCL/3BCL型离心压缩机及其他垂直剖分机型的检修周期与内容、检修程序与质量标准、试车与验收、维护与故障处理。

1.2 适用范围

本规程适用于BCL/2BCL/3BCL型垂直剖分式离心压缩机的检修维护，其他类似的垂直剖分式离心压缩机参照执行。

2 规范性引用文件

下列文件中的条款通过本规程的引用而成为本规程的条款。凡是注日期的引用文件，其随后所有的修改单（不包括勘误的内容）或修订版均不适用于本规程，然而，鼓励根据本规程达成协议的各方研究是否可使用这些文件的最新版本。凡是不注日期的引用文件，其最新版本适用于本规程。

API 617　石油及化工和气体工业用离心压缩机

API 614　润滑、轴密封和控制油系统及辅助设备

SH/T 3539　石油化工离心式压缩机组施工及验收规范

GB 50231　机械设备安装工程施工及验收通用规范

GB 50484　石油化工建设工程安全技术规程

SH/T 3536　石油化工工程起重施工规范

3 检修周期与内容

3.1 检修周期

垂直剖分离心式压缩机根据设备功能故障及其影响分析的结果、有无备用设备并结合生产装置运行周期，确定设备检修周期，一般为36～60个月。

3.2 检修内容

3.2.1 压缩机本体检修

a）抽芯全面检查并检测机组各部数据。

b）检查、清理压缩机轴承部件磨损情况。

c）检查、清理压缩机级间密封、油封等部件磨损情况。

d）检查、清理压缩机转子部件磨损情况。

e）检查、清理压缩机定子部件磨损情况。

f）检查机组对中找正情况并根据规范要求进行调整。

3.2.2 变速机检修

详见 SHS 01028《变速机维护检修规程》。

3.2.3 油系统检修

a）油箱清理及润滑油更换；

b）检查蓄能器及充气压力；

c）油滤器双联过滤器滤芯更换；

d）主 / 辅油泵入口过滤网拆卸清洗或更换；

e）油冷却器抽芯子检查并清洗；

f）检查主油泵和辅油泵对中；

g）检查并清理高位油箱；

h）检查阀门仪表等部件及化验油品。

3.2.4 检查、清理轴端密封本体及密封气系统的管线、阀门和仪表等部件。

3.2.5 检查、清理级间冷却器、分离器等。

3.2.6 检查、清理级间管线上出入口阀门、单向阀等。

3.2.7 检查轴系仪表和其他辅助设施。

4 检修程序与质量标准

4.1 检修前准备

4.1.1 人员准备

a）确定现场组织结构，确定检修人员数量；

b）人员进行安全培训、技术交底。

4.1.2 资料准备

a）审批合格的施工方案、TnPM 定制管理方案以及 HSE 管理方案；

b）审批合格的施工进度计划及人员工机具配置清单；

c）准备机组随机文件、合格证等资料；

d）人员资格证，工机具、量具检验证明文件；

e）工机具入厂文件；

f）机组运行记录；

g）原始安装（检修）数据。

4.1.3 物资准备

a）建议准备的工机具、量具的清单见表1。

表1 工机具、量具清单

百分表	水平仪	游标卡尺
塞尺	百分表座	量块
吊耳	铅丝	三角刮刀
外径千分尺	千斤顶	内径千分尺
梅花扳手	深度尺	敲击扳手
锉刀	活扳手	力矩扳手
公制内六角扳手	套筒扳手	尼龙吊装带
手拉葫芦	英制内六角扳手	钢丝绳
橡胶板	红丹粉	激光对中仪（若有）
铜棒或铅棒	劳保用品	应急安全物资

b）建议准备的耗材清单见表2。

表2 常用耗材清单

专用密封胶	煤油	普通砂纸
面粉	白布	显影剂
塑料布	金相砂纸	生料带
清洗剂	刷子	铁丝
海绵	除锈刷	细磨石

c）机组检修所需的专用工具，针对气动工具、电动工具、液压工具要提前试验合格；

d）合格的备品备件。

4.1.4 检修前条件确认

a）确认机组停机、置换、加拆盲板等工作完成，符合检修条件并已开具有关工作票证；

b）水、电、汽、风等条件具备；

c）桥式起重机等吊装设备性能完好，具备使用条件；

d）保持检修通道畅通。

4.2 拆卸与检测

4.2.1 断开压缩机振动、轴位移和测温探头，待后续拆出轴系仪表探头后进行校验。

4.2.2 拆除轴端密封（干气密封、碳环密封等）、平衡气、油管、排烟管等各个管线，封闭好管口并做好标识牌。

4.2.3 拆卸联轴器护罩并进行清理。

4.2.4 打开机组轴承箱上盖。

4.2.5 松开联轴器螺栓，如有配重部件须做标记。螺栓需无损检测。

4.2.6 拆除联轴器中间节，检查记录轴端距及相对位置，检查膜片是否完好。

4.2.7 使用百分表、找正工具进行对中的复测，并做好记录；也可使用激光对中仪进行复测。找正示意图见图 1。

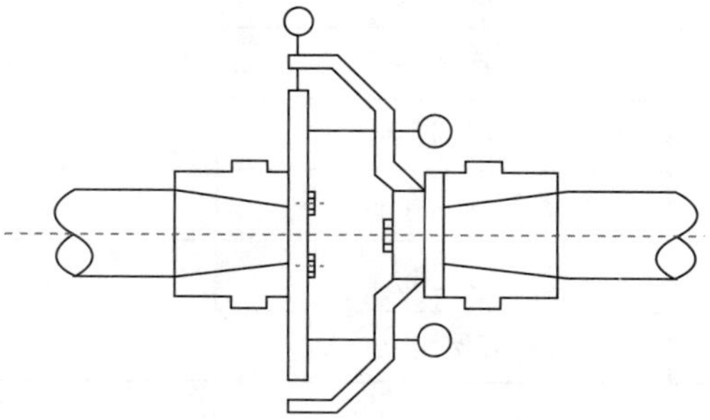

图 1 找正示意图

4.2.8 拆卸推力轴承

a）拆推力轴承之前，可先测量推力间隙，记录数值，以便清洗回装后检查是否安装到位；

b）拆除轴承压盖，吊起时尽可能保持垂直上升；

c）逐块取下止推瓦块，并将每块瓦块标记，取下下半推力环，取下止推轴承的调整垫片，做好标记；

d）拆除非驱动端的位移盘和推力盘；

e）检查止推轴承的每块瓦片合金表面有无划痕及其他损伤；

f）拆卸轴承前、回装后均应需测量间隙值，便于参考。

4.2.9 利用联轴器拆装工具拆除半联轴器，拆卸前记录半联轴器与轴头之间相对位置，回装时便于参考。

4.2.10 拆卸两侧径向轴承

a）拆支承轴承之前，先测量轴承间隙、油封间隙，记录数值，以便清洗回装后检查是否安装到位；

b）拆除轴承压盖，拆开前可测量轴承压盖过盈值；

c）拆卸连接两半轴承螺钉，取出上半轴承，拆除下轴承的温度仪表探头，对仪表探头进行检查，做好保存进行存放；

d）用百分表架在转子上，利用转子托架将转子托起，轻微抬起转子高度约为0.15mm，将轴瓦下半部分取出；

e）清洗轴承，并仔细检查轴承合金面有无划痕，如有须用金相砂纸手工修磨，将轴瓦标记好后包好放置在规定区域内；同时对瓦体进行外观检查；

f）拆卸轴承前、回装后均应需测量间隙值，便于参考；径向、推力轴瓦直径间隙见表 3、图 2。

表 3　径向、推力轴瓦直径间隙表

序号	机组型号	径向间隙	推力间隙	拆卸数据	回装数据	备注
1	BCL407	0.10～0.13	0.25～0.35			
2	2BCL457	0.15～0.19	0.25～0.35			
3	BCL528	0.19～0.23	0.25～0.35			
4	BCL606	0.16～0.23	0.25～0.35			
5	BCL708	0.19～0.28	0.25～0.35			
6	BCL807	0.17～0.29	0.25～0.35			
7	BCL906	0.23～0.29	0.25～0.35			
8	BCL1006	0.25～0.29	0.25～0.35			

注：上表数据为参照值，准确数据详见机组随机文件。

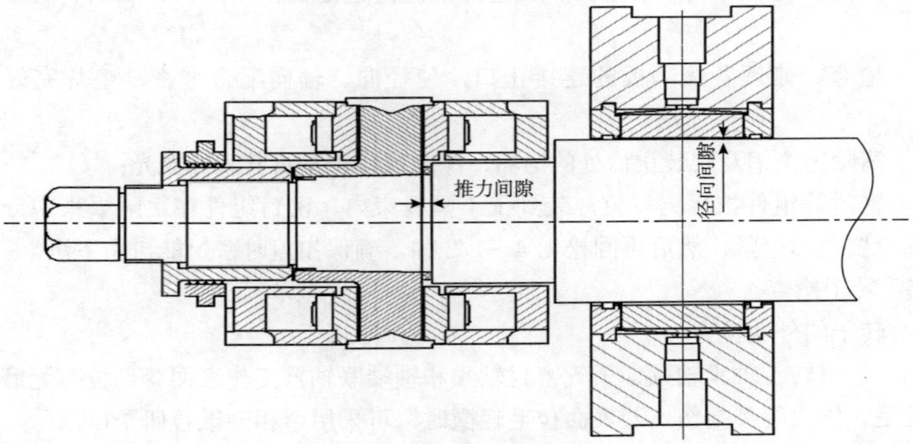

图 2　轴承间隙示意图

4.2.11　轴端密封拆卸

在拆除压缩机轴承后，用专用工具拆卸轴端密封，见 SHS 01051《干气密封维护检修规程》及其他轴端密封检修规程。

4.2.12 拆除端盖及抽芯

a）拆除端盖螺栓和定位销；

b）拆卸机壳端盖联接螺栓，起吊机壳端盖；

c）拆卸机壳端面螺栓；

d）安装保护导杆，安装端盖吊装工具；

e）调整好手拉葫芦的松紧，平稳吊出端盖，放置指定位置。

4.2.13 检查并抽出内机壳组件，拆卸隔板及气封，吊出转子

a）用抽内机壳的专用工具将内机壳抽出，使用行车和手拉葫芦吊住内机壳，调整好手拉葫芦的合适紧度；

b）平缓吊出内机壳，缓落在专用托架上；

c）拆卸固定螺栓和定位销将上下半拆开，解体内机壳并打开上半部分；

d）检查中分面密封条的损坏及腐蚀情况；

e）检查转子与隔板之间各迷宫密封的间隙；

f）用布绳或带护套的钢丝绳吊起转子，保持水平地从下半隔板组中吊出转子，将转子放在转子托架上；

g）检查隔板束、转子各部有无裂纹、冲蚀及磨损等缺陷；

h）拆卸气封等内件，清除污垢，检查冲刷、磨损、腐蚀情况；

i）检查各迷宫密封环的梳齿是否有倒伏、扭曲、裂纹等缺陷，视情况更换备件密封。

4.2.14 清理隔板束

a）清除积炭和污垢，使壁面、流道光滑，检查是否存在擦伤、裂纹和变形等异常现象；

b）检查、修理各级隔板的连接止口，使径向、轴向配合严密、垫片完好、螺栓紧固；

c）清除定位销及安装止口处的污垢，涂二硫化钼粉将其表面抛光；

d）密封等组件按标记复位，装到上下隔板束内，密封组件在上隔板束中分面处的固定螺栓要全部拧紧，然后再回松 1/4～1/2 扣，确保扣盖时密封能自由下沉。

4.2.15 转子检查

a）转子的外观检查

（a）检查转子轴承轴颈、干气密封轴颈和轴端联轴器工作表面等部位有无磨损、沟痕、拉毛、压痕等类损伤，若表面拉毛轻微时，可采用金相砂纸拉研予以消除，其他损伤应根据实际情况制定方案，选择适当方法予以处理。轴上其他部位的表面粗糙度也应达到设计的相应要求；

（b）检查转子上内密封工作表面处磨损沟痕的深度，叶轮轮盘、轮盖的内外表面、轴衬套表面、平衡盘表面等原则上应无磨损、腐蚀、冲刷沟槽等缺陷。叶片进出口边应无冲刷、磨蚀和变形；

(c) 检查、清除叶轮内外表面上的垢层。用高压水枪冲洗转子，清理叶轮表面的垢层，检查叶轮内外表面有无垢层残留物；

(d) 检查转子上的所有螺纹、丝扣应完好、无变形，与螺母的配合紧固。

b) 转子的尺寸检查

(a) 检查轴颈、迷宫密封轴颈等的圆度和圆柱度；

(b) 检查轴的直线度，转子上密封部位、轴颈部位、轴端联轴器工作部位等处的径向跳动，叶轮、和止推轴肩等处的端面跳动，并记录全部最大跳动值及其方位，与运动的记录比较，若发生明显变化时，应找出原因，并视情况予以处理；

(c) 检查叶轮外圆、口环、轴套等直径尺寸。

c) 转子的无损探伤检查

(a) 整个转子用着色渗透探伤检查，必要时用其他无损探伤手段（磁粉和超声波）进行复核。重点检查键槽、螺纹表面、螺纹根部及其过渡处、形状突变部位、过渡圆角部位、焊接叶轮的焊缝以及动平衡打磨部位等；

(b) 转子如果检查出有裂纹等缺陷，现场无法处理，必须转至专业厂进行修复，修复后需进行高速动平衡。

4.2.16　级间密封间隙检测

a) 将转子回装入下隔板束，使用专用工装支架支承转子和隔板束；检查转子与内壳的同心度，若发现密封偏磨或密封间隙偏向一侧，进行调整，此问题建议由专业检修人员处理；

b) 检查各级间密封的磨损情况，检查转子与各级间密封的间隙，若密封锈蚀、磨损严重或密封间隙超差，则更换备件密封。更换新密封后需对新密封间隙进行检查，按照说明书中密封间隙要求用刮刀或锯条等工具对密封齿进行刮磨，直至密封间隙符合说明书要求为止。级间密封、油封间隙见表 4、图 3。

表 4　级间密封、油封间隙表

mm

序号	间隙名称	机组型号									
		BCL407	2BCL457	BCL528	BCL606	BCL708	BCL807	BCL906	BCL1006	拆卸数据	回装数据
1	油封间隙	0.25～0.35	0.25～0.45	0.25～0.35	0.2～0.45	0.3～0.45	0.3～0.45	0.35～0.50	0.75～0.95		
2	轴端密封间隙 C	0.25～0.45	0.25～0.45	0.45～0.65	0.45～0.65	0.45～0.65	0.60～0.80	0.6～0.8	0.75～0.95		
3	轴封间隙 G	0.3～0.5	0.3～0.5	0.5～0.7	0.5～0.7	0.65～0.85	0.75～0.95	0.8～1.0	0.9～1.1		
4	口圈密封间隙 1	0.4～0.6	0.5～0.7	0.75～1.0	0.8～1.05	0.8～1.05	1.3～1.6	1.9～2.2	2.3～2.6		

表 4　级间密封、油封间隙表（续）

序号	间隙名称	机组型号									
		BCL407	2BCL457	BCL528	BCL606	BCL708	BCL807	BCL906	BCL1006	拆卸数据	回装数据
5	口圈密封间隙 2	0.4～0.6	0.5～0.7	0.65～0.85	0.75～1.0	0.75～1.0	1.25～1.55	1.9～2.2	2.2～2.5		
6	口圈密封间隙 3				0.7～0.95						
7	平衡盘密封间隙 F	0.3～0.5	0.3～0.5	0.6～0.8	0.6～0.8	0.65～0.85	1.0～1.25	1.2～1.4	1.3～1.6		

注：上表数据为参照值，准确数据详见机组随机文件。

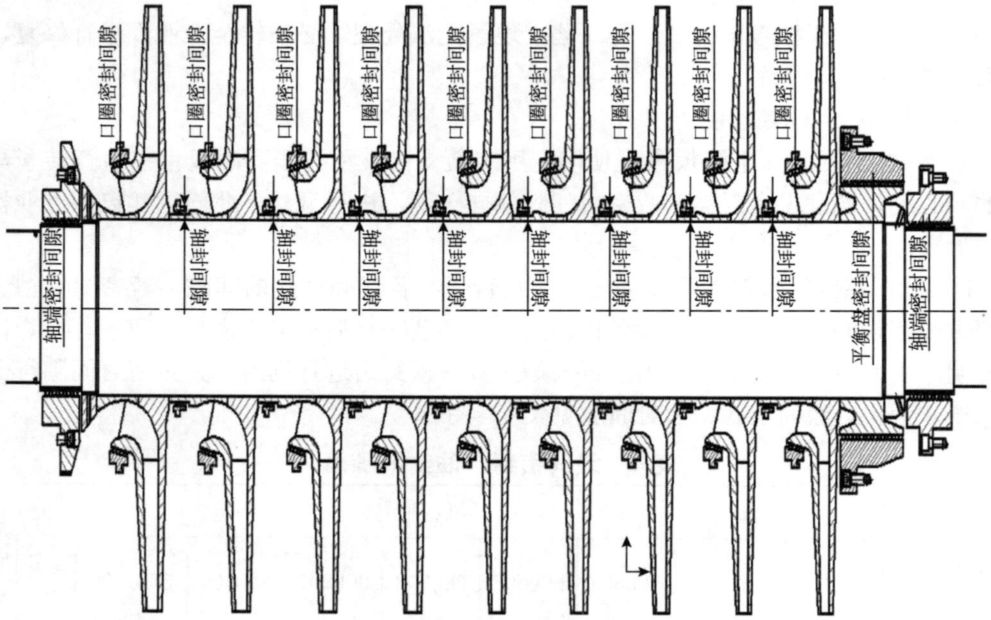

图 3　密封间隙示意图

4.3　回装与质量标准

4.3.1　压缩机内机壳及端盖的回装：

a）在下隔板束安装导向杆，吊装上隔板束并沿导向杆进行回装；

b）将螺栓对号入座进行回装，回装前涂抹防咬合材料，进行螺栓紧固操作；

c）隔板中分面在自由间隙应≤0.05mm；

d）紧固原则为先紧中心线一边，再紧另一边。将螺栓 4 个一组进行紧固，所有螺栓需紧固两遍，第一遍紧固力矩为要求值的 60% 左右；第二遍按要求力矩进行紧固；

e）内机壳组装好后，使用专用工具将内机壳推回缸体内。

4.3.2 对压缩机端盖进行安装，紧固螺栓时应用扭矩扳手的 60% 的额定扭矩进行初步紧固；用 100% 的额定扭力进行最后紧固；最后检查 10% 的螺栓紧固情况。详见表 5 螺栓力矩表。

表 5 螺栓力矩表

螺栓公称直径 /mm	力矩 /（kgf·m）
M24	20
M30	40
M36×3	80
M42×3	130
M48×3	180
M56×4	300
M64×4	500
M72×4	750

注：上表数据为参照值，准确数据详见机组随机文件。

4.3.3 回装干气密封，详见 SHS 01051《干气密封维护检修规程》。

4.3.4 回装干气密封管线。

4.3.5 向缸内充压，检测干气密封的密封性，如现场法兰口无法盲死，可根据实际情况改进测试方法，或直接测试干气密封腔体气密。

4.3.6 支承轴承回装：

a）用红丹粉检查瓦体在下半轴承座内接触情况，应接触良好。左右两侧与轴承座中分面齐平，两侧间隙前后左右均匀，且≤0.05mm；

b）在下半轴承区安装好测温元件；

c）回装两侧下半轴承，左右两侧与轴承座中分面齐平两侧间隙均匀且≤0.05mm；下半轴承与轴承座对研接触面积应 75% 以上，下半轴承中部的三之分一面完全接触，且滑动自如；

d）轴承防转销不高出轴承座中分面。拧紧中分面螺栓后，轴承中分面、轴承座中分面密合无间隙，回装轴承上半，锁紧螺栓；

e）安装轴承压盖，紧固螺栓；压盖安装前需测量径向轴承间隙及轴承压盖过盈；过盈值通常 0.01～0.03mm，准确数据详见机组随机文件；

f）回装时需仪表人员配合回装轴承测温探头。

4.3.7 测量转子的轴向位移值（总窜量），将百分表固定在机壳，触头接触转子端部，分别向两个方向轴向移动转子，至转子内部件接触机壳部件为止，读出轴向位移值，轴向位移值记录表见表 6。

表 6　轴向位移值记录表

序号	机组型号	轴向窜动值	拆卸数据	回装数据	备注
1	2BCL457	1.5			当止推轴承处于安装位置时两侧的轴向窜动值
2	BCL528	1.5			
3	BCL606	1.5			
4	BCL708	1.5			
5	BCL807	2			
6	BCL906	2			
7	BCL1006	3			

注： 上表数据为参照值，准确数据详见机组随机文件。

4.3.8　利用专用工具回装推力盘、位移盘。

4.3.9　止推轴承回装：

a）回装与拆卸为可逆过程。装配间隙按要求值调整。回装时需仪表人员配合回装轴承测温元件；

b）推力盘与瓦块接触均匀，接触面积占瓦块减去油楔所余面积的 75% 以上，接触点不少于2～3 点 /cm^2，同组瓦块的厚度差≤0.01mm；

c）推力盘的两推力面平行度≤0.02mm，瓢偏≤0.02mm；

d）瓦块摆动灵活、无卡涩；

e）调整垫片不允许变形、锈蚀、毛刺等缺陷，不平行度允许偏差≤0.01mm；

f）测量推力间隙符合设计值，如超差可调整瓦背的调整垫片，必要时更换备件瓦块。

4.3.10　仪表探头检查与回装：

a）在做安装前确保探头、延长电缆、前置器相互匹配；

b）被测量探头间隙电压应在本特利探头说明书规定范围内。

4.3.11　使用联轴器拆装特殊工具将联轴节装入轴端：

a）拆卸联轴器前，应检查测量记录半联轴器轴向位置；采用液压或加热法回装时，应使半联轴器的轴向预补偿量（移动量），符合制造厂的规定，联轴器内孔与轴接触面积≥85%；

b）回装后检查半联轴器的端面和径向跳动，应符合资料要求，一般要求≤0.02mm；

c）膜片联轴器应测量联轴器的预拉伸（压缩）量，应符合设计要求，膜片应无裂纹等缺陷。连接螺栓应完整，拆卸时应成组保存并进行标记，回装前做无损探伤，螺栓应按力矩要求紧固并检查自锁情况。

4.3.12　按照找正数据进行对中找正。如涉及管道应力、基础下沉等因素，须系统性多专业协同配合。

4.3.13　检查机组滑销系统：

a）机壳风口导向键工作面两侧间隙总和为0.02～0.12mm。底部间隙≥5mm，具体数值参见随机资料；

b）机组前支腿定位键两侧间隙总和为0.02～0.12mm，具体数值参见随机资料；

c）测量设备支腿上调整垫圈到螺栓下表面的间隙通常0.02～0.05mm。

4.3.14 回装联轴器中间节。

4.3.15 回装轴承箱上盖。

4.3.16 回装联轴器护罩。

4.3.17 附属管线及相关仪表回装。

4.3.18 油循环并具备机组试车条件。

5 试车与验收

5.1 试车前准备

5.1.1 确认各项检修工作已经完成，检修记录齐全，检修质量符合要求，有报审合格的试车方案。

5.1.2 机、电、仪、操各专业共同进行机组安全联锁试验合格，确认各部位仪表及联锁装置齐全、准确、灵敏可靠。

5.1.3 安全附件校验合格，齐全完整。

5.1.4 润滑油系统按规定油运合格，单独的润滑部位按规定加注了润滑油。

5.1.5 确认密封气系统、冷却水系统、干气密封系统准备完毕，具备试车条件。

5.1.6 确认外围工艺准备完毕，具备试车条件。

5.1.7 公用工程各项准备工作完毕。

5.1.8 驱动透平（或电动机）单机试车成功，压缩机盘车灵活，联轴器组装完毕。

5.1.9 检查确认项目，必须有相关人员现场确认、签字并存档备查。

5.2 试车

参照压缩机、驱动机及辅助设备的操作规程，按已制定好的试车方案进行试车。

5.2.1 压缩机转子要迅速通过临界转速。

5.2.2 及时巡检并记录机组的运行状况，若出现异常现象，要及时研究处理直至紧急停车。

5.2.3 在启动、升速、最大连续转速、降速、停车过程的惰转均需详细记录轴承温度、轴位移、轴振动、润滑油系统、密封系统参数等指标。

5.2.4 试车中，检查各部的安装位置是否移动，检查各紧固件是否松动，检查各密封处是否有漏油现象。

5.2.5 停机后根据运转情况做相关的检查工作。

5.3 验收

5.3.1 检修质量符合本规程规定，经试车 72h 合格，压缩机达到完好标准，办理验收手续，交付生产。

5.3.2 验收时应具有下列有关资料

a）实际完成的检修内容；

b）零部件修理、更换等内容；

c）本次修理无法解决的遗留问题；

d）检修及试车记录。

5.3.3 设备达到完好标准。

5.3.4 按规定办理验收手续，在规定期间内完成检修、试车、投运的资料的移交归档。

6 维护与故障处理

6.1 日常维护

6.1.1 严格按操作规程进行操作。

6.1.2 定时检查下列主要内容，如有异常及时处理，并做好相应的记录：

a）机组运行状况及工艺参数行为检查；

b）振动、声音、位移、轴承温度是否正常；

c）润滑油系统，包括：油温、油位、油质情况、定期分析检测润滑油；

d）干气密封系统维护；

e）各紧固件有无松动或脱落。

日常巡检内容详见表 7。

表 7 日常巡检表

序号	巡检内容	巡检要求	备注
1	主要工艺参数监控	蒸汽（烟气）进、排汽（气）温度及压力；压缩机进、排气压力、温度是否正常	
		检查出口压力、流量和转速是否稳定在允许范围内，蒸汽消耗或电机电流是否符合操作指标	
		冷凝器、出入口缓冲罐压力、温度及脱液是否符合操作指标	
2	机组轴振动及轴承温度	机组轴承振动、温度、转子轴位移要小于报警值	
3	机组密封情况	机组轴封系统机组轴封系统参数、泄漏等在规定范围内	
		机组轴封、汽封、填料、刮油环有无出现异常泄漏	
		干气密封一次气、密封气、隔离气温度、压力、流量、干气密封过滤器差压等是否符合操作指标	

表 7　日常巡检表（续）

序号	巡检内容	巡检要求	备注
4	润滑油、密封油及控制油的情况	润滑油、密封油、控制油系统机组润滑油、密封油、控制油系统工艺参数等是否正常	
		检查润滑油、密封油、控制油压力、温度是否符合指标	
		密封油回油量及温度是否符合操作指标	
		油箱、高位油箱液位是否正常	
5	机组辅机（件）齐全完好情况	机组疏水阀、排污阀、排凝阀、放气阀等是否齐全好用	
		机组入口过滤器部件、放空消音器是否完好	
		压力表、温度计、转速表等表计是否完好或按规定定期校验	
		液位计（仪）、油视镜不完好，液位、油位是否正常	
		润滑油、封油泵、凝液泵等是否完好	
6	机组现场规格化，机组现场整洁、规范	机组及附属管线保温是否完好或损伤	
		本体及附属设备整洁，现场检查有杂物油迹积水	
		进出口管阀及润滑、冷却、冷凝等附属管阀、支架是否完好	
		螺栓紧固，螺纹满扣且长度均匀适宜	
		润滑、密封、控制油、冷却系统等无泄漏，明显泄漏点有无挂牌	
		排气管是否畅通	

6.1.3　作为备用机组时应确保机组完好备用。在运行机组出现问题需要切换备机时必须在 20min 内完成启动。平时应加强应急演练，确保备用机组能够及时投运。

6.2　常见故障与处理

垂直剖分离心式压缩机常见功能故障与处理方法见表 8。

表 8　垂直剖分离心式压缩机常见功能故障与处理方法

序号	功能	功能故障	故障模式	故障后果	故障应对策略与检修内容	检修周期 / 月
1	设备各润滑点润滑	润滑油压力异常	测压系统或压力表故障	带来假指示，导致误判断，误停机	检查、校准测压系统或更换压力表	视情而定
			油泵吸入口堵塞	机组润滑油压力低联锁停机	检查泵吸入口、清理入口过滤器	视情而定
			油箱液位过低	润滑油泵运行状态不好	加注润滑油	视情而定

表 8　垂直剖分离心式压缩机常见功能故障与处理方法（续）

序号	功能	功能故障	故障模式	故障后果	故障应对策略与检修内容	检修周期／月
1	设备各润滑点润滑	润滑油压力异常	油泵吸入口漏入空气	润滑油泵运行状态不好	处理泵入口泄漏	视情而定
			油精过滤器堵塞	机组润滑油压力低联锁停机	更换精过滤器滤芯	视情而定
			主油泵和辅助油泵故障	机组润滑油压力低联锁停机	检修油泵	视情而定
			安全阀定位不当或卡在开的位置	辅助油泵压力低联锁启动，严重者机组润滑油压力低联锁停机	调整或检修安全阀	视情而定
			一次调节阀、二次调节阀阀位不当或故障	辅助油泵压力低联锁启动，严重者机组润滑油压力低联锁停机	调整或检修一次调节阀、二次调节阀	视情而定
			泵出口系统漏油	润滑油外溢，如无法在线处理，需要停机处理	检查、处理系统泄漏，检查时不应忽略对冷油器的检查	视情而定
			油冷却器堵塞	辅助油泵压力低联锁启动，严重者机组润滑油压力低联锁停机	切换油冷却器并检修	视情而定
2	保证机组连续运转	压缩机振动或噪音	对中找正偏差	压缩机振动、联轴器磨损、非计划停车	卸下联轴节，参考说明书有关部分检查找正的情况	视情而定
			压缩机转子不平衡	压缩机振动、转子损坏、非计划停车	检查转子，看看是否由脏物引起不平衡，必要时，重新平衡	视情而定
			由于油脏而使轴承磨损	压缩机振动、轴承损坏、非计划停车	检查轴承，必要时，要加以更换。进行油循环并达到相关要求	视情而定
			气体管线传至机壳上的应力而引起的偏差	压缩机振动、压缩机应力变形、非计划停车	适当地固定管线，以防机壳应力过大。管线要有足够的弹性，以满足热膨胀要求	视情而定
			联轴器不平衡	压缩机振动、联轴器磨损、非计划停车	卸下联轴器，检查不平衡	视情而定
			机组喘振	压缩机振动、压缩机损坏、非计划停车	压缩机操作条件是否离开喘振条件	视情而定

表 8　垂直剖分离心式压缩机常见功能故障与处理方法（续）

序号	功能	功能故障	故障模式	故障后果	故障应对策略与检修内容	检修周期／月
2	保证机组连续运转	支承轴承故障	润滑油不合适	轴承温度过高、轴承磨损、压缩机振动	保证所使用的油符合规定。定期检查油里是否有水或脏物	视情而定
			找正偏差	轴承温度过高、轴承磨损、压缩机振动	检查找正，必要时进行调整	视情而定
			轴承间隙超过规定	轴承磨损、压缩机振动	检查间隙，必要时进行调整更换	视情而定
			压缩机或联轴节的不平衡	轴承磨损、压缩机振动	重新找正及进行平衡	视情而定
		止推轴承故障	轴向推力过大	轴承温度过高、轴承磨损	检修推力轴承	视情而定
			轴位移监测器安装位置移动导致轴位移过高	影响机组运行情况判断	检修轴位移监测器	视情而定
			工艺操作不稳定导致轴位移过高	影响机组安全运行	调整操作	视情而定
			润滑油不合适	轴承温度过高、轴承磨损	保证使用的油符合规定。定期检查油里是否有水或脏物	视情而定
		油密封环故障	油脏	油密封环损坏、油烟泄漏	检查过滤器，更换脏的芯子检查管道是否清洁	视情而定
			油密封间隙与规定不符	油密封环损坏、油烟泄漏	检查间隙，必要时调整	视情而定
			油压不足	油密封环损坏	检查参考气压力使其不低于最低值	视情而定

附 录 A
（资料性附录）
垂直剖分式离心式压缩机检修质量控制确认表
（标准值参考机组随机资料）

项目	主要控制内容			等级	施工单位	生产装置	设备管理部门	备注
	标准值	部位	现场记录					
拆卸中检测								
对照机组找正曲线，测量轴系对中	找正曲线			A	★	★	★	
联轴器法兰轴端距测量	联轴器图纸			B	★	★		
联轴器膜片、螺栓损伤检查	无裂纹、无变形			A	★	★	★	
机壳中分面自由间隙	≤0.12mm			C	★			
推力瓦块厚度差	≤0.01mm			C	★			
止推轴承瓦块接触面积	≥80%			C	★			
支承轴承瓦块接触长度	≥80%			C	★			
轴承中分面自由间隙	≤0.02mm			C	★			
瓦块探伤符合厂家探伤标准	厂家探伤标准			A	★	★	★	
转子跳动	随机资料			B	★	★		
转子总窜量	随机资料			B	★	★		
半联轴器拆卸压力（若有）				C	★			
半联轴器推进量（若有）				C	★			
液压拉伸螺栓安装压力（若有）				C	★			
叶片探伤符合厂家探伤标准	厂家探伤标准			A	★	★	★	
转子动平衡	厂家标准			A	★	★	★	
轴承箱中分面自由间隙	≤0.05mm			C	★			
支承轴承间隙（直径）	支承侧			A	★	★	★	
	推力侧			A	★	★	★	

垂直剖分式离心式压缩机检修质量控制确认表（续）

项目	主要控制内容			等级	施工单位	生产装置	设备管理部门	备注
	标准值	部位	现场记录					
止推间隙				A	★	★	★	
轴承过盈	支承侧			B	★	★		
	推力侧			B	★	★		
轴端气封间隙（直径）	低压			A	★	★	★	
	高压			A	★	★	★	
油封间隙（直径）	支承侧			C	★			
	推力侧			C	★			
级间气封间隙（直径）	平衡盘密封			B	★	★		
	一级口圈密封			B	★	★		
	一级轴密封			B	★	★		
	二级口圈密封			B	★	★		
	二级轴密封			B	★	★		
	三级口圈密封			B	★	★		
	三级轴密封			B	★	★		
	四级口圈密封			B	★	★		
	四级轴密封			B	★	★		
	五级口圈密封			B	★	★		
	五级轴密封			B	★	★		
	……			B	★	★		
回装时检测								
对照机组找正曲线，测量轴系对中	找正曲线			A	★	★	★	
联轴器法兰轴端距测量	联轴器图纸			B	★	★		
联轴器膜片、螺栓损伤检查	无裂纹、变形			A	★	★	★	
机壳中分面自由间隙	≤0.12mm			C	★			

垂直剖分式离心式压缩机检修质量控制确认表（续）

项目	主要控制内容			等级	施工单位	生产装置	设备管理部门	备注
	标准值	部位	现场记录					
推力瓦块厚度差	≤0.01mm			C	★			
止推轴承瓦块接触面积	≥80%			C	★			
支承轴承瓦块接触长度	≥80%			C	★			
轴承中分面自由间隙	≤0.02mm			C	★			
瓦块探伤符合厂家探伤标准	厂家探伤标准			A	★	★	★	
转子跳动	随机资料			B	★	★		
转子总窜量	随机资料			B	★	★		
半联轴器拆卸压力（若有）				C	★			
半联轴器推进量（若有）				C	★			
液压拉伸螺栓安装压力（若有）				C	★			
叶片探伤符合厂家探伤标准	厂家探伤标准			A	★	★	★	
转子动平衡	厂家标准			A	★	★	★	
轴承箱中分面自由间隙	≤0.05mm			C	★			
支承轴承间隙（直径）	支承侧			A	★	★	★	
	推力侧			A	★	★	★	
止推间隙				A	★	★	★	
轴承过盈	支承侧			B	★	★		
	推力侧			B	★	★		
轴端气封间隙（直径）	低压			A	★	★	★	
	高压			A	★	★	★	
油封间隙（直径）	支承侧			C	★			
	推力侧			C	★			

垂直剖分式离心式压缩机检修质量控制确认表（续）

项目	主要控制内容			等级	施工单位	生产装置	设备管理部门	备注
	标准值	部位	现场记录					
级间气封间隙（直径）	平衡盘密封			B	★	★		
	一级口圈密封			B	★	★		
	一级轴密封			B	★	★		
	二级口圈密封			B	★	★		
	二级轴密封			B	★	★		
	三级口圈密封			B	★	★		
	三级轴密封			B	★	★		
	四级口圈密封			B	★	★		
	四级轴密封			B	★	★		
	五级口圈密封			B	★	★		
	五级轴密封			B	★	★		
	……			B	★	★		

控制级别说明： A级：施工单位、生产装置、设备管理部门专业人员检查确认后签字。
B级：施工单位和生产装置专业人员检查确认后签字。
C级：施工单位专业人员检查确认后签字。
另：如果有监理，监理的职责由甲方授权。

附　录　B
（资料性附录）
垂直剖分式离心式试车与验收数据确认表

<table>
<tr><td colspan="4">机组试车条件确认记录</td><td colspan="2">工程名称：
单元名称：</td></tr>
<tr><td>设备名称</td><td></td><td colspan="2">设备位号</td><td colspan="2"></td></tr>
<tr><td>设备型号</td><td></td><td colspan="2">功率</td><td colspan="2"></td></tr>
<tr><td>驱动机种类</td><td></td><td colspan="2">转速</td><td colspan="2">r/min</td></tr>
<tr><td rowspan="2">确认项目</td><td rowspan="2">技术要求</td><td colspan="3">确认人</td><td rowspan="2">确认日期</td></tr>
<tr><td>施工
专业工程师</td><td>监理
专业工程师</td><td>总承包
专业工程师</td></tr>
<tr><td>设备本体拆检</td><td>拆检、回装完成，记录符合规范要求</td><td rowspan="4"></td><td rowspan="4"></td><td rowspan="4"></td><td rowspan="4"></td></tr>
<tr><td>辅助系统</td><td>检查合格</td></tr>
<tr><td>油管路系统</td><td>冲洗和压力试验完成，记录符合规范要求</td></tr>
<tr><td>循环或润滑油</td><td>符合要求</td></tr>
<tr><td>电气设施</td><td>安装完成，调试合格，记录符合规范要求</td><td></td><td></td><td></td><td></td></tr>
<tr><td>仪表联锁、控制系统</td><td>安装完成，系统调校合格，记录符合规范要求</td><td></td><td></td><td></td><td></td></tr>
<tr><td>工艺管道系统</td><td>安装完成，压力试验、吹扫（清洗）合格，记录符合规范要求</td><td></td><td></td><td></td><td></td></tr>
<tr><td>机组试车方案</td><td>试车程序、措施、质量验收要求明确</td><td></td><td></td><td></td><td></td></tr>
<tr><td>生产配套工艺及操作条件</td><td>按试车方案要求准备完毕</td><td colspan="3">建设单位试车负责人：</td><td></td></tr>
<tr><td>试车条件确认</td><td>具备试车条件</td><td colspan="3">试车总负责人：</td><td></td></tr>
</table>

垂直剖分式离心式试车与验收数据确认表（续）

离心式压缩机 试车记录（一）				工程名称： 单元名称：	
设备名称		设备型号		设备位号	
试车类别	□空负荷 □负荷	工作介质		试车介质	
驱动机种类		转速	r/min	环境温度	℃
连续运转时间	h	停机惰走时间	s	启动时刻	
试车日期	年　月　日				

检查项目				设计值/允许值	实测值								
运行记录时刻													
一段	入口	流量/（Nm^3/h）											
		压力/MPa											
		温度/℃											
	出口	压力/MPa											
		温度/℃											
	轴承温度/℃	前轴承											
		后轴承											
		止推轴承											
	双振幅振动值/μm	前轴承	水平										
			竖直										
			轴向										
		后轴承	水平										
			竖直										
			轴向										
	轴位移值/mm												

建设/监理单位	总承包单位	施工单位	设备制造厂
专业工程师： 日期：　年　月　日	专业工程师： 日期：　年　月　日	专业工程师： 质量检查员： 记　录　人： 日期：　年　月　日	现场代表： 日期：　年　月　日

垂直剖分式离心式试车与验收数据确认表（续）

离心式压缩机 试车记录（二）									工程名称： 单元名称：				
检查项目				设计值 / 允许值	实测值								
运行记录时刻													
段	入口		流量 /（Nm^3/h）										
			压力 /MPa										
			温度 /℃										
	出口		压力 /MPa										
			温度 /℃										
	轴承温度 /℃		前轴承										
			后轴承										
			止推轴承										
	双振幅振动值 /μm	前轴承	水平										
			竖直										
			轴向										
		后轴承	水平										
			竖直										
			轴向										
	轴位移值 /mm												
段	入口		流量 /（Nm^3/h）										
			压力 /MPa										
			温度 /℃										
	出口		压力 /MPa										
			温度 /℃										
	轴承温度 /℃		前轴承										
			后轴承										
			止推轴承										
	双振幅振动值 /μm	前轴承	水平										
			竖直										
			轴向										
		后轴承	水平										
			竖直										
			轴向										
	轴位移值 /mm												

垂直剖分式离心式试车与验收数据确认表（续）

离心式压缩机 试车记录（三）								工程名称： 单元名称：		
检查项目		设计值 / 允许值	实测值							
运行记录时刻										
润滑油	压力 /MPa									
	入口温度 /℃									
	出口温度 /℃									
密封油压 /MPa										
动力油压 /MPa										
气封压力 /MPa										
油冷却器	油入口温度 /℃									
	油出口温度 /℃									
保安联锁系统试验情况：										
试车后检查情况：										
试车结论：										

18. 水平剖分离心式压缩机维护检修规程

SHS 01019—2019

代替 SHS 03002—2004，部分代替 SHS 01018—2004、
SHS 01019—2004、SHS 05010—2004、SHS 05013—2004 等

目 次

前　言

本规程按照GB/T 1.1—2009《标准化工作导则　第1部分：标准的结构和编写》给出的规则修订。

本规程代替SHS 03002—2004《水平剖分离心式压缩机维护检修规程》，部分代替SHS 01018—2004《离心式空气压缩机维护检修规程》、SHS 01019—2004《离心式氨气压缩机维护检修规程》、SHS 05010—2004《氮气压缩机组维护检修规程》、SHS 05013—2004《离心式空气压缩机组维护检修规程》等，与SHS 03002—2004等相比，除了编辑性修改外，主要技术变化如下：

——更新检修周期；

——增加检修工具及消耗材料；

——修改补充维护检修内容及步骤；

——增加附录A“水平剖分离心式压缩机机检修质量确认表”、附录B“水平剖分离心式压缩机试车与验收数据记录表”。

本规程由中国石油化工集团有限公司、中国石油化工股份有限公司提出。

本规程起草单位：沈阳鼓风机集团安装检修配件有限公司。

本规程主要起草人：马驰、刘一闻。

本规程所代替规程的历次版本发布情况为：

——SHS 03002—1992、SHS 03002—2004；

——SHS 01018—1992、SHS 01018—2004；

——SHS 01019—1992、SHS 01019—2004；

——SHS 05010—1992、SHS 05010—2004；

——SHS 05013—1992、SHS 05013—2004。

水平剖分离心式压缩机维护检修规程

1 范围

1.1 主题内容

本规程规定了MCL/2MCL/3MCL/DMCL型离心压缩机及其他水平剖分机型的检修周期与内容、检修程序与质量标准、试车与验收、维护与故障处理。

1.2 适用范围

本规程适用于MCL/2MCL/3MCL/DMCL型水平剖分式离心压缩机的检修维护，其他类似的水平剖分式离心压缩机参照执行。

2 规范性引用文件

下列文件中的条款通过本规程的引用而成为本规程的条款。凡是注日期的引用文件，其随后所有的修改单（不包括勘误的内容）或修订版均不适用于本规程，然而，鼓励根据本规程达成协议的各方研究是否可使用这些文件的最新版本。凡是不注日期的引用文件，其最新版本适用于本规程。

API 617 石油及化工和气体工业用离心压缩机

API 614 润滑、轴密封和控制油系统及辅助设备

SH/T 3539 石油化工离心式压缩机组施工及验收规范

GB 50231 机械设备安装工程施工及验收通用规范

GB 50484 石油化工建设工程安全技术规程

SH/T 3536 石油化工工程起重规范

沈鼓检修规程及机组随机文件

3 检修周期与内容

3.1 检修周期

根据对设备功能故障及其影响分析的结果、有无备用设备并结合生产装置运行周期，确定设备检修周期，一般为36～60个月。

3.2 检修项目

3.2.1 压缩机本体检修：

a）开盖全面检查并检测机组各部数据；

b）检查、清理压缩机轴承部件磨损情况；

c）检查、清理压缩机级间密封、油封等部件磨损情况；

d）检查、清理压缩机叶轮、轴套、联轴器等转动部件磨损情况；

e）检查、清理压缩机隔板等定子部件磨损情况；

f）检查机组对中找正情况并根据规范要求进行调整。

3.2.2 变速机检修：

详见 SHS 01028《变速机维护检修规程》。

3.2.3 油系统检修：

a）油箱清理及润滑油更换；

b）检查蓄能器及充气压力；

c）油滤器双联过滤器滤芯更换；

d）主 / 辅油泵入口过滤网拆卸清洗或更换；

e）油冷却器抽芯子检查并清洗；

f）检查主油泵和辅油泵对中；

g）检查并清理高位油箱；

h）检查阀门仪表等部件及化验油品。

3.2.4 检查、清理轴端密封本体及密封气系统的管线、阀门和仪表等部件。

3.2.5 检查、清理级间冷却器、分离器等。

3.2.6 检查、清理级间管线上出入口阀门、单向阀等。

3.2.7 检查轴系仪表和其他辅助设施。

4 检修程序与质量标准

4.1 检修前准备

4.1.1 人员准备

a）确定现场组织结构，确定检修人员数量；

b）人员进行安全培训、技术交底。

4.1.2 资料准备

a）审批合格的施工方案，TnPM 定制管理方案，HSE 管理方案；

b）审批合格的施工进度计划及人员工机具配置清单；

c）准备机组随机文件、合格证等资料；

d）人员资格证，工机具、量具检验证明文件；

e）工机具入厂文件；

f）机组运行记录；

g）原始安装（检修）数据。

4.1.3 物资准备

4.1.3.1 建议准备常用工机具、量具的清单见表1。

表1 常用工机具、量具清单

百分表及表座	水平仪	游标卡尺
塞尺	铅丝	量块
吊耳及吊环	千斤顶	三角刮刀
外径及内径千分尺	深度尺	敲击扳手
梅花扳手	活扳手	力矩扳手
锉刀	套筒扳手	尼龙吊装带
公制及英制内六角扳手	手拉葫芦	钢丝绳
橡胶板	红丹粉	激光对中仪（若有）
铜棒或铅棒	劳保用品	应急安全物资

4.1.3.2 建议准备的常用耗材清单见表2。

表2 常用耗材清单

专用密封胶	煤油	普通砂纸
面粉	白布	显影剂
塑料布	金相砂纸	生料带
清洗剂	刷子	铁丝
海绵	除锈刷	细磨石

4.1.3.3 机组检修所需的专用工具，针对气动工具、电动工具、液压工具要提前试验合格。

4.1.3.4 合格完整的备品备件。

4.1.4 检修前条件确认

4.1.4.1 确认机组停机、置换、加拆盲板等工作完成，符合检修条件并已开具有关工作票证。

4.1.4.2　水、电、汽、风等条件具备。

4.1.4.3　行车性能完好，具备使用条件。

4.1.4.4　保持检修通道畅通。

4.2　拆卸与检测

4.2.1　断开压缩机振动、轴位移和测温探头，待后续拆出轴系仪表探头后进行校验。

4.2.2　拆除轴端密封（干气密封、碳环密封等）、平衡管、油管、排烟管等各个管线，封闭好管口、并做好标识牌。

4.2.3　拆卸联轴器护罩并进行清理。

4.2.4　打开机组轴承区上盖。

4.2.5　松开联轴器螺栓，如有配重部件需做标记，螺栓需无损检测。

4.2.6　拆除联轴器中间节，检查记录轴端距及相对位置，检查膜片是否完好。

4.2.7　使用百分表、找正工具进行对中的复测，并做好记录；（也可使用激光对中仪进行复测）。找正示意图参见图 1。

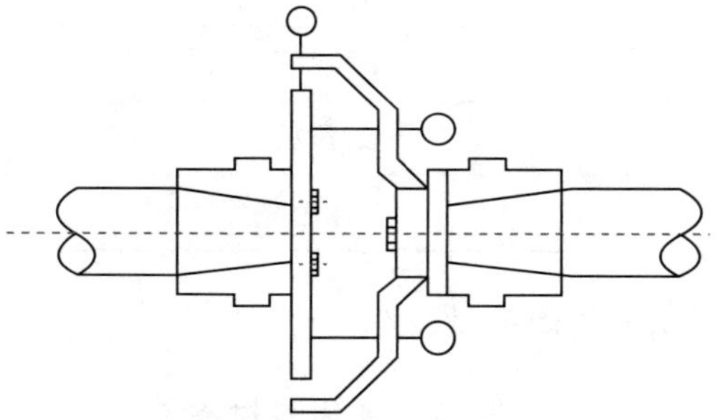

图 1　找正示意图

4.2.8　拆卸推力轴承：

a）拆推力轴承之前，可先测量推力间隙，记录数值，以便清洗回装后检查是否安装到位；

b）拆除轴承压盖，吊起时尽可能保持垂直上升；

c）取下推力轴承，并将每块瓦块标记，取下下半推力环，取下止推轴承的调整垫片，做好标记；

d）拆除非驱动端的位移盘和推力盘；

e）检查止推轴承的每块瓦片合金表面有无划痕及其他损伤；

f）拆卸轴承前、回装后均应需测量间隙值，便于参考。

4.2.9　利用联轴器拆装工具拆除半联轴器，拆卸前记录半联轴器与轴头之间相对位置，回装时便于参考。

4.2.10　拆卸两侧径向轴承：

a）拆支承轴承之前，先测量轴承间隙、油封间隙，记录数值，以便清洗回装后检查是否安装到位；

b）拆除轴承压盖，拆开前可测量轴承压盖过盈值；

c）拆卸连接两半轴承螺钉，取出上半轴承；拆除下轴承的温度仪表探头，对仪表探头进行检查，做好保存进行存放；

d）清洗轴承，并仔细检查轴承合金面有无划痕，如有轻微划痕进行修复，将轴瓦标记好后包好放置在规定区域内；同时瓦体进行外观检查；

e）拆卸轴承前、回装后均需测量间隙值，便于参考。径向、推力轴瓦直径间隙表详见表 3，轴承间隙示意图见图 2。

表 3　径向、推力轴瓦直径间隙表

mm

序号	机组型号	径向间隙	推力间隙	拆卸数据	回装数据	备注
1	MCL405	0.10～0.13	0.25～0.35			
2	2MCL456	0.13～0.18	0.25～0.35			
3	2MCL526	0.19～0.23	0.25～0.35			
4	3MCL606	0.19～0.23	0.25～0.35			
5	2MCL706	0.19～0.23	0.25～0.35			
6	2MCL804	0.25～0.30	0.25～0.35			
7	3MCL1007	0.33～0.35	0.25～0.35			
8	3MCL1206	0.31～0.37	0.25～0.35			

注：上表数据为参照值，准确数据详见机组随机文件。

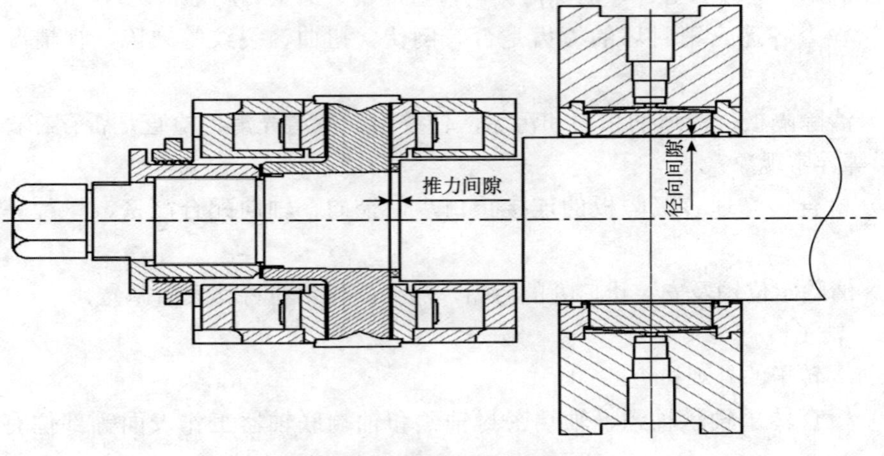

图 2　轴承间隙示意图

4.2.11　轴端密封拆卸

在拆除压缩机轴承后，用专用工具拆卸轴端密封，详见SHS 01051《干气密封维护检修规程》及其他轴端密封检修规程。

4.2.12　拆除上机壳：

a）拆除上机壳螺栓和定位销，机壳大盖螺栓应先编号后拆装，以防错乱；

b）在下机壳安装四个导杆，在上机壳起吊时免得碰坏迷宫密封；

c）利用顶丝将上机壳顶起5mm，注意避免破坏结合面；

d）用专用吊具将上机壳吊出，上机壳吊起后放在支承架或枕木上避免中分面划伤；

e）上机壳吊出后对其进行翻转。翻转后，吊出隔板并对流道进行清理，清理后建议用高压水枪、工业吸尘器等进行清理垢层。清理后内表面应无裂纹、冲刷、腐蚀和沉积物，结合面应无腐蚀、刻痕、变形。

4.2.13　吊出转子并拆卸隔板及气封：

a）吊装前，应检查转子与隔板之间各迷宫密封的间隙；

b）用布绳或带护套的钢丝绳吊起转子，保持水平地从下机壳中吊出转子，将转子放在转子托架上；

c）拆除下半轴承。

4.2.14　清理隔板及密封：

a）吊出下机壳隔板并对流道进行清理，注意防止垢层掉入进出口管道中，清理的同时注意避免破坏流道和迷宫密封；

b）对下机壳内表面进行清理，清理后应无裂纹、冲刷、腐蚀和沉积物，结合面应无腐蚀、刻痕、变形；

c）检查所有隔板各部有无裂纹、冲蚀及磨损等缺陷，进行无损检测；如果检查出有裂纹等缺陷，现场无法处理，必须转至专业厂进行修复；

d）拆卸级间密封等件，清除污垢，检查冲刷、磨损、腐蚀情况；

e）检查各迷宫密封环的梳齿是否有倒伏、扭曲、裂纹等缺陷，视情况更换备件密封；

f）清除隔板、流道的积炭和污垢，使壁面、流道光滑，检查是否存在擦伤、裂纹和变形等异常现象；

g）检查、修理各级隔板的连接止口，使径向、轴向配合严密、垫片完好、螺栓紧固；

h）清除定位销及安装止口处的污垢，涂二硫化钼粉将其表面抛光。

4.2.15　转子检查

4.2.15.1　转子的外观检查：

a）检查转子轴承轴颈、轴端密封轴颈和轴端联轴器工作表面等部位有无磨损、沟痕、拉毛、压痕等类损伤，若表面拉毛轻微时予以消除，其他损伤应根据实际情况制定方案，选择适当方法予以处理。轴上其他部位的表面粗糙度也应达到设计的相应要求；

b）检查转子上内密封工作表面处磨损沟痕的深度，叶轮轮盘、轮盖的内外表面、轴衬套表面、平衡盘表面等，原则上应无磨损、腐蚀、冲刷沟槽等缺陷。叶片进出口边应无冲刷、磨蚀和变形；

c）检查、清除叶轮内外表面上的垢层。用高压水冲洗转子，清理叶轮表面的垢层，检查叶轮内外表面有无垢层残留物；

d）检查转子上的所有螺纹、丝扣应完好、无变形，与螺母配合紧固。

4.2.15.2　转子的尺寸检查：

a）检查轴颈、迷宫密封轴颈等的椭圆度和圆柱度；

b）检查轴的直线度，转子上密封部位、轴颈部位、轴端联轴器工作部位等处的径向跳动，叶轮和止推轴肩等处的端面跳动，并记录全部最大跳动值及其方位，并视情况予以处理；

c）检查叶轮外圆、口环、轴套等直径尺寸。

4.2.15.3　转子的无损探伤检查：

a）整个转子用着色渗透探伤检查，必要时用其他无损探伤手段（磁粉和超声波）进行复核。重点检查键槽、螺纹表面、螺纹根部及其过渡处、形状突变部位、过渡圆角部位、焊接叶轮的焊缝以及动平衡打磨部位等；

b）转子如果检查出有裂纹等缺陷，现场无法处理，必须转至专业厂进行修复，修复后需进行高速动平衡。

4.2.16　清理上机壳和下机壳的结合面，将原密封胶完全清除。

4.3　回装与质量标准

4.3.1　级间密封间隙检测：

a）回装下机壳的隔板，按标记回装密封等组件；

b）在下半轴承区安装好测温元件；

c）回装两侧下半轴承，左右两侧与轴承座中分面齐平两侧间隙均匀且≤0.05mm；下半轴承与轴承座对研接触面积应75%以上，下半轴承中部的三之分一面完全接触，且滑动自如；

d）将转子回装入下机壳内，注意避免转、定子磕碰；

e）检查各级间密封的磨损情况并回装各级密封，检查转子与各级间密封的间隙，若密封间隙超差，则须更换备件密封并对新密封间隙进行检查，按照说明书中密封间隙要求进行处理。级间密封、油封间隙见表4、图3。

表 4　级间密封、油封间隙表

mm

<table>
<tr><th rowspan="2">序号</th><th rowspan="2">间隙名称</th><th colspan="10">机组型号</th></tr>
<tr><th>MCL405</th><th>2MCL456</th><th>2MCL526</th><th>3MCL606</th><th>2MCL706</th><th>2MCL804</th><th>3MCL1007</th><th>3MCL1206</th><th>拆卸数据</th><th>回装数据</th></tr>
<tr><td>1</td><td>油封间隙</td><td>0.15～0.25</td><td>0.25～0.45</td><td>0.25～0.35</td><td>0.2～0.45</td><td>0.3～0.45</td><td>0.45～0.65</td><td>0.4～0.6</td><td>0.75～0.95</td><td></td><td></td></tr>
<tr><td>2</td><td>轴端密封间隙</td><td>0.25～0.45</td><td>0.25～0.45</td><td>0.45～0.65</td><td>0.45～0.65</td><td>0.45～0.65</td><td>0.70～0.90</td><td>0.7～0.9</td><td>0.75～0.95</td><td></td><td></td></tr>
<tr><td>3</td><td rowspan="2">轴封间隙</td><td rowspan="2">0.3～0.5</td><td rowspan="2">0.3～0.5</td><td rowspan="2">0.55～0.75</td><td rowspan="2">0.55～0.75</td><td rowspan="2">0.6～0.8</td><td rowspan="2">0.75～0.95</td><td>0.9～1.2</td><td>0.9～1.1</td><td></td><td></td></tr>
<tr><td>4</td><td>0.8～1.1</td><td>1.0～1.25</td><td></td><td></td></tr>
<tr><td>5</td><td>口圈密封间隙 1</td><td rowspan="6">0.55～0.75</td><td>0.95～1.15</td><td>1.2～1.4</td><td>1.00～1.20</td><td>0.9～1.15</td><td>1.4～1.7</td><td>2.0～2.3</td><td>2.53～2.93</td><td></td><td></td></tr>
<tr><td>6</td><td>口圈密封间隙 2</td><td>0.85～1.05</td><td>0.8～1.05</td><td>0.9～1.15</td><td>0.85～1.1</td><td>1.25～1.55</td><td>1.9～2.2</td><td>2.59～2.85</td><td></td><td></td></tr>
<tr><td>7</td><td>口圈密封间隙 3</td><td>0.7～0.95</td><td>0.75～1.0</td><td>0.85～1.10</td><td rowspan="4">0.75～1.0</td><td>1.10～1.35</td><td>1.8～2.1</td><td>1.59～1.85</td><td></td><td></td></tr>
<tr><td>8</td><td>口圈密封间隙 4</td><td>0.55～0.75</td><td>0.7～0.95</td><td>0.8～1.05</td><td rowspan="3">1.15～1.45</td><td rowspan="3">1.5～1.8</td><td>1.56～1.86</td><td></td><td></td></tr>
<tr><td rowspan="2">9</td><td rowspan="2">口圈密封间隙 5</td><td rowspan="2">0.6～0.8</td><td rowspan="2">0.65～0.85</td><td>0.75～1.0</td><td>1.71～2.01</td><td></td><td></td></tr>
<tr><td>0.7～0.95</td><td>1.73～2.03</td><td></td><td></td></tr>
<tr><td>10</td><td>平衡盘密封间隙</td><td>0.4～0.6</td><td>0.4～0.6</td><td>0.55～0.75</td><td>0.6～0.8</td><td>0.6～0.8</td><td>0.8～1.0</td><td>1.0～1.2</td><td>1.25～1.55</td><td></td><td></td></tr>
</table>

注：上表数据为参照值，准确数据详见机组随机文件。

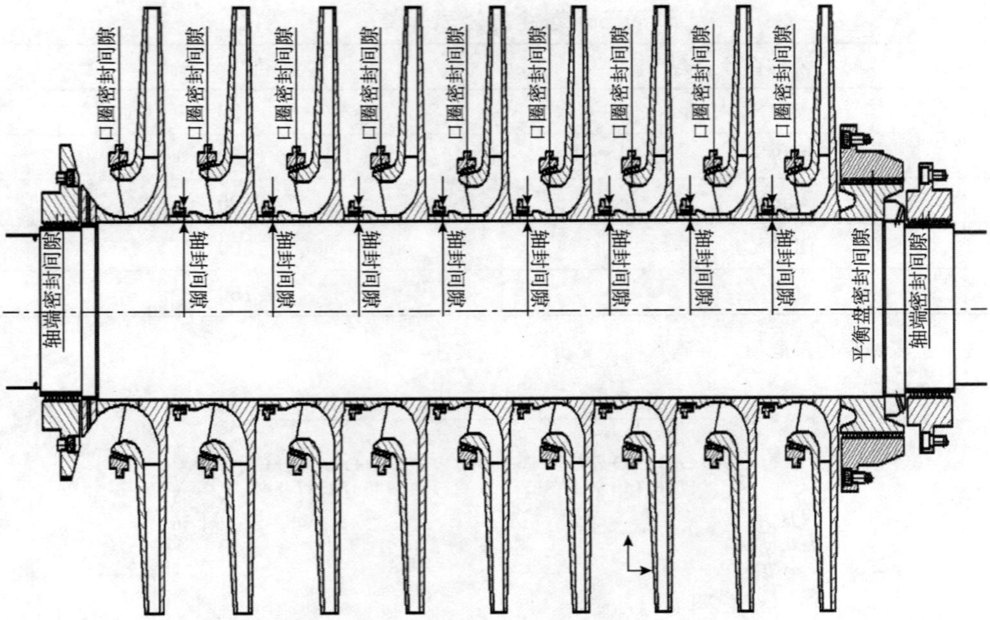

图 3　密封间隙示意图

4.3.2　压缩机上机壳的回装：

a）回装上机壳的隔板并安装固定螺钉，密封等组件按标记复位，回装到上隔板内；

b）隔板、密封组件在中分面处的固定沉头螺钉要全部拧紧，固定沉头螺钉不得高于机壳中分面；

c）翻转上机壳使其中分面向下，此时隔板应自由下沉，通常两侧下沉量总和为 1.0～1.4mm，该值每块隔板都要测量；

d）在下机壳安装导向杆，在中分面涂密封胶，涂抹时要连续均匀，吊装上机壳并沿导向杆进行回装；

e）机壳中分面的自由间隙应≤0.05mm；

f）螺栓回装前涂抹防咬合剂，进行螺栓紧固操作；

g）螺栓紧固原则为先紧固靠近中心线的一边，再紧固对面的另一边。将螺栓 4 个一组进行紧固，所有螺栓需紧固两遍，第一遍紧固力矩为要求值的 60% 左右；第二遍按 100% 的额定扭力进行紧固；最后检查 10% 的螺栓紧固情况；通常把紧后中分面≤0.02mm。水平剖分机壳螺栓紧固顺序见图 4，螺栓力矩见表 5。

表 5　螺栓力矩表

螺栓公称直径 /mm	力矩 /kgf · m
M24	20
M30	40
M36×3	80

表 5　螺栓力矩表（续）

螺栓公称直径 /mm	力矩 /kgf · m
M42×3	130
M48×3	180
M56×4	300
M64×4	500
M72×4	750

注：上表数据为参照值，准确数据详见机组随机文件。

图 4　水平剖分机壳螺栓紧固顺序示意图

4.3.3　轴端密封的回装，详见 SHS 01051《干气密封维护检修规程》及其他轴端密封的检修规程。

4.3.4　支承轴承回装：

a）此时下半轴承已经回装完毕；

b）回装上半轴承区，轴承防转销不高出轴承座中分面。紧固中分面螺栓后，轴承中分面、轴承座中分面密合无间隙；

c）安装轴承压盖，紧固螺栓；压盖安装前需测量径向轴承间隙及轴承压盖过盈；过盈值通常 0.01～0.03mm，准确数据详见机组随机文件；

d）回装时需仪表人员配合回装轴承测温探头。

4.3.5　测量转子的轴向位移值（总窜量），将百分表固定在机壳，触头接触转子端部，分别向两个方向轴向移动转子，至转子内部件接触机壳部件为止，读出轴向位移值；详轴向位移数据记录表见表 6。

表 6 轴向位移数据记录表

序号	机组型号	轴向串动值	拆卸数据	回装数据	备注
1	MCL405	1.5			当止推轴承处于安装位置时两侧轴向串动值
2	2MCL456	1.5			
3	2MCL526	1.5			
4	3MCL606	2.0			
5	2MCL706	2.5			
6	2MCL804	2.5			
7	3MCL1007	2.5			
8	3MCL1206	3.0			

注：上表数据为参照值，准确数据详见机组随机文件。

4.3.6 利用专用工具回装推力盘、位移盘；

4.3.7 止推轴承回装：

a）回装与拆卸为可逆过程。装配间隙按要求值调整。回装时需仪表人员配合回装轴承测温元件；

b）推力盘与瓦块接触均匀，接触面积占瓦块减去油楔所余面积的 75% 以上，接触点≥2～3 点 /cm^2，同组瓦块的厚度差≤0.01mm；

c）推力盘的两推力面平行度≤0.02mm，瓢偏≤0.02mm；

d）瓦块摆动灵活、无卡涩；

e）调整垫片不允许变形、锈蚀、毛刺等缺陷，不平行度允许偏差≤0.01mm；

f）测量推力间隙符合设计值，如超差可调整瓦背的调整垫片，必要时更换备件瓦块。

4.3.8 仪表探头检查与回装：

a）在做安装前确保探头、延长电缆、前置器相互匹配；

b）被测量探头间隙电压应在探头说明书规定范围内。

4.3.9 使用联轴器拆装特殊工具将联轴节装入轴端：

a）拆卸联轴器前，应检查测量记录半联轴器轴向位置；采用液压或加热法回装时，应使半联轴器的轴向预补偿量（移动量），符合制造厂的规定，联轴器内孔与轴接触面积≥85%；

b）回装后检查半联轴器的端面和径向跳动，应符合资料要求，一般要求≤0.02mm；

c）膜片联轴器应测量联轴器的预拉伸（压缩）量，应符合设计要求，膜片应无裂纹等缺陷。连接螺栓应完整，拆卸时应成组保存并进行标记，回装前做无损探伤，螺栓应按力矩要求紧固并检查自锁情况。

4.3.10 按照找正数据进行对中找正。如涉及管道应力、基础下沉等因素，需系统性多专业协同配合。

4.3.11　检查机组滑销系统：

a）机壳风口导向键工作面两侧间隙总和为0.02～0.12mm。底部间隙≥5mm，具体数值参见随机资料；

b）机组前支腿定位键两侧间隙总和为0.02～0.12mm，具体数值参见随机资料；

c）测量设备支腿上调整垫圈到螺栓下表面的间隙通常0.02～0.05mm。

4.3.12　回装联轴器中间节。

4.3.13　回装轴承箱上盖。

4.3.14　回装联轴器护罩。

4.3.15　附属管线及相关仪表回装。

4.3.16　油循环并具备机组试车条件。

5　试车与验收

5.1　试车前准备

5.1.1　确认各项检修工作已经完成，检修记录齐全，检修质量符合要求，有报审合格的试车方案。

5.1.2　机、电、仪、操作各专业共同进行机组安全联锁试验合格，确认各部位仪表及联锁装置齐全、准确、灵敏可靠。

5.1.3　安全附件校验合格，齐全完整。

5.1.4　润滑油系统按规定油运合格，单独的润滑部位按规定加注了润滑油。

5.1.5　确认密封气系统、冷却水系统、密封系统、顶升油系统（若有）准备完毕，具备试车条件。

5.1.6　确认外围工艺准备完毕，具备试车条件。

5.1.7　公用工程各项准备工作完毕。

5.1.8　驱动透平（或电动机）单机试车成功，顶升油系统工作正常（若有），压缩机盘车灵活，联轴器组装完毕。

5.1.9　检查确认的项目，必须有相关人员现场确认、签字并存档备查。

5.2　试车

参照压缩机、驱动机及辅助设备的操作规程，按已制定好的试车方案进行试车。

5.2.1　压缩机转子要迅速通过临界转速。

5.2.2　及时巡检并记录机组的运行状况，若出现异常现象，要及时研究处理直至紧急停车。

5.2.3　在启动、升速、最大连续转速、降速、停车过程的惰转均需详细记录轴承温度、轴位移、轴振动、润滑油系统、密封系统参数等指标。

5.2.4　试车中，检查各部的安装位置是否移动，检查各紧固件是否松动，检查各密封处是否有漏油现象。

5.2.5　停机后根据运转情况做相关的检查工作。

5.3　验收

5.3.1　检修质量符合本规程规定，经试车 72h 合格后，压缩机达到完好标准，办理验收手续，交付生产。

5.3.2　验收时应具有下列有关资料

a）实际完成的检修内容；

b）零部件修理、更换等内容；

c）本次修理无法解决的遗留问题；

d）检修及试车记录。

5.3.3　设备达到完好标准。

5.3.4　按规定办理验收手续，在规定期间内完成检修、试车、投运的资料的移交归档。

6　维护与故障处理

6.1　日常维护

6.1.1　严格按操作规程进行操作。

6.1.2　定时检查下列主要内容，如有异常及时处理，并做好相应的记录。

a）机组运行状况及工艺参数行为检查；

b）振动、声音、位移、轴承温度是否正常；

c）润滑油系统，包括：油温、油位、油质情况、定期分析检测润滑油；

d）定期进行轴端密封系统维护；

e）各紧固件有无松动或脱落。

日常巡检内容及巡检要求见表 7。

表 7　日常巡检表

序号	巡检内容	巡检要求	备注
1	主要工艺参数监控	蒸汽（烟气）进、排汽（气）温度及压力；压缩机进、排气压力、温度是否正常	
		检查出口压力、流量和转速是否稳定在允许范围内，蒸汽消耗或电机电流是否符合操作指标	
		冷凝器、出入口缓冲罐压力、温度及脱液是否符合操作指标	
2	机组轴振动及轴承温度	机组轴承振动、温度、转子轴位移要小于报警值	

表 7 日常巡检表（续）

序号	巡检内容	巡检要求	备注
3	机组密封情况	机组轴封系统机组轴封系统参数、泄漏等在规定范围内	
		机组轴封、气封、填料、刮油环有无出现异常泄漏	
		轴端密封一次气、密封气、隔离气温度、压力、流量、轴端密封过滤器差压等是否符合操作指标	
4	润滑油、密封油及控制油的情况	润滑油、密封油、控制油系统机组润滑油、密封油、控制油系统工艺参数等是否正常	
		检查润滑油、密封油、控制油压力、温度是否符合指标	
		密封油回油量及温度是否符合操作指标	
		油箱、高位油箱液位是否正常	
5	机组辅机（件）齐全完好情况	机组疏水阀、排污阀、排凝阀、放气阀等是否齐全好用	
		机组入口过滤器部件、放空消音器是否完好	
		压力表、温度计、转速表等表计是否完好或按规定定期校验	
		液位计（仪）、油视镜不完好，液位、油位是否正常	
		润滑油、封油泵、凝液泵等是否完好	
6	机组现场规格化，机组现场整洁、规范	机组及附属管线保温是否完好或损伤	
		本体及附属设备整洁，现场检查有杂物油迹积水	
		进出口管阀及润滑、冷却、冷凝等附属管阀、支架是否完好	
		螺栓紧固，螺纹满扣且长度均匀适宜	
		润滑、密封、控制油、冷却系统等无泄漏，明显泄漏点有无挂牌	
		排气管是否畅通	

6.1.3 作为备用机组时应确保机组完好备用。在运行机组出现问题需要切换备机时必须在 20min 内完成启动。平时应加强应急演练，确保备用机组能够及时投运。

6.2 常见故障与处理

水平剖分离心式压缩机常见功能故障与处理方法见表 8。

表 8　水平剖分离心式压缩机常见功能故障与处理方法表

序号	功能	功能故障	故障模式	故障后果	故障应对策略与检修内容	检修周期/月
1	设备各润滑点润滑	润滑油压力异常	测压系统或压力表故障	带来假指示，导致误判断，误停机	检查、校准测压系统或更换压力表	视情而定
			油泵吸入口堵塞	机组润滑油压力低联锁停机	检查泵吸入口、清理入口过滤器	视情而定
			油箱液位过低	润滑油泵运行状态不好	加注润滑油	视情而定
			油泵吸入口漏入空气	润滑油泵运行状态不好	处理泵入口泄漏	视情而定
			油精过滤器堵塞	机组润滑油压力低联锁停机	更换精过滤器滤芯	视情而定
			主油泵和辅助油泵故障	机组润滑油压力低联锁停机	检修油泵	视情而定
			安全阀定位不当或卡在开的位置	辅助油泵压力低联锁启动，严重者机组润滑油压力低联锁停机	调整或检修安全阀	视情而定
			一次调节阀、二次调节阀阀位不当或故障	辅助油泵压力低联锁启动，严重者机组润滑油压力低联锁停机	调整或检修一次调节阀、二次调节阀	视情而定
			泵出口系统漏油	润滑油外溢，如无法在线处理，需要停机处理	检查、处理系统泄漏，检查时不应忽略对冷油器的检查	视情而定
			油冷却器堵塞	辅助油泵压力低联锁启动，严重者机组润滑油压力低联锁停机	切换油冷却器并检修	视情而定
2	保证机组连续运转	压缩机振动或噪声	对中找正偏差	压缩机振动、联轴器磨损、非计划停车	卸下联轴节，参考说明书有关部分检查找正的情况	视情而定
			压缩机转子不平衡	压缩机振动、转子损坏、非计划停车	检查转子，看看是否由脏物引起不平衡，必要时，重新平衡	视情而定
			由于油脏而使轴承磨损	压缩机振动、轴承损坏、非计划停车	检查轴承，必要时，要加以更换。进行油循环并达到相关要求	视情而定

表 8 水平剖分离心式压缩机常见功能故障与处理方法表（续）

序号	功能	功能故障	故障模式	故障后果	故障应对策略与检修内容	检修周期／月
2	保证机组连续运转	压缩机振动或噪声	气体管线传至机壳上的应力而引起的偏差	压缩机振动、压缩机应力变形、非计划停车	适当地固定管线，以防机壳应力过大。管线要有足够的弹性，以满足热膨胀要求	视情而定
			联轴器不平衡	压缩机振动、联轴器磨损、非计划停车	卸下联轴器，检查不平衡	视情而定
			机组喘振	压缩机振动、压缩机损坏、非计划停车	压缩机操作条件是否离开喘振条件	视情而定
		支承轴承故障	润滑油不合适	轴承温度过高、轴承磨损、压缩机振动	保证所使用的油符合规定。定期检查油里是否有水或脏物	视情而定
			找正偏差	轴承温度过高、轴承磨损、压缩机振动	检查找正，必要时进行调整	视情而定
			轴承间隙超过规定	轴承磨损、压缩机振动	检查间隙，必要时进行调整更换	视情而定
			压缩机或联轴节的不平衡	轴承磨损、压缩机振动	重新找正及进行平衡	视情而定
		止推轴承故障	轴向推力过大	轴承温度过高、轴承磨损	检修推力轴承	视情而定
			轴位移监测器安装位置移动导致轴位移过高	影响机组运行情况判断	检修轴位移监测器	视情而定
			工艺操作不稳定导致轴位移过高	影响机组安全运行	调整操作	视情而定
			润滑油不合适	轴承温度过高、轴承磨损	保证使用的油符合规定。定期检查油里是否有水或脏物	视情而定
		油密封环故障	油脏	油密封环损坏、油烟泄漏	检查过滤器，更换脏的芯子检查管道是否清洁	视情而定
			油密封间隙与规定不符	油密封环损坏、油烟泄漏	检查间隙，必要时调整	视情而定
			油压不足	油密封环损坏	检查参考气压力使其不低于最低值	视情而定

附　录　A
（资料性附录）
水平剖分离心式压缩机检修质量确认表
（标准值参考机组随机资料）

项目	主要控制内容			等级	施工单位	生产装置	设备管理部门	备注
	标准值	部位	现场记录					
拆卸中检测								
对照机组找正曲线，测量轴系对中	找正曲线			A	★	★	★	
联轴器法兰轴端距测量	联轴器图纸			B	★	★		
联轴器膜片、螺栓损伤检查	无裂纹、无变形			A	★	★	★	
机壳中分面自由间隙	≤0.12mm			C	★			
推力瓦块厚度差	≤0.01mm			C	★			
止推轴承瓦块接触面积	≥80%			C	★			
支承轴承瓦块接触长度	≥80%			C	★			
轴承中分面自由间隙	≤0.02mm			C	★			
瓦块探伤符合厂家探伤标准	厂家探伤标准			A	★	★	★	
转子跳动	随机资料			B	★	★		
转子总窜量	随机资料			B	★	★		
半联轴器拆卸压力（若有）				C	★			
半联轴器推进量（若有）				C	★			
液压拉伸螺栓安装压力（若有）				C	★			
叶片探伤符合厂家探伤标准	厂家探伤标准			A	★	★	★	
转子动平衡	厂家标准			A	★	★	★	
轴承箱中分面自由间隙	≤0.05mm			C	★			
支承轴承间隙（直径）支承侧				A	★	★	★	
支承轴承间隙（直径）推力侧				A	★	★	★	
止推间隙				A	★	★	★	

水平剖分离心式压缩机检修质量确认表（续）

项目		主要控制内容			等级	施工单位	生产装置	设备管理部门	备注
		标准值	部位	现场记录					
轴承过盈	支承侧				B	★	★		
	推力侧				B	★	★		
轴端气封间隙（直径）	低压				A	★	★	★	
	高压				A	★	★	★	
油封间隙（直径）	支承侧				C	★			
	推力侧				C	★			
级间气封间隙（直径）	平衡盘密封				B	★	★		
	一级口圈密封				B	★	★		
	一级轴密封				B	★	★		
	二级口圈密封				B	★	★		
	二级轴密封				B	★	★		
	三级口圈密封				B	★	★		
	三级轴密封				B	★	★		
	四级口圈密封				B	★	★		
	四级轴密封				B	★	★		
	五级口圈密封				B	★	★		
	五级轴密封				B	★	★		
	……				B	★	★		

项目	主要控制内容			等级	施工单位	生产装置	设备管理部门	备注
	标准值	部位	现场记录					
回装时检测								
对照机组找正曲线，测量轴系对中	找正曲线			A	★	★	★	

水平剖分离心式压缩机检修质量确认表（续）

项目		主要控制内容			等级	施工单位	生产装置	设备管理部门	备注
		标准值	部位	现场记录					
联轴器法兰轴端距测量		联轴器图纸			B	★	★		
联轴器膜片、螺栓损伤检查		无裂纹、无变形			A	★	★	★	
机壳中分面自由间隙		≤0.12mm			C	★			
推力瓦块厚度差		≤0.01mm			C	★			
止推轴承瓦块接触面积		≥80%			C	★			
支承轴承瓦块接触长度		≥80%			C	★			
轴承中分面自由间隙		≤0.02mm			C	★			
瓦块探伤符合厂家探伤标准		厂家探伤标准			A	★	★	★	
转子跳动		随机资料			B	★	★		
转子总窜量		随机资料			B	★	★		
半联轴器拆卸压力（若有）					C	★			
半联轴器推进量（若有）					C	★			
液压拉伸螺栓安装压力（若有）					C	★			
叶片探伤符合厂家探伤标准		厂家探伤标准			A	★	★	★	
转子动平衡		厂家标准			A	★	★	★	
轴承箱中分面自由间隙		≤0.05mm			C	★			
支承轴承间隙（直径）	支承侧				A	★	★	★	
	推力侧				A	★	★	★	
止推间隙					A	★	★	★	
轴承过盈	支承侧				B	★	★		
	推力侧				B	★	★		
轴端气封间隙（直径）	低压				A	★	★	★	
	高压				A	★	★	★	
油封间隙（直径）	支承侧				C	★			
	推力侧				C	★			

水平剖分离心式压缩机检修质量确认表（续）

项目		主要控制内容			等级	施工单位	生产装置	设备管理部门	备注
		标准值	部位	现场记录					
级间气封间隙（直径）	平衡盘密封				B	★	★		
	一级口圈密封				B	★	★		
	一级轴密封				B	★	★		
	二级口圈密封				B	★	★		
	二级轴密封				B	★	★		
	三级口圈密封				B	★	★		
	三级轴密封				B	★	★		
	四级口圈密封				B	★	★		
	四级轴密封				B	★	★		
	五级口圈密封				B	★	★		
	五级轴密封				B	★	★		
	……				B	★	★		

控制级别说明：A级：施工单位、生产装置、设备管理部门专业人员检查确认后签字。
B级：施工单位和生产装置专业人员检查确认后签字。
C级：施工单位专业人员检查确认后签字。
另：如果有监理，监理的职责由甲方授权。

附　录　B

（资料性附录）

水平剖分离心式压缩机试车与验收数据确认表

试车条件确认记录				工程名称： 单元名称：	
设备名称			设备位号		
设备型号			功率		
驱动机种类			转速		r/min
确认项目	技术要求	确认人			确认日期
		施工专业工程师	监理专业工程师	总承包专业工程师	
设备本体拆检	拆检、回装完成，记录符合规范要求				
辅助系统	检查合格				
油管路系统	冲洗和压力试验完成，记录符合规范要求				
循环或润滑油	符合要求				
电气设施	安装完成，调试合格，记录符合规范要求				
仪表联锁、控制系统	安装完成，系统调校合格，记录符合规范要求				
工艺管道系统	安装完成，压力试验、吹扫（清洗）合格，记录符合规范要求				
机组试车方案	试车程序、措施、质量验收要求明确				
生产配套工艺及操作条件	按试车方案要求准备完毕	建设单位试车负责人：			
试车条件确认	具备试车条件	试车总负责人：			

水平剖分离心式压缩机试车与验收数据确认表（续）

离心式压缩机 试车记录（一）					工程名称： 单元名称：
设备名称		设备型号		设备位号	
试车类别	□空负荷 □负荷	工作介质		试车介质	
驱动机种类		转速	r/min	环境温度	℃
连续运转时间	h	停机惰走时间	s	启动时刻	
试车日期	年　月　日				

检查项目			设计值/允许值	实测值								
运行记录时刻												
一段	入口	流量/(Nm³/h)										
		压力/MPa										
		温度/℃										
	出口	压力/MPa										
		温度/℃										
	轴承温度/℃	前轴承										
		后轴承										
		止推轴承										
	双振幅振动值/μm 前轴承	水平										
		竖直										
		轴向										
	双振幅振动值/μm 后轴承	水平										
		竖直										
		轴向										
	轴位移值/mm											

建设/监理单位	总承包单位	施工单位	设备制造厂
专业工程师： 日期：　年　月　日	专业工程师： 日期：　年　月　日	专业工程师： 质量检查员： 记　录　人： 日期：　年　月　日	现场代表： 日期：　年　月　日

水平剖分离心式压缩机试车与验收数据确认表（续）

离心式压缩机 试车记录（二）									工程名称： 单元名称：				
检查项目				设计值 / 允许值	实测值								
运行记录时刻													
段	入口	流量 /（Nm^3/h）											
		压力 /MPa											
		温度 /℃											
	出口	压力 /MPa											
		温度 /℃											
	轴承温度 /℃	前轴承											
		后轴承											
		止推轴承											
	双振幅振动值 /μm	前轴承	水平										
			竖直										
			轴向										
		后轴承	水平										
			竖直										
			轴向										
	轴位移值 /mm												
段	入口	流量 /（Nm^3/h）											
		压力 /MPa											
		温度 /℃											
	出口	压力 /MPa											
		温度 /℃											
	轴承温度 /℃	前轴承											
		后轴承											
		止推轴承											
	双振幅振动值 /μm	前轴承	水平										
			竖直										
			轴向										
		后轴承	水平										
			竖直										
			轴向										
	轴位移值 /mm												

水平剖分离心式压缩机试车与验收数据确认表（续）

离心式压缩机 试车记录（三）								工程名称： 单元名称：			
检查项目		设计值 / 允许值	实测值								
运行记录时刻											
润滑油	压力 /MPa										
	入口温度 /℃										
	出口温度 /℃										
密封油压 /MPa											
动力油压 /MPa											
气封压力 /MPa											
油冷却器	油入口温度 /℃										
	油出口温度 /℃										
保安联锁系统试验情况：											
试车后检查情况：											
试车结论：											

19. 活塞式压缩机维护检修规程

SHS 01020—2019

代替 SHS 01020—2004

目　次

前　言

本规程按照GB/T 1.1—2009《标准化工作导则　第1部分：标准的结构和编写》给出的规则修订。

本规程代替SHS 01020—2004《活塞式压缩机维护检修规程》，与SHS 01020—2004相比，除了编辑性修改外，主要技术变化如下：

——考虑近年来石油化工工艺装置选用活塞式压缩机的趋势，重点关注M型、D型和H型压缩机。

——根据设备日常状态监测结果、运行状况、有无备用设备以及生产装置运行安排情况，按设备累计运行时间确定检修周期。

——本规程只对中修、大修作检修指导，将小修内容纳入到日常维护中。

——“检修程序与质量标准”章节中，各条目按拆卸、检测和回装、检测操作顺序编排，并强调对拆卸、回装过程检测记录的要求；删除主轴瓦与主轴颈、十字头滑履与机身滑道接触面积和接触角度的要求，改为对轴线方向接触长度要求。强调其竖直中心线两侧间隙对称性。

——增加在线监测系统维护内容，维护中对监测数据进行评估。

本规程由中国石油化工集团有限公司、中国石油化工股份有限公司提出。

本规程起草单位：沈阳鼓风机集团。

本规程主要起草人：潘文辉、卓毅、陈典。

本规程所代替规程的历次版本发布情况为：

——SHS 01020—1992、SHS 01020—2004。

活塞式压缩机维护检修规程

1　范围

1.1　主题内容

本规程规定了活塞式压缩机的检修周期与内容、检修程序与质量标准、试车与验收、维护与故障处理。

1.2　适用范围

本规程适用于石油、化工和气体工业设施用对称平衡型（M型、H型、D型等）活塞式压缩机，其他类型的活塞式压缩机可参照执行。

2　规范性引用文件

下列文件中的条款通过本规程的引用而成为本规程的条款。凡是注日期的引用文件，其随后所有的修改单（不包括勘误的内容）或修订版均不适用于本规程，然而，鼓励根据本规程达成协议的各方研究是否可使用这些文件的最新版本。凡是不注日期的引用文件，其最新版本适用于本规程。

SH/T 3544　石油化工对置式往复压缩机组施工及验收规范

SH/T 3538　石油化工机器设备安装工程施工及验收通用规范

JB/T 9105　大型往复活塞压缩机技术条件

GB 50275　风机、压缩机、泵安装工程及施工验收规范

3　检修周期与内容

3.1　检修周期

活塞式压缩机根据对设备运行状况的监控、对故障及其影响分析的结果、有无备用设备并结合生产装置运行周期，确定设备的检修周期，一般为8400～16000h。

3.2　检修内容

3.2.1　检查各吸、排气阀组、负荷调节器动作是否灵活，工作是否正常。检查阀片、弹簧是否断裂或变形，阀座密封面是否有损坏。

3.2.2 检查各部件间的连接螺栓，并按照随机技术文件要求的力矩紧固各主要部位连接螺栓。

3.2.3 检查并清理注油器、单向阀、油泵、油过滤器、冷油器等润滑系统设备，并根据油品的化验结果决定是否更换润滑油。

3.2.4 检查并清理冷却水系统。

3.2.5 检查压力表、温度计等就地仪表。

3.2.6 检查并处理机组在运行中产生的异常振动、响声、过热等现象。

3.2.7 检查填料密封性能和刮油器刮油性能。

3.2.8 检查活塞组件（活塞环、支承环、活塞杆、活塞等）。

3.2.9 检查气缸镜面磨损情况、校验气缸止点间隙。

3.2.10 检查清理各级入口过滤器。

3.2.11 检查曲轴主要几何精度、尺寸和磨损情况。

3.2.12 检查连杆瓦、小头轴套、十字头滑履、十字头销及衬套的磨损情况。

3.2.13 检查连杆主要尺寸精度。

3.2.14 对活塞杆、十字头销、连杆体、连杆螺栓、曲轴等做无损探伤检查；

3.2.15 对气缸螺栓、中体螺栓、主轴承紧固螺栓进行检查。检查活塞杆与活塞螺母连接紧固情况；

3.2.16 检查机体的水平状态、曲轴与电机轴的对中状态（同轴度和倾斜度）。

3.2.17 检查气缸水平度，检查处理磨损缸套，检查管道过滤器更换过滤网，必要时调整气缸及管线的支承。

3.2.18 检查活塞杆跳动值。

3.2.19 检查清扫冷却器、缓冲罐、分离器等。

3.2.20 检查及修补基础。

3.2.21 基础缺陷修复，机体及有关管线进行防腐处理。

3.2.22 所有易损件（活塞环、支承环、填料密封环等）、密封垫片、胶圈及十字头液压连接紧固部件中的承压胶圈更换。

3.2.23 检查校验气量调节执行机构。

3.2.24 检查盘车执行机构。

3.2.25 检查校验安全阀、压力表、温度表。

3.2.26 对在线监测（如活塞杆下沉、机身振动等）、报警系统进行模拟测试；电气仪表的校验应遵循其专业检修规范。

3.2.27 单向阀、安全阀调校，检查机组其他相关阀门。

4 检修程序与质量标准

4.1 检修前准备

4.1.1 各项准备工作应符合安全、环保、质量等方面的要求，应对检修过程进行危害识别及风险评估、环境因素识别和影响评价。

4.1.2 根据设备运行状况和检测记录，分析故障原因和部位，依据本规程制定详尽的检修技术方案；组织相关人员现场交底，并制定检修施工方案；检修人员应熟悉设备图纸、技术资料与检修方案。

4.1.3 检查落实物料准备（包括材料、备品、安装工具、施工机具等）和检修施工场地环境。

4.1.4 检查安全措施准备，设立好安全警示牌、安全警示绳。检修前必须对现场孔洞、楼梯口、吊装口设围栏或盖板。做好夜间照明及防盗工作。

4.1.5 检查机组与外部系统水、电、汽、风、介质的吹扫、排凝、隔断情况，应安全可靠。

4.1.6 落实好安全环保措施，按规定断水、断电、断汽（气）、物料倒空、置换完毕，加拆盲板等工作完成，具备检修条件，办理好检修作业票后，方可施工。

4.1.7 物资准备：

a）建议准备工机具、量具的清单见表1。

表1 工机具、量具清单

百分表	水平仪	游标卡尺
塞尺	百分表座	量块
吊耳	铅丝	三角刮刀
外径千分尺	千斤顶	内径千分尺
梅花扳手	深度尺	敲击扳手
锉刀	活扳手	力矩扳手
公制内六角扳手	套筒扳手	尼龙吊装带
手拉葫芦	英制内六角扳手	钢丝绳
橡胶板	红丹粉	激光对中仪
铜棒或铅棒	劳保用品	应急安全物资
液压泵		

b）建议准备的耗材清单见表2。

表2 耗材清单

专用密封胶	螺纹胶	普通砂纸
面粉	白布	除油脱脂剂

表2 耗材清单（续）

塑料布	金相砂纸	生料带
清洗剂	刷子	铁丝
海绵	除锈刷	细磨石

4.2 拆卸与检测

4.2.1 拆卸附属管线，检查清理管线的结垢与腐蚀。

4.2.2 拆检气量调节执行机构；气阀组件拆检或返厂修复。

4.2.3 打开气缸盖、曲轴箱上盖、滑道侧盖及接筒侧盖。

4.2.4 拆开十字头与活塞杆的连接锁紧机构，取出活塞部件，检查测量活塞体环槽、活塞环、支承环及活塞杆的磨损情况，安装前对活塞杆做无损探伤检测。

4.2.5 拆下填料、刮油环等组件，检查磨损情况。

4.2.6 拆卸十字头销，连杆螺栓，取出连杆体、十字头体。检查十字头滑履、中体滑道、连杆（大、小）头瓦及十字头销、十字头衬套的磨损、调整或紧固十字头滑板的连接螺栓。（带平衡铁的十字头，检查平衡铁紧固螺栓的紧固状态，确认各列平衡铁的配对标记）；安装前对连杆体、连杆螺栓、十字头销做无损探伤检测。

4.2.7 检查中体滑道、气缸工作面的磨损状态；测量气缸与中体滑道的同轴度和水平度。

4.2.8 测量曲轴臂距差（联电机状态）、主轴瓦与主轴颈间隙值。

4.2.9 拆卸联轴器螺栓做无损探伤检测，检查螺栓与螺栓孔接触面。

4.2.10 测量主电机与压缩机曲轴对中（测量同轴度及倾斜度）。

4.2.11 测量曲轴臂距差（脱开电机状态）、主轴瓦与主轴颈间隙值。

4.2.12 拆卸曲轴，检查测量机身瓦窝孔径、主轴径及曲拐轴径，修复其磨损沟痕；安装前对主轴颈及曲拐颈做无损探伤检测。

4.2.13 检查主轴瓦及连杆大头瓦磨损情况。

4.2.14 检查机身是否存在裂纹及地脚螺栓的紧固情况。

4.2.15 拆卸检查并清理级间冷却器、润滑油冷却器、水站冷却器等。

4.2.16 检查清理油箱、油过滤器、更换润滑油。

4.2.17 清理各级入口过滤器，检查滤网是否破损。

4.2.18 安全阀调校。

4.3 回装与质量标准

4.3.1 机身调整与安装

4M 型机身如图1所示。

a）确认机身地脚螺栓紧固后，机身水平度应用水平仪检测，列向水平在十字头滑道处测量，水平度≤0.05mm/m；轴向水平度在机身轴承座孔处测量，并以两端数值为准，中间值作参考，两者水平度偏差≤0.05mm/m。

图1 4M 型机身

b）各列十字头滑道轴线的水平度≤0.05mm/m。

c）十字头滑道中心线与主轴承座孔中心线垂直度≤0.01mm/m。

d）曲轴箱（机身油池）用面粉清理干净。

e）机身地脚螺栓的紧固力矩见随机技术文件。

f）本文中第4.3.2.、4.3.3、4.3. 6条完成后，对机身横梁、上盖板按技术要求进行安装。

4.3.2 曲轴及轴承安装

a）曲轴（图2）安装水平度误差≤0.1mm/m；曲轴轴线对十字头滑道轴线的垂直度≤0.1mm/m。

b）轴瓦的合金层与瓦壳应紧密结合，不得有脱壳现象；合金层表面不应有裂纹、孔洞、重皮、夹渣等缺陷。轴承合金表面，一般情况下不应刮研，如与主轴承局部接触不良时，允许微量修研合金层表面。

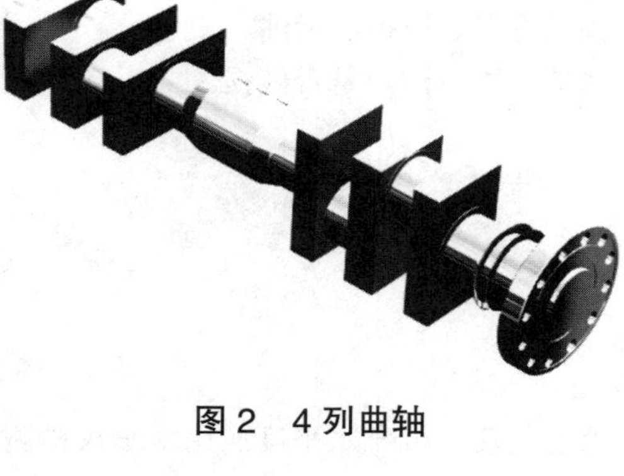

图2 4列曲轴

c）主轴承座螺栓的紧固是靠螺栓紧固力矩来保证的，紧固力矩应符合产品图纸或技术文件的规定；当主轴承盖紧固螺栓采用液压紧固装置时，其使用操作的压力应按随机技术文件中的规定进行。

d）主轴承与轴颈的径向间隙（轴瓦顶间隙与侧间隙）、轴向间隙值应符合产品随机技术文件的规定。检查轴瓦与轴颈接触情况，轴向接触长度不应＜80%；轴承衬套应与轴承座、连杆瓦窝均匀贴合，接触面积应＞70%。

e）曲轴在机身上就位安装后，应在主轴颈上复查轴向水平度，且≤0.10mm/m。在曲拐颈0°、90°、180°、270°四个位置测量曲拐颈水平度，检查曲拐颈对主轴颈的平行度≤0.15mm/m。

f）将曲拐颈置于0°、90°、180°、270°四个位置上，分别测量其曲臂间距离（图3），其偏差值不得大于活塞行程的万分之一。

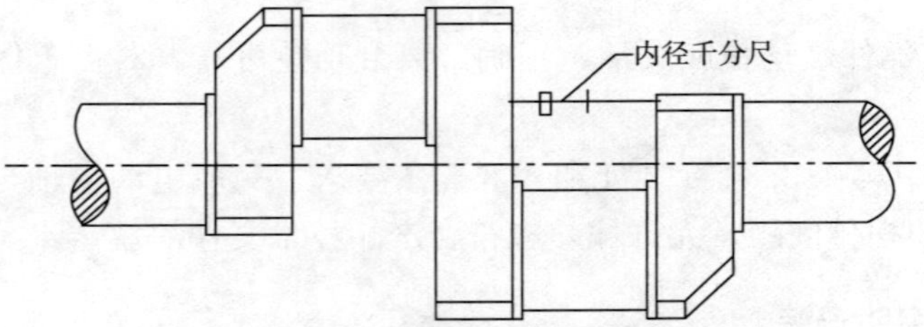

图3　曲拐臂间距测量示意

4.3.3　与电动机的连接

a）电机的定子与转子间空气间隙的允许偏差值及找正方法参考电机技术文件。

b）压缩机与电机采用刚性连接，电动机安装应以压缩机为基准，电机轴与压缩机曲轴对中偏差为：

径向偏差应≤0.03mm；

轴向张口应≤0.05mm/m。

c）电动机转子与压缩机曲轴的对中数据符合要求后方可进行联轴器与飞轮的连接紧固。

d）电机的检维修详见电机随机技术文件。

4.3.4　联轴器安装

a）联轴器组件（图4）安装应符合产品图样和技术文件的规定。

b）刚性联轴器、飞轮的安装要求、螺栓紧固力矩等应符合产品技术文件的规定。采用隔环结构时，保证方向正确，接触面良好贴合。

4.3.5　盘车部件安装

a）盘车部件安装应符合产品图样和技术文件的规定。

图4　联轴器组件

b）检查盘车部件，动作应灵活、正确，离合功能可靠。对盘车保护及联锁机构进行确认。

4.3.6　执行本文中第4.3.3、4.3.4和4.3.5条要求，完成电动机轴与压缩机主轴联接后，复测压缩机曲拐臂间距，允许偏差应符合产品技术文件的规定。

4.3.7　连杆及十字头安装

图5　锻件连杆组件

图6　铸钢十字头组件

a）连杆（图5）、十字头（图6）不允许有磕碰、裂纹等缺陷。安装前对连杆体、十字头销做无损探伤检测。十字头、连杆安装前应彻底清洗，检查油路保持畅通。

b）检查十字头上、下滑履及连杆大头瓦轴承合金的浇铸质量，轴承合金表面，一般情况下不应刮研，如局部接触不良时，允许微量修研合金层表面。

c）十字头部件各紧固螺栓（如配重紧固螺栓、滑板螺栓等），应按照随机技术文件要求紧固及防松。

d）十字头与连杆连接后，应用塞尺在十字头与滑道全行程的多个位置上测量间隙，均应符合随机文件中的规定。

e）确认十字头销止退结构的安装状态符合技术文件要求。

f）连杆大头瓦的径向及轴向间隙应符合产品技术文件使用说明书中的规定。

g）用测量法确认连杆小头套、十字头衬套与十字头销径向间隙，应符合产品随机文件中的规定。

h）对新使用的连杆螺栓，应检查螺栓头及螺母端部对连杆大头支承面的靠紧情况，可用着色法进行检验，不允许有任何歪斜，接触面均匀分布，接触点断开的距离最大不得超过圆周的1/8即45°。否则将使连杆螺栓承受偏心载荷，造成连杆螺栓断裂。

4.3.8 接筒、气缸安装

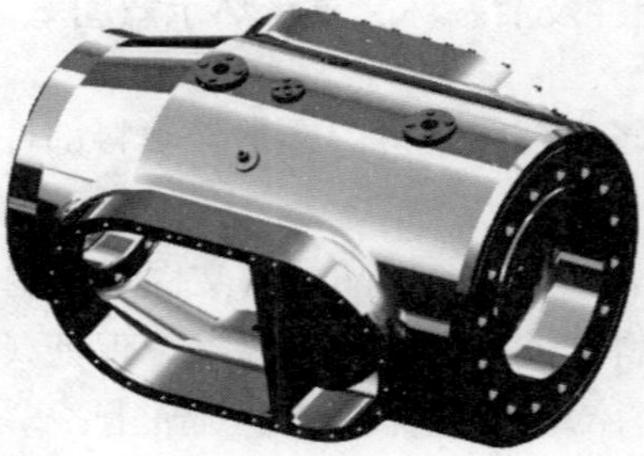

图7 接筒

图8 锻件缸体

a）接筒（图7）、气缸（图8）在安装前，应清洗检查气缸工作面、气缸体、气阀腔及各连接面等。

b）调整气缸水平。

c）气缸找正后，中心线与十字头滑道中心线的同轴度偏差应符合表3的规定。

表3 气缸中心线与十字头滑道中心线的同轴度偏差 mm

气缸直径	径向位移	轴向倾斜
＜100	≤0.05	≤0.02
＞100～300	≤0.07	≤0.02
＞300～500	≤0.10	≤0.04
＞500～1000	≤0.15	≤0.06
＞1000	≤0.2	≤0.08

d）气缸找正后，必须保证活塞杆径向水平、垂直跳动值符合随机文件中的规定值，并以活塞杆跳动值作为找正验收依据。

4.3.9 密封主填料、中间填料、刮油器安装

a）密封主填料部件、中间填料部件、刮油环部件（图9），可按以下步骤进行安装：

（a）填料部件和刮油器部件应全部拆开清洗和检查，拆洗前各组填料应在非工作面上做出标识；

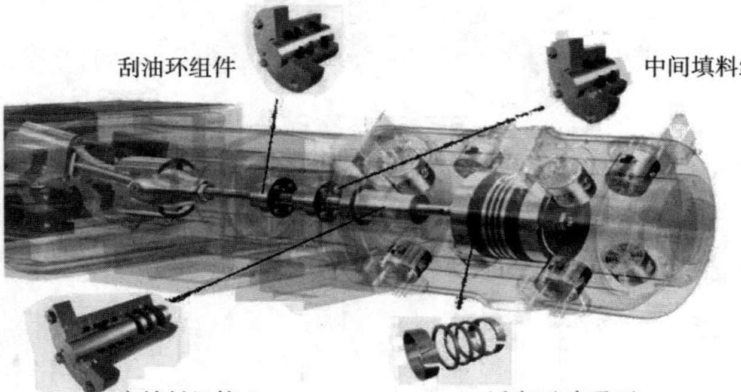

图 9　刮油器组件、中间填料、主填料函组件及活塞环、支承环示意图

（b）填料部件中每组密封元件的装配关系及顺序应按照随机图样中“填料部件”图中的要求进行，不得装反；

（c）填料部件中填料密封环与填料盒间轴向间隙，应符合产品技术文件的规定；

（d）组装填料部件时，各填料环的定位销、填料盒的各孔应分别对准，保证（注油孔、漏气回收孔、充氮孔及冷却水孔）各孔畅通、清洁，并整体安装于气缸上；

（e）填料部件组装后，冷却水腔应按产品技术文件的要求进行水压试验。

b）填料部件和刮油环部件组装后，应检查其与活塞杆的间隙，不应有偏斜现象。

c）刮油器部件安装时，注意刮油环和活塞杆接触面不得有沟槽、划痕、局部磨损等缺陷，接触线应均匀分布，且大于圆周长的 70%；如采用单向刮油环时，其刃口应朝向机身方向，刮油环刃口方向不得装反。

d）刮油环组与刮油盒端面轴向间隙应符合随机文件中的规定。

e）填料组件和刮油器安装时应使用活塞杆保护套和专用工具。

4.3.10　活塞体、活塞杆、活塞环安装

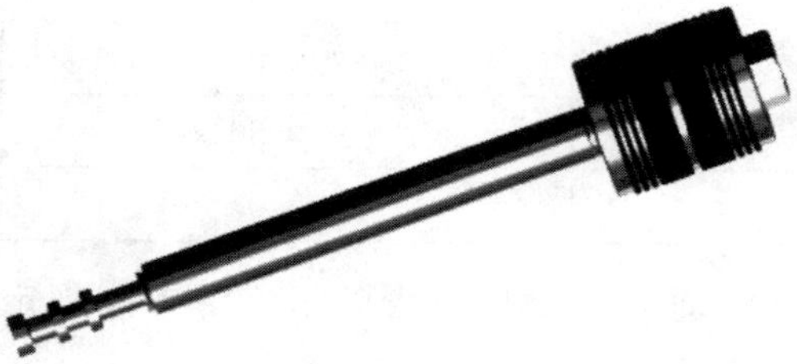

图 10　活塞组件

a）活塞杆组件如图 10 所示。检查活塞外圆表面及活塞环槽端面，不得有擦伤、锐边、凹痕和毛刺等缺陷；活塞杆不得有裂纹、机械损伤等缺陷。

b）安装活塞环时，活塞环在活塞环槽内应转动灵活，压紧活塞环时，环应能全部沉入槽内。相邻活塞环的开口位置应互相错开，并应避开气缸阀腔孔位置。活塞环与活塞环槽的轴向间隙及活塞环在自由状态和工作状态的开口间隙，应符合产品随机文件的规定。

c）支承环与支承环槽的轴向间隙应符合产品随机文件的规定。

d）对于使用 120° 片式支承环，当活塞装入气缸时，应使支承环处于正下方位置。

e）支承环为整圈无开口过盈安装结构的，其安装应按照产品随机文件的规定进行。

f）活塞杆与十字头的连接必须严格按照随机技术文件要求进行安装。

g）活塞在推入气缸前，应在活塞杆尾部套入随机配套的活塞杆保护套，以避免安装时刮伤填料密封环、刮油环。

h）活塞杆与十字头连接后，应盘动十字头并按下列规定进行检查：

（a）复测十字头滑板与滑道的间隙、活塞体在气缸不同位置的径向间隙，连接前、后数值应不变；

（b）复测活塞运行到前、后止点的间隙。

i）活塞与气缸镜面间的径向间隙（顶间隙、底间隙、侧间隙），活塞止点间隙（盖侧、轴侧）及活塞杆跳动值应符合产品技术文件的规定。

4.3.11 进、排气阀安装

a）气阀组件如图 11 所示。气阀连接螺栓应拧紧，防止松动。

b）带有压叉的气阀，应保证压叉活动灵活，无卡滞现象，并能使阀片全部压下。

c）进、排气阀不得装反，确认气阀连接螺栓已紧固、锁牢。气缸阀孔盖紧固螺栓（或顶丝）力矩均匀，力矩大小符合产品技术文件要求。

d）卸荷器和阀片的升程应符合产品技术文件的规定。

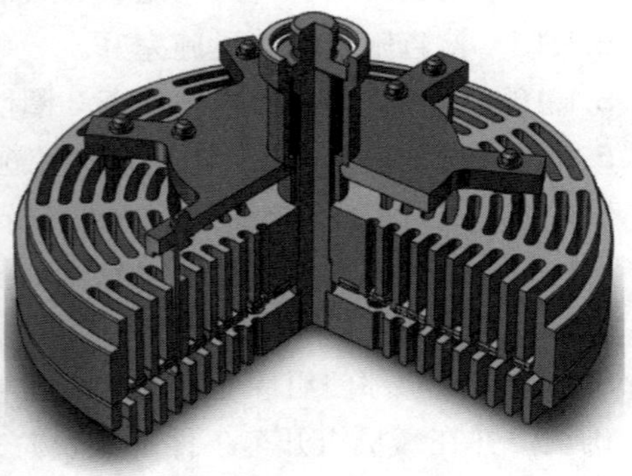

图 11 气阀组件

e）气量调节机构按现场使用情况及产品随机文件要求进行维护。

5 试车与验收

5.1 试车前准备

5.1.1 专业人员及生产车间人员检查检修记录，确认检修数据正确。

5.1.2 试车前生产部门应编制机组试车方案，并经机动、安全、技术和生产专业审核。

5.1.3 检查油箱油位，液位为液位计上、下限之间，油品分析合格。

5.1.4 润滑油系统进行油运，启动润滑油泵循环，检查过滤网干净合格。合格标准：80 目滤网上无任何硬颗粒杂质，但允许 2～3 个 /cm^2 肉眼可见的软颗粒，且不允许有长纤维存在。

5.1.5 油运过程中油泵、过滤器、油冷却器要进行切换操作。

5.1.6 开车前需分析油箱内润滑油，黏度、闪点、水分、酸值、机械杂质等指标在合格范围内。

5.1.7 公用工程系统包括氮气、仪表空气、冷却水、电等已具备投用条件，并能正常供给。

5.1.8 检查机组各参数应符合工艺指标要求。

5.1.9 压缩机入口过滤器至压缩机本体管道清理干净。

5.1.10 检查压缩机出入口阀、止回阀及管线旁路阀是否正确调整好。

5.1.11 检查机组的自保联锁系统和停车装置联校，调校完毕，联锁投用，相关方面确认合格签字。

5.1.12 用氮气置换压缩机缸体及工艺管道内的空气，系统内可燃物含量必须严格控制在0.1%以下。检查检修系统中的设备、管线、阀门、液位计、仪表元件、安全阀、温度计等的所有密封点，进行试漏工作。

5.1.13 电动机单机试运转正常，旋转方向正确。

5.1.14 检查压缩机排污阀是否有凝液。

5.1.15 检查附属设备设施完好。

5.1.16 压缩机向正确方向盘车3圈以上，无卡涩摩擦等现象。

5.1.17 试车前所有零部件及附件必须齐全，完整。

5.1.18 复查机组对中情况，安装联轴器。

5.1.19 工艺、设备、电气、仪表、检修单位及有关试车人员必须在场。试车必备的测试仪器准备好。

5.1.20 机动部门组织生产部门、检修单位、电气、仪表等专业技术人员进行试车条件确认，并在《机组开车条件确认表》上签名。

5.2 试车

5.2.1 空负荷试车

a）按操作规程启动机组，检查各部件有无异常（响声、温度、振动等）。

b）检查油温、温压是否正常。

c）检查各轴承、滑道、气缸及填料（有油润滑压缩机）的润滑情况，观察回油是否畅通。

d）检查各摩擦部位的温度及其变化趋势。滑动轴承及十字头滑道≤65℃，滚动轴承≤70℃，填料温度≤100℃。

e）连续运行1～2h后，若无任何异常现象，即可停机做必要的检查（紧固件有无松动，摩擦件是否磨损等）。

5.2.2 负荷试车

a）盘车检查气缸是否有异常现象。

b）气缸内通入介质，检查各密封部位有无泄漏。

c）按操作规程启动机组，检查各传动件及气缸有无异常。

d）检查压缩机主轴轴承、滑道等温度是否正常。

e）检查各吸、排气阀温度是否正常。

f）检查各级气缸进、出口气体温度和冷却水回水温度是否正常。

g）检查各级进排气压力是否符合设计要求。

h）检查填料密封状态及刮油器是否漏油。

i）机组振动应符合产品随机文件要求。

j）压缩机所属的电气、仪表及各联锁报警装置应达到各专业技术规定的要求，并进行状态监测。

k）运转过程每 30min 记录一次机组的运行参数，并及时处理运行中发现的问题。

5.3 验收

5.3.1 在工作负荷下连续运行72h后，各项技术指标均达到设计要求或能满足生产需要。

5.3.2 检修记录齐全、准确并符合本规程要求。

5.3.3 机组达到完好标准要求，即可按规定办理验收手续，移交生产使用。

5.3.4 规定时间内完成检修、试车和投运资料，移交并归档。

6 维护与故障处理

6.1 日常维护

6.1.1 定时检查各指示仪表（如各级压力表、油压表、温度计、油温表等）和润滑情况（注油器、油箱油位）及冷却水情况。

6.1.2 定时巡检机组运行情况，发现问题及时处理。

6.1.3 认真填写机组运转记录表。

6.1.4 搞好设备环境卫生、安全工作，保持机组的清洁，做好交接班工作。

6.2 维护保养

6.2.1 每天检查润滑油位及时加注润滑油。

6.2.2 按累计运行时间，视机组运行情况，更换气阀，清理积碳、油过滤器、过滤网等，对润滑油全面过滤或更换。

6.2.3 机组出现局部故障，应及时小修处理。

6.3 常见故障与处理

活塞式压缩机常见故障与处理方法见表 4。

表4　活塞式压缩机常见故障与处理方法

序号	故障现象	故障原因	处理方法
1	轴承温度高	轴瓦与轴颈接触不均匀，或接触面积小，单位面积上的比压过大 轴承间隙超差 轴颈圆柱度和轴直线度偏差过大 润滑油量供应不足或中断 油变质 进油温度过高	用涂色法刮研轴瓦，改善单位面积上的比压调整轴承间隙 校直轴 检查油泵、管线和油过滤器 更换润滑油 调节油冷却器进水量
2	气缸温度高	冷却水供给不足 冷却水管堵塞 缺少润滑油	适当加大冷却水供给量 检查并疏通水管 检查注油泵及管线
3	填料函发热	活塞杆与填料配合间隙不合适 活塞杆与填料函装配时产生偏斜 填料冷却水供应不足或水管堵塞 填料函润滑油污垢或供油不足	适当调整间隙 重新装配 加大供水量或疏通供水管线 更换润滑油或调整供油量
4	排气温度高	排气阀泄漏 入口过滤器堵塞 吸入气体温度超过规定值 吸气阀泄漏 气缸或冷却器效果差	拆检并清理排气阀 拆检并清理入口过滤器 检查工艺流程 拆检并清理吸气阀 检查冷却水系统
5	气缸内或运动部件有异常声响	阀片断裂或弹簧断裂 阀体压筒破裂或松动 气缸余隙容积太小 气缸中积聚液体 气缸中有异物 缸套松动或断裂 活塞或活塞环严重磨损 活塞紧固螺母松动或活塞杆断裂 连杆螺栓、轴承压盖螺栓、十字头螺母松动或断裂 主轴承、连杆大小头轴承、十字头滑道间隙过大 十字头滑板螺栓松动或断裂 十字头滑板断裂 各轴承紧力太小或无紧力 曲轴与联轴节配合松弛	更换气阀组件 重新压紧或更换压筒 调整余隙容积 检查积液原因并处理 检查处理 检查更换缸套 检查修理或更换 重新紧固螺母或更换活塞杆 检查紧固或更换 检查并调整间隙 检查紧固或更换 检查更换滑板 调整轴承紧力 检查处理

表4　活塞式压缩机常见故障与处理方法（续）

序号	故障现象	故障原因	处理方法
6	管路发生不正常的振动	管卡太松或断裂 支承刚性不够 管架或吊架不牢 管路系统产生气柱共振或管路机械共振	紧固或更换管卡 加固支承 支承刚性不够 重新配置管路系统
7	油泵出口压力低或无压力	吸入管法兰或接头漏，吸入空气 油泵壳体或轴封有泄漏 吸入阀有故障或油管堵塞 油箱内油位太低 油过滤器堵塞 油泵驱动机转速下降 安全阀故障	查堵漏点 检查并消除漏点 检查并疏通油管 添加润滑油 清洗油过滤器 查明原因并恢复到正常转速 重新调校安全阀
8	油温升高	油冷却器供水不足 油冷却器结垢 润滑油变质	加大油冷却器供水量 检查清洗油冷却器 更换润滑油
9	压缩机排气压力低	活塞环漏气 气阀漏气	检查更换活塞环 检查更换阀片
10	排气量达不到设计要求	气阀泄漏 活塞环严重磨损或断裂 填料漏气 卸荷阀故障 气缸余隙容积过大	检查更换气阀 检查更换活塞环 检查更换填料 检查处理卸荷装置 调整气缸余隙

附　录　A
（资料性附录）
活塞式压缩机检修质量确认表

项目	主要控制内容				等级	施工单位	生产装置	设备管理部门	备注
	标准值	部位	现场记录						
拆卸中检测									
机身主轴承孔					A	★	★	★	
连杆大头瓦孔					A	★	★	★	
连杆小头衬套					A	★	★	★	
十字头滑履					A	★	★	★	
十字头滑道					A	★	★		
活塞杆摩擦面					A	★	★		
曲轴轴径					A	★	★		
曲轴拐径					A	★	★		
支承环					B	★	★		

活塞式压缩机检修质量确认表（续）

项目	主要控制内容			等级	施工单位	生产装置	设备管理部门	备注
	标准值	部位	现场记录					
活塞环				B	★	★		
气缸镜面				A	★	★		
主轴窜量				A				
主轴颈与主轴瓦的径向间隙				A				
曲柄销与连杆大头瓦的径向间隙				A				
十字头销与连杆小头衬套的径向间隙				A				
十字头滑履与滑道的径向间隙				A				
各级活塞盖侧止点间隙／各级活塞轴侧止点间隙				B				
活塞锁紧螺母是否锁死和翻边铆死				A				
活塞环在环槽内的轴向间隙				B				
支承环在环槽内的轴向间隙				B				

活塞式压缩机检修质量确认表（续）

项目	主要控制内容				等级	施工单位	生产装置	设备管理部门	备注
	标准值	部位	现场记录						
活塞环开口间隙					B				
活塞与气缸径向间隙（顶间隙）					B				
项目	主要控制内容				等级	施工单位	生产装置	设备管理部门	备注
	标准值	部位	现场记录						
回装时检测									
机身主轴承孔					A	★	★	★	
连杆大头瓦孔					A	★	★	★	
连杆小头衬套					A	★	★	★	
十字头滑履					A	★	★	★	
十字头滑道					A	★	★		
活塞杆摩擦面					A	★	★		
曲轴轴径					A	★	★		

活塞式压缩机检修质量确认表（续）

项目	主要控制内容			等级	施工单位	生产装置	设备管理部门	备注
	标准值	部位	现场记录					
曲轴拐径				A	★	★		
支承环				B	★	★		
活塞环				B	★	★		
气缸镜面				A	★	★		
主轴窜量				A				
主轴颈与主轴瓦的径向间隙				A				
曲柄销与连杆大头瓦的径向间隙				A				
十字头销与连杆小头衬套的径向间隙				A				
十字头滑履与滑道的径向间隙				A				
各级活塞盖侧止点间隙／各级活塞轴侧止点间隙				B				
活塞锁紧螺母是否锁死和翻边铆死				A				

活塞式压缩机检修质量确认表（续）

项目	主要控制内容				等级	施工单位	生产装置	设备管理部门	备注
	标准值	部位	现场记录						
活塞环在环槽内的轴向间隙					B				
支承环在环槽内的轴向间隙					B				
活塞环开口间隙					B				
活塞与气缸径向间隙（顶间隙）					B				

注： A 级：施工单位、生产装置、设备管理部门专业人员检查确认后签字。

B 级：施工单位和生产装置专业人员检查确认后签字。

C 级：施工单位专业人员检查确认后签字。

另：如果有监理，监理的职责由甲方授权。

附　录　B
（资料性附录）
活塞式压缩机试车与验收数据记录表

装置：　　　　　　　　　　设备名称：　　　　　　　　　　位号：

试车参数记录：			记录时间											
记录名称	参数位号	标准	1：00	2：00	3：00	4：00	5：00	6：00	7：00	8：00	9：00	10：00	11：00	12：00
电机电流														
电机前轴承温度														
电机后轴承温度														
压缩机轴瓦温度														
压缩机填料温度														
压缩机填料泄露温度														
压缩机振动烈度														
压缩机进气压力														
压缩机排气压力														
压缩机进气温度														
压缩机排气温度														
活塞杆沉降														
润滑油压力														
润滑油温度														

活塞式压缩机试车与验收数据记录表（续）

<table>
<tr><td colspan="3">试车参数记录：</td><td colspan="12">记录时间</td></tr>
<tr><td>记录名称</td><td>参数位号</td><td>标准</td><td>1：00</td><td>2：00</td><td>3：00</td><td>4：00</td><td>5：00</td><td>6：00</td><td>7：00</td><td>8：00</td><td>9：00</td><td>10：00</td><td>11：00</td><td>12：00</td></tr>
<tr><td>润滑油站过滤器压差</td><td></td><td></td><td></td><td></td><td></td><td></td><td></td><td></td><td></td><td></td><td></td><td></td><td></td><td></td></tr>
<tr><td></td><td></td><td></td><td></td><td></td><td></td><td></td><td></td><td></td><td></td><td></td><td></td><td></td><td></td><td></td></tr>
<tr><td></td><td></td><td></td><td></td><td></td><td></td><td></td><td></td><td></td><td></td><td></td><td></td><td></td><td></td><td></td></tr>
<tr><td>验收确认</td><td></td><td colspan="5">施工单位：</td><td colspan="5">管理单位：</td><td colspan="3">使用单位：</td></tr>
</table>

备注： 1. 三方签字验收后交付生产使用。

2. 大修后 15 个工作日内，将试车记录及验收表扫描录入设备管理系统。

20. 螺杆压缩机维护检修规程

SHS 01021—2019

代替 SHS 01021—2004，SHS 03062—2004

目　　次

前言

本规程按照GB/T 1.1—2009《标准化工作导则　第1部分：标准的结构和编写》给出的规则起草。

本规程代替SHS 01021—2004《螺杆压缩机维护检修规程》、SHS 03062—2004《螺杆压缩机维护检修规程》，与SHS 01021—2004、SHS 03062—2004相比，主要技术变化如下：

——调整了螺杆压缩机检修周期及确定方法；

——故障与处理部分按照RCM分析方法重新编制；

——增加附录A“螺杆压缩机检修质量确认表”、附录B“螺杆压缩机试车与验收数据记录表”。

本规程由中国石油化工集团有限公司、中国石油化工股份有限公司提出。

本规程起草单位：中国石油化工股份有限公司茂名分公司。

本规程主要起草人：韦新成。

本规程所代替规程的历次版本发布情况为：

——SHS 01021—1992、SHS 01021—2004；

——SHS 03062—2004。

螺杆压缩机维护检修规程

1 范围

1.1 主题内容

本规程规定了螺杆压缩机的检修周期与内容、检修与质量标准、试车与验收、维护与故障处理。

1.2 适用范围

本规定适用于石油化工 L、KS、LY 和 MYCOM、KA、255、321 型螺杆压缩机的维护和检修。

2 规范性引用文件

下列文件中的条款通过本规程的引用而成为本规程的条款。凡是注日期的引用文件，其随后所有的修改单（不包括勘误的内容）或修订版均不适用于本标准，然而，鼓励根据本标准达成协议的各方研究是否可使用这些文件的最新版本。凡是不注日期的引用文件，其最新版本适用于本规程。

GB/T 19410　螺杆式制冷压缩机

JB/T 6430　一般用喷油螺杆空气压缩机

JB/T 13341　螺杆空气压缩机机头 技术条件

NB/SH/T 0636　L-TSA 汽轮机油换油标准

KOBELCO 螺杆压缩机操作维护说明书

3 检修周期与内容

3.1 检修周期

螺杆压缩机及系统根据对其系统功能故障及其影响分析的结果、有无备用设备并结合生产装置运行周期，确定检修周期，一般为 36～60 个月。

3.2 检修内容

a）压缩机介质流程

1）进口过滤器检查清理；

2）进、出口消音器检查清理；
3）气体中间冷却器检修，清理试压；
4）出口止回阀检修清理；
5）安全阀清理及检定；
6）出、入口闸阀检修；
7）系统内调节阀前后阀门及副线阀检修。
b）润滑油系统
1）油泵检修；
2）初级过滤器检查清理；
3）二级过滤器更换滤芯；
4）油压自力式调节阀检修；
5）油冷却器检修；
6）油箱检查清理；
7）电加热器检查；
8）油蓄能器检查清理；
9）泄漏油气分离罐检查清理；
10）回油管视镜清理。
c）密封气系统
1）密封气鼓风机检修；
2）出、入口消音器检查清理；
3）入口过滤器更换滤芯；
4）入口气体冷却器检修；
5）入口分离罐检修；
6）调节阀检修。
d）压缩机
1）壳体及水夹套检查清理；
2）检查机体内表面、转子表面、两端及吸排端座的磨损情况；
3）测量机体内径、转子外圆等各部尺寸；
4）检查转子表面磨损程度，必要时转子轴径等做着色探伤检查。
e）压缩机组检修
1）测量阴阳转子轴径径向圆跳动，必要时进行转子动平衡校正；
2）测量阴阳转子与壳体之间的径向总间隙；
3）测量与调整阴阳转子排气端面与排气端座之间的间隙；
4）测量与调整阴、阳转子啮合间隙；
5）测量与调整阴、阳转子止推间隙；
6）测量阴阳转子密封间隙；

7）测量径向轴承间隙；

8）检查更换机械密封组件和碳环密封组件；

9）测量与调整同步齿轮间隙。

f）增速器

1）检查齿轮齿啮合情况；

2）检查齿轮齿面磨损、裂纹等；

3）检查轴承情况。

g）联轴器

（1）检查或更换铰制孔用螺栓和锁紧螺母；

（2）检查或更换膜片；

（3）检查联轴器对中数据，与上次检修后对比。

h）其他检查

1）检查壳体水夹套流量指示表；

2）检查油箱顶部放空管口滤网情况；

3）确认节流孔板的直径；

4）压缩机、电机、换热器、中间罐等设备管线防腐及标识检查。

i）电机电气检修（执行电机检修规程）

j）仪表检修检验（参考仪表专业的检修规程）

4 检修程序与质量标准

4.1 拆卸前准备

4.1.1 各项准备工作应符合安全、环保、质量等方面的要求，应对检修过程进行危害识别及风险评估、环境因素识别和影响评价。

4.1.2 根据设备运行状况和检测记录，分析故障原因和部位，依据本规程制定详尽的检修技术方案；组织相关人员现场交底，并制定检修施工方案；检修人员应熟悉设备图纸、技术资料与检修方案。

4.1.3 检查落实物资准备（包括材料、备品、安全工具、施工机具等）和检修施工场地准备。

4.1.4 检查安全措施准备，放置好安全警示牌、安全警示绳，检修时必须对现场孔洞、楼梯口、吊装口设围栏或盖板，做好夜间照明及防盗等工作。

4.1.5 检查机组与外部系统水、电、汽、风、介质的吹扫、排凝、隔断情况，应安全可靠。

4.1.6 落实好安全环保措施，按规定断水、断电、断汽（气）、物料倒空、置换完毕，具备检修条件，办理好检修作业票后，方可施工。

4.2 拆卸与检测

4.2.1 前期拆卸

4.2.1.1 拆卸隔音设施。

4.2.1.2 拆卸电机与增速机的联轴器罩壳，拆卸联轴器，联轴器膜片和螺栓不得有裂纹等缺陷。联轴器中间短节和联接螺栓检修必须进行无损探伤，确认无表面和材料内部缺陷。测量电机与增速机联轴器对中情况，记录数据。

4.2.1.3 分别拆卸一、二级压缩机的联轴器，分别测量一、二级压缩机与增速机的对中情况。

4.2.1.4 拆除润滑油管线及其所有与一、二级机体相连管线、管件、消音器，分别做好记号，用塑料薄膜封好连接管、管件的管口。

4.2.1.5 联系仪表工拆除仪表管件，测振探头仪表。

4.2.1.6 压缩机运至检修场所。

4.2.2 压缩机主机解体检修

螺杆压缩机结构见图 1。

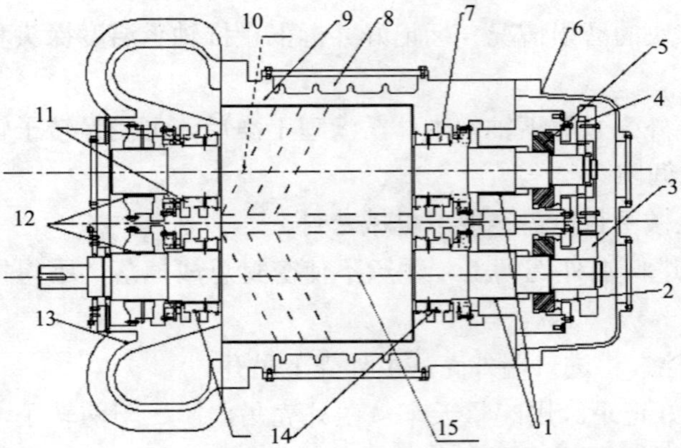

1—径向轴承；2—止推轴承；
3—同步齿轮；4—同步齿轮；
5—止推轴承；6—入口壳体盖；
7—浮环和迷宫密封；8—冷却水套；
9—壳体；10—阴转子；
11—浮环和迷宫密封(或机械密封)；
12—径向轴承；13—入口壳体盖；
14—浮环和迷宫密封(或机械密封)；
15—阴转子

图 1 螺杆压缩机结构图

4.2.2.1 拆下压缩机阳转子上的半联轴器。

4.2.2.2 检测转子间隙。在排气口测量阴、阳两转子的间隙，记录数据，如压缩机螺杆间存有运行中产生的聚合物，拆检时可不测量两螺杆间隙。

4.2.2.3 检查止推间隙

a）在气体出口端的转子轴表面上放置千分表，沿轴向将转子推动到紧靠逆向止推件的气体出口端处，千分表设定到“0”处。

b）沿轴向将转子朝进气口移动，直到转子几乎靠到主推力轴承上时止。千分表上指示的移动量即为转子 / 推力轴承浮动量。

4.2.2.4 测量排汽间隙（由于运行过的压缩机有聚合物，拆检测量的排汽间隙只能作参考用）。

a）将推力轴承箱端盖的固定螺钉松开，并将轴承箱端盖拧松退出3mm。在气体出口端的转子轴端面上放置一个千分表。

b）将转子沿轴向朝排出口端移动，直到触及机壳时止，然后将千分表指针设定到“0”处。沿轴向将转子朝进气口移动，直到转子几乎靠到主推力轴承上时止。千分表上指示的移动量即为转子出口端间隙。

c）如较轻松地将转子朝入口端移动，且出口端间隙变宽，则说明主推力轴承上已发生磨损。将转子朝出口端移动，且出口端间隙变窄时（即将转子朝进气口端移动时出口端间隙与转子推力轴承浮动量的差值），则说明逆向推力轴承上已发生磨损。在检查转子间隙时，为确保间隙值的准确，所施加的压力必须恒定。

4.2.2.5 测量同步齿轮齿侧间隙：做好定位销与配合孔的对应标记，测量同步齿轮的位置尺寸及配合位置，测量同步齿轮齿侧间隙并记录。

4.2.2.6 拆同步齿轮。分别在定时小齿轮和定时齿轮的啮合外侧面做好记号，做好同步齿轮记号后拆卸，用专用工具拆下同步齿轮或拆卸过程中配合过紧时可采取加热法，温度控制在170～195℃左右。

4.2.2.7 拆止推轴承。用钩形扳手（专用工具）取下锁紧螺母，将推力轴承箱、推力轴承和调节板一起取下，检查止推块的磨损情况。标记好并拆下止推轴承温度探头和测量接线。

4.2.2.8 检查轴承径向间隙，从外壳上取下轴承本体。清理干净后，可测量转子轴和轴承的直径，计算其直径差即轴承间隙。

4.2.2.9 松开锁紧螺母，取下机械密封压盖，取下机械密封。

4.2.2.10 将压缩机垂直立起，进口端外壳朝上，注意不使密封总成掉落，不得损坏转子密封线。

4.2.2.11 拆掉进口端外壳的螺栓，将进口端外壳从主外壳上吊开。

4.2.2.12 在阴、阳转子端面做好记录。用起重天车从主外壳吊出阴、阳两转子，注意不要损伤转子，特别是转子边缘的密封线。

4.2.2.13 从进口外壳和主外壳上取下轴密封总成，用专用扳手拆卸，检查轴密封碳环磨损情况。

4.2.2.14 检查清洗机壳转子室，高压水清洗机壳转子室和转子，测量转子室内径，并记录数据。外观检查机壳应无磨损、锈蚀及变形，垂直剖分面不得有径向划痕，着色检验机壳转子室。

4.2.2.15 检查阴、阳转子密封线、表面磨损情况，着色检查转子是否有裂纹。

4.2.2.16 清洗压缩机水夹套。

4.3 回装与质量标准

4.3.1 回装项目

4.3.1.1 组装轴密封总成。要注意碳环和隔环的方向和配置。轴密封总成安装在进口外壳、主外壳壳体。

4.3.1.2 安装转子

将主外壳垂直竖起，把阴、阳转子吊进壳体，使突起部分上的标志配合在一起。O形环装进进口外壳，将进口端外壳安装到主外壳，固定定位销，把紧螺母。

4.3.1.3 测量转子和外壳的轴向总间隙。

4.3.1.4 将压缩机置于水平位置。复核转子和外壳的轴向总间隙。

4.3.1.5 安装密封，测机封压缩量。安装密封总成，注意用力平衡压入，防止损坏密封总成外侧O形圈。机械密封静态试验，用润滑油加压泵，注油入机械密封，0.2MPa保压30min，无润滑油从泄漏孔流出为合格。

4.3.1.6 安装进出口端径向轴承。

4.3.1.7 安装止推轴承组件（止推盘加热80℃左右安装），安装止推轴承温度探头及固定探头测量接线。组装后再一次检查测量，探头性能应完好。瓦块与止推盘均匀接触，可倾瓦组装后应摆动灵活、不卡涩，接触面积不小于75%，衬块接触点应达到2～3点/cm^2。温度探头应保证在瓦块内安装牢靠，对于新更换的温度探头，需用AB胶或其他密封胶固化24h以上，温度探头应保证在瓦块内安装牢靠，对内部轴瓦温度的布线要合理，有固定卡子处要做好紧固，避免由于振动或润滑油的冲刷造成的测量回路故障

4.3.1.8 测量、调整排气间隙。将转子沿轴向朝排出口端移动，直到触及机壳时止，然后将千分表指针设定到“0”处。沿轴向将转子朝进气口移动，直到转子几乎靠到主推力轴承上时止。千分表上指示的移动量即为转子出口端间隙。

4.3.1.9 测量、调整止推轴承间隙：

a）将推力轴承箱端盖的固定螺钉上紧，在气体出口端的转子轴表面上放置千分表，沿轴向将转子推动到紧靠逆向止推件的气体出口端处，千分表设定到“0”处；

b）沿轴向将转子朝进气口移动，直到转子几乎靠到主推力轴承上时止。千分表上指示的移动量即为转子/推力轴承浮动量。

4.3.1.10 安装同步齿轮，测量、调整齿轮侧间隙：安装定时齿轮和调节齿轮，确认调节标志与定时小齿轮吻合。检查齿轮接触情况。必要时调节隙。将定时齿圈安装到阴转子上，将定时小齿轮安装到阳转子上，用锁紧螺母和锁紧垫圈将它们固定。

4.3.1.11 测量、调整螺杆转子间隙。非对称型转子给定间隙比为1：1，测量六次阴、阳转子上部间隙总和与下部间隙总和的比值，在转子正常方向转动通过排气口进行测量，必要时调整。

4.3.1.12 安装两边侧盖板

4.3.1.13　安装对轮。

4.3.1.14　压缩机体从车间修理平台运到现场、吊到机房，就位。

4.3.1.15　检查增速机情况，电机与增速机找正。

4.3.1.16　增速器与一、二级压缩机分别找正。

4.3.1.17　机壳与底座的联接无松动，接触良好，调整垫片应平整、无卷边、毛刺。采用不锈钢薄片，一般不应超过 3 片。

4.3.1.18　回装增速机、一、二级压缩机润滑油管及其相连管线、管件、消音器。复查电机与增速器、增速器与一、二级压缩机同心度，回装联轴节。

4.3.1.19　检修完毕后，联系电工、仪表工回装电仪管件。回装隔音房。

4.3.2　质量标准

4.3.2.1　联轴器的检修执行 SHS 01073《一般机泵用联轴器检修及质量标准》，蒸汽透平的检修执 SHS 01025《小型工业汽轮机维护检修规程》，增速箱的检修执行 SHS 01028《变速机维护检修规程》，润滑油泵的检修执行 SHS 01017《齿轮泵维护检修规程》和 SHS 01016《螺杆泵维护检修规程》，换热器的检修执行 SHS 01009《管壳式换热器维护检修规程》，压力容器的检修执行 SHS 01004《压力容器维护检修规程》。

4.3.2.2　联轴器找正允许偏差见表 1。

表 1　联轴器找正允许偏差

联轴器形式	径向圆跳动 /mm	端面圆跳动 /mm
刚性	0.04	0.03
挠性	0.10	0.05
弹簧片式	0.08	0.05

注：1. KS、KSL 机型找正时，一、二级压缩机应比增速机约高 0.10～0.15mm，并向外偏 0.15mm，电机比增速机高 0.05mm。

2. 200L4、250L5 机型冷态找正时，透平机比压缩机约低 0.10～0.20mm。

4.3.2.3　转子排气端面与排气端座间隙见表 2。

表 2　转子排气端面与排气端座间隙

mm

<table>
<tr><th colspan="2">机组型号</th><th>排气端面与排气端座间隙</th></tr>
<tr><td colspan="2">200L4</td><td rowspan="2">0.15～0.22</td></tr>
<tr><td colspan="2">250L5</td></tr>
<tr><td rowspan="2">KSL31MZ-20LMZ</td><td>一级</td><td>0.12～0.15</td></tr>
<tr><td>二级</td><td>0.08～0.11</td></tr>
<tr><td rowspan="2">KS40LAZ-25LA8</td><td>一级</td><td>0.03～0.07</td></tr>
<tr><td>二级</td><td>0.02～0.04</td></tr>
<tr><td colspan="2">MY.200.VSD</td><td>0.07～0.08</td></tr>
<tr><td colspan="2">LYZ30/06</td><td>0.15～0.20</td></tr>
<tr><td colspan="2">KA16</td><td>0.08～0.10</td></tr>
</table>

4.3.2.4 转子吸气端面与吸气端座间隙见表 3。

表 3 转子吸气端面与吸气端座间隙

<table>
<tr><th colspan="2">机组型号</th><th>吸气端面与吸气端座间隙 /mm</th></tr>
<tr><td colspan="2">200L4</td><td>1.02～1.20</td></tr>
<tr><td colspan="2">250L5</td><td>0.82～0.99</td></tr>
<tr><td rowspan="2">KSL31LMZ-20LMZ</td><td>一级</td><td>0.55～0.70</td></tr>
<tr><td>二级</td><td>0.30～0.40</td></tr>
<tr><td rowspan="2">KS40LAZ-25LAZ</td><td>一级</td><td>0.60～0.85</td></tr>
<tr><td>二级</td><td>0.40～0.50</td></tr>
<tr><td colspan="2">MY.200.VSD</td><td>0.15～0.20</td></tr>
<tr><td colspan="2">LYZ 30/06</td><td>0.80～0.85</td></tr>
<tr><td colspan="2">KA16</td><td>0.30～0.40</td></tr>
<tr><td colspan="2">KA20-48</td><td>0.35～0.45</td></tr>
<tr><td colspan="2">KA25-100</td><td>0.60～0.70</td></tr>
</table>

4.3.2.5 转子与机体的径向间隙值见表 4。

表 4 转子与机体的径向间隙

机组型号	转子与机体的径向间隙 /mm
200L4	0.55～0.75
250L5	0.33～0.38
LYZ06/30	0.20～0.25
KA16	0.08～0.10
K20-48	0.24～0.25
K25-100	0.18～0.23

4.3.2.6 径向轴承间隙值见表 5。

表 5 径向轴承间隙

<table>
<tr><th>机组型号</th><th colspan="2">径向轴承间隙 /mm</th><th>更换极限 /mm</th></tr>
<tr><td>200L4</td><td colspan="2">0.20～0.25</td><td></td></tr>
<tr><td>250L5</td><td colspan="2">0.20～0.23</td><td></td></tr>
<tr><td rowspan="2">KSL31LMZ-40LMZ</td><td>一级</td><td>0.10～0.137</td><td>0.21</td></tr>
<tr><td>二级</td><td>0.09～0.122</td><td>0.16</td></tr>
<tr><td rowspan="2">KS40LAZ-25LAZ</td><td>一级</td><td>0.12～0.16</td><td>0.25</td></tr>
<tr><td>二级</td><td>0.10～0.13</td><td>0.18</td></tr>
<tr><td>MY.200.VSD</td><td colspan="2">0.06～0.08</td><td></td></tr>
</table>

表 5　径向轴承间隙（续）

机组型号	径向轴承间隙 /mm	更换极限 /mm
KA16	0.03～0.046（单边）	
KA20-48	0.08～0.10	0.15
KA25-100	0.10～0.14	0.18
255	0.10～0.14	0.18
321	0.13～0.17	0.23

4.3.2.7　推力轴承轴向窜量见表 6。

表 6　推力轴承轴向窜量

机组型号	推力轴承轴向窜量 /mm	
200L4	0.10～0.20	
250L5	0.10～0.15	
KSL31LMZ-20LMZ	一级	0.10～0.15
	二级	0.06～0.07
KS40LAZ-25LAZ	一级	0.12～0.14
	二级	0.08～0.10

4.3.2.8　轴封间隙

石墨环密封间隙见表 7。迷宫密封间隙值见表 8。

表 7　石墨环密封间隙

机组型号	密封碳环间隙 /mm	
200L4	0.30～45	
250L5	0.20～0.36	
KSL31LMZ-20LMZ	一级	0.14～0.19
	二级	0.14～0.17
KS40LAZ-25LAZ	一级	0.14～0.19
	二级	0.14～0.18

表 8　迷宫密封间隙

机组型号	迷宫密封间隙 /mm
200L4	0.30～0.40
250L5	0.40～0.48
LYZ06/30	0.04～0.08

4.3.2.9　同步齿轮啮合齿侧间隙见表 9。

表 9　同步齿轮啮合齿侧间隙

机组型号	齿侧间隙 /mm		更换极限 /a
200L4	0.04～0.08		
250L5	0.06～0.09		
KSL31LMZ-20LMZ	一级	0.02～0.05	0.205
	二级	0.02～0.04	
KS40LAZ-25LAZ	一级	0.03～0.06	
	二级	0.02～0.05	
LYZ30/06	0.02～0.04		

4.3.2.10　阴阳转子啮合间隙值见表 10。

表 10　阴阳转子啮合间隙

机组型号	阴阳转子啮合间隙 / mm	
200L4	0.15～0.45	
200L5	0.36～0.46	
KSL31LMZ-20LMZ	一级	0.10～0.25
	二级	0.08～0.15
KS40LAZ-25LAZ	一级	0.08～0.20
	二级	0.06～0.15
LYZ30/06	0.14～0.16	
MY200.VSD	0.10～0.12	
KA16	0.08～0.10	

备注：阴阳转子啮合见图 2，*A/B*=0.8～1.2。

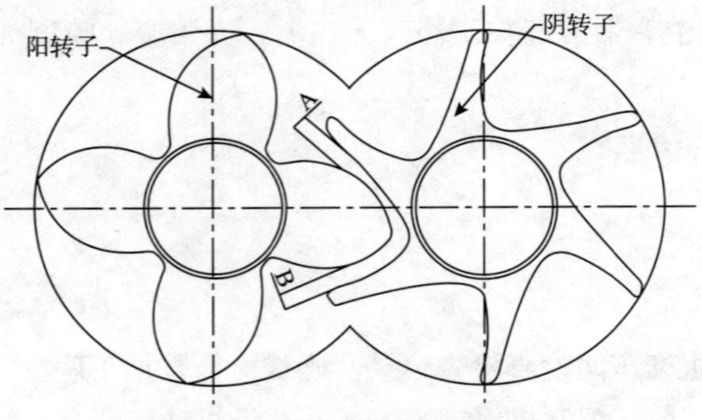

图 2　阴阳转子啮合图

4.3.2.11　转子轴颈（轴承处）表面粗糙度光洁平滑 ，其径向圆跳动值均应小于 0.01mm，圆柱度不大于 7 级。

4.3.2.12 螺杆两端面对轴中心线的垂直度公差值为 0.02mm/m，两螺杆平行度公差值为 0.02mm/m。

4.3.2.13 滑动轴承的表面不得出现拉毛、气孔、脱壳、砂眼等现象。

4.3.2.14 止推瓦表面不得有变形、裂纹、剥落、脱开、纹道等现象，推力瓦工作面与推力座接触面积应达 75% 以上，且应均匀分布。

4.3.2.15 滚动轴承不允许有脱落、锈蚀或变形等现象，其与壳体的配合应为 H7/h6 或 G7/h6，与轴的配合应为 H7/k6 或 H7/js6。

4.3.2.16 转子表面的粗糙度不大于 R_a1.6，不允许有气孔、裂纹和伤痕等缺陷，其轴颈处必要时进行表面着色检查。

4.3.2.17 转子动平衡精度等级应按厂家要求，如制造厂无要求推荐不低于 G2.5。

4.3.2.18 密封装置

a）机械密封

机械密封的检修参照 SHS 01052《机械密封维护检修规程》。

b）石墨环密封

1）石墨环尺寸和表面精度应符合要求，表面粗糙度应小于 R_a=0.32～0.63μm。

2）石墨环工作面应无裂纹、划痕、缺陷，巴氏合金层无龟裂。

3）石墨环和壳体上相互配合的端面要光滑平整，接触均匀，碳环厚度应均匀，沿整周厚度误差小于 0.01mm。

4）石墨环安装方向必须正确，不可装反。

5）密封气（油）管应畅通，无杂质或堵塞。

c）迷宫密封

1）清理、检查各零部件，并测量各配合尺寸，不符合要求的进行修复或更换，并做好记录。

2）各密封齿应无锈蚀、裂纹、折断和毛刺等缺陷。

3）密封套上的泄流孔要畅通。

4.3.2.19 吸、排气消音器应清扫干净，无积垢、无阻塞、喷刷油漆，必要时更换消声材料。

5 试车与验收

5.1 试车前准备

5.1.1 机动专业及生产车间检查检修记录，确认检修数据正确。

5.1.2 试车前生产部门应编制机组试车方案，并经机动、安全、技术和生产专业审核。

5.1.3 检查油箱油位，液位为液位计上、下限之间，油品分析合格。

5.1.4 润滑油系统进行油运，启动润滑油泵循环，检查过滤网干净合格。合格标准：80 目滤网上无任何硬颗粒杂质，但允许 2～3 个 /cm^2 肉眼可见的软颗粒，且不允许有长纤维存在。

5.1.5 油运过程中油泵、过滤器、油冷却器要进行切换操作。

5.1.6 开车前需分析油箱内润滑油，黏度、开口闪点、水分、酸值、机械杂质等指标在合格范围内。

5.1.7 公用工程系统包括氮气、仪表空气、冷却水、电等已具备投用条件，并能正常供给。

5.1.8 检查机组密封气、密封水或密封油压力应符合工艺指标要求。

5.1.9 压缩机入口过滤器至压缩机本体管道清理干净。

5.1.10 检查压缩机出入口阀、止回阀及管线旁路阀是否正确调整好。

5.1.11 检查机组的自保联锁系统和停车装置联校，调校完毕，联锁投用，相关方面确认合格签字。

5.1.12 用氮气置换压缩机机体内的空气，系统内可燃物含量必须严格控制在 0.1% 以下。并检查检修系统中的设备、管线、阀门、液位计、仪表元件、安全阀、温度计等的所有密封点，进行试漏工作。

5.1.13 电动机单机试运转正常，旋转方向正确。

5.1.14 带增速器的机组，增速器应在工作转速下单试合格。

5.1.15 检查压缩机排污阀是否有凝液。

5.1.16 检查附属设备设施完好。

5.1.17 压缩机向正确方向慢慢盘车几圈（阳转子要转动 3 圈以上），应无卡涩摩擦等现象。

5.1.18 试车前所有零部件及附件必须齐全，完整。

5.1.19 复查机组对中情况，安装联轴器。

5.1.20 工艺、设备、电气、仪表、检修单位及有关试车人员必须在场。试车必备的测试仪器准备好。

5.1.21 机动部门组织生产部门、检修单位、电气、仪表等专业技术人员进行试车条件确认，并在《机组开车条件确认表》上签名。

5.2 试车

5.2.1 试车前接通试车气或其他密封流体到压缩机。

5.2.2 启动主油泵，检查油压力表和油视镜。

5.2.3 手动盘车，确认压缩机处于自由状态，无卡涩。

5.2.4 打开密封氮气。

5.2.5 打开压缩机排放管和旁路阀。

5.2.6 用氮气或其他气体充满压缩机旁路回路。

5.2.7 各专业确认机组具备正式启动条件下，压缩机点动，检查压缩机组各部位是否有振动和噪声。

5.2.8 正式启动主电机按钮，运行压缩机。

5.2.9 手动逐渐关闭旁路阀，大约在 2～4min 内把压缩机压力提升到工作压力。

5.2.10 机组在上述情况下运行 60min，检查系统和辅助设备的工作情况，检查是否存在异常振动和噪音，记录参数。

5.2.10.1 机组振动应符合以下规定，如压缩机操作维护说明书给定振动值，则以厂家的操作维护说明书给定值为准。对于 KA、255、321、KS、KSL、LYZ、LGW、MYCOM 等没有安装电涡流传感器的中小型螺杆压缩机，适合采用 ISO2372 振动速度（有效值）标准。

5.2.10.2 对于 L4、L5 等采用电涡流传感器的大型螺杆压缩机，振动标准应符合表 11 的规定。

表 11 振动标准

μm

项目＼等级	良好	合格	报警	跳车
轴振值（双振幅）	≤30	31～79	80	100

5.2.11 试车过程中，操作人员应按试车方案要求进行，机动处、生产车间、保运单位、电气车间、仪表车间等专业技术人员应现场监护，关注机组的运行情况，状态监测人员做好轴振动、轴瓦温度、轴位移等监测，生产车间好试车记录。机组运行稳定后，必要时可做机组的性能试验。

5.2.12 试车过程中，检修人员应记录人员应按时准点记录，发现异常情况应立即停车。

5.3 验收

5.3.1 机组试车应符合以下要求，并达到验收标准后，方能验收并交付生产部门运行：要在额定工况下进行不少于 72h 的连续运转；能满足生产需求且技术性能达到设计要求；控制系统及监测系统运行良好，各调节机构动作快速、灵活、准确；有完整、真实的试车记录。

5.3.2 设备达到完好标准。

5.3.3 按规定办理验收手续。

5.3.4 生产车间负责督促检修单位在机组检修完成后，在规定的工作日内将关键机组“检修记录”和“检修质量验收单”（电子版和书面版）等检修资料交付生产部门审核、存档，检修资料内容必须准确、完整填写。生产部门审核无误后，在机组检修完成后，在规定工作日内将检修资料和试车记录等检修资料上传 EM 系统存档。

6 维护与故障处理

6.1 日常维护

6.1.1 严格控制好机组进出口压力、温度，润滑油压力、温度等主要操作指标，并做好记录。外操定时巡检，及时发现机组存在问题。

6.1.2 维护时间：执行五位一体特护巡检要求。

6.1.3 设备状态监测员每月进行监测机组各部的振动情况，建立监测数据库。如发现不正常声响或振动值明显增大时，应及时采取措施或停机检查，排除故障。

6.1.4 定期检查密封气、冷却水（密封水或油）和润滑油的温度和压力，过滤器前后压差超过规定值时，要及时切换，更换过滤器芯子。

6.1.5 严格执行设备润滑油管理制度，定期从润滑油系统中取润滑油样进行分析。

6.1.6 检查油冷却器的压力和温度是否正常。

6.1.7 定时检查机组密封、润滑油管线接头、进出口阀门等泄漏点，做到及时处理漏点。

6.1.8 保持机组与现场清洁，及时清理机座下的积液，机体安全罩完整，无腐蚀损坏。

6.2 常见故障与处理

螺杆式压缩机常见功能故障与处理方法见表 12。

表 12 螺杆式压缩机常见功能故障与处理方法

功能	功能故障	故障模式	故障后果	故障应对策略与检修内容	检修周期 / 月
1. 保证压缩机出口压力在工艺指标控制范围内	1.1 压缩机出口压力小于工艺指标范围	1.1.1 阴阳转子间隙过大	转子长期磨损导致压缩机出口压力逐渐降低，直至不能满足工艺要求	检修更换转子、机封，调整啮合间隙	30
		1.1.2 级间冷却器的管子外壁有污垢，压降大	压缩机出口压力逐渐降低，直至不能满足工艺要求	高压水清洗	30
		1.1.3 压缩机入口管道、过滤器堵塞	压缩机出口压力逐渐降低，直至不能满足工艺要求	高压水清洗	
		1.1.4 压缩机入口管道阀门开度过小或故障	压缩机出口压力低，不能满足工艺要求	进行检查处理	
		1.1.5 压缩机出口返回入口管道阀门开度过大	压缩机出口压力低，不能满足工艺要求	检查现场管线阀门状况	
		1.1.6 压缩机出口管道安全阀故障	安全阀未到定压值起跳或内漏，安全阀校验耗时 1 天	切出处理安全阀，机组操作进行特护，防止超压	
		1.1.7 压力表 / 压力引线故障	压力表 / 压力引线或故障，影响操作及现场巡检判断，可马上更换或疏通	及时切出进行更换	

表 12　螺杆式压缩机常见功能故障与处理方法（续）

功能	功能故障	故障模式	故障后果	故障应对策略与检修内容	检修周期／月
1. 保证压缩机出口压力在工艺指标控制范围内	1.1 压缩机出口压力小于工艺指标范围	1.1.8 一段出口单向阀坏	溶剂堵塞阀芯，流量下降	停车处理，需下线维修或更换，停车处理需 1 天，装置其他部分打循环	
	1.2 压缩机出口压力大于工艺控制指标	1.2.1 出口管线阀门故障或误操作	压缩机出口压力直线上升，机组管线憋压直至大泄漏，需下线维修或更换	停车处理	
		1.2.2 压缩机一级入口压力高	出口压力过高，不能满足工艺要求	需进行工艺调整	
		1.2.3 出口管路堵塞憋压	出口压力逐渐升高，不能满足工艺要求，停车处理	进行检修处理管线	
2. 保证压缩机温度低于工艺控制指标	2.1 压缩机出口温度高于工艺控制指标	2.1.1 冷却水上水温度高	上水温度高，冷却效果差，压缩机出口温度升高，直至不能满足工艺要求	工艺调整	
		2.1.2 级间冷却器冷却水流量低	循环水流道堵塞，水量不够，压缩机二级入口温度高，二级出口温度超高	工艺调整或停车检修	
		2.1.3 缸套冷却水流量低	循环水流道堵塞，水量不够，压缩机二级入口温度高，二级出口温度超高	工艺调整或停车检修	
		2.1.4 压缩机一级入口物料温度高	同等条件下，压缩机一级入口温度高，二级出口温度也会逐渐升高	工艺调整入口介质温度	
		2.1.5 二级出口压力高	气体压缩比越大，压缩做功温度越高	工艺调整入口介质压力	
		2.1.6 润滑油变质无法有效润滑，无法及时带走热量	机械运动产生的大量热量无法带走，造成压缩机出口温度过高，损坏设备	处理润滑油系统	

表 12　螺杆式压缩机常见功能故障与处理方法（续）

功能	功能故障	故障模式	故障后果	故障应对策略与检修内容	检修周期／月
3. 保证系统密闭生产	3.1 轴端密封泄漏	3.1.1 机械密封严重磨损、结焦	机体内介质外漏	更换机械密封	30
		3.1.2 密封与轴颈配合间隙过大	机体内介质外漏	检查安装间隙	30
		3.1.3 O 形圈或其他橡胶密封老化损坏	机体内介质外漏	更换 O 形圈	30
	3.2 静密封点泄漏	3.2.1 壳体贴合不严	机体内介质外漏	停车处理	
		3.2.2 管线法兰连接泄漏	机体内介质外漏	停车处理	
4. 保证机组连续运转	4.1 因机械故障造成机组不能连续运行	4.1.1 振动过大			
		4.1.1.1 电机与变速箱对中不良	压缩机振动变大	停车找对中	30
		4.1.1.2 变速箱与压缩机对中不良	压缩机振动变大，轴承和机封损坏	停车找对中	30
		4.1.1.3（压缩机或变速机）轴承安装不当	压缩机振动变大，进而损坏轴承和机封，停车处理	停车安装	30
		4.1.1.4（压缩机或变速机）轴承损坏	压缩机振动变大，进而损坏机封等部件，停车处理	更换轴承	30
		4.1.1.5 变速箱齿轮损坏	压缩机振动变大，进而损坏机封等部件，停车处理	拆检更换	30
		4.1.1.6 润滑油变质	压缩机轴承油温或振动变大，进而损坏轴承、齿轮和机封，在线换油	置换油箱润滑油，直至分析合格	
		4.1.1.8 转子变形	压缩机振动变大，进而损坏机封等部件，停车处理	拆检更换	30
		4.1.1.9 动静部件碰擦	压缩机振动变大，进而损坏机封等部件，停车处理	拆检测量	30

表 12　螺杆式压缩机常见功能故障与处理方法（续）

功能	功能故障	故障模式	故障后果	故障应对策略与检修内容	检修周期／月
4. 保证机组连续运转	4.1 因机械故障造成机组不能连续运行	4.1.1.10　轴瓦装配不当	压缩机振动变大，进而损坏机封等部件，停车处理	拆检更换	30
		4.1.1.11　连接件松动	造成压缩机振动变大，介质泄漏，停车处理	拆检紧固	30
		4.1.1.12　联轴节部件磨损	压缩机振动变大，进而损坏机封等部件，停车处理	停机拆检更换	
		4.1.1.13　轴承油压过小	压缩机轴承温度变大，进而损坏轴承、齿轮等部件，可在线调节处理	启动备用泵或切换过滤器／若备用泵不能启动机组停机	
	4.2 因润滑系统故障造成机组不能连续运行	4.2.1 主油泵运行故障	启动备用泵／若不能及时处理，机组停机		
		4.2.2 油泵电气设备（电机、启动按钮等）损坏	启动备用泵／若备用泵不能启动机组停机	联系电气专业处理	
		4.2.3 油过滤器堵	润滑油压力下降，启动备用泵／机组停机	切换备用过滤器	
		4.2.4 油系统漏油	启动备用泵／若不能及时处理，机组停机	进行消漏	
		4.2.5 油压调节阀卡住，无法动作	启动备用泵／若不能及时处理，机组停机	调节自力式压力或走副线控。	
		4.2.6 切换阀坏引起过滤器故障	启动备用泵／若不能及时处理，机组停机	及时处理	
		4.2.7 油泵出口压力过低（故障）	启动备用泵／若备用泵不能启动机组停机	切换备用泵或切换过滤器	
		4.2.8 润滑油变质，不合格（同 4.1.1.6）	润滑效果下降，润滑油温度上升	置换新油	
		4.2.9 油箱内油量不足	润滑效果下降，润滑油温度上升	低于油箱下限，加油	
		4.2.10 油冷却器冷却效果不好	润滑冷却效果下降，润滑油温度上升	切换油冷器	

表 12　螺杆式压缩机常见功能故障与处理方法（续）

功能	功能故障	故障模式	故障后果	故障应对策略与检修内容	检修周期／月
4. 保证机组连续运转	4.2 因润滑系统故障造成机组不能连续运行	4.2.11 油冷器泄漏，润滑油进水乳化	润滑效果下降，润滑油温度上升	切换油冷器	
	4.3 因抽真空系统故障造成机组不能连续运行	4.3.1 主风机运行故障			
		4.3.2 风机电气设备（电机、启动按钮等）损坏	启动备用风机	联系电气专业处理	
		4.3.3 阀门失效引起抽真空系统故障	吸入压力大于 0kPa，无法排出泄漏气体	系统进行排查，进行消漏	
		4.3.4 鼓风机入口过滤器堵塞	吸入压力大于 0kPa，无法排出泄漏气体	切换备用风机，高压水清洗	30
		4.3.5 鼓风机润滑油变质	轴承箱温度上升，启动备用鼓风机／机组停机	切换备用风机，更换润滑油	3
		4.3.6 鼓风机润滑油缺油	轴承箱温度上升，启动备用鼓风机／机组停机	切换备用风机或补加润滑油	3
	4.4 电气故障造成机组不能连续运行。	4.4.1 主电机绕组绝缘击穿	机组停机	更换主电机绕组绝缘	48
		4.4.2 操作柱接地短路	机组停机	检修操作柱	30
		4.4.3 主电机定子温度高			
		4.4.3.1 电机散热风扇坏	主电机定子温度高，烧绕组	更换电机风扇	30
		4.4.4 主电机动力电缆接地短路	机组停机	检查动力电缆接线情况并更换	30
		4.4.5 主电机开关柜故障			
		4.4.5.1 主电机开关柜继电器故障	机组停机	更换开开关柜继电器	30
		4.4.5.2 主电机开关柜卡件故障	机组停机	更换开关柜卡件	30

表 12　螺杆式压缩机常见功能故障与处理方法（续）

功能	功能故障	故障模式	故障后果	故障应对策略与检修内容	检修周期 / 月
4. 保证机组连续运转	4.4 电气故障造成机组不能连续运行	4.4.5.3 主电机开关柜综保故障	机组停机	更换开关柜综保	30
		4.4.5.4 主电机开关柜断路器故障	机组停机	更换开关柜断路器	30
		4.4.6 主电机振动大			
		4.4.6.1 转子不平衡	机组停机	检修电机，转子做动平衡	30
		4.4.6.2 电机不对中	机组停机	停机重新找正	30
		4.4.6.3 主电机基础（刚性差、共振）	机组停机	加固基础	30
		4.4.6.4 主电机地脚螺栓松动	机组停机	重新把紧地脚螺栓	30
		4.4.7 缺润滑脂造成轴承损坏	机组停机	电机检修更换轴承	3
		4.4.8 加油脂过多造成轴承温度高（带联锁）	机组停机	电机检修更换轴承	3
5. 保护功能(保证压缩机安全运转)	5.1 不能达到温度保护功能，轴瓦或电机定子温度达到报警值、未发出报警信号	5.1.1 温度探头故障	轴瓦温度到在报警值未发出信号，继续升温，可能对轴承或轴颈造成损伤	需停机组处理，装置停车，检修 1 天	30
		5.1.2 线路断路	轴瓦温度到在报警值未发出信号，继续升温，可能对轴承或轴颈造成损伤	需停机组处理，装置停车，检修 1 天	30
		5.1.3 线路接触不良	轴瓦温度到在报警值未发出信号，继续升温，可能对轴承或轴颈造成损伤	需停机组处理，装置停车，检修 1 天	30
		5.1.4 温度卡件（3500 系统）故障	轴瓦温度达到报警值，卡件未如实转换数据，继续升温，可能对轴承或轴颈造成损伤	需停机组处理，装置停车，检修 1 天	30

表 12　螺杆式压缩机常见功能故障与处理方法（续）

功能	功能故障	故障模式	故障后果	故障应对策略与检修内容	检修周期/月
5. 保护功能(保证压缩机安全运转)	5.1 不能达到温度保护功能，轴瓦或电机定子温度达到报警值、未发出报警信号	5.1.5　蜂鸣器故障	报警信号发出，蜂鸣器不响，没有提示操作人员，继续升温，可能对轴承或轴颈造成损伤	需停机组处理，装置停车，检修 1 天	30
	5.2 不能达到轴承振动保护功能，一个轴瓦振动达到报警值、未发出报警信号	5.2.1　振动探头故障	轴瓦振动到在报警值未发出信号，振动继续加大，可能对轴承或轴颈造成损伤	需停机组处理，检修 1 天	30
		5.2.2　振动延伸电缆故障	轴瓦振动到在报警值未发出信号，振动继续加大，可能对轴承或轴颈造成损伤	需停机组处理，检修 1 天	30
		5.2.2.1 屏蔽不好	轴瓦振动到在报警值未发出信号，振动继续加大，可能对轴承或轴颈造成损伤	需停机组处理，装置停车，检修 1 天	30
		5.2.2.2 接地不良	轴瓦振动到在报警值未发出信号，振动继续加大，可能对轴承或轴颈造成损伤	需停机组处理，检修 1 天	30
		5.2.2.3 绝缘不好	轴瓦振动到在报警值未发出信号，振动继续加大，可能对轴承或轴颈造成损伤	需停机组处理，装置停车，检修 1 天	30
		5.2.3　振动前置放大器故障	轴瓦振动到在报警值未发出信号，振动继续加大，可能对轴承或轴颈造成损伤	需停机组处理，装置停车，检修 1 天	30
		5.2.4 线路断路	轴瓦温度到在报警值未发出信号，继续升温，可能对轴承或轴颈造成损伤	需停机组处理，装置停车，检修 1 天	30

表 12　螺杆式压缩机常见功能故障与处理方法（续）

功能	功能故障	故障模式	故障后果	故障应对策略与检修内容	检修周期／月
5. 保护功能(保证压缩机安全运转)	5.2 不能达到轴承振动保护功能，一个轴瓦振动达到报警值、未发出报警信号	5.2.5 线路接触不良	轴瓦温度到在报警值未发出信号，继续升温，可能对轴承或轴颈造成损伤	需停机组处理，装置停车，检修 1 天	30
		5.2.6 振动卡件（3500 监测）故障	轴瓦温度达到报警值，卡件未如实转换数据，继续升温，可能对轴承或轴颈造成损伤	需停机组处理，装置停车，检修 1 天	30
		5.2.7 蜂鸣器故障	报警信号发出，蜂鸣器不响，没有提示操作人员，继续升温，可能对轴承或轴颈造成损伤	需停机组处理，装置停车，检修 1 天	30
	5.3 不能达到润滑油保护功能	5.3.1 润滑油油压低，未发出联锁信号	5.3.1.1 压力探头故障	油压达到联锁值未发出联锁信号，润滑油供油不足，机组损害甚至不能运行	30
		5.3.1 润滑油油压低，未发出联锁信号	5.3.1.2 压力变送器故障	油压达到联锁值未发出联锁信号，润滑油供油不足，机组损害甚至不能运行	30
			5.3.1.3 线路断路	油压达到联锁值未发出联锁信号，润滑油供油不足，机组损害甚至不能运行	30
			5.3.1.4 PLC 卡件故障	油压达到联锁值未发出联锁信号，润滑油供油不足，机组损害甚至不能运行	
			5.3.1.5 联锁继电器故障	油压达到联锁值未发出联锁信号，润滑油供油不足，机组损害甚至不能运行	30

表 12　螺杆式压缩机常见功能故障与处理方法（续）

功能	功能故障	故障模式	故障后果	故障应对策略与检修内容	检修周期／月
5. 保护功能(保证压缩机安全运转)	5.3 不能达到润滑油保护功能	5.3.2 润滑油箱油位太低，未发出报警信号	5.3.2.1 液位传感器故障	油位达到报警值未发出报警，油温继续身高，机组损害甚至不能运行	30
			5.3.2.2 液位变送器故障	油位达到报警值未发出报警，油温继续身高，机组损害甚至不能运行	30
			5.3.2.3 线路断路	油位达到报警值未发出报警，油温继续身高，机组损害甚至不能运行	30
			5.3.2.4 卡件（DCS系统）故障	油位达到报警值未发出报警，油温继续身高，机组损害甚至不能运行	30
			5.3.2.5 蜂鸣器故障	油位达到报警值未发出报警，油温继续身高，机组损害甚至不能运行	30
	5.4 未达到压力保护功能	5.4.1 压缩机入口压力高，未发出联锁信号	5.4.1.1 压力传感器故障	入口压力达到联锁值未发出联锁信号，压力继续升高，机组损害甚至不能运行	30
			5.4.1.2 压力变送器故障	入口压力达到联锁值未发出联锁信号，压力继续升高，机组损害甚至不能运行	30
			5.4.1.3 线路断路	入口压力达到联锁值未发出联锁信号，压力继续升高，机组损害甚至不能运行	30
			5.4.1.4 卡件（PLC系统）故障	入口压力达到联锁值未发出联锁信号，压力继续升高，机组损害甚至不能运行	30

表 12　螺杆式压缩机常见功能故障与处理方法（续）

功能	功能故障	故障模式	故障后果	故障应对策略与检修内容	检修周期／月
5. 保护功能(保证压缩机安全运转)	5.4 未达到压力保护功能	5.4.1 压缩机入口压力高，未发出联锁信号	5.4.1.5 蜂鸣器故障	入口压力达到联锁值未发出联锁信号，压力继续升高，机组损害甚至不能运行	30
	5.5 未达到压力保护功能	5.5.1 密封油压差低（150kPa），未发出联锁信号	5.5.1.1 压力传感器故障	密封油压达到低值，未发出联锁信号，油压继续降低，机组损害甚至不能运行	30
			5.5.1.2 压力变送器故障	密封油压达到低值，未发出联锁信号，油压继续降低，机组损害甚至不能运行	30
			5.5.1.3 线路断路	密封油压达到低值，未发出联锁信号，油压继续降低，机组损害甚至不能运行	30
			5.5.1.4 卡件（PLC系统）故障	密封油压达到低值，未发出联锁信号，油压继续降低，机组损害甚至不能运行	30

附　录　A

（资料性附录）

螺杆压缩机检修质量控制确认表

表 A.1　给出了日本神钢螺杆机检修质量控制确认表，其他螺杆压缩机仅供参考。

表 A.1　螺杆压缩机检修质量控制确认表（日本神钢螺杆机）

项目	主要控制内容			等级	施工单位	生产装置	设备管理部门	备注
	标准值	部位	现场记录					
拆卸中检测								
一段止推轴承间隙	0.10～0.12mm			A	★	★	★	
二段止推轴承间隙	0.05～0.07mm			A	★	★	★	
一段排气侧止推间隙 +	0.02～0.03mm			A	★	★	★	
二段排气侧止推间隙 +	0.02～0.04mm			A	★	★	★	
一段轴承间隙	0.10～0.137mm			A	★	★		
二段轴衬间隙	0.09～0.122mm			A	★	★		
一段定时齿轮间隙	0.02～0.05mm			A	★	★		
二段定时齿轮间隙	0.02～0.04mm			A	★	★		
一段压缩机与增速器对中	一级压缩机必须比增速机升高 0.15mm，向外偏置 0.15mm，对轮轴向偏差为 ±0.05mm			B	★	★		
二段压缩机与增速器对中	二级压缩机必须比增速机升高 0.15mm，向外偏置 0.15mm，对轮轴向偏差为 ±0.05mm			B	★	★		
电机与增速器对中	电机必须比增速机升高 0.05mm，对轮轴向偏差为 ±0.10mm			B	★	★		
项目	主要控制内容			等级	施工单位	生产装置	设备管理部门	备注
	标准值	部位	现场记录					
回装时检测								
清洗、检查情况，	油箱、各备件完好、清洁			B	★	★		

表 A.1　螺杆压缩机检修质量控制确认表（续）

项目	主要控制内容			等级	施工单位	生产装置	设备管理部门	备注
	标准值	部位	现场记录					
一段止推轴承间隙	0.10～0.12mm			A	★	★	★	
二段止推轴承间隙	0.05～0.07mm			A	★	★	★	
一段排气侧止推间隙+	0.02～0.03mm			A	★	★	★	
二段排气侧止推间隙+	0.02～0.04mm			A	★	★	★	
一段轴承间隙	0.10～0.137mm			A	★	★		
二段轴衬间隙	0.09～0.122mm			A	★	★		
一段定时齿轮间隙	0.02～0.05mm			A	★	★	★	
二段定时齿轮间隙	0.02～0.04mm			A	★	★	★	
一段碳环间隙	0.14～0.19mm			B	★	★		
二段碳环间隙	0.14～0.17mm			B	★	★		
一段压缩机与增速器对中	一级压缩机必须比增速机升高 0.15mm，向外偏置 0.15mm，对轮轴向偏差为 ±0.05mm			A	★	★	★	
二段压缩机与增速器对中	二级压缩机必须比增速机升高 0.15mm，向外偏置 0.15mm，对轮轴向偏差为 ±0.05mm			A	★	★	★	
电机与增速器对中	电机必须比增速机升高 0.05mm，对轮轴向偏差为 ±0.10mm			A	★	★	★	

注： A 级：施工单位、生产装置、设备管理部门专业人员检查确认后签字。
B 级：施工单位和生产装置专业人员检查确认后签字。
C 级：施工单位专业人员检查确认后签字。
另：如果有监理，监理的职责由甲方授权。

附 录 B
（资料性附录）
螺杆压缩机试车与验收数据记录表

装置： 设备名称： 位号：

试车参数记录：			记录时间											
记录名称	参数位号	标准	1：00	2：00	3：00	4：00	5：00	6：00	7：00	8：00	9：00	10：00	11：00	12：00
电机电流														
电机前轴承温度														
电机后轴承温度														
机体止推温度														
机体轴承温度														
机体前轴振动														
机体后轴承振动														
出口流量														
出口压力														
出口温度														
泄漏情况														
运行异响														
油泵出口压力														
润滑油温度														
润滑油过滤器压差														
验收确认		施工单位：					管理单位：				使用单位：			

备注： 1. 三方签字验收后交付生产使用。

2. 大修后 15 个工作日内，将试车记录及验收表扫描录入设备管理系统。

21. 离心式风机维护检修规程

SHS 01022—2019

代替 SHS 01022—2004

目　次

前　　言

本规程按照GB/T 1.1—2009《标准化工作导则　第1部分：标准的结构和编写》给出的规则起草。

本规程代替SHS 01022—2004《离心式风机维护检修规程》，与SHS 01022—2004相比，除了编辑性修改外，主要技术变化如下：

——检修内容调整；

——检测内容中主轴检修及滑动轴承检修调整；

——验收运行时间调整；

——日常维护调整。

本规程由中国石油化工集团有限公司、中国石油化工股份有限公司提出。

本规程起草单位：沈阳鼓风机集团股份有限公司。

本规程主要起草人：郑金辉。

本规程所代替规程的历次版本发布情况为：

——SHS 01022—1992、SHS 01022—2004。

离心式风机维护检修规程

1 范围

1.1 主题内容

本规程规定了石油化工离心式风机的检修周期与内容、检修程序与质量标准、试车与验收、维护与故障处理。

1.2 适用范围

本规程适用于石油化工离心式通风机和离心鼓风机的维护与检修。

2 规范性引用文件

下列文件中的条款通过本规程的引用而成为本规程的条款。凡是注日期的引用文件，其随后所有的修改单（不包括勘误的内容）或修订版均不适用于本规程，然而，鼓励根据本规程达成协议的各方研究是否可使用这些文件的最新版本。凡是不注日期的引用文件，其最新版本适用于本规程。

GB 50275　压缩机、风机、泵安装工程施工及验收规范

API 617　石油及化工和气体工业用离心压缩机

API 614　润滑、轴密封和控制油系统及辅助设备

SH/T 3539　石油化工离心式压缩机组施工及验收规范

3 检修周期与内容

3.1 检修周期

离心式风机根据对设备功能故障及其影响分析的结果、有无备用设备并结合生产装置运行周期，确定设备检修周期，一般为36～60个月。

3.2 检修内容

3.2.1 检查风机进出口调节风门及补偿器。

3.2.2 检查地脚螺栓。

3.2.3 联轴器找正。

3.2.4 清理、检查冷却水系统及润滑系统。

3.2.5　出入口管线检查。

3.2.6　检查各零部件磨损情况。

3.2.7　检查测量主轴、转子各部配合尺寸和跳动。

3.2.8　叶轮焊缝着色探伤检验，并进行动平衡试验。

3.2.9　如果机组带油站，应检查油站系统。

4　检修程序与质量标准

4.1　检修前准备

4.1.1　掌握风机的运行情况，备齐必要的图纸资料。

4.1.2　备齐检修工具、量具、起重机具、配件及材料。

1）建议准备常用工机具、量具的清单见表1。

表1　常用工机具、量具清单

百分表及表座	水平仪	游标卡尺
塞尺	铅丝	量块
吊耳及吊环	千斤顶	三角刮刀
外径及内径千分尺	深度尺	敲击扳手
梅花扳手	活扳手	力矩扳手
锉刀	套筒扳手	尼龙吊装带
公制及英制内六角扳手	手拉葫芦	钢丝绳
橡胶板	红丹粉	激光对中仪（若有）
铜棒或铅棒	劳保用品	应急安全物资

2）建议准备的常用耗材清单见表2。

表2　常用耗材清单

专用密封胶	煤油	普通砂纸
面粉	白布	显影剂
塑料布	金相砂纸	生料带
清洗剂	刷子	铁丝
海绵	除锈刷	细磨石

4.1.3　切断电源及水、关闭风机进出口挡板，符合安全检修条件。

4.2　拆卸与检测

4.2.1　拆卸联轴器护罩，检查膜片是否完好，检查联轴器对中。拆除联轴器中间节，检查记录轴端距及相对位置，回装时便于参考。

4.2.2 拆卸联轴器或皮带轮及附属管线。

4.2.3 拆卸轴承箱压盖，检查转子窜量。

4.2.4 拆卸机壳，测量气封间隙。

4.2.5 清扫检查转子。

4.2.6 清扫检查机壳。

4.2.7 拆卸检查轴承及清洗轴承箱。

4.3 回装与质量标准

4.3.1 联轴器

4.3.1.1 联轴器与轴配合为 H7/js6，参考 GB/T 1800.4。

4.3.1.2 联轴器螺栓与弹性圈配合应无间隙，并有一定紧力，弹性圈外径与孔配合应有 0.5～1.0mm 间隙，螺栓应有弹簧垫或止退垫片锁紧。

4.3.1.3 机组的对中应符合表 3。

表 3 机组对中允许值

mm

联轴器型式	外圆径向	端面
弹性柱销式	0.08	0.06
刚性	0.06	0.04
膜片式	0.10	0.08

4.3.1.4 弹性柱销联轴器两端面间隙为 2～6mm。

4.3.1.5 对中检查时，电机底座调整垫片每组不得超过 4 块。

4.3.1.6 膜片联轴器：

a）安装半联轴器时，将半联轴器预热，安装后需保证轴端比半联轴器端面低 0～0.5mm；

b）联轴器中间节及两个膜片组长度尺寸之和，与两个半联轴器端面距离进行比较，差值在 0～0.4mm，同时应考虑轴热伸长的影响，膜片安装后无扭曲现象；

c）膜片扭矩螺栓需采用力矩扳手拧紧至厂家资料规定的力矩（见表 4）。

表 4 螺栓力矩表

螺栓公称直径 /mm	力矩 /kgf · m
M24	20
M30	40
M36×3	80
M42×3	130
M48×3	180
M56×4	300
M64×4	500
M72×4	750

d）用表面着色探伤的方法检测膜片联接螺栓，发现缺陷应及时更换。

4.3.2 叶轮

4.3.2.1 叶轮应进行着色检查无裂纹、变形等缺陷。
4.3.2.2 转速小于等于2950r/min时，叶轮允许的最大不平衡精度应大于G2.5。
4.3.2.3 叶轮的叶片转盘不应有明显减薄。

4.3.3 主轴

4.3.3.1 主轴颈轴承处的圆柱度公差值应符合表5的要求。

表5 主轴颈圆柱度公差

mm

轴颈直径	≤150	>150～175	>175～200	>200～225
圆柱度公差	0.02	0.025	0.03	0.04

4.3.3.2 主轴直线度公差值应符合表6的要求。

表6 主轴直线度公差

风机转速/(r/min)	直线度公差值/mm
≤500	0.10
>500～1500	0.07
>1500～3000	0.05

4.3.3.3 主轴轴径应进行探伤检查，其表面应光滑、无裂纹、锈蚀及麻点，其他处不应有机械损伤和缺陷。
4.3.3.4 轴颈表面粗糙度为R_a0.8。

4.3.4 轴承

4.3.4.1 滚动轴承：

a）滚动轴承的滚动体与滚道表面应无腐蚀、斑痕，保持架应无变形、裂纹等缺陷；

b）轴与同时承受轴向和径向载荷的滚动轴承配合为H7/js6，轴与仅承受径向载荷的滚动轴承配合为H7/k6，轴承外圈与轴承箱内孔配合为Js7/h6；

c）采用轴向止推滚动轴承的风机，其滚动轴承外圈和压盖轴向间隙为0.02～0.10mm；

d）滚动轴承热装时，加热温度不超过100℃，严禁直接用火焰加热；

e）自由端轴承外圈和压盖的轴向间隙应大于轴的热伸长量，热伸长量参考值应符合表7的要求。

表7 轴热态伸长量

温度/℃	0～100	>100～200	>200～300
每米轴长的延伸量/mm	1.20	2.51	3.92

4.3.4.2 滑动轴承衬：

a）轴承衬表面应无裂纹、砂眼、夹层或脱壳等缺陷；

b）轴承衬与轴颈接触应均匀，接触角在60°～90°，在接触角内接触点＞2～3点/cm^2；

c）轴承衬背与轴承座孔应均匀贴合，接触面积：上轴承体与上盖＞40%，下轴承体与下座＞50%。轴承衬背过盈量为0～0.04mm，具体尺寸依厂家要求执行；

d）轴承顶间隙可参照表8，轴承侧向间隙为1/2顶间隙；

表8 轴承顶间隙

mm

轴径	轴承顶间隙
50～80	0.10～0.18
＞80～120	0.15～0.25
＞120～180	0.23～0.34
＞180～250	0.34～0.40

e）轴承推力间隙一般为0.20～0.30mm，推力轴承面与推力盘接触面积应不少于70%。

4.3.5 转子

转子各部圆跳动、全跳动允许值应符合表9的要求。

表9 转子各部跳动允许值

mm

测量部位	跳动类别	允许值
叶轮外圆	圆跳动	0.07
主轴的轴承颈	圆跳动	0.02
联轴器外圆	圆跳动	0.05
叶轮外圆两侧	全跳动	0.01
推力盘的推力面	全跳动	0.02

4.3.6 密封

4.3.6.1 离心鼓风机叶轮前盖板与壳体密封环径向半径间隙为0.35～0.50mm；离心通风机叶轮进口圈与进风口的端面间隙值（单位mm）=D/100，径向间隙应根据实际工况温度，与风机供应商沟通确认间隙后进行装配。

注：D为叶轮外圆直径。

4.3.6.2 轴封采用毡封时只允许一个接头，接头的位置应放在顶部。

4.3.6.3 机壳密封盖与轴的每侧间隙一般不超过1～2mm。

4.3.6.4 轴封采用胀圈式或迷宫式，其密封间隙应符合表10的要求。

表 10 轴封间隙极限值 mm

密封间隙	密封每侧间隙	
	安装值	极限值
滑动轴承箱内的密封	0.15～0.25	0.35
机壳内的密封	0.20～0.40	0.50

4.3.7 壳体与轴承箱

4.3.7.1 机壳应无裂纹、气孔；焊制机壳应焊接良好。

4.3.7.2 整体安装的轴承箱，以轴承座中分面为基准，检查其纵、横水平偏差值为0.1mm/m。

4.3.7.3 分开式轴承箱的纵、横向安装水平：

a）每个轴承箱中分面的纵向安装水平偏差应不大于0.04mm/m；

b）每个轴承箱中分面的横向安装水平偏差应不大于0.08mm/m；

c）主轴轴颈处的安装水平偏差应不大于 0.04mm/m。

4.3.7.4 轴承箱找正可通过框式水平仪或激光水平仪进行，仪器需经正规机构校准合格。

5 试车与验收

5.1 试车前的准备

5.1.1 检查检修记录，确认检修数据正确。

5.1.2 轴承箱清洗并检查合格，按规定加注润滑油或润滑脂，润滑、冷却水系统正常。

5.1.3 盘车灵活，不得有偏重，卡涩现象。

5.1.4 安全防护装置齐全牢固。

5.1.5 进气调节风门开度 0°～5°，出口全开。

5.1.6 电机单机试运转，并确定旋转方向正确。

5.2 试车

5.2.1 按操作规程启动电机，各部位无异常现象和摩擦声响，方可继续运转，风机在小负荷下运行时间不应小于 20min，小负荷运转正常后，逐渐开大进气风门，直至规定的负荷为止。

5.2.2 检查轴承温度、振动，出口风压、风量、电流等，连续运行 2h，并作好记录。

5.2.3 检查轴承温升，滚动轴承温度不得超过环境温度 40℃，其最高温度不得超过80℃；滑动轴承座外圈（瓦背）温度不超过 65℃。

5.2.4 检查风机振动，振动标准见 SHS 01003—2004《石油化工旋转机械振动标准》。

5.3 验收

5.3.1 连续运行 72h，各项技术指标均达到设计要求或能满足生产需要。

5.3.2 设备达到完好标准。

5.3.3 检修记录齐全、准确。

6 维护与故障处理

6.1 日常维护

6.1.1 定时巡检，检查风机声音是否正常、轴承温度和振动是否超标、运行参数是否正常，查看润滑油油位、压力是否稳定，判断冷却水系统是否畅通，各紧固件有无松动或脱落。

6.1.2 定期检查润滑油质量，一旦发现润滑油变质应及时更换。

6.1.3 及时添加润滑油或润滑脂。

6.1.4 备用离心风机应每天盘车 180°。

6.2 常见故障与处理

离心式风机常见功能故障与处理方法见表 11。

表 11 离心式风机常见功能故障与处理方法

<table>
<tr><th>序号</th><th>功能</th><th>功能故障</th><th>故障模式</th><th>故障后果</th><th>故障应对策略与检修内容</th><th>检修周期／月</th></tr>
<tr><td rowspan="8">1</td><td rowspan="8">机组流量、压力、振动符合运转要求</td><td rowspan="8">流量、压力异常，振动超过预设值</td><td>叶轮铆钉松动或叶轮变形</td><td rowspan="7">机组振动大，非计划停工</td><td>修复或更换叶轮</td><td>视情而定</td></tr>
<tr><td>机壳、轴承箱连接螺栓或地脚螺栓松动</td><td>拧紧螺栓</td><td>视情而定</td></tr>
<tr><td>叶轮与定子刮碰</td><td>解体、检验并修复刮碰部位</td><td>12～24</td></tr>
<tr><td>风机与电机对中不良</td><td>检查对中并修复</td><td>视情而定</td></tr>
<tr><td>叶轮不平衡</td><td>转子进行平衡校正</td><td>视情而定</td></tr>
<tr><td>轴承磨损严重</td><td>更换轴承</td><td>12～24</td></tr>
<tr><td>叶轮、联轴器、皮带轮与主轴连接松动</td><td>调整连接部位</td><td>视情而定</td></tr>
<tr><td>进口风门异常，调节卡涩、行程不足、动作不一致</td><td>流量、压力异常，生产负荷下降</td><td>检查调节流程，修复异常部位</td><td>3～6</td></tr>
</table>

表 11　离心式风机主要功能故障与处理方法（续）

序号	功能	功能故障	故障模式	故障后果	故障应对策略与检修内容	检修周期／月
2	轴承温度符合运转要求	轴承温度高	润滑油、润滑脂过量或变质	轴承损坏，非计划停机	调整或更换润滑油、润滑脂	视情而定
			轴承装配不当或磨损		调整或更换轴承	12～24
			机体不水平，轴向负荷大		调整机体水平	视情而定
			冷却水系统堵塞		检查清洗冷却水系统	6～12
3	电机正常运行	电机超负荷	流量超过额定值	生产水平下降，机组损坏	调整风机流量	视情而定
			介质密度过大或压力过高		调整工艺指标	视情而定
			电机输入电压过低或单相断电		检查电路系统	视情而定

附 录 A

（资料性附录）

离心式风机检修质量控制确认表（标准值参考机组随机资料）

项目		主要控制内容			等级	施工单位	生产装置	设备管理部门	备注
		标准值	部位	现场记录					
拆卸中检测									
对照机组找正曲线，测量轴系对中		找正曲线			A	★	★	★	
联轴器法兰轴端距测量		联轴器图纸			B	★	★		
联轴器膜片、螺栓损伤检查		无裂纹、无变形			A	★	★	★	
推力瓦块厚度差		≤0.01mm			C	★			
止推轴承瓦块接触面积		≥80%			C	★			
支承轴承瓦块接触长度		≥80%			C	★			
轴承中分面自由间隙		≤0.02mm			C	★			
转子跳动		随机资料			B	★	★		
叶片探伤符合厂家探伤标准		厂家探伤标准			A	★	★	★	
转子动平衡		厂家标准			A	★	★	★	
轴承箱中分面自由间隙		≤0.05mm			C	★			
支承轴承间隙（直径）	支承侧				A	★	★	★	
	推力侧				A	★	★	★	
止推间隙					A	★	★	★	
轴承过盈	支承侧				B	★	★		
	推力侧				B	★	★		
轴端油封间隙（直径）	低压				A	★	★	★	
	高压				A	★	★	★	
油封间隙（直径）	支承侧				C	★			
	推力侧				C	★			

离心式风机检修质量控制确认表（续）

项目		主要控制内容			等级	施工单位	生产装置	设备管理部门	备注
		标准值	部位	现场记录					
回装时检测									
对照机组找正曲线，测量轴系对中		找正曲线			A	★	★	★	
联轴器法兰轴端距测量		联轴器图纸			B	★	★		
联轴器膜片、螺栓损伤检查		无裂纹、无变形			A	★	★	★	
推力瓦块厚度差		≤0.01mm			C	★			
止推轴承瓦块接触面积		≥80%			C	★			
支承轴承瓦块接触长度		≥80%			C	★			
轴承中分面自由间隙		≤0.02mm			C	★			
转子跳动		随机资料			B	★	★		
叶片探伤符合厂家探伤标准		厂家探伤标准			A	★	★	★	
转子动平衡		厂家标准			A	★	★	★	
轴承箱中分面自由间隙		≤0.05mm			C	★			
支承轴承间隙（直径）	支承侧				A	★	★	★	
	推力侧				A	★	★	★	
止推间隙					A	★	★	★	
轴承过盈	支承侧				B	★	★		
	推力侧				B	★	★		
轴端油封间隙（直径）	低压				A	★	★	★	
	高压				A	★	★	★	
油封间隙（直径）	支承侧				C	★			
	推力侧				C	★			

控制级别说明： A 级：施工单位、生产装置、设备管理部门专业人员检查确认后签字。

B 级：施工单位和生产装置专业人员检查确认后签字。

C 级：施工单位专业人员检查确认后签字。

另：如果有监理，监理的职责由甲方授权。

附 录 B
（资料性附录）
离心式风机试车与验收数据记录表

<table>
<tr><td>SH/T 3503-J307</td><td colspan="3">机组试车条件确认记录</td><td colspan="2">工程名称：
单元名称：</td></tr>
<tr><td>设备名称</td><td colspan="2"></td><td>设备位号</td><td colspan="2"></td></tr>
<tr><td>设备型号</td><td colspan="2"></td><td>功率</td><td colspan="2"></td></tr>
<tr><td>驱动机种类</td><td colspan="2"></td><td>转速</td><td colspan="2">r/min</td></tr>
<tr><td rowspan="2">确认项目</td><td rowspan="2">技术要求</td><td colspan="3">确认人</td><td rowspan="2">确认日期</td></tr>
<tr><td>施工
专业工程师</td><td>监理
专业工程师</td><td>总承包
专业工程师</td></tr>
<tr><td>设备本体拆检</td><td>拆检、回装完成，记录符合规范要求</td><td></td><td></td><td></td><td></td></tr>
<tr><td>辅助系统</td><td>检查合格</td><td></td><td></td><td></td><td></td></tr>
<tr><td>油管路系统</td><td>冲洗和压力试验完成，记录符合规范要求</td><td></td><td></td><td></td><td></td></tr>
<tr><td>循环或润滑油</td><td>符合要求</td><td></td><td></td><td></td><td></td></tr>
<tr><td>电气设施</td><td>安装完成，调试合格，记录符合规范要求</td><td></td><td></td><td></td><td></td></tr>
<tr><td>仪表联锁、控制系统</td><td>安装完成，系统调校合格，记录符合规范要求</td><td></td><td></td><td></td><td></td></tr>
<tr><td>工艺管道系统</td><td>安装完成，压力试验、吹扫（清洗）合格，记录符合规范要求</td><td></td><td></td><td></td><td></td></tr>
<tr><td>机组试车方案</td><td>试车程序、措施、质量验收要求明确</td><td></td><td></td><td></td><td></td></tr>
<tr><td>生产配套工艺及操作条件</td><td>按试车方案要求准备完毕</td><td colspan="3">建设单位试车负责人：</td><td></td></tr>
<tr><td>试车条件确认</td><td>具备试车条件</td><td colspan="3">试车总负责人：</td><td></td></tr>
</table>

离心式风机试车与验收数据记录表（续）

		离心式风机 试车记录		工程名称： 单元名称：	
设备名称		设备型号		设备位号	
试车类别	□空负荷 □负荷	工作介质		试车介质	
驱动机种类		转速	r/min	环境温度	℃
连续运转时间	h	停机惰走时间	s	启动时刻	
试车日期	年　月　日				

检查项目				设计值/允许值	实测值								
运行记录时刻													
一段	入口	流量/(Nm^3/h)											
		压力/MPa											
		温度/℃											
	出口	压力/MPa											
		温度/℃											
	轴承温度/℃	前轴承											
		后轴承											
		止推轴承											
	双振幅振动值/μm	前轴承	水平										
			竖直										
			轴向										
		后轴承	水平										
			竖直										
			轴向										
	轴位移值/mm												

建设/监理单位	总承包单位	施工单位	设备制造厂
专业工程师： 日期：　年　月　日	专业工程师： 日期：　年　月　日	专业工程师： 质量检查员： 记　录　人： 日期：　年　月　日	现场代表： 日期：　年　月　日

22. 轴流式风机维护检修规程

SHS 01023—2019

代替 SHS 01023—2004

目　次

前 言

本规程按照GB/T 1.1—2009《标准化工作导则 第1部分：标准的结构和编写》给出的规则修订。

本规程代替SHS 01023—2004《轴流式风机维护检修规程》，与SHS 01023—2004相比，除了编辑性修改外，主要技术变化如下：

——原规程3.3.3章节联轴器部分的安装要求删除，改为4.4.6联轴器检修质量标准按SHS 01073《一般机泵用联轴器检修及质量标准》执行；

——原规程凉水塔减速箱部分3.3.1删除，改为4.4.5变速机检修质量标准按SHS 01028《变速机维护检修规程》执行；

——原规程3.3章节凉水塔风机部分进口风机安装质量标准修改为本规程4.4章节国产机型的安装步骤与控制要求；

——原规程3.4章节轴流风机部分安装质量标准修改为本规程4.3章节，新增主、从动皮带轮平行度和中央面偏移量安装要求

——本规程新增4.3.4章节叶片外圆轴向跳动量安装要求和4.3.5章节叶尖与风筒间隙安装要求；

——本规程新增4.3.7章节5V皮带张紧力调整要求。

本规程由中国石油化工集团有限公司、中国石油化工股份有限公司提出。

本规程起草单位：中国石油化工股份有限公司金陵分公司。

本规程主要起草人：丁银标。

本规程所代替规程的历次版本发布情况为：

——SHS 01023—1992、SHS 01023—2004。

轴流式风机维护检修规程

1 范围

1.1 主题内容

本规程规定了轴流式风机的检修周期与内容、检修程序与质量标准、试车与验收、维护与故障处理。

1.2 适用范围

本规程适用于凉水塔轴流风机及空冷器轴流风机维护检修。

2 规范性引用文件

下列文件中的条款通过本规程的引用而成为本规程的条款。凡是注日期的引用文件，其随后所有的修改单（不包括勘误的内容）或修订版均不适用于本规程，然而，鼓励根据本规程达成协议的各方研究是否可使用这些文件的最新版本。凡是不注日期的引用文件，其最新版本适用于本规程。

GB 50275 风机、压缩机、泵安装工程施工及验收规范

GB 50231 机械设备安装工程施工及验收

GB/T 11361 同步带传动 梯形齿带轮

GB/T 9239 机械振动 恒态（刚性）转子平衡品质要求 第1部分

NB/T 47007 空冷式热交换器

HG/T 3132 L型冷却塔风机

SH/T 3538 石油化工机器设备安装工程施工及验收通用规范

3 检修周期与内容

3.1 检修周期

根据对轴流式风机系统功能故障及其影响分析的结果，以及生产装置长周期运行具体情况，确定轴流风机及系统的检修周期，正常情况应满足一个大修周期，一般为24～48个月，可结合状态监测结果、设备运行状况以及是否有备机可适当调整检修周期。

3.2 检修内容

3.2.1 检查空冷器风机传动系统，检查找正、对中及皮带张紧程度。
3.2.2 检查并紧固各地脚螺栓，校验机体水平度。
3.2.3 清扫机组积垢，特别是要清除叶片上的积垢。
3.2.4 检查并紧固叶片组的背帽和各紧固螺栓，检查并调整叶片角度。
3.2.5 调校减速箱振动开关或振动、油温在线状态监测报警装置。
3.2.6 检查联轴器状况，视情检修。
3.2.7 解体检查变速箱，测量齿轮啮合间隙。
3.2.8 拆卸并检查叶片、轮毂；检查、调整叶尖与风筒的间隙。
3.2.9 调校半自调、自调风机的操纵系统。
3.2.10 电机检查、修理。
3.2.11 检查、检修湿式空冷器喷淋水泵。

4 检修程序与质量标准

4.1 检修前准备

4.1.1 掌握泵的运行状况，编制、审批、下达检修计划，备齐检修所需的图纸和技术资料，如使用维护说明书、维修手册和相关检修记录，检修单位编制检修方案或作业指导书，产权单位、检修单位按规定进行检修作业的双向交底，并做好交底记录。
4.1.2 按要求备齐检修工器具、量具、吊具和零部件摆放场地、设施。
4.1.3 备齐检修所需备品、配件、材料和劳保用品，检查核实备品、配件、材料的规格尺寸和材质是否满足技术要求。
4.1.4 落实检修队伍（包括施工技术人员、质量管理人员、安全、主修、辅修），组织检修人员熟读检修方案或作业指导书。
4.1.5 各项准备工作应符合安全、环保、质量等方面的要求，对检修过程进行危害识别及风险评估、环境因素识别和影响评价。
4.1.6 检修前条件确认：
4.1.6.1 工艺确认：切断电源及相关水、气源等；
4.1.6.2 安全确认：设置好相关警示标识，方可施工；
4.1.6.3 办理好相关检修作业票证。

4.2 拆卸与检查

4.2.1 拆除有关油、气、电、仪接线。
4.2.2 拆除联轴器螺栓。
4.2.3 检查并记录叶尖与风筒的间隙。

4.2.4　检查叶轮的风罩。

4.2.5　拆除振动开关或振动、油温监测探头。

4.2.6　拆除轮毂及叶片。拆卸时必须打上相应的标记，检修后安装时对号复位。如果需要更换叶片，要对称更换，或整体更换。

4.3　空冷器轴流风机回装与质量标准

4.3.1　风机的构架或基础应无变形和损坏。

4.3.2　垂直轴或水平轴的风机支架均应调整，使传动轴垂直或水平，在两轴承座安装面之间主轴斜度不大于 0.5°，并保证主轴与风筒同心，同轴度小于 5mm。用手盘动主轴，主轴应转动均匀自如，叶片应转动 1 圈以上，确保没有摩擦点。

4.3.3　检查叶片，应无损伤、裂纹等缺陷。检查、调整叶片安装角，使其符合要求值，并保证安装角度最大偏差不超过 ±0.5°。

4.3.4　检查叶片外圆轴向跳动量符合表 1 的要求（或者以厂家说明书为准）。

表 1　叶片外圆轴向跳动量

风机直径 D/m	$D \leqslant 2.4$	$2.4 < D \leqslant 3.6$	$D > 3.6$
叶片外圆轴向跳动量 /mm	10	15	20

4.3.5　检查叶尖与风筒间隙，要求见表 2（或以厂家说明书为准）。

表 2　叶尖与风筒间隙要求

风机直径 D/m	$1.0 \leqslant D \leqslant 3.0$	$3.0 < D \leqslant 3.5$	$D > 3.5$
最小间隙 /mm	6	6	6
最大间隙 /mm	13	16	19

4.3.6　主、从轴皮带轮安装应符合下列要求（见图 1）。

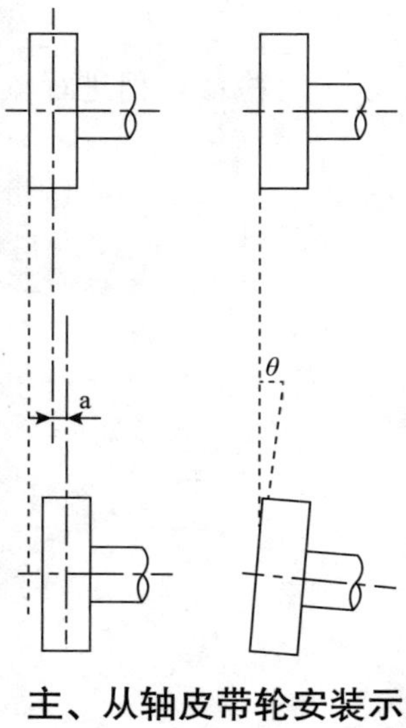

图 1　主、从轴皮带轮安装示意图

4.3.6.1　带轮的尺寸及轮齿的尺寸参照 GB/T 11361《同步带传动 梯形齿带轮》。

4.3.6.2　两轮的轮宽中央平面应在同一平面上，三角皮带轮的偏移量 a 不应超过 1.0mm；平皮带轮的偏移量 a 不应超过 1.5mm。

4.3.6.3　两轴的平行度 tanθ，不应超过 0.5‰。

4.3.6.4　偏移和平行度的检查，宜以轮的边缘为基准。

4.3.7　皮带张紧力调整（5V 形皮带）：

联组带比单根带传动有更高的传动效率。为了保证皮带正常传动工作，皮带要有适当的预紧力，可通过调整螺栓把电机板和电机拉到一定位置，以达到皮带预期张紧程度。联组带检查预紧力是通过在皮带与两皮带轮的切点跨距的中点 M 加载荷（图 2）测量皮带的挠度 y，跨距 a 每 100mm 产生的挠度为 1.6mm（或者以厂家说明书为准）。

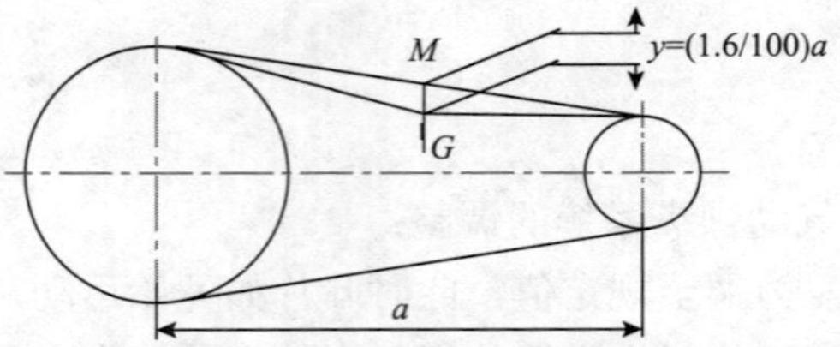

图 2　轴流式风机用 5V 形皮带挠度测量示意图

4.4　凉水塔轴流风机回装与质量标准

4.4.1　风机叶轮部件进行整体静平衡校验，平衡精度等级不低于 GB/T 9239《机械振动 恒态（刚性）转子平衡品质要求：第 1 部分：规范与平衡允差的检验》标准中的G6.3。

4.4.2　叶片称重后对称安装，安装角度最大偏差不超过 ±0.5°。

4.4.3　风机直径小于 ϕ4000mm 时，叶尖与风筒内壁间隙宜不大于 0.008D（D 为风机直径），且应保持均匀不允许有突变；风机直径大于等于 ϕ4000mm 时，叶尖与风筒内壁间隙宜不大于（0.005D±10mm）（D 为风机直径），且不允许有突变。

4.4.4　叶尖的轴向跳动和叶尖处相邻叶片间直线差符合表 3 的要求。

表 3

风机尺寸 /mm	叶尖的轴向跳动 /mm	叶尖处相邻叶片间直线差 /mm
1800≤D<4000	≤16	≤30
4000≤D<6000	≤20	≤34
6000≤D<8000	≤40	≤50
8000≤D<10000	≤50	≤60

4.4.5　凉水塔风机变速箱的检修质量标准按 SHS 01028《变速机维护检修规程》执行。

4.4.6　凉水塔风机联轴器检修质量标准按 SHS 01073《一般机泵用联轴器检修及质量标准》执行。

4.4.7　湿式空冷器喷淋水泵的检修质量标准见 SHS 01015《电动往复泵维护检修规程》或者 SHS 01013《离心泵维护检修规程》

5　试车与验收

5.1　试车前的准备

5.1.1　机组全部检修完毕，检修质量符合要求。

5.1.2　盘车数圈，应转动平稳无阻滞。

5.1.3　确保所有工具被清理出检修现场。

5.1.4 各润滑部位加入相应牌号的润滑油（脂）。确认油路通畅、油位正常。
5.1.5 确认仪表、电器等具备开车条件。

5.2 试车

5.2.1 电机单试，检查转向。
5.2.2 半自调、自调风机气动操纵系统的调整：
5.2.2.1 接通气源后，将压力调至规定值，此时叶片如开始运动，则表明变距系统工作良好，否则应拆下转接器，调整复位弹簧的压紧力。当叶片在小于规定压力下动作时，可顺时针拧紧压紧螺母，反之则逆时针拧紧压紧螺母。
5.2.2.2 经上述调整的风机，在投入运转时，动态变距压力为 0.02～0.03MPa，否则应作动态压力调整，调整方法同前。
5.2.3 自调风机气动操纵系统的调整：
接通气源，将工作气压调至 0.30～0.33MPa，信号压力为 0，启动风机，待风机运转平衡后，缓慢增大信号压力至 0.02MPa，风机叶片应开始变距。否则，应停机后拆下定位器顶盖，调节零位螺钉，直至叶片在 0.02MPa 的压力下开始变距为止。
5.2.4 检查电机电流是否在规定范围内。
5.2.5 试车中，轴承温度应符合机器的技术文件或设计文件的规定；若无规定，滚动轴承的温度不得高于大气环境温度 40℃；刚性支承时振动速度有效值不得超过 6.3mm/s。
5.2.6 试车结束，检查各部分的安装位置是否移动，检查各紧固件是否松动，检查各密封处是否有漏油现象。

5.3 验收

5.3.1 检修质量符合要求，连续运行 72h 后，验收合格。
5.3.2 检修资料齐全，至少包括：
5.3.2.1 实际完成的检修内容；
5.3.2.2 零部件修理、更换的清单，修改、材质代用变更审批单、检验检测报告等内容；
5.3.2.3 列明本次检修过程中，需要说明的其他问题；
5.3.2.4 检修及试车记录；
5.3.2.5 列明本次检修过程中，需要说明的其他问题。
5.3.3 设备达到完好标准。
5.3.4 按规定办理验收手续。

6 维护与故障处理

6.1 日常维护

6.1.1 严格按操作规程进行操作。

6.1.2 定时检查下列主要内容，如有异常及时处理，并做好相应的记录：

6.1.2.1 振动、声音、油温是否正常；

6.1.2.2 油位、油质情况；

6.1.2.3 各紧固件有无松动或脱落。

6.1.3 定期检查皮带的松紧度和磨损程度，不在标准值范围内时应调整，皮带磨损严重时应予以更换。

6.1.4 检查油封是否良好，定期添加或更换润滑油（脂）。加注润滑油（脂）不应超过油腔的2/3，以免过热。

6.1.5 按需要对机组进行防腐处理。

6.1.6 计划停机在2个月以内，传动带应保持松弛状态；计划停机在2月以上应摘掉传动带，入库保存。

6.2 常见故障与处理

轴流式风机常见功能故障与处理方法见表4。

表4 轴流式风机常见功能故障与处理方法

序号	功能	功能故障	故障模式	故障后果	故障应对策略与检修内容	检修周期／月
1	保证空冷器出口温度符合工艺要求	空冷器出口超温	叶片断裂	生产负荷下降；产品质量不合格	合理选用叶片的型式和材质；定时巡检及时发现异常；检修时保证风筒圆度和叶尖与风筒的间隙在规范要求范围内	视情而定
2	保证机组连续运转	传动系统不正常	滚动轴承损坏	火灾、爆炸、环境污染，非计划停工	定期定量加注润滑脂；根据检修周期更换更换滚动轴承。	36～48
			皮带打滑断裂	噪音异常	张紧或更换皮带	12～24
			皮带轮不在同一平面内	皮带断裂	调整皮带轮共面偏差符合要求，更换皮带	视情而定
			振动大	机座刚度不足	加固机座，提高刚度	视情而定
		变速机故障	对中不良	变速机振动大	重新对中	视情而定
			滚子或齿轮磨损	变速机振动大	更换配件	36～48
			轴承磨损	变速机振动大	更换轴承	36～48
			润滑油不足	变速机温度过高	加润滑油（脂）	视情而定
			超负荷	变速机温度过高	查找超负荷原因并处理	视情而定
			振动大	变速机温度过高	按振动大处理方法检修	视情而定

附 录 A

（资料性附录）

轴流式风机检修质量控制确认表

项目		主要控制内容			等级	施工单位	生产装置	设备管理部门	日期
		标准值	部位	现场记录					
拆卸时检测									
轮毂水平度					B	★	★		
两轴平行度 tgθ					B	★	★		
叶片与风筒间隙					B	★	★		
叶片安装角度偏差					B	★	★		
皮带轮中央平面的偏移量					B	★	★		
凉水塔风机联轴器对中	径向				B	★	★		
	轴向				B	★	★		
回装时检测									
轮毂水平度					B	★	★		
两轴平行度 tgθ					B	★	★		
叶片与风筒间隙					B	★	★		
叶片安装角度偏差					B	★	★		
皮带轮中央平面的偏移量					B	★	★		
凉水塔风机联轴器对中	径向				B	★	★		
	轴向				B	★	★		

注： A 级：施工单位、生产装置、设备管理部门专业人员检查确认后签字。

B 级：施工单位和生产装置专业人员检查确认后签字。

C 级：施工单位专业人员检查确认后签字。

另：如果有监理，监理的职责由甲方授权。

附　录　B

（资料性附录）

轴流式风机试车与验收数据记录表

装置：　　　　　　　　　　　　设备名称：　　　　　　　　　　　位号：

试车参数记录			记录时间							
记录名称	参数位号	标准								
风机水平振动										
风机垂直振动										
风机轴承外壳体温度										
减速箱水平振动										
减速箱垂直振动										
电机前轴承 X 振动										
电机前轴承 Y 振动										
电机后轴承 X 振动										
电机后轴承 Y 振动										
电机前轴承外壳体温度										
电机前轴承外壳体温度										
验收确认		施工单位：			生产装置：			设备管理部门：		

注： 1. 三方验收签字后交付生产使用；

2. 检修后 15 个工作日内，将试车和验收记录表扫描录入设备管理系统。

附 录 C
（资料性附录）
轴流式风机示意图

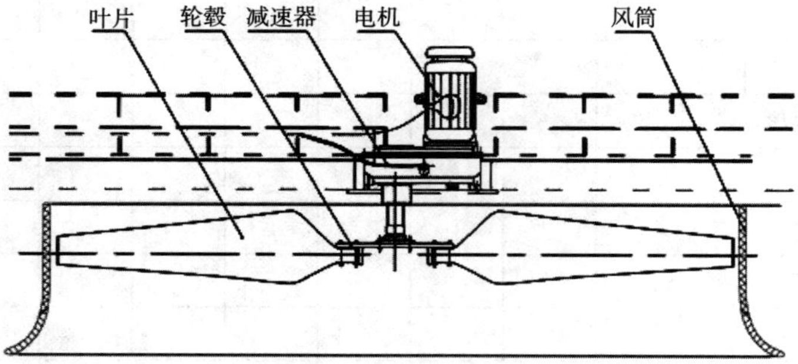

凉水塔轴流风机示意图

23. 罗茨鼓风机维护检修规程

SHS 01024—2019

代替 SHS 01024—2004

目　　次

前　言

本规程按照GB/T 1.1—2009《标准化工作导则　第1部分：标准的结构和编写》给出的规则起草。

本规程代替SHS 01024—2004《罗茨鼓风机维护检修规程》，与SHS 01024—2004相比，除了编辑性修改外，主要技术变化如下：

——对规范性引用文件进行了修订；

——完善了零部件的拆卸、清洗、安装等过程中步骤的具体描述和技术要求；

——完善各种机型的检修内容和相关拆卸程序；

——对罗茨鼓风机的检修周期作了调整，中修内容与大修内容进行合并；

——结合安全、环保、健康的最新要求，增加了检修前准备、试车前准备的相关内容；

——拆卸中增加了罗茨鼓风机典型结构图，有利于对拆卸过程的理解；

——对附属设备检修进行了修改完善；

——增加了电仪系统相关内容；

—— 维护与故障处理章节，采用了RCM的分析方法重新编制

——增加附录A“罗茨鼓风机检修质量确认表”和附录B“罗茨鼓风机试车与验收数据记录表”。

本规程由中国石油化工集团有限公司、中国石油化工股份有限公司提出。

本规程起草单位：中国石油化工股份有限公司扬子分公司。

本规程主要起草人：李玉明。

本规程所代替规程的历次版本发布情况为：

——SHS 01024—1992、SHS 01024—2004。

罗茨鼓风机维护检修规程

1 范围

1.1 主题内容

本规程规定了罗茨鼓风机的检修周期与内容、检修程序与质量标准、试车与验收、维护与故障处理。

1.2 适用范围

本规程适用于石油化工常用ARJ、RG、RD和RF、RE、GM、JRE罗茨鼓风机的维护与检修。

2 规范性引用文件

下列文件中的条款通过本规程的引用而成为本规程的条款。凡是注日期的引用文件，其随后所有的修改单（不包括勘误的内容）或修订版均不适用于本规程，然而，鼓励根据本规程达成协议的各方研究是否可使用这些文件的最新版本。凡是不注日期的引用文件，其最新版本适用于本规程。

GB/T 2888　风机和罗茨鼓风机噪声测量方法

GB/T 6075.1　机械振动　在非旋转部件上测量评价机器的振动　第1部分：总则

GB/T 6075.3　机械振动　在非旋转部件上测量评价机器的振动　第3部分：额定功率大于15kW额定转速在120r/min至15000r/min之间的在现场测量的工业机器

GB 50231　机械设备安装工程施工及验收通用规范

GB 50235　工业金属管道工程施工规范

GB/T 307.4　滚动轴承　推力轴承　产品几何技术规范（GPS）和公差值

GB/T 25511　机械系统和通用件　链、皮带和键参考字典

GB/T 151　热交换器

GB/T 12241　安全阀一般要求

GB/T 12243　弹簧直接载荷式安全阀

SH/T 3010　石油化工设备和管道绝热工程设计规范

SH/T 3522　石油化工绝热工程技术规程

ISO 1940-1　机械振动－恒态（刚性）转子平衡品质要求

3 检修周期与内容

3.1 检修周期

根据对罗茨鼓风机系统功能故障及其影响分析的结果，以及生产装置长周期运行具体情况，确定罗茨鼓风机及系统的检修周期，正常情况应满足一个大修周期，一般为24～48个月，结合状态监测结果、设备运行状况以及是否有备机可适当调整检修周期。

3.2 检修内容

3.2.1 清理转子表面灰垢，检查各部位间隙。

3.2.2 检查轴承箱、齿轮箱、更换润滑油。

3.2.3 清理油箱过滤器和进、出口冷却水管。

3.2.4 紧固或更换螺栓。

3.2.5 调整皮带松紧或检查联轴器对中。

3.2.6 清洗检查轴承、轴套。

3.2.7 清理入口消音器或更换入口过滤器。

3.2.8 清洗检查润滑系统。

3.2.9 校验自控装置、压力调节器。

3.2.10 检查主轴、机壳、齿轮及前后墙板。

3.2.11 清洗、检查传动齿轮、调节齿轮及零部件，齿轮表面着色检查。

3.2.12 检查调整或更换各部位密封。

3.2.13 测量、调整各部位间隙。

3.2.14 检查主、从动转子，必要时进行动平衡试验和探伤。

3.2.15 进出口管线上有夹套换热器要试压，按GB/T 151《热交换器》试压。

3.2.16 出口止回阀清理，调校。

3.2.17 进出口管线、阀门清理、维修或更换。

3.2.18 校正机座水平。

3.2.19 安全阀调校，按照GB/T 12241《安全阀 一般要求》和GB/T 12243《弹簧直接载荷式安全阀》进行。

3.2.20 对机体外壳、防护罩及进出口管线进行防腐。

4 检修程序与质量标准

4.1 检修前准备

4.1.1 各项准备工作应符合安全、环保、质量等方面的要求，按照Q/SHS 0001.3—2000《炼油化工企业安全、环境与健康（HSE）管理规范（试行）》的规定，对检修过程进行危害识别及风险评估、环境因素识别和影响评价，并办理相关票证；检修人员应熟悉设备图纸、技术资料与检修方案。

4.1.2 根据设备运行状况和检测记录，分析故障原因和部位，同时结合装置生产状况依据本规程制定详尽的检修方案；组织相关人员现场交底，并制定检修施工方案。

4.1.3 备齐各种经检验合格并在有效期内的工器具，包括专用工具、量具，备齐有关耗材，分别见表 1 和表 2。对起吊设施进行检查，应符合安全规定。

表 1 常用工机具、量具清单

百分表及表座	水平仪	游标卡尺
塞尺	铅丝	量块
吊耳及吊环	千斤顶	三角刮刀
外径及内径千分尺	深度尺	敲击扳手
梅花扳手	活扳手	力矩扳手
锉刀	套筒扳手	尼龙吊装带
公制及英制内六角扳手	手拉葫芦	钢丝绳
橡胶板	红丹粉	激光对中仪（若有）
铜棒或铅棒	劳保用品	应急安全物资

表 2 常用耗材清单

专用密封胶	煤油	普通砂纸
面粉	白布	显影剂
塑料布	金相砂纸	生料带
清洗剂	刷子	铁丝
海绵	除锈刷	细磨石

4.1.4 切断电源，关闭冷却水阀门系统，放尽两端油箱润滑油，工艺管线置换合格，必要时加盲板、系统隔离。

4.1.5 检修现场布置符合安全卫生标准，零、部件，工机具的存放设有固定区域，安全通道畅通无阻。

4.1.6 检查安全措施准备，放置好安全警示牌、安全警示绳。

4.1.7 办理相关作业票证，生产主任审批后，承包商经安全喊话，方可进入作业现场。

4.1.8 检修过程控制表、单机试运转记录表应准备齐全。

4.2 拆卸与检测

4.2.1 拆卸

罗茨鼓风机典型结构见图 1。

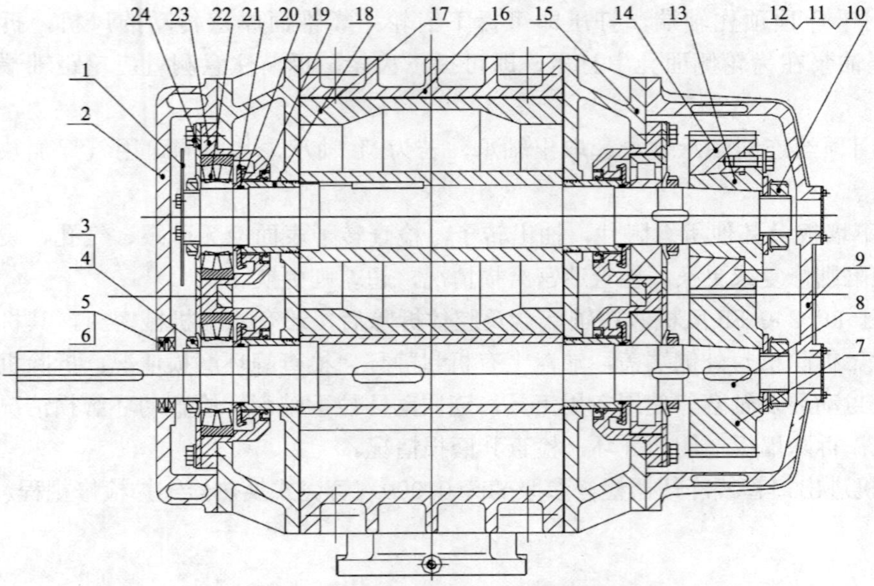

图 1　罗茨鼓风机典型结构图

1—甩油盘；2—副油箱；3—止动垫圈；4—圆螺母；5—骨架油封；6—卡环；7—主动齿轮；8—主动叶轮部；9—齿轮箱；10—齿轮挡圈；11—止动垫圈；12—锁紧螺母；13—从动齿轮毂；14—从动齿圈；15—墙板；16—机壳；17—从动叶轮部；18—密封衬套；19—骨架油封；20—O 形圈；21—挡油圈；22—轴承座；23—轴承；24—轴承压板

4.2.1.1　轴承箱、齿轮箱放油，观察油质，必要时留样分析。

4.2.1.2　拆除风机冷却水管线及油管。

4.2.1.3　清理油箱、油过滤器，疏通进、出口冷却水管。

4.2.1.4　拆除并移开皮带罩，松开电机地脚螺栓，拆除皮带，检查皮带磨损情况，必要时更换皮带，拆下皮带轮（ARJ、RF-245KHGP、RE200、GM）。

4.2.1.5　拆卸联轴节及电机地脚螺栓，移开电机。拆下联轴节，检查联轴节弹性圈磨损情况，必要时更换（RF-240NSP）。并复核同心度情况做好记录。

4.2.1.6　拆除过桥轴联轴节及地脚螺栓，打开过桥轴轴承大盖，吊开过桥轴，检查过桥轴轴承损坏情况，超差则更换，更换轴承时，应用专用工具拉下靠背轮及轴承，必要时可用气焊配合，同时清洗轴表面，检查过桥轴有无沙眼、气孔、裂纹等缺陷，否则应修复或更换过桥轴（RG-400P、RF-350P）。

4.2.1.7　拆除风机进、出口短接，检查转子之间、转子与墙板、壳体之间的拆前间隙，同时做好各部件拆前匹配标记，以便回装时有依据。

4.2.1.8　拆除齿轮箱上小轴承压盖，松开轴承定位背帽，使用顶丝连同轴承盒一起拆下小轴承。检查轴承、背帽及防松垫有无损坏，必要时更换。

4.2.1.9　拆卸齿轮箱及电机侧油箱，检查齿面磨损情况，同时做好相位匹配标记。用拉杆和千斤顶配合拆下齿轮。齿轮与轴接触面为锥面，用两根拉杆拧进齿轮螺栓孔，后用挡板定位，用千斤顶顶住轴端，打压即可拆下齿轮；靠锥面摩擦传动的风机，拆卸齿轮可用液压油泵在齿轮侧面孔中打压，即可拆下齿轮，拆前注意测量齿轮距轴端的距离。

4.2.1.10 使用顶丝连同轴承盒一起取出轴承，若为NU轴承，其内圈可用气焊加热取出。更换轴承。

4.2.1.11 拆下墙板及其他所有附件，抽出转子，检查转子表面应无砂眼、气孔、裂纹等缺陷，有缺陷则修复或更换。检查迷宫磨损情况，超差则更换。

4.2.1.12 对于RF-240NSP风机，在轴承盒及腔体拆除后，还有4个机械密封，其机封为双端面机封。拆除机封外侧端盖，端盖上有机封静环，检查静环磨损情况；拆除机封壳体，漏出机封动环及轴套，使用专用工具，连同动环拉下轴套，检查动环磨损情况及弹簧伸缩情况；拆除墙板一侧的静环，检查其磨损情况。

4.2.1.13 风机进出口管线冷却器检修参照SHS 01009《管壳式换热器维护检修规程》。

4.2.2 检测

4.2.2.1 轴检查：

a）轴表面应光滑无损伤及裂纹等现象。

b）轴颈的圆柱度不大于轴径公差之半。

c）轴的弯度不大于0.03mm/m。

4.2.2.2 转子检查：

a）转子表面应无砂眼、气孔、裂纹等缺陷，对轴损伤部位修复前应进行着色检查或超声波探伤。转子表面应清理干净。

b）以轴承支承位置为基准，转子叶轮端面圆跳动值≤于0.05mm，转子外径圆跳动值≤0.05mm，转子轴的圆柱度跳动值≤0.04mm。

c）转子进行动平衡校验，按ISO1940-1 2003的动平衡标准要求，平衡等级精度不低于G2.5

4.2.2.3 机体检查：

a）机壳应无损伤、裂纹，对疑似裂纹缺陷应进行着色检查。

b）机壳安装水平度≤0.08mm/m。

4.2.2.4 滚动轴承：

a）滚动体与滚道表面应无磨痕、麻点、锈蚀，保持架无变形、损伤。

b）滚动轴承内圈与轴采用H7/k6配合，轴承座与轴承外圈采用H7/h6配合。

c）滚动轴承安装必须紧靠在轴肩或轴肩垫上。

d）热装轴承温度不大于120℃，严禁直接用火焰加热。

4.2.2.5 滑动轴承：

a）刮研后瓦面印迹均匀，一般不少于2～3点/cm，其接触角一般为60°～90°。

b）轴承顶间隙应符合表3的规定。

c）侧间隙为顶间隙 1/2。

d）轴承衬与轴承衬背应接触良好，接触面积在 60% 以上。

4.2.2.6 密封装置：

a）V 形环与轴为过盈配合，其过盈尺寸一般≤0.5mm。

b）密封衬套两端的平行度≤0.03mm，密封轴孔与迷宫衬套的径向间隙一般为 0.2～0.5mm。

c）涨圈（活塞环）在密封孔中的装配间隙一般为 0.5～1.0mm。

d）机械密封检修参照 SHS 01037《机械密封维护检修规程》。

4.2.2.7 同步齿轮：

a）齿轮用键固定后径向位移≤0.02mm。

b）齿表面接触沿齿高≥40%，沿齿宽≥60%。

c）齿顶间隙取（0.2～0.3）m，m 为模数，齿轮侧隙应符合表 4 规定。

d）同步齿轮应进行着色无损探伤。

4.3 回装与质量标准

4.3.1 回装

4.3.1.1 风机各部件检查确认无明显缺陷后，对风机进行回装。回装过程按与拆卸相反的步骤进行。先将转子摆进壳体，两叶转子摆进时最好都竖直摆，这样便于回装；再安装两侧墙板，按厂级提供的扭力均匀把紧墙板螺栓。

4.3.1.2 墙板与转子之间为迷宫密封的风机，在检查确认迷宫无磨损后，安装并均匀把紧墙板；墙板与转子之间为涨环密封的风机，在墙板安装完成后，安装涨环，涨环安装在专用的涨环套上，涨环套跟轴的配合，有些为 O 形环配合，有些直接安装，外套 V 形环密封；墙板与转子之间为迷宫配合 V 形环密封的风机，在墙板安装就位后，套上 V 形环；墙板与转子之间为机械密封的风机，在墙板安装完成后，安装机械密封，机封安装完成后通上密封油试压，确认密封无泄漏后再安装外壳体，按厂级提供的扭力均匀把紧螺栓。

4.3.1.3 安装轴承：

4.3.1.3.1 型号为 RF-240NSP、RG-400P 和 RF-350P 的风机主轴承均为 NF 轴承，其外圈可与轴承脱开，将轴承外圈均匀压进轴承盒，轴承盒背面密封为油封的，正确安装油封，油封唇侧应对着轴承，为迷宫的直接安装，将轴承盒安装到壳体上，再将内圈安装到轴上，锁紧背帽，确保轴承内圈贴紧轴上的台。

4.3.1.3.2 其他风机多为 NU 轴承，其内圈与轴承脱开，先装上轴承内圈，再将轴承外圈安装到位，锁紧背帽，还有些风机其轴承外圈有专门的压盖压紧定位，回装时按拆前顺序安装。

注意：皮带轮侧或联轴节侧甩油盘的安装，有些风机背帽无防松垫，可考虑涂抹防松胶。

4.3.1.4 轴承的装配标准：拆卸轴承应使用专用工具，轴承外圈不可用垫子来调整，其与轴承盒应紧密配合。如轴承安装需轴向调整，其垫圈的尺寸和规格应得到保证，确保垫圈的一端紧贴轴承内圈，另一端紧靠轴肩。装配轴承可用100～120℃油浴加热法安装，严禁敲打或用火焰加热。轴承顶间隙控制在0.12～0.16mm，侧间隙为顶间隙的1/2。

4.3.1.5 齿轮安装与调整相位。对齿轮内键传动的风机，先将齿轮安装到位，锁紧背帽，用塞尺测量转子之间的间隙（即相位），若转子不符合要求，松开相位调节齿轮（一般为从动齿轮）上螺栓，使用自带顶丝，顶开齿轮与锥形套，使用塞尺配合盘车调整相位，相位调整完成后，把紧相位调节齿轮螺栓。相位调整完成，传动齿轮安装后，其啮合应平稳、无杂音，齿表面接触应用红丹着色检查，沿齿高≥40%，沿齿宽≥60%，齿顶间隙调整为（0.2～0.3）m，m 为模数，侧间隙调整在0.17～0.20mm为宜。

对于靠齿轮内锥面摩擦传动的风机，转子之间间隙调整可预先用塞尺控制好转子间隙，再使用油压泵将齿轮压紧即可；调整转子与墙板之间的间隙时，可使用两端轴承外圈顶丝调整，使转子处于两墙板之间，再将轴承顶丝各退回0.20mm即可；转子与转子间隙控制在0.20～0.25mm，与墙板间隙控制在0.40～0.45mm，注意顶丝要使用螺纹防松胶。

4.3.1.6 安装两侧端盖，联轴节侧端盖上有油封，检查油封情况，必要时更换。

4.3.1.7 小轴承和轴向间隙：

4.3.1.7.1 型号为RE-200KP、RG-400P和RF-350P的风机，其轴向间隙是通过小轴承来调节的。可将轴承盒和小轴承安装到位，把紧背帽，压紧压盖，使用塞尺检查墙板间隙，若需要调整间隙，可在轴承盒后面或小轴承内圈内侧加调整垫。轴向间隙调整完毕。

4.3.1.7.2 皮带轮轴有一机械密封，机械密封安装应根据规定尺寸要求组装，其动环骨架应对称地安装在轴套上，并用顶丝固定好。动静环上的O形圈要认真检查和校验，以O形镶入环内倒置后不自由脱落为宜。动环装在骨架上用两手平行向下压，松手后应能自由反弹。建议4年定期更换，具体安装及标准参照SHS 01037《机械密封维护检修规程》。若是干气密封应送专业厂家修复。

4.3.1.8 安装联轴器或皮带轮：

4.3.1.8.1 联轴器

a）联轴器的对中，径向圆跳动误差为0.1mm，端面圆跳动误差为0.05mm。

b）联轴器安装时的轴向间隙应符合表5。

4.3.1.8.2 安装皮带

a）皮带的张紧力 W 适度见表6；在L的中心位置朝垂直于皮带的方向加力 W，使这点的挠度达到 δ=0.016L，则所加力 W 应符合表6。

b）检查二带轮之间的位置，如图2所示，调整好后各带轮轴线应相互平行，带轮对应轮槽的对称平面应重合，其偏差 $\beta \leq 20'$，$l \leq 1.6a/1000$。

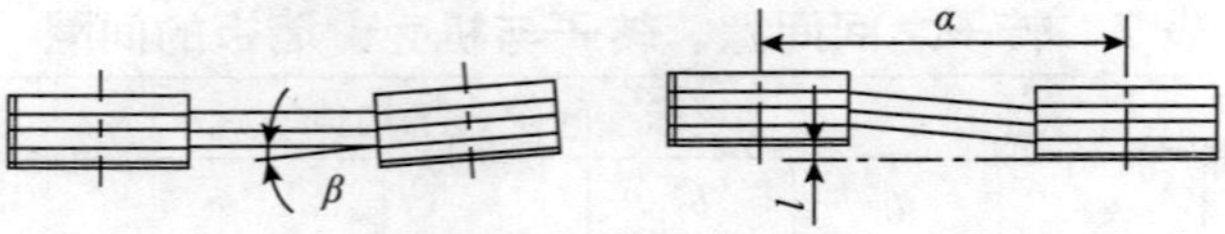

图2 带轮安装偏差

4.3.1.9 回装已调校过的安全阀，按照GB/T 12241《安全阀一般要求》执行。

4.3.1.10 回装风机皮带轮防护罩及其他辅助水管、油管。

4.3.1.11 检修完毕后，联系电气、仪表工回装电仪管件，等待试车。试车按照有关规定进行，检修项目负责人配合试车。

4.3.2 质量标准

4.3.2.1 滑动轴承顶间隙应符合表3的规定。

表3 滑动轴承顶间隙

mm

轴颈	轴承顶间隙	轴颈	轴承顶间隙
30～50	0.06～0.08	80～120	0.12～0.16
50～80	0.08～0.12	120～160	0.16～0.20

4.3.2.2 同步齿轮侧间隙应符合表4的规定。

表4 同步齿轮侧间隙

mm

中心距	<50	50～80	80～120	120～200	200～320	320～520	520～800
侧间隙	0.086	0.105	0.13	0.17	0.21	0.26	0.34

4.3.2.3 联轴器安装时的轴向间隙应符合表5的规定。

表5 联轴器安装时的轴向间隙

mm

联轴器最大外圆直径	106～190	≥190～290	≥290～350
轴向间隙	2～4	2～4	4～6

4.3.2.4 皮带的张紧力应符合表6的规定。

表6 皮带的张紧力

N

皮带型别	3V、SPA	5V、SPB	SPC	8V	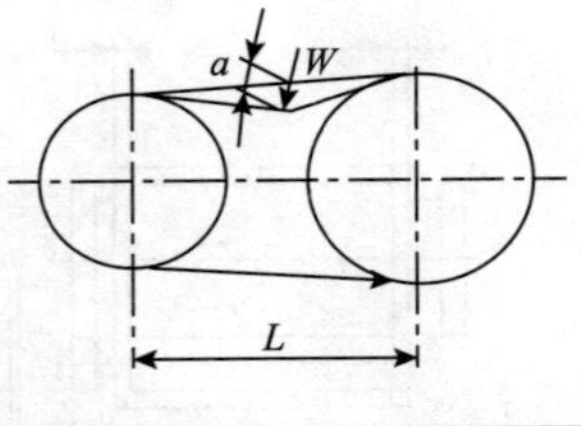
最小值 W_{min}	24.5	76	85	211	
最大值 W_{max}	36.3	101	150	271	

4.3.2.5 转子之间间隙、转子与机壳、墙板的间隙应符合表7、表8的规定。

表 7　转子之间间隙、转子与机壳、墙板的间隙

mm

参数 / 型号	标准间隙（平均值）							
	a_1	a_2	a_3	b_1	b_2	c	d	$c+d$
RD-100	0.22	0.26	0.22	0.30	0.30	0.20～0.25	0.10～0.15	0.40
RD-125KP	0.22	0.26	0.22	0.30	0.30	0.30～0.35	0.10～0.15	0.50
RD-130	0.22	0.26	0.22	0.30	0.30	0.40～0.45	0.10～0.15	0.60
RD-150	0.22	0.26	0.22	0.35	0.35	0.50～0.55	0.10～0.15	0.70
RE-140	0.16	0.32	0.17	0.40	0.40	0.30～0.35	0.15～0.20	0.55
RE-145	0.16	0.32	0.17	0.40	0.40	0.35～0.40	0.15～0.20	0.60
RE-150	0.16	0.32	0.17	0.43	0.43	0.45～0.50	0.15～0.20	0.70
RE-190	0.16	0.32	0.17	0.43	0.43	0.55～0.60	0.15～0.20	0.80
RE-200KP	0.16	0.32	0.17	0.43	0.43	0.60～0.65	0.15～0.25	0.90
RE-250P	0.17	0.32	0.17	0.40	0.40	0.60～0.65	0.15～0.25	0.90
RF-240NSP	0.32	0.40	0.35	0.53	0.53	0.45～0.50	0.20～0.25	0.75
RF-245	0.32	0.40	0.35	0.53	0.53	0.55～0.60	0.20～0.25	0.85
RF-250	0.32	0.40	0.35	0.53	0.53	0.60～0.65	0.20～0.25	0.90
RF-290	0.32	0.40	0.35	0.53	0.53	0.75～0.80	0.20～0.25	1.05
RF-295	0.32	0.40	0.35	0.53	0.53	0.80～0.85	0.20～0.25	1.10
RF-300	0.32	0.40	0.35	0.53	0.53	0.95～1.00	0.20～0.25	1.25
RF-350	0.32	0.40	0.35	0.53	0.53	0.95～1.00	0.20～0.25	1.25
RG-350	0.32	0.70	0.36	0.80	0.80	0.85～0.90	0.25～0.30	1.20
RG-400P	0.32	0.70	0.36	0.80	0.80	0.95～1.00	0.25～0.30	1.30
RG-450	0.32	0.70	0.36	0.80	0.80	0.95～1.00	0.25～0.30	1.30
RG-500	0.32	0.70	0.36	0.80	0.80	1.15～1.20	0.25～0.30	1.50
D-36	0.20～0.50			0.50	0.50	0.45～0.65	0.40～0.55	1.20
LGA30	0.20～0.40			0.45	0.45	0.45～0.65	0.40～0.55	1.20
LGA40	0.20～0.40			0.45	0.45	0.45～0.65	0.40～0.55	1.20
LGA60	0.30～0.49			0.50	0.50	0.45～0.65	0.40～0.55	1.20
LGA80	0.30～0.49			0.50	0.50	0.45～0.65	0.40～0.55	1.20
YP-111	0.45～0.55			0.55	0.55	0.63～0.87	0.38～0.46	1.33
N6060G	0.42～0.77			0.55	0.55	0.65～0.80	0.35～0.45	1.25

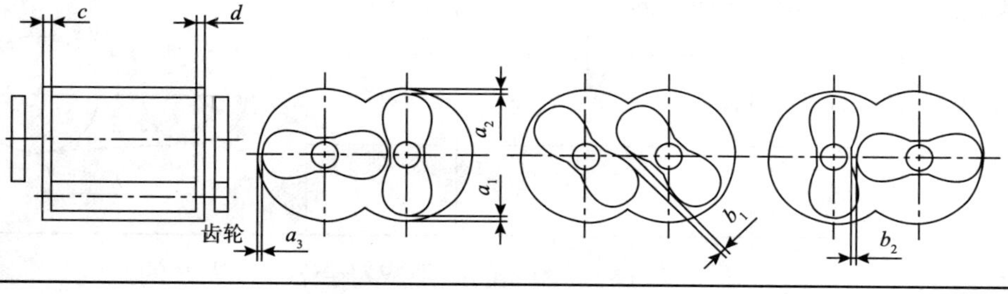

表 8　转子之间间隙、转子与机壳、墙板的间隙

mm

型号 \ 参数	标准间隙									
	A_1	A_2	A_3	B_1	B_2	B_3	B_4	C	D	$C+D$
GM35S	0.25～0.30			0.20～0.25				0.15	0.45	0.60
GM90S	0.30～0.35			0.2～0.25				0.30	0.50	0.80
GM150S	0.35～0.40			0.25～0.30				0.40	0.65	1.05
GM130S	0.25～0.30			0.25～0.30				0.35	0.65	1.00
SR-73L	0.50			0.375				0.50	0.75	1.25
SR-73	0.35			0.375				0.15	0.70	0.85
SR-83	0.40			0.60				0.20	0.80	1.00

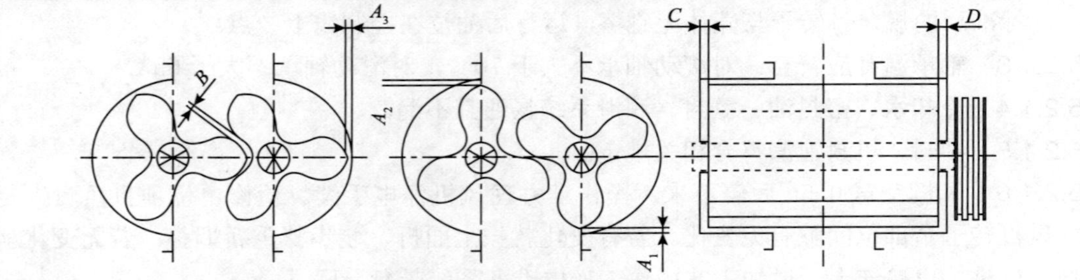

5　试车与验收

5.1　试车前准备

5.1.1　检查检修记录，确认检修记录准确无误，各部间隙均符合厂家提供的相关要求，制定试车方案并按此执行。

5.1.2　检查确认各螺栓已按要求紧固。

5.1.3　试车前所有零部件及附件必须齐全，完整。管道应力检查合格。

5.1.4　清理现场，检查仪表、电器、水系统、油系统、风系统均已具备试车条件。

5.1.5　润滑油箱已清理，油视镜清晰可见，按厂家提供油品要求加入足量合格的润滑油，油面应到达油位指示计的刻度线。

5.1.6　手动盘车无卡涩现象和异常声响，轴封、机封渗漏符合要求。进、出口管线流道内不得有焊渣等硬杂颗粒。

5.1.7　接通冷却水和密封油进、出管路，检查接头，不得有漏水、漏油现象。机械密封的泄漏符合 SHS 01037 相关标准。

5.1.8　风机鼓风机出口止回阀动作灵活。

5.1.9　检查机组的自保联锁系统联动校验，确保动作灵敏准确。

5.1.10　通知仪表人员临时摘除风机入口压力低联锁，并办理相关摘除手续。

5.1.11 拆除风机鼓风机进、出口连接管线，准备风机单机试车。

5.1.12 罗茨鼓风机单机试车时，工艺、设备、电仪人员按要求填写《风机试车条件确认表》，试车过程中必须在现场。

5.1.13 检修项目负责人到场保镖，风机空负荷试车结束后，复核各部分间隙。

5.1.14 工艺操作工通知电气送电，启动电机，确认电机转向正确。

5.2 试车

5.2.1 空负荷试车

5.2.1.1 工艺操作工按操作规程进行空负荷试车。

5.2.1.2 启动电机，风机运转无杂音，振动情况应符合 SHS 01003《石油化工旋转机械振动标准》的规定。转子与壳体无碰擦，运行后油位在控制线上一点。

5.2.1.3 轴承温升应符合：对滚动轴承不大于 70℃，对滑动轴承不大于 65℃。

5.2.1.4 冷却水、密封油、氮封、润滑系统畅通且不漏。

5.2.1.5 油封、机封泄漏符合相关规定。

5.2.1.6 风机空试 0.5h 后停下来，操作工办理风机停电手续。检修单位项目负责人复核风机转子个部位间隙有无变化。若有变化就按上面拆、装步骤重新调整；若无变化就把风机进、出口连上。通知工艺操作工送电准备系统带负荷联试。

5.2.2 带负荷系统试车

5.2.2.1 工艺操作工按操作规程进行带负荷系统试车。

5.2.2.2 转子运转无杂音，振动情况应符合 SHS 01003《石油化工旋转机械振动标准》和 JB /T 8941《一般用途罗茨鼓风机》的规定。

5.2.2.3 轴承温度应符合：对滚动轴承不大于 70℃，对滑动轴承不大于 65℃。

5.2.2.4 冷却水、密封油、润滑系统应畅通无泄漏。

5.2.2.5 轴封部位应无泄漏，机封动态泄漏满足 SHS 01037 相关要求。

5.2.2.6 安全阀、自控装置、压力调节器满足使用要求。

5.2.2.7 出口温度、风压及电流满足生产需求。

5.3 验收

5.3.1 在生产负荷下连续运行 72h 后，各项技术指标均达到设计要求或能满足生产需要。

5.3.2 设备达到完好标准。

5.3.3 检修记录齐全准确。按规定办理验收手续。

6 维护与故障处理

6.1 日常维护

6.1.1 定时巡检，严格控制好机组进出口压力、温度，润滑油压力、温度等主要操作指标，并做好记录。

6.1.2 根据各单位具体情况确定巡检频次，要求机、电、仪、设备、工艺“五位一体”巡检。

6.1.3 设备技术员每周检查各部轴承及摩擦副温度，应符合说明书规定并做好记录。

6.1.4 定时检查是否有摩擦或振动。

6.1.5 严格执行设备润滑油管理制度，定期更换润滑油并做好记录。

6.1.6 定期检查吸入口过滤器压差，超差更换入口过滤器。

6.1.7 定期检查大功率风机备用油泵电机的自启动及油过滤器压差，超差清理或更换油过滤器。

6.1.8 采用机械密封和压力润滑时，定期检查油量、油压、油温和油过滤器情况。

6.1.9 定时检查进、排气压力，进、排气温度。

6.1.10 定时检查电机负荷。

6.1.11 定时检查冷却水，氮气是否畅通。

6.1.12 定时检查机组密封、润滑油管线接头、进出口阀门等泄漏点，做到及时处理漏点。

6.1.13 保持机组与现场清洁，及时清理机座下的积液，机体安全罩完整，无腐蚀损坏。

6.1.14 日常维护包含了小修内容。

6.2 常见故障与处理

罗茨鼓风机常见功能故障与处理方法见表9。

表 9　罗茨鼓风机常见功能故障与处理方法

序号	功能	功能故障	故障模式	故障后果	故障应对策略与检修内容	检修周期／月
1	将空气、氮气或循环气通过罗茨鼓风机增压后，用于输送聚乙烯粉料或颗粒。确保罗茨鼓风机排气量达到额定设计流量	罗茨鼓风机出口气体流量小于工艺指标范围	过滤器堵塞	鼓风机流量下降，机壳温度、排气温度升高，出口堵塞	清洗、更换过滤器滤芯	3
			泄压阀或安全阀松动或密封面异物	流量低或失去超压保护功能，出口堵塞	检查清理、修复或更换	12
			1. 皮带张力太小 2. 皮带磨损后伸长	1. 皮带打滑磨损，流量低 2. 皮带打滑，发热烧断	1. 调整皮带张力 2. 更换皮带并按要求调整带轮平行度	12
			转子与转子、转子与墙板、间隙增大	风机流量降低，转子与转子、转子与壳体可能碰擦；排气温度高	1. 调整从动齿轮圈或齿轮与轴配合，调整压力，检查叶轮跳动 2. 调整定位轴承座垫或更换定位轴承 3. 调整机壳间隙、机壳修复或更换 4. 调整墙板间隙、提高转速或更换转子	24
			轴端密封泄漏量大	密封衬套磨损、涨圈磨损，污染环境	更换密封件	24
2	保证罗茨鼓风机温度工艺控制指标	入口温度高于工艺控制指标	1. 入口冷却器流道堵塞 2. 换热器夹套管结垢严重 3. 冷却水温度高	引起罗茨鼓风机异常温升	及时清理或更换套管换热器	24
		出口温度高于工艺控制指标	1. 入口温度本身就高 2. 风机本体引起 3. 出口换热效果差	引起罗茨鼓风机异常温升	1. 如果是风机本身的原因，对风机进行检修 2. 如果是换热器的原因，就按上面步骤处理	24

表 9　罗茨鼓风机常见功能故障与处理方法（续）

序号	功能	功能故障	故障模式	故障后果	故障应对策略与检修内容	检修周期／月
3	输送氮气的罗茨鼓风机进、出口压力控制在工艺指标范围内	进口压力低于压工艺指标范围	1. 造粒系统粉料袋式过滤器堵塞 2. 造粒料仓粉料位偏低	风机联锁停车	1. 清理或更换袋式过滤器 2. 控制包粉料的料位	12
		出口压力高于压工艺指标范围	出口管线堵塞	风机联锁停车	清理出口管线	6
4	保证机组连续运转	机组振动偏大	联接螺栓松动	联接部件损坏	检查、拧紧联接部件	12
			联轴器对中偏差大	风机振动大，膜片断裂，弹性套磨损	重新调整对中，更换膜片或弹性套	24
			1. 轴承运行时间长，磨损 2. 轴承跑内圈或外圈 3. 轴承锁紧松动，衬套松动，风机过载	1. 振动大，叶轮定位不准，擦墙板 2. 振动大，轴颈磨损，衬套松动磨损，打叶轮、擦机壳、擦墙板	1. 更换轴承 2. 改善润滑，加强振动检测，修复或更换转子	48
			齿轮损坏或齿轮锁紧松动	加速齿轮磨损或断齿	锁紧齿轮或更换齿轮	48
		齿轮、轴承润滑油失效	1. 润滑油泄漏致油位下降 2. 润滑油品不符 3. 润滑油污染 4. 润滑油位高	1. 齿轮、轴承润滑不良，烧齿轮、轴承 2. 油温高，降低润滑效果	1. 检查更换密封件，排除润滑油泄漏故障 2. 更换润滑油品	9
		皮带打滑或烧断	1. 皮带轮调整不当 2. 皮带张力不合格 3. 皮带磨损后伸长	1. 皮带早期断裂 2. 主前轴承损坏或轴疲劳破坏，皮带断裂 3. 皮带打滑磨损	1. 更换皮带、按要求调整带轮平行度 2. 调整皮带张力 3. 重新调整或同步更新	12

表 9　罗茨鼓风机常见功能故障与处理方法（续）

序号	功能	功能故障	故障模式	故障后果	故障应对策略与检修内容	检修周期／月
4	保证机组连续运转	轴封密封单元失效	轴封漏油	油位下降，润滑效果变差，污染环境	更换油封、O 形密封环，油箱补油	12
			涨环漏气	风机流量下降，输送能力降低，污染环境	更换或修复涨环	24
			机械密封泄漏	污染环境，油位下降，润滑效果变差	更换机封及密封件，油箱补油	24

附 录 A
（资料性附录）
罗茨鼓风机检修质量确认表

序号	检修工序内容	质量标准	主要控制内容		等级	确认人签字			备注
			拆卸前	回装后		施工单位	生产装置	设备管理部门	
1	拆卸并检查皮带磨损情况	皮带磨损量正常							
2	检查皮带槽磨损情况	中心偏差≤0.05mm/100mm							
3	检查滚动轴承磨损情况	滚动轴承内外滚道、滚珠表面无腐蚀、坑疤与斑点，保持架正常							
4	轴承内径与轴的配合	H7/k6							
5	轴承外圈与轴承座的配合	H7/h6							
6	检查滚动轴承安装情况	紧靠轴肩或轴肩垫上							
7	检查气封环座与轴套的轴向间隙	0.2～0.5mm							
8	机封安装检查情况	无漏渗油							
9	同步齿轮用键固定后径向偏移量	≤0.02mm							
10	齿轮齿面接触情况	沿齿高≥40% 沿齿宽≥60%							
11	齿轮啮合侧间隙	0.17～0.20mm							
12	检查转子及轴表面	光滑无磨痕及裂纹							
13	转子之间间隙	0.75～0.90mm							

罗茨鼓风机检修质量确认表（续）

序号	检修工序内容	质量标准	主要控制内容		等级	确认人签字			备注
			拆卸前	回装后		施工单位	生产装置	设备管理部门	
14	主动转子与墙板之间间隙（驱动侧）	0.9mm							
15	主动转子与墙板之间间隙（齿轮侧）	0.4mm							
16	从动转子与墙板之间间隙（驱动侧）	1mm							
17	从动转子与墙板之间间隙（齿轮侧）	0.4mm							
18	转子与壳体之间（上／下／水平）	0.30～0.35mm							
19	检查风机盘车情况	盘车顺畅，无异音							
20	检查两皮带轮的直线度	拉线确认在同一平面							
21	检查皮带松紧度	符合要求							

控制级别说明： A：分级机动处专业人员、车间设备员／设备主任、施工单位检查人员。
B：车间质量管理人员、施工单位检查人员。
C：施工单位检查人员。
注：如果有监理，监理的职责由甲方授权。

附　录　B
（资料性附录）
罗茨鼓风机试车与验收数据记录表

<table>
<tr><td colspan="4">罗茨鼓风机试车前条件确认</td></tr>
<tr><td colspan="3">确认内容</td><td>确认人员签字</td></tr>
<tr><td rowspan="3">设备</td><td colspan="2">设备检修后复位完成</td><td></td></tr>
<tr><td colspan="2">润滑油已加，油位正常；油品牌号正确</td><td></td></tr>
<tr><td colspan="2">盘车查看确认：无异常</td><td></td></tr>
<tr><td>电气</td><td colspan="2">电气具备试车条件，确保正确接线、已送电</td><td></td></tr>
<tr><td>仪表</td><td colspan="2">设备、工艺仪表联锁已投用（入口已摘除）</td><td></td></tr>
<tr><td rowspan="9">工艺</td><td>循环冷却水系统检查</td><td>打开油箱冷却水进水阀并，从回水管线视镜检查冷却水流动状况</td><td></td></tr>
<tr><td>密封系统检查</td><td>打开高压密封油进料阀，调节密封油流量至600L/h</td><td></td></tr>
<tr><td rowspan="5">流程连通检查</td><td>打开排液阀进行排液，将进出口管线中液体排放干净</td><td></td></tr>
<tr><td>打开风机进出口阀门</td><td></td></tr>
<tr><td>检查出口单向阀是否打开</td><td></td></tr>
<tr><td>确保TRCS-3221/3241阀开度在50%</td><td></td></tr>
<tr><td>确保聚合釜压力在0.05MPa以上</td><td></td></tr>
<tr><td>启动盘车情况</td><td></td><td></td></tr>
<tr><td>确认电机转向</td><td></td><td></td></tr>
<tr><td colspan="4">启动后检查记录</td></tr>
<tr><td colspan="3">检查记录内容</td><td>记录人员签字</td></tr>
<tr><td rowspan="5">工艺</td><td>密封系统</td><td>密封油流量</td><td></td></tr>
<tr><td>风机运行电流</td><td></td><td></td></tr>
<tr><td>进出口压力</td><td></td><td></td></tr>
<tr><td>进出口压差</td><td></td><td></td></tr>
<tr><td>进出口温度</td><td></td><td></td></tr>
<tr><td rowspan="2">设备</td><td>设备轴承等温度</td><td></td><td></td></tr>
<tr><td>振动及噪音情况</td><td></td><td></td></tr>
<tr><td>电气</td><td>电机振动异音情况</td><td></td><td></td></tr>
<tr><td></td><td>其他有无异常</td><td></td><td></td></tr>
</table>

24. 小型工业汽轮机维护检修规程

SHS 01025—2019

代替 SHS 01025—2004

目　次

前　言

本规程按照GB/T 1.1—2009《标准化工作导则　第1部分：标准的结构和编写》给出的规则起草。

本规程代替SHS 01025—2004《小型工业汽轮机维护检修规程》，与SHS 01025—2004相比，除了编辑性修改外，主要技术变化如下：

——增加了回装前准备和回装与检测程序内容。

——参考杭汽自行设计T3××× 机型背压机组，依据汽轮机图纸技术资料、使用说明书，补充了SHS 01025—2019《小型工业汽轮机维护检修规程》内容。

——增加主汽门、调节阀、滑销系统、汽道间隙、轴承、危急遮断器的相关技术要求。

——增加3.2.2.5检查错油门和油动机。

——增加3.2.2.6检查速关组合件。

——增加4.2.10滑销系统。

——增加4.2.17蒸汽进汽口法兰和4.2.18排汽法兰口连接要求。

——增加4.2.23盘车装置。

——在运行维护与故障处理章节中，采用了RCM的分析方法根据实际重新进行了编写。

本规程由中国石油化工集团有限公司、中国石油化工股份有限公司提出。

本规程起草单位：杭州汽轮机械设备有限公司、中国石油化工股份有限公司安庆分公司。

本规程主要起草人：来敏华、程先步。

本规程所代替规程的历次版本发布情况为：

——SHS 01025—1992、SHS 01025—2004。

小型工业汽轮机维护检修规程

1 范围

1.1 主题内容与适用范围

1.1.1 主题内容

本规程规定了小型工业汽轮机的检修周期与内容、检修程序与质量标准、试车与验收、维护与故障处理。

1.1.2 适用范围

本规程适用于石油化工小型背压式工业汽轮机的维护与检修。

2 规范性引用文件

下列文件中的条款通过本规程的引用而成为本规程的条款。凡是注日期的引用文件，其随后所有的修改单（不包括勘误的内容）或修订版均不适用于本规程，然而，鼓励根据本规程达成协议的各方研究是否可使用这些文件的最新版本。凡是不注日期的引用文件，其最新版本适用于本规程。

GB/T 28573 石油、石化和天然气工业 一般用途汽轮机
JB/T 4058 汽轮机清洁度
JB/T 9628 汽轮机叶片磁粉探伤方法
SH/T 3149 石油化工一般用途汽轮机工程技术规范
SH/T 3553 石油化工汽轮机施工及验收规范
SH/T 3536 石油化工工程起重施工规范
SHS 01003 石油化工旋转机械振动标准
SHS 01009 管壳式换热器维护检修规程
API 611 一般用途汽轮机技术规定
随机图纸及技术资料、使用说明书

3 检修周期与内容

3.1 检修周期

根据对设备功能故障及其影响分析的结果、有无备用设备，并结合生产装置运行周

期，确定检修周期，一般为2～3年。

3.2 检修内容

3.2.1 打开联轴器护罩，拆除前后轴承座上盖。
3.2.2 检查联轴器使用情况，测量联轴器径向和端面跳动。
3.2.3 检查测量前后径向轴承和推力轴承。
3.2.4 检查油封挡间隙和磨损情况。
3.2.5 复查机组对中情况，必要时调整中心数据。
3.2.6 检查清理润滑油系统及冷却水系统。
3.2.7 消除跑、冒、滴、漏及可以处理的其他缺陷。
3.2.8 检查疏水管和疏水阀门是否畅通。
3.2.9 拆卸汽缸中分面螺栓。
3.2.10 起吊汽缸上盖，水平吊出汽缸上缸。
3.2.11 检查主汽阀、调节汽阀及抽气系统。
3.2.12 检查错油门和油动机。
3.2.13 检查速关组合件。
3.2.14 检查危急遮断器装置。
3.2.15 清理检查测量转子。
3.2.16 清理检查测量汽封环、油封环。
3.2.17 清理检查隔板及喷嘴。
3.2.18 清理检查汽缸内部锈蚀结垢。
3.2.19 检查调整转子与汽缸的同轴度。
3.2.20 检查汽缸与前支座滑销系统。
3.2.21 检查易磨损部件、易结垢卡涩部件的完好情况。
3.2.22 清理检查、检修调校调速及联锁系统。
3.2.23 仪表、电气系统检查、检修、调校。
3.2.24 检查、检修、调校安全附件。
3.2.25 汽封冷却器清洗、查漏、检修。

4 检修程序与质量标准

4.1 拆卸前准备

4.1.1 掌握机组的运行状况，编制、审批、下达检修计划，备齐检修所需的图纸和技术资料，如使用维护说明书、维修手册和相关检修记录，制定检修方案或检修作业指导书，产权单位、检修单位按规定进行检修作业的双向交底，并做好交底记录。
4.1.2 按要求备齐检修工器具、量具、吊具和零部件摆放设施。

4.1.3 备齐检修所需备品、配件、材料和劳保用品，检查核实配件材料的尺寸和材质是否满足技术要求。

4.1.4 落实检修队伍（包括施工技术人员、质量管理人员、安全、主修、辅修），组织检修人员熟读检修方案或检修作业指导书。

4.1.5 各项准备工作应符合安全、环保、质量等方面的要求，对检修过程进行危害识别及风险评估、环境因素识别和影响评价。

4.1.6 检修前条件确认：

4.1.6.1 工艺确认：切断与机组相连的电源、汽源、水源，排净缸内凝液，关闭机组相连管线上的所有进、出口阀。

4.1.6.2 安全确认：确认已无压力、温度（常温）等，具备检修作业条件，设置好相关警示标识，方可施工。

4.1.6.3 办理好相关检修作业票证。

4.2 拆卸与检查

4.2.1 附属部件

4.2.1.1 拆卸仪表、有关连接件及汽缸保温层等。

4.2.1.2 拆卸汽轮机进汽法兰与蒸汽进汽管法兰口连接件。

4.2.1.3 拆卸有碍检修的辅属管线，并包扎管口以免异物进入。

4.2.2 联轴器

4.2.2.1 拆卸联轴器，测量联轴器径向和端面跳动。

4.2.2.2 复查联轴器对轮中心数据，并做好记录。

4.2.2.3 检查联轴器膜片、垫片、中间接套、螺栓、螺母等。

4.2.2.4 采用齿式联轴器的，检查齿式联轴器齿面啮合接触长度、磨损、腐蚀程度。

4.2.3 调速系统

4.2.3.1 拆卸调速器与调节阀等部位的连接件。

4.2.3.2 拆卸检查调速系统与主轴的传动机构。

4.2.3.3 拆卸错油门上盖，检查清理错油门滑芯。

4.2.3.4 拆卸油动机，检查油动机活塞和密封件磨损情况，更换损坏零部件。

4.2.3.5 拆卸、清洗、检查并调试调速器。

4.2.4 轴承部分

4.2.4.1 拆卸轴承盖，检查各轴承有无磨损、裂纹、表面脱落等缺陷。

4.2.4.2 测量轴承各部间隙及轴承压盖的紧力。

4.2.4.3 检查测量轴承油封档间隙。

4.2.5 汽缸

4.2.5.1 拆卸汽缸中分面螺栓，用顶开螺钉轻微顶开上汽缸。
4.2.5.2 起吊汽轮机汽缸上盖，水平吊出汽缸上缸。
4.2.5.3 检查汽缸有无裂纹、漏汽、结合面的冲刷缺陷，测量结合面的间隙。
4.2.5.4 汽缸、轴承座、隔板、转子找中。
4.2.5.5 拆卸检查机体安全阀密封，并重新定压。

4.2.6 转子部分

4.2.6.1 检查测量转子各部位的径向跳动。
4.2.6.2 检查转子推力盘端面跳动。
4.2.6.3 检查转子联轴器径向跳动和端面跳动。
4.2.6.4 检查测量转子与各静叶组件（隔板）、轴封体、轴承支架等部位的同轴度。
4.2.6.5 将转子吊出汽缸，清理检查转子，除净叶片等部位的结垢。
4.2.6.6 检查转子有无损伤及裂纹等缺陷，必要时做无损检测及动平衡校验。
4.2.6.7 拆卸检查静叶组件，除净结垢。

4.2.7 主汽阀

各部件间隙要求见表1。
4.2.7.1 检查主汽阀自动脱扣机构是否可靠。
4.2.7.2 检查主汽门速关油切断，主阀关闭动作灵活可靠。
4.2.7.3 检查主汽阀行程是否符合技术要求。
4.2.7.4 对主汽阀进行解体，检查主阀头密封、滤网情况。
4.2.7.5 检查阀杆、横梁、阀座和阀芯的腐蚀磨损情况。

表1 主汽阀各部件间隙要求

HTC	主汽阀	页	
0-1022-3323-00		代号	T

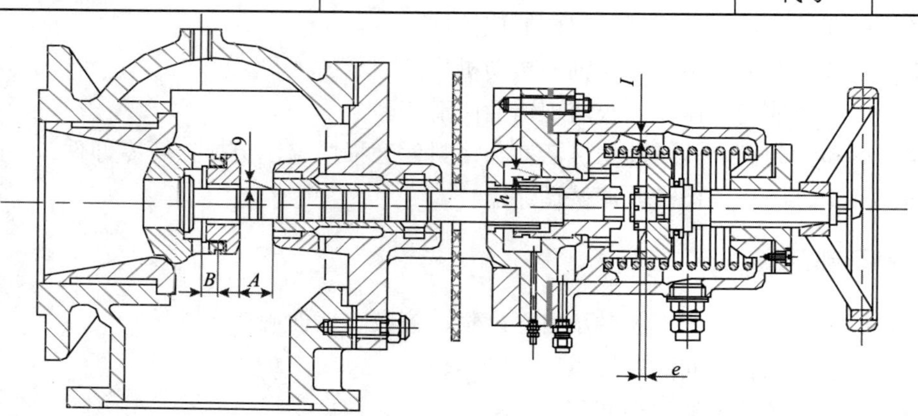

表 1　主汽阀各部件间隙要求（续）

项目	要求 /mm	实测 /mm
A	56	
B	13.5	
h	0.03～0.08	
I	0.05～0.13	
e	0.10～0.15	

4.2.8　调节汽阀

4.2.8.1　检查测量调节汽阀，各阀杆间隙要求见表 2。

表 2　调节汽阀各阀杆间隙要求

HTC	调节汽阀	页	
0-1022-3323-00		代号	T

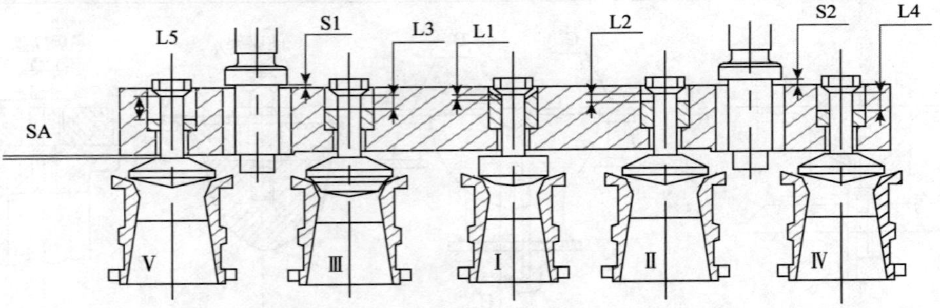

项目 Item	要求 /mm		实测 /mm	
	高压　HP	低压　LP	高压　HP	低压　LP
L1	2±0.15			
L2	6±0.15			
L3	12.5±0.15			
L4	19.5±0.15			
L5	26.5±0.15			
SA 左	2±0.25			
SA 右	2±0.25			
S1	0.2～0.35			
S2	0.2～0.35			
阀杆旋转 90° 检查		结论：		

4.2.8.2　检查调节汽阀调节是否灵活，行程是否符合技术要求。

4.2.8.3　拆卸调节汽阀连接机构和调节汽阀。

4.2.8.4 检查弹簧、阀杆、横梁、阀座和阀头腐蚀磨损情况。

4.2.8.5 检查调节汽阀阀头与阀座密封接触情况。

4.2.8.6 更换调节汽阀填料等零部件。

4.2.9 危急保安系统

4.2.9.1 检查危急遮断器是否灵活可靠。

4.2.9.2 检查测量危急遮断器飞锤与挂钩径向间隙。

4.2.9.3 检查轴向位移保安装置。

4.2.10 滑销系统

滑销系统技术要求见表 3。

表 3 滑销系统技术要求

HTC	滑销系统	页	
		代号	T

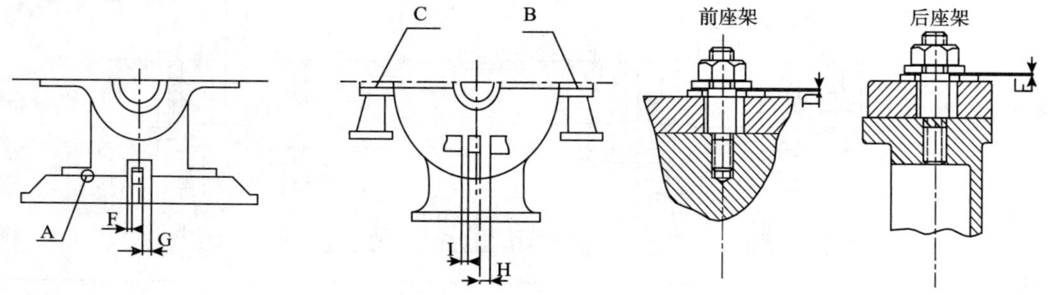

贴合		要求	实测	备注
轴承座与座架 A		接触面积≥75%		
汽缸与座架	左 B	自由状态 0.05 不入 0.05		
	右 C			
间隙		要求		备注
轴承座与座架	左 D	0.10～0.15		
	右 D			
	左 F	0.04～0.08（总）		
	右 G			
汽缸与座架	左 E	0.10～0.12		备注
	右 E			
	左 H	0.04～0.08（总）		
	右 I			

4.2.10.1　清理滑销连接部件锈蚀结垢，消除滑销卡涩现象。

4.2.10.2　检查轴承座与座架滑销间隙，符合产品合格证要求。

4.2.10.3　检查汽缸与座架滑销间隙，符合产品合格证要求。

4.2.11　速关组合件

4.2.11.1　检查速关组合件管接头、密封垫漏油点，必要更换管接头和密封垫片。

4.2.11.2　检查、测量和清理速关组合件电磁阀和插装阀等零部件，更换密封圈等零件。

4.2.11.3　清理电液转换器滑芯和内孔，检查和修正滑芯表面光洁度。

4.2.11.4　检查清理速关组合件内部油路。

4.2.12　回装前准备

4.2.12.1　检查清理汽缸内部、中分面、蒸汽法兰口连接等部位。

4.2.12.2　清理蒸汽室、隔板、前后汽封等部位。

4.2.12.3　清理转子、轴颈档、喷嘴、叶片、汽封齿。

4.2.12.4　清理前后轴承座中分面、洼窝、油档等部位。

4.2.12.5　清理前后径向轴承、推力轴承、压盖等部位。

4.2.12.6　清点和准备好起吊转子专用工具。

4.2.12.7　检查汽封冷却器系统。

4.2.12.8　检查清理汽封冷却器等部件。

4.2.12.9　检查和调校调速器系统。

4.2.12.10　准备更换的备品备件数量规格型号。

4.2.13　回装与检测

4.2.13.1　前后轴承座内安放下半径向瓦，起吊转子后调整水平吊入汽缸内，安放下半推力瓦。

4.2.13.2　检查径向轴瓦前后接触长度面积、水平侧隙、顶部间隙，符合技术要求。

4.2.13.3　检查和调整推力瓦块接触面积、轴向推力间隙，符合制造厂技术要求。

4.2.13.4　测量和调整转子与下汽缸洼窝中心数据，符合制造厂技术要求。

4.2.13.5　测量和调整两半联轴器中心数据，符合制造厂家技术要求。

4.2.13.6　测量转子与汽缸轴向定位尺寸，符合制造厂家技术要求。

4.2.13.7　吊出汽轮机转子，把转子平放支架上。

4.2.13.8　各级隔板分别吊入汽缸下缸内。

4.2.13.9　检查隔板底部销与下汽缸内部底面孔配合间隙。

4.2.13.10　起吊转子放入汽缸内，测量转子动叶片与各级隔板静叶片进汽和出汽边轴向间隙并记录。

4.2.13.11　测量转子与各级隔板汽封齿径向和轴向间隙并记录，必要时适当调整间隙，汽道密封间隙要求见表 4。

4.2.13.12　分别吊入上半隔板、汽封，要求中分面、螺栓涂上防咬合剂，拧紧螺栓螺母。

4.2.13.13　测量转子叶片与隔板汽封齿径向间隙，必要时调整间隙。

4.2.13.14　手动盘车检验转子与前后汽封、各级隔板汽封径向间隙情况。

表 4　汽道密封间隙要求

HTC	汽道密封间隙 /mm	页	
0-1022-3323-00		代号	T

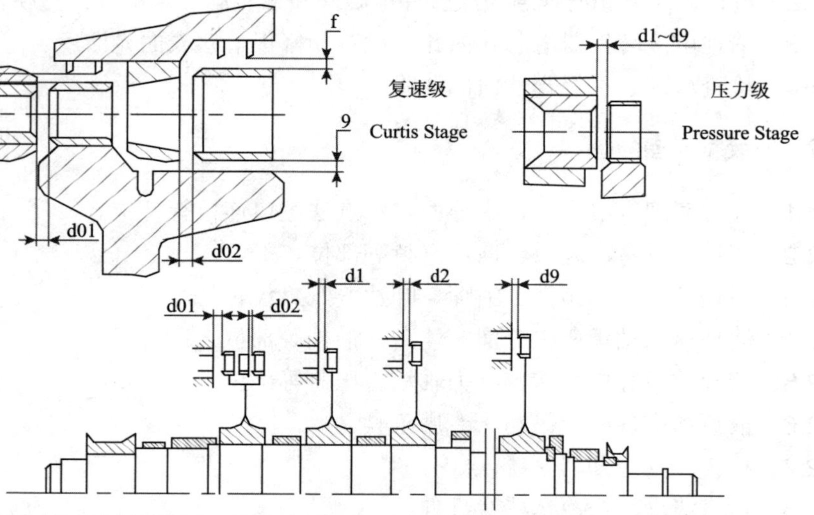

代号	要求	装配后	试车后	代号	要求	装配后	试车后
d01	1						
d1	1						
d2	1						
d3	1						

4.2.14　合缸

4.2.14.1　检查确认汽缸、转子、静叶组件（隔板）等内部没有异物存在。

4.2.14.2　装入下汽缸中分面前后垂直方向导向杆，上缸放入中分面垂直定位销。

4.2.14.3　选择合适的密封脂型号，在汽缸中分面均匀涂上密封脂。

4.2.14.4　起吊上缸，调整汽缸前后水平位置，平稳把上汽缸落下离汽缸中分面 150mm 距离左右。

4.2.14.5　汽缸中分面临时加装 4 个等高保险垫块，防止汽缸上缸突然落下。

4.2.14.6　平稳把上汽缸落下合缸，将汽缸垂直中分面定位销落下到位，检查上下缸是否错位。

4.2.14.7　分别把螺栓按照顺序对称位置布置，按厂家提供的螺栓拧紧力矩，拧紧螺栓螺母。

4.2.14.8 如果合缸前后汽缸下降数值太大，需要重新加装前后猫爪中分面垫片或调整支座螺纹座距离。

4.2.15 轴承座

4.2.15.1 回装轴瓦金属温度铂热电阻、轴位移探头、转速探头。
4.2.15.2 回装前后径向轴瓦上半，装上轴瓦中分面定位销，拧紧轴瓦中分面螺栓。
4.2.15.3 回装推力轴瓦上半，装上轴瓦中分面定位销，把紧轴瓦中分面螺栓。
4.2.15.4 油封挡密封环凸台与轴承座内环凹槽之间涂上耐油密封胶，回装油封挡密封环。

4.2.16 联轴器

4.2.16.1 复测两半联轴器中心数据，装上联轴器中间接套，螺栓对称位置拧紧联轴器螺栓。

4.2.17 联轴器护罩

4.2.17.1 确认回装结束，装上联轴器护罩、密封条、密封胶，拧紧护罩中分面螺栓。
4.2.17.2 回装联轴器护罩底部回油连接管。

4.2.18 汽缸进汽法兰口

4.2.18.1 新蒸汽进汽法兰口与汽缸法兰口连接，要求两个法兰口平行度不大于0.15mm/m、同轴度不大于0.5mm/m。
4.2.18.2 前汽缸猫爪左右偏移差值大于0.10mm，需要时调整新蒸汽进汽管弹簧吊架支承，必要时增加导向限位等措施。

4.2.19 背压排汽管道

4.2.19.1 背压排汽管道与排汽法兰口连接，要求法兰口平行度不大于0.15mm/m、同轴度不大于0.15mm/m。
4.2.19.2 后汽缸猫爪冷态紧固时左右偏移差值大于0.10mm，需要时调整背压排汽管弹簧吊架支承，必要时增加导向限位等措施。

4.2.20 仪器、仪表

4.2.20.1 调整和测量振动探头、轴位移、转速探头间隙。
4.2.20.2 回装温度计、压力表、温度铂热电阻，连接仪器仪表接线盒端子连接线。

4.2.21 调节油、润滑油管道

4.2.21.1 调节油管道内壁清理干净，按照调节油管道图纸布置要求，回装调节油管道。

4.2.21.2 润滑油管道内壁清理干净，按照润滑油管道图纸布置要求，回装润滑油管道。

4.2.22 调速器

4.2.22.1 液压调速器，汽轮机轴头主动齿轮与液压调速器齿套连接。
4.2.22.2 液压调速器远程控制电信号或风压信号、动力源风压信号连接和检测。
4.2.22.3 电子调速器与电液转换器连接前，需要确认连接信号端子线的极性、正负电压是否正确。
4.2.22.4 电调执行器输出端子、隔离器、电液转换器信号连接并检测电压电流信号。

4.2.23 盘车装置

4.2.23.1 手动盘车装置，用手工方式试验盘车投入试验。
4.2.23.2 液压盘车装置，用电磁阀控制往复式上下行程盘车投入试验。
4.2.23.3 电动盘车装置，点动或手工把盘车齿轮导钩与大齿轮啮合，然后电动连续盘车投入运行。

4.3 检修质量标准

4.3.1 转子部分

4.3.1.1 转子径向圆跳动公差值应符合表5要求。

表5 转子径向圆跳动公差值

mm

联轴器	轴颈	轴封	叶轮外缘
0.03	0.02	0.04	0.04

4.3.1.2 转子端面圆跳动公差值应符合表6要求。

表6 转子端面圆跳动公差值

mm

止推盘	叶轮外缘
0.02	0.03

4.3.1.3 转子表面粗糙度应符合表7要求。

表7 转子表面粗糙度

μm

转速	主轴颈	联轴器轴颈	轴封
<4000r/min	R_a1.6	R_a1.6	R_a3.2
>4000r/min	R_a0.8	R_a0.8	R_a1.6

4.3.1.4 主轴颈圆柱度公差值为0.01mm，最大值不超过0.02mm。
4.3.1.5 转子直线度公差值：额定转速在4000r/min以下不大于0.04mm/m，在4000r/min以上不大于0.02mm/m。

4.3.1.6 轮毂、叶片、围带、铆钉应无松动及裂纹。

4.3.1.7 叶片、叶根应进行无损探伤，并记录叶片的冲蚀情况。

4.3.1.8 如转子圆跳动过大，更换转子部件，运行时振动过大、经诊断为转子动不平衡所致，应做动平衡校验。

4.3.1.9 转子动平衡等级最低为 G2.5。

4.3.2 汽缸部分

4.3.2.1 汽缸结合面应光滑，结合面的间隙应小于 0.05mm。

4.3.2.2 缸体水平度应符合技术要求，一般不大于 0.05mm/m。

4.3.2.3 汽缸结合面应使用合格的高温密封剂。

4.3.2.4 汽缸中分面用 0.05mm 塞尺插入深度不允许超过 1/3 汽缸宽度。

4.3.2.5 隔板在汽缸槽内的轴向热膨胀间隙应在 0.05～0.10mm 范围内。

4.3.2.6 隔板不应错位，其结合面应比汽缸结合面低 0.025～0.050mm。

4.3.2.7 转子对汽缸上的汽封洼窝的同轴度为 0.05mm。

4.3.2.8 挠性支架应无裂纹、脱焊等缺陷。

4.3.3 汽封部分

4.3.3.1 浮动环密封的碳环与轴的冷态配合径向间隙为 0.05～0.08mm，碳环在密封盒中的轴向间隙为 0.06～0.10mm。

4.3.3.2 采用汽封片结构，按照汽轮机产品合格证汽封间隙要求。

4.3.3.3 动叶与喷嘴或静叶的轴向间隙应符合汽轮机产品合格证规定要求。

4.3.4 轴承部分

轴承部分技术要求见表 8。

表 8 轴承部分技术要求

mm

HTC	轴承	页次	
		代号	

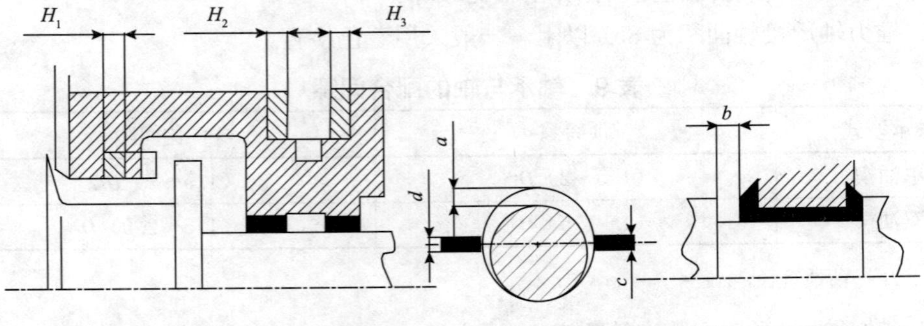

表 8 轴承部分技术要求（续）

调整垫片厚度	H_1		H_2		H_3	
名称	汽轮机前轴承		主动齿轮前轴承		被动齿轮前轴承	
代号	要求	实测	要求	实测	要求	实测
a	0.13～0.17 0.13～0.175					
b	0.25～0.30					
c/d	调整					
压环垫片	调整					
压盖压紧量	0.03～0.08					
名称	汽轮机后轴承		主动齿轮后轴承		被动齿轮后轴承	
代号	要求	实测	要求	实测	要求	实测
a	0.13～0.175					
b						
c/d	调整					

4.3.4.1 滑动径向轴承：

a）轴承合金与轴承衬应结合牢固，不得有裂纹、砂眼、孔洞、剥离、夹渣等缺陷，工作表面应光滑，无划痕及硬点，粗糙度为 R_a1.6。

b）下轴承衬背与轴承座结合面应光滑、接触均匀，接触面积应在 75% 以上。

c）轴承衬背与压盖不许加垫片，其压盖对轴承衬背的过盈量：圆柱形为 0.02～0.05mm。

d）轴颈与轴承接触角：单油楔轴承为 60°～90°，双油楔轴承为 30°～60°，接触点每平方厘米不少于 2 点。

e）轴承与轴的配合间隙应符合表 9 要求。

f）径向轴承接触面积长度为 85% 以上，轴瓦侧隙对称均匀。

g）可倾瓦顶隙可以采用抬轴打表方式测量。也可以按照厂家提供的实际轴颈尺寸，可倾瓦厚度，轴瓦内孔孔径计算出轴瓦顶隙。

h）推力轴承接触面积为 85% 以上。一般采用着色检查。

表 9 轴承与轴的配合间隙 mm

轴承型式	顶间隙	侧间隙
单油楔	（1.5～2）D	（1.5～2）$D/2$
双油楔	（1～1.5）D	（1.5～2.0）D

注： D—轴颈直径，mm。

4.3.4.2 轴承油封径向间隙应符合表 10 要求。

表 10　轴承油封径向间隙

mm

部位	轴承油封
上部	0.15～0.20
下部	0.05～0.10
两侧	0.10～0.15

4.3.5　主汽阀、调节汽阀

4.3.5.1　主汽阀前滤网应完整无垢。

4.3.5.2　主汽阀、调节汽阀阀杆直线度公差值不大于 0.03mm，粗糙度不大于 R_a1.6，阀杆与衬套的直径间隙为阀杆直径的 0.6%～1.0%。

4.3.5.3　主汽阀、调节汽阀的阀芯应无锈蚀及斑点，与阀座密封良好，起落灵活。

4.3.5.4　阀芯与阀座接触时，阀杆还应有一定的富裕行程。

4.3.6　危急保安装置

4.3.6.1　危急遮断器的弹簧应无裂纹、锈斑，性能符合技术要求。

4.3.6.2　危急遮断器的飞锤、弹簧等件组装后应灵活，飞锤的冲程应符合规定要求。

4.3.6.3　离心飞锤与危急遮断杆的间隙应符合规定要求，见表 11。

4.3.6.4　危急遮断器手动脱扣机构应灵活可靠。

4.3.6.5　危急遮断器内阀杆直线度公差值为 0.03mm，阀杆与密封衬套间隙为 0.20～0.25mm，详见产品合格证。

表 11　危急遮断杆间隙要求

mm

HTC	危急遮断器	页	10
0-1022-3323-00		代号	T

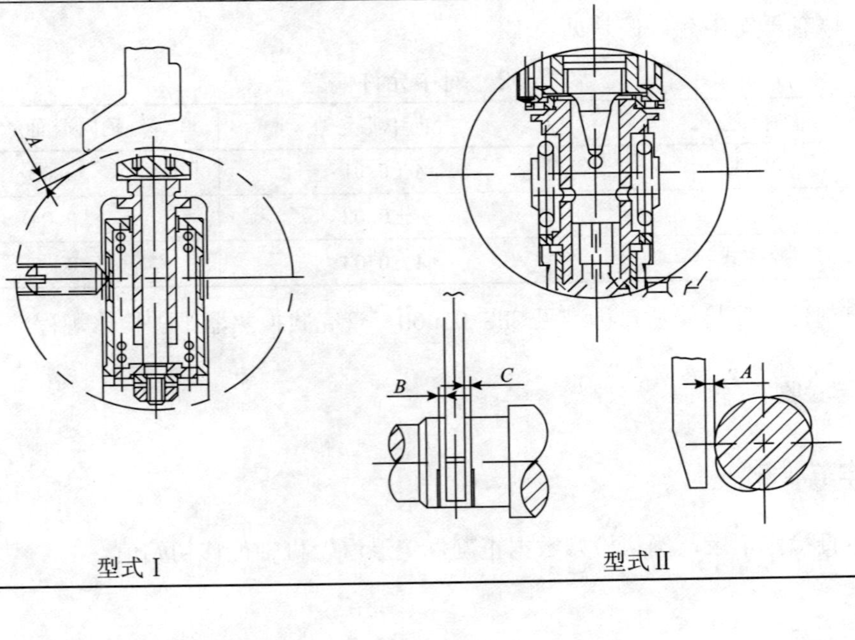

型式 I　　型式 II

表 11　危急遮断杆间隙要求（续）

代号	要求	实测
A	0.8～1.2	
B		
C		
本机采用　　　型式Ⅰ		

4.3.7　调速系统

4.3.7.1　静态时主调门调节汽阀空行程为 1～2mm。
4.3.7.2　各类调速器的检修标准参照制造厂的规定。
4.3.7.3　调速器检修后应调校。

4.3.8　联轴器及对中

4.3.8.1　齿式联轴器应无裂纹、缺损、变形、非均匀磨损等缺陷，在齿式联轴器组装时应按规定要求涂抹适宜的润滑脂。
4.3.8.2　齿式联轴器各接合部位装配应按照钢印标记。
4.3.8.3　半联轴器与轴配合的过盈量应符合规定要求。
4.3.8.4　齿式联轴器的联结螺栓必须有防松措施，各螺栓应重量相等。
4.3.8.5　齿式联轴器的径向及端面圆跳动公差值应不大于 0.03mm。
4.3.8.6　齿式联轴器的齿侧间隙应不大于 0.1mm。
4.3.8.7　齿式联轴器的外齿套装好后应有 3～4mm 的轴向窜动量。
4.3.8.8　转子冷态对中时，预留热膨胀差值 *A* 应符合有关规定要求，通常汽轮机的中心轴线偏低。
4.3.8.9　联轴器对中允许偏差见表 12。

表 12　对中允许偏差

mm

联轴器型式	径向中心允差	轴向端面允差
刚性	*A*±0.01	0.02
齿式	*A*±0.02	0.04
膜片式	*A*±0.03	0.06

4.3.9　汽封冷却器检修质量标准见 SHS 01009《管壳式换热器维护检修规程》。

5　试车与验收

5.1　试车前准备

5.1.1　检查检修记录，确认检修数据正确，记录汽轮机轴位移初始值。

5.1.2　水、汽、动力电和仪表电正常，仪表控制系统和其他测量仪表正常。

5.1.3　润滑油系统投用，按流程检查各阀开关是否正确。在润滑油循环过程中，应及时清扫或更换油过滤网，润滑油循环合格后引油至轴承室和油动机，并使油压、油温、油量达到规定要求。

5.1.4　汽轮机做静态试验，要求转速信号、4～20mA 输出电流、油动机阀位、二次油压数值相对应，阀位百分比以 10% 比例逐步上升，来回各做一次。

5.1.5　按要求做自保试验合格，危急遮断器手动试验灵活，主汽阀关闭迅速。

5.1.6　汽轮机盘车无卡涩、摩擦及异常声响。

5.1.7　投用汽封冷却器。

5.2　试车

5.2.1　汽轮机单机试车

5.2.1.1　启动前主汽管脱水暖管，逐步提升管压至接近或达到正常压力，确保蒸汽为过热蒸汽，此时严防蒸汽进入汽缸。

5.2.1.2　启动汽轮机，使转速在 300～500r/min 之内进行低速暖机 30～90min，在暖机过程中，要注意轴承的油温和机组的噪音等。当进汽稳定后，汽轮机的进汽温度有 50℃以上的过热度时，关闭进汽管上的疏水阀。

5.2.1.3　暖机结束后，按汽轮机制造厂提供的升速曲线将汽轮机升速到工作转速，升速期间要监视振动、汽缸膨胀、差胀及轴承温度变化情况，检查汽轮机各运行数据是否正常，调速系统有无抖动及摆动现象。

5.2.1.4　做超速试验，危急遮断器应动作准确，记录汽轮机的惰走时间。

5.2.1.5　汽轮机停机后，关闭进排汽管路上的阀门，打开所有的疏水阀门，拆除机体内压。

5.2.1.6　停机后按说明书要求进行盘车。

5.2.1.7　做好单机试车中各主要运行参数的记录。

5.2.2　负荷试车

5.2.2.1　汽轮机带负荷试车按照操作规程进行。

5.2.2.2　负荷试车的技术要求：

a）被驱动设备应达到完好标准，且具备开车条件。

b）整个系统静密封点不得有渗漏，且动密封点泄漏应在规定指标以内。

c）各滑动轴承巴氏合金的表面温度应小于 105℃。

d）各轴承振动符合 SHS 01003《石油化工旋转机械振动标准》。

e）调速器迟缓率小于 0.5%。

f）调速器的速度变动率小于 7%。

5.3 验收

5.3.1 汽轮机在满负荷运行 12h 后，各项技术指标达到设计要求或能满足生产需要。
5.3.2 机组达到完好标准。
5.3.3 检修记录齐全、准确，按规定办理验收手续。

6 维护与故障处理

6.1 日常维护

6.1.1 按时、按线路、高质量做好巡检工作，认真填写操作记录。
6.1.2 定时检查控制油和润滑油压力、温度、油量、油质是否正常，超过规定值应及时采取措施。
6.1.3 定时检查监测汽轮机振动、位移情况，超过规定值时要查明原因。
6.1.4 定时观察汽轮机在正常操作条件或出现异常情况时的瞬时变化。
6.1.5 定时检查主蒸汽出入口温度、压力、流量是否符合机组规定的运行参数，检查抽汽系统真空度和冷却情况。
6.1.6 定时检查各动、静密封部位渗漏情况。
6.1.7 定期检查调速系统工作是否正常。
6.1.8 保持机组各部件齐全好用，压力表、温度计失灵要及时更换。

6.2 故障与处理方法

小型工业汽轮机常见功能故障与处理方法见表 13。

表 13 小型工业汽轮机常见功能故障与处理方法

序号	功能	功能故障	故障模式	故障后果	故障应对策略与检修内容	检修周期／月
1	汽轮机为介质提供动力	汽轮机振动	1.对中不良	振动严重引起设备失效	调整机组对中	24
			2.转子不平衡	振动严重引起设备失效	校验动平衡	36
			3.联轴器润滑不良	振动严重引起设备失效	改善联轴器润滑条件	24
			4.联轴器磨损	振动严重引起设备失效	修复或更换联轴器	24
			5.轴承间隙超标	振动严重引起设备失效	更换轴承	24
			6.转子组件损坏	振动严重引起设备失效	修复或更换并平衡转子	36

表 13　小型工业汽轮机常见功能故障与处理方法（续）

序号	功能	功能故障	故障模式	故障后果	故障应对策略与检修内容	检修周期／月
1	汽轮机为介质提供动力	汽轮机振动	7.碳环配合不当	振动严重引起设备失效	检查碳环与轴的配合	24
			8.主蒸汽带水	振动严重引起设备失效	打开疏水阀进行脱水	视情而定
			9.转子弯曲	振动严重引起设备失效	修复或更换转子	36
			10. 地脚螺栓松动	振动严重引起设备失效	紧固地脚螺栓	视情而定
			11. 装配不当	振动严重引起设备失效	测定碰磨点并拆卸调整	视情而定
			12. 转子轮毂松动	振动严重引起设备失效	修复或更换并平衡转子	36
2	轴承温度正常，汽轮机提供正常转速	轴承温度过高	1. 轴承磨损	轴承温度过高引起汽轮机转子失效	更换轴承	24
			2.冷却水套堵塞	轴承温度过高引起汽轮机转子失效	清洗冷却水套	视情而定
			3.冷却水流向不对	轴承温度过高引起汽轮机转子失效	改变流向	视情而定
			4.润滑油黏度超标	轴承温度过高引起汽轮机转子失效	更换润滑油	视情而定
			5. 油压下降	轴承温度过高引起汽轮机转子失效	调整油压或清洗过滤器	视情而定
3	汽轮机转速稳定，才能为介质提供需要的动力	机组转速不稳定	1. 蒸汽参数波动	转速波动，不能为介质提供需要的动力	恢复蒸汽参数	视情而定
			2. 压缩机入口流量波动	转速波动，不能为介质提供需要的动力	调整机入口流量	视情而定
			3. 调速器不稳定	转速波动，不能为介质提供需要的动力	调整调速器及反馈系统	视情而定
			4. 调速油压不稳	转速波动，不能为介质提供需要的动力	检查油路系统	视情而定

表 13 小型工业汽轮机常见功能故障与处理方法（续）

序号	功能	功能故障	故障模式	故障后果	故障应对策略与检修内容	检修周期／月
4	汽轮机运转为介质提供动力	透平无法启动	1.入口蒸汽压力不够	汽轮机无法启动，不能为介质提供动力	检查隔离阀	视情而定
			2.蒸汽过滤器堵	汽轮机无法启动，不能为介质提供动力	清洗过滤器	视情而定
			3.调节阀卡涩	汽轮机无法启动，不能为介质提供动力	检查更换零部件	视情而定
			4.跳闸阀关闭	汽轮机无法启动，不能为介质提供动力	跳闸阀复位	视情而定
			5.安全控制装置设置不当	汽轮机无法启动，不能为介质提供动力	检查自动跳闸机构	视情而定

附 录 A

（资料性附录）

小型工业汽轮机检修质量控制确认表

项目	主要控制内容				等级	施工单位	生产装置	设备管理部门	日期
	标准值		部位	现场记录					
拆卸时检测									
联轴器		mm	径向跳动		A				
		mm	端面跳动						
联轴器中心数据		mm	外圆		A				
		mm	平面						
轴承	顶部间隙	mm	前		A				
		mm	后						
	水平侧隙	mm	前		A				
		mm	后						
	止推间隙	mm			A				
	紧力	mm	前		B				
			后						
转子	轴头径向跳动	mm	前		A				
	叶轮径向跳动	mm	调节级		B				
		mm	第一级						
		mm	第二级						
	推力盘跳动	mm	主推力盘		A				
		mm	副推力盘						
	轴颈跳动	mm	前		A				
		mm	后						
危急遮断器飞锤与挂钩	径向间隙	mm			B				
轴向位移保安装置	轴向间隙	mm			B				

小型工业汽轮机检修质量控制确认表（续）

项目	主要控制内容				等级	施工单位	生产装置	设备管理部门	日期
	标准值		部位	现场记录					
回装时检测									
轴承	底部接触长度	%	前		A				
		%	后						
	顶部间隙	mm	前		A				
		mm	后						
	水平侧隙	mm	前		A				
		mm	后						
	推力间隙	mm							
	紧力	mm	前		A				
		mm	后						
联轴器中心数据	外圆	mm	半联轴器		A				
	平面	mm	半联轴器						
转子汽道轴向间隙	叶轮进汽口	mm	调节级叶轮		A				
	叶轮出汽口	mm	调节级叶轮						
	叶轮进汽口	mm	第一级叶轮		B				
	叶轮出汽口	mm	第一级叶轮						
	叶轮进汽口	mm	第二级叶轮		B				
	叶轮出汽口	mm	第二级叶轮						

注： A 级：施工单位、生产装置、设备管理部门专业人员检查确认后签字。

B 级：施工单位和生产装置专业人员检查确认后签字。

C 级：施工单位专业人员检查确认后签字。

另：如果有监理，监理的职责由甲方授权。

附　录　B
（资料性附录）
小型工业汽轮机试车与验收数据记录表

SHS 01025—2018	小型工业汽轮机试车与验收数据记录表			项目名称：	
设备名称				设备位号	
设备型号				转速	r/min
试车类别	□空负荷　□负荷	试车日期	年　月　日	启动时刻	
连续运转时间	h	环境温度	℃	试车介质	
最低工作转速	r/min	额定转速	r/min	临界转速	r/min
超速跳闸整定值	r/min	惰走时间			

检查项目			设计值／允许值	实测值								
运行记录时刻												
转速／（r/min）												
入口	压力／MPa											
	温度／℃											
出口	压力／MPa											
	温度／℃											
冷凝器真空度／MPa												
轴承温度／℃	前轴承											
	后轴承											
	止推轴承											
双振幅振动值／μm	前轴承	轴向										
		水平										
		竖直										
		轴颈										
	后轴承	轴向										
		水平										
		竖直										
		轴颈										
轴位移值／mm												
控制油压／MPa												

施工单位	生产装置	设备管理部门
专业工程师： 日期：　年　月　日	专业工程师： 日期：　年　月　日	专业工程师： 日期：　年　月　日

25. 转鼓真空过滤机维护检修规程

SHS 01026—2019

代替 SHS 01026—2004，SHS 04319—2004

目　次

前　言

本规程按照GB/T 1.1—2009《标准化工作导则　第1部分：标准的结构和编写》给出的规则起草。

本规程代替SHS 01026—2004《转鼓真空过滤机维护检修规程》、SHS 04319—2004《GW3.52-N转鼓真空过滤机维护检修规程》，与SHS 01026—2004、SHS 04319—2004相比，除了编辑性修改外，根据真空转鼓过滤机实际生产运行情况增加细化了一些项目；检修与质量标准是依据生产厂家技术要求和使用单位根据设备历年来检修情况进行修订。主要技术变化如下：

——增加检修项目，如3.2.1检查滤机大盖的密封件；3.2.3检查视窗密封部位；3.2.18检查底槽搅拌、浆化槽搅拌传动情况；3.2.19检查保冷；

——增加检验项目，如4.3回装与质量标准；4.3.4.5安装滤布应用木刀和木锤或四氟锤等较软质的专用工具，以防止损坏滤布；

——增加验收内容，如5.3.1检修现场按照文明施工的要求，做到工完、料尽、场地清；

——维护与故障处理章节，采用了RCM的分析方法重新编制。

本规程由中国石油化工集团有限公司、中国石油化工股份有限公司提出。

本规程起草单位：天华化工机械及自动化研究设计院有限公司。

本规程主要起草人：王建刚。

本规程所代替规程的历次版本发布情况为：

——SHS 01026—1992、SHS 01026—2004；

——SHS 04319—2004。

转鼓真空过滤机维护检修规程

1 范围

1.1 主题内容

本规程规定了转鼓真空过滤机的检修周期与内容、检修与质量标准、试车与验收、维护与故障处理。

1.2 适用范围

本规程适用于石油化工 GM50 系列、EIMCO 系列等转鼓真空过滤机的维护和检修。

2 规范性引用文件

下列文件中的条款通过本规程的引用而成为本规程的条款。凡是注日期的引用文件，其随后所有的修改单（不包括勘误的内容）或修订版均不适用于本规程，然而，鼓励根据本规程达成协议的各方研究是否可使用这些文件的最新版本。凡是不注日期的引用文件，其最新版本适用于本规程。

GB/T 7780　过滤机 型号编制方法

JB/T 3200　外滤面转鼓真空过滤机

3 检修周期与内容

3.1 检修周期

根据对转鼓真空过滤机功能故障及其影响分析的结果、有无备用设备，并结合装置检修周期确定检修周期，一般为 36～60 个月，可根据状态监测和实际运行情况调整。

3.2 检修内容

3.2.1　检查滤机大盖的密封件；

3.2.2　检查密封垫片；

3.2.3　检查视窗密封部位。

3.2.4　检查清洗注油器，清洗、疏通注油管路，轴承补加润滑脂；

3.2.5　检查反吹位置；

3.2.6　检查清洗溶剂管及喷嘴；

3.2.7 检查转鼓；
3.2.8 转鼓试压；
3.2.9 滤机槽体试漏；
3.2.10 检查滤布及绕线；
3.2.11 检查测量主轴瓦间隙；
3.2.12 检查刮刀系统；
3.2.13 检查分配头及各部件；
3.2.14 检查转鼓照明系统；
3.2.15 检查螺旋输蜡器系统；
3.2.16 检查减速机和传动机构；
3.2.17 检查联轴节；
3.2.18 检查底槽搅拌、浆化槽搅拌传动情况；
3.2.19 检查保冷。

4 检修程序与质量标准

4.1 检修前准备

4.1.1 根据转鼓真空过滤机运行状况和以往检修记录，结合装置生产状况制定详尽的施工方案；备好相关图纸、施工统筹图等资料。

4.1.2 组织施工人员现场交底，熟悉施工方案、施工图纸、施工统筹、技术要求及有关资料，并掌握施工质量标准。

4.1.3 备齐检修工具、量具、配件及其他相关材料。

4.1.4 检修现场布置符合安全卫生标准，零部件、工机具的存放设有固定区域。

4.1.5 切断电源，关闭进、出口阀，放净过滤机内介质并处理干净；对检修过程进行危害识别及风险评估、环境因素识别和影响评价；检查安全措施准备，检查安全通道畅通无阻，放置好安全警示牌，拉好安全警示绳；办理相关票证。

4.2 拆卸与检测

4.2.1 拆卸上盖检查溶剂管、滴管及喷嘴。

4.2.2 检查大盖密封槽腐蚀情况及密封件是否溶解、溶胀、变硬、变脆、裂纹及变形等。

4.2.3 拆卸检查刮刀及其调节组件，测量刮刀与绕线的间隙，并记录。合格值：刮刀间隔 0.80～3mm；刀刃与滤鼓绕线间隙为 0.10～0.50mm。

4.2.4 拆卸检查螺旋输蜡器、减速箱、密封和轴承，测量其同轴度，并记录。

4.2.4.1 螺旋输蜡器合格指标：

4.2.4.1.1 螺旋输蜡器的叶片不得有裂纹，其径向圆跳动公差值不大于 4mm，两端短轴的径向圆跳动公差值不大于 0.06mm，其法兰端面圆跳动公差值不大于 0.06mm。

4.2.4.1.2 螺旋输蜡器中间支承轴承与两端轴承的同轴度不大于 1.50mm。

4.2.4.1.3 滑动轴承配合如下：

a）轴承衬套与轴承座孔的配合为 H7/p6。

b）轴承衬套与轴颈的间隙为轴径的 2‰～3‰。

c）中间支承轴承背过盈量为 0.02～0.04mm。

4.2.4.1.4 滚动轴承配合如下：

a）内圈与轴颈的配合为 H7/js6 或 H7/k6。

b）外圈与轴承座孔的配合为 H7/h6 或 Js7/h6。

4.2.4.2 减速箱合格指标：

4.2.4.2.1 110m^2 过滤机蜗轮传动轴与其套筒配合间隙为轴颈的 1.5‰～2‰，套筒与座孔配合为 H7/n6 或 H6/n5。

4.2.4.2.2 减速机检修见 SHS 01028《变速机维护检修规程》。

4.2.4.3 密封合格指标：

4.2.4.3.1 填料压盖与填料箱配合为 D9/d9，油环与轴颈配合间隙、填料压盖与轴颈配合间隙均为轴径的 6‰～8‰。

4.2.4.3.2 填料搭接面切口为 45°，相邻填料搭接口相错 120°。

4.2.4.3.3 填料压盖应均匀压紧，并留有 2/3 压紧余量。

4.2.4.4 轴承合格指标：

4.2.4.4.1 滑动轴承

a）转鼓轴承间距允差 ±2mm，其同轴度在瓦面长度内允差 0.05mm；转鼓水平度公差值不大于 0.20mm/m。

b）轴颈与轴承接触角为 60°～90°，接触应均匀，接触点每平方厘米不少于 2 点。

c）轴承间隙为轴径的 1%～3%，当轴瓦磨损至间隙为 2mm 时，应更换轴瓦；

d）止推间隙为 0.50～1.50mm。

4.2.4.4.2 滚动轴承

a）轴承径向游隙不应超过 0.30mm。

b）具有推力作用的滚动轴承，其轴承外圈与端盖间应留 0.02～0.06mm 间隙。

c）轴承内圈与轴颈的配合为 H6/k6 或 H7/k6。

d）轴承外圈与轴承座孔的配合为 H6/h6。

e）推力轴承轴向间隙为 0.20～0.50mm。

4.2.5 拆卸抽吸管及分配头，检查润滑油管路、密封、抗磨板、隔桥块及轴瓦。

4.2.6 拆卸绕线和滤布，检查转鼓的滤网、分格槽和格栅。

4.2.7 拆卸检查转鼓轴承，测量转鼓同轴度、水平度并记录，检查填料密封。

合格指标：

4.2.7.1 转鼓筒体外圆径向圆跳动公差值为 0.001D（D 为转鼓直径）。

4.2.7.2 GM50、EIMCO型驱动端耳轴径向圆跳动公差值为0.10mm，分配头端耳轴径向圆跳动公差值为0.20mm。

4.2.7.3 抗磨板组装后其端面圆跳动公差值为0.10mm。

4.2.8 拆卸检查联轴器，校核对中，并记录。

4.2.8.1 联轴器表面应无毛刺和裂纹等缺陷，其装配精度如下：

a）联轴器与轴颈配合推荐H7/m6或H7/n6。

b）联轴器与轴装配后其径向允许偏差值为0.05mm。

4.2.8.2 联轴器的端面间隙值应符合表1。

表1 联轴器端面间隙

mm

联轴器外径	联轴器端面间隙
90～140	2～3
＞140～260	2.5～4
＞260～500	4～6

4.2.8.3 对中检查值应符合表2。

表2 联轴器对中检查值

mm

联轴器	径向允许偏差	端面允许偏差
爪式	0.12	0.10
弹性圆柱销式	0.10	0.06

4.2.9 起吊转鼓，检查壳体。

4.2.10 拆卸检查各传动机构。

4.2.11 检查绝热层和防腐。

4.2.12 拆卸检查注油器、管路及管件。

4.3 回装与质量标准

以下回装数据以GM50系列、EIMCO系列举例，具体参数可根据设备说明书进行修订。

4.3.1 清洗溶剂管和喷嘴，管内及喷嘴内不得有杂物，喷嘴应见金属光泽。清洗后检查溶剂管腐蚀情况，各喷嘴不堵塞。

4.3.2 分配头

4.3.2.1 分配头的抽吸管和溶剂管应完整无损，管与分配头法兰装配时，其中心偏差不大于3mm，管线的重量和应力不允许作用在分配头上。

4.3.2.2 滤机的旋转接头密封面应环形接触不得间断，其密封圈应无损伤和老化，弹簧无裂纹，弹性良好。

4.3.2.3 耐磨板和隔桥块的接触面，其磨损沟槽宽度和深度应不大于1mm，接触点每平方厘米不应少于2点。

4.3.2.4 组装后桥块与耐磨板配合面之间间隙不大于0.05mm。

4.3.2.5　分配头桥块密封面与中心孔中心线垂直度≤0.1mm 。

4.3.2.6　分配头桥块密封面表面粗糙度达到 R_a0.8。

4.3.2.7　抗磨板密封端面和倒角表面粗糙度达到 R_a0.8。

4.3.2.8　分配头转鼓端面与壳体内壁间距离为 282.5mm。

4.3.2.9　分配头端耳轴外圆表面粗糙度达到 R_a3.2。

4.3.2.10　抗磨板磨损值不超过其原厚度的 1/3。

4.3.2.11　分配头芯柱及套筒表面粗糙度为 R_a1.6，套筒外径与分配头壳体配合为 H7/m6 或 H8/n7，芯柱与套筒配合间隙应符合表 3 要求。

4.3.2.12　分配头压紧弹簧应无裂纹、弹性良好，与螺栓装配时，分配头隔桥块与抗磨板贴紧后弹簧压缩量为：GM50 型比自由长度压缩 20～30mm，EIMCO 型压紧弹簧安装长度见图 1，EIMCO 系列 110m^2 型压紧弹簧安装长度见图 2。

表 3　分配头芯柱与套筒配合间隙

内容	机型		
	110m^2	GM50	EIMCO、GM50
直径 /mm	430	440	750
间隙 /mm	0.40～0.70		0.30～0.75

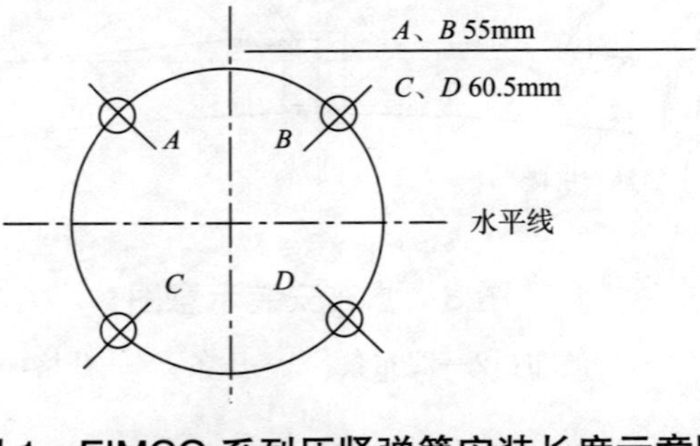

图 1　EIMCO 系列压紧弹簧安装长度示意图

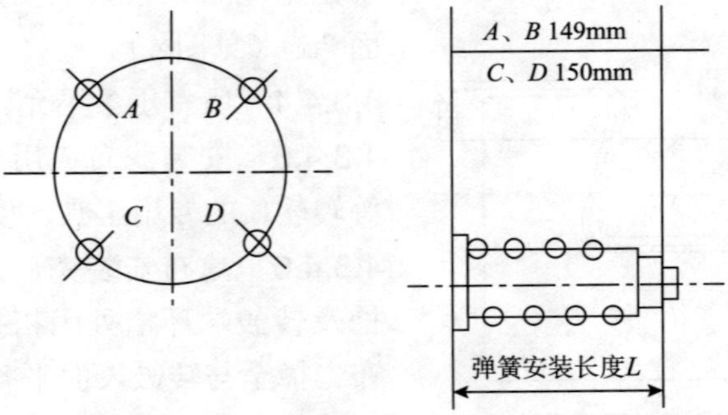

图 2　EIMCO 系列 110mm^2 型压紧弹簧安装长度示意图

4.3.3　转鼓

4.3.3.1　转鼓筒体外圆径向圆跳动公差值为 0.001*D*（*D* 为转鼓直径）。

4.3.3.2　GM50、EIMCO 型驱动端耳轴径向圆跳动公差值为 0.10mm，分配头端耳轴径向圆跳动公差值为 0.20mm。

4.3.3.3　抗磨板组装后其端面圆跳动公差值为 0.10mm。

4.3.3.4　转鼓壳体内集合管若经过修理后，应对转鼓进行气压试验，试验压力 0.035MPa，恒压 30min 不得渗漏。

4.3.3.5　清洗集合管，管内不得有污物。

4.3.3.6　转鼓分格槽和端环槽应清洁无异物，无尖角和毛刺，形体不得有严重变形。

4.3.3.7　尼龙格栅或金属丝网不得有断裂和凸起现象，安装尼龙格栅时，应放在 70℃ 左右的温水中浸 20min，尼龙格栅之间间隙 3～4mm，尼龙格栅与分格条间隙 3～4mm。

4.3.3.8　装配后转鼓轴向串量不大于 0.5mm。

4.3.4　安装滤布

4.3.4.1　滤布铺平不得有皱纹，滤布搭接接头要超出分格条 40～60mm（见图 3），滤布搭接方向要正确。

4.3.4.2　不搭接的中间分格槽内应加衬 35～50mm 宽的滤布条，同压条一起压入槽内，压条之间留 3mm 的间隙，压条离端环槽 6mm。

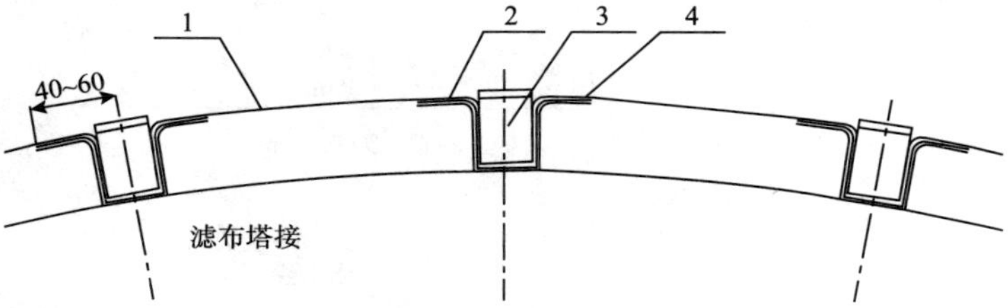

图 3　滤布安装示意图

1—滤布；2—滤布条；3—压条；4—分格槽

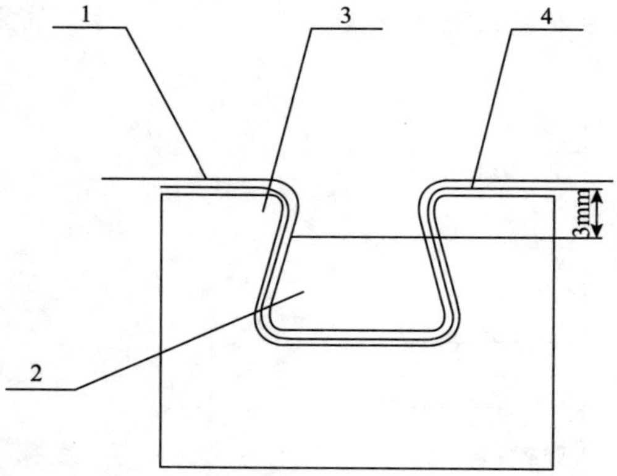

图 4　端环铅条安装示意图

1—衬滤布；2—铅条；3—端环槽；4—滤布

4.3.4.3　转鼓端环槽采用铅条衬滤布条方法来压紧滤布，铅条砸实后应低于分格条外表面 3mm（见图 4）。

4.3.4.4　所有压条不允许高出转鼓表面。

4.3.4.5　安装滤布应用木刀和木锤或四氟锤等较软质的专用工具，以防止损坏滤布。

4.3.4.6　滤布安装完后，要将转鼓表面分格槽及转鼓端环槽处因搭接或衬布而余出的滤布去掉至与转鼓表面平齐。

4.3.4.7　钢丝绕线选材应合理，绕线拉紧力为 100～120kg，缠绕时应一次缠完，不应中途停车和改变转速。

4.3.5 转鼓轴承

4.3.5.1 滑动轴承

a）轴承合金不得有裂纹、气孔、夹渣和脱壳等缺陷。

b）油线槽深与宽应符合要求，油孔畅通。

c）转鼓轴承间距允差 ±2mm，其同轴度在瓦面长度内允差 0.05mm；转鼓水平度公差值≯ 0.20mm/m。

d）轴颈与轴承接触角为 60°～90°，接触应均匀，接触点每平方厘米不少于 2 点。

e）轴承间隙为轴径的 1%～3%，当轴瓦磨损至间隙为 2mm 时，应更换轴瓦；

f）止推间隙为 0.50～1.50mm。

4.3.5.2 滚动轴承

a）轴承应清洗干净、无缺陷，转动灵敏、无杂音，轴承径向游隙不应超过 0.30mm。

b）轴承热装时温度不得超过 120℃，严禁直接用火焰加热。

c）具有推力作用的滚动轴承，其轴承外圈与端盖间应留 0.02～0.06mm 间隙。

d）轴承内圈与轴颈的配合为 H6/k6 或 H7/k6。

e）轴承外圈与轴承座孔的配合为 H6/h6。

f）推力轴承轴向间隙为 0.20～0.50mm。

4.3.6 螺旋输蜡器

4.3.6.1 螺旋输蜡器的叶片不得有裂纹，其径向圆跳动公差值不大于 4mm，两端短轴的径向圆跳动公差值不大于 0.06mm，其法兰端面圆跳动公差值不大于 0.06mm。

4.3.6.2 螺旋输蜡器中间支承轴承与两端轴承的同轴度不大于 1.50mm。

4.3.6.3 滑动轴承配合如下：

a）轴承衬套与轴承座孔的配合为 H7/p6。

b）轴承衬套与轴颈的间隙为轴径的 2‰～3‰。

c）中间支承轴承背过盈量为 0.02～0.04mm。

4.3.6.4 滚动轴承配合如下：

a）内圈与轴颈的配合为 H7/js6 或 H7/k6。

b）外圈与轴承座孔的配合为 H7/h6 或 Js7/h6。

4.3.6.5 螺旋输蜡器装配后盘动应灵活、螺旋叶片不得与输蜡槽摩擦。

4.3.7 刮刀

4.3.7.1 刮刀刀板应平直，刀刃不得有裂纹、卷边及毛刺，铆钉或螺钉应牢固，刀板刃面不得有严重沟槽。

4.3.7.2 每一段刮刀间隔 0.80～3mm。

4.3.7.3 刮刀调节组件应无锈蚀，刮刀摆动应灵活，刀刃与滤鼓绕线间隙为 0.10～0.50mm。

4.3.8 传动装置

4.3.8.1 110m^{2}过滤机蜗轮传动轴与其套筒配合间隙为轴颈的1.5‰～2‰，套筒与座孔配合为H7/n6或H6/n5。

4.3.8.2 减速机检修见SHS 01028《变速机维护检修规程》。

4.3.9 填料密封

4.3.9.1 填料压盖与填料箱配合为D9/d9，油环与轴颈配合间隙、填料压盖与轴颈配合间隙均为轴径的6‰～8‰。

4.3.9.2 填料搭接面切口为45°，相邻填料搭接口相错120°。

4.3.9.3 填料压盖应均匀压紧，并留有2/3压紧余量。

4.3.9.4 填料密封应无损伤，其两端密封面不得有严重径向划痕。

4.3.10 过滤机内壳防爆衬里应平整，不得有缺陷和脱落现象。

4.3.11 只要过滤机壳体经拆装或修补，检修工作完成后，应对壳体进行气密试验，压力为0.01MPa，恒压30min，所有焊缝、螺纹、法兰、观察窗、填料密封等处不得渗漏。

4.3.12 联轴器

4.3.12.1 联轴器表面应无毛刺和裂纹等缺陷，其装配精度如下：

a）联轴器与轴颈配合推荐H7/m6或H7/n6。

b）联轴器与轴装配后其径向允许偏差值为0.05mm。

4.3.12.2 联轴器的端面间隙值应符合表4。

表4 联轴器端面间隙

mm

联轴器外径	联轴器端面间隙
90～140	2～3
＞140～260	2.5～4
＞260～500	4～6

4.3.12.3 对中检查值应符合表5。

表5 联轴器对中检查值

mm

联轴器	径向允许偏差	端面允许偏差
爪式	0.12	0.10
弹性圆柱销式	0.10	0.06

4.3.13 底槽搅拌

4.3.13.1 底槽搅拌的叶片不得有裂纹，焊接牢固，且转角处有加强筋加强；

4.3.13.2 搅拌叶片安装应保持水平，搅拌连杆长度保持一致，连杆不应与机座摩擦；

4.3.13.3 底槽搅拌装配后盘动应灵活、搅拌叶片不得与底槽摩擦。

5 试车与验收

5.1 试车前准备

5.1.1 检查检修记录，确认检修数据正确。
5.1.2 将惰性气体引入过滤机内，检查机内氧含量，应符合安全条件。
5.1.3 检查真空表、压力表、液面显示计等应齐全完好。
5.1.4 向各润滑部位加入规定牌号、规定用量的润滑油。
5.1.5 检查电机转向，具备开车条件。
5.1.6 启动注油器 15min 以上，向各注油点注油。

5.2 试车

5.2.1 空载试车

5.2.1.1 按操作规程启动输蜡器和转鼓，使其转动 2～4 转，检查减速机、各轴承及传动部件，均应正常。
5.2.1.2 空载试车时间一般不少于 2h。

5.2.2 按操作规程启动过滤机，进行负荷试车，过滤机的各项技术指标应符合下列要求：

a）转鼓无抖动现象。

b）减速机标准振动应符合 SHS 01003《石油化工旋转机械振动标准》相关要求。

c）滑动轴承温度不大于 65℃。

d）滚动轴承温度不大于 70℃。

e）密封泄漏不超标。

f）电机负荷不超过额定电流。

5.3 验收

5.3.1 检修现场按照文明施工的要求，做到工完、料尽、场地清；
5.3.2 过滤机连续 24h 满负荷运行，各项技术指标达到设计要求或能满足生产需要。
5.3.3 过滤机设备技术状态应达到完好标准。
5.3.4 检修记录、试车记录等齐全、准确。
5.3.5 按规定办理验收手续，交付生产使用。

6 维护与故障处理

6.1 日常维护

6.1.1 按时巡检，做好记录。

6.1.2 按照操作规程严格控制各项操作参数，不允许超温、超压及超负荷运行。

6.1.3 定时检查注油器运行情况，油箱油位保持在1/2～2/3，注油器浮球灵活好用，注油器各点注油情况良好。

6.1.4 定时检查各减速机、变速器、涡轮箱内油位、油质及各部位润滑情况。

6.1.5 定时检查各减速机、变速器等传动机构的温度、振动、声响等运行情况，发现异常要及时采取措施进行处理。

6.1.6 定时检查过滤机转鼓运行情况，绕线是否松动，滤布是否有泄漏，发现问题及时停车修理。

6.1.7 定期检查过滤机滤饼厚度，根据工艺要求和滤饼的情况调整滤鼓转速，使滤饼厚度控制在3～10mm。

6.1.8 定期检查小输蜡器、刮刀、喷淋管等运行是否正常，输蜡槽内不准堆积蜡饼；刮刀板不应有翘起现象；喷淋管喷液均匀，无堵塞、支架脱落现象。

6.1.9 严格控制温洗溶剂的温度在60～70℃，定期或根据滤布失效情况及时对过滤机进行温洗。

6.1.10 定期检查过滤机壳体大盖密封、小输蜡器填料密封、壳体看窗垫片及其他密封部位是否泄漏，定时对滤机内氧含量进行分析，严格控制氧含量，符合工艺指标范围，发现异常及时处理。

6.1.11 定期检查地脚螺栓腐蚀情况和其他紧固件。

6.1.12 定期检查卸料口压，风压正常值为0.02MPa，及时调整风压值至正常位置。

6.2 常见故障与处理

转鼓真空过滤机常见功能故障与处理方法见表6。

表6 转鼓真空过滤机常见功能故障与处理方法

序号	功能	功能故障	故障模式	故障后果	故障应对策略与检修内容	检修周期/月
1	保证机组连续运转	主电机超负荷	润滑不良，轴承严重磨损	轴承损坏	改善润滑、修研轴承	视情而定
			基础下沉，转鼓水平度超标，轴向推力过大	转鼓磨损	修整基础，校正水平度	
			蜗轮蜗杆接触不良，磨损严重	蜗轮蜗杆磨损	调整或修理蜗轮蜗杆	

表6　转鼓真空过滤机常见功能故障与处理方法（续）

序号	功能	功能故障	故障模式	故障后果	故障应对策略与检修内容	检修周期／月
1	保证机组连续运转	主电机超负荷	转鼓与壳体间塞蜡	转鼓磨损	溶剂冲洗处理	视情而定
			转鼓耳轴填料或分配头密封面压紧力过大	转鼓磨损	调整压紧力	
2	保证滤布压紧	绕线松动	绕线张紧力不够	滤布松弛	紧绕线	视情而定
			温洗溶液温度超标	滤饼温度过高	控制温洗温度上限	
			钢丝质量低劣，抗拉强度不够	钢丝断裂	更换质量好的钢丝	
3	保证滤布完整	滤布破损	滤布质量差，铺砸滤布质量低	滤布破损	选优质滤布、小心铺装	6～12
			刮刀与转鼓绕线间隙过小发生刮磨	滤布破损	调节刮刀与转鼓绕线间隙	
			丝网破碎、翘起	滤布破损	修理或更换丝网	
4	保证过滤油油品质量	过滤油品质量不符要求	滤布破损 分配头密封条松脱	过滤效率降低		视情而定
5	保证过滤效率	过滤效率明显降低	滤布失效或老化	滤布破损	更换新的滤布	6～12
			温洗次数不够，真空系统漏损	过滤效率降低	增加温洗次数，堵漏，检查真空泵	
			反吹和刮蜡效率低	过滤效率降低	调正反吹位置和刮刀间隙	
			分配头耐磨板与桥块间密封不良	过滤效率降低	检查、调整密封面间隙	
6	保证过滤内含氧量	滤机内含氧量超标	空气进入滤机内	过滤效率降低	检查处理分配头、填料密封、壳体、各法兰密封件	视情而定
7	保证过滤机转鼓主轴轴瓦正常运转	转鼓主轴瓦磨损严重	主轴瓦润滑不良	转鼓主轴瓦磨损	检查注油器注油情况及注油管路	视情而定
			过滤机工作液位过低	转鼓主轴瓦磨损	提高过滤机工作液位	

表6　转鼓真空过滤机常见功能故障与处理方法（续）

序号	功能	功能故障	故障模式	故障后果	故障应对策略与检修内容	检修周期/月
8	保证滤饼质量	滤饼质量不符合要求	滤布破损	产品不合格	修补或更换滤布	12～24
			滤布失效或老化	产品不合格	更换新滤布	
9	保证过滤转速	转速达不到要求	皮带打滑或损坏	产量降低	更换皮带	视情而定
			调速系统故障	产量降低	检修调速盘	

附 录 A
(资料性附录)
转鼓真空过滤机检修质量确认表

项目	主要控制内容			等级	施工单位	生产装置	设备管理部门	备注
	标准值	部位	现场记录					
拆卸时检测								
溶剂管、滴管及喷嘴	清洗溶剂管和喷嘴，管内及喷嘴内不得有杂物，喷嘴应见金属光泽。清洗后检查溶剂管腐蚀情况，各喷嘴不堵塞	壳体内		B				
密封及密封件	1. 填料压盖与填料箱配合为D9/d9，油环与轴颈配合间隙、填料压盖与轴颈配合间隙均为轴径的6‰～8‰。 2. 填料搭接面切口为45°，相邻填料搭接口相错120°。 3. 填料压盖应均匀压紧，并留有2/3压紧余量	密封		B				
刮刀及其调节组件，测量刮刀与绕线的间隙	1. 刮刀刀板应平直，刀刃不得有裂纹、卷边及毛刺，铆钉或螺钉应牢固，刀板刃面不得有严重沟槽。 2. 每一段刮刀间隔0.80～3mm。 3. 刮刀调节组件应无锈蚀，刮刀摆动应灵活，刀刃与滤鼓绕线间隙为0.10～0.50mm	刮刀		C				
螺旋输蜡器、减速箱、密封和轴承，校核其同轴度	1. 螺旋输蜡器合格指标： 1.1 螺旋输蜡器的叶片不得有裂纹，其径向圆跳动公差值不大于4mm，两端短轴的径向圆跳动公差值不大于0.06mm，其法兰端面圆跳动公差值不大于0.06mm。 1.2 螺旋输蜡器中间支承轴承与两端轴承的同轴度不大于1.50mm。	螺旋输蜡器、减速箱、密封和轴承		C				

转鼓真空过滤机检修质量确认表（续）

项目	主要控制内容			等级	施工单位	生产装置	设备管理部门	备注
	标准值	部位	现场记录					
螺旋输蜡器、减速箱、密封和轴承，校核其同轴度	1.3 滑动轴承配合如下： 1）轴承衬套与轴承座孔的配合为H7/p6。 2）轴承衬套与轴颈的间隙为轴径的2‰～3‰。 3）中间支承轴承背过盈量为0.02～0.04mm。 1.4 滚动轴承配合如下： 1）内圈与轴颈的配合为H7/js6或H7/k6。 2）外圈与轴承座孔的配合为H7/h6或Js7/h6。 2. 减速箱合格指标： 2.1 110m² 过滤机蜗轮传动轴与其套筒配合间隙为轴颈的1.5‰～2‰，套筒与座孔配合为H7/n6或H6/n5。 2.2 减速机检修见SHS 01028—2019《变速机维护检修规程》。 3. 密封合格指标： 3.1 填料压盖与填料箱配合为D9/d9，油环与轴颈配合间隙、填料压盖与轴颈配合间隙均为轴径的6‰～8‰。 3.2 填料搭接面切口为45°，相邻填料搭接口相错120°。 3.3 填料压盖应均匀压紧，并留有2/3压紧余量。 4. 轴承合格指标： 4.1 滑动轴承 1）转鼓轴承间距允差±2mm，其同轴度在瓦面长度内允差0.05mm；转鼓水平度公差值不大于0.20mm/m。 2）轴颈与轴承接触角为60°～90°，接触应均匀，接触点每平方厘米不少于2点。	螺旋输蜡器、减速箱、密封和轴承		C				

转鼓真空过滤机检修质量确认表（续）

项目	主要控制内容			等级	施工单位	生产装置	设备管理部门	备注
	标准值	部位	现场记录					
螺旋输蜡器、减速箱、密封和轴承，校核其同轴度	3）轴承间隙为轴径的1‰～3‰，当轴瓦磨损至间隙为2mm时，应更换轴瓦。 4）止推间隙为0.50～1.50mm。 4.2　滚动轴承 1）轴承径向游隙不应超过0.30mm。 2）具有推力作用的滚动轴承，其轴承外圈与端盖间应留0.02～0.06mm间隙。 3）轴承内圈与轴颈的配合为H6/k6或H7/k6。 4）轴承外圈与轴承座孔的配合为H6/h6。 5）推力轴承轴向间隙为0.20～0.50mm	螺旋输蜡器、减速箱、密封和轴承		C				
润滑油管路、密封、抗磨板、隔桥块及轴瓦	1. 抗磨板组装后其端面圆跳动公差值为0.10mm。 2. 分配头的抽吸管和溶剂管应完整无损，管与分配头法兰装配时，其中心偏差不大于3mm。 3. 耐磨板和隔桥块的接触面，其磨损沟槽宽度和深度应不大于1mm，接触点每平方厘米不应少于2点。 4. 组装后桥块与耐磨板配合面之间间隙不大于0.05mm 。 5. 分配头桥块密封面与中心孔中心线垂直度≤0.1mm 。 6. 分配头桥块密封面表面粗糙度达到R_a0.8。 7. 抗磨板密封端面和倒角表面粗糙度达到R_a0.8。 8. 分配头转鼓端面与壳体内壁间距离为282.5mm。	抽吸管及分配头		C				

转鼓真空过滤机检修质量确认表（续）

项目	主要控制内容			等级	施工单位	生产装置	设备管理部门	备注
	标准值	部位	现场记录					
润滑油管路、密封、抗磨板、隔桥块及轴瓦	9. 分配头端耳轴外圆表面粗糙度达到 R_a3.2。 10. 抗磨板磨损值不超过其原厚度的 1/3。 11. 分配头芯柱及套筒表面粗糙度为 R_a1.6，套筒外径与分配头壳体配合为 H7/m6 或 H8/n7，芯柱与套筒配合间隙应符合表 1 要求	抽吸管及分配头		C				
转鼓的滤网、分格槽和格栅	1. 尼龙格栅之间间隙 3～4mm，尼龙格栅与分格条间隙 3～4mm。 2. 滤布铺平不得有皱纹，滤布搭接接头要超出分格条 40～60mm，滤布搭接方向要正确。 3. 不搭接的中间分格槽内应加衬 35～50mm 宽的滤布条，同压条一起压入槽内，压条之间留 3mm 的间隙，压条离端环槽 6mm。 4. 转鼓端环槽采用铅条衬滤布条方法来压紧滤布，铅条砸实后应低于分格条外表面 3mm	转鼓		C				
转鼓轴承，测量转鼓同轴度、水平度，检查填料密封	1. 转鼓轴承 1.1 滑动轴承 1）转鼓轴承间距允差 ±2mm，其同轴度在瓦面长度内允差 0.05mm；转鼓水平度公差值不大于 0.20mm/m。 2）轴颈与轴承接触角为 60°～90°，接触应均匀，接触点每平方厘米不少于 2 点。 3）轴承间隙为轴径的 1%～3%，当轴瓦磨损至间隙为 2mm 时，应更换轴瓦。	转鼓轴承		C				

转鼓真空过滤机检修质量确认表（续）

项目	主要控制内容			等级	施工单位	生产装置	设备管理部门	备注
	标准值	部位	现场记录					
转鼓轴承，测量转鼓同轴度、水平度，检查填料密封	4）止推间隙为0.50～1.50mm。 1.2 滚动轴承 1）轴承径向游隙不应超过0.30mm。 2）具有推力作用的滚动轴承，其轴承外圈与端盖间应留0.02～0.06mm间隙。 3）轴承内圈与轴颈的配合为H6/k6或H7/k6。 4）轴承外圈与轴承座孔的配合为H6/h6。 5）推力轴承轴向间隙为0.20～0.50mm。 2. 填料密封 2.1 填料压盖与填料箱配合为D9/d9，油环与轴颈配合间隙、填料压盖与轴颈配合间隙均为轴径的6‰～8‰。 2.2 填料搭接面切口为45°，相邻填料搭接口相错120°。 2.3 填料压盖应均匀压紧，并留有2/3压紧余量	转鼓轴承		C				
联轴器	1. 联轴器与轴颈配合推荐H7/m6或H7/n6。 2. 联轴器与轴装配后其径向允许偏差值为0.05mm。 3. 联轴器的端面间隙值见其表。 4. 联轴器对中检查值见其表	联轴器		B				
壳体	1. 过滤机内壳防爆衬里应平整，不得有缺陷和脱落现象。 2. 只要过滤机壳体经拆装或修补，检修工作完成后，应对壳体进行气密试验，压力为0.01MPa，恒压30min，所有焊缝、螺纹、法兰、观察窗、填料密封等处不得渗漏	壳体		B				

转鼓真空过滤机检修质量确认表（续）

项目	主要控制内容			等级	施工单位	生产装置	设备管理部门	备注
	标准值	部位	现场记录					
各传动机构	1. 110m² 过滤机蜗轮传动轴与其套筒配合间隙为轴颈的1.5‰～2‰，套筒与座孔配合为H7/n6或H6/n5。 2. 减速机检修见SHS 01028《变速机维护检修规程》	传动机构		B				
绝热层和防腐	无破损完好	绝热层和防腐		B				
注油器、管路及管件	清洗溶剂管和喷嘴，管内及喷嘴内不得有杂物，喷嘴应见金属光泽。清洗后检查溶剂管腐蚀情况，各喷嘴不堵塞	注油器、管路及管件		B				
底槽搅拌	1. 底槽搅拌的叶片不得有裂纹，焊接牢固，且转角处有加强筋加强； 2. 搅拌叶片安装应保持水平，搅拌连杆长度保持一致，连杆不应与机座摩擦； 3. 底槽搅拌装配后盘动应灵活、搅拌叶片不得与底槽摩擦	底槽搅拌		C				
回装时检测								
溶剂管、滴管及喷嘴	清洗溶剂管和喷嘴，管内及喷嘴内不得有杂物，喷嘴应见金属光泽。清洗后检查溶剂管腐蚀情况，各喷嘴不堵塞	壳体内		B				
密封及密封件	1. 填料压盖与填料箱配合为D9/d9，油环与轴颈配合间隙、填料压盖与轴颈配合间隙均为轴径的6‰～8‰。 2. 填料搭接面切口为45°，相邻填料搭接口相错120°。 3. 填料压盖应均匀压紧，并留有2/3压紧余量	密封		B				

转鼓真空过滤机检修质量确认表（续）

项目	主要控制内容			等级	施工单位	生产装置	设备管理部门	备注
	标准值	部位	现场记录					
刮刀及其调节组件，测量刮刀与绕线的间隙	1. 刮刀刀板应平直，刀刃不得有裂纹、卷边及毛刺，铆钉或螺钉应牢固，刀板刃面不得有严重沟槽。 2. 每一段刮刀间隔 0.80～3mm。 3. 刮刀调节组件应无锈蚀，刮刀摆动应灵活，刀刃与滤鼓绕线间隙为 0.10～0.50mm	刮刀		C				
螺旋输蜡器、减速箱、密封和轴承，校核其同轴度	1. 螺旋输蜡器合格指标： 1.1 螺旋输蜡器的叶片不得有裂纹，其径向圆跳动公差值≯4mm，两端短轴的径向圆跳动公差值≯0.06mm，其法兰端面圆跳动公差值≯0.06mm。 1.2 螺旋输蜡器中间支承轴承与两端轴承的同轴度≯1.50mm。 1.3 滑动轴承配合如下： 1）轴承衬套与轴承座孔的配合为 H7/p6。 2）轴承衬套与轴颈的间隙为轴径的 2‰～3‰。 3）中间支承轴承过盈量为 0.02～0.04mm。 1.4 滚动轴承配合如下： 1）内圈与轴颈的配合为 H7/js6 或 H7/k6。 2）外圈与轴承座孔的配合为 H7/h6 或 Js7/h6。 2. 减速箱合格指标： 2.1 110m² 过滤机蜗轮传动轴与其套筒配合间隙为轴颈的 1.5‰～2‰，套筒与座孔配合为 H7/n6 或 H6/n5。 2.2 减速机检修见 SHS 01028《变速机维护检修规程》。	螺旋输蜡器、减速箱、密封和轴承		C				

转鼓真空过滤机检修质量确认表（续）

项目	主要控制内容			等级	施工单位	生产装置	设备管理部门	备注
	标准值	部位	现场记录					
螺旋输蜡器、减速箱、密封和轴承，校核其同轴度	3. 密封合格指标： 3.1 填料压盖与填料箱配合为D9/d9，油环与轴颈配合间隙、填料压盖与轴颈配合间隙均为轴径的6‰～8‰。 3.2 填料搭接面切口为45°，相邻填料搭接口相错120°。 3.3 填料压盖应均匀压紧，并留有2/3压紧余量。 4. 轴承合格指标： 4.1 滑动轴承 1）转鼓轴承间距允差±2mm，其同轴度在瓦面长度内允差0.05mm；转鼓水平度公差值≯0.20mm/m。 2）轴颈与轴承接触角为60°～90°，接触应均匀，接触点每平方厘米不少于2点。 3）轴承间隙为轴径的1‰～3‰。当轴瓦磨损至间隙为2mm时，应更换轴瓦。 4）止推间隙为0.50～1.50mm。 4.2 滚动轴承 1）轴承径向游隙不应超过0.30mm。 2）具有推力作用的滚动轴承，其轴承外圈与端盖间应留0.02～0.06mm间隙。 3）轴承内圈与轴颈的配合为H6/k6或H7/k6。 4）轴承外圈与轴承座孔的配合为H6/h6。 5）推力轴承轴向间隙为0.20～0.50mm	螺旋输蜡器、减速箱、密封和轴承		C				

转鼓真空过滤机检修质量确认表（续）

项目	主要控制内容			等级	施工单位	生产装置	设备管理部门	备注
	标准值	部位	现场记录					
润滑油管路、密封、抗磨板、隔桥块及轴瓦	1. 抗磨板组装后其端面圆跳动公差值为0.10mm。 2. 分配头的抽吸管和溶剂管应完整无损，管与分配头法兰装配时，其中心偏差不大于3mm。 3. 耐磨板和隔桥块的接触面，其磨损沟槽宽度和深度应不大于1mm，接触点每平方厘米不应少于2点。 4. 组装后桥块与耐磨板配合面之间间隙不大于0.05mm。 5. 分配头桥块密封面与中心孔中心线垂直度≤0.1mm。 6. 分配头桥块密封面表面粗糙度达到R_a0.8。 7. 抗磨板密封端面和倒角表面粗糙度达到R_a0.8。 8. 分配头转鼓端面与壳体内壁间距离为282.5mm。 9. 分配头端耳轴外圆表面粗糙度达到R_a3.2。 10. 抗磨板磨损值不超过其原厚度的1/3。 11. 分配头芯柱及套筒表面粗糙度为R_a1.6，套筒外径与分配头壳体配合为H7/m6或H8/n7，芯柱与套筒配合间隙应符合表1要求	抽吸管及分配头		C				
转鼓的滤网、分格槽和格栅	1. 尼龙格栅之间间隙3～4mm，尼龙格栅与分格条间隙3～4mm。 2. 滤布铺平不得有皱纹，滤布搭接接头要超出分格条40～60mm，滤布搭接方向要正确。	转鼓		C				

转鼓真空过滤机检修质量确认表（续）

项目	主要控制内容			等级	施工单位	生产装置	设备管理部门	备注
	标准值	部位	现场记录					
转鼓的滤网、分格槽和格栅	3. 不搭接的中间分格槽内应加衬35～50mm宽的滤布条，同压条一起压入槽内，压条之间留3mm的间隙，压条离端环槽6mm。 4. 转鼓端环槽采用铅条衬滤布条方法来压紧滤布，铅条砸实后应低于分格条外表面3mm	转鼓		C				
转鼓轴承，测量转鼓同轴度、水平度，检查填料密封	1. 转鼓轴承 1.1 滑动轴承 1）转鼓轴承间距允差±2mm，其同轴度在瓦面长度内允差0.05mm；转鼓水平度公差值不大于0.20mm/m。 2）轴颈与轴承接触角为60°～90°，接触应均匀，接触点每平方厘米不少于2点。 3）轴承间隙为轴径的1%～3%，当轴瓦磨损至间隙为2mm时，应更换轴瓦； 4）止推间隙为0.50～1.50mm。 1.2 滚动轴承 1）轴承径向游隙不应超过0.30mm。 2）具有推力作用的滚动轴承，其轴承外圈与端盖间应留0.02～0.06mm间隙。 3）轴承内圈与轴颈的配合为H6/k6或H7/k6。 4）轴承外圈与轴承座孔的配合为H6/h6。 5）推力轴承轴向间隙为0.20～0.50mm。 2. 填料密封 2.1 填料压盖与填料箱配合为D9/d9，油环与轴颈配合间隙、填料压盖与轴颈配合间隙均为轴径的6‰～8‰。	转鼓轴承		C				

转鼓真空过滤机检修质量确认表（续）

项目	主要控制内容			等级	施工单位	生产装置	设备管理部门	备注
	标准值	部位	现场记录					
转鼓轴承，测量转鼓同轴度、水平度，检查填料密封	2.2 填料搭接面切口为45°，相邻填料搭接口相错120°。 2.3 填料压盖应均匀压紧，并留有2/3压紧余量	转鼓轴承		C				
联轴器	1. 联轴器与轴颈配合推荐H7/m6或H7/n6。 2. 联轴器与轴装配后其径向允许偏差值为0.05mm。 3. 联轴器的端面间隙值见其表。 4. 联轴器对中检查值见其表	联轴器		B				
壳体	1. 过滤机内壳防爆衬里应平整，不得有缺陷和脱落现象。 2. 只要过滤机壳体经拆装或修补，检修工作完成后，应对壳体进行气密试验，压力为0.01MPa，恒压30min，所有焊缝、螺纹、法兰、观察窗、填料密封等处不得渗漏	壳体		B				
各传动机构	1. 110m^2过滤机蜗轮传动轴与其套筒配合间隙为轴颈的1.5‰～2‰，套筒与座孔配合为H7/n6或H6/n5。 2. 减速机检修见SHS 01028《变速机维护检修规程》	传动机构		B				
绝热层和防腐	无破损完好	绝热层和防腐		B				
注油器、管路及管件	清洗溶剂管和喷嘴，管内及喷嘴内不得有杂物，喷嘴应见金属光泽。清洗后检查溶剂管腐蚀情况，各喷嘴不堵塞	注油器、管路及管件		B				

转鼓真空过滤机检修质量确认表（续）

项目	主要控制内容			等级	施工单位	生产装置	设备管理部门	备注
	标准值	部位	现场记录					
底槽搅拌	1. 底槽搅拌的叶片不得有裂纹，焊接牢固，且转角处有加强筋加强。 2. 搅拌叶片安装应保持水平，搅拌连杆长度保持一致，连杆不应与机座摩擦。 3. 底槽搅拌装配后盘动应灵活、搅拌叶片不得与底槽摩擦	底槽搅拌		C				

控制级别说明： A 级：分部机动处专业人员、车间设备员 / 设备主任、施工单位检查人员。

B 级：车间质量管理人员、施工单位检查人员。

C 级：施工单位检查人员。

如有监理，监理的职责由甲方授权。

附 录 B
（资料性附录）
转鼓真空过滤机试车与验收数据记录表

项目	主要控制内容			等级	施工单位	生产装置	设备管理部门	备注
	标准值	部位	现场记录					
试车数据								
空载试车	1. 空载试车 1.1 按操作规程启动输蜡器和转鼓，使其转动 2～4 转，检查减速机、各轴承及传动部件，均应正常。 1.2 空载试车时间一般不少于 2h。 2. 按操作规程启动过滤机，进行负荷试车，过滤机的各项技术指标应符合下列要求： 1）转鼓无抖动现象。 2）减速机标准振动应符合 SHS 01003—2019《石油化工旋转机械振动标准》相关要求。 3）滑动轴承温度不大于 65℃。 4）滚动轴承温度不大于 70℃。 5）密封泄漏不超标。 6）电机负荷不超过额定电流	整机		B				
验收数据								
验收	1. 检修现场按照文明施工的要求，做到工完、料尽、场地清	整机		B				
	2. 过滤机连续 24h 满负荷运行，各项技术指标达到设计要求或能满足生产需要	整机		B				
	3. 过滤机设备技术状态应达到完好标准	整机		B				
	4. 检修记录、试车记录等齐全、准确	整机		B				
	5. 按规定办理验收手续，交付生产使用	整机		B				

控制级别说明： A 级：分部机动处专业人员、车间设备员 / 设备主任、施工单位检查人员。

B 级：车间质量管理人员、施工单位检查人员。

C 级：施工单位检查人员。

如有监理，监理的职责由甲方授权。

26. 板框过滤机维护检修规程

SHS 01027—2019

代替 SHS 01027—2004

目　次

前　言

本规程按照GB/T 1.1—2009《标准化工作导则　第1部分：标准的结构和编写》给出的规则修订。

本规程代替SHS 01027—2004《板框过滤机维护检修规程》，与SHS 01027—2004相比，除了编辑性修改外，主要技术变化如下：

——增加引用标准JB/T 4333.1～4《厢式压滤机和板框压滤机》；

——检修周期与内容章节中，检修周期分大修和小修，并给出具体的检修周期。修订后删除了小修的提法以及小修周期和小修项目；

——更新了拆卸与安装过程中的步骤、注意事项和技术要求；

——维护与故障处理章节，采用了RCM的分析方法重新编制。

本规程由中国石油化工集团有限公司、中国石油化工股份有限公司提出。

本规程起草单位：天华化工机械及自动化研究设计院有限公司。

本规程主要起草人：窦岩、张岩。

本规程所代替规程的历次版本发布情况为：

——SHS 01027—1992、SHS 01027—2004。

板框过滤机维护检修规程

1 范围

1.1 主题内容

本规程规定了板框过滤机的检修周期与内容、检修与质量标准、试车与验收、维护与故障处理。

1.2 适用范围

本规程分别适用于石油化工 DE 1000-70A KA-C1/60（进口自动板框过滤机）、BA70/900（国产手动板框过滤机）的维护和检修。

2 规范性引用文件

下列文件中的条款通过本规程的引用而成为本规程的条款。凡是注日期的引用文件，其随后所有的修改单（不包括勘误的内容）或修订版均不适用于本规程，然而，鼓励根据本规程达成协议的各方研究是否可使用这些文件的最新版本。凡是不注日期的引用文件，其最新版本适用于本规程。

JB/T 4333.1　厢式压滤机和板框压滤机 第 1 部分：型式与基本参数

JB/T 4333.2　厢式压滤机和板框压滤机 第 2 部分：技术条件

JB/T 4333.3　厢式压滤机和板框压滤机 第 3 部分：滤板

JB/T 4333.4　厢式压滤机和板框压滤机 第 4 部分：型膜滤板

3 检修周期与内容

3.1 检修周期

根据对板框压滤机功能故障及其影响分析的结果、有无备用设备，并结合装置检修周期确定检修周期，一般为 36 个月，可根据状态监测和实际运行情况调整。

3.2 检修内容

3.2.1 对已损坏的板框、把手等进行修理或更换；

3.2.2 检查各联接螺栓的紧固状况；

3.2.3 检修液压系统；

3.2.4 检查滤机进入口漏油处；
3.2.5 检查阀门、管件、压力表的完好情况；
3.2.6 检查机械拉爪的动作情况并加油；
3.2.7 检查减速齿轮的磨损及工作情况；
3.2.8 检查各部位轴承润滑情况；
3.2.9 检查并调整各动作部位的联接件；
3.2.10 检查清理驱动链轮与链条；
3.2.11 清洗液压油箱及过滤网，更换润滑油；
3.2.12 检查电气设备及防护装置的完好情况；
3.2.13 解体检查过滤机活动头、滚轮等滑动部件；
3.2.14 检查滤板移动器和驱动装置；
3.2.15 整修机架，底座及基础；
3.2.16 检查大梁和滤板；
3.2.17 检查修理滴液盘；
3.2.18 解体检查修理压紧装置；
3.2.19 处理运行中出现的其他问题；
3.2.20 整机防腐刷漆。

4 检修程序与质量标准

4.1 检修前准备

4.1.1 根据生产工艺及检修过程进行危害识别及风险评估、环境因素识别和影响评价；
4.1.2 根据板框过滤机运行状况和以往检修记录，结合装置生产状况制定详尽的施工方案；备好相关图纸、施工统筹图等资料；
4.1.3 组织施工人员现场交底，熟悉施工方案、施工图纸、施工统筹、技术要求及有关资料，并掌握施工质量标准；
4.1.4 备齐检修工具、量具、配件及其他相关材料；
4.1.5 检修现场布置符合安全卫生标准，零部件，工机具的存放设有固定区域；
4.1.6 切断电源，关闭进、出口阀，放净设备内介质并处理干净；检查安全措施准备，检查安全通道畅通无阻，放置好安全警示牌，拉好安全警示绳；办理相关票证。

4.2 拆卸与检查

4.2.1 拆卸过滤机活动头部分

a）检查活动头支承滚轮轴承磨损情况；

b）检查油缸表面有无沟痕和裂纹，测量油缸表面粗糙度、油缸内径圆度和圆柱度。粗糙度 R_a≤0.4，油缸内径圆度和圆柱度标准详见表 2；

c）检查活塞表面有无沟痕和裂纹，测量活塞表面粗糙度、活塞圆度和圆柱度。粗糙度 R_a≤0.4，活塞圆度和圆柱度标准详见表 2；

d）检查活塞杆表面有无沟痕和裂纹，测量活塞杆表面粗糙度、活塞杆圆度和圆柱度。粗糙度 R_a≤0.4，活塞杆圆度和圆柱度标准详见表 2；

e）检查活塞环、支承环有无沟痕、裂纹、变形。

4.2.2 检查主梁和滤板

a）测量主梁导轨的纵、横方向水平度、平行度和直线度。水平度标准值：0.2mm/m，总长度上平行度标准值：≤2mm，总长度上直线度标准值：≤3mm；

b）检查大梁的固定螺栓；

c）检查滤板、滤框并测量其平面度和粗糙度，平面度标准值：0.10mm，粗糙度：R_a0.8；

d）检查滤板槽冲刷磨损情况，有无穿孔、裂纹；

e）检查滤板支耳滑块磨损情况；

f）检查滤板丝网固定螺钉情况；

g）检查活动板活动小轮磨损与腐蚀情况，磨损腐蚀不大于 3mm；

4.2.3 拆卸液压系统

a）检查清洗液压油泵，柱塞与油缸的间隙为 0.02～0.05mm；

b）检查清洗组合阀、止回阀、泄压阀、电磁换向阀；

c）检查清洗活动楔油压缸；

d）清洗过滤器及油箱；

e）检查液压软管。

4.2.4 拆卸滴液盘部分

a）检查清洗手摇器；

b）检查蜗轮蜗杆的磨损；

c）检查清洗各部位轴承；

d）检查滴液盘销轴、轴套、垫片、螺钉等磨损情况；

e）检查滴液盘表面腐蚀、磨损、变形情况。

4.2.5 检查滤板移动器和驱动装置

a）检查滤板移动器弹簧、拉爪、导向块的磨损；

b）检查滤板移动器轴承、销轴磨损情况；

c）检查驱动齿轮磨损情况，并测量各部位间隙。啮合顶隙（0.2～0.3）m（m 表示齿轮模数），侧隙见表 7；

d）检查测量蜗轮、蜗杆啮合间隙。啮合顶隙（0.2～0.3）m（m 表示齿轮模数），侧隙见表 5；

e）检查花键轴、六方轴磨损情况，测量直线度，直线的标准值：0.3mm；

f）检查驱动链条、链轮及轴承的磨损情况；

g）检查滑动轴承套与轴的配合间隙，间隙标准值：（0.8‰～0.12‰）D；

h）检查六方轴与减速齿轮轴的同轴度，同轴度标准：0.15mm。

4.3 回装与质量标准

4.3.1 机架、基础

a）机架与底座严重腐蚀造成整机晃动，扭斜变形时，应予以校正或更换；

b）整机安装水平度公差为 1mm/m；

c）用对角线法校正扭斜变形，使机架中心孔在整机中心线上，误差＜2mm；

d）基础和地脚螺栓严重腐蚀后应重新浇灌，并在四周做好防腐层。

4.3.2 主梁

a）主梁腐蚀或磨损超过 3mm 时，需补强或调向使用，超过 5mm 时必须更换；

b）主梁导轨纵向和横向水平度为 0.2mm/m；

c）两个主梁相对侧面的平行度在总长度上≤2mm；

d）两个主梁导轨在总长度上的直线度≤3mm。

4.3.3 板框

a）滤板、滤框表面需平整、光滑，无气孔、毛刺、裂纹及其他缺陷；

b）滤板与滤框密封面接触良好无明显缝隙，最大间隙为 0.15mm，滤板平面度公差为 0.10mm；

c）滤板、压紧板和止推板的压紧表面粗糙度为 R_a0.8（铸铁板框两面表面粗糙度为 R_a6.3）；

d）铸铁板框允许变形范围为 0.5～1.5mm；

e）活动板活动小轮应转动灵活，磨损或腐蚀大于 3mm 时需更换。

4.3.4 机械传动压紧装置

a）丝杠直线度公差为 2mm，螺纹工作部位不准有裂纹等工作缺陷；

b）螺纹旋转灵活，当磨损或腐蚀导致松动过大时需更换；

c）止退架腐蚀变形严重时应予以更换；

d）丝杠中心线和压紧板中心线同轴度公差为 ϕ2mm。

4.3.5 液压压紧装置

a）拆洗油缸，更换“O”形密封环；

b）液压缸装配后，以 1.25 倍的工作压力进行试压，保持 5 分钟以上，压力不得下降，无任何泄漏现象；

c）油缸内表面光滑，无沟痕和裂纹等缺陷。其粗糙度 R_a0.4。活塞在油缸内活动自如。油缸内径圆度和圆柱度公差值见表 1；

表 1 油缸内径圆度和圆柱度公差

mm

油缸内径	组装公差		磨损极限	
	圆度	圆柱度	圆度	圆柱度
≤100	0.015	0.03	0.07	0.15
>101～150	0.02	0.04	0.09	0.18
>151～300	0.02	0.04	0.12	0.20
>301～400	0.025	0.05	0.15	0.22

d）活塞推杆无裂纹和沟痕等缺陷，杆的圆度和圆柱度公差见表 2，表面粗糙度 R_a0.4；

表 2 活塞杆圆度、圆柱度公差

mm

活塞杆直径	组装公差		磨损极限	
	圆度	圆柱度	圆度	圆柱度
≤80	0.02	0.04	0.06	0.12
>80～160	0.03	0.05	0.07	0.15
>160～320	0.03	0.05	0.09	0.18

e）活塞圆度和圆柱度公差见表 3。柱塞、缸的表面无划痕，其粗糙度 R_a0.4，圆柱度公差值为 0.005mm；

表 3 活塞圆度、圆柱度公差

mm

活塞直径	组装公差		磨损极限	
	圆度	圆柱度	圆度	圆柱度
≤200	0.02	0.03	0.06	0.10
>200～400	0.03	0.04	0.09	0.15

f）柱塞泵的柱塞与缸的配合间隙为 0.02～0.05mm；

g）活塞杆的轴线和压紧板中心吻合，允许偏差≤1.5mm。

4.3.6 滴液盘系统

a）滴液盘表面无腐蚀、磨损现象，防腐漆完好；

b）滴液盘表面不扭曲、变形；

c）滴液盘关闭时接触面良好，无明显缝隙；

d）蜗轮、蜗杆啮合顶间隙为（0.2～0.3）*m*（*m* 为模数，mm），侧隙见表 4，蜗轮、蜗杆的啮合接触面积见表 5；

表 4　蜗轮、蜗杆啮合侧隙

mm

中心距	40～80	80～160	160～320	320～630	630～1250
最大侧隙	0.095	0.13	0.19	0.26	0.38

表 5　蜗轮、蜗杆的啮合接触面积

精度等级	5	6	7	8	9
沿齿高 /%	＞60	＞60	＞60	＞50	＞30
沿齿宽 /%	＞75	＞70	＞65	＞50	＞35

e）滚动轴承如有滚道剥落、裂纹，滚动体磨损、点蚀等缺陷，必须更换，轴承的轴向游隙应符合标准。

4.3.7　过桥传动齿轮

a）圆柱齿轮齿面无点蚀、咬合、烧伤、断齿现象，齿轮啮合的齿顶间隙（0.2～0.3）*m*（*m* 为法向模数，mm），齿侧间隙见表 6，齿轮啮合接触面应均匀，接触面积见表 7，齿轮节圆齿厚最大允许磨损值见表 8：

表 6　齿轮啮合齿侧间隙

mm

中心距	50	50～80	80～120	120～200	200～300	300～500	500～800
最大侧间隙	0.085	0.105	0.13	0.17	0.21	0.26	0.34

表 7　齿轮啮合接触面积

名称		精度等级		
		＞7	＞8	＞9
接触面积	沿尺高 /%	＞45	＞40	＞30
	沿尺宽 /%	＞60	＞50	＞40

表 8　齿轮节圆齿厚最大允许磨损值

圆周线速度 /（m/s）	≤2	2～6	＞6
最大磨损值	0.24*m*	0.16*m*	0.10*m*

注： *m* 为模数，mm。

b）矩形花键轴和花键套应配合良好，无堆边现象，滑动灵活，无卡涩，花键配合标准见 GB/T 1144；

c）六方轴直线度为 0.3mm，六方轴与减速机齿轮轴同轴度为 0.15mm；

d）检查各滚子链条节距、链轮有无咬链、疲劳点蚀、疲劳裂纹等缺陷，链条的垂度为 $f \leqslant 0.02A$（A 为中心距，mm）；

e）滑动轴承套与轴的配合间隙为（0.8‰～0.12‰）D（D 为轴径）。

5 试车与验收

5.1 试车前的准备

5.1.1 制定试车方案并按方案做好各项准备工作；

5.1.2 检查检修质量确认表或施工方案的检修数据记录情况，确认检修数据等正确；

5.1.3 清扫设备周围油泥、施工杂物等，保证安全，符合试车条件；

5.1.4 检查电器、仪表、油系统均已具备试车条件；

5.1.5 检查链条张紧程度；

5.1.6 检查压力表、温度计齐全好用；

5.1.7 检查各连接螺栓紧固良好；

5.1.8 单试电机转向正确，连接联轴器；

5.1.9 检查减速机润滑油油位、液压系统油位；

5.1.10 检查其他传动部位是否已经加注润滑脂。

5.2 试车

5.2.1 手动控制

a）打开、关闭滴液盘触及限位位置正确（适用于 DE 1000-70A KA-C1/60）；

b）滴液盘及手摇器工作正常（适用于 BA70/900）；

c）启动液压泵，检查活动头推动并顶紧滤板，油压符合要求，达到规定值后液压泵自动停止（BA70/900 需手动停泵），在单位时间内观察压降是否符合要求，活动头油缸各密封无泄漏；

d）松开机架，检查活动头返回触及限位开关时停止位置正确且液压泵自动停（适用于 DE 1000-70A KA-C1/60）；

e）启动滤板移动器，拉爪的动作应准确可靠，驱动链条松紧适度；

f）悬挂部件的动作准确；

g）测试各联锁情况正常；

h）检查各工作状态指示与实际操作一致；

i）滤布装机压紧后做强度和紧密性实验 5～10min，要求压紧面间无泄漏现象。

5.2.2 自动控制

a）手动控制试车确认一切正常，可投入自动进料运行；

b）过滤机自动控制的时间程序应准确；

c）过滤过程中无泄漏。

5.3 验收

5.3.1 过滤机满负荷连续八次过滤无泄漏，各项技术指标达到设计要求或能满足生产需要；

5.3.2 检查轴承的温度不高于 80℃；

5.3.3 过滤机达到完好标准；

5.3.4 检修记录齐全、准确，按规定办理验收手续。

6 维护与故障处理

6.1 日常维护

6.1.1 定时巡检，做好记录；

6.1.2 定时检查润滑情况，做好润滑油（脂）的填加或更换工作；

6.1.3 定时检查滤板压紧时的油压；

6.1.4 定时检查各轴承温度；

6.1.5 定时检查驱动装置传动部件的啮合与润滑情况，机械爪工作情况；

6.1.6 定时检查各密封部位有无泄漏，各连接部件有无松动；

6.1.7 定时检查液压泵的运行情况；

6.1.8 检查滤布有无破损和折叠现象，各条管路是否畅通；

6.1.9 定时检查过滤器是否完好；

6.1.10 定时检查滤板，活动头支承轮转动是否正常；

6.1.11 每班定期做好设备的清扫、保养、润滑；

6.1.12 及时做好设备的运行记录和缺陷、隐患、维修记录；

6.1.13 定时检查压滤机运行中出现的问题，发现异常要立即采取措施排除。

6.2 故障与处理方法

板框式过滤机常见功能故障与处理方法见表 9。

表 9 板框式过滤机常见功能故障与处理方法

序号	功能	功能故障	故障模式	故障后果	故障应对策略与检修内容	检修周期 / 月
1	保证压滤效果	过滤液泄漏	板框变形	生产负荷下降；产品质量不合格	校平或更换滤板	视情而定
			板框密封面有积物	生产负荷下降；产品质量不合格	清理积物	视情而定
			顶紧油压低	生产负荷下降；产品质量不合格	调整油压	视情而定
			滤布起皱或损坏	生产负荷下降；产品质量不合格	更换滤布	视情而定
		液压泵故障	吸入管堵塞	生产负荷下降；产品质量不合格	清理入口管线及过滤器	视情而定
			进入空气	生产负荷下降；产品质量不合格	通过放气阀排尽空气	视情而定
			泵内部磨损	生产负荷下降；产品质量不合格	检查泵内件	视情而定
			油品黏度太高	生产负荷下降；产品质量不合格	降低油品黏度	视情而定
2	过滤液不泄漏	顶紧油压低	节流阀或泄压阀定压太低	生产负荷下降；产品质量不合格	重新设置阀门压力	视情而定
			节流阀密封损坏	生产负荷下降；产品质量不合格	更换节流阀密封	视情而定
			节流阀弹簧损坏	生产负荷下降；产品质量不合格	更换节流阀弹簧	视情而定
			安全阀失灵	生产负荷下降；产品质量不合格	检查修理	视情而定
			阀内漏	生产负荷下降；产品质量不合格	修理研磨各部件	视情而定
			液压泵入口节流	生产负荷下降；产品质量不合格	检查清理泵入口过滤器及入口管线	视情而定
			泵本身损坏	生产负荷下降；产品质量不合格	修泵	视情而定
			油品黏度太低	生产负荷下降；产品质量不合格	更换油品黏度	视情而定
			板框不符合要求	生产负荷下降；产品质量不合格	更换板框	视情而定

表 9　板框式过滤机常见功能故障与处理方法（续）

序号	功能	功能故障	故障模式	故障后果	故障应对策略与检修内容	检修周期／月
2	过滤液不泄漏	顶紧油压低	电动机功率选的过小	生产负荷下降；产品质量不合格	重新选用	视情而定
			液压管路有内漏现象	生产负荷下降；产品质量不合格	检查电磁阀分配器及油路中各阀门密封等机械磨损情况	视情而定
3	保证机组连续运转	液压推杆不动	过滤网堵塞使油缸无油	非计划停工	清洗滤网，重新检查油路系统	视情而定
			油泵损坏	非计划停工	检修或更换油泵	视情而定
		液压泵故障	吸入管堵塞	液压泵杂音大	清理入口管线及过滤器	视情而定
			进入空气	液压泵杂音大	通过放气阀排尽空气	视情而定
			泵内部磨损	液压泵杂音大	检查泵内件	视情而定
			油品黏度太高	液压泵杂音大	降低油品黏度	视情而定
			紧固件松动	液压泵杂音大、振动	紧固	视情而定
		传动系统不正常	滚动轴承损坏	非计划停工	定期定量加注润滑脂；根据检修周期更换更换滚动轴承。	36～48
			链条太松或过紧	链条噪声过大或链条抖动	调节紧链器或除掉过长链节。	视情而定
			链条、链轮过度磨损	链条噪声过大或链条抖动	更换链条或链轮	视情而定
			各链轮不在同一平面内	链条噪声过大或链条抖动	调整使相邻两个链轮轴向偏差不大于中心距的 0.20%～0.40%	36～48
			链条断开	链条噪声过大或链条抖动	更换链条	24～36
			链条卡涩	链条噪声过大或链条抖动	链条上加润滑油	2 天 1 次
			填料与传动轴接触过紧	链条噪声过大或链条抖动	调整填料压盖	视情而定

表 9　板框式过滤机常见功能故障与处理方法（续）

序号	功能	功能故障	故障模式	故障后果	故障应对策略与检修内容	检修周期／月
3	保证机组连续运转	减速机故障	对中不良	减速机振动大	重新对中	视情而定
			滚子或齿轮磨损	减速机振动大	更换配件	36～48
			轴承磨损	减速机振动大	更换轴承	36～48
			润滑油不足	减速机温度过高	加润滑油	视情而定
			超负荷	减速机温度过高	查找超负荷原因并处理	视情而定
			振动大引起	减速机温度过高	按振动大处理方法	视情而定
			对中不良	减速机振动大	重新对中	视情而定
		丝杠弯曲	顶杆中心不正	非计划停工	更换丝杠，校正中心	视情而定
			导向架装配不正	非计划停工	调整导向架	视情而定
		拉爪不动作	拉爪未复位，卡在板框吊架中	非计划停工	松开板框，进行调整	视情而定
			电机接线错误或电机损坏	非计划停工	检查电机接线或更换电机	视情而定
			电控柜故障	非计划停工	检修电控柜及检查电控柜线路	视情而定
			拉爪弹簧失灵	非计划停工	更换	视情而定
		液压泵高限不停（或低限不启动）	压力开关高限（或低限）与指针间边线接触不良	非计划停工	检查连线将其接牢	视情而定
			输入端子有虚接、松动	非计划停工	将端子重新接牢	视情而定
			指针间接触不良	非计划停工	将表盖打开用水砂纸打磨	视情而定

附 录 A
（资料性附录）
板框过滤机检修质量控制确认表

项目		主要控制内容			等级	施工单位	生产装置	设备管理部	备注
		标准值	部位	现场记录					
拆卸时检测									
滤板与滤框密封面接触最大间隙		0.15mm	滤板		B	★	★		
滤板平面度		0.10mm	滤板		B	★	★		
滤板、压紧板和止推板的压紧表面粗糙度		R_a0.8	滤板		B	★	★		
铸铁板框	表面粗糙度	R_a6.3	板框		B	★	★		
	允许变形范围	0.5～1.5mm	板框		B	★	★		
活动板活动小轮磨损或腐蚀		≯3mm	板框		B	★	★		
主梁腐蚀或磨损	超过3mm时	补强或调向使用	主梁		B	★	★		
	超过5mm时	更换	主梁		B	★	★		
主梁导轨水平度	纵向	0.2mm/m	主梁		B	★	★		
	横向	0.2mm/m	主梁		B	★	★		
两个主梁	相对侧面平行度	总长度上≤2mm	主梁		B	★	★		
	导轨直线度	总长度上≤3mm	主梁		B	★	★		
丝杠	直线度	2mm	压紧装置		B	★	★		
丝杠中心线和压紧板中心线同轴度公差		ϕ2mm	压紧装置		B	★	★		
油缸	内表面粗糙度	R_a0.4	压紧装置		B	★	★		
	内径圆度	表2	压紧装置		B	★	★		
	内径圆柱度	表2	压紧装置		B	★	★		
活塞推杆	表面粗糙度	R_a0.4	压紧装置		B	★	★		
	圆度	表3	压紧装置		B	★	★		
	圆柱度	表3	压紧装置		B	★	★		

板框过滤机检修质量控制确认表（续）

项目		主要控制内容			等级	施工单位	生产装置	设备管理部	备注
		标准值	部位	现场记录					
活塞	圆度	表 4	压紧装置		B	★	★		
活塞	圆柱度	表 4	压紧装置		B	★	★		
柱塞缸	表面粗糙度	R_a0.4	压紧装置		B	★	★		
柱塞缸	圆柱度	0.005mm	压紧装置		B	★	★		
柱塞泵的柱塞与缸的配合间隙		0.02～0.05mm	压紧装置		B	★	★		
活塞杆的轴线和压紧板中心允许偏差		≤1.5mm	压紧装置		B	★	★		
圆柱齿轮齿面		无点蚀、咬合、烧伤、断齿现象	传动		B	★	★		
齿轮节圆齿厚最大允许磨损值		见表 9	传动		B	★	★		
六方轴	直线度	0.3mm	传动		B	★	★		
六方轴	与减速机齿轮轴同轴度	0.15mm	传动		B	★	★		
滚子链条		无咬链、疲劳点蚀、疲劳裂纹	传动		B	★	★		
链子的垂度		f≤0.02A（A为中心距，mm）	传动		C	★			
滑动轴承套与轴的配合间隙		（0.8‰～0.12‰）d（d为轴径）	传动		B	★	★		
回装时检测									
整机安装水平度公差		1mm/m	板框		B	★	★		
机架扭斜变形		中心孔在整机中心线上误差＜2mm	机架		B	★	★		
主梁腐蚀或磨损	超过 3mm 时	补强或调向使用	主梁		B	★	★	★	
主梁腐蚀或磨损	超过 5mm 时	更换	主梁		B	★	★	★	
主梁导轨水平度	纵向	0.2mm/m	主梁		B	★	★	★	
主梁导轨水平度	横向	0.2mm/m	主梁		B	★	★	★	

板框过滤机检修质量控制确认表（续）

项目	主要控制内容				等级	施工单位	生产装置	设备管理部	备注
	标准值		部位	现场记录					
两个主梁	相对侧面平行度	总长度上≤2mm	主梁		B	★	★	★	
	导轨直线度	总长度上≤3mm	主梁		B	★	★	★	
滤板与滤框密封面接触最大间隙		0.15mm	滤板		B	★	★		
滤板平面度		0.10mm	滤板		B	★	★		
滤板、压紧板和止推板的压紧表面粗糙度		R_a0.8	滤板		B	★	★		
铸铁板框	表面粗糙度	R_a6.3	板框		B	★	★		
	允许变形范围	0.5～1.5mm	板框		B	★	★		
活动板活动小轮磨损或腐蚀		≯3mm	板框		B	★	★		
丝杠	直线度	2mm	压紧装置		B	★	★		
丝杠中心线和压紧板中心线同轴度公差		ϕ2mm	压紧装置		B	★	★		
液压缸装配后试压		以1.25倍的工作压力进行试压，保持5min以上，压力不得下降，无任何泄漏现象	压紧装置		B	★	★		
油缸	内表面粗糙度	R_a0.4	压紧装置		B	★	★		
	内径圆度	表2	压紧装置		B	★	★		
	内径圆柱度	表2	压紧装置		B	★	★		
活塞推杆	表面粗糙度	R_a0.4	压紧装置		B	★	★		
	圆度	表3	压紧装置		B	★	★		
	圆柱度	表3	压紧装置		B	★	★		
活塞	圆度	表4	压紧装置		B	★	★		
	圆柱度	表4	压紧装置		B	★	★		
柱塞缸	表面粗糙度	R_a0.4	压紧装置		B	★	★		
	圆柱度	0.005mm	压紧装置		B	★	★		

板框过滤机检修质量控制确认表（续）

项目		主要控制内容			等级	施工单位	生产装置	设备管理部	备注
		标准值	部位	现场记录					
柱塞泵的柱塞与缸的配合间隙		0.02～0.05mm	压紧装置		B	★	★		
活塞杆的轴线和压紧板中心允许偏差		≤1.5mm	压紧装置		B	★	★		
蜗轮蜗杆啮合	顶间隙	（0.2～0.3）*m*（*m* 为模数）	压紧装置		B	★	★		
	侧隙	见表 5	压紧装置		B	★	★		
	接触面积	见表 6	压紧装置		B	★	★		
圆柱齿轮齿面		无点蚀、咬合、烧伤、断齿现象	传动		B	★	★		
圆柱齿轮啮合	顶间隙	（0.2～0.3）*m*（*m* 为法向模数）	传动		B	★	★		
	侧隙	表 7	传动		B	★	★		
	接触面积	表 8	传动		B	★	★		
齿轮节圆齿厚最大允许磨损值		见表 9	传动		B	★	★		
六方轴	直线度	0.3mm	传动		B	★	★		
	与减速机齿轮轴同轴度	0.15mm	传动		B	★	★		
滚子链条		无咬链、疲劳点蚀、疲劳裂纹	传动		B	★	★		
链子的垂度		$f \leq 0.02A$（*A* 为中心距，mm）	传动		C	★			
滑动轴承套与轴的配合间隙		（0.8‰～0.12‰）*d*（*d* 为轴径）	传动		B	★	★		

注： A 级：施工单位、生产装置、设备管理部门专业人员检查确认后签字。

B 级：施工单位和生产装置专业人员检查确认后签字。

C 级：施工单位专业人员检查确认后签字。

另：如果有监理，监理的职责由甲方授权。

附　录　B
（资料性附录）
滤布、滤纸规格

表 B.1　滤布规格

类别	执行标准	规格					
		线密度 × 股数		质量 / （g/m^2）	厚度 /mm	密度 / （根 /in^2）	
		经纱	纬纱			经线	纬线
滤布	Q/DBGL. J. 01—1996	200d×6	200d×6	≥ 750	1	76	33

表 B.2　滤纸规格

类别	执行标准	质量 / （g/m^2）	纤维配比 /%	过滤速度 /s	耐破强度 /MPa
滤纸	Q/FML01—2001	270～300	100% 漂白棉浆	≤ 60	≮ 0.27

27. 变速机维护检修规程

SHS 01028—2019

代替 SHS 01028—2004

目 次

前　言

本规程按照 GB/T 1.1—2009《标准化工作导则　第 1 部分：标准的结构和编写》给出的规则修订。

本规程代替 SHS 01028—2004《变速机维护检修规程》，与 SHS 01028—2004 相比，除了编辑性修改外，主要技术变化如下：

——齿轮啮合表面粗糙度为 R_a0.4；

——圆柱齿轮啮合接触面积；

——圆柱齿轮轴线平行度公差；

——维护与故障处理章节，采用了 RCM 的分析方法重新编制。

本规程由中国石油化工集团有限公司、中国石油化工股份有限公司提出。

本规程起草单位：沈鼓集团齿轮压缩机公司。

本规程主要起草人：于生力、刘延博、马文坚。

本规程所代替规程的历次版本发布情况为：

——SHS 01028—1992、SHS 01028—2004。

变速机维护检修规程

1 范围

1.1 主题内容

本规程规定变速机的检修周期与内容、检修与质量标准、试车与验收、维护与故障处理。

1.2 适用范围

本规程适用于石油化工圆柱齿轮、圆锥齿轮、圆弧齿轮、蜗轮、蜗杆、行星摆线针轮减速机、行星齿轮增速机及行星式摩擦无级变速机的维护和检修。

2 规范性引用文件

下列文件中的条款通过本规程的引用而成为本规程的条款。凡是注日期的引用文件，其随后所有的修改单（不包括勘误的内容）或修订版均不适用于本规程，然而，鼓励根据本规程达成协议的各方研究是否可使用这些文件的最新版本。凡是不注日期的引用文件，其最新版本适用于本规程。

GB/T 10095 渐开线圆柱齿轮精度

GB/T 15753 圆弧圆柱齿轮精度

GB/T 11365 锥齿轮精度

API 613 用于石油、化工及天然气工业专用齿轮装置

3 检修周期与内容

3.1 检修周期

根据对变速机设备功能故障及其影响分析的结果、有无备用设备并结合生产装置运行周期，确定设备检修周期，一般为36～60个月。

3.2 检修项目

3.2.1 检查联轴器对中情况。

3.2.2 迷宫油封、轴封间隙是否超差。

3.2.3 检查修理轴承、测量间隙。

3.2.4　检查齿轮类零部件的磨损及配合情况。
3.2.5　处理运行中存在的问题。
3.2.6　检查盘车机构是否存在问题。

4　检修程序与质量标准

本规程给出了常规变速机的检修与质量标准，各变速机具体情况会有所差异，可以参照其随机资料执行。

4.1　检修前准备

4.1.1　检修技术准备：

a）根据变速机图纸，规范及有关资料编制检修方案，技术措施和工程耗材；

b）根据机组的技术要求及检修工程量，调配班组，搭配技术力量；

c）检修人员熟悉设备安装技术资料，包括设备出厂技术文件，设备安装工具使用说明书、设备装箱单及合格证；

d）按检修方案要求准备必要的检修工具及消耗材料；

e）进行各项技术交底、安全交底，及时填写各项交底记录；

f）对人员进行安全教育，保证检修人员了解现场危险源，保证检修过程的安全。

4.1.2　检修工具、材料、备品备件的准备：

a）检修时使用的行车需进行事先检修并进行承载实验和实验运行，并经专业管理部门验收合格；

b）备齐精密量具和专用量具并事先检验合格；

c）备齐各种专用工具，对液压工具和电加热工具要事先进行使用实验合格；

d）每台机组备齐一套检修工具（见表 1），并准备足够的消耗材料（见表 2）。

表 1　检修工具表

百分表及表座	水平仪	游标卡尺
塞尺	铅丝	量块
吊耳及吊环	千斤顶	三角刮刀
外径及内径千分尺	深度尺	敲击扳手
梅花扳手	活扳手	力矩扳手
锉刀	套筒扳手	尼龙吊装带
公制及英制内六角扳手	手拉葫芦	钢丝绳
橡胶板	红丹粉	激光对中仪（若有）
铜棒或铅棒	劳保用品	应急安全物资
百分表及表座	水平仪	游标卡尺

表 2　常用耗材清单

专用密封胶	煤油	普通砂纸
面粉	白布	显影剂
塑料布	金相砂纸	生料带
清洗剂	刷子	铁丝
海绵	除锈刷	细磨石

4.1.3　确定检修人员并准备到位，安全培训并合格。

4.1.4　检修前条件确认：

a）按照规定进行断电、倒空、置换等工艺处理完毕，具备检修条件，办理安全检修证后方可检修；

b）检修安全方面的未尽事宜，应执行检修所在公司的有关规定。

4.2　拆卸与检测

（以下拆检过程以平行轴变速机为例）

4.2.1　联轴器护罩的拆卸。

4.2.2　断开振动、位移延伸电缆和测温元件的接头。

4.2.3　仪表电缆拆除。

4.2.4　联轴器中间节拆除，检查记录半联轴器的相对位置并做好标记。

4.2.5　检查膜片是否完好，用联轴器专用拆卸工具将半联轴器取下，并用销钉将膜片等与联轴器轮毂固定好。

4.2.6　对中检查完成后，拆卸变速机。

4.2.6.1　拆卸变速机上盖：将变速机上盖螺栓全部拆除，利用中分面顶丝将变速机上盖顶起，中分面间隙达到 5mm 后。使用手拉葫芦沿导杆方向将变速机上盖缓慢提起，拆除变速机上盖。

4.2.6.2　拆卸上喷油装置与中分面紧固螺钉，拆卸上喷油装置，检查各喷油嘴无堵塞。

4.2.6.3　拆卸大齿轮止推、支承轴承，拆卸大齿轮。

a）齿轮对拆卸前需检查齿轮啮合情况：红丹粉均匀薄薄涂于从动齿轮工作齿面，即每隔 120° 涂抹 3～4 个齿面。根据中心距大小不同，分别施以 5～20kg 力压紧两侧从动轴瓦颈，按工作旋转方向缓慢转动主动齿轮，不少于 4 次。分别检查 0°、120°、240° 位置啮合效果并拍照记录，齿面接触斑点要求如下：

（a）齿形接触：渐开线齿形中部 70% 以上；

（b）齿向接触：

①标准齿轮（无修形）要求 90% 以上；

②鼓形修形齿轮要求中间接触 50% 以上；

③鼓形 + 热修形齿轮要求 60%-70% 的接触，并保证啮入啮出的轻重方向正确。

同时检查大小齿轮轮齿是否存在损伤：

方法一：目视检查（必做），适用于齿轮外观存在明显损伤。

方法二：着色检查，适用于齿轮存在较大裂纹损伤等。

方法三：磁粉探伤检查，适用于齿轮存在细微裂纹损伤等，需使用磁粉探伤机。

b）拆除止推轴承前，检查大齿轮的轴向位移，将百分表固定在箱体，触头接触大齿轮轴向端部，轴向双向移动转子，读出位移值，并做好记录；

c）将轴承压盖（若有）上螺栓拆除后，慢慢提起轴承压盖，尽可能保持垂直上升；

d）将铂热电阻拆除，然后逐个拆开推力轴承与支承轴承上瓦，并将每个上瓦标记，重新确认瓦体字头钢印，对轴承区进行清洗（拆卸轴承前均应测量间隙值，相关间隙量请参照随机文件）；

e）大齿轮止推、支承轴承上瓦拆除后，拆除大齿轮，吊装过程保持垂直平稳进行，保证大齿轮在吊装过程中不造成磕碰现象；

f）大齿轮拆除后，拆除止推、支承轴承下瓦，做好对应标记，确认瓦体字头钢印，清洗压缩机下箱体支承、推力轴承区。

4.2.6.4　拆除油封：

a）拆除油封前，用塞尺测量油封间隙并记录，若间隙超差，要更换备件；

b）利用铜棒轻轻向下敲打下半油封，将油封旋转 180° 后，取出油封；

c）清理油封的迷宫密封槽，确保其清洁，以便回装。

4.2.6.5　拆卸小齿轮的可倾瓦（或圆柱轴承）径向轴承，拆卸小齿轮。

a）先拆除铂热电阻，再拆除上瓦，做好标记，确保回装方向顺序无误；

b）拆除小齿轮，在保证无磕碰的前提下将小齿轮拆除，注意保护测振区对应的轴颈；

c）拆除轴承下瓦体，并进行标记，核对字头钢印保证回装方向；

d）检查瓦块外观，并测量瓦块厚度，确定是否磨损或超差，并记录；

e）对可倾瓦轴承进行清理，保证轴承进油孔清洁。

4.2.6.6　大、小齿轮检查：

a）大、小齿轮的外观检查

检查转子轴承轴颈、各部密封轴颈和轴端联轴器工作表面等部位有无磨损、沟痕、拉毛、压痕等类损伤，若表面拉毛轻微时，可采用金相砂纸拉研予以消除，其他损伤应根据实际情况制定方案，选择适当方法予以处理。

b）大、小齿轮的尺寸检查

检查测量轴颈、密封轴颈等关键尺寸及其圆柱度（圆跳动）和同轴度，并记录全部最大值及其方位，与运动的记录比较，若发生明显变化时，应找出原因，并视情况予以处理。

4.3　回装与质量标准

4.3.1　回装

变速机回装，顺序按拆卸相反顺序进行，主要过程如下：

回装前必须清理变速机结合面，中分面与螺栓孔内不能存在油污，清除原密封胶时不允许破坏密封面。

4.3.1.1　在组装前，需对所有仪表探头进行再次检查，确认可靠性；

4.3.1.2　回装轴承时半瓦转动 20° 以内。要求 85% 以上接触，且瓦体中部的三之分一面完全接触为合格。左右两侧与轴承座中分面齐平，瓦体防转销不高出轴承座中分面；

4.3.1.3　回装轴承下瓦体后，埋入铂热电阻，注意铂热电阻穿入瓦块后，要不影响该瓦块的灵活摆动，铂热电阻不宜插入瓦块最底部，稍有 1mm 左右间隙触底最好，否则所测得瓦温容易偏高；

4.3.1.4　转子回装后，根据拆卸顺序及方向回装油封，将油封按照其密封腔滑道滑入，保证密封安装过程中无卡涩，回装后的油封中分面与箱体中分面保持一致；

4.3.1.5　回装各轴承上瓦，回装过程中注意保证瓦体轴向、径向错口均小于 0.02mm，瓦体防转销均落入中分面防转销孔内；

4.3.1.6　检查大齿轮的轴向位移，将百分表固定在机壳，触头接触大齿轮轴向端部，轴向双向移动转子，读出位移值，并做好记录与拆卸齿轮时的数据进行对比，如与图纸要求出现偏差可适当调整推力瓦间隙；

4.3.1.7　轴承全部回装后盘动齿轮对，保证盘车过程流畅，无明显卡涩现象；

4.3.1.8　安装内置振动探头（若有），参照配套厂商的振动探头要求进行间隙电压调整，确保探头的安装稳固、安装位置正确，测量数据可靠；

4.3.1.9　回装上喷油装置；

4.3.1.10　回装上箱体：回装变速机上箱体前要将上下箱体的中分面、轴承区进行清理，确保无毛刺、无高点，保证上箱体与下箱体之间的自由间隙≤0.05mm，在下箱体中分面涂抹密封胶；

4.3.1.11　紧固箱体时要先将变速机上箱体的大齿轮止推、支承轴承区螺栓进行紧固，随后平行同时向两侧展开紧固，确保上箱体机械变形不会影响变速机中分面密封，紧固后确保箱体密封性良好；

4.3.1.12　回装完成后，盘动齿轮对，大齿轮盘车转动不少于 2 圈，保证盘车过程流畅，无明显卡涩现象、无异响。

4.3.2　质量标准

4.3.2.1　联轴器

联轴器检修质量标准参见 SHS 01073《一般机泵用联轴器检修及质量标准》。

4.3.2.2　轴承

a）拆卸轴承应用专用工具，严禁直接敲打。

b）滚动轴承内外圈滚道、滚动体表面应无腐蚀、坑疤与斑点，接触平滑，滚动无杂音。

c）滚动轴承内圈必须紧贴轴肩或定位环，用 0.05mm 塞尺检查不得通过。

d）轴承内径与轴的配合，外径与轴承座的配合见表 3。

表 3 轴承配合公差

向心球轴承和向心推力轴承		推力滚子轴承	
内径与轴配合	外径与轴承座配合	内径与轴配合	外径与轴承座配合
H7/k6 或 H7/js6	J7/h6 或 H7/h6	H7/m6 或 H7/k6	J7/h6 或 H7/h6

e）滑动轴承轴瓦表面应光滑、无硬点、裂纹、气孔、夹渣、脱皮、脱壳等缺陷。

f）轴承外圆与箱体轴承孔接触面积达到 80% 以上，且瓦体中部三之分一面完全接触为合格。

g）轴瓦径向与推力间隙见表 4。

表 4 轴瓦间隙

mm

直径	径向间隙	推力间隙
50～80	0.08～0.16	0.20～0.25
＞80～120	0.12～0.20	0.25～0.30
＞120～180	0.14～0.24	0.30～0.35
＞180～260	0.16～0.28	0.35～0.40

注：上表为参考值，实际间隙值应依据厂家标准执行。

h）轴瓦与轴承座的配合为 H7/m6，其表面粗糙度为 R_a1.6。

i）轴瓦表面粗糙度为 R_a0.8。

4.3.2.3 轴

轴及轴颈不应有毛刺、严重划痕、碰伤等缺陷。

a）轴的直线度为 0.03mm/m。

b）轴颈的圆柱度为 0.015mm，表面粗糙度为 R_a0.8。

4.3.2.4 机体

a）机盖与机体的剖分面应光滑、平整，保证装配严密，用 0.05mm 的塞尺插入深度不得大于剖分面的 1/3，检查剖分面的严密性。

b）机盖与机体不得有裂纹、伤痕等缺陷。

4.3.2.5 圆柱齿轮

a）齿面不得有损伤、胶合、剥落或裂纹等缺陷，必要时做无损探伤。

b）齿轮啮合的齿顶隙为 0.20m～0.30m（m 为法向模数），齿侧间隙见表 5。

表 5 齿侧间隙

mm

中心距	50～80	＞80～120	＞120～200	＞200～320	＞320～500	＞500～800
侧间隙	0.105	0.130	0.170	0.210	0.260	0.340

注：上表为参考值，实际齿侧间隙值应依据厂家标准执行。

c）齿轮节圆处齿厚的最大允许磨损值见表 6。

表 6　齿轮最大允许磨损值

mm

圆周线速度 /（m/s）	≤2	>2～6	>6
最大允许磨损值	0.24m	0.16m	0.10m

注：m 为法向模数。

d）齿轮啮合接触面积见表 7。

表 7　齿轮啮合接触面积

接触斑点	精度等级						
	4	5	6	7	8	9	10
按高度 /%　不小于	50	45	40	35	30	30	25
按长度 /%　不小于	85	80	70	60	50	40	30

注：1. 接触斑点的分布位置应趋近齿面中部，齿顶和两端部棱边不允许接触。
2. A 以上要求适用于无热修行齿轮，对于存在修行齿轮以随机资料为准。

e）齿顶圆的径向跳动公差值见表 8。

表 8　齿顶圆的径向跳动公差值

mm

齿轮直径	法向模数	径向圆跳动
≤125	1～10	0.14
>125～400	1～16	0.18
>400～800	1～30	0.22
>800～1600	>25～50	0.30

f）齿轮啮合表面粗糙度为 R_a0.4。

g）齿轮内径圆柱度公差值为 0.010～0.025mm，表面粗糙度为 R_a0.4。

h）齿轮与轴配合为 H7/m6 或 H7/k6。

i）齿轮轴线平行度公差。x 方向平行度公差按表 9；y 方向轴线平行公差取 x 方向轴线平行度公差一半。

表 9　齿轮轴线平行度公差

μm

齿轮宽度 /mm		精度等级						
大于	到	4	5	6	7	8	9	10
—	40	5.5	7	9	11	18	28	45
40	100	8	10	12	16	25	40	63
100	160	10	12	16	20	32	50	80
160	250	12	16	19	24	38	60	105
250	400	14	18	24	28	45	75	120
400	630	17	22	28	34	55	90	140

4.3.2.6　圆锥齿轮

a）齿表面应光滑，无毛刺、伤痕、裂纹等缺陷，必要时做无损探伤。

b）齿轮节圆处齿厚的最大允许磨损值见表 6。

c）齿轮轴中心线夹角极限偏差见表 10。

表 10　齿轮轴中心线夹角极限偏差

mm

名称	节圆锥母线长度						
	≤50	50～80	80～120	12～200	20～320	32～500	50～800
极限偏差	±0.05	±0.06	±0.07	±0.08	±0.10	±0.12	±0.14

d）齿轮中心线的位置度公差值见表 11。

表 11　齿轮中心线的位置度公差值

mm

精度等级	端面模数	位置度			
		节圆锥母线长度			
		≤200	200～320	320～500	500～800
7	1～16	0.02	0.025	0.030	0.035
8	1～16	0.03	0.030	0.035	0.045
9	2.5～16	0.04	0.035	0.045	0.055

e）齿轮啮合的侧间隙见表 12。

表 12　齿轮啮合的侧间隙

mm

节圆锥母线长度	≤50	50～80	80～120	120～200	200～320	320～500	500～800
侧间隙	0.085	0.10	0.13	0.17	0.21	0.26	0.34

f）齿顶啮合的齿顶间隙为 $0.2m$～$0.3m$（m 为端面模数）。

g）齿轮啮合接触面积见表 13。

表 13　齿轮啮合面积

名称		精度等级			
		4～5	6～7	8～9	10～12
接触面积	沿齿高 /%	60～80	50～70	35～65	25～55
	沿齿宽 /%	65～85	55～75	40～70	30～60

h）锥齿轮齿顶圆锥的径向跳动公差见表 14。

表 14　齿轮径向跳动

mm

公称尺寸		径向圆跳动
大端分度圆直径	≥ 40～100	0.08
	100～200	0.10
	200～400	0.12
	400～800	0.15
	800～2000	0.20

4.3.2.7　圆弧齿轮

a）齿面不得有损伤、胶合、剥落、裂纹等缺陷，必要时做无损探伤。

b）圆弧齿轮传动的齿顶间隙和齿侧间隙的理论值见表 15。圆弧齿轮传动的实际间隙应不小于理论值的 2/3。

表 15　圆弧齿轮传动的齿顶间隙和齿侧间隙

mm

圆弧齿轮齿形	齿侧间隙		齿顶间隙
	$M_n \geqslant 2 \sim 6$	$M_n > 6 \sim 30$	
JB929-67 型	$0.06M_n$	$0.04M_n$	$0.20M_n$
统一通用双圆弧齿	$0.06M_n$	$0.04M_n$	$0.20M_n$
S74 型双圆弧齿	$0.05M_n$	$0.04M_n$	$0.20M_n$
FSPH-75 型双圆弧齿	$0.07M_n$	$0.05M_n$	$0.25M_n$

注：M_n 为法向模数。

c）圆弧齿轮啮合接触面的正确位置应分布在名义接触迹线的上下两侧，单圆弧齿轮的名义接触迹线距齿顶的高度，凸齿为 $0.45M_n$；凹齿为 $0.75M_n$，圆弧齿轮接触迹线和位置偏差见表 16。

表 16　圆弧齿轮接触迹线和位置偏差

精度等级	单圆弧齿轮		双圆弧齿轮		
	接触迹线位置偏差	按齿长不少于工作齿长 /%	接触迹线位置偏差	按齿长不少于工作齿长 /%	
				第一条	第二条
4	$\pm 0.15M_n$	95	$\pm 0.11M_n$	95	75
5	$\pm 0.20M_n$	90	$\pm 0.15M_n$	90	70
6				90	60
7	$\pm 025M_n$	85	$\pm 0.18M_n$	85	50
8				80	40

注：M_n 为法向模数。

d）正确啮合接触面积见表 17。

表 17 啮合接触面积

精度等级	单圆弧齿轮		双圆弧齿轮		
	按齿高不少于工作齿高 /%	按齿长不少于工作齿长 /%	按齿高不少于工作齿高 /%	按齿长不少于工作齿长 /%	
				第一条	第二条
4	60	95	60	95	90
5	55	95	55	95	85
6	50	90	50	90	80
7	45	85	45	85	70
8	40	80	40	80	60

e）圆弧齿轮啮合面的表面粗糙度为 R_a1.6。

f）齿轮内径圆度公差值为 0.02mm，表面粗糙度为 R_a1.6。

g）齿轮与轴配合为 H7/m6 或 H7/k6。

h）齿轮轴线平行度公差，x 方向轴线平行度公差按表 18，y 方向轴线平行度公差取 x 方向轴线平行度公差一半。

表 18 齿轮轴线平行度公差

μm

精度等级	齿轮宽度（轴向齿距）/mm					
	＜40	40～100	100～160	160～250	250～400	400～630
4	5.5	8	10	12	14	17
5	7	10	12	16	18	22
6	9	12	16	19	24	28
7	11	16	20	24	28	34
8	18	25	32	38	45	55

4.3.2.8 蜗轮、蜗杆

a）蜗轮、蜗杆的齿形表面不得有损伤、胶合、剥落及裂纹缺陷，必要时做无损探伤。

b）蜗轮、蜗杆啮合侧间隙及开式传动的啮合最大侧间隙见表 19。

表 19 蜗轮、蜗杆啮合侧间隙

mm

中心距	40～80	80～160	160～320	320～630	63～1250	＞1250
啮合侧间隙	0.095	0.13	0.19	0.26	0.38	0.53
开式啮合最大侧间隙	0.190	0.26	0.38	0.53	0.76	—

c）蜗轮、蜗杆啮合的齿顶间隙为 0.20m～0.30m（m 为模数）。

d）蜗轮节圆处齿厚允许最大磨损值见表 5。

e）蜗轮啮合接触面积见表 20。

表 20　蜗轮啮合接触面积

方向	接触面积
沿齿高 /%	＞30
沿齿宽 /%	＞40

f）蜗轮、蜗杆中心线在齿宽上的垂直度见表 21。

表 21　蜗轮、蜗杆中心线在齿宽上的垂直度

mm

	轴向模数				
	～2.5	2.5～6	6～10	10～16	16～30
垂直度	0.021	0.028	0.042	0.055	0.095

g）蜗轮、蜗杆齿表面粗糙度为 R_a3.2。

h）蜗杆齿顶圆柱度公差值见表 22。

表 22　蜗杆齿顶圆柱度公差值

mm

蜗杆齿顶圆直径	30～50	50～120	120～250	＞250
圆柱度	0.02～0.04	0.04～0.06	0.06～0.08	0.10

i）蜗杆轴的径向圆跳动公差值见表 23。

表 23　蜗杆轴的径向圆跳动公差值

mm

精度等级	传动形式	圆跳动				
		蜗杆分度圆直径				
		12～25	25～50	50～100	100～200	200～400
7	闭式	0.026	0.026	0.026	0.030	0.030
	开式	0.036	0.036	0.036	0.040	0.042
8	闭式	0.028	0.030	0.030	0.035	0.038
	开式	0.030	0.040	0.040	0.045	0.048
9	闭式	0.030	0.034	0.034	0.045	0.045
	开式	0.042	0.045	0.045	0.055	0.055

j）蜗轮中间平面与蜗杆中心线的极限偏差值见表 24。

表 24　蜗轮中间平面与蜗杆中心线的极限偏差值

mm

精度等级	极限偏差				
	中心距				
	40～80	80～160	160～320	320～630	630～1250
7	±0.035	±0.045	±0.055	±0.065	±0.08
8	±0.055	±0.065	±0.085	±0.110	±0.12
9	±0.085	±0.110	±0.130	±0.170	±0.20

k）蜗轮、蜗杆中心距极限偏差值见表25。

表25 蜗轮、蜗杆中心距极限偏差值

mm

精度等级	极限偏差				
	中心距				
	40～80	80～160	160～320	320～630	630～1250
7	±0.042	±0.055	±0.070	±0.085	±0.110
8	±0.065	±0.090	±0.110	±0.130	±0.180
9	±0.105	±0.140	±0.180	±0.210	±0.280

l）蜗轮齿顶圆跳动公差值见表26。

表26 蜗轮齿顶圆跳动公差值

mm

精度等级	圆跳动							
	蜗轮分度圆直径							
	≤50	50～80	80～120	120～200	200～320	320～500	500～800	800～1250
7	0.035	0.045	0.050	0.060	0.070	0.080	0.095	0.110
8	0.050	0.065	0.080	0.095	0.110	0.120	0.150	0.190
9	0.080	0.110	0.120	0.150	0.180	0.200	0.240	0.300

4.3.2.9 行星摆线针轮

a）针齿壳的针齿销孔直径允许磨损极限公差见表27。

表27 销孔直径允许磨损极限公差

mm

针齿销孔直径	公差标准	磨损极限
≤10	0.016～0.019	0.030
>10～20	0.019～0.023	0.037

b）针齿销孔圆心对针齿壳中心圆跳动公差值见表28。

表28 销孔圆心对针齿壳中心圆跳动公差值

mm

针齿销孔直径	圆跳动
≤10	0.030
>10～20	0.037

c）针齿销孔应均匀分布，两相邻孔距允许最大偏差见表29。

表29 相邻孔距允许最大偏差

mm

针齿销孔直径	孔距最大偏差
≤10	0.05
>10～20	0.06

d）针齿壳两端面的针齿销孔同轴度公差值为 0.03mm，针齿销孔轴心线对针齿壳两端面垂直度公差不大于 0.015mm。

e）摆线齿轮表面粗糙度为 R_a1.6，无毛刺、伤痕、裂纹等缺陷。

f）摆线齿轮内孔与轴承配合间隙见表 30。

表 30　齿轮内孔与轴承配合间隙

mm

摆线轮内孔直径	配合间隙	极限间隙
≤60	0.05	0.10
60～121.5	0.05～0.08	0.13

g）摆线齿轮齿面磨损极限值见表 31。

表 31　齿面磨损极限值

mm

摆线齿轮直径	磨损极限
≤250	0.05
>250	0.08

h）摆线齿轮轴向间隙为 0.2～0.25mm。

i）两摆线轮要按标记正确装配。

j）针齿套、针齿销不得有毛刺、裂纹、伤痕等缺陷，表面粗糙度为 R_a0.8。

k）针齿轮与针齿套的使用极限间隙见表 32。

表 32　针齿轮与针齿套的使用极限间隙

mm

针齿销直径	针齿套内径	标准间隙	极限间隙
≤10	≤14	0.075～0.085	0.13
10～24	14～35	0.085～0.100	0.15
>24	>35	0.100～0.120	0.17

l）销轴、销套应无毛刺、裂纹、伤痕等缺陷，表面粗糙度为 R_a0.8。

m）销轴与销套的圆柱度公差值见表 33。

表 33　销轴与销套的圆柱度公差值

mm

销轴、套直径	圆柱度允许值	极限公差值
≤10	0.005～0.009	0.014
10～18	0.006～0.012	0.018
18～30	0.007～0.014	0.021
30～50	0.009～0.017	0.026
50～65	0.010～0.020	0.030

n）偏心套应无毛刺、伤痕、裂纹等缺陷，表面粗糙度为 R_a0.8。

o）偏心套内径与外径的圆柱度不大于 0.015mm。

4.3.2.10 行星齿轮增速

a）齿轮啮合良好，接触均匀，接触面积见表 34。

表 34 齿轮啮合接触面积

mm

齿形		直齿	斜齿
接触面积	沿齿高 /%	＞50	＞55
	沿齿宽 /%	＞70	＞80

b）齿面应无毛刺、伤痕、裂纹等缺陷，表面粗糙度为 R_a3.2。

c）齿轮啮合侧间隙见表 35。

表 35 齿轮啮合侧间隙

mm

啮合形式	侧间隙
太阳齿与行星齿	0.15～0.25
行星齿与内齿圈	0.35～0.50

d）行星齿轮内径圆柱度不大于 0.02mm。

e）行星齿轮与行星齿轴的径向间隙见表 36。

表 36 行星齿轮与行星齿轴的径向间隙

mm

行星齿轮孔直径	110	120	150	160	190
径向间隙	0.20～0.24	0.24～0.27	0.30～0.32	0.32～0.34	0.38～0.42

f）主动轴、转架盖轴径、行星齿轴的圆柱度≤0.02mm。

g）行星齿轴与转架油孔要对准。

h）内齿圈与三联齿套、行星齿轴与转架和转架盖、行星齿与行星齿轴应按标记装配。

i）行星齿端面与左、右内齿圈端面应在同一平面。

j）各部位卡圈、卡簧应有足够的弹性，不得有明显的变形，装配应牢固可靠。

k）转架和转架盖的固定螺栓和垫片更换时应按原重量配备，其重量差应≤1g。

l）行星齿轴和行星齿更换时，各组的重量差≤2g。

m）转子组装后，转颈处径向圆跳动≤0.025mm。

n）行星轮架组零件更换过时，应做动平衡，动平衡精度 G1.0。

o）增速机输出轴与压缩机对中时，必须以增速机端盖上止口的两个平面为基准，径向允许偏差为 0.03mm，轴向允许偏差为 0.02mm。

4.3.2.11 行星式摩擦无级变速

a）主动锥、从动锥与行星锥的接触母线汇交于输入、输出轴中心线上的同一点。

b）主、从动锥与行星锥应研配，保证接触线的密合，用着色法检查时，接触线密合长度应在 70% 以上。

c）主、从动锥与行星锥应无毛刺、伤痕、裂纹等缺陷，内孔外径及两端面表面粗

糙度为 R_a1.6，锥表面粗糙度为 R_a0.8。

d）主、从动锥与行星锥锥面斜向圆跳动≤0.03mm。

e）主、从动锥内径与外径的圆度和圆柱度≤0.01mm。

f）主、从动锥两端面对轴线的圆跳动≤0.01mm。

g）外环内表面应无毛刺、伤痕、裂纹等缺陷，表面粗糙度为 R_a1.6。

h）外环内径圆度≤0.02mm。

i）保持架不允许有严重磨损和变形，保证与行星锥装配处于正确位置。

j）加压盘表面应无毛刺、伤痕、裂纹等缺陷，表面粗糙度为 R_a1.6。

k）加压盘内孔与输出轴花键配合为 H9/h8 或 H8/h7，沿轴向移动应灵活，无卡涩。

l）加压盘端面对轴线的平行度≤0.015mm，外圆跳动≤0.02mm。

5 试车与验收

5.1 试车前准备

5.1.1 审查检修记录，确认检修质量合格。

5.1.2 盘车检查无卡涩和异常声音。

5.1.3 润滑油符合要求，附件齐全好用。

5.1.4 机、电、仪、操作各专业共同进行机组联锁试验合格，确认各部位仪表联锁装置齐全、准确、灵敏可靠。

5.2 试车

5.2.1 空负荷试车，检查启动、升速、最大连续转速、降速、停车等运行过程振动是否平稳，记录轴承温度、轴位移等参数，有无冲击、振动及异常响声。试运时间为 2h。若齿轮对在更换情况下，则可以适当延长运转时间到共 8h。

5.2.2 检查密封有无渗漏。

5.2.3 各联接、紧固件有无松动。

5.2.4 空负荷试车合格后，进行负荷试车。

5.2.5 检查轴承温度，滚动轴承温度不大于 70℃，滑动轴承温度不大于 105℃。

5.2.6 运转平稳，不得有冲击、振动和异常响声，电流不超过额定值。振动值符合 SHS 01003《石油化工旋转机械振动标准》要求。

5.3 验收

5.3.1 额定负荷连续运转 72h，各项性能指标达到技术要求或能满足生产需要。

5.3.2 设备状况达到完好标准。

5.3.3 检修记录齐全、准确。按规定办理验收手续。

6 维护与故障处理

6.1 日常维护

6.1.1 检查各轴承温度、振动，超过各规定值应及时处理。
6.1.2 检查油位、油压，定期添加或更换润滑油。
6.1.3 检查密封情况，发现泄漏应及时处理。
6.1.4 经常检查变速机有无异常声音和振动。
6.1.5 检查紧固件有无松动。

6.2 故障与处理方法

变速机常见功能故障与处理方法见表 37。

表 37 变速机常见功能故障与处理方法

序号	功能	功能故障	故障模式	故障后果	故障应对策略与检修内容	故障周期／月
1	保证机组连续运转	变速机故障	轴承有缺陷或磨损； 齿有缺陷； 不平衡； 轴弯曲； 齿轮联轴器磨损； 齿轮的齿接触不合格箱体变形	振动过大	更换轴承； 换备用转子； 重新找动平衡(大、小齿轮)； 检查中心偏移，换备用转子； 作无负载齿接触检查并校正轴的不直度； 检查基础	12～18
			轴承油压不足； 轴承间隙不正确； 润滑油冷却不好； 轴校准太差	温度过高	检查油系统，增加齿轮箱的供油量； 校正达到公称间隙； 检查油冷器，清洗水垢； 齿轮轴系重新校准	12～18
			润滑油黏度不够； 润滑油有化学浸蚀成分； 齿轮齿润滑油供应不足； 齿隙小（只调节轴承）； 润滑油内有杂质。	齿接触反常； 损坏； 划伤； 腐蚀； 过热	换油； 对油进行分析、必要时更换油； 检查油系统，清洗喷射孔； 恢复正确的齿隙； 清洗系统和齿轮箱	12～18

装置停工交付检修确认表（续）

序号	功能	功能故障	故障模式	故障后果	故障应对策略与检修内容	故障周期／月
1	保证机组连续运转	变速机故障	油泵磨损； 过滤器堵塞； 泵吸入口有空气； 油箱中油位低； 润滑油漏泄； 油流量不足	润滑油压不足或不正常	检查调节或修理； 清洗必要时更换滤芯； 密封漏泄； 找出原因再加油； 检修或更换密封； 调节调压角阀，提高油压力	12～18
2	保证齿轮箱不漏油	油封故障	轴封、机封磨损； 油位过高； 轴承或轴颈损坏	变速机漏油	更换轴封、机封； 调整到要求油位； 更换轴或轴承	12～18

附　录　A
（资料性附录）
变速机检修质量确认表

项目	主要控制内容				等级	施工单位	生产装置	设备管理部门	备注
	标准值		部位	现场记录					
拆卸时检测									
轴承间隙	支承轴承	（　）mm	高速轴联轴器侧		A				
	支承轴承	（　）mm	高速轴盲端		A				
	支承轴承	（　）mm	低速轴联轴器侧		A	★	★	★	
	支承轴承	（　）mm	低速轴盲端		A				
	推力轴承	（　）mm	低速轴		A				
	推力间隙	（　）mm	低速轴		A	★	★	★	
油封间隙	迷宫油封	（　）mm	高速轴		B	★	★		
	迷宫油封	（　）mm	低速轴		B	★	★		
联轴器推进量	联轴器Ⅰ	（　）mm	高速轴		B	★	★		
	联轴器Ⅱ	（　）mm	低速轴		B	★	★		
齿侧间隙		（　）mm	高速轴联轴器侧		B	★	★		
回装时检测									
轴承间隙	支承轴承	（　）mm	高速轴联轴器侧		A				
	支承轴承	（　）mm	高速轴盲端		A				
	支承轴承	（　）mm	低速轴联轴器侧		A	★	★	★	
	支承轴承	（　）mm	低速轴盲端		A				
	推力轴承	（　）mm	低速轴		A				
	推力间隙	（　）mm	低速轴		A	★	★	★	
油封间隙	迷宫油封	（　）mm	高速轴		B	★	★		
	迷宫油封	（　）mm	低速轴		B	★	★		
联轴器推进量	联轴器Ⅰ	（　）mm	高速轴		B	★	★		
	联轴器Ⅱ	（　）mm	低速轴		B	★	★		
齿侧间隙		（　）mm	高速轴联轴器侧		B	★	★		

注： A 级：施工单位、生产装置、设备管理部门专业人员检查确认后签字。

B 级：施工单位和生产装置专业人员检查确认后签字。

C 级：施工单位专业人员检查确认后签字。

另：如果有监理，监理的职责由甲方授权。

附　录　B

（资料性附录）

变速机试车与验收数据确认表

设备名称		设备位号		试车类别	□空负荷　□负荷
驱动机种类		转速	r/min	环境温度	℃
连续运转时间	h	停机惰走时间	s	启动时刻	
试车日期	年月日				

检查项目		设计值 / 允许值	实测值								
运行记录时刻											
振动 / μm 或 (mm/s)	低速轴支承轴承										
	低速轴支推轴承										
	高速轴支承轴承										
	高速轴支承轴承										
	壳体振动		s								
温度 /℃	低速轴支承轴承										
	低速轴支推轴承										
	高速轴支承轴承										
	高速轴支承轴承										
进油温度 /℃											
回油温度 /℃											
回油量 / (L/min)											

建设 / 监理单位	总承包单位	施工单位	设备制造厂
专业工程师：	专业工程师：	专业工程师： 质量检查员： 记　录　人：	现场代表：
日期：　年　月　日	日期：　年　月　日	日期：　年　月　日	日期：　年　月　日

注：每隔 15min 做一次实验记录。

28. 皮带输送机维护检修规程

SHS 01029—2019

代替 SHS 01029—2004

目　次

前　言

本规程按照GB/T 1.1—2009《标准化工作导则　第1部分：标准的结构和编写》给出的规则修订。

本规程代替 SHS 01029—2004《皮带输送机维护检修规程》，与SHS 01029—2004相比，除了编辑性修改外，主要技术变化如下：

——将原有的小修、大修改为工艺性检修、故障检修和停车检修；

——检修内容按设备按照功能系统进行划分，并在每部分中一一列出需要检修的项目；

——检修程序与质量标准章节，增加了检修前的准备事项；增加、完善了拆卸、回装程序与要求；

——维护与故障处理章节，采用了RCM的分析方法重新编制；

——增加了附录A“皮带输送机检修质量确认表”、附录B“皮带输送机试车与验收数据记录表”。

本规程由中国石油化工集团有限公司、中国石油化工股份有限公司提出。

本规程起草单位：哈尔滨博实自动化股份有限公司。

本规程主要起草人：冯艳。

本规程所代替规程的历次版本发布情况为：

——SHS 01029—2004。

皮带输送机维护检修规程

1 范围

1.1 主题内容

本规程规定了皮带输送机的检修周期与内容、检修程序与质量标准、试车与验收、维护与故障处理。

1.2 适用范围

本规程适用于皮带输送机设备维护与检修。皮带输送机包括有斜坡输送机、皮带输送机、立袋输送机、倒袋输送机、弯道输送机、电子复检秤、金属检测机、拣选机、辊子输送机等。

2 规范性引用文件

下列文件中的条款通过本规程的引用而成为本规程的条款。凡是注日期的引用文件，其随后所有的修改单（不包括勘误的内容）或修订版均不适用于本规程，然而，鼓励根据本规程达成协议的各方研究是否可使用这些文件的最新版本。凡是不注日期的引用文件，其最新版本适用于本规程。

GB/T 10595　带式输送机

GB/T 36698　带式输送机设计计算方法

GB 50431　带式输送机工程设计规范

JB/T 2647　带式输送机 包装技术条件

GB 3452.1　液压气动用 O 形橡胶密封圈 第 1 部分：尺寸系列及公差

3 检修周期与内容

3.1 检修周期

根据对包装机设备功能故障及其影响分析，设备的检修周期分为三类，工艺检修（每班或每月）、故障检修（随时）、停车检修（4 年），见表 1。

表 1　检修周期表

检修类别	工艺检修 （每班或每月）	故障检修 （随时）	停车检修 （一般为 48 个月）
检修原因	设备某个部分发生改变，不能满足工艺要求	设备发生损坏，不能达到使用要求	整套装置停车，工厂整体大修
检修周期	依据生产工艺情况随时进行检修	不能满足正常生产情况进行检修	整套装置停车，对整套设备进行全面检修

3.2　检修内容

3.2.1　动力系统

3.2.1.1　电动系统

a）检查、修理或更换减速机、电机；

b）检查、修理或更换轴承箱、齿轮箱；

c）检查减速电机的固定及校准情况；

d）检查散热片和空气入口清洁度，并清理。

3.2.1.2　气动系统

a）检查气管和气缸的使用情况；

b）拆下气缸，检查活塞杆密封情况有无渗漏，活塞杆与轴的配合情况；

c）拆下气缸，检查活塞杆表面及气缸内表面不应有裂纹、起皮、划痕及碰伤等情况。

3.2.2　功能系统

3.2.2.1　检查皮带的运行、磨损情况，清理及润滑；

3.2.2.2　检查链条、链轮的磨损情况，并更换；

3.2.2.3　检查皮带有无纠偏现象，并调整；

3.2.2.4　检查链条、同步带的张紧情况，并调整；

3.2.2.5　检查滚筒表面磨损情况；

3.2.2.6　检查光电开关的位置；

3.2.2.7　检查主动链轮有无轴向偏离。

3.2.3　固定结构

3.2.3.1　检查机架的变形情况，焊接件是否开裂，并修复；

3.2.3.2　检查各连接螺栓、地脚螺栓的连接情况，并紧固；

3.2.3.3　设备整机全部防腐、刷漆；

3.2.3.4　检查安全防护装置及各种防护罩。

3.2.4 密封传输及润滑

3.2.4.1 检查或更换各密封圈、密封垫和止动垫圈等密封件；
3.2.4.2 检查各仪表、阀门是否正常，如异常则进行更换；
3.2.4.3 检查链条及链轮的啮合、磨损情况，清理及润滑；
3.2.4.4 检查链条张紧度；
3.2.4.5 检查皮带的运行、磨损情况，清理及润滑机更换；
3.2.4.6 检查输送带张紧度；
3.2.4.7 检查滑道、轴承的磨损情况，并润滑必要时更换；
3.2.4.8 检查辊筒有无异常响声，轴承润滑机更换；
3.2.4.9 检查关节轴承磨损情况，并调整，清理，润滑，必要时更换；
3.2.4.10 检查关节轴承有无阻碍；
3.2.4.11 检查带座轴承的磨损情况，并润滑，必要时更换；
3.2.4.12 检查自润滑轴承的磨损情况，必要时更换；
3.2.4.13 检查轴和轴套的磨损情况，并润滑及更换。

4 检修程序与质量标准

4.1 检修前准备

4.1.1 收集、分析设备运行技术状况和监测记录，确定检修的原因和项目，制订详尽的检修技术方案；
4.1.2 熟悉设备的用户说明书和相关技术资料；
4.1.3 了解设备的基本组成及结构，学会设备的拆装；
4.1.4 事先准备好检修所需的备品配件、检修工具、起吊设备和所需材料，并保证其符合设计要求；
4.1.5 现场布置好检修电源、灯具、照明电源；
4.1.6 清理现场，规划场地布置，安排所需部件、拆卸件及主要部件的专修场所；
4.1.7 制备整套的检修记录表、卡、应急预案；
4.1.8 现场维修人员必须佩戴适当的防护用品，如安全帽、安全眼镜、工作服、手套、安全鞋等；
4.1.9 维修作业应严格遵守相关作业规程，其中起吊、登高、用电等特种作业应制定专项作业方案，作业人员必须持证上岗；
4.1.10 应严格按照有关安全工作规范的要求，现场应设安全警示线，防止无关人员进入作业现场，完成各项安全措施并办理相关票证；
4.1.11 检修前需确认：切断电源、关闭气源，释放气动管路中的残压，并在电源开关及气源阀门处挂上警示标志；

4.1.12 检修施工安全方面的未尽事宜，应按照Q/SHS 0001.3《炼油化工企业安全、环境与健康（HSE）管理规范》中的规定，对检修过程进行危害识别及风险评估、环境因素识别和影响评价，并办理相关票证。

4.2 拆卸与检测

4.2.1 检查更换真空泵油位及颜色，视情况更换真空泵；
4.2.2 拆卸气缸，检查活塞杆密封情况有无渗漏，活塞杆与轴的配合情况；活塞杆表面不应有裂纹、起皮、划痕及碰伤等缺陷；
4.2.3 拆卸气动系统，更换老化及龟裂的气管和接头，气缸如有漏气，应修复或更换；
4.2.4 拆卸和检查零、部件的磨损情况；
4.2.5 检查橡胶件破损；
4.2.6 拆卸检查各轴承的磨损情况，更换；
4.2.7 检查链轮、链条的磨损、张紧度和变形情况；
4.2.8 检查同步齿形皮带和皮带轮的磨损、张紧度情况；
4.2.9 检查固定结构有无变形、裂纹、腐蚀，设备运行时，不得有异常振动和位移；
4.2.10 检查滑道与滑块，有无裂纹、沟槽、起皮等缺陷；
4.2.11 检查各密封件及润滑点的情况。

4.3 回装与质量标准

4.3.1 检查真空泵油位，确保油位在“Min”与“Max”之间；真空泵油必须是光亮、清晰的，不能起泡沫或浑浊；
4.3.2 检查活塞杆表面不应有裂纹、起皮、划痕及碰伤等缺陷。其表面粗糙度小于R_a0.40，圆柱度偏差小于0.10mm，否则应更换；
4.3.3 检查气缸内表面，应光滑无变形，粗糙度不大于R_a0.40，圆柱度偏差小于0.10mm，否则更换；
4.3.4 检查轴与轴套的磨损情况；轴与轴套的配合为H8/h7，如超差，更换轴套；
4.3.5 检查链轮、链条的磨损和变形。链轮齿厚磨损超过10%应更换；链条拉伸变形超过2%时应更换；链条滚柱外圈磨损超过5%时应更换；链轮安装要在同一线上，最大错位量应小于2mm；链条的松紧度应为链轮中心距的2%～3%，超过时应调整（参见其设备的用户手册）。测定方法为：用手压下部链条，张紧后其位移距链轮节圆下部外公切线垂直距离为链轮中心距的2%～3%为合适。
4.3.6 检查皮带轮厚磨损量超过10%，同步齿形带齿厚磨损量超过20%应更换，输送带在相邻两托辊之间下垂度不宜过大；
4.3.7 检查滑道与滑块，不应有裂纹、沟槽、起皮等缺陷，否则应修理或更换。滑块与滑块的间隙应在0.20～0.40mm之间；
4.3.8 检查各密封件应密封完好，无滴漏、无气流冲击、地面无油迹，否则应更换密封件；

4.3.9 检查各润滑点的润滑油、脂应满足工艺使用要求，否则应按规定添加或者更换原型号润滑油、脂。

5 试车与验收

5.1 试车前的准备工作

5.1.1 确认各项检修工作已完成，检修记录齐全，检修质量符合本规程 4.3 的规定。

5.1.2 检修完毕后，应及时清理现场，做到“工完料尽场地清”，有试车方案。

5.1.3 设备零、部件应完整无缺，检查设备的连接、固定、润滑密封等情况，各润滑点按要求加足润滑油。

5.1.4 检查各仪表、阀门是否灵敏、可靠，满足试车要求。

5.1.5 检查水、电、气等各项工艺条件是否准备充分，具备试车条件。

5.1.6 检查安全防护设施是否就位。

5.1.7 检查各报警、控制系统是否灵敏好用。

5.1.8 检查照明、通讯、消防等辅助设施是否正常，满足试车条件。

5.1.9 检查确认没有人员在设备运行区域内，当操作者超过一个人时，须在与其他操作者取得一致信息后再启动设备。

5.2 试车

5.2.1 空负荷试车

5.2.1.1 转动皮带输送机，检查皮带，应无跑偏现象；空试 1h；

5.2.1.2 转动皮带输送机，检查链条，应无跑偏现象，空试 1h。

5.2.2 负荷试车

输送能力达到设计能力，考核时间 2h。

5.2.3 验收

检修质量符合本规程规定，经试车合格，达到完好标准，按规定办理验收手续，移交生产。验收技术资料齐全、准确，应包括：

a）检修质量确认表；

b）试车与验收数据记录表；

c）主要零、部件更换清单。

6 维护与故障处理

6.1 日常维护

为满足生产线长周期运行，减少非计划停车，提高设备的完好利用率，延长设备的使用寿命，应做好设备的定期维护和保养工作，以维持和保护设备的性能和技术状况，皮带输送机日常维护见表2。

表2 皮带输送机日常维护表

检查部件	检查项目	检查方法	检查标准	处理方法
各润滑点	链条、链轮、带座轴承、关节轴承、自润滑轴承、轴套的润滑	目测	不缺油	注油或更换
链式传动	链轮磨损	目测、仪器测量	齿轮磨损量≤10%	更换
	链条的张紧	目测	平稳	调整张紧
	转动状态是否直线运行	测量	直线	调整
	链条的垂直度	测量	垂直度大于中心距1%～2%	调整
	链条清洁度	目测	无油污	清理
气动系统	是否漏气	听检	不漏气	消漏
	气缸固定情况	拧紧	不松动	拧紧
	润滑	目测	确定润滑油量	不足添加
	仪表	目测	正确读数	调整
	阀门	目测	无异常	更换
	空气过滤器清洁	目测	干净	清理
	油雾喷出量	目测	有无冷凝水喷出	调整
真空泵	振动	目测、听检	无杂音	检测更换
	漏油	目测	不漏油	检测更换
	油位及颜色	目测	在刻度之间；颜色光亮、清晰	注油；更换
	过热	手触	温度＜40℃	检测更换

表 2　皮带输送机日常维护表（续）

检查部件	检查项目	检查方法	检查标准	处理方法
减速电机	固定和校准	拧紧，仪器检测	不松动、准确	拧紧、调整
	运转声响	听检	无杂音	检查轴承或更换
	过热	手触	温度＜40℃	检测更换
	漏油	目测	不漏油	检测更换
	散热器及空气入口清洁度	目测	干净	清理
	油位	目测	适量	缺油补充
	制动器的清洁度	目测	干净	清理
	制动器的气隙 /mm	测量	0.3～1.2	调整
紧固件	无松动	拧紧	无松动	拧紧
皮带传动	固定	拧紧	无松动	拧紧
	同心度	测量、目测	同心	调整
	皮带的张紧及纠偏	目测	平稳	调整张紧、纠偏
	磨损	目测	无磨损、龟裂、起皮	更换

6.2　常见故障与处理方法

建立设备故障处理制度，及时处理设备故障，保证设备正常运行和安全生产。皮带输送机常见功能故障与处理方法见表 3。

表 3　皮带输送机常见功能故障与处理方法

序号	功能	功能故障	故障模式	故障后果	故障应对策略与检修内容	检修周期 / 月
1	动力系统	减速机及电机故障	轴承磨损	减速机振动大	更换轴承	36～48
			润滑油不足	减速机温度过高	加润滑油	视情而定
			超负荷	减速机温度过高	查找超负荷原因并处理	视情而定
			振动大引起	减速机温度过高	按振动大处理方法	视情而定

表 3　皮带输送机常见功能故障与处理方法（续）

序号	功能	功能故障	故障模式	故障后果	故障应对策略与检修内容	检修周期／月
2	气动系统	管路漏气	气动管路或接头有漏气	噪声太大	更换破损的气动软管及紧固接头	视情而定
		消音器故障	消音器损坏或堵塞	噪声太大	更换或清理	视情而定
		压力表异常	压力表、调速阀损坏，气源压力不稳定，过滤器堵塞	压力表指示值不稳定	维修或更换压力表、调速阀，清理过滤器	视情而定
		气缸动作异常	节流器开度异常	气缸运行的过快或过慢	调整	视情而定
			气缓冲大小不合适	气缸动作不平稳	调整	视情而定
			气源压力过低	气缸爬行	提高气源压力	视情而定
		密封泄漏	密封失效	气缸内泄大	更换密封圈或检查活塞配合面	视情而定
		气缸故障	启动故障	无法启动	检修	视情而定
		空气泄漏	隔膜破损	空气从阀盖的小孔泄漏	更换	视情而定
		减压阀工作异常	膜片或弹簧断裂，阀杆变形，复位弹簧损坏	压力不稳定	更换	视情而定
			阀座有异物或伤痕		清理	24
		油雾器工作异常	节流阀工作异常	气缸阀无润滑，磨损加快	调整或更换	视情而定
			不滴油或油量太小		清理油道或调整节流阀	视情而定
		电磁阀－主阀故障	弹簧、密封件、阀芯或阀套损坏	执行元件无动作	更换	视情而定
			主阀内有异物		清理	24
			气源压力异常		调整	视情而定
		电磁阀－先导阀排气口漏气	有异物	主阀无动作	清理	24
			动铁芯或弹簧锈蚀		排放冷凝水	视情而定
			环境温度过低		提高环境温度	视情而定

表 3　皮带输送机常见功能故障与处理方法（续）

序号	功能	功能故障	故障模式	故障后果	故障应对策略与检修内容	检修周期／月
3	功能系统	传输系统不正常	输送带张紧	输送带抖动	调整张紧	视情而定
			链条张紧	链条噪声过大或链条抖动	调整张紧	视情而定
			各链轮不在同一平面内		调整两链轮最大错位应小于 2mm	36～48
			链条、链轮磨损		更换链条或链轮	视情而定
			链轮与链条润滑不好		添加润滑剂	1
4	密封、传输及润滑	密封泄漏	密封件损坏	泄漏及漏气	更换	6
		轴承异常	轴承磨损或添加润滑脂	声音异常、发热、运行不平稳	更换或润滑	6
		传输系统不正常	输送带张紧	输送带抖动	调整张紧	视情而定
			链条张紧	链条噪声过大或链条抖动	调整张紧	视情而定
			各链轮不在同一平面内		调整两链轮最大错位应小于 2mm	36～48
			链条、链轮磨损		更换链条或链轮	视情而定
		润滑系统异常	轴承、链条、齿轮的润滑	噪声过大及磨损严重	定期润滑应满足工艺使用要求	1～6

附　录　A
（资料性附录）
皮带输送机检修质量控制确认表

项目	主要控制内容			等级	施工单位	生产装置	设备管理部门	备注
	标准值	部位	现场记录					
拆卸中检测								
真空泵油位在Min与Max之间	油位在Min与Max之间			B	★	★		
真空泵内油的颜色光亮、清晰	颜色光亮、清晰			C	★	★		
活塞杆表面粗糙度小于 R_a0.40，圆柱度偏差小于0.10	＜R_a0.40；＜0.10			A	★	★		
活塞杆和轴表面无龟裂纹、划伤、起皮	无缺陷			A	★	★	★	
气动系统管路及接头老化和破损情况	无缺陷			B	★	★		
橡胶件老化和破损情况	无缺陷			C	★			
轴与轴套配合为H8/h7	配合为H8/h7			B	★			
链轮齿厚磨损是否超过＜10%	＜10%			B	★	★		
链条拉伸变形是否超过2%，链条外圈磨损是否超过5%	＜2%、＜5%			B	★	★		
链条的张紧度应为链轮中心距的2%～3%	2%～3%			B	★	★		
带轮磨损是否超过10%	＜10%			B	★	★		
输送带磨损是否超过20%	＜20%			B	★	★		
输送带张紧，相邻两托辊之间输送带下垂度不宜过大	张紧适度			B	★	★		
固定件磨损、变形情况	无缺陷			B	★	★		
密封件有无磨损及缺陷	无缺陷			C	★			
滑块、滑道磨损、裂纹情况	无缺陷			A	★	★	★	
滑块与滑道间隙应在0.20～0.40mm	0.20～0.40mm			B	★	★		
各润滑点（参考用户手册及图册）	满足工艺要求			C	★	★	★	

皮带输送机检修质量控制确认表（续）

项目	主要控制内容			等级	施工单位	生产装置	设备管理部门	备注
	标准值	部位	现场记录					
回装时检测								
真空泵油位在 Min 与 Max 之间	油位在 Min 与 Max 之间			B	★	★		
真空泵内油的颜色光亮、清晰	颜色光亮、清晰			C	★	★		
活塞杆表面粗糙度小于 R_a0.40，圆柱度偏差小于 0.10mm	＜R_a0.40；＜0.10mm			A	★	★		
活塞杆和轴表面无龟裂纹、划伤、起皮	无缺陷			A	★	★	★	
气动系统管路及接头老化和破损情况	无缺陷			B	★	★		
橡胶件老化和破损情况	无缺陷			C	★			
轴与轴套配合为 H8/h7	配合为 H8/h7			B	★			
链轮齿厚磨损是否超过＜10%	＜10%			B	★	★		
链条拉伸变形是否超过 2%，链条外圈磨损是否超过 5%	＜2%、＜5%			B	★	★		
链条的张紧度应为链轮中心距的 2%～3%	2%～3%			B	★	★		
带轮磨损是否超过 10%	＜10%			B	★	★		
输送带磨损是否超过 20%	＜20%			B	★	★		
输送带张紧，相邻两托辊之间输送带下垂度不宜过大	张紧适度			B	★	★		
固定件磨损、变形情况	无缺陷			B	★	★		
密封件有无磨损及缺陷	无缺陷			C	★			
滑块、滑道磨损、裂纹情况	无缺陷			A	★	★	★	
滑块与滑道间隙应在 0.20～0.40mm	0.20～0.40mm			B	★	★		
各润滑点（参考用户手册及图册）	满足工艺要求			C	★	★	★	

注： A 级：施工单位、生产装置、设备管理部门专业人员检查确认后签字。

B 级：施工单位和生产装置专业人员检查确认后签字。

C 级：施工单位专业人员检查确认后签字。

另：如果有监理，监理的职责由甲方授权。

附 录 B
（资料性附录）
皮带输送机试车与验收数据记录表

设备名称		设备编号	
试车日期			
试车准备工作	1. 清除设备周边的一切工具及杂物	合格	不合格
	2. 设备零部件完整无缺	合格	不合格
	3. 设备各连接、固定是否紧固	合格	不合格
	4. 设备润滑情况是否按要求加足润滑剂	合格	不合格
	5. 设备的密封情况，是否满足要求	合格	不合格
	6. 各仪表、阀门是否灵敏、可靠，满足试车要求	合格	不合格
	7. 水、电、气是否满足工艺条件	是	否
	8. 安全防护设施是否就位	是	否
	9. 各报警、控制系统是否灵敏好用	合格	不合格
	10. 照明、通讯、消防等辅助设施是否满足要求	是	否
	11. 确保没有人员在设备运行区域	是	否
空负荷试车	检查各输送机，要求皮带、链条不跑偏，张紧适度，每根托辊转动灵活，空试 1h	合格	不合格
负荷试车	输送能力达到设计能力，考核时间 2h	合格	不合格
验收		合格	不合格
遗留问题及处理意见			
评审意见			
记录人		日期	

29. 阀门维护检修规程

SHS 01030—2019

代替 SHS 01030—2004

目　次

前　言

本规程按照GB/T 1.1—2009《标准化工作导则　第1部分：标准的结构和编写》给出的规则起草。

本规程代替SHS 01030—2004《阀门维护检修规程》，与SHS 01030—2004相比，除了编辑性修改外，主要技术变化如下：

——增加了阀门拆卸与安装过程中步骤的具体描述、注意事项和技术要求。

——原检修周期与内容章节中，根据装置长周期运行特点，检修周期有所调整。

——依据新标准与规范，垫片和螺栓使用范围进行了调整。

——扩大了适用范围，增加了低温阀、氧气阀等。

——为便于检修，阀门增加了磅级单位，公称压力增加了Class，公称尺寸增加了NPS单位in。

——给出了阀门推荐使用寿命。

——增加了低温阀门、有防火试验要求的阀门、抗硫化氢（H_2S）阀门检修的内容。

——附录B中增加了阀门常用研磨膏成分及其用途。

本规程由中国石油化工集团有限公司、中国石油化工股份有限公司提出。

本规程起草单位：中国石油化工股份有限公司安庆分公司。

本规程主要起草人：程先步。

本规程所代替规程的历次版本发布情况为：

——SHS 01030—1992、SHS 01030—2004。

阀门维护检修规程

1 范围

1.1 主题内容

本规程规定了通用阀门的检修周期与内容、检修程序与质量标准、试验与验收、维护与故障处理。

1.2 适用范围

1.2.1 本规程适用于石油化工通用铸铁、碳素钢、铬钼合金钢、不锈钢和铜、铝、钛、镍等部分有色金属及其合金的闸阀、截止阀、球阀、蝶阀、止回阀、旋塞阀、减压阀等。最高公称压力：不大于*PN*42MPa（CL2500）；公称尺寸：*DN*15～1000；工作温度：-196～550℃，工作温度高于550℃的高温阀门建议在专业厂维修。本规程不适用于长输管道的阀门维修。

1.2.2 受压元件的维护检修遵照SHS 01004《压力容器维护检修规程》执行。

2 规范性引用文件

下列文件中的条款通过本规程的引用而成为本规程的条款。凡是注日期的引用文件，其随后所有的修改单（不包括勘误的内容）或修订版均不适用于本规程，然而，鼓励根据本规程达成协议的各方研究是否可使用这些文件的最新版本。凡是不注日期的引用文件，其最新版本适用于本规程。

GB/T 26480 阀门的检验和试验

GB/T 12224 钢制阀门一般要求

GB/T 24919 工业阀门安装使用维护 一般要求

GB/T 24925 低温阀门技术条件

JB/T 6438 阀门密封面等离子弧堆焊技术要求

JB/T 1712 阀门零部件填料和填料垫

JB/T 11484 高压加氢装置用阀门技术规范

SH 3518 石油化工阀门检验与管理规范

SH/T 3064 石油化工钢制通用阀门选用、检验及验收

3 检修周期与内容

3.1 检修周期

3.1.1 根据生产装置的特点、介质性质、腐蚀速率和运行周期，由各企业自行确定阀门的检修周期。

3.1.2 如无特殊规定，阀门检修周期按装置检修周期确定。

3.1.3 石油化工用强腐蚀工况：强碱（氢氧化钠、氢氧化钾）、强酸（硝酸、硫酸、盐酸、磷酸和氢氟酸、氢氰酸及环烷酸）、临氢、高硫天然气、液溴、氯气、氯化氢气等的阀门使用寿命一般不超过6年。石油化工等工业用高温（工作温度≥550℃）、超低温（温度<-100℃）、高压（公称压力≥PN160或CL900）阀门使用寿命一般不超过10年。

3.2 检修内容

3.2.1 清洗、检查阀体和全部阀件。

3.2.2 更换、修复损坏阀件。

3.2.3 堆焊硬质合金的密封面磨损严重的，应重新堆焊密封面的合金，并进行机械加工后，研磨密封面。

3.2.4 修复中法兰、端法兰密封面。

3.2.5 更换或添加填料，更换垫片。

3.2.6 阀门重新装配后应进行壳体压力试验、密封试验（含上密封）。

3.2.7 检查阀门的内表面，阀体壁厚、启闭件外观如果存在明显冲刷、减薄或变形，结合装置检修周期，进行经济性评估，根据实际情况确定是否进行检修。

4 检修程序与质量标准

4.1 检修前的准备

4.1.1 备齐有关技术资料。

4.1.2 备齐机具、量具和材料。

4.1.3 阀内介质清理干净，并符合安全规定。

4.1.4 备齐阀门需要更换的密封垫片、填料、紧固件、辅材等。

4.2 一般规定

4.2.1 阀门应挂牌，标明检修编号、工作压力、工作温度及介质。

4.2.2 拆卸的阀件有方向和位置要求的应核对或打上标记。

4.2.3 全部阀件进行清洗和除垢。

4.2.4 非金属材料的密封面损坏后，应予更换。

4.2.5 密封面研磨的研具材料及磨料的选用参照附录 A、附录 B 和附录 C。

4.2.6 工作温度高于 250℃的螺栓应涂防咬合剂。

4.2.7 填料更换或添加，垫片应更换。

4.2.8 螺栓安装整齐，紧固时应对称均匀受力，拧紧中法兰螺栓时，闸阀、截止阀处在开启状态。

4.2.9 阀门每经过一次修理，应在阀体上做出明显标记。

4.2.10 如果阀门金属材料零件因损坏需更换新零件时，材料应符合阀门工况的要求。

4.3 检修质量标准

4.3.1 阀门铭牌完整。

4.3.2 阀门的铸件不得有裂纹、缩孔和夹渣等缺陷。

4.3.3 阀门的锻件加工面应无夹层、重皮、裂纹、斑疤等缺陷。

4.3.4 阀门的焊接件焊缝应无裂纹、夹渣、气孔、咬肉等缺陷。

4.3.5 阀门螺栓应满扣无松动，传动系统零部件齐全完好。

4.3.6 密封面

4.3.6.1 密封面用显示剂检查接触面印痕。

a）闸阀、截止阀和止回阀的印痕线应连续，宽度不小于 1mm，印痕均匀，闸阀阀板在密封面上印痕线的极限位置距外圆不小于 3mm（含印痕线宽度）。

b）球阀的印痕面应连续，其宽度不小于阀体密封环外径，印痕均匀。

c）钢圈垫与密封槽接触面应做印痕检查，印痕线应连续。

4.3.6.2 氨用阀门密封面的堆焊层厚度不小于 2mm。

4.3.6.3 研磨后密封面的粗糙度不低于 R_a0.8。

4.3.7 阀体、阀盖及垫片

4.3.7.1 阀座与阀体联结应牢固，严密无渗漏。

4.3.7.2 阀板与导轨配合适度，在任意位置均无卡阻、脱轨。

4.3.7.3 阀体中法兰凹凸缘的最大配合间隙应符合表 1 要求。

表 1 中法兰最大配合间隙

mm

中法兰直径	42～85	90～125	130～180	185～250	255～315	320～400	405～500
最大间隙	0.40	0.45	0.50	0.55	0.65	0.75	0.80

4.3.7.4 法兰密封面洁净无划伤。

4.3.7.5 有拧紧力矩要求的螺栓，应按规定的力矩拧紧，拧紧力矩误差不应大于 5%。

4.3.7.6 填料压盖、填料底套与填料函孔的最大配合间隙应符合表 2 要求。

表 2 底套与填料函孔最大配合间隙

mm

填料函孔直径	22～26	28～34	36～44	48～70	75～106	122
最大配合间隙	0.20	0.25	0.27	0.30	0.35	0.40

4.3.7.7 填料压盖内径与阀杆的最大配合间隙应符合表3要求。

表3 填料压盖内径与阀杆的最大配合间隙

mm

阀杆直径	14～16	18～22	24～28	32～50	55～80	≥90
最大间隙	1.00	1.20	1.40	1.50	1.80	2.20

4.3.7.8 填料压盖无损坏、变形。

4.3.8 启闭件

4.3.8.1 阀杆与启闭件的连接牢靠、不脱落。

4.3.8.2 阀杆端部与阀板的连接在阀门关闭时，阀板与阀体应对中。

4.3.9 阀杆

4.3.9.1 阀杆表面应无凹坑、刮痕和轴向沟纹，表面粗糙度不低于 R_a0.8。

4.3.9.2 阀杆全长直线度公差值应符合表4要求。

表4 阀杆全长直线度公差值

mm

阀杆全长 L	≤500	>500～1000	>1000
直线度公差值	ϕ0.30	ϕ0.45	ϕ0.60

4.3.9.3 阀杆圆度公差值应符合表5要求。

表5 阀杆圆度公差值

mm

阀杆直径	圆度公差值
≤30	0.09
>30～50	0.12
>50～60	0.15
>60	0.18

4.3.9.4 阀杆梯形螺纹和上密封锥面的轴线与阀杆轴线的同轴度公差值应符合表6要求。

表6 同轴度公差值

mm

阀杆全长 L	≤500	>500～1000	>1000
同轴度公差值	0.15	0.30	0.45

4.3.9.5 阀杆头部不应有凹陷和变形。

4.3.10 阀杆螺母

4.3.10.1 阀杆螺母的外圆与支架孔的最大配合间隙应符合表7要求。

表7 外圆与支架孔的最大配合间隙

mm

阀杆螺母外径	35～50	55～80	>80
最大配合间隙	0.25	0.30	0.35

4.3.10.2 手轮、轴承压盖均不得松动。

4.3.11 填料密封

4.3.11.1 填料原则上使用成型料，用填料绳时，填料对口要切成30°或45°斜角，相邻两圈填料的对口错开120°，并应逐道压紧。

4.3.11.2 填料压好后，填料压盖压入填料箱不小于2mm，外露部分不小于填料压盖可压入高度的2/3，压盖两端间隙均匀。

4.3.11.3 填料装好后，阀杆的转动和升降应灵活、无卡阻、无泄漏。

4.3.11.4 填料的选用参考附录D。

4.3.12 阀门的组装

4.3.12.1 平行式双闸板阀门的撑开机构，当阀板达到关闭位置时，该机构应能迅速撑开，使其与阀体密封面吻合，工作时，双闸板不得分离和脱落。

4.3.12.2 指示机构和限位机构应定位准确。

4.3.12.3 驱动机构安装后应灵活好用，并符合有关技术要求，驱动机的执行器检修参照SHS 07005标准执行。

4.3.12.4 用于易燃介质的阀门设有防静电结构，以保证阀门的导电性，阀杆与阀体间最大电阻不超过10Ω，应用12V直流电源测量。

5 试验与验收

5.1 一般要求

5.1.1 阀门在安装前应按相应规范进行壳体压力试验和密封试验，具有上密封结构的阀门，还应进行上密封试验。

5.1.2 对于壳体压力试验、上密封试验，试验介质可选择空气、惰性气体、煤油、水或黏度不高于水的非腐蚀性液体，低压密封试验介质可选择空气或惰性气体。进行高压气体试验时，现场必须有安全防护场地和防护措施。

5.1.3 用水做试验介质时，允许添加防锈剂，奥氏体不锈钢阀门试验时，水中氯化物含量不得超过25mg/L。无特殊规定时，试验介质的温度宜为5～40℃，当环境温度低于5℃时应采取防冻措施。

5.1.4 阀门试验前，应除去密封面上的油漆和污物，严禁在密封面上涂抹防渗漏的油脂。

5.1.5 装有旁通阀的阀门，旁通阀也应进行壳体压力试验和密封试验。

5.1.6 试验介质为液体时，应排尽阀门内的空气，阀门试验完毕，应及时排除阀门内的积液。

5.1.7 氧气阀门应送有资质的专业阀门厂家修理，试验介质不得含油脂，修理后应充分脱脂及防护，合格的氧气阀门到现场不允许拆卸和试压。

5.2 阀门壳体压力试验

5.2.1 阀门壳体压力试验的试验压力应为阀门公称压力的1.5倍。

5.2.2 阀门壳体压力试验最短保压时间应为5min。如果试验介质为液体，壳体外表面不得有液滴或潮湿现象，阀体与阀体衬里、阀体与阀盖结合处不得有泄漏；如果试验介质为气体，则应按规定的检漏方法检验，不得有泄漏现象。

5.2.3 夹套阀门的夹套部分应以 1.5 倍的工作压力进行压力试验。

5.2.4 公称压力小于 1MPa 且公称通径大于或等于 600mm 的闸阀，壳体压力试验可不单独进行，可在管道系统试验中进行。

5.3 阀门密封试验

5.3.1 阀门密封试验包括上密封试验、高压密封试验和低压密封试验，密封试验必须在壳体压力试验合格后进行。

5.3.2 阀门密封试验项目应根据直径和压力按规定进行选取。

5.3.2.1 公称通径≤100mm（4in）、公称压力≤25.0MPa（Class 1500）及公称通径≥125mm（5in）、公称压力≤10.0MPa（Class 600）的阀门应按表 8 选取试验项目。

表 8 阀门密封试验项目

试验名称	阀门类型					
	闸阀	截止阀	旋塞阀	止回阀	浮动式球阀	蝶阀和固定式球阀
上密封①	需要	需要	不适用	不适用	不适用	不适用
低压密封	需要	供选	需要②	供选③	需要	需要
高压密封④	供选⑥	需要⑤	供选②⑥	需要	供选⑥	供选⑥

注：①除波纹管密封阀门外，所有具有上密封性能的阀门都应进行上密封试验。

②油封式旋塞阀，进行高压密封试验是强制性的，低压密封试验是可选择的。

③对于止回阀，可用低压密封试验代替高压密封试验。

④弹性密封阀门经高压密封试验后，可能降低其在低压工况的密封性能。

⑤动力驱动的介质阀，高压密封试验应按确定动力驱动装置规格时设计压差的 1.1 倍进行。

⑥规定为双截断和排放阀的所有阀门都要求进行高压密封试验。

5.3.2.2 公称通径≤100mm（4in）、公称压力＞25.0MPa（Class 1500）及公称通径≥125mm（5in）、公称压力＞10.0MPa（Class 600）的阀门应按表 9 选取试验项目。

表 9 阀门密封试验项目

试验名称	阀门类型					
	闸阀	截止阀	旋塞阀	止回阀	浮动式球阀	蝶阀及固定式球阀
上密封①	需要	需要	不适用	不适用	不适用	不适用
低压密封	供选	供选	供选	供选②	需要	供选
高压密封③	需要	需要④	需要	需要	供选②⑤	需要

注：①除波纹管密封阀门外，所有具有上密封性能的阀门都应进行上密封试验。

②对止回阀，可用低压密封试验代替高压密封试验。

③弹性密封阀门经高压密封试验后，可能降低其在低压工况的密封性能。

④对于动力驱动的介质阀，高压密封试验应按确定动力驱动装置规格时设计压差的1.1倍进行。

⑤对于规定为双截断和排放阀的所有阀门都要求进行高压密封试验。

5.3.3 阀门高压密封试验和上密封试验的试验压力为阀门公称压力的1.1倍，低压密封试验压力为0.6MPa，保压时间见表10，以密封面不泄漏为合格。

表10 密封试验保压时间

阀门公称尺寸		保持试验压力最短持续时间①/s		
		上密封试验	高压密封和低压密封	
DN/mm	*NPS*/in		止回阀	其他阀门
≤50	≤2	15	60	15
65～150	2.5～6	60	60	60
200～300	8～12	60	60	120
≥350	≥14	60	120	120

注：①保持试验压力最短持续时间是阀门内试验介质压力升至规定值后。

5.3.4 公称压力小于1MPa且公称通径大于或等于600mm的闸阀可不单独进行密封试验，宜用色印方法对闸板密封副进行检查，结合面连续为合格。

5.3.5 上密封试验的基本步骤为：封闭阀门进、出口，松开填料压盖，将阀门打开并使上密封关闭，向腔内充满试验介质，逐渐加压到试验压力，达到保压时间后，无渗漏为合格。

5.3.6 进行密封实验时，应向处于关闭状态的被监测密封副的一测腔体充满试验介质，并逐渐加压到试验压力，达到规定保压时间后，在该密封副的另一侧，目测渗漏情况，引入介质和施加压力的方向应符合下列规定。

5.3.6.1 规定了介质流向的阀门，如截止阀等应按规定介质流通方向引入介质和施加压力（止回阀除外）。

5.3.6.2 没有规定介质流向的阀门，如闸阀、球阀、旋塞阀和蝶阀，应分别沿末端引入介质和施加压力。

5.3.6.3 有两个密封副的阀门也可以向两个密封副之间的体腔内引入介质和施加压力。

5.3.6.4 止回阀应沿使阀瓣关闭的方向引入介质和施加压力。

5.3.7 低温阀门检验应符合常规阀门的规定外，还应符合GB/T 24925的相关规定进行低温密封试验。

5.3.8 在压力持续时间内，试验介质通过密封副的最大允许泄漏率应符合表11的规定。

表 11　密封试验的最大允许泄漏率

阀门规格		所有弹性密封副阀门	除止回阀外的所有金属密封副阀门		金属密封副止回阀	
DN/mm	*NPS*/in		液体试验[a] 滴/min	气体试验 气泡/min	液体试验/(cm^3/min)	气体试验/(m^3/h)
≤50	≤2	0	0[b]	0[b]	6	0.08
65～150	2.5～6		12	24	$\frac{DN}{25}\times 3$	$\frac{DN}{25}\times 0.024$
200～300	8～12		20	40		
≥350[c]	≥14		2×*DN*/25	4×*DN*/25		

注： a. 对于液体试验介质，1ml（cm^3）相当于 16 滴（用 6mm 内径的管子）。

b. 在规定的最短试验时间内无渗漏，对于液体试验，“0”滴表示在每个规定的最短试验时间内无可见渗漏；对于气体试验，“0”气泡表示在每个规定的最短试验时间内泄漏量小于 1 个气泡。

c. 对于公称尺寸大于 *DN*600（*NPS*24）的止回阀，允许的泄漏量由业主给定。

5.4　验收

5.4.1　阀门试验合格后，内部应清理干净，阀门两端应加防护盖。

5.4.2　除塑料和橡胶密封面不允许涂防锈剂外，闸阀、截止阀、节流阀、蝶阀、底阀等阀门应处于全关闭位置；旋塞阀、球阀应处于全开启位置；隔膜阀应处于关闭位置，但不可关得过紧，以防损坏隔膜；止回阀的阀瓣应关闭并予以固定，启闭件和阀座密封面应涂工业用防锈油脂。

5.4.3　阀门压力试验、泄漏试验记录齐全。

5.4.4　阀门安装结束，随装置运行，各项指标达到技术标准或满足生产要求。

5.4.5　阀门达到完好标准。

6　维护与故障处理

6.1　日常维护

6.1.1　定时检查阀门的阀杆、螺母防腐情况，外露阀杆的部位涂润滑脂或加保护套进行保护。

6.1.2　定时检查阀门的密封和紧固件，发现泄漏和松动及时处理。

6.1.3　定期清洗阀门的气动和电动装置。

6.1.4　定期检查阀门防腐层和绝热层，发现损坏及时修理。

6.1.5　法兰连接螺栓外露螺纹应涂防锈剂进行保护。

6.1.6　阀门零件，如手轮、手柄等损坏或丢失，应尽快配齐，不可用扳手类代替，以免损坏阀杆头。

6.1.7 长期停用的水阀、汽阀，应注意及时打开丝堵，排出积水。

6.2 故障与处理方法

阀门常见功能故障与处理方法见表12。

表12 阀门常见功能故障与处理方法

序号	功能	功能故障	故障模式	故障后果	故障应对策略与检修内容	检修周期/月
1	控制流体流量，防止阀门输送介质外漏	阀门启闭失效	1. 填料过紧，压盖偏斜	控制流体效果达不到要求	调整填料函螺栓的松紧，压盖压正	视情而定
			2. 启闭件脱落	控制流体效果达不到要求	更换阀门	视情而定
			3. 阀杆弯曲，阀杆螺纹损坏，积垢	控制流体效果达不到要求	校正阀杆，修理阀杆螺纹，并除垢	视情而定
			4. 闸阀关闭力太大或阀杆受热膨胀	控制流体效果达不到要求	边敲击阀体法兰，边旋手轮	视情而定
			5. 支架轴承松脱顶住手轮	控制流体效果达不到要求	重新固定轴承压盖	视情而定
			6. 寒冷季节冻凝	控制流体效果达不到要求	蒸汽适当加热阀门	视情而定
		填料泄漏	1. 填料压盖松	造成流体外漏损失，污染环境	压紧填料压盖	视情而定
			2. 填料不足	造成流体外漏损失，污染环境	增加填料	视情而定
			3. 填料技术性能不符	造成流体外漏损失，污染环境	更换填料	视情而定
			4. 阀杆粗糙、弯曲，有轴向沟纹	造成流体外漏损失，污染环境	降低表面粗糙度，校直阀杆，修复沟纹	视情而定
		中法兰泄漏	1. 中法兰螺栓紧固不均	造成流体外漏损失，污染环境	螺栓紧固力矩一致	视情而定
			2. 垫料技术性能不符	造成流体外漏损失，污染环境	更换垫料	视情而定
			3. 法兰密封面有缺陷	造成流体外漏损失，污染环境	修理密封面	视情而定

表 12　阀门常见功能故障与处理方法（续）

序号	功能	功能故障	故障模式	故障后果	故障应对策略与检修内容	检修周期/月
1	控制流体流量，防止阀门输送介质外漏	阀门内漏	1. 阀内掉进异物，密封面黏附异物	控制流体效果达不到要求	清除异物	视情而定
			2. 阀杆端部的球面变形或悬空	控制流体效果达不到要求	修理球面	视情而定
			3. 双闸板闸阀的撑开机构磨损	控制流体效果达不到要求	修复撑开机构	视情而定
			4. 密封面损坏	控制流体效果达不到要求	修复研磨	视情而定

附 录 A

（资料性附录）

常用研具材料的选用

材料	应 用
铸铁	适用于不同性质的研磨工作（敷砂或嵌砂研磨），能很好地保证研磨质量和较高的研磨效率，硬度 HB110～190，统一工作面硬度基本保持一致，应无砂眼气孔
球墨铸铁	比一般铸铁容易嵌存磨粒，而且嵌得均匀、牢固，能得到较好的研磨效果，研具的耐用度也较高
低碳钢	韧性大，易变形，不宜用来制作精密研具，常用来制作小规格螺纹、小孔或窄小内腔工件的研具或用来制作粗研研具
铜	材质软，容易嵌入较大的磨粒，除用于研磨余量较大的粗研加工外，其他应用范围与低碳钢相同
玻璃	材质较硬，适用于敷砂研磨或抛光工作，特别是淬火钢的最后精研磨
皮毛及毛毡	主要用来进行抛光工作

附 录 B
（资料性附录）
磨料的代号及应用范围

品种		代号	应用范围
氧化物系列	棕刚玉	A（GZ）	碳素钢、合金钢、可锻铸铁、硬青铜的普通磨削、切断、自由磨削
	白刚玉	WA（GB）	合金钢、高速钢、淬火钢等强度大、硬度高工件的普通磨削、刃磨超精珩磨、齿轮、螺纹磨、仿型磨
	铬钢玉	PA（GG）	工具钢、淬火钢的内圆工具，齿轮、仿型磨及仪表机架的磨削、高粗糙度的磨削
	单晶刚玉	SA（GD）	高钒高速钢、奥氏体不锈钢、高速钢、钛合金等高硬度、高强度材料的磨削
	微晶刚玉	MA（GW）	各种淬火硬钢、不锈钢、特殊球墨铸铁及不锈钢的磨削、重负荷磨削、镜面磨削、强力磨削、高粗糙度磨削
	锆刚玉	ZA（GA）	重负荷磨削，耐热合金钢、奥氏体不锈钢的磨削
碳化物系列	黑碳化硅	C（TH）	铸铁、有色金属、非金属材料的磨削、切断、珩磨
	绿碳化硅	GC（TL）	脆而硬的硬质合金、玻璃、宝石、石料的磨料，切断与超精加工
	立方碳化硅	SC（TF）	微型轴承、量具、仪表等精密机件的超精加工
	碳化硼	BC（TP）	研磨抛光硬质合金、拉丝膜、宝石、玉石
	人造金刚石	TR	硬质合金、光学玻璃、宝石、半导体材料的磨削、切断与电解磨削
氮化物系列	立方氮化硼		耐热合金、高钒、高钼、高钴高速钢、钛合金钢等材料的磨削

附 录 C
（资料性附录）
磨料粒度尺寸范围

组别	粒度	尺寸范围 /μm
磨粉	100#	150～125
	120#	125～106
	150#	106～75
	180#	90～63
	220#	75～53
微粉	W63	63～50
	W50	50～40
	W40	40～28
	W28	28～20
	W20	20～14
	W14	14～10
	W10	10～7
	W7	7～5
	W5	5～3.5
精微粉	W3.5	3.5～2.5
	W2.5	2.5～1.5
	W1.5	1.5～1
	W1	1～0.5
	W0.5	0.5 及更细

附　录　D
（资料性附录）
常用填料选用表

填料材料名称	适用条件			应用范围
	温度/℃	压力/MPa	介质pH值	
植物纤维填料	≤100	≤1.6		水、氨、醋酸、苛性钠等
橡胶填料	≤140	≤1.6		氨、浓硫酸等
特氟纶人造纤维混编 PTFE	≤240	＜30	2～13	
夹金属丝石墨编织绳	≤510	＜15	7～14	蒸汽、碱液、油品
夹不锈钢丝石墨编织绳	≤450	＜20	7～14	蒸汽、碱液、油品
夹蒙乃尔金属丝石墨编织绳	≤550	＜32	7～14	蒸汽、碱液、油品
浸聚四氟乙烯编织绳	-180～290	＜25	4～14	弱酸、强碱及乙烯装置的低温介质
膨胀聚四氟乙烯	-268～288	＜10	4～14	
聚四氟乙烯纤维填料	-200～260	＜30	0～14	强酸、强碱及腐蚀性介质
碳纤维浸聚四氟乙烯填料	-240～300	＜5.0	0～14	硝酸以外的其他酸类、液氨、液氮
碳纤维与聚四氟乙烯纤维混织填料	-200～290	＜10	3～14	硝酸以外的其他酸类、液氨、液氮
陶瓷纤维填料	≤1480			
金属波形填料 BSP-600	≤600	≤20		
铅丝扭制填料	≤90	≤1.6		浓硫酸等
铅圈填料	≤500	≤1.6		

附　录　E
（资料性附录）
阀门试验数据记录表

<table>
<tr><td colspan="3">SH/T 3503—J402</td><td colspan="4">项目名称：</td><td colspan="4">所在单位：</td></tr>
<tr><td>名称</td><td>型号</td><td>规格</td><td>公称压力</td><td>数量</td><td>压力试验</td><td>密封试验</td><td>上密封试验</td><td>试验记录（自编号）</td><td>试验结果</td><td>备注</td></tr>
<tr><td></td><td></td><td></td><td></td><td></td><td></td><td></td><td></td><td></td><td></td><td></td></tr>
<tr><td></td><td></td><td></td><td></td><td></td><td></td><td></td><td></td><td></td><td></td><td></td></tr>
<tr><td></td><td></td><td></td><td></td><td></td><td></td><td></td><td></td><td></td><td></td><td></td></tr>
<tr><td></td><td></td><td></td><td></td><td></td><td></td><td></td><td></td><td></td><td></td><td></td></tr>
<tr><td></td><td></td><td></td><td></td><td></td><td></td><td></td><td></td><td></td><td></td><td></td></tr>
<tr><td></td><td></td><td></td><td></td><td></td><td></td><td></td><td></td><td></td><td></td><td></td></tr>
<tr><td></td><td></td><td></td><td></td><td></td><td></td><td></td><td></td><td></td><td></td><td></td></tr>
<tr><td></td><td></td><td></td><td></td><td></td><td></td><td></td><td></td><td></td><td></td><td></td></tr>
<tr><td></td><td></td><td></td><td></td><td></td><td></td><td></td><td></td><td></td><td></td><td></td></tr>
<tr><td></td><td></td><td></td><td></td><td></td><td></td><td></td><td></td><td></td><td></td><td></td></tr>
<tr><td></td><td></td><td></td><td></td><td></td><td></td><td></td><td></td><td></td><td></td><td></td></tr>
<tr><td colspan="4">设备管理部门／监理单位</td><td colspan="4">生产装置</td><td colspan="3">施工单位</td></tr>
<tr><td colspan="4">专业工程师：

日期：　　年　月　日</td><td colspan="4">专业工程师：

日期：　　年　月　日</td><td colspan="3">试验人：
质量检查员：
专业工程师：
日期：　　年　月　日</td></tr>
</table>

附 录 F

（资料性附录）

通用阀门检修质量控制确认表

检修项目名称： 所在单位：

序号	检查项目	检查标准	控制级别	检查结果	施工单位检查人	生产装置检查人	设备管理部门检查人	检查时间
1	阀体与阀盖检查	阀体与阀盖表面有无裂纹、砂眼、冲刷，密封面平整，无凹、凸麻点、径向沟槽等缺陷	B					
2	阀芯、阀座检查	阀芯、阀座密封面无锈蚀、裂纹、磨损、冲刷等缺陷	C					
3	阀杆检查	阀杆表面是无咬伤、黏合、卡住的痕迹。阀杆的不直度符合标准；阀杆无磨损，连接丝扣完好无损，与螺母配合良好	C					
4	填料室检查	填料室内壁无腐蚀、砂眼，压盖无变形	C					
5	密封面修复	密封面光洁，红丹靠研密封线连续均匀不断线	B					
6	阀门组装	盘根填加正确，填料压盖装配间隙均匀，压盖螺栓紧力均匀	C					
7	强度试验和严密性试验	应符合设计和规范要求	A（重要阀门）					
8	调试	阀门全行程开关灵活	B					

控制级别说明： A：施工单位、生产装置、设备管理部门专业技术人员检查确认后签字。

B：施工单位和生产装置专业技术人员检查确认后签字。

C：施工单位专业技术人员检查确认后签字。

另：如果有监理，监理的职责由甲方授权。

30. 高架火炬维护检修规程

SHS 01031—2019

部分代替 SHS 01031—2004

目　次

前　言

本规程按照GB/T 1.1—2009《标准化工作导则　第1部分：标准的结构和编写》给出的规则起草。

本规程代替SHS 01031—2004《火炬维护检修规程》，与SHS 01031—2004相比，主要技术变化如下：

——修改了标准名称。

——本规程本次修订彻底打破原有条款，无论内容还是篇幅都有大量扩充。

SHS 01031—1992针对火炬塔身本体的检修进行规定。SHS 01031—2004针对火炬单元的设备检修进行规定，包括塔身及其附属水封罐、分液罐、管道。本规程突出了机电一体和运行维护，针对近年来设计规范和运行标准提高而导致高架火炬头的高空附件数量增加、结构复杂的特点，将火炬头定义变更为高架火炬燃烧器总成（即火炬头总成），将火炬头总成分解为火炬头、高空点火附件、高空电仪附件三部分编制检修专项条款，既体现了石化企业设备管理中各专业工种的分工，也保证了相互之间的衔接与配合。

——针对高架火炬头总成的机电一体化趋势，首次明确了高空测温元件、高空点火组件与火炬头主体的安装偏差。目的在于整合和约束高架火炬燃烧器总成的静设备、电气设备、仪表设备的检修。

——增加了可拆卸式高架火炬的检修内容。该型火炬具有共塔多火炬的工艺优势，但是检修矛盾突出，不能像固定塔架火炬检修那样针对高空点火附件进行项修和进行火炬头总成安装后的在线试验，因此本规程也制定了该型火炬试验的相关条款。

——吸收新技术，采用了飞行器（无人机）进行视频检查的规定。

——吸收新技术，高空火焰（温度）检测元件从以往只有热电偶一种，增加了离子火焰检测元件及其检修规定。这是依据2017年度中国石化科技进步一等奖“安全高效环保火炬燃烧技术与装备”课题中所采用的技术，并通过了一个检修周期的验证。通过验证期偶发的火炬头闪爆事件，证明结构优良的离子火焰检测探头比热电偶更能抵抗爆炸冲击波；且抗烧蚀性超过热电偶，在北方冬季检测准确性远远优于热电偶。

——删除了2004版中火炬筒体制作、修补的条款，指明参照GB 51029《火炬工程施工及验收规范》、SH/T 3029《石油化工企业排气筒和火炬塔架设计规范》执行。

——根据GB 51029、SH/T 3029，增加了火炬基础检查和检修内容。

——对于试验与验收的内容补充了详细规定，并制定高空项目的检查确认表。近年来随着国内石化企业进步，火炬已很少排放，高架火炬头寿命普遍能达到16年以上。但是火炬头高空附件的寿命比火炬头短得多，一般只满足一个检修周期。因此高空点火附件、高空电仪附件成为长周期的制约因素，成为每次检修的重点，需要详细验收数据。

——将《中国石油化工股份有限公司炼油火炬系统安全运行指导意见（试行》（石化股份炼调〔2010〕7号）中涉及的运行管理规定，经过实践验证后，固化在本规程中。运行管理是火炬日常维护中不可分割的组成部分。

本规程由中国石油化工集团有限公司、中国石油化工股份有限公司提出。

本规程主要起草单位：中国石油化工股份有限公司齐鲁分公司。

本规程参与起草单位：河南万安油气设备工程有限公司。

本规程主要起草人：王学军。

本规程所代替规程的历次版本发布情况为：

——SHS 01031—1992、SHS 01031—2004。

高架火炬维护检修规程

1 范围

1.1 主题内容

本规程规定了火炬检修周期与内容、检修程序与质量标准、试验与验收、维护与故障处理。火炬的检修除符合本规程外，还应符合该型火炬有关设计要求和产品说明书。

1.2 适用范围

本规程适用于石油化工行业各类高架火炬。以常见的火炬单元为界限，包含火炬单元内火炬主体、附属水封罐和分液罐、附属管道、附属仪表和电气设备。

2 规范性引用文件

下列文件中的条款通过本规程的引用而成为本规程的条款。凡是注日期的引用文件，其随后所有的修改单（不包括勘误的内容）或修订版均不适用于本规程，然而，鼓励根据本规程达成协议的各方研究是否可使用这些文件的最新版本。凡是不注日期的引用文件，其最新版本适用于本规程。

GB 51029　火炬工程施工及验收规范

SH/T 3029　石油化工企业排气筒和火炬塔架设计规范

SH 3009　石油化工企业可燃性气体排放系统设计规范

《中国石油化工股份有限公司炼油火炬系统安全运行指导意见（试行》（石化股份炼调〔2010〕7号）

3 检修周期与内容

3.1 检修周期

石油化工企业火炬单元检修周期一般为4～6年。同时，火炬系统检修周期须达到各排放装置中运行周期最长的单套装置的检修周期。

对于检修周期超过6年的火炬应进行延期检查和评估。检查方式应通过高空无人飞行器拍摄视频，检查火炬头烧损情况、火炬头耐火层脱落情况、高空附件变形情况，确认是否符合本规程中相关完好标准；应在地面上通过对高空电仪附件进行单回路测试，确认各火焰检测回路和高空点火回路是否正常；应通过本规程“5.1.2 地面远程试验”。通过设备完好性确认后，方可批准延期。

3.2 检修内容

3.2.1 检查修理火炬头及其高空附件。高空附件包括长明灯和爆燃管组件、高空点火器组件、火焰和温度检测组件。

3.2.2 检查、彻底清理、修理火炬分子封。

3.2.3 检查修理火炬筒体。包括检查、彻底清理筒体底部封头、筒体底部排凝阀、排凝管线。

3.2.4 检查修理火炬劳动保护设施。包括：平台、栏杆、爬梯等。

3.2.5 检查修理火炬框架。包括：框架连接件，框架防腐，牵索式火炬的纤绳、基础锚点，以及筒体和塔架防雷接地。

3.2.6 检查修理塔架上和筒体上的附塔管线。

3.2.7 检查和保养火炬附属的吊装设施。包括：火炬头的附属吊装抱杆；可拆卸火炬的卷扬机、导轨、高空滑轮组等。

3.2.8 检查修理火炬基础。包括混凝土基础周围的稳定土坡。

3.2.9 检查修理地面上火炬附属管线，以及管线的附属设备。包括：阻火器、高压燃气过滤器；各排空（倒淋）阀门；火炬排放气和燃料气的切断阀。

3.2.10 检查、修理、调试地面爆燃点火器。

3.2.11 检查修理火炬所属容器，如水封罐、凝缩油罐、燃料气分液罐等。

3.2.12 检查修理、试验火炬单元配套的仪表自控设施，包括自动点火控制回路、雾化蒸汽调节回路、燃气助燃控制回路、水封罐和燃料气分液罐等液位控制回路、管网维持正压控制回路等。

3.2.13 检查修理、试验火炬单元配套的电气设施，包括高空点火器组件的电气线路和元件、点火高压发生器、点火电源等，以及高空和区域照明。

4 检修程序与质量标准

4.1 检修前准备

4.1.1 采用无人机录制视频，预先判断火炬顶部烧损情况，预定检修计划，并为编制施工方案提供资料。

4.1.2 备齐必要图纸和技术资料；编制检修方案，包含施工方案、吊装方案、地面安全防护方案、风险评估和措施、环保措施等。

4.1.3 备齐检修工具、起重机具、配件材料、劳动保护用具。提前完成卷扬机的地锚安装、大型吊车的组对、现场临时防护、场地规划和平整等工作。

4.1.4 提前完成可拆卸式高架火炬附属设施的检查、润滑、试运等工作，附属设施包括附属各卷扬机、筒体铰座、滑轮组等。

4.1.5 切断火炬单元与排放装置的流程，管线和容器吹扫置换干净后隔离，并清洗火炬所属容器，采取防止硫化亚铁自燃的容器钝化等措施，符合检修安全规定。处理方案中需要包括分子封的钝化或吹扫等处理措施。

4.1.6 每天施工前确认天气情况，雨雪天气、能见度太低、风速大于 10.8m/s 时，禁止吊装作业。

4.2 检查与修理

4.2.1 火炬头

4.2.1.1 火炬头筒体鼓包或凹陷，其变形高度大于 100mm 时，应将缺陷部位割除补板。火炬头顶部边缘聚火块烧断大于 10 组时应更换；小于或等于 10 组时，应割除并清理干净。顶部防风罩已经变形时应整体予以更换。

4.2.1.2 对有耐热衬里的火炬头，检查衬里脱落情况，进行修复。修复过程中须有措施，防止耐火材料掉落到分子封或筒体内。浇注型耐火材料的选用需考虑到火炬检修时间的限制，预留固化时间，以及火炬投用时无法逐步升温来烘烤固化耐火材料的问题。附带纤维耐火层的防风罩出现耐火层损坏时，宜考虑与防风罩整体更换。

4.2.1.3 检查火炬头下部蒸汽引射空气喷嘴（如梅花喷嘴）和消音罩，视情况修理，并检查消声罩排水口是否完好。当消音罩排水口是通过连接管线排到地面时，注意同步检查排水管线是否腐蚀，以及保温伴热是否完好，可结合开停工时氮气吹扫确定管线是否通畅。

4.2.1.4 火炬头内部蒸汽引射空气喷管出现烧损蠕变，一般不进行更换，特别严重时可以切割喷管口以保持喷口向上，但施工中需要防止被切割的废管材掉落到分子封或筒体内。对于蒸汽引射空气喷管的管口有稳火环的火炬，在喷管烧损蠕变不严重的情况下可以更换稳火环，否则切割喷管口时可以不予恢复。

4.2.1.5 低噪声蒸汽夹套火炬头，对其蒸汽夹套上的蒸汽引射空气喷嘴进行检查和更换时，应结合夹套层补板和耐火层修理统一进行。

4.2.1.6 火炬头顶部具有火焰抬升蒸汽环管时，蒸汽环管上旋转喷嘴如出现烧损应更换。若蒸汽环管变形不严重可补焊修复，否则应与旋转喷嘴一起整体更换。修复中须考虑支架与环管的高温补偿间隙。

4.2.1.7 火炬头变形严重，当达到以下条件时应更换火炬头：火炬头筒体多处鼓包或凹陷达到 100mm 时，或出现较多裂纹时；火炬头筒体内蒸汽引射空气喷管出现烧损或蠕变严重，影响蒸汽向上喷射时；低噪音蒸汽夹套火炬头的壁板严重变形或出现裂纹，影响蒸汽喷嘴引射空气能力时。

4.2.1.8 没有蒸汽雾化和降温的火炬头，如酸性气火炬头、氨气火炬头等，烧损较轻时视情况更换防风罩和聚火块。否则整体更换火炬头。

4.2.2 火炬头高空点火附件

4.2.2.1 长明灯出现烧损，或者出现长明灯因高温蠕变，相对原位置已偏离火炬头达100mm时，宜整体更换。拆检节能型长明灯，检查其燃气引射空气的射流喷嘴及其配套的过滤器，目视喷嘴和过滤网有无堵塞和结焦；当喷嘴烧损或无法疏通、过滤器损坏时，更换喷嘴和过滤器。

4.2.2.2 地面点火器的爆燃管在火炬头出现烧损时可以局部更换管线。爆燃管一般与长明灯捆绑式供货和安装，当出现爆燃管口与长明灯头因高温蠕变，两者之间比原位置偏离达30mm时，宜整体更换长明灯和爆燃管组件。

4.2.2.3 检查高空点火器组件的配风引火筒以及与之连接的高压燃气管，针对筒体因高温蠕变和焊口开裂情况，进行修理。如果出现配风引火筒因高温蠕变，相对原位置已偏离火炬头达100mm，或者相对原位置已偏离长明灯头达50mm，宜整体更换引火筒。

4.2.2.4 长明灯、地面点火器爆燃管、高空点火器更换时，宜整体统一更换，以避免因高温蠕变导致的三者之间的变形量不同，而导致点火困难。

4.2.2.5 检查长明灯、地面点火器爆燃管、高空点火器在火炬头的法兰偏口、螺栓松动、垫片烧损情况，必要时更换。

4.2.2.6 检查长明灯、地面点火器爆燃管、高空点火器在火炬头的支架有无裂纹。修复中须考虑支架与各组件的高温补偿间隙。

4.2.2.7 检查高空点火器组件的点火室，当出现点火电极支座烧损、点火室烧损时，应整体更换高空点火器组件。

4.2.3 火炬头高空电仪附件

4.2.3.1 火炬头点火的电气附件一般作为高空点火器组件一起供货和安装，高压导线及其特制护管一般与长明灯并排安装。火焰和温度检测元件，一般与长明灯组件、仪表护管（护管内是带护套仪表元件）一起供货和安装。因此机电一体化突出，需要设备专业主导下各专业同步施工。

4.2.3.2 更换和安装的电气高压导线（有的为不锈钢丝绳）、仪表导线或导杆，必须规避地面点火器的爆燃管、高空点火器负压引火筒等高温部件。

4.2.3.3 检查高空点火器的电极，清除积炭，如电极出现烧蚀须更换。检查高温区高压导线（不锈钢丝绳），当出现钢丝绳断股、高压导线的护管烧损或蠕变时，须更换高压导线及其护管。检查高压线的绝缘子，出现开裂、表面污染须更换，捆扎线损坏须重新捆扎。

4.2.3.4 检测高空点火器输出的敷设在火炬塔架上的高压电缆绝缘性能，检测高空点火器配套的高压发生器。如有异常，进行修理或更换高空点火器的高压发生器、高压输出电缆等。

4.2.3.5 检查温度检测元件、离子火焰检测元件。出现短路或断路、护管烧损或蠕变时，须整体更换检测元件。出现因高温蠕变，检测元件的护管偏离原位置，当热电偶头部与长明灯偏离超出原间隔达 20mm 时，应整体更换；当离子火焰检测探头与长明灯偏离超出原间隔达 10mm 时，应整体更换。

4.2.3.6 更换火炬头热电偶组件、离子火焰检测组件时，应与长明灯整体统一更换，以避免因高温蠕变导致的三者之间的变形不同，而导致检测和点火困难。

4.2.4 火炬头分子封

4.2.4.1 测量容器壁厚，尤其注意分子封的结合管的壁厚，根据腐蚀情况确定维修更换结合管。根据分子封投用时间、腐蚀机理和腐蚀程度，可以采取对下部焊缝进行无损检测。

4.2.4.2 彻底清理容器内锈渣，检查结合管的堵塞情况，进行疏通。

4.2.4.3 用内窥镜等手段，检查分子封内钟罩支承件的焊缝，检查内壁腐蚀情况，对能够触及的钟罩部分进行测厚。

4.2.4.4 当均匀腐蚀减薄到原壁厚的 2/3 或超出腐蚀裕量时应更换分子封。

4.2.5 火炬筒体

4.2.5.1 火炬筒体均匀腐蚀减薄到原筒体壁厚的 2/3 或超出腐蚀裕量时应更换。局部腐蚀穿孔应补板。割除焊缝开裂部分，其割除面积为开裂面积的 2 倍，然后补板焊接。

4.2.5.2 对火炬筒体底部封头积液部分，重点检查筒体底部排凝液管线的腐蚀和堵塞情况，必须进行管线测厚和冲洗，再视情况进行修理。检查筒体内加热盘管腐蚀情况，进行修理或更换。

4.2.5.3 检查火炬筒体底部排凝阀的严密性，进行修理或更换。

4.2.5.4 可拆卸式火炬分段筒体拆卸后，检查法兰密封面有无划痕、损伤，法兰有无变形。

4.2.6 火炬塔架

4.2.6.1 首先检查修理火炬劳动保护设施，包括平台、栏杆、爬梯等，尤其注意检修顶部向下 30m 以内的平台、栏杆、爬梯、爬梯护笼的腐蚀损坏情况。如有腐蚀开裂，检修开始时首先维修更换。

4.2.6.2 检查火炬框架，尤其注意检查焊接式框架的拉筋接头，柔性塔架的螺栓腐蚀情况和连接法兰副偏口情况，检查钢结构腐蚀和开裂情况，视情况进行焊接修理接头、紧固螺栓和防腐。检查框架表面腐蚀情况，视情况重新防腐。

4.2.6.3 检查火炬框架对火炬筒体限位部件，确认接触情况，能否允许筒体自由膨胀。

4.2.6.4 对半框架和无框架等牵索式火炬，对于火炬筒体纤绳或拉筋，用无人机近距离拍摄视频，检查是否有破股和裂纹；检查纤绳扎头、松紧器是否腐蚀、损坏；检查火炬纤绳基础锚点的松动和腐蚀情况。视情况进行修理和防腐。

4.2.6.5 检查和保养火炬附属的吊装设施。对吊装火炬头的附属抱杆润滑保养，如本次检修时有吊装作业，需对受力焊缝进行着色等检查；可拆卸火炬的卷扬机的润滑保养和试运；可拆卸火炬塔架上拆卸筒体用的导轨是否变形，等等。

4.2.6.6 检测筒体和塔架防雷接地电阻值；检查接地引下线的外观；当火炬上部有闪接器时，检查闪接器与塔架的引下线的外观。视情况修理。

4.2.7 火炬附属管线

4.2.7.1 检测火炬所属管线的厚度，均匀腐蚀减薄量超过原壁厚的 1/3 或超出腐蚀裕量时，应对腐蚀部位进行更换。

4.2.7.2 检查火炬附属管线的堵塞情况，对于易于堵塞的管线必要时进行疏通。

4.2.7.3 火炬塔架上附属管线伴热试压、试漏与维修，当发现伴热管腐蚀时宜整体更换。

4.2.7.4 检修火炬所属管线的保温，尤其是铝皮等保温防水层的加固。

4.2.7.5 拆检火炬阻火器、燃气过滤器，清洗疏通，如内芯损坏则更换。

4.2.7.6 火炬末端切断阀，如酸性气排放气线、高压燃气线、雾化蒸汽线等，其末端与大气连通的阀门（含倒淋阀）须拆卸打压或者在线试压或者更换。

4.2.7.7 检测火炬塔架上管线与塔架之间固定件，包括挂式管托、管线横梁与 U 型管卡，出现损坏时应更换。

4.2.8 火炬基础

4.2.8.1 外观检查火炬混凝土基础有无开裂、下沉；混凝土基础上的覆土层有无流失；混凝土基础周围的稳定土坡有无流失、下沉。视情况进行修理。

混凝土基础上的覆土层对基础起到有效土重的作用，不应有流失。

位于稳定土坡坡顶上的火炬塔架，土坡不应塌陷和流失。如果出现土坡流失，则重新核对基础底面外边缘至坡顶的水平距离（见图 1 中的 a）。

牵索式火炬的基础，其锚点基础，不应有下陷和浸水现象。

检查火炬单元区域地面，不应有存水下陷情况。

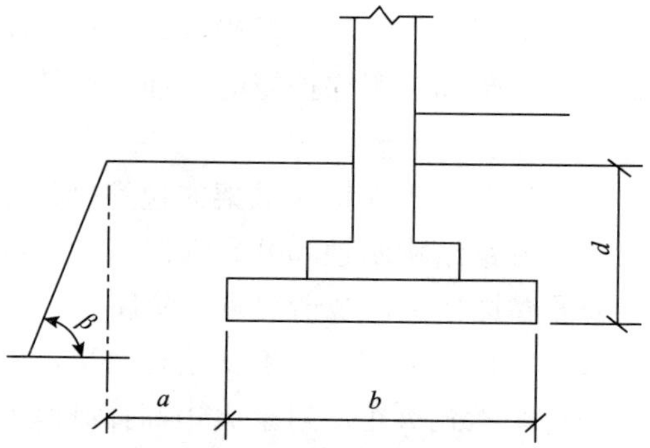

图 1 基础底面外边缘线至坡顶的水平距离示意图

4.2.8.2 外观检查火炬筒体和框架地脚螺栓是否有损伤和松动，视情况进行修理和防腐。

4.2.8.3 外观判断基础异常时，检测火炬框架和筒体基础的沉降量。沉降观测点宜选在

基础外侧面 +200mm 十字中心处。塔架基础沉降超过设计值时，应重新设计校核后对基础进行处理。

4.2.8.4　外观判断基础异常时，应检测火炬筒体垂直度。从两个方向用经纬仪进行测量，判断倾斜情况。判断依据 GB 51029，其中对于高度超过 60m 的筒体，火炬筒允许偏差≯ 50mm。

4.2.9　检查修理手动的地面爆燃点火器

检查和吹扫点火线，出现烧损或堵塞时进行更换或疏通；清理过滤器；调试手动减压阀；检查或更换就地指示仪表，如压力表、流量计；检查点火室和观察窗；拆检和清理点火电极（火花塞）；检查出口法兰垫片是否高温烧蚀，必要时更换。

4.2.10　火炬所属容器

4.2.10.1　测量火炬水封罐、凝缩油罐、集油压送罐、燃料气分液罐等容器的壁厚。尤其注意检测水封罐的溢流管线、凝缩油罐和集油罐的底部排液管线、仪表引出管等各罐引出管线的壁厚。视腐蚀情况进行修理或更换。

4.2.10.2　检查水封罐内排放气体扩散罩（或孔眼板）和水封隔板的腐蚀和开裂情况，局部修理；如材质已经脆化造成难以焊接的应整体更换消音器和隔板。对排放气体扩散罩（或孔板）的孔进行疏通。水封罐内如设有蒸汽加热盘管，须通蒸汽进行试漏。

4.2.10.3　检查清洗火炬凝缩油罐内的破沫网，如堵塞或腐蚀严重应更换。

4.2.10.4　检修容器配套的现场指示仪表，包括校验或更换压力表、温度计，清洗玻璃板液位计等。

4.2.11　火炬的仪表和电气自控设备

4.2.11.1　火炬排放气体的点火控制、长明灯压力控制、消烟蒸汽控制、低热值排放气体的伴烧控制、水封罐液位控制等仪表系统，依据所用仪表规格，按仪表检修维护规程进行。对火炬高空点火器和地面点火器的供电系统检修，按电气检修维护规程进行。工艺专业合作进行试验与确认。

4.2.11.2　关键的控制阀门应拆卸检查、打压，保证无内漏。包括：高空点火器的燃气控制阀，消烟蒸汽各控制阀，伴烧低热值气体的燃气控制阀，低热值气体排放火炬的末端控制阀，低热值气体管网稳压的燃气控制阀。

4.2.11.3　点火控制的信号源，如排放压力变送器、流量计等，应校验；高空火焰检测元件，如高空热电偶、高空离子火焰探针，宜更换，或者确认无烧损时应校验。

4.3　质量标准

4.3.1　火炬头

4.3.1.1　火炬头筒体及其附件，包括防风罩、聚火块、稳火环等；雾化蒸汽附件，包括蒸汽引射空气梅花喷嘴和消声罩、火炬头内部蒸汽引射空气喷管、火炬头顶部蒸汽环管喷嘴、低噪音火炬头的蒸汽夹套和引射喷嘴等。对于其中缺损、开裂部分按检修内容修补或更换，应接近于火炬头原始性能。尤其是恢复旋转抬升火焰能力、蒸汽引射空气雾化能力、防风与耐烧蚀能力。

4.3.1.2 火炬头的耐热层修复后应无开裂，彻底干燥后投用。耐热层的修复方案需要考虑火炬头骤冷骤热的工况，制定采取保温钉还是龟甲网等可行加固措施。耐热层修理后，保证固化时间，有条件的情况下制定并采取升温烘烤措施。

4.3.1.3 火炬头上部 3m 部分的材料和部件，应选用 ANSI 310S 材料，3m 以下部分可使用低碳奥氏体不锈钢材料。对于聚火块、稳火环、蒸汽喷嘴等附件可选择耐烧蚀性更高等级的材料。

4.3.1.4 火炬头与筒体、与各管线的连接法兰应平整无烧损，宜采用金属缠绕垫等耐热垫片；螺栓应采用耐高温不锈钢螺栓，有防松动、防高温烧蚀咬合的措施。

4.3.2 火炬头高空点火附件

4.3.2.1 高空点火组件，包括长明灯、地面点火器的爆燃管、高空点火器组件的配风引火筒，整体更换或者局部修复后，与火炬头之间距离、高空点火组件相互之间距离，相比原位置的偏离距离，应控制在以下范围：

a）相比原位置，长明灯偏离火炬头距离≤30mm；

b）相比原位置，配风引火筒偏离火炬头距离≤30mm；

c）相比原位置，配风引火筒偏离长明灯头距离≤10mm；

d）相比原位置，爆燃管口与长明灯头偏离间距≤10mm。

4.3.2.2 节能型长明灯的燃气引射空气的喷嘴及其过滤器必须拆检清理，开工前用氮气贯通试验和确认通畅。

4.3.2.3 高空点火组件，包括长明灯、地面点火器的爆燃管、高空点火器组件的配风引火筒，采用局部换管修复时，焊缝尽可能远离火炬顶部。从火炬头顶向下 3m 以内的材料和部件，应选用 ANSI 310S 材料，3m 以下部分可使用低碳奥氏体不锈钢材料。长明灯头可选择耐烧蚀性更高等级的材料，或者采用陶瓷喷涂等提高耐烧性能的措施。

4.3.2.4 长明灯、地面点火器爆燃管、高空点火器在火炬头的连接法兰应平整无烧损，宜采用齿形垫等耐高温垫片；螺栓应采用耐高温不锈钢螺栓，有防松动、防高温烧蚀咬合等措施。

4.3.2.5 由于可拆卸式火炬的火炬头的周圈没有检修平台，单独对高空点火附件的检查、清理、修理工作受到限制，应与主火炬头、高空电仪附件一并拆卸到地面后再进行检修，地面确认后回装。

4.3.3 火炬头高空电仪附件

4.3.3.1 温度或火焰检测元件（含设备专业的护管）更换或者修复后，与长明灯之间距离相比原位置的偏离距离应控制在以下范围：

a）相比原位置，热电偶偏离长明灯距离≤10mm；

b）相比原位置，离子火焰检测探头离长明灯距离≤10mm。

4.3.3.2 按电气专业维护检修规程，在确保火炬上施工人员安全的情况下，试验各个高空点火回路，观察高空点火器的电极的放电性能。高压发生器更换时须选用与环境防爆等级和防护等级要求相一致的产品。

4.3.3.3 更换的高空点火器，其点火室宜采用密闭双电极结构，否则点火室与节能型长明灯的燃气引射空气的喷嘴之间需要保持有效隔离或距离，避免点火电极在大风气象条件下引燃长明灯的节能喷嘴。

4.3.3.4 高空电仪附件，包括高空点火器组件、热电偶及其护管、离子火焰检测绝缘导电杆，从火炬头顶向下3m以内的材料和部件，应选用ANSI 310S和陶瓷材料，3m以下部分可使用低碳奥氏体不锈钢材料。离子火焰检测探针应选择耐烧蚀性更高等级的镍基合金和石英绝缘体。

4.3.3.5 热电偶护管、离子火焰检测元件的绝缘导电杆，从火炬头顶向下3m以内应为硬管方式，内设导体和耐热绝缘体；3m以下可以用金属软管内设导体和耐热绝缘体；接线盒应设于火炬头底部或顶层平台下。

4.3.3.6 更换火炬头附属的长明灯、地面点火器的爆燃管、高空点火器组件、热电偶组件、离子火焰检测探头时，宜整体一体式采购和安装，以满足以上各个部件间距的要求，并有利于统一设置支架、调整与各组件的高温补偿间隙。

4.3.3.7 由于可拆卸式火炬的火炬头周圈没有检修平台，单独对高空电仪附件的检查修理工作受到限制，应与主火炬头、高空点火附件一并拆卸到地面后再进行检修，地面确认后回装。恢复后，火炬头下部的高空电缆应穿管保护，避免受到辐射热的影响。

4.3.4 火炬头分子封按照SHS 01011《钢制圆筒形常压容器维护检修规程》进行检修。当排放气体中含有硫化氢等易导致金属开裂的介质时，检查时可以采取对容器下部易于存液部位的焊缝进行无损检测。维修焊接过程中须考虑热处理程序。焊缝修理后应进行无损探伤，参照执行压力容器无损检测标准。

4.3.5 火炬筒体

4.3.5.1 火炬筒体更换时，筒体的制作和安装执行GB 51029《火炬工程施工及验收规范》的规定。

4.3.5.2 火炬筒体局部修补时焊接接头的技术要求，参照执行压力容器的维修标准；焊缝内部应进行无损探伤抽查，执行压力容器无损检测标准；对于火炬排放气体中含硫化氢等易导致金属开裂的介质的，必须考虑维修焊接过程中的热处理程序。

4.3.5.3 火炬筒体内加热盘管须根据介质腐蚀性选用耐腐蚀材料，且尽量减少焊口数量。检修后加热盘管试压，无泄漏。

4.3.5.4 火炬筒体底部排凝管线通畅、无内外腐蚀、无泄漏。筒体底部排凝阀严密。

4.3.5.5　分段可拆卸式火炬筒体

a) 回装时应采用新的缠绕垫片和热浸锌耐腐蚀螺栓，慎用电镀锌螺栓。

b) 施工方案中必须有确认连接法兰的严密性的措施，防止负压状态吸入空气而回火。

c) 回装后筒体的垂直度、直线度应符合 GB 51029 中的规定：高度大于 60m 的筒体，垂直度允许偏差≯ 50mm，直线度≯ 45mm；或符合制造商设计文件的要求。

4.3.6　火炬塔架

4.3.6.1　局部更换螺栓连接副、拉筋、腹杆、节点板、平台、爬梯时，执行 GB 51029《火炬工程施工及验收规范》的规定。

4.3.6.2　火炬平台、梯子等劳动保护设施检修后无腐蚀、不开裂。火炬顶部向下 30m 以内的平台、栏杆、爬梯、爬梯护笼等，如在一个检修周期内就发生较重的腐蚀损坏，应考虑采取材质升级、材料变更等措施。检修高空平台时慎重改用热浸锌钢格板，以防高空坠物。

4.3.6.3　框架上拉筋接头、柔性塔架的螺栓等紧固件，不缺少、不松动、无腐蚀、无变形，紧固件螺栓配用热浸锌等耐腐蚀螺栓。火炬筒体和框架基础螺栓无损伤、无松动、无腐蚀。火炬框架基础无下陷、不存水。

4.3.6.4　牵索式火炬

a）对于牵索式火炬的纤绳（拉筋）的基础锚点应无松动及损伤。

b）牵索式火炬筒体就位后应对纤绳的长度和受力进行调整，不应采取放松或拉紧牵索的方式调整筒体垂直度。

c）牵索式火炬筒体垂直度应符合 GB 51029 中的规定。高度大于 60m 的筒体，垂直度允许偏差≯ 50mm；高度不大于 60m 的筒体，垂直度允许偏差≯ 25mm。

d）对于超过两个检修周期，且无法确定钢丝绳是否发生脆性变化的，宜更换钢丝绳。

4.3.6.5　火炬塔架和筒体现场防腐的材料选用，应满足两个检修周期要求，宜选择耐候性能良好的氟碳漆、聚氨酯漆等涂料。

4.3.6.6　可拆卸式火炬附属的吊装卷扬机、滑轮组等，执行起重设备管理标准。拆卸火炬筒体的导轨无变形，垂直度达原设计标准，轨道内侧光滑。

4.3.6.7　火炬筒体和框架的避雷针、防雷接地装置，维修标准执行原设计文件以及 GB 50057《建筑物防雷设计规范》，验收标准执行 GB 50169《电气装置安装工程接地装置安装及验收规范》。

4.3.7　火炬附属管线

4.3.7.1　管线维修符合 SHS 01005《工业管道维护检修规程》的要求。有应力腐蚀倾向的火炬附属管道，应进行焊前预热和焊后热处理。

4.3.7.2　更换火炬塔架上管径≤*DN*50 的管线时，应采用不锈钢管线，且应考虑热补偿；更换 π 型补偿器时还应考虑防止水平管段积液。

4.3.7.3　火炬塔架上附属管线更换、维修或者分段拆卸与回装后，如果不能整体水试压，须对焊口和连接法兰采取全面无损检测、气密试压等试验手段。可拆卸式火炬塔架上回装的分段附属管线，应采用新的缠绕垫片和热浸锌耐腐蚀螺栓，慎用电镀锌螺栓。

4.3.7.4 管线保温齐全，保温层牢固。火炬塔体管线的保温层应采用阻燃材料，保温外防水层宜采用铝皮。塔架上保温管线每隔 1m 设置一个防松环。也可以视当地气象条件，采取厚度≮0.8mm 铝皮并加密铝制铆钉的方式加固。

4.3.7.5 火炬附属管线、阻火器、过滤器应完好、畅通，附件齐全。修理、更换的火炬阻火器或阻火器芯，完好标准参照 GB/T 13347《石油气体管道阻火器》或 ISO 16852《阻火器性能要求、试验方法和限值使用》。

4.3.7.6 火炬末端切断阀应严密不泄漏，符合 SHS 01030《阀门维护检修规程》的要求。阀门更换选型时应考虑耐腐蚀性、耐回火燃烧性、严密性，以及大口径手动阀门的可操作性。

4.3.7.7 火炬塔架上横梁与 U 型管卡等紧固件完好无腐蚀和松动。塔体管线固定管卡应用不锈钢材质，并考虑防松动措施。

4.3.8 火炬基础

4.3.8.1 混凝土基础上的覆土层如有流失、下陷，应恢复填平到原样，对基础起到有效土重的作用。

4.3.8.2 参照图 1，位于稳定土坡坡顶上的火炬塔架，土坡塌陷或流失，重新砌筑时，执行 SH/T 3029 的标准，重新核准基础底面外边缘至坡顶的水平距离（a），且 a 值最少为 2.5m。

4.3.8.3 基础地脚螺栓如有损坏需修复，执行 SH/T 3029 的标准，设计方案需经设计单位核准（见图 2）。

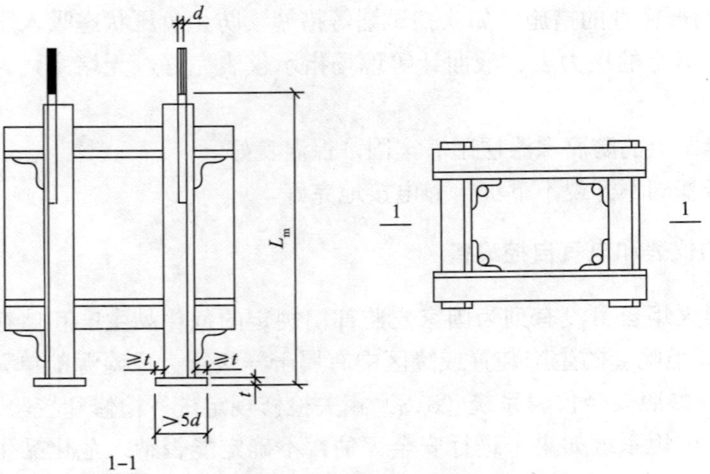

图 2 地脚螺栓锚固示意图

4.3.8.4 牵索式火炬的地锚附近地面下陷或表土流失，重新回填土时，回填土应高于地面 200mm，且不得浸水。

4.3.8.5 检查火炬单元区域地面，如有存水下陷情况，应修复找平，竖向排水通畅。

4.3.9 手动地面爆燃点火器

出口传焰管道、阀门、管件应采用 18-8 系列不锈钢，配套耐高温齿形垫片。开工前无介质空试，应观察到强烈电弧；开工时吹扫管线和过滤器应通畅；就地指示仪表和减压阀等良好、指示正常；出口法兰螺栓不松动，垫片无高温烧蚀，开工时吹扫试压无泄漏。

4.3.10 火炬所属容器

4.3.10.1 执行或参照执行 SHS 01004《压力容器维护检修规程》。检查时可以采取对容器下部易于存液部位的焊缝进行无损检测。对于火炬排放气体中含有硫化氢等易导致金属开裂的介质的，必须考虑维修焊接过程中的热处理程序。

4.3.10.2 加工高含硫原油的企业，火炬水封罐应采取有效的内防腐措施，使用寿命不低于 6 年。火炬系统的低压燃气分液罐、酸性气分液罐、凝液罐根据腐蚀介质组分和腐蚀情况，采取相应的防腐蚀措施。

4.3.10.3 水封罐内加热盘管和溢流水管宜选用耐腐蚀材料，溢流管应≥ $DN50$。水封罐内排放气体扩散罩（或孔眼板）和水封隔板、凝缩油罐内破沫网、罐内竖梯等完好，焊口无裂纹。容器配套的溢流水管、仪表引出管、伴热管等完好。

4.3.10.4 火炬系统的水封罐、分液罐等容器在检修后应进行气密试验。如果不能单独隔离，应在系统氮气吹扫时进行气密试验，防止负压状态吸入空气而回火。

4.3.10.5 水封罐出口至火炬的管线上的法兰，在检修后，尤其拆加盲板之后，必须有确认连接法兰的严密性的措施，如吹扫试漏等措施，防止负压状态吸入空气而回火。

4.3.10.6 各容器上的压力表、液面计等现场指示仪表完好，无堵塞，一次隔断阀试验完好。

4.3.10.7 各容器上的防腐保温层附着牢固，保温良好。

4.3.10.8 容器基础不开裂不下沉，静电接地完好。

4.3.11 火炬的仪表和电气自控设备

4.3.11.1 高架火炬自身没有列为国家安监部门规定的危化品生产和储存企业的一级重大风险源，但火炬配套的生产装置或罐区中有属于一级重大风险源的单元时，火炬自动点火控制回路应参照安全仪表系统（SIS）相关检修规定进行检修和校验。

4.3.11.2 高架火炬系统如果未进行安全评估，不确定能否纳入危化品生产和储存企业的重大风险源时，火炬自动点火控制回路应参照安全仪表系统（SIS）的相关检修规定进行检修和校验。

4.3.11.3 检测仪表校验完毕，完好状况；执行机构灵活好用，电动或气动阀门现场手动机构须正常；控制器或控制计算机运行完好，参数设置正常。
4.3.11.4 UPS和市电的点火供电系统线路良好；试验高空点火电极放电正常。
4.3.11.5 联校以确保各长明灯的电气高压点火回路与温度仪表和火焰仪表检测回路能够一一对应。

5 试验与验收

5.1 试验

5.1.1 地面单项试验（检修中间交接后，进行以下含高空检查内容的单项试验）

5.1.1.1 完成内防腐等隐蔽工程和记录，容器、管道修理后探伤试压合格。
5.1.1.2 火炬控制系统的点火控制回路、雾化蒸汽控制回路、长明灯稳压控制回路、低热值气体伴烧控制回路、排放气体开关控制回路、水封液位控制回路等，完成单回路试验。
5.1.1.3 火炬头及其高空点火附件、高空电仪附件安装就位后，用空气或氮气逐条吹扫长明灯线、爆燃管、点火燃气线等附塔管线，试验通畅性，并气密试验其严密性。其中，试验节能型长明灯通畅性时，吹扫前拆开火炬头顶平台的长明灯法兰，吹扫管线后恢复法兰，再次吹扫，试验长明灯喷嘴是否通畅。如有异常，再次拆检长明灯高空过滤器。
5.1.1.4 对火炬头的离子火焰检测探针进行高空试验。在火炬头顶部将火焰检测探针与长明灯短路（对地），观察信号有无变化。因离子火焰检测探头及其硬质导电杆是脆性绝缘材料，安装中易损，此试验非常必要。
5.1.1.5 试验各个高空点火器，直观判断电极间距是否合适，点火电极发电弧能力是否正常。
5.1.1.6 可拆卸式火炬受高空平台限制，无法完成上述高空附件的试验时，应在地面接临时的空气或氮气管线、临时电缆，在地面完成上述长明灯确认、电极发弧试验，并且应接临时燃料气管线，在地面上完成长明灯点火试验。

5.1.2 地面远程试验（火炬上述高空单项试验完毕，在地面上进行如下远程试验）

5.1.2.1 远程手动控制各路雾化蒸汽的控制阀，分别试验各路蒸汽控制阀的效果，观察有无内漏；观察蒸汽雾化效果，塔架上管线有无异常变形；观察控制阀前后疏水器的排凝效果。试验前需要提前排尽凝结水，防止水击。
5.1.2.2 进行火炬蒸汽控制投用前试验时，同步观察火炬头热电偶指示有无变化。根据不同的火炬头结构，判断其变化是否正常，从而推断仪表的完好性。
5.1.2.3 对各排放气系统管线用氮气向火炬吹扫置换，同步试验阻火器、过滤器通畅性。

5.1.2.4 容器、管道进行氮气置换和气密试验。

5.1.2.5 上述试验完毕，才能拆除隔离盲板，引入燃气，远程控制长明灯试验点火。

5.2 验收

5.2.1 火炬投用至配套的各生产装置开工正常至少运行一周后，进行全面验收。

5.2.2 全面验收标准：设备达到完好标准；点火及控制系统正常；联锁回路正常投用；各项控制参数达工艺指标。

5.2.3 全面验收提交下列验收资料：

a）设计图纸和设计变更，包括材料代用说明；

b）检修计划及其变更，以及设备检查鉴定情况；

c）检修记录，包括隐蔽工程记录、无损检测报告、电仪联校记录等；

d）施工方案及其变更；

e）订货设备的技术协议、设计说明书、操作手册、合格证等。

6 维护与故障处理

6.1 运行与维护

6.1.1 运行中严格执行设计条件

6.1.1.1 设计中未考虑温度补偿量的低压燃气排放管道，以及易腐蚀的酸性气管道，不应用蒸汽吹扫。

6.1.1.2 严禁将液态烃、重质烃以及高沸点的可燃液体、腐蚀性物料、空气、富氧及水蒸气排入火炬系统。能与可燃性气体排放系统内的介质发生化学反应的气体、易聚合的气体、剧毒或含有腐蚀性气体，不应排入全厂性火炬系统。

6.1.1.3 火炬塔架上覆冰载荷不得超出规定值。如果查询不到覆冰载荷原始数据，当塔架上覆冰厚度大于 10mm 时，应列入危险运行状态。尤其是消烟蒸汽控制阀内漏导致塔架顶端出现大型冰凌时，必须及时清理冰凌。

6.1.2 长明灯运行和维护

6.1.2.1 有高压加氢装置排放的火炬和酸性气火炬，长明灯保持长燃。

6.1.2.2 长明灯燃料气宜选用天然气等清洁燃料。使用石化企业自产燃料气时，需定期清洗过滤器，并脱净水分，以防止火炬塔架上长明灯管线冻凝，防止长明灯头因含盐烧结和节能喷嘴结盐。

6.1.2.3 长明灯喷嘴应定期吹扫，至少每 3 个月组织 1 次长明灯系统用蒸汽、氮气或者清洁燃料吹扫，吹扫需保持一定压力，以防止喷嘴堵塞。清洗过程中应采取逐个喷嘴清洗的方法，期间其他长明灯应保持燃烧状态。

6.1.2.4 运行中应保证每支长明灯火焰监测方式不少于 2 种，且不得全部采用地面火焰监测方式。2 种火焰监测信号均应能纳入点火控制回路中。

6.1.3 定期点火试验

6.1.3.1 应定期对高空点火系统和地面点火系统进行点火试验。高空点火系统点火试验至少每周 1 次；试验时手动控制，各个长明灯及其点火回路逐条进行，并分别通过高空检测仪表的检测信号和视频进行确认。

6.1.3.2 高空点火器不宜频繁使用，每次点火时间≤30s，点火成功后要能够迅速关闭燃料气阀。点火顺序应先点火后供燃料气。高压发生器测试过程中即使间断点火，连续打火时间也不宜超过 10min。

6.1.3.3 运行中自动点火控制的信号源不应少于 2 种，均应能纳入自动控制回路中。

6.1.4 配套管道和容器的定期疏通和检查

6.1.4.1 各路消烟蒸汽管道的疏水器良好，加强排凝管理，保持蒸汽控制阀后管道热备用，防止产生水击，防止凝结水喷到炙热的火炬头后对金属淬火。

6.1.4.2 定期进行排放气管线的吹扫疏通，以及火炬末端排放控制阀开关试验。

6.1.4.3 定期检查分液罐、集油罐的液位，及时排除罐内存液。定期检查和保持水封罐液位，并定期溢流以排除浮油。检查各容器的液位计、溢流水管，必要时进行清洗疏通。

6.1.5 设备定期检查

6.1.5.1 压力管道、压力容器的定期检验。

6.1.5.2 地脚螺栓定期润滑。牵索式火炬定期对拉筋螺母进行润滑，定时检查基础锚点。

6.1.5.3 可拆卸式火炬依据起重机械管理规定，定期对附属卷扬机进行检查、检验，对钢丝绳进行润滑保养以防止腐蚀。

6.1.5.4 定期测试火炬塔架防雷接地电阻，保证接地电阻≯ 10Ω。

6.1.5.5 宜每半年或至少每年采用无人机拍摄视频方式对火炬进行一次高空检查。

6.2 常见故障与处理

高架火炬常见功能故障与处理方法见表 1。

表 1　高架火炬常见功能故障与处理方法

设备功能		功能故障	功能故障模式	故障后果	故障应对策略与检修内容	检修周期
总功能	分项功能					
长明灯点火及时和稳定，排放的燃气及时被引燃；火炬有排放时，雾化蒸汽或伴烧燃气及时和稳定；火焰检测仪表和点火燃气控制准确，防止点火电气设备烧毁	长明灯点火及时和稳定	各长明灯点火失败	1. 高压燃气窜入惰性气体	火炬停用	检查改通流程	立即检查
			2. 高压燃气过滤器堵塞，管道存液	火炬停用	清理过滤器，排空	立即检查
			3. 停风，控制阀打不开	火炬停用	检查送风	立即检查
			4. UPS 等点火供电回路故障	火炬停用	检修供电线路	立即检修
			5. 点火信号源故障，控制系统失灵，自动点火失败	火炬停用	改手动控制点火系统，检查控制系统	立即检修
		某支长明灯点火失败	1. 因该长明灯温度 / 火焰检测仪表失灵而判断失误	火炬停用	通过两种检测仪表互比，并视频观察	立即检查
			2. 该路高压燃气控制阀失灵	火炬停用	检修控制阀回路	立即检修
			3. 该长明灯的高压点火回路与温度 / 火焰检测回路不对应	火炬停用	校对电气控制回路和仪表控制回路	立即检修
			4. 该路点火的高压发生器损坏	火炬停用	更换高压发生器	立即检修
			5. 该路高压导线短路或断路，高空点火器损坏	火炬停用	检修高空点火器和电路	立即检修
			6. 该长明灯空气引射喷嘴堵塞，或过滤器堵塞	火炬停用	停用火炬，检修长明灯	立即检修
			7. 该长明灯头因燃气含盐烧结堵塞	火炬停用	停用火炬，检修长明灯	立即检修
		地面爆燃点火器点火失败	1. 地面点火器传焰管铁锈堵塞	停用地面点火	检修，改用不锈钢管	立即检修
			2. 地面点火器传焰管杂质堵塞	停用地面点火	疏通管道	立即检修
			3. 地面点火器燃气空气配比不当	停用地面点火	调节燃气 / 空气比值	立即检查
			4. 燃气不纯或空气不纯	停用地面点火	检查流程	立即检查

表 1　高架火炬常见功能故障与处理方法（续）

设备功能		功能故障	功能故障模式	故障后果	故障应对策略与检修内容	检修周期
总功能	分项功能					
长明灯点火及时和稳定，排放的燃气及时被引燃；火炬有排放时，雾化蒸汽或伴烧燃气及时和稳定；火焰检测仪表和点火燃气控制准确，防止点火电气设备烧毁	长明灯点火及时和稳定	地面爆燃点火器点火失败	5. 流量计、减压阀等就地仪表失灵	停用地面点火	检修就地仪表	立即检修
			6. 点火电极、电源等供电回路故障	停用地面点火	检修供电电路	立即检修
	火焰检测仪表和点火燃气控制准确	高空电点火器不熄火	1. 高压燃气点火控制阀内漏	点火电器烧毁	检修阀门	立即检修
			2. 温度 / 火焰检测仪表失灵	点火电器烧毁	检修温度 / 火焰检测仪表	立即检修
		长明灯火焰检测异常	1. 冬季风向对热电偶偏吹，温度急剧下降，低于点火门槛值	点火电器烧毁	并用离子火焰检测控制点火；修订门槛值	立即检修
			2. 热电偶 / 火焰检测仪表失灵	点火电器烧毁	检修仪表回路	立即检修
			3. 热电偶 / 火焰检测探头烧毁	点火电器烧毁	停用火炬检修仪表	立即检修
	排放气燃烧完全和稳定	火炬冒黑烟	1. 介质过重，排放量过大	环保事故	联系生产调度	立即检查
			2. 蒸汽携带凝结水	环保事故	实时排尽管路凝结水	立即检查
			3. 蒸汽调节回路故障	环保事故	检修仪表	立即检修
			4. 蒸汽自动调节参数整定不当，调节失准	环保事故	改手动控制，加大雾化蒸汽；调整PID参数	立即检查
			5. 蒸汽喷嘴、环管等烧损严重	环保事故	停用火炬检修	立即检修
		低热值火炬冒烟	1. 高压燃气伴烧控制回路失灵	环保事故	检修仪表	立即检修
			2. 高压燃气伴烧自动控制回路参数整定不当	环保事故	改手动控制，加大燃气；调整PID参数	立即检查

表 1　高架火炬常见功能故障与处理方法（续）

<table>
<tr><th colspan="2">设备功能</th><th rowspan="2">功能故障</th><th rowspan="2">功能故障模式</th><th rowspan="2">故障后果</th><th rowspan="2">故障应对策略与检修内容</th><th rowspan="2">检修周期</th></tr>
<tr><th>总功能</th><th>分项功能</th></tr>
<tr><td rowspan="12">长明灯点火及时和稳定，排放的燃气及时被引燃；火炬有排放时，雾化蒸汽或伴烧燃气及时和稳定；火焰检测仪表和点火燃气控制准确，防止点火电气设备烧毁</td><td rowspan="12">排放气燃烧完全和稳定</td><td rowspan="2">火炬脱火或吹灭</td><td>1. 雾化蒸汽量过大</td><td>环保事故</td><td>调节蒸汽</td><td>立即检查</td></tr>
<tr><td>2. 调节系统参数整定不当</td><td>环保事故</td><td>改手动；调整 PID 参数</td><td>立即检查</td></tr>
<tr><td rowspan="4">排放气背压过大</td><td>1. 阻火器堵塞</td><td>装置次生事故</td><td>清洗疏通</td><td>立即检修</td></tr>
<tr><td>2. 管线堵塞</td><td>装置次生事故</td><td>疏通管线，定期吹扫</td><td>立即检查</td></tr>
<tr><td>3. 排放控制阀失灵</td><td>装置次生事故</td><td>维修仪表回路</td><td>立即检修</td></tr>
<tr><td>4. 水封罐液位过高、水封罐上冻、排放管线带液等工艺原因</td><td>装置次生事故</td><td>检查水封罐液位、溢流、伴热，管线排凝</td><td>立即检查</td></tr>
<tr><td>火炬下火雨</td><td>排放气带油</td><td>装置次生事故</td><td>检查分液罐，排凝液
检查水封罐，排浮油</td><td>立即检查</td></tr>
<tr><td rowspan="4">火炬筒体回火闪爆</td><td>1. 分子封的工作气体中断</td><td>火炬停用</td><td>投用分子封</td><td>立即检修</td></tr>
<tr><td>2. 筒体底部排凝阀串入空气</td><td>火炬停用</td><td>排凝阀严密关断，排凝管宜设置水封</td><td>立即检修</td></tr>
<tr><td>3. 筒体底部腐蚀穿孔</td><td>火炬停用</td><td>维修筒体，堵漏</td><td>立即检修</td></tr>
<tr><td>4. 火炬管网中氧含量过高</td><td>火炬停用</td><td>生产协调处理</td><td>立即检查</td></tr>
</table>

附 录 A
（资料性附录）
火炬头总成常见形式的说明

高架火炬燃烧器俗称火炬头，一般附加长明灯、地面点火器爆燃管、高空点火器等高空点火附件，以及热电偶、离子火焰检测探头等高空电仪附件，共同组成高架火炬燃烧器总成，即火炬头总成。

火炬头种类繁多，目前多数是国内外专业供应商开发生产火炬头总成。评价火炬头性能，一是使用寿命，体现在材质标准和耐火结构，其上部设计温度应≥ 1200℃。二是燃烧稳定，体现在设置聚火块、稳火环、蒸汽旋转喷嘴等稳火结构；体现在整体设计，火炬头气体马赫数应＜0.7，可能携带凝液时火炬头气体马赫数应≤0.5。三是燃烧效率，体现在蒸汽引射喷嘴用单位蒸汽量携带的空气量大，应满足装置正常操作和开停工时无烟燃烧需要，满足 VOCs 排放标准规定。四是噪声低，尤其邻近人口密集区时，满足企业噪声源控制的要求。

火炬头总成的高空附件，评价其性能时，一是高空点火和火焰检测的可靠性；二是各附件匹配性；三是寿命，主要体现在各附件的耐火结构；四是维修便捷，因为高空附件寿命远低于火炬头寿命，检修频次高；五是长明灯节能性。

火炬头分为无消烟蒸汽的火炬头和配套消烟蒸汽的火炬头。无消烟蒸汽的火炬头，在石化企业一般用在与水溶解有腐蚀性的硫化氢气体、氨气等工况，以及天然气放空等流量低、较少燃烧的工况。这类火炬头一般仅具有防风罩（多数含耐火衬里）、稳火环等简单结构。

配套消烟蒸汽的火炬头是石化企业主要形式，常用的结构形式有：①中心喷嘴式，见图 A.1，用于排放气很小的场合，此类火炬头还有配套防风罩结构的。②外喷嘴式，见图 A.2，用于排放气小的场合。③梅花喷嘴式，见图 A.3，用于排放量大的场合，结构复杂。④夹套多喷孔式，见图 A.4，蒸汽耗量小，所需蒸汽压力低，噪声小。同时有的火炬头筒体的下部还配套带防回火气封折流板。

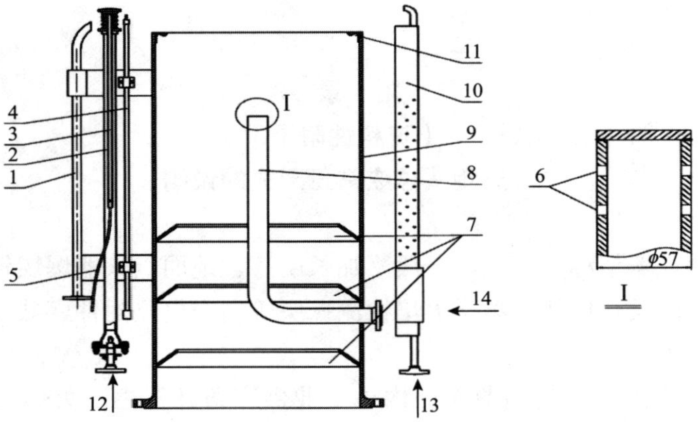

图 A.1　中心喷嘴火炬头

1—地面点火传焰管 *DN*25；2—长明灯 *DN*25；3—铠装热电偶保护管；4—离子火焰检测探头和导电杆；5—铠装热电偶；6—28 孔 ϕ6 每排 14 孔均布为△排列；7—三组动态分子密封器；8—中心蒸汽喷管；9—火炬头筒体（如 *DN*400）；10—高空电点火器（含点火双电极、绝缘石英、裸线等）；11—聚火块；12—长明灯燃气入口；13—点火器燃气入口；14—蒸汽入口 *DN*50

I - 中心喷嘴 *DN*50

说明：

此火炬头为一路蒸汽，中心蒸汽喷管在火炬头内实现蒸汽与排放气体的混合，改变水碳比，帮助消烟。

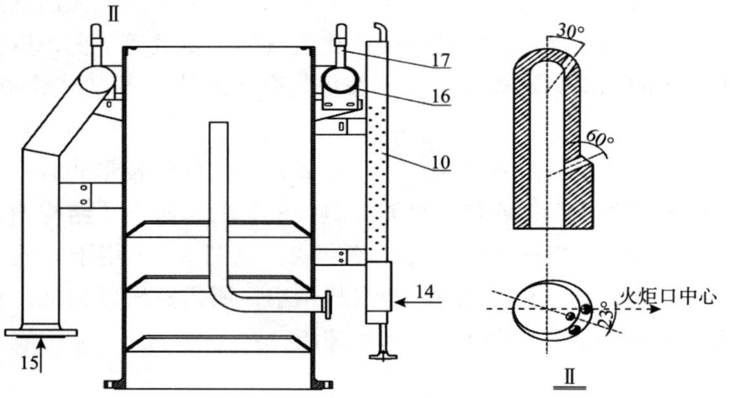

图 A.2　顶部蒸汽消烟火炬头

1 ～ 14—同图 1；15—消烟蒸汽入口；16—消烟蒸汽环管；17—消烟蒸汽喷嘴

II - 消烟蒸汽旋转喷嘴结构

说明：

此火炬头为两路蒸汽，中心喷嘴的作用同图 A.1。外喷嘴的喷射方向在垂直方向与筒体轴线成 30° 和 60° 夹角；在水平方向与筒体半径成 23° 夹角。顶环管外喷嘴射出的蒸汽形成螺旋气体，因此称作旋转喷嘴，用于提高火焰抗风能力，有助于稳定燃烧；同时，火炬头上部空间水汽、空气、燃气进一步混合，有助于无烟燃烧。

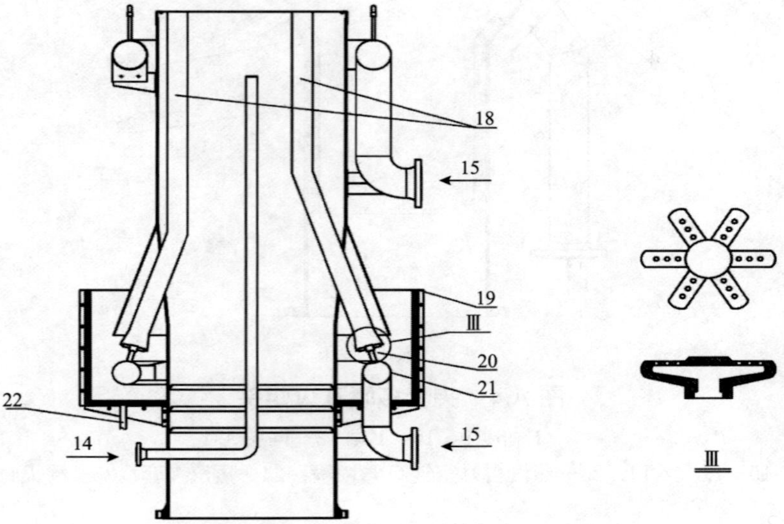

图 A.3　梅花喷嘴火炬头

1～17—同图 A.2；18—蒸汽引射空气喷管；19—消声罩；

20—蒸汽引射空气的梅花喷头；21—蒸汽分配管；22—落水管

说明：

图 A.3 火炬头为三路蒸汽，相比图 A.2，由于增加了蒸汽引射空气梅花喷头和喷管，火炬头上部空间水汽、空气、燃气更充分地混合，更有助于无烟燃烧。

梅花喷嘴式火炬头目前最常见，变化种类也多。在此基础上还形成外观看带上下双层梅花喷嘴、无顶部蒸汽环管结构的火炬头，此种火炬头是两路蒸汽，有利之处是防止出现顶部消烟蒸汽环管喷射蒸汽流量过大、排放燃气流量过小时，可能导致的排放燃气倒灌，从下部梅花喷嘴处燃烧；缺点是不利于检修和现场修复，造成火炬头主体寿命相对较短，这是由于缺乏顶部蒸汽环管这一路蒸汽保护，蒸汽引射空气喷管（18）烧损后无法在线修复。而顶部蒸汽环管每次检修都可以方便更换，延长了整体寿命。同时，采用上下双层梅花喷嘴，无法实现上部 3m 都是 ANSI 310S 材质的要求，材质标准降低，更导致寿命减少。

梅花喷嘴火炬头，有的在蒸汽引射空气喷管上带稳火环，适用于全年大风气候较多的地区。但由于喷管高温蠕变，稳火环在线修复困难。

因此，梅花喷嘴火炬头繁衍的子型各有利弊，检修中需结合各自特点。

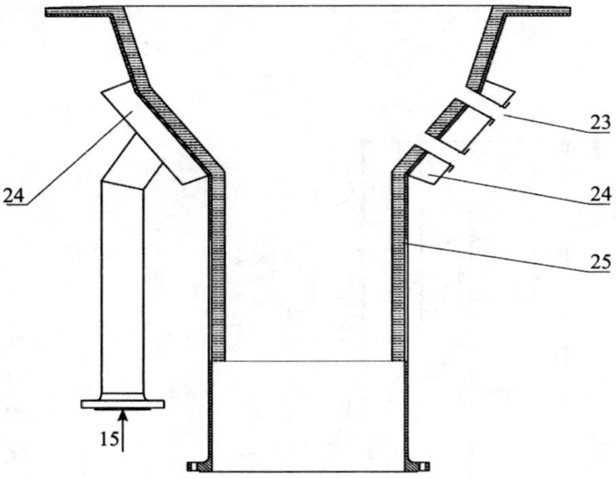

夹套多喷孔火炬头

图 A.4　夹套多喷孔火炬头

1～5、9、10、12、13—同图 A.1

15—蒸汽入口；23—蒸汽引射空气 O 形喷嘴；24—蒸汽夹套；25—耐火衬里

说明：

蒸汽引射空气 O 形喷嘴，在 *DN*600 火炬头配套的喷嘴数量就达 30 余个。夹套中蒸汽经 O 形喷嘴（直径约 50mm）引射大量空气进入上部倒锥形的燃烧混合室。

优点是火炬头内有水汽、空气、燃气的混合室，有利于充分燃烧；有耐火衬里，针对小火闷烧；噪声明显小于图 A.3 结构的火炬头；在稳定燃烧状态下，该火炬头优势突出。

缺点是燃烧时一旦蒸汽中断，火焰将从蒸汽引射空气喷嘴向火炬头外回火；在间断燃烧、不稳定燃烧状态下，缺点非常明显。

附 录 B
（资料性附录）
火炬头高空附件常见形式的说明

高架火炬燃烧器一般附加长明灯、地面点火爆燃管、高空点火器等高空点火附件，一般是石化企业设备专业管理；附加的热电偶、离子火焰检测探头、高空点火器（电气元件）等高空电仪附件，一般是石化企业仪表电气专业管理。由于近年制定的火炬设计规范和部分大石化企业的运行规定要求配套的高空附件数量增加，造成附件密集，火炬头总成复杂。因此这些高空附件呈现出由火炬头供应商一体式制造的特点，以保证匹配、规整。高空点火器目前多数采用塔架上的高压绝缘电缆与火炬头上双电极密闭点火室结构，以提高可靠性，并与节能型长明灯互不干扰。高空电仪附件应用较多石英、陶瓷等易碎部件，维护检修时须注意做好高空检查与确认、高空联校等工作。

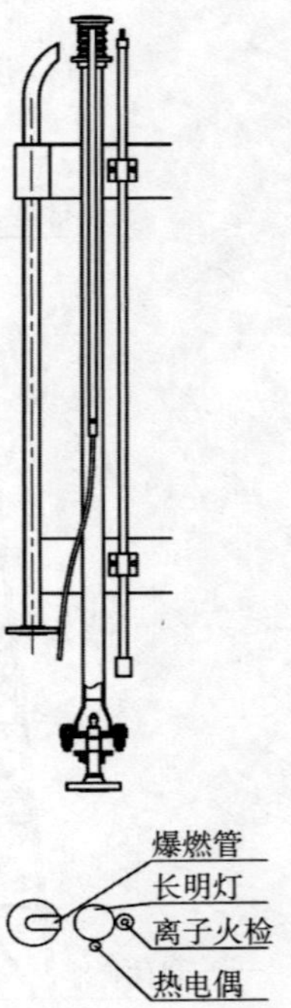

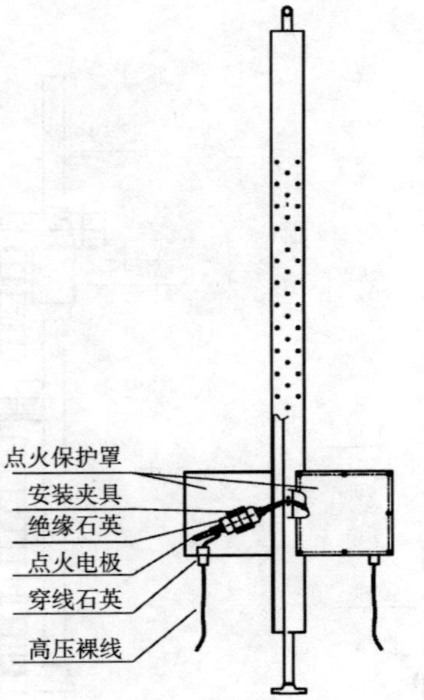

组件 1：节能长明灯 / 热电偶 / 离子火焰检测探头 / 爆燃管

组件 2：双极密闭点火器（含点火电极 / 点火室 / 引火筒等）

说明：每个组件都是仪电元件与设备元件一体化互配；两个组件又配合安装，共同使用。

附　录　C
（资料性附录）
火炬塔架常见形式的说明

高架火炬按照塔架结构分为：钢丝绳斜拉牵索式结构（见图C.1），一般高约50～80m；筒体自承重半框架结构（也可配牵索）（见图C.2），一般高约50～80m；全框架结构（见图C.3），一般高约100～150m；筒体可拆卸式塔架结构，一般高约100～160m。

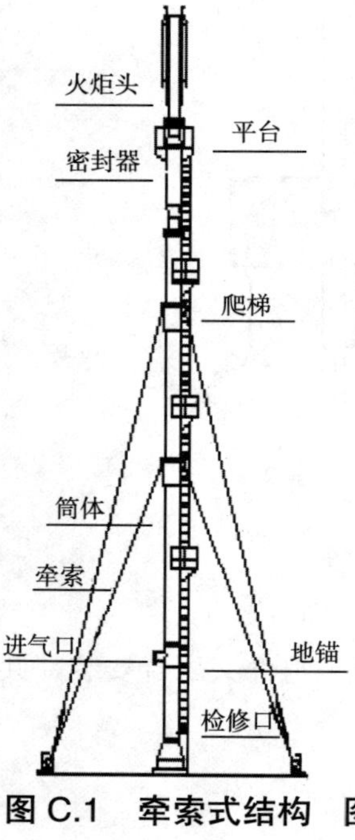

图 C.1　牵索式结构

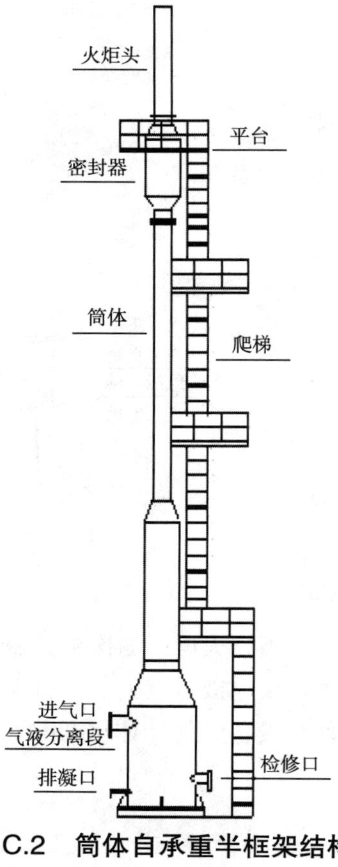

图 C.2　筒体自承重半框架结构

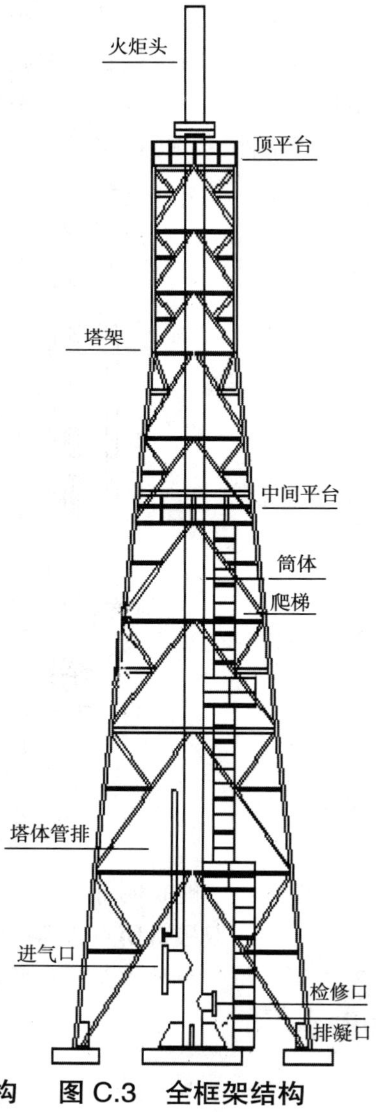

图 C.3　全框架结构

可拆卸式火炬可以满足多火炬筒体共用一个塔架时可以单独拆卸其中一个筒体；更换火炬头时无需大型吊车或者无需抱杆法所要求的技术工人。150m 高的火炬筒总重约 80t，可将其分为六段吊装。160m 高的火炬筒可分为七段。

可拆卸式火炬具有共塔多火炬的工艺优势，必须注意到其缺点也很突出：有大修、无项修（小修），即检修中无法针对高空附件进行单独维修，也必须将一节一节塔身拆卸下来，到地面后进行项修。造成检修时间长、费用高昂。

不能像固定塔架火炬检修那样独立检修点火附件，这是由结构决定的。火炬头悬于塔架外侧，没有周圈顶平台，当仅进行高空附件、修补火炬头项修时，无法在高空完成，必须拆卸整个筒体以卸下火炬头。因此检修矛盾突出。

影响可拆卸式火炬长周期运行的一个重要原因是高空电仪附件维修调试困难。火炬头总成安装完毕，人员不能在高空进行在线试验。而且，由于火炬头是用筒体一节一节顶上去的，火炬头区域的仪表和电气设备的电缆不能全部硬管保护，很多电缆在火炬头下部是裸露的，更提高了运行中的故障概率。

长期运行后，可拆卸式火炬塔架上筒体导轨存在变形导致分段筒体不能拆卸的风险和案例，而且导轨变形导致的拆卸事故也有发生，甚至是恶性未遂事故。因此，可拆卸式火炬的检修风险度更高，更应注重检修方案。

分段拆卸的筒体用法兰连接，在检修后恢复安装时，如何保证大直径的法兰密封严密，也是一个薄弱环节。因为火炬筒体内是负压，法兰密封泄漏会导致空气被吸入筒体内，引发回火闪爆。而筒体也难于进行安装后的气密试验。

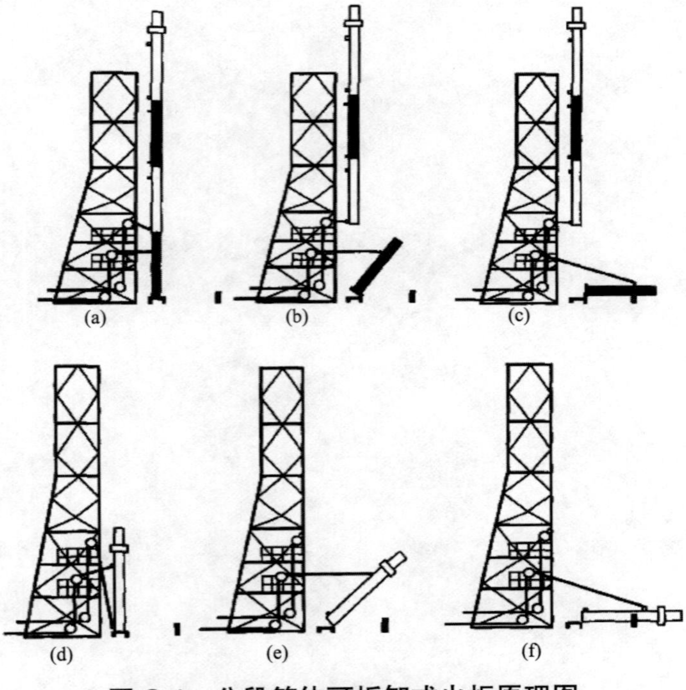

图 C.4　分段筒体可拆卸式火炬原理图

虽然火炬附属卷扬机和滑轮组等起重设备需要按照规程定期检验和管理，但是卷扬机附属的高空滑轮组和钢丝绳在日常难于润滑保养，火炬区域的大气含硫高，钢丝绳易出现脆性断裂现象。

2004 年以来，基于国产大型吊车普及，单独检修火炬头总成已很便捷，也有石化企业将可拆卸式火炬固定为非可拆式，并扩大顶部平台，以完成项修（小修）。因此，可拆卸式火炬维护检修时必须结合结构特点、结合检修深度、结合检修时间进行。

图 C.4 为原理示意图，施工中需要利用塔架上火炬筒体的垂直导轨、塔架顶部滑轮组、地面多台卷扬机、地面吊车进行配合。

附　录　D
（资料性附录）
高空点火附件检查确认表

表D.1、表D.2分别为高架火炬高空点火附件登高检查确认表、高架火炬高空点火附件地面试验检查确认表。

表D.1　高架火炬高空点火附件登高检查确认表

说明：在完工后，拆除火炬下氮气和仪表风管线的盲板，保留可燃气体管线和蒸汽管线的盲板，登上火炬头所进行的试验。

序号	检查部位	检查标准	检查数值/情况	是否达标	说明
1	长明灯 n#	1. 相比原位置，长明灯偏离火炬头距离≤30mm	mm		长明灯1～n号，逐台确认和记录，表格依次加长
		2. 节能型长明灯的燃气引射空气的喷嘴及其过滤器拆检清理，干净无异物	目视通畅，无渣子无结焦		
		3. 节能型长明灯的燃气引射空气的喷嘴及其过滤器开工前用氮气贯通试验	气流声音明显，确认通畅		
2	高空点火器 n#	1. 相比原位置，配风引火筒偏离火炬头距离≤30mm	mm		高空点火器1～n号，逐台确认和记录，表格依次加长
		2. 相比原位置，配风引火筒偏离长明灯头距离≤10mm	mm		
		3. 高空点火器电极通电后放电性能	电极发电弧明亮不间断，声音清晰		
		4. 通入氮气或空气后开启点火燃料气 n# 控制阀，确认燃料气管线通畅；并确认是否与 n# 高空点火器能够位号对应	1. n# 燃料气管线通畅 2. n# 高空点火器与点火燃料气 n# 控制阀能够位号对应		
		5. 是否与 n# 长明灯能够位号对应	n# 点火器与 n# 长明灯能够位号对应		

表 D.1　高架火炬高空点火附件登高检查确认表（续）

序号	检查部位	检查标准	检查数值 / 情况	是否达标	说明
3	地面爆燃点火器的爆燃管 *n*#	1. 相比原位置，爆燃管口与长明灯头偏离间距≤10mm	mm		爆燃管 1～*n* 号，逐台确认和记录，表格依次加长
		2. 通入氮气或空气后确认 *n*# 爆燃管通畅	1. 火炬头上听，气流声音清晰 2. 地面点火器配套的压力表指示背压低，管线无堵塞		
		3. 是否与 *n*# 长明灯能够位号对应	*n*# 爆燃管与 *n*# 长明灯能够位号对应		
4	热电偶 *n*#	1. 热电偶护管从火炬头顶向下 3m 以内应为硬管方式 3m 以下可以用金属软管内设导体和耐热绝缘体	依据本规定		1～*n* 号，热电偶逐台确认和记录，表格依次加长
		2. 相比原位置，热电偶偏离长明灯距离≤10mm	mm		
		3. 是否与 *n*# 长明灯能够位号对应	*n*# 热电偶与 *n*# 长明灯能够位号对应		
5	离子火焰检测 *n*#	1. 离子火焰检测绝缘导电杆从火炬头顶向下 3m 以内应为硬管方式；3m 以下可以用金属软管内设导体和耐热绝缘体	依据本规定		1～*n* 号，离子火焰检测逐台确认和记录，表格依次加长
		2. 相比原位置，离子火焰检测探头离长明灯距离≤10mm	mm		
		3. 在火炬头顶部将火焰检测探针与长明灯短路（对地），观察室内变送器信号有无变化	试验中，探针对地绝缘，变送器输出状态为无火焰；探针对地短路后变送器输出状态为有火焰		
		4. 是否与 *n*# 长明灯能够位号对应	*n*# 火焰检测与 *n*# 长明灯能位号对应		

表 D.2　高架火炬高空点火附件地面试验检查确认表

说明：在完成登高检查后，拆除火炬下高压燃气和蒸汽管线的盲板，保留排放气管线的盲板所进行的试验。

序号	检查部位	检查标准	检查数值 / 情况	是否达标	说明
1	高空点火器 n# 单回路点火试验	1. 通入高压燃气后开启点火燃料气 n# 控制阀	控制阀打开，回讯正常		高空点火器 1～n#，逐个回路确认和记录，表格依次加长
		2. 延时 10s 左右开启地面高压发生器 n#	1. 高压发生器 n# 工作指示正常 2. 高空点火器 n# 点火成功，夜间能目视到火焰，地面听声音明显		
		3. 关闭燃料气 n# 控制阀	1. 控制阀关闭，回讯正常 2. 高空点火器的火焰熄灭，夜间能目视火炬头无火焰		
2	长明灯 n# 单回路点火试验	1. 开启 n# 长明灯的燃料气阀门	听到气体流动声音		长明灯 1～n 号，逐个回路确认和记录，表格依次加长
		2. 远控点燃 n# 高空点火器约 10s 后关闭高空点火器的燃料气控制阀	长明灯点燃，夜间能目视到火焰		
		3. 确认高空点火器 n# 是否与长明灯 n# 位号对应	n# 点火器与 n# 长明灯能够位号对应		
		4. 确认离子火焰检测 n# 是否正常	n# 离子火焰检测立即指示燃烧		
		5. 确认热电偶 n# 是否正常	n# 热电偶指示有明显的温度上升		
		6. 地面紫外线火焰检测仪表是否示值变化	应有明显变化		
		7. 地面视频火焰检测是否示值变化	应有明显变化		
3	长明灯 n# 单回路熄火试验	1. 关闭 n# 长明灯的燃料气阀门	长明灯熄灭，夜间能目视无火焰		长明灯 1～n 号，逐个回路确认和记录，表格依次加长
		2. 确认离子火焰检测 n# 是否正常	n# 离子火焰检测指示立即为熄灭		
		3. 确认热电偶 n# 是否正常	n# 热电偶指示逐步下降		
		4. 地面紫外线火焰检测仪表是否示值变化	应立即指示为熄灭		
		5. 地面视频火焰检测是否示值变化	应立即指示为熄灭		

表 D.2　高架火炬高空点火附件地面试验检查确认表（续）

序号	检查部位	检查标准	检查数值／情况	是否达标	说明
4	高空点火器多回路点火试验	1. 控制系统设置为远程手动程控点火	控制系统指示远程手动程控		长明灯 1～n 号，逐个回路确认和记录，表格依次加长
		2. 开启各长明灯的燃料气阀门	开启正常		
		3. 程控启动点火燃料气各控制阀、各高压发生器	各阀和高压发生器能够自动开启，延时自动关闭		
		4. 确认点火燃料气各控制阀关闭，各高压发生器停止点火	各回讯正常		
		5. 确认含 UPS 供电正常	UPS 不超负荷		
		6. 确认各离子火焰检测是否正常	各离子火焰检测立即指示燃烧		
		7. 确认各热电偶是否正常	热电偶指示上升，各示值有差别： （记录）		
		8. 各地面紫外线火焰检测仪表是否示值变化	都应立即指示为点燃		
		9. 地面视频火焰检测是否示值变化	都应立即指示为点燃		
5	消烟蒸汽 N# 回路试验	1. 确认地面蒸汽管线的凝结水排净	从控制阀前后排凝见蒸汽		火炬头消烟蒸汽一般 1～3 路；逐个回路确认和记录，表格依次加长
		2. 开启火炬头 N# 回路蒸汽的调节阀到 30%	1. 现场阀位在 30% 2. 记录蒸汽流量计示值		
		3. 开启火炬头 N# 回路蒸汽的调节阀到 50%	1. 现场阀位在 50% 2. 记录蒸汽流量计示值		
		4. 开启火炬头 N# 回路蒸汽的调节阀到 70%	1. 现场阀位在 70% 2. 记录蒸汽流量计示值		
		5. 开启火炬头 N# 回路蒸汽的调节阀到 100%	1. 现场阀位在 100% 2. 记录蒸汽流量计示值		
		6. 关闭火炬头 N# 回路蒸汽的调节阀	1. 现场阀位在 0% 2. 记录蒸汽流量计示值		
6	各长明灯已点燃，消烟蒸汽 N 路全开试验	1. 记录蒸汽流量计示值	蒸汽流量计示值		各长明灯已点燃，开启火炬头所有 N 个回路蒸汽的调节阀到开度 100%，持续 10min
		2. 观察塔架上蒸汽管道有无变形	管道应无变形		
		3. 各离子火焰检测示值	各离子火焰检测应指示燃烧		

表 D.2　高架火炬高空点火附件地面试验检查确认表（续）

序号	检查部位	检查标准	检查数值 / 情况	是否达标	说明
6	各长明灯已点燃，消烟蒸汽 *N* 路全开试验	4. 各热电偶示值	各热电偶示值应有不同程度变化		各长明灯已点燃，开启火炬头所有 *N* 个回路蒸汽的调节阀到开度 100%，持续 10min
		5. 各地面紫外线火焰检测仪表示值	各地面紫外线火焰检测仪表应指示燃烧		
		6. 地面视频火焰检测示值	地面视频火焰检测应指示燃烧，但极可能出现异常		
7	各长明灯仍点燃，消烟蒸汽 *N* 路全关闭	1. 记录蒸汽流量计示值	蒸汽流量计示值应归零		各长明灯仍点燃，关闭火炬头所有 *N* 个回路蒸汽的调节阀到开度 0%，持续观察
		2. 观察塔架上蒸汽管道有无变形	管道应无变形		
		3. 各离子火焰检测示值	各离子火焰检测应指示燃烧		
		4. 各热电偶示值	各热电偶示值应有不同程度变化（记录）		
		5. 各地面紫外线火焰检测仪表示值	各地面紫外线火焰检测仪表应指示燃烧		
		6. 地面视频火焰检测示值	地面视频火焰检测应指示燃烧		
8	地面爆燃点火器试验	1. 关闭长明灯的燃料气阀门	通过火焰检测确认长明灯熄灭		爆燃管和长明灯 1～*n* 号对应
		2. 关闭高空点火器燃料气阀门，停止高压发生器点火	确认高空点火器不工作		
		3. 开启 *n*# 长明灯的燃料气阀门	有流动声音		
		4. 开启地面爆燃点火器出口 *n*# 爆燃管阀门，其余阀门关闭	确认		逐个爆燃管和对应长明灯点火确认和记录，表格依次加长
		5. 地面爆燃点火器调整燃气和空气流量，点火	1. 视窗应有火焰 2. 有点火的声音		
		6. 引燃 *n*# 长明灯	1. *n*# 爆燃管与 *n*# 长明灯位号一致 2. *n*# 长明灯火焰检测示值正常		

说明：使用上述表格时，各用户应依据各自的管理模式，相应增加设备管理部门、工程管理部门、火炬运行部门、维修部门、供应商等单位的确认人签字，本表篇幅受限，不再列出。

31. 设备及管道绝热维护检修规程

SHS 01033—2019

代替 SHS 01033—2004

目　次

前　言

本规程按照 GB/T 1.1—2009《标准化工作导则　第 1 部分：标准的结构和编写》给出的规则起草。

本规程代替 SHS 01033—2004《设备及管道保温、保冷维护检修规程》，与 SHS 01033—2004 相比，除了编辑性修改外，主要技术变化如下：

——不得使用石棉制品；

——不得使用镀锌钢板；

——补充捆扎钢丝钢带、自攻螺丝、抽芯铆钉等辅材要求；

——增加了表 A.17 纳米气凝胶复合绝热制品技术性能。

本规程由中国石油化工集团有限公司、中国石油化工股份有限公司提出。

本规程起草单位：中国石化上海高桥石油化工有限公司。

本规程主要起草人：樊冰若。

本规程所代替规程的历次版本发布情况为：

——SHS 01033—1992、SHS 01033—2004。

设备及管道绝热维护检修规程

1 范围

1.1 主题内容

本规程规定了石油化工设备及管道绝热工程的检修周期与内容、检修程序与质量标准、验收。

1.2 适用范围

本规程适用于石油化工工程设计温度为 -196～850℃的设备及管道外部绝热工程的检修。

本规程不适用于设备及管道内部绝热衬里和有特殊要求的设备及管道绝热工程检修。

2 规范性引用文件

下列文件中的条款通过本规程的引用而成为本规程的条款。凡是注日期的引用文件，其随后所有的修改单（不包括勘误的内容）或修订版均不适用于本规程，然而，鼓励根据本规程达成协议的各方研究是否可使用这些文件的最新版本。凡是不注日期的引用文件，其最新版本适用于本规程。

GB 50126　工业设备及管道绝热工程施工规范

GB 50264　工业设备及管道绝热工程设计规范

GB/T 8175　设备及管道绝热设计导则

GB/T 8174　设备及管道绝热效果的测试与评价

GB/T4272　设备及管道绝热技术通则

GB 50645　石油化工绝热工程施工质量验收规范

GB/T 17393　覆盖奥氏不锈钢用绝热材料规范

GB/T 845　十字槽盘头自攻螺钉

GB/T 12618　开口型扁圆头抽芯铆钉

GB/T 3280　不锈钢冷轧钢板和钢带

GB/T 4240　不锈钢丝

GB/T 3880　一般工业用铝及铝合金板、带材

SH/T 3010　石油化工设备及管道绝热工程设计规范

SH/T 3522　石油化工绝热工程施工技术规范

3 检修周期与内容

3.1 检修周期

现场绝热层出现损坏、工艺变化调整、不能满足现行绝热设计规范要求的，需更新或增补的绝热层，及时检修。

3.2 检修内容

3.2.1 具有下列工况之一的设备和管道应进行保温检修：

a）外表面温度高于50℃；
b）工艺生产中需要减少介质的温度降或延迟介质凝结的部位；
c）设备、管道的保温外表面散热损失超过附录A表A.1或表A.2数值的1.2倍；
d）设备、管道及其附件的保温外表面局部温度超过设计温度30℃；
e）保护层松脱、破损或者出现渗水现象；
f）保温系统中的支、吊架等部件损坏或严重错位。

3.2.2 具有下列工况之一的设备和管道应进行保冷检修：

a）减少冷介质及载冷介质在生产和运输过程中的冷损失；
b）降低冷介质及载冷介质在生产和运输过程中温度升高；
c）0℃以上常温以下的设备和管道外表面凝露；
d）设备及管道保冷，其保冷层表面出现结霜或结露现象；
e）与保冷设备和管道相连的仪表及其附件保冷层损坏。

4 检修程序与质量标准

4.1 检修前准备

4.1.1 各项准备工作应符合安全、环保、质量等方面要求，应对检修过程进行危害识别及风险评估、环境因素识别和影响评估。
4.1.2 备齐必要的图纸资料、施工方案、作业指导书、技术交底等施工技术资料。
4.1.3 预制场地、施工设施和施工机具应满足绝热工程施工要求。
4.1.4 从事绝热工程的施工单位应具有相应的专业施工资质。
4.1.5 施工作业人员进入现场前应进行安全教育、培训与取证。
4.1.6 施工作业点应设置安全防护设施。
4.1.7 按规定办理各类作业票证。

4.2 绝热层一般规定

4.2.1 检修材料品种、规格须满足原设计要求，宜选用新型可拆卸、高效节能绝热层制品，便于拆装施工，减少施工垃圾，环保降耗。严禁选用含有石棉的材料及其制品。

4.2.2 材料质量须满足技术要求，并具有产品出厂合格证。材料及制品的外观和几何尺寸的抽查比例应不低于5%；绝热材料产品的技术性能指标应符合附录A表A.3～表A.17的要求，必要时应抽样送国家认证的检测机构检验。

4.2.3 受潮的绝热材料及制品，当经干燥处理后不能恢复合格性能时，不得使用。用于保温的绝热材料及制品含水率应小于7.5%；用于保冷的绝热材料及制品含水率应小于1%。

4.2.4 对达到设计使用年限的绝热层、防潮层、外保护层材料及制品，使用前，应重新检验，合格后方可使用。

4.2.5 设备及管道绝热施工应在试压、除垢、除锈、防腐、固定等工序合格后，方可进行。

4.2.6 设备及管道无论在热状态或冷状态都可以进行保温施工，但保冷应在注入冷介质之前施工。

4.2.7 保温结构可由保温层和保护层组成。对于埋地设备和管道的保温结构应增设防潮层。对于管沟内的管道保温结构宜增设防潮层。

4.2.8 保冷结构一般应由保冷层、防潮层和保护层组成，本身具有防潮功能的保冷材料可不设防潮层。

4.3 绝热层材料要求

4.3.1 绝热材料导热系数应符合下列规定：

a）当平均温度为70℃时，用于保温层的绝热材料及其制品的导热系数应不大于0.08W/（m·K）；

b）用于保冷层的绝热材料及其制品，在平均温度25℃时的导热系数应不大于0.044W/（m·K）；

c）泡沫制品，在平均温度为0℃时的导热系数应不大于0.036W/（m·K）；

d）Ⅰ类泡沫玻璃制品在平均温度25℃时的导热系数应不大于0.045W/（m·K），Ⅱ类泡沫玻璃制品在平均温度25℃时的导热系数应不大于0.064W/（m·K）。

4.3.2 绝热材料及其制品的密度应符合下列规定：

a）硬质保温制品的密度不得大于220kg/m³，半硬质保温制品的密度不应大于200kg/m³，软质保温制品的密度不得大于150kg/m³；

b）用于保冷的泡沫塑料制品的密度不应大于60kg/m³，泡沫橡胶制品的密度不应大于95kg/m³，泡沫玻璃制品的密度不应大于180kg/m³。

4.3.3 绝热材料及其制品的抗压强度应符合下列规定：

a）硅酸钙制品的抗压强度不应小于0.6MPa；

b）泡沫玻璃制品的抗压强度不应小于 0.8MPa；

c）聚氨酯（PUR）泡沫制品的抗压强度不应小于 0.2MPa；

d）聚异氰脲酸酯（PIR）泡沫制品的抗压强度不应小于 0.22MPa。

4.3.4 承重部位绝热层的密度及抗压强度应符合设计文件规定。

4.3.5 绝热层材料及其制品的 pH 值不应小于 8。

4.3.6 用于奥氏体不锈钢设备和管道上的绝热材料制品中的氯化物、氟化物、硅酸根、钠离子的含量应符合 GB/T 17393 中的有关规定。

4.3.7 阻燃型保冷材料及其制品的氧指数应不小于 30%。

4.4 防潮层材料要求

4.4.1 防潮层材料应具有良好的抗蒸汽渗透性、防水性和防潮性，且吸水性不应大于 1%。

4.4.2 防潮层材料应阻燃，其氧指数不应小于 30%。

4.4.3 防潮层应选用化学性能稳定、无毒且耐腐蚀的材料，并不得对绝热层材料和保护层材料产生腐蚀或溶解作用。

4.4.4 涂抹型防潮层材料，在常温时黏接强度不应小于 0.15MPa，软化温度不应低于 65℃，挥发物不得大于 30%。

4.4.5 包捆型防潮层材料的拉伸强度不应低于 10.0MPa，断裂伸长率不应低于 10%。

4.4.6 防潮层应选择安全使用范围大，夏季不软化、不起泡和不流淌的材料，且在冬季使用不脆化、不开裂、不脱落的材料。

4.5 保护层材料要求

4.5.1 保护层材料应满足使用强度要求，在使用条件下不软化、不脆裂、不老化。

4.5.2 保护层材料应具有防水、防潮、不燃、抗大气腐蚀的性能，且化学性能稳定，并不腐蚀防潮层或绝热层。

4.5.3 保护层材料宜选用金属材料，但不得使用镀锌薄钢板做外保护层材料，常用金属保护层可参见附录 A 表 A.19 选用。

4.6 黏结剂、密封剂和耐磨剂要求

4.6.1 保冷用的黏结剂在使用温度范围内应保持有一定的黏结性能，在常温时黏结强度应大于 0.15MPa，软化温度应大于 65℃。泡沫玻璃宜采用弹性黏结剂或密封胶，在 -196℃时的黏结强度应大于 0.05MPa。

4.6.2 硬质保温材料的黏结剂、密封剂应具有固化时间短、密封性能好的特点，且与主要材料性能匹配。

4.6.3 采用的黏结剂、密封胶、耐磨剂不应对金属壁腐蚀及引起保冷材料溶解。

4.7 捆扎钢丝钢带、自攻螺丝、抽芯铆钉等辅材要求

4.7.1 绝热层捆扎材料的选用应根据绝热材料的种类、绝热材料厚度与层次、绝热后的外径确定。当设计文件无规定时应符合下列规定：

a）保温层应采用镀锌铁丝或镀锌钢带；多层时应逐层捆扎；当保护层为不锈钢或铝合金薄板时，应采用不锈铁丝或不锈钢带，外层应采用不锈钢带；

b）不同外径的设备和公称直径不同的管道保温层捆扎材料的选用应符合附录 A 表 A.20 要求；

c）保冷层捆扎材料的选用应以不损伤保冷层为原则，捆扎材料宜选用带状材料，不宜选用铁丝类材料；

d）球形容器单层保冷层应采用不锈钢带捆扎；多层保冷层的内层应采用不锈钢带捆扎。

4.7.2 金属保护层固定用的材料应与保护层材料相匹配，并应符合下列规定：

a）自攻螺丝宜选用短杆平头，管道保护层宜选用 ST3.5～ST5.5、长度为 5～10mm 的自攻螺丝；设备保护层宜选用直径为 ST4.2～ST6.3、长度为 5～12mm 的自攻螺丝，自攻螺丝的标准应符合 GB/T 845 的规定；

b）抽芯铆钉选用时，管道保护层宜选用铆头直径为 2.4～4.8mm、长度为 6.8～12mm 的抽芯铆钉；设备保温层宜选用直径为 3.2～5mm、长度为 8.5～16mm 的抽芯铆钉，抽芯铆钉的标准应符合 GB/T 12618 的规定；

c）保护层采用捆扎结构时，不锈钢、铝合金宜选用不锈钢捆扎带。

4.8 材料的运输、存放、保管和处置

4.8.1 绝热材料及制品在装卸时不得抛掷，在运输中不应受到挤压，应采取防雨防潮措施。

4.8.2 材料和制品分类存放。软质材料及半硬质材料堆放高度不应超过 2m，且不应造成材料的挤压变形。

4.8.3 对有毒有害的材料及制品，施工中产生的废料应交有资质单位处置。

4.9 绝热层施工要求

4.9.1 绝热层施工方法有填充法、拼砌法、粘贴法、捆扎法、浇筑法、喷涂法、涂抹法、缠绕法，应符合 SH/T 3522 的规定。

4.9.2 采用一种绝热材料及制品，当厚度大于 80mm 时，应分层铺设，且分层厚度宜接近。当采用异种绝热制品时，每种材料的材质、各层厚度及总厚度、施工顺序等均应符合设计文件规定。

4.9.3 设备或管道绝热层在法兰、阀门断开处，应留出螺栓的拆卸距离：

a）设备法兰两侧应留出 3 倍螺母厚度的距离；

b）管道法兰螺母的一侧留出 3 倍螺母厚度的距离，另一侧应留出螺栓长度加 25mm 的距离。

4.9.4 硬质材料伸缩缝的施工应符合下列规定：

a）伸缩缝的留设宽度，设备不应小于 25mm，管道不应小于 20mm，且留设间距均匀一致；

b）伸缩缝填塞材料应采用与设备或管道主体绝热材料导热系数相近的软质绝热材料；

c）填塞时应严密，无漏填现象；

d）保冷施工时，伸缩缝外侧再绝热厚度不应小于设备或管道本体绝热厚度，与伸缩缝的搭接宽度不应小于 50mm；

e）多层绝热层时，各层伸缩缝应错开设置，且错开距离应大于 100mm。

4.9.5 当保冷施工采用泡沫玻璃制品时，与设备及管道相接触的绝热层内表面耐磨剂的涂抹应均匀一致，不得漏涂。

4.9.6 防潮层表面应接缝紧密，无翘口、脱层、开裂，无明显的空鼓、褶皱，厚度均匀，接头应牢固。

a）采用泥胶与增强布复合结构或非弹性体卷材时，接缝环、纵向搭接量不小于 50mm，接口搭接量不小于 100mm；

b）采用弹性体卷材时，接缝搭接，环、纵向搭接量不小于 20mm，接口搭接不小于 100mm。

4.9.7 保护层施工要求

4.9.7.1 金属保护层：

a）在露天潮湿环境中的保温设备、管道和室外的保冷设备、管道与其附件的金属保护层，以及保冷管道的直管段与其附件的金属保护层接缝部位和管道支承架穿出金属保护层的部位，金属保护层应按照规定嵌填密封剂或在接缝处包缠密封带。

b）金属保护层的环向接缝宜采用搭接或插接，纵向接缝宜采用搭接或咬接。

c）金属保护层接缝采用搭接时，管道弯头金属保护层搭接宽度宜为 30～50mm；弯头与直管段上金属保护层的搭接宽度，高温管道宜为 75～150mm，中、低温管道宜为 50～70mm，保冷管道宜为 30～70mm；静置设备和转动设备金属保护层的搭接宽度宜为 30～50mm。

d）金属保护层的搭接接缝除膨胀活动接缝外，宜采用自攻螺钉或抽芯铆钉紧固，其间距宜为 150～200mm，但每道缝不得少于两个。

e）金属保护层纵向接缝，当为保冷结构时，可采用金属包装带抱箍固定，间距宜为 250～300mm；当为保温结构时，可采用自攻螺丝或抽芯铆钉紧固，间距宜为 150～200mm，间距应均匀一致。

f）水平管道金属保护层的环向接缝应沿管道坡向搭向低处，其纵向接缝宜布置在水平中心线上下 45° 范围内，缝口朝下。当侧面或底部有障碍物时，纵向接缝可移至管道水平中心线上方 60° 以内。金属保护层的接缝方向应与管道的坡度方向一致。

g）立式设备、垂直管道或斜度大于 45° 的斜立管金属保护层应自下而上进行敷设，上口搭下口，并应将金属保护层分段固定在支承件上。

h）金属保护层应紧贴保温层或防潮层。硬质绝热制品的金属保护层采用咬接时，不得损坏保温层或防潮层。

i）设备、管道金属保护层在有热膨胀要求时，应设置活动接缝，并符合下列规定：硬质绝热制品金属保护层活动接缝与绝热层设置的伸缩缝相一致；半硬质或软质绝热制品金属保护层环向活动接缝间距应符合表 1 的规定。

表 1　活动接缝间距

介质温度 /℃	间距 /m
≤250	6～8
251～400	4～6
＞400	3～4

j）金属保护层不得有松脱、翻边、割口、翘缝和凹坑等质量缺陷，平整度不应大于 3mm。

k）管道金属保护层的环向接缝，应与管道轴线保持垂直，纵向接缝应与管道轴线保持平行。设备及储罐金属保护层的环向与纵向接缝应互相垂直，且纵缝应错列布置在一条直线上。

4.9.7.2　非金属保护层

a）毡、箔、布类保护层施工应粘贴严密。管道上采用螺旋缠绕法施工时，保护层搭接缝的搭接尺寸不应小于 50mm；设备平壁及储罐采用铺贴法施工时，保护层搭接缝的搭接尺寸不应小于 30mm。

b）毡、布类保护层的施工，表面应干燥，并应清除绝热层表面的灰尘、泥污，修饰平整。

c）水平管道毡、箔、布类保护层缠绕接缝应沿管道坡向搭向低处；垂直管道毡、箔、布类保护层缠绕接缝应上搭下。毡、布类保护层缠绕起点、终点应用镀锌铁丝或包装钢带捆紧，中间间隔捆扎时不应大于 2m；分段包缠的应分段捆扎；箔类保护层缠绕起点和终点宜采用黏胶带捆紧。

d）毡、箔、布类保护层铺贴时，起点、终点和连接接头宜留在设备的侧面，且缝口朝下，并用黏胶带或镀锌铁丝做成Π形钩钉固定。

e）毡、箔、布类保护层的平整度不应大于 5mm。

f）毡、箔、布类保护层不得有松脱、翻边、割口、翘缝和凹坑等质量缺陷。

4.9.7.3　抹面保护层

a）施工前，应在绝热层表面捆扎铁丝网，铁丝网的各边应紧贴绝热层表面。

b）设备抹面保护层上应留出纵、横交错的方格形或环形伸缩缝，伸缩缝应做成凹槽，其深度宜为5～8mm，宽度宜为8～12mm。管道和设备的抹面层伸缩缝应与保温层一致，并将铁丝网断开。

c）抹面保护层施工应有防雨淋、水冲措施；日平均温度低于5℃或最低温度低于-3℃时，应有防冻措施。

d）抹面保护层的平整度不应大于5mm。

e）抹面保护层外观不得有疏松和干缩裂缝，表面应平整光洁，轮廓整齐，并不得露出铁丝头，抹面层伸缩缝应与保温层一致，并将铁丝网断开。

4.9.8 支承件、固定件

4.9.8.1 支承件、固定件的材质应与设备及管道本体材质相匹配。绝热施工前，支承件、固定件的制作和安装位置、间距、宽度等应符合设计文件规定。

4.9.8.2 当设计文件对支承件的安装无规定时，支承件安装间距及安装宽度应符合表2的规定。

表2 支承件安装间距及宽度要求

<table>
<tr><th>检查项目</th><th colspan="2">绝热层材料</th><th>支承件的安装要求</th></tr>
<tr><td rowspan="4">绝热支承件</td><td rowspan="4">保温层</td><td rowspan="4">硬质、半硬质绝热材料及制品</td><td>方形设备安装间距宜为1.5～2m</td></tr>
<tr><td>圆形设备和管道安装间距宜为：高温介质为2～3m，中低温介质为3～5m</td></tr>
<tr><td>储罐安装间距不宜大于1m</td></tr>
<tr><td>支承件的宽度应小于保温层厚度10mm，但最小不得小于20mm</td></tr>
<tr><td rowspan="4">绝热支承件</td><td rowspan="2">保冷层</td><td rowspan="2">硬质、半硬质绝热材料及制品</td><td>垂直设备和管道安装间距不得大于5m</td></tr>
<tr><td>支承件的宽度与结构应小于保冷层厚度10mm，但最小不得小于20mm</td></tr>
<tr><td colspan="2" rowspan="2">毯、毡等软质绝热材料</td><td>垂直设备和管道安装间距宜为0.5～1m之间</td></tr>
<tr><td>支承件的宽度与结构宜小于绝热层厚度10mm，但最小不得小于20mm</td></tr>
</table>

4.9.8.3 固定件的型号、布置方式和安装长度、设置数量应符合设计文件的规定。设计文件无规定时，固定件安装宽度应符合表3规定。

表3 固定件安装宽度

<table>
<tr><th>检查项目</th><th>绝热层材料</th><th>安装要求</th></tr>
<tr><td rowspan="2">绝热固定件</td><td>硬质绝热材料及制品</td><td>固定件的长度应小于绝热层厚度10mm，但最小不得小于20mm</td></tr>
<tr><td>半硬质及软质绝热材料及制品</td><td>固定件的长度宜小于保温层厚度10mm，但最小不得小于20mm；超过绝热层部分应进行折弯处理</td></tr>
</table>

4.9.8.4　已经进行热处理的设备及管道，热处理后不应再进行支承件、固定件的焊接，可采用抱箍形式。

4.9.9　当对有伴热的设备及管道进行绝热层施工时，伴热管与设备或主管线之间的加热空间不得被保温材料填满。施工后的绝热层不得覆盖设备铭牌。

5　验收

5.1　绝热工程质量的验收应在施工单位自检合格的基础上进行，并按照检验批、分项工程、分部工程逐级进行质量检查、验收，填报质量验收记录表。

5.1.1　绝热材料及其制品种类、规格的检查数量按 5% 比例进行抽样检测。检验时，当出现不合格项应加倍复查，若仍不合格，则该检验批为不合格。绝热层厚度允许偏差应符合表 4 规定。

表 4　绝热层厚度允许偏差

项目	绝热制品种类	厚度允许偏差 /mm
保温层	硬质制品	+10 −5
	半硬质及软质	+10 −10
保冷层		+5 −0
充填浇筑及喷涂	绝热层厚度＞50mm	≤10
	绝热层厚度≤51mm	≤5

5.1.2　绝热层施工每一个检验批均应进行检查，每一检查批中检查点数量应符合下列要求：

a）管道每 50m 为一个检验点，不足 50m 按 50m 计；

b）设备每 $50m^2$ 为一个检验点，不足 $50m^2$ 按 $50m^2$ 计；

c）阀门、法兰等可拆卸部位，每个管道编号为一个检查点，每个设备位号为一个检查点；

d）每一个检查点检测不应少于 3 处，出现不合格项时，加倍检查；若仍不合格，再按不合格项加倍检查；还有不合格时应进行全数检查。

5.2　绝热施工完毕，装置投入运行，还需进行散热损失测试，达到附录 A 表 A1、表 A2 标准的为验收合格。

5.3　施工质量验收不合格时，必须经返工或返修，重新验收合格。

5.4　绝热工程交工时，应提交下列质量验收资料：

5.4.1　绝热材料的质量证明文件；

5.4.2　隐蔽工程记录（附录 B）；

5.4.3　绝热工程质量验收记录（附录 C）。

附　录　A
（资料性附录）
绝热工程常用数据

季节运行工况允许最大散热损失、常年运行工况允许最大散热损失分别见表A.1、表A.2。

岩棉制品、硅酸钙制品、玻璃棉制品、复合硅酸盐制品、矿渣棉制品、硅酸铝制品、硅酸镁纤维毯、柔性泡沫橡塑制品、硬质聚氨酯泡沫塑料、泡沫玻璃、聚异氰脲酸酯、高密度聚异氰脲酸酯、丁腈橡胶发泡制品、二烯烃弹性体发泡制品、纳米气凝胶复合绝热制品等的技术要求见表A.3～表A.17。

保冷厚度修正系数*K*见表A.18。常用金属保护层见表A.19。保温层捆扎材料选用见表A.20。

表A.1　季节运行工况允许最大散热损失

设备、管道及附件外表面温度/℃	50	100	150	200	250	300
允许最大散热损失/（W/m^2）	104	147	183	220	251	272

表A.2　常年运行工况允许最大散热损失

设备、管道及附件外表面温度/℃	50	100	150	200	250	300	350	400	450	500	550	600	650
允许最大散热损失/（W/m^2）	52	84	104	126	147	167	188	204	220	236	251	266	283

表A.3　岩棉制品技术性能

技术性能	岩棉保温板（半岩质）		岩棉保温毡（垫）	岩棉保温管壳（管筒）	岩棉保温毡（垫）
使用密度/（kg/m^3）	60～100	101～160	60～100	100～150	80～130
最高使用温度/℃	500	550	500	450	650
推荐使用温度/℃	≤400	≤450	≤400	≤350	≤550
常用导热系数/[W/（m·K）]	≤0.044（70℃时）	≤0.043（70℃时）λ0.09（t_m = 350℃）	≤0.044（70℃时）	≤0.044（70℃时）λ0.10（t_m = 350℃）	≤0.043（70℃时）λ0.09（t_m = 350℃）

表 A.3　岩棉制品技术性能（续）

技术性能	岩棉保温板（半岩质）		岩棉保温毡（垫）	岩棉保温管壳（管筒）	岩棉保温毡（垫）
导热系数参考方程 /[W/（m·K）]	$-20℃ \leqslant t_m \leqslant 100℃$：$0.0337+0.000151t_m$ $100℃ < t_m \leqslant 600℃$：$0.0395+4.71 \times 10^{-5} \times t_m+5.03 \times 10^{-7} \times t_m^2$	$-20℃ \leqslant t_m \leqslant 100℃$：$0.0337+0.000128t_m$ $100℃ < t_m \leqslant 600℃$：$0.0407+2.52 \times 10^{-5} \times t_m+33.4 \times 10^{-7} \times t_m^2$	$-20℃ \leqslant t_m \leqslant 100℃$：$0.0337+0.000151t_m$ $100℃ < t_m \leqslant 600℃$：$0.0395+4.71 \times 10^{-5} \times t_m+5.03 \times 10^{-7} \times t_m^2$	$-20℃ \leqslant t_m \leqslant 100℃$：$0.0314+0.000174t_m$ $100℃ < t_m \leqslant 600℃$：$0.0384+7.13 \times 10^{-5} \times t_m+3.51 \times 10^{-7} \times t_m^2$	$-20℃ \leqslant t_m \leqslant 100℃$：$0.0337+0.000128t_m$ $100℃ < t_m \leqslant 600℃$：$0.0407+2.52 \times 10^{-5} \times t_m+33.4 \times 10^{-7} \times t_m^2$
抗压强度 /MPa	—				
要求	主要性能除满足绝热层材料及其制品的性能要求外，其质量吸湿率不应大于 1.0%。 岩棉制品的酸度系数不应低于 1.6，并应提供高于工况使用温度至少 100℃的最高使用温度评估报告，满足 GB/T 11835 的规定。 岩棉制品的加热线收缩率（试验温度为最高使用温度，保温 24h）不应超过 4%。 缝毡、贴面制品的最高使用温度均指基材。				

注：表内使用温度系采用酚醛树脂黏结制品。

表 A.4　硅酸钙制品技术性能

编号	$1^{\#}$		$2^{\#}$	
使用密度 /（kg/m^3）	170	220	170	220
最高使用温度 /℃	650	650	1000	1000
推荐使用温度 /℃	≤550	≤900	≤550	≤900
常用导热系数 /[W/（m·K）]	0.055（70℃时）	0.062（70℃时）	0.055（70℃时）	0.062（70℃时）
导热系数参考方程 /[W/（m·K）]	$t_m < 800℃$：$0.0479+0.00010185t_m+9.65015 \times 10^{-11} \times t_m^3$	$t_m < 500℃$：$0.0564+0.00007786t_m+7.8571 \times 10^{-11} \times t_m^2$ $500℃ \leqslant t_m \leqslant 800℃$：$0.0937+1.67397 \times 10^{-10}\ t_m^3$	$t_m < 800℃$：$0.0479+0.00010185t_m+9.65015 \times 10^{-11} \times t_m^3$	$t_m < 500℃$：$0.0564+0.00007786t_m+7.8571 \times 10^{-11} \times t_m^2$ $500℃ \leqslant t_m \leqslant 800℃$：$0.0937+1.67397 \times 10^{-10}\ t_m^3$
抗压强度 /MPa	≥0.5	≥0.6	≥0.5	≥0.6
要求	主要性能除满足绝热层材料及其制品的性能要求外，尚应符合 GB/T 10699 有关最高使用温度的规定：其质量含湿率不应大于 7.5%。			

表 A.5 玻璃棉制品技术性能

技术性能	毯		板					毡				管壳
使用密度 /（kg/m^3）	24～40	41～120	24	32	40	48	64	24	32	40	48	≥48
最高使用温度 /℃	400	450	400	400	450	450	450	400	400	450	450	400
推荐使用温度 /℃	≤300	≤350	≤300	≤300	≤350	≤350	≤350	≤300	≤300	≤350	≤350	≤300
常用导热系数 /［W/（m·K）］	≤0.046（70℃时）	≤0.041（70℃时）	≤0.047（70℃时）	≤0.044（70℃时）	≤0.042（70℃时）	≤0.041（70℃时）	≤0.040（70℃时）	≤0.046（70℃时）	≤0.046（70℃时）	≤0.046（70℃时）	≤0.041（70℃时）	≤0.041（70℃时）
导热系数参考方程 /［W/（m·K）］	-20℃≤t_m≤220℃：λ_0+0.00017（t_m-70）											
抗压强度 /MPa	—											
要求	主要性能除满足绝热层材料及其制品的性能要求外，其质量吸湿率不应大于 5.0%，并应提供高于工况使用温度至少 100℃的最高使用温度评估报告，并满足 GB/T 13350 中的有关规定。 贴面制品的最高使用温度均指基材。											

表 A.6　复合硅酸盐制品技术性能

材料名称	使用密度/(kg/m³)		最高使用温度/℃	推荐使用温度/℃	常用导热系数/[W/(m•K)]	导热系数参考方程/[W/（m•K）]	抗压强度/MPa	要求
复合硅酸盐制品	涂料	180～200（干态）	600	≤500	≤0.065（70℃时）	λ_0+0.00017（t_m−70）	—	主要性能除满足绝热层材料及其制品的性能要求外，尚应符合 GB/T 17371 和 JC/T 900 的规定；其质量吸湿率不应大于 2.0%。
	毡	60～80	550	≤450	≤0.043（70℃时）	λ_0+0.00015（t_m−70）	—	
		81～130	600	≤500	≤0.044（70℃时）		—	
	管壳	80～180	600	≤500	≤0.048（70℃时）	—	≥0.3	

表 A.7　矿渣棉制品技术性能

材料名称	使用密度/(kg/m³)		最高使用温度/℃	推荐使用温度/℃	常用导热系数/[W/（m•K）]	导热系数参考方程/[W/（m•K）]	抗压强度/MPa	要求
矿渣棉制品	毡	80～100	400	≤300	≤0.044（70℃时）	−20℃≤t_m≤100℃：0.0337+0.000151t_m 100℃<t_m≤400℃：0.0395+4.71×10^{-5}×t_m+5.03×10^{-7}×t_m^2	—	主要性能除满足绝热层材料及其制品的性能要求外，其质量吸湿率不应大于 4.0%，并应提供高于工况使用温度至少 100℃的最高使用温度评估报告，满足 GB/T 11835 的规定。 岩棉制品的加热线收缩率（试验温度为最高使用温度，保温 24h）不应超过 4%。 缝毡、贴面制品的最高使用温度均指基材。
		101～180	450	≤350	≤0.043（70℃时）	−20℃≤t_m≤100℃：0.0337+0.000128t_m 100℃<t_m≤500℃：0.0407+2.52×10^{-5}×t_m+33.4×10^{-7}×t_m^2		
	板	80～100	400	≤300	≤0.044（70℃时）	−20℃≤t_m≤100℃：0.0337+0.000151t_m 100℃<t_m≤400℃：0.0395+4.71×10^{-5}×t_m+5.03×10^{-7}×t_m^2		

表 A.7 矿渣棉制品技术性能（续）

材料名称	使用密度 /（kg/m³）		最高使用温度 /℃	推荐使用温度 /℃	常用导热系数 /[W/（m·K）]	导热系数参考方程 /[W/（m·K）]	抗压强度 /MPa	要求
矿渣棉制品	板	101～180	450	≤350	≤0.043（70℃时）	$-20℃\leqslant t_m\leqslant 100℃$：$0.0337+0.000128t_m$ $100℃<t_m\leqslant 500℃$：$0.0407+2.52\times 10^{-5}\times t_m+33.4\times 10^{-7}\times t_m^2$	—	主要性能除满足绝热层材料及其制品的性能要求外，其质量吸湿率不应大于 4.0%，并应提供高于工况使用温度至少 100℃的最高使用温度评估报告，满足 GB/T 11835 的规定。 岩棉制品的加热线收缩率（试验温度为最高使用温度，保温 24h）不应超过 4%。 缝毡、贴面制品的最高使用温度均指基材。
	管壳	≥ 100	400	≤300	≤0.044（70℃时）	$-20℃\leqslant t_m\leqslant 100℃$：$0.0314+0.000174t_m$ $100℃<t_m\leqslant 500℃$：$0.0384+7.13\times 10^{-5}\times t_m+3.51\times 10^{-7}\times t_m^2$		

表 A.8 硅酸铝制品技术性能

材料名称	使用密度 /（kg/m³）		最高使用温度 /℃	推荐使用温度 /℃	常用导热系数 /[W/(m·K)]	导热系数参考方程 /[W/（m·K）]	抗压强度 /MPa	要求
硅酸铝棉及其制品	1 #毯	96	1000	≤800	≤0.044（70℃时）	$t_m\leqslant 400℃$：$\lambda_L=\lambda_0+0.0002(t_m-70)$ $t_m>400℃$：$\lambda_H=\lambda_L+0.00036(t_m-400)$	—	主要性能除满足绝热层材料及其制品的性能要求外，应能提供 500℃时的导热系数和加热永久线变化，并应符合 GB/T 16400 的规定；其质量吸湿率不应大于 4.0%。
		128						
	2 #毯	96	1200	≤1000				
		128						
	1 #毡	≤200	1000	≤800				
	2 #毡	≤200	1200	≤1000				
	板、管壳	≤200	1100	≤1000				

表 A.9 硅酸镁纤维毯技术性能

材料名称	使用密度/ (kg/m^3)	最高使用温度/℃	推荐使用温度/℃	常用导热系数/[W/(m•K)]	导热系数参考方程/[W/（m•K）]	抗压强度/MPa	要求
硅酸镁纤维毯	100±10 130±10	900	≤700	≤0.040 （70℃时）	70℃≤t_m≤500℃： $0.0397-2.741\times10^{-6}t_m+4.526\times10^{-7}t_m^2$	—	应能提供500℃时的导热系数和加热永久线变化，加热永久线变化（试验温度为最高使用温度，保温24h）其质量吸湿率不应大于4.0%。

表 A.10 柔性泡沫橡塑制品技术性能

材料名称	使用密度/ (kg/m^3)	最高使用温度/℃	推荐使用温度/℃	常用导热系数/[W/(m•K)]	导热系数参考方程/[W/（m•K）]	抗压强度/MPa	要求
柔性泡沫橡塑制品	40～60	-40～105	-35～85	≤0.036 （0℃时）	$\lambda_0+0.0001t_m$	—	主要性能除满足绝热层材料及其制品的性能要求外，尚应符合GB/T 17794的规定。

表 A.11 硬质聚氨酯泡沫塑料技术性能

材料名称	使用密度/ (kg/m^3)	最高使用温度/℃	推荐使用温度/℃	常用导热系数/[W/(m•K)]	导热系数参考方程/[W/（m•K）]	抗压强度/MPa	要求
硬质聚氨酯泡沫塑料	45～55	-80～100	-65～80	≤0.023 （25℃时）	$\lambda_0+0.000122\times(t_m-25)+3.51\times10^{-7}\times(t_m-25)^2$	≥0.2	—

表 A.12 泡沫玻璃技术性能

材料名称	使用密度/ (kg/m^3)		最高使用温度/℃	推荐使用温度/℃	常用导热系数/[W/(m•K)]	导热系数参考方程/[W/（m•K）]	抗压强度/MPa	要求
泡沫玻璃品	Ⅰ类	120±8	-196～450	-196～400	≤0.045 （25℃时）	$\lambda_0+0.000150\times(t_m-25)+3.21\times10^{-7}\times(t_m-25)^2$	≥0.8	主要性能除满足绝热层材料及其制品的性能要求外，尚应符合JC/T 647的规定。
	Ⅱ类	160±10			≤0.064 （25℃时）	$\lambda_0+0.000155\times(t_m-25)+1.60\times10^{-7}\times(t_m-25)^2$		

表 A.13 聚异氰脲酸酯技术性能

材料名称	使用密度/(kg/m³)	最高使用温度/℃	推荐使用温度/℃	常用导热系数/[W/(m·K)]	导热系数参考方程/[W/(m·K)]	抗压强度/MPa	要求
聚异氰脲酸酯	40～50	-196～120	-170～100	≤0.029（25℃时）	λ_0+0.000118×（t_m-25）+3.39×10^{-7}×（t_m-25）^{2}	≥0.22	—

表 A.14 高密度聚异氰脲酸酯技术性能

材料名称	使用密度/(kg/m³)	最高使用温度/℃	推荐使用温度/℃	常用导热系数/[W/(m·K)]	导热系数参考方程/[W/(m·K)]	抗压强度/MPa	要求
高密度聚异氰脲酸酯	160±16	-196～120	-196～100	≤0.038（25℃时）	λ_0+0.000219×（t_m-25）+0.43×10^{-7}×（t_m-25）^{2}	≥1.6（常温）	—
						≥2.0(-196℃)	
	240±24	-196～110		≤0.045（25℃时）	λ_0+0.000235×（t_m-25）+1.41×10^{-7}×（t_m-25）^{2}	≥2.5（常温）	
						≥3.5(-196℃)	
	320±32			≤0.050（25℃时）	λ_0+0.000341×（t_m-25）+8.1×10^{-7}×（t_m-25）^{2}	≥5（常温）	
						≥7.0(-196℃)	
	450±45			≤0.080（25℃时）	λ_0+0.000309×（t_m-25）+1.51×10^{-7}×（t_m-25）^{2}	≥10.0（常温）	
						≥14.0（-196℃）	
	550±55			≤0.090（25℃时）	λ_0+0.000338×（t_m-25）+5.21×10^{-7}×（t_m-25）^{2}	≥15.0（常温）	
						≥20.0（-196℃）	

表 A.15 丁腈橡胶发泡制品技术性能

材料名称	使用密度/(kg/m³)	最高使用温度/℃	推荐使用温度/℃	常用导热系数/[W/(m·K)]	导热系数参考方程/[W/(m·K)]	抗压强度/MPa	要求
丁腈橡胶发泡制品	40～60	-100～105	-50～105	≤0.034（0℃时）	$\lambda=\lambda_0+0.0001t_m$	≥0.16（-40℃）	符合ASTM C534标准和EN 14304标准

表 A.16　二烯烃弹性体发泡制品技术性能

材料名称	使用密度/(kg/m³)	最高使用温度/℃	推荐使用温度/℃	常用导热系数/[W/(m•K)]	导热系数参考方程/[W/(m•K)]	抗压强度/MPa	要求
二烯烃弹性体发泡制品	60～70	-196～125	-196～125	≤0.038（0℃时）	$\lambda=\lambda_0+0.0001t_m$	≥0.37（-100℃）	符合 ASTM C534 标准和 EN 14304 标准

表 A.17　纳米气凝胶复合绝热制品技术性能

材料名称	分类	使用温度/℃	导热系数/[W/(m•K)]			要求
			平均温度 25℃	平均温度 300℃	平均温度 500℃	
纳米气凝胶复合绝热制品	Ⅰ型	200	A 类≤0.021	—	—	满足 GB/T 34336 规定
	Ⅱ型	450	B 类≤0.023	A 类≤0.036	—	
	Ⅲ型	650	S 类≤0.017	B 类≤0.042	—	
	Ⅳ型	＞650	≤0.025	—	A 类≤0.072	
					B 类≤0.084	

注：“—”表示不做要求。

表 A.18　保冷厚度修正系数 *K*

材料	聚氨酯	聚异氰脲酸酯	泡沫玻璃	泡沫橡塑	丁腈橡胶发泡制品	二烯烃弹性体发泡制品
修正系数 *K*	1.2～1.4	1.2～1.35	1.1～1.2	1.2～1.4	1.1～1.2	1.1～1.2

表 A.19　常用金属保护层

类别	绝热层外直径 D_o/mm	外保护层			
		材料	标准	形式	材料
管道	＜760	铝合金薄板	GB/T 3280	平板	0.60
		不锈钢薄板	GB/T 3280	平板	0.30
	≥760	铝合金薄板	GB/T 3880	平板	0.80
		不锈钢薄板	GB/T 3280	平板	0.40
设备	＜760	铝合金薄板	GB/T 3880	平板	0.60
		不锈钢薄板	GB/T 3280	平板	0.30
	≥760	铝合金薄板	GB/T 3880	平板	0.80～1.00
		不锈钢薄板	GB/T 3280	平板	0.40～0.60

表 A.19 常用金属保护层（续）

类别	绝热层外直径 D_o/mm	外保护层			
		材料	标准	形式	材料
立式储罐[a]	≥ 3000	铝合金薄板	GB/T 3880	压型板	0.60～1.00
		不锈钢薄板	GB/T 3280	压型板	0.40～0.60
不规则表面（泵、阀门和法兰可拆卸保温）	所有	铝合金薄板	GB/T 3880	平板	0.60～0.80
		不锈钢薄板	GB/T 3280	平板	0.40～0.60

注：需增加刚度的保护层可采用瓦楞板形式。

[a] 立式储罐灌顶的保护层宜采用平板保护层。

表 A.20 保温层捆扎材料选用表

捆扎材料	执行标准	规格 /mm	使用范围
镀锌铁丝	YB/T 5294	ϕ1.2 双股	外径等于或小于 300mm 的设备和公称直径小于或等于 *DN*300mm 的管道
		ϕ1.6 双股	外径大于 300mm 及等于或小于 600mm 的设备和公称直径大于 *DN*300mm 及等于或小于 *DN*600mm 的管道
镀锌钢带	GB/T 2518	12×0.5（宽 × 厚）	外径大于 600mm 及等于或小于 1000mm 的设备和公称直径大于 *DN*600mm 及等于或小于 *DN*1000mm 的管道
		20×0.5（宽 × 厚）	外径大于 1000mm 的设备及公称直径大于 *DN*1000mm 的管道
不锈铁丝	GB/T 4240	ϕ1.2 双股	外径等于或小于 300mm 的设备和公称直径小于或等于 *DN*300mm 的管道
		ϕ1.6 双股	外径大于 300mm 及等于或小于 600mm 的设备和公称直径大于 *DN*300mm 及等于或小于 *DN*600mm 的管道
不锈钢带	GB/T 3280	12×0.5（宽 × 厚）	外径大于 600mm 及等于或小于 1000mm 的设备和公称直径大于 *DN*600mm 及等于或小于 *DN*1000mm 的管道
		20×0.5（宽 × 厚）	外径大于 1000mm 设备及公称直径大于 *DN*1000mm 的管道

附　录 B
（资料性附录）
隐蔽工程记录

<table>
<tr><td colspan="3">隐蔽工程记录</td><td>项目名称：
单元名称：</td></tr>
<tr><td>隐蔽项目</td><td>××绝热</td><td>施工图号</td><td></td></tr>
<tr><td>隐蔽内容及简图</td><td colspan="3">1. 隐蔽工程项目范围：
设备位号等
2. 隐蔽工程项目确认内容：
□ 绝热层施工前，对附件安装质量确认：
绝热结构固定件、支承件的材质、品种、规格、安装位置及安装数量符合要求。
□ 防潮层施工前，对绝热层施工质量确认：
绝热层材质、厚度、接缝、外观质量、捆扎符合要求。
□ 保护层施工前，对防潮层施工质量确认：
防潮层材质、厚度、接缝位置、搭接宽度、外观质量、封口符合要求。
□ 保护层施工前，对绝热层施工质量确认：
绝热层材质、厚度、接缝、外观质量、捆扎符合要求。
□ 其他：</td></tr>
<tr><td>检查结果</td><td colspan="3">施工质量符合 ×× 验收规范</td></tr>
</table>

施工单位	生产装置	设备管理部门
日期：　年　月　日	日期：　年　月　日	日期：　年　月　日

附 录 C
（资料性附录）
绝热工程质量验收记录

<table>
<tr><td colspan="2">绝热工程质量验收记录</td><td colspan="2">工程名称：
单元名称：</td></tr>
<tr><td>绝热部位</td><td colspan="3"></td></tr>
<tr><td>绝热结构</td><td colspan="3">绝热材料：　　　　　　　　　　材料厚度：
保护层材料：　　　　　　　　　材料厚度：</td></tr>
<tr><td colspan="3">检查项目与要求</td><td>检查结果</td></tr>
<tr><td colspan="3">原材料符合设计及有关规范要求，具有出厂质量证明文件及复验报告</td><td>√</td></tr>
<tr><td colspan="3">设备、管道按规定进行了强度、严密性试验，防腐涂层完毕</td><td></td></tr>
<tr><td colspan="3">具有工序交接记录</td><td>√</td></tr>
<tr><td colspan="3">检查口、人孔、观察孔以及管件等处隔热结构周围做成 45° 斜坡，并做防潮层密封</td><td>√</td></tr>
<tr><td colspan="3">管支、托架处的隔热层结构不影响活动面的自由伸缩</td><td>√</td></tr>
<tr><td rowspan="3">绝热层</td><td colspan="2">成型制品同层错缝、内外层压缝，伸缩缝留置正确，嵌缝充填或粘贴紧密、厚度偏差符合规范规定</td><td>√</td></tr>
<tr><td colspan="2">缠裹材料同层靠紧，内外层缠裹方向相反，接缝错开，厚度偏差符合规范规定</td><td>√</td></tr>
<tr><td colspan="2">散状材料和浇注材料，填充密实、均匀，厚度偏差符合规范规定</td><td>—</td></tr>
<tr><td>防潮层</td><td colspan="2">粘贴于绝热层上，无脱落和鼓包现象，表面平整，厚度符合规范规定</td><td>—</td></tr>
<tr><td rowspan="3">保护层</td><td colspan="2">金属保护层应压边，搭接缝、表面平整度符合规范规定，无脱壳和凹凸不平</td><td>√</td></tr>
<tr><td colspan="2">卷材保护层应紧贴表面，无褶皱和开裂</td><td>—</td></tr>
<tr><td colspan="2">抹面保护层应平整、光滑，端部棱角整齐，无显著裂纹，表面平整度符合规范规定</td><td>—</td></tr>
<tr><td colspan="4">验收结论：
符合 ×× 规范要求，验收合格。</td></tr>
<tr><td colspan="2">施工单位</td><td>生产装置</td><td>设备管理部门</td></tr>
<tr><td colspan="2">

日期：　　年　月　日</td><td>

日期：　　年　月　日</td><td>

日期：　　年　月　日</td></tr>
</table>

32. 设备及管道涂层检修规程

SHS 01034—2019

代替 SHS 01034—2004

目　　次

前　言

本规程按照GB/T 1.1—2009《标准化工作导则　第1部分：标准的结构和编写》给出的规则起草。

本规程代替SHS 01034—2004《设备及管道涂层检修规程》，与SHS 01034—2004相比，除编辑性修改外，主要技术变化如下：

——规范性引用文件予以更新；

——增加了检修周期的内容；

——增加了检修前准备的基体要求内容；

——增加了环境友好型涂料的选用要求；

——增加了每道防腐涂层的颜色能够区分方便进行隐蔽工程验收的内容；

——增加了基体表面处理和涂料防腐工程的检查数量要求；

——取消了原储罐重防腐涂层配套内容，改为直接引用GB 50393的技术要求；

——增加了隐蔽工程记录的内容；

——增加了防腐质量控制记录表；

——补充了高处、动火等作业的安全措施要求；

——增加了交工验收检查和质保期要求；

——增加了日常维护管理的内容。

本规程由中国石油化工集团有限公司、中国石油化工股份有限公司提出。

本规程起草单位：中国石油化工股份有限公司茂名分公司。

本规程主要起草人：陆蓉。

本规程所代替规程的历次版本发布情况为：

——SHS 01034—1992、SHS 01034—2004。

设备及管道涂层检修规程

1 范围

1.1 主题内容与适用范围

1.1.1 本规程规定了设备及管道涂层的检修周期与内容、检修程序与质量标准、检查与验收、维护与故障处理。

1.1.2 本规程适用于石油化工设备、管道和钢结构表面的涂层工程（含绝热层下的防腐涂层）的维护和检修。

2 规范性引用文件

下列文件中的条款通过本规程的引用而成为本规程的条款。凡是注日期的引用文件，其随后所有的修改单（不包括勘误的内容）或修订版均不适用于本规程，然而，鼓励根据本规程达成协议的各方研究是否可使用这些文件的最新版本。凡是不注日期的引用文件，其最新版本适用于本规程。

GB 2893 安全色

GB 2894 安全标志及其使用导则

GB 7692 涂装作业安全规程 涂漆前处理工艺安全及其通风净化

GB 13495.1 消防安全标志 第1部分：标志

GB 15603 常用化学危险品贮存通则

GB 18218 危险化学品重大危险源辨识

GB 19517 国家电气设备安全技术规范

GB 50160 石油化工企业设计防火规范

GB 50393 钢制石油储罐防腐蚀工程技术规范

GB 50726 工业设备及管道防腐蚀工程施工规范

GB 50727 工业设备及管道防腐蚀工程施工质量验收规范

GB/T 3181 漆膜颜色标准

GB/T 8923.1 涂覆涂料前钢材表面处理 表面清洁度的目视评定 第1部分：未涂覆过的钢材表面和全面清除原有涂层的钢材表面的锈蚀等级和处理等级

GB/T 9793 热喷涂金属和其他无机覆盖层锌、铝及其合金

GB/T 11651 个体防护装备选用规范

GB/T 12608 热喷涂火焰和电弧喷涂用线材、棒材和芯材分类和供货技术条件

GB/T 13869 用电安全导则

GB/T 20019 热喷涂 热喷涂设备的验收检查

SH/T 3022 石油化工设备和管道涂料防腐蚀设计规范

SH/T 3043 石油化工设备管道钢结构表面色和标志规定

SH/T 3503 石油化工建设工程项目交工技术文件规定

SH/T 3548 石油化工涂料防腐蚀工程施工质量验收规范

HG/T 20229 化工设备、管道防腐蚀工程施工及验收规范

BS EN ISO 14919 热喷涂、熔喷和电弧喷涂用线材、杆材和软线 分类及技术支持条件

3 检修周期与内容

3.1 检修周期

3.1.1 设备、管道和钢结构（含绝热层下的防腐涂层）防腐蚀涂层的使用寿命应与装置的检修周期相适应，且不少于 72 个月。

3.1.2 局部涂层失效的防腐修复可在日常检修时实施。

3.1.3 设备检验的涂层打磨和修复应与设备检验周期相适应。

3.1.4 储罐内防腐涂层使用寿命不低于 6 年。当采用金属涂层保护时，涂层的使用寿命不低于 10 年。

3.2 检修内容

企业应定期检查设备管道涂层的完好情况，如发现涂层表面存在下列现象之一的，应安排检修进行防腐，对涂层失效的部位进行功能修复：

a）涂层失光、变色及严重粉化；

b）涂层严重的龟裂、爆皮或剥落；

c）涂层大面积的鼓泡或锈蚀。

4 检修程序与质量标准

4.1 涂料选用

4.1.1 涂料的选用应符合下列原则：

a）与被涂物的使用环境相适应；

b）与被涂物表面的材质相适应；

c）与运行工况条件相适应；

d）各道涂层间应具有良好的配套性和相容性；

e）具备施工条件；

f）安全可靠，经济合理。

4.1.2 涂料的选用应符合国家环保与安全法规的有关要求，宜选择高固体分、低 VOC 含量（＜420g/L）等环境友好型涂料。
4.1.3 设备管道涂刷表面色和标志见附录 B《设备管道表面色和标志》。
4.1.4 有耐火要求的承重钢框架、支架、裙座或管架应覆盖耐火涂料。具体要求参考附录 C《工艺装置防火保护》。
4.1.5 根据设备表面最高工作温度选用相应的耐热涂料。
4.1.6 带内衬里的设备及管道应按金属壁温选择涂料。
4.1.7 设备和管道防腐涂料的选用参考附录D《设备与管道常用防腐蚀涂料性能及选用》。
4.1.8 储罐内防腐执行 GB 50393《钢制石油储罐防腐蚀工程技术规范》的要求。
4.1.9 对于温度交替变化的隔热设备和管道涂料宜选用冷喷铝涂料。
4.1.10 局部保温、防烫保温的设备和管道的涂料选用应符合不保温设备和管道的防腐要求。
4.1.2 在制造厂制造的设备及其附属钢结构涂层应按设计要求进行到货验收。

4.2 检修前准备

4.2.1 图纸方案资料准备

4.2.1.1 设计及其相关技术文件齐全，施工图纸已经会审。
4.2.1.2 施工组织设计（方案）应包括安全环保技术措施。工程施工前应进行危险源辨识和评价，并应针对重大危险源制定应急预案和监控措施。
4.2.1.3 涂料进场时，供料方提供的产品质量证明文件除应符合本规程 4.2.3.4 条的规定外，还应提供涂装的基体表面处理和施工工艺等要求。
4.2.1.4 涂刷的涂料名称、道数、各层干膜厚度及干膜总厚度、钢材表面除锈等级等内容应在设计文件或施工方案中规定。
4.2.1.5 施工方案经过有关部门审核确认和技术交底，并进行了技术培训和安全技术教育。

4.2.2 工器具准备

4.2.2.1 所用各种施工机具和检验仪器等检测合格。
4.2.2.2 施工机具设备及设施应具备基本的安全功能，并应符合国家现行有关产品标准的规定。安全保护部件应完整配套，安全保险装置应灵敏可靠。
4.2.2.3 防腐蚀工程质量检验的检测设备和仪器的使用安全，应符合有关产品的安全使用规定。
4.2.2.4 施工前应对热喷涂设备进行检查和试验。设备的技术参数和喷涂性能，应符合 GB/T 20019《热喷涂　热喷涂设备的验收检查》的有关规定。
4.2.2.5 防护设施安全可靠，原材料、施工机具和施工设施齐全，施工用水、电、气能够满足现场连续施工的要求。

4.2.3 材料准备

4.2.3.1 所用防腐涂料和热喷涂线材等原材料到货后应进行抽检，并检测合格。储罐内防腐涂料宜每批次抽查。

2.2.3.2 所用防腐涂料和热喷涂线材等原材料应符合设计文件或施工方案的规定。不同厂家、不同品种的防腐蚀涂料，不宜掺和使用。修补用的涂料应与原使用涂料种类相同或匹配。

4.2.3.3 每道防腐涂层的颜色应能够区分开，一般先浅色后深色，以方便进行隐蔽工程验收。

4.2.3.4 防腐涂料和热喷涂线材应具有产品质量证明文件，其质量应符合本规程及国家现行有关标准的规定，必要时应进行小样试涂。产品质量证明文件应包括下列内容：

a）产品质量合格证；

b）质量技术指标及检测方法；

c）材料检测报告或技术鉴定文件。

4.2.3.5 化学危险品的贮存和辨识应符合 GB 15603《常用化学危险品贮存通则》和 GB 18218《危险化学品重大危险源辨识》的有关规定。

4.2.3.6 涂料应存放在通风、干燥的仓库内，防止日光直射，并隔离火源，远离热源。

4.2.4 人员要求

4.2.4.1 施工管理人员、施工操作人员应具备相应的安全知识和安全技能，并应经安全技术培训和安全技术考核合格，持证上岗。

4.2.4.2 防腐蚀施工作业人员应按国家现行职业健康的规定进行定期体检。劳动保护个人装备品的选用应符合 GB/T 11651《个体防护装备选用规范》的有关规定。

4.2.5 其他安全措施

设备、管道涂装作业安全应采取下列措施：

a）办理作业审批手续；划出禁火区；设置警戒线和安全警示标志。

b）分离或隔绝非作业系统，清除内部和周围易燃物。

c）内部作业设置机械通风，通风量和风速应符合现场 GB 7692《涂装作业安全规程 涂漆前处理工艺安全及其通风净化》的有关规定。

d）采用防爆型电气设备和照明器具；采取防静电保护措施。

e）配置相应的消防灭火器具，应由专人负责管理。

f）可燃性气体、蒸汽和粉尘浓度应控制在可燃极限和爆炸下限的 10% 以下。

g）选用快速测定方法，现场跟踪监测。

4.2.6 基体要求

a）设备及管道外壁附件的焊接，应在防腐蚀施工前完成。设备管道的焊缝必须在热处理（需要时）、强度试验、气密试验后才能涂装。

b）设备及管道表面的锐角、棱角、毛边、铸造残留物等应进行打磨，表面应光滑平整，并应圆弧过渡。

4.3 检修程序与质量控制

4.3.1 表面处理

4.3.1.1 一般规定

a）钢材表面锈蚀等级及除锈等级的评定应与GB/T 8923.1《涂覆涂料前钢材表面处理 表面清洁度的目视评定 第1部分：未涂覆过的钢材表面和全面清除原有涂层的钢材表面的锈蚀等级和处理等级》中典型样板照片对比确定。

b）需涂装的钢材表面应进行表面处理，表面处理前，应先对钢材表面的锈蚀等级进行判断。表面锈蚀等级的判断如下：

（a）A级—全面地覆盖着氧化皮而几乎没有铁锈的钢材表面；

（b）B级—已发生锈蚀，并且氧化皮已开始剥落的钢材表面；

（c）C级—氧化皮已因锈蚀而剥落，或者可以刮除，并且在正常视力观察下可见轻微点蚀的钢材表面；

（d）D级—氧化皮已因锈蚀而剥落，并且在正常视力观察下可见普遍发生点蚀的钢材表面。

c）钢材表面除锈等级的分级见表1。

表1 钢材表面除锈等级

St2 彻底的手工和动力工具除锈	在不放大的情况下观察时，表面应无可见的油、脂和污物，并且没有附着不牢的氧化皮、铁锈、涂层和外来杂质
St3 非常彻底的手工和动力工具除锈	同St2，但表面处理应彻底得多，表面应具有金属底材光泽
Sa2 彻底的喷射清理	在不放大的情况下观察时，表面应无可见的油、脂和污物，并且几乎没有氧化皮、铁锈、涂层和外来杂质。任何残留污染物应附着牢固
Sa2.5 非常彻底的喷射清理	在不放大的情况下观察时，表面应无可见的油、脂和污物，并且没有氧化皮、铁锈、涂层和外来杂质。任何污染物的残留痕迹应仅呈现点状或条纹状的轻微色斑
Sa3 使钢材表观洁净的喷射清理	在不放大的情况下观察时，表面应无可见的油、脂和污物，并且应无氧化皮、铁锈、涂层和外来杂质。该表面应具有均匀的金属光泽

d）钢材表面的除锈等级应符合表2或表3的规定，对锈蚀等级为D级的钢材表面，应采用喷射或抛射除锈。有产品说明书的按说明书要求进行，有特殊要求的应按规定进行。

表 2　地上设备和管道钢材表面的除锈等级

底层涂料种类	除锈等级		
	强腐蚀	中等腐蚀	弱腐蚀
醇酸树脂底漆	Sa2.5	Sa2 或 St3	St3
环氧铁红底漆	Sa2.5	Sa2.5	Sa2 或 St3
环氧磷酸锌底漆	Sa2.5 或 Sa2	Sa2	Sa2
环氧酚醛底漆	Sa2.5	Sa2.5	Sa2.5
环氧富锌底漆	Sa2.5	Sa2.5	Sa2.5
无机富锌底漆	Sa2.5	Sa2.5	Sa2.5
聚氨酯底漆	Sa2.5	Sa2.5	Sa2 或 St3
有机硅耐热底漆	Sa3	Sa2.5	Sa2.5
热喷铝（锌）	Sa3	Sa3	Sa3
冷喷铝	Sa2.5	Sa2.5	Sa2.5

注：不便于喷射除锈的部位，手工和动力工具除锈等级不低于 St3 级。

e）化学方式处理后的基体表面应完全除去油脂、氧化皮和锈蚀物，应干燥、洁净。

f）喷射或抛射除锈处理后的基体表面应呈均匀的粗糙面，除基体原始锈蚀或机械损伤造成的凹坑外，不应产生肉眼明显可见的凹坑和飞刺。

g）当设计对防腐蚀层的基体表面处理无要求时，金属热喷涂层的基体表面处理质量等级应为 Sa3 级，涂料涂层的基体表面处理质量等级应为 Sa2 级或 St3 级。

h）处理后的基体表面不宜含有氯离子等附着物。

i）处理合格的工件，在运输或保管期间应保持干燥和洁净。

j）基体表面处理后，应及时涂刷底层涂料，间隔时间不宜超过 4h。

k）当相对湿度大于 85% 时，应采取干燥措施或停止基体表面处理作业。

l）在保管或运输中发现再度污染或锈蚀时，基体表面应重新进行处理。

m）需涂装的钢材表面粗糙度应满足涂料的涂装要求。

4.3.1.2　喷射或抛射处理

a）采用喷射或抛射处理时，应采取防止粉尘扩散的措施。应选用水力除锈等先进技术。

b）使用的压缩空气应干燥洁净，不得含有水分和油污。

c）磨料应具有一定的硬度和冲击韧性，磨料必须净化，使用前应经筛选，不得含有油污。天然砂应选用质坚有棱的金刚砂、石英砂等，其含水量不应大于 1%。严禁使用海砂和河砂。

d）磨料需要重复使用时，必须符合 4.3.1.2 第 c 条的规定。

e）磨料的堆放地及施工现场应平整、照实，防止磨料受潮、雨淋或混入杂质。

f）对螺纹、密封面及光洁面应妥善保护，不得误喷。

g）喷砂处理薄钢板时，磨料粒度和空气压力应适当。

h）当进行喷射或抛射处理时，基体表面温度应高于露点温度 3℃；当温度差低于3℃时，喷射或抛射作业应停止。

i）喷射或抛射后的基体表面不得受潮。

4.3.1.3 手工或动力工具处理

a）动力工具可采用电动钢刷、电动砂轮或除锈机。

b）手工处理时可采用钢丝刷、铲刀、刮刀等工具。

c）采用手工或动力工具处理时，不得采用使基体表面受损或使之变形的工具和手段。

4.3.1.4 质量标准

a）喷射或抛射除锈和手工或动力工具除锈的基体表面处理质量等级标准应符合GB/T 8923.1—2011《涂覆涂料前钢材表面处理 表面清洁度的目视评定 第1部分：未涂覆过的钢材表面和全面清除原有涂层的钢材表面的锈蚀等级和处理等级》的有关规定。

b）热喷涂基体表面处理后的粗糙度，宜采用粗糙度参比样板对照检查。不同涂层的喷射或抛射处理表面的粗糙度，应符合表3的规定。

表3 不同涂层的喷射或抛射处理表面的粗糙度（R_z）

热喷涂涂层	涂层设计厚度 /mm	处理表面粗糙度最小值 / 最大值 /μm
Zn、ZnAl15 Al、AlMg5	0.10～0.15	40/63
	0.20	63/80
	0.30	80/100

4.3.1.5 检查要求

a）防腐蚀工程施工前，必须对基体表面进行检查。

b）基体表面处理工程的检查数量应符合下列规定：

（a）设备逐台检查，每台检查5处，每处检查面积为不小于 $10m^2$ 的正方形。

（b）管道按同管径、同一除锈等级总延长米检查，长度小于或等于500m抽查5处；大于500m时，每增100m增加1处，每处检查面积不小于 $100m^2$。

（c）每种类别钢结构按构件数抽查10%，且不少于3件。

（d）当在基体表面进行金属热喷涂时，应进行全部检查。

c）目测检查基体表面是否有焊渣、毛刺、油污，并做好隐蔽工程记录。隐蔽工程检查记录的格式宜符合SH/T 3503—J112《隐蔽工程验收记录》的要求。

d）经检查确认合格后，方可进入下道工序。

4.3.2 涂料涂层

4.3.2.1 施工技术要求

a）施工环境温度宜为5～35℃，相对湿度不宜大于85%，或被涂覆的基体表面温度应比露点温度高 3℃。

b）不应在风沙、雨、雪天进行室外施工。

c）涂料的施工可采用刷涂、滚涂、空气喷涂或高压无气喷涂。涂层厚度应均匀，不得漏涂或误涂。

d）基体表面的凹凸不平、焊缝波纹和非圆弧拐角处，应采用耐腐蚀树脂配制的腻子进行修补。腻子干透后，应打磨平整，并应擦拭干净，再进行底涂层施工。

e）机电、仪表盘、配电盘和配电柜等设备，宜采用喷涂法施工，其表面凹凸不平处，应刮涂腻子。

4.3.2.2　质量标准

a）涂层质量应符合表 4 规定。

表 4　涂层质量要求

检查项目	质量要求	检查方法
脱皮、漏涂、返锈、气泡、透底	不允许	宏观检查
针孔	不允许	5～10 倍放大镜
流附、皱皮	不允许	宏观检查
光亮与光滑 [a]	光亮、均匀一致	宏观检查
分色界限	允许偏差 ±3mm	宏观检查
颜色、刷纹	颜色一致，纹通顺	宏观检查
干燥漆膜厚	“85-15 规则” [b] “90-10 规则” [b]	涂层测厚仪

注：a. 设备和管道涂刷银色漆时，漆膜应均匀一致，具有光亮光泽；涂刷无光乳胶漆、无光漆，可不检查光亮。

b. 漆膜实干后，用测厚仪对涂层测厚。要求涂层厚度均匀，验收标准采用“85-15 规则”，即允许 15% 的测量值可低于规定值，但每一单独测量值不得低于规定值的 85%。重点工程要采用“90-10 规则”，即允许 10% 的测量值可低于规定值，但每一单独测量值不得低于规定值的 90%。

b）室内的机电、仪表盘、配电盘和配电柜等设备，涂层外观应光滑平整，不得有肉眼能看到的机械杂质。

c）设备标牌、液面计、视镜等不得涂刷或有残留涂料存在。

4.3.2.3　检查要求

a）施工期间应进行至少一次的现场抽查涂料类的品种、型号和规格是否符合方案要求；检查涂料类的涂装施工条件、涂装配套系统、施工工艺和涂装间隔时间是否符合方案要求。

b）施工过程中应进行涂层外观、厚度和结合性的中间质量检查。

c）涂层外观质量以目测为主，检查是否存在脱皮、漏涂、返锈、气泡、透底、流附、皱皮等缺陷。使用涂层测厚仪进行涂层厚度检查。导静电涂料漆膜实干后，使用涂料电阻率测定仪进行涂层电阻率的测定。

d）涂层厚度检测点应随机抽检，每个检测点面积宜为 100cm^2，该检测点面积范围内任意测量 5 个数据，测量结果去除 1 个最大值和 1 个最小值后取平均值作为该测点的厚度值。

e）涂料涂层厚度的检查数量应符合下列规定：

（a）设备防腐蚀涂层厚度的检查应逐台进行，每台抽测 3 点。

（b）管道防腐蚀涂层厚度的检查应按管道总延长米进行，每 300m 抽查 3 点（不足 300m 时，按 300m 计）。

（c）每种类别钢结构防腐蚀涂层厚度的检查按构件数抽查 10%，且不少于 3 件，每个构件抽测 5 点。

f）涂层面层以下各层在覆盖前应进行隐蔽工程检查和记录，经检查确认合格后，方可进入下道工序。隐蔽工程检查记录的格式宜符合 SH/T 3503—J112《隐蔽工程验收记录》的要求。防腐蚀工程的隐蔽工程记录，宜包括应达到的除锈等级，底漆、中间漆和面漆等各道涂层数的记录、涂层厚度的测定等内容。

4.3.3 金属热喷涂

4.3.3.1 施工技术要求

a）金属热喷涂层工程应包括锌及锌合金、铝及铝合金的火焰喷涂或电弧喷涂施工。

b）施工环境温度不宜低于 5℃，相对湿度不宜大于 80%，基体表面温度应比露点温度高 3℃以上。在雨、雪和大雾天气，不得进行室外喷涂施工。

c）热喷涂线材的质量应符合现行 GB/T 12608 的有关规定。

d）线材火焰喷涂和电弧喷涂的工艺参数应符合现行 GB/T 12608 的有关规定。

e）金属热喷涂层的施工，应在基体表面处理合格后及时进行。当工件表面无凝露时，喷涂间隔时间不宜大于 4h。

f）当对薄壁工件和构造复杂的表面喷涂时，喷枪的移动速度可进行调整，喷涂角度不得小于 45°，喷涂距离应符合有关规定。

g）喷涂层厚度等于或大于 0.10mm 时，应分层喷涂。分层喷涂时，喷涂的每一涂层均应平行搭接，搭接尺寸宜为喷幅宽度的 1/4～1/3；同层涂层的喷涂方向宜一致；上下两层的喷涂方向应纵横交叉。

h）喷涂过程中，工件表面温度不得大于 100℃。当表面温度大于 70℃时，应采取间歇喷涂或冷却措施。

i）难以施工的部位应先喷涂。喷涂操作时，宜降低热源功率，提高喷枪的移动速度，并应预留涂层的阶梯形接头。

j）金属热喷涂层的涂料封闭，应在喷涂层检查合格后及时进行，当喷涂层受潮时，不得进行封闭。不做涂料封闭的喷涂层，应采用细铜丝刷进行刷光处理。

4.3.3.2　质量标准

a）喷涂层厚度应符合方案要求，涂层最小局部厚度不应小于方案规定值。

b）喷涂层外观应致密、平整、色泽一致，表面应无裂纹、翘皮、起泡、底材裸露的斑点和粗大未熔或附着不牢的金属颗粒。

c）封闭涂料漆膜应均匀一致，没有脱皮、漏涂、气泡、流附、皱皮等缺陷。

4.3.3.3　检查要求

a）施工期间应进行至少一次的现场抽查热喷涂线材和涂料类的品种、型号和规格是否符合方案要求；检查热喷涂线材和涂料类的涂装施工条件、施工工艺和涂装间隔时间是否符合方案要求。

b）施工过程中应进行涂层外观、厚度和结合性的中间质量检查，应按现行国家标准 GB/T 9793《热喷涂金属和其他无机覆盖层锌、铝及其合金》的规定执行。

c）目测检查喷涂层外观是否致密、平整、色泽一致，表面是否有裂纹、翘皮、起泡、底材裸露的斑点和粗大未熔或附着不牢的金属颗粒等缺陷。目测检查封闭涂料漆膜是否均匀一致，是否有脱皮、漏涂、气泡、流附、皱皮等缺陷。使用涂层测厚仪检测喷涂层厚度，检查喷涂层厚度是否符合方案要求。

d）涂层面层以下各层在覆盖前应进行隐蔽工程检查和记录，经检查确认合格后，方可进入下道工序。隐蔽工程检查记录的格式宜符合 SH/T 3503—J112《隐蔽工程验收记录》的要求。防腐蚀工程的隐蔽工程记录，宜包括基体表面应达到的除锈等级，喷涂层和封闭漆等各道涂层数的记录、涂层厚度的测定等内容。

4.3.4　安全防护

4.3.4.1　严格执行安全和职业卫生要求，做好个人防护，办理相应作业许可证。

4.3.4.2　进行防腐作业时，所用电气设备必须接地良好。设备、管道内作业时，应使用安全电压，电气设备及灯具必须为防爆型；使用完毕后，关闭用电设备，施工人员离开工作岗位必须切断电源。施工用电安全应符合 GB/T 13869《用电安全导则》和 GB 19517《国家电气设备安全技术规范》的有关规定。

4.3.4.3　喷砂作业前，应检查喷砂设备、管道压力表等，正常时方可开车。操作时，待操作人员拿好喷枪并发出信号后，方可将压缩空气送入喷砂设备。操作结束或中途停车时，应等喷砂管泄尽压力后，方可放下喷枪。喷砂时，无关人员不得靠近施工现场。

5　检查与验收

5.1　防腐蚀工程交工验收应由设备管理部门组织基层单位、施工单位按本规程有关条款进行，未经验收，不得投入生产使用。

5.2　交工验收质量标准

a）防腐涂层干膜厚度、喷涂层厚度应符合设计或施工方案的要求。

b）涂层应平整、光滑，表面不应有黏附砂料和灰尘，不得有发黏、脱皮、不匀、漏涂、气泡、流附、皱皮、堆积和颜色不一等缺陷。

c）涂层质量应符合本规程 4.3.2.2 和 4.3.3.2 中的规定。

5.3 交工验收检查

a）对完工的防腐工程进行整体性的涂层外观、厚度的质量检查。

b）涂层的检查数量应符合本规程 4.3.2.3 第 e 条和 4.3.3.3 第 b 条的规定。

c）涂层外观质量以目测为主，检查是否存在发黏、脱皮、漏涂、返锈、气泡、透底、流附、皱皮等缺陷。使用涂层测厚仪进行涂层厚度检查。导静电涂料漆膜实干后，使用涂料电阻率测定仪进行涂层电阻率的测定。如有缺陷，则根据缺陷情况进行修补或复涂，修补使用的涂料和厚度应与原涂层相同，返修记录应纳入交工验收文件中。交工验收检查记录的格式宜符合 SH/T 3503—J118《防腐工程质量验收记录》的要求。

5.4 防腐蚀工程结束后，吊装和运输设备及管道时，不得碰撞和损伤涂层。

5.5 储罐内防腐蚀涂层全部完工后，应养护 7 天方可交付使用。

5.6 防腐工程质保期应不低于 6 年。

5.7 按规定办理验收手续，并提交下列文件：

a）材料质量证明文件、检验或复验报告。

b）设计变更、材料代用单。

c）基层检查交接记录。

d）隐蔽工程记录。

e）返修记录。

f）交工验收记录。

6 维护与故障处理

6.1 企业应定期检查设备管道涂层的完好情况。

a）主要依靠目测进行检查，必要时可结合相关仪器仪表技术手段开展检查。

b）对于保护层破损或者出现漏雨、渗水现象的绝热设备管线，应重点抽查其腐蚀情况。

c）对于需打开绝热结构或开挖等配合排查的管线，按投用年限进行一定比例抽查。抽查发现问题较多的区域则再提高抽查比例。

6.2 检查发现涂层失效的，基层单位应及时提报检修计划安排防腐，避免漏项。日常检修无法维护或从经济性考虑需大修期间维护的，则随装置大修进行维护。

6.3 常见功能故障与处理方法

设备及管道涂层常见功能故障与处理方法见表 5。

表 5　设备及管道涂层常见功能故障与处理方法

序号	功能	功能故障	故障模式	故障后果	故障应对策略与检修内容	检修周期／月
1	涂层完好	涂层破损失效	涂层失光、变色及严重粉化	设备管道涂层破损部位腐蚀穿孔	涂层修复	适时
			涂层严重的龟裂、爆皮或剥落			
			涂层大面积的鼓泡或锈蚀			

附　录　A
（资料性附录）
防腐质量控制记录表

序号	检修主要内容	质量标准	控制级别	检查情况	基层单位检查确认人	施工单位检查确认人	设备管理部门检查确认人	日期
1	材料检验	所用防腐涂料和热喷涂线材等原材料应具有质量证明书，并经检验合格后方可使用	B					
2	涂层颜色及标志	符合 SH/T 3043《石油化工设备管道钢结构表面色和标志规定》的规定	B					
3	表面处理	基体表面处理达到方案中要求的除锈等级（St3、St2、Sa2.5 等）	A					
4	材料配制	严格按涂料配方配制，各组分用量准确。配料搅拌均匀，碎皮、杂物等应清除干净	C					
5	防腐施工	1. 施工环境。宜为 5～38℃，相对湿度不宜大于 85%（热喷涂作业时相对湿度不宜大于 80%），被涂物表面的温度至少应比露点温度高 3℃ 2. 基体表面涂装。在处理后 4h 内进行施工，涂料的调配按照涂料施工指导说明书及设计文件进行 3. 涂层复涂。每道涂层自然干燥后方可进行下道工序，涂层的复涂间隔时间按照涂料施工指导说明书进行	C					
6	质量检查	1）涂层厚度符合设计要求，涂层数应符合设计要求 2）表面不允许有脱皮、漏涂、返锈、气泡、透底、流附、皱皮等缺陷，表面平整一致	B					

控制级别说明： A 级：施工责任人、基层单位设备管理人员、设备管理部门责任人检查确认后签字。
B 级：施工责任人、基层单位设备管理人员检查确认后签字。
C 级：施工责任人检查确认后签字。
另：如果有监理，监理的职责由甲方授权。

附 录 B
（规范性附录）
设备管道表面色和标志

B.1 一般规定

B.1.1 消防设备、消防管道的表面色和标志应符合 GB 13495.1—2015《消防安全标志 第1部分：标志》的有关规定。

B.1.2 采用有色金属、不锈钢、陶瓷、塑料（含玻璃钢）等材料制成或表面已采用搪瓷、镀锌等处理的设备和管道宜保持其本色，不应再刷表面色。

B.1.3 需感知温度变化的位置应涂刷变色漆，变色漆的位置应保证正常巡检时能被观察到。

B.1.4 刷变色漆的表面不应再刷表面色，同一设备或管道的变色漆色应与其表面色有明显差别，否则应用色带隔离或设置标志。

B.1.5 防火涂料和绝热材料保护层的外表面不应刷表面色。

B.1.6 防护罩等安全装置的安全色和安全标志设置应符合 GB 2893—2008《安全色》GB 2894—2008《安全标志及其使用导则》的有关规定。

B.1.7 漆膜颜色应符合 GB/T 3181—2008《漆膜颜色标准》的有关规定。

B.2 设备

B.2.1 设备的表面色和标志文字色宜符合表 B.1 规定。

表 B.1 石油化工设备、机械表面色和标志色

<table>
<tr><th>序号</th><th colspan="2">设备、机械类别</th><th>表面色</th><th>标志文字色</th></tr>
<tr><td>1</td><td colspan="2">静设备</td><td>银</td><td>大红 R03</td></tr>
<tr><td>2</td><td colspan="2">工业炉</td><td>银</td><td>大红 R03</td></tr>
<tr><td>3</td><td colspan="2">锅炉</td><td>银</td><td>大红 R03</td></tr>
<tr><td rowspan="4">4</td><td rowspan="4">机械设备[a]</td><td>泵</td><td>银</td><td rowspan="4">大红 R03</td></tr>
<tr><td>电机</td><td>苹果绿 G01</td></tr>
<tr><td>压缩机、离心机</td><td>苹果绿 G01</td></tr>
<tr><td>风机</td><td>天（酞）蓝 PB09</td></tr>
<tr><td>5</td><td colspan="2">输油臂</td><td>大红 R03</td><td>白</td></tr>
</table>

表 B.1 石油化工设备、机械表面色和标志色（续）

序号	设备、机械类别	表面色	标志文字色
6	鹤管	银	大红 R03
7	消防设备	大红 R03	白
8	钢烟囱	银	--
9	火炬	银	--
10	联轴器防护罩	淡黄 Y06	--

注：表面色和标志文字色名后的 R03、G01 等代号与 GB/T 3181 标准中对应颜色的代号一致。

[a] 机械设备的表面色可为出厂色。

B.2.2 电气、仪表设备的表面色和标志文字色应符合表 B.2 规定。

表 B.2 电气、仪表设备的表面色和标志文字色

序号	名 称	表面色	标志文字色
1	开关柜[a]、配电盘[a]	海灰 B05 或苹果绿 G01	大红 R03
2	变压器	海灰 B05	大红 R03
3	配电箱	海灰 B05	—
4	操作台[a]	海灰 B05 或苹果绿 G01	大红 R03
5	仪表盘[a]	海灰 B05 或苹果绿 G01	大红 R03
6	现场仪表箱	海灰 B05 或苹果绿 G01	大红 R03
7	盘装仪表	海灰 B05	大红 R03
8	就地仪表	海灰 B05	大红 R03
9	电缆桥架[b]、电缆槽[b]	海灰 B05	—

注：[a] 内表面为象牙色 Y04。

[b] 镀锌或铝合金表面可不涂漆。

B.2.3 表 B.1 和表 B.2 中未包括设备的表面色宜为银色或出厂色，标志色应为大红。

B.3 管道

B.3.1 表面色

需要涂刷表面色的管道，应对管道外表面全部涂刷，颜色宜符合表 B.3 的规定。

表 B.3 管道表面色

序号	名称		表面色
1	物料管道	一般物料	银
		酸、碱	紫 P02
2	公用物料管道	水	艳绿 G03
		污水	黑
		蒸汽	银
		空气及氧	天（酞）蓝 PB09
		氮	淡黄 Y06
		氨	淡黄 Y06
3	排大气紧急放空管		大红 R03
4	消防管道		大红 R03
5	电气、仪表保护管		黑
6	仪表管道	仪表风管	天（酞）蓝 PB09
		气动信号管、导压管	银

B.3.2 标志

B.3.2.1 管道标志色和文字色应反映输送物料的特性，并应符合表 B.4 的规定。

表 B.4 管道标志色和文字色

序号	设备、机械类别		标志色	文字色
1	气体	可燃	淡黄 Y06	大红 R03
		非可燃	淡黄 Y06	黑
2	液体	可燃液体	棕 YR05	白
		非可燃液体[a]、无害液体[b]	—	—
3	酸碱	酸、有毒	桔黄 YR04	黑
		碱	紫 P02	白
4	水（消防水除外）		艳绿 G03	白
	污水		黑	白
	蒸汽		大红 R03	白
	空气		淡灰 B03	黑
5	氧气		淡（酞）蓝 PB06	白
6	消防管道[b]		大红 R03	白

注：[a] 对于非可燃液体或无害液体可无标识。
[b] 消防管道的标志文字应注明介质名称。

B.3.2.2 管道标志色宜采用局部色带表示。

B.3.2.3 当标志色与表面色相同时，可直接标注文字。

B.3.3 阀门和管道附件

阀门和管道附件表面色宜符合表 B. 5 规定。

表 B.5 阀门和管道附件表面色

序号	名 称		表面色
1	阀门阀体	灰铸铁、可锻铸铁	黑
		球墨铸铁	银
		碳素钢	中灰 B02
		耐酸钢	海蓝 PB05
		合金钢	中（酞）蓝 PB04
2	阀门手轮、手柄	钢阀门	海蓝 PB05
		铸铁阀门	大红 R03
3	调节阀	铸铁阀体	黑
		铸钢阀体	中灰 B02
		锻钢阀体	银
		膜头	大红 R03
4	安全阀		大红 R03
5	管道附件		银

注：阀门和管道附件表面色可为出厂色。

B.4 钢结构

B.4.1 构架、平台及梯子的表面色宜符合表 B. 6 规定。

表 B.6 框架、平台、梯子表面色

序号	名 称	表面色
1	梁、柱、斜撑、吊柱、管架和管道支吊架	蓝灰 PB08 或中（酞）蓝 PB04
2	铺板、踏板	蓝灰 PB08 或中（酞）蓝 PB04
3	栏杆（含立柱）、护栏、扶手	淡黄 Y06
4	栏杆挡板	蓝灰 PB08 或中（酞）蓝 PB04

B.4.2 栏杆、护栏等安全设施应按 GB 2893 和 GB 2894 的有关规定涂刷安全警示标志。

B.4.3 避雷针、放空管塔架、投光灯架和火炬支承架等的表面色宜刷银色。

B.5 以上技术要求参考 SH/T 3043—2014。

附 录 C
（规范性附录）
工艺装置耐火保护

C.1 下列承重钢结构，应采取耐火保护措施：

C.1.1 单个容积等于或大于 $5m^3$ 的甲、乙$_A$类液体设备的承重钢框架、支架和裙座；

C.1.2 在爆炸危险区范围内，且毒性为极度和高度危害的物料设备的承包钢构架、支架、裙座；

C.1.3 操作温度等于或高于自燃点的单个容积等于或大于 $5m^3$ 的乙$_B$、丙类液体设备承重钢构架、支架和裙座；

C.1.4 加热炉炉底钢支架；

C.1.5 在爆炸危险区范围内的主管廊的钢管架；

C.1.6 在爆炸危险区范围内的高径比等于或大于 8，且总重量等于或大于 25t 的非可燃介质设备的承重钢框架、支架和裙座。

C.2 上述第 1 条所述的承重钢结构的下列部位应覆盖耐火层，覆盖耐火层的钢构件，其耐火极限不应低于 1.5h。

C.2.1 支承设备钢构架：

a）单层框架的梁、柱；

b）多层框架的楼板为透空的钢格板时，地面以上 10m 范围的梁、柱；

c）多层框架的楼板为封闭式楼板时，地面至该层楼板面及其以上 10m 范围的梁、柱。

C.2.2 支承设备钢支架。

C.2.3 钢裙座外侧未保温部分及直径大于 1.2m 的裙座内侧。

C.2.4 钢管架：

a）底层支承管道的梁、柱；地面以上 4.5m 内的支承管道的梁、柱；

b）上部设有空气冷却器的管架，其全部梁、柱及承重斜撑。

c）下部设有液化烃或可燃液体泵的管架，地面以上 10m 范围的梁、柱。

C.2.5 加热炉从钢柱柱脚板到炉底板下表面 50mm 范围内的主要支承构件应覆盖耐火层，与炉底板连续接触的横梁不覆盖耐火层。

C.2.6 液化烃球罐支腿从地面到支腿与球体交叉处以下 0.2m 的部位。

C.3 以上技术要求参考 GB 50160—2008《石油化工企业设计防火标准（2018 年版）》。

附　录　D
（资料性附录）
设备与管道常用防腐蚀涂料性能及选用

涂料用途		涂料种类和性能[a]												
		沥青涂料	高氯化聚乙烯涂料	醇酸树脂涂料	环氧磷酸锌涂料	环氧富锌涂料	无机富锌涂料	环氧树脂涂料	环氧酚醛树脂涂料	聚氨酯涂料	聚硅氧烷涂料	有机硅涂料	冷喷铝涂料	热喷铝（锌）
一般防腐		√	√	√	√	√	△	√	√	√	△	△	△	△
耐化工大气		√	√	○	√	√	√	√	√	√	√	○	√	√
耐无机酸	酸性气体	○	√	○	○	○	○	√	√	○	√	○	○	○
	酸雾	○	√	×	○	○	○	○	√	○	√	×	○	○
耐有机酸雾及飞沫		√	○	×	○	○	○	○	√	○	√	×	○	○
耐碱性		○	√	×	○	○	×	√	√	○	√	√	○	×
耐盐类		○	√	○	√	√	√	√	√	√	√	○	√	√
耐油	汽油、煤油等	×	√	×	○	√	√	√	√	√	√	×	√	√
	机油	×	√	○	○	√	√	√	√	√	√	○	√	√
耐溶剂	烃类溶剂	×	×	×	○	○	○	√	√	√	√	○	○	○
	脂、酮类溶剂	×	×	×	×	×	○	×	○	×	○	×	○	○
	氯化溶剂	×	×	×	×	×	×	○	√	○	√	×	×	×
耐潮湿		√	○	○	√	√	√	√	√	√	√	√	√	√
耐水		√	○	×	○	○	○	√	√	√	√	○	√	○
耐温/℃	常温	√	√	√	√	√	√	√	√	√	√	△	△	√
	≤100	×	×	○	√	√	√	√	√	√	√	△	△	√
	101～200	×	×	×	×	○	√	○[b]	○	○[b]	○[b]	△	√	√
	201～350	×	×	×	×	×	√	×	×	×	×	√	√	√
	351～500	×	×	×	×	×	○[c]	×	×	×	×	√	○[d]	○[c]
耐候性		×	○	×	○	×	√	×	×	√	√	√	○	○

设备与管道常用防腐蚀涂料性能及选用（续）

涂料用途		涂料种类和性能[a]												
		沥青涂料	高氯化聚乙烯涂料	醇酸树脂涂料	环氧磷酸锌涂料	环氧富锌涂料	无机富锌涂料	环氧树脂涂料	环氧酚醛树脂涂料	聚氨酯涂料	聚硅氧烷涂料	有机硅涂料	冷喷铝涂料	热喷铝（锌）
耐热循环性/℃	常温	√	×	×	×	×	×	×	×	×	×	√	√	×
	≤100	×	×	×	×	×	×	×	×	×	×	√	√	×
	101～200	×	×	×	×	×	×	×	×	×	×	√	√	×
	201～350	×	×	×	×	×	×	×	×	×	×	√	√	×
附着力		√	○	○	√	√	○	√	√	√	√	○	√	√

注：[a] 表中“√”表示性能良好，宜选用；“○”表示性能一般，可选用；“×”表示性能差，不宜选用；“△”表示由于价格，施工等原因，不宜选用。

[b] 最高使用温度 120℃。

[c] 最高使用温度 400℃。

[d] 最高使用温度 550℃。

33. 高速离心泵维护检修规程

SHS 01035—2019

代替 SHS 03044—2004

目　次

前　言

本规程按照GB/T 1.1—2009《标准化工作导则　第1部分：标准的结构和编写》给出的规则起草。

本规程代替SHS 03044—2004《高速离心泵维护检修规程》，与SHS 03044—2004相比，除编辑性修改外，主要技术变化如下：

——更新了增速箱解体检查的内容；

——高速泵检修周期按RCM分析，依据故障模式制定维修周期；

——增加了附录A“高速泵检修质量确认表”、附录B“高速泵试车与验收数据记录表”。

本规程由中国石油化工集团有限公司、中国石油化工股份有限公司提出。

本规程起草单位：中国石油化工股份有限公司齐鲁分公司。

本规程主要起草人：郭海涛、李伟伟。

本规程所代替规程的历次版本发布情况为：

——SHS 03044—1992、SHS 03044—2004。

高速离心泵维护检修规程

1 范围

1.1 主题内容

本规程规定了高速离心泵的检修周期与内容、检修程序与质量标准、试车与验收、维护与故障处理。

1.2 适用范围

本规程适用于立式和卧式高速离心泵的维护和检修。

2 规范性引用文件

下列文件中的条款通过本规程的引用而成为本规程的条款。凡是注日期的引用文件，其随后所有的修改单（不包括勘误的内容）或修订版均不适用于本规程，然而，鼓励根据本规程达成协议的各方研究是否可使用这些文件的最新版本。凡是不注日期的引用文件，其最新版本适用于本规程。

HG/T 3913　高速离心泵技术条件

GB/T 24673　小型汽油机直联高速离心泵

DB51/T 1869　内燃机直联高速离心泵质量评价技术规范

GB/T 33552　小型汽油机直联高速离心泵 性能评价规范

3 检修周期与内容

3.1 检修周期

根据对设备功能故障及其影响分析的结果、有无备用设备并结合生产装置运行周期，确定设备检修周期一般为连续运行时间24～36个月。

3.2 检修内容

立式高速离心泵结构见图1。

3.2.1 检查包括外部油路及附属仪表。

3.2.2 检查清洗油路、冷却水管线、油冷却器封液（气）、泵室、扩散器、旋流分离器密封冲洗系统。

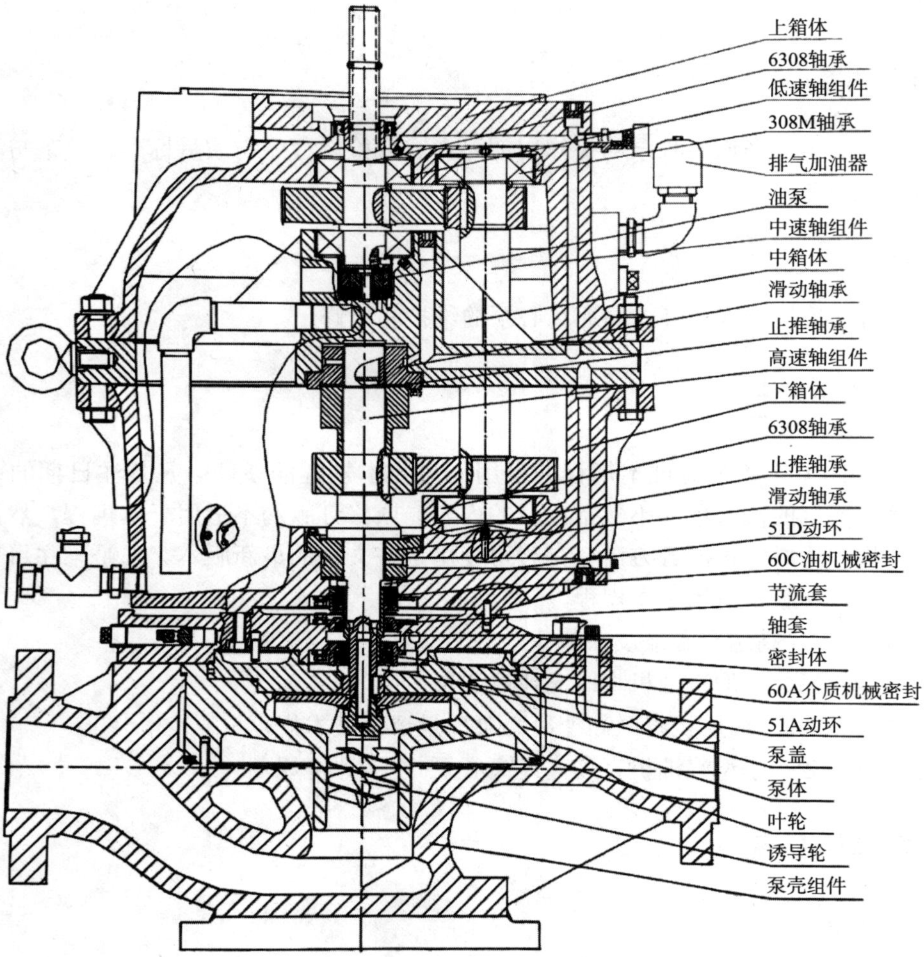

图 1　立式高速离心泵结构图

3.2.3 检查油封。

3.2.4 检查更换防腐蚀隔板及损坏零件。

3.2.5 检修辅助油泵。

3.2.6 增速箱解体检查（高速泵按增速箱结构分可为一级增速和两级增速两大类。对于一级增速的增速箱，可忽略本规程中有关中速轴的相关叙述）。

3.2.7 经修复或更换的叶轮、诱导轮或高速轴组件做动平衡试验。

3.2.8 拆卸检查密封腔及机封部件的磨损情况，视磨损情况更换或修复机械密封。

3.2.9 检查确认摆线齿轮油泵的使用情况，确认齿轮、泵体的啮合情况，确认底部止动销的完好情况，确认泵盖位置密封情况，并酌情修复及更换。

3.2.10 更换所有动、静密封O形圈和密封垫片。

3.2.11 联轴器复核对中。若采用花键轴连接的需对花键轴检查清理并更换润滑脂回装复位。

4 检修程序与质量标准

4.1 拆卸前准备

4.1.1 检查依据设备的运行技术状况和监测记录，分析故障原因和部位，制定详尽的检修方案。

4.1.2 装配图纸和技术资料准备齐全。

4.1.3 检修需要的工、量、卡具和吊具齐全。

4.1.4 检查核实备件储存情况，按要求复核备件尺寸。

4.1.5 按规定进行断电、排料、置换等工艺处理完毕，具备检修条件，办理检修作业票。

4.2 拆卸与检测

4.2.1 联轴器或花键轴

根据轴功率的大小和使用需要，电机和增速箱之间的扭矩传递方式有叠片联轴器传扭和花键轴传扭二种。

4.2.1.1 叠片联轴器

拆卸联轴器螺栓和叠片，检查螺栓、叠片及联轴器的损伤情况，视情况修复或更换。

4.2.1.2 花键轴

a）拆卸并清洗。

b）检查磨损情况，视情况修复或更换。

4.2.2 泵

4.2.2.1 拆卸与泵连接的油路、封液、冷却系统等管线。
4.2.2.2 拆卸泵盖螺母，起吊泵体，起吊时切勿将扩散器盖板带出。
4.2.2.3 取下扩散器盖板，检查扩散器、泵体的各部位。
4.2.2.4 拆卸叶轮锁母、诱导轮及密封箱固定螺母，检查叶轮、诱导轮及传动键有无损伤和变形；叶轮及诱导轮应无损伤和变形；叶轮径向圆跳动不大于 0.38mm ；叶轮、诱导轮在拆下后应复核动平衡允差，一般应小于 7.2g·mm。

4.2.3 机械密封

执行 SHS 01052《机械密封维护检修规程》。

4.2.4 增速箱

4.2.4.1 解体增速箱，取下低速轴、中高速轴及轴承，同时取下齿轮油泵及限位弹簧，进行清洗检查。
4.2.4.2 仔细清洗内部油道及喷油嘴，但不允许扩大其孔径。

4.3 回装与质量标准

回装要在清洁的环境进行装配。所有参加装配的零部件（包括继续使用件和换上的备件）都应仔细清洗干净。建议金属件用煤油清洗，非金属件用工业酒精清洗。

4.3.1 增速箱

4.3.1.1 校核各轴轴向直线度，允差值≤0.01mm。若超标则做校直处理或更换新备件。
4.3.1.2 低速轴和中速轴上的轴承必须安装到位，不留轴向间隙。
4.3.1.3 装轴承时宜采用热装法，热装温度不得超过 120℃。
4.3.1.4 轴承外径与衬套采用 H7/h6 配合，磨损后衬套内径应不大于 ϕ0.068mm ；滚动轴承径向间隙应不大于 0.06mm，且应转动自如，无点蚀、疤坑、毛刺等缺陷。
4.3.1.5 高速轴轴瓦间隙应符合厂家使用说明书的规定；轴瓦应无烧蚀、粘连、磨伤等缺陷；轴颈表面粗糙度应不低于 R_a0.4，痕深度不应超过 0.01mm，否则应修磨或更换。
4.3.1.6 高速轴轴向窜动量为 0.33～0.43mm。
4.3.1.7 齿轮啮合表面应无明显点蚀、疤坑、过烧等缺陷，否则应更换；齿面啮合面沿齿宽方向应大于 80%，沿齿高方向应大于 55%，两齿啮合顶间隙为 0.20～0.30m（m 为齿轮模数），两齿轮轴平行度偏差应小于 0.025mm。
4.3.1.8 高速轴推力盘端面、径向圆跳动应小于或等于 0.02mm，推力瓦磨损严重或出现缺陷应更换。
4.3.1.9 齿轮箱组装完毕后，应检查油泵装配是否正确，其方法是用手往下按低速轴时应具有弹性，否则销钉未到位；另外，还可以在低速轴联轴器处盘动，看油泵是否工作。

4.3.1.10 高速轴与叶轮的配合采用 K7/h6，磨损后的间隙不大于 0.03mm。

4.3.1.11 检查推力盘、推力瓦的磨损情况，推力盘端面、径向圆跳动应小于或等于 0.02mm，推力瓦磨损严重或出现缺陷应更换。

4.3.2 机械密封

执行 SHS 01052《机械密封维护检修规程》。

4.3.2.1 密封腔各部 O 形圈应外形圆滑，无变形，无缺陷。

4.3.2.2 弹簧压缩量要求为 2mm±0.5mm。

4.3.2.3 摩擦副表面不得有可见磨损沟痕，否则需研磨修复或更换。

4.3.3 叶轮、诱导轮

4.3.3.1 径向圆跳动应小于或等于 0.38mm，端面圆跳动应小于或等于 0.15mm。

4.3.3.2 轴向窜动量为 0.33～0.42mm。

4.3.3.3 叶轮、诱导轮及高速轴组件动平衡精度等级为 G0.4，校正平面的许用不平衡力矩为：

$$M=1/2e \cdot G \quad (\mathrm{g \cdot mm})$$

式中 e——许用偏心距，mm；

G——转子质量，g。

4.3.3.4 叶轮与高速轴的配合采用 K7/h6，磨损后的间隙应不大于 0.03mm。

4.3.4 紧固螺栓

有拧紧力矩要求的螺纹连接，必须使用力矩扳手紧固，标准值参看其使用说明书。

4.3.5 联轴器或花键轴

4.3.5.1 叠片联轴器检修执行 SHS 01073《一般机泵用联轴器检修及质量标准》。

4.3.5.2 花键轴装配时应涂敷适量的掺有二硫化钼的 1# 极压锂基润滑脂。

5 试车与验收

5.1 试车前准备

5.1.1 确认各项检修工作已完成，检修记录齐全，检修质量符合第 4 条标准，并有试车方案。

5.1.2 设备零部件完整无缺，螺栓紧固，具备试车条件。

5.1.3 仪表及联锁系统齐全、准确、灵敏可靠。

5.1.4 齿轮箱注油：从加油口注入规定的润滑油至规定油位。

5.1.5　检查电源、静电连线和管道连接状况。
5.1.6　打开油冷却器水阀，启动辅助油泵（手摇泵需人工用力摇泵，每次油压表超过0.4MPa，不少于5次）。
5.1.7　全开泵入口阀；打开密封冲洗液及密封气阀（指采用串联密封形式）。
5.1.8　打开泵出口管线的排气阀将泵腔和密封腔内气体排尽。
5.1.9　检查密封点有无泄漏，检查料液密度、黏度或温度是否符合规定。

5.2　试车

5.2.1　单试电机确认转向。如未见异常，电机断电后连接联轴器，然后送电启动运行。若电机未拆线或未电气部分未检修，可不用单试电机。
5.2.2　启动后立即调整出口阀，使压力、流量达到正常，检查电机电流是否正常。
5.2.3　调整油冷却器冷却水量，使油温保持在40～70℃之间。
5.2.4　正常运转时油压一般保持在0.2～0.6MPa。当油压低于泵使用说明书规定值时，齿轮箱禁止运转。
5.2.5　泵启动2h内，加强对油压、油温、泄漏、振动、噪音、电流的监测，确认油封及机械密封无泄漏。

5.3　验收

5.3.1　检修质量符合标准，外观整洁、部件齐全。
5.3.2　扬程、流量稳定、正常，电流在额定值以内，电机温度正常，各指示仪表灵敏准确。
5.3.3　齿轮箱油压、油温稳定正常；油封及静密封点无泄漏，机械密封无泄漏。
5.3.4　连续运转48h，机泵运行平稳，无异响，振动速度不大于2.8mm/s。
5.3.5　检修记录齐全、准确，按规定验收交付生产。

6　维护与故障处理

6.1　日常维护

6.1.1　严格控制好机组进出口压力、温度，润滑油压力、温度等主要操作指标，并做好记录。外操定时巡检，及时发现机组存在问题。
6.1.2　维护时间：操作人员和机、电、仪、车间管理人员按要求巡检，建议开展状态监测。如发现异常情况，应及时采取措施或停机检查，排除故障。
6.1.3　定期检查密封气、冷却水（密封水或油）和润滑油的温度、压力和油位，过滤器前后压差超过规定值时，要及时切换过滤器芯子。
6.1.4　检查油冷却器的压力和温度是否正常。
6.1.5　定时检查机组密封、润滑油管线接头、进出口阀门等泄漏点，做到及时处理漏点。

6.1.6 经常保持机组与现场清洁，及时清理机座下的积液，机体安全罩完整，无腐蚀损坏。

6.2 常见故障与处理

高速离心泵常见功能故障与处理方法见表1。

表1 高速离心泵常见功能故障与处理方法

序号	功能	功能故障	故障模式	故障后果	故障应对策略与检修内容	检修周期／月
1	保证高速离心泵流量和出口压力在工艺指标控制范围内	无流量或流量不足，无压力或压力不足	泵未充满	机泵无法运行	排尽泵内气体	立即检查
			料液蒸发	机泵无法运行	充分冷却料液	立即检查
			入口管漏气	机泵无法运行	处理管漏气，防止带入挥发性料液	立即检查
			吸入压头低	机泵无法运行	增大吸入压头	立即检查
			电机反转	机泵无法运行	纠正电机接线	立即检查
			叶轮装配不当	机泵无法运行	正确安装叶轮	立即检修
			吸入管线不畅	机泵无法运行	清理吸入管线	立即检查
			叶轮背间隙过大	机泵无法运行	调整叶轮背间隙	立即检修
		压力波动大	流量过低	机泵无法运行	增大流量（必要时开旁路阀）	立即检查
			吸入压头低	机泵无法运行	增大吸入压力	立即检查
			流量控制阀失灵	机泵无法运行	检修控制阀	立即检查
			两台泵并联，同时运转时抢料	机泵无法运行	停止一台泵	立即检查
			旋液分离器严重腐蚀	机泵无法运行	修复或更换旋液分离器	立即检查
2	保证系统密闭生产	机械密封漏料或漏油	机械密封损坏	机泵无法运行	检修机械密封	立即检修
			密封液或料液带入固体颗粒或杂质	机泵无法运行	换滤芯，防止固体颗料或杂质混入	立即检查
			输送低温料液时带入水分	机泵无法运行	防止带入水分；或启动前在密封腔内灌注防浇灌剂（如乙醇、丙酮等）	立即检查

表 1　高速离心泵常见功能故障与处理方法（续）

序号	功能	功能故障	故障模式	故障后果	故障应对策略与检修内容	检修周期／月
3	保证机组连续运转	油封漏油	油封损坏	机泵可靠性降低	更换油封	立即检修
		增速箱油沫增多	油变质	机泵可靠性降低	换油	立即检查
			油面过高	机泵可靠性降低	减少油量	立即检查
			油温过低	机泵可靠性降低	调整冷却水量	立即检查
		增速箱油温过高	油量过多	机泵可靠性降低	放油	立即检查
			滤油器堵塞	机泵无法运行	更换滤油器	立即检查
			油冷却器结垢或水量不足	机泵可靠性降低	除垢或调节水量	立即检查
		振动及噪音增大	齿轮、轴瓦、轴承等零件严重磨损	机泵无法运行	解体检修或更换	立即检修
			叶轮、诱导轮等严重磨损或腐蚀	机泵无法运行	修复、更换或校验动平衡	立即检修
			吸入料液有气体或被汽化	机泵无法运行	排除料液中的气体，降低料液温度	立即检查
		齿轮箱内润滑油变成乳状或浊黄色	润滑油被水或介质污染	机泵无法运行	检查并排除	立即检查
		油压过低	油位过低	机泵无法运行	按要求添加润滑油	立即检查
			换热器泄漏	机泵无法运行	修复或更换	立即检查
			油嘴、油泵损坏	机泵无法运行	修复或更换	立即检查
			油滤器太脏	机泵无法运行	更换滤芯	立即检查
		电机过载	料液黏度、密度增大或带入固体颗粒	机泵无法运行	改善料液状况，防止带入固体颗粒	立即检查
			泵内表面严重腐蚀	机泵无法运行	更换零件	立即检查
			扩散器喉部直径扩大	机泵无法运行	解体检查并修复	立即检查
			机械故障	机泵无法运行	解体检查并修复	立即检查
			电动机电路故障	机泵无法运行	排除电路故障	立即检查

附　录　A
（资料性附录）
高速离心泵检修质量控制确认表

项目	主要控制内容			等级	施工单位	生产装置	设备管理部门	备注
	标准值	部位	现场记录					
拆卸时检测								
叶轮径向圆跳动	≤0.38mm	叶轮		B	★	★		
叶轮端面圆跳动	≤0.15mm	叶轮		B	★	★		
叶轮、诱导轮及高速轴组件动平衡允差	＜7.2g•mm	叶轮、诱导轮及高速轴组件		B	★	★		
高低速轴轴向直线度允差	≤0.01mm	高低速轴		B	★	★		
高速轴与叶轮的间隙	≤0.03mm	高速轴与叶轮		B	★	★		
高速轴轴向窜动量	0.33～0.43mm	高速轴		B	★	★		
回装时检测								
叶轮、诱导轮及高速轴组件动平衡精度等级	G0.4 级	叶轮、诱导轮及高速轴组件		A	★	★	★	
高速轴上下轴瓦间隙	0.07～0.11mm	轴瓦		B	★	★		
两齿啮合顶间隙	0.20～0.30m（m 为齿轮模数）	齿轮		B	★	★		
高速轴轴向窜动量	0.33～0.43mm	高速轴		B	★	★		
联轴器端面间隙	1mm	联轴器		B	★	★		
联轴器端面圆跳动允差值	≤0.05mm	联轴器		B	★	★		
联轴器径向圆跳动允差值	≤0.05mm	联轴器		B	★	★		

注：A 级：施工单位、生产装置、设备管理部门专业人员检查确认后签字。
B 级：施工单位和生产装置专业人员检查确认后签字。
C 级：施工单位专业人员检查确认后签字。
另：如果有监理，监理的职责由甲方授权。

附 录 B
（资料性附录）
高速离心泵试车与验收数据记录表

设备名称		检修性质	
检修负责人		工作人员	
检修工期	计划工期：自 年 月 日 至 年 月 日 实际工期：自 年 月 日 至 年 月 日		
一、检修情况简述及调试结果： 二、发现并消除的缺陷： 三、存在的问题及处理意见：			
验收意见及评价	检修单位	签字：	
	车间	签字：	
	机动科	签字：	
B 类设备及以上	机动科科长：		
备注			

记录人： 记录时间： 年 月 日

34. 气柜维护检修规程

SHS 01036—2019

代替 SHS 01036—2004

目　次

前　言

本规程按照GB/T 1.1—2009《标准化工作导则　第1部分：标准的结构和编写》给出的规则起草。

本规程代替SHS 01036—2004《气柜维护检修规程》，与SHS 01036—2004相比，除了标题目次和文字编辑性修改外，主要技术变化如下：

——引用《工业企业干式煤气柜安全技术规范》中的安全要求。

——取消了“布帘密封干气柜橡胶密封膜检修安装”，增加了“干式气柜密封装置更换方法”。

本规程由中国石油化工集团有限公司、中国石油化工股份有限公司提出。

本规程起草单位：中国石油化工股份有限公司洛阳分公司。

本规程主要起草人：牛向东、陈宇。

本规程所代替规程的历次版本发布情况为：

——SHS 01036—2004。

气柜维护检修规程

1 范围

1.1 主题内容

本规程规定了常压湿式气柜、干式气柜的检修周期与内容、检修程序与质量标准、试运与验收、维护与故障处理。

1.2 适用范围

1.2.1 本规程适用于建造在具有足够承载能力的均质基础上，其底部与基础紧密接触，储存石油化工企业瓦斯气的常压湿式、干式气柜的使用、维护和检修。
1.2.2 干式气柜按密封结构划分为：稀油密封型（M.A.N）、干油密封型（Klonne）和卷帘密封型（Wiggins）三种。
1.2.3 按照柜体与各层中节、钟罩连接结构和传动方式差别将湿式气柜划分为垂直导轨和螺旋导轨两种。
1.2.4 凡已安装使用的各类气柜在维护检修时，除遵守本规程外，还应遵守原设计制造图纸要求。

2 规范性引用文件

下列文件中的条款通过本规程的引用而成为本规程的条款。凡是注日期的引用文件，其随后所有的修改单（不包括勘误的内容）或修订版均不适用于本规程，然而，鼓励根据本规程达成协议的各方研究是否可使用这些文件的最新版本。凡是不注日期的引用文件，其最新版本适用于本规程。

GB 51066　工业企业干式煤气柜安全技术规范
GB 50128　立式圆筒形钢制焊接油罐施工及验收规范
GB 50205　钢结构工程施工质量验收规范
GB 50236　现场设备、工业管道焊接工程施工规范
NB/T 47003.1　钢制焊接常压容器
SH/T 3022　石油化工设备和管道涂料防腐蚀设计规范
SH/T 3530　石油化工立式圆筒形钢制储罐施工工艺标准
HG/T 20212　金属焊接结构湿式气柜施工及验收规范
中国石油化工股份有限公司加工高含硫原油储罐防腐蚀技术管理规定

3 检修周期及内容

3.1 检修周期

气柜检修周期一般为 3～5 年。

3.2 检修内容

3.2.1 干式气柜

3.2.1.1 柜体、活塞、T 形挡板、柜内外平台、护栏、支吊架等钢结构以及柜体各出入口接管防腐、保温和设备铭牌等。

3.2.1.2 柜体壁板、活塞板变形、凹陷、鼓包及渗漏等。

3.2.1.3 活塞、T 形挡板等柜内构件的密封面。

3.2.1.4 卷帘密封干式气柜橡胶布帘的扭曲、皱折、泄漏、破损等。

2.2.1.5 稀油密封干式气柜润滑油系统。

2.2.1.6 柜体、活塞、T 形挡板以及各接管焊缝的渗漏和裂缝等。

3.2.1.7 所有密封机构、活塞配重调平装置、柜内外柜容指示仪、可燃气体检测分析仪、紧急排放设施、出入口联锁自控等安全附件。

3.2.1.8 设备基础的裂纹、破损、倾斜和下沉。

3.2.1.9 卷帘密封干式气柜橡胶布帘（密封装置）的更换。

3.2.2 湿式气柜

3.2.2.1 各层柜体及出入口接管防腐、保温和设备铭牌等。

3.2.2.2 各层柜体的壁板、顶板损伤及渗漏，内壁防腐层的损坏。

3.2.2.3 各层柜体及各接管焊缝的渗漏和裂缝等。

3.2.2.4 导轨、导轮。

3.2.2.5 所有内外构件及其焊缝的变形、腐蚀、裂纹等损坏。

3.2.2.6 所有安全附件。

3.2.2.7 设备基础的裂纹、破损、倾斜和下沉。

4 检修程序与质量标准

4.1 检修前准备

4.1.1 备齐必要的图纸技术资料，根据检查情况，编写施工方案 .

4.1.2 备齐工机具、材料和劳动保护用品。

4.1.3 凡需进柜检查和在柜内外进行检修，必须根据本规程制定包括安全技术要求在内的专项施工方案，在检查、检修前落实好相关安全措施，达到安全作业条件。

4.2 检查内容

4.2.1 干式气柜

4.2.1.1 检查柜顶和柜壁是否变形，有无严重的凹陷、鼓包、褶皱及渗漏穿孔。褶皱、凹陷数值见表 1、表 2，超过允许值应进行修复。

表 1 凹陷鼓包允许值

mm

测量距离	1500	3000	4000
允许偏差值	20	35	40

注：测量距离指样板弧长。

表 2 褶皱允许值

mm

壁板厚度	4	5	6	7	8
允许褶皱高度	30	40	50	60	70

4.2.1.2 用 5～10 倍放大镜目检柜体焊缝，在检查中应特别注意柜壁与柜底间的角焊缝和底层壁板的纵、横焊缝以及进出口接管与柜体的连接焊缝有无渗漏和裂纹。

4.2.1.3 检查进出口阀门、人孔、清扫孔等处的紧固件是否牢靠，出入口阀门开关是否正常，自控联锁是否正常。

4.2.1.4 检查柜体、柜顶外部防腐层有无脱落，防水檐是否完好，有破损时应检查柜壁金属结构腐蚀程度。

4.2.1.5 检查活塞、T 形挡板的腐蚀程度，活塞与柜体密封面、橡胶布帘有无渗漏。

4.2.1.6 检查活塞、T 形挡板的导向装置是否灵活好用。

4.2.1.7 检查各运动部件间的静电导线接头是否牢固。

4.2.1.8 检查气柜基础有无下沉、柜体有无倾斜，散水坡有无破损，沥青封口是否完好。气柜应设置基础沉降观测点及标志，定期测量并记录其沉降量。

4.2.1.9 检查防雷和静电接地设施，并测量静电接地电阻。

4.2.1.10 每 3 年应对气柜的顶、壁及活塞壁做一次测厚检查。柜壁下一、二圈壁板的每块板沿竖向至少测 2 个点，其他层沿盘梯每层测 1 点。测厚点应固定，设有标志，并按编号做好测厚记录。

4.2.1.11 对采用阴极保护的气柜，应检查其保护效果，有外加电流保护的应定期检查其保护电位。

4.2.1.12 检查可燃气体检测仪、超声波柜容仪等仪表附件完好正常。

4.2.1.13 检查柜内壁防腐层光滑平整无脱落。

4.2.1.14 检查调平配重、紧急排放、柜容指示、紧急切断等安全附件完好。

4.2.1.15 用超声波测厚仪检查柜底、柜壁腐蚀程度。底板余厚不小于设计最小允许厚度。

4.2.1.16 柜底渗漏时，一般应将柜底板全部擦洗干净，目视检查所有的焊缝和底板。需进一步确定漏点时，可选用真空箱法、充水试漏法、氨气渗透法或其他有效方法。

4.2.1.17 超声波测厚仪检查柜壁，若不能满足要求，必须对柜壁进行加固。

4.2.1.18 气柜柜壁坑蚀深度超过表3规定值时，应进行修补或更换。

表3 坑蚀深度允许值

mm

钢板厚度	3	4	5	6	7	8	9	10
坑蚀深度	1.2	1.5	1.8	2.2	2.5	2.8	3.2	3.5

4.2.1.19 气柜下部壁板的纵焊缝应进行超声探伤抽查，容积小于20000m^3的只抽查下部一圈，容积大于或等于20000m^3的抽查下部二圈，抽查焊缝的长度不小于该部分纵焊缝总长的10%，其中T形焊缝占80%，检查的方法和焊缝质量标准应参照SH/T 3530—2001《石油化工立式圆筒形钢制储罐施工工艺标准》第12.2.4条要求进行。对检查出的超标缺陷，应采取相应措施进行处理。

4.2.1.20 检查活塞顶桁架构件有无扭曲等变形，各连接焊缝有无开裂。

4.2.1.21 稀油式干式气柜应着重检查密封活塞和柜体密封面、集油系统、导油设施、静电导接地等装置是否完好，活塞有无倾斜，与柜底是否接触，活塞及柜体接触介质一侧锈蚀程度。卷帘密封干式气柜着重检查柜体与T形挡板、T形挡板与活塞间密封压条及橡胶卷帘泄漏和完好情况，导向设施、静电接地等装置是否完好、活塞有无倾斜、密封布帘间隙是否符合标准。

4.2.1.22 对干式气柜活塞检查时，应注意不要损坏活塞壁板，同一地点不能超过3人，严禁工具或重物掉在活塞上。重点检查各支承柱密封面有无泄漏，连接螺栓有无松动，密封胶条有无脱落，活塞壁及桁架有无变形，防转装置钢丝绳的锈蚀与松紧程度。

4.2.1.23 气柜必须检查柜体内外防腐层脱落损坏情况。

4.2.1.24 土壤腐蚀性强的地区，应开挖检查柜体静电接地极、线的腐蚀情况，腐蚀严重的应按原设计恢复。

4.2.2 湿式气柜

4.2.2.1 在柜顶检查时，应注意不要损坏各层的平台踏步，作业器件捆紧拿牢不要掉入水封槽内，钟罩顶同一地点站立不能超过3人，严禁工具或重物掉在钟罩顶板上。

4.2.2.2 检查气柜的外框架、垂直或螺旋导轨、爬梯等钢构架有无变形，柜容指示仪等装置的钢丝绳的锈蚀与松紧程度。

4.2.2.3 检查柜顶和柜壁是否变形，有无严重的凹陷、鼓包、褶皱及渗漏穿孔。褶皱、凹陷的值见表1、表2，超过允许值应进行修复。对有保温层的柜体，柜体无明显损坏、保温层无渗漏痕迹时，可不拆除保温层进行检查。

4.2.2.4 用5～10倍放大镜目检柜体焊缝，在检查中应特别注意柜壁与柜底间的角焊缝和底层壁板的纵、横焊缝以及进出口接管与柜体的连接焊缝有无渗漏和裂纹。

4.2.2.5 检查进出口阀门、人孔、清扫孔等处的紧固件是否牢靠，消防泡沫管是否有油气进入，端盖是否完好。

4.2.2.6 检查柜体、中节及钟罩外防腐层有无脱落，柜体及防水檐是否完好，若发现防腐层有鼓包、翘皮时应检查柜壁、柜顶腐蚀程度，若发现防腐层有渗水、冒泡时应检查柜壁、柜顶的腐蚀情况。

4.2.2.7 检查各层中节平台、护栏及水封槽的腐蚀程度，水封槽有无渗漏，各层螺旋及垂直浮梯、导向装置是否灵活好用，各层导静电线腐蚀程度、接头是否牢固。

4.2.2.8 检查钟罩顶凹陷、集液情况，顶壁腐蚀情况，紧急放空阀及柜容检测指示仪完好情况，配重块的摆放及完好情况。

4.2.2.9 检查柜体基础有无下沉、倾斜，散水坡有无破损，沥青封口是否完好。气柜一般应设置基础沉降观测点及标志，定期测量并记录其沉降量。

4.2.2.10 气柜基础容许倾斜值≤0.008，如超过容许倾斜值应采取适当的处理措施（容许倾斜值是指基础倾斜方向两端点的沉降差与其距离的比值）。

4.2.2.11 每年按照安全管理规定检查防雷和静电接地设施，并测量静电接地电阻。

4.2.2.12 每3年应对气柜的柜壁、各层中节和钟罩顶做一次测厚检查。柜壁最下一、二圈壁板的每块板沿竖向至少测2个点，其他层沿盘梯每层测1点。测厚点应固定，设有标志，并按编号做好测厚记录。

4.2.2.13 用超声波测厚仪检查柜底、柜壁腐蚀程度。底板余厚不小于设计最小允许厚度。

4.2.2.14 柜底渗漏时，一般应将柜底板全部擦洗干净，目视检查所有的焊缝和底板。需进一步确定漏点时，可选用真空箱法、充水试漏法、氨气渗透法或其他有效方法。

4.2.2.15 超声波测厚仪检查柜壁，若不能满足要求，必须对柜壁进行加固。

4.2.2.16 气柜柜壁坑蚀深度超过表3规定值时，应进行修补或更换。

4.2.2.17 气柜下部壁板的纵焊缝应进行超声探伤抽查，容积小于20000m^{3}的只抽查下部一圈，容积大于或等于20000m^{3}的抽查下部二圈，抽查焊缝的长度不小于该部分纵焊缝总长的10%，其中T形焊缝占80%，检查的方法和焊缝质量标准应参照SH/T 3530—2001《石油化工立式圆筒形钢制储罐施工工艺标准》第12.2.4条要求进行。对检查出的超标缺陷，应采取相应措施进行处理。

4.2.2.18 检查柜体内外防腐层脱落损坏情况。

4.2.2.19 土壤腐蚀性强的地区，应开挖检查柜体静电接地极、线的腐蚀情况，腐蚀严重的应按原设计恢复。

4.2.2.20 检查钟罩顶桁架构件有无扭曲等变形，与钟罩壁连接焊缝是否牢靠、有无开裂。

4.2.2.21 检查水封槽、导气筒、导向装置、导静电设施、柜容仪、限位装置、紧急放散等安全附件是否完好。

4.2.2.22 检查柜内部导气筒的支承锈蚀情况，支承力是否稳固。

4.2.2.23 检查柜内各凝缩油管口、注水管口、清扫口、排污口的腐蚀及阻塞情况。

4.3 修理与质量标准

4.3.1 气柜可参照 GB 50128《立式圆筒形钢制焊接储罐施工规范》、GB 50205《钢结构工程施工质量验收规范》中的规定进行检修检查验收。

4.3.2 补焊或更换柜体时所用的钢材和焊条应与原设计相同，不能确定材料性能时应进行复验。材料代用须经主管技术部门同意。

4.3.3 进行焊接修理时应严格执行焊接工艺规程的规定。

4.3.4 所有新焊接的焊缝和经过返修的焊缝在未进行总体试验前不得涂刷油漆或其他防腐层。

4.3.5 新焊焊缝的外观质量应符合 GB 50236《现场设备、工业管道焊接工程施工规范》焊缝质量标准。

4.3.6 气柜的柜壁与边缘板的角焊缝内侧其返修后应进行 100% 的磁粉探伤。

4.3.7 气柜柜底返修后的焊缝，均应进行严密性检查，以无渗漏为合格。

4.3.8 气柜柜底板、柜体及柜顶等钢结构部分的检修可参考 SHS 01012《常压立式圆筒形钢制焊接储罐维护检修规程》执行。

4.3.9 气柜修理完毕，在柜底严密性试验合格后，根据检修的具体内容和实际情况，有选择地进行充水试验。

4.3.9.1 干式气柜活塞顶板局部更换或修补柜顶，湿式气柜钟罩顶的更换或修补，可以用煤油进行渗透法检查。

4.3.9.2 仅对柜底或柜壁进行局部修理，且焊缝已进行了无损探伤和严密性试验，可根据实际情况确定是否进行充水试验。

4.3.9.3 柜底和最下一圈柜壁进行大部或全部更换修理后，除焊缝进行无损探伤和严密性试验外，还须进行充水试验。

4.3.9.4 充水试验可参照 GB 50128《立式圆筒形钢制焊接油罐施工及验收规范》中“检查验收、充水试验”中的相关要求。

4.3.10 气柜内、外防腐涂层厚度及施工要求参照 SH/T 3022《石油化工设备和管道涂料防腐蚀设计规范》中强腐蚀等级要求。

5 试运与验收

5.1 试运前准备

5.1.1 所有检修项目施工完。

5.1.2 检修记录齐全准确。

5.1.3　所有检修项目的质量标准须经确认合格并验收签字，具备试运条件。

5.1.4　现场配备鼓风机或具备充足的工业风，湿式气柜具备充足的水封用水、冬季防冻防凝期间必须准备必要的蒸汽加热设施。

5.1.5　柜容指示（柜容指示仪、超声波测位仪、雷达柜位计）、压力检测仪、紧急排放装置（手、自动）、出入口联锁切断阀等安全附件完好齐备。

5.1.6　稀油密封干式气柜润滑油系统检修合格、密封油品合格备用。

5.1.7　根据检修情况、原始设计、试运资料等编制气柜试运方案，并做好记录。

5.2　试运

5.2.1　干式气柜

5.2.1.1　在柜体出入口连接充足风量工业风跨线或安装鼓风机。

5.2.1.2　按照试运方案向柜体供风。

5.2.1.3　通过控制阀保持柜内压力稳定（≤3kPa）。

5.2.1.4　柜内压力、气柜上升速度严格遵守干式气柜操作参数。

5.2.1.5　检查现场情况做好试运记录。

5.2.1.6　根据充气容量及活塞高度校对柜容指示仪，并对气柜进行计量标定。

5.2.1.7　试运检查以下项目：

a）柜体、活塞、T形挡板壁、顶等处所有接触介质的密闭承压壁板有无鼓包、变形、扭曲、褶皱、凹陷、泄漏、开裂。

b）活塞、T形挡板及各导轮运动是否灵活顺畅、有无卡涩，有无导轮与导轨之间的撞击或刮蹭，导轮与导轨间隙是否均匀。

c）调平配重装置是否运动不同步、各滑轮导轮运动是否灵活顺畅、有无卡涩、钢丝绳张力是否均匀、配重块是否偏移、配重导轮导轨是否卡轨、脱轨。

d）活塞运动是否平顺、是否偏斜、水平度是否合乎要求、活塞与柜体及T形挡板间距是否合乎标准。

e）手动转动紧急排放阀手柄，阀芯是否及时开启和关闭、是否严密，手柄是否灵活，导轮、钢丝是否灵活顺畅。

f）紧急排放装置顶杆是否灵活、阀芯开闭是否到位。

g）活塞顶圆周配重块是否固定牢固，有无脱落。

h）其他安全附件是否可靠：

（1）柜容指示仪转动灵活、指示值符合标定容量；

（2）柜体压力检测准确，压力信号传送正确；

（3）瓦斯出入口阀门现场开关灵活、室内操控及时回讯准确；

（4）出入口联锁切断设施开关灵活、信号指示准确；

（5）可燃气体报警检测仪灵敏准确；

（6）所有接地阻值合乎要求，各层导静电线无刮蹭、固定牢固、阻值合乎要求。

5.2.2 湿式气柜

5.2.2.1 在导气筒出入口连接工业风跨线或安装鼓风机。

5.2.2.2 向柜体及各层水封槽注水（冬季防冻防凝期间必须及时开启加热蒸汽）。

5.2.2.3 通过阀门控制工业风压力向柜内供风。

5.2.2.4 柜内压力、气柜上升速度严格遵守气柜操作参数。

5.2.2.5 做好试运记录。

5.2.2.6 根据充气容量逐级在中节、钟罩壁板上做出标志线并对柜容进行标定。

5.2.2.7 试运检查以下项目：

a）柜体、中节、钟罩、水封槽等所有密封承压的壁板以及钟罩顶板有无鼓包、变形、扭曲、褶皱、凹陷、泄漏、开裂。

b）各层导轨运动是否顺畅，有无卡涩，有无导轮与导轨、导轮与壁板的撞击或刮蹭；所有内导轮与导轨、外导轮与导轨运动过程中的间隙是否均匀，偏差是否合乎标准。

c）各级水封槽是否偏斜。

d）配重块是否固定牢固，有无脱落。

e）各安全附件是否合乎标准。

（1）紧急排放设施灵活好用、开关及时；

（2）柜容指示仪转动灵活、指示值符合标定容量；

（3）柜顶压力检测准确，压力信号传送正确；

（4）瓦斯出入口阀门现场开关灵活、室内操控及时回讯准确；

（5）联锁设施灵敏可靠、信号指示准确；

（6）可燃气体报警检测仪灵敏准确；

（7）所有接地阻值合乎要求，各层导静电线无刮蹭、固定牢固、阻值合乎要求。

5.3 验收

5.3.1 湿式气柜试运后应对检修进行验收，施工单位至少应交付下列资料：

5.3.1.1 检修记录；

5.3.1.2 更换附件记录及合格证；

5.3.1.3 焊缝探伤、钢板测厚等记录；

5.3.1.4 所有材料合格证；

5.3.1.5 充水试验记录；

5.3.1.6 充气试验记录；

5.3.1.7 静电接地测厚记录；

5.3.1.8 防腐施工及检查验收记录。

5.3.2 干式气柜充气检验

5.3.2.1 干式气柜的导轨、调平配重等装置检修后必须进行充气调整试验：

a）通过入口工业风跨线阀或在柜底人孔用鼓风机向柜内充气。

b）控制活塞上升下降速度≯ 3m/min。

c）检查 T 形挡板、活塞壁、柜体间隙是否正常。

d）检查活塞倾斜度：向活塞平台护栏内的水平仪水箱内加水，检查各点水位计液面高度是否对应相同（正常操作时检测活塞水平度的容许变动范围≤50mm、安装检修调试时必须调整到≤30mm），否则调整相应配重张力，直至对应点液面平衡；或用水平尺在升降过程中实测活塞圆周各点水平度，通过移动活塞配重块来调整圆周平面水平度，移动配重同时必须相应地调整钢丝绳张力。

5.3.2.2 干式气柜橡胶布帘、密封压条、活塞密封面检修后，应进行投用前的气密试验：

a）气密介质：工业风；

b）气密部位：柜体相关出入口跨线、各接口法兰、人孔、柜顶排放阀、柜内橡胶布帘及其密封压条等各密封面应进行肥皂水试验；

c）充气压力：3kPa（300mmH_2O）；

d）柜体充气量：总柜容的 90%；

e）试验时间：7 昼夜（168h）；

f）泄漏率计算公式：

$$A=(V_{0初}-V_{0终})V_{0初}\times100\%$$

$$V_0=V_t\times273\times(B-P_{分}+P)(273+t)\times760$$

式中 A ——泄漏率，%；

$V_{0初}$——试验开始时的干空气标准容积（0℃和 760mmHg）；

$V_{0终}$——试验终了时的干空气标准容积（0℃和 760mmHg）；

V_t ——在大气压 B（mmHg）和平均温度 t 时测得的贮气容积，m^3；

t——测量时气柜内空气的平均温度，℃；

B——测量时的大气压力，mmHg；

$P_{分}$ ——平均温度为 t℃时的水蒸气分压，mmHg；

P ——测量时气柜内空气压力，mmHg。

g）式中计算泄漏率≤2% 时即可判定气密试验合格；

h）若气密试验不符合以上标准则根据本条 b 款逐项检查整改。

5.3.3 湿式气柜水封槽、钟罩、中节、内外导轮、导轨等检修后必须在验收时进行充气负荷试验，在气柜各层升降过程中检查中节和钟罩的升降是否均匀平稳、垂直或螺旋轨道运动是否平顺、内外导轮转动是否灵活、与轨道内间隙是否合格、有无卡涩、水封槽是否漏气、水封是否偏斜、中节壁、钟罩壁和柜顶有无渗漏等。

5.3.4 防腐施工检查验收标准参照 SH/T 3022—2011《石油化工设备和管道涂料防腐蚀设计规范》。

6 维护与故障处理

6.1 日常维护

6.1.1 干式气柜

6.1.1.1 气柜在使用时，要根据工艺要求建立操作规程和巡回检查制度，并严格执行。

6.1.1.2 气柜使用过程中要定期进行检查，根据储存介质性质和运行环境特点，每年至少应进行一次外部检查，每3～5年应随停工检修进行一次全面检查。

6.1.1.3 操作人员对柜体进行全面巡回检查时应检查柜体、活塞、密封装置及各安全附件有无泄漏。在收发物料时应注意柜体、活塞有无鼓包或抽瘪等异常现象。

6.1.1.4 气柜发生以下现象时，操作人员应按照操作规程采取紧急措施，并及时报告有关部门：

a）通风透气孔、柜顶通风帽是否干净、畅通，有无阻塞；

b）柜内活塞沉没、倾斜，调平装置偏斜、脱轨，橡胶布帘挤压、扭曲和皱褶；

c）柜内外可燃气体检测仪报警；

d）橡胶布帘泄漏、活塞密封面漏气、浮盘上积油、积水；

e）柜体基础发现渗油、漏气；

f）柜容指示仪、紧急排放设施、调平机构失灵；

g）气柜柜底翘起；

h）T形挡板、活塞、柜体之间静电导线锈蚀或脱落；

i）气柜顶部发生大面积凹陷或其限位装置失灵；

j）活塞沉降到柜底或升至柜顶；

k）接管焊缝出现裂纹或阀门、紧固件损坏，难以保证安全生产；

l）柜体、T形挡板、活塞等发生裂缝、泄漏、鼓包、凹陷等异常现象，危及安全生产；

m）润滑油泵泵体或电机振动超标、前后端承轴振动、发热、抽空不上量等；

n）密封油变质（乳化、变稀、沉淀、有机械杂质）或量过少、过多；

o）发生火灾直接威胁干式气柜的安全生产。

6.1.1.5 气柜在操作维护过程中应注意的事项：

a）柜壁门、柜顶门在气柜运行过程中应关闭严密，需要进人时须经使用单位同意并开具施工安全作业票、岗位操作人员现场监护方可进入；

b）柜壁各透气通风孔应保持畅通无障碍；

c）在各采样口阀门保持关闭无泄漏；

d）活塞顶应定期检查、无杂物；

e）活塞密封面、橡胶布帘无杂物、无泄漏；

f）必须保证联锁放空机构安全可靠、紧急手动放空机构限位锁死、关闭严密；

g）在正常操作时，活塞最低控制高度必须大于活塞支承高度；

h）柜内各转动部件必须保持可靠的润滑、正常运动；

i）进入气柜必须固定好随身工具，避免工器具碰撞刮蹭橡胶密封膜或落入密封膜布帘夹层；

j）密封布帘使用温度为 -40℃～80℃，系统管线内瓦斯温度超过 50℃时应立即关闭入口阀；

k）电梯系统检验合格，安全可靠。

6.1.2 湿式气柜

6.1.2.1 气柜在正常使用时，必须建立操作规程并根据工艺要求严格执行。

6.1.2.2 遇雷雨大风天气时，应根据设备运行状况，限定气柜最高操作允许高度＜总柜容高度的 30%～50%。

6.1.2.3 必须建立气柜操作巡回检查制度并做好日常操作记录。

6.1.2.4 气柜使用过程中要进行定期检查，根据储存介质和地区特点每年至少应进行一次外部检查，每 2～5 年应根据停工大检修情况或结合清罐进行一次全面检查。

6.1.2.5 操作人员巡回检查时，应检查柜体及其各安全附件有无泄漏，收付瓦斯、置换、加排水等过程应注意柜内压力和柜容高度，同时检查柜体、中节和钟罩有无鼓包或抽瘪等异常现象。

6.1.2.6 气柜发生以下现象时，操作人员应按照操作规程采取紧急措施，并及时报告有关部门：

a）中节及钟罩完全沉没于柜体；

b）瓦斯收付量过快，中节或钟罩上升下降速度过快；

c）导轮与导轨错位、卡涩，导轮不转动、脱轨；

d）钟罩与中节、中节与柜体间的水封槽偏斜，水封偏斜、水溢出；

e）导气筒凝缩油排放口现场排出水；

f）导气筒管壁泄漏；

g）各层水封水内油污较大；

h）基础与底板间发现渗油、渗水；

i）柜容指示仪故障或高度自动报警系统失灵；

j）柜底翘起或基础偏斜、下沉；

k）各层导静电线破损或固定点脱落；

l）钟罩顶部发生大面积凹陷或柜容限位装置失灵；

m）收瓦斯过快、压力过大导致瓦斯冲破水封；

n）接管焊缝出现裂纹或阀门、紧固件损坏，难以保证安全生产；

o）柜体、中节和钟罩发生裂缝、泄漏、鼓包、凹陷等异常现象，危及安全生产；

p）发生火灾直接威胁湿式气柜的安全生产；

q）水封槽平台踏步或钟罩顶放空口积油。

6.1.3 附件的检查维护

6.1.3.1 干式气柜附件的检查周期与维护保养的主要内容见表4。

表4 干式气柜附件的检查周期与维护保养内容

序号	功能	功能故障	故障模式	故障后果	故障应对策略与检修内容	检修（检查）周期
1	保证可燃气体泄漏及时发现	无法检测现场有无泄漏	可燃气体检测仪失灵	现场安全环境不可监控	用标准气测试能够正常检验和指示，探头清洁干净无杂物阻塞，室内指示报警正常。清理探头，调试回路	3个月
2	手动紧急放空是及时开启气柜放空的最后手段	手动紧急放空设施不能及时投用	手动绞车转动不灵活，限位指示不准确牢靠，钢丝绳出现腐蚀和松弛	无法操作	绞车活动部分加油，钢丝绳涂润滑脂保护，钢丝绳绷紧，必要时更换钢丝绳，各导轮轴上油	1个月
3	自动放空设施确保气柜安全	放空阀顶杆不灵活无法开启	顶杆、阀芯轨道、各导轮等卡涩，顶杆长度、阀芯配重块不牢靠，阀芯与阀座密封面有杂物，钢丝绳腐蚀、松弛	失灵后无法保证气柜的安全运行，超高损坏设备	活动关节加润滑油，必要时更换钢丝绳，清理或更换密封面	6个月
4	导静电线、电极导出柜体静电	柜体静电集聚	阻值不符合要求，有腐蚀情况，导线有断裂，接头不固定牢固	柜体无法导出静电	连接断裂的电极，清理更换锈蚀的导静电线，更换铜鼻子和固定螺栓	1年
5	通过柜容指示仪从柜外判断柜容高度	柜容指示失灵	配重升降不顺畅，表内传动齿轮有卡涩现象，钢丝绳有腐蚀，导轮、滑轮转动不灵活	无法正确判断运行中的柜容	表内各润滑点加油，钢丝绳抹润滑脂，导轮轴注油，齿轮箱内部件锈蚀须拆卸检修或更换，钢丝绳必要时进行更换	6个月
6	出入口气缸阀控制气柜收付	气柜收付操作失灵	缸体各密封点及配风系统有泄漏，仪表控制线不完好，手动、自动转换机构不灵活好用，阀杆上下开关不顺畅，回讯器指示不正确，室内操控不准确及时	气柜失去收付缓冲功能	消除泄漏点，转动部分加油，过滤器清理，手动、自动转换机构加油，气缸控制盒及防爆控制箱更换，室内控制按钮更换	1周

表 4　干式气柜附件的检查周期与维护保养内容（续）

序号	功能	功能故障	故障模式	故障后果	故障应对策略与检修内容	检修（检查）周期
7	控制活塞平稳升降	调平配重设施失灵损坏影响活塞升降	配重导轨上下有障碍物，钢丝绳导轮转动不灵活，各导轮及钢丝绳不牢固、锈蚀，导轨与导轮间隙及润滑不正常，各牵引点水平不一致，活塞圆周有扭曲	活塞无法正常升降、损坏柜内构件	各导轮轴及轨道加润滑油，钢丝绳清除油垢抹黄油，适时调整配重及活塞圆周扭曲度	1 年、随检修
8	确保柜内外（活塞上部）通畅	通风透气孔、柜壁顶门	透气口有阻塞和杂物，柜侧、顶壁门损坏、内侧有异物、开关不正常不能锁紧闭严	活塞顶部（柜内）气体不通畅，爆炸气体易于集聚	清理透气口，各柜门内侧清理光滑	1 周
9	确保柜内作业照明	照明系统无法可靠工作	防爆接线箱、套管、接头出现破损、开裂露线，防爆灯具敞口、漏气、进水，各灯照明及防爆开关不可靠	照明缺失	防爆器材损坏立即整改，不亮灯具立即更换	每天巡检时检查
10	确保气柜内部不集油	凝缩油回收设施排油堵塞、不畅	阀门开关卡涩、有泄漏，管线防腐保温不完好，冬季有冻凝	柜内集油严重导致损坏密封、堵塞气路	阀门保持清洁，盘根加油压紧，修理防腐保温层	1 月 1 次、冬季加强至每天 1 次
11	确保活塞水平	活塞顶配重缺失、偏移	活塞水平度不符合要求，配重块破损、缺失	活塞不稳、撞击挡板、导轮，严重时损坏内构件	调整配重块，若发现损坏则立即清理更换	3 个月
12	检测活塞运行、安装是否符合规范要求	活塞水平液位计的偏斜、漏液	水箱、导管、玻璃管液位计、标尺等有缺失或不完好，注水后各接头有泄漏，冬季有冻凝		损坏部件立即更换，泄漏接头重接或换垫，冬季注水检测时注意防冻	1 年、随检修

表 4 干式气柜附件的检查周期与维护保养内容（续）

序号	功能	功能故障	故障模式	故障后果	故障应对策略与检修内容	检修（检查）周期
13	活塞、放散等机械构件的正常运行	导轮、滑轮卡涩、锈蚀、脱落	表面锈蚀，轴及轴承干涩，轴固定限位块锈蚀粘连和卡涩	损坏的导轮、滑轮导致各个传动机构更大的损坏	轴端注油孔加油，严重粘连或卡涩时，须停柜固定配重和钢丝绳后对其检修	3个月
14	确保活塞落底时的安全	活塞支承杆的偏斜、混乱	各杆不能够按编号排放、杆与孔对照错误，活塞上固定不牢靠	严重时损坏活塞拱顶	清理表面杂物，摆放错误的要重新布好并固定	1年、随检修
15	保证密封膜运行中不受损、安全可靠	橡胶布帘保护板的脱落、翘起、缺失	固定螺栓脱落、丢失，保护板边角不光滑、毛刺、锈蚀，背对布帘向外无折边，有脱槽和变形	导致损坏密封膜等严重故障	发现脱落螺栓立即查找并确认，损坏或脱落的保护板必须拆下检修	1年、随检修
16	确保密封膜运行中的可靠	橡胶布帘运行中表面的损伤	橡胶布帘有泄漏、扭曲和褶皱挤压，下层密封面有遗落异物，橡胶布帘表面有摩擦痕迹	扭曲和褶皱挤压、异物摩擦均能造成密封膜的损坏	扭曲和褶皱挤压可在运行中纠偏，清理底圈落物，若发现摩擦和划痕须立即检查相关接触面所有部件，并根据情况制定修理方案	6个月
17	压条密封面严密隔绝柜内外空间	橡胶布帘密封压条未按规范施工	压条密封面的褶皱和重复挤压，有夹异物和泄漏	造成压条密封面泄漏	表面脏物清理，轻微泄漏可涂胶黏接，严重泄漏时应停柜大修	1年、随检修
18	确保活塞水平、均匀运行	活塞、T形挡板间隙不符合规范要求	检测不满足外密封：370mm±120mm；内密封：370mm±145mm的要求	容易造成撞击护板、导轮，损坏密封膜	制定纠偏措施，调整配重、钢丝绳张力、各层间隙	1年、随检修
19	确保活塞水平、均匀运行	活塞水平度检测不符合规范要求	各点水平仪液面高低差大于50mm	容易造成撞击护板、导轮，损坏密封膜	调整活塞圆周配重块及钢丝绳张力	1年、随检修

6.1.3.2 湿式气柜的检查周期与维护保养的主要内容见表5。

表 5 湿式气柜的检查周期与维护保养的主要内容

序号	部位	检查内容	故障原因	后果	应对策略	检修（检查）周期
1	内导轮和导轨	滚轮转动是否灵活，其磨损程度与导轨接触是否平稳，导轨有无变形	由于水、瓦斯等的腐蚀引起钢结构腐蚀，转动、传动的相互磨损等引起结构强度下降	卡轨后憋压或负压，造成设备损坏	转动部分加润滑脂，磨损严重的应更换，调整滚轮托架，校直导轨	与全面检查同时
2	水封槽	腐蚀程度，有无渗漏，进出口阀门有无泄漏，进口管线有无腐蚀	水及瓦斯对设备的腐蚀	瓦斯泄漏造成危险	防腐、修补、更换填料、垫片或阀门、管线	与全面检查同时
3	水槽加热器	有无腐蚀渗漏，支架有无损坏，鼓泡装置是否腐蚀损坏，蒸汽管线保温层是否完好，管线有无腐蚀	水及瓦斯对设备的腐蚀	瓦斯泄漏造成危险	修补或更换支架、管线	半年
4	瓦斯进出口阀门	填料函、垫片处有无渗漏，开关是否灵活，螺栓腐蚀程度，自控部分是否灵活	检修安装是否符合要求，瓦斯对设备的腐蚀	瓦斯泄漏造成危险	清除油垢，阀杆加润滑脂、更换填料、垫片。关闭不严应进行研磨、气密试验或更换阀门	半年
5	外导轮和导轨	滚轮转动是否灵活，其磨损程度与导轨接触是否平稳，导轨有无变形，润滑油盒是否有油	检修安装是否符合要求，水、瓦斯对设备的腐蚀	卡轨造成设备损坏	转动部分加润滑脂，磨损严重的应更换，调整滚轮托架，校直导轨，润滑油盒内加油	1 个月
6	手动放空阀和连通阀	填料函、垫片处有无渗漏，开关是否灵活，阀杆螺栓锈蚀程度	水、瓦斯对设备的腐蚀	瓦斯泄漏造成危险、锈蚀造成紧固力下降	更换填料、垫片，清除油垢，阀杆加润滑脂，更换螺栓，关闭不严密应进行研磨或更换	1 个月
7	人孔及各排污孔	密封垫片是否老化渗漏，螺栓是否紧固，螺栓锈蚀程度	水、瓦斯对设备的腐蚀	瓦斯泄漏造成危险、锈蚀造成紧固力下降	更换垫片，紧固螺栓或更换	1 年

表 5　湿式气柜的检查周期与维护保养的主要内容（续）

序号	部位	检查内容	故障原因	后果	应对策略	检修（检查）周期
8	安全帽	密封面有无泄漏，螺栓锈蚀程度	水、瓦斯对设备的腐蚀	瓦斯泄漏造成危险、锈蚀造成紧固力下降	更换垫片、螺栓。	1 年
9	柜容高度指示仪	指示是否灵敏、准确	安装检修不符合要求，设备的腐蚀	无法给操作准确判断	校核	4 个月
10	停车联锁	钢丝绳子锈蚀程度，滑轮转动是否灵活，滑块滑动是否自如，高低位限制器是否好用，电气联锁是否报警，高低位报警与标尺高低位是否一致	水及瓦斯对设备的腐蚀	瓦斯泄漏造成危险	防腐蚀或更换钢丝绳，滑轮转动部分加润滑脂，调整滑块，高低位限制器应调整紧固清理触点	1 个月
11	导气筒	有无腐蚀穿孔，螺栓锈蚀程度	水及瓦斯对设备的腐蚀	瓦斯泄漏造成危险	修补或更换	与全面检查同时
12	水封	有无腐蚀渗漏	水及瓦斯对设备的腐蚀	瓦斯泄漏造成危险	测厚并进行防腐	与全面检查同时
13	压力检测设施	各接头有无泄漏，引压线是否完好，隔离液是否完好，压力变送是否正常	水及瓦斯对设备的腐蚀	瓦斯泄漏造成危险	换垫、紧固、换油、仪表检测	半年

6.2　常见故障与处理

干式气柜常见功能故障与处理方法、湿式气柜常见功能故障与处理方法分别见表 6、表 7。

表 6　干式气柜常见功能故障与处理方法

序号	部位	检查内容	故障原因	后果	应对策略	检修（检查）周期
1	检测现场设备有无泄漏	可燃气体检测仪指示报警失灵或误报	探头脏物阻塞、检测元件损坏	现场可燃气体泄漏无法检测	清理探头、清洁干净无杂物阻塞，调试回路，用标准气测试能够正常检验和指示	3 个月
2	手动紧急打开放散	手动紧急放散设施失灵	手动绞车手柄防倒转锁死机构未扳起或已损坏，手柄转轴锈死、缺油，钢丝绳锈蚀老化、限位指示块不准确或脱落、钢丝绳张力不够过度松弛，放散阀芯锈蚀卡死、阀芯导轨卡涩	保障设备安全的最后一关，无法开启将损坏气柜结构	绞车活动部分加油，钢丝绳涂润滑脂保护，钢丝绳绷紧加大张力或更换钢丝绳，各导轮轴上油，保持阀芯及其导轨清洁无异物	1 个月
3	气柜超柜容时的自动保护	自动放散设施失灵（不能自动打开、关闭不严）	放空阀顶杆卡涩不灵活，顶杆长度未调准确，阀芯配重块不准或已脱落，阀芯与阀座密封有杂物而密封不严	无法自动保护设备	顶杆、阀芯轨道等各活动关节加润滑脂，检查阀芯配重规格及固定情况，清洁阀座阀芯	6 个月
4	防止气柜静电集聚	导静电线阻值过大、损坏	环境存在腐蚀性介质，导线老化断裂，接头鼻子松脱	电量集聚过高存在闪爆危险	检查清理腐蚀性介质，更换导静电线和电极，更换铜鼻子和固定螺栓，重新检测阻值	1 年
5	直观指示柜体容积	柜容指示仪不指示或指示偏差	表内齿轮滑轮等部件加工安装质量过差、齿轮滑轮卡涩，表头配重滑轮或钢丝绳老化锈蚀升降不畅，表头进水或有异物	无法给操作提供依据，存在超柜容危险	表内各润滑点加油，钢丝绳抹黄油、有必要时更换，导轮轴注油，齿轮箱内部件锈蚀须拆卸检修或更换，重新标定表刻度	6 个月
6	控制气柜收付平衡	出入口气缸阀失灵	缸体各密封点及配风系统存在漏点，仪表控制线故障，手自动转换机构卡涩，阀杆变形弯曲，盘根压盖变形或过紧，回讯器故障	无法保证气柜安全操作	消除气缸泄漏点提高风压，转动部分加油，风滤器清理，手自动转换机构加油，气缸控制盒及防爆控制箱更换，室内外控制回路检测，回讯器更换，盘根注油及盘根压盖更换	1 周

表 6　干式气柜常见功能故障与处理方法（续）

序号	部位	检查内容	故障原因	后果	应对策略	检修（检查）周期
7	确保活塞等内构件安全运行	调平配重设施故障（不平衡、卡轨、脱轨、活塞圆周间隙不均匀、扭曲等）	钢丝绳松弛张力不够，配重导轨上有异物，钢丝绳或导轮滑轮锈蚀老化、轴承缺油不转动，配重导轨导轮间隙不均、缺润滑脂	损坏气柜挡板、密封膜等内构件	各导轮轴及轨道加润滑油或润滑脂，钢丝绳清除油垢抹润滑脂，适时调整配重保持钢丝绳张力一致，用千斤顶调整活塞圆周间隙，用手动葫芦调整活塞圆周扭曲度	1年、随检修
8	密封结构的安全可靠	橡胶布帘扭曲、褶皱	调平配重设施失灵、活塞或T形挡板运动过快、检修安装偏差	缩短密封运行寿命、存在泄漏危险	纠偏调整方法同8，严格操作工艺指标，安装偏差须拆卸调整部分或整体密封压条	6个月
9	确保柜内不集油	柜底凝缩油线阻塞	可能阀芯掉、闸板脱等阀门故障，柜底凝缩油过脏、冬季柜内有水管线冻凝	损坏柜内密封结构、堵塞气路	更换阀门疏通管线，冬季应加强防冻防凝检查，进入气柜前沿途系统管线加强脱液排凝	日常一个月、冬季每天
10	活塞平稳运行	活塞偏斜不水平	同8	同8	调整柜内配重块、调整调平配重设施（方法同8）	1年、随检修
11	转动、传动部件顺畅、可靠	导轮锈蚀、轴干涩、轴套与轴粘连	导轮等转动机构未进行有效的润滑、使用滚珠轴承	柜内部件发生碰撞损坏	轴端注油孔加油，严重粘连或卡涩必须停柜重新固定配重和钢丝绳进行检修，有必要将所有承重的导轮和滑轮改滚珠轴承为滑动轴承	3个月
12	导轮、滑轮运行顺畅	导轮、滑轮钢丝绳松脱	调平配重或锁紧机构卡阻、钢丝绳锈蚀张力不足	局部卡涩引起柜内部件的偏斜碰撞损坏	重新释放调整调平配重或锁紧机构，钢丝绳抹润滑脂或更换	6个月
13	平稳支承活塞	活塞顶支承杆脱离原固定卡槽	未按原施工设计编号排放、杆与孔不对照或活塞运动过快、活塞偏斜、有碰击和振动	损坏活塞钢结构	活塞顶支承杆重新布好，按方法8对活塞进行纠偏	随检修
14	橡胶布帘运行可靠	橡胶布帘保护板刮蹭橡胶布帘	保护板未固定好或固定螺栓脱落，安装施工质量差	缩短橡胶布帘使用寿命、存在损坏泄漏危险	必须立即拆除刮蹭的保护板并按原施工图纠正，同时检查相关部位橡胶布帘损坏情况	1年、随检修

表 6　干式气柜常见功能故障与处理方法（续）

序号	部位	检查内容	故障原因	后果	应对策略	检修（检查）周期
15	橡胶布帘运行可靠	橡胶布帘出现泄漏	存在扭曲、褶皱和挤压，夹层内有遗落异物，检查或维修时器具对橡胶布帘表面造成划痕和穿刺	彻底损坏橡胶布帘、瓦斯气泄漏	扭曲和褶皱挤压可在运行中纠偏，清理底圈落物，摩擦和划痕部位必须立即全面和局部检查相关接触面所有部件并根据情况制定修理方案，对于泄漏量大的布帘必须彻底清柜处理	6 个月
16	橡胶布帘运行可靠	橡胶布帘密封压条泄漏	原安装和检修时出现压条褶皱或重复挤压，压条内夹有异物	瓦斯气泄漏，存在着火爆炸危险	表面脏物清理，小泄漏可涂胶粘接，大泄漏必须彻底清柜检修	1 年、随检修

表 7　湿式气柜常见功能故障与处理方法

序号	功能	功能故障	故障模式	故障后果	故障应对策略与检修内容	检修（检查）周期
1	导轮与导轨运行顺畅	导轮与导轨错位、卡涩，导轮不转动、脱轨	导轮和导轨卡涩、刮蹭导致磨损、导轨有变形或导轮松脱偏移导致导轨与导轮接触不平顺，转动部分长期腐蚀或缺润滑脂导致磨损严重，导轮托架固定松、移位	卡轨造成憋压、抽空，损坏设备	加注润滑脂、调整滚轮托架、校直导轨、更换磨损严重的导轮	1 年、随检修
2	水封严密可靠	水封槽偏斜、漏气	局部腐蚀严重导致渗漏，导轮与导轨相对运动过程中卡轨导致中节、钟罩偏斜	瓦斯泄漏造成危险	清柜后局部修补水封槽，测厚并进行防腐，调整导轮与导轨方法同上	每天
3	水封内水无冻	水封槽加热器失效	蒸汽管线腐蚀渗漏，加热器支架损坏、鼓泡装置腐蚀，蒸汽管线保温层失效，冬季蒸汽线冻凝	水封漏气，瓦斯泄漏	更换管线、加强防腐保温层、修补或更换支架、鼓泡装置	冬季每天
4	收付阀门安全可靠	瓦斯进出口自控阀门泄漏、开关故障	填料函、垫片未安装好，气缸或仪表风泄漏风压不够，手自动转换机构损坏，回讯器故障，填料函填料质量差或压得过紧	造成气柜超压、负压，损坏设备	清除油垢、阀杆加润滑脂，更换填料、垫片，阀门关闭不严应进行研磨、气密试验或更换阀门，检测调试仪表自控系统	每天

表 7　湿式气柜常见功能故障与处理方法（续）

序号	功能	功能故障	故障模式	故障后果	故障应对策略与检修内容	检修（检查）周期
5	各密封面无泄漏	人孔及各排污孔泄漏	密封垫片老化或质量差，螺栓未紧固或螺栓锈蚀	瓦斯泄漏造成危险	更换垫片、紧固或更换螺栓，停不下来采用法兰打卡子的方法	每天
6	手动放空顺畅	手动放空阀和连通阀泄漏、开关故障	填料函、垫片未安装好，阀杆螺栓锈蚀	瓦斯泄漏造成危险	更换填料、垫片，清除油垢，阀杆加润滑脂，更换螺栓，关闭不严密应进行研磨或更换	每周
7	高度指示清晰准确	柜容高度指示仪不指示或指示偏差	传动钢丝线、齿轮生锈卡涩或异物落入表内	操作无法准确判断	内部清理，各运动部件上油或重新解体组装，指示重新校对标定	每月
8	放空连锁准确	停车联锁失灵	钢丝绳子锈蚀、滑轮锈蚀卡涩转动不灵活，高低位报警与标尺高低位有偏差	无法安全紧急放空	加强防腐蚀措施或更换钢丝绳、滑轮，各转动部分加润滑脂，调整滑块，高低位限制器应调整紧固清理触点	每月
9	导气筒顺畅	柜内导气筒泄漏	水封水长期不置换酸度上升，防腐层损坏，瓦斯内 H_2S 的腐蚀，焊缝施工质量差	造成气柜超压、负压，损坏设备	拆卸导气筒局部吹扫动火包盒子	每年
10	导气筒顺畅	柜外导气筒泄漏	防腐层损坏，瓦斯内 H_2S 的腐蚀，焊缝施工质量差	造成气柜超压、负压，损坏设备	漏点小可用金属胶补粘，漏点大可置换后局部拆卸动火补焊或更换	每月
11	准确判断柜内压力	压力检测失灵	引接头泄漏、引压线堵塞、隔离液变质、仪表压力变送器故障	无法给操作提供准确依据	换垫、紧固、换油、仪表检测	每季

附　录　A
（资料性附录）
气柜常用检修内容

A.1　准备及辅助施工

气柜隔离盲板、施工设备机具就位、活塞检修支腿

A.2　检修内容

A.2.1　气柜外壳钢结构和部件检修

A.2.2　气柜内部钢结构和部件检修

A.2.3　调平装置检修

A.2.4　放散装置检修

A.2.5　柜容指示仪检修

A.2.6　联合检查和隐蔽项目

A.2.7　气柜防腐

A.2.8　气柜内部清污

附 录 B
（资料性附录）
卷帘密封干式气柜橡胶布帘（密封装置）的更换

卷帘密封干式气柜的橡胶布帘（密封装置）的主体结构是由橡胶和尼龙帘线制成的具有特殊结构的大型胶布制品，其与活塞、T形挡板、柜壁板等部件连接构成布帘密封干式气柜的主体，由于目前橡胶密封膜仅能以整体形式制造安装，且具有超大、超重、较为柔软的特点，为保证在检修更换安装过程中橡胶密封膜不刮蹭、撕裂、挤压，并且安装检修后保证完好性和气密性能够长寿命使用，以下内容按 20000m^3 干式气柜为例制定本附件。

B.1 第一步

B.1.1 确认气柜与所有工艺介质的隔离盲板已安装到位并挂牌登记。

B.1.2 作业票证齐全（柜内已吹扫置换，确认有毒、可燃、氧含量等分析合格，作业环境已确认安全）。

B.1.3 安装鼓风机出入口管线并连接至气柜活塞下部。

B.1.4 使用鼓风机向气囊内部吹空气，通过调整进气和排气来调整活塞高度。

B.1.5 检修支腿安装完毕后打开放散阀使活塞缓慢落下并全部完全撑住活塞。

B.1.6 确认柜内压力完全释放后开人孔并拆除鼓风机。

B.2 第二步

B.2.1 柜底除污（另行制定施工方案）。

B.2.2 防腐喷砂，要求将砂子清理干净。（另行施工方案）

B.2.3 拆装活塞支腿，每次拆除 1/4，分四次拆完。

B.2.4 联合检查（柜底板测厚、柜底焊缝渗透检测 PT）。

B.2.5 活塞下部隐蔽项目。

B.2.6 包括更换密封装置等所有安装检修作业完成后的防腐刷漆。（另行施工方案）

B.3 第三步

封人孔和安装鼓风机的目的是把活塞吹起，拆除检修支腿，检修支腿不是用来承重的设计。后期施工活塞表面会有局部承受 3t 以上的重量。

B.3.1 封人孔安装鼓风机。

B.3.2 拆除检修支腿。

B.3.3 开人孔并拆除鼓风机盲盖。

B.4 第四步（拆除旧密封膜）

B.4.1 拆除开门位置密封膜，要求拆除的密封膜比柜壁开门的划线周边再扩大 0.5m 以上，防止失火。

B.4.2 柜壁开门、拆除钢结构。

B.4.2.1 在气柜壁上画好 2.8m 宽 ×2.8m 高的开门切割线（可根据现场情况调整开门大小尺寸）。

B.4.2.2 无关人员撤离气柜内部，在气柜内部和外部配备灭火器。

B.4.2.3 在此期间随时检测柜内可燃气体含量，接好鼓风机必要时可进行强制通风。

B.4.2.4 核对《动火作业许可证》无误、监火人员就位，在门外侧焊接柜门吊耳。

B.4.2.5 吊耳焊接完后，在气柜人孔位置进行明火试验，明火试验合格后进入气柜内部由内向外用气割开门，之后吊车把门吊开。

B.4.2.6 开大门后的施工过程如果检查确认柜内有未清净的残渣溢出有毒、可燃气体或内防腐后涂料挥发出易燃气体，则必须立即停止施工、现场使用鼓风机强制通风。

B.4.2.7 拆除妨碍更换密封膜的钢结构，活塞构架 1 个（1t），拆除活塞构架时需要使用吊车配合。

B.4.3 安装已预制好的封膜运输平台。

B.4.4 拆除调平装置、柜容指示仪。

B.4.5 拆除旧密封膜

B.4.5.1 准备好检验合格的卷扬机（20000m^3 干式气柜需 18 个）。

B.4.5.2 在气柜顶部各个透光孔位置安装卷扬机。

安装方法：预制龙门架 18 个，卡住透光孔壁，必要时可以焊接加固；龙门架上安装卷扬机。

操作方法：气柜内部设置 1 名指挥人员，柜顶设置 1 名信号传令员，6 名操作人员（每人控制 3 个卷扬机），按指挥人员信号操作卷扬机。

B.4.5.3 拆除密封膜

在密封膜上安装 18 个吊耳，并接好卷扬机；拆卸密封膜紧固的螺栓，利旧部件妥善保管；使用卷扬机将密封膜吊齐，用绳子将密封膜引导落到活塞上。用叉车将密封膜拖出气柜，在气柜周边指定位置进行存放，拆除时可对旧密封膜进行破坏，即切割成小块，便于运输和吊装，但拆除的旧密封膜暂不进行报废处理。

B.4.6 拆除波纹板

B.4.6.1 人工拆除波纹板：T 挡板波型板 15t（684 块），活塞波形板 9.4t（324 块），拆螺栓 8028 套。

B.4.6.2 拆除高处作业的波纹板需要系挂安全带，防止高空坠落；受限空间作业，作业空间狭小注意撞击、磕碰、挤压等安全风险。

B.4.7 气柜内部隐蔽项目的检查及维修（另行施工方案）

B.4.8 清洗密封部件

B.4.8.1 对利旧的密封部件进行清洗，必要时进行防腐处理，并妥善保管。

B.4.8.2 主要清洗元件有密封角钢和密封槽钢（合计 426m）、C 型导线环 1720 个、L 形导向板 1720 个、压条（合计 426m），尤其元件上的乳胶必须铲干净。

B.4.8.3 其他需清洗的部件有 T 挡板波型板 15t（684 块），活塞波形板 9.4t（324 块）等。

B.5 安装新密封膜

B.5.1 波纹板安装

B.5.1.1 安装波纹板：按照原设计图纸安装 T 挡板波型板 15t（684 块），活塞波形板 9.4t（324 块），安装螺栓 8028 套。

B.5.1.2 安装高处作业的波纹板需要系挂安全带，防止高空坠落；受限空间作业，作业空间狭小注意撞击、磕碰、挤压等安全风险。

B.5.1.3 波纹板安装间距注意要调整均匀。

B.5.2 安装密封膜（预留开门位置的密封膜）

B.5.2.1 新密封膜安装准备

把旧密封膜切割后运进气柜作为防护，活塞顶铺满（铺设 900m^2 约 2t），运输平台铺设密封橡胶膜，活塞平台架的升降顶升支腿使用密封膜包裹防止刮伤；根据现场施工安排减少铺设量，但必须保证密封膜展开位置必须铺垫。

B.5.2.2 密封膜开箱检验

由施工单位提前 24 小时通知监理和业主准备开箱检验；开箱必须根据密封膜的质量证明文件等随机资料以及供货合同、技术协议来进行检验，以查找是否符合交货质量要求。开箱检验参加人员包括施工单位、监理、业主、供货方、采购部门、使用单位。

B.5.2.3 密封膜运进

开箱检验合格后，用橡胶皮包裹密封膜，使用尼龙绳捆扎，吊车配合用吊带吊住密封膜通过运输平台将密封膜拖拽入气柜内部。待外膜安装完毕后再将内密封膜运进气柜。

B.5.2.4 安装密封膜

B.5.2.4.1 安装准备

检查密封膜以确定是否有影响安装的不利因素，主要是锐物、毛刺是否都已处理或包裹覆盖，之后将运进柜内的密封膜在活塞表面人工拖拽展开。

B.5.2.4.2 安装标识

密封膜数孔后分成 18 等份，并做好上下对应标识；密封槽钢和密封角钢数孔后分成 18 等份，并做好上下对应标识；3 组人分别检查，标识都一致方可确认为正确标识；安装吊耳 18 个，吊耳安装后检查吊耳孔与标识孔位置是否一致。

B.5.2.4.3 安装

先安装外圈密封装置，再安装内圈密封装置。密封膜通过规定设置的 18 个卷扬机进行吊装，按等分安装密封膜，安装必须符合原图纸图样要求。

注意事项：吊装时卷扬机要统一信号指挥，防止升降速度不一致，并应该缓慢升降，防止受力不均匀损坏密封膜。

B.5.3 安装调平装置和柜容指示仪并更换钢丝绳，更换放散装置的钢丝绳

按原图纸安装调平装置4套（合计15t）和柜容指示仪，安装时需要使用吊车配合安装配重，更换钢丝绳。按原图更换放散装置的钢丝绳。

B.5.4 恢复钢结构、柜壁板封门、防腐

B.5.4.1 使用吊车配合恢复拆除的活塞构架1个；恢复的钢结构必须达到原设计图纸的要求。

B.5.4.2 清理内部施工垃圾（包括做保护铺垫的900m^2约2t旧密封膜）。

B.5.4.3 封门前对焊口进行打磨处理。

B.5.4.4 吊车配合柜壁封门，焊接必须满焊，全部焊道外观打磨光滑。

B.5.4.6 焊道必须经过100%PT渗透检修。

B.5.4.7 修补部位交专业防腐队伍防腐。（另行施工方案）

B.5.5 安装开门位置的密封膜

B.5.6 封人孔并安装鼓风机

B.6 验收

B.6.1 对气囊内部进行检查和确认，检查确认防腐情况、内部垃圾是否清理干净等。

B.6.2 封人孔，拆除活塞支腿。

B.7 调试、验收

B.7.1 调试

B.7.1.1 利用鼓风机配合进行活塞上下运动的水平度调整和平稳性调试试验。

B.7.1.2 利用鼓风机配合进行调平装置的传动可靠性、平稳性和灵活性调试试验。

B.7.1.3 利用鼓风机配合进行自动放散装置的可靠性、灵动性调试试验。

B.7.1.4 利用鼓风机配合进行手动放散装置的可靠性、灵动性调试试验。

B.7.1.5 利用鼓风机配合进行柜容指示仪的准确性、灵动性调试试验。

B.7.1.6 注意事项

B.7.1.6.1 调试前对密封橡胶膜所有夹层进行检查，防止密封橡胶膜内掉入异物，禁止在密封橡胶附近动火。

B.7.1.6.2 向柜内送风时，一定要严密观察柜内压力，如压力异常，要立即停止向柜内送气。

B.7.1.6.3 在调试过程中若有异常声音，也要停止送气，查明原因后再送气。

B.7.1.6.4 在调试过程中，要严防活塞冲顶，即满量后一定要停止送气。

B.7.1.6.5 在调试过程中，要严防柜内形成负压，尤其是夜间降温时。

B.7.1.6.6　第一次送气一定要使气柜满量程，使密封橡胶膜全部打开，检查有无折皱现象。

B.7.1.6.7　空气调试过程中，在满足柜内检测项目的情况下，尽量减少活塞上的工作人员，其人员均布，并减少走动。

B.7.1.6.8　开始送气调试时，活塞速度应控制在≤1m/min之内，经运行和全面检查无异常后方可增大活塞速度，但最大运行速度应控制在≤4m/min之内。

B.7.1.6.9　活塞运行中，不允许将门打开，调试人员进出后应立即关闭。

B.7.2　气密

气柜密封装置气密性检验：利用鼓风机充气对密封部件（主要是密封角钢、密封槽钢、紧急放散系统、各法兰人孔等）刷肥皂水检验；如有泄漏可拧紧螺栓或泄压后更换处理。

B.7.3　泄漏率试验做法见本规程的5.3.2.2。

B.7.4　验收

贯穿整个第7步，在施工的同时进行，主要是气柜密封装置气密性检验，活塞、放散、柜容指示的可靠运行验收，泄漏率试验验收、气柜升降平稳运行验收。

B.8　收尾并交付使用

B.8.1　拆除鼓风机、封闭所有气囊下开孔。

B.8.2　拆除盲板。

B.8.3　工完料净场地清。

B.8.4　交付生产开始氮气置换为生产运行做准备。

B.9　有关安装要求

B.9.1　运输和存放：鉴于卷帘密封装置主体结构是橡胶制品的特殊性，必须在木制箱内运输和存放，并且干燥、通风、温度适中，防止同酸、碱、油、有机溶剂和腐蚀性物质接触。

B.9.2　柜内作业过程的要求：应对柜内壁、T形挡板壁板、活塞表面、布帘保护板、密封角钢进行全面检查清理。柜内侧壁板、保护板表面应光滑，无明显凸出物及尖锐物质。柜内密封角钢接口无明显阶差，清理密封面杂物，保持光滑、无明显凸出物及尖锐物质。活塞表面平坦，无凸出物及尖锐物质，避免橡胶密封膜在展开时被划伤损坏。

B.9.3　橡胶卷帘进柜后：橡胶密封膜必须随包装箱一同进入柜内，开箱后及时将所有木板、钉子清出柜外。所有展开作业均须用人力，露出所有吊装点，按吊点顺序安装吊装夹具、加装吊装保护布，以提高吊点强度，分散应力，确保吊装安全。

B.9.4　橡胶卷帘安装：吊装时应保证橡胶密封膜各吊点受力均匀一致，上升、下降速度同步，避免橡胶密封膜拉扯过程中由于应力集中而撕裂。在密封角钢接触密封膜处涂抹均匀胶，密封胶在粘贴时不得拉伸，螺栓和压条紧固后应将密封胶均匀挤出。安装橡胶密封膜时上下端口的紧固螺栓必须一一对应，不得偏斜、错位安装。橡胶密封膜全部固定后，应全面检查、修理相接触的保护板、密封角钢、压条等处有无棱角和毛刺，避免刮蹭和碰撞。橡胶密封膜安装完成后，柜内、柜顶严禁一切动火施工作业。

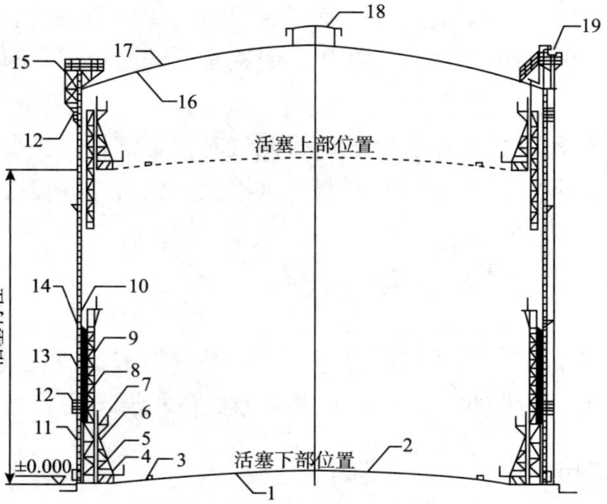

二段式气柜剖面图

1—柜底板；2—活塞板；3—活塞人孔；4—混凝土围环；5—活塞架；6—活塞波形板；7—橡胶模(内膜)；8—T围栏；9—T围栏波形板；10—橡胶模(内膜)；11—T围栏架台；12—抗风桁架兼环形走道；13—侧板；14—抗风桁架；15—调平系统；16—拱梁；17—顶板；18—通风帽；19—放散

35. 球形储罐维护检修规程

SHS 01037—2019

代替 SHS 03005—2004

目　次

前　言

本规程按照GB/T 1.1—2009《标准化工作导则　第1部分：标准的结构和编写》给出的规则起草。

本规程代替SHS 03005—2004《乙烯、丙烯球形储罐维护检修规程》，与SHS 03005—2004相比，除编辑性修改外，主要技术变化如下：

——修改了规程名称，扩大了规程适用范围；

——常见功能故障与处理方法部分按照RCM分析方法重新编制；

——增加了附录A“球形储罐检修质量控制确认表”、附录B“球形储罐耐压和泄漏试验记录表”。

本规程由中国石油化工集团有限公司、中国石油化工股份有限公司提出。

本规程起草单位：中国石油化工股份有限公司北京燕山分公司。

本规程主要起草人：赵国平、郭伟华、薛闯。

本规程所代替规程的历次版本发布情况为：

——SHS 03005—1992、SHS 03005—2004。

球形储罐维护检修规程

1 总则

1.1 主题内容

本规程规定了球形储罐的检修周期与内容，检修质量标准、试验、验收及维护。

1.2 适用范围

1.2.1 本规程适用于设计压力不大于6.4MPa的桔瓣式或混合式以支柱支承的碳素钢和低合金钢制球形储罐。

1.2.2 本规程不适用于下列球罐：

1.2.2.1 核能装置中的球罐；

1.2.2.2 经受相对运动（如车载或船载）的球罐；

1.2.2.3 公称容积小于50m^{3}的球罐；

1.2.2.4 双层结构的球罐。

2 规范性引用文件

下列文件中的条款通过本规程的引用而成为本规程的条款。凡是注日期的引用文件，其随后所有的修改单（不包括勘误的内容）或修订版均不适用于本规程，然而，鼓励根据本规程达成协议的各方研究是否可使用这些文件的最新版本。凡是不注日期的引用文件，其最新版本适用于本规程。

GB 12337 钢制球形储罐

GB 12241 安全阀一般要求

GB50126 工业设备及管道绝热工程施工规范

GB 50185 工业设备及管道绝热工程施工质量验收规范

GB/T 150 压力容器

GB/T 26610 承压设备系统基于风险的检验实施导则

GB/T 4622 缠绕式垫片

GB/T 16938 紧固件螺栓、螺钉、螺柱和螺母通用技术条件

GB/T 8923 涂装前钢材表面锈蚀等级和除锈等级

TSG 21 固定式压力容器安全技术监察规程

TSG 08 特种设备使用管理规则

JB 4732　钢制压力容器分析设计标准

JB/T 4700～4707　压力容器法兰

JB/T 4711　压力容器涂覆与运输包装

HG/T 20614　钢制管法兰、垫片、紧固件选用配合规定（PN 系列）

NB/T 47013　承压设备无损检测

NB/T 47014　承压设备焊接工艺评定

NB/T 47015　压力容器焊接规程

SH/T 3022　石油化工设备和管道涂料防腐蚀设计规范

SH/T 3542　石油化工静设备安装工程施工技术规程

SH/T 3548　石油化工涂料防腐蚀工程施工质量验收规范

3　检修周期与内容

3.1　检修周期

按照 TSG 21《固定式压力容器安全技术监察规程》要求安排球罐的定期检验，根据检验结果，结合装置检修确定检修周期。球罐一般于投用后 3 年内进行首期定期检验，首检后的检验周期一般为 3～6 年。

实施 RBI 的球罐若使用情况良好，按照 TSG 21《固定式压力容器安全技术监察规程》可以适当延长检修周期，最长不超过 9 年。

介质或者环境对球罐材料的腐蚀情况不明或者腐蚀情况异常应适当缩短检修周期。

3.2　检修内容

3.2.1　安全阀拆洗，研磨、校验定压。

3.2.2　压力表、温度计检定。对检定不合格或损坏的压力表及温度计进行更新。

3.2.3　就地液位计拆检，更换锈蚀严重的紧固螺栓、螺母、垫片及其他已损坏的零部件，无法修复的更新。

3.2.4　喷淋系统拆检、清洗，更新损坏的喷嘴，更换锈蚀严重的管道。

3.2.5　检查、修理所有与球罐连接的第一道工艺阀门，安装前进行试压，合格后方可安装。

3.2.6　检查、修理所有与球罐连接的第一道工艺阀门前连接部位的法兰、紧固件，更换垫片。

3.2.7　检查支柱的垂直度和基础的下沉量。

3.2.8　检查拉杆受力情况，必要时调整，使之对称均匀拉紧。

3.2.9　检查、修理绝热层及防火层。

3.2.10　对仪表远传液位计、紧急切断阀等进行检查校验。

3.2.11　罐区附属设施（地面、防火堤、走梯、平台、人体静电释放仪等）的检修。

3.2.12 球罐定期检验，并对检验发现的问题进行修复。

3.2.13 检查带有绝热层的球罐及连接的工艺管线的绝热层下腐蚀，并对检查出的问题进行处理。

3.2.14 检查球罐外部防腐涂层，视损坏情况进行修复。

3.2.15 对球罐连接的小径管进行检查、测厚、更换。

3.2.16 对防雷、防静电设施进行检查修复。

3.2.17 对球罐注水线远程控制阀进行检查、保养、试压。

4 检修程序与质量标准

4.1 检修前准备

4.1.1 备齐图纸、技术资料、使用说明书、作业指导书、检验报告及相关检修记录。

4.1.2 检修单位应编制检修施工方案。

4.1.3 检修人员要满足资质要求，特种设备检验人员、焊工、架子工、起重作业人员等持证上岗，劳动保护用品佩戴齐全。

4.1.4 工机具准备齐全，并检查验收合格，贴好合格证。

4.1.5 检修材料准备齐全并复验合格按规定办理相关作业票证。

4.1.6 检修现场应符合 HSSE 要求，用盲板隔断所有液体、气体的来源，将球罐内部介质排放、清理干净，同时设置明显的隔离标志，禁止用关闭阀门代替盲板隔断。

4.1.7 切断与球罐有关的电源，设置明显的安全警示标志，照明用电电压不得超过 24V，引入球罐内的电缆必须绝缘良好、接地可靠。

4.1.8 为检修而搭设的脚手架等设施安全牢固（对离地面 2m 以上的脚手架设置安全护栏）。

4.1.9 需要进行检测的表面，特别是腐蚀部位和可能产生裂纹缺陷的部位，彻底打磨清理干净，露出金属本体；进行无损检测的表面达到 NB/T 47013 的有关要求。

4.1.10 低温球罐要按照操作规程的要求缓慢升温，使之达到可以进行检验工作的程度。

4.2 检查主要内容

4.2.1 球罐本体、接口部位、焊接接头等有无裂纹、变形或机械接触损伤。

4.2.2 球罐外部防腐涂层有无破损，外表面有无腐蚀，带有绝热层的球罐及连接的工艺管线的绝热层下有无腐蚀，检查球罐连接的小径管有无腐蚀、减薄。

4.2.3 球罐外部防腐涂层有无破损，罐体外表面及接管有无绝热层下腐蚀。

4.2.4 支柱防火层有无破损、脱落，支柱通气孔及易熔塞是否完好。

4.2.5 检查所有与球罐连接的第一道工艺阀门前连接部位的法兰、紧固件有无腐蚀、损坏。

4.2.6 检查就地液位计、仪表远传液位计、紧急切断系统、高高液位报警系统、喷淋系统、注水系统是否完好。

4.2.7 检查拉杆受力情况。

4.2.8 检查支柱的垂直度和基础的下沉量。

4.2.9 检查球罐防雷防静电设施是否完好。

4.2.10 检查罐区附属设施（地面、防火堤、走梯、平台、人体静电释放仪等）是否完好。

4.2.11 定期检验相关的检查内容

检测以宏观检查、壁厚测定、内表面缺陷检测、安全附件检验为主，必要时增加埋藏缺陷检测、材料分析、密封紧固件检验、强度校核等项目。

4.2.11.1 宏观检查主要是采用目视方法（必要时利用内窥镜、放大镜或者其他辅助仪器设备、测量工具）检查球罐本体结构、几何尺寸、表面情况（如裂纹、腐蚀、泄漏、变形），以及焊缝、绝热层、衬里等。

（1）结构检查，包括球壳板的连接，开孔位置及补强，纵（环）焊缝的布置及型式，支柱的型式与布置，拉杆的设置，排放（疏水、排污）装置的设置等。

（2）几何尺寸检查，包括球壳同一断面上最大内径与最小内径之差，纵（环）焊缝错边量、棱角度、咬边、焊缝余高等；

（3）外观检查，包括铭牌和标志，球罐内外表面的腐蚀，主要受压元件及其裂纹、泄漏、鼓包、变形、机械接触损伤、过热，工卡具焊迹、电弧灼伤，支柱或者基础的下沉、倾斜、开裂，支柱的铅垂度，排放（疏水、排污）装置和泄漏信号指示孔的堵塞、腐蚀、沉积物，密封紧固件及地脚螺栓完好情况等。

（4）绝热层和衬里检查，一般包含以下内容：

a）绝热层的破损、脱落、潮湿，有绝热层下球罐壳体腐蚀倾向或者产生裂纹可能性的应当拆除绝热层进一步检查；

b）衬里层的破损、腐蚀、裂纹、脱落，查看信号孔是否有介质流出痕迹；发现衬里层穿透性缺陷或者有可能引起球罐本体腐蚀的缺陷时，应当局部或者全部拆除衬里，查明本体的腐蚀状况和其他缺陷。

4.2.11.2 壁厚测定，一般采用超声测厚方法。测定位置应当有代表性，有足够的测点数。测定后标图记录，对异常测厚点做详细标记。厚度测点，一般选择以下位置：

a）液位经常波动的部位；

b）物料进口、流动转向、截面突变等易受腐蚀、冲蚀的部位；

c）制造成型时壁厚减薄部位和使用中易产生变形及磨损的部位；

d）接管部位；

e）宏观检查时发现的可疑部位。

壁厚测定时，如果发现母材存在分层缺陷，应当增加测点或者采用超声检测，查明分层分布情况以及与母材表面的倾斜度，同时作图记录。

4.2.11.3 表面缺陷检测，应当采用 NB/T 47013 中的磁粉检测、渗透检测方法。铁磁性材料制球罐的表面检测应当优先采用磁粉检测。表面缺陷检测的要求如下：

a）存在环境开裂倾向或者产生机械损伤现象的球罐、有再热裂纹倾向的球罐、Cr-Mo 钢制球罐、标准抗拉强度下限值大于 540MPa 的低合金钢制球罐、按照疲劳分析设计的球罐、首次定期检验的设计压力大于或者等于 1.6MPa 的第Ⅲ类压力容器球罐，检测长度不少于对接焊缝长度的 20%；

b）应力集中部位、变形部位、宏观检验发现裂纹的部位，奥氏体不锈钢堆焊层，异种钢焊接接头、T 形接头、接管角接接头、其他有怀疑的焊接接头，补焊区、工卡具焊迹、电弧损伤处和易产生裂纹部位应当重点检验；对焊接裂纹敏感的材料，注意检验可能出现的延迟裂纹；

c）检测中发现裂纹时，应当扩大表面无损检测的比例或者区域，以便发现可能存在的其他缺陷；

d）如果无法在内表面进行检测，可以在外表面采用其他方法对内表面进行检测。

4.2.11.4 埋藏缺陷检测，应当采用 NB/T 47013 中的射线检测或者超声检测等方法。有下列情况之一时，由检验人员根据具体情况确定抽查采用的无损检测方法及比例，必要时可以采用 NB/T 47013 中的声发射检测方法判断缺陷的活动性：

a）使用过程中补焊过的部位；

b）检验时发现焊缝表面裂纹，认为需要进行焊缝埋藏缺陷检测的部位；

c）错边量和棱角度超过产品标准要求的焊缝部位；

d）使用中出现焊接接头泄漏的部位及其两端延长部位；

e）承受交变载荷球罐的焊接接头和其他应力集中部位；

f）使用单位要求或者检验人员认为有必要的部位。

g）已进行过埋藏缺陷检测的，使用过程中如果无异常情况，可以不再进行检测。

4.2.11.5 材料分析，根据具体情况，可以采用化学分析、光谱分析、硬度检测、金相分析等方法。材料分析按照以下要求进行：

a）材质不明的，一般需要查明主要受压元件的材料种类；对于第Ⅲ类压力容器球罐，承受疲劳载荷的球罐，采用应力分析设计的球罐，盛装毒性危害程度为极度、高度危害介质的球罐，盛装易爆介质的球罐，标准抗拉强度下限值大于 540MPa 的低合金钢制球罐等有特殊要求的球罐，必须查明材质；

b）有材质劣化倾向的球罐，应当进行硬度检测，必要时进行金相分析；

c）有焊缝硬度要求的球罐，应当进行硬度检测。

4.2.11.6 无法进行内部检验的球罐，应当采用可靠的检测技术（例如内窥镜、声发射、超声检测等）从外部进行检测。

4.2.11.7 螺柱检验。M36 以上（含 M36）螺柱在逐个清洗后，检验其损伤和裂纹情况，重点检验螺纹及过渡部位有无环向裂纹，必要时进行无损检测。

4.2.11.8 强度校核。对腐蚀（及磨蚀）深度超过腐蚀裕量、名义厚度不明、结构不合理（并且已经发现严重缺陷），或者检验人员对强度有怀疑的球罐，应当进行强度校核。强度校核由检验机构或者委托有能力的压力容器设计单位进行。强度校核的有关原则如下：

a）原设计已明确所用强度设计标准的，可以按照该标准进行强度校核；

b）原设计没有注明所依据的强度设计标准或者无强度计算的，原则上可以根据用途（例如石油、化工、冶金、轻工、制冷等）或者球罐结构型式，按照当时的有关标准进行强度校核；

c）进口或者按照境外规范设计的，原则上仍然按照原设计规范进行强度校核；设计规范不明，可以参照境内相应的规范；

d）材料牌号不明并且无特殊要求的球罐，按照同类材料的最低强度值进行强度校核；

e）焊接接头系数根据焊接接头的实际结构型式和检验结果，参照原设计规定选取；

f）剩余壁厚按照实测最小值减去至下次检验日期的腐蚀量，作为强度校核的壁厚；

g）校核用压力不得小于球罐允许（监控）使用压力；

h）强度校核时的壁温取设计温度或者操作温度；

i）壳体直径按照实测最大值选取；

球罐进行强度校核时，还应当考虑风载荷、地震载荷等附加载荷。

对不能以常规方法进行强度校核的，可以采用应力分析或者实验应力测试等方法校核。

4.3 检修程序

4.3.1 改造与重大修理

4.3.1.1 改造修理单位

a）从事球罐改造或者重大修理的单位应当是取得相应资质的单位；改造修理单位应当按照相关安全技术规范的要求，建立质量保证体系并且有效运行，改造修理单位及其主要负责人对球罐的改造、修理质量负责。

b）改造修理单位应当严格执行法规、安全技术规范及技术标准。

c）改造修理单位应当向使用单位提供改造、修理施工方案、图样和施工质量证明文件等技术资料。

d）球罐改造与重大修理前，从事球罐改造与重大修理的单位应当向使用地的特种设备安全监管部门书面告知。使用单位应履行相应的变更手续。

e）球罐内部有压力时，不得进行任何修理。出现紧急泄漏需进行带压密封时，使用单位应当按照设计规定提出有效的操作要求和防护措施，并且经过使用单位安全管理负责人批准。带压密封作业人员应当经过专业培训考核取得特种设备作业人员证书并且持证上岗。在实际操作时，使用单位安全管理部门应当派人进行现场监督。

4.3.1.2 改造与重大修理的含义和基本要求

a）球罐的改造是指改变主要受压元件的结构或者改变球罐运行参数、盛装介质、用途等；球罐的重大修理是指主要受压元件的更换、矫形、挖补以及用焊接方法制造的球罐的A、B类对接接头的补焊；

b）球罐的改造或者重大修理方案应当经过原设计单位或者具备相应能力的设计单位书面同意；

c）球罐的改造或者重大修理可以采用其原产品标准，经过改造或者重大修理后，应当保证其结构和强度满足安全使用要求；

d）改变主要受压元件结构或者改变使用条件（运行参数、盛装介质、用途），并且需要进行耐压试验的改造或主要受压元件的更换、矫形、挖补，以及壳体对接接头的补焊或者黏接，并且需要重新进行焊后热处理或者耐压试验的重大修理施工过程，应当由具有相应资质的特种设备检验机构进行监督检验，未经监督检验或者监督检验不合格的球罐不得投入使用；

e）固定式球罐不得改造为移动式压力容器。

4.3.2 检修

4.3.2.1 修复定期检验发现的问题，进行相应的无损检测、热处理及耐压试验。

4.3.2.2 拆卸安全阀，送检验单位清洗、研磨、校验定压后回装。

4.3.2.3 拆卸就地液位计，更换锈蚀严重的紧固螺栓、螺母、垫片及其他已损坏的零部件，无法修复的更新。

4.3.2.4 拆卸压力表、温度计，送检定部门检定。对检定不合格或损坏的压力表及温度计进行更新。

4.3.2.5 拆卸所有与球罐连接的第一道工艺阀门，进行保养、试压，试压合格后方可回装。

4.3.2.6 修理或更换检查发现存在问题的法兰与紧固件，更换全部球罐第一道工艺阀门前法兰垫片、盲法兰垫片及其他拆开部位的垫片。

4.3.2.7 对球罐及附属管线的绝热层下腐蚀部位进行打磨补焊或更换。更换腐蚀减薄的小径管。

4.3.2.8 校验仪表远传液位计、紧急切断阀等部件的电仪结构。

4.3.2.9 拆卸球罐注水线控制阀，进行保养、试压，试压合格后方可回装。

4.3.2.10 调整拉杆受力情况，使之对称均匀拉紧，保证支柱的垂直度。

4.3.2.11 拆卸喷淋系统，导通清洗，更新损坏的喷嘴，更换锈蚀严重的管道。

4.3.2.12 修复检测不合格的防雷防静电设施。

4.3.2.13 修复下沉的基础。

4.3.2.14 对球罐外部防腐涂层破损部位及本次检修修复的部位进行打磨，重新防腐刷漆。

4.3.2.15 修复罐体绝热层及支柱防火层。

4.3.2.16 修复罐区地面、防火堤的破损部位，修复走梯、平台的破损部位并重新刷漆。调试人体静电释放仪，确保正常运行。

4.4 检修质量标准

4.4.1 改造或者修理的焊接要求

a）球罐的挖补、增（扩）开口接管以及焊后热处理，应当参照相应的产品标准制订施工方案，并且经改造或者修理单位技术负责人批准。

b）经无损检测确认缺陷完全清除后，方可进行焊接，球罐施焊前，受压元件焊缝、与受压元件相焊的焊缝、熔入永久焊缝内的定位焊缝、受压元件母材表面堆焊与补焊，以及上述焊缝的返修焊缝都应按 NB/T 47014 进行焊接工艺评定或者具有经过评定合格的焊接工艺支持；焊接工艺评定技术档案应保存至该工艺评定失效为止，焊接工艺评定试样保存期不少于 5 年；焊接完成后应当再次进行无损检测。

c）母材补焊后，应当打磨至与母材齐平。

d）有焊后消除应力热处理要求时，应当根据补焊深度确定是否需要进行消除应力处理。

4.4.2 改造与重大修理的耐压试验

有下列情况之一的球罐在改造与重大修理施工过程中应当进行耐压试验：

a）用焊接（黏接）方法更换或者新增主要受压元件的；

b）主要受压元件补焊深度大于二分之一实测厚度的；

c）改变使用条件，超过原设计参数并且经过强度校核合格的；

d）需要更换衬里的（耐压试验在更换衬里前进行）。

4.4.3 修磨质量标准

球壳板局部表面和焊缝表面的缺陷及工卡具焊迹必须用砂轮修磨。修磨范围内的斜度至少为 1：3。修磨后的球壳实际厚度不得小于设计厚度，同时磨除深度应小于球壳名义厚度的 5%，且不大于 2mm。超过时，应进行焊补。

4.4.4 焊补质量标准

a）对球壳表面缺陷进行焊补时，每处的焊补面积应在 $5000mm^2$ 以内。如有两处以上焊补时，任何两处的净距应大于 50mm。每块球壳板上焊补面积总和必须小于该块球壳板面积的 5%。补焊后的表面应修磨平滑，修磨范围内的斜度至少为 1：3，且高度不大于 1.5mm。当球壳板表面焊补深度超过 3mm 时，还应进行超声检测。

b）坡口表面缺陷修理要求：

坡口表面应平滑，表面粗糙度 R_a 应小于或等于 50μm；平面度 $B \leq 0.04\delta_s$（δ_s 为钢

材厚度），且不大于 1mm；熔渣与氧化皮应清除干净，坡口表面不得有裂纹和分层等缺陷存在。若有缺陷时，应修磨或焊补。焊补时，应将缺陷彻底清除，并经渗透检测确认没有缺陷后方可焊补。焊补后应磨平，使其保持原坡口的形状及尺寸；标准抗拉强度下限值 R_m≥540MPa 钢材的气割坡口表面应进行磁粉或渗透检测，铁磁性材料优先选择磁粉检测。

c）焊缝表面缺陷进行焊补时，焊补长度应大于 50mm。材料标准抗拉强度下限值 R_m≥540MPa 的钢材焊缝焊补后，应在焊补焊道上加焊一道凸起的回火焊道。回火焊道焊完后，应磨去回火焊道多余的焊缝金属，使其与主体焊缝平缓过渡。

d）焊缝的内部缺陷焊补时，清除的缺陷深度不得超过球壳板厚度的 2/3。若清除到球壳板厚度的 2/3 处还残留缺陷时，应在该状态下焊补，然后在其背面再次清除缺陷，进行焊补。焊补长度应大于 50mm。

双面焊对接焊缝，单侧焊接后应进行背面清根。焊缝清根时应将定位焊的焊缝金属清除掉，并用砂轮修整刨槽，修整后的坡口形状、宽窄应一致。标准抗拉强度下限值 R_m≥540MPa 的低合金钢清根后须按 NB/T 47013《承压设备无损检测》进行磁粉检测或渗透检测，合格级别不低于 I 级。

e）焊接接头同一部位的焊补次数不宜超过 2 次。如超过 2 次，焊补前应经施工单位技术总负责人批准。焊补次数、部位、返修后的无损检测结果和技术总负责人批准字样记入球罐修理技术资料中。

f）焊补工艺应按评定合格的焊接工艺进行。

4.4.5 焊后热处理质量标准

a）球罐及受压元件应按材料、焊接接头厚度或原设计要求确定是否进行焊后热处理。

b）修补后的焊缝，宜采用环带加热。焊缝每侧加热宽度不得小于壳体名义厚度的 2 倍，接管与壳体相焊时加热宽度不小于两者厚度（取较大值）的 6 倍。靠近加热部位的壳体应采取保温措施，避免产生较大的温度梯度。

c）低合金高强度钢球罐焊补时，必须预热。坡口大而深时，预热温度应高些。容器大接管环形角焊缝的一定部位进行焊补时，为减少热应力，要沿大接管整周预热。

d）低合金高强度钢球罐焊补后或焊补过程因故停顿后，必须立即进行后热处理，以去除扩散氢。后热处理后缓冷。

e）对结构刚性很大的部位进行焊补时，需进行中间热处理，以降低焊接应力。

f）低合金高强度钢球罐的重要部位和主要焊缝焊补后，必须进行热处理以消除应力。如焊补部位有多处，宜采用整体热处理或局部采用环带热处理。热处理温度通常不高于原来的焊后消除应力处理温度。消除应力处理的温度为 600～680℃。

g）热处理应在焊接工作全部结束并在验收合格后，于压力试验之前进行。热处理后的焊缝应做硬度检查，其硬度值须符合以下要求：碳钢和普通低合金钢不大于母材硬度的 120%，且 HB≤200；铬钼钢不大于母材硬度的 125%，且 HB≤225；对于 3Cr-1Mo-

1/4V、2Cr-1Mo-1/4V，其硬度值不大于母材硬度的125%，且HB≤235。

4.4.6 球罐修理部位的无损检测质量标准

a）球罐的无损检测按NB/T 47013《承压设备无损检测》执行；

b）在现场施工的球罐，对接接头无损检测比例为100%，合格标准按原图纸要求；

c）球罐补焊处表面和缺陷修磨处的表面，应按GB/T 150、GB 12337等标准的有关规定进行磁粉或渗透检测。检查结果不得有任何裂纹、成排气孔、分层，并应符合NB/T 47013标准中磁粉或渗透检测的缺陷显示痕迹等级评定的Ⅰ级要求；

d）球罐的焊接接头，应先进行形状尺寸和外观质量的检查，合格后，才能进行无损检测。有延迟裂纹倾向的材料应在焊接完成24h后进行无损检测；有再热裂纹倾向的材料应在热处理后再增加一次无损检测。

4.4.7 表面处理质量标准

局部修复防腐层，球罐表面处理应达到GB/T 8923《涂装前钢材表面锈蚀等级和除锈等级》中St2级及以上；整体重新防腐，球罐表面处理应达到Sa2.5级及以上。

4.4.8 防腐施工质量标准

按照SH/T 3022《石油化工设备和管道涂料防腐蚀设计规范》及JB/T 4711《压力容器涂覆与运输包装》的规定进行涂敷，达到SH/T 3548《石油化工涂料防腐蚀工程施工质量验收规范》要求的标准为合格，涂层厚度应符合要求。

4.4.9 绝热施工质量标准

按照GB 50126《工业设备及管道绝热工程施工规范》、GB 50185《工业设备及管道绝热工程施工质量验收规范》及设计文件的规定进行球罐绝热层及金属保护层施工。

4.4.10 安全附件及防火设施检修质量标准

a）对安全阀进行解体、清洗、研磨、校验，校验不合格的安全阀予以修复或更换。

b）压力表、温度计检定。对检定不合格或损坏的压力表及温度计进行更新。压力表的精度不小于1.6级，表盘刻度极限值应为设计压力的1.5倍～3.0倍，表盘直径不得小于100mm。

c）紧急切断装置、高高液位报警装置校验合格。

d）液位计拆检，更换锈蚀严重的紧固螺栓、螺母、垫片及其他已损坏的零部件，无法修复的更新。

e）盛装液化烃的球罐支柱耐火层修复，耐火极限应不低于2h。

4.4.11 其他质量标准

a）球罐及其接管的法兰密封面不得有径向划痕、腐蚀斑点等影响密封性能的损伤。球罐的接管采用螺纹连接的，其螺纹表面不得有裂纹、凹陷等缺陷。法兰不得强行连接。

b）球罐密封垫片表面不得有径向划痕。金属垫片应进行研磨，并做印痕检查，印痕线应连续。垫片的选用应参照 JB/T 4700～4707《压力容器法兰》及 HG/T 20614《钢制管法兰、垫片、紧固件选用配合规定（PN 系列）》相关规定。

c）球罐主螺栓应逐个清洗干净，用磁粉或渗透检测，确认螺纹根部无裂纹。

d）与受压元件焊接的保温钉、支持圈、垫板等更换时，应选用与受压元件相同或相近材料，焊材合金元素应与受压元件相同或略高，焊接应牢固，咬边深度不得超过 0.5mm。

e）球罐的安全附件、安全保护装置、测量调控装置、附属仪器仪表应按照相应的维护检修规程进行。

5 试验与验收

5.1 试验前准备

对球罐的安全状况有怀疑或符合本规程 4.4.2 条时，应当进行耐压试验。耐压试验的试验参数［试验压力、温度等以本次定期检验确定的允许（监控）使用参数为基础计算］、准备工作、安全防护、试验介质、试验过程、合格要求等按照《固定式压力容器安全技术监察规程》的相关规定执行。

对于介质毒性危害程度为极度、高度危害，或者设计上不允许有微量泄漏的球罐，应当进行泄漏试验。泄漏试验包括气密性试验和氨、卤素、氦检漏试验。试验方法的选择，按照球罐设计图样的要求执行。

5.1.1 耐压试验和泄漏试验时，必须在球罐的顶部和底部各设置一个量程相同并经检定合格的压力表。选用压力表的量程为 1.5 倍～3 倍试验压力，宜为试验压力的 2 倍。压力表精度不得低于 1.6 级。压力表的表盘直径不得小于 100mm。试验压力以球罐顶部压力表读数为准。

5.1.2 球罐的开孔补强圈应在压力试验前通入 0.4～0.5MPa 的压缩空气检查焊接接头质量。

5.2 试验

5.2.1 耐压试验按照 GB 12337《钢制球形储罐》要求进行。

5.2.2 泄漏试验。

泄漏试验按照以下要求进行：

5.2.2.1 气密性试验，气密性试验压力为本次定期检验确定的允许（监控）使用压力，其准备工作、安全防护、试验温度、试验介质、试验过程、合格要求等按照《固定式压力容器安全技术监察规程》的相关规定执行；如果本次定期检验需要进行气压试验，则气密性试验可以和气压试验合并进行；对大型成套装置中的球罐，可以用系统密封试验代替气密性试验。

a）气密性试验所用气体应为干燥、洁净的空气、氮气或其他惰性气体。

b）气密性试验压力为球罐的最高工作压力。

c）试验步骤：试验时，压力应缓慢上升，升至规定试验压力的50%时，保压5min，然后对球罐的所有焊缝和连接部位进行泄漏检查，确认无泄漏后继续升压；压力升至试验压力时，保压10min，然后进行泄漏检查，以无泄漏为合格；试验后应缓慢卸压。

d）气密性试验合格标准：试验过程中，无泄漏合格；如有泄漏，应在修补后重新进行试验。

5.2.2.2 氨、卤素、氦检漏试验，按照设计图样或者相应试验标准的要求执行。

5.3 验收

5.3.1 验收应由使用单位设备管理部门组织有关单位参加，球罐检修后的技术资料应按职责范围由检验单位和检验配合单位整理并交该球罐的特种设备安全管理员签字才能生效。

5.3.2 球罐修理后，必须履行严格的验收手续，各项数据达到技术要求或能满足安全生产的要求。

5.3.3 球罐达到完好标准。

5.3.4 提交下列技术资料：

a）设计变更及材料代用通知单、材料及零部件合格证。

b）各项施工记录，包括隐蔽工程记录、封闭记录、检修记录（含焊缝质量检验报告）、中间检验记录。

c）试验记录和安全附件校验、定压记录。

d）球罐检验报告。

6 维护与故障处理

6.1 日常维护

6.1.1 球罐作业人员应经安全教育和考核合格，取得特种设备作业人员证。严格执行特种设备相关安全管理制度，并且按照操作规程进行操作，严禁超温、超压或超负荷运行。

6.1.2 使用单位应当建立球罐区定期巡检制度，并且对球罐本体及其安全附件、安全保护装置、测量调控装置、附属仪器仪表进行经常性维护保养。对发现的异常状况及时处理并且记录，保证在用球罐始终处于完好使用状态。检查重点如下：

a）球罐本体、接口（阀门、管路）部位、焊接接头等的裂纹、过热、变形、泄漏及损伤等；

b）外表面及接管的腐蚀；

c）绝热层破损、脱落、潮湿、跑冷；

d）球罐与相邻管道或构件的异常振动、响声，相互摩擦；

e）支柱的损坏，基础下沉、倾斜和开裂，紧固螺栓的完好情况；

f）排放（疏水、排污）装置；

g）运行的稳定情况，是否有超温、超压和超负荷运行的现象；

h）球罐接地设施是否完好；

i）安全状态等级为 4 级的球罐监控措施和异常情况；

j）球罐的安全阀铅封是否完好，前后手阀是否全开并铅封完好。

k）球罐的压力表是否完好并在检定有效期内。

6.1.3 介质为液化石油气、液化烃的球罐及高强钢球罐（标准抗拉强度下限 $\sigma_b \geq$ 540MPa 材料制造的球罐），使用单位要定期进行腐蚀介质含量分析，并控制在设计指标内。尤其是介质中硫化氢含量较高的高强钢球罐，每月至少进行 1 次硫化氢含量分析及数据统计。

6.1.4 定期自行检查

球罐的自行检查，包括月度检查和年度检查。

6.1.4.1 月度检查

使用单位每月对在役球罐至少进行 1 次月度检查，并且应当记录检查情况；当年度检查与月度检查时间重合时，可不再进行月度检查。月度检查内容主要为球罐本体及其安全附件、安全保护装置、测量调控装置、附属仪器仪表是否完好，各密封面有无泄漏，以及其他异常情况等。

6.1.4.2 年度检查

使用单位每年对在役球罐至少进行 1 次年度检查，年度检查项目至少包括球罐安全管理情况、球罐本体及其运行状况和球罐安全附件检查等。

年度检查工作可以由球罐使用单位设备管理人员组织经过专业培训的作业人员进行，也可以委托有资质的特种设备检验机构进行。

6.1.5 定期检验

使用单位应当在球罐定期检验有效期届满的 1 个月以前，向特种设备检验机构提出定期检验申请，并且做好定期检验相关的准备工作。

定期检验完成后，由使用单位组织对球罐进行管道连接、密封、附件（含安全附件及仪表）和内件安装等工作，并且对其安全性负责。

6.1.6 异常情况处理

球罐发生下列异常情况之一的，操作人员应当立即采取应急专项措施，并且按照规定的程序，及时向本单位有关部门和人员报告：

a）工作压力、工作温度超过规定值，采取措施仍不能得到有效控制的；

b）受压元件发生裂缝、异常变形、泄漏、衬里层失效等危及安全的；
c）安全附件失灵、损坏等不能起到安全保护作用的；
d）垫片、紧固件损坏，难以保证安全运行的；
e）发生火灾等直接威胁到球罐安全运行的；
f）液位异常，采取措施仍不能得到有效控制的；
g）球罐与管道发生严重振动，危及安全运行的；
h）与球罐相连的管道出现泄漏，危及安全运行的；
i）其他异常情况的。

6.2 常见故障与处理

球形储罐常见功能故障与处理方法见表1。

表1 球形储罐常见功能故障与处理方法

设备功能		功能故障	故障模式	故障后果	故障应对策略与检修内容	检修周期／月
总功能	分项功能					
提供物料储存的密闭场所，工艺参数指示准确，具备安全存储功能	提供密闭场所	物料泄漏	1. 法兰密封面损坏，法兰密封泄漏	着火、爆炸	倒空处理，修复密封面或更换法兰	视情而定
			2. 垫圈承压不足、腐蚀、变质，法兰密封泄漏	着火、爆炸	倒空处理，紧固螺栓、更换垫圈	视情而定
			3. 螺栓刚度不足、松动或腐蚀，法兰密封泄漏	着火、爆炸	倒空处理，重新研究螺栓材质、紧固螺栓或更换螺栓	视情而定
			4. 焊缝开裂	着火、爆炸	倒空处理，消除裂纹，补焊修复	视情而定
			5. 壳体冲刷、磨损减薄	着火、爆炸	倒空处理，补焊或加防冲板，加强检测	视情而定
			6. 壳体腐蚀减薄	着火、爆炸	倒空处理，内壁涂耐腐蚀涂料，加强检测，严重时更换	视情而定
			7. 阀门内漏	物料损耗	倒空处理，修复或更换阀门	视情而定
			8. 小径管腐蚀泄漏	着火、爆炸	倒空处理，内壁涂耐腐蚀涂料，加强检测，严重时更换	视情而定

表 1　球形储罐常见功能故障与处理方法（续）

设备功能		功能故障	故障模式	故障后果	故障应对策略与检修内容	检修周期／月
总功能	分项功能					
提供物料储存的密闭场所，工艺参数指示准确，具备安全存储功能	安全存储	无法安全存储	1. 安全保护装置失效	着火、爆炸	修理或更换	视情而定
			2. 注水系统故障	着火、爆炸	修理或更换	视情而定
	工艺参数指示准确	工艺参数指示异常	1. 液位计堵塞	液位超安全高度	导通	视情而定
			2. 液位计损坏	液位超安全高度	更换	视情而定
			3. 压力表、温度计指示不准	超温、超压	导通，检定	视情而定
			4. 压力表、温度计损坏	超温、超压	更换	视情而定

附　录　A
（资料性附录）
球形储罐检修质量验收记录表

<table>
<tr><td rowspan="3">位号</td><td rowspan="3">名称</td><td rowspan="3">规格</td><td colspan="2">设计条件</td><td colspan="5">操作条件</td></tr>
<tr><td>温度/℃</td><td>压力/MPa</td><td>温度/℃</td><td></td><td>压力/MPa</td><td colspan="2">介质</td></tr>
<tr><td></td><td></td><td></td><td></td><td></td><td colspan="2"></td></tr>
<tr><td>序号</td><td colspan="2">检修主要内容</td><td>质量标准</td><td>控制级别</td><td>检查情况</td><td>施工单位</td><td>生产装置</td><td>设备管理部门</td><td>备注</td></tr>
<tr><td>1</td><td colspan="2">安全阀拆洗，研磨、校验定压</td><td>校验完好</td><td>B</td><td></td><td></td><td></td><td></td><td></td></tr>
<tr><td>2</td><td colspan="2">压力表、温度计检定。对检定不合格或损坏的压力表及温度计进行更新</td><td>灵活好用，检定合格</td><td>B</td><td></td><td></td><td></td><td></td><td></td></tr>
<tr><td>3</td><td colspan="2">液位计拆检，更换锈蚀严重的紧固螺栓、螺母、垫片及其他已损坏的零部件，无法修复的更新</td><td>灵活好用</td><td>B</td><td></td><td></td><td></td><td></td><td></td></tr>
<tr><td>4</td><td colspan="2">喷淋系统定期拆检、清洗，更新损坏的喷嘴，更换锈蚀严重的管道</td><td>喷淋系统完好</td><td>B</td><td></td><td></td><td></td><td></td><td></td></tr>
<tr><td>5</td><td colspan="2">检查、修理所有工艺阀门</td><td>密封良好，灵活好用</td><td>B</td><td></td><td></td><td></td><td></td><td></td></tr>
<tr><td>6</td><td colspan="2">检查、修理全部连接部位的法兰、垫片（一旦拆开必须更换）、紧固件</td><td>密封面无损伤、清理干净，垫片规格正确，垫片螺栓安装合格</td><td>A</td><td></td><td></td><td></td><td></td><td></td></tr>
<tr><td>7</td><td colspan="2">测量支柱的垂直度和基础的下沉量</td><td>基础无裂纹、无破损、无下沉</td><td>B</td><td></td><td></td><td></td><td></td><td></td></tr>
<tr><td>8</td><td colspan="2">检查拉杆受力情况，必要时调整，使之对称均匀拉紧</td><td>拉杆受力均匀</td><td>B</td><td></td><td></td><td></td><td></td><td></td></tr>
<tr><td>9</td><td colspan="2">定期修理绝热层及防火层</td><td>绝热层及防火层完好，无缺损</td><td>A</td><td></td><td></td><td></td><td></td><td></td></tr>
<tr><td>10</td><td colspan="2">对仪表钢带液位计、雷达液位计、紧急切断阀等进行检查校验</td><td>校验完好</td><td>B</td><td></td><td></td><td></td><td></td><td></td></tr>
<tr><td>11</td><td colspan="2">球罐定期检验，修复存在的问题</td><td>定期检验合格，无缺陷</td><td>A</td><td></td><td></td><td></td><td></td><td></td></tr>
</table>

控制级别说明：A 级：施工单位、生产装置、设备管理部门专业人员检查确认后签字。

B 级：施工单位、生产装置专业人员检查确认后签字。

C 级：施工单位专业人员检查确认后签字。

另：如果有监理，监理的职责由甲方授权。

附　录　B
（资料性附录）
球罐耐压和泄漏试验记录

<table>
<tr><td colspan="2"></td><td colspan="2">球罐耐压和泄漏试验记录</td><td>工程名称：
单位名称：</td></tr>
<tr><td colspan="2">试验类型</td><td></td><td>产品编号</td><td></td></tr>
<tr><td colspan="2">设备名称</td><td></td><td>设备位号</td><td></td></tr>
<tr><td colspan="2">设计压力</td><td>MPa</td><td>操作介质</td><td></td></tr>
<tr><td colspan="2">设计温度</td><td>℃</td><td>压力表编号</td><td></td></tr>
<tr><td colspan="2">压力表精度等级</td><td></td><td>压力表量程</td><td>MPa</td></tr>
<tr><td colspan="2">压力表检定日期</td><td></td><td>压力表表盘直径</td><td>mm</td></tr>
<tr><td colspan="2">环境温度</td><td>℃</td><td>试验介质温度</td><td>℃</td></tr>
<tr><td colspan="3">奥氏体不锈钢设备试验用水氯离子含量</td><td colspan="2">mg/L</td></tr>
<tr><td rowspan="3">耐压
试验</td><td>试验部位</td><td></td><td>试验介质</td><td></td></tr>
<tr><td>试验压力</td><td>MPa</td><td>保压时间</td><td>min</td></tr>
<tr><td>试验结论</td><td colspan="3">□有渗漏　□无渗漏
□有可见异常变形　□无可见异常变形
□有异常响声　□无异常响声
□不合格　□合格</td></tr>
<tr><td rowspan="3">泄漏
试验</td><td>试验部位</td><td></td><td>试验介质</td><td></td></tr>
<tr><td>试验压力</td><td>MPa</td><td>保压时间</td><td>min</td></tr>
<tr><td>试验结论</td><td colspan="3">□有渗漏　□无渗漏
□有可见异常变形　□无可见异常变形
□有异常响声　□无异常响声
□不合格　□合格</td></tr>
<tr><td>补充试验</td><td colspan="4"></td></tr>
</table>

<table>
<tr><td>建设／监理单位</td><td>总承包单位</td><td>施工单位</td></tr>
<tr><td>专业工程师：

日期：　年　月　日</td><td>专业工程师：

日期：　年　月　日</td><td>专业工程师：
质量检查员：
专业工程师：
日期：　年　月　日</td></tr>
</table>

36. 包装机维护检修规程

SHS 01038—2019

代替 SHS 03037—2004

目　次

前　言

本规程按照GB/T　1.1—2009《标准化工作导则　第1部分：标准的结构和编写》给出的规则修订。

本规程代替 SHS 03037—2004《包装机维护检修规程》，与SHS 03037—2004相比，除了编辑性修改外，主要技术变化如下：

——检修周期一项中，将原有的检修周期由小修、大修改为工艺性检修、故障检修和停车检修；

——检修内容一项中，按设备按照功能系统进行划分，并在每部分中一一列出需要检修的项目；

——检修程序与质量标准一项中，作了如下改动：

a）增加了检修前的准备事项；

b）增加、完善了拆卸、回装程序与要求。

——维护与故障处理部分，采用表格形式罗列了日常维护的项目；常见功能故障与处理部分采用RCM分析方法重新编制。

——增加了附录A“包装机检修质量控制确认表”、附录B“包装机试车与验收数据记录表”。

本规程由中国石油化工集团有限公司、中国石油化工股份有限公司提出。

本规程起草单位：哈尔滨博实自动化股份有限公司。

本规程主要起草人：冯艳。

本规程所代替规程的历次版本发布情况为：

——SHS 03037—1992、SHS 03037—2004。

包装机维护检修规程

1 范围

1.1 主题内容

本规程规定了包装机的检修周期与内容、检修程序与质量标准、试车与验收、维护与故障处理。

1.2 适用范围

本规程适用于包装机设备的维护与检修。包装机的类型分为全自动包装机、半自动包装机及吨袋包装机，如图 1、图 2、图 3 所示。本规程将三种类型包装机按功能系统分别介绍包装机设备的维护与检修。

1.2.1 包装机系统组成（见表 1）

表 1 包装机系统的组成

包装机系统的组成	动力系统	电动系统
		气动系统
	功能系统	料仓及对接系统
		称重系统
		供袋、装袋系统
		封（缝）口系统
		除尘系统、充气系统
	固定结构	机架及连接件
	密封、传输及润滑	密封、传输、润滑

1.2.2 包装机功能系统包括的设备

a）料仓及对接系统：V 形输送机、对接料斗、储料斗、过渡料斗；

b）称重系统：电子定量秤，给料箱、电子垛盘秤；

c）供袋、装袋系统：供袋机、装袋机、重膜袋包装机（FFS）、阀口袋包装机、夹口整形机、提升装置、夹袋器；

d）封（缝）口系统：封口机、缝口机、折边缝口机；
e）其他设备：除尘系统、充气系统、支承平台；

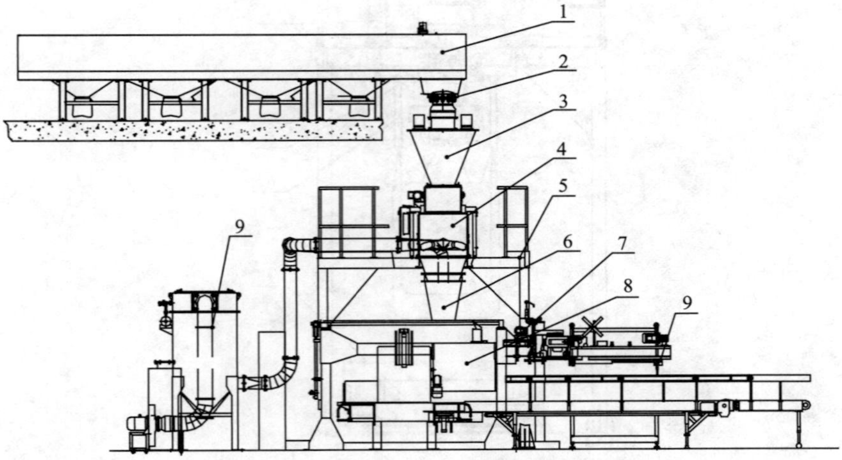

图1　全自动包装机设备示意图

1—V型输送机；2—对接料斗；3—储料斗；4—电子定量秤；5—支承平台；6—过渡料斗；
7—夹口整形机；8—供袋、装袋系统；9—封（缝）口系统；10—除尘系统

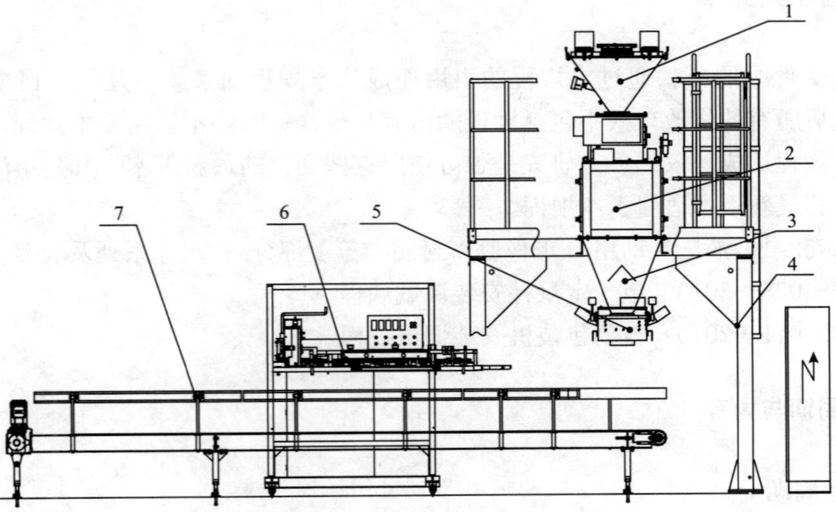

图2　半自动包装机设备示意图

1—储料斗；2—电子定量秤；3—过渡料斗；4—支承平台；
5—夹袋器；6—封（缝）口机；7—立袋输送机

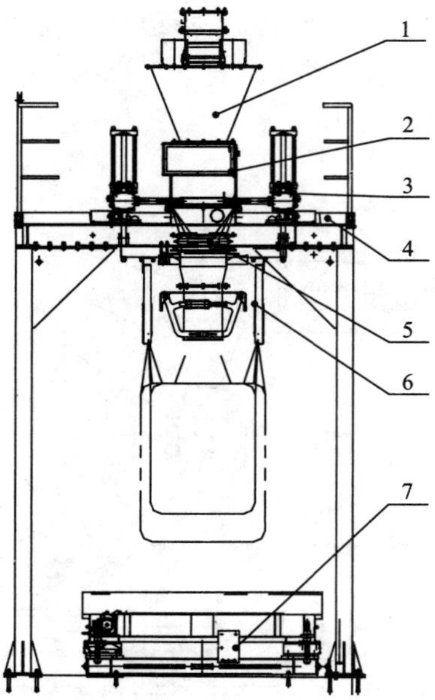

图 3　吨袋包装机设备示意图

1—储料斗；2—给料箱；3—电子定量秤；4—充气系统；5—夹袋器；
6—提升装置；7—电子垛盘秤

2　规范性引用文件

下列文件中的条款通过本规程的引用而成为本规程的条款。凡是注日期的引用文件，其随后所有的修改单（不包括勘误的内容）或修订版均不适用于本规程，然而，鼓励根据本规程达成协议的各方研究是否可使用这些文件的最新版本。凡是不注日期的引用文件，其最新版本适用于本规程。

GB 3452.1　液压气动用 O 形橡胶密封圈　第 1 部分 ：尺寸系列及公差

Q/HBS 008—2010　电子定量秤安装调试规程

Q/HBS 011—2010　自动包装机安装调试规程

3　检修周期与内容

3.1　检修周期

根据对包装机设备功能故障及其影响，设备的检修周期分为三类，即工艺检修（每班或每月）、故障检修（随时）、停车检修（4 年），见表 2。

表 2　检修周期说明表

检修类别	工艺检修 （每班或每月）	故障检修 （随时）	停车检修 （4 年）
检修原因	设备某个部分发生改变，不能满足工艺要求	设备发生损坏，不能达到使用要求	整套装置停车，工厂整体大修
检修周期	依据生产工艺情况随时进行检修	不能满足正常生产情况时进行检修	整套装置停车，对整套设备进行全面检修

3.2　检修检查内容

3.2.1　动力系统

3.2.1.1　电动系统

a）检查、修理或更换减速机，电机；

b）检查、修理或更换轴承箱、齿轮箱；

c）检查减速电机的固定及校准情况；

d）检查散热片和空气入口清洁度，并清理。

3.2.1.2　气动系统

a）检查气管和气缸的使用情况；

b）拆下气缸，检查活塞杆密封情况有无渗漏，活塞杆与轴的配合情况；

c）拆下气缸，检查活塞杆表面及气缸内表面不应有裂纹、起皮、划痕及碰伤等情况。

3.2.2　功能系统

3.2.2.1　料仓及对接系统

a）检查皮带的运行、磨损情况，清理及润滑；

b）检查皮带轮的固定情况及同心度；

c）检查滑道的磨损情况，并润滑，必要时更换；

d）检查辊筒有无异常响声，轴承润滑或更换。

3.2.2.2　称重系统

a）检查放料门的密封情况，并调整或更换；

b）检查翻门的清洁度，并清理；

c）检查传感器的固定件，并调整；

d）检查称重吊杆和平衡钢索的情况；

e）检查各零部件的磨损情况；

f）检查橡胶件的磨损情况，必要时更换；

g）检查输送带的松紧度及跑偏，并调整；

h）检查弧形板的配合情况，并调整或更换；

i）检查螺旋叶片的磨损情况及清洁度。

3.2.2.3 装袋及供袋系统

a）检查滚轮的磨损情况，并清理杂物，必要时更换；

b）检查同步齿形皮带与皮带轮的缺齿及磨损情况；

c）检查滑块与滑道的磨损情况；

d）检查、清理吸盘，必要时更换；

e）检查钳口板的磨损情况，必要时更换；

f）检查齿轮和齿条的磨损情况，更换及润滑；

g）检查袋子传送器的挂胶滚轮的磨损情况，必要时更换；

h）检查料门的磨损情况及清洁度；

i）检查导向板的位置是否有偏离，并调整；

j）检查 FFS 薄膜托辊的表面及旋转情况；

k）检查 FFS 电热条拉紧情况及固定情况；

l）检查 FSS 导轨的配合情况；

m）检查 FFS 排气针的情况；

n）检查冷却系统是否堵塞，并清理；

o）检查刀刃的磨损情况；

p）检查空袋吸盘第一闭合位置与袋底密封器位置情况；

q）检查空袋吸盘第二闭合位置与装袋下料口位置情况；

r）检查满袋吸盘第一闭合位置与装袋下料口位置情况；

s）检查满袋吸盘第二闭合位置与袋口密封器位置情况；

t）检查阀口袋包装机叶片的清洁度，并清理；

u）检查阀口袋包装机叶轮总成处密封，必要时更换；

v）检查阀口袋包装机夹袋气囊是否漏气，必要时更换；

w）检查阀口袋包装机压头磨损情况，必要时更换。

3.2.2.4 封（缝）口系统

a）封口机的解体与检修：检查封口机的压紧辊的磨损情况及加热的温度情况；检查刀刃的磨损情况及间隙；

b）折边机的解体与检修：检查折边机的刻痕机构情况，并调整，参考用户手册；检查折边机的盖板与折边板的间隙情况，并调整，参考用户手册；检查各部分的间隙情况；

c）缝口机的解体与检修：检查缝纫机的缝合能力；清理缝纫机内的杂物，更换磨损严重的部件；检查滚轮的磨损情况。

3.2.2.5 除尘系统、充气系统

a）离心风机的解体与检修：检查离心风机的叶轮磨损情况及清洁度；检查入口空

气滤网的清洁度；

b）检查各连接件的密封情况；

c）检查尘料筒的清洁度；

d）检查除尘管路的清洁度及漏气情况；

e）检查除尘口的清洁度；

f）检查管路的清洁度，及漏气情况并更换；

g）检查管路连接的密封情况。

3.2.3 固定结构

3.2.3.1 检查机架的变形情况，焊接件是否开裂，并修复；

3.2.3.2 检查各连接螺栓、地脚螺栓的连接情况，并紧固；

3.2.3.3 设备整机全部防腐、刷漆；

3.2.3.4 检查安全防护装置及各种防护罩。

3.2.4 密封传输及润滑

3.2.4.1 检查或更换各密封圈、密封垫和止动垫圈等密封件；

3.2.4.2 检查各仪表、阀门是否正常，如异常则进行更换；

3.2.4.3 检查或更换下料口的密封；

3.2.4.4 检查链条及链轮的啮合、磨损情况，清理及润滑；

3.2.4.5 检查链条张紧度；

3.2.4.6 检查皮带的运行、磨损情况，清理及润滑或更换；

3.2.4.7 检查输送带张紧度；

3.2.4.8 检查滑道、轴承的磨损情况，并润滑，必要时更换；

3.2.4.9 检查辊筒有无异常响声，轴承润滑或更换；

3.2.4.10 检查关节轴承磨损情况，并调整，清理及润滑，必要时更换；

3.2.4.11 检查关节轴承有无阻碍；

3.2.4.12 检查带座轴承的磨损情况，并润滑，必要时更换；

3.2.4.13 检查自润滑轴承的磨损情况，必要时更换；

3.2.4.14 检查轴和轴套的磨损情况，并润滑，必要时更换。

4 检修程序与质量标准

4.1 检修前准备

4.1.1 收集、分析设备运行技术状况和监测记录，确定检修的原因和项目，制定详尽的检修技术方案。

4.1.2 熟悉设备的用户说明书和相关技术资料。

4.1.3 了解设备的基本组成及结构，学会设备的拆装。

4.1.4 事先准备好检修所需的备品配件、检修工具、起吊设备和所需材料，并保证其符合设计要求。

4.1.5 现场布置好检修电源、灯具、照明电源。

4.1.6 清理现场，规划场地布置，安排所需部件、拆卸件及主要部件的专修场所。

4.1.7 制备整套的检修记录表、卡、应急预案。

4.1.8 现场维修人员必须佩戴适当的防护用品，如安装帽、安全眼镜、工作服、手套、安全鞋等。

4.1.9 维修作业应严格遵守相关作业规程，其中起吊、登高、用电等特种作业应制定专项作业方案，作业人员必须持证上岗。

4.1.10 应严格按照有关安全工作规范的要求，现场应设安全警示线，防止无关人员进入作业现场，完成各项安全措施并办理相关票证。

4.1.11 检修前需确认：切断电源、关闭气源，释放气动管路中的残压，并在电源开关及气源阀门处挂上警示标志。

4.1.12 检修施工安全方面的未尽事宜，应按照Q/SHS 0001.3《炼油化工企业安全、环境与健康（HSE）管理规范》中的规定，对检修过程进行危害识别及风险评估、环境因素识别和影响评价，并办理相关票证。

4.2 拆卸与检测

4.2.1 检查真空泵油位及颜色，视情况更换真空泵。

4.2.2 拆卸气缸，检查活塞杆密封情况有无渗漏，活塞杆与轴的配合情况；活塞杆表面不应有裂纹、起皮、划痕及碰伤等缺陷。

4.2.3 拆卸气动系统，更换老化及龟裂的气管和接头，气缸如有漏气，应修复或更换。

4.2.4 拆卸和检查零、部件的磨损情况。

4.2.5 检查橡胶件破损。

4.2.6 拆卸检查各轴承的磨损情况，必要时更换。

4.2.7 检查链轮、链条的磨损、张紧度和变形情况。

4.2.8 检查同步齿形皮带和皮带轮的磨损、张紧度情况。

4.2.9 检查固定结构有无变形、裂纹、腐蚀，设备运行时，不得有异常振动和位移。

4.2.10 拆卸封口机，检查刀刃的磨损量及上下刀刃的间隙、压紧辊的磨损情况及加热的温度。

4.2.11 检查查滑道与滑块，有无裂纹、沟槽、起皮等缺陷。

4.2.12 检查各密封件及润滑点的情况。

4.2.13 检查吸盘及钳口板的磨损情况。

4.2.14 检查空袋、满袋吸盘的位置情况。

4.3 回装与质量标准

4.3.1 检查真空泵油位，确保油位在“Min”与“Max”之间；真空泵油必须是光亮、清晰的，不能有一点起泡沫或浑浊。

4.3.2 检查活塞杆表面不应有裂纹、起皮、划痕及碰伤等缺陷。其表面粗糙度小于 R_a0.40，圆柱度偏差小于 0.10mm，否则应更换。

4.3.3 检查气缸内表面，应光滑无变形，粗糙度不大于 R_a0.40，圆柱度偏差小于 0.10mm，否则更换。

4.3.4 检查轴与轴套的磨损情况；轴与轴套的配合为 H_8/h_7，如超差，更换轴套。

4.3.5 检查链轮、链条的磨损和变形。链轮齿厚磨损超过 10% 应更换；链条拉伸变形超过 2% 时应更换；链条滚柱外圈磨损超过 5% 时应更换；链轮安装要在同一线上，最大错位量应小于 2mm；链条的松紧度应为链轮中心距的 2%～3%，超过时应调整（参见其设备的用户手册）。测定方法为：用手压下部链条，张紧后其位移距链轮节圆下部外公切线垂直距离为链轮中心距的 2%～3% 为合适。

4.3.6 检查皮带轮厚磨损量超过 10%，同步齿形带齿厚磨损量超过 20% 应更换，输送带在相邻两托辊之间下垂度不宜过大。

4.3.7 检查刀刃磨损量超过 0.20mm，则应更换；上、下刀的间隙应为 0.10～0.20mm。

4.3.8 检查滑道与滑块，不应有裂纹、沟槽、起皮等缺陷，否则应修理或更换。滑块与滑块的间隙应在 0.20～0.40mm 之间。

4.3.9 检查各密封件应密封完好，无滴漏、无气流冲击、地面无油迹，否则应更换密封件。

4.3.10 检查各润滑点的润滑油、脂应满足工艺使用要求，否则应按规定添加或者更换原型号润滑油、脂。

4.3.11 检查吸盘及钳口板表面出现裂纹、起皮等缺陷，应更换。

4.3.12 检查空袋吸盘第一闭合位置应与袋底密封器处于同一垂直位置；空袋吸盘第二闭合位置应与装袋下料口处于同一垂直位置。

4.3.13 检查满袋吸盘第一闭合位置应与袋下料口处于同一垂直位置；满袋吸盘第二闭合位置应与袋口密封器处于同一垂直位置。

5 试车与验收

5.1 试车前的准备工作

5.1.1 确认各项检修工作已完成，检修记录齐全，检修质量符合本规程 4.3 的规定。

5.1.2 检修完毕后，应及时清理现场，做到“工完料尽场地清”，有试车方案。

5.1.3 设备零、部件应完整无缺，检查设备的连接、固定、润滑密封等情况，各润滑点按要求加足润滑油。

5.1.4 检查各仪表、阀门是否灵敏、可靠，满足试车要求。

5.1.5 检查水、电、气等各项工艺条件是否准备充分，具备试车条件。

5.1.6 检查安全防护设施是否就位。

5.1.7 检查各报警、控制系统是否灵敏好用。

5.1.8 检查照明、通讯、消防等辅助设施是否正常，满足试车条件。

5.1.9 检查确认没有人员在设备运行区域内，当操作者超过一个人时，须在与其他操作者取得一致信息后再启动设备。

5.2 试车

5.2.1 空负荷试车

5.2.1.1 检查取袋装置，要求供袋动作正确、灵活；做 20 次取袋、送袋、夹袋动作，要求成功率达到 95%。

5.2.1.2 检查缝纫机，空缝时无异常声响，用空袋缝时，线脚应整齐，不跳线，切口平整；缝合 20 只空袋，要求成功率达到 95%。

5.2.1.3 皮带机，检查皮带，应无跑偏现象；空试 1h。

5.2.1.4 检查操纵包装机移动系统，应操作方便，运行平稳。

5.2.1.5 检查FFS袋供袋装置，排气系统，要求动作程序正确，FFS袋排气孔均匀穿透。

5.2.1.6 FFS 包装机打至“空袋运行”位置，检查 FFS 包装机“K”密封、袋底袋口密封，应做到袋长控制稳定准确，“K”密封正确，袋底袋口密封完好，连续制作 20 个空袋，要求成功率达到 100%。

5.2.1.7 移动包装机与料仓对接时，应做到对接过程平稳，对接准确，升降不冲击，试做数次升降，成功准确率 100%。

5.2.2 负荷试车

5.2.2.1 包装能力达到设计能力，考核时间为 4h。

5.2.2.2 电子秤精度 ±2‰，每小时抽检 80 袋，4h 抽检 4 次，平均合格率要求 97.5%。

5.2.3 验收

检修质量符合本规程规定，经试车合格，达到完好标准，按规定办理验收手续，移交生产。验收技术资料齐全、准确，应包括：

a）检修质量确认表；

b）试车与验收数据记录表；

c）主要零、部件更换清单。

6 维护与故障处理

6.1 日常维护

为满足生产线长周期运行，减少非计划停车，提高设备的完好利用率，延长设备的使用寿命，应做好设备的定期维护和保养工作，以维持和保护设备的性能和技术状况。包装机日常维护内容见表3。

表3 包装机日常维护内容

检查部件	检查项目	检查方法	检查标准	处理方法
各润滑点	链条、链轮、带座轴承、关节轴承、自润滑轴承、轴套的润滑	目测	不缺油	注油或更换
链式传动	链轮磨损	目测、仪器测量	齿轮磨损量≤10%	更换
	链条的张紧	目测	平稳	调整张紧
	转动状态是否直线运行	测量	直线	调整
	链条的垂直度	测量	垂直度大于中心距1%～2%	调整
	链条清洁度	目测	无油污	清理
气动系统	是否漏气	听检	不漏气	消漏
	气缸固定情况	拧紧	不松动	拧紧
	润滑	目测	确定润滑油量	不足添加
	仪表	目测	正确读数	调整
	阀门	目测	无异常	更换
	空气过滤器清洁	目测	干净	清理
	油雾喷出量	目测	有无冷凝水喷出	调整
真空泵	振动	目测、听检	无杂音	检测更换
	漏油	目测	不漏油	检测更换
	油位及颜色	目测	在刻度之间；颜色光亮、清晰	注油或更换
	过热	手触	温度＜40℃	检测更换
减速电机	固定和校准	拧紧、仪器检测	不松动、准确	拧紧、调整
	运转声响	听检	无杂音	检查轴承或更换
	过热	手触	温度＜40℃	检测更换
	漏油	目测	不漏油	检测更换

表 3 包装机日常维护内容（续）

检查部件	检查项目	检查方法	检查标准	处理方法
减速电机	散热器及空气入口清洁度	目测	干净	清理
	油位	目测	适量	缺油补充
	制动器的清洁度	目测	干净	清理
	制动器的气隙	测量	0.3～1.2	调整
紧固件	无松动	拧紧	无松动	拧紧
齿条、齿轮	固定	拧紧	无松动	拧紧
	磨损	目测、测量	无磨损	超差更换
	润滑	目测	确定润滑油量	不足添加
皮带传动	固定	拧紧	无松动	拧紧
	清洁度	目测	干净	清理
	同心度	测量、目测	同心	调整
	皮带的张紧及纠偏	目测	平稳	调整张紧、纠偏
	磨损	目测	无磨损、龟裂、起皮	更换
料仓对接系统	皮带运行，有无纠偏现象	测量、目测	同心	调整
	料位计的输出情况	目测	正确读数	调整更换
	对接机运行情况	目测	正常	调整更换
	转向机运行情况	目测	正常	调整更换
	料仓筒壁清洁度	目测	干净	清理
称重系统	翻门的清洁度	目测	干净	清理
	螺旋叶片的清洁度	目测	干净	清理
吸盘	清洁度	目测	干净	清理
FFS 切刀	锋利	目测	袋口边齐整、无变形	更换
FFS 袋密封	密封	目测、手拉	完整、无泄漏	调整
电加热条	密封	目测	无氧化	更换
FFS 冷却器	制冷冷却板	目测	密封无烫化	调整
封缝口切刀	锋利	目测	断线	更换
气囊	漏气	听检	不漏气	消漏
叶片总成	叶片清洁度	目测	干净	清理
除尘系统	除尘系统清洁度	目测	干净	清理

6.2 常见故障与处理

包装机常见功能故障与处理方法见表 4。

表 4　包装机常见功能故障与处理方法

序号	功能	功能故障	故障模式	故障后果	故障应对策略与检修内容	检修周期／月
1	动力系统	减速机及电机故障	轴承磨损	减速机振动大	更换轴承	36～48
			润滑油不足	减速机温度过高	加润滑油	视情而定
			超负荷	减速机温度过高	查找超负荷原因并处理	视情而定
			振动大引起	减速机温度过高	按振动大处理方法	视情而定
2	气动系统	管路漏气	气动管路或接头有漏气	噪声太大	更换破损的气动软管及紧固接头	视情而定
		消音器故障	消音器损坏或堵塞	噪声太大	更换或清理	视情而定
		压力表异常	压力表、调速阀损坏，气源压力不稳定，过滤器堵塞	压力表指示值不稳定	维修或更换压力表、调速阀，清理过滤器	视情而定
		气缸动作异常	节流器开度异常	气缸运行得过快或过慢	调整	视情而定
			气缓冲大小不合适	气缸动作不平稳	调整	视情而定
			气源压力过低	气缸爬行	提高气源压力	视情而定
		密封泄漏	密封失效	气缸内泄大	更换密封圈或检查活塞配合面	视情而定
		气缸故障	启动故障	无法启动	检修	视情而定
		空气泄漏	隔膜破损	空气从阀盖的小孔泄漏	更换	视情而定
		减压阀工作异常	膜片或弹簧断裂，阀杆变形，复位弹簧损坏	压力不稳定	更换	视情而定
			阀座有异物或伤痕		清理	24
		油雾器工作异常	节流阀工作异常	气缸阀无润滑，磨损加快	调整或更换	视情而定
			不滴油或油量太小		清理油道或调整节流阀	视情而定
		电磁阀－主阀故障	弹簧、密封件、阀芯或阀套损坏	执行元件无动作	更换	视情而定
			主阀内有异物		清理	24
			气源压力异常		调整	视情而定
		电磁阀－先导阀排气口漏气	有异物	主阀无动作	清理	24
			动铁芯或弹簧锈蚀		排放冷凝水	视情而定
			环境温度过低		提高环境温度	视情而定

表 4　包装机常见功能故障与处理方法（续）

序号	功能	功能故障	故障模式	故障后果	故障应对策略与检修内容	检修周期／月
3	称重系统	物料供给装置故障	物料供给不稳定	计量精度不稳定	检修物料供给装置	视情而定
		翻门故障	翻门不能完全打开		拆卸检修，紧固	视情而定
		平衡钢索故障	平衡钢索橡胶件损坏		更换	视情而定
		气缸故障	气缸动作异常	进料阀打不开	检修	视情而定
		进料阀轴承清洁度	进料阀轴承有异物		清理	12
		平衡钢索稳定器间隙异常	平衡钢索的稳定器无间隙	翻门不能关闭	调整间隙 1～1.5mm	视情而定
		翻门表面及轴承清洁度	翻门表面及轴承有污渍		清理	12
		螺旋叶片清洁度	螺旋叶片有污渍	螺旋给料不通畅	清理	12
		输送带故障	输送带张紧及跑偏、磨损	皮带输送给料不通畅	调整、更换	视情而定
4	装袋及供袋	吸盘破损	吸盘有裂纹、杂质	吸盘吸不住料袋	更换、清理	视情而定
		吸袋故障	真空度不足		应保持 400mm/Hg	视情而定
		过滤器的清洁	过滤器中杂质过多		清理	每班
		吸盘间隙不佳	吸盘有间隙	夹袋途中，袋落下	调整至 0	视情而定
		供袋盘与吸盘位置不佳	供袋盘与吸盘不平行	有动作，但吸不住料袋	调整	视情而定
		管路损坏	真空管破损		更换	视情而定
		压力表指数不对	真空泵气压异常	无吸袋动作	调压至 0.5～0.6MPa	视情而定
		气缸故障	气缸动作异常		检修、更换	视情而定
		送袋位置不准确	吸盘器滚轮磨损	装袋机无法正常取袋	更换	视情而定
			袋子传送器的挂胶滚轮磨损		更换	视情而定
		侧整形位置不准确	导向槽变形	吸袋位置不在中心	校正导向槽、调整	视情而定

表4　包装机常见功能故障与处理方法（续）

序号	功能	功能故障	故障模式	故障后果	故障应对策略与检修内容	检修周期/月
4	装袋及供袋	速度控制阀故障	袋送入速度过快	袋送入时，袋变折或挂在导向器上	调整速度控制阀	视情而定
		袋子放入过多	一次性放入过多的袋子，而没有将袋压下		将袋子压平	视情而定
		抓手夹不住料袋	橡胶钳口板磨损过大	料袋脱落	更换	36
		取袋开袋装置运行抖动	齿条、滚轮磨损	噪声过大、非计划停工	更换	视情而定
			齿条齿轮接触不好，齿轮串动		调整压轮使齿条与齿轮接触良好，紧固齿轮张紧套螺栓	视情而定
		输送速度不一致	夹口整形机的输送带速度与立袋输送机不同步	料袋在输送途中前倾或后倾	调整夹口整形机的变频器	视情而定
		皮带脱落或松弛	输送带被拉长	不夹袋	调整从动带轮使输送带张紧适度	视情而定
		料袋不能顺利通过	夹持皮带不能有效张开	挂袋、料袋挤住	调整拉杆挡圈螺钉及气缸	视情而定
		齿轮传动有异响	齿轮润滑及磨损	噪声过大，非计划停工	及时添加润滑脂必要时更换	1
	重膜包装机FFS	紧固件松动	薄膜卷筒未充分紧固在支承轴承上	薄膜弯曲	将薄膜卷充分紧固在支承轴承上	视情而定
		薄膜卷筒的位置不佳	薄膜卷筒不位于中心		使薄膜卷筒位于中心	视情而定
		薄膜缠绕方式	薄膜被不均匀缠绕		均匀缠绕薄膜	视情而定
		导向板位置不佳	导向板不在中心，或彼此距离太远		调节导向板	视情而定
		袋子输送故障	在操作中，袋子输送未达到标准距离移动	袋子输送中出现倾斜现象	检查移动自由度；检查摆臂行程（行程=330mm）；检查驱动元件	视情而定
		吸盘故障	吸盘被堵、吸盘关闭	袋子没有正确打开	清理、更换吸盘；调整	视情而定

表 4　包装机常见功能故障与处理方法（续）

序号	功能	功能故障	故障模式	故障后果	故障应对策略与检修内容	检修周期／月
4	重膜包装机 FFS	吸盘间隙不佳	吸盘调整不正确	袋子没有正确打开	当两吸盘关闭时，必须留 1～1.5mm 以上的间隙	视情而定
		真空泵故障	所需的真空度未完全达到要求，显示在真空表上（-0.7～0.8bar）	袋子没有正确打开	根据真空泵说明书，对真空泵进行测试，检查并确认真空阀或管线系统是否泄漏，过滤器是否变脏或需要更换	视情而定
		薄膜质量不合格	薄膜被堵或带静电	袋子没有正确打开	边缘粗糙或带静电的薄膜内表面会粘在一起。因此不能排除，如果薄膜制造质量不合格，或在不合适温度下贮存，会偶尔或重复发生故障	视情而定
		刀片不够锋利	刀片变钝	薄膜边缘变粗糙	更换刀片	视情而定
		中心位置不重合	在缩袋机构缩袋时，缩袋机构的中心与装袋中心不重合	袋子边缘变形	检查缩袋机构，使缩袋机构的中心与装袋中心重合	视情而定
		角片插入不稳	在角片插入袋口时，缩袋机构的夹持弯板与落料中心距离远		缩短距离	视情而定
		气缸故障	气缸机械功能故障	翻门未打开	检查气缸机械功能，清洁或更换	视情而定
		翻门位置调整	翻门终点位置调整不正确	翻门将袋子边缘过度伸开或将其伸开得不足	重新设置、调节（参考用户手册）	视情而定
		橡胶板与翻门间隙	缩袋机构的夹持弯板上的橡胶板调整不正确		缩袋机构的夹持弯板上的橡胶板与翻门间有 0～5mm 间隙	视情而定
		轴承及料门清洁度	轴承及料门有污渍	料门打开太慢，影响生产能力	清理	视情而定
		气缸节流阀调节	调整料门气缸节流阀		料门应当迅速打开，慢慢关闭，以使在关闭时不会夹带任何材料	视情而定

表 4　包装机常见功能故障与处理方法（续）

序号	功能	功能故障	故障模式	故障后果	故障应对策略与检修内容	检修周期／月
4	重膜包装机FFS	光电开关是否被遮挡	落料检测的对射光电落灰尘	袋子未装满，就掉下去	清理	视情而定
		袋子输送不正确	输送机输送高度不佳	料袋被夹在满袋手爪之间	输送机高度设置	视情而定
		袋子在输送机中滑动	抱夹机构夹紧力太低		调整夹紧力	视情而定
		上封Ⅰ、Ⅱ不平行	袋子装得太满	封口不规则	调节上封Ⅰ、Ⅱ相互平行	视情而定
		聚四氟布的清洁	聚四氟布变脏或损坏		清洁敷在加热片上的聚四氟布	视情而定
		抓手气缸压力不足	满袋手爪没有正确抓住袋子	袋子中间未密封	调整满袋抓手气缸压力约为4～5Pa	视情而定
		抱夹板位置不佳	抱夹板推进的距离不够	袋底被堆在抱夹板上	调节抱夹板位置	视情而定
		抱夹、敦实、切刀装置的调整	袋子在取袋手爪中滑动或夹袋位置离上边缘太远	袋子边缘向下折	调整抱夹装置、敦实机构、切刀装置	视情而定
	阀口袋包装机	叶轮清洁	叶轮总成处叶片挂料过多	物料流动不佳	清理或更换密封圈	视情而定
		气囊漏气	夹袋气囊漏气	注料嘴料袋夹不住	更换气囊	视情而定
		料袋压头磨损	料袋压头磨损		更换压头	视情而定
		加热温度	加热温度及夹钳机构横管磨损	热封效果不好	调整加热温度，更换横管	视情而定
5	封（缝）口系统	间隙过小	导向板间隙过小	料袋进入缝口机起皱纹	调整导向板间隙至2～3mm	视情而定
		速度不一致	导向器和缝纫机速度不一致		调整	视情而定
		光电开关位置变动	光电开关位置不正确	料袋两侧线头过长或过短	调整光电开关位置	视情而定
		压紧辊故障	压紧辊的压力及磨损	热封效果不好	调整弹簧压缩量或更换	视情而定
		折边器安装高度	折边后与袋顶间隙小	折边太小，无法缝口	调整折边器的高度	视情而定

表 4　包装机常见功能故障与处理方法（续）

序号	功能	功能故障	故障模式	故障后果	故障应对策略与检修内容	检修周期／月
5	封（缝）口系统	切刀磨损及间距	切刀卷刃或定切刀与动切刀间距过大	胶带切不断	更换切刀或调整弹簧片压力	视情而定
		压板松紧故障	压板松	线距不整齐，针脚歪歪扭扭	调紧压板	视情而定
		梭子磨损及线松紧故障	梭子磨损或线过紧	断线	调节或更换	视情而定
6	除尘系统及充气系统	管路泄漏	各连接处密封有泄漏、管路漏气	除尘、充气效果不佳	更换	每天
		除尘筒机滤袋的清洁度	除尘筒机滤袋上污渍太多		清理	1
7	密封、传输及润滑	密封泄漏	密封件损坏	泄漏及漏气	更换	6
		轴承异常	轴承磨损或添加润滑脂	声音异常、发热、运行不平稳	更换或润滑	6
		传输系统不正常	输送带张紧	输送带抖动	调整张紧	视情而定
			链条张紧	链条噪声过大或链条抖动	调整张紧	视情而定
			各链轮不在同一平面内		调整两链轮最大错位应小于 2mm	36～48
			链条、链轮磨损		更换链条或链轮	视情而定
		润滑系统异常	轴承、链条、齿轮的润滑	噪声过大及磨损严重	定期润滑应满足工艺使用要求	1/6

附　录　A
（资料性附录）
包装机检修质量控制确认表

项　目	主要控制内容			等级	施工单位	生产装置	设备管理部门	备注
	标准值	部位	现场记录					
拆卸中检测								
真空泵油位在 Min 与 Max 之间	油位在 Min 与 Max 之间			B	★	★		
真空泵内油的颜色光亮、清晰	颜色光亮、清晰			C	★	★		
活塞杆表面粗糙度小于 R_a0.40，圆柱度偏差小于 0.10mm	＜R_a0.40，＜0.10mm			A	★	★		
活塞杆和轴表面无龟裂纹、划伤、起皮	无缺陷			A	★	★	★	
气动系统管路及接头老化和破损情况	无缺陷			B	★	★		
橡胶件老化和破损情况	无缺陷			C	★			
轴与轴套配合为 H8/h7	配合为 H8/h7			B	★	★		
链轮齿厚磨损是否超过＜10%	＜10%			B	★	★		
链条拉伸变形是否超过 2%，链条外圈磨损是否超过 5%	＜2%，＜5%；			B	★	★		
链条的张紧度应为链轮中心距的 2%～3%	2%～3%			B	★	★		
带轮磨损是否超过 10%	＜10%			B	★	★		
输送带磨损是否超过 20%	＜20%			B	★	★		
输送带张紧，相邻两托辊之间输送带下垂度不宜过大	张紧适度			B	★	★		
固定件磨损、变形情况	无缺陷			B	★	★		
刀刃磨损量是否超过 0.20mm	＜0.20mm			A	★	★	★	
上下刀间隙为 0.10～0.20mm	0.10～0.20mm			B	★	★		
密封件有无磨损及缺陷	无缺陷			C	★			
滑块、滑道磨损、裂纹情况	无缺陷			A	★	★	★	
滑块与滑道间隙应为 0.20～0.40mm	0.20～0.40mm			B	★	★		

包装机检修质量控制确认表（续）

项　目	主要控制内容			等级	施工单位	生产装置	设备管理部门	备注
	标准值	部位	现场记录					
各润滑点（参考用户手册及图册）	满足工艺要求			C	★	★	★	
吸盘、钳口板裂纹、起皮情况	无缺陷			B	★	★		
空袋吸盘位置第一闭合位置与袋底密封器处于同一垂直位置				B	★	★		
空袋吸盘位置第二位置与装袋下料口处于同一垂直位置				B	★	★		
满袋吸盘位置第一闭合位置与袋下料口处于同一垂直位置				B	★	★		
满袋吸盘位置第二闭合位置应与袋口密封器处于同一垂直位置				B	★	★		
回装时检测								
真空泵油位在 Min 与 Max 之间	油位在 Min 与 Max 之间			B	★	★	★	
真空泵内油的颜色光亮、清晰	颜色光亮、清晰			C	★	★		
活塞杆表面粗糙度小于 R_a0.40，圆柱度偏差小于 0.10mm	＜R_a0.40，＜0.10mm			A	★	★		
活塞杆和轴表面无龟裂纹、划伤、起皮	无缺陷			A	★	★	★	
气动系统管路及接头老化和破损情况	无缺陷			B	★	★		
橡胶件老化和破损情况	无缺陷			C	★			
轴与轴套配合为 H8/h7	配合为 H8/h7			B	★			
链轮齿厚磨损是否超过＜10%	＜10%			B	★	★		
链条拉伸变形是否超过 2%，链条外圈磨损是否超过 5%	＜2%，＜5%			B	★	★		
链条的张紧度应为链轮中心距的 2%～3%	2%～3%			B	★	★		
带轮磨损是否超过 10%	＜10%			B	★	★		
输送带磨损是否超过 20%	＜20%			B	★	★		
输送带张紧，相邻两托辊之间输送带下垂度不宜过大	张紧适度			B	★	★		
固定件磨损、变形情况	无缺陷			B	★	★		

包装机检修质量控制确认表（续）

项　目	主要控制内容			等级	施工单位	生产装置	设备管理部门	备注
	标准值	部位	现场记录					
刀刃磨损量是否超过0.20mm	＜0.20mm			A	★	★	★	
上下刀间隙为0.10～0.20mm	0.10～0.20mm			B	★	★		
密封件有无磨损及缺陷	无缺陷；			C	★			
滑块、滑道磨损、裂纹情况；	无缺陷；			A	★	★	★	
滑块与滑道间隙应在0.20～0.40mm	0.20～0.40mm			B	★	★		
各润滑点（参考用户手册及图册）	满足工艺要求			C	★	★	★	
吸盘、钳口板裂纹、起皮情况	无缺陷			B	★	★		
空袋吸盘位置第一闭合位置与袋底密封器处于同一垂直位置				B	★	★		
空袋吸盘位置第二位置与装袋下料口处于同一垂直位置				B	★	★		
满袋吸盘位置第一闭合位置与袋下料口处于同一垂直位置				B	★	★		
满袋吸盘位置第二闭合位置应与袋口密封器处于同一垂直位置				B	★	★		

注： A级：施工单位、生产装置、设备管理部门专业人员检查确认后签字。

B级：施工单位和生产装置专业人员检查确认后签字。

C级：施工单位专业人员检查确认后签字。

另：如果有监理，监理的职责由甲方授权。

附 录 B
（资料性附录）
包装机试车与验收数据记录表

<table>
<tr><td>设备名称</td><td></td><td>设备编号</td><td colspan="2"></td></tr>
<tr><td>试车日期</td><td colspan="4"></td></tr>
<tr><td rowspan="11">试车准备工作</td><td colspan="2">1. 清除设备周边的一切工具及杂物</td><td>合格</td><td>不合格</td></tr>
<tr><td colspan="2">2. 设备零部件完整无缺</td><td>合格</td><td>不合格</td></tr>
<tr><td colspan="2">3. 设备各连接、固定是否紧固</td><td>合格</td><td>不合格</td></tr>
<tr><td colspan="2">4. 设备润滑情况是否按要求加足润滑剂</td><td>合格</td><td>不合格</td></tr>
<tr><td colspan="2">5. 设备的密封情况，是否满足要求</td><td>合格</td><td>不合格</td></tr>
<tr><td colspan="2">6. 各仪表、阀门是否灵敏、可靠，满足试车要求</td><td>合格</td><td>不合格</td></tr>
<tr><td colspan="2">7. 水、电、气是否满足工艺条件</td><td>是</td><td>否</td></tr>
<tr><td colspan="2">8. 安全防护设施是否就位</td><td>是</td><td>否</td></tr>
<tr><td colspan="2">9. 各报警、控制系统是否灵敏好用</td><td>合格</td><td>不合格</td></tr>
<tr><td colspan="2">10. 照明、通讯、消防等辅助设施是否满足要求</td><td>是</td><td>否</td></tr>
<tr><td colspan="2">11. 确保没有人员在设备运行区域</td><td>是</td><td>否</td></tr>
<tr><td rowspan="12">空负荷试车</td><td colspan="2">1. 检查取袋装置，供袋动作是否正确、灵活</td><td>是</td><td>否</td></tr>
<tr><td colspan="2">2. 做 20 次取袋、送袋、夹袋动作，成功率达到 95%</td><td>合格</td><td>不合格</td></tr>
<tr><td colspan="2">3. 检查缝纫机，空缝时无异常声响</td><td>合格</td><td>不合格</td></tr>
<tr><td colspan="2">4. 空缝时，线脚应整齐，不跳线，切口平整</td><td>合格</td><td>不合格</td></tr>
<tr><td colspan="2">5. 缝合 20 只空袋，要求成功率达到 95%</td><td>合格</td><td>不合格</td></tr>
<tr><td colspan="2">6. 皮带有无跑偏现象，空试 1h</td><td>有</td><td>无</td></tr>
<tr><td colspan="2">7. 操纵包装机的移动系统，应操作方便，运动平稳</td><td>合格</td><td>不合格</td></tr>
<tr><td colspan="2">8. 检查 FFS 供袋装置，动作程序是否正确</td><td>合格</td><td>不合格</td></tr>
<tr><td colspan="2">9. 检查 FFS 排气系统，使 FFS 袋排气孔均匀穿透</td><td>合格</td><td>不合格</td></tr>
<tr><td colspan="2">10. FFS 包装机至空袋运行位置，检查密封、底封、口封完好，连续制作 20 个空袋，成功率达到 100%</td><td>合格</td><td>不合格</td></tr>
<tr><td colspan="2">11. 移动包装机与料仓对接，应对接平稳、准确</td><td>合格</td><td>不合格</td></tr>
<tr><td colspan="2">12. 包装机与料仓对接后，升降不冲击，试做数次升降，成功率达到 100%</td><td>合格</td><td>不合格</td></tr>
<tr><td rowspan="2">负荷试车</td><td colspan="2">1. 包装能力达到设计能力，考核时间 4h</td><td>合格</td><td>不合格</td></tr>
<tr><td colspan="2">2. 电子秤精度 ±2‰，每小时抽检 80 袋，4h 抽检 4 次，平均合格率要求 97.5%</td><td>合格</td><td>不合格</td></tr>
</table>

包装机试车与验收数据记录表（续）

验收			合格	不合格
遗留问题及处理意见				
评审意见				
记录人		日期		

37. 码垛机维护检修规程

SHS 01039—2019

代替 SHS 03038—2004

目　次

前　　言

本规程按照GB/T 1.1—2009《标准化工作导则 第1部分：标准的结构和编写》给出的规则修订。

本规程代替 SHS 03038—2004《码垛机维护检修规程》，与SHS 03038—2004相比，除了编辑性修改外，主要技术变化如下：

——检修周期一项中，将原有的检修周期由小修、大修改为工艺性检修、故障检修和停车检修；

——检修内容一项中，按设备按照功能系统进行划分，并在每部分中一一列出需要检修的项目；

——检修程序与质量标准一项中，作了如下改动：

a）增加了检修前的准备事项；

b）增加、完善了拆卸、回装程序与要求。

——维护与故障处理部分，采用表格形式罗列了日常维护的项目；常见功能故障与处理部分采用RCM分析方法重新编制。

——增加了附录A“码垛机检修质量控制确认表”、附录B“码垛机试车与验收数据记录表”。

本规程由中国石油化工集团有限公司、中国石油化工股份有限公司提出。

本规程起草单位：哈尔滨博实自动化股份有限公司。

本规程主要起草人：冯艳。

本规程所代替规程的历次版本发布情况为：

——SHS 03038—1992、SHS 03038—2004。

码垛机维护检修规程

1 范围

1.1 主题内容

本规程规定了码垛机的检修周期与内容、检修程序与质量标准、试车与验收、维护与故障处理。

1.2 适用范围

本规程适用于码垛机设备的维护与检修。码垛机的类型分为低位码垛装置、高架码垛装置及机器人码垛装置，如图 1、图 2、图 3 所示。本规程将三种类型码垛机按功能系统分别介绍码垛机设备的维护与检修。

1.2.1 码垛机系统组成（见表 1）

表 1 码垛机系统的组成

码垛机设备的组成	动力系统	电动系统
		气动系统
		液压系统
	功能系统	低位码垛装置
		高架码垛装置
		机器人码垛装置
		输送装置
	固定结构	机架及连接件
	密封、传输及润滑	密封、传输、润滑

1.2.2 码垛机功能系统包括的设备

a）低位码垛装置：整形压平机、转位输送机、编组机、低位码垛装置；

b）高架码垛装置：整形压平机、转位输送机、编组机、推袋压袋机、分层机、升降机；

c）机器人码垛装置：整形压平机、转位输送机、编组机、机器人、机械手；

d）输送装置：斜坡输送机、辊子输送机、缓停输送机、托盘输送机、垛盘输送机、托盘仓、托板仓、翻垛机；

e）其他设备：高架平台、下溜槽、安全护栏、叉车挡板。

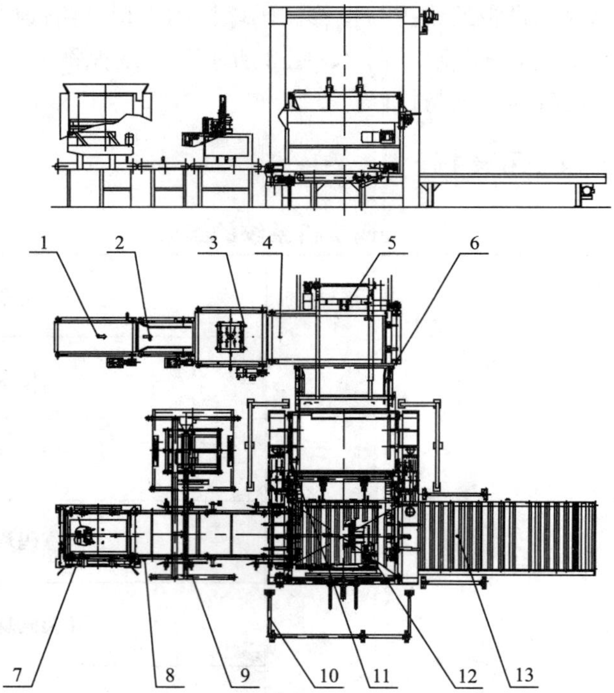

图 1 低位码垛机系统设备示意图

1—整形压平机；2—缓停输送机；3—转位输送机；4—编组机；
5—推袋装置；6—缓冲输送机；
7—托盘仓；8—托盘输送机；9—托板仓；10—安全护栏；
11—低位码垛装置；12、13—垛盘输送机

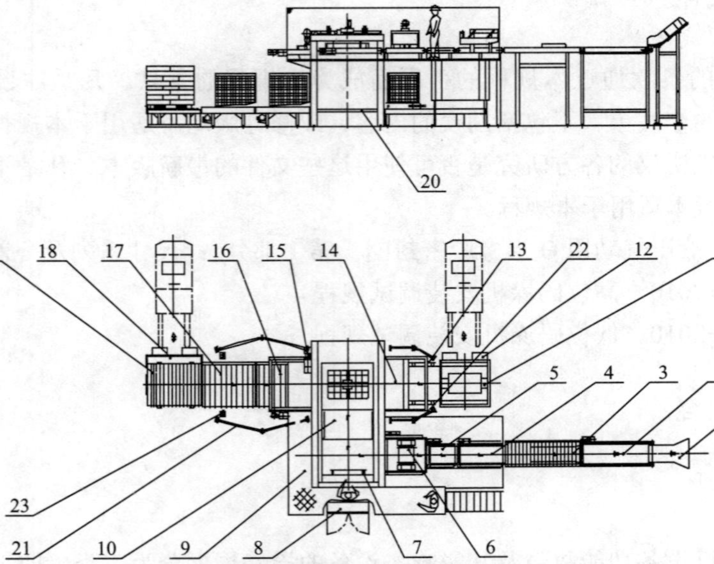

图 2　高架码垛装置设备示意图

1—下溜槽；2—皮带输送机；3—辊子输送机；4—整形压平机；5—缓停输送机；6—转位输送机；7—推袋压袋机；8—码垛控制柜；9—高架平台；10—编组机；11—托盘仓；12—叉车挡板；13—托盘输送机；14—分层机；15—升降机；16、17、19—垛盘输送机；17—垛盘输送机；18—叉车挡板；20—垛盘输送机；21—安全护栏；22—安全护栏；23—支架

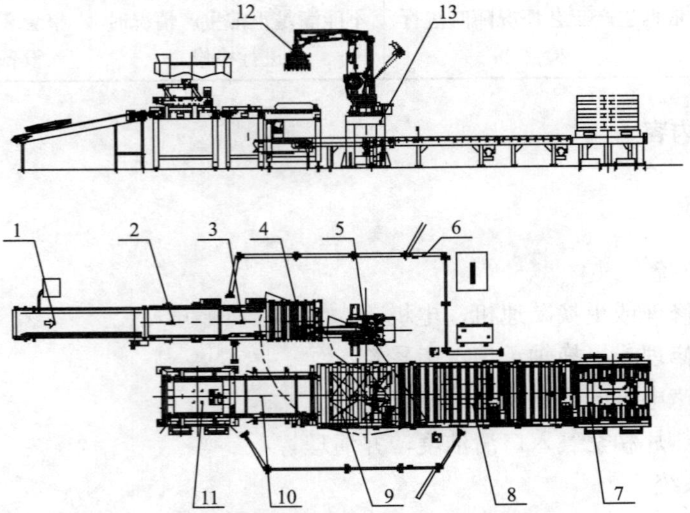

图 3　机器人码垛装置设备示意图

1—斜坡输送机；2—整形压平机；3—缓停输送机；4—编组机；5—机器人；6—安全护栏；7、8、9—垛盘输送机；10—托盘输送机；11—托盘仓；12—机械手；13—机器人底座

2 规范性引用文件

下列文件中的条款通过本规程的引用而成为本规程的条款。凡是注日期的引用文件，其随后所有的修改单（不包括勘误的内容）或修订版均不适用于本规程，然而，鼓励根据本规程达成协议的各方研究是否可使用这些文件的最新版本。凡是不注日期的引用文件，其最新版本适用于本规程。

GB 3452.1 液压气动用O形橡胶密封圈 第1部分 ：尺寸系列及公差

Q/HBS 012—2010 高位码垛机安装调试规程

Q/HBS 038—2010 低位码垛机安装调试规程

3 检修周期与内容

3.1 检修周期

根据对码垛机设备功能故障及其影响，设备的检修周期分为三类，即工艺检修（每班或每月）、故障检修（随时）、停车检修（4年），见表2。

表2 检修周期说明表

检修类别	工艺检修 （每班或每月）	故障检修 （随时）	停车检修 （4年）
检修原因	设备某个部分发生改变，不能满足工艺要求	设备发生损坏，不能达到使用要求	整套装置停车，工厂整体大修
检修周期	依据生产工艺情况随时进行检修	不能满足正常生产情况时进行检修	整套装置停车，对整套设备进行全面检修

3.2 检修检查内容

3.2.1 动力系统

3.2.1.1 电动系统

a）检查、修理或更换减速机，电机；

b）检查、修理或更换轴承箱、齿轮箱；

c）检查减速电机的固定及校准情况；

d）检查散热片和空气入口清洁度，并清理。

3.2.1.2 气动系统

a）检查气管和气缸的使用情况；

b）拆下气缸，检查活塞杆密封情况有无渗漏，活塞杆与轴的配合情况；

c）拆下气缸，检查活塞杆表面及气缸内表面不应有裂纹、起皮、划痕及碰伤等情况。

3.2.1.3　液压系统

a）检查液压系统漏油情况，并进行更换；

b）检查液压系统运行情况；

c）检查冷却器有无泄漏、堵塞和腐蚀情况，并清理或更换；

d）检查胶管有无松动或损坏，紧固或更换；

e）检查液压系统配管接头的紧固件及连接螺栓，紧固或更换；

f）每三个月应对液压油样品进行化验，必要时进行更换；

g）更换使用三个月以上的液压油过滤器的滤芯；

h）检查泵和电机的水平及垂直度，并调整；

i）检查或更换各密封圈、密封垫和止动垫圈等密封件。

3.2.2　功能系统

3.2.2.1　低位码垛装置

a）检查皮带的运行、磨损情况；

b）检查链条、同步带的张紧情况，并调整；

c）检查推袋小车、分层小车的运行情况；

d）检查滑道的磨损情况，并润滑，必要时更换；

e）检查光电开关的位置；

f）检查压力辊与输送带的间距，并调整；

g）检查夹袋板的固定情况；

h）检查滚筒表面磨损情况。

3.2.2.2　高架码垛装置

a）检查皮带的运行、磨损情况，清理及润滑；

b）检查链条、同步带的张紧情况，并调整；

c）检查推袋小车、分层小车的运行情况；

d）检查滑道的磨损情况，并润滑，必要时更换；

e）检查升降平台的链条及调节拉杆的磨损情况，必要时更换；

f）检查光电开关的位置；

g）检查升降平台运行情况；

h）检查辊轮、限位辊的固定情况；

i）检查配重导轨的固定情况；

j）检查滚筒表面磨损情况；

k）检查压力辊与输送带的间距，并调整；

l）检查左右分层板的运行情况；

m）检查夹袋板的固定情况。

3.2.2.3　机器人码垛装置

a）检查滚轮的磨损情况，并清理杂物，必要时更换；
b）检查阻尼器的磨损情况，必要时更换；
c）检查电缆线束的磨损及损坏情况，必要时更换；
d）检查电缆导向装置的磨损情况，必要时更换；
e）检查机械停止销的磨损情况，必要时更换；
f）检查回转、水平、垂直电机传动带的张紧情况，并调整；
g）检查机械手指固定情况及润滑情况，并拧紧及润滑；
h）检查直线导轨的运行情况及磨损和清洁度，必要时更换或清理。

3.2.2.4　输送装置

a）检查主动链轮有无轴向偏离；
b）检查链条、链轮、链轨的磨损情况，必要时更换；
c）检查皮带的运行、磨损情况，清理及润滑；
d）检查链条、同步带的张紧情况，并调整；
e）检查蜗轮蜗杆的磨损情况，必要时更换。
f）检查滚轮的磨损情况，并清理杂物，必要时更换；
g）检查、清理托板仓吸盘，必要时更换；
h）检查光电开关的位置；
i）检查托辊的旋转情况，必要时更换。

3.2.3　固定结构

a）检查机架的变形情况，焊接件是否开裂，并修复；
b）检查各连接螺栓、地脚螺栓的连接情况，并紧固；
c）设备整机全部防腐、刷漆；
d）检查安全防护装置及各种防护罩。

3.2.4　密封传输及润滑

a）检查或更换各密封圈、密封垫和止动垫圈等密封件；
b）检查各仪表、阀门是否正常，如异常则进行更换；
c）检查各润滑点，根据情况添加或更换润滑油；
d）检查链条及链轮的啮合、磨损情况，清理及润滑；
e）检查链条张紧度；
f）检查皮带的运行、磨损情况，清理及润滑或更换；
g）检查输送带张紧度；
h）检查滑道、轴承的磨损情况，并润滑，必要时更换；
i）检查辊筒有无异常响声，轴承润滑或更换；
j）检查关节轴承磨损情况，并调整，清理及润滑，必要时更换；

k）检查关节轴承有无阻碍；

l）检查带座轴承的磨损情况，并润滑，必要时更换；

m）检查自润滑轴承的磨损情况，必要时更换；

n）检查轴和轴套的磨损情况，并润滑，必要时更换。

4 检修程序与质量标准

4.1 检修前准备

4.1.1 收集、分析设备运行技术状况和监测记录，确定检修的原因和项目，制定详尽的检修技术方案。

4.1.2 熟悉设备的用户说明书和相关技术资料。

4.1.3 了解设备的基本组成及结构，学会设备的拆装。

4.1.4 事先准备好检修所需的备品配件、检修工具、起吊设备和所需材料，并保证其符合设计要求。

4.1.5 现场布置好检修电源、灯具、照明电源。

4.1.6 清理现场，规划场地布置，安排所需部件、拆卸件及主要部件的专修场所。

4.1.7 制备整套的检修记录表、卡、应急预案。

4.1.8 现场维修人员必须佩戴适当的防护用品，如安装帽、安全眼镜、工作服、手套、安全鞋等。

4.1.9 维修作业应严格遵守相关作业规程，其中起吊、登高、用电等特种作业应制定专项作业方案，作业人员必须持证上岗。

4.1.10 应严格按照有关安全工作规范的要求，现场应设安全警示线，防止无关人员进入作业现场，完成各项安全措施并办理相关票证。

4.1.11 检修前需确认：切断电源、关闭气源，释放气动管路中的残压，并在电源开关及气源阀门处挂上警示标志。

4.1.12 检修施工安全方面的未尽事宜，应按照Q/SHS 0001.3《炼油化工企业安全、环境与健康（HSE）管理规范》中的规定，对检修过程进行危害识别及风险评估、环境因素识别和影响评价，并办理相关票证。

4.2 拆卸与检测

4.2.1 检查真空泵油位及颜色，视情况更换真空泵。

4.2.2 拆卸气缸，检查活塞杆密封情况有无渗漏，活塞杆与轴的配合情况；活塞杆表面不应有裂纹、起皮、划痕及碰伤等缺陷。

4.2.3 拆卸气动系统，更换老化及龟裂的气管和接头，气缸如有漏气，应修复或更换。

4.2.4 拆卸和检查零、部件的磨损情况。

4.2.5 检查橡胶件破损。

4.2.6　拆卸检查各轴承的磨损情况，必要时更换。
4.2.7　检查链轮、链条的磨损、张紧度和变形情况。
4.2.8　检查同步齿形皮带和皮带轮的磨损、张紧度情况。
4.2.9　检查固定结构有无变形、裂纹、腐蚀，设备运行时，不得有异常振动和位移。
4.2.10　检查蜗轮蜗杆的磨损情况。
4.2.11　检查滑道与滑块，有无裂纹、沟槽、起皮等缺陷。
4.2.12　检查托盘仓连杆、气缸和销轴的磨损情况。
4.2.13　检查升降机的升降情况、有无卡滞现象。
4.2.14　检查各密封件及润滑点的情况。
4.2.15　检查托板仓吸盘磨损情况。
4.2.16　检查滚轮、阻尼器、电缆导向装置、停止销、直线导轨的磨损情况。
4.2.17　检查机械手指固定情况。

4.3　回装与质量标准

4.3.1　检查真空泵油位，确保油位在“Min”与“Max”之间；真空泵油必须是光亮、清晰的，不能有一点起泡沫或浑浊。
4.3.2　检查活塞杆表面不应有裂纹、起皮、划痕及碰伤等缺陷。其表面粗糙度小于 R_a0.40，圆柱度偏差小于 0.10mm，否则应更换。
4.3.3　检查气缸内表面，应光滑无变形，粗糙度不大于 R_a0.40，圆柱度偏差小于 0.10mm，否则更换。
4.3.4　检查轴与轴套的磨损情况；轴与轴套的配合为 H_8/h_7，如超差，更换轴套。
4.3.5　检查链轮、链条的磨损和变形。链轮齿厚磨损超过 10% 应更换；链条拉伸变形超过 2% 时应更换；链条滚柱外圈磨损超过 5% 时应更换；链轮安装要在同一线上，最大错位量应小于 2mm；链条的松紧度应为链轮中心距的 2%～3%，超过时应调整（参见其设备的用户手册）。测定方法为：用手压下部链条，张紧后其位移距链轮节圆下部外公切线垂直距离为链轮中心距的 2%～3% 为合适。
4.3.6　检查皮带轮厚磨损量超过 10%，同步齿形带齿厚磨损量超过 20% 应更换，输送带在相邻两托辊之间下垂度不宜过大。
4.3.7　检查托盘仓连杆、气缸和销轴，不应有裂纹、沟槽、起皮等缺陷。
4.3.8　检查滑道与滑块，不应有裂纹、沟槽、起皮等缺陷，否则应修理或更换。滑块与滑块的间隙应在 0.20～0.40mm 之间。
4.3.9　检查升降机的升降运行情况，无卡滞现象。
4.3.10　检查各密封件应密封完好，无滴漏、无气流冲击、地面无油迹，否则应更换密封件。
4.3.11　检查各润滑点的润滑油、脂应满足工艺使用要求，否则应按规定添加或者更换原型号润滑油、脂。

4.3.12 检查吸盘表面出现裂纹、起皮等缺陷，应更换。

4.3.13 检查滚轮、阻尼器、电缆导向装置、停止销、直线导轨的磨损情况，磨损量超过 10% 应更换。

5 试车与验收

5.1 试车前的准备工作

5.1.1 确认各项检修工作已完成，检修记录齐全，检修质量符合本规程 4.3 的规定。

5.1.2 检修完毕后，应及时清理现场，做到“工完料尽场地清”，有试车方案。

5.1.3 设备零、部件应完整无缺，检查设备的连接、固定、润滑密封等情况，各润滑点按要求加足润滑油。

5.1.4 检查各仪表、阀门是否灵敏、可靠，满足试车要求。

5.1.5 检查水、电、气等各项工艺条件是否准备充分，具备试车条件。

5.1.6 检查安全防护设施是否就位。

5.1.7 检查各报警、控制系统是否灵敏好用。

5.1.8 检查照明、通讯、消防等辅助设施是否正常，满足试车条件。

5.1.9 检查确认没有人员在设备运行区域内，当操作者超过一个人时，须在与其他操作者取得一致信息后再启动设备。

5.2 试车

5.2.1 空负荷试车

5.2.1.1 检查各输送机，要求皮带、链条不跑偏，张紧适度，每根托辊转动灵活，空试 1h；

5.2.1.2 检查转动格栅、推袋系统、滑板，要求动作灵活、准确；

5.2.1.3 检查升降机，要求上下速度均匀，能准确到位；

5.2.1.4 检查检查托盘分配器，要求托盘无卡住现象，能正确到位，试 10 块托盘，要求成功率 100%。

5.2.2 负荷试车

5.2.2.1 检查码垛情况，要求码垛整齐，无缺包现象。

5.2.2.2 与包装系统联动考核 4h，达到设计能力。

5.2.3 验收

检修质量符合本规程规定，经试车合格，达到完好标准，按规定办理验收手续，移交生产。验收技术资料齐全、准确，应包括：

a）检修质量确认表；

b）试车与验收数据记录表；

c）主要零、部件更换清单。

6 维护与故障处理

6.1 日常维护

为满足生产线长周期运行，减少非计划停车，提高设备的完好利用率，延长设备的使用寿命，应做好设备的定期维护和保养工作，以维持和保护设备的性能和技术状况。码垛机的日常维护内容见表3。

表3 码垛机日常维护内容

检查部件	检查项目	检查方法	检查标准	处理方法
各润滑点	链条、链轮、带座轴承、关节轴承、自润滑轴承、轴套的润滑	目测	不缺油	注油或更换
链式传动	链轮磨损	目测、仪器测量	齿轮磨损量≤10%	更换
	链条的张紧	目测	平稳	调整张紧
	转动状态是否直线运行	测量	直线	调整
	链条的垂直度	测量	垂直度大于中心距1%～2%	调整
	链条清洁度	目测	无油污	清理
气动系统	是否漏气	听检	不漏气	消漏
	气缸固定情况	拧紧	不松动	拧紧
	润滑	目测	确定润滑油量	不足添加
	仪表	目测	正确读数	调整
	阀门	目测	无异常	更换
	空气过滤器清洁	目测	干净	清理
	油雾喷出量	目测	有无冷凝水喷出	调整
真空泵	振动	目测、听检	无杂音	检测更换
	漏油	目测	不漏油	检测更换
	油位及颜色	目测	在刻度之间；颜色光亮、清晰	注油或更换
	过热	手触	温度＜40℃	检测更换

表 3　码垛机日常维护内容（续）

检查部件	检查项目	检查方法	检查标准	处理方法
液压系统	漏油	目测、手触	不漏油	更换
	液压油位	目测	规定位置	添加
	液压油的温度	触摸屏显示	温度 300～600℃	检修调整
	检查系统压力	显示	规定范围，无异常	维修
	检查过滤器仪表读数	目测	无异常	更换
	胶管松动和损坏	目测、手触	无松动和损坏	拧紧、更换
	冷却器的温度	读数	适当	调整流量控制阀
	吸油管路的清洁度	目测	干净	清理
	空气过滤器上清洁	目测	干净	清理
减速电机	固定和校准	拧紧、仪器检测	不松动、准确	拧紧、调整
	运转声响	听检	无杂音	检查轴承或更换
	过热	手触	温度＜40℃	检测更换
	漏油	目测	不漏油	检测更换
	散热器及空气入口清洁度	目测	干净	清理
	油位	目测	适量	缺油补充
	制动器的清洁度	目测	干净	清理
	制动器的气隙	测量	0.3～1.2	调整
紧固件	无松动	拧紧	无松动	拧紧
齿条、齿轮、蜗轮蜗杆	固定	拧紧	无松动	拧紧
	磨损	目测、测量	无磨损	超差更换
	润滑	目测	确定润滑油量	不足添加
皮带传动	固定	拧紧	无松动	拧紧
	同心度	测量、目测	同心	调整
	皮带的张紧、纠偏	目测	平稳	调整张紧、纠偏
	磨损	目测	无磨损、龟裂、起皮	更换
吸盘	清洁度	目测	干净	清理
齿轮箱	油位	目测	适量	缺油补充

6.2　常见故障与处理

码垛机常见功能故障与处理方法见表 4。

表 4　码垛机常见功能故障与处理方法

序号	功能	功能故障	故障模式	故障后果	故障应对策略与检修内容	检修周期 / 月
1	动力系统	减速机及电机故障	轴承磨损	减速机振动大	更换轴承	36～48
			润滑油不足	减速机温度过高	加润滑油	视情而定
			超负荷	减速机温度过高	查找超负荷原因并处理	视情而定
			振动大引起	减速机温度过高	按振动大处理方法	视情而定
2	气动系统	管路漏气	气动管路或接头有漏气	噪声太大	更换破损的气动软管及紧固接头	视情而定
		消声器故障	消声器损坏或堵塞	噪声太大	更换或清理	视情而定
		压力表异常	压力表、调速阀损坏，气源压力不稳定，过滤器堵塞	压力表指示值不稳定	维修或更换压力表、调速阀，清理过滤器	视情而定
		气缸动作异常	节流器开度异常	气缸运行的过快或过慢	调整	视情而定
			气缓冲大小不合适	气缸动作不平稳	调整	视情而定
			气源压力过低	气缸爬行	提高气源压力	视情而定
		密封泄漏	密封失效	气缸内泄大	更换密封圈或检查活塞配合面	视情而定
		气缸故障	启动故障	无法启动	检修	视情而定
		空气泄漏	隔膜破损	空气从阀盖的小孔泄漏	更换	视情而定
		减压阀工作异常	膜片或弹簧断裂，阀杆变形，复位弹簧损坏	压力不稳定	更换	视情而定
			阀座有异物或伤痕		清理	24
		油雾器工作异常	节流阀工作异常	气缸阀无润滑，磨损加快	调整或更换	视情而定
			不滴油或油量太小		清理油道或调整节流阀	视情而定
		电磁阀－主阀故障	弹簧、密封件、阀芯或阀套损坏	执行元件无动作	更换	视情而定
			主阀内有异物		清理	24
			气源压力异常		调整	视情而定
		电磁阀－先导阀排气口漏气	有异物	主阀无动作	清理	24
			动铁芯或弹簧锈蚀		排放冷凝水	视情而定
			环境温度过低		提高环境温度	视情而定

表 4　码垛机常见功能故障与处理方法（续）

序号	功能	功能故障	故障模式	故障后果	故障应对策略与检修内容	检修周期／月
3	液压系统	溢流阀故障	溢流阀设定值太低	工作压力不足	调整溢流阀	视情而定
		流量异常	油箱液面是否过低		添加至油位线	视情而定
		泵故障	泵转数是否过低		检查、调整	视情而定
		系统管路渗漏	系统内外是否渗漏		紧固及更换	视情而定
		管路堵塞	吸油管路堵塞	泵有噪声	清理	视情而定
		溢流阀异常	油温度过高		调整溢流阀控制温升	视情而定
		泵与联轴节不同心	泵与电机的水平及垂直度		调整同心	视情而定
		电动机转向不对	泵与电机转向不一致	泵不输送液压油或流量减少	调整更换	视情而定
		油缸故障	活塞密封件损坏或油缸变形龟裂	油缸不动作	更换密封件及油缸	视情而定
		油缸故障	油缸中混有空气	油缸动作缓慢	打开排气口，排除空气	视情而定
4	低位码垛装置	传输系统不正常	输送带张紧	输送带抖动	调整张紧	视情而定
			链条张紧	链条噪声过大或链条抖动	调整张紧	视情而定
			各链轮不在同一平面内		调整两链轮最大错位应小于 2mm	36～48
			链条、链轮磨损		更换链条或链轮	视情而定
		推袋小车运行不佳	链条、同步带张紧	推袋小车运行不平稳、噪声	调整	视情而定
			行走轮与滑道之间的间隙过大		更换磨损的行走轮	视情而定
			接近开关位置不正确	推袋小车运行不到位	调整	视情而定
		分层小车运行不佳	链条、同步带张紧	分层小车运行不平稳、噪声	调整	视情而定
			接近开关位置不正确	分层小车运行不到位	调整	视情而定
		整形压平机故障	压力辊与输送带的间距太大	料袋压平效果不好	调整拉簧的变形量	视情而定
			压力辊与输送带的间距太小	料袋堵塞	调整拉簧的变形量	视情而定

表 4　码垛机常见功能故障与处理方法（续）

序号	功能	功能故障	故障模式	故障后果	故障应对策略与检修内容	检修周期 / 月
4	低位码垛装置	转位输送机故障	接近开关位置不正确	转位后料袋不正	调整	视情而定
			夹袋板位置不正确		调整位置，检查转位定位是否正确	视情而定
		编组机故障	光电开关失效	经过光电开关后不停车	更换	视情而定
5	高位码垛装置	传输系统不正常	输送带张紧	输送带抖动	调整张紧	视情而定
			链条张紧	链条噪声过大或链条抖动	调整张紧	视情而定
			各链轮不在同一平面内		调整两链轮最大错位应小于 2mm	36～48
			链条、链轮磨损		更换链条或链轮	视情而定
		推袋小车运行不佳	链条、同步带张紧	推袋小车运行不平稳、噪音	调整	视情而定
			行走轮与滑道之间的间隙过大		更换磨损的行走轮	视情而定
			接近开关位置不正确	推袋小车运行不到位	调整	视情而定
		分层小车运行不佳	链条、同步带张紧	分层小车运行不平稳、噪声	调整	视情而定
			接近开关位置不正确	分层小车运行不到位	调整	视情而定
		整形压平机故障	压力辊与输送带的间距太大	料袋压平效果不好	调整拉簧的变形量	视情而定
			压力辊与输送带的间距太小	料袋堵塞	调整拉簧的变形量	视情而定
		转位输送机故障	接近开关位置不正确	转位后料袋不正	调整	视情而定
			夹袋板位置不正确		调整位置，检查转位定位是否正确	视情而定
		编组机故障	光电开关失效	经过光电开关后不停车	更换	视情而定

表4 码垛机常见功能故障与处理方法（续）

序号	功能	功能故障	故障模式	故障后果	故障应对策略与检修内容	检修周期／月
6	机器人码垛装置	传输系统不正常	输送带张紧	输送带抖动	调整张紧	视情而定
			链条张紧	链条噪声过大或链条抖动	调整张紧	视情而定
			各链轮不在同一平面内		调整两链轮最大错位应小于2mm	36～48
			链条、链轮磨损		更换链条或链轮	视情而定
		整形压平机故障	压力辊与输送带的间距太大	料袋压平效果不好	调整拉簧的变形量	视情而定
			压力辊与输送带的间距太小	料袋堵塞	调整拉簧的变形量	视情而定
		转位输送机故障	接近开关位置不正确	转位后料袋不正	调整	视情而定
			夹袋板位置不正确		调整位置，检查转位定位是否正确	视情而定
		编组机故障	光电开关失效	经过光电开关后不停车	更换	视情而定
		机器人故障	滚轮、阻尼器、电缆线束、电缆导向装置、机械停止销的磨损	噪音过大	更换	视情而定
			电机传动带的张紧		调整	视情而定
			直线导轨的运行及磨损		更换	视情而定
		机械手	机械手指的固定情况	抓不住料袋	拧紧	视情而定
			机械手指的润滑情况	噪声过大	润滑	1
7	输送装置	传输系统不正常	输送带张紧	输送带抖动	调整张紧	视情而定
			链条张紧	链条噪声过大或链条抖动	调整张紧	视情而定
			各链轮不在同一平面内		调整两链轮最大错位应小于2mm	36～48
			链条、链轮磨损		更换链条或链轮	视情而定
		托盘仓故障	接近开关位置不正确	空托盘传输不到位	调整	视情而定
				托板开合与托盘座升降不协调	调整	视情而定
		托板仓故障	吸盘破损、污渍	吸不住托板	更换、清理	视情而定
			过滤器中杂质过多		清理	视情而定
			接近开关位置不正确	托板传输不到位	调整	视情而定
		托盘输送机故障	主动链轮有轴向偏移	噪声过大	调整	视情而定
			链条损坏		更换	视情而定
			链轮与链条润滑不好		添加润滑剂	1

表 4 码垛机常见功能故障与处理方法（续）

序号	功能	功能故障	故障模式	故障后果	故障应对策略与检修内容	检修周期／月
8	密封、传输及润滑	密封泄漏	密封件损坏	泄漏及漏气	更换	6
		轴承异常	轴承磨损或添加润滑脂	声音异常、发热、运行不平稳	更换或润滑	6
		传输系统不正常	输送带张紧	输送带抖动	调整张紧	视情而定
			链条张紧	链条噪声过大或链条抖动	调整张紧	视情而定
			各链轮不在同一平面内		调整两链轮最大错位应小于 2mm	36～48
			链条、链轮磨损		更换链条或链轮	视情而定
		润滑系统异常	轴承、链条、齿轮的润滑	噪声过大及磨损严重	定期润滑应满足工艺使用要求	1/6

附 录 A
(资料性附录)
码垛机检修质量控制确认表

项 目	主要控制内容			等级	施工单位	生产装置	设备管理部门	备注
	标准值	部位	现场记录					
拆卸中检测								
真空泵油位在 Min 与 Max 之间	油位在 Min 与 Max 之间			B	★	★		
真空泵内油的颜色光亮、清晰	颜色光亮、清晰			C	★	★		
活塞杆表面粗糙度小于 R_a0.40，圆柱度偏差小于 0.10mm	<R_a0.40，<0.10mm			A	★	★		
活塞杆和轴表面无龟裂纹、划伤、起皮	无缺陷			A	★	★	★	
气动系统管路及接头老化和破损情况	无缺陷			B	★	★		
橡胶件老化和破损情况	无缺陷			C	★			
轴与轴套配合为 H8/h7	配合为 H8/h7			B	★			
链轮齿厚磨损是否超过<10%	<10%			B	★	★		
链条拉伸变形是否超过 2%，链条外圈磨损是否超过 5%	<2%，<5%			B	★	★		
链条的张紧度应为链轮中心距的 2%～3%	2%～3%			B	★	★		
带轮磨损是否超过 10%	<10%			B	★	★		
输送带磨损是否超过 20%	<20%			B	★	★		
输送带张紧，相邻两托辊之间输送带下垂度不宜过大	张紧适度			B	★	★		
固定件磨损、变形情况	无缺陷			B	★	★		
密封件有无磨损及缺陷	无缺陷			C	★			
滑块、滑道磨损、裂纹情况	无缺陷			A	★	★	★	
滑块与滑道间隙应在 0.20～0.40mm	0.20～0.40mm			B	★	★		
各润滑点（参考用户手册及图册）	满足工艺要求			C	★	★	★	
吸盘裂纹、起皮情况	无缺陷			B	★	★		

码垛机检修质量控制确认表（续）

项　目	主要控制内容			等级	施工单位	生产装置	设备管理部门	备注
	标准值	部位	现场记录					
托盘仓连杆、气缸、销轴磨损情况	无缺陷			B	★	★		
回装时检测								
真空泵油位在 Min 与 Max 之间	油位在 Min 与 Max 之间			B	★	★		
真空泵内油的颜色光亮、清晰	颜色光亮、清晰			C	★	★		
活塞杆表面粗糙度小于 R_a0.40，圆柱度偏差小于 0.10mm	＜R_a0.40，＜0.10mm			A	★	★		
活塞杆和轴表面无龟裂纹、划伤、起皮	无缺陷			A	★	★	★	
气动系统管路及接头老化和破损情况	无缺陷			B	★	★		
橡胶件老化和破损情况	无缺陷			C	★			
轴与轴套配合为 H8/h7	配合为 H8/h7			B	★			
链轮齿厚磨损是否超过＜10%	＜10%			B	★	★		
链条拉伸变形是否超过 2%，链条外圈磨损是否超过 5%；	＜2%，＜5%；			B	★	★		
链条的张紧度应为链轮中心距的 2%～3%	2%～3%			B	★	★		
带轮磨损是否超过 10%	＜10%			B	★	★		
输送带磨损是否超过 20%	＜20%			B	★	★		
输送带张紧，相邻两托辊之间输送带下垂度不宜过大	张紧适度			B	★	★		
固定件磨损、变形情况	无缺陷			B	★	★		
密封件有无磨损及缺陷	无缺陷			C	★			
滑块、滑道磨损、裂纹情况	无缺陷			A	★	★	★	
滑块与滑道间隙应在 0.20～0.40mm	0.20～0.40mm			B	★	★		
各润滑点（参考用户手册及图册）	满足工艺要求			C	★	★	★	
吸盘裂纹、起皮情况	无缺陷			B	★	★		
托盘仓连杆、气缸、销轴磨损情况	无缺陷			B	★	★		

注： A 级：施工单位、生产装置、设备管理部门专业人员检查确认后签字。

B 级：施工单位和生产装置专业人员检查确认后签字。

C 级：施工单位专业人员检查确认后签字。

另：如果有监理，监理的职责由甲方授权。

附 录 B
（资料性附录）
码垛机试车与验收数据记录表

<table>
<tr><td>设备名称</td><td></td><td>设备编号</td><td colspan="2"></td></tr>
<tr><td>试车日期</td><td colspan="4"></td></tr>
<tr><td rowspan="11">试车准备工作</td><td colspan="2">1. 清除设备周边的一切工具及杂物</td><td>合格</td><td>不合格</td></tr>
<tr><td colspan="2">2. 设备零部件完整无缺</td><td>合格</td><td>不合格</td></tr>
<tr><td colspan="2">3. 设备各连接、固定是否紧固</td><td>合格</td><td>不合格</td></tr>
<tr><td colspan="2">4. 设备润滑情况是否按要求加足润滑剂</td><td>合格</td><td>不合格</td></tr>
<tr><td colspan="2">5. 设备的密封情况，是否满足要求</td><td>合格</td><td>不合格</td></tr>
<tr><td colspan="2">6. 各仪表、阀门是否灵敏、可靠，满足试车要求</td><td>合格</td><td>不合格</td></tr>
<tr><td colspan="2">7. 水、电、气是否满足工艺条件</td><td>是</td><td>否</td></tr>
<tr><td colspan="2">8. 安全防护设施是否就位</td><td>是</td><td>否</td></tr>
<tr><td colspan="2">9. 各报警、控制系统是否灵敏好用</td><td>合格</td><td>不合格</td></tr>
<tr><td colspan="2">10. 照明、通讯、消防等辅助设施是否满足要求</td><td>是</td><td>否</td></tr>
<tr><td colspan="2">11. 确保没有人员在设备运行区域</td><td>是</td><td>否</td></tr>
<tr><td rowspan="4">空负荷试车</td><td colspan="2">1. 检查各输送机，要求皮带、链条不跑偏，张紧适度，每根托辊转动灵活，空试 1h</td><td>合格</td><td>不合格</td></tr>
<tr><td colspan="2">2. 检查转动格栅、推袋系统、滑板，要求动作灵活、准确</td><td>合格</td><td>不合格</td></tr>
<tr><td colspan="2">3. 检查升降机，要求上下速度均匀，能准确到位</td><td>合格</td><td>不合格</td></tr>
<tr><td colspan="2">4. 检查检查托盘分配器，要求托盘无卡住现象，能正确到位。试 10 块托盘，要求成功率 100%</td><td>合格</td><td>不合格</td></tr>
<tr><td rowspan="2">负荷试车</td><td colspan="2">1. 检查码垛情况，要求码垛整齐，无缺包现象</td><td>合格</td><td>不合格</td></tr>
<tr><td colspan="2">2. 与包装系统联动考核 4h，达到设计能力</td><td>合格</td><td>不合格</td></tr>
<tr><td rowspan="2">验收</td><td colspan="2"></td><td rowspan="2">合格</td><td rowspan="2">不合格</td></tr>
<tr><td colspan="2"></td></tr>
<tr><td rowspan="3">遗留问题及处理意见</td><td colspan="2"></td><td></td><td></td></tr>
<tr><td colspan="2"></td><td></td><td></td></tr>
<tr><td colspan="2"></td><td></td><td></td></tr>
<tr><td>评审意见</td><td colspan="4"></td></tr>
<tr><td>记录人</td><td></td><td>日期</td><td colspan="2"></td></tr>
</table>

38. 液环真空泵维护检修规程

SHS 01040—2019

代替 SHS 04511—2004、SHS 03041—2004

目　次

前　言

本规程按照 GB/T 1.1—2009《标准化工作导则　第 1 部分：标准的结构和编写》给出的规则修订。

本规程代替 SHS 04511—2004《液环真空泵维护检修规程》、SHS 03041—2004《液环式压缩机维护检修规程》，与 SHS 04511—2004、SHS 03041—2004 相比，除了编辑性修改外，主要技术变化如下：

——增加了检修前准备工作，补充了常见功能故障的处理；

——原检修周期与内容章节中，检修周期分大修和小修，并给出具体的检修周期，修订后删除了小修的提法、小修周期和小修项目；

——在维护与故障处理部分，采用了 RCM 的分析方法重新编制。

本规程由中国石油化工集团有限公司、中国石油化工股份有限公司提出。

本规程起草单位：中国石油化工股份有限公司茂名分公司。

本规程主要起草人：别志、林昌基。

本规程所代替规程的历次版本发布情况为：

——SHS 04511—2004；

——SHS 03041—2004。

液环真空泵维护检修规程

1 范围

1.1 主题内容

本规程规定了液环真空泵的检修周期与内容、检修程序与质量标准、试车与验收、维护与故障处理。

1.2 适用范围

本规程适用于石油化工等装置常用液环真空泵的维护与检修。

2 规范性引用文件

下列文件中的条款通过本规程的引用而成为本规程的条款。凡是注日期的引用文件，其随后所有的修改单（不包括勘误的内容）或修订版均不适用于本规程，然而，鼓励根据本规程达成协议的各方研究是否可使用这些文件的最新版本。凡是不注日期的引用文件，其最新版本适用于本规程。

SH/T 316　石油化工液环真空泵和压缩机工程技术规范

SH/T 3538　石油化工机器设备安装工程施工及验收通用规范

3 检修周期与内容

3.1 检修周期

根据对液环真空泵功能故障及其影响分析结果、有无备用设备并结合生产装置运行周期，确定设备检修周期一般为36个月。

3.2 检修内容

3.2.1 泵体检修

3.2.1.1 检查主轴、轴套的磨损情况。

3.2.1.2 检查转子轴向窜动量及轴承游隙。

3.2.1.3 检查叶轮、端板和分配板磨损情况。

3.2.1.4 检查轴承的磨损情况。

3.2.1.5 检查联轴器磨损情况。
3.2.1.6 检查轴封部件磨损情况。

3.2.2 冷却器检修

冷却器维修按HS 01009《管壳式换热器维护检修规程》执行。

4 检修程序与质量标准

4.1 检修前准备

4.1.1 方案准备：备齐必要的图纸和资料（包括随机资料和历次检修情况），根据液环真空泵运行状态、泄漏情况以及上次检修情况分析故障原因和部位，制定详尽的检修施工方案（如检修拆装方案、起重吊装方案等）。
4.1.2 工器具准备：备齐检修工具（包括专用工具）、量具、起重机具、清洗工具，落实环境布置，对转子、轴承、密封等部件堆放位置进行明确，放置工具架子并视情况在现场铺设橡胶垫并做好隔离。
4.1.3 材料准备：落实检修所需材料并落实相关备品、配件。
4.1.4 人员准备：落实检修队伍（包括施工技术人员、质量管理人员、安全、主修、辅修），组织检修人员熟悉检修施工方案。

4.2 检修前条件确认

4.2.1 各项准备工作应符合安全、环保、质量的要求，组织各单位对检修过程进行JSA风险分析，并制定和落实各项安全措施，并办理相关作业票证。
4.2.2 泵主电机及抽液泵电机切断电源。
4.2.3 确认泵与系统阀门（包括密封系统）切断且已完全卸压放空，切断冷却水、氮气及放火炬线等公用工程系统，对泵进行置换并吹扫干净，对于有毒、有害、易燃、易爆等介质应做好有效隔离（如加盲板隔离）。

4.3 拆卸与检测

4.3.1 联轴器的拆卸与检测

4.3.1.1 拆卸对轮护罩螺栓及对轮护罩，做好联轴器相互定位标记，复测机泵的对中情况并记录于图1（注意检查表架的刚度，复核数据准确性）。
4.3.1.2 拆卸联轴器螺栓及联轴器间隔轴，检查联轴器螺栓有无损伤，检查叠片是否完好。
4.3.1.3 测量泵电机与泵联轴器预拉量：将两端转子各推至其止推轴承工作面，测量两轴端距离，计算联轴器预拉量。

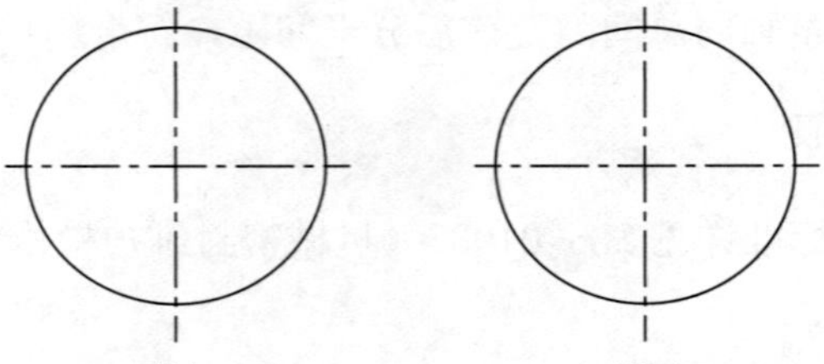

图 1　联轴器对中复测记录图

4.3.1.4　测量泵端半联轴器在主轴上安装的相对位置（回装时作参考），用拉马拆除半联轴器（视情况加热），测量联轴器预拉量，检查联轴器轮毂内孔表面应无拉毛、损伤，接触面积应达 75% 以上，无接触硬点或整块不接触区，接触未达要求的需采用金相砂纸打磨轮毂内孔，同时反复修磨，解体联轴器检查联轴器和螺栓有无损坏。联轴器解体记录表见表 1。

表 1　联轴器解体记录表

mm

项目	联轴器两端面距离	联轴器预拉量	泵端半联轴器内孔检查情况	联轴器螺栓检查情况	联轴器叠片检查情况
实测					
标准	随机资料	0.2～0.4	无明显损伤		

注：联轴器预拉量具体按随机资料要求执行，没有提供随机资料的按 SHS 01073《一般机泵用联轴器检修及质量标准》执行。

4.3.2　轴承的拆卸及检测

4.3.2.1　拆开补偿垫圈固定螺栓，将各组补偿垫圈分别取下，并分开放置，将轴向定位轴承座连同两个面对面安装的角接触轴承整体取下，最后分别拆卸前、后轴承托架。

4.3.2.2　检查轴承应无损伤，无锈蚀，转动正常无异常响声，如有损伤、锈蚀及异响等缺陷，要进行更换。

4.3.2.3　解体轴承箱，检查轴承箱内孔表面情况和轴承箱内孔与轴承外圈配合间隙，并拆卸滚动轴承，测量各部数据并记录在表 2（注：过盈用负表示）。

表 2　滚动轴承部件拆卸检查各部配合记录表

mm

项目	驱动端				非驱动端			
	型号	轴承内圈与轴配合	轴承外圈与座配合	压盖间隙	型号	内圈与轴配合	外圈与座配合	压盖间隙
实测								
标准		见质量标准				见质量标准		

4.3.2.4 调整液环真空泵轴向总间隙及前后分半间隙，符合出厂技术指标要求。

4.3.3 机封的拆卸及检测

机械密封具体检修标准详见 SHS 01037《机械密封维护检修规程》。

4.3.4 泵体的拆卸及检测

4.3.4.1 拆卸前后侧盖板，检查侧盖板有无裂纹、丝扣损伤等缺陷，视情况对螺栓进行无损探伤检查。

4.3.4.2 拆卸前后分配板，检查分配板有无裂纹和损伤等缺陷，视情况对螺栓进行无损探伤检查。

4.3.4.3 拆出转子，检查叶轮表面及端面是否平整、光滑、无腐蚀和无明显划痕。

4.3.4.4 检查主轴、轴套的磨损情况，必要时进行修复或更换，修复或更换后必须对转子进行动平衡试验，试验精度不低于 GB/T 9239.1—2006 中规定的 G6.3 级，轴及修复材料应适应有腐蚀性气体和工作液的耐腐蚀性要求，必要时应采用防护措施。

4.3.4.5 检查轴向窜动量及轴承游隙，调整推力轴承轴向间隙和转子与端板之间的间隙，测量数据符合产品质量说明书的要求。

4.4 回装与质量标准

4.4.1 泵体的回装

4.4.1.1 转子各部跳动、直径及间隙测量合格后做动平衡校验合格；

4.4.1.2 叶轮与壳体的安装必须在垂直自由状态下紧固连接螺栓；

4.4.1.3 泵体于侧盖螺栓上紧后，移到真空泵的底座或者其他平面上，松开螺栓，确认四个角均紧贴平面后，重新上紧螺栓；

4.4.1.4 控制轴向间隙分配的补偿垫圈放回各自原来的位置，上紧螺栓；

4.4.1.5 如果更换了转子，或对叶轮、分配板进行过光车修配，则要重新进行轴向间隙调整。

4.4.2 密封的回装

密封具体检修标准详见 SHS 01037《机械密封维护检修规程》。

4.4.3 轴承的回装

4.4.3.1 安装时，压力应直接均匀地作用到轴承座圈的端面上，宜采用专用胎具；

4.4.3.2 测量主轴、轴承箱与滚动轴承各部配合尺寸并记录。

4.4.4 联轴器的回装

4.4.4.1 检查联轴器弹性块的磨损情况，联轴器外观无损伤，安装盘内孔及轴表面应清洁，无毛刺；

4.4.4.2 对轮毂进行加热，根据解体时半联轴器端面与轴端相对距离并控制好联轴器的预拉伸量后把轮毂安装在泵轴上，并把相关数据记录于表 3；

表 3 联轴器回装记录表

mm

项目	联轴器两端面距离	联轴器预拉量	泵端半联轴器内孔检查情况	联轴器螺栓检查情况	联轴器叠片检查情况
实测					
标准	随机资料		无损伤		

4.4.4.3 对泵与电机联轴器进行对中校核，并记录于图 2；

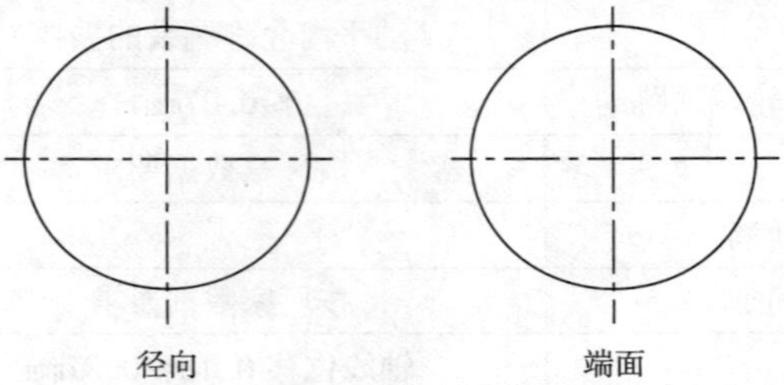

图 2 联轴器回装记录图

注意：检查表架的刚度，复核数据准确性。

4.4.4.4 联轴器的对中一般应采用百分表进行径向和端面测量，如图 3 所示，将百分表座固定在联轴器的一端，同步旋转从另一端测定跳动值，也可采用专门的光学仪器进行测量。

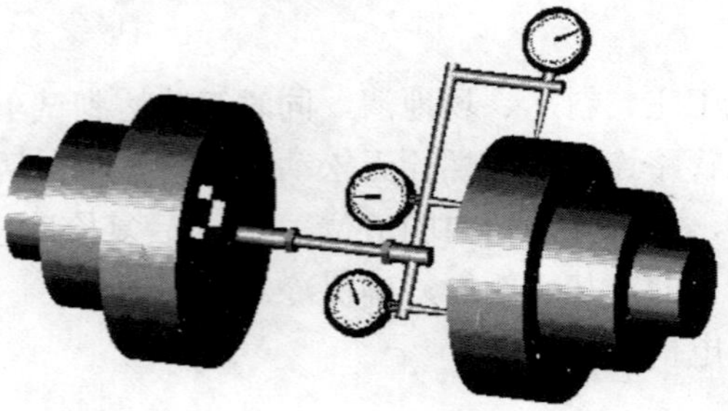

图 3 联轴器对中用百分表安装示意图

注意：在进行联轴器校正时一般通过调整驱动机与底座之间的垫片来实现，垫片数量不应该超过 4 片，所有垫片都应跨在压紧螺栓和垂直顶丝上，并且应延伸出设备支脚外缘至少 5mm。

4.4.5 检修质量标准（见表 4）

表 4 检修质量标准

序号	检查项目	质量标准	检查工具
1	泵盖和孔板内端面同轴孔中心垂直度偏差	0.07～0.09mm	百分表
2	主轴与滚动轴承的配合	H7/js6 或 H7/k6	千分尺
3	主轴与叶轮的配合	H7/m6	千分尺
4	叶轮两端面与端盖和孔板的间隙	0.12mm	塞尺百分表
5	叶轮外圆与轴孔的同轴度	≤0.03mm	百分表
6	叶轮的平衡试验	静平衡≤5g，动平衡 0.06～0.08g（动平衡允许剩余的振幅）	
7	叶轮与轴装配，叶轮端面跳动	≤0.07mm	百分表
8	机封压缩量	按厂家数据要求	直尺
9	机封允许泄漏	无	目测
10	止推轴承间隙	按厂家数据要求	百分表
11	联轴器（外径 ϕ110～ϕ160）	轴线位移 0.18～0.27mm 轴线角偏差 0.18～0.27mm 轴向间隙 2～4mm	百分表塞尺
12	泵的水平度	纵横向 0.5mm/1000mm	水平仪

5 试车与验收

5.1 试车前准备

5.1.1 检修工程应符合工完、料尽、场地清，同时工艺达到试车条件等要求。

5.1.2 试车前检查确认管路连接好，螺栓无松动，手动盘车灵活。

5.1.3 向泵体灌工作液，检查分离器内的液位，5min 后复检液位。

5.1.4 打开换热器管线上的冷却水阀门，确保冷却水畅通。

5.1.5 电机送电，确认电机转向正确。

5.1.6 试车前条件确认。

5.2 试车与验收

5.2.1 机泵运转平稳、无杂音，振动符合在 B 区以下，现场无“跑、冒、滴、漏”问题。

5.2.2 轴承温度不高于 75℃。

5.2.3 在吸气阀未开启的状态下，检查真空压力是否达到极限要求。

5.2.4 检修记录、检测报告、试车记录等资料齐全，试车正常，上交机泵竣工验收单。

6 维护与故障处理

6.1 日常维护

6.1.1 检查泵运行是否有杂音，轴承振动及温度是否异常。

6.1.2 检查进口压力是否正常且稳定。

6.1.3 现场无“跑、冒、滴、漏”等问题。

6.2 常见故障与处理

液环真空泵常见功能故障与处理方法见表 5。

表 5 液环真空泵常见功能故障与处理方法

功能	功能故障	故障模式	故障后果	故障应对策略与检修内容	检修周期
启动不了	无法启动	启动时泵内液位过高	不能正常投用	按规定液位启动（自动排水阀以下）	定期检查
		填料压盖上得太紧		放松填料压盖	视情而定
		胶带拉得过紧		适当放松胶带	定期检查
		内部机件生锈		解体检修，确保正常好用	定期检查
		排出压力增高		检查排气管路及阀门口径是否过小	视情而定
		配电屏电流保护调整不当		调整热继电器至电流额定值	定期检查
保证流量	流量降低	胶带打滑而引起转速下降	无法满足工艺要求	拉紧胶带	定期检查
		供液量不足或液位过高		调节供液量，检查供液管路是否堵塞	定期检查
		内部结垢严重		清除水垢	定期检查
		介质有腐蚀或带入物料磨蚀，使内部机件间隙加大		净化介质，防止固体物料吸入泵体内，更换磨损零件	视情而定
		机件腐蚀		更换零件	定期检查
保证连续运行	机泵卡涩	新管路有焊渣铁屑等异物被气体带入泵体内	无法满足工艺要求	可松开前、后盖螺栓，转动叶轮并用水清洗，待转动灵活后才紧固螺栓。如不能排除，须拆开检查	定期检查
		结垢严重		拆卸清除或酸洗	定期检查
		气体冲刷或喷射		把排气口引出室外	视情而定
		吸、排气管壁太薄		采用管壁较厚的气管	重新设计

表 5　液环真空泵常见功能故障与处理方法（续）

功能	功能故障	故障模式	故障后果	故障应对策略与检修内容	检修周期
保证平稳运行	振动增大	泵座与基础接触不良，地脚螺栓松动	火灾、爆炸、环境污染，非计划停工	用混凝土填充底座空隙，拧紧地脚螺栓	视情而定
		泵对中不好		重新对中和锁紧	视情而定
		地脚螺栓松动或基础不牢固		紧固地脚螺栓或加固基础	定期检查
		电机、液环泵不对中		重新对中	视情而定
		润滑不良，油脂干涸或太多		改善润滑条件	定期检查
		轴承安装不当或轴承锈蚀、磨蚀、滚道被划伤		重新调整轴承位置或更换轴承	视情而定
保证运行无泄漏	密封泄漏严重	轴封泄漏		拧紧填料或更换密封	视情而定
		系统有泄漏		检查管路连接的密封性	定期检查

附 录 A

（资料性附录）

液环真空泵检修质量控制确认表

项目	主要控制内容			等级	施工单位	生产装置	设备管理部门	备注
	标准值	部位	现场记录					
拆卸中检测								
泵与驱动机对中复测	径向端面	联轴器		C级				
转子总间隙		泵体		B级				详见说明书
分半间隙		转子		B级				详见说明书
双锥轴承游隙		转子		B级				详见说明书
驱动端密封底套间隙	≤0.6～0.8mm	泵体		C级				
非驱动端密封底套间隙	≤0.6～0.8mm	泵体		C级				
叶轮与轴配合	H7/js6	转子		C级				
回装时检测								
主轴径向跳动	≤0.04mm	转子		B级				
主轴径圆柱度	≤0.025‰*D*	转子		C级				
叶轮与轴配合	H7/js6	转子		C级				
转子径向跳动	≤0.08	转子		C级				
转子总间隙		泵体		B级				详见说明书
分半间隙		转子		B级				详见说明书
双锥轴承游隙		转子		B级				详见说明书
驱动端密封底套间隙	≤0.6～0.8mm	泵体		C级				
非驱动端密封底套间隙	≤0.6～0.8mm	泵体		C级				
转子动平衡精度	G6.3以上	转子		B级				
机械密封压缩量	4～6mm	机械密封		C级				
对中数据	径向端面	联轴器		C级				

注： A级：施工单位、生产装置、设备管理部门检查确认后签字。

B级：施工单位和生产装置检查确认后签字。

C级：施工单位检查确认后签字。

另：如果有监理，监理的职责由甲方授权。

附　录　B

（资料性附录）

液环真空泵试车及验收数据表

设备名称		位号		工作介质	
驱动机种类		转速	r/min	试车介质	
试车类型	负荷	环境温度	℃	试车日期	
连续运转	h	启动电流	A	启动时刻	

<table>
<tr><td colspan="2">检查项目</td><td>标准</td><td colspan="5">实测值</td></tr>
<tr><td colspan="2">运行记录时刻</td><td></td><td></td><td></td><td></td><td></td><td></td></tr>
<tr><td rowspan="8">泵</td><td>流量 /（m³/h）</td><td></td><td></td><td></td><td></td><td></td><td></td></tr>
<tr><td>进口压力 /MPa</td><td></td><td></td><td></td><td></td><td></td><td></td></tr>
<tr><td>出口压力 /MPa</td><td></td><td></td><td></td><td></td><td></td><td></td></tr>
<tr><td>联轴器侧轴承温度 /℃</td><td></td><td></td><td></td><td></td><td></td><td></td></tr>
<tr><td>非联轴器侧轴承温度 /℃</td><td></td><td></td><td></td><td></td><td></td><td></td></tr>
<tr><td>联轴器侧振动水平 / 竖直 /（mm/s）</td><td></td><td></td><td></td><td></td><td></td><td></td></tr>
<tr><td>非联轴器侧振动水平 / 竖直 /（mm/s）</td><td></td><td></td><td></td><td></td><td></td><td></td></tr>
<tr><td>轴向 /（mm/s）</td><td></td><td></td><td></td><td></td><td></td><td></td></tr>
<tr><td rowspan="7">驱动机</td><td>电压 /V</td><td></td><td></td><td></td><td></td><td></td><td></td></tr>
<tr><td>电流 /A</td><td></td><td></td><td></td><td></td><td></td><td></td></tr>
<tr><td>联轴器侧轴承温 /℃</td><td></td><td></td><td></td><td></td><td></td><td></td></tr>
<tr><td>非联轴器侧 /℃</td><td></td><td></td><td></td><td></td><td></td><td></td></tr>
<tr><td>联轴器侧振动水平 / 竖直 /（mm/s）</td><td></td><td></td><td></td><td></td><td></td><td></td></tr>
<tr><td>非联轴器侧振动水平 / 竖直 /（mm/s）</td><td></td><td></td><td></td><td></td><td></td><td></td></tr>
<tr><td>轴向 /（mm/s）</td><td></td><td></td><td></td><td></td><td></td><td></td></tr>
<tr><td rowspan="3">冷却水</td><td>换热器进水压力 /MPa</td><td></td><td></td><td></td><td></td><td></td><td></td></tr>
<tr><td>换热器进水温度 /℃</td><td></td><td></td><td></td><td></td><td></td><td></td></tr>
<tr><td>换热器回水温度 /℃</td><td></td><td></td><td></td><td></td><td></td><td></td></tr>
<tr><td colspan="2">轴端密封运行情况</td><td></td><td></td><td></td><td></td><td></td><td></td></tr>
<tr><td colspan="2">联锁系统调试情况</td><td></td><td></td><td></td><td></td><td></td><td></td></tr>
<tr><td colspan="2">试车后检查情况</td><td></td><td></td><td></td><td></td><td></td><td></td></tr>
<tr><td colspan="2">总体运行评价</td><td></td><td></td><td></td><td></td><td></td><td></td></tr>
</table>

39. 齿轮离心式压缩机维护检修规程

SHS 01041—2019

部分代替 SHS 01018—2004、SHS 01019—2004、
SHS 05010—2004、SHS 05013—2004 等

目　次

前　言

本规程按照GB/T 1.1—2009《标准化工作导则　第1部分：标准的结构和编写》给出的规则起草。

本规程部分替代SHS 01018—2004《离心式空气压缩机维护检修规程》、SHS 01019—2004《离心式氨气压缩机维护检修规程》、SHS 05010—2004《氮气压缩机组维护检修规程》、SHS 05013—2004《离心式空气压缩机组维护检修规程》等，与SHS 01018—2004等相比，除了编辑性修改外，主要技术变化如下：

——更新检修周期；

——增加检修工具及消耗材料；

——修改补充维护检修内容及步骤；

——增加附录A“齿轮离心式压缩机机检修质量确认表”、附录B“齿轮离心式压缩机试车与验收数据记录表”。

本规程由中国石油化工集团有限公司、中国石油化工股份有限公司提出。

本规程起草单位：沈阳鼓风机集团齿轮压缩机有限公司。

本规程主要起草人：刁全、赵英存。

本规程所代替规程的历次版本发布情况为：

——SHS 01018—1992、SHS 01018—2004；

——SHS 01019—1992、SHS 01019—2004；

——SHS 05010—1992、SHS 05010—2004；

——SHS 05013—1992、SHS 05013—2004。

齿轮离心式压缩机维护检修规程

1 范围

1.1 主题内容

本规程规定了SVK、SV、SDG、GM型离心压缩机的检修周期与内容、检修程序与质量标准、试车与验收、维护与故障处理。

1.2 适用范围

本规程适用于沈阳鼓风机集团股份有限公司（以下简称“沈鼓”）生产的齿轮离心式压缩机的检修维护，其他类似的齿轮离心式压缩机可参照执行。

2 规范性引用文件

下列文件中的条款通过本规程的引用而成为本规程的条款。凡是注日期的引用文件，其随后所有的修改单（不包括勘误的内容）或修订版均不适用于本规程，然而，鼓励根据本规程达成协议的各方研究是否可使用这些文件的最新版本。凡是不注日期的引用文件，其最新版本适用于本规程。

API 672　石油、化工和气体工业用整体齿轮增速组装型离心压缩机

API 617　石油及化工和气体工业用离心压缩机

API 614　润滑、轴密封和控制油系统及辅助设备

SH/T 3190　石油化工整体齿轮离心式空气压缩机工程技术规范

SH/T 3538　石油化工机器设备安装工程及验收规范

SH/T 3539　石油化工离心式压缩机组施工及验收规范

制造厂检修规程及机组随机文件

3 检修周期与内容

3.1 检修周期

根据对设备功能故障及其影响分析的结果、有无备用设备并结合生产装置运行周期，确定设备检修周期一般为36～60个月。

3.2 检修项目

3.2.1 压缩机本体检修

a）压缩机解体、检测、记录各部数据；
b）检查、清理压缩机齿轮啮合情况；
c）检查、清理压缩机轴承部件磨损情况；
d）检查、清理压缩机级间密封、油封等部件磨损情况；
e）检查、清理压缩机转子部件磨损情况；
f）检查、清理压缩机定子部件磨损情况。

3.2.2 检查机组对中找正情况并根据规范要求进行调整。
3.2.3 检查、清理油系统动、静设备及阀门仪表等部件及化验油品。
3.2.4 检查、清理密封本体及密封气系统的阀门仪表等部件。
3.2.5 检查、清理级间冷却器、分离器。
3.2.6 检查、清理级间管线上出入口阀门、单向阀和补偿器等。

4 检修程序与质量标准

检修程序与质量标准因各个机组具体情况不同会有所差异，请参照设备随机资料进行具体修订。

4.1 检修前准备

4.1.1 人员准备

a）确定现场组织结构，确定检修人员数量；
b）人员进行安全培训、技术交底。

4.1.2 施工技术资料准备

a）施工方案，TnPM 定制管理方案，HSE 管理方案；
b）施工进度计划及人员、工机具、配件清单；
c）准备机组随机文件、合格证等资料；
d）人员资格证，工机具、量具检验证明文件；
e）工机具入厂文件；
f）机组运行记录；
g）原始安装（检修）数据。

4.1.3 施工工具、材料、备品备件的准备

a）建议准备工机具、量具的清单见表 1；

表 1 工机具、量具清单

百分表	水平仪	游标卡尺
塞尺	百分表座	量块
吊耳	铅丝	三角刮刀
外径千分尺	千斤顶	内径千分尺
梅花扳手	深度尺	敲击扳手
锉刀	活扳手	力矩扳手
公制内六角扳手	套筒扳手	尼龙吊装带
手拉葫芦	英制内六角扳手	钢丝绳
橡胶板	红丹粉	激光对中仪（若有）
铜棒或铅棒	劳保用品	应急安全物资
专用工具		

b）建议准备的耗材清单见表 2；

表 2 耗材清单

专用密封胶	煤油	普通砂纸
面粉	白布	显影剂
塑料布	金相砂纸	生料带
清洗剂	刷子	铁丝
海绵	除锈刷	细磨石

c）机组检修所需的专用工具，气动工具、电动工具、液压工具要提前试验合格；

d）合格的备品备件。

4.1.4 检修前条件确认

a）按照规定进行断电、倒空、置换等工艺处理完毕，具备检修条件，办理安全检修证后方可施工；

b）检修施工安全方面的未尽事宜，应执行检修所在公司的有关规定。

4.2 拆卸与检测

4.2.1 拆卸干气密封、平衡气、油管、排烟管等各个管线。

4.2.2 用塑料布封闭好管口并做好标识牌，避免回装时错误；关闭各轴承进油阀门后，拆卸隔离气之外与上半机壳相连的全部管线，拆卸后所有法兰口需用密封袋密封好后放置于划定区域；一定要做好标识工作。

4.2.3 拆卸压缩机振动、位移探头延伸电缆和测温元件的接头。

4.2.4 联轴器护罩的拆卸。

4.2.5 联轴器中间节拆卸。

4.2.6 检查膜片是否完好，用联轴器专用拆卸工具将半联轴器取下，并用销钉（红色）将膜片等与联轴器轮毂固定好；清理联轴器护罩。

4.2.7 使用找正工具（图 1，采用激光对中仪进行对中找正更为精确）进行对中的复测工作并记录。

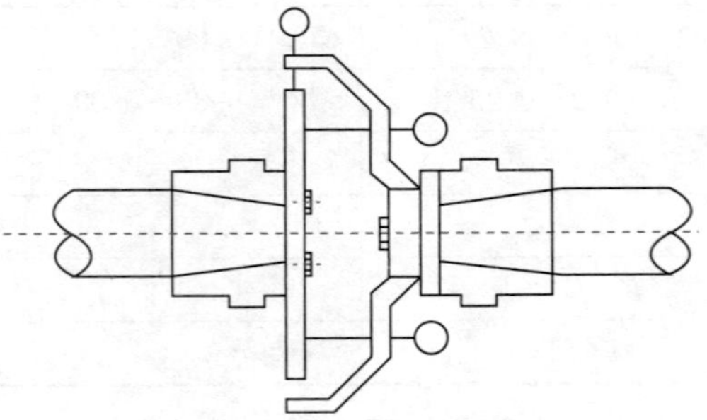

图 1 找正工具

4.2.8 压缩机外置振动探头、温度探头及轴位移探头的拆卸；检查外观是否有磕碰、挤压损伤，测量阻值是否正常，做好确认标记便于回装。

4.2.9 拆检齿轮式离心式压缩机

4.2.9.1 将压缩机上盖螺栓全部拆卸，利用中分面顶丝将压缩机上盖顶起，中分面自由间隙达到 5mm 后。沿导杆方向将压缩机上盖利用手拉葫芦缓慢提起，拆卸压缩机上盖。

4.2.9.2 拆卸大齿轮止推、支承轴承，拆卸大齿轮：

a）压缩机拆卸前应对大齿轮与轴齿轮的啮合情况进行检查，对从动齿轮的啮合齿面涂抹红丹，反复啮合齿轮，检查啮合效果并拍照记录，便于后期回装参考。

b）在拆卸止推轴承前，检查大齿轮的轴向位移。将百分表固定在下箱体，触头接触大齿轮轴向端部，轴向两侧极限推动大齿轮，记录最大窜动量，并做好记录，若超出图纸设计要求，可根据实际情况调整或直接更换止推轴承备件。

c）若测温铂热电阻为内置式，需将瓦体测温铂热电阻拆卸，然后逐个拆开推力瓦与支承瓦上瓦，并将每块上瓦标记，重新确认瓦体字头钢印，对轴承区进行清洗。

d）拆卸轴承前均应测量间隙值（表 3），便于回装参考。可采用压铅法，即将上瓦体拆卸后，将适用铅丝平整的沿轴向放置于大齿轮轴承区，随后回装上瓦体，紧固螺栓后，再次拆卸上瓦体，并测量、记录铅丝厚度；或采用测量法（相关间隙量请参照随机文件）。

表 3 齿轮式压缩机轴承间隙标准及检修记录（参考） mm

序号	型号	转子轴承间隙（直径）	大齿轮轴承间隙（直径）	推力间隙（直径）
1	SVK8-3s	0.11～0.14	0.11～0.14	0.25～0.30
2	SVK12-3s	0.11～0.15	0.15～0.18	0.18～0.24
3	SVK16-3s	0.11～0.16	0.16～0.20	0.20～0.26

表3 齿轮式压缩机轴承间隙标准及检修记录（参考）（续）

序号	型号	转子轴承间隙（直径）	大齿轮轴承间隙（直径）	推力间隙（直径）
4	SVK20-3s	0.13～0.16	0.23～0.30	0.24～0.30
5	SVK25-3s	0.13～0.18	0.19～0.25	0.15～0.20
6	SVK40-3s	0.21～0.24	0.23～0.29	0.25～0.30
7	SVK50-3s	0.19～0.24	0.24～0.30	0.25～0.30
8	SVK70-3s	0.18～0.22	0.29～0.38	0.20～0.30
9	SVK90-3s	0.2～0.25	0.33～0.39	0.20～0.30
实测				
实测				
实测				
实测				

e）仔细检查止推轴承的瓦片合金表面有无划痕及其他损伤；若轻微损伤可使用金相砂纸进行修复，损伤严重考虑更换备件。

f）大齿轮止推、支承轴承拆卸后，进行大齿轮的吊装工作，注意吊装过程的垂直、平稳进行，保证大齿轮在吊装过程中不造成磕碰现象，务必采用相关合适重量的手拉葫芦配合吊装。

g）大齿轮拆卸后可进行止推、支承轴承下瓦的拆卸工作，做好相对应的标记，确认瓦体字头钢印，清洗压缩机下箱体支承、推力轴承区。

h）拆卸压缩机各级入口管网，检查入口导叶实际开度与执行器反馈开度是否相符，并拍照记录，若有偏差，需要及时调整入口导叶执行器的反馈数值与导叶实际开度相匹配。

4.2.9.3 拆卸压缩机各级蜗壳端板、型环（图2）及转子、叶轮

a）断开各级间管路，并做好相应的标记，避免回装时出现法兰螺栓角度错位；

b）将各级蜗壳端板拆卸，首先将紧固螺栓全部拆卸，然后利用端板顶丝将端板平行顶出拆卸，注意利用端板上面吊耳进行吊装，确保吊装安全；

c）端板拆卸后，将内型环的紧固螺栓逐个拆卸，并利用型环紧固面的3个120°均分顶丝孔配合相应尺寸的顶丝对其进行平行顶出拆卸，拆卸时应注意同时利用专用工具进行吊装，以免利用顶丝的过程中发生型环脱落造成不必要的损失及安全隐患；

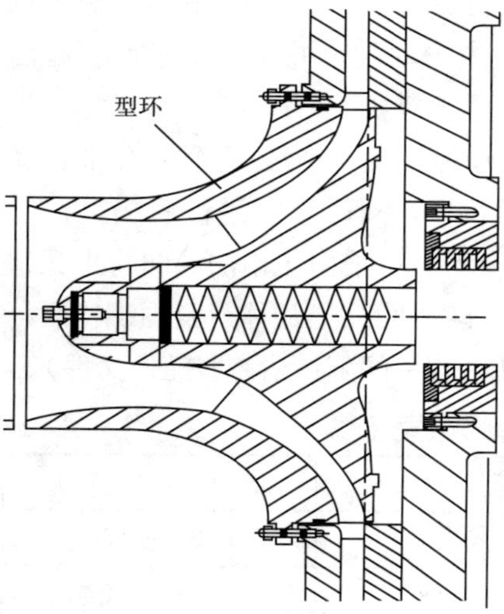

图2 型环

d）型环拆卸后，将叶轮的轴头螺母拆卸，并测量轴头与叶轮端面的 H 值（图 3），记录 H 值（表 4）便于后期回装。轴头打表盘车，观察表值进而判断转子轴头的直线度，进行记录便于回装。随后利用叶轮拆卸工具对叶轮进行拆卸，此过程应严格执行随机技术文件，必要时由专业人士指导。

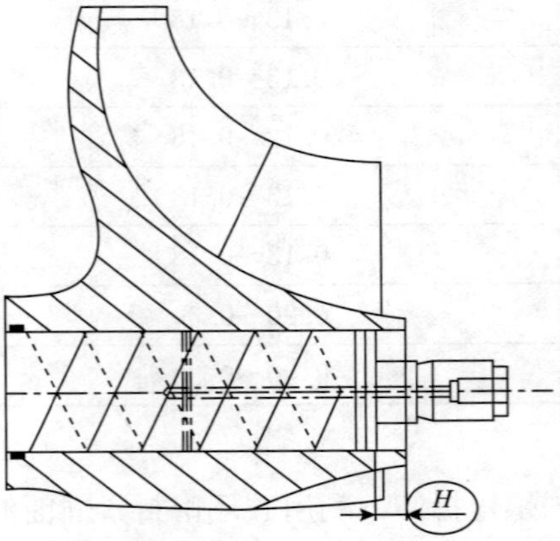

图 3　*H* 值

表 4　齿轮式压缩机形环间隙标准及检修记录（参考）

mm

序号	型号	形环间隙（半径）	形环间隙（轴向）	实测间隙	实测间隙
1	SVK8-3s	0.45～0.55	0.7～0.8		
2	SVK12-3s	0.5～0.6	1.1～1.2		
3	SVK16-3s	0.7～0.8	1.1～1.2		
4	SVK20-3s	0.65～0.75	1.15～1.25		
5	SVK25-3s	0.5～0.6	1.15～1.25		
6	SVK40-3s	0.5～0.6	1.3～1.45		
7	SVK50-3s	0.5～0.6	1.5～1.6		
8	SVK70-3s	0.6～0.7	1.6～1.7		
9	SVK90-3s	0.75～0.85	1.2～1.3		

4.2.9.4　拆卸气封（迷宫密封、碳环密封、干气密封）

a）拆卸迷宫气封：

（a）迷宫气封的拆卸前应首先测量其径向与转子的尺寸间隙是否满足设计标准（见表 5），尺寸超标可直接更换备件；相关间隙量请参照随机技术文件；

（b）将迷宫气封的外圈螺栓拆卸，利用气封紧固面的顶丝孔配合相对应的顶丝平行顶出将其拆卸，同时清理密封腔体；

（c）将拆卸的迷宫气封进行清理，检查磨损情况，带有 O 形圈的密封，可根据情况直接更换 O 形圈，并做好标记便于回装。

表 5　齿轮式压缩机气封间隙标准及检修记录（参考）

mm

序号	型号	迷宫气封间隙（半径）	实测间隙
1	SVK8-3s	0.18～0.24	
2	SVK12-3s	0.15～0.20	
3	SVK16-3s	0.13～0.18	
4	SVK20-3s	0.13～0.18	
5	SVK25-3s	0.13～0.18	
6	SVK40-3s	0.13～0.18	
7	SVK50-3s	0.13～0.18	
8	SVK70-3s	0.20～0.30	
9	SVK90-3s	0.20～0.30	

b）拆卸碳环密封：

（a）将碳环密封的紧固螺栓拆卸，利用碳环密封紧固面的顶丝孔利用顶丝将碳环密封平行顶出，尽量保持碳环密封整体水平拆卸；

（b）检查碳环密封的碳环磨损情况，测量碳环的内径并与备件碳环密封进行对比，检测出实际磨损情况后，若间隙值超差更换碳环密封备件（相关间隙量请参照随机技术文件），若数值正常可进行外部清理，以便后期回装，做好相应标记；

c）拆卸干气密封：参照随机技术文件。

4.2.9.5　拆卸油封

a）拆卸油封前，先对油封与转子的尺寸间隙进行测量（见表 6），若出现间隙超差等问题，可更换油封备件，将所测得的间隙进行记录（表 6），以便回装；

b）利用铜棒轻轻向下敲打下半油封，将油封旋转 180° 后，取出油封；

c）清理油封的迷宫密封槽，确保其清洁，以便回装。

表 6　齿轮式压缩机油封间隙标准及检修记录（参考）

序号	型号	油封间隙（半径）	大齿轮油封间隙（半径）	实测数据	实测数据
1	SVK8-3s	0.2～0.27	0.23～0.30		
2	SVK12-3s	0.15～0.20	0.25～0.33		
3	SVK16-3s	0.13～0.18	0.25～0.32		
4	SVK20-3s	0.13～0.18	0.27～0.33		
5	SVK25-3s	0.13～0.18	0.20～0.30		
6	SVK40-3s	0.13～0.18	0.25～0.30		
7	SVK50-3s	0.13～0.18	0.25～0.30		
8	SVK70-3s	0.20～0.30	0.4～0.6		
9	SVK90-3s	0.50～0.60	0.6～0.8		

4.2.9.6 检查蜗壳与转子同心度

在转子拆除前，可利用内径千分尺测量转子与蜗壳的相对尺寸。可同时进行多点测量，以保证准确性，确保转子在蜗壳内部居中，进而保证管道应力对蜗壳的影响。

4.2.9.7 拆卸各级转子的可倾瓦径向轴承，拆卸转子

a）若有需求，可先将可倾瓦径向轴承旋转至瓦体中分面与箱体中分面保持一致；

b）将可倾瓦轴承的瓦钉拆卸，做好相对应的标记，检查瓦体的字头钢印，确保回装方向顺序无误；

c）拆卸可倾瓦轴承上瓦体后，将压缩机箱体紧固的喷油嘴（图 4）拆卸，利用净化空气对喷油嘴进行吹扫，确保喷油嘴可正常工作，无堵塞；

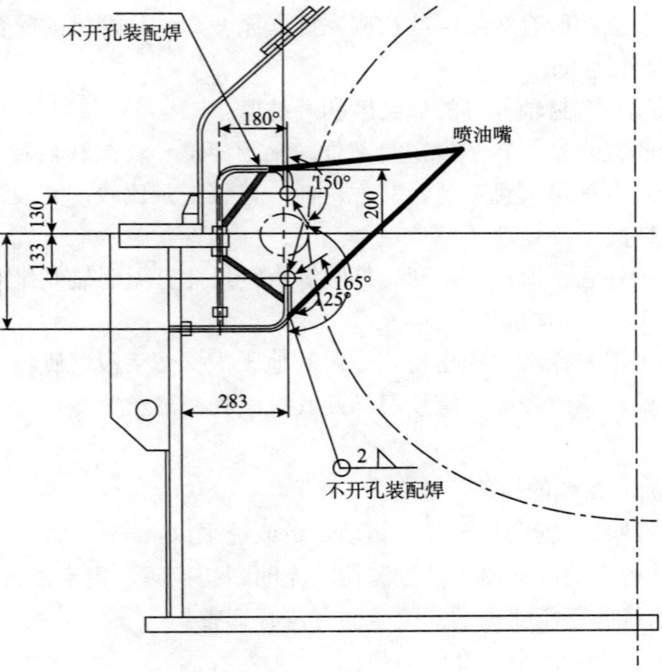

图 4 喷油嘴

d）随后将转子逐步吊装拆卸，灵活掌握各部的空间，在保证避免磕碰的前提下将转子拆卸；

e）拆卸可倾瓦轴承下瓦体，同时对下瓦体进行标记，核对字头钢印保证回装方向；

f）检查可倾瓦轴承瓦块的磨损情况，将可倾瓦轴承的阻油环拆卸，逐步拆卸瓦块，并对瓦块进行测量，检查是否存在磨损严重超差等问题，若瓦块为偏心瓦块，要确保回装时的旋向正确；

g）对可倾瓦轴承进行清理，保证轴承进油孔清洁。

4.2.9.8 转子、叶轮检查

a）转子的外观检查：

（a）检查转子轴承轴颈、各部密封轴径和轴端联轴器工作表面等部位有无磨损、沟痕、拉毛、压痕等类损伤，若表面拉毛轻微时，可采用金相砂纸拉研予以消除，其他损伤应根据实际情况制定方案，选择适当方法予以处理。轴上其他部位的表面粗糙度也应达到设计制造图的相应要求。

（b）检查转子上内密封工作表面处磨损沟痕的深度，轴衬套表面、推力盘表面等原则上应无磨损、腐蚀、冲刷沟槽等缺陷。

（c）检查、清除叶轮内外表面上的垢层。叶片进出口边应无冲刷、磨蚀和变形。用清洗剂冲洗转子，再用铜刷仔细清理叶轮表面的垢层，最后用金相砂纸仔细清理，仔细检查叶轮内外表面有无垢层残留物；如叶轮流道处由残存污垢，将影响转子动平衡。动平衡精度 G1.0。

（d）检查转子上的所有螺纹，丝扣应完好、无变形，与螺母的配合松紧适应。

b）转子的尺寸检查：

（a）检查轴颈、密封轴径等的椭圆度和圆柱度；

（b）检查轴的直线度，转子上密封部位、轴颈部位、轴端联轴器工作部位等处的径向圆柱度，并记录全部最大跳动值及其方位，与运行记录比较，若发生明显变化时，应找出原因，并视情况予以处理；

（c）检查叶轮外圆、口环、轴套、外圆等直径尺寸有无明显变化；

（d）转子的无损探伤检查；

（e）整个转子用着色渗透探伤检查，用其他无损探伤手段（磁粉和超声波）进行复核。重点检查键槽、螺纹表面、螺纹根部及其过渡处、形状突变部位、过渡圆角部位以及动平衡打磨部位等。

4.2.10　压缩机油路系统的检修

a）检修润滑油泵、辅助油泵及其驱动电机或透平；

b）检修油站内各油冷却器、油过滤器、无间断切换阀，更换油过滤器的滤芯；

c）检修油系统各蓄压器内的氮气压力并进行调整；

d）清理润滑油箱、润滑油高位油箱；

e）校验油系统全部就地指示仪表并对其他仪表和调节阀门进行调校；

f）针对性的检测仪表接头更换相关密封易损件。

4.2.11　压缩机气路系统的检修

a）检查、清理压缩机入口过滤网；

b）检查调整压缩机出入口管线的各支吊架，以及补偿器；

c）拆卸、检查、清理各级间管路的污垢；

d）校验气路系统全部就地指示仪表并对其他仪表和调节阀门进行调校，针对性地检测仪表接头，更换相关密封易损件；

e）拆卸、检查、清理各级间气体冷却器。

4.3 回装与质量标准

4.3.1 压缩机回装

4.3.1.1 回装顺序按拆卸相反顺序进行。

4.3.1.2 组装时首先清理压缩机中分面，将原密封胶完全清除。

4.3.1.3 在回装前，需对所有仪表探头进行再次检查确认可靠性。

4.3.1.4 可倾瓦支承轴承回装：

a）回装可倾瓦轴承前，要先确认瓦块的磨损程度，如轻微磨损可用金相砂纸进行修复，如瓦块磨损严重，可利用外径千分尺测量瓦块厚度，确保瓦块符合设计要求可正常使用，进而确保转子轴承间隙。

b）组装可倾瓦轴承时应注意阻油环的回装过程，应先将瓦块固定钉锁紧固定瓦块位置，保证瓦块不脱落的情况下，将阻油环按拆卸位置回装，但阻油环螺栓不应紧固。将瓦体在检修平台上组装后，紧固瓦体螺栓，然后将阻油环螺栓紧固。随后拆开瓦体紧固螺栓，进行可倾瓦轴承的回装。

c）回装前可倾瓦轴承瓦体前应先用红丹均匀涂抹在轴承下瓦体上，反复研磨该轴承与下箱体的接触情况，保证轴承下瓦体与压缩机下箱体接触面积达到80%以上，且瓦体中部的三之分一面完全接触为合格。左右两侧与轴承座中分面齐平，两侧间隙前后左右均匀，且≤0.05mm。瓦体防转销不高出轴承座中分面。拧紧中分面螺栓后，瓦体中分面、轴承座中分面密合无间隙，逐步回装全部轴承区的下瓦体确保回装顺序方向与拆卸一致，确认字头钢印方向正确。

d）回装可倾瓦轴承下瓦体后，埋入铂热电阻，注意铂热电阻穿入瓦块后，应不影响该瓦块的灵活摆动，铂热电阻不宜插入瓦块最底部，有1mm左右间隙触底即可。

e）各级下瓦体回装后，落入各级转子，确保转子在吊装过程中无磕碰，确保转子轴向位置正确，可以利用密封轴套位置作为参考，保证转子平稳落入轴承区，手动盘动该转子无卡涩感。

f）对大齿轮与轴齿轮的啮合情况进行检查，在从动齿轮的啮合齿面涂抹红丹，反复啮合齿轮，检查啮合效果，是否满足图纸要求。

g）将喷油嘴回装，紧固喷油嘴螺栓。

h）逐个根据拆卸顺序及方向回装油封，将油封按照其密封腔滑道180°滑入，保证密封安装过程中无卡涩，回装后的油封中分面与箱体中分面保持一致，手动盘动转子无卡涩感。

i）将各级气封逐个按拆卸的方向、角度回装，确保回装的密封与密封腔体的结合面水平进入安装至气封腔体。随后使用塞尺测量该密封间隙与设计值对比，如有偏差，可做适量调整（如设备气封为干气密封，参照随机技术文件）。

j）回装各轴承区瓦体上半部，回装过程中注意保证瓦体的轴向、径向错口均小于0.02mm，瓦体防转销均落入中分面防转销孔内。

k）测得各轴承瓦体与转子间的间隙，满足设计图纸要求（可采用测量及抬轴法）。

l）各级轴承区回装后，利用大齿轮进行手动盘车，保证压缩机在盘车过车中流畅，无卡涩。

m）如有内置振动探头，此时可进行探头安装，参照配套厂商的振动探头间隙电压安装，确保探头的安装稳固。如位移探头的测点为大齿轮齿环一侧，在调整该探头前首先应将大齿轮做居中调整，确保位移探头安装位置正确，测量数据可靠。

n）压缩机上箱体回装前，将压缩机下箱体中分面涂抹密封胶，确保密封胶将每个螺栓孔密封、风机中分面密封胶不出现中断现象。

o）随后回装压缩机上箱体，先将上箱体的轴承区结合处进行打毛刺处理，确保无毛刺，无高点；回装压缩机上箱体时应利用手拉葫芦，确保上箱体平稳垂直的吊装，将上箱体导向孔穿入导杆，平稳地落入上箱体，落入后的上箱体与下箱体之间的自由间隙不大于 0.05mm。

p）紧固箱体时要先将压缩机上箱体的大齿轮止推、支承轴承区进行紧固，随后平行同时向两侧展开紧固，确保上箱体的机械变形不影响压缩机箱体中分面的密封情况，确保压缩机运行期间润滑油系统的密封性良好。

q）压缩机手动盘车，确保盘车状态下无明显卡涩问题，无异响。

r）随后可进行各级叶轮的回装，注意叶轮与轴头端面的标记要相对应。利用叶轮拆装工具和百分表进行，将百分表指针定在工装头端面处，确保叶轮的安装行程。之后所测的轴头与叶轮端面的 H 值与拆卸叶轮所测得的 H 值相同。

s）回装叶轮后，再次进行轴头打表盘车，确认轴头垂直度小于 0.03mm，随后回装轴头帽与轴头螺母，确保叶轮与轴头帽的钢印标记相对应。

t）将大齿轮回装至大齿轮轴承区，确保大齿轮平稳垂直落入，吊装过程可利用手拉葫芦，保证大齿轮落入过程中与轴齿轮无磕碰，正常啮合地落入大齿轮轴承区。

u）查大齿轮的轴向位移。将百分表固定在下箱体，触头接触大齿轮轴向端部，轴向两侧极限推动大齿轮，记录最大窜动量，并做好记录，需满足图纸要求。

v）随后进行各级型环的回装，根据图纸相关要求，确认各级型环间隙的极值方向，调整并固定大齿轮与转子位置，用以确保安装型环及测量型环间隙的准确性，测量方式可将合适尺寸的铅丝利用橡皮泥粘在叶轮上，利用型环的紧固螺栓紧固型环。紧固型环后，利用塞尺测量型环径向间隙，再次拆卸型环，利用外径千分尺测量铅丝厚度，测得型环轴向间隙。如型环间隙满足设计要求即可，否则调整型环调整垫片厚度，该垫片厚度可做机加工处理；型环间隙满足设计要求后即可回装各级型环，并利用型环的紧固螺栓将型环均匀、平行地紧固进入蜗壳腔体内。

w）回装各级蜗壳端板，回装前可将蜗壳内支架老化 O 形圈全部更换，保证压缩机的气密性，随后吊装端板准备回装，将端板均匀平行地紧固在蜗壳端面，确保螺栓力度均匀，保证气密性良好。

x）压缩机手动盘车，确保盘车状态下无卡涩问题，无异响。

y）回装压缩机级间管路，根据拆卸时的螺栓标记，逐级回装压缩机级间气管路。

4.3.1.5　外置仪表探头检查与回装，安装时注意对应测温、测振仪表探头的位置。

a）探头：一种电涡流传感器应用于检测振动、位移、键相、速度；

b）延长电缆：一根同轴电缆连接在传感器和前置器之间；

c）前置器：一个转换设备把从探头来的信号传送到监测系统；

d）TK3 ：一种校验探头静态及动态特征曲线的专用工具；

e）在做检查前确保探头、延长电缆、前置器相互匹配；

f）被测量探头电阻值应在探头说明书规定范围内。

4.3.1.6　联轴器及护罩回装。使用联轴器拆装特殊工具将联轴节装入轴端。打表测量联轴器偏差，将偏差调整至要求值。请按照厂家提供的找正方法进行。如涉及管道应力、基础下沉等因素，须系统性多专业协同配合。

4.3.1.7　管线回装。

4.3.2　质量标准

检修质量标准符合 SHS 01019《水平剖分离心式压缩机维护检修规程》的规定。以下质量标准的数据仅为参考值，不同的压缩机在进行检修时应以随机资料中提供的技术数据为准。

4.3.2.1　轴承箱

a）轴承箱水平剖分面接触良好，自由状态下的间隙不超过 0.05mm ；

b）油孔、油路应进行清理，应无杂质、畅通、不泄漏。

4.3.2.2　可倾瓦支承轴承

a）外观检查应无裂纹、脱层、夹渣、气孔、重皮等缺陷，中分面自由间隙不大于 0.05mm ；

b）轴承与轴承座、轴接触良好。

4.3.2.3　推力轴承

a）推力盘与推力瓦接触均匀，面积≥80%，接触点≥2～3 点 /cm^2，同组瓦块的厚度差不大于 0.01mm ；

b）推力盘的两推力面平行度≤0.02mm，瓢偏≤0.02mm ；

c）瓦块摆动灵活、无卡涩；

d）止推间隙见参照随机技术文件。

4.3.2.4　联轴器

a）拆卸联轴器前，应检查测量记录半联轴器轴向位置；采用液压或加热法回装时，应使半联轴器的轴向预补偿量（移动量）符合制造厂的规定，联轴器内孔与轴接触面积不小于 85% ；

b）回装后检查半联轴器的端面和径向跳动，应符合随机技术文件要求；

c）膜片联轴器应测量联轴器的预拉伸（压缩）量应符合设计要求，膜片应无裂纹等缺陷；连接螺栓应完整，拆卸前应成对保存，回装前做无损探伤，螺栓应按力矩要求紧固；

d）联轴器对中符合设计要求。

4.3.2.5 迷宫密封

a）外观检查，不得有毛刺、倾斜、卷边、裂纹、结垢等缺陷，并且应完整、均匀，密封齿、密封体不得松动；

b）剖分面应完整，接触严密、均匀，其间隙不应大于0.05mm，且不应错口；间隙符合设计要求。

4.3.2.6 型环

a）型环内表面应无裂纹、冲刷、腐蚀和沉积物，结合面应无腐蚀、刻痕、变形；

b）型环涂层无脱落，保证型环与叶轮无机械摩擦痕迹。

4.3.2.7 大齿轮

a）外观检查，不得有毛刺、倾斜、卷边、裂纹、结垢等缺陷，大齿轮齿面不得有污垢、高点；大齿轮转子推力盘轴向不得有毛刺、倾斜、卷边、裂纹、结垢等缺陷；如若有严重磨损痕迹，必要时进行无损探伤检查；

b）大齿轮轴承区径向无明显毛刺、高点、裂纹、结构现象；如若有严重磨损痕迹，必要时进行无损探伤检查。

4.3.2.8 轴齿轮转子

a）清洗并检查转子轴套、主轴、叶轮、推力盘等应无裂纹、冲蚀，严重磨损痕迹，必要时进行无损探伤检查；

b）检查转子与内壳的同心度，若发现密封偏磨或密封间隙偏向一侧，必须进行调整；

c）根据拆检情况安排转子动平衡校验精度G1.0，出具试验报告；

d）测量转子椭圆度、跳动值参照随机技术资料；

e）检查轴齿轮，不得有毛刺、倾斜、卷边、裂纹、结垢等缺陷，大齿轮齿面不得有污垢、高点；如若有严重磨损痕迹，必要时进行无损探伤检查；

f）检查转子轴承区，轴承区不得有毛刺、倾斜、卷边、裂纹、结垢等缺陷，齿轮面不得有污垢、高点；如若有严重磨损痕迹，必要时进行无损探伤检查；

g）检查转子测振区，保证测振区的光滑度、椭圆度、电跳值符合设计要求。

4.3.2.9 叶轮

a）叶轮内外表面上的无垢层，叶片进出口边应无冲刷、磨蚀和变形；

b）如叶轮流道处有残存污垢，将影响转子动平衡。

5 试车与验收

5.1 试车前准备

5.1.1 确认各项检修工作已经完成，检修记录齐全，检修质量符合要求，有试车方案。

5.1.2 机、电、仪、操各专业共同进行机组联锁试验合格，确认各部位仪表及联锁装置齐全、准确、灵敏可靠。

5.1.3 安全附件校验合格，齐全完整。

5.1.4 润滑油系统按规定油运合格，单独的润滑部位按规定加注了润滑油。

5.1.5 确认密封气系统、冷却水系统、干气密封系统准备完毕，具备试车条件。

5.1.6 确认外围工艺准备完毕，具备试车条件。

5.1.7 公用工程各项准备工作完毕。

5.1.8 驱动透平（或电动机）单机试车成功，压缩机盘车灵活，联轴器组装完毕。

5.1.9 检查确认项目，必须有相关人员现场确认、签字并存档备查。

5.2 试车

参照压缩机、驱动机及辅助设备的操作规程，按已制定好的试车方案进行试车。

5.2.1 压缩机转子要迅速通过临界转速。

5.2.2 及时巡检并记录机组的运行状况，若出现异常现象，要及时研究处理直至紧急停车。

5.2.3 在启动、升速、最大连续转速、跳闸转速、降速、停车过程均需详细记录轴承温度、轴位移、轴振动、润滑油系统、干气密封系统参数等指标。

5.2.4 试车中，检查各部的安装位置是否移动，检查各紧固件是否松动，检查各密封处是否有漏油现象。

5.3 验收

5.3.1 检修质量符合本规程规定，经72h试车合格，压缩机达到完好标准，办理验收手续，交付生产。

5.3.2 验收时应具有下列有关资料：

a）实际完成的检修内容；

b）零部件修理、更换等内容；

c）本次修理无法解决的遗留问题；

d）检修及试车记录。

5.3.3 设备达到完好标准。

5.3.4 按规定办理验收手续。

6 维护与故障处理

6.1 日常维护

6.1.1 严格按操作规程进行操作。

6.1.2 定时检查下列主要内容，如有异常及时处理，并做好相应的记录。

机组运行状况及工艺参数行为检查：

a）振动、声音、位移、轴承温度是否正常；

b）润滑油系统，包括油温、油位、油质情况、定期分析检测润滑油；

c）干气密封系统维护；

d）各紧固件有无松动或脱落。

日常巡检表见表7。

表7 日常巡检表

<table>
<tr><th>序号</th><th>巡检内容</th><th>巡检要求</th><th>备注</th></tr>
<tr><td rowspan="3">1</td><td rowspan="3">主要工艺参数监控</td><td>蒸汽（烟气）进、排汽（气）温度及压力；压缩机进、排气压力、温度是否正常</td><td></td></tr>
<tr><td>检查出口压力、流量和转速是否稳定在允许范围内，蒸汽消耗或电机电流是否符合操作指标</td><td></td></tr>
<tr><td>冷凝器、出入口缓冲罐压力、温度及脱液是否符合操作指标</td><td></td></tr>
<tr><td>2</td><td>机组轴振动及轴承温度</td><td>机组轴承振动、温度、转子轴位移应小于报警值</td><td></td></tr>
<tr><td rowspan="3">3</td><td rowspan="3">机组密封情况</td><td>机组轴封系统机组轴封系统参数、泄漏等在规定范围内</td><td></td></tr>
<tr><td>机组轴封、汽封、填料、刮油环有无出现异常泄漏</td><td></td></tr>
<tr><td>干气密封一次气、密封气、隔离气温度、压力、流量、干气密封过滤器差压等是否符合操作指标</td><td></td></tr>
<tr><td rowspan="4">4</td><td rowspan="4">润滑油、密封油及控制油的情况</td><td>润滑油、密封油、控制油系统机组润滑油、密封油、控制油系统工艺参数等是否正常</td><td></td></tr>
<tr><td>检查润滑油、密封油、控制油压力、温度是否符合指标</td><td></td></tr>
<tr><td>密封油回油量及温度是否符合操作指标</td><td></td></tr>
<tr><td>油箱、高位油箱液位是否正常</td><td></td></tr>
<tr><td rowspan="5">5</td><td rowspan="5">机组辅机（件）齐全完好情况</td><td>机组疏水阀、排污阀、排凝阀、放气阀等是否齐全好用</td><td></td></tr>
<tr><td>机组入口过滤器部件、放空消音器是否完好</td><td></td></tr>
<tr><td>压力表、温度计、转速表等表计是否完好或按规定定期校验</td><td></td></tr>
<tr><td>液位计（仪）、油视镜是否完好，液位、油位是否正常</td><td></td></tr>
<tr><td>润滑油、封油泵、凝液泵等是否完好</td><td></td></tr>
<tr><td rowspan="6">6</td><td rowspan="6">机组现场规格化，机组现场整洁、规范</td><td>机组及附属管线保温是否完好或损伤</td><td></td></tr>
<tr><td>本体及附属设备是否整洁，现场检查是否有杂物、油迹、积水</td><td></td></tr>
<tr><td>进出口管阀及润滑、冷却、冷凝等附属管阀、支架是否完好</td><td></td></tr>
<tr><td>螺栓紧固，螺纹满扣且长度均匀适宜</td><td></td></tr>
<tr><td>润滑、密封、控制油、冷却系统等有无泄漏，明显泄漏点有无挂牌</td><td></td></tr>
<tr><td>排气管是否畅通</td><td></td></tr>
</table>

6.2 常见故障与处理

齿轮离心式压缩机常见功能故障与处理方法见表8。

表8 齿轮离心式压缩机常见功能故障与处理方法

序号	功能	功能故障	故障模式	故障后果	故障应对策略与检修内容
1	保证机组连续运转	压缩机振动或噪声	偏差（未找正）	压缩机振动、联轴器磨损、非计划停车	卸下联轴节，让驱动机单独运转如果驱动机不振动，故障可能是由未找正而引起的，参考说明书有关部分检查未找正的情况
			压缩机转子不平衡	压缩机振动、转子损坏、非计划停车	检查转子，看看是否由脏物引起不平衡，必要时，重新平衡
			由于油脏而使轴承磨损	压缩机振动、轴承损坏、非计划停车	检查轴承，必要时，要加以更换
			气体管线传至机壳上的应力而引起的偏差（未找正）	压缩机振动、压缩机应力变形、非计划停车	适当地固定管线，以防机壳应力过大。管子应有足够的弹性，以满足热膨胀要求
			联轴器不平衡	压缩机振动、联轴器磨损、非计划停车	卸下联轴器，检查不平衡
			喘振	压缩机振动、压缩机损坏、非计划停车	压缩机操作条件是否离开喘振条件
			与压缩机邻近的机器	压缩机振动、压缩机损坏、非计划停车	有关基础要彼此分开，增加连接管线的弹性
		支承轴承故障	润滑油不合适	轴承温度过高、轴承磨损、压缩机振动	保证所使用的油符合规定。定期检查油里是否有水或脏物
			偏差	轴承温度过高、轴承磨损、压缩机振动	检查找正，必要时进行调整
			轴承间隙超差	轴承磨损、压缩机振动	检查间隙，必要时进行调整
			压缩机或联轴节的不平衡	轴承磨损、压缩机振动	重新找正
		止推轴承故障	轴向推力过大	轴承温度过高、轴承磨损	要保证联轴器干净，安装时保证连接的驱动机不向压缩机传递过大的推力
			润滑油不合适	轴承温度过高、轴承磨损	保证使用的油符合规定。定期检查油里是否有水或脏物

表 8　齿轮离心式压缩机常见功能故障与处理方法（续）

序号	功能	功能故障	故障模式	故障后果	故障应对策略与检修内容
1	保证机组连续运转	油密封环故障	偏差和振动	油密封环损坏、油烟泄漏	重新检查找正
			油脏	油密封环损坏、油烟泄漏	检查过滤器，更换脏的芯子检查管道是否清洁
			油密封间隙与规定不符	油密封环损坏、油烟泄漏	检查间隙，必要时调整
			油压不足	油密封环损坏	检查参考气压力使其不低于最低值

附 录 A
（资料性附录）
齿轮离心式压缩机检修质量控制确认表

项目	主要控制内容			等级	施工单位	生产装置	设备管理部门	备注
	标准值	部位	现场记录					
拆卸时检测								
压缩机与原动机联轴器对中情况轴向值				A	★	★	★	
压缩机与原动机联轴器对中情况径向值				A	★	★	★	
大齿轮轴向推力轴承间隙				A	★	★	★	
大齿轮径向推力轴承间隙				A	★	★	★	
大齿轮径向支承轴承间隙				A	★	★	★	
大齿轮与小齿轮啮合面积				A	★	★	★	
一级轴承间隙				A	★	★	★	
二级轴承间隙				A	★	★	★	
三级轴承间隙				A	★	★	★	
四级轴承间隙				A	★	★	★	
瓦块厚度				C	★			
瓦体错口情况				C	★			
瓦体中分面自由间隙				C	★			
一级型环轴向间隙				B	★	★		
一级型环径向间隙				B	★	★		
二级型环轴向间隙				B	★	★		
二级型环径向间隙				B	★	★		
三级型环轴向间隙				B	★	★		
三级型环径向间隙				B	★	★		
一级油封径向间隙				B	★	★		
二级油封径向间隙				B	★	★		
三级油封径向间隙				B	★	★		

齿轮式离心式压缩机检修质量控制确认表（续）

项目	主要控制内容			等级	施工单位	生产装置	设备管理部门	备注
	标准值	部位	现场记录					
一级气封径向间隙				B	★	★		
二级气封径向间隙				B	★	★		
三级气封径向间隙				B	★	★		
压缩机箱体中分面自由间隙				C	★			
回装时检测								
压缩机与原动机联轴器对中情况轴向值				A	★	★	★	
压缩机与原动机联轴器对中情况径向值				A	★	★	★	
大齿轮轴向推力轴承间隙				A	★	★	★	
大齿轮径向推力轴承间隙				A	★	★	★	
大齿轮径向支承轴承间隙				A	★	★	★	
大齿轮与小齿轮啮合面积				A	★	★	★	
一级轴承间隙				A	★	★	★	
二级轴承间隙				A	★	★	★	
三级轴承间隙				A	★	★	★	
四级轴承间隙				A	★	★	★	
瓦块厚度				C	★			
瓦体错口情况				C	★			
瓦体中分面自由间隙				C	★			
一级型环轴向间隙				B	★	★		
一级型环径向间隙				B	★	★		
二级型环轴向间隙				B	★	★		
二级型环径向间隙				B	★	★		
三级型环轴向间隙				B	★	★		
三级型环径向间隙				B	★	★		
一级油封径向间隙				B	★	★		
二级油封径向间隙				B	★	★		
三级油封径向间隙				B	★	★		

齿轮式离心式压缩机检修质量控制确认表（续）

项目	主要控制内容			等级	施工单位	生产装置	设备管理部门	备注
	标准值	部位	现场记录					
四级油封径向间隙				B	★	★		
一级气封径向间隙				B	★	★		
二级气封径向间隙				B	★	★		
三级气封径向间隙				B	★	★		
压缩机箱体中分面自由间隙				C	★			

注： A 级：施工单位、生产装置、设备管理部门专业人员检查确认后签字。

B 级：施工单位和生产装置专业人员检查确认后签字。

C 级：施工单位专业人员检查确认后签字。

另：如果有监理，监理的职责由甲方授权。

附　录　B
（资料性附录）
齿轮离心式压缩机试车与验收数据记录表

机组试车条件确认记录表、试车数据记录表分别见表B.1、表B.2。

表B.1　机组试车条件确认记录表

<table>
<tr><td></td><td colspan="3">机组试车条件确认记录</td><td colspan="2">工程名称：
单元名称：</td></tr>
<tr><td>设备名称</td><td colspan="2"></td><td>设备位号</td><td colspan="2"></td></tr>
<tr><td>设备型号</td><td colspan="2"></td><td>能力</td><td colspan="2"></td></tr>
<tr><td>驱动机种类</td><td colspan="2"></td><td>转速</td><td colspan="2">r/min</td></tr>
<tr><td rowspan="2">确认项目</td><td rowspan="2">技术要求</td><td colspan="3">确认人</td><td rowspan="2">确认日期</td></tr>
<tr><td>施工专业工程师</td><td>监理专业工程师</td><td>总承包专业工程师</td></tr>
<tr><td>设备本体拆检</td><td>拆检、回装完成，记录符合规范要求</td><td rowspan="4"></td><td rowspan="4"></td><td rowspan="4"></td><td rowspan="4"></td></tr>
<tr><td>辅助系统</td><td>检查合格</td></tr>
<tr><td>油管路系统</td><td>冲洗和压力试验完成，记录符合规范要求</td></tr>
<tr><td>循环或润滑油</td><td>符合要求</td></tr>
<tr><td>电气设施</td><td>安装完成，调试合格，记录符合规范要求</td><td></td><td></td><td></td><td></td></tr>
<tr><td>仪表联锁、控制系统</td><td>安装完成，系统调校合格，记录符合规范要求</td><td></td><td></td><td></td><td></td></tr>
<tr><td>工艺管道系统</td><td>安装完成，压力试验、吹扫（清洗）合格，记录符合规范要求</td><td></td><td></td><td></td><td></td></tr>
<tr><td>机组试车方案</td><td>试车程序、措施、质量验收要求明确</td><td></td><td></td><td></td><td></td></tr>
<tr><td>生产配套工艺及操作条件</td><td>按试车方案要求准备完毕</td><td colspan="3">建设单位试车负责人：</td><td></td></tr>
<tr><td>试车条件确认</td><td>具备试车条件</td><td colspan="3">试车总负责人：</td><td></td></tr>
</table>

表 B.2 离心式压缩机试车数据记录表

	离心式压缩机 试车数据记录（一）							工程名称： 单元名称：			
设备名称			设备型号					设备位号			
试车类别	□空负荷 □负荷		工作介质					试车介质			
驱动机种类			转速			r/min		环境温度			℃
连续运转时间		h	停机惰走时间			s		启动时刻			
试车日期			年 月 日								
检查项目		设计值 / 允许值	实测值								
运行记录时刻											
大齿轮	推力轴承温度										
	支承轴承温度										
压缩机轴位移											
一级	轴承温度										
	转子振动										
	气路入口温度										
	气路出口温度										
	气路入口压力										
	气路出口压力										
	气路入口流量										
二级	轴承温度										
	转子振动										
	气路入口温度										
	气路出口温度										
	气路入口压力										
	气路出口压力										
三级	轴承温度										
	转子振动										
	气路入口温度										
	气路出口温度										
	气路入口压力										
	气路出口压力										
	气路出口流量										

表 B.2　离心式压缩机试车数据记录表（续）

<table>
<tr><td rowspan="4">润滑油路系统</td><td>润滑油温度</td><td></td><td></td><td></td><td></td><td></td><td></td><td></td><td></td><td></td><td></td></tr>
<tr><td>润滑油压力</td><td></td><td></td><td></td><td></td><td></td><td></td><td></td><td></td><td></td><td></td></tr>
<tr><td>过滤器差压</td><td></td><td></td><td></td><td></td><td></td><td></td><td></td><td></td><td></td><td></td></tr>
<tr><td>齿轮箱进油压力</td><td></td><td></td><td></td><td></td><td></td><td></td><td></td><td></td><td></td><td></td></tr>
<tr><td colspan="3">建设／监理单位</td><td colspan="3">总承包单位</td><td colspan="3">施工单位</td><td colspan="3">现场代表</td></tr>
<tr><td colspan="3">专业工程师：

日期：　年　月　日</td><td colspan="3">专业工程师：

日期：　年　月　日</td><td colspan="3">专业工程师：
质量检查员：
记　录　人：
日期：　年　月　日</td><td colspan="3">现场代表：

日期：　年　月　日</td></tr>
</table>

40. 旋转活塞泵维护检修规程

SHS 01042—2019

代替 SHS 03046—2004

目　次

前　言

本规程按照GB/T 1.1—2009《标准化工作导则　第1部分：标准的结构和编写》给出的规则修订。

本规程代替SHS 03046—2004《旋转活塞泵维护检修规程》，与SHS 03046—2004相比，除编辑性修改外，主要技术变化如下：

——增加4.2和4.3机泵拆卸与检测步骤；

——增加规范性引用文件；

——增加附录A“旋转活塞泵检修质量控制确认表”和附录B“旋转活塞泵试车与验收数据记录表”。

本规程由中国石油化工集团有限公司、中国石油化工股份有限公司提出。

本规程起草单位：中国石油化工股份有限公司北京燕山分公司。

本规程主要起草人：王轮。

本规程所代替规程的历次版本发布情况为：

——SHS 03046—1992、SHS 03046—2004。

旋转活塞泵维护检修规程

1 范围

1.1 主题内容

本规程规定了旋转活塞泵的检修周期与内容、检修程序与质量标准、试车与验收、维护与故障处理。

1.2 适用范围

本规程适用于输送胶液等高黏稠物料的旋转活塞泵的维护和检修。

2 规范性引用文件

下列文件中的条款通过本规程的引用而成为本规程的条款。凡是注日期的引用文件，其随后所有的修改单（不包括勘误的内容）或修订版均不适用于本规程，然而，鼓励根据本规程达成协议的各方研究是否可使用这些文件的最新版本。凡是不注日期的引用文件，其最新版本适用于本规程。

GB/T 19840 回转容积泵技术要求

API 682 离心泵和转子泵用轴封系统

3 检修周期与内容

3.1 检修周期

根据对旋转活塞泵功能故障及其影响分析的结果、有无备用设备并结合生产装置运行周期，确定设备检修周期一般为6～12个月。

3.2 检修项目

3.2.1 检查和紧固各部位螺栓紧固情况。

3.2.2 消除润滑系统、冲洗系统在运行中出现的泄漏等情况。

3.2.3 解体检查各部件磨损情况，并进行修理或更换新件。

3.2.4 联轴器对中检查及解体检修。

3.2.5 检查或更换轴承等。

3.2.6 检查轴封泄漏情况，检修或更换机械密封。

3.2.7 检查齿轮表面有无裂纹，调整同步齿轮间隙。
3.2.8 检查转子有无裂纹并修复或更换。
3.2.9 检查泵体内衬套有无损伤并修复或更换。

4 检修程序与质量标准

4.1 检修前准备

4.1.1 根据检修前设备运行技术状况和检测记录，分析故障的原因和部位，制定详尽的检修技术方案。
4.1.2 组织相关人员现场交底，检修人员应熟悉设备图纸及技术资料、技术资料与检修方案。
4.1.3 检查落实检修所需的工、量、卡具。
4.1.4 检查落实检修所需的更换件符合设计要求。
4.1.5 各项准备工作应符合安全、环保、质量等方面的要求，如按照Q/SHS 0001.3《炼油化工企业安全、环境与健康（HSE）管理规范（试行）》中的规定，对检修过程进行必要的危害识别、风险评价、风险控制及环境因素及环境影响分析，并办理相关票证。
4.1.6 按规定具备检修条件。

4.2 拆卸与检测

4.2.1 检修轴承

4.2.1.1 拆卸联轴器，先将联轴器中间盘取下，再取下泵轴上的半联轴节；
4.2.1.2 拆卸轴承。

4.2.2 检修机械密封

4.2.2.1 拆卸联轴器，先将联轴器中间盘取下，再取下泵轴上的半联轴节；
4.2.2.2 拆卸机械密封静环座，然后拆卸机械密封侧的端盖，取下端盖后，更换机械密封。

4.2.3 检修泵体

4.2.3.1 拆卸联轴器，取出机封及轴承及轴；
4.2.3.2 检修泵体。

4.2.4 检修转子

4.2.4.1 拆卸同步齿轮；

4.2.4.2 沿轴拆下非驱动端齿轮箱端盖；
4.2.4.3 拧松齿轮的定位螺钉，把同步齿轮从轴上拆下；
4.2.4.4 把转子从泵体中拆出。

4.3 回装与质量标准

4.3.1 装配程序与拆卸程序相反。
4.3.2 转子
4.3.2.1 检查转子表面的磨损情况，转子直径最大磨损量不大于 0.20mm；
4.3.2.2 啮合面要求不得有伤痕，表面粗糙度应不大于 R_a3.2；
4.3.2.3 转子与泵体配合间隙应在 0.20～0.30mm 之间，且各处间隙应均匀。
4.3.3 泵体
4.3.3.1 检查泵体内表面磨损情况，表面粗糙度应不大于 R_a3.2；
4.3.3.2 泵体与轴承、外套的配合面应无明显伤痕。
4.3.4 轴承
4.3.4.1 滑动轴承端面及内孔不得有沟槽，磨损不得超过 0.10mm；
4.3.4.2 滑动轴承与轴径的径向间隙应为 0.30～0.70mm
4.3.5 同步齿轮
4.3.5.1 齿轮与轴的配合采用 H7/h6；
4.3.5.2 两齿轮的接触面积沿齿高不小于 40%，沿齿宽不小于 55%，并均匀分布在节圆线的上下；
4.3.5.3 齿轮啮合侧间隙为 0.08～0.10mm；
4.3.5.4 齿轮不得有点蚀、磨损、胶合、裂纹、折断等严重缺陷。

5 试车与验收

5.1 试车前准备

5.1.1 确认各项检修工作已完成，检修记录齐全，检修质量符合本规程 4.3 的规定，有试车方案。
5.1.2 设备零、部件完整无缺，螺栓紧固。
5.1.3 仪表等装置齐全、准确、灵敏、可靠。
5.1.4 各润滑部位按规定加注润滑油（脂）。
5.1.5 各项工艺准备完毕，具备试车条件。
5.1.6 泵启动前必须全开进、出口阀门。
5.1.7 检查泵的运转方向是否正确。
5.1.8 确认现场已具备试车条件。

5.2 试车

5.2.1 运转平稳无杂音。
5.2.2 流量、压力平稳，达到铭牌能力 90% 以上或满足生产要求。
5.2.3 电流不超过额定值。
5.2.4 机械密封无泄漏。
5.2.5 轴承温度执行中石化关于机泵轴承温度控制标准。
5.2.6 泵轴承部位振动值执行中石化关于机泵轴承振动控制标准。

5.3 验收

检修质量符合本规程规定，经试车合格（在额定工况下进行不少于 72h 的连续运转），达到完好标准，按规定办理验收手续，移交生产。验收技术资料应包括：
5.3.1 检修质量和缺陷记录；
5.3.2 零、部件更换清单；
5.3.3 结构、尺寸、材质变更审批文件等。

6 维护与故障处理

6.1 日常维护

6.1.1 检查泵出口压力是否正常。
6.1.2 检查泵的润滑状况是否正常；
6.1.3 检查泵运转有无杂音和超振情况，发现异常及时处理；
6.1.4 检查并消除泄漏；
6.1.5 泵长期停用时，对于易干结的物料，应用溶剂将泵清洗干净。

6.2 常见故障与处理

旋转活塞泵常见功能故障与处理方法见表 1。

表 1 旋转活塞泵常见功能故障与处理方法

序号	功能	功能故障	故障模式	故障后果	故障应对策略与检修内容	检修周期 / 月
1	保证橡胶胶液密封生产	机械密封泄漏	机械密封安装不良	火灾，污染环境	重新装配	6～12
			机械密封零件损坏	火灾，污染环境	更换损坏零件	6～12
			轴径磨损	火灾，污染环境	修复	6～12
			流动介质在静态时发生沉淀或固化	火灾，污染环境	停泵用溶剂清洗	6～12

表 1　旋转活塞泵常见功能故障与处理方法（续）

序号	功能	功能故障	故障模式	故障后果	故障应对策略与检修内容	检修周期／月
2	保证设备连续运转	设备不能正常运行	对中不好	设备振动超标	重新对中	视情况
			轴承磨损或损坏	设备不能正常运行	更换轴承	24 个月
			泵体内进入杂物	导致转子卡死	清除杂物	视情况
			同步齿轮磨损	导致从动轴不能正常运行	修理或更换	24 个月
			空气进入吸入管线	泵不上量	防止空气进入	视情况
			地脚螺栓松动	泵振动大	紧固地脚螺栓	视情况
3	保证电机正常运行	电机过载	泵壳内进入杂物	导致泵不运行或者损坏转子	清除杂物	视情况
			出口压力过高	泵超压，安全阀启跳	检查出口管线	视情况
			物料固化或黏结	泵卡死不运转	清理物料	视情况
			电机故障	泵不能正常运转	检查、修理、更换	24 个月
4	保证生产需要的流量	泵不上量	吸入口管线泄漏	污染环境	消除泄漏	视情况
			转向不对	达不到生产所需流量	电机接线换向	视情况

附 录 A

（资料性附录）

旋转活塞泵检修质量控制确认表

项目	主要控制内容				等级	施工单位	生产装置	设备管理部门	备注
	标准值		部位	现场记录					
拆卸时检测									
滑动轴承	径向间隙	0.3～0.7mm	前		A	★	★		
			后						
	磨损量	0.1mm	前		B	★	★		
			后						
转子	衬套间隙	0.2～0.3mm	中		A	★	★	★	
	磨损量	0.2 mm	大径处		A	★	★		
同步齿轮	啮合间隙	0.08～0.1mm			A	★	★		
	轴的配合间隙	H7/h6			B	★	★		
泵与电机对中									
回装时检测									
滑动轴承	径向间隙	0.3～0.7mm	前		A	★	★		
			后						
	磨损量	0.1mm	前		B	★	★		
			后						
转子	衬套间隙	0.2～0.3mm	中		A	★	★	★	
	磨损量	0.2 mm	大径处		A	★	★		
同步齿轮	啮合间隙	0.08～0.1mm			A	★	★		
	轴的配合间隙	H7/h6			B	★	★		
泵与电机对中									

注： A 级：施工单位、生产装置、设备管理部门专业人员检查确认后签字。

B 级：施工单位和生产装置专业人员检查确认后签字。

C 级：施工单位专业人员检查确认后签字。

另：如果有监理，监理的职责由甲方授权。

附 录 B
（资料性附录）
旋转活塞泵试车与验收数据记录表

装置：　　　　　　　　　　　　设备名称：　　　　　　　　　　　　位号：

试车参数记录：			记录时间											
记录名称	参数位号	标准	1：00	2：00	3：00	4：00	5：00	6：00	7：00	8：00	9：00	10：00	11：00	12：00
电机电流														
电机前轴承温度														
电机后轴承温度														
机体止推温度														
机体轴承温度														
机体前轴振动														
机体后轴承振动														
出口流量														
出口压力														
出口温度														
泄漏情况														
运行异响														
油泵出口压力														
润滑油温度														
润滑油过滤器压差														
验收确认		施工单位：					管理单位：					使用单位：		

备注： 1. 三方签字验收后交付生产使用。

2. 大修后 15 个工作日内，将试车记录及验收表扫描录入设备管理系统。

41. 屏蔽泵维护检修规程

SHS 01043—2019

代替 SHS 03047—2004

目　次

前　言

本规程按照GB/T 1.1—2009《标准化工作导则　第1部分：标准的结构和编写》给出的规则起草。

本规程代替SHS 03047—2004《屏蔽泵维护检修规程》，与SHS 03047—2004相比，除了编辑性修改外，主要技术变化如下：

——对“3.1检修周期”内容描述作补充调整；

——对“3.2检修内容”内容描述重新调整；

——对“4.1拆卸前的准备”内容描述作补充调整；

——新增加“4.2检修前条件确认”章节；

——对“4.3拆卸与检测”内容描述作补充调整；

——对“4.4回装与检测”新增内容描述；

——对“4.5质量标准”内容描述作局部补充；

——对“6.2常见功能故障与处理方法”应用RCM分析方法重新编制；

——增加　附录A“屏蔽泵检修质量控制表”、附录B“屏蔽泵试车与验收数据记录表”。

本规程由中国石油化工集团有限公司、中国石油化工股份有限公司提出。

本规程起草单位：中国石化上海石油化工股份有限公司。

本规程主要起草人：俞文兵。

本规程历次发布情况：

——SHS 03047—1992、SHS 03047—2004。

屏蔽泵维护检修规程

1 范围

1.1 主题内容

本规程规定了石油化工装置常用屏蔽泵的检修周期和内容、检修程序与质量标准、试车与验收、维护与故障处理。

1.2 适用范围

本规程适用于输送各种化工介质屏蔽泵的维护与检修。

2 规范性引用文件

下列文件中的条款通过本规程的引用而成为本规程的条款。凡是注日期的引用文件，其随后所有的修改单（不包括勘误的内容）或修订版均不适用于本规程，然而，鼓励根据本规程达成协议的各方研究是否可使用这些文件的最新版本。凡是不注日期的引用文件，其最新版本适用于本规程。

GB/T 16907 离心泵技术条件（I）

GB/T 3216 回转动力泵 水力性能验收试验 1级、2级和3级

GB/T 1032 三相异步电动机试验方法

ISO 15783 无轴封回转动力泵技术要求

API 685 石油、重化学和天然气工业用无密封式离心泵

ASME B73.3 化工流程用无密封卧式轴向吸入式金属离心泵标准

3 检修周期和内容

3.1 检修周期

根据对屏蔽泵设备功能故障及其影响分析的结果、有无备用设备并结合生产装置运行周期，确定设备检修周期一般为24～48个月。

3.2 检修内容

3.2.1 检查各部位连接螺栓紧固情况并消除泄漏点。

3.2.2 检查与清理冷却水系统，保证畅通。

3.2.3　检查轴承监测器是否完好，指示是否正常。
3.2.4　检查、清理系统中的过滤网。
3.2.5　检查循环系统中针形阀的密封状态和调节是否灵活。
3.2.6　检查记录叶轮的轴向窜动量。
3.2.7　检查清洁和疏通叶轮和蜗壳流道及内腔，检查叶轮、蜗壳、辅助叶轮的磨损和腐蚀情况，测量口环间隙。
3.2.8　检查轴承、轴套和推力盘的磨损情况。
3.2.9　检查定子、转子、壳体和轴的磨损和腐蚀情况，必要时对转子和定子屏蔽套做无损检测。
3.2.10　全面检查电气接点和泵的绝缘情况，检查定子与转子的电气性能。
3.2.11　测量转子的径向圆跳动值，必要时对转子部件做动平衡校验。
3.2.12　清洗、检查冷却器及夹套，涂防锈漆和更换密封圈。
3.2.13　若带内置机械密封的屏蔽泵，应检修或更换机械密封。
3.2.14　检查其他各零部件的磨损和腐蚀情况。
3.2.15　若为带气封型的屏蔽泵，应检查气封的有效性及完整性。

4　检修程序与质量标准

4.1　拆卸前准备

4.1.1　掌握泵的运行状况，编制、审批、下达检修计划，备齐检修所需的图纸和技术资料，如使用维护说明书、维修手册和相关检修记录，制定检修方案或检修作业指导书，产权单位、检修单位按规定进行检修作业的双向交底，并做好交底记录。
4.1.2　按要求备齐检修工器具、量具、吊具和零部件摆放设施。
4.1.3　备齐检修所需备品、配件、材料和劳保用品，检查核实备品、配件、材料的规格尺寸和材质是否满足技术要求。
4.1.4　落实检修队伍（包括施工技术人员、质量管理人员、安全、主修、辅修），组织检修人员熟读检修方案或检修作业指导书。
4.1.5　各项准备工作应符合安全、环保、质量等方面的要求，对检修过程进行危害识别及风险评估、环境因素识别和影响评价。

4.2　检修前条件确认

4.2.1　工艺确认：进出口阀门关闭，物料排空、置换冲洗干净；切断电源；切断相关水、气（汽）源等。
4.2.2　安全确认：确认已无压力、温度（常温）等，具备检修作业条件，设置好相关警示标识，方可施工。
4.2.3　办理好相关检修作业票证。

4.3 拆卸与检测

4.3.1 拆下过滤器及循环管线和冷却器等附属部分，检查有无堵塞和腐蚀。

4.3.2 拆下泵体，检查连接螺栓的损坏情况及连接体的磨损情况。

4.3.3 测量叶轮与泵壳的间隙 g 值（见图 1）。

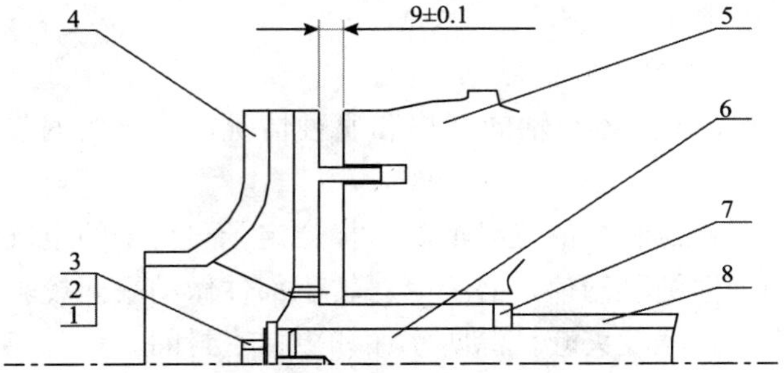

图 1

1—固定螺栓；2—防松垫片；3—垫片；4—叶轮；
5—下部端盖或热屏；6—轴；7—调节垫片；8—轴套

4.3.4 拆下叶轮与辅助叶轮，检查其磨损和磨蚀情况，并测量记录口环间隙。

4.3.5 卸下轴承监测器和后端盖，检查其完好情况。

4.3.6 检测轴的轴向窜动值。

4.3.7 拆下前、后石墨轴承与轴承座，检查石墨轴承表面有无磨痕和损伤，并测量其内径和长度值，做好记录。

4.3.8 拆下转子，避免擦伤屏蔽套表面；检查定子和转子屏蔽套表面的磨痕和腐蚀情况；校核转子部件的径向跳动值，必要时对定子和转子做无损检测。

4.3.9 拆下轴套、径向轴承和推力盘，检查其表面磨损和腐蚀情况，测量径向轴承间隙。

4.3.10 检查叶轮与轴、键与轴、轴套与轴的配合尺寸。

4.4 回装与检测

4.4.1 安装转子和定子，测量转子径向跳动。

4.4.2 安装前后轴承座、轴套、径向轴承和推力盘，注意前后轴承不能调换，测量其径向间隙。

4.4.3 测量调整转子轴向窜动量。

4.4.4 安装叶轮，测量叶轮口环间隙及叶轮与泵壳的间隙 g 值。

4.4.5 安装后端盖及轴承监测器。

4.4.6 安装泵体、循环管及过滤器。

4.5 质量标准

4.5.1 屏蔽泵各部螺栓紧固力矩值。

屏蔽泵各部螺栓紧固力矩值见表1。

表1 螺栓紧固力矩值 N·m

螺栓规格	碳钢	不锈钢
M6	15	10～12
M8	35	25～28
M10	65～69	40～51
M12	75～98	50～69
M16	150～147	150～94

4.5.2 石墨轴承。

4.5.2.1 石墨轴承装入轴承座应保证周向能微移10°左右。

4.5.2.2 本规程技术参数按电机座号分类，泵的功率范围与电机座号的对照见表2和表3。

表2 泵的功率范围与电机座号的对照 kW

泵的额定功率	电机座号	泵的额定功率	电机座号
≤1.5	110	15～25	510
0.75～3	210	30～45	610
3.7～6.2	310	55～110	710
7.0～15.0	410	110～135	730

表3 泵的功率范围与电机座号的对照 kW

泵的额定功率	电机座号	泵的额定功率	电机座号
≤1.5	220	11～15	520
1.5～4.2	320	18.5～22	620
5.5～7.5	420	30～55	720

4.5.2.3 石墨轴承磨损极限和其他主要参数如图2和表4所示。

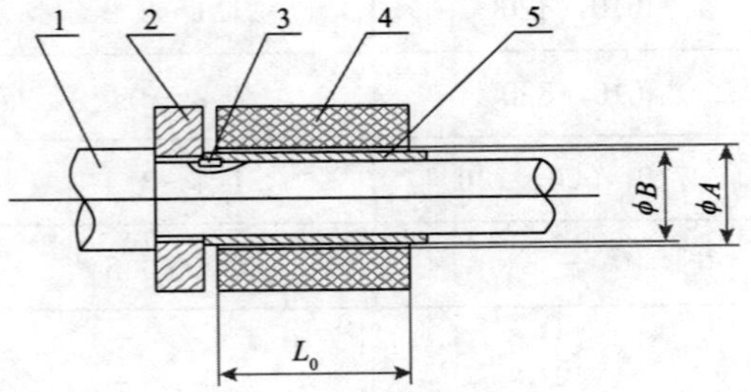

图2

1—轴；2—推力盘；3—键；4—石墨轴承；5—轴套；

ϕA—石墨轴承内径；ϕB—轴套外径

表 4　石墨轴承磨损极限和其他主要参数

mm

电机座号	ϕA 标准值	标准长度	长度磨损极限	$\phi A\sim\phi B$
110	$\phi 24_{0}^{+0.021}$	45	0.8	0.3
210	$\phi 28_{0}^{+0.021}$	50	0.8	0.4
220 310	$\phi 38_{0}^{+0.021}$	60	0.8	0.4
410 320	$\phi 32_{0}^{+0.025}$	70	0.8	0.4
510 420	$\phi 46_{0}^{+0.025}$	79	0.8	0.5
610 520	$\phi 58_{0}^{+0.025}$	114	1.0	0.5
710 620	$\phi 80_{0}^{+0.10}$	120	1.0	0.5
720 730	—	140	1.5	0.6

4.5.2.4　泵轴的轴向窜动量见表 5。

表 5　泵轴的轴向窜动量

mm

类别	电机座号	标准值	极限值
不带机械密封	110	0.7～0.9	3.0
	210	0.7～2.1	3.2
	310，220	0.7～2.1	3.2
	410，320	0.9～2.5	3.6
	510，420	1.1～2.9	4.0
	610，520	1.2～3.0	4.1
	710，620，730	1.4～3.4	4.5
带机械密封	—	0.4～0.6	1.00

4.5.3　关于 g 值的标准。

4.5.3.1　叶轮代号与直径大小相应对照见表 6。

表 6　叶轮代号与直径大小相应对照

mm

叶轮代号	叶轮直径	叶轮代号	叶轮直径
J	$\phi 80$	Zc	$\phi 210$
Ja	$\phi 100$	Ze	$\phi 220$
R	$\phi 125$	Zd	$\phi 235$
Za	$\phi 150$	U	$\phi 250$
S	$\phi 160$	P	$\phi 280$
Zb	$\phi 185$	V	$\phi 315$
T	$\phi 200$	W	$\phi 350$

4.5.3.2　*g* 的标准值见表 7。

表 7　*g* 的标准值

mm

电机座号	叶轮代号	*g* 标准值
110	R	4
210	R，S，Ja，Za，J	4
	T，Zb	4.2
310 220	R，S，Ja，Za，J	4
	T，Zb	4.2
	U，Zc，Zd，Ze	4.7
410 320	R，S，Ja，Za，J	4.2
	T，Zb	4.5
	U，Zc，Zd，Ze	5
	V，P	6
510 420	S	4.4
	T，Zb	4.6
	V，Zc，Zd，Ze	5
	V，P	6
610 520	S	4.4
	T，Zb	4.6
	U，Zc，Zd，Ze	5
	V，P	6
710 620 730	T，Zb	4.8
	U，P	5.4
	V，W	6.4

4.5.4 叶轮口环与蜗壳的配合间隙见表 8。

表 8 叶轮口环与蜗壳的配合间隙

mm

叶轮口环直径	间隙值	极限值
＞100	0.4～0.6	1.3
≤100	0.6～1.00	1.5

4.5.5 轴套、推力盘的表面磨损伤痕深度若超过 0.20mm 时应换新。

4.5.6 叶轮与轴的配合采用 H7/js6 配合。

4.5.7 轴套与轴的配合，一般选用 H7/k6 配合。

4.5.8 键与轴的配合尺寸见表 9。

表 9 过盈量

mm

轴径	40～70	70～110	110～230
过盈量	0.009～0.012	0.011～0.015	0.012～0.017

4.5.9 叶轮、转子的动平衡试验，精度必须达到 G6.3；叶轮的平衡重允许值见表 10。

表 10 叶轮的平衡重允许值

叶轮外径 /mm	≤200	201～300	301～400	401～500
不平衡重 /g	2	3	6	8

4.5.10 叶轮口环与轴套的径向跳动值允许范围见表 11。

表 11 叶轮口环与轴套的径向跳动值允许范围

mm

叶轮直径	叶轮口环跳动	轴套跳动值
≤50	≤0.05	≤0.04
50～120	0.05～0.07	0.04～0.05
120～260	0.06～0.08	0.05～0.06
260～500	0.07～0.09	0.06～0.07
500～800	0.09～0.13	—

4.5.11 若带机械密封的泵，机械密封的拆装检查和质量控制参照 SHS 01052—2019《机械密封维护检修规程》执行。

4.5.12 电气部分的检修与质量控制参照《石油化工设备维护检修规程　电气设备》执行。

5 试车与验收

5.1 试车前准备

5.1.1 确认各项检修工作已完成，检修记录齐全，检修质量符合第 4.5 条的规定。

5.1.2 仪表及联锁装置齐全、准确、灵敏、可靠。

5.1.3 打开循环冷却水系统。

5.1.4 关闭排出阀，打开吸入阀，然后打开排气阀充分排气。

5.1.5 非自身润滑的泵，润滑系统加好相应润滑液。

5.1.6 点动泵确认转子转向。无转向指示，试车启动后根据压力、流量确定。

5.1.7 各项工艺准备完成，具备试车条件。

5.2 试车

5.2.1 开启泵前应全开吸入阀，泵内灌满液体，出口管线的排出阀打开约 1/4，泵启动后待转速达到额定转速即应全开排出阀。

5.2.2 检查泵的流量、扬程，应达到额定值的 90% 以上。

5.2.3 检查电流值，不超过电流设定值，设定值一般为工作电流值的 1.1～1.25 倍。

5.2.4 检查有无异音和异常振动，泵体振动值应小于 0.28mm/s，噪声不得大于 80dB。

5.2.5 检查轴承监测器是否处在安全区域内，普通型泵的轴承部位表面温度不得大于 80℃。

5.2.6 检查出、入口压力是否稳定正常。

5.2.7 为防止轴承干运转，本类型泵严禁空负载运转。

5.3 验收

考核时间为 72h，检修质量符合本规程标准，检修资料齐全准确，经考核合格后按规定办理验收手续，交付生产使用。

6 维护与故障处理

6.1 维护

6.1.1 定期检查压力表的显示是否稳定正常。

6.1.2 定期检查电流值是否稳定。

6.1.3 定期检查是否有异音和异常振动，发现有异常声音和振动应及时处理。

6.1.4 定期检查检查轴承监测器指示是否在安全区域内工作。

6.1.5 定期检查检查泵的各部分温度，应特别注意循环液进、出的温度变化情况。

6.1.6 定期检查冷却水系统的流量和温度是否正常。

6.1.7 带机械密封的泵应定期检查循环液的量是否足够，一般泄漏量小于 3mL/h 时为正常。

6.2 常见故障与处理

屏蔽泵常见功能故障与处理方法见表 12。

表 12　屏蔽泵常见功能故障与处理方法

序号	功能	功能故障	故障模式	故障后果	故障应对策略与检修内容	检修周期／月
1	满足流量、压力需求	不上量、扬程不够	吸入管路堵塞或漏气	流量、扬程达不到规定值	检修吸入管路	视情而定
			叶轮被堵塞	流量、扬程达不到规定值	清扫、排除堵塞	视情而定
			电动机转速不够	流量、扬程达不到规定值	修理或更换电动机	视情而定
			电动机反转	流量、扬程达不到规定值	变更电源接线确认转向	视情而定
			气蚀引起	流量、扬程达不到规定值	重新排气、消除起因	视情而定
			叶轮或口环等部件腐蚀或磨损	泵损坏	磨损严重时应更换零部件	24～36 个月
			排出管道阻力损失过大	流量、扬程达不到规定值	检查排出侧管道系统是否正常	视情而定
2	泵平稳运行	电流过大	电机绝缘不良	电机损坏	电气专业查找原因	24～36 个月
			排出管路堵塞	电机损坏	停泵清洗管路	视情而定
			叶轮、扣环、轴承等部件严重摩擦	泵及电机损坏	检修或更换有关零件	24～36 个月
			介质黏度太大	电机损坏	检查调整	视情而定
		泵振动大或噪声	轴承、轴套腐蚀或磨损	轴承、轴套损坏	检修更换轴承、轴套	24～36 个月
			轴弯曲、叶轮与壳体触碰	叶轮、轴承损坏	检修调整	24～36 个月
			泵内有气	轴承损坏	检修吸入管路，排除漏气部位	视情而定
			气蚀	叶轮及轴承损坏	消除起因	视情而定
		热动开关动作	热动开关不良	电机损坏	检查热动开关并调整处理	视情而定
			绝缘不良	电机损坏	检查绝缘状态并干燥电机内部	视情而定
			断流运转或流量过少	电机损坏	调整流量	视情而定

表 12　屏蔽泵常见功能故障与处理方法（续）

序号	功能	功能故障	故障模式	故障后果	故障应对策略与检修内容	检修周期／月
2	泵平稳运行	轴承监测器指示异常	轴承磨损	轴承损坏、泵停止运行	更换轴承	视情而定
			轴套、叶轮腐蚀或磨损	泵停止运行	更换轴套，修理或更换叶轮、转子或定子的组件	视情而定
			屏蔽套损坏	泵停止运行	修复屏蔽套	视情而定
			工艺技术指标不符	泵出力不符工艺要求	调整到规定指标	视情而定

附　录　A
（资料性附录）
屏蔽泵检修质量控制确认表

装置：　　　　　　　　　　　　设备名称：　　　　　　　　　　　　位号：

项目	主要控制内容			等级	施工单位	生产装置	设备管理部门	日期
	标准值	部位	现场记录					
拆卸时检测								
叶轮与泵壳的间隙 *g* 值	按标准	泵体		B	★	★		
口环间隙	按标准	泵体		B	★	★		
转子轴向窜动	按标准	转子		B	★	★		
转子径向跳动	按标准	转子		B	★	★		
前轴承径向间隙	按标准	轴承		B	★	★		
后轴承径向间隙	按标准	轴承		B	★	★		
回装时检测								
叶轮与泵壳的间隙 *g* 值	按标准	泵体		B	★	★		
口环间隙	按标准	泵体		B	★	★		
转子轴向窜动	按标准	转子		B	★	★		
转子径向跳动	按标准	转子		B	★	★		
前轴承径向间隙	按标准	轴承		B	★	★		
后轴承径向间隙	按标准	轴承		B	★	★		

注： A 级：施工单位、生产装置、设备管理部门专业人员检查确认后签字。

B 级：施工单位和生产装置专业人员检查确认后签字。

C 级：施工单位专业人员检查确认后签字。

另：如果有监理，监理的职责由甲方授权。

附　录　B

（资料性附录）

屏蔽泵试车与验收数据记录表

装置：　　　　　　　　　　　　设备名称：　　　　　　　　　　　　位号：

试车参数记录			记录时间							
记录名称	参数位号	标准								
出口压力										
出口流量										
泵体振动										
泵体温度										
电机电流										
运行异响										
频率										
验收确认		施工单位：			生产装置：			设备管理部门：		

注： 1. 三方验收签字后交付生产使用。

2. 检修后 15 个工作日内，将试车和验收记录表扫描录入设备管理系统。

42. 废热锅炉维护检修规程

SHS 01044—2019

目　次

前　　言

本规程按照 GB/T 1.1—2009《标准化工作导则　第 1 部分：标准的结构和编写》给出的规则起草。

本规程涉及的火管式废热锅炉，是指利用化工生产过程中的高温物流作为热源来生产蒸汽的换热器；它即是工艺流程中高温物流的冷却器，又是利用余热提供蒸汽的动力装置。

高温气体在炉管外流动，饱和水在管内受热的废热锅炉称为水管式废热锅炉；反之，高温气体在炉管内流动，饱和水在管外受热的废热锅炉称为火管式废热锅炉。由于目前在石油化工领域，火管式废热锅炉已成为主流，水管式废热锅炉的使用范围和比例日益减少，故本标准只涉及火管式废热锅炉。

废热锅炉的工况较一般换热器运行条件苛刻，故障率高，因此在维护检修时应给予高度重视。

石油化工领域的废热锅炉一般归属压力容器管辖范畴，本规范各项规定依照归属压力容器范畴考虑；如因历史原因或其他原因，废热锅炉归锅炉管辖范畴时，检修周期及检修内容等内容需依照 TSG G7002《锅炉定期检验规则》的规定进行。

本规程由中国石油化工集团有限公司、中国石油化工股份有限公司提出。

本规程起草单位：天华化工机械及自动化研究设计院有限公司。

本规程主要起草人：沈文朋、安连想、齐波。

本规程 2019 年首次发布。

废热锅炉维护检修规程

1 范围

1.1 主题内容

本规程规定了废热锅炉的检修周期与内容、检修程序与质量标准、试车与验收、维护与故障处理。

1.2 适用范围

本规程适用于石油化工领域的火管式挠性薄管板废热锅炉的维护和检修。

本规程也可为煤化工等其他领域及其他结构形式的废热锅炉维护和检修提供参考。

2 规范性引用文件

下列文件中的条款通过本规程的引用而成为本规程的条款。凡是注日期的引用文件，其随后所有的修改单（不包括勘误的内容）或修订版均不适用于本规程，然而，鼓励根据本规程达成协议的各方研究是否可使用这些文件的最新版本。凡是不注日期的引用文件，其最新版本适用于本规程。

中华人民共和国特种设备安全法

国务院第 373 号令《特种设备安全监察条例》

国务院令第 549 号《国务院关于修改〈特种设备安全监察条例〉的决定》

TSG 21　固定式压力容器安全技术监察规程

GB/T 150.1～150.4　压力容器

GB/T 151　热交换器

GB 50474　隔热耐磨衬里技术规范

SH/T 3534　石油化工筑炉工程施工质量验收规范

GB 50211　工业炉砌筑工程施工及验收规范

3 检修周期及检修内容

3.1 检修周期

3.1.1 新设备或新安装设备检验

在投用前进行检验。

3.1.2 在役设备检验

检修周期一般为3～6年，设备使用单位可根据压力容器安全等级和设备实际使用情况，依照TSG 21《固定式压力容器安全技术监察规程》的要求自行确定检修周期。

3.2 检修内容

3.2.1 焊接接头无损检测及检修；
3.2.2 设备管箱、壳体检修；
3.2.3 中心旁路管、换热管管束及管板检修；
3.2.4 接管法兰、容器法兰检修；
3.2.5 设备支座检修；
3.2.6 耐火衬里检修；
3.2.7 高温调节阀检修；
3.2.8 安全附件检修；
3.2.9 排污装置检修；
3.2.10 按TSG 21《固定式压力容器安全技术监察规程》进行的定期检验。

4 检修程序与质量标准

4.1 检修前准备及安全环保要求

4.1.1 检修前应熟悉设备图纸及技术档案，根据设备的使用情况、损伤模式及失效模式，依据TSG 21—2016《固定式压力容器安全技术监察规程》的要求及HSE危害识别、环境识别、风险评估的要求，编制检修方案。
4.1.2 备品备件及施工机具准备就绪，安全劳动保护措施到位。
4.1.3 备用管束在安装前进行认真检查，并按需进行化学钝化处理。
4.1.4 起吊设备良好并在检定周期内，吊装需有经过审查的吊装方案。
4.1.5 固危处置渠道畅通可靠。

4.2 外部检验

4.2.1 设备连接部位有无泄漏、变形及表面缺陷；
4.2.2 设备可见焊缝有无裂纹、渗漏，设备有无过热；
4.2.3 设备保温、油漆是否完好；
4.2.4 热敏漆是否变色，颜色变化是否正常，如热敏漆存在不正常变色，则应检查耐火浇注料是否坏损；
4.2.5 支座有无卡涩、偏斜、腐蚀、断裂，各紧固螺栓是否完好；
4.2.6 高温调节阀自动或手动能否正常转换，自控及保护装置是否灵敏可靠；
4.2.7 排污阀是否完好，排污管是否通畅；

4.2.8　设备安全附件是否完好：

——安全阀检验开启度和回座压力（运行检验）是否符合要求；

——压力表的使用周期、指示是否正确；

——液位计是否清晰，各液位计指示是否一致。

4.3　内部检验

4.3.1　耐火衬里检验

a）检验耐火衬里是否有裂纹或脱落；

b）检验热端管板耐火衬里表面是否有烧损、水痕、冲刷、减薄或龟裂现象；

c）检查耐热混凝土有无脱落和空洞；

d）换热管保护套管有无松动；

e）如耐火衬里表面采用金属结构，则检查衬板有无裂纹、移位、变形和腐蚀等缺陷；

f）如果耐火材料冲刷脱落较严重，应吹扫换热管内部，以避免换热管内残留的耐火材料在运行时造成换热管的局部过热和损坏；

g）如果高温气流侧耐火材料冲刷脱落或龟裂，极易造成高温侧的管箱、管板和炉管及相连焊缝高温烧损，因此需对耐火衬里进行仔细检查，必要时应打掉局部的耐火衬里进行检查；

h）当设置有耐火衬里的金属表面出现局部超温过热时，应及时检查耐火衬里有无缺陷。

4.3.2　设备可见焊缝检查有无裂纹、渗漏，设备有无过热。

4.3.3　管箱检查

对设有耐火衬里的管箱，在有必要时打掉局部耐火衬里，对金属管箱进行检查。检查应以宏观目测、硬度检查和金相检查等方式进行。

4.3.4　换热管与管板连接部位检查

a）检查换热管和管板之间的焊缝有无裂纹、腐蚀、凹陷及渗漏；

b）检查换热管保护套管有无松动、腐蚀、结垢、变形、过热等缺陷；

c）必要时应打掉热端管板处的局部耐火衬里，对换热管和管板的焊缝及管板进行检查。检查应以宏观目测、硬度检查和金相检查等方式进行。

4.3.5　中心旁路管及高温调节阀的检查

a）调节装置有无变形、裂纹、腐蚀现象；

b）调节阀开启、闭合动作是否灵活。

4.3.6　换热管有无腐蚀、结垢、积灰。

4.3.7　水夹套检查

a）检查外表面有无涂层脱落、腐蚀、变形和渗漏等缺陷；

b）检查焊接接头有无裂纹等缺陷；

c）检查排放阀。

4.3.8　设备上全部接管法兰、容器法兰密封面是否完好，有无腐蚀、裂纹、沟槽、碰伤等影响密封效果的缺陷。

4.4 受压元件检验

4.4.1 检查设备焊缝、封头过渡区和其他应力集中的部位，对有怀疑的部位进行渗透检查；对设有耐火衬里的管箱等部位，在有必要时打掉局部耐火衬里，对金属管箱进行无损检测。

4.4.2 按规程对受压元件进行定点测厚和无损检测。

4.4.3 对宏观和微观检查出的缺陷，采用超声波或射线探伤进一步确认缺陷的尺寸、性质。

4.4.4 按规程对修复的受压元件进行水压试验。

4.5 热敏漆的更换

4.5.1 热敏漆是一种被加热到一定温度后，能改变颜色的涂敷物。在废热锅炉有耐火衬里的金属表面涂覆，超温时能改变颜色，从而起到超温警示的作用。根据热敏漆的生产厂家、型号、使用环境不同，在经过一定时间周期后也会逐渐正常变色。热敏漆变色后，应及时重新涂覆。

4.5.2 热敏漆非正常变色后，应在内部衬里检修后重新涂刷新漆。

4.5.3 热敏漆须从专业厂家采购，变色温度依照设计文件要求。

4.6 受压元件修理

4.6.1 受压元件修理方案

受压元件的修理应按 TSG 21—2016《固定式压力容器安全技术监察规程》制定详尽方案进行。必要时应联系设备设计和制造部门，共同商议确定受压元件修理方案。

4.6.2 焊接

a）选择焊材和焊接方法时，可参照原制造厂家选用的焊条和焊接方法；

b）施焊前，所有待施焊焊缝必须具有经过评定合格的焊接工艺规程（WPS）支持，并依照 NB/T 47014—2011《承压设备焊接工艺评定》和 NB/T 47015—2011《压力容器焊接规程》的要求形成焊接工艺评定并制定焊接工艺规程；

c）从事检维修作业的焊接操作工，应当按照有关安全技术规范的规定考核合格，取得相应项目的《特种设备作业人员证》后，方可在有效期间承担合格项目范围内的焊接工作；

d）焊接操作人员应当按照焊接工艺规程施焊并做好施焊记录。

4.7 耐火衬里修理

当耐火衬里有脱落、裂缝或空洞等缺陷时，应进行修复。根据耐火衬里损坏程度确定整体浇注和局部修复方案。

一般耐火衬里层若有局部脱落、裂缝较大（大于3mm）或空洞等，应进行局部修复，若耐火衬里出现普遍裂纹、大片脱落或衬里厚度严重减薄、壳体外壁严重超温过热等，则应进行全面拆除翻修。

耐火混凝土的原材料储备、搅和、浇注、撤模及养护应严格按SH/T 3534—2012《石油化工筑炉工程施工质量验收规范》及GB 50211—2004《工业炉砌筑工程施工及验收规范》的要求执行。

4.8 化学清洗及煮炉

根据壳体内部结垢情况和其他现场实际需要，对壳程进行化学清洗及煮炉。

4.9 质量标准

4.9.1 受压元件的修理应符合TSG 21—2016《固定式压力容器安全技术监察规程》要求。

4.9.2 无损检测应符合下列标准要求：

a）射线检测按NB/T 47013.2—2015《承压设备无损检测 第2部分：射线检测》，Ⅱ级合格。

b）超声检测按NB/T 47013.3—2015《承压设备无损检测 第3部分：超声检测》，Ⅰ级合格。

c）磁粉检测按NB/T 47013.4—2015《承压设备无损检测 第4部分：磁粉检测》，Ⅰ级合格。

d）渗透检测按NB/T 47013.5—2015《承压设备无损检测 第5部分：渗透检测》，Ⅰ级合格。

4.9.3 耐火衬里

耐火衬里的修理应符合SH/T 3534—2012《石油化工筑炉工程施工质量验收规范》及GB 50211—2004《工业炉砌筑工程施工及验收规范》的要求。

5 试验与验收

5.1 试验前准备

废热锅炉进行主要受压元件改造与重大修理的，必须重新进行水压试验和泄漏试验。废热锅炉在进行水压试验和泄漏试验前应再次由有关部门、生产单位和检修单位共同进行预验收检查，确认所有的检修工作已完成，确认具备水压试验和泄漏试验的条件。

5.2 试验

水压试验及泄漏试验的过程和要求须符合TSG 21—2016《固定式压力容器安全技术监察规程》及设备图纸的规定，试压水质不得低于运行标准。

5.3 验收

5.3.1 设备经检修检验后，质量须达到本规程规定的要求。

5.3.2 检修完工后，施工单位应及时提交下列交工资料：

a）检修任务书；

b）检修、检测方案；

c）各项施工记录。

包括但不限于检修记录、焊接接头无损检测记录、耐热衬里烘炉记录。

5.3.3 交工验收由设备主管部门组织施工单位、生产单位等共同进行，按规程及标准要求验收合格。

5.3.4 设备运行一周后，各项技术指标应达到完好标准，满足正常生产要求。

6 维护与故障处理

6.1 运行维护

6.1.1 炉水监控

6.1.1.1 水质监控

严格按照操作规范对锅炉给水进行处理，并对锅炉给水和锅炉炉水定期进行监测，保证锅炉给水和锅炉炉水水质符合规定的各项指标。

6.1.1.2 供水监控

a）定期对锅炉给水泵、除氧器等设备进行监控检修，确保锅炉给水的供水设备必须是可靠的，足量的；

b）通常要求供水设备的容量应比锅炉最大连续蒸汽量高出 20%～25% 的裕量，以确保锅炉在运行中的水位要求；

c）为了预防给水泵在运行中发生临时故障或失效，必须设置备用给水泵，且备用泵应始终处于良好的可用状态。

6.1.1.3 水位监控

a）控制水位在允许的波动范围以内，正常水位的波动一般不能超过正常水位线的 ±50mm；

b）监测给水流量与蒸汽流量和排污量是否平衡；

c）玻璃液位计每班冲洗一次，如果玻璃液位计内看不清水线，应立即处理；

d）定期监测给水自动调节设备，以防自动调节设备失效；

e）定期校对给水自动调节设备和水位报警。

6.1.2 水循环监控

废热锅炉在运行工况下的水循环要进行监控，特别是在开工、停工或工况有很大波动的不稳定情况下，以避免造成循环恶化或逆循环等现象。

6.1.3 排污监控

a）确保连续排污工作正常；同时按照规程进行定期排污，以保证炉水的质量和清洁，使蒸汽质量合乎要求，防止汽水共腾和水侧结垢；

b）连续排污量应根据含盐的浓度和蒸发量确定，一般每班应排放一次；

c）定期排放最好在蒸汽负荷较低时进行，排放时应一面注意液位计的变化，一面控制排放。

6.1.4 工艺气监控调节

a）监视高温工艺气体入口温度及出口温度；

b）监控工艺气体气量和组分；

c）根据工艺气的入出口温度，按照需求操作高温调节阀，对工艺气出口温度进行调节，并监控高温调节阀是否正常工作，调节是否灵敏。

6.1.5 蒸汽监控

a）定期检查蒸汽的含盐量、带水量及悬浮物含量等；

b）监控蒸汽压力，防止蒸汽压力波动过大。

6.1.6 其他

a）定期检查人孔、阀门、法兰等密封点的泄漏；

b）定期检查安全附件；

c）定期检查弹簧滑动支座；

d）定期做好外壁温度监测，并做好记录。

6.2 常见故障与处理

废热锅炉常见功能故障与处理方法见表1。

表1 废热锅炉常见功能故障与处理方法

设备功能	功能故障	功能故障模式	故障后果	故障应对策略与检修内容	检修周期
将化工生产过程中的高温物流冷却，同时将此高温物流中的余热作为热源，副产蒸汽。以同时达到降温和利用余热提供蒸汽的目的。	1. 前后管箱的热敏漆变色	外壳出现超温，考虑耐火衬里破坏	管箱鼓包；装置停车；管箱破损，高温物料泄漏、爆炸	采用外壁喷淋或蒸汽降温，待停车时对浇注料进行检查修复，检修时需对超温部位的内外壁同时实施无损检测，必要时辅以金相检查	视情而定

表1　废热锅炉常见功能故障与处理方法（续）

设备功能	功能故障	功能故障模式	故障后果	故障应对策略与检修内容	检修周期
将化工生产过程中的高温物流冷却，同时将此高温物流中的余热作为热源，副产蒸汽。以同时达到降温和利用余热提供蒸汽的目的。	2. 工艺气出口温度偏高	1. 高温调节阀故障	装置坏损	修理或更换高温调节阀	视情而定
		2. 工艺气体负荷过高	装置坏损	调整负荷	视情而定
		3. 废热锅护工艺气体入口温度偏高	装置坏损	调整温度	视情而定
		4. 工艺气体侧积灰	装置坏损	清扫	视情而定
		5. 水侧炉管的表面形成水垢	装置坏损	清洗	视情而定
	3. 工艺气出口温度偏低	1. 高温调节阀故障	装置坏损	修理或更换高温调节阀	视情而定
		2. 工艺气体负荷过低	装置坏损	调整负荷	视情而定
		3. 废热锅护工艺气体入口温度过低	装置坏损	调整温度	视情而定
		4. 锅炉内漏	装置坏损	堵管、换管或更换设备	视情而定
	4. 蒸汽带水	1. 蒸汽负荷波动较大	蒸汽品质下降	调整工艺负荷	视情而定
		2. 汽包的汽水分离元件失效	蒸汽品质下降	检修汽包汽水分离元件	视情而定
		3. 炉水含盐量增加	蒸汽品质下降	加强炉水检测，改善炉水质量	视情而定
	5. 前后管箱、人孔密封面、壳程检查孔发生泄漏	1. 密封垫安装不到位或有缺陷	高温物料泄露	更换密封垫	视情而定
		2. 人孔或检查孔密封面有缺陷	高温物料泄露	修复密封面	视情而定
	6. 浇注料衬里被水浸泡	1. 锅炉管程进水	耐火衬里破坏	对损坏情况进行评估，采用低温烘炉法烘干衬里	视情而定
		2. 停车时工艺气中水蒸气冷凝	耐火衬里破坏		视情而定

表 1　废热锅炉常见功能故障与处理方法（续）

设备功能	功能故障	功能故障模式	故障后果	故障应对策略与检修内容	检修周期
将化工生产过程中的高温物流冷却，同时将此高温物流中的余热作为热源，副产蒸汽。以同时达到降温和利用余热提供蒸汽的目的。	7. 锅炉缺水： 水位低于最低水位 出现低水位报警 蒸汽出口温度超高	1. 自动上水系统调节和指示系统失灵，不能预判正确	干锅、设备坏损	消除给水自动调节和指示系统故障	视情而定
		2. 上水管沿程管件、阀门结构破坏	干锅、设备坏损	消除给水管线、阀门的故障，如继续严重缺水应立即停车处理	视情而定
		3. 工艺气体负荷突然猛增	干锅、设备坏损	调整工艺气负荷	视情而定
		4. 供水泵出口压力下降，使汽包难以维持供水	干锅、设备坏损	适当提高给水压力	视情而定
		5. 排污量控制不当	干锅、设备坏损	适当调整排污量，消除排污阀门泄漏	视情而定
	8. 锅炉满水： 水位高于正常水位 水位计充满水无法看清水位 蒸汽出口温度下降 蒸汽含盐量大 严重时蒸汽管道发生水冲击	1. 水自动调节系统失灵，造成误操作	蒸汽质量下降	消除给水自动调节系统故障	视情而定
		2. 水位指示不正确，形成虚假水位给水管线、阀门故障，给水压力高	蒸汽质量下降	检查校对水位指示仪表，冲洗水位计	视情而定
		3. 工艺气负荷变化时未能及时调整，给水流量大	蒸汽质量下降	消除给水管线、阀门故障，调整给水压力，及时调整给水流量	视情而定
	9. 汽水共腾： 蒸汽带水严重 水位急剧波动 严重时，蒸汽管道发生水冲击	1. 汽水分离装置失效	蒸汽质量下降	对汽包汽水分离原件检修	视情而定
		2. 锅炉水位高，汽水分离空间小	蒸汽质量下降	调整锅炉水位	视情而定
		3. 蒸汽负荷波动大	蒸汽质量下降	稳定蒸汽负荷	视情而定
		4. 给水质量不合格，含盐量大	蒸汽质量下降	改善给水质量	视情而定
		5. 未按规定排污	蒸汽质量下降	按规定排污	视情而定

43. 磁力泵维护检修规程

SHS 01045—2019

代替 03060—2004

目　次

前　言

本规程按照GB/T 1.1—2009《标准化工作导则　第1部分：标准的结构和编写》给出的规则起草。

本规程代替SHS 03060—2004《磁力泵维护检修规程》，与SHS 03060—2004相比，除了编辑性修改外，主要技术变化如下：

——对“3.1检修周期”内容描述作补充调整；

——对“3.2检修内容”内容描述重新调整；

——对“4.1拆卸前的准备”内容描述作补充调整；

——新增加“4.2检修前条件确认”章节；

——对“4.3拆卸与检测”内容描述作补充调整；

——对“4.4回装与检测”新增内容描述；

——对“4.5质量标准”内容描述作局部补充；

——对“6.2常见功能故障与处理方法”部分应用RCM分析方法重新编制；

——增加附录A“磁力泵检修质量控制确认表”、附录B“磁力泵试车与验收数据记录表”。

本规程由中国石油化工集团有限公司、中国石油化工股份有限公司提出。

本规程起草单位：中国石化上海石油化工股份有限公司。

本规程主要起草人：俞文兵。

本规程历次发布情况：

——SHS 03060—1992、SHS 03060—2004。

磁力泵维护检修规程

1 范围

1.1 主题内容

本规程规定了磁力泵的检修周期和内容、检修程序与质量标准、试车与验收、维护与故障处理。

1.2 适用范围

本规程适用于输送各种化工介质磁力泵的维护与检修。

2 规范性引用文件

下列文件中的条款通过本规程的引用而成为本规程的条款。凡是注日期的引用文件，其随后所有的修改单（不包括勘误的内容）或修订版均不适用于本规程，然而，鼓励根据本规程达成协议的各方研究是否可使用这些文件的最新版本。凡是不注日期的引用文件，其最新版本适用于本规程。

HG/T 8400 磁力驱动离心式化工流程泵

SH/T 3148 石油化工无密封离心泵工和技术规定

API 685 石油、重化学和天然气工业用无密封式离心泵

ASME B73.3 化工流程用无密封卧式轴向吸入式金属离心泵标准

HMD 公司《GS 系列磁力泵的维护指南》

3 检修周期和内容

3.1 检修周期

根据对磁力泵功能故障及其影响分析的结果、有无备用设备并结合生产装置运行周期，确定设备检修周期，一般为 2～4 年。

3.2 检修内容

3.2.1 检查各部位的连接螺栓紧固情况，并消除泄漏点；

3.2.2 检查轴承监测仪是否完好；

3.2.3 检查清洗系统中的过滤网；

3.2.4 清洗叶轮和泵壳内腔，检查叶轮、蜗壳的磨损和腐蚀情况，测量前后口环间隙；
3.2.5 检查碳化硅推力盘、轴承、轴套的磨损情况；
3.2.6 检查密封罩的腐蚀和磨损情况；
3.2.7 检查零部件的配合尺寸；
3.3.8 检查外磁缸对电机或轴承箱的同心度和垂直度；
3.2.9 检查外磁转子与内磁转子表面磁感应强度有无变化。

4 检修程序与质量标准

4.1 拆卸前的准备

4.1.1 掌握泵的运行状况，编制、审批、下达检修计划，备齐检修所需的图纸和技术资料，如使用维护说明书、维修手册和相关检修记录，检修单位编制检修方案或作业指导书，产权单位、检修单位按规定进行检修作业的双向交底，并做好交底记录。
4.1.2 按要求备齐检修工器具、量具、吊具和零部件摆放设施。
4.1.3 备齐检修所需备品、配件、材料和劳保用品，检查核实备品、配件、材料的规格尺寸和材质是否满足技术要求。
4.1.4 落实检修队伍（包括施工技术人员、质量管理人员、安全、主修、辅修），组织检修人员熟读检修方案或作业指导书。
4.1.5 各项准备工作应符合安全、环保、质量等方面的要求，对检修过程进行危害识别及风险评估、环境因素识别和影响评价。

4.2 检修前条件确认

4.2.1 工艺确认：进出口阀门关闭，物料排空、置换冲洗干净；切断电源；切断相关水、气（汽）源等。
4.2.2 安全确认：确认已无压力、温度（常温）等，具备检修作业条件，设置好相关警示标识，方可施工。
4.2.3 办理好相关检修作业票证。

4.3 拆卸与检查

4.3.1 拆去附属探头及联轴器，测量联轴器对轮中心。
4.3.2 拆下防护罩与轴承箱的连接螺栓，拉出外磁转子，检查外磁缸与隔离罩、防护罩的磨损和腐蚀情况，测量外磁缸与隔离罩的间隙，检查外轴承箱、滚动轴承和油封等。
4.3.3 依次拆下隔离罩和内磁缸，检查内磁缸和隔离罩的磨损和腐蚀情况，测量其间隙。

4.3.4　拆下泵盖螺栓及泵体，依次拆下叶轮等过流部件，拉出内部转子组件，测量记录叶轮口环间隙。

4.3.5　将滑动轴承组件从转子组件中拆下，解体滑动轴承组件，检查滑动轴承、轴套、止推盘等磨损和腐蚀情况，测量其间隙。

4.3.6　检查泵内轴磨损和腐蚀情况，测量其径向跳动。

4.4　回装与检查

4.4.1　安装滑动轴承组件与泵内轴上，测量其轴向和径向间隙，不符合标准或说明书要求的轴承须更换。必要时校正该轴挠度，若超标严重应予以更换。

4.4.2　将装有滑动轴承组件的泵轴装入泵体内，安装内磁缸和隔离罩，测量其间隙。内磁转子包封应无裂纹、破损等。

4.4.3　安装叶轮等过流部件，测量叶轮口环间隙。泵体、叶轮应无伤痕和腐蚀。

4.4.4　安装泵体，以及外磁转子、轴承（箱）组件和防护罩，测量外磁缸与隔离罩和防护罩间隙。外磁缸包封应无裂纹、破损等。

4.4.5　安装附属探头及联轴器，校核测量联轴器对轮中心。

4.5　质量标准

4.5.1　叶轮、口环等过流部件以及泵体的检修质量标准按 SHS 01003—《石油化工旋转机械振动标准》执行。

4.5.2　滑动轴承间隙应按制造厂提供的数据严格控制。一般长径比在 0.8～1.2 之间的轴承安装间隙应控制在 0.1～0.15mm 之间，大于 0.5mm 时必须更换。

4.5.3　磁转子与动力设备联接后其径向与轴向跳动应小于 0.01mm。外磁缸与隔离罩的最大端面跳动为 0.25mm，最大径向跳动为 0.50mm。内、外磁缸包封有裂纹、破损等应予以更换，其与隔离罩的径向间隙应符合制造厂要求。

4.5.4　用高斯计测量磁性体表面感应强度不得小于初始值的 70%。无初始值的可按 450 毫特斯拉计算，不符合要求应予更换。

4.5.5　滚动轴承的检修质量标准按 SHS 03059《化工设备通用部件检修与质量标准》执行。

5　试车与验收

5.1　试车前的准备

5.1.1　确认各项检修工作已完成，检修记录齐全，检修质量符合 4.5 的规定；

5.1.2　设备零部件完整无缺，地脚螺栓等紧固无缺；

5.1.3　附带仪表应灵敏、指示准确、可靠；

5.1.4　若有滚动轴承箱的磁力泵，润滑系统应按设备技术资料中规定加注润滑油；

5.1.5　盘车自如；

5.1.6　泵吸入口的过滤器清洁，各项工艺准备完毕，具备试车条件；

5.1.7　关闭排出阀，打开吸入阀后打开排气阀充分排气；

5.1.8　在泵体充满介质的前提下，点动泵确认泵的转向。

5.2　试车

5.2.1　开启泵前应全开吸入阀，泵内灌满液体，出口管线的排出阀打开约 1/4，泵启动后待转速达到额定转速即应全开排出阀；

5.2.2　检查电流值，是否超出设定值；

5.2.3　检查有无杂音和振动，振动值符合 SHS 01003《石油化工旋转机械振动标准》的规定；

5.2.4　检查流量、扬程，应不低于铭牌值的 90%；密封罩根部工作温度在磁转子材料允许范围以内，无规定的可按表 2 的要求。

表 2　磁转子材料允许温度范围

磁转子材质	工作温度 / ℃	极限温度 / ℃
钕铁硼	＜80	100
钐钴	＜220	240

5.2.5　磁力泵空负荷运行将导致轴承磁性体失磁，故本类泵严禁空负荷运行。

5.3　验收

考核时间为 72h，检修质量符合本规程规定，检修资料齐全准确，经考核合格后按规定办理验收手续，交付生产使用。

6　维护与故障处理

6.1　维护

6.1.1　维护内容

6.1.1.1　定期检查压力表的显示是否稳定正常；

6.1.1.2　定期检查输送介质流量和电流值是否稳定；

6.1.1.3　定期检查是否有异音和异常振动，发现有异常声音和振动应及时处理；

6.1.1.4　若泵备有保护系统，定期检查其各监测指示是否处于安全区域内工作；

6.1.1.5　运行中严禁用任何物体触碰外磁转子，密封罩根部工作温度是否符合表 2 的要求。

6.2 常见故障与处理

磁力泵常见功能故障与处理方法见表 3。

表 3 磁力泵常见功能故障与处理方法

序号	功能	功能故障	故障模式	故障后果	故障应对策略与检修内容	检修周期
1	满足流量、压力需求	不上量、扬程不够	吸入管路堵塞或漏气	流量、扬程达不到规定值	检修吸入管路	视情而定
			叶轮堵塞	流量、扬程达不到规定值	清扫、排除堵塞	视情而定
			磁性体退磁	流量、扬程达不到规定值	修理或更换电动机	视情而定
			电动机反转	流量、扬程达不到规定值	变更电源接线确认转向	视情而定
			气蚀引起	流量、扬程达不到规定值	重新排气、消除起因	视情而定
			叶轮或扣环等部件腐蚀或磨损	泵损坏	磨损严重时应更换零部件	24～36个月
			排出管道阻力损失过大	流量、扬程达不到规定值	检查排出侧管道系统是否正常	视情而定
2	泵平稳运行	电流过大	电机绝缘不良	电机损坏	电气专业查找原因	24～36个月
			排出管路堵塞	电机损坏	停泵清洗管路	视情而定
			叶轮、扣环、轴承等部件严重摩擦	泵及电机损坏	检修或更换有关零件	24～36个月
			介质黏度太大	电机损坏	检查调整	视情而定
		泵振动大或噪声	轴承、轴套腐蚀或磨损	轴承、轴套损坏	检修更换轴承、轴套	24～36个月
			轴弯曲、叶轮与壳体触碰	叶轮、轴承损坏	检修调整	24～36个月
			联轴节不对中	轴承损坏	重新校正	视情而定
			外磁转子没正确固定于驱动轴	外磁转子、屏蔽套损坏	重新装配外磁转子	视情而定
			地脚螺栓松动	泵损坏停机	紧固地脚螺栓	视情而定

表 3　磁力泵常见功能故障与处理方法（续）

序号	功能	功能故障	故障模式	故障后果	故障应对策略与检修内容	检修周期
2	泵平稳运行	泵振动大或噪声	泵内有异物	泵损坏停机	清除异物	视情而定
			气蚀	叶轮及轴承损坏	消除起因	视情而定
		泄漏	密封螺栓松动	泵效率下降	检查紧固	视情而定
			密封罩损坏	泵效率下降	更换	视情而定
			垫片失效损坏	泵效率下降	检查更换	视情而定
		密封罩工作温度过高	磁性体失磁	泵停止运行	检查更换	视情而定
			内外磁转子与密封罩摩擦	泵停止运行	校正对中	视情而定
			气蚀	泵停止运行	调整运行工况	视情而定
			内部回流通道不畅	泵出力不符工艺要求	解体疏通	视情而定

附 录 A
（资料性附录）
磁力泵检修质量控制确认表

装置： 设备名称： 位号：

项目	主要控制内容			等级	施工单位	生产装置	设备管理部门	日期
	标准值	部位	现场记录					
拆卸时检测								
轴对中	按标准	联轴器		B				
外磁缸与隔离罩间隙	制造商提供	外磁转子		B				
内磁缸与隔离罩间隙	制造商提供	内磁转子		B				
滑动轴承径向间隙	制造商提供	泵内轴		B				
止推轴承轴向间隙	制造商提供	泵内轴		B				
叶轮扣环间隙	按标准	泵体		B				
回装时检测								
轴对中	按标准	联轴器		B				
外磁缸与隔离罩间隙	制造商提供	外磁转子		B				
内磁缸与隔离罩间隙	制造商提供	内磁转子		B				
滑动轴承径向间隙	制造商提供	泵内轴		B				
止推轴承轴向间隙	制造商提供	泵内轴		B				
叶轮扣环间隙	按标准	泵体		B				

注： A 级：施工单位、生产装置、设备管理部门专业人员检查确认后签字。

B 级：施工单位和生产装置专业人员检查确认后签字。

C 级：施工单位专业人员检查确认后签字。

另：如果有监理，监理的职责由甲方授权。

附　录　B
（资料性附录）
磁力泵试车与验收数据记录表

装置：　　　　　　　　　　　　　　设备名称：　　　　　　　　　　　　位号：

试车参数记录			记录时间							
记录名称	参数位号	标准								
出口压力										
出口流量										
泵体振动										
泵体温度										
电机电流										
运行异响										
验收确认		施工单位：			生产装置：			设备管理部门：		

注： 1. 三方验收签字后交付生产使用。

2. 检修后 15 个工作日内，将试车和验收记录表扫描录入设备管理系统。

44. 立式搅拌器维护检修规程

SHS 01046—2019

代替 SHS 03061—2004

目　次

前 言

本规程按照GB/T 1.1—2009《标准化工作导则 第1部分：标准的结构和编写》给出的规则起草。

本规程代替SHS 03061—2004《立式搅拌器维护检修规程》，与SHS 03061—2004相比，除编辑性修改外，主要技术变化如下：

——取消小修、大修提法，小修的部分内容并入日常维护章节，部分内容与大修内容合并成检修内容；

——增加了拆卸与安装过程中步骤的具体描述、注意事项和技术要求；

——维护与故障处理章节中，采用了RCM的分析方法根据实际重新进行了编写。

本规程由中国石油化工集团有限公司、中国石油化工股份有限公司提出。

本规程起草单位：天华化工机械及自动化研究设计院有限公司。

本规程主要起草人：刘世平。

本规程所代替规程的历次版本发布情况为：

——SHS 03061—2004。

立式搅拌器维护检修规程

1 范围

1.1 主题内容

本规程规定了立式搅拌器的检修周期和内容、检修程序与质量标准、试验与验收、运行维护与故障处理。

1.2 适用范围

本规程适用于石油化工装置立式搅拌器的维护与检修。

2 规范性引用文件

下列文件中的条款通过本规程的引用而成为本规程的条款。凡是注日期的引用文件，其随后所有的修改单（不包括勘误的内容）或修订版均不适用于本规程，然而，鼓励根据本规程达成协议的各方研究是否可使用这些文件的最新版本。凡是不注日期的引用文件，其最新版本适用于本规程。

HG/T 20569 机械搅拌设备

Q/SHS 0001.3 炼油化工企业安全、环境与健康（HSE）管理规范

3 检修周期与内容

3.1 检修周期

根据对立式搅拌器功能故障及其影响分析结果、有无备用设备并结合生产装置运行周期，确定检修周期，一般为36～72个月。

3.2 检修内容

3.2.1 更换搅拌器填料或检查维修机械密封；

3.2.2 检查及消除渗漏、紧固松动的螺栓；

3.2.3 检查搅拌轴弯曲、搅拌桨叶变形、搅拌轴支承、联轴节、联轴节损坏和底部轴承磨损等情况，进行修理或更换。技术要求参照HG/T 20569《机械搅拌设备》；

3.2.4 更换搅拌轴、搅拌桨叶、修补支承、联轴节及机械密封；

3.2.5 检查修理变速箱，更换润滑油。按照SHS 01028《变速机维护检修规程》的规定执行。

4 检修程序与质量标准

4.1 拆卸前准备

4.1.1 检查设备的运行技术状况和监测记录，分析故障原因和部位，制订详尽的检修方案。

4.1.2 熟悉装配图纸和技术资料。

4.1.3 准备检修需要的工具、量具、卡具和吊具。

4.1.4 检查核实备件储存情况，按要求复核备件尺寸。

4.1.5 按规定进行断电、排料、置换等工艺处理完毕，具备检修条件，办理检修作业票和安全许可证后，方可施工。

4.1.6 对检修过程进行危害识别及风险评估、环境因素识别和影响评价，并办理相关作业票证。

4.2 拆卸与检查

4.2.1 拆卸与检查变速机构

a）作好联轴器标记，拆卸变速机联轴器，检查对中数据应符合制造厂要求；

b）减速机检修见 SHS 01028《变速机维护检修规程》。

4.2.2 拆卸并检查搅拌装置

4.2.2.1 拆卸并检测搅拌轴

超出以下允许量必须修复或更换。

a）机械密封处轴的径向摆动量不大于 0.2mm；

b）填料密封处轴的径向摆动量允许值见表 1。

表 1 填料密封处轴的径向摆动量

工作压力 /MPa	轴的径向摆动量 /mm
<0.25	≤0.5
0.25～0.8	≤0.4
0.8～1.6	≤0.2
1.6～6.4	≤0.1

c）搅拌轴的直线度允许值见表 2。

表 2 搅拌轴的直线度允许值

转数 /（r/min）	直线度 /mm
<100	≤0.15/1000
100～400	≤0.1/1000

4.2.2.2 拆卸并检测搅拌桨叶

超出以下允许量必须修复或更换：

a）搅拌器桨叶均匀腐蚀厚度不得超过原厚度的 30%；

b）搅拌轴的轴线应与桨式桨叶垂直，其允许偏差为桨叶长度的 4/1000，且不超过 5mm；

c）锚式桨叶与罐壁的间隙差值＜1mm；锚式桨叶变形＜1.5mm；

d）转速高于 100 r/min 的搅拌器，所有叶片上的允许剩余不平衡重量应不大于 10g。

4.2.3 拆卸并检测中间轴

超出以下允许量必须修复或更换：

a）滚动轴承的滚子与滚道表面应无腐蚀、坑疤及斑点，接触平滑无杂音；轴承与轴颈的配合采用 H7/Js6；

b）中间轴与釜口凸缘法兰端面不垂直度≤0.2mm；

c）焊道无损检验，无裂纹、腐蚀；

d）轴表面光滑，无明显腐蚀斑点。

4.2.4 拆卸并检测上传动轴

超出以下允许量必须修复或更换：

a）上传动轴与釜口凸缘法兰端面不垂直度≤0.2mm；

b）底部轴套径向间隙的磨损极限一般为≤0.25mm；

c）轴表面光滑，无明显划痕和腐蚀斑点；

d）轴套与轴颈接触印痕不少于 2～3 点 /cm^2；

e）支架无变形、焊点无裂纹或腐蚀，支架中心与上传动轴轴心偏差＜1mm。

4.2.5 拆卸并检测轴向密封装置

超出以下允许量必须修复或更换：

a）罐体和密封腔连接法兰的不同心度允许偏差≤0.6mm；

b）机械密封压盖与密封腔体的径向止口配合为 H8/f7，搅拌轴与密封静止环之间的径向间隙为 1.0～1.5mm；

c）机械密封连接法兰内孔与轴的间隙为 0.75～1.5mm；

d）密封冲洗和冷却液接管正确，无泄漏。

4.2.6 拆卸并检测联轴器

超出以下允许量必须修复或更换：

a）联轴器相邻两螺栓孔中心距允许偏差为 ±0.6mm。任意两螺栓孔中心距允许偏差为 ±1.0mm；

b）联轴器轴孔与搅拌轴颈的配合为 H7/js6；

c）夹壳式联轴器孔必须两半合在一起，一次加工，孔与轴采用 H7/js6；

d）联轴器的找正的跳动允许值见表 3。

表 3　联轴器找正的跳动允许值

mm

型式	径向圆跳动	端面圆跳动
圆盘式	≤0.06	≤0.10

4.3　回装与质量标准

4.3.1　回装搅拌装置

a）对经过拆卸、检测并确认符合 4.2.1 和 4.2.2 规定的允许量的搅拌轴、搅拌桨，进行回装；

b）机械密封处轴的径向摆动量不大于 0.2mm；

c）填料密封处轴的径向摆动量符合表 1 规定；

d）锚式桨叶与罐壁的间隙差值＜1mm；

e）回装时注意装配质量，如螺栓、垫片、键等固定可靠和位置合理。

4.3.2　回装中间轴

a）对经过拆卸、检测并确认符合 4.2.3 规定的允许量的中间轴，进行回装；

b）中间轴与釜口凸缘法兰端面不垂直度≤0.2mm；

c）回装时注意装配质量，如螺栓、垫片、轴承等固定可靠和位置合理。

4.3.3　回装主轴

a）对经过拆卸、检测并确认符合 4.2.4 规定的允许量的主轴，进行回装；

b）上传动轴与釜口凸缘法兰端面不垂直度≤0.2mm；

c）底部轴套径向间隙的磨损极限一般为≤0.25mm；

d）轴表面光滑，无明显划痕和腐蚀斑点；

e）轴套与轴颈接触印痕不少于 2～3 点 /cm^2；

f）支架中心与上传动轴轴心偏差＜1mm；

g）回装时注意装配质量，如螺栓、垫片、密封装置等固定可靠和位置合理。

4.3.4　回装轴向密封装置

a）对经过拆卸、检测并确认符合 4.2.5 规定的允许量的密封装置，进行回装；

b）罐体和密封腔连接法兰的不同心度允许偏差≤0.6mm；

c）机械密封压盖与密封腔体的径向止口配合为 H8/f7，搅拌轴与密封静止环之间的径向间隙为 1.0～1.5mm；

d）机械密封连接法兰内孔与轴的间隙为 0.75～1.5mm；

e）密封冲洗和冷却液接管正确，无泄漏；

f）回装时注意装配质量，如螺栓、垫片、密封装置等固定可靠和位置合理。

4.3.5 回装联轴器

a）对经过拆卸、检测并确认符合 4.2.6 规定的允许量的联轴器，进行回装；

b）找正联轴器，跳动允许值见表 3；

c）回装时注意装配质量，如螺栓、垫片、销轴等固定可靠和位置合理。

4.3.6 回装变速机构

a）变速机就位后检查变速机与电机的对中情况，对中数据应符合制造厂要求。

b）减速机回装见 SHS 01028《变速机维护检修规程》。

5 试车与验收

5.1 试车前准备

a）确认各项检修工作已经完成，检修记录齐全，检修质量符合前述要求，制订试车方案；

b）设备零部件完整无缺，螺栓紧固，具备试车条件。

c）罐内液位高于底部支承 400mm；

d）仪表和电气灵敏可靠准确；

e）密封冲洗液、密封冷却液畅通；

f）按照 SHS 01002《石油化工设备润滑管理制度》，向各润滑部位加注规定牌号润滑油（脂）；

g）压力表、温度计齐全好用；

h）单试电机转向正确，连接联轴器。

5.2 试车

a）点动电机，确定转向，然后启动运转；

b）检查有无异音和异常振动，轴承部位温度一般不高于 80℃；

c）介质的压力、温度不应超过规定范围；

d）各联接部位良好，静密封无泄漏；

e）填料密封或机械密封运转良好，动密封无泄漏或达到标准许可要求。

5.3 验收

a）连续运转 24h 后，各项技术指标均达到设计要求，或能满足生产的需要；

b）设备达到完好标准；

c）检修记录齐全、准确，按规定办理验收手续。

6 运行维护与故障处理

6.1 日常维护

定时巡检，作好记录。检查电流、变速箱油位、油温、动静密封泄漏、振动、声音有无异常，认真填写记录。

对发现异常的各种情况，要随时分析出原因，并制订出整改措施，及时完善处理。

按照工艺操作规程进行巡检维护，消除缺陷。

6.2 常见故障与处理

立式搅拌器常见功能故障与处理方法见表4。

表4 立式搅拌器常见功能故障与处理方法

序号	功能	功能故障	故障模式	故障后果	故障应对策略与检修内容	检修周期/月
1	保证搅拌器连续运行	电流波动	1. 减速机齿轮磨损 2. 底部支承轴套磨损 3. 联轴节损坏	电机自动保护，停车、非计划停工	1. 减速机解体检修 2. 更换轴套 3. 更换联轴节或减振弹性块	视情况而定
2	保证减速机连续运行	减速机、减速机支架振动和噪声大	1. 主轴变形 2. 支架损坏 3. 中间轴轴承损坏 4. 地脚螺栓松动 5. 桨叶变形或断裂	损坏减速机、机架和设备基础，非计划停工	1. 调直或更换 2. 停机修复 3. 更换 4. 紧固 5. 停机修复或更换	视情况而定
3	保证减速机连续运行	减速机温度高	1. 油位过高或过低 2. 油封损坏	损坏减速机，非计划停工	1. 放油或补油 2. 解体更换	视情况而定
4	保证密封性能	密封泄漏	1. 冲洗管堵塞 2. 冷却液压力低 3. 密封损坏	反应器压力不能满足工艺操作要求，产品质量达不到要求，环境污染	1. 疏通 2. 调高冷却液压力 3. 检修更换	12～24

附　录　A
（资料性附录）
立式搅拌器检修质量控制确认表

项目	主要控制内容				等级	施工单位	生产装置	设备管理部门	备注
	标准值		部位	现场记录					
拆卸中检测									
上传动轴	粗糙度	$R_a1.6$	装机械密封部位		A	★	★	★	
		无深沟、毛刺 $R_a3.2$	装填料处轴或轴套表面		B	★	★		
	直径公差（磨损量）	无磨损，h6	装机械密封部位		B	★	★		
		磨损量小于0.7mm	装填料处轴或轴套表面		B	★	★		
	径向圆跳动量	0.05～0.1mm	装机械密封部位		A	★	★	★	
		0.20～0.5mm	装填料轴或轴套部位		A	★	★	★	
	垂直度	0.05～0.1mm	装机械密封部位轴与釜口凸缘法兰端面		A	★	★	★	
		0.20～0.5mm	装填料部位轴与釜口凸缘法兰端面		B	★	★		
		0.5～1.5mm	装填料部位轴与釜口凸缘法兰内孔		B	★	★		
搅拌轴	垂直度	其允许偏差为桨叶长度的4/1000，且不超过5mm	轴线与桨叶		A	★	★	★	
	直线度	见表2	整体轴长		B	★	★		
搅拌器	腐蚀减薄量	不得超过原厚度30%	搅拌桨叶		A	★	★	★	
釜口凸缘密封法兰	水平度	不得超过釜体直径的5/1000	釜口凸缘密封法兰密封平面		B	★	★		
	桨叶变形量	＜1.5mm	桨叶		B	★	★		

立式搅拌器质量控制确认表（续）

项目	主要控制内容				等级	施工单位	生产装置	设备管理部门	备注
	标准值		部位	现场记录					
回装时检测									
上传动轴	径向摆动量	0.05～0.1mm	装机械密封部位		A	★	★	★	
		见表 1	装填料轴或轴套部位		A	★	★	★	
	径向圆跳动量	0.05～0.1mm	装机械密封部位		A	★	★	★	
		0.20～0.5mm	装填料轴或轴套部位		A	★	★	★	
	垂直度	0.05～0.1mm	装机械密封部位轴与釜口凸缘法兰端面		A	★	★	★	
		0.20～0.5mm	装填料部位轴与釜口凸缘法兰端面		B	★	★		
	径向间隙	1.5～3mm	装机械密封部位轴与釜口连接法兰内孔		B	★	★		
		0.5～1.5mm	装填料部位轴与釜口凸缘法兰内孔		B	★	★		
	同轴度	偏差＜1mm	支架中心线与上传动轴轴心		A	★	★	★	
搅拌轴	垂直度	其允许偏差为桨叶长度的4/1000，且不超过 5mm	轴线与桨叶		A	★	★	★	
	直线度	见表 2	整体轴长		B	★	★		
搅拌轴和搅拌器组件	动、静不平衡量	动、静平衡不得超过原设备规定的 5%	整体搅拌组件		A	★	★	★	
锚式桨叶	桨叶与罐壁的间隙	间隙差值＜1mm	锚式桨叶与罐壁		B	★	★		
联轴器	径向和端跳动	见表 3	外圆和端面		C	★			

注： A 级：施工单位、生产装置、设备管理部门专业人员检查确认后签字。

B 级：施工单位和生产装置专业人员检查确认后签字。

C 级：施工单位专业人员检查确认后签字。

另：如果有监理，监理的职责由甲方授权。

45. 透平膨胀机维护检修规程

SHS 01047—2019

代替 SHS 10002—2004、SHS 03063—2004

目　次

前　言

本规程按照GB/T 1.1—2009《标准化工作导则　第1部分：标准的结构和编写》给出的规则修订。

本规程代替SHS 10002—2004《透平式膨胀机维护检修规程》和SHS 03063—2004《透平式膨胀机维护检修规程》，与SHS 010002—2004和SHS 03063—2004相比，除了编辑性修改外，主要技术变化如下：

——增加了维护检修的通用性，删除了原规程中具体的尺寸要求；

——依据新标准与规范，对膨胀机维护的技术要求进行了调整；

——增加了膨胀发电机方面的维护要求。

——在运行维护与故障处理章节中，采用了RCM的分析方法根据实际重新进行了编写。

本规程由中国石油化工集团有限公司提出。

本规程起草单位：杭州杭氧膨胀机有限公司。

本规程主要起草人陈克平。

本规程所代替规程的历次版本发布情况为：

——SHS 10002—1992、SHS 10002—2004；

——SHS 03063—2004。

透平膨胀机维护检修规程

1 范围

1.1 主题内容

本规程规定了透平膨胀机的检修周期与内容、检修程序与质量标准、试车与验收、运行维护与故障处理。

1.2 适用范围

本规程适用于石油、化学和气体工业用透平膨胀机，包括增压—透平膨胀机和透平膨胀发电机，采用电磁轴承、气体轴承透平膨胀机可参考执行。

2 规范性引用文件

下列文件中的条款通过本规程的引用而成为本规程的条款。凡是注日期的引用文件，其随后所有的修改单（不包括勘误的内容）或修订版均不适用于本规程，然而，鼓励根据本规程达成协议的各方研究是否可使用这些文件的最新版本。凡是不注日期的引用文件，其最新版本适用于本标准。

JB/T 11847　透平膨胀机技术条件

JB/T 6443　石油、化学和气体工业用轴流、离心压缩机及膨胀机－压缩机

JB/T 7676　能量回收透平膨胀机

NB/SH/T 0636　L-TSA 汽轮机油换油标准

3 检修周期与内容

3.1 检修周期

根据对设备功能故障及其影响分析的结果、有无备用设备，并结合生产装置运行周期，确定设备检修周期，一般为 24～48 个月。

3.2 检修内容

3.2.1 膨胀机介质流程

3.2.1.1 机组保冷和基础水平检测；

3.2.1.2 膨胀侧、增压侧进口过滤器检查清理；
3.2.1.3 膨胀机加温管线检查清理；
3.2.1.4 增压侧出口截止阀、止回阀检修清理；
3.2.1.5 增压侧出口管线安全阀定期校验；
3.2.1.6 增压侧进口截止阀及副线阀检修。

3.2.2 润滑油系统

3.2.2.1 油泵检修；
3.2.2.2 吸油过滤器检查清理；
3.2.2.3 供油过滤器更换滤芯；
3.2.2.4 油压自力式调节阀检修；
3.2.2.5 油冷却器检修；
3.2.2.6 油温控阀检修；
3.2.2.7 主油箱检查清理；
3.2.2.8 电加热器检查修理；
3.2.2.9 油蓄能器检查清理；
3.2.2.10 油气分离器检查清理；
3.2.2.11 溢流阀检修；
3.2.2.12 高位油箱检查清理（透平膨胀发电机适用）。

3.2.3 密封气系统

3.2.3.1 仪表气入口过滤器滤芯更换；
3.2.3.2 精密减压阀检修；
3.2.3.3 密封气加热器检查修理；
3.2.3.4 密封气排放稳压阀检修（化工介质膨胀机适用）。

3.2.4 主机本体

3.2.4.1 密封本体和密封组件检查更换；
3.2.4.2 入口喷嘴导叶检测与修复；
3.2.4.3 转子总成，含叶轮和主轴检查与动平衡校验；
3.2.4.4 径向和止推轴承检查。

3.2.5 电气、仪表及阀门

3.2.5.1 电气检修检测；
3.2.5.2 仪表检修检测；
3.2.5.3 紧急切断阀检修；

3.2.5.4 喷嘴调节阀检修；
3.2.5.5 防喘振阀检修；
3.2.5.6 增压机入口流量计检修和校准；
3.2.5.7 膨胀机出口调压阀检修（液体透平膨胀机组适用）。

3.2.6 其他设备检修

3.2.6.1 变速箱检查（透平膨胀发电机适用）；
3.2.6.2 联轴器检修；
3.2.6.3 发电机组检测与维修。

4 检修程序与质量标准

4.1 拆卸前准备

4.1.1 根据设备运行状况和检测记录，分析故障原因和部位，编制、审批、下达检修计划，备齐检修所需的图纸和技术资料，如使用维护说明书、维修手册和相关检修记录，制定检修方案或作业指导书，产权单位、检修单位按规定进行检修作业的双向交底，并做好交底记录。
4.1.2 按要求备齐检修工器具、量具、吊具和零部件摆放设施。
4.1.3 备齐检修所需备品、配件、材料和劳保用品，检查核实备品、配件、材料的规格尺寸和材质是否满足技术要求。
4.1.4 落实检修队伍（包括施工技术人员、质量管理人员、安全管理人员、主修、辅修），组织检修人员熟读检修方案或作业指导书。
4.1.5 各项准备工作应符合安全、环保、质量等方面的要求，对检修过程进行危害识别及风险评估、环境因素识别和影响评价。
4.1.6 检修前条件确认
4.1.6.1 工艺确认：所有进出口阀门关闭（必要时加装盲板并标识），切断电源；切断相关水、汽、风源等；排空物料、冲洗置换干净；确认已无压力、温度（常温）等，设置好相关警示标识，具备检修作业条件，方可施工。如膨胀机设备温度远低于常温，在确认供气安全的条件下给机组充低压干燥无油加温气加速解冻至常温。
4.1.6.2 安全确认：检修时必须将现场孔洞、楼梯口、吊装口设围栏或盖板防护，设置好相关警示标识，同时做好夜间照明及防盗工作。
4.1.6.3 办理好相关检修作业票证。

4.2 拆卸与检测

4.2.1 外围拆卸

4.2.1.1 检查膨胀机保冷箱或者保冷包覆材料的漏砂或者裸露破损情况；用框架水平仪

检查机组水平度，若超过 0.05mm 须检查机组基础水平；基础水平纵向和横向的偏心距应小于相应边长的 3%，若不合要求，进行基础修复。

4.2.1.2　检查机组连接紧固件、密封件紧固情况；拆卸机组与工艺管线连接管道、管件和紧固件，并判定管道应力和法兰错边分别做好记录和标记，做好连接管、管件管口封闭保护。

4.2.1.3　拆卸膨胀侧和增压侧入口过滤网，检查破损、堵塞等情况，并记录，必要时更换。

4.2.1.4　检查膨胀机加温管线和阀门泄漏和堵塞情况进行检查，做好记录。

4.2.1.5　拆除仪表管线、转速探头、测温接线、测振探头、轴位移探头等仪表，拆前拆后做好测量并分别归类做好记录、标记和保护工作。

4.2.1.6　拆卸膨胀机主机本体并运至检修场所。

4.2.2　润滑油系统

4.2.2.1　检测油箱润滑油黏度、闪点、含水率、酸值和杂质等技术参数，定期检查和更换润滑油。

4.2.2.2　检查油泵吸入口过滤器，必要时更换。

4.2.2.3　检查和更换供油过滤滤芯、油气分离器滤芯，保障切换阀正常工作。

4.2.2.4　检测油温控阀控制效果和检修油冷却水管路控制阀。

4.2.2.5　检查油泵出口止回阀。

4.2.2.6　检查检修油泵。

4.2.2.7　油冷却器检修参照 SHS 01009《管壳式换热器维护检修规程》。

4.2.2.8　排空残余润滑油，检查主油箱和油压容器、高位油箱（若有）内部清洁状况，去除表面固态污垢；对于皮囊式蓄能器，根据皮囊老化和破损情况进行修复和更换，用随机专用工具对皮囊内进行充、放气和试压试验。

4.2.2.9　检测油泵电气控制回路。

4.2.2.10　检查油箱电加热器。

4.2.3　密封气系统

4.2.3.1　仪表气入口过滤器滤芯检查和清理，仪表气入口减压阀检修。

4.2.3.2　仪表气精密减压阀检修，手动旋紧或拧松精密减压阀手轮检测仪表气与信号气源的压差，与厂家提供数据对比，并做好记录。

4.2.3.3　打开密封气电加热器壳体下方排污口排放壳体内污物，并对密封气加热器本体进行抽芯检查，对于蒸汽加热器须清理加热器内污垢；对于配备电加热调功器的电加热器检查由仪表电气专业工程师负责检测。

4.2.3.4　对于危险介质气体密封气系统，由仪表工程师负责检查工艺排放气与火炬系统和隔离气系统调压阀检查和维修。

4.2.3.5 对于液体膨胀机，密封气排放口温度阻值检测由仪表工程师负责。

4.2.4 膨胀机主机本体解体检修

注意事项：准备好吊挂工具，在拆除主机与冷箱或固定支架连接的紧固件后将主机卸到平整空旷作业台面。在拆除紧固件及吊挂过程中要保持主机平稳，防止产生磕碰伤。

膨胀机主机本体典型结构见图 1。

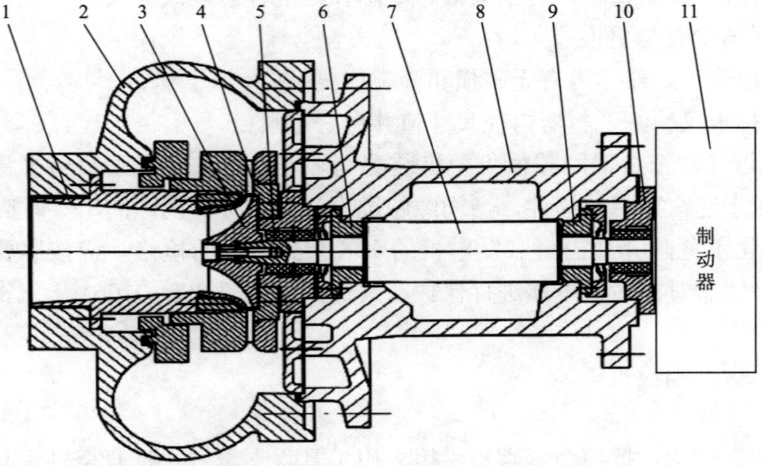

图 1 膨胀机主机本体典型结构图

1—扩压器；2—膨胀机蜗壳；3—工作轮；4—喷嘴；5—内轴封；6—内轴承；
7—主轴；8—机壳；9—外轴承；10—外轴封；11—制动器

4.2.4.1 拆除膨胀机喷嘴压紧机构，拆除前测量压紧量，并做好记录。

4.2.4.2 使用专用工具拆卸叶轮，专用工具使用方法参照厂家随机资料。在拆卸叶轮时应检查叶轮轴端紧固件是否松脱。对于液压螺母锁紧的叶轮，必须使用专用液压工具，并按规定的压力进行拆卸，并做好标记和记录。

4.2.4.3 入口喷嘴导叶组件检查与修复

a）拉动喷嘴转盘，检查其是否转动灵活自如；

b）检查各喷嘴导叶工作表面，不得有严重摩擦痕迹或缺陷，两端面必须光滑无任何毛刺，厚度一致，销孔无严重磨损，不合要求则必须更换；

c）取其中一个叶片清理干净后，检查喷嘴压紧面和通流面光洁度是否分别满足 R_a0.8μm 和 R_a3.2μm 以上要求；逐个检查喷嘴导叶出口位置的冲蚀情况，视情况进行更换处理；

d）喷嘴组件的开闭要求转动灵活，喷嘴导叶最小开度、最大开度见机组技术参数表，喷嘴安装后实际最大开度应大于设计工况开度。喷嘴导叶开度示意图见图 2：

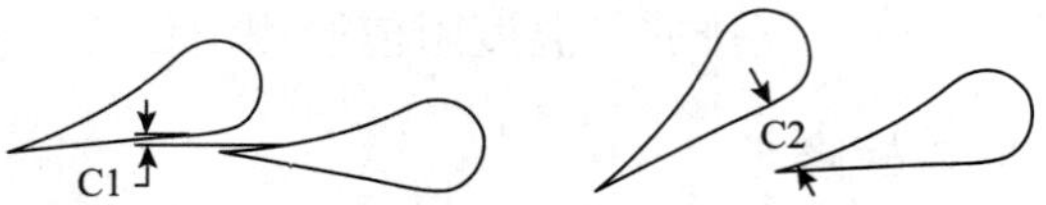

图 2　喷嘴导叶开度位置示意图

e）喷嘴压紧结构检查；

f）检查、清洗活塞环、活塞及气缸。要求活塞环无断裂，气缸无严重磨损；对压紧弹簧压紧量进行测量记录，对于失效、缺陷件则进行修理或更换。

4.2.4.4　密封器检查与更换

a）目视检查密封器体内有无破损和开裂情况；

b）用游标卡尺检测密封器内径尺寸值并做好记录；

c）主轴与迷宫密封器间隙值见随机装配间隙表（图）或附录 C 透平膨胀机设计数据记录表。对于迷宫密封易损件，当间隙超过设计要求最大间隙的 1/2 时应进行更换；

d）对于化工危险介质的膨胀发电机的干气密封本体的检修，应按照要求使用专用拆卸工具，拆卸后对密封器本体进行保护，具体操作按照 SHS 01061 干气密封维护检修规程执行。

4.2.4.5　轴承拆卸和检查

4.2.4.5.1　轴承拆卸

对于可倾瓦轴承，拆掉锁紧螺母，用专用工具将支承－止推复合轴承从轴承箱上取下，检查支承瓦块和止推块的磨损情况。标记好并拆下止推轴承温度探头和测量接线。

4.2.4.5.2　轴承检查

4.2.4.6　止推间隙测量

a）在膨胀叶轮端的转子轴表面上放置千分表，沿轴向将转子推动到紧靠逆向止推件的气体出口端处，千分表设定到“0”处；

b）沿轴向将主轴朝制动端（增压机或减速箱等）移动，直到主轴几乎靠到主推力轴承上时止。千分表上指示的移动量即为主轴 / 推力轴承浮动量。

4.2.4.7　径向间隙检查

检查轴承径向间隙，从外壳上取下轴承本体。清理干净后，用千分尺测量主轴直径，对于轴承内径测量用现场抬轴法测量计算。

注：轴承与轴的装配尺寸见机组装配间隙表（图）或制造商的其他说明文件条款，每种轴承的装配间隙各不一致。

4.2.4.8　轴承本体检查

a）检查轴瓦表面合金结合是否良好，要求无气孔、夹渣、裂纹、划伤，有缺陷时进行修复或更换；

b）检查轴承内油孔、油槽或空气轴承各通气孔道，并清理与疏通；

c）对于膨胀发电机组，对高速轴和低速轴止推面、齿面等检测，具体参见

SHS 01028《变速机维护检修规程》中齿面检查要求。

4.2.4.9 转子总成的检查与修复

a）清洗洁净后，对膨胀机叶轮、增压机叶轮和主轴的磨损情况进行目视检查；

b）用游标卡尺对叶轮、主轴的关键尺寸（叶轮外径、叶片高度、叶片厚度、主轴轴承档直径）进行测量；对测振、测转速表面粗糙度进行检查，分别做好记录和保护；

c）清理转子，对叶轮和主轴做无损探伤，表面应无裂纹、无严重磨损痕迹，叶轮与主轴装配良好，若有缺陷进行修理或更换；

d）测量转子的各部位跳动值（合理值见表 1）；

表 1 转子各部位跳动值

mm

部位 \ 名称		径向跳动	端面跳动
1	轴颈	≤0.005	≤0.005
2	叶轮安装端面	—	≤0.015
3	止推盘	—	≤0.005
4	轴封或轴套处	≤0.01	—
5	测振探头测量处	≤0.01	—
6	叶轮	≤0.02	≤0.03

注：上述数据仅供参考，不同机组要求可能会不一样，以制造商图纸为准。

e）转子止推面、轴颈表面应光滑无斑点、沟槽、伤痕等缺陷，粗糙度 R_a0.8μm。

f）根据检查情况，修复或更换零、部件后应做复合动平衡试验，动平衡精度应达到 ISO 1940 G1.0 级标准。

4.2.5 变速机检查

变速箱检查详见 SHS 01028《变速机维护检修规程》。

4.2.6 电机检查

4.2.6.1 发电机轴承润滑脂质量不合格，则更换润滑脂，油位或油量不合适的应加以调整。在拆检发电机时，如发电机主电缆曾被拆卸，则回装后应在脱开联轴器的情况下对电机试运转，检查确认电机旋向是否正确。

4.2.6.2 发电机检查详见 SHS 06001。

4.2.7 其他

4.2.7.1 对于速关阀、防喘振阀操作时间超出规定值的，清理滤网垃圾，更换损坏零部件。

4.2.7.2　调整、消除调节阀执行机构动作不灵敏状态，调节阀密封泄漏不合要求的应设法调整。

4.2.7.3　更换联轴器易损件。

4.2.7.4　对于仪表、电气损坏或工作不良的，进行修复或更换处理。

4.2.8　记录

相关拆检数据记录在附录 A“透平膨胀机检修质量控制确认表”。

4.3　回装与质量标准

4.3.1　主机回装

4.3.1.1　主轴 - 轴承回装

按顺序依次安装膨胀端轴承、主轴和内轴承，测量主轴轴向窜量值，通过轴承调整垫片使得窜量值满足机器设计间隙要求。轴承瓦块部位安装前涂抹少量润滑油。

4.3.1.2　密封回装

a）干气密封的回装按照 SHS 01051《干气密封维护检修规程》执行；

b）迷宫密封器体安装在机壳内，用塞尺检查密封器与主轴的间隙，并做好记录。

4.3.1.3　喷嘴导叶组件回装

将喷嘴导叶组件固定盘安装于机壳内，拉动转盘判断开闭灵活度。

4.3.1.4　叶轮安装

叶轮安装按结构形式分：

a）键孔联接型式：叶轮加温箱加热至规定的红套温度（加热温度视叶轮材料而定）装至主轴键上，用扭力扳手拧紧拉力螺栓，预紧力按照厂家推荐扭矩表执行；

b）三角锥孔联接型式：叶轮放于加热保温箱加热至红套温度，与主轴过盈安装，用扭力扳手拧紧锁紧螺钉；

c）端面齿联接型式：将叶轮端面齿与主轴端端面齿压紧，用扭力扳手按照厂家推荐扭力值把锁紧螺钉拧紧。

注：叶轮与主轴的其他安装型式按照厂家资料执行。

叶轮安装完成后，测量叶轮进口与喷嘴导叶对中浮动量满足 ±0.05mm 要求。

4.3.1.5　喷嘴压紧机构回装

压紧结构组件安装于机壳中间法兰上并用螺钉锁紧，测量机壳与膨胀机蜗壳配合端面轴向长度值，并做好记录；通过深度尺测量膨胀机蜗壳外密封端面至蜗壳内密封面的深度，计算两者差值是否满足密封圈的压紧量 4.6～5.2mm 范围内（蓄能密封圈结构不适用）。

4.3.1.6　增压机蜗壳回装（膨胀发电机不适用）

用游标卡尺测量增压端蜗壳与机壳联接的密封面至增压机叶轮出口轴向数值，通过调整垫片调节增压机叶轮与蜗壳扩压器对中误差满足 ±0.05mm 要求。

4.3.1.7 主机组装完毕后，手动盘动转子应无卡涩。通过吊装工具与安装在冷箱内的膨胀机蜗壳联接，并用按扭矩值紧固螺栓，完成主机回装，再次手动盘动转子应无卡涩。检查密封配合面密封情况，评估回装时密封垫片或密封圈是否需要更换，避免开车冷箱冷量泄漏。

4.3.2 机组外围回装

4.3.2.1 变速机、电机回装。变速机、电机就位后，回装联轴器，检查变速机与电机、变速器与膨胀机的对中情况，对中数据应符合机组使用说明书要求。

4.3.2.2 更换损坏紧固件，紧固各处松动的紧固件，紧固力矩参照厂家随机资料，随机资料上没有规定时参照国家相关标准。

4.3.2.3 相关回装数据记录在附录B《透平膨胀机试车与验收数据记录表》。

4.3.2.4 检修完毕后，联系电气、仪表工程师回装电气、仪表元件设施，回装与膨胀机联接的工艺、水、气等管线。注意应做到无应力连接。

4.3.3 质量标准

4.3.3.1 减速箱的检修执行SHS 01028《变速机维护检修规程》，润滑油泵的检修执行SHS 01017《齿轮泵维护检修规程》和SHS 01016《螺杆泵维护检修规程》，换热器的检修执行SHS 01009《管壳式换热器维护检修规程》。

4.3.3.2 联轴器找正允许偏差见表2。

表2 联轴器找正允许偏差 [工作状态下（热态）]

联轴器形式	径向圆跳动/mm	端面圆跳动/mm
刚性	0.04	0.03
挠性	0.08	0.05
弹簧片式	0.05	0.05

注：机组常温状态下（冷态）找正时，膨胀端比变速端约高0.10 mm～0.20mm。

4.3.3.3 变速箱找正示意图（膨胀发电机组使用）

变速箱冷热状态位置见图3。

4.3.3.4 机组的角向、径向对中

采用专业对中仪对中，专业对中仪采用先进的激光技术进行轴对中，简单有效并能实时显示对中值。

4.3.3.5 端面和外圆对中

采用千分表分别对联轴器安装盘的端面和外圆测取跳动值，通过对测得的数值进行计算分析，确定两轴在空间的位置，得出调整量和调整方向，如图4所示。对于中小型膨胀发电机组数值为0.05～0.1mm，具体以厂家提供数据为准。

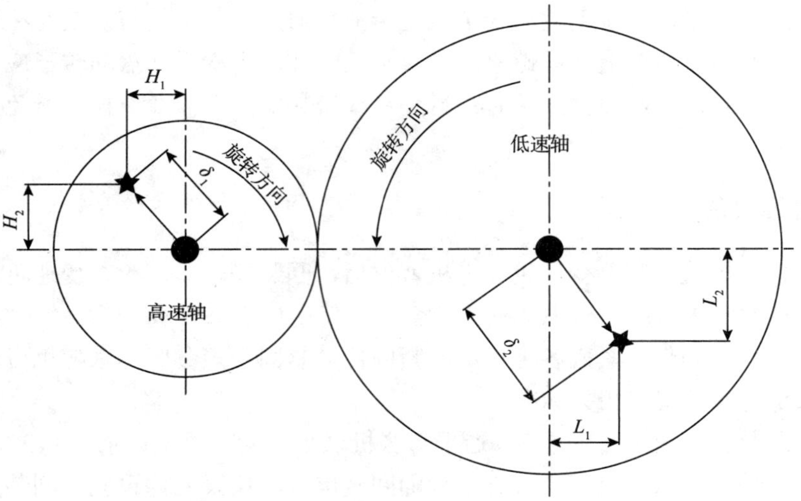

图 3　变速箱轴心位置示意图

图中，H_1：高速轴水平方向测量偏移量；H_2：高速轴垂直方向测量偏移量。

L_1：低速轴水平方向测量偏移量；L_2：低速轴垂直方向测量偏移量。

δ_1：高速轴实际偏移量；δ_2：低速轴实际偏移量。

● 表示冷态位置轴心位置。

★表示全负荷工作状态下轴心位置。

注：δ_1/δ_2= 轴承间隙 - 油膜厚度，具体数值根据厂家提供数值找正。

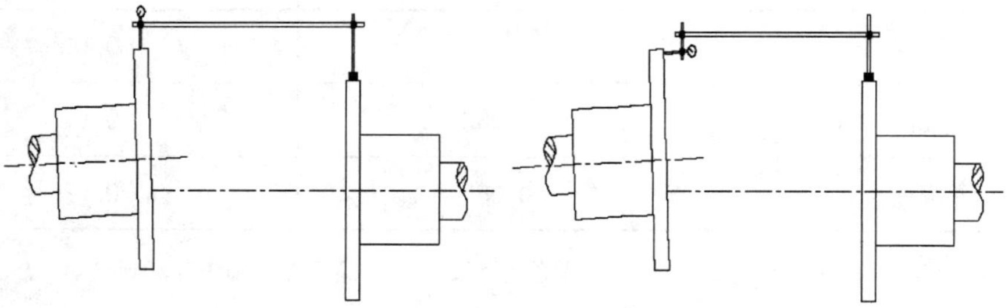

图 4　对中示意图

注：这种方法应用较广，但对轴向有窜动的机组，盘车时端面读数会产生误差。为消除轴向窜动对端面读数的影响，提高对中精度，可采用与轴心等距分布的两个千分表同时测量端面跳动。

4.3.3.6　轴封间隙

碳环（石墨环）密封间隙见表 3。迷宫密封间隙值见表 4。

表 3　碳环（石墨环）密封间隙

机组型号	密封碳环间隙 /mm
TPZ12～TPZ36	0.060～0.095

表 4　迷宫密封间隙

机组型号	迷宫密封间隙 /mm
＞TPZ24	0.145～0.18
≤TPZ24	0.08～0.12

4.3.3.7　机械密封

机械密封的检修执行 SHS 03059《化工设备通用部件检修及质量标准》。

4.3.3.8　碳环密封（石墨环）

a）碳环尺寸和表面精度应符合要求，表面粗糙度应小于 R_a=0.32～0.63μm；

b）碳环工作面应无裂纹、划痕、缺陷，巴氏合金层无龟裂；

c）碳环和壳体上相互配合的端面要光滑平整，接触均匀，碳环厚度应均匀，沿整周厚度误差小于 0.01mm；

d）碳环安装方向必须正确，不可装反；

e）密封气（油）管应畅通，无杂质或堵塞。

4.3.3.9　迷宫密封

a）清理、检查各零部件，并测量各配合尺寸，不符合要求的进行修复或更换，并做好记录；

b）各密封齿无锈蚀、裂纹、折断和毛刺等缺陷；

c）密封套上的泄流孔要畅通。

5　试车与验收

5.1　试车前准备

5.1.1　检查确认检修数据记录齐全、正确。

5.1.2　试车前生产部门应编制机组试车方案，并经设备、安全、工艺专业审核。

5.1.3　检查油箱油位，液位为液位计上、下限之间。

5.1.4　加注润滑油，一般为 L-TSA32、46 涡轮机油，润滑油牌号有特殊规定的按特殊规定处理。加油时，需经 100 目滤网过滤润滑油系统进行油运，启动润滑油泵循环，检查过滤网干净合格。合格标准：100 目滤网上无任何硬颗粒杂质，但允许不多于 2～3 个 /cm^2 肉眼可见的软颗粒，且不允许有长纤维存在。

5.1.5　油运过程中油泵、过滤器、油冷却器要进行切换操作。

5.1.6　开车前需分析油箱内润滑油，黏度、开口闪点、水分、酸值、机械杂质等指标在合格值范围内。

5.1.7　公用工程系统包括氮气、仪表空气、冷却水、电等已具备投用条件，并能正常供给。开启后，系统应无泄漏。

5.1.8　操作注意：在启油泵，往主机泵送润滑油前，应先通主机密封气，建立起的压力或压差应符合厂家随机资料要求。

5.1.9　检查机组密封气、密封水或密封油压力应符合工艺指标要求。

5.1.10　膨胀端和增压端入口过滤器膨胀机本体管道清理干净。

5.1.11　检查膨胀机出入口阀、止回阀及管线旁路阀是否正确调整好。

5.1.12　若系统带增压机出口回流阀，则将该阀打到全开状态

5.1.13　检查机组的自保联锁、装置系统停车联锁并联调校验完毕，联锁投用，确认合格并签字。

5.1.14　用氮气置换膨胀端和压缩端内的空气，系统内可燃物含量必须严格控制在0.1%以下。并检查检修系统中的设备、管线、阀门、液位计、仪表元件、安全阀、温度计等的所有密封点，进行试漏工作。

5.1.15　检查膨胀机排污阀是否有凝液，对于短时间停车（＜1h），通过加温管线对膨胀端进行加温至室温。

5.1.16　检查附属设备设施完好。

5.1.17　试车前所有零部件及附件必须齐全，完整。

5.1.18　对于膨胀发电机，脱开联轴器，单试电机，应运行平稳无异常噪声，电机转向正确，确认正常后方可连接联轴器。

5.1.19　盘车检查变速箱，确认转动灵活、无异响

5.1.20　复查机组对中情况，安装联轴器。

5.1.21　工艺、设备、电气、仪表、检修单位及有关试车人员必须在场。试车必备的测试仪器准备好。

5.1.22　设备管理部门组织生产部门、检修单位、电气、仪表等专业技术人员进行试车条件确认，并在《机组开车条件确认表》上签名。

5.2　试车

5.2.1　接通密封气、工艺气供应。

5.2.2　接通仪电控电源。

5.2.3　启动油泵。

5.2.4　对油冷却器通冷却水（如油温低，可暂缓通水），同时对增压机后气体冷却器通冷却水。

5.2.5　开膨胀机出口阀门。

5.2.6　开膨胀机进口阀门。

5.2.7　开增压机出口阀门。

5.2.8 开增压机进口阀门。

5.2.9 开喷嘴调节阀为设计工况的10%。

5.2.10 开紧急切断阀，透平开始运转，很快达到较低转速。随即迅速开大喷嘴调节阀使转速达到设计值的40%（正常运转中要尽量避免在低速下运行）。

5.2.11 再逐渐打开喷嘴调节阀，同时逐渐关小增压机回流阀，直到达到额定工况。

5.2.12 启动期间，随着膨胀机进气温度的下降，转速也会下降，所以要通过经常关小增压机回流阀来调整。

5.2.13 启动期间，要随时检查轴承温度、喷嘴出口与叶轮出口的间隙压力，观察整机运行情况是否正常。

5.2.14 启动期间，短暂打开机器和仪表管线的吹除阀，然后关紧。

5.2.15 试车过程中，操作人员应按试车方案要求进行，设备管理部门、生产装置、保运单位、电气车间、仪表车间等专业技术人员应现场监护，关注机组的运行情况，状态监测人员做好轴振动、轴瓦温度、轴位移等监测，生产车间好试车记录。机组运行稳定后，必要时可做机组的性能试验。

5.2.16 试车过程中，检修人员、操作人员应按时准点记录，发现异常情况应立即停车。

注：对于膨胀发电机、磁力轴承膨胀机开车按照厂家提供机组资料开车运行。

5.3 验收

5.3.1 机组试车应符合以下要求，并达到验收标准后，方能验收并交付生产部门运行：要在额定工况下进行不少于 72h 的连续运转；能满足生产需求且技术性能达到设计要求；控制系统及监测系统运行良好，各调节机构动作快速、灵活、准确；有完整、真实的试车记录。

5.3.2 设备达到完好标准。

5.3.3 按规定办理验收手续。

5.3.4 检修施工单位在机组检修完成后，在规定的工作日内将关键机组检修资料（电子版和书面版）交付设备属地管理部门审核、存档，检修资料内容必须准确、完整填写。设备属地管理部门审核无误后，在规定工作日内将检修资料、试车记录等上传至EM系统对应设备编号存档。

6 维护与故障处理

6.1 运行维护

6.1.1 严格控制好机组进出口压力、温度，润滑油压力、温度等主要操作指标，并做好记录。外操定时巡检，及时发现机组存在问题。

6.1.2 维护时间：执行五位一体特护巡检要求。

6.1.3 设备员定期开展机组的振动、温度情况监测工作，建立监测数据库。如发现不正常声响、转速急剧升高或振动值明显增大时，应及时采取措施或停机检查，排除故障。

6.1.4 定期检查密封气、冷却水（密封水或油）和润滑油的温度和压力，过滤器前后压差超过规定值时，要及时切换，更换过滤器滤芯。

6.1.5 严格执行设备润滑管理制度，定期从润滑油系统中取润滑油样进行分析。

6.1.6 检查油冷却器的压力和温度是否正常。

6.1.7 定时检查机组密封、润滑油管线接头、进出口阀门等泄漏点，做到及时处理漏点。

6.1.8 保持机组与现场清洁，及时清理机座下的积液，机体安全罩完整，无腐蚀损坏。

6.2 常见故障与处理方法

透平膨胀机常见功能故障与处理方法见表 5。

表 5 透平膨胀机常见功能故障与处理方法

功能	功能故障	故障模式	故障后果	故障应对策略与检修内容	检修周期／月
1. 保证膨胀机出口温度在工艺指标控制范围内	1.1 膨胀机出口温度小于工艺指标范围	1.1.1 间隙压力过大	出现冰堵，直至不能满足工艺要求	检查工艺参数是否含重组分介质，工艺参数调整	30
		1.1.2 喷嘴压紧弹簧失效	膨胀机工艺气短路，效率下降直至不能满足工艺要求	进行解体检查处理	30
		1.1.3 入口管道、过滤器堵塞	进口压力逐渐降低，直至不能满足工艺要求	高压水清洗	视情而定
		1.1.4 喷嘴导叶开度过小或故障	进口流量不足，不能满足工艺要求	进行检查处理	
		1.1.5 叶轮、喷嘴冲蚀严重	效率降低，不能满足工艺要求	拆除检修更换磨损部件	
		1.1.6 压力表／压力引线故障	压力表／压力引线或故障，影响操作及现场巡检判断，可马上更换或疏通	及时切出进行更换	
	1.2 压缩机出口压力流量小于工艺控制指标	1.2.1 转速不足	压缩机制动能力太大，需下线维修或更换	停车处理	
		1.2.2 压缩机出口压力不足	进口压力过低或温度过高，不能满足工艺要求	需进行工艺调整	
		1.2.3 出口管路堵塞憋压	出口压力逐渐升高，不能满足工艺要求，停车处理	进行检修处理管线	

表 5　透平膨胀机常见功能故障与处理方法（续）

功能	功能故障	故障模式	故障后果	故障应对策略与检修内容	检修周期／月
2. 保证系统密闭生产	2.1 密封泄漏	2.1.1 密封严重磨损、结焦	工艺气体外漏	更换密封	30
		2.1.2 密封与轴颈配合间隙过大	工艺气体外漏	检查安装间隙	30
		2.1.3 O型圈或其他橡胶密封老化损坏	工艺气体外漏	更换O型圈	30
		3.2.2 机壳与蜗壳密封面泄漏	工艺气体外漏	停车处理	
3. 保证机组连续运转	3.1 因机械故障造成机组不能连续运行	3.1.1 振动过大			
		3.1.1.1 电气仪表干扰	振动变大	电气仪表排除	30
		3.1.1.2 动平衡破坏	振动变大，损坏轴承和密封，停车处理	停车处理	30
		3.1.1.3 轴承安装不当	振动变大，损坏轴承和密封，停车处理	停车处理	30
		3.1.1.4 轴承损坏	振动变大，损坏轴承和密封，停车处理	更换轴承	30
		3.1.1.5 变速箱齿轮损坏	振动变大，损坏轴承和密封，停车处理	拆检更换	30
		3.1.1.6 润滑油变质	轴承油温或振动变大，进而损坏轴承（齿轮）和密封，在线换油	置换油箱润滑油，直至分析合格	
		3.1.1.8 气流扰动	振动变大，损坏轴承和密封，停车处理	调整工艺参数	30
		3.1.1.9 动静部件碰擦	振动变大，损坏轴承和密封，停车处理	拆检测量	30
		3.1.1.10 轴瓦装配不当	振动变大，损坏轴承和密封，停车处理	拆检更换	30
		3.1.1.11 连接件松动	振动变大，介质泄漏，停车处理需	拆检紧固	30
		3.1.1.12 联轴节部件磨损	振动变大，损坏轴承和密封，停车处理	停机拆检更换	

表 5 透平膨胀机常见功能故障与处理方法（续）

功能	功能故障	故障模式	故障后果	故障应对策略与检修内容	检修周期／月
3. 保证机组连续运转	3.1 因机械故障造成机组不能连续运行	3.1.1.13 轴承油压过小	轴承温度变大，进而损坏轴承、齿轮等部件，可在线调节处理。	启动备用泵或切换过滤器／若备用泵不能启动机组停机	
	3.2 因润滑系统故障造成机组不能连续运行	3.2.1 主油泵运行故障	启动备用泵／若不能及时处理，机组停机		
		3.2.2 油泵电气设备（电机、启动按钮等）损坏	启动备用泵／若备用泵不能启动机组停机	联系电气专业处理	
		3.2.3 油过滤器堵	润滑油压力下降，启动备用泵／机组停机	切换备用过滤器	
		3.2.4 油系统漏油	启动备用泵／若不能及时处理，机组停机	进行消漏	
		3.2.5 油压调节阀卡住，无法动作	启动备用泵／若不能及时处理，机组停机	调节自力式压力或走副线控	
		3.2.6 切换阀坏引起过滤器故障	启动备用泵／若不能及时处理，机组停机	及时处理	
		3.2.7 油泵出口压力过低（故障）	启动备用泵／若备用泵不能启动机组停机	切换备用泵或切换过滤器	
		3.2.8 润滑油变质，不合格（同 3.1.1.6 ）	润滑效果下降，润滑油温度上升	置换新油	
		3.2.9 油箱内油量不足	润滑效果下降，润滑油温度上升	低于油箱下限，加油	
		3.2.10 油冷却器冷却效果不好	润滑冷却效果下降，润滑油温度上升	切换油冷器	
		3.2.11 油冷器泄漏，润滑油进水乳化	润滑效果下降，润滑油温度上升	切换油冷器	
		3.2.12 鼓风机润滑油缺油	轴承箱温度上升，启动备用鼓风机／机组停机	切换备用风机或补加润滑油	3

表 5　透平膨胀机常见功能故障与处理方法（续）

功能	功能故障	故障模式	故障后果	故障应对策略与检修内容	检修周期／月
4. 保护功能（保证膨胀机安全运转）	4.1 不能达到温度保护功能，轴瓦或电机定子温度达到报警值、未发出报警信号	4.1.1.1 温度探头故障	轴瓦温度到在报警值未发出信号，继续升温，可能对轴承或轴颈造成损伤	需停机组处理，装置停车，检修1天	30
		4.1.1.2 线路断路	轴瓦温度到在报警值未发出信号，继续升温，可能对轴承或轴颈造成损伤	需停机组处理，装置停车，检修1天	30
		4.1.1.3 线路接触不良	轴瓦温度到在报警值未发出信号，继续升温，可能对轴承或轴颈造成损伤	需停机组处理，装置停车，检修1天	30
		4.1.1.4 温度卡件（如 3500 系统）故障	轴瓦温度达到报警值，卡件未如实转换数据，继续升温，可能对轴承或轴颈造成损伤	需停机组处理，装置停车，检修1天	30
		4.1.1.5 蜂鸣器故障	报警信号发出，蜂鸣器不响，没有提示操作人员，继续升温，可能对轴承或轴颈造成损伤	需停机组处理，装置停车，检修1天	30
	4.2 不能达到轴承振动保护功能，一个轴瓦振动达到报警值、未发出报警信号	4.2.1.1 振动探头故障	轴瓦振动到在报警值未发出信号，振动继续加大，可能对轴承或轴颈造成损伤，需停机组处理，检修1天		30
		4.2.1.2 振动延伸电缆故障	轴瓦振动到在报警值未发出信号，振动继续加大，可能对轴承或轴颈造成损伤，需停机组处理，检修1天		30
		a）屏蔽不好	轴瓦振动到在报警值未发出信号，振动继续加大，可能对轴承或轴颈造成损伤，需停机组处理，装置停车，检修1天		30
		c）接地不良	轴瓦振动到在报警值未发出信号，振动继续加大，可能对轴承或轴颈造成损伤，需停机组处理检修1天		30

表5　透平膨胀机常见功能故障与处理方法（续）

功能	功能故障	故障模式	故障后果	故障应对策略与检修内容	检修周期/月
4. 保护功能（保证膨胀机安全运转）	4.2 不能达到轴承振动保护功能，一个轴瓦振动达到报警值、未发出报警信号	d）绝缘不好	轴瓦振动到在报警值未发出信号，振动继续加大，可能对轴承或轴颈造成损伤，需停机组处理，装置停车，检修1天		30
		4.2.1.3 振动前置放大器故障	轴瓦振动到在报警值未发出信号，振动继续加大，可能对轴承或轴颈造成损伤，需停机组处理，装置停车，检修1天		30
		4.2.1.4 线路断路	轴瓦温度到在报警值未发出信号，继续升温，可能对轴承或轴颈造成损伤，需停机组处理，装置停车，检修1天		30
		4.2.1.5 线路接触不良	轴瓦温度到在报警值未发出信号，继续升温，可能对轴承或轴颈造成损伤，需停机组处理，装置停车，检修1天		30
		4.2.1.6 振动卡件（如3500系统）故障	轴瓦温度达到报警值，卡件未如实转换数据，继续升温，可能对轴承或轴颈造成损伤，需停机组处理，装置停车，检修1天		30
		4.2.1.7 蜂鸣器故障	报警信号发出，蜂鸣器不响，没有提示操作人员，继续升温，可能对轴承或轴颈造成损伤，需停机组处理，装置停车，检修1天		30
	4.3 不能达到润滑油保护功能	4.3.1 润滑油油压低，未发出联锁信号。	4.3.1.1 压力探头故障	油压达到联锁值未发出联锁信号，润滑油供油不足，机组损害甚至不能运行	30

表 5　透平膨胀机常见功能故障与处理方法（续）

功能	功能故障	故障模式	故障后果	故障应对策略与检修内容	检修周期／月
4. 保护功能（保证膨胀机安全运转）	4.3 不能达到润滑油保护功能	4.3.1 润滑油油压低，未发出联锁信号	4.3.1.2 压力变送器故障	油压达到联锁值未发出联锁信号，润滑油供油不足，机组损害甚至不能运行	30
			4.3.1.3 线路断路	油压达到联锁值未发出联锁信号，润滑油供油不足，机组损害甚至不能运行	30
			4.3.1.4 卡件（如 PLC）故障	油压达到联锁值未发出联锁信号，润滑油供油不足，机组损害甚至不能运行	30
			4.3.1.5 联锁继电器故障	油压达到联锁值未发出联锁信号，润滑油供油不足，机组损害甚至不能运行	30
		4.3.2 润滑油箱油位太低，未发出报警信号	4.3.2.1 液位传感器故障	油位达到报警值未发出报警，油温继续身高，机组损害甚至不能运行	30
			4.3.2.2 液位变送器故障	油位达到报警值未发出报警，油温继续身高，机组损害甚至不能运行	30
			4.3.2.3 线路断路	油位达到报警值未发出报警，油温继续身高，机组损害甚至不能运行	30

表5　透平膨胀机常见功能故障与处理方法（续）

功能	功能故障	故障模式	故障后果	故障应对策略与检修内容	检修周期/月
4. 保护功能（保证膨胀机安全运转）	4.3 不能达到润滑油保护功能	4.3.2 润滑油箱油位太低，未发出报警信号	4.3.2.4 卡件（如DCS系统）故障	油位达到报警值未发出报警，油温继续身高，机组损害甚至不能运行	30
			4.3.2.5 蜂鸣器故障	油位达到报警值未发出报警，油温继续身高，机组损害甚至不能运行	30
	4.5 未达到压力保护功能	4.5.1 密封油压差低，未发出联锁信号	4.5.1.1 压力传感器故障	密封油压达到低值，未发出联锁信号，油压继续降低，机组损害甚至不能运行	30
			4.5.1.2 压力变送器故障	密封油压达到低值，未发出联锁信号，油压继续降低，机组损害甚至不能运行	30
			4.5.1.3 线路断路	密封油压达到低值，未发出联锁信号，油压继续降低，机组损害甚至不能运行	30
			4.5.1.4 卡件（PLC系统）故障	密封油压达到低值，未发出联锁信号，油压继续降低，机组损害甚至不能运行	30

附 录 A

（资料性附录）

透平膨胀机检修质量控制确认表

项目	主要控制内容					等级	施工单位	生产装置	设备管理部门	日期
	标准值			部位	现场记录					
拆卸时检测										
高速轴轴承	内孔直径	膨胀端	mm	膨胀端	mm	A	★	★	★	★
		制动端	mm	制动端	mm					
	紧力	膨胀端	mm	膨胀端	mm	B	★	★		
		制动端	mm	制动端	mm					
高速轴轴颈	轴颈直径	膨胀端	mm	膨胀端	mm	A	★	★	★	★
		制动端	mm	制动端	mm					
低速轴轴承	内孔直径	自由端	mm	自由端	mm	A	★	★	★	★
		制动端	mm	制动端	mm					
	紧力	自由端	mm	自由端	mm	B	★	★		
		制动端	mm	制动端	mm					
低速轴轴颈	轴颈直径	自由端	mm	自由端	mm	A	★	★	★	★
		制动端	mm	制动端	mm					
止推轴承及轴颈	内孔直径		mm	止推轴承内孔	mm	A	★	★	★	★
	轴颈直径		mm	主轴轴颈	mm	A	★	★	★	★
	止推间隙		mm	止推轴承止推面	mm	A	★	★	★	★
轴系止推盘斜契面止推间隙			mm	高、低速轴斜契面	mm	A	★	★	★	★
高速轴油封直径间隙		膨胀端	mm	膨胀端	mm	C	★			
		制动端	mm	制动端	mm					
低速轴油封直径间隙		自由端	mm	自由端	mm	C	★			
		制动端	mm	制动端	mm					
高速轴气封直径间隙		膨胀端	mm	膨胀端	mm	B	★	★		
		制动端	mm	制动端	mm					
工作轮气封直径间隙		轮盖	mm	轮盖	mm	B	★	★		
		轮背	mm	轮背	mm					
增压轮气封直径间隙		轮盖	mm	轮盖	mm	B	★	★		
		轮背	mm	轮背	mm					

透平膨胀机检修质量控制确认表（续）

项目	主要控制内容					等级	施工单位	生产装置	设备管理部门	日期
	标准值			部位	现场记录					
回装时检测										
高速轴轴承	内孔直径	膨胀端	mm	膨胀端	mm	A	★	★	★	★
		制动端	mm	制动端	mm					
	紧力	膨胀端	mm	膨胀端	mm	B	★	★		
		制动端	mm	制动端	mm					
高速轴轴颈	轴颈直径	膨胀端	mm	膨胀端	mm	A	★	★	★	★
		制动端	mm	制动端	mm					
低速轴轴承	内孔直径	自由端	mm	自由端	mm	A	★	★	★	★
		制动端	mm	制动端	mm					
	紧力	自由端	mm	自由端	mm	B	★	★		
		制动端	mm	制动端	mm					
低速轴轴颈	轴颈直径	自由端	mm	自由端	mm	A	★	★	★	★
		制动端	mm	制动端	mm					
止推轴承及轴颈	内孔直径		mm	止推轴承内孔	mm	A	★	★	★	★
	轴颈直径		mm	主轴轴颈	mm	A	★	★	★	★
	止推间隙		mm	止推轴承止推面	mm	A	★	★	★	★
轴系止推盘斜契面止推间隙			mm	高、低速轴斜契面	mm	A	★	★	★	★
高速轴油封直径间隙		膨胀端	mm	膨胀端	mm	C	★			
		制动端	mm	制动端	mm					
低速轴油封直径间隙		自由端	mm	自由端	mm	C	★			
		制动端	mm	制动端	mm					
高速轴气封直径间隙		膨胀端	mm	膨胀端	mm	B	★	★		
		制动端	mm	制动端	mm					
工作轮气封直径间隙		轮盖	mm	轮盖	mm	B	★	★		
		轮背	mm	轮背	mm					
增压轮气封直径间隙		轮盖	mm	轮盖	mm	B	★	★		
		轮背	mm	轮背	mm					

注： A 级：施工单位、生产装置、设备管理部门专业人员检查确认后签字。

B 级：施工单位和生产装置专业人员检查确认后签字。

C 级：施工单位专业人员检查确认后签字。

另：如果有监理，监理的职责由甲方授权。

附 录 B

（资料性附录）

透平膨胀机试车与验收数据记录表

装置： 设备名称： 位号：

试车参数记录：			记录时间											
记录名称	参数位号	单位	1:00	2:00	3:00	4:00	5:00	6:00	7:00	8:00	9:00	10:00	11:00	12:00
膨胀端进口流量		Nm^3/h												
膨胀端进口压力		MPa（G）												
膨胀端出口压力		MPa（G）												
膨胀端进口温度		℃												
膨胀端出口温度		℃												
转速		r/min												
喷嘴开度		%												
回流阀开度		%												
增压端进口流量		Nm^3/h												
增压端进口压力		MPa（G）												
增压端出口压力		MPa（G）												
增压端进口温度		℃												
增压端出口温度		℃												
推力轴承温度		℃												
支承轴承温度		℃												

透平膨胀机试车与验收数据记录表（续）

试车参数记录：			记录时间											
记录名称	参数位号	单位	1:00	2:00	3:00	4:00	5:00	6:00	7:00	8:00	9:00	10:00	11:00	12:00
供油压力		MPa（G）												
供油温度		℃												
膨胀端振动		μm												
增压端振动		μm												
验收确认		设备管理部门：					生产装置：					施工单位：		

备注： 1. 三方签字验收后交付生产使用。

2. 大修后 15 个工作日内，将试车记录及验收表扫描录入设备管理系统。

46. 板壳式热交换器维护检修规程

SHS 01048—2019

目　　次

前　言

本规程按照GB/T 1.1—2009《标准化工作导则　第1部分：标准的结构和编写》给出的规则起草。

板壳式热交换器综合了板式传热元件传热效率高、结构紧凑和回转壳安全可靠的优点，可应用于大型石化装置高参数热交换场合。

本规程由中国石油化工集团有限公司、中国石油化工股份有限公司提出。

本规程起草单位：上海蓝滨石化设备有限责任公司。

本规程主要起草人：陈韶范、马金伟、张向南。

本规程2019年首次发布。

板壳式热交换器维护检修规程

1 总则

1.1 主题内容

本规程规定了板壳式热交换器的检修周期与内容、检修程序与质量标准、试车与验收、维护与故障处理。

1.2 适用范围

本规程适用于设计压力为0.5～9.0MPa，设计温度为0～559℃的板壳式热交换器。

2 规范性引用文件

下列文件中的条款通过本规程的引用而成为本规程的条款。凡是注日期的引用文件，其随后所有的修改单（不包括勘误的内容）或修订版均不适用于本规程，然而，鼓励根据本规程达成协议的各方研究是否可使用这些文件的最新版本。凡是不注日期的引用文件，其最新版本适用于本标准。

GB/T 150.1～150.4　压力容器

GB/T 151　热交换器

NB/T 47041　塔式容器

NB/T 47013.1～47013.6　承压设备无损检测

TSG 21　固定式压力容器安全技术监察规程

SH/T 3074　石油化工钢制压力容器

3 检修周期及内容

3.1 检修周期

根据板壳式热交换器实际运行状况和对装置影响程度分析，结合装置运行周期，确定设备检修周期一般为3～4年，同时应符合TSG 21《固定式压力容器安全技术监察规程》的规定。

3.2 检修内容

设备检修内容包括但不限于以下内容：

3.2.1 设备法兰密封面焊缝及螺栓；
3.2.2 设备壳体内、外壁；
3.2.3 设备壳体焊缝；
3.2.4 设备板束上端膨胀节波纹管；
3.2.5 设备板束下端膨胀节波纹管；
3.2.6 设备板束液体进料膨胀节波纹管；
3.2.7 设备板束板管的横、纵向焊缝；
3.2.8 设备板束循环氢入口气体分布板；
3.2.9 设备板束进料油液体进料分布管；
3.2.10 板束化学清洗（必要时）；
3.2.11 板束气密试验；
3.2.12 定期检验，热交换器使用后应按 TSG 21《固定式压力容器安全技术监察规程》进行定期检验；
3.2.13 若有必要，用户可自行增加检查内容。

4 检修与质量标准

4.1 检修前准备

4.1.1 各项准备工作应符合安全、环保、质量等方面要求，如按 Q/SHS 0001.3《炼油化工企业安全、环境与健康（HSE）管理规范（试行）》中的规定，对检修过程进行危害识别、环境识别、风险评估的要求，并办理相关票证。
4.1.2 根据设备运行情况和操作数据记录，分析设备状况，制定检修方案。
4.1.3 备齐检修所需的工机具。工机具包括扳手、砂轮机、氩弧焊机、轴流风机、焊接材料、钢丝刷、铁丝、抹布等。
4.1.4 备品备件及专用工具准备就绪。备品备件包括螺栓、螺母和垫片，具体规格和数量参照设备总图。专用工具指液体进料分布管拆卸工具，液体进料分布管拆卸工具已随设备到货作为备件验收入库。
4.1.5 检修前应备齐相关图纸、技术资料及制定详细的施工方案及安全保护措施，现场检修施工人员经过安全教育；检修前要对所有施工人员根据施工方案进行技术交底，熟悉施工方案、施工图纸、施工统筹、技术要求及有关资料，并掌握施工质量标准，每日施工作业前进行班前安全讲话，严格按照施工方案执行；起重吊装作业，起重指挥人员、司索人员（起重工）和起重机械操作人员，必须经过专业学习并接受安全技术培训，经国家或地方主管部门考核合格，取得其签发的“特种作业人员操作证”后，方可从事起重指挥和操作作业，严禁无证操作。起重吊装作业前要对钢丝绳等起重机具进行检查，严禁使用不符合安全标准要求的起重机具。起重作业时必须明确指挥人员，起重吊装过程中要拉设好警戒区域并有安全人员现场监护。

4.1.6 检修前按规定倒空、置换等工艺处理完毕，做好设备与系统的隔离。隔离措施包括：反应产物进出管口设置盲板、液体进料管口设置盲板。具备检修条件后，办理相关检修手续，方可施工。

4.1.7 做好必要的标记和记录。

4.2 拆卸与检修

4.2.1 设备壳体及外围连接部位检查按照 SHS 01004《压力容器维护检修规程》执行。

4.2.2 拆装设备壳体及外围连接部位，检查设备法兰密封面及焊缝，视情况修复或更换。

4.2.3 板束：

4.2.3.1 对板束所有膨胀节波纹管进行目视检查，检查波纹管是否存在局部变形、扭曲、裂纹等缺陷，波纹间距是否均匀，视情况修复或更换；

4.2.3.2 对板束所有膨胀节波纹管焊缝进行 PT（渗透）检测；

4.2.3.3 对板束板管的横、纵向焊缝进行检查，视情况返修；

4.2.3.4 对板束的板、壳程进出口进行结垢、堵塞情况检查（超过设备运行初期满负荷操作条件下热端温差 15℃以上；超过设计热端温差 10℃以上；壳程压降超过设备运行初期满负荷操作条件下 50% 以上）清理或清洗；

4.2.3.5 对板束入口循环氢气体分布板、进料油液体进料分布管进行结垢、堵塞情况检查，视情况化学清洗或清理。

化学清洗要求：须由具备相关资质的专业清洗厂家完成；化学清洗方案须经过设备制造厂审查确认后，方可执行；化学清洗前后须进行板束气密试验。

4.2.4 进料油过滤器：

4.2.4.1 检查进料油过滤器杂质堵塞情况、过滤器滤网破损情况以及过滤器滤筒密封面泄漏情况；

4.2.4.2 对进料油过滤器杂质进行清理，视情况更换滤网，并对滤筒密封面存在缺陷修复处理。

4.2.5 板束气密试验。

4.2.6 同步完成压力容器检验。

4.3 回装质量标准

4.3.1 回装时，逐个对设备法兰螺栓预紧力进行检查，紧固力矩要求数值参照设备总图。

4.3.2 对设备法兰密封面焊缝进行 PT（渗透）检测，检查设备法兰密封面无裂纹、缺陷；

4.3.3 设备壳体内、外壁面无明显腐蚀坑；

4.3.4 壳体焊缝无裂纹；

4.3.5　膨胀节波纹管外观无变形，波纹管表面及焊缝无裂纹，局部无点蚀坑。

4.3.6　设备板束板管的横、纵向焊缝无变形、无裂纹。

4.3.7　分布板孔无变形、无堵塞、无结垢。

4.3.8　板束气密试验无泄漏。

5　试验与验收

5.1　试验前准备

5.1.1　确认各项检修工作已完成，检修记录齐全；

5.1.2　编写气密性试验或压力试验方案（可参照设备制造商提供的“板壳式热交换器操作维护使用说明书”）；

5.1.3　仪表及压力源装置齐全、准确、灵敏、可靠；

5.1.4　各项工艺处理完毕，具备试验条件。

5.2　气密性试验

设备检维修后必须做气密性试验。

5.2.1　试验方法与要求

5.2.1.1　根据设备制造商所提要求制定详尽的气密检验方案；

5.2.1.2　试验介质可以是压缩空气或氮气，露点应低于 -20℃。为便于进入热交换器检查，建议采用压缩空气；

5.2.1.3　在进行气密检验的全程，应控制试验气体温度不低于 15℃、且不高于 40℃；

5.2.1.4　气密性试验压力为 0.2MPa，充放压时控制升降压速率小于等于 0.005 MPa/min。

5.2.2　检查内容与标准

5.2.2.1　当气密性试验压力达到 0.2MPa 时，对设备密封部位进行检查，检查方法用肥皂水或不干胶纸带查漏，无气泡产生为合格；

5.2.2.2　当上述检查无异常时，继续分 2 次升压至 0.2MPa，每次升压后均检查无异常则为合格。

5.3　压力试验

5.3.1　板壳式热交换器在检修后应进行压力试验，压力试验建议采用气压试验，也可采用液压试验。考虑设备特殊性，压力试验建议选用气压试验。若选用液压试验，须提前进行碱洗，清除板束内部铵盐、氯等腐蚀性成分，且液压试验用水氯离子含量不得超过 15mg/L，且水压试验后应立即用压缩空气吹干。

5.3.2 试验压力应按板束设计压力确定，试验压力数值参照设备总图。

5.3.3 试验方法与要求：

5.3.3.1 根据“重整、芳烃装置用板壳式热交换器操作维护使用说明书”所提要求制定详尽的试压方案；

5.3.3.2 试验介质为水，试验用水氯离子含量不得超过15mg/L，并应有相应的水质报告；

5.3.3.3 试验用水温度不得低于 15℃、且不高于 40℃，当有试验数据支持时，可使用较低水温进行试验，但试验时应保证试验温度（容器器壁金属温度）比容器器壁金属无塑性转变温度至少高 30℃。

5.4 验收

试运行 72h，各项指标达到技术要求，或能满足生产要求。检修质量符合本规程规定，试验合格，达到完好标准，办理验收手续。验收技术资料应包括：

5.4.1 检修质量及缺陷记录；

5.4.2 试压、气密试验记录；

5.4.3 更换零、部件记录；

5.4.4 结构、尺寸、材质变更的审批文件；

5.4.5 更换零、部件的材料证书，产品质量检验合格证。

6 维护与故障处理

6.1 日常维护

6.1.1 检查设备出入口温度、压力、流量和板、壳程阻力降；

6.1.2 检查设备进口循环氢组成和热流出口生成油组成；

6.1.3 检查液体进料分布管阻力降；

6.1.4 检查设备进口前端进料油过滤器的阻力降；

6.1.5 检查设备的振动及声音；

6.1.6 检查设备法兰和管法兰的密封情况。

6.2 常见故障与处理

板壳式热交换器常见功能故障与处理方法见表 1。

表 1　板壳式热交换器常见功能故障与处理方法

功能	功能故障	功能故障模式	故障后果	故障应对策略与检修内容	检修周期
保证换热效果	板程阻力降升高	分布板堵塞	板程压降升高，能耗增加	1. 开车前吹扫循环氢入口管线； 2. 停车检修时清理分布板	视情而定
		板片结焦	板程压降升高，能耗增加，增加腐蚀泄漏风险	1. 调整工艺参数，防止结焦； 2. 停车检修时化学清洗板片	视情而定
		板片结垢	板程压降升高，能耗增加，增加腐蚀泄漏风险	1. 调整工艺参数，防止结垢； 2. 停车检修时化学清洗板片	视情而定
		铵盐堵塞	板程压降升高，能耗增加，增加腐蚀泄漏风险	1. 调整工艺参数，防止结盐； 2. 停车检修时化学清洗板片	视情而定
	壳程阻力降升高	板片结焦	壳程压降升高，能耗增加，增加腐蚀泄漏风险	1. 调整工艺参数，防止结焦； 2. 停车检修时化学清洗板片	视情而定
		板片结垢	壳程压降升高，能耗增加，增加腐蚀泄漏风险	1. 调整工艺参数，防止结垢； 2. 停车检修时化学清洗板片	视情而定
		催化剂堵塞	壳程压降升高，能耗增加	1. 防止催化剂泄漏； 2. 停车检修时机械清理板片	视情而定
	液体进料分布管阻力降升高	分布管堵塞	无法提升装置负荷，能耗增加	1. 开车前吹扫液体进料管线； 2. 及时切换清理过滤器，检查过滤器是否完好； 3. 过滤器至换热器之间管线采用不锈钢材质； 4. 建议采用精密过滤器； 5. 在线对液体进料分布管进行反吹； 6. 停车检修时机械清理液体进料分布管	视情而定
	热端温差升高	板片结焦	热端温差升高，换热效果差，增加腐蚀泄漏风险	1. 调整工艺参数，防止结焦； 2. 停车检修时化学清洗板片	视情而定
		板片结垢	热端温差升高，换热效果差，增加腐蚀泄漏风险	1. 调整工艺参数，防止结垢； 2. 停车检修时化学清洗板片	视情而定
		热交换器负荷偏离设计值	热端温差升高	使装置尽可能在设计工况下运行	视情而定

表 1　板壳式热交换器常见功能故障与处理方法（续）

功能	功能故障	功能故障模式	故障后果	故障应对策略与检修内容	检修周期
保证介质与外部隔离，完成换热	两种介质互串（内漏），产品质量下降	板束串漏	影响产品质量、非计划停工	定期巡检；定期取样分析，根据数据判断是否发生内漏；内漏时停工检修，补焊或堵死泄漏的板管	巡检周期分析周期
		膨胀节泄漏	影响产品质量、非计划停工	定期巡检；定期取样分析，根据数据判断是否发生内漏；内漏时停工检修，补焊或更换膨胀节	巡检周期分析周期
		反应系统异常	影响产品质量、非计划停工	使装置尽可能在设计工况下运行	巡检周期分析周期
	设备法兰处密封泄漏（外漏）	设备法兰螺栓松动	火灾、爆炸、环境污染、非计划停工	1. 开车及进料前紧固螺栓； 2. 停车检修时，检查螺栓紧固情况	视情而定
		密封面焊接缺陷	火灾、爆炸、环境污染、非计划停工	停工检修，置换合格后修补焊缝缺陷	巡检周期
	管口法兰处密封泄漏（外漏）	管口法兰螺栓松动	火灾、爆炸、环境污染、非计划停工	开车及进料前紧固螺栓	视情而定
		垫片安装质量较差	火灾、爆炸、环境污染、非计划停工	停车检修时更换垫片	巡检周期
		管线载荷过大	火灾、爆炸、环境污染、非计划停工	对管口载荷重新核算	视情而定
	壳体泄漏（外漏）	产品质量问题	火灾、爆炸、环境污染、非计划停工	1. 优化产品制造工序； 2. 中间质量监控	保证产品质量

附 录 A
（资料性附录）
板壳式热交换器检修质量控制确认表

序号	检修主要内容	质量标准	控制级别	检查情况	施工单位	生产装置	设备管理部门	日期
1	设备法兰密封面焊缝及螺栓	1. 密封面无裂纹、缺陷； 2. 螺栓紧固力矩满足设计总图要求； 3. 质量标准满足“压力容器维护检修规程”要求	B					
2	设备壳体内、外壁	1. 设备壳体内、外壁面无明显腐蚀坑； 2. 质量标准满足“压力容器维护检修规程”要求	B					
3	设备壳体焊缝	1. 壳体焊缝无裂纹； 2. 质量标准满足“压力容器维护检修规程”要求	B					
4	设备板束上端膨胀节波纹管	1. 波纹管外观无变形； 2. 波纹管表面及焊缝无裂纹； 3. 局部无点蚀坑	B					
5	设备板束下端膨胀节波纹管		B					
6	设备板束液体进料膨胀节波纹管		B					
7	设备板束板管的横、纵向焊缝	无变形、无裂纹	A					
8	设备循环氢板束入口气体分布板	分布板孔无变形、无堵塞、无结垢	B					
9	设备板束进料油液体进料分布管	分布管无堵塞	B					
10	板束气密试验	1. 无泄漏； 2. 满足“板壳式热交换器操作维护使用说明书”要求	A					
11	板束化学清洗（必要时）	满足“板壳式热交换器操作维护使用说明书”要求	A					

注： A 级：施工单位、生产装置、设备管理部门专业人员检查确认后签字。

B 级：施工单位和生产装置专业人员检查确认后签字。

C 级：施工单位专业人员检查确认后签字。

另：如果有监理，监理的职责由甲方授权。

附　录　B

（资料性附录）

板壳式热交换器试压与验收数据记录表

序号	试压时间	气压（密）试验压力值 /kPa	试压检查方法	部位	检查情况
1					
2					
3					
4					
5					

47. 多点式地面火炬维护检修规程

SHS 01049—2019

目　　次

前　言

本规程按照GB/T 1.1—2009《标准化工作导则　第1部分：标准的结构和编写》给出的规则修订。

本规程由中国石油化工集团有限公司、中国石油化工股份有限公司提出。

本规程起草单位：中韩（武汉）石油化工有限公司。

本规程主要起草人：方家维。

本规程2019年首次发布。

多点式地面火炬维护检修规程

1 范围

1.1 主题内容

本规程规定了多点式地面火炬的检修周期与内容、检修程序与质量标准、试车与验收、维护与故障处理。

1.2 适用范围

本规程适用于多点式地面火炬的维护与检修。

2 规范性引用文件

下列文件中的条款通过本规程的引用而成为本规程的条款。凡是注日期的引用文件，其随后所有的修改单（不包括勘误的内容）或修订版均不适用于本规程，然而，鼓励根据本规程达成协议的各方研究是否可使用这些文件的最新版本。凡是不注日期的引用文件，其最新版本适用于本规程。

GB/T 150.1～150.4 压力容器

TSG 21 固定式压力容器安全技术监察规程

SH/T 3501 石油化工有毒、可燃介质钢制管道工程施工及验收规范

3 检修周期与内容

3.1 检修周期

石油化工企业火炬系统检修周期一般为2～5年，随着工厂停工大检修一起进行。

3.2 检修内容

3.2.1 检查修理火炬头、长明灯、HEI点火器、FFG点火器。

3.2.2 检查修理火炬长明灯燃料气过滤器、混合器、分级阀及手阀、爆破针型阀、长明灯燃料气及FFG点火线的切断阀、火炬点火撬。

3.2.3 检查修理火炬各分级延伸管、火炬排放气和燃料气切割阀的腐蚀、裂纹、鼓包等情况，检查中压伴烧蒸汽管线、调节阀、手阀、限流孔板等，检查氮气后吹扫管线、阀门情况，检查管线固定情况。

3.2.4 检查火炬防辐射墙支承、钢结构的腐蚀及螺栓的松动情况。
3.2.5 检查火炬挡风墙内部隔热碎石完好情况。
3.2.6 检查修理火炬点火自控设施和其他仪表控制设施、火炬分级系统、超声波流量计。

4 检修程序与质量标准

4.1 检修前准备

4.1.1 备齐必要图纸和技术资料，编制施工方案。
4.1.2 备齐检修工具、起重工具、备件材料、劳动保护用具。
4.1.3 切断火炬系统与排放装置的联系，管线和容器吹扫置换干净后盲板隔离，各项工作符合检修安全管理规定。

4.2 检查主要内容

4.2.1 火炬头

检查火炬头喷嘴出气孔有无堵塞、有无腐蚀或烧裂破损变形情况，若有堵塞，则采取压缩空气吹扫清除，或人工手动清除出气孔堵塞物，不得采用会改变气孔形状或尺寸的方法，若有破损则需更换。带蒸汽喷嘴的火炬头检查蒸汽喷嘴是否畅通，蒸汽环管是否变形，变形不严重可补焊修复，否则应更换。火炬头变形严重，大部分部件烧断烧裂，无法修复时应更换。

4.2.2 长明灯

检查长明灯是否安装牢固，检查长明灯内出气口情况，以确保出气口没有堵塞，若有堵塞，则采取压缩空气吹扫清除，不得采用会改变气口形状或尺寸的方法。检查文丘里管吸空气口是否堵塞，若有堵塞，则清理。检查长明灯头内部或外部表面有无裂纹或腐蚀，若有则更换长明灯头。可局部换管。对于检修期超过两年，且燃烧头烧损严重的，应整体更换。

4.2.3 热电偶

检查热电偶，对损坏或有故障的热电偶进行更换。

4.2.4 点火探头

检查点火探头放电情况。如果长明灯 HEI 模式点火失败，则需要测试点火探头是否有火花。切断 HEI 点火系统的电源，从长明灯上取下点火探头，直接将点火探头与点火模块连接，将点火探头平放在地上，确保点火探头没有接触任何金属或结构，重新连接 HEI 点火系统的电源。一边查看点火探针的尖端，一边手动打火花，如果产生强烈的火花，则点火探头和点火模块正常。如果没有火花，则切断 HEI 点火系统的电源，将点火探头连接到一个不同的点火模块重新测试，必要时更换有故障的探头和点火模块。

4.2.5　点火模块

检查点火模块，若点火模块有故障或损坏，直接更换。

4.2.6　混合器

检查混合器，应安装牢固，无可见裂纹和腐蚀，如发现有裂纹或腐蚀　则更换混合器。检查混合器底部燃气接管，确保没有堵塞。

4.2.7　长明灯燃料气管线过滤器

检查长明灯燃料气管线过滤器，应安装牢固，无可见裂纹和腐蚀，如发现有裂纹或腐蚀则更换，若完好，则清洁过滤器芯后回装。

4.2.8　火炬延伸管

检测火炬延伸管的腐蚀情况，局部腐蚀应进行局部防腐处理，均匀腐蚀减薄超过原壁厚的三分之一或超出腐蚀余量时应更换；检查火炬延伸管及排凝液管线的堵塞情况，若堵塞则进行疏通。

4.2.9　燃料气管、FFG 点火管、氮气吹扫管、伴烧蒸汽管和配风管

检查燃料气管、FFG 点火管、氮气吹扫管、伴烧蒸汽管和配风管的腐蚀、堵塞和焊口开裂情况，进行修理。

4.2.10　长明灯点火器电极

检查长明灯点火器电极，清除积碳等杂物，如电极出现明显烧蚀须更换；检查高温区高压导线，出现断股须更换；检查高压线的绝缘子，出现烧蚀须更换。观察高空点火器的放电性能。

4.2.11　长明灯点火器高压发生器及电缆

按电气专业检修维护规程，检测长明灯点火器高压电缆的绝缘性能，检查高压发生器，如有异常，进行检修或更换。

4.2.12　火炬汇集管

火炬汇集管均匀腐蚀减薄量超过原壁厚的 1/3 或超出腐蚀余量时应采取加固措施或更换。局部腐蚀穿孔应补板。对焊接开裂部分割除，其割除面积为开裂面积的两倍，然后补板焊接。对火炬汇集管、延伸管积液部分需重点检查，检测排凝液管线的腐蚀和堵塞情况，进行修理；检测凝液罐内加热盘管腐蚀情况，进行修理。

4.2.13 火炬所属管线

检测火炬所属管线的厚度，均匀腐蚀减薄量超过原壁厚的三分之一或超出腐蚀余量时，应对腐蚀部位进行更换。检查火炬所属管线的保温情况。

4.2.14 FFG 点火系统

检查 FFG 点火系统，检查并吹扫点火线，出现腐蚀或堵塞应进行更换或疏通。检查点火器的过滤器、火花塞口、视窗压力表等附件，进行修理。

4.2.15 伴烧蒸汽管线

检查伴烧蒸汽管线等，其末端阀门须进行试压检查。检查控制阀门或手阀，若有内漏等故障需检修处理。

4.2.16 钢结构

检查钢结构腐蚀和开裂情况，基础和螺栓是否有损伤和松动。检查梯子护栏等防护设施的腐蚀和开裂情况。

4.2.17 火炬凝液罐

检测火炬凝液罐的壁厚；检测各罐引出管线的腐蚀和堵塞情况。凝液罐内有蒸汽加热盘管，需进行蒸汽试漏。

4.2.18 点火撬

检查点火撬。面板指示灯和按钮检查，有损坏则进行更换。点火室检查，保证点火器安装牢固，若有裂纹或腐蚀，更换点火室。检查视窗是否有裂纹和好的透明度，必要时清洁或更换，及时换垫。检查过滤器，若有堵塞则清洁回装，若有腐蚀或裂纹则更换。

4.2.19 现场指示仪表

检查清洗火炬系统的现场指示仪表，包括校验压力表、清洗玻璃板液位计及超声波流量计等。

4.2.20 场地碎石

场地碎石检查，有烧化或烧裂的碎石需要进行更换，碎石层覆盖部位、厚度及尺寸按照设计要求选择。

4.3 检修程序与质量标准

4.3.1 火炬头

4.3.1.1 火炬头缺损、开裂部分按检修内容修补或更换，达到完好状况。火炬头材质宜选用 310H 或 310S 系列不锈钢。

4.3.1.2 火炬头上蒸汽喷嘴等附件的开裂、缺损部分按检修内容修补，上部蒸汽喷嘴、高压燃气燃烧头等高温附件宜用 Cr25Ni20、Cr20Ni32、Cr25Ni12 等高铬镍合金钢。高温区紧固件应使用耐高温材质。

4.3.1.3 长明灯点火器、电极无损伤，管线畅通放电正常。

4.3.2 火炬延伸管

4.3.2.1 火炬延伸管焊缝表面及热影响区不允许有裂纹、气孔、夹杂等缺陷。

4.3.2.2 焊缝内部应进行无损探伤抽查，执行 NB/T 47013《承压设备无损检测》标准，抽查比例、合格登记按设计要求确定。

4.3.2.3 火炬延伸管底部排凝管线通畅无泄漏。

4.3.3 火炬所属管线

4.3.3.1 管线维修符合 SHS 01005《工业管道维护检修规程》中的要求。

4.3.3.2 有应力腐蚀倾向的火炬附属管道，应进行焊前预热和焊后热处理。

4.3.3.3 管卡等紧固件完好。

4.3.3.4 管线保温齐全，保温层结实、牢固。

4.3.3.5 混合器和过滤器完好、畅通、附件齐全。

4.3.3.6 火炬每一级上的切断阀如分级阀和手阀要试压不泄漏，符合 SHS 01030《阀门维护检修规程》中的要求。宜选用耐腐蚀性、严密性强的阀门。爆破针型阀检查其压密性，爆破针保持完好无弯曲。

4.3.4 点火及控制系统

4.3.4.1 检测仪表检验完毕，完好状态。

4.3.4.2 执行机构灵活好用，电动或者气动阀门现场手动机构正常。

4.3.4.3 控制器或控制计算机运行完好，参数设置正常。

4.3.4.4 点火供电系统线路良好，放电正常。

4.3.4.5 地面配比点火系统管线通畅，附件完好。

4.3.5 火炬防辐射墙

4.3.5.1 火炬防辐射墙的基础应无松动及损伤，防辐射墙垂直度小于千分之一。

4.3.5.2 火炬防辐射墙基础无下陷无裂痕。

4.3.5.3 框架上紧固件、钢结构不缺少、不松动、无腐蚀。

4.3.5.4 平台、梯子、栏杆无腐蚀、无开裂。

4.3.6 火炬配套容器

4.3.6.1 检修要求参照 SHS 01004《压力容器维护检修规程》进行。

4.3.6.2　防腐保温层良好。
4.3.6.3　基础不开裂不下沉。

5　试压与验收

5.1　试压前准备

5.1.1　检修记录齐全、准确。
5.1.2　容器、管道修理后探伤试压合格。
5.1.3　对火炬排放气和燃料气系统用氮气置换，气密合格。
5.1.4　点火系统、伴烧蒸汽、分级阀等，单回路试验正常。

5.2　试验

5.2.1　点长明灯

长明灯燃料气线引实气试点火，一般为纯净天然气，HEI 点火模式投自动。

5.2.2　火炬气系统

火炬气系统引实气，引实气前，保证长明灯处于正常燃烧状态，观察火炬头燃烧状况。

5.3　验收

5.3.1　火炬投用运行一周，各项技术指标达工艺要求，点火及控制系统整体试用正常。分级阀升降级逻辑运行无误。
5.3.2　设备达到完好标准。
5.3.3　提交下列技术资料：
5.3.3.1　设计变更及材料代用和材料合格证。
5.3.3.2　检修记录。
5.3.3.3　焊缝质量检验（包括外观、无损探伤等）报告。

6　维护与故障处理

6.1　日常维护

6.1.1　面板指示灯和按钮

试验指示灯和按钮，损坏则随时更换。注意：危险区域的电子元件更换之前，必须断开系统电源，以防止出现火花。

6.1.2 过滤器

燃料气主管过滤器安装牢固，而且没有可见的裂痕或腐蚀。如果发现存在裂缝或腐蚀，更换过滤器。如果过滤器完好，清洁滤网后再装上。

6.1.3 压力表

压力表定期校准，发现故障时进行更换。

6.1.4 点火模块

定期检查电气连接，点火模块出现故障后随时进行更换。

6.1.5 点火室

点火室过滤器安装牢固，没有可见的裂痕或腐蚀。如有裂痕或腐蚀，更换点火室。注意检查视窗是否有裂缝和透明度不良，必要时清洁或更换。

6.1.6 管道排水

打开 FFG 点火线路管道低点排凝阀排水，如果有水分，用压缩空气吹干。

6.1.7 爆破针阀

爆破针阀应定期检查。爆破针必须是直的且周围没有障碍物。如果在正常检查时，发现爆破针有弯曲，则应立即更换。阀针应该只能用为该阀专门提供的备件更换，否则将影响阀门的正常操作。如果有必要重新设置爆破针阀，使用下列步骤作为指南。

a）图 1 给出了典型的爆破针阀组件的位置。卸下顶端螺母，取出弯曲的爆破针（顶端螺母位于导引阀的顶部板的中心）。这将允许弯曲的爆破针从导引阀中被取出。

b）压下导引杆，将导引活塞放回到阀座底部。

c）将新的爆破针放置在顶端螺母里，引导爆破针通过顶板的螺纹孔对向活塞杆。顶端螺母拧紧时，引导爆破

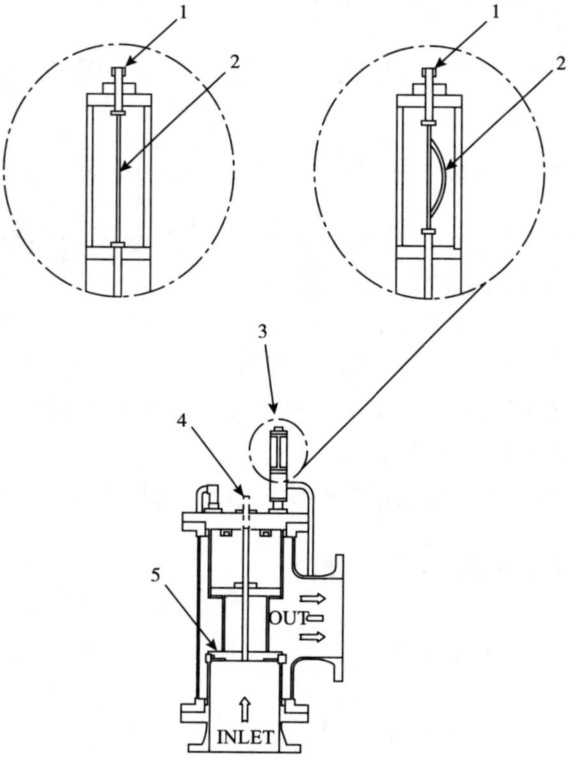

图 1 典型的爆破针阀详图

1—顶端螺母；2—爆破针；3—导引阀；4—主杆；5—主活塞

针插入活塞杆。此过程不应遇到任何阻力。爆破针安装正确时可以自由移动（可略有上升、下降和旋转）。

d）在主杆上施加压力重置主活塞。当系统压力降低时，这可能需要使用一个木制杠杆。使用杠杆和阀杆保护器来移动活塞至关闭位置的附近。只要活塞密封与底座接触，阀将密封良好并正常工作。

6.2 常见故障与处理（表 1）

地面火炬常见功能故障与处理方法见表 1。

表 1　地面火炬主要功能故障与处理方法

序号	功能	功能故障	故障模式	故障后果	故障应对策略与检修内容	检修周期 / 月
1	保证排放的火炬气正常燃烧	火炬头未燃烧	长明灯没有燃烧	火炬气未燃烧，引起安全环保事故	根据操作指南点燃长明灯	
			火炬气的热值过低		注入助燃气体并确定组成	
			过量的蒸汽注入		减少蒸汽量保持蒸汽冷却率	
			火炬气流量过低		增加流量降低吹扫率	
2	保证排放的火炬气正常燃烧	火炬冒烟	蒸汽注入量不足	引起环保事故	增加火炬头的蒸汽率	
			蒸汽设备损坏		检查和修复蒸汽注入设备	
			蒸汽压力不足		增加蒸汽供应压力	
			助燃空气量不足		增加助燃空气量	
			无烟需求量超过协助风机容量		联系制造商索取风机容量的信息和可能的替换	
			火炬气流量超过火炬头的无烟容量		联系制造商换另一种火炬头	
			火炬气成分已经改变		确认火炬气成分是按设计允许的	
3	指示长明灯燃烧状态	面板指示长明灯不燃烧	长明灯燃料气体供应已失败	长明灯熄灭	确认气体燃料压力正确	
			长明灯损坏或混合器堵塞		检查长明灯头或混合器故障	
			长明灯燃料堵塞		检查和吹通长明灯燃料气线路	
			长明灯引燃线堵塞		检查和吹通长明灯引燃线路	
			长明灯热电偶不工作		在安装之前检查热电偶	
			长明灯热电偶导线不工作		在安装之前检查热电偶导线	
			长明灯温度开关不工作		检查面板上的温度开关	
			面板长明灯温度设置不正确		同制造商联系要适当的温度设定点	

表 1　地面火炬主要功能故障与处理方法（续）

序号	功能	功能故障	故障模式	故障后果	故障应对策略与检修内容	检修周期／月
4	保证排放的火炬气正常燃烧	不能点燃长明灯	FFG 火焰前端没有到达长明灯	不能点燃对应火炬头，引起安全环保事故	确认点火线路畅通	
			FFG 火焰前端不能从 FFG 建立		查看操作说明确保燃气和空气的流向点火室，压力均在 15PSIG。此外，检查确保提供给 FFG 空气干燥没有水分。如果问题仍然存在，稍微改变燃料和空气的设置。检查确保所有点火线路阀门打开。此外，检查点火线中的水分和所有排放阀要关闭如果问题仍然存在，增加燃料／空气混合允许的时间，以充满点火线	
			火花塞不打火花		卸下并更换火花塞	
			HEI 火花探头没有火花		检查和清理 HEI 火花探头	
			HEI 点火导线不工作		检查并确认 HEI 布线的完整性	
			长明灯燃料气不工作		确认燃料气符合规格	
5	保证排放的火炬气正常燃烧	火炬出现噪音	过多的蒸汽注射	引起噪音超标	降低注汽直到出现红色／黄色火焰	
			火焰是跳动的		见有关火焰跳动的章节	
			长明灯气体组成发生变化		确认长明灯设计符合正确的燃料	
			火炬头消声器（如果安装的话）损坏		确认设备是按原始图纸制造	
6	保证排放的火炬气正常燃烧	蒸汽喷射设备出现故障	冷却蒸汽到管汇不能正常工作	火炬燃烧不充分，出现冒黑烟	确认连续冷却蒸汽到达管汇	
			蒸汽喷射喷嘴不在正确的位置		确认蒸汽注入设备是正确的	
7	FFG 点火系统空气、燃气可调节配比	不能调节到 FFG 的空气或燃气	没有安装压力调节器	引起长明灯点火故障	安装燃气和空气供应压力调节器	
			压力调节器安装不正确		检查和校正调节器安装	
			空气或燃气或点火线路堵塞		检查和吹通线路	
			空气或燃气供气压力过低		按规范确认供应压力	

附 录 A
（资料性附录）
多点式地面火炬检修质量验收记录表

序号	检修主要内容	质量标准	控制级别	检查情况
1	火炬头检查	出气孔若有异物堵塞，需人工清理，不得改变出气孔的大小、形状。若有破损则需更换。带蒸汽喷嘴的火炬头检查蒸汽喷嘴是否畅通，蒸汽环管是否变形，变形不严重可补焊修复，否则应更换	A	
2	长明灯检查	检查长明灯灯头出气口，若有异物堵塞，需人工清理，不得改变出气孔的大小、形状。若有破损则需整体更换	A	
3		检查长明灯热电偶，对显示不准或损坏的进行更换，对因位置改变显示不准的，恢复原来位置。正常燃烧应显示超过170℃。检查两支热电偶的回讯是否正常，按仪表检修规程进行。	B	
4		检查点火探头，检查点火探头放电情况。如果长明灯 HEI 模式点火失败，则需要测试点火探头是否有火花。切断 HEI 点火系统的电源，从长明灯上取下点火探头，直接将点火探头与点火模块连接，将点火探头平放在地上，确保点火探头没有接触任何金属或结构，重新连接 HEI 点火系统的电源。一边查看点火探针的尖端，一边手动打火花，如果产生强烈的火花，则点火探头和点火模块正常。如果没有火花，则切断 HEI 点火系统的电源，将点火探头连接到一个不同的点火模块重新测试，必要时更换有故障的探头和点火模块。	A	
5	HEI 点火模式检查	若点火模块有故障或损坏，直接更换，点火电缆按规程检查	B	
6	FFG 点火模式检查	检查点火旋钮，故障则更换，检查指示灯的完好状况。检查 FFG 点火管快切阀门的完好状况，按仪表阀门检修规程检修。	B	
7	检查并清理长明灯处燃料气过滤器	检查其完好状况。抽出过滤器芯检查，清理过滤网上杂物后回装	B	
8	检查分级阀	检查分级阀、隔断阀的严密性。要保证严密不内漏。按阀门检修规程进行。	B	
9	检查爆破针型阀	检查爆破针型阀的严密性。检查爆破针是否完好，无变形、弯曲。	B	

附　录　B
（资料性附录）
多点式地面火炬试压与验收数据记录表

试压介质：

序号	试压项目	质量标准（试验压力、时长）	控制级别	检查情况
1	分级阀、切断阀试压	符合 SHS 01030《阀门维护检修规程》中的要求	B	
2	凝液罐试压	参照 SHS 01004《压力容器维护检修规程》进行	B	
3				
4				
5				
6				
7				
8				
9				
10				

注： A 级：施工单位、生产装置、设备管理部门专业人员检查确认后签字。

B 级：施工单位和生产装置专业人员检查确认后签字。

C 级：施工单位专业人员检查确认后签字。

另：如果有监理，监理的职责由甲方授权。

48. 轴流式压缩机维护检修规程

SHS 01050—2019

代替 SHS 05014—2004

目　　次

前 言

本规程按照GB/T 1.1—2009《标准化工作导则 第1部分：标准的结构和编写》给出的规则修订。

本规程代替SHS 05014—2004《轴流离心式空气压缩机维护检修规程》，与SHS 05014—2004相比，除了编辑性修改外，主要技术变化如下：

——轴流式压缩机检修周期，按RCM分析，根据故障模式，确定检修周期；

——增加了“6.2 主要故障与处理”，主要是通过RCM分析，根据故障模式，制定维修策略和维修周期；

——删除了变速器检修、烟气轮机检修、电气仪表系统检修；

——增加了附录A“轴流式压缩机检修质量确认表”、附录B“轴流式压缩机试车与验收数据记录表”；

——删除了机组技术特性表。

本规程由中国石油化工集团有限公司、中国石油化工股份有限公司提出。

本规程起草单位：西安陕鼓动力股份有限公司。

本规程主要起草人：刘元浩、尚永博、闫云龙。

——SHS 05014—1992、SHS 05014—2004。

轴流式压缩机维护检修规程

1 范围

1.1 主题内容

本规程规定了轴流式压缩机的检修周期与内容、检修程序与质量标准、试车与验收、维护与故障处理。

1.2 适用范围

本规程适用于静叶可调式（电动调节方式）轴流式压缩机。静叶不可调式轴流式压缩机或其他静叶调节方式的轴流式压缩机可参考。规程中所示维护检修示意图及数据以AV系列轴流压缩机为例，其他系列轴流压缩机数据参考厂家随机资料。

2 规范性引用文件

下列文件中的条款通过本规程的引用而成为本规程的条款。凡是注日期的引用文件，其随后所有的修改单（不包括勘误的内容）或修订版均不适用于本规程，然而，鼓励根据本规程达成协议的各方研究是否可使用这些文件的最新版本。凡是不注日期的引用文件，其最新版本适用于本标准。

API 617 石油、化学和气体工业用轴流压缩机

API 614 润滑、轴密封和控制油系统及辅助设备

API 670 非接触轴振动测量系统

GB 50231 机械设备安装工程施工及验收通用规范

JB/T 4359 一般用途轴流式压缩机

SH/T 3516 催化裂化装置轴流压缩机－烟气轮机能量回收机组施工及验收规范轴流式压缩机随机资料

3 检修周期与内容

3.1 检修周期

根据对轴流式压缩机功能故障及其影响分析的结果、有无备用设备并结合生产装置运行周期，确定设备检修周期，一般为36～60个月。

3.2 检修内容

3.2.1 机组开盖，全面检查并检测机组各部安装数据。
3.2.2 检查机组对中情况并根据规范要求进行调整。
3.2.3 检查联轴器螺栓、膜片磨损变形情况。
3.2.4 清理、检查轴承部件磨损情况。
3.2.5 清理、检查转子部件磨损情况。
3.2.6 清理和检查承缸、调节缸、机壳部件磨损情况。
3.2.7 联轴器螺栓探伤检查。
3.2.8 轴承瓦块探伤检查。
3.2.9 动静叶、轴颈各重要部位探伤检查。
3.2.10 转子打表检查各项跳动值及电气不圆度。
3.2.11 检查转子气密封，必要时更换。
3.2.12 检查油封，必要时更换。
3.2.13 转子高速动平衡试验。
3.2.14 承缸变形检查。
3.2.15 更换承缸密封圈。
3.2.16 更换静叶柄密封环。
3.2.17 检查静叶调节结构，并根据情况更换曲柄、滑块、销轴、石墨轴承。
3.2.18 油箱清理及润滑油更换。
3.2.19 检查蓄能器及充气压力。
3.2.20 油滤器双联过滤器阀芯更换。
3.2.21 主 / 辅油泵入口过滤网拆卸清洗或更换。
3.2.22 油冷却器抽芯子检查并清洗。
3.2.23 检查主油泵和辅油泵对中。
3.2.24 检查并清理高位油箱。
3.2.25 检查阀门仪表等部件及化验油品。
3.2.26 检查轴系仪表和其他辅助设施。
3.2.27 烟气轮机、变速器检修维护见专项维护检修规程。

4 检修程序与质量标准

4.1 检修前准备

4.1.1 记录备份检修前机组运行数据及存在问题。
4.1.2 备齐机组合格证明书、说明书、图纸等随机资料。
4.1.3 完成维护检修施工方案审批。
4.1.4 整理、清扫施工现场，准备好施工机具及摆放场地。

4.1.5 设置安全警示标示，应急通道。

4.1.6 设置维护检修项目公示牌，明确项目负责人、安全负责人及项目最新进度。

4.1.7 备齐检修工具、量具、仪表检测设备、试验设备。

4.1.8 起重设备起重吨位达标，起重设备吨位满足机组各单机部件重量，并通过相关部门检验合格。

4.1.9 备齐常用备件和专用工装，如表 1 所示（表 1 以陕鼓 AV 系列轴流压缩机为例，其他系列轴流压缩机参考原厂家备件清单）。

表 1 常用备件及工装

序号	编号	名称	数量	单位	备注
（一）备件部分					
1		支承轴承备件	1	台套	
2		止推轴承备件	1	台套	
3		铂热电阻	1	台套	
4		铂热电阻	1	台套	
5		油封	1	台套	
6		测振探头	1	台套	
7		轴位移探头	1	台套	
8		键相探头	1	台套	
9		密封环	1	台套	
10		密封圈	1	台套	
11		石墨轴承	1	台套	
12		气密封片	1	台套	
13		润滑油系统过滤器滤芯	1	台套	
（二）专用工装					
1		转子吊具	1	台套	
2		定子吊具（一）	1	台套	
3		定子吊具（二）	1	台套	
4		定子吊具（三）	1	台套	
5		轴起托架	1	台套	
6		套筒扳手	1	台套	
7		导杆	1	台套	
8		转子支架	1	台套	
9		找正工装	1	台套	
10		液压工装	1	台套	

4.1.10 切断电源、气源，检查工艺管道阀门状态，介质置换完成（针对非空气介质），符合安全检修条件。

4.2 拆卸及检修

4.2.1 拆卸程序见图 1。

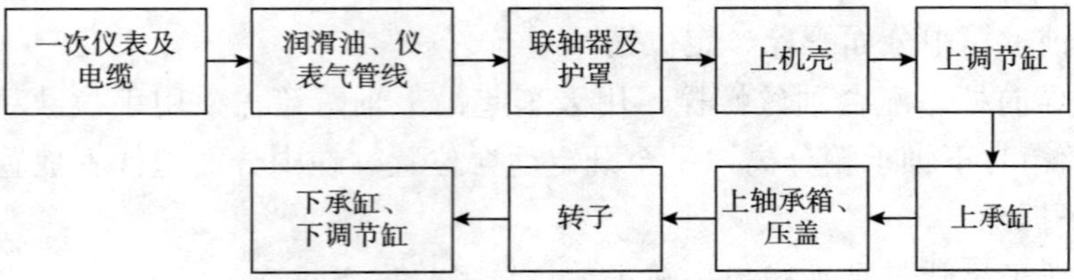

图 1 轴流式压缩机拆卸程序

4.2.2 具体拆卸步骤及要求

4.2.2.1 现场一次仪表及电缆拆除

电气、仪表专业负责将铂热电阻、测振探头、轴位移探头及延伸电缆、盘车装置电机电缆和限位开关电缆等电气仪表电缆、探头及妨碍施工的接线盒保护性拆除并妥善保管。

4.2.2.2 管道、联轴器及护罩拆除

a）拆除与机组连接的油管道、冷却水管道、密封气管道等管道系统，管口做好封堵并妥善保存。

b）拆除各单机之间的联轴器护罩，拆下联轴器中间段，拆除前做好对应标记。

4.2.2.3 上机壳拆除

a）拆除喉部差压管，做好封口处理。

b）拆除机壳中分面螺栓和定位销，螺栓拆除前做好螺栓、螺母及对应安装位置标记。

c）安装导向杆，利用顶丝螺栓、导向杆将上机壳与下机壳分离，调整机壳水平，缓慢将上机壳与下机壳分离，将机壳转至既定适合位置，在机壳中分面垫枕木放置。

d）拆开机壳后，现场提示施工人员不要随身携带可能掉出的物品进入下机壳区域，防止物件坠落进下机壳。要求检修过程中对下机壳内敞开的管口及时进行遮挡，防止物件坠入。

4.2.2.4 上调节缸拆卸

a）拆卸调节缸中分面保险丝、螺栓、定位销。

b）在上调节缸外圆上进排气端安装两个吊耳。

c）安装导向杆，利用顶丝螺栓、导向杆将上调节缸与下调节缸分离，必要时使用手拉葫芦调整上调节缸水平，缓慢将上调节缸与下调节缸分离，吊至既定适合位置，在中分面垫枕木放置。

4.2.2.5 上承缸拆卸

a）拆卸承缸中分面保险丝、螺栓、定位销。

b）安装导向杆，利用顶丝螺栓、导向杆将上承缸与下承缸分离，必要时使用手拉葫芦等调整水平，缓慢将上承缸与下承缸分离，吊至既定适合位置。

c）起吊过程注意不能碰伤叶片。

4.2.2.6 轴承箱拆卸

a）拆卸轴承箱中分面螺栓、定位销。

b）安装导向杆，配合顶丝螺栓，用天车起吊上轴承箱盖，用手拉葫芦调整水平，缓慢将上轴承箱与下轴承箱分离，吊至既定适合位置，在中分面垫枕木放置。

4.2.2.7 转子拆除

a）利用转子吊装工具平稳起吊转子，将转子吊出下机壳。

b）缓慢平稳地将转子移至预先准备好的转子支架上方，缓慢将转子放置在转子支架上并扣合支架压盖。

c）转子应支承在非轴承轴颈部位。

d）禁止用裸露的钢丝绳起吊转子，避免转子划伤。

4.2.2.8 下调节缸、下承缸拆除

a）拆除调节缸与电动执行器连接件。

b）拆除调节缸与下机壳定位支承。

c）利用专用工装将下调节缸和下承缸作为整体起吊出下机壳。

d）在行车的大小钩配合下将下调节缸和下承缸调整至竖直方向，放置在枕木上。

e）更换起吊点，大小钩配合将下调节缸和下承缸翻转至中分面向下，放置于枕木上，拆卸专用工装。

拆分调节缸和承缸。将调节缸和承缸分别竖直放置与枕木上。

f）根据需要拆解静叶、石墨轴承、密封环、导向环等零部件。

4.2.2.9 所有吊装作业执行 SH/T 3515《大型设备吊装工程施工工艺标准》及厂家设备吊装要求，AV 轴流压缩机吊装示意图如图 2 所示（其他系列轴流压缩机参考原厂家起吊要求）。

4.2.3 检查和维修

4.2.3.1 对中检查

a）机组拆卸前，将转子推至主推力面，测量两联轴器法兰端面之间轴端距并记录留用。

b）组装好机组找正工装，测量机组对中情况并记录。找正示意图如图 3 所示。

4.2.3.2 联轴器

a）膜片式联轴器应检查弹性膜片，不得有裂纹、变形等缺陷。

b）检查联轴器螺栓有无咬扣、变形、断裂损伤和自锁情况，螺栓与孔的配合间隙检查，螺栓做着色探伤检查，并做好标记保管。

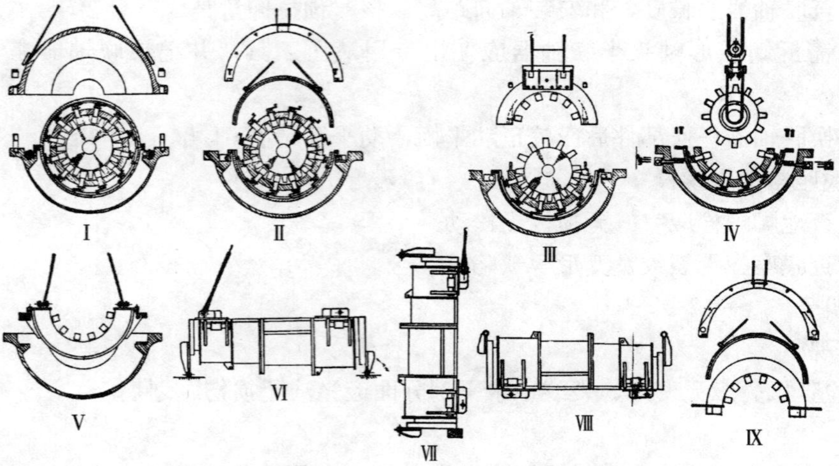

Ⅰ—上机壳起吊；Ⅱ—上调节缸起吊；Ⅲ—上调节缸起吊；Ⅳ—转子起吊；
Ⅴ—下静叶承缸组件起吊；Ⅵ—下静叶承缸组件支撑板；Ⅶ—翻转90°；
Ⅷ—下静叶承缸组件翻转90°；Ⅸ—下静叶承缸和调节缸分解；

图2　AV系列轴流式压缩机吊装示意图

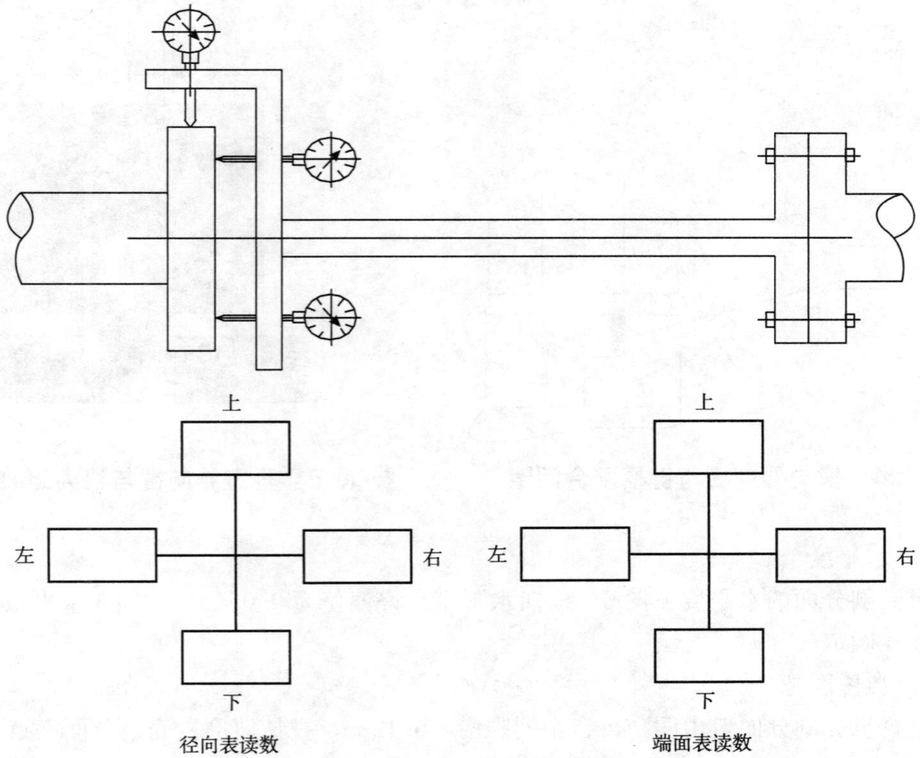

图3　找正示意图

c）检查联轴器上的相对位置标记是否齐全、正确。

d）检查联轴器的长度、和安装轴向距离，核对预拉伸量是否符合要求。

e）如需拆卸锥形轴头半联轴器应使用专用液压工具，并记录联轴器在轴头的推进量。

f）更换联轴器任何部件后应校正动平衡，动平衡精度 G1.0。

4.2.3.3　底座与地脚螺栓

a）检查地脚螺栓应完好无损，无松动。

b）检查底座应无裂纹及变形等缺陷。

4.2.3.4　机壳

a）外观

外观检查机壳应无变形、裂纹，水平剖分面应光洁无损伤、划痕。

b）导向键

检查横向导向键与底座接触应严密，调节垫片应无毛刺、卷边，螺钉连接应牢固，与键槽的配合总间隙应为 0.036～0.158mm，见图 4。

垂直导向键与机壳组装间隙如图 5 所示，$a+b$=0.03～0.06mm，c=4～6mm。

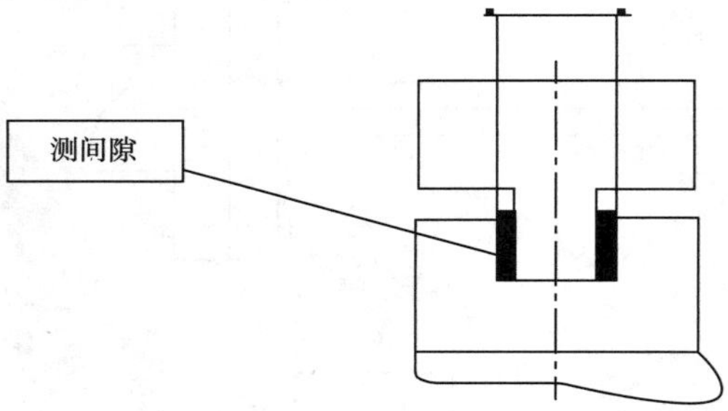

图 4　横向导向键与键槽配合间隙

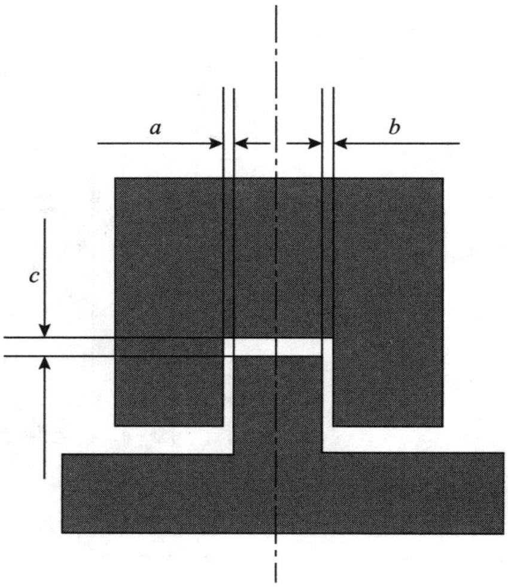

图 5　垂直导向键与机壳组装间隙

c）水平度

机壳剖分面的水平度见图 6。横向水平度允许偏差为 0.05mm/m，轴向水平根据冷态找正曲线确定。

d）自由间隙

检查机壳剖分面自由间隙，自由间隙应≤0.12mm，视情研磨机壳剖分面高点。

e）支腿（猫爪）、底座和连接螺栓

检查支腿（猫爪）、底座和连接螺栓间的间隙，检查部位见图 7，d=0.3～0.4mm。

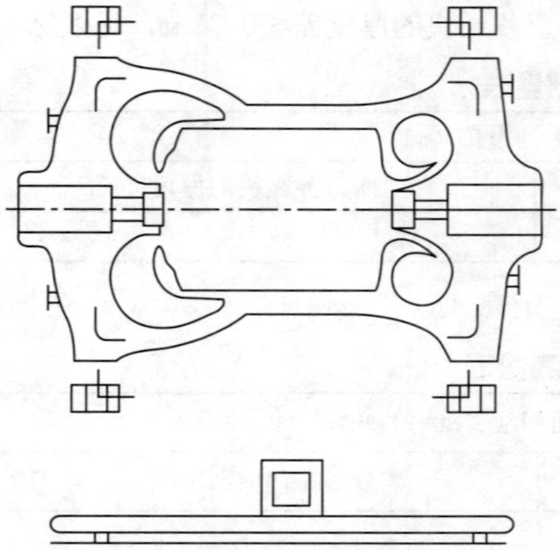

图 6　机壳剖分面水平度

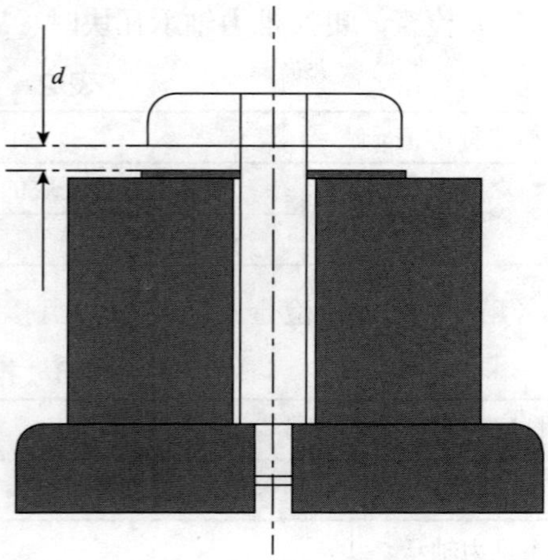

图 7　支腿（猫爪）、底座和连接螺栓间隙

4.2.3.5　轴承箱

a）水平剖分面：

水平剖分面接触应严密，自由间隙≤0.05mm。

b）油孔、油道：

油孔、油道应清洁无杂质，并应畅通，连接法兰面无径向划痕。

c）内表面涂料：

检查内表面涂料应无起皮和脱落现象，否则应彻底清除后重涂。

d）试漏：

机组正常运转时，轴承箱部位若有油渗漏现象，检修时应做煤油渗透检查，灌入高度不低于回油孔上缘，30min 无渗漏为合格。

e）连接螺栓：

检查连接螺栓应完好无损，否则应更换。

f）油封：

外观检查油封齿嵌装应牢固，无裂纹、卷曲、歪斜等缺陷，回油孔畅通。油封体水平剖分面自由间隙≤0.05mm，无错位现象。

g）对轴承箱内壁进行清理，用面团粘干净后，封闭敞开的轴承箱。

h）推力轴承：

（a）拆卸推力轴承体时，检查中分面上和端面上的原标记是否清楚（必要时重新作标记）。

（b）检查推力轴承体两侧的调节垫片平整光滑、无碰伤、无变形。

（c）检查推力瓦块的巴氏合金无脱落，其表面应光滑，无拉毛、烧灼、裂纹、气孔等问题，推力瓦块做着色探伤，必要时处理或更换。

（d）检查瓦块背面的承力面和瓦架承力面无明显压痕、变形、接触不良等缺陷，检查定位销、销孔无变形，必要时更换。

（e）检查、更换推力轴承瓦块时，用千分尺检查各瓦块的厚度差≤0.01mm，见表 2。

表 2　推力瓦块测量表

检修标准值 mm	实际测量值 /mm	
≯0.01mm	主推力各瓦块的厚度差	副推力各瓦块的厚度差

（f）用红丹粉检查瓦块与推力盘接触面积，记录表 3。

表 3　推力瓦接触测量表

检修标准：	接触面积应≥80%	
项目	实际测量	调整后
主推力轴承		
副推力轴承		

（g）检查推力轴承间隙：

止推轴承有轴承套的测量方法：安装一只百分表，指在轴承套端面上，并与轴平行，以便正确测出轴承套的轴向位移量。另一只百分表，安装在转子的某一端面上，并与轴线平行。用千斤顶把转子来回推动，同时测得转子窜动量及轴承套轴向位移量。用转子窜动量减去轴承套的轴向位移量，便是推力瓦间隙，见图 8。

止推轴承没有轴承套的测量方法：安装一只百分表，测量杆指在转子的某一端面上，并与轴线平行，用千斤顶把转子来回推动，测得转子窜动量，便是推力轴承间隙。

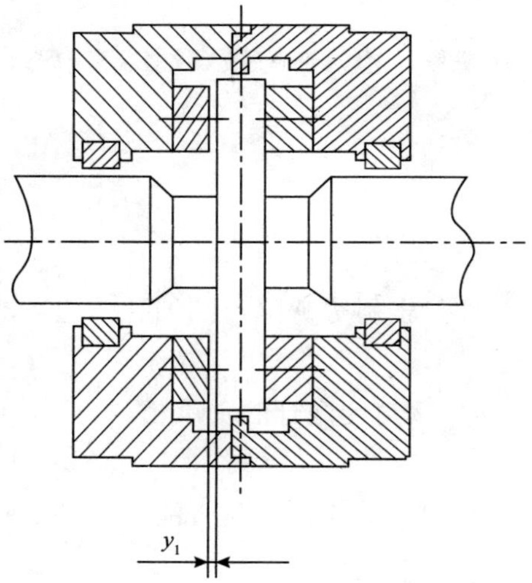

轴向间隙			
设计值	y_1	min	0.5
		max	0.6
实测值	y_1		

图 8　推力间隙检查示意图

i）支承轴承：

（a）检查轴承的巴氏合金无脱离，其表面应光滑，无拉毛、烧灼、裂纹、气孔等问题，瓦块做着色探伤，必要时处理或更换。

（b）检查并记录支承轴承的瓦背与轴承体的接触情况，见表4。

表4　支承轴承瓦背接触检查表

检修标准：要求接触均匀，接触面积大于80%	
项目	实际测量及调整情况记录
进气端径向轴承	
排气端径向轴承	

（c）检查并记录支承轴承的轴颈与瓦块的接触情况，见表5。

表5　支承轴承轴颈接触检查表

检修标准：轴向接触长度＞80%	
项目	实际测量及调整情况记录
进气端径向轴承	
排气端径向轴承	

（d）检查并记录支承轴承的变形与中分面接触情况，见表6。

表6　轴承中分面自由间隙检查表

检修标准：自由间隙＜0.02mm	
项目	实际测量及调整情况记录
进气端径向轴承	
排气端径向轴承	

（e）测量并调整径向轴承的顶间隙。椭圆瓦轴承间隙可采用压铅丝方法测量，可倾瓦轴承间隙采用抬轴法或测量法（测量瓦块厚度、轴承体内径）测量。检查并调整支承轴承背的过盈量。采用压铅丝的方式进行见图9。

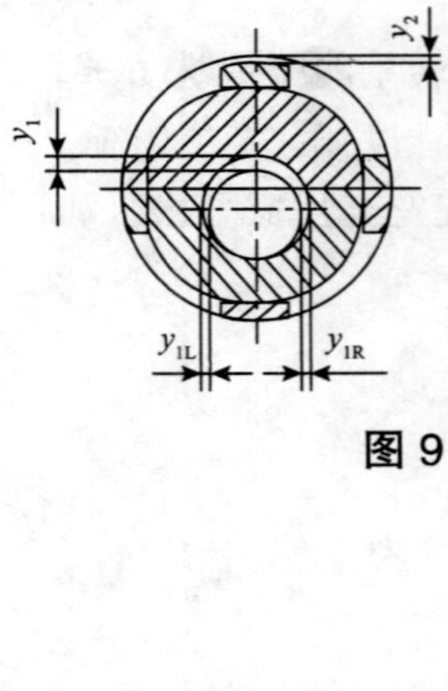

测量部位		进气侧　轴承直径ϕ180			排气侧　轴承直径ϕ180		
		椭圆瓦轴承			椭圆瓦轴承		
		垂直	水平 L	水平 R	垂直	水平 L	水平 R
设计值 y_1	min	0.27	0.36	0.36	0.27	0.36	0.36
	max	0.34	0.39	0.39	0.34	0.39	0.39
实测值 y_1							
设计值 y_2	min	−0.05			−0.05		
	max	0			0		
实测值 y_2							

图9　支承轴承间隙及过盈测量示意图

（f）检查轴承和轴承座，确认油孔、油道清洁、畅通，法兰面无渗漏，窥视镜清洁透明。清理干净后用洁净的布封闭。

（g）轴承装入瓦窝时，核对安装标记和进油孔位置是否正确。

4.2.3.6　转子

a）外观：

（a）转子清理，保护好轴颈、推力盘、测振带等关键部位。

（b）目测检查转子、动叶、轴颈、推力盘、轮毂等磨损、腐蚀情况，根据实际情况确定修复方案。如转子有腐蚀，或长期振动大，或发生过重大事故，要进行评估并考虑更换。

（c）检查密封片镶嵌牢固整齐，无缺口、裂纹等缺陷。

（d）对于松装叶片的轴流压缩机应检查是否叶片在轮盘圆周方向应有一定的摆动量。

b）机组随装置停工大修或机组运行超过 48000h 时，应拆下轴流式压缩机叶片，进行全方位无损检测。目前制造厂主要采用着色、磁粉、超声等常规检测手段，对叶片内部裂纹无法检测出来，可尝试开展更多手段进行检测，如使用相控阵检测等新技术，以便发现叶片内部裂纹缺陷，提高检测的准确率。如果叶片腐蚀、磨损较重，或有喘振等异常工况发生，应考虑提前更换叶片。发现有剐蹭或其他损伤的叶片应立即更换。对于带有叶轮的轴流式压缩机，应对叶轮进行着色探伤。

c）认真检查表面有喷涂层的叶片，喷涂层有冲刷破坏迹象要返厂重新喷涂。

d）转子打表检查各项跳动。将转子放置在 V 型支架上（垫聚四氟乙烯垫板），支架应对转子轴肩进行轴向限位，在轴颈位置滴润滑油，匀速转动转子，按合格证明书要求对转子进行跳动检查，见图 10。

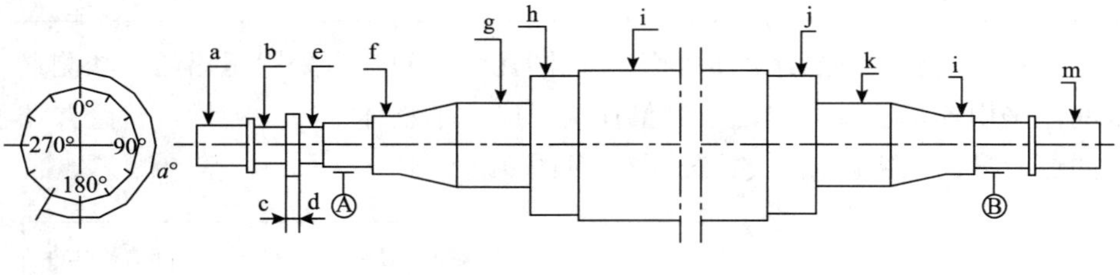

/ A–B

部位	a	b	c	e	f	g	h	i	j	k	l	m
设计值	0.01	0.01	0.01	0.01	0.02	0.02	0.02	0.02	0.02	0.02	0.02	0.01
实测值max												
a^2												

图 10　转子打表示意图

e）必要时检查转子电气不圆度。采用电涡流探头检测转子测振带跳动。

f）检查轴颈椭圆度、圆柱度。转子的轴颈椭圆度、圆柱度偏差≤0.01mm。

g）必要时转子做高速动平衡。转子动平衡精度等级应符合厂家要求。如厂家无要求，推荐转子支承摆架振速≤1.8mm/s。

4.2.3.7　承缸

a）承缸清理。

b）检查静叶承缸应无变形、裂纹。

c）承缸静叶磨损情况目测检查，根据叶片磨损情况确定修复方案。

d）承缸静叶着色探伤。检查是否有裂纹等内部缺陷。

e）检查承缸曲柄滑块，应转动灵活，无卡滞。止动垫片应牢固可靠。

f）检查承缸密封圈是否老化、断裂，根据情况更换。

g）更换静叶叶柄密封环。

h）检查石墨轴承磨损情况，若发现有裂纹、破碎等缺陷应更换。

i）石墨轴承与静叶叶柄的配合间隙检查，如超过设计值的两倍，应更换石墨轴承。

4.2.3.8 动静叶间隙、汽封、油封间隙检查

a）动、静叶片顶间隙应在每级最上和最下部取3～4片叶片，用压铅丝法测量，两侧间隙应在下承缸水平剖面处用塞尺逐片检测。用压铅丝法测叶顶间隙时，铅丝直径应比设计最大间隙值大0.5mm，将铅丝放置各叶顶弯折后，用胶布或橡皮筋固定。见图11。

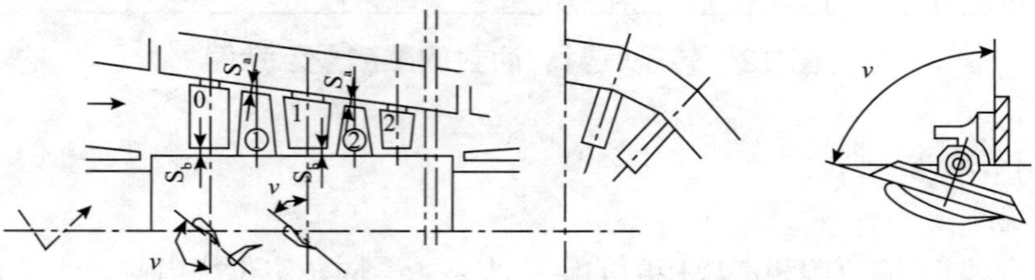

级数 $S_a=1.1^{+0.55}_{-0.20}$	实测值														
级数		①	②	③	④	⑤	⑥	⑦	⑧	⑨	⑩	⑪	⑫	⑬	⑭
左															
右															
上															
下															
设计值 $S_b=1.1^{+0.55}_{-0.20}$	实测值														
级数	0	1	2	3	4	5	6	7	8	9	10	11	12	13	14
左															
右															
上															
下															

图11 动静叶间隙检查图

b）转子吊入后严禁盘动。

c）叶顶间隙应符合合格证明书要求，若超差，应查明是否由叶片承缸变形等原因引起并做相应处理。

d）同时在转子两侧的平衡盘密封和轴端密封上下沿轴向平行的铺设三条铅丝，测量气封间隙。铅丝直径应比设计最大间隙值大0.5mm。气封的左右间隙在下密封套中分面处用塞尺逐个检测。见图12。

e）测量油封间隙，如超出合格证明书要求或机组正常运转时有漏油现象，则需更换油封。见图12。

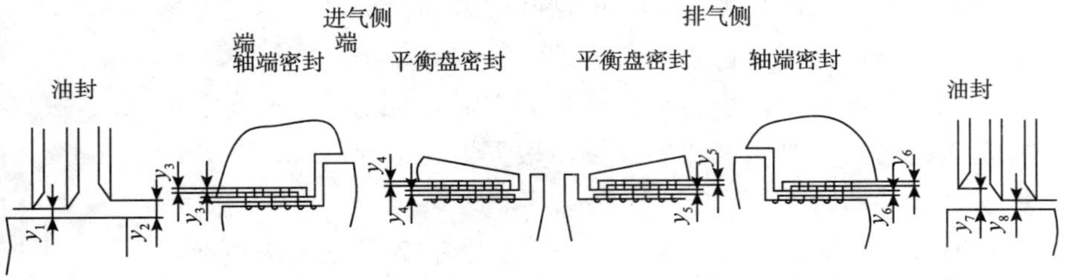

测量部位	y_1 (1/100mm)		y_2 (1/100mm)		y_3 (1/100mm)		y_4 (1/100mm)		y_5 (1/100mm)		y_6 (1/100mm)		y_7 (1/100mm)		y_8 (1/100mm)	
	min	max	min	max	min	max	min	max	min	max	min	max	min	max	min	max
设计值	15	25	45	55	35	45	35	45	35	45	35	45	35	45	35	45
实测值																

图 12　转子气封、油封间隙测量示意图

4.2.3.9　调节缸

a）外观：

（a）检查调节缸两侧和滑块接触的定位块是否紧固，定位块内侧面光洁，无锈蚀，定位块与滑块接触良好。

（b）调节缸内侧的导向环检查无扭曲、无变形、无锈蚀。

b）调节缸两侧支承及间隙：

检查调节缸两侧支承应无裂纹等缺陷，导杆无弯曲、变形。导向套与导杆的配合间隙为 0.20～0.30mm，滑道与滑板的配合间隙为 0.20～0.30mm。

c）定位块与滑块间隙：

测量定位块与电动执行器滑块的侧间隙见图 13，应为 0.05～0.10mm。

d）导向环与承缸滑块间隙：

测量导向环与承缸滑块的侧间隙见图 14，应为 0.08～0.33mm。

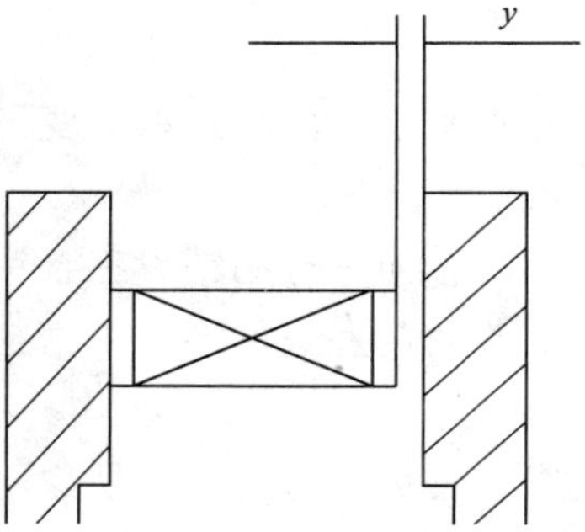

图 13　定位块与滑块侧间隙

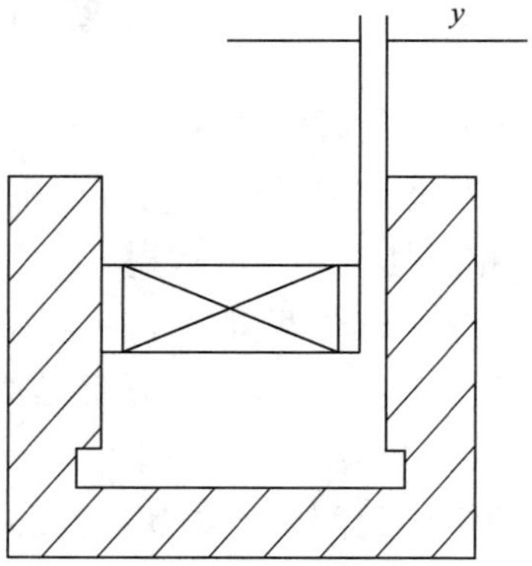

图 14　导向环与承缸滑块侧间隙

e）测量调节缸的同步性。

如图 15 所示，测量电动执行器在最小角度、中间角度、最大角度下对应的左右两侧的 C 值，要求左右两侧的 C 差值小于 0.50mm。

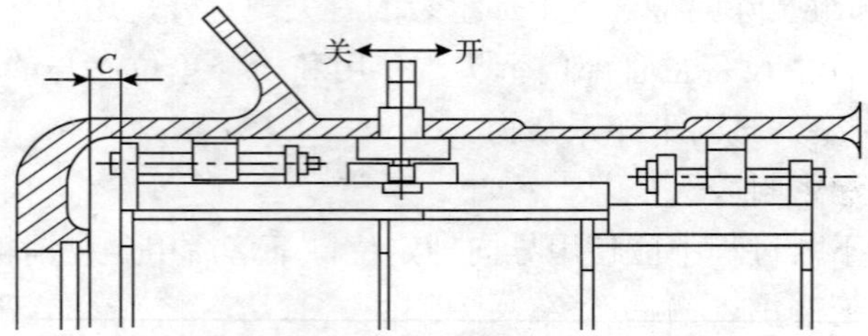

图 15　调节缸同步检查

4.3　回装与质量标准

4.3.1　回装程序

主风机的组装程序与拆卸程序相反，见图 16。

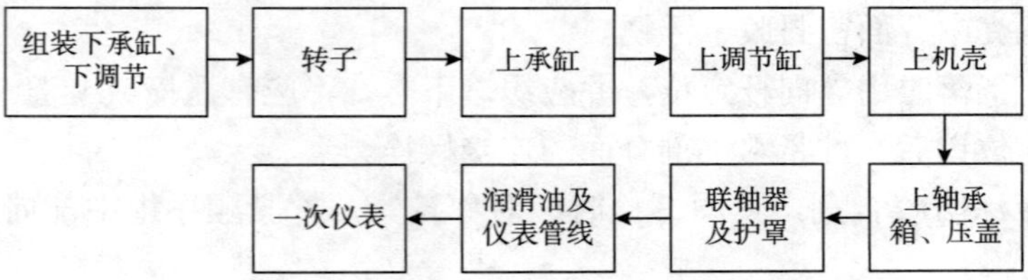

图 16　主风机回装程序

4.3.2　具体步骤及要求

4.3.2.1　下静叶承缸、下调节缸的组装

a）清理下承缸、下调节缸中分面残留密封胶、锈蚀。

b）将下承缸中分面置于枕木或胶皮上，调整各级曲柄和滑块，使每级的曲柄处于同一横截面（与转子轴线垂直），滑块两侧 DU 板与转子轴线垂直。

c）装入各级导向环。

d）吊装调节缸，拧紧与导向环的联接螺栓，穿入不锈钢丝防松。

e）用专用工具将组合件纵向翻转 180°，水平剖分面保持水平，落入下机壳中。

f）注意在调节缸两侧定位块靠近电动执行器滑块时应缓慢下降，对正定位块和滑块，不得挤压损伤滑块。

g）安装调节缸两侧支承导杆和支承滑板。

4.3.2.2　转子吊装

a）起吊转子时，应使用制造厂提供的专用工具。转子起吊过程中，要保证轴的水平。严禁发生动静叶、密封片、轴颈、推力盘等关键部位碰磨。

b）转子就位后盘动转子应无碰擦、偏重现象。

4.3.2.3 油封

将油封清洗干净后，进行组装。水平剖分面自由间隙≤0.05mm。

4.3.2.4 上承缸和上调节缸

组装件的上半部组装除应符合下半部组装的有关规定外，还应符合下列要求：

a）扣合前应进行由设备主管部门牵头，使用和检修单位参与的联合确认验收，确认转子盘车灵活无卡塞，缸内干净无杂物。

b）水平剖分面涂密封胶。

c）上半部组件下落过程中应使用导向杆定位，下落后用定位销精确定位。

d）盘动转子应无碰擦、偏重现象。

e）分别紧固导向环固定螺栓、承缸中分面螺栓，再紧固调节缸水平剖分面联接螺栓，且均应穿入不锈钢丝防松。

4.3.2.5 上机壳

a）机壳扣合前应进行由设备主管部门牵头，使用和检修单位参与的联合确认验收，确保机壳内部所有缺陷均已处理完毕，各部间隙测量结果均在质量要求的范围内，无漏项。记录齐全、准确无误。所有零部件安装质量合格，无异物掉入。

b）清理机壳中分面密封胶、浮锈。

c）上机壳下落时用导向杆定位，并应缓慢下落，不应有碰撞或卡涩。

d）插入定位销后，拧紧水平剖分面的连接螺栓。

e）螺纹应涂防咬合剂，紧固螺栓时应对称拧紧，拧紧顺序由中部向两侧延伸，螺母下面需加垫片。

f）罩形螺母与螺栓内部顶间隙>2mm。

4.3.2.6 轴承组装

清洗轴承体、瓦块、轴承箱后，组装径向轴承和止推轴承，质量要求应符合4.2.3.5规定。轴承衬和轴颈表面应浇上润滑油。轴承应按标记组装。

4.3.2.7 按照机组冷态找正曲线进行轴系找正，并参考检修前着找正数据，必要时调整。

4.3.2.8 安装拆卸时标记回装联轴器及护罩，螺栓应按联轴器说明书要求的力矩进行紧固。

4.3.2.9 恢复附属油、气、仪表管线。

4.3.2.10 铂热电阻和振动、轴位移探头应经仪表工检验后回装。

5 试车与验收（以催化裂化三机组为例，其他轴流式机组试车参考厂家要求及使用单位工艺规范）

5.1 试车前准备

5.1.1 机组安装完毕，各种安装记录齐全，验收合格。

5.1.2 试车方案已经过审批。

5.1.3 主机外围管线、管路、一次仪表、电缆等已恢复。

5.1.4 确认空气过滤器动作正常，室内干净，确认风机进气、排气管道干净，无异物。

5.1.5 确认各单机联轴器及护罩连接到位，各连接部位螺栓无松动。

5.1.6 电动盘车装置启动、停止试验完成。

5.1.7 润滑油站调试合格。

5.1.8 其他单机如烟气轮机、电机、变速器等已安装完成。

5.1.9 控制系统调试合格，各项模拟试验合格、安全保护连锁灵活可靠。

5.1.10 阀门系统调试完毕。

5.1.11 轴流静叶调节机构静态调试完毕。

5.1.12 水、电、仪表空气、密封气体供应正常，能满足试车要求。

5.1.13 机械、电气、仪表等相关人员到位，能够保证现场的试车需要。

5.1.14 常用工具、消防、劳保、通信等已准备齐全。

5.1.15 轴流压缩机处于安全运行状态：静叶关闭，放空阀全开、逆止阀关闭。

5.1.16 手动盘车 3～5min，检查有无异常刮碰。

5.1.17 试车

5.1.18 启动顶升油泵，投入盘车装置，检查各单机应无异常声音，盘车时间20～30min。

5.1.19 在各系统全部正常后，启动烟气轮机。

5.1.20 启动电机。

5.1.21 低负荷试车

5.1.22 机组在主风机静叶开度为 22° 条件下连续运转 2h，无异常情况，各项指标均符合要求，可视为主风机、烟气轮机低负荷热态机械运转试车合格。

5.2 试车

5.2.1 全负荷试车

逐渐开大主风机静叶角度，然后逐渐关小防喘振阀，提升主风机出口压力至正常运行工况点，稳定在此工况下运转 72h，各项指标合格。可视为主风机、烟气轮机全负荷热态机械运转试车合格。

记录：在运行中详细检查机组运行情况，并记录有关工艺与机械参数（每 0.5h 记录一次）。

5.2.2 停机

5.2.2.1 机组在规定的运行时间内无异常情况，根据需要可按相关操作规程停机。

5.2.2.2 停机后根据运转情况做相关项目的检查。

5.3 验收

5.3.1 机组正常运行 72h 后，视为试车合格。

5.3.2 验收时应有下列资料。

a）实际完成的检修内容。

b）零部件修理、更换、修改、材质代用、无损探伤等内容。

c）本次修理无法解决的遗留问题。

d）检修及试车记录。

5.3.3　按规定办理验收手续。

6　维护与故障处理

6.1　维护

运行时间超过 A～E 所指时间，如有停车机会，可视机组运行状态按表 7 检查。

表 7　轴流式压缩机预防性保养内容

服务内容 / 保养级别	I	A	B	C	D	E
	每天	4000h	8000h	16000h	24000h	48000h
检查并记录风机运行参数	*					
检查机组是否存在异常声音	*					
检查机组是否存在泄漏	*					
检查现场指示仪表显示是否正常	*					
检查并记录机组轴位移、振动、轴承温度	*					
检查并记录风机喉差值	*					
检查并记录轴承进油压力、温度值	*					
目测轴承窥视镜回油是否通畅	*					
检查高位油箱窥视镜回油情况	*					
检查油站油箱油位、油温	*					
检查并记录油站冷却器前后介质温度压力是否正常	*					
检查并记录油站过滤器压差	*					
检查并记录油站供油压力温度是否正常	*					
检查并记录空气过滤器压差	*					
检查电机绕组温度	*					
检查电机冷却器前后介质温度压力是否正常	*					
执行每日例检		*				
检查防喘振阀动作情况		*				

表 7　轴流式压缩机预防性保养内容（续）

服务内容 / 保养级别	I	A	B	C	D	E
	每天	4000h	8000h	16000h	24000h	48000h
化验润滑油		*				
检查冷却器效果，必要时清洗		*				
检查空气过滤器压差，清洁，必要时更换		*				
检查油过滤器压差，必要时更换滤芯		*				
检查仪表空气管线必要时清洁滤芯		*				
各阀门动作静态试验		*				
静叶控制系统静态试验		*				
执行 A 项			*			
各阀门自检，重新定位			*			
振动、位移、温度探头校验			*			
化验润滑油，必要时更换（普通）			*			
更换空气过滤器滤芯			*			
检查清理油站冷却器芯			*			
更换油站油过滤器滤芯			*			
机组开盖检查			*			
清洁通流部分结垢及锈蚀			*			
检查并记录动静叶间隙值			*			
检查并记录各处气密封、油封间隙值			*			
检查并记录各轴承间隙、过盈值			*			
对动静叶进行探伤			*			
更换承缸密封圈			*			
更换静叶柄密封环			*			
检查曲柄滑块，如有损坏进行更换			*			
检查并记录机组找正曲线，重新找正			*			
检查并记录电动执行器与静叶角度配合情况			*			
检查电气仪表元件，必要时更换			*			

表 7　轴流式压缩机预防性保养内容（续）

服务内容 / 保养级别	I	A	B	C	D	E
	每天	4000h	8000h	16000h	24000h	48000h
执行 B 项目				*		
转子喷砂除锈				*		
动叶、主轴各重要部位探伤检查				*		
转子打表检查各项跳动值及电气不圆度				*		
更换转子气密封				*		
检查并更换转子油封				*		
转子作高速动平衡试验				*		
承缸喷砂除锈				*		
承缸、密封套变形检查				*		
更换静叶密封圈、密封环				*		
检查并根据情况更换曲柄、滑块、销轴、石墨轴承				*		
更换润滑油和动力油（专用）				*		
执行 C 项					*	
更换石墨轴承、滑块、销轴					*	
执行 D 项						*
更换动、静叶片						*

6.2　常见故障与处理

轴流式压缩机常见功能故障与处理方法见表 8。

表 8　轴流式压缩机常见功能故障与处理方法

序号	功能	功能故障	故障模式	故障后果	故障应对策略与检修内容	检修周期 / 月
1	设备各润滑点润滑	润滑油压力低	测压系统或压力表故障	带来假指示，导致误判断，误停机	检查、校准测压系统或更换压力表	视情而定
			油泵吸入口堵塞	机组润滑油压力低联锁停机	清扫、检查泵吸入口	视情而定
			油箱液位低	润滑油泵运行状态不好	加油	视情而定

表 8　轴流式压缩机常见功能故障与处理方法（续）

序号	功能	功能故障	故障模式	故障后果	故障应对策略与检修内容	检修周期 / 月
1	设备各润滑点润滑	润滑油压力低	油泵吸入口漏入空气	润滑油泵运行状态不好	处理泵入口泄漏	视情而定
			油过滤器堵塞	机组润滑油压力低联锁停机	清洗或更换过滤器滤芯	视情而定
			主油泵和辅助油泵故障	机组润滑油压力低联锁停机	检修油泵	视情而定
			安全阀定位不当或卡在开的位置	辅助油泵压力低联锁启动，严重者机组润滑油压力低联锁停机	调整或检修安全阀	视情而定
			压控阀定位不当或故障	辅助油泵压力低联锁启动，严重者机组润滑油压力低联锁停机	调整或检修压控阀	视情而定
			泵出口系统漏油	润滑油外溢，如无法在线处理，需要停机处理	检查、处理系统泄漏，检查时不应忽略对冷油器的检查	视情而定
			轴承润滑油注油孔堵塞	轴瓦损坏，机组停机	检查注油孔	视情而定
			冷油器堵塞	辅助油泵压力低联锁启动，严重者机组润滑油压力低联锁停机	切换油冷却器并检修	视情而定
2	保证机组长周期运行	轴承排油温度过高或轴承磨损大	测温仪器、仪表故障	假指示，影响判定机组运行状态	检修测温仪器、仪表	视情而定
			供油量不足	轴瓦损坏，机组停机	按润滑油压力低，排查处理	视情而定
			润滑油质不合格或轴承内有沉淀物	轴承寿命缩短，影响机组长周期运行	换油或清洗轴承	视情而定
			进轴承油温过高	轴承寿命缩短，影响机组长周期运行	检查并调整冷油器的冷后温度	视情而定
			轴与轴承间隙小于规定值	轴承寿命缩短，影响机组长周期运行	修研轴承	视情而定
			轴承的材料有缺陷	轴承寿命缩短，影响机组长周期运行	检验并更换轴承	视情而定
			振动	轴承寿命缩短，影响机组长周期运行	见故障振动故障解决	视情而定
			转子轴颈表面粗糙	轴承寿命缩短，影响机组长周期运行	按要求处理轴颈使其粗糙度符合标准	视情而定

表 8 轴流式压缩机常见功能故障与处理方法（续）

序号	功能	功能故障	故障模式	故障后果	故障应对策略与检修内容	检修周期 / 月
2	保证机组长周期运行	振动过大	部件装配不正确	机组无法正常运行	停机解体检修，无论转子组件有任何变化都要进行动平衡校正工作	视情而定
			螺栓松动或断裂	影响机组长周期运行	检查支持组件上的螺栓、底座螺栓等或拧紧或更换	视情而定
			机组受管路联接应力过大	影响机组长周期运行	检查管线布置和管路吊架，弹性或膨胀接头安装是否合适	视情而定
			机组对中精度破坏	影响机组长周期运行	检查机组对中情况是否符合要求	视情而定
			联轴器磨损或损坏	影响机组长周期运行	检修或更换联轴器	视情而定
			转子挠曲超标	影响机组长周期运行	调直或换轴	视情而定
			在临界转速范围内运行	影响机组长周期运行	调整运行转速	视情而定
			转子上积垢增重或进入异物	影响机组长周期运行	清理转子，进行动平衡校正或清扫流道	视情而定
			转子失重	影响机组长周期运行	检查转子磨损情况，进行叶片探伤并做动平衡校正	视情而定
			转子损坏	机组停机	检修或更换转子	视情而定
			轴承间隙过大	影响机组长周期运行	更换轴承	视情而定
			液态“弹状流”冲击转子	影响机组长周期运行	查出液源，消除液体	视情而定
			压缩机喘振	影响机组长周期运行	调节工况，迅速消除喘振	视情而定
			轴承压盖松动或轴衬间隙过大	影响机组长周期运行	拧紧压盖或调整轴衬间隙	视情而定
			测振系统故障	仪表假指示，机组联锁停机	检查、处理测振系统的故障	视情而定

表 8　轴流式压缩机常见功能故障与处理方法（续）

序号	功能	功能故障	故障模式	故障后果	故障应对策略与检修内容	检修周期／月
3	现场噪声要求	噪音过大	烟机内气流不稳	影响机组长周期运行	调节烟机入口阀	视情而定
			压缩机濒于喘振或喘振	影响机组长周期运行	调节压缩机运行工况	视情而定
			变速箱齿轮啮合有缺陷	影响机组长周期运行	检修变速箱	视情而定
4	保证变速箱正常运行	变速箱温升超标	供油量太大	变速箱受损	检查调整油压或进油孔板使之符合要求	视情而定
			油中有泡沫	变速箱受损	油不合格更换油	视情而定
5	设备润滑	润滑油中进水	冷油器管子漏水并且水压调整得高于油压	轴承受损	检查冷油器	视情而定
			烟机密封汽（气）系统调节不当	轴承受损	按要求调整好密封汽（气）	视情而定
6	保证工艺系统正常运行	压缩机排气压力下降	压缩机进口温度太高	风机效率下降	排除引起进口温度太高的原因	视情而定
			出口管线漏气	工艺系统缺风	检修出口管线	视情而定
			出口放空阀故障打开	工艺系统无法正常运行	检修处理放空阀	视情而定
		压缩机排气流量降低	密封间隙过大	风机效率下降	按要求调整轴封间隙或更换密封	视情而定
			入口空气过滤器堵塞	工艺系统缺风	更换过滤器滤芯	视情而定
			出口系统压力升高	压缩机喘振	a）检查出口系统的各阀位是否符合要求，并调整使其恢复正常位置 b）调整后序工艺系统操作，使其符合要求	视情而定
			出口流量检测系统故障	仪表假指示，影响误判断	检查、处理流量检测系统	视情而定
			静叶伺服机构故障	工艺系统缺风	检验静叶调节是否符合要求，必要时停机检验标定各联接部位及行程有无故障	视情而定

表 8 轴流式压缩机常见功能故障与处理方法（续）

序号	功能	功能故障	故障模式	故障后果	故障应对策略与检修内容	检修周期／月
7	保证电机正常运行	电机定子温度高	电机超负荷	电机超负荷停机，机组停机	降低负荷	视情而定
			通风道堵塞	电机运行风险提高	疏通风道	视情而定
8	保证烟机正常运行	烟气轮机密封差压低	去密封的蒸汽中断	汽封泄露	接通蒸汽	视情而定
			调节阀失灵	汽封泄露	检修调节阀	视情而定
		烟气轮机冷却蒸汽差压低	调节阀失灵	烟机轮盘温度超温	检修调节阀	视情而定
			去冷却的蒸汽中断	烟机轮盘温度超温	接通蒸汽	视情而定
9	保证机组正常运行	轴向位移过大	推力轴承磨损或损坏	机组故障停机	检修推力轴承	视情而定
			轴位移监测器安装位置移动	影响机组运行情况判断	检修轴位移监测器	视情而定
			主风机或烟气轮机操作不稳定	影响机组安全运行	调整操作	视情而定
		轴承温度高	油量不足	影响机组安全运行	加油	视情而定
			油质变坏	影响机组安全运行	换新油	视情而定
			轴振动	影响机组安全运行	查明原因消除振动	视情而定
			热电阻失灵	影响机组运行情况判断	更换热电阻	视情而定
10	保证主风机正常运行	主风机喘振	出口管路系统堵塞	主风机防喘振动作	疏通出口管路	视情而定
			防喘振系统失灵	主风机防喘振动作	检修防喘振系统	视情而定
			流量调节系统误动作	主风机防喘振动作	检查并调整流量调节系统	视情而定
		主风机逆流	单向阀失灵	主风机防喘振动作	检修单向阀	视情而定
			反逆流控制失灵或误动作	主风机防喘振动作	检修反逆流控制电磁阀	视情而定
		紧急停机	紧急停机系统误动作	机组停机	检修紧急停机系统	视情而定

附　录　A
（资料性附录）
轴流式压缩机检修质量控制确认表

项目	主要控制内容			等级	施工单位	生产装置	设备管理部门	备注
	标准值	部位	现场记录					
拆卸中检测								
对照机组找正曲线，测量轴系对中	找正曲线			A	★	★	★	
联轴器法兰轴端距测量	联轴器图纸			B	★	★		
联轴器膜片、螺栓损伤检查	无裂纹、无变形			A	★	★	★	
机壳中分面自由间隙	≤0.12mm			C	★			
动静叶间隙	合格证明书			B	★	★		
气密封间隙	合格证明书			B	★	★		
支承轴承瓦块与轴颈顶间隙、侧间隙	合格证明书			B	★	★		
支承轴承压盖过盈量	合格证明书			B	★	★		
止推轴承推力间隙	合格证明书			B	★	★		
推力瓦块厚度差	≤0.01mm			C	★			
止推轴承瓦块接触面积	≥80%			C	★			
支承轴承瓦块接触长度	≥80%			C	★			
轴承中分面自由间隙	≤0.02mm			C	★			
瓦块探伤符合厂家探伤标准	厂家探伤标准			A	★	★	★	
油封间隙	合格证明书			B	★	★		
油封体中分面自由间隙	≤0.05mm			C	★			
转子跳动	合格证明书			B	★	★		
叶片探伤符合厂家探伤标准	厂家探伤标准			A	★	★	★	
转子动平衡，平衡机摆架振速≤1.8mm/s	≤1.8mm/s			A	★	★	★	
承缸中分面自由间隙	≤0.12mm			C	★			
轴承箱中分面自由间隙	≤0.05mm			C	★			
回装时检测（如没有更换零部件或调整，对应项目不需重新检测，否则应重新检测）								
对照机组找正曲线，测量轴系对中	找正曲线			A	★	★	★	

轴流式压缩机检修质量控制确认表（续）

项目	主要控制内容			等级	施工单位	生产装置	设备管理部门	备注
	标准值	部位	现场记录					
机壳中分面自由间隙	≤0.12mm			C	★			
动静叶间隙	合格证明书			B	★	★		
气密封间隙	合格证明书			B	★	★		
支承轴承瓦块与轴颈顶间隙、侧间隙	合格证明书			B	★	★		
支承轴承压盖过盈量	合格证明书			B	★	★		
止推轴承推力间隙	合格证明书			B	★	★		
推力瓦块厚度差	≤0.01mm			C	★			
止推轴承瓦块接触面积	≥80%			C	★			
支承轴承瓦块接触长度	≥80%			C	★			
轴承中分面自由间隙	≤0.02mm			C	★			
油封间隙	合格证明书			B	★	★		
油封体中分面自由间隙	≤0.05mm			C	★			
承缸中分面自由间隙	≤0.12mm			C	★			
轴承箱中分面自由间隙	≤0.05mm			C	★			

控制级别说明： A：分部机动处专业人员、车间设备员／设备主任、施工单位检查人员

B：车间质量管理人员、施工单位检查人员

C：施工单位检查人员

注：如果有监理，监理的职责由甲方授权。

附 录 B
（资料性附录）
轴流式压缩机试车与验收数据记录表

	轴流式压缩机试车记录			工程名称： 单元名称：	
设备名称			设备位号		
设备型号			转速	r/min	
试车类别	□空负荷 □负荷	试车日期	年 月 日	启动时刻	
连续运转时间	h	环境温度	℃	试车介质	
额定转速	r/min	临界转速	r/min		

检查项目			设计值 / 允许值	实测值								
运行记录时刻												
转速 /（r/min）												
入口	压力 /MPa（G）											
	温度 /℃											
	喉部差压 /kPa											
出口	压力 /MPa（G）											
	温度 /℃											
静叶角度												
防喘阀开度												
轴承温度 /℃	进气侧轴承左											
	进气侧轴承右											
	排气侧轴承左											
	排气侧轴承右											
	止推轴承主推力面 1											
	止推轴承主推力面 2											
	止推轴承副推力面 1											
	止推轴承副推力面 2											
双振幅振动值 /μm	进气侧轴承	*X*										
		Y										
	排气侧轴承	*X*										
		Y										

轴流式压缩机试车与验收数据记录表（续）

轴位移值 1/mm										
轴位移值 2/mm										
润滑油母管油压 /MPa（G）										

建设 / 监理单位	总承包单位	施工单位	设备制造厂
专业工程师：	专业工程师：	专业工程师： 质量检查员： 记录人：	现场代表：
日期：　年　月　日	日期：　年　月　日	日期：　年　月　日	日期：　年　月　日

49. 干气密封维护检修规程

SHS 01051—2019

目　　次

前　言

本规程按照 GB/T 1.1—2009《标准化工作导则　第 1 部分：标准的结构和编写》给出的规则起草。

本规程由中国石油化工集团有限公司、中国石油化工股份有限公司提出。

本规程起草单位：中密控股股份有限公司。

本规程主要起草人：刘小明。

本规程 2019 年首次发布。

干气密封维护检修规程

1 范围

1.1 主题内容

本规程规定了干气密封的检修周期与内容、检修程序与质量标准、试车与验收、维护与故障处理及存储与运输要求。

1.2 适用范围

本规程适用于石化装置中的压缩机干气密封的维护和检修。

2 规范性引用文件

下列文件中的条款通过本规程的引用而成为本规程的条款。凡是注日期的引用文件，其随后所有的修改单（不包括勘误的内容）或修订版均不适用于本规程，然而，鼓励根据本规程达成协议的各方研究是否可使用这些文件的最新版本。凡是不注日期的引用文件，其最新版本适用于本标准。

GB/T 191 包装储运图示标志

JB/T 11289 干气密封技术条件

API 617 石油、化学和燃气工业设备用轴向和离心式机组以及膨胀机 - 机组

API614 石油化工和气体工业用润滑、轴封和控制油系统及其辅助设备

3 检修周期及内容

3.1 检修周期

3.1.1 在机组正常连续运行和工艺稳定的情况下，压缩机用干气密封检修周期一般不超过 5 年。

3.1.2 当密封运行异常时，应根据密封实际运行情况适时停机维修。

3.1.3 存放 3 年以上而未使用过的备用密封，如未达到存储条件，应送专业厂家重新检定和保养。

3.2 检修项目

3.2.1 机组连续运转一个周期后，建议对干气密封进行检修。包括：

a）拆卸已使用的干气密封；

b）更换新的干气密封备件；

c）将拆下的已使用干气密封送至专业密封厂家进行维修。

3.2.2 检查干气密封控制系统，吹扫清洁管路。更换不合格的仪表，更换过滤器及聚结器滤芯。检修期间应对增压泵电磁阀进行动作测试。

3.2.3 压缩机运行周期内临时停车检修，如不拆除密封且密封运行正常，可不更换备件密封。

4 检修程序与质量标准

本规程仅以常规结构密封的安装和拆卸过程进行描述，但特殊结构的密封可能存在差异，密封装拆时应参考密封装配图。

4.1 检修前准备

4.1.1 检修现场布置符合安全卫生标准，零部件、工具的存放设有固定区域。

4.1.2 拆卸密封前应准备相应的专用工具。如：密封装拆专用工具、转子抬轴托架、转子固定工具、百分表等。

4.1.3 拆卸密封前应仔细阅读干气密封图纸、干气密封使用说明书及施工方案。

4.1.4 拆卸密封前应确认机组无压且机组内部工艺气已完全被置换。检查并关断所有可能进入机组系统的气源。考虑到安全因素，应在检修现场增加相应的危险气体监测仪器。

4.1.5 应对检修过程进行危害识别及风险评估、环境因素识别和影响评价。检查安全措施准备，检查安全通道畅通无阻，放置好安全警示牌，拉好安全警示绳。办理相关票证。

4.1.6 转子处于工作位置状态下，测量转子与机组壳体的相对尺寸并记录（见附录A）。转子工作位置是机组推力轴承完全安装时，转子与机壳的相对位置。

4.1.7 转子处于工作位置时，测量密封转动件和静止件的相对尺寸并记录（见附录A）。

4.1.8 拆除联轴器、轴承等相关部件。

注意：径向轴承拆卸时应采用抬轴器或是吊装设备（如手动葫芦）支承转子重量，防止转子直接压在密封件上损坏密封。

4.2 拆卸与检测

4.2.1 应使用密封专用装拆工具拆卸密封。

4.2.2 密封拆卸前，应固定好另一端转子并打上百分表，防止拆卸时转子位移过大损坏另一端密封。建议先拆卸非止推侧密封。

4.2.3 拆除密封转动件定位锁紧螺母和卡板，见图1。

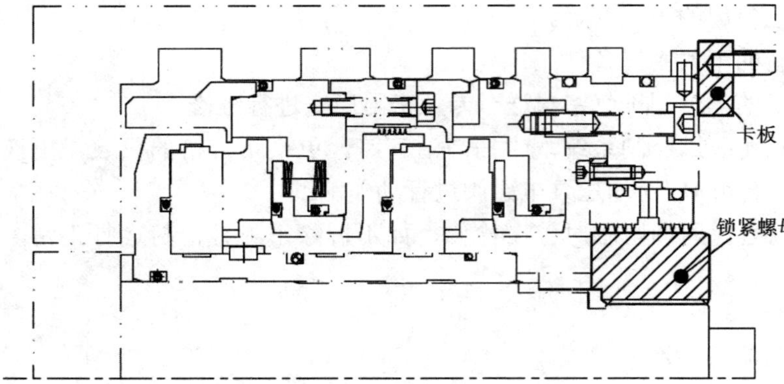

图 1　拆除锁母及卡板

4.2.4　使用密封装拆工具与隔离密封组件连接，均匀拧动两侧的拆卸螺母将隔离密封缓慢拉出，见图 2。

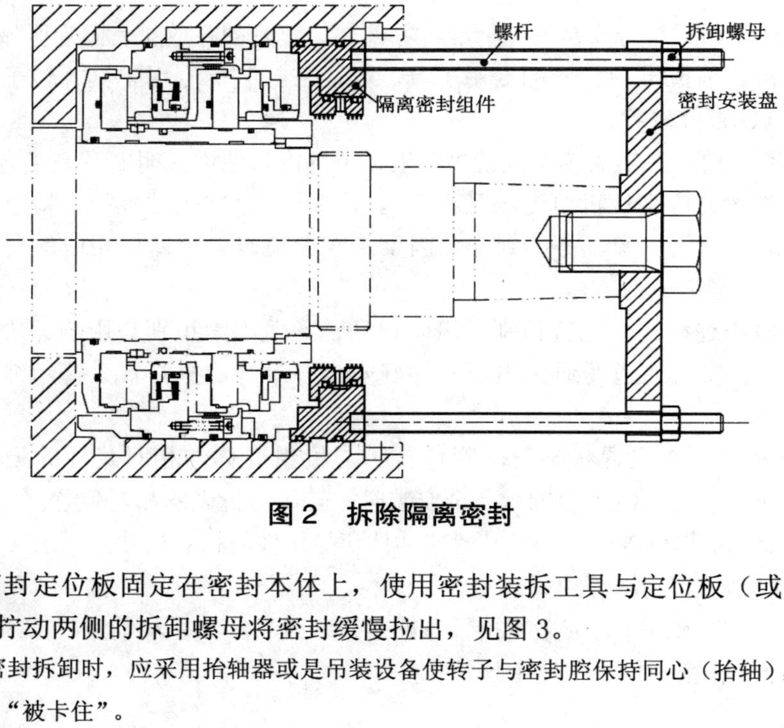

图 2　拆除隔离密封

4.2.5　将密封定位板固定在密封本体上，使用密封装拆工具与定位板（或密封本体）连接，均匀拧动两侧的拆卸螺母将密封缓慢拉出，见图 3。

注意：密封拆卸时，应采用抬轴器或是吊装设备使转子与密封腔保持同心（抬轴），防止密封件在拆卸过程中“被卡住”。

4.2.6　密封拆卸后，测量机组转子与壳体的径向间隙，以及机组转子相对于工作位置的极限窜量。将此数值填入附录 A 的表格中。

4.3　回装与质量标准

4.3.1　密封安装前应仔细阅读干气密封图纸、使用说明书及施工方案。

4.3.2　检查密封安装时经过的转子和壳体的台阶倒角，打磨圆滑并去除毛刺。

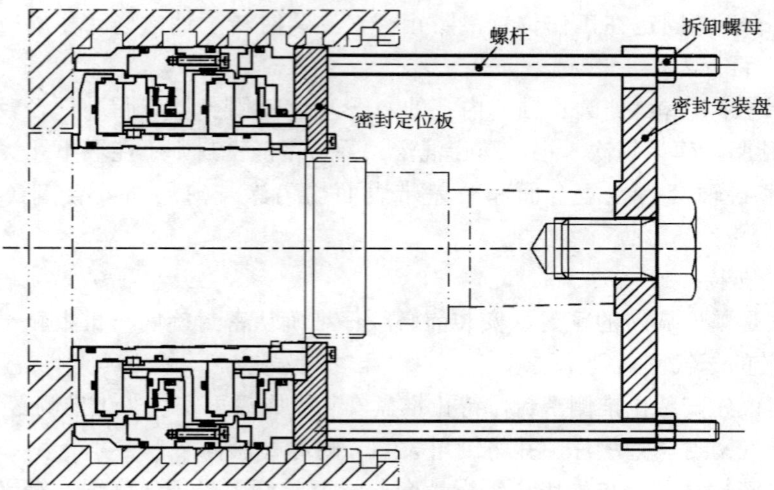

图 3　拆除密封本体

4.3.3　检查并修复密封安装时经过的转子和壳体表面的划伤、凹槽等缺陷。

4.3.4　采用酒精、绸布将安装密封的区域清洁干净，包括密封腔台阶、沟槽死角、机组壳体上所有密封气孔道等，不得有油污、杂质附着。

4.3.5　连接机组与控制系统之间的管道并吹扫干净。

4.3.6　安装尺寸

4.3.6.1　转子处于工作位置时，复测密封的安装尺寸。

4.3.6.2　确定调整垫片的厚度，如图 4 所示。

调整垫片的实际厚度（L）= 调整垫片设计厚度（L_3）+[安装尺寸实测值（L_2）- 安装尺寸设计值（L_1）]

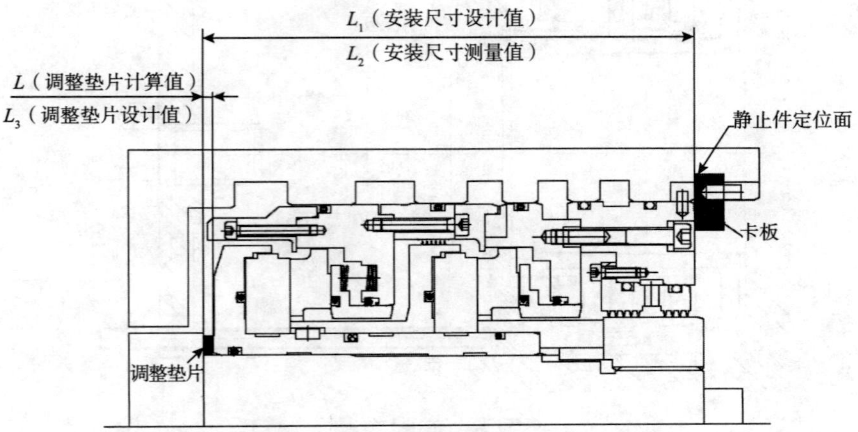

图 4　安装尺寸测量和计算

4.3.7　旋转机组转子，使机组腔体和转子上防转销的周向位置与干气密封装配图上安装侧所示的位置一致。

4.3.8 将转子一端固定在工作位置，防止密封安装时转子轴向移动和周向转动，并在转子端部打上百分表。

4.3.9 有序地拆下密封外圆和轴套内孔的O形环，使用少量硅脂进行轻轻地润滑，擦干净过量的硅脂。建议每次一根，防止混淆。弹簧蓄能密封则不能取下。

4.3.10 在密封轴套内孔配合面和公差带表面均匀涂一薄层防咬合剂（一般为二硫化钼）。

4.3.11 密封安装：

4.3.11.1 如是单向旋转的密封，安装前必须仔细确认密封旋向与机组转子旋向是否一致，双向旋转的干气密封则无要求。

4.3.11.2 建议先安装止推侧密封，待止推盘安装完成后再安装非止推侧密封。

4.3.11.3 装入密封调整垫片，并将倒角大的一侧对着轴肩。

4.3.11.4 将密封从转子末端小心缓慢地套入，调整好密封周向位置并缓慢将密封推入直至推不动。

4.3.11.5 将安装工具与密封本体连接，安装螺母应置于安装盘内侧。均匀拧动两侧的安装螺母将密封缓慢顶入机组，如图5所示。密封完全安装到规定位置后，取下安装工具和密封内外定位板。

注意：a）密封安装过程中，应采用抬轴器或是吊装设备使转子与密封腔保持同心，防止密封件在拆卸过程中“被卡住”。

b）密封安装时，应通过轴端百分表的指示观察转子是否发生移位。如产生位移，应将转子重新调整到工作位置。

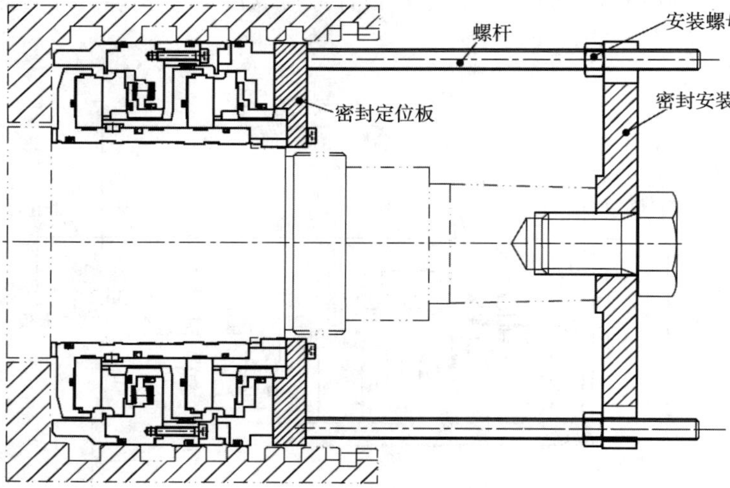

图5 密封安装

4.3.11.6 使用装拆工具将隔离密封组件装入机组，如图6所示。

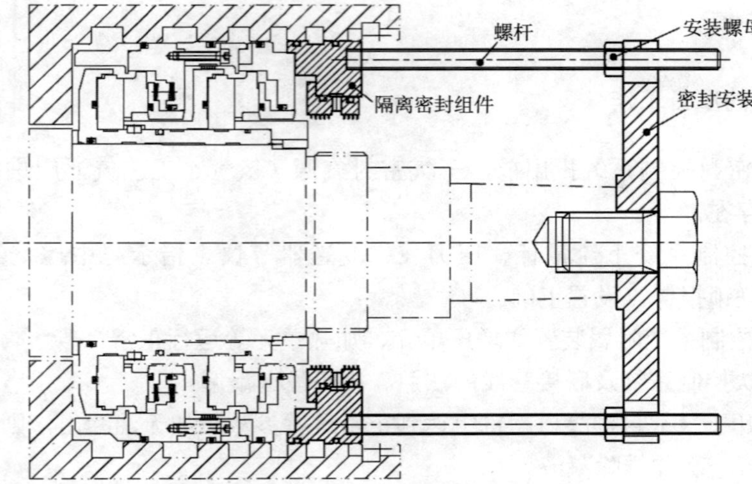

图6　隔离密封安装

4.3.11.7　最后装入密封锁紧螺母和卡板。锁紧螺母安装前应在螺纹处涂抹少量的二硫化钼，防止螺纹咬死。

4.3.11.8　密封回装完毕后，应妥善保管密封定位板和装拆工具，避免遗失。

4.3.12　密封安装后的防护：

4.3.12.1　密封安装完成后，应连续安装轴承及相关部件直至机组全部恢复。

4.3.12.2　安装推力轴承时，轴位移量建议不超过表1数据，防止密封被挤压导致损坏。

表1　转子轴向位移允许值

mm

密封轴径	25～120	121～220	≥221
转子位移	±1	±1.5	±2

4.3.13　回装质量标准：

4.3.13.1　尺寸检验标准

转子处于工作位置时，密封转动件和静止件的相对位置尺寸与干气密封装配图上安装检验尺寸一致，并将该尺寸记录至附录A的表格中。

4.3.13.2　机械检验标准

机组轴承完全恢复后，机组转子盘车应无异响或卡滞。

4.3.13.3　静态测试标准

a）双端面密封：保持密封气压力0.4～0.6MPa，密封泄漏量不大于1Nm^3/h或符合使用说明书中的要求则为合格。

b）单端面密封、串联式密封以及带中间迷宫的串联式密封：保证一级密封气流量并维持机组内部压力不低于0.4 MPa，泄漏量指标不大于JB/T 11289—2012《干气密封技术条件》规定的静态泄漏量则为合格。

5 试车与验收

5.4 试车前的准备工作

5.4.1 干气密封控制系统投用前，干气密封气源（氮气、工艺气）应进行低点排凝并确保无液相存在。

5.4.2 确认控制系统上流量计、压力表、变送器等仪表指示与中控室的数据显示一致，中控室联锁报警点设置正确。

5.4.3 确认控制系统附属装置如增压单元、加热单元等运行正常。

5.4.3.1 确认控制系统及联接管线的法兰、接头没有泄漏。

5.4.3.2 打开干气密封排凝口，机组达到正常运行参数后如无油漏出，则可关闭，但至少应每周检查一次并排除凝液。

5.5 单端面干气密封

5.5.1 总体原则

5.5.1.1 投用隔离气并达到规定压力后，才能启动润滑油泵进行油运。

5.5.1.2 机组进气前，投用密封气并达到规定的流量或压力，防止机壳内未经过滤的气体污染干气密封。

5.5.1.3 机组内部带压 0.05～0.1MPa 时，可以启动盘车装置。盘车时密封端面存在接触，应尽量缩短盘车时间。

5.5.1.4 增压装置中的增压泵寿命有限，应尽量缩短增压装置的运行时间。

5.5.1.5 应尽量避免机组在暖机转速下长时间运转。

5.5.2 开机

5.5.2.1 投用干气密封隔离气达到规定压力，启动润滑油泵进行油循环。

5.5.2.2 投用密封气达到规定的流量、压力或温度。如有增压、伴热或加热等附属设备，也应同时投用。

5.5.2.3 密封气通过干气密封控制盘给机组内部充压至 0.2MPa 以上，确认干气密封控制系统各项参数及设定无误后，方可启动机组。

5.5.2.4 如密封气采用机组出口气体，当机组出口压力接近于开机气源（一般为氮气）压力时，应及时切换为机组出口气。

5.5.2.5 机组达正常运行参数后，调节泄漏气压力至规定的参数。如泄漏气管路为孔板，则无需调节。

5.5.3 停机

5.5.3.1 停机过程中，应注意密封气气源切换的时机，当机组出口压力低于备用气源压力时，应及时进行切换。

5.5.3.2　机组完全泄压，工艺介质完全排空并置换完成30min后，才可关闭密封气，以确保工艺介质不会窜入干气密封。

5.5.3.3　待润滑油泵完全停运30min后，才能切断隔离气。

5.5.3.4　如不拆除密封，建议一直投用密封气和隔离气。

5.6　双端面干气密封

5.6.1　总体原则

5.6.1.1　投用隔离气并达到规定压力后，才能启动润滑油泵进行油运。

5.6.1.2　投用密封气并达到规定压力后，才能投用前置气。前置气投用后，机组才能充压。

5.6.1.3　密封气达到规定压力后，才能启动盘车装置。盘车时密封端面存在接触，应尽量缩短盘车时间。

5.6.1.4　应尽量避免机组在暖机转速下长时间运转。

5.6.2　开机

5.6.2.1　投用干气密封隔离气达到设定压力，启动润滑油泵进行油运。

5.6.2.2　投用密封气达到设定压力后，投用前置气。

5.6.2.3　机组进气并达到开机压力。

5.6.2.4　确认干气密封控制系统各项参数及设定无误后，方可启动机组。

5.6.3　停机

5.6.3.1　机组完全泄压后，工艺介质完全排空并置换完成30min后，才可关闭前置气，以确保机壳内工艺介质不会窜入干气密封。

5.6.3.2　待润滑油泵完全停运30min后，才能切断隔离气。

5.6.3.3　在确保前置气已切断且机组无压力的条件下，才能切断主密封气供气。

5.6.3.4　如不拆除密封，建议始终投用密封气、前置气和隔离气。

5.7　不带中间迷宫的串联式干气密封

5.7.1　总体原则

5.7.1.1　投用隔离气并达到规定压力后，才能启动润滑油泵进行油运。

5.7.1.2　机组进气前，应确保一级密封气已投用并达到规定的流量和差压，防止机壳内未经过滤的气体对干气密封的污染。

5.7.1.3　机组内部带压0.05～0.1MPa时，才能启动盘车装置。盘车时密封端面存在接触，应尽量缩短盘车时间。

5.7.1.4 增压装置中的增压泵寿命有限，应尽量缩短增压装置的运行时间。
5.7.1.5 应尽量避免机组在暖机转速下长时间运转。

5.7.2 开机

5.7.2.1 投用干气密封隔离气达到规定压力，启动润滑油泵进行油循环。
5.7.2.2 投用一级密封气达到规定的流量和差压。如有增压单元和加热单元等附属设备，应同时投用。
5.7.2.3 提高机组内部压力至 0.2MPa 以上，确认干气密封控制系统各项参数及设定无误后，方可启动机组组。
5.7.2.4 如密封气采用机组出口气，当机组出口压力接近于开机气源（一般为氮气）压力时，应及时切换为机组出口气。
5.7.2.5 机组到正常运行参数后，调节泄漏气压力至规定的参数。如泄漏气管路为孔板，则无需调节。

5.7.3 停机

5.7.3.1 停机过程中，应注意一级密封气气源切换的时机，当机组出口压力低于管网氮气压力时，应及时进行切换。
5.7.3.2 机组完全泄压后，工艺介质完全排空并置换完成 30min 后，才可关闭一级密封气，以确保机壳内工艺介质不会窜入干气密封。
5.7.3.3 待润滑油泵完全停运 30min 后，才能切断隔离气。
5.7.3.4 如不拆除密封，建议一直投用一级密封气和隔离气。

5.8 带中间迷宫的串联式干气密封

5.8.1 总体原则

5.8.1.1 投用隔离气并达到规定压力后，才能启动润滑油泵进行油运。
5.8.1.2 机组进气前，应确保一级密封气已投用并达到规定的流量和差压，防止机壳内未经过滤的气体污染干气密封。
5.8.1.3 机组内部带压 0.05～0.1MPa 时，才能启动盘车装置。盘车时密封端面存在接触，应尽量缩短盘车时间。
5.8.1.4 增压装置中的增压泵寿命有限，应尽量缩短增压装置的运行时间。
5.8.1.5 应尽量避免机组在暖机转速下长时间运转。

5.8.2 开机

5.8.2.1 投用干气密封隔离气达到规定压力，启动润滑油泵进行油循环。
5.8.2.2 投用一级密封气达到规定的流量和差压。如有增压单元和加热单元等附属设备，应同时投用。

5.8.2.3 投用二级密封气并达到规定流量。
5.8.2.4 调节一级泄漏气针型阀并达到规定的压力或流量，如是孔板则无需调节。
5.8.2.5 提高机组内部压力至 0.2MPa 以上，确认干气密封控制系统各项参数及设定无误后，方可启动机组组。
5.8.2.6 如一级密封气采用机组出口气，当机组出口压力接近于开机气源（一般为氮气）压力时，应及时切换为机组出口气。
5.8.2.7 机组到正常运行参数后，再次调节泄漏气压力至规定的参数。如泄漏气管路为孔板，则无需调节。

5.8.3 停机

5.8.3.1 停机过程中，应注意一级密封气气源切换的时机，当机组出口压力低于管网氮气压力时，应及时进行切换。
5.8.3.2 先停二级密封气，再切断一级密封气。
5.8.3.3 机组完全泄压后，工艺介质完全排空并置换完成 30min 后，才可关闭一级密封气，以确保机壳内工艺介质不会窜入干气密封。
5.8.3.4 待润滑油泵完全停运 30min 后，才能切断隔离气。
5.8.3.5 如不拆除密封，建议一直投用控制系统。

5.9 验收

机组及密封稳定运行 72h 后，干气密封各项参数指标稳定并符合设计要求视为检修合格。具体参数参见干气密封控制系统 P&I 图。

6 维护与故障处理

6.1 日常维护

6.1.1 过滤器及聚结器的操作与维护

6.1.1.1 过滤器压差超过 80kPa 或者使用一年，应更换滤芯。
6.1.1.2 机组检修更换密封时，应更换过滤器和聚结器滤芯。
6.1.1.3 更换滤芯前，应先缓慢开启备用过滤器或是旁路，再关闭需要更换的过滤器或聚结器前后阀门，彻底排除残留的工艺介质后再进行更换。
6.1.1.4 应至少每周对聚结器和过滤器进行排凝操作，视具体凝液情况可增加排凝频率。

6.1.2 密封气温度

6.1.2.1 对密封气有温度要求的干气密封，特别是临氢机组，应保证在机组开车、停车以及停车滞留的情况下达到密封气所要求的温度，具体温度参数详见干气密封控制系统P&I 图。

6.1.2.2　应至少每周检查一次密封气温度，防止密封气温度过低冷凝。

6.1.3　密封气源连续性及品质

6.1.3.1　应保证密封气的供应连续性和稳定性，并保证密封气的流量和压力达到设计要求，具体参数详见干气密封控制系统 P&I 图。

6.1.3.2　应保证密封气源的洁净，避免氮气和工艺气大量带液或杂质。

6.1.4　泄漏判断

6.1.4.1　泄漏量的偶然尖峰信号不能作为密封失效的判定。这可能是由于工艺波动、轴的位移、压力、温度或速度变化所引起。

6.1.4.2　一般情况下，泄漏量低于报警值视为密封可以继续运行；泄漏量大于报警时，应向专业厂家进行咨询并采取必要的排查措施；当泄漏量达到联锁值以上必须立即停车处理，避免引起密封及机组严重损伤。

6.1.5　检修时不拆密封的操作与维护

6.1.5.1　机组带压滞留时，为了避免密封表面工艺气体凝结和可能的结雾，建议机组泄压。

6.1.5.2　如果密封件将在机组内存放较长时间（8 周以上），开车前应转动机组转子。如果轴不能转动，应排查密封是否存在带液的可能性。

6.1.6　反转

双向干气体密封允许反向旋转，单向干气体密封禁止反向旋转。

6.1.7　反压

在任何条件下，禁止密封出现反压。在静态条件下，密封端面反压可能导致静态泄漏大幅增加；在动态条件下，反压可能导致密封件的严重损坏。

6.1.8　暖机

暖机转速下密封端面气膜刚度较弱，应避免在规定的暖机转速下长时间运转。推荐的暖机转速见表 2。

表 2　推荐的暖机转速

密封轴径 /mm	≤80	81～120	121～220	≥221
暖机转速 / (r/min)	1200	1000	800	500

6.1.9 机组泄压速率

机组泄压过快，可能会导致密封异常或失效。通常情况下，推荐的密封降压速率见表 3。

表 3 推荐的密封降压速率

密封圈形式	O 形圈	弹簧蓄能密封圈
降压速率 /（bar/min）	≤8	≤20

6.1.10 盘车和启停

密封在低速盘车、低速运行时端面处于接触状态，长时间低速盘车或频繁启停会对密封端面产生损害，因此应尽量减少盘车时间以及启停的次数。盘车转速见表 4。

表 4 盘车转速

盘车转速	盘车压力
推荐的盘车转速为≤1/5r/min。	密封加压盘车，密封压力大于 0.1MPa
当盘车转速大于 1/5r/min 时，盘车转速可折算成密封最大轴径处的线速度。应保证密封最大轴径处线速度<0.1m/s，累计盘车总行程应不大于 50000m	

注：电机驱动的压缩机，开车前盘车应不超过 15min。

6.1.11 密封存储

干气密封应存放在温度在 15℃和 25℃之间的环境清洁干燥的室内，并远离热源如锅炉、换热器或直射太阳光。环境湿度应低于 75%。注意一定不能用带油的纸或布包装密封来防水。

6.1.12 包装和运输

密封应整体集装存放在专门加工的带有泡沫衬层的金属包装箱内并垫上泡沫固定，避免在运输过程中密封转动组件和静止组件之间相对移动，造成密封损坏。

6.2 常见故障及处理

干气密封常见功能故障及处理方法见表 5。

表 5 干气密封常见功能故障及处理方法

功能	功能故障	故障模式	故障后果	故障应对策略与检修内容	检修周期 / 月
密封气过滤	过滤器差压报警	滤芯堵塞	密封带液或进杂质，密封磨损	更换滤芯	12
密封气除液	聚结器液位或差压报警	聚结器堵塞或液位过高	密封带液、磨损	聚结器排凝	/

表 5　干气密封常见功能故障及处理方法（续）

功能	功能故障	故障模式	故障后果	故障应对策略与检修内容	检修周期／月
密封气增压	增压泵泄漏气压力高报警	增压泵活塞密封泄漏	工艺介质倒灌至密封腔，密封污染	更换增压泵或咨询专业厂家	/
阻挡工艺介质倒灌	一级密封气流量低报警	机组进出口压差较小	工艺介质倒灌至密封腔，密封污染	提高机组进、出口压差	/
		过滤器压差	工艺介质倒灌至密封腔，密封污染	更换过滤器滤芯	/
密封工艺介质	一级泄漏气流量、压力高报警	密封面磨损	密封寿命缩短、密封损坏	咨询专业厂家，必要时停车更换密封	/
		密封环损坏	密封失效	停车更换密封	/
		密封面卡滞	密封寿命缩短、密封损坏	咨询专业厂家，必要时停车更换密封	/
		密封面带液	密封寿命缩短、密封损坏	提高密封气温度达到设计要求	/
	一级泄漏气流量低报警、压力高报警	火炬背压升高	低压密封容易出现反压	排查火炬管道并减小火炬压力	/
	一级泄漏气流量、压力低报警	二级密封气流量减小	一级泄漏的工艺气通过二级密封泄漏至大气	增大二级密封气流量达到设计值	/
		二级密封故障	一级泄漏的工艺气通过二级密封泄漏至大气	停车更换密封	/

附 录 A
（资料性附录）
干气密封检修质量控制确认表

项目	主要控制内容			等级	施工单位	生产装置	设备管理部门	备注
	标准值	部位	现场记录					
拆卸时检测								
转子与机组壳体的相对尺寸（附图 A.1）		机组		A	★	★	★	
密封转动件与静止件的相对尺寸（附图 A.2）		密封		C	★			
径向轴承拆除后，机组转子下坠的距离（密封拆除后）		机组		C	★			
机组转子相对于工作位置的轴向极限窜量（密封和推力轴承拆除后）	±	机组		C	★			
回装时检测								
机组转子工作位置尺寸（附图 A.1）		机组		A	★	★	★	
机组旋向（从驱动机方向看压缩机）		机组		B	★	★		
密封气路管道	打靶测试无杂质、液体	管道		C	★			
密封安装尺寸（附图 A.3）		机组		C	★			
密封转动件长度（附图 A.3）		密封		C	★			
密封静止件长度（附图 A.3）		密封		C	★			
密封调整垫片厚度（附图 A.3）		密封		C	★			
密封安装后的检验尺寸（附图 A.3）		密封		B	★	★		

控制级别说明： A：分部机动处专业人员、车间设备员／设备主任、施工单位检查人员

B：车间质量管理人员、施工单位检查人员

C：施工单位检查人员

D：如果有监理，监理的职责由甲方授权。

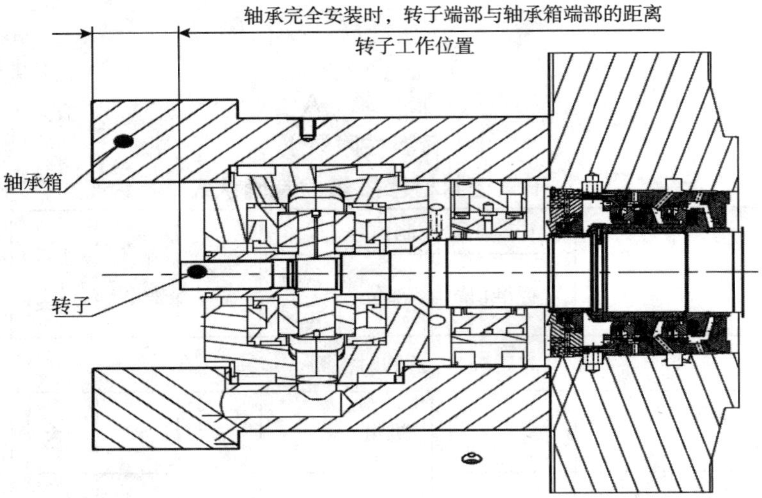

图 A.1　工作位置尺寸测量

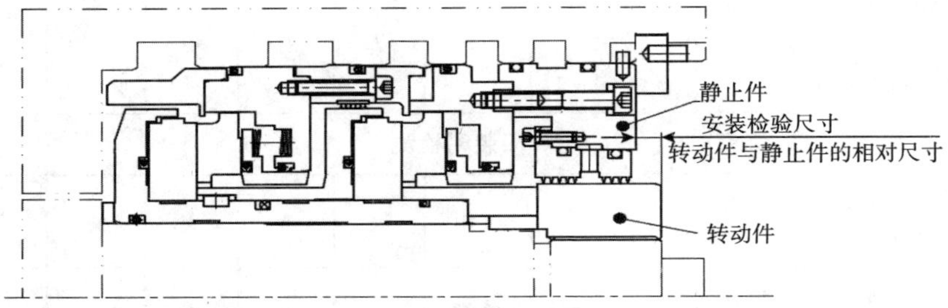

图 A.2　密封转动件与静止件的相对尺寸

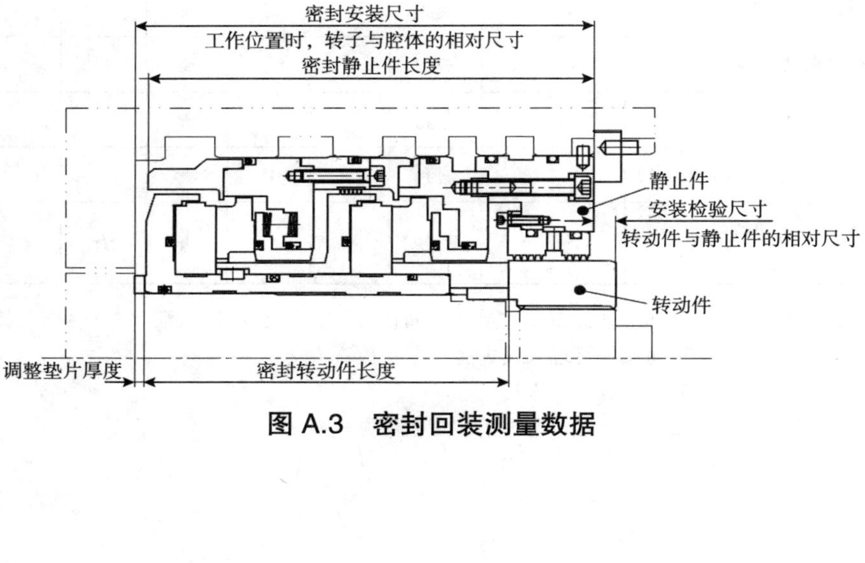

图 A.3　密封回装测量数据

附　录　B
（资料性附录）
干气密封试车与验收数据表

单端面密封试车与验收数据表见表 B. 1。

表 B.1　单端面密封试车与验收数据表

序号	记录项目	设计值	现场值	确认
1	密封气与平衡管差压			
2	密封气流量			
3	泄漏气流量 / 压力			
4	隔离气压力 / 流量			

双端面干气密封试车与验收数据表见表 B. 2。

表 B.2　双端面干气密封试车与验收数据表

序号	记录项目	设计值	现场值	确认
1	前置气与密封气差压			
2	密封气流量			
3	隔离气压力 / 流量			

不带中间迷宫的串联式干气密封试车与验收数据见表 B. 3。

表 B.3　不带中间迷宫的串联式干气密封数据表

序号	记录项目	设计值	现场值	确认
1	一级密封气与平衡管差压			
2	一级密封气流量			
3	一级泄漏气流量 / 压力			
4	隔离气压力 / 流量			

带中间迷宫的串联式干气密封试车与验收数据表见 B. 4。

表 B.4　带中间迷宫的串联式干气密封试车与验收数据表

序号	记录项目	设计值	现场值	确认
1	一级密封气与平衡管差压			
2	一级密封气流量			
3	一级泄漏气流量 / 压力			
4	二级密封气流量			
5	隔离气压力 / 流量			

50. 机械密封维护检修规程

SHS 01052—2019

目　次

前　　言

本规程按照GB/T 1.1—2009《标准化工作导则　第1部分：标准的结构和编写》给出的规则编写。

本规程由中国石油化工集团有限公司、中国石油化工股份有限公司提出。

本规程起草单位：中密控股股份有限公司。

本规程主要起草人：贾红云。

本规程2019年首次发布。

机械密封维护检修规程

1 范围

1.1 主题内容

本规程规定了非集装机械密封、集装式机械密封（含泵用干气密封）的检修周期与内容、检修程序与质量标准、试车与验收、维护与故障处理。

1.2 适用范围

本规程适用于石化装置中旋转设备用接触式机械密封和泵用干气密封的维护和检修。

2 规范性引用文件

下列文件中的条款通过本规程的引用而成为本规程的条款。凡是注日期的引用文件，其随后所有的修改单（不包括勘误的内容）或修订版均不适用于本规程，然而，鼓励根据本规程达成协议的各方研究是否可使用这些文件的最新版本。凡是不注日期的引用文件，其最新版本适用于本标准。

JB/T 4127.1 机械密封技术条件

JB/T 4127.3 机械密封产品验收技术条件

API 682 离心泵和回转泵的轴封系统标准

API 610 石油、重化学和天然气工业用离心泵

3 检修周期及内容

3.1 检修周期

3.1.1 常规检修周期

执行 JB/T 4127 标准的密封为 8000h。

执行 API 682 标准的密封为 25000h。

特殊密封按照技术协议签订的寿命标准执行。

3.1.2 非常规检修周期

3.1.2.1 根据状态监测结果及设备运行状况可以调整检修周期。
3.1.2.2 根据现场机械密封的泄漏量是否超标可以调整检修周期。
3.1.2.3 根据现场机械密封使用条件是否苛刻可以调整检修周期。

3.2 检修项目

3.2.1 检查设备上与机封安装、运行相关的零件的尺寸和精度，根据机械密封要求清洁、修复或更换相关零件。
3.2.2 更换或修理机械密封。
3.2.3 检查辅助系统罐体及管路，根据机械密封要求清洗罐体及管路。
3.2.4 检查并更换辅助系统上损坏的仪器仪表。

4 检修程序与质量标准

4.1 检修前准备

4.1.1 各项准备工作应符合安全、环保、质量等方面的要求，应对检修过程进行危害识别及风险评估、环境因素识别和影响评价。
4.1.2 准备好相关图纸。
4.1.3 备齐检修工具、量具、配件及相关材料。
4.1.4 检查安全措施准备，检查安全通道畅通无阻，放置好安全警示牌，拉好安全警示绳，办理好相关票证。
4.1.5 咨询工厂的《化学品安全数据说明书》以获得危险品相关规程。
4.1.6 穿戴个人安全防护用品。
4.1.7 已关闭电机并停电。
4.1.8 关闭设备进、出口阀门。
4.1.9 对设备卸压、降温后，关闭辅助系统及系统阀门，最后排出设备内流体。如设备内流体对环境有污染的需收集后进行统一处理，如设备内流体为有毒有害的介质需进行置换处理。

4.2 拆卸与检测

4.2.1 拆卸设备的联轴器，将设备与电机断开。
4.2.2 拆卸密封与系统的管路接头，注意应将安装位置作好标记，再将机封压盖上的管路接口以及管路用合适的堵头或封头封住，避免杂质进入。
4.2.3 按照设备的操作说明书采用后装先拆的顺序将设备上的零部件以及整个密封拆除，并对零件的安装位置作好标记，同时根据表格的内容做好数据记录，见附录A。

4.2.4 在整个拆卸过程中避免蛮力敲击和野蛮拆卸，集装式机械密封须将定位块卡入密封轴套并固定牢固后再从设备拆除。

4.3 安装前准备

4.3.1 主机准备

a）清除轴及轴套上所有的毛刺、划痕、锐边（包括键槽及螺纹上的锐边）、污垢和杂质。更换有磨损、变形、裂纹以及与密封圈接触处有凹坑等影响密封性能的轴或轴套，确保密封补偿环（弹性机构加载环）密封圈接触的轴或轴套表面，其粗糙度 R_a 值≤0.8μm，如图1所示。

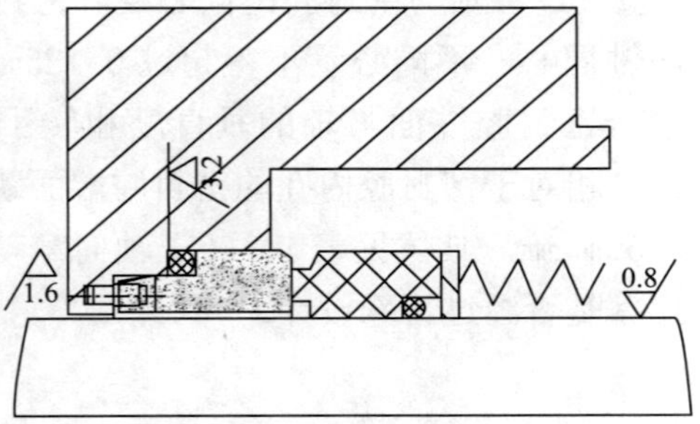

图1 粗糙度要求示意图

b）测量并记录轴及轴套与机械密封配合处，与喉套口环配合处的尺寸（d_0，d_1，d）（图2），轴的跳动，要求以上尺寸均在设备运行和机封使用的许可范围内。

c）清除安装密封的腔体内孔、止口、机封压盖与密封腔结合面等以及相关零件上所有的毛刺、划痕、锐边（包括键槽及螺纹上的锐边）、污垢和杂质。更换有磨损、变形、裂纹以及与密封圈接触处有凹坑等影响密封性能的零部件，确保静密封圈需通过的表面粗糙度 R_a≤1.6μm，静密封圈接触的表面粗糙度 R_a≤3.2μm（图1）。

d）测量与记录密封配合处的尺寸（D，D_2，D_3）（图2），并要求零件尺寸均在设备运行和机封使用的许可范围内。

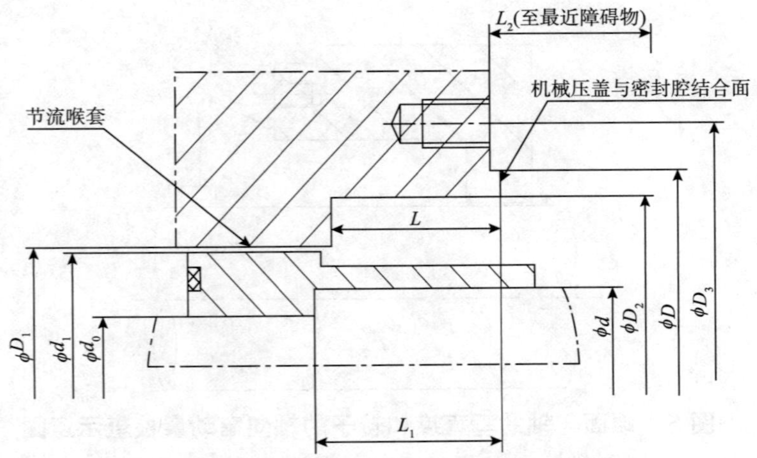

图2 密封腔尺寸示意图

e）测量并记录节流喉套处间隙（D_1-d_1）（图2），确保该间隙在泵厂要求范围内，间隙要求请查看主设备安装使用说明书。

f）调节叶轮使轴处于运行时的准确位置，测量或计算出相关处的尺寸（L，L_1，L_2）。

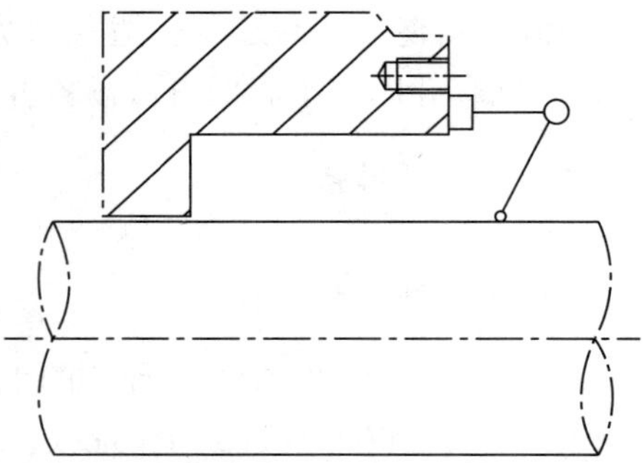

图3　轴的径向跳动检查示意图

g）按照图3检查设备轴的径向跳动。按照图4检查设备轴与密封腔的同心度，密封腔止口必须与轴同心，不同心量不得超过0.125mm。按照图5检查密封腔端面与轴的垂直度和转子的轴向窜动量。相对于密封腔内孔的密封腔端面跳动量（即密封腔端面与轴的垂直度）应小于等于0.5μm/mm，具体见表1。转子轴向窜动量不超过0.3mm，窜量过大时也应考虑咨询密封厂家是否经过特殊设计。

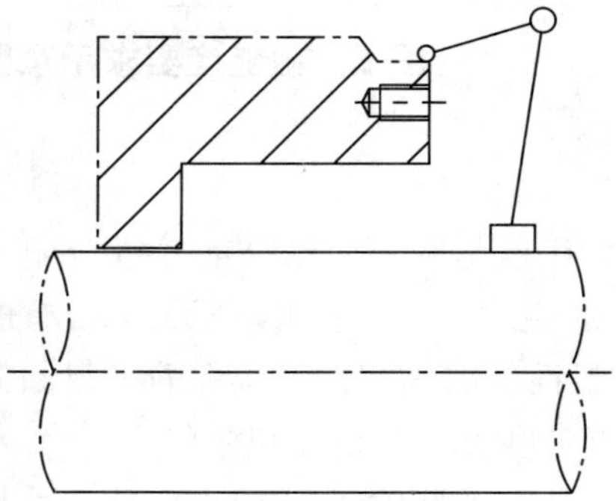

外止口定位

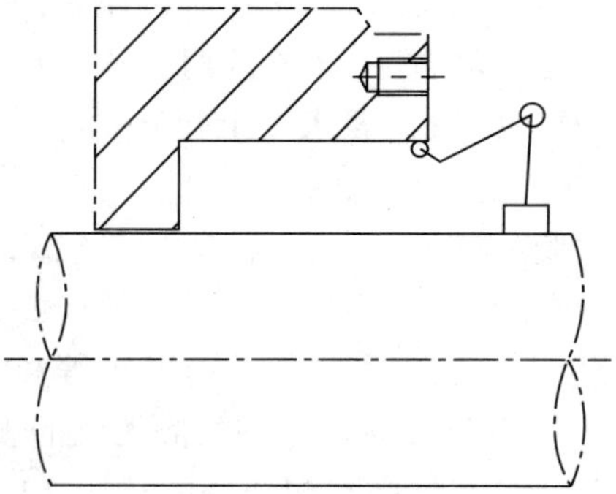

内止口定位

图4　同心度检查示意图

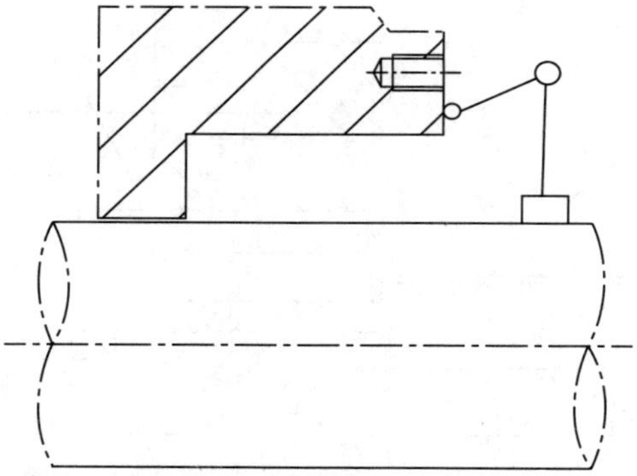

图5　端面与轴的垂直度和转子的轴向窜动量检查示意图

表 1 同心度、径向跳动查询表

mm

参考轴径	密封腔内径	同心度	径向跳动
20	70	0.125	0.035
30	80		0.040
40	90		0.045
50	100		0.05
60	120		0.06
70	130		0.065
80	140		0.07
90	160		0.08
100	170		0.085
110	180		0.09

4.3.2 辅助系统准备

a）检查辅助系统管路是否有介质凝固和堵塞，并将其清理干净。

b）检查辅助系统上的仪器仪表阀门等是否完好，如损坏则更换。

c）检查辅助系统提供的冲洗流量及压力等是否满足密封设计要求。

d）检查公用工程条件使其能满足机封设计要求。

e）如辅助系统需要提供封液，请检查封液是否变质，如变质则更换。

f）确保现场有用于满足密封冷却或吹扫的低压液体、氮气、蒸汽等。

4.4 密封安装

4.4.1 非集装式密封安装

4.4.1.1 密封准备

a）为了确保准确安装，安装人员应获得正确的密封装配图。

b）检查待安装的机械密封的型号、规格是否正确无误、机械密封环的外表面是否完好、密封圈是否损坏。

c）如密封带螺旋套或泵送环，则根据装配图检查其旋向是否符合设备要求。

d）靠弹簧传动的单弹簧密封则需根据装配图检查其弹簧旋向是否符合设备要求。

e）检查机械密封补偿部分是否有浮动性，并记录密封的总高度和压死高度。

f）拧松密封组件上的紧定螺钉（注意：要确保紧定螺钉不要伸出螺纹孔，否则密封在安装时将划伤轴表面）。

g）用硅脂或其他满足现场要求的润滑脂或其他润滑液体均匀涂在所有橡胶密封圈、聚四氟乙烯密封圈、包覆密封圈的滑动表面（注意：乙丙橡胶不可接触矿物油，可用水、蓖麻油或硅脂润滑）。

h）安装聚四氟乙烯 V 形圈时，应耐心细致并均匀用力，特别要注意“V”形刃口的完整，避免折叠及翻转，刃口朝向压力高的方向。

i）安装柔性石墨轴向挤压密封圈或平垫类密封圈时，必须保证圆周范围内轴向紧固力均匀，建议采用钻床类机械平稳压入。

j）由于密封零件都很精密，要轻拿轻放。密封端面的质量非常重要。两个密封环的端面经过研磨，平面度位于两个光带内。任何时候都要保证密封端面处于清洁状态，绝不能与硬物相碰。

4.4.1.2　静环组件安装

a）压盖上防转销对准密封环后部的槽或孔，用手或能产生压力的机械将静环缓慢压入压盖，端面必须均匀加力，用深度游标尺沿四周大致均匀地取四点检测密封环端面高度［见图 6（a）尺寸 L_1］，判断是否安装到位。

b）压盖上的平垫安装，必要时可使用满足现场要求且对密封圈无腐蚀的润滑脂或其他润滑液体。

c）使用不起毛的纸巾擦干净静环和动环的配合面。为确保端面干净、无油膜、干燥，可使用酒精或丙酮。其他的材料可能导致密封过早失效（注意：请查询材料安全数据表，以确保正确使用酒精或丙酮）。

4.4.1.3　动环组件安装

a）再次检查需安装动环组件处的零件表面杂质是否清除干净，是否有毛刺、裂纹、划痕、凹坑等缺陷，避免在安装密封时损坏密封圈。

b）在通过密封圈的零件外表面处均匀涂上适量的满足现场要求且对密封圈无腐蚀的润滑脂或其他润滑液体。

c）先量出包括静环的密封压盖厚度 L1，将带有静环的压盖装到泵上，待转子定位后在轴上标出密封压盖背面的位置点，如图 6（a）所示；测量出包括弹簧的动环组件自由高度 L_2，如图 6（b）所示；以点为基点量取 L_1+L_2-S，（S：压缩量，$S=L_2-L_{work}$，L_{work}：由图纸或厂家提供）的长度，在轴上得到点，如图 6（c）所示，在点固定传动座，机械密封定位工作即完成，然后拧紧紧定螺钉，使动环组件固定。

4.4.1.4　安装压盖

将安装好静环的压盖仔细的安装到泵腔，拧紧联接螺栓保证压盖与泵腔贴合。

注：穿过轴安装压盖时，要注意不损坏静环。圆周均布联接螺栓应采用对角线交叉的方式均匀拧紧，以免压盖偏斜。

4.4.2　带钩轴套（图 7）集装式密封安装（含该结构的泵用干气密封）

4.4.2.1　密封准备

a）为了确保准确安装，安装人员应获得正确的密封装配图。

b）检查安装的机械密封的型号、规格是否正确无误、集装式机械密封的外表面是否完好、外露密封圈是否损坏。

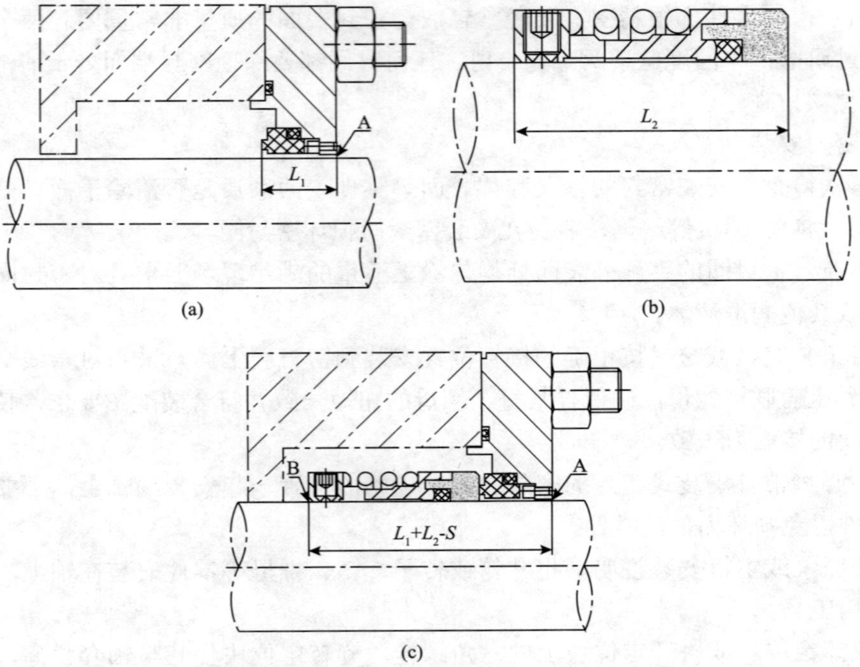

图6 密封安装位置示意图

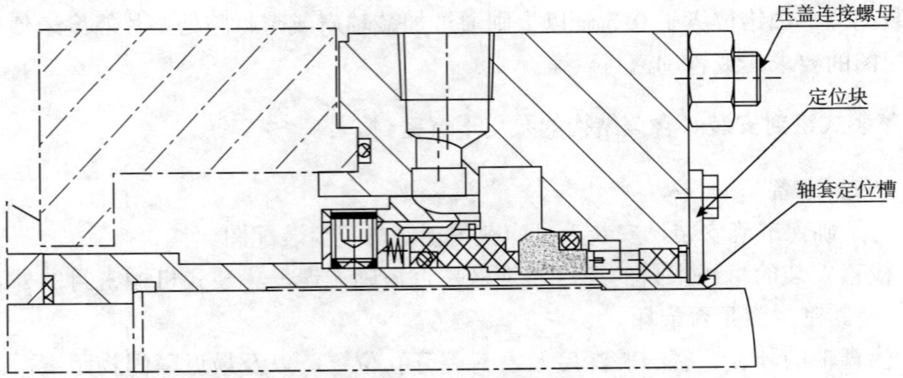

图7 带钩轴套集装式机封简图

c）检查轴的外径、密封腔深度及密封腔开孔位置，轴肩与泵盖与压盖连接端面的距离，键的规格，以及最近障碍物距离，确保与装配图的尺寸保持一致。

d）检查压盖上的螺栓孔确保与设备匹配，并与装配图一致。

e）带螺旋套或泵送环的密封，应注意旋向，密封压盖上标注的旋向应与泵轴旋向一致。

f）用硅脂或其他满足现场要求的润滑脂润滑或其他润滑液体均匀涂在集装式密封裸露在外的所有橡胶密封圈、聚四氟乙烯密封圈、包覆密封圈的滑动表面。切忌乙丙橡胶不可接触矿物油，可用水、蓖麻油或硅脂润滑。

g）由于密封零件都很精密，要轻拿轻放。密封端面的质量非常重要。两个密封环的端面经过研磨，平面度位于两个光带内。任何时候都要保证密封端面处于清洁状态，绝不能与硬物相碰。

4.4.2.2 密封安装

a）再次检查需安装密封的轴及腔体表面等零件表面杂质是否清除干净。是否有毛刺、裂纹、划痕、凹坑等缺陷，避免在安装密封时损坏密封圈。

b）在通过密封圈的零件外表面处均匀涂上适量的满足现场要求且对密封圈无腐蚀的润滑脂或其他润滑液体。

c）将集装式机械密封按正确的接管位置安装到密封腔上面，采用对角线交叉的方式均匀拧紧压盖联接螺母，确保拧紧每个螺母的扭矩一致并符合装配图要求，使压盖与密封腔端面的接触力一致。

d）小心将带有集装式密封的密封腔体按正确的位置一起安装到轴上，不要用力冲击密封组件以免损坏内部的零件。

e）按照泵或主机安装说明书将叶轮或转子、键、螺母等零件安装在轴上，用手拧紧（不采用工具）。

f）取掉定位块或松开定位块上的六角螺栓，旋转定位块使其与轴套脱离，然后再次拧紧定位块上的螺栓，确保定位块与轴套脱离。

g）再次采用专用工具将叶轮或转子紧固，并检查轴套定位槽与定位块位置，确认轴套安装到位，如错位大于 0.5mm 以上则通过加减轴肩或密封腔处垫片厚度来使其符合密封装配图的要求，或咨询密封厂家。

4.4.3 **集装式密封安装**（含该结构的泵用干气密封）

4.4.3.1 密封准备

a）为了确保准确安装，安装人员应获得正确的密封装配图。

b）检查安装的机械密封的型号、规格是否正确无误、集装式机械密封的外表面是否完好、外露密封圈是否损坏。

c）检查轴的外径、密封腔深度及密封腔开孔位置，以及最近障碍物距离，确保与装配图的尺寸保持一致。

d）检查压盖上的螺栓孔确保与设备匹配，并与装配图一致。

e）带螺旋套或泵送环的密封，应注意旋向，密封压盖上标注的旋向应与泵轴旋向一致。

f）用硅脂或其他满足现场要求的润滑脂润滑或其他润滑液体均匀涂在集装式密封裸露在外的所有橡胶密封圈、聚四氟乙烯密封圈、包覆密封圈的滑动表面。切忌乙丙橡胶不可接触矿物油，可用水、蓖麻油或硅脂润滑。

g）由于密封零件都很精密，要轻拿轻放。密封的端面质量非常重要。两个密封环的端面经过研磨，平面度位于两个光带内。任何时候都要保证密封端面处于清洁状态，绝不能与硬物相碰。

4.4.3.2　密封安装

a）再次检查需安装密封的轴及腔体表面等零件表面杂质是否清除干净。是否有毛刺、裂纹、划痕、凹坑等缺陷，避免在安装密封时损坏密封圈。

b）在通过密封圈的零件外表面处均匀涂上适量的满足现场要求且对密封圈无腐蚀的润滑脂或其他润滑液体。

c）小心将集装密封安装到轴上，不要用力冲击密封组件以免损坏内部的零件。

d）安装时必须保证密封压盖上标注的旋向应与泵轴旋向一致。

e）按装配图要求，将集装式密封的接管孔旋至正确的方位，将压盖用螺栓联接在密封腔上。

f）应采用对角线交叉的方式均匀拧紧压盖联接螺母，确保拧紧每个螺母的扭矩一致并符合装配图要求，使压盖与密封腔端面的接触力一致。

g）调整轴承、联轴器和叶轮，使轴处于其最终的运行位置。

h）拧紧轴套定位装置上紧固件（图 8）：

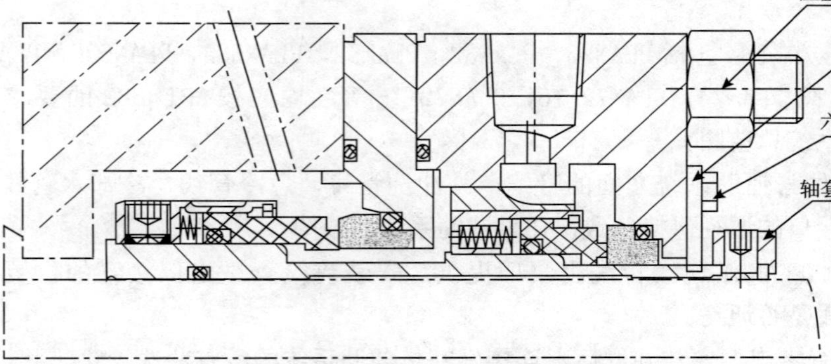

图 8　集装式机封示意图

(a）采用对角线方式均匀拧紧轴套定位装置上紧定螺钉，扭矩大小应满足图纸要求。轴套定位装置有多种结构形式，常见结构型式的拧紧顺序详见图 9。

(c）松开定位块上的六角螺栓，旋转定位块使其与轴套脱离 。

(d）再次拧紧定位块上的螺栓，确保定位块与轴套脱离。

i）缓慢盘车感觉用力均匀无异响后，方能进入下一步。

j）按照泵厂的说明书，将泵体及其他零件安装到位。

4.5　设备其他零部件安装

4.5.1　按照主机说明书将设备其余零部件依次装到设备上，在装入过程中切忌敲击，以免震碎密封摩擦副。

4.5.2　装机完成后，确保盘车均匀，无异响。

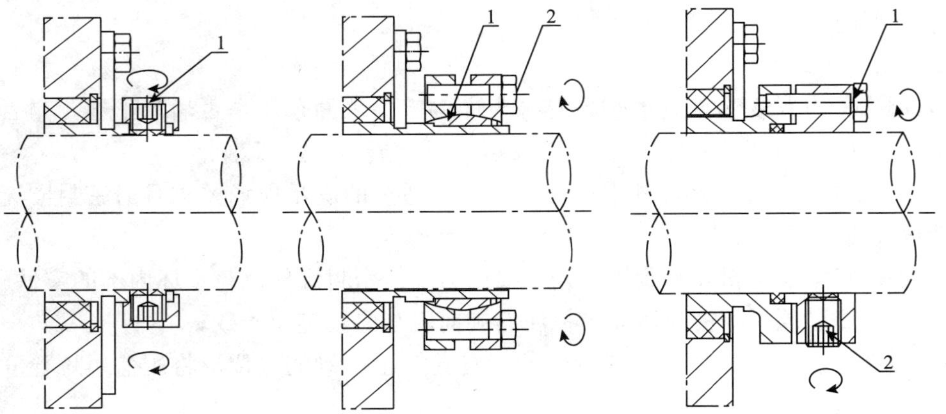

1—拧紧紧定螺钉；

(a)传动环定位

1—套入抱轴器组件至轴肩；
2—拧紧楔形环联接螺钉；

(b)楔形抱轴器定位

1—拧紧传动环连接螺钉；
2—拧紧传动环紧定螺钉；

(c)拉紧环定位

图 9　常见定位装置示意图

4.6　各冲洗方案操作注意事项

4.6.1　各冲洗方案，包括 PLAN23，PLAN32，PLAN52，PLAN53A，PLAN53B，PLAN53C，PLAN54，PLAN62，PLAN74，PLAN72+75，PLAN72+76 等，均应按 API 682 的要求进行安装，详见辅助系统总装图。

4.6.2　密封本体与辅助系统之间的管线，外冲洗管线，急冷管线，冷却水管线的通径应和辅助系统接口的通径保持一致，详见辅助系统总装图。

4.6.3　PLAN11、PLAN21 连接管线由泵厂提供，安装前检查进出口接管的位置是否正确，并检查管线是否通畅。

4.6.4　密封所有零部件安装到位后，连接好密封辅助系统的所有冲洗管路，并按 4.7.6 及设计要求注入流体和加压。

4.6.5　液体密封腔及管线应排尽气体（PLAN72+75、PLAN72+76、PLAN74 二级密封腔除外），防止局部滞留气体影响循环。

4.6.6　密封辅助系统充液压力，任何时候不得超过设计压力。尤其是无压双密封，PLAN52 缓冲液、PLAN72 缓冲气任何时候加压压力不得超过 0.275MPa。（注意：否则可能会造成密封失效。）

4.6.7　开始运行前，应根据密封结构型式及冲洗方案确定加压顺序：

a）带压双密封，冲洗方案 PLAN53A/B，PLAN54，应先通入隔离液并加压至设计压力；如有 PLAN32 外冲洗，再通入外冲洗液，此时方可开泵。

b）带压双密封，冲洗方案 PLAN53C，应先通入隔离液，如有 PLAN32 外冲洗，再通入外冲洗液，此时方可开泵。

c）无压双密封，冲洗方案 PLAN52、PLAN55，先打开泵入口阀通入工艺介质，然后再通入缓冲液，PLAN52 压力为常压，PLAN55 压力达到设计压力。

d）无压双密封，冲洗方案 PLAN72+PLAN75、PLAN72+PLAN76，先打开泵入口阀通入工艺介质，然后通入缓冲气，缓冲气压力为微正压（≤0.07MPa，通过 PLAN75 或 PLAN76 压力表查看）。

e）带压双密封，冲洗方案 PLAN74，应先通入隔离气并加压至设计压力；如有外冲洗 PLAN32，再通入外冲洗液，最后打开泵入口阀通入工艺介质。

f）PLAN62 需在灌泵后再开启，且应通过调节阀将压力降至小于 0.05MPa 通入压盖。PLAN62 可用蒸汽、氮气、清水，详见密封装配图。

4.6.8　当静压保持 15min 内无泄漏或达到图纸或协议要求时，方可进行试车运行准备。

4.6.9　API682 中规定的冲洗方案类型较多，本规程对常用的冲洗方案操作要求做了说明，如有未涉及到的请参照使用说明书或咨询密封专业厂家。

5　试车与验收

5.1　试车前准备

5.1.1　检查检修记录，确认检修数据正确。

5.1.2　单试电机合格，确认转向正确。

5.1.3　检查轴承润滑油、冷却水、低压氮气、外部冲洗等密封相关设备及外部工作条件是否正常。

5.1.4　检查辅助系统接管是否正确。

5.1.5　检查是否开启辅助系统，并确认辅助系统已达到泵及旋转设备正常工作时的状态。

5.1.6　对于高温使用场合，泵设备开机前通常需预热，预热时间按泵要求执行，预热后开机前需再一次拧紧压盖和轴套上外部螺纹紧固件。紧固螺母后注意检查压盖与轴之间间隙是否均匀，如有干涉，需拆卸调整，以免导致密封损伤。

5.1.7　辅助系统外冲洗流体、冷却水的压力、流量等需全部达到密封装配图要求后，方能开机运行。（注意：机械密封在无液状态下运行会造成密封严重损坏）

5.2　试车

5.2.1　泵试车按照 SHS 01013《离心泵维护检修规程》试车，轴承振动标准见 SHS 01003《石油化工旋转机械振动标准》。

5.2.2　机械密封泄漏不得超过下列要求（注：泄漏物需统一收集处理）：

a）按照 JB/T 4127 标准执行的机械密封泄漏量不大于 5mL/h。

b）按照 API 682 标准执行的机械密封泄漏量不大于 5.6g/h。

c）特殊密封按照技术协议签订的机械密封泄漏量标准执行。

5.2.3　如试车后需停车热备即只需停泵关掉泵相关阀门即可，辅助系统、轴承润滑油、冷却水等系统正常工作，不得关掉，并定时巡检其是否正常。

5.2.4 如试车后需停车冷备可关掉泵一切阀门及所有系统，待需启动时再重新按照要求作开车准备工作。

5.2.5 如试车后需继续运行即不需停泵，直接进入运行维护状态。

5.3 验收

5.3.1 连续运转 24h 后，各项技术指标及泄漏量均达到设计要求或能满足生产需要。

5.3.2 机械密封运行平稳无杂音，密封辅助系统压力、液位、流量及温度等相关参数满足设计要求。

5.3.3 检修记录齐全、准确，按规定办理验收手续。

6 维护与故障处理

6.1 机械密封的运行。

6.1.1 启动前的准备工作

a）启动前如果泵处于热备状态，可检查巡检数据是否正常后直接进入启动状态。

b）启动前如果泵处于冷备状态，则需和试车前准备工作相同。

6.1.2 启动

机械密封的启动与试车程序相同。

6.1.3 运转

a）启动后若有泄漏现象，但泄漏不多，可观察一段时间到泄漏量减至正常位置（可查看技术协议或按相应的执行文件的泄漏标准），如果连续运行 4h 后泄漏仍不见少，且超过标准较多或有增大趋势，则应停车检查。

b）泵或旋转设备的操作压力必须平稳，压力波动应不大于 ±0.1MPa。

c）泵或旋转设备在运行中应避免有抽空现象出现，否则可能造成密封摩擦副干摩擦及损坏。

d）针对双密封应经常检查封液或缓冲液的压力或液位是否在设定范围内，需要时应及时补液。

e）针对有辅助系统的密封应经常检查辅助系统是否运行正常，压力、流量及温度是否在设定值内，是否有热量交换等。

f）应经常巡检密封运行情况，如在运行中当其泄漏量超过标准，并有增大趋势时，应停泵检查密封及相应设备。

6.1.4 停车

a）当辅助系统包含 PLAN32+PLAN62，PLAN32+PLAN52/PLAN53/PLAN54 时的关闭顺

序：关泵出口阀，停泵，关泵入口阀，停止 PLAN32，对泵体卸压，再停 PLAN62，最后关闭 PLAN52/53/54 阀门及系统并对其卸压，如系统不包含以上冲洗方案时则不考虑。

b）当辅助系统包含 PLAN32+PLAN74 时的关闭顺序：关泵出口阀，停泵，关泵入口阀，停止 PLAN32，对泵体卸压，再关掉 PLAN74。

c）当辅助系统包含 PLAN32+PLAN72+75，PLAN32+PLAN72+76 时的关闭顺序：关泵出口阀，停泵，关泵入口阀，停止 PLAN32，对泵体卸压，关掉 PLAN72 进口阀后，再关掉 PLAN75 收集阀或 PLAN76 排气阀。

d）针对高温泵，泵停机后不能马上停止密封腔及密封端面冷却水，应待端面密封处液体温度降至 80℃以下时才可以停止冷却水，以免高温液体对密封零件的影响。

6.1.5 备泵

a）泵处于热备状态时，须使辅助系统保持运行时的状态。

b）泵处于不常备状态时，可根据现场情况，不要求辅助系统保持运行状态，但应按照装置停车的顺序停泵和辅助系统。

6.2 常见故障与处理

机械密封常见功能故障与处理方法见表 1。双端面密封的部分故障原因可参考单端面密封。

表 1 机械密封常见功能故障与处理方法

密封结构	故障模式	故障分析	故障后果	故障处理	检修周期
单端面密封	密封泄漏伴随有工艺波动	压力波动，引起转子轴向串动或振动，导致液膜不稳定	介质泄漏后不满足现场要求，密封损坏	调节设备参数，使工艺稳定	视情而定
	密封静压不漏，运转一段时间后出现泄漏，但泄漏由小逐渐变大，且延续时间较长	摩擦副端面不能形成稳定的液膜，端面发生干摩擦	介质泄漏后不满足现场要求，密封损坏	调节冲洗流量和压力，并更换密封	视情而定
		介质颗粒杂质较多，导致端面损坏	介质泄漏后不满足现场要求，密封损坏	建议重新选取密封结构或更换密封材料或引入干净的流体冲洗密封端面	视情而定
		装机封轴发生弯曲或轴中心与腔体平面垂直度差	介质泄漏后不满足现场要求，密封损坏	检查轴的跳动和轴中心与腔体平面垂直度并更换出现问题的部件	视情而定
		轴套与轴之间间隙过大或压盖与腔体止口间隙过大	介质泄漏后不满足现场要求	检查间隙并更换出现问题的部件	视情而定

表 1　机械密封常见功能故障与处理方法（续）

密封结构	故障模式	故障分析	故障后果	故障处理	检修周期
单端面密封	密封静压不漏，运转一段时间后突然大漏	污垢或杂质在轴套表面的堆积速度过快，致使补偿环被卡死	介质泄漏后不满足现场要求，密封损坏	建议重新选取密封结构或更换密封材料或引入干净的流体冲洗密封端面	切泵检修
		过滤网堵塞导致泵抽空破坏密封	介质泄漏后不满足现场要求，密封损坏	更换过滤网和机械密封	切泵检修
		外冲洗堵塞或停止	介质泄漏后不满足现场要求，密封损坏	检查外冲洗流量	切泵检修
		轴承损坏	介质泄漏后不满足现场要求，密封损坏	更换轴承	切泵检修
	密封静压泄漏，且运转时一直存在泄漏，且变化不大	密封圈在安装时被切坏	介质泄漏后不满足现场要求	检查安装密封圈处是否有毛刺并更换密封圈	视情而定
		密封圈的安装方式不正确。	介质泄漏后不满足现场要求	参照密封说明书或咨询密封专业厂家	视情而定
		与辅助密封圈接触的地方有沟槽，凹坑，杂质或腐蚀缺陷等	介质泄漏后不满足现场要求	检查与机封辅助密封圈配合的面是否有缺陷	视情而定
	密封停运一段时间开动后泄漏	摩擦副处有大量结垢出现	介质泄漏后不满足现场要求	关掉密封外侧的背冷冲洗水，或将背冷冲洗水改为优质的除盐水	视情而定
		摩擦副处有大量结焦出现	介质泄漏后不满足现场要求，密封损坏	在密封的外侧通入蒸汽或氮气	视情而定
		辅助密封圈因高温损坏	介质泄漏后不满足现场要求，密封损坏	在密封的外侧通入优质的除盐水背冷冲洗水或更改密封结构	视情而定
带压双端面密封	静压不漏，运转一段时间后外侧不漏，但封液压力降低或液位降低	内侧密封损坏泄漏	补液频繁，补液不及时会导致介质漏到封液中	更换密封	视情而定
	静压不漏，运转一段时间后封液压力升高	密封系统排气不完全	二级密封泄漏，密封损坏	再次排气	视情而定
		蓄能器气囊压力过高	二级密封泄漏，密封损坏	检查蓄能器气囊压力是否符合要求	视情而定

表 1　机械密封常见功能故障与处理方法（续）

密封结构	故障模式	故障分析	故障后果	故障处理	检修周期
带压双端面密封	静压不漏，运转一段时间后外侧大漏	泵效环等旋转件与压盖等静止件发生蹭擦。	密封损坏，介质泄漏，并可能会出现危险	检查发生干涉零件之间的间隙以及轴的工作位置是否与设计有较大偏离	切泵检修
	静压不漏，运转一段时间后外侧泄漏	封液进出口温差较大	二级密封泄漏，密封损坏	更换换热器或提高密封泵效环的循环量	视情而定
		封液进出口虽然温差较小，但冷却水进出口无温差	二级密封泄漏，密封损坏	密封系统堵塞，疏通系统管路	视情而定
		外侧摩擦副端面结焦	二级密封泄漏，密封损坏	在外侧密封的外侧通入蒸汽或氮气	视情而定
		封液变质	二级密封泄漏，密封损坏	更换封液	视情而定
无压双端面密封	静压不漏，运转一段时间后外侧不漏，液位上升	内侧密封泄漏	介质泄漏后不满足现场要求	更换密封	视情而定
	静压不漏，运转时外侧大漏	泵效环等旋转件与压盖等静止件发生蹭擦。	密封损坏，介质泄漏，并可能会出现危险	检查发生干涉零件之间的间隙以及轴的工作位置是否与设计有较大偏离	切泵检修
	静压不漏，运转一段时间后外侧泄漏	封液变质	二级密封泄漏，密封损坏	更换封液	视情而定

附　录　A
（资料性附录）
机械密封检修质量确认表

项目	主要控制内容			等级	施工单位	生产装置	设备管理部门	备注
	标准值	部位	现场记录					
拆卸时检测								
密封旋转部位外露尺寸端部到最近障碍物的距离	（）mm	端部		B	★	★		
密封腔与密封配合处止口尺寸	（）mm	图 2 中 D		B	★	★		
轴的径向跳动	（）mm	密封处		B	★	★		
轴的轴向串量	（）mm	密封处		B	★	★		
密封腔体端面与轴的垂直度	（）mm	密封处		B	★	★		
压盖与密封腔的同心度	（）mm	密封处		C	★			
腔体孔径	（）mm	图 2 中 D_2		C	★			
腔体深度	（）mm	图 2 中 L		C	★			
节流喉套的间隙	（D_1-d_1）/2=（）mm	转子侧		B	★	★		
		密封侧						
轴径	（）mm	密封处		C	★			
	（）mm	转子处						
密封腔体端面与轴的距离	（）mm	图 2 中 L_1		B	★	★		
回装时检测								
机封压盖旋向标识与轴旋向是否一致	顺时针 / 逆时针	电机侧		B	★	★		
密封旋转部位外露尺寸端部到最近障碍物的距离	（）mm	端部		B	★	★		
密封腔与密封配合处止口尺寸	（）mm	图 2 中 D		C	★			
轴的外表面	≤0.8μm	密封处		A	★	★	★	
轴的径向跳动	（）mm	密封处		A	★	★	★	

机械密封检修质量确认表（续）

项目	主要控制内容			等级	施工单位	生产装置	设备管理部门	备注
	标准值	部位	现场记录					
轴的轴向串量	（）mm	密封处		A	★	★	★	
密封腔体端面与轴的垂直度	（）mm	密封处		A	★	★	★	
压盖与密封腔的同心度	（）mm	密封处		A	★	★	★	
腔体孔径	（）mm	图 2 中 D_2		C	★			
腔体深度	（）mm	图 2 中 L		C	★			
节流喉套的间隙	（D_1-d_1）/2=（）mm	转子侧		A	★	★	★	
		密封侧						
轴径	（）mm	密封处		C	★			
	（）mm	转子处						
密封腔体端面与轴的距离	（）mm	图 2 中 L_1		B	★	★		
非集装密封	（）mm	压死高度		B	★	★		
		自由高度						
设备装好后定位块是否与定位槽是否错位	不能错位			B	★	★		
设备装好后定位块是否与轴套脱离	脱开			B	★	★		
传动环上的紧定螺钉是否拧紧	拧紧			B	★	★		

注： A 级：分部机动处专业人员、车间设备员 / 设备主任、施工单位检查人员。

B 级：车间质量管理人员、施工单位检查人员。

C 级：施工单位检查人员。

D 级：如果有监理，监理的职责由甲方授权。

附 录 B
（资料性附录）
机械密封试车与验收数据记录表

<table>
<tr><th>项目</th><th>标准值</th><th>部位</th><th>起止时间</th><th colspan="4">现场记录</th><th>验收单位</th><th>是否合格</th></tr>
<tr><td rowspan="4">密封静压泄漏量</td><td rowspan="4">机封技术协议</td><td rowspan="4">密封外端</td><td rowspan="4"></td><td>密封腔压力/MPa</td><td colspan="3"></td><td rowspan="4"></td><td rowspan="4"></td></tr>
<tr><td rowspan="2">辅助系统参数压力/MPa</td><td>介质侧</td><td colspan="2"></td></tr>
<tr><td>封液侧</td><td colspan="2"></td></tr>
<tr><td>泄漏量/（滴/min）</td><td colspan="3"></td></tr>
<tr><td rowspan="14">密封运转泄漏量</td><td rowspan="14">机封技术协议</td><td rowspan="14">密封外端</td><td rowspan="14"></td><td>泵振动值</td><td colspan="3"></td><td rowspan="14"></td><td rowspan="14"></td></tr>
<tr><td>密封腔压力/MPa</td><td colspan="3"></td></tr>
<tr><td rowspan="4">介质侧辅助系统参数</td><td>压力/MPa</td><td colspan="2"></td></tr>
<tr><td>流量/（L/min）</td><td colspan="2"></td></tr>
<tr><td rowspan="2">温度/℃
出口</td><td>进口</td><td></td></tr>
<tr><td></td><td></td></tr>
<tr><td rowspan="4">封液侧辅助系统参数</td><td>压力/MPa</td><td colspan="2"></td></tr>
<tr><td>温度/℃</td><td colspan="2"></td></tr>
<tr><td rowspan="2">流量/（L/min）
出口</td><td>进口</td><td></td></tr>
<tr><td></td><td></td></tr>
<tr><td rowspan="3">背冷侧辅助系统参数</td><td>压力/MPa</td><td colspan="2"></td></tr>
<tr><td>温度/℃</td><td colspan="2"></td></tr>
<tr><td>流量/（L/min）</td><td colspan="2"></td></tr>
<tr><td>泄漏量/（mL/h）</td><td colspan="3"></td></tr>
</table>

51. 螺纹锁紧环换热器维护检修规程

SHS 01053—2019

目　次

前　言

本规程按照 GB/T　1.1—2009《标准化工作导则　第 1 部分：标准的结构和编写》给出的规则起草。

本规程由中国石油化工集团有限公司、中国石油化工股份有限公司提出。

本规程起草单位：中国石油化工股份有限公司北京燕山分公司。

本规程主要起草人：李辉、白秀峰、刘建忠、何亚峰。

本规程 2019 年首次发布。

螺纹锁紧环换热器维护检修规程

1 总则

1.1 主题内容

本规程规定了螺纹锁紧环换热器的检修周期与内容、检修程序与质量标准、试验与验收、维护与故障处理。

1.2 适用范围

本规程适用于操作压力在35MPa以下石油化工装置螺纹锁紧环换热器的维护和检修。螺纹锁紧环换热器分为管壳程均为高压的高压型（H-H型），管程高压而壳程为低压的高低压型（H-L型）。

2 规范性引用文件

下列文件中的条款通过本规程的引用而成为本规程的条款。凡是注日期的引用文件，其随后所有的修改单（不包括勘误的内容）或修订版均不适用于本规程，然而，鼓励根据本规程达成协议的各方研究是否可使用这些文件的最新版本。凡是不注日期的引用文件，其最新版本适用于本标准。

GB/T 150.1～150.4　压力容器

GB/T 151　热交换器

NB/T 47013　承压设备无损检测

TSG 21　固定式压力容器安全技术监察规程

3 检修周期与内容

3.1 检修周期

根据TSG 21《固定式压力容器安全技术监察规程》的要求和对螺纹锁紧环换热器的功能故障及其影响分析结果，结合设备运行状况和装置运行周期确定检修周期，一般为36～48个月。

3.2 检修内容

3.2.1 螺纹承压环等拆装、抽芯、清扫管束和壳体。

3.2.2 检查管束焊口、胀口，检查分程密封钢带情况，必要时修复或更换。
3.2.3 检查修理管箱内各部件、接管等及其密封面，更换垫片并试压。
3.2.4 检查并修复管箱及承压环上的螺纹。
3.2.5 检查或更换密封盘，部分内法兰、内圈、外圈压紧螺栓以及定位销等易损件。
3.2.6 更换管箱内部密封垫（填料盘根）、密封带等。
3.2.7 更换部分螺栓、螺母。
3.2.8 壳体无损检验，堆焊层的检验。
3.2.9 壳体保温修补及防腐。

4 检修程序与质量标准

4.1 检修前准备

4.1.1 施工技术方案准备

掌握换热器的运行及上一次检修情况，备齐必要的图纸资料、施工方案、吊装方案、试压方案、进度网络图以及验收表格等。

4.1.2 施工工具准备

准备好拆装承压环、抽芯等专用工具及试验胎具、卡具等，必要时，可提前向锁紧环内注油润滑，内外圈压紧螺栓处喷松动剂。

4.1.3 材料准备

4.1.3.1 准备好要更换的零部件，具体要更换的零件根据检修周期及运行状况以及图纸实际准备。
4.1.3.2 准备好施工用耗材。

4.1.4 施工人员准备

4.1.4.1 现场检修施工人员经过的安全教育，持证上岗。
4.1.4.2 作业前要进行技术交底，熟悉施工方案、施工图纸、施工统筹、技术要求及有关资料，并掌握施工质量标准，每日施工作业前进行班前安全讲话，严格按照施工方案执行。
4.1.4.3 严格执行 HSE 相关的法律、法规及标准，遵守施工现场的各项安全管理规定。

4.1.5 施工条件确认

4.1.5.1 换热器或其所在单元已置换或处理完毕。
4.1.5.2 换热器或其所在单元已加设盲板隔离。

4.1.5.3 换热器或其所在单元介质可燃气或有毒气体经分析合格，具备施工条件。

4.1.5.4 对检修过程进行危害识别及风险评估、环境因素识别和影响评价，符合有关安全检修条件并按制度要求办理相关手续。

4.2 检修质量标准

4.2.1 一般要求

在承压环、密封盘、内件拆装以及管束拆装、运输和吊装作业中，严格按照制定的施工方案、吊装方案施工，在拆装过程中如发生卡涩，不能强力拆装，在分析查明原因后，方可继续施工。拆装承压环时应使用专门的工夹具，计算好配重，抽装管束时，应保护好管箱大螺纹，避免损伤大螺纹。移动和起吊管束时，应将管束放置在专用的支承结构上，以避免损伤管束。

4.2.2 拆卸过程

4.2.2.1 拆卸承压环及压盖

a）对换热器注油孔、压紧螺栓接触面加注松动剂。

b）拆除承压环工装螺栓位置丝堵，用卡尺量出承压环端面与壳体的相对距离，并做好记录。

c）用力矩扳手对称拆卸承压环压紧螺栓，先松开内圈压紧螺栓，再松开外圈螺栓，确定内外两圈螺栓不再压紧密封盘即可。（无法拆卸的压紧螺栓不可强行拆卸，避免压紧螺栓折断）。

d）安装拆卸工装，工装在吊车配合下使用。工装与承压环及压盖接触面要接触紧密，用螺栓将拆卸工装安装到压盖和承压环上，调整配重，找好水平和同轴度。

e）拆卸承压环。逐渐旋出承压环，同时记录旋转圈数，拆卸时工装应平稳转动，并随时保持平衡。如遇到卡涩现象，应重新找好水平，并尝试工装反转，然后再正转。当承压环即将脱离管箱时，调整主轴尾端配重，保证工装水平（使用水平尺），同时承压环受力需均匀，以免承压环螺纹损坏。承压环旋出后，承压环上的内、外压环需采取固定措施，防止承压环在吊装过程中脱。

f）在拆卸过程中，采取措施尽量避免大螺纹的损伤。若管箱或承压环上的大螺纹出现损伤，先用抛光砂轮打磨，再用金相砂纸打磨至符合要求，然后对螺纹按 NB/T 47013.5—2015 标准进行 100% 渗透检测，Ⅰ级合格。

g）在拆卸压紧螺栓过程中，若螺栓断裂，先用钻头在断裂的螺栓上钻孔，当快将螺栓钻透时，再用工具将螺栓剩余部分取出。

4.2.2.2 拆卸密封盘

在拆除密封盘之前，保护好管箱大螺纹，拆卸时应注意，将密封盘中央丝堵换为同规格的长螺栓，然后利用工装将密封盘抽出，密封盘拆下后，再拆卸压环等内件。

4.2.2.3 拆卸内法兰螺栓及分合环

分合环为多块，拆卸前做好顺序记号，测量分合环之间的间隙，一般开口环的间隙为 2.0mm。

4.2.2.4　拆卸分程箱半圆压盖及填料压盖等内件

4.2.2.5　拆卸内套筒、管箱

4.2.2.6　抽出管束

管束抽出前测量管板与管箱端面尺寸并做好标记，便于回装时确定管束是否到位，用制作的工装拉杆拉出管束，抽出管束时要保持水平，保护好管箱上的大螺纹，将管束抽出吊装放至专用支承结构上。

螺纹环式换热器密封结构见图 1。

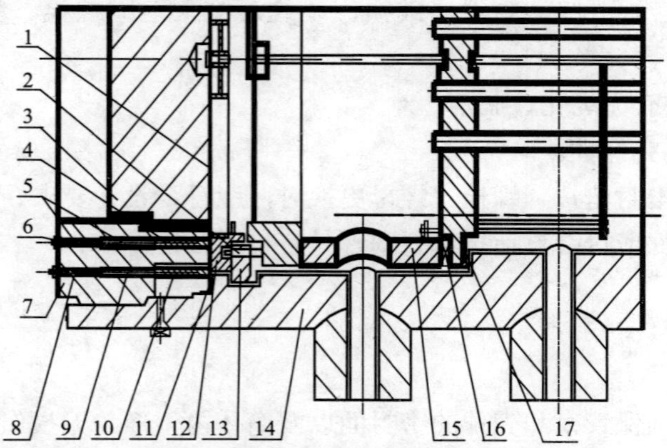

图 1　螺纹环式换热器密封结构示意图

1—密封盘；2—顶压螺栓；3—压盖；4—内压圈；5—内压杆；6—内压紧螺栓；7—承压环；8—外压紧螺栓；9—外压杆；10—外压圈；11—外密封垫片；12—压环；13—卡环；14—管箱壳体；15—内套筒；16—盘根；17—内密封垫片

4.2.3　检查与清扫

4.2.3.1　壳体的检查和检验

a）宏观检查壳体腐蚀、裂纹、变形等。按照 TSG 21《固定式压力容器安全技术监察规程》及SHS 01004《压力容器维护检修规程》的要求对壳体等受压元件进行全面检验。

b）对壳体堆焊层，密封槽、管板堆焊层及管板密封面进行无损检验，必要时进行剥离检查。

c）检查承压环及管箱上的大螺纹有无损伤、变形，管箱内各零部件有无变形，密封面有无损伤。

d）检查紧固件的损伤情况。对内法兰、内圈、外圈压紧螺栓逐个清洗检查，必要时应进行无损检测。

e）壳体修补按 SHS 01004《压力容器维护检修规程》的要求执行。

4.2.3.2　管束的检查和清扫

a）管束内、外表面应清理干净。

b）检查管接头焊口腐蚀及胀口开裂情况，管头进行100%渗透检测。

c）清理各密封面、检查密封面有无腐蚀、压伤、径向划痕，必要时应做表面无损检测。

d）换热管结垢、腐蚀检查，必要时进行涡流检测，检查换热管与折流板、定位杆等接触部位磨损及腐蚀情况

e）管束堵漏，在同一管程内，堵管数一般不超过其总数的10%。在工艺指标运行范围内，可适当增加堵管数。

f）换热管更换或管束整体更换应按GB/T 151《热交换器》或设计图纸要求进行。

4.2.3.3 其他检查

a）检查基础有无下沉、倾斜、破损、裂纹，检查地脚螺栓、垫铁等有无松动、损坏。

b）检查防腐层有无老化、脱落。

c）检查保温层完好性。

4.2.3.4 换热器的密封垫片、螺栓、螺母更换时，应符合设计要求。

4.2.3.5 所用零部件应符合设计技术要求，具有材质合格证。

4.2.4 回装过程

4.2.4.1 回装管束

管束回装前，确保管束和壳体的密封面以及筒体内干净、无损伤，然后将垫片固定安装，为避免垫片错位脱落，可以用四氟带固定，用黄油将其粘贴在管板密封面上。

回装时，要注意保护管箱大螺纹，注意保护垫片和壳体内的密封面，将水平尺放在平衡杆上，随时调整水平度，保证管束水平进入。管束安装到位后，加装好盘根。

4.2.4.2 回装管箱内件

用工装回装管程内套筒、分合环及内法兰螺栓等，管程内套筒就位后安装与进口之间的石墨盘根，压紧点焊。内法兰螺栓在安装前螺纹部分涂防高温咬合剂。

内法兰螺栓拆装过程按SHS 01009《管壳式换热器维护检修规程》执行。

4.2.4.3 壳程气密试验

安装分合环和顶压螺栓后，壳程进行0.6MPa气密试验，在试验压力下保持1h，表压不掉压、管头无泄漏、管板与壳体之间无泄漏为合格。若管头有泄漏，泄压后按照焊接工艺进行修补，修补后管头进行100%渗透检测，按照NB/T47013.5标准，I级合格；若换热管有泄漏，泄压后对管头按照焊接工艺进行堵焊，堵焊后对焊接接头进行100%PT检测，按照NB/T47013.5标准，I级合格。

4.2.4.4 安装管程内套筒盖板及垫片，然后组装压环、支架等。

4.2.4.5 更换管程密封垫片、回装密封盘

密封盘回装前先检查密封盘是否完好，密封面凸台是否干净，然后将钢垫贴合在密封盘上，与保护装置同轴安装，安装到位后固定（可楔石棉板固定），防止在回装承压

环的过程中密封盘松动导致密封垫错位。

4.2.4.6 回装螺纹承压环及压盖

组装螺纹承压环及压盖，承压环螺纹涂防高温咬合剂。用工装将承压环及压盖进行固定，与拆卸时要求一致，保持水平，且与壳体同轴，缓慢旋入壳体，旋入时保持螺纹紧贴咬合，旋入后及时调整工装支点位置，保持轴向松紧度，记录旋转圈数与拆卸时圈数一致，测量回装是否到位。

回装内外压紧螺栓，回装前内外压紧螺栓涂防高温咬合剂予以保护。用扭矩扳手进行外圈压紧螺栓对称的紧固，且应交叉对称均匀拧紧，逐渐增加扭矩，可分 3 次把紧，分别为 50%、80%、100% 设计力矩。内圈压紧螺栓在确定与密封盘接触后倒退三扣。

4.2.5 H-L 型螺纹锁紧环换热器的检修

由于 H-L 型螺纹锁紧环换热器的管箱结构较 H-H 型简单，管板与管箱为一体，内密封垫片不在管箱内，没有内部分合环等部件，检修过程相对简单。

壳程的拆出和回装。拆卸管箱与壳体大法兰的螺栓、螺母，将换热器壳程沿轨道退出，实现与管束的分离。

5 试验与验收

5.1 试验前准备

5.1.1 设备及其所在单元施工完毕，相关检修记录齐全准确，施工质量合格并经过验收。

5.1.2 现场场地已清理完毕，没有影响设备试压的。

5.1.3 公用工程（电气、仪表）的经过检查、确认。

5.2 试压

5.2.1 试压一般要求

5.2.1.1 试压过程应按照 TSG 21《固定式压力容器安全技术监察规程》的规定进行。换热器各部位无破裂、渗漏、残余变形、无异常的响声为合格。如有问题，泄压后进行处理，然后重新进行试验。

5.2.1.2 试验压力的确定

试验压力按 TSG 21《固定式压力容器安全技术监察规程》确定。

5.2.1.3 试验介质

气密性试验介质可用压缩空气，液压试验介质通常采用洁净水为介质，试压用水的氯离子含量不得大于 25mg/L，水温应不低于 15℃。

5.2.1.4 试验时间

试压过程中应缓慢升压，在试验压力下停留不少于 30min。

5.2.2 壳程气密性试验

5.2.2.1 对于 H-H 型螺纹锁紧环换热器，在组装管箱垫片、管束、分程箱、分合环到壳体中，内部螺栓已安装到位后进行气密性试验。
5.2.2.2 对于 H-L 型螺纹锁紧环换热器，壳体安装完成后进行气密性试验。
5.2.2.3 壳程侧通入 0.6MPa 的压缩空气，对壳程进行系统气密试验，检查换热管与管板的焊接接头、管板与壳体的密封情况，无泄漏为合格。

5.2.3 壳程压力试验（压差试验）

5.2.3.1 壳程气密性试验合格后，对壳程进行水压试验。
5.2.3.2 在壳程侧加压至设定的水压试验差压，对管板进行压差试验。
5.2.3.3 检查换热管与管板的连接强度与严密性，检查壳体、换热管与管板接头及有关部位。此过程中要保证管程与壳程之间压差不得超过管板压差，合格后降压。

5.2.4 管程和壳程压力试验

5.2.4.1 在壳程压差试验完毕后，组装其余管箱内件至安装位置，内圈压紧螺栓应处于松弛状态；方可进行管程、壳程水压试验。
5.2.4.2 在壳程和管程两侧同时充水加压至设计规定的试验压力，加压过程中保持压差不得超过设计压差；检查合格后，管程和壳程应同时降压直至放空。
5.2.4.3 在试压过程中，如果发现有内漏，应检查原因、调节安装内构件直至合格。不得以上紧内圈压紧螺栓消除泄漏。
5.2.4.4 在水压试验过程中，应使承压环上内圈压紧螺栓 ，保持松弛状态，在操作过程中当壳程和管程出现内漏时，应以对称顺序逐渐对内圈压紧螺栓把紧，直到不漏为止。
5.2.4.5 水压试验完毕后，应放净积水，并用压缩空气将内部吹干。

5.2.5 H-L 型换热器管程壳程压力试验

5.2.5.1 壳程水压试验，试验压力按设计要求；从管箱侧检查管头，合格后泄压。
5.2.5.2 组装管箱内件及压盖螺纹环等，进行管程水压试验，试验压力按设计要求；检查管箱密封，合格后泄压。

5.3 验收

5.3.1 设备运行各项指标达到技术要求或能满足生产需要后连续运行一周以上。
5.3.2 设备防腐、保温完整无损，达到完好标准。
5.3.3 检修竣工资料应符合 SH/T 3503 的有关要求。

6 维护与故障处理

6.1 日常维护

6.1.1 在装置开停工时，控制升温、升压及降温、降压的速度，防止设备产生过大的热应力及疲劳损坏。

6.1.2 对于H-H型螺纹锁紧环换热器，在开停工以及运行过程中应确认换热器管壳程通畅，控制管、壳程压差不超过设计规定的压差。

6.1.3 巡检过程中认真检查设备运行参数，严禁超温、超压。对按压差设计的换热器，在运行过程中不得超过规定的压差。

6.1.4 操作人员应严格遵守安全操作规程，定时对换热设备进行巡回检查，检查设备泄漏及基础支座稳固等。

6.1.5 应经常对管、壳程介质的温度及压降进行检查，分析换热器的泄漏和结垢情况。在压降增大和传热系数降低超过一定数值时，应根据介质和换热器的结构，选择有效的方法进行清洗。

6.1.6 应经常检查换热器的振动情况。

6.1.8 保持保温层完好。

6.2 常见故障与处理

螺纹锁紧环换热器常见功能故障与处理方法见表1。

表1 螺纹锁紧环换热器常见功能故障与处理方法

序号	功能	功能故障	故障模式	故障后果	故障应对策略与检修内容	检修周期/月
1	保证管壳程介质隔离，完成换热	两种介质互串（内漏）	壳程垫片未压紧	影响产品质量、非计划停工	定期巡检；定期取样分析，根据数据判断是否发生内漏；适当增加扭矩把紧承压环内圈压紧螺栓	巡检周期 分析周期
			壳程垫片失效或密封面损伤	影响产品质量、非计划停工	定期巡检；定期取样分析，根据数据判断是否发生内漏；内漏时停工检修，修复密封面，更换壳程垫片	巡检周期 分析周期
			密封盘变形严重或压紧结构卡涩	影响产品质量、非计划停工	定期巡检；定期取样分析，根据数据判断是否发生内漏；内漏时停工检修，重新装配管箱内构件	巡检周期 分析周期

表 1　螺纹锁紧环换热器常见功能故障与处理方法（续）

序号	功能	功能故障	故障模式	故障后果	故障应对策略与检修内容	检修周期 / 月
1	保证管壳程介质隔离，完成换热	两种介质互串（内漏）	换热管腐蚀穿孔、开裂	影响产品质量、非计划停工	定期巡检；定期取样分析，根据数据判断是否发生内漏；内漏时停工检修，更换或堵死泄漏的换热管	巡检周期 分析周期
			换热管与管板胀口（焊口）开裂	影响产品质量、非计划停工	定期巡检；定期取样分析，根据数据判断是否发生内漏；内漏时停工检修，重胀（补焊）或堵死	巡检周期 分析周期
2	保证管程介质隔离，完成换热	管箱处密封泄漏（外漏）	管程垫片未压紧	火灾、爆炸、环境污染、非计划停工	开工后把紧；若发生泄漏适当增加扭矩把紧承压环外圈压紧螺栓	视情而定
			管程垫片失效或密封面损伤	火灾、爆炸、环境污染、非计划停工	检修时修复密封面，更换管程垫片	巡检周期
			密封盘变形严重或压紧结构卡涩	火灾、爆炸、环境污染、非计划停工	检修时重新装配管箱内构件	巡检周期
3	保证换热效果	传热效果差	换热管结垢结盐	换热效果差，能耗增加，增加腐蚀泄漏风险	1. 保证换热器前注水量及方式； 2. 检修时清洗管束	视情而定
			入口填料未压紧	换热效果差，能耗增加	检修时重新装配压紧入口盘根	检修周期
			双壳程密封钢带失效	换热效果差，能耗增加	检修时重新修理管束钢带	检修周期
4	保证换热效果	阻力降超过允许值（或工艺卡片中要求的压差）	换热管结垢结盐	换热效果差，能耗增加，增加腐蚀泄漏风险	1. 保证换热器前注水量及方式； 2. 检修时清洗管束	视情而定

表 1　螺纹锁紧环换热器常见功能故障与处理方法（续）

序号	功能	功能故障	故障模式	故障后果	故障应对策略与检修内容	检修周期／月
5	保证壳程介质隔离，完成换热	管箱处密封泄漏（外漏）	产品质量问题	火灾、爆炸、环境污染、非计划停工	1. 优化产品制造工序； 2. 中间质量监控	保证产品质量
			检修质量问题	火灾、爆炸、环境污染、非计划停工	1. 检修质量监控； 2. 按规范进行压力容器检测	检修周期
			开停工过程不当或工艺介质腐蚀	火灾、爆炸、环境污染、非计划停工	1. 优化开停工过程； 2. 监控工艺介质腐蚀介质	开停工阶段，日常运行

附　录　A

（资料性附录）

螺纹锁紧环换热器检修质量控制确认表

序号	检修主要内容	质量标准	控制级别	检查情况	施工单位	生产装置	设备管理部门	日期
1	检查筒体的腐蚀、裂纹、变形以及机械损伤情况，必要时对焊缝进行无损探伤及硬度检测	TSG 21《固定式压力容器安全技术监察规程》	B					
2	对壳体堆焊层，垫片槽、管板堆焊层和焊口管板密封面进行无损检验，必要时进行剥离扫查。	TSG 21《固定式压力容器安全技术监察规程》	B					
3	检查承压环及管箱上的大螺纹有无损伤、变形，管箱内各零部件有无变形，密封面有无损伤。	TSG 21《固定式压力容器安全技术监察规程》	B					
4	检查紧固件的损伤情况。对内法兰、内圈、外圈压紧螺栓逐个清洗检查，必要时应进行无损检测	各部件清洗干净，尺寸符合设计要求	B					
5	筒体内部清理	筒体内部清理干净	B					
6	管束清洗	管束内、外表面应清理干净	B					
7	检查管接头焊口腐蚀及胀口开裂情况	管头进行100%PT检测，按照NB/T47013.5标准，I级合格。	B					
8	清理各密封面、检查密封面有无腐蚀、压伤、径向划痕，必要时应做表面无损检	ASME-PCC-1-2010	B					
9	检查换热管结垢、腐蚀情况，必要时进行涡流检测，检查换热管与折流板、定位杆等接触部位磨损及腐蚀情况	满足下一运行周期需要	A					

螺纹锁紧环换热器检修质量控制确认表（续）

序号	检修主要内容	质量标准	控制级别	检查情况	施工单位	生产装置	设备管理部门	日期
10	管束堵管情况	在同一管程内，堵管数一般不超过其总数的10%。在工艺指标运行范围内，可适当增加堵管数	B					
11	分程箱端面距离（至少四处）		B					
12	顶压螺栓紧固力矩	螺栓规格：　紧固力矩值：　N·m	B					
13	外圈压螺栓紧固力矩	螺栓规格：　紧固力矩值：　N·m	B					
14	拆卸时壳程气密性试验	试验压力：　0.6MPa； 试压时间：　min	B					
15	安装时壳程气密性试验	试验压力：　0.6MPa； 试压时间：　min	B					
16	壳程压力试验（压差试验）	试验压力：　MPa； 试压时间：　min	B					
17	管程和壳程压力试验（同时）	试验压力：管程：MPa； 壳程：　MPa 试压时间：　min	B					

注： A级：施工单位、生产装置、设备管理部门专业人员检查确认后签字。

B级：施工单位和生产装置专业人员检查确认后签字。

C级：施工单位专业人员检查确认后签字。

另：如果有监理，监理的职责由甲方授权。

52. Ω 密封环换热器维护检修规程

SHS 01054—2019

目　次

前　言

本规程按照 GB/T 1.1—2009《标准化工作导则　第 1 部分：标准的结构和编写》给出的规则起草。

本规程由中国石油化工集团有限公司、中国石油化工股份有限公司提出。

本规程起草单位：中国石油化工股份有限公司北京燕山分公司。

本规程主要起草人：李辉、刘建忠、何亚峰。

本规程 2019 年首次发布。

Ω密封环换热器维护检修规程

1 总则

1.1 主题内容

本规程规定了Ω密封环换热器的检修周期与内容、检修程序与质量标准、试验与验收、维护与故障处理。

1.2 适用范围

本规程适用于石油化工装置Ω密封环换热器维护和检修。

2 规范性引用文件

下列文件中的条款通过本规程的引用而成为本规程的条款。凡是注日期的引用文件，其随后所有的修改单（不包括勘误的内容）或修订版均不适用于本规程，然而，鼓励根据本规程达成协议的各方研究是否可使用这些文件的最新版本。凡是不注日期的引用文件，其最新版本适用于本标准。

GB/T 150.1～150.4 压力容器

GB/T 151 热交换器

NB/T 47013 承压设备无损检测

TSG 21 固定式压力容器安全技术监察规程

3 检修周期与内容

3.1 检修周期

根据TSG 21《固定式压力容器安全技术监察规程》的要求和对Ω密封环换热器的功能故障及其影响分析结果，结合设备运行状况和装置运行周期确定检修周期，一般为36～48个月。

3.2 检修内容

3.2.1 Ω密封环的切割与焊接、抽芯、管束和壳体清扫。

3.2.2 检查管束焊口、胀口，检查分程密封钢带情况，必要时修复或更换。

3.2.3 检查修理管箱、接管等及其密封面，更换垫片并试压。
3.2.4 更换部分螺栓、螺母。
3.2.5 壳体无损检验，堆焊层的检验。
3.2.6 壳体保温修补及防腐。

4 检修程序与质量标准

4.1 检修前准备

4.1.1 施工技术方案准备

掌握运行情况及换热器的内部结构及上一次检修情况，备齐必要的图纸资料、施工方案、吊装方案、试压方案、进度网络图以及验收表格等。

4.1.2 施工工具准备

准备好拆装Ω环、抽芯等专用工具及试验胎具、卡具等。必要时，可提前向管箱、管法兰螺栓处喷松动剂。

4.1.3 材料准备

4.1.3.1 准备好要更换的零部件，具体要更换的零件根据检修周期及运行状况，根据图纸实际准备。
4.1.3.2 准备好施工用耗材。

4.1.4 施工人员准备

4.1.4.1 现场检修施工人员经过的安全教育，持证上岗。
4.1.4.2 作业前要进行技术交底，熟悉施工方案、施工图纸、施工统筹、技术要求及有关资料，并掌握施工质量标准，每日施工作业前进行班前安全讲话，严格按照施工方案执行。
4.1.4.3 严格执行HSE相关的法律、法规及标准，遵守施工现场的各项安全管理规定。

4.1.5 施工条件确认

4.1.5.1 换热器或其所在单元已置换或处理完毕。
4.1.5.2 换热器或其所在单元已加设盲板隔离。
4.1.5.3 换热器或其所在单元介质可燃气或有毒气体经分析合格，具备施工条件。
4.1.5.4 对检修过程进行危害识别及风险评估、环境因素识别和影响评价，符合有关安全检修条件并按制度要求办理相关手续。

4.2 检修质量标准

4.2.1 一般要求

4.2.1.1 Ω密封环换热器的管板与管箱法兰、壳体法兰的密封采用Ω环密封结构，Ω密封环换热器的拆装难度在于切割和焊接两个Ω环半环，其余与U型管换热器要求相同。本规程只对Ω环的切割和焊接进行规定，其余部分参照SHS 01009《管壳式换热器维护检修规程》执行。

4.2.1.2 检查管板上是否有拆装定位装置，宜在管板上设置定位吊耳，便于两个Ω半环对中定位，又便于管箱及管束拆装过程中把紧，参见图1。

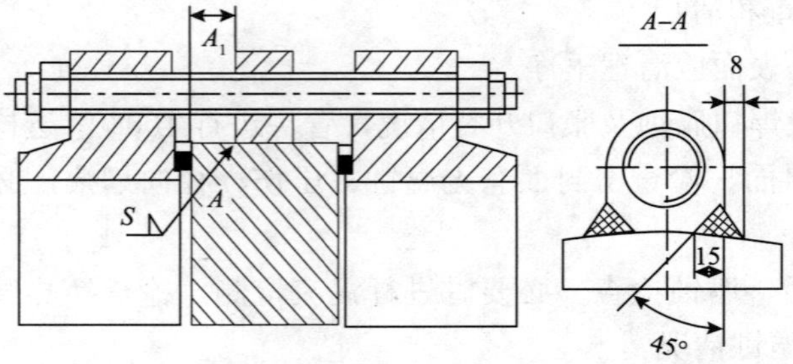

图1 Ω环拆装结构

4.2.2 拆卸管箱

4.2.2.1 将设备法兰上穿过吊耳的4条定位螺柱以外的螺柱拆掉，使用手动切割或自动切割工具将管板与管箱法兰连接的Ω环沿中线切割开，保留定位螺柱下方无法切割部分。

4.2.2.2 在4条定位螺柱附近安装至少4条螺柱夹紧管板，再将4条定位螺柱拆掉，移至壳体法兰螺栓孔与管板支耳螺栓孔中，使壳体与管板维持连接。或直接采用吊车吊着管箱，保持管箱位置不变，拆掉4条定位螺柱。

4.2.2.3 使用手动切割或自动切割工具将定位螺柱下方管板与管箱法兰连接的Ω环沿中线切割开。

4.2.2.4 拆卸管箱。

4.2.3 拆卸管束

4.2.3.1 使用手动切割或自动切割工具将管板与壳体法兰连接的Ω环沿中线切割开，保留定位螺柱下方无法切割部分。

4.2.3.2 垫平管板，将4条定位螺柱卸掉，使用手动切割或自动切割工具将定位螺柱下方管板与壳体法兰连接的Ω环沿中线切割开。

4.2.3.3 在管板端面安装环首螺钉，缓缓抽拉管束，保护好Ω环。

4.2.4 检查与清扫

4.2.4.1 壳体的检查和检验

a）宏观检查壳体腐蚀、裂纹、变形等。按照 TSG 21《固定式压力容器安全技术监察规程》及SHS 01004《压力容器维护检修规程》的要求对壳体等受压元件进行全面检验。

b）对壳体堆焊层，管板堆焊层及管板密封面进行无损检验，必要时进行剥离扫查。

c）检查 Ω 密封环及焊缝有无损伤、变形。

d）检查紧固件的损伤情况。对高压螺栓、螺母应逐个清洗检查，必要时进行无损检测。

e）壳体修补按 SHS 01004《压力容器维护检修规程》的要求执行。

4.2.4.2 管束的检查和清扫

a）管束内、外表面应清理干净。

b）检查管接头焊口腐蚀及胀口开裂情况，管头进行 100% 渗透检测。

c）清理各密封面、检查密封面有无腐蚀、压伤、径向划痕，必要时应做表面无损检测。

d）换热管结垢、腐蚀检查，必要时进行涡流检测，检查换热管与折流板、定位杆等接触部位磨损及腐蚀情况

e）管束堵漏，在同一管程内，堵管数一般不超过其总数的 10%。在工艺指标运行范围内，可适当增加堵管数。

f）换热管更换或管束整体更换应按 GB/T 151《热交换器》或设计图纸要求进行。

4.2.4.3 其他检查

a）检查基础有无下沉、倾斜、破损、裂纹，检查地脚螺栓、垫铁等有无松动、损坏。

b）检查防腐层有无老化、脱落。

c）检查保温层的完好性。

4.2.4.4 换热器的密封垫片、螺栓、螺母的更换时，应符合设计要求。

4.2.4.5 所用零部件应符合设计技术要求，具有材质合格证。

4.2.5 Ω 环组装

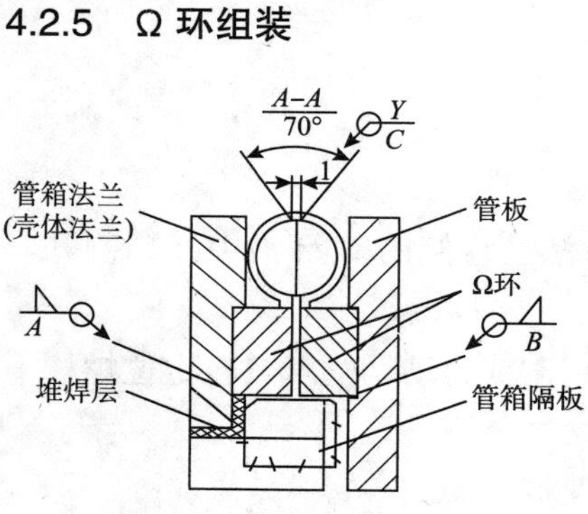

图 2 Ω 环组装打磨坡口

4.2.5.1 组装前打磨两个 Ω 半环之间的坡口，对接时开 70° V 形坡口，间隙控制在 1mm 左右，见图 2。

4.2.5.2 组对 Ω 环焊接

a）焊接方案要考虑到现场热处理及变形问题，对接接头按 NB/T47013.5 进行 100% 渗透检测，Ⅰ级合格，必要时做焊接工艺评定。

b）Ω 环组装时，应保证两个 Ω 半环与设备法兰及管板的同心度及垂直度。

c）安装四条定位螺柱，并施加一定的预紧力，通过测量法兰与管板之间间隙，使其均匀，并保证两个Ω半环之间的间隙。

d）两个Ω半环对接焊缝的错边量要求不大于0.5mm，分二层焊接，采用氩弧焊，焊接余高控制在1.5mm左右。每焊接完一层，均应进行渗透探伤，Ⅰ级合格。另外，整个环焊缝的焊接应采用小电流、分段倒退、对称跳焊法，以避免造成Ω环焊接变形或错边，影响密封质量。

4.2.6 Ω环更换

4.2.6.1 Ω环使用寿命

a）Ω环的使用寿命主要取决于两个Ω半环间对接焊缝的质量，对装拆、焊接工艺进行严格的控制，Ω环切割多次后或发现有缺陷时需要拆卸更换。

b）为防止Ω环母材的损坏，每次拆卸时应对Ω环的内、外表面进行检查，发现并处理可能出现的缺陷。

4.2.6.2 Ω环更换

a）将Ω环与设备法兰或管板的焊缝打磨干净，按NB/T47013.5进行100%渗透检测，Ⅰ级合格。

b）长期使用的加氢Ω密封环换热器内部堆焊层存在氢损伤，更换Ω环前须做消氢热处理。

c）组装Ω环，保证Ω环与设备法兰或管板的同心度，偏差不大于0.5mm。

d）将Ω环与设备法兰或管板进行焊接，二者形式均为角焊缝结构，为了防止Ω环产生变形，焊接时，特别是打底焊，必须采用小直径焊条、小电流、分段倒退对称跳焊法，并至少焊两层。每层焊完均要求进行100%渗透检测，Ⅰ级合格。

5 试验与验收

5.1 试验前准备

5.1.1 设备及其所在单元施工完毕，相关检修记录齐全准确，施工质量合格并经过验收。

5.1.2 现场场地已清理完毕，没有影响设备试压的。

5.1.3 公用工程（电气、仪表）的经过检查、确认。

5.2 试压

5.2.1 试压一般要求

5.2.1.1 试压过程应按照TSG 21《固定式压力容器安全技术监察规程》的规定进行。换热器各部位无破裂、渗漏、残余变形、无异常的响声为合格。如有问题，泄压后进行处理，然后重新进行试验。

5.2.1.2 试验压力的确定

试验压力按 TSG 21《固定式压力容器安全技术监察规程》确定。

5.2.1.3 试验介质

气密性试验介质可用压缩空气，液压试验介质通常采用洁净水为介质，试压用水的氯离子含量不得大于 25mg/L，水温应不低于 15℃。

5.2.1.4 试验时间

试压过程中应缓慢升压，在试验压力下停留不少于 30min。

5.2.2 压力试验

未按压差设计的换热器按 SHS 01009《管壳式换热器维护检修规程》执行。按压差设计的换热器在试压过程中确保管壳程之间的压差不超过设计压差值。

5.3 验收

5.3.1 设备运行各项指标达到技术要求或能满足生产需要后连续运行一周以上。

5.3.2 设备防腐、保温完整无损，达到完好标准。

5.3.3 检修竣工资料应符合 SH/T 3503 的有关要求。

6 维护与故障处理

6.1 日常维护

6.1.1 在装置开停工时，控制升温、升压及降温、降压的速度，防止设备产生过大的热应力及疲劳损坏。

6.1.2 采用热态开工，使整个反应系统在较短的时间内升到较高的温度（高于硫化物露点温度），可有效防止在开工过程中发生连多硫酸应力腐蚀，

6.1.3 巡检过程中认真检查设备运行参数，严禁超温、超压。对按压差设计的换热器，在运行过程中不得超过规定的压差。

6.1.4 操作人员应严格遵守安全操作规程，定时对换热设备进行巡回检查，检查设备泄漏及基础支座稳固等。

6.1.5 应经常对管、壳程介质的温度及压降进行检查，分析换热器的泄漏和结垢情况。在压降增大和传热系数降低超过一定数值时，应根据介质和换热器的结构，选择有效的方法进行清洗。

6.1.6 应经常检查换热器的振动情况。

6.1.7 保持保温层完好。

6.2 常见故障与处理

Ω 密封环换热器常见功能故障与处理方法见表 1。

表 1　Ω 密封环换热器常见功能故障与处理方法

序号	功能	功能故障	故障模式	故障后果	故障应对策略与检修内容	检修周期／月
1	保证管壳程介质隔离，完成换热	两种介质互串（内漏）	换热管腐蚀穿孔、开裂	影响产品质量、非计划停工	定期巡检；定期取样分析，根据数据判断是否发生内漏；内漏时停工检修，更换或堵死泄漏的换热管	巡检周期 分析周期
			换热管与管板胀口（焊口）开裂	影响产品质量、非计划停工	定期巡检；定期取样分析，根据数据判断是否发生内漏；内漏时停工检修，重胀（补焊）或堵死	巡检周期 分析周期
2	保证管程介质隔离，完成换热	管箱处密封泄漏（外漏）	Ω 环开裂	火灾、爆炸、环境污染、非计划停工	1. 补焊、堵漏； 2. 停工检修	视情而定
			Ω 环与管箱法兰或壳程法兰焊接失效	火灾、爆炸、环境污染、非计划停工	更换 Ω 环	巡检周期
3	保证换热效果	传热效果差	换热管结垢结盐	换热效果差，能耗增加，增加腐蚀泄漏风险	1. 保证换热器前注水量及方式； 2. 检修时清洗管束	视情而定
			双壳程密封钢带失效	换热效果差，能耗增加	检修时重新修理管束钢带	检修周期
4	保证换热效果	阻力降超过允许值（或工艺卡片中要求的压差）	换热管结垢结盐	换热效果差，能耗增加，增加腐蚀泄漏风险	1. 保证换热器前注水量及方式； 2. 检修时清洗管束	视情而定

附 录 A
（资料性附录）
Ω密封环换热器检修质量控制确认表

序号	检修主要内容	质量标准	控制级别	检查情况	施工单位	生产装置	设备管理部门	日期
1	检查筒体的腐蚀、裂纹、变形以及机械损伤情况，必要时对焊缝进行无损探伤及硬度检测	TSG 21《固定式压力容器安全技术监察规程》	B					
2	对壳体堆焊层，垫片槽、管板堆焊层和焊口管板密封面进行无损检验，必要时进行剥离扫查	TSG 21《固定式压力容器安全技术监察规程》	B					
3	检查紧固件的损伤情况。对螺栓逐个清洗检查，必要时应进行无损检测	各部件清洗干净，尺寸符合设计要求	B					
4	筒体内部清理	筒体内部清理干净	B					
5	管束清洗	管束内、外表面应清理干净	B					
6	检查管接头焊口腐蚀及胀口开裂情况	管头进行100%PT检测，按照NB/T 47013.5标准，I级合格。	B					
7	清理各密封面、检查密封面有无腐蚀、压伤、径向划痕，必要时应做表面无损检	ASME-PCC-1-2010	B					
8	检查换热管结垢、腐蚀情况，必要时进行涡流检测，检查换热管与折流板、定位杆等接触部位磨损及腐蚀情况	满足下一运行周期需要	A					

Ω密封环换热器检修质量控制确认表（续）

序号	检修主要内容	质量标准	控制级别	检查情况	施工单位	生产装置	设备管理部门	日期
9	管束堵管情况	在同一管程内，堵管数一般不超过其总数的10%。在工艺指标运行范围内，可适当增加堵管数	B					
10	筒体侧Ω环组装焊接与检验	100%PT检测，按照NB/T 47013.5标准，Ⅰ级合格	A					
11	管箱侧Ω环组装焊接与检验	100%PT检测，按照NB/T 47013.5—2015标准，Ⅰ级合格	A					
12	管箱法兰螺栓紧固力矩紧固	螺栓规格：　　紧固力矩值：　　N·m	B					
13	壳程压力试验	试验压力：　　MPa；试压时间：　　min	B					
14	管程压力试验	试验压力：　　MPa；试压时间：　　min	B					
15	管程和壳程压力试验（若按压差设计）	试验压力：管程：　　MPa；壳程：　　MPa 试压时间：　　min	B					

注： A级：施工单位、生产装置、设备管理部门专业人员检查确认后签字。

B级：施工单位和生产装置专业人员检查确认后签字。

C级：施工单位专业人员检查确认后签字。

另：如果有监理，监理的职责由甲方授权。

53. 液力透平维护检修规程

SHS 01055—2019

目　次

前　言

本规程按照GB/T 1.1—2009《标准化工作导则　第1部分：标准的结构和编写》给出的规则起草。

本规程由中国石油化工集团有限公司、中国石油化工股份有限公司提出。

本规程起草单位：中国石油化工股份有限公司武汉分公司。

本规程主要起草人：邓杰、商景军。

本规程2019年首次发布。

液力透平维护检修规程

1 范围

1.1 主题内容

本规程规定了液力透平的检修周期与内容、检修程序与质量标准、试车与验收、维护与故障处理。

1.2 适用范围

本规程适用于石油化工 BB5 型液力透平的维护与检修。

2 规范性引用文件

下列文件中的条款通过本规程的引用而成为本规程的条款。凡是注日期的引用文件，其随后所有的修改单（不包括勘误的内容）或修订版均不适用于本规程，然而，鼓励根据本规程达成协议的各方研究是否可使用这些文件的最新版本。凡是不注日期的引用文件，其最新版本适用于本标准。

GB/T 3215　石油、重化学和天然气工业用离心泵

GB/T 16907　离心泵技术条件（Ⅰ类）

HG/T 4591　化工液力透平

API 610　石油化工及天然气工业用离心泵

3 检修周期与内容

3.1 检修周期

根据对液力透平功能故障及其影响分析的结果、有无备用设备并结合生产装置运行周期，确定设备检修周期，一般为 36 个月或随装置检修周期确定。

3.2 检修内容

3.2.1　检查液力透平联轴器与离合器对中情况，拆装联轴器并检查联轴器各部件有无损伤。

3.2.2　检查并清洗冷却水系统，结合实际运行情况进行化学清洗。

3.2.3　检查润滑油系统，更换润滑油滤芯并对冷却器进行试压检查；对油泵进行解体

检查及检修。

3.2.4 解体检查并清洗轴承箱、油视镜，并对轴承各部件进行清洗、测量径向轴承、推力轴承间隙。

3.2.5 解体检查机械密封并更换损坏件，同步对密封辅助系统进行解体、清洗检查并更换损坏件。

3.2.6 解体检查各零部件的磨损、腐蚀和冲蚀情况。透平轴、叶轮、平衡鼓、推力盘必要时进行无损探伤。

3.2.7 测量主轴及转子各部圆跳动和端面跳动视情况校正或更换处理，必要时对转子（或叶轮）做动平衡校检。

3.2.8 测量并调整转子的轴向窜动量。

3.2.9 检查泵体、基础、地角螺栓及进口法兰的错位情况，防止将附加应力施加于泵体，必要时重新配管。

3.2.10 液力透平所属电机检修由电气专业同步完成。

3.2.11 检查液力透平所属联锁、测振、测温探头、压力、液位显示及远传的检修由仪表专业同步完成。

3.2.12 检查、校验液力透平所属单向阀、调节阀、切断阀调节器、执行机构，视情况对调节阀、切换阀实施检查或返厂检修。

3.2.13 检查超越离合器内部轴承、凸轮、离合器组件等部件以及变速机部件的磨损情况。

4 检修程序与质量标准

4.1 检修前准备

4.1.1 掌握液力透平前期运行情况、设备内部结构及上一次检修情况，备齐必要的图纸和资料，做好检修施工方案。

4.1.2 备齐检修工具、量具、起重机具。

4.1.3 准备好检修需要的设备配件及材料。

4.1.4 组织施工人员进行技术交底，熟悉施工方案、施工图纸、技术要求及有关资料，并掌握施工质量标准。

4.1.5 对检修前设备状态进行确认，切断电源、关闭液力透平进出口阀及设备与系统的联系、放净液力透平内介质等各项工作应符合安全、环保、质量等方面要求，达到设备安全与检修条件；对检修过程进行危害识别及风险评估、环境因素识别和影响评价，并办理好检修相关票证。

4.2 拆卸与检测

4.2.1 拆卸附属管线、设施，断开电气仪表连接，并检查清扫。

4.2.2 拆卸联轴器安全罩，检查联轴器对中，设定联轴器的定位标记并做好记录。

4.2.3 先拆卸两侧分半托架及轴承，再拆卸轴承相关仪表探头，检查滑动轴承以及推力盘磨损情况、止口或定位销使用情况，必要时可修复止口或者重新加工销孔；测量径向轴承间隙和推力轴承间隙。

4.2.4 拆除两侧机械密封，拆除时注意缓慢拆卸，以防在密封腔内部有残留介质，检查密封止口使用情况。

4.2.5 拆卸泵盖螺栓，按照对称位置进行拆卸，拆卸时对螺栓及螺母进行编号。

4.2.6 拆卸并清洗干净内芯部件外表面。

4.2.7 测量转子的轴向窜量。

4.2.8 解体内芯，逐级拆解并编号，过盈配合的叶轮需加热拆卸，加热温度不能高于120℃。

4.2.9 检查叶轮口环、叶轮内孔、轴表面的使用情况，必要时需进行更换。

4.2.10 拆卸转子，测量主轴径向圆跳动，如图1所示。

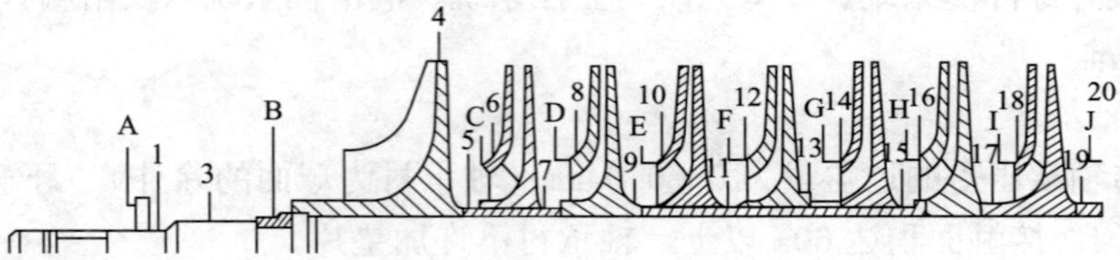

图 1

4.2.11 检查叶轮、导叶流道部分是否有冲刷、磨损、腐蚀结垢等情况。

4.2.12 检查超越离合器的油封、轴承、凸轮、外圈及衬垫、离合器组件等部件的磨损情况。

4.3 回装及质量标准

4.3.1 回装

4.3.1.1 准备好所有需要使用的工具，准备图纸等资料。

4.3.1.2 确保所有零部件清洗干净，检验合格。

4.3.1.3 按照编号回装叶轮以及导叶，叶轮允许热装，每装一级叶轮及导叶后需要随时测量转子串量，满足设计要求。

4.3.1.4 装入平衡鼓、分半卡环，清理干净平衡套表面，放好定位销，装入端盖部件上。

4.3.1.5 利用专用工具将组装好的内泵体移入筒体内部，测量转子总串量，转子定中心时取总串量的一半，入口轴向间隙应比出口的轴向间隙大0.50～1.00mm。

4.3.1.6 将内芯安装完毕，测量筒体与内芯端面的距离、内筒体与大盖的距离、测量泵盖的伸出长度，计算出密封垫片的压缩量，保证密封安全可靠。

4.3.1.7 安装两侧机械密封，紧固机械密封压盖与密封腔体的连接螺栓，注意不能拆开机械密封限位板，不能锁紧机械密封轴套的定位螺栓。

4.3.1.8　安装两侧下部轴承托架，安装好轴承仪表相关探头及接线，安装下部滑动轴承，检查转子与定子之间的同心度，注意油封、防尘盘等小件的安装。

4.3.1.9　检查滑动轴承的瓦背紧力，可通过上瓦背压铅丝来确定，一般控制在0～0.04mm。

4.3.1.10　安装推力轴承，检查推力轴承间隙，一般控制在0.30～0.50mm，具体参照随机资料执行，如图2所示。

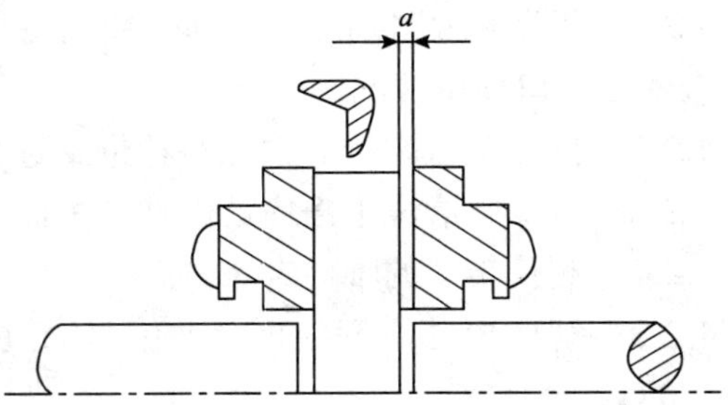

图2

4.3.1.11　固定推力轴承位置，将转子的串量按照设计要求分配，可以通过调整垫来实现。推力轴承定位后，拆开机械密封限位板，锁紧机械密封的轴套定位螺栓。

4.3.1.12　回装离合器组件、凸轮、外圈及衬垫、轴承、油封等部件。

4.3.1.13　安装外部冲洗系统、冷却系统、监控系统、润滑油系统以及附属管线。

4.3.2　质量标准

4.3.2.1　滑动轴承

a）轴承与轴承压盖的过盈量为0～0.04mm（轴承衬为球面的除外），下轴承衬与轴承座接触应均匀，接触面积达60%以上，轴承衬不许加垫片。

b）更换轴承时，轴颈与下轴承接触角为60°～90°，接触面积应均匀，接触点不少于2～3点/cm^2。

c）轴承合金层与轴承衬应结合牢固，合金层表面不得有气孔、夹渣，裂纹、剥离等缺陷。

d）轴承间隙有随机资料的按随机资料执行，没有随机资料的按表1标准执行。

表1　轴承顶部间隙表　　mm

轴径	间隙
18～30	0.07～0.12
>30～50	0.08～0.15
>50～80	0.10～0.18
>80～120	0.14～0.22
>120～180	0.16～0.26

e）轴承侧间隙在水平中分面上的数值为顶部间隙的一半。

4.3.2.2　推力轴承

a）止推轴承瓦块、定位环厚度均匀，组装前逐个检查瓦块厚度，其允许偏差小于0.02mm，定位环两侧平行度允许偏差为0.01mm。

b）瓦块组装后，摆动灵活，且摆动量一致，调整垫片不应超过2片，对于厚0.50mm以上垫片应磨平，平行度及厚度偏差不应超过0.01mm。

c）用着色法检查止推轴承与止推盘接触面积应达75%以上，且接触均匀，每个止推瓦块接触基本相同。

d）止推轴承各油孔畅通，无阻塞现象。

e）检查推力轴承的总间隙，应为0.30～0.50mm（具体以随机资料为准）。

4.3.3 机械密封检修参考SHS 01052《机械密封维护检修规程》

4.3.4 转子

4.3.4.1 转子的跳动

液力透平的转子跳动应符合表2要求。

表2 液力透平转子跳动值

mm

测量直径	径向圆跳动		端面圆跳动	
	叶轮密封环	轴套、平衡盘	叶轮端面	平衡盘
≤50	0.05	0.02	0.2	0.04
＞50～120	0.06	0.04		
＞120～260	0.08	0.05		
＞260	0.10	0.06		

4.3.4.2 轴套与轴配合为H7/h6，表面粗糙度R_a1.6。

4.3.4.3 平衡鼓与轴配合为H7/js6。

4.3.4.4 根据运行情况，必要时转子应进行动平衡校验，其要求应符合技术要求。一般情况下动平衡精度要达到2.5级。

4.3.4.5 转子组装时其轴套、叶轮、平衡盘端面跳动须达到表4的技术要求，必要时研磨修刮配合端面。组装后各部件之间的相对位置须做好标记，然后进行动平衡校验，校验合格后转子解体。各部件按标记进行回装。

4.3.4.6 叶轮

a）叶轮与轴的配合为H7/js6。

b）更换的叶轮应做静平衡，工作转速在2980r/min的叶轮，外径上允许剩余不平衡量不得大于表3的要求。必要时组装后转子做动平衡校验，一般情况下，动平衡精度要达到2.5级。

表3 叶轮静平衡允许剩余不平衡量表

叶轮外径/mm	≤200	＞200～300	＞300～400	＞400～500
不平衡重/g ≤	3	5	8	10

c）平衡校验，一般情况在叶轮上去重，但切去厚度不得大于叶轮壁厚的1/3。

4.3.4.7 主轴

a）主轴颈的圆跳动最大值不超过 0.02mm，且表面无伤痕，表面粗糙度 R_a1.6。

b）以两轴承位为基准，轴上所有位置的最大圆跳动不超过 0.03mm。

c）键与键槽应配合紧密，不允许加垫片，键与键槽的过盈量应符合表 4 要求。

表 4　键与键槽的过盈量表

mm

轴径	40～70	＞70～100	＞100～230
过盈量	0.009～0.012	0.011～0.015	0.012～0.017

4.3.5 口环、中间托瓦与中间轴套间隙的直径间隙值应符合表 5 要求

表 5　口环、中间轴瓦、中间轴套间隙表

mm

液力透平	口环直径	壳体口环与叶轮口环间隙	中间托瓦与中间轴套间隙
液力透平	＜100	0.60～0.80	0.40～0.6
	≥100	0.80～1.00	0.60～0.70

4.3.6 超越离合器

4.3.6.1 滚动轴承

a）仅承受径向载荷的单列向心球轴承与轴的配合为 H7/k6；

b）滚动球轴承外圈与轴承箱内孔配合为 Js7/h6；

c）滚动轴承拆装时，采用热装的温度不超过 100℃，严禁直接用火焰加热，推荐使用高频感应加热方式；

d）滚动轴承的滚动体与滚道表面应无腐蚀、坑疤与斑点，接触平衡无杂音。

4.3.6.2 油封应无明显磨损或变形老化，若使用时间超过 12 个月，强制更换处理。

4.3.6.3 检查凸轮啮合和磨损情况，按制造厂家规定疲劳使用寿命，定期更换。

4.3.6.4 箱体水平剖分面接触良好，在自由状态下的间隙不超过 0.05mm。检修时，润滑油路、油孔应进行彻底清洗，应无杂质，畅通无漏，视镜清洁透明。

4.3.6.5 制动切换器应转动灵活，无卡涩；制动块与轴接触面应光滑无毛刺，无磨损。

5 试车与验收

5.1 试车前准备

5.1.1 检查检修记录，确认检修数据正确。

5.1.2 检查润滑油情况，总管油压控制在 0.15～0.25MPa，检查前后轴承箱回油情况。

5.1.3 启动前暖泵，预热速度不得超过 50℃ /h，每半小时盘车 180°。

5.1.4 盘车无卡涩现象和异常声响。

5.1.5 液力透平的出口阀处于全开状态。

5.1.6 检查机械密封辅助系统正常投用。

5.1.7 检查超越离合器润滑油位。

5.2 试车前条件确认

5.2.1 确认液力透平附件完好。

5.2.2 确认冷却系统、密封系统、润滑油系统已投用且运行正常，密封油及润滑油压力及油位正常。

5.2.3 确认液力透平设备本体温度满足要求，预热线阀关闭，出入口排凝阀关闭。

5.2.4 确认液力透平入口罐液位、压力正常。

5.2.5 确认液力透平电机、仪表正常，联锁试验合格，联锁复位并投用。

5.3 试车

5.3.1 主泵运转正常，工艺系统压力、温度、透平前高压分离罐液位正常。

5.3.2 打开液力透平进口阀，直到满足设计流量。

5.3.3 对于强制润滑系统，轴承油的温升不应超过28℃，轴承金属的温度应小于93℃；对于油环润滑或飞溅润滑系统，油池的温升不应超过39℃，油池温度应低于82℃。

5.3.4 机械密封不允许泄漏。

5.3.5 轴承振动标准见 SHS 01003《石油化工旋转机械振动标准》。

5.3.6 保持运转平稳，无杂音，油封、冷却水和润滑油系统工作正常，液力透平及附属管路无泄漏。

5.3.7 观察电机电流变化情况。

5.3.8 记录振动、温度、流量、压力、电流等性能参数。

5.4 验收

5.4.1 连续运行72h后，各项技术指标均达到设计要求或能满足生产需要。

5.4.2 达到完好标准。

5.4.3 检修记录齐全、准确，按规定办理验收手续。

6 维护与故障处理

6.1 日常维护

6.1.1 严格执行润滑管理制度，每月对润滑油进行一次化验分析。

6.1.2 如有外冲洗密封油，需保持封油压力比密封腔压力大0.05～0.15MPa。

6.1.3 对于振动、温升、性能等参数发生较大波动时，一定要分析原因或停车检查。

6.1.4 定期检查附属管线是否畅通。

6.1.5 定期检查各部螺栓是否松动。

6.1.6 利用手动加油设施对机械密封辅助系统进行补压。

6.1.7 定期对超越离合器振动、温度进行检查。

6.1.8 定期维护检查辅助油站。

6.2 常见故障与处理

液力透平常见功能故障与处理方法见表6。

表6 液力透平常见功能故障与处理方法

序号	功能	功能故障	故障模式	故障后果	故障应对策略与检修内容	检修周期/月
1	保证介质密闭输送	机械密封泄漏	密封磨损	装置波动、火灾、爆炸、环境污染	定期巡检及时发现现场泄漏情况，及时更换密封	36～48
			密封油未注入	装置波动、火灾、爆炸、环境污染	定期巡检，关注密封油压力及油位，及时补油	视情而定
			工艺介质波动	装置波动、火灾、爆炸、环境污染	稳定工艺生产操作	视情而定
			液力透平与原动机对中不良	装置波动、火灾、爆炸、环境污染	重新找正对中	视情而定
2	保证设备连续运行	轴承故障	轴承损坏	装置波动、火灾、爆炸、环境污染	定期化验润滑油保证润滑油合格；根据检修周期更换更换滚动轴承。	36～48
			供油温度高	轴承温度高	检查油冷器，更换润滑油	视情而定
			油品质变差	轴承状态值高	更换润滑油	视情而定
			液力透平转子不平衡	轴承振动大	更换转子	视情而定
			液力透平与原动机对中不良	轴承振动大	重新对中	视情而定
			轴承磨损严重，间隙过大	轴承振动大	更换轴承	36～48
			地脚螺栓松动或基础不牢固	轴承振动大	紧固地脚螺栓	视情而定
		超越离合器故障	轴承磨损严重，间隙过大	轴承振动大	更换轴承	36～48
			对中不良	超越离合器振动大	重新对中	视情而定
			凸轮及齿轮磨损	轴承振动大	更换配件	视情而定
			润滑油不足	轴承温度高	检查油路通畅情况及油温	视情而定
			超负荷	轴承温度高	查找超负荷原因并处理	视情而定

附　录　A
（资料性附录）
液力透平检修质量控制确认表

项目		主要控制内容			等级	施工单位	生产装置	设备管理部门	备注
		标准值	部位	现场记录					
拆卸中检测									
轴承	顶间隙	参照随机资料	前		B				
			后						
	止推间隙	参照随机资料			B				
	紧力	（0～0.04）mm	前		C				
			后						
窗量		（10）mm	总窗量		B				
		（5.0～5.5）mm	驱动端半窗量						
		（4.5～5.0）mm	非驱动端半窗量						
平衡鼓间隙		参照随机资料			C				
喉部衬套间隙		≤0.6～0.8mm	驱动端		C				
			非驱动端						
叶轮密封环直径间隙		（0.80～1.00）mm	一级		C				
		（0.80～1.00）mm	二级		C				
		（0.80～1.00）mm	三级		C				
		（0.80～1.00）mm	四级		C				
		（0.80～1.00）mm	五级		C				
		（0.80～1.00）mm	六级		C				
		（0.80～1.00）mm	七级		C				
		（0.80～1.00）mm	八级		C				
		（0.80～1.00）mm	九级		C				
		（0.80～1.00）mm	十级		C				
中间托瓦与级间衬套间隙		（0.60～0.70）mm	一级		C				
		（0.60～0.70）mm	二级		C				
		（0.60～0.70）mm	三级		C				
		（0.60～0.70）mm	四级		C				
		（0.60～0.70）mm	五级		C				

液力透平检修质量控制确认表（续）

项目		主要控制内容			等级	施工单位	生产装置	设备管理部门	备注
		标准值	部位	现场记录					
中间托瓦与级间衬套间隙		（0.60～0.70）mm	六级		C				
		（0.60～0.70）mm	七级		C				
		（0.60～0.70）mm	八级		C				
		（0.60～0.70）mm	九级		C				
		（0.60～0.70）mm	十级		C				
联轴器对中（冷态）		参照随机资料	开口 水平方向		B				
			开口 垂直方向						
		参照随机资料	偏离 水平方向						
			偏离 垂直方向						
回装时检测									
轴承	顶间隙	参照随机资料	前		A				
			后						
	止推间隙	参照随机资料			A				
	紧力	（0～0.04）mm	前		B				
			后						
窜量		10 mm	总窜量		A				
		（5.0～5.5）mm	驱动端半窜量						
		（4.5～5.0）mm	非驱动端半窜量						
平衡鼓间隙		参照随机资料			B				
喉部衬套间隙		≤0.6～0.8mm	驱动端		B				
			非驱动端		B				
叶轮密封环直径间隙		（0.80～1.00）mm	一级		B				
		（0.80～1.00）mm	二级		B				
		（0.80～1.00）mm	三级		B				
		（0.80～1.00）mm	四级		B				
		（0.80～1.00）mm	五级		B				
		（0.80～1.00）mm	六级		B				
		（0.80～1.00）mm	七级		B				
		（0.80～1.00）mm	八级		B				
		（0.80～1.00）mm	九级		B				
		（0.80～1.00）mm	十级		B				

液力透平检修质量控制确认表（续）

项目	主要控制内容				等级	施工单位	生产装置	设备管理部门	备注
	标准值	部位		现场记录					
中间托瓦与级间衬套间隙	（0.60～0.70）mm	一级			B				
	（0.60～0.70）mm	二级			B				
	（0.60～0.70）mm	三级			B				
	（0.60～0.70）mm	四级			B				
	（0.60～0.70）mm	五级			B				
	（0.60～0.70）mm	六级			B				
	（0.60～0.70）mm	七级			B				
	（0.60～0.70）mm	八级			B				
	（0.60～0.70）mm	九级			B				
	（0.60～0.70）mm	十级			B				
转子跳动	（<0.07）mm	径向	叶轮口环		B				
	（<0.05）mm		联轴器		B				
	（<0.05）mm		轴套		B				
	（<0.07）mm		级间衬套		B				
联轴器对中（冷态）	参照随机资料	开口	水平方向		A				
			垂直方向						
	参照随机资料	偏离	水平方向						
			垂直方向						

注： A级：施工单位、生产装置、设备管理部门检查确认后签字。

B级：施工单位和生产装置检查确认后签字。

C级：施工单位检查确认后签字。

D级：如果有监理，监理的职责由甲方授权。

附　录　B
（资料性附录）
液力透平试车记录表

<table>
<tr><td colspan="8">试车记录</td><td colspan="6">工程名称：
单元名称：</td></tr>
<tr><td colspan="3" rowspan="3">试车时间</td><td colspan="7">________年____月 ___日</td><td>日</td><td>日</td><td>日</td><td>日</td></tr>
<tr><td colspan="5">试车 2 小时内</td><td rowspan="2">试车后
24h</td><td rowspan="2">试车后
48h</td><td rowspan="2">试车后
72h</td><td rowspan="2"></td></tr>
<tr><td>启动
时刻</td><td>试车后
30min</td><td>试车后
1h</td><td>试车后
1.5h</td><td>试车后
2h</td></tr>
<tr><td colspan="3">运行时刻</td><td></td><td></td><td></td><td></td><td></td><td></td><td></td><td></td><td></td></tr>
<tr><td colspan="3">出口压力（MPa）</td><td></td><td></td><td></td><td></td><td></td><td></td><td></td><td></td><td></td></tr>
<tr><td colspan="3">密封泄漏情况
正常“√”，微量“△”</td><td></td><td></td><td></td><td></td><td></td><td></td><td></td><td></td><td></td></tr>
<tr><td rowspan="2">轴承温度/℃</td><td colspan="2">前端</td><td></td><td></td><td></td><td></td><td></td><td></td><td></td><td></td><td></td></tr>
<tr><td colspan="2">后端</td><td></td><td></td><td></td><td></td><td></td><td></td><td></td><td></td><td></td></tr>
<tr><td rowspan="6">振动值/（mm/s）</td><td rowspan="3">前端</td><td>轴向</td><td></td><td></td><td></td><td></td><td></td><td></td><td></td><td></td><td></td></tr>
<tr><td>水平</td><td></td><td></td><td></td><td></td><td></td><td></td><td></td><td></td><td></td></tr>
<tr><td>垂直</td><td></td><td></td><td></td><td></td><td></td><td></td><td></td><td></td><td></td></tr>
<tr><td rowspan="3">后端</td><td>轴向</td><td></td><td></td><td></td><td></td><td></td><td></td><td></td><td></td><td></td></tr>
<tr><td>水平</td><td></td><td></td><td></td><td></td><td></td><td></td><td></td><td></td><td></td></tr>
<tr><td>垂直</td><td></td><td></td><td></td><td></td><td></td><td></td><td></td><td></td><td></td></tr>
<tr><td rowspan="2">轴承 L 值</td><td colspan="2">前端</td><td></td><td></td><td></td><td></td><td></td><td></td><td></td><td></td><td></td></tr>
<tr><td colspan="2">后端</td><td></td><td></td><td></td><td></td><td></td><td></td><td></td><td></td><td></td></tr>
<tr><td colspan="12">试车其他情况说明：</td></tr>
<tr><td colspan="5">施工班组长：
日期：　　年　　月　　日</td><td colspan="4">专业工程师：
日期：　　年　　月　　日</td><td colspan="3">质量检查员：
日期：　　年　　月　　日</td></tr>
</table>

54. 旋转喷射泵维护检修规程

SHS 01056—2019

目　次

前 言

本规程按照GB/T 1.1—2009《标准化工作导则　第1部分：标准的结构和编写》给出的规则起草。

本规程由中国石油化工集团有限公司、中国石油化工股份有限公司提出。

本规程起草单位：中密控股股份有限公司。

本规程主要起草人：陈军。

本规程2019年首次发布。

旋转喷射泵维护检修规程

1 范围

1.1 主题内容

本规程规定了旋转喷射泵（或名旋壳泵、皮托管泵）的检修周期与内容、检修程序与质量标准、试车与验收、维护与故障处理。

1.2 适用范围

本规程适用于旋转喷射泵的维护与检修。

2 规范性引用文件

下列文件中的条款通过本规程的引用而成为本规程的条款。凡是注日期的引用文件，其随后所有的修改单（不包括勘误的内容）或修订版均不适用于本规程，然而，鼓励根据本规程达成协议的各方研究是否可使用这些文件的最新版本。凡是不注日期的引用文件，其最新版本适用于本标准。

API 610 石油、石化和天然气工业用离心泵（适用部分）

3 检修周期与内容

3.1 检修周期

根据对旋转喷射泵功能故障及其影响分析的结果、有无备用设备，并结合生产装置运行周期，确定检修周期，一般为24～48个月。

3.2 检修检查内容

泵解体、清洗，检查、测量各零部件间隙及磨损情况，视情更换相应零部件。具体检修检查内容如下：

3.2.1 检查或更换机械密封。

3.2.2 解体检查转子腔、叶轮和集流管的磨损、腐蚀和冲蚀情况；检查转子腔、叶轮、轴有无裂纹，轴、叶轮和转子腔必要时进行无损检测。

3.2.3 检查清理轴承及迷宫封油组件，视情更换。

3.2.4 检查测量转子各部的径向跳动，必要时做动平衡校验。

特别说明：对于含颗粒、腐蚀性等介质工况，应适当缩短检修周期并检查集流管、转子腔、叶轮的冲蚀和腐蚀情况，必要时更换零部件。

4 检修程序与质量标准

4.1 拆卸前准备

4.1.1 掌握泵的运行状况，编制、审批、下达检修计划，备齐检修所需的图纸和技术资料，如使用维护说明书、维修手册和相关检修记录，制定检修方案或检修作业指导书，产权单位、检修单位按规定进行检修作业的双向交底，并做好交底记录。

4.1.2 按要求备齐检修工器具、量具、吊具和零部件摆放设施。

4.1.3 备齐检修所需备品、配件、材料和劳保用品，检查核实备品、配件、材料的规格尺寸和材质是否满足技术要求。

4.1.4 落实检修队伍（包括施工技术人员、质量管理人员、安全、主修、辅修），组织检修人员熟读检修方案或检修作业指导书。

4.1.5 各项准备工作应符合安全、环保、质量等方面的要求，对检修过程进行危害识别及风险评估、环境因素识别和影响评价。

4.2 检修前条件确认

4.2.1 工艺条件确认：进出口阀门关闭，物料排空、置换冲洗干净；切断电源；切断相关水、气（汽）源等。

4.2.2 安全条件确认：确认已无压力、温度（常温）等，具备检修作业条件，设置好相关警示标识，方可施工。

4.2.3 办理好相关检修作业票证。

4.3 拆卸与检测

4.3.1 拆卸泵进出口法兰及其他附属管线，并检查清扫。

4.3.2 拆卸联轴器护罩，拆开联轴器，检查对中、做好记录，设定联轴器的定位标记。

4.3.3 拆卸封板，拆卸集流管连接螺钉，拆卸进出水体部件露出机械密封，（机械密封如有配套辅助冲洗系统，标记好机械密封冲洗孔位置）。泵头结构简图见图 1。

4.3.4 拆卸机械密封并进行检查。（如果仅检查或更换机械密封，则无需进行之后程序，到此对泵进行回装）

4.3.5 拆卸泵端盖，清洁叶轮与转子腔连接的永久标记（图 2），标记 A1（转子腔外圆位置）与标记 A2（叶轮外圆位置）对齐，当 A1 与 A2 不便观察时，可以观察标记 B1（转子腔端面）与标记 B2（叶轮端面）对齐，如不清楚或未找到，需要重新做标记。

4.3.6 测量机封定位套径向跳动、端面跳动、联轴器轴颈处跳动并记录。

4.3.7 拆卸叶轮与转子腔连接螺钉并按顺序标记，取下叶轮。

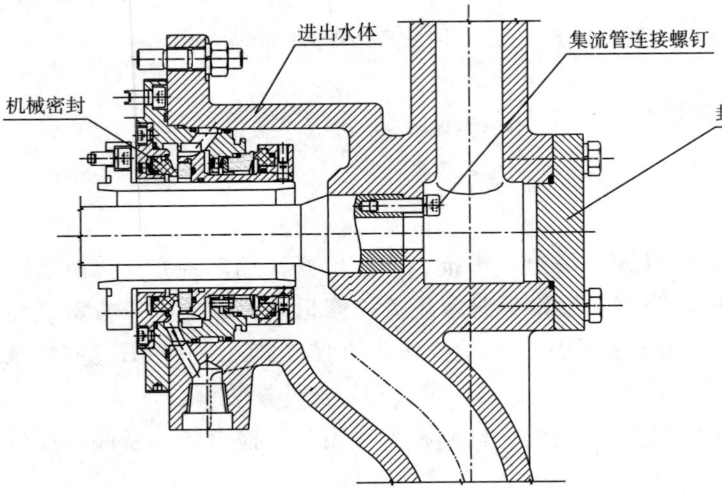

图 1　泵头结构简图

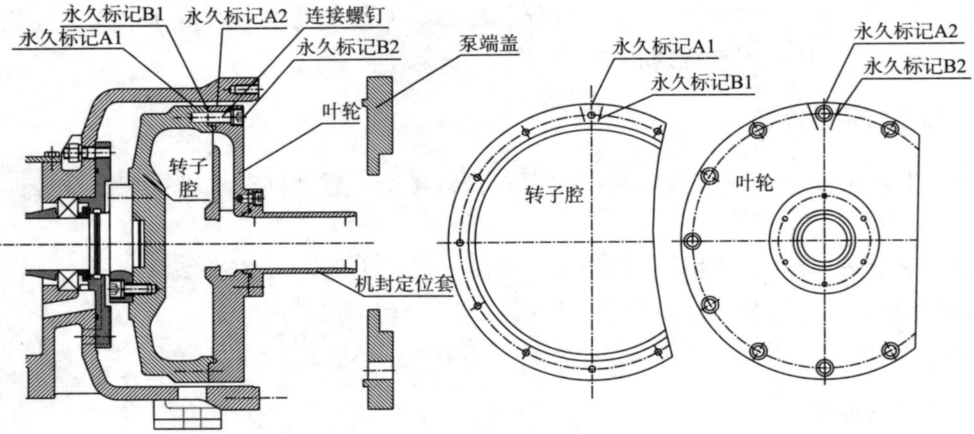

图 2　永久标记位置

4.3.8　清理并检查转子腔、叶轮和集流管的磨损、腐蚀和冲蚀情况。
4.3.9　拆卸轴承箱盖。轴承箱结构见图 3。
4.3.10　拆卸轴承小端盖，拆卸圆螺母，松开轴承大端盖连接螺栓。
4.3.11　从转子腔端取出转子部件，拆卸检查轴承、迷宫封油组件。
4.3.12　拆卸轴和转子腔连接螺栓（不更换轴或转子腔，则不需要拆卸轴和转子腔）。

4.4　回装与质量标准

4.4.1 回装

回装前所有零部件保持清洁，严防杂物、灰尘混入其中。

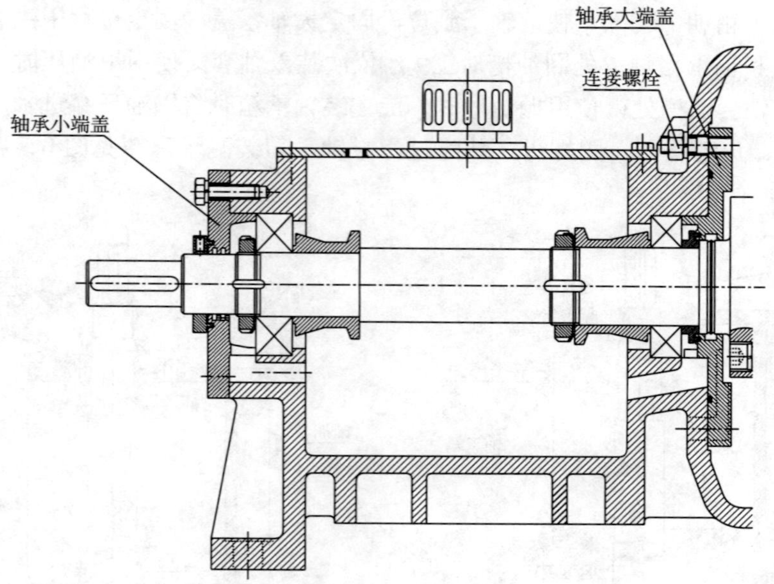

图 3　轴承箱

4.4.1.1　将轴与转子腔按动平衡标记位置装配，轴法兰端面和与之配合的转子腔法兰端面应保持清洁干燥，严禁在端面涂抹润滑油或润滑脂。

4.4.1.2　将未装配叶轮的转子部件立放于装配木支架上。轴转子腔装配示意图见图 4。

4.4.1.3　依顺序在轴上套入大轴承盖、前封油环，然后在轴上热装或压装轴承，待冷却后在大轴承盖密封槽涂抹适量黄油后装入 O 形密封圈，装配示意图见图 5。

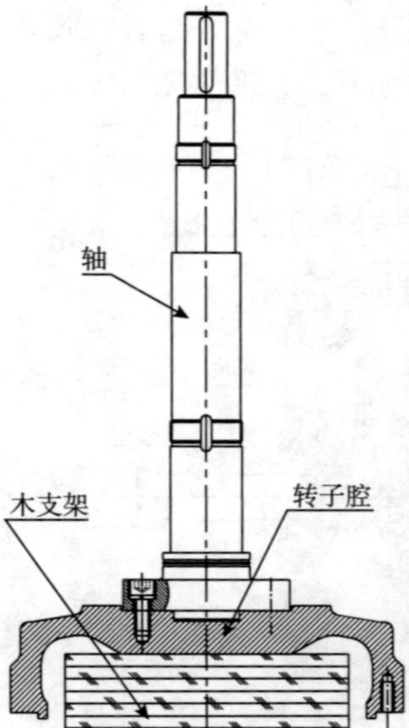

图 4　轴转子腔装配

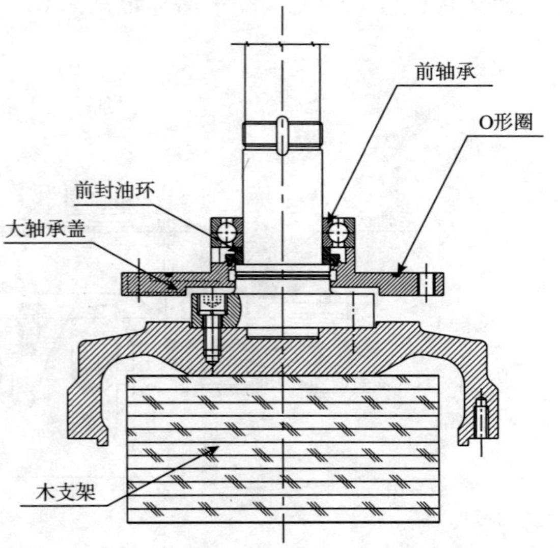

图 5　前轴承装配图

4.4.1.4　将轴承箱朝下套入，使前轴承到位，固定大轴承盖（固定过程中注意大轴承盖回油处缺口要和轴承箱轴承处回油槽对上），依次装入轴套（使用甩油环时，甩油环用螺钉先固定在轴套凹槽处；使用抛油环时，应在装轴承箱时将抛油环穿过轴放入轴承箱中）、后轴承、止动垫圈、圆螺母。装配过程见轴承箱装配示意图见图6、后轴承装配示意图见图7。

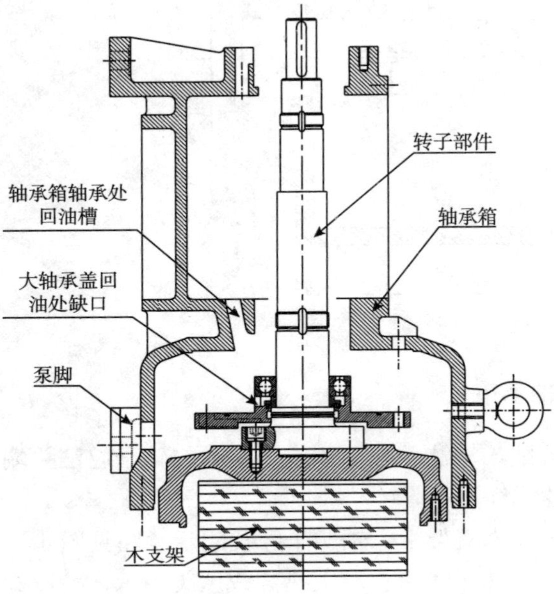

图6　轴承箱装配图

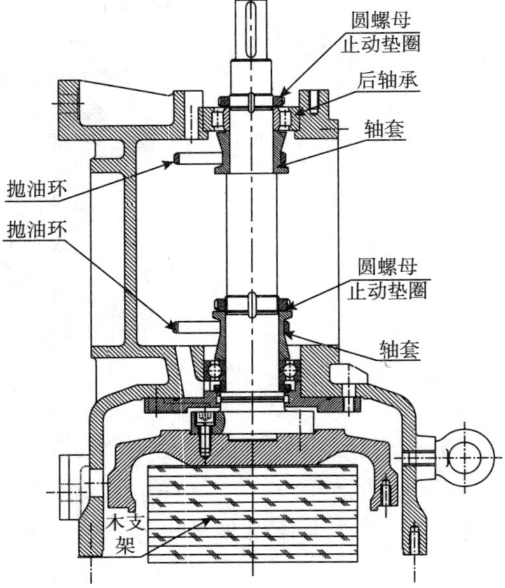

图7　后轴承装配图

4.4.1.5　将泵放平，装上后轴承盖和封油环，将集流管插入叶轮内，然后将叶轮与转子腔按永久标记位置装配（动平衡标记见图2）。见叶轮装配示意图见图8。

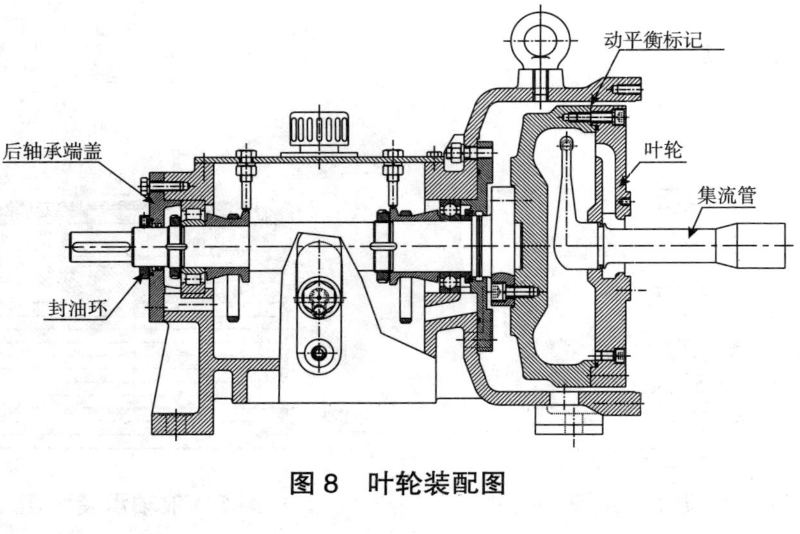

图8　叶轮装配图

4.4.1.6　装配泵端盖。

4.4.1.7　装配机封定位套，并记录（更换机封定位套则从此步骤开始，只更换机械密封则从开始记录开始）。

4.4.1.8　装配机械密封（机械密封如有辅助系统，则按照标记好机械密封冲洗孔位置回装）。

机械密封应先整体安装到泵端盖上并锁紧连接螺栓，锁紧机械密封动环组件上的紧定螺钉，拆下定位块。泵用机械密封图见图 9。

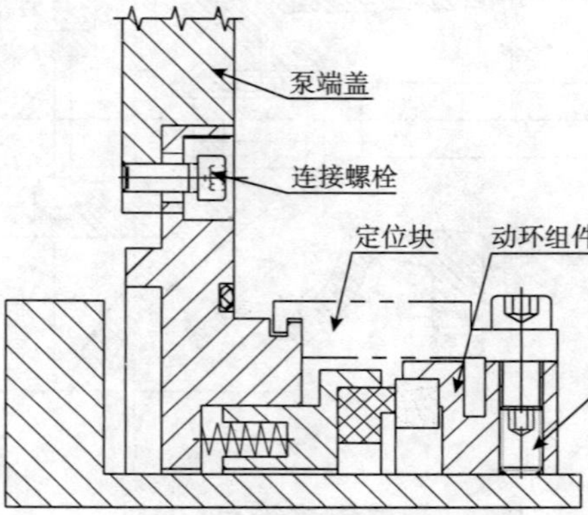

图 9　泵用机械密封

4.4.1.9　装配进出水体。

a）集流管连接端面和进出水体法兰端面回装时（图 10），集流管端面和与之配合的进出水体法兰端面必须保持干净干燥，严禁在端面涂任何润滑油或油脂；

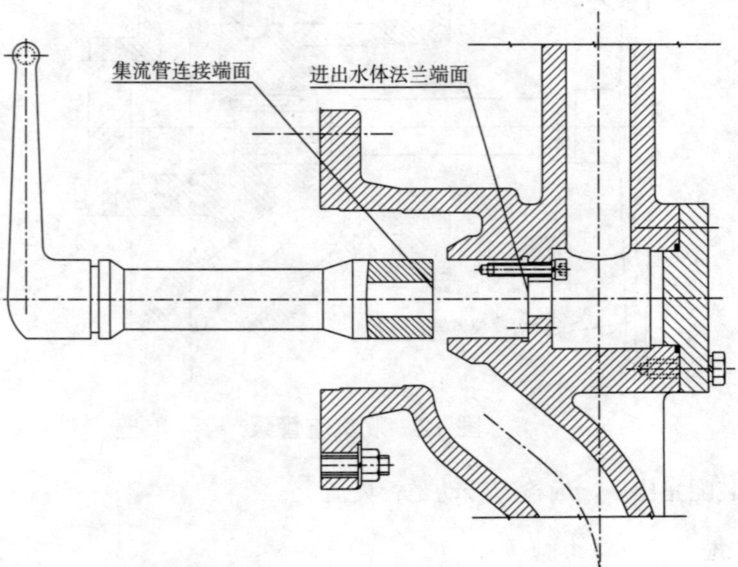

图 10　端面简图

b）单集流管泵集流管管嘴位置应垂直向上，具体见图 11。双集流管泵集流管管嘴位置应一个垂直向上，一个垂直向下，具体见图 12。

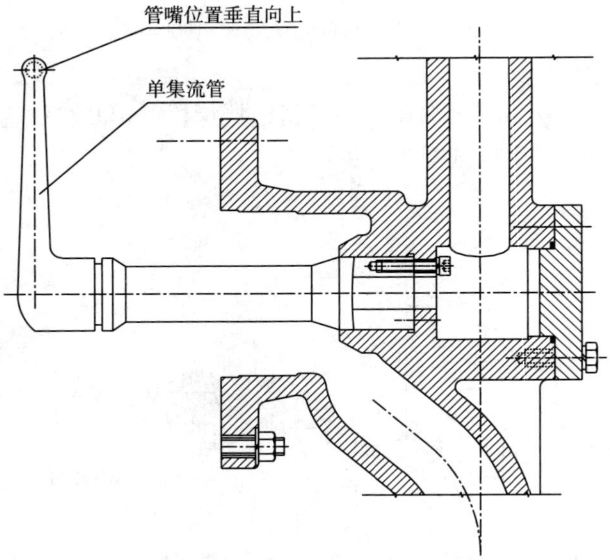

图 11　单集流管泵

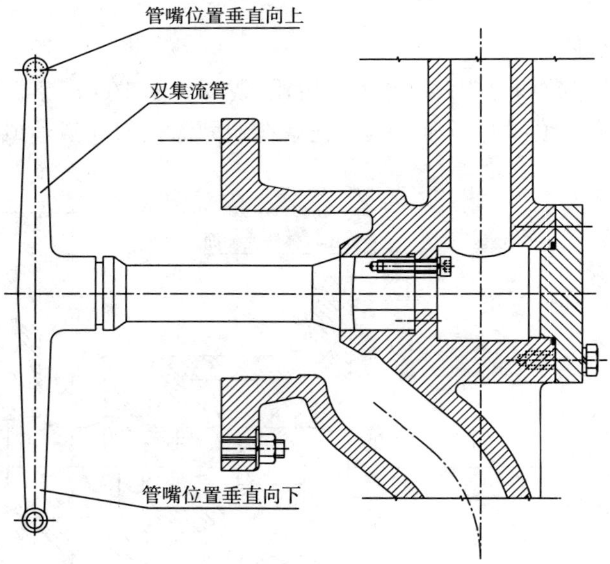

图 12　双集流管泵

4.4.1.10　泵装配完毕后，应检查转动是否灵活。

4.4.2　质量标准

检修质量标准按设备制造厂要求执行，无要求的按本标准执行。

4.4.2.1 联轴器

联轴器的检修质量标准按 SHS 01073《一般机泵用联轴器检修及质量标准》执行。

输送介质温度大于 80℃的泵，预热升温正常后，应热态找正。

4.4.2.2 轴承

a）承受轴向和径向载荷的滚动轴承与轴配合为 H7/k6。

b）仅承受径向载荷的滚动轴承与轴配合为 H7/k6。

c）滚动轴承外圈与轴承座的配合为 J7/h6。

d）滚动轴承拆装时，采用热装的温度不超过 120℃，严禁直接用火焰加热，推荐采用高频感应加热器。

e）滚动轴承的滚动体与滚道表面应无腐蚀、坑疤与斑点，接触平滑无杂音，保持架完好。

4.4.2.3 机械密封

机械密封的检修质量标准按 SHS 01052《机械密封维护检修规程》。

4.4.2.4 转子部件。

转子部件示意图见图 13。

a）转子部件的跳动应符合表 1 的要求。

表 1 转子部件跳动值

mm

测量部位	径向跳动	端面跳动
机封定位套与机封装配外圆	0.125	
机封定位套法兰端面		0.08
联轴器轴颈	0.04	

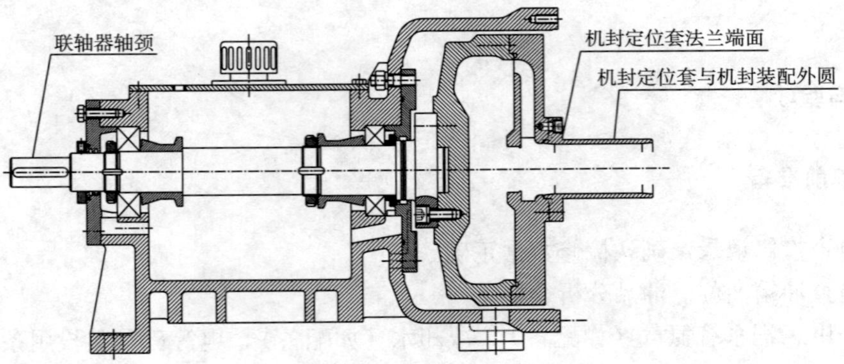

图 13 转子部件

b）机封定位套与叶轮配合为 H7/h6。

c）轴与转子腔配合为 H7/h6。

d）叶轮与转子腔配合按制造厂给定公差。

e）根据运行情况，必要时转子部件（包括叶轮、转子腔与轴）应进行动平衡校验，其要求应符合相关技术要求。动平衡精度不低于 G2.5 级。

f）组装后各部件（包括叶轮与转子腔、转子腔与轴）的相对位置须做好永久明显标记，然后进行动平衡校验，校验合格后拆卸转子部件上的叶轮。回装所有零件按标记进行。

g）叶轮、转子腔、轴

（a）更换叶轮、转子腔、轴任意一零件应组合重新做动平衡，平衡精度不低于G2.5级，做完动平衡应做永久标记。

（b）动平衡去重叶轮应在最外圆无螺孔处去重、转子腔应在最外圆无螺孔处去重，去重位置去重厚度不得大于壁厚的1/4。

（c）轴零件轴承位置轴的圆柱度为轴径的0.25‰，最大值不超过0.025mm，且表面应无伤痕，表面粗糙度R_a1.6。

（d）轴零件以轴承位置为基准，联轴节和转子腔装配位置的径向圆跳动公差值不得超过0.04mm。

（e）键与键槽应配合紧密，不允许加垫片，键与键槽的过盈量应符合表2要求。

表2　键与轴键槽的过盈量表

mm

轴径	32～70	＞70～100
过盈量	0.009～0.012	0.011～0.017

4.4.2.5　集流管

集流管管嘴应无磨蚀、划痕，管嘴有损伤则更换。集流管管体表面应光滑，表面无划痕。端面联接螺孔应完好，端面无损伤。

4.4.2.6　增速器

带增速器的机组，增速器检修质量标准按SHS 01028《变速机维护检修规程》执行。

5　试车与验收

5.1　试车前准备

5.1.1　检查检修记录，确认检修数据正确。

5.1.2　检查油箱油位，油品分析合格。

5.1.3　公用工程系统氮气（如配备）、冷却水（如配备）、电等已具备投用条件，并能正常供给。

5.1.4　检查密封辅助系统、冷却系统、密封气、密封水或密封油压力应符合工艺指标要求。

5.1.5　检查泵出入口阀、止回阀及管线旁路阀是否正确调整好。

5.1.6　电动机单机试运转正常，旋转方向正确。

5.1.7　带增速器的机组，增速器应在工作转速下单试合格。

5.1.8 检查附属设备设施完好。

5.1.9 盘车无卡涩现象和异常声响。

5.1.10 试车前所有零部件及附件必须齐全，完整。

5.1.11 复查机组对中情况，安装联轴器。

5.1.12 工艺、设备、电气、仪表、检修单位及有关试车人员必须进行试车条件确认。

5.1.13 备齐试车用测试仪器。

5.1.14 温度超过 80℃热液泵启动前应暖泵，升温速度不得超过 50℃ /h，每半小时盘车 180°。

5.2 试车

5.2.1 打开进口阀（必须全开），高点排气。向泵内灌满介质，启动时必须确保排空泵内及管路内空气。

5.2.2 关闭出口阀，接通电源。旋喷泵转动惯量较大，启动时间略长于普通泵，如果发生启动跳闸现象，可以考虑将延时继电器保护时间延长。

5.2.3 正式启动泵，当泵达到正常转速后，微开出口阀，待泵出口压力稳定在关闭扬程时，再逐渐打开出口阀门，并调节到运行所需要的工况，旋喷泵的耗用功率随泵出流量增加而增大。

5.2.4 控制流量、压力和电流在规定范围内。

注意事项：泵不得在小于最小允许流量的情况下运转。工作流量小于泵最小允许流量的装置，应在泵出口与出口阀门间按泵最小允许流量设置孔板旁通回流管路，回流管路应接回吸入池或吸入罐中。

5.2.5 严禁空负荷试车，应按操作规程进行负荷试车。

5.2.6 停机

a）缓慢关闭泵出口阀门；

b）停泵；

c）待泵冷却正常后，关闭冷却水管路。

5.2.7 试车过程中，操作人员应按试车方案要求进行，机动处、生产车间、保运单位、电气车间、仪表车间等专业技术人员应现场监护，关注机组的运行情况，状态监测人员做好轴承振动、轴承温度、电机电流等监测，生产车间好试车记录。机组运行稳定后，必要时可做机组的性能试验。

5.2.8 试车过程中，检修人员应记录人员应按时准点记录，发现异常情况应立即停车。

5.3 验收

5.3.1 机组试车应符合以下要求，并达到验收标准后，方能验收并交付生产部门运行：要在额定工况下进行不少于 4h 的连续运转；能满足生产需求且技术性能达到设计要求；有完整、真实的试车记录。

5.3.2 检修记录齐全、准确，按规定办理验收手续。

5.3.3 泵运行平稳无异响，流量符合工艺要求，出口压力符合工艺要求，电流符合泵出厂数据要求，转速低于3000r/min的泵振动符合SHS 01003《石油化工旋转机械振动标准》要求，转速高于3000r/min的泵轴承振动符合技术协议要求。

5.3.4 油环润滑或飞溅润滑系统，油池的温升不应超过40℃，油池温度不超过82℃，轴承外环温度不超过93℃。保持运转平稳，无杂音，油封、冷却水和润滑油系统工作正常，泵及附属管路无泄漏。

5.3.5 机械密封介质泄漏不得超过下列要求；

对于轻质油、重质油介质不应有明显可见的泄漏。

对于有毒、有害、易燃易爆的介质，不允许有明显可见的泄漏。

6 维护与故障处理

6.1 日常维护

6.1.1 严格执行润滑管理制度。

6.1.2 定时检查出口压力、振动、密封泄漏，轴承温度等情况，发现问题应及时处理。

6.1.3 定期检查泵附属管线是否畅通。

6.1.4 定期检查泵各部位螺栓是否松动。

6.1.5 介质温度超过80℃ 停车后每半小时盘车一次，直到泵体温度降到80℃以下，备用泵要求定期盘车。

6.1.6 定期检查联轴器的对中情况。

6.1.7 检查清理冷却水、密封冲洗系统（如配备）。

6.1.8 检查油冷却器（如配备）是否堵塞、泄漏。

6.1.9 检查泵壳（轴承箱）、基础、地脚螺栓及进出口法兰的错位情况，防止将附加应力施加于泵体，必要时重新配管。

6.2 常见故障与处理

旋转喷射泵常见功能故障与处理方法见表3。

表 3　旋转喷射泵常见功能故障与处理方法

序号	功能	功能故障	故障模式	故障后果	故障应当策略与检修内容	检修周期 / 月
1	泵能正常输送介质	泵吸入介质不良	底阀没有打开或淤塞	真空表显示高度真空、泵不能正常工作、机封可能损坏、泵汽蚀	开车前检查底阀、监测真空表，监测噪音；检修清洗或更换底阀	视情而定
			吸入管的阻力太大	真空表显示高度真空、泵不能正常工作、机封可能损坏、泵汽蚀	监测真空表，监测噪音；清洗或更换吸入管路（包括弯管、阀门、过滤器等）	视情而定
			吸入高度太高（泵的安装位置在介质液面以上）	真空表显示高度真空、泵不能正常工作、机封可能损坏、泵汽蚀	开车前检查液位监测真空表，监测噪音，定期检查液位；降低吸入高度	视情而定
			开车前泵内灌入介质不够（未灌满）	入口压力表或真空表的指针剧烈跳动、泵不能正常工作、振动、机封可能损坏、泵汽蚀	开车前检查介质灌入情况、监测入口压力表或真空表；停车重新往泵内灌介质	视情而定
			吸入管路或仪表漏气	入口压力表或真空表的指针剧烈跳动、泵不能正常工作、振动、机封可能损坏、泵汽蚀、噪音	开车前检查吸入管路情况，监测入口压力表或真空表；拧紧堵塞漏气处	视情而定
			机封损坏	入口压力表或真空表的指针剧烈跳动、泵不能正常工作、介质泄漏、振动超标	开车前检查机封情况、监测入口压力表或真空表，监测振动；更换机封	视情而定 /（12～36）
		泵不输出介质或流量不能满足生产要求	出水管路阻力太大或出口管路堵塞	不能满足正常生产要求、泵发热	开车时检查、定时检查管路；检修及更换出水管路	视情而定
			旋转方向不对	不能满足正常生产要求	检查电机旋转方向；纠正电机旋转方向	视情而定
			叶轮流道或集流管堵塞	不能满足正常生产要求、泵发热	监测流量；清理叶轮或集流管流道	视情而定
			出口闸阀开度不够	不能满足正常生产要求	监测流量；适当开启出口阀	视情而定

表 3　旋转喷射泵常见功能故障与处理方法（续）

序号	功能	功能故障	故障模式	故障后果	故障应当策略与检修内容	检修周期／月
1	泵能正常输送介质	泵不输出介质或流量不能满足生产要求	带变频器的电机转速未达到规定要求	不能满足正常生产要求	监测流量，监测转速；调整至额定转速	视情而定
			集流管破损	不能满足正常生产要求、电流增大	监测流量、扬程；更换集流管	视情而定
			介质从旁通管路输送到非工作位置	不能满足正常生产要求	检测旁通管路；关闭旁通管路	视情而定
		运行一段时间后，泵的压力流量逐渐降低	装置汽蚀余量不够	不能满足正常生产要求	检查泵吸入介质压力是否达到要求，液位是否过低、或吸入管路滤网是否堵塞	视情而定
			集流管有磨损	不能满足正常生产要求	监测流量、扬程，监测电机电流；更换集流管	视情而定
		运行工程中泵突然掉压，停泵后重新灌泵，再启动泵恢复正常	介质温度增高，临近汽化	不能满足正常生产要求	监测介质温度，监测噪音；降低介质温度	视情而定
			介质含气量加大，气体在泵中有聚集，到一定程度充满、阻塞泵流道，造成掉压	不能满足正常生产要求	监测介质含气量；减小介质含气量，适当增大进口压力	视情而定
2	机组运行正常	噪音增大振动增大	吸入管路阻力过大	泵不能正常工作、泵汽蚀、机封损坏、振动超标、噪音增大	监测真空表，监测噪音；清洗或更换吸水管路（包括弯管、阀门、过滤器等）	视情而定
			吸入高度过高（泵的安装位置在介质液面以上）	泵不能正常工作、泵汽蚀、机封损坏、振动超标、噪音增大	开车前检查介质液位，监测真空表，监测噪音，定期检查液位；降低吸入高度	视情而定
			输送介质温度超过设计要求	泵不能正常工作、泵汽蚀、机封损坏、轴承损坏、振动超标、噪音增大	监测介质温度，监测噪音；降低介质温度	视情而定
			流量过大	泵汽蚀、电机电流过大、振动超标、噪音增大	监测流量，监测噪音；关小出水管路阀及降低流量	视情而定

表 3　旋转喷射泵常见功能故障与处理方法（续）

序号	功能	功能故障	故障模式	故障后果	故障应当策略与检修内容	检修周期／月
2	机组运行正常	噪音增大振动增大	转子与固定件之间擦碰	电机损坏或电流保护开关跳闸、振动超标、噪音增大	监测轴承振动、监测噪音；停机检修消除擦碰	视情而定
			泵轴与电机轴对中不良	振动超标、轴承损坏	监测轴承振动、温度;重新找正	视情而定
			地脚螺栓松动	振动超标、轴承损坏	定期检查螺栓，监测轴承振动；紧固螺栓	视情而定
			管路无支承	振动超标、轴承损坏	开车前检查；管路加支承	视情而定
			轴承磨损超过允许值	振动超标、轴承损坏	监测轴承振动、温升;更换轴承	视情而定／（24～36）
			转动部件动平衡破坏	振动超标、轴承损坏	监测轴承振动、温升;重新做动平衡	视情而定
		轴承温度超出标准	润滑油不足或油变质	轴承损坏	监测轴承温升，监测油位、观察润滑油状况；定期更换润滑油	根据厂家给期周期／（3～4）
			泵轴与电机轴对中不良	轴承损坏	监测轴承振动、温度;检查电机与泵轴对中情况；重新找正	视情而定
			轴承磨损超过允许值	轴承损坏	监测轴承振动、温升;更换轴承	视情而定／（24～36）
		电机电流过大	转子与固定件之间擦碰	电机损坏或电流保护开关跳闸、振动超标、噪音增大	监测轴承振动、监测噪音；机检修消除擦碰	视情而定
			轴承部分磨损或磨坏	电机损坏或电流保护开关跳闸、机封损坏	监测轴承振动，监测轴承温升；更换损坏的轴承	视情而定／（12～36）
			流量过大	电机损坏或电流保护开关跳闸、泵汽蚀	监测流量；减小流量	视情而定
			集流管破损	电机损坏或电流保护开关跳闸、不能满足正常生产要求	监测流量、扬程，监测电机电流；更换集流管	视情而定

附 录 A
（资料性附录）
旋转喷射泵检修质量控制确认表

项目	主要控制内容			等级	施工单位	生产装置	设备管理部门	日期
	标准值	部位	现场记录					
拆卸时检测								
机封定位套与机封装配外圆处跳动。	≤0.125mm			B	★	★		
机封定位套法兰端面处跳动。	≤0.08mm			B	★	★		
联轴器轴颈处跳动。	≤0.04mm			B	★	★		
轴承箱与轴承配合位置尺寸公差(转子腔端)	J7			B	★	★		
轴承箱与轴承配合位置尺寸公差（电机端）	J7			B	★	★		
轴与轴承配合位置尺寸公差（转子腔端）	k6			B	★	★		
轴与轴承配合位置尺寸公差（电机端）	k6			B	★	★		
回装时检测								
机封定位套与机封装配外圆处跳动。	≤0.125mm			B	★	★		
机封定位套法兰端面处跳动。	≤0.08mm			B	★	★		
联轴器轴颈处跳动。	≤0.04mm			B	★	★		
轴承箱与轴承配合位置尺寸公差(转子腔端)	J7			B	★	★		
轴承箱与轴承配合位置尺寸公差（电机端）	J7			B	★	★		
轴与轴承配合位置尺寸公差（转子腔端）	k6			B	★	★		
轴与轴承配合位置尺寸公差（电机端）	k6			B	★	★		
集流管管嘴位置	单集流管向上，双集流管垂直布置			C	★			

注： A 级：施工单位、生产装置、设备管理部门专业人员检查确认后签字。
B 级：施工单位和生产装置专业人员检查确认后签字。
C 级：施工单位专业人员检查确认后签字。
另：如果有监理，监理的职责由甲方授权。

附　录　B
（资料性附录）
旋转喷射泵试车与验收数据记录表

装置：　　　　　　　　　　　　设备名称：　　　　　　　　　　　　位号：

试车参数记录			记录时间			
记录名称	参数位号	标准	1:00	2:00	3:00	4:00
电机电流						
电机前轴承温度						
电机后轴承温度						
泵电机端轴承温度						
泵进出水体端轴承温度						
泵电机端轴承振动						
泵进出水体端轴承振动						
流量						
出口压力						
密封泄漏情况						
运行异响						
验收确认	施工单位：		生产装置：		设备管理部门：	

备注： 1. 三方签字验收后交付生产使用。

2. 大修后 15 个工作日内，将试车记录及验收表扫描录入设备管理系统。

55. 绕管式换热器维护检修规程

SHS 01057—2019

目 次

前　言

本规程按照 GB/T 1.1—2009《标准化工作导则　第 1 部分：标准的结构和编写》给出的规则起草。

绕管式换热器是一种高效紧凑型换热器，从结构来看，属于管壳式换热器。该种换热器最早应用于空分、低温甲醇洗等装置。21 世纪初引入石油化工领域，与板壳式换热器、全焊接板式换热器比较，设备适应工况波动能力强，可靠性好。尤其是在高压临氢系统应用，与常规螺纹锁紧环换热器比较优势明显：设备换热效率高，节能效果显著；由于设备大型化，减少了设备数量，节省了投资及占地；结构简单，检修方便，施工工作量小，检修费用低；运行可靠，避免螺纹锁紧环换热器在开工过程中常出现的管箱侧垫片内漏情况。绕管式换热器在加氢裂化、加氢精制、重整、芳烃及常减压等装置得到越来越广泛的应用。

本规程由中国石油化工集团有限公司、中国石油化工股份有限公司提出。

本规程起草单位：中国石油化工股份有限公司镇海炼化分公司。

本规程主要起草人：刘利江、华海平。

本规程 2019 年首次发布。

绕管式换热器维护检修规程

1 总则

1.1 主题内容

本规程规定了绕管式换热器的检修周期与内容、检修程序与质量标准、试验与验收、维护与故障处理。

1.2 适用范围

本规程适用于绕管式换热器的维护与检修。

2 规范性引用文件

下列文件中的条款通过本规程的引用而成为本规程的条款。凡是注日期的引用文件，其随后所有的修改单（不包括勘误的内容）或修订版均不适用于本规程，然而，鼓励根据本规程达成协议的各方研究是否可使用这些文件的最新版本。凡是不注日期的引用文件，其最新版本适用于本标准。

GB/T 150.1～150.4　压力容器

GB/T 151　热交换器

GB/T 30583　承压设备焊后热处理规程

TSG 21　固定式压力容器安全技术监察规程

NB/T 47015　压力容器焊接规程

NB/T 47013.1～47013.13　承压设备无损检测

SHS 01004　压力容器维护检修规程

SHS 01009　管壳式换热器维护检修规程

3 检修周期与内容

3.1 检修周期

根据 TSG 21《固定式压力容器安全技术监察规程》（以下简称固容规）等法规、标准的要求，结合生产装置的具体情况，统筹考虑，一般为 4～6 年，除固容规规定必须进行定期检验外，如绕管换热器运行正常，一般无需内部检修。

3.2 检修内容

绕管式换热器应用于不同炼化装置，其在结构设计、材料选择等方面各有不同。确定检修内容时，应结合设备操作运行中的性能表现，利用各种检查和检测手段判断设备性能状况，确定检修检查项目。

3.2.1 检查换热器本体防腐层和铭牌等是否完好。

3.2.2 检查换热器接管及法兰密封、焊接接头、结构过渡部位是否有缺陷或异常现象。

3.2.3 检查换热管表面结垢情况，管壳程清洗。

3.2.4 换热器芯体查漏，管子－管板焊口补焊或堵管。

3.2.5 检查接管密封面，更换垫片并试压。

3.2.6 检查接管螺栓腐蚀和紧固情况。

3.2.7 检查设备框架结构有无倾斜下沉，设备地脚螺栓的腐蚀和紧固情况。

3.2.8 检查安全附件是否完好。

3.2.9 检查框架、平台、梯子是否牢固可靠。

3.2.10 检查设备是否接地良好。

3.2.11 按固容规做其他外部检查。

4 检修与质量标准

4.1 检修前准备

4.1.1 掌握设备运行情况，备齐必要的设备图纸及竣工资料。

4.1.2 了解设备结构、材料等情况，结合检修内容，准备好必要的检修工机具。

4.1.3 设备内部介质置换清扫干净，符合有关安全检修条件并按制度要求办理相关票证。

4.1.4 对存在连多硫酸腐蚀风险的奥氏体不锈钢设备如交出检修的，应进行碱洗、中和，对不打开的设备应进行有效隔离或封闭，避免湿空气进入奥氏体不锈钢换热设备。

4.1.5 编制检修方案（包括无损检测的内容），必要时请设备制造厂商会签。

4.2 拆装与检测

4.2.1 分别拆卸管、壳程接管，方便入内或采用内窥镜等检查。

4.2.2 检查设备管壳程换热管结垢和堵塞情况，结合设备运行情况，作出是否需要清洗的决定；需要清洗时，编制清洗方案，并按方案要求进行清洗。

4.2.3 按检修方案中的内容，检查壳体、换热管等是否存在腐蚀、裂纹、变形等，必要时采用无损检测技术进行检测。检查壳侧入口段导流夹套与壳体间密封情况，视情况进行补焊或贴补修复。

4.2.4 按检验方案中的内容，对壳体焊接接头作无损检测；对于存在芯体影响而无法做射线检测的部分焊缝或母材，可以选择进行超声或 TOFD 等单边检测方法进行检测。

4.2.5 检查密封面，更换密封垫。

4.2.6 检查紧固件的损坏情况。对高压螺栓、螺母应逐个清洗检查，必要时应进行无损检测。

4.2.7 设备内外部检查、清理完毕，达到检修方案预定目标，分别恢复管壳程接管。

4.3 检修质量标准

4.3.1 换热管两侧结垢应清理，设备内部无影响设备开工运行的残留物。

4.3.2 芯体管子与管板焊口补焊，应按焊接工艺进行。

4.3.3 芯体堵管时，堵管数一般不超过同一管程总数的 10%，具体以工艺指标为准，必要时请原设备制造厂商核算。堵头的锥度在 3°～5° 之间，堵头材料宜与绕管材料相当，堵头应打实。

4.3.4 检修所用所有材料零部件应符合相关标准、设计技术要求，具质量证明文件。

4.3.5 设备受压元件修补按 SHS 01004《压力容器维护检修规程》的要求执行。

4.3.6 接管密封垫片及紧固件的更换，应符合设计文件要求，按标准、规程等重新选型、选材的密封垫片及紧固件应有变更手续。

4.3.7 接管螺栓一般应涂抹适当的螺纹润滑剂或防咬合剂。螺栓在上紧时，应采用对称、交叉、均匀、分级上紧的原则，具体参照 SHS 01009《管壳式换热器维护检修规程》要求执行。

5 试验与验收

5.1 试验前准备

5.1.1 所有检修内容均已完成，且检修记录齐全明确。

5.1.2 施工单位确认合格，并具备试验条件。

5.1.3 设备压力试验一般按先壳程后管程的顺序进行。

a）液压试压值

$$p_T=1.25p\frac{[\sigma]}{[\sigma]^t}$$

b）气压或气液组合试压值

$$p_T=1.1p\frac{[\sigma]}{[\sigma]^t}$$

式中：

p_T——耐压试验试压值，MPa；

p——检验确定的壳程或对应管程允许使用压力或者监控使用压力，MPa；

$[\sigma]$——试验温度下材料的许用应力，MPa；

$[\sigma]^t$——操作温度下材料的许用应力，MPa。

c）气密查漏试验值：采用检验确定的壳程或对应管程允许使用压力或者监控使用

压力，MPa。

d）泄漏试验也可以采用氨检漏试验、卤素检漏试验和氦检漏试验，或设计文件规定的其他方法进行，但应符合相应标准及设计文件要求。

5.1.4 对于按压差设计的换热器，在试压过程中管、壳侧的压差不得超过设计压差，并按图样规定的步进程序进行试压。

5.1.5 试压用水应洁净，氯离子含量不超过25mg/L，设计文件有规定的，则按设计文件要求执行。

5.1.6 试验温度（绕管式换热器器壁金属温度）应当比绕管式换热器器壁金属脆性转变温度至少高30℃，设计文件有规定的，则按设计文件规定执行。

5.2 试验

5.2.1 试压时压力缓慢上升至规定值，一般保压时间不低于30min，然后降到操作压力进行详细检查。

5.2.2 壳体试压过程无可见变形、无渗漏、无异响；特别关注补焊过的管子－管板焊接接头和堵管处，壳体焊补处。

5.2.3 发现泄漏等问题时，处理后再重复试验过程。

5.2.4 壳程试验合格后，作管程试验。其检查要点参考壳程试验。

5.2.5 水压试验结束后，应放净内部积水，必要时吹干，氮封待用。

5.3 验收

5.3.1 设备投用运行一周，各项指标达到技术要求或满足生产需要。

5.3.2 设备防腐、保温完整无损，达到完好标准。

5.3.3 完整提交如下技术资料：

5.3.3.1 设备设计联络单、设计变更单等。

5.3.3.2 材料及零部件质量证明文件。

5.3.3.3 检修记录、各种检验和试验报告，设备重大修理质量证明文件及监检报告等。

6 维护与故障处理

6.1 日常维护

日常维护除按设备使用说明书等要求外，一般尚需要遵照以下要求：

6.1.1 新装置吹扫时，管道系统与绕管式换热器设备应严格隔离，防止将管道中的杂物吹入绕管设备中。

6.1.2 装置开停工过程中，换热器应缓慢升温和降温，避免造成压差过大和热冲击，同时应遵循停工时“先热后冷”即先退热介质，再退冷介质；开工时“先冷后热”，即先进冷介质，后进热介质。

6.1.3 对于按压差设计的换热器，开停工过程应特别注意不可使管壳程两侧压差超出设计允许值。设备含有回火脆化倾向的材料时，应控制低温时的压力值，具体参见设备使用说明书。

6.1.4 对设备运行参数进行连续监控，严禁超温、超压。对按压差设计的换热器，在运行过程中不得超过设计规定的压差值。

6.1.5 严格遵守安全操作规程，定期对换热器设备进行巡回检查，检查基础支座稳固及设备泄漏等。

6.1.6 在压降增大和传热系数降低超过一定数值时，应根据介质和换热器结构情况，选择有效的方法进行清洗。

6.1.7 保持保温层完好。

6.2 常见故障与处理

绕管式换热器常见功能故障及处理方法见表1。

表1 绕管式换热器常见功能故障与处理方法

设备功能		功能故障	故障模式	故障后果	故障应对策略与检修内容	检修周期／月
总功能	分项功能					
换热器热端温差不大于设计值、换热器管程或壳程压力降不大于设计值、管壳程之间介质相互隔绝、设备介质不外泄	换热器热端温差不大于设计值	换热器热端温差超过设计值	换热管表面结垢	换热效率下降，影响能耗，严重时装置降量	设备切出，管侧或壳程设备清洗、除垢	视情而定，如对生产影响不大，结合装置检修安排
			部分换热管堵塞	换热效率下降，影响能耗，严重时装置降量	设备切出，设备清洗，疏通	视情而定，如对生产影响不大，结合装置检修安排
			导流设施破损	换热效率下降，严重时装置降量	设备切出，导流设施修复	视情而定，如对生产影响不大，结合装置检修安排
	换热器管程或壳程压力降不大于设计值	换热器管程或壳程压力降超过设计值	换热管表面结垢	机泵功耗增大，严重时装置降量	设备切出，管侧或壳程设备清洗、除垢	视情而定，如对生产影响不大，结合装置检修安排
			部分换热管或壳程侧局部堵塞	机泵功耗增大，严重时装置降量	设备切出，清洗，疏通。如系铵盐结晶，或可溶性盐类析出，可在线注水	视情而定，如对生产影响不大，结合装置检修安排

表 1　绕管式换热器常见功能故障与处理方法（续）

设备功能		功能故障	故障模式	故障后果	故障应对策略与检修内容	检修周期 / 月
总功能	分项功能					
换热器热端温差不大于设计值、换热器管程或壳程压力降不大于设计值、管壳程之间介质相互隔绝、设备介质不外泄	管壳程之间介质相互隔绝	管壳程介质互窜（设备内漏）	管子－管板焊接接头贯穿性缺陷	低压侧介质被污染，内漏与切出处理对生产影响大的设备，会导致装置降量或停工	设备切出，一般通过壳程气密试验等方法，检查出管子－管板接头的泄漏处，视情况进行堵管或补焊处理	视情而定
			换热管出现贯穿性缺陷或破裂	低压侧介质被污染，严重时换热效率下降，低压侧超压，内漏与切出处理对生产影响大的设备，会导致装置降量或停工	设备切出，一般通过壳程气密试验等方法，对检查出泄漏的管子进行堵管	视情而定
	设备介质不外泄	设备介质外泄*	法兰因腐蚀等原因刚度下降或密封面损坏	介质外泄，并可能造成事故	设备切出，法兰更换、密封面修复	视情而定
			垫片选型错误或因腐蚀等原因损坏	介质外泄，并可能造成事故	设备切出，更换垫片	视情而定
			紧固件选型错误或紧固力不均或局部松动	介质外泄，并可能造成事故	紧固件更换、均匀紧固	视情而定

*设备介质外泄，如安全措施到位，也可利用在线带压堵漏技术，结合装置检修再安排彻底整改。

附　录　A

（资料性附录）

绕管式换热器检修质量控制确认表

序号	检修主要内容	质量标准	控制级别	检查情况	施工单位	生产装置	设备管理部门	日期
1	更换部件检查	检查更换部件应符合相关标准、设计技术要求，具质量证明文件，外形完好，无损伤	B					
2	接管法兰各密封面检查	密封面上不得有贯穿沟纹及影响密封性能的缺陷	B					
3	检查壳侧入口段导流夹套与壳体间密封情况	不应有开裂、脱焊等情况	B					
4	设备清理、清洗	换热管两侧结垢应清洗干净（按清洗方案要求），设备内部无影响设备开工运行的残留物	B					
5	设备复位	安排全面检验的换热器，复位前确认设备已检验合格，需返修的确认设备已返修合格，并按规范要求履行告知、监检手续	B					
6	试压查漏（一般按先壳程后管程的顺序进行）	试压、查漏包括水质、温度、压差等控制应符合规范、设计技术要求。试验压力下保压时间不小于 30min，无泄漏、无可见变形、无异响为合格	A					

注： A 级：施工单位、生产装置、设备管理部门专业人员检查确认后签字。
B 级：施工单位和生产装置专业人员检查确认后签字。
C 级：施工单位专业人员检查确认后签字。
另：如果有监理，监理的职责由甲方授权。

附　录　B
（资料性附录）
绕管式换热器试压与验收数据记录表

序号	试压时间	试验压力值 /MPa	试压检查方法	部位	检查情况
1					
2					
3					

56. 烟气轮机维护检修规程

SHS 01058—2019

目　　次

前 言

本规程按照 GB/T 1.1—2009《标准化工作导则　第1部分：标准的结构和编写》给出的规则修订。

本规程由中国石油化工集团有限公司、中国石油化工股份有限公司提出。

本规程起草单位：中国石油化工股份有限公司金陵分公司。

本规程起草人：毛文华、原栋文。

本规程 2019 首次发布。

烟气轮机维护检修规程

1 范围

1.1 主题内容

本规程规定了 YL 型单级烟气轮机的检修周期与内容、检修程序与质量标准、试车与验收、维护与故障处理。

1.2 适用范围

本规程适用于催化裂化装置主风机组的烟气轮机的维护与检修。其他型式烟气轮机可参照执行。

2 规范性引用文件

下列文件中的条款通过本规程的引用而成为本规程的条款。凡是注日期的引用文件，其随后所有的修改单（不包括勘误的内容）或修订版均不适用于本规程，然而，鼓励根据本规程达成协议的各方研究是否可使用这些文件的最新版本。凡是不注日期的引用文件，其最新版本适用于本标准。

API 617 石油及化工和气体工业用离心压缩机

HG/T 3650 烟气轮机技术条件

GB/T 9239.1 机械振动恒态（刚性）转子平衡品质要求第 1 部分：规范与平衡允差的检验

3 检修周期与内容

3.1 检修周期

根据对烟气轮机功能故障及其影响分析的结果、有无备用设备、状态监测结果及设备运行状况，并结合生产装置运行周期，确定检修周期，一般为 36～48 个月，与装置检修同步检修。

3.2 检修内容

3.2.1 检查导流锥、导向叶环、排气机壳变形、开裂、端面密封情况，做无损检测；

3.2.2 检查气封组件、空气封、油封有无裂纹、卷边、磨损、变形等情况，蒸汽、空气接管有无堵塞；

3.2.3　检查轴承箱体进、排油孔及管路是否畅通，轴承箱中分面及轴承定位止口变形情况；

3.2.4　检查轴承座、轴承体变形及损伤情况；

3.2.5　检查动、静叶表面喷涂层应无龟裂、剥落现象，检查叶顶、叶根有无明显的冲刷磨损或开裂，必要时做无损检测；

3.2.6　检查主轴、轮盘有无冲蚀、划痕、腐蚀等损伤；

3.2.7　检查转子跳动、动平衡，刚性转子的动平衡精度应不低于GB/T 9239.1中的G1.0 级；

3.2.8　检查各仪表测点引线是否破损，接点锈蚀、松动，校验各检测仪表完好；

3.2.9　检查烟气轮机入口高温闸阀（切断阀）、高烟蝶阀（调节阀）冲刷、开裂、密封损坏等情况；

3.2.10　检查烟气轮机出入口管线膨胀节、吊架、支座腐蚀、松动、变形等情况；

3.2.11　清理烟气轮机出入口管线、机壳内部、轴承箱；

3.2.12　消除烟气轮机漏点；

3.2.13　检查各种支承导向键（滑销）；

3.2.14　检查烟气轮机底座、支腿无变形、开裂，螺栓无松动。

4　检修与质量标准

随机资料上有的按随机资料上要求执行，随机资料上没有的按此标准执行

4.1　拆卸前准备

4.1.1　对有资质的施工人员进行技术交底工作；

4.1.2　掌握烟气轮机运行状况，准备好施工方案、图纸和有关资料；

4.1.3　备齐检修工具、量具、起重机具、配件及材料，详见表 1、表 2；

表 1　拆装必要工具

工具和测量仪器	使用范围
开启扳手	用于螺栓
活动扳手	用于螺栓
六角扳手	用于内六角紧定螺钉
螺钉起子	用于开槽紧定螺钉
管路扳手	用于辅助管路
量尺	用于测量轴颈
塞尺	用于测量间隙
激光对中仪	用于联轴器对中找正
专用工具	用于叶轮螺母、轴承螺母等
套筒扳手	用于叶轮螺母
轴承扳手	用于轴承螺母

表 2　常用备品备件

序号	图号	名称	数量	备注
1		前径向轴承支持瓦块	1 套	可倾瓦含瓦块支承
2		后径向轴承支持瓦块	1 套	可倾瓦含瓦块支承
3		主推力轴承瓦块	1 套	含瓦块支承
4		副推力轴承瓦块	1 套	含瓦块支承
5		气封环 I	1 副	含梳齿或蜂窝环
6		气封环 II	1 副	含梳齿或蜂窝环
7		上、下油封	1 副	
8		空气封	1 副	
9		入口波齿垫	1 套	
10		出口波齿垫	1 套	
11		备用转子组	1 套	

4.1.4　烟气轮机停运、辅助系统（水、汽、风、油）切断，与介质完全隔绝并处理干净，符合安全、环保等检修条件，办理好相关作业票。

4.2　检修前条件确认

4.2.1　各项准备工作应符合安全、环保、质量等方面的要求，对检修过程进行危害识别及风险评估、环境因素识别和影响评价，并办理相关票证；

4.2.3　切断电源、蒸汽、风、气、油、水等系统；

4.2.4　确认烟气轮机入口烟道阀门关闭，出口水封已建好（装置停运此项可省）；

4.2.5　确认烟气轮机温度、压力降到可以安全检修施工的条件。

4.3　拆卸与检测

4.3.1　拆卸烟气轮机连接管线、仪表测点接线

4.3.1.1　拆卸供气（汽）、供风、供油管线，拆卸线管口要封口保护；

4.3.1.2　拆卸测量仪表接线和探头，拆卸烟气轮机蜗壳内管线及保温；

4.3.1.3　拆卸烟气轮机入口短节并加装盲盖，并做好相对位置标记。

4.3.2　拆卸导流锥

4.3.2.1　拆卸导流锥两侧的辅助支承；

4.3.2.2　拆卸导流锥螺栓、螺母；

4.3.2.3　检查螺栓、螺母有无损坏、变形、断裂等缺陷；

4.3.2.4　脱开导流锥与导向叶环；

4.3.2.5　吊下导流锥；

4.3.2.6　测量动叶顶与导向叶环的叶顶间隙，测量位置见图 1；
4.3.2.7　清理导流锥及静叶组件；
4.3.2.8　检查导流锥有无磨损、变形、开裂等缺陷；
4.3.2.9　检查静叶片、耐磨涂层有无磨损、起皮、剥落等缺陷；
4.3.2.10　间接测量静叶组件与转子间的轴向间隙；
4.3.2.11　导流锥筋板焊缝无损检测。

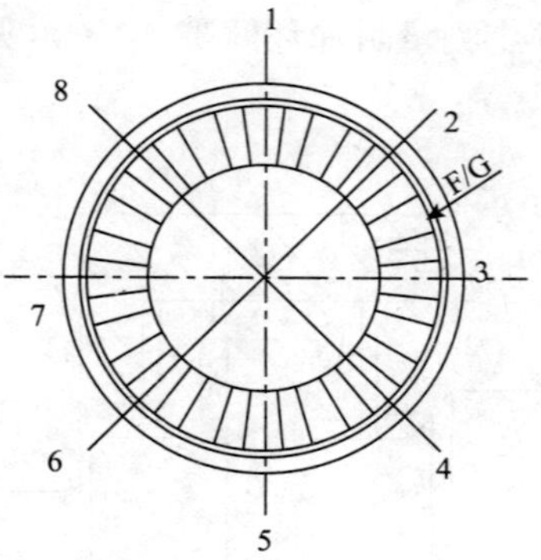

图 1　测量动叶片与导向叶环的叶顶间隙

4.3.3　拆卸导向叶环

4.3.3.1　拆卸导向叶环连接螺栓、螺母；
4.3.3.2　检查螺栓、螺母有无损坏、变形、断裂等缺陷；
4.3.3.3　吊下导向叶环；
4.3.3.4　测量轮盘与排气蜗壳的轴向间隙；
4.3.3.5　检查导向叶环有无磨损、变形、开裂等缺陷。

4.3.4　拆卸轴承箱上盖

4.3.4.1　拆卸轴承箱螺栓、螺母、定位销；
4.3.4.3　检查连接螺栓、螺母，定位销有无损坏、变形、断裂等缺陷；
4.3.4.3　拆卸轴承箱上盖（注意保护各检测元件）。
4.3.4.4　测量前、后轴承与轴承压盖的紧力。

4.3.5　拆卸联轴器

4.3.5.1　拆卸联轴器护罩；
4.3.5.2　对联轴器、对轮采用着色或其他无损检测方法检查有无裂纹；联轴器拆装、检查参见 SHS 01073《一般机泵用联轴器检修及质量标准》；
4.3.5.3　采用激光对中仪检查对中情况，并用机械百分表进行复核。

4.3.6　拆卸径向轴承上半部分、止推轴承

4.3.6.1　测量止推轴承轴瓦间隙 D，详见图 2 ；
4.3.6.2　测量径向轴承轴瓦间隙 B，详见图 3；
4.3.6.3　拆卸轴承座螺栓、螺母及定位销；
4.3.6.4　检查螺栓、螺母及定位销有无损坏、变形、断裂等缺陷；
4.3.6.5　拆卸前、后径向轴承上半部分。
4.3.6.6　拆卸止推轴承；

4.3.6.7 测量阻油环间隙 *A*、*C*，见图 3。

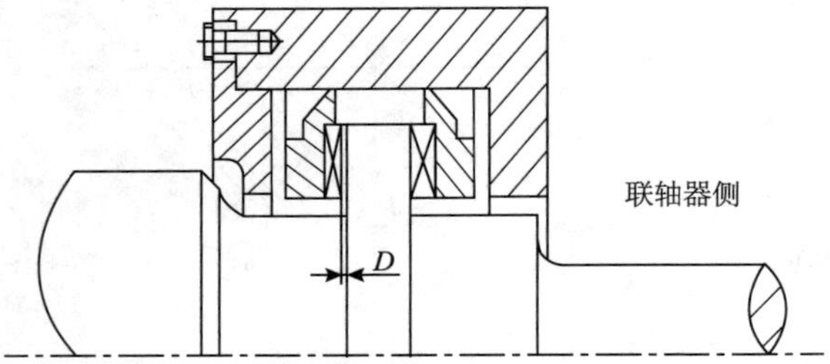

图 2 测量止推轴承轴瓦间隙

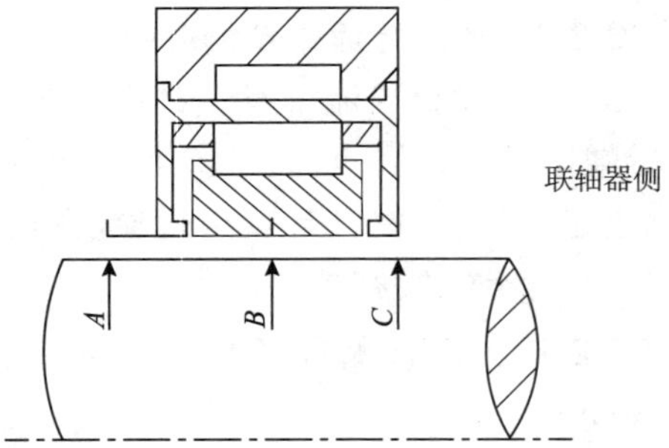

图 3 测量径向轴承轴瓦间隙

4.3.7 拆卸上气封组件

4.3.7.1 拆卸气封组件中分面联接螺栓、定位销；
4.3.7.2 拆卸上气封组件与壳体联接螺栓，并吊出上气封组件分；
4.3.7.3 检查螺栓、螺母及定位销有无损坏、变形、断裂等缺陷；
4.3.7.4 测量密封片（气封）间隙，在垂直方向上用压铅法，水平方向用塞尺法，塞尺不超过三片；
4.3.7.5 测量轴承油封、阻油环与主轴径向间隙，半径间隙 = 轴瓦间隙 +0.1～0.2mm。
4.3.7.6 测量转子跳动，位置见图 4。

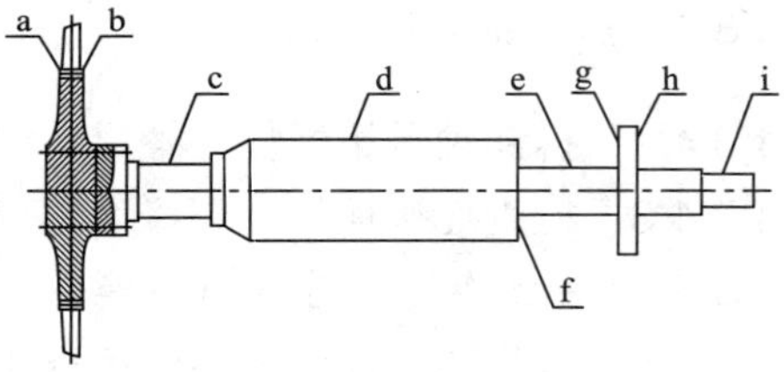

图 4 测量转子跳动

4.3.8 拆卸转子

4.3.8.1 使用专用机具将转子慢慢吊出；
4.3.8.2 清理转子组件；
4.3.8.3 检查转子主轴轴径有无划痕、腐蚀等损伤；
4.3.8.4 机组随装置停工大修时，应拆下烟气轮机叶片，进行全方位无损检测。目前制造厂主要采用着色、磁粉、超声等常规检测手段，对叶片内部裂纹无法检测出来，可尝试开展更多手段进行检测，如使用相控阵检测等新技术，以便发现叶片内部裂纹缺陷，提高检测的准确率。检查动叶片耐磨涂层有无起皮、龟裂、剥落、刮蹭或其他损伤；
4.3.8.5 检查转子叶片锁紧片（丝）有无冲蚀及折断现象，锁紧片应与轮盘端面紧密贴合。

4.3.9 拆卸径向轴承下半部分

4.3.9.1 取出径向轴承下半部分；
4.3.9.2 清理、检查轴承，轴瓦表面应无损伤；
4.3.9.3 用着色法检查轴瓦合金层是否有裂纹、空洞和脱壳；
4.3.9.4 用红丹检查径向轴承座与轴承箱的贴合情况；

4.3.9.5 用红丹检查推力瓦块与主轴推力盘的接触情况；

4.3.9.6 测量推力轴承瓦块的厚度；

4.3.9.7 清理轴承油孔、油道。

4.3.10 拆卸气封、空气封及油封下半部分

4.3.10.1 检查、清理蒸汽封、空气封及油封；

4.3.10.2 检查蒸汽封、空气封及油封片或蜂窝密封有无裂纹、卷边、磨损等情况；

4.3.10.3 检查蒸汽、空气、风接管有无堵塞，用压缩风吹扫。

4.3.11 清理、检查轴承箱进排油孔、中分面及轴承定位止口变形情况。

4.3.12 检查机底座的横向导向键与壳体支耳上的键槽，测量每侧间隙，见图 5。

4.3.13 检查烟气轮机纵向导向键与壳体键槽，测量每侧间隙，然后将其固定在机座上，并打上定位销，见图 6。

4.3.14 检查壳体支耳与四个固定螺栓，测量垫片的间隙，见图 7。

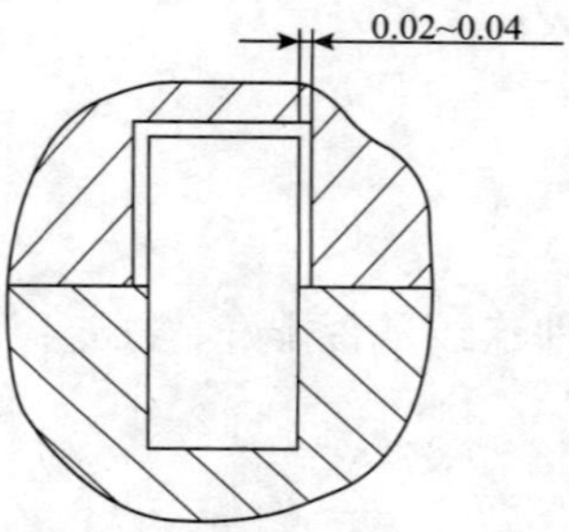

图 5 横向导向键间隙

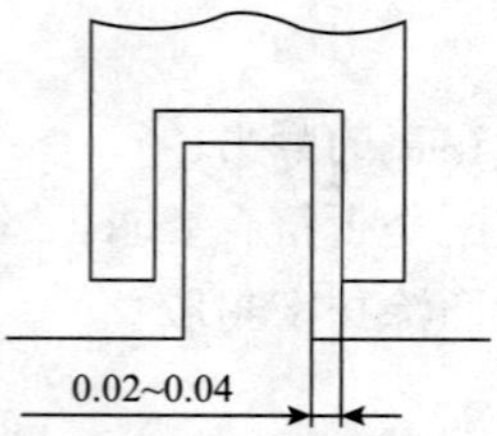

图 6 纵向导键间隙

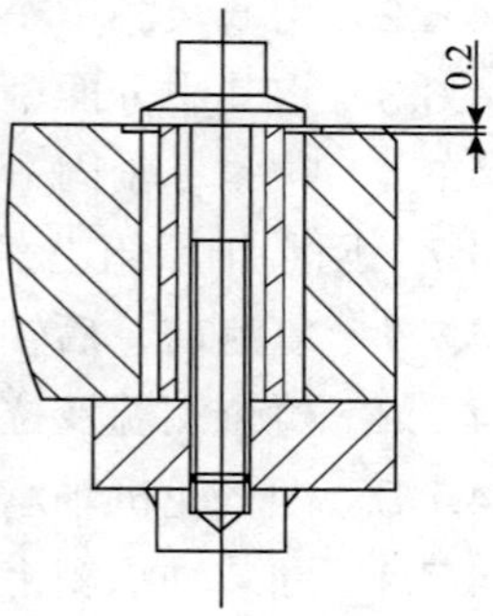

图 7 垫片的间隙

4.4 回装与质量标准

4.4.1 回装前准备

4.4.1.1 所有零部件应按要求清洗和吹扫干净；

4.4.1.2 所有零部件的磨损和损坏等缺陷已经全部消除或更换，并符合本规程要求；

4.4.1.3 所有回装零部件的质量、各部件的间隙调整、测量均已达到符合本规程要求。

4.4.2 回装下气封、空气密封及油封

4.4.2.1 检查气封、空气密封及油封口无堵塞；

4.4.2.2 给下半部油封和气封涂上合格的润滑油；

4.4.2.3 回装后作通汽、通气试验。

4.4.3 回装径向轴承下半部分

4.4.3.1 用红丹检查径向轴承座与轴承箱的贴合情况；

4.4.3.2 用红丹检查推力瓦块与主轴推力盘的接触情况；

4.4.4 吊装烟气轮机转子

4.4.4.1 复核转子各部分对轴线的跳动，见图 4，应符合表 3 要求；

4.4.4.2 检查轴承箱与壳体对中，对称两点跳动值应符合表 6 要求。

4.4.5 回装径向轴承上半部分、推力轴承；

4.4.5.1 确认轴承进油方向正确，进、排油孔清洁、畅通；

4.4.5.2 确认埋设在轴瓦内的铂热电阻及引线牢固、正确和完好；

4.4.5.3 复测径向轴瓦间隙；

4.4.5.4 测量推力轴承轴瓦间隙；

4.4.5.5 用塞尺测量油封与主轴径向间隙；

4.4.5.6 拧紧轴承座螺栓、螺母及定位销；

4.4.5.7 旋转转子 360° 用百分表复查排气缸定位圆的圆跳动；

4.4.5.8 盘动转子应转动灵活轻松，不卡涩。

4.4.6 回装烟气轮机上气封组件

4.4.6.1 用塞尺测量蒸汽封环（气封组件）与主轴径向间隙；

4.4.6.2 用塞尺测量空气封与主轴径向间隙；

4.4.6.3 将其中分面、端面密封处均匀地涂抹一层高温密封胶；

4.4.6.4 拧紧（紧固）中分面接螺栓、打上定位销。

4.4.7 回装轴承箱上盖

4.4.7.1 复测前、后轴承与轴承箱盖的紧力；

4.4.7.2 检查测温及位移探头装配是否符合要求，各检测元件连线是否排好、固定；

4.4.7.3 烟气轮机轴承中分密封面涂抹密封胶；

4.4.7.4 回装轴承箱上盖。

4.4.8 装配导向叶环

4.4.8.1 测量轮盘与排气蜗壳的轴向间隙；

4.4.8.2 在导向叶环配合面涂高温密封涂料；

4.4.8.3 导向叶环螺栓、螺母，螺纹表面涂高温防咬合剂；

4.4.8.4 对角紧固好导向叶环螺栓；

4.4.8.5 测量动叶顶与导向叶环的间隙，测量位置见图 1。

4.4.9 机组对中找正

4.4.9.1 采用激光仪进行对中找正，并用机械百分表进行复核；

4.4.9.2 机组对中找正完后，应再次复核转子叶片顶部间隙。

4.4.10 安装联轴器

4.4.10.1 联轴器拆装、检查参见 SHS 01073《一般机泵用联轴器维护检修及质量标准》

4.4.10.2 安装联轴器护罩。

4.4.11 回装导流锥组件

4.4.11.1 间接测量静叶组件与转子间的轴向间隙；

4.4.11.2 挠性辅助支承在底座上固定后，通过调整千斤顶，进行支承板与导流锥两侧的支耳联接；

4.4.11.3　调整辅助支承，使支承板与机壳两侧支耳均匀受力；

4.4.11.4　导流锥接合面涂高温密封涂料；

4.4.11.5　导流锥螺栓表面涂耐高温防咬合剂；

4.4.11.6　回装导流锥时，将百分表固定在底座支承面上，监测壳体支耳是否发生移动，监测四个支耳与底座支承面是否产生间隙；

4.4.11.7　回装烟气轮机轮盘冷却蒸汽及吹扫管线。

4.4.12　回装烟气轮机入口短节

4.4.12.1　按做好的相对位置标记回装；

4.4.12.2　紧固螺栓时，用百分表测量壳体横向、纵向位移的变化。

4.4.13　回装仪表传感器及线缆等附件，调校轴系监测仪表。

4.4.14　烟气轮机入口高温蝶阀检维修参见 SHS 01030《阀门维护检修规程》。

4.4.15　烟气轮机入口高温闸阀检维修参见 SHS 01030《阀门维护检修规程》。

4.4.16　质量标准

4.4.16.1　宏观检查

a）烟气轮机的所有零部件经检验合格并清除毛刺、铁屑、焊渣、污物及油脂等物；

b）机壳无严重变形；

c）烟气轮机底座无明显的热变形；

d）烟气轮机地脚螺栓无松动、咬扣和变形；

e）轴瓦表面应无损伤，合金层无裂纹、空洞和脱壳，脱壳的检查可用小锤轻轻敲击听声音判断或用液体渗透法检查；

f）动、静叶片耐磨涂层无起皮、剥落现象。

4.4.16.2　检测检验

a）用着色法检查轴承座与轴承箱接触情况，接触面积应大于 80%，轴承座瓦背紧力，控制在 0.02～0.08mm；

b）用着色法检查推力轴承主、副推力瓦块与主轴推力盘的接触情况，接触面积应大于 80%；检查定位销钉应无磨损、弯曲或松动现象，用千分尺检查各衬块的厚度各瓦块厚度误差不大于 0.02mm；

c）用着色法检查机壳、导流锥筋板焊缝无裂纹

d）烟气轮机轮盘运行一个周期或明显超温后，应检测硬度、晶粒度及榫槽处的裂纹检测；

e）转子上其他零部件修磨或更换后，或机组在运转中轴振动偏大，转子必须做动平衡校正，动平衡精度不低于 GB/T 9239 标准 G1.0 级；

f）高温工作的螺栓应定期进行金相检验其组织，荧光检验其裂纹，以防脆断。

4.4.16.3　表面粗糙度

重要零件主要加工面的表面粗糙度 R_a 不低于以下要求：

a）主轴轴颈、推力盘及测振探头对应的工作面　　　　0.4μm；
b）一、二级轮盘及主轴结合面　　　　1.6μm；
c）传扭套筒外圆及其与它相配合的孔　　　　1.6μm；
d）轮盘榫槽及动叶片榫齿　　　　3.2μm；
e）动叶片、静叶片叶身型面　　　　1.6μm；
f）拉杆螺栓外圆柱面及螺纹　　　　1.6μm；
g）壳体、进气锥、二级静叶环固定套结合面　　　　3.2μm；
h）推力瓦块轴承合金面　　　　1.6μm；
i）推力瓦块与推力块座结合面　　　　1.6μm；
j）轴承箱体与轴承座、油封配合柱面　　　　3.2μm。

4.4.16.4　跳动公差

a）转子旋转 360° 用百分表复查排气缸定位圆的圆跳动，要求径向跳动允许偏差 0.04mm；端面跳动允许偏差 0.08mm；

b）转子跳动公差应符合表 3 要求，测量部位见图 4。

表 3　转子跳动公差

mm

部位	轮盘轮缘端面（a/b）	两轴颈圆柱面（c/e）	两轴颈之间的柱面（d）	推力端面（f/g/h）	装联轴器处外圆（i）	测振部位
公差	0.100	0.100	0.020	0.015	0.020	0.005

4.4.16.5　安装间隙

a）径向轴承轴瓦与轴颈间的直径间隙为轴颈公称直径的 1.2‰～1.5‰；

b）推力盘与推力瓦块间的轴向间隙应符合表 4 的规定；

表 4　止推轴承的间隙

mm

轴径 D	ϕ120	ϕ135	ϕ160～180	＞ϕ180
间隙	0.3～0.35	0.3～0.35	0.3～0.35	0.45～0.50

c）油封与主轴径向间隙，半径间隙 = 轴瓦间隙 +0.1～0.2mm；

d）气封半径间隙控制在 0.4～0.6mm，蜂窝密封半径间隙控制在 0.3～0.5mm；

e）空气封与主轴径向间隙，半径间隙控制在 0.25～0.35mm；

f）动叶片顶部及静叶组件间隙符合表 5 的规定；

表 5　动叶片顶部及静叶组件间隙

mm

轮盘直径	ϕ700　ϕ830　ϕ900　ϕ970	ϕ1120	ϕ1250	ϕ1380
动叶片叶顶间隙	2.0～2.5	3.00～3.5	3.30～3.8	4.00～4.5
静叶组件与转子间的轴向间隙	10	10	15	15

g）烟气轮机壳体横向导向键与机座的键槽配合接触应良好其过盈为 0.005～0.015mm，与壳体支耳上的键槽每侧间隙为 0.02～0.04mm，见图 5；

h）调整烟气轮机壳体两个纵向导键与键槽的每侧间隙为 0.02～0.04mm，然后将其固定在机座上，并打上定位销，见图 6；

i）壳体支耳与四个固定螺栓，垫片的间隙应为 0.2mm，详见图 7；

j）检查轴承箱与壳体对中，对称两点跳动值应符合表 6 要求：

表 6　轴承箱与壳体对中

mm

部位	标准
径向跳动	≯0.15
端面跳动	≯0.10

4.4.16.6　主要零部件的判废根据中国特种设备检测研究院编制的《烟气轮机维护检修技术标准》（第 7 章）参照执行。

a）动叶片

有下列情况之一者动叶片应全部判废：

（a）经检测，5% 以上动叶片的榫齿及叶身部位发现裂纹；

（b）非异物进入而导致的两片以上叶片断裂；

（c）动叶片在正常工况下累计运转时间超过 50000h；

（d）动叶片冲蚀严重，喉部面积增大 10% 以上；

（e）烟气轮机超速 120% 以上时。

b）轮盘

有下列情况之一者轮盘应判废：

（a）轮盘经检测发现有影响强度的裂纹；

（b）轮盘端面冲刷磨损严重，深度超过 4mm 时；

（c）轮盘榫槽外圆面冲蚀磨损严重，深度超过 3mm 时；

（d）晶粒度等级大于 3 级；

（e）烟气轮机超速 120% 以上时。

c）主轴

有下列情况之一者主轴应判废：

（a）气封对应部位磨损严重，深度超过 3mm 时；

（b）主轴弯曲变形，各部径向及端面跳动值超标。

d）拉杆螺栓组件

采用冷拉伸工艺装配的拉杆螺栓松动后，不允许二次使用。

e）静叶组件

静叶片无损检测发现有影响强度的裂纹。

f）气封环

有下列情况之一者气封环应判废：

（a）气封环与主轴间隙比原设计值增大 50%；

（b）蜂窝密封局部脱落。

g）轴承

轴瓦合金层有裂纹、空洞和脱壳现象。

h）联轴器

（a）联轴器自锁螺栓拆卸超过 5 次，应更换整套螺栓；

（b）膜片出现裂纹或断裂现象，应更换整组膜片；

（c）膜片使用不宜超两个运行周期。

5 试车与验收

5.1 试车前准备

5.1.1 确认检修记录齐全，检修数据正确、合格；

5.1.2 清扫烟气轮机四周施工杂物等，保证安全，符合试车要求；

5.1.3 润滑油跑油合格，投用正常；

5.1.4 各测量仪表完好，相关联锁调试合格并投用，控制系统满足启机条件；

5.1.5 烟气轮机进口烟气应符合下列要求：含尘浓度小于 200mg/Nm^3，烟气中催化剂大于 10μm 的颗粒应小于 3%；

5.1.6 烟气轮机轮盘冷却蒸汽系统，机座冷却水系统以及轴封气系统正常投用；

5.2 试车

5.2.1 打开轮盘冷却蒸汽阀门，同时打开机壳下部的排凝阀，放出存水见汽后关闭，静止暖机 30min；

5.2.2 机组采用盘车机构盘车，检查烟气轮机轴承、气封、转子叶片处有无异常声音，如发现异常，应停止盘车并检查、处理；

5.2.3 引烟气暖机。控制烟气轮机升温速度不超过 100℃/h；

5.2.4 调节烟气轮机轮盘冷却蒸汽量，轮盘温度控制在 320～350℃；

5.2.5 检查烟气轮机进、出口管线及膨胀情况，并按照设计要求的热紧程序，对烟气轮机及管线法兰进行热紧；

5.2.6 按照操作规程启动机组；

5.2.7 检查烟气轮机的轴振动、轴瓦温度和轴承、气封等部件处有无异常音响，如发现异常，应停机检查、处理；

5.2.8 每隔半小时检测各轴承振动、温度、位移及热膨胀量；

5.2.9 烟气轮机达到额定转速后对烟气轮机进行全面检查。

5.3 验收

5.3.1 烟气轮机检修最终验收在烟气轮机投入运行 72h 后进行；
5.3.2 烟气轮机轴振动的双振幅（振动值）值符合 HG/T 3650 及 API 617 的规定；
5.3.3 烟气轮机正常工作时径向轴瓦（轴承）工作温度不超过 80℃，推力瓦不超过 90℃；
5.3.4 烟气轮机正常运行时测得噪音不大于 90dB（A 声级）；
5.3.5 设备达到完好标准；
5.3.6 主要对烟气轮机轴振动、轴位移、轴承温度、泄漏情况等进行验收。试车、验收数据记录在附录 B；
5.3.7 检修记录齐全、准确，按规定办理验收手续。

6 维护与故障处理

6.1 日常维护

6.1.1 现场机壳、轴承箱振动（位移、烈度）、轴承温度的检测、记录，内容见附录 C 表 C.1；
6.1.2 现场润滑油系统维护检查内容及记录见附录 C 表 C.2；
6.1.3 烟气轮机轴封、出入口法兰、入口蝶阀及执行机构、闸板阀及执行机构、旁路阀及执行机构、出入口膨胀节的泄漏状况、法兰螺栓是否有松动等检查内容及记录见附录 C 表 C.3；
6.1.4 机壳、出入口管线热膨胀状况、出入口管线弹簧支吊架、入口水平管线滚动支座、导向轮轨的检查内容及记录见附录 C 表 C.4；
6.1.5 根据有关工艺参数、运行状态巡检及记录，对烟气轮机运行的整体状况做一个基本的评估；
6.1.6 根据现场检查、检测及记录，对烟气轮机存在的主要问题及处理情况进行分析；
6.1.7 根据轴系在线监测系统的记录和数据，对烟气轮机进行一次全面运行状态分析。

6.2 常见故障与处理

烟气轮机常见功能故障与处理方法见表 7。

表7　烟气轮机常见功能故障与处理方法

序号	功能	功能故障	故障模式	故障后果	故障应对策略与检修内容	检修周期/月
1	烟气轮机做功满足主风机需求	烟气轮机做功低	烟气轮机入口高温阀门突然关小或关闭	主风机机组跳停，装置停工	迅速打开烟气轮机入口高温阀门； 定期检查烟气轮机入口高温阀门，提高运行可靠性	视情况而定
			烟气轮机结垢，流道变窄	装置降负荷生产	1. 确保三旋分离效率高； 2. 消除烟气轮机结垢因素； 3. 烟气轮机清垢	视情况而定
			烟气轮机动、静叶片磨损		更换烟气轮机叶片	视情况而定
2	保证机组连续运转	机组振动大	烟气轮机结垢	烟气轮机跳停 轴瓦损坏 动静部件摩擦	烟气轮机清垢	视情况而定
			叶片断裂或磨损		更换叶片	
			动静摩擦或碰撞		检查、修理	
			不对中		重新找正	
			轴承安装不当或损坏		重新安装或更换	
			转子不平衡		做动平衡	
			异物进入		检查、清理	
			烟气粉尘浓度超标	振动大 叶片磨损	调整生产操作，降低粉尘浓度	
		轴瓦温度高	振动异常	烟气轮机跳停 轴瓦损坏	消除泵异常振动因素	视情况而定
			轴承安装不当		重新安装	
			轴向推力异常		调整烟气轮机负荷	
			润滑油变质		更换润滑油	
			冷却系统不正常		清扫冷却水系统	
3	保证烟气密闭生产	气封泄漏	气封磨损或蒸汽、气封空气中断	1. 高温烟气伤人，污染环境； 2. 污染润滑油系统	调整气封操作 更换气封组件	视情况而定
		烟气泄漏	入口法兰、膨胀节等泄漏	高温烟气伤人，污染环境	1. 热紧或包套； 2. 停机处理	

附 录 A
（资料性附录）
烟气轮机检修过程质量控制确认表

mm

项目	主要控制内容				等级	施工单位	生产装置	设备管理部门	备注
	标准值		部位	现场记录					
拆卸时检测									
径向轴承	间隙	见4.4.16.5 a)	前		A	★	★	★	
			后						
	紧力	0.02～0.08mm	前		B	★	★		
			后						
	接触面积	（ 80 ）%	前		B	★	★		
			后						
止推轴承	轴瓦间隙	见表4			A	★	★	★	
	接触面积	（ 80 ）%	主		B	★	★		
		（ 80 ）%	副						
	调整垫厚度		主		B	★	★		
			副						
蒸汽封间隙/mm		0.4～0.6	顶		B	★	★		
		0.4～0.6	左						
		0.4～0.6	右						
		0.4～0.6	底						
空气封间隙/mm		0.25～0.35	顶		B	★	★		
		0.25～0.35	左						
		0.25～0.35	右						
		0.25～0.35	底						
油封间隙/mm		轴瓦间隙+0.1～0.2	1		B	★	★		
			2						
油封间隙/mm		轴瓦间隙+0.1～0.2	5		B	★	★		
			6						
阻油环间隙*A*		（ ）mm	3		C	★			
			4						

烟气轮机检修过程质量控制确认表（续）

项目		主要控制内容			等级	施工单位	生产装置	设备管理部门	备注
		标准值	部位	现场记录					
动叶叶顶间隙 /mm		（见表 5）	1		B	★	★		
			2						
			3						
			4						
			5						
			6						
			7						
			8						
转子跳动公差 /mm		0.01	a		A	★	★	★	
		0.01	b						
		0.01	c						
		0.02	d						
		0.01	e						
		0.015	f						
		0.015	g						
		0.015	h						
		0.02	i						
排气缸定位圆的圆跳动 /mm		0.04	径向		B	★	★		
		0.08	端面						
对中找正数据	圆周	见随机资料	上		A	★	★	★	
		见随机资料	下						
		见随机资料	左						
		见随机资料	右						
	端面	见随机资料	上	A	★	★	★		
		见随机资料	下						
		见随机资料	左						
		见随机资料	右						

烟气轮机检修过程质量控制确认表（续）

项目		主要控制内容：标准值	部位	现场记录	等级	施工单位	生产装置	设备管理部门	备注
猫爪垫片间隙/mm	入口端	0.2	左侧		C	★			
		0.2	右侧						
	对轮端	0.2	左侧	C	★				
		0.2	右侧						
轮盘与排气蜗壳的轴向间隙		见表5			C	★			
静叶组件与转子间的轴向间隙		见随机资料			C	★			
回装时检测									
径向轴承	间隙	见4.4.16.5 a)	前		A	★	★	★	
			后						
	紧力	0.02～0.08	前		B	★	★		
			后						
	接触面积	（80）%	前		B	★	★		
			后						
止推轴承	轴瓦间隙	见表4	D		A	★	★	★	
	接触面积（80）%	（80）%	主		B	★	★		
			副						
	调整垫厚度		主		B	★	★		
			副						
蒸汽封间隙/mm		0.4～0.6	顶		B	★	★		
		0.4～0.6	左						
		0.4～0.6	右						
		0.4～0.6	底						
空气封间隙/mm		0.25～0.35	顶		B	★	★		
		0.25～0.35	左						
		0.25～0.35	右						
		0.25～0.35	底						
油封间隙		轴瓦间隙+0.1～0.2	1		B	★	★		
			2						

烟气轮机检修过程质量控制确认表（续）

项目		主要控制内容			等级	施工单位	生产装置	设备管理部门	备注
		标准值	部位	现场记录					
油封间隙		轴瓦间隙 +0.1～0.2	5		B	★	★		
			6						
阻油环间隙 *A*		（　　）mm	3		C	★			
			4						
动叶叶顶间隙		见表 5	1		B	★	★		
			2						
			3						
			4						
			5						
			6						
			7						
			8						
转子跳动公差 /mm		0.01	a		A	★	★	★	
		0.01	b						
		0.01	c						
		0.02	d						
		0.01	e						
		0.015	f						
		0.015	g						
		0.015	h						
		0.02	i						
排气缸定位圆的圆跳动		0.04	径向		B	★	★		
		0.08	端面						
对中找正数据	圆周	见随机资料	上		A	★	★	★	
		见随机资料	下						
		见随机资料	左						
		见随机资料	右						
	端面	见随机资料	上	A	★	★	★		
		见随机资料	下						
		见随机资料	左						
		见随机资料	右						

烟气轮机检修过程质量控制确认表（续）

<table>
<tr><td rowspan="2" colspan="2">项目</td><td colspan="3">主要控制内容</td><td rowspan="2">等级</td><td rowspan="2">施工单位</td><td rowspan="2">生产装置</td><td rowspan="2">设备管理部门</td><td rowspan="2">备注</td></tr>
<tr><td>标准值</td><td>部位</td><td>现场记录</td></tr>
<tr><td rowspan="4">猫爪垫片间隙/mm</td><td rowspan="2">入口端</td><td>0.2</td><td>左侧</td><td rowspan="2"></td><td rowspan="2">C</td><td rowspan="2">★</td><td rowspan="2"></td><td rowspan="2"></td><td rowspan="2"></td></tr>
<tr><td>0.2</td><td>右侧</td></tr>
<tr><td rowspan="2">对轮端</td><td>0.2</td><td>左侧</td><td rowspan="2"></td><td rowspan="2">C</td><td rowspan="2">★</td><td rowspan="2"></td><td rowspan="2"></td><td rowspan="2"></td></tr>
<tr><td>0.2</td><td>右侧</td></tr>
<tr><td colspan="2">轮盘与排气蜗壳的轴向间隙</td><td>见表5</td><td></td><td></td><td>C</td><td>★</td><td></td><td></td><td></td></tr>
<tr><td colspan="2">静叶组件与转子间的轴向间隙</td><td>见随机资料</td><td></td><td></td><td>C</td><td>★</td><td></td><td></td><td></td></tr>
</table>

控制级别说明： A：分部机动处专业人员、车间设备员/设备主任、施工单位检查人员

B：车间质量管理人员、施工单位检查人员

C：施工单位检查人员

D：如果有监理，监理的职责由甲方授权。

表中数据与随机资料不一致，以随机资料为准。

附 录 B
（资料性附录）
烟气轮机试车与验收表记录

序号	内容		记录数据					
1	时间							
2	转速 /（r/min）							
3	入口温度 /℃							
4	出口温度 /℃							
5	烟气粉尘浓度 /（mg/m^3）							
6	润滑油	润滑油泵出口压力 /MPa						
		润滑油总管压力 /MPa						
		冷后温度 /℃						
7	轴承温度 /℃	前轴承 A/B						
		后轴承 A/B						
		推力轴承 A/B						
8	轴振动值、轴位移 /μm	前端 A/B						
		后端 A/B						
		轴位移 A/B						
9	轴承箱处振动位移 /mm	前端（水平 / 垂直）						
		后端（水平 / 垂直）						
10	轴承箱处振动速度 /（mm/s）	前端（水平 / 垂直）						
		后端（水平 / 垂直）						
11	轮盘冷却温度（℃）							
12	入口调节蝶阀开度 %							
13	入口管线滚动支座处热膨胀量 /mm	左侧水平方向						
		右侧水平方向						
14	烟气轮机壳体猫抓处热膨胀量 /mm	左侧（水平 / 垂直）						
		右侧（水平 / 垂直）						
备注：								

附　录　C

烟气轮机维护记录表

表 C.1　烟气轮机维护检查内容记录

序号	巡检内容	正常范围值	确认或异常值	备注
1	入口压力 /MPa			正常值各数据参见烟气轮机说明书
2	出口压力 /MPa			
3	入口流量 /（Nm^3/h）			
4	入口温度 /℃			
5	出口温度 /℃			
6	轮盘冷却温度 /℃			
7	轮盘冷却蒸汽流量 /（Nm^3/h）			
8	气封差压 /Pa			
9	催化剂粉尘浓度 /（mg/Nm^3）			
1	轴前端（A/B）/μm			正常值各数据参见烟气轮机说明书，每台烟气轮机均配备有专门的说明书和使用手册
2	轴后端（A/B）/μm			
3	轴位移（A/B）/μm			
4	前端轴承温度（A/B）/℃			
5	后端轴承温度（A/B）/℃			
6	主推力轴承温度（A/B）/℃			
7	副推力轴承温度（A/B）/℃			
8	轴承箱前端水平处振动烈度 /（mm/s）	1.8		
9	轴承箱前端垂直处振动烈度 /（mm/s）	1.8		
10	轴承箱后端水平处振动烈度 /（mm/s）	1.8		
11	轴承箱后端垂直处振动烈度 /（mm/s）	1.8		
12	振动频谱数据是否有突变			
13	轴心轨迹数据是否有突变			

表 C.2　润滑油系统维护检查内容及记录

序号	检查内容	正常范围值	确认或异常值	备注
1	润滑油泵出口压力 /MPa	0.5～0.6		参见烟气轮机说明书，每台烟气轮机均配备有专门的说明书和使用手册
2	润滑油总管压力 /MPa	0.2～0.25		
3	前轴承进油压力 /MPa	0.1～0.15		
4	后轴承进油压力 /MPa	0.1～0.15		

表 C.2 润滑油系统维护检查内容及记录（续）

序号	检查内容	正常范围值	确认或异常值	备注
5	推力轴承进油压力 /MPa	0.1～0.15		参见烟气轮机说明书，每台烟气轮机均配备有专门的说明书和使用手册
6	前轴承回油温度 /℃			
7	后轴承推力轴承回油温度 /℃			
8	润滑油冷后温度 /℃			
9	过滤器差压 /Pa			
10	润滑油箱液位			
11	油泵振动 /（mm/s）			
12	油泵电机振动 /（mm/s）			
13	油泵轴承温度 /℃			
14	油泵电机轴承温度 /℃			
15	润滑油系统泄露点			

表 C.3 轴封、法兰泄漏情况检查记录

序号	检查内容	正常状态（√）	泄漏或异常状态	备注
1	气封处			
2	空气封处			
3	油封处			
4	导流锥法兰			
5	出口法兰			
6	入口短节法兰			
7	入口蝶阀 1 法兰（进气端）			
8	入口蝶阀 1 法兰（出气端）			
9	入口蝶阀 2 法兰（进气端）			
10	入口蝶阀 2 法兰（出气端）			
11	入口蝶阀 1 阀杆填料处			
12	入口蝶阀 2 阀杆填料处			
13	入口闸阀法兰（进气端）			
入口闸阀法兰（出气端）				
入口闸阀阀杆填料处				
入口膨胀节 1				
出口膨胀节 1				

表 C.4　机壳、入口管线膨胀情况检查记录

mm

序号	检查内容	正常范围值	确认或异常值	备注
1	入口管线烟气轮机近侧滚动支座（1）处，左侧热膨胀量			
2	入口管线靠烟气轮机近侧滚动支座（1）处，右侧热膨胀量			
3	入口管线烟气轮机远侧滚动支座（2）处，左侧热膨胀量			
4	入口管线靠烟气轮机远侧滚动支座（2）处，右侧热膨胀量			
5	出口机壳热膨胀量，法兰处			
6	烟气轮机壳体猫抓处热膨胀量，左侧水平			
7	烟气轮机壳体猫抓处热膨胀量，左侧垂直			
8	烟气轮机壳体猫抓处热膨胀量，右侧水平			
9	烟气轮机壳体猫抓处热膨胀量，右侧垂直			

附　录　D
（资料性附录）
单级烟气轮机结构图

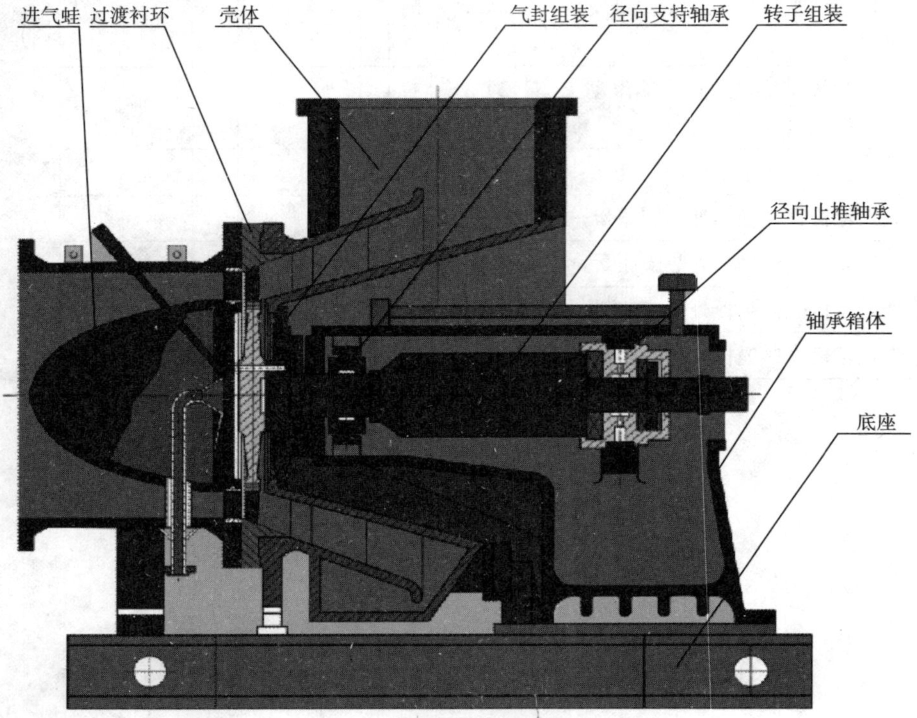

图 D.1　单级烟气轮机结构图

57. 干式螺杆真空泵维护检修规程

SHS 01059—2019

目　　录

前 言

本规程按照GB/T 1.1—2009《标准化工作导则 第1部分：标准的结构和编写》给出的规则起草。

本规程由中国石油化工集团有限公司、中国石油化工股份有限公司提出。

本规程起草单位：中国石油化工股份有限公司武汉分公司。

本规程主要起草人：丁一刚、邹志刚。

本规程2019年首次发布。

干式螺杆真空泵维护检修规程

1 范围

1.1 主题内容

本规程规定了（干式）螺杆真空泵的检修周期及内容、检修程序与质量标准、试车与验收、维护与故障处理。

1.2 适用范围

本规程适用于石油化工厂的干式螺杆真空泵维护与检修。

2 规范性引用文件

下列文件中的条款通过本规程的引用而成为本规程的条款。凡是注日期的引用文件，其随后所有的修改单（不包括勘误的内容）或修订版均不适用于本规程，然而，鼓励根据本规程达成协议的各方研究是否可使用这些文件的最新版本。凡是不注日期的引用文件，其最新版本适用于本标准。

JB/T 11716　真空技术 螺杆型干式真空泵

3 检修周期与内容

3.1 检修周期

根据对（干式）螺杆真空泵状态监测结果及运行状况，以可靠性分析为基础，一般为 36 个月。

3.2 检修检查内容

3.2.1 机泵检修

3.2.1.1 检查轴封，调整压盖与轴的间隙，检查填料密封或机械密封。

3.2.1.2 解体检查各部件的磨损、腐蚀和冲蚀情况。检查、修理、更换阀门、管件及过滤器。

3.2.1.3 拆检轴承，维修轴瓦，必要时更换。

3.2.1.4 检查同步齿轮磨损情况，调整同步齿轮间隙。

3.2.1.5 检查螺杆直线度及磨损情况，测量主、从动转子轴径向圆跳动，必要时进行转子动平衡校正。

3.2.1.6 检查泵体内表面磨损情况。

3.2.2 配套电机检修由电气专业同步完成

驱动电机和润滑油泵电机检修按 SHS 06001《旋转电机及调速励磁装置维护检修规程》执行。

3.2.3 附属测振、测温探头、压力、液位显示、控制系统及远传的检修由仪控专业同步完全完成

3.2.4 其他附属系统检修

3.2.4.1 检查清洗油冷却器、油过滤器等。

3.2.4.2 更换润滑油。

3.2.4.3 检查、清洗冷却水系统。

3.2.4.4 拆卸、检查清理消音器。

3.2.4.5 进出口管件、安全阀。

3.2.4.6 对带有冷却水夹套的消音器或二次冷却器，请注意检查和调校相关表、电磁阀等设备。

3.2.4.7 消除冷却系统、密封系统和润滑系统等在运行中出现的缺陷及存在的隐患。

3.2.4.8 检查油位表、消音器等附属设备情况。

4 检修程序与质量标准

4.1 拆卸前准备

4.1.1 方案准备

4.1.1.1 掌握设备的运行情况、设备的内部结构及上一次检修情况，做好施工方案，备齐必要的图纸等资料。

4.1.1.2 组织施工人员进行技术交底，熟悉施工方案、施工图纸、技术要求及有关资料，并掌握施工质量标准。

4.1.1.3 确认检修条件是否满足。切断所有电源，切换设备与系统联系，内部介质冷却、吹扫、置换干净，符合安全检修条件。

4.1.2 工机具准备

4.1.2.1 备齐检修工具、量具、起重机具、配件等材料。

4.1.3 材料准备

4.1.3.1 准备好要更换的配件。

4.1.3.2 准备好需要加注的润滑脂、油等。

4.1.4 人员准备

4.1.4.1 起重等特殊工种必须持证上岗。
4.1.4.2 配备安全工程师和质量工程师。
4.1.4.3 检修人员和相关人员已进行安全等教育。

4.2 拆卸与检测

4.2.1 拆卸程序及要求

4.2.1.1 拆除附属管线、设施，断开电气仪表连接；
4.2.1.2 拆卸联轴器安全护罩，检查联轴器对中，设定联轴器定位标记；
4.2.1.3 拆除电机；
4.2.1.4 排出油和冷却液，注意环境污染；
4.2.1.5 把泵平稳吊出，安放于工作台；
4.2.1.6 拆卸前端油室密封压盖及静环；
4.2.1.7 测量：同步齿轮啮合间隙，转子间的间隙，转子与壳体的端面间隙、与壳体的径向间隙。如图 1、图 2、图 3 所示；
4.2.1.8 拆卸非驱动端端盖，取出轴承、唇型密封，轴套；
4.2.1.9 拆除驱动端同步齿轮锥套上的螺栓，取下驱动轴上的同步齿轮；
4.2.1.10 拆下非驱动轴齿轮；
4.2.1.11 拆下止推轴承压盖，取下轴承座、轴承；
4.2.1.12 取出螺杆转子，测量爪子各部位跳动和间隙；

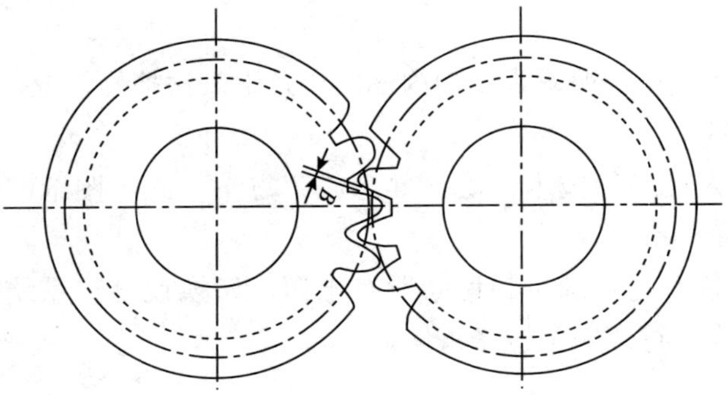

图 1 同步齿轮啮合示意图

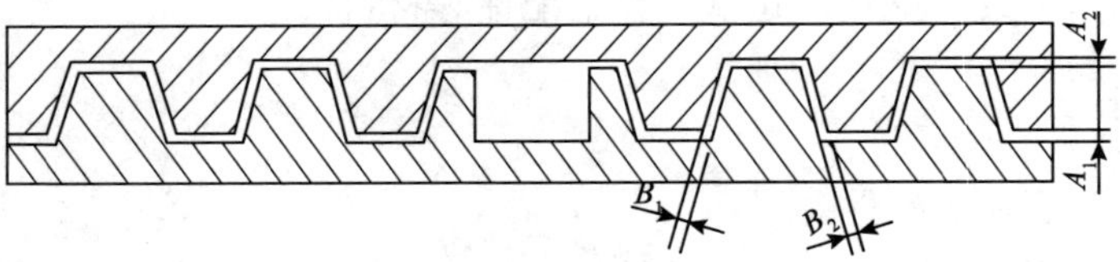

图 2 螺杆间隙测量示意

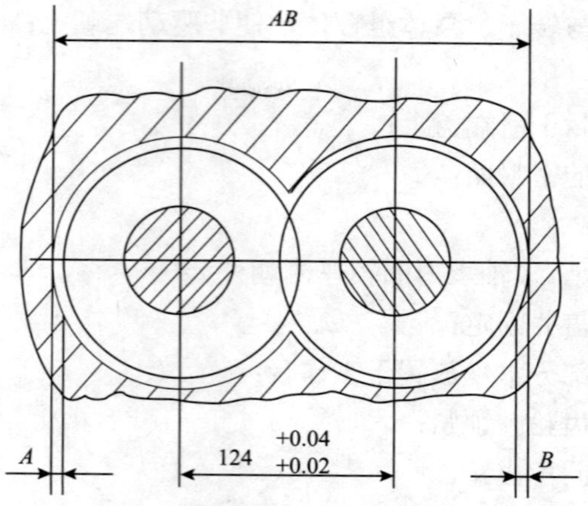

图 3　螺杆与缸体间隙示意图

4.2.1.13　取下前端盖；
4.2.1.14　取下机械密封静环；
4.2.1.15　取下泵体、端盖上的盲板，检查、清理冷却夹套；
4.2.1.16　清洗零配件。

注意事项：

用低黏度油清洗轴承，然后再涂抹润滑油，这一过程须保证轴承清洁。清洁过的部件应用软的干净的布或薄纸，擦干净后再涂抹润滑油，连接部件易氧化，如键、轴螺纹等，在接触部位涂二硫化钼以便拆卸。如果填塞材料、垫片有任何损坏，必须用同样厚度的更换。

4.2.2　回装程序及要求

4.2.2.1　将后端盖放在两块木块上，与泵体相连断朝上；
4.2.2.2　把主动转子和从动转子插入后端盖（主动转子在右侧）；
4.2.2.3　将唇型密封压入前端盖；
4.2.2.4　装配密封静环，压入前端盖；
4.2.2.5　安装驱动侧和非驱动侧轴承座；
4.2.2.6　将前端盖装到转子上；
4.2.2.7　取下驱动侧和非驱动侧轴承座；
4.2.2.8　将机械密封动环安装轴上；
4.2.2.9　安装驱动侧和非驱动侧轴承座；
4.2.2.10　安装轴承；
4.2.2.11　安装轴承压盖并固定；
4.2.2.12　拆下后端盖，并水平放置前端盖与转子组合体；
4.2.2.13　把前端盖与转子组合体放入泵体，并固定前端盖；

4.2.2.14 倒置前端盖与转子、泵体组合体，使非驱动端朝上；
4.2.2.15 安装轴套；
4.2.2.16 安装唇型密封于后端盖上；
4.2.2.17 安装泵体上的密封圈；
4.2.2.18 安装后端盖；
4.2.2.19 安装加脂轴承，（轴承内圈较厚侧朝外）；
4.2.2.20 安装轴承端盖并固定；
4.2.2.21 将组装好的部分水平放置于工作台；
4.2.2.22 安装从动侧齿轮并锁紧；
4.2.2.23 安装主动侧同步齿轮；
4.2.2.24 安装锥套；
4.2.2.25 测量吸入口处转子间的间隙；
4.2.2.26 通过转动同步齿轮调整间隙、同步齿轮的同心度度和端面跳动应在规定范围内；
4.2.2.27 绷紧锥套，塞尺不能拉动；
4.2.2.28 转动齿轮，取走塞尺；
4.2.2.29 安装密封圈并固定前盖；
4.2.2.30 安装联轴器；
4.2.2.31 安装盲板、垫圈、视镜等；
4.2.2.32 安装电机；
4.2.2.33 注油；
4.2.2.34 冷却夹套，管路应清洗干净，畅通，并按记号顺序装配；
4.2.2.35 安装附属管线、设施，恢复电气仪表。

4.3 回装与质量标准

4.3.1 螺杆

4.3.1.1 转子轴颈表面粗糙度为 R_a0.8，其径向圆跳动值均应小于 0.01mm，圆柱度不大于直径公差 1/2。
4.3.1.2 螺杆两端面对轴心线的垂直度公差值为0.02mm，两螺杆平行度公差值为0.02mm。
4.3.1.3 转子动平衡的精度等级应不低于 G6.3。
4.3.1.4 螺杆表面不得有伤痕，螺旋型面粗糙度为 R_a1.6，齿顶表面粗糙度为 R_a1.6，螺旋外圆表面粗糙度为 R_a1.6。不允许有气孔、裂缝和伤痕等缺陷。
4.3.1.5 螺杆轴颈必要时应进行表面磁粉或着色探伤检查。
4.3.1.6 螺杆轴线直线度为 0.05mm
4.3.1.7 联轴器检查参考 SHS 01073《一般机泵用联轴器检修及质量标准》。
4.3.1.8 SDV 型螺杆间隙见表 1，VPS 型螺杆间隙见表 2。

表 1　SDV 型螺杆与端盖间隙及螺杆啮合间隙

mm

型号	D	E
SDV-120	0.10～0.12	0.01～0.06
SDV-200	0.10～0.12	0.05～0.07
SDV-320（174 及 174 之前）	0.10～0.15	0.09～0.11
SDV-320（175 及 175 之后）	0.12～0.15	0.07～0.09
SDV-430（166 及 166 之前）	0.10～0.15	0.09～0.11
SDV-430（167 及 167 之后）	0.12～0.15	0.09～0.11
SDV-800	0.15～0.18	0.12～0.15
SDV-1500	0.20～0.25	0.15～0.18
SDV-2700	0.30～0.35	0.18～0.22

表 2　VPS 型螺杆与端盖间隙及螺杆啮合间隙

mm

型号	A	B	C	D	E
VPS150	0.13～0.17	0.18～0.25	0.15～0.2	0.1～0.12	0.08～0.1
VPS300	0.2～0.25	0. 2～0.3	0.2～0.25	0.1～0.15	0.1～0.12
VPS400	0.25～0.3	0.25～0.4	0.25～0.27	0.12～0.15	0.11～0.13
VPS800	0.28～0.33	0.35～0.5	0.35～0.5	0.15～0.18	0.11～0.13

4.3.2　泵体

4.3.2.1　泵体内表面粗糙度为 R_a3.2

4.3.2.2　泵体、端盖和轴承座的配合面及密封面应无明显伤痕，粗糙度为 R_a3.2。

4.3.3　轴承

4.3.3.1　滚动轴承不允许有脱落、锈蚀或变形等现象；

4.3.3.2　滚动轴承与轴的配合采用 H7/k6；

4.3.3.3　滚动轴承与轴承箱配合采用 H7/h6；

4.3.3.4　凡轴向止推采用滚动轴承的，其滚动轴承外圈的轴向间隙应留有 0.02～0.06mm，自由浮动端轴承外圈轴向间隙为 0.5mm（应考虑壳体相对膨胀量）；

4.3.3.5　滚动轴承采用热装时，加热温度不得超过 100℃，严禁用火焰直接加热，推荐采用高频感应加热；

4.3.3.6　滚动轴承的滚子和内外滚道表面不得有腐蚀、坑疤、斑点等缺陷，保持架无变形、损伤；

4.3.3.7　滑动轴承衬套与轴的间隙（检验值）如表 3 所示；

表 3　螺杆轴颈与滑动轴承配合间隙

mm

转速 / (r/min)	1500 以下	1500～3000	3000 以上
间隙 /mm	1.2 *D* /1000	1.5 *D* /1000	2 *D* /1000

注： *D* 为轴颈直径，mm，应优先参照随机资料要求。

4.3.3.8　滑动轴承衬套与轴承座孔的配合为 R7/h6。

4.3.4　同步齿轮

4.3.4.1　两齿轮啮合良好，接触面积沿齿高方向大于 50%，沿齿宽方向大于 70%。

4.3.4.2　主动齿轮与轴的配合为 H7/h6，从动齿轮与锥行轮毂的配合为 H7/h6，锥行轮毂与轴的配合为 H7/h6。

4.3.4.3　锥形轮毂质量应符合技术要求，内表面粗糙度为 R_a0.8，如有裂纹或一组锥行轮毂严重磨损，f 值小于 0.5mm 时应更换（图 4）。

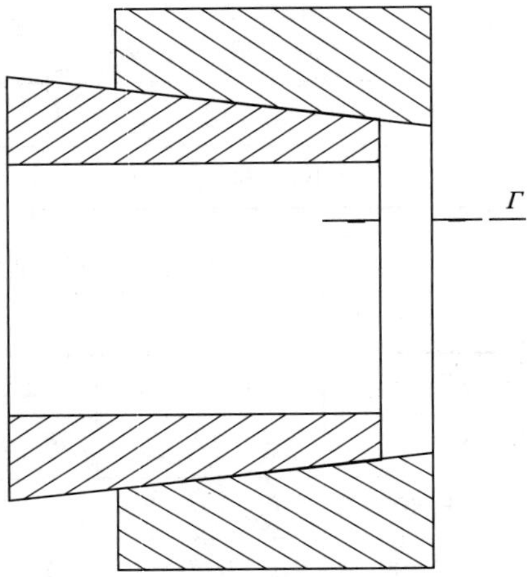

图 4　锥形轮毂示意

4.3.4.4　齿轮不得有毛刺、裂纹、断裂等缺陷。齿轮的接触面积 *i*，沿齿高≮ 40%，沿齿宽≮ 55%，并均匀分布在节圆线周围，同步齿轮啮合间隙不大于螺杆啮合间隙的 1/4。

4.3.4.5　同步齿轮安装后的径向跳动和端面跳动均≤0.03mm。

4.3.5　附属设备

4.3.5.1　管道及阀门

a）抽气管道内部应当干净、无锈、无尘、无外来物及无焊渣等。

b）泵入口处配有过滤网，运行一段时间后，拆下进气管、滤网检查清理干净。

c）进、排气端一般需要安装膨胀节，防止管路负荷影响，管道必须支承和导向。

d）排气消音器安装尽可能靠近排气口。

e）泵入口一般安装止回阀，若无止回阀必须安装进气隔离阀。

f）冷却管路一般包括管道、手动隔离阀，过滤器、带有隔离阀的压力计、流量计、流通开关、电磁阀、减压阀、温度计、温度开关等。应无杂物，无堵塞，符合设计要求。

g）油、水、汽、风管道均应畅通并消除漏点。

h）油管道一般每 2 年拆卸清洗一次。

i）进出口管道检修不应对机体产生任何附加力。管道检修后安装时不得采用强力对口、加热管子、加偏垫或多加垫等方法来消除接口端面的空隙、错口或不同轴等缺陷；管道预拉伸（或压缩）必须符合设计要求。

j）管道两端法兰位置准确，保持平行，其偏差不大于法兰外径的 1.5‰，且不大于 2mm。与泵连接的进出口管道，其法兰的中心误差不能超过 6mm，平行误差不超过 1mm，在拧紧和放松管道与泵体的连接螺栓时，泵轴中心的变化量不能超过 0.03mm。这个变化量可以在联轴器处用百分表测量。

k）阀门相关检修及质量要求参照 SHS 01030《阀门维护检修规程》执行。

5 试车与验收

5.1 试车前准备

5.1.1 检查检修记录，确认检修数据正确，有试车方案。

5.1.2 仪表校验合格。

5.1.3 轴承箱内润滑油油质及油量符合要求。

5.1.4 冷却管通畅、不漏，调整冷却介质流量符合要求。

5.1.5 单试电机合格，确认转向正确。

5.1.6 确保泵内和抽气管道内清洁，无焊渣，金属碎片等其他颗粒。

5.1.7 盘车无卡涩和异常声响。

5.1.8 运行前对泵体进行吹扫。关闭进气口主阀门，启动泵并通入吹扫气体 20～30min，清理完成后立即关闭电机，并保持主阀门关闭状态。

5.1.9 以上试车条件已经确认。

5.2 试车

5.2.1 打开进气阀门，排气阀门。启动泵，运行，检查各项运行参数，如果泵在正常负载下有异常，应立即停机，在解决问题后再重新启动。

5.2.1.1 运转平稳，无杂音。

5.2.1.2 冷却水和油系统工作正常，无泄漏。

5.2.1.3 流量、压力平稳。

5.2.1.4 轴承温度及润滑油温升符合厂家要求。若厂家无要求，则按下列要求执行。对于强制润滑系统，轴承油的温升不应超过 28℃，轴承金属的温度应小于 93℃；对于油环润滑或飞溅润滑系统，油池的温升不应超过 39℃，油池温度应低于 82℃。

5.2.1.5 电流不超过额定值。

5.2.1.6 密封无泄露。

5.2.1.7 最高入口温度符合设计值。

5.2.1.8 排气温度符合设计值。

5.2.1.9 润滑油温度符合设计值。

5.2.1.10 冷却液的温差符合设计值，对水而言温差低于 7℃。

5.2.2 试车期间维修人员和检修人员加强巡检次数。

5.2.3 停泵前，如果被抽气体有腐蚀和危险性，应关闭进气阀，通入吹扫气体，运行20～30min，进行吹扫。然后停泵。

5.2.4 停止冷却介质供给，如果长时间停泵，或环境气温低，应排空冷却介质。

5.2.5 停泵后可是情况对泵进行蒸汽清洗，关闭进气阀，打开排气阀，通入0.1MPa蒸汽，持续10～20min，以清除残留物质，盘车是否顺畅，如果顺畅停止注汽。

5.2.6 试车连续运行72h合格后，按规定办理验收手续，移交生产。

5.3 验收

5.3.1 连续运行72h后，各项技术指标均达到设计要求或能满足生产需要，设备技术指标达到设计要求或能满足生产需要；

5.3.2 符合SHS 01001《石油化工设备完好标准》规定的完好标准。

5.3.3 振动烈度应符合SHS 01003《石油化工旋转机械振动标准》相关规定。

5.3.4 检修记录齐全、准确，并符合本规程要求。

6 维护与故障处理

6.1 日常维护

6.1.1 泵初次运行后，应打开泵入口过滤网检查清洁与破损情况。

6.1.2 每日定时进行巡检，检查如下内容。

6.1.2.1 电机运行不超电流，电流增加反映泵运行异常；

6.1.2.2 泵运转是否平稳，方向是否正确；

6.1.2.3 检查进出口压力是否正常；

6.1.2.4 检查驱动端和非驱动端温度；

6.1.2.5 检查冷却液是否泄漏；

6.1.2.6 检查油位是否正常；

6.1.2.7 检查是否漏油；

6.1.2.8 检查冷却系统是否正常；

6.1.2.9 检查振动是否正常；

6.1.2.10 检查轴承 L 值是否正常；

6.1.2.11 检查是否有异响；

6.1.2.12 密封应无泄漏。

6.2 每月检查

6.2.1 检查各部位螺栓紧固情况；

6.2.2 检查润滑油颜色是否正常，如果颜色太深，换油；

6.2.3 检查油位，如果在短时间内升高或降低，考虑密封是否受损；
6.2.4 检查润滑脂；
6.2.5 检查泵入口过滤网检查清洁与完整情况。

6.3 季度检查

6.3.1 检查清理冷却系统管路是否有异物、堵塞、结垢、泄漏；
6.3.2 更换润滑油；
6.3.3 更换润滑脂；
6.3.4 冬季停机时应及时排凝防冻；
6.3.5 检查联轴器。

6.4 年度检查

6.4.1 检查泵体是否有裂纹；
6.4.2 检查进出口管道是否固定牢固，是否腐蚀；
6.4.3 检查进出口膨胀节是否破损；
6.4.4 检查泵体连接是否松动；
6.4.5 检查地脚螺栓是否松动；
6.4.6 检查联轴器，更换弹性块。

6.5 常见故障与处理

螺杆真空泵常见故障与处理方法见表 4。

表 4 螺杆真空泵常见功能故障与处理方法

功能	功能故障	故障模式	故障后果	故障应对策略与检修内容	检修周期 / 月
泵流量和压力满足工艺要求	真空度低	输出降低 / 性能降低	流量不足或没有流量	检修吸入管路	视情而定
				降低吸入高度	视情而定
				电动机反转，调整电机转向	视情而定
				过滤网堵塞，清洗或更换过滤网	视情而定
				螺杆间隙大，检查螺杆啮合间隙	视情而定
	过热	能耗超高	停机，严重时部件损坏	油位过高，调整油位	视情而定
				进气温度高，降低进气温度	视情而定
				压缩比太高，检查进出口压力	视情而定
				螺杆和泵腔干涩，检查油位等	视情而定
				冷却系统堵塞，清理冷却管路和夹套	视情而定
				泵内严重磨损，检查螺杆与泵腔间隙	视情而定

表 4　螺杆真空泵常见功能故障与处理方法（续）

功能	功能故障	故障模式	故障后果	故障应对策略与检修内容	检修周期／月
泵流量和压力满足工艺要求	失去驱动力	电机过载	电机损坏，失去驱动力	管路堵塞，停泵清洗	视情而定
				过滤网堵塞，清洗或更换	视情而定
				吸入异物，检查螺杆与泵腔间隙，如螺杆、泵体损坏，更换杆、泵体	视情而定
				进口压力异常升高，检查进出口压力异常原因	视情而定
				螺杆卡死，重新调整螺杆间隙	视情而定
	泵运行机械状态差	振动／噪声	泵振动或噪音大，泵机械损坏	泵与电机不同心，调整同心度	视情而定
				螺杆与泵腔不同心或间隙大、偏磨，停机检修	视情而定
				轴承磨损，更换轴承	视情而定
				螺杆碰磨，调整螺杆啮合间隙	视情而定
				同步齿轮和螺杆位置不正确，重新配置同步齿轮和螺杆位置不正确，同步齿轮的跳动≤0.03mm	视情而定
				重新安装，紧固地脚螺栓	视情而定
				由于过载或润滑不当导致同步齿轮损坏。更换同步齿轮	视情而定

附　录　A
（资料性附录）
干式螺杆真空泵检修质量控制确认表

项目	主要控制内容			等级	施工单位	生产装置	公司管理部门	备注
	标准值	部位	现场记录					
拆卸中检测								
外观检查	无裂纹、脱层			B				
轴承箱内径与轴承外径	H7/h6			B				
轴承内径与轴颈外径	H7/k6			B				
轴承箱内径与轴承外径	H7/js6			B				
轴承内径与轴颈外径	H7/k6			B				
压盖间隙	0.02～0.06			B				
外观检查	无裂纹、脱层			C				
接触沿齿高	≮50%			C				
接触沿齿宽	≮70%			C				
端面跳动	≤0.03mm			C				
径向跳动	≤0.03mm			C				
侧隙	同步齿轮啮合间隙不大于螺杆啮合间隙的1/4			C				
顶隙				C				
螺杆与端盖间隙	参见具体型号要求			C				
螺杆啮合间隙	参见具体型号要求			C				
螺杆与缸体间隙	参见具体型号要求			C				
径向对中	参见具体型号要求			B				
轴向对中	参见具体型号要求			B				
轴向间隙	参见具体型号要求			B				
回装中检测								
外观检查	无裂纹、脱层			B				
轴承箱内径与轴承外径	H7/h6			B				
轴承内径与轴颈外径	H7/k6			B				
轴承箱内径与轴承外径	H7/js6			B				
轴承内径与轴颈外径	H7/k6			B				

干式螺杆真空泵检修质量控制确认表（续）

项目	主要控制内容			等级	施工单位	生产装置	公司管理部门	备注
	标准值	部位	现场记录					
轴向间隙	0.02～0.06			B				
外观检查	无裂纹、脱层			C				
接触沿齿高	≮50%			C				
接触沿齿宽	≮70%			C				
端面跳动	≤0.03mm			C				
径向跳动	≤0.03mm			C				
侧隙	同步齿轮啮合间隙不大于螺杆啮合间隙的 1/4			C				
顶隙				C				
螺杆与端盖间隙	参见具体型号要求			C				
螺杆啮合间隙	参见具体型号要求			C				
螺杆与缸体间隙	参见具体型号要求			C				
径向对中	参见具体型号要求			B				
轴向对中	参见具体型号要求			B				
轴向间隙	参见具体型号要求			B				
外观	无裂纹、脱层			C				
着色探伤	无缺陷			C				
径向跳动	参见具体型号要求			C				
端面跳动	参见具体型号要求			C				
动平衡实验	G2.5			C				
平行度	≤0.02mm			C				
外观	无缺陷			C				
锥度	参见具体型号要求			C				
	达到性能要求			A				
	SHS 01001《石油化工设备完好标准》			A				

注： A 级：施工单位、生产装置、设备管理部门检查确认后签字。

B 级：施工单位和生产装置检查确认后签字。

C 级：施工单位检查确认后签字。

另：如果有监理，监理的职责由甲方授权。

附　录　B
（资料性附录）
干式螺杆真空泵试车与验收记录表

试车记录	工单编号： 设备描述：								
试车时间	______年______月______日					__日	__日	__日	__日
	启动时刻	试车后30min	试车后1h	试车后1.5h	试车后2h		试车后24h		试车后48h
电流/A									
抽速/（m³/h）									
入口压力/MPa									
出口压力/MPa									
冷却水流量/（L/min）									
密封泄漏量正常“√”，微量“△”									
排气口温度/℃									
排气温度/℃									
进气温度/℃									
油温/℃									
脂温/℃									
噪声									
振动值/（mm/s） 前端 水平									
振动值/（mm/s） 前端 垂直									
振动值/（mm/s） 前端 轴向									
振动值/（mm/s） 后端 水平									
振动值/（mm/s） 后端 垂直									
轴承*L*值 前端									
轴承*L*值 后端									

试车其他情况说明：		
检修单位	检修单位	生产装置
检修负责人： 年　月　日	技术负责人： 年　月　日	技术负责人： 年　月　日

58. 一般机泵用联轴器检修及质量标准

SHS 01073—2019

目　次

前　言

本规程按照GB/T 1.1—2009《标准化工作导则　第1部分：标准的结构和编写》给出的规则编制。

本检修及质量标准主要规定了石油化工一般机泵用联轴器的日常维护与故障处理，包括凸缘联轴器、弹性套柱销联轴器、蛇簧联轴器、齿式联轴器及叠片（膜片）联轴器的拆卸、检修、安装及质量标准。

本规程由中国石油化工集团有限公司、中国石油化工股份有限公司提出。

本规程起草单位：中国石油化工股份有限公司镇海炼化分公司。

本规程主要起草人：华迪冠。

本规程2019年首次发布。

一般机泵用联轴器检修及质量标准

1 范围

1.1 主题内容

本规程规定了石油化工一般机泵联轴器的拆卸、检修、安装及质量标准，以及一般机泵联轴器的日常维护与故障处理。

1.2 适用范围

本规程适用石油化工一般机泵用联轴器的检修及质量标准，不包括大机组和其他有特殊要求使用的联轴器，石油化工一般机泵采用的联轴器以叠片（膜片）联轴器为主，但也有部分机泵采用凸缘联轴器、弹性套柱销联轴器、蛇簧联轴器、齿式联轴器等。

2 规范性引用文件

下列文件中的条款通过本规程的引用而成为本规程的条款。凡是注日期的引用文件，其随后所有的修改单（不包括勘误的内容）或修订版均不适用于本规程，然而，鼓励根据本规程达成协议的各方研究是否可使用这些文件的最新版本。凡是不注日期的引用文件，其最新版本适用于本规程。

GB/T 35147 石油天然气工业机械动力传输挠性联轴器用 一般用途

GB/T 5843 凸缘联轴器

GB/T 4323 弹性套柱销联轴器

JB/T 8869 蛇形弹簧联轴器

JB/T 8854.3 鼓形齿式联轴器

API 671 用于石油、化工及燃气工业设施的特殊用途联轴器

3 检修周期与内容

3.1 检修周期根据对联轴器功能故障及其影响分析的结果，一般联轴器的检修周期随主机而定，但对于内存润滑脂联轴器的外观检查和润滑检查一般控制在6～12个月。

3.2 检修内容

3.2.1 检查联通轴器对中情况。

3.2.2 检查联轴器组件有无损伤（比如弹性元件、紧固件）。

3.2.3 检查半联轴器（轮毂）与主轴间的接触面有无损伤和配合情况。

3.2.4 检查铰制孔螺栓、锁紧螺母及螺栓孔是否有咬合或挤压变形等损伤，视情况更换。

3.2.5 对内存润滑脂的联轴器进行润滑脂更换。

4 检修程序与质量标准

4.1 拆卸前准备

4.1.1 备齐检修所需的图纸和技术资料，如使用维护说明书、维修手册和相关检修记录，制定检修方案或检修作业指导书，产权单位、检修单位按规定进行检修作业的双向交底，并做好交底记录。

4.1.2 按要求备齐检修工器具、量具、吊具和零部件摆放设施。

4.1.3 备齐检修所需备品、配件、材料和劳保用品，检查核实备品、配件、材料的规格尺寸和材质是否满足技术要求。

4.1.4 落实检修队伍（包括施工技术人员、质量管理人员、安全、主修、辅修），组织检修人员熟读检修方案或检修作业指导书。

4.1.5 各项准备工作应符合安全、环保、质量等方面的要求，对检修过程进行危害识别及风险评估、环境因素识别和影响评价。

4.1.6 检修前条件确认

4.1.6.1 切断电源（机泵主电机断电、阀门电动头断电、润滑油泵电机断电、润滑油电加热器断电）、切断阀门气动头动力风。

4.1.6.2 办理好相关检修作业票证。

4.1.6.3 设置好相关警示标识，方可施工。

4.2 拆卸与检测

拆卸联轴器护罩螺栓及联轴器护罩，做好联轴器相互定位标记，复测机泵的对中情况并记录。

4.2.1 凸缘联轴器的拆卸与检测

4.2.1.1 拆卸螺栓、螺母应做好标记，配套存放，若有损伤，新配件必须称重匹配或全部换新。

4.2.1.2 两半联轴器拆卸应使用专用工具。

4.2.1.3 检查半联轴器端面及铰制孔内表面应光滑无损伤，轴孔不应有严重划痕。

4.2.1.4 检查凸缘联轴器轴端和联轴器部件。

4.2.2 弹性套柱销联轴器的拆卸与检测

4.2.2.1 拆卸柱销并检查其磨损情况。
4.2.2.2 检查弹性套的老化、变形及磨损情况视情况更换。
4.2.2.3 两半联轴器拆卸时应使用专用工具，检查轴孔、弹性套、柱销孔的磨损情况。
4.2.2.4 柱销若有磨损应更换，新件应检查其结构尺寸是否符合图样要求。

4.2.3 蛇簧联轴器的拆卸与检测

4.2.3.1 拆卸外壳检查有无裂纹和密封件情况。
4.2.3.2 取下蛇簧检查有无断裂和磨损情况。
4.2.3.3 两半联轴器拆卸时应使用专用工具，检查其有无裂纹和齿牙磨损情况。

4.2.4 齿式联轴器拆卸与检测

4.2.4.1 拆卸中间接筒，联接螺栓螺母应做好标记并配套存放。
4.2.4.2 取下内齿圈检查内外齿、齿面磨损腐蚀和点蚀情况，视情况对内外齿进行无损探伤检查。
4.2.4.3 必要时拆卸半联轴器（轮毂）。

注意：无键联接的半联轴器（轮毂）拆卸时轴头应加设挡板，防止轮毂弹出伤人，拆卸轮毂时扩张油压应缓缓升高，最高油压不能超过规定的允许值，键联接的轮毂拆卸时应使用专用工具。

4.2.5 叠片（膜片）联轴器的拆卸与检测（以叠片联轴器为例）

4.2.5.1 拆卸前应熟悉联轴器的结构和装拆程序；查看各零部件之间是否有相对位置标记，螺栓、螺母、衬套是否齐全，以便于再装配；拆卸时应注意保护好叠（膜）片的表面，以防碰伤。
4.2.5.2 按图1叠片联轴器部件图拆卸联轴器螺栓及中间短节（联轴器间隔轴），检查联轴器叠片、螺栓等部件有无损伤。

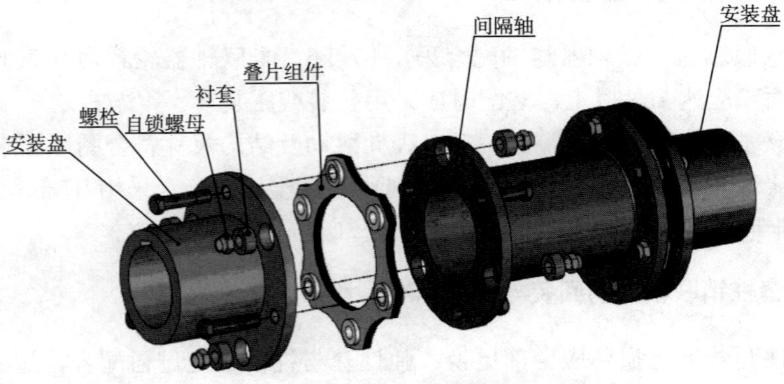

图1 叠片联轴器部件图

4.2.5.3 对于高速联轴器（带中间段组件的叠片联轴器）按图 2 高速联轴器（带中间段组件）拆装示意图，拆除两端与半联轴器（轮毂）相连的螺栓、螺母，拆除强制片组变形用螺钉使中间段组件长度收短，拧紧顶起螺钉使止口退出，即可将中间段组件拆出，最后拆除调整垫。（注意：拆卸过程中不能对中间段组件进行解体，中间段组件出厂已做好动平衡校验，膜片联轴器拆卸可参考该型联轴器）

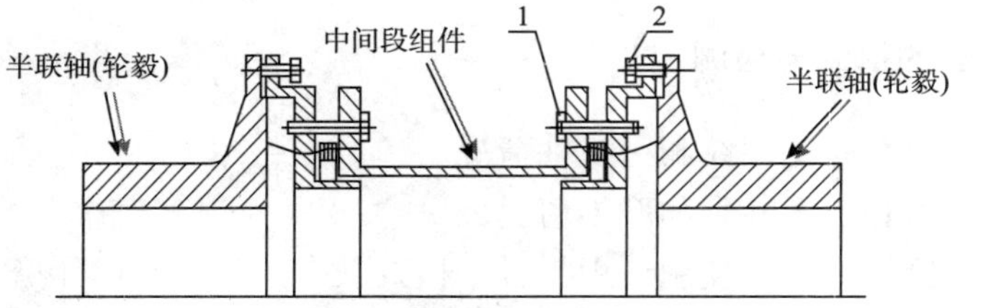

1—强制片组变形用螺钉；2—顶起螺钉

图 2 高速联轴器（带中间段组件）拆装示意图

4.2.5.4 测量驱动机与机泵联轴器预拉量：将机泵转子推至其止推轴承主工作面，将电机转子推至磁力中心位置，测量两半联轴器（轮毂）端面距离与叠片组件长度计算联轴器预拉量。

4.2.5.5 测量机泵端半联轴器（轮毂）在主轴上安装的相对位置（回装时作参考），对于有键装配的半联轴器（轮毂），利用拉马将轮毂从轴上拉出，必要时可对半联轴器（轮毂）进行加热；对于无键液压装配半联轴器（轮毂），装上液压设备（扩张油泵和推进油泵）将半联轴器（轮毂）从轴上拆出，拆卸时扩张油压不能超过总图或设备制造商的安装说明中规定的许用压力。

4.2.5.6 检查联轴器轮毂内孔及轴颈表面应无拉毛、损伤，接触面积应达 75% 以上，无接触硬点或整块不接触区，接触未达要求的需采用金相砂纸打磨轮毂内孔，同时反复修磨。

4.3 回装与质量标准

4.3.1 凸缘联轴器回装与质量标准

4.3.1.1 凸缘联轴器半联轴器与轴配合采用 H7/k6，半联轴器轮毂内孔表面应无拉毛、损伤，接触面积应达 75% 以上，装配时应采用热装或压装，不得敲击。

4.3.1.2 半联轴器安装后检查端面跳动、径向跳动及结构尺寸符合图纸要求。

4.3.1.3 凸缘联轴器螺栓按标记回装，铰制孔用螺栓与孔配合采用 H7/n6，普通螺栓联接应保证两半联轴器端面紧密接触，各定位止口应无拉毛、损伤。

4.3.2 弹性套柱销联轴器的回装与质量标准

4.3.2.1 弹性套若老化损坏应全部更换，弹性套与柱销应是过盈配合，过盈量为 0.2～0.4mm，弹性套与柱销孔间的直径间隙为 1～2mm，装于同一柱销上的弹性套其外径之差不得大于 0.5mm。

4.3.2.2　两半联轴器销轴孔磨损严重需及时更换，新件应检查其轴孔、销轴孔、端面跳动、径向跳动等结构尺寸符合图纸要求，两半联轴器（轮毂）与轴配合采用 H7/k6，装配时采用热装或压装，对于大型联轴器在不影响强度的情况下，其销轴孔也可采用配对镗孔的方法进行修复。

4.3.3　蛇簧联轴器的回装与质量标准

4.3.3.1　外壳若有裂纹应全部更换，同时回装时更换密封件。

4.3.3.2　弹簧若有断裂或永久变形应更换，新件结构尺寸符合图样要求。

4.3.3.3　两半联轴器齿牙若有断齿或磨损减薄量至原齿厚 1/4 应更换，新件结构尺寸符合图纸要求。

4.3.3.4　清洗轴端和联轴器组件，半联轴器与轴配合采用 H7/k6，装配采用热装和压装。

4.3.3.5　弹簧嵌入齿间后加注润滑脂。

4.3.4　齿式联轴器的回装与质量标准

4.3.4.1　半联轴器（轮毂）回装时应检查轮毂内孔与主轴的接触情况，接触面积应不小于 80%，半联轴器（轮毂）装配应采用热装法或液压法，半联轴器（轮毂）推入轴端的距离必须达到规定值，有键轮毂与轴配合尺寸 H7/js6。

4.3.4.2　半联轴器（轮毂）装到轴上后，检查半联轴器（轮毂）径向圆跳动应小于表 1 给出的数值。

表 1　齿型联轴器轮毂径向圆跳动

mm

转速 / (r/min)	≥5000	2000～5000	1000～2000	500～1000	≤500
径向圆跳动	0.01	0.015	0.02	0.03	0.05

4.3.4.3　装上内齿圈，内齿与外齿配合不能有卡涩现象，回装中间接筒前，对内存润滑脂的联轴器要加好润滑脂，螺栓、螺母、垫圈应按标记配套回装。

4.3.4.4　齿式联轴器安装应保证外齿在内齿宽的中间部位，并确保润滑足够，齿式联轴器润滑应每半年检查加注，如齿式联轴器润滑为强制润滑，需检查喷油孔是否安装到位，对于采用强制连续润滑的联轴器应疏通排油孔，内存润滑剂的联轴器应按规定数量注入润滑剂

4.3.5　叠片（膜片）联轴器的回装与质量标准

4.3.5.1　回装前须清洗半联轴器（轮毂）孔、轴表面，不得有灰尘、防锈漆等，键必须准确的装入轴和毂上的键槽中，键的侧面应符合规定的配合，顶部有少量间隙，为了保持动平衡，键应当正好装入键槽中，不能太短或太长。

4.3.5.2　带键直孔半联轴器（轮毂）的安装：参照拆卸时记号，轴端不得伸出半联轴

器（轮毂）。如轴、孔配合为间隙配合，可直接将半联轴器（轮毂）装在轴上，可用软质榔头轻击半联轴器（轮毂）；如轴、孔配合为过渡配合，则可适当加热半联轴器（轮毂），并在轴上涂润滑油；如轴、孔配合为过盈配合，则需将半联轴器（轮毂）放在油槽或烘箱中加热使其膨胀，以便安装。加热温度视过盈量而定，一般为 120～250℃。为避免安装过程中半联轴器（轮毂）冷却与轴抱死，安装必须迅速。

注：不推荐采用火焰加热半联轴器（轮毂），以免变形。如果必须采用火焰加热，应采用大的喷头保证加热均匀，且在加热后测量半联轴器各部温度均匀后方可安装于轴上以免回装后产生变形。

4.3.5.3 带键锥孔半联轴器（轮毂）的安装：检查孔与轴端的接触面积，接触面积一般要求不小于 80%。将半联轴器（轮毂）试装在轴上，用手推紧，记录轮毂在轴上的位置，作为锥孔半联轴器（轮毂）轴向推进的“起始”位置，然后将半联轴器（轮毂）轴向推进至其工作位置。由起始位置至工作位置的距离称为轴向推进值。可通过加热安装的方法安装到位，或采用轴向推进器直接推进到位，或通过拧紧轴头螺母推进到位。安装到位后，装上轴端螺母并锁死（如果使用）。

4.3.5.4 无键圆锥面过盈联接半联轴器（轮毂）的安装：圆锥面过盈联接半联轴器（轮毂）一般采用液压回装：清洁轴和半联轴器（轮毂）孔，去除防锈油、灰尘等。检查孔与轴端的接触面积，至少应有 85% 的接触率。采用液压扩张液压推进装置将半联轴器（轮毂）沿轴向推紧至规定推进量。推进时要控制胀开油压，其值不能超过联轴器安装图或设备制造商提供的安装说明中规定的范围，释放胀开压力，使得液压油从孔中泄出，此时轴向推进器仍需按规定留在原位足够的时间，以使轮毂保持在推紧位置。确认液压油已泄尽且半联轴器（轮毂）已完全抱紧后，移走推进器。测量推进量在要求范围内，然后装上轴端锁紧螺母并锁死。

注：如设备供应商未提供具体安装方法，按以上方法回装，如被连接设备的制造商提供专门的联轴器、半联轴器（轮毂）液压安装说明书，应按设备制造商的要求安装。

4.3.5.5 半联轴器（轮毂）安装要求：外圆和端面的跳动均不应大于 0.05mm，对外圆直径大于 250mm 或对锥孔配合的半联轴器（轮毂），端面跳动在极限情况下允许为 0.08mm。如果超出上述值，说明半联轴器（轮毂）安装没安装到位需查出原因重新安装到位。

4.3.5.6 检查联轴器螺栓及叠片应无损伤，控制好叠片组件的预拉量，安装叠片（膜片）组件。

4.3.5.7 将叠片组件、中间短节放在两安装盘之间，然后分别将两端的螺栓、衬套、自锁螺母（或槽形螺母）装入，各零件安装位置如图 3。螺栓六角头应与法兰接触，衬套应与螺母相邻，请勿装反。

注：经过动平衡的联轴器零件必须按照联轴器上的相对位置标记安装，同一套联轴器上相同规格的紧固件经过称重可互换，见图 4。

4.3.5.8 按对角顺序均匀拧紧螺母，尽量保证螺栓不要跟转。安装前可以用少量润滑油润滑螺纹。用力矩扳手至少分两次将螺母拧紧至规定的拧紧力矩。

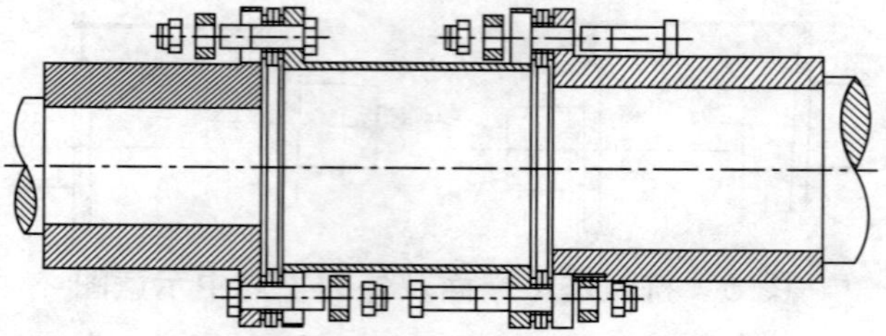

图 3　叠片联轴器组件安装示意图

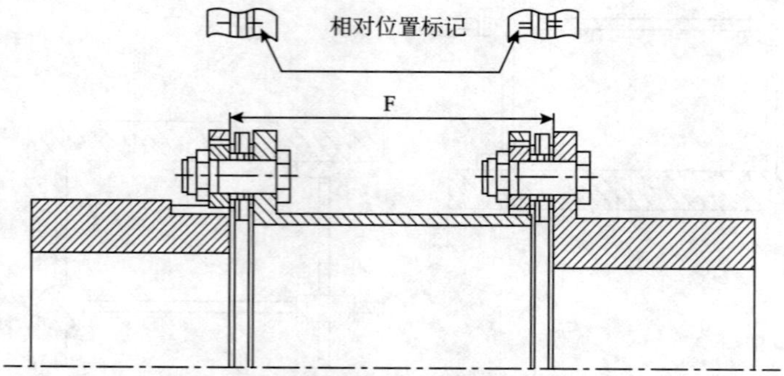

图 4　联轴器按标记回装

注：自锁螺母允许多次使用，但若用手能自由地将自锁螺母锁紧部位拧入螺栓或自锁螺母收口部位有裂、纹等缺陷时应报废，严禁再使用。

4.3.5.9　慢慢地转动机组 2～3 转，确认它转动自由，再安装联轴器防护罩。

4.3.6　联轴器对中标准

4.3.6.1　复核驱动机与机泵联轴器预拉量（主要针对叠片联轴器、凸缘联轴器），对于柱销联轴器、蛇簧联轴器要保持两半联轴器端面间有一定的间隙，对于齿式联轴器要求有一定的浮动量。

4.3.6.2　可根据机泵设备的种类和对中要求，一般采用专业对中仪（激光技术）和打表法（端面及外圆）两种方法进行对中，专业对中仪采用先进的激光技术进行轴对中，简单有效并能实时显示对中值；打表法（端面及外圆）对中采用百分表分别对联轴器安装盘的端面和外圆测取跳动值，通过对测得的数值进行计算分析，确定两轴在空间的位置，得出调整量和调整方向，见图 5。

注：打表法（端面及外圆）应用较广泛，但对轴向有窜动的机组，盘车时端面读数会产生误差。为消除轴向窜动对端面读数的影响，提高对中精度，可采用与轴心等距分布的两个百分表同时测量端面跳动（消除轴窜量）。同时如碰到轴头距离较长，或对中精度要求特别高时，还需消除表杆下垂量对不对中值的影响，一般采用以下方法：按实际找正所需的表杆长度固定好表架，然后将磁力座安装在刚性较好的平板上，把平板先正放，再反放，读取千分表读数之差值，见图 6。

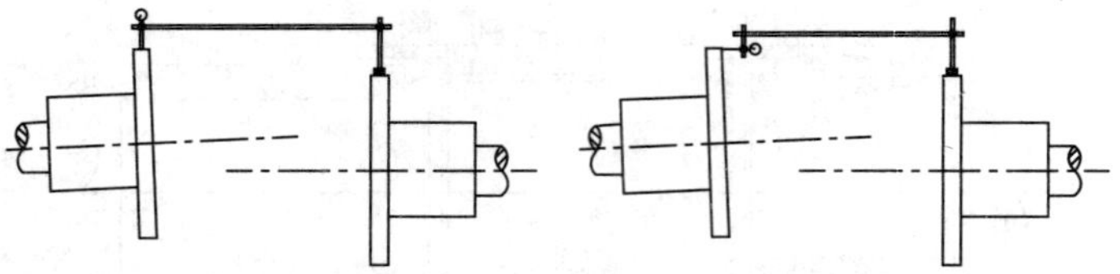

图 5　打表法（端面及外圆）对中示意图

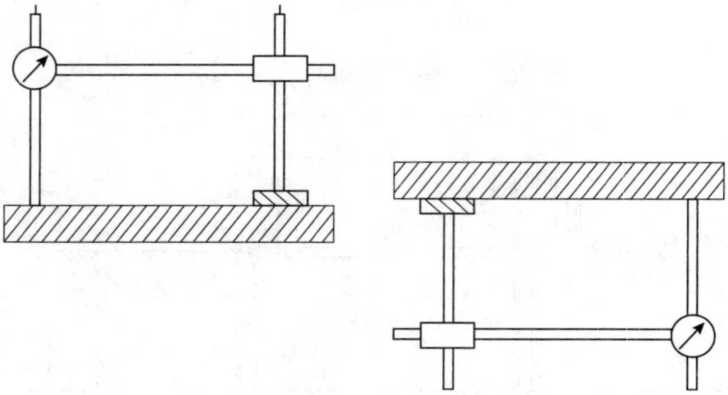

图 6　打表法（端面及外圆）找正用百分表杆挠度检查示意图

4.3.6.3　安装时许用的不对中数据，应由各种设备制造厂提供，若没有随机资料，按以下要求执行：

a）凸缘联轴器两轴的对中偏差为：径向圆跳动偏差应小于 0.03mm，端面圆跳动偏差应小于 0.01mm。

b）弹性套联轴器两轴的对中偏差为：径向圆跳动偏差应小于 0.15mm，端面圆跳动偏差应小于 0.05mm，两端面轴向间隙 2～6mm。

c）蛇簧联轴器两轴对中偏差为：径向圆跳动小于 0.2mm，端面偏差小于 0.10mm，联轴器端面间隙为 4～10mm。

d）齿式联轴器两轴对中偏差为：径向圆跳动小于 0.08mm，端面偏差小于 0.05mm，浮动量不小于 3mm。具体参照随机资料。

e）叠片（膜片）联轴器对中要求：径向圆跳动小于 0.10mm，端面偏差小于 0.05mm，预拉量一般控制在 0～0.4mm，如机泵运行时主轴热膨胀量较大，需采用轴向补偿，以减小联轴器运行时的变形改善受力状况，按随机资料。

注：如机泵使用温度与冷态安装温度相差较大，需在暖泵（或冷泵）后进行对中校核并记录；在进行联轴器校正时一般通过调整驱动机与底座之间的垫片来实现，垫片数量不应该超过 4 片，所有垫片都应跨在压紧螺栓和垂直顶丝上，并且应延伸出设备支脚外缘至少 5mm。

5 日常维护与故障处理

5.1 日常维护

5.1.1 检查对中有无出现偏移。

5.1.2 检查联轴器各部件（叠片组件、弹性套、蛇簧、齿轮）有无裂纹、断裂、碰伤或过度的永久变形等缺陷。

5.1.3 检查各螺母是否有松动，螺栓是否有剪切、挤压等塑性变形。

5.1.4 半联轴器（轮 ）的螺栓孔是否有咬合或挤压变形等损伤。

5.1.5 没有经过整体动平衡的联轴器，可以单独更换损坏的紧固件；经过动平衡的联轴器（高速），如中间段组件有损坏，必须整体更换。

5.1.6 对于高速联轴器建议定期检查中间段组件和整套紧固件，视情而定期更换。

5.1.7 对于蛇簧联轴器和齿轮联轴器需每半年定期更换润滑脂。

5.2 常见故障与处理

联轴器常见功能故障与处理方法见表 2。

表 2 联轴器常见功能故障与处理方法

序号	功能	功能故障	故障模式	故障后果	故障应对策略与检修内容	检修周期
1	传动	噪声变大或振动变大	对中变差	不能正常使用	重新对中	视情而定
2	传动	噪声变大或振动变大	部件磨损	不能正常使用	更换部件	视情而定
3	传动	噪声变大或振动变大	润滑变差	部件损坏无法使用	重新加注润滑脂	12 个月
4	传动	噪声变大或振动变大	挠性组件损坏	不能正常使用	更换损坏件	视情而定

59. 长输（油气）管道维护检修规程

SHS 11001—2019

目　次

前　言

本规程按照 GB/T 1.1—2009《标准化工作导则　第 1 部分：标准的结构和编写》给出的规则起草。

本规程由中国石油化工集团有限公司、中国石油化工股份有限公司提出。

本规程起草单位：中国石油化工股份有限公司茂名分公司。

本规程主要起草人：陈智。

本规程 2019 年首次发布。

长输（油气）管道维护检修规程

1 范围

1.1 主题内容

本规程规定了长输（油气）管道的检修周期与内容、检修过程与质量标准、试车与验收、维护与故障处理。

1.2 适用范围

本规程适用于炼化企业长输（油气）管道。

2 规范性引用文件

下列文件中的条款通过本规程的引用而成为本规程的条款。凡是注日期的引用文件，其随后所有的修改单（不包括勘误的内容）或修订版均不适用于本标准，然而，鼓励根据本标准达成协议的各方研究是否可使用这些文件的最新版本。凡是不注日期的引用文件，其最新版本适用于本标准。

GB/T 34275 压力管道规范 长输管道

GB 50369 油气长输管道工程施工及验收规范

TSG D7003 压力管道定期检验规则 长输（油气）管道

TSG D7005 压力管道定期检验规则——工业管道

TSG 08 特种设备使用管理规则

TSG R1001 压力容器压力管道设计许可规则

SY 4208 石油天然气建设工程施工质量验收规范——输油输气管道线路工程

SY 4207 油天然气建设工程施工质量验收规范——管道穿跨越工程

GB 13348 液体石油产品静电安全规程

GB 15599 石油与石油设施雷电安全规范

GB 32167 油气输送管道完整性管理规范

GB 50057 建筑物防雷设计规范

GB 50074 石油库设计规范

GB 50183 石油天然气工程设计防火规范

GB 50184 工业金属管道工程施工质量验收规范

GB 50251 输气管道工程设计规范

GB 50253　输油管道工程设计规范
GB 50369　油气长输管道工程施工及验收规范
GB 50423　油气输送管道穿越工程设计规范
GB 50424　油气输送管道穿越工程施工规范
GB 50460　油气输送管道跨越工程施工规范
GB 50540　石油天然气站内工艺管道工程施工规范
GB 50601　建筑物防雷工程施工与质量验收规范
GB 50650　石油化工装置防雷设计规范
GB/T 18593　熔融结合环氧粉末涂料的防腐蚀涂装
GB/T 19285　埋地钢质管道腐蚀防护工程检验
GB/T 21246　埋地钢质管道阴极保护参数测量方法
GB/T 21431　建筑物防雷装置检测技术规范
GB/T 21447　钢制管道外腐蚀控制规程
GB/T 21448　埋地钢质管道阴极保护技术规范
GB/T 23257　埋地钢质管道聚乙烯防腐层
GB/T 27512　埋地钢质管道风险评估方法
GB/T 50538　埋地钢质管道防腐保温层技术标准
GB/T 50698　埋地钢质管道交流干扰防护技术标准
SY 0470　石油天然气管道跨越工程施工及验收规范
SY 6186　石油天然气管道安全规程
SY 6554　石油工业带压开孔作业安全规范
SY 6793　油气输送管道线路工程水工保护设计规范
SY/T 0017　埋地钢质管道直流排流保护技术标准
SY/T 0029　埋地钢质检查片应用技术规范
SY/T 0032　埋地钢质管道交流排流保护技术标准
SY/T 0036　埋地钢质管道强制电流阴极保护设计规范
SY/T 0061　埋地钢质管道外壁有机防腐层技术规范
SY/T 0086　阴极保护管道的电绝缘标准
SY/T 0087.1　钢制管道及储罐腐蚀评价标准　埋地钢质管道外腐蚀直接评价
SY/T 0087.2　钢质管道及储罐腐蚀评价标准　埋地钢质管道内腐蚀直接评价（附条文说明）
SY/T 0087.3　钢质管道及储罐腐蚀评价标准　钢质储罐腐蚀直接评价（附条文说明）
SY/T 0095　埋地镁牺牲阳极试样试验室评价的试验方法
SY/T 0379　埋地钢质管道煤焦油瓷漆外防腐层技术标准
SY/T 0414　钢质管道聚乙烯胶粘带防腐层技术标准
SY/T 0415　埋地钢质管道硬质聚氨酯泡沫塑料防腐保温层技术标准

SY/T 0420 埋地钢制管道石油沥青防腐层技术标准
SY/T 0422 油田集输管道施工及验收规范
SY/T 0447 埋地钢制管道环氧煤沥青防腐层技术标准
SY/T 0457 钢质管道液体环氧涂料内防腐层技
SY/T 0516 绝缘接头和绝缘法兰技术规范
SY/T 4013 埋地钢质管道聚乙烯防腐层技术标准
SY/T 4079 石油天然气管道穿越工程施工及验收规范
SY/T 5918 埋地钢质管道外防腐层修复技术规范
SY/T 5919 埋地钢质管道阴极保护技术管理规程
SY/T 6064 管道干线标记设置技术规范
SY/T 6234 埋地输油管道总传热系数的测定
SY/T 6276 石油天然气工业 健康、安全与环境管理体系
SY/T 6383 长输天然气管道清管作业规程
SY/T 6621 输气管道系统完整性管理
SY/T 6648 危险液体管道的完整性管理
SY/T 6854 埋地钢质管道液体环氧外防腐层技术标准

3 检修周期与内容

3.1 检修周期

按 TSG D7003《压力管道定期检验规则—长输（油气）管道》的规定长输（油气）管道的检验周期根据《全面检验报告》的结论而定，新建的长输管道首检一般在投用后3年内进行，一般长输（油气）管道的检修周期不做明确规定，常年都可以进行，由于介质很难吹扫干净，一般是带介质带压作业。

3.2 检修内容

3.2.1 金属损失点修复。
3.2.2 外防腐层破损点修复。
3.2.3 阴保设备设施检修。
3.2.4 杂散电流干扰排除。
3.2.5 绝缘法兰检修。

注：由于长输管道不存在“大修”这样的检修模式，一般如果存在缺陷则常年都在修，特别是长期服役的长输管线，以上检修项目主要依据《全面检验报告》来排出一个个单项，根据存在问题的严重性排序，逐步实施完成。

4 检修程序与质量标准

4.1 准备

4.1.1 长输（油气）管道必须具备详细的竣工图纸和验收资料。

4.1.2 长输（油气）管道必须定期进行全面检验和合于使用评价，检验单位必须具备相应的资质，并在有效期内，详细要求执行 TSG D7003《压力管道定期检验规则—长输（油气）管道》第十三条的规定。

4.1.3 长输（油气）管道的《全面检验报告》内容必须齐全，具备合法有效性。

4.1.4 长输（油气）管道的所属单位根据《全面检验报告》中列出的需整改问题，排出月度或年度计划，逐项组织整改，在整改的过程中，一般长输管道仍然可以继续运行，个别缺陷较重的长输管道需要降压运行，只有非常严重的缺陷才需要停用，这类管道都会在《全面检验报告》的结论中说明。

4.2 金属损失点修复

内外金属损失点都只能在外部修复，一般采取金属贴焊板的方式，也可以临时采用碳纤维补强的方式，但是碳纤维的补强方法还没有得到国家级的认可，有条件的尽可能采用补板的方法。

4.2.1 贴板的厚度和材质宜与管道本体材质相同，经技术主管批准也可以用相似的材料代替。

4.2.2 由于管内存在有介质，焊接前应进行详细交底，并编写施工方案和焊接工艺卡，再组织实施。

4.2.3 焊缝应为强度焊，为全焊缝。

4.2.4 贴焊后的焊缝需进行 PT 检测合格。焊后应恢复防腐层和阴保设施。

4.2.5 特殊条件下，经技术负责人批准，可以采用非金属补强技术修复缺陷，但碳纤维补强的质量验收方法一般只能取样分析，但实际操作上难以实施，这也是不推荐大量采用碳纤维补强的原因之一。

4.3 外防腐层破损点修复

4.3.1 管道长期使用后，外防腐层必然会逐渐发生破损，导致腐蚀性介质进入管壁造成腐蚀，也会导致阴保电流的大量损失，外防腐层破损的修复只能是大开挖后，找到破损点进行修复。

4.3.2 外防腐层破损点的修复质量验收标准应根据不同的防腐层材料而采用相应的验收标准，详细内容可参考 GB 50369—2014《油气长输管道工程施工及验收规范》

4.3.3 防腐层质量标准在国内已经有比较成熟的行业标准支持，下面列入部分标准：

SYT 5918 埋地钢质管道外防腐层修复技术规范

GBT 18593 熔融结合环氧粉末涂料的防腐蚀涂装

SYT 0379　埋地钢质管道煤焦油瓷漆外防腐层技术标准
SYT 0414　钢质管道聚乙烯胶粘带防腐层技术标准
SYT 0415　埋地钢质管道硬质聚氨酯泡沫塑料防腐保温层技术标准
SYT 0420　埋地钢制管道石油沥青防腐层技术标准
SYT 6854　埋地钢质管道液体环氧外防腐层技术标准

4.4　阴保设备设施检修

4.4.1　恒电位仪一般是制造商成熟产品，配有详细的产品说明书和使用维护手册，恒电位仪的检修单位并不需要特殊的资质，但必须要经过制造商的培训，具备一定的经验，在落实好安全措施的情况下进行。

4.4.2　恒电位仪的检修步骤一般在使用维护手册中有详细说明。

4.4.3　恒电位仪的检修质量验收需开机运行后进行，各项指标在液晶显示屏直接显示。

4.4.4　智能测试桩的维护检修也是参照产品说明书来进行。

4.5　杂散电流干扰排除

4.5.1　杂散电流的检测需使用专用的杂散电流检测仪器进行探测，当检验单位认为存在干扰必须排除的时候，检验报告中会明确提出。

4.5.2　杂散电流干扰的排除方法须委托专业机构（或设计院）编制方案，一般可以采用增加牺牲阳极、加强防腐层绝缘等级等方法。

4.5.3　杂散电流的施工验收标准主要依靠阴保测试桩的阴保点位检测来实现，达到规定的阴保点位为合格，一般是 -800～-1200mV。

4.6　绝缘法兰检修

参考 SY/T 0516　绝缘接头和绝缘法兰技术规范。

5　试压与验收

5.1　投用前准备

5.1.1　长输管道全线应按 GB 50369 的相关规定完成试压、清管和干燥等工作，验收标准参照 SY 4208 的有关规定。

5.1.2　长输管线穿跨越工程已按 GB 50424 和 GB 50460 的相关规定完成试压和干燥，并按 SY 4207 验收合格。

5.1.3　对重新启用的管道已完成管道腐蚀状态调查和剩余强度评价。

5.1.4　沿线阴保测试桩、里程桩、转角桩等标志物埋设完毕。全线阴极保护系统验收合格并投入使用。

5.1.5　管道仪表监控系统、紧急应急系统等工作状态完好，必要时应进行联锁测试。

5.1.6 沿途阀室的阀门及控制系统工作状态完好。

5.1.7 检验报告中规定必须整改的问题已整改完毕。

5.2 投用

5.2.1 严格执行投用方案，按工艺卡片的要求控制管道的流量、压力、温度等参数，严禁超温超压。

5.2.2 对长输管道控制系统（SCADA系统）的各监控仪表进行校对，发现问题及时整改。

6 维护与故障处理

6.1 日常维护

6.1.1 定时巡检，检查运行参数，作好记录。

6.1.2 定时检查阴保系统。

6.1.3 定时检查沿途安全状况，如及时发现新的占压、第三方施工等。

6.1.4 定时检查控制系统的运行情况。

6.2 常见故障与处理

长输（油气）管道主要的缺陷形式详见《全面检验报告》，其主要的失效模式就是外泄漏，影响非常大，后果非常严重，但通过完善的管理和检测评估，可以将可能性降到最低。

长输（油气）管道常见功能故障与处理方法见表1。

表1 长输（油气）管道常见功能故障与处理方法

设备功能		功能故障	功能故障模式	故障后果	故障应对策略与检修内容	检修周期
总功能	分项功能					
压力不高于设计压力	阀门完好	超压	后路阀门异常关闭	憋压导致泄漏	设计紧急泄压装置，定期维护后路阀门。	通球时
	主输泵操作正常		主输泵启动不平稳导致压力波超压	冲击过大导致泄漏	设计紧急泄压系统。	日常随时
管道壁厚不低于设计值	内外壁腐蚀得到有效治理	耐压能力下降	管道内外腐蚀	不耐压力而外漏	定期检测，及时组织修复外腐蚀。	通球时
	阴保系统工作正常		管道阴保长期失效	不耐压力而外漏	定期检查阴保效果，长期巡检维护阴保测试桩，对恒电位仪进行定检。	日常随时
	防腐层完好		管道防腐层失效	不耐压力而外漏	全面检验必须检查外防腐层，对严重的失效及时组织整治，恢复阴保电位。	日常随时

附 录 A
（资料性附录）
长输（油气）管道全面检验报告目录

报告编号：

序号	检验项目	页码	附页、附图
1	长输（油气）管道全面检验结论报告		
2	资料审查报告		
3	宏观检查报告		
4	敷设环境调查报告		
5	防腐（保温）层状况不开挖检测报告		
6	阴极保护有效性检测报告		
7	开挖直接检验报告		
8	穿跨越段管道检查报告		
9	无损检测报告		
10	材料理化检验报告		
11	风险评估报告		

附　录　B

（资料性附录）

长输（油气）管道合于使用评价报告目录

报告编号：

序号	检验项目	页码	附页、附图
1	长输（油气）管道合于使用评价结论报告		
2	资料审查报告		
3	应力校核报告		
4	剩余强度评估报告		
5	超标缺陷安全评定报告		
6	剩余寿命预测报告		
7	材料适用性评价报告		
8	风险再评估报告		

附 录 C
（资料性附录）
长输（油气）管道的分类

根据 TSG R1001—2008《压力管道压力管道设计许可规则》的规定

GA 类长输（油气）管道是指产地、储存库、使用单位之间的用于输送商品介质的管道，划分为 GA1 级和 GA2 级。

GA1 级　符合下列条件之一的长输管道为 GA1 级：(1) 输送有毒、可燃、易爆气体介质，最高工作压力大于 4.0MPa 的长输管道；(2) 输送有毒、可燃、易爆液体介质，最高工作压力大于或者等于 6.4MPa，并且输送距离（指产地、储存地、用户间的用于输送商品介质管道的长度）大于或者等于 200km 的长输管道。

GA2 级　GA1 级以外的长输（油气）管道为 GA2 级。

附　录　D

（资料性附录）

长输（油气）管道维修记录卡片

车间设备主任：　　　　　　　车间质量代表：　　　　　　　施工方代表：

<table>
<tr><td>管道名称</td><td></td><td>管道位置</td><td></td></tr>
<tr><td>维修依据</td><td colspan="3"></td></tr>
<tr><td>缺陷描述</td><td colspan="3"></td></tr>
<tr><td rowspan="3">维修时间</td><td></td><td rowspan="3">施工单位</td><td></td></tr>
<tr><td></td><td></td></tr>
<tr><td></td><td></td></tr>
<tr><td>现场人员</td><td colspan="3"></td></tr>
<tr><td>开挖前数据</td><td></td><td>开挖实测数据</td><td></td></tr>
<tr><td>维修方式</td><td colspan="3"></td></tr>
</table>

（1）维修前照片

（2）维修过程照片（含隐蔽工程质量确认）

（3）维修后照片

附　录　E

（资料性附录）

长输（油气）管道检修质量验收数据记录表

表 E.1　×× 长输（油气）管道检修质量验收数据记录表

序号	检修主要内容	质量标准	控制级别	检查情况	施工单位检查确认人	生产装置检查确认人	设备管理部门检查确认人	日期
1	长输管道的本体壁厚满足设计要求	设计标准	B					
2	长输管道外防腐层测试合格	符合设计要求	B					
3	长输管道埋地部分深度合格，地面无占压	国家法律和法规相关要求	B					
4	长输管道阴保系统工作正常	符合设计要求	B					
5	阀室各组成功能完好	各组成部门测试合格	B					
6	长输管道通球检测合格	通球数据完整有效，缺陷得到治理	A					
7	长输管道试压合格	符合设计要求	A					
8	长输管道 SCADA 系统功能正常	所有功能测试通过	A					
9	长输管道其他系统（如视频）正常	所有功能测试通过	B					

注： A 级：施工单位、生产装置、设备管理部门专业人员检查确认后签字。
B 级：施工单位和生产装置专业人员检查确认后签字。
C 级：施工单位专业人员检查确认后签字。
另：如果有监理，监理的职责由甲方授权。

60. 码头输油臂维护检修规程

SHS 11002—2019

目　录

前　　言

本规程按照 GB/T 1.1—2009《标准化工作导则　第 1 部分：标准的结构和编写》给出的规则起草。

本规程由中国石油化工集团有限公司、中国石油化工股份有限公司提出。

本规程起草单位：中国石油化工股份有限公司茂名分公司。

本规程主要起草人：陈江涛。

本规程 2019 年首次发布。

码头输油臂维护检修规程

1 范围

1.1 主题内容

本规程规定了码头输油臂的检修周期和内容、检修程序与质量标准、试验与验收标准、维护与故障处理。

1.2 适用范围

本规程适于港口与船舶之间输送原油、重油、成品油及液相化工品的输油臂，也适用于输送压舱水和其他温度高于 -20～100℃非腐蚀性液体的输油臂。

2 规范性引用文件

下列文件中的条款通过本规程的引用而成为本规程的条款。凡是注日期的引用文件，其随后所有的修改单（不包括勘误的内容）或修订版均不适用于本标准，然而，鼓励根据本标准达成协议的各方研究是否可使用这些文件的最新版本。凡是不注日期的引用文件，其最新版本适用于本标准。

SY/T 5298　港口装卸用输油臂

GB/T 308　滚动轴承、钢球

GB/T 16994　油码头安全技术基本要求

JTJ 211—99　海港总平面设计规范

3 检修周期与内容

3.1 检修周期

根据码头输油臂运行状况、功能故障及其影响分析的结果，结合设备故障模式和风险等级判定，确定设备检修周期，一般为 36～48 个月。

3.2 检修内容

3.2.1　调整、修复安全装置和电气设备故障。

3.2.2　检查、紧固或更换各部连接紧固件，按规定力矩紧固；

3.2.3　检查液压系统及油管的密封，清洗液压油油箱、更换过滤器滤芯、更换液压油，更换损坏部件；

3.2.4 检查转动部分的润滑情况，检修期间拆卸、更换密封件，添加润滑脂；

3.2.5 检查上绳轮、转轴箱及各转动部位的灵活状况；

3.2.6 对支撑结构的转动、滑动机构，做认真检查、加油润滑；

3.2.7 检查各机构控制钢丝绳磨损、断丝情况；

3.2.8 检查各结构件有无变形、裂纹、严重腐蚀等；

3.2.9 检查各旋转机构运转灵活无卡涩；

3.2.10 检查输油臂基础、地脚螺栓；

3.2.11 输油臂全面防腐。

4 检修程序与质量标准

4.1 检修前的准备

4.1.1 方案准备：备齐必要的图纸和资料（包括随机资料和历次检修情况），根据设备的运行状态、泄漏情况以及上次检修情况分析故障原因和部位，制定详尽的检修施工方案（如检修拆装方案，起重吊装方案等）。

4.1.2 工器具准备：备齐检修工具（包括专用工具）、量具、起重机具、清洗工具，落实环境布置，对旋转接头、油缸、配重等部件堆放位置进行明确，放置工具架子并视情况在现场铺设橡胶垫并做好隔离。

4.1.3 材料准备：落实检修所需材料并落实相关备品、配件。

4.1.4 人员准备：落实检修团队（包括施工技术人员、质量管理人员、安全、主修、辅修，起重等特殊工种必须持证上岗），组织检修人员熟悉检修施工方案。

4.1.5 检查确认电源已切断（控制柜、液压泵等）。

4.1.6 确认关闭输油臂入口管线阀门、排空输油臂残存的物料、加装盲板。

4.1.7 检查安全措施准备，放置好安全警示牌。各项准备工作应符合安全、环保、质量等方面的要求，按照Q/SHS 0001.3—2001《炼油化工企业安全、环境与健康（HSE）管理规范（试行）》的规定，对检修过程进行危害识别及风险评估、环境因素识别和影响评价，并办理相关票证。

4.2 拆卸与检测

4.2.1 拆除输油臂

4.2.1.1 拆除液压系统各控制油管的接头，确保连接部位分离。

4.2.1.2 拆除电气、仪表部分的接头，确保连接部位分离。

4.2.1.3 拆除控制外臂、内臂的钢丝绳。

4.2.1.4 使用防台板及连接板将输油臂外臂、内臂立柱进行刚性连接紧固。

4.2.1.5 使用起重吊机垂直吊住输油臂内臂的吊耳，拆除立柱地脚螺栓，将输油臂整体吊离基础底座，将输油臂缓慢横放置在码头上，地面放置枕木或支架支撑，或放在平板车上拉回厂房进行维修。

码头条件不允许使用起重吊车的可考虑现场搭架进行维修。

4.2.1.6 使用吊机配合吊拆外臂，拆除外、内臂的连接法兰，将外臂拆离内臂横放置在码头上，地面放置枕木或支架支撑。

4.2.1.7 用吊机配合吊拆内臂，拆除内臂、立柱的连接法兰及箱体连接部位，将输油臂内臂拆下横放置在码头上，地面放置枕木或支架支撑。

4.2.1.8 将输油臂内臂的绳轮、钢丝绳、液压油缸及配重拆下备检。

4.2.1.9 拆除外臂的三维接头进行检查、清洗并更换密封件，见图 1。

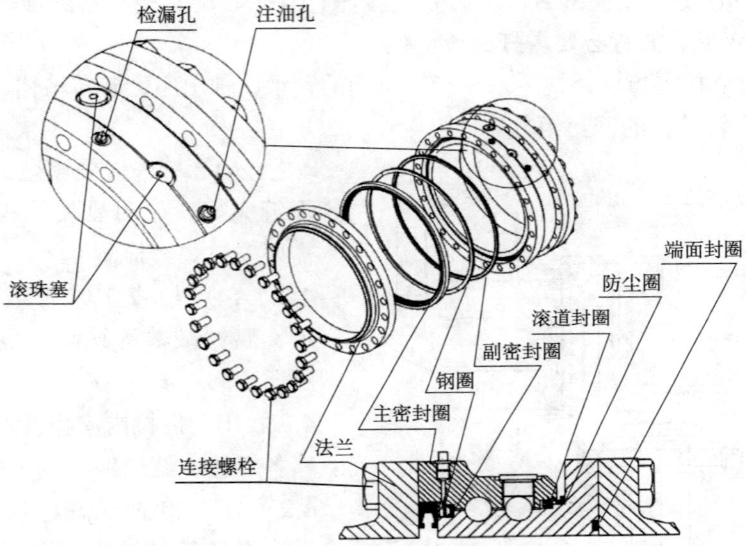

图 1　旋转接头维修保养示意图

a）泄漏检查

旋转接头外圈壳体上设计有检漏孔，专门用于对泄漏情况的检查。检漏时旋出检漏孔的螺塞，观察孔内的情况以判断是否存在泄漏和泄漏的程度。如果孔内有介质的痕迹，证明旋转接头主密封接近失效，应予更换。

b）更换主密封

拆下全部连接螺栓，移开法兰，取出旧的主密封，然后取出钢圈和旧的副密封，用柔软的干布将密封槽内擦拭干净，均匀涂一层润滑脂，将新密封圈放入密封槽内，重新连接法兰即可。注意，更换操作时要特别注意保护主密封圈的密封面。

c）更换副密封

如前所述，拆下全部连接螺栓，移开法兰，取出旧的主密封，然后取出钢圈和旧的副密封，用柔软的干布将密封槽内擦拭干净并注入少量润滑脂，将新副密封圈放入密封槽内，回装钢圈、主密封和连接法兰即可。

d）更换O形密封和防尘密封

一般O形密封和防尘密封可长期使用无需更换，如必须进行更换，请按下列步骤操作：

如前所述，在取出副密封圈之后，拧下滚珠塞，取出旋转接头内钢球，当所有钢球取出后，将外圈沿轴向推离内圈，再对内、外圈进行清洗后即可更换O形密封和防尘密封。更换钢球也可按此步骤。

更换结束后，按照与上述相反的过程重新配装旋转接头，并在装配结束后重新注油。

注意：输油臂维修拆检三维接头时应同步检查检测绝缘法兰的绝缘电阻，电阻值应不小于1000Ω。

4.2.1.10 拆检各旋转接头密封，检查各支撑座、弯头、旋转接头密封面。密封面应平滑无坑蚀、无变形，如有必要需打磨或更换。

4.2.1.11 拆检立柱支撑座，检查水平旋转机构的轴承、轴承座、旋转箱体、立柱本体。

4.2.1.12 更换转轴箱的密封组件。

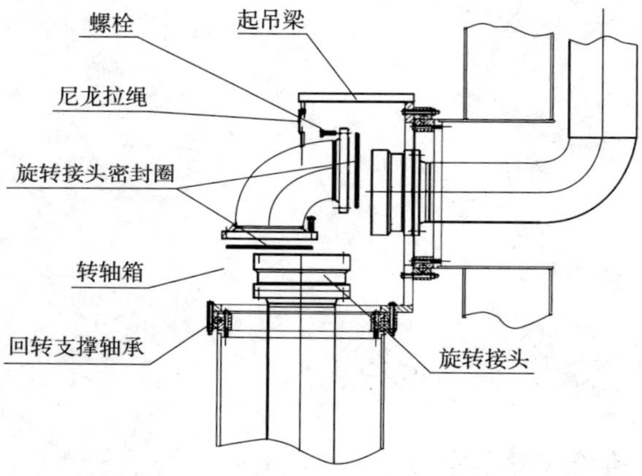

图2 转轴箱部位维修与保养示意图

4.2.1.13 检查转轴箱全部焊接部位的焊缝完好、无明显裂纹和变形（根据需要安排焊缝检测）。

4.2.1.14 检查工艺管道有无扭矩变形、腐蚀减薄等缺陷（根据需要安排测厚）。

4.2.1.15 拆检内支撑臂本体及支撑臂座各焊缝、结构件。

4.2.1.16 检查立柱、内臂、外臂管道、滑轮等结构件无明显变形及严重腐蚀，必要时增加无损检测项目，见图2。

4.2.1.17 检查液压油缸防尘罩有无损坏，检查油缸的活塞外表面，应光滑明亮无锈蚀，无凹坑。

4.2.1.18 油泵及电机的故障修理，另分别按照油泵和电机的检修规程进行。

4.2.1.19 输油臂整体除锈，环氧类底漆二道，聚氨酯面漆二道（建议使用海工漆）。

4.2.1.20 检查油压系统的电机、油泵的运转状况。应无明显振动，无明显不良噪声。出口油压正常，稳定。

4.2.1.21 检查油压系统的溢流阀的工作状态，使其工作状态满足工作需要。

4.2.1.22 检查或直接更换过滤器（油过滤器根据使用情况，可按每使用500h更换滤芯）。液压油更换周期为6～12个月，换油前可检测分析液压油的品质，油品质允许可适当延长换油周期。

4.2.1.23 清洗邮箱内部，清洗油液面视镜，更换抗磨液压油（油号参照说明书要求）。

4.2.1.24 检查液压分站的各阀、连接件、紧固件的螺栓，检查各阀运转的灵活性和密封性。

4.2.1.25 检查每一条液压油管的连接的紧密性，不得有泄漏现象。

4.2.1.24 检查每一条非金属高压油管，外表有老化迹象的应提前更换，防止爆裂油管引发、扩大事故。

4.2.1.24 电气控制系统的检修参照电气液压控制系统使用说明。

注意：拆卸、检查组装旋转头时，必须严密注意保护密封件和密封面，不得对密封部位造成损伤并保持清洁，否则，将缩短旋转头使用寿命。

4.3 回装与质量标准

4.3.1 清洗外臂支撑座旋转机构后回装好并注油（3# 锂基脂），保证旋转机构的润滑应良好。

4.3.2 检查、清洗、组装旋转钢珠及滚道，严密注意不得损伤滚道。

4.3.3 回装三维接头组件，紧固所有连接部位的螺栓，按要求加注适当的润滑油，保证三维接头各方向转动灵活无卡阻。

4.3.4 更换主、副密封件应严格检查新密封件的质量，必须与原件规格完全相同。

4.3.5 更换密封件时，应在密封部位涂抹同牌号润滑油脂。

4.3.6 检查内支撑臂座、旋转装置的润滑，润滑应良好。

4.3.7 检查内支承臂本体及支撑臂各焊缝应无裂纹、无明显严重腐蚀。

4.3.8 检查上、下绳轮旋转机构、平衡旋转机构等的润滑，润滑应良好，结构件无明显变形。

4.3.9 检查驱动机构系统钢丝绳的松紧度，并作适当调整。钢丝绳的使用维护除应符合 GB/T 8918 的要求外，还应按照 GB/T 5972 进行检查。

装卸臂主传动钢丝绳和驱动钢丝绳由于总是处于拉伸状态而被拉长，应予适度旋紧，使其能够有效传动，调整位置见图 3 所示。

装卸臂主传动钢丝绳和驱动钢丝绳在出厂前均已被涂抹保护油脂，根据使用情况和地区不同，一般半年左右对所有钢丝绳进行一次抹保护油脂处理。

4.3.10 检查内支承臂所有连接螺栓的紧固情况，检查周期为 6 个月。

4.3.11 清洗内臂支撑座旋转机构，回装外臂与内臂的连接弯头，检查密封面干净、密封件

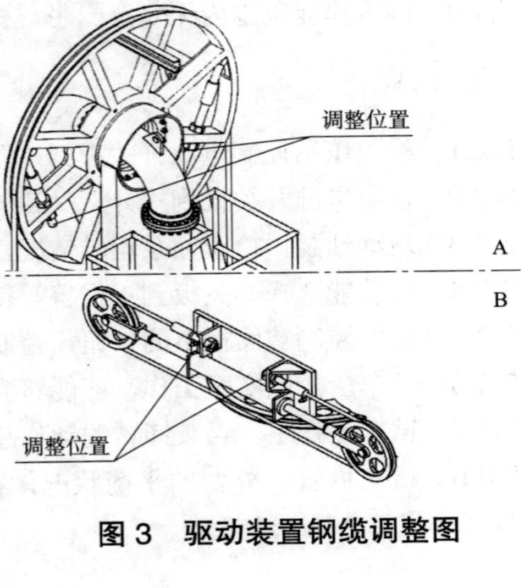

图 3 驱动装置钢缆调整图

无破损、变形等，回装好并加注润滑脂，保证旋转机构的润滑应良好。

4.3.12 安装各旋转部位驱动油缸，检查油缸密封良好、活塞外表面，应光滑明亮无锈蚀，无凹坑，转动滑轮灵活无卡阻。

4.3.13 更换上、下绳轮旋转机构、平衡旋转机构转动部位的润滑油，确认转动灵活无卡阻，结构件无明显变形。

4.3.11 清洗检查水平、垂直旋转装置轴承，加注润滑油保证润滑良好。

4.3.12 清洗立柱支撑座旋转机构，回装立柱与内臂的连接弯头，检查密封面干净、密封件无破损、变形等，回装好并加注润滑脂，保证旋转机构的润滑应良好。水平、垂直两个旋转轴承的润滑，应按规定定期给两个轴承补充润滑油脂。检查周期为 6 个月。

4.3.13 检查确认输油臂立柱与旋转箱连接法兰螺栓紧固无松动。

4.3.14 机体其他部位的检查与修复。其他部位包括各部位加强筋板、螺栓，支撑部件的紧固件应无异常或松动。

4.3.15 使用防台板、紧锁装置将立柱与内臂、内臂与外臂进行紧固，使用吊机将输油臂垂直吊至基础上，缓慢将主体落至基础位置，紧固地脚螺栓。

5 试验与验收

5.1 试验前的准备

5.1.1 确认电气控制系统连接、设置正常，符合相关规范准确无误。

5.1.2 确认液压油箱储油量达标，液压油品质合格。液压油系统连接完好无堵塞、无泄漏。

5.1.3 确认液压控制系统调整完毕，准确无误。

5.1.4 确认各润滑部位润滑良好。

5.1.5 确认安全装置完好并符合相关规定。

5.1.6 确定作业范围内无安全隐患，提醒试车人员注意安全。

5.2 试验

5.2.1 将液压站控制电源开关扳到“开”，电源指示灯亮。

5.2.2 直流电源开关扳到“开”，工作指示灯亮。

5.2.3 启动油泵，检查油泵运转情况，油泵应运行平稳、噪声正常、振动幅度正常。

5.2.4 将功能选择开关扳到“报警等待”。

5.2.5 使用控制箱面板上的按钮，控制装卸臂的各种动作，进行试车。

5.2.6 试车应按照实际工作，应能够到达装卸臂工作最大范围。

5.2.7 试车过程中，当装卸臂的动作超过规定位置时，报警装置会发出报警信号。

5.2.8 检查内臂、外臂的平衡状况，在自由状态下，任何角度均应能够保持平衡无失重（平衡调整见 6.6.2）。

5.2.9 试车过程中，注意观察各部位、部件运转情况，运转应平稳，无爬行现象。运转噪音应无异常变化。

5.3 验收

5.3.1 检修质量符合本技术规程要求，检修、试车记录完整齐全准确。

5.3.2 输油臂维修完毕后，由使用单位试臂，根据运转声音、振动等状况，判断设备各部分工作、运转状况，应运转平稳，噪声无异常，机械振幅应小于 0.08mm。

5.3.3 液压总站外观检查

a）蓄能器、压力表、压力继电器、液位传感器、温度继电器、防爆接线盒完好无异常。

b）系统压力表是否在零位，蓄能器压力表指示是否正常。

c）阀体、手动泵、单向阀、管接头等各密封面是否完好无渗漏。

d）油箱液压油是否已经超过最低油位。

e）液压油泵、油马达的表面温度不得超过 70℃，电流不得超过规定值，液压系统压力在 10～18MPa。（参照设备使用说明书）

5.3.4 输油臂维修完毕后，需进行水压试验，试验压力为设计压力的 1.5 倍。在臂的管道系统顶部设置排气口，试验时缓慢升压，达到试验压力后稳压 10min，检查无异常后将压力降至设计压力，稳压 30min，不降压，连接部位无异常，无渗漏、滴漏，试验合格。试验完成后将水排尽并吹扫干净。

5.3.5 经试车确认性能良好，运转正常，按规定办理交接手续移交给生产。

6 维护与故障处理

6.1 设备的日常维护保养

6.1.1 操作前准备工作

6.1.1.1 检查输油臂的钢丝绳有无损坏和出槽。

6.1.1.2 检查输油臂地脚螺丝是否牢靠，内、外臂是否在原位。

6.1.1.3 检查输油臂接地是否良好。

6.1.1.4 确认臂内物料排净，以免操作时输油臂失去平衡。

6.1.2 船岸对接操作

6.1.2.1 拉下锁紧装置手柄，并将其固定，使油臂处于自由状态。

6.1.2.2 打开外臂，使三维接头法兰靠近油轮装卸口。

6.1.2.3 打开快速接头联接爪，取下盲法兰，使法兰与油轮装卸口对接，旋紧连接爪可调螺母，紧固法兰。

6.1.2.4 放下可调支腿调整至平衡位置，以支撑外臂及三维接头重量。
6.1.2.5 对接作业中必须使锁紧装置始终保持在打开的位置，使输油臂处于自由状态。
6.1.2.6 正常装卸油作业时，严禁扳动锁紧装置手柄。
6.1.2.7 如遇大风浪天气，船舶摆动幅度大于正常范围，应停止收发油作业，收起输油臂。
6.1.2.8 值班人员应随时监视油轮漂移情况，防止油轮装卸口超越限制区域而损坏输油臂。

6.1.3 分离操作

6.1.3.1 停止装、卸油作业后，排空臂内剩余物料，关闭阀门。
6.1.3.2 拆除船、岸法兰接头，加堵盲板，旋紧连接爪螺母。
6.1.3.3 上提锁紧装置手柄，使之处于等待锁紧状态。
6.1.3.4 操作输油臂复位。
6.1.3.5 使输油臂锁紧装置进入锁定状态。

6.1.4 日常维护保养

6.1.4.1 定期巡回检查各重要部位连接螺栓是否有松动并及时处理。
6.1.4.2 经常检查设备的运行和各转动部位是否良好，安全限位装置是否灵敏、可靠。
6.1.4.3 经常保持设备的整洁卫生，消除设备泄漏，清除油污。
6.1.4.4 经常检查设备机体的结构完好性，注意各部位有无变形、扭曲。
6.1.4.5 经常检查设备部件、附件的损坏、腐蚀情况，及时做好防腐蚀油漆。
6.1.4.6 经常保持电气设备的清洁。
6.1.4.7 经常检查电气设备使用中的发热情况。
6.1.4.8 操作使用时，经常注意电气设备运行中的噪声及振动变化。

6.1.5 其他注意事项

6.1.5.1 输油臂应由班组安排专人维护保养。未经培训，不得擅自使用。
6.1.5.2 输油臂不得超负荷、超额定能力作业。
6.1.5.3 输油臂的各种作业操作，应缓慢、稳健、严禁强行运行。
6.1.5.4 输油臂工作及工艺作业期间，操作人员应密切关注作业情况，不得擅离职守。
6.1.5.5 臂相对内臂最大展开角不大于 135°。
6.1.5.6 内、外臂水平回转角度为 ±25°。

6.2 码头输油臂常规维护保养与维修

输油臂出厂前各润滑部位均已经过有效润滑，根据使用情况和地区不同，一般每半年左右对各润滑部位进行一次润滑保养。

高点旋转部位、转轴箱旋转部位、配重旋转部位、三维接头、快速连接装置、复位锁紧装置等的润滑与维修如图 4～图9所示。

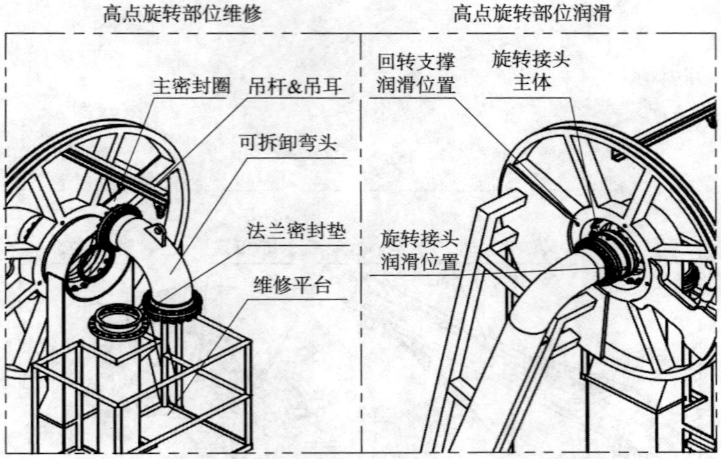

图 4　高点旋转部位润滑与维修

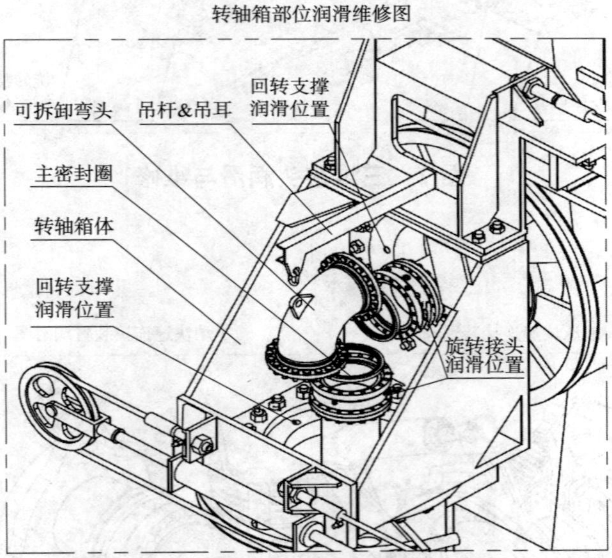

图 5　转轴箱旋转部位润滑与维修

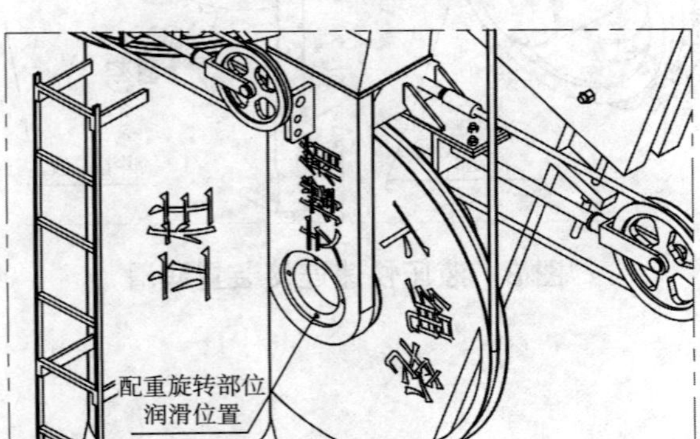

图 6　配重旋转部位润滑

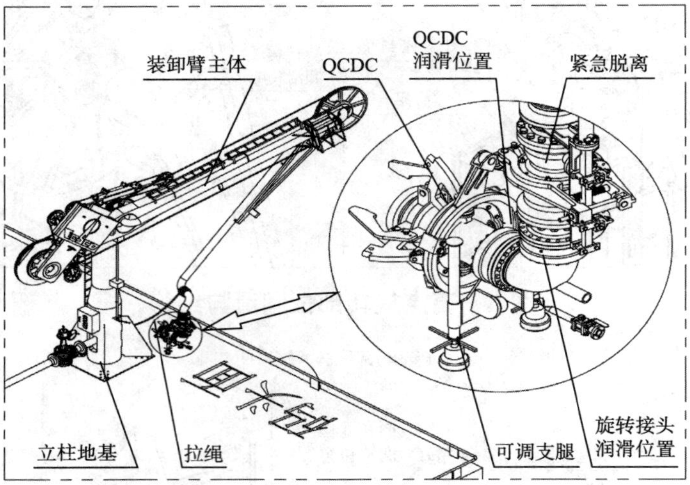

图 7　三维接头润滑与维修

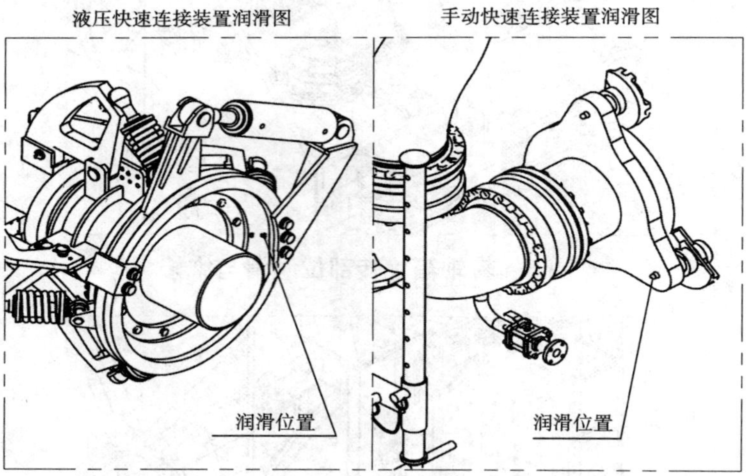

图 8　液压快速连接装置润滑

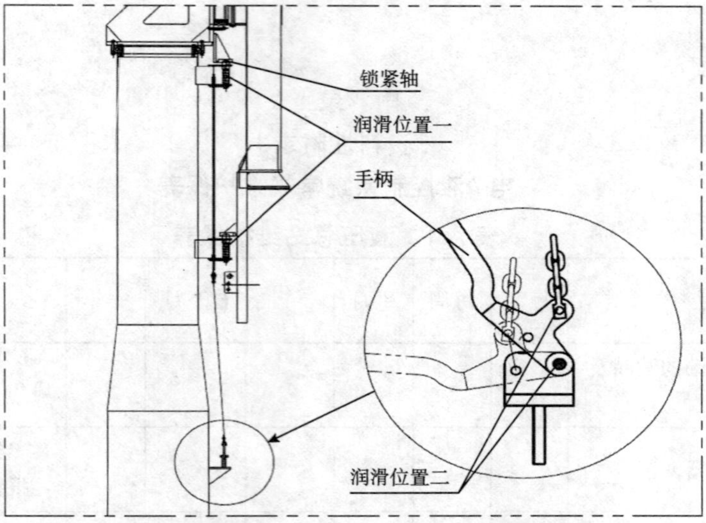

图 9　复位锁紧装置润滑

6.2.1　平衡调整

装卸臂在出厂前已进行过平衡调整和整机运转试验，在较长时间内可不必进行平衡调整，但由于主传动钢缆会有一定量的被拉长，或者是其他原因可能会造成装卸臂有一定的不平衡，为了降低操作人员的劳动负荷（手动装卸臂）或降低液压总站的输出压力（电／液控制装卸臂），应对装卸臂重新进行平衡调整。平衡调整方法见图 10。

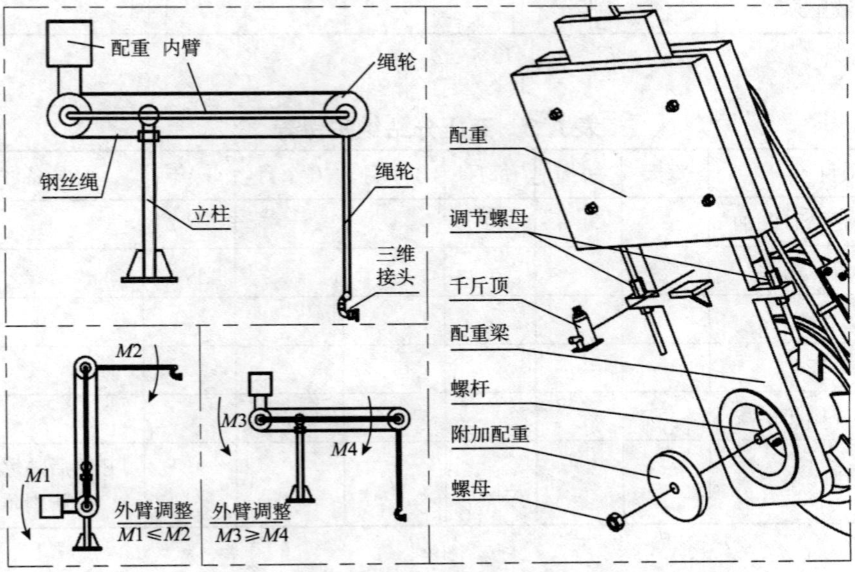

图 10　平衡调整方法

附 录 A
（资料性附录）
电/液控制系统常规维护保养

表 A.1 液压总站维护保养

项目	每天	每周	每月	3个月	6个月	一年	备注
检查油箱液压油的油品及油位		√					
更换滤油器滤芯						√	当回油压力超过报警极限也需更换
检查系统压力			√				
检查油过滤器/更换滤芯					√		当发生堵塞时也要更换
更换油箱液压油						√	
阀、油管及附件				√			
压力表			√				
液压站部件刷防锈漆					√		
油位油温计				√			
电机						√	
液压泵						√	

表 A.2 液压分站维护保养

项目	每天	每周	每月	3个月	6个月	一年	备注
检查油块是否有漏油			√				
阀、油管及附件				√		√	
手动球阀			√				
压力表			√				
液压站部件刷防锈漆					√		
防爆接线箱				√			开箱后隔爆面需要重新刷防锈油

表 A.3　电控系统维护保养

项目	每天	每周	每月	3个月	6个月	一年	备注
指示灯			√				
转换开关			√				
按钮			√				
声光报警器		√					
液晶显示器			√				
隔爆面涂防锈油					√		
熔断器					√		
密封圈检查					√		
中间继电器						√	
交流接触器及热继电器						√	
开关电源						√	
遥控器						√	
隔离栅						√	

附　录　B
（资料性附录）
常见功能故障与处理方法

功能	功能故障	故障模式	故障后果	故障应对策略与检修内容	检修周期／月
液压系统	液压系统不出油	无动作	电机转向错误	改正电机接线	
			过滤器堵塞	清理过滤器或更换滤芯	
			吸油管漏气	检查旋紧或更换密封圈	
			泵的吸入口接近油面	加入适量的液压油	
			泵卡住或损坏	检查、修理或更换泵	
			变量泵的流量为 0	重新调整变量机构	
	液压泵工作不正常	振动大，噪音大	油的黏度大	更换油品牌号或加热油温	
			泵进入空气	排空处理	
			泵与电机不同心	调整泵与电机轴的同心度	
			泵内零件损坏	更换泵或修理	
		压力不足，流量不足	泵有故障	排除故障或换泵	
			泵未调试到工作状态	重新调试	
			溢流阀工作不良或损坏	修复或更换溢流阀	
			零部件漏油太多	修复或更换零部件	
		温升过高	泵摩擦大，发热	排除故障或更换泵	
			压力控制阀调节过高	适当调节使用压力	
			卸荷时间过短	适当延长卸荷时间	
			环境温度高	改善环境调节	
液压系统	液压油缸故障	油缸运动不正常	回路中有空气，油缸爬行	排出回路里的空气	
			顺序阀与溢流阀调压值靠近或控制阀工作不良	调大顺序阀和溢流阀的压差，修复或更换控制阀	
			油缸内部零件过度磨损	修复或更换修复	
			油缸窜腔	修复	
金属结构	旋转接头	接头滴漏	密封件破损	更换密封件	
			密封接触处松动	紧固密封压盖螺栓	
			部件安装螺栓用力不均	均匀用力紧固螺栓	
			密封面润滑失效	加注润滑油保养	
			旋转接头密封面腐蚀	更换旋转接头	

常见功能故障与处理方法（续）

功能	功能故障	故障模式	故障后果	故障应对策略与检修内容	检修周期／月
金属结构	旋转接头	输油臂转动不灵活	密封面润滑失效	加注润滑油保养	
			密封圈变形失效	更换密封圈	
			旋转接头密封面腐蚀	更换旋转接头	
			回转支撑润滑不好	清洗润滑打磨回转支撑	
电气控制系统	电磁阀	电磁换向阀无动作	没有接通电源	检查并接通控制电源	
			电磁阀损坏	更换电磁阀	
			阀中污物卡死阀芯	清洗阀内部污物	
	限位	限位报警	连接限位开关的线路断线	重新连接限位开关	
			限位开关正负极接反	调整正负极接线（1+2-）	
			限位开关严重进水	换密封圈或旋紧	
			安全栅控制正反相的拨码开关，没有拨到左面	限位开关接线好限后，重新调隔离栅	
			限位开关损坏	修理或更换限位开关	
	电控箱	电控箱工作正常，输油臂无动作	臂号选择是否与操作臂对应	选臂开关选择到要操作的臂	
			控制动作的手动球阀是否开启	打开控制动作的手动球阀	
			驱动与浮动阀是否接反	调整接线	
			电磁阀是否卡死	拆洗或更换电磁换向阔	
		电控箱电源指示灯不亮	控制电源开关是否开启	打开控制电源开关	
			熔断器是否损坏	检查熔断器并更换，如熔断器再次损坏，请检查下线路是否有短路现象	
			电源接线是否松动或掉线	电源检查接线，将松动或掉线接好	
			开关电源损坏	更换开关	
		电源正常阀接线端子无电压	控制阀的中间继电器损坏	更换中间继电器	
			控制阀的电源不正常	检查电源是否断线，该组熔断器是否损坏	
	遥控器	遥控器不能正常工作	是否选在遥控器位置	选在遥控器位置	
			遥控继电器是否开启	按图纸检查该继电器	
			接收机电源是否正常	把接受机电源插排选到AC220V	
			发射器电池是否有电	更换发射器的电池	

常见功能故障与处理方法（续）

功能	功能故障	故障模式	故障后果	故障应对策略与检修内容	检修周期／月
电气控制系统	电机	液压电机不能正常启动	电机损坏	检查维修或更换电机	
			检查电机接线是否缺相或短路	检查电机接线	
			检查供电电源是否正常	检查供电电源	
			检查热继电器的整定电流是否调过低	重新调整热继电器的整定值	
	换向阀	输油臂在停止操作的时臂不停止	电磁换向阀卡死	拆洗或更换电磁换向阀	
			制阀组出现串电	检查线路，并检测二极管是否被击穿	
			接线错误	检查接线端子和液压分站内的接线	
	蓄能器	蓄能器不能保压	蓄能器底座排泄阀没有关闭	关闭蓄能器底座排泄阀	
			ERC 管线有泄漏	检查并维修 ERC 管线	

附 录 C
（资料性附录）
检修质量控制确认表

项目	主要控制内容			等级	施工单位	生产装置	设备管理部门	备注
	标准值	部位	现场记录					
拆卸中检测								
金属结构损伤检查	无裂纹、无变形			A	★	★	★	
焊缝探伤	探伤标准			A	★	★	★	
三维接头密封面	无损伤、无坑蚀			A	★	★	★	
旋转接头	转动灵活			B	★	★		
水平、旋转支承座法兰连接螺栓	600N·m			B	★	★		
紧急脱离装置阀门	全开启			A	★	★	★	
水平旋转、内臂锁止机构	灵活好用			C	★			
液压油缸	无损伤，无渗漏			B	★	★		
回装时检查								
钢丝绳	无松弛，无损伤			B	★	★		
液压高压软管	无破损，无渗漏			B	★	★		
三维接头	转动灵活无卡阻			B	★	★		
绝缘法兰	≥1000Ω			B	★	★		
静电接地	连接良好			B	★	★		
地脚螺栓	紧固无松动			A	★	★	★	随机资料

标准值参考输油臂随机资料

控制级别说明：A级：施工单位、生产装置、设备管理部门专业人员检查确认后签字。

B级：施工单位和生产装置专业人员检查确认后签字。

C级：施工单位专业人员检查确认后签字。

另：如有监理，监理的职责由甲方授权。

附　录　D
（资料性附录）
试车条件确认表

<table>
<tr><td colspan="3">试车条件确认记录：</td><td colspan="3">工程名称：
维修单位：</td></tr>
<tr><td>设备名称</td><td colspan="2"></td><td colspan="1">设备位号</td><td colspan="2"></td></tr>
<tr><td>设备型号</td><td colspan="2"></td><td colspan="1">流量</td><td colspan="2"></td></tr>
<tr><td>驱动机种类</td><td colspan="2"></td><td colspan="1"></td><td colspan="2"></td></tr>
<tr><td rowspan="2">确认项目</td><td rowspan="2">技术要求</td><td colspan="3">确认人</td><td rowspan="2">确认日期</td></tr>
<tr><td>施工专业工程师</td><td>监理专业工程师</td><td>总承包专业工程师</td></tr>
<tr><td>设备本体拆检</td><td>拆检、回装完成，记录符合规范要求</td><td rowspan="4"></td><td rowspan="4"></td><td rowspan="4"></td><td rowspan="4"></td></tr>
<tr><td>辅助系统</td><td>检查合格</td></tr>
<tr><td>液压管路系统</td><td>冲洗和压力试验完成，记录符合规范要求</td></tr>
<tr><td>润滑油</td><td>符合要求</td></tr>
<tr><td>电气设施</td><td>安装完成，调试合格，记录符合规范要求</td><td></td><td></td><td></td><td></td></tr>
<tr><td>仪表联锁、控制系统</td><td>安装完成，系统调校合格，记录符合规范要求</td><td></td><td></td><td></td><td></td></tr>
<tr><td>工艺管道系统</td><td>安装完成，压力试验、吹扫（清洗）合格，记录符合规范要求</td><td></td><td></td><td></td><td></td></tr>
<tr><td>机组试车方案</td><td>试车程序、措施、质量验收要求明确</td><td></td><td></td><td></td><td></td></tr>
<tr><td>生产配套工艺及操作条件</td><td>按试车方案要求准备完毕</td><td colspan="3">建设单位试车负责人：</td><td></td></tr>
<tr><td>试车条件确认</td><td>具备试车条件</td><td colspan="3">试车总负责人：</td><td></td></tr>
</table>

附　录　E
（资料性附录）
输油臂试车记录表

输油臂试车记录		工程名称：			
		单元名称：			
设备名称		设备型号		设备位号	
试车类别		工作介质		试车介质	
驱动机种类		环境温度	℃		
试车日期	年　月　日				

序号	检查项目	单位	检验条件	检验结果
1	最高工作高度	mm	设计图样	±50
2	最低发作高度	mm	设计图样	±50
3	最大伸展距离	mm	设计图样	±50
4	最大旋转角	（°）	设计图样	±0.5
5	旋转速度	（°）/mm	以接端法兰测定	≤22（推荐）
6	伸展速度	m/mm	以接端法兰测定	≤5（推荐）
7	限位报警		内臂　外臂　水平报警	声、光报警
8	水压试验		1.5 倍设计压力，水温不低于 15℃，稳压 10min，然后降压至设计压力，稳压 30min	无渗漏
9	气密试验		氮气试压，稳压 30min	无泄漏
10	平衡试验		以 150～250N 的力推拉在工作范围内平衡	

建设 / 监理单位	总承包单位	施工单位	设备制造厂
专业工程师： 日期：　年　月　日	专业工程师： 日期：　年　月　日	专业工程师： 质量检查员： 记录人： 日期：　年　月　日	现场代表： 日期：　年　月　日

中华人民共和国地方志丛书

莱芜市

钢城区志

莱芜市钢城区地方史志编纂委员会 编

方志出版社
Publishing House of Local Records

图书在版编目(CIP)数据

莱芜市钢城区志 / 莱芜市钢城区地方史志编纂委员会编.
—北京:方志出版社,2015.11
ISBN 978-7-5144-1792-0

Ⅰ.①莱… Ⅱ.①莱… Ⅲ.①区(城市)- 地方志 - 莱芜市
Ⅳ.①K295.23

中国版本图书馆 CIP 数据核字(2015)第 263478 号

莱芜市钢城区志

编　　者: 莱芜市钢城区地方史志编纂委员会
责任编辑: 王笃银

出 版 人: 冀祥德
出 版 者: 方志出版社
地址　北京市朝阳区潘家园东里 9 号(国家方志馆 4 层)
邮编　100021
网址　http://www.fzph.org
发　　行: 方志出版社发行中心
电话(010)67110500
经　　销: 各地新华书店
印　　刷: 济南众森印务有限公司

开　　本: 889mm × 1194mm　　1/16
印　　张: 53.75
字　　数: 1464 千字
版　　次: 2015 年 11 月第 1 版　　2015 年 11 月第 1 次印刷
印　　数: 0001 ~ 1000 册

ISBN 978-7-5144-1792-0　　**定　价:** 480.00 元

莱芜市钢城区地方史志编纂委员会

（2015年5月）

名誉主任 胡文朴

主　　任 张　钊

常务副主任 李秀芳

副 主 任 张　华　史秀卫　栾贻海　刘新华　吴茂呈

孙晓敏　田　波　郭本忠　亓圣勇

成　　员 张　芹　陈　文　于　涛　刘明发　魏　超　陈红梅

刘志东　张兆万　张英聚　周瑞杰　王加速　王春相

李传珍　亓桂孝　陈茂林　苏国良　杨　军　吴秀亮

王成水　王绍发　尚翠芹　姚凤振　朱恒伟　谷新民

陈建新　徐　进　李凤华　王尊标　亓仲华　李俊莲

黄宪宏　段崇利　段元新　王　颖　刘化敏　吴　波

苗白云　韩小倩　吕　峰　孟广水　赵俊胜　亓学富

《钢城区志》编审人员

主　　审 张　钊

常务副主审 李秀芳

副 主 审 栾贻海　刘新华

主　　编 亓圣勇

副 主 编 魏　超　陈红梅　刘志东　张兆万

编　　辑 柳坤明　高　涛　李　娟　田　静

序

十年磨一剑。《钢城区志》从启动到完稿历十余载，即将付梓。这是第一部钢城区志书，其出版是全区政治、经济、文化和社会生活中的一件大事，可喜可贺。

盛世修志。钢城是全国唯一以钢铁命名的新兴生态工业城市，地处鲁中腹地，大汶河源头，历史文化久远，蕴育了距今6000多年的大汶口文化。钢城作为齐文化和鲁文化的结合部，境内有周代的牟城遗址、唐朝的冶炼遗址，有着深厚的人文底蕴和鲜明的地域文化特色，在漫长的历史发展过程中，濡养了人民吃苦耐劳、诚实守信、积极进取的文化品格和淳朴善良的民风。进入20世纪以后，特别是在抗日战争和解放战争时期，境内人民在承受战争带来苦难的同时，勇于担当历史责任，积极发动了抗日武装起义，英勇抗击日本帝国主义的侵略；踊跃参军支前，全力支援人民解放战争。在残酷的革命斗争中，涌现出许许多多的英雄人物和可歌可泣的光荣事迹，为民族解放和新民主主义革命胜利作出了巨大牺牲和贡献。

钢城的历史既是一部革命史，又是一部创业史。从20世纪70年代开始，广大人民群众以极大的劳动热情投入到建设莱钢的大会战中，经过几十年的创业发展，一座大型的钢铁工业基地崛起在鲁中大地，带动了地方经济的快速发展。1993年1月，钢城区的建立，是钢城历史上具有里程碑意义的重大事件。建区以后，在莱芜市委、市政府的正确领导下，区委、区政府团结带领全区人民，始终秉承服务莱钢、企地共建的宗旨，励精图治，艰苦创业，开拓出了一条具有钢城特色的发展道路。特别是近年来，新一届区委、区政府领导班子深入落实科学发展观，围绕建设宜居幸福的绿色钢城的目标，大力实施工业化和城镇化双轮驱动战略，探索形成了“钢铁意志、众志成城”的钢城精神和“快实干”的工作作风，打造了“山水之中、爱心钢城”的城市名片，全区经济平稳较快发展，城市面貌焕然一新，人民生活水平稳步提高。《钢城区志》如实记载了这一历史进程，展示了这一时期的业绩。

存史资政，史为今用。《钢城区志》坚持历史唯物主义观点，不仅全面详实地记载了钢城的历史史实，而且深入挖掘其历史精神，科学系统地再现了钢城政治、经济、文化和社会发展的轨迹，是了解钢城、研究钢城的地情资料库，是服务当今、惠及后世的宝贵历史经验总结，也是一部爱党、爱祖国、爱社会主义和爱家乡的好教材。我们相信，《钢城区志》的面世，必将进一步增强广大干部群众热爱家乡、建设钢城的历史使命感和社会责任感，激发全区上下干事创业、拼搏进取的信心和豪情，对于推动经济社会跨越发展，必将产生重大而久远的影响。

回顾既往，我们为钢城的历史成就而自豪；展望未来，我们为钢城的美好明天而自信。

中共莱芜市钢城区委书记
钢城区人大常委会主任

2015年11月

序

汶水汤汤，棋山巍巍，山水之中，境内儿女在此生息繁衍。在漫漫历史长河中，勤劳勇敢的人民创造了灿烂的文化。

钢城是一片古老而又年轻的土地，属新建区，只有20余年的历史，但钢城境内的历史悠久。早在商代，境内就有牟国存在，采矿和冶炼是其文化一大特色。1945年7月以前，境域基本上分属莱芜县、蒙阴县。1990年8月前，境域分属莱芜县（市）、沂源县和新泰县（市）；8月起，莱芜市钢城办事处成立，形成钢城区的雏形。1993年1月，钢城区建立，因境内有莱芜钢铁总厂而得名。2001年5月，莱芜市经济开发区钢城分区成立。2006年6月，莱城区的辛庄镇划归钢城区。20世纪以来，境内区划调整之频繁，实属罕见。特别是抗日战争时期，随着斗争形势的变化，区划不断调整，境内各区（乡）分分合合，所归属的县有莱芜县、蒙阴县、泰山特委直属县、沂源县、新泰县、莱南县、新甫县、莱东县、新蒙县和博莱县，达10个之多。境内有黄庄武装起义旧址、徐向前题写的“抗日阵亡烈士纪念碑”、莱芜战役指挥所等遗存。这充分说明钢城是一片热土，是革命老区，有着光荣的历史传统，这又是其文化一大特色。

由于是新建区，又是首部志书，《钢城区志》的编纂既无经验可供借鉴，资料也严重匮乏。同时，境内区划不断变动和调整，也给资料征集增添了很大的难度。全体编纂人员淡泊明志，兢兢业业，先后在区内外搜集整理了大量资料，并反复核实、论证、修改，完成了全书的编纂任务。

《钢城区志》是一部集思想性、资料性、咨询性、鉴戒性和指导性于一体的地情资料著述。志书观点鲜明，资料翔实，内容丰富，客观全面地介绍了全区的自然环境、历史沿革、社会变迁、物产经济、文化教育、民俗风情和可记人物等，包括莱钢等驻地企业在内的各行各业、重要门类、重大事项，基本做到了纵不断主线，横不缺要项，全景式地反映了钢城古今的历史面貌，是钢城区的“百科全书”，对钢城区的发展具有良好的资政和教化作用。

编修志书是一项浩繁复杂的社会系统工程。《钢城区志》的编纂涉及区内外方方面面，凝聚了各届各级党委、政府和全区人民的智慧，得到了许多老领导、老同志、专家学者及上级史志部门领导的指导和支持。特别是全区史志工作人员，以高度的事业心和责任心，倾注大量心血和汗水，精心设计志书编目，反复征询各方意见，多面考证史实源流，去伪存真，去粗取精，众手成志。值志书出版之际，谨代表中共莱芜市钢城区委、钢城区人民政府向致力钢城修志事业者表示衷心的感谢。

中共莱芜市钢城区委副书记
钢 城 区 人 民 政 府 区 长　张剑

2015年11月

凡 例

一、本志以马克思列宁主义、毛泽东思想、邓小平理论、“三个代表”重要思想和科学发展观为指导，依照国务院《地方志工作条例》《山东省地方史志工作条例》规定，客观记述本行政区域时限内自然、政治、经济、文化、社会等各方面的情况，重点反映改革开放和社会主义现代化建设历程。

二、本志记事上限原则上上溯至事物发端，下限原则上断至2005年末，大事记下延至2013年。因2006年辛庄镇由莱城区划入，特设辛庄镇特记，下限断至2006年。略古详今，重点记述中华人民共和国成立后，特别是1993年钢城区建立后所取得的各项成就。志首前插照片，部分突破断限。

三、本志按事物性质分设。多数横排事类，纵述历史；少数以时为序，纵贯古今。卷首列概述和大事记。为突出地方特点，单设莱芜钢铁集团有限公司编。各编内容交叉者以一志为主，其余互见。

四、本志采用述、记、志、传、图、表、录诸体裁，以志为主。图、表分附各编，按编统一编号。持述而不论的原则，寓观点于记述之中。

五、本志采用编、章、节三层结构，章以下不能设节者越级设目，节以下需设目者用黑体字（少部分用楷体字）标题表示，目以下需设子目者以楷体字标题表示。

六、本志人物部分设人物传略、烈士表。收录人物持生不立传原则，选录有较大贡献或较大影响者，以卒年排序；烈士表分地域按生年排序。对有较大影响或较大贡献的在世人物，主要采用以事系人的方式在文中记述。主要收录本籍人物，兼收有较大影响的客籍人物。

七、本志使用现代语体文、记述体。标点符号使用依照《标点符号用法》（GB/T 15834-2011）之规定；数字书写依照《出版物上数字用法》（GB/T 15835-2011）之规定；产品型号用英文符号。

八、本志以公元纪年为主，使用历史纪年的，括注公元纪年。行文中中华人民共和国成立前(后)，系指1949年10月1日中华人民共和国成立前（后）；“文化大革命”期间，系指1966年5月至1976年10月期间。

九、本志计量单位执行《中华人民共和国法定计量单位》标准，为便于表述，个别地方沿用历史惯用单位。产值等相关数据除注明者外，均为当年价。

十、本志取材于山东省、莱芜市、泰安市、新泰市、沂源县、蒙阴县、钢城区等档案馆和图书馆所存的档案与志书资料，以及各承编单位和知情人提供的资料。钢城区建立以后的统计资料，以区统计局提供的数据为准，统计局未作统计的以有关部门提供的数据为准（部分表格中的“—”一般视为数据偏小无法计量或该年份未开展此项调查或无统计数据）。凡采用资料均经考证，除原文引用者外，不一一注明出处。

钢城名片

全国社会治安综合治理先进单位

全国科技工作先进县

中国蜜桃之乡

黄河流域水土保持生态建设先进县

全国科普示范区

国家新材料产业化基地

全国计划生育优质服务先进单位

全省县域经济发展先进单位

全省双拥模范区

山东省教育工作示范区

全省社会文化先进县

2002年8月19日，中共中央政治局委员、山东省委书记吴官正（中）到钢城区考察工作

1994年10月14日，中共山东省委副书记、省长赵志浩（右三）到钢城区寨子乡卧牛山小流域考察并参加劳动

2005年9月13日，中共山东省委副书记、省长韩寓群（前排右二）到钢城区考察工作

1994年5月5日，山东省人大常委会主任李振（左二）到钢城区考察工作

2005年6月12日，中共山东省委副书记、济南市委书记姜大明（前排右一）到山东莱钢泰达车库有限公司考察

1995年11月19日，中共山东省委副书记、副省长宋法棠（左二）到钢城区考察农田水利建设

2005年5月10日，山东省副省长王军民（前排左三）到钢城区考察工作

2007年8月22日，山东省副省长贾万志（右三）到钢城区考察防汛工作

2013年10月31日，中共莱芜市委书记、市人大常委会主任王良（前排左二）到钢城区调研基层党建工作

2014年3月10日，中共莱芜市委副书记、市长王磊（左三）到钢城区调研社区工作

2013年1月25日，中共莱芜市钢城区委书记、区人大常委会主任胡文朴（中）走访慰问老党员

2014年12月17日，中共莱芜市钢城区委副书记、区长张钊（左三）到泰东实业有限公司检查指导安全生产工作

钢城新貌

（2013年 张进 摄）

南湖湖畔 （2013年 摄

爱山公园 （2012年 毕言圣 摄

双龙山公园　　（2013年 吴鹏 摄）

双凤山公园　　（ 2014年 张进 摄 ）

汶水广场凉亭 （2014年 张进 摄）

大汶河公园

汶水广场红钢廊架　　（2014年 张进 摄）

（2014年 摄）

府前大街 （2012年 毕言圣 摄）

钢都大街 （2013年 张进 摄）

银座商城钢城店　　（2012年 摄）

高城步行街　　（2012年 摄）

御龙湾小区　　（2014年 张爱进 摄）

棋山人家　　（2014年 吴 鹏 摄）

莱芜四中（2013年 摄）

钢城实验学校（2015年 摄）

汶水书院（2014年 摄）

棋山国家森林公园

（2012年 毕言圣 摄）

牟汶河钢城段

（2007年 张平 摄）

卧虎山生态旅游区 （2008年 摄）

棋山棋子石 （2005年 摄）

寄母山林场 （2006年 摄）

金鸡峡 （2006年 摄）

银鸡峡——情人谷 （2015年 摄）

野人谷 （2014年 周伟 摄）

全国重点文物保护单位——牟国故城遗址

青冶行冶炼遗址

银山银矿遗址

出土文物

骨贝币

青铜鼎

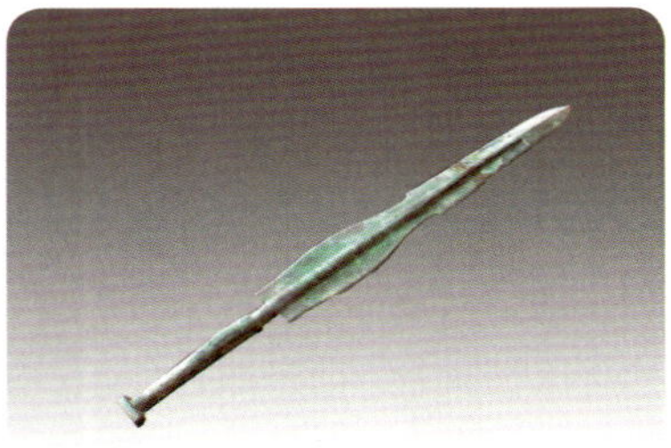
青铜剑

青铜舟

石磬

陶罐

吴家大院观花楼　（2005年　摄）

齐鲁柏王　　（2006年　摄）

花雨山庙　　（2006年　摄）

玄之又玄碑（雪蓑 书）　　（2007年 摄）

抗日阵亡烈士纪念碑（徐向前 题）　　（2011年 摄）

全国重点文物保护单位——莱芜战役指挥所

修缮后的莱芜战役指挥所 （2014年 摄）

莱钢钢铁精深加工产业园大项目开工奠基仪式

（2012年 摄）

莱钢集团转炉炼钢车间 （2005年 摄）

轧钢厂1500毫米热轧带钢生产线 （2009年 张平 摄）

山东莱钢泰达车库有限公司及承建的全自动智能立体车库
（2011年　摄）

上海汽车粉末冶金（莱芜）有限公司生产车间　（2013年　摄）

中兴汽车零部件有限公司生产车间及其产品10108输出轴　　（2014年　摄）

山东山海新能源有限公司100万支CNG缠绕气瓶生产车间　　（2013年　摄）

温岭精锻产业园生产车间　　（2013年　摄）

金丰型钢生产线　　（2014年　摄）

方圆制管20万吨石油套管生产车间　　（2012年　摄）

鲁顺公司生产车间　　（2006年　摄）

山东莱芜金雷风电科技股份有限公司生产车间
（2013年 摄）

富硕光电产品制作现场

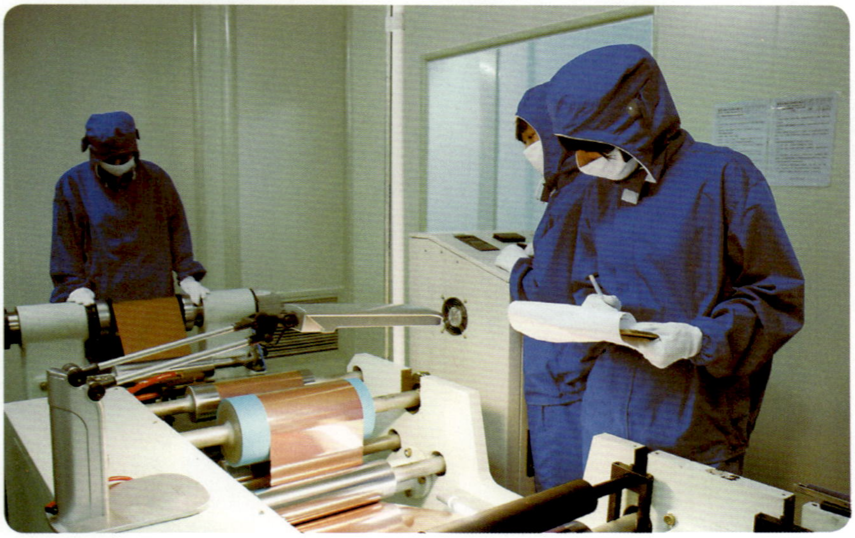

金鼎电子产品（挠性覆铜板）

山东巧夺天工家具有限公司红木艺术馆　　（2014年　摄）

巧夺天工红木家具　　（2014年　摄）

寒露蜜桃

黄金蜜桃

授予:钢城区

黄金桃之乡

山东省林业厅
山东省经济林协会
二〇〇〇年二月

山东省莱芜市钢城区

中国蜜桃之乡

国家林业局
2001年8月

莱芜黑猪

莱芜黑山羊

莱芜黑鸡

万亩黄烟基地

获奖兰花

瑞冠花卉苗木

2005年9月30日，孟丽丽在世界摔跤锦标赛女子67公斤级决赛中夺得金牌

2009年5月9日，“山东六润”杯全国围棋赛在钢城棋山举行。图为聂卫平现场讲棋

南湖龙舟赛 （2008年 摄）

“爱满钢城”2013年新春文艺汇演 （2013年 摄）

奥地利韦尔斯乐团来访演出 （2012年 摄）

全民健身活动 （2014年 摄）

颜庄花鼓锣子 （2014年 摄）

农村健康查体

“新农合”办理现场

汶河颐养院 （2015年　摄）

前排左起：毕泗国　屈婉情　张清斌　李乐平　徐　尉　王文恒　刘　霞　张桂爱　尹承乾　危永安　罗　毅
中排左起：唐广源　刘灿杰　刘少波　陈建新　王成涛　张克斌　王德路　张　军　李海新　崔方春　高　明
后排左起：李　娟　马相彬　高　涛　刘志东　樊志刚　张兆万　柳坤明　刘　欣　吴茂国　刘方永　吕占昌

目　录

第四编　交通　邮电　电力

第五编　农　　业

第六编 工 业

第七编 钢 铁

第八编 莱芜钢铁集团有限公司

第九编　商贸服务业

第十编　建设　环保

第十一编 财税 金融

第十二编 经济发展与管理

第十三编　政党　群团

第十四编　政权　政协

第十五编　政　务

第十六编 公安 司法

第十七编 军 事

第十八编　科学技术

第十九编　教　　育

第二十编　医疗卫生

第二十一编 文化 体育 旅游

第二十二编 社会生活

人　　物

辛庄镇特记

附　　录

索 引

Contents

Part VI Industry

Part VII Steels

Part VIII LAI GANG Group

Part IX Commerce and Trade Service Industry

Part X Construction and Environmental Protection

Part XI Finance and Tax Finance

Part XII Economic Development and Management

Part XIII Political Party and Alliance

Part XIV Political Power and CPPCC

Part XV Government Affairs

Part XVI Public Security and Administration of Justice

Part XVII Military

Part XVIII Science & Technology

Part XIX Education

Part XX Medical Treatment and Public Health

Part XXI Culture, Sports and Tourism

Part XXII Social Life

Character

Memory to Xinzhuang Town

Appendix

Index

概 述

GAISHU

一

1993年1月，莱芜市钢城区成立，因境内驻有全国大型钢铁企业——莱钢而得名。2005年辖艾山街道、颜庄镇、黄庄镇、里辛镇4个镇（街道），164个行政村（居、社区），总人口23.96万人，人口密度为每平方公里706人。

地理坐标为北纬35° 59′ 32″ ~36° 17′ 16″，东经117° 40′ 56″ ~117° 58′ 07″。北、西两面接莱城区，南邻新泰市，东邻沂源县。东西最大横距23.20公里，南北最大纵距20.50公里，区域面积339.34平方公里。磁莱铁路、国道205线、省道803线纵贯南北，省道329线横穿东西，交通四通八达。

地处北温带，属大陆性季风气候，四季分明，雨量集中。常年平均气温13℃。多年平均日照时数2543.60小时，日照率为54%。多年平均年降水量为729.10毫米。地貌属丘陵山区，南部为徂徕山余脉，东部为泰沂山区，有知名山头94座，海拔500米以上的山头19座。其中旋崮山海拔732米，为境内最高点，是牟汶河发源地。验货台村北的牟汶河床为境内最低点，海拔194.50米。汶河是境内最大河流，境内主河道长度27公里。

境内自然资源丰富。耕地面积7736公顷。已探明水资源总量9595万立方米，可利用量4591万立方米。各类水库40座，塘坝214座，总库容4252万立方米，兴利库容1736万立方米。已探明储量的矿产有铁、金、铜、银、煤炭、石灰岩、白云岩、长石、粘土、石英、砂、花岗岩等14种，总储量约5亿吨。煤炭资源曾是优势资源，已探明地质储量1.50亿吨，现存储量1亿吨。以铁铜沟矿区矽卡岩交代型磁铁矿为主的铁矿石总储量154万吨，保有储量66万吨。莱芜钢铁集团公司于1970年建于境内，2005年具有年产1300万吨钢的生产能力。动物资源350种，植物资源220种，其中可作药材的动物40余种，可作药材的植物190余种。小麦、玉米、地瓜、花生为境内主要农作物。黄金桃、寒露蜜桃为特色果品，桃园面积3339公顷，年产量2.81万吨，钢城区是山东省“黄金桃之乡”，亦是“中国蜜桃之乡”。棋山森林公园及其文物古迹，旋崮山、花雨山、九龙山等自然人文景观，以霞峰、施家峪为主体的万亩桃花园，以新兴公园为龙头的牟汶河十里水带，以“钢铁是怎样炼成的”为主题的莱钢工业园等，形成了境内丰富的旅游资源。

二

境域历史悠久，地方文化特色鲜明。商朝，境域北部属牟国地。周朝，境域北部属牟子国地。西汉时期，境域北部属牟县。隋朝，境域北部属嬴县，南部属新泰县。唐朝，境域北部属莱芜县，南部属新泰县。宋朝初，境域南部属新泰县，后属蒙阴县。明朝至清朝，境域北部属莱芜县东乡，南部属蒙阴县北一区。古老的嬴牟文化和沂蒙文化、泰山文化，在这片古老的土地上熠熠生辉并发扬光大。

20世纪下半叶，境内发掘出一批古墓群，墓葬品中存有春秋战国、汉、元、明代的青铜器、陶器、骨器等工艺品，其中大部分被省文物馆收藏。

建于清代的澜头村瓦房建筑群被山东省确定为省级历史优秀建筑。

清代，境内锡、银制工艺品颇有名气，生产的随葬品锡制水具、酒具，装饰品银制耳坠、项链、戒指等，销往泰安、新泰、博山、济南等地。

自清末，境内即有多家庄户剧团，历经一个多世纪，常年活跃于乡村舞台。清光绪末年诞生于颜庄天和村的民间舞蹈“花鼓锣子”，历经挖掘、加工、提升，自1959年先后到泰安、济南、北京等地演出多场次，获“山东省挖掘奖”“山东省文艺汇演银杯奖”“全国中老年健身舞蹈比赛梅花奖”“全国群众文化创作作品评选一等奖”“全国第十二届群星奖”等多个奖项，并载入《中国民间舞蹈集成·山东卷》。

境内有“棋山传说”“贤女庙传说”等众多民间

传说。有徐向前元帅题写碑名的“抗日阵亡烈士纪念碑”以及“玄之又玄”碑等众多纪念碑、题记碑、建修碑等碑刻。有牟城遗址、古墓群、采矿冶炼遗址等文物古迹。优美的“棋山柯烂”“雪蓑洞”“佛洞子”等景点，是莱芜“一山一水一峡谷”风景名胜的重要组成部分。

青冶行村的全国民兵英雄左太传创作的中篇小说《山中猎手》，1961年由山东人民出版社出版。1978年再版，在境内广泛流传。颜庄红艺燕石厂加工生产的三叶虫化石(燕子石)工艺品，有实用观赏和艺术观赏2个系列120余个品种，产品销往德国、日本、韩国、新加坡和中国的香港、台湾等地区，被评定为山东省名优新特产品。

三

明朝万历年间，南港村吴来朝，以岁贡任山西省荣河县知县；其次子吴鸿洙以进士官至浙江布政司参政；三子吴鸿功以进士官至陕西参政；孙吴暐以进士官至大同分巡道；孙吴曙、吴晖同年中举。乡里对其一家有“一门三进士，父子五登科”之誉。

清代，举人李应翰，曾在北京恭王府任教多年，一生累授为五品奉直大夫。组织修建村圩抗匪，热心桑梓事业，被乡里人称为“大先生”。

民国时期，唐家宅村许子翼，历任莱芜县议会议长、山东省临时省议会议员等职。

抗日战争爆发后，杨荆石、刘子升、刘汉明、桑洪文等一大批热血男儿较早接受马列主义学说，拥护共产党的主张，向人民宣传革命道理，积极投身救国救民的革命活动。

颜庄镇西沟村的陈明达(亓宗禹)、亓仲文(亓宗书)、苏克强(亓宗文)兄弟三人，自20世纪30年代，参加革命并加入中国共产党，被誉为革命的“亓氏三兄弟”。

在中国共产党的领导和时代的熏陶下，无数革命先锋战士迅速成长，成为时代的英才。先后有540余人担任县团级以上领导职务，其中副省(军)职以上8人。他们中有南京军区某部享受正军级待遇的曹化顺；中央军委测绘学院正军级顾问王希和；曾任泰安军分区副司令员享受副军级待遇的张心纯；曾任军工学院601所政治部主任享受副军级待遇的葛宪勋；山东省政府顾问杨维屏等。

有30余人获得省级以上劳动模范或先进个人荣誉称号，其中有全国民兵英雄左太传、陈现义；曾10次立功、2次被评为省级工作模范，1971年率专家组赴阿尔及利亚实施医疗援助受到卫生部表彰的董仲和；多次获得部队农业科技推广进步奖，被评为全军农副生产先进工作者的海军农业技术推广站站长黄宪标；1957年出席全国劳模大会并受到毛泽东、刘少奇接见的官庄村支部书记张子松；1985年和1990年两次被司法部、人事部授予“全国司法行政系统劳动模范”的郝维先；全国劳模、宏强企业集团职工张平利等。

年轻的社会俊彦也不断涌现。经高考升入名校者多人，许多人后来成为活跃于社会各界的骨干。一批体育健儿多次参加省、全国和国际赛事，取得好的成绩。艾山一中选送的运动员孟丽丽，自1999年至2005年，参加女子摔跤世锦赛、雅典奥运会等世界级比赛5次，获世锦赛冠军2次、亚军1次，世界杯亚军1次。

不论是历代志士仁人，还是当今社会俊彦，他们都是钢城人民的骄傲。他们成长于境内一方热土，供职于祖国各行各业，为家乡、为祖国的独立自由、文明富强抛洒心血和汗水，作出不可磨灭的贡献。

四

境内人民勤劳朴实、民风淳厚，具有光荣的革命传统，无数英雄儿女的战斗足迹遍及境内每一寸土地。还有许多长期奋斗在境内的外县籍人，以其抛头颅洒热血的壮举为境内人民留下永恒的记忆。

20世纪20年代，境内常有匪患，民间自发组织，在大村筑圩，高山筑寨，以大刀、长矛为武器与土匪作斗争。

抗日战争期间，境内属沂蒙山、莲花山抗日根据地。地下党组织带领广大群众，密切配合中共山东分局、鲁中工委、泰山特委、八路军山东抗日游击第四支队等党政军组织开展抗日救亡运动，千方百计掩护和支持共产党、八路军的地方后勤机关。

1937 年 11 月，共产党员董琰受中共鲁中工委派遣，到黄庄一带开展扩军活动，发展抗日武装。1938 年 3 月 12 日，董琰、边裕鲲、刘子升、杨荆石等共产党人和爱国志士，组织发动黄庄抗日武装起义，成立八路军山东抗日游击第四支队十二中队，打响了境内武装抗日的第一枪，从此，境内的抗日斗争如火如荼。

自抗日战争爆发后，八路军山东纵队和中共山东省委的领导人郭洪涛、黎玉、张经武、王建安、周赤萍、廖容标等，时常带领部队转战于境内，狠狠打击侵略者。1939 年春，泰山特委军事部部长（外称四支队一大队大队长）吴瑞林率领四支队一大队进入境内创建莲花山抗日根据地，先后指挥了丈八丘、庙子、杨家横等战斗，在指挥庙子战斗中身负重伤，成为境内妇孺皆敬重的“瘸子司令”。1941 年起，为粉碎敌人“扫荡”，中共新甫县委书记王醒常住境内开展工作，他曾居住过的古墩山洞成为人民怀念他的历史见证。

抗日战争初期，面对敌强我弱的严峻形势，中共地下党组织在人民群众中秘密开展宣传教育，发展壮大武装力量。相继成立了颜庄区中队、黄庄区常备队、张黄区中队、历山大队、抗日警卫连等抗日武工队。1939 年上半年成立的棋山区中队，积极配合武装部队开展抗日斗争，在有叛徒告密处境极其危险的情况下，仍顽强坚持战斗，多次取得对敌斗争的辉煌成果。

在开展武装斗争的同时，区、乡积极组建抗日民主政权和“动委会”“青救团”“妇救会”等群团组织，团结带领各界群众抗日救国。青冶行村妇救会积极组织妇女放足、剪发，踊跃承担为部队做军鞋、送给养、救护伤病员等任务，涌现出杨军、张士功、杜秀云、陈素娥等一批积极分子，成为境内早期的女共产党员或女战士。

1941 年抗日战争进入艰苦卓绝阶段。境内地下党组织带领广大群众英勇开展反“扫荡”、反“蚕食”斗争，期间共开展对敌斗争数百次，其中影响较大的有许家寨战斗、澜头战斗、南城子坡反抢粮斗争、大崖伏击战、讨吴战役、和平解放颜庄等，均给敌伪以沉重打击。

1946 年 6 月，内战爆发，境内人民积极投入到支援解放战争，粉碎国民党进攻的伟大斗争中去。

在莱芜、孟良崮、济南、淮海、渡江等多次重大战役中，境内人民踊跃参军支前。在 1947 年 2 月的莱芜战役中，仅颜庄区就有 572 名民兵参战，5000 余名农夫支前，并出动担架 455 副，小推车 696 辆，送军粮熟食 70 万余斤。1947 年 3 月 21 日，《大众日报》以《莲花池不愧是模范村》为题，报道了该村拥军支前的事迹。

炮火连天的岁月造就了一大批战斗英雄。他们中有在解放战争中带领爆破队利用地雷战神出鬼没打击敌人，被鲁中军区命名为“特等民兵爆炸英雄”的左太传；有先后参加莱芜、孟良崮、济南等 21 次战役或战斗，多次立功，被所在团命名为“钢铁战士”的尚效孟。还有“一等战斗模范”张同本、“一级战斗英雄”孟继胜、“渡江英雄”张学信、荣获“中国人民解放军独立功勋荣誉章”“三级独立自由勋章”“三级解放勋章”等荣誉的曹杰、张心纯、陈振业、吴式愈、李萍等。

战争年代，有 725 名优秀儿女为国捐躯。为了民族的解放，众多志士仁人创造了可歌可泣的英雄事迹。有 13 岁跟随农会参加土改、支前，17 岁加入中国共产党并担任村妇救会会长，20 岁即被还乡团惨杀的吴会梅；有在对敌斗争中壮烈牺牲的棋山区武工队长李学玉；有在策反工作中英勇就义的吴修玮；有被捕后宁死不屈惨遭敌人杀害的贤女庙村党支书、村自卫团指导员怀玉法等。

中华人民共和国成立后，在抗美援朝、云南边防保卫战等战斗中，境内热血男儿踊跃参与并不惜血洒疆场。

在1984年的云南边防保卫战中，解放军战士孙守功、尚根和，或作战勇猛顽强，身受重伤仍坚守阵地，或奋不顾身抢救伤员，最后都壮烈牺牲，皆被部队党委追认为中共党员、追记一等功。孙守功还被授予“钢铁战士”称号。

英雄事迹长存世间，英雄精神永远激励钢城人民奋勇前行。

五

境内在历史上以农业为主，同时也是工业发展较早的地区。

采矿冶炼业兴于唐代。煤炭业自清代兴起，民国时期渐成规模。20世纪30年代，周家坡、郭家台、港里(时称大有煤号)等煤矿相继建成。自50年代国家投资建设西港煤矿和潘西煤矿，后成为煤炭部统配煤矿。

钢铁业发展于50年代。1958年山东省将莱芜县列为钢铁生产基地，1959年在境内建立沂蒙生建钢铁厂。1965年作为“三线建设”项目在境内建立新成铁工厂。1970年1月，莱芜钢铁厂在境内开始建设。

1965年山东新华机器厂(军工企业)、青岛染料厂莱芜分厂(后定名为莱芜硫酸厂)在境内开工建设。

国家、省、地企业在境内的落户建设，促进带动了境内工、商、建、运、服和劳务输出等各业的发展。

80年代发展乡镇企业，境内仅颜庄公社就迅速发展起煤矿5处，另有铁矿、炭黑厂、水泥厂、耐火材料厂等企业10余家，工业产值、利税在莱芜市乡镇企业中居领先地位。

中共十一届三中全会以后，境内人民以经济建设为中心，解放思想，深化改革，推进了区域经济全面发展。

1993年1月钢城区建立，揭开了境内发展的新篇章。区委、区政府及时确立“扎根钢城、艰苦奋斗、团结实干、争创一流”的钢城精神和“工业立区”“为莱钢服务、靠莱钢发展”的理念，坚持依靠大企业带动，走出了具有钢城特色的发展之路。进入21世纪，坚持以落实科学发展观、构建和谐社会为统领，以加强党的组织和思想政治建设为保障，以创新为动力，以建设富有活力的现代化工业强区为目标，以调结构、转方式为重点，区域经济和社会各项事业取得又好又快发展。

发挥区位优势，依托莱钢求发展。全区充分发挥靠近莱钢的优势，遵循“服务、配套、联合、延伸”的方针，千方百计引进莱钢技术、人才，大力发展与莱钢联营企业和服务配套经济。至2005年，区内发展起各类服务配套企业190余家，注册资金1.35亿元，年钢铁深加工能力180万吨，新材料生产能力11万吨。利用交通便利的优势，围绕莱钢的产前、产中、产后需求，境内大力发展贸易物流服务业。2005年共有钢材销售业户368家，形成齐鲁、颜庄和黄庄3处钢材市场，年销售钢材310万吨，占莱钢钢产量的三分之一。有物流企业16家，年货物吞吐量850万吨。

加快发展民营经济成为新的经济增长点。自1993年，区委、区政府制定《关于加快个体私营经济发展的若干规定》等政策，规划建设府前路至卞家泉等3条民营经济集中发展带。建成钢城民营经济园、银山工业园等8个民营经济园区。2004年钢城区被评为“全省发展民营经济先进区”。2005年境内有民营业户6624家，从业人员2.05万人，注册资金18.86亿元。民营经济实现销售收入118.48亿元。

建设经济开发区，实施全民招商引资。2001年规划建设了面积10平方公里的莱芜经济开发区钢城分区(高新技术工业园)，相继建成高新技术工业园区、钢材炉料市场等6个功能区。利用企地联手、专业蹲点，钢博会、桃花节签约，“走出去、请进来”洽谈项目等多种举措，不断拓宽招商引资渠道。至2005年，全区共引进过千万元的项目51个。

2005年全区有工业企业242家，其中规模以上企业37家，实现工业总产值355.22亿元、利润

总额2.05亿元、利税总额3.08亿元。轴类件毛坯、共沉锰锌铁氧体磁粉等30种工业产品，分别获得国家“七五”星火计划博览会金奖、国家级新产品奖等30多个国家级和省部级奖项。全区工业生产逐步形成了集新型钢材及钢铁深加工、钢材销售、物流配送于一体的钢铁主导产业体系，成为全国规模最大的H型钢生产基地、全国最大的钢结构加工基地和粉末冶金生产基地。

1993年1月建区后，区委、区政府把绿化荒山、重点流域综合治理及建设生态高效农业作为农业基本建设的重点。1995年提出“奋战三年，绿化钢城”的目标。1996年被省委、省政府评为“提前达到省‘八五’绿化标准先进单位”。1998年制定《山区农业综合开发建设生态农业10年规划》，相继开展“十个流域一条河”的重点治理。2002年完成棋山流域和金水河流域综合治理工程，综合治理面积43平方公里，被水利部、财政部评为全国水土保持生态环境建设“十、百、千”示范小流域，并成为全省精品工程。钢城区被表彰为“黄河流域水土保持生态建设先进县”“全国水土保持生态环境建设示范县”。

在改变生产条件的同时，区委、区政府把发展以黄金桃、寒露蜜桃为主的林果特色产业作为发展农村经济的重要举措，通过制定激励政策调动果农积极性，推广引进新技术、新品种提高林果业经济效益，举办桃花节扩大知名度等措施，促进林果特色产业的发展。2000年2月，钢城区被山东省林业厅、省经济林协会命名为“黄金桃之乡”。2001年8月，被国家林业局命名为“中国蜜桃之乡”。“汶源”牌黄金桃和“贤女”牌寒露蜜桃被认定为“山东省无公害农产品”。2005年全区有果园面积5463公顷，果品产量4.20万吨。其中，黄金桃、寒露蜜桃、汶源蟠桃为主的桃园面积3339公顷，年产量2.81万吨。

钢城区建立以来的13年是区域经济实现跨越式发展的13年。2005年全区生产总值由1993年的17.11亿元发展到110.88亿元；规模以上固定资产投资由2.44亿元增加到16.78亿元；地方财政收入由1283万元增加到2.06亿元；农民人均纯收入由1121元增加到4760元；居民储蓄存款余额由2.40亿元增加到30.03亿元；城镇居民人均可支配收入达到10786元。

社会各项事业蓬勃发展。精神文明建设、社会治安、计划生育、拥军优属、科技、教育、体育、医疗卫生、社会保障等均取得显著成绩。钢城区连续4届被评为全省精神文明建设工作先进区；1997年被表彰为全国社会治安综合治理先进单位，1998年被命名为山东省社会治安综合治理模范区；连续7年获得计划生育工作全省考核一等奖，多次被表彰为全省计划生育工作“三为主”先进单位、计划生育优质服务先进区；先后被表彰为全省拥军优属模范区、全国“爱心献功臣行动”先进区；全区有13项科研成果获国家级科技进步奖，先后被国家科学技术委员会、中国科学技术协会命名表彰为全国科技工作先进县（市），全国科普示范县（市、区）；位居全省教育“两基”工作先进区，全国学校艺术教育工作先进单位；位居山东省文化市场管理先进单位，先后向省市体校输送体育人才100余名，涌现出孟丽丽、南开军等国家级运动健将；爱国卫生运动深入开展，属国家卫生城市；医疗卫生服务能力和疾病防控能力不断增强，2004年3月，被列为全省新型农村合作医疗试点单位，2005年新型农村合作医疗实现全覆盖，农民参合率达到96%；社会救助体系不断完善，城乡“低保”和“五保”供养都具有较高水平。

六

钢城史，由无数人历代劳作凝成。开拓奉献的本地民众，忘我献身的外籍人士，久居钢城鲜为人知的普通民众，走出钢城声名远播的著名人物，都以各自的智慧和力量，共同创造了钢城的物质财富与精神财富。历史是继往开来的起点，也是后人建设新生活的必要参照。未来的钢城经济社会发展，更加富裕、文明、美丽的新钢城，有待钢城人民的继续创造。产业结构的调整，发展方式的转变，高新技术的研发，民生保障的改善，各项事业的推进，综合实力的增强，全区人民物质文化生活水平的提高，是不可回避的历史性课题。坚持改革创新，借鉴历史经验，是钢城区实现新发展的必由之路。

抚今追昔，成就令人自豪；展望未来，前景充满希望。勤劳勇敢的钢城人民为实现富民强区，全面建设小康社会，必将凝心聚力，发挥自身优势，克服制约因素，努力创造钢城区新的历史。

大事记

DASHIJI

中国人民政治协商会议
莱芜市钢城区委员会
莱芜市钢城区人民政府
莱芜市钢城区
人民代表大会常务委员会
27
中国共产党莱芜市钢城区委员会
中国共产党莱芜市钢城区
纪律检查委员会

莱芜市钢城区第十五届人民代表大会第四次会议

商朝(约公元前 1600 年~前 1046 年)

境域北部始属牟国地。

西周(约公元前 1046 年~前 771 年)

牟国降为子国。境域北部始属牟子国地。

东周楚考烈王十四年(公元前 249 年)

牟子国为楚国所灭,牟人东迁牟平。

西汉武帝元狩元年(公元前 122 年)

牟县设立,境域北部属牟县。

隋大业元年(605 年)

牟县并入嬴县,境域北部属嬴县;南部属新泰县。

唐武周长安四年(704 年)

复置莱芜县。境域北部属莱芜县,南部属蒙阴县。

宋代(960 年~1279 年)

境域北部属莱芜县;南部属新泰县,后属蒙阴县。

明弘治五年(1492 年)

春夏 不雨,井涸树枯。

明正德元年(1506 年)

境域北部属莱芜东乡;南部属蒙阴县北一区,辖西舜圣社、历山社、青平社。

明万历三年(1575 年)

南港村吴来朝以岁贡任山西省荣河县知县。后,其次子吴鸿洙、三子吴鸿功,孙子吴暐考中进士,孙子吴晖、吴曙同年考中举人。有“一门三进士,父子五登科”的美誉。

明万历十四年(1586 年)

南港村吴鸿洙考中进士,后官至浙江布政司参政。

明万历十七年(1589 年)

南港村吴鸿功考中进士,后任翰林院庶吉士,官至陕西参政。

明万历二十四年(1596 年)

知县王命说主修,教谕鲁邦教编纂,曾任山西荣河知县的吴来朝撰序的《重修莱芜县志》告成(已佚)。

明万历二十六年(1598 年)

南港村吴暐考中进士,后官至大同分巡道。

明万历四十三年(1615 年)

春夏 大旱,汶水断流。

明万历四十四年(1616年)

五月　飞蝗蔽野,秋禾一空。

明万历四十五年(1617年)

知县胡士奇主修、吴暐整理的《增修莱芜县志》告成(已佚)。

明崇祯三年(1630年)

五月　雨雹,平地积深尺余。

清顺治二年(1645年)

三月　遭受龙卷风袭击。

清顺治七年(1650年)

四月　雨雹,禽兽多死。

清康熙四年(1665年)

春　大旱,麦苗枯死。

清康熙七年(1668年)

六月十七日　地震,声如兵车铁马,民房俱坏,至天明连震11次。七月、八月复震。

清嘉庆五年(1800年)

潘西一带民众开采煤矿,所采煤层为二、三、四、五层。

清道光十六年(1836年)

淫雨伤稼,大饥荒。

清光绪二年(1876年)

春　大旱,汶水枯竭,饥荒严重,粮价飞涨,斗谷值千钱,民众外出逃荒者无数。

清光绪十八年(1892年)

冬　酷寒,井底结冰,树木冻死很多。

清光绪十九年(1893年)

夏　酷暑,热死多人,冬季无冰。

清光绪三十四年(1908年)

七月　大雨,汶水溢,淹没数十村,死人若干。

清光绪末期

“花鼓锣子”产生于颜庄天和村。

清宣统三年(1911年)

澜头村刘延龄开办诊所,为境内较早私营诊所。

民国十四年(1925年)

6月25日　土匪刘桂堂部200余人攻破清泥沟村圩,县警备队分队长李玉声等10余士兵阵亡,百姓被杀120人,被掳走40余人。

民国十五年(1926年)

8月18日　匪首景德泉率300余人围攻澜头村圩子。村民坚守一夜,终因弹药耗尽,圩被攻破,68人被杀,200人被掳。后只赎回被掳者140人,其余丧生。

民国十六年(1927年)

4月22日 匪首刘桂堂率5000余匪徒占据棋山一带并攻破鸿福山寨，村民惨死398人，伤153人,为此,鸿福山易名红山。后被称为"红山惨案"

同年 唐家宅村许子翼在颜庄村组织成立莱芜颜庄卍字分会,聘请中、西医坐诊为百姓治病,为境内较早的医疗团体。

民国十八年(1929年)

2月27日 匪首李长纲、马峰率部窜犯银山子、陶家岭等村，联庄会义勇队在抗击中阵亡9人。后棋山乡在棋山观村立碑,纪念阵亡者。

民国二十二年(1933年)

10月 周家坡煤矿开工建设。

同年 丈八丘煤矿（后称黄庄煤矿、洪沟煤矿)建成。

民国二十三年(1934年)

2月 郭家台煤矿开工建设。

6月 颜庄开始安装电话，为境内最早固定电话。

7月上旬 境内天气连续酷热，气温高达43.3℃,热死多人。

民国二十四年(1935年)

3月 县长李钟豫督修，许子翼参与编纂的《续修莱芜县志》脱稿付梓。

同年 莱(芜)新(泰)公路修成,由验货台入境,经南下冶、颜庄、曹庄、古墩、清泥沟等村,由寨子村出境。

民国二十六年(1937年)

11月 中共新泰工委书记董琰受中共鲁中工委派遣,到黄庄一带发展党组织,壮大抗日武装力量。

12月25日 日军飞机炸死里辛、颜庄村民4人。

民国二十七年(1938年)

2月 日军撤离境内。

3月12日 董琰、杨荆石、刘子升等发动黄庄抗日武装起义，起义队伍被编为八路军山东抗日游击第四支队十二中队。

5月 中共蒙阴县委在黄庄成立,苏杰任县委书记。

6月 中共莱芜县颜庄区(四区)党支部成立,陈明达任党支部书记。

同月 国民党第10军团长石友三率部驻郑王庄、颜庄一带。

7月 中共蒙阴县委移驻坦埠,黄庄设立党支部,房聿良任书记。

8月 中共莱芜县委四区(颜庄)区委在颜庄成立,陈明达任书记。

9月 中共蒙阴县委黄庄区委成立,马子成任书记。

12月11日 日军第二次侵占境内。

民国二十八年(1939年)

1月 蒙阴县七区(黄庄区)归新泰县。

3月 泰山特委直属县成立,陈明达任县委书记。境内的莱芜四区(颜庄区)属泰山特委直属县。10月,莱直属县撤销。

8月31日 驻庙子村的八路军山东抗日游击第四支队一大队一部被日伪军包围。突围中,大队长吴瑞林负伤。

冬 国民党莱芜县党部在双龙峪村重新组建。

同年 侵华日军动工修建莱芜至新泰的铁路，由验货台入境，由寨子村出境，因抗日军民破袭，只修建部分路基和桥梁。

同年 境内区、乡、村各级抗日民主政权基本建立，设有莱芜县四区、蒙阴县七区2个区公所，16个乡公所，185个村公所。

民国二十九年（1940年）

3月29日 伪军陈三坎部下魏希三派兵装扮成老百姓潜入胡家宅村纵火，大火烧3天3夜。烧死村民马宗龙，烧死耕牛6头、猪350头，烧毁房屋1183间，烧光家具、粮食等。

4月 黄庄分区归蒙阴县。

民国三十年（1941年）

4月21日 日伪军集结1000余人到高家庄、白冶子一带“围剿”。驻两村的八路军及后勤机关、兵工厂的干部职工等100余人在白冶子沟遇难，群众被抓去80余人。后被称为“白冶子沟惨案”。

5月 莱芜县划为莱芜、莱南、莱东三县，颜庄区分为南冶、青泥、棋山、黄花4个分区，棋山区、黄花区属莱东县。

7月7日 由徐向前题碑名的山东纵队第一旅“抗日阵亡烈士纪念碑”在棋山观村落成，全旅指战员千余人举行落成典礼。

9月 黄庄分区、寨子分区划归新蒙县。

同月 中共山东分局决定，莱南县与新泰县西北部合并改称新甫县。

11月 黄花分区并入棋山分区，划归新甫县。

同年 野虎沟村民李明仁办起缫丝厂。

民国三十一年（1942年）

4月12日 叛徒潘炳带领颜庄据点的伪军200余人包围三岔河。村民吴守明、任可木被杀，泰山军区10团合作社王荣耀等4名干部被活埋，30余人被捕。

8月 黄庄区被日军占领，黄庄区与张庄区合并为张黄区，划归博莱县；寨子乡划归新甫县。

12月 日军在黄庄安设据点、建炮楼，黄庄街半数民房被拆毁。

民国三十二年（1943年）

3月 伪“和平建国军”山东方面军司令吴化文率部进驻境内，司令部驻郑王庄。

同年 境内大旱，小麦歉收，秋苗枯死，不少人逃荒，背井离乡，甚至饿死，史称“民国三十二年大歉年”。

民国三十三年（1944年）

4月18日 鲁中军区在郑王庄一带发动讨吴（化文）战役，歼伪“和平建国军”第三方面军4个团，俘少将以下800余人，攻克黄庄至铁车一带据点、炮楼多处。

4月 黄庄区划归蒙阴县。

7月 颜庄区、棋山区划归新泰县。寨子乡所辖22个村划归新泰县翟镇区。

民国三十四年（1945年）

6月21日 在泰山区党政军领导的争取下，伪颜庄区区长吕嘉林率700余人携枪起义，与抗日地方武装里应外合，收复颜庄伪军据点。

7月 黄庄区划归沂源县，为沂源六区。

10月 莱芜县恢复原建制，境内颜庄区归属莱芜县。

民国三十五年（1946年）

春 境内开展土地改革运动。

冬 境内发动大规模参军。其中,颜庄区参军人数 1218 人、黄庄区 623 人、寨子乡 160 余人。

民国三十六年(1947 年)

2 月 国民党军第二绥靖区(济南)副司令李仙洲率 3 个军入境。

同月 莱芜战役期间,境内民众大力支援前线。其中,颜庄区出担架 455 副、小推车 696 辆,送军粮熟食 70 余万斤,支前民兵、民伕等 5000 余人。

5 月 25 日 鲁中军区通令嘉奖左太传游击爆破队,授予左太传“鲁中飞行爆破大王”称号,记特等功 1 次;授予民兵队“鲁中左太传爆破大队”称号,除分别记功外,记集体一等功 1 次。

7 月 境内进行土地改革大复查。

8 月 13 日 棋山乡武工队长李学玉在对敌斗争中壮烈牺牲,为纪念这位烈士,1950 年棋山乡更名为“学玉乡”。

9 月 9 日 境内军民向国民党军队及“还乡团”发起反攻,攻克颜庄、里辛、郑王庄等据点。

9 月 17 日 鲁中军区警备一团与颜庄区武工队配合,在葫芦山设伏歼灭国民党新五军一部及“还乡团”近 300 人,截获汽车 28 辆,毙伤敌人 30 余人,俘 200 余人,缴获步枪 200 余支。

民国三十七年(1948 年)

3 月 境内全部解放,各基层党组织公开开展活动。

1950 年

9 月 左太传出席全国战斗英雄代表会议,受到毛泽东、周恩来、刘少奇、朱德等党和国家领导人接见。

同年 泰安至颜庄公路客运线开通,每日从泰安发出往返客运汽车 1 个班次,为境内最早开通的公路客运班车。

同年 政府向农民颁发《土地证》,土改工作结束。

1952 年

6 月 21 日 国营颜庄酒厂工人用水蒸气清除烟囱灰尘引燃房屋发生火灾,蔓延半个村庄,烧伤 23 人,烧毁房屋 1731 间。莱芜县政府拨款 5.60 万元、小米 5 万公斤救灾。

7 月 1 日 境内禁止妇女缠足,要求 25 岁以下已缠足的妇女一律放足。

1953 年

6 月 30 日 境内开展全国第一次人口普查。颜庄区有 10478 户、48563 人。

11 月 境内农村实行粮食统购统销。

同年 境内大旱,地瓜、花生、大豆减产 30%~60%,秋种困难。

1954 年

春 境内开始组建初级农业生产合作社。

5 月 境内遭受大雨冰雹袭击,农田果园受损严重。

1955 年

2 月 境内开始对私营工商业进行社会主义改造。

春 境内开始组建高级农业生产合作社。

1956 年

境内建立高级农业社 183 个,农村全部实行农业合作化。

同年 境内对私营工商业改造完成。

1957 年

2 月 11 日 境内最低气温 –22.50℃，为 1949 年后有气象记录最低值。

7 月 大雨，浸塌房屋 1363 间、死伤 5 人。

1958 年

3 月 莱芜、沂源县撤区并乡，境内撤销颜庄区，将下属 8 个乡合并为颜庄乡和郑王庄乡；撤销黄庄区建立黄庄乡。

8 月 25 日 潘西煤矿动工兴建。1960 年 7 月 1 日投产。

8 月 莱芜县第四中学成立，校址在颜庄，是境内最早的公办初中。1969 年改设为高中。

8 月至 10 月 境内颜庄、郑王庄和黄庄人民公社成立。

9 月 境内“大炼钢铁”，建起颜庄铁厂、城子坡铁厂、寨子铁矿和颜庄铁矿。1959 年颜庄铁厂停办。

1959 年

1月 沂蒙生建钢铁厂动工兴建。

3 月 颜庄公社、郑王庄公社合为颜庄公社。

5 月 9 日 根据中共莱芜县委通知，颜庄公社按照不超过每人平均占有土地 5%的标准为社员划分自留地。

5 月 东（都）莱（芜）铁路开始重修。1966 年 1 月 1 日正式运营，称磁莱铁路，境内长 19.50 公里，设徐家庄、颜庄两处火车站。

1960 年

春 西港煤矿动工兴建。1976 年 1 月投产。

秋 境内大涝，颜庄公社是重灾区，部分农田绝产。

1961 年

3 月 境内贯彻中共中央关于《农村人民公社工作条例（草案）》（即“农业六十条”）精神，境内农村实行“三级所有、队为基础”的管理体制。

9 月 左太传创作的中篇小说《山中猎手》由山东人民出版社出版，在境内外流传很广、影响较大。

秋 涝，成灾面积 226.67 公顷，绝产面积 66.67 公顷。

1962 年

春 农村建立“三级所有、队为基础”的经济体制，村改称生产大队，公社下设管理区，境内有颜庄、黄庄 2 个公社，13 个管理区，149 个大队。

1963 年

11 月 中共莱芜县委发出《关于计划生育和节制生育的几点意见》，境内开始计划生育工作。

同年 境内发放《林权证》，鼓励村民植树。

1964 年

6月 30 日 境内进行全国第二次人口普查。颜庄公社人口 63216 人、黄庄公社人口 35309 人，寨子管理区人口 8361 人、庙子管理区人口 10154 人。

10 月 青冶行村陈现义带领 4 个儿子、1 个女儿和 1 个儿媳在山东省民兵比武大会上荣立集体三等功，受到贺龙元帅和罗瑞卿大将等领导的接见并合影留念。

冬 境内响应毛泽东关于“农业学大寨”的号召，开展“农业学大寨”运动。

1965年

2月 葫芦山水库动工兴建;8月竣工。

6月 撤销黄庄公社,建立黄庄区。

12月 青岛染料厂莱芜分厂在墨埠定址。1966年动工兴建。1967年10月,硫酸投产,1973年脱离青岛染料厂更名为莱芜硫酸厂。

1966年

4月 新成铁工厂动工兴建,1968年5月建成投产。1970年1月,整体移交莱钢工程指挥部,更名为莱芜钢铁工程指挥部第一钢厂。

1967年

春 黄庄公社霞峰大队社员张守行从沂源县荆山寺园艺场引进一批大接桃(即黄金桃)树苗,开启境内栽植黄金桃的历史。

同年 新泰十二中在寨子村建立,1969年改设为高中。

1968年

7月 境内公社、大队两级先后建立革命委员会。

11月 公办小学下放到大队办学,非本籍公办教师一律回原籍任教,待遇改为生产队记工分加国家少量补贴。境内大量招收民办教师以弥补小学师资不足。

12月 黄庄区改称黄庄公社。

同年 军工企业山东新华机器厂在大上峪村建成。1976年转为民用企业,转产缝纫机、自行车配件等。1997年11月,迁移至泰山区徐家楼镇。

同年 境内各大队普遍建立卫生室,大队卫生员亦称为“赤脚医生”。

1969年

4月4日 潘西煤矿发生煤尘爆炸,死亡115人,毁坏巷道3700米,停产7个月。

12月 鲁中木材厂在宋家庄动工兴建。由山东省国防工业办公室管理。1970年7月,归并为山东新华翻砂厂木工车间,年底投产。

1970年

1月 国务院批复成立莱芜钢铁工程指挥部;2月莱钢工程指挥部从济南迁至莱钢现场办公,对外使用“山东省七〇一指挥部”代号名称;4月工程会战全面展开。年内,620立方米炼铁高炉建成,号称“齐鲁第一炉”。1972年9月15日,定名为莱芜钢铁厂。1987年5月7日,更名为莱芜钢铁总厂。1999年5月18日,改制为莱芜钢铁集团有限公司。

同月 山东省公安厅劳改局中心医院移交“七〇一”工程指挥部,因正值620立方米高炉动工兴建,医院更名为“六二〇”医院。

1972年

9月15日 莱芜矿务局中心医院建成开诊。1980年7月,改称新汶矿务局莱芜医院。1998年4月,改称为新汶矿业集团莱芜医院。2002年10月,更名为新汶矿业集团莱芜中心医院。

1974年

冬 颜庄公社在颜庄河、阎王河流域组织8000人移河造地。至1975年春,增加土地100公顷。

1975年

8月31日 境内日降水量156.90毫米,河堤决口,冲毁地堰多处。

1976 年

1 月至 6 月　大旱，颜庄公社受灾面积 2666.67 公顷，成灾面积 1666.67 公顷。

3 月　韩(旺)莱(芜)公路及其支线(仙人桥至洪沟)动工修建。1978 年 10 月，建成通车。1991 年改建里辛至潘西段 3.30 公里为二级路。1995 年 3 月至 1999 年 9 月，再次重修。

4 月　境内颜庄公社发生小麦全蚀病，先是在南下冶大队出现，后整个公社麦田都出现。

秋　旱，麦苗枯死，减产 40%。

1977 年

春　虫灾严重。金针虫、地老虎、麦蚜虫危害庄稼，造成粮食大面积减产。

6 月 28 日　境内连续 5 天遭受暴风雨、冰雹袭击，30 日夜间最大风力 12 级，毁坏大量房屋、树木、庄稼。

同年　颜庄公社东峪大队实行包产到组，增产效果明显。

1978 年

春　大旱，汶河断流 49 天。

6 月　境内实行工人退休子女顶替制度。1986 年底，该制度废除。

7 月　月初大风，刮倒树 1 万余株，广播通信线路被毁。

夏　涝灾，颜庄公社属重灾区。

1979 年

4 月　公社、大队两级贯彻执行《中共中央关于加快农业发展若干问题的决定》，打破单纯种粮食的种植结构，开始发展多种经营。

6 月 1 日　境内连续 3 日遭受大风、冰雹袭击，受灾较重。

1980 年

1 月 29 日　境内实行“一对夫妇只生一个孩子”的计划生育政策，县级人民政府制定对独生子女的优待政策，颁发《独生子女优待证》。

7 月 6 日　境内遭受暴风雨袭击，农作物受灾严重。

同年　境内鼠害严重，主要侵害田间春播玉米、地瓜、花生等。

1981 年

3 月　境内开展以“五讲四美”(讲文明、讲礼貌、讲卫生、讲秩序、讲道德，心灵美、语言美、行为美、环境美)为主要内容的“文明礼貌月”活动，开展经常性的全民精神文明建设活动。

同年　颜庄公社推广东峪大队的经验，实行包产到组的生产责任制。

1982 年

1 月　境内实行家庭联产承包责任制（又称“大包干”)。1984 年 4 月，将土地承包期定为 15 年。1999 年实行第二轮土地承包，承包期延长为 30 年。

7 月 1 日　境内开展全国第三次人口普查。颜庄公社 125935 人、黄庄公社 33692 人。

9 月 15 日　颜庄公社的各村党支部书记、生产大队长(村长、农救会长、高级社主任)、半脱产干部等实行退休制度。

1983 年

4 月 25 日　龙卷风袭击颜庄公社的 11 个大队及潘西煤矿，亡 24 人，伤 380 人，潘西煤矿停产 5 天，直接经济损失 1268 万元。中央、省、地、县、公社各级及驻军全力抢救。

8月30日 莱芜县改设为莱芜市，境内莱芜县颜庄公社遂改称莱芜市颜庄公社。

同年 大旱，受灾面积1666.67公顷、成灾面积1000公顷。

1984年

3月至6月 境内实行机构改革，公社改办事处(区)，处(区)辖乡镇。境内设有莱芜市颜庄办事处，办事处辖颜庄、城子坡、澜头、西港、里辛、郑王庄、棋山7个乡镇；沂源县设黄庄区，黄庄区辖黄庄、东王家庄、上峪、丈八丘4个乡；新泰市设翟镇办事处寨子乡。1985年9月至12月，撤处并乡镇，境内有颜庄镇、城子坡镇、黄庄镇、里辛乡、寨子乡5个乡镇、164个村。

7月11日 夜间，境内遭受特大暴雨袭击，暴雨中心的东马泉、西马泉一带降雨350毫米，降雨强度每小时87.50毫米，灾情严重，为多年罕见。

12月6日 颜庄办事处农村户口允许只有一个女孩的夫妇间隔8年生育二胎。

12月24日 解放军战士孙守功（孙家庄村人)在云南边防保卫战中牺牲。后被部队党委追认为中共正式党员、记一等功，被南京军区授予“钢铁战士”称号。

同年 行政村由生产大队改设为村民委员会，并进行第一届民主选举。

1985年

2月10日 解放军战士尚根和（双龙峪村人)在云南边防保卫战中牺牲。后被部队党委追认为中共正式党员、记一等功。

1986年

9月 莱芜市第二实业公司成立。公司下辖城子坡镇、颜庄镇、里辛乡域内的19家企业。1993年4月，确定为区直企业，并更名为山东九龙集团有限公司。

1987年

3月25日 境内贯彻《中华人民共和国居民身份证条例》，开始颁发居民身份证。1999年11月，居民身份证号码由原来的15位升为18位。

1988年

6月29日 里辛乡和颜庄镇降冰雹，小者如玉米粒，大者如桃核。

9月7日 境内遭受特大暴风雨和冰雹袭击，农作物受灾严重。

1989年

6月28日 黄庄镇和里辛乡遭受特大暴风和冰雹袭击，风力8级以上，降雹15分钟，造成严重经济损失。

同年 莱芜市楔横轧制厂研制生产的轴类件毛坯获国家“七五”星火计划博览会金奖。1994年9月，在中国首届金榜技术与产品博览会上获金奖。1995年获山东省星火奖。

同年 莱芜四中学生刘常勇代表山东队参加全国马拉松比赛，获男子组第一名。

1990年

7月1日 境内进行全国第四次人口普查。颜庄镇、城子坡镇和里辛乡总人口14.85万人。

7月13日 潘西煤矿发生重大恶性瓦斯爆炸事故，亡45人，伤13人。

8月20日 山东省人民政府批准设立钢城办事处(副县级)，为莱芜市的派出机构，辖颜庄镇、城子坡镇、黄庄镇、里辛乡和寨子乡共5个乡镇、164个村，办事处机关驻城子坡镇。

8月 沂源县第二建安公司归属莱芜市钢城办事处,10月改称钢城建安公司。1993年4月,改为钢城企业集团公司。2002年改制为民营企业,更名为宏强企业集团有限公司。

1991年

1月 莱芜市钢城办事处工委正式挂牌办公。

10月 莱芜市磁性材料厂研制生产的共沉锰锌铁氧体磁粉,在"七五"全国星火计划成果博览会上获优秀奖。研制生产的共沉锰锌铁氧体磁粉、P0型、RM型高性能磁件等,先后获得国家金奖、山东省星火奖等多个奖项。

1992年

11月22日 国务院发出国函〔1992〕182号文件批复山东省人民政府关于莱芜市升为地级市的报告,同意莱芜市升为地级市,设立莱城区、钢城区。钢城区辖城子坡、颜庄、黄庄、里辛和寨子5个乡镇,区人民政府驻城子坡镇。

1993年

1月4日至6日 莱芜市钢城区第十三届人民代表大会第一次会议召开,选举孙业富为区人大常委会主任,刘广清、杜学升(不驻会)为副主任;选举李德鑫为钢城区人民政府区长,刘训德、胡兴起、吴汉荣为副区长;选举许家冉为钢城区人民法院院长;选举王延明为钢城区人民检察院检察长。

1月7日 区委召开第一次常委扩大会议,提出"为莱钢服务、靠莱钢发展"的思路,确立"扎根钢城、艰苦奋斗、团结实干、争创一流"的钢城精神。

1月15日 莱芜市钢城区委、区纪委、区人大常委会、区人民政府挂牌办公。

1月 全区企业固定工开始办理社会养老保险。统筹金缴纳:单位按上年度固定职工工资总额的18%缴纳,个人缴费按本人上年度工资额2%缴纳。1994年私营企业职工和个体劳动者也可参加养老保险。1995年12月,离退休职工和遗属的养老保险金实行社会化发放。2004年个人缴费比例按7%。2005年个人缴费比例按8%。

3月7日至9日 中共莱芜市钢城区第九次代表大会召开。选举刘焕立为区委书记,李德鑫、张柏成、张作平为副书记。区纪委九届一次会议选举张作平为区纪委书记。

5月1日 钢都大街、府前大街与永兴路、新兴路4条干道纵横贯通,形成钢城城市道路的基本框架。

5月14日 省人大常委会主任李振到钢城区考察工作。

同月 经山东省机构编制委员会批准,设立钢城区人民武装部,李乃俊任钢城区人民武装部部长,苏延广任政委。

6月16日 中共山东省委常委、省纪委书记谭福德到钢城区考察工作。

7月11日至12日 全区普降大到暴雨,其中黄庄镇降雨量达135.90毫米,城子坡镇、寨子乡降雨量超过100毫米。全区粮田受灾面积163公顷,蔬菜受灾面积30公顷;倒塌房屋101间,冲毁桥涵4座。

8月23日 钢城区与莱钢总厂附属企业公司、炼钢厂、原料处等单位联办的"莱芜联营钢渣处理厂"正式投产,为钢城区建立后的第一家厂地联办企业。

8月28日 钢城区人民武装部挂牌办公。

同日 中共山东省委常委、组织部部长李文全到钢城区考察城市建设和其它项目建设工作。

9月 里辛一中教师赵宪平被国家教委、人事部评为1993年度全国优秀教师。

10月3日 中共山东省委副书记、副省长李春亭到钢城区考察工作。

10月22日 钢城区第一届秋季物资交流大会在城子坡集市举办,会期10天。

11月6日至27日 钢城区组团到江苏省无锡县、安徽省马鞍山市等地，考察学习兴办乡镇企业、发展个体私营经济和外向型经济的经验。

1994年

2月 钢城区被省委、省政府评为全省信访工作先进单位。

4月24日 区委、区政府与莱钢总厂召开厂地座谈会，提出“服务、配套、延伸、联合”八字方针。

5月5日 省人大常委会主任李振到钢城区考察城市建设工作。

5月23日至28日 钢城区赴香港参加莱芜市’94(香港)经济洽谈会。

6月24日至29日 全区连降暴雨，最大降水量222.60毫米，冲毁桥梁4座，淹没粮田280公顷。

8月 钢城区人民医院成立，同时挂城子坡镇卫生院牌子。

9月 钢城水泥厂研制生产的快硬水泥在中国首届金榜技术与产品博览会上获金奖。

10月14日 中共山东省委副书记、省长赵志浩到钢城区寨子乡考察卧牛山小流域综合治理情况。

10月22日至23日 全区教育“两基”工作通过省政府评估验收团的评估验收，钢城区成为全国首批实现“两基”达标的县(市、区)之一。

同月 钢城企业集团公司秦鲁机械厂研制的双缸双作用转子活塞泵，在第八届全国发明展览会上获铜奖。1995年12月，该产品在全国第三届科技人才技术交流展示大会上荣获科技成果金奖。

同月 莱芜移动公司在黄羊山建起钢城第一个移动电话基站。

11月7日 钢城区被省委、省政府、省军区命名为拥军优属模范区。

11月23日 副省长吴爱英到钢城区考察城市建设和教育、卫生、计划生育等工作。

11月 钢城职业中专成立，临时借用城子坡小学校舍办学。

12月9日至10日 由大众日报社主办的“’94山东省新闻摄影研讨会”在钢城召开。来自全省17家市(地)报、部分县(市)报的60余名摄影记者参加会议。

1995年

1月3日 区委、区政府召开“公路建设年”活动动员大会。年内，全区共投资3145万元，投工148.50万个，修建公路58.25公里，改造升级路面63公里，铺筑柏油路40公里。各乡镇修建乡村路11条，实现乡乡通柏油路、村村通汽车的目标。全区每百平方公里公路里程增加到33.30公里，万人拥有公路4.97公里。

1月11日 中共山东省委副书记、副省长宋法棠到钢城区考察工作。

1月 钢城区被省委、省政府评为全省社会治安综合治理先进单位。

2月 钢城公安分局颜庄派出所所长王玉和被公安部评为1994年度全国优秀人民警察。

3月8日至10日 钢城区第十三届人民代表大会第四次会议召开，选举张柏成为钢城区人民政府区长。

3月27日 中共山东省委常委、组织部部长王克玉到钢城区考察工作。

4月21日 省军区司令员沈兆吉到钢城区检查指导民兵预备役工作。

4月 莱芜四中校长、党支部书记司厚一，张庄村党支部书记苗宗河被省政府授予“山东省劳动模范”荣誉称号。

5月30日至6月1日 由《人民日报》(海外版)、中央人民广播电台组成的沂蒙、鲁南行采访组到莱芜采访，考察张庄老年公寓和莱钢总厂。

8月2日 城子坡镇城古路（城子坡至古墩）竣工通车，城子坡镇成为全市第一个村村通电、村村通柏油路、村村通程控电话、村村通自来水的

“四通”乡镇。

9 月 12 日 中共中央候补委员、中国工商银行行长张肖到钢城区考察工作。

9 月 15 日 经省、市政府批准，撤销城子坡镇设立城子坡街道，撤销里辛乡设立里辛镇，其行政区域、管辖范围、机关驻地不变。1996 年 1 月 1 日，举行挂牌仪式。

9 月 黄庄一中教师葛长珍被国家教委、人事部评为 1995 年度全国优秀教师。

10 月至次年 3 月 持续干旱，全区 10133.33 公顷农作物受旱。

11 月 19 日 中共山东省委副书记、副省长宋法棠到钢城区考察农田水利基本建设情况。

12 月 8 日 副省长韩寓群到钢城区考察莱芜轧辊厂和正在开发中的棋山风景区。

12 月 区乡镇企业综合服务公司经理、党支部书记孔庆文被农业部评为“八五”全国乡镇企业科技进步先进工作者。

同年 莱芜市炭黑厂生产的 N330 高耐磨炭黑被中国质量检验协会评定为“中华之光”名牌产品。

1996 年

1月 17 日 中共莱芜市委书记张敬茂、副市长孟昭章到钢城区对农村经济发展情况进行调查研究。

1 月 28 日至 30 日 钢城区第十三届人民代表大会第五次会议召开，接受孙业富辞去区人大常委会主任的请求，补选尹贻明为区人大常委会主任，姚荣辉为第一副主任。

2 月 1 日 由区邮电局组织实施的黄庄电话改制工程竣工。至此，全区 5 个乡镇（街道）全部实现电话程控化。

3 月 13 日 钢城区工业园举行奠基仪式。工业园位于 205 国道西侧、颜庄镇吕家林村以东。

3 月 17 日 中共山东省委常委、纪委书记谭福德到钢城区考察。

3 月 19 日 钢城区人民武装部改归部队建制，改称中国人民解放军钢城区人民武装部（正团级），张建国任部长，苏延广任政委。

同月 钢城区被国家科学技术委员会评为“全国科技工作先进县（市）”。

4 月 9 日 中共莱芜市委书记张敬茂到颜庄镇与莱钢联办的水泥厂、白云石矿和九龙集团公司调查研究。

5 月 3 日至 4 日 中国人民政治协商会议第五届莱芜市钢城区委员会第一次会议召开。80 名委员到会。会议宣布中国人民政治协商会议莱芜市钢城区委员会成立，延续县级莱芜市政协的届次为第五届。选举张柏成为区政协第五届委员会主席，李心福、马学端（不驻会）、邹学秀（不驻会）为副主席。

5 月 7 日 寨子乡九龙庄村被全国绿化委员会命名为“全国造林绿化千佳村”。

5 月 钢城区被省委、省政府命名为第三届全省精神文明建设工作先进区。

7 月 24 日至 25 日 全区普降特大暴雨，暴雨中心里辛镇，降雨 397.50 毫米。全区 5 个乡镇普遍受灾，受灾最重的是颜庄镇半壁店子村，倒塌房屋 101 间。区政府拨专款救灾，莱钢总厂捐款捐物 20 万元，区机关干部捐款 1.90 万元支援受灾村民。

10 月 10 日 韩莱路仙人桥至里辛段改建工程竣工通车，工程于 1995 年 3 月 6 日开工建设，路长 8450 米、宽 20 米，投资 1600 万元。

11 月 12 日 区政府印发《关于实施最低生活保障线制度的意见》。《意见》明确从 1996 年开始，实施农村最低生活保障线制度，最低生活保障线为 500 元。

12 月 16 日 莱芜市第一座 220 千伏变电站——莱钢输变电工程在里辛镇奠基。1997 年 12 月 16 日建成运营。

12 月 28 日 钢都宾馆成为莱芜市首批旅游涉外饭店。

同月 钢城区国税局里辛分局被国家税务总局表彰为全国税务系统文明单位。

同年 城子坡中学学生孟丽丽代表山东省参加全国少年女子摔跤比赛，获得冠军。

1997年

1月 钢城区被人事部和中央社会治安综合治理委员会表彰为“1993年至1996年度全国社会治安综合治理先进集体”。

2月17日至19日 中国人民政治协商会议第五届莱芜市钢城区委员会第二次会议召开。

2月18日至20日 莱芜市钢城区第十三届人民代表大会第六次会议召开。接受许家冉辞去区人民法院院长的请求，补选王宪源为区人民法院院长。

3月15日 韩莱路里辛至颜庄段改建工程开工。1999年9月竣工通车，动用土石方26.70万立方米，投资670万元。

4月 区委、区政府制定《钢城区国家公务员制度推行实施意见》，全区共设置国家公务员（机关工作者）职位401个，其中，国家公务员职位220个，机关工作者职位181个；10月上旬，公务员过渡工作完成，全区334名过渡人员参加公务员过渡考试，一次合格率达到99.40%。

5月2日15时15分 南下冶煤矿发生特大瓦斯爆炸事故，31名职工遇难。

5月9日 中共山东省委副书记韩喜凯到钢城区考察城子坡街道张庄居民住宅小区建设情况和里辛镇潘家庄村依法治村工作。

5月14日 山东省高级人民法院院长宇培杲到钢城区调查研究。

5月28日 钢城区工商业联合会（商会）召开成立大会，延续县级莱芜市届次为第四次代表大会，选举产生第四届执行委员会。

6月6日 省政府副省长邵桂芳到钢城区检查“三夏”生产、防汛准备和减轻农民负担等工作。

6月26日 区政府发文将全区符合条件的435名民办教师转为地方公办教师。

7月 钢城一中建立，与职业中专合校办学。

同月 机关事业单位实行全员养老保险制度。养老金统筹，单位按工作人员月工资总额的16%缴纳，个人按月工资总额的2%缴纳。2000年1月，养老金实行社会化发放。

8月19日8时至20日6时 全区遭受暴雨袭击，平均降雨量达101.80毫米。

8月 莱钢股份有限公司成立。

9月26日 副省长张瑞凤到钢城区考察城市建设和颜庄镇“三秋”生产现场。

10月 个体业户李昌宝创建钢城区“富康出租汽车有限公司”，拥有各种型号的出租车60余辆。

同月 全区完成国家公务员过渡工作。全区共设置国家公务员职位220个，机关工作职位181个；有155名机关工作人员过渡为国家公务员，109名机关工作人员过渡为机关工作者。

1998年

2月6日至9日 中国人民政治协商会议第六届莱芜市钢城区委员会第一次会议召开。选举胡兴起为政协主席，李心福、马学端（不驻会）、邹学秀（不驻会）为副主席。

2月7日至10日 莱芜市钢城区第十四届人民代表大会第一次会议召开，选举张作平为区人大常委会主任，姚荣辉、郭京春、魏汶、卞尊宝（不驻会）为副主任；选举张柏成为区人民政府区长；选举朱致存、常新杰、崔建民（科技）、魏春香、葛敬彪、冯兆华为副区长；选举王宪源为区法院院长，王延明为区检察院检察长。

4月 钢城企业集团建安三公司党支部书记、经理张平利被省政府授予“山东省劳动模范”荣誉称号。

5月26日至29日 中国共产党莱芜市钢城区第十次代表大会召开。选举尹贻明为区委书记，张柏成、张作平、陈灿群为副书记。区纪委十届一次全会选举秦立刚为区纪委书记。

6月8日 中共中央政治局委员、山东省委书记吴官正到钢城区考察。查看磁性材料厂的水处理、合成造粒车间，了解高性能磁粉和磁件项目的生产、经营、技术攻关等情况。

6月18日 区政府印发《关于对全区70岁以上老年人实行优待照顾的通知》，对70岁以上老年人发放《老年优待证》，对90岁至99岁老人由区政府每年发放360元的健康补贴。

6月 颜庄法庭、里辛法庭、黄庄法庭合署办公，办公地点设在里辛法庭；寨子法庭、城子坡法庭合署办公，办公地点设在城子坡法庭。

9月23日 中共山东省委副书记、省政协主席韩喜凯到钢城区考察工作。

9月 黄庄一中教师葛长珍被省政府评为山东省特级教师。

10月7日 省道803线（时称205国道）拓宽改造工程启动；至年底，钢城境内段完成路基改造和桥涵修建任务。

10月14日 科学技术部党组成员焦宏波，到莱芜市磁性材料厂考察高新技术产业项目建设情况。

10月24日 中共山东省委副书记吴爱英到钢城区考察工作。先后考察莱芜市轧辊制造厂、里辛镇农业基本建设工地、城子坡法庭、区检察院。

10月30日 黄河水利委员会副主任黄自强一行到钢城区棋山小流域考察。

12月 钢城区被山东省人民政府命名为“村镇建设先进县(区)”，里辛镇、黄庄镇被命名为全省“村镇建设新型乡镇”。

同月 徐家庄、张庄、南朱家庄、冯家庄、西冶、洪沟等村(居)被命名为全省“村镇建设明星村”。

同年 钢城区与莱城区、沂源县、新泰市进行区域界线界定，共界定边界线65.30公里，埋设界桩10个，其中三县界桩3个。

1999年

1月 全区干部职工开始实行失业保险制度。失业保险金，单位按工作人员月工资总额的2%缴纳，个人按月工资总额的1%缴纳。

2月10日 中共山东省委副书记、省长李春亭到颜庄镇唐家宅村看望慰问困难群众。

3月 艾山公园广场动工建设；11月竣工，绿化面积3.50万平方米。

4月10日至12日 莱芜市钢城区第十四届人民代表大会第二次会议召开。会议接受张柏成辞去区人民政府区长职务的请求，接受张作平辞去区人大常委会主任职务的请求，补选张柏成为区人大常委会主任，张作平为区人民政府区长。

8月5日 区级领导班子和领导干部开展“三讲”(讲学习、讲政治、讲正气)学习教育活动，后在区直部门中进行，年底结束。

9月26日 205国道莱城至钢城段，韩莱路里辛至颜庄段公路竣工通车。

11月19日 莱芜粉末冶金厂水雾化铁粉生产线正式投入生产。年内，生产水雾化铁粉1050吨，还原铁粉9200吨，海绵铁1.71吨。

12月19日 莱芜粉末冶金厂举行轿车用高性能水雾化粉末冶金材料工程投产剪彩仪式。该项目是莱芜市第一个被列入国家“863”计划的工程项目。

12月 颜庄镇被山东省人民政府批准为省级中心镇。

同年 城子坡中学学生孟丽丽作为国家队员参加亚洲女子摔跤比赛，获冠军；参加世界女子摔跤比赛，获亚军。

2000年

1月23日至25日 中国人民政治协商会议第六届莱芜市钢城区委员会第三次会议召开。会议审议六届区政协常委会的工作报告；审议了六届二次会议以来提案工作情况的报告和本次会议提案审查情况的报告，委员列席了区十四届人大第三次会议。

1月24日至26日 莱芜市钢城区第十四届人民代表大会第三次会议召开。会议听取和审议了钢城区人民政府、人大常委会、人民法院、人民

检察院工作报告，听取和审议了关于钢城区1999年国民经济和社会发展计划执行情况与2000年国民经济和社会发展计划（草案）的报告，审查、批准钢城区1999年国民经济和社会发展计划执行情况报告与2000年国民经济和社会发展计划，听取和审议了关于钢城区1999年财政预算执行情况和2000年财政预算（草案）的报告，审查、批准钢城区1999年财政预算执行情况的报告和2000年财政预算。

2月 钢城区被山东省林业厅、省经济林协会命名为“黄金桃之乡”。

3月 棋山被山东省人民政府批准为“省级森林公园”。

5月 钢城企业集团建安三公司党支部书记、经理张平利被评为全国劳动模范，出席全国劳模表彰大会。

6月15日 全国政协《土地整理——土地资源可持续发展》调研组一行10人，由全国政协人口资源环境委员会副主任陈洲其带领，在莱芜市副市长王育革和中共莱芜市钢城区委书记张柏成等市、区领导的陪同下，到钢城区调查研究，考察棋山流域土地开发整理情况。

7月1日 全国第五次人口普查。钢城区总人口23.49万人，其中，汉族23.43万人，占总人口的99.74%；少数民族12个、603人，占总人口的0.26%。

11月28日 台胞邱森淞先生在钢城区兴办独资企业“莱芜宏康机械制造有限公司”。

12月14日 撤销钢城区寨子乡，将其行政区域并入城子坡街道。

12月19日 城子坡街道更名为艾山街道。

年内 黄庄镇霞峰村被全国绿化委员会授予“全国造林绿化千佳村”。张庄社区被省文明办授予省级“文明单位”。

2001年

1月6日 艾山街道举行揭牌仪式。

同月 农村合作医疗制度在全区初步推行。

同月 钢城区被全国双拥工作领导小组、民政部评为全国“爱心献功臣行动”先进区。

2月8日 农村“三个代表”（代表中国先进生产力的发展要求、代表中国先进文化的前进方向、代表中国最广大人民的根本利益）重要思想学习教育活动开始，首先在区级领导干部中进行，然后在镇（街道）、区直部门领导班子和党员干部中进行，2002年6月结束。

3月5日至7日 中国人民政治协商会议第六届莱芜市钢城区委员会第四次会议召开，选举朱致存为政协主席。

3月6日至8日 莱芜市钢城区第十四届人民代表大会第四次会议召开，163名代表出席会议。会议听取审议并批准了区政府工作报告，钢城区2000年国民经济和社会发展计划执行情况与2001年国民经济和社会发展计划的报告，2000年财政预算执行情况和2001年财政预算的报告及区人大常委会、区法院、区检察院的工作报告；选举吕升堂为区人大常委会副主任，毕占明为区政府副区长。

3月23日 全区农村税费改革工作全面展开。

3月25日至31日 里辛镇举办的第一届棋山文化旅游节在棋山风景区举行。

同月 按照省、市部署，区内开展粮食直补工作，按每公顷小麦210元标准进行补贴。

4月28日 钢城区水务局成立并举行揭牌仪式。

5月11日 副省长邵桂芳在中共莱芜市委副书记、市长于希信，中共莱芜市委常委、政法委书记张正泉等人的陪同下，到钢城区检查指导严打整治工作，先后考察莱芜市粉末冶金厂、城子坡派出所，听取钢城区和艾山街道的工作情况汇报，并与有关部门的主要负责人进行座谈。

5月12日 莱芜经济开发区钢城分区管理委员会成立，机构规格为正局级。暂设行政编制10人、工勤编制2人，可配备主任（兼工委书记）1人、副主任2人。

5月21日 区委常委会议研究通过《关于全民招商引资搞好莱芜经济开发区钢城分区建设的决定》。

5月28日 区委、区政府举行"全民招商、启动莱芜经济开发区钢城分区动员大会",中共莱芜市委书记李玉妹、市五大班子领导以及莱钢集团公司党委书记、董事长姜开文等出席会议,并举行开发分区工委、管委会揭牌仪式。

同月 区委、区政府印发《关于加快民营经济园(区)专业村、专业镇(街道)的实施意见》,成立莱芜经济开发区钢城分区,设立区民营经济发展办公室。

6月15日 区委、区政府召开全区招商引资动员大会,动员全区积极开展招商引资工作,发展民营经济。

8月4日 钢城区遭受暴雨袭击。所辖4个镇(街道)普降暴雨,平均降雨量175毫米。由于暴雨集中,雨水急,造成大面积灾情,直接经济损失达2610万元。

8月14日 钢城区被国家林业局命名为"中国蜜桃之乡"。

9月18日 钢城区被省委、省政府命名为全省精神文明建设先进区。

10月23日 省政协副主席、省农工民主党主席张敏带领省政协委员一行9人,到钢城区调研对省委、省政府《关于加快旅游业发展的意见》的贯彻落实情况。在棋山管委会听取区委、区政府发展旅游业的情况汇报,并实地察看棋山旅游区的开发情况。

11月11日 钢城区被省委、省政府授予"全省第五届精神文明工作先进区"荣誉称号。

11月 孟丽丽获得第十四届世界女子自由式摔跤锦标赛62公斤级金牌。

12月 莱钢泰达车库有限公司成立。

2002年

1月15日至16日 中共山东省委副书记、代省长张高丽到钢城区考察莱钢炼钢厂、轧钢厂。

2月19日 区政府启动规划建设钢城民营经济园,位置在颜庄镇至里辛镇韩莱路两侧,远景规划面积7.20平方公里,主要发展钢铁深加工、粉末冶金及制件、建筑建材、钢铁煤炭经营4个主导产业。

5月 国家计委、水利部批复实施葫芦山水库加固工程。2003年实施第一期工程,2004年实施第二期工程。工程完成后,总库容由915万立方米增加到2168万立方米,兴利库容由194万立方米增加到552万立方米。年可为莱钢供水600万立方米。

8月19日 中共中央政治局委员、山东省委书记吴官正到钢城区考察莱钢万力型钢、粉末冶金、泰达车库等项目。

8月29日 莱芜四中与钢城一中合校。学校更名为莱芜市第四中学,校址在钢城一中。

9月8日 莱(芜)新(泰)高速公路竣工通车。

10月24日 钢城区通过全国水土保持生态环境建设"十百千"示范县验收。

10月 艾山街道被中央精神文明建设委员会表彰为"全国创建文明村镇工作先进单位"。

12月 钢城区被省委、省政府、省军区评为"全省双拥工作先进单位"。

同年 汶源热电厂开始兴建。2003年4月建成;8月并网发电。年发电量17662万千瓦时,上网电量15464万千瓦时。

同年 "汶源"牌黄金桃和"贤女"牌寒露蜜桃被省农业厅认定为"山东省无公害农新产品"。

2003年

1月3日 钢城区被省委、省政府授予"全省社会治安综合治理先进集体"称号。

1月18日至20日 中国共产党莱芜市钢城区第十一次代表大会召开。选举张作平为区委书记,李灿玉、栾健、朱振波、武树华为副书记;区纪委十一届一次全会选举朱振波为区纪委书记。

1 月 21 日至 24 日 中国人民政治协商会议第七届莱芜市钢城区委员会第一次会议召开。选举朱致存为政协主席。

1 月 22 日至 25 日 莱芜市钢城区第十五届人民代表大会第一次会议召开。选举张作平为区人大常委会主任；选举李灿玉为区人民政府区长；选举郭玉萍为区人民法院院长；同意亓金玲辞去区人民检察院检察长职务。

4 月 26 日 区委、区政府成立钢城区防治非典型性肺炎工作领导小组，由区长李灿玉任组长，全面展开防治非典型性肺炎工作。

4 月 30 日 省外办党组副书记、副主任王佑臣等 3 人组成的省防治非典型性肺炎工作督导组，在张正泉、魏春香、胡俊江、王凌、孟庆辉等陪同下到钢城区检查“非典”防治工作。

5 月 艾山街道宋家庄、高家庄、卞家泉、傅家桥 4 个村和黄庄镇所辖小上峪村划归莱芜市经济开发区钢城分区管理。

6 月 1 日 区委、区政府印发《关于培植壮大钢铁优势主导产业的意见》，提出发挥莱钢优势，建设开发分区、银山工业园、民营工业园 3 个平台，培植炉料供应、钢材加工、粉末冶金研发生产、钢材销售 4 个钢铁产业群体。

9 月 16 日至 17 日 在山东莱芜第一届钢铁招商大会上，钢城区签约项目 101 个，签约额 51.49 亿元。

同年 莱芜市新艺粉末冶金股份有限公司生产的 YJD12 粉末冶金齿轮，获山东省科技进步奖。生产的温压成型格里森齿轮，2004 年获得山东省科技进步奖。

2004 年

2 月 5 日至 7 日 中国人民政治协商会议第七届莱芜市钢城区委员会第二次会议召开，97 名政协委员出席会议，66 名区直部门及镇（街道）负责人列席会议。会议讨论并通过区政协常委会工作报告、提案工作报告及有关决议。

2 月 6 日至 8 日 莱芜市钢城区第十五届人民代表大会第二次会议召开，161 名代表出席会议，73 人列席会议。会议审议区政府工作报告、钢城区 2003 年国民经济和社会发展计划执行情况与 2004 年国民经济和社会发展计划的报告、审查、批准 2003 年国民经济和社会计划执行情况的报告与 2004 年国民经济和社会发展计划，听取审议 2003 年财政预算执行情况和 2004 年财政预算的报告以及区人大常委会、区法院、区检察院的工作报告。

3 月 6 日 区政府印发《关于城市社区范围划分意见的通知》，确立南城子坡、北城子坡、陈家庄等 24 个社区。社区总面积 18.60 平方公里，社区居民 7.98 万人。2004 年底，各社区相继挂牌办公。

3 月 26 日 区政府根据上级有关文件精神，结合本区实际，出台《莱芜市钢城区新型农村合作医疗实施办法》。

3 月 颜庄镇被莱芜市确定为综合改革试点镇，并被建设部等 6 部委确定为全国重点镇。

同月 钢城区被列为全省新型农村合作医疗试点单位；7 月 1 日，正式实施医药费报销程序。资金筹集：个人每年缴纳 10 元，省、市、区补助 20 元；个人缴费 10 元中 8 元划入个人账户，其余 2 元连同政府补助作为统筹基金。住院报销：按乡镇、区、市及以上医院等级和住院费用分段按比例报销，大致在 60%～35%之间，每人每年最多可报销 2 万元。

4 月 3 日至 9 日 黄庄镇举办第一届桃花节，来自上海、江西等地的 200 余名客商、1000 余游人观看“走进桃乡”文艺演出。

5 月 14 日 省高级人民法院院长尹忠显一行 6 人，在李玉姝、张正泉、李长江等的陪同下，到钢城区调研基层法院建设情况。

6 月 7 日 区政府决定：建立莱芜市钢城区行政服务中心，实行行政审批集中办理，2004 年 6 月正式对外办公。决定莱芜市钢城区计划统计局等 10 个部门、单位的 94 项行政审批事项和 41 项行政性、事业性收费首批进入区行政服务中心集中办理。

6月15日至17日 省人大常委会副主任莫振奎一行7人到钢城区视察工作。

6月23日 副省长陈延明到钢城区检查防汛工作，到葫芦山水库察看，对钢城区防汛工作给予高度评价，并对今后的防汛工作提出意见和要求。

9月16日至17日 中国首届城市智能停车国际论坛在钢城举办。论坛由中国重机协会停车设备工作委员会主办，钢城经济开发区、莱钢泰达车库有限公司承办，国家发改委、国家建设部有关领导出席，美国、日本、澳大利亚、德国等国公司参加，《人民日报》《经济日报》、中央电视台等20余家新闻媒体进行宣传报道。

10月16日至17日 在山东莱芜第二届钢铁招商大会上，钢城区签约项目168个、签约额96.56亿元。

2005年

1月1日 山东莱芜馨百商贸有限公司钢城店营业。总建筑面积1.50万平方米，注册资金500万元，从业人员600人。

1月23日 在省科协六届三次全会上，钢城区被中国科协命名为“全国科普示范县(市、区)”。

1月26日 全区取消农业税，结束农业税收历史。

4月1日至7日 黄庄镇举办第二届桃花节。

4月28日 全区开始换发第二代居民身份证。

5月10日 副省长王军民到钢城区考察。

5月17日至23日 钢城区组团赴韩国进行招商推介活动，共签约项目16个、签约额5500万美元。

6月26日 莱钢集团万和冶金建材公司与山东普阳集团公司合作开发白云岩矿项目签约仪式举行。

7月25日 区政府决定对失地村（社区）老年人实行适当生活补助。补助标准每人每月：65岁～69岁10元、70岁～79岁15元、80岁～89岁20元、90岁～99岁40元、100岁以上200元。90岁～99岁老年人每人每月30元健康补贴继续享受。

8月29日 钢城区污水处理厂开工建设，年底，完成一期工程并投入使用。

8月31日 孟丽丽在第十届全国运动会女子摔跤比赛中夺得63公斤级金牌，为山东代表团夺得本届运动会首枚金牌。

同月 潘西煤矿与广东中山港荣有限公司、莱芜万惠商贸有限公司联合总投资6亿元的万荣不锈钢生产及深加工项目在西港煤矿矿区开工建设。

9月13日 中共山东省委副书记、省长韩寓群到钢城区考察。

9月 城子坡人民法庭变更为颜庄人民法庭。

10月14日 艾山街道徐家庄村村民吴茂林个人投资400万元修筑的徐家庄站至莱钢机械公司1.50公里铁路运输专用线建成。

10月16日至17日 在第三届中国（莱芜）钢铁博览会上，钢城区共邀请海内外客商1000余人，签约项目150个、签约额100亿元。

12月 莱芜钢铁集团公司钢产量达到1033.60万吨。

年内 钢都大街、府前大街、牟汶河路、永兴路集中修建改造完成。全区拓宽硬化街道总长285公里，乡镇公路全部铺成柏油或水泥路，实现村村通柏油(硬化)路。

2006年

6月17日 钢城区首部电影《棋山传奇》在棋山开机拍摄。

6月18日 中共莱芜市钢城区委经济开发区工作委员会成立。李灿玉任工委书记；栾健任工委副书记；吕玲、刘真、郑华、孙晓河、赵洪新、刘纯

真、何如利任工委委员。

6月23日 根据《山东省人民政府关于同意将莱芜市莱城区辛庄镇划归钢城区管辖的批复》,将莱城区辛庄镇划归钢城区管辖。调整后,辛庄镇行政区域不变,镇政府驻地不变,辖68个行政村。钢城区所辖行政村(居、社区)由164个增至232个。

同月 钢城区被省委、省政府表彰为“全省县域经济发展先进单位”。

8月28日 钢城区与济南市历城区结为友好区。

9月28日 钢城区融入省会城市群经济恳谈会在济南举行。签约经济发展项目28个、签约额20.12亿元。

10月12日 钢城区宣传文化中心落成启用,山东省文明办副主任王红勇出席落成仪式。

11月15日 科技部批准:粉末冶金有限公司申报的“高性能钢铁粉末”和泰达车库有限公司申报的“多层平面移动类智能车库”2个项目双双列入国家火炬计划;厚泽钢渣环保工程有限公司申报的“钢渣微粉”新产品等项目分别列入国家重点新产品计划和国家科技型中小企业创新项目。

同年 民间艺术“花鼓锣子”被列入省非物质文化遗产名录。

2007年

1月12日 钢城区被省委、省政府表彰为“平安山东建设模范区”。

1月25日至27日 中国共产党莱芜市钢城区第十二次代表大会召开。选举李乃俊为钢城区委书记,栾健、武树华为副书记。区纪委十二届一次全会选举亓群为区纪委书记。

同月 黄庄镇被国家环保总局命名为“全国环境优美镇”。

同月 钢城区被省委、省政府表彰为“全省民政工作先进区”。

2月2日至4日 莱芜市钢城区第十五届人民代表大会第五次会议召开。补选李乃俊为区人大常委会主任,补选栾健为区人民政府区长,补选毕研华为区人民法院院长。

3月13日 区委、区政府决定从2007年1月起,全部免除区内城乡义务教育阶段学生杂费,对贫困生实行“一免一补”(免除课本费,给予生活补助)。

3月21日 钢城区养老、失业、医疗、工伤、生育等政府强制性的社会保险全部建立,基本实现五个险种全覆盖。

3月26日 钢城区第一家与世界500强企业合资合作的项目——富士电梯(山东省)有限公司在钢城经济开发区举行签约仪式。这是建区以来利用外资额最大的项目,项目总投资额4000万美元。

3月31日 艾山街道九龙家园居住小区开工建设。

4月1日 3集电视纪录片《莱芜战役》在辛庄镇石湾子村莱芜战役指挥所旧址开始拍摄。

4月8日 在黄庄镇第四届桃花节上,艺景林果公司与黄庄镇签约黄庄万亩黄金桃基地项目。

4月9日至10日 全国人大常委、农业与农村委员会副主任李春亭到黄庄黄金桃基地、莱钢集团考察。

5月10日 中共山东省委书记李建国到钢城区调研,同时考察莱钢集团与泰达车库。

同月 投资1.50亿元的钢城金茂广场项目和投资2.20亿元的莱钢冶金矿山项目落户黄庄镇。

6月27日至7月4日 省政府教育工作示范区评估团到钢城,通过全面评估,认定钢城区为“山东省教育工作示范区”。

8月22日 副省长贾万志到钢城区考察防汛工作。

9月6日 钢城区召开庆祝教师节暨表彰大会。

同月 黄庄镇丈八丘联小被教育部和人事部评为“全国教育系统先进集体”。

9月21日 莱钢集团、莱芜市人民政府中小学移交签字仪式在新兴大厦举行。

10 月 8 日　钢城区在钢都宾馆多功能厅召开莱芜电视台《钢城区报道》栏目开播新闻发布会。《钢城区报道》在每周四的《莱芜新闻》后播出，每期时长为 10 分钟。

11 月 1 日　钢城区举办首届“钢城区十大孝星”获奖者颁奖晚会，授予左孝兰、吴翠萍、李德香、刘美、张万凤、魏佃菊、高庆英、栾兆美、张秀蓉、姚义录为首届“钢城区十大孝星”称号。

11 月 3 日至 4 日　全国中小学人文教育研讨会暨山东省人文教育实验现场观摩会在钢城召开。来自北京、天津、山东、辽宁、江苏等 10 多个省（市、自治区）的 1100 余人参加会议。

12 月 6 日　棋山风景区 500 千伏鲁中变电站投入运营。中共山东省委常委、副省长王军民参加仪式。

12 月 8 日　棋山传说和“花鼓锣子”被列入莱芜市第一批非物质文化遗产名录。

12 月 8 日至 11 日　中国人民政治协商会议第八届莱芜市钢城区委员会第一次会议召开，选举秦立刚为区政协第八届委员会主席。

12 月 9 日至 12 日　莱芜市钢城区第十六届人民代表大会第一次会议召开，选举李乃俊为区人大常委会主任，栾健为区人民政府区长，毕研华为区人民法院院长，李洪都为区人民检察院检察长。

12 月 19 日　齐鲁钢铁物流园启动暨鲁中钢铁物流中心奠基仪式在钢城区举行。

12 月 22 日　济青高速南线及其在钢城的连接线莱钢大道竣工通车。

2008 年

1 月 9 日　中共山东省委副书记刘伟到钢城区调研，先后察看了艾山街道九龙家园工程、艾山街道社会矛盾调解中心、城子坡派出所、钢城区人民来信来访接待中心、莱钢泰达车库有限公司、大型 H 型钢生产线。

1 月 16 日　莱芜信发钢铁有限公司开业。项目投资 4.20 亿元，落户颜庄镇。

1 月 17 日　由区文化馆馆长乔化军编剧并投资拍摄的莱芜第一部电影《棋山传奇》在区宣传文化中心礼堂举行首映式。中共莱芜市委常委、宣传部部长毕玉惠，副市长任海涛为《棋山传奇》首映式剪彩。

1 月 18 日　永兴路跨街天桥竣工实现通行，该工程被列入钢城区确定的为民办的十件实事之一，工程于 2007 年 12 月 11 日开工，总投资 50 余万元，总跨度 32 米。

1 月　山东莱钢泰达车库智能车库工程技术研究中心被省科学技术协会命名为“山东省科普教育基地”，标志着钢城区首家省级科普教育基地诞生。

2 月 4 日　济南钢铁集团与莱芜钢铁集团有限公司合并重组为山东钢铁集团。由邹仲琛任山东钢铁集团董事长，任浩任山东钢铁集团总经理。

2 月 22 日　区政府决定从新学期开始免除全区义务教育阶段学生课本费。

4 月 3 日　“走向辉煌——莱芜市钢城区建立十五周年图片展”开展仪式在区宣传文化中心举行。

4 月 8 日　钢城区开通区长公开电话。

同日　黄庄镇第五届桃花节开幕。

4 月 27 日　中共山东省委书记姜异康到钢城区调研，考察艾山街道九龙家园居民小区的建设情况。

5 月 18 日　银座商城钢城店开业，位于西冶社区。

5 月 19 日至 21 日　为向在 5 月 12 日四川汶川特大地震中遇难的 6.90 万同胞致哀，全区政府机关下半旗，汽车在每天 14 时 28 分鸣笛 3 分钟。

5 月 30 日　全区各行各业为汶川地震灾区捐款 30 万元。

5 月 31 日　莱钢粉末冶金公司被科技部、国资委和全国总工会批准为“企业开展创新型企业试点”的公司。

6 月 14 日　全国围棋甲级联赛在棋山进行

山东网通队对北京大宝队的比赛。

6月19日 19时55分，颜庄镇附近发生3.5级非构造性地震，颜庄镇以北15公里内有震感。

6月30日 全区实现村村通公路、通客车、通自来水、通广播电视。

7月11日 钢城区派出30名援建人员赴绵阳市梓潼县灾区建造活动板房。

7月14日 台湾云林县经贸考察团一行17人到钢城经济开发区、开发分区和黄庄镇对部分钢铁加工配套企业、“两桃”生产基地和新农村建设情况进行考察。

7月28日 中共山东省委原副书记、省纪委原书记赵春兰到钢城区调研。

8月30日 钢城区消防安保大队、消防安保支队三中队正式成立并举行揭牌仪式。

9月3日 济南铁路局兖州车务段莱钢站举行揭牌仪式。经铁道部批准，自2008年9月1日起，济南铁路局兖州车务段徐家庄站更名为莱钢站。

9月11日 省教育厅副厅长张志勇到钢城区黄庄镇丈八丘联小调研，市、区两级教育局的相关领导陪同调研。

9月19日 2008中国（莱芜）钢铁博览会钢城区分会场签约仪式在钢城区宣传文化中心举行。中共莱芜市委副书记、市长马平昌，市人大常委会副主任王育革，副市长刘曙光，市政协副主席董杰，莱钢集团副总经理张文德等出席签约仪式。钢城区分会场共签约项目50个、签约总额33.50亿元，项目涉及钢铁深加工、三产服务业、机械制造、新材料等各个领域。来自德国、印度尼西亚、韩国等国家和中国香港、台湾等地区以及全国24个省（市、自治区）的238位客商参加签约仪式。

9月 钢城区被省委、省政府授予“省级创建文明城市工作先进区”称号。

10月12日 孟丽丽在女子摔跤世界锦标赛上取得63公斤级第三名。

10月16日 省委、省政府印发文件，确定颜庄镇为全省镇级改革试点镇。

10月31日 莱芜市与莱钢集团在新兴大厦召开莱钢改制单位工作属地化管理交接工作会议，6家改制企业的有关工作正式移交地方管理。

12月26日 钢城文明网（www.gcwmw.com）正式建成开通。

2009年

1月8日 教育部副部长、国家总督学陈小娅，教育部基础教育二司司长郑富芝到黄庄镇丈八丘联小考察小学素质教育工作。

2月22日 省机械工业协会受省科技厅、经贸委委托在莱芜宾馆举办科技成果和新产品鉴定会，钢城区金石特种合金材料有限公司研发的“金属粉末轧制铝钢复合板带”和“钛铅系列合金材料”通过专家鉴定。2个项目均属国内首创，达到国际同类产品的先进水平。

3月25日 钢城区汇锋小额贷款有限公司、中小企业信用担保中心、鑫融投资担保有限公司和赢牟投资担保有限公司成立。

4月13日 第六届桃花节开幕暨创业项目签约仪式举行。

4月19日 国土资源部副部长贠小苏一行到颜庄镇考察滨河小区建设。

4月23日 副省长才利民带领省国土资源厅、省旅游局等部门负责人在中共莱芜市委副书记、市长马平昌的陪同下考察颜庄镇滨河小区建设情况。

5月9日 全国围棋甲级联赛在棋山举行。

5月13日 莱钢集团公司辅业改制单位属地管理交接会议召开。莱钢集团所属泰东实业、汽运公司、鲁碧建材、蓝天商旅4个单位有关工作正式移交地方管理。

5月25日至26日 国土资源部执法监察局巡视员张新宝在省国土资源厅厅长徐景颜的陪同下，实地察看了辛庄镇徐家店村、鲁中钢铁物流项目等现场。

同月 钢都宾馆被评为莱芜市三星级旅游饭店。

6月10日 区委宣传部创办的《文明钢城》杂志首期发行。

6月12日 科技部公布2009年度第一批科技型中小企业技术创新基金项目，山东省新纪元冶金设备有限公司“合金钢大方坯、圆坯、矩形坯连铸机项目”获得70万元无偿资助，山东银山耐火材料有限公司“氧化锆陶瓷复合节能型连铸功能材料”获得60万元无偿资助，莱芜市新艺粉末冶金制品有限公司“轿车用粉末冶金摩擦块”获得70万元贷款贴息。

7月13日 钢城区经贸代表团赴香港参加2009(香港)山东省重大区域发展战略说明会暨经贸洽谈会及山东省莱芜市经贸合作项目推介会。会上签约项目4个：由山东莱冶特钢有限公司与香港泰亚国际发展公司合作总投资6800万美元(其中外资4800万美元)的电子级PI膜项目，由黄庄镇代表莱芜市盛玛经贸有限公司与香港恒发贸易公司合作总投资3000万美元(其中外资1600万美元)的四维粘脐剂项目，由香港众鑫资源有限公司在钢城区经济开发区投资1300万美元的钢铁裁剪项目，由艾山街道代表莱芜市宏远金属制品有限公司与韩国钢铁香港分公司合作总投资2000万美元(其中外资1000万美元)的不锈钢深加工项目。

7月26日 山东省炒鸡美食大赛暨莱芜市首届炒鸡美食文化节在棋山风景区举行。

8月14日 钢城区服务业暨艾山美食街招商推介会在济南舜耕国际会展中心召开。

9月17日 上海汽车(莱芜)零部件工业园签约仪式暨上海汽车粉末冶金(莱芜)有限公司粉末冶金制品项目开工仪式在钢城举行。

12月7日 莱芜雅鲁生化有限公司承担的技术创新计划项目“连续化生产工业喹啉工艺技术的开发和应用”，通过专家鉴定，填补省内空白。

12月22日 国务院侨办“侨法宣传角”揭牌仪式在钢城区艾山街道九龙家园社区服务中心举行。

2010年

1月15日 省委深入学习实践科学发展观活动巡回检查组到钢城区检查指导学习实践活动开展情况，检查组听取相关工作汇报并到金鼎电子、九龙家园社区服务中心、磁悬浮列车轨排和辛庄高效生态园艺基地进行实地察看。

1月18日 中共中央政治局原常委、中纪委原书记吴官正在副省长王随莲，中共莱芜市委书记、市人大常委会主任于建成，中共莱芜市委副书记、市长马平昌等的陪同下到钢城区考察。

1月19日 钢城区经济工作会议召开。会议的主要内容是贯彻落实中央和省、市经济工作会议精神，深入分析形势，总结2009年工作，研究部署2010年经济发展工作。

3月1日 全区总结表彰动员大会召开。会议主要是总结2009年的工作，表彰各系统涌现出的先进典型，动员进一步解放思想，振奋精神，真抓实干，努力开创各项工作的新局面。

3月3日 中国(莱芜·钢城)第二届兰花大会暨“山东瑞冠杯”首届兰花博览会，在钢城区辛庄镇山东瑞冠花木有限公司多功能花卉馆开幕。来自全国各地的兰花爱好者和各界群众1000余人参观兰花展。5日，首届兰花博览会落幕。本届兰花博览会有来自北京、江苏、浙江、四川、云南等十几个省市的160余位参展商，共展出上千个品种、近万盆精品兰花，兰花交易额达500万元。

3月8日 莱芜市地税局钢城分局办税服务厅的女税官岗被中华全国妇女联合会、全国妇女“巾帼建功”活动领导小组授予“全国巾帼文明岗”。

3月17日 省高级人民法院院长周玉华到钢城区考察。

3月25日 香港锐丰集团董事长陈克英一行4人到钢城区考察。

3月26日 全区深入学习实践科学发展观活动总结大会召开。

同月 钢城区开展千名机关干部帮扶千家困难户活动。

4月18日至24日 钢城区黄庄镇第七届桃花节举办。

4月21日 钢城区未成年人心理健康教育工作站在宣传文化中心挂牌成立。

4月22日 钢城区组织区机关干部参加抗震救灾暨“慈心一日捐”捐赠仪式，为“4·14”青海玉树地震灾区捐款。

5月6日 团中央《知心姐姐》杂志社“心理健康教育全国巡回报告团”的苏建民教授，到钢城区举行为期4天巡回演讲活动。

5月8日 钢城区图书馆获国家“一级图书馆”称号。

5月10日至17日 钢城区在香港开展为期一周的经济洽谈和招商引资活动，签订项目4个，总投资额1.4亿美元，其中外资9200万美元。

5月18日 钢城区人民医院门诊医技病房综合楼奠基开工。工程是区委、区政府为民办的“十件实事”之一，计划总投资2400万元、建筑面积1.68万平方米。

5月 根据鲁政字〔2010〕102号文件将钢城区辛庄镇墨埠、兴隆村划归莱城区鹏泉街道管辖。

6月17日 钢城区顺诚小额贷款公司开业。

7月13日 中共莱芜市委副书记、市长马平昌，中共莱芜市委副书记朱胜运，副市长丁习文陪同台湾和硕联合科技股份有限公司全球制造策略中心经理蔡进国到钢城区考察洽谈。

7月22日 莱芜中石油昆仑燃气有限公司在钢城经济开发区石头湾村举行“钢城区天然气利用工程”开工仪式。

7月28日 中共钢城区委机关刊物——《钢城通讯》创刊。

8月15日 全区各级机关单位降半旗，同时停止一切公共娱乐活动，沉痛悼念在甘肃舟山特大山洪泥石流中遇难的同胞。

9月9日 辛庄镇成立农村综合服务发展协会，在全国乡镇属第一家。

9月12日 台湾和硕联合科技股份有限公司总经理暨执行长程建中到钢城区考察洽谈项目合作事宜。

9月16日 上海汽车粉末冶金（莱芜）有限公司粉末冶金制品项目投产仪式在钢城经济开发区举行。

9月25日 科技部副部长曹健林到钢城区考察。

10月12日 中共山东省委书记、省人大常委会主任姜异康带领全省转方式调结构现场观摩会观摩团到钢城区考察。

10月18日 山东省军区政委南兵军到钢城区调研。

10月19日 国家信访局办信二处副巡视员兼办信五处处长于荔由省信访局办信处调研员赵延霞，中共莱芜市委常委、政法委书记王光华陪同到钢城区考察。

同日 鲁中钢材市场启用招商大会在钢城经济开发区举行。中钢协冶金工业经济发展研究中心主任石洪卫，中国物流与采购联合会副会长蔡进，山钢集团副总经理、莱钢集团总经理陈启祥，山钢集团副总经理陈向阳，区委书记、区人大常委会主任李乃俊，区委副书记、区长栾健，区政协主席秦立刚，区人大常委会第一副主任卢炳书参加活动。

10月28日 中共聊城市委副书记金维民带领党政考察团由莱芜市领导朱胜运、黄希俭、刘振杰陪同到钢城区考察，区委副书记、区长栾健陪同。

10月 钢城区被国务院列入新型农村社会养老保险试点区。

11月12日 副省长王随莲到钢城区调研。

同日 瑞典农村发展政策考察团一行9人，在国务院发展研究中心国际合作局局长孙兰兰陪同下，到钢城区考察农业农村工作。

12月16日 在第二届山东省农村文化艺术节音乐决赛中，由区委宣传部选送的原创歌曲《爱心钢城》获一等奖。

12月22日至23日 《钢城区志》志稿评议会召开。省、市史志办有关领导、专家参加。

2011 年

1 月 1 日 中共山东省委副书记、省长姜大明到钢城区考察。

1 月 4 日 钢城区正式启用数字化城市管理监督指挥中心，负责受理城市管理监督员在巡查中发现的和群众举报投诉的各类城市管理事项，并对工作落实情况进行督促检查和考核奖惩。

1 月 15 日 中国共产党莱芜市钢城区委十二届十次全体会议暨全区经济工作会议召开。

1 月 18 日 中共山东省委组织部副部长胡文荣到钢城区走访慰问老党员、困难职工和困难群众，并对钢城区开展创先争优活动情况进行点评。

1 月 24 日 中共莱芜市委副书记、市长马平昌到钢城区走访慰问里辛镇敬老院老人和农村贫困户。

2 月 10 日至 12 日 中国人民政治协商会议第八届莱芜市钢城区委员会第四次会议召开。依次表决通过了区政协八届四次会议提案审查情况的报告、区政协八届四次会议决议。

2 月 11 日至 13 日 莱芜市钢城区第十六届人民代表大会第四次会议召开。依次表决通过了区十六届人大四次会议关于政府工作报告的决议，关于钢城区国民经济和社会发展第十二个五年规划总体纲要的决议，关于钢城区 2010 年国民经济和社会发展计划执行情况与 2011 年计划的决议，关于钢城区 2010 年财政预算执行情况和 2011 年区级财政预算的决议，关于钢城区人大常委会工作报告的决议，关于钢城区人民法院工作报告的决议，关于钢城区人民检察院工作报告的决议。

2 月 18 日 钢城区总结表彰动员大会在莱钢工人文化宫召开。

2 月 22 日 中共莱芜市委副书记、市长马平昌到钢城区调研。

3 月 1 日 区委宣传部、区文明办创办的“爱心钢城”微博(http://t.qq.com/aixingangcheng)在腾讯微博正式开通，这是“爱心钢城”品牌建设的又一个创新举措，也是社会各界宣传爱心公益、弘扬文明和谐的重要平台和窗口。

3 月 3 日至 6 日 辛庄镇举办“山东瑞冠杯”第二届兰花博览会。主题是“盛世兰展相约钢城”，来自江苏、浙江、四川、云南、江西等十几个省市的 260 多位参展商，展示了上千个品种、近万盆精品兰花，吸引参展单位代表、新闻媒体记者、赞助单位代表和观赏群众 1.20 万多人。

3 月 4 日 区委副书记、区长栾健带领钢城区考察团赴淄博市桓台县、滨州市邹平县考察学习工业经济发展的经验和做法。

3 月 9 日 钢城区拘留所被评定为全国二级达标拘留所。

3 月 24 日 钢城区文艺家协会成立。

4 月 2 日 里辛镇棋山观村的“抗日阵亡烈士纪念碑”存址被定为钢城区爱国主义教育基地。

4 月 14 日 教育部政策法规司副司长刘自强到黄庄镇丈八丘联小调查深化农村学校课程改革、实施素质教育等情况。

4 月 14 日至 15 日 钢城区参加莱芜市政府招商团赴广州东莞专题招商推介活动，钢城区共邀请参会客商 20 人，签约项目 1 个、签约额 1.3 亿元。

5 月 9 日至 13 日 钢城区参加“2011 香港山东周”活动。钢城区有 4 个项目签约，总投资 2.05 亿美元，合同外资 1.77 亿美元。

5 月 13 日 中共山东省委常委、纪委书记李法泉到钢城区考察并看望钢城区纪检监察干部。

5 月 18 日 钢城区里辛二中举行“全国青少年文明礼仪教育示范基地”挂牌仪式。

5 月 26 日 “致公同心书屋”揭牌仪式在黄庄镇丈八丘联小举行。

5 月 30 日 中共吉林省通化市二道江区委副书记、区长韩阳带领党政考察团到钢城区考察。

6 月 11 日 中共莱芜市委副书记、市长马平昌，中共莱芜市委常委、副市长刘民胜，副市长刘曙光到钢城区调研莱芜钢铁精深加工产业园有关情况。

6月13日 济南日报报业集团党委书记、董事长、社长孙元文和党委副书记、总编辑肖国防带领济南市报业新闻“济南都市圈”采访团到钢城区采访。

6月29日 《中国共产党莱芜市钢城区组织史资料(2001—2009)》一书出版发行。

7月8日至19日 钢城区推介团赴台参加“孔子故里,好客山东”台湾行经济合作及招商推介活动。先后参观考察了台湾创投集团、中华企业交流协会等著名企业和协会，走访了部分企业家和知名人士,举办钢城区对台招商恳谈会,并在台北向钢城区对台招商经济顾问颁发了聘书。钢城区部分企业与台湾中华企业交流协会、亚洲投资公司达成了中草药种植加工、液晶面板生产线等一批投资合作意向。

8月8日 中央“创先争优”活动领导小组综合组副组长吕春波一行4人到钢城区疃里村调研创先争优活动开展情况。

9月10日 来自全国挠性覆铜板、电子材料、电子铜箔等行业协会的7位顶级专家,对高新园莱芜市义和信息材料科技有限公司承担完成的山东省2011年技术创新项目《挠性覆铜箔专用聚酰亚胺薄膜》(201131912006)进行了验收鉴定,最终形成鉴定意见：莱芜市义和信息材料科技有限公司自主研发的挠性覆铜箔专用聚酰亚胺薄膜技术路线、生产工艺先进,产品达到国内领先水平,部分指标达到国际先进水平,填补了国内空白,使中国成为继美国、日本、韩国之后第四个具有电子级聚酰亚胺薄膜独立研发生产能力的国家。

9月25日 钢城区邀请来自中国香港和法国、日本等国家的138名客商参加2011中国(莱芜)钢铁博览会开幕式暨项目签约仪式,会上共签约过亿元项目6个,总签约额20.50亿元。

9月25日至27日 钢城区邀请台湾新东方高效节能科技股份有限公司、台湾朝植环工科技股份有限公司等企业负责人到钢城区考察。台商部分企业与莱芜市特钢鸿昌合金公司、莱芜鸣翔冶金辅料股份有限公司达成废酸收集处理、高压节能设备联合开发等合作协议。

10月13日 辛庄镇被环境保护部授予“全国环境优美乡镇”称号。

12月27日 科技部公布获得2011年度国家火炬计划项目名单，钢城区金雷风电科技股份有限公司申报的“2.5MW以上风力发电机主轴产业化”项目和莱钢粉末冶金有限公司申报的“高压缩性铁粉规模化生产”项目被列入国家火炬计划项目。

2012年

1月5日 钢城区在黄庄中学举行东金鼎国家级青少年俱乐部揭牌仪式，标志着钢城区首家国家级青少年体育俱乐部正式成立。

1月6日 中共莱芜市委书记刘士合到钢城区调研。

1月8日至9日 中国共产党莱芜市钢城区第十三次代表大会召开。区委书记胡文朴代表中共莱芜市钢城区十二届委员会作工作报告；中共莱芜市钢城区第十二届纪律检查委员会作书面工作报告。大会通过《关于十二届区委工作报告的决议》《关于十二届区纪委工作报告的决议》;选举产生了中共莱芜市钢城区第十三届委员会和中共莱芜市钢城区第十三届纪律检查委员会；选举产生了钢城区出席中国共产党莱芜市第十三次代表大会代表。

1月9日 中国共产党莱芜市钢城区委十三届一次全体会议召开。会议选举产生了中国共产党莱芜市钢城区第十三届委员会常委:胡文朴、张钊、曹殿军、周毅、李官珊、张勇、赵波、亓中彪、刘彬华和李志平；选举产生了中国共产党莱芜市钢城区第十三届委员会书记胡文朴,副书记张钊、曹殿军。

1月11日 钢城区被确定为山东省第三批“出口农产品质量安全示范区”。

1月12日至15日 莱芜市钢城区第十七届人民代表大会第一次会议在莱钢工人文化宫召

开。主要议程:听取和审议区人民政府工作报告;审议区人民政府关于莱芜市钢城区2011年国民经济和社会发展计划执行情况与2012年国民经济和社会发展计划草案的报告，审查批准莱芜市钢城区2011年国民经济和社会发展计划执行情况的报告与2012年计划;审议区人民政府关于莱芜市钢城区2011年财政预算执行情况和2012年财政预算草案的报告，审查批准莱芜市钢城区2011年财政预算执行情况的报告和2012年预算;听取和审议区人大常委会工作报告;听取和审议区人民法院工作报告;听取和审议区人民检察院工作报告。会议选举胡文朴为区十七届人大常委会主任,选举李全义、谭乐芝、赵洪新、葛敬玉、魏育江为区人大常委会副主任;选举张钊为区人民政府区长,选举赵波、亓中彪、张富林、李秀芳、亓勇、任启民为副区长;选举刘丰涛为区人民法院院长;选举亓民为区人民检察院检察长;选举钢城区出席莱芜市第十七届人民代表大会代表95人。

1月12日至15日 中国人民政治协商会议莱芜市钢城区第九届委员会第一次会议召开。会议审议通过了政协第八届莱芜市钢城区委员会常务委员会工作报告和区政协八届一次会议以来提案工作情况的报告。委员列席钢城区第十七届人民代表大会第一次会议,听取并讨论《政府工作报告》和其他重要报告;选举王纪青为政协钢城区第九届委员会主席,张春修、邹峰(不驻会)、侯尚俭(不驻会)、李智笃、张明三为副主席,亓宝胜、石树晴、刘进轲、李红华、李德实、杨树兴、尚翠芹、昝永清、袭宝祥、潘长喜、魏廷、魏峰为常务委员。

2月9日 “山东瑞冠杯”第三届兰花博览会开幕式暨招商引资项目签约仪式举行。

2月14日 副省长张建国到钢城区考察。

2月23日 东丈八丘至和尚峪营林路开工修建,总投资260万元,总长8.50公里,涉及东丈八丘、北丈八丘、官庄、南金水河、北金水河、东王庄、桑家庄、北通香峪8个村。

2月28日 钢城区获“全省双拥模范区”称号。

3月1日 2011年山东名牌产品名单正式公布,钢城区新增山东名牌产品3个:莱芜金鼎电子材料有限公司生产的胶粘剂型印制电路用挠性覆铜板、山东莱钢泰达车库有限公司生产的机械式停车设备、山东鲁碧建材有限公司生产的通用硅酸盐水泥。

3月7日 《齐鲁晚报》棋院院长刘玮、山东省棋类管理中心主任马军鸣、中国孔子基金会《儒风大家》杂志社董事长许发刚一行到棋山考察。

3月9日 省水利厅有关人员到黄庄镇台子村考察汶河源头。

4月7日 钢城区邀请奥地利韦尔斯乐团一行70余人,到莱钢集团进行友好慰问演出。

4月14日 第九届桃花节开幕式暨招商引资项目签约仪式举行。

4月24日 钢城经济开发区加挂“莱钢钢铁精深加工产业园”牌子,其工委、管委会实行市委、市政府和钢城区委、区政府双重管理,以区管为主,仍属区委、区政府派出机构,建制规格为正处级,内设办公室、经济发展局、建设环保局、招商局、财政局、社会事务局6个正科级机构;核定财政拨款事业编制47人;配备工委书记、管委会主任1人,工委委员、管委会副主任3人,纪工委书记由工委委员兼任;内设机构科级领导职数12人。

4月30日 府前大街改造工程正式启动,投资4500万元,改造道路全长2931米,9月20日完工。

5月19日 黄庄镇黄花峪首届樱桃采摘节开幕。

5月29日 爱山公园整体改造启动,9月28日完工。工程占地865亩,投资2660万元,总建设面积3.30万平方米。

5月 南湖大道东延工程启动,道路全长3.50公里。12月20日实现全线竣工通车。

6月30日 莱钢钢铁精深加工产业园大项目开工奠基。

同月 钢城高新技术工业园更名为钢城高新技术开发区。

同月 艾山街道张庄社区被中科协和财政部授予“全国科普示范社区”称号；庙子粉皮科技领头人赵方顺被表彰为“全省科普带头人”。

8月28日 中共山东省委副书记王军民到辛庄镇城岭村调研农村产权制度改革和农业、农村信访稳定工作。

10月30日 黄庄镇大上峪村、灰菜峪村、东峪村划归钢城高新技术开发区。

11月8日 黄庄镇改称汶源街道，中国共产党莱芜市钢城区汶源街道委员会、莱芜市钢城区人民政府汶源街道办事处揭牌成立；里辛镇改称里辛街道，中国共产党莱芜市钢城区里辛街道委员会、莱芜市钢城区人民政府里辛街道办事处揭牌成立。

11月30日 中共广西壮族自治区南宁市委副书记李泽率领考察团一行34人，到钢城区考察统筹城乡发展、农村产权制度改革和土地流转等情况。

2013年

1月9日 双龙山公园建设开工，总投资8000万元，规划面积27万平方米。4月30日竣工。

1月12日至13日 中国人民政治协商会议第九届莱芜市钢城区委员会第二次会议召开。会议审议通过了区政协常委会工作报告和提案工作报告；委员列席了钢城区第十七届人民代表大会第二次会议，听取并讨论《政府工作报告》和其他重要报告。

1月13日至14日 莱芜市钢城区第十七届人民代表大会第二次会议召开。会议听取和审议区人民政府工作报告；审议区政府关于莱芜市钢城区2012年国民经济和社会发展计划执行情况与2013年国民经济和社会发展计划草案的报告，审查批准莱芜市钢城区2012年国民经济和社会发展计划执行情况的报告与2013年计划；审议区政府关于莱芜市钢城区2012年财政预算执行情况和2013年财政预算草案的报告，审查、批准莱芜市钢城区2012年财政预算执行情况的报告和2013年预算；听取和审议区人大常委会工作报告；听取和审议区人民法院工作报告；听取和审议区人民检察院工作报告。

1月14日 钢都大街改造工程全面开工，总投资8700万元，全长3002.70米，5月1日通车。

1月15日 全区总结表彰动员大会召开。

1月25日 钢城区举行村村通校车和城市公交启动仪式，40辆校车正式投入运营。

2月 山东博兰特信息材料有限公司、山东美邦电子科技有限公司2家企业，经省高新技术企业认定管理机构审查，被批准认定为省级高新技术企业。

3月9日 中共莱芜市委书记、市人大常委会主任刘士合，中共莱芜市委副书记、代市长王磊带队到钢城区考察城市建设重点项目。

3月12日 区直机关全体共产党员在艾山公园集中开展“我为钢城添绿，我为党旗增辉”植树活动。

3月21日 中共莱芜市委副书记、代市长王磊到钢城区汶源街道调研。

4月4日 中大工业集团公司董事长徐耀群到钢城区考察。

4月10日 省政协副主席焉荣竹到钢城区考察城市环境综合治理工作。

4月25日 中共山东省委书记、省人大常委会主任姜异康到钢城区参加全省现场观摩会。

5月10日 中共济南市历城区委副书记、区长吴承丙到钢城区考察学习钢铁业下游产业链条拓展的经验做法。

6月26日 江西海韵投资公司董事长涂根带队到钢城区考察城建项目情况。

7月22日 中共莱芜市委书记、市人大常委会主任王良到钢城区调研。

8月5日 中共烟台市委书记、市人大常委会主任张江汀在中共莱芜市委书记、市人大常委会主任王良，中共莱芜市委副书记、市长王磊等陪同下到钢城区考察。

9 月 7 日 钢城区辛庄镇蟠龙梆子剧团成员赴京参加中国第五届新农村电视艺术节。

9 月 11 日 副省长邓向阳在中共莱芜市委书记、市人大常委会主任王良，中共莱芜市委副书记、市长王磊陪同下到钢城区考察。

9 月 26 日 济南军区第 26 集团军副政委王伟力在中共莱芜市委副书记林殿玲、莱芜军分区政委郑际平、莱芜军分区司令员刘新华陪同下到钢城区棋山观村参观抗日阵亡烈士纪念碑。

9 月 27 日 钢城区获首届“文化强省建设先进区”荣誉称号。

10 月 31 日 中共莱芜市委书记、市人大常委会主任王良到钢城区调研基层党建工作。

12 月 31 日 钢城区印发钢城政发〔2013〕17 号文，将莱芜市钢城区人民政府食品安全工作办公室的职责、莱芜市钢城区食品药品监督管理局的职责、莱芜市钢城区质量技术监督局的生产环节食品安全监督管理职责、莱芜市钢城区工商行政管理局的流通环节食品安全监督管理职责进行整合，重新组建莱芜市钢城区食品药品监督管理局(挂莱芜市钢城区食品安全委员会办公室牌子)。

第一编

建置 地理

JIANZHI DILI

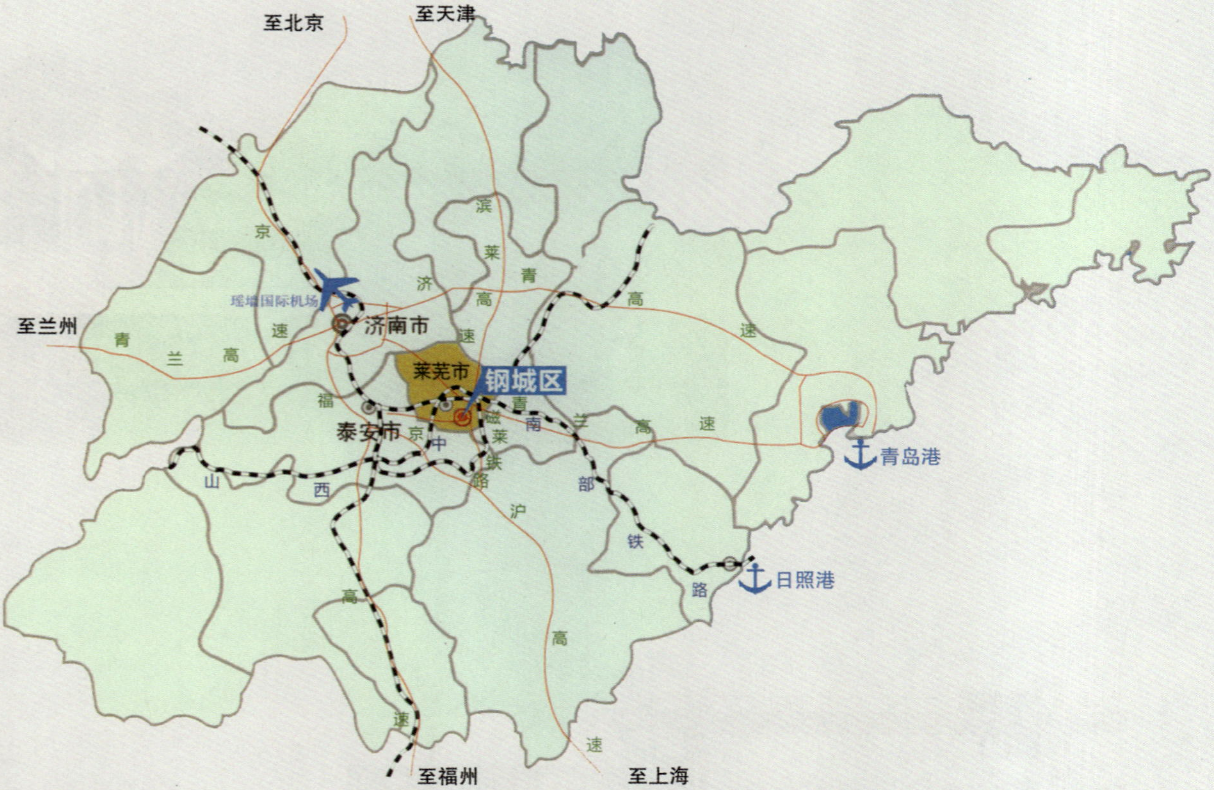

芜市大寨物资有限公司

第一章 建 置

第一节 地理位置

钢城地处莱芜东南部。地理坐标为北纬35°59′32″～36°17′16″，东经117°40′56″～117°58′07″。北、西接莱城区，东连沂源县，南邻新泰市。境域南北最大纵距20.50公里，东西最大横距23.20公里，总面积339.34平方公里。边界线：北经验货台、西港、王家港、上北港、北下冶、莲花池、小官庄、西田庄、北田庄、双口峪、黄金篮等村，东经孙家岭、东马泉、白冶子、李家峪、尚家峪、上历山后、龙巩峪、霞峰、杨家大峪、台子等村，南经南通香峪、青冶行、灰菜峪、大上峪、南仓峪、贤女庙、清泉岭等村，西经大龙门、罗汉峪、九龙庄、孙家庄、柳桥峪、西当峪、木头山、邱家屋、西红埠岭等村。区政府驻艾山街道，西北距莱芜市政府驻地20公里，距省会济南132公里。

20世纪90年代钢城区城区一角 （1999年 摄）

第二节 建置沿革

商朝，境域北部属牟国地。

周朝，境域北部属牟子国地。

西汉时期，境域北部属牟县。

隋朝，境域北部属嬴县，南部（黄庄、寨子一带）属新泰县。

唐朝，境域北部属莱芜县，南部属新泰县。

宋朝初，境域南部属新泰县，后属蒙阴县。

明朝至清朝，境域北部属莱芜县东乡，南部属蒙阴县北一区。

清末民初，乡、保及区、社建制取消，县下设区，区辖乡（镇）。境域北部绝大部分属颜庄区（莱芜四区），辖3个镇、13个乡，即：颜庄、郑王庄和清泥3个镇，黄花、南冶、红埠岭、岔河、澜头、埠东、沈家崖、里辛、玥庄、逯家庄、棋山、牛山和潘家沟13个乡，共计136个自然村。境域南部，清宣统三年（1910年）为蒙阴县北一区，1921年为黄庄区，1933年属蒙阴县七区。

1939年3月，境内的颜庄区（四区）属泰山特委直属县；10月直属县撤销。1941年5月，莱芜县划为莱北县、莱东县和莱南县，颜庄区分为南冶、清泥、棋山和黄花4个小区，其中境内的清泥区属莱南县，棋山区、黄花区属莱东县；9月莱南县改称新甫县，11月黄花区并入棋山区，归新甫县。后南冶区、清泥区合并为颜庄区。1944年7月，颜庄区、棋山区划归新泰县。1945年10月，莱北、莱东和新甫三县合并，恢复莱

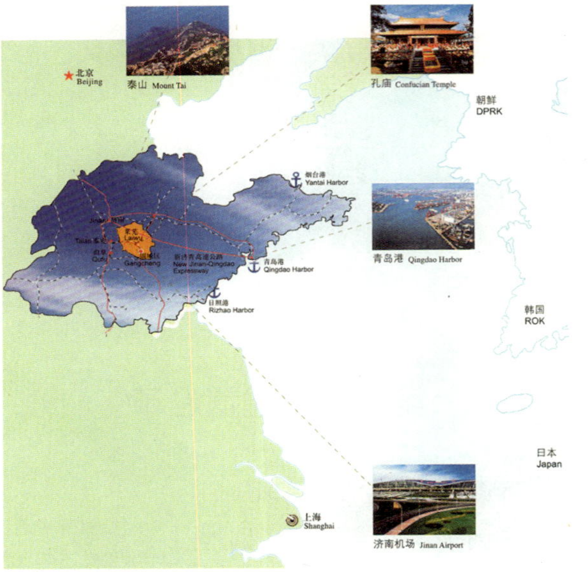

图 1-1-1　钢城区在山东省的地理位置图

芜县原建制，颜庄区划归莱芜县。

1939 年 1 月，境内黄庄区划归新泰县。1940 年 4 月，划归蒙阴县。1941 年 9 月，又划归新蒙县。1942 年 8 月，黄庄区与张庄区合并为张黄区，划归博莱县；寨子乡划归新甫县。1944 年 4 月，黄庄区划归蒙阴县；7 月寨子乡划归新泰县翟镇区。1945 年 7 月，黄庄区从蒙阴县析出归属沂源县，为沂源六区。

1949 年 10 月 1 日，中华人民共和国成立后，区下设乡，乡辖村，境内设有莱芜县颜庄区、沂源县黄庄区 2 个区，以及隶属新泰县翟镇区的寨子、庙子 2 个乡，共 14 个乡。其中，颜庄区有颜庄、港里、清泥、埠东、澜头、里辛、郑王庄和棋山 8 个乡，黄庄区有黄庄、王家庄、上峪和丈八丘 4 个乡。

1958 年 3 月，撤区并乡，境域包括颜庄乡、郑王庄乡（属莱芜县）及黄庄乡（属沂源县）、寨子乡（属新泰县）；9 月至 10 月，乡改设为人民公社，境内有黄庄、颜庄和郑王庄 3 个人民公社，寨子乡所辖 22 村隶属新泰县翟镇人民公社。1959 年 2 月，颜庄人民公社、郑王庄人民公社合并为颜庄人民公社。1962 年 3 月，人民公社以下设管理区，村改称生产大队，境域有 13 个管理区 156 个生产大队，包括颜庄人民公社下设的颜庄、清泥、里辛、郑王庄、棋山、澜头和港里 7 个管理区 92 个生产大队，黄庄人民公社下设的黄庄、王家庄、上峪和丈八丘 4 个管理区 42 个生产大队，翟镇人民公社所属的寨子、庙子 2 个管理区 22 个生产大队。

1983 年 8 月 30 日，莱芜县改设为莱芜市（县级市），境内颜庄公社遂改为莱芜市颜庄公社。

1984 年 3 月起，进行农村体制改革，撤销人民公社。境内设有颜庄办事处隶属莱芜市；黄庄区隶属沂源县；寨子乡、庙子乡 2 个乡隶属新泰市。共 13 个乡（镇），其中颜庄办事处有颜庄镇、城子坡镇、西港乡、澜头乡、里辛乡、郑王庄乡和棋山乡 7 个乡（镇），黄庄区有黄庄乡、王家庄乡、上峪乡和丈八丘乡 4 个乡。境内共有 164 个行政村（颜庄办事处 100 个、黄庄办事处 42 个、寨子乡和庙子乡 22 个）。

1985 年 9 月至 12 月，撤处（区）并乡。境域有莱芜市颜庄镇、城子坡镇、里辛乡，沂源县黄庄镇，新泰市寨子乡，共 5 个乡镇、164 个行政村。

1990 年 8 月，颜庄镇、城子坡镇和里辛乡从莱芜市划出，黄庄镇、寨子乡分别从沂源县、新泰市划出，成立莱芜市钢城办事处，为莱芜市人民政府派出的副县级机构，辖颜庄、城子坡、黄庄 3 个镇及里辛、寨子 2 个乡，共有 164 个行政村。1991 年 1 月 1 日，莱芜市钢城办事处挂牌办公。

第三节　行政区划

1992 年 11 月 22 日，国务院以国函〔1992〕182 号文件，批准莱芜市由县级市升格为地级市。1993 年 1 月 15 日，钢城区挂牌办公。因境内有国家大型钢铁企业——莱芜钢铁总厂而得名，区政府驻城子坡镇。1993 年 1 月钢城区辖城子坡、颜庄、黄庄 3 个镇和里辛、寨子 2 个乡，共有 164 个行政村（居）。其中，城子坡镇辖 14 个行政村，镇机关驻地北城子坡村；颜庄镇辖 42 个行政村，镇机关驻地颜庄村；黄庄镇辖 42 个行政村，镇机关驻地黄庄一村；里辛乡辖 44 个行政村，乡机关驻

地里辛村；寨子乡辖22个行政村，乡机关驻地寨子村。

1995年9月，城子坡镇改称城子坡街道，里辛乡改称里辛镇，所辖行政区域不变。

2000年12月，城子坡街道与寨子乡合并，成立艾山街道，街道机关驻地北城子坡，辖36个行政村（社区）。

2001年5月21日，莱芜经济开发区钢城分区成立。2003年5月，将艾山街道所辖宋家庄、高家庄、卞家泉、傅家桥4个村和黄庄镇所辖小上峪村划归莱芜经济开发区钢城分区管理。

2005年钢城区城区一角

2005年钢城区辖艾山街道和颜庄镇、黄庄镇、里辛镇4个镇（街道），共有164个行政村（居、社区）、总面积339.34平方公里、总人口23.96万人。

第二章　镇（街道）村（居、社区）

第一节　镇（街道）

艾山街道

2000年12月14日，撤销寨子乡，将其行政区域并入城子坡街道；19日城子坡街道改称艾山街道。因域内有艾山而得名，驻地北城子坡居委会。位于钢城区政府北1公里处，2005年面积82.30平方公里，辖37个行政村（社区），人口7.85万人。工农业总产值8.35亿元，地方财政收入2005.65万元，农民人均纯收入4566元。

艾山街道地处全区政治、经济和文化中心，区位优势明显。省道803线（原205国道）在域内长7公里；莱（芜）新（泰）高速公路域内长7.80公里，并设有出口1处；磁（窑）莱（芜）铁路域内长6.50公里，设有徐家庄火车站1处。有莱钢集团公司的烧结厂、焦化厂、炼铁厂、机械公司等16家企业。依托区位交通优

艾山街道办事处办公楼　（2002年　摄）

艾山工业园一角(徐家庄村民所建铁路物流项目) (2005年 摄)

势,先后发展起东烨物流、陆通物流等物流服务业项目;依托近靠莱钢优势先后发展起钢结构、冷轧薄板、泰金斯锻造、不锈钢微丝等钢铁深加工产业;围绕莱钢“三废”处理发展循环经济,发展起雅鲁生化公司、厚泽钢渣等项目;依托城区优势发展服务业,先后引进红星美凯龙家具城、山海天商城、海江大酒店等较大服务项目。自2001年,兴办民营经济园。至2005年,共投资12.60亿元,建成陶家岭、周家坡、清泥沟、徐家庄4个村级工贸小区和寨子至南仓峪的艾山工业园,发展私营企业、个体工商户500余户,引进项目270个。其中,投资过1000万元的30个,纳税100万元以上的21个。寒露蜜桃是南部山区特色产业,2002年“贤女牌”寒露蜜桃被评为“山东省无公害农产品”。至2005年,有桃林面积994公顷,年产5314吨,远销上海、福建、深圳、浙江和广州等地。

2000年至2005年,艾山街道先后被全国精神文明建设指导委员会表彰为全国创建文明村镇工作先进单位,被中华全国总工会表彰为全国新建企业工会组建工作先进单位,被山东省委、省政府、省人大表彰为思想政治工作先进单位和全省普法、依法治理先进单位。

附一:城子坡镇(城子坡街道)

明清时期,域内村庄分属莱芜县东乡黄山保、颜庄保。民国初期,归颜庄区。1938年为莱芜县颜庄区清泥乡。1941年5月,为莱南县清泥区。1945年10月,归莱芜县颜庄区。1958年归颜庄公社。1962年为颜庄公社清泥管理区。1984年3月,为颜庄办事处城子坡镇。1985年10月,为莱芜市城子坡镇。1993年1月,为钢城区城子坡镇。1995年9月,为钢城区城子坡街道,辖14个行政村。2000年12月14日,寨子乡并入城子坡街道;19日城子坡街道改称艾山街道。

1993年至2000年,先后获得山东省齐鲁街道之星、全省先进基层党组织、省级文明单位、省级安全文明街道、山东省体育工作先进乡镇、莱芜市经济强乡镇等荣誉称号。1995年8月2日,城古公路(城子坡至古墩)竣工通车后,城子坡镇成为莱芜市第一个村村通电、村村通柏油路、村村通程控电话、村村通自来水的“四通”乡镇。

附二:寨子乡

1921年为蒙阴县黄庄区寨子乡。1933年属蒙阴县七区。1939年12月,为蒙阴县寨子区。1942年8月,为新甫县寨子乡。1944年7月,归新泰县翟镇区。1947年为新泰县二区寨子乡、施家峪乡、肖马乡、纸坊乡。1957年3月,为新泰县翟镇区寨子乡、庙子乡。1958年3月,为新泰县翟镇区寨子乡;10月归新泰县翟镇人民公社。1962年为新泰县翟镇人民公社寨子管区、庙子管区。1984年4月,为新泰市翟镇办事处寨子

艾山街道获奖奖牌

乡。1985 年 12 月，为新泰市寨子乡。1990 年 8 月，为莱芜市寨子乡。1993 年 1 月，为钢城区寨子乡。乡政府驻寨子村，位于区政府南 2 公里，辖 22 个行政村。2000 年 12 月，撤销寨子乡，其行政区域并入城子坡街道。

庙子粉皮与寒露蜜桃为域内特色产业。省道 803 线在域内长 4 公里。自 1994 年，沿省道发展民营经济，建立钢城钢材炉料市场。1998 年钢城钢材炉料市场被山东省人民政府授予民营经济示范区荣誉称号。

颜庄镇

镇政府驻地颜庄村，位于钢城区政府西北 8 公里处。2005 年面积 71.70 平方公里，辖 42 个行政村（居），人口 5.81 万人，其中农业人口 3.60 万人。全镇工农业总产值 8.20 亿元，地方财政收入 1459.82 万元，农民人均纯收入 4884 元。

明清时期，域内主要包括莱芜县东乡颜庄保、黄山保及汶阳保、故事保部分村庄。民国初期，为莱芜县颜庄区。1939 年 3 月，为泰山特委直属县颜庄区（四区）；11 月为莱南办事处四区。

1941 年春，为莱南县清泥区、南冶区。1943 年 7 月，为新甫县颜庄区。1944 年 7 月，为新泰县颜庄区。1945 年 10 月，为莱芜县颜庄区。1958 年 3 月，为莱芜县颜庄乡；10 月为莱芜县颜庄人民公社。1983 年 8 月，为莱芜市颜庄公社。1984 年 3 月，为莱芜市颜庄办事处。1985 年 10 月，为莱芜市颜庄镇。1993 年 1 月，为钢城区颜庄镇。1999 年 12 月，经山东省人民政府批准为省级中心镇。2004 年 3 月，被莱芜市确定为综合改革试点镇，并被建设部等 6 个部委确定为全国重点镇。

省道 803 线在域内长 12.30 公里，莱新高速公路域内长 12 公里，韩（旺）莱（芜）公路域内长 4.70 公里，磁莱铁路域内长 13 公里并设有颜庄火车站 1 处。域内有莱钢集团公司的万和冶金建材有限公司和山东鲁碧建材有限公司、莱芜硫酸厂（鼎力化工集团）、潘西煤矿、西港煤矿及新汶矿业集团莱芜医院等省、市属企业（医院）6 家。利用区位优势，大力发展第三产业和与莱钢等驻地企业配套的项目。颜庄红烧牛肉、五香豆腐干是地方风味名吃。燕子石工艺制品有实用和观赏 2 个系列 120 余个品种，产品远销德国、日本、韩国及中国港澳台等地区。自 20 世纪 90 年代，大力发展高效农业，逐步形成了 66.67 公顷生姜、133.33 公顷桑园、333.33 公顷花椒和 4 个畜牧小区的高效农业基地。自 1995 年，进行镇驻地街道治理，后又实施中长期城镇建设规划，镇驻地小城镇陆续西扩，逐步形成了以 5 公里环镇路和 4 公里颜澜路为主轴的“四纵四横二环”的道路框架，城镇面积由 2 平方公里扩大到 6 平方公里，城镇人口由不足 6000 人增加到 2 万多人。自 2001 年，先后建起了颜庄民营经济园、钢材大市场、潘西工业园、建材城、工业新区等工业园区，逐步形成了以钢铁深加工为特色产业的工业集中区。2005 年入园企业 48 家，其中投资过千万元的 16 家，获“全市重点乡镇园区一等奖”。2004 年规划启动九龙山风景区旅游开发项目，规划建设了 20 公里的营林观光路，投资 500 万元建成九龙山庄。投资 3000 多万元，实施牟汶河颜庄段综合治理工程，规划建设颜庄大桥、韩莱路桥、墨埠桥 3 个景点，建成 4 个橡胶坝、3 座溢流坝及 30 万平方米的沿河游

颜庄镇政府办公楼　　（2000 年　摄）

颜庄商业街　　（1996年　摄）

颜庄镇颜庄村滨河小区　　（2005年　摄）

园。民间舞蹈“花鼓锣子”表演队，1990年参加第四届泰山国际登山节文艺表演，后多次参加全国和山东省文艺表演比赛并获奖，这一艺术样式已载入《中国民间舞蹈集成·山东卷》。

至2005年，颜庄镇先后被评为山东省“二五”普法先进集体、党员电教先进单位、全省信访工作先进单位、山东省美在家庭活动示范乡镇和山东省小城镇建设先进乡镇，被定为全国青年创业实践基地。

黄庄镇

镇政府驻地黄庄一村，位于钢城区政府东6.50公里处。2005年面积96.39平方公里，辖41个行政村（社区），人口4.61万人。全镇工农业总产值4.90亿元，地方财政收入1115万元，农民人均纯收入4719元。

明清时期，为蒙阴县北一区。清末民初，为蒙阴县七区。1921年为蒙阴县黄庄区。1939年2月，为蒙阴县黄庄乡；12月为蒙阴县黄庄区。1941年9月，划归新蒙县。1943年8月，划归博莱县张黄区。1944年4月，划归蒙阴县。1945年10月，为沂源县黄庄区。1958年10月，为沂源县黄庄人民公社。1965年6月，为沂源县黄庄区。1968年12月，为沂源县黄庄公社。1984年6月，为沂源县黄庄区。1985年9月，为沂源县黄庄镇。1990年1月，为淄博市沂源县黄庄镇；8月为莱芜市黄庄镇。1993年1月，为钢城区黄庄镇。

省道韩（旺）莱（芜）公路在域内长13公里，韩莱支线（齐家岭至洪沟）长7公里。林果业为农业特色产业。其中，黄金桃、汶源蟠桃面积1691公顷，年产量21095吨。2000年2月，钢城区被山东省林业厅、省经济协会命名为“黄金桃之乡”。2001年8月，又被国家林业局命名为“中国蜜桃之乡”。自2004年4月3日，镇政府举办每年一届的“桃花节”，以花为媒，借花联谊，以会造势，增加知名度，扩大黄金

黄庄镇政府办公楼

黄庄镇果品批发市场 （2004 年 摄）

桃销路，增加经济效益。

1993 年至 2005 年，黄庄镇先后被命名为山东省村镇建设新型乡镇、山东省个体私营经济文明经营区。

里辛镇

镇政府驻地里辛村，位于钢城区政府北 7 公里处。2005 年面积 88.95 平方公里，辖 44 个行政村（居、社区），53 个自然村，人口 5.69 万人，其中农业人口 3.51 万人。全镇工农业总产值 12.30 亿元，地方财政收入 1602.35 万元，农民人均纯收入 4910 元。

明清时期，域内村庄分属莱芜县东乡棋山保、铁车保。民国初期，归莱芜县颜庄区。1938 年为莱芜县颜庄区棋山乡、玥庄乡、郑王庄乡。1944 年 7 月，归新泰县颜庄区。1945 年 10 月，归莱芜县颜庄区。1951 年 4 月，为莱芜县七区（颜庄区）里辛乡、郑王庄乡、朱家乡、田庄乡、黄金乡、学玉乡。1955 年 11 月，为颜庄区里辛乡、郑王庄乡、棋山乡。1958 年 3 月，为郑王庄乡；10 月为郑王庄人民公社。1962 年 3 月，为颜庄人民公社里辛、郑王庄和棋山 3 个管理区。1984 年 3 月，为颜庄办事处里辛、郑王庄、棋山 3 个乡。1985 年 10 月，为莱芜市里辛乡。1993 年 1 月，为钢城区里辛乡。1995 年 9 月，为钢城区里辛镇。

韩莱公路在域内长 8.50 公里。域内有莱钢集团公司的特钢厂、炼钢厂、轧钢厂、中型钢厂、锻压厂、银山型钢等企业。受大企业辐射带动，逐步形成了以煤炭、冶金为主体，钢铁加工、建材炉料、建筑安装、运输物流、废渣处理、食品加工相配套的工业体系。全镇 1.10 万名劳动力，60%以上劳动力向莱钢转移。2003 年 1 月，开工建设的莱芜钢铁集团公司大型 H 型钢项目，是莱钢的重点工程。为保障工程的顺利建设，里辛镇举全镇之力，配合区委、区政府做好服务协调工作。先后征用 11 个村的土地 4000 余亩，拆迁房屋 3600 平方米，砍伐树木 6.50 万株，迁移坟头 1900 个，关闭采石场

里辛镇政府办公楼 （1998 年 摄）

里辛镇工业园一角 （2005 年 摄）

223处，及时清理地面附着物，解决矛盾纠纷1000多起。实施双泉路、桃花路的拓宽改造工程，修建改造输水供电线路20余条、1.60万米。聘请专家修编完善城镇建设规划，将中心城镇面积由2平方公里增加到6.60平方公里。旅游业是全镇特色产业。位于镇域内的棋山森林公园和棋山风景区，面积12平方公里；位于棋山观村的抗日阵亡烈士纪念碑，以及棋山柯烂、后宫庙、雪蓑碑、佛洞子等景观景点，均为钢城区重点文物保护单位。依托棋山风景区发展起来的棋山炒鸡为风味名吃，至2005年，有炒鸡店60余家，年接待游客10余万人次。

2005年6月，里辛镇获“全国优秀乡镇”称号

1993年至2005年，里辛镇先后获得国家级优秀乡镇、山东省农业先进单位、村镇建设新型乡镇、山东省文明单位、山东省村民自治模范单位和全省爱国拥军模范镇等荣誉称号。

第二节 村(居、社区)

艾山街道村(社区)

古墩村　位于区政府西北3.50公里处。明初，吴姓由河北枣强县迁此建村。有吴、林、王、亓、秦、乔、何、郭、齐、苗、李11姓，吴姓居多。2005年全村有323户、1128人，有土地面积240.99公顷、耕地面积150.37公顷。村域内的春秋战国古墓群，为区第一批重点文物保护单位。

大回家庄村　位于区政府西北3公里处。明初，回姓由河北枣强县迁此建村，以姓氏定村名。1964年为防水灾进行过一次村庄搬迁。主要姓氏孙、乔、贾3姓。2005年全村有105户，有土地面积42.59公顷、耕地面积27.67公顷。

南于家庄村　位于区政府西北2公里处。明朝初期，于姓由河北枣强县迁此建村。原名于家庄，因重名，1982年改称现名。仅有栾姓，2005年全村有127户、446人，有土地面积20.66公顷，耕地面积7.79公顷。

清泥沟村　位于区政府西北2公里处。明崇祯年间，魏姓由青州迁此建村。因村东南面有清泉，泉水绕村入泥沟而得名。清顺治年间，修建清泥沟石板路。清咸丰年间，建有清泥沟圩子。1925年古历五月初五，土匪刘黑七部攻破石圩，造成80人死亡、22人受伤的惨案。白莲藕种植有300多年历史。有张、栾、马、赵、乔、胡、李、伊、王、董等11姓，张、栾姓居多。2005年全村有689户、2218人，有土地面积321.81公顷、耕地面积218.14公顷。

徐家庄村　位于区政府西1.50公里处。明末，徐姓由泰安徐屯迁此建村，以姓氏定村名。有吴、施、张、秦、孟、刘6姓，吴姓居多。磁莱铁路徐家庄火车站建于该村。1998年被评为山东省村镇建设明星村。2005年全村有341户、985人，有土地面积28.99公顷、耕地面积1.72公顷。

北城子坡社区　艾山街道驻地。位于区政府北1公里处。明初，徐姓由河北枣强县迁此建村，因附近有城堡，地在山坡，故名城子坡。至明末，南城子坡建村后为对应更名为北城子坡。有徐、高、魏、赵、吴、田、张等12姓，高、魏姓居多。1993年3月，村民集体转为山东省集体城镇户口。1995年村委会改居委会。2004年11月，在北城子坡居委会的基础上建立社区，面积0.83平方公里。

南城子坡社区　明末建村，因址在北城子坡以南而得名。有展、王、赵、秦、孙、吴、李、苗、陈、郝10姓，展、王姓居多。1993年1月，为钢城区政府驻地。1993年3月，村民集体转为山东省集体城镇户口。1995年村委会改称居委会。2002年3月，在南城子坡居委会的基础上建立南城子坡社区，面积1.72平方公里。

宋家庄社区　位于区政府南1.50公里处。明

初，宋姓由河北枣强县迁此建村，以姓氏定村名。有孙、高、左、陈、崔、王、吴、葛、邹、秦、卞、徐、刘、张14姓，孙姓居多。古迹"九堂行宫"（卞氏家族九代相聚一堂之意）为明代卞氏家族宅院，建于明万历三十三年。1995年村委会改称居委会。2004年在宋家庄居委会的基础上建立社区，面积0.42平方公里。

傅家桥社区　位于区政府东南2公里处。清乾隆四十年（1775年），傅姓由淄川傅家庄迁此建村，因村前有石桥得名。曾有一自然村海眼村，为明末刘姓由山西迁来所建，因村西有泉名"海眼"，借以名村。1961年二村合并为一。有傅、张、王、亓、苗、田、董、郭、李9姓，傅姓居多。2005年3月，在傅家桥村的基础上建立社区，面积0.42平方公里。

逯家庄社区　位于区政府东北1公里处。明末，逯姓由淄川迁此建村。初逯姓居多，后渐衰。有北逯家庄、南逯家庄、栾家岭3个自然村，有王、李、栾、阚、刘、徐、田、苗、赵、朱10姓。1993年3月，村民集体转为山东省集体城镇户口。1995年村委会改居委会。2004年3月，在逯家庄居委会的基础上建立社区，面积0.66平方公里。

周家坡社区　位于区政府东北3公里处。明初，周姓由河北枣强县迁此建村，以姓氏定村名，又因址在山坡而得名。有刘、周、赵、李、燕、张6姓，刘姓居多。周家坡煤矿建于1933年，产无烟煤，后停办。1993年3月，村民集体转为山东省集体城镇户口。1995年村委会改居委会。2003年11月，在周家坡居委会的基础上建立社区，面积0.35平方公里。

张庄社区　位于区政府东北3公里处。明末，张姓由山西迁此建村，以姓氏定村名，为张家庄，后张家庄和苗家寨2个自然村合并为一个村。1982年更名为张庄。有苗、李、吕等12姓。1994年至2000年，3次被评为山东省文明单位。1994年被评为莱芜市经济强村。1995年村委会改居委会。1998年被评为山东省村镇建设明星村。2000年被山东省文明办命名为省级"文明单位"。2004年8月，在张庄居委会的基础上建立社区，面积1.14平方公里。

张庄社区街景　（2003年　摄）

陶家岭社区　位于区政府东北5公里处。明初，陶姓迁此建村，因址在银山前坡，冠以姓氏而得名。另有一个自然村安家岭，为清末安姓由莱芜县安家台迁此所建。2005年因莱钢扩建搬迁。有陶、安、刘、赵、李、吴、展、柳8姓。1994年被评为莱芜市经济强村。1995年村委会改居委会。2004年11月，在陶家岭居委会的基础上建立社区，面积2.20平方公里。

陈家庄社区　位于区政府东北2公里处。明末，陈姓由莱芜县北埠村迁此定居，以姓氏定村名。后分为东西两村，1956年又合为一村。有侯、王、杨等9姓，侯、王姓居多。莱钢技校、电大、党校座落在村域。1995年村委会改居委会。2004年11月，在陈家庄居委会的基础上建立社区，面积1.78平方公里。

寨子村　位于区政府西南2公里处。明初建村，因村北有奇石形如"楔子"，俗称"寨子"故名。1935年曾成立村山东梆子剧团。1941年5月至2000年，为寨子乡驻地。1994年被评为莱芜市经济强村。艾山二中座落在村域。有张、刘、李、阚、魏等姓。2005年全村有800户、2812人，有土地面积452.67公顷、耕地面积256.01公顷。

卞家泉社区　位于区政府南4公里处。卞氏

于明天顺年间在此建村，以姓氏定村名，又因村内有泉而得名。有葛、李、袭、刘、陈、赵、宋、王、孟、张10姓。葛、李、袭、刘姓居多。1994年10月，寨子乡在卧牛山进行山区开发大会战，完成治理面积400亩，中共山东省委副书记、省长赵志浩曾到工地现场进行视察，给予较高评价。发挥沿省道803线的优势，民营经济发达。2005年3月，建立社区，面积0.51平方公里。

高家庄社区　位于区政府南2公里处。明洪武年间，高姓建村，以姓氏定村名。有李、刘、赵、郭、陶5姓。发挥沿省道803线的优势，民营经济发达。2005年3月，建立社区，面积0.61平方公里。

南仓峪村　位于区政府西南4.50公里处。明洪武三年(1370年)，由臧氏建村，村名为南臧峪，后因臧与脏谐音感不雅，又因山峪便于贮藏粮食，改名为南藏峪，后演变为南仓峪。有高、王、陈、董、袁、吴、林、李、程、怀、郇、刁、魏、马、吕、孙16姓。2005年全村有500户、2100人，有土地面积379.83公顷、耕地面积222.07公顷。

东施家峪村　位于区政府西南6公里处。村名初为叶家庄，由叶姓建村，年代无考。明洪武年间，施姓在此村西面建立施家峪村，后共用施家峪村名，因村居东，故称东施家峪。有徐、林、尹、耿、王、陈、张、沈、刘等10姓。寒露蜜桃为特色产业。2005年全村有320户、939人，有土地面积190.9公顷、耕地面积107.34公顷。

中施家峪村　位于区政府西南6公里处。明洪武年间，由施姓建村，后因该村居中，便定名中施家峪。有王、徐、陈、李、赵、冯、宋、刘8姓，徐、王姓居多。1950年至1955年，曾为施家峪乡驻地。1987年3月，村支部书记赵长顺从崂山农科院引进500棵寒露蜜桃苗，为境内寒露蜜桃产业之发端。2005年全村有257户、827人，有土地面积194.07公顷、耕地面积128.06公顷。桃园面积53.33公顷，年产130万公斤。

西施家峪村　位于区政府西南6公里处。明代中叶，由袁、郝、杨、包、甄姓建村，曾名官庄村，后共用施家峪村名，因村位置居西，遂以西施家峪为村名，有徐、许、鲍、董、怀、王6姓，徐、许、鲍姓居多。寒露蜜桃为特色产业。2005年全村有446户、1496人，有土地面积323.75公顷，耕地面积170.55公顷及桃园面积80公顷。

清泉岭村　位于区政府西南8公里处。清乾隆年间，曹姓建村，因村西有山泉而得名。有曹、安、李、武4姓，曹姓居多。寒露蜜桃为特色产业。2005年全村有165户、474人，有土地面积154.07公顷、耕地面积136.69公顷及桃园面积20公顷。

贤女庙村　位于区政府西南8公里处。建于明朝中期，名为龙盘庄村，后因民间传说村中曾出过贤女并建庙，而改名贤女庙村。有孟、陈、王、怀、刘、李、肖7姓，孟、陈、王姓居多。寒露蜜桃为特色产业。2005年全村有374户、1217人，有土地面积538.05公顷、耕地面积327.18公顷及桃园面积13.30公顷。

方家庄村　位于区政府西3公里处。明初，由万氏建村，后又有方姓迁入，称万家庄。明中期，万氏渐衰，方氏日盛，遂更名方家庄。有张、吴、李、杨、朱、翟、孟、汪、刘、栾、郝、王12姓。2005年全村有425户、1395人，有土地面积159.33公顷、耕地面积122.93公顷。

雁埠村　位于区政府西4公里处。明洪武年间，李姓建村，因村北常有大雁栖息而得名。有王、邢、李、刘、孙5姓，王姓居多。2005年全村有226户、730人，有土地面积95.16公顷、耕地面积68.91公顷。

卧龙港村　位于区政府西5公里处。曾名为栾家庄，明朝天顺年间由栾姓建村。因相传村北之河为卧龙之地，故更名卧龙港。有伊、赵、吴、刘、沈、张、乔、周8姓，伊姓居多。2005年全村有248户、876人，有土地面积85.88公顷、耕地面积63.13公顷。

胡家宅村　位于区政府西6公里。元朝末年，胡姓建村，以姓氏定村名。有马、孟、娄、吴、李、朱、赵、王、陈、魏、刘11姓，吴、马姓居多。2005年全村有723户、2184人，有土地面积370.53公顷、耕地面积309.20公顷。

肖马庄村　位于区政府西7公里处。因肖、马两姓建村得名。有徐、李、吴、吕、王等14姓。徐、李、吴姓居多。李应翰，中戊子科举人，曾在北京皇宫任教，并于1875年组织修建本村圩寨。1952年至1956年，为肖马庄乡驻地。2005年全村有579户、1740人，有土地面积258.01公顷、耕地面积201.33公顷。

北楼村　位于区政府西7公里处。清乾隆年间刘姓建村。因村内曾有楼房而得名。有徐、赵、吕、葛、臧、伊等9姓，徐姓居多。2005年全村有203户、676人，有土地面积100.72公顷、耕地面积88.29公顷。

庙子村　位于区政府西南8公里处。明洪武年间，由赵姓建村，村名兴隆庄，清乾隆年间，因村北建一庙宇而更名。有赵、魏、田、高、刘等12姓，赵姓居多。1952年至1956年，为庙子乡驻地。2000年11月，被评为“山东省科技示范村”。庙子粉皮制作为传统产业。2005年全村有524户、1775人，有土地面积174.25公顷、耕地面积134.75公顷。

庙子粉皮　（2005年　摄）

九龙庄村　位于区政府西10公里处。明朝中期，董姓建村，以姓氏定村名为董家庄，后为避重名，又位于九龙山前，更名九龙庄。有赵、王、郑、吴、魏、刘、沈、尚、亓9姓。1996年5月，被全国绿化委员会命名为“全国造林绿化千佳村”。2005年全村有310户、1038人，有土地面积233.28公顷、耕地面积208.72公顷。

罗汉峪村　位于区政府西10公里处。明初建村，因村内寺庙中塑有十八罗汉像而名。2005年全村有510户、1717人，有土地面积376.55公顷、耕地面积272.01公顷。

纸坊村　位于区政府西10公里处。明嘉靖年间建村，因村内有造纸作坊而得名。有曹、魏、刘、石、王、丁、泥、李、靳、颜10姓。曹、魏居多。1952年至1956年，曾为新泰县纸坊乡驻地。2005年全村312户、1047人，有土地面积283.32公顷、耕地面积190.65公顷。

高峪村　位于区政府西10公里处。明洪武年间，由鲍、王、董姓建村，址在村西岭，名曰坡庄子，后衰。明末清初，又有白、李、刘、高、张、倪等姓迁现址，与坡庄子所剩村民共同建村，因四面环山，位置居高而名。有史、亓、赵、牛、沈、谭、卜、邹、魏、李10姓。2005年全村有627户、1927人，有土地面积466.21公顷、耕地面积389.97公顷。

双杨桥村　位于区政府西11公里处。明初，有丁姓人家在南山脚下烧木炭，后建房屋居住，因山谷中桃树居多，故名桃花峪。清乾隆年间，村内筑有青石板桥，桥两端有参天杨树，故更村名为双杨桥。有周、魏、王、肖、宓、赵、齐、韩、甄、刘、宁11姓。2005年全村有386户、1235人，有土地面积285.13公顷、耕地面积206.15公顷。

大龙门村　位于区政府西12公里处。明崇祯年间建村。传说曾有龙栖息在村南深沟内而得名。有徐、石、刘、王、张、李、赵、鲁、宋、陈、朱、尹、魏13姓。2005年全村有722人，有土地面积363.28公顷、耕地面积230.09公顷。

颜庄镇村(居)

颜庄村　镇政府驻地。春秋战国时期就有村落，且有官道穿村而过，村内设有驿站。后因战乱，村落衰败。元末明初，村内仅剩常、罗、寇姓几户人家。明洪武年间，谭、武、张、王4姓由山西洪洞县和河北枣强县迁来建村，名李子园，后人丁兴旺，村庄外延，改称延庄，后又以谐音，渐演变为颜庄。有天和、人和、同和、庆和、永善、保善、安善、乐善、东泉9个自然村。有谭、魏、房、武、张、吕、王、朱、苗、华、尚、吴、曹、刘、孙等姓，谭姓居多。明朝设铺，有铺司1名，兵夫2名。清同治九年(1870年)，筑村圩墙，北门名“通齐”，南门名“迎鲁”。明代，立有颜庄集市，为莱芜八大集之一。清光绪末年，民间舞蹈“花鼓锣子”在天和村诞生。村“花鼓锣子”舞蹈队于1990年参加第四届泰山国际登山节文艺表演，后多次参加全国和山东省文艺表演比赛并获奖。2005年全村有1600户、4857人，有土地面积662.11公顷、耕地面积350.30公顷。

南下冶村　位于镇政府北1公里处。明洪武年间，闫姓于河北枣强县迁此建村，因村北有古冶铁遗址而得名。有闫、吕、狄、魏、王、徐、李等姓，闫姓居多。村北古冶铁遗址，为唐代遗址。20世纪80年代，村内建有砖瓦厂和煤窑，后关停。村域有区办企业南下冶煤矿。2005年全村有560户、1612人，有土地面积218.18公顷、耕地面积139.17公顷。

西沟村　位于镇政府西0.50公里处。明洪武年间，杜、黄、邹3姓来此建村，因杜姓居多，取名杜家庄。后因在颜庄以西，又近靠河沟而得名。有赵、亓、徐、王、刘、吕、苗、张、吴9姓，亓姓居多。20世纪30年代，村民陈明达(亓宗禹)、亓仲文(亓宗书)、苏克强(亓宗文)参加革命并加入中国共产党，被称为“亓氏革命三兄弟”。2005年全村有146户、435人，有土地面积49.59公顷、耕地面积34.79公顷。

黄花店村　位于镇政府北1.8公里处。明万历七年(1579年)，吕姓由芹村迁此建村，以开茶水店为业，相传曾有皇姑经此住宿，故名皇姑殿，明末易名皇姑店，清初，改称黄花店。1938年中共莱芜县四区区委在该村成立。1951年至1954年，为颜庄区黄花乡驻地，有黄、吕、董、史4姓。2005年全村有421户、1042人，有土地面积134.80公顷、耕地面积88.43公顷。

郭家台村　位于镇政府北3公里处。元朝末年，孙姓居此，因北岭石块层叠如板页，曾名薄板石。后有郭姓迁此，人丁兴旺，成为大户，改称郭家台村。有郭、黄、刘、吕、王、孙、李、毕8姓，郭、黄、刘姓居多。2005年全村有195户、512人，有土地面积86.55公顷、耕地面积44.07公顷。

北下冶村　位于镇政府东北2.2公里处。元朝文宗年间建村，因址在汶河北岸，村旁有古冶铜旧址而得名。有黄、王、李、段、刘等姓。村北有唐代冶铜遗址。2005年全村有374户、1131人，有土地面积115.14公顷、耕地面积51.99公顷。

莲花池村　位于镇政府东北2公里处。明洪武年间建村，村名贾家庄。明末，又有李、杨、黄姓迁来，因村旁泉水池中有似莲花状红青苔，易名莲花池村。有黄、杨、李、戴、武、何、闫、王8姓，黄姓居多。2005年全村有374户、1154人，有土地面积137.78公顷、耕地面积53.68公顷。

疃里村　位于镇政府东2.50公里处。明朝中叶，屈、邓、寇、侯等姓由河北枣强县迁此建村，因址呈凹形，相传为黄羊践踏而得名。魏、吴、李、柴、赵、任等18姓，魏姓居多。2005年全村有419户、1193人，有土地面积218.35公顷、耕地面积116.91公顷。

三岔沟村　位于镇政府东南1.50公里处。建于明末，因村旁三河交汇，改称三岔沟。有胡、王等姓，胡姓居多。2005年全村有158户、463人，有土地面积99.68公顷、耕地面积64.55公顷。

牛马庄村　位于镇政府南2公里处。宋朝末年，宋姓迁此建村，因以贩卖牛马为业，故称牛马店，后演绎为牛马庄。有李、马、张、吕、赵、吴、刘、孟、乔、徐、杨11姓，李姓居多。2005年全村有189户、568人，有土地面积128.78公顷、耕地面积83.21公顷。

上河沟村　位于镇政府南3公里处。明洪武年间，泥姓由山西迁此建村，因址在小河沟边，故名河沟村。因与下河沟村对应，改称为上河沟。有刘、闫、李、王、丁、魏6姓，刘、闫姓居多。2005年全村有148户、398人，有土地面积116.58公顷、耕地面积87.35公顷。

下河沟村　位于镇政府南2.80公里处。明初，王姓由河北枣强县迁此建村，因村南有小河沟，又与上河沟对应而得名。有王、张、任、朱4姓。2005年全村有126户、388人,有土地面积92.88公顷、耕地面积60.57公顷。

曹庄村　位于镇政府南3公里处。清末曹姓由河北迁此建村，以姓氏定村名曹家庄，后因重名,于1984年更名为曹庄村。有徐、苗、王、魏、李、赵、吕、亓、孔、吴10姓,徐姓居多。2005年全村有150户、419人,有土地面积119.48公顷、耕地面积53.73公顷。

沈家崖村　位于镇政府南4公里处。明洪武年间,沈姓由山西迁此建村,因村后有九龙山悬崖而取名沈家崖。有吕、赵、王、张、柴、吴6姓,吕姓居多。2005年全村有214户、724人,有土地面积235.62公顷、耕地面积115.61公顷。

吕家林村　位于镇政府南2公里处。明初,毛、郭、杨等姓由河北枣强县迁此建村,取名石龙官庄。清代,因有一吕姓县官葬于此,村名便演绎为吕家林村。有刘、吴、朱、张、丁、段、李、陈等13姓,刘、吴、朱、张姓居多。2005年全村有452户、1416人，有土地面积266.40公顷、耕地面积183.69公顷。

唐家宅村　位于镇政府西南2.50公里处。唐元和年间,唐姓建村,以姓氏定村名。有张、吴、吕、王、许、伊、马、曹、李、段、陈、任、傅、董14姓,张姓居多。村内革命烈士曹建告,1941年任鲁中军区连长时，动员3个侄子一起参军,2年后伯侄4人全部壮烈牺牲,被誉为“曹氏革命四父子”。2005年全村有488户、1343人,有土地面积303.52公顷、耕地面积237.73公顷。

马官庄村　位于镇政府西2公里处。清咸丰八年(1858年),马姓建村,因地属官地而得名。有赵、马、亓、吕、徐5姓,赵姓居多。2005年全村有115户、345人,有土地面积59.41公顷、耕地面积45.59公顷。

澜头村　位于镇政府西4公里处。明初吴姓由山西迁此建村,因河水绕村流过而得名拦头,后因村旁龙潭河水波澜起伏而更名为澜头村。有吴、李、刘、王、许、高、毕、陈、孙、崔、侯、程等15姓,吴姓居多。1938年至1985年11月,为乡、管理区驻地。村西南花雨山,明代有道观,院内古柏两株被称为“姊妹柏”,有“齐鲁柏王”之誉。2005年全村有467户、1448人,有土地面积345.91公顷、耕地面积246.1公顷。

野虎沟村　位于镇政府西4公里处。明洪武年间,魏姓由芦城村迁此建村,因村旁深沟内有老虎出没而得名。有王、吴、赵、魏4姓,王姓居多。2005年全村有286户、886人,有土地面积133.41公顷、耕地面积83.88公顷。

埠东村　位于镇政府西3.50公里处。建于明末,因址在岭东而得名。有6个自然村。有吴、许、李、闫、吕等10姓,吴、许姓居多。村南山谷泉水峪中产燕子石(三叶虫化石),20世纪80年代,村民挖掘开采加工为燕石工艺品，产品销往国内外。2005年全村有680户、2186人，有土地面积444.11公顷、耕地面积295.87公顷。

桑梓峪村　位于镇政府西南5公里处。明洪武年间,田姓迁此建村,取报效桑梓之意而得名。有张、李、孙、于、刘、陈、王、吴、国、田、黄、亓、段13姓,陈姓居多。抗日战争期间,被称为“小延安”。2005年全村有389户、1093人，有土地面积409.97公顷、耕地面积311.75公顷。

东南峪村　位于镇政府西南7公里处。明洪武年间,杨姓由许家峪迁此建村,初因村民有编篓子者而名篓子庄,后因址在峪中取名为东南峪村。有吴、吕、杨、孙、王、陈、程7姓,吴姓居多。2005年全村有166户、616人，有土地面积217.49公顷、耕地面积191.03公顷。

孙家庄村　位于镇政府西南8公里处。明崇祯年间,孙姓由孙封邱迁此建村,以姓氏定村名。有孙、吴、王、谢、亓5姓,孙姓居多。2005年全村有134户、406人,有土地面积244.81公顷、耕地面积165.35公顷。

柳桥峪村　位于镇政府西南6公里处。明万历年间,蒋姓由河北迁此建村,因址在峪中,又有柳树倒伏于河上,村民以树为桥往来两岸而得名。有邹、吴、陈、郑、王、李、田、伊、段、蒋、史、姜、尚、韩14姓。2005年全村有458户、1286人，有土地面积391.29公顷、耕地面积347.37公顷。

东当峪村　位于镇政府西8公里处。明洪武年间，朱姓迁此建村，因林木挡路，村子又在峪中，故取名挡峪村，后演变为当峪。再后居者渐多，分为3村，根据位置名东当峪。有李、王、董、黄、段、尚、刘、冯、张9姓。2005年全村有262户、748人，有土地面积166.08公顷、耕地面积128.41公顷。

中当峪村　位于镇政府西8.5公里处。曾与东当峪为一村，后因居者渐多分为3个村，因村位置居中而取名中当峪。刘姓居多，2005年全村有108户、312人，有土地面积70.75公顷、耕地面积32.95公顷。

西当峪村　位于镇政府西9公里处。曾与东当峪为一村，后因居者渐多分为3个村，因村位置居西故取名西当峪。有李、郑、张、陈、靳、王、段、吕8姓。1938年西当峪村莱芜梆子剧团成立。2005年全村有216户、754人，有土地面积207.92公顷、耕地面积152.22公顷。

木头山村　位于镇政府西8公里处。道光末年，刘姓由安仙村迁来建村，因树木繁多而得名。1956年以前，与邱家屋、东西红埠岭为一个行政村。之后，与邱家屋一道从东西红埠岭分出成为一个行政村。1980年和邱家屋村分离成为独立行政村，仅有刘姓。2005年全村有107户、367人，有土地面积92.25公顷、耕地面积68.73公顷。

邱家屋村　位于镇政府以西7公里。早年东红埠岭村邱姓经常来此地放牛，为圈牛垒一石屋，并定居故名。后邱姓他迁，刘、何姓来居。1956年以前，与木头山、东红埠岭、西红埠岭为一个行政村，之后与木头山一同从东西红埠岭分离出来成为一个行政村，1980年和木头山村分开成为独立行政村。2005年全村有44户、118人，有土地面积23.51公顷、耕地面积20.25公顷。

状元沟村　位于镇政府西8公里处。明万历年间，曹姓建村，取名曹志礼庄，后有他姓来居。清初，更名庄稼沟。传说后又因潍县一学子考取状元曾来此认亲，又改名为状元沟村。有曹、谭、杨等姓，杨姓居多。2005年全村有181户、607人，有土地面积102.23公顷、耕地面积82.20公顷。

北官庄村　位于镇政府西5公里处。明洪武年间，舒、毛两姓建村，初名官庄北岭，后因居南官庄之北而得名。栽植山楂树有百年历史。20世纪80年代至90年代，曾有百亩山楂园。有胡、韩、魏、闫、段、高6姓，胡姓居多。2005年全村有275户、755人，有土地面积164.49公顷、耕地面积133.09公顷。

北官庄山楂　（2005年　摄）

南官庄村　位于镇政府西5公里处。元末，毛姓由河北枣强县迁此建村，因村北有关帝庙，故名南关庄。明洪武年间，更名为南官庄。有李、马、韩、吴、刘、孙等7姓，李姓居多。2005年全村有142户、486人，有土地面积118.25公顷、耕地面积103.61公顷。

上北港村　位于镇政府西北5公里处。早年，段姓由河北沧州迁来建村，因地处泽区，参照近邻村名定为上北港。有段、李、吕、夏、姜、孙等7姓，段姓居多。2005年全村有183户、509人，有土地面积62.32公顷、耕地面积26.41公顷。

下北港村　位于镇政府西北5公里处。早年，夏姓由河北迁来建村，因地处泽区，参照近邻村名定为夏北港，后演绎为下北港。有段、刘、李、贺、翟、武6姓，段姓居多。村域内有鼎力化工集团、莱芜汽运公司第三分公司等企业，发挥近厂和交通便利优势，建材、餐饮服务业发达。2005年全村有224户、587人，有土地面积129.81公顷、耕地面积

78.95 公顷。

王家港村　位于镇政府西北 7 公里处。明末，王姓由苗山迁此建村，因参照近邻上、下北港村加以姓氏而得名。有王、谭、姜、杨、段、孙 6 姓，王、谭姓居多。2005 年全村有 49 户、101 人，有土地面积 36.18 公顷、耕地面积 27.91 公顷。

南港村　位于镇政府西北 4 公里处。唐代，耿姓由山西迁来建村，因地处泽区，又居港口南面而得名。有耿、杨、郝、吴、陈、张、任、殷、刘、谭、焦、亓 12 姓。2005 年全村有 386 户、960 人，有土地面积 151.53 公顷、耕地面积 89.11 公顷。

西港村　位于镇政府西北 7.50 公里处。明代，刘姓由河北枣强县迁此建村，因地处泽区，参照邻村以方位定名。有段、吕、谭、程 4 姓，段姓居多。村域内有新汶矿务局西港煤矿。2005 年全村有 198 户、650 人，有土地面积 91.90 公顷、耕地面积 77.69 公顷。

半壁店子村　位于镇政府西北 7 公里处。清康熙年间，蔺姓来此定居，并依靠半壁墙头搭棚开店而得名。有蔺、刘、段、邢、李、邹、亓、韩 8 姓。2005 年全村有 65 户、198 人，有土地面积 85.91 公顷、耕地面积 26.99 公顷。

窑货厂村　位于镇政府西北 7 公里处。明初，赵姓由河北迁来建村，因以烧陶为业而得名。有王、刘、赵、程、李、南、段、管 8 姓，王姓居多。2005 年全村有 235 户、704 人，有土地面积 76.67 公顷、耕地面积 60.90 公顷。

验货台居委会　位于镇政府西北 8 公里处。清道光年间，陈姓由陈盘龙迁此建村，因古时为泽区，往来船只在村南岭高台验货而得名。有陈、段、张、孟、刘、毕、王 7 姓，陈姓居多。村域内有新汶矿业集团莱芜中心医院。发挥近厂和交通便利优势，建材和餐饮等第三产业发达。村办汽车修理厂、钢瓦厂为特色产业。1993 年 3 月，村民转为山东省集体城镇户口。1995 年村委会改居委会。2005 年全居有 212 户、610 人，有土地面积 71.98 公顷、耕地面积 35.97 公顷。

东红埠岭村　位于镇政府西北 7 公里处。明洪武年间，孔、邱、傅、邵 4 姓由陕西迁此建村，因址在红土岭东边而名。曾与西红埠岭、木头山、邱家屋子为一个行政村。1980 年成为独立行政村。有高、田、刘、吴、管、吕、张、段 8 姓，高姓居多。2005 年，全村 287 户、945 人，有土地面积 126.25 公顷、耕地面积 102.76 公顷。

西红埠岭村　位于镇政府西北 8 公里处。明洪武年间，段姓由河北枣强县迁此建村，因地处红土岭西端而名。1980 年和东红埠岭分离成为独立行政村。有段、张、毕、吴、秦等姓，段姓居多。2005 年全村有 223 户、642 人，有土地面积 95.25 公顷、耕地面积 80.53 公顷。

黄庄镇村（社区）

黄庄一村　镇政府驻地。明洪武年间，黄姓由山西洪洞县迁此建村，以姓氏定村名，称大黄庄。自民国以来，多为黄庄区、乡、镇驻地。1960 年由大黄庄大队一分为四而成。有房、马、徐、李、侯、刘、王、秦、谷 9 姓，房、马姓居多。2005 年全村有 255 户、748 人，有土地面积 133.89 公顷、耕地面积 84.47 公顷。

黄庄二村　1960 年由大黄庄村一分为四而成。且含一自然村洼子峪。有李、刘、王、安、孙、谭、郑等 16 姓，李姓居多。2005 年全村有 343 户、928 人，有土地面积 185.47 公顷、耕地面积 133.19 公顷。

黄庄三村　1960 年由大黄庄村一分为四而成。有房、陈、刘、杨、马、魏、宵、贾、高等姓，房姓居多。2005 年全村有 301 户、824 人，有土地面积 94.21 公顷、耕地面积 66.13 公顷。

黄庄四村　1960 年由大黄庄村一分为四而成。有房、王、张、孙、李等姓，房姓居多。2005 年全村有 87 户、278 人，有土地面积 58.97 公顷、耕地面积 49.46 公顷。

柿子峪村　位于镇政府东北 2.50 公里处。清嘉庆年间，干姓、李姓分别由莱芜曹村、沂源草埠迁此建村，因峪中多柿子树故名。有舜皇庙、罗圈崖 2 个自然村。有李、干、卢、张、房、赵、高、王 8 姓，李、干姓居多。2005 年全村有 97 户、293 人，有土地面积68.4公顷、耕地面积60.54公顷。

长胜村　位于镇政府东北4公里处。清初，董姓由龙巩峪村迁此建村，因村北历山悬崖有鹰雕，故取名雕窝村。1957年改为长胜村。有董、刘、齐等5姓，董姓居多。2005年全村有90户、229人，有土地面积203.27公顷、耕地面积77.59公顷。

北金水河村　位于镇政府东2公里处。明万历年间建村，因址在河边故名近水河。清末，因有人在河中淘金，更名为金水河。1957年以河为界分为南、北两个行政村。另有一个自然村“磨有脐”。有张、赵、孙、刘、桑5姓，张姓居多。黄金桃、红富士苹果是村民主要经济产业。2005年全村有402户、1083人，有土地面积225.89公顷、耕地面积183.51公顷。

南金水河村　位于镇政府东2公里处。1957年由北金水河分出。有张、谭、朱、桑、段、任、王、房、袁、赵等13姓，张姓居多。2005年全村有175户、495人，有土地面积189.66公顷、耕地面积165.10公顷。

马家庄村　位于镇政府西1公里。明洪武年间，马姓由河北枣强县迁此建村，以姓氏定村名。有马、孙、何3姓，马、孙姓居多。2005年全村有175户、492人，有土地面积90.86公顷、耕地面积43.33公顷。

刘家庄村　位于镇政府西1公里处。明宣德十年(1435年)，刘姓由诸城迁此建村，以姓氏定村名。现村里只有刘姓。2005年被评为莱芜市平安莱芜建设先进单位；年末，全村有163户、502人，有土地面积82.29公顷、耕地面积65.67公顷。

胡家桥村　位于镇政府东北2.50公里处。清同治年间，董姓由新泰迁此建村，因传说曾有猴子在此架桥故名猴家桥。后胡姓迁来取名为胡家桥。另有一个自然村沙帽峪。有胡、董、张、冯、王、李6姓，胡姓居多。2005年全村有100户、240人，有土地面积126.55公顷、耕地面积69.85公顷。

幸福村　位于镇政府北3公里处。清咸丰年间，刘姓由下马泉迁此建村，因村址在河西岸，故取名河西村。1957年更名幸福村。有刘、杨、朱、张4姓，刘姓居多。2005年全村有78户、223人，有土地面积168公顷、耕地面积113.12公顷。

仙人桥村　位于镇政府北2公里处。清乾隆年间，齐姓由历城迁此建村，因村边河上传说有仙人桥而得名。因村中齐姓多又称齐家岭村。有齐、刘等姓。2005年全村有186户、502人，有土地面积149.62公顷、耕地面积103.21公顷。

上历山后村　位于镇政府北3.50公里处。明末，高姓建村，因地处历山之阴，且与下历山后村相对应而得名。有高、张2姓，高姓居多。2001年被评为莱芜市文明单位。2005年全村有150户、445人，有土地面积316.95公顷、耕地面积235.44公顷。

下历山后村　位于镇政府北3公里处。明洪武年间，郑姓由山西迁来建村，因地处历山之阴，故取名为历山后村，后又因与上历山后村相对应，称下历山后村。有刘、郑、段、杨等姓，刘姓居多。2005年全村有255户、662人，有土地面积155.57公顷、耕地面积95.57公顷。

八大庄村　位于镇政府北4公里处。清咸丰年间，刘姓由棋山观迁此建村，初名常胜村，后渐成8个村落，统称为八大庄。1960年以前，与李家峪、尚家峪为一个村，之后各村独立。有杨、刘、黄、李、尚等8姓，杨、刘姓居多。2005年全村有180户、570人，有土地面积164.47公顷、耕地面积133.46公顷。

李家峪村　位于镇政府北4.50公里处。清同治年间，郭姓迁此建村，后又有李、杨等姓迁来，因李姓居多且在峪中而得名。曾与八大庄、尚家峪一个村。1960年分为独立村，有李、黄、魏、杨等姓。2005年全村有87户、230人，有土地面积173.67公顷、耕地面积84.04公顷。

尚家峪村　位于镇政府北4.50公里处。清乾隆八年(1743年)，尚姓建村，因地势而名村。有尚、杨等5姓，尚姓居多。曾与八大庄、李家峪为一个村，1960年分为独立村。2005年全村有85户、228人，有土地面积140.17公顷、耕地面积93.82公顷。

龙巩峪村 位于镇政府东北6公里处。明洪武年间,董姓建村,原名星隆庄,后又因村南有天然拱形暗沟“龙拱沟”故取名龙拱峪,为避水灾更名龙巩峪村。另有南坪、南横2个自然村。有董、刘姓。2005年全村有302户、920人,有土地面积754.75公顷、耕地面积338.15公顷。

沙岭子村 位于镇政府东2公里处。清乾隆三十六年(1771年),刘姓由戴花园迁此建村,因地势而取村名。曾与茄子峪、黄花峪一个村,1960年分为独立行政村。有张、刘、李、桑、于等姓,张姓居多。2005年全村有150户、428人,有土地面积105.37公顷、耕地面积79.37公顷。

霞峰村 位于镇政府东3公里处。明永乐八年(1410年),张、于两姓建村,因址在群山环抱之中,房屋犹如横放于山谷中的匣子故名匣横村,后因峰谷中常见霞光便将村名为霞峰村。有于、张、李、刘、崔、桑等姓,张姓居多。2005年人均0.07公顷桃园,全村年产量150万公斤。1994年被评为莱芜市经济强村。1998年被授予“全国造林绿化千佳村”称号。2005年全村有351户、1074人,有土地面积453.78公顷、耕地面积277.41公顷。

茄子峪村 位于镇政府东2.50公里处。清乾隆年间,徐姓建村,因峪中多野茄子而得名。曾与沙岭子、黄花峪为一个行政村,1960年分为独立行政村。有刘、纪、桑3姓,刘姓居多。2005年全村有56户、151人,有土地面积55.51公顷、耕地面积30.66公顷。

黄花峪村 位于镇政府东2公里处。清雍正年间,刘姓由孝义迁此建村,因地势和野金针花多而得名。曾与茄子峪、沙岭子为一个行政村,1960年分为独立行政村。有一刘姓。2005年全村有48户、155人,有土地面积46.87公顷、耕地面积34.41公顷。

东王家庄村 位于镇政府东2.50公里处。明洪武年间,王姓建村,以姓和位置定村名。另有一个自然村名香峪子。有桑、李、唐、刘等姓,桑姓居多。清末,村内即有戏班,称为“子弟班”,初以演杂耍为主,后主唱山东梆子。20世纪50年代为鼎盛时期,剧团发展到80余人,演唱剧目40余出。2005年全村有260户、726人,有土地面积292.89公顷、耕地面积256.52公顷。

桑家庄村 位于镇政府东3公里处。明弘治年间,桑姓建村,以姓氏定村名。有葛、桑等5姓,葛姓居多。2005年全村有195户、527人,有土地面积270.88公顷、耕地面积208.01公顷。

台子村 位于镇政府东9公里处。清康熙年间,桑姓由通香峪迁此建村,因村南有一台形方石而得名。另有柿子沟、南横2个自然村。有桑、李、利、齐、亓、朱、郭等姓,桑姓居多。2005年全村有210户、592人,有土地面积402.09公顷、耕地面积243.07公顷。

南通香峪村 位于镇政府东8公里处。明洪武年间,桑姓由河北枣强县迁此建村,因地处宽敞之山峪故名通敞峪。后又因村南寺庙香火兴盛,香烟满村,故名通香峪。有桑、李等姓,桑姓居多。曾为南北2个自然村,1960年分为南、北2个行政村,因村居南而得名。另有周家大峪、杏园2个自然村。2005年全村有245户、711人,有土地面积275.34公顷、耕地面积209.71公顷。

北通香峪村 位于镇政府东7公里处。曾与南通香峪为一个行政村,1960年分为两村,因该村居北而得名。杨、亓、朱、李、左、徐、伊、唐、张、段、方、桑、卢、齐14姓,杨姓居多。2005年全村有226户、646人,有土地面积456.51公顷、耕地面积339.23公顷。

杨家大峪 位于镇政府东9公里处。清乾隆年间,杨姓建村,因地势和姓氏而取名。有大峪、葛八峪、饮马槽3个自然村。有杨、亓、徐、段等姓。2005年全村有141户、425人,有土地面积213.28公顷、耕地面积150.01公顷。

西冶社区 位于镇政府西4公里处。元代,王姓由苗山迁来建村,称王家庄。明末,薛姓由蒙阴迁来,建薛家庄,由此,两村统称为薛王庄,后因村西有冶炼遗址(唐代冶铁遗址)故取名西冶。有薛、王等姓。地处莱钢腹地,建筑建材、钢材贩销、运输餐饮服务等行业发达。1986 年 7 月,村民户口转为非农业户口,村委会改居委会。1994 年被评为莱芜市经济强村。1998 年被评为山东省村镇建设明星村。2005 年 8 月,在西冶居委会的基础上建立社区,面积 66 公顷。

洪沟社区　位于镇政府西 3 公里处。明嘉靖年间,董姓由新泰来此建村,因村北沟内有红石故取名红沟村,后改称为洪沟村。1948 年之前,与椁椤为一个村,之后两村分设。有董、张等姓,董姓居多。1948 年建立洪沟煤矿(有时称黄庄煤矿、丈八丘煤矿),时采时停。1990 年煤矿关闭。地处莱钢腹地,钢材购销、建筑建材、运输餐饮等业发达。1986 年 7 月,全村村民户口转为非农业户口,村委会改居委会。1994 年被评为莱芜市经济强村。1998 年 12 月,被评为山东省"村镇建设明星乡镇"。2003 年 11 月,在洪沟居委会的基础上建立社区,面积 0.57 平方公里。

椁椤社区　位于镇政府西 4 公里处。明洪武年间,王姓由河北枣强县迁此建村,因村有菠萝树故取名菠萝村,后演变为椁椤村。有王、鞠、周、杜、董、康、方、王、乔等姓,王、鞠姓居多。地处莱钢腹地,石灰炉料加工、建筑建材、运输餐饮业发达。1993 年 3 月,村民转为山东省集体城镇户口。1994 年被评为莱芜市经济强村。1995 年村委会改居委会。2004 年 6 月,在椁椤居委会的基础上建立社区,面积 0.39 平方公里。

吕家庄社区　位于镇政府西 4 公里处。明洪武年间,吕姓由山西洪洞县迁此建村,以姓氏定村名。有王、左、薛、赵、苗、索等姓,1986 年村民户口转为非农业户口,村委会改居委会。2004 年 3 月,在吕家庄居委会的基础上建立社区,面积 0.36 平方公里。

官庄村　位于镇政府南 2 公里处。最早,左、包两姓建村,因村内有红野草故名红岭子庄。后为忌讳火灾,加之村前有一土岭类似石龙,更名石龙官庄,后简称官庄。有刘、张、王、丘、董、伊、杨、宋等 9 姓,刘姓居多。1957 年村支部书记张子松出席全国劳模大会,受到毛泽东、刘少奇接见。2005 年全村有 532 户、1518 人,有土地面积 401.88 公顷、耕地面积 263.79 公顷。

东丈八丘村　位于镇政府南 2 公里处。明洪武年间,葛、周、王姓由河北枣强县迁此建村,因周围有 8 个土丘高约丈八而得名。曾有孟子岭、南岭、下庄 3 个自然村,1958 年按位置分为东、西、北丈八丘 3 个大队。有周、阚、丁、桑、张、田、李、伊、亓等姓,周姓居多。2005 年全村有 310 户、997 人,有土地面积 200.89 公顷、耕地面积 157.17 公顷。

北丈八丘村　位于镇政府南 2 公里处。1958 年分为独立行政村。有张、董、安、葛、王、齐、杨、赵 8 姓,董姓居多。2005 年全村有 372 户、1210 人,有土地面积 131.56 公顷、耕地面积 77.87 公顷。

西丈八丘村　位于镇政府南 3 公里处。1958 年分为独立行政村。有葛、丘、张、王、亓、袁 6 姓,葛姓居多。2005 年全村有 450 户、1502 人,有土地面积 392.46 公顷、耕地面积 230.03 公顷。

大上峪村　位于镇政府西南 9 公里处。明洪武年间,马姓由河北枣强县迁此建村,以地貌取村名,有一个自然村高家岭。有陈、郭、伊、沈、王、张、孙、康等 13 姓,陈姓居多。1963 年被沂源县树立为全县农业战线上的红旗单位。1965 年国家军工企业"山东新华机器厂"厂部建于村域,占用该村土地、山场 20 余公顷。1997 年新华机器厂搬迁至泰安。2005 年全村有 446 户、1339 人,有土地面积 503.69 公顷、耕地面积 249.46 公顷。

小上峪村　位于镇政府西南 9 公里。明洪武年间,刘姓由新泰孙家庄迁此建村。有王、吴、刘、石、孙、辛、张、董等 19 姓,刘、董姓居多。大棚西瓜种植颇有名气。2005 年全村有 1379 人,有土地面积 410.75 公顷、耕地面积 215.77 公顷。

青冶行村　位于镇政府东南 7 公里处。清中叶,陈姓迁此建村,因有古冶炼遗址而得名。有陈、段、杨、桑等 14 姓,陈、段两姓居多。青冶行村具有光荣的革命历史,蒙阴县抗日民主政府县长杨荆石本家 26 口人参加革命。民兵英雄左太传,战争年代被誉为"爆破大王";1950 年 9 月,被授予“全国民兵战斗英雄”称号，受到毛泽东、朱德接见。民兵英雄陈现义，1947年被鲁中军区授予“神抢手”并通令嘉奖；1964年10月，携4个儿子1个女儿和1个儿媳参加全省民兵比武，获三等功，并被山东省军区授予“一家七口爱武装”称号，贺龙元帅、罗瑞卿大将接见了他们并合影留念；10月12日，《大众日报》以《一家七口爱武装》报道了他们一家的事迹。1963年青冶行村被沂源县树立为全县农业战线上的红旗单位。2005年全村有555户、1670人，有土地面积681.12公顷、耕地面积466.37公顷。

东峪村　位于镇政府东南10公里处。民国初年，有邹、陈、孙、刘、亓姓分别从寨子高峪、新泰县巩庄以及大上峪、通香峪来此开荒定居，形成村落，因地处大上峪以东而得名。有孙、亓、陈、邹等姓，孙姓居多。2005年全村有67户、205人，有土地面积200公顷、耕地面积9.73公顷。

灰菜峪村　位于镇政府东南9公里处。清道光年间，陈姓由新泰县巩家庄来此定居，因地处山峪，地多灰菜而得名。1961年之前，与大上峪为一个行政村，之后分为独立行政村。有孙、陈、薛姓，陈姓居多。2005年全村有64户、171人，有土地面积149.38公顷、耕地面积37.18公顷。

里辛镇村(居、社区)

里辛村　镇政府驻地。明洪武二年(1369年)，李、魏、韩、董4姓于河北枣强县迁此建村，共建3个村：西村为纤纺村，东村为坡庄子村，中村为李信(人名)村。李信系名人，后人丁兴旺，村落扩大，3个村合成1个村，定名为李信村，后演变为里辛村。有李、王、赵、张、刘、马、于、曹、宋、亓、程、吕、高、利、段、尚、戴等19姓，李姓居多，韩莱公路从村中穿过。2003年兴建的莱钢“十五”技改工程大型H型钢项目，占村域土地面积50.67公顷。20世纪60年代，村办石料场、石灰窑，产品销往莱钢。钢材购销、建筑建材、机械加工、运输物流和餐饮服务业发达。1994年被评为莱芜市经济强村。2005年全村980户、2956人，有土地面积448.10公顷、耕地面积191.31公顷。

玥庄村　位于镇政府东南2公里处。元末，夏、朱2姓由山西洪洞大槐树老鸹窝迁此建村，名为夏朱园。据传夏、朱两家的庄稼连年丰收，被乡里人誉为“夏朱园内出夜明珠”，因“玥”即古代传说中的神珠，夏朱园遂改称“玥庄”。1938年至1941年，为莱芜县玥庄乡驻地。有郭、冯、刘、赵、白、伊、吕、袁、吴、利、孙、高、于、邵、郑、李、董、段、陈19姓，郭姓居多。1994年被评为莱芜市经济强村。2003年兴建的莱钢“十五”技改工程大型H型钢项目，占村域土地面积106.67公顷。2005年全村671户、1916人，有土地面积395.48公顷、耕地面积172.11公顷。

高家岭村　位于镇政府东1公里处。明洪武二年(1369年)，高姓由陕西迁此建村，因村址在山岭上而得名。有高、李、杨、郝、尚、刘、王、耿、黄等9姓，高姓居多。2005年全村有248户、770人，有土地面积112.19公顷、耕地面积59.35公顷。

三岔河村　位于镇政府东南4公里处。元代，薛、胡等姓建村，初名棋盘官庄，后因村址在三条河交界处，明洪武三年(1370年)，改称三岔河村。有任、亓、吴、崔、禹、陈、高7姓，任姓居多。2005年全村332户、1116人，有土地面积302.45公顷、耕地面积197.29公顷。

涝洼村　位于镇政府东5公里处。明初，郦姓由河北枣强迁此建村，因村北有涝洼地而定村名。有亓、王、左、孙、刘、陈、段、房、尚、胡10姓。2005年全村有145户、523人，有土地面积230.42公顷、耕地面积176.69公顷。

冯家庄村　位于镇政府东3公里处。明初，齐姓由陕西迁此建村，曾名齐阳村。明正德年间，冯姓迁此，后人丁兴旺成为大户，改称冯家庄村。有李、冯、任3姓，李姓居多，村址在村南空地。1983年3月起，利用3年时间迁建新村，腾出的土地种菜。1997年成立拥有固定资产1000万元的村办企业振兴股份有限公司，先后与莱钢联营兴办企业4家。1994年被评为莱芜市经济强村。1997年被评为山东省文明单位。1998年12月，被评为山东省“村镇建设明星乡镇”。2005年全村有268户、855

人，有土地面积134.02公顷、耕地面积176.69公顷，村集体经济收入50万元，缴纳税金100余万元。

南朱家庄村　位于镇政府东5公里处。明洪武二年（1369年），朱姓由山西洪洞县大槐树迁此建村，以姓氏定村名。为避免与羊里镇朱家庄重名，1982年易名为南朱家庄。有邹、崔、于、王、刘、安、吴、张、侯、郑、贾、谢、董、魏14姓。邹、崔姓居多。1970年至2000年，莱钢先后占用土地面积30.67公顷。发挥近厂和交通便利优势，大力发展村、户办以及与莱钢联办企业。1994年被评为莱芜市经济强村。1998年12月，被评为山东省“村镇建设明星乡镇”。2001年被评为山东省模范村委会。2003年被评为全省优秀交通安全村。至2005年，有企业13家，缴纳税金300万元，被评为全省敬老先进单位，全村有620户、1920人，有土地面积351.12公顷、耕地面积129.54公顷。

凤凰峪村　位于镇政府东南6公里处。明洪武二年（1369年），田、陈两姓迁此建村，因村在峪中，又有凤凰泉，故以凤凰泉作为村名。又因村址在沟峪内，渐改称凤凰峪村。20世纪70年代，村民为行走方便，在2条自然石坝的基础上又修1条石坝，3条石坝与河道形成“丰”字形，据此，村名一度改为丰和峪村。1989年立村碑时恢复凤凰峪村名，有尚、王、亓、李、张、段6姓，尚姓居多。发挥靠近莱钢炼钢厂、轧钢厂、医院等优势，建材炉料加工业和第三产业发达。1994年被评为莱芜市经济强村。2005年全村有320户、950人，有土地面积161.85公顷、耕地面积106.26公顷。

茶峪子社区　位于镇政府东南6公里处。东晋建元年间，董姓到此定居，因遇老虎又有茶树，故取名虎茶峪，后村民和村子均不存。明洪武二年（1369年），刘氏由山西洪洞县来此建村，沿用虎茶峪村名，后演变为茶峪子。有尚、陈、张、王、李、戴、周7姓，尚姓居多。矿产资源丰富，莱钢铁铜沟铁矿建于该村域。利用近厂优势发展的铸造厂、加油站、建安公司等为经济支柱企业。1994年被评为莱芜市经济强村。1988年村委会改为居委会。2004年4月，在茶峪子居委会的基础上建立社区，面积1.26平方公里。

南赵家峪居委会　位于镇政府南4公里处。清嘉庆元年（1796年），赵姓由纸坊村迁此建村。因座落在黄羊山峪中，故称赵家峪村。后与北赵家峪区分开，因村居南，1954年改称南赵家峪村。有赵、段、吴、尚、王、陈、张、房8姓，1965年在村域建起新成铁工厂，85%以上耕地和40%以上山坡地被占用。2003年莱钢大型H型钢厂项目又占用村内土地9.33公顷。1987年全村集体“农转非”。1988年3月，村委会改居委会。村里先后建起的建筑安装公司、钢渣处理厂、炼铁厂等为经济支柱企业。1994年被评为莱芜市经济强村。2005年全居248户、812人，有土地面积241.31公顷、耕地面积67.73公顷。

北赵家峪居委会　位于镇政府南3公里处。清嘉庆元年（1796年），赵姓由纸坊迁此建村，因址在黄羊山峪中，取名赵家峪。后与南赵家峪分开，因村居北，于1954年更名北赵家峪。有王、吴、刘、杨4姓，王姓居多。1987年村民集体农转非。1988年3月，村委会改居委会。莱钢特钢厂占用村土地8.40公顷。利用近厂的优势先后建起的机械加工厂、建安公司、水磨玻璃厂、鲁鑫实业公司等为经济支柱企业。1994年

南朱家庄村　（1998年　摄）

北赵家峪居民楼　　(2005年　摄)

莱芜市经济强村。2005年全村有156户、462人,有土地面积96.55公顷、耕地面积16.36公顷。

郑王庄村　位于镇政府东2公里处。元末,因战乱村落几经毁坏。明洪武年间,河北枣强移民来此建村,将村名冠以郑姓称郑大王村,后演变为郑王庄村。有郑、刘、曹、彭、何、李、池、秦、张9姓。2005年全村有712户、2195人,有土地面积551.77公顷、耕地面积413.92公顷。

石头湾村　位于镇政府东北3公里处。明初,卢姓建村,因村北有一大水湾故名石龙湾,后演变为石头湾。有卢、葛、刘、郭、赵、魏、池、林、傅、汪等11姓,卢、葛姓居多。2005年全村有380户、1211人,有土地面积340.09公顷、耕地面积283.99公顷。

西田庄村　位于镇政府北5公里处。据村北寺院碑文记载,明洪武二年(1369年),田姓由河北枣强县迁此建村,以姓氏定村名,因处阎王河西岸,故名西田庄。有苗、魏、刁、李、鹿、郑、韩、张、陈、王、侯、狄、吴13姓,苗姓居多。2005年全村有320户、901人,有土地面积198.23公顷、耕地面积157.61公顷。

东田庄村　位于镇政府北4公里处。明初,朱、赵姓建村,因位居西田庄以东,以村名村,故名东田庄。清雍正初年,吕姓相继从岔道、芹村迁来定居。有吕、赵、段、刘、陈、朱等7姓,吕姓居多。2005年全村有235户、679人,有土地面积152.51公顷、耕地面积108.02公顷。

北田庄村　位于镇政府北6公里处。明初,魏姓建村,因位居西田庄以北,故名北田庄。有魏、王、侯、苗、赵、吕、杨、狄8姓,魏姓居多。村办企业较发达。1994年被评为莱芜市经济强村。2005年全村有374户、1064人,有土地面积275.87公顷、耕地面积206.75公顷。

潘家庄村　位于镇政府西2公里处。明初建村,村名为安抚官庄。崇祯年间,重修古庙时,潘姓

被评为莱芜市经济强村。2005年全居有246户、787人,有土地面积57.72公顷、耕地面积19.41公顷。

石家岭村　位于镇政府南2公里处。明初,黄姓建村,因址在黄羊山峪,故称黄家峪。后黄姓他迁,石姓迁此,清同治年间,改称石家岭。另有一个自然村小李庄。有石、王、李、陈、赵5姓,石姓居多。发挥近靠莱钢优势,建筑业和服务业发达,1994年被评为莱芜市经济强村。2005年全村有230户、799人,有土地面积148.25公顷、耕地面积78.08公顷。

银山村　位于镇政府东南4公里处。清嘉庆十八年(1813年),董姓由乔店迁此建村,因村小,近邻玥庄,曾名小玥庄。因址在银山西麓,1982年改称银山村。村东银山、村西铁山分别有唐、清代银矿、铁矿遗址。1998年确定为钢城区第一批重点文物保护单位。1960年颜庄公社曾在村西铁山上开采铁矿,名为银山铁矿。2003年莱钢上大型H型钢厂项目占用村土地17.33公顷。2005年全村有60户、187人,有土地面积64.46公顷、耕地面积10.91公顷。

张家岭村　位于镇政府南3公里处。明万历年间,张姓建村,因址在山岭而得名。有陶、吕、赵、李、吴、董、王、刘8姓,陶姓居多。莱钢特殊钢厂在村域内建起宿舍区。利用近矿优势发展的石料、运输、花卉和餐饮业为经济支柱产业。1994年被评为

监工认为村名不妥,改名潘家沟村。1982年为避免重名,改名潘家庄。有吴、王、武、巨、石、程、袭等22姓,吴、王姓居多。村民久有烧石灰传统。1982年建起村办潘北煤矿,年产煤2.40万吨,2000年6月停业。1993年和1998年,先后被评为山东省模范村委会、莱芜市经济强村。2005年全村有462户、1284人,有土地面积204.57公顷、耕地面积134.18公顷。

小官庄村　位于镇政府西北2公里处。明初,高姓由河北枣强县迁此建村,因村内有清泉故名清泉官庄,后因北邻大官庄改称小官庄。有吕、亓、王、吴、高、李、魏7姓,吕姓居多。清代,村内就有织布业,1945年织机发展到90余台,织户占村民总户数的95%,每天可织布1000余米(合3000余尺),远销于新泰、蒙阴、淄博等地。村鞭炮厂建于1975年,1985年扩建,年产3500万响。2005年全村有332户、1024人,有土地面积204.68公顷、耕地面积141.68公顷。

双龙峪村　位于镇政府东北5公里处。明初,刘姓由朴务头迁此建村。因马蹄沟、桃行沟形如两条水龙环绕村外而得名。有刘、尚、李、朱、赵、池、秦、杨、苗、张10姓,刘、尚姓居多。村里建筑业较发达,1994年被评为莱芜市经济强村。2005年全村有560户、1683人,有土地面积464.49公顷、耕地面积322.23公顷。

双口峪村　位于镇政府北6公里处。清康熙年间,于姓由蒙阴县南燕村(今属沂源县)迁此建村,因位居阎王河上游(上口)峪中故名上口峪,为东田庄的一个自然村。1980年冬,划为行政村,并以谐音改称双口峪村。有段、傅、张、李、葛、王、刘等姓,段、李、傅、张姓居多。2005年全村有126户、364人,有土地面积133.02公顷、耕地面积97.31公顷。

黄金篮村　位于镇政府东北8公里处。明洪武年间,李姓由河北枣强县迁此建村,因四周系黄土岭,呈篮状,曾名黄家篮。清初,改称黄金篮。另有南村和黄金篮子(1980年1月并入)2个自然村。有刘、李、曹、赵、池、窦6姓,刘、李姓居多。2005年全村有452户、1342人,有土地面积589.89公顷、耕地面积397.17公顷。

孙家岭村　位于镇政府东北16公里处。清道光年间,孙姓由李封邱迁此建村,因址在山岭而得名。2005年全村有52户、151人,有土地面积139.03公顷、耕地面积88.67公顷。

桃行村　位于镇政府东北15公里处。清末,赵姓由张家庄迁此建村。因村旁有桃园而得名。1958年并入孙家岭大队。1980年1月,成为独立的行政村。有赵、胡、刁3姓。2005年全村有13户、30人,有土地面积122.88公顷、耕地面积67.55公顷。

陈家山村　位于镇政府东北17公里处。1940年陈姓由孙家岭迁此建村。因址在山上冠以姓氏而得名。1980年1月前,与孙家岭为一个行政村,后成为行政村。2005年全村有14户、41人,有土地面积73.51公顷、耕地面积40.99公顷。

黄崖村　位于镇政府东北6公里处。元末明初,曾名为黄伢村,因战乱,村庄被毁。明正德年间,刘姓由双龙峪迁此建村,仍沿用"黄伢"村名。后因村址处于黄土坡下,便逐渐演变为黄崖村。1965年因修黄崖水库,村庄整体搬迁至现址。1980年前,为双龙峪的一个自然村。1980年1月,成为行政村。有刘、李、魏3姓,刘姓居多。2005年全村有72户、236人,有土地面积96.23公顷、耕地面积53.50公顷。

黄家洼村　位于镇政府东4公里处。明朝,村名桨帮沟。清康熙初年,李姓由任家洼迁此建村,因址处黄土洼地而得名。有李、毕、于、张、陈5姓,李姓居多。2005年全村有194户、526人,有土地面积128.15公顷、耕地面积99.79公顷。

焦家庄村　位于镇政府东5公里处。曾名于家泉,后因焦氏迁此改称焦家庄。有任、卢、陈、刘、杨、吴6姓,任姓居多。2005年全村有78户、216人,有土地面积84.68公顷、耕地面积65.47公顷。

棋山观村　位于镇政府东6公里处。始建于北宋,初名为洞真观,因道教长春真人丘处机曾在此

建观且址在棋山山麓而得名。元末明初，因战乱，道观村落无存。明洪武初年，刘姓迁此建村，因村西有棋山观而得名。有朱、郑、陈、李、张、邵、尚、刘 8 姓。村有“玄之又玄”碑和抗日阵亡烈士纪念碑，均为莱芜市重点保护文物。村东南棋山风景区为莱芜市旅游景点之一。2005 年全村有 193 户、519 人，有土地面积 173.09 公顷、耕地面积 128 公顷。

圈里村　位于镇政府东 7 公里处。清乾隆四十年（1775 年），郑姓由山西洪洞县大槐树迁此建村，因址在汉代名医郑圈里故里而得名。有郑、吴、李、陈、吕、艾、刘、安 8 姓，郑、吴姓居多。2005 年全村有 184 户、559 人，有土地面积 360.70 公顷、耕地面积 235.33 公顷。

杨家楼村　位于镇政府东北 8 公里处。明朝正德年间，杨姓迁此建村。后因建一山楼而名。有李、杨、朱、赵、段、苗、靳、孙、宓、张 10 姓，李姓居多。2005 年全村有 162 户、440 人，有土地面积 82.47 公顷、耕地面积 60.88 公顷。

前朱山村　位于镇政府东 7 公里处。唐代，朱姓建村。因址在双泉山南，曾名前珠山村，后演变为前朱山村。有秦、刘、赵、张、李、石、段 7 姓，秦、刘两姓居多。2001 年被评为莱芜市农业结构调整先进单位。2005 年全村有 153 户、470 人，有土地面积 87.09 公顷、耕地面积 64.25 公顷。

后朱山村　位于镇政府东北 8 公里处。元朝初年，阎姓由前朱山分迁到此建村，因址在双泉山后故名后朱山。有吕、王、孙、陈、李、付、崔、苗、张、郭、程、魏等 13 姓，吕姓居多。2005 年全村有 177 户、483 人，有土地面积 146.49 公顷、耕地面积 92.20 公顷。

大庙村　位于镇政府东 6 公里处。明代，王姓迁此建村。因村有舜皇庙而名大舜皇庙，后演变为大庙。有王、郑、李、张等 5 姓，王姓居多。2005 年全村有 206 户、536 人，有土地面积 116.39 公顷、耕地面积 95.27 公顷。

小庙村　位于镇政府东 4 公里处。明代，王姓由高家庄迁此建村，因靠近大舜皇庙村而取名为小舜皇庙，后演绎为小庙。有王、田、张、吴 4 姓，王、田两姓居多。2005 年全村有 155 户、416 人，有土地面积 92.72 公顷、耕地面积 71.89 公顷。

高家庄村　位于镇政府东 9 公里处。明代，刘、高 2 姓建村，因高姓居多而定名。有刘、陈 2 姓，刘姓居多。2005 年全村 146 户、346 人，有土地面积 76.83 公顷、耕地面积 65.04 公顷。

穆家寨村　位于镇政府东北 9 公里处。明万历年间，穆姓由蒙阴县五陡村迁此建村，并建一山寨，故名。有魏、穆、李 3 姓，魏、穆居多。2005 年全村有 66 户、222 人，有土地面积 54.35 公顷、耕地面积 37.13 公顷。

白冶子村　位于镇政府东 10 公里处。明末，吴姓建村，因村北有白色山梁，曾名白崖子，后演变为白冶子。有吴、刘、尚、苗、李、任、亓 7 姓，吴姓居多。2005 年全村有 145 户、435 人，有土地面积 264.76 公顷、耕地面积 102.51 公顷。

中马泉村　位于镇政府东 11 公里处。曾名下马泉。后人根据三村地理位置将村名演变为西、中、东下马泉。明弘治十八年（1505 年），刘姓由茶峪子迁此建村，继续沿称中下马泉，后简称为中马泉。有李、魏、刘、段、穆 5 姓，李姓居多。2005 年全村有 111 户、311 人，有土地面积 126.43 公顷、耕地面积 94.98 公顷。

东马泉村　位于镇政府东 12 公里处。曾为饮马泉，后演变为东下马泉，后简称东马泉。有宓、耿、李、许、张、曹、周、吕、丁、艾 10 姓，宓、耿姓居多。2005 年全村有 170 户、469 人，有土地面积 218.07 公顷、耕地面积 41.32 公顷。

西马泉村　位于镇政府东 10 公里处。曾名上马泉，后演变为西下马泉，简称西马泉。有李、刘、董、段、艾、窦 6 姓。2005 年全村有 120 户、315 人，有土地面积 120.86 公顷、耕地面积 111.8 公顷。

东峪村　位于镇政府东北 9 公里处。清嘉庆年间，赵姓由赵家泉迁此建村。因村址在黄崖村东峪中而名。1976 年前，为双龙峪村的一个自然村，1977 年成为独立行政村，村里只有赵姓。2005 年全村有 100 户、304 人，有土地面积 149.55 公顷、耕地面积 72.81 公顷。

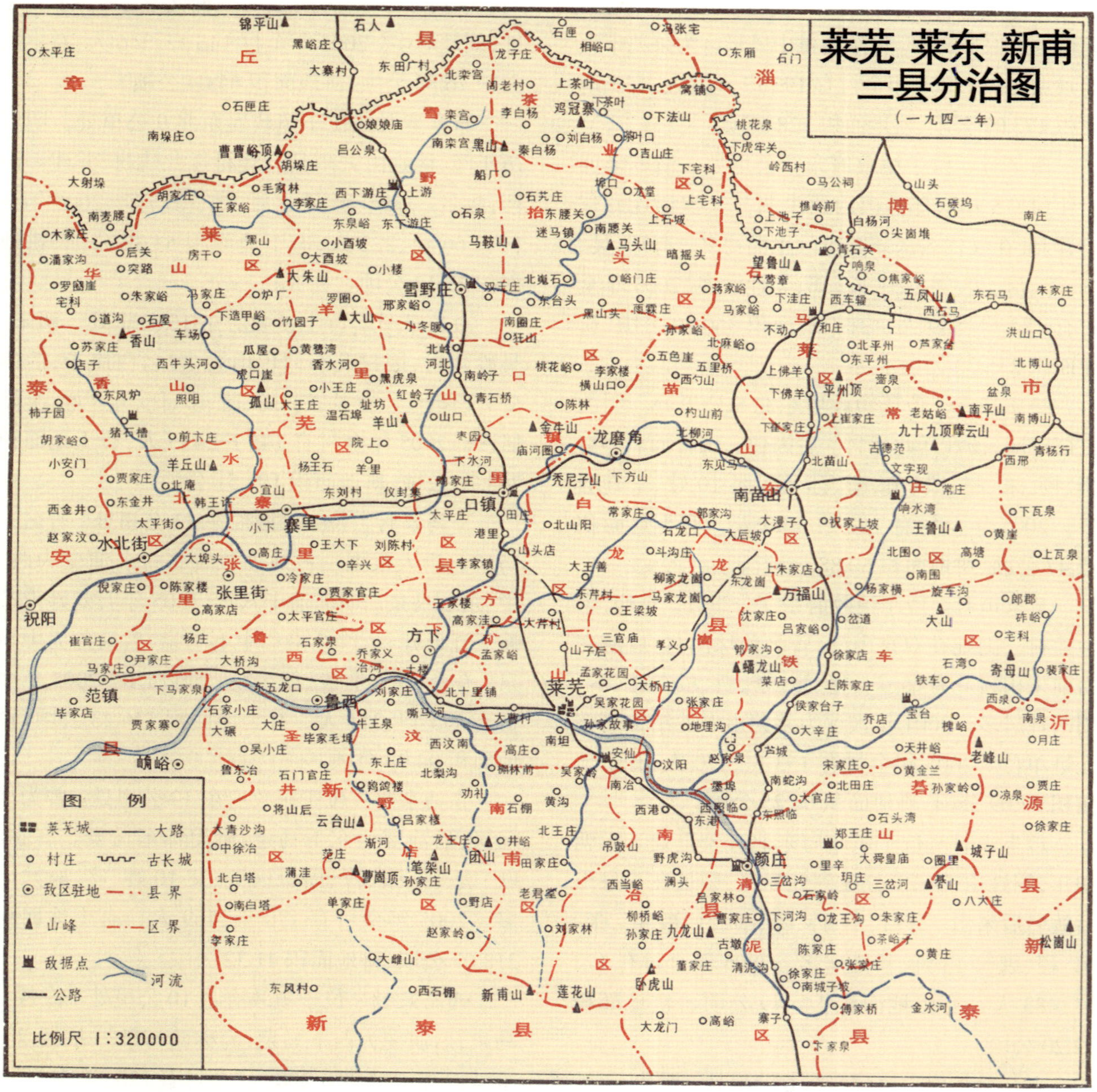

图 1-2-1 1941 年 9 月，莱芜、莱东、新甫三县分治图

第二编

自然环境

ZIRANHUANJING

棋苑

第一章　地质　地貌

第一节　地　质

地层

境内出露地层由老到新依次为寒武系、奥陶系、石炭系、二叠系、白垩系和第四系。

钢城区地层发育及主要岩性情况表

表 2－1－1

地　层		厚度(米)	岩性描述	分　布
新生界	第四系	20～30	1. 冲积层:为河流相砂及卵砂层; 2. 冲洪积层:主要为风化卵石土夹砂砾; 3. 残坡积层:粘土及含砾粘土。	牟汶河沿岸及颜庄、里辛、黄庄和艾山等镇(街道)部分分布。
中生界	白垩系	>400	灰绿色、灰色砂砾岩。	主要分布于里辛镇。
古生界	二叠系	34～141	砂质页岩为主、夹灰岩,薄层砂岩。	里辛镇、艾山街道零星分布。
	石炭系	46～144	砂岩、页岩、砂质页岩和灰岩,含煤层。	分布于里辛镇、艾山街道、黄庄镇和颜庄镇。
	奥陶系	86～890	灰色厚层灰岩、白云岩和白云质灰岩。	分布于颜庄镇、黄庄镇。
	寒武系	130～140	中厚层灰岩、竹叶状灰岩、鲕状灰岩、页岩夹薄层灰岩。	分布于颜庄镇、黄庄镇、艾山街道和里辛镇。

地质构造

境内地质构造属鲁西弧形构造体系的一部分,自太古代以来历经多次构造运动。地质构造以断裂为主,褶皱次之。它们对地层及含水岩组的分布与地下水系统的形成起着控制作用。主要断裂构造有:

清泥沟断裂　全长约 8 公里，走向 N80°E,倾角 70°～80°。断层切穿古生界及太古界地层,断层带见有糜棱岩等动力变质岩分布。北盘为太古界变质岩系及寒武系,南盘为中奥陶系。

里辛—郑王庄断裂　全长约 18 公里，走向 N70°E,倾角 65°～78°。

西冶断裂　全长约 3 公里,走向 N60°W,倾角 25°左右。断层北盘为石炭系地层,南盘为奥陶系地层,沿断层有燕山期闪长玢岩侵入。

除上述断裂之外，区内小断裂发育主要有 NE、NW、NNW 及近 EW 向发育。上述几条主要断裂的切割、错动,构成 3 个断块,即东泉断块、清泥沟断块和丈八丘断块，每个断块均为各自独立的水文地质单元。

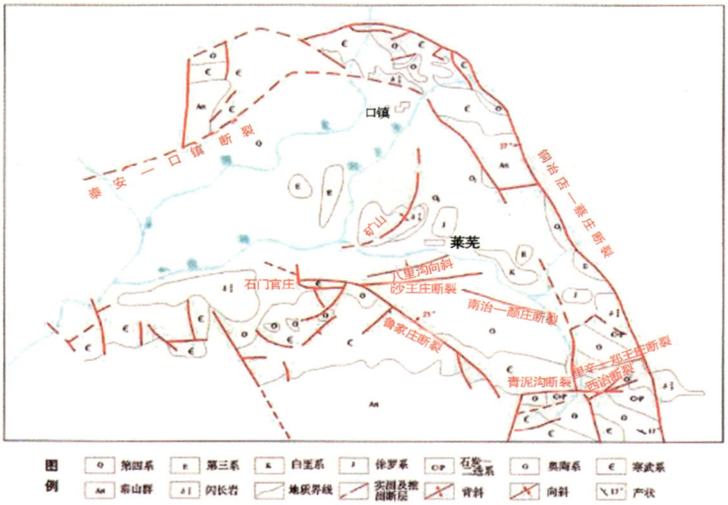

图 2-1-1　2005 年钢城区区域构造纲要示意图

第二节　地　貌

境内地势南陡北缓，东高西低，呈向西北方向敞开的扇形地貌。东、南、西三面环山，沟壑纵横，牟汶河及其支流流向以东南向西北为主，地貌单元由南至北为剥蚀成因的残丘和冲积而成的平原，具体分为 4 个微地貌单元。

低山丘陵

分布较广，为境内主要地貌类型，分 2 个微地貌单元：石质山岭和荒岭坡。石质山岭主要分布于低山丘陵的较高部位或顶端，以裸露的石质荒岭为主；荒岭坡主要分布在山丘上部，土体浅薄。

岭坡梯田

主要分布于境内山区，分为 2 个微地貌单元：山坡梯田和沟谷梯田。山坡梯田分布于山丘中下部，地势较陡；沟谷梯田分布于山丘区的山丘谷间。

山前阶地

主要分布于牟汶河支流沿岸。

河谷平原

主要分布于牟汶河及支流颜庄河、阎王河和清水河等河道两侧曲河河床地段。

棋山地质地貌景观保护区　（2000 年　摄）

第二章　山　水

第一节　山　脉

境内南部为徂徕山余脉，大致呈东西走向；东部为泰沂山区，大致呈南北走向。有山崮 94 个，其中海拔 500 米以上的山崮有 19 个。

旋崮　位于区政府东南 10 公里处，东西走向，有大旋崮、二旋崮、三旋崮和四旋崮，其中大旋崮海拔 732 米，是境内最高峰。

裂劈山　位于区政府东北 20 公里与沂源县交界处，南北走向，海拔 633 米。

九龙山　位于区政府西北 5 公里处，南北走向，海拔 615 米。

历山　位于区政府东 10 公里处，东西走向，

有大顶、二顶，海拔 610 米。

断路山 位于区政府东 9 公里处，南北走向，海拔 603.50 米。

卧虎山 位于区政府西 8 公里处，南北走向，海拔 602 米。

刁山 位于区政府东北 20 公里处，西北东南走向，海拔 601 米。

棋山 位于区政府东北 13 公里处，南北走向，海拔 584 米。

韭菜崮 位于区政府西北 12 公里处，西北东南走向，海拔 568 米。

旋崮山 （2005 年 摄）

双峰山 位于区政府西南 6 公里处，东西走向，有东西 2 个山峰，海拔 560 米。

犁铧尖子 位于区政府西北 15 公里处，西南东北走向，海拔 549.80 米。

青杨崮 位于区政府东南 3.50 公里处，西北东南走向，海拔 545.80 米。

斗子山 位于区政府东北 17 公里处，西南东北走向，海拔 544.50 米。

城子山 位于区政府东北 16 公里与沂源县交界处，西北东南走向，海拔 532.50 米。

马头崖 位于区政府西北 15 公里处，南北走向，海拔 522 米。

凤山 位于区政府东北 18 公里处，东西走向，海拔 518.50 米。

棋山 （2002 年 摄）

九龙山 （2002 年 摄）

鹰子山 位于区政府东 10 公里处，西南东北走向，海拔 516 米。

平顶山 位于区政府西南 7 公里处，南北走向，海拔 514 米。

壮子山 位于区政府东南 6 公里处，海拔 508.20 米。

第二节 河 流

境内河流主要有牟汶河及其支流颜庄河、阎王河和澜头河。

牟汶河 发源于黄庄镇旋崮山北麓，沿西北向流经台子、北通香峪和东王家庄等村，由南北金水河村转西向，流经梓椤村、傅家桥、宋家庄转西北向，在寨子村左汇入清水河，再由清泥沟村西转北向流经葫芦山水库；再北流至东泉村右汇入颜庄河，又西北流至颜庄村北，右汇入阎王河，又西北流至北港村，左汇入澜头河，从验货台村北西北向出境入莱城区。境内主河道全长 27 公里，流域面

汶河源头　　　　　　　　　　　　　　　　　(2003 年　摄)

积 438.70 平方公里，平均比降 4‰，河床宽度一般 120 米，最大宽度 250 米。

颜庄河　发源于里辛镇东马泉村以东的关爷岭，沿西南流向穆家寨、圈里村，经棋山观村南转西流经郑王庄，右汇双龙峪河，经里辛村、东泉村入牟汶河。长 17 公里、流域面积 74 平方公里，平均比降 5‰，河床宽度一般 40 米，最大宽度 250 米。

阎王河　发源于裂劈山北麓，经黄金篮村西流至北田庄村，左汇双口峪河转向南流，经东田庄村至小官庄村前复转西流入牟汶河。长 10.24 公里，流域面积 19 平方公里，平均比降 7.6‰，河床宽度一般为 30 米，最大宽度 130 米。

澜头河　发源于东南峪，向北流经柳桥峪村、澜头村、南港村入牟汶河。全长 10.50 公里，流域面积 17.30 平方公里，平均比降 11‰，河床宽度一般 40 米，最大宽度 100 米。

第三节　泉　水

东泉　位于东泉村西北。古名“湖眼泉”，留有明弘治年间所立石碑 1 块，上书“湖眼泉”三字。泉口标高 215.15 米，属断层上升泉，最大涌水量每秒 40.51 升，最小涌水量每秒 11.57 升。至 20 世纪 80 年代初，泉水不再喷涌。

莲花泉　位于莲花池村东南，泉口标高 213.50 米，属断层上升泉，最大流水量每秒 4.16 升。1958 年驻地潘西煤矿投产后，地下水位下降，涌水量逐渐减少。1964 年莲花泉枯竭。

海眼泉　位于傅家桥社区南，泉口标高 265 米，属第四系下降泉，涌水量每秒 8.40 升，20 世纪 70 年代以后，随地下水位下降不再涌水。

郑王庄泉　位于郑王庄村西南，泉口标高 241.50 米，属第四系下降泉，涌水量每秒 2.16 升。1974 年冬至 1975 年，郑王庄村移河造地时，泉移入河内，后因地下水位下降，泉水不再喷涌。

田庄泉　位于西田庄村东北，泉口标高 159.16 米，属第四系下降泉，最大涌水量每秒 38.94 升，最小涌水量每秒 17.81 升。20 世纪 80 年代以后，随着地下水位下降，不再涌水。

卞家泉　位于卞家泉村中。1941 年前，曾为蒙阴县 72 泉之一，有碗口大的泉眼 3 个，常年喷水，周围有 30 余个小泉眼形成泉群。民国初年，只在泉周围建一小泉池，后 3 次改建。2005 年泉池改建为长 30 米、宽 20 米的大泉池，池旁建有饮水井，供村民饮水、灌溉之用。

卞家泉泉池　　　　　　　　　　　　　　　　(1998 年　摄)

第三章　气　候

第一节　气候类型与特征

钢城区位于鲁中山区，大陆度 65.90%，属暖温带半湿润大陆季风性气候，冬冷夏热，四季分明。春季为 2 月初至 5 月初，气温回升快，风多雨少，气候干燥，初春常有霜冻，晚春多干旱。夏季为 5 月初至 8 月初，受温暖的东南季风控制，多东南风，气压低，温度高，湿度大，降水集中，并常出现大风、暴雨、冰雹等灾害。秋季为 8 月初至 11 月初，是冬季风势力逐渐增强，夏季风逐渐南撤时期。冷空气逐渐推进并分裂为小高压控制本地，空气层结构稳定，天气多晴朗，日照充足，昼夜温差大。个别年份冬季风来迟，夏季风仍盛，则会秋雨连绵。冬季为 11 月初至次年 2 月初，受北方冷高压控制，北风多，温度低，雨雪少，气候干冷。

形成上述气候特征的主要因素：一是受强大的蒙古高压控制和大陆气团的影响，以及太平洋高压活动和热带海洋团的影响；二是区域位于鲁中山区，地形多为低山丘陵层峦叠嶂，引起气候复杂多变。

第二节　光照　气温

光照

境内多年平均光照时数为 2543.60 小时，光照率 54%。5 月最多，多年平均光照时数为 274.90 小时；12 月最少，多年平均光照时数 181.90 小时。

多年平均每天光照 6.96 小时，最长 13.80 小时。逐月日多年平均光照时数如下：1 月 5.90 小时，2 月 6.50 小时，3 月 7 小时，4 月 6.90 小时，5 月 8.90 小时，6 月 8.80 小时，7 月 7.20 小时，8 月 7.60 小时，9 月 7.50 小时，10 月 7.10 小时，11 月 6.40 小时，12 月 5.90 小时。

气温

境内多年平均气温 13℃。年平均最高气温为 18.60℃，7 月份平均气温最高，为 30.90℃，极端最高气温为 39.90℃（2002 年 7 月 15 日）；1 月份平均气温最低，为 -8.10℃，极端最低气温为 -22.50℃（1957 年 2 月 11 日）。历年 -10℃低温天数为 12.40 天，最多为 32 天，出现在 1976 年至 1977 年和 1983 年至 1984 年。历年最高气温高于 30℃的天数为 64.50 天。

第三节　地温　冻土　霜期

地温

境内地温从地表到地表下 20 厘米处的各层年变化规律基本与气温相同。各月平均值高于气温，3 月至 9 月，地表（0 厘米）温度较高，地表下 5、10、20 厘米处逐渐降低；冬季反之。地表（0 厘米）平均地温最高值出现在 6 月，比气温最高值提前出现。各层地温最高值出现月份随深度增加而后延，年变幅随深度增加而减少。地面最低温度比气温最低温度还要低，自 10 月至次年 4 月一般低 1.50℃ ~ 2.50℃，6 月至 9 月偏低 0.20℃ ~ 0.90℃，其中 7 月份偏低值最少；地面最高温度（最高地温）一般高于最高气温，最高达 66.10℃（1968 年 8 月 3 日）。

冻土

境内土壤封冻期平均出现在12月初,最大冻土深度44厘米(1963年2月连续8天),深度10厘米冻结期54天,30厘米冻结期17天。

霜期

以百叶箱最低气温小于2℃作为霜冻指标,初霜冻平均日期是10月19日,最早是10月2日(1958年),最晚是11月10日(1977年)。终霜冻平均日期是4月13日,最早是3月30日(1977年),最晚是5月12日(1958年)。无霜期平均为187.10天,最多为224天(1977年),最少为142天(1958年)。

第四节 降水 湿度 季风

降水

境内历年平均降水量为729.10毫米。1995年至2005年,境内平均年降水量679.45毫米。7月份雨水量最多,平均月降水量为201.39毫米;12月份最少,平均降水量为4.10毫米。6月至9月进入汛期,降水集中,汛期雨量平均为523.46毫米,占全年的77%。最大一日降水量为268.40毫米,发生在1998年7月24日。

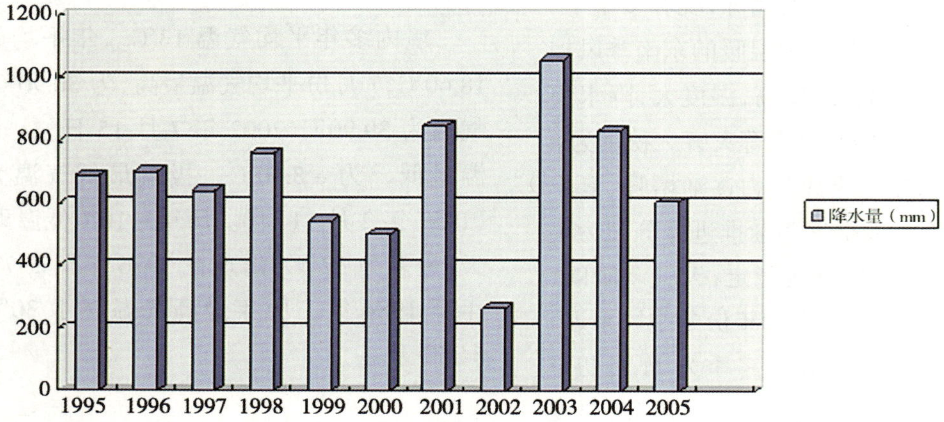

图2-3-1 1995~2005年钢城区年降水量柱形图

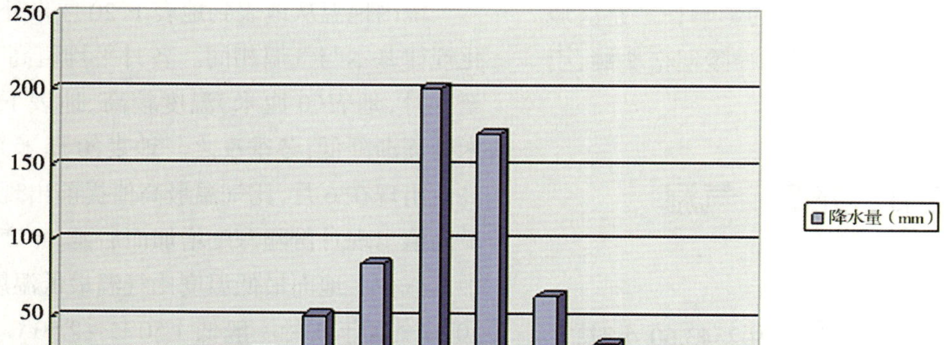

图2-3-2 1995~2005年钢城区平均月降水量柱形图

1995～2005 年钢城区月降水量统计表

表 2-3-1　　单位：毫米

年份＼月份	1	2	3	4	5	6	7	8	9	10	11	12	合计	最大日降水量	
														数值	发生日期
1995	0	4.50	14.50	10.90	13.50	91.17	120.15	280.37	87.90	67.30	0	0	690.29	74.40	8月4日
1996	0	0	22.10	45.40	8.10	126.50	391.90	61.80	12.30	31.60	6.40	0	706.10	143	7月25日
1997	0	16	28	7.60	90.95	42.98	169.90	200.30	48.80	0	27.50	12.10	644.13	106	8月20日
1998	3.5	21.90	29.60	50.20	60.40	38	292.60	238.80	14	14.60	0	0	763.60	268.40	7月24日
1999	0	0	2.70	15.70	80	91.80	92.70	42.40	155.50	55.10	8.40	0	544.30	128	9月9日
2000	18.60	10.80	0	2.60	60.90	37.90	66.80	168.90	29.60	71.40	32.60	2.50	502.60	66	7月28日
2001	22.4	15.64	2.44	12.64	0	187.86	364.94	206.69	18.30	7.90	6.60	7.50	852.91	196	8月4日
2002	0	0	10.70	20	91.10	47.40	29.40	23.70	23.60	7.70	6.40	5	265	55	5月14日
2003	3	12.40	33.70	74.70	35.20	82	261.80	254.60	136.60	87.20	66.20	12	1059.40	78	7月8日
2004	0	0	0	16.10	75.80	94.60	246	275.40	121.40	7.60	0	0	836.90	94	8月27日
2005	0	19.20	0	33.30	48.62	102.40	179.10	137.70	61.50	21	0	5.02	607.84	55	6月26日
平均	4.32	9.13	13.07	26.29	51.32	85.69	201.39	171.88	64.50	33.76	14	4.10	679.45	—	—

湿度

境内属半湿润地区。月平均最小相对湿度53%，月平均最大相对湿度78%；年平均相对湿度63%。7月和8月属湿润期，K值大于1;9月属半湿润期，K值为0.80;10月至12月和1月至6月为干旱期，K值介于0.20~0.60之间。东部和南部山丘区为湿润气候区，干燥度值在0.80~0.99之间，其它地区为半湿润气候区，干燥度K值在1~1.10之间。

季风

境内春末夏初多偏南风，夏季多雷雨风，冬季多偏北风。偏南风主要发生在5月中旬至6月上旬，有明显的日变化，风速以午后最大，一般5级~6级，且具有阵性。雷雨大风产生于小尺度天气系统，风向不定，强雷暴多伴有大风，少数还带有龙卷风，但时间短促，一般只有几分钟。1983年境内颜庄曾出现龙卷风，经过唐家宅村、颜庄村、潘西煤矿等地，造成人员伤亡和财产损失。偏北大风伴随强冷锋过境而产生，持续时间长，风力一般6级~7级，多产生在冬季。干热风多发生在5月中旬至6月上旬。轻干热风日，平均每年2.60天；重干热风日，约五年二遇，最多年份达3天，集中出现在6月上旬。

第四章　土壤　植被

第一节　土　壤

土壤类型及分布

境内土壤有2个土类、7个亚类。棕壤土类有3个亚类，分别为棕色壤性土、棕壤和潮棕壤。褐土类有4个亚类，分别为褐土性土、淋溶褐土、褐土和潮褐土。

土类分布　棕壤土类主要分布于酸性岩低山丘陵区，主要分布于里辛镇东田庄和双龙峪村以北，郑王庄河以南、白冶子村至圈里河以南，里辛村至南朱家庄一带；颜庄镇南部区域，黄庄镇东北部区域、艾山街道北沙岭区域。占可利用面积的46.20%。褐土类广泛分布于境内。占可利用面积的53.80%。

亚类分布　棕壤性土分布于酸性岩山区的荒岭坡、山坡梯田和坡麓梯田，宜栽植灌木、地瓜和花生。棕壤各地均有分布。潮棕壤分布于酸性、中性岩山丘区，山前冲积扇的下部低平地，地下水质好，土壤耕性、保水保肥性良好，宜种各类作物。褐土性土主要分布于颜庄镇、里辛镇、艾山街道的石灰岩山丘，黄庄镇分布较少。淋溶褐土广泛分布于颜庄镇、里辛镇。褐土分布于石灰岩山前冲积扇。潮褐土分布于牟汶河及其支流两岸的平原，适耕期长，地下水源充沛，适种各类作物。

土壤养分含量

土壤普查统计资料显示，土壤养分含量如下：有机质1%，全氮0.08%，全磷0.09%，碱解氮63ppm，速效磷4ppm，速效钾48ppm，PH值7.20。

第二节　植　被

境内属暖温带落叶阔叶林带，植被分自然植被和人工植被。经人们长期的生产活动，自然植被已很少，且具有明显的次生性质，除个别山地丘陵和沟壑中可见零星次生落叶阔叶林外，主要是抗旱耐瘠的针叶树种。大面积的是人工植被。人工植被有人工季节植被（粮食、棉花、蔬菜、瓜果和药材等）和人工常年植被（绿化林、经济园林、墓林、河滩林、村庄林等针叶林和阔叶林）。20世纪90年代，开始进行山区农业综合开发，绿化荒山，建绿

色通道，植被逐年增多。2005 年全区有林地面积 12433 公顷，森林覆盖率 37.80%。

植被中，针叶林面积约 2386 公顷，以松树、侧柏为主；落叶阔叶林面积约 2206.67 公顷，其中以刺槐林最多，其次为绿色通道中的植被、林网中的杨树、梧桐树；其余为散生疏林。东部、南部和西部山区植被以松树、槐树为主，林下多为灌木和草本植物，常见的灌木有胡枝子、酸枣、荆条等；草本植物有羊胡子草、猪毛菜及结缕草等。丘陵区以桃、苹果树等经济林为主，草本植物以猪毛菜、蒺藜、石竹子为主。沿河以杨柳为主，灌木有白腊、紫穗槐等，草本植被有牛舌头、香附和茅草等。耕地中以粮食、棉花、瓜果和蔬菜等作物为主，桃树、桑树也日渐增多。2005 年全区桃树种植面积为 3733.33 公顷、桑树 400 公顷。

山地丘陵中的植被　　（2003 年　摄）

第五章　自然资源

第一节　土地资源

境内土地类型以丘陵地、山地为主。

2005 年全区土地总面积 33933.01 公顷，其中耕地 8371.29 公顷，占土地总面积的 24.67%；园地 4297.03 公顷，占土地总面积的 12.66%；林地 5065.98 公顷，占 14.93%；其它农用地 3519.46 公顷，占 10.37%；建设用地 6366 公顷，占土地总面积的 18.77%；未利用土地 6313.25 公顷，占土地总面积的 18.60%。

2005 年钢城区土地利用情况统计表

表 2－5－1　　单位：公顷、%

地类 项目	农用地					建设用地				未利用地			合计
	小计	耕地	园地	林地	其它用地	小计	居民点工矿	交通运输用地	水利设施用地	小计	未利用土地	其他土地	
面积	21253.76	8371.29	4297.03	5065.98	3519.46	6366	5812	327	227	6313.25	5606.25	707	33933.01
占总面积比例	62.63	24.67	12.66	14.93	10.37	18.77	17.13	0.97	0.67	18.60	16.52	2.08	100

第二节　水资源

水量

境内水资源来源于大气降水。据1956年至2000年对境内水资源的计算，全区水资源总量9595万立方米，可利用量4591万立方米，其中地表水822万立方米、地下水3769万立方米。从2001年开始，对牟汶河及其支流进行综合治理。2002年对葫芦山水库进行除险加固，工程完成后增加拦蓄能力800万立方米。2003年启动雪野水库调水工程。2004年4月26日完成，为钢城区日供水5.30万立方米，补充全区工农业用水。2005年全区开发利用水资源总量6159万立方米，其中地表水资源2269万立方米、地下水资源3890万立方米。

水质

地上水质属碳酸盐类型，矿化度较低，一般每升在300～400毫克。境内莱芜硫酸厂附近水质属硫酸盐类型，矿化度每升998.60毫克，均属淡水，多为弱碱性(PH值一般在7.20～8.90之间)。牟汶河水总硬度在4.20～16.80德国度之间，属软水及适度硬水。

因受工业污水影响，1979年至1980年，对葫芦山水库三次取样，测得氰化物、氟化物、酚和砷超过标准2～5倍，其中氰化物超过农业灌溉标准。1993年1月建区以后，区政府加强污染防治，对排污单位进行治理改造，对工业废水实行达标排放，并于2005年兴建污水处理厂1座，使葫芦山水库及其下游水质净化，全部适合于工农业用水。

地下水以重碳酸盐为主，按离子含量的不同结构，境内地下水主要是重碳酸盐钙组第二型水，其次是重碳酸盐钙组第三型水。重碳酸盐钙组第二型水在里辛镇、黄庄镇和颜庄镇分布较广，PH值在6.10～7.98区间，平均为7.15，属中性水，总硬度每升在1.32～14.16毫克区间，平均为6.85，属软水与微硬水，矿化度每升在0.15～0.45毫克区间，平均为0.30毫克每升，属淡水。重碳酸盐类钙组第三型水主要分布于颜庄镇及艾山街道，pH值在6.44～8.34区间，平均为7.47，属中性水；总硬度每升在6.45～22.57毫克区间，平均每升为14.39毫克，属软水与微硬水，矿化度在0.17～0.58毫克每升区间，平均每升为0.35毫克，属淡水。

境内地下水循环条件好，经流畅通，循环剧烈，溶滤作用较强，岩石中易溶成分被大量带走，使水质淡化，具有化学类型简单和矿化度低的特点，适合饮用及工农业用水。

第三节　矿产资源

境内矿产资源丰富，金属矿有铁、金、铜和银，非金属矿有煤炭、白云岩、石灰岩、长石、粘土、石英、砂和花岗岩等。

铁　主要分布在铁铜沟、陶家岭、龙王沟、艾山、官庄、寨子、青冶行、长胜和胡家桥村等地。以矽卡岩交代型磁铁矿为主，主要分布在铁铜沟矿区，探明总储量154万吨，保有储量66万吨。褐铁矿属中低温热液交代充填——风化沐滤型，主要集中在长胜村—官庄村—宋家庄社区—寨子村一线，又称莱沂新铁矿，储藏量尚未探明。

金　磁铁矿中的伴生矿产，只在钢城金矿区范围内进行过资源计算，共计储量666.42千克。

铜　磁铁矿中的伴生矿产，只在钢城金矿区范围内进行过资源计算，共计储量1481.21吨。

煤炭　探明地质储量1.50亿吨，现存储量1亿吨。主要分布在颜庄镇、里辛镇等地。其中，潘西煤矿6000万吨、西港煤矿3360万吨和里辛煤矿700万吨。

白云岩　颜庄镇、黄庄镇和艾山街道等地大量分布，地质储量在5000万吨以上。

石灰岩　主要分布在颜庄镇西部山区，艾山街道寨子村至胡家宅村及黄庄镇青杨崮等处。其中已探明水泥用灰岩1.50亿吨，熔剂灰岩6603万吨。

长石　主要分布在黄庄镇青冶行村一带及艾山街道大龙门村一带。青冶行村探明储量0.98万

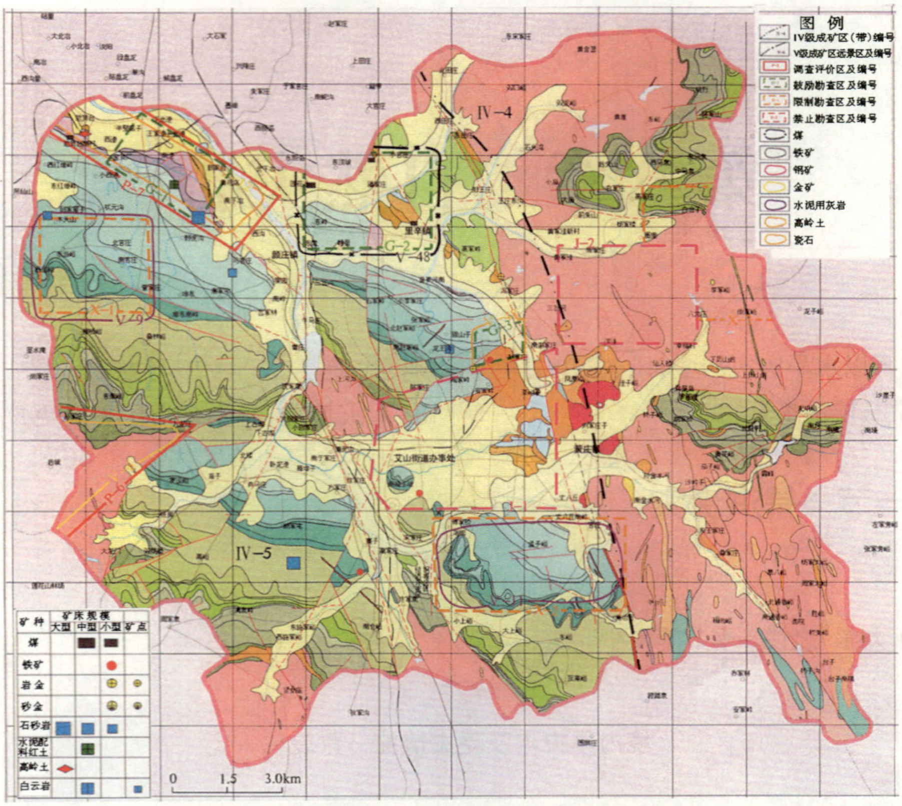

图 2-5-1　2005 年钢城区矿产资源分布与调查、勘查规划图

吨，大龙门村一带零星分布，储藏量尚未查清。

粘土　包括耐火粘土、砖瓦用粘土，主要分布在颜庄镇、里辛镇一带，耐火粘土测算资源量 7593 万吨，砖瓦用粘土已开发利用。

砂　河砂资源已近枯竭。库砂总体储量在 10 万立方米左右，主要集中在葫芦山水库。山砂资源丰富，主要分布在黄庄镇、里辛镇及艾山街道白砂山岭地带，总体含量在 5000 万立方米以上。

花岗岩　主要分布在艾山街道纸坊村一带，初步探明资源储量 127 万立方米。

此外，境内还有银、磷、硫以及蛭石、石英石、燕子石、明矾石、石棉、重晶石、五花石等矿产。

第四节　生物资源

动物资源

野生兽类有兔、黄鼬、鼠、狐狸、獾、狼、刺猬和蝙蝠等；鸟类有水鸭、山鸡、啄木鸟、斑鸠、喜鹊、灰喜鹊、麻雀、鹌鹑、燕子、杜鹃、鹰、猫头鹰等；两栖、爬行类有青蛙、蟾蜍、蛇、蜥蜴、壁虎、龟和鳖等；鱼类有草鱼、鲢鱼、鲤鱼、鲫鱼、团头鲂鱼、鳜鱼和鲶鱼等；有益昆虫类有 270 种，其中捕食性天敌 66 种、寄生性天敌 44 种、小麦害虫天敌 61 种，玉米害虫天敌 99 种。其它无脊椎动物有蚯蚓、蜈蚣、螃蟹、蝗虫、虾、蜗牛、蜘蛛、蝎子等。

植物资源

野生乔木和灌木类有酸枣、银杏、白蜡、荆、杜梨、赤梨子、山葡萄、金银棵、枸杞、山榆、菠萝、流苏树、迎春柳和无花果等。

草本植物有金针、薏苡、沙蓬、荠菜、白头翁、荠荠菜、扫帚菜、寸冬、苦菜、灰菜、黄草、莸草、蒿草、刺猬皮草、红百合、白百合、蝎子草、地榆、凤尾草、狗尾巴草、马鞭草、金牛草、金钱草、龙胆草、地锦草、羊角透骨草、旱莲草、牻牛儿草（老鹳苗）、夏枯草、山药、穿山龙、马齿苋、老观草、凤仙花、蒲公英、藿香和艾叶等。

水生植物有荷、苇、蒲、荻、芡实、浮萍和荷包荠等。

第六章 自然灾害

境内自然灾害以水旱灾害居多，风、雹和虫灾次之，霜冻及异常气候不多见。

第一节 旱洪涝灾

旱灾

境内有“十年九旱”之说。季节旱发生频繁，春旱概率最高，伏旱和秋旱次之。旱灾的面积大，范围广，灾情重，特别是山区灾情更重，即便是偏旱年，山区也呈现重旱。

境内旱灾年及受灾情况一览表

表2-6-1

时间	灾情
明弘治五年(1492年)	春夏不雨，井涸树枯。
明万历四十三年(1615年)	春夏大旱，汶水断流。
清康熙四年(1665年)	春旱，麦苗枯死。
清光绪二年(1876年)	春大旱，汶水断流，大饥，斗谷千钱。
1943年	春夏大旱，田园荒芜，所收无几，饥民遍地，以糠菜、树皮、树叶充饥，饿死多人，逃荒者甚众。
1953年	大旱，地瓜、花生、大豆减产30%～60%，秋种困难。
1976年	1至6月大旱，颜庄公社受灾面积2666.67公顷，成灾面积1666.67公顷。秋旱，部分麦苗枯死；冬季麦苗冻死较多，减产40%。
1978年	春大旱，汶河断流49天。
1983年	大旱，受灾面积1666.67公顷，成灾面积1000公顷。
1996年	从1995年10月至1996年3月未降水，地下水位下降10米～15米，受灾面积10133.33公顷，成灾面积3866.67公顷。
1999年	春旱连夏旱，1998年9月至1999年5月，9个月内降雨仅123毫米，受灾面积5333.33公顷，成灾面积2666.67公顷，绝产面积133.33公顷。

洪涝灾

境内暴雨主要集中在夏季，尤以7月最多。春季暴雨多出现在4月上旬至5月中旬。秋季暴雨比春季多，主要集中在9月上旬至中旬。自20世纪80年代以来，随着截流防洪能力的增强，涝灾逐步减轻，与旱灾相比，相对危害小，主要出现在夏季7月至8月，在牟汶河沿岸低洼地区和黄黏土岭地容易出现涝灾，大面积冲毁河堤、庄稼和房屋已属少见。

1984年7月，颜庄办事处遭受暴雨袭击

境内涝灾年及受灾情况一览表

表2-6-2

时　间	灾　情
清道光十六年(1836年)	淫雨伤稼，大饥荒。
清光绪二十二年(1896年)	冬，大雪，压断树枝，松柏皆秃。
清光绪三十四年(1908年)	大雨，汶水溢，淹没数十村，人死无数。
1957年	7月下大雨，冲地面积1098.27公顷，绝产508公顷，浸塌房屋1363间，死伤5人。
1960年	秋涝，成灾面积226.67余公顷，绝产66.67余公顷。
1975年	8月31日，降水量156.90毫米，河堤决口，冲毁地堰多处。
1978年	夏涝，颜庄公社属重灾区，成灾面积大。
1984年	7月11日夜至12日3时，降特大暴雨，颜庄办事处降雨236毫米~350毫米，降雨强度最高87.50毫米/小时。冲垮塘坝、谷坊20座，河堤决口53处，冲毁庄稼400公顷、耕地66.67公顷，毁房1130间，死伤牲畜6000头(只)。
1996年	7月24日至25日，降特大暴雨，平均降雨287.70毫米，其中里辛镇397.50毫米。受灾面积3240公顷，成灾2333.33公顷，绝产266.67公顷，倒房1578间，冲倒树1.47万株，直接经济损失1672万元。

第二节　风　灾

境内大风多随雨雹出现。1970年至2000年，历年平均大风日数7.70天，最多18天，最少2天。以4月份至5月份最多，平均2.30天；9月份最少，平均0.30天。10分钟平均最大风速27.30米每秒，瞬时最大40米每秒以上。1977年、1978年等年份出现大风。1983年4月，颜庄一带刮起龙卷风造成严重损害。夏季的雷暴大风破坏性大，多有人员伤亡及建筑物倒塌。

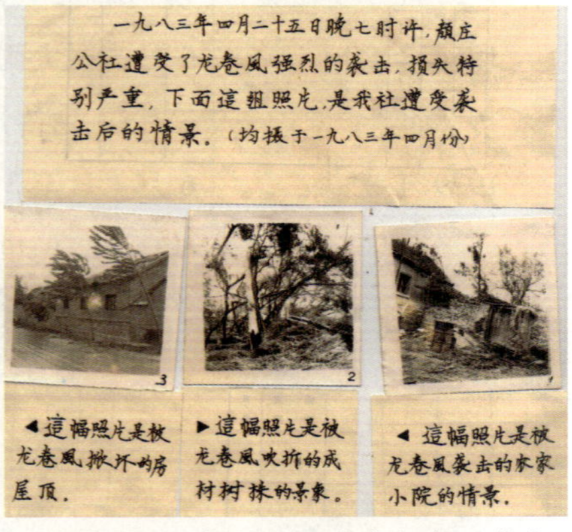

1983年4月，颜庄公社遭受龙卷风袭击

境内风灾年及受灾情况一览表

表 2-6-3

时　间	灾　情
清顺治二年(1645 年)	农历三月龙卷风,正午暗,树林被刮毁,鸟兽惊鸣乱飞。
清康熙十一年(1672 年)	农历正月初二夜,大风、雨雹、雷电,树被刮折,鸟雀多死。
清光绪元年(1875 年)	秋大风,谷子被毁。
1953 年	8 月 10 日,暴风雨,风灾重,毁房无数,农作物全部倒伏,树木、烟囱被刮倒。
1977 年	6 月 28 日至 7 月 2 日,境内连续 5 天遭受暴风雨、冰雹袭击,30 日夜间,最大风力 12 级,毁坏房屋、树木、庄稼若干。
1978 年	7 月初大风,毁房无数,刮倒树 1 万余株,广播通讯线路被毁。
1980 年	7 月 6 日,境内遭暴风雨袭击。
1983 年	4 月 25 日,颜庄公社的 11 个大队及潘西煤矿遭龙卷风袭击,受灾 1580 户,毁房 1.70 万间,死亡 24 人、重伤 70 人、轻伤 310 人,直接经济损失 1268 万元。

第三节　雹　灾

境内冰雹发生较为频繁，集中出现在 5 月中旬至 7 月上旬。发生在上午的冰雹多出现在夏季、麦收期间；发生在夜间的冰雹多出现在 6 月上旬以前。冰雹直径平均 5 毫米～10 毫米,大者 30 毫米,罕见者直径 100 毫米。降雹时间较短,一般 10 分钟左右,最长 30 分钟,多发生在降雨过程的中前期,多伴大风。

境内雹灾年及受灾情况一览表

表 2-6-4

时　间	灾　情
明崇祯三年(1630 年)	农历五月初,雨雹,自午时至未时,平地积深尺余。
清顺治七年(1650 年)	农历四月雨雹,麦禾糜烂,禽兽多死。
1951 年	境内降雹 4 次。
1954 年	5 月遭受大雨和冰雹袭击,农田、果园受损严重。
1978 年	7 月初,所降冰雹大如鸡蛋。
1979 年	6 月 1 日至 3 日,境内连遭 3 次风雹袭击,受灾较重。
1988 年	6 月 29 日,里辛乡、颜庄镇降雹,小者如玉米粒,大者如桃核,地瓜受灾面积 880 公顷,玉米受灾 1533.33 公顷,林果受灾 266.67 公顷。
1989 年	6 月 28 日至 29 日,黄庄镇、里辛乡遭风雹袭击。

第四节　霜冻及异常气候

境内初霜日期一般在10月中旬，终霜期在4月中旬。异常天气持续时间短，不超过3天。危害较严重的初、终霜冻日期在全区基本一致。初霜冻主要危害的作物有棉花、地瓜和蔬菜等，其中蔬菜受灾最为明显；终霜冻（俗称倒春寒）对小麦、果树等影响较大。果树中，杏树受终霜冻影响最大，十年中有五、六年欠收。黄金桃也常受终霜冻影响而减产。

境内霜冻及异常气候年及受灾情况一览表

表2－6－5

时　间	霜冻及异常气候
明万历四十三年（1615年）	农历八月降霜，晚禾尽杀。
清光绪十八年（1892年）	冬，酷寒，井底结冰，树木冻死很多。
清光绪十九年（1893年）	夏，热死多人，冬季无冰。
1917年	冬无霜。
1957年	最低气温－22.5℃。
1958年	3月气温骤降，大地结冰，小麦受害。
1998年	4月1日，普降大雪，境内杏树近绝产。
1999年	4月6日，温度骤降，小麦受冻。

第五节　虫灾　病害

境内主要虫害有蚜虫、红蜘蛛、金针虫、玉米螟、黏虫、豆天蛾、菜粉蝶和条螟等。20世纪60年代初，玉米螟流行。70年代，以麦蚜虫、黏虫、玉米螟和小地老虎为多。

病害主要有小麦锈病、白粉病，玉米青枯病，地瓜、花生线虫病。20世纪80年代，小麦全蚀病发生频繁，90年代得到控制并消灭。

境内虫灾病害年及受灾情况一览表

表2－6－6

时　间	灾　情
明万历四十四年（1616年）	农历五月飞蝗蔽野，秋禾一空。
清顺治二年（1645年）	黏虫伤稼。
1963年	一代、二代玉米螟危害严重，小麦锈病成灾。
1977年	麦蚜虫、小地老虎、金针虫危害庄稼，造成作物大面积减产。
1985年	小麦全蚀病蔓延30余个村庄。
1989年	花生发生黑绒金龟甲（黑豆虫）。
1992年	小麦锈病发生蔓延，减产15%～20%。
1998年	玉米发生青粘病、粗缩病，减产10%左右。
2001年	地瓜茎线虫病普遍发生，减产8%。

小资料

龙卷风

龙卷风(英文:tornado),又称卷风,是一种相当迅猛的天气现象,由快速旋转并造成直立中空管状的气流形成。龙卷风大小不一,但形状一般都呈上大下小的漏斗状,“漏斗”上接积雨云(极少数情况下为积云云底),下部一般与地面接触并且时常被一团尘土或碎片残骸等包围。大多数龙卷风直径约75米,风速在64千米每小时至177千米每小时之间,可横扫数千米。还有一些龙卷风风速可超过480千米每小时,直径达1.6千米以上,移动路经超过100千米。1986年10月9日前苏联科学家揭开龙卷风的奥秘。

1983年4月25日,龙卷风袭击颜庄公社的11个大队及潘西煤矿,亡24人,伤380人,潘西煤矿停产5天,直接经济损失1268万元。中央、省、地、县、公社各级及驻军全力抢救。

第三编

人口

RENKOU

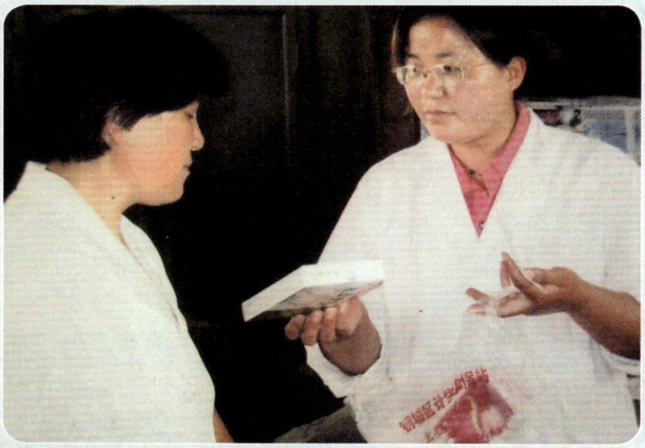

钢城区计划生育
宣传车
鲁S·G0076

境内人类生息繁衍历史悠久。中华人民共和国成立后，1953 年、1964 年、1982 年、1990 年和 2000 年全国进行 5 次人口普查。人口生育长期处于自然状态。1963 年起，提倡计划生育。1970 年起，有专门机构和专职人员从事计划生育工作。境内人口以汉族为主，其他民族人数很少。

第一章　人口规模

第一节　人口数量

1928 年境内颜庄区有 7712 户、46311 人，其中男 25643 人、女 20668 人。

1953 年 6 月 30 日全国第一次人口普查时，境内颜庄区有 10478 户、48563 人，其中男 24122 人、女 24441 人。

1964 年 6 月 30 日全国第二次人口普查时，颜庄公社有 63216 人，其中男 31483 人、女 31733 人；寨子管理区有 8361 人，庙子管理区有 10154 人；黄庄公社有 6992 户、35309 人。

1982 年 7 月 1 日全国第三次人口普查时，颜庄公社有 29129 户、125935 人，其中男 68752 人、女 57183 人，常住人口 122704 人，家庭户 29072 户、家庭人口 108454 人，集体户 57 户、集体户人口 17481 人；黄庄公社有 33692 人。

1987 年颜庄镇人口 53824 人，其中男 28949 人、女 24875 人；城子坡镇人口 41998 人，其中男 23247 人、女 18751 人；里辛乡人口 46776 人，其中男 24693 人、女 22083 人；黄庄镇人口 34509 人；寨子乡人口 29114 人。

1990 年 7 月 1 日全国第四次人口普查时，境内颜庄镇、城子坡镇和里辛乡人口合计 148529 人。

2000 年 7 月 1 日第五次人口普查时，全区人口 232808 人。

1993～2005 年钢城区人口统计表

表 3－1－1　　　　单位：户、人

年　份	总户数	总人口	男	女	农业人口	非农业人口
1993	63054	218900	114917	103983	149482	69418
1994	67147	220601	115909	104692	143622	76979
1995	69284	223980	118265	105715	140619	83351
1996	68683	226581	118849	107732	129759	96822
1997	70093	230363	121107	109256	129758	100605
1998	71255	229629	120610	109019	129426	100203
1999	74854	231482	121452	110030	129498	101984
2000	73613	232808	122008	110800	127835	104973
2001	73068	233791	122457	111334	126680	107111
2002	76504	234640	122787	111853	124792	109848
2003	77358	235591	123230	112361	122538	113053
2004	79107	237290	124024	113266	121830	115460
2005	80150	239582	125423	114159	121771	117811

第二节　人口分布与密度

20世纪60年代至70年代，随着省属企业在境内建立，境外人口大量迁入，境内人口呈现较大幅度的增长，地处莱钢腹地的城子坡一带人口相对稠密。2000年全国第五次人口普查时，城子坡街道总人口40913人，每平方公里人口密度1284.55人；颜庄镇总人口56405人，每平方公里人口密度787.78人；黄庄镇总人口53543人，每平方公里人口密度527.52人；里辛镇总人口54752人，每平方公里人口密度615.54人；寨子乡总人口29278人，每平方公里人口密度649.18人。

2005年钢城区总人口239582人，每平方公里人口密度706人。其中，艾山街道78455人，每平方公里人口密度953人；颜庄镇581[illegible]8人，每平方公里人口密度811人；黄庄镇46082人，每平方公里人口密度478人；里辛镇56927人，每平方公里人口密度640人。

第二章　人口构成

第一节　民族构成

境内汉族人口最多，少数民族数量较少，主要有回族、满族、蒙古族、佤族、壮族、朝鲜族、彝族、藏族和白族等，其中以回族居多。本土出生的少数民族人口较少，多因打工、经商、求职和婚嫁等流入境内。

2000年全国第五次人口普查，境内有汉族232205人，占总人口的99.74%，少数民族12个、603人，占总人口的0.26%。少数民族人口分布情况是：城子坡街道124人、颜庄镇68人、黄庄镇200人、里辛镇180人和寨子乡31人。

2000年第五次人口普查钢城区少数民族人口分布表

表3－2－1　　单位：人

民族＼单位	钢城区	城子坡街道	颜庄镇	黄庄镇	里辛镇	寨子乡
回　族	432	97	59	138	138	—
满　族	85	12	2	40	29	2
蒙古族	28	10	1	11	4	2
佤　族	23	—	1	—	—	22
壮　族	9	3	—	6	—	—
彝　族	7	1	—	—	2	4
朝鲜族	7	1	—	5	—	1
藏　族	4	—	4	—	—	—
白　族	4	—	—	—	4	—

续表 3－2－1

单位 民族	钢城区	城子坡街道	颜庄镇	黄庄镇	里辛镇	寨子乡
侗　族	2	—	—	—	2	—
苗　族	1	—	1	—	—	—
土　族	1	—	—	—	1	—
合　计	603	124	68	200	180	31

第二节　性别构成

1993 年全区总人口 218900 人，其中男性 114917 人，占总人口的 52.50%；女性 103983 人，占总人口的 47.50%。男女性别比 110.45 : 100。

2000 年全区总人口 232808 人，其中男性 122008 人，占总人口的 52.41%；女性 110800 人，占总人口的 47.59%。男女性别比为 106.97 : 100。

2005 年全区总人口 239582 人，其中男性 125423 人，占总人口的 52.35%；女性 114159 人，占总人口的 47.65%。男女性别比 109.87 : 100。

1993～2005 年钢城区男女人口统计表

表 3－2－2　　单位：人

年　份	总人口	男		女	
		数量	占总人口比例（%）	数量	占总人口比例（%）
1993	218900	114917	52.50	103983	47.50
1994	220601	115909	52.54	104692	47.46
1995	223980	118265	52.80	105715	47.20
1996	226581	118849	52.45	107732	47.55
1997	230363	121107	52.57	109256	47.43
1998	229629	120610	52.52	109019	47.48
1999	231482	121452	52.47	110030	47.53
2000	232808	122008	52.41	110800	47.59
2001	233791	122457	52.38	111334	47.62
2002	234640	122787	52.33	111853	47.67
2003	235591	123230	52.31	112361	47.69
2004	237290	124024	52.27	113266	47.73
2005	239582	125423	52.35	114159	47.65

第三节 年龄构成

2000年全国第五次人口普查结果显示，全区0岁~14岁人口占总人口的18.73%;15岁~49岁人口占总人口的60.72%;50岁以上人口占总人口的20.55%，其中65岁以上人口占总人口的6.45%,100岁以上老人2人。

2000年第五次人口普查钢城区人口年龄构成统计表

表3-2-3 单位:人

年龄	人口		
	小计	男	女
0岁	2742	1447	1295
1~4岁	12460	6378	6082
5~9岁	9972	5258	4714
10~14岁	18016	9344	8672
15~19岁	14320	7635	6685
20~24岁	15562	8238	7324
25~29岁	25469	13347	12122
30~34岁	26439	13797	12642
35~39岁	22117	11539	10578
40~44岁	18902	9678	9224
45~49岁	18610	9080	9530
50~54岁	15364	8099	7265
55~59岁	9566	5087	4479
60~64岁	8200	4261	3939
65~69岁	6400	3195	3205
70~74岁	4272	2017	2255
75~79岁	2452	1076	1376
80~84岁	1265	482	783
85~89岁	516	168	348
90~94岁	137	34	103
95~99岁	25	6	19
100岁及以上	2	0	2
合计	232808	122008	110800

第四节　文化构成

1964年全国第二次人口普查时，颜庄公社13岁及以上人口37829人，其中文盲和半文盲24617人，占65.07%。

1982年全国第三次人口普查时，颜庄公社6岁及以上人口114137人，其中大学毕业生（本、专科学历获得者）914人、大学肄业或在校生91人、高中生（或相当于高中）8007人、初中生24393人、小学生44899人、文盲和半文盲35833人。12岁及以上年龄人口98337人，其中男54364人、女43973人。文盲、半文盲总数32362人，占该人群的32.91%。

1990年全国第四次人口普查时，6岁及以上人口颜庄镇有50629人，其中男26608人、女24021人；城子坡镇有40802人，其中男22484人、女18318人；里辛乡有45106人，其中男23787人、女21319人。

1990年第四次人口普查三乡镇文化程度分类统计表

表3－2－4　　单位：人

乡　镇		颜庄镇	城子坡镇	里辛乡
大学本科	合计	81	568	221
	男	70	468	191
	女	11	100	30
大学专科	合计	371	1376	456
	男	309	942	327
	女	62	434	129
中　专	合计	705	1965	770
	男	509	1077	473
	女	196	888	297
高　中	合计	2935	5004	3468
	男	2114	3030	2321
	女	821	1974	1147
初　中	合计	16624	14911	14617
	男	11429	9056	9699
	女	5195	5855	4918
小　学	合计	17744	13383	18341
	男	8963	6892	8642
	女	8781	6491	9699
文盲、半文盲	合计	12169	4595	7223
	男	3214	1019	2134
	女	8955	3576	5099

2000年全国第五次人口普查结果显示，全区6岁及以上人口215733人，其中男111292人、女104441人。未上过学的17075人，占总人口的7.27%，其中男3900人、女13175人；小学及以下文化程度71508人，占总人口的30.44%，其中男30088人、女41420人；初中及以上文化程度128722人，占总人口的54.81%，其中男78376人、女50346人；大学专科及以上文化程度11308人，占总人口的4.81%，其中男7467人、女3841人；研究生毕业的32人，其中男28人、女4人。

第五节　职业构成

境内居民历来以农业人口为主。20世纪60年代以来，工商业发展较快，人口、行业和职业构成发生明显变化。

在业人口职业构成

2000年全国第五次人口普查结果显示，全区在业人口13790人，其中党政机关、企业、事业单位负责人342人，占全部从业人口的2.48%；专业技术人员972人，占全部从业人口的7.05%；办事员和相关人员371人，占全部从业人口的2.69%；商业服务业人员1293人，占全部从业人口的9.38%；农、林、牧、渔、水利业生产人员6652人，占全部从业人口的48.24%；生产、运输设备操作人员及相关人员4157人，占全部从业人口的30.15%；不便分类的其他劳动者3人。

2000年钢城区在业人口职业分类统计表

表3－2－5　单位：人

职业类别	职业分类人数			占在业人口比例(%)
	合计	男	女	
	13790	7882	5908	100
党政机关、企业、事业单位负责人	342	316	26	2.48
专业技术人员	972	511	461	7.05
办事员和相关人员	371	298	73	2.69
商业服务业人员	1293	637	656	9.38
农、林、牧、渔、水利业生产人员	6652	2978	3674	48.24
生产、运输设备操作人员及相关人员	4157	3141	1016	30.14
不便分类的其他劳动者	3	1	2	0.02

无业人口和非在职人口类别构成

2000年第五次人口普查统计全区无业人员共计4498人，其中男1525人、女2973人，无业人口中的失业人员，少数没有文化，多数受过不同程度的文化教育。

2000年钢城区无业和非在职人口分类统计表

（15周岁以上人口）

表3-2-6　　　　单位：人

类　别	人　数			占无业和非在职业人员比例(%)
	合计	男	女	
	4498	1525	2973	100
在校学生	662	396	266	14.72
料理家务者	1806	47	1759	40.15
离退休人员	997	664	333	22.17
丧失工作能力者	643	253	390	14.29
待业人员	182	61	121	4.05
失业人员	91	57	34	2.02
其　他	117	47	70	2.60

2000年钢城区失业人口受教育情况分类统计表

表3-2-7　　　　单位：人

受教育程度	人　数			占失业总人数的(%)
	合计	男	女	
	91	57	34	100
未上过学	2	1	1	2.20
小　学	7	4	3	7.69
初　中	45	29	16	49.45
高　中	20	13	7	21.98
中　专	10	6	4	10.99
大学专科	6	3	3	6.59
大学本科	1	1	—	1.10

无业和非在职人口生活来源

无业人口的生活保障，主要靠养老金、领取基本生活费、家庭其他成员供养、财产性收入、参加社会保险等。

2000 年钢城区无业和非在职人口生活来源分类统计表

表 3－2－8　　单位：人

生活来源	人数			占总数的（%）
	合计	男	女	
	4498	1525	2973	100
养老金	996	664	332	22.14
领取基本生活费	97	50	47	2.16
家庭其他成员供养	3303	763	2540	73.43
财产性收入	4	3	1	0.09
保　险	1	1	—	0.02
其　他	97	44	53	2.16

第六节　家庭构成

中华人民共和国建立初期，境内家庭构成主要是中国传统式大家庭，多为“二代户”“三代户”“四代户”。随着社会发展，人们的思想观念不断发生变化，家庭规模逐渐趋向小型化。1990 年全国第四次全国人口普查统计，境内颜庄镇、城子坡镇和里辛乡共有家庭户 39972 户、总人口 130530 人，户均 3.27 人；据 2000 年全国第四次人口普查结果显示，全区共有家庭户 75456 户、总人口 234891 人，户均人口 3.11 人。其中一代户 22131 户，占 29.33%；二代户 47570 户，占 63.04%；三代户 5640 户，占 7.47%；四代户 115 户，占 0.15%。单身户多为老人独居户，约占 8.38%。夫妻二人、一个独生子女的三口之家和年轻夫妇、老年夫妇的两口之家居多，约占 66.97%。老人与子女一起生活的约占 20%左右。

2000 年钢城区家庭户型构成情况统计表

表 3－2－9

家庭类型	户　数	占总户数比例的（%）
一代户	22131	29.33
二代户	47570	63.04
三代户	5640	7.47
四代户	115	0.15
1 人户	6323	8.38
2 人户	17602	23.33
3 人户	32934	43.65
4 人户	13826	18.32
5 人户	3796	5.03
6 人户	820	1.09
7 人户	121	0.16

续表 3-2-9

家庭类型	户　数	占总户数比例的(%)
8 人户	26	0.03
9 人户	6	—
10 人及以上户	2	—

（注:2000 年全区共有家庭户 75456 户。）

第七节　姓氏构成

2005 年境内姓氏有 452 姓,其中单姓 449 个、复姓 3 个。

单姓按笔画顺序排列如下。

2 画:卜刁丁

3 画:于马万干山么门乞

4 画:王亓卞方尹孔井毛巨文邓仇车牛尤仉公韦支丰戈水化见历亢元片

5 画:付田史石白左卢冯边司宁申艾丛包玄仪东台仝由母代丘甘目厉龙生冉卡兰皮平只主

6 画:齐伊吕刘孙毕许邢纪乔朱安任池巩祁仲汤成阳关曲伦过权江米庄牟匡阮汲衣华师回年那考同束吉寻亚延闫芋自亦阴有伏邬

7 画:李陈吴宋苏邹杜何狄肖张杨怀谷花利初邱沈邵孝迟陆严闵弥况连阿辛时冷羌沙汪巫邴员吝束君季闰佟克来连赤芦评希邸轩余严言冶应芷佐位

8 画:尚郑房周孟武林宗和苗屈国郇罗范郄庞金郎岳单茅诜明宓苟官茚侍呼泥拉练法依苑迮郅卓郁泮

9 画:赵胡侯段姚胥柳施娄郝封姜贺南钟郗种昝禹哈荀荆费祝宫荣修战项信柏查神洪秋郜冠饶茹律洒客类重骆洛相咸祖俎

10 画:钱高秦贾郭徐栾唐耿展袁姬柴夏殷桑索陶谈晁顾晃都栗部莫倪逄党原聂浦桂秘真席班倍逢晋涂奚诸

11 画:黄康曹鹿常宿袭阎崔梁盛商梅戚符隋谌龚扈菅盖渠绳矫粘密隗寇逯接屠脱绪旋焉章

12 画:焦彭董程谢葛蒋韩景温鲁舒曾童傅强斯黑惠褚富嵇提游喻湛

13 画:雷窦甄鲍靳褚路解蒲鉴楚腾满蒙蓝廉靖訾虞鄢

14 画:谭管赫阚翟蔺綦裴赛慕熊蔡缪蜜蔚

15 画:潘臧滕樊颜虢黎

16 画:冀薛穆薄霍燕

17 画:鞠戴魏蹇

18 画:瞿藏

20 画:籍

复姓有欧阳、诸葛和澹台。

按姓氏人口数量分类,境内前十大姓氏有李、刘、王、张、赵、吴、吕、陈、孙和亓姓。

2005 年钢城区十大姓氏人口统计表

表 3-2-10　　单位:人

姓　氏	人　数	占总人口比例(%)
李	28220	11.78
刘	23785	9.93
王	22675	9.46
张	21908	9.14

续表 3-2-10

姓　氏	人　数	占总人口比例(%)
赵	10901	4.55
吴	10556	4.40
吕	9546	3.98
陈	9379	3.91
孙	6660	2.78
亓	5880	2.45

(注:2005 年全区总人口 239582 人。)

第三章　人口变动

第一节　自然变动

历史上因战争、疫病和生活条件差等原因,境内人口再生产表现为“高出生、高死亡、低增长”的状况。1949 年后,随着人民生活水平的提高和医疗卫生条件的改善,人口再生产表现为“高出生、低死亡、高增长”态势。1963 年之后,境内实行计划生育,人口逐年得到控制。1981 年境内颜庄公社共出生人口 2069 人,死亡人口 499 人,人口自然增长率为 12.7‰。

1993 年 1 月钢城区建立后,通过强化法制和转化思想观念,提倡晚婚晚育、优生优育,人口出生率得到有效控制,人口呈“低出生、低死亡、低增长”的计划增长状态。至 2005 年,全区人口自然增长率控制在 2.18‰~9.30‰之间。

1993~2005 年钢城区人口自然变动统计表

表 3-3-1　　单位:人

年　份	年末总人口	出　生	死　亡	自然增长	自然增长率(‰)
1993	218900	1541	1064	477	2.18
1994	220601	1885	1103	782	3.54
1995	223980	2137	1097	1040	4.64
1996	226581	3035	1159	1876	8.28
1997	230363	3283	1176	2107	9.15
1998	229629	3299	1129	2170	9.45
1999	231482	2936	1135	1801	7.78
2000	232808	2901	1202	1699	7.30

续表 3－3－1

年　份	年末总人口	出　生	死　亡	自然增长	自然增长率（‰）
2001	233791	2447	1177	1270	5.43
2002	234640	2456	1208	1248	5.32
2003	235591	2272	1213	1059	4.50
2004	237290	2866	1185	1681	7.08
2005	239582	2386	1219	1167	4.87

第二节　机械变动

明初，自山西洪洞、河北枣强迁来大批人口。20 世纪 60 年代起，莱钢、山东新华机器厂和硫酸厂等 6 家省、地属企业相继在境内建设，大批职工迁入境内。

1993 年建区后，每年都有部分人口迁入、迁出。迁入人口中，以工作调动、毕业学生分配、军转干部及其家属、务工经商到钢城落户者居多。迁出人口中，多为学生升学、适龄青年参军入伍和干部、职工的调出等。1993 年至 2005 年，境内暂住人口分别为：1993 年 4729 人、1994 年 5878 人、1995 年 5704 人、1996 年 5238 人、1997 年 2478 人、1998 年 1546 人、1999 年 511 人、2000 年 2029 人、2001 年 2045 人、2002 年 594 人、2003 年 1535 人、2004 年 1628 人、2005 年 2015 人。

1993～2005 年钢城区人口迁入迁出情况统计表

表 3－3－2　　单位：人

年　份	迁　入	迁　出
1993	4757	4090
1994	3489	2583
1995	5576	3247
1996	2681	3232
1997	2417	1253
1998	952	4333
1999	833	1253
2000	800	1204
2001	1020	1237
2002	875	1303
2003	934	1355
2004	1216	1596
2005	2014	1295

第四章 人口管理与计划生育

第一节 人口管理

中华人民共和国成立至20世纪70年代以前，由地方公安派出所负责管理户口。自70年代末，乡镇计划生育部门参与户口管理。

1987年3月25日，境内贯彻《中华人民共和国居民身份证条例》，开始颁发居民身份证。

1993年1月建区之后，钢城公安分局治安科负责管理境内户口，区、镇计划生育部门以人口生育对象为重点配合公安部门管理人口；9月区计划生育委员会、区公安分局和区工商分局联合印发《关于流动人口计划生育管理的规定》，加强对流动人口的管理。

1994年3月，区政府制定《对空挂户人口、暂住人口、流动人口进行清理整顿，加强计划生育管理的实施方案》，以计划生育部门为主，公安、工商行政管理、劳动、城建、房管和民政等部门齐抓共管，共同做好特殊人群的计划生育管理工作。要求流入人员（跨乡镇居住15天以上者）持流动人口婚育证明和暂住证，经计生、公安、劳动和工商等部门验证后方可务工经商；凡将流往外地的育龄妇女，须到户口所在乡镇（街道）办理《流动人口婚育证明》，并与村（居）签订《流出人员计划生育管理合同书》后方可外出，并要求已婚育龄妇女每个季度寄回孕情查体证明。

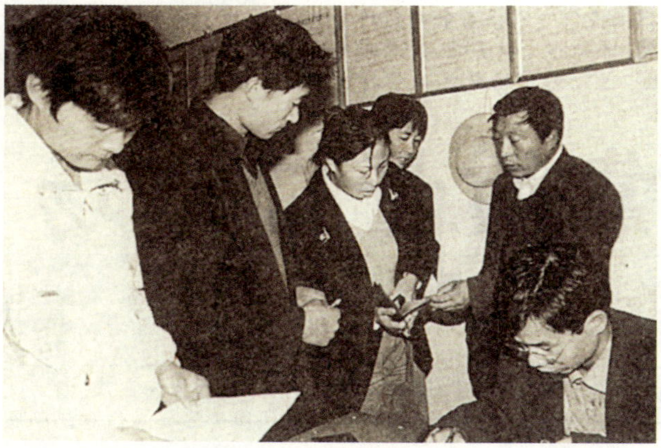

工作人员核实流动人口生育证明 （1998年 摄）

1995年钢城公安分局成立“暂住人口管理领导小组”，各派出所建立了暂住人口管理站，各警务区和企业保卫科建立二级管理站，乡镇（街道）、企业和村（居）建立三级管理站，暂住人口管理形成网络化。

1998年《流动人口婚育证明》办理范围仅限于跨区流动人员，区内跨乡镇流动人口不再办理，其管理由流出地和流入地共同进行，以流出地管理为主；同年6月，钢城公安分局设户政科专门负责户政管理工作。

1999年11月，居民身份证升位编制开始，由15位号码升为18位。

自2002年，随着《中华人民共和国人口和计划生育法》等法律法规的实施，流动人口与常住人口同等对待。

2005年4月28日，开始换发第二代居民身份证。

第二节 计划生育

管理机构

1963年11月，中共莱芜县委印发《关于计划生育和节制生育的几点意见》，境内开始计划生育。1970年颜庄公社设计划生育工作委员会。1979

年计划生育工作委员会改称计划生育办公室。1985年11月，成立颜庄镇计划生育领导小组，下设计划生育办公室。

1980年黄庄公社计划生育办公室成立。1984年改称黄庄公社计划生育委员会；同年5月，黄庄区计划生育领导小组成立，下设计划生育办公室。1985年11月，黄庄镇计划生育领导小组成立，下设计划生育办公室。

黄庄镇计划生育服务站 (2004年 摄)

1985年11月，城子坡镇设立计划生育办公室。1996年6月，改设为城子坡街道计划生育委员会。2000年12月，改设为艾山街道计划生育委员会。

1985年11月，里辛乡计划生育领导小组成立，下设计划生育办公室。1995年10月，改设为里辛镇计划生育领导小组，下设计划生育办公室。

1990年8月，寨子乡设计划生育领导小组，下设计划生育办公室。2000年12月，寨子乡计划生育领导小组与城子坡街道计划生育领导小组合并为艾山街道计划生育领导小组。

1993年1月，钢城区计划生育办公室成立，为正科级单位，编制6人；4月计划生育办公室改称计划生育委员会，内设办公室、统计科；6月计划生育服务站设立。1995年12月，药具站设立。1999年6月，钢城区人口与计划生育领导小组成立。2001年12月，区计划生育委员会改称计划生育局。2002年6月，区计划生育服务站与区卫生局妇幼保健所合并成立区计生妇保综合服务站，为区计生局下属副科级事业单位，编制20人；同月，流动人口办公室、宣教办公室成立。2004年计划生育信息中心设立。2005年3月，计划生育局改称人口和计划生育局。

区计生服务大楼 (2005年 摄)

政策措施

晚婚 晚育 1952年颁布的《中华人民共和国婚姻法》规定，男性20岁、女性18岁为结婚年龄。但受传统习惯的影响，境内仍不乏小于法定年龄结婚者，尤以偏远山区为重。自1973年3月，贯彻山东省革命委员会计划生育工作领导小组《关于计划生育若干问题的试行规定》，提倡男25岁、女23岁结婚。自1978年7月，按照国务院计划生育领导小组在《计划生育工作条例(征求意见稿)》中提出的“晚婚年龄提倡农村女子23岁以上，男子25岁以上，城市略高于农村”的要求，境内男女青年积极响应国家号召，自觉实行晚婚。1980年女性初婚年龄全部达到23岁以上，男性达到25岁以上。1981年1月1日，《中华人民共和国婚姻法》规定，结婚年龄男性不小于22岁，女性不小于20岁。但从计划生育角度出发，境内依然严格掌握男25岁，女23岁的晚婚年龄。

1993年10月，区委、区政府制定出台《关于进一步加强计划生育工作的决定》，提倡鼓励一对夫妇只生育一个孩子。继续坚决实行晚婚晚育，男年满25周岁、女年满23周岁以上初婚为晚婚，晚婚并按计划生育第一孩的为晚育。

自1979年，晚婚晚育的青年不断增加。1990年第四次全国人口普查登记，全区男女初婚年龄，男子平均为24岁，女子为22岁。

节育　20世纪60年代初期，由卫生部门宣传、组织、发动并实施计划生育措施。1964年初，颜庄公社卫生院设立计划生育门诊，配备节育药品器械，免费实施节育手术。1973年提倡一对夫妇生育一对孩子，生育间隔四、五年。

1980年1月29日，按照山东省人民政府规定，境内开始提倡一对夫妇只生一个孩子，首先在机关干部中推行，随后在农村推行。

1984年12月6日，中共莱芜市委、莱芜市人民政府发布《关于在全市农村允许只有一个女孩的夫妇间隔八年生二胎的决定》，农村户口育龄妇女已生育1个男孩的，不得再生育二胎；第一胎是女孩的，允许生育二胎，但时间必须间隔8年。

自1993年10月，实行领取《生育证》制度，凡符合生育条件的育龄人口，须先向计生部门申领《生育证》（俗称“娃娃票”），然后按时间要求生育，不得无证生育。

2005年全区有育龄妇女60507人，有45895人落实节育措施，节育率为75.85%。

奖惩　1980年1月，开始提倡一对夫妇只生一个孩子后，由县级人民政府制定对独生子女的优待政策，颁发《独生子女证》。独生子女父母是干部职工的，每月享受5元钱优待金，直至独生子女18岁，退休时加发百分之五的退休金；是农民的，划一口半人的自留地，或以减免农村基建工、义务工的方式予以照顾。

1981年1月1日起，对出现计划外生育的单位征收超生费。1982年又进一步规定，对出现计划外生育的大队、机关、厂矿、学校和企业在本年度内不能评为先进单位，并扣发有关领导成员一个季度或半年奖金，并不能评为先进工作者；对坚持强生二胎、多胎的干部、职工、社员，一律收回《独生子女证》及所受到的一切待遇，除在经济上按合同给予制裁外，是中共党员、共青团员的，还要给予纪律处分，属于干部职工的也给予纪律处分；对未经批准私自抱养小孩者，均按计划外强生处理。

1993年1月建区后，区委、区政府每年都与各乡、镇（街道）党委、政府（办事处）签订《人口与计划生育目标管理责任书》，当年考核，对完成目标者给予表彰奖励，对未完成者进行重点管理。城镇分配住房，农村划宅基地，对独生子女户优先照顾。对符合生第二个孩子而自愿只要一个孩子并采取节育措施的夫妻，由所在单位予以表彰，并从领取《独生子女证》之月起，每月加发一倍的独生子女优待金。对计划生育工作政绩突出的乡镇（街道）主要负责人、分管负责人和计划生育部门负责人，由市或区人民政府给予表彰奖励。实施“离职审计、追踪奖惩”“一票否决”制度，凡完不成人口计划的乡镇（街道），取消评选各类先进的资格，追究主要领导、分管领导、计划生育部门负责人责任，并按有关规定给予处罚。

自1993年10月，实行计划生育问题有奖举报制度，对出现非法同居和计划外生育的村级单位，除对当事人给予处罚外，对村支部书记、村主任、文书和计生专职主任等人给予经济处罚或党纪、政纪处分。对弄虚作假、隐瞒计划生育问题的从重处罚。

1995年10月，区委、区政府印发《关于进一步

实行优生优育，儿童健康成长

加强计划生育工作的补充意见》，把计划生育工作情况作为选拔任用干部的重要依据和评选先进的重要条件严格掌握，进一步落实《中共山东省纪律检查委员会关于共产党员违反计划生育政策法规党纪处分的若干规定》，切实落实好独生子女优待政策，继续完善和实行计生、公安、民政等政府部门联合办公制度，坚持实行《生育证》制度，严格《生育证》审批程序。

1998年7月，区委、区政府印发《关于提高独生子女父母奖励费标准的通知》，机关企事业单位将独生子女父母奖励费由每月5元提高到每月10元，农村也相应提高。

2000年5月，钢城区设立人口与计划生育基金，主要用于对终生只要一个女孩户的奖励、计划生育“三结合”（计划生育同农村经济社会发展相结合、同农民勤劳致富奔小康相结合、同建设文明幸福家庭相结合）项目的扶持、区计划生育服务站建设等；同月，区委、区政府印发《关于建立钢城区利益导向机制和社会保障机制，认真落实计划生育激励政策的决定》，对政策允许可生二胎自愿只要一女孩的户每户奖励现金1000元。

镇（街道）、村各级对计划生育户落实优先安排到村办企业任职，优先承包经营项目，优先划宅基地和经营场地，优先得到经济扶持，优先提供贷款，优先得到各种福利待遇，独生子女优先入托、入学等优惠政策。

2005年在全区推行“平时记分、点外扣分、创新奖分、市区结合”的考核新机制，加强对计划生育工作的管理。

目标管理　1979年人口目标责任管理制模式的雏形逐渐形成。一般采用公社、管理区、大队干部层层定职责、定任务，实行钱粮与人口项目指标一起包、一起考核评比、年终一起奖惩的办法。

1984年后，普遍实行计划生育合同制管理，乡镇、村与未婚青年、生育对象签订《晚婚晚育合同》《只生一孩合同》《落实节育措施保证合同》并兑现。

1993年10月，实行领取《生育证》制度后，各单位对安排生育计划的生育对象进行张榜公布，区计生委每月一次审批《生育证》，《生育证》当年有效。

1996年3月，全区计划生育村民自治现场会在颜庄镇澜头村召开，随之，在全区开展计划生育村民自治合格村、模范村创建活动。

1999年1月，区计划生育领导小组作出《关于落实部门职责对计划生育齐抓共管实施综合治理的决定》，公安、工商、民政和卫生等有关部门按照分工对计划生育工作实施齐抓共管；5月区政府印发《莱芜市钢城区计划生育社会抚养费征收管理办法》，制定18条规定。对符合《山东省计划生育条例》规定照顾生育第二个子女的，由区计划生育委员会在办理《生育证》时，一次性征收社会抚养费。同期，区计划生育领导小组印发《关于认真贯彻落实〈山东省禁止非医学需要鉴定胎儿性别和选择性终止妊娠的规定〉的通知》，严禁非法非医学需要终止妊娠；9月区计划生育领导小组印发《钢城区育龄妇女人人享有初级生殖保健的实施意见》，建立已婚育龄妇女生殖保健服务档案，并开始创建生殖保健优质服务试点区。

2002年3月，区计划生育领导小组出台《钢城区关于进一步推行计划生育村民自治的实施意见》。制定《钢城区二孩〈生育证〉审批办法》，规范和完善二孩《生育证》审批管理程序；4月4日，区政府印发《钢城区城市计划生育管理暂行规定》，共制定9章38条的管理规定。城市驻地计划生育工作，实行属地管理原则，城市驻地常住人口及流

计划生育宣传车上街宣传计生政策　（2002年　摄）

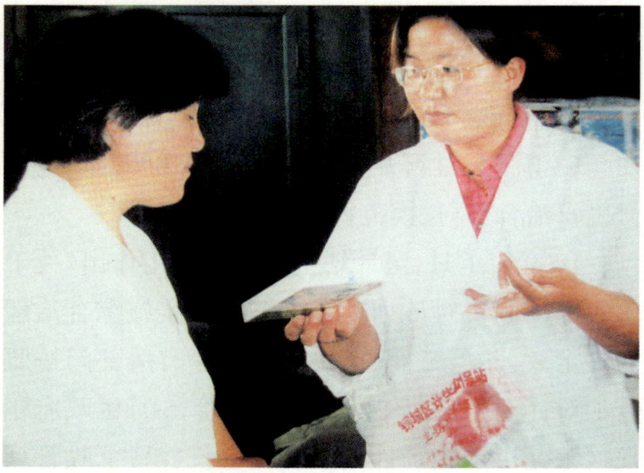

计划生育工作人员发放避孕药具 （2004年 摄）

动人口计划生育管理，由城市驻地所在街道负责；9月《山东省人口和计划生育条例》颁布实施，一胎户不再申办《生育证》，改为领取《计划生育服务手册》，由镇（街道）计划生育办公室办理；二胎仍实行《生育证》制度，由区计划生育局审批。

技术服务

1979年以前，计划生育技术服务工作主要由公社卫生院负责。自1979年，此项工作主要由各公社陆续成立的计划生育办公室负责。

1993年6月，区计划生育服务站设立。1995年12月，区计划生育药具站设立。

1998年区计划生育服务站与区妇幼保健站合并，成立计生妇保综合服务站。随之，乡镇计划生育服务站与卫生院妇产科合并，村计划生育服务室与村卫生室合并，形成区、镇、村三级服务网络。以此为基础，围绕育龄群众的生育、节育开展“五上门、五到人”活动，即“孕期保健服务上门、优生知识讲解到人；避孕节育指导上门，落实措施服务到人；避孕药具发放上门，使用方法指导到人；生育保健查体上门，疾病预防诊治到人；产后、术后服务上门，知情关心体贴到人”。年内解答群众咨询3万人（次），做手术4000余例，开展生殖保健查体1.60万余人（次），治疗生殖系统疾病1200人（次），治疗不孕不育疾病160例。

自2001年，技术服务工作逐步向优生优育、生殖健康等技术服务拓展，相继增加节育措施知情选择等服务项目。掌握本辖区妇女儿童健康状况及影响因素，协助卫生行政部门制定妇幼卫生工作的相关政策、技术规范及各项规章制度；受卫生行政部门委托对本辖区各级各类医疗保健机构开展的妇幼卫生服务进行检查、考核与评价；指导和开展本辖区妇幼保健健康教育与健康促进工作，组织实施母婴保健技术培训，对基层医疗保健机构开展业务指导，并提供技术支持；开展对本辖区孕产妇死亡、婴儿及5岁以下儿童死亡、出生缺陷监测、妇幼卫生服务及技术管理等信息的收集、统计、分析、质量控制和汇总上报；开展妇女保健服务，包括青春期保健、婚前和孕前保健、孕产期保健、更年期保健、老年期保健，重点加强心理卫生咨询、营养指导、计划生育技术服务、生殖道感染、性传播疾病等妇女常见病防治；开展儿童保健服务，包括胎儿期、新生儿期、婴幼儿期、学龄前期及学龄期保健。受卫生行政部门委托对托幼园所卫生保健进行管理和业务指导。重点加强儿童早期综合发展、营养与喂养指导、生长发育监测、心理行为咨询和儿童疾病综合管理等儿童保健服务。

1993年前，境内肉眼可见新生婴儿病残儿出生率为8‰以上。到2005年，全区肉眼可见新生婴儿病残儿出生率下降到4‰以下。

1993年至2005年，钢城区连续13年获得计划生育工作全市考核一等奖。1996年4月，钢城区被省委、省政府评为计划生育工作“三为主”先进单位。1999年钢城区被山东省计划生育领导小组确定为“全省计划生育优质服务试点县（区）”。2001年9月，中国计划生育协会副会长刘汉彬到钢城区检查指导工作，对钢城区计划生育工作给予高度评价。2003年3月，钢城区被省委、省政府授予“山东省计划生育优质服务先进区”称号。

2003年3月，钢城区被授予全省“计划生育优质服务先进县（区）”

第四编

交通 邮电 电力

JIAOTONG YOUDIAN DIANLI

中国邮政
CHINA POST
邮政储蓄
POSTAL SAVINGS
中国邮政
CHINA POST

第一章 交通设施

第一节 官 道

明代，淄博经莱芜至新泰的驿道（即官道）在半壁店子村设驿站，往南经清泥沟村通往新泰县。清顺治八年（1651 年），修建清泥沟石板路，自村内直通葫芦关，全长 1 公里多，宽近 3 米，路面用长方形青石板铺成。清光绪三十年（1904 年），张（店）博（山）铁路通车后，新泰、蒙阴等县的蚕丝等大宗土特产品经驿道运至博山火车站和淄博境内，博山站和淄博境内的土特产品多由此路南运新泰、临沂及南方广大地区。历代官府对驿道不断整修，截弯取直，增设桥涵，加宽路面，渐成连接沂蒙山区的要道。

第二节 公 路

公路建设

1935 年开始修建莱芜至新泰的公路，经过境内验货台、南下冶、颜庄、曹庄、清泥沟和寨子等村，路宽 4 米，土路面，境内长 15 公里。同时，修筑颜庄经辛庄至博山的土公路，境内长 2 公里；修建五龙口经安仙至颜庄的土公路，境内长 7 公里。抗日战争时期，修筑郑王庄经东田庄至辛庄的土公路（由日伪军修筑）。解放战争时期，修建郑王庄经棋山观、八大庄至沂源的土公路。这些公路都是在官道和乡村大道基础上稍加修整而成，穿过村庄较多，汽车勉强通行。

1949 年后，政府着力恢复和发展交通运输业。20 世纪 70 年代后，钢铁、煤炭等行业的发展和社会需求的增加，推动着交通运输业不断发展。20 世纪末，政府更加重视发展交通运输业，用政策鼓励、重点支持、经济拉动和扶贫开发等措施，加快公路的建设步伐，由建设普通公路到建设干线公路、一级公路和高速公路。

干线公路　省道 803 线（原 205 国道）：1950 年在已有公路基础上改建而成。由验货台入境，自卞家泉出境，境内长 19.30 公里。1958 年至 1959 年，对宋家庄至莱城段进行改造，在境内已有线路的基础上对部分路段进行改修，由自牛马庄村绕古墩村至清泥沟村改为由牛马庄村经黄羊山直通北城子坡村，修建桥涵 2 座，并铺筑砾石路面。1972 年公路划为省内干线博（山）孙（村）公路。1974 年改为省际干线博（山）徐（州）公路，境内段铺筑沥青混凝土路面，宽 7 米，长 16.60 公里，为 205 国道一段。1988 年至 1990 年，改建颜庄至寨子河段 9.10 公里，为二级标准。1998 年至 1999 年 9 月，改造验货台至卞家泉段为一级公路。2001 年 205 高

清泥沟石板路　（1988 年　摄）

国道 205 线

米，挖方深处10米。共有小桥涵33座906米，中桥2座98.08米，护坡10101立方米。征地拆迁、路基土石方及小桥涵工程由钢城区负责，莱芜市政府给予适当补助，大、中桥及路面工程由市交通部门负责。总投资3600万元。1995年12月，路基竣工通车。1996年完成路面铺油和桥梁工程。第二期工程为韩莱路颜庄至里辛段路面取直、拓宽、铺油，以及齐家岭至龙巩峪段水泥硬化。1997年3月开工；12月12日，完成齐家岭至龙巩峪的水泥路面铺筑。1999年9月26日，里辛至颜庄段竣工通车。韩莱路支线长4.40公里，初为砂石路面。1995年3月，与韩莱路一期工程一起进行拓宽改造和水泥硬化；11月竣工通车。

速公路建成通车，改称省道803线，作为205高速公路的副线。

省道329韩(旺)莱(芜)线及其支线：韩莱线是在20世纪60年代修筑的颜庄至沂源县大张庄公路基础上修建的，路基宽6米～8米，碎石沙土路面，路面等级四级，境内颜庄至龙巩峪段长12.40公里，经里辛、玥庄、涝洼和齐家岭，自龙巩峪出境至大张庄。1976年3月，以此路为基础动工修筑韩莱路及其支线(齐家岭至洪沟)。1978年10月，建成通车。韩莱路路基宽9米～10米，碎石沙土路面，路面等级为三级。1991年改建里辛至潘西段3.30公里，路面等级为二级。1995年3月，再次重修，工程分两期施工：第一期齐家岭至里辛段，按山岭重丘超二级公路标准设计，全长9.40公里，路基宽16米，路面宽15米，设计荷载汽-20吨，挂-100吨。路基占地194亩，拆除房屋359间，填挖土石70万立方米。大部分路段为山岭重丘，个别路段填方12

国道205线(莱新高速公路)：国道205高速公路的境内段称莱(芜)新(泰)高速公路。1999年由山东省交通厅、省公路管理局组织修建。2001年5月，竣工通车。由验货台入境，经转山子出境，长18.40公里。路基宽26米，全封闭，全立交，双向四车道，设计时速100公里/小时，境内段投资1.87亿元，在清泥沟村设钢城出入口一处。

区乡公路　1993年修建县道4条、19.20公里，乡道5条、39.80公里。全区5个乡镇有4个乡镇通柏油路，164个行政村中有145个行政村通公路。1995年开展"公路建设年"活动，全面铺开乡村公路建设。建成寨子—肖马庄、寨子—东施家峪、城子坡—古墩、颜庄—澜头、里辛—棋山观、黄

韩莱路施工现场　(1995年　摄)

建成后的韩莱路　(1999年　摄)

庄—新华机器厂、黄庄—台子等乡村公路，基本实现乡乡通油路、村村通汽车的目标。1996年完成寨子—清泉岭、颜庄—下北港、肖马庄—崮家泉、潘家庄—北田庄、澜头—东当峪、澜头—孙家庄、台子—石柱等道路路基及路面硬化工程。1998年完成郑王庄—双龙峪、棋山观—杨家楼等路面硬化工程。1999年完成里辛—棋山观、验货台—澜头等路面硬化工程。2000年制定草(埠)齐(家岭)路改造方案，完成外线测量等。2001年草(埠)齐(家岭)路改建工程竣工通车。黄庄—台子、颜庄—柳桥峪、杨家楼—东马泉等路面完成硬化工程。2002年底，钢城区委、区政府出台利用2到3年时间全区实现乡镇驻地到村通沥青（水泥）道路的规划。2003年、2004年、2005年完成农村公路改造分别为23条82.70公里、24条73.50公里、22条51.70公里，增加通油路行政村分别为30个、28个、36个，受益人口分别为45262人、42350人、40280人。基本实现“村村通”沥青(水泥)路。至2005年，全区共有公路里程391.50公里，万人拥有公路里程14.90公里。

莱新高速公路钢城段 （2005年 摄）

“村村通”水泥路 （2005年 摄）

2005年钢城区公路建设情况表

表4-1-1

道路属性	线 路	起 点	终 点	里程(公里)	等 级	合计(公里)
国道	高速路(205线)	验货台	转山子(卞家泉村南)	18.40	一级	18.40
省道	803线	验货台	卞家泉	19.30	一级	42.50
	韩莱线	龙巩峪	颜庄	23.20	二级	
县道	草齐线	尚家峪	齐家岭	3.60	二级	33.90
	寨泉线	寨 子	清泉岭	6	三级	
	黄双线	黄 庄	双杨桥	19.90	四级	
	韩莱支线	齐家岭	洪 沟	4.40	二级	
乡道	东里路	东马泉	里辛	8.10	三级	62.90
	双郑路	双龙峪	郑王庄	5.20	三级	
	北潘路	北田庄	潘家庄	6.70	四级	
	验澜路	验货台	澜头	6.10	三级	
	下澜路	下北港	澜头	4.50	二级	
	颜柳路	颜庄	柳桥峪	7.20	四级	
	黄台路	黄庄	台子	10.50	三级	
	霞沙路	霞峰	沙岭子	2	四级	

续表 4－1－1－1

道路属性	线　路	起　点	终　点	里程（公里）	等　级	合计（公里）
乡道	官青路	官庄	青冶行	3.80	四级	
	城古路	城子坡	古墩	3.60	三级	
	黄铁路	黄庄二村	铁铜沟	2.90	四级	
	柳东路	柳桥峪	东南峪	2.30	四级	
村道	—	东施家峪	贤女庙	3.50	四级	240.20
	—	清泥沟	徐家庄	2.30	四级	
	—	寨子	清泉岭	6.90	四级	
	—	雁埠子	方家庄	1.20	四级	
	—	南仓峪	卞家泉	1.50	四级	
	—	城子坡	古墩	3.30	—	
	—	肖马庄	大龙门	6.50	—	
	—	胡家宅	卧龙港	2.50	—	
	—	城子坡	古墩	6.30	—	
	—	古墩	肖马庄	2.50	—	
	—	高峪	双杨桥	3.50	—	
	—	九龙庄	庙子	2.60	—	
	—	寨子	双杨桥	6	—	
	—	方家庄	徐家庄	2	—	
	—	庙子	罗汉峪	1.30	—	
	—	高速路	徐家庄	1	—	
	—	傅家桥	803 线	3.50	—	
	—	卧龙港	城古路	1.80	—	
	—	南仓峪	寨子	3.30	—	
	—	高家庄	803 线	1.30	—	
	—	清泥沟	205 高速公路	1.50	—	
	—	西施家峪	清泉岭	1.50	—	
	—	小上峪	大上峪	1	—	
	—	肖马庄	双杨桥	4	—	
	—	下北港	澜头	8.50	四级	
	—	澜头	孙家庄	4.10	四级	
	—	疃里	东泉	2.50	四级	
	—	郭家台	803 线	0.80	四级	
	—	曾家庄	桑梓峪	1.40	四级	
	—	野虎沟	澜头	1.30	四级	
	—	邱家屋子	状元沟	1	四级	
	—	颜庄	西沟	1.50	四级	

续表 4－1－1－2

道路属性	线　路	起　点	终　点	里程(公里)	等　级	合计(公里)
	—	曹家庄	沈家崖	2.10	四级	
	—	西港	南港	1	四级	
	—	东红埠岭	东当峪	3	四级	
	—	埠东	果园	0.90	四级	
	—	马官庄	西沟	1.80	四级	
	—	吕家林	南岭	1	四级	
	—	验货台	东当峪	5	四级	
	—	澜头	西当峪	3.80	四级	
	—	西港	小北港	1	四级	
	—	黄花店	803 线	1.20	四级	
	—	柳桥峪	东南峪	3.80	四级	
	—	莲花池	里辛	3.50	四级	
	—	上河沟	803 线	0.80	—	
	—	埠东	南岭	1.50	—	
	—	803 线	南下冶	1	—	
	—	王港	上北港	1	—	
	—	牛马庄	曹庄	1.50	—	
	—	北下冶	黄花店	2.50	—	
村道	—	吕家林	西沟	1.50	—	
	—	803 线	下河沟	1	—	
	—	西红埠岭	北毛家庄	2.50	—	
	—	黄金篮	北田庄	4.10	四级	
	—	南朱家庄	茶峪子	1.40	四级	
	—	小官庄	潘双线	1	四级	
	—	双龙峪	西马泉	6.50	四级	
	—	潘家庄	双口峪	8.50	四级	
	—	里棋路	郑王庄	2	—	
	—	凤凰峪	黄庄	2	—	
	—	双郑路	石头湾	0.80	四级	
	—	杨家楼	白冶子	2.20	四级	
	—	棋山观	涝洼	5	四级	
	—	潘家庄	郑王庄	2.80	四级	
	—	杨家楼	郑王庄东沟	3.50	四级	
	—	里辛	东田庄	3	—	
	—	郑王庄	后朱山	5	四级	
	—	棋山观	圈里	1.50	—	
	—	三岔河	韩莱路	3	—	

续表4－1－1－3

道路属性	线　路	起　点	终　点	里程(公里)	等　级	合计(公里)
村道	—	南通香峪	杨家大峪	2.50	四级	
	—	官庄	青冶行	3.30	四级	
	—	沙岭子	台子	6.50	四级	
	—	大上峪	东峪	2.70	四级	
	—	齐家岭	莱钢	5.50	二级	
	—	尚家峪	齐家岭	4.50	二级	
	—	黄庄一村	黄庄三村	2	—	
	—	柿子峪	黄庄二村	2.80	—	
	—	下历山后	仙人桥	1.50	—	
	—	黄庄	霞峰	7	—	
	—	东丈八丘	西丈八丘	2	—	
	—	黄庄二村	胡家桥	2.10	—	
	—	青冶行	大上峪	3	—	
	—	柿子峪	舜皇庙	1.20	—	
	—	杨家大峪	葛八峪	3	—	
	—	胡家桥	长胜村	3	—	
	—	西丈八丘	孟子峪	2	—	

公路养护

1958年前，境内公路无专人养护，时常影响通车，待紧急需要时，调集人力突击抢修。

1958年公路配养路员，由受益单位按实际出勤时间记工分(也叫农民建勤工)，公路站发给伙食补助费。颜庄有1处养路工班房。1970年养路工人逐步增多。1982年减少固定养路员，实行按照公路养护需要临时调聘、按劳付酬办法。1988年公路养护实行农民养路员分段承包责任制，按路面等级养护质量分别由公路局付给相应报酬。1989年养路工班与交管所合署办公。

1993年钢城区设钢城公路管理所，负责干线公路养护、路政管理和汽车养路费征收工作。1995年8月，钢城区交通局成立，设地方道路管理科，负责区乡公路养护与管理。1997年区政府出台《钢城区地方道路养护管理实施细则》。至2005年，负责养护区乡公路38.70公里，配养路员35人，干线公路由莱芜市公路局负责养护与管理。

汽车站

莱芜市交运集团长途客运有限公司钢城汽车站，位于南城子坡永兴路西侧。1993年动工，1996

钢城汽车站

年建成投入使用，占地面积13630平方米，建筑面积1386平方米，配套建设有办公楼与候车厅，达到二级标准。至2005年，汽车站有职工67人、在岗职工58人。

第三节 铁 路

磁(窑)莱(芜)线

1939年日本侵略者为掠夺莱芜、新泰一带的煤炭资源，由其华北开发株式会社动工修建莱芜至新泰的铁路，并计划向北延伸连接张（店）博（山）线。1945年日军投降时仅完成小段路基和部分桥梁。1959年5月，中国人民解放军铁道兵某部承担东（都）莱（芜）铁路的重修任务，在已有线路的基础上对部分路段进行改道，其中，境内的牛马庄村绕古墩村至清泥沟村路段，改为自牛马庄村直通清泥沟村，改道长度约3公里。1960年11月，铺轨至莱芜东站；12月临时运营。1962年济南铁路局接收，进行病害处理，修建配套设施。1966年1月1日，线路正式运营。此铁路与东都通往磁窑的铁路相衔接，称磁莱铁路，境内长19.50公里，设徐家庄、颜庄火车站。2004年1月，徐家庄站、颜庄站进行改造。

厂矿专用线

磁莱铁路建成后，先后有5家厂矿专用线与其接轨。莱芜钢铁总厂专用线在徐家庄站接轨，经机修厂、运输部、第一铁厂、焦化厂至第二钢厂，长5.90公里；莱钢大型H型钢厂专用线在颜庄车站接轨，经特钢厂至大型H型钢厂，长5.30公里；新华木材厂专用线在徐家庄站接轨，长0.05公里；莱芜发电厂专用线在颜庄站接轨，经西港煤矿、南冶煤矿至电厂，长19.20公里；莱芜硫酸厂专用线在颜庄站接轨，长0.70公里。1958年10月，郭家泉铁厂至寨子铁矿木轨铁路建成通车，全长20公里。1959年停用。

民营专用线

2005年春，徐家庄村村民吴茂林动工修建徐家庄站至莱钢机械公司铁路线，长1.50公里；10月14日，建成通车。

第四节 桥 涵

明代，境内仅有单孔小跨度石拱桥、石板桥。清代，开始建造多孔石拱桥、石板桥，范家桥是较为有名的多孔石板桥，桥西接西山，中跨南北向小河，桥东西长12米、宽3米，3孔，每孔跨度3.50米，石墩、石桥板面，桥板两边有石栏杆。

中华人民共和国成立后，公路、铁路建设桥涵配套，境内桥涵不断增多。20世纪80年代后，公路建设步伐加快，境内修建桥涵标准日益提高。至2005年，全区共有大桥12座、中桥32座、铁路桥4座。

磁莱铁路徐家庄站 （1985年 摄）

范家桥 （1982年 摄）

葫芦山水库大桥 （2002年 摄）

里辛中桥 （2005年 摄）

2005年钢城区干线公路大桥情况表

长、宽、跨径单位：米

表4－1－2　　　　载重单位：吨

名　称	所在路线	结　构		长	孔数－跨径	宽	载重	修建年份
		上部	下部					
寨子大桥	国道205	空心板	桩 基	160	8－20	26	超汽－20	2002
于家庄大桥	国道205	空心板	桩 基	200	10－20	26	超汽－20	2001
葫芦山水库大桥	国道205	空心板	桩 基	220	11－20	26	超汽－20	2001
下北港立交桥	省道803	空心板	桩 基	320	16－20	18	汽－20	2001
颜庄大桥	省道803	空心板	桩 基	220	11－20	18	汽－20	1998
寨子大桥	省道803	空心板	桩 基	200	10－20	18	汽－20	1998
三岔河大桥	省道803东	钢筋混凝土	桩 基	200	10－20	8	汽－15	1973
颜庄大桥	省道329	空心板	桩 基	220	11－20	16	汽－20	1998
沈家崖大桥	国道205	钢筋混凝土	桩 基	130	10－13	12	汽－20	2005
颜庄大桥	省道329东	钢筋混凝土	桩 基	167	6－20	8	汽－15	1966
墨埠大桥	省道329东	钢筋混凝土	桩 基	200	8－25	8	汽－15	1980
里辛大桥	省道329东	空心板	桩 基	100	5－20	16	汽－20	2004

2005年钢城区干线公路中桥情况表

长、宽、跨径单位：米
载重单位：吨

表4-1-3

名　称	所在路线	结　构	长	孔数-跨径	宽	载　重	修建年份
卞家泉中桥	国道205	桩 基	60	3-20	26	超汽-20	2001
王港河中桥	国道205	桩 基	60	3-20	26	超汽-20	2001
唐家宅中桥	国道205	桩 基	80	4-20	26	超汽-20	2001
里辛中桥	省道329	空心板	42	4-13	16	汽-20	1997
冯家庄中桥	省道332	空心板	39	3-13	16	汽-20	1997
东泉铁路立交桥	省道332	空心板	80	4-20	16	汽-20	1998
齐家岭桥	省道329	空心板	90	8-10	9	汽-20	1977

2005年钢城区公路中桥情况表

长、宽、跨径单位：米
载重单位：吨

表4-1-4

名　称	所在路线	结　构	长	孔数-跨径	宽	载　重	修建年份
疃里中桥	疃里—牛马庄	桩　基	40	5-8	8	汽-20	2005
北官庄中桥	803线东	重力式墩	30	5-6	8	汽-20	1970
中当峪中桥	803线东	重力式墩	30	5-6	7	汽-20	1982
澜头中桥	颜 港 路	重力式墩	30	5-6	7	汽-20	1980
西施家峪桥	寨子—贤女庙	重力式墩	36	6-6	7	汽-20	2005
寨子中桥	寨子—贤女庙	重力式墩	54	6-9	8	汽-20	1980
庙子中桥	寨子—大龙门	重力式墩	30	5-6	7	汽-20	1983
纸坊中桥	寨子—大龙门	重力式墩	30	5-6	7	汽-20	2005
上古墩中桥	城子坡—古墩	桩　基	39	3-13	8	汽-20	2004
回家庄中桥	城子坡—古墩	桩　基	81	9-9	3.8	汽-20	1984
傅家桥中桥	沿河路	石　砌	72	8-9	7	汽-15	1995
八大庄中桥	草齐线	重力式墩	20	1-8	8	汽-20	1999
青泥沟立交桥	铁路下	重力式墩	30	1-8	8	汽-50	1980
下历山中桥	铁路下	重力式墩	30	5-6	8	汽-20	2004
胡家桥中桥	铁路下	重力式墩	42	6-7	8	汽-20	2004

续表 4－1－4

名　称	所在路线	结　构	长	孔数－跨径	宽	载　重	修建年份
黄庄中桥	黄台路	桩　基	52	6－8	8	汽－20	2004
北金水河中桥	黄台路	桩　基	48	6－8	7	汽－20	2004
桑家庄中桥	黄台路	桩　基	30	5－6	7	汽－20	2004
北通香峪中桥	黄台路	桩　基	30	5－6	8	汽－20	2004
和尚峪中桥	黄台路	桩　基	40	5－8	8	汽－20	2004
南通香峪中桥	黄台路	桩　基	30	5－6	8	汽－20	2004
郑王庄中桥	里辛—棋山	桩　基	48	6－8	8	汽－20	1980
小官庄中桥	潘家庄—北田庄	重力式墩	30	5－6	8	汽－20	2004
潘家庄中桥	潘家庄—北田庄	重力式墩	30	5－6	10	汽－20	1975
花雨山中桥	颜庄—孙家庄	桩　基	40	5－8	8	汽－20	2005

2005 年钢城区铁路桥梁情况表

表 4－1－5　　长度、跨径单位：米

所在线路	名　称	长　度	孔数－跨径	结　构	备　注
磁莱线	高家庄桥	142.40	8－16	钢筋混凝土 T 型梁	大桥
	清泥沟桥	40.30	2－12	钢筋混凝土 T 型梁	中桥
	东泉桥	116.70	6－12	钢筋混凝土 T 型梁	大桥
	莲花池桥	58.40	3－16	钢筋混凝土 T 型梁	中桥

第二章　交通运输

第一节　公路运输

公路货运

1935 年颜庄等地始有专门从事运输的“脚行”，由雇主临时雇用人员，使用小挑、手推车为商旅运输货物。抗日战争和解放战争时期，地方民主政府大力组织各种民间运输，以保证机关、军队需要。1949 年后，货运业务仍以人、畜力运输为主。1950 年至 1955 年，发往莱城、泰安的粮食、花生等

公路货运　　　　　　　　　　　　　　　　(2005 年　摄)

农副产品主要靠农民用手推车运送。1956 年 11 月,运输管理部门实行统一组织货源、统一调度和统一运价办法,组织社会车辆运输。1960 年公社运输管理站组织社会上手推车和地排车从事社会运输。1963 年起,厂矿逐步配备载货汽车,实行"自货自运"。1970 年起,专业运输逐步发展,机关、社队机动车也大量增加,机动车在交通货运中占据主导地位。1981 年始有个体户购买货运汽车、拖拉机从事营业性运输,形成运力大于运量的局面。

1993 年 1 月建区后,投放各种营运车辆 60 辆,社会营运车辆 68 辆。1995 年全区营运性货运汽车 146 辆,完成综合货物运输量 22.40 万吨,综合周转量 126 万吨公里。1996 年加强公路运输市场治理整顿,集中打击画地为牢、垄断客货源的不法行为,对一些老、旧、杂车限期更新,提高车辆技术等级。全区客货营运车辆发展到 160 多辆。1999 年全区完成综合货运量 33 万吨,周转量 175 万吨公里。2000 年全区完成公路货运量 36.50 万吨、周转量 195 万吨公里。2004 年箱式货车发展迅速,实现了部分跨省、市、区线路集约化经营,完成综合货运量 43.60 万吨、周转量 216 万吨公里。2005 年完成综合货运量 48 万吨、周转量 280 万吨公里。

公路客运

1950 年开通泰安至颜庄客运线,每日从泰安发出往返客运班车 1 次。1960 年开通莱芜—颜庄—新泰客运线。开通黄庄—张庄—沂源的客运线,日发 1 个班次。同时,济南—岱崮客车经境内的颜庄、王辛、齐家岭,日发 1 个班次。20 世纪 70 年代,增加黄庄—草埠—沂源的客运线,每天 2 个班次。

1980 年莱芜—新泰—新汶客运线客车增多,途中不拘站点,招手上车,随处下车。莱芜—济宁、莱芜—日照、莱芜—临沂、莱芜—平邑客运线的客车经过颜庄、城子坡站;莱钢—济南、莱钢—日照、莱钢—泰安客运线的客车开始运营。明水—新汶、苍山—济南、博山—泗水、博山—新汶等客运线的过路客车逐年增多。1983 年有港里、颜庄、北城子坡、新成(一钢)4 处长途汽车代办站,每天过境客班车 52 辆次,莱城至莱钢的市郊客车 20 辆次。

1990 年后,旅客运输功能日益加强,客运量和旅客周转量不断增长。1995 年全区营运性客车、客运线路增加较多,初步形成连接全国、省、市、区四通八达的运营网络。1996 年莱芜市交运集团长途客运有限公司钢城汽车站建成投入营运,后增开山区乡镇和部分边远山区村庄的客运班车,有莱钢—莱城、特钢—莱城、马泉—莱城、黄金篮—莱城、丈八丘—莱城、青冶行—莱城、双龙峪—莱城、黄庄—莱城、双杨桥—莱城等,并对客运线路的运力投放进行适当调整。客运市场初步走上公平、合理、竞争、有序的轨道。1997 年社

公路客运　　　　　　　　　　　　　　　　(2005 年　摄)

会客运全部进入汽车站经营，出租车纳入交通部门统一管理。1999年直达、快客运输明显加快，实现莱钢—泰安、莱钢—济南、莱钢—临沂、莱钢—烟台、莱钢—淄博“全直通”。至2005年，全区高档、豪华客车数量增加，高速客运线路得到有机整合，出租车客运也逐渐增多，共拥有客运汽车360辆、出租车220辆。

第二节 铁路运输

铁路货运

1966年1月，颜庄站、徐家庄站办理货运业务，随着辖区内重点厂矿企业的增多，铁路连接线和货运量也逐步增加，发运物资主要是原煤、铁矿石、生铁、钢材、河砂、粮食和蔬菜等。进入物资主要是石油、木材、焦炭、机械设备、化肥和矿粉等。

铁路货运 （1984年 摄）

铁路客运

磁莱铁路客运列车每天对开1次，境内客运站点有颜庄站、徐家庄站。

第三节 运输工具

人、畜力运输工具

明代，境内始有实心木轮手推车，木轮直径约80厘米，载重200公斤左右。清末民初，木轮改为16根木辐条式，运转较前轻便灵活。20世纪30年代，始有人拉木轮平板大车，分4轮、双轮2种，载重500公斤左右。40年代后期，颜庄等重要集镇始有铁轴、木轮外包铁皮的马拉大车，分单套、双套2种，载重分别为500公斤和1000公斤，主要用于长途运输。1954年始有胶轮手推车、地排车，胶轮直径66厘米，安装滚珠轴承，驱动灵活、省力。1964年木轮车被淘汰，境内出现各种不同规格的胶轮、铁轮小推车，其中胶轮手推车适合境内的地形条件和传统习惯，成为农户必备的运输工具。1970年起，运输机械开始在境内用于运输，马车、驴拉地排车逐渐减少，胶轮手推车也不再用于长途运输，除在厂矿企业内部运输外，人力车运输被淘汰。1978年前后，自行车开始进入居民家庭，在代步的同时成为重要的轻便运输工具。1987年前后，境内人力运输车主要有胶轮手推车、地排车、自行车以及各种小铁车。1995年前后，手推车、地排车逐渐减少。至2005年，人、畜力运输工具逐渐被机动运输工具所代替。

机动运输工具

汽车　1952年2月，境内始有挂篷客车过往。1959年开始有大客车，以后逐年增加。1981年始有个人购买货运汽车搞运输。1987年境内主要有解放、东风、黄河、烟台等牌号的客车以及解放、东风、黄河牌半挂和挂车货运车辆，另有小型货运汽车。2000年有斯太尔大货车、日本产50等大型货运车辆。至2005年，全区拥有各种营运性客货运输车辆980辆，其中客运车辆360辆、货运车辆620辆。

拖拉机　1957年境内始有拖拉机。1960年有国产铁牛-40型，耕地兼做运输。1967年颜庄大队和里辛大队分别购进2台潍坊产的铁马-8型和铁马-6型拖拉机。1970年颜庄公社有拖拉机5台，共38马力。1973年2月，颜庄公社成立拖拉机站，配备拖拉机2台，除耕地外，从事运输。1975年全公社有拖拉机60台，共1692马力。以后拖拉机逐年增多。1981年始有拖拉机个体专业运输户，后随着运输需求的增加，拖拉机运输户不断增加。大型号机型有红旗-100型、天津铁牛-55型、东方红-75型、泰山-50型，以泰山-50型居多；中型号有东方红、铁牛、上海等型号；小型号有泰山-6型、泰山-12型，还有农用汽车、手扶拖拉机、时风牌三轮车等。2005年全区有拖拉机2268台，农用汽车352辆，农用三轮车2680辆。

摩托车　1963年始有摩托车，境内公安、邮电部门首先使用二轮或三轮摩托车。1970年开始在交通电力部门使用。1982年前后，摩托车开始进入居民家庭。至2005年，在家庭中基本普及，主要品牌有嘉陵轻骑、美菱（重庆产）、福田（日本产）等。

第四节　运输队伍

民国时期，地方政府组织民工运输，保证机关、军队需要。1949年后，以分散个体运输为主。1956年2月，颜庄成立运输合作社。1960年各公社成立运输管理站从事社会运输。1963年辖区内厂矿都成立汽车队，实行“自货自运”。1981年始有个体户购买货运汽车、拖拉机从事营业性运输。

自1993年，钢城区社会经济不断发展，公路建设加快，个体运输逐步发展。至2005年，全区已有专业运输企业46家，各镇（街道）均有一定数量的运输专业村，从事社会营业性运输。

金辰经贸有限公司泰航物流分公司　（2005年　摄）

第三章　交通管理

第一节　路政管理

中华人民共和国成立后，境内交通分属莱芜、新泰、沂源三县（市）交通部门管辖。1960年推行养路人员“一员三员”化管理法，养路员同时是公路管理员、交通安全员。1978年起，养路工班工人和有关养护、管理人员统一佩带山东省交通厅印制的公路管理工作证，实行持证上岗。1987年在干线公路设置交通标志。

1994年3月，钢城区交通管理办公室成立，有行政干部3人、职工4人；11月改称钢城区交通局。1995年钢城区交通局设办公室、地方道路管理科2个行政科室和运输管理所、汽车维修行业管理所2个事业所，下辖5个乡镇基层交通运输管理所。2001年辖艾山、颜庄、里辛、黄庄4个基层交通运输管理所。2005年7月，成立莱芜市钢城区交通稽查大队，为副科级事业单位，行政受钢城区交通局领导，业务受莱芜市交通稽查支队指导。至2005年，全区交通系统行政干部6人，其中局长1人、副局长5人、职工77人。

钢城区交通局成立后，设地方道路管理科，负责区乡道路建设和养护管理。1999年10月21日，莱芜市政府印发《关于加强公路管理的通知》，在钢城区设钢城公路管理所，开展公路养护、路政管理和汽车养护费征收业务，隶属市公

执勤人员检查过往车辆　　（2002 年　摄）

路局管理。2002 年 9 月，莱芜市成立高速公路路政大队，负责境内高速公路路政管理、巡查、清障、路赔事案处理和治理超限运输等工作。钢城区交通稽查大队负责检查辖区内路政管理有关法规的执行情况，处理各种侵占毁坏公路及其附属设施的行为。

第二节　车辆管理

建区以前，车辆管理分属莱芜、新泰、沂源三县（市）公安交通警察大队负责。

1993 年 3 月，莱芜市交通警察支队直属第二大队在钢城区成立，配备民警 10 人，负责辖区内的车辆管理。2005 年有民警 38 人，下设 7 个科、室、所和 4 个交警中队。

1994 年设立城子坡路口固定交通信号岗；10 月在全区范围内开展交通安全百日赛活动。1996 年起在全区公路沿线村庄创建 “交通安全村”“交通安全示范学校”等活动。1999 年 12 月 29 日，莱芜市机动车驾驶员协会钢城区工作委员会成立，有工作站 8 个。2001 年在莱钢单身公寓路口、莱钢炼钢厂路口设 2 个交通信号岗。2002 年设劳服大厦交通信号岗。2003 年设莱钢总厂交通信号岗。2004 年车载“电子警察”投入使用。2005 年设省道 803 线府前路口岗。至 2005 年，全区创建“交通安全村”24 个，其中，省级交通安全村 3 个（验货台村、颜庄村和南朱家庄村）；创交通安全示范学校 15 个，其中，省级交通安全示范学校 4 个（莱钢二中、莱钢中心小学、里辛一中和鲁能希望学校）；创交通安全社区 3 个，其中，省级交通安全社区 2 个（莱钢新兴社区紫竹园区、日月园区）；创交通安全企业 12 个。

至 2005 年，全区有各类机动车辆 5.60 万余台，其中轻便、二三轮摩托车 39500 台，三轮汽车及低速载货汽车 4016 台，货运汽车 3800 余台，小型客车 8300 余台。交通事故处理实行现场勘查、责任认定、调解“三权分离”，实行警务公开，设立警务公开栏、意见箱、举报电话，制作事故干警工作标准警示牌，向群众发放便民服务卡。配备数码相机、微机、乙醇检测仪、传真机和摄像机等设备，使工作效率和工作质量不断提高。

第三节　运输管理

1956 年 2 月，颜庄运输合作社成立。1960 年改为颜庄搬运站。1964 年改称颜庄运输合作社。1985 年运输市场全面放开，运输管理按山东省交通厅的规定管理。

1993 年钢城区按照市场经济的客观要求，对运输业进行宏观调控。在客运方面，建设社会客运站。在货运方面灵活管理，全区投放各种运力车辆 60 辆，社会营运车辆 68 辆。汽车维修厂家 6 家。1995 年钢城区交通运输管理所、汽车维修行业管理所成立。全区有汽车维修企业 11 家，从业人员 120 余人。1996 年加强全区运输市场治理整顿，交通部门与莱钢总厂制定《莱钢货厂管理规定》，由交通部门统一管理。在运量分配上，实行“准运证”制度，力求生产单位、货主单位、承运单位互相配合支持，严把市场准入关，依法取缔“三无”（无营运证、无经营许可证、无养路费证）车辆。规范钢城汽车站管理，实现“车进站、人归点”“三定五统”（定线路、定班次和定

发车时间，统一经营管理、统一计划调度、统一售票检票、统一收入结算和统一服务）的客运市场管理目标。钢城区率先成为全省第一批国、省道基本无“三乱”（乱设卡、乱收费、乱罚款）的县市（区）。1997年按照省交通厅整顿客运秩序有关文件精神，加大客运市场整治力度，社会客运车辆全部进入汽车站经营，出租客运车辆全部纳入出租公司统一管理，营运车辆全部实行货运单证。1998年先后取缔无证、无费和无牌车辆业户的经营资格。更新依维柯客车，开通莱钢—泰安、莱钢—济南等依维柯客运专线。稽核汽车维修企业20家，合格的18家、降级的1家、取消经营资格的1家。1999年贯彻市政府关于《莱芜市客运出租车市场管理办法》《莱芜市货运出租车市场管理办法》，集中开展经营秩序和安全生产治理整顿。将三轮出租客车和莱钢公交车纳入到交通部门统一管理。查处一批损坏公路、侵占路产路权、在公路上设置非公路标志的事案。深入开展治理公路“三乱”等专项整治工作，治理公路“三乱”工作继续保持境内国省道基本无“三乱”的荣誉。

2000年全区加大运营调整力度，中高档、大吨位客、货运输车辆比重明显增加，客运车的舒适性和安全性进一步提高，重型车和轻型车的数量不断增加，运力结构趋于合理，运输生产增幅较大。交通行业管理全面推行罚缴分离和收支两条线制度，实行政务公开。加强汽车二级维护工作，稽核汽车维修企业36家。2001年后，每年集中开展运输市场治理整顿工作，严厉打击无证经营、欺行霸市等不法行为。全区保持运力与运量基本同步，不断查处一批“黑车”“黑的”、偷漏交通规费、超员超载、非法营运车辆，保持开放、安全、稳定、有序的市场环境。汽车维修行业企业资质评定、稽核进展顺利。

2004年按照市委办公室、市政府办公室《关于整顿和规范出租客运市场秩序的意见》，开展出租客运市场集中治理整顿活动，全区逐步完成“取缔摩的、淘汰面的、发展轿的”工作，进一步规范现代化出租客运市场。有1家二类汽车维修企业升为一类企业，2家三类企业升为二类企业。维修企业逐步发展至可利用信息手段进行四轮定位，并普遍采用发动机综合分析仪、电脑解码仪和灯光测试仪等现代化手段。2005年交通稽查大队成立，主要检查超载超限，治理出租客运市场。全区有维修企业一类2家、二类7家及三类52家，从业人员1120人，其中质检员46人。

第四节　规费征收

1995年8月前，境内交通规费征收由莱芜市交通部门负责；8月钢城区交通局成立后，此项工作由区交通局负责，5个乡镇基层交管所都配备专职征收员负责规费征收工作。规费征收后全部上缴，再由上级交通管理部门统一编造预算，下拨公路建设、养护经费。

1995～2005年钢城区规费征收情况统计表

表4－3－1　　单位：万元

年份	1995	1996	1997	1998	1999	2000	2001	2002	2003	2004	2005
收入	203.20	288.30	225.90	269.90	342.20	414.20	407.70	450.40	467.90	561.60	620.30

第四章　邮　　政

明嘉靖二十年(1541年)前,境内设颜庄铺、港里铺和青泥沟铺,铺舍配有铺司、兵夫,并备有马匹。1919年莱芜邮政局在颜庄安设信柜(信箱)。1939年中共泰山特委设立2条秘密交通干线及交通站,秘密传送党政军等有关机密文件,郑王庄为2条交通干线和交通站的起始地。1945年颜庄增设为干线交通站。1948年交通联络干线和交通站因完成其战时交通使命而终止。1952年建颜庄邮政代办所、清泥沟邮政代办所、黄庄邮务所、寨子邮电代办所。1955年设立颜庄邮电支局、黄庄邮电所、寨子邮电所。1962年设颜庄邮电支局、潘东邮电支局、潘西邮电所、城子坡邮电支局、“六二〇”邮电支局、黄庄邮电支局、上峪邮电支局、寨子邮电所。

1993年1月,钢城区邮电局成立,配备局长1人,副局长1人,下设办公室、检查科、电报房、机房等,辖城子坡、颜庄、寨子、黄庄、上峪、里辛、“六二〇”和潘东8个邮电支局以及潘西邮电所。1996年8月,增设振兴路邮电支局、铁铜沟邮电支局。1997年12月,山东新华机器厂搬迁至泰安,随之上峪邮电支局的各项业务交寨子邮电支局,上峪邮电支局成为寨子支局的代办所。1998年10月,邮政、电信分营,钢城区邮政局成立,辖颜庄、城子坡、里辛、黄庄、寨子、振兴路、铁铜沟、“六二〇”、潘东和潘西10个邮政支局以及钢城速递中心、钢城发投中心。邮政局配备局长1人,设办公室和市场部、经营服务部。2002年市场部和经营服务部合并为市场部,另增加钢城物流中心。2004年办公室和市场部合并为办公室。2005年有局长1人、副局长2人、职工108人。

第一节　投递方式

清代,境内信件由邮差递送。邮差身穿印有“邮差”字样(前身印“邮”,后身印“差”)的绿色马褂,用一根扁担挑着信包,扁担上挂一个小红灯笼,把邮件送往各大集镇,靠商业摊贩捎转,为步班。民国初期,投递方式基本沿用清制,邮差将邮件投送到较大集镇的邮政代办所或信柜点。这些代办所都有较大集镇商店经办,代办所利用集日再将邮件捎交收件人。挂号邮件数量极少,由邮差步行亲投到户,收件人除供饭外,需另付路费。

抗日战争时期,人民交通员通过交通站把信件、情报、图书和报纸秘密传递,一站传一站,单线联系。由于敌人封锁,没有固定线路,传递时间以夜间为主,白天出发必须化装。邮件、书报的传递均为步班。解放战争时期,为适应战时需要,境内颜庄区、黄庄区各配1名邮务员,跟随区委机关活动,随时联系交换邮件,地点不固定。境内解放后,1948年4月,民邮全部恢复。

1949年境外至境内各邮电支局(所)为自行车邮运,入村为步班。各类邮件分为营业点投递和按址投递两种方式。报刊、平常函件投递到点,每个村都有固定的投递点,投递点设在村办公室或学校,有的直接投递给义务代办人员,机关、厂矿和企事业单位均以收发室或传达室为点。对于不方便投递的大宗邮件,填写领取邮件通知单,按址投交收件人,收件人持通知单到邮局领取;对于特种挂号信函、包裹和汇款分别将通知单、包裹详情按址亲投到户,由收件人持证件携单到邮局领取。1952年邮运人员将邮件送到邮政营业处，投递员将邮件投送邮政代办所，由代办所捎交收件人。1955年起，订阅报刊实行预定预收制度，零售报刊实行货款两清制度。1956年推行农业社邮递员制度后，将邮件交给农业社投递员，再投递到户。境内颜庄区以下各乡配备1名邮递员，待遇由各乡补助；黄庄区邮件由黄庄邮电所投递员分片往下属农业社投送，投送到农业社、办公室或学校；寨子乡邮件由寨子邮电所投递。1958年县邮局至支局（所）由汽车邮运，邮电支局（所）投递到村，为自行车邮运，执行1日班、2日班或3日班，多为步班。服务范围扩大到送包、送汇、揽收各类邮件，对寄往偏远地区或者老弱病残者的包裹、汇款，直接投递到户，并收其寄出的邮件。1962年执行山东省邮电管理局制定的农村投递方案，对国际邮件亲投到户，平信按要求以挂带平，农村投递实行“五定”（定人员、定路线、定班期、定时间、定地点）。同时，执行单班制度，做到不脱班、不误班、不丢点、不甩卡、不丢失、不损毁、不随便捎转邮件、报刊；同年，黄庄支局农村投递邮路114公里，采用周二步班而其余时间用自行车投递的方式。“文化大革命”期间，对中共中央重要文件、毛泽东“最新指示”等不分昼夜迅速投递。1967年上峪邮电支局的邮件用日自行车班到黄庄支局接发。1972年支局配250型两轮摩托车1辆，用于邮运和投递。1973年改为逐日到城子坡支局接济南局的直分报刊，后改为自行车班。其他邮件在驻地车站接发。上峪支局有邮运、投递邮路42.50公里，为周六自行车班。1976年邮电部推行农村投递摩托车化，境内投递路线重新调整。重新设定农村、厂矿、企事业单位、学校等单位的投递点，固定收发人员并订立合同。报刊、平信，给据邮件全部投送到点，收发人员再转投到收件人。但因车辆维修费用高及道路条件差等原因，1980年80%以上的邮路恢复自行车投递。

钢城区邮电局　　（1999年　摄）

1984年因报刊发行量剧增，投递力量严重不足，便将部分投递路线实行农民承包，承包人员履行合同，严格执行邮电规章制度，自带自行车，邮电局只发雨衣、车兜。承包人员待遇按山区、平原等地理条件，制定不同标准，以承包者当年所定投递报刊流转额为基数进行提取。1985年后改为发放工资。1987年开通莱芜市局至颜庄、城子坡、“六二〇”、潘东、潘西汽车邮路。1991年开通由莱芜市邮电局至寨子、黄庄和上峪支局汽车邮路。1992年7月，开通由莱芜市局至里辛邮政支局的汽车邮路。

1996年开通由莱芜市邮电局至振兴路邮电支局、铁铜沟邮电支局汽车邮路。自2002年，发投中心在莱钢的机械小区（永兴园）、月季园、樱花园和湖滨园4个生活区，设4个投递段，共有234个投递点，全程63.50公里。2005年钢城区邮政局的10个邮政支局，皆为由莱芜市邮政局为出发点的汽车邮路，各支局的农村邮路为自行车投递，有的用摩托车投递。

2005年全区农村投递路线420公里，全由农民承包。全区164个行政村，报刊投递每日一次的行政村158个，每2天投递1次的行政村6个，全区共计投递段道28条、投递点1758个、全程937.70公里。包括发投中心投递段段道4条、投递点392个、全程92.70公里；振兴路支局段道3条、投递点130个、全程67公里；铁铜沟支局段投递

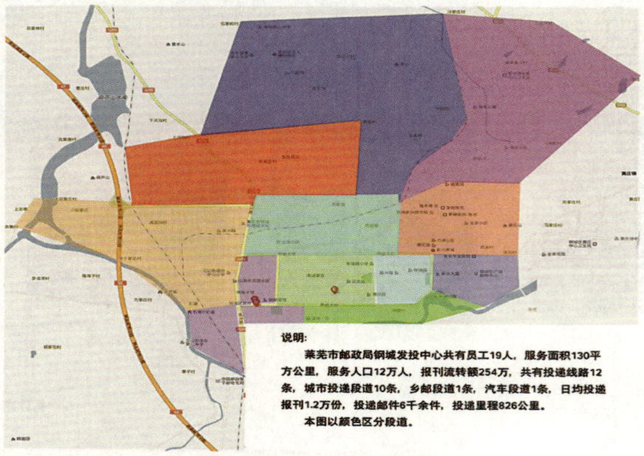

图 4-4-1 2005 年钢城投递路线图

点 80 个、全程 45 公里；“六二〇”支局段投递点 86 个、全程 25 公里；潘东支局段投递点 90 个、全程 69 公里；潘西支局段投递点 57 个、全程 35 公里；颜庄支局段段道 4 条、投递点 289 个、全程 166.50 公里；黄庄支局段段道 3 条、投递点 234 个、全程 139 公里；里辛支局段段道 3 条、投递点 111 个、全程 137 公里；寨子支局段段道 2 条、投递点 243 个、全程 108 公里。

第二节 邮政业务

信函包裹

民国初期，境内开始办理信函、包裹邮政业务，但数量很少，信函多为机关邮件。邮政代办所主要业务是出售邮票，寄递信函。

抗日战争时期，战时邮局只办理解放区的平信、公文、挂号、报纸、书籍、宣传品、印刷品等。1942 年鲁中南邮局印制简易邮票，发至下属各局（所），邮件粘贴邮票。因战乱，业务时断时续。

1946 年 6 月 5 日，山东省邮政管理局制定“各类邮件资费表”，增加邮件的查询、邮件的退回或改寄、免费邮件、欠资邮件等业务。1947 年 8 月 1 日，第二次修正“山东各类邮件资费表”，增加邮件回贴业务。

1949 年境内函件业务基本沿袭以前的业务。1950 年 9 月 1 日，使用全国统一邮票，地区邮票停用。1953 年增办保价信函、保价包裹、快递小包、保价快递、代收货价业务。1955 年开办平常函件、挂号函件业务。1956 年实行现役军人免费邮寄平常邮件，1969 年业务终止。1958 年执行邮电部规定，向用户收取包裹逾期（乡村 7 天）保管费，1 公斤以下每件每天收 0.05 元，超过 2 公斤的收 0.10 元，列为邮政营业外收入并上缴。1960 年始办特种挂号信函业务，寄递共青团员关系转移证、粮票、布票、油票、户口关系迁移证、粮食关系转移证，共 6 种。1960 年 10 月，对邮寄贵重物品、手表等包裹，实行保价交寄。1962 年收寄包裹由使用三联式包裹清单（简称包单），改用单联包单，另开收据。自 1966 年 9 月 1 日起，毛泽东著作一律免费邮寄，并按挂号优先寄递。山东省粮食厅和邮电管理局联合统一规定粮油限量，邮寄粮食每件 10 公斤、油料为 2 公斤。1966 年 10 月，邮寄宣传“文化大革命”的印刷品、大字报，一律按每 100 克收费 1 分；同年，取消邮政业务附带费 11 种。1969 年停办双挂号信函、存局候领、邮件回执业务。1969 年 5 月，毛泽东著作由免费交寄改为按印刷品收费交寄。1972 年 3 月，根据山东省邮政管理局统一规定，办理电报邮转业务，发往农村电报实行邮转，由邮政局按挂号信函资费贴邮票交寄和投递。1973 年恢复收取邮政专用信箱管理费。1978 年邮政业务管理逐步走向正规，停办的业务陆续恢复办理。1979 年起，恢复执行投递杂志签收制度。1979 年山东省邮电管理局通知，扩大收寄台湾的邮件，并恢复收取邮件撤回或更改收件人地址姓名申请费的规定；同年，禁止邮寄计量电表、显像管、电视机、灯泡、日光灯、保温瓶等怕震荡易损物品。1980 年 7 月，恢复邮件存局候领、代收货款、代发广告业务。

1980 年采用邮政编码，向用户单位发《关于使用国家标准信封的联合通知》，要求停售、停印、停用非标准信封，自 7 月 1 日正式实行。1981 年始办报刊零售业务，恢复国内邮件回执。1983 年颜庄邮电支局，邮路 4 条 72 公里，函件出 40893 件，进 58428 件；包裹出 1204 件，进 1999

件；汇票出 2340 张，进 3430 张，年营业总额 23375 元。

1984 年 5 月，恢复执行投递排单制度；10 月 1 日，恢复义务兵免费邮寄平信业务。1985 年 1 月，收取空白包裹详情单工本费。1986 年 7 月 1 日，调整包裹业务种类，将包件分为“民用包裹”和“商品包裹”2 种。

1987 年 5 月 1 日，开办有声信函业务和“国内邮政快件”业务。快件每件加收“快件费”0.50 元。1990 年 7 月 31 日，按照国家规定，提高国内邮政资费，未经国务院批准的邮政资费附加费取消。1991 年 2 月 28 日，莱芜市邮政局批准境内 10 个支局(所)开始办理函、包、汇邮政快件业务；12 月国家邮政总局在全国首次发行贺年（有奖）明信片。

1993 年钢城区开办“国内特快专递”业务，采用专人、专车和专门的作业组织处理邮件。1994 年 8 月，开办“商业信函”业务。1995 年 3 月 23 日起，开办“电子信函”业务，是继“特快专递”业务之后出现的一种通信业务。2000 年开办邮资封片业务。2003 年开办快递包裹业务。

报刊邮递及征订

1940 年抗日根据地发行《大众日报》《鲁中日报》，由交通员通过交通站进行投递，投递重点是区、乡抗日群众团体，并千方百计向日伪统治区日伪人员投送，以加强对其宣传教育。自 20 世纪 50 年代，境内邮政代办所负责报刊的征订和发行投递工作。随着社会的发展和人民文化需求的提高，报刊征订发行量不断提高。

工作人员在分发报刊　　(2005 年　摄)

汇兑

民国初期，汇兑办理有普通汇兑和电报汇兑两种形式，境内以普通汇兑为主。1965 年 4 月 1 日，邮政汇款汇票改用“信封式汇款通知单”，汇票和汇款通知单同时寄达，汇票作存根邮局保存，汇款通知单投递收款人，作兑付领取款依据。1969 年停办汇款回帖业务。1981 年开办 500 元以上高额汇票，由专人负责兑付和稽核。1988 年 7 月 1 日，每张汇票征收附加费 0.20 元。1990 年 7 月 31 日停收。1996 年 6 月 1 日，按照邮电部规定，对邮政汇票限额进行调整，邮政汇票由 5000 元调整为 1 万元，邮政“高额汇票”最低限额由 500 元调整为 1000 元。2002 年开办电子汇兑业务。

邮政储蓄

1987 年境内开办邮政储蓄业务。1994 年 5 月，开办邮政储蓄代发工资业务。1996 年钢城区邮政局所辖 10 个支局实现业务操作微机化，即储联网，全市通存通兑，异地存取。1999 年开通绿卡网办理绿卡业务，设立 ATM 自动取款机 2 个。至 2003 年，全区 10 个邮政网点全部联入全国绿卡大网，实现与全国邮政储蓄网点的通存通兑。2003 年加入“银联”，与其它银行部门互联互通；同年，建设邮政综合网。2004 年办理代办保险业务，实现“邮保通”。2005 年实现金融网与综合网的“两网合一”。

集邮及代办业务

集邮　1983 年 5 月 1 日，经山东省邮票公司批准，境内各邮电支局开办集邮业务，但只限于销售集邮票品，业务量较少。1993 年区邮电局成立后，设立集邮专柜经营集邮票品，有纪念邮票、小型张、邮册、邮折。

代办业务　1995 年 9 月 15 日，开通气象预报信息台业务。1998 年开办中邮专送广告(DM 广告)、户外广告业务，年底，开办帐单业务，先后为移动、联通、电信等部门制作话费帐单。2000 年开办为移动、联通和网通等公司代收话费业务和国税、地税代收业务。2001 年开办放号、有价卡销售等代办电信业务。2003 年开办代办身份证、代送法院传票、代办驾驶证等速递业务，开办物流业务；在农村开展农资、生活用品配送业务，在城市开展各类饮用水、牛奶等生活用品配送业务；同年 6 月，开办物流快递业务。2004 年开办代办保险业务。

2005 年邮政各项业务总收入 946.70 万元，其中函件 17.50 万元、包件 12.70 万元、汇兑 24.70 万元、特快 81.40 万元、报刊 53.30 万元、集邮 36.40 万元、储蓄 685.90 万元、物流 23.10 万元、代办保险 11.70 万元。

第五章 电 信

第一节 沿 革

1932 年 7 月，国民政府在莱芜设长途电话事务所，并架设莱城至颜庄区公所线路，为政治专用线，战时为国民党政府军队的通信设施。

中华人民共和国成立初期，境内邮电所的电信职能主要是传送电报。1953 年起，开展收发电报业务。1955 年起，开展固定电话业务。

1993 年钢城区邮电局成立，经营邮政电信业务。全区开通程控电话，开启第一代移动通信系统。1997 年开启第二代移动通信系统。1998 年 10 月，全区邮电分营，邮电局分设为钢城区邮政局和钢城区电信局。1999 年 7 月，移动通信与电信分离，钢城电信局分设为钢城电信分公司和钢城移动通信分公司。2002 年开通网络通讯；5 月北方十省（区、市）的中国电信划归中国网通公司，钢城电信分公司改设为中国网通公司钢城分公司。2003 年中国电信集团在北方十省（区、市）重新组建电信公司。2004 年 8 月，钢城电信分公司成立，主要经营国内、国际各类电信网络和设施（含本地无限环路），以及基于电信网络的语音、数据、图像、互联网等电信基础业务及增值业务；同月，成立中国铁通钢城分局，隶属中国铁通集团有限公司莱芜分公司，经营国内长途和本地电话、公共数据传输业务，网络元素出租、出售业务，通信器材销售等。

至 2005 年，全区经营电信业务的部门有中国网通钢城分公司、山东移动通信公司钢城分公司、中国联通有限公司钢城分公司、中国电信钢城分公司、中国铁通钢城分局。中国网通钢城分公司有员工 39 人，下设 2 个营业部（颜庄营业部、里辛营业部），1 个客户服务部和 2 个标准化营业室（府前营业室、振兴营业室）。中国移动钢城分公司有员工 54 人，下设 2 个城区自办主营业厅（钢都大街营业厅、府前路营业厅），2 个乡镇营业厅（颜庄营业厅、里辛营业厅）。中国联通钢城分公司下设颜庄、里辛、黄庄 3 个经营部和 1 个营业厅（三联合作营业厅），有员工 20 人。中国电信钢城分公司设 4 个科（室），有员工 20 人。

第二节 电 报

1955 年境内始办电报收发业务。因无电报电路，境内颜庄区收发电报均通过颜庄至莱芜电话线及莱芜至泰安的长途电话线路话传。1958 年国

内电报资费下调，普通电报由每字 9 分降至每字 3 分，群众使用电报的数量剧增，电报业务量比 1957 年增加近 4 倍。1975 年为满足莱芜钢铁厂的电报通信需求，莱钢投资增设电传机 2 部，开通莱芜至城子坡支局快机报路 1 条。1983 年颜庄邮电支局年营业量为电报发送 2880 份，接收 23764 份。1984 年莱钢特钢厂和邮电局共同出资，购买 55 型电传机 4 部，开通莱芜至潘东支局电报电路。1991 年 11 月，开通莱芜至颜庄支局传真业务。已开通电传机报路的城子坡、潘东支局通信设备由电传机改为传真业务。

1993 年钢城区程控电话开通后，信息传递更加便捷，逐渐取代电报业务。至 2005 年，有线电报业务逐年下降。

第三节　固定电话

人工接续式

境内早期电话交接形式为人工接续式。1933 年 4 月，架设莱城至颜庄区电话线路。1934 年 6 月，颜庄区始通电话。抗日战争和解放战争时期，战时电话由武装部队通讯部门承担，根据需要随架随撤。1955 年架通莱城至颜庄、沂源县至黄庄电话专线，颜庄区、黄庄区有关部门始装电话。1959 年境内开通莱芜县至颜庄公社、沂源县至黄庄公社会议电话。

电子交换式

1962 年颜庄公社、黄庄公社邮电支局安装 20 门磁石交换机，架通公社邮电支局至管理区电话专线，境内 15 个管理区通电话。1976 年逐步架通入村专线，管理区安装电话总机，基本实现村村通电话。1983 年境内颜庄公社、颜庄邮电支局主要设备有交换机 7 台、240 门，电话机 124 部，中继线 12 条、112 公里，用户线 230.80 杆公里，78 个行政村通电话（不含城子坡支局、潘东支局通话的行政村）。1989 年颜庄邮电支局安装 120 门电子交换机，基本实现农话自动化。1990 年颜庄邮电支局交换机增至 12 台、420 门，电话机 220 部，中继线 18 条、210 公里，用户线 380 杆公里。1990 年境内黄庄邮电支局有磁石交换机 5 台、170 门，安装电话 62 部；上峪邮电支局有磁石交换机 2 台、180 门，安装电话 146 部；寨子邮电支局有磁石交换机 4 台、150 门，安装电话 56 部。1992 年乡镇中继杆路全部换成水泥杆。莱钢架设莱芜—颜庄—莱钢 4 芯光缆 25 公里。

程控式

1993 年 4 月 14 日，钢城区邮电局安装 SPX-RB 型 1.20 万门程控交换机，钢城区邮电局、颜庄支局开通程控电话；5 月 8 日，莱芜钢铁总厂专用通信网 2500 门程控电话与莱芜市邮电局网正式联网。1994 年 6 月，钢城区邮电局拆除上峪支局总机，并对新华机器厂总机进行改制，把电话接入区局，同时，莱钢专用网社会用户的电话改制工作基本结束。1994 年 12 月 19 日，莱芜市邮电局与特钢厂联合在潘东建成 49 局，开通 SSA 型 2000 门程控电话，实现国内、国际电话直拨，同时可视会议电话建成开通；同年，钢城区局建设管道 5.60 管公里、8.50 孔公里，架杆路 5.08 公里，增设电缆 25 皮长公里。1995 年钢城出局电缆扩容 6400 对，架设钢城铁铜沟光缆 10 公里，杆路 13 杆公里，布放管道电缆 6.17 管公里，架空电缆 86.92 皮长公里。1995 年 4 月 28 日，钢城区局开通 S1240 型 6144 门，将邮电局 RB 型 2000 门程控电话安装在铁铜沟支局。全年装机 2000 部，年末用户 3000 户。农话普及率为每百人 1.29 部；同年 8 月，城子坡镇成为全市第一个村村通程控电话的乡镇。

1996 年钢城区邮电局振兴支局出局电缆 8000 对，架设光缆 6 公里，铺设管道 6 管公里，53.92 孔公里，建杆路 19.30 杆公里，布放电缆 42.70 皮长公里；6 月 22 日，钢城振兴支局开通 S1240 型 4096 门程控电话，全年装机 3000 部，年末用户 6000 户，普及率为每百人 2.04 部；同年，黄庄镇电话改制工程次割接成功，97 部电话全部纳入公网，至 1996 年，全区 5 个乡镇（街道）全部实现电话程控化。1997 年 7 月 25 日，振兴支局扩容装机3000门；铁铜沟支局拆除RB型2000门,改建S1240型4096门;潘东支局扩容装机3840门;全年装机4000部、用户1万户,普及率为每百人2.92部。

1998年颜庄支局拆除RB交换机,安装5ESS交换机;7月28日,各支局的收费系统建立,收费账单通过网络传送,实现远程话费查询;钢城区邮电局增设杆路105.10杆公里,布放电缆155.98皮长公里,全区全部实现数字传输;年底,全区交换网络达到5个,交换机总量达2.5万门、电话用户1.5万户。1999年继续加快线路工程建设,钢城区邮电局完成电缆配线工程18.74公里,电缆135.84皮长公里,建成钢城区局—颜庄—振兴—铁铜沟—潘东—里辛2个SDH环型网,引入宽带综合业务数字网,农话普及率达每百人为4.83部。

第四节　移动通信

中国移动通信

设施建设　1994年10月,莱芜市邮电局在黄羊山建起钢城第一个移动电话基站。1996年5月,18个信道的黄羊山模拟和数字2套系统的移动通信基站建成开通。1999年莱芜移动钢城经营部成立。2005年建成基站23个、直放站12个,建成覆盖全区所有镇、村的移动电话网,实现信号全区无缝隙覆盖,人口覆盖率达到99.90%以上,地理覆盖率达99.20%以上。重要公共场所和旅游景点、国道、省道公路以及铁路沿线实现100%全覆盖。

主营业务　1993年起，市局在钢城区开通运营第一代移动通信系统，开始发展基本语音业务和数据业务，开展的紧急呼叫业务主要有110、119、120、122电话的业务，用户拨打110、119、120、122号免费，漫游时只能拨打漫游地的特服号;开展GSM国际自动漫游业务。1996年开展主叫显示业务。1999年后,公司逐渐增加数据、IP电话/传真和多媒体业务;10月推出开办亲情卡业务;同年,开展主叫隐显业务和短信业务。2000年开展呼叫等待/呼叫保持和来话畅听业务;2月推出神州行业务;10月开办预付费亲情卡业务;此后,又陆续增加信息点播、手机银行、全球通WAP、GPRS无线上网、集团彩铃、小区短信、家校通、GPS全球卫星定位等多种个性化、多样化的数据业务服务。2001年开展使用缴费卡业务。2003年开通GPRS系统，发展彩信业务；开通IP电话业务。2004年开展移动及时通业务。2005年开展移动沙龙业务、语音杂志业务和彩铃业务。

至2005年,公司拥有全球通、动感地带、神州行等著名客户品牌，用户号码设段包括139、138、137、136、135、134、159、158、150等号段,与184个国家和地区的235个运营公司开通GSM国际漫游业务，与73个国家和地区的51个运营公司开通GPRSG国际漫游业务。

中国联通

2000年5月17日,中国联通有限公司钢城经营部成立。2004年4月10日,更名为中国联通钢城分公司，是中国联通莱芜分公司在钢城设立的分支机构。2001年全面实施“靓网工程”(网络优化)，网络质量大幅提升;12月通过ISO 9001：2001质量体系认证。2002年1月8日，新时空CDMA133移动通信国家公众网试运行;4月8日，正式对外放号运营。2003年1月20日,CDMA网络升级为1X网络;12月25日,CDMA三期工程竣工。至2003年,GSM网市区覆盖率98%、乡镇覆盖率95%、CDMA网市区覆盖率99%、乡镇覆盖率98%。

2003年3月，钢城联通与莱钢集团交换机成功连接,开始在综合业务方面的合作。

钢城联通主要有传输网、计费信息网二大基础网和移动通信网、数据与固定通信网、互联网、无线寻呼网四大业务网。主要经营移动通信GSM/CDMA业务、数据通信业务、长途通信业务、互联网业务、无线寻呼业务及特色服务等。193长途通信业务。2000年9月，面向所有用户推出193长途电话业务,有注册国内(国际)长途直拨业务、193300长途电话卡、专线接入3种服务形式。数据通信业务。2000年7月，推出17910业务、17911业务；9月依托联通国内骨干网及宽带城域网资源，开通各种通信业务提供支持多宽带选择，承载语音、数据及多媒体的国内数字电路连接；10月推出面向煤炭、钢铁、冶金等企业和政府机关、教育、酒店、银行等单位的专线业务，同时，提供省内和省际的IP电话、传真、电路仿真业务(CES)、ATM等数据承载业务。2001年10月，推出IP超市业务。2002年11月，推出联通会议电视网。GSM通信业务。1999年5月30日，开通GSM业务。2001年10月，开通如意通业务；2002年2月，以大型制造企业、服务企业、公安和各大银行等为主，开通虚拟网业务。CDMA通信业务。2002年4月8日，CDMA正式放号运营；8月推出CDMA商务卡业务；10月推出“CDMA网中网”业务，用户可灵活组网、实现缩位拨号。2004年推出CDMA畅听卡、市话王、商务王等优惠套餐。互联网通信业务。2001年推出“移动QQ”业务、IDC业务、“130/133上网直通车”业务。无线寻呼网络。2002年实现网络整合后，所有台号的数据库合并为一，实现寻呼业务一台清，人工、自动接通率大幅提高，均在98%以上；应答及时率达98%，人工寻呼台接通率平均大于97%，系统接通率及无线呼通率也均大于98%。2005年针对固话、小灵通和宽带3项重点业务实施差异化营销，全年共安装电话5000余部、宽带4500余台，发放后付费小灵通3500余部、预付费小灵通6200余部，实现收入3674万元。

第六章　电　力

第一节　发　电

莱钢热电厂

1970年“七〇一”工程指挥部成立后，建起热力车间。至1981年，配套设备只有2台锅炉。

莱钢热电厂一角　（2005年　摄）

1992年5月，热力车间改为热电车间。1998年9月，更名为莱钢热电厂。1999年5月，随莱钢改制为莱钢集团直属的二级厂。厂址位于750立方米高炉东，占地面积15.59万平方米，建筑面积2.79万平方米，固定资产值为2.99亿元。电厂主要设备有180吨化学处理站、5台锅炉、4台汽轮鼓风机、2台汽轮发电机、2台1.60万千伏安变压器等。

莱钢热电厂发电后，电能通过35千伏线路输入银山变电站，变电站并入莱芜电网，在电网运行中起到调频、调压、调峰的作用。至2000年，共发电53060万千瓦时，年设备利用时间7500小时(约312.50天)，煤耗468克/千瓦时，厂用电率为4.20%。

汶源热电厂

2002年潘西煤矿与莱芜供电公司联合成立汶源热电公司，兴建汶源热电厂，总投资1.30亿元。

汶源热电厂一角 （2004年 摄）

2003年4月建成;8月并网发电。热电厂装机容量3×15MW,年耗矸石15万吨,低热值煤9万吨,年发电量17662万千瓦时,上网电量15464万千瓦时。

第二节 输变电工程

1958年12月,110千伏7500千伏安莱芜变电站建成,同时,博山神头电厂至莱芜变电站110千伏输电线路(神莱线)建成并投入运营。1959年110千伏安南岭变电站建成,莱芜变电站至南岭变电站110千伏输电线路(莱钢支线)架设完成后,投入运营。

1972年12月,位于高庄公社对仙门村南的莱芜电厂建成投产发电。1973年6月,110千伏5.15万千伏安银山变电站建成投入运营,莱芜电厂至银山变电站110千伏输电线路(即六银线,“六”是“六七四”莱芜电厂的代号)建成投入运营,六银线全长15.70公里,由山东省电力设计院设计,山东省送变电工程处施工。

1981年35千伏2400千伏安颜庄变电所建成;莱钢石灰石矿变电站至颜庄变电所35千伏输电线路建成投入运营,线路长度为1.50公里。

1997年12月,220千伏棋山变电站建成。以棋山变电站为中心,电源通过3条、220千伏的进线,向北通过220千伏棋Ⅰ线、棋Ⅱ线与莱城电厂相连;向南通过220千伏温棋线与临沂电网的220千伏温水变电站相连;有6条、110千伏出线。境内通过棋坡线,同110千伏城子坡变电站相连;通过银Ⅰ线、银Ⅱ线,与莱钢的110千伏银山变电站相连;通过棋降Ⅰ线与莱钢的Ⅰ降站、Ⅱ降站相连。棋山变电站建成后,形成莱芜南部电网,覆盖钢城区域,保障莱钢及钢城区生产和生活用电。

棋山变电站工程

1996年12月,工程开工建设,占地3.28公顷,电压等级220千伏。山东电力工程咨询院设计,山东送变电工程公司施工。一期工程投资4696.50万元,安装15万千伏安主变1台,220千伏进线3条,110千伏出线6条,35千伏出线1条。1998年12月竣工。2000年二期工程安装主变1台、容量15万千伏安。

莱城电厂至棋山输变电工程

1999年8月,城棋Ⅰ线开工,投资1518.10万元,长30.27公里,电压等级220千伏;11月竣工投入运营。

1999年8月,城棋Ⅱ线开工,投资1335.30万元,长26.54公里,电压等级220千伏;12月竣工投入运营。

棋山至城子坡输变电工程

棋城线 投资332.60万元,长6.70公里,电压等级110千伏。

城子坡变电站 1995年11月开工,工程投资1800万元,位于城子坡镇,占地0.86公顷,电压等级110千伏,安装31500千伏安主变2台。110千伏进线2条,6千伏出线6条。1997年12月竣工。1999年5月,二期工程动工;6月竣工投入运营。

220千伏棋山变电站 （2005年 摄）

南岭支线至城子坡输变电工程

城子坡支线　1998 年 7 月开工，投资 84.13 万元，长 3.35 公里，电压等级 110 千伏；11 月建成投入运营。

棋山至黄庄站输变电工程

黄庄线　1999 年 1 月动工，投资 102.21 万元，长 5.29 公里，电压等级 35 千伏；12 月竣工。

黄庄变电站　1998 年，完成变电站项目的征地工作。1999 年 10 月开工，投资 446.20 万元，位于黄庄镇，占地 0.20 公顷，电压等级 35 千伏，安装主变 2 台，总容量为 1 万千伏安；12 月竣工投入运营。

棋山至颜庄站输变电工程

颜庄线　2000 年 3 月开工，投资 117.40 万元，长 7.27 公里，电压等级 35 千伏；11 月竣工运营。

第三节　供电　用电

供电

至 2005 年，全区有颜庄、钢城 2 个供电所。

颜庄供电所　1973 年建立颜庄供电站，当年供电量 55.30 万千瓦时。1999 年 8 月，改建为颜庄供电所，管理工业线、颜镇线、澜头线、冯家庄线、莱钢机械厂线、朱山线、企业线、颜实线和南北赵线 9 条线路，其中，10 千伏线路长 140.92 公里，400 伏线路 389 公里。配电变压器 242 台，容量 38775 千伏安。承担着颜庄镇和里辛镇 84 个村、

颜庄供电所　（2005 年　摄）

钢城供电所

140 家企事业单位的供电任务。

钢城供电所　1999 年 8 月，工程动工修建，位于钢城区府前大街，占地面积 0.15 公顷，建筑面积 1000 平方米，2000 年 8 月，投入使用。主要承担钢城区政府机关驻地、艾山街道和黄庄镇 83 个行政村、210 家企事业单位的生产、生活用电。有 110 千伏安变电站 2 座，35 千伏安变电站 1 座，6 千伏～10 千伏配电线路 17 条、230 公里，400 伏线路 450 公里，年供电量达 8000 万千瓦时。

用电

1959 年山东省沂蒙生建钢铁厂建成投产，供电单位为博山神头电厂，用电通过神莱线和钢铁支线输入。邻近生建钢铁厂的逯家庄大队、张庄大队靠钢铁厂专供电源用上电，为境内最早的农村用电单位。1970 年山东省沂蒙生建钢铁厂和山东省新城铁工厂整合，组建“七〇一”工程指挥部，周家坡、陶家岭、城子坡和西冶等 20 个大队靠“七〇一”工程指挥部专供电源先后用上电；同时，颜庄、北下冶、莲花池等大队靠潘西煤矿专供电源用上电。

1972 年莱芜电厂建成发电。1973 年颜庄供电所建立，架设颜庄供电所至莱钢石灰石矿变电站的输电线路，颜庄公社的大多数村通电。1984 年境内通电村 110 个。1985 年至 1990 年，国家先后补助 1600 万元，帮助境内 54 个山区贫困村通电。

1993 年全区 164 个行政村全部通电。1995 年全区实现户户通电。2005 年全区用电量 16396 万千瓦时。

1973～1998年境内用电量统计表

表4-6-1　　单位：万千瓦时

年　份	农业生产	非普工业	居民生活照明	非居民生活照明	总用电量
1973	0.10	15	40	0.20	55.30
1974	0.20	25	51	0.30	76.50
1975	0.40	32	52	0.40	84.80
1976	0.40	55	65	0.60	121
1977	0.40	58.20	68	0.80	127.40
1978	0.50	60.20	71	0.90	132.60
1979	1.10	80.20	70	1.10	152.40
1980	1.30	100.20	74.20	1.30	177
1981	1.50	110.20	77.50	1.50	190.70
1982	1.70	125.20	78.20	1.90	207
1983	1.90	132.80	80.20	1.80	216.70
1984	2.40	155.20	85.20	2.10	244.90
1985	2.50	170.20	88.50	2.50	263.70
1986	2.80	210.30	97.20	2.80	313.10
1987	3.20	265.30	98.20	3.10	369.80
1988	3.80	280.30	99.80	3.20	387.10
1989	4.20	352.30	100.30	4.80	461.60
1990	5.10	388.40	121.30	5.20	520
1991	5.90	410.20	135.50	6.80	558.40
1992	6.80	432.50	145.50	7.60	592.40
1993	7.30	455	165	8	635.30
1994	8.20	466.20	178.20	10.10	662.70
1995	8.50	479.30	198.40	11.20	697.40
1996	9.50	500.20	210.30	12.80	732.80
1997	10.40	510.20	255.60	19.80	796
1998	12.30	540.30	278.50	24.20	855.30

1999～2005年钢城区用电量统计表

表4-6-2　　单位：万千瓦时

年　份	工业用电	农业用电	居民生活用电	其他用电	合　计
1999	1342.92	78.87	1239.95	263.36	2925.10
2000	1887.76	133.51	1320.14	334.29	3675.70
2001	2059.84	138.66	1340.48	417.42	3956.40
2002	4946.80	184.88	1438.84	425.68	6996.20
2003	6619.59	196.93	1709.92	395.94	8922.38
2004	8740.31	783.03	1849.29	742.47	12115.10
2005	12365.51	210.52	2728.46	1091.80	16396.29

第五编

农 业

NONGYE

境内农民有“勤稼穑”和精耕细作的传统。中华人民共和国成立之前，由于旧的土地制度和落后生产方式的束缚，以及境内多山地丘陵，土地较瘠薄，农业生产条件长期得不到改善，抵御自然灾害的能力很差等原因，农作物产量低而不稳，农业生产发展缓慢。

1951年春，境内完成土地改革，彻底废除封建土地所有制，实现“耕者有其田”，调动了农民生产的积极性。20世纪60年代起，境内广泛进行农田基本建设和发展农业机械化，使生产能力得到提高。70年代初、中期，农业内部结构更加不合理，损害了农业可持续发展的基础。80年代初，推行家庭联产承包责任制，极大地唤起农民的积极性。农民以家庭为单位，采用先进生产技术，使用良种，增施肥料，改良土壤，充分发挥农业机械的效力，精耕细作，使农作物产量不断提高，农业生产得到进一步发展。1993年1月建区以后，通过小流域综合治理等措施不断改善生产条件，调整种植业结构，大力发展优质高效农业，农业生产效益不断提高，农村经济日益发展壮大。

第一章　农业发展变革

第一节　农业生产关系变革

土地私有制

1946年土地改革前，地主、富农人均占有土地较多，贫农人均占有土地较少。部分赤贫户因没有土地靠讨饭度日，一遇灾荒，贫农户就得向地主家借粮、借钱，到期还不上，有的用土地、房屋顶债，有的卖儿卖女还债。1945年黄庄区有耕地1374公顷，其中地主25户、153口人占有土地129.33公顷，人均0.85公顷；富农49户、306口人占有土地156.20公顷，人均0.51公顷；中农643户、3042口人占有土地547.87公顷，人均0.18公顷；而贫农1878户、7575口人占有土地540.60公顷，人均只有0.07公顷；同年，因战乱及灾荒，全区逃荒的有626户，其中贫农606户、中农20户。卖儿卖女的有76户，都是贫农户。颜庄区清泥沟村不足千人，赤贫户就有7户，为生活所迫下关东的有40余户、250余口人，他们大都落户沈阳市皇姑屯区，建起“小清泥沟村”。

农民个体所有制

1946年春，按照《山东省土地改革暂行条例》《山东省土地改革具体实施办法》，境内开展土地改革运动，通过土改，烈属、军属的生活提高到中农生活水平，90%以上的农民分到土地。1947年7月，进行土地改革大复查，对地主、恶霸、汉奸等进行清算斗争，将清算出的土地再次分给农民。1951年政府向农民颁发《土地房产证》。土改后，生产资料为农民个体所有。

集体所有制

互助组　1950年黄庄区有672户农民组织起77个互助组。1951年12月，贯彻中共中央《关于农业生产互助合作的决议（草案）》，境内互助合作运动迅速发展。1954年黄庄区互助组发展到159个，1554户加入互助组。颜庄区75%的户参加互助组，其中，常年互助组965个、5500户，临时互助组610个、3414户。互助组始称“换工组”，采取以工换工、误工补工的方式开展互助合作，对烈军属的土地实行代耕，对无劳力的困难户进行帮工，以解决一家一户解决不了的困难，为促进生产发展、改善部分农民生活起到积极作用。

初级农业合作社 1954年颜庄区在建立互助组的基础上，组织起61个初级农业社，入社户数2180户、10546人；黄庄区组建12个初级社，入社农户200户。1955年黄庄区初级社发展到55个，入社农户1583户。初级社实行土地入股，按总收入的40%参加分配，大牲畜、农具、种子也作价入社。劳动管理实行包工包产到组，按定额记工分，按总收入的60%参加分配，多劳多得。对烈军属和困难户适当补贴工分予以照顾。

高级农业生产合作社 1955年春，按照"山区100户一社，丘陵200户一社，平原300户一社，原则上一村一社"的原则，初级社通过升、并、扩等方式过渡到高级农业生产合作社。至1956年，颜庄区有102个高级社，入社农户15064户、63216人，单干户仅剩10户、39人；黄庄区有高级社59个，入社户数3018户，占农户总数90%；寨子一带22个村的农户也都入社。至此，境内农业的社会主义改造基本完成。

高级社时期，境内的农业生产资料为社会主义集体所有制，土地、荒山、水面全部归集体所有，农户按人口留有少量自留地。在劳动管理上，主要实行包工包产到生产组，实行小段包工、小段验收。收益分配实行"人六劳四"，即全部收入60%按人口分，40%按工分分，对烈军属和困难户进行适当照顾。

人民公社 1958年5月27日，境内贯彻中共中央《关于在农村建立人民公社问题的决议》。8月至10月，成立颜庄、郑王庄和黄庄3个人民公社，寨子一带22个村属新泰县翟镇公社。

公社化初期，土地、农具、牲畜等生产资料和高级社的公共积累一律归公社所有，公社统一调配劳力，统一进行经济核算，分配实行供给制。1958年各村建立食堂、托儿所和敬老院，因为经济条件不具备很快停办。1959年允许社员留有一定数量自留地；同年5月，根据中共莱芜县委的通知，颜庄公社按照不超过每人平均占有土地5%的标准为社员划分自留地。

1961年3月起，境内贯彻中共中央关于《农村人民公社工作条例（草案）》（即"农业六十条"）精神，实行生产资料归公社、生产大队、生产队三级所有，以生产队为基本核算单位的"三级所有、队为基础"的管理体制延续至1982年。

家庭联产承包责任制

1966年至1977年，境内一直吃返销粮。1977年颜庄公社东峪大队实行包产到组，全年全大队粮食总产6万公斤，比1976年增产2万公斤，向国家贡献粮食5000公斤、花生米2500公斤，人均收入由1976年的不足40元达到104元。1979年东峪大队又实行包产到户，增产效果更加明显。1981年颜庄公社推广东峪大队的经验，实行包产到组的生产责任制。1982年春，境内所有村打破生产队集体经营体制，实行家庭联产承包责任制（又称"大包干"）；同年，境内粮食单产达到520.80公斤，比实行责任制以前的1977年的产量（429.2公斤）多91.60公斤，是1962年的产量（102.90公斤）5倍多，人均纯收入由1977年的72元增加到215元。

工作人员在颜庄人民公社礼堂前合影　（1978年　摄）

宣传车下乡宣传《农村土地承包法》　（2003年　摄）

1984 年 4 月，境内土地承包期定为 15 年。1998 年 10 月 15 日，全区开展第二轮土地承包工作,农村土地承包期延长为 30 年。2002 年全区除 4 个村 1500 户因地处城区无土地承包外，其余 4.70 万农户全部承包土地,共承包土地 6000 余公顷。

第二节　农业管理机制

中华人民共和国成立初期,境内区、乡两级的区长、乡长主要分管农业生产。人民公社成立后,公社有 1 名副书记或副主任分管农业，设有农技站、林业站、畜牧站和水利站。1978 年各公社成立农业机械管理站。

1985 年各乡镇由 1 名副乡(镇)长分管农业,下设农技站、林业站、畜牧站、农业机械管理站、蚕茧站、种子站和水利站等。

农业委员会　1993 年 2 月，钢城区农业委员会成立,下设农业综合服务公司,内设办公室、经管站、农技站、蚕茧站和种子公司。1994 年 10 月,钢城区农业综合服务公司同时挂农业局的牌子。1996 年撤销农业综合服务公司,保留区农业局。

农业局　2001 年 11 月,区农业委员会与区农业局合并为区农业局，区农委承担的对农口的综合协调职能划归区政府办公室。下设 3 个行政科(室)：办公室、政策法规室和生产科,4 个事业科(室):农技站、经管站、植保站和种子站。2005 年有干部职工 18 人。

林业综合服务中心（林业办）　1993 年 6 月,区林业综合服务公司成立。1994 年 11 月,林业综合服务公司同时挂林业局的牌子。1997 年 8 月,撤销林业综合服务公司,保留区林业局。2001 年 11 月,林业局改设为林业综合服务中心,同时挂林业办公室牌子,为科级事业单位,内设计划财务科、政策法规科、林业技术推广站和森林防火办公室。2005 年有干部职工 13 人。

畜牧综合服务中心（畜牧办）　1993 年 6 月,钢城区畜牧食品联合开发公司成立。1994 年 11 月,同时挂钢城区畜牧局的牌子,设办公室、畜牧兽医站和兽医卫生监察所。2001 年 11 月,畜牧局改设为畜牧综合服务中心，同时挂畜牧业办公室牌子,为科级事业单位,设综合科和生产管理科 2 个科。2005 年有干部职工 10 人。

农业机械管理办公室　1993 年 6 月，区农业机械管理局成立,下设办公室、农机推广站和农机管理科。2001 年 11 月,改设为区农业机械管理办公室，下设综合科、农机推广站和农机修配管理站。2005 年有干部职工 15 人。

蚕茧指导站　1994 年 7 月，区蚕茧指导站成立,下设颜庄蚕茧站和里辛蚕茧站。1997 年区蚕茧站改设为区丝绸公司,下设颜庄、里辛和寨子 3 个蚕茧站。

第三节　农业产业结构调整

1956 年前，境内经济模式主要是自给自足的小农经济,农民为满足生活基本需要,农作物种植以粮食为主,经济作物很少,商品经济的成分占的比重很低。

1956 年，境内实现农业合作化后，特别是 1958 年公社化后,实行计划经济,贯彻“以粮为纲”的方针，农作物仍以粮食、蔬菜为主。1959 年至 1961 年“三年困难时期”后,各级政府对粮食生产抓得更紧。为了让人民能“吃粗吃饱”,年年扩大粮田面积,千方百计提高产量,严格限制其它经济作物种植面积。

1979 年 4 月,社、队贯彻执行《中共中央关于加快农业发展若干问题的决定》,打破单纯种粮食的种植结构,开始发展多种经营。

1982 年实行家庭联产承包责任制后，农民种植有自主权,种田开始讲究经济效益,随着人民生活水平的不断提高,对蔬菜、果品和肉蛋奶的需求不断增加;同年,境内农业部门贯彻中共中央关于“决不放松粮食产量,积极发展多种经营”方针,调整农业内部结构,抓紧粮食生产,重视经济作物种植,集体和个体收入大幅度提高。

1993 年围绕为莱钢服务,区委、区政府作出建立蔬菜、林果和肉蛋奶“三大基地”的规划，全区大力发展“四季”菜、干鲜果品和畜禽生产。全区蔬菜面积达到433.33公顷，果园面积达到2427公顷。肉、蛋、奶基地重点发展高家岭和城子坡等村的养鸡以及澜头、刘家庄、马家庄等村养牛等；蔬菜基地重点发展下北港、牛马庄、石头湾、黄庄四村的蔬菜大棚和拱棚；林果基地重点发展北金水河、北通香峪等村的苹果，霞峰、东王家庄等村的黄金桃，北官庄、埠东等村的山楂杂果，施家峪、清泉岭等村的寒露蜜桃等。

1994年实施“5528”工程(发展5处农业龙头企业，增加5000亩高值蔬菜，发展20个肉蛋奶基地村，发展优质果园8000亩)。改造扩建寨子乡猴头菇养殖加工场，建起城子坡食用菌养殖场和下北港恒温库，改造柳桥峪果脯厂等。蔬菜生产重点规划发展“一条线、三大片”，即沿205国道验货台至牛马庄一条线，里辛镇冯家庄、石头湾片，黄庄镇黄庄片，城子坡镇清泥沟片，并以此为中心向周围辐射。蔬菜面积达到869公顷；其中以塑料大棚和拱棚为主的“四季”菜田面积达

里辛蔬菜大棚　(1995年　摄)

西瓜甜透了农家的日子

农民增收 路在脚下 ④

《莱芜日报》登载黄庄镇灰菜峪村大棚西瓜丰收　(2003年　摄)

666.67公顷。小上峪村种植大棚西瓜面积20公顷；黄庄一村种植大棚草莓面积2公顷。颜庄镇的九龙山流域、里辛镇的槐树岭流域、黄庄镇的通香峪流域、寨子乡的卞家泉和施家峪流域栽种果园面积102公顷，改造老果园面积33.33公顷。全区建立初具规模的饲养基地20个，其中，肉食基地13个、禽蛋基地4个、奶牛基地3个，出栏生猪5.30万头、羊4.40万只、禽45万只，肉类总产6038吨、禽蛋2728吨。

1995年颜庄镇下北港村成为全市蔬菜专业村。村内共有耕地25.33公顷，其中，蔬菜22公顷，占耕地面积的86.85%。村里先后投资14万元，钻井、维修机井10眼，修防渗水渠3000米，购置电泵12台，架设专用输电线路。投资10万元建起可储存100吨蔬菜的恒温库。投资12万元建起占地0.80公顷、日销售量2万公斤的蔬菜批发市场。投资50万元与济宁美味酱园联合建起以生产酱菜、咸菜为主的酱菜厂等。

2000年全区发展蔬菜大小拱棚2000个，其中，冬暖式大棚223个。种植无公害蔬菜面积1598公顷，种植优质果树面积966公顷，建起养猪暖圈1010间、肉鸡大棚5500平方米。

2002年至2005年，农业产业结构调整的重点是结合富民强区和生态农业建设大力发展优质林果业，按照“‘两桃’带动、壮大优势、突出特色、合理布局”的方针，大力发展以金童5号、83号、19号及北京5号为主的黄金桃系列新品种和以美国扁桃为主的扁桃品种，发展桃园700公顷，栽培以桃树为主的果树57.85万株。全区桑园发展到213.33公顷，年产蚕茧6.90万公斤。2005年全区有耕地面积7736公顷，农作物总播种面积9551公顷，其中，粮食作物播种3896公顷、经济作物面积5655公顷，粮食和经济作物比例为40.30∶59.70。

各级政府鼓励和引导农民在乡镇企业创业、进城经商打工或赴境外务工经商从事非农产业，农民人均收入大幅度提高。境内农民人均纯收入1977年为72元，1990年为717元，2000年为3292元，2005年为4760元。

1994～2005 年钢城区农业总产值统计表

表 5－1－1　　　　　　　　　　　　　　　　　　　　　　　　　　　　单位：万元

年　份	总　计	农业产值	林业产值	牧业产值	渔业产值	农林牧渔服务业产值
1994	28587	16150	1756	10596	85	—
1995	34543	20322	1918	12193	110	—
1996	37661	22595	1602	13329	135	—
1997	42537	22624	1878	17826	209	—
1998	41644	23059	2094	16246	245	—
1999	26161	17937	2265	5771	188	—
2000	27825	19470	1920	6234	201	—
2001	29912	20105	2045	7853	179	—
2002	32932	20700	2150	10000	82	—
2003	37864	25209	2400	8772	82	1401
2004	42616	28098	1865	10915	138	1600
2005	49692	29686	2067	15951	138	1850

第四节　农业生产条件改善

清末、民国时期，农田建设局限于一家一户开凿水井、平整土地等，农田得不到改善，植被破坏严重，大批良田荒芜。中华人民共和国成立后，各级政府领导群众进行大规模、多层次的农田基本建设。20 世纪 50 年代，以打井开渠挖沟、扩大水浇面积、治理涝洼地为主。60 年代，以深翻整平为主。70 年代，推广“大寨田”基本建设经验，综合连片治理。1993 年 1 月建区后，以绿化荒山、重点流域综合治理及建设生态农业为主。

农田基本建设

1956 年境内成立高级社，依靠集体力量进行一些开挖水渠以及打井等农田基本建设。1958 年实行人民公社化后，农业基本建设的主要项目是县里组织修建大型水库，公社、生产大队组织封山造林及修建塘坝和谷坊等水利工程。

1964 年冬，开展“农业学大寨”运动，以建“大寨田”为重点的农业基本建设成为境内农业生产的重要任务。公社或管理区常年组织开展深翻整平土地、打井垒堰修渠、修生产营林路等方面的基本建设活动，每年自秋后开始，次年春天结束。1972 年至 1979 年，颜庄公社组织开展 8 项规模较大的农田基本建设工程：1972 年冬，石头湾和郑王庄的连片整地工程和颜庄村长埠岭改土工程；1973 年冬，里辛摩天岭改土整地工程；1974 年冬，以里辛和郑王庄为重点的移河造地工程；1975 年冬，修建桃行水库，以及港里、澜头连片万亩岭治理工程；1976 年冬，东、西、北田庄连片整地工程；1977 年冬，黄羊山治理工程；1978 年冬，杨家楼治山改土工程；1979 年里辛至涝洼沿线整地工程。1975 年冬，黄庄公社组织万名劳力治理黄庄东岭：工程用工 23.45 万个，搬运砂土 3.68 万立方米，用石料 5160 立方米，垒砌河堤 2000 米，劈开高 12.70 米、长 510 米的神崮岭，挖通一条宽 40 米、深 1.20 米、长 1600 米的水渠，填平 4 道沟，垫起 10 片小河滩，将 327 块山岭地整成 33 块总面积 193.33 公顷的“连片成方”的稳产高产田，建起总长 3.50 公里的 7 条机耕路。

1964 年至 1983 年，颜庄公社和黄庄公社共深翻整平土地 6000 公顷，修中小型水库 117 座，打机井、土井 500 眼，建扬水站 100 座。1983 年水浇地面积由 1964 年的 564.50 公顷扩大到 2008.70 公顷，占总耕地面积的比例由 10.50% 提高到 44.80%。

1982 年实行联产承包责任制后，采取“联户治理，自愿互利”的原则，进行小流域治理。1993 年 1 月，钢城区建立后，城子坡镇治理北沙岭，颜庄镇治理黄羊山。

治理水土流失

1993 年全区投资 813.96 万元，治理“猪脸地”面积 395.47 公顷，治理水土流失面积 300 公顷，完成水利工程 20 项，植树 800 万株。1994 年投资 1708 万元，投工 279 万个，完成土石工程 239 万立方米，完成各项工程 323 项，治理水土流失面积 320 公顷，改善扩大灌溉面积 500 公顷。1995 年投资 1930 万元，投工 292 万个，完成土石 213 万立方米，完成各项工程 427 项，治理水土流失面积 760 公顷，改善扩大灌溉面积 1200 公顷，开发土地 1133.33 公顷。

至 2005 年，治理水土流失的重点工程：古墩村开发建设杂果园 66.67 公顷；张庄和北城子坡社区投资 2300 万元，进行旧村搬迁开发土地 25.33 公顷；吕家林、澜头、孙家庄和东当峪等村治山整地 166.67 公顷；小上峪村投资 9 万元治理西南岭流域，改造低产田 12.33 公顷，增加耕地 50.67 公顷；涝洼、三岔河和南朱家庄等村投资 68.60 万元在棋山河流域改造低产田 48.13 公顷，增加耕地 40 公顷；北田庄、双口峪等村投资 65 万元开发治理槐树岭流域 160 公顷，改造低产田 46.13 公顷，增加耕地 40 公顷；郑王庄、大庙、前朱山和黄家洼 4 村投资 72 万元治理开发黄土岭流域 149.60 公顷，改造低产田 85.60 公顷，增加耕地 41.33 公顷；寨子乡 22 个村进行卧虎山流域综合治理，用工 220 万个，治理土地 233 公顷，挖树穴 4 万个，栽植苹果树、桃树、板栗树各 1 万株。

1996 年 3 月，钢城区被省委、省政府评为“提前达到省‘八五’造林绿化标准先进单位”

流域综合治理和生态农业建设

从 1996 年开始，以建设生态农业为标准，以“山、水、林、田、路、村统一规划、综合治理”为基本手段，按照“一治一面坡、一治一座山、一治一大片、一治一个流域”的要求，广泛开展各种类型的流域综合治理工程。

1998 年区委、区政府制定《山区农业综合开发建设生态农业 10 年规划》，从改善农业生产条件、发展城郊农业、生态农业、特色农业的目标出发，突出土地开发、治山治水和造林绿化 3 个重点，制定“十个流域一条河”（黄羊山、槐树岭、双泉山、棋山、历山、通香峪、青杨崮、平顶山、卧虎山、九龙山流域和牟汶河）总面积为 101.40 平方公里的治理规划。1998 年和 1999 年，全区共铺开山区综合开发项目 649 个，完成 585 个，投工 354 万个，投资 2271 万元，动用机械 650 台次，完成土石方 481 万立方米，整理土地 733 公顷，其中，卧龙沟 67 公顷；增加节水灌溉面积 140 公顷，挖大树穴 10.50 万个。

开发后的农田 （2005 年 摄）

1993年至2002年，全区用于农业基本建设的投资累计7798.50万元（其中政府投入资金3411.20万元，群众投料及投劳折款4387.30万元，在政府投入中，国家补助拨款404万元)，投工744万个，完成土石方867万立方米，治理水土流失面积167.30平方公里。营造水保林4068公顷，经济林8323公顷，完成疏林补植268公顷，建生物地堰4.22万米；修建、改造乡村道路和生产营林路180公里；建成水平梯田4072公顷，建拦河坝58座、塘坝63座、谷坊2100个、水池148个，完成治沟骨干工程5项；治理河道4条，浆砌河堤18.70公里，使河道防洪标准提高到20年一遇的标准。棋山、柳桥峪、霞峰和金水河4个小流域被水利部、财政部评为全国水土保持生态环境建设“十、百、千”示范小流域，钢城区被评为“黄河流域水土保持生态建设先进县(区)”。

2003年农业基本建设按照十年总体规划要求，重点放在棋山、金水河等已开发治理流域的扩大规模、提高档次、强化管理、巩固治理成果上。全区参与山区开发治理的群众达3.20万人，扩大治理开发面积1067公顷，建起塘坝、谷坊、水库和机井等水利工程600项，修环山路29.80公里，完成绿化通道绿化面积205公顷，营造各类经济林1007公顷，通过改善生产条件，促进生姜、蔬菜、桑园种植的发展。投资860万元完成牟汶河治理二、三期工程，投资1400万元启动葫芦山水库除险加固一期工程，水库清淤106万立方米，增加储水200万立方米。年内，钢城区被水利部、财政部命名为“全国水土保持生态环境建设示范县”。

2002年9月，钢城区被水利部黄河水利委员会评为“黄河流域水土保持生态建设先进县”

2004年全区完成山区开发面积1200公顷，增加土地面积280公顷；完成水利工程587项，解决5个村5000人的吃水困难；治理水土流失面积9平方公里；建成乡村道路24条、73.50公里；完成植树造林面积719公顷，其中经济林504公顷；建起标准饲养小区2个，饲养专业户150户。投资473万元完成葫芦山主坝加固、放水闸重建和溢洪道建闸等主体工程。牟汶河2号橡胶坝工程完成投资3050万元，建成高3.50米、长315米的橡胶坝和高1.50米、长290米砌石溢流坝1座，护砌河堤4800米。

至2005年，全区完成水利建设项目567项，投资5000万元，发展节水灌溉面积400公顷。

完成牟汶河上游治理工程，建成橡胶坝2座，浆砌河堤300米；完成葫芦山水库除险加固扫尾工程，实施溢洪道挑流消能、坝后草皮护坡、管理设施建设等工程。建成塘坝16座；完成成片造林1584.13公顷，栽植树木297万株，建成苗圃60公顷，荒山造林626.67公顷，造林绿化40华里，建成经济林700公顷，栽植果树57.85万株。艾山街道投资868万元，修建肖马庄至双杨桥、西施至清泉岭、南仓峪至贤女庙等6条乡村道路、18.20公里；投资500万元完成包括治理河道、修建大龙门水库水渠等水利工程60余项。颜庄镇启动牟汶河颜庄段7.80公里的综合治理工程；投资400万元，建设5公里的环镇路，改造4公里的颜庄西港路，修建改造4条乡村路和57座桥涵。黄庄镇全面完成棋山流域和金水河流域的综合治理工程，提前3年完成山区综合开发十年规划目标，成为全市第一个完成国家土地整理项目的乡镇；完成台子水库续建、东王家庄水库防渗等骨干工程。里辛镇完成土地整理533.33公顷，修建道路35公里，完成水利工程40项，增加经济作物面积120公顷，发展优质经济林1000公顷。

重点建设项目简介

卧牛山流域治理　涉及大龙门、罗汉峪、双杨桥和纸坊4个村的地域，规划治理面积233.33公顷。1994年秋，寨子乡组织全乡会战；10月13日，中共山东省委副书记、省长赵志浩到钢城区考察指导工作，考察小流域综合治理现场。此后，连年

1994年10月14日，中共山东省委副书记、省长赵志浩(左二)到钢城区考察卧牛山小流域综合治理工程

进行治理。至2005年，累计投资593万元；用工220万个；挖树穴4万个；栽植苹果树、桃树和板栗树3万株；增加耕地26.67公顷；完成水利配套项目16个，包括治理河道2000米，修塘坝4座、建谷坊45个，打大口井1眼，修水渠1500米，增加水浇地面积34.80公顷；建桥涵7座，修4米宽的乡村道路5公里，环山营林路18公里。

棋山流域综合治理　棋山流域位于钢城区北部棋山山麓，总面积44.80平方公里，涉及里辛镇的里辛、郑王庄、玥庄、涝洼、黄家洼、焦家庄、棋山观和圈里等15个村以及黄庄镇的仙人桥、幸福村、下历山等6个村的地域。治理前大量山坡岩石裸露，顺坡地多，土地零碎，土层瘠薄，林木覆盖率低，农业生产条件差，水土流失严重。1995年区、镇两级组织人力物力进行开发治理。1998年1月，编报流域的水土保持规划；10月被列为省重点工程；11月又被黄河水利委员会列为1998年国家水利第二批财政预算内专项资金投资项目“黄河流域大汶河上游水土保持工程”，建设规模为综合治理水土流失面积27平方公里，工程施工由里辛镇和黄庄镇组织。1998年至1999年，治理面积28平方公里，占计划的103.80%。建成水平梯田709公顷，修建塘坝3座、谷坊62个和水池5个，营造水土保持林80公顷、经济林365公顷，建设生物地堰4.10万米，总投资1598.50万元，投工165.70万个。项目由国家扶持资金350万元，其中，中央财政专项投资100万元，国债转地方贷款250万元，省、市政府也分别拨部分专款予以补助。1998年10月30日，黄河水利委员会副主任黄自强一行到钢城区棋山小流域考察。1999年10月，通过省级验收，被山东省水利厅评为“中央财政预算内专项资金水土保持项目精品工程”。2000年至2002年，继续进行开发治理。至2002年，总投资4500万元，建小水库12座、塘坝24座、谷坊1200个和水池5个，打深井6眼，修筑拦河坝30道，扩大灌溉面积266.67公顷；治理改造低产田4473.33公顷，建成果园1000公顷，栽植各类优质桃、板栗树50万株；修环山路25公里。2002年被水利部、财政部评为全国水土保持生态环境建设“十、百、千”示范小流域，并被评为全省精品工程。

金水河(黄庄河)流域综合治理　位于黄庄镇东南部，涉及南金水河、北金水河、官庄和东丈八丘等8个村域，规划治理面积16平方公里。1999年10月，开始施工并被黄河水利委员会列为黄河流域大汶河上游水土保持工程。至2000年，总投资3093.70万元，投工180万个，建成水平梯田

1995年11月，参加全省农田水利基本建设会议的人员考察棋山小流域综合治理现场

238 公顷，营造水土保持林 200 公顷、经济林 459 公顷，完成疏林补植 161 公顷，封山育林育草 548 公顷，建成生物地堰 10 万米，修路 23 公里，建塘坝 3 座、拦河坝 10 座、水池 4 座、谷坊 113 个，整治河道 3000 米。2002 年被水利部、财政部评为全国水土保持生态环境建设“十、百、千”示范小流域，并被评为全省精品工程。2003 年工程被财政部、国土资源部批准为国家投资土地整理项目。至 2005 年，增加投资 1298 万元，完成土石方 33.30 万立方米，开发治理面积 386.30 公顷，增加耕地 152.20 公顷，累计建成塘坝 5 座，谷坊 80 个，打大口井 6 眼，建扬水站 5 座、蓄水池 5 个、拦河堤 10 道，铺设供水管道 4.10 千米，建防渗渠 7.50 千米、管涵 125 处、排水支沟 4.80 千米、斗渠 11 千米、农渠 175 千米，修 4 米宽生产路 13.40 公里、2 米宽生产路 6.80 公里，栽植杨树 2.02 万株、桃树和板栗等经济树 20 万株。

平项山流域治理　2003 年工程与金水河流域综合治理工程一起被财政部、国土资源部批准为国家投资土地整理项目。范围涉及黄金篮、双龙峪、双口峪和北田庄 4 个村域。2003 年秋，开始治理，2005 年完成。共投资 593 万元，其中，省财政厅和国土资源厅拨款 415 万元。动用土石 81.80 万立方米，开发治理面积 263.50 公顷，建成塘坝 5 座、谷坊 45 个，打大口井 1 眼，修建蓄水池 1 个，修生产路 7.10 公里，栽植树木 12 万株。2005 年工程通过财政部和国土资源部组织的检查验收。

第二章　种植业

第一节　耕作制度

熟制

1970 年前，境内农作物种植多为一年一熟或两年三熟。1970 年以后，水利条件逐步改善，一年两熟的作物面积增加。

一年一熟制：多在山丘旱地，主要农作物是春地瓜、花生、谷子、高粱、棉花等。

一年两熟制：多在水浇条件好的耕地，作物是小麦—玉米。

两年三熟制：一般是第一年谷子或高粱，第二年小麦—玉米或小麦—夏地瓜。有的玉米、大豆间作。

一年多熟制：面积较小，主要是小麦—蔬菜—玉米间套轮作，一年三种三收。

20 世纪 90 年代初，开始实行间作套种，主要模式是小麦地套种玉米，间作大豆；花生、地瓜地间作绿豆等。

耕作

1950 年前，境内大部分地区耕作以粗放型为主。之后，随着生产条件的改善和科学技术的不断进步，精耕细作技术得到推广。

春耕　历来多结合抗旱保墒进行。20 世纪 50 年代，常在作物播种前进行。70 年代，实行“顶凌耕地”、适时早耕。80 年代后，多在土壤解冻时先进行耙地保墒，“惊蛰”左右春耕。春耕深度略浅于秋耕，并于耕耙后及时扶垄保墒。

秋耕　多用木犁耕地和大镢刨地，一般耕深 10 厘米～15 厘米。20 世纪 50 年代，推行步铧犁耕地，耕深 15 厘米～18 厘米。60 年代后，逐步使用机械耕，耕深 20 厘米～25 厘米。2000 年后，由于城镇及厂矿企业占地增多，人均耕地面积减少，加上主要劳动力外出打工等，机耕面积又有减少，大镢刨地的面积相对增加。

冬耕　始于20世纪50年代末，多结合深翻整平土地等农田基本建设进行。70年代中期，多用机耕与畜耕相结合的方法进行。冬耕深度相当于秋耕，为便于消灭越冬害虫耕后一般不耙。

播种

作物播种分为春种、夏种和秋种。

春种　主要种豆、地瓜、花生和姜等。“谷雨前后种瓜点豆”；地瓜插秧一般不超过“立夏”；自20世纪90年代后，花生采用起垄种植、地膜覆盖，4月上、中旬播种；生姜多在“立夏”前几天播种，采用地膜覆盖的提前到5月1日之前播种。

夏种　玉米、大豆或在麦收前10天套种或于麦收后直播。

秋种　主要种小麦和蔬菜。冬小麦一般在“秋分”后播种，20世纪90年代以后，境内一般在10月1日前后播种。大白菜、萝卜等蔬菜的种植历来在“立秋”前后几天播种，俗说“头伏萝卜、末伏白菜”；大蒜多在“秋分”前后播种。

在播种方法上因作物不同方法也多种多样。20世纪50年代中后期，小麦推行2腿、3腿耧播种；80年代后，推行机播。玉米、大豆等历来开沟撒种或刨穴点种。地瓜多采用育苗栽插，50年代，部分地块用“瓜母”直播，因用种量大，以后很少采用。1990年之前，花生采用平播点种；之后，逐步推行起垄种植、地膜覆盖；至2005年，花生地膜覆盖面积达到80%左右。生姜先催芽后播种，播种后覆盖地膜，并在出苗前扦插谷草或树枝作荫障；90年代后，有的用遮阳网。

田间管理

补种补苗　历来对补种补苗重视不够，有差一差二不算差的说法。20世纪60年代以来，随着农业技术的推广应用，补种补苗才逐步被重视。对播种后有缺苗断垅现象的小麦、玉米等作物，历来多实行浸种补种。70年代至80年代，采取补种与移栽补苗相结合的方法。90年代以后，各种作物种植密度加大，一般补苗，用隔行留双株的办法补足。

间苗定苗　历来对玉米、谷子等作物的间苗定苗比较重视。为避免干旱、虫害，一般间苗、定苗较晚。在幼苗单株三叶左右间苗，五叶左右定苗。

锄地培土　对玉米、高粱、谷子和花生等作物，多用手锄在苗地行间进行。20世纪50年代，逐步采取手锄、耘锄和大镢松土相结合的方法，一般在作物出苗后至封垅前进行，并掌握“头遍浅，二遍深，三遍四遍莫伤根”的方法，一般锄地松土3遍～4遍，培土多结合锄地进行。90年代后，除草剂、地膜开始推广应用，部分代替锄草工序。

第二节　农作物

作物种类

境内农作物主要有粮食作物、经济作物和蔬菜作物三大部类。粮食作物包括谷类、豆类和薯类。谷类主要有小麦、大麦、谷子、高粱、荞麦、黍、稷等；豆类主要有大豆、红小豆、绿豆和豇豆等；薯类主要是地瓜。在粮食作物种植结构中，历来以小麦、谷子、高粱和大豆为主，20世纪50年代后，玉米、地瓜面积增多。

经济作物包括花生、芝麻和棉花等，花生种植面积居多。

蔬菜作物包括大白菜、小白菜、苔菜、菠菜、芹菜、芫荽、水萝卜、胡萝卜、莴苣、生菜、马铃薯、山

菜农大面积种植的黄花菜　（2004年　摄）

药、生姜、葱、蒜、韭菜、圆葱、黄瓜、冬瓜、南瓜、丝瓜、苦瓜、西红柿、茄子、辣椒、芸豆、豆角、扁豆、黄花菜、香椿和白莲藕等。其中，大白菜、小白菜、菠菜、苔菜、水萝卜、胡萝卜、马铃薯、山药、葱、蒜、韭菜、黄瓜、南瓜、丝瓜、西红柿、茄子、辣椒、芸豆和豆角等居多。

作物产量

中华人民共和国成立前，境内粮食作物产量低且不稳定。正常年份粮食亩产 50 公斤左右。

20 世纪 50 年代至 60 年代，依靠集体力量改善生产条件，使用优良品种，农作物产量有所提高。70 年代，农田基本建设深入开展，农业生产条件不断改善，实行科学种田，引进优良品种，作物产量不断提高。

20 世纪 90 年代，对农产品的要求逐步由增加数量向提高品质转变。2000 年以后，因结构调整，经济作物发展较快，粮食作物的种植更加重视品质和效益。主要作物小麦、玉米和地瓜等多采用品质好，但产量相对较低的品种。小麦由普通品种向优质专用型发展，先后引进推广山东优麦 3 号、济南 17 号、淄麦 12 号和 PH822 等商品性较好的品种。玉米引进优质高蛋白类型的中单 9409、爆型玉米鲁爆 1 号、甜玉米 2 号等。地瓜品种由以徐薯 18 号切干型品种向优质鲜食地瓜转变，推广红心王、日本川山紫、济薯 12 号等品种。蔬菜也开始向精细化发展，大、中、小拱棚蔬菜面积逐年增加。

1993～2005 年钢城区耕地面积和农作物产量统计表

表 5－2－1

项目 年份	耕地面积（公顷）	粮食总产量（万吨）	花生总产量（吨）	蔬菜总产量（吨）	项目 年份	耕地面积（公顷）	粮食总产量（万吨）	花生总产量（吨）	蔬菜总产量（吨）
1993	7274	5.21	2424	—	2000	7748	3.81	1733	141897
1994	7208	5.89	2310	—	2001	7481	2.60	1676	185800
1995	7381	6.11	2625	59622	2002	7854	1.19	842	213300
1996	7478	6.22	2474	70847	2003	7748	1.63	1844	254400
1997	7520	6.21	2447	76864	2004	7804	1.76	1842	242597
1998	7707	6.20	2674	83747	2005	7736	1.93	1884	240611
1999	7762	4.61	1910	84312					

第三节　种　子

境内农作物种子历来为农户自留自用，沿用当地农家传统品种，更换周期长，作物产量低。20 世纪 50 年代后，引进小麦、玉米、地瓜优良品种，增产效果显著。之后，各种农作物良种不断引进并及时更新换代。60 年代，普及小麦、地瓜良种。70 年代普及玉米良种。80 年代，其它农作物良种也基本普及。1993 年 1 月建区后，种子推广和供应机构健全，统一组织良种调剂供应，农作物产量质量不断提高。

种子引进与推广

小麦　传统品种主要有红白秃头、高了麦、矬了麦、透龙白和小白芒等。20 世纪 50 年代，引进推广徐州 428、齐大 195、泗水 38、碧码 1 号、碧码 4 号、泰农 153、石家庄 407、旱洋麦和钱交麦等品种。60 年代，引进推广优良麦种济南 1 号、2 号、4 号、6 号、7 号、8 号、9 号、12 号以及跃进 8 号、山农 3 号、北京 8 号、丰产 3 号、红蚰包等品种。70 年代，引进推广泰山 1 号、泰山 4 号、高 38、泰山 5 号、济南 13 号、辐 63 和昌乐 5 号等品种。80 年代，引进推广鲁麦1、2、3、5、7、8号，科红1号、晋麦21、济旱044和山农45等品种。1993年1月建区后，引进鲁麦9号、12号、13号、14号、18号、21号、23号，汶农5号、莱州3279及优质专用小麦PH85-16、935031、D9401、淄麦12号、济南17号等品种。

玉米　传统品种有小粒红、红骨头、白马牙和花里豹等。20世纪50年代后，引进金皇后和坊杂2号、6号、泰杂2号和安东黄马牙11号等品种。60年代，引进推广单交种和双交种双跃3号、4号、80号、150号，新单1号、东岳8号、群单105、泰单71号、烟三6号、郑单2号等品种。70年代中期，玉米杂交种在境内普及，主要品种是泰单71、群单105号，主要搭配品种是郑单2号、东岳8号、烟三6号品种。70年代中后期，以丹玉6号、太单75号为主，搭配种植中单2号、鲁原单4号、太单74号、东岳10号、11号等品种。80年代初期，以掖单2号、烟单14号、聊玉5号为主要品种，搭配种植鲁玉2号和鲁玉5号、丹玉13号等品种。

1993年1月建区后，引进推广掖单4号、鲁玉10号，掖单12号、13号、22号，鲁单50、农大108、鲁单981、泰玉2号、沈单10号，登海1号、3号等高产优良品种。2000年后，为发展高效优质玉米，引进推广糯玉米中糯1号、爆裂玉米鲁爆1号、甜玉米甜玉2号和黄甜104等。

地瓜　传统品种有大红袍、二红皮和白薯等。20世纪50年代后，引进推广胜利100号、农林4

脱毒地瓜　（2005年　摄）

新品种玉米　（2005年　摄）

号、华北117号和北京553号等品种。70年代至80年代，引进南京92号、一窝红、徐薯18、丰薯1号、丰收白和烟薯3号等品种。1993年1月建区后，以徐薯18为主要品种，并引进推广济薯2号、5号、12号、14号、16号和红心王等品种。

谷子　传统品种有母鸡嘴、大黄谷、小黄谷、长脖子白、竹竿青、铁钻头等。20世纪50年代后，先后推广燕大811号、金钱子、华农4号、柳条青7025、7233和鲁谷1号、2号、3号品种。1993年1月建区后，引进推广鲁谷7号、8号和吨谷1号等优良品种。

高粱　传统品种有担子尖、黄罗伞、马尾扫、大子帽、打锣锤、黄葶子等。20世纪60年代，引进适应夏播的熊岳253号品种。70年代，引进推广杂交高粱原杂4号、10号和11号等品种。1978年后，不再种植杂交高粱，高粱种植的品种逐年减少，零星种植的仍为黄罗伞、马尾扫和黄葶子等品种。

大豆　传统品种有平顶黄、八月炸、平顶黑、大粒黑、柳条青、大红豆、小红豆和花豆等。20世纪50年代后，先后引进推广爬蔓青、齐黄1号、早熟1号、早三粒、文丰5号、丰收黄和齐黄5号等品种。1993年1月建区后，引进推广鲁豆5号、7号和11号等品种。

花生　传统品种有大爬蔓、小站蔓。20世纪50年代后，先后引进推广一窝猴、半占蔓、伏花生、中选16号、68号、48号等品种。70年代中后期始，引进推广白沙1016、徐州68-4、花28、花32、花37

和海花1号等品种。1993年1月建区后，引进推广鲁花9号、10号、11号、12号、14号、16号和花育16号、17号、18号、19号等品种。

棉花　传统品种有大白籽、小白籽等。20世纪50年代后，引进推广斯字棉、岱字15号、高密933、徐州209、徐州1818、鲁棉1号、9号和中棉10号等品种。1993年1月建区后，引进推广中棉12和抗虫棉33B、99B等品种。

大白菜　传统品种有大包头白、小包头白和青头白等。20世纪80年代，引进推广杂交种山东4号、7号、9号，青杂中丰、天津绿和城青2号等品种。1993年1月建区后，引进推广鲁白6号、7号、8号，北京新1号、3号，丰抗70号、80号、90号，晋菜3号，攻关2号，德高1号、6号等品种。

育种

传统农作物种子靠从农家自留品种中选用，自繁自用。20世纪50年代中后期，农作物用种由集体选留、统一使用。70年代，公社成立种子站，负责良种繁育和调配。80年代，实行家庭联产承包责任制，对玉米等主要农作物杂交种实行集中繁育，统一供种。1993年1月建区后，境内用种实现良种化，良种来源主要靠从外地调入。

第四节　肥　料

肥料种类和来源

农家肥　主要有圈肥、人粪尿、绿肥、饼肥、土杂肥和草木灰等。圈肥主要来源是猪、牛、羊、鸡粪等。土杂肥主要来源老宅屋墙土、湾泥等。绿肥主要由紫穗槐、苕子、田菁和沙打旺等作物沤制而成。饼肥主要是豆饼。

化学肥料　20世纪50年代，主要有硫酸铵、硝酸铵等。60年代后，用氨水、碳酸氢铵、尿素、过磷酸钙和氯化钾、硫酸钾等。80年代初，开始施用磷酸二铵、磷酸二氢钾，并开始使用锌、硼、铁等微肥。1993年1月建区后，推广多施农家肥和生物肥料，适量施用化肥及微量元素、植物生长调节剂和叶面肥等。碳酸氢铵、尿素等氮肥主要来源于莱芜化肥厂、沂源化肥厂、新泰化肥厂，氨水来源于上述3个化肥厂和莱钢焦化厂，过磷酸钙主要来源于莱芜硫酸厂，其它化肥靠从外地购进。

施肥方法

基肥　也称底肥，耕作或播种前施入。其方法是：耕种前将各种肥料均匀撒于地面，然后耕翻于土中，称撒施，也叫铺粪；整畦后将肥料撒入播种沟内，为条施，也叫沟粪。此外还有包馅肥，多用于扶培地瓜垅。

种肥　播种时将肥料与种子同时混播。将少量尿素、饼肥或优质农家肥与种子混播，称拌种肥。先下种，后将腐熟好的优质圈肥或化肥、饼肥等盖在种子上面，为盖种肥。

追肥　在作物生长期间使用，主要分为根部追肥和根外追肥。根部追肥，小麦、蔬菜等密植作物用撒施，地瓜、玉米等作物用穴施；根外追肥始于20世纪70年代，主要对小麦喷施磷酸二氢钾、过磷酸钙、尿素或草木灰溶液等。80年代后，相继采用配方施肥、平衡施肥等新技术，增产显著。

第五节　植保　检疫

病虫害种类

境内农作物病害有63种，主要有小麦白粉病、锈病、纹枯病、根腐病、全蚀病、黑穗病、黄矮病，玉米大小叶斑病、粗缩病、弯孢菌叶斑病、褐斑病和纹枯病，地瓜黑斑病、茎线虫病、根腐病，花生叶斑病和倒秧病，谷子白发病，大白菜霜霉病、软腐病、病毒病，生姜斑点病、姜瘟病等病害。

农作物虫害主要有小麦蚜虫、麦蜘蛛、麦叶蜂、棉铃虫、玉米螟、玉米蚜虫、玉米穗虫、玉米蓟马、地瓜天蛾、斜纹夜蛾、花生蚜虫、大豆豆天蛾、大豆造桥虫、蔬菜菜青虫、韭蛆、菜蚜、姜螟、美洲斑潜蝇、甜菜夜蛾、蝼蛄、蛴螬、金针虫和地老虎等。

病虫害预报

1993年1月建区后，区政府有关部门对主要病虫害及突发性、爆发性病虫害严加监测，根据病虫发生态势，结合历年发生病虫情况及气候等因素综合分析，及时预测预报，指导全区防治病虫害，每年发布病虫情报6起~10起。

病虫害防治

传统方法是用人工捉拿法灭豆虫、用捕打法灭蝗虫、用红砒霜拌种和洒施黑矾法灭地下害虫等。20世纪70年代至80年代，用喷粉器洒有机磷农药防治地上害虫，用1605、1059等农药拌种防治地下害虫。1993年1月建区后，按照“预防为主、综合防治”的植保方针，对区内发生的病虫害及时制定防治方案和防治措施，推广生物防治、农业防治和物理防治，合理使用化学农药防治，重视经济效益、生态效益和社会效益。

农业防治　结合冬耕冬灌，冻死越冬虫、蛹；烧掉作物秸秆，消灭虫、蛹；以清除杂草、换茬轮作和更换抗病虫害作物的方式减少病虫害。

生物防治　保护利用天敌，应用生物农药控制防治病虫害，如乐斯本、毒斯皮和阿维菌素等。

物理和机械防治　利用各种物理条件和机械设备防治虫害，人工捕杀幼虫，人工抹卵，用杨树把、糖醋液、黑光灯诱蛾，水银汞灯诱杀成虫等。2002年在黄庄镇东王庄村、艾山街道清泉岭村试验安装频振式电子杀虫灯，达到防治虫害的目的。

化学防治　使用杀虫剂杀虫：20世纪50年代，以“滴滴涕”“六六六”等有机氯类农药为主。60年代至70年代，改用有机磷农药，主要品种有1605、1059、久效磷、敌敌畏、乐果、氧化乐果和辛硫磷等，呋喃丹等有机农药也在此时期开始使用。80年代，推广使用速灭杀丁、敌杀死和溴氰菊酯等高效低毒农药。1993年1月建区后，重点推广高效低残留菊酯类、吡虫啉类、阿维菌素类及其它生物农药，对部分剧毒、残留期长的农药，限制、限量、限时使用。

使用杀菌剂杀菌：20世纪50年代至60年代，主要以波尔多液、代森锌、托布津和退菌特等为主，分别用来拌种、浸种、兑成药液在田间喷洒，防治多种病害。80年代至90年代，引进并使用多菌灵、代森锰锌、百菌清、粉锈宁等广谱性杀菌剂，用以防治小麦白粉病、锈病和蔬菜病害。1993年1月建区后，引进推广大生M45、克菌康等杀菌剂。

杂草防治

20世纪70年代至80年代，杂草防治主要靠人工。1993年1月建区后，试验推广使用化学除草剂，应用面积逐步扩大。主要药物有乙草胺、盖草能、杜邦巨星、玉米宝、玉革净、百草枯、草甘膦、克无踪和姜蒜草克等。

植物检疫

1993年1月建区后，境内发现的植物检疫对象有小麦全蚀病、桑萎缩病、地瓜茎线虫病和美洲斑潜蝇。通过防治，小麦全蚀病、桑缩矮病发生面积很少，对美洲斑潜蝇、地瓜茎线虫病及时控制减小危害。1996年区植物保护站成立后，对区内农产品的调运严加检疫。2005年检疫果品700余批次，农产品调出检疫率达85%左右，对调入的种子严格复检，种子调入复检率达到100%。

重要疫情年纪实

1948年8月，境内发生黏虫灾害，部分村的谷子叶被吃光。1976年4月，境内颜庄公社发生小麦全蚀病，先是在南下冶大队发生，后整个公社麦田都发生此种病害。1977年春，境内虫灾严重。金针虫、地老虎、麦蚜虫危害庄稼，造成粮食大面积减产。1980年境内鼠害严重，主要在田间侵害春播玉米、地瓜和花生等农作物。

第三章 林果业

第一节 林业资源

林木面积

境内属山区，山场面积较大。中华人民共和国成立前，林业发展缓慢，森林覆盖率低。

20世纪50年代起，政府每年组织群众植树造林，宜林地不断开发利用，山林绿化面积逐年增加。80年代实行家庭联产承包责任制后，山林和“四荒”（荒山、荒沟、荒丘、荒滩）承包政策得以落实，有林地面积迅速扩大。1992年境内林木覆盖率为24.10%。1995年开展“八五”荒山绿化达标活动，1996年通过省、市验收。2000年钢城区第五次森林资源清查结果显示，林木覆盖率为34.40%。2005年全区有林地面积增至12433公顷，森林覆盖率为37.80%，比建区前提高13.70%。

1966~2005年境内林业用地、有林地、宜林地面积统计表

表5-3-1　　单位：公顷

项目＼年份	1966	1976	1981	1988	1993	2002	2004	2005
林业用地	3724	6662	8285	9828	10665	13405	13101	13101
有林地	1718	4157	5735	6231	7733	12008	12368	12433
宜林地	1812	2263	1944	2803	2898	597	341	278

林木种类

树种 境内树种有乔木和灌木两大类。乔木树种有松、柏、杨、柳、刺槐、桐、桃、杏、梨、核桃、栗、柿子、山楂、石榴、枣和椿等。灌木树种有紫穗槐、白腊、黄荆、胡枝子和柠椤等。

林种 境内林种主要分防护林、用材林、经济林3类，其中以防护林、经济林为多，用材林较少。

防护林为境内主要林种之一，有分布在陡山的水土保持林和分布在各水库上游的水源涵养林，以及分布在河沟两边的护岸林和部分护路林

杨树护路林（中道）　　（2003年　摄）

松树护路林（小道）　　（2003年　摄）

防护林一角 （2003 年 摄）

网。2005 年总面积达到 5910 公顷，占林业用地面积的 45.10%。防护林乔木树种，在山区主要为刺槐、侧柏、火炬、栎类和松类等，在平原以杨树、泡桐和刺槐为主，还有柳树、国槐、臭椿、楸、柞等。灌木以紫穗槐、白蜡、黄荆和胡枝子等为主。

经济林分布广泛，品种繁多。据嘉靖《莱芜县志》记载，明朝时期，境内就有杏、桃、李、枣、栗、柿、石榴、花红、葡萄、核桃、花椒和桑等。其中，除桑树栽培较集中外，其它多分布在地头堰边和宅旁院内。民国初年，山楂广为种植。颜庄埠东的黑红山楂已有一定知名度。1950 年后，贯彻"公私林木果树一律保护"政策，经济林得到恢复和发展。1953 年莱芜县引进苹果品种，随之颜庄区推广发展起苹果园。1967 年黄庄公社霞峰大队引进黄金桃品种，首先在村内栽植，而后栽植面积逐步扩大。

1993 年全区经济林面积 3200 公顷，果品产量 1.02 万吨，其中，水果产量 9925 吨，干果产量 322 吨。随着农业产业结构调整，全区经济林建设快速发展。2005 年全区以优质桃树为主的经济林面积达到 6158 公顷，占林业用地的 47%。

自中华人民共和国成立后，境内一直重视营造用材林。特别在农业合作化后，发挥集体的优势，采取政府扶持苗木等措施，在汶河两岸和道路两旁等地段大力发展营造用材林。2000 年第五次森林资源清查结果显示，全区用材林面积 92.80 公顷，占林地面积的 0.85%。2000 年以后，实行退耕还林、专业户承包造林，用材林面积有所增加。2005 年全区用材林面积达 300 公顷，占有林地面积的 2.40%，其中幼龄林 280 公顷、中龄林 13.40 公顷、成龄林 6.60 公顷，林木总蓄积 3.6 万立方米。

第二节 植树造林

育苗

境内自农业合作化时期开始集体育苗。20 世纪 70 年代至 80 年代，公社林业站统一组织育苗。1980 年颜庄公社在里辛村东建苗圃 10 公顷，培育山楂、苹果等树苗。1996 年苗圃由个人承包经营。90 年代，莱芜市引进推广新品种。1995 年秋，在黄庄镇东丈八丘村发展育苗基地 6.60 公顷，市林业局投资扶持，镇林业站负责技术指导，村经营管理。苗木品种主要有意大利 107、中林 23 和毛白杨等 9 个杨树品种和南京旱柳、金丝柳、垂柳和黄金柳 4 个品种。果树有杏(麦黄杏、红荷包等 8 个)、桃(晚蟠桃等 6 个)、苹果(短富、芭蕾等 3 个)、樱桃(大梓等 3 个)、酸枣、大枣(沾化冬枣等 5 个)和银杏等。所育苗木除麦黄杏、晚蟠桃 2 个本地良种外，其余 35 个品种都是从外地引进。苗圃

桃园一角 （2004 年 摄）

开发荒坡植树造林 （2004年 摄）

1995年区委、区政府提出“奋战三年，绿化钢城”的奋斗目标。区、乡镇(街道)都成立绿化委员会。区政府每年与各乡镇(街道)签订年度林业建设目标责任状，坚持实行领导包绿化点制度，严格按照责任目标要求进行年度考核。至1996年，共栽植各类树木1600万株，“四旁”(村、宅、路、水旁)植树45万株，地堰开发575公顷，绿化宜林荒山333公顷，使全区宜林地剩余率降低到0.60%，实现灭荒目标，提前实现“八五”绿化达标。1996年钢城区被省委、省政府评为“提前达到省八五造林绿化标准先进单位”。九龙庄、霞峰和孙家庄3个村被授予“全国造林绿化千佳村”称号。

为良种引进推广和促进周边群众育苗起了示范带动作用。

1993年1月建区后，育苗专业户不断增加，成为区内育苗骨干力量。1996年全区完成林业育苗1000公顷。2005年全区50亩以上的规模育苗户4户，10亩以上的20户。育苗树种主要有桃树和意大利107杨树等，其次是苹果、杏、梨、葡萄、花椒、柿子、软枣、山楂、核桃、泡桐、国槐、冬青、黄杨和金丝柳等。

植树

中华人民共和国成立之前，境内植树多为自由栽植。之后，各级政府每年都组织开展植树活动，1965年仅颜庄公社就植树造林266.60公顷，零星植树40万株。1979年2月国家规定每年3月12日为“植树节”后，实行全民义务植树。1993年1月钢城区建立后，区政府在每年的春季、雨季和秋季动员组织党政机关、企事业单位等进行义务植树造林活动。

荒山绿化 1958年境内开始大规模的荒山绿化。20世纪80年代，随着联产承包责任制的实行和农业结构调整，大力植树造林，重点发展经济林，进一步加快荒山绿化的速度。1984年6月，境内各乡镇组织专业户承包宜林山场，上山定居和发展林业生产。

2000年实行林业产权制度改革，将属于国家和集体的荒山、荒滩的经营权通过拍卖、租赁和承包等形式转让给农户，期限为40年～70年。并制定各种优惠政策扶持鼓励民营林业大户发展。至2005年，全区发展承包面积100亩以上的民营林业大户36户，承包面积1000公顷，累计造林666.67公顷。

“四旁”绿化 境内居民有在“四旁”植树的传统。1963年按照中共中央关于“确定和保护山林所有权的指示”“谁种谁有”的政策，境内进行林木确权发证，鼓励农民植树，“四旁”植树发展很快。“文化大革命”期间，“四旁”植树受到限制，有的村、队

农户承包荒山发展民营林 （2005年 摄）

绿化道(大道)　　(2005 年　摄)

对村民所有的树木折价归公，影响了农民植树管树的积极性。1981 年政府又对境内村民植树进行第二次确权发证，农户和集体“四旁”植树的积极性得到调动，“四旁”植树快速增长。1993 年至 2005 年，全区完成“四旁”植树 300 万株(墩)。

道路绿化　1993 年 1 月建区后，实现路成网、林成行的格局，尤其是境内 205 国道和韩莱支线段全部绿化。2002 年按照省、市两级的部署要求，区政府对莱新高速公路两侧实施绿色通道工程。至 2004 年，共植树 8.30 万株，通过市政府验收。

第三节　林木管理防护

林木管理

1920 年境内各区林业公会成立，主要看护公(集体)私林木。

中华人民共和国成立后，县林业主管部门通过落实责任，加强管理，制止对山林的人为破坏。1963 年 2 月，境内各人民公社发出布告，要求依法保护一切公私林木的所有权，严禁毁林开荒和乱砍滥伐；同年通过林木确权发证，林木管理在明确权属的基础上得到加强。1981 年开展“稳定山林权属，划定自留山和确定林业生产责任制”工作，鼓励发展林业专业户。1984 年林木采伐管理由所属各县林业局林政科负责，实行采伐审批制度。规定采伐规模在 2 立方米以下由乡镇政府批准，以上者由市(县)林业局批准。钢城区林业局成立后，设立林业公安机构，负责监察管理，林木管理日益规范。

封山禁牧

1993 年区政府印发《关于封山育林绿化的布告》，制定落实以禁止放牧、烧荒、毁林开荒和加快补植造林为主要内容的封山育林措施。在相关地点埋设封山育林固定标牌 100 余块，牌上标明封育“四至”边界、面积、主要树种植被、林权所有者、承包经营者、承包年限和护林措施等项目。至 2005 年，全区封山育林面积 8666 公顷。

防火护林

1993 年 1 月建区后，区政府先后印发《关于封山育林绿化的布告》《莱芜市钢城区森林资源管理办法》，将防火作为重要内容。区、镇(街道)两级和重点村都有常设的森林防火指挥机构和扑火机动队，在山区村村有护林公约，在重要位置都有固定护林防火标语牌。在火险易发生季节有关部门出动防火宣传车进行宣传警示。2004 年钢城区森林防火微波监视系统启用。2005 年钢城区有森林警察 3 人，防火专用对讲机 8 部。区防火办和各镇(街道)林业站共有 1 号、2 号灭火工具 300 余把，风力灭火机 30 台。

病虫害防治

境内已查明的林果树木病害有 52 种，其中真菌

置于艾山的护林防火标语牌　　(2001 年　摄)

类48种、细菌类1种、病毒类2种、类菌质体1种；害虫有10目48科149种；天敌有5目11科22种。

主要病害有毛白杨黑斑病、刺槐紫纹羽病、泡桐丛枝病、苹果腐烂病、炭疽病、轮纹病、山楂枯梢病、枣疯病、松针落叶病和杨树溃疡病等。主要虫害有刺槐小皱蝽、红蜘蛛、桃小食心虫、桃潜叶蛾、天牛、卷叶虫、苹果舟形毛虫、枣尺蠖和梨网蝽等。

传统林木病虫害防治局限于果树等部分树木，防治方法有人工捉虫、剪摘病枝病果，并施用一些自制农药。

20世纪50年代，防治药物主要有百部、烟叶水、砒霜、石硫合剂、波尔多液、滴滴涕和“六六六”等。60年代至70年代，以滴滴涕、“六六六”为主的化学防治成为主要手段，防治苹果腐烂病主要用石硫合剂。80年代后，在化学农药防治病虫的基础上，开始采取生物防治方法。

1993年1月建区后，随着林果面积增加，病虫害相继加重。特别是桃潜叶蛾虫害大面积发生，导致大面积桃园提前落叶，造成减产、绝产，并削弱树势。2002年灭幼脲3号等生物药剂推广后，灾情得到控制。生物制剂的推广应用增强了防治效果，减少了环境污染，保护了生态。果品的农药残留量大大减少，果品质量大大提高，使果品生产初步实现标准化。

第四节 果 品

明朝，境内主要种植桃、杏、李、枣、栗、柿子、石榴、葡萄和花椒等果树。民国初年，山楂广为栽培。

1993年1月建区后，区政府大搞农业结构调整，大力发展以黄金桃和寒露蜜桃为主的优质果果园。果品生产成为境内尤其山区农村的重要经济产业。2005年全区果园面积5463公顷，果品产量4.20万吨。

果品种类

水果 境内水果有桃、苹果、杏、葡萄、梨、樱桃、李子、石榴等。

桃。品种主要有黄金桃、寒露蜜桃和蟠桃，其次是秋风蜜、上海水蜜(红冠蜜)、肥城桃、雨花露、中华寿桃、明星、新川中岛、四月半、五月红、六月鲜、八月翠、早香玉、传十郎、大久宝、春金、秋白、冬桃、雪桃和金童5号等48个品种。黄庄镇、艾山街道和里辛镇为重点产区。

苹果。20世纪50年代前，境内只零星栽培沙果、花红、蜜果、海棠等果树，果品均属小型果。1953年后，陆续引进新品种，主要有金帅、红星、红玉、大国光、小国光、青香蕉、红冠、祝光、伏魁和委锦等。20世纪80年代至90年代，引进红富士、乔纳金、红王浆、北斗、北海道9号、静香、王林、新世界、阿斯、藤牧1号、富岛、松本锦、优系红富士和优系红嘎拉等20余个品种。

杏。全区水果产量中杏排第三位，年总产量5万公斤，品种主要有麦黄杏、红荷包、金太阳和凯特等十几个。主要分布在黄庄镇。

其它水果品种繁杂，分布零星，产量不多。

干果 境内干果主要有山楂、花椒、柿子、大枣、板栗、核桃、软枣和银杏等。

山楂。俗名叫星石榴。早期品种有莱芜黑红、银红和黄石榴3种。清代末年，北官庄农民从平邑县引进黑红山楂品种，随之在附近村庄得以发展。埠东村的黑红山楂被称为“埠东楂子”，有一定的知名度。民国时期，境内的地头堰边广泛栽植。20世纪70年代至80年代，栽培区域逐渐扩展，且成

麦黄杏 (2003年 摄)

北官庄山楂树 （2000年 摄）

片建园，品种有大金星、小金星、大货、小货、敞口、黄石榴等品种。山楂栽培以颜庄为主，其它镇（街道）少量分布。

莱芜黑红山楂是埠东村农民在黑红山楂基础上长期选育形成的乡土良种。1985年在山东省山楂鉴定会上被列为重点发展品种之一，被省内外引种。品种各种指标均高于大金星、敞口、大货等品种，是鲜食、制干，尤其是深加工的优良品种。

北官庄村黑红山楂，果大形美，色泽鲜亮，黑里透红，肉厚核小，果肉细软，酸度适中，口感好，味道香，特别耐贮存，采用室内装缸密封、野外地窖贮存、泥沙土掩埋等方法，能将山楂存到第二年春天。1982年至1985年，为山楂生产和经济效益鼎盛时期，全村有山楂园66.70公顷，山楂树1万多棵，年产山楂50万公斤。一株树龄在百年以上的山楂树最高年产量曾达600公斤，被誉为“山楂树王”。

黄庄镇的黄石榴树，在生物学特性及单果重等方面与莱芜黑红山楂相近，采摘后不用存放后熟，从树上采下来即酸甜适中，清香可口。常温下贮存至春节。

花椒。明代嘉靖年间，境内即大量栽培，颜庄镇为重点产区之一，品种有大红袍、小椒子等。1971年莱芜县被列为山东省花椒商品基地县后，栽培面积不断扩大。

颜庄镇南官庄村的大红袍花椒，具有粒大色红，麻辣适中，香味浓郁等特点，有400余年的栽培历史。据有关部门测定，花椒挥发油含量在红椒中仅略低于川椒，高于全国其它品种的油含量。2005年花椒树有2万株，年产花椒皮3万公斤。

大枣。又称红枣。民间历来在庭园内“四旁”、地头堰边栽植，分布广泛。清末民国时期，产量居干果之首。20世纪50年代，推广根繁育苗栽植。60年代，推广野生酸枣嫁接大枣的栽植方法，此后，境内大枣产量上升。1978年在林业规划中大枣被列为干果重点发展对象。1993年1月建区后，引进沾化冬枣、大瓜枣、长红枣、金丝3号和大白铃等大枣品种，并在东丈八丘等村建起大枣品种采穗圃。2005年全区产鲜枣10万公斤。

板栗。境内板栗树栽培历史悠久，嘉靖《莱芜县志》有“莱盛产栗”的记载。但过去多零星分布于房前屋后、地头堰边，品种有明栗、毛栗、红栗、毛刺栗和无花栗等，以明栗、毛栗为多。20世纪60年代至70年代，有较大发展，主要分布于颜庄公社孙家庄，黄庄公社北通香峪、上历山后和台子等大队。1993年1月建区后，在对已有品种改接的基础上，引进华丰、石丰、燕山红、红光、红栗子、沂蒙短枝、宋家1号、宋家2号、青毛软刺和华光等板栗品种。2005年全区产板栗5万公斤。

核桃。20世纪50年代至60年代，政府提倡发展木本粮油，上级调剂苗木，提供扶持，境内相继发展。但因核桃树生长期长、结果晚、产量低等原因，发展不快。1993年1月建区后，随着社会需求量的增加和价格上涨，果农栽植核桃树的积极性提高，不断引进鲁光、丰辉、香玲等品种，种植面积增加。2005年全区核桃产量2万公斤。

果品产量

20世纪50年代前，境内果品产量低且不稳定。50年代后，随着良种的引进和科学技术的推广，果品产量逐年提高。1965年颜主公社产苹果14.50万公斤、梨11万公斤、柿子79万公斤、山楂95万公斤、花椒7万公斤及干枣3000公斤。

1993～2005 年钢城区果业情况统计表

表 5－3－2　　　　面积单位：公顷　产量单位：吨

项目 年份	果园		干果产量	水果产量
	面积	产量	产量	产量
1993	2427	10247	322	9925
1994	2855	30584	266	30318
1995	2927	32371	404	31967
1996	2442	33390	468	32922
1997	2623	29920	479	29441
1998	2525	31129	529	30600
1999	1390	22450	532	21918
2000	3840	24547	587	23960
2001	4873	27910	470	27440
2002	5369	25382	759	24623
2003	5463	38086	606	37480
2004	5591	39952	647	39305
2005	5463	42041	676	41365

第五节　黄金蜜桃　寒露蜜桃

黄金蜜桃以黄庄镇金水河流域和霞峰、通香峪一带为主产地，1967 年开始栽培种植，2005 年全镇有黄金蜜桃桃园面积 1619 公顷、年产量 21095 吨。寒露蜜桃以艾山街道南部山区施家峪一带为主产地，1987 年开始栽培种植，2005 年有寒露蜜桃桃园面积 994 公顷、年产量 5314 吨。2000 年 2 月，钢城区被山东省林业厅、省经济林协会命名为“黄金桃之乡”。2001 年 8 月，钢城区被国家林业局命名为“中国蜜桃之乡”。2002 年“汶源”牌黄金蜜桃和“贤女”牌寒露蜜桃被认定为“山东省无公害农新产品”。2005 年全区有桃园面积 3339 公顷，产量 28137 吨。

黄金蜜桃

产品特点　果实近圆形，单果平均重 250 克，最大重约 550 克。果色金黄色，果肉橙黄色，肉质细，液汁多，味甜微酸，香味浓郁，含有人体必需的多种营养素。

发展过程　黄金蜜桃最初叫“大接桃”。1967 年黄庄公社霞峰大队社员张守行从沂源县荆山寺园艺场引进一批大接桃树苗。1968 年将大接桃果穗嫁接在本地桃树的实生苗上，使嫁接后的大接桃品质有所改良。霞峰大队及整个黄庄公社的山岭地区属片麻岩地质，很适合桃树生长。又因海拔较高，昼夜温差大，利于果实的糖分积累，同时桃农精心管理，注重增施腐熟的无公害的优质土杂肥，利用无污染的汶河源头的水浇灌，因而大接桃的苦味越来越轻，甜味越来越大。经过 8 年的不断选育栽培，大接桃逐渐具备色泽鲜艳、个大汁多、

酸甜适口、香味浓郁和营养丰富的特点，又因成熟时果实色泽灿若黄金，故改称“黄金蜜桃”。1974年后，桃园效益逐年提高，霞峰大队的6个生产队全部建桃园。1980年全大队发展桃园20公顷。1982年推行联产承包责任制后，霞峰大队社员纷纷在自留地和责任田(主要是山岭地)里建起桃园。桃树3年挂红，4年达产。1986年黄庄镇政府在全镇推广霞峰村的经验，大力发展以黄金蜜桃为主的林果业，号召全镇各村把宜林荒山采用先整后包的方法承包给村民栽植黄金蜜桃。随后在沙岭子、黄花峪、茄子峪、北金水河、南金水河、龙巩峪、北通香峪和南通香峪等村建起黄金蜜桃园。

寒露蜜桃

产品特点　果实近圆形，皮青，成熟晚，从内向外熟，耐贮运；果肉白，肉质细，纤维少，汁液多，味纯甜，含糖量高达19%，香味浓郁。单果平均重400克，最大果重600克以上。成熟的果实向阳面稍红晕，果实黄绿色，果实成熟期在“寒露”前后，故名“寒露蜜桃”。寒露蜜桃营养丰富，含有多种氨基酸和维生素，尤以维生素C含量高，并含有钙、磷、铁等多种元素，有降血脂和血压的功能。桃花、桃仁、桃根和桃树皮均入药，具

“贤女”牌寒露蜜桃　（2003年　摄）

有清热、利尿和散瘀的作用。

发展过程　1987年3月，中施家峪村党支部书记赵光顺从青岛崂山农业科学研究院引进500棵寒露蜜桃树苗。自栽部分外，分给6户村民栽培到责任田里。1989年每公斤寒露蜜桃卖到2.40元，收入可观。村“两委”推广果农增收经验，发动村民发展桃园至20公顷。

1993年寨子乡政府号召全乡发展蜜桃园，东施家峪、西施家峪、贤女庙和清泉岭等村相继引种寒露蜜桃，桃园面积发展至130公顷。2000年寒露蜜桃桃园面积发展至472公顷，年产量达到2770吨。2005年桃园面积994公顷、年产量5314吨。除销往济南、淄博和青岛外，还远销上海、深圳、广州和海南等地。

第六节　古树名木与花卉

古树名木

据森林资源清查结果显示，境内有树龄300年以上的古树50余株，树龄1000年以上的古树6株。这些古树既具观赏价值，兼具保护价值。1993年1月建区后，为加强古树木的保护，区林业管理部门将全区所有的古树木登记造册，建立管理档案，由区林业局牵头定期对所有的古树木进行检查，区园林处对古树木定期进行管理，广开渠道，加大对古树木保护的资金投入。清除竞争植物，加强古树木的水肥管理，加强古树的病虫害防治，定期用高空打药车喷水淋洗叶面，清洗树冠，保证树木叶片正常的呼吸功能。根据古树的实际情况，采取设围栏、堵洞、修补、支撑和安装避雷针等措施加以保护。

2005 年钢城区部分古树统计表

表 5-3-3　　　　　　单位：株、年、米、厘米

学　名	俗　名	生长地点	数　量	树　龄	树　高	胸　围
银　杏	白　果	九龙庄村	1	600	38	365
枫　杨	枰　柳	罗汉峪村	1	180	18	194
柘　树	柘　树	莲花池村	1	200	3	69
国　槐	家　槐	南港村	1	1000	16	297
国　槐	家　槐	双龙峪树	1	1000	11.60	256
国　槐	家　槐	西马泉村	1	900	8.60	320
流　苏	柚公子	状元沟村	1	1000	11	410
赤　松	松　树	埠东村	1	400	16	355
梨　树	梨　树	埠东村	1	200	14	230
构　树	构　树	野虎沟村	1	120	4	50
侧　柏	柏　树	澜头村花雨山	1	1000	50	473
侧　柏	柏　树	澜头村花雨山	1	1000	42	310
香　椿	香　椿	龙巩峪村南坡	1	120	10	153
榆　树	白　榆	龙巩峪村南坡	1	150	20	224
皂　荚	皂　角	黄家洼村	1	120	14	195
黄　连	黄　连	高家庄村	1	360	11	320
海　棠	海　棠	黄家洼村	1	100	4	86
杏　群	杏　树	黄家洼村	24	160	7	156
楸　树	楸　树	棋山观村	1	200	12	152
枣　树	枣　树	棋山观村	1	200	6.50	152
柿　树	柿子树	穆家寨村	1	200	15	171
侧柏群	柏　树	里辛镇东峪村	6	300	12	170

花卉

20 世纪 80 年代后期，莱钢机械厂顺应市场需要建塑料大棚养花。90 年代后，随着市场需求的扩大，农民养花专业户逐年增加。2005 年区内养花、卖花专业户 26 户，场地面积 7 公顷，建养花温室大棚 40 余个，花卉品种有梅、兰、竹、菊、海棠、月季、万年青和常春藤等 1000 余种；城内个体鲜花经营店 4 个，年经营额 40 万元；同年，全区花卉产业产值 150 万元。

第七节　棋山森林公园

公园地处里辛镇东南部。面积 12 平方公里，森林覆盖率达 80%以上。有松树、刺槐和臭树等各种树木植被百余种，各种动物、鸟类 40 余种。

棋山景区自然风景优美，有“山中一日，人间百年”的棋山柯烂传说，是莱芜八大景之一。景区以石奇水秀著称，有一线天、双猴山、老鹰石

棋山森林公园管理处　　（2004年　摄）

和雪蓑洞等自然景观。

1993年1月建区后，区政府和里辛镇政府对棋山进行进一步开发，把景区开发建设与发展观光旅游农业相结合，在棋山流域规划建成“苹果、桃、杏、枣、李、葡萄”等数百公顷果园。2000年4月，棋山园林被山东省人民政府批准为“省级森林公园”。2005年果树品种有6大系列，共20余个品种，果园面积为400公顷。

第四章　水　利

第一节　水资源管理与开发利用

水资源管理

钢城区建立前，境内水资源分属莱芜、新泰和沂源三县（市）水利局管理，各乡镇设有水利站。

1971年5月，葫芦山水库管理所成立，隶属莱芜县水利局，行使葫芦山水库的管理职能。1987年底，有干部职工16人，其中正式职工10人。1993年6月，归钢城区水利水产综合服务公司管理。1994年11月，更名为葫芦山水库管理处，为正科级事业单位。

1993年6月，区水利水产综合服务公司设立，为正科级事业单位，履行水资源管理职能。1993年贯彻国务院《取水许可制度实施办法》和山东省《取水许可管理办法》，发放《取水许可证》125套，征收水资源费30万元。

1994年11月，区水利水产综合服务公司同时挂水利水产局牌子，内设办公室（同时挂防汛抗旱办公室牌子）、农田水利工程管理科、水资源科（同时挂水政科牌子）和水土保持办公室。1997年6月，撤销区水利水产综合服务公司，成立区水利水产局。水土保持办公室、防汛抗旱办公室升格为副科级事业单位。1999年9月，增设水利勘测设计室。

2001年4月，钢城区水务局成立，为正科级行政机构，内设办公室、水政科、防汛抗旱办公室、水土保持办公室和抗旱服务队。同时，把归钢城区建委管理的自来水公司划入钢城区水务局管理，对全区的水资源管理工作实行城乡一体化管理。除管理驻区企业用水外，对钢城行政区域内的水资源管理工作实行“五统一”管理，即：统一规划、统一调度、统一发放取水许可证、统一征收水资源费和统一管理水质水量。

2002年6月，区水务局增设工程建设管理站。

2003年钢城区转发《山东省水资源费征收使用管理办法》，加强水资源管理，强化水资源费的征收工作。

2005年区水务局有干部职工52人，其中局长1人、副局长2人；水土保持办公室干部职工3人；防汛抗旱办公室干部职工5人；自来水公司干部职工25人；葫芦山水库管理处有干部职工9人。艾山街道、颜庄镇、黄庄镇、里辛镇均设水利站。

水资源开发利用

境内的水资源为地表水和地下水两部分。地上水源来自于大气降水，多年平均降水量为

牟汶河蓄水工程　　　　　　　　　　（2004年　摄）

729.10毫米，由于境内多山区丘陵，山峦起伏，沟壑纵横，集水面积较小，山洪易暴发，又易干旱。1949年前，在山区无法用传统方法打出深水井。占全区面积85%的低山、丘陵地得不到有效灌溉；占全区面积15%的低洼地分布在汶河及其支流两岸，其中靠少量土井汲水浇灌的水浇地不足一成。

20世纪50年代至60年代，修筑一批塘坝、水库，地表水资源量增加。打出一些水井，解决部分村的浇地和人畜用水的困难。1970年后，工业用水增加，地下水位大幅下降，每遇干旱季节浇地和人畜用水就出现困难。据1956年至2000年对钢城区水资源的评价计算，全区水资源总量9595万立方米，其中，地表水资源可利用量为822万立方米，地下水资源可利用量为3769万立方米。

1993年1月建区后，在已有水利工程的基础上，陆续兴建一批以水库、塘坝和拦河坝为主的水利工程。2001年开始对牟汶河进行综合治理。2005年完成，形成水面120公顷，增加地表蓄水910万立方米。

2002年对葫芦山水库进行除险加固。2005年完成。总库容增加1253万立方米，兴利库容增加358万立方米。

2003年建设雪野水库调水工程。2004年5月，工程竣工，每天调入钢城区地表水5.30万方。

2005年全区开发利用水资源总量6159万立方米，其中，地表水资源2269万立方米，地下水资源量3890万立方米。工业年用水3964万立方米，占总用水量的64.36%；农业年用水1695万立方米，占总用水量27.52%；生活年用水500万立方米，占总用水量的8.12%。

第二节　水利工程建设

中华人民共和国成立后，政府把兴建水库塘坝作为抗旱防汛的重要措施。1953年境内开始建塘坝。1956年开始建小型水库。1965年建中型水库。

1993年1月建区后，区政府集中治理一批病险库坝的除险加固、小型塘坝工程和河道蓄水工程，提高水利工程的蓄水能力。至2005年，全区共有各类水库40座，其中，中型水库1座、小(一)型水库4座、小(二)型水库35座、塘坝214座；总库容4252万立方米，兴利库容1736万立方米。

中型水库

葫芦山水库　位于牟汶河上游，牛马庄村南。1965年2月，水库动工修建；8月竣工。1967年大坝加高1米，续建溢洪道和牛马庄护村堰。按百年一遇洪水标准核算，达到50年一遇防洪能力，控制流域面积187平方公里；总库容915万立方米，其中，兴利库容194万立方米、死库容31万立方米；淹占农田71.80公顷，迁移村庄7个，移民238户、1113人。设计灌溉面积800公顷。大坝为土石混合

葫芦山水库溢洪道　　　　　　　　　　（2005年　摄）

型，有反滤层，长532米、最大高度15.80米，顶宽5米、坝顶高程236.80米。坝基未清理，用木板桩截渗，打深2.50米~5.30米，组成坝下板桩排，长110米。库底用黏土铺盖防渗。溢洪道位于大坝西端，自然开敞式。设计最大泄洪量每秒2216立方米。输水洞2个，西放水洞为钢筋混凝土压力管，直径1.50米、长61.50米，进水口高程226.30米，设计流量每秒7.60立方米，滚筒式启闭机控制钢板闸门；东放水洞为铸铁管，直径0.20米，长50米，进水口高程227.50米，为坝后闸阀门，设计流量每秒0.30立方米。水库共动用土石48.73万立方米、工日65.75万个，国家投资87.28万元。

1966年由受益区抽调劳动力动工修建灌区配套工程。1969年完成部分简易渠道。1976年继续施工，至1978年3月，开挖渠道9995米，其中2400米渠道能通水，颜庄、西沟、南下冶和黄花店等村受益。1984年4月，实施葫芦山水库向沟里水库输水工程，国家投资208.58万元。

2002年5月，国家计委、水利部批复实施葫芦山水库加固工程。主要建设项目有大坝截渗、主体加高加固、上游护坡和防浪墙重建，增改大坝安全观测设施，建起溢洪闸、防冲消能工程设施，浆砌石副坝，溢洪道修砌，东、西放水洞维修加固等。2003年实施第一期工程，2月开工建设，年内投资2919.40万元，完成大坝截渗，坝体加高加固，放水洞维修加固等。2004年实施第二期工程，投资4733万元，完成主坝加固，放水闸重建，溢洪道建闸等主体工程，以及浆砌石副坝、五孔溢洪闸、护坡大坝、交通桥、溢洪道挑流消能工程等。二期工程完成后，总库容增加1253万立方米，达到2168万立方米。兴利库容增加358万立方米，达到552万立方米。2005年完成除险加固扫尾工程，投资420万元，实施溢洪道挑流消能，坝后草皮护坡，管理设施建设等工程。同年3月至9月，实施向莱钢供水工程，投资1500万元，建成泵房1处，铺设管道7600米，设计供水600万立方米，当年供水量达150万立方米。

小(一)型水库

霞峰水库　曾名东风水库，位于黄庄镇霞峰村北，1965年3月开工建设。1967年10月竣工，总投资16万元。大坝为黏土心墙重力坝，坝高24米，坝顶高程344米，坝顶长210米、宽5米，流域面积12.50平方公里，总库容330万立方米，兴利库容174万立方米。据1990年测算，有效灌溉面积200公顷。溢洪道为开敞式，最大泄洪量每秒360立方米。放水洞为无压浆砌石矩形涵洞，最大放水流量每秒2.50立方米。

桃行水库　位于里辛镇东峪村东，1975年12月动工兴建。1976年5月竣工。动用土石方31.98万立方米，完成工日46.11万个、总投资24万元，国家补助9.90万元。水库大坝为黏土坪沙壳坝，坝高31米，坝顶高程127米，坝顶长230米、宽5米。控制流域面积3.80平方公里。总库容245万立方米，兴利库容171.80万立方米，死库容37万立方米。溢洪道为开敞式，最大流量每秒119立方米。放水洞为直径0.80米的钢筋砼压力管，设计流量每秒0.30立方米。灌溉面积333.30公顷。

八大庄水库　位于黄庄镇八大庄村东，1976年3月开工建设。1978年10月竣工，总投资15万元。大坝为黏土心墙重力坝，坝高18米，坝顶高程50米，坝顶长80米、宽2.50米。流域面积2.50平方公里。总库容135万立方米，兴利库容71万立方米，设计灌溉面积200公顷，据1990年测

八大庄水库一角　(2004年　摄)

算，有效灌溉面积100公顷。溢洪道为开敞式，最大泄洪量每秒48立方米。放水洞为无压浆砌石矩形涵洞，最大放水流量每秒3立方米。

黄崖水库　位于里辛镇黄崖村西，1965年动工兴建。1966年5月竣工，总投资12万元。大坝为黏土心墙重力坝，坝高20米，坝顶高程267米，坝顶长262米、宽4米。控制流域面积7.50平方公里，总库容121万立方米，兴利库容78万立方米，死库容8万立方米。溢洪道为开敞式，进水口高程263米，最大泄洪量每秒112立方米。放水洞为砼压力管，最大放水流量每秒1立方米，灌溉面积133.33公顷。

小(二)型水库

20世纪60年代至80年代，境内先后修建小型水库30余座，总库容296万立方米，有效灌溉面积360公顷，可利用水面34.70公顷。

1993年1月建区后，修建清泥沟、东王庄等7座小水库。2000年后，有些水库因施工质量差，运行时间长、渠道失修等原因，逐步失去灌溉能力。2005年全区有35座小(二)型水库能够正常灌溉，有效灌溉面积826.66公顷。

2005年钢城区小(二)型水库统计表

表5-4-1

项目 名称	位置	流域面积（平方公里）	竣工年月	库容（万立方米）		灌溉面积（公顷）
				总库容	兴利库容	
上野长沟水库	里辛镇	0.70	1956.05	14	8.50	10
卞家泉水库	钢城开发分区	0.50	1963.03	14.50	11.10	26.57
丰合峪水库	里辛镇	1.20	1964.05	11.40	6.30	20
高峪水库	艾山街道	0.10	1964.12	14.40	10.40	33.33
涝洼村西水库	里辛镇	1	1965.04	25.80	16.60	13.33
三岔河村北水库	里辛镇	0.90	1966.04	23.50	16.80	26.67
纸坊水库	艾山街道	1	1967.10	10.80	4.30	33.33
龙门水库	艾山街道	1.10	1970.08	13	4.50	33.33
青冶行腊山水库	黄庄镇	0.32	1971.09	9.25	3.85	13.33
八大庄水库(二)	黄庄镇	0.70	1971.10	14.20	5.90	26.67
涝洼村北水库	里辛镇	0.40	1973.05	10.70	5.10	13.33
青冶行东沟水库	黄庄镇	0.47	1973.09	13.70	9.50	20
龙巩峪水库	黄庄镇	0.50	1973.09	9.70	2.90	26.67
孙家庄水库	颜庄镇	0.85	1973.10	12.60	10.30	13.33
桑梓峪水库	颜庄镇	0.50	1974.03	10.10	8.20	13.33
龙潭水库	颜庄镇	12.60	1974.04	12.30	5.30	53.33
马蹄沟水库(一)	里辛镇	0.50	1974.05	10.70	6.60	20
幸福村水库	黄庄镇	0.41	1974.09	10.60	5.50	20
官庄水库	黄庄镇	0.80	1976.07	27.50	18	13.33
马蹄沟水库(二)	里辛镇	0.50	1977.05	10	6.50	26.67
玥庄水库	里辛镇	0.50	1977.05	30.40	20.80	40
小上峪水库	钢城开发分区	1	1977.08	28.30	17.60	25.67

续表 5－4－1

项目 名称	位置	流域面积（平方公里）	竣工年月	库容（万立方米）		灌溉面积（公顷）
				总库容	兴利库容	
三岔河村西水库	里辛镇	1.40	1978.05	30.10	22.40	10
台子水库	黄庄镇	4	1978.09	60	26.50	13.33
石头湾1号水库	里辛镇	0.60	1978.11	18.10	10.20	13.33
高家岭水库	里辛镇	0.40	1980.05	14.70	9.60	26.67
黄金篮水库	里辛镇	1.30	1984.02	15.20	10.60	26.67
圈里水库	里辛镇	0.70	1984.04	22.60	16.30	26.67
清泥沟水库	艾山街道	0.40	1994	10.50	3	13.33
杨家楼水库	里辛镇	1.50	2001	20	14	40
前朱山水库	里辛镇	0.50	2001	18	13	26.67
贤女庙水库	艾山街道	1.50	2002	38	14	33.33
杨大峪水库	黄庄镇	0.70	2003.05	15	8	20
桑家庄水库	黄庄镇	0.70	2004.11	15	8	26.67
东王庄水库	黄庄镇	0.70	2005.04	25	20	26.67

塘坝与拦河坝

2005年底，全区共有塘坝214座，总库容610万立方米，有效灌溉面积566.70公顷。

2005年全区共有59座拦河坝，其中溢流坝55座（清水河8座、棋山河15座、黄庄河12座、牟汶河7座、金水河13座）。

橡胶坝

2001年开始修建橡胶坝。至2005年共有5座，总蓄水量270万立方米。

宋家庄南橡胶坝　位于艾山街道宋家庄社区南，2001年3月开工建设，7月竣工。总投资235万元。坝高3.20米、长100米，蓄水量为30万立方米，拦蓄地表水26万立方米。

宋家庄东橡胶坝　位于艾山街道宋家庄社区东，2003年3月开工建设，7月竣工。总投资126.33万元。坝高4.20米、长74米，蓄水量为30万立方米。

梓椤橡胶坝　位于黄庄镇梓椤社区东，2003年3月开工建设，7月竣工。总投资134.60万元。坝高6米、长63米，蓄水量为120万立方米。

颜庄橡胶坝　位于颜庄镇韩莱公路颜庄大桥下游130米处。2005年3月开工建设，7月竣工。总投资532万元。坝高4.50米、长200米，蓄水量为60万立方米。

北丈八丘橡胶坝　位于北丈八丘村西，2005年3月开工建设，7月峻工。坝高3.50米，蓄水量为30万立方米。

傅家桥橡胶坝　（2005年　摄）

第三节　农田灌溉

境内灌溉主要靠汲取井水进行漫灌。自20世

纪50年代，随着水库塘坝的修建，实行库水漫灌。自90年代，陆续发展喷灌、滴灌等节水灌溉技术。

井灌

1930年山东省建设厅规定：4公顷地户打井1眼，可无息贷款。境内逯家庄、宋家庄、肖马庄、颜庄和黄庄等村土地多的大户都贷款打土井。

自20世纪50年代，农民在河沟两岸挖土井用辘轳汲水浇田，井筒直径1米多，井深5米~10米。自60年代，用水车汲水，日浇地0.03公顷。70年代初，部分村修建一些大口井和方塘，配上抽水机浇地。1973年颜庄公社成立打井队，利用钻机打深水井，井深可达200米~300米。1984年南港、东红埠岭、澜头、埠东、柳桥峪、状元沟、木头山、邱家屋、西当峪、唐家宅、东当峪、西红埠岭、野虎沟、颜庄、沈家崖、三岔沟、疃里、西沟、南官庄、北官庄、东南峪、桑梓峪、石家岭和潘家庄等大队先后打深水机井60余眼，配深水泵，每口机井日浇地6.67公顷~20公顷。

20世纪90年代后，对已有机井更新配套，陆续打出一批机井。1998年全区有机井460眼。有电排灌站、水轮泵站123处，其中，城子坡街道43处、颜庄镇21处、里辛镇31处、黄庄镇22处、寨子乡6处。配备电机123台、3290千瓦，其中，电力泵站115处，配备电力3290千瓦。排灌动力机械共1568台，机井灌溉面积2667公顷。

库灌

自20世纪50年代中期，境内农村依靠集体力量修水库，筑塘坝，建水渠，引水灌溉。1978年境内总灌溉面积2273.40公顷。自80年代，部分水库灌渠失修，库灌面积日益减少。2005年实际库灌面积599.30公顷。

葫芦山水库灌区　1966年建成。水库渠道长11000米、宽4米、高1.80米，每秒钟4个流量，有效灌溉面积800公顷。2000年前，能够灌溉牛马庄、三岔沟、颜庄、西沟、南下冶、黄花店、郭家台和野虎沟等村的200公顷农田，后因渠道失修，灌区灌溉以井灌为主。

黄崖水库灌区　1966年建成。干渠长1000米，灌溉双龙峪、石头湾村66.70公顷农田。2005年浇灌双龙峪40公顷农田。

桃行水库灌区　1976年建成。渠道长4000米，灌溉中马泉、西马泉、东峪、高家庄、穆家寨、杨家楼、圈里、棋山观、后朱山、前朱山、焦家庄、黄家洼和大庙等村的226.70公顷农田。2005年灌溉上游10个村100公顷农田。

霞峰水库灌区　1967年建成。渠道长800米，灌溉霞峰、沙岭子、茄子峪和黄花峪4个村33.30公顷农田。2005年主要灌溉霞峰村20公顷农田。

八大庄水库灌区　1979年建成。渠道长600米，灌溉八大庄、历山后、仙人桥和黄庄四村20公顷农田。2005年主要灌溉八大庄村10公顷农田。

微灌

1994年钢城区引进微灌技术，先后建成微灌区、半固定式微灌区4个。

东施微灌区　1994年开工建设，埋设管道8000米，当年投入使用，发展以寒露蜜桃为主的果树微灌面积10公顷。

古墩微灌区　1998年修建，铺设干、支管道8260米，动用土石2.86万立方米，投入工日2.60万个，投资95.18万元，节水灌溉面积73.33公顷。

茶峪子半固定式微灌区　2000年建成。总投资70万元，铺设管道4900米，微灌面积68.80公顷。

幸福村半固定式微灌区　2000年建成，总投资62万元，铺设管道4810米，微灌面积67.20公顷。

喷灌

2001年境内引进喷灌技术，先后建成固定式灌区、半固定式灌区3个。

棋山半固定式喷灌区　2002年3月建成。建扬水站3处、水池5个，铺设干、支管道4775米，安装喷灌机组10套，动用土石8500立方米，投入工日1.10万个，投资67.45万元，节水灌溉面积74.67公顷。

北金水河半固定式喷灌区　2002年建成，铺设干、支管道5059米，建扬程88米的二级扬水站1座，修渠道250米，节水灌溉面积70.67公顷。

黄庄万亩节水灌溉项目区　位于黄庄镇东南

20世纪70年代,南仓峪村自建的长105米的二层红旗渡槽（1980年 摄）

部山区,2003年3月开工建设;12月竣工。涉及黄庄镇4个行政村(北金水河、霞峰、茄子峪、桑家庄)地域，灌溉以桃树为主的经济林果面积533.33公顷。整个灌区采用射频卡节水计量自动化控制系统,投资276万元,安装射频卡12个,建维修机井15眼、塘坝3座、蓄水池3个,埋设地下管道7.33万米,其中,直径180毫米干管4.42万米,直径90毫米支管2.18万米,其它支管7300米,可实现年节水82.90万立方米,增加经济效益108.40万元。

扬水站

20世纪60年代至70年代，境内有近80%的大队修建扬水站,汲取库水、河水扩大水浇面积。20世纪80年代后,因运行成本高、年久失修等原因,很多扬水站逐步被输水机具取代。

颜庄村李子园扬水站　1964年竣工,扬程15米,引牟汶河水浇南岭地40公顷。

雁埠扬水站　1965年竣工,址在雁埠村东,石砌底宽6米、顶宽3米、高8米的水渠200米,挖宽2米、深4米的引水渠300米,配12马力的柴油机和水泵，引牟汶河的水灌溉农田13.33公顷。1967年将主干渠向南续建500米，修支渠1500米,灌溉面积扩大到30公顷。

吕家林扬水站　1970年竣工，扬程60米,管道长360米,钢管粗300毫米,配75千瓦电机,浇地26.67公顷。

古墩扬水站　1973年竣工,二级提水,扬程60米，管道长150米，配50马力抽水机,浇地40公顷。

寨子扬水站　1973年竣工,修筑200孔10米高的渡槽1.50公里，引清水河水灌溉农田66.67公顷。

南仓峪扬水站　位于南仓峪村北清水河南岸,1973年动工兴建。1978年竣工,投资130万元,全村农田全部得到灌溉。

胡家宅扬水站　1980年12月31日建成,以村北深水井为水源,扬程30米,二级提水,配37千瓦电泵,电机提水能力每小时30立方米,保证全村人、畜用水及部分农田灌溉。

凤凰岭扬水站　1994年建成，是以灌溉为主的多井联合调度站。有机井3眼，配泵动力85千瓦,日供水能力3000立方米,设计灌溉面积333.33公顷，有效灌溉面积214.27公顷。2002年投资119.67万元进行改扩建,在灌溉农田的同时供钢城经济开发分区及宋家庄、高家庄、寨子和卞家泉等村人、畜用水。

青杨崮扬水站　1998年4月开工建设，年内完成。总投资323.70万元,用工2.81万个,动用土石1.62万立方米。可供东峪、灰莱峪、纸坊、小上峪和高家庄5个村的人、畜用水。

截流引水

境内截流引水灌溉较为普遍，河道两边部分低洼地能够得到引水灌溉。

引河　20世纪50年代后，引水灌溉发展较快,但永久性工程不多。规模较大的南仓峪引水工程,渠道长2600米,引清水河解决33.33公顷农田灌溉及南仓峪村缺水问题。后效益欠佳淘汰。

引泉　1957年清泥沟、卞家泉村实施引泉工程。20世纪70年代后,地下水位下降,泉水逐年减少,仅有卞家泉引泉较好,泉能自喷灌溉,能使卞家泉、高家庄等村66.67公顷农田受益,后砌方塘建扬水站。90年代以后,仅供几个村的人、畜用水。

1971～1983年颜庄公社和黄庄公社耕地和水浇地统计表

表5－4－2　　单位：公顷

年份＼项目	颜庄公社		黄庄公社	
	耕　地	水浇地	耕　地	水浇地
1971	4830.93	1300	2062	194.13
1972	4759.27	1343.87	2061.20	327.80
1973	4702.33	1419.93	2010.67	428.40
1974	4665.80	1489.40	2026.53	459.73
1975	44629.87	1600.40	2010.67	495.07
1976	4627.40	1774.47	2002.47	568.40
1977	4609.13	1966.67	1913.40	601.73
1978	4558	2600	1733.93	687.87
1979	4543.33	2466.67	1754	700
1980	4522.60	2136.13	1779.80	733.33
1981	4416.93	2111	1755.87	746.67
1982	4493.27	2071	1763.20	746.67
1983	4482.60	2015.20	1753.33	773.33

1993～2005年钢城区灌溉面积统计表

表5－4－3　　单位：千公顷

年　份	总灌溉面积	有效灌溉面积	果园灌溉面积	其　它
1993	4.39	3.59	0.68	0.12
1994	4.40	3.60	0.69	0.11
1995	5.01	3.74	0.69	0.58
1996	4.92	3.73	0.69	0.50
1997	4.92	3.70	0.71	0.51
1998	4.92	3.71	0.70	0.51
1999	5.31	3.88	0.90	0.53
2000	5.37	3.96	0.88	0.53
2001	5.50	3.90	1.10	0.50
2002	5.20	3.80	1	0.40
2003	5.30	3.83	1.07	0.40
2004	5.43	3.80	1.23	0.40
2005	5.51	3.88	1.23	0.40

第四节　人畜用水

缺水状况

境内地形以低山丘陵为主，地质构造复杂，水资源分布不均，尤其是石灰岩山区，缺水严重。清泉岭、陶家岭、南仓峪、大上峪、双杨桥、埠东、胡家宅、石家岭、张家岭、北赵、南赵和东马泉等50余个村的人、畜用水困难。每遇干旱，陶家岭村需到2公里外的张庄村排队挑水，南赵和北赵等村需到2

公里以外的里辛担水。洗脸水反复用过后再用来洗衣服。胡家宅村2000余人，用水仅靠南山下一眼大口井。旱时，大人用绳子把小孩吊下井去，用瓢舀水，因水质浑浊，回家沉淀后饮用。大上峪、小上峪和南仓峪等村夏天饮用雨水，冬天雪水，院内建有旱井、水池，雨季拦蓄流水，以备饮用。

20世纪90年代后，随着工业用水的增多，地下水位下降，加之地下浅层水受到不同程度的污染，缺水村有增无减。2000年对全区人、畜用水困难情况普查，全区有51个自然村、49075人缺水。

2000年钢城区农村缺水人口统计表

表5-4-4　　单位：人、立方米

乡镇	村	缺水人口	缺水类型			
			垂直高度100米往返1公里以上取水人口	含氟量高区内人口	水质污染区内人口	季节性缺水
城子坡街道	回家庄	272	—	272	—	—
	陶家岭	1371	1371	—	—	—
	北城子坡	1334	1334	—	—	—
	傅家桥	1025	—	—	—	1025
	宋家庄	1513	—	—	—	1513
	清泥沟	2103	—	—	—	2103
颜庄镇	吕家林	1417	1417	—	—	—
	沈家崖	715	—	715	—	—
	野虎沟	871	871	—	—	—
	西当峪	763	763	—	—	—
	状元沟	612	612	—	—	—
	东南峪	645	645	—	—	—
	曹　庄	419	419	—	—	—
	颜　庄	4472	—	—	4472	—
	牛马庄	870	—	—	870	—
	柳桥峪	1402	—	—	—	1402
	木头山	360	—	—	—	360
	中当峪	319	—	—	—	319
	三岔沟	436	—	—	—	436
	桑梓峪	1136	—	—	—	1136
	南　港	959	—	—	—	959
	上河沟	374	—	—	—	374

续表 5－4－4

乡　镇	村	缺水人口	缺水类型			
			垂直高度 100 米往返 1 公里以上取水人口	含氟量高区内人口	水质污染区内人口	季节性缺水
黄庄镇	长胜村	247	247	—	—	—
	北金水河	1099	1099	—	—	—
	东　峪	212	212	—	—	—
	柿子峪	239	239	—	—	—
	官　庄	1520	1520	—	—	—
	灰菜峪	189	189	—	—	—
	大上峪	1394	—	—	—	1394
	小上峪	1367	—	—	—	1367
	东丈八丘	984	—	—	—	984
	胡家桥	293	—	—	—	293
里辛镇	西马泉	313	313	—	—	—
	后朱山	489	489	—	—	—
	茶峪子	1028	1028	—	—	—
	桃　行	38	38	—	—	—
	陈家山	35	35	—	—	—
	小　庙	401	401	—	—	—
	高家岭	716	716	—	—	—
	孙家岭	206	206	—	—	—
	东马泉	481	—	—	—	481
	中马泉	327	—	—	—	327
寨子乡	高　峪	1895	1895	—	—	—
	胡家宅	2164	2164	—	—	—
	方家庄	1351	1351	—	—	—
	贤女庙	1217	1217	—	—	—
	卧龙峪	802	802	—	—	—
	庙　子	1729	1729	—	—	—
	罗汉峪	1659	—	—	—	1659
	双杨桥	1203	—	—	—	1203
	南仓峪	2089	—	—	—	2089

供水

1951年颜庄区为解决人、畜用水困难，修建埠东村引泉饮水工程。村东南有一山泉，流量每秒0.10立方米。1952年12月，泰安专署水利队测量规划。1953年开工铺设输水管道1938米，将水引至村南新建的水池内，再分别铺设输水管道2条，通往野虎沟村1条，长3566米；通往唐家宅村1条，长1000米，2个村各建蓄水池1座，工程历时1年，国家投资5726元。工程完成后，埠东、野虎沟和唐家宅等村结束"挑水八里外，来回半天工"的缺水历史。1973年颜庄公社成立打井队，先后在南港、东红埠岭、澜头、柳桥峪和状元沟等大队打深水井9眼。黄庄公社先后在灰莱峪、东峪、柿子峪和长胜村等大队打大口井15眼。1978年寨子管区南仓峪大队等缺水单位修建大型引河工程解决人、畜用水困难。

1970年"七〇一"工程指挥部成立后，先后帮助南赵、北赵、张家岭、陶家岭和周家坡等缺水大队用上自来水。1987年境内镇村自筹资金37.40万元，国家补助22.80万元，共计投资60.20万元，打深井42眼、大口井6眼，建扬水站10处，解决35个自然村16037口人、148头大牲畜的用水困难。莱钢周围有16个村先后用上自来水。

2000年至2005年，区政府采取多种方式解决人、畜用水困难。莱钢集团公司逐步加强污水排放治理，防止污染水源。在镇村修建358座拦河坝，拦蓄地表水，补充地下水，发展农田节水灌溉，节约地下水源。全区先后投资483.10万元，其中，争取国家补助资金151万元，地方配套资金100万元，自筹资金232.10万元，打深井26眼，打大口井4眼，机井配套4眼。共建成村级供水工程70处，地表水源地1处，地下水源地58处，提水工程70处，设计总供水能力每天4427立方米；实际供水能力每天4104立方米，用水人口达63934人。先后完成34个村的人、畜用水工程，涉及人口3.44万人。全区有24个村(包括莱钢管网延伸村)用上自来水，饮用自来水人口达到66845人。

村民用上自来水　(2005年　摄)

第五节　抗旱　防汛

抗旱

境内有"十年九旱"之说。历史上的多次旱灾，都给民众带来灾难性后果。1943年至1944年，连续两年大旱，小麦欠收，秋苗枯死，家家缺粮，老百姓以糠、菜、树叶、树皮等充饥，不少人逃荒要饭背井离乡甚至饿死，1943年史称"民国三十二年大歉年"。

中华人民共和国成立后，各级政府重视抗旱救灾工作。1955年建立初级社后，年年组织农民打井抗旱。1958年实现公社化后，特别是"农业学大寨"时期，每年秋收后都组织大规模的农田水利建设，修水库、打机井、建扬水站，不断扩大水浇地面积。每遇旱情，政府发动群众全力以赴抗旱。对无水源条件的旱田，发动男女老幼，肩挑人抬，确保适时播种，抗旱保苗，抗旱夺丰收。

1993年1月建区后，区政府设立抗旱指挥部，由区长任总指挥，办公室设在区水利部门，为常设机构。1995年组建区和乡镇抗旱服务队，逐步建立完善区、镇、村各级抗旱服务体系。每遇干旱，区、镇、村各级制定抗旱预案，抓好应急水利工程建设，发展节水灌溉。在缺水区，则组织群众，找水、挖井、调水、运水，保证人、畜用水和播种、保苗。各级抗旱服务队积极做好应急抗旱工程的抢修，人、畜用水，小型水利工程建设等综合服

务，采取定点承包、流动服务、业务咨询、技术推广等形式，保证抗旱物资供应。推广FA旱地龙生物节水技术（FA旱地龙以天然低分子量黄腐脂酸为主要成分，并含有植物所需的多种营养元素和16种氨基酸及生理活性强的多种生物活性基因。用于作物叶面喷施，能有效地控制叶片气孔的开张度，减少植物水分散失，并能促进根系生长，提高根系活力，对抵御季节性干旱和干热风有十分显著的效果。喷施一次可持效17天到21天，具“有旱抗旱保产，无旱节水增产”的双重功效，增强农作物抗旱能力），由区抗旱服务队统一组织货源，送货上门，进行药剂喷施、技术指导，最大限度地降低干旱造成的损失。

典型抗旱纪实

1995年10月至1996年3月，全区持续干旱，地下水位下降10米～15米，地表蓄水量较常年减少300多万立方米，其中，可用水量仅630万立方米，水库、塘坝干涸，大部分机井出水不足，河道基本断流。全区10133.33公顷农作物普遍受旱，其中，3866.67公顷农作物一度重旱，旱情为历年来所少有，春播受到严重影响。区委、区政府调配抗旱劳力每天达3.60万人，190座水库、塘坝开闸放水，520眼机井、98处泵站昼夜运转，动用车辆8800辆(次)，启动980台(套)提水机械，兴建356项抗旱应急工程，投入抗旱资金558万元，投入抗旱用油360吨、化肥8700吨，提供电力280万度，累计提供抗旱用水1040万立方米，抗旱灌溉7866.67公顷，浇果树188万株，其中扩大灌溉面积1466.67公顷，改善恢复灌溉3200公顷，并临时解决18个村9000人的用水困难。

1999年钢城区遭遇严重持续干旱。春旱、夏旱连秋旱，全年平均降雨量仅有541.60毫米，较常年同期偏少270毫米，特别是1998年9月至1999年5月，9个月仅降雨123毫米，比常年同期减少145毫米，全区11933.33公顷农作物受灾，其中，严重干旱面积达5333.33公顷，成灾面积2666.67公顷，并有133.33公顷农作物面临绝产。同时，干旱也造成10个村0.52万人饮用水困难。全区共启动120余台(套)提水机械，兴建120项抗旱应急工程，190座水库、塘坝开闸放水，460眼机井、90处泵站昼夜运转，新购置各类抽水机360余台，累计提供抗旱用水1800万立方米，浇灌面积4333.33公顷，浇果树160万株，推广“FA旱地龙”生物节水技术抗旱面积533.33公顷，并临时解决10个村5200人的饮用水困难，使干旱损失降低到最低程度。

防汛

自1958年，境内颜庄公社、黄庄公社每年都成立防汛指挥部，由社长任指挥，下设办公室，主汛期实行全天24小时执勤。自1985年，境内乡镇均建立领导干部防汛责任制。1993年1月建区后，每年汛前，区人民政府成立防汛抗旱总指挥部，由区长任总指挥。同时，建立城市、中型水库、重点河道防汛指挥机构。各乡镇街道均成立防汛指挥部，由乡镇长(办事处主任)任指挥。

葫芦山水库和4座小（一）型水库、重点小（二）型水库防洪工程常年储备有一定数量的铁丝、木材、炸药、土砂、石料、草袋和麻袋等物料。汛前由各级防汛指挥部门、单位，按村、户登记造册，明确专人负责，严格管理。同时，成立防汛常备队和抢险队。常备队由负责人、技术人员和有防汛抢险经验的人员组成，平时搞好管理养护，汛期集中搞好水情查看、工程观测、洪水预报、通信联络和防守等工作。全区每年组织80人左右常备人员，主要设在中型水库(葫芦山水库15人)和4座小(一)型水库(每处2人)。抢险队以基干民兵为基础，以党团员为骨干，随时准备执行抗洪抢险任务。中型水库(葫芦山水库)2200人，小(一)型水库50人左右，小(二)型水库塘坝也组织专人防守。

典型防汛纪实

1966年7月14日夜间，葫芦山水库上游的沂源县和新泰县降大暴雨，15日水库溢洪道最大泄洪量达每秒245立方米，水库出现险情。莱芜县委连夜召开紧急会议，成立葫芦山水库抢险指挥部，县委副书记杨子玉任指挥，县水利局局长陈堂元任副指挥。从颜庄、矿山、牛泉和高庄4个公社调集1900人，由各公社社长亲自带队，昼夜突击施工、抢险、加固大坝，经半月时间的抢修，排除了水库险情。

1984年7月11日夜23时至12日凌晨3时，境内遭受特大暴雨袭击，地处暴雨中心的东马泉、西马泉一带降雨达350毫米，降雨强度每小时87.50毫米。冲垮塘坝、谷坊20座，53处河堤决口，冲毁地堰20余万米、河堤20公里、庄稼400公顷。郑王庄河两岸的千亩河滩造地全部被冲毁。房屋倒塌1130余间，牲畜伤亡6000余头；7月11日夜间，莱芜市防汛指挥部的领导会同颜庄办事处防汛指挥部人员冒雨到现场指挥抢险，安置受灾群众，次日，组织群众抢救禾苗，维修浆砌冲毁的河堤石堰。干部群众奋战1个月修复水毁工程，降低了水灾损失。

1996年7月24日至25日18时，全区普降特大暴雨，平均降雨量287.70毫米，暴雨中心里辛镇，降雨397.50毫米。全区5个乡镇普遍受灾，重灾村45个、12500户。灾情较重的是颜庄镇半壁店子村，全村66户全部受灾，倒塌房屋101间，经济损失百万元。全区玉米倒伏3240公顷，成灾2333.33公顷，绝产271.33公顷，果园被淹1266.67公顷，倒塌房屋1578间，冲倒树木1.47万株，刮倒低压线路5处、3000米，冲毁公路11处、2850米，渡槽6处、200米，5处厂矿企业进水停产，造成直接经济损失1672万元。区委书记尹贻明、区长张柏成指挥抢险。7月26日，莱芜市委书记张敬茂，市长时立军到半壁店子村察看灾情，看望受灾群众，安排抗灾工作。灾后，区委、区政府动员全区人民全力以赴抗洪救灾。莱芜市财产保险公司及时对半壁店子村的倒塌房屋进行理赔。8月8日，由省经委副主任于永旭带领省抗洪救灾工作组一行6人到钢城区部分受灾乡镇、村实地察看灾情，了解受灾群众的生产、生活情况。经各方努力，月内，灾区恢复正常生产、生活秩序。

第六节　水土保持

水土流失状况

境内山坡地多，加之降雨量集中，水土易流失。1984年颜庄办事处土壤普查统计，水土流失面积16.48万公顷。1994年全区有水土流失面积302平方公里，年均土壤流失160万吨。

1984年颜庄办事处水土流失情况统计表

表5－4－5

级　别	每年平均流失量(毫米)	面积(万公顷)
轻度侵蚀	0.6－2	1.73
中度侵蚀	2－4	7.01
强度侵蚀	4－6	4.47
极强度侵蚀	6－12	2.73
剧烈侵蚀	>12	0.54
合　计	—	16.48

水土保持监管

自20世纪50年代初，政府加大对水土流失的治理力度，颜庄区、黄庄区曾先后组建建设委员会负责治理水土流失。50年代至70年代，大搞封山造林以减少水土流失。80年代，通过治理“猪脸地”保持水土。进入90年代，开展以小流域为单元的联片规模综合开发治理，提高水土保持的效果。

1993年至1996年，区政府制定《钢城区水土保持监督管理暂行办法》《钢城区水保配套收取标准和使用管理暂行办法》《钢城区水土保持方案申报审批办法》等规范性文件。1998年设立钢城区水土保持办公室和水土保持监督管理站，各乡镇(街道)都建立相应机构，164个行政村都配备水土保持监督联络员。同时，完成了全区水土现状普查，

制订监督规划方案，充分行使《中华人民共和国水土保持法》赋予的确权审批、监督检查、收取防治补偿费3项权力，加大对水土流失治理力度。至2005年，每年都按照“五成”（地成、水成、林成、路成、主导产业成）标准，坚持以治水为核心，以改土为基础，保证水土保持工程的质量和水平。

小流域治理

1974年冬至1975年春，颜庄公社组织里辛、郑王庄和东田庄等22个村的8000名劳力，开始治理颜庄河（包括该河小支流郑王庄河、玥庄河、黄家洼河）和阎王河，投工267.22万个，顺直整修砌石河堤18.30公里，造地202.67公顷，共完成土石方109.83万立方米，其中砌石3.17万立方米。1976年冬和1978年春，对河堤进行砌石护堤、培土加固，两次投工211.71万个，完成土石方13.45万立方米，其中砌石7.37万立方米。经过治理，达到20年一遇的防洪标准。

1993年至2005年，全区累计投工744万个，完成土石方867万立方米，实施11条小流域的综合治理，共治理水土流失面积177.30平方公里，占水土流失面积的58.70%。建成水平梯田4071.93公顷，水保林4067.53公顷，经济林8269.40公顷，疏林补植267.80公顷，生物地堰2810.53公顷，修路180公里；建拦河坝58座，塘坝63座，谷坊2100道，水池148个，完成治沟骨干工程5座；治理河道4条，浆砌河堤18700米，使河道防洪标准提高到20年一遇。治理后年土壤流失量下降49.10%，植被覆盖率由21.70%提高到63.40%，增加蓄水能力786万立方米。2005年钢城区水务局被评为全省水务系统先进集体。

卧虎山流域治理　1994年开始治理。至2005年，完成水利配套项目16项，增加水浇地面积34.80公顷。

棋山流域治理　规划治理面积27平方公里。1995年开始治理。1999年8月，开工重点治理棋山河，年内，共投入资金360万元，投工13万个，完成土石方12.50万立方米，浆砌河堤6000米，建拦河坝10道，建桥1座。至2002年，整个棋山流域工程总投资4500万元，建成水利设施230项，扩大灌溉面积266.67公顷。

金水河（黄庄河）流域治理　1999年10月，流域治理开始，规划治理面积16平方公里。2000年开始治理黄庄河，当年浆砌河堤2500米，建拦河坝12座，建桥2座。2004年治理北金水河，共投资60万元，建拦河（沙）坝13座。至2005年，整个金水河流域共开发治理面积386.30公顷，建成水利设施210项。

平项山流域治理　2003年开始治理。至2005年，共投资593万元，开发治理面积263.50公顷。

清水河治理　1999年完成投资160万元，浆砌河堤2000米，建拦河坝11座。

牟汶河治理

2001年3月开工建设宋家庄南橡胶坝，投资235万元；7月竣工。坝高3.20米、长100米，拦蓄地表水26万立方米、蓄水量30万立方米。

2003年完成宋家庄东橡胶坝工程，总投资126.33万元。坝高4.20米、长74米，蓄水量为30万立方米。

2003年至2005年，完成牟汶河上游治理工程，投资1000万元，建成桲椤、北丈八丘2座橡胶坝，浆砌河堤300米，形成水面46.67公顷，拦蓄地表水150万立方米，地下补源100万立方米。

2005年颜庄镇实施牟汶河颜庄段（自葫芦山水库以下）7.80公里的综合治理，投资1700万元，建成颜庄橡胶坝1座，以及墨埠桥、韩莱路大桥和颜庄南大桥3个景观节点，形成40万平方米的沿河游园1处，完成两岸护堤和沿河道路建设，河堤护坡5000米，硬化道路3000米。

至2005年，牟汶河综合治理工程治理河道8600米，浆砌河堤8000米，建橡胶坝5座、溢流坝7座、大桥1座，增加地表蓄水910万立方米，形成水面120公顷。

第五章 畜牧业

第一节 畜禽养殖

境内养鸡、养猪是农民传统养殖习惯和农村经济的重要组成部分。草食畜禽以放牧为主,猪、鸡等以圈养为主。

据不完全统计,1954 年境内牛存栏 588 头,驴存栏 31 头。1983 年猪存栏 26501 头,牛存栏 1041 头,羊存栏 10220 只,家禽 14.14 万只,蜜蜂 288 箱,畜牧业产值 625.40 万元。

1993 年 1 月建区后,采取政策扶持发展养殖专业户等措施,畜禽养殖业发展较快。2005 年全区牛存栏 400 头,猪存栏 4.49 万头,羊存栏 10.69 万只,家禽存栏 87.40 万只。

牲畜饲养

牛 传统养殖为户养役畜。品种有本地牛和鲁西黄牛。自农业合作化后,由户养变为集体饲养。20 世纪 80 年代后,由集体饲养转向个体饲养,并由以耕牛为主逐步转向以食用牛为主。1984 年境内开始饲养奶牛,有奶牛 22 头;1990 年为 31 头。后随着牛奶市场的扩大,奶牛饲养业出现快速发展势头,2001 年存栏 656 头。2005 年存栏 400 头。

猪 境内养殖历史悠久。饲养品种为莱芜黑猪。20 世纪 50 年代,引入约克夏猪等。70 年代,引进内江猪、荣昌猪和北京黑猪等。1981 年境内存养猪 161429 头,其中,莱芜猪占 53.50%,其它杂交猪占 42.70%,内江猪占 3.80%。2004 年,全区以"得利斯"集团为依托大力发展合同猪养殖,生猪存栏量 3.80 万头。2005 年存栏 44870 头。

羊 境内主要有山羊、绵羊和奶山羊三大类。山羊有莱芜黑山羊、白山羊和奶杂山羊三种。莱芜

奶牛 (2005 年 摄)

耕牛 (1981 年 摄)

约克夏猪 (2005 年 摄)

波尔山羊　　（2005年　摄）

獭兔　　（2005年　摄）

黑山羊是山东省肉、绒、皮兼用型地方优良品种，境内为主产区。1997年开始引进波尔山羊改良境内的当地羊，波尔山羊与境内当地羊的杂交羊个体大、生长快、产肉率高。绵羊也有境内当地绵羊、改良绵羊和小尾寒羊三种。境内当地绵羊为蒙古羊的一个支系，背毛多呈白色，少数有杂色，一般体重：公成羊30公斤～40公斤，母成羊30公斤～35公斤，适于山区放牧。改良绵羊为克力代、美利奴、新疆细毛羊的杂交后代，其体重、产毛量和毛质、生长速度均比境内当地绵羊高。2001年全区羊存栏8.82万只。2005年存栏10.69万只。

马、骡、驴　1956年至1970年，各公社（1958年前为区）购置马车用作运输，马的存养量有100余匹。20世纪70年代后期，随着运输机械的增加，马、骡、驴存养量逐渐减少。80年代末，逐渐消亡。

兔　1959年以前，境内肉食兔饲养量极少。1960年至1962年，为缓解肉类供应严重不足，莱芜县委号召发展食草动物，肉食兔饲养量大增，户有3只～5只。20世纪70年代，随着长毛兔的发展，肉食兔饲养量逐步减少。进入90年代，随着居民膳食结构的改变，肉食兔需求量增加，存养量也不断上升，占兔存养总量的5%左右。2002年清泥沟村张庆坤成立莱芜市天成兔业公司，引进3000余只优质肉食兔和1000余只优质獭兔，自繁自养，规模逐步扩大。2005年全区饲养獭兔、肉兔在500只以上的专业户有十余家，全区兔存栏达到4.66万只。

家禽饲养　境内历来饲养本地鸡，多为黄、黑、杂色，体形较小，耐粗饲，抗病力、觅食力强。饲养方式历来为散养。20世纪80年代后期，逐步发展笼养。1993年养蛋鸡500只以上的专业户4家。2002年养蛋鸡1万只以上的专业户在10户以上。自2003年，依托莱芜六和公司，发展肉食鸭订单养殖。2005年全区建饲养小区4个，发展肉食鸡专业户120户，建有养鸡塑料大棚200余个；至年底，全区家禽存栏量87.40万只。

肉鸽　　（2005年　摄）

1993～2005年钢城区畜禽存栏量统计表

表5－5－1　　　　单位：头、只

项目 年份	大牲畜	其中：牛	猪	其中：能繁母猪	羊	家禽	兔
1993	430	428	19423	2490	61500	252200	36880
1994	460	457	18948	2430	72025	331500	37850
1995	590	586	23155	2968	68378	332050	36900
1996	580	578	24983	3203	69000	354000	38000
1997	452	450	26466	3393	71177	354450	38500
1998	601	600	27707	3552	73490	389500	39500
1999	622	621	29954	3840	88450	410590	45400
2000	623	620	30034	3850	83422	524000	45500
2001	657	656	31100	3988	88200	566400	89200
2002	616	615	35000	4490	79000	927200	55600
2003	528	526	37000	4700	99000	831700	45700
2004	529	527	38000	4870	100000	852900	45700
2005	400	400	44870	4923	106866	874000	45600

1993～2005年钢城区畜禽出栏量统计表

表5－5－2　　　　单位　头、只

项目 年份	猪	牛	羊	禽(万只)	兔
1993	49124	98	33675	54.95	31421
1994	52581	95	44135	45.36	49944
1995	64500	117	45805	50.53	53991
1996	62000	123	39052	69	52625
1997	80500	126	44333	116.40	51956
1998	89661	131	43631	132.78	58011
1999	33424	125	47945	54.03	55042
2000	37911	110	49710	60.55	61344
2001	40410	128	54500	68.19	61500
2002	45420	173	68500	196	51600
2003	59019	132	69300	123.80	38200
2004	64100	150	70700	131.43	38200
2005	65450	150	93943	140.98	39100

1993～2005年钢城区肉、蛋、奶产量统计表

表5－5－3 单位:吨

年份\项目	猪 肉	牛 肉	羊 肉	禽 肉	兔 肉	禽 蛋	奶 类
1993	1886	231	988	1173	61	2293	19
1994	2041	303	1121	1286	268	2727.70	24
1995	2165	565	1603	2606	184	2571	27
1996	2269	690	1568	1955	145	2656	29
1997	2551	768	1943	2854	148	3208	30
1998	2812	653	1494	2884	128	7624	38
1999	2846	76	522	1331	65	3319	39
2000	3023	81	560	1274	70	3704	75
2001	3023	80	565	1298	72	3953	71
2002	3682	15	967.50	1048	32	4035	76
2003	4401	19	693.70	1395	52	4137	140
2004	4612	20	700	1489	50	4341	145.80
2005	7589	22	720	1583	51	4430	132

珍稀动物饲养

银狐　2002年6月，艾山街道的个体户董芳从新泰特种动物养殖场引进狐狸10组（每组4只、1公3母）。至2005年7月，狐狸繁殖到100只，以卖皮毛为主。

蝎　1998年寨子村村民耿长林引进食用蝎1万只，每只1.20元。至1999年，全区发展6家养蝎户，蝎繁衍为28万只。

肉鸽　1993年3月，黄庄镇薛汝英养肉鸽7000组(每组1公、2母)。2002年发展到2万组，年均创收30万元左右。

桑蚕饲养

境内颜庄、施家峪一带有植桑养蚕传统。1965年颜庄公社产茧1000公斤。

1980年秋，颜庄公社的西沟、黄花店和北下冶等大队开始栽植低杆密植桑园。到1982年，建桑园20公顷。1986年潘家庄、郑王庄村部分农户植桑养蚕，境内桑园面积扩大到26.67公顷，年产蚕茧4万公斤、产值10万元。

1987年不少桑园出现萎缩病，严重影响了养蚕户的经济效益，很多养蚕户就刨掉桑树栽果树，桑园面积减少到6.67公顷。

1989年颜庄蚕茧站加强对桑农的技术指导，帮助桑农改造低产桑园，清除萎缩病株，选用优良蚕种，重新栽植高产桑树，蚕茧产量大大提高。1994年全区的桑园恢复到20公顷，蚕茧产量达到4.50万公斤。

1993年1月建区后，区政府把植桑养蚕作为农业产业结构调整的一个重点，制定奖励政策，大

蚕茧 （2002年 摄）

力鼓励农民植桑养蚕。2005年全区桑园发展到213.33公顷，年产蚕茧15万公斤。

养殖专业户、专业村、专业小区

20世纪50年代前后，境内畜牧养殖以户养为主，数量少，效益差，未形成规模。至80年代初，随着家庭联产承包责任制的实行，境内出现一批饲养大户。1985年2月，莱芜市委、市政府作出《关于大力发展畜牧专业大户，开创全市畜牧业生产新局面的决定》，号召采取个体为主、集体为辅、政府服务的方针发展畜牧业；同年，境内颜庄办事处饲养专业户达到868户。1993年境内养殖专业户有1150户。

1993年1月建区后，随着农村产业结构调整，全区养殖业发展迅速。1996年有养殖专业村10个、专业户1280户。2002年依托莱芜六和公司、“得利斯”和莱芜天成兔业公司等龙头企业，区镇两级采取“公司加农户”的模式大力发展养殖专业户，建立生猪、肉鸡、肉鸭、肉兔养殖场或饲养小区，实行订单养殖。龙头企业对农户包种苗、包饲料、包防疫、包技术指导、包成品销售，农户成为龙头企业的生产车间，企业成为农户的产品销售客户。2003年后，一些专业户按照养殖类别分别组成养鸡协会、养猪协会、养兔协会，定期进行技术、信息交流，开展联销服务。2005年全区发展专业村2个，有示范园区12个，有专业户1730户。

第二节 畜禽饲料

饲草

境内的饲草有作物秸秆、树叶、青干草、青绿多汁饲料等。1997年南城子坡村马相奎种植墨西哥玉米、冬牧草4.67公顷，串叶松香草1.33公顷，喂养奶牛50头，年增收5万元。

精饲料

境内饲养畜禽历来重视使用精饲料，主要有玉米、豆粕、谷子、高粱和地瓜干等。一般将粗杂粮或所产粮食中质量较差的部分用来作饲料。人民公社时期，集体饲养的牲畜从集体储备粮中解决。农民个人饲养的，交售生猪时，国家奖售部分粗杂粮。20世纪80年代后，有些农户利用酒糟、糖渣、粉渣等饲养畜禽。90年代，粮食作物面积减少，精饲料靠外地输入。

复合饲料

20世纪80年代初，境内绝大多数养殖业户开始使用复合饲料。90年代后，大面积推广饲喂复合饲料，通常情况生猪可6个月左右出栏，体重在100公斤以上；蛋鸡120天左右产蛋；肉鸡56天出栏，体重2公斤以上。饲料来源有“正大饲料”“六和饲料”“希望饲料”等上百个厂家，饲料的品牌有130余个。2003年1月，开始使用得利斯莱芜基地公司生产的“同路饲料”及“莱芜六和”生产的饲料。2004年使用莱芜红东阳饲料公司生产的肉鸡、肉鸭、猪饲料和新泰正邦公司生产的肉鸡饲料。

第三节 畜禽良种繁育与推广

20世纪50年代，境内引进良种肉兔。60年代，引进鲁西黄牛。70年代至80年代，引进优良品种羊。但因引进的数量少，未形成规模。90年代后，加强良种场的建设，以良种场为基地，通过大力推广人工授精等技术，促进猪、牛的良种化。2005年全区牛、羊、猪、鸡、兔良种率达到90%以上，基本实现良种化。

畜禽品种改良与培育

1993年1月建区至2005年，全区选育、培育改良品种10个，改良母猪1.20万头、本地羊3.40万只、本地牛200头，引进推广国外瘦肉型种猪2400头、波尔山羊22只，国外肉兔品种3.50万只，利木赞、西门塔尔牛及其冻精吸管5000份，猪、兔、羊和牛改良面分别达到98%、90%、92%和90%。

莱芜猪　20世纪50年代初，引入约克夏、新金猪进行杂交改良。70年代初期，又引入内江猪、荣昌猪进行杂交。1974年80%～90%的猪群已成

莱芜黑猪 (2003年 摄)

为经过改良的莱芜猪。20世纪五、六十年代,先后组织7次猪种调查和3次大规模的猪种普查。1978年和1982年,先后2次组建保种群体,建立含6个公猪血统、36个母族系的基础群体,总数为80头。畜牧部门相继制定中、长期育种方案。至2005年,连续完成9个世代的本品种选育,使莱芜猪的不良性状得到改善,经济性状得到提高,遗传性能更加稳定,种群数量不断增加。核心群达到400头、扩繁群1000头、生产群1万头。莱芜猪成为全国许多地区、单位生产与育种的首选种质材料。

20世纪60年代至70年代,为提高猪肉产量,大量引进内江、荣昌等猪种进行杂交生产。80年代,为提高瘦肉量,引入国外猪种约克夏、长白、杜洛克、汉普夏,开展经济利用杂交,生产二元、三元杂交瘦肉商品猪。90年代,开展三元、四元杂优商品瘦肉猪生产,利用莱芜猪培育2个专门化品系——莱芜猪合成系;2个瘦肉型猪配套系——鲁农I号猪配套系和欧得莱猪配套系。自1994年起,培育的鲁莱黑猪具有高繁和肉质优的特性,经产仔数14.80头,60日龄育成12.20头,育肥猪日增重590克、料重比3.25:1、胴体瘦肉率53.20%、肌内脂肪7.26%。2000年通过省级鉴定,2005年通过国家品种审定,被山东省确定为“十一五”期间主导推广品种。培育的鲁农I号猪配套系和欧得莱猪配套系,父母代母本产仔数14.60头,断奶育成12.80头,商品代育肥猪日增重740克以上,料重比3:1,胴体瘦肉率58.30%和62.30%,肌内脂肪4.01%和3.68%,总体水平居全国商品瘦肉猪的领先水平。

牛 1990年境内重点实施农业部丰收计划项目“良种肉牛及配套饲养技术”,引进良种肉牛的冻精颗粒与鲁西黄牛进行杂交。1997年后,引进高产奶牛及冻精细管进行人工授精。2005年全区20头肉牛以上的规模养殖户16户,存栏20头以上的奶牛专业户7户;全区良种肉牛、高产奶牛的人工授精改良面分别达到90%和95%以上。

莱芜黑山羊 1995年至2000年,“莱芜黑山羊保纯选育”“莱芜黑山羊高繁品系培育及配套技术研究”“莱芜黑山羊杂交改良示范”等课题列入省、市科技计划。经4个代次的定向培育,不仅保存莱芜黑山羊体形大、产绒量高、耐粗抗病、肉质好的特点,而且繁殖性能有很大提高,经产母羊年产羔率311.40%,双羔率77%。2001年莱芜黑山羊育种研究所以黑山羊为基础,引进导入波尔山羊血液,通过横交固定,定向培育产肉性能优良的鲁波山羊新品系,经产母羊产羔率300%,8月龄体重30公斤以上,屠宰率48%。2002年在黄庄镇青冶行村搞试点,以莱芜黑山羊及鲁波山羊(莱芜市黑山羊研究所培育)为重点,大力推进波尔山羊杂交改良,杂交羊6月龄育肥体重25公斤,比普通本地羊在相同时间内育肥增重提高90%以上。2002年12月,课题研究成果通过省级鉴定,整体技术水平达到国内同类研究领先水平。

莱芜黑山羊 (2003年 摄)

莱芜黑鸡　俗称柴鸡。1998年至2002年，历时5年选育完成莱芜地方鸡优质新鸡种，定性优质莱芜黑鸡肉用型、蛋用型2个品系。2002年12月，“优质型莱芜黑鸡新品系选育与开发”项目通过省成果鉴定，在国内率先进行优质地方蛋鸡和黑羽小型肉鸡选育。2005年拥有育种核心群3000套，可繁育群6000套，年向社会提供优质鸡苗150万羽，生产优质肉黑鸡80万只，优质蛋鸡40万只，发展规模化舍饲、规模化生态养殖、小规模散养等多种形式的养殖大户70户。

莱芜黑耳长毛兔　境内饲养的肉食兔——莱芜黑兔为当地土品种兔，只重2.50公斤～3公斤，胎产仔6只～8只，在民间进行人工选择，无系统选育。1980年至1982年，进行“长毛兔预产期内诱发母兔定时分娩试验”，产仔有效率94.50%，定时分娩比自然分娩成活率提高40%以上。1985年至1990年，进行“控制家兔性别的生产试验”，增加母源，也使采毛量大为提高。1990年至1994年，莱芜市畜牧兽医科研所承担的“粗毛型长毛兔新品系培育”试验研究，成年兔粗毛率17.52%，年均产毛量1241克，体重4425克，长毛兔在黄庄、颜庄和辛庄等乡镇养殖。1996年至2000年，进行“粗毛型长毛兔配套系培育”，培育的父系和母系2个新品系杂交商品兔成年体重5.57公斤，年均产毛1.73公斤，粗毛率22.60%。2000年12月，通过省级鉴定验收，主要技术指标达到国内领先水平，获山东省科技进步三等奖。1998年至2001年，进行“莱芜高产黑耳长毛兔品系培育”，经四世代选育而成的成年兔平均体重5896克，年均产毛1835克，粗毛率21.25%。此种黑耳长毛兔具有独特外貌特征：全身皮毛除鼻尖、耳尖“三点黑”标记鲜明外，全身其它部位呈白色。2001年12月，经省级现场测试鉴定，其科研成果达到国际先进水平。2002年获山东省科技进步三等奖，2004年获国家发明专利，2005年获山东省发明专利一等奖。

良种养殖场

自1993年，区、镇两级推进农业科技示范园（区）建设。建设科技含量高、品质优良，具有一定示范、辐射作用的良种养殖场。

1986年城子坡镇逯家庄村村民周立文，担任队办养鸡场场长。1990年承包了养鸡场，并投资3000元购置新的蛋鸡苗。至2005年，育有京白、288、579、海代克斯、红布罗、罗曼和海赛等优质种蛋鸡10余个品种，每年向孵化场提供种蛋10万枚。

1999年钢城区鑫蕾养殖场建成。至2005年，每年出栏肥猪2000头，推广大约莱母猪200头，为社会养殖户提供仔猪1000头。

2002年莱芜天成兔业公司在清泥沟村建成，主要饲养肉兔、獭兔。肉兔有新西兰、沂蒙白、塞北兔、日本大耳白、七点黑和青紫蓝等4000余只；獭兔有黄獭、黑獭、灰獭、红獭和七点黑等1500余只。每年向社会提供肉兔、獭兔8万余只。

2004年陈家庄村王佐堂扩建养殖场。2005年出栏商品育肥猪2500余头，推广双肌臀大白猪种猪100头，提供仔猪1500头。

良种示范园区

1997年3月，南金水河村成立莱芜市钢城区南金水河蛋鸡养殖场。村民张学琴蛋鸡养殖场存栏海兰褐优质蛋鸡5000只。2005年存栏海兰褐蛋鸡达到2万只，其中产蛋鸡1.60万只。

1998年方家庄村民吴茂山在本村南岭建养猪场1处，占地8800平方米，当年引进纯莱芜黑猪4头（1公3母）、野猪（潍坊安丘引进）4头（1公3母）。

逯家庄周立文养鸡场　（2003年　摄）

采取放养和圈养相结合的方式，自繁自养并不断扩大规模。2005年存栏莱芜黑猪300头,其中种公猪1头、能繁母猪8头;存栏野猪30头。

1998年南金水河村民张学明投资建蛋鸡养殖场1处,占地2亩,当年存栏蛋鸡3000只,主要是海兰褐和罗漫粉品种。后每年向社会提供优质鸡蛋4万公斤~5万公斤,并带动黄庄一村、黄庄二村、霞峰村、北金水河和杨家大峪等村发展蛋鸡养殖场7处。2005年养殖场占地20亩，鸡舍面积7200平方米,引进良种蛋鸡花凤鸡1万只、海兰白2万只。

至2005年,全区共建成科技含量高、品质优良,具有一定示范、辐射带动作用的养殖示范园区12家。

第四节　畜禽疫病防治与动物检疫

疫病种类

境内猪常见疫病有猪瘟、猪丹毒、猪肺疫、猪链球菌病、仔猪白痢、红痢、黄痢、螺旋体、猪气喘病、弓形体和附红细胞体等。鸡常见疫病有鸡瘟、鸡霍乱、鸡痘、马立克、产蛋下降综合症、鸡白痢、鸡传染性鼻炎、鸡传染性喉炎、肾型传支、大肠杆菌病、禽流感和鸡球虫病等。牛、羊常见疫病有布氏杆菌病、结核病、牛流感和炭疽等。兔常见疫病有兔球虫病、兔瘟和兔干爪病等。可使猪、牛、羊等多种动物感染的有牲畜口蹄疫;可使鸡、鸭、鹅等家禽感染的有禽流感。

防治措施

中华人民共和国成立前，境内畜禽防疫无专门机构,药物缺乏,一旦疫病蔓延,仅靠民间兽医用针扎或用土法治疗。

20世纪50年代末,境内畜牧兽医站组织民间兽医在农村注射疫苗。60年代，以公社兽医站为主,雇用防疫员组成防疫队,分别到各生产大队防疫,防疫率达到60%以上。70年代后,各管区均配备兽医网长,大队配兽医员、防疫员。1974年后,对猪、羊、禽实行合作医疗制度。

20世纪80年代,农村实行家庭联产承包责任制后，防疫主管部门对养殖专业户开展大规模的培训工作,形成“自防为主,乡镇兽医站补防为辅,市、区统一供应疫苗,定期监督检查”的防疫格局。1980年至1998年,猪、鸡、兔、犬的防疫密度分别稳定在97%、92%、90%、90%以上,猪、鸡、大牲畜的死亡率控制在5%、10%、1.50%以内。

2002年至2005年,全区对牲畜口蹄疫、禽流感疫病(统称为动物重大疫病)实行“预防为主”的方针,由市畜牧局统一购买防疫物资,疫苗、耳标、耳号钳和消毒药等,经费全部由政府承担,无偿为养殖户服务。全区牛、猪、羊的口蹄疫防疫密度分别为100%、97%、95%以上，耳标配带率达到100%。禽流感防疫密度达到规模养殖户100%、社会散养户90%以上。

动物检疫

20世纪70年代,农民自用、自售或进行宰前检疫。80年代中期,肉类市场开放,重点实行宰后检验。1998年1月1日,《中华人民共和国动物防疫法》正式施行,防疫、检疫工作进入新阶段,更加规范、严格。2005年全区检疫动物285万头(只)、动物产品6711吨,检疫染疫动物2520头(只)、动物产品616公斤;猪、牛、羊的出栏检疫率90%以上,查处违法经营染疫畜产品窝点3处。

重大动物疫情防控

2003年9月，颜庄镇唐家宅村发生猪口蹄疫疫情，当地政府主动组织管控，共扑杀同群猪68头。2004年国内部分省、市暴发高致病性禽流感。为加强防控，钢城区成立防控高致病性禽流感病指挥部。各级政府和畜牧部门按照“政府部门保密度、业务部门保质量”的要求,认真落实强制免疫、消毒灭源、疫情测报等防控措施,防止动物重大疫情的流行。

第六章 农机具

第一节 传统农具

耕种工具

境内农家传统翻地整土工具有镢、锨、犁、耙和荡耙等。20世纪50年代后，逐步引进新式步犁、悬挂犁和圆盘耙等。传统播种工具有耧、砘等。60年代后，逐步引进播种机等。

镢　分大镢、小镢、条镢、板镢和山镢等，为农家必备工具，户有2张～3张。

锨　有木、铁两种，是农家必备工具，户有1张～2张。

耙　少数农户具备，由畜力或人力牵引。生产队集体有一定数量的耙。20世纪90年代后，逐渐淘汰。

荡耙　分铁齿、木齿两种，农户必备工具，户有1把～2把。

牛轭　俗称索头、耕襻、驭牛鞭等，一般随犁、耙配备。

犁　分有犁臂、无犁臂两种。前者使用广泛，后者仅适应于山区瘠薄地；畜力或人力牵引。20世纪50年代后，逐渐被新式步犁、双轮犁取代。

新式步犁　有7寸和10寸两种，畜力牵引。20世纪50年代后期，广泛使用。70年代后期，被机引犁取代。

双轮双(单)铧犁　1952年引进，双轮双铧犁需3头牲畜牵引，境内未能普及。双轮单铧只需两头牲畜牵引，使用较普遍。

机耙　1961年引进46片圆盘耙，后又逐步增加24片、20片、18片、16片缺口耙。其中16片缺口耙使用较普遍。

耧(耩子)　历来有单腿、双腿耧两种，人力或畜力牵引。20世纪70年代后，增加三腿、四腿耧等类型并广泛使用。后逐渐被播种机取代。

砘车　有单行、双行、三行砘车3种。20世纪60年代前，使用广泛，后逐步淘汰。

锄耘工具

农家传统锄耘工具是锄，户有2张～3张。1951年引进耘锄，用人力、畜力牵引，多用于玉米、谷子等作物的中耕除草，使用较广泛。20世纪90年代后，耘锄逐步淘汰。

轴木轮手推车　（2005年　摄）

四铧犁　（2005年　摄）

灌溉工具

农家传统提水工具有桔槔、戽斗(俗称撇子)、辘轳等,其中以辘轳较普遍,有倒罐、鸳鸯罐等,历来为主要灌溉工具。

收割工具

农家传统收割工具是镰刀,每户3把~5把。

脱粒工具

农家传统脱粒工具是碌碡、杈、筢、扫帚、簸箕、木锨,家家具备,数量不等,富裕家庭备有扇车。

运输工具

农家传统运输工具是手推车。早期的手推车是轴木轮。1958年后,逐步改换为轴承胶轮。20世纪60年代,部分生产队有地排车或马车。

植保工具

1950年引进手动喷雾器。1952年引进手动喷粉器。在农业合作化运动中,喷雾器、喷粉器的数量均有较大增长。1958年后,境内基本普及。

第二节　农业机械

耕耘机械

1956年境内引进新式步犁,这种犁轩辕前边装有托轮,既可以使牵引省力又可以控制深浅。1957年引进双轮双铧犁,因畜力难以牵动,使用时间不长便废置。20世纪60年代后期,引进悬挂犁,有重四铧犁、轻四铧犁、悬挂三铧犁、深耕一铧犁、深耕二铧犁、深耕三铧犁和小铧犁等,用拖拉机牵引,其中悬挂三铧犁和小二铧犁发展较快。

1967年境内购进2台潍坊产的铁马8型和铁马6型拖拉机。1970年颜庄公社有5台拖拉机,共27.93千瓦。1975年颜庄公社有60台拖拉机,共1243.63千瓦。拖拉机随之都配上悬挂犁、圆盘耙和播种机,特别12马力拖拉机既可耕作又可运输,以其操作简单、灵活方便的特点,深受农民喜爱,发展最为迅速。

2005年全区拖拉机保有量2217台,大、中型作业机械1189台,耕耙播种基本实现机械化。

播种机械

1962年境内引进24行播种机,后逐步推广。规格主要有24行、11行、9行3种,以9行较为普遍,用拖拉机牵引。

排灌机械

20世纪50年代中期,境内引进解放式水车,用人力推或畜力牵引。60年代,推广手摇水车,比较轻便省力。1962年颜庄公社开始购进1台柴油机、5台汽油机、10台水泵,用于浇地。1982年颜庄公社水泵数量达到382台(2.27万千瓦)。90年代后,全区不少农户拥有3.50马力的小抽水机,搬动使用较为灵便。

收割脱粒机械

20世纪60年代,小麦脱粒用拖拉机牵引连环震压器压场脱粒。1970年引进国产小型脱粒机和扬场机。80年代,使用“四清脱粒机”,均用汽油机或电动机带动,小麦收割后不用晒干就能脱粒。90年代,引进联合收割机,使收割、脱粒全过程一次性完成。

2005年全区有14台联合收割机用于大的地块小麦收割,但一些小地块仍用镰刀收割。自90年代后,引进小型手摇式玉米脱粒机,完全靠手脱玉米粒成为历史。

运输机械

20世纪70年代至80年代,拖拉机成为境内农村主要运输工具。后农用三轮车、汽车逐步增加。2005年全区有农用三轮车2680辆、2.87万千瓦,农用汽车332辆、1.30万千瓦。

小型小麦脱粒机　　(2005年　摄)

1962～1984年颜庄公社机电设备配用情况统计表

表5－6－1

年份＼项目	拖拉机		水泵	脱粒机	动力机械		柴油机		汽油机		电动机		全年用电（千瓦时）
	台	千瓦			总台数	千瓦	台	千瓦	台	千瓦	台	千瓦	
1962	—	—	10	—	—	—	1	8.82	5	26.46	—	—	—
1970	5	27.93	—	—	119	917.28	49	363.09	24	64.68	28	445	11.50
1971	8	51.45	—	—	421	1852.94	28	326.34	4	16.91	245	696	13.40
1972	—	—	—	—	305	2732	73	693.11	44	118.34	76	1096	26
1973	13	376.32	161	49	459	4549.65	108	1041.50	49	127.16	128	2041	92.50
1974	52	815.12	192	78	514	4731.93	119	1056.20	53	137.45	136	1924	62.40
1975	60	1243.62	233	109	602	7158.17	146	1390.62	55	147.74	324	5768	88.50
1977	103	1869.11	265	157	606	5439.74	159	1617	63	179.34	384	4957	100.50
1978	170	3145.80	348	184	786	7423.50	191	1969.80	72	196.25	523	7153	425
1979	215	4105.71	369	240	824	7183.16	195	1968.33	82	242.55	547	6765	332
1982	324	7404.39	382	351	—	22651.97	217	2087.40	77	226.38	685	—	—
1983	334	7739.55	367	363	—	18343.40	208	2128.56	83	218.30	588	8002	—
1984	371	8459.85	383	490	—	20837.25	212	2163.84	125	211.68	680	7410	542.20

1993～2005年钢城区农村用电及机械情况统计表

表5－6－2　　单位：万千瓦时、千瓦、台

年份＼项目	用电量	机械动力	柴油机动力	汽油机动力	电动机动力	拖拉机	大中型作业机械	小型作业机械
1993	1142	35197	3071	80	13215	1270	326	922
1994	1342	42345	447	22	1955	1491	1231	920
1995	1665	60610	15194	150	11129	2038	348	616
1996	1796	73835	7037	2900	21556	2254	111	493
1997	1507	83484	7114	3682	21886	2291	139	621
1998	1641	888693	7122	3784	25630	2281	315	649
1999	1765	82065	7582	3856	20414	1874	191	651
2000	1812	103481	8904	3856	20414	1874	191	651
2001	1982	118839	66219	25497	24497	2061	1046	829
2002	2037	120312	80392	12904	26386	25633	1174	945
2003	2355	140129.20	97376.20	3885	26386	2211	1189	960
2004	3480.10	140129.20	97376.20	3885	26386	2211	1189	960
2005	2856.50	140294.20	97541.20	3885	26386	2217	1189	960

第六编

工　业

GONGYE

鲁顺冶金材料公司

第一章　早期工业　国营社队工业

第一节　早期工业

唐代，境内即有采矿、冶炼业。

明朝，境内的手工业发展较快，农村中的"五匠"（木匠、铁匠、石匠、泥瓦匠、织布匠）和"六坊"（染坊、磨坊、油坊、粉坊、馒头坊、豆腐坊）颇有影响；罗汉峪村的石匠，三岔河村的酿酒坊，官庄村、南朱家庄村的染坊、油坊和屠宰坊等已颇有名气；纸坊村因村内有造纸坊而得名。嘉靖年间，石家岭村石姓、北通香峪村赵姓的蜡条编和紫穗槐条编有一定规模，编制的三系筐、抬筐和小车篓等销往新泰和蒙阴等地。明末，霞峰村李氏、张氏用柳条编制的簸箕、篼子和簸箩子等在境内外畅销。

清乾隆年间，西沟村人亓芳藻在村内建成房屋30余间，前后三进院落，前为酒店，后为油坊，为境内最早且规模较大的加工业作坊。

清道光年间，泰安人杨纯来到颜庄发展制锡业，以锡为原料，加工蒸酒锅、酒壶、酒盅以及陪葬品等，制作的蒸酒锅因经久耐用且蒸出的酒质量好而享有盛誉，成为颇有名气的"杨家制锡业"。锡制产品除在境内销售外，还销往新泰、蒙阴、淄博和章丘等周边地区。

清光绪年间，章丘人鄢氏来颜庄村从事银炉业，生产银质头饰、项链、耳坠和戒指等装饰品。后有新泰人李明和逃荒到颜庄，拜鄢氏为师学习银器制造，并成为掌门弟子，后携两子立起"李家银炉"门头。

清光绪年间，唐家宅村人许光庆逃荒到沂水界湖村，拜师学成苇笠编织手艺，回乡后即以编苇笠为业，同村人段善德等相继学成，后苇笠编织业成为全村传统产业。

民国时期，小官庄、高家岭两村几乎家家织布，仅小官庄村就有织布机90余台，所织的布质量较好。曾流传一首歌谣："小官庄的白布三岔沟的毡（质量好），斜里村（即后来的辛庄镇兴隆庄村）的槐木等不得干（用槐木制作的手推车销路好）"。

清代，潘西一带煤炭得到开采。民国时期，煤炭开采渐成规模。1933年10月，郑岱林、聂子衡2

杨家锡器制品　　　　（1998年　摄）

人主持兴建周家坡煤矿。1934年2月投产，日产煤30吨，设大柜部、班柜部，矿工100余人。有矿井2口，深13米～15米，一口井出煤，一口井排水，煤层厚1米，所采的煤为无烟煤（当地称“灰苗子”）。排水用牛皮包，运出用马拉磨车。井下自然通风，用豆油灯照明。采煤用镐、镢，搬运用人力拖拉。1935年8月，开掘一口竖井；10月投产，日产30吨；至年底，产煤3000余吨，主要销于附近村庄，吨价6元左右。

1934年2月，由姜泊元、王墨卿2人主持兴建郭家台煤矿；5月投产，日产煤100吨，有矿工200余人。地面设备有锅炉房1间，安装单筒卧式锅炉1座、绞车房1所，安装6寸气缸卷扬机1部，另有磨车架和草房数十间。矿井3口，深30米～50米，井口均为方形，用木料砌成。煤层厚1.30米，为烟煤。采煤用镐、镢，搬运用柳筐。井下自然通风，排水用水泵和牛皮包。井下工人分昼夜2班，每班12小时，日工价4角，另给馒头1斤半。木工、铁匠9人、月工资6元，零杂工30人、月工资4元。投产不久，因冒水停产。1935年2月，将水排尽，继续出煤；7月底，回采完毕，又逢雨季，井筒报废。共产煤1.50万吨，多销于当地，吨价6元左右。

清末至民国初年，养蚕、缫丝在境内颜庄一带较为普及。缫丝的主要工具是人力脚踏丝车，俗称大框，操作简便，但抽丝不均匀。所产丝每两销售2角～3角。1941年野虎沟村民李明仁办起缫丝厂，雇员53人，设茧灶4个、大框1个、小框20个，年产丝25箱。

清代，民间烧石灰用自己开采的石灰石，装入土窑，用木柴烧成。制造砖瓦靠手工操作，木模制坯，天然晾晒，坯干后在马蹄窑中用木柴烧结。产品多销往附近村庄，少量销往周边县区的村庄。

至1935年，境内涉及加工、制造及开采等行业门类10余种，有厂家、手工业作坊20余家。

第二节　国营社队企业

发展概况

1952年根据国家对白酒酿造实行专营的方针，莱芜县在颜庄村建起国营颜庄酒厂，年产白酒50吨。1956年停办。

1955年2月，根据国家关于对个体手工业实行“利用、限制、改造”的方针，境内颜庄区、黄庄区将个体经销户集中起来分别成立供销合作社（颜庄区设立采购站和郑王庄、朱家庄2个门市部）；颜庄区将张家岭、玥庄、马官庄、里辛和澜头等村的铁匠、木匠集中起来成立颜庄铁业社和木业社；黄庄区将东丈八丘、东王家庄等村的铁匠、木匠集中起来成立黄庄铁业社和木业社。铁业社、木业社统归供销合作社管理，为公私合营性质。1956年工商业社会主义改造完成，改为集体工业性质。1958年成立人民公社后，铁业社和木业社合并为农机具修配厂，简称农具厂，成为社办工业。

1958年“大跃进”时期，境内大搞“土法”炼铁项目，全民“大炼钢铁”，建造各式小高炉和“一脚蹬”“土法”炼铁，建起颜庄冶铁厂、域子坡铁厂、寨子铁矿和颜庄铁矿。1959年颜庄冶铁厂停办。1960年至1961年，“大炼钢铁”的热情降温，境内各铁厂和铁矿都停办。为贯彻中共中央关于对国民经济“调整、充实、巩固、提高”的八字方针，对企业进行合并，对职工精简下放，颜庄酒厂并入农具厂，农具厂职工由300人精简为30人。20世纪60年代初期，颜庄公社有周家坡煤矿、颜庄农机修配厂、东泉石料厂和颜庄砖瓦厂等。黄庄公社有黄庄（洪沟）煤矿、黄庄农具厂、黄庄酒厂和黄庄砖瓦厂等。

1970年全国北方地区农业会议提出“要发展社队企业，为农业机械化积累资金”的要求，境内社队企业利用国家指令性计划体制有所松动的外部条件，在经营规模上有突破性进展。1970年1月，山东省“七〇一”工程指挥部建立，对地方工业发展有一定推动作用。1978年中共十一届三中全会以后，社队工业摆脱了单纯为农业服务的旧模式，利用本地资源发展多种经营，并不断推行多种形式的经济责任制，增强了企业活力。1987年10月15日，境内落实鼓励村干部大力发展村办企业的政策，对村干部日常行政事务补贴、集体工副业发展奖励和突出贡献奖励均作了具体规定；同年，境内社办工业企业有21家，其中，颜庄公社有17家、黄庄公社4家。

企业简介

颜庄公社农具修造厂　20世纪50年代，在铁木业生产合作社的基础上逐步形成。1959年占地面积8000平方米、厂房面积2500平方米、职工95人、固定资产38万元。主要产品有热动力式疏水器、内螺纹截止阀、全铜热水嘴、1.50吨农用挂车、扁管散热器片、中小型农具、木制家具及各种铸铁件、铸铜件等。

颜庄煤矿　1969年建成投产，位于颜庄村南，占地0.59公顷，总投资200万元，其中固定资产150万元，有职工410人，主要设备14台(套)。煤种为烟煤，地质储量221万吨，可开采量133万吨，服务年限30年，有一口竖井和一口斜井，年产煤4.30万吨。

里辛煤矿　1968年8月建井，位于里辛村西，占地面积5公顷，建筑面积为5679平方米，总投资120万元，其中，固定资产110万元，有职工275人、设备11台(套)。煤种为烟煤，地质储量572万吨，开采煤层为19层，可开采量189万吨，服务年限30年，有一口竖井和一口斜井，设计年产量3万吨，年产煤0.90万吨。

岱山煤矿　1979年利用周家坡煤矿因资源枯竭停产后的人员、设备建立，有职工516人，占地面积2.76公顷，地质储量379万吨，可采储量244万吨，年生产能力8万吨，服务年限30年。

潘家庄煤矿　1983年11月建立，由颜庄公社利用潘西煤矿一口水淹报废煤井重建而成，投资140万元，地质储量89.60万吨，可采储量33.50万吨，设计年生产能力6万吨。有职工302人、固定资产79.40万元。

南下冶煤矿　1984年10月建立，占地3.67公顷，投入151万元，职工315人。地质储量108万吨，可采储量80万吨，设计年生产能力3万吨，服务年限26年。

颜庄炭黑厂　1977年建厂，占地2公顷、固定资产94万元、流动资产165万元。主要产品为以煤焦油、蒽油为原料生产的高耐磨炭黑，年生产能力1000吨。1979年增加印刷项目。1985年3月，确定为福利厂，安排46名残疾人员就业，共有职工123人。

颜庄铁矿　1979年以前，为莱钢7024矿铁铜沟矿区，因矿石品位低、含硫量高等原因，于1979年停产。1980年颜庄公社组织开采，取名颜庄铁矿，并增加磁选工艺。占地面积36072平方米、厂房面积933平方米，有职工184人、主要设备99台(套)、固定资产110余万元；同年，生产铁精粉1.70万吨、硫粉3000吨，完成产值120万元，实现利润26.40万元。

颜庄水泥厂　1970年由颜庄公社清泥管区建立，生产能力2000吨。1976年由颜庄公社接管。1981年进行扩建。1982年7月1日正式投产，年设计能力2万吨，主要生产325号、425号2个标号的矿渣水泥。总投资175万元、占地面积1.55万平方米、职工250人。

颜庄五金厂　1973年由颜庄公社建筑队以里辛煤矿机修车间为基础投资建厂。1974年投产，有职工132人。1978年前以生产圆钉、车圈和汽车配件为主，年产值10余万元，自1978年，生产建筑五金产品，年产量400万件。1985年改建为汽车配件厂。

颜庄汽车配件厂　1985年由颜庄五金厂改建而成。有职工70人，占地面积10147平方米，建筑面积1300平方米，主要设备20台(套)、固定资产43万元。

颜庄木器厂　1985年在打井队基础上建立。建筑面积76.50平方米、占地面积1.33公顷，有职工102人，其中，木工53人，固定资产27.40万元。

颜庄服装厂　1970年由清泥管理区建立缝纫组被服厂，由十几名缝纫工自带缝纫机进行零活加工，后逐步加工商品服装。占地面积4760平方米、职工83人、固定资产14万元、流动资产23万元，年加工服装5万件。

颜庄刺绣厂　1984年建厂，占地2000平方米、职工40名，年生产手套3.40万副、服装3000件、绣品2000件。

颜庄陶瓷厂　1977年利用里辛煤矿报废煤井的场地、房屋建成。以生产日用陶瓷为主，由于产品滞销，1984年转产耐火材料。

颜庄耐火材料厂　1984年由颜庄陶瓷厂转产而成。职工183人、固定资产78.80万元。能生产普通及特异型耐火砖70余种，年产量3500吨，产品供应莱钢。

颜庄劈铁队　1981年建队，有职工46人，主要是为莱钢进行废钢铁加工，年加工量5000吨。

黄庄农业机械修理制造厂　20世纪50年代，在铁木业生产合作社的基础上逐步发展而来。1970年有职工27人，其中，国家派驻干部1人，全年工资总额0.98万元。年产铁制农机具3977件、工业总产值5.90万元。

丈八丘煤矿（黄庄煤矿、洪沟煤矿）　地址在丈八丘村。1933年始建，重建于1966年6月，为村办工业。1967年8月，转为社办工业称洪沟煤矿。有职工200人，年产无烟煤2575吨、工业总产值2.24万元。1980年称黄庄煤矿。有职工200人，年产无烟煤30150吨，工业总产值4.35万元。

官庄铁矿　1983年建立，年产铁矿石2000吨。

黄庄被服厂　1983年建厂，当年加工服装8000件。

第二章　乡镇企业

1984年公社改设为办事处（黄庄公社改称黄庄区），以公社所辖的管理区为单位设立乡镇。1985年9月起，撤销办事处（区），并将小乡镇合并为大乡镇，颜庄办事处的7个乡镇合并为颜庄镇、里辛乡和城子坡镇，黄庄区改设为黄庄镇。随着乡镇机构的确立，社（办事处、区）办企业遂改称为乡镇企业。乡镇企业还包括村办、户办和联户办的各类企业。

撤处（区）并乡后，颜庄办事处根据“一分为三”的现实，处办企业与办事处的其它资产，一并按当时的账面资产净值按人口（88808人）分配到3个乡镇。处办企业原则上按所在地域归属有关乡镇，并按划归企业的合计净资产与人口应分资产进行弥补。

1986年9月，以颜庄镇、城子坡镇和里辛乡3个乡镇的企业为主体成立莱芜市第二实业股份有限公司，3个乡镇作为第二实业公司的股东，股份比例按各乡镇的人口比例确定，第二实业公司的企业性质仍为乡镇企业。第二实业公司成立后，各乡镇重新起步发展乡镇企业。

1993年1月建区后，各乡镇、第二实业公司及钢城企业集团公司按照区委、区政府关于“为莱钢服务，靠莱钢发展”的经济发展思路，发展为莱钢服务和与莱钢配套联营的工业项目。

1998 年始，对企业进行改制，随着工作的深入开展，乡镇集体企业逐步改制为民营企业。

第一节　乡镇办工业

1985 年 11 月至 1986 年 9 月，各乡镇大力发展工业企业。颜庄镇有镇办工业企业 7 家：颜庄煤矿、岱山煤矿、潘家庄煤矿、南下冶煤矿、炭黑厂、农具厂和劈铁队，皆由社办企业转变而来。1986 年 9 月，这些企业归属第二实业公司。此后，镇内兴办了木器厂、食品厂和酒厂等企业。

城子坡镇有镇办工业企业 3 家：水泥厂、服装厂、城子坡铁矿。其中，水泥厂、服装厂是由社办企业转变的，城子坡铁矿是 1985 年建成的。1986 年 9 月，水泥厂、服装厂归属第二实业公司（水泥厂更名为莱芜市第四水泥厂）。此后，镇内兴办了第二铁矿等企业。

里辛乡有乡办工业企业 7 家：里辛煤矿、铁铜沟铁矿、汽车配件厂（拖配厂）、木器厂、刺绣厂、耐火材料厂和潘北煤矿（与潘家庄村联办）。1986 年 9 月，这些企业归属第二实业公司。此后，乡内兴办了齿轮厂、机械厂等企业。

黄庄镇共有工业企业 4 家：黄庄钢窗厂、岩棉厂、服装厂和机械厂。

寨子乡共有工业企业 3 家：铸造厂、福利铸造厂和石料厂。

到 1992 年，境内有乡镇办工业企业 29 家，拥有职工 1814 人、固定资产 1110.10 万元，年实现工业产值 3958.60 万元，实现销售收入 3077.20 万元、利润 223.30 万元。

1992 年境内乡镇办工业企业基本情况统计表

表 6－2－1　　　　单位：人、万元

乡　镇	企业名称	职工人数	固定资产	产　品	产　量	工业产值	销售收入	利　润
城子坡镇	轧钢厂	115	163	圆钢	1021 吨	1277	671	11
	铸造厂	30	71	铸件	1118 吨	145	99	5
	铁矿	40	12	矿石	22000 吨	144	200	11
	第二铁矿	170	88	铁精粉	11416 吨	175	500	18
	小计：4	355	334	—	—	1741	1470	45
颜庄镇	塑编厂	30	38	纺织袋	80 万米	50	49	5
	砖厂	50	47	砖	500 万块	40	40	3.50
	油膏厂	50	15	油膏	500 吨	56	55	6.50
	洗煤厂	85	42	精煤	1.2 万吨	350	330	32
	铸造厂	50	25	铸件	200 吨	32	28	2.50
	预制厂	50	35	预制件	1200 立方米	38	37	3.20
	石灰粉厂	40	30	石灰粉	4000 吨	35	35	28
	酒厂	30	58	果酒	400 吨	41	41	2.40
	塑料包装厂	65	24	包装袋	500 万只	44	42	3.40
	木器厂	30	15	家具	1500 件	22	21	2.10
	食品厂	25	14	糕点	150 吨	26	25	2.50
	小计：11	505	343	—	—	734	703	91.10

续表 6－2－1

乡　镇	企业名称	职工人数	固定资产	产　品	产　量	工业产值	销售收入	利　润
黄庄镇	钢窗厂	44	15	—	—	50	42	6
	岩棉厂	46	10	—	—	55	12	2
	服装厂	23	7	—	—	28	6	2
	机械厂	31	11	—	—	38	1	-4
	小计:4	144	43	—	—	171	61	6
里辛乡	机械厂	170	55	圆钢	400 吨	650	532	55
	铸造厂	40	40	—	—	150	100	9
	齿轮厂	150	28.90	—	—	50	20	3
	里东煤矿	228	115	原煤	10000 吨	93	70	2
	保温厂	35	15	—	—	72	30	6
	拖配厂	60	18	—	—	35	20	3
	石料厂	20	10	—	—	50	20	3
	小计:7	703	281.90	—	—	1100	842	81
寨子乡	铸造厂	77	103	铸件	600 吨	211.40	—	—
	福利铸造厂	10	0.20	铝制品	—	1.20	1.20	0.20
	石料厂	20	5	石子	10000 立方米	—	—	—
	小计:3	107	108.20	—	—	212.60	1.20	0.20
合计:29		1814	1110.10	—	—	3958.60	3077.20	223.30

1993 年 1 月建区后，乡镇办企业重点发展为莱钢服务、与莱钢配套以及联办联营的企业项目。镇办工业有的不断发展壮大，有的因受资金、技术、管理和市场需求等因素影响，日渐萧条。至 1998 年，全区乡镇办工业有 32 家。

城子坡镇 5 家：钢城金矿、精细化工厂、冷轧带钢厂、福利白灰厂和轧钢厂。

颜庄镇 12 家：塑料油膏厂、保温材料厂、九龙机械厂、鲁顺冶金材料公司(联营)、金刚石工具厂、预制厂、洗煤厂、防腐工程公司、铸件厂、塑料包装厂、石灰粉厂和石灰精品厂。

黄庄镇 4 家：机械厂、岩棉厂、钢窗厂和莱芜市复合轧辊厂(联营)。

里辛镇 6 家：石料厂、网架厂、机械厂、鲁港网架结构公司、保温材料厂和模锻厂。

寨子乡 5 家：铸造厂、双泉酒厂、钢都金属公司、志胜冶金材料公司和义和金属公司。

1998 年进行企业改制，乡镇办企业逐步改制为民营企业。

第二节　莱芜市第二实业股份有限公司

1986 年 9 月，以颜庄镇、里辛乡和城子坡镇 3 个乡镇的乡镇办企业为主体成立莱芜市第二实业股份有限公司(简称第二实业公司)，3 个乡镇为公司的股东，股份比例按各乡镇的人口比例确定，是家以煤炭、冶金、化工、机械加工、装卸运输和建筑

安装为主的综合性企业集团，有下属企业19家，有固定资产1000万元、年产值1000万元、利税100万元。其中工业企业16家：颜庄煤矿、潘家庄煤矿、南下冶煤矿、岱山煤矿、里辛煤矿、炭黑厂、农具厂、铁铜沟铁矿、汽车配件厂、木器厂、刺绣厂、耐火材料厂、水泥厂和服装厂等。后公司陆续投资改造和兴建了部分企业，主要有磁性材料厂、白水泥厂、粉末冶金厂、楔横轧制厂、粉末冶金制品厂、颜庄洗煤厂、金刚石工具厂、无缝钢管厂、冷轧螺纹钢厂和焊管厂等。

1992年共有工业企业21家。其中，年产值100万元以上的18个，涉及煤炭、化工、铁矿石、五金、服装和机械加工等10余个行业。年产原煤17万吨、炭黑1700吨、矿渣硅酸盐水泥2.23万吨、钢渣白水泥1800吨、耐火材料1.14万吨及铁精粉2万吨。固定资产9136万元，职工人数4000余人，年实现工业产值8000余万元、销售收入6000余万元、利润1000余万元。

1992年莱芜市第二实业公司下属工业企业统计表

表6-2-2　　单位：人、万吨、万元

企业名称	职工人数	产　品	固定资产	年产量	年产值	年销售收入	年利税
洗煤厂	50	精煤	110	1.40	247.10	165	—
岱山煤矿	590	原煤	842	4.31	459.30	509	78.70
潘家庄煤矿	622	原煤	710	4.25	531	369	67.70
南下冶煤矿	360	原煤	601	2.92	407.30	308	56.20
里辛煤矿	401	原煤	1059	4.25	667.50	463	78.90
潘北煤矿	189	原煤	199	1.41	130.30	106	6.90
铁铜沟铁矿	50	矿石	122	1.03	149.30	176	19.80
水泥厂	297	水泥	671	2.23	318.30	436	61.90
耐火材料厂	326	耐火砖	1009	1.14	666.60	573	123.40
炭黑厂	110	高耐磨炭黑	490	0.17	780.70	498	127.90
粉末冶金制品厂	105	粉末制件	372	—	130.50	146	15.50
楔横轧制厂	80	凸软轴毛坯	423	59.50	429.10	283	378
金刚石工具厂	80	大理石锯片	260	586(张)	435.30	389	68.30
服装厂	60	服装	240	4.60(万件)	238.60	122	9.20
白水泥厂	50	白水泥	55	0.18	92.70	62	10.10
粉末冶金厂	334	海绵铁	682	2.09	684	596	52
磁性材料厂	76	磁粉	390	0.012	272.40	233	37.10
化工厂	—	绝缘漆	—	—	—	—	—
焊管厂	150	钢管	—	6	780	—	360
木材加工厂	42	家具	60	—	—	31	—
果茶厂	—	果茶	—	0.10	600	—	80

1993年4月，确定为区直企业，并更名为山东九龙集团有限公司；同年，有下属企业30家，其中，工业企业19家，即颜庄、岱山、南下冶、里辛和潘家庄等5家煤矿，以及炭黑厂、水泥厂、白水泥厂、楔横轧制厂、化工公司、铁铜沟铁矿、农机配件厂、木器厂、金刚石工具厂、粉末冶金厂、磁性材料厂、无缝钢管厂、冷轧螺纹钢厂和焊管厂。至1997年，公司生产门类齐全，并初具经济规模，共有企业30家，拥有固定资产1.10亿元、流动资金1.50亿元、员工5050人、高中级技术人员275人。主要行业和产品有磁性材料、粉末冶金、炭黑、凸轮轴及毛坯、钢管、冷轧螺纹钢、烟煤、水泥、耐火材料、服装、机械加工、建筑安装、轿车修理、宾馆商厦、物资贸易和装卸运输等。年生产原煤5万吨、洗精煤1.50万吨、粉末冶金制件680万吨、凸轮轴48万件、磁件4900万支、焊管2万吨、还原铁粉8800吨及耐火砖1万吨。全年完成总产值3.10亿元、利税3450万元。

公司先后与30余家科研院所及国有大中型企业建立经济技术协作关系，引进开发了磁性材料、粉末冶金、楔横轧制和凸轮轴等高新技术项目，有35项工艺技术获市以上科技进步奖，7个项目列入国家、省"星火""火炬""推广"计划，水雾化钢铁粉末项目被列为国家"863"计划。3种产品填补了国家、省空白，4种产品获首届中国金榜技术博览会金奖和全国"七五"星火计划博览会金奖，3种产品被评为国家级新产品，2种产品经山东省技术监督局验收认定，质量达到国际水平。高耐磨炭黑、还原铁粉、高性能磁粉和磁芯等多种产品打入国际市场。

2004年完成企业改制。将煤矿进行资产重组成立钢城煤炭公司，不久即停产；冷轧螺纹钢厂被兼并；退出金刚石工具厂、白水泥厂、化工公司和焊管厂的股份；炭黑厂以450万元被榆林煤矿买断；其它企业全部改制为股份制或个人独资的民营企业。

第三节　村办工业

1982年境内村办工业开始兴办；同年，验货台村办起缸瓦厂，为境内较早的村办集体工业。

至1992年，全区有村办工业82家。

城子坡镇村办工业13家。周家坡3家（铸钢厂、机械加工厂和铸造厂）、陶家岭2家（东泰冶金材料厂、石料厂）、张庄6家（建筑型材厂、磁选厂、洗煤厂、空气炼钢厂、水泥厂和工矿机械厂）、宋家庄1家（社会福利配件厂）、逯家庄1家（金星炉料公司）。

颜庄镇村办工业29家。颜庄5家（洗煤厂、金刚石工具厂、砖厂、木器厂和预制厂）、西沟1家（砖厂）、南下冶2家（砖厂、带锯加工厂）、埠东2家（砖厂、石材厂）、北下冶1家（石灰窑）、莲花池2家（砖厂、硫磺厂）、黄花店1家（砖厂）、郭家台1家（砖厂）、上北港1家（砖厂）、下北港1家（砖厂）、验货台2家（缸瓦厂、釉面砖厂）、王港1家（石料厂）、西港1家（砖厂）、南港1家（石料厂）、野虎沟3家（砖厂、建材厂和石料厂）、木头山1家（砖厂）、西当峪1家（石料厂）、埠东1家（砖厂）、柳疥峪1家（果脯厂）。

黄庄镇村办工业10家。官庄2家（砖厂、福利缸瓦厂）、洪沟1家（煤矿）、下历山1家（砖厂）、仙人桥1家（砖厂）、霞峰1家（罐头厂）、青冶行1家（石料厂）、大上峪1家（石料厂）、小上峪1家（石料厂）、柿子峪1家（石料厂）。

莱芜市九龙耐火材料厂　（2001年　摄）

里辛乡村办工业18家。里辛村2家（木器厂、铸造厂）、南朱家庄2家（磁选厂、冶炼厂）、冯家庄3家（铁矿、石粉厂和钢渣厂）、茶峪1家（铸造厂）、潘家庄3家（煤矿、砖厂和潘北五金工具厂）、南赵2家（轧钢厂、玻璃纤维厂）、北赵1家（玻璃厂）、张家岭1家（白云石矿）、小官庄1家（鞭炮厂）、双龙峪2家（砖厂、铸造厂）。

寨子乡村办工业12家。寨子村3家（翻砂厂、油坊和选矿厂）、卞家泉2家（鞭炮厂、砖厂）、雁埠子1家（石料厂）、胡家宅1家（地板砖厂）、庙子1家（面粉厂）、大龙门1家（石英矿）、纸坊村1家（油坊）、西施家峪村1家（砖厂）、卧龙港村1家（手套厂）。

1993年1月建区后，各村重点发展为莱钢服务的企业和与莱钢配套、联办联营的村办企业。村办企业有的不断发展壮大，有的因受资金、技术、管理及市场需求等因素影响，日渐萧条萎缩。至1998年，全区村办企业有39家。

城子坡街道村办工业11家。周家坡铸造厂、机械加工厂和铸钢厂，逯家庄金星炉料公司 陶家岭东泰石料厂、冶金材料厂，张庄工矿机械厂、磁选厂和建筑型材厂，徐家庄福利配件厂、振兴五交化公司。

颜庄镇村办工业11家。颜庄村金刚石工具厂，疃里村石料厂、劈铁队，澜头村白云石矿，验货台钢瓦厂、面粉厂，以及黄花店、南下冶、西沟、下北港、野虎沟5家砖厂。

里辛镇村办工业13家。北赵村鲁鑫公司（与莱钢联营），南朱家庄铁铜沟冶炼厂、新型屋面结构板厂、磁选厂、铁铜沟磁件厂、银山金属加工厂（与莱钢联营）、耐火制品厂（与莱钢联营）、污泥球团厂和冶炼厂，冯家庄振兴实业公司铸造厂、附属企业轧钢厂（与莱钢联营），银山村石料厂，张家岭石料厂。

黄庄镇村办工业4家。桲椤村环宇设备厂、脱硫剂厂，洪沟村机械厂，西丈八丘村万和矿业有限公司（与莱钢联营）。

1998年开始进行企业改制，村办企业逐步改制为民营企业。

第三章　联办联营工业　服务配套工业

第一节　联办联营工业

20世纪80年代，境内开始发展与莱钢联营的工业项目。1986年第二实业公司与莱钢建工处联合兴建磁性材料厂。1987年4月，第二实业公司又与莱钢特钢厂联合成立莱芜市粉末冶金厂、白水泥厂等。

1993年1月建区后，确立了“工业立区”“为莱钢服务、靠莱钢发展”的指导思想以及“服务、配套、联合、延伸”的八字方针，把接受莱钢辐射，围绕莱钢生产发展服务配套项目和与莱钢联建联营企业项目作为全区工业发展的重点。第二实业公司、钢城建安公司及镇、村各级充分发挥各自优势，扩大服务领域，接受莱钢辐射，发展与莱钢联营的工业项目。

1993年3月，第二实业公司与莱钢供销处联建新星焊管厂，莱钢出资480万元，占总投资额的80%；九龙公司以土地、厂房入股，折合人民币120万元，占总投资额的20%。项目设计年产焊管3万吨。1994年3月建成投产。1999年生产焊管6万吨，完成产值7800万元、利税860万元。2000年改制为民营企业。2005年在岗职工人数400人，企业总资产9135万元，年产各类焊管8000吨，完成产值2563万元、销售收入2136万元。

1993年6月，钢城区与莱钢附属企业公司、炼钢厂和原料处等单位合资兴办的莱芜市联营钢渣处理厂(1992年6月，由莱芜市钢城办事处筹建)，1993年8月正式投产，固定资产700万元，设计年处理钢渣20万吨。2003年5月，改制为民营企业。2005年企业占地面积2.80公顷，厂房面积5558.23平方米，在岗职工人数191人、企业总资产2455万元、固定资产1360万元，有原料、磁选、干磨3个车间和车队，年完成产品产量34.35万吨，年销售收入3821万元、利润2150万元，上缴税金1015万元。

鲁顺冶金材料公司　　(2005年　摄)

1993年9月，颜庄镇与莱钢特钢厂联合建立鲁顺冶金材料公司。项目是特钢厂50吨电炉配套项目，是提供活性石灰、铁合金等原料的配套车间。颜庄镇疃里村以76亩土地入股，并承担部分劳务。特钢厂出资金，负责经营管理。项目总投资1400万元。1995年12月建成投产。1996年企业年产值2500万元、利税200万元。2002年改制为民营企业。2005年有职工120人，年生产炼钢用石灰4.80万吨，实现销售收入880万元、利税260万元。

1994年区委、区政府提出“让名、让利、让权”的“三让”原则，号召各级抓住莱钢扩大规模的机遇，采取区、镇、村和户多轮驱动，集体、个体并举方针，发展与莱钢联建联营项目。全区较快发展起一批洗煤、球体烧结、耐火材料、钢渣处理和复合轧辊等工业企业；年内，黄庄镇与莱钢锻压厂联合建立莱芜市复合轧辊厂，12月破土动工。1995年12月，一期工程竣工。1997年4月，转入正式生产，二期工程破土动工。1998年6月竣工；7月进行热负荷试车。占地面积3.47公顷，厂房面积3000平方米，厂区所占土地涉及西冶、洪沟和西丈八丘等村，土地款按每公顷0.81万元，共计629.20万元，作为股金由村委会参与企业利润分红。一期工程投资4226.70万元，二期工程投资2172.80万元，共计6398.50万元。黄庄镇投资50万元，西冶村投资694万元，洪沟村投资2万元，莱钢建安公司投资2200.50万元。1997年9月，钢城区为该企业争取山东省财政厅贴息贷款2000万元。主要产品复合轧辊，设计年产量1万吨。至1999年3月，共生产毛坯轧辊4178.40吨，成品轧辊1471.70吨，实现销售收入1988.20万元。

至1998年，北赵、南朱家庄和冯家庄等村先后与莱钢附属企业公司等单位联合建起了鲁鑫公

莱芜市复合轧辊厂生产车间 （2005年 摄）

司、铁铜沟冶炼厂、银山金属加工厂、三联轧机厂、耐火制品厂和附属企业轧钢厂等工业企业。

2005年6月26日，莱钢集团万和冶金建材公司与山东普阳集团公司合作开发的白云岩矿项目签约仪式举行。

至2005年，区内共发展与莱钢二级企业联办联营的工业项目16家。

第二节 服务配套工业

1993年1月建区后，区、镇和村各级及个体业户，树立"为莱钢服务、靠莱钢发展"的理念，对所属企业增加投入，进行"挖潜、技改、提高、增效"，同时，围绕为莱钢的产前、产中、产后服务，注意引进莱钢的人才、资金和技术，发展服务配套企业以及锻轧、冶炼等钢铁深加工、精加工延伸项目。至1999年，全区仅钢铁深加工企业就有40余家。

城子坡街道发挥矿产资源丰富又近靠莱钢的优势，为莱钢的生产配套搞服务求发展。至2000年，发展起38家石灰烧结厂，30户运输户和10余家球团烧结厂，年产生石灰17万吨、球团12万吨。围绕钢材销售发展起钢材经营业户11户、年营业额1.70亿元。张庄、陶家岭居委会地处莱钢腹地，居"两委"组织发展为莱钢生产提供服务和利用莱钢产品搞精深加工的项目。张庄居委会先后办起了配件厂、龙海集团公司、磁选厂、电镀厂、空气炼钢厂和工矿机械厂等工业项目，除安排本居委会560名劳力外，还安排了临近村1500余名劳动力。陶家岭居委会先后办起了铁矿、冶金材料厂、石灰加工厂、工业用气厂、汽修厂和轧钢厂等10家村办工业项目，组建了钢城区东泰实业集团公司，形成了以建筑安装、原材料加工为主的多行业并举的工业体系。2000年12月，全街道"立足实际、发挥优势做好服务"的经验在全省经济工作会议上进行了交流。

南朱家庄村依靠服务莱钢上项目发展壮大经济。1995年投资100万元，建立了集污泥处理、废料利用为一体的污泥球团厂，年生产能力3000万吨、产值900万元，达到了既服务莱钢，又壮大集体经济的目的。1996年投资100余万元办起1家冶炼厂，以莱钢的废料、钢渣为原料，通过冶炼加工变废为宝，每年加工废渣废料1200吨，年创产值400余万元。2002年南朱家庄村有村办企业11家，全村经济收入4918万元，上缴税金251万元，人均收入3962元，南朱家庄村被授予"省级文明单位"称号。

2003年6月1日，区委、区政府印发《关于培植壮大钢铁优势主导产业的意见》，提出发挥莱钢优势，建设开发分区、银山工业园和民营工业园3个园区，培植炉料供应、钢材加工、粉末冶金研发生产和钢材销售4个钢铁产业群体。至2005年，区内依托莱钢发展各类服务配套企业179家，安置劳动力2000余人，配套企业注册资金1.35亿元，年钢铁深加工能力180万吨，新材料生产能力11万吨，年销售钢材310万吨。

第四章　企业改制

第一节　经营体制改革

1984年境内企业改革启动，所有乡镇企业推行利改税，并逐步推行承包经营责任制，承包方式一般为“包死基数、确保上缴、超收多留、歉收自补”，承包期为3年。

1986年后，实行承包目标责任制，承包考核指标主要是经济指标，并辅以考核企业管理、安全生产、精神文明建设等指标。由乡镇政府每年与企业签订承包目标责任书，年底总考核，审计兑现奖惩。

第二节　产权制度改革

组织实施

1994年全区推行企业产权制度改革，区政府制定出台《关于深化企业改革加快转换经营机制的意见》《关于优势企业兼并联合困难企业几个具体问题的处理意见》等文件，采取因企制宜、先易后难和“一厂一策”的办法，逐步对乡镇以上集体企业进行了以股份制和股份合作制为主要内容的改革改制。

首先进行企业内部改革，包括实行新的用工制度，全面实行劳动合同制；企业的车间班组普遍进行定人员、定任务、定工资；部分企业对内部职能相近的机构进行合并；同时改革分配制度，加大考核力度，将考核结果与个人报酬挂钩，真正体现按劳分配原则。

1994年5月20日，区委、区政府印发《关于推进股份制工作的意见》，决定在全区推行股份制改革；28日，区内6家企业被列为股份制试点企业。9月8日，全区召开企业改革动员大会，以推行股份制、股份合作制为突破口，开展企业全面改革。区政府成立由1名分工副区长任组长、区经贸委主任任副组长，区政府办公室、外经委、经协办和乡镇企业局等7部门负责人为成员的企业改制工作领导小组。6家试点企业开始进行股份制改革的实际运作。

1995年区、乡两级利用2年时间，对与莱钢联营的有股份合作性质的13家工业企业逐个进行规范，明晰各方产权，健全经营机制，全面推行以资产保值增值为核心的资产经营责任制，从一定程度上防止集体企业资产的流失，为企业的发展注入活力。明确规定新上企业从一开始就按照股份制的模式运作，其它企业则根据不同情况，因企制宜，分别采取股份制、股份合作制、组建有限责任公司、拍卖、租赁、出售等形式。

1998年按照“优势企业搞股份，联办企业抓管理，其它企业重搞活，关键问题抓落实”的总体思路，狠抓企业产权制度改革。

2000年区内深入开展“企业改革管理年”活动，按照建立“产权明晰、责权明确、政企分开、管理科学”的现代企业制度的要求，本着“决策权、执行权、监督权分离，个人利益和公司利益挂钩，领导者素质第一”的企业改制原则，加大企业改革改制的力度。

改制形式

股份合作制　1998年完全按照股份合作制的

经营模式进行改革，先后完成莱芜市炭黑厂和粉末冶金厂等24家企业的股份合作制改造，规范企业行为，达到调动职工生产积极性的效果。

公司制　对规模较大、效益较好、发展前景广阔且符合条件的企业，以建立现代企业制度为目标，建立股份有限公司和有限责任公司。

楔横轧制厂通过募股，成立“莱芜市楔横轧制股份有限公司”，建立健全“三会一层”（股东会、董事会、监事会和经理层），企业领导班子成员相对持大股，企业法人股、集体股、个人股同股同权同利，公司总股本24.80万元，每股人民币100元，共计2480股，全部由本公司在职职工认购，股份以股权证形式确认。

将注册资本50万元~1000万元的中小企业30家生产经营企业组建为有限责任公司，由2人~50人联合出资组成企业法人。粉末冶金制品厂、耐火材料厂等企业通过此类改革方式，使企业运营产生内在动力。

拍卖租赁　对经营不善、负债率较高、无法继续经营的弱小企业，实行拍卖和租赁的办法，以此盘活闲置资产，增强企业活力。九龙公司将其下属的无缝钢管厂、磁性材料厂等企业进行拍卖租赁，盘活资产9680万元。

整体出售企业产权　将产权一次买断，债权、债务一次划转，离退休、内退等人员工资、医疗费等一次性从企业净资产中扣除，剩余净资产整体出售。企业领导班子及职工出资购买企业净资产后承担企业债权债务，全部接收企业职工，身份自然转换。

改制成果

2002年全区镇（街道）及以上集体企业体制改革全面完成，共改革改制企业94家，其中触及产权改革的企业88家，（直接改制为有限责任公司的34家、出售后设立有限责任公司的13家、拍卖或出售24家、破产17家），未触及产权制度改革的6家。

改制工业企业60家，其中，直接改制为有限责任公司的27家，出售后设立有限责任公司的4家，拍卖或出售12家，破产13家，未触及产权制度改革的4家。

直接改制为有限责任公司的27家：钢城企业集团11家（镁炭砖厂、钢塑门窗厂、机电设备厂、合金冶炼厂、电器开关厂、秦鲁机械厂、铆焊厂、服装厂、如意厨具厂、预制构件厂和化工厂）、莱钢和冯家庄联办企业2家（钢渣处理厂、凌云公司的碳素厂）、莱钢和九龙公司联办企业3家（粉末冶金厂、粉末冶金制品厂和耐火材料厂）、九龙公司5家（楔横轧制厂、里辛煤矿、南下冶煤矿、岱山煤矿和潘北煤矿）、艾山街道2家（精细化工厂、冷轧带钢厂）、颜庄镇4家（塑料油膏厂、保温材料厂、九龙机械厂、与莱钢特钢厂联营的鲁顺公司）。

设立有限责任公司4家：艾山街道的双泉酒厂、钢都金属公司、志胜冶金材料公司和义和金属公司。

拍卖或出售企业12家：九龙公司磁性材料厂（南厂）、炭黑厂和无缝钢管厂，区机关印刷厂，艾山街道的白灰厂，颜庄镇金刚石工具厂、预制厂，黄庄镇机械厂、岩棉厂，里辛镇石料厂、网架厂，寨子乡铸造厂。

破产企业13家：九龙公司水泥厂，艾山街道轧钢厂，里辛镇机械厂、鲁港网架结构公司、保温材料厂和模锻厂，颜庄镇洗煤厂、防腐工程公司、铸件厂、塑料包装厂、石灰粉厂，黄庄镇钢窗厂和莱芜市复合轧辊厂。

第五章 个体私营工业

第一节 政策扶持

2001 年 5 月，莱芜市经济开发区钢城分区揭牌仪式

1993 年区委、区政府把加快发展个体私营经济作为新的经济增长点，先后制定出台《关于加快个体私营经济发展的若干规定》《关于进一步加快个体私营经济发展的意见》等一系列文件。全区上下坚持"放宽政策、鼓励发展；提供信息、指导发展；搞好服务、扶持发展；依法管理、规范发展"的 32 字方针；7 月 17 日，区委、区政府召开全区个体私营经济工作会议，提出进一步放宽放活政策，依法保护个体工商户、私营企业的合法权益，大力发展个体私营经济。

1998 年利用 205 国道、韩莱路拓宽改造和小城镇规划建设的机遇，集中进行府前路至下家泉、鼎力化工集团至颜庄和里辛至仙人桥 3 个民营经济集中发展区的规划建设；同年，发展个体工商户 543 户、私营企业 30 家，全区民营经济纳税额占全区经济纳税额首次超过 20%的比例。

2000 年区委、区政府制定《钢城区民营经济"十五"发展规划》，提出到"十五"末，民营经济增加值占国内生产总值比重、实交税金占地方财政收入的比重分别达到 50%以上。以培植大户、抓好园区、建好市场和发展区域特色经济为工作重点，加快科技创新、人才引进与培养，强化企业管理，优化发展环境；年内，开展"个体私营经济发展年"活动，新增个体工商户 843 户、从业人员 2651 人、注册资金 1312 万元，增加私营企业 77 家、从业人员 895 人，注册资金 3236 万元。

2001 年 5 月，响应市委、市政府关于"启动经济开发区、全民招商引资、大力发展民营经济"的号召，成立莱芜经济开发区钢城分区，设立区民营经

里辛至仙人桥民营经济带 （2005 年 摄）

济发展办公室。区委、区政府印发《关于加快民营经济园（区）专业村、专业镇（街道）的实施意见》；6 月 15 日，召开全区招商引资动员大会，动员全区上下招商引资，大力发展民营经济。

2002 年按照“在 2 年至 3 年内将集体企业全部改制为民营企业参股的股份制公司”的要求，开展“集体企业改制管理年”活动。至 2003 年，村办集体工业绝大部分改制为民营企业。2004 年全区发展个体工商户 469 户、私营企业 255 家，实现销售收入 46.38 亿元，上缴税金 8390 万元，占全区地方财政收入的比重达到 52%；同年，钢城区被评为“全省发展民营经济先进区”。

第二节　民营产业

全区民营工业充分挖掘资源，发挥区位、技术和劳动力等方面的优势，实施专业村镇战略，把培植特色鲜明的主导产业作为主攻方向，走出了一条“由户变村、由村变镇、膨胀规模、做大市场、叫响牌子、形成产业”的区域特色经济发展之路，初步形成钢铁生产及加工、钢铁原料供应、粉末冶金和销售物流四大产业链条。至 2005 年，全区共有民营业户 6624 家、从业人员 2.05 万人、注册资金 18.86 亿元、营业收入 118.48 亿元。

在民营工业方面，全区有钢铁生产及机械加工企业 65 家。2005 年钢铁年加工量 64.41 万吨、产值 21.99 亿元、利税 9069 万元。粉末冶金制品及磁性材料制件类企业 12 家，其中，省级高新技术企业 2 家，年设计生产能力 10 万吨。耐火材料企业 13 家，2005 年完成产量 7.30 吨、产值 1.08 亿元、利税 1799 万元。生产石灰、石料、钢渣、球体和水泥企业 170 家，2005 年完成产量 112 万吨、产值 1.43 亿元、利税 2059 万元。

化学工业企业 5 家：莱芜市天鲁炭黑有限责任公司、莱芜凯托科技化工有限公司、莱芜市蓝星化工有限公司、宏强企业集团精细化工厂和莱芜市雅鲁生化有限公司等。

2004 年，投资 6000 万元的雅鲁生化项目在陶家岭工业区建成投产

第六章　规模以上工业企业

第一节　概　况

1998年7月，全区对年销售收入500万以上(含500万元)的工业企业实行专门统计，这类企业称为规模以上企业，又称限额以上企业。1998年全区有规模以上工业企业7家，1999年为14家，2000年为21家，2004年为33家。

2005年全区有工业企业242家，其中规模以上工业企业37家，全年完成产值29.02亿元，利税3.08亿元。铺开重点技改项目16个，其中，8个项目列入省重点技改项目，全年完成技改投资2.37亿元。高新技术项目重点抓了粉末冶金、楔横轧等4家新材料骨干企业；全区工业经济效益综合指数达到232.87%，同比增长37.52%。

2005年钢城区工业经济主要指标统计表

表6－6－1

指标名称		数　额
市以上工业企业	产值	318.44亿元
	实现增加值	77.42亿元
	产品销售收入	377亿元
	利税合计	29.87亿元
	其中利润总额	16.16亿元
地方规模以上工业企业	产值	29.02亿元
	增加值	7.78亿元
	销售收入	28.60亿元
	利税	3.08亿元
	利润	2.05亿元
	产品销售率	96.73%
	流动资金周转次数	1.70次
	全员劳动生产率	14.61万元/人
	资产负债率	62.64%
	成本费用利润率	8.16%
	资本保值增值率	235.30%
	总资产贡献率	21.98%
	经济效益综合指数	232.87%

续表 6-6-1

指标名称		数　额
主要产品产量	铁	765.33 万吨
	钢	1033.63 万吨
	钢材	753.69 万吨
	水泥	137.11 万吨

第二节　重点企业

宏强企业集团有限公司

1970 年 3 月，为服务莱钢基本建设成立农民施工队，被编为沂源县黄庄民工团 1 营 1 连。1973 年改建为沂源县黄庄公社基建施工队。1980 年为沂源县西冶建筑公司。1989 年为沂源县第二建筑公司。1990 年 8 月，黄庄镇归属莱芜市钢城办事处；10 月改称为钢城建安公司。1992 年公司由以建筑安装业为主发展为集建安、工业和餐饮服务于一体综合性企业，其中，工业企业有建材、机械、服装、机电和化工等 6 个行业、8 个厂家，有固定资产 2158 万元、职工人数 2186 人，年实现工业产值 2158 万元（按 1990 年不变价计算，下同），销售收入 1925 万元、利税 210 万元。

1993 年 4 月，改称钢城企业集团公司。2002 年改制为民营企业，并更名为宏强企业集团有限公司。公司占地 20 公顷，厂房建筑面积 1.5万余平方米。2005 年有职工 3200 人、注册资金 19160 万元、总资产 4.80 亿元，完成总产值 3.80 亿元，实现销售收入 3.40 亿元、利润总额 1790 万元、利税 3423 万元。工业项目有秦鲁机械科技有限公司、镁炭砖厂、铆焊厂、电器开关厂、恒信耐火材料有限公司、新升预制构件厂和盛兴门窗有限公司等。拥有主要生产设备 1300 余台（套）；产品及产量主要为：年产双缸双作用转子活塞泵 2000 台、镁碳砖 3 万吨、铆焊制品加工 2 万吨、电器开关柜 1000 台、耐火材料 3 万吨和门窗家具 3000 件等。2005 年创工业产值 5025 万元、销售收入 4770 万元、利税 750 万元；同年，公司与韩国森澳株式会社合资在钢城经济开发区韩国工业园建立混凝土添加剂项目，总投资 3000 万元人民币。

莱芜市义和锻造有限公司

1994 年以前，为寨子乡翻砂厂。自 1994 年，由个体户魏佑池收购改制为私营企业，更名为义和机械厂，位于卞家泉村，占地 1 公顷，固定资产 100 万元。主要生产拖拉机配件和为莱钢加工配件，年产铸件 600 万吨、产值 90 万元、利润 9 万元，为钢

宏强企业集团有限公司　（2002 年　摄）

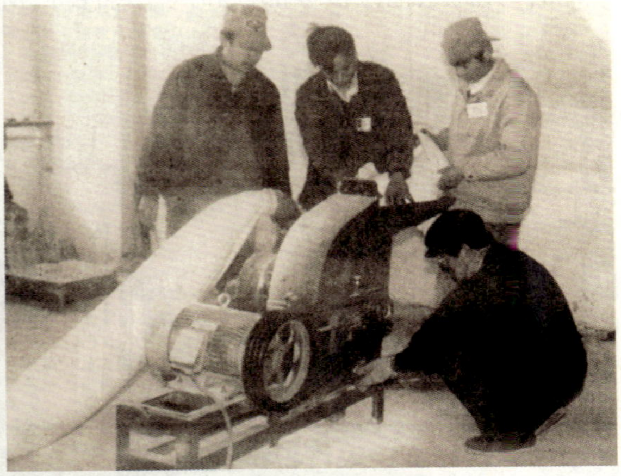

秦鲁机械厂研制开发的高效锤片式多功能粉碎机（2000 年　摄）

义和锻造有限公司及其生产车间

城第一民营大户。1997年被评为“全省百强私营企业”。2002年3月，改制更名为义和锻造有限公司，主要从事锻件加工及机械制造业务，厂房面积1200平方米。2003年作为莱芜市纳税大户受到市委、市政府表彰。2005年有员工30人，企业总资产1600万元，注册资本1000万元，实现工业产值1563万元、销售收入1500万元、利润102万元。

莱芜市鑫兴粉末冶金厂

1993年颜庄村个体业户武玉忠投资建立，主要设备有隧道窑、高速粉碎机和还原铁粉线，主要产品有海绵铁、拖拉机零部件和汽车铸件等，所生产的汽车铸件全部供应美国福特公司和上海大众汽车公司等企业。1998年企业产值250万元，年纳税50万元，是莱芜市较早的私营企业纳税大户。

2005年占地面积2公顷，厂房面积2800平方米。有职工86人，企业总资产1000万元，年产海绵铁5000吨、还原铁粉3600吨、冶金制品200吨、产值1000万元、利税160万元、利润100万元。

莱芜市钢城金矿

1987年7月建成，为城子坡镇第二铁矿。1993年1月建区后，改称钢城金矿。分采矿、选矿2个车间。选矿厂初于陶家岭村南。采矿场设计年生产能力为3.30万吨。矿石品位为：TFe40%，Au0.30g每吨、Cu4%。选矿厂设计年产铁精粉1.50万吨，金属金800两，金属铜70吨。2001年改制为民营企业。2005年有职工300人，年生产铁精粉24878吨、金铜精粉1978吨、实现产值2070万元、销售收入2040万元、利税180万元。

其它企业莱钢集团粉末冶金有限公司、莱芜市新艺粉末冶金制品有限公司、莱芜市钢都粉末冶金厂、莱冶特钢有限公司、莱芜市金易工贸有限公司、莱芜市钢源冷轧带钢厂、泰金斯机械锻造公司、莱芜市远征机械堆焊有限公司、莱芜市京华焊管有限公司、莱芜市新星实业集团公司、莱芜市方圆制管有限公司、莱芜市清力源冷弯型钢有限公司、莱芜市隆强钢结构有限公司、莱芜金辰楔横轧轴件有限公司、莱芜市银河轴业有限公司、莱芜市温岭锻造有限公司、山东中兴汽车零部件有限公

鑫兴粉末冶金厂　　（1999年　摄）

钢城金矿生产车间及开采的矿石　　（2004年　摄）

司、山东莱钢泰达车库有限公司、万荣不锈钢厂、莱芜市磁性材料厂、秦鲁机械厂、九龙耐火材料厂、世友工贸有限公司、莱芜市良友钢铁制品有限公司、莱芜联营钢渣处理厂、莱芜市鑫实铸造有限公司、莱芜市雅鲁生化有限公司、莱芜市恒泰伟业机械制造有限公司、莱芜市华光机械制造有限公司和天鲁炭黑有限公司等。

第七章 技改科研 名优产品

第一节 技改科研

政策措施

自20世纪80年代，境内贯彻“科学技术是第一生产力”的方针，工业企业积极引进技术人才，开展技术革新，努力提高工业生产工艺和产品的科技含量。1993年区委、区政府实施“科技兴企”战略，采取增加科技投入，成立科研机构，培育壮大科技队伍，组织科技交流活动，实施激励政策，制定科技攻关计划，积极争取项目立项和科研经费支持等措施，各企业积极引进先进工艺和前沿技术、嫁接改造传统工艺，研发具有自主知识产权的新产品、新工艺，不断提升企业和产品的市场竞争力。

1993年区委、区政府加大企业技改和产品研发的科技投入。1995年九龙集团公司的6家企业成立厂办科研所。至2005年，全区用于企业技改和产品研发的科技投入8000余万元。全区有粉末冶金制品厂、泰达智能车库和蓝星化工公司等厂办科研机构14家，参与科技创新人员6000余人。区政府制定《莱芜市钢城区科学技术进步奖励试行办法》《关于科技兴区的实施意见》等激励政策，设立“专业技术拔尖人才”“科研攻关项目”“高新技术企业”等奖项10余项，对做出重大科技贡献的企业和个人进行表彰奖励。制定“星火计划”“火炬计划”“攻关计划”“中小型创新基金计划”“新产品试制计划”“科技成果推广计划”等科技攻关计划10余项，通过实施，有219项被确定为区级以上重大科技攻关计划，其中，国家级31项、省级38项、市级55项和区级95项，获得各级科技经费支持5000余万元。通过组织参加中国首届金榜技术与产品博览会、全国发明展览会、国际星火博览会和全国第三届科技人才技术交流展示大会等，对科研产品进行展示交流。

科研成果

至2005年，境内先后有30种工业产品被评为省级以上优质产品或获得省级以上奖励，17项工业科技项目分别获得国家、有关部委和省级的金奖、星火计划奖、科技进步奖等奖项。其中，3种工业产品分别获得“国际标准证书”“国际星火博览会金奖”“达到发达国家同类产品水平”等奖项，21种工业产品分别获得国家级“产品博览会金奖”“科技成果金奖”“科技进步奖”“国家新产品”“中华之光名牌产品”等奖项，6种工业产品分别获得山东省“科技进步奖”“优质产品”“星火奖”，6个科技开发项目分别被列入国家“‘八五’科技攻关计划”“火炬计划”“重点推广项目”“高新技术研发(863)计划”,11个科技项目分别获得山东省“星火奖”“重点科技开发项目”“优秀高新技术项目”等奖项。

第二节 名优产品

国家级名优产品

轴类件毛坯 由莱芜市楔横轧制厂研制生产。1991年获国家“七五”星火计划博览会金奖。1994年9月，在中国首届金榜技术与产品博览会上获金奖。

共沉锰锌铁氧体磁粉 由莱芜市磁性材料厂研制生产。1991年10月,在“七五”全国星火计划成果博览会上获优秀奖。

R8K磁粉 由莱芜市磁性材料厂研制生产。1994年9月，在首届中国金榜技术与产品博览会上获金奖。

高性能磁粉、磁件 由莱芜市磁性材料厂研制生产。1994年9月,在第八届全国发明展览会上获金奖。

R10K高导磁粉 由莱芜市磁性材料厂研制生产。1994年9月,被评为1994年度国家级新产品。

R12K高磁导率磁粉 由莱芜市磁性材料厂研制生产。1998年11月,被科技部、国家税务总局评定为国家重点新产品。

电炉炼优质合金钢用海绵铁 由莱芜市粉末冶金厂研发。1994年被评为“国家级重点产品”。海绵状铁为电炉钢的原料可生产各种优质钢，特别是深冲钢等。钢中元素硫、磷、氮、氢含量少,使钢的机械性能显著改善。1994年莱芜市粉末冶金厂采用隧道窑还原技术，在电炉炼优质合金钢生产中用海绵铁，是国内首个规模化生产海绵铁的企业。产品技术达到国内先进水平。

快硬水泥 由钢城水泥厂研制生产。1994年9月,在中国首届金榜技术与产品博览会上获金奖。

双缸双作用转子活塞 由钢城企业集团秦鲁机械厂研制生产。1994年10月,在第八届全国发明展览会上获铜奖。

ZZH双缸双作用转子活塞泵 由钢城企业集团秦鲁机械厂研制生产。1995年12月,在全国第三届科技人才技术交流展示大会上获科技成果金奖。

人造金刚石用无钴触媒合金材料 由钢城企业集团秦鲁机械厂研制生产。1995年12月,在全国第三届科技人才技术交流展示大会上获科技成果金奖。

H15型高效节能箱式过滤机 由钢城企业集团秦鲁机械厂研制生产。1995年12月,在全国第三届科技人才技术交流展示大会上获科技成果金奖。

N330高耐磨炭黑 由莱芜市炭黑厂生产。1995年被中国质量检验协会评定为“中华之光”名牌产品,产品连续5年在全国炭黑质量普查、抽查中达到优等品标准。

高性能齿轮结构件 由莱芜市新艺粉末冶金股份有限公司研制生产。1994年9月,在中国金榜技术与产品博览会上获金奖。

省部级名优产品

多功能薄壳钢网复合结构板 由铁铜沟新型结构板厂生产。1998年获农业部科技进步奖。

共沉锰锌铁氧体磁 由莱芜市磁性材料厂研制生产。1993年山东省星火奖。

P0型、RM型高性能磁件 由莱芜市磁性材料厂研制生产。1993年被列为山东省百项重点科技开发项目。

R12K高磁导率磁粉、磁件 由莱芜市磁性材料厂研制生产。1999年获山东省科技进步奖。

高磁导率磁粉、磁件 由莱芜市磁性材料厂研制生产。1998年8月,被科技部授予“火炬奖”。

抗剥落电炉顶用高铝砖 由莱芜市耐火材料厂生产。1994年10月,获农业部科技进步三等奖、“科龙杯奖”。

黏土质浇钢砖 由莱芜市耐火材料厂生产。1994年10月,被山东省经贸委评为优质产品。

粉末冶金用还原铁粉 由莱芜市粉末冶金厂生产。1992年获山东省科技进步奖。1995年被省

经贸委评定为“山东省优秀新产品”。还原铁粉通常是利用固体或气体还原剂（焦炭、无烟煤等）还原铁的氧化物（铁精矿、轧钢铁鳞等）来制取海绵状的铁，是采用莱钢钢铁生产过程中产生的轧钢铁鳞和焦炭粉为原料，经一次还原（固体碳还原）和二次还原所生产的优质铁粉。各项参数达标，Fe≥98%、C≤0.01%、P<0.03%、S<0.03%，氢损为0.10%～0.20%。还原铁粉的主要用途有：粉末冶金制品、电焊条、化工、切割不锈钢等。全国粉末冶金行业技术不断提高，粉末冶金零件广泛应用于飞机、枪械、摩托车、汽车、农机、电动工具、机床等产品。

轧轴类件毛坯　由莱芜市楔横轧制厂生产。1995年获山东省星火奖。

水性金属防锈剂　由蓝星化工厂生产。2001年获山东省科技进步奖。

YJD-12粉末冶金齿轮　由莱芜市新艺粉末冶金股份有限公司生产。2003年获山东省科技进步奖。

温压成型格里森齿轮　由莱芜市新艺粉末冶金股份有限公司生产。2004年获得山东省科技进步奖。

第八章　工业管理

1949年10月，境内工业分别归泰安专署、临沂专署和莱芜县、新泰县、沂源县政府实业科管理。1955年10月，归各专署和县政府手工业联社、手工业管理科、手工业管理局和工业局管理。1958年10月，归所属县政府工业局、手工业管理局、工业办公室和各公社管理。1966年“文化大革命”开始后，工业管理处于无序状态。1970年8月，归所属县和各公社革命委员会生产指挥部工交组管理。1976年5月至1984年，归所属县人民公社企业局、县公社工业管理局、县社队企业局和各公社工业办公室管理。

1993年1月建区后，成立区经济贸易委员会和区乡镇企业综合服务公司，由区乡镇企业综合服务公司行使乡镇企业主管部门的职责。1997年6月，成立钢城区乡镇企业局。2001年11月，区经济贸易委员会更名为区经济贸易局；同月，撤销乡镇企业局，将其职能划入区经济贸易局。2005年设办公室、企业管理办公室等，有工作人员19人。

第一节　计划管理

中华人民共和国成立前，私营工业由业主组织生产经营。1950年至1955年，私营或集体企业生产计划基本按照生产需求安排，原材料自行采购，产品自行销售。

1956年后，逐步实行计划管理，县级业务主管部门对企业下达指令、指导性计划，由各公社再对下属社办企业逐级落实计划，并调度、检查计划落实。1961年至1965年，实行统一计划，分级管理，各公社对下属企业全面管理，统一计划，统一调度。1980年以后，县级业务部门下拨部分煤炭、木材、钢材和水泥等指标，由公社管理部门向企业分配。

1984年后，企业经营体制实行改革，由各乡镇多种经营公司或经管站办对乡镇企业下达各项指标，对村办企业进行指导，并定期进行检查考核。

20世纪90年代，随着市场经济的发展，计划管理逐渐弱化,企业产品按照市场需求组织生产。九龙公司、钢城企业集团等集团化企业以及陶家岭、南朱家庄、北赵等村的村企业集团,对下属企业一直采用指令性管理,统一进行市场分析,统一安排计划,统一检查考核。

第二节 质量管理

20世纪50年代,工业产品多为农机具,产品质量无统一标准。60年代初,部分企业外销产品执行上级有关部门管理标准,其它企业执行自定的质量标准。“文化大革命”期间,制度被“抓革命促生产”代替,质量管理时抓时停。

1979年以后,大型企业设质检科,小企业设质检小组,车间班组设专兼职质检员,建立健全质检人员岗位责任制,产品质量分别执行部、省、地(市)及企业4种标准。

1993年1月建区后,各企业把质量管理列入岗位责任制,提高质量管理水平。钢城企业集团公司在企业内部成立质检部,对所有建筑工地实行全过程检验、全员监督、质量回访制度,其建筑施工质量不断提高。

1994年起,组织实施ISO 9000系列标准工作,制定以质量体系认证为主,以产品方圆认证为辅,批次推进,促进企业质量管理上水平的方针,组织企业贯标工作。

蓝星化工公司、炭黑厂和磁性材料厂等企业,在企业内部成立QC小组,开展经常性质量管理活动。

第三节 劳动工资管理

中华人民共和国成立前及初期,境内工业主要是手工业,业主对工人实行雇佣制,实行工时定额工资。1952年根据中央(1952)财政字第85号文件精神,实行“工资分制”。1956年工资改革,实行货币工资等级制。

1950年至1984年,企业主要从社会招工,工人分固定工、亦工亦农轮换工和合同工等。

1984年6月,境内落实上级关于扩大企业生产经营自主权的决定,对乡镇办企业实行厂长(矿长、经理)负责制度和企业干部招聘制度。同时改革招工制度,实行劳动合同制,政治、经济待遇与正式工同样对待。招工经文化考试、政审和体检,择优录用。车间、班组均有各种岗位责任制,违反劳动纪律者,视情节轻重给予处罚。

1985年工业企业工资改革,体现“多劳多得”原则,根据企业经济效益,实行计时、计件、基础工资加浮动工资制。境内所有乡(镇)办企业均根据企业实际,按工人完成工作额度进行浮动工资。里辛煤矿采用倒逼成本法,将节约成本列入浮动工资范围。1995年企业改革改制,企业负责人对工人按技术高低、贡献大小确定工资,部分依旧采用计件工资制。自1996年按《中华人民共和国劳动法》规定,企业为工人购买养老保险。

第四节 财务管理制度

20世纪50年代,企业固定财物人员负责生产经营核算。60年代,较大企业设立财务科(股),车间设立专职核算员。1980年企业大都实行一级经济核算制。

1993年1月建区后,职能部门和各企业都在财务管理方面进行制度改革。首先建立企业资本制度,实行资本保全原则,以保障国有和集体企业存在的资本亏蚀问题,保障所有者权益;其次是改革固定资产折旧制度,缩短折旧年限,加快企业回收资金,有利于企业技术进步;再是改革成本管理制度,采用制造成本法,当期发生的管理费用等直接记入当期损益,并允许企业计提坏账准备金,体现国际通行的稳健原则;在利润分配方面,推行统一税制,降低所得税税率,加快税利分流、税后还贷的步伐,实行利润分配规范化。

实行会计人员定期培训制度,每年都由区财政局、经贸局等单位分别组织人员外出培训,或自主办班,组织行业会计专项培训。1998年实施税制改革,组织全区税务知识学习班3期,受训900人次。

学习邯钢、莱钢和海尔集团公司的经验，在企业内部全面推进倒逼成本管理法，建立成本分析例会制度，采用比质比价采购办法，实行全员、全过程和全方位的成本“三全”管理，开展以增收节支、增产节约为内容的“双增双节”活动等，使企业财务管理不断规范化。

第五节　安全管理

1993年1月建区后，为贯彻执行国家安全生产方针，劳动保护法律、法规，检查和督促各部门执行情况，区经贸局制订实施《钢城区安全规章制度》《钢城区安全管理考核办法》等规章制度，定期进行安全生产检查，对事故隐患及时整改。

定期进行安全防范教育，组织对新上岗员工的安全知识培训，开展日常安全生产宣传，对特殊工种作业人员按期、按规定复训。在对新建、改建和技术改造等项目的设计审查和施工验收中把好安全关。并督促检查劳动保护和安全防护用品的质量和使用情况。要求辖区各企业都健全了安全台账管理，认真填报各种安全报表，并及时组织对安全事故的调查处理。对仓库、油库等重点防火部位落实消防安全责任制，定期检查消防器材，确保处于良好状态。每年开展2次消防知识培训，使员工掌握防火基本知识和器材操作方法，确保人员与财产的安全。

2003年起，各企业都实行安全目标责任制，层层签订安全目标责任书，并实行安全责任一票否决制，年终考核安全不达标，扣留安全抵押金，同时取消相应评比资格。

第九章　驻区企业

第一节　潘西煤矿

潘西煤矿属煤炭部统配煤矿，隶属新汶矿业集团，位于颜庄镇莲花池村。井田东至F-8号断层，西至F-2号断层，总面积5.30平方公里。煤炭可采储量4210万吨，煤质均为烟煤，煤种为肥煤、气肥煤，灰分低，发热量高，主要用作动力煤和民用煤。可采煤层3、4、5、7、15、19层，设计年产原煤30万吨、服务期限70年。

自清嘉庆五年(1800年)前，井田就被开采，但多为当地人挖水井时发现煤层用土法挖掘，生产时间多在冬春两季，所采多为浅层。

1954年12月，华东煤田地质勘探局122勘探队对井田进行地质勘探，编制检查报告书。1958年上海煤矿设计院设计，新汶矿务局自营兴建1、2号井，1960年投产。1961年1号井停建，1970年重建，1984年建成。1960年2号井投产，1965年延伸至第二水平(10米至150米)，1979年向第三水平(-150米～-360米)延伸，1987年投产。两井设计年生产能力30万吨。

矿井为斜井多水平中央石门开拓方式，主井为箕斗提升，副井为1吨串车提升。通风方式为多风井分区式。矿下共有3个采区、3个回采工作面、10个掘进头。

1958年以前，照临井为乡建小煤窑。1958年之后，改为地方国营。1962年1月，划归莱芜矿务局；9月成为潘西煤矿的所属小井，同年报废，共产煤34万吨。1958年港里煤矿建成投产,1962年划归潘西煤矿,1963年报废，共产煤54.50万吨。1958年潘东井由新汶矿务局莱芜工区兴建;同年,划归莱芜县煤炭工业局。1959年划归莱芜矿务局,1960年成立潘东煤矿,1964年6月,淹井报废,共产煤10.80万吨。

1958年10月,莱芜矿务局成立,潘西煤矿归属莱芜矿务局。1962年9月,莱芜矿务局撤销,划归新汶矿务局管辖。1971年1月，莱芜矿务局恢复,复归莱芜矿务局管辖。1980年莱芜矿务局并入新汶矿务局,潘西煤矿重归新汶矿务局。

20世纪70年代,平均年产原煤33万吨。1973年最高年产46万吨。1989年产原煤48万吨。1992年进行矿井扩建,年生产原煤50万吨。1994年再次改扩建,年生产能力提高到60万吨。2000年2月,改制为潘西煤矿有限责任公司,隶属新汶矿业集团有限责任公司。

2002年与莱芜供电公司等联合成立汶源热电公司,兴建汶源热电厂。2003年4月,电厂建成发电。电厂装机容量3×15MW,年耗矸石15万吨,低热值煤9万吨，年发电量17662万千瓦时，上网电量15464万千瓦时、年产值5991万元、利润458万元。

2004年进行设计生产能力30万吨每年的东港井建设,项目落户在颜庄镇,投资6000万元、建设工期13个月、年产30万吨。

2005年8月，潘西煤矿总投资6亿元的万荣不锈钢生产及深加工项目在西港煤矿矿区开工建设。项目包括不锈钢及其深加工项目,设计年产量25万吨;万隆铸造项目,年产量30万吨、年产值12亿元;万达物流公司年吞吐能力为100万吨、产值2亿元;同年,收购鼎力化工集团。

至2005年，潘西煤矿先后被煤炭工业部、中国统配煤矿总公司和全国煤炭工业技术委员会等命名为煤炭工业高产高效矿井、煤质管理工作标准化矿井、煤质管理先进矿井、计量管理先进单位、全国文明煤矿和全国科技进步双“十佳煤矿”;被山东煤炭管理局、山东省煤炭工业总公司、山东省经贸委、中共山东省国资委员会和新汶矿务局等上级机关授予全省煤矿“创新杯”竞赛优胜单位、十佳煤矿、科技进步十佳矿井、安全质量标准化一级矿井、“重合同守信用企业”等荣誉称号;多次被评为莱芜市级先进单位、文明单位和花园式单位。

第二节　西港煤矿

西港煤矿属煤炭部统配煤矿，隶属新汶矿业集团,位于颜庄镇西港村。井田东至F-1号断层,西至F-19号断层与南冶煤矿毗邻，南至19层露头煤,北至-300米水平。总面积3.60平方公里,煤炭总储量1239万吨,煤质均系烟煤,可采煤层1、4、7、9、11、15、18、19层。设计年产原煤30万吨、服务期限30年。

20世纪30年代,井田开始开采,称“大有煤号”。1948年国家投资兴办,改称港里煤矿。1949年2月,划归新汶矿区办事处管理。1953年6月,透水淹井停产。1957年3月,恢复生产;10月划归山东省工业厅管理。1958年底,莱芜县在矿主井东侧开一斜井,耗资40余万元,因未能通过流沙层而放弃。1959年山东省煤矿设计院重新提出设计方案。1960年山东省基建局第四建井工程处施工建设。1961年停产。1969年新汶矿务局工程处重建。1971年莱芜矿务局恢复,遂移交莱芜矿务局续建。1976年1月投产。1980年10月,划归新汶矿务局，采用1对斜井、1个风井、2个水平开拓,后退式采煤，串车提升，抽风式通风，分+50米和-120米2个水平排水。

1976年1月至1996年1月,共产原煤750万吨，其中,1980年至1987年，原煤产量年平均31.50万吨。1985年产量35.22万吨。1996年产量50.60万吨。建矿20年内,创造连续安全生产934天、安全产煤125万吨的记录。

1984年至1988年,连续5年被省煤炭局授予“安全生产先进矿”“省级先进企业”等荣誉称号。1988年至1992年,连续5年被泰安市评为文明单位,多次被莱芜市政府、新汶矿务局评为安全生产先进单位、重合同守信用企业。

自1999年,因资源枯竭进入矿井残采、回撤和转产阶段,按照"边生产、边回撤、边转产"的原则,当年产煤40.80万吨。1999年至2002年,投资1800万元建立莱芜第一家矸石砖厂。投资1.13亿元建成了莱新铁矿,年产铁矿石50万吨,年创效益2600万元。2000年完成矿井4个水平的回撤和11道与南冶煤矿隔离水闸墙的施工任务。并由主销煤炭转向主销非煤产品,年内矸石砖、水泥制品、铸造制品等实现产值1223万元。接收接管聊城林场,拓宽安置下岗职工的渠道。2002年建成洗煤厂,年产精煤20万吨,安置职工50余人。2003年并入潘西煤矿。

第三节 莱芜市硫酸厂（鼎力化工集团）

1965年12月,为适应国家"小三线"建设的需要,青岛染料厂在莱芜建化工厂,所建厂为青岛染料厂莱芜分厂,为中型化工企业。1967年10月建成投产,分为东厂和西厂,东厂厂址在墨埠村附近,西厂地处上北港村附近,共占地38万平方米。主要设备有硫酸接触转化器及吸收塔、焙烧炉等,主要生产硫酸、磷肥和化学染料。1967年10月,开始生产硫酸。1970年3月,开始生产磷肥、硫化蓝,当年产磷肥8455吨。1971年至1972年,年产磷肥1200余吨。

1973年脱离青岛染料厂改称莱芜硫酸厂,隶属山东省化工局。1984年隶属莱芜市燃料化学工业局。1986年隶属泰安市化学工业公司。1987年有职工1044人、固定资产原值1747万元、净值980万元。当年产磷肥95848吨,实现工业总产值1330万元,实现利税414万元。

1993年莱芜市升格为地级市后归莱芜市重工业公司;同年,有职工1190人、固定资产2570万元、流动资金2387.60万元。年产工业硫酸5万吨,过磷酸钙10万吨,复混肥料5000吨,混凝土减水剂FDN系列产品4万吨,编织布20万米,氟硅酸钠500吨。全年完成产值3200万元、销售收入3500万元、利税98万元;年内,扩大减水剂生产能力,试制成功无熟料水泥和硫酸余热配套工程。与香港兆群发展有限公司合作建立莱芜兆鲁建材化工有限公司。

1994年有固定资产4400万元、职工1200人、各类技术人员200人,年产工业硫酸6万吨、磷肥15万吨、复合肥5万吨,减水剂5000吨,氟硅酸钠1000吨,亚硫酸铵400吨,聚丙烯纺织布250万米,年工业产值3675.10万元,销售收入4500万元,利润163.30万元。"民丰"牌硫酸、鼎字牌磷肥连续8年获化工部和山东省优质产品称号,被省、市列为免检产品,产品销往18个省、市和区92个单位,PDN1型减水剂获全国同类产品一等品称号。1995年高效减水剂获得全国科技成果金奖。

1996年投资220万元进行技术改造,完成一项减水剂扩建工程、8项技改工程;年内,实现工业总产值5544.40万元、销售收入6208.40万元、利税292.70万元。

1997年12月,企业改制为有限责任公司,厂名改称为山东鼎力化工集团;同年,该厂占地面积28万平方米,有固定资产1.19亿元、员工1500人、各类技术人员275人,拥有3个分厂、2个公司、5个车间、1座降压站和1条铁路专用线。1998年实现工业产值(不变价)7445万元、销售收入6146万元,实现利税128万元。主导产品产量:磷肥10.10万吨,工业硫酸4.40万吨,减水剂2442吨;9月5日,被评为1987年度国家化工二级企业。2002年调整了厂级和中层领导班子;同年,实现销售收入493.70万元,完成工业产值1427万元,缴税3.20万元。

鼎力化工集团是国家二级企业,先后被化工部授予"清洁文明工厂""一级无泄漏工厂""化工六好企业""全国化肥生产先进企业"等荣誉称号。2005年被潘西煤矿收购。

第四节 军工企业

泰山军分区兵工厂

1940年泰山专署和八路军的地方后勤机关在

白冶子村建起了纺纱厂、修械所，随后，相继建起了皮革厂、铁工厂；同年秋，泰山区贸易局也进驻白冶子沟，约有干部职工100余人。这些军工厂的建立有力地支持了泰山区的抗日斗争。1941年4月21日，日伪袭击泰山区贸易局及各工厂，制造了“白冶子沟惨案”。这次惨案共有100余人遇难，泰山区贸易局所有的物资和北海币全部被截获烧毁，工厂所有的机器设备及原料都被毁坏，4匹骡马被打死，经济损失惨重。1948年战争结束后，部分工业陆续恢复和发展。

山东新华机器厂

1965年筹建，厂址位于黄庄镇大上峪村北。1968年建成，为“三线”建设军工企业。由3个主体部分组成——军品炸药生产线（位于大上峪）、鲁中木材厂（位于宋家庄）、第五机械部的105库（位于新泰北师店）。占地面积113.33公顷，厂房面积19988平方米。主要生产部分军工产品以及民用铵锑炸药。有职工2000人～2400人，并经常雇有部分家属工和临时工。总投资1500万元，建有5个基本车间（生产军工产品及炸药）、2个辅助车间（存放生产工具、模具）。有成品仓库5个、中心仓库1个、运输队1个（汽车30部）、炉料厂1个；火车专用线1条，长610米；有货厂1个。另有学校、医院等。

1976年转为民用企业，转产缝纫机、自行车配件、柴油机曲轴和木制家具等。1997年11月，工厂迁移至泰山区徐家楼镇。

“三线”建设

所谓“三线”，是按战略地位把全国划分为前线、中间地带和后方三类地区，分别称为“一线”“二线”“三线”。“三线”位于内陆腹地，距海岸线和西部国土边界较远，加之四面天然屏障，在“准备打仗”的特定形势下，是理想的战略后方，是为“大三线”地区。在全国的一线、二线腹地又划分出若干地方为本地区的“三线”，称为“小三线”地区。莱芜钢铁基地建设即是“小三线”建设。

1965年3月，中共华东局书记处会议决定，在山东泰沂山区建一座小型特钢厂，以解决军工生产的钢材配套问题；4月15日，由山东省重工业厅成立机构开始筹建，后将小型特钢厂改为新成铁工厂，厂址选择十分严格，依山而建。至1969年，一期工程基本结束。期间在周边县山区也相继建成了一些制造枪炮弹药的工厂。

1965年4月，新成铁工厂建立，是全国15个冶金“小三线”钢铁厂之一。主要生产军用钢材，为山东军工提供原材料。1967年3月，省领导在向周恩来总理汇报山东的工作时，曾谈到莱钢等重大工业项目。1969年按照周恩来总理关于山东要成为一个独立作战区、军工生产要配套的指示，省革委党的核心小组、济南军区党委决定，排除社会动乱的干扰，集中财力、物力、人力办大事，以“会战”形式集中优势兵力打歼灭战，进行大规模重点工程建设。1969年11月10日，省革委以“〔69〕鲁革生108号”文件形式就建设山东莱芜钢铁基地问题向国务院提交书面报告。省革委的核心小组和济南军区党委决定，以莱芜境内现有的莱芜铁矿、沂蒙生建钢铁厂和新成铁工厂3个省属企业为基础，在莱芜地区建设一座中型钢铁联合企业，作为“三线”工程项目，采用全省工程会战办法突击建设；同时，成立莱钢工程指挥部。

1970年1月，新成铁工厂并入莱芜钢铁工程指挥部，改名为莱钢第一钢厂，即开始二期扩建工程；同时，开始进入军工新产品和民用新产品试制阶段；同年10月，第二座5吨电炉建成投产。1971年8月，第三座5吨电炉建成投产。1973年建成中心试验楼。1978年6月，第四座5吨电炉建成。电炉炼钢投产初期，服务对象以军工为主，许多产品处于试制阶段，生产不计成本，产品产量和经济效益都比较低。中共十一届三中全会后，莱钢第一钢厂进行产品结构调整，逐渐停止军用钢的研制和生产，转产民用钢。

第七编

钢 铁

GANGTIE

境内矿产资源丰富，有着悠久的采矿、冶炼历史，发展钢铁业具有得天独厚的条件。中华人民共和国成立后，人民政府即对境内铁矿资源进行勘察和开发，钢铁业开始起步。

1958年中央政治局扩大会议提出年内钢铁产量要比上年翻一番的指标，为适应这一需要，莱芜被列为山东省钢铁生产基地，并开始在莱芜县与沂源县接壤地带建设年产生铁10万吨、钢5万吨的钢铁企业——省属沂蒙生建钢铁厂。同时，颜庄、城子坡等铁厂（颜庄称冶炼厂）相继建立，各公社也建立土造高炉炼铁，各行各业被广泛动员起来投入钢铁会战，形成“人人扒矿、个个炼铁”的群众运动。这种会战虽然生产出一定数量的低质生铁，但人力、物力和资源浪费巨大，且对农民的资金和劳动力实行平调，严重影响农业生产。随后，根据中共中央提出的调整国民经济方针，县和公社所属的铁厂纷纷裁撤。1962年6月，省属沂蒙生建钢铁厂停产。

1964年根据中共中央关于备战工作的指示，莱芜被列为“小三线”建设范围，不仅沂蒙生建钢铁厂重新恢复生产，而且中共中央华东局书记处会议决定，在山东省泰沂山区建设一座小型特殊钢厂，以解决军工生产的钢材配套问题，位置选在颜庄村东南、黄羊山北坡，为保密起见，厂名对内称山东钢厂，对外称新成铁工厂。1966年4月，工程破土动工；同月，山东省地方煤炭工业公司莱芜机械制修厂筹备处成立；11月16日，基本建设正式动工。1968年5月，新成铁工厂按设计规模建成投产。

1969年11月，中共山东省革命委员会核心领导小组决定成立山东省重点基建工程会战指挥部及其所属的莱芜钢铁工程指挥部，把莱芜钢铁基地作为全省重点基建项目突击建设。

1970年1月，新成铁工厂、莱芜铁矿、沂蒙生建钢铁厂、新泰冶炼厂和即将建设的谷家台铁矿划归莱芜钢铁工程指挥部（简称莱钢）；2月莱芜钢铁工程指挥部由济南迁至工程现场办公，对外使用“山东省七〇一指挥部”代号名称；4月按照边勘探、边设计、边施工的建设方针，工程会战全面展开，在全省调集物资力量和技术力量，全力支持“七〇一”工程会战，设计、勘察、施工和运输队伍达到2万余人，其中，莱芜、新泰、沂源和沂水等县，选派1.50万名民工担负土石方的开挖和运输任务。

20世纪80年代，随着改革开放步伐加快，莱钢铁铜沟矿区建成投产。1991年国务院批准莱钢利用外资改扩建项目开工建设，主要建设750立方米高炉系统工程、轧钢系统工程等。

1993年1月建区后，区委、区政府树立为莱钢服务、靠莱钢发展的指导思想，全区积极为莱钢服务，接受莱钢辐射带动，既支持莱钢的不断发展，又以带动钢铁产业为龙头各类产业的发展，在钢城区形成企地共建的格局。坚持激发“内力”与广借“外力”相结合，充分调动全民创业、企业“二次创业”的积极性，继续扩大招商引资，提高招商成效，钢铁产业规模扩大，产业链拉长。莱钢投资90多亿元，建设了大型H型钢生产线，包括2座1880立方米高炉、2台265平方米烧结机、3座120吨转炉、大型H型钢轧钢机、1500毫米热轧带钢等工程。2005年莱钢跨入1000万吨级钢铁强企行列。钢城区形成以钢城经济开发区、银山工业园和齐鲁钢材大市场等为载体，集新型钢材及钢铁深加工、钢材销售、物流配送于一体的钢铁主导产业体系，成为全国规模最大的H型钢生产基地、全国最大的钢结构加工基地和粉末冶金生产基地。

第一章 铁矿与石灰石开采

第一节 铁矿开采

矿床成因及矿石特征

境内铁矿床为燕山旋回晚期岩浆沿背斜与断裂带侵入而生成的闪长岩体，这种岩体与中奥陶系灰岩接触成为接触带，从而形成矽卡岩和铁矿床。各矿床矿石物质成分基本相似，以磁铁矿为主，假象赤铁矿、赤铁矿次之，并含铜、钴有益伴生元素及硫、磷、砷等有害杂质。脉石矿物有绿泥石、透辉石、方解石、绿帘石、高岭土和石英等。矿石为中细粒结构，块状构造，有少量疏松矿石（称粉矿）。其化学成分特点是铁富、硫高、磷低及部分自熔性，并含铜、钴氧化矿石占总储量的 10% 左右。

分布及储量

铁矿石资源主要分布在铁铜沟、陶家岭、龙王沟、艾山、官庄、寨子、青冶行、长胜和胡家桥等地。已查明资源储量 42 万吨、基础储量 52.70 万吨、资源量 312.80 万吨及资源储量 365.50 万吨。

2004 年钢城区铁矿区（点）资源储量基本情况统计表

表 7－1－1　单位：千吨

矿区名称	矿产组合	地质勘探程度	开发利用	矿床（区）规模	平均品位（TFe%）	储　量	基础储量	资源量
铁铜沟矿区	单一	勘探	开采	小型	55.39	420	527	—
城子坡北段矿区	单一	普查	停采	小型	35－45	—	—	1218
高家庄矿区	单一	普查	停采	小型	35.77－45.87	—	—	1910

2004 年钢城区铁矿开发利用与规划目标调整统计表

表 7－1－2　单位：万吨

矿山企业名称	规　模	储　量	年生产能力
铁铜沟铁矿	小型	29.57	2
东泰集团冶金材料厂	小型	2.98	0.20
黄庄镇矿产开发公司	小型	1.15	—
黄庄镇长胜村铁矿	小型	1.26	0.20
黄庄镇官庄铁矿	小型	1.41	0.20
钢城金矿	小型	10.40	3

铁矿开采

古代采矿多是露天采矿，采矿靠人拉肩扛，全是手工作业。中华人民共和国成立后，采矿技术不断提高，大型采矿设备、运输设备和选矿设备日益增多，机械化程度不断提高。

露天采矿工艺为螺旋式公路运输开拓，主要生产设备有潜孔钻、挖掘机和汽车。地下采矿原实行崩落法，地下易形成采空区。2000年后，逐步推行填充法，在采空间隙充填全尾沙和胶凝材料。主要生产设备有各种钻机、电铲、推土机、装载机、挖掘机和破碎机等，采矿工艺流程：钻孔爆破→电铲装运→粗碎→筛分选矿脱水→水选→中碎筛分→手选→块矿→破碎→球磨→磁选→浮选→真空过滤→汽车外运。

铁铜沟矿区　分布区域为铁铜沟、陶家岭村北和冯家庄一带。1958年据山东省地质局鲁中一队对铁铜沟铁矿的地质勘探报告，探明矿区铁矿石的地质储量为102.40万吨；同年沂蒙生建钢铁厂在此开矿，形成露天矿坑。1970年矿区划归莱钢7024矿铁铜沟矿区。1971年11月正式建设。1977年9月建成投产，有职工466人、固定资产429万元。1979年形成年产6万吨铁矿石的生产能力。后经补充勘探，矿石藏储量不足，且含硫量高，利用成本高，1979年3月停办。至此，共生产铁矿石50074吨，完成剥离量21.53万立方米。

1979年上半年，颜庄公社铁矿由龙王沟矿转至铁铜沟矿。根据勘测掌握的铁矿石地质存量为17万吨，铁矿占地面积1.22万平方米、总投资300万元，年底建成投产。1985年11月，铁矿划归里辛乡。1986年9月，隶属莱芜市第二实业公司。1987年有职工161人、固定资产102万元、主要设备31台；同年，产铁矿石2万吨、产值166万元、利润33.60万元。1980年至1987年，共产铁矿石14.60万吨。1992年实行租赁承包经营，年产量2万吨。1998年企业改制后由个人经营；同年有职工50人、年销售收入1426万元、年利税50万元。2005年因莱钢大型H型钢项目建设占地，铁矿停办。

地处铁铜沟以北、冯家庄以南的冯家庄铁矿同属于铁铜沟矿区。1958年沂蒙生建钢铁厂在此处进行开矿，形成露天矿坑，1979年停业。1986年冯家庄村组织开采。1993年有固定资产30万元，年销售收入50万元。1994年停办。

陶家岭矿区　位于陶家岭村东1公里处，矿藏属铁铜沟矿区一部分。矿石性质为矽卡岩型含金铜铁矿，探明储量为79.04万吨，地质储量为121.77万吨。其中C级以上储量为47万吨。20世纪30年代，地质专家对矿床进行勘探。50年代末至60年代初，山东省地质一大队进行铁矿普查及地质勘探工作，1962年提交《山东省铁铜沟矿区地质勘探报告》。1980年前后，地质队发现部分铁矿体中含有伴生的金矿。1988年至1992年一大队又到矿区开展金矿普查，提交《山东省莱芜市铁铜沟矿区地质普查简报》。1993年莱芜市黄金公司组织坑道勘探，提交《山东省莱芜市铁铜沟金矿矿床19号、4号矿体勘探报告》，随后又进行巷采，进一步核实铁矿石中有伴生金存在。陶家岭矿区是莱芜市铁矿4个主要矿区之一，矿床形成过程比较复杂，位于莱芜断陷盆地东南边缘，矿体赋存条件不稳定，地质构造复杂，水文地质简单。矿石品位为：TFe40%，Au0.30克吨、Cu4%。

1987年7月建矿，注册资金460万元，称城子坡第二铁矿。1993年改称钢城金矿，矿区面积0.09平方公里，分采矿、选矿2个车间。采矿场设计年生产能力为3.30万吨；选矿厂在陶家岭村南，设计年产铁精粉1.50万吨、金属金800两、金属铜70吨。1992年有固定资产88万元、职工170人，年产铁精粉1.14万吨，销售收入500万元。2001年改制为民营企业。2002年选矿厂迁至南仓峪村北的艾山街道工业园，占地面积6公顷。矿石品位为：TFe64%，Au32克吨、Cu16%。自2002年开始对135-195水平段作巷探及浅井钻探工程，累计新增储量60.66万吨，其中，2004年动用储量5.50万吨、2005年动用储量4.75万吨。至2005年，累计动用储量56.25万吨，矿石保有储量为50.41万吨，剩余服务年限17年。

2005年有企业职工240人，设计年生产能力

3万吨，实际生产能力达到原矿4.50万吨。选矿厂年产铁精粉2.40万吨、金800两、铜精粉75吨。

龙王沟矿区 地处龙王沟自然村与银山村之间，矿区地质储量为121.60万吨。1958年大炼钢铁时，宁阳县组织人员来开矿，不到1年即停业。1971年颜庄公社成立颜庄铁矿，开采的矿石供应莱钢。矿藏呈脉状分布，分布面积2.40万平方米，矿石为褐铁矿，品位为$Fe_2O_3$53%左右。1976年经山东省冶金局探测，矿石品位高，质量好，运费低，能缓解莱钢急需，便决定扶持开采，安排省冶金设计院帮助设计，同时提供资金、设备(合计金额70余万元)对矿区进行支援；年内，生产铁矿石3万吨，实现产值60万元。1979年因资源面临枯竭，继续开采成本太高而停业，颜庄铁矿人员转至铁铜沟矿区。

艾山矿区 位于艾山。矿藏呈脉状分布，分布面积1.50万平方米。矿石类型为褐铁矿，探明储量为85.30万吨，品位为TFe40%～45%。1976年开始开采，为颜庄公社铁矿的一部分，为露天开采。1979年因品位低、资源枯竭等原因停止开采。1985年城子坡镇再次组织开采，名为城子坡铁矿，为井巷开采，年产万吨以上。1987年有职工45人，固定资产2万元，累计生产铁矿石5.54万吨、产值99.54万元、利税28.84万元。1992年有职工40人、固定资产12万元，年产矿石2.20万吨、销售收入200万元、利润11万元。后因开发成本高等原因停业。

官庄矿区 位于黄庄镇官庄村南1.30公里处。据1958年山东冶金地质队探明，矿床铁矿石地质储量为304万吨，矿石为赤铁矿，品位为Fe_3O_4 35%，为露天矿床。自明朝，就有人在此采矿。1959年沂蒙生建钢铁厂建立后，有2个劳改大队在此建监狱并开采铁矿石。1963年撤离。1983年黄庄公社组织开采，当年开采铁矿石2000吨，不久停业。1992年官庄村委向莱芜市地矿局申请取得采矿权，因效益差，开采加工未形成规模。2001年12月，官庄村民再次承包开采，因生产条件不具备，不久被关闭停业。

寨子矿区 铁矿石分布在寨子村南的河东、河西的两座山上，面积75万平方米。矿区地质储量为190.99万吨。1958年8月，新泰县兴建寨子铁矿及炼铁厂，有职工1000余人。建矿井2个，炼铁厂有“一脚蹬”炼铁炉60余座。1959年开采矿石19.49万吨。1961年贯彻国民经济调整政策，铁矿、铁厂均关闭。1976年寨子铁矿复采。1979年8月，与新泰钢铁厂、炼焦厂合并为新泰县钢铁联合厂，因产品成本过高，1979年停产整顿。1980年转产生产钙镁磷肥。20世纪90年代后，矿区被关闭。

第二节 石灰石及其开采

分布及储量

境内石灰石资源分布较广。储量较大的是双山、南港、小上峪和当峪等地。已查明储量5528.90万吨、基础储量6010.80万吨、资源量592.90万吨、资源储量6603.70万吨。

矿山生产

石灰石矿生产主要分为矿山开采、汽车运输和破碎筛分三大工序，开采方法为凹陷露天开采，斜坡公路汽车运输，折返式开拓。主要设备有潜孔钻、移动式空压机、装载机、推土机、挖掘机、矿山自卸车、颚式破碎机和反击式破碎机等。主要生产工序有钻孔、爆破、铲装、运输、破碎、筛分和入仓等。

矿区

双山石灰石矿区 位于城子坡十字路口东南方向约500米处。石灰石类型为中奥陶系马家沟组石灰岩，矿床呈东北西南走向，主矿体位于东峰北部。石灰石中CaO含量为49.5%～51%。1960年沂蒙生建钢铁厂组织力量在双山定点开山采挖石灰石，开采方式为由北向南劈山露天开采，第二年建石灰窑烧石灰。1968年建第二座石灰窑；同年，日产石灰石50吨、生石灰30吨。1970年“七〇一”工程指挥部成立后，建石灰石矿；4月沂蒙生建钢铁厂撤销，石灰窑遂归属莱钢石灰石矿；11月归属第一铁厂。1977年至1985年，共生产石灰石13.68万吨，生石灰8.30万吨。

石灰石矿铁皮窖 (2005年 摄)

莱钢石灰石矿区 位于颜庄镇南港村东南1公里处。石灰岩矿体储存于中奥陶系马家沟组第六段中,矿床分为6层、厚度120米、储量7071万吨、工业储量为5575万吨,分布面积68.88万平方米。矿石品位较高,CaO平均含量为53.70%,SiO_2平均含量为1.08%,Al_2O_3平均含量为0.39%。

小上峪石灰岩矿区 石灰岩矿主要分布于辖区南部、西部,以小上峪一带发育最好。主要富矿层位为寒武—奥陶纪张夏组、炒米店组和中奥陶纪马家沟组,矿石规划面积12平方公里。矿床为沉积矿床,矿体呈层状分布,单斜状构造,倾向NE,由于地表剥蚀,形成南面陡、北坡缓的单面山地势,南面矿层全部裸露地表,向北延伸至可采标高(+320m)以下,局部覆盖土峪段和五阳山段岩层。西部矿层裸露地面,剩余矿层顶部有土峪段岩层覆盖。矿石为石灰岩、白云岩,主要矿物为方解石,少量白云石,微量石英及铁泥质物。岩石较硬,其抗压强度为66.25MP~125.41MP。矿区内工程地质条件和水文条件简单,无地下水影响,开采条件简单。其中,溶剂用石灰岩分布面积0.47平方公里,地质储量1460.90万吨,品位CaO 53.76%、服务年限20年。水泥用石灰岩分布面积为0.69平方公里,地质储量1345.13万吨,品位CaO 52.23%,MgO1.28%、服务年限9年。2003年设计建设,2005年完成勘探设计并投产。2005年用于生产水泥和炼钢的石灰石、石灰粉、白云石共159.60万吨,销售收入达到167亿元、利润1098万元。

白云石矿 1995年6月成立,是莱钢万和冶金建材有限公司与颜庄镇澜头村合资兴建的露天采小型矿山。至2000年,年产白云石5万吨。2001年9月,为适应烧结炉料结构调整的需要,对白云石矿进行扩建,年生产能力提高到20万吨。

第二章 原燃料与辅料生产

第一节 焦炭生产

古代境内冶炼主要用木炭作燃料,宋代始用煤炭,明代开始用焦炭炼铁。1958年为适应"大炼钢铁"需要,采用土焦炉生产焦炭。境内颜庄、黄庄、寨子及部分村以土焦炉炼焦。1963年随着"大炼钢铁"的停办,炼焦业也全部停办。

1970年莱钢建起焦化厂,既是高炉用焦生产厂,也是煤化工生产厂。为完善焦化生产工艺,减轻环境污染,焦化厂不断应用新技术、新工艺、新设备和新材料,结合大中修改造,加强技术改造。1991年至1995年,对1号焦炉完成应用高炉煤气加热的改造,续建煤场80米地下通廊并安装

莱钢焦化厂　　(2005 年　摄)

皮带运输机，建起 40 千克试验小焦炉 1 座。1998 年 11 月，3 号焦炉顺利出焦，焦化厂具备年产焦炭 84 万吨的生产能力。至 2005 年，莱钢焦化厂拥有 58-Ⅱ型焦炉 2 座、JN43-80 型焦炉 2 座、JN60-6 型焦炉 3 座（55 孔×2、60 孔×1）及相应的配煤、化产回收及其深加工、生物脱酚等装备，具备年生产焦炭 290 万吨的能力。2005 年生产焦炭 271.69 万吨。

炼焦生产工艺流程：外来煤→斗槽→配煤室→粉碎（细度在 74%±2%）→煤塔→炼焦→推焦→熄焦→去高炉。

第二节　烧结与球团生产

烧结与球团生产是钢铁生产的前端工序和重要基础，主要是为炼铁系统提供优质、低耗、高效的烧结矿和球团矿等炼铁生产原料。

烧结生产

20 世纪 50 年代至 60 年代初，全民“大炼钢铁”，矿石粉碎、拌料和烧制全部用人工操作。男女老幼被动员起来“打人民战争”，运料靠肩挑、人抬和小车推，粉碎矿石、混料拌料用铁锤和铁锹等生产工具，鼓风除较大容量高炉采用动力风机外，土炼铁炉一般采用木制风箱和土造“风葫芦”。1966 年起，沂蒙生建钢铁厂原料破碎、烧制鼓风均采用动力机具。

1975 年 5 月，莱芜钢铁厂第二铁厂 620 立方米高炉配备 2 台 50 平方米带式烧结机及辅助设备，始用烧结机烧结，设计年产烧结矿 110 万吨，产量、质量比土法烧结均有较大提高。1976 年第一铁厂烧结生产由颜庄公社和黄庄公社承担，年产烧结矿 82066 吨，品位 54.07%，碱度 0.76%。1977 年 7 月，厂方与颜庄烧结队、黄庄烧结企业签订承包合同，烧结所用矿粉、辅料、风机和筛子等设备由厂方供应，承包单位按照成结率≥80%、氧化铁≤15%的质量标准提供烧结矿。两个公社安排 380 人进行生产，日产毛烧结矿 550 吨～600 吨。1985 年莱芜钢铁厂停止土法烧结矿生产。2001 年 11 月，莱钢达到 700 毫米料层烧结的能力，实现高品位、低二氧化硅、低筛分指数和低返矿目标，成为国内烧结机在线生产中料层最厚的生产厂，各项技术经济指标大幅提高。在生产工艺上采用燃料分加混料、摆式布料、环式冷却、热风烧结、宽带拉式给料、二给三分料、除尘灰气力输送和除尘灰制浆喷浆 8 项新技术。

至 2005 年，主要生产设备有 150 平方米烧结机 3 台，265 平方米烧结机 1 台；烧结厂总产量为 587 万吨，综合合格率为 94%～96%，品位为 56%～58%。

球团生产

20 世纪 70 年代，烧结球团，主要是将精矿粉、消石灰、返矿粉和膨润土按比例混匀，经圆盘造球机造球后，在竖炉内焙烧而成。设备落后、工艺有缺陷。1986 年改为生产自然碱度（酸性）球团矿取代原自熔性球团矿。2000 年采用新型链板输送机、炉下二次冷却装置、步进式传动、混合料烘干、造球盘直径加大、汽化冷却、变频调速和静电除尘等新技术和新工艺，对改善炼铁生产炉料结构和降低成本起到重要作用。

球团生产工艺流程：贮料→配料→混合料烘干（润磨）→造球→筛分→布料→焙烧→冷却→输

送→料仓。“十五”期间，球团矿总产量442.87万吨，球团矿综合合格率100%，品位63%。

2005年5月，投资建设80万吨氧化球团生产线。工程总投资1.10亿元，主要由配料系统、烘干润磨系统、造球筛分系统、预热焙烧系统、冷却成品系统以及生产辅助系统组成，采取国内先进的链蓖机回转窑生产工艺，具有原料适应性强、耐材性能要求低、设备加工周期短、技术经济指标稳和投资预算省等优点。

九龙耐火材料厂生产的耐火材料产品 （2005年 摄）

第三节 耐火材料生产

20世纪80年代初，耐火炉料业随着莱钢生产规模的扩大发展起来。1993年1月建区后，区委、区政府把耐火炉料业作为钢铁配套产业的重要方面。1994年5月，沿205国道两侧自府前街路口至卞家泉段规划建设钢材炉料民营经济发展区。2002年建成鲁中钢材炉料贸易园。2005年生产耐火材料7.30万吨、产值1.08亿元、利税1799万元。

莱芜市九龙耐火材料厂

位于里辛镇。1977年颜庄公社陶瓷厂建立。1984年更名为莱芜市耐火材料厂。1987年与莱钢特钢厂结为联办企业，联合投资300万元，改造黏土砖配套生产线，形成年产1.20万吨的生产能力。1994年投资1000万元，进行技术改造，建成高铝制品生产线。2000年企业实行股份制改造，更名为莱芜市九龙耐火材料厂，注册资金1000万元。2001年12月，被山东省人民政府评为“山东省先进民营企业”。2003年12月，与莱钢结为长期战略合作伙伴关系。2005年5月，与河南科技大学建立产学研基地合作关系；8月被省科技厅认定为高新技术企业。企业建有粘土制品、高铝制品、连铸材料、不定形耐火材料和无水炮泥5条生产线，拥有市级技术中心及耐火材料理化分析、检测等各种耐火专用设备200台(套)。主要产品有:铁水包、罐砖、铸钢用配套优质粘土砖、各类高铝砖、炼钢用镁碳钢包衬砖、不定形耐火材料和整体预制块等耐材产品。2005年有职工300人、总资产5000万元、年产量3.50万吨、销售收入6000万元、利税776万元。

新兴液气有限公司

泰东实业有限公司下属子公司，从事定型、不定型耐火材料的生产、研发、现场施工设计及售后技术服务，产品主要供应莱钢使用。2003年12月，经改制正式成立新兴液气公司，注册资本450万元，有铝质、镁质和制品3个主要生产车间。

2001年至2005年，新兴液气有限公司先后投资2000余万元，完成镁质散状料产品一期和二期工程的建设以及预制件生产线的改造建设，形成年产散状耐火材料产品4.50万吨、预制件产品1万吨的综合生产能力。2001年开发出特钢厂钢包座砖；10月与炼钢厂技术科签订《耐火材料产品攻关协议》，共同发展提高耐火材料产品质量；同年，与炼钢厂合作成功开发出中间包稳流器。2002年先后开发优质镁碳砖、预制件钢包座砖、中间包干式工作衬和特钢中间包用涂抹料，并对浇注料配方进行改进，提高产品质量和钢包使用寿命。2005年成功开发出脱硫喷枪。经过几年的不断开发、技术升级和配方改良，产品质量稳步提高。

主要设备有镁质散装料生产线1条（包括破碎筛分机组和自动化配料系统）、铝质散装料生产线1条、H50环球磨机2台、H63环球磨机1台和

万和冶金辅料有限公司 （2005年 摄）

预制件生产线3条。

产品有炼钢用钢包、中间包两大系列，包括浇注料、干式工作衬和涂抹料等散状产品及稳流器、镁碳砖、挡渣器和脱硫喷枪等预制件产品，主要用于莱钢转炉、电炉炼钢生产。

莱芜市鸣翔冶金节能环保材料有限公司

位于钢城经济开发区，是集定型、不定型耐火材料和冶金辅助材料等生产和销售为一体的耐火材料专业企业。2003年成立，占地面积3公顷，有职工200余人、工程师12人、高级工程师3人、年产值6800万元，拥有定型、不定型耐火材料和冶金材料3条生产线；主要生产设备有：破碎机5台、细磨设备10余台，630吨和415吨摩擦压力机各1台，隧道窑，加热炉2座，理化全分析设备1套。主要产品有：转炉用喷补料、大面修补料、钢包尖晶石浇料、中间包干式振动料和高炉免烧烤铁沟捣打料等不定型耐火材料；顶吹氩喷枪、脱硫喷枪、长寿命铁水罐砖、中包冲击板、稳流器和挡渣堰板等定型产品；复合脱氧剂、精炼渣和大包引流剂等冶金辅助材料。

莱芜市世友工贸有限公司

2002年6月成立，占地面积0.53公顷，厂房面积1900平方米，职工60人，中高级以上技术人员2人。企业总资产984万元，企业主要产品为耐火材料。2005年完成产值750万元、销售收入543万元、利税9.80万元、利润9.20万元。

万和冶金辅料有限公司

由韩国梁州开发株式会社和莱钢万和集团合资兴建，主要生产活性石灰，用于炼钢炉料，设计年生产活性石灰120万吨。2005年开工建设。

第四节 氧气生产

2002年11月8日，莱芜天元气体有限公司成立，注册资本8000万元，由莱钢集团参股，工人持股会控股。生产工业用氧气、氮气、氩气、液氧、液氮、液氩、各类瓶装气体和医用氧气（液氧）等产品，主要供给莱钢冶炼生产所需。公司拥有国际先进水平的色谱工作站、气相色谱分析仪、高纯氩分析仪和英国原装水分析仪等工业气体分析检测设备。通过中国环境科学院ISO 14001环境管理体系和OHSAS 18001职业健康安全管理体系认证，为山东省定点无缝气瓶检验和医用氧气（液氧）生产单位。

主要生产设备有3200立方米/小时制氧机2台，6000立方米/小时制氧机、9000立方米/小时制氧机各1台，1.20万立方米/小时制氧机2台，2.20万立方米/小时制氧机4台。至2005年，总资产已达2.20亿元，总占地面积13万平方米。共有职工336人，其中，管理、技术人员38人，具有研究生学历者2

天元气体有限公司 （2005年 摄）

人，大学、大专学历者100人，高、中级专业技术职务24人。总装机出氧能力达到13.34立方米/小时。

2003年销售收入、利润和利税总额等主要经济指标分别为4.01亿元、0.60亿元和0.26亿元。2005年分别为6.18亿元、1.45亿元和2.13亿元，累计实现利润14.54亿元，同比增长70.09%，超计划完成66.82%，创历史最高水平。2003年、2004年和2005年公司分红利率分别为20%、30%和25%。

第三章 冶 炼

第一节 炼 铁

1958年莱芜县划归济南市，仍为山东省钢铁生产基地；下半年，全民“大炼钢铁”，境内几乎村村都建土法炼铁炉，公社建立炼铁厂；年末，共建立土炼铁小高炉上百座，并建颜庄、城子坡和寨子3处炼铁厂。

县、社两级的炼铁厂均未经设计即施工，设备简陋。有的借用民房，有的临时搭建工棚作为车间，有的直接露天炼铁。所建高炉，容积一般在1立方米以下，以耐火砖或一般建筑用砖垒砌而成。样式有猪嘴式、邵阳式和平阴式等，鼓风采用人工操作的风箱。此种炼铁炉基本没有工业价值，很快就被推倒废弃，被民众称为“一脚蹬”。炼铁所用矿石，由群众通过肩挑人抬运到炼铁厂，用铁锤砸成小块，配上石灰、焦炭和废铁等投入炼铁炉冶炼。因原料、技术等原因，所炼出的生铁基本属于废铁熔化后与矿石、炉渣的混合体，民众称其为硫渣。

村村“大炼钢铁”持续约半年时间即停止。1959年颜庄炼铁厂停办。1960年至1961年，“大炼钢铁”降温，境内各炼铁厂停办。

1959年沂蒙生建钢铁厂建成3立方米高炉4座、28立方米高炉1座。1960年确定年产生铁200万吨、钢180万吨、钢材150万吨的建设规模，由北京黑色金属设计总院设计，兴建100立方米高炉6座、620立方米高炉2座、1000立方米高炉2座；年内，建成100立方米高炉2座。1962年6月，沂蒙生建钢铁厂基建、生产均停止，除已建成的2座100立方米高炉外，3号100立方米高炉竣工，4、5、6号100立方米高炉仅完成部分项目，其它均未动工。1965年沂蒙生建钢铁厂1、2号100立方米高炉投产。1969年11月，莱芜钢铁工程指挥部成立。1970年1月，决定将新成铁工厂、莱芜铁矿、沂蒙生建钢铁厂、新泰冶炼厂和即将建设的谷家台铁矿划归莱芜钢铁工程指挥部；2月莱芜钢铁工程指挥部由济南迁至工程现场办公，对外使用山东省“七〇一”指挥部代号名称；4月按照边勘探、边设计和边施工的建设方针，工程会战全面展开。1971年6月和10月，“七〇一”第一铁厂（原沂蒙生建钢铁厂）3、4号100立方米高炉分别建成投产，同时对高炉工艺流程进行改革，增添部分设备：上料系统由人工改为称量车，冷却系统由工业水强制循环改为汽化自然循环，冲渣系统由炉旁直冲改为渣沟——冲渣池。

1975年5月，莱钢第二铁厂620立方米高炉投产，配套设备较完善，为山东省最大的高炉；同年，莱钢共生产生铁25.90万吨。1991年4月，莱芜钢铁总厂利用外资扩建项目;5 月 750 立方米高炉系统工程开工。1993 年 6 月,750 立方米高炉炼出第一炉铁水。1998 年利用外资扩建工程全部完工，生产能力迅速提高，其中生铁生产能力达到 150 万吨。2003 年莱芜钢铁集团有限公司 4 号 750 立方米高炉建成投产。

莱钢 750 立方米高炉 （1994 年 摄）

2004 年 6 月 18 日,1 号 1880 立方米高炉建成投产;7 月 2 日达产,为全省最大的高炉。2005 年 2 月 28 日,2 号 1880 立方米高炉建成投产;10 月 6 日,1 号 1000 立方米高炉工程建成投产;12 月 2 号 1000 立方米高炉工程建成投产。至 2005 年，境内有炼铁高炉 12 座,其中,1880 立方米 2 座、1000 立方米 2 座、750 立方米 4 座、120 立方米 4 座，生铁生产能力突破 1000 万吨。

第二节 炼 钢

转炉炼钢

1970 年 12 月,“七〇一”第二钢厂筹建,设计规模为 25 吨氧气顶吹转炉 3 座,年产钢 50 万吨,由马鞍山钢铁设计院设计。1972 年 10 月,破土动工。1976 年 10 月,执行上级关于缩短基建战线指示,暂停建设。1978 年 10 月,转炉炼钢恢复建设。1980 年初,再次停建。1982 年 2 月,转炉工程再次恢复建设,调整为 2 座 25 吨转炉、年产钢 30 万吨的规模，分别于 1984 年 1 月和 1985 年 11 月建成投产。1993 年 9 月,第 3 座 25 吨转炉建成投产;建起第 2 座 600 吨混铁炉;同年 7 月投入使用;引进安装 LF、LF+VD 钢包精炼炉各 1 座,1995 年 9 月投入试运行。

“九五”期间,又先后对转炉炼钢主体设备及相应的辅助配套设施进行扩建改造。至 2005 年，转炉炼钢生产线在线设备由脱硫站、混铁炉、转炉、精炼炉和连铸机组成,共有转炉 8 座,连铸机 8 台,已形成脱硫、混铁炉、转炉、精炼炉和连铸炉“五位一体”的生产模式。主要工艺流程:原材料与生铁水预处理→转炉冶炼→精炼→连铸。

电炉炼钢

1965 年 4 月,山东钢铁厂筹备处成立,由山东重工业厅管理,为军工企业,厂名对内称山东钢厂,对外称新成钢厂,在颜庄村东南、黄羊山北坡筹建,设计年产电炉钢 1.60 万吨,由马鞍山钢铁设计院、北京黑色冶金设计总院设计。为适应战备需要,主要生产车间采用镶嵌式、进洞式、半地下式、覆盖式和爬山式等建筑形式依山而建。1968 年 5 月和 11 月,1.50 吨和 5 吨电炉相继建成投产,当年生产钢锭 397 吨,品种以一般碳结钢、合结钢和工具钢为主。1970 年 1 月，新成铁工厂并入莱芜钢铁工程指挥部后改名为莱钢第一钢厂,即开始二期扩建工程;同时,开始进入军工新产品和民用新产品试制阶段。当年 10 月和 1971 年 8 月,第二座、第三座 5 吨电炉分别建成投产。1973 年建成中心试验楼。1978 年 6 月,第四座 5 吨电炉建成。

电炉炼钢投产初期，服务对象以军工为主,许多产品处于试制阶段,生产不计成本,产品产量和经济效益都比较低。中共十一届三中全会后,莱钢第一钢厂进行产品结构调整,逐渐停止军用钢的研制和生产,转产民用钢,科技人员和一线生产工人

被广泛动员起来参加技术攻关和设备改造等活动。1979年将10吨的钢水包改造为15吨，后又扩大至18吨，并建起1座块状原料烘烤炉。1983年9月，在第一钢厂中心试验楼基础上建成光谱楼，形成光谱、化学和气体综合分析中心，基本满足生产合金钢所需的理化检验和分析要求，成为莱芜钢铁厂系统试验和检测设施最完善的二级厂。此后，对炼钢车间4座电炉及其附属设备进行一系列的技术改造，改善了电炉性能。1989年6月，第一钢厂改名为特殊钢厂，特钢厂在强化质量管理保优创优的基础上，开发新品种。1990年试产三级锚链钢、25MnVk和27SiMn等适销对路的新钢种。

“八五”“九五”期间，莱钢对电炉钢生产线进行多次技术改造。至2005年，电炉炼钢主要设备有:50吨（UHP）超高功率电弧炉、50吨LF钢包精炼炉和60吨VD真空精炼炉各1座，20吨高功率电弧炉3座、22吨钢包精炼炉2座。主要生产工艺流程 电炉生产钢水经精炼脱气后转到连铸钢包回转台一中间包→结晶器→二冷一段→二冷二段→二冷三段→拉矫机→火切车→移坯车→冷床→钢坯收集。电炉钢重点产品有:优质碳结钢、合结钢、船用锚链钢、齿轮钢、轴承钢、弹簧钢和R4级海洋系泊链热轧圆钢。

第四章　钢铁加工

第一节　发展历程

境内钢铁加工业起步较早，但早期钢铁加工只处于铁质农机具制造、农机配件、五金生产、轧钢及铸造等规模较小的初级加工阶段。主要有颜庄公社五金厂、农机配件厂；黄庄公社农机制修厂；20世纪80年代中期的第二实业公司五金厂、莱芜市第一农机配件厂、农具修造厂和劈铁队；颜庄农具厂、劈铁队和铸造厂；城子坡轧钢厂、铸造厂和社会福利配件厂；里辛五金厂、机械厂、铸造厂、齿轮厂和拖配厂；黄庄钢窗厂、机械厂；寨子翻砂厂、铸造厂和福利铸造厂等。

1993年1月建区后，区委、区政府确定“为莱钢服务，靠莱钢发展”“工业立区”的指导方针，各级围绕为莱钢的产前、产中、产后服务大力发展区、镇、村办企业，推动钢铁加工业的发展。1999年全区有钢铁加工企业40处:隶属第二实业公司的莱芜市楔横轧制厂、新星焊管厂、冷轧螺纹钢厂和无缝钢管厂；隶属钢城企业集团公司的秦鲁机械厂、机电设备厂、钢窗厂、合金冶炼厂、电器开关厂和铆焊厂；城子坡街道的莱芜市冷轧带钢厂、轧钢厂、铸造厂、卫华铸造厂、周家坡铸造厂、铸钢厂、机械加工厂、陶家岭东泰冶金材料厂、张庄工矿机械厂、宋家庄福利配件厂和钢都金属公司；颜庄镇的铸造厂、铸件厂、九龙机械厂和疃里劈铁队；里辛镇的机械厂、铸造厂、齿轮厂、拖配厂、鲁巷网架结构公司、模锻厂和里辛村铸造厂；寨子乡的志胜冶金材料公司、铸造厂和义和金属公司；黄庄镇的钢窗厂、机械厂、复合轧辊厂、椁椤环宇设备厂和洪沟机械厂。

2000年以后，钢铁产品结构不断调整，钢铁产业优化升级，钢铁深加工和机械制造业进一步发展。至2005年，全区共有钢铁生产及加工和机械制造企业65家，年设计生产能力为147万吨、产值49亿元。实际完成产量为64.41万吨、产值21.99亿元、利税9069万元。

第二节 轧 钢

20世纪60年代中期，境内开始有轧钢技术和工程项目。1966年11月，新成铁工厂兴建开坯工程和中型轧材车间。1969年3月，新成铁工厂带钢、拉丝车间建成，设计年产带钢500吨、钢丝300吨。

转炉钢轧钢系统

大型H型钢生产线　包括异形连铸机、H型钢轧机及H型钢加工配送中心，设计年生产能力为100万吨，主要生产多种规格的H型钢，H型钢翼缘最大宽度为400毫米，腹板最大高度为900毫米。

中型型钢生产线　采取连铸→热装→连轧的短流程生产工艺，年设计能力50万吨，主要轧H型钢、工字钢、槽钢、角钢、U型钢和矿工钢。

小型型钢生产线　2002年3月22日，万力型钢有限公司注册成立，拥有国内唯一能够生产热轧轻型H型钢的生产线，主要生产热轧轻型H型钢，规格范围为H100毫米×50毫米～H200毫米×100毫米。2005年生产各类型钢产品19.27万吨、综合成材率96.62%、合格率99.50%；生产螺纹钢产品12.37万吨、综合成材率100%。

热轧带钢生产线　分为加热、轧钢和收集三大工序，工艺流程：原料→加热炉→粗轧机→精轧机→卷曲机→打捆→入库。

大型H型钢　（2005年　摄）

电炉钢轧钢系统

生产所需要的原料主要是电炉连铸坯。主要设备有三段连续式加热炉、三辊半闭口轧机、半连轧机组、热剪、移钢机和冷床等。主要工艺流程：连铸坯检验→装炉→加热→出炉→翻钢→轧制→切头→轧制→连轧→移钢→热锯（定尺剪切）→冷却→精整→检验→入库。主要钢种有优质碳素结构钢、合金结构钢、轴承钢、弹簧钢、锚链钢和齿轮钢等。

第三节 主要门类厂家及重点企业

至2005年，钢铁加工业已形成机械加工、粉末冶金、磁性材料、特种钢冶炼及轧钢、铸件锻件、焊管及型钢加工、钢架结构设备、汽车零部件制造和智能车库等10余个门类，各类企业65家。

机械加工类企业

机械加工类企业18家。莱芜市华光机械制造有限公司、莱芜市恒泰伟业机械制造有限公司、宏强企业集团铆焊厂和钢窗厂、秦鲁机械科技有限公司、乾坤金属制品公司、南圳焊接材料厂、银山联营金属加工厂、山东工正冶金机械厂、莱芜市（张庄）工矿机械厂、周家坡机械加工厂、宏伟机械厂、光明液压机械厂、银山联营金属加工厂、北赵（联营）鲁鑫公司、冯家庄振兴金属加工厂、桲椤环宇设备厂、洪沟机械厂。

秦鲁机械科技有限公司　1992年在秦鲁通用机械厂的基础上改制而成，是科研与生产经营相结合的新型股份有限公司。注册资金500万元、流动资金240万元、从业人员65人。主要生产转子活塞、旋转油泵、人造金刚石用无钴触媒合金材料和高效节能箱式过滤机等。1993年有职工30人、固定资产400万元、生产各类机械2000件、企业产值300万元、利税36万元。1994年10月，研制生产的双缸双作用转子活塞在第八届全国发明展览会上获铜奖。1995年12月，研制生产的2ZH双缸双作用转子活塞泵、人造金刚石用无钴触媒合金材料和H15型高效节能箱式过滤机在国家科委、中国科协、中国科学院

秦鲁机械科技有限公司生产车间 （1999 年 摄）

和国家外国专家局主办的“全国第三届科技人才技术交流展示大会”上获科技成果金奖。与陕西瑞科制冷工程公司联合研制生产的 2ZH11.2/1.0，2ZH7.6/1.2 型双缸双作用转子活塞泵被列为国家“八五”科技攻关项目，并被省级鉴定为填补省内空白项目。1998 年改制为有限责任公司。

粉末冶金及磁性材料类企业

粉末冶金及磁性材料类 5 家。莱钢集团粉末冶金有限公司、莱芜市新艺粉末冶金制品有限公司、莱芜市鑫兴粉末冶金厂、莱芜市钢都粉末冶金厂和莱芜市磁性材料厂。

莱钢集团粉末冶金有限公司 1987 年 4 月，第二实业公司与莱钢一钢联合成立莱芜粉末冶金厂。1989 年投产，总投资 150 万元，主营产品为冶金钢还原铁粉、轿车用水雾化钢铁粉末等，设计年生产铁粉 1500 吨。1996 年生产能力达到 1 万吨。1998 年 1 月 9 日，水雾化钢铁粉末研究开发项目被列入“国家高新技术研究发展(863)计划”。1999 年 11 月 19 日，项目正式投入生产；年内，生产水雾化铁粉 1050 吨、还原铁粉 9200 吨、海绵铁 1.71 吨，实现产值 3300 万元、利税 300 万元。2000 年 8 月，改制为莱钢集团粉末冶金有限公司，占地面积 17.76 万平方米，有职工 694 人。主要产品为还原铁粉、水雾化纯铁粉和水雾化合金钢粉等，广泛用于轿车、机械、电动工具和家用电器等领域。2003 年完成投资 1.05 亿元，建成“年产 4 万吨水雾化钢铁粉末规模化生产线”，成为排名中国第一、亚洲第二、世界第五的水雾化钢铁粉末生产基地。2005 年企业总资产 2.29 亿元，生产海绵铁 24942.54 吨、还原铁粉 28404.27 吨、水雾化铁粉 11982.[illegible]8 吨，销售钢铁粉末 39174.99 吨，其中，出口 6975.20 吨，主营业务收入 15924.70 万元，利润总额 955.10 万元。承担的轿车用水雾化钢铁粉末材料的规模化生产项目，2001 年获山东省科技进步奖，2003 年获国家科技进步奖。生产的产品还原铁粉、水雾化钢铁粉末被评为山东省名牌产品。先后承担年产 4 万吨水雾化钢铁粉末生产技术研究、轿车用高性能水雾化材料的规模化生产技术 2 项国家“863”高科技计划项目，成为国内唯一同时具有还原粉和雾化粉 2 条生产线的钢铁粉末生产企业。曾获得多项创新基金，承担多项新产品计划项目，与中南大学、北京钢铁学院和国家钢铁研究总院等国内知名粉末冶金院所保持长期的技术合作关系，并建有山东省粉末冶金工程技术研究中心。

莱芜市新艺粉末冶金制品有限公司 1987 年

莱钢集团粉末冶金有限公司生产车间 （2000 年 摄）

第二实业公司将原农具厂改建成莱芜市粉末冶金制品厂，主要生产高性能粉末冶金斜齿轮、凸轮片及齿圈等。1988 年有职工 108 人，资产总额 910 万元，年产各类制件 150 吨、销售收入 967 万元、利税 90 万元。2000 年 8 月，改制为莱芜市新艺粉末冶金制品有限公司，占地面积 7435 平方米、厂房面积 3370 平方米。主要产品有粉末冶金制品、磁性材料和液压机械等，主要用于汽车摩托车配件、电动工具、健康器材、机床附件、家用电器等行业。2003 年公司生产的 YJD-12 粉末冶金齿轮泵获山东省科技进步奖。2004 年生产的温压成型格里森齿轮获山东省科技进步奖。先后承担 20 余项省级以上科技计划项目，在稳压汽车零部件技术领域居于全国前列；其中，"高性能粉末冶金斜齿轮""高性能粉末冶金锥形齿轮""高性能铁基滑动轴承""高性能粉末冶金齿轮泵"被评为国家重点新产品。2005 年职工人数 109 人、企业总资产 1587 万元、产量 959 吨、销售收入 1527 万元、利税 365 万元。

莱芜市钢都粉末冶金厂　1999 年建厂。主要生产还原铁粉，兼营机械安装、钢铁销售等。2005 年企业占地面积 5842 平方米、厂房面积 3620 平方米，职工人数 280 人。企业总资产 980 万元、固定资产 600 万元、产量 1 万吨、工业产值 583 万元、销售收入 558 万元、利税 50 万元。

莱芜市磁性材料厂　1987 年由第二实业公司与莱钢建工处联办，一期投资 80 万元，形成年生产磁粉 60 吨及少量磁件的生产能力。1994 年研制成功高磁导率 RIOK 磁粉成为国内唯一生产厂家。1995 年向韩国出口 50 吨，创汇 150 万元。1996 年投资 2676.90 万元，对工厂进行扩建。

莱芜市磁性材料厂生产车间　（2004 年　摄）

1998 年 10 月 14 日，科学技术部党组成员焦宏波到莱芜市磁性材料厂考察高新技术产业化项目建设情况；12 月 2 日，磁粉磁件转入批量生产；年内，产品被列为山东省十大高新技术产品研制开发工程，获得科技贷款 1000 万元；项目被评为山东省高新技术及产业化发展计划项目，争取省财政周转金 2000 万元；年底，对项目再次扩建改造。企业占地 3.10 万平方米、建筑面积 9000 平方米、总资产 4210 万元、职工 400 人，具有 2000 吨磁粉、400 吨磁件的生产能力。全年共生产磁粉 1025 吨、磁件 4994 万只、实现产值 2403 万元、销售收入 2221 万元、利税 288 万元。1999 年 5 月，形成年产磁粉 1800 吨、磁件 100 吨的生产能力。

1991 年 10 月，产品共沉锰锌铁氧体磁粉在"七五"全国星火计划成果博览会上获优秀奖。1994 年 9 月，研制生产的 R8K 磁粉在中国金榜技术与产品博览会上获金奖；10 月研制生产的 RIOK 高导磁粉在第八届全国发明展览会上被评为国家级新产品。1998 年 8 月，研制生产的高磁导率磁粉、磁件被科技部授予"火炬奖"；11 月 RI2K 高磁导率磁粉被科技部、税务总局授予国家重点新产品。1999 年 RI2K 高磁导率磁粉、磁件获山东省科技进步奖。1994 年至 1998 年，先后被评定为莱芜市科技示范重点联系企业、高新技术企业。后因企业亏损破产。

特种钢冶炼及轧钢企业

特种钢冶炼及轧钢企业共有 9 家。莱冶特钢有限公司、万荣不锈钢厂、金泉炼钢厂、亨泰铁合金厂、铁铜沟冶炼厂、莱芜市钢源冷轧带钢厂、开发区轧钢厂、附属企业轧钢厂和冯家庄联营轧钢厂。

莱冶特钢有限公司　2004 年 5 月成立，主要从事特种钢及合金钢的生产、加工和销售业务。企业占地面积 8.67 公顷、厂房面积 1.10 万平方米，有员工 130 人、总资产 8900 万元。公司由湖北大

万荣不锈钢厂 （2005 年 摄）

冶新冶特钢有限公司与莱芜市义和锻造有限公司共同投资兴建，注册资本 500 万元。2004 年 7 月试生产，当年完成工业产值 4900 万元、利润 20 万元。2005 年冶炼特种钢和合金钢 4.20 万吨，实现产值 1.47 亿元、利税 670 万元。

万荣不锈钢厂　2005 年 8 月，潘西煤矿利用西港煤矿旧址兴建，主营项目是生产及深加工不锈钢。总投资 6 亿元，设计年产 25 万吨热轧不锈钢；铸造、不锈钢配套生产及深加工项目年产量 30 万吨、年产值 96 亿元。

莱芜市钢源冷轧带钢厂　前身是城子坡冷轧带钢厂，2002 年改制为法人独资租赁经营企业，注册资金 30 万元，占地面积 0.67 公顷，厂房面积 5300 平方米。2005 年有职工 190 人，总资产 3616 万元，生产加工冷轧带钢 4451 吨、产值 3712 万元、销售收入 3685 万元、利税 118 万元。

莱芜市钢城冷轧带钢厂 （2005 年 摄）

铸件锻件企业

铸件锻件企业 10 家。兴隆精工锻造厂、义和锻造公司、良友钢铁制品公司、光明锻造厂、鑫实

义和锻造公司生产的产品 （2001 年 摄）

铸造公司、周家坡铸钢厂、周家坡铸造厂、冯家庄铸造厂、泰金斯机械锻造公司和莱芜市远征机械堆焊有限公司。

泰金斯机械锻造公司　公司由美国客商、莱钢职工和地方民营业户共同投资兴办。主要承接轮船配件、冶金、钢铁、阀门和模具等机械行业的锻造业务，设计年生产能力 2 万吨。2005 年 10 月开工建设。

莱芜市远征机械堆焊有限公司　公司是在莱钢机械配件加工厂的基础上兴建的一家民营企业。2001 年迁址到颜庄工业园，占地面积 2 公顷、厂房面积 3000 平方米、设备 82 台（套）、固定资产 3000 万元。主要产品为复合轧辊和堆焊系列产品，产品主要供应莱钢及省内几家钢铁企业。2005 年有职工 80 人，产复合轧辊和堆焊产品 6000 吨、销售收入 600 万元、利税 80 万元。

焊管及型钢加工企业

焊管及型钢加工企业 9 家。莱芜市京华焊管有限公司、莱芜市新星实业集团公司、万大型钢有限公司、莱芜市方圆制管有限公司、钢源型钢公司、九州冷拉型钢公司、莱芜市隆强钢结构有限公司、东远型钢公司和张庄建筑型材厂。

莱芜市京华焊管有限公司　2002 年 7 月成立，是由莱钢集团有限公司、衡水京华制管有限公司和业主为薛健的民营企业三方共同出资组建的大型专业化焊管生产企业。注册资金 8000 万元，年内，完成投资 4000 万元，占地面积 12.13 公顷、建筑面积 5.16 万平方米，有职工 638 人，形成固定资产 3.63 亿元，流动资产 2.96 亿元，固定

京华焊管有限公司制管车间及生产的焊管

（2005 年　摄）

资产净值 3686 万元。2005 年生产焊管 3.89 万吨、冷轧带钢 3.11 万吨、产值 2.44 亿元、销售收入 2.25 亿元、上缴税金 28 万元。公司有 2 个制管车间和 3 个冷带车间，9 条高频焊接钢管生产线，年生产能力可达 10 万吨，产品“华岐”牌焊接钢管、冷轧带钢销往鲁、豫、苏、皖、赣、鄂、湘和沪等地区，并出口到澳大利亚、英国、美国及东南亚一些国家和地区。2003 年 12 月，被中国市场监测中心命名为“讲诚信守合同重质量典范企业”，产品经中国社会调查所调查确认为中国公认名牌产品，被山东省农行评为“AAA 级信用企业”，被莱芜市技术监督局评为“质量管理先进企业”；通过 ISO 9001 国际质量体系认证，取得企业进口资格证书。

莱芜市新星实业集团公司　2000 年由新星焊管厂改制而成，占地面积 2 万平方米、厂房面积 3000 平方米，主要设备 10 台(套)，主要产品为 4 种规格的焊管。2005 年在岗职工人数 400 人、总资产 9135 万元，生产壁厚为 2.50 毫米～3.50 毫米等 7 种规格的焊接钢管以及多种镀锌管，产品质量达到 GB3092—82 标准，产品销往东南亚等地区，同时承揽各种规模的带钢剪切业务；年内，生产各类焊管 8000 吨，完成产值 2563 万元、销售收入 2136 万元。

莱芜市方圆制管有限公司　2002 年 8 月成立，年内投资 600 万元，实现销售收入 650 万元。主要产品焊管，产品销往上海、江苏和浙江等地。2005 年企业职工人数 162 人、总资产 4800 万元、年产量 3.50 万吨、产值 1.80 亿元、销售收入 1.60 亿元、利税 300 万元。

莱芜市隆强钢结构有限公司　2003 年 12 月成立，位于开发分区韩国工业园内，由济南和临朐客商共同投资兴建，占地 3.47 公顷、厂房面积 4000 平方米、注册资金 500 万元。主要从事钢结构的生产、加工及销售业务，年设计加工能力 10 万吨。2005 年有员工 41 人，年产钢结构产品 5.70 万吨、销售收入 3100 万元、利税 36 万元。

钢架结构设备企业

钢架结构设备企业 8 家。莱芜市清力源冷弯型钢有限公司、新兴明大钢结构公司、金辰经贸钢结构公司、朱家庄新型屋面钢结构板厂、莱芜市金易工贸有限公司、青山钢结构公司、传柱钢结构公司和双峰钢结构公司。

莱芜市清力源冷弯型钢有限公司　2004 年 5 月成立，位于开发分区小上峪村，由烟台客商投资兴建，注册资本 123 万元。占地 1.33 公顷、厂房面积 1300 平方米。主要从事 C 型钢、异型钢、冷弯型钢和热镀锌管等产品的生产、加工和销售业务，年设计生产能力 7 万吨。2005 年企业有员工 42 人、总资产 5460 万元，产冷弯型钢等 7.10 万吨，实现工业产值 490 万元、利润 60 万元。

莱芜市金易工贸有限公司　2003 年 10 月，由泰安客商投资兴建，位于开发分区卞家泉村，占地 1.67 公顷，厂房面积 1100 平方米，注册资金 200 万元。主要从事 C 型钢、开车板的生产和销售业务。2005年企业有员工243人、总资产1537万元，年加工C型钢4000吨、碳结带钢2万吨，完成工业总产值898万元、产品销售收入885万元、利润45万元。

汽车零部件制造企业

汽车零部件制造企业5家。莱芜市金辰楔横轧轴件有限公司、开发区轴承厂、莱芜市银河轴业有限公司、莱芜市温岭锻造有限公司和山东中兴汽车零部件有限公司。

莱芜金辰楔横轧轴件有限公司 1987年8月，第二实业公司将汽车配件厂改制为莱芜市楔横轧制厂，是国内最早采用楔横工艺生产轴类零件的专业化企业，年产各类凸轮轴毛坯80万件，年销售收入600万元。1998年8月，企业改制为莱芜金辰楔横轧轴件有限公司。占地面积1.26万平方米、厂房面积3.87万平方米。2003年聘请北京大学1名院士作技术顾问，成为全市首家与院士合作的民营企业。被国家科学技术部评为“国家新材料产业化基地骨干企业”；被山东省科学技术厅认定为“高新技术产业”。2005年有职工300人、固定资产1800万元，产汽车等凸轮轴件及配件300万件、年产值1.20亿元、利税1980万元。

莱芜市银河轴业有限公司 2002年6月成立，占地面积0.67公顷、厂房面积3000平方米，主要产品为凸轮轴。2005年企业在岗职工48人、总资产2800万元，完成工业产值1000万元、销售收入950万元、利税60万元、利润36万元。

莱芜市温岭锻造有限公司 2003年2月成立，占地面积1.80万平方米、厂房面积1.20万平方米，主要设备56台(套)，主要产品为汽车配件。2005年企业在岗职工121人、总资产2815万元、产量4500吨、产值2255万元、销售收入1879万元、利税32万元、利润15万元。

山东中兴汽车零部件有限公司 莱芜市科技民营企业，山东省高新技术企业，国内较大楔横轧专业生产企业之一。主要产品为汽车变速箱齿轮轴、汽车发动机齿轮轴毛坯，产品广泛用于国内各大汽车公司的变速箱、发动机等。设计年产量150万件。2005年开工建设。

智能车库企业

山东莱钢泰达车库有限公司 2001年12月成立，由莱芜钢铁集团有限公司、深圳市华厦汇丰控股有限公司、深圳市天成投资有限公司、山东明源科技开发有限公司四方投资组建，注册资金4000万元。属从事机械智能立体车库研发设计、生产制造、工程安装和售后服务的国际化、专业化公司。公司主要产品有升降横移类、垂直升降类、水平循环类、平面移动类、巷道堆垛类、简易升降类车位和汽车升降机七大类50余种，是国内产品种类最齐全的公司，又是国内第一家取得国家质检总局颁发的制作资质许可证的企业。公司位于莱芜经济开发区钢城分区，投资近2亿元，建成占地20公顷、建筑面积2万平方米、车间厂房面积1.40万平方米的泰达工业园，设计年加工车位2万个。2004年9月16日至17日，和钢城经济开发区在钢城共同承

金辰楔横轧轴件有限公司车间 (2005年 摄)

莱钢泰达车库有限公司生产的智能车库 (2002年 摄)

山东莱钢泰达车库有限公司 （2005 年 摄）

办中国首届城市智能停车国际论坛，论坛会由中国重机协会停车设备工作委员会主办，发改委、建设部有关领导出席，美国、日本、澳大利亚和德国等国家的公司参加，人民日报社、经济日报社和中央电视台等 20 余家新闻媒体或单位进行宣传报道。2004 年被山东省科学技术局、山东省知识产权局评为“中国专利山东明星企业”；被山东省经济贸易委员会评为“山东省认定企业技术中心”。

2005 年企业取得进入美国市场的 MEA 认证，是国内企业中唯一取得该项认证的企业；同年，有员工 271 人，产各类车位 4500 个，实现工业产值 1.10 亿元、销售收入 1.40 亿元、利税 1900 万元、利润 1200 万元。公司拥有大型抛丸机、法因数控机床、剪板机和钻孔机等先进的机械生产设备共计 100 余台（套），在国际同行业中处于领先水平。至 2005 年，公司在北京、上海、广州、深圳、成都、沈阳、济南和青岛等 30 余个城市建成近百个车库，其产品还远销美国、澳大利亚、新西兰和南非等国家。

第五章 钢铁贸易与物流

第一节 发展概况

1993 年 1 月建区后，以钢材销售和物流服务为主的个体私营业户发展迅速。2000 年后，莱钢产能不断增加，钢铁配套企业不断发展，物流需求量逐年增长，博莱、莱新等高速公路相继建成，推动全区钢铁销售和物流服务企业的发展。2005 年全区共有钢材销售业户 368 家，形成齐鲁、颜庄和黄庄 3 处钢材市场，年销售钢材 310 万吨，占莱钢钢产量的三分之一。2005 年有山东泰捷信等物流企业 16 家，货物吞吐量 850 万吨。

第二节 重点企业

莱芜市双峰物资有限公司

1990 年村民葛宪利开始从事钢材串换、生铁收购销售和个体运输等业务，经过近 6 年的时间，

莱芜市双峰物资有限公司　　(2005年　摄)

逐步发展成为钢城区以经营钢材为主的重点民营业户之一。1996年6月，成立莱芜市双峰物资有限公司，公司位于下家泉村，注册资金80万元、占地面积3.33公顷。2001年纳税254万元，作为全市纳税大户受到市委、市政府的表彰奖励。2003年被市委、市政府评为市级先进民营企业。2005年拥有固定资产8600万元、流动资金1.70亿元、从业人员30人，年销售各类钢材12万吨，实现销售收入3.70亿元，上缴税金182万元。

莱芜市长兴物资有限公司

1990年高家庄村个体业主刘长兴从串换生铁、销售铁精粉、运输货物起步，抓住莱钢改扩建、加快非钢产业发展和经营体制改革等机遇，围绕莱钢及其二级厂矿的产前、产中、产后服务，不断壮大自身发展实力，成为区内重点民营企业。1997年11月，成立莱芜市长兴物资有限公司，注册资金80万元，占地面积2.33公顷。主要从事钢材、生铁、铁矿石和铁精粉的批发销售业务。1999年到2003年连续5年被市委、市政府和区委、区政府授予先进民营企业、纳税先进户等荣誉称号。2005年拥有固定资产1760万元、流动资金5000万元、从业人员38人，销售各类钢材10万吨，销售收入3.40亿元，利税3200万元。

莱芜市良友钢铁制品有限公司

2004年3月成立，占地面积1万平方米、厂房面积300平方米。主要从事钢铁制品销售。2005年企业有职工15人、总资产315万元，销售收入1050万元，利税15万元。

齐鲁钢材大市场

位于莱芜经济开发区钢城分区，由莱芜市金汇经贸有限公司、莱芜市丰汇型钢有限公司、莱芜市新亚物资有限公司和莱芜市昌泰工贸有限公司4家企业组建而成。2005年有从业人员301人，年经营各类钢材30万吨、销售收入16.20亿元、利税1.30亿元。

莱芜市金汇经贸有限公司

成立于2000年。主要从事钢材、建材、工程机械、铁矿石和铁精粉等的批发、零售及锻造加工业务，钢材主要销往江苏、浙江和河北等省及省内青岛等地，生产加工的凸轮轴、曲轴等汽车配件，主要供应一汽、长春汇锋和山东临工等汽车制造企业。公司下设温岭锻造有限公司及4个钢材销售公司，总注册资金3000万元。2005年有从业人员210人、固定资产3760万元、流动资金8000万元，销售各类钢材6万吨，加工各类锻件1万吨，实现销售收入6亿元、利税4000万元，上缴税金300万元，是钢城区重点民营纳税大户之一。公司多次被评为全市先进民营企业、信用示范户和农行"AA级信用企业"等称号。

莱芜市丰汇型钢有限公司

2001年10月成立，位于莱芜经济开发区钢城

齐鲁钢材大市场仓库　　(2005年　摄)

分区，注册资金 500 万元，占地面积 1.67 公顷。主要从事 H 型钢及铁矿石的批发零售业务，销售网点分布在河北、天津、浙江和安徽等 10 余个省市区，是江北销量最大的 H 型钢销售公司。2005 年拥有固定资产 1800 万元、流动资金 5000 万元、从业人员 30 人，销售各类钢材 8 万吨，实现销售收入 3.80 亿元、利税 4000 万元，上缴税金78 万元。公司多次被市委、市政府评为先进民营企业，是莱钢十大销售客户及十大战略合作伙伴之一。

莱芜市新亚物资有限公司

2000 年 11 月成立，位于莱芜经济开发区钢城分区，注册资金 100 万元，占地面积 1.67 公顷。主要从事螺纹钢和其它钢材的批发零售业务，公司销售网络分布于江苏、上海、河北和浙江等 9 个省市区。2005 年拥有固定资产 390 万元、流动资金 1960 万元、从业人员 25 人，销售各类钢材 9 万吨，实现销售收入 2.90 亿元、利税 3000 万元，上缴税金 36 万元。2004 年、2005 年连续 2 年被市委、市政府评为先进民营企业。

莱芜市昌泰工贸有限公司

2003 年 11 月成立，由钢城企业集团公司建材公司改制而成，位于莱芜经济开发区钢城分区，占地面积 1.67 公顷、货场面积 3 万平方米、注册资金 500 万元、固定资产 1250 万元、流动资金 3600 万元。主要从事莱钢产各类钢材、铁矿石、铁精粉和生铁的批发零售业务，销售网络分布于江苏、河北和浙江等 6 个省份，年销售各类钢材 6 万吨以上。公司 2005 年被市委、市政府评为先进民营企业，并获得“重合同守信用企业”“AA 级信用企业”等荣誉称号。2005 年公司实现销售收入 3.50 亿元、利税 2300 万元、上缴税金 87 万元，安排从业人员 36 人。

黄庄钢材大市场

2003 年钢材大市场建成。2005 年占地面积 40 公顷、厂房面积 2500 平方米、经营业户 30 家、从业人员 450 人，年经营各类钢材 15 万吨、经营额 6.75 亿元，实现利税 600 万元。主要企业有莱芜双利经贸、中正经贸、鑫祥经贸和东海经贸等。

莱芜市中正经贸有限公司

2003 年 2 月成立，占地面积 3.33 公顷、注册资金 500 万元。主要从事 H 型钢和其它钢材的批发零售业务，当年销售各类钢材 7 万吨，实现销售收入 2.90 亿元、利税 3200 万元。公司先后被市委、市政府评为先进民营企业、重合同守信用企业。2005 年拥有固定资产 1200 万元、流动资金 3700 万元、从业人员 26 人，实现销售收入 4 亿元、利税 3500 万元，上缴税金 65 万元。

颜庄钢材大市场

2003 年钢材大市场建成。2005 年占地面积 86.67 公顷、厂房面积 2 万平方米、经营业户 36 家、从业人员 1000 余人，年经营各类钢材 60 万吨、经营额 23 亿元、实现利税 1.80 亿元。主要企业有金瑞源经贸有限公司、创益物资有限公司和海川经贸有限公司等 30 余家。

钢城云通物流有限公司

2002 年成立，投资 670 万元，购置高吨位运输车 36 辆，主要从事运输业，全年上缴税金 30 万元。

山东泰捷信物流有限公司

2002 年 8 月成立，以钢铁矿产为主体的物流及贸易型企业。位于艾山民营园，占地面积 3.33 公顷，由莱钢职工投资兴建，注册资金 3169 万元。公司拥有子公司 6 个和驻外办事处，主要从事钢铁贸易、矿产开发和物资配送等业务，行业涉及公路运输、航运、港口及铁路货运代理等。2005 年有总资产 1.80 亿元，各类专业管理人员及员工 360 人，年货物吞吐量 480 万吨，实现营业收入 12.60 亿元，上缴各类税金 1280 万元。2003 年至 2005 年，连续 3 年被市委、市政府授予纳税先进企业、十佳服务企业及文明物流站等称号。

第八编

莱芜钢铁集团有限公司

LAIWUGANGTIEJITUANYOUXIANGONGSI

炼钢厂园艺博览会

1969年10月，中共山东省革命委员会核心领导小组和中共济南军区委员会根据中共中央指示精神，决定以莱芜境内的莱芜铁矿、沂蒙生建钢铁厂和新成铁工厂3个省属钢铁企业为基础，在莱芜地区建设一个包括采矿、选矿、烧结、炼焦、炼铁、炼钢和轧钢等完整生产工序的中型钢铁联合企业，并作为“三线”抢建工程项目，采用全省工程会战的办法建设；11月山东省革命委员会就关于建设山东莱芜钢铁基地问题以“（69）鲁革生108号”文件向国务院提交书面报告，并成立莱钢工程指挥部，开始厂址选择、设计委托和其它工程的前期准备工作。

1970年1月，参加莱钢工程会战的设计、勘测人员进入现场开始工作；2月莱钢工程指挥部由济南迁至莱钢工程现场办公。为利于保密，对外使用“山东省‘七〇一’指挥部”代号名称。指挥部具有双重职能，既是山东省重点工程会战指挥部的派出机构，又是莱钢工程的建设单位，隶属山东省革命委员会生产指挥部。1970年展开轰轰烈烈的工程大会战。1.50万余名民工上阵，从全省乃至全国各地抽调大批工程管理、设计和施工人员陆续汇聚莱钢，全体会战人员日夜奋战，集中力量进行基本建设，劈山开岭，修路建厂，形成声势浩大的工程会战局面。1972年4月1日，经山东省革命委员会批准，莱钢工程指挥部取消代号名称；9月15日，经中共山东省委决定，莱钢工程指挥部改名为莱芜钢铁厂。至1972年，共完成投资2亿多元，后

1969年11月15日，济南军区司令员杨得志（首排右二）带领有关负责人到境内为莱钢选址

称“三年会战”。

1973年参加工程会战的外部单位逐渐撤离。已建厂矿逐步配套，新建单位的部分主体工程陆续建成投产，生产规模逐步扩大。1975年5月20日，主体工程620立方米高炉全面建成投产。从此，莱钢转入以生产为主的阶段。

自中共十一届三中全会后，莱钢的基本建设逐步转到以提高投资效益为主的轨道。1979年重点建设25吨氧气顶吹转炉和650毫米中型轧机等工程项目。由于贯彻执行“调整、改革、整顿、提高”的方针，1980年这些工程相继停下来。1982年莱钢利用自筹资金建设第一座25吨氧气顶吹转炉，1983年底建成；同年利用国家以煤代油节能资金，重点建设第二钢厂配套工程，主要包括续建第二座25吨氧气顶吹转炉，增建500毫米热轧带钢工程。

1985年开始试行厂长负责制，推动生产建设进一步发展，当年实现利润2211万元；同年10

莱钢建设大会战现场　（1970年　摄）

建厂初期的炼钢车间　　　　（1975年　摄）

月，第二座25吨氧气顶吹转炉建成投产。至年底，莱钢累计完成基建投资5.32亿元。先后建成山东省最大的炼铁高炉、最大的烧结机、最大的水压机、最大的炼钢转炉及最大的初轧机等工程项目，形成年产生铁50万吨、钢30万吨和钢材4.32万吨的生产能力。

1987年5月7日，经山东省委同意，省冶金总公司批准，莱芜钢铁厂更名为莱芜钢铁总厂。企业领导体制由建厂以来的党委一元化领导转变为厂长任期目标责任制，形成以厂长为中心的生产经营指挥系统。同时，在全厂普遍开展企业升级和质量管理创新活动，莱钢的各项基础管理工作有了明显的改善。1988年30万吨钢配套工程全部建成，当年莱钢实现利润首次突破亿元。

1989年7月，国务院正式批准莱钢利用外资改扩建项目立项。莱钢利用外资改扩建项目贷款总额为2.53亿美元，主要投向矿山、炼铁、炼钢、轧钢及部分辅助配套设施。整个工程分两期建设，一期工程为750立方米高炉系统工程，二期工程包括石灰石矿扩建工程、转炉炼钢系统工程、轧钢系统工程和总图运输工程。

1991年4月，国务院批准莱钢改扩建一期工程列入国家“八五”时期第一批开工项目；5月16日，750立方米高炉系统工程奠基，莱钢改扩建一期工程正式开工建设。其后，改扩建其它24个单项工程相继开工。1994年620立方米高炉改造成为750立方米高炉；当年莱钢产钢突破百万吨。

1996年国家批准莱钢列入国内发行A股股票并上市的企业，山东省政府批准莱钢进行股份制改造。1997年8月8日，莱钢8000万A股股票在上交所上网发行，21日召开莱钢股份有限公司创立大会暨首届股东大会，28日“莱钢股份”在沪市挂牌上市。

1998年底，莱钢利用外资改扩建工程全部建成投产，共完成投资51.06亿元，完成单项工程30余个，对铁、钢材重点工序以及焦化、运输、动力和机械等辅助配套设施进行全面系统的配套改造，钢、铁生产能力分别增加160万吨、106万吨，形成年产200万吨钢、150万吨生铁和200万吨钢材的综合生产能力。1999年产生铁163.55万吨、钢200.96万吨、钢材175.02万吨。

1999年5月18日，经山东省人民政府批准，莱芜钢铁总厂改制成立莱芜钢铁集团有限公司。2003年7月10日，为跨入年产钢1000万吨级的钢铁强企行列，莱钢启动大型H型钢生产线和银山前区工程，大型H型钢生产线一期重点工程之一的1号1880立方米高炉工程开工。2004年7月，一期工程全部投产；在5、6月份二期工程的2号1880立方米高炉、2号265平方米烧结机及原料场、2号120吨转炉、3号120吨转炉、3号板坯连铸机、大型H型钢和1500毫米宽带工程陆续

莱钢炼钢厂外景　　　　（2005年　摄）

开工。全年生产钢658.31万吨、生铁476.50万吨、钢材689.15万吨。钢产量在全国冶金行业的排名上升至第11位，钢产量增长速度连续2年名列全国钢铁企业第一名。2005年9月，二期工程全部建成投产；同年1月15日至12月，银山前区转炉工程、1号1000立方米高炉工程、265平方米烧结机以及原料场工程、2号1000立方米高炉工程陆续开工，并相继建成投产，全年莱钢生产钢1033.63万吨、生铁765.33万吨和钢材1049.18万吨，同比增长57%、60.60%和52.20%，达到年产1000万吨钢的目标。实现销售收入391.70亿元、利税32.31亿元，其中，利润16.30亿元，利润增幅高于行业5个百分点。至2005年末，莱钢有总资产340亿元、职工37861人，具有年产1300万吨钢综合生产能力，进入全国十大钢铁企业，成为特大型钢铁联合企业。

1993～2005年莱钢集团有限公司主要经济指标统计表

表8-1　　单位：万吨、亿元

项目 年份	钢产量	铁产量	钢材产量	工业增加值	利　税
1993	81.67	76.14	55.01	10.79	3.91
1994	102.04	86.94	64.16	11.54	2.47
1995	112.20	102.42	72.79	11.36	2.43
1996	138.46	138.65	90.91	13.01	2.75
1997	166.42	150.21	112.85	13.30	2.66
1998	188.51	159.12	152.85	14.54	2.86
1999	200.96	163.55	175.02	14.76	2.84
2000	214.02	170.83	196	15.88	5.06
2001	244.89	176.27	247.36	18.22	5.52
2002	289.93	210.79	307.47	27.61	7.20
2003	421.86	302.30	430.04	37.09	16.02
2004	658.31	476.50	689.15	52.58	28.02
2005	1033.63	765.33	1049.18	70.08	32.31

第一章　莱钢股份有限公司

莱钢股份有限公司是经山东省人民政府批准，由国家国有资产管理局确认，并经山东省国有资产管理局批复，采用募集方式向社会公开发行股票创立的股份有限公司。1997年8月8日，莱钢股票在上海证券交易所成功发行，21日公司创立大会暨首届股东大会召开，22日莱钢股份有限公司注册成立。

至2005年，公司下属分厂有焦化厂、烧结厂、炼铁厂、炼钢厂、轧钢厂、中型型钢厂、小型型钢厂、锻压厂、特殊钢厂和热电厂10个厂，控股山东瑞达再生资源有限公司、莱钢无锡经贸有限公司、莱钢（广东）经贸有限公司、山东莱钢汽车材料销售有限公司、莱钢上海经贸有限公司和青岛莱钢经贸有限公司6个子公司，并参股天同证券有限

莱钢股份有限公司办公大楼（2005年 摄）

公司、莱钢国际贸易有限公司和山东莱钢铁源炉料有限公司。公司机关设综合业务处、证券部、财务处、规划处、生产处、人力资源处、机械动力处、安全环保处、技术中心、品质保证部、原料部、供应部、销售部和国贸部等单位。公司主营业务为钢铁产品的生产和销售，主要产品有H型钢、螺纹钢、轴承钢和齿轮钢等。

公司上市以来，资产规模不断扩大，在总股本比上市之初增长60%的情况下，始终保持优良的经营业绩，显示其雄厚的发展实力和良好的成长性，并给股东以回报。1997年至2005年，共生产铁2098.33万吨、钢2770吨及商品坯材2663.87万吨，实现净利润41.43亿元。至2005年，公司资产总额达135.45亿元，其中，流动资产43.63亿元，占32.21%；固定资产和在建工程91.62亿元，占67.64%；长期投资0.20亿元，占0.15%。负债总额87.26亿元，其中，流动负债63.82亿元、长期负债23.44亿元。股东权益47.17亿元，其中，股本9.22亿元、资本公积金13.55亿元、盈余公积金8.99亿元、未分配利润15.41亿元。资产负债率64.42%，流动比率68.36%，速动比例23.74%。

公司生产的热轧H型钢获中国名牌产品称号，齿轮钢和轴承钢获国家冶金产品实物质量“金杯奖”，螺纹钢获山东省免检产品称号。公司先后被评为中国大中型工业企业竞争力百强企业、中国工业技术开发实力百强企业、全国名优产品售后服务优秀企业、山东省重合同守信用企业和“AAA”级信誉企业、中国上市公司百强企业和十佳最重分红回报上市公司，连续5年名列上海证券交易所和《人民日报》华东分社联合评选的沪市50强。

第一节 焦化厂

焦化厂是莱钢股份有限公司所属的炼铁用焦及化工产品生产单位，位于艾山街道周家坡以北。其产品焦炭，是炼铁的主要燃料；焦炉煤气是炼钢、轧钢、锻压等生产的燃料；从煤气中回收的化学成分，是有机合成、燃料、医药和国防等化学工业的重要原料。

1971年5月，1号、2号焦炉破土兴建。1972年12月23日，2号42孔焦炉建成投产。1974年10月1日，生物脱酚系统建成投产。1981年5月12日，焦化厂第二座42孔焦炉建成投产。至1985年，焦化厂累计生产焦炭390.57万吨、煤焦油25.52万吨、轻苯3.42万吨、浓氨水2.75万吨、黄血盐1092吨，完成工业总产值3.85亿元，形成固定资产原值3893.62万元、净值2398.74万元，完成建筑面积5.37万平方米，有各种设备701台（套）、重4832.60吨。

1988年晋升为国家一级计量单位。1990年经冶金部、省冶金总公司复查，1号、2号焦炉保持了“一级红旗炉”称号；同年，晋升为莱钢二级企业。至1990年，形成固定资产原值4392.40万元，净值1706.90万元。有备煤、炼焦、回收、焦油、精苯、环保和机修7个车间及汽车队、化验室2个车间级单位。

1991年9月，轻苯精制加工投产后，增加纯苯、甲苯和二甲苯3种产品，使产品品种增加到15种。1993年至1995年，先后投资63.66万元，成立附属企业公司（下辖洗煤厂、化工厂、铸造厂、机械厂、工程公司和再生资源公司等单位），为第三产业的发展奠定基础。

1996年至2000年，累计完成工业总产值8.32

莱钢焦化厂

亿元，实现内部利润1.88亿元，生产焦炭309.45万吨，煤气14.54亿立方米，煤焦油16.47万吨，轻苯3.86万吨。2000年焦炭灰份12.28%，同比下降1.49%；三苯收率88.10%，创历史最高水平，同时达到国内领先水平。1998年11月4日，3号焦炉经过一年的建设顺利出焦。1999年2月4日，自行设计的5万吨加工能力的焦油车间胜利竣工且试产一次成功。

2001年至2005年，焦化厂焦炉由2001年的3座扩建为2005年的7座，焦炭产能由80万吨达到290万吨、增长262%，焦油、精苯加工能力由改造前的5万吨和1万吨分别提高到10万吨和3万吨，固定资产由2.77亿元增加到13.17亿元。至2005年，全厂占地面积1166.51亩，有固定资产原值13.80亿元、净值11.68亿元，有各类设备544台(套)。

第二节 烧结厂

1970年沂蒙生建钢铁厂更名为莱芜钢铁工程指挥部第一铁厂。1997年8月21日，第一铁厂和第二铁厂重组成立烧结厂，主要担负向炼铁系统供应烧结矿、球团矿的任务。

沂蒙生建钢铁厂

1958年莱芜被列为山东省钢铁生产基地。根据国家战略部署，山东省决定在莱芜、沂源接壤地带建设1处年产生铁10万吨、钢5万吨的钢铁企业。1959年1月，山东省公安厅将其下辖的济宁、曲阜和泰安3处劳改队合编为山东省劳改局第508(旋称第18)劳动改造管教队，以劳改人员为主要劳动力，在逯家庄村东筹建钢铁厂，定名为沂蒙生建钢铁厂。按照边设计、边筹建、边施工、边生产的原则，投入劳改、劳教及刑满释放人员突击建设。1959年建成3立方米高炉4座、28立方米高炉1座。

1960年1月，正式定名为山东省沂蒙生建钢铁厂，生产生铁和球团钢；同年，确定年产生铁200万吨、钢180万吨、钢材150万吨的建设规模，将5座高炉全部淘汰，改建成100立方米高炉8座；12月1号高炉投产，2号高炉因原料不足未能投产。1962年6月，在国民经济调整中，生产基建均停止，其它高炉未建。1965年11月，又恢复建设。1966年11月，2号高炉投产。

第一铁厂

1970年沂蒙生建钢铁厂整体移交莱芜钢铁工程指挥部，更名为莱芜钢铁工程指挥部第一铁厂。1971年相继建成投产2座高炉。至1985年，全厂占地面积60.77万平方米、建筑面积9.74万平方米，有高炉车间、原料车间、机修车间和动力车间4个车间及双山矿、汽车队，有机电设备674台、重3746吨，有固定资产原值2527.33万元、净值1416.07万元，有100立方米高炉4座，以炼铸造铁为主，设计能力为年产生铁20万吨。1970年至1985年底，共完成工业总产值3.13亿元，共生产铁183.97万吨。

自1986年，开始应用计算机进行管理和生产控制。1986年建起2号铸铁机，改造1号铸铁机，实现小块铁的生产；同年，以生产自然碱度(酸性)球团矿取代原自熔性球团矿，改用二铁机制碱性烧结矿，高炉生产实现机制烧结与酸性球团矿相搭配的较合理炉料结构。1990年4号高炉由100立方米扩容改造为120立方米，并采用新技术，提高工艺装备水平。至1990年，全厂占地面积52.15万平方米、建筑面积7.57万平方米，有固定资产原值2919万元、净值1378万元，有设备710台、总重4053吨，有高炉、原料、机修、动力和车队5个生产单位及3个服务单位，拥有100立方米高炉3座、120立方米高炉1座、8平方米竖炉2座，形成年产生铁25万吨、球团矿20万吨的生产能力。

1994年产铁36.58万吨，创建厂以来最好水平。1991年至1995年，累计生产生铁155.57万吨。

第二铁厂

1970年2月，第二铁厂开始建设。1975年5月，620立方米高炉建成投产。至1985年，全厂占地面积50.31万平方米、建筑面积8.07万平方米，拥有全省最大的620立方米高炉1座、50平方米烧结机2台。原料厂为烧结、高炉生产所共用，存矿能力约30万吨。1975年至1985年，累计生产生铁234.48万吨，完成总产值41337.53万元。

1986年4月，620立方米高炉喷煤工程建成投产。1987年10月，又将全喷吹无烟煤技术改进为喷吹50%以上的烟煤。1988年后，喷吹烟煤比例逐渐增加到70%，并研制成功“煤粉防爆试验仪”。至1990年，全厂共有高炉、烧结、原料、喷煤和机修5个车间，有各类生产设备670台、总重6158吨，拥有固定资产原值4807万元、净值2698万元，形成年产生铁39万吨、烧结矿96万吨的生产能力。

1991年至1995年，第二铁厂为莱钢改扩建和技改项目重点实施单位之一，大力扩建原料场，改造原有料场，新建受料、贮料、混匀、供料系统及自动取制样等辅助设施。1993年5月和1995年5月，相继建成投产2台105平方米烧结机。1993年6月和1995年5月，相继建成投产2座750立方米高炉。5年完成工业总产值13.38亿元，形成年产铁100万吨、烧结矿300万吨的生产能力。

烧结厂

1997年8月21日，第一铁厂和第二铁厂重组成立烧结厂；9月1日正式运营。分老区和银山前区两部分。至2005年，全厂占地面积63.80万平方米，拥有固定资产原值62372.07万元。主要生产设备有105平方米烧结机3台、265平方米烧结机1台、8平方米竖炉2座，总重25415吨，具备年产烧结矿650万吨、球团矿100万吨的生产能力。

2003年和2005年，相继自行设计和建设1号、2号解冻库，解决冬季原料卸车这一难题。2003年9月17日至19日，中国金属学会第八届炼铁原料学术会议在莱钢召开，来自国内120余名专家交流炼铁原料新技术，对烧结厂在低硅烧结方面做出的贡献给予充分肯定。2000年至2005年，累计生产烧结矿1.35亿吨、球团矿442.87万吨。3台105平方米烧结机和1台265平方米烧结机日历作业率居全国同行业前列。

银山型钢3号烧结机

第三节　炼铁厂

1997年7月，第二铁厂2座750立方米高炉和与之相配套的煤粉喷吹系统以及第一铁厂4座120立方米高炉系统组建成立炼铁厂，厂址位于莱芜市钢城区里辛镇新兴路西侧，是莱钢股份有限公司的主要生产单位之一。下设高炉一车间、高炉二车间、高炉三车间、喷煤车间、维修一车间、维修二车间、供料车间和运转车间8个车间。

1998年通过ISO 9002质量认证，生产技术含量不断提高，对高炉实行一系列改造。操作系统全部实行自动控制、仪表显示，2座750立方米高炉实行工

炼铁厂 1880 立方米高炉　(2005 年　摄)

业电视监控、数据微机联网。经过莱钢的改扩建,工艺的改造配套,技措、技改项目的实施,炼铁的装备水平不断提高,生产能力不断增强,指标水平大幅提升。至 2000 年,全厂占地面积 32.51 万平方米,有主要生产设备 750 立方米高炉 2 座、120 立方米高炉 4 座,有固定资产原值 3.68 亿元。

2001 年炼铁厂有 4 个 120 立方米高炉车间、1 号 750 立方米高炉车间、2 号 750 立方米高炉车间、120 立方米高炉维修车间和 750 立方米高炉机修车间;当年成立运转车间、供料车间。2004 年 7 月,莱钢集团银山型钢有限公司炼铁厂成立,与股份公司炼铁厂复合设置。全厂下设 23 个车间,拥有各类设备 1320 台(套)、高炉 10 座,具有年产 850 万吨生铁的生产能力。至 2005 年,全厂共有车间 21 个,增加 3 号、4 号 750 立方米高炉车间、1000 立方米高炉车间 2 个及相关车间。2005 年 12 月 16 日,2 号 120 立方米高炉顺利停炉。2001 年产铁 176.27 万吨,2002 年为 210.79 万吨,2003 年为 302.30 万吨,2004 年为 429.11 万吨,2005 年为 657.95 万吨,实现年产生铁每年增加百万吨产能的持续跨越,5 年共产生铁 1776.42 万吨。

第四节　炼钢厂

1970 年 4 月,第二钢厂始建。1982 年 3 月,第二钢厂和轧钢厂合并,仍定名为第二钢厂,生产的方坯主要有普碳沸腾钢和镇静钢,方坯断面规格有 120×120 毫米～220×220 毫米等 6 个规格。1983 年底,第一座 25 吨氧气顶吹转炉和 1 台每小时 3200 立方米的制氧机建成。1984 年 11 月,石灰炉衬车间 125 立方米石灰竖窑建成投产。1985 年 11 月,第二座氧气顶吹转炉建成投入试生产。1977 年至 1985 年,共轧制钢锭 79.52 万吨,产坯 67.38 万吨。1984 年至 1985 年,共生产合格钢 12.24 万吨。至 1985 年,有炼钢、初轧、机修、石灰炉衬和带钢 5 个车间,有机电设备 435 台(套)、总重 4438 吨,有固定资产原值 5243.18 万元、净值 4296.51 万元。

1987 年 7 月,莱钢第二钢厂体制变动,分成轧钢厂和第二钢厂。1989 年 4 月,第二钢厂更名为炼钢厂。至 1990 年,炼钢厂有炼钢、石灰炉衬、运转和机修 4 个生产车间。主要产品有碳结构、优质碳结构和低合金钢三大系列 27 个品种。1990 年产钢 43.12 万吨。

1991 年至 1995 年,炼钢厂已形成年产 100 万吨转炉钢的生产能力,钢产量平均年增长 22.80%,累计产钢 337.87 万吨。1993 年 1 号小方坯连铸机、2 号 600 吨混铁炉和 3 号 25 吨转炉建成。1994 年 2 号小方坯连铸机、铁水脱硫装置和 3 号石灰竖窑建成。1995 年 1 号、2 号钢包精炼炉和 3 号连铸机建成。

1996 年 5 月,矩形坯连铸机开工建设。1998 年 10 月 29 日,热负荷试车一次成功。1996 年至 2000 年,研制开发新钢种 13 个,有 3 项发明获国家专利,完成技术进步与技术革新 69 项。至 2000 年,炼钢厂已形成年产 200 万吨转炉钢的生产能力,并形成铁水预处理、转炉冶炼、钢包精炼和连铸“四位一体”的工艺流程;主要生产设备有铁水预处理装置 1 套、600 吨混铁炉 2 座、25 吨氧气顶吹转炉 3 座;有各类设备 759 台(套)、总重 1.12 万吨,装机容量 5.60 万千瓦;有固定资产原值 8.42 亿元、净值 6.29 亿元;生产组织有 1 号、2 号、3 号转炉,1 号、2 号、3 号、4 号连铸机。

2001 年生产连铸坯 143.86 万吨。2002 年 2 月,

炼钢厂转炉炼钢车间　（2005 年　摄）

取消模铸生产，实现全连铸；当年，生产连铸坯224.30 万吨。2002 年 4 月，4 号转炉工程开工建设；10 月新炉热试成功。2005 年 7 月初，银山前区炼钢系统建成投产，主要生产 HRB335、Q235 系列等普钢；10 月先后试验生产 45、40Cr、20CrMnTiH 等优钢。2001 年至 2005 年，有 20 项技术进步项目通过省级鉴定，开发新钢种 17 个；生产合格转炉钢1617.18 万吨，历年分别为 197.42 万吨、225.25 万吨、322.68 万吨、404.85 万吨、466.98 万吨（其中银山前区 55.56 万吨），平均年递增 46.99 万吨。至2005 年，全厂占地面积 38.54 万平方米、工业建筑面积 17.45 万平方米；生产组织设 28 个车间级单位；拥有 5 座转炉和 5 台连铸机主体生产设备，形成脱硫、混铁炉、转炉、精炼炉和连铸机“五位一体”的生产模式；有固定资产原值 20.90 亿元、净值15.05 亿元，其中，银山前区原值、净值均为 6.55 亿元；共有各类设备 776 台（套）、总重 1.03 万吨；装机容量 8.61 万千瓦，其中，银山前区 1.13 万千瓦。

第五节　轧钢厂

1970 年 1 月，轧钢厂开始建设。1982 年 3 月，轧钢厂与第二钢厂合并。1987 年 7 月，第二钢厂体制变动，分成轧钢厂和第二钢厂。轧钢厂位于里辛镇南朱家庄西。1990 年设有初轧、带钢和机修 3 个车间，有生产设备 406 台（套）、总重 6197.60 吨，装机总容量3.32 万千瓦；占地面积 19.17 万平方米、建筑面积 2.32 万平方米；拥有固定资产原值 2082 万元、净值 1311 万元。

至 1995 年，全厂共有生产设备473 台（套）、总重 6671 吨，装机容量2.58 万千瓦，占地面积 45.43 万平方米、建筑面积 4.40 万平方米，拥有固定资产原值 1.60 亿元、净值 9017.50 万元。1991 年至 1995 年，轧钢厂累计实现工业总产值 20.67 亿元，生产钢坯 201.46 万吨、带材 93.41 万吨，实现内部利润累计 2.37 亿元。

1996 年中小型工程试热轧成功，轧钢厂产品由坯、带扩展到型、棒材，产品遍布国内市场并远销中国香港、东南亚、英国和美国等国家及地区。1998 年基本完成中型型钢工程的建设任务，并将其交付中型型钢厂管理。至 2000 年，全厂共有生产设备 836 台（套）、总重 1.13 万吨，装机容量 4.95 万千瓦，占地面积 19.82 万平方米、建筑面积 8.50 万平方米，拥有固定资产原值 11.50 亿元、净值9.52 亿元。

至 2005 年，轧钢厂拥有型钢（初轧）、带钢、中小型和宽带 4 条生产线，型钢（初轧）系统拥有直径 750 毫米二辊可逆式轧机 1 架、均热炉 9 个及400 吨剪断机 1 台等辅助设备。2005 年 6 月，宽带

轧钢厂 1500 毫米热轧带钢产品

工程热试轧成功，轧钢厂产品由坯、带、型和棒材扩展到板带材。全厂钢材产量由2001年的105.88万吨（不含50.45万吨初轧坯）增加到2005年的286.67万吨。2005年人均生产钢材1750吨，达到全国一流水平。2001年至2005年，完成技术创新成果171项，其中，77项通过莱钢鉴定，16项通过山东省鉴定。在12项可比指标中，9项指标位居全国前三名。

中型型钢厂生产车间　　（2005年　摄）

第六节　中型型钢厂

1998年8月，轧钢厂中型车间全部资产、人员和部分机关人员组建成立中型型钢厂，厂址位于里辛镇南朱家庄西，是莱钢股份有限公司骨干企业之一。下设轧钢、生产准备和运行3个车间，机关设5科1室：生产安全科、技术科、机动设备科、政工科、劳动人事科和厂办公室。1998年11月9日，轧制出第一支H型钢。1999年5月，合同规定的5个考核品种顺利完成；6月21日，在莱钢新兴大厦举行中型轧机项目中、日双方交接仪式，中型工程由此转入试生产。至2000年，形成以H型钢为主，工字钢、槽钢、角钢和矿U钢为辅的五大产品系列，品种规格多达58个，远销韩国、东南亚、中东、澳大利亚等10余个国家和中国香港地区。

2004年生产规模突破100万吨，为设计生产能力的2倍以上。2005年9月1日，大型型钢生产线加热炉一次点火成功；9月17日全线贯通；10月4日实现日达产；11月16日实现月达产。2001年至2005年，中型型钢生产线先后成功开发36个规格的新产品；大型型钢生产线先后开发成功11个规格的新产品。至2005年，中型型钢厂有大型H型钢、中型H型钢2条生产线，具备年产210万吨优质型钢的生产能力，下设大型轧钢、大型生产准备、大型运行、大型储运、中型轧钢、中型生产准备、中型运行和中型储运8个车间；中型生产线占地面积4.81公顷、建筑面积3.31万平方米，设备总重1万吨，总装机容量2.32万千瓦，年设计能力为50万吨；大型生产线主厂房建筑面积6.17万平方米，主体机械设备由西马克公司引进，电气设备由西门子公司引进，设计年生产能力为100万吨。

第七节　小型型钢厂

小型型钢厂前身是山东莱钢万力型钢有限公司。2002年3月22日，山东莱钢万力型钢有限公司成立，注册资金4620万元。主要从事标准型、轻薄型小规格热轧H型钢及其它标准断面和异型断面型钢的制造销售以及钢材配送、钢结构加工和施工。莱钢集团有限公司控股，占注册资本的56.28%。2004年7月1日，莱钢股份有限公司投资并控股万力型钢公司，万力型钢公司收购莱钢泰东公司小型轧钢厂的资产。2005年1月14日，莱钢股份有限公司小型型钢厂成立。

2002年生产H型钢8536.66吨，销售6247.60吨。2003年3月4日，热轧16号叉车门架槽钢一次成功，使莱钢成为国内第一家热轧生产异型门架槽钢的生产厂家；7月投资1840万元对生产线进行改造，将两架直径500毫米横列式波木瓦轧机改为加强型直径650毫米轧机；12月叉车门架槽钢顺利通过中国知识产权局外观设计审查部的产品外观设计审查；12月15日，建筑面积7003平方米的钢结构成品原料跨建成并投入使用，缓解了厂地物流不畅的问题。2003年生产各类合格型钢产品 6.07 万吨，销售 5.82 万吨，实现销售收入 1.78 亿元。2004 年 1 月 14 日，叉车门架槽钢获外观设计专利；3 月 48 米厂房中柱托梁换柱工程顺利竣工，为国内首创。2004 年共生产各类型钢产品 13.42 万吨、销售 12.95 万吨，实现销售收入 4.60 亿元、利润 4675.79 万元；当年，莱钢被科学技术部定为国家新材料产业化基地骨干企业。2005 年 5 月，热轧挂车轴管型钢试轧成功，使莱钢成为国内唯一一家热轧生产该轴管型钢的厂家，产品进入车辆配件领域；6 月更换型钢车间悬臂式矫直机机列，提高型钢矫直能力和精度，满足矫直较大规格 H 型钢和 118、120 工字钢等新产品的需求；7 月开始使用银山前区钢坯，结束使用外购坯的历史，实现热坯供应；9 月 H 型钢获中国名牌产品称号。2005 年共生产各类型钢 19.24 万吨，H 型钢成材率为 96.25%。2001 年至 2005 年，共开发 26 个规格的新产品。

第八节　锻压厂

1971 年 7 月 1 日，锻压厂破土动工，厂址位于里辛镇新兴路。1972 年 10 月 1 日正式投产。主要生产任务是加工大锻件，供给省内外冶金、矿山、发电及炼油等行业和国防军工所需的大型锻件以及莱钢所属各厂矿所需要的部分自由锻件，单件锻件重量在 30 吨之内。

1984 年锻压厂利用补偿贸易办法自筹资金，将本厂原粗加工车间厂房改建为小型轧钢车间。1985 年 9 月 15 日建成试产。车间安装 450×2/300×3/300×5 轧机。主要产品为 Φ12-Φ18 毫米圆钢及螺纹圆钢，年生产能力 3 万吨，开坯 6 万吨。1985 年锻压厂有设备 179 台(套)、总重量 3182 吨，主要设备为 2500 吨纯水式自由锻造水压机，设计能力年产锻件 8500 吨；当年产品锻件量为 3757.04 吨。1973 年至 1985 年，累计锻件量为 5.24 万吨。

1989 年与北京科技大学合作，开发了试烧水煤浆技术。至 1990 年，全厂占地面积 22.30 万平方米，有水压机、机修和轧钢 3 个车间，设备总重量 2831 吨，有固定资产原值 2393 万元；主要产品由原单一的大型锻件发展为大型锻件与小型型钢两种，大型锻件主要供全国冶金、矿山、发电、石油、造船和化工等行业机械加工用毛坯。

1993 年 1 月 1 日，经省体改委批准，锻压厂作为莱钢内部试点进行股份制改制，改组为莱钢锻压股份有限公司，公司设立股东大会、董事会和监事会“三会”领导体制，生产组织设水压机、轧钢、型钢、储运和机修 5 个生产及辅助生产车间。

1997 年 3 月，作为莱钢股份制内部试点的莱钢锻压股份有限公司终止，成为莱钢股份有限公司属下的钢材生产厂之一。至 2000 年，全厂设有轧钢、型钢及水压机 3 个生产车间和机械动力、储运 2 个辅助车间，有年综合生产能力 45 万吨的轧钢生产线 2 条、年生产能力 1 万吨以上的锻造生产线 1 条，拥有固定资产原值 1.58 亿元、净值 9435.79 万元，有设备 381 台、总重 4848.56 吨，装机总容量 2.04 万千瓦。1996 年至 2000 年，全厂累计生产钢材 176.28 万吨、大锻件 4.70 万吨，累计完成固定资产投资 6535.11 万元，实施重要技术改造项目 10 余项。

至 2005 年，锻压厂占地面积 23.22 万平方米、工业建筑面积 5.44 万平方米，有设备 493 台、总重 5351.60 吨，装机总容量 3.40 万千瓦，拥有年综合生产能力 100 万吨以上的全连续轧制、半连续轧制工艺生产线各 1 条，有年生产能力 1.50 万吨的 2500 吨水压机锻造生产线 1 条，拥有固定资产原值 2.04 亿元、净值 1 亿元。2001 年至 2005 年，累计生产钢材 400.60 万吨，其中，2001 年 52.29 万吨、2002 年 57.76 万吨、2003 年 80.59 万吨、2004 年 102.93 万吨、2005 年 107.03 万吨。5 年间完成固定资产投资及大、中修改造 6246.95 万元。

第九节　特殊钢厂

1965 年 4 月，新成铁工厂建立，厂址位于颜庄村东南、黄羊山东麓，是全国 15 个冶金“小三线”钢铁厂之一。1968 年 5 月和 11 月，1.50 吨和 5 吨

特殊钢厂生产车间　　　　（2005年　摄）

电炉相继建成投产。产品以碳结钢、合金钢和工具钢为主，服务对象以军工为主。1970年11月19日，新成铁工厂划归莱钢工程指挥部，更名为莱芜钢铁工程指挥部第一钢厂。1989年更名为特殊钢厂。

1986年12月，从日本引进的800吨废钢剪切机正式投入使用。1986年钢材产量首次突破10万吨。1987年550毫米轧机改造工程竣工，650毫米轧机正式投产。1989年电炉钢产量达到9万吨，钢材产量猛增到15.50万吨。1989年到1990年，炼钢车间3座电炉变压器由4000千伏安改为5500千伏安。1990年钢产量突破10万吨，钢材达到16万吨。1990年晋升为莱钢二级企业。至1990年，占地面积102.75万平方米，设备总重量5422.10吨，有炼钢、开坯、中型成材、小型成材、冷拔材和带钢6个主要生产车间，有固定资产原值6309.04万元、净值3833.44万元。1986年至1990年，特殊钢厂钢和钢材产量分别由1985年的7万吨和8.50万吨提高到1990年的10万吨和16万吨，电炉钢产量比设计能力翻一番，钢材产量比设计能力增加3倍多。

1994年3月，投资2.50亿元的50吨电炉工程破土动工。1991年至1995年，先后对4座5吨电弧炉进行改造，使电炉钢生产能力达到15万吨。1992年至1995年，出口钢材1.94万吨，创外汇547.35万美元。

2000年完成工业总产值5.90亿元，累计生产电炉钢151.32万吨、钢材171.10万吨；实现工业总产值27.22亿元。至2000年，特殊钢厂已形成年产钢38万吨、钢材37万吨的综合生产能力，拥有固定资产原值2.22亿元、净值9784.60万元，是山东省最大的特殊钢材生产基地。

2001年对整个电炉钢生产工艺进行系统优化和配套工程建设，实现工艺结构和产品结构的重大调整。至2005年，已形成年产110万吨钢、120万吨棒材的能力。2001年至2005年，累计完成技术进步和技术革新项目198项。

第十节　热电厂

1998年9月1日，热电厂组建，厂址位于里辛镇银山大街。承担莱钢热线生产所需蒸汽、冷风、电、煤气和除盐水等动力能源的生产与转供任务。

1999年5月，热电厂随莱钢公司制改革成为集团公司直属二级厂；12月热电厂划归股份公司管理。1999年9月，发电量首次突破1亿千瓦时大关。至2000年，全厂占地面积15.59万平方米、工业建筑面积2.73万平方米，拥有固定资产原值2.99亿元、净值1.90亿元，有各类设备661台(套)、总重5300.18吨。1998年9月至2000年12月，完成工业总产值9.95亿元，生产蒸汽390.76万吨，供冷风52.98亿立方米，发电3.08亿千瓦时，转供高炉煤气51.55亿立方米，焦炉煤气8亿立方米，生产除盐水229.53万吨。2005年7月，银山前区建成投产后，形成老区、银山前区2个区域。老区占地面积15.59万平方米、工业建筑面积3.22万平方米，拥有固定资产原值6.68亿元、净值4.79亿元，设备791台(套)、总重1.05万吨。银山前区占地面积10.54万平方米，拥有固定资产原值7360.08万元、净值7360.08万元，设备60台(套)、总重867.50吨。

热电厂厂区 （2005年 摄）

至2005年，生产系统主要有热电、煤气两大工序组成。热电系统主要有10台锅炉、10台汽轮鼓风机组、2台汽轮发电机组。煤气转供系统主要有6套煤气净化设备、1座混合煤气加压站、1座高焦炉煤气加压站、2台TRT发电机组。具备年供蒸汽1182.60万吨、冷风232.32亿立方米、煤气4996万吉焦、发电量5.34亿千瓦时的生产能力，较好地满足莱钢钢产量逐年递增所需的热动能源供应。

第二章 银山型钢有限公司

2003年12月26日，莱钢集团银山型钢有限公司成立，注册资本10亿元，其中莱钢集团有限公司出资9亿元，山东莱钢建设有限公司出资1亿元。2004年11月18日，公司进行变更登记，注册资本由10亿元增加到29.20亿元。其中，莱钢集团有限公司出资额12.20亿元，出资比例41.78%；山东莱钢建设有限公司出资额1亿元，出资比例3.42%；莱芜银山投资有限公司出资额12亿元，出资比例41.10%；莱钢集团有限公司工会委员会出资额4亿元，出资比例13.70%。下设热电厂、烧结厂、炼铁厂、炼钢厂和轧钢厂，机关设综合业务处、规划处、财务处、生产处、人力资源处、机械动力处、安全环保处、技术中心、品质保证部、原料部、供应部和销售部。主营型钢、板带钢等系列产品。

公司拥有265平方米烧结机2台、现代化大型原料厂1个、1880立方米高炉2座、120吨转炉3座、连铸机3台、1500毫米热轧带钢生产线1

2003年7月10日，大型H型钢生产线奠基，一号配套工程开工

条、每小时产能130吨锅炉3台、AV80-15汽轮鼓风机组3台、25兆瓦汽轮发电机1台、8万立方米转炉煤气柜1座、16.50万立方米高炉煤气柜1座及15兆瓦TRT发电机组2台等。主体工艺技术装备达到国内领先水平，部分装备达到国际先进水平。

2004年至2005年，共生产烧结矿579.62万吨、铁水329.02万吨、板坯335.87万吨、钢水45.51万吨和宽带51.78万吨，其中，2005年生产烧结矿448.45万吨、铁水262.37万吨、钢水45.51万吨、宽带51.78万吨；共实现主营业务收入114.96亿元，其它业务收入8771万元，其中，2005年实现主营业务收入87.49亿元，其它业务收入5937万元，实现主营业务利润7.35亿元，营业利润5.93亿元。

第一节　型钢烧结厂

2003年11月，莱钢集团银山型钢公司烧结厂(简称型钢烧结厂)组建。型钢烧结厂共设原料受卸、供料混匀、烧结配料、烧结和维修5个车间；机关科室与股份公司烧结厂机关科室复合设置。主要负担向型钢公司炼铁系统供烧结矿的生产任务，厂址位于里辛镇，全厂占地面积近20万平方米。

2003年11月29日，成立型钢烧结厂生产准备办公室。2004年3月20日，一次料场正式移交给型钢烧结厂。2004年5月20日和2005年1月30日，1号、2号265平方米烧结机相继投产。至2005年，有265平方米烧结机2台以及翻车机、堆取料机等大型机具设备，总重1.72万吨，拥有现代化大型原料场1个(含一次料场、二次料场)，具有年产450万吨烧结矿的生产能力，有企业固定资产原值8.32亿元、净值7.16亿元；2座265平方米烧结机共生产烧结矿587.55万吨(2004年131.17万吨、2005年456.38万吨)，烧结矿位居全国同类型烧结机前列。

2005年7月27日，莱钢“十五”技改工程指挥部给型钢烧结厂记集体一等功。2005年8月，1号265平方米烧结机快速达产工艺技术的研究及应用项目获山东省冶金科技进步一等奖。

第二节　型钢炼铁厂

2004年5月，莱钢股份公司炼铁厂组建新区炼铁系统临时组织机构；7月型钢公司设立炼铁厂，由股份公司炼铁厂管理。银山型钢公司炼铁厂机关职能科室与股份公司炼铁厂机关职能科室复合设置。

1880立方米高炉设备主要包括高炉本体、矿槽及上料、封口平台及出铁场、热风炉、粗煤气除尘、鼓风机站及热力设施、总图运输及外部管线等。1号1880立方米高炉14天日达产，2号1880立方米高炉4天日达产，2座高炉都当月达产，创出全国同类型高炉开炉不放火渣、达产速度快的新纪录。1880立方米高炉投产1年多的时间，各项指标都达到设计要求。2005年1号1880立方米高炉最高日产铁5381.89吨，利用系数每立方米每天2.86吨。2号1880立方米高炉自开炉以来炉况稳定顺行，最高日产5445.06吨，利用系数每立方米每天2.90吨。2005年2座高炉共生产铁273万吨。

至2005年，共设6个车间，有固定资产原值14.50万元、净值11.95万元。

第三节　型钢炼钢厂

2003年7月1日，莱钢大型H型钢生产线炼钢工程一期工程开始建设。2004年5月转炉炼钢二期工程开始建设；7月型钢公司设立炼钢厂，年末机关职能科室与股份公司炼钢厂机关职能科室复合设置，生产组织有转炉、连铸、精炼、砌筑、行车、机修、电修、运转、原料、综合利用和修建共11个车间；同年生产转炉钢72.59万吨，转炉钢综合合格率为98.27%。2005年产钢304.46万吨，转炉钢综合合格率为99.07%。2005年转炉日历利用系数27.80万吨/(吨·天),重点生产线日历作业率转炉为56.29%、连铸机87.70%,连铸平均连拉炉数70.09炉/次,转炉钢铁料消耗1091.08千克/吨钢,合金料消耗11.69千克/吨钢,工序能耗40.51千克/吨钢,吨钢电耗74千瓦时,吨钢机物料消耗47.97元。

2005年9月,转炉炼钢、连铸工程全部建成投产,形成脱硫、混铁炉、转炉、精炼炉和连铸机"五位一体"的生产模式。2005年12月21日,莱钢实现1000万吨钢出钢仪式在新区1号120吨转炉平台举行。至2005年,型钢公司炼钢厂占地面积10.17万平方米、工业建筑面积5.70万平方米,拥有固定资产原值12.80亿元、净值11.51亿元,有各类设备68台(套)、总重1.55万吨,装机容量4.96万千瓦。

第四节　型钢热电厂

2004年7月,型钢公司热电厂成立。职能科室与股份公司热电厂职能科室复合设置,由股份公司热电厂进行管理。地处莱钢工业聚集区,主要负责型钢公司生产所需冷风、煤气、蒸汽、电力、除盐水及软化水等热动能源的生产和转供。

2004年和2005年完成3台锅炉、3台风机、2座冷却塔、1座除盐水站、1座软化水站、1座循环水站及附属工艺管道(冷风、蒸汽循环水管道)、电气仪表和配套厂房、办公楼、2座1880立方米高炉煤气净化系统、1座转炉煤气柜、1座高炉煤气柜和3个煤气加压站及TRT发电系统等项目建设。

至2005年,全厂占地面积15万平方米、工业建筑面积9474平方米,有设备162台(套)、总重3093.84吨,拥有固定资产原值4.40亿元。生产系统主要由热电、煤气两大工序组成。年生产转供能力为冷风44.89亿立方米、高炉煤气1748.08万吉焦、发电2133.11万千瓦时、蒸汽189.65万吨、除盐水69.24万吨、软化水166.27万吨,满足了莱钢钢产量逐年递增所需热动能源供应。

第三章　其它子公司

第一节　山东莱钢建设有限公司

山东莱钢建设有限公司是莱钢集团有限公司在莱钢集团冶金建设有限公司基础上通过投资和资源整合重组设立的子公司。2002年11月18日,在莱芜市工商行政管理局注册。2003年7月18日,变更注册至青岛市高新技术产业开发区株洲路139号,注册资本2.80亿元。其中,莱钢集团有限公司以现金出资2.48亿元,占总资本的88.64%;莱钢工会1080万元,占总资本的3.86%;莱钢集团冶金建设有限公司职工持股会1060万元,占总资本的3.79%;公司经营管理者群体(自然人)740万元,占总资本的2.64%;莱钢集团莱芜矿业有限公司200万元,占总资本的0.71%;山东省冶金设计院以现金出资100万元,占总资本的0.36%。

公司拥有冶炼工程施工总承包一级资质、房屋建筑工程施工总承包一级资质、钢结构工程专业承包一级资质、机电安装工程承包二级资质、钢结构专项设计乙级资质等多项资质。公司以房地产开发为龙头，以钢结构绿色节能建筑技术为核心，带动相关产业共同发展，延伸了莱钢钢铁产业的产业链，形成从H型钢的生产到钢结构建筑研发设计、加工、施工、房地产开发、物业管理、广告、物流贸易的一条完整的产业链和粉末冶金、汽车零部件、新型建材的研发制造等多元产业结构，是中国建设行业企业信用AAA级单位、重合同守信用单位，中国建筑金属结构协会认定的建筑钢结构工程制作、安装定点企业。设计和施工建设的项目涉及10余个行业。

2003年增设生产调度处。2004年增设供应处。至2005年，共有综合处(政工处)、计划财务处、生产调度处、技术研究处、供应处5个职能处(室)及市场营销中心和房地产开发中心。

2003年至2005年，公司累计实现主营业收入45.20亿元、实现利润总额1.45亿元。房地产开工面积49万平方米、竣工4.69万平方米，回收资金5.20亿元。钢结构加工完成26.60万吨，钢结构构件加工合同114项、合同额2.80亿元。建安工作量完成31.30亿元，内部设计工作量完成3429万元，生产粉末冶金制品2304吨，累计承揽工程合同591项、合同额28.80亿元、物流贸易额3362万元。至2005年，建设合同形成资金总额27.85亿元、净资产2.75亿元。

第二节　万和冶金建材有限公司

万和冶金建材有限公司的前身为莱钢石灰石矿。1970年莱钢石灰石矿在颜庄镇南港村选点建矿，石灰石矿地质总储量为7071万吨，工业储量为5575万吨。至1976年，占地总面积为68.88万平方米，形成30万吨石灰石综合生产能力。

1983年1月，年产10万吨的水泥厂正式动工修建，总投资概算1287万元。至1985年，土建、设备安装先后竣工，联动试车成功；全矿共有固定资产原值927.30万元、净值513.57万元；有设备186台(套)、总重量618.94吨；总建筑面积为2.79万平方米，其中，工业建筑面积1.05万平方米、民用建筑面积1.74万平方米；共生产合格石灰石126.91万吨，采剥总量为256.28万吨；千人负伤率由1978年的23.30‰降为0.29‰，连续9年无人身死亡和重伤事故。

1987年1月，水泥厂正式投产，形成年产10万吨矿渣硅酸盐水泥的生产能力。1988年对水泥回转窑进行改挂链条改造，投资13.99万元。1989年投资2.53万元对水泥厂矿渣输送系统改造。同年，投资5.40万元对大破碎系统进行改造，初步形成横向开采的作业面。石灰石主要供莱钢第二铁厂、炼钢厂作冶金辅助原料和本矿作生产水泥原料，部分外销莱芜市铁厂。水泥面向社会销售，采取供、产、销一体化的自主经营方式，供需由市场调节。至1990年，地质储量为6473.20万吨，生产准备矿量为68.20万吨，矿石回采率98.51%，损失率为1.49%，废岩混入率为4.31%。1986年至1990年，投资68.52万元用于设备更新改造，先后增加16吨红岩自卸车2台、12吨克拉斯自卸车3台，按计划对电铲、潜孔钻和推土机进行大修维护保养，缓解设备紧张局面。投资55.50万元完成主要技术改造9项，获经济利益565万元。生产合格石灰石129.04万吨，水泥38.30万吨。

1992年进行扩建，主要包括露天采场、废石场，增加采剥设备。1995年石灰石产量36.53万吨，合格率为100%。至1995年，地质储量为6409.90万吨、备采矿量98.90万吨、开矿量234.50万吨，矿石回采率92.17%、损失率7.83%，废岩混入率1.47%。1991年至1995年，累计生产石灰石160.29万吨，采剥总量264万吨。

1999年8月，莱钢总厂石灰石矿改制为万和冶金建材有限公司，成为莱钢的冶金辅料生产供应基地，占地面积86.74万平方米。

至2000年，万和冶金建材有限公司具备年产60万吨石灰石的能力，矿山地质总储量6335.80万吨，保有地质储量6010.80万吨，保有工业储量4514.40万吨，设计范围保有可采储量1890万吨。

固有资产原值 3595.06 万元、净值 2009.88 万元、年产值 2610.09 万元。主要设备 181 台(套)、总重 1255.55 吨,占地面积 86.74 万平方米。

2002 年至 2005 年,先后进行一期、二期应急建设和冶金辅料扩建工程,完成固定资产投资 4240 万元,建设 200 立方米机械化竖窑 2 座和三孔石灰窑 17 座,石灰粉生产能力由每年 15 万吨提升到每年 80 万吨。日产 500 吨白云石粉生产线、3 号石灰石破碎和日产 1000 吨石灰石破碎等工程项目相继竣工投产,企业规模迅速扩大。至 2005 年,具备年产 170 万吨冶金辅料能力。

第三节　山东鲁碧建材有限公司

1993 年 4 月,莱钢集团有限公司与香港永碧有限公司合资创立山东鲁碧建材有限公司,其前身为莱钢总厂水泥厂,注册资本 600 万美元。2002 年 7 月,变更为 1700 万美元,驻地颜庄镇。主要生产经营水泥成品、半成品和矿渣微粉等建筑材料。公司实行董事会领导下的总经理负责制,在行政(经理层)领导体制上与万和公司领导层实行交叉兼职,在运作方式上实行生产行政统一管理。

公司本部拥有 3 条生产线:日产千吨熟料生产线,采用国内先进生产水平的窑外分解干法生产方式、五级旋风预热、RSP 型分线炉,全部生产系统实施计算机集散控制与管理;水泥制成生产线,通过对磨机的技术改造,年生产水泥能力达 60 万吨;年产 10 万吨矿渣微粉生产线,是对莱钢集团公司高炉矿渣的综合利用和深加工,生产工艺国内先进。2005 年实现销售收入 2.79 亿元。公司下设 2 个子公司,青岛鲁碧水泥制造有限公司(简称青岛公司)和连云港鲁碧水泥制造有限公司(简称连云港公司)。

至 2005 年,公司(本部)占地面积 7.49 万平方米、工业建筑面积 3.40 万平方米,拥有固定资产原值 3.01 亿元、净值 1.88 亿元,各类设备 307 台(套)、总重 4195.84 吨,有烧成、制成 2 个主体生产车间和电修、编织 2 个辅助生产车间,在职职工 345 人。

2001 年水泥产品标准与新标准接轨。2002 年通过 ISO 9001 : 2000 质量体系认证审核。2003 年获中环联合(北京)认证中心有限公司颁发的环境管理体系认证证书。2004 年成为莱钢管理创新优秀单位。2005 年获省散装水泥工作先进单位称号。

第四节　山东莱钢汽车运输有限公司

1980 年 1 月 1 日,莱钢成立交通汽车运输公司,主要承担莱钢汽车运输、汽车修理和公路建设等任务。2001 年 10 月,公司改制为莱钢汽车运输有限公司,注册资本 2460 万元,其中集团公司出资 1460 万元,占注册资本的 59.35%。公司下设 12 个直属单位(客车队为代管的集团公司单位,2005 年 12 月划归蓝天公司)、1 个控股子公司和 2 个参股子公司。主要承担莱钢原材物料、产成品的运输、周边社会运输及仓储、客运、汽车修理、销售、机械加工、旅游、信息配载和吊装等任务,具备国家二级道路货物运输企业资质。

至 2005 年,企业占地面积 12 万平方米,拥有各类车辆设备 670 余台(套),形成年完成货运量 3000 万吨、货运周转量 3 亿吨·公里的运输能力,年营业收入 3 亿元,有净资产 1.46 亿元,有厂区公路 26 条、35.55 公里。

公司坚持“安全第一,预防为主”的安全生产原则。2005 年公司万车·公里事故频率为 0.03 次,比计

山东莱钢汽车运输有限公司运输车辆　(2005 年　摄)

划下降0.02次。2005年4月13日，集团公司印发《关于撤销接待服务部的实施意见的通知》，将接待服务部的人员、公共用车管理及相关业务整合入汽运公司。公司人员增加到1600人，所属单位增加6个小车队；12月6日，将汽车客运业务和小汽车等相关资产及人员划归莱芜蓝天商旅车业有限公司。

2005年莱钢厂区公路情况表

表8－3－1　　单位：公里

道路名称	起　点	终　点	里　程	路面结构
铁流路	运输部	建安公司	3.94	水泥砼
双泉路	里辛大桥	府前路	9.50	水泥砼　沥青砼
昌盛路	市政工程公司	钢都大街	1.19	沥青砼
育才路	文化宫	漫水桥	0.57	沥青砼
金水路	动力站	西冶村	0.42	沥青砼
友谊大街	新兴大厦	工商银行	2.26	沥青砼
南岭大街	设计院	动力站	0.79	沥青砼
黄羊山大街	803线	焦化厂	1.60	沥青砼
桃花路	焦化厂	建安公司	3.10	沥青砼
新兴路	新兴南路	轧钢桥	3.29	沥青砼　水泥砼
棋山路	轧钢厂	酱菜厂	1	水泥砼
健康路	莱钢医院	二铁	0.45	沥青砼
沙河路	南沙河	设计院	0.60	水泥砼
力源大街	动力部	加油站	0.45	沥青砼
水厂路	水厂	新兴南路	0.37	水泥砼
牟汶河路	水厂	建安公司	0.34	沥青砼
二钢桥至轧钢	二钢桥	轧钢	0.35	沥青砼
机械厂至一铁	机械厂	一铁	0.80	沥青砼
制氧路	煤气站	制氧站	0.40	沥青砼
钢都街延伸路	—	—	0.45	水泥砼
前进路	新兴路南	紫竹园	0.32	水泥砼
球团厂路	跨线桥	球团厂	0.69	沥青砼
桃花旧路	老技校	陶家岭	0.84	沥青砼
新四库路	老技校	轧钢厂	0.80	沥青砼
党校路	—	—	0.35	沥青砼
机械厂路	南门	府前路	0.68	沥青砼
合　计			35.55	

第五节　泰东实业有限公司

2000年9月8日，泰东实业有限公司由莱钢附属企业公司改制而成，驻地位于钢城区双泉路。改制后的泰东公司与莱钢劳动服务总公司并立存在，独立运行，机关管理一套机构。至2005年，泰东、劳服公司下属单位设6个子公司、3个分公司和1个联营公司，公司注册资本1亿元，生产经营主要有工业渣处理、耐火材料、冶炼辅料、可利用材深加工和煤化工五大项目。

2004年至2005年，先后推行职业健康安全、环境管理体系和质量管理体系贯标，并通过国家认证审核。紧跟莱钢主业的发展，努力做大支柱项目，新建扩建工业渣处理、可利用材深加工、耐火材料和冶炼辅料粗酚加工等主营项目，为公司的持续发展奠定基础。至2005年，公司占地面积38.76万平方米，固定资产原值1506.41万元、净值1086.20万元。

泰东公司多次被评为山东省冶金工业总公司清洁单位、山东冶金行业安全生产先进单位，在全省档案工作年度考核中被评为省一级档案室，获莱钢安全环保工作先进单位、档案工作先进单位、史志工作先进单位、人口与计划生育先进单位、环境建设工作先进单位、审计工作先进单位、职工教育工作先进单位、工会生活保障先进单位和效能监察工作先进单位等称号。

泰东实业有限公司　（2005年　摄）

第六节　机械制造有限公司

1970年莱钢机修厂建立，后改称莱钢机械厂，是莱钢的服务性生产单位，主要任务是制造非标准设备及制造修复机械备件和生产易耗件，同时承担省内其它冶金业所需的大型备件，有铸钢、铸铁、模型、锻造、铆焊、金工和机动7个车间，设计规模按年加工备件能力5000吨进行配套建设。

机修厂的生产包括热加工和冷加工两大体系，以单件、小批量和不定型产品生产为其特点。1985年之前，机修厂生产过的主要产品共17个种类。有JZQ250–JZQ1000成台套减速机，Φ1500×5700毫米球磨机，Φ1700×2500毫米磨煤机和烘干机等设备，对外承担部分机床设备的大、中修任务。至1985年，全厂形成切削加工能力2200吨，有固定资产原值1839.19万元，定额流动资金占用余额429.36万元。1988年12月，与首都冶金机械厂合营投资50万元，建立京莱轻钢龙骨厂。1990年形成切削加工能力2500吨，机械产品总产量完成1.12万吨。1990年12月，晋升为莱钢二级企业。至1990年，为省内外冶金矿山、机械化工、建材和轻工机械等系统生产各类机械设备及备品备件等机械产品总量5.20万吨，完成工业总产值6911万元，利润指标每年以10.68%的幅度递增。

1991年至1995年，企业综合经济实力在全国57家地方骨干钢铁企业机修中名列第一位、规模能力在全国钢铁企业机修中名列第八位，完成固定资产投资总额3389万元，开拓国际市场有很大进展，共向美国出口货叉152个集装箱、总重2473吨。

2002年12月16日，改制为莱钢控股的有限责任公司，成立独立法人单位。公司注册资本6000万元，其中集团公司以资产方式出资4800万元，占注册总资本的80%；机制公司工会职工持股会以现金方式出资1200万元，占注册总资本的20%。至2005年，公司

机械制造有限公司　　（2005 年　摄）

下设金工、炼钢、铸铁、铸钢、锻造、铆焊和机动 7 个生产车间，拥有各类生产加工设备 447 台（套），主要生产经营冶金机械设备及备品备件、铸锻件、铆焊结构件、钢锭、叉车货叉及其系列产品，机械设备工程的招标承揽和安装修理等，具备年产机械加工产品总量 2.5 万吨、钢锭 40 万吨、货叉 3500 吨的生产能力，有在职职工 973 人，拥有固定资产原值 2.08 亿元。

第七节　商业有限公司

莱钢集团商业有限公司是莱钢集团有限公司控股子公司，注册资本 1400 万元。股东由莱钢集团有限公司和商业公司内部职工组成，公司驻地位于钢城区南岭大街西段。

1971 年莱钢商业综合商店成立，有 10 处服务网点，由莱芜县商业局管理。1973 年 12 月，成立莱钢商业综合公司。1975 年 4 月，改为“商办厂管”，实行双重领导体制。1984 年 11 月，商业综合公司全部移交给莱钢。1985 年底，有 4 个零售商店、11 个门市部、1 个三级批发站、1 个糕点厂和 1 个饮食综合服务店。

至 2005 年，公司共有商业饮食服务网点 25 处，下设 3 部 1 室（财务部、市场部、人力资源部和办公室）、5 个直属经营单位（百货大楼、配送中心、物资分公司、钢材分公司及劳保分公司）、1 个控股子公司（莱芜钢铁福来德经贸有限公司）和 2 个租赁单位（莱钢商场有限公司、莱芜市钢城区新兴商厦），占地总面积 4.78 万平方米、营业总面积 1.10 万平方米，拥有固定资产原值 1904 万元、净值 1504 万元。

2001 年至 2005 年，商业公司进行大规模的超市化改造，用于商场超市改造和增加营业场所的投资达到 1090 万元，使营业面积由“九五”期间的 7000 平方米增加到“十五”期间的 1.10 万平方米；接收莱钢服务总公司的商业资产（劳服大厦一、二楼商场和东区商场），安置公司职工 115 人，并对所属商店全部进行连锁经营；共实现销售收入 10.30 亿元，比“九五”期间增长 15%，上交各项税金 1193 万元，比“九五”期间增长 46%。

2001 年至 2005 年，公司连续 5 年被评为山东省重合同守信用单位。百货大楼先后被评为山东省消费者满意单位，山东省执行物价、计量政策法规最佳单位，山东省食品安全诚信单位，全国经营食品质量达标及放心购物单位。

莱钢东区商业街　　（2005 年　摄）

第八节　莱芜金鼎房地产开发有限公司

2002年6月，城建房产部划块分离重组改制后，成立金鼎房地产开发有限公司。公司注册资本3130万元，资质等级三级，主要经营范围包括房地产开发、建筑安装工程、新型型材生产加工、门窗制作、钢制品和绿色墙材开发等。2004年5月，与城建房产部实行体制分离，成为"集团控股、规范运营、独立经营、自负盈亏"的子公司。机关设4科1室，即规划发展科、财务预算科、机动材料（安全）科、政工科和综合办公室；下设3个经营单位，即金鼎建安公司（包括新型型材厂、绿色墙材厂、门窗厂、钢制品工程分公司和土石方爆破工程分公司等5个单位）、工程咨询中心和新实业公司。2005年有职工147人，其中，管理技术岗位79人，操作岗位68人，有高级专业技术职务的5人、中级27人及初级20人，当年完成总建筑面积43.60万平方米。主要开发金鼎花园、紫竹园、迎宾园、湖滨园、樱花园、月季园、玫瑰园、梅花园、芙蓉园和健康园。

月季园小区

位于洪沟社区西、新兴路东首，北临钢都大街，南临友谊大街。占地面积9.50万平方米，由莱钢设计院规划设计，先后由黄庄建安公司、中信建安公司及宏强建安公司承建。建有楼房44幢，入住1334户，绿化面积3.77万平方米、游园面积2800平方米、绿地率39.70%。小区建有大、小广场2个、老年活动室1处、实验幼儿园1处和门诊部1处，配备健身活动器材26套。

梅花园小区

东临新兴路，西临西冶社区，南靠钢都大街，北接万柳园。小区由莱钢动力部宿舍区、建安公司一队生活区和四组团的宿舍楼组成。1994年动工，占地面积9.50万平方米、总建筑面积5.97万平方米，有楼房23幢、平房3排，居住833户、3042人；有单身公寓1座，居住240人。小区由莱钢设计院设计，莱钢生活城房部承建，1995年竣工投入使用。

紫竹园小区

位于友谊大街东首，西临新兴大厦，南临南湖公园。占地面积4.70万平方米，由莱钢设计院设计，里辛建安公司承建，分两期施工。一期工程：1号～12号楼于1996年动工，1998年竣工；二期工程：13号～20号楼于1999年竣工。入住234户。小区住宅建筑面积2.16万平方米、绿化面积2.75万平方米；有自行车棚1处、车位153个，并建有室外停车场；建有人工湖1处（水域面积2100平方米）、凉亭1座，湖边配备健身器材14套；建有300平方米活动场1处、活动室1处。

湖滨园小区

位于友谊大街路南。20世纪90年代，在莱钢汽运公司宿舍区的基础上扩建，由莱钢设计院设计，莱钢生活城房部承建。占地面积19.37万平方米，其中，建筑面积10万平方米，绿化面积8.93万平方米，建设楼房44幢，入住1341户；建有广场、健身场地、食堂、银行、托儿所、超市、社区警备室、老干部活动室、门球场、停车场等服务和活动场

月季园小区　　（2000年　摄）

湖滨园小区　　（2000年　摄）

金鼎花园小区　　（2004 年　摄）

自动化部自主研发的莱钢自动化信息化指挥保障系统（2005 年　摄）

所，小区功能齐全。2005 年全部竣工。

金鼎花园小区

位于钢都大街东首，牟汶河北。2003 年 6 月动工兴建，规划用地总面积 35.53 万平方米，其中一期北区占地 22.32 万平方米，建设住宅楼 60 幢、2216 户，配套设施幼儿园 1 座，综合楼 1 幢，垃圾台 16 处，总建筑面积 33.10 万平方米。工程由青岛三元建筑设计有限公司设计，由莱芜金鼎房地产开发有限公司承建。2005 年 12 月，全部交付使用。

第九节　电子有限公司

2003 年 4 月，莱芜钢铁集团电子有限公司成立，注册资金 200 万元。驻地设在友谊大街中段。2005 年注册资本增加到 800 万元，集团公司出资占注册资本的 51%，自然人股东代表 5 人出资占注册资本的 49%。专业从事电子产品设计、生产、销售与维修，信息技术咨询，软件开发与销售，网络施工，自动化控制系统设计、集成与安装调试，自动化信息升级与改造工程等。

2003 年完成莱钢以外的工程造价 800 万元。2004 年资产总额 944 万元，完成外部工程造价 3000 万元，实现主营业务收入 2226 万元，主营业务利润 260 万元，分别比上年增长 715.38% 和 293.94%；当年实现利税总额 212 万元、净利润 197.70 万元。2004 年 7 月，公司通过 ISO 9001：2000 质量管理体系认证；10 月被山东省科技厅认定为山东省高新技术企业。2005 年 8 月，生产的盘箱柜通过 CCC认证；全年资产总额 4428 万元，完成外部工程造价 6000 万元，实现主营业务收入 5035 万元、主营业务利润 878 万元，分别比上年增长 126%和 238%，全年实现利税总额 836 万元，其中净利润 736 万元。

第十节　莱芜天元气体有限公司

2002 年 10 月 29 日，莱芜天元气体有限公司注册成立，注册资本 8000 万元；11 月 8 日挂牌，由莱钢集团有限公司参股，莱钢工会职工持股会控股。2002 年 4 月，5 号制氧机（设计生产能力为每小时 9000 立方米）破土动工。2003 年 11 月，项目建成投产；同年 2 月，6 号制氧机（设计生产能力为每小时 1.20 万立方米）开工建设，7 月建成投产。2005 年销售收入、利税和利润总额等主要经济指标分别为 6.18 亿元、1.45 亿元和 2.13 亿元，全员劳动生产率为每人每年 187.43 万元。至 2005 年，公司注册总资本已达到 2.19 亿元，占地面积约 13.20 万平方米。

第十一节　莱芜护驾泉天然矿泉水有限公司

1996 年莱钢集团有限公司、泰东实业有限公司、莱芜矿业有限公司、莱芜钢城企业集团公司和黄庄镇西冶居委会共同出资组建护驾泉天然矿泉水有限公司。莱钢集团有限公司为控股股东。公司注册资金455万元，主营护驾泉天然矿泉水的生产与销售，兼营商贸、硬质合金生产与销售等。1999年7月，引进以铁代钴硬质合金生产工艺，建成硬质合金厂。2003年合金厂进行扩股充资，成立护驾泉合金有限公司。2001年10月，自筹资金1300万元，建成护驾泉综合楼，新上护驾泉商场营业和志远公司两个项目。2003年把商场和志远公司合并为护驾泉商贸有限公司，实行统一管理。

公司拥有世界先进水平的美国水处理设备、意大利全自动灌装设备和法国依玛式喷码机的全自动矿泉水灌装生产线2条，年设计生产能力为1万吨。下设矿泉水生产经营部、护驾泉商场、护驾泉硬质合金厂和志远公司4个单位，办公室、财务室2个室。

自1997年至2005年，公司累计生产销售大瓶水204万瓶、小瓶水480万瓶。公司是中国矿业协会矿泉水协会第三届、第五届委员单位，第四届第一副主任委员单位，山东省重点维权企业、消费者满意单位。护驾泉矿泉水被评为“96年食品卫生齐鲁行”推荐产品，曾被山东省泰山将军足球队和山东航空公司作为指定饮用水。

第十二节　齐鲁证券有限公司

参见第十一编《财税　金融》

第十三节　驻地境外子公司

莱芜矿业有限公司

1958年莱芜铁矿建立。2000年6月，公司改制为莱芜矿业有限公司，注册资本4500万元。公司是以矿山采选业为主并集地质钻探、机械加工、汽车运输和建筑安装等业务于一体的中型冶金矿山企业，地处莱芜市莱城区。2005年实现销售收入2.89亿元、利润1.39亿元，有在职职工2021人。

鲁南矿业有限公司

1973年韩旺铁矿建立，隶属山东省冶金工业总公司。1992年4月，全建制并入莱钢。2000年6月，改制为鲁南矿业有限公司。公司位于沂水、沂源两县交界处，占地面积295.40万平方米。2005年公司注册资本变更为4500万元，其中，莱钢集团有限公司2475万元、占55%，公司工会职工持股会2025万元、占45%。2005年实现销售收入4.19亿元、利税1.71亿元。

淄博锚链有限公司

1958年山东黑旺铁矿建立，隶属山东省冶金工业总公司。1995年2月，整建制划归莱钢。2000年10月，改制为淄博锚链有限公司。公司位于山东省淄博市淄川区，占地面积225万平方米、建筑总面积12.20万平方米。到2005年，锚链产量3.50万吨，成为全国较大的锚链生产企业之一。

新泰铜业有限公司

新泰铜业有限公司由新泰冶炼厂改制而成，老区位于新泰市城南，新区位于新泰市高新技术开发区。全公司占地面积16.13万平方米，注册资本3000万元，其中，莱钢集团公司出资2240万元，职工持股会出资760万元。2005年实现销售收入3.12亿元。

矿山建设有限公司

1976年山东省冶金矿山建设工程处成立，隶属山东省冶金工业局。1991年更名为山东省冶金矿山建设公司，隶属山东省冶金工业总公司。1994年并入莱钢，更名为莱芜钢铁总厂矿山建设有限公司。1999年9月，改制为莱钢集团矿山建设有限公司，企业注册资本2200万元，其中莱钢集团有限公司以评估后的净资产出资1550万元，占总股本的70.45%；莱钢集团矿山建设有限公司工会持股会出资500万元，占总股本的22.73%；自然人李敏出资105万元，占总股本的4.77%；自然人亓宝森出资45万元，占总股本的2.05%。2005年实现企业产值9.76亿元。

山东莱钢国际贸易有限公司

2001年8月28日，山东莱钢国际贸易有限公司成立，位于青岛市东海西路39号，是一家集国际融资、跨国资本运作、国际经济技术合作、钢铁

原燃料贸易、钢铁产品贸易、成套设备及技术引进、涉外项目及外事管理和国际国内现代物流等于一体的综合性贸易公司。注册资本6000万元，资产总额3.75亿元。

山东天泰新材料股份有限公司

1997年6月，泰安市金山口集团总公司和山东山大科技集团公司组建成立山东天泰碳纤维有限责任公司。2000年6月，改制为山东天泰新材料股份有限公司，莱钢股份公司持有1540万股，占股本总额的51.33%。2004年4月，通过工商变更登记，公司股东依法变更为莱钢集团有限公司(1540万股)、泰安市城市信用社股份有限公司(655万股)、山东民安发展有限公司(500万股)、山东山大科技集团公司(155万股)、尹绪歧(90万股)和莱钢集团粉末冶金有限公司(60万股)6家，莱钢集团有限公司为控股股东。公司位于泰安市山口镇。

莱钢经济贸易有限公司

1993年4月，莱钢经济贸易总公司组建成立。1999年11月，改制为有限公司，出资人为莱芜钢铁集团有限公司和山东长城工贸有限公司，注册资本800万元。公司位于济南市纬十二路330号，主要经营金属材料、建筑材料、普通机械和五金交电等。

山东省齐鲁资产管理有限公司

2000年9月29日，山东省齐鲁资产管理公司注册登记，地址位于济南市经十路128号，注册资金3.60亿元。2003年11月，鲁银集团将持有的齐鲁资产股权全部置换给莱钢集团有限公司，莱钢集团有限公司成为公司的第一大股东。2004年1月，莱钢集团持股比例上升至59.01%，成为控股股东。至2005年，公司总资产4.97亿元，负债3.96亿元，所有者权益1亿元。

山东烟台钢管总厂

1958年山东烟台钢管总厂建厂，地处烟台市芝罘区，属生建企业。1998年10月，并入莱钢，下设12个处(室)、5个生产分厂、1个质监站及3个附属企业。

2002年钢管产量11.40万吨，实现利润1249万元。2004年对资不抵债且有潜在风险的单位关停并转。附企14个法人单位经资产重组后，3个单位保留名称继续经营，当年整体扭亏为盈。2005年生产钢管23.10万吨，实现销售收入5470万元；热轧大口径钢管产量7.60万吨，冷拔高压锅炉管、油井管产量3.20万吨；烟管高压锅炉管、低中压锅炉管获国家冶金产品实物质量“金杯奖”，直径6毫米～180毫米×1毫米～30毫米无缝钢管获国家产品质量免检资格。至2005年，企业有在职职工1322人，生产钢管23.10万吨，利润1.33亿元，在岗职工每人每年收入2.52万元。

莱钢集团山东省冶金设计院

1959年3月，山东省冶金设计院建立。1997年7月，设计院划归莱钢。2001年1月16日，山东省冶金设计院和莱钢设计院合并，组建莱钢集团山东省冶金设计院，设计院总部在济南。

“十五”期间，承担3号和4号750立方米高炉、3号105平方米烧结机、4号50吨转炉、合金钢连铸机、5号9000立方米/小时制氧机等工程的设计及设计管理任务。完成总体规划、技术总承包任务，为莱钢实现产能从200万吨到1000万吨钢的大跨越做出重大贡献。与印度布山、CECL公司等签订多项合同，其中印度布山公司的1008立方米高炉、126平方米烧结机工程是当时中国输出印度的最大高炉、烧结机。开辟东南亚市场，与泰国伟成发签订300万吨钢工程设计合同。主营业务收入从2001年的1000余万元，提高到2005年的1亿元以上。至2005年，共有固定资产916.23万元，有职工369人。

鲁银投资集团股份有限公司

1996年12月，鲁银实业(集团)股份有限公司公开发行A股，并在上海证券交易所挂牌交易。1997年7月，更名为鲁银投资集团股份有限公司，注册资本2.48亿元。2002年9月，莱钢入主鲁银，持有17.96%股份，为第一大股东。2005年1月，公司投资建设鲁银羊绒工业园，羊绒产业拥有半精纺生产设备50台(套)，年产能力达1500吨，成为全国最大的半精纺羊绒纱生产基地之一。2005 年初,开工建设粉末冶金汽车零部件。至 2005 年,公司有总资产 15.44 亿元、净资产 3.09 亿元,有带钢分公司、粉末冶金公司、禹城羊绒纺织有限公司、鲁邦房地产开发有限公司、烟台鲁银药业有限公司和禹城粉末冶金制品公司等 20 家全资或控股子公司,有职工 4500 余人。

1987 年山东莱芜粉末冶金厂建立,是莱芜钢铁总厂与莱芜市的联营企业。2000 年 8 月,改制为莱钢集团有限公司的控股子公司;8 日更名为莱钢集团粉末冶金有限公司。2003 年 2 月,成为鲁银投资集团股份有限公司的控股子公司。至 2005 年,公司注册资金 3622.55 万元、总资产 2.02 亿元,其中,固定资产 9682 万元、流动资产 10414 万元,具有年产 5 万吨钢铁粉末生产能力及钢铁粉末生产技术的自主知识产权,是国内规模最大、品种最全且唯一拥有还原制粉和雾化制粉生产线的钢铁粉末生产企业。

山东莱钢永锋钢铁有限公司

2002 年 6 月,山东莱钢永锋轧钢有限公司成立,位于齐河经济开发区,莱钢以商标、字号、品牌和技术等无形资产参股公司。2002 年 10 月 28 日,经山东省工商行政管理局批准,山东莱钢永锋轧钢有限公司变更注册为山东莱钢永锋钢铁有限公司。2004 年 11 月,公司实行资产重组,注册资本 3.31 亿元,莱钢集团有限公司占 48.33%。2005 年全年实现销售收入 34.92 亿元、利税 3.49 亿元,纳税 1.10 亿元,产品产量为生铁 98.10 万吨、钢 118.14 万吨及钢材 87.95 万吨。2002 年至 2005 年,公司共完成固定资产投资 14.68 亿元,固定资产投资主要用于年产 50 万吨轧钢项目和 100 万吨钢技改配套工程项目。

第四章　直属单位

第一节　动力部

1970 年动力部建立,是莱钢动力生产供应的主体单位之一,主要为莱钢生产建设和职工生活提供水、电、氧气、氮气和电机、变压器维修服务。

建厂初期,动力部分南北两个厂区,占地面积总计 4.56 万平方米,其中工业生产使用面积 3.25 万平方米。设有热力、燃气、供电、供水、通讯和电修 6 个车间。先后建成供水、供电、冷风、蒸汽、煤气、电话通讯及电修等七大系统、6 处水源地、2 所变电站、1 座电讯楼,基本形成动力供应及通讯网络。至 1985 年,拥有固定资产原值 4813.70 万元,设备 783 台(套),重 6744 吨。

1986 年 12 月,2 号 3200 立方米制氧机建成投产,投资 507 万元。1987 年 5 月,东泉水源地工程建成供水,缓解莱钢的供水紧张状况;同月,投资 81.50 万元,安装 3.15 万千伏安变压器 1 台、35 千伏手推式油开关 2 台,扩大银山变电站的供电能力。1987 年 10 月,煤气加压站建成投产,完成投资 74.30 万元。1989 年 3 月,2 万立方米和 5 万立方米煤气柜建成投产。1989 年 8 月,莱钢利用外资第一个项目 6000 立方米制氧机工程竣工投产,总投资 3419 万元。

1990 年至 1995 年,新增固定资产 14547.84 万元、净值 8838.41 万元。1990 年晋升为莱钢二级企业。1991 年生产总值首次突破亿元大关。

1998年实行资产重组，热力、燃气等车间划归热电厂。生产有制氧、供电、供水和电修4个车间，机关有生产计划科、机动技术科、安全环保科、劳动人事科、财务科、政工科和办公室6科1室。至2000年，拥有固定资产原值4.23亿元、净值3.06亿元，拥有转供电能力19.15万千伏安，拥有氧气生产供应能力每小时2.44万立方米，拥有供水能力每日10.54万吨。

至2005年，水、电、氧、氮和氩产量分别达到4000万吨、30.66亿千瓦时、6.52亿立方米、4.70亿立方米和492.80万立方米。占地面积57.60万平方米、建筑面积8.03万平方米，拥有固定资产原值6.75亿元、净值3.98亿元，有主体生产设备676台(套)，动力机械总能力1.47万千瓦，具备满足莱钢年产1000万吨所需要的水、电、气供应能力。有供电、供水、电修、电气、电力、水力6个车间和天元气体有限公司(代管单位)，生产计划科、机动技术科、安全环保科、劳动人事科、财务科、政工科和办公室6科1室。

第二节　运输部

1970年4月8日，运输部成立，位于莱芜市钢城区钢都大街，主要承担进厂原燃料和厂内成品、半成品倒运及外发的火车运输工作。

1970年在原有铁路的基础上开始铁路建设；12月，建成冶金厂区铁路线21.78公里。1973年上半年，建成石灰石矿铁路专用线3.80公里(与颜庄火车站至674电厂铁路线接轨，未投入运营)。1979年建成厂区铁路专用线29.30公里。1980年，运输部成为有一定运输能力和检修能力、专业性较强的铁路运输生产单位；1月1日，莱钢成立交通汽车运输公司，汽车运输开始由交通汽车运输汽车公司管理。1982年运输部铁路机车架修和车辆大修开始进行。1985年铁路货物运输能力为466.18万吨。当年，共有铁路运输设备210台(辆)、总重5341.10吨，机电加工及专用设备190台、总重342.38吨，有铁路线58.81千米、道岔183组，完成机车架修11台次、车辆大修57辆次。

1988年针对铁路专用配件紧缺、价格昂贵这一市场情况，在道钉车间的基础上，成立铁路配件制造厂。1990年晋升为莱钢二级企业，固定资产总值达4168万元。

1990年至1995年，运输部承担总投资7000万元的莱钢总图运输改扩建工作。1994年9月，编组站微机连锁工程正式交付使用。

2004年1月，建成通往大型H型钢新区的4条铁路线；4月建成大型H型钢站场铁路，累计铺设线路13公里、道岔39组。2003年至2005年，修建颜庄火车站至银山大型H型钢厂区专用铁路线（济南铁路局颜庄火车站莱钢专用铁路)4.30千米。至2005年，运输部建筑面积达4.02万平方米，有固定资产原值3.11亿元、净值1.83亿元，拥有东风10D型内燃机6台、GK1F型内燃机车9台、GK2B型内燃机车3台、GK1C型内燃机5台，有铁路普通车辆269辆、冶金专用车辆169辆，有铁道线路86.39千米、道岔277组，年货运能力达3000万吨以上。2001年至2005年，完成货物运输量6234.19万吨，货物周转量

莱钢厂区铁路线　　(2005年　摄)

49591.76 万吨·公里。

2001 年运输部被评为山东省爱国卫生先进单位。2002 年、2005 年分别被评为省级文明单位。2002 年被评为企业档案工作目标管理国家一级单位。2001 年至 2002 年、2004 年至 2005 年，分别被评为山东省冶金安全生产先进单位。2005 年被评为省级现场管理样板企业、全国钢铁行业"青安杯"竞赛最佳青年安全监督岗。

自动化部远程物资计量数据控制中心 （2005 年 摄）

第三节 自动化部

1992 年 9 月，计算中心与计控室合并成立自动化部，是莱钢以工业自动化、信息化等专业为主的科研、生产服务单位，与莱钢电子有限公司、莱钢计控处合署办公。

1993 年投资建成"莱钢能源计量微机监测管理系统"。1993 年和 1995 年，先后完成 2 座 750 立方米高炉、2 台 105 平方米烧结机、原料场和 1 号、2 号连铸机自控系统的程序编程、调试和投运。

2001 年至 2005 年，实现内部劳务收入 1.68 亿元、利润 2260 万元，维护仪表 23721 台(件)，维护生产控制计算机及辅助设备 346 台(件)；莱钢最高标准器和工作标准器周期受检率达 100%，工作计量器具周检率达 98%以上。2005 年末，自动化部下设 7 科 1 室和 11 个生产车间，即办公室、计控管理科、生产计划科、机动设备科、财务科、劳动人事科、技术科、政工科、钢区维护车间、铁区维护车间、特钢区维护车间、计衡车间、工程所、新区铁区维护车间、新区钢区维护车间、电讯车间、信息中心、数据中心和检测中心。拥有固定资产原值 9000 万元、净值 5884 万元，建有莱钢长、热、力、电最高计量标准 29 项、工作标准 74 项，按期对各项计量标准进行复核换证。物资检斤量突破 7500 万吨，计量差错率降至 0.18%，计量异议达到历史最低水平；完成莱钢计量检测体系的升级换版工作；创造性地建设完成莱钢数据制造执行系统(DMES)，实现称量过程自动化，变手工计量为全自动化的网上集中计量，避免原手工计量可能产生的人为干预；申报技术改造与技术攻关课题 883 项，涉及炼钢、炼铁、特钢、轧线、制氧、焦化、通讯及信息系统等各个生产环节；完成科技承包、QC 成果和科技成果鉴定 290 项，其中，1 项科技鉴定成果处于国际领先地位，4 项获国际先进，5 项获国家专利。

2001 年自动化部被评为全省县级党委理论学习中心组先进单位。2003 年被评为山东省思想政治工作优秀企业。2005 年莱钢配套工程自动化系统改造被国家信息产业部评为"信息技术应用倍增计划"优秀项目，莱钢集团公司获得办公自动化国际学术研讨会第五届 OA 典型应用系统证书。

第四节 生活城房部

1992 年 9 月，由改扩建城建办、生活服务公司修建科、房管科、环卫绿化科和汽运公司公路工程队合并成立城建房产公司，为总厂机关职能处室。1994 年 8 月，正式成为独立的二级单位。负责莱钢统管区域的民用住宅、公共福利设施建设、市政工程建设、房产及物业管理、环境绿化美化和土地管理等工作，并对非统管区域的房产管理工作进行业务指导和监督监察。1999 年 4 月，按照集团公司建立现代企业制度要求，撤销公司建制，成立城建房产部。

1987年5月，生活服务公司成立，是莱芜钢铁总厂的直属单位，也是莱钢职工生活的管理职能部门和生活服务单位，承担着莱钢厂区餐饮、液化气、生活物资供应、幼儿教育、商贸经营及现场服务。1996年至1997年，推行专业化管理。1998年推行内部市场化运营。1999年5月，随着莱钢改制，生活服务公司改名为生活服务部。

2001年生活服务部营业收入5740.59万元，职工年人均收入1.11万元；城建房产部完成投资7612.02万元，职工人均收入1.23万元。2002年生活服务部营业收入3894万元，职工人均收入1.19万元；城建房产部完成投资3641.94万元，职工人均收入1.26万元。2003年生活服务部实现营业收入5655万元，职工人均收入1.50万元；城建房产部完成投资4500.62万元，职工人均收入1.34万元。

2004年4月，由生活服务部与城建房产部整合后组建成立生活城房部，主要负责房地产开发、厂区、社区物业管理、幼儿教育、餐饮服务、环卫绿化、市政工程和工贸商贸等后勤服务工作，下设7科1室及29个基层单位；当年生活城房部实现营业收入2.07亿元。2005年生活城房部实现营业收入1.42亿元，职工人均收入2.40万元；当年，拥有固定资产原值5.82亿元、净值4.39亿元，共有职工食堂45个，其中工地食堂30个、小区食堂15个，有幼儿园所11个、社区6个、小区27个。

2001年至2005年，服务领域不断拓宽，先后成立水处理剂厂、家政服务中心、再生资源回收公司、经贸购销公司、全国冶金企业后勤职工家具购物网和服装加工厂等多家经营单位，服务莱钢的能力不断提高。

第五节 莱钢医院

20世纪50年代中期，山东省公安厅劳改局干部疗养院在济南建立。1962年秋，改名为山东省公安厅劳改局中心医院。1970年医院整体移交给莱芜钢铁工程指挥部，由济南迁入莱钢，更名为山东省“七〇一”工程指挥部医院。1975年、1987年、1999年先后易名为莱芜钢铁厂医院、莱芜钢铁总厂医院、莱芜钢铁集团有限公司医院。

莱钢医院是莱钢集团有限公司直属的一所集医疗、教学、科研、预防、保健、急救和社区服务于一体的综合性企业医院，是三级乙等医院、国家爱婴医院。

1984年的莱钢医院

2001年的莱钢医院

1997年病房楼启用。2004年8月1日,门诊医技楼建成使用,建筑面积为1.25万平方米,分为门诊楼、医技楼和办公楼三部分。医院拥有超导型磁共振、螺旋CT、数字减影X光机、1000mA数字X光机、直线加速器、全自动生化分析仪、CR、C型臂、手术显微镜和数码超声刀等大型医疗设备,拥有万元以上设备333台(件),有固定资产1.57亿元、净值1.02亿元。

新门诊医技楼、新兴小区门诊楼、金鼎花园门诊楼、传染门诊楼先后建成使用,第三门诊部从机制公司厂区迁到永兴小区。口腔科、妇产科、心内科、烧伤整形在周边地区享有盛誉。主要质量和效率指标达到三级甲等医院的标准。

2004年劳动卫生职业病防治工作取得职业健康检查资质。2005年取得职业病危害因素检测与评价、职业病诊断和建设项目职业危害因素评价三项资质,使莱钢成为省内首家和唯一一家职业卫生资质"四证"齐全的单位。医院承担着泰山医学院、滨州医学院、菏泽医专、泰安卫校和莱芜卫校等大中专院校的临床实习教学任务。2005年12月,医院参加泰山医学院非隶属附属医院的评定工作,并通过省教育厅和卫生厅组织的考核评定。

至2005年,全院占地面积11.10万平方米、建筑面积5.50万平方米,设临床科(室)16个、二级专业科(室)22个、病区16个,医技科(室)10个、职能科(室)8个、基层院(所)5处,开放床位535张,有职工918人,其中卫生技术人员718人(医师195人),具有高级专业技术职务的86人、具有中级专业技术职务的474人;莱钢医院被推荐为全国百姓放心医院,被评为全国职工医院文化建设先进单位、山东省医疗质量管理效益年活动先进集体及山东省廉洁行医树新风活动先进集体。

2001~2005年莱钢医院主要指标统计表

表8-4-1

年份	门诊量(万人次)	住院(人次)	手术例数(例)	健康查体(万人次)	床位利用率(%)	床位周转率(次/年)	平均住院日(日/次)
2001	35.38	8251	2331	2.19	81.10	17.60	16.10
2002	34.38	8235	2432	2.41	83.30	17.80	16.40
2003	33.19	9016	2591	2.29	92.20	19.50	15.50
2004	34.77	9314	2847	2.98	90.60	20.20	15.90
2005	37.76	9466	3086	3.21	93.80	19.90	16.10

第六节 接待服务部

2002年5月,接待服务部(前身为接待服务处)组建,承担集团公司内外宾住宿餐饮接待、公务用车运营管理和服务及旅游服务等任务。下辖1个三星级酒店、6个小车队、1个旅行社和1个汽车维修站。2003年9月,济南大酒店(济南办事处)、鲁钟大酒店(北京联络处)由接待服务部划归集团公司办公室管理。2005年4月,接待服务部撤销。接待服务部机关、6个小车队和汽车维修站并入莱钢汽车运输有限公司,新兴大厦、蓝天旅行社由集团公司办公室代管。2005年12月,集

接待服务部车辆及工作人员 (2005年 摄)

团公司小汽车、大客车、蓝天旅行社的资产、业务及人员合并重组成立蓝天旅游服务有限公司，成为独立的改制单位。当年，接待服务部拥有车辆 295 部，拥有固定资产原值 1.84 亿元、净值 1.06 亿元。

新兴大厦　　（2004 年　摄）

新兴大厦

三星级酒店。1993 年 7 月动工。1997 年建成，建筑面积 2.90 万平方米，共 12 层，设有客房部、餐饮部、公关销售部、康乐部、总务部和动力工程部 6 个业务部门，有标准间、单间和套房共 204 套、397 个床位，大、中、小餐厅 19 个，餐位 800 个。有大、中、小型会议室 17 个，多功能厅 1 个，可举行 400 人的宴会，有台球、保龄球馆等多项娱乐设施。1999 年 8 月，改制为股份制企业。2004 年 4 月，被评为山东省优秀星级饭店。

蓝天旅行社

1998 年蓝天旅行社成立，初归莱钢外经处管理；11 月划归接待服务处管理。2000 年 10 月，有 3 人取得导游资格证书。2005 年 12 月，改组为莱芜蓝天旅行服务有限公司，集团公司将客车队、小汽车运营业务及相关资产划转该公司。公司先后推出红色之旅、“夕阳红”老人游、自助游、青少年夏令营以及春节购物游等旅游线路，并完善网络订票系统。2004 年获得山东省旅游消费信得过单位称号。

第七节　教育处

1994 年 7 月，莱钢对 6 所中小学集中统管，教育处由莱钢的职能处室变为莱钢总厂的二级单位。统管后的教育处主要负责莱钢中小学教育教学管理、行政后勤管理和教师队伍建设。1995 年 11 月，对三中进行集中管理，对离总厂较远的 4 所学校进行业务指导。莱钢中小学教育稳定发展以“五四制”为基础的 9 年义务教育，初中毕业生可就近升入普通高中、技校、职业中专和职业高中就读，基本普及高中阶段教育。

2001 年至 2005 年，先后投入 1367 万元对校园、校舍和设备进行整修改造，使校园和教学装备有明显改观。一中过街天桥建成使用；二中新建 12 个教室的教学楼 1 幢；五中购置微机 175 台、多媒体电教设备 3 套、高考听力设备 1 套、高考监视网络设备 1 套、学生智能体质健康测试仪 1 套，学生化学、物理实验室达到教育部一类标准。2005 年完成一中教学综合楼、实验楼和阶梯教室工程及一中、十中和中心小学校区的改造；8 月完成一中、十中换校搬迁工作。

莱钢第一中学

2002年职业高中恢复招生，首批在莱钢三中招收2个微机专业职高班88人，在2005年的对口高职录取中，上专科分数线人数达到21人。至2005年，教育处设3科3室，直属中小学7处和1个校办工厂，占地面积13.93万平方米、建筑面积3.80万平方米，有在职教职工488人。小学和初中入学率、巩固率均达100%，高中段升学率达91.50%，学生思想品德评定合格率达99.80%，体育合格率为96.70%。2001年本科录取101人，2005年本科录取104人，录取率达31.42%，专科达线率为84.90%。

第八节　培训中心

2002年5月27日，莱钢集团有限公司技工学校、职工教育中心和职工培训处合并重组为培训中心，下设12个科(室)，是莱钢党校干部教育、电大专业技术教育、技校职业技能培训和学历教育的基地。

培训中心成立后，开展多层次、多门类培训，培训规模逐步扩大，办学能力不断提高。共举办各类短期培训班642期，培训、考试、考核各类人员6.66万人次。其中，举办干部培训班151期、培训7956人次，举办专业技术培训144期、培训5126人次、考核7593人次，举办工人技能培训班114期、培训5030人。每年配合人力资源部完成职业技能鉴定理论培训考试任务，共有1.93万人参加。

至2005年，培训中心有在岗教职工154人，其中，具有高级专业技术职称的42人、中级职称的82人，占地面积为9.70公顷，总建筑面积3.90万平方米。多次被评为全国培训先进单位、山东省企业教育培训先进单位、山东省文明单位、省级清洁单位、花园式单位、莱钢文明单位。

第九编

商贸服务业

SHANGMAOFUWUYE

严细管理重执行 务实工作创佳绩
中国石油

明清和民国时期，境内商贸服务业主要以集市为主，颜庄、黄庄等较大集镇为商品集散中心，设有客栈、酒家、车马店等服务设施。1942 年出现抗日民主政府领导下的农村供销合作社雏形，小型私营商业仍占主导地位。抗日战争和解放战争时期，受战乱影响，境内市场极不稳定。1948 年后，境内战乱结束，市场日趋稳定。1956 年对生产资料所有制的社会主义改造完成，形成以国营单位为主体，集体、个体商贸服务业并存的格局，市场日趋繁荣。1958 年后，商贸服务业主要由国营商店和供销社承担，许多主要的社会商品实行计划供应。1978 年后，随着经济体制改革的进行，计划经济向市场经济过渡，国家逐渐减少商品贸易和服务项目的限制，国营、集体商贸服务的垄断地位逐步被打破，政府鼓励发展第三产业，许多农村剩余劳动力和城镇闲散人员大批从事商贸活动，繁荣了商贸服务市场。同时，国营集体商贸服务业通过改革管理机制，转变营销策略，更新经营模式，适应市场经济要求的能力和经营实力不断提高。1993 年1 月建区后，通过大力发展民营经济和服务莱钢，促进全区商贸服务业的发展，较快形成各类商贸服务业齐头并进、共同发展的格局。至 2005 年，区内有农村集市和城镇“天天”交易市场 27 处，蔬菜、果品及钢材等各类专业批发市场 13 处，百货商场超市 197 处，酒店、宾馆 150 家。

第一章　集市商贸服务

第一节　集　市

农村集市

自明末，颜庄、黄庄和寨子三大集市是境内重要商品集散中心，颜庄集是“莱芜八大集”之一。每逢集日，居民到集市上的粮食市、菜市、木货市、肉市、牲畜市和破烂（废旧物品）市进行买卖交易。集市设有客栈、酒家、车马店、饭铺、茶馆和理发店等。

20 世纪 50 年代初，随着国民经济的发展，农村集市有所发展。1958 年后，受计划经济体制影响，集市贸易削弱，商贸服务职能主要由供销合作社的旅馆、饭店、理发店、照相馆等承担。1959 年至1961 年，经济困难时期，粮油市场被关闭，集市贸易萧条。1962 年后，集市贸易有所发展。“文化大革命”期间，集市贸易受到限制，一度将大部分集市关闭。1973 年境内所有集市一律以农历每月逢三、八日（即初三、十三、二十三，初八、十八、二十八）为集日，统一赶大集，群众极不习惯，不久被废除。自 20 世纪 80 年代，随着市场经济的发展，集市贸易规模扩大，随之建起一些集市。

至 2005 年，全区有农村集市 19 处。

2005 年钢城区农村集市一览表

表 9－1－1

集市名称	地　点	逢集日期
颜庄大集	颜庄村	五、十
西冶集	西冶社区	五、十
双龙峪集	双龙峪村	五、十
验货台集	验货台居委会北	一、六
张庄集	张庄社区	一、六
东峪集	东峪村	一、六
寨子集	寨子村	二、七
下北港集	下北港村东	二、七
郑王庄集	郑王庄村	二、七
颜庄小集	颜庄村	三、八
黄庄集	黄庄二村	三、八
里辛集	里辛村	三、八
庙子集	庙子村	三、八
南港集	王家港村南	三、八
城子坡集	北城子坡社区	四、九
莲花池（潘西）集	潘西煤矿东邻	四、九
澜头集	澜头村	四、九
杨家楼集	杨家楼村	四、九
南朱家庄集	南朱家庄村	四、九

（注：逢集即农历每月每旬中每 5 天一个集日，比如颜庄集每月每旬逢五、十，即农历上旬的初五、初十，中旬的十五、二十，下旬的二十五、三十（小月为二十九）。其余类推。）

“天天”交易市场

20 世纪 80 年代初，随着市场经济的发展，为满足城镇居民及厂矿职工生活需要，境内逐步形成“天天”交易农贸市场。这些小市场形成之初，存在市场体系不完善，功能不健全，设施简陋，场地狭窄等问题，不能适应居民生活需要。1994 年区政府批准《钢城区市场建设整体规划》，按照规划，坚持谁投资谁受益原则，由政府、社会、企业多方共建、扩建、规范“天天”交易市场。2005 年全区共有特钢厂、潘西煤矿、鼎力化工集团、椁椤、莱钢东区、张庄、西冶和洪沟“天天”交易市场 8 处。

莱钢东区“天天”交易市场　　（2005 年　摄）

第二节　物资交流会

1995 年 10 月，钢城区在城子坡集市举办第二届物资交流大会

自20 世纪 50 年代初期，开始举办，初称骡马大会，一般在秋后的农闲季节举办，会期 5 天至 10 天。1958 年“大跃进”后举办较少。“文化大革命”期间中断。1979 年后，得以恢复。1985 年至 1992 年，境内的颜庄、里辛、城子坡、黄庄和寨子等乡镇均举办物资交流大会。每次都以乡镇工商行政管理部门为主，交通、公安、税务、城建、供电和卫生等部门参与组成筹委会，规划会址与场地，安排市口，编号定位，维持治安。交流会期间，除各类商品交易外，还邀请当地和外地的戏剧、曲艺等文艺团体到会演出。

1993 年 10 月 20 日至 31 日，在城子坡集市举办第一届“钢城区秋季物资交流大会”，会期 11 天，上市摊位近 2 万个，上市人数达 130 万人次，平均日成交额在 50 万元左右，总成交额 570 万元。至 1999 年，共举办 5 届物资交流大会。

2000 年后，物资交流会由集市驻地村（居、社区）组织举办，或连年举办，或隔年举办。

钢城区历届物资交流会统计表

表 9－1－2

届　次	举办日期	天　数	地　点	摊位（个）	到会人次（万）	总成交额（万元）
第一届	1993 年 10 月 20 日	11	城子坡集市	20000	130	570
第二届	1995 年 10 月 18 日	10	城子坡集市	30000	160	870.10
第三届	1996 年 10 月 12 日	11	西冶集市	26000	104	1875.95
第四届	1997 年 10 月 14 日	11	莱钢东区	26000	173	2130
第五届	1999 年 10 月 15 日	11	城子坡集市	31000	186	2200

第三节　批发市场　商场

农副产品批发市场

20 世纪 90 年代初，随着林果业和蔬菜种植业的发展，境内逐渐形成一些零星果品和蔬菜批发市场。1993 年 1 月建区后，区镇各级和工商部门以部分农贸市场为基础健全其批发功能，同时在林果和蔬菜集中产地先后建设一批果菜批发市场。2005 年全区有特钢、潘西、鼎力化工集团、桲椤、莱钢东区等食品、蔬菜批发市场，霞峰、北金水河和施家峪等果品批发市场。

钢材批发市场

1993 年围绕莱钢生产发展服务配套项目，区

钢材批发市场　（2005 年　摄）

委、区政府在府前大街西首往南至卞家泉村的205国道两侧建立钢材批发市场，当年入驻批发厂家6家。自2001年，发展钢材批发大市场。至2005年，全区较大规模钢材批发市场有齐鲁钢材批发市场、颜庄钢材批发市场、黄庄钢材批发市场和里辛钢材批发市场。

参看第八编《莱芜钢铁集团有限公司》

百货商场

1989年3月8日，莱芜钢铁总厂商业总公司第一百货商店开业，为钢城区第一家百货超市。2005年钢城区共有商店40家、超市117家和连锁店7家。较大的超市有馨百超市钢城店。

第二章　合作社商贸服务

第一节　供销合作社

基层供销合作社

寨子供销合作社　1942年10月，卞家泉村建立"消费纺织合作社"，主要经营土纺、土织、印染，兼营百货和副食等商品，并秘密为抗日人民武装供应布匹、鞋袜、笔墨和纸张等物品。合作社发动群众入股，每股1斗(约44斤)谷子钱，钱粮均可，要求户户入股，多者不限。入股群众凭证购物，优先优惠。经营利润除留5%作为公积金、公益金外，其余按股金分红。1945年后，公开经营，业务范围不断扩大，社员股数达2000余股、股金5000余元。1948年10月，与瑞山后、马庄村的合作社在北师店合并成立"三义社"，增加当地农副产品收购和生产、生活资料的经营项目。1950年1月，"三义社"和南仓峪、施家峪、寨子等村联合成立寨子合作社，社址迁往寨子，配有正、副主任，设零售门市部、染坊和油坊等，共有干部职工215人，季节性临时工20余人；10月改称寨子供销社，是新泰二区较大的集镇之一。1954年仍保留其区级供销社机构，独立核算，直属新泰县供销合作社领导。1985年12月，设立寨子乡，供销社成为乡镇供销社。

颜庄供销合作社　1948年9月，莱芜县在县政府实业科的基础上成立合作推进社，结合生产救灾，扶持群众生产自救，在各区组织安排代销店、代销员。1950年上半年，合作推进社改称供销合作总社，下半年改称供销合作社联合社，简称供销社，并在各区、乡设立基层供销社。颜庄区先后成立合作社16处。1951年整社并社合并为6处：颜庄、郑王庄、南朱家庄、澜头、西港、清泥沟合作社。1952年合并为颜庄和郑王庄2处。1954年4月，2处合并称七区供销社。1955年10月，改称颜庄区供销合作社。1982年有代购代销店87处。1987年共有干部职工167人，设有里辛、郑王庄、南朱家庄、棋山、城子坡、西港、澜头、清泥沟等经营网点28处。1987年在驻地颜庄建起营业楼2座、加油站2处。2005年底，共有干部职工342人、离退休人员43人、退职人员8人，经营网点68个。

黄庄供销合作社　　　　(2000年　摄)

黄庄供销合作社　1952年8月，黄庄区联村供销合作社成立。1954年12月，改名为沂源县第六区供销合作社。1956年7月，改名为黄庄区供销合作社。1958年10月，沂源县商业供销合并，改为黄庄商店。1969年9月，供销与商业分设，复称黄庄区供销合作社。1993年设区时黄庄供销社有干部职工36人，经营网点6个。

里辛、城子坡供销合作社　1988年5月设立。里辛供销社设有里辛、朱家庄、棋山和郑王庄4处门市部，有干部职工35人；1995年12月，由于经营困难关门停业。1993年10月，城子坡供销社改称为钢城区供销合作社。

1993年建区时，全区有颜庄、里辛、城子坡、黄庄、寨子5处乡镇基层供销社，下设11个门市部。

钢城区供销合作社

1993年10月，钢城区供销合作社依托城子坡供销合作社成立，与钢城商业供销集团公司合署办公，挂2块牌子。设总经理(主任)1人、副总经理(副主任)2人，下设办公室、财务科、业务科3个科(室)和生产资料、土产杂品、百货副食、饮食服务和再生资源等5个公司，有颜庄、里辛、黄庄和寨子4处基层供销合作社、干部职工672人。

1994年7月，增设果品盐业公司，后更名为果品公司；年底，有生产资料、土产杂品、百货副食、饮食服务、再生资源、果品6个专业公司。1998年10月，实行机构改革，机关人员由14人精简为6人。撤销业务科，与办公室合并成立综合办公室；年内，建成面积4000平方米的商业楼2座。1999年6月，由于经营困难，亏损严重，生产资料公司和百货副食公司相继破产重组，成立农业生产资料服务站，生产资料公司人员合并到新成立的公司。

2000年4月，区供销合作社被核定为一级事业单位，仍与商业供销集团公司合署办公，设总经理(主任)1人、副总经理(副主任)4人。

土产杂品公司　1993年10月，在城子坡供销社土产杂品门市部的基础上成立，有职工218人。成立之初，主要经营日用品和百货副食品等，后主要经营烟花鞭炮。2005年底，有干部职工237人、退休人员2人，年销售额96万元、利润30万元。

农业生产资料公司　1993年10月成立，有职工12人。主要经营化肥、农药、农膜和农机具等。1999年6月，因经营困难依法破产，有职工28人、退休人员3人。破产后，注册为农业生产资料服务站，将生产资料公司人员转入服务站。

再生资源公司　1993年10月成立，有职工15人，主要经营钢材和废旧物资回收。2005年底，下设回收站4处、职工32人。

饮食服务公司　1993年10月成立，有职工16人。主要从事客房和餐饮服务。2005年底，有职工34人。

百货副食批发站　1993年10月成立，有职工10人，主要经营百货副食、烟酒批发。1999年6月，因经营困难依法破产。

果品公司　1994年7月，在黄庄供销社增设果品盐业公司，与黄庄供销社合署办公，挂2块牌子。后因没有盐业经营权，公司更名为果品公司。公司成立后，基本没有开展业务。

第二节　商品经营

农资经营

经营范围　农业生产资料经营是农村供销合作社的主营业务。中华人民共和国建立初期，主要经营农用铁、木、竹制小农具。从1952年开始，经营范围扩大到化肥、农药、农药器械、农膜、农机具等。20世纪70年代，代营石油产品及其它一些生产资料。1978年8月，农机业务交由农机业务部门负责。自80年代，按市场需求组织货源。1989年1月1日，按照国务院要求，对化肥、农药和农用塑料薄膜等实行专营。90年代，农用石油产品交由石油公司负责。1999年农资市场放开，各基层供销合作社此项业务基本处于停滞状态。

经营方式　20世纪50年代初期，化肥、农药由供销合作社负责供应。各供销社联合社对处于试用推广阶段的化肥、农药、新式农具，分别采取

“先试验、后推广”“技术在先，供应在后”等措施推广使用。1956年各基层供销社都配备农机员，具体负责化肥、农药和新式农具的推广使用。

1952年运用国家化肥贷款，实行化肥贷放，每斤化肥按2.80市斤小麦回收。

1962年国家实行收购棉、油、麻、粮等农副产品奖售化肥的政策，奖售化肥由供销合作社兑现，化肥供应量逐年增加。

1964年推广供应氨水。1965年各基层供销社相继修建了氨水池。1972年推广使用磷肥。1974年基层供销社建立农作物科学用肥试点，进行科学用肥试验。1980年化肥供应到户。

1994年10月，按照国务院关于化肥等重要农业生产资料流通体制改革的精神，全区供销社执行上级规定，对省统配化肥由市、区农业生产资料公司与基层供销社批零结合经营，基层供销社代销，执行全省统一零售价。供销社强化主渠道意识，会同经贸、工商、技术监督等部门清理渠道，整顿市场，打击假冒伪劣产品，全区4处基层供销社都设立保质监销站，发放保质监销卡，实行保质监销。

自1998年，企业改制，基层供销社实行租赁承包，农资供销实行市场化经营。

农副产品购销

经营范围　1951年国家决定，麻、棉、油料和为国家代销的粮食等由供销合作社负责收购。1953年国家决定粮油统购统销，收购业务由供销社代理，各基层社设专业粮店，开展粮食购销业务。1955年5月，粮油统购业务移交粮食部门。

1955年国家决定生猪为二类农副产品，实行派购，由供销合作社代理收购。1956年粮油以外农副产品的经营由供销合作社负责，主要收购柿饼、花椒和中药材等。收购的土产品占总量的45%，中药材占30%。

1959年国家对商品实行分级分类管理，一类实行统购统销，二类实行计划调拨，三类实行议购。境内纳入国家计划管理的农副产品有：大麻、红麻、苹果、花椒、生猪、鲜蛋、蚕茧、兔毛、羊毛和皮张等19个品种，供销社按照国家计划执行牌价收购。

1960年受经济困难的影响，农副产品短缺，市场价格高于国家收购价格，农副产品收购量大幅度下降。

1965年供销社重视小土产、小废品、小杂粮、小药材和小畜产品的收购，年完成“五小”收购50余万元，占农副产品收购总额的30%。

1987年农副产品购销范围完全放开。1990年农村商品生产进一步发展，为解决农村出售农副产品困难，对山楂购销下达指令计划。作为山楂生产重点区，颜庄供销社每年收购山楂500多吨，山楂片150多吨。

1993年后，由于农副产品市场全部放开，供销社的农副产品购销业务停止。

经营方式　1955年实行“统一领导、统一计划、分级管理，各级社分别核算”的管理制度。属于国家计划管理并实行派购的品种，基层供销社按分配计划收购，在保证规格、质量和按时交货后，取得规定的代销手续费和合理利润，不承担销售后的亏损。基层供销社都建立了采购站，贯彻“只要对建设社会主义有用物资就大量收购”的方针收购农副产品。

1961年1月，国家将农副产品的收购改为统购、派购、议购3类。1962年对40种农副产品收购实行奖售。1963年收购的农副产品用于奖售的工业品达30种以上。1964年9月，牛皮、中药材等23个品种不再实行奖售，用于奖售的物资只保留棉花、粮食、化肥和油料。

自20世纪80年代初，随着改革开放的逐步深入，农副产品收购逐步实行多渠道经营。1983年至1984年，大麻、红麻取消计划收购，改为三类产品，自由购销；苹果退出合同订购，全部放开经营；农副产品取消订购，三类物资和完成国家计划外的一、二类物资均实行订购订销。为支持商品生产，供销合作社为农民提供产前、产中和产后服务。

1985年供销社对放开后的果品、大麻、红麻和粮油等农副产品实行合同订购，在自愿互利的原则下,同农民签订订购合同,并提供服务。

1987年农副产品收购价格和购销范围完全放开。各供销社在购销过程中不再统一价格或限价,实行开放式多渠道流通,并跨地区购销,推行代理制和分购联销制。1993年农副产品购销业务停止。

百货杂品经营

经营范围　包括衣、食、住、行等各方面生活日用品、耐用消费品和基本农业生产资料。自20世纪50年代初至70年代末，一直按国家规定范围经营。1980年后,国营、合作商业经营分工格局打破,企业经营自主权扩大,供销社开始多渠道进货。1982年生活资料经营品种由1980年前的2300种增加到3000种以上。

经营方式　1951年4月，根据全国供销合作社总社《关于实行配售的决定》,供销社对入股社员实行定量、定价配售,即对部分商品价格按当地批发价予以折扣优惠:面粉、杂粮、食盐按70%,糖和煤炭按80%，各种棉布、火柴按60%，煤油按12%,并定量配售。1955年2月,根据国务院指示,停止配售制度,取消价格优惠办法。

1956年12月,对货源不足供应有压力的商品采取不同的供应办法。猪肉由机关团体按日编造计划,供销合作社代购生猪供应。食糖实行半计划供应,特需者须凭乡政府证明,适当优先供应,一般用糖为定量小包供应。煤炭保证工业用煤,城镇居民适量供应,农村群众用煤少量供应,农村手工业用煤计划供应。煤油计划分配。絮棉适量供应,机关工作人员计划供应。卷烟涨价供应。同时,积极组织外地工业品货源,安排当地生产,开展地区调拨,增加有效库存。

1960年后,国民经济暂时困难,生活资料供需矛盾突出。1961年供销社按照“统筹兼顾,全面安排,保证重点,照顾特需”的原则,及时组织货源,合理分配,努力保证供应。主要生活资料棉布、针织品和服装凭布票供应;民用线、手帕、香皂和肥皂按人凭证定量供应;食盐、火柴、煤油等日用必需品定量凭证供应;布鞋、胶鞋凭票供应;卷烟凭票供应;食糖、茶叶和酒类适当安排特需和节日供应;烟、酒和茶部分提价敞开供应;食盐由县商业局、供销合作社联合下达计划,基层供销社按照计划从国营商业的专业公司进货，供应农村；自行车、缝纫机、钟表等耐用消费品,基层供销社进货后,有的由当地政府分配,凭票供应,有的优先供应烈军属及机关工作人员。同时，为弥补货源不足,各基层供销社自行加工糕点、粉皮和调料等。

1980年后，国营、合作商业经营分工格局打破，企业经营自主权扩大，供销社开始多渠道进货。1983年供销社体制改革,强化综合服务,积极联结“两户”(专业户、重点户),团结“两个商户”(集体商户、个体商户),做好生活资料供应工作。境内基层供销社由仅限于三级站进货转向从工一和二级站多渠道少环节进货。

1984年全面实行以承包为主的经营责任制。国家在经营范围、服务领域、商品价格管理等方面也给予供销社一些灵活性政策;年内,根据农民的需求,境内供销合作社扩大购销网点,在千人以上大村新建综合性门市部5个，在山区发展购销联营点32处。

1986年以资金、信息、设施和市场为基础,供销社与省内外多家工厂开展跨地区、跨部门、跨行业的多层次、多形式的横向经济联合,联营、联销、经销、代销电视机、自行车和缝纫机等高档紧俏适销工业品110多种。1988年后,贯彻放开搞活的方针,调整经营结构,改进经营方式,由零售为主转变为批发零售兼营，由以经销为主转变为经销代销相结合,并积极组织工业品联购分销。

1993年后,生活资料供应实行多品种、专业化和规模式经营发展,采取总经销、总代理、深购远销、直购直销、代购代销、两头在外、下厂下乡送货和售后服务上门等灵活方式促销,形成了自行车、家具、化妆洗涤用品、摩托车、食盐、鞭炮、保温瓶和土纸等专项商品经营的格局。2005年百货、土产和日用杂品主要由职工租赁承包经营，供销社只保留烟花鞭炮经营项目。

废旧物资回收

统一收购　1952年8月，国家规定杂铜收购由供销合作社负责。以此为契机,境内各基层供销社利用下乡送货的机会,开展废旧物资回收。1955年7月,根据全国供销合作总社决定,境内废品回收业务统一由供销合作社负责。1956年各基层供销社与农业社建立“定时间、定地点、定商品”出售的收购关系,通过样品陈列或张贴广告开展收购业务。

业务中止　1984年起,废旧物资全部允许自由购销,价格全部放开,供销社不再承担为国家回收废旧物资的任务。

重点收购　1990年省政府印发《关于加强废金属管理工作的通知》,要求对废金属资源必须集中管理,整顿市场流通秩序,取缔非法经营。1992年境内各供销社按照通知的要求,突出重点,依托莱钢,开展废钢铁、废钢串换钢材和废弃的有色金属收购业务,带动其它废旧物资回收。1993年1月建区时,全区有再生资源公司1个、基层供销社收购站4个,废旧回收点5个。2005年回收废旧物资总额300万元。

第三节　饮食服务业

集体经营

中华人民共和国成立初期,境内的颜庄、黄庄和寨子供销合作社都设有饭店、旅馆、理发店和修理店等,但设备很简陋。1958年供销合作社与国营商业合并后,农村饮食服务业发展受到一定影响。1961年供销合作社恢复,饮食服务业有所发展。

1959年起,按政策规定饭店收取粮票,利用收到的粮票经批准从当地粮食部门购买原粮再进行加工经营。后经政府批准,允许供销合作社饭店通过当地市场交易所议价收购所需粮油,或与完成统购、派购任务的生产队协商,议价购入粮油,加工的熟食高价出售,不收粮票。供销合作社饮食经营额占农村饮食业总额的90%以上。

颜庄宾馆

20世纪60年代后期,随着消费水平的提高和国家对饮食业普遍强制实行规定的卫生标准,供销合作社投资进行设备改造,逐步推行规范化管理。1967年开始推广使用挂面机、和面机、高桩馒头机、切菜机等饮食加工机械。

1975年为满足流动人口和当地群众生活的需要,境内供销合作社饭店开展以生换熟和送熟食下乡业务,农民可用小麦等原粮换馒头、油条和挂面等。1977年农村代购代销店也都开展换购业务,不仅减轻农村妇女部分繁重家务劳动,也扩大了供销合作社饭店用粮来源。同年,境内有供销社饭店3处、厨师6人,旅馆3处、理发店1处。

承包租赁经营

自1987年,多种经济成分的饮食服务网点迅猛发展,供销合作饮食服务业开始实行经营承包责任制。1998年企业改制,全部实行个体租赁经营。

第三章　国营 集体 个体商贸服务

第一节　国营商业

发展概况

境内国营商业主要是县级商业部门设立的百货、生猪和煤炭经营网点。自1954年7月，农村的商品供应主要靠基层供销社，国营商业只负责工矿区的商品供应，因此经营网点占的比例很少。1956年12月，莱芜、沂源和新泰三县商业部门先后在境内的颜庄、黄庄和寨子设立国营食品站和购销站，煤炭部门在境内设立调煤组或煤炭经营处。此种体制一直延续到20世纪80年代初。之后，随着市场经济的发展和市场物价的放开，各县在境内基层的商业经营网点逐步取消。

1971年莱芜县商业局在境内设立莱钢商业综合商店，并发展到10处服务网点，同时为莱钢职工和当地群众提供商品供应服务。1984年10月，商店、网点全部移交给莱钢，变为"厂办厂管"企业。

商业网点

1956年莱芜县百货公司（隶属于莱芜县商业局）、沂源县百货公司（隶属于沂源县商业局）先后在颜庄、黄庄设立分销处或门市部等。

1956年6月，莱芜县百货公司在颜庄设立分销处。1958年商业、供销合并，县百货公司改为百货经理部，颜庄分销处撤回。1959年莱芜县百货公司重新开业。1962年在境内的西港煤矿、潘西煤矿、铁铜沟生建铁厂等处设立百货门市部。1980年在西港煤矿、潘西煤矿设立百货和劳保用品零售部。1982年在潘西设立百货、文化、针织品、劳保用品批发部。1984年9月，西港、潘西、铁铜沟等处百货门市部均改为商店。

1956年10月，沂源县百货公司在黄庄设立分销处。1958年商业、供销合并，县百货公司改为百货经营部，黄庄分销处改称黄庄百货门市部，同时，设立百货、文化、针织品和劳保用品批发部，并陆续在东王家庄、东丈八丘等村设立门市部。

1971年莱芜县商业局在境内成立莱钢商业综合商店，并发展到10处服务网点，商店和网点是由莱芜县商业局管理的"商办商管"企业，为莱钢职工和地方群众提供商品供应服务。1973年12月，莱钢商业综合公司成立。1975年4月，"商办商管"改为"商办厂管"，实行双重管理体制。1984年10月1日，莱钢商业综合公司全部移交给莱钢，变为"厂办厂管"企业。

1963年5月，莱芜县食品公司在颜庄公社设立食品采购站，为全县八大采购站之一，主要经营生猪采购业务。1966年5月，食品采购站改称食品购销站，颜庄购销站为全县15处购销站之一。1973年购销站始办代销业务，并增设代销点。

1963年下半年，莱芜县煤建公司在西港、潘西和颜庄设立经营处和调煤组。1978年7月，县煤建公司改称燃料公司。1980年在颜庄公社设立颜庄煤炭经营处。

第二节　集体商业

发展概况

1973年境内颜庄公社、黄庄公社和部分生产大队发展社队商业、饮食服务业。1976年验货台村投资7000元，建起饭店、旅馆，有房屋22间、从业人员13人、年收入3万元，为境内最早的村办饮食服务业。随之，张庄、北下冶和里辛等靠近厂矿和公路沿线交通方便的生产大队也由集体投资，建起饭店、门市部等。1978年改革开放以后，境内门市部、饭店及旅馆等商业和饮食服务业得到进一步发展。1987年至1992年，第二实业公司先后成立购销公司、经贸公司、加油站和商业大厦。钢城企业集团先后建立商业公司、建材公司和钢城宾馆。

钢城宾馆 (2001年 摄)

1993年1月建区初，有乡镇、村办商业饮食服务业43家。主要有：钢城企业集团的商业公司、建材公司、加油站和钢城宾馆，第二实业公司的购销公司、经贸公司、加油站、物资贸易中心、服务公司和商业大厦，城子坡物资公司，颜庄镇的物资站、购销站，里辛乡购销站、物资公司，寨子乡的购销站、氧气站和服务站，颜庄村的车辆修理厂、青年服务社，郭家台村的旅馆、门市部和购销站，北下冶村的购销公司、旅馆饭店，莲花池饭店，上北港饭店，下北港村的冷库、饭店、门市部和加油站，半壁店子饭店，西港饭店，澜头饭店等。

1993年5月，动工兴建钢都宾馆；年内，成立区物资综合购销公司，第二实业公司兴建西苑宾馆、商业大厦。1994年个体私营经济不断发展，部分集体商业破产倒闭。1998年全区集体性质的商饮服务企业20余家，主要有钢城企业集团的商业公司、建材公司、钢城宾馆，九龙实业公司的商业大厦、西苑宾馆、加油站和化工公司，城子坡振兴五交化公司，陶家岭东泰实业公司的劳动服务社、加油站和液化气站，南朱家庄的综合利用厂、废旧物资购销点，南赵劳动服务公司、加油站等。

重点企业简介

钢城企业集团商业公司　1989年建立，主营各种建筑管件，兼营日用百货、烟酒糖茶、副食调料、服装布匹、针织鞋帽、五金交电和土产杂品等；注册资金240万元，流动资金100万元。1998年有从业人员35人、固定资产160万元、流动资金100万元、年销售收入600万元及利税70万元。1999年改制为私营企业，更名为恒盛商贸有限公司。

钢城宾馆　位于钢都大街，主要从事住宿及餐饮服务。1987年建立，建筑面积5876平方米。成立之初，资产总额226万元、年营业收入60万元。2005年实行租赁承包经营，有资产总额416万元、职工56人，一次容纳120人左右就餐的餐厅1个、包间餐厅6间；设有普通标准住房68间、豪华标准住房22间，有床位126个。被省卫生防疫站评为省级卫生先进单位，被省工商局认定为“省级守合同、重信用企业”，被莱芜市人民政府表彰为“2004年度诚信示范企业”。

九龙商业大厦　1992年建成。1998年有从业人员60人、固定资产621万元、年销售收入1070万元、利税65.20万元。2002年拍卖给个人经营。

钢都宾馆　位于府前大街。1993年5月，动工

钢都宾馆 (2005年 摄)

建设，建筑面积为5147平方米，内设多功能厅1处、小型会议室5个，有餐厅1处、包间餐厅10间，可满足300位客人日常用餐及举行各种宴会、酒会。1994年10月，竣工投入使用。1996年12月28日，钢都宾馆成为莱芜市首批“旅游涉外饭店”。2002年被评为二星级旅游涉外饭店。至2005年，钢都宾馆拥有高档客房58套、床位100个，装有中央空调，国内直拨电话、有线电视、高速宽带网和自动消防报警系统。

第三节　个体私营商业

发展概况

1978年改革开放后，个体民营商业不断发展。1985年境内仅颜庄办事处有个体经商户216户、从业人员642人，注册资金320万元，年经营额280万元，上缴税金18万元。1992年境内有个体经营户1137户。

1993年区政府制定出台《关于加快个体私营经济发展的若干规定》等文件，年底，全区个体工商户发展到1779户，从业人员3261人，注册资金651万元，年经营额2158万元，上缴税金268万元。1994年5月，区政府印发《关于进一步加快个体私营经济发展的意见》。1995年推行以资产保值增值为核心的生产经营承包责任制。1998年推行以股份合作制改造为突破口，承包、租赁、拍卖、破产等多种形式并举的企业改革，在全区范围内连续3年开展“个体私营经济发展年”活动。2001年全区掀起“大力招商引资、启动经济开发区建设、发展民营经济”的热潮，成立钢城经济开发分区和区招商局。通过政策带动、环境促动等一系列举措，推动了全区个体民营商业在内的个体私营经济的快速健康发展。民营业户认真学习借鉴外地经验，大胆采用先进的经营管理模式，境内超市、连锁店迅速发展。

2004年山东莱芜馨百商贸有限公司钢城店落户府前大街，为最大规模商贸企业。

2005年全区个体经商户6233户，从业人员24508人，实现产值28.53亿元，上缴税金7902万元。其中，有钢材销售业户368户，物流服务业16户，年销售收入在亿元以上有9户，即莱芜市双峰物资有限公司、莱芜市长兴物资有限公司、莱芜市金汇经贸有限公司、莱芜市丰汇型钢有限公司、莱芜市新亚物资有限公司、莱芜市昌泰工贸有限公司、莱芜市中正经贸有限公司、山东泰捷信物流有限公司和潘西万荣工业园万达物流公司。

参看第六编《工业》

重点企业简介

山东莱芜馨百商贸有限公司馨百钢城店　2004年5月筹建，位于府前大街，占地面积0.80公顷，总建筑面积1.50万平方米，总投资5000万元，注册资金500万元，有从业人员600人。2005年1月1日，正式营业。营业楼共分3层，一楼主营精品服饰、名牌皮鞋、珠宝首饰、洗涤化妆品等；二楼主营烟酒副食、蔬菜果品、生鲜加工等；三楼主营日用百货、家用电器等，有3000平方米停车场。2005年实现销售收入3亿元、利税3000万元，上缴税金120万元。是全市先进民营企业、重合同守信用企业和AA级信用企业。

馨百钢城店　　（2005年　摄）

第四章 社会商品经营

第一节 日用工业品

经营体制

1949年前后，日用百货、服装鞋帽及文体用品等为个体经营，业户商贩或在固定商店、或在集市摆摊或肩挑货担走街串巷叫卖等经营。20世纪50年代，供销合作社成立后，百货零售形成供销社、商业公司网点、个体户共同经营的格局。1956年境内社会主义改造完成以后，以供销社和商业门市部等经营方式为主。20世纪80年代，随着市场经济的发展，逐渐形成各业自由经营的格局。

主要商品及经营方式

纺织品　境内民用布料主要是手工纺织的粗棉布和绸缎，粗棉布又称土布。自20世纪50年代中期，穿用细布，又称"洋布"。60年代，人造棉、化纤布料逐渐增多，绸缎、棉布购销量逐渐减少。中华人民共和国成立前后，纺织品自由购销。自1954年9月15日，棉布及部分棉纺织品凭布票供应。自1983年，不再使用布票，棉纺织品和其它纺织品都敞开供应自由购销。

百货、文体用品　1942年10月，卞家泉"消费纺织合作社"开始经营部分百货、文体用品，但数量很少。1952年颜庄、黄庄和寨子等供销社经营数量品种较多的百货、文体用品。自20世纪80年代，境内商业、供销部门经营的百货、文体用品发展到上千种。百货、文体用品按市场化经营。

钟表、手表　自20世纪50年代初，供销社经营钟表，主要是机械表，种类主要是挂钟、座钟（马蹄表为主）。60年代至80年代初，"名牌（主要是上海牌）手表"需凭票购买。自1987年，除供销社经营钟表外，个体经营者日益增多，种类增加大座钟、电子表和石英钟等。

第二节 副食品

经营体制

食盐自古由朝廷或国家专营。自20世纪50年代中期，境内对肉类和糖果，实行计划凭票供应，由供销社和商业公司网点经营。自80年代初实行市场经济后，副食品均自由经营。

主要商品及经营方式

肉类　境内历来食用猪肉最多，其次是牛、羊肉。中华人民共和国成立前，各村大都有屠宰户经营肉铺、肉店，每逢集市，集中到肉市零售，春节前上市量最大。

1955年3月，实行生猪派养、派购政策，关闭肉类市场，猪肉凭票供应，每人每月0.50斤～1斤。在完成派购任务的前提下，逢年过节，村里可安排屠宰少量生猪，以满足群众吃肉需求。1962年国民经济形势好转，群众养猪的积极性得以恢复，猪肉供应的紧张状况逐渐缓解。1963年5月，莱芜县食品公司在颜庄设立食品采购站，生猪购销和猪肉销售业务由食品部门承担。1966年5月，颜庄食品采购站改称颜庄食品购销站，负责生猪采购、屠宰和猪肉销售。1979年后，生猪存养量逐渐上升，猪肉由定量供应变为敞开供应。

食盐　盐业经营自古就受到朝廷或国家的严格控制。1959年至1961年，国营经济困难时期，对多数工业日用品实行凭证、凭票供应，但对食盐采取快调快运，保证按需供应。1962年曾一度凭票供应，但不久即敞开供应。

食糖及糖果　20世纪50年代前，食糖市场自由经营。50年代初期，采用半计划供应办法，由供销社、百货公司、副食品公司门市部销售。对产妇、病人和缺乳儿童，凭区、乡政府证明信适量优先供应。1959年至1962年，糖类安排特需供应，对生育户一次性供应红糖2斤。对一般居民特需和节日用糖，实行定量小包供应。1963年起，基本满足市场需求。“文化大革命”期间，虽不限制，但市场货源少，供不应求。1978年后，食糖市场放开，货源充足，花色品种多，完全满足人民群众需求。

酒类　1950年前，酒由个人酒店酿造自销。1950年后，由供销、商业基层网点和代销点经营，社会市场不准经营。1959年至1962年，因经济困难，酒类供应紧张。1975年莱芜、沂源和新泰等县的国营酒厂建立后，白酒营销多由酒厂批发，供销部门指定门市部销售。20世纪70年代至80年代，农村多以地瓜干和人民币兑换散装白酒，3斤地瓜干外加0.27元兑换1斤白酒。80年代后，个体经营者增多，在销售本县市所产酒类的同时，也大量销售外县市所产酒类，包装以瓶装为主，种类有各种牌号的白酒、啤酒和果酒等。

第三节　五金 交电 化工产品

经营体制

自20世纪50年代初期，五金、交电及化工产品实行计划供应，由供销社门市部和商业购销网点分工经营。自1980年后，由市场自由经营。

主要商品及经营方式

五金　20世纪50年代起，五金工具、杂品主要由供销社经营，经营品种逐年增多。期间，铁丝、圆钉和纯碱等实行统配计划供应，直至1980年后才敞开供应。

家用电器　20世纪60年代前后，种类很少，主要有电子管收音机，其次是晶体管收音机，主要由供销社经营。1978年后，一些专业经商户和专业商店也零售，但品种单一。1985年后，品种日渐增多，有各种收音机、录音机、电视机、洗衣机、组合音响、放像设备以及各种电风扇、电冰箱、电烤箱等。

自行车　20世纪50年代，自行车品种少，销售量也小，全部实行统配计划供应。60年代自行车逐渐增多，但仍实行计划凭票供应，主要品种有青岛产国防牌、青岛产金鹿牌、上海永久牌和天津飞鸽牌等。1986年各种自行车敞开供应，货源足、品牌多、样式新，销售量大增，居民每户达到1辆～3辆。

化工零售　包括电工、电讯器材、化工原料、油漆和染料等。自20世纪50年代初，均由供销社五金化工门市部经营。70年代，油漆货源紧缺。自80年代初，市场自由经营。

第五章　粮油贸易

1938年境内颜庄区、黄庄区配备财粮助理员1人～2人。1947年莱芜县粮食局在颜庄区建立粮库。1950年颜庄粮库改设为城关粮库颜庄分仓。1955年7月，颜庄区、黄庄区设粮食管理所。颜庄粮管所下设颜庄、郑王庄和港里粮站，黄庄粮所下设黄庄、徐家庄粮站。1958年春，随着行政区划的调整，粮管所、粮站合并，境内辖颜庄、郑王庄和黄庄粮站。1960年后辖颜庄、黄庄粮管所，下辖颜庄、郑王庄、徐家庄、黄庄和上峪等粮站。1982年增设莱芜县粮食局莱钢粮油供应站，以及椁椤、新成和铁铜沟粮店。后撤销郑王庄粮站，成立里辛粮站。1986年增设城子坡、里辛粮食管理所，同时撤销莱芜县粮食局莱钢粮油供应站，设立莱芜市粮食局莱钢粮油供应公司，与城子坡粮所合署办公。

1993年2月，莱芜市钢城区粮油集团公司成立;4月正式挂牌办公，同时挂钢城区粮食局的牌子。下设办公室、计划财务科和综合科，辖城子坡、颜庄、里辛、黄庄和寨子5个基层粮所;同年，成立钢城区粮油贸易部。1994年5月，成立钢城区粮食局劳动服务公司。1995年3月，成立钢城区金穗宾馆，隶属粮食局劳动服务公司。1997年8月，莱芜市钢城区粮油集团公司改设为莱芜市粮食局钢城分局，为科级事业单位，核定事业编制6人，由市粮食局垂直管理，下设办公室、计划财务科、业务科，辖基层粮所5个、直属企业2个。1999年为贯彻落实国务院《关于进一步深化粮食流通体制改革的决定》，成立莱芜市钢城粮食购销中心，隶属莱芜市粮食局钢城分局，下设乡镇购销管理站5个，从事政策性粮油业务;5个粮所分别更名为附营业务中心，从事粮油附营业务。2000年4月，恢复粮所名称，实行所长负责制;12月随着乡镇(街道)区划调整，城子坡、寨子粮所合并，后改称为艾山粮所。

第一节 粮油购销

经营方式

自由经营和统购统销 1949年前后，除国家工作人员和军人由粮食部门供应粮油外，社会粮油零售均由市场自由经营。1953年11月，境内农村实行粮食统购统销，即农民将应统购的粮食，按照国家规定的数量、价格交售给国家(即统购)，国家再根据实际需要按计划对缺粮人口（主要是工矿占地人口、菜农、库区和灾区人口等)核定供应量。自1954年，境内粮油凭票、凭证进行供应(即统销)，关闭社会粮油市场，粮油购销任务由供销社代理。

国家专营和定量供应 1954年国家工作人员食用油按规定每人每月供应1市斤，工商行业用油，由单位编制计划，经主管部门批准后按计划供应。除国营商业供销社代销外，其它任何部门和单位都不准经营油脂油料。1955年3月，按照国务院《关于市镇粮食供应暂定办法》，对供应粮实行按劳分等、以人定量的办法，分为特重体力、重体力、轻体力、脑力劳动者，院校学生、居民、儿童等类型25个定量标准。工商行业用粮按户定量，牲畜饲料用粮分类定量。1961年党政机关、群众团体和工矿企事业单位人员的粮食供应标准由每人每月33斤降到27斤。食油每人每月1斤降到3两。1962年按照粮食部《关于加强市镇粮食供应工作的若干暂行规定》，恢复粮食供应标准。

1963年粮食部门开展粮油议销业务，以调剂余缺、平抑物价、方便群众，但时断时续。1971年山东省革命委员会批准省粮食局《关于调整非农业人口粮食定量标准的报告》，粮食定量标准每人每月提高1.10公斤，达到17.60公斤，食油增加到0.50公斤。对农村缺粮人口的供应标准也有所提高。

开放市场和合同订购 1979年1月1日，开放粮油市场;同年，国家对工矿占地人口、菜农和库区人口的粮食供应标准为每人每年220公斤，灾区和其他缺粮人口每人每年180公斤～200公斤。1985年取消粮食统购，改为合同订购。1990年合同订购改为国家订购，农民在完成订购任务后放开经营;同年，粮食购销实行以国营为主的多渠道经营。对库区等特殊缺粮人口，则实行粮食差价补贴，直到1994年为止。自1996年，国家取消对国家公职人员的粮食供应计划，居民用量不限，自由选购。

体制改革

1993年粮食零售企业独立法人“自主经营，自负盈亏”，打破以往国有粮店为经营主体的局面。随着粮食流通体制改革的深化，粮食市场由卖方市场变为买方市场，粮食零售由统购统销变为多元化、多渠道经营，企业经营主业由米、面、油零售调整为粮油食品、快餐以及其它经营的“三位一

体”经营模式。

统一经营　1994年粮油零售在掌握区域内供求总量平衡的原则下，全区供求量内的定购储备采用统一库存、统一调拨、统一加工、统一批发、统一价格。为防止多次调整造成的价格波动，决定粮食购销价格从6月份起一步调整到位。收购价格：小麦（三等）每50公斤54元，比上年提高47%；玉米（中等）每50公斤41元，比上年提高48%；其它品种价格随行就市。销售价格：特二粉每50公斤94元～97元，提高28%～32%；特一粉每50公斤103元～106元，提高32%～35%。为照顾低收入居民的生活，标准粉价格未作调整，仍执行每50公斤60元的挂牌价格。

1993年粮食和食油价格暴涨；年内，市政府将花生收购列入指导性计划，价格随行就市（中等质量每50公斤390元）。1994年全区实际完成国家粮食定购小麦62.50万公斤、玉米112.50万公斤，按指导性计划收购花生10万公斤。

多渠道经营　1998年社会粮油商品零售多为租赁经营和私人独家经营，随着产业结构调整和工业园区建设，粮食产量呈下降趋势，而各种养殖业迅猛发展，工业用粮、养殖饲料用粮成为市场主体，多元化的粮食供给市场空前活跃，社会粮油零售形成多成分多渠道的市场供给格局。随着粮食流通体制改革的不断深化，粮食市场全部放开，粮食企业的职能由管理转向服务。2002年区粮食局组织实施“居民厨房工程”，先后建起“食为天”餐饮城3处，集蒸、炸、烙、烤、煎于一体，食品以多样化、大众化为主，面向工薪阶层，盯住盘中餐，服务三顿饭，丰富膳食结构，服务百姓生活。本着立足于农、服务于民的宗旨，全力打造“放心粮油”品牌。至2005年，“放心粮油”销售网点很快遍及全区各主要生活区。

第二节　仓储调运

建区前，境内的粮食仓储调运分别由莱芜、沂源和新泰三县粮食局统一管辖，粮所、粮站均有一定数量的仓储任务，储藏为一般常规储藏，粮食调拨，实行计划调拨。1993年由于粮食销售市场价格放开，计划内调运工作随之取消。

1993年至2003年，针对全区仓房陈旧、储粮性能较差，远远不能适应安全储粮要求的实际，先后建仓房12座，仓房容量3800吨。

1993年随着粮食供求关系的变化，粮食储存目的由过去的“保食用价值”转变为“保营养价值”。储藏方法由过去的常规储粮转变为“机械通风”“双低储藏”“电子测温”等储粮。同时，探索“低温无药”“低氧无药”的保粮技术，2000年在城子坡、里辛、颜庄粮所多口仓进行“低温无药”储存实验，收到良好效果。

为提高全区的粮油仓储管理水平，降低保管费用，保持粮食品质，在省粮食局制定的“山东省规范化储粮单位标准”的基础上。2001年根据全区粮油仓储管理工作实际，制定一系列管理制度；根据储粮点规模、条件和购销存量，适当配备专职防保人员，实行人员、仓库、数量、质量、费用、损耗、定品种、定地点的“八定”责任和无霉烂、无鼠害、无虫咬和无变质的“四无”奖惩制度。2005年全区“四无”粮仓率达100%。

第六章　医药与烟草经营

第一节　医药经营

经营机制

1948年境内颜庄区有私营药店、药铺13家。1950年医药经营逐渐转变为国营、集体和个人三种形式。1956年中国医药公司山东莱芜分公司成立后，为方便人民群众用药，先后在城子坡设立医药代批点和医药批发点，年销售额从5万元增加到20万元。1991年莱芜市钢城办事处成立后，市医药公司成立城子坡医药分公司。

1993年2月，莱芜市医药公司钢城医药分公司成立，负责全区药品、器械供应；当年医药销售额300万元。为方便群众用药，分公司相继在铁铜沟、莱钢东区和城子坡镇建立3处零售药店。1998年3处零售药店被山东益寿堂定为连锁店。2000年12月，区医药分公司改制并更名为莱芜益寿堂医药有限公司钢城分公司。2003年8月，区医药分公司顺利通过国家药品监督管理局质量管理规范认证；10月19日，区医药分公司药品批发超市作为全区第一家药品超市开业。2005年经营品种4200个。

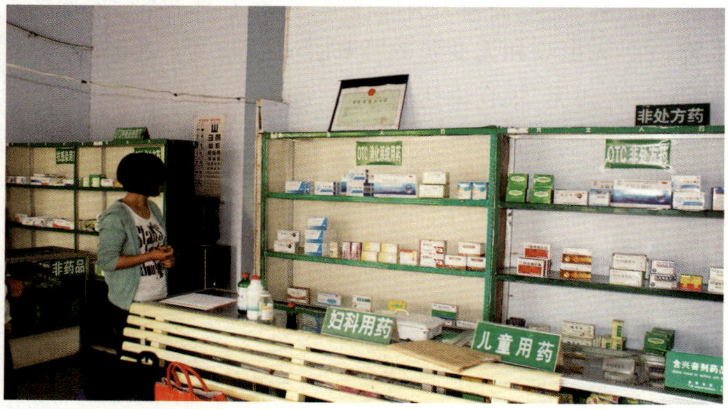

药品销售　　(2005年　摄)

医药采购

药品采购最早为自主采购，1993年莱芜市医药公司在境内组建医药站、药材站、器械站之后，区公司经营的品种主要由“三站”调拨，“三站”无法供应的，则由区公司实行到生产厂家、区外公司采购。1997年后随着企业改制，市公司先后成立业务处、采配中心，区内医药货源统一由采配中心调配，辅助以生产厂家及区外公司适当调节。1998年前，中草药大部分从外地采购，少数地产中药材如全蝎、山楂、丹参等也进行少量收购，经炮制后销售给经营单位。1998年后，执行国家药品管理局颁布的中药饮品管理办法，中药材全部从莱芜市采配中心调拨。

医药销售

药品销售有批发、零售两种方式。批发主要以敛单送货形式向莱芜市各大医院和省内几家大医院销售药品，并向附近卫生室供货；零售主要靠3个零售药店。

1993年全区经营医药及器械品种1500余个。经营药品中，除西药、中成药和中草药外，还有部分保健品。2005年所经营的西药和中成药品种5000余个、中药品种500余个、医疗器械品种180余个、保健品种50余个。2005年公司销售额1200余万元。

医药市场整顿

1993年全区贯彻《中华人民共和国药品管理法》《莱芜市医药市场管理暂行办

1993～2005 年钢城区药品器械购销统计表

表 9－6－1　　　　单位：万元

年份	购进					销售				
	合计	其中				合计	其中			
		中药	西药	新药	器械		中药	西药	新药	器械
1993	294	88	197	4.80	4.20	303.30	91	203	5	4.30
1994	414.30	152	249	6.50	6.80	427.20	157	256.50	6.70	7
1995	593.80	272	308	7.50	6.30	611.80	280	317.50	7.80	6.50
1996	593.65	268	312	7.60	6.05	611.60	276	321.40	7.90	6.30
1997	605	275	316	7.80	6.20	623.20	283.30	325.50	8	6.40
1998	621	283	323	8.50	6.50	639.70	291.50	332.70	8.80	6.70
1999	641.60	292	334	8.80	6.80	660.90	300.80	344	9.10	7
2000	648.50	288	344	9.50	7	668	296.70	354.30	9.80	7.20
2001	793	382	396	8.20	6.80	816.90	393.50	407.90	8.50	7
2002	850	391	442	9.80	7.20	875.60	402.80	455.30	10.10	7.40
2003	1046	476	548	12	10	1077.50	490.30	564.50	12.40	10.30
2004	1079	485	565	18	11	1111.60	499.60	582	18.60	11.40
2005	1213	535	638	24.8	15.20	1249.60	551.10	657.20	25.60	15.70
累计	9392.85	4187	4972	133.80	100.05	9676.90	4313.60	5121.80	138.30	103.20

法》等文件精神，在卫生、工商、物价、公安和财税等部门的密切配合下，多次开展整顿医药市场的工作。整顿的重点是严厉打击出售假劣药品的犯罪分子，取缔无证非法经营，整顿药材市场，维护医药市场，保障人民用药安全。2002 年 4 月后，医药公司转为企业，不再具有医药市场监督检查职责。

第二节　烟草经营

经营机制

20 世纪 50 年代前，境内烟草经营渠道主要为农贸市场。50 年代初期，农村供销合作社成立后，卷烟主要由供销社经营，烟叶仍由集贸市场经营。1984 年 1 月，卷烟经营和烟草市场管理分别由莱芜县、沂源县、新泰县烟草专卖局或烟草公司负责。1992 年 8 月，改由莱芜市烟草专卖局、莱芜市烟草公司负责。

1994 年 11 月，莱芜市钢城区烟草专卖局、莱芜烟草有限公司钢城分公司成立。配备局长（经理）1 人、副局长（副经理）1 人，下设 4 个科室（业务科、人事科、专卖科和财务科），1 个劳动服务公司。有固定资产 130 万元、职工 26 人。卷烟销售主要以批发为主，卷烟购进按计划指标执行。服务公司的卷烟来源，主要从省内各市、区烟草公司调剂，销售给区内个体经销户。

1995 年 9 月，区烟草公司更名为山东将军（集团）有限公司钢城分公司。

1999 年 9 月，撤销区烟草专卖局、山东将军（集团）有限公司钢城分公司，卷烟经营、专卖管理统一由莱芜市烟草专卖局、山东将军（集团）有限莱芜公司负责。

2000 年 10 月，区烟草专卖局、烟草公司恢复成立，并恢复原有两项职能，取消劳动服务公司，卷烟经营全部由辖区网点负责销售。

2004年7月，取消县(区)级法人代表，区局(公司)更名为山东莱芜烟草(有限公司)钢城区烟草专卖局，由“卷烟经营、专卖管理”两种职能，改为“专卖管理”一种职能。

烟草销售

区烟草公司成立后，加速硬件工程建设，制定各项规章制度，完善软件设施配备，加快卷烟流通体制改革步伐，加强对乡镇批发网点建设和管理，先后建成里辛、颜庄、城子坡和黄庄4个批发部，卷烟销量不断增加。2002年为减少经营环节，区烟草公司的职责由市烟草公司收回，由市烟草公司统一调配。同时，全面实施“访送分离”，在艾山街道设立访销、配送中心，配备专职访销、配送稽查人员。与零售大户签订入网协议书，发放IC卡，严格按卡、按零售价供货。各基层网点都确定合理的送货路线，并实行内包到人、外包到户，延长送货时间，增加送货次数，扩大送货范围，提高销售率。至2005年，累计销售卷烟5.80万箱，实现销售收入4628万元、利润786万元。

专卖管理

区烟草专卖局成立后，依据《中华人民共和国烟草专卖法》管理卷烟市场，实行核发烟草专卖卷烟零售许可证制度，严厉打击卷烟走私违法犯法活动。至2005年，建立“以我为主、信息共享、联合办案、互利共赢”有效机制，共查扣非法卷烟18.60万条，处罚和没收款9.30万元，刑事拘留涉烟案件人员2人。

第七章　石油经营

第一节　经营体制和设施

经营体制

境内早期的石油商品主要是煤油，俗称“洋油”，人们到自由市场买卖。20世纪50年代初，由供销合作社经营。后来逐渐增加柴油、汽油和润滑油等品种，仍由供销社的生产资料供应站经营。80年代初，莱芜县石油公司在城子坡建立石油采购供应站，主要供应的品种有90号汽油、0号～10号柴油，普通润滑油和部分润滑脂。

1993年3月，中国石油化工有限公司莱芜钢城石油分公司建立，配备经理1人、副经理2人，共有干部职工9人。1994年有固定资产150万元、职工23人。实行承包经营的体制，把承包企业的奖金与实现利润具体挂钩，按实际利润的百分比提取奖金，采取月兑现、年统算的办法。

1998年8月，实行股份制改造，企业效益大幅提高。

基础设施

加油站　1993年2月，加油站开始筹建。1994

钢城加油站　（2005年　摄）

年春节，加油站投入使用，共拥有加油机8台、储油罐24个、库容量1200立方米。1993年10月，钢城石油分公司与颜庄镇油膏厂联合兴建钢城第一加油站。1997年有零售网点27处，其中石油系统16处，其它系统加油站9处。2005年有加油站28座，总库容1.85万立方米。

油库　2002年7月29日，中国石油莱芜油库开工建设。2003年8月，油库投入运营。建有内浮顶油罐6座、总库容1.50万立方米，其中，3000立方米3个、2000立方米3个。有输油管线3562米、6鹤位火车接卸油平台1个、发油鹤位5个。铁路专用线1条，共计长度为500米；同年，完成2.56万吨的收发量，固定资产1300万元、年营业额3500万元、利润130万元。

中国石油莱芜油库　　（2005年　摄）

第二节　油品购销和管理

油品购销

钢城石油分公司成立后，成品油价格由省石油公司重新编制，主要经营品种增加93号、97号汽油。为增加销售额，提高经济效益，公司开拓市场，加强业务人员管理，扩大自采，抓总量，扩促销；扩网点，增零售，提高主渠道的市场占有率；靠大户，保重点，稳定销售总量；利用莱钢总厂及其二级单位、潘西煤矿等省市企业的优势，保持与大企业的良好合作关系，加大批发业务量；以优化服务为突破口，推行全天候、全日制、全方位及开放式优质服务，并采取优惠价格、电话预约、送油上门、建档立卡、油票销售及特种油销售等措施，推出证章、承诺、微笑、解困、跟踪及指导等服务项目，使经济效益不断提高。

业务管理

钢城石油分公司成立后，多次与区工商等部门联手，对石油经营站点进行检查验收，对合格的站点颁发成品油经营许可证。同时，对系统外经营业户违反政策规定，擅自从外地进油以及在经营过程中掺假坑害消费者等行为，进行严厉打击和取缔，对其中不合格的劣质油品进行没收，对其经营户予以罚款处理。为巩固整顿效果和经营秩序，

1993～2005年钢城区油品经营情况统计表

表9－7－1　　单位：万吨、万元

年份＼项目	销售量	营业额
1993	0.50	710
1994	0.50	780
1995	0.51	798
1996	0.54	805
1997	0.60	817
1998	0.60	846
1999	0.65	927
2000	0.76	1300
2001	0.80	2170
2002	0.86	2363
2003	1.09	3500
2004	1.20	4205
2005	1.25	5670

公司与各单位签订规范经营协议书。在此基础上，公司充分发挥主渠道的作用，不断加强油品购进、调运工作，占领扩大销售市场。

油库管理

实施安全管理“五落实”：安全第一、预防为主的落实，各种安全措施的制定落实，专职义务消防队伍的落实，各种消防器材的落实，安全管理责任制的落实。同时，加强了消防基础建设，配齐固定消防座机、机动消防泵和干粉灭火机等消防安全设备。

第八章　物资经营

第一节　经营体制改革

1949年前，物资经营以个体为主。1950年后，主要由供销合作社经营。1979年改革开放以后，形成国家、集体和个人经营体制。物资经营主要包括燃料、金属材料、机电设备、化工轻工材料以及物资再生利用等方面的经营和服务。

1993年6月，钢城区物资(集团)总公司成立，配备经理1人、副经理2人，下设办公室、财务科和业务科，有工作人员7人。

随着市场经济的发展，企业自主采购和销售的物资日益增多，区物资公司全面推行经济承包责任制，各企业根据公司下达的指标，把销售和利润分解到各个经济核算单位，分别制定考核奖励办法。同时，改进经营方式，打破各专业公司的单一经营界限，推行“一业为主、多种经营”的方式，把各专业公司办成经营多种生产资料的综合性经营机构。1995年在全系统推行全员劳动合同制，对人力资源实行优化组合。1996年实行自主经营，自负盈亏。各企业进一步转换经营机制，以市场为导向，自主选择经营范围，并逐步跨地区跨行业经营。经营的生产资料价格，除国家和省管价外，其它产品均随行就市自主定价。企业用工不再由劳动部门下达指标，由企业根据需要自主招工。在分配方面，企业可以根据实际情况，自主确定多劳多得的工资分配制度。1997年至1999年，以转换企业经营机制为突破口，加快企业改革步伐，先后对所属企业进行合并改造，设立有限责任公司。同时，对亏损严重的企业进行拍卖、破产等改制，不断增强企业活力。

第二节　经营设施与购销业务

经营设施

1993年区物资公司完善市场流通设施，扩大经营实力；当年，完成各项投资200万元，建成办公营业面积1800平方米。2001年用于物资市场建设的资金共计1700万元，物资经营场地、办公用房等面积6700平方米。

购销业务

物资公司成立初期，物资供应品种主要有煤炭、木材、玻璃和钢铁等，间或有少量其它物资供应。由于计划供应的物资品种少，数量小，服务对象和范围比较有限，不能充分满足各项生产和人民群众生活的需要。1994年随着市场开放步伐加快，物资需求品种增多，数量加大，经营品种不断增加，主要为各种金属材料、建筑材料、燃料、机电设备、化工轻工材料以及物资再生利用、废旧金属购销等，服务范围主要为地方和莱钢等驻地企业。1999年后，随着市场的进一步扩大开放和个体私营业户的增加，物资服务供应的业务量逐渐减少。

1993～2005 年钢城区物资系统经营统计表

表 9－8－1　　　　　　　　　　　　　　　　　　单位：吨、辆、立方米

项目 年份	煤炭	钢材	木材	水泥	汽车	炸药	生铁	其它金属	化工原料
1993	2400	450000	4280	935000	324	75	290000	3005	3600
1994	2650	480000	4987	108000	356	83	315000	3275	4500
1995	2847	505000	5125	115000	378	98	328000	3900	4980
1996	2970	527000	5700	125870	425	102	358000	4280	5250
1997	3325	690000	6058	139800	480	108	375000	4650	5600
1998	3356	702000	6520	152400	570	119	398000	5105	6350
1999	3487	758000	7018	165800	624	124	410000	5520	6800
2000	3200	738500	6980	158000	587	118	405000	5245	6520
2001	3150	689450	6850	152500	568	110	389000	5150	6300
2002	3080	654000	6570	147800	542	102	375000	5020	6150
2003	2980	625800	6350	142500	520	89	325800	4890	5880
2004	2850	598000	6120	138500	500	80	305000	4580	5210
2005	2745	557000	5900	132000	455	74	298000	4315	5090

第九章　对外经贸

1993 年钢城区对外经济贸易总公司与区经济贸易委员会合署办公。

1994 年 4 月，钢城区对外经济贸易总公司与区经贸委分离，单独办公。

1994 年 11 月，钢城区对外经济贸易委员会（对外经济贸易总公司）成立，编制 8 人，设 3 个科和 1 个办公室，列入政府行政管理序列。2001 年 11 月，更名为钢城区对外经济贸易合作局，与钢城区经济贸易局合署办公，设外经贸科。

第一节　进出口贸易

1996 年 11 月，外经贸部以（1996）外经贸政审函字第 3010 号文件批复，同意山东九龙实业集团有限公司开展进出口业务，并核准企业进出口商品目录，出口商品为本企业自产的高性能磁体、粉末冶金系列产品和高耐磨炭黑；进口商品为本企业生产、科研所需的原辅材料、机械设备、仪器仪表和零配件。山东九龙实业集团有限公司为建区后境内第一家经营进出口业务企业。至 2005 年，包括外资企业在内，全区有 46 家企业经营进出口业务，地方自营进出口累计完成1281万美元，出口完成893万美元；经营进出口业务企业中，生产性企业13家、流通性企业10家，主要涉及粉末冶金、机械制造、化工、轻工工艺和建材等行业，其中粉末冶金、机械制造业占60%以上；重点出口企业有莱钢粉末冶金厂、山东百达威进出口公司，出口额均突破300万美元，2个企业出口额747万美元，占全区总出口额的83.70%。出口市场包括19个国家，主要是韩国、越南、日本等，出口份额占全区总出口额的80%以上，其次是美国、澳大利亚以及欧盟的一些国家。出口产品种类17种，涉及五金、新材料、轻工工艺品、化工、农副产品和钢材等。

第二节　对外经贸合作和利用外资

1994年至2000年，区委、区政府实施外向带动战略，以招商引资为重点，积极参与各种形式的国内外经贸洽谈会，先后12次组团参加青岛、广州对外经贸洽谈会、交易会。与美国、加拿大、新加坡、日本、韩国、泰国等国家达成外资项目协议38项，其中签订正式合同14项，领取营业执照8家，合同利用外资1600万美元，到位102万美元，建成投产的5家。合作领域有工业、服务业、建筑装饰业和房地产开发等。合作方式主要是合资和“三来一补”（来样加工、来件装配、来料加工和补偿贸易）。

1994年至2005年，先后组织劳务培训600多人次，向日本、越南和新加坡等国家输出劳务研修生318人。2004年由山东莱钢泰达车库有限公司与瑞士索黛芬股份有限公司合资成立的境外企业艾利肯亚洲研发中心，在瑞士的卢迦诺（Lugano）成立，境外投资总额达116万美元。

2001年至2005年，钢城区与莱钢联合，先后组织人员赴日本、韩国等国家举办招商洽谈会、引资推介会等10余次。2004年和2005年，成功举办2届中国城市智能停车国际论坛，邀请中国重机协会、国家发改委、建设部等部门领导和美国、日本、澳大利亚等国外停车协会的专家代表56人参加会议。先后邀请12批共计50余名国外客商到钢城区洽谈考察，签约1亿多美元。由韩国森奥株式会社和钢城企业集团合资的山东韩莱新型建材有限公司，投资300万美元，以生产混凝土添加剂为主，年生产能力1万吨。2005年5月17日至23日，到韩国进行为期7天的招商推介活动，先后邀请8批共计42名韩国客商到钢城考察、洽谈，共签约项目16个、签约额5500万美元。

在利用外资方面，培植粉末冶金公司、宏强企业集团、京华焊管厂和泰达智能车库、金辰楔横轧制有限公司等企业为利用外资骨干企业，大力兴办工业园区，增加对外资企业的吸引力。2004年在莱芜经济开发区钢城分区建立韩国工业园，带动全区外资企业的发展。

至2005年，全区共有外资企业23家，其中，中外合资企业17家、独资企业5家、合作企业1家，实际利用外资1402万美元。

第十编

建设 环保

JIANSHE HUANBAO

第一章　规划　建设　市政

1991年莱芜市城建局钢城分局成立。1993年1月,钢城区建设环保土地管理办公室成立,下设人秘科、财务科;6月更名为钢城区建设环保土地委员会,下设办公室、人事科、财务科3个科(室),以及规划处、建管处、市政处、园林处、房管处、环卫处、土地管理处、市容监察管理处、自来水公司、设计院、村镇办11个事业处(室)。1997年6月,钢城区建设环保土地委员会更名为钢城区建设委员会,下设办公室(人事科)、财务科2个科(室),以及规划处、建管处、市政处、园林处、房管处、环卫处、城建监察大队、自来水公司、设计院、村镇办、招投标管理办公室,有干部职工185人。

2001年11月,钢城区建设委员会更名为钢城区城乡建设局,设办公室、综合科2个科(室),辖10个事业处(室)。2005年城乡建设局下设行政科室未变,设建管处、市政处、园林处、环卫处、房管处、村镇办(拆迁办)、建筑工程招标投标管理办公室7个事业处(室)。有干部职工153人、副科级以上干部8人,其中局长(党委书记)1人、副局长4人。

第一节　城建规划

1993年钢城区城乡规划设计管理处设立,隶属钢城区建设环保土地委员会,编制10人。2003年9月,莱芜市城市规划局钢城分局成立,为正科级单位,隶属莱芜市城市规划局。配备局长1人、副局长2人,编制12人。下设办公室、规划管理科、规划监察科、规划室4个科(室)。

总体规划

1995年编制第一轮钢城总体规划。2003年为促进经济社会和城市建设的更快发展,组织新一轮城市总体规划。2004年12月31日,规划通过省政府的审批。

城市功能定位　莱芜市域副中心,以钢铁、机械制造业为主的园林城区。

近期规划(2003年至2010年)　用地规模17平方公里,人口规模14万人,城镇化水平50%。

远期规划(2010年至2020年)　用地规模25平方公里,人口规模20万人,城镇化水平65%。

用地发展方向　钢城城区的空间发展战略为“东挺、北进”。城市建设用地发展方向以向北、向东为主,南部和西部适当发展完善。北部以银山工业园和里辛组团建设为主,东部主要配置生活居住用地,南部、西部分别以高新产业和民营经济为依托,适度开发建设。

总体布局结构　形成“一轴二带三片”的布局结构。“一轴”:区委、区政府驻地至莱钢集团公司驻地之间的中心轴;“二带”:牟汶河绿色景观带、银山河绿色景观带;“三片”:南部高新产业区、北部银山钢铁产业区和东部汶源康居区。

道路交通系统　形成“双环与组团方格网”为主的混合式路网结构。双环由外环和内环构成。外环由北外环(快速环路联络线)、东外环(韩莱公路部分路段、黄新路)、南外环(黄新路小上峪段)、西外环(省道803改线)组成。内环由永兴路、府前大街、新兴路、桃花路、黄羊山大街组成。

绿色景观系统　形成“一心二环六射”的布局结构和“山环水绕、绿心镶嵌、环形放射”的绿化景观系统。“一心”:黄羊山生态绿核;“二环”:沿莱钢外围防护绿地环和城区外环;“六射”:自然形成的居住组团之间的绿楔。

详细规划

根据城市总体规划，按照“量力而行、急用先编、适当超前”的原则，制定详细规划和专业规划。

控制性详细规划 区政府投资124万元，组织编制了城中片区、城东片区控制性详细规划。规划以钢城总体规划为指导，确定地域的用地性质和布局、建设内容、交通网络等，是指导地域具体建设、实施城市管理的重要依据。

居住区详细规划 编制金鼎花园、九龙家园、亲和家园、馨裕园、汶水山庄、建华新村等十几个居住小区的修建性详细规划。

旧村改造规划 围绕“城中村”改造建设，组织编制西冶、逯家庄、吕家庄、桲椤、疃里、南赵等重点村(居、社区)的建设规划。

牟汶河治理规划 2005年编制牟汶河沿河33公里治理规划。区委、区政府制定《钢城区牟汶河上游综合治理行动纲要》，坚持统一规划、分步实施，社会参与、市场运作，加强监管、综合治理，合理开发、以河补河的原则，集中抓好拦河蓄水、生态绿化、道路建设、污染治理、开发利用五大工程，切实达到堤防牢固、绿树成林、水带相连、水质达标、开发有序、群众满意的要求。在规划指导下，进行沿河两侧绿化和景观建设，对各项建设活动实施管理控制。

南湖公园建设规划 南湖公园由青岛园林设计院设计，规划面积200公顷，其中水面33.30公顷，分为南岸植物园区、西岸休闲区和北岸娱乐区。2005年制定牟汶河上游治理和南湖公园建设规划。根据规划，建成集游玩、休闲、健身、娱乐于一体的综合性、开放式公园。

专业规划

道路交通规划 2003年5月，委托莱芜市城市规划勘察设计院编制完成。在总体规划的指导下，对城区主次干道、支路的布局、道路红线、宽度、道路断面等进行科学规划。

绿地系统规划 2003年按照新一轮总体规划要求，委托莱芜市城市规划勘察设计院编制完成《钢城绿地系统规划》。做到近期规划与远期规划相结合，对城区绿地、防护绿带、街头绿地等进行系统分析和配置，为绿化建设、改善城区居民生活环境发挥指导作用。

消防规划 2005年根据新一轮总体规划，组织编制《消防专业规划》。规划按照有关技术规范的要求，对消防管道、消防栓等设施进行科学合理的布局和配置，为加强消防设施建设奠定了基础。

勘察测绘

2004年区政府拨款56万元，委托省国土测绘院，测制完成南至汶河、北至黄羊山大街、西至莱钢机械厂、东至北丈八丘村的城区内20平方公里1∶500的地形图。

第二节 街道建设

1993年钢城区市政工程处成立，负责城区街道、路灯等设施的建设、养护和管理，隶属于区建设环保土地委员会，属事业单位。2005年有干部职工24人，各类专业技术人员11人。

道路建设

1993年至2005年，先后改造建设城区道路10条、23.72公里。路面结构为沥青砼和水泥砼二大类，主次干道总长约45公里。其中，东西向主干道5条，自北向南依次为：黄羊山大街、九龙大街、钢都大街、府前大街和牟汶河道路；南北向主干道路5条，自西向东依次为：永兴路、文化路、银山路、汶水路和新兴路。

黄羊山大街 西起永兴路，东至双泉路，为沥青砼路面，全长1500米，道路设计红线22米，1块板式，行车道16米、人行道6米(3米×2)。2004年3月，大街改造动工；7月改造完成。

九龙大街 东起永兴路，西至莱新高速公路钢城出口，为沥青砼路面。2003年10月动工，道路宽24米，全长1500米。2004年修建完成。

钢都大街 西起莱钢机械厂门口，东与韩莱支线相接，全长4758米。全路分中、西、东3段。中段：西起永兴路，东至新兴路。1993年3月，动工改建，突击施

九龙大街 （2005 年 摄）

钢都大街 （2005 年 摄）

工 1 个月，能够简易通车；9 月完成主路面。道路长 3000 米，设计红线 40 米，3 块板式，其中主车道 16 米，水泥砼路面；慢车道 12 米(6 米×2)，沥青砼路面；绿岛 4 米(2 米×2)，人行道 8 米(4 米×2)。1995 年修建完成。西段：东起永兴路，西至莱钢机械厂门口。1996 年 5 月动工；10 月改建完成。道路长 423 米、宽 24 米，水泥砼路面。2004 年改造成行车道 32 米，沥青砼路面，人行道 8 米(4 米×2)。东段：西起新兴路，东至洪沟接韩莱支线，为水泥砼路面。道路长 1335 米，设计红线 40 米；其中，行车道 32 米、人行道 8 米(4 米×2)。2001 年修建完成行车道。2005 年修建完成人行道。

府前大街　西起徐家庄火车站，东至新兴路，全长 3270 米。全路分 3 段。第一段为中段：西起永兴路，东至汶水路。1993 年 3 月，开始施工，突击 1 个月实现简易通车；9 月完成主路面。道路长 1460 米，设计红线 40 米，3 块板式；其中，主车道 14 米，慢车道 12 米(6 米×2)，为沥青砼路面；绿岛 4 米(2 米×2)，人行道 10 米（5 米×2）。1995 年修建完成。2002 年又重新铺设沥青砼路面。2005 年对人行道重新改造。第二段是西段：永兴路至徐家庄火车站，为水泥砼路面。2002 年 9 月动工；10 月修建完成。道路长 420 米，设计红线 40 米；其中，行车道 30 米，人行道 10 米(5 米×2)。第三段是东段：汶水路至新兴路。2002 年 8 月动工。道路长 1390 米，设计红线 40 米；其中，行车道 30 米，为沥青砼路面，人行道 10 米（5 米×2）。2005 年修建完成。

牟汶河路　西起永兴路，东至府前大街和新兴路交界点，全长 4100 米，道路宽 12 米，为沥青砼路面。全路分 2 段。第一段为西段：西起永兴路，东至傅家桥桥头，长 2500 米。2004 年 3 月，开始动工，年内修建完成。第二段为东段：西起傅家桥桥头，东至府前大街和新兴路交界点，长 1600 米。2004 年 3 月动工修建。2005 年修建完成。

府前大街 （2005 年 摄）

牟汶河路 （2005 年 摄）

永兴路 北起黄羊山路口，南至寨子桥。建区前，为205国道城子坡段；1988年至1990年，改建为二级标准。1993年1月建区后，为城区道路；1998年至1999年9月，改造为一级标准，道路全长4115米，设计红线34米，1块板式，行车道26米、人行道8米(4米×2)，为沥青砼路面。2005年完成主路面维修及人行道改造。

文化路 南起府前大街，北至友谊大街，1998年4月动工，道路长380米，设计红线26米，1块板式，行车道15米，为水泥砼路面，人行道11米(5.50米×2)；年内，修建完成。

银山路 南起双泉路焦化厂路段，北至大型H型钢厂南大门。2003年4月动工，道路长2210米，设计红线16米，为沥青砼路面。2004年修建完成。

汶水路 南起府前大街，北至莱钢城房部。道路长360米，设计红线26米，行车道宽15米，人行道宽11米（5.50米×2），沥青砼路面。1998年修建完成。

新兴北路 南起新兴路炼钢厂段，北至韩莱线。道路长1080米，设计红线16米，为水泥砼路面。2001年修建完成。

新兴路

2001～2005年钢城区城市道路建设一览表

表10－1－1

道路名称	起　点	终　点	里程（公里）	路面结构	建设年份	投资（万元）
黄羊山大街	西起永兴路	东至双泉路	1.50	沥青砼	2003	477.56
九龙大街	东起永兴路	西至莱新高速公路钢城出口	1.50	沥青砼	2002	700
钢都大街	西起莱钢机械厂	东至洪沟	4.76	沥青砼　水泥砼	2005	1500
府前大街	西起南城子坡	东至新兴路	3.27	水泥砼　沥青砼	2002	1496.16
汶水路	南起府前大街	北至莱钢城房公司	0.36	沥青砼	2002	220
银山路	南起双泉路焦化厂段	北至大型H型钢厂南门	2.21	沥青砼	2004	1121.11
新兴北路	南起新兴路炼钢厂段	北至韩莱支线	1.08	水泥砼	2001	500
牟汶河路	西起寨子大桥	东至新兴大厦	4.10	沥青砼	2005	1500
文化路	南起府前路	北至钢都大街	1	水泥砼　沥青砼	2005	477.56
永兴路	南起寨子大桥	北至黄羊山路口	4.70	沥青砼	2003	1827.40

路灯安装

1993年在钢都大街安装水泥杆汞灯。1994年共安装路灯548盏，在府前大街安装金属杆高压钠灯。至2005年，区政府先后投资700余万元建设路灯。灯杆全用金属杆，淘汰水泥杆；光源全部用钠灯、节能灯，淘汰了汞灯；共安装路灯672杆、1087盏，其中，景观灯和射灯315盏。城区道路安装情况为：黄羊山大街68盏、钢都大街308盏、九龙大街132盏、府前大街256盏、牟汶河道路184盏、永兴路139盏。

路灯的照明时间规定为：冬季晚5点至10点，夏季晚7点30分至11点30分。2003年市政管理部门制定严禁打射破坏灯具的规定，不准擅自拆除、占用和私用路灯设施，不准私接路灯电源的规定，同时向社会承诺，保证路灯的照明时间和亮灯率。配备专门路灯管理人员，每天巡查1次，对损坏的路灯及时修复。

第三节 城市供水排水

1993年钢城区自来水公司成立，隶属于钢城区建设土地环保委员会。2000年划归钢城区水务局，设财务室、营销科、管网管理科、生产科、设备管理和建设科等科（室）。2005年有职工25人。

水源地

境内水系以地表水与孔隙潜水补给为主，深度较大，不易污染，水质良好，无色无味，水温4℃～9℃，无侵蚀，暂时硬度为10度。2005年有水源地3处。

自来水公司建立之初，接收农业局在城子坡村南、莱钢设备仓库北的深水井2眼，没有供水管线。1994年投资120万元开发南城子坡水源地，打深井3眼，在府前大街铺设直径为350毫米的供水管线及部分支线1500米，当年投产，日供水500立方米，保障城市供水需要。1995年在水源地又打深井2眼，井深200米左右，单井日涌水量1000立方米左右。供水区域范围，东至红日房地产，西至南城子坡居委会，南至人事劳动局，北至城建局；日供水2800立方米左右。1995年勘探开发了徐家庄水源地，打深井2眼，铺设直径250毫米的供水管线870米，并与南城子坡水源地并网。日供水能力达1000立方米。1996年投资150万元，建设双山高位水池2座。1998年和1999年，开发徐家庄水源地，打深井2眼，形成井群。水源地井深200米～240米，单井日涌水量1000立方米～2000立方米左右，为城区主要水源地。供水区域范围，东至梓楞岭工商银行，西至中国石油加油站，北至钢城区人民医院，日供水4000立方米左右。2001年和2002年，投资180万元勘探开发寨子水源地，打深井2眼，井深180米～220米，单井日涌水量1500立方米～2000立方米左右，水质较好。供水区域范围，东至小上峪村桥西，西至803省道，南至玻璃纤维厂，北至宋家庄，日供水量400立方米。铺设直径为250毫米的管线2400米，建成日供水能力5000立方米的供水设施。

水厂建设 2004年3月，完成钢城区自来水公司第一座净水厂的《可行性研究报告》，并定名为钢城区双泉水厂，设计投资2460万元，日供水能力达到1.50万立方米，2005年完成水厂选址、设计、资金筹措等前期工作；6月开工建设。

自来水公司水厂一角 (2005年 摄)

供水应急工程 2003年投资40万元建设应急工程，以保证大旱及管网发生事故时应急供水，铺设直径200毫米的管线800米，实现南城子坡、徐家庄、寨子3处水源地并网，起用备用设备，平时三用一备，应急时根据需要互相调配。在管网布置上采取分段、分路设阀，水量不足时实行分片、分路供水，保证应急供水。结合抗旱设置的管网分配阀也同时使用于事故应急停水。

供水能力　1993 年 1 月钢城区建立后，投资近 300 万元,基本完成城区第一期供水工程,初步形成供水能力。2000 年供水量为 64 万立方米。2001 年为 68 万立方米。2002 年为 78 万立方米。2003 年为 80 万立方米。2004 年为 84 万立方米。2005 年为 87 万立方米。

水价　1996 年至 2001 年 8 月,全区生活用水的费用为 0.70 元 / 立方米、生产用水为 1.05 元 / 立方米。2001 年 8 月至 2005 年,生活用水的费用为 0.77 元 / 立方米，机关单位用水为 1.20 元 / 立方米，生产用水为 1.35 元 / 立方米，其他用水为 1.60 元 / 立方米。

管网建设

自 1993 年,共铺设管网 12250 米。其中,管径 300 毫米的管道 1250 米、管径 250 毫米的管道 3034 米、管径 200 毫米的管道 3175 米、供水管径 150 毫米的管道 1910 米和管径 100 毫米的管道 2880 米。

永兴路管道　1993 年铺设府前路口至区建设委员会办公楼管径 100 毫米的管道 630 米,府前路口至人事局劳动服务公司管径 100 毫米的管道 539 米;1999 年铺设府前路口至区建设委员会办公楼管径 200 毫米的管道 630 米,区建设委员会办公楼至艾山街道驻地管径 150 毫米的管道 360 米。

府前路管道　1993 年开始铺设府前路至区政府宿舍区管径 300 毫米的铸铁管道 1250 米，至双山水池管径 250 毫米的钢管 1130 米，钢都宾馆至检察院管径 200 毫米的管道 420 米,检察院至原二建公司管径 100 毫米的管道 840 米。1998 年铺设检察院至莱钢抗震所管径 200 毫米的引水管道 915 米。

徐家庄水源地并网工程　1997 年铺设管径 250 毫米的管道 804 米，管径 200 毫米的管道 100 米,将 1、2 号井并网。1999 年铺设管径 200 毫米的管道 260 米，管径 150 毫米的管道 100 米,将 3、4 号井并网。

莱芜经济开发区钢城分区管道　2001 年铺设寨子水源地至莱芜经济开发区钢城分区（卞家泉村东）管径 250 毫米的管道 1100 米,管径 200 毫米的管道 850 米，管径 150 毫米的管道 1450 米，管径 100 毫米的管道 870 米。

城市排水

1994 年城区道路用河流式浆砌沟槽进行排水,修排水沟 2.90 万米。1996 年加快城市排水基础设施建设。2005 年浆砌城市排水沟总长 27039 米,雨季短时间内能将洪水排出,起到防洪作用。

第四节　园林绿化

1993 年钢城区园林管理处建立，隶属于钢城区建设环保土地委员会。园林处成立后,按照钢城区的统一规划,围绕企地共建、共同发展的目标,加快了城市绿化步伐。

公共绿地建设

双山绿地广场　位于永兴路与钢都大街交汇处,工程造价 43.70 万元,绿化面积 6300 平方米。1999 年春,完成规划设计;10 月工程竣工。绿地广场是以圆形花坛为中心，以环形、放射为设计主线,由 3 条游园路交汇组成的绿地。绿地以草坪为主,采用红叶小檗、金叶女贞、小龙柏等铺地植物构造大型模纹图案,点缀雪松、紫叶李、冬青和白丁香等各种观赏树林。

艾山公园广场　（2001 年　摄）

艾山公园广场　位于府前大街中段，与区政府隔路相望。工程造价105.18万元，分三期进行，1999年3月动工；11月竣工，绿化面积3.50万平方米。广场分为内外广场。外广场全长160米、宽50米，分东、中、西3块绿地，设计以开敞性草坪为主，草坪上栽植雪松，绿化面积为6110.46平方米，铺装面积为1889.54平方米。内外广场通过52级踏步相连，踏步两侧斜侧绿化面积为2546.16平方米，以模纹图案为主，由小龙柏、金叶女贞、红叶小檗构成的菱形图案。整个内广场面积为5681.50平方米，用红、黄色花砖组合成回字形图案，在踏步的中轴线上，用黄色花砖拼成“艾山广场”4个大字，广场安置篮球架、乒乓球台、秋千、摸高器、跷跷板和太空漫步器等健身娱乐设施。

府前大街东首绿地　位于府前大街与汶水路交汇处，投资60万元，绿化面积1.20万平方米。1999年2月，完成规划设计，年内建成。绿地上栽植有大叶女贞、雪松、蜀桧球、黄杨球、洒金柏和丰华月季等苗木5200株。

黄羊山加油站绿地　位于永兴路与黄羊山大街交汇处，南临加油站。工程造价21.37万元，绿化面积3726平方米。2003年完成规划设计。2004年建成。栽植有紫叶李、雪松、冬青和紫叶小檗等各类乔灌木1万余株。

牟汶河带状绿地　投资1021万元，绿化总面积11.84万平方米；东西全长4100米，临河绿化带宽6米，临河道路北侧绿化带宽22米。2004年绿地动工。2005年6月完工。绿地根据不同地段的产地条纹，合理选择植物，利用复层种植模式，发挥绿地的生态效益。绿地自东往西由蓝带（小龙柏）和金带（金叶女贞）2条色带贯穿始终，以栽植不同的植物分为春柳烟雨区、夏日榴长区、秋水映丹区和冬梅傲雪区4个景点。绿地栽植黄山弯、垂柳、雪松等乔木7000余株，栽植各类灌木90多万株，各类草坪11万平方米。

牟汶河带状绿地　(2005年　摄)

社会绿化和街道绿化

社会绿化　钢城区园林管理处建立后，有计划地组织开展城市社会绿化工作。每年植树节，发动区直机关事业单位干部职工进行植树活动。1999年在艾山北坡栽植火炬树3000株，2000年栽植国槐1000株，2001年又在艾山北坡义务植树300株。2000年起，开展“花园式单位”评比活动。按照“新建区面积不低于35%，旧城区改造不低于30%”的标准控制绿地面积，对城区主要街道两侧的庭院绿地进行了整改，建设门前花坛，沿街墙面、楼面实施垂直绿化，实体墙改建成透花墙，城区沿街初步形成多层次绿化新格局。2005年先后申报6个省级花园式单位（莱钢机修厂、莱钢炼钢厂、莱钢炼铁厂、莱钢轧钢厂、莱钢锻压厂、莱钢培训中心）和5个高级花园式小区（紫竹园小区、月季园小区、金鼎花园小区、湖滨园小区、樱花园小区），并通过城市绿化委员会审查。

街道绿化　区园林管理处建立后，做到建设一条街，绿化一条街，普及率达到100%。先后在黄羊山大街、钢都大街、府前大街、永兴路和新兴路总长14.80公里主干道两侧栽植树木3567株，在城市出入口区，建斜坡花坛、拓宽绿化带、建林荫带。2000年后，在府前大街安装花钵，摆放立体盆花造型多处，在几处广场、花园安装草坪灯1000余盏。2005年完成近20个出入口的绿化改造。同时，种植花草，在节假日摆

节假日立体盆花造型　　（2004 年　摄）

花，安装绿地草坪灯，打造绿化、美化、亮化工程。

至 2005 年，全区绿化面积达 28.16 公顷，其中，建草坪 2.30 万平方米、绿地 7.80 万平方米、绿岛 0.46 万平方米，行道树及牟汶河两岸绿化面积 11.48 万平方米、绿化覆盖率 35%以上。

第五节　城区客运

1993 年建区初，城区仅有几辆挂靠外地公司牌照的面包车搞出租，单位用车主要靠自备车辆，乘客出行，多乘过路客车。1997 年 10 月，个体业户李昌宝创建钢城区富康出租汽车有限公司，拥有各种型号的出租车 60 余辆，主要车型有华利、大发、松花江、昌河等。1998 年出租车行业大量"摩的"开始营运。2004 年 5 月，开始限制"摩的"的营运范围，并开始逐步取消"面的"更换轿车。至 2005 年底，"面的"全部取代"摩的"，70%的"面的"更换为"轿的"，主要车型有奇瑞、富康、桑塔纳、捷达等，车辆总数 165 辆。

1998 年初，钢城区客运环行线路开通，始有环行车 8 辆，每 20 分钟 1 班车，分 2 组运营。第一组营运路线：里辛镇政府—特钢厂—焦化厂—黄羊山—城子坡—区政府—汶水山庄—工人文化宫—新兴广场—莱钢医院—铁铜沟—玥庄—里辛镇政府；第二组按照第一组营运路线逆向行驶。2000 年环行车增至 12 辆，每 15 分钟 1 班车。发车时间为冬季早 6:30 至晚 5:00，夏季为早 6:15 至晚 7:00。2004 年开通馨百超市至金鼎住宅小区的往返客运线路。营运路线为馨百—汶水山庄—工人文化宫—单身公寓—金鼎小区。发车时间为 7:20 至 17:40，每 20 分钟一班。

第二章　城市管理

第一节　市容市貌

1993 年钢城区环卫处成立，隶属区建设环保土地委员会，2005 年有职工 106 人。设办公室、保洁公司、清运公司、监理公司 4 个科(室)。有各种环卫车辆 11 台(辆)，其中，双臂车 2 辆、自卸车 2 辆、叉车 3 辆、吸粪车 1 辆、摩托车 3 辆和监察专用车 1 辆，基本满足环卫需要。

道路清扫

建区前，道路由驻地机关、学校、厂矿和企事业单位组织人员义务清扫。环卫处成立后，固定清扫人员 9 人，主要负责永兴路 1 条道路的清扫保洁。1995 年清扫人员增至 23 人，负责永兴路、钢都大街 2 条道路的清扫，保洁面积 18 万平方米。1998 年清扫人员 50 人，保洁面积 36 万平方米。

钢城区垃圾转运站　　（2005 年　摄）

2005 年道路清扫保洁人员 82 人，负责永兴路、钢都大街、府前大街、黄羊山大街、九龙大街、南湖大道、文化路等道路清扫，保洁面积 94 万平方米，年清扫垃圾 4.80 万立方米。

垃圾处理

1995 年建垃圾处理厂 1 处，生活垃圾得到及时处理。2003 年深化生活垃圾收运方式改革，先后建成封闭式垃圾转运站 15 座，配备收集车 2 辆，取消一些街道和生活小区布设的垃圾方箱，以减少二次性污染，改善城市环境。2005 年全区共设置生活垃圾箱 120 个，配备专业清运员 26 人，年清运垃圾 1.80 万吨，基本实现垃圾清运机械化；同年，在府前大街推行生活垃圾袋装化收集试点。

公厕管理

建区以前，公厕均为旱厕，粪便由驻地人员清理。至 2005 年，先后建公厕 12 座，其中环保型公厕 8 座、水冲式公厕 4 座。公厕管理全部实行定岗定员，专人管理，并按照公厕卫生管理标准，制定有关管理办法，保证公厕的清洁、卫生和设备设施的完好。1998 年本着“谁投资、谁管理、谁受益”的原则，以对外承包的方式，借助社会力量投资管理公厕，2005 年环卫部门累计节约资金 32 万元。

第二节　城建监察

1993 年 6 月，市容监察管理处成立，隶属区建设环保土地委员会办公室，定编 10 人，经费实行差额补贴。1995 年 12 月，更名为城建监察大队，隶属区建设环保土地委员会 同时升格为副科级事业单位，其编制与经费渠道不变。2004 年 2 月，钢城区城市管理行政执法局（同时挂莱芜市钢城区城市管理行政执法大队牌子）成立，为正科级机构，经费财政拨款，编制 22 人，其中机关编制 8 人（含工勤人员编制 1 人）、局长（大队长）1 人、副局长（副大队长）2 人。下设办公室（同时挂执法监督科、投诉受理中心牌子）、案件审理科。辖执法大队一中队、二中队 2 个执法中队；同年，行政执法工作开始向驻地企业和乡镇延伸，钢城区是全省第一个尝试行政执法向乡镇延伸的县（市、区）。

规划监察

1996 年起，城建监察大队不断加强城建规划监察工作。2004 年 4 月，开展城市规划执法大检查活动，对钢城规划区内自 2003 年 1 月 1 日以来开工建设的项目进行拉网式检查，对颜庄片、里辛片、黄庄片、城区片和开发区片各类违法建设行为进行依法查处，查处各类违法违章建设案件 79 起，结案 73 起，罚款 30 万元。同时，重点展开违法违章建筑的强制拆除工作。至 2005 年，共拆除乱搭乱建平房 90 多间，建筑面积约 3000 平方米；拆除棚厂 28 处，面积 1500 平方米；清除违章店外经营 170 余处；清运乱堆乱放 50 余处；共立案查处不符合城建规划的各类违法违章建设案件 132 起，结案 79 起，罚款 40 余万元，申请法院强制执行 3 起。

专项监察

1996 年起，城建监察大队重点开展专项监察工作。会同安监局、钢城公安消防大队对流动加油车进行整治，先后对设施简易、安全隐患大的 12 辆加油车进行强制取缔；加强占道洗车场整治，先后共关停 38 家；与交警、城建、交通部门联合设立 3 个检查站，对夜间进入钢都大街、府前大街的重型车辆进行规范治理，使重型车辆损坏路面的现象得到有效遏制。2005 年 4 月下旬，在城区主要干道设置车辆禁停标志牌 18 个，安装停车场标志牌 7 个，并购置道路清障车1台，对车辆乱停乱放进行整治；在钢都大街、府前大街、新兴路等主要交通干道上，协助查扣"摩的"16辆、规范1200余辆(次)，对主干道禁运"摩的"进行整治；查处社会投诉噪声案件47起，其中露天烧烤油烟污染和夜间建筑施工噪声污染36起，制止夏季夜间超时间施工11起，对2家不听劝阻的建筑施工机械依法进行了证据保存，对环境噪声污染进行整治；由执法局牵头，组建了由城建、国土、环保、水务、规划等28个部门、镇(街道)组成的百人行政综合执法队伍。4月26日、29日和5月18日连续3次成功组织大规模的综合执法活动，强行清理牟汶河颜庄段非法占用河道的预制厂、球模厂6家，取缔椁椤村、沈家崖村等非法采矿户8家，关停拆除非法烧结、电镀、选矿等土小企业23家，对牟汶河进行集中整治。

城市容貌监察

2004年2月，钢城区执法局成立后，加大对市政公用设施和园林绿化设施、花草树木的监察力度。对钢都大街实施"破墙透绿"工程，拆除沿街乱搭乱建棚厅、残墙断壁等；在永兴路实施"穿衣戴帽"工程，对沿街广告牌匾、城市上空线路"蜘蛛网"等进行规范治理；在府前大街组织沿街30多家单位实施"亮化工程"；在新兴路茶峪村段组织实施大型户外广告牌"遮挡工程"，挂广告牌总长260余米，面积1800余平方米。2005年累计查处撞坏路灯案4起，损坏行道树木案2起，损坏路沿石、人行道花砖案1起；累计拆除沿街破旧广告牌680块；取缔占道摊点1200个；清理乱贴乱画"牛皮癣"广告1800余处；清理乱拴乱挂360余处；查处乱倒渣土、垃圾24起，罚款1.40万元。

综合执法宣传　　(2005年　摄)

执法人员清理占道棚亭　　(2005年　摄)

企地联手执法

2002年起，为配合莱钢大规模改扩建工程，先后与莱钢环境建设委员会、银山公安局、莱钢公益事业部、生活城房部等部门组成联合执法队，对重点路段的"八乱"(乱拴、乱挂、乱扎、乱建、乱堆、乱放、乱贴、乱画)现象及"探头"市场、超门头经营等进行集中清理，对进出莱钢的大型货运物流车辆乱停乱放现象进行整治，为配合莱钢大型H型钢进出口建设，对阻碍工程进展的板房、围墙及附属设施进行清理，并专门安排1个中队对厂区附近张庄和安家岭一带进行重点巡查，严禁各类乱搭乱建现象，以维护厂区的正常生活生产秩序。

第三节　资产运营

1996年先后印发《钢城区人民政府关于加强土地资产运营管理的意见的通知》《钢城区城镇资产运营的实施意见的通知》《钢城区土地租金征收管理暂行办法的通知》等文件。按照"谁建设、谁管理、谁经营、谁受益"的原则，面向全社会公开招标建设12座公厕，投资者享有30年的公厕使用管理权，30年后收归国有。工程总投资80万元，全部由中标人承担。对市政设施广告设置权进行公开招标，盘活了城市大量资产，筹集广告设置费60余万元。同时，对园林绿化管理、道路保洁和公厕管理等进行竞标承包，减少人员，节省经费，提高管理水平。

第三章　村镇建设

20世纪80年代初，颜庄公社、黄庄公社贯彻中央“全面规划、正确引导、依靠群众、自力更生、因地制宜、逐步建设”的方针，组织力量，由点到面，对各辖域山水林田路村进行详细考察、全面规划，村镇建设取得初步成效。1986年各乡镇本着有利生产、方便生活、着眼现实、瞻望长远的原则，对规划进行审核补充，力所能及地进行村镇建设。1993年1月建区后，区、乡镇各级把镇村建设作为小康建设和优化投资软环境的重要方面，加大建设力度。1998年12月，钢城区被省政府命名为“村镇建设先进县(区)”。里辛镇、黄庄镇先后被命名为全省“村镇建设新型乡镇”，南朱家庄、冯家庄、徐家庄、张庄、西冶、洪沟等村(社区)被命名为全省“村镇建设明星村”。

第一节　村镇规划

建区前，村镇基本建设存在不按规划现象。1993年1月建区后，职能部门深入开展规划宣传教育，并组织力量指导镇村开展规划编制工作。

镇驻地规划

1997年颜庄镇编制镇驻地总体规划；11月通过论证评审。2004年对镇驻地规划进行了修编，并编制了颜庄建材市场、钢材大市场建设规划。

1997年里辛镇编制镇驻地总体规划；11月通过论证评审。2005年对总体规划进行修编，着手编制镇居住区规划。

1998年黄庄镇驻地总体规划完成并通过论证评审。

村庄规划

建区前，只有少数村有建设规划，且不规范。建区后，重视村庄整体规划。1995年村庄建设规划全面展开。1998年第一次编修完成全区村庄建设规划。2005年95%的村庄达到“二图一书”(现状图、规划图、规划说明书)的要求；同年，为适应经济社会和城乡建设的发展要求，编修城区内各社区的改造建设规划。

第二节　镇驻地建设

颜庄镇

镇驻地颜庄村。20世纪上半叶，村内有南北大街1条，长1500米，宽4米～5米。1977年颜庄公社机关驻地由村南迁往村西岱山，在岱山顶建成2层楼礼堂1座。1986年颜庄村投资240万元将村内大街拓宽至22米，开通拓宽2条东西主要街道。1993年镇机关建设4层办公大楼。1993年至1995年，对205国道两侧沿街住房进行改造，建成工商所办公楼、供销社华龙商场营业楼、邮政局办公楼、镇计生服务楼、交管所办公楼、粮所办公楼、颜庄村综合服务楼等，楼层大都2层～3层，镇容镇貌显著改观。1997年结合韩莱路改造，对四中路口至韩莱路颜庄桥西路段两侧进行改建，对沿街门店供电、供水、排水等设施进行集中整改。1998年至1999年，利用205国道颜庄段拓宽的机会，聘请泰安、淄博规划设计院对镇驻地建设进行全面规划，确立“二纵六横一外环一中心一广场”的近远期规划，拆除房屋1100间，建成南北长3000米、宽40米的中心大街。投资800万元，拆迁民房112户、1213间，兴建3层以上商居楼65幢，完成建筑面积1.95万平方米，沿街安设路灯68盏；将镇电影院改建为镇文化中心，建起面积1500平方米的文化广场。

2002年颜庄村投资90万元，对村内南北大街和东西主要街道实施水泥硬化，使村内街道北接韩莱路、南接205国道。2005年在颜庄南规划土地13.80公顷建起颜庄镇钢材大市场，有15个大户落户经营；在颜庄以东至疃里岭的莱韩公路两侧，投资6500万元建起颜庄镇工业园，引进投资1000万元以上企业20家；建成颜庄—埠东—澜头—港里的水泥砼路面环镇路。至2005年，镇驻地有1600户、4857人，70%村民住砖瓦平房，15%的住户拥有沿街商居楼。

里辛镇民营工业园一角 （2004年 摄）

里辛镇

镇驻地里辛村。1984年前，为颜庄公社里辛管理区驻地。1985年建乡。1995年改设为里辛镇，镇政府建于村西韩莱路北侧；同年，在镇机关建起3层办公楼及会议礼堂，在里辛一中建起2幢教学办公楼，在镇机关西侧建起信用社办公楼及卫生院门诊楼。1998年在镇政府西首拓宽改造南北大街向南与双泉路相连接。韩莱路的里辛东西大街段几经拓宽整修，至2005年，建成长3000米、宽32米镇中心大街。

2000年按规划沿街开发建设2层以上商居楼30余栋，建成东西长3000米商业街1条。2005年沿街建2层以上商居楼20余幢，建成连接集贸市场500米商贸街1条。2004年镇政府投资过千万元，在里辛村北岭建成4.60平方公里民营工业园。打通硬化水泥道路4条：园区内东西大路1条，南北路3条，将里辛中心大街与园区连接，其中西路南接里辛南北街北连潘田路，总长6000余米。在工业园区架设高压线路2000米，通讯线路2000米，铺设供水管道2000米，下水道2000米。在里辛东西大街、南北大街（南接双泉路北连工业园）及工业园区道路两侧安装路灯400盏，植树1000余株，铺砌彩砖人行道5000平方米。工业园区先后安置中兴汽车零部件有限公司、兴荣经贸有限公司、华业工贸有限公司等企业12家。至2005年，驻地里辛村有980户、2956人、耕地191.31公顷，75%村民住砖瓦平房，15%的住户入住沿街商居楼。

黄庄镇

镇驻地黄庄一村。1949年后，区（公社）党委、政府先后驻黄庄一村。20世纪70年代，修建韩莱公路支线，沿公路两侧先后建起镇政府、中学、医院、商店、银行、旅馆等公共设施。1994年至1995年，建成东西长1500米、路基宽40米、主道宽26米水泥路面汶源大街1条，修筑黄新路（黄庄至新华机器厂）3000米柏油路1条。汶源大街西接韩莱支线、东接黄新路。1996年镇政府驻地迁至汶源大街北侧，建4层和2层办公楼各1幢，总建筑面积2160平方米。在镇驻地建黄庄二中教学楼和办公楼。2005年黄庄二中扩建教学办公楼、宿舍楼2幢，与黄庄一中合为黄庄中学；在黄庄中学西侧建起了国税大楼；在汶源大街与黄新路交汇处以南路东建起黄庄医院门诊楼和病房楼；在驻地沿街沿路规划建设商贸楼和钢材市场；同年，建设2层以上能容纳40余户的商贸楼，落户钢材营销大户10余家，其中有3家营销额亿元以上。2005年黄庄一村80%村民住砖瓦平房，20%村民建起沿街商贸楼。

第三节 村庄建设

住宅建设

20世纪50年代前，农村建房占地一般在200平方米～300平方米，一般北屋（俗称正房）3间～

5间，东西南屋各2间～3间。贫困之家一般只有住房二、三间，且简陋；富家大户大都住四合院，并高筑院墙，形成深宅大院；一般户用石料砌基，以坯墙、木制梁檩、草顶结构为主。山区有部分石木结构，仅有少数砖木结构的瓦房。墙面用泥浆、白灰抹平。门窗为木质，窗棂多数为条缝式，少数为方格式。富户人家建砖木结构瓦房，以石为基，青砖砌墙，房顶用苇箔或薄方砖（笆砖）铺盖，上挂小青瓦。屋脊一般砌筑较高，尤其是正房，多用小青瓦扣成龙脊。“功名”之家的房屋饰有五脊六兽。

20世纪80年代以后，农村成排住宅逐步取代古式四合院。民房以瓦房为主，砖墙替代坯墙，机制大红瓦代替小黑瓦，木制、铁制玻璃窗代替木棂窗，进深由3米改为5米～6米，且用水泥或砖铺地，房内墙根底部围有水泥裙。1984年境内少数致富户始建“前出厦”砖瓦房，墙体为砖、石、水泥结构，地面用水泥铺成。1987年境内颜庄镇、城子坡镇、里辛乡人均住房分别达到22.40平方米、22.60平方米和21.40平方米。2000年前后，少数富裕起来的村民建起2层以上长条楼房或点式楼房，部分农户沿街盖起2层以上商居楼。2005年前后，普通百姓家庭大都住上了“出厦”砖瓦房，多为5间前、后出厦，两侧连厢房，房内多厅室。屋顶和墙面用石膏天花板、水磨石、水刷石、面砖和马赛克等装饰。有的建有大山框大门，彩绘迎壁墙。至2005年，全区人均住房面积达到30平方米。

农村“前出厦”砖瓦房　　（2005年　摄）

道路建设

20世纪70年代中期以前，境内村庄布局散乱，山村住房多依山势而建，一般有1条主街，约3米～4米宽，大村有2条～3条，街道皆为土路，且高低不平，弯曲不直。街两旁有胡同，宽2米～3米。村间道路多以人行小道相连，集镇大道也只有2米左右宽。

20世纪70年代初，部分大队购买拖拉机，因交通需要，加宽路面。80年代末，境内道路达到村村通汽车的标准。1993年1月钢城区建立后，按照统一规划，加强村镇道路建设。村内主要街道均拓宽硬化1条～3条。2005年全区拓宽硬化街道总长285公里，乡镇公路全部铺成水泥或柏油路，实现村村通柏油（硬化）路。

公共建筑及设施

境内农村公共建筑及生活设施有学校、庙宇、石碾、水井和桥涵等。少数村有办公用房。人民公社时期，有大队办公室、生产队办公室、仓库以及机井、扬水站、变电室、卫生室和代销店等。1984年后，生产队办公室、集体仓库和代销店等不复存在，“青年之家”“民兵之家”和幼儿园等，逐步兴建。2000年后，一部分富裕村建起功能齐全的文化大院。

村庄选介

南朱家庄村　位于区政府东北5.50公里处。以村内小河为界把村庄分为河北、河南、赵庄3个自然村。20世纪60年代以前，村民住房85%以上是坯墙草房。70年代后，村民居住条件逐步改善。1974年为腾出好地种田，规划旧村搬迁，将北村迁往北岭。新村规划两街多巷，住宅用地每户179平方米，住宅设计为：正房4间，另有配房、大门和院墙等。1983年搬迁230户。1984年实施村庄第二批搬迁规划，即把北村剩余户和赵庄住户全部搬到北岭。在新村东侧修有1条长500米、宽10米中心大街，在街东规划居住区，共7街5巷，每10户为1方，每户占地240平方米。住房建设统一为前、后出厦，多开间、两头耳屋、室内装饰新颖，配有大山框大门，彩绘迎壁墙，建筑面积200平方米左右。1996年220户全部迁入新村。1998年由集体投资，修建新村道路，总长4050米，全部硬化成水泥路。

1990年至1997年，对南村实施旧村改造，整修硬化街道2条，多数户住房拆旧翻新。1998年建4层居民楼，安置24户，每户居住面积105平方米；在村南新兴路以东有16户建2层商贸楼。2000年在北岭沿韩莱路有17户盖起2层商贸楼。

20世纪90年代后，逐步加大集体建设投资。1992年集体投资100万元加入莱钢闭路电视网，使全村用上闭路电视。1995年投资30万元买大客车1辆，免费接送本村在里辛一中上初中的学生。1995年至1996年，投资250万元打大口井2眼，机井配套铺设地下管道，全村用上自来水。1996年村60岁以上老人享受每人每年120元的现金补助，村民闭路电视费及浇地打场用电都由村里统一付款。1998年全村普及程控电话，投资200万元整改农电线路及配电设施，改善村民及集体用电的状况。2001年投资60万元建村办公室、幼儿园，总建筑面积2000平方米。2003年兴建功能齐全的文化大院。2002年至2005年，投资百万元修新村大街至新兴路1公里柏油路，投资200万元治理1000米河道，修建高2米、均宽0.80米的河堤石堰2000米，修拦河坝5座、桥5座，使1000米河道常年保水，生态环境得以改善。

幢里村　位于区政府西北7公里处。20世纪60年代前，村内住房80%以上是坯墙草房或乱石墙草房。90年代初，86%的住户翻盖砖瓦房，但缺乏统一规划。1993年村"两委"以特钢厂从本村征地为契机，发挥本村石灰石资源丰富的优势，以土地入股的形式与特钢厂联合建立年产石灰3万吨的股份制企业——鲁顺公司，安排农民工37人。村里还先后成立建筑公司、石料厂、割铁队和运输队等村办企业，集体经济不断壮大。1993年至1999年，建学校教室、办公室10间，改善办学条件；打深井2眼，建蓄水池3座，完成深井配套，扩大了浇灌面积，使家家用上自来水；安装400千伏、600千伏变压器2台，对农网进行改造，保证全村生活和生产用电；投资30万元，修村南长49米、宽8.50米过河桥1座，方便村民生产生活。2000年至2001年，投资100万元，拆民房20间，修通鲁顺公司至韩莱公路的水泥路1条，路长1000米、宽20米，村民沿韩莱路南侧盖2层以上商居楼20幢。2002年在村北岭韩莱公路两侧建民营工业园。2003年至2005年，园区道路建成"三纵一环"水泥路，总长5000米，落户企业19家，其中产值1000万元以上3家，年上缴利税3800万元。2005年开始实施旧村改造，规划建设居民楼、老年公寓、幼儿园、卫生室、娱乐广场。新幢里村规划占地10公顷，比旧村节约土地20公顷，计划用10年左右时间完成旧村改造。2005年被命名为省级文明单位。

"政通人和幢里村"牌坊　(2005年　摄)

第四章 房地产业

第一节 房产管理

私房管理

1956年前，境内房屋、土地大都属私人所有，可以自由买卖，无专门机构和人员管理，而属于集体所有的房屋（如庙宇、学校等）、土地极少。1956年完成社会主义改造，土地收归国有和集体所有，土地不准自由买卖。国家建设征用土地或集体、私人建设用地，均按程序审批；地面上的房屋建筑及附着物属个人所有，确权发证，可自行处理。但不得将建筑物下的土地作为私有财产买卖。对于“文化大革命”中被没收的私人房产，1978年后，境内均按国家政策退还原主，确权发证。1988年境内乡镇按照所属县市的统一部署，对辖域内的私房统一进行确权发证；居民建房，由所在县、市城建局逐一审查登记，按审批的宅基地及建房数量确定房宅权限，发给证明。

产权、产籍管理

建区前，境内房屋产权和产籍分别属于莱芜、新泰和沂源三县（市）管理。1988年莱芜市政府先后颁发《莱芜市私有房屋管理暂行办法》《莱芜市城镇房屋确权发证暂行规定》《关于加强商品房屋产权、产籍管理的通知》《关于对城镇公有房屋验证的通知》《关于换发全国统一房屋权属证书的通知》5个文件，并转发《山东省城市房屋纠纷仲裁条例》。这些法规的贯彻实施，使产权、产籍管理有章可循，纳入规范化、法制化管理的轨道。期间，新泰市、沂源县情况与莱芜市基本相同。1994年7月5日，全国人大常委会第八次会议通过《中华人民共和国城市房地产管理法》，房地产权利人的合法权益更有了法律保障。1997年7月，钢城区房地产管理处正式挂牌办公，隶属于钢城区建设环保土地委员会；管理处对申请登记的房屋，严格审查有关土地使用证、规划证、竣工验收证明等资料，使确权发证工作做到制度化、规范化。至2005年，共发放《房屋所有权证》1600件。

房产档案管理

1993年1月建区后，城建、房产档案仍归市城建局统一管理，区城建局房地产管理处协助市局搞好档案移交和留存等工作。

房产交易管理

1997年区房地产管理处成立，始有房产管理机构。之后，房地产管理处成立开发管理组、交易组和产权组，由交易组具体管理房产市场交易事宜。2000年区政府先后转发《莱芜市城镇房产交易市场管理实施细则》《莱芜市关于加强房产交易市

房产交易大厅

场管理的通知》《莱芜市关于加强房地产抵押和评估管理工作的通知》等，印发《钢城区房地产交易监理收费标准》，全区房地产市场管理工作逐步规范。2005 年在全区范围内累计办理房地产买卖 5000 起（包括房改），建筑面积 50 万平方米、成交额 2 亿元；办理房地产抵押 1000 余起，建筑面积 10 万平方米，抵押额 100 万元。

第二节　住房制度改革

建区前，机关工作人员、企业职工住房由单位提供福利分房。1993 年 1 月建区后，区政府实行住房制度改革；4 月区政府成立住房制度改革领导小组。1997 年 9 月，区政府组建房改委员会，由区长任主任，1 名副区长任常务副主任，建委主任、财税局长和 1 名政府办公室副主任任副主任，有关局局长任委员会成员。

房改形式

房改房　1994 年全区职工住房建设投资由政府、单位统包的体制改变为政府、单位和个人三者合理负担的体制，住房实物福利分配的方式改变为以按劳分配为主的货币工资分配方式，建立以中低收入家庭为对象、具有社会保障性质的经济适用住房供应体系。

1997 年 9 月，全区房改工作进入全面推进阶段。全区范围内符合条件的成套、独用和完好的公有新、旧住房，均出售给个人。出售新建公有住房，不超过职工规定住房面积部分，按成本价计价，超过职工规定住房面积部分按市场价计价；出售公有旧住房，不超过职工规定住房面积部分，按成本价成新折扣计算房价，折扣比例按房屋使用年限每年折扣 2%执行，超过职工规定住房面积部分按市场价计算房价。职工以成本价购房，实行工龄、现住房和一次性付款等项折扣。职工以成本价购房应付款的计算公式为：应付价款 = [（成本价 × 成新 × 各项调整系数 − 年工龄折扣额 × 夫妻双方工龄之和 − 现住房优惠）× 所购住房建筑面积 + 超标面积 × 超标单价 + 超标设施设备装修款 + 附属建筑物价款] × 80%。其中，成本价楼房砖混一等 550 元每平方米，成新折扣按每年 2%执行，年工龄折扣额按每平方米每年 3.30 元，工龄年限至 1997 年，住房优惠执行每平方米 24.86 元，建筑面积以外墙中心线计算。享受面积标准：一般干部 65 平方米，局级干部 75 平方米，县级干部 90 平方米，技术职称按有关规定执行。超标面积按 750 元每平方米计价，超标设施设备装修单独计价。购买公有住房，一次性付款的，享受优惠 20%。对 1998 年 12 月底以前参加工作的无房户及住房未达到规定住房面积部分给予一次性住房资金补偿，补偿年限从参加工作之日起到 1998 年 12 月底为止。实行职级工资制的国家机关、企事业单位的干部职工应享受资金补偿，计算公式为：补偿金额 = 工龄折扣额（4.08 元）× 规定住房面积（或未达到标准部分）× 工龄 × 职务级别系数（一般干部 1.153，局级 1.200，县级 1.333）× 现职务级别任职年限系数（局级以上正副职年限连续计算，每一年增加 1%，即 1+ 任职年限%）。实行技术职务工资制的国家机关企事业单位的职工住房资金补偿，按照有关政策规定，技术职务与行政职务对应，参照执行。夫妻双方分别计算的，1998 年 12 月底前的住房资金补偿相加，

商品房　（2005 年　摄）

作为该户家庭住房资金补偿，在职工购房时一次性从应付款中抵扣。对暂不购房职工的住房补偿由所在单位计算后做挂账处理，待将来职工买房时再予兑现。1993年至1998年，全区有15428户住上“房改房”。2002年起，不再实行房改房制度。

商品房　2002年全区住房制度改革进入实行商品房制度阶段，对无房职工，政府不再提供房改房，而是通过发放住房补贴和实行住房公积金制度，由职工个人自行购买房地产开发公司提供的商品住房。至2005年，基本建立起住房货币化分配制度和统一、开放、竞争、有序的房地产市场体系，实现了住房市场化、社会化。

住房公积金制度　1999年行政事业人员实行住房公积金制度，公积金折扣额为本人基本工资的12%，个人扣缴6%，单位补贴6%，先在区直机关、部门实行。2004年1月，行政事业人员发放住房补贴，补贴金额为本人基本工资的25%；7月增至35%。2005年各镇(街道)也先后实行。

第三节　房地产开发

自1997年，随着住房商品化制度改革，区内房地产业迅速发展，先后成立起红日、金鼎、华寓、龙泰源有限公司等房地产开发企业。2005年，全区已建和在建住宅小区20个，开发楼盘187栋，6916户，完成建筑面积88.20万平方米。户型设计以3室1厅、3室2厅为主，辅以4室2厅。楼房多为4层～5层。所开发楼盘当年销售96%以上。

红日房地产开发有限公司

1993年7月，莱芜市钢城区房地产综合开发公司成立，是全区最早的房地产开发企业，经省建工局批准为四级房地产开发资质，注册资金80万元。至1998年，主要承担零星开发项目。2002年7月，企业改制为民营企业，更名为莱芜市红日房地产开发有限公司，注册资金增至2000万元，房地产开发资质由四级晋升为三级。2002年至2005年，在莱钢中心区开发商业一条街，在府前路东首南侧开发汶水山庄生活小区，总建筑面积15万平方米。至2005年，公司有管理人员86人，其中，大中专以上学历占70%，有职称的工程技术人员占80%；有机械设备360余(台)、固定资产2200余万元、流动资金3000万元。

华寓房地产开发有限公司

1998年成立莱芜市钢城区房地产开发公司。2002年10月，改制为民营企业，更名为华寓房地产开发有限公司。公司属国家认定的二级房地产开发资质企业，年开发能力20万平方米。先后开发泉山小区、力源小区、凤凰小区等，建筑面积30余万平方米，总投资3亿元，房屋销售率96%以上，年均实现营业总收入1.50亿元，利税1896万元。2004年被中国工程建设协会评为“工程建设诚信经营单位”，被中国企业资信评价协会和中国行业信息统计中心评为“中国房地产行业信誉AAA级单位”。至2005年，公司总资产1.63亿元，注册资本5080万元，有中级以上专业技术职称的93人，公司开发市场已拓展到青岛、枣庄、日照和聊城等地。

第四节　拆迁改造

1993年区政府成立临时房屋拆迁领导小组，负责城区房屋拆迁事务。1994年由建设环保土地委员会牵头，有关乡(镇)拆迁办具体组织实施。按照“统一规划、统一征地、统一拆迁、统一配套”的原则，结合城区改造、新区建设及道路建设，严格按照法定程序依法实施拆迁。1993年起，出于城乡和企业建设需要，启动拆迁工作，对拆迁户按照“产权调整作价补偿”的方式进行补偿安置，以就地安置为主，异地安置为辅，一般是划宅基地1处或统一规划安置楼房1套。随着居民生活水平的提高，安置标准随之提高。1997年以前，每套回迁楼面积不超过84平方米。2000年后，均在90平方米以上。对于商贸户，优先在街道两侧划地皮供其建商居楼，以利繁荣城区商贸市场。至2005年，共拆迁2294户，拆迁面积29.28万平方米，其中拆除办公及生产房屋面积5000平方米。

1993～2005 年钢城区房屋拆迁统计表

表 10－4－1

拆迁单位		拆迁年份	拆迁原因	拆迁户数(户)	拆迁面积(平方米)	
					平方数	其中公房平方数
艾山街道	南城子坡	1993	永兴路拓宽	28	1680	—
	逯家庄	1993	修钢都大街	73	16000	—
	北城子坡	1993	修钢都大街	—	3200	3200
	逯家庄	1994	钢都大街修人行道	35	7800	—
	北城子坡	1996	永兴路拓宽	4	7500	—
	北城子坡	1998	永兴路拓宽	11	1200	—
	北城子坡	1999	村庄治理	2	420	—
	北城子坡	2000	村庄治理	9	2300	—
	陈家庄	2003	修黄羊山大街	9	560	—
	张庄	2004	旧村搬迁	8	960	—
	北城子坡	2004	永兴路拓宽	6	1700	1100
	张庄	2005	旧村搬迁	587	69000	—
	北城子坡	2005	村庄治理	8	2020	700
	清泥沟	2005	修建污水处理厂	13	937	—
	经商户	2005	莱钢银山前区建设	136	16320	—
	张庄	2005	莱钢银山前区建设	575	40250	—
	陈家庄	2005	莱钢冷煤电工程建设	14	3000	—
	商贸住户	2005	莱钢冷煤电工程建设	107	8240	—
	逯家庄	2005	莱钢冷煤电工程建设	40	41600	—
颜庄镇	颜庄村	1998	永兴路拓宽	80	20000	—
	颜庄村	2005	修颜庄镇环镇路	12	2000	—
里辛镇	冯家庄	1993	村庄改造	28	3350	—
	南朱家庄	1993	村庄改造	36	4320	—
	玥庄	2001	村庄改造	20	2400	—
	里辛村	2002	道路拓宽	30	3600	—
	北赵	2005	双泉路加宽	21	2500	—
	南赵	2005	双泉路加宽	11	1300	—

续表 10－4－1

拆迁单位		拆迁年份	拆迁原因	拆迁户数(户)	拆迁面积(平方米)	
					平方数	其中公房平方数
开发区	卞家泉	2001	开发区建设	20	1000	—
	傅家桥	2004	牟汶河治理	12	3000	—
	宋家庄	2004	牟汶河治理	20	5000	—
黄庄镇	洪沟	2004	村庄改造	30	2400	—
	洪沟	2005	修钢都大街	40	2700	—
	椁椤	2005	府前大街东延	118	14360	—
	东丈八丘	2005	村庄改造	3	150	—
合计	—	—	—	2294	292767	5000

（注："拆迁单位"一栏的街道（镇、开发区）以2005年的行政区划为准。）

第五节　住宅小区建设

汶水山庄小区　　　　（2004年　摄）

1993年1月建区后，按照"统一规划、合理布局、综合开发、配套建设"的原则，至2005年，先后建成力源小区、洪源小区、泉山小区、汶水山庄小区以及区政府宿舍小区。

馨裕园小区

位于特钢生活区北部，东至张家岭村、西至莱钢三中、北至大型H型钢厂2号高炉。规划范围内以山岭空地为主。由莱芜规划设计院设计规划，钢城区质量监督站监理，山东龙泰建设有限公司施工。小区规划用地面积7.30万平方米，其中住宅面积6.44万平方米，公建面积0.48万平方米，容积率1.01%、绿地率31%。1994年小区动工兴建。至2005年，竣工楼房17幢、建筑面积4.77万平方米，入住560户、约1700人。水、电由特钢厂供给，自备锅炉供暖。

汶水山庄小区

位于府前大街东首，牟汶河以北。由莱芜城乡规划勘察设计院设计规划，莱芜市红日房地产开发有限公司施工，规划总占地面积17.30万平方米，总建筑面积10.10万平方米，建住宅楼36幢、住户1000户。2002年动工兴建。至2005年，完成建筑面积8万平方米，建住宅楼30幢、住户780户。

建华新村小区

位于艾山公园脚下，北靠区政府，南临牟汶河大道，西邻205国道，东邻艾山公园。规划占地面积5.33万平方米，总建筑面积10万平方米，总绿地面积3万平方米，开发楼房20幢，居住600户。由莱芜规划设计院设计，莱芜市玉鼎房地产开发有限公司承建，2002年工程动工兴建。至2005年，竣工面积4.80万平方米。

亲和家园小区

位于钢城区中心地段，东临莱钢创业园，北靠

九龙家园居住区

钢都大街，西依朝阳路，南接区政府。2005年动工兴建，小区规划用地18.20万平方米，总建筑面积17.12万平方米，其中，住宅面积14.48万平方米，公共建筑面积0.44万平方米，商业建筑面积2.20万平方米，建筑密度28.20%，容积率1.03%，绿地率35%。由莱芜规划设计院设计，莱芜市金厦、昊正监理公司监理，山东龙泰建设有限公司承建。一期工程竣工面积1.99万平方米，其中，住宅楼7幢、248套。

九龙家园居住区

规划范围为南至九龙大街、北至环山路、西至铁路线以东200米、东至永兴路，用地总面积102.53万平方米，总建筑面积56.80万平方米，安排住户4211户。主要安置陶家岭、周家坡、陈家庄、北城子坡、徐家庄、张庄、清泥沟7个村(社区)的搬迁居民。

第六节　物业管理

全区的物业管理，伴随住宅小区建设产生。各物业公司先后制定《物业管理公司规章制度》《住宅小区物业管理规定》《住宅小区治安规范化管理守则》《小区用电、用水、用暖管理规定》《维修人员管理规定》《小区卫生、绿化管理规定》《小区居民防火条约》等一系列规章制度，把各项工作纳入规范化管理的轨道。实行向社会服务承诺制度，以契约的形式，自觉接受社会监督，把承诺内容张贴在宣传栏内，并设有举报箱、举报电话，做到有信必诺，有诺必践，违诺必纠。小区内环境卫生实行24小时保洁，绿化率达到35%以上，住户满意率达到95%以上。

莱芜市安泰源物业管理有限公司

2001年成立，隶属龙泰源房地产开发有限公司，公司设财务、技术、维修、供应和治安保卫5个科(室)，设土建维修、水电暖工程维修和环卫3个队和综合服务部。注册资本50万元、固定资产30万元。2005年有员工34人、中专以上学历11人、工程技术人员17人；其中，中级职称9人、高级3人、项目经理4人、高级操作工5人及机械设备24台(件)。承接南山小区、馨裕园小区、泉山小区和亲和家园小区等物业管理业务。

莱芜便民物业有限公司

2002年成立，隶属山东华寓房地产开发有限公司，注册资本115万元、固定资产115万元。2005年有员工42人，全员持有物业管理岗位证书，其中，有中级以上物业管理职称的22人。承接力源一、二区和宏源小区等3个住宅小区的物业管理业务。

第五章　建筑业

1993年11月16日，规划建筑设计室成立，隶属区建设环保土地委员会，定编6人，经费实行自筹自支。1994年3月14日，更名为规划建筑设计院。

第一节　建筑安装企业

20世纪70年代至80年代初，境内建筑施工队主要有颜庄公社建筑队和颜庄、南下冶、北城子坡、张庄、里辛和南朱家庄等大队的建筑队。90年代后，村办建筑企业和个体建筑企业不断发展。至2005年，全区建筑安装企业有21家，其中，一级资质企业1家、二级资质企业3家和三级资质企业7家。另外有专业安装公司3家，专业钢结构施工企业3家，专业装饰公司3家。从业人员15244人，总产值9.80亿元，年实现利税1734万元。

莱芜市宏强建筑安装工程有限公司

1970年3月，黄庄公社的沂源县第二建筑公司成立。1990年8月，黄庄镇划归莱芜市钢城办事处，建筑公司改称钢城建安公司。1993年4月，改称钢城企业集团公司。1994年在国家建设部评选的500家建安最佳经济效益企业中名列第89位。1999年通过ISO 9002国际质量体系认证，完成2000版的转换。2002年改制为宏强建筑安装工程有限公司。至2005年，公司下辖4个子公司、2个装饰项目部、6家配套生产厂、1个机械化施工队、1个油漆项目部和1个机电设备周转材料管理部，拥有大型施工机械设备550台(套)，职工2800多人，其中专业技术人员346人，年施工能力30余万平方米，为国家房屋建筑工程施工总承包一级资质。公司先后创“泰山杯”工程2项、省级优良工程28项，市级优良工程186项，工程优良率达到86%，一次交验合格率100%。公司建设的莱芜中型、中小型水处理工程及莱钢30万立方米自来水工程均达到省(部)优标准。

公司先后获得“省级守合同重信用企业”“山东省建筑科技先进单位”“省级安全文明工地”“全省建筑安全生产管理先进单位”，莱芜市“质量管理先进单位”“建筑业先进单位”等称号。

莱芜市中新建筑安装工程有限公司

1996年4月成立，黄庄镇西冶居委会集体企业。1999年改制为股份制企业。公司除承担钢城等地方工程外，主要承担莱钢改扩建工程、莱钢市政工程、莱钢公共及民用工程、莱钢城房集中供暖工程、运输部铁路配套工程和动力部输配电等工程。先后施工的工业、民用、公共等主要工程有360多项，工程合格率100%，优良率保持在80%以上。至2005年，公司拥有固定资产净值1238万元，注册资金2626万元，工业及民用建筑施工机械260台(套)，总功率2876千瓦。合同职工1860人，其中，有职称的工程技术人员18人。公司下设施工计划、质量安全、技术、劳资、材料、财务、办公室7个职能部门，统管公司下属3个分公司、9个项目部，是集土建、机械设备安装、钢结构、装饰装修、建筑防水、管道安装、电气安装、输送变电线路、防腐保温、混凝土构件制作、非标准设备加工、机械化作业、铁路桥涵施工、建材经营、耐火材料生产为一体的综合二级总承包企业。2005年实现利税516万元。被授予省级“守合同重信用”企业，获市级以上“安全生产”“质量管理”优秀企业称号。

山东金星建设有限公司

2000年10月成立，为民营企业，公司地址在里辛村。注册资本2000万元，省建工局批准其为房屋建筑、钢结构资质二级企业。公司设6处1室，辖4个土建工程项目部、4个钢结构项目部、1个路桥工程项目部及灿星经贸有限公司。公司有各专业熟练工种人员400余人，高级工程师3人、工程师24人、助理工程师114人。各类建筑机具设备361台(件)。主要在青岛经济开发区、莱钢粉末冶金厂、广州凫州大桥、泰安市矿山机械厂等处建起30多幢职工住宅楼及10多座钢结构建筑工程，工程质量一次验收合格率100%，优良率40%。

2002年至2005年，连续4年被莱芜市工商局评为完全重信用企业。2003年至2005年，连续3年被莱芜市建设委员会评为先进企业。2004年被评为外出施工先进企业。2005年被莱芜市总工会评为先进单位。

山东龙泰建设有限公司

1985年组建里辛乡建安公司，公司地址在北赵村。1996年与里辛房地产公司合并成立新城企业集团有限公司。1998年6月,企业全部资产转让给北赵村,更名为"莱芜市里辛建筑安装工程有限公司"。2004年5月,改称山东龙泰建设有限公司,属房屋建筑总承包二级企业。注册资本2058万元,资产总额5710万元,员工520人,有职称人员195人,其中,中低职称66人、高级职称5人,二级建造师、结构师、建筑师和监理师15人,三级项目经理8人。公司下设房地产开发公司、物业管理公司、起重机械安装维修公司、门窗厂、预制厂以及机械化施工、筑炉、钢结构项目部。

公司先后在淄博、潍坊和兖州等地承建高层住宅楼、综合大楼、15米~24米跨度预制装配式工业厂房、18米~34米跨度钢结构厂房和双曲拱大桥等工程,在钢城区承建莱钢亲和家园、馨裕园住宅小区等工程。所施工的工业与民用建设项目合格率达到100%,其中66项工程被评为省、市级优良工程,11项工程被评为"凤城杯"工程,13项工程被评为省、市级安全文明工地。先后被评为"莱芜市建筑业十强""莱芜市优秀施工企业""莱芜市模范纳税大户""山东省守合同重信用企业""山东省双爱双评先进企业""山东省安全文明工地""山东省特级信誉企业:AAA""全省建筑安全生产先进单位""山东省工程质量管理先进企业"。2005年经营总收入8211万元,实现利税483万元。

莱芜市城子坡建安公司

1991年成立,公司地址在北城子坡村。2005年有职工1500人,各类管理人员150人,施工机械450余台(套),建筑安装三级资质。公司所承建的莱钢技校群体工程(3.60万平方米),西苑、云澍、鸿运等宾馆,莱钢小型轧钢车间(18M跨)、莱钢汽修车间(24M跨)、中国银行、中国农业银行、工商银行、农村信用社和建华有限公司群体建筑(2.20万平方米)等工程,一次验收合格率100%,工程优良率30%以上。2002年创"凤城杯"工程5项。

钢城区建筑安装工程公司

前身为莱芜市第八建筑公司,又称颜庄公社建筑队。1986年莱芜市第二实业公司成立后,1987年第二实业公司在第八建筑公司的基础上成立第二实业公司建筑安装公司,属三级资质企业。公司自成立至1990年,按照"五统"(工程任务统一分配、工程预算统一编制、工程统一结算、质量统一管理、安全统一检查)、"两分"(人员分别管理、成本分别核算)的原则,对颜庄镇、城子坡镇、里辛乡建筑公司及所属15个重点村建筑企业实行统一管理。

1993年更名为钢城区建筑安装工程公司。1997年公司与油漆公司合并,下设计划、财务、供应和质检安全等科(室),有1个施工队和1个预制厂。有三级以上技工260人、工程师2人和助工1人。固定资产446万元,运输车辆3部和吊车4台,能承担20米以下楼房及18米跨内厂房的建筑安装工程。1998年底,有职工162人,资产总额1905万元、负债1143万元、净资产762万元;当年营业收入1960万元,实现利税187万元。1999年产值600万元、营业收入576万元、利润5万元。2001年10月,企业改制为民营企业。

莱芜市通达建安有限公司

1999年成立,公司办公地址在钢城区铁流路。公司是房屋建筑总承包三级资质企业,下设5个土建项目部。职工480人、三级项目经理10人,有职称的工程技术人员53人、高中级技术工人280人,机械设备446台(件)、总功率2752.20千瓦。固定资产600万元、年产值2400万元。

2001年至2005年,连年被评为市级守合同重信用企业。所承建莱钢"十五"技改工程——银山前区原料场主控楼工程,维修间、机具库工程,管带机基础工程,食堂、浴室工程,6千伏高配室工程,原料场平土石方工程,莱钢市政公司铁流路工程及所承接莱钢建设其它工程,工程合格率均为100%。

2005年钢城区建筑安装企业一览表

表10－5－1

企业名称	法人代表	资质等级	单位地址
莱芜市宏强建安有限公司	苗宗福	总一	钢城区钢都大街
莱芜市中新建安有限公司	薛其生	总二	黄庄镇西冶社区
山东龙泰建设有限公司	王则泉	总二	里辛镇北赵社区
山东金星建设有限公司	田发友	总二	里辛镇里辛村
钢城区陶家岭建安公司	李沧实	总三	艾山街道陶家岭社区
莱芜市城子坡建安公司	苗宗全	总三	艾山街道北城子坡社区
莱芜市钢城区西冶建安公司	薛其东	总三	黄庄镇西冶社区
莱芜市宏久建筑安装公司	吕登才	总三	钢城区府前大街
莱芜市通达建安有限公司	李传禹	总三	钢城区铁流路
莱芜市钢都建安有限公司	段伦华	总三	里辛镇南赵社区
莱芜正和建筑安装工程有限公司	李成松	总三	颜庄镇颜庄村
莱芜市忠大建筑工程有限公司	张连富	总三	黄庄镇洪沟社区
莱芜市金厦建安有限公司	王秀海	总三	黄庄镇椊椤社区
莱芜市双峰建安有限公司	宋和修	总三	艾山街道南仓峪村
莱芜市福泉建安工程有限公司	李福泉	总三	艾山街道南仓峪村
莱芜市昌鑫源建安工程有限公司	王常亮	总三	黄庄镇椊椤社区
莱芜市尧王城建设有限公司	王庆学	总三	黄庄镇椊椤社区
莱芜市恒志建设有限公司	秦恒业	总三	艾山街道南城子坡社区
莱芜鑫龙建设有限公司	吴修华	总三	里辛镇北赵社区
莱芜市颜庄镇建安公司	徐增忠	总三	颜庄镇郭家台村
莱芜市钢城润泰建安公司	杨传军	总三	里辛镇里辛村

1994～2005年钢城区建筑安装企业经营统计表

表10－5－2

项目 年份	施工队伍(人)	建筑面积(平方米)	总产值(万元)	利税(万元)
1994	7909	189673	14226	1422
1995	8370	179037	13596	1395
1996	9438	273048	14386	1438
1997	9080	354935	25115	2511
1998	9804	448114	29067	3362

续表 10－5－2

年份＼项目	施工队伍(人)	建筑面积(平方米)	总产值(万元)	利税(万元)
1999	8120	255552	21969	2662
2000	8968	346169	26300	4444
2001	10754	580000	60196	5523
2002	8760	597320	58047	5804
2003	9638	1069422	66591	6659
2004	11883	1042041	732236	13223
2005	16154	1190137	2242869	28345
合计	118878	6525448	33045198	76788

第二节　施工设备

20 世纪 60 年代以前，境内泥瓦匠使用的工具为手锤、瓦刀、线绳、木制水平尺等，运料工具为手推车、抬筐，木工工具为锛、刨、锯、凿，人工和泥和白灰，空中作业用木脚手架。60 年代末，境内颜庄公社建筑队始用木抱杆滑轮和小平车等简易垂直及水平运输工具，而后使用铁抱杆加甩头送料。80 年代初期，境内颜庄公社、黄庄公社的建筑企业的繁重体力劳动开始被机械代替。高层建筑井架罐笼用卷扬机提升，进而用移动式、牵引式等井塔吊车。搅拌水泥、砂浆均使用各种不同型号的电动搅拌机，远距离运输开始使用拖拉机。90 年代初，境内各乡镇建筑安装工程公司均配有汽车、翻斗车等，施工机械配有吊车、电焊机、钢筋切断机、钢筋弯曲机等，木工制作使用电锯、电刨、平板刨、打铆机、开槽机、压刨收光机等。乡镇建筑业均能承担 5 层楼以下建筑工程。

建筑企业的塔吊等机械设备　　（2002 年　摄）

1993 年 1 月建区后，建筑企业施工逐步转向机械化作业，各种运输工具被汽车、拖拉机、铁制胶轮平车、翻斗车、钢制井架、龙门架、钢丝绳和卷扬机代替；并普遍使用挖掘机、打夯机、砂浆机、砼搅拌机、震动器、输送泵、打桩机和喷涂拌灰机；使用各类电锯、电钻、电焊机和磨石机等专用机具。

至 2005 年，全区有 21 家建筑安装企业，机械设备总值为 1185 万元。

第三节　经营管理

建区前，境内建筑业分别属于莱芜、新泰和沂源三县(市)的有关职能部门管理。1994 年钢城区成立建筑业管理处，隶属区建设环保土地委员会，对全区建设工程实行统一标准，统一管理。凡是在全区建设的工程(造价 30 万元以上或 3 层楼以上)，必须持营业执照到建筑业管理处办理审批手续，发给许可证方可施工，消除了无证施工的现象。后增设工程质

量监督站、建设工程施工安全监督站，成立建筑市场稽查队，不断完善机制，健全功能，强化对建筑业的管理。

工程质量监管

20世纪50年代至80年代初，境内建筑工程质量一般是建设单位和施工单位自查验收，有的采用专查的方式。施工单位在施工中出现技术质量等问题，由所属县级基建管理部门协助解决。1986年境内乡镇所属县市建委，均先后成立建筑工程质量监督站，对境内的所有建设单位(包括省、地驻地厂矿)的工业和民用建筑工程实行质量监督。发现无设计或不按设计施工或施工质量低劣的违规工程，令其停工或整顿改造，质量不合格即通知建设银行停止拨款，竣工工程不经质量监督站验收评定不能交付使用。建筑工程如发生质量事故，由质量监督站仲裁。

1996年钢城区成立工程质量监督分站，隶属区建设环保土地委员会。建立健全各项质量监督管理制度，重点监督2000平方米以下的民用或公用房屋建筑质量，改善了工程质量管理薄弱状况。1999年质量监督分站对境内所有民用和公用房屋建筑工程实施全面监督，严格图纸审查、持证上岗、材料使用和检查验收关，全区建筑工程质量稳步提高。2001年随着《中华人民共和国建筑法》《建筑工程质量管理条例》以及配套的工程建筑法律法规的实施，全区建筑工程质量管理责任体制更加完善，工程建设质量水平不断提高。

至2005年，全区受监工程483项、建筑面积144.90万平方米、合格率达到100%。

工程安全管理

2002年前，境内建筑业无专门安全管理机构。各类建筑安装公司，均有1名副经理分管安全工作，参加政府召开的有关安全会议，落实安全工作。2002年钢城区建筑施工安全监督站成立，隶属城建局。安全监督站成立后，按照《中华人民共和国建筑法》《中华人民共和国安全生产法》《建筑工程安全管理条例》等法律法规，强化安全生产监督管理。对新开工工程，实行开工前安全保障制度；对在建工程，实行定期检查和不定期抽查相结合的现场检查制度；对安全措施不到位、安全条件达不到开工要求的，坚决不予开工；对施工中的安全隐患逐一检查，提出整改意见，限期整改；对整改难度大的工程，及时采取措施，帮助排除安全隐患。另外，每年春、夏、秋、冬四季进行配合上级安全大检查和塔吊、脚手架等专项安全检查，把各种安全隐患消除在萌芽状态，减少安全事故的发生。

至2005年，安全监督站印发《隐患整改通知书》350份，提出整改意见2070条，办理安全报监手续113项，所有受监工程均未出现重大伤亡事故，轻负伤率在5%以下。创建"省级安全文明工地"6项、"市级安全文明卫生工地"36项。

招标投标

2000年钢城区贯彻实施国家《中华人民共和国招标投标法》《房屋建筑和市政基础设施工程施工招标投标管理办法》等法律法规，对较大建筑工程实施招标投标法，并结合本区建筑市场的实际情况，研究和探索新形势下招标投标的方式和方法，提高招、投标的管理水平，确保应招标项目和应公开招标项目的招标率和公开招标率达到100%。对个别规避招标、假招标、违法分包等违法行为，及时进行查处。

2004年后，全区将建筑面积在5000平方米以上的民用和公用房屋建筑工程监理全部实行招标。

建筑市场稽查

1994年建筑业管理处成立，加强对境内建筑市场监督，整顿、规范市场秩序，对在建工程施工企业非法挂靠行为进行全面检查。2004年成立建筑市场稽查队，钢城区依照《中华人民共和国建筑法》《建筑工程安全管理条例》等法律法规要求，加强对建筑市场的监督检查。在综合执法检查中，主要检查施工许可证执行情况，国家强制性标准执行情况，安全生产责任和安全措施落实情况，招投标要求的实施情况，重点打击无证施工、非法挂靠、层层转包等各类不法行为。

至2005年，全区共查处各类违法工程123项，印发《责令停止违法行为通知书》97份，对21家企业21项违法工程进行通报，加强建筑市场稽查，维护了建筑市场的规范性和稳定性。

第六章 环境保护

1995年5月，钢城区环境保护处设立。1997年6月,归钢城区建设委员会管理,为副科级事业单位。1998年3月撤销;7月8日,钢城区环境保护局成立,为正科级行政单位,行政编制5人,设办公室(同时挂财务科牌子)、环境管理科和法规科。1999年1月,钢城区环境保护局下设环境监理站,为副科级事业单位、编制4人,经费自筹自支;9月增设钢城区环境监测站、编制10人,为股级事业单位,经费自筹自支。2001年12月,钢城区环境监理站更名为钢城区环境稽查大队。2002年10月，钢城区环境监理稽查大队更名为钢城区环境监理监察大队。

至2005年,行政、事业编制总人数20人,其中局长1人、副局长3人,科(室)等设置未变。

第一节 环境质量

大气

境内城市规划区与莱钢集团的厂矿企业交错分布,工业废气、锅炉烟尘、汽车尾气排放等是影响大气环境质量的主要因素。冬季燃煤排放的热能,易形成逆温层而使污染物不易扩散,导致冬季二氧化硫和总悬浮颗粒浓度较高，呈现出煤烟型大气污染特征;春季干燥风大,常形成扬沙、扬土,造成春季降尘值偏高。全区城市大气污染的基本特征是:城市大气污染物为二氧化硫、总悬浮颗粒和降尘,并随季节变化而变化,其中二氧化硫及总悬浮颗粒物的浓度二、三季度较低,一、四季度较高,降尘在春夏之交及冬季较高,5月和12月分别达到峰值。2004年对区属和驻区部分厂矿企业的调查显示，通过大气环境治理，环境质量有所改善,其中,规模以上工业粉尘年排放量95吨,烟尘年排放量为115吨,二氧化硫排放量526吨,达标率为99.89%,大气质量达到安全级省级标准。

水

20世纪60年代至70年代,莱钢等省、地企业建立后，一些工业废水和生活污水未经处理直接排放,对地表水造成一定污染。在墨埠桥处汶河水断面化学需氧量年平均值为25毫克/升，氨氮含量0.886毫克/升,达到“地表水环境质量标准”IV类标准。

2000年后,莱钢集团每年投入1000万元以上资金,治理工业废水,发展利用循环水。2005年8月26日,钢城区动工建设区污水处理厂。企地共治,全区地表水质量日趋改善。

城市生活饮用水水源地是区内重点环境保护区域,未受到污染,水质符合国家《生活饮用水卫生标准》，并达到《地表水环境质量标准》(GHZB1—1999)二类和三类标准,地下水源地的水质优于地面水源地的水质。

1993年至2005年,因水污染造成较大损害赔偿纠纷先后发生6起。2004年4月20日4时,一辆车牌号为“鲁J33018”的货车驶经龙巩峪村时,因急转弯失衡,造成2罐6吨高浓度的盐酸泄漏到村民刘公进的农田中，致使农作物大部分绝产,少量减产,同时,村域的地下水受到严重污染,造成直接损失7766元。农田受污染严重,需3年方能恢复原生产能力。根据《山东省农业环境保护条例》有关规定，事故责任人除赔偿受害人直接经济损失外,加罚5000元地下水污染治理费。此后在职能部门的指导监督下，如期治理了该地片的污染。

噪声

1992年城市区域环境噪声平均值为75分贝。2000年为70分贝。2005年城市区域环境噪声平均值为50分贝，城市交通噪声平均值70分贝，城市建成区环境噪声达标区覆盖率为100%。

工业固体废弃物污染

境内工业固体废弃物主要来源于工业企业，主要有冶炼渣、粉煤灰、煤矸石等，这些工业废弃物均对大气和地表水造成污染。1993年工业固体废弃物利用率仅为20%，其后利用率虽有增加，工业固体废弃物仍有增无减。2001年对全区驻区企业进行调查，工业固体废弃物产生量为142.34万吨，历年工业固体废弃物堆存总量约900万吨，占地45万平方米。而后随着科学技术的发展和治理力度的加大，工业固体废弃物的利用率和处理率逐年上升。

至2005年，工业固体废弃物堆存量降至116万吨，占地12.20万平方米。

第二节　环境监测

2002年初，区环境监测站着手投入计量认证各项准备工作，购置监测仪器设备10余台，计有万分之一电子天平、PH计、电导仪、光度计、COD快速测定仪、便携式流量采样仪、溶解氧测定仪、烟尘黑度仪、声级计、微型打印机、滴定仪等设备。因仪器设备尚不完备，不具备监测资质，仅能承担部分简单的监测事项，重要环境监测委托市环境监测站完成。

第三节　污染防治

大气

关闭污染严重的土(小)企业。2000年先后关闭土烧结、土炼焦、土硫磺窑等土(小)企业230余家。

关闭土小企业　　(2000年　摄)

推广清洁燃料。推行型煤使用，城区气化和集中供热。2005年城区型煤普及率达到30%，气化率达到100%，集中供热面积达到87万平方米，城区集中供热达到95%。

2001年区环保局在城区坚持开展“五化(城市热化、气化、绿化、型煤化、路面硬化)一创(创建城市烟尘控区)”活动。城区大气污染总体上得到控制，大气环境质量明显改善。

水

建区前，境内部分工业废水和生活污水未经处理直接排放到牟汶河，造成地表水严重污染。1993年1月建区后，区政府制定实施“保、控、严、建”四字综合治理方针。2000年9月，区政府规定饮用水源保护区范围。即霞峰水库、八大庄水库及水库上游区为一级保护区，里辛镇、黄庄镇域内向一级保护区内排水的地域为二级保护区，凡直接或间接向规定的一级和二级保护区排水的地域范围为准保护区；丈八丘水源地、傅家桥水源地、徐家庄水源地、南城子坡水源地及取水点中心周围500米的地域范围内为饮用水地下水源一级保护区。2000年在对排放单位普查的基础上，抓工业废水污染源达标和排污总量控制，促使排污单位进行治理改造。对于境内污染严重的3家造纸企业(500吨以下)，依法分期关停并转。坚持预防为主的方针，对新建水污染项目，严格执行建设项目环境影响评价制度，从源头上把好关。2005年加大了

区污水处理厂　　（2005 年　摄）

治污治乱力度，对牟汶河沿岸 110 余家不符合国家产业政策和环保要求的非法小选矿和钢渣处理企业进行了强制拆除；先后查处取缔非法采矿点 14 处；同年 8 月，区政府动工建设区污水处理厂；年底完成一期工程，对境内 80%的生活污水进行处理。

噪声

1999 年区环保部门对噪声扰民企业，采取关闭、搬迁等措施，先后关闭、搬迁民企 16 家，解决多年来居民反映的噪声污染问题。加强对建筑施工噪声管理，采取申报登记制度，提高施工单位防治噪声污染的自觉性。

1999 年 8 月 24 日，区政府批准建立第一批环境噪声达标区——钢都大街和铁流路南、府前大街北、永兴路东、磨石山西的 4 平方公里区域。2000 年 8 月 31 日，创建第二个噪声达标区——钢都大街南、府前大街北、农村信用社及永兴路西、前进路东 3.20 平方公里区域。2005 年对钢城区不同功能的 5 个监测点进行监测，噪声呈下降趋势，低于国家规定的相应功能区的标准；城区噪声值由 1998 年的 70 分贝，下降到 2005 年的 50 分贝，环境噪声达标区覆盖率达到 100%。

工业固体废弃物处理

钢城区驻有莱钢集团、新汶矿业集团潘西煤矿等多家省、地（市）属企业，随着企业规模的不断扩大，工业固体废物的产生量也不断增加。2000 年产生钢渣 19.66 万吨、水渣 67.24 万吨、粉煤灰 4 万吨、煤矸石 3.30 万吨、硫酸废渣 1 万吨。产出的工业固体废物主要分布在产生工业固体废物的企业驻地及周围地区，对大气和地面水造成污染，对此，区委、区政府采取多项措施进行综合处理。

自 2000 年，对莱钢集团各旧址产生的钢渣、水渣等固体废弃物进行精选回收，发展建材业，并对外销售利用。其中，对钢渣的回收，先选铁，再用球磨机粉碎钢渣块选精粉，剩余细渣作为水泥原料，由莱钢、鲁碧水泥厂进行精深加工，或销往博山、明水等大型水泥厂，水渣亦作水泥原料由鲁碧水泥厂加工或出售，旺季（5 月至 12 月）主要由莱钢集团附企对外联系，直接销往外地大型水泥厂家；淡季（1 月至 4 月）由承包户先从厂内运出，然后外销。

2003 年 4 月，潘西煤矿兴建煤矸石发电厂、煤矸石砖厂。潘西煤矸石发电厂建成投产后，年消耗煤矸石 15 万吨。

建筑物的废弃物一般用作建筑回填，或铺筑乡村道路。

至 2005 年，境内潘西煤矿、西港煤矿旧址附近建大型煤矸石砖厂 2 处，钢渣、水渣、煤矸石等工业固体废弃物利用率达到 100%。

第四节　环境治理

1999 年起，区委、区政府依据《中华人民共和国环境保护法》，先后出台《莱芜市钢城区生态环境保护“十五”计划和 2015 年远景目标纲要》《关于实行环境保护“一票否决”制度的决定》《钢城区环境保护“一票否决”考核实施细则》等一系列 s 文件，通过这些环保规范性文件的制定实施，使环境治理纳入法制管理轨道。

管理措施

环保宣传教育　1999 年开始，区环保局在每

年“六·五”世界环境日，通过宣传车、环保知识竞赛等形式，广泛宣传环保法规和科学知识。2005年纪念“六·五”世界环境日时，组成100余人的环保宣传队伍，出动宣传车10多辆次，张贴悬挂标语、布联50余幅，发放宣传“明白纸”3000余份。至2005年，向社会散发环保宣传单累计5万余份。

排污费征收与使用　1999年根据《山东省征收排污费实施办法》，钢城区环保局始征收排污费，当年征收16万元，而后逐年有所增加。至2005年，排污费征收增至86.45万元，先后争取省级无偿补助污染治理资金265万元，治理7个污染项目。

新建项目环保审批　自1999年，环保局与计划、规划、工商、国土和金融等部门联手把关新建项目的审批，认真执行建设项目环境影响评价制度。对符合国家产业政策和环保要求的项目，进一步简化办事程序，提高办事效率，在法律规定的时限内办结环保审批手续；对不符合国家产业政策和环保要求的项目，尤其是国家明令禁止的项目坚决不予审批。

至2005年，审批各类建设项目307个，涉及机械加工及钢材深加工、物流和餐饮服务等行业，均无重污染项目，环境影响评价执行率达到100%；拒批国家禁止的土(小)项目以及化工、印染、酿造、纺织等项目120余个，报上级部门审批50余个，有效地控制了新污染源的产生。

控制污染排放量　2000年编制完成钢城区污染物总量控制“九五”计划，配合市环保局完成各年度城市环保综合治理考核工作。先后对全区40余家大气、水污染企业进行治理，达到外排污染物达标排放；关闭5000吨以下废纸制浆造纸厂，削减水污染物的排放量，坚持燃煤煤质申报制度，推广燃用低硫煤，从源头上控制污染物的产生量；加强对工业固体废物的综合治理，无危险废物排放；加强对重点污染源的监督管理，实施污染治理再提高工程，确保稳定达标排放；加强城市污水处理厂的监督检查，提倡中水回用和废水循环利用，实现污水资源化；推行排污总量控制制度，减少污染物排放量。

2005年编制完成钢城区污染物总量控制“十五”计划，年内，全区二氧化硫、化学需氧量、工业粉尘等主要污染物排放总量均控制在省、市政府下达的总量指标以内。

生态环境保护　2001年2月，钢城区被确定为大汶河源头重要生态功能保护区。区委、区政府成立领导机构，编制《大汶河源头重要生态功能保护区建设规划》，并组织实施。2004年和2005年，黄庄镇和里辛镇先后被省环保局命名为省级环境优美乡镇；棋山省级森林公园的自然保护区覆盖率保持在7.37%，森林覆盖率达到35%。开展创建“绿色学校”和“绿色社区”活动，2004年张庄社区被命名为“绿色社区”，艾山一中被命名为“绿色学校”。

环境目标管理

目标责任书　1999年始，钢城区区长每年与区内的钢城企业集团公司、莱芜市合成耐火材料公司、山东九龙集团公司、莱钢集团泰东实业有限公司、莱钢集团粉末冶金有限公司等重点企业和区建委、计委、公安分局、工商分局、水利局、农业局、林业局、土地局、卫生局等职能部门以及各镇(街道)等20个单位签订环境目标责任书。明确各级行政负责人和企业负责人的环境保护责任，理顺不同层次和各个部门在环保工作中的关系，层层落实环保工作任务。

2004年4月，为按期实施省统一部署的《南水北调东线工程山东段水污染防治总体规划》，确保莱芜段水质达到国家和省级要求，区政府与艾山街道、颜庄镇、黄庄镇、里辛镇、经济开发分区和区经贸局签订责任书，对各项任务进行分解落实。

环保目标　2001年墨埠铁路桥断面、颜庄河入汶河口断面水质达到国家或省规定的目标；对莱芜市合成耐火材料有限公司和钢城金矿实施限期治理，实现企业外排污染物达标排放。规定城市烟尘控制区范围，覆盖率达到100%。组织实施黄庄镇生态示范区建设。增加治理水土流失面积1000公顷，完成退耕还林面积300公顷，封山育林9000公顷，增加土地复垦面积433.33公顷。

治理后的南湖景点　（2005 年　摄）

治理效果　2005 年牟汶河上游河道两岸 1000 米范围内的选矿、钢渣处理厂等水污染项目全部关闭，厂（矿）的搬迁工作全部完成，钢城区全面完成年度目标任务。

第十一编

财税 金融

CAISHUI JINRONG

严细实快

齐鲁证券
QILU SECURITIES

第一章　财　政

第一节　财政体制

1986 年 9 月，境内各乡镇设立财政所。在此之前，境内财政收入支出均由县级财政部门负责。1991 年莱芜市财政税务局钢城分局成立，自此，境内方有较完备的财政管理体制。

1993 年莱芜市财政局对钢城区财政实行“核定收支，定额缴补，收入递增，比例包干”的财政体制，确定收支基数后，一切政策性支出，除省政府另有规定外，一律由区财政自负。体制外单独结算事项——区征收的耕地占用税 30%上缴省财政、20%上缴市财政、50%留用并分别入库。其它结算项目如耕地占用税收结算，“两金”超收、短收结算和农业税灾情减免等，按决算规定执行。

区财政局明确区、乡镇二级收支范围，重新确定乡镇的财政体制，按照“统一领导、分级管理”“事权与财权相统一”的原则进行重新划定。

1994 年国家实行“分税制”的财政体制，进行税制重大改革，把收入划分为中央收入、地方收入、中央和地方共享收入。在收入划分的同时，按上年的实际净上划中央收入数作为基数，保上年既得财力，实行税收返还的办法，新旧体制同时运行，年定额上缴按 10%递增。对上缴中央的收入，增长部分按 1∶0.30 进行返还。此体制实行之后，提高中央财政收入占全国财政收入的比重，地方开始根据不同产业对财政的贡献度，逐步把投资重点转向有利于地方财政增收的第一产业和第三产业，农业、服务业的发展得到加强。

1994 年市财政局对区财政进行调整，以 1992 年工商税收基数递增 8%后作为基础，按照 1993 年实际入库数上划中央税后的地方留成比例计算 1993 年工商税收基数，再按 7%计算收入递增、环比，收入递增部分相应减少区的定额补助数额。

1997 年市财政局对钢城区财政定额补助给予适当调整，将原体制规定的收入递增比例 7%包干取消，增加定额补助基数 93 万元。

1993～1999 年莱芜市补贴钢城区财政预算统计表

表 11－1－1　　单位：万元

年份＼项目	收入基数	工商税收基数	支出基数	定补	备注
1993	543	401.10	756.80	213.80	—
1994	558	236	897.25	339.25	—
1995	575	253	938.20	363.20	—
1996	593	271	938.20	345.20	—
1997	593	271	1031	438.20	取消递增 7%，增加定补 93 万元
1998	593	271	918	325.20	扣公安上划 113 万元
1999	593	271	918	325.20	—

区财政局办公楼

2002年1月1日，实行按企业隶属关系划分所得税、营业税收入的办法，对企业所得税、个人所得税和营业税收入实行按比例分享。所得税、营业税收入除中央、省分享外，市暂不与区分享。

第二节 收入与支出

收入

清代，境内财政收入以田赋为主。民国时期，财政收入主要靠税捐和民国政府补助。中华人民共和国成立后，财政收入主要以农业缴纳的税金为主。20世纪80年代后，以集体企业、乡镇村办企业所缴税和农业税为主。

1993年至2005年，全区地方财政收入共计65869万元；其中，工商税收45720万元、农业税收4128万元、企业所得税8088万元、行政性收费及罚没收入4945万元、专项收入及其它各项收入2988万元。

为保证财政收入，税务部门多措并举，防止税源流失。工商税收落实发票兑奖资金，加强社会综合治税；实行代扣代缴，实现税收收入的“源泉控管”；大力清理欠税，清查漏征漏管户，严厉打击各种偷、逃、抗、骗等涉税违法行为；实行集中清理，规范征管手段和纳税行为。农业税收方面，全面实行“三定”（定点、定时、定额）征收办法，规范征管程序、提高征管效率，保证农业税依法、公开、按时、足额征缴；顺利实现农税征管重心转移，对契税、耕地占用税实现自主征收。2005年征收契税232万元、耕地占用税403万元。非税收入方面，严格落实“收支两条线”“罚缴分离”制度，保证收入及时上缴国库或财政专户。

2005年通过招标、拍卖、挂牌出让等方式出让国有土地，实现政府收益480多万元；通过出售广告权、冠名权、重要商业位置出租等形式，实现国有资产收益60万元；通过招商、拍卖、租赁等形式盘活闲置国有资产，实现政府收益40万元。年内完成政府举债8400万元，集中调度投入重点项目建设。同时，加强各项土地资金的征收和各项欠账资金的回收。充分利用政府投资的吸附带动作用，吸引客商投资、经营者投资和民间投资。

支出

民国初期，境内财政支出主要用于行政与教育。

1949年至1986年，财政支出项目主要是公务人员工资、文教卫生事业费、救灾抚恤金以及支援工农业生产资金等。

钢城区国有土地使用权拍卖会现场 （2005年 摄）

1993～2005年钢城区财政收入统计表

表11－1－2 单位：万元

项目 年份	财政收入	工商税收	企业所得税	农业四税	行政性收费及罚没收入	专项收入及其它收入
1993	1283	1071	—	202	—	10
1994	1438	962	69	353	—	54
1995	1709	1267	153	177	—	112
1996	2125	1362	330	222	—	211
1997	2690	1815	376	193	—	306
1998	3133	1894	739	216	—	284
1999	3557	2351	561	240	—	405
2000	4002	2231	846	335	457	133
2001	4741	2048	1608	348	618	119
2002	4469	2619	477	417	788	168
2003	5658	3849	390	328	871	220
2004	10496	7215	827	532	1495	427
2005	20568	17036	1712	565	716	539
合计	65869	45720	8088	4128	4945	2988

1986年乡镇成立财政所，财政支出由乡镇财政所负责。支出项目主要包括机关工作人员工资、支援工农业生产和基础设施建设费、文教卫生计划生育事业费、救灾抚恤金以及行政支出等。1993年1月钢城区建立后，区财政坚持和实行"整合财力、有促有控、重点突出、集中投入"的原则，以保工资、保运转、保法定支出增长作为财政支出的重点，有计划地安排支援农业、发展工业、增加文教科卫等方面资金支出，增加城市建设的资金投入，优化支出结构。

1993～2005年钢城区财政支出统计表

表11－1－3 单位：万元

年份 类别	1993	1994	1995	1996	1997	1998	1999	2000	2001	2002	2003	2004	2005
财政支出合计	2201	3253	3509	3974	4680	5174	6194	6309	7614	9707	12292	18871	30105
企业挖潜类	—	—	—	—	—	—	—	421	148	—	—	—	1431
科技三费类	—	7	37	69	83	104	301	304	375	—	558	849	1314
支农支出类	190	410	319	443	430	597	714	611	821	—	1326	1763	2686
城市维护费类	280	393	475	441	440	459	512	411	436	—	1066	3235	7779
文教卫生事业费类	515	856	844	1142	1098	1517	1700	1750	2114	—	3528	4845	6588

续表 11-1-3

类别 \ 年份	1993	1994	1995	1996	1997	1998	1999	2000	2001	2002	2003	2004	2005
扶贫救济类	118	130	123	159	139	184	214	220	262	—	467	495	651
行政管理费类	326	649	652	699	1000	1238	1359	1009	1228	—	2202	2432	2632
公检法支出费类	97	146	200	—	314	188	205	220	311	—	527	663	870
价格补贴支出费类	18	19	—	—	—	—	—	6	6	—	—	4	13
其它部门支出类	476	353	323	498	501	398	736	759	859	—	785	1996	1920
专项支出类	—	—	—	523	—	464	68	113	168	168	321	509	878
其　它	181	290	566	—	675	25	385	485	886	—	1512	2080	3343

第三节　财政管理

1939年境内分属各县的民主政府成立财粮科，各区设财政（粮）助理员。1949年后，颜庄区、黄庄区均设财政（粮）助理员。1986年各乡镇组建财政所，每所配备3人～5人。财政所受乡镇政府和县（市）财政局双重领导。

1991年莱芜市财政税务局钢城分局成立。1993年2月，钢城区财政税务局成立，下设行政事业财务科、莱芜市会计师事务所钢城分所和财源建设办公室。

1994年11月，钢城区财政税务局分设为钢城区国家税务局、钢城区财政局、钢城区地方税务局，财政局与地方税务局合署办公。1998年10月1日，钢城区财政局正式独立办公，设有办公室、预算科和会计科等科（室）。

2003年2月20日，根据全省统一部署，成立钢城区住房公积金管理中心，为市属正科级事业单位。

2005年钢城区财政局下设办公室、预算科、农业科、行财科、经建科、会计科6个科（室）和3个副科级事业单位，有干部职工41人。全区共有艾山街道、颜庄镇、黄庄镇、里辛镇4个财政所。

预算外资金管理

1993年至1995年，对预算外资金的管理一直沿用“财政代管、专户储存”模式。1996年为适应社会主义市场经济对财政管理体制的要求，打破“两权不变”的旧观念，实行“两权归位”（还所有权于政府，还使用权于财政），建立“第二预算和财政专户储存、收支两条线”的管理模式。1998年按照《关于加强预算外资金账户管理的有关规定》，对预算外资金账户进行集中清理整顿，共清理银行账户153个，保留账户47个，撤销账户106个，重新开设账户6个，清理账户划转资金206万元。2002年3月，在内部管理上，实行“两为主、两配合”的管理办法，使预算外资金的收缴、管理、支出与稽查相分离，形成归口科室与综合科室的环环制约；在外部管理上，实行项目管理、项目审批制度，做到专款专用。年内，实现年项目审报率、票据使用合格率、款项交存率达到98%。

2003年在全区范围内对行政事业性收费、政府性资金实行“票款分离”制度和“单位开票、银行代收、财政统管”的管理办法，强化预算外资金的收支、项目审查和收费收支管理。配合纪委等部门开展预算资金大检查，严格预算外资金“收支两条线”管理，加强收支项目审查和以票据领购、款项缴存为重点的预算外管理，严肃财经纪律。

综合财政预算管理

1993年实行按人事部门人员编制分配经费的办法，改变按支出基数分配资金的惯例，加强预算编制，实行零基预算，单独编制部门预算外资金收支预算，细化部门项目预算，从严控制财政供养人口的增长。对公用经费支出，采用分类分档定额和

项目编制预算的办法；对经营性、竞争性项目，坚持走自我发展的路子，减轻财政负担。

社会保障基金管理

1999年全区社会保障体系建设纳入正常轨道，社会保障基金纳入财政基金专户管理547.40万元，缴存率达100%；其中，社会养老保险金516.70万元、农村养老保险金30.70万元。2000年1月，机关事业单位养老金根据莱政办发〔1997〕68号文件规定执行，单位按工作人员工资总额的16%缴纳，个人按月工资总额的2%缴纳；机关事业单位失业保险金根据莱劳社发〔1999〕21号文件规定，单位按工作人员月工资总额的2%缴纳，个人按月工资总额的1%缴纳。

2000年至2005年，将下岗职工基本生活保障并入失业保险，按应保尽保要求，扩大保障范围和内容，增加社会保障支出在财政预算中的比重，及时足额发放机关、企业离退休人员基本养老保险金、失业金、医疗保险金、城市最低生活保障金和农村救济补助金。

2000年建立起机关事业单位基本医疗保险制度，基本医疗保险缴费率为8%，用人单位按6%比例缴纳，职工个人按2%的比例缴纳，全部记入个人账户，用人单位从职工工资中代扣代缴，退休人员个人不缴费。用人单位缴纳的基本医疗保险费按不同比例划入个人账户，剩余部分作为基本医疗保险统筹基金。社会保障基金管理，取消违规账户，重新设立收入户、支出户、财政专户，真正实现“收支两条线”，保证专款专用。

2005年社会保障基金纳入财政基金专户管理3709万元，缴存专户率达到100%，社会保障基金支出完成1606万元，专项审批率达到100%，全区各类社会保障资金财政专存达到7759万元。

国库集中支付制度

2001年1月，钢城区财政局国库集中支付中心成立，实施国库集中支付制度。相应取消各预算单位的资金账户，在财政部门集中设立会计核算中心，对包括卫生、教育和城建在内的区直52个行政事业单位实行统一核算，统一办理和具体承担各预算单位的支出和会计核算业务。在对各单位实行经费包干的基础上，工资性支出继续实行财政统一发放工资的办法。

对购买性支出，按照政府采购的有关规定，分不同情况进行支付；对零星支出，实行备用金制度，各预算单位在每月的5日至25日集中到会计核算中心报账；对专项支出，实行跟踪管理，由财政归口科室提供用款计划，由会计核算中心按项目进度支付，为规范支付工作的开展制定出台《会计核算中心报账程序》《工作职责》《现金管理制度》《支票管理制度》等11项配套规定制度。

政府集中采购制度

2001年1月，成立钢城区财政局政府集中采购中心。本着“先易后难、积极稳妥”“公开、公平、公正、效益”的原则，制定政府采购计划编报办法、资金管理办法、政府采购工作程序、招投标工作程序、招投标现场纪律、采购项目责任追究制、采购项目一购一档制等8项办法和制度，建立采购品目库，严格政府采购工作程序，不断拓宽采购范围。

2001年至2005年，累计完成采购金额10022万元，节约财政资金1600万元，平均节约率达13.80%；其中，2005年共完成采购金额1878万元，材料采购金额1026万元，工程招标项目采购金额814万元，服务采购38万元，全年节约财政资金886万元，平均节支率达17.10%。

财政投资评审

2004年4月，钢城区财政投资评审中心成立。至2005年，共审计政府投资性项目136个，评审工程总额6276万元，评定总额5065万元，审减资金1211万元，平均审减率19.30%。

会计管理

1993年至2005年，全区有151人评为会计职称；其中，高级会计师6人、会计师145人。自2000年，组织全区会计人员继续教育。至2005年，共组织培训5次，有1000名会计从业人员参加继续教育培训考试，合格970人，合格率达97%。

第二章 税务

1946年黄庄税务检查站成立。1950年5月，颜庄税务所成立。1987年底，莱钢税务所成立。1990年底，黄庄税务所成立。1993年2月，钢城区财政税务局成立。1994年11月，钢城区财政税务局分设为钢城区国家税务局、钢城区财政局、钢城区地方税务局，财政局与地方税务局合署办公。1998年10月，钢城区财政局、钢城区地方税务局独立办公。2002年4月，钢城区国家税务局改设为莱芜市国家税务局钢城分局。2003年3月，钢城区农业税务局成立。

第一节 农税

农业税

中华人民共和国成立以前，俗称田赋。明初，按男丁、妇口派征银两，分“夏税”“秋税”两次交纳。清初，推行“地丁银”制度，将丁税（人头税）摊入地亩项下一起征收，所有耕地按土质优劣分为上地、中地、下地和等地4个等级。

抗日战争时期，抗日民主政府根据地将田赋改称给养（又称公粮），采取按区域征借粮款的办法支援抗日战争。在日伪军占领区则除正税、杂税外，还有名目繁多的杂捐和摊敛。1945年9月，国民政府颁布命令免征田赋1年，境内农户享受1年免税待遇。

中华人民共和国建立后，沿用清制，按地亩征税，实际征收银、米、麦3种。田赋改称农业税。依法征收粮食、油料、柴草等实物，被称为征实。境内实行稳定负担、增产不增税的政策，对因受灾害而减产地区依法减免。1950年实行以户为单位、按农业人口每人平均农业收入累计征收的税制。1952年实行有免征税额的累进税制。1956年开始按粮、棉比例评定常年亩产，确定平均税率，以农业社为单位，按社平均税率计征，由社代缴。1958年后，执行《中华人民共和国农业税条例》，实行地区差别比例税制，取消按人口扣除免征点的计税方法，计征到生产队。1979年实行起征点征税法，对人均口粮在起征点（人均每年360斤）以下的生产大队，免征农业税。1981年实行联产承包责任制后，农业税改集体交纳为农户交纳，以村为单位结算。建区前，农税征收由各乡镇财政所负责。

1993年粮食价格全部放开，农业税实行“实物征收、货币结算”“先征后购、先税后贷”的原则。在征收管理上，杜绝按人头、按地块和按村分配任务的做法，始终采用按税源据实征收、依率计征的办法。按莱芜市政府规定，新的农业税税率为6%，随同农业税征收40%的农业税附加。

2001年3月，开始进行农业税税制改革试点，成立农村税费改革领导小组，并举办农村税费改革培训班，培训人员350人，全面宣传税费改革。2002年5月，制定《钢城区农村税费改革（试点）实施方案》；同年，全区征收农业税508万元，其中正税363万元，附加税145万元；农业特产税97万元，其中正税81万元，附加税16万元；两项共计605万元，占地方财政收入的34.89%。

2003年3月，钢城区成立农业税务局，为副科级事业单位，隶属钢城区财政局。各镇（街道）和经济开发区的农税业务，由各镇（街道）和开发区财政所兼管。按照省政府农村税费改革会议精神，区政府制定实施新的农业税费改革方案，全区实行统一纳税登记、统一税收公示、统一纳税通知、统一完税凭证的“四统一”管理制度；同年，减免政府社会税负44万元，占征收任务的8%。灾歉减免共计170万元，占全年应税税额的31%，减轻农民负担。2003年全区共征收农业税546.79万元；其中正税390.57万元，附加税156.22万元，占地方财政收入的26.26%。

2004年1月，全区农业税税率降低3%，并同步降低农业税附加，全区农民人均负担由改革前105.04元降低到19.66元，减负率83%；3月23日，钢城区成立区粮食直补工作领导小组，开展粮食直补工作；4月农村税费改革全面展开，区农村税费改革的主要内容为：“三取消、两调整、一改革”（取消乡统筹费、农村教育集资等专门面向农民征收的行政事业性收费、政府性基金和集资项目；取消屠宰税；逐步取消劳动积累工和义务工；调整农业税政策；调整农业特产税政策；改进村提留征收使用办法）；5月落实粮食直补工作，全区共核实小麦面积2694.54公顷，按每公顷小麦210元标准进行补贴，全区共给41009户农民发放56.59万元粮食补助金。2004年全区共征收农业税261.52万元，其中正税186.80万元，附加税74.72万元，占地方财政收入的6.80%。2005年1月26日，取消农业税，结束了农业税征收的历史。

农业特产税

1983年国务院决定把农产品从农业税的课税范围中分离出来，按照农业特产品实际收入分品目核算税率，单独征收农业特产税。

1994年国务院决定将产品税中的应税农产品改为征收农业特产税。2002年莱芜市政府规定，随同农业特产税应纳税额征收一定比例的附加，大棚菜为10%，其它应税品目附加比例为20%。2004年4月，农村税费改革，农业特产税政策进行以减免为主要内容的调整。

耕地占用税

1987年4月1日，国家规定非农业生产建设征地、占用耕地都要按照《国务院关于〈中华人民共和国耕地占用税暂行条例〉》执行。耕地占用税税额为：以县为单位人均耕地在0.07公顷以下的（含0.07公顷）的地区，每平方米2元～10元；人均耕地面积0.07公顷～0.13公顷（含0.13公顷）的地区，每平方米1.60元～8元；人均耕地在0.13公顷～0.20公顷（含0.20公顷）的地区，每平方米1.30元～6.50元；人均耕地0.20公顷以上的地区，每平方米为1元～5元。农村居民占用耕地新建住宅，按上述规定税额减半征收。钢城区非农业生产建设用地统一定为每平方米5.30元。2005年全区征收耕地占用税403万元。

契税

1999年7月，国务院224号令发布《中华人民共和国契税暂行条例》，10月1日起实施。契税的适用税率为3%，其中个人购买自用普通住宅暂减半征收，应纳契税数额＝计税依据×税率。契税的征税范围是：国有土地使用权出让；土地使用权转让包括土地使用权出售、赠与和交换，房屋买卖、赠与和交换。

税务人员到农村宣传税法

第二节　国　税

1994年11月，财税机构分设后，钢城区国家税务局成立，下设城子坡、里辛、颜庄、寨子和黄庄5个乡镇税务所。1996年5个税务所合并为里辛分局、城子坡分局。1997年城子坡分局撤销，并入钢城区国家税务局。2002年4月，撤销钢城区国家税务局成立莱芜市国家税务局钢城分局，内设办公室、综合科、办税服务厅、税收管理一科、税收管理二科和税收管理三科。2005年全局有干部职工42人，辖区纳税人2853户。

税种

1994年税制改革之前，境内税种除农业税外，一般统称工商税，其征收由地方税务机构负责；同年，实行税制改革，工商税分为国税和地税两部分；11月钢城区国家税务局成立，负责征收和管理的税种有：增值税、消费税，铁道部门、各银行及保险公司集中缴纳的营业税、消费税、城市维护建设税，金融、保险企业缴纳的营业税中按照3%税率征收的部分，中央企业缴纳的所得税，中央与地方所属企业、事业单位组成的联营企业、股份制企业缴纳的所得税，地方银行、非银行金融企业缴纳的所得税，证券交易税，个人所得税中对储蓄存款利息所得征收的部分。

税款征收

莱芜市国家税务局钢城分局，贯彻国家税务总局深化征管改革的有关政策，以纳税申报和优化服务为基础，以计算机网络为依托，集中征收，依法治税，国税收入连年增长。1994年至2005年，累计完成收入33.50亿元。

征收管理

1994年境内税务工作人员开始用计算机进行纳税申报工作。1997年将税收征管的全过程纳入计算机管理，各科（室）、稽查局和基层征收单位都配备计算机，统一使用省国税局开发的STMIS软件。1996年起，对农村税收征管改革，按照“精简效能、属地管辖、分类管理、集中征收”的原则，科学设置农村基层征收机构，合理配置人员。依据税收征管职能和主要环节设立岗位，取消税务专管员“管户”制度，实行税收专业化管理，变“专管户”为“专管事”。各基层征收机构设立征收服务厅或柜台，在征收服务厅内设置管理服务、征收会计等岗位窗口，以集中公开方式为纳税人提供各种服务，办理各种涉税事宜。1999年成立个体税收管理分局，强化个体私营税收的征管。2002年4月，强化重点税源精细化管理，始终把强化对莱钢等大企业税源精细化管理作为工作重点，专门设置莱钢税源监管小组，明确岗位责任和日常管理办法，实行动态、全程监控管理；强化发票控管，从加强普通发票管理入手，在商业零售和修配件行业开展普通发票即开即奖活动，取消手工版发票，全面推行电脑版普通发票；同时严把发票管理的“调查关、审核关、发行关、发售关、注销关”，制定《钢城

税款征收宣传

（2005年　摄）推行进项税额抵扣精细化管理

分局进项税额抵扣精细化管理办法》，强化对增值税进项税额抵扣管理，全面推行“电脑定税、网上申报、网上纳税、税银联网”等一系列管理办法。至2005年，一般纳税人全部实现网上申报，专用发票网上认证率达到100%。

第三节　地　税

1994年11月，钢城区地方税务局成立，与区财政局合署办公。1998年10月1日，钢城区地方税务局独立办公，下设办公室、会计科、税政科、征管科、城子坡税务所、颜庄税务所、黄庄税务所、里辛税务所、寨子税务所、稽查局和直属征收分局。2002年4月，钢城区地方税务局改设为莱芜市地方税务局钢城分局。2005年有干部职工62人。

税种

1994年实行税制改革，将工商税分为国税和地税两部分；11月钢城区地方税务局成立，负责全区各类企业和个体工商户的地方税征收征管工作，主要税种有营业税、地方企业所得税、个体所得税、资源税、城镇土地使用税、城市维护建设税、印花税、土地增值税、房产税（城市房地产税）、车船使用税（车船使用牌照税）、固定资产投资方向调节税、屠宰税、教育费附加和文化事业建设费等。

税收管理

2002年4月，莱芜市地方税务局钢城分局成立后，对区内的纳税户进行统一摸底，根据摸底的情况制定大、中、小户齐抓共管的管理模式。

2005年根据钢城区的实际情况，按照“抓大控中定小”的工作思路，对税源实行整体监控，对全区纳税业户进行科学合理的分类，改变原来大、中、小户齐抓共管的管理模式，对大户实行重点监控、专人管理的监控模式，建立税源监管档案，落实重点税源分析制度和纳税人重大经济事项报告制度。对税源大户实行重点管理；对中户通过健全完善征管责任区制度、推行行业分类、实行纳税评估和纳税信誉等级管理等措施进行管理；对小户主实行微机定税、核定征收等管理方法。

稽查管理

莱芜市地方税务局钢城分局以“一户式”电子档案管理系统为基础，建立税务稽查预警监控体系，确定稽查对象。按照《中华人民共和国税收征收管理法》《税务稽查工作规程》要求，规范工作流程、办案标准、取证内容和文书格式，明确执法责任，制定详细的办案质量标准。同时，建立“细化管理、优质服务、相互促进、提高质效”的互动工作机制，开展阳光稽查、温馨稽查，提高对纳税人的服务水平，提升服务质效。加大对偷、逃、抗、骗等税收违法案件的查处工作，发现和分析偷逃税行为的新特点和新规律，加大稽查力度，提高稽查效果。1998年成立稽查局，配备工作人员8人。至2005年，重点检查纳税户450户，查处偷、逃、抗、骗税案件230起，查补入库税款2000余万元。2000年至2005年，地方税收收入分别为2549万元、3057万元、3498万元、4278万元、7057万元、1.39亿元。

税收征管宣传

第三章　金　融

第一节　货　币

1993年10月，下古墩村出土的春秋时期的天然贝币和骨、石质仿贝币，为境内发现最早的流通货币。

明代以前，境内流通货币以历朝历代铸造的方孔钱（铜钱）为主。宋代，兼有少量铁钱流通。明初，开银禁后，以铜钱、银锭和大明宝钞为主要流通货币。《明史》记载："朝野率皆用银，其小者乃用钱，惟折官俸用钞"。

清代，境内主要参与流通的货币有方孔钱（铜钱）、铜元、银元、银锭等。随着外国势力的入侵和经济交流，部分外币也在境内流通，主要有鹰洋、站人洋、日本的宽永通宝和安南（今越南）的景兴、光中通宝等。

民国元年（1912年），除沿用清朝货币外，开始流通民国政府发行的开国纪念币银元（币面有孙中山侧面半身头像）。1914年开始流行北洋政府发行的银币，银币正面印有袁世凯头像，俗称"袁大头"。境内曾有店铺、钱庄、商号发行过"庄票""钱票"。1928年重新发行流通孙中山头像开国纪念银币。1933年开始流通印有帆船图案的银币，俗称"船洋"。1935年国民政府实行币制改革，规定中央银行、中国银行、交通银行、中国农民银行发行的纸币为"法币"，境内以"法币"代替银元流通。1936年流通过国民政府发行的铜铸辅币。

1938年日军侵占莱芜后，发行"军用票"（俗称"老头票"），后伪华北联合政府成立中国联合准备银行，发行"联银券"，都在境内流通过。1938年秋，山东省在胶东抗日根据地成立的北海银行所发行的北海币在境内流通。1939年民国山东省政府成立的民生银行发行省库券，与"法币"同时在境内流通。1939年至1940年，境内曾流通过农民合作社印钞所印制发行的伍分、壹角、贰角、伍角4种纸币。1945年8月，根据山东省政府要求，境内以北海币为主币，同时

历代古钱　（1983年　摄）

银币、铜币　（1992年　摄）

纸币　（1991年　摄）

流通冀南币、鲁西币、华中币、晋察冀边币和西北农民银行币等货币。

1948年12月，中国人民银行成立，开始发行第一套人民币，共12种面额、62种版别，即壹元券2种、伍元券4种、拾元券4种、贰拾元券7种、伍拾元券7种、壹佰元券10种、贰佰元券5种、伍佰元券6种、壹仟元券6种、伍仟元券5种、壹万元券4种、伍万元券2种。此后境内所有地方币及“法币”一律收兑停用。第一套人民币取代民国时期的货币，1955年5月10日停止流通。

1938～1955年境内各种纸币币值比价一览表

表11-3-1　　　　单位：元

时　间	比　价		时　间	比　价	
1938.08.08	伪联币90	法币100	1948.12.01	旧人民币1	冀南币100
1939.02.20	伪联币60	法币100	1948.12.01	旧人民币1	鲁西币100
1942.04.10	关金1	法币20	1948.12.01	旧人民币1	华中币100
1945.11.22	法币1	伪联币5	1948.12.01	旧人民币1	晋察冀边币100
1948.08.19	金元券1	法币300万	1948.12.01	旧人民币1	西北农民银行币2000
1948.10.01	北海币200	金元券1	1955.03.01	新人民币1	旧人民币10000
1948.12.01	旧人民币1	北海币100			

1955年3月1日，发行第二套人民币，币值有壹分、贰分、伍分、壹角、贰角、伍角、壹元、贰元、叁元、伍元、拾元11种券别，同时收回旧币，新旧币的折合率为1∶10000元。1956年发行2分辅币硬币。1964年4月15日，限期收回1953年版叁元、伍元、拾元券；5月15日，停止收兑和流通使用。1953年版、1960年版、1962年版壹角券，1953年版贰角券，1953年版、1956年版壹元券，1953年版贰元券，在银行内部实行“只放进、不付出”。

1962年4月20日，中国人民银行发行第三套人民币，币值有壹分、贰分、伍分、壹角、贰角、伍角、壹元、贰元、伍元、拾元10种券别。1980年至1986年，中国人民银行发行1角、2角、5角锌合金币和1元的铜镍合金币，俗称“长城币”，境内少量流通。2000年7月1日起，停止第三套人民币的流通使用。1980年至1986年发行的1角、2角、5角、1元硬币也停止使用。

1984年10月1日，为庆祝中华人民共和国成立35周年，中国人民银行开始发行流通纪念币，与人民币等值流通。至2005年，境内共发行62种。纪念币主要以收藏为主，基本不参与流通。

1987年4月27日，中国人民银行发行第四套人民币，首先发行50元和5角券。1988年5月10日，发行100元、2元、1元和2角纸币；9月22日，发行10元、5元、1角纸币。1992年6月1日，发行1元、5角、1角硬币；8月20日，发行1990年版50元、100元纸币。1995年3月1日，发行1990年版1元纸币。1996年4月10日，发行1990年版2元纸币。1997年4月1日，发行1996年版1元纸币。

1999年10月1日，为适应经济发展和社会进步的需要，改进币种结构，提高印刷技术，增强防伪功能和机读性能，开始发行第五套人民币，币值（纸币）有1元、5元、10元、20元、50元、100元券，硬币有1角、5角、1元币。2000年11月28日，中国人民银行发行“迎接新世纪”纪念钞1套，面额为100元。2005年8月31日，在1999年发行的第五套人民币的基础上，对人民币进行新的防伪技术改进，年号由1999年改为2005年，币值有5元、10元、20元、50元、100元5种券别，俗称“2005”版币，同时发行镍镁合金1角币。第四、五套人民币成为境内主要流通货币。

至2005年，中国人民银行共发行五套人民币。境内人民币流通量，随着经济的发展快慢而增减。

中华人民共和国成立后，硬分币有壹分、贰分、伍分三种面值，每枚硬分币正面镌有中华人民共和国国徽、国名，背面镌麦穗、面值、年份。硬分币自1957年12月1日开始发行。第一枚壹分币和伍分币是1955年铸造，第一枚贰分币是1956年铸造。至2005年，累计发行用于流通的硬分币67枚，其中壹分币27枚、贰分币24枚、伍分币16枚。

1984～2005年境内发行流通（普通）纪念币情况表

表11－3－2

序号	名　称	发行时间	序号	名　称	发行时间
1	中华人民共和国成立35周年	1984.10.1	20	第43届世界乒乓球锦标赛	1995.4.11
2	西藏自治区成立20周年	1985.9.1	21	中国抗日战争和世界法法西斯胜利50周年	1995.8.31
3	国际和平年	1985.9.20			
4	新疆维吾尔自治区成立30周年	1985.10.1	22	联合国第4次世界妇女大会	1995.8.31
5	内蒙古自治区成立40周年	1987.7.30	23	联合国成立50周年	1995.10.14
6	中华人民共和国第六届运动会	1987.11.20	24	中国珍稀野生动物—金丝猴	1995.11.17
7	宁夏壮族自治区成立30周年	1988.9.20	25	朱德诞辰110周年	1996.11.27
8	中国人民银行成立40周年	1988.12.1	26	周恩来诞辰100周年	1996.12.8
9	广西壮族自治区成立30周年	1988.12.1	27	中国珍稀野生动物—白鳍豚	1996.12.18
10	中华人民共和国成立40周年	1989.9.28	28	中国珍稀野生动物—华南虎	1996.12.18
11	第十一届亚洲运动会	1990.8.22	29	中华人民共和国香港特别行政区成立	1997.7.1
12	全民义务植树10周年	1991.3.2			
13	中国共产党成立70周年	1991.6.18	30	中国珍稀野生动物—丹顶鹤	1998.6.1
14	第一届世纪女子足球锦标赛	1991.11.1	31	中国珍稀野生动物—朱鹮	1998.6.2
15	宪法颁布10周年	1992.11.27	32	中国珍稀野生动物—褐马鸡	1998.10.23
16	宋庆龄诞辰100周年	1993.1.16	33	中国珍稀野生动物—扬子鳄	1998.10.23
17	中国珍稀野生动物—大熊猫	1993.9.13	34	刘少奇诞辰100周年	1998.11.21
18	毛泽东诞辰100周年	1993.12.26	35	中华人民共和国澳门特别行政区成立	1999.7.10
19	希望工程实施5周年	1994.10.29			

续表 11－3－2

序号	名　称	发行时间
36	中国珍稀野生动物—金斑喙凤蝶	1999.7.15
37	中国珍稀野生动物—中华鲟	1999.7.15
38	中国人民政治协商会议成立 50 周年	1999.9.16
39	中华人民共和国成立 50 周年	1999.9.20
40	敦煌藏经洞发现 100 周年	2000.6.22
41	辛亥革命 90 周年	2000.7.11
42	世界文化遗产—万里长城	2000.8.8
43	世界文化遗产—秦始皇陵及兵马俑坑	2000.8.15
44	西藏和平解放 50 周年	2000.9.2
45	迎接新世纪	2000.11.28
46	2003 年贺岁羊	2003.1.16
47	中国宝岛台湾—赤嵌楼	2003.10.15
48	中国宝岛台湾—朝天宫	2003.10.18
49	世界文化遗产—北京故宫	2003.11.15
50	世界文化遗产—曲阜孔庙、孔林、孔府	2003.11.17
51	2004 年贺岁猴	2004.1.11
52	中国宝岛台湾—鹅銮鼻	2004.8.17
53	中国宝岛台湾—日月潭	2004.8.17
54	人民代表大会成立 50 周年	2004.10.13
55	邓小平诞辰 100 周年	2004.10.17
56	世界文化遗产—周口店“北京人”遗址	2004.11.16
57	世界文化遗产—苏州古典园林	2004.11.16
58	2005 年贺岁鸡	2005.1.27
59	世界文化遗产—青城山与都江堰	2005.6.04
60	世界文化遗产—丽江古城	2005.6.10
61	陈云诞辰 100 周年	2005.6.13
62	中国宝岛台湾——敬字亭	2005.10.28

第二节　银　行

钱庄

据《莱芜市志》(1991)载，20 世纪 30 年代，境内颜庄有 7 家钱庄，分别是祯祥号，经营油坊，兼营放债；恒聚永号，经营商贸，兼营放债；瑞盛恒号，经营布匹，兼营放债；玉顺成号，经营酒店，兼营放债；光玉号，经营油坊，兼营放债；河顺恒号，经营铁器，兼营印票子；增聚号，经营商贸，兼营放债。日军侵占莱芜后各钱庄相继倒闭。

商社

20 世纪 30 年代初，境内出现调剂金融的机构，是由若干社员组织而成，资本定为若干股，每股 50 元，每名社员所购股票不得超过 4 股。开会时每人只有一次表决权，几人合购 1 股者，只能推选代表 1 人出席会议。商社成立时，由商会担保，可发行辅币兑换券。商社均以放债为主要业务，所放款以其发行的兑换券抵充。1931 年颜庄区商社成立，为合资经营，资金 5000 元。日军侵占莱芜后停业。

莱芜市农村信用合作联社钢城信用社

1953 年 9 月，颜庄区信用合作社成立，大村或联村设有代办员办理业务。1954 年成立黄庄区信用合作社。1958 年 10 月，境内的信用合作社与人民银行基层营业所合为颜庄、郑王庄、黄庄 3 个信

农村信用合作社艾山分社办公楼

用部。1959年3月，随着公社调整，信用社部分点改设信用合作社，颜庄公社下设颜庄、港里、澜头、清泥、里辛、郑王庄和棋山7个信用合作社。1972年合并为颜庄信用社，在7个管理区设7个代办点。1973年黄庄公社信用合作社成立，同时，分片设立信用代办站。1977年境内信用合作社与农业银行营业所合署办公，由农业银行统一领导与管理。

1994年5月，莱芜市钢城区农村信用合作社联合社建立，设立财务会计科、计划信贷科、审计监察科、人事综合科4个科（室），辖寨子信用合作社、黄庄信用合作社、颜庄信用合作社和城子坡信用合作社4个乡镇信用社；12月成立钢城区里辛信用合作社。1995年底，区农信社辖营业部1个、乡镇信用合作社5个、储蓄所15个、信用站82个。1996年农村信用社与农行脱钩；储蓄网点32个，建立储蓄所11个，10个储蓄所升格为分社，代办站发展到116个。1998年6月，莱芜市钢城区农村信用合作社成立，撤销各乡镇（街道）信用社法人资格，实行区级一级法人管理体制，辖黄庄、城子坡、里辛、寨子和颜庄信用分社5家一级分社，储蓄所25个。2002年对天和分社、钢都分社、里东分社、沙岭子分社进行撤并，并对未注销的5家二级分社进行注销，所辖营业网点22个，所有储蓄所均升格为分社。2005年7月，莱芜市农村信用合作联社成立，撤销区农村信用合作社，成立由其直管的钢城信用社。

中国工商银行股份有限公司莱芜钢城支行

1984年4月，中国工商银行莱芜市支行成立，在境内设城子坡办事处、潘西分理处及西港、潘东、铁铜沟、张庄、一铁储蓄所。1987年铁铜沟、张庄储蓄所、潘东储蓄所改为分理处。1993年1月，中国工商银行莱芜市钢城区支行成立，内设办公室、储蓄科、会计出纳科、人劳科、保卫科，下辖城子坡办事处、潘西储蓄所、潘东储蓄所、张庄储蓄所、铁铜沟储蓄所、西港储蓄所和上峪储蓄所，有员工52人。1996年下半年，内设办公室、人事劳动科、存款科、科技科、营业室、计划信贷科、保卫科，下辖迎宾、张庄、潘西、潘东、城子坡、铁铜沟、硫酸厂、新兴、上峪、运输部、钢城路、特钢和新区等13个营业网点。2001年8月，实行机构人事制度改革，内设机构改为“三部一室”，即保卫部、营业部、公司业务部、办公室。2005年10月，改设为中国工商银行股份有限公司莱芜钢城支行，年末共有员工135人。

工商银行钢城支行办公楼 （2005年 摄）

中国银行钢城支行办公楼

中国银行股份有限公司莱芜钢城支行

1993年7月，中国银行莱芜钢城支行成立，设办公室、存汇科、信贷科、营业部，下辖二铁、东区、城子坡和锻压厂4个储蓄所。2004年底，下辖城子坡分理处、新兴分理处、东区支行、动力部分理处、二铁支行和锻压支行6个营业网点。2004年8月改设为中国银行股份有限公司莱芜钢城支行。2005年有员工75人。

中国建设银行股份有限公司莱芜钢城支行

中国建设银行莱芜钢城支行的前身是莱芜钢铁厂专业支行，1973年建立，1974年1月，对外挂牌营业。1981年9月，莱芜钢铁厂专业支行改为办事处，划归中国人民建设银行莱芜县支行管辖。1985年主要经营莱芜钢铁厂的基建拨款及拨改贷款业务。1986年10月，开始办理现金出纳业务。1987年6月，莱钢办事处划出直属建行泰安市分行，内设业务、会计科。1988年2月，全面办理存、贷款业务，营业网点发展到7个。1991年底，成立房地产信贷部，承办莱芜钢铁总厂的政策性房产金融业务。

1992年12月，中国人民建设银行莱芜市分行成立，莱芜钢铁厂专业支行由泰安市分行划归中国人民建设银行莱芜市分行。1993年10月，中国人民建设银行莱芜市钢城区支行成立，与莱芜钢铁总厂专业支行一套机构、两块牌子合署办公。1995年成立信用卡业务部。2003年9月，房地产信贷部升格为支行，收归中国建设银行莱芜市分行直管；10月不再同时挂中国建设银行莱芜钢铁总厂专业支行牌子。2004年10月，改设为中国建设银行股份有限公司莱芜钢城支行。2005年3月，鑫兴分理处、铁铜沟分理处收归中国建设银行莱芜市分行直管。

2005年底，设客户服务部、综合部和营业室，共有员工18人。

中国农业银行莱芜市钢城区支行

1987年中国农业银行莱芜市支行在境内成立颜庄信用社、城子坡办事处和张庄分理处。1993年1月，中国农业银行莱芜市钢城区支行成立，设办公室、计划信贷科、财务会计科、信用合作科4个

建设银行钢城支行营业部

农业银行钢城区支行办公楼　　（2005年　摄）

科(室),下辖城子坡办事处、信用社;颜庄办事处、信用社;黄庄办事处、信用社;寨子营业所、信用社;张庄分理处;颜庄信用社里辛分社;黄庄信用社西冶分社;茶峪储蓄所;周家坡储蓄所;朱家庄储蓄所。有干部职工119人。

1994年4月,实施基层银行信用社分门办公;5月设置黄庄储蓄所、颜庄储蓄所、第六储蓄所和第八储蓄所;10月设置里辛营业所。1995年第八储蓄所更名为第四储蓄所。1996年农业银行与信用社脱钩,信用社交由莱芜市农村金融体制改革领导小组办公室负责管理。1998年7月,撤销颜庄储蓄所、第六储蓄所;8月设立中国农业银行钢城支行营业部;9月撤销黄庄办事处、里辛营业所和张庄分理处。2000年8月,第四储蓄所迁址潘西煤矿;9月黄庄储蓄所迁址西港煤矿,撤销寨子营业所。2002年8月,根据商业化经营的需要,莱芜市分行实施"扁平化"机构改革,取消支行级的管理权限,保留支行牌子,仍为支行级营业单位,所属营业机构统一上收由中国农业银行莱芜市分行管理。

2005年,钢城辖区内农业银行营业机构经过调整和撤并,有:中国农业银行莱芜市钢城区支行、中国农业银行莱芜市分行颜庄分理处、中国农业银行莱芜市分行永兴分理处、中国农业银行莱芜市分行钢都分理处和中国农业银行莱芜市分行金鼎花园分理处。

莱芜市商业银行钢城支行

1992年12月,莱芜市钢城城市信用合作社成立,地处张庄铁流路中段,设营业室1处,人员为3人。1994年增设东区营业室,张庄营业室改为张庄分社。至1996年,陆续建立特钢分社、铁铜沟分社、新兴分社、城南分社和城子坡储蓄所。

莱芜市商业银行钢城支行营业大厅　(2005年　摄)

1997年10月,建成钢城城市信用社营业大楼,内设营业室、储蓄部、办公室、业务科、保卫科和事后监督部,下辖张庄、东区、铁铜沟、城南、新兴、特钢分社及运输部储蓄所(城子坡储蓄所)7个营业网点,人员增至46人。1998年4月,莱芜4家独立法人信用社由中心社归口管理,钢城城市信用社设营业室,下辖张庄、钢都(原东区分社)、钢花(原城南分社)、特钢、新兴、铁铜沟和永兴(原运输部储蓄所)分社7个网点。2001年6月,改制为莱芜市城市信用社钢城办事处;10月,铁铜沟分社合并到营业室。2004年6月,汇鑫办事处成立。

2005年7月,莱芜市城市信用社钢城办事处改设为莱芜市商业银行钢城支行,内设营业部、业务科、保卫科和办公室。钢花、汇鑫、特钢、新兴、钢都、永兴和汇隆(原张庄办事处)7个办事处改为支行,有员工104人。

第三节　储蓄　存款　贷款

1993年1月钢城区建立后,随着经济社会的发展,居民收入逐年提高,金融机构存款余额、居民储蓄存款余额和金融机构贷款余额逐年增加。

1993～2005年钢城区金融机构存款余额统计表

表11－3－3　　单位：亿元

年份	1993	1994	1995	1996	1997	1998	1999	2000	2001	2002	2003	2004	2005
余额	3.31	5.82	7.33	9.86	11.83	15.26	16.62	24.01	24.50	35.22	48.08	61.53	73.27

1993～2005年钢城区居民储蓄存款余额统计表

表11－3－4　　单位：亿元

年份	1993	1994	1995	1996	1997	1998	1999	2000	2001	2002	2003	2004	2005
余额	2.40	4.51	6.03	8.12	9.04	11.78	12.79	7.45	8.40	18.34	22.06	22.80	30.03

1993～2005年钢城区金融机构贷款余额统计表

表11－3－5　　单位：亿元

年份	1993	1994	1995	1996	1997	1998	1999	2000	2001	2002	2003	2004	2005
余额	—	—	—	—	—	12.61	13.46	15.23	18.10	25.69	31.04	71.54	93.29

莱芜市农村信用合作联社钢城信用社

1994年全社各项存款余额7307万元，储蓄余额6188万元，对公存款789万元。1996年末，各项存款余额10859万元，储蓄存款余额9705万元，对公存款余额1154万元，低成本存款余额2613万元，占24.10%。1998年各项存款余额16971万元；其中，储蓄存款余额14074万元，对公存款余额2897万元，低成本存款比重达到32.60%。2002年全社各项存款余额达到46292万元，完成全年任务的252.70%，增长幅度61.80%；其中，储蓄存款余额达到23035万元，对公存款余额23257万元，占新增存款的88.90%，低成本存款占44.74%，股金金额达到4708万元，完成扩股计划的129%。2004年全社各项存款余额达到71555万元，完成全年任务的140%；其中，储蓄存款余额达到36936万元，对公存款余额达到21879万元，分别占各项存款的51.60%和30.60%。

1994年底，各项贷款余额5259万元，农业贷款余额1966万元，乡镇企业贷款3239万元，累计发放各类贷款6870万元，重点支持全区“二高、一优”农业和“菜篮子”工程。1995年贷款余额6249万元；其中，农业贷款2745万元，乡镇企业贷款3504万元，分别占44%和56%。全年累计发放贷款7127万元；其中，农业贷款3306万元，支持种养业3200户，水利等农业基础设施建设16项，农副产品加工、供销项目1280个，良种开发项目86个，支持林果基地建设80公顷。1996年底，各项贷款余额

钢城农村信用社营业大厅　　（2005年　摄）

7726万元；全年累计发放贷款14331万元，农贷7549万元，乡镇企业贷款6782万元，向全区重点项目累计投入386万元新增贷款。1998年各项贷款余额12542万元；其中，农业贷款余额8989万元，占71.70%，年内新增农业贷款888万元，占新增贷款的44%；工商业贷款余额3553万元，占28.30%。累计发放各类贷款15350万元，其中农业贷款7680万元，占50%，盈余12.80万元。

工商银行莱芜钢城支行营业大厅　　(2005年　摄)

2002年各项贷款余额达到31772万元，增长22.70%，其中，农业贷款余额达到23183万元，占比73%，占新增贷款的75.40%。全年累计发放各类贷款22.3亿元，比2001年增加15亿元。2005年全年累计发放各类贷款36.30亿元，累计发放各类农业贷款32亿元。农业贷款重点支持农业生产、菜篮子工程、农村商品流通及个体私营经济发展。

中国工商银行股份有限公司莱芜钢城支行

1993年末，各项存款余额1.80亿元；其中，储蓄存款1.50亿元，对公存款4160万元，各项贷款2.20亿元，实现利润600多万元。2004年“一逾两呆”不良贷款余额2580万元，占比为1.17%；各项业务收入1.50亿元；其中，贷款利息收入9494万元，收息率为100%，中间业务收入333万元，各项业务支出7551万元，实现利润6837万元。2005年末，各项存款余额13.10亿元(不含外币储蓄)；其中，人民币储蓄存款余额9.35亿元，日均余额8.93亿元，人民币对公存款余额10.37亿元，日均余额7.43亿元。各项贷款余额27.56亿元；其中，项目贷款15.36亿元，个人住房贷款余额2.35亿元，个人消费贷款余额4.03万元。

中国银行股份有限公司莱芜钢城支行

1993年建行之初，人民币一般性存款仅数万元，2004年为89344万元。外汇存款从零起步，2004年为838万美元。2005年人民币存款为12.05亿元，外币存款为772万美元。

中国银行莱芜钢城支行营业大厅　　(2005年　摄)

2004年信贷投放为7.16亿元；其中，人民币贷款43825万元，外汇贷款3350万美元。2005年人民币贷款为8.38亿元，外币贷款为5550万美元。根据钢城的实际情况，重点资金投向为莱芜钢铁集团有限公司。2004年12月，向莱钢集团投放26834万元，支持莱钢集团的“十五”技改项目和企业的规模化发展。根据客户的需求，推出个人存单质押贷款、汽车消费贷款和个人住房贷款等业务品种，累计投放消费贷款7376万元。至2005年，信贷不良余额不足0.28万元，不良率0.04%，外币综合收息率为99.99%。

2000～2005 年中国银行莱芜钢城支行年末存贷款余额统计表

表 11－3－6

项目 年份	人民币存款（万元）	外币存款（万美元）	人民币贷款（万元）	外币贷款（万美元）
2000	30809	217	8343	500
2001	47404	213	21540	1900
2002	61016	425	26952	2502
2003	81072	180	40529	3172
2004	89344	838	43825	3350
2005	120500	772	83800	5550

中国建设银行股份有限公司莱芜钢城支行

1994 年 5 月至 2003 年底，各项存款额 31427 万元；其中，个人储蓄存款 17232 万元，企业存款 13937 万元，贷款余额 19450 万元，不良率为 3.56%。2003 年进行各项改革，推行双竞双聘，建立健全激励机制，调动全员积极性，激活人力资源。2004 年底，各项存款余额 76874 万元，各项贷款余额达 19.74 万元，不良率为 0.04%。办理银行承兑汇票 4 亿余元，主要投向莱钢及其子公司、民营企业和低风险业务。2005 年底，各项存款余额 2.89 亿元，各项贷款余额 6722 万元，不良率为 0.50%。

中国农业银行莱芜市钢城区支行

1993 年末，存款总额 11919 万元，贷款 7856 万元。2003 年末，存款总额 68133 万元，贷款总额 60224 万元。

1993 年至 1998 年，累计发放农业贷款 3.20 亿元。1998 年为莱芜钢铁集团有限公司投入贷款 1.50 亿元，累计签发银票 2.70 亿元。1999 年 1 月 18 日，向钢城区房地产开发公司发放住房开发贷款 1000 万元，用于泉山小区经济适用住房建设项目的开发建设。2000 年为莱芜钢铁集团有限公司公开统一授信 4.50 亿元。2002 年 5 月 16 日，向山东莱钢万力型钢有限公司发放短期流动资金贷款 500 万元，内部统一授信 2000 万元。2003 年 4 月 25 日，对莱芜钢铁集团有限公司公开统一授信 10 亿元；其中，莱钢集团有限公司及其子公司使用 8 亿元，莱芜钢铁股份有限公司使用 2 亿元。

2003 年为莱芜钢铁集团有限公司钢结构及大型 H 型钢生产线技术改造项目贷款 11.50 亿元。

莱芜市商业银行钢城支行

1993 年存款余额 564 万元，贷款余额 540 万元。2001 年调整工作思路，确定以教育储蓄存款为工作重点；年末，各项存款余额 4.71 亿元；其中，储

农业银行莱芜市钢城区支行营业大厅　　（2005 年　摄）

蓄存款1.07亿元，单位结算存款1.20亿元，贷款余额3.49亿元。2003年与莱钢天元气体、鲁银带钢分公司、莱钢集团银山型钢等企业密切合作；年末，各项存款余额10.32亿元；其中，储蓄存款余额2亿元，单位存款4.30亿元，贷款余额3.97亿元，实现利润2029万元。

2002年，城市信用社钢城办事处营业部被团中央授予国家级"青年文明号"

2005年陆续开办银行卡业务、国际结算业务、理财业务、票据业务等强势业务品种，票据业务涉及广州、深圳等地的数家企业和银行；年末，各项存款余额19.52亿元；其中，储蓄存款4.24亿元，对公存款余额15.28亿元，贷款余额6.67亿元，营业收入17271万元，实现利润3673万元。

2001年4月，莱芜市商业银行钢城支行被评为"省级青年文明号"；12月，钢城办事处团支部被评为全国"五四红旗团支部"。2002年4月，钢城办事处营业部被评为国家级"青年文明号"。2003年钢城办事处被评为省级爱国卫生示范单位、全省"公民道德建设示范点"。

1993～2005年莱芜市商业银行钢城支行年末存贷款余额统计表

表11－3－7　　单位：万元

年份\项目	存款	贷款	年份\项目	存款	贷款
1993	564	540	2000	16989	12666
1994	1182	772	2001	47118	34923
1995	3323	1951	2002	64864	33876
1996	6160	3935	2003	103250	39748
1997	8823	9983	2004	154321	61319
1998	12113	9020	2005	195210	66682
1999	13039	9002			

第四节　保　险

财产保险机构沿革

中国人民财产保险股份有限公司莱芜市钢城支公司　1992年根据业务发展的需要，中国人民保险公司莱芜市支公司在钢城设置分支机构：中国人民保险公司莱芜市支公司驻莱钢办事处，配备主任1人、副主任1人、业务员7人。1993年2月23日，在莱钢办事处的基础上，成立中国人民保险公司莱芜市分公司钢城支公司，设经理室、人秘科、业务科、财务科和营业室。1996年公司进行产、寿险分业经营；3月开始清产核资，人员分流；5月分别成立中保财产保险有限公司莱芜市钢城支

人民保险公司钢城支公司办公楼

公司和中保人寿保险有限公司莱芜市钢城区支公司。分业经营后，中保财产保险有限公司莱芜市钢城支公司设经理室、办公室、计财科、营业室、莱钢业务部、乡镇业务部和理赔科，并在莱钢总厂及5个乡镇(街道)均设立代办机构。1999年1月，中保财产保险有限公司正式恢复人保品牌，5月更名为中国人民保险公司莱芜市钢城支公司。2003年7月，中国人民保险公司重组改制为中国人保控股公司，公司更名为中国人民财产保险股份有限公司莱芜市钢城支公司。

太平洋财产保险股份有限公司钢城支公司　2002年9月，太平洋财产保险公司钢城业务部成立。2005年有员工30余人。

天安保险钢城营销服务部　2003年6月，天安保险钢城营销服务部成立。2005年有员工8人、营销员50余人。

财产保险主营业务

中国人民财产保险股份有限公司莱芜市钢城支公司　主要办理的险种有企业财产保险、家庭财产保险、机动车险、货运险、农村干部"一篮子"保险、种植、养殖保险、小麦火灾险、学生保险、简身险和意外伤害保险等险种。在进行收费的同时，及时缮制赔案，进行案件赔付。1993年保费收入1316万元，完成年度计划的137.11%。全区有87个企业参加企业财产保险，有5.25万户家庭参加家庭财产保险，全区承保各类财产险总额达到17.39亿元，有5.84万人次参加各种人身保险。

1994年开设以机动车险、企业财产保险、家庭财产保险、人身险和责任险等为主的14个险种。1995年保费达1475万元。1996年产、寿险分业经营，全年保费收入达到1113万元。之后，每年以20%的速度递增。2002年保费增长至2800万元。2003年因保险主体多元化，保险竞争激烈，人保公司的保费下降至2050万元。在莱钢银山型钢等大项目的带动下，加之《中华人民共和国道路交通安全法》的施行，2004年保费上升至2450万元。

2005年保费为1980万元。1993年至2005年，人保公司在钢城共处理各种赔案2.40万余件，支出各类赔付款1.60亿元，缴纳各种税金3700余万元。

太平洋财产保险股份有限公司钢城支公司　太平洋财产保险公司钢城业务部办理的险种有：企业财产损失保险、家庭财产损失保险、建筑工程保险、货物运输保险、机动车辆保险、责任保险和意外伤害保险等14个险种。2002年收取保费32万元。2003年收取保费128万元。2004年收取保费135万元。2005年收取保费165万元。

天安保险钢城营销服务部　主要办理的险种有：财产一切险、医疗责任险、机器损坏险、物业管理责任险、旅行社责任险、商场公众责任险、师生平安险和商用汽车险等100个保险品种。2003年收取保费117万元。至2005年，共收取保费547万元。

人寿保险机构沿革

中国人寿保险股份有限公司莱芜市钢城区支公司　1996年中国人民保险公司莱芜市分公司钢城支公司进行产、寿险分业经营；5月成立中保人寿保险有限公司莱芜市钢城区支公司。1999年5月，中保人寿保险有限公司莱芜市钢城区支公司更名为中国人寿保险公司莱芜市钢城区支公司。2003年6月30日，改制为中国人寿保险股份有限公司莱芜市钢城区支公司，设经理室、办

1993～2005年人民保险公司钢城支公司保费收入统计表

表11－3－8　　单位：万元

年份	1993	1994	1995	1996	1997	1998	1999	2000	2001	2002	2003	2004	2005
保费	1316	1372	1475	1113	1525	1723	1980	2345	2570	2800	2050	2450	1980

公室、客户服务部、团险业务部、个险营销部和2个营销服务部。2005年公司有270余人的专业销售队伍。

太平洋人寿保险股份有限公司钢城支公司　2002年6月，太平洋人寿保险股份有限公司钢城支公司成立，有员工25人。2005年有员工160余人。

人寿保险主营业务

中国人寿保险股份有限公司莱芜市钢城区支公司　主要业务有：以人的生命和身体为标准的人寿保险、健康保险、意外伤害保险和投资分红保险四大类。险种包括康宁终身保险、国寿康恒重大疾病保险、国寿英才少儿保险、国寿鸿鑫两全保险(分红型)、国寿瑞安两全保险(万能型)、国寿永泰团体年金保险(分红型)、国寿团体人身意外伤害保险、国寿学生幼儿平安保险和附加住院医疗保险等60多个险种。1996年与产险分业经营，全年完成保费收入220万元。2004年2月，对学生特殊群体实施“零距离”现场赔付新举措，理赔人员携现金到各中小学进行现场办公，对符合手续的赔案进行现场赔付。2004年完成保费6100万元，共办理各类案件913件，总赔付金额达到337万元。2005年完成保费6700万元。公司先后被评为省级“双文明”建设先进集体、省级“先进职工之家”、省级“青年文明号”、市级“消费者满意单位”；营业室被评为省级“巾帼文明示范岗”。

太平洋人寿保险股份有限公司钢城支公司　涉及的人寿险种主要有：投资理财类、健康医疗类、子女教育类、家庭保障类、退休养老类、人生风险类6个险种。2003年保费收入15万元。至2005年底，收缴保费达80余万元。

第五节　证　券

1995年3月18日，山东证券莱钢交易厅开业。2000年8月，山东证券有限公司更名为天同证券有限责任公司，山东证券莱钢交易厅改名为天同证券有限责任公司莱钢交易厅。2002年4月23日，成立天同证券有限责任公司莱芜钢都大街证券营业部。齐鲁证券有限公司前身是山东省齐鲁证券经纪有限公司，成立于2001年5月。2003年7月，莱钢集团有限公司作为大股东控股齐鲁证券。2004年10月，经中国证监会批准，公司注册资本增加至81224.57万元人民币；12月正式更名为齐鲁证券有限公司。2005年12月，成为全国15家规范类券商之一。开设的交易品种有：沪深交易所的股票(A股、B股)、证券投资基金(包括开放式、封闭式)、国债业务(包括国债现货、企业债券、回购)、期货业务、资产管理业务、金融创新产品的代购、退市公司的代办股份转证股份确权等。交易手段也日趋多样化：柜台人工委托、自助委托、电话委托、网上委托、钱龙热自助委托以及资金银证转账业务等。2000年至2005年，天同证券钢城营业部每年股票基金交易量分别为42.21亿元、25.83亿元、18.29亿元、18.50亿元、26.70亿元、22.75亿元。

第十二编

经济发展与管理

JINGJIFAZHANYUGUANLI

交警二大队安全生产咨询站
月活动

提高审计免疫功能 创新精细化审计理论研讨会

第一章　经济发展综述

第一节　经济管理体制变革

土地改革

中华人民共和国成立前，境内经济制度为私有制。作为主要生产资料的土地，经营模式主要是小农自耕模式和地主租佃模式。少数地主、富农占有大量土地，广大贫苦农民占有少量土地。

1946 年春，按照山东省政府公布的《山东省土地改革暂行条例》《山东省土地改革具体实施办法》，境内实行土地改革，首先向农民宣传“土地还农”“耕者有其田”的革命道理，发动群众同地主开展说理斗争，要求地主、富农自动献地，对拒献者开大会进行说理斗争，迫使地主、富农交出多余土地、房屋、粮食、牲畜、树木、农具等，无偿分给少地和无地农民。1947 年进行土地改革大复查。1950 年 12 月，境内土地改革基本完成。1951 年春，完成颁发土地证的任务。土地改革后，彻底废除了几千年的旧土地所有制，农村经济为个体所有制。

社会主义改造

1953 年境内开展对农业、手工业和资本主义工商业的社会主义改造。1956 年社会主义改造基本完成。

农业社会主义改造　1951 年 2 月，按照中共中央《关于农业生产互助合作的决议(草案)》，区、乡、村各级遵循“自愿互利、典型示范”的原则，引导农民组织起来走互助合作、共同发展的道路。1953 年开始试办以土地入股、统一经营为特征的半社会主义性质的农业生产合作社。1954 年贯彻中共中央《关于发展农业生产合作社的决议》，组建初级农业生产合作社。1956 年根据中共中央关于农业生产合作化问题的指示，初级社转高级社。1956 年底，颜庄区有 102 个高级社，入社农户 15064 户 63216 人，单干户仅剩 10 户 39 人；黄庄区有高级社 59 个，入社户数 3018 户，占农户总数 90%。至此，农业社会主义改造基本完成。

工商业社会主义改造　1955 年 2 月，境内颜庄区、黄庄区和寨子一带在各县私营工商业改造办公室的领导下，开展对私营工商业的社会主义改造。私营工商业者大都是些从事饮食加工经营店铺的商贩和手工业者。通过改造，部分人员过渡为供销社职工或代购代销员，部分人员过渡为集体所有制饭店职工或委托加工户，部分人员进入集体手工业加工厂。1956 年底，私营工商业的社会主义改造工作基本完成，莱芜、新泰、沂源各县都成立手工业联社，负责对私营工商业改造后形成的手工业企业的管理。1958 年成立人民公社，食品加工厂、铁业社、木业社等转变为社办企业。

人民公社化

按照《中共中央关于在农村建立人民公社问题的决议》，1958 年颜庄人民公社、郑王庄人民公社(后合并为颜庄人民公社)、黄庄人民公社相继成立，寨子一带属翟镇人民公社。在公社化初期，土地、林木、农具等生产资料一切归公社所有，公社统一调配劳动力，统一经济核算，生产统一经营，分配实行供给制。

1962 年按照中共中央修订的《农村人民公社工作条例》(即六十条)的要求，实行生产资料归公社、生产大队、生产队三级所有，以生产队的集体所有制经济为基础（三级所有、队为基础）的体制，生产队是人民公社的基本核算单位。社员参加集体生产劳动，按照劳动工分取得劳动报酬，并可耕种少量自留地，经营少量家庭副业。

1966年“文化大革命”开始后，片面推行大寨大队经营经验，部分生产大队将生产队核算升级为大队核算，以“割资本主义尾巴”为由，对多种经营加以限制，一度取消自留地和家庭副业，严重挫伤了农民的生产积极性，生产力受到破坏。

1978年中共十一届三中全会后，境内贯彻三中全会精神，引导农民走上改革开放之路。

经济体制改革

1978年底，境内贯彻中共十一届三中全会精神，把工作重点转移到社会主义现代化建设上来，对经济管理体制和经营管理方式进行改革。

农业改革　1979年初，境内首先推行“两个基本”（社员基本出勤日和基本投肥量）制度，健全定额管理和评分记工相结合的计酬方法。1982年春，根据中共中央〔1982〕1号文件精神，实行家庭联产承包责任制（又称“大包干”）。1984年4月，将土地承包期定为15年，并对土地进行必要的调整，按级定产，分户承包，并发证到户；加强承包合同管理，改革农副产品征购办法，号召各行各业强化服务观念，逐步形成“土地公有，家庭承包，合作服务，双层经营”的体制。按照改革后的管理体制，耕地、水面、荒滩和荒山等资源，在集体所有的前提下，由家庭自主经营，重新进行劳动组合，配置生产要素，同时，由国家职能部门运用经济手段进行宏观调控。农户成为生产经营的基本单位，拥有生产资料的使用权、财产增值权、经营自主权和劳动力支配权。国家、集体和农户三者利益通过国家税收、集体提留和家庭自留实现三者兼顾，体现按劳分配原则。1999年实行第二轮土地承包，承包期延长为30年。

工商业改革　1980年企业全面推行经济责任制，国营企业和纳入预算的企业实行盈亏包干，集体企业实行自负盈亏。1984年企业内部逐步进行配套改革，实行厂长（经理）负责制、任期目标责任制和任期终结审计制。各企业将承包指标分解到车间、班组，通过招标和竞争答辩择优聘任承包人，并实行全员风险抵押的管理措施。1992年鼓励发展个体私营经济。1993年各级认真贯彻落实《中共中央关于建立社会主义市场经济体制若干问题的决定》，工商企业加快经营机制的转换，逐步实行市场化运作；农村在稳定家庭联产承包责任制的基础上不断健全和完善农村社会化服务体系，并注重培育农村市场，推进贸工农一体化的进程。1994年对经营不善、资不抵债的企业通过兼并、拍卖破产等方式进行改制。2002年全区工业企业改制工作全面完成，绝大部分乡镇、村办集体企业转变为民营企业。

第二节　经济发展概况

综合经济指标

1993年1月建区后，区委、区政府始终坚持以经济建设为中心，把加快发展作为第一要务，实施“大企业带动、工业强区、科技兴区和可持续发展”四大战略，积极推进新型工业化和城镇化进程，经济结构趋于优化，主导产业不断壮大，综合经济实力快速提升。

国内生产总值：1993年为17.11亿元，2005年为110.88亿元，年均增长45%；人均国内生产总值：1993年为7841元，2005年为45479元，年均增长37%；生产总值增幅：1994年为15.45%，2005年为22.90%；固定资产投资：1993年为2.44亿元，2005年为16.78亿元，年均增加49%；地方财政一般预算收入：1993年为1283万元，2005年为20568万元，增长15倍，年均增长125%。

1993～2005 年钢城区部分综合经济指标统计表

表 12－1－1

项目 年份	国内生产总值(亿元)	人均 GDP(元)	生产总值增幅(％)	固定资产投资(亿元)	社会消费品零售总额(亿元)	地方财政一般预算收入(万元)	地方财政支出(万元)
1993	17.11	7841	—	2.44	2.48	1283	2201
1994	17.68	8046	15.45	2.58	3.50	1438	3253
1995	21.75	9785	26.52	3.01	4.80	1709	3509
1996	24.32	10795	13.19	1.83	6.50	2125	3974
1997	26.41	11559	18.96	2.02	7.72	2690	4680
1998	29.75	12935	17.56	2.38	8.50	3133	5174
1999	30.90	13402	12	2.80	9.70	3557	6194
2000	31.92	13794	12.10	3.11	10.86	4002	6309
2001	35.86	15410	11.80	3.70	12.20	4741	7614
2002	40.70	17408	13.90	5.60	14.10	4469	9707
2003	52	22156	22	8.54	12.86	5658	12292
2004	87.25	37080	24.90	12.43	15.57	10496	18871
2005	110.88	45479	22.90	16.78	18.01	20568	30105

第三节　经济结构

农业一向占据境内经济发展的主导地位。20 世纪 80 年代初，随着一批工业企业的发展壮大和莱钢等省、市驻境企业规模的扩张，二、三产业逐步发展起来。建区后，区委、区政府把产业结构调整作为富民强区的重要措施，在农业上大力发展林果、蔬菜和畜牧养殖业。坚持“工业强区”的指导思想，大力发展乡镇企业，使集体经济和农民收入不断增长。充分发挥近靠莱钢等省地厂矿的优势，大力发展以钢铁深加工为特色的工业企业和以物流配送、钢材销售、房地产和饮食服务等为主的第三产业，使二、三产业的增加值不断增长，在国内生产总值中的比例不断增加。

第四节　综合经济管理机构

1953 年实施国民经济建设的第一个五年计划，国家实行统一的计划经济政策，强调有计划的生产和流通，境内分属的各县人民政府按照中央、省、地区的要求，每年制定下达生产、征购、分配等方面的各项指标，由境内各地掌握执行，此种管理体制一直延续到 20 世纪 80 年代初期。1984 年境内颜庄公社、黄庄公社成立经管站，为综合经济管理的职能部门。1993 年 2 月，成立钢城区经济贸易委员会。1995 年 12 月，设立经济技术协作办公室，为副科级单位，1997 年 6 月，升格为正科级单位；同年，设立经济体制改革办公室，为副科级单位，隶属区政府办公室，2001 年 11 月，合并到区计划统计局，为副科级单位。

1994 年 4 月，成立的乡镇企业服务公司、外经贸公司，具有综合经济管理职能，后均过渡为综合经济管理行政单位。

2001 年 11 月，区经济贸易委员会、对外经济贸易合作委员会、区乡镇企业局合并，成立钢城区经济贸易局，同时，挂对外经济贸易合作局牌子和区安全生产监督管理局的牌子，下设办公室、企业管理办公室、财贸科和外经贸科 4 个行政科（室），以及经济运行科（同时挂散装水泥办公室牌子）、技术改造科、综合服务科和职业安全技术培训中心等事业科（室）；行政编制 11 人、事业编制 14 人、工勤人员 2 人。2001 年 12 月，安全生产监督管理局成立。

1993～2005 年钢城区三次产业增加值对比表

表 12－1－2　　单位：亿元、%

项目 / 年份	第一产业增加值	第一产业增幅	第二产业增加值	第二产业增幅	第三产业增加值	第三产业增幅	三次产业比例
1993	0.85	—	14.66	—	1.60	—	4.96：85.68：9.35
1994	1.01	15	14.27	18.74	2.40	4.26	5.71：80.71：13.57
1995	1.11	29	17.04	17.60	3.60	18.02	5.10：78.34：16.55
1996	1.37	14.10	17.95	9.32	5	26.63	5.63：73.80：20.56
1997	1.51	8.64	18.60	18	6.30	24	5.72：70.43：23.85
1998	1.61	7.95	20.69	17.62	7.45	19.35	5.41：69.55：25.04
1999	1.62	6	21.18	11.30	8.10	13.50	5.24：68.54：26.21
2000	1.80	4.30	21.21	8.80	8.91	23.40	5.64：66.45：27.91
2001	1.93	6.70	23.71	11.10	10.22	14.50	5.38：66.12：28.50
2002	2.03	4.20	27.19	15.80	11.48	11.40	4.99：66.80：28.21
2003	2.24	6.20	37.13	28.60	12.63	8.90	4.31：71.40：24.29
2004	2.50	4.80	71.33	32.10	13.42	8	2.87：81.75：15.38
2005	2.89	6.80	89.19	25.70	18.80	13.70	2.61：80.44：16.95

第二章　计划管理

第一节　管理体制

1953年起，执行全国国民经济发展第一个五年计划，实行粮、棉、油统购统销和部分工业品计划供应，境内执行国家统一的计划管理政策，进行有计划的生产和流通，按分属各县的计划部门制定的产、购、销计划从事生产、加工和购销等活动。1956年社会主义改造基本完成后，指令性的统一计划体制进一步加强，分属各县人民政府对农业、工业基本建设、商业、财政、金融等行业，均按上级下达的指令性计划，层层分解到境内各行政单位厂矿、企业单位，这种以指令性为主的计划管理体制一直持续到1979年。1987年境内执行以指导性计划为主，指令性计划、指导性计划和国家计划指导下的市场调节相结合的计划管理体制。1993年4月，钢城区计划统计委员会成立。1994年11月，分设为计划委员会和统计局合署办公。2005年3月，成立发展和改革局、统计局，合署办公，行政编制8人、事业编制16人、工勤2人，下设办公室、工交财贸科、农村经济社会事业科、重点项目办公室(副科级单位)。

1993年起，对计划管理体制进行全方位改革，全面建设社会主义市场经济体制。进一步加强和完善宏观调控，制定年度计划首先通过市场和经济走势分析预测，进行国民经济总量和结构平衡，在此基础上研究制定出宏观调控的目标、措施和以国民生产总值为综合指标的增长率，并精简指令性计划。100万元以下的投资项目由区计划委员会(统计局)审批，并简化审批程序。2004年4月1日，根据国务院和省政府有关规定，对绝大多数投资项目实行备案，对投资500万元以下的项目由区计划统计局进行审批，并进一步简化审批程序。

第二节　计划编制

国民经济和社会发展计划主要有长期计划，如十年、十五年、二十年发展规划等；中期计划，主要是五年计划；短期计划，主要是年度计划。建区以来，五年计划和年度计划是计划体系的主体部分。

计划编制程序

1993年开始制定年度计划，编制程序为：先由各基层单位结合本单位实际情况，制定出年度发展计划，报上一级主管部门综合平衡后，再报本系统综合平衡，最后报区计划委员会审查，经反复分析研究，制定出区年度发展计划(草案)。计划(草案)完成，先由分工副区长审阅，再经区长办公会议修订后，发至各单位进一步修改完善。由区计划委员会向区委常委会议汇报，听取意见，同时，报莱芜市计划委员会征求意见。人大常委会审议通过后，形成正式年度计划。

1995年始制定五年计划，编制程序与年度计划基本相同。

计划内容

计划主要内容：生产计划主要包括三次产业发展计划；流通计划主要包括对社会购买力的测算、财政收入支出计划和城乡居民的收入计划等；固定资产投资计划主要包括各行各业的基本建设计划、技术改造的投资计划。

1995年制定《钢城区国民经济和社会发展第九个五年计划及2010远景目标纲要》。指导思想是:坚定不移地贯彻执行党的基本路线,加快两个根本性转变,逐步建立起社会主义市场经济体制,着力培植起结构优化、素质较高、区域经济特色鲜明的产业结构体系;以提高经济效益为核心加强宏观调控,走既有较高速度,又有较高效益的可持续发展的路子,力争经济增长速度和人均经济指标跨入全省先进行列,整体经济素质高于全省、全市平均水平,人民生活达到小康水平。发展目标是"九五"末国内生产总值达到86亿元,其中一、二、三产业增加值年均分别增长14.40%、24.90%和31.20%。外贸出口商品供货总值达到6500万美元,年均增长5%。全区固定资产投资五年累计完成90亿元,固定资产投资率的年增长幅度保持在30%。地方财政收入达到3640万元,年均增长18%。科技进步对经济增长贡献率达到60%以上。人均国内生产总值年均增长25.60%,农民人均收入达到4000元,年均增长15.30%,人口自然增长控制在6.30‰以内。教育、文化、卫生、体育和广播电视等各项社会事业全面发展。

2000年制定《钢城区国民经济和社会发展第十个五年计划》。指导思想是:以邓小平理论、党的十五大和十五届五中全会精神为指导,围绕二次创业、振兴钢城的目标,牢牢把握改革、发展、稳定的大局,继续实施大企业带动、工业立区、科教兴区战略,加大改革力度,突出抓好高新技术项目产业化、农业市场化、个体私营经济规模化、经济外向化和城乡建设一体化,加强精神文明和民主法制建设,不断提高人民生活水平,促进国民经济持续、快速、健康发展和社会全面进步。主要目标:全区国内生产总值年均增长11%,其中一、二、三产业增加值分别增长6%、10.70%、13.20%,人均国内生产总值年均增长10.70%。区属国内生产总值年均增长12%,其中一、二、三产业增加值分别增长6%、11.80%、13.60%。全社会固定资产投资累计完成21亿元,年均增长10%。全区进出口总额年均增长14.50%,区属实际利用外资年均增长26%。地方财政收入力争突破1亿元,年均增长20%以上。农民人均收入年均增长6%。人口自然增长控制在7‰以内。教育、文化、体育等各项社会事业全面发展。在全面完成"十五"计划的基础上,经过五年左右的努力,到2010年综合竞争力提升到全省上游水平,全区科技教育健康发展,生态环境优良,社会全面进步,人民生活水平不断提高。

2005年制定《钢城区国民经济和社会发展第十一个五年计划》。指导思想是:坚持以邓小平理论和"三个代表"重要思想为指导,深入贯彻落实科学发展观,紧紧围绕实现"率先发展、率先崛起"和全面建设小康社会的奋斗目标,把加快发展作为第一要务,全力服务支持莱钢发展,大力实施"大企业带动、工业强区、科教兴区、可持续发展"四大战略,努力把钢城建设成为经济繁荣、人民生活富裕、环境优美、社会文明的工业强区。主要任务目标是积极实施"2163"工程,即:生产总值突破200亿元,达到230亿元,年均增长15%,比2005年翻一番;人均生产总值突破1万美元,达到1.16亿美元,年均增长14%;地方财政收入达到6亿元,年均增长24%;全社会固定资产投资累计达到300亿元,年均增长20%。经济结构更趋合理,2010年一、二、三产业结构调整为1.30∶86.50∶12.20。工业占GDP的比重达到86%,钢铁加工制造业产值占工业产值的比重达到60%以上。民营经济占经济总量的比重提高到60%以上。改革开放日益深化,经济外向度进一步提高,5年累计招商引资80亿元,实际利用外资达到4000万美元;外贸进出口总额达到1800万美元,年均增长15%。城市化功能不断完善,力争城市化水平达到65%,形成功能完善、布局合理、城乡一体、特色突出、人与自然和谐相处的可持续发展环境。人民生活质量持续提高,城镇居民人均可支配收入达到1.60万元,农民人均纯收入达到6500元,年均分别增长8%和6%。人口自然增长控制在7‰以内。到2020年,力争全区生产总值达到500亿元以上,比2010年再翻一番;人均生产总值达到2.40万美元。

第三节　计划实施

年度计划和五年计划经区人大常委会批准后，由区计划委员会召开全区计划会议传达贯彻，各单位结合实际情况，修订本单位的计划，并在实际工作中贯彻落实。

区计划统计局于每月、每季、半年和年终统计各单位完成计划情况，汇总后报区政府审查。区计划委员会定期对计划执行情况进行检查，发现问题及时解决，保证计划的顺利完成。因特殊情况，有的问题无法解决，报经区人大常委会调整计划。

“九五”“十五”期间，全区国民经济保持快速发展的势头，国民经济和社会发展计划完成情况良好。

2000 年全区生产总值为 31.92 亿元，比 1995 年生产总值增加 10.17 亿元，年均增长 14.70%，其中一、二、三产业增加值年均分别增长 8.10%、12.90%、21.30%；人均 GDP 为 13794 元，比 1995 年人均国内生产总值增加 4009 元，年均增长 7.10%；地方财政收入为 4002 万元，比 1995 年地方财政收入增加 2293 万元，年均增长 18.06%；社会消费品零售总额为 10.86 亿元，比 1995 年社会消费品零售总额增加 6.06 亿元，年均增长 17.70%；农民人均收入为 3292 元，比 1995 年人均收入增加 1332 元，年均增长 10.90%；规模以上固定资产投资 5 年累计完成 12.14 亿元；外贸出口商品供货总值完成 2811 万美元；人口自然增长率为 7.04‰；教育、文化、卫生、体育和广播电视等各项社会事业全面发展。

2005 年全区生产总值为 110.88 亿元，比 2000 年生产总值增加 78.96 亿元，年均增长 19%，其中，一、二、三产业增加值年均分别增长 5.70%、22.40%、11.30%；人均 GDP 为 45479 元，比 2000 年人均国内生产总值增加 31685 元，年均增长 26.90%；地方财政收入为 20568 万元，比 2000 年地方财政收入增加 16566 万元，年均增长 38.70%；社会消费品零售总额为 18.01 亿元，比 2000 年社会消费品零售总额增加 7.15 亿元，年均增长 10.60%；农民人均收入为 4760 元，比 2000 年人均收入增加 1468 元，年均增长 7.70%；规模以上固定资产投资 5 年累计完成 47.05 亿元；外贸出口商品供货总值 5 年累计达到 13406 万美元；人口自然增长率为 4.90‰；教育、文化和体育等各项社会事业全面发展，生态环境优良，社会全面进步，人民生活更加富裕。

第三章　统计工作

1987 年境内各乡镇成立统计站。1993 年 4 月钢城区计划统计委员会成立，行使统计职能。1994 年设立统计局，与计划委员会合署办公。2001 年 11 月成立钢城区计划统计局，行使统计职能；同时，钢城区以建设综合统计站为目标，加快基层统计网络建设步伐，逐步形成由乡镇统计站、经贸办以及企业专职统计员和村文书组成的镇、村、企业三级统计网络。自 2004 年，为适应新形势下统计工作的要求，市、区和镇实现三级联网，统计工作实现网络化管理。2005 年 3 月钢城区发展和改革局内设重点项目办公室、经济技术协作中心 2 个二级事业单位；办公室（综合科）、工交财贸科和农村经济社会事业科3个行政科(室);城乡经济调查队、信息中心、压煤村庄搬迁办公室3个事业科(室)。行政编制6人、工勤编制2人和事业编制16人。

第一节 统计调查

1953年6月30日，境内进行首次人口普查。1956年开展工业和劳动工资统计调查及农村住户抽样调查。1958年开展物资供应和基本建设统计调查。1964年开展第二次人口普查。1982年开展第三次人口普查。1983年重新恢复农村住户抽样调查。1984年开展国民收入统计调查。1985年开展第三产业统计调查。1986年开展第二次全国工业普查。这些统计工作均在莱芜、新泰和沂源三县(市)统计主管部门的具体指导下进行。

自1993年，以执行国家统计报表制度为主，采取的统计方法主要是全面统计。执行的国家统计调查项目有:国民生产总值统计、农林牧渔业统计、工业统计、建筑业统计、固定资产投资统计、运输业统计、批发零售贸易餐馆业统计、服务业统计、劳动工资统计、物资统计和农村住户调查统计，以及财政、金融、保险、教育卫生和计划生育等统计。

按照国家统计报表制度的规定，统计部门负责向基层填报单位布置各种统计报表，对基层报表进行审核、汇总后上报。统计报表分年报、半年报、季报和月报。

1994年国务院批准全国周期性的普查项目包括:人口、工业、农业、第三产业普查和基本统计单位普查。人口普查、第三产业普查、工业普查和农业普查，每隔10年进行一次，分别在逢0、3、5、7年份进行。基本统计单位普查每隔5年进行一次，在逢1、6年份进行。

1993年1月建区后，区统计部门进行的全国类普查有:1993年首次全国第三产业普查、1995年第三次全国工业普查、1996年第一次全国基本单位普查、1997年第一次全国农业普查、2000年第五次人口普查、2004年的第一次全国经济普查。

第二节 统计服务与监督

1993年起，区统计部门每年都编辑《钢城区统计年鉴》，同时，发布《国民经济和社会发展统计公报》，及时反映一年来全区国民经济和社会事业取得的成就。1999年为庆祝中华人民共和国成立50周年，组织专业人员整理编辑《光辉的五十年》统计资料。先后为全区《妇女儿童情况调查》《“八五”经济发展评估》《财政工作年鉴》等资料的编写和“创建全国科技进步先进区”等活动提供大量的全面统计资料。

为全面提高统计服务水平，区统计局实行季度统计分析报告制度，规定全年统计分析信息的基本任务，并将分析信息工作纳入年度统计工作考评。围绕区政府年初经济发展任务目标及重点工作分解方案，将任务目标分解落实到各科室。每月、季度都认真开展调查研究，撰写统计分析，为领导决策和引导部门抓好落实提供较好统计服务。每年撰写统计分析40余篇，编印《统计月报》10期。积极做好统计咨询服务工作，每年向区委、区政府、各有关部门、社会群体提供统计咨询500余次。

每年在编制下达主要国民经济和社会发展预期目标后，及时对GDP、服务业增加值、工业增加值等主要调控预期指标进行重点监测，并下达到有关部门。同时，深入开展经济运行分析调研，做到月分析、季报告，形成全区季度经济运行分析、半年经济运行分析、全年经济运行分析等分析材料和调研报告，找准经济社会发展过程中存在的问题和薄弱环节，及时提出针对性的对策建议，为区委、区政府科学决策提供有力依据，确保全年任务顺利完成。每年5月份配合区纪委等有关部门，对全区统计报表进行全面数据质量检查，确保统计数据的准确性。同时，认真开展专项业务调查。按照上级业务部门要求，开展限额以下工业抽样调查、工业科技创新调查、服务业抽样调查、群众安全感调查、文

钢城区部分年份统计年鉴　　（2005 年　摄）

明城市调查、固定资产构成调查、成本费用调查和投入产出调查等多项统计调查工作。

加强统计法制建设，把落实《中华人民共和国统计法》有关内容作为重要举措贯穿于各项统计工作之中，为规范统计工作创造良好的环境。做好统计普法宣传和统计执法检查，利用劳动节、国庆节等节假日向公众宣传统计法律法规，收到良好成效。

第四章　工商行政管理

1946 年颜庄工商管理分局成立，负责颜庄区的工商行政管理工作。1957 年颜庄区成立交易管理所，负责工商管理工作。1958 年颜庄公社的工商管理工作由颜庄供销社代管。1964 年 2 月，成立颜庄公社市场物价交易管理所。1984 年成立黄庄工商行政管理所、寨子工商行政管理所。1985 年增设城子坡工商行政管理所。1987 年增设颜庄、里辛工商管理所。

1991 年 1 月，莱芜市钢城办事处挂牌办公，同时设立莱芜市工商局钢城分局，配备局长 1 人、副局长 2 人。1993 年 1 月钢城区建立，钢城工商物价局成立，配备局长 1 人、副局长 3 人，辖颜庄、里辛、城子坡、黄庄、寨子 5 个乡镇工商物价所和张庄、椁椤 2 个市场管理所。局机关设办公室、企业科、市场科、个消协办公室和经检所 5 个科（室）。1994 年 9 月，钢城工商物价局改称莱芜市工商行政管理局钢城分局，配备局长 1 人、副局长 2 人，辖基层工商所未变。

2001 年 9 月，对基层工商所进行机构改革和调整，按照“一个镇（街道）一个工商所和城内按经济区域设所”的原则，设颜庄、艾山、里辛和黄庄 4 个工商所。2002 年 4 月，进行机构改革，分局机关内设 3 个科（室），即办公室（包括人事政工、财务、监察、党、工、青、妇、老干部）、综合监管科（包括市场、合同、消保、法制）和企业注册局。2004 年由综合监管科中分离出消保科，由办公室中分离出人事政工科。自此，分局科（室）增至 6 个，分别为办公室、企业注册局、人事政工科、综合监管科、消保科和个消协办公室。

第一节　市场管理

自由市场管理

民国之前，境内集市贸易物品主要是农副产品和畜禽等，其次是手工制品的少量交易。大宗交易多由行商参与，一般由经纪从中牵线。1949 年之前，常出现集头、会首承包集市，并专收交易费，造成不平等交易现象发生。

1953 年 10 月，国家对粮食、油料采取统购统销政策并打击私自交易，把棉花、烟叶也列入统购物资，生猪、禽蛋被列为派购物资，市场管理措施严厉，政府严禁私商购运上述物资，严禁抬价、囤积、套购行为和黑市交易。1953 年至 1954 年，境内关闭粮油市场，禁止未完成国家统购任务的粮油上市交易。

计划经济市场管理

1956年工业品实行统拨、统配，国家一、二类物资不准运销。1958年部分物资实行国营集体独家经营，部分市场被关闭。1960年境内贯彻“调整、巩固、充实、提高”方针。恢复农村集贸市场，部分农副产品实行派购，煤、油、棉、布、肉、糖、茶、化学肥料等生产和生活用品凭票限量供应。

“文化大革命”期间，境内颜庄公社、黄庄公社成立贫下中农市场管理委员会，严打私自交易，禁止经营一、二类物资和收购三类物资等。1971年后，颜庄公社曾一度实行统一的“三、八”（每逢阴历三、八）集市，黄庄公社曾一度实行统一的“四、九”（每逢阴历四、九）集市。

巡查人员检查经营业户的设备　（2005年　摄）

规范化市场管理

1978年后，境内集市和商品贸易日趋活跃，境内工商管理部门逐步强化市场监督管理工作。

规划建设　1980年境内工商行政管理部门开始统一收取市场管理和交易服务费，用于市场建设。1993年对集贸市场全面实行分行划市、对号入市，并对全区市场进行总体规划。

规范管理　1986年境内工商行政部门着手打击经营伪劣假冒、变质物品等行为，开展治理违法出版物和影像资料等。1993年完善经营证章和信誉卡制度，全面开展以“抓管理、上档次、上水平”为目标的规范化管理活动。1995年按照国办发〔1995〕40号和鲁政办发〔1995〕79号文件精神，积极做好市场脱钩的前期准备工作。自1996年，在城子坡、桲椤、西冶和张庄等市场率先推行“市场巡查制”。自1999年，推行“市场执法不作为追究制”，完善“市场巡查制”，制定实施对巡查人员的奖励办法。自2000年，在全区开展市场年检工作，当年年检率达到100%，并将“市场巡查制”逐步延伸到乡镇集市、早市、夜市和摊点群。还加强了机动车交易市场的管理。结合文明城市创建活动，开展城区交易点的整治，交易点经营业户逐步做到亮证经营、按行归市。自2001年，规范对粮食市场的监管，加强对经纪人和劳动中介机构的管理，实行市场管办分离，将市场产权、债权债务整体移交政府指定单位。同时，对农资市场进行集中整治和规范。2002年至2003年，组织以整顿企业出资行为为重点的整顿市场经济秩序行动，立案查处企业违法违章行为31起，罚款及没收违法所得14.92万元。开展整治“三无”（无资金、无场地、无机构）企业清理行动，立案查处企业违法违章行为为28起，罚款及没收违法所得9.96万元。

2004年至2005年，开展多项治理整顿活动，集中整顿规范集贸市场、网吧、节日市场和夏季饮料市场89处，净化了市场环境。

第二节　工商企业登记管理

自1993年，境内积极探索新型企业登记管理办法，简化登记程序，放宽注册条件。自1994年7月，贯彻执行《中华人民共和国公司法》，全区工商行政管理工作按照建立现代企业制度的要求，减少登记程序、审批环节，压缩提交的文件和证件的时间，实行营业执照分段发放；同时，大力支持企业转换经营机制，组建企业集团，与市场经济全面接轨。

1995年推行企业登记公示制度，将登记工作

程序、登记条件、提交证件、登记收费标准、人员分工、工作职责、文明用语和服务忌语等事项公开上墙，接受群众监督。严把注册登记关，有效防止“三无”企业等不合格市场主体的产生。

1997 年围绕国有企业“两个转变”(经济体制由传统的计划经济体制向社会主义市场经济体制转变，经济增长方式由粗放型向集约型转变)，推进股份制和股份合作制的转型，促进企业产权制度的改革，重点帮助周转运行困难的企业进行改组改造。

自 2001 年，对法人企业、非公司企业法人及其分支机构等进行登记管理和整治，内容包括设立登记、变更登记、注销登记、准予通过年检及吊销营业执照等。同年，全区共有 560 户企业，其中，法人企业 295 户，注册资本 53260 万元；开业 27 户，注销 149 户。

2004 年至 2005 年，建立“经济户口”管理体系，实施分级分类监管，加强对生产经营危险化学品的企业及上网服务营业场所重点监管，立案查处企业违法违章行为 11 起，罚款 3.70 万元。组织换发企业营业执照工作，使全区 284 户企业统一使用新版营业执照。对 800 户非公司企业法人及分支机构的登记管理档案进行重新梳理，建立企业电子档案，配备企业档案影像查询系统，实现企业登记管理信息资源社会共享。

工作人员现场检查企业法人营业执照　　（2004 年　摄）

第三节　个体私营业户管理与服务

个体私营业户管理

1993 年成立个体劳动者协会。自 1994 年，在个体私营业户中开展“争优创先”活动。1998 年成立私营企业协会。至 2005 年，全区有 13 家企业、35 家个体户被评为莱芜市信用示范企业、信用示范户等，武玉忠、高增太被评为山东省文明个体工商户。2003 年钢城区落实国务院颁布的《无照经营查处取缔办法》法规，在全区范围内开展对无照经营行为的查处取缔活动，对辖区 4 个镇(街道)实行拉网式普查，检查经营户 2600 户，下发责令限期整改通知书 516 份，立案查处无照经营 32 户，限期补办营业执照 77 户，取缔不具备经营资格经营户 30 户。全年登记个体工商户 393 户、私营企业 32 户；准予年检私营企业 104 户，验照个体工商户 3820 户；同时，开展换发营业执照工作，使全区所有个体工商户、私营企业统一使用新版营业执照。

个体私营业户服务

自 1994 年，放宽经营范围和经营方式，给予个体私营业户更大的经营自主权。1996 年落实发展民营经济的优惠政策，制定支持再就业、清理假集体、规范私营企业公司、加强个体私营企业管理等一系列措施。1999 年开展“个体私营经济发展年”活动，为方便个体私营企业办证，成立个体私营经济服务中心，实行证照办理“一条龙服务”；全年登记个体工商户 206 户、私营企业 29 户，准予年检私营企业 215 户，验照个体工商户 3500 户。自 2002 年，实施“红盾帮扶工程”，每年都与重点个体工商户、私营企业签订《帮扶协议》，制定帮扶措施，积极为个体工商户、私营企业办实事、解难题。2004 年至 2005 年，配合解决“三农”问题(农业问题、农村问题、农民问题)。2005 年全年登记个体工商户 577 户、私营企业 330 户，准予年检私营企业 109 户，验照个体工商户 4200 户。

第四节 经济检查及合同 商标广告管理

经济检查

打假打骗 1993 年区工商物价局设立打假、打私和打骗的专门机构，集中开展节日市场、农资市场、夏季饮料市场及蚕茧市场等的专项整治。自 1998 年，完善投诉举报网络，先后开展整治社会公害、春节市场打假活动、"打假护农月""打假冒，保名优"的政、企联合打假活动。2001 年开展打击垄断行业的不正当竞争行为。自 2002 年，开展"红盾护农"行动及商品流通领域的打假工作，对化肥、农药、种子及食品进行专项整治。至 2005 年，共检查经济单位 110 家，对无证照的经营业户予以取缔。

督查监管 1992 年开展企业法制教育，发放《企业自查表》，开展企业督查活动。1999 年实行"行政执法过错追究制""行政执法责任制""罚缴分离制""办、审、定分离制""法制工作一票否决制"等制度，加强监督制约，提高监管水平。

整顿市场秩序 1996 年开展反不正当竞争执法年活动，组织对辖区内的不正当竞争行为进行集中整治。1997 年开展"公平交易执法年"活动，加强市场经济秩序整治。2000 年将清理无照经营行为作为工作重点；7 月开通"12315"特服电话，健全和完善投诉举报服务网络。2002 年开展农资市场和手机市场检查，其中黄庄工商所办案 35 起，占全市工商所办案起数的 32.70%。2003 年开展防治"非典型性肺炎"商品执法检查活动，对全区宾馆、饭店、美容美发店、网吧等服务及公共场所进行检查，下发防治"非典型性肺炎"材料 3000 余份，共检查公共场所 520 余处，各类市场主体 967 家，查封旅店 4 家，立案查处有关防治"非典型性肺炎"案件 2 起。

工商管理人员检查春耕农资 (2005 年 摄)

经济合同管理

自 1993 年，全区多次举办培训班、学习班，培训工商企业的厂长、经理、合同专管员和其他有关人员千余人次，对通过考试成绩合格者颁发《经济合同管理岗位培训资格证书》。

1994 年全区率先推行法定代表人证明书和法人授权委托书制度，凭"两书"签订经济合同，防止和避免无效经济合同及违法合同的发生；同年，全区各工商企业共签订各类经济合同 850 份、价款 1.25 亿元，履约合同 720 份、价款 9250 万元。调解合同纠纷 20 起，解决合同争议 300 万元。

1996 年至 1997 年，对合同当事人签订的经济合同的真实性和合法性进行严格审查及全程管理，监理各类经济合同 260 份、合同金额 20350 万元，同时，通过对全区经济合同的监督检查，协助当事人挽回损失 620 万元。1993 年至 2005 年，全区办理企业资产抵押物登记 27 份，抵押物价值 5800 万元，无债权金额 5000 万元。开展"重合同、守信用"企业评选活动，共评出"重合同，守信用"企业 36 户，其中国家级 1 户、省级 5 户、市级 30 户。

商标管理

1993 年 1 月建区后，开展对商标法律、法规的宣传教育，不断加强商标

工作人员清理户外乱设的广告牌　（2004 年　摄）

印刷单位的监管，有效制止商标侵权行为。严格对未注册商标使用和商标印制的管理。1994 年为保护注册商标专用权，重点查处商标违法案件，同时重点对农副产品进行商标注册，提高全区农副产品的知名度和竞争力。1998 年参与第二届山东省著名商标认定推荐工作。2003 年加大驰名商标和著名商标的保护力度，严查侵犯驰名、著名商标专用权的违法行为，制止不正当竞争。至 2005 年，共查处商标违法案件 9 起、罚款 2 万余元。

广告管理

1993 年至 2005 年，每年都对城区内户外广告进行清理，取缔沿街乱设的广告栏，并在全区设立规范广告宣传栏 39 处。对已具备条件的从事广告经营、广告业务的广告经营单位，广告发布单位，按照申请经营登记的程序，分别予以审查、核查登记，对申请举办临时性广告经营活动的单位及个人，经审批，及时办理《临时性广告经营许可证》。加强对药品、医疗器械和招生等广告的重点检查，查处违法、违规广告案件 10 起，罚款 15 万元。

第五节　消费者权益保护

1993 年 11 月，莱芜市钢城区消费者协会成立。之后，颜庄、里辛、城子坡、黄庄和寨子消费者协会分会相继成立。1995 年推行消协会员制，全年发展消协会员 3500 余人。1996 年推行团体会员制，在企事业单位中发展团体会员 18 个。1999 年起，成立 3 个消费者投诉站、7 个消费者联络站，并建立农村服务站。

区消费者协会成立后，多次举办以学习《中华人民共和国消费者权益保护法》《新三包规定》为主要内容的培训班。每年都开展以“安全健康消费”为主题的“3·15”国际消费者权益日纪念宣传活动。1998 年为健全投诉举报网络，区消费者协会及各分会安装尾数为“315”的投诉举报电话。至 2005 年，先后在国有企业、民营企业中评选市级、区级优秀消费单位 36 家。莱钢集团商业有限公司的百货大楼、新兴商城，莱芜钢铁福来德经贸有限公司等单位被评为山东省第五届消费者满意单位。

“3·15”活动中执法人员向群众传授识假维权方法（2005 年　摄）

第五章 物价管理

1950年境内颜庄供销社、黄庄供销社配备专、兼职物价员，依据国家价格政策进行核、查、审、调农副产品和工业品各类价格，之后粮食、物资等基层单位配备兼职物价人员。市场物价，一般由基层工商所负责。

1993年1月，钢城区工商物价管理局成立。1994年9月，物价管理收归莱芜市物价局。1997年10月，莱芜市物价局钢城分局设立，为正科级事业单位，设办公室、物价检查科、价格认证科。

第一节 市场物价

农副产品价格

1951年前，产品价格完全由市场调节，在战争、自然灾害等天灾人祸影响的特殊情况下物价波动较大，正常情况下市场主要消费品价格较为稳定。

1930～1936年颜庄集市部分农产品年平均价格统计表

表12－5－1 单位：元/百公斤

年份＼名称	小麦	大豆	谷子	玉米	高粱	吉豆	花生仁	芝麻
1930	8.02	9.24	6.96	9.96	6.90	7.80	10.74	12.80
1931	9.10	8.94	6.36	6.26	6.96	7.76	9.72	15
1932	8.90	8.60	6.44	6.80	6.64	8.58	8.82	15.70
1933	7.86	6.08	5.34	5.58	4.74	7.50	7.26	12.92
1934	6.28	5.12	3.90	4.22	4.80	4.96	7.52	11.34
1935	7.46	8.12	5.64	5.60	6.26	6.70	10.08	15.60
1936	10.08	10.64	9.14	6.90	7.56	7.82	13.86	19.36

（注：此表为1956年莱芜县供销社调查组依据搜集的旧账本记录，按当时的度量衡及货币折算率加以整理，先折算出每担（100市斤）价格，后换算成每百公斤价格。）

1938年受战争和通货膨胀影响，境内市场物价直线上升。1948年前后，粮食价格一般上涨一倍以上，丝麻、棉布和植物油等消费品上涨50%以上。

中华人民共和国成立初期，人民政府对重要农副产品实行统一牌价，境内市场物价基本稳定。

1951～1953 年境内颜庄区粮食油料统购统销价格统计表

表 12－5－2　　单位：元/百公斤

名称＼价格	统购价	统销价	名称＼价格	统购价	统销价
赤小豆	18.20	20.20	小麦	19.20	20.80
白小豆	17.20	19.40	皮大麦	13.80	15.20
大青豆	19.40	21.80	米大麦	14.40	15.80
碗豆	14.20	15.80	玉米	14.60	15.80
芝麻	37.40	—	高粱	14	15.20
黍子	14.40	16	谷子	14	15.20
稷子	13.60	15.20	小米	19	20.60
荞麦	15.60	17.60	黄豆	18.20	19.70
稻谷	16	18.20	瓜干	10	11.80
花生米	33.20	—	蚕豆	19	21.60
棉籽	8.40	—	卜豆	17.40	18.80
麻籽	31	—	吉豆	19.80	20
葵花籽	21	—	豇豆	17.60	19.64

1955 年境内黄庄区粮食统购统销价格统计表

表 12－5－3　　单位：元/百公斤

名称＼价格	统购价	统销价	名称＼价格	统购价	统销价
小麦	19.08	20.24	大豌豆	13	14.10
大麦	13	13.40	小豌豆	15.80	17.10
玉米	14.60	15.80	大豆	18.40	19.90
高粱	14.20	14.60	红小豆	16	17.60
谷子	14.20	14.60	豇豆	15.60	17.20

1953 年国家对粮食和油脂油料实行统购统销政策，农产品价格在较长时间内变化很小。

20 世纪 50 年代统购统销时期，国营或集体商业部门经营的农副产品，除国家定价商品外，须自行确定价格者均经县人民委员会批准，如棉种每公斤批发价 0.16 元、零售价 0.17 元；生姜每公斤收购价 0.50 元、零售价 0.56 元。1958 年后，凡计划内物资和国营商店经营的日用消费品一律按国家规定的统一价格（牌价）经营，计划外物资则实行市场价格（市价）经营。

中共十一届三中全会后，逐步开放市场，对不合理价格体制进行一系列改革，农副产品除个别品种由国家实行指导价外，其余均由市场自行调节。

1981 年和 1987 年境内部分农副产品零售价格统计表

表 12-5-4　　　　单位：元/公斤

名称	1981 年		1987 年	
	牌价	市价	牌价	市价
小麦	0.28	0.62	0.28	0.62
玉米	0.20	0.38	0.20	0.38
瓜干	0.16	0.30	0.16	0.38
黄豆	0.28	0.88	0.28	1.06
花生米	0.64	1.12	0.96	2.30
植物油	1.60	2.48	1.60	4.60

（注：牌价即国家规定价格）

1989～2005 年境内部分农副产品价格统计表

表 12-5-5　　　　单位：元/斤

名称	年份																
	1989	1990	1991	1992	1993	1994	1995	1996	1997	1998	1999	2000	2001	2002	2003	2004	2005
小麦	0.65	0.46	0.40	0.41	0.54	0.58	0.85	0.85	0.73	0.65	0.63	0.48	0.54	0.52	0.62	0.75	0.71
玉米	0.45	0.35	0.24	0.29	0.40	0.49	0.80	0.75	0.58	0.60	0.60	0.40	0.55	0.50	0.57	0.70	0.60
大豆	0.85	0.73	0.65	0.70	0.95	1.20	1.35	1.50	1.60	1.40	1.20	1.70	1.60	2	1.80	2.60	2.80
生姜	1.70	0.90	0.80	1.20	1.30	0.90	3.40	3.30	1.30	0.90	0.80	1	0.90	0.50	0.90	2.70	1.20
大蒜	0.65	0.26	0.23	1.60	0.50	0.40	0.90	1.10	1.20	0.60	0.90	0.80	0.55	0.65	0.45	0.80	1.20
花椒	4	5	6	6	8	4.10	4.20	4.10	4.10	18	5.80	5.90	6.10	5.90	6	7.50	6
生猪	1.70	1.60	1.90	1.70	2.80	3.30	3.70	4	4.10	3.30	2.90	3	3.20	3	3.50	4.40	3.30

工业品价格

煤炭价格　1935 年周家坡煤矿、郭家台煤矿煤炭每吨 6 元。1960 年潘西煤矿煤炭出厂价每吨 14 元、零售价每吨 16.30 元。里辛煤矿烟煤出厂价每吨 18 元、零售价每吨 21.40 元，块煤出厂价每吨 24 元、零售价每吨 30.20 元。

1974 年境内煤炭出厂价格统计表

表 12-5-6　　　　单位：元/吨

名称	规格	价格	产地	定价部门
烟煤	八级原煤	19.10	潘西煤矿	燃化部
无烟煤	混煤	17.50	周家坡煤矿	县生产指挥部
无烟煤	块煤	23	周家坡煤矿	县生产指挥部
无烟煤	混煤	16.60	里辛煤矿	泰安地区计委
烟煤	混煤	18	里辛煤矿	泰安地区计委
烟煤	混煤	16.60	颜庄煤矿	泰安地区计委

1978年3月，煤炭价格有所调整，基本情况如下表：

1978年境内煤炭出厂价格统计表

表12－5－7　　　　单位：元/吨

名　称	规　格	价　格	产　地
无烟煤	原煤	19	周家坡煤矿
无烟煤	块煤	25	周家坡煤矿
烟煤	混煤	21	里辛煤矿
烟煤	混煤	21	颜庄煤矿

中共十一届三中全会后，随着经济体制改革的进行，煤炭价格不断进行调整。

1983～2005年境内煤炭出厂价格统计表

表12－5－8　　　　单位：元/吨

年　份	价　格	年　份	价　格	年　份	价　格
1983	28	1991	57	1999	167
1984	28	1992	66	2000	171
1985	32	1993	127	2001	173
1986	33	1994	143	2002	206
1987	33	1995	176	2003	206
1988	47	1996	206	2004	269
1989	63	1997	213	2005	328
1990	41	1998	163		

工业用电价格　1993年至2005年，区内工业用电、非工业企业和普通工业用电价格有逐步增加趋势。

1993～2005年钢城区工业用电价格统计表

表12－5－9　　　　单位：元/千瓦时

名　称	年　份												
	1993	1994	1995	1996	1997	1998	1999	2000	2001	2002	2003	2004	2005
1千伏～10千伏	0.14	0.39	0.39	0.17	0.46	0.45	0.44	0.46	0.46	0.46	0.46	0.47	0.47
其中：电石、电解烧碱、合成氨、电炉黄磷	—	—	—	—	—	—	—	0.45	0.45	0.45	0.45	0.46	0.46
中小化肥生产企业	—	—	—	—	—	—	—	0.31	0.31	0.31	0.31	0.31	0.31
35千伏～110千伏	0.13	0.35	0.35	0.17	0.46	0.45	0.44	0.45	0.45	0.45	0.45	0.49	0.49
其中：电石、电解烧碱、合成氨、电炉黄磷	—	—	—	—	—	—	—	0.44	0.44	0.44	0.44	0.46	0.46

续表 12－5－9

名　称	年　份												
	1993	1994	1995	1996	1997	1998	1999	2000	2001	2002	2003	2004	2005
中小化肥生产企业	—	—	—	—	—	—	—	0.31	0.31	0.31	0.31	0.31	0.31
110 千伏及以上	0.13	0.35	0.35	0.17	0.45	0.44	0.43	0.44	0.44	0.44	0.44	0.49	0.49
其中：电石、电解烧碱、合成氨、电炉黄磷	—	—	—	—	—	—	—	0.43	0.43	0.43	0.43	0.45	0.45
中小化肥生产企业	—	—	—	—	—	—	—	0.30	0.30	0.30	0.30	0.30	0.30

1993～2005 年钢城区非工业企业、普通工业用电价格统计表

表 12－5－10　　单位：元/千瓦时

名　称	年　份												
	1993	1994	1995	1996	1997	1998	1999	2000	2001	2002	2003	2004	2005
1 千伏以下	0.20	0.20	0.45	0.24	0.28	0.54	0.53	0.55	0.55	0.55	0.55	0.56	0.56
1 千伏～10 千伏	0.19	0.45	0.45	0.24	0.28	0.54	0.53	0.54	0.54	0.54	0.54	0.56	0.56
35 千伏～110 千伏	0.19	0.44	0.44	0.23	0.27	0.53	0.52	0.54	0.54	0.54	0.54	0.55	0.55

生产用品价格　境内部分生产用品价格不同　　历史时期有不同的变化。

1974 年境内部分工业品出厂价格统计表

表 12－5－11　　单位：元/吨、元/件

名　称	规　格	价　格	产　地
铁矿石	平炉块矿，含氧化铁 60%	35	莱钢铁矿颜庄等
	高炉矿，含氧化铁 50%	17.50	
	铁精粉，含氧化铁 60%	23.50	
铸造用生铁	35 号一组锰一类	179	莱钢一铁莱芜硫酸厂
	30 号一组锰一类	175	
	20 号一组锰三类	140	
	出格铁硫 <0.15%	110	
硫酸	93%	110	莱芜硫酸厂
硫化蓝	100 ±3 分	7500	
过磷酸钙	14% ～18% 散装	105	
氨水	含氨 14% ～16% 散装	60	莱钢焦化厂
锄刃	大号黑铁板	1.09	颜庄公社农具厂 黄庄公社农具厂
镰刀	15x3cm	0.36	
镐头	全钢，重 3.5 公斤	4.40	

续表 12－5－11

名　称	规　格	价　格	产　地
生铁脸盆	重约2公斤	0.90	颜庄公社农具厂 黄庄公社农具厂
生铁锅	重约3公斤	1.08	
菜刀	大号白板加钢	1.18	
菜刀	大号黑板加钢	0.90	
推车盘	硬杂木	31	
扁担	硬杂木	3	
木锨	硬杂木、带柄	1.63	
木耙	硬杂木、六齿	1.05	
木耧头	硬杂木、双腿	18.36	
耙床	硬杂木、220x55 厘米	16.80	

生活用品价格　计划经济时期人民生活必需的工业品供应紧缺，粮、油、布匹、棉花等事关民生的物资凭票供应，部分生活用品实行全国统一零售价格。

1978～2005 年部分年份境内部分生活用品零售价格统计表

表 12－5－12　　　　单位：元

品　名	计量单位	1978 年	1990 年	2000 年	2005 年
面粉	市斤	0.18	0.37	0.84	0.88
食用油	市斤	0.81	0.80	0.82	0.85
元白布	尺	0.34	0.42	—	—
青平纹布	尺	0.20	0.24	—	—
火柴	盒	0.02	0.03	0.05	0.05
食盐	市斤	0.14	0.14	0.38	1
白炽灯泡	只	0.15	0.50	0.80	0.80
缝衣针	包	0.10	0.15	0.20	0.20
瓜干白酒	市斤	0.60	0.90	1.50	2
酱油	市斤	0.14	0.39	2	3
食醋	市斤	0.08	0.12	1	3

服务收费价格

包括城乡居民洗澡费、理发费、水电费、教育收费和宾馆服务收费价格等。计划经济时期，非商品性收费价格绝大多数实行计划管理，定价权大部分集中于中央、省和市物价主管部门。改革开放后，定价权逐步下放，地方物价行政主管部门只管理少量的事关民生的少数收费价格。

1993～2005年钢城区水电费价格统计表

表12－5－13　　　　单位：元/千瓦时、元/立方米

名称	年份												
	1993	1994	1995	1996	1997	1998	1999	2000	2001	2002	2003	2004	2005
农村照明用电	0.70	0.70	0.40	0.69	0.70	0.72	0.67	0.63	0.63	0.52	0.52	0.52	0.52
城市居民生活用电	0.22	0.24	0.24	0.27	0.38	0.43	0.43	0.43	0.43	0.52	0.52	0.52	0.52
城市居民生活用水	0.40	0.40	0.40	0.70	0.70	0.80	0.80	0.80	1	1.44	1.44	1.44	1.44
工业用水	0.80	0.80	0.80	1.05	1.05	1.15	1.15	1.15	1.35	1.92	1.92	1.92	1.92

1991～2005年境内教育和宾馆服务性收费价格统计表

表12－5－14　　　　单位：元/学期、元/标准间

名称	年份														
	1991	1992	1993	1994	1995	1996	1997	1998	1999	2000	2001	2002	2003	2004	2005
高中杂费	15	15	54	54	54	54	54	110	110	800	800	800	800	800	800
初中杂费	12	12	24	24	24	36	36	36	65	65	90	90	90	—	—
小学杂费	6	6	12	12	18	18	18	40	40	40	55	55	55	—	—
宾馆住房	120	120	180	180	260	260	260	260	260	260	260	300	300	300	300

（注：2000年至2005年，高中每学期800元为省级规范化学校杂费标准。）

第二节　价格管理

价格监督检查

1993年至2005年，每年3月开展一次明码标价检查活动。积极开展春节、“五一”“十一”等节日的市场检查。根据上级统一部署，开展各种价格专项检查。发挥“12358”免费价格举报热线电话的作用，对群众举报线索进行延伸检查，有效制止各种乱收费，对查出的违法金额，及时退还消费者，各项检查都做到事前告诫提醒和事后检查整顿相结合。

价格法制宣传

1998年5月1日，《中华人民共和国价格法》正式实施，区物价部门开展《中华人民共和国价格法》的学习宣传活动。举办物价系统内部和全区企事业单位财务物价人员培训班；开展宣传月活动；帮助企业用好定价自主权。同时，加大执法力度，清理查处一些同《中华人民共和国价格法》相违背的违法行为。

价格信息、监测和认证

自1993年，健全价格预警预报系统，发展企业信息网员，做好网员户各项服务，加强监测预报工作。对30种商品价格实行日常监测，通过日报、月报，及时向市物价局提供市场价格信息。至2005年，共提供监测报告72次、分析预报12篇。

在价格监测上，以控制物价上涨，实现年度物价调控目标为重点，坚持价格形势分析和价格预警预报，及时向区各大班子领导提供物价快讯，主要包括粮食、副食品和蔬菜价格及市场价格波动较大的品种，确保区领导及时掌握主要商品价格行情，为宏观决策提供准确的资料。

第三节 收费管理

自1993年，以制止各种乱收费为重点，严格按照国家的收费政策、标准、项目进行监督管理。

举办行政事业性单位执收人员培训班，进行《收费许可证》换（发）证工作，在换（发）《收费许可证》中做到不参加培训的不予换（发）证，收费文件依据不充分的不予换（发）证。对行政事业性收费单位进行收费年度审验。开展清费治乱减负工作，清理国家、省和市明令取消项目，查处违纪金额，减轻企业和农民负担。实行企业交费登记制度，至2005年，全区有13家企业领取《企业交费登记卡》。

第六章 审计监督

1986年起，设立内部审计机构，主要设在规模以上的乡镇企业。莱芜第二实业公司成立审计科，负责公司及下属企业的审计监督工作。城子坡镇、颜庄镇和里辛乡在财政所配备兼职审计人员。

1992年钢城建安公司配备专职审计人员并设立审计科。1993年1月，钢城区审计局成立。内设综合科、办公室、企业审计科和行政事业审计科4个科（室）；4月经山东省审计局批准，设立莱芜市钢城区审计师事务所。

1997年8月，区审计中心成立，为副科级事业单位，内设企业审计科、固定资产投资审计科，编制5人。1999年12月，审计事务所改制，与审计局彻底脱钩。

2001年12月，审计局内设办公室（挂金融社保外资审计科牌子）、财政审计科（挂行政事业审计科牌子）2个科（室），配行政编制5人、工勤编制1人。

2002年6月，区经济责任审计办公室成立，为审计局副科级事业单位，编制为6人。

2005年底，审计局有行政人员4人、事业人员11人和工勤人员1人。

第一节 国家审计

财政审计

自1993年，区审计局对区级财政预算执行情况和乡镇财政决算情况进行审计。至2005年，共审计44个单位，查出违纪违规及管理不规范金额

审计理论研讨会

4268.66 万元，增加财政收入 484.24 万元，其中，重点对隐瞒截留收入、虚列支出、挤占挪用专项资金和乱收费等违规行为进行查处；对同级财政预算执行情况的审计，重点查处私设“小金库”、公款私存、应缴未缴预算外收入、乱收费和截留坐支等违规问题。

2005 年审计 6 个单位，查出违规违纪及管理不规范金额 362.66 万元，增加财政收入 138.74 万元。

行政事业审计

1993 年对行政机关一级预算单位和重点事业单位实行定期审计，被审计单位逐年增加。之后，加强对预算外收支多、事业收费多、罚没收入多的事业单位和执法部门的审计，重点对教育经费、社会保险和环境保护等各类专项资金进行审计。2005 年内审计项目 4 个，查出各类违规金额 424.86 万元，上缴财政金额 34.28 万元。至 2005 年，共完成审计项目 61 个，查出各类违规金额 6774.86 万元，补交入库财政金额 107.88 万元。

经济责任审计

主要包括区级以下党政机关、社会组织及企事业单位领导干部的任期经济责任的审计工作。至 2005 年，共审计领导干部 40 人，查处违规金额 1696 万元，对涉嫌违规人员进行处理。

金融审计

对境内地方金融机构的审计，主要是对农村信用联社、城市信用社的资产、负债和损益情况进行审计。至 2005 年，共完成审计项目 4 个，查出违规金额 1 亿元，直接增加财政收入 8 万余元。

固定资产投资审计

负责对区投资和以区投资为主，建设项目的概（预）算执行情况、竣工决算等项目的审计；组织和实施建设项目专项资金管理使用情况的审计和审计调查。

企业审计

企业审计主要以审计地方骨干企业的财务收支为重点，重点查处企业截留收入、挤占乱摊成本费用、乱列支出、偷税漏税等问题。2005 年完成审计项目 1 个，查出违规行为资金 133.09 万元，上缴财政金额 5000 元。至 2005 年，共计完成审计项目 22 个，查出违规金额 3220.09 万元，补交入库财政金额 60.40 万元。

工作人员进行企业审计调研

第二节　内部审计

1993 年指导帮助区农村信用社、教育局、莱芜四中、九龙公司、钢城企业集团公司及各乡镇先后成立内部审计机构。2005 年各内审机构完成审计项目 28 个，查出违规行为金额 1100 余万元，纠正违规行为金额 246 万元，促进增收节支 127 万元。至 2005 年，共有专职内审人员 18 人、兼职内审人员 43 人，累计开展财务收支、经济责任、基建决算等审计项目 174 个，共查出违规金额 8300 余万元，纠正违规金额 724 万元，促进增收和节约开支 639 万元。

第三节　社会审计

1993 年 4 月，钢城区审计师事务所经山东省审计局批准设立，为区审计局所属科（股）级事业单位，编制为 7 人。1997 年 8 月，转为自筹自支事业单位，编制为 15 人。事务所成立之初，主要开展基建工程审计（属社会中介服务项目），通过审计为区政府节约大量财政资金。后随着业务范围的逐步扩大，出台多项企业财务查证的有关办法，使财务审计工作逐步走向规范化，其业务范围包括企业验资、财务查证、基建工程预决算审计等。

1999 年 12 月，全面完成与区审计局脱钩改制工作。

第七章　质量技术监督管理

1993 年建区之初，境内的质量技术监督管理工作由莱芜市质量技术监督局兼管，钢城区经济贸易委员会设专人组织协调全区技术监督工作。1997 年 8 月，莱芜市质量技术监督局钢城分局设立。2005 年钢城分局为市质量技术监督局派出机构，同时挂稽查队牌子，负责本行政区内质量技术监督综合管理和行政执法工作，人员编制 19 名。

第一节　管理与执法

按照“分类指导”的原则，帮助企业建立和完善计量检测体系，引导企业加大对计量基础设施的投入，先后为宏强集团等 11 家单位培训计量内审员 33 名。按照《加油站计量监督管理办法》，对区内 20 名加油站站长进行了有关质量、计量等法律法规方面的培训，对计量器具进行登记年审，帮助企业建立、完善了计量检测体系。在全区范围内进行餐饮业计量监督检查，打击个别单位和个人利用计量器具欺骗消费者的违法行为，保护消费者的合法权益。

1993 年至 2001 年，区质量技术监督分局的日常行政执法职能主要是处理计量违法行为。2002 年至 2005 年，区质量技术监督分局先后出动执法人员 200 余人次，对《房间空调器安装规范》《食品标签通用标准》《珠宝玉石饰品及贵重金属饰品标准》《化肥标准》等强制性标准实施情况进行检查，检查单位 50 家；配合市稽查大队查处 4 家“地条钢”非法生产企业，没收地条钢 15.98 吨、模具 16.10 吨、废铁渣 6.08 吨，查处 1 家煤炭掺假、使假单位；对建材市场进行专项整治，对抽查不合格的产品进行质量后处理，处结率达 100%。“非典型性肺炎”疫情期间，在全区范围内对预防“非典型性肺炎”的产品及食品进行执法大检查，确保防治“非典型性肺炎”产品及食品的质量安全。

第二节　质量监督管理

建立质量档案

2002 年印发《关于建立莱芜市钢城区工业企业质量档案的通知》，自此，工业企业质量状况普查及建档工作全面展开。先后帮助 24 家企业建立质量档案，对 17 家不合格单位进行督查，促使其限期做好质量整改工作。

开展专项检查

1997年起，区质监局每年元旦、春节期间出动执法人员进行食品市场的监督检查，清除超过保质期的食品，以确保节日食品安全。配合市质检所、公安局等单位部门对各个市场进行治理整顿，组织执法人员对加油站等有关单位的强检计量器具进行检测检查，对未经检定而使用加油机的单位进行整改，对不合格企业进行质量后处理，每年处结率都达到100%。对生产罐装、冷冻、膨化食品企业的生产设备和条件开展专项调查工作。认真贯彻落实省质量技术监督局《关于严格执行啤酒国家标准的强制性规定，立即停止用捆扎方式销售瓶装啤酒的通知》精神，对38家啤酒销售单位负责人进行相关法律、法规和强制性标准方面的培训，杜绝捆扎瓶装啤酒的销售行为。2003年9月，与区委宣传部、区经贸局、总工会和团区委联合印发《关于开展"2003年全区质量月"活动的通知》，开展"坚持以质取胜，提高竞争实力"为主题的"质量月"活动；11月区政府印发《关于印发钢城区质量兴区实施意见的通知》，"质量兴区"工作自此正式启动。

第三节　标准化管理

1997年在全区开展全省消灭无标准生产试点工作，登记企业86家、产品146种，为企业提供标准72份，帮助企业制订、修订标准24份，为企业培训标准化人员306人、标准化检查员40人。

1998年9月，通过山东省质量技术监督局组织的全省消灭无标准生产试点工作验收，省级有关部门向钢城区颁发山东省消灭无标准生产县（市）验收合格证书。

2002年区质监局与区农业局、林业办公室协作完成钢城区建立中国蜜桃标准化示范基地的申报工作，培训农业标准化生产技术人员200余人。按照《山东省企业采用国际标准认可管理办法》的要求，积极引导企业采用国际标准和国外先进标准，有1家企业上报采标申请并通过初审。按照《山东省消灭无标准生产县（区）管理办法》的规定，区政府重新调整消灭无标准生产县（市、区）领导小组，印发《关于对企业产品执行标准进行登记和年审的通知》，对44家企业的产品进行登记年审，培训企业标准化检查员47人，先后帮助30家企业查询标准，为20家企业办理组织机构代码，有2家企业按照GB/T1.1–2000标准制定企业标准并在市局备案，实现全区标准化工作的动态管理。

2004年9月，通过山东省质量技术监督局关于《山东省标准化生产达标工作管理办法》落实情况的复查验收，省级有关部门向钢城区颁发山东省消灭无标准生产县（市）验收合格证书。

质检人员检查节日食品　　（2005年　摄）

2005年完成标准登记25个，对17家企业进行标准登记证书年审，帮助4家企业的5种产品制定企业标准并在市局备案，帮助20家企业申报组织机构代码，帮助24家企业培训标准化检查员。15家企业取得ISO 9000认证证书，2家企业取得ISO 14000认证证书，3家企业取得3C准认证证书，6种产品获山东省名牌产品称号，1种产品获国家免检产品资格，3家食品生产企业领取《食品生产许可证》。

第四节 特种设备安全监察

2003年结合《特种设备安全监察条例》的学习贯彻，举办两期特种设备安全管理培训班，培训人员47人。元旦、春节等节日期间对辖区内10家液化气站进行安全大检查；完成辖区内锅炉、压力器等特种设备的普查登记工作；对17家使用锅炉的单位进行安全检查，举办锅炉、压力容器管理人员培训班，为企业培训安全管理人员16人。在4个镇（街道）、1个经济开发分区聘请特种设备协管员，制定钢城重大安全生产事故应急救援预案。不定期地开展锅炉安全检查，共检查49个单位、55台锅炉，下达安全指令11份，并督促有关单位进行整改。至2005年，共发放安全生产宣传资料1000余份，举办气瓶安装培训班5次，会同区直有关部门对全区11家气瓶充装站进行安全大检查。

第八章 安全生产监督管理

1990年以前，境内各地的安全生产监督管理工作分别由莱芜、沂源和新泰三市（县）的安监职能部门负责。1990年8月，莱芜市钢城办事处设立后，由莱芜市安全委员会负责。1993年2月，钢城区安全生产委员会成立，办公室设在区人事劳动局。2000年10月，改设在区经济贸易委员会。2001年12月，设置区安全生产监督管理局，为科级事业单位，内设综合科和监督管理科，编制5人。2005年7月，区安全生产监督管理局列入区政府序列，设职能科室 1 个，编制5人，同时，设立钢城区安全生产监察大队，为副科级事业单位，编制4人。

第一节 安全管理

区委、区政府把安全生产工作列入重要议事日程，坚持“安全第一，预防为主，综合治理”的方针。实行每个季度召开一次安全生产工作会议制度，分析研究全区安全生产形势，协调解决安全生产中存在的问题。把安全生产工作列入各级领导干部实绩考核和社会治安综合治理的重要内容。2002年印发《莱芜市钢城区关于认真落实安全生产责任制的意见》，每年都与各镇（街道）、区直有关部门和经济开发分区等单位签订《安全生产目标责任书》，把安全责任层层分解落实。建立约束和激励机制，依据《莱芜市钢城区安全生产目标管理考核奖惩办法》，对各单位安全生产目标任务的完成情况进行严格考核，对成绩突出的单位和个人由区政府予以表彰奖励，对没有完成安全目标责任的，坚决实行“一票否决”，取消一切评优资格。

每年6月份，组织安监、交警、交通、质监、消防、城建和行政执法等10余个部门，认真组织开展“安全生产月”活动。通过出动宣传车、印发宣传材料、摆放图片展板、悬挂安全标语等形式，广泛宣传安全生产法律、法规和安全生产常识，营造全社会“关爱生命、关注安全”的浓厚氛围。2000年5月，开展“掌握安全知识，迎接新世纪”为主题的“安全生产周”活动。先后举办各镇（街道）、区直各部门及有关企业领导干部参加的全区领导干部安

2005年安监局进行安全生产月活动宣传

全生产培训班和企业负责人及安全管理人员参加的安全培训班，重点学习《山东省安全生产条例》等法律、法规及如何预防失职、渎职犯罪等方面的内容，突出对重大危险源及危险化学品生产经营单位的监督管理。实行分级管理，加大安全检查力度，明确责任单位和责任人，进行全面跟踪监控、监督检查等措施，防止重特大安全事故的发生。

第二节　专项治理

自1993年，通过采取“六查机制”（日常工作定期查、重要时期集中查、重点领域专家查、难点问题联合查、重要工作政府查、违法行业从严查），加大对重点领域安全生产执法检查，强抓整治安全隐患。至2005年，每年都对矿山、人员密集场所、道路交通运输以及危险化学品、民用爆破器材和烟花爆竹经营点等地段或环节开展专项整治活动。

专门制定重点行业和领域定期安全检查制度，对煤矿实行一周一检查、一月一调度，对非煤矿山、危险化学品生产使用及烟花爆竹企业实行一月一检查。对检查出的安全事故隐患，由检查人员现场监督企业立即进行整改；不能立即整改的，在下达整改指令的同时，责成相关部门或镇（街道）督促企业整改，到期进行复查。在每年的“五一”“十一”、春节和“两会”等重大节日或会议期间，分管副区长及时召开会议，安排部署节前和节日期间的安全生产工作，并成立由相关部门牵头的专项检查组，由各部门分管负责人带队，集中开展节前安全生产大检查。严格落实节假日和重要时期领导带班制度，在节日和重要时期，每天由一名区级领导带班。定期聘请专家对重点企业进行安全检查，帮助企业查找安全生产方面存在的问题和隐患，提出整改建议和防范措施，至2005年，共6次聘请专家对重点企业进行安检。形成部门齐抓共管的机制，区安监、公安、质监、交警、消防、城建、卫生、国土和教育等部门，密切配合制定专项整治方案，并采取联合行动，各司其职，密切协作，开展各种专项整治活动，对非法加油站点、非法采矿点、非法烟花爆竹生产经营点实行联合执法行动，及时消除各类事故隐患，防止重特大安全事故发生。

对采矿、建筑和危险化学品、烟花爆竹、民用爆破器材生产等高危行业，严格按照法律、法规的规定，认真落实安全准入制度，严格审查企业安全生产条件，从源头上把好安全生产关。对达不到安全生产条件的企业，坚持不予申报安全生产许可证，对非法和不具备安全生产条件的矿山工厂、经营网点等，坚决予以取缔和关闭。对于高风险建设项目，特别是入工业园区的各类建设项目，将安全措施“三同时”（同时设计、同时施工、同时投产）工作纳入建设项目管理程序，加强协调配合，做到安全第一。

附：安全事故

1952年6月21日，国营颜庄酒厂工人用水蒸气清除烟囱灰尘时，引燃房屋发生火灾，蔓延半个村庄，烧伤23人，毁房1731间。莱芜县政府拨款56338元、小米5万公斤救灾。

1969年4月4日，潘西煤矿发生煤尘爆炸，死亡115人，毁坏巷道3700米，停产7个月。中央、省、地和县各级政府均组织力量抢救。

1990年7月13日,潘西煤矿发生重大恶性瓦斯爆炸事故,死亡45人、伤13人。

1997年5月2日15时15分，南下冶煤矿发生特大瓦斯爆炸事故,死亡31人。事故发生后,钢城区组织4个救护队进行抢救。省委书记吴官正、煤炭部副部长王显政分别打电话进行了解，对善后工作提出意见，全区组织300余名机关干部投入救护工作。

2000年1月8日22时40分，里辛煤矿发生瓦斯爆炸事故,造成10人死亡。

第九章　国土资源管理

1984年前后,颜庄镇、黄庄镇、城子坡镇和里辛乡成立乡镇土地管理所。

1993年3月,钢城区土地管理处成立;6月归区建设环保土地委员会管理,为副科级事业单位,工作人员6人;7月土地管理处改建为土地管理局,升格为科级事业单位。1997年6月,土地管理局列入区政府序列，内设办公室、土地监督检查科、地籍管理科、城乡建设用地服务科和土地勘测站5个科(室、站),编制21人。

1998年2月，莱芜市地质矿产局钢城分局设立,为全额科级事业单位,编制6人。2001年11月,与区土地管理局合并,设矿产科。2001年11月,区土地管理局改设为区国土资源局,主管全区土地、矿产等自然资源的规划、管理、保护与合理利用。配行政编制5人、事业编制34人、工勤人员编制2人,内设办公室(同时挂财务科牌子)、土地矿产管理科（同时挂征收管理科牌子)2个职能科(室)，国土资源执法监察大队、国土资源咨询中心、规划开发利用站、测绘中心、土地储备和地租征收中心5个副科级事业单位。

2005年3月，省以下国土资源管理机构实施垂直管理，钢城区国土资源局上划莱芜市国土资源局管理,更名为莱芜市国土资源局钢城分局,下设用地科、规划站、法规科、执法大队、地籍科、财务科、矿管科、储备中心、地租征收中心和窗口办公室,镇(街道)设4个国土资源所,共有工作人员37人。

第一节　规划管理

1994年10月,区土地管理局编制完成《钢城区土地利用总体规划》,平衡全区土地资源的总供给和总需求,确定2002年前土地利用目标和基本方针。

1998年区土地管理局重新编制《莱芜市钢城区土地利用总体规划(1996~2010年)》。

钢城区土地利用结构调整规划统计表

表 12－9－1　　单位：公顷

地类		1996 年		期间面积增减	2000 年		期间面积增减	2010 年		期间面积增减
		面积	比重（%）		面积	比重（%）		面积	比重（%）	
土地总面积		33933.95	100	0	33933.95	100	0	33933.95	100	0
一、农用地		18436.69	54.30	+1676.24	20112.93	59.30	+4294.60	24407.53	72	－5970.84
1. 耕地		8774.41	25.90	+870.13	9644.54	28.40	+2323.39	11967.93	35.30	－3193.52
2. 园地		3926.50	11.60	+171.13	4097.63	12.10	+471.68	4569.31	13.50	+642.81
3. 林地		4778.23	14	+597.46	5357.69	15.90	+1518.23	6893.92	20.30	+2115.69
4. 水面		957.55	2.80	+37.52	995.07	2.90	－18.70	976.37	2.90	+18.82
二、建设用地		4860.77	14.40	+145.95	5006.72	14.70	+330.72	5337.44	15.73	+476.67
1. 居民点及工矿用地		3956.45	11.70	+47.45	4003.45	11.80	+110.72	4114.62	12.13	+158.17
其中	城镇	1343.97	3.99	+144.09	1488.06	4.39	+352.33	1840.39	5.42	+496.42
其中	农村居民点	1893.15	5.60	－95.21	1797.49	5.30	－238.04	1559.90	4.60	－333.25
其中	独立工矿	716.92	2.10	－1.43	715.49	2.10	－3.57	711.92	2.10	－5
其中	特殊用地	2.41	0.01	0	2.41	0.01	0	2.41	0.01	0
2. 交通用地		543.02	1.70	+79.07	649.09	1.90	+171.43	820.52	2.40	+250.50
其中	铁路	158.12	0.50	+10.50	168.62	0.50	0	168.62	0.50	+10.50
其中	公路	136.95	0.40	+35.71	172.66	0.50	+89.29	261.95	0.80	+125
其中	农村道路	247.95	0.80	+32.86	307.81	0.90	+82.14	389.95	1.10	+115
3. 水利设施用地		334.30	1	+19.43	353.73	1	+48.57	402.30	1.20	+68
其中	沟渠	317.68	0.95	+16.57	334.25	0.99	+41.43	375.68	1.10	+58
其中	水工建筑场	16.62	0.05	+2.86	19.48	0.01	+7.14	26.62	0.10	+10
三、未利用地		10636.49	31.30	－1822.19	8814.30	26	－4625.32	4188.98	12.30	－6447.51

2002 年莱钢大型 H 型钢项目建设工程启动，区政府对土地利用总体规划进行修订。调整涉及两项主要用地：傅家桥水库规划占地 401 公顷，其中耕地 108.50 公顷、园林地 42.50 公顷、林地 44.40 公顷、居民占地 25 公顷、交通用地 5 公顷及未利用土地 175.60 公顷；城镇建设规划占地 383.92 公顷，其中耕地 137.20 公顷、园林 90.68 公顷、林地 49.41 公顷、交通用地 4 公顷、水域 13.18 公顷及未利用土地 89.45 公顷。将傅家桥水库用地指标 112.50 公顷、城镇建设用地指标 85 公顷调剂给大型 H 型钢项目。

钢城区土地利用规划调整前后指标对照统计表

表 12－9－2　　单位：公顷

地类		调整前		调整后	
		面积	比重（%）	面积	比重（%）
土地总面积		33933.95	100	33933.95	100
一、农用地		24520.03	72.30	24352.53	71.77
1. 耕地		11967.93	35.30	11967.93	35.27
2. 园地		4569.31	13.50	4504.31	13.27
3. 林地		6893.92	20.30	6988.92	20.60
4. 水面		1088.87	3.20	891.37	2.63
二、建设用地		5224.94	15.40	5422.44	15.97
1. 居民点及工矿用地		4002.12	11.80	4199.62	12.36
其中	城镇	1727.89	5.09	1727.89	5.09
	农村居民点	1559.90	4.60	1559.90	4.59
	独立工矿	711.92	2.10	909.42	2.67
	特殊用地	2.41	0.01	2.41	0.01
2. 交通用地		820.52	2.40	820.52	2.42
其中	铁路	168.62	0.50	168.62	0.50
	公路	261.95	0.80	261.95	0.77
	农村道路	389.95	1.10	389.95	1.15
3. 水利设施用地		402.30	1.20	402.30	1.19
其中	沟渠	375.68	1.10	375.68	1.11
	水工建筑场	26.62	0.10	26.62	0.08
三、未利用地		4188.98	12.30	4158.98	12.26

区土地管理局委托山东省地质科学实验研究院编制全区矿产资源利用总体规划，2004年8月，通过省厅组织的专家组评审验收后付诸实施。

第二节　地籍管理

土地登记

1994年4月，在全区范围内开展土地登记发证工作，共颁发国有、集体土地使用证186宗。1995年完成全区164个行政村集体土地所有权发证工作。1998年完成土地证书年检工作。国有土地使用证、集体土地所有证、集体土地使用证、城镇居民住房及土地变更登记的申请登记发证率均达到90%以上。至2005年，颁发国有土地使用证3146宗，集体土地使用证217宗，他项权利证明书67宗。

土地资源调查

1993年至1994年，进行区级土地资源汇总和分析研究，查清全区土地资源的数量为33933.95

公顷。利用状况：农耕用地18436.69公顷，建设用地4860.77公顷。其中，居民点及工矿用地3956.45公顷、交通用地570.02公顷、水利设施用地334.30公顷及未利用土地10636.49公顷。

第三节　建设用地管理和耕地保护

建设用地管理

1999年1月至2005年12月，全区共分批次上报省政府审批土地67宗，土地总面积3699138平方米（369.91公顷），按《中华人民共和国土地管理法》及《山东省实施〈中华人民共和国土地法〉办法》规定的补偿标准，所有用地均及时足额将征地费用发放到被征地单位。

按照《中华人民共和国土地管理法》及省财政厅、省物价局《关于调整征用土地年产值和地面附着物补偿标准的批复》（鲁价费发〔1999〕314号文）的精神，征用城市规划区范围内的耕地（含园地、鱼塘、藕塘），土地补偿费标准为耕地被征用前三年平均年产值的8倍~10倍；征用城市规划区范围外的耕地，土地补偿费标准为该耕地被征用前三年平均产值的6倍~8倍；征用林地、水面等农用地，土地补偿费标准为邻近一般耕地前三年平均年产值的5倍~6倍；征用乡（镇）、村公共设施或者公益事业、乡镇企业和农村村民住宅占用的集体所有土地，土地补偿费标准为邻近一般耕地前三年平均年产值的5倍~7倍；征用未利用地，土地补偿费标准为邻近一般耕地前三年平均年产值的3倍。每一个需安置的农业人口的安置补助费为耕地被征用前三年平均年产值的6倍，土地补偿费和安置补助费的总数按最高标准补偿。规划区内控制在25倍，规划区外控制在23倍。依据鲁政办发〔2004〕51号文，参照新增建设用地有偿使用费征收等别，钢城区征地年产值最低标准为城市规划区内每亩1400元，规划区外每亩1000元。地面附着物补偿均按鲁价费发〔1999〕314号文件规定的上限标准执行，有什么补什么，青苗补偿费按一季作物的产值计算。

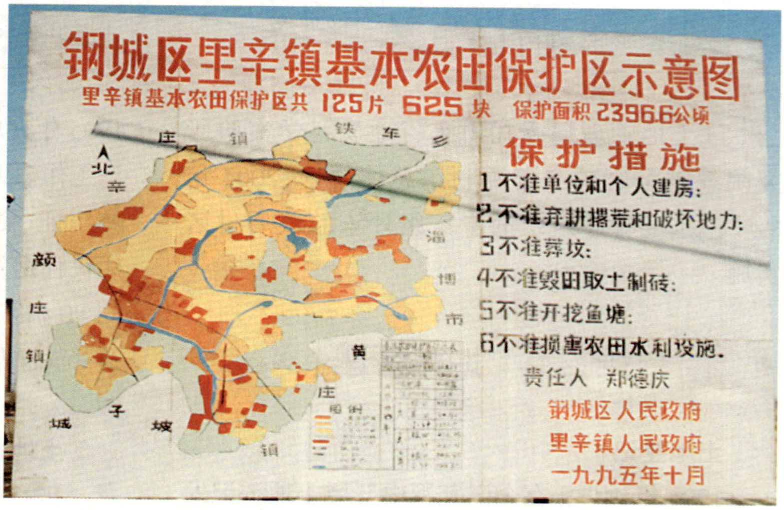

里辛镇基本农田保护区示意图站牌　（1995年　摄）

耕地保护

1995年划定基本农田，确定全区保护面积7452.90公顷，保护率为75.96%。1999年制定《钢城区基本农田保护区规划》，确定全区基本农田7897.12公顷，保护率为90%，2000年10月，报请省政府批准实施。区政府与镇（街道）、镇（街道）与行政村、行政村与农户都严格按照基本农田保护的要求签订目标责任书；各镇（街道）都建立基本农田保护档案。

2000年钢城区有基本农田保护面积7897.12公顷，保护处数为510片。其中，艾山街道有基本农田保护面积1764.05公顷，保护处数为81片；颜庄镇有基本农田保护面积1846.47公顷，保护处数为118片；黄庄镇有基本农田保护面积1842.87公顷，保护处数为99片；里辛镇有基本农田保护面积2443.73公顷，保护处数为212片。

2004年设立基本农田保护标志，各镇（街道）对基本农田保护牌重新进行刷新；全区共新增大型保护牌3个、小型保护牌162个、界桩500个。

第四节　土地开发

境内丘陵面积占总面积的85%以上，人均耕地面积不足0.07公顷，人多地少的矛盾突出。20世纪50年代，特别是60年代至70年代的“农业学大寨”时期，境内大面积开发土地。1993年建区后，区委、区政府一直把土地开发作为农业基本建设的重要内容，发动各级政府利用每年的冬春农闲季节组织劳动力和机械进行以土地开发为主的农田基本建设，先后承担国家级土地整理项目2个，分别是金水河流域土地开发整理项目、棋山流域土地开发整理项目；省级土地开发整理项目4个，分别是槐树岭、东大梁、王庄河流域和东南山土地开发整理项目；市级土地开发整理项目126个。

土地复垦治理现场　　（2005年　摄）

至2005年，全区土地开发整理、复垦治理面积8715.96公顷；通过治理增加耕地2276.80公顷。

根据省政府的要求，建设用地必须“先补后占”。为此，成立区土地开发有限公司，每年都开发一批土地，以储备的耕地顶替占用的耕地，保证建设项目及时用地。

1993～2005年钢城区土地开发整理复垦统计表

表12－9－3　　单位：公顷

面积/年份	治理面积	新增耕地面积	面积/年份	治理面积	新增耕地面积
1993	290.33	93	2000	670.80	100.87
1994	295.73	78.87	2001	1028.67	237
1995	456.20	196.80	2002	850	132.67
1996	430	101.60	2003	875.07	237.40
1997	496.67	141.07	2004	930.87	239.93
1998	396.67	95	2005	1138.29	296.10
1999	856.67	225.87			

第五节　矿产资源保护管理与开发

矿产资源保护管理

1998年9月至1999年4月，对全区45处矿山企业进行储量测绘，为换发新证做准备，同时，开征矿产资源补偿费，并开始实行矿山企业矿产资源开发利用年度统计、年度检查制度。

1999年6月，开始统一换发由地质矿产部统一印制的中华人民共和国采矿许可证。2000年3月，矿产资源管理实行行政执法责任制和错案责任追究责任制；8月设立棋山地质地貌景观保护区；10月依据区政府的有关规定，对傅家桥石料场、椁椤石料场依法顺利拍卖。2002年对艾山街道清泥

采矿权拍卖会 （2003年 摄）

沟水源地（岩路塌陷区）、钢城金矿采矿塌陷区实行重点监督检查。2003年8月，全区采矿权停止协议出让，全部采用招标、挂牌和拍卖方式办理；同月，所有由区局发证的矿山，一律按200元每公顷开征地质环境治理保证金。

矿产资源开发

至2005年，全区共有各类比较正规的矿山企业39个，其中煤矿4个、金矿1个、铁矿1个、石灰石矿1个、白云石矿1个、花岗石矿1个、砂场11处、石料场10处、缸瓦场1个及砖场8个，年总产值为6.20亿元，相关原材料加工工业产值8.50亿元，占全区工业总产值的12%，从业人员为5600余人。

第六节 国土法制建设和土地使用制度改革

国土法制建设

1993年全区开展“无非法批地行为，无非法管地行为，无非法用地行为”的“三无”创建活动，当年城子坡、寨子和里辛3个乡镇达到“三无”标准，顺利通过市级验收。

1994年全区清理违法占地43宗、面积24.76公顷，全年处理违法占地31宗、面积16.09公顷。

1995年6月，区政府出台《农村宅基地超面积有偿使用办法》《基本农田保护条例》，逐步规范农村用地行为。全区开展护耕大检查，查处违法占地18宗、面积17.33公顷。

1997年全区进行土地清查处理活动，共查处国家建设违法占地54宗、面积90.30公顷，其中耕地52.90公顷；集体建设违法占地377宗、面积88公顷，其中耕地40.70公顷；非法交易4.90公顷、交易额187万元；处理村民建房违法占地502宗、面积8.90公顷，其中耕地2.30公顷。

1999年对重点建设项目、民营小区和砖厂进行清理清查，共核实在建项目17个，对5个未批先占项目及时下达停工通知书，对符合规划要求的限期补办手续；对民营小区进行全面大清查，共查处各类违法占地316宗，占地面积为78.90公顷，其中耕地35.57公顷；对效益不好的10处砖厂进行关停，关停面积为12.79公顷，并及时组织复垦。

2000年重新制定完善《宅基地管理暂行办法》《基本农田保护条例》《依法行政实施意见》《行政执法责任制实施方案》等各类规章制度。

国土法制宣传 （1999年 摄）

2002 年在全区开展房地产用地清理，共查处不规范用地 103 宗、面积 27.91 公顷。

2003 年至 2005 年 10 月，全区开展土地市场秩序治理整顿工作，共查处不规范用地 496 宗、面积 198.42 公顷。

土地使用制度改革

2002 年 7 月，全区推行土地使用制度改革，逐步建立统一、开放、竞争、有序的土地市场体系和市场运行机制。对商业、旅游、娱乐和经营性房地产开发用地及同一块地有 2 个以上意向用地都实行招拍挂方式供地；11 月区政府将位于府前大街东首用途为建住宅的 17762 平方米的土地纳入政府储备，以 1000 万元的价格挂牌出让给桓台祥龙房地产开发有限公司。2003 年 6 月，区政府将位于钢都大街东首 11.28 万平方米建住宅的储备土地，以 2050 万元的价格挂牌出让给莱芜金鼎房地产开发公司。

1994 年和 1995 年，中国人民建设银行莱芜市钢城区支行、中国农业银行莱芜市钢城区支行，分别取得 7425 平方米和 5084 平方米的国有土地使用权。至 2002 年 6 月，两宗土地一直处于闲置状态，在报经市政府同意后，区政府依法收回储备，28 日两宗土地分别以 225 万元和 180 万元拍卖。

2004 年 6 月，区政府将位于府前大街东首面积 55576 平方米用途为建住宅的储备土地，以 3877 万元的价格挂牌出让给山东信莱房地产开发有限公司。2005 年 6 月 6 日，区政府将纳入储备的面积为 112278 平方米和 41550 平方米 2 宗国有土地，分别以 2300 万元和 450 万元的价格挂牌出让给莱芜市金鼎房地产开发有限公司和莱芜红日房地产开发有限公司。

至 2005 年，全区共按招拍挂方式竞价出让土地 17 宗、面积 671970 平方米，成交总价款 15315 万元，实现政府纯收益 8025.31 万元。

第十章　招商引资与经济园区建设

第一节　招商引资政策措施

2001 年 8 月 16 日，钢城区招商局成立，为科级行政单位，内设办公室、招商联络科、督查认定科 3 个职能科（室）。至 2005 年，有工作人员 17 人。

招商引资列为区“一号工程”

2001 年 5 月 21 日，莱芜经济开发区钢城分区成立暨全民招商引资、发展民营经济动员大会召开，钢城区委、区政府坚持把招商引资作为“一号工程”来抓。区委、区政府与驻地企业把厂、地联手招商引资作为工作重点，至年底，全区招商引资项目（投产营业和开工建设类）150 个，投资总额 5.01 亿元。其中，莱钢等驻地大型企业及其职工自办或引进项目 58 个，占项目总数的 38.70%；投资额 3.71 亿元，占总投资额的 74.10%；投资 1000 万元以上的项目 7 个，全部由莱钢等驻地大型企业引进。区委、区政府与驻地企业联合成立招商引资指挥部，全面加强对招商引资工作的领导；莱钢专门成立招商引资办公室，组建 150 人的专业招商队伍，在全国各地设立办事机构，形成全方位的招商网络；区委、区政府成立招商引资投诉办公室，全力为招商引资服务。对投资大、科技含量高的项目，厂、地双方主要领导参与，实行全过程、包揽式服务，只要项目一进入谈判程序，就推行“一个项目、一套班子、一支队伍、一个目标、一抓到底”的工作机制，确保把项目留住，使资金尽快到位。抓住莱钢、新汶矿业集团发展非钢、非煤产业的机遇，厂地共商发展大计，实施重点突破，以点带面。围绕非煤生产，新汶矿业集团、莱芜电业局、莱芜发电厂三方联合组建汶源热电有限公司，总投资1.20亿元，注册资金3000万元；围绕莱钢非钢产业发展，引进投资9800万元的4万吨水雾化钢铁粉末生产线项目。

招商引资政策

2001年5月21日，区委、区政府出台《莱芜市钢城区招商引资奖励办法》《莱芜市钢城区招商引资优惠政策》，并拿出600万元专项资金用于招商引资奖励。2001年8月17日，出台《区级争取无偿资金奖励办法》；9月19日，出台《莱芜市钢城区招商引资考核认定暂行办法》。2002年11月7日，出台《莱芜市钢城区招商引资考核奖惩补充规定》。2004年6月23日，重新出台《莱芜市钢城区招商引资优惠政策》《莱芜市钢城区招商引资奖励办法》等10余个招商引资政策，在用地、用水、用电、税费等方面给予客商最优惠的政策。钢城民营经济园颜庄园实行租赁用地，项目形成的地方收益实行镇、村八二分成，减轻了客商的投资压力，调动了村级招商引资的积极性。对“大、高、外”项目，则实行一事一议，特事特办。

招商引资服务

2002年6月，区民营经济发展办公室成立。2004年3月，区行政服务中心成立，各镇（街道）便民服务中心也分别成立，对审批事项实行“一站式”服务。通过大力精简审批和收费项目，落实服务承诺和社会评议制度，及时解决影响投资的软环境问题，政务环境得到明显改善。

招商引资队伍

2001年全区实施“大开放、大招商、大发展”战略，以引进大项目为主攻方向，推进企地联手招商，发挥领导干部、专业队伍、招商代理、重点企业的作用，实施全民招商。坚持把园区和城镇作为最大载体，努力营造良好的投资环境，积极创新招商方式，不断拓宽招商渠道。成立150人的专业招商队伍，并在区招商局、外经贸局、开发分区分别设立境外专业招商局，选派15人在青岛、烟台、威海、温州等地实行蹲点招商。同时，借助莱钢对外事务多、销售网点多、驻外办事处多的优势，开展委托招商，反馈投资信息，扩大钢城区的宣传面，提高招商引资成功率。

招商引资环境治理

2002年把经济开发分区作为招商引资的窗口和基地，加快以道路、供排水、供电、通讯以及牟汶河治理为重点的基础设施建设，全年完成基础设施投资3017.60万元，开发分区“四通一平”面积达到3.50平方公里，具备承载大项目的能力；开发分区年内引进项目27个，总投资1.22亿元，累计形成固定资产1.07亿元；推进钢城民营经济园、艾山民营经济园、黄庄民营经济园、棋山旅游区4个重点园区及南朱家庄、陶家岭2个村级民营示范园的规划建设，园区规模化、特色化水平不断提高；年内新入园企业95家，个体工商户108户。

2003年区、镇两级抽调49名机关干部组成协调组，全力服务莱钢“十五”技改项目建设。针对制约莱钢发展的供水问题，加快实施葫芦山水库除险加固、牟汶河综合治理工程，强化莱钢供水管网综合整治，配合雪野水库调水工程建设，铺开钢都大街综合治理改造、府前大街东延等工程，整治城市重点路段，优化莱钢的外部发展环境。

在服务措施上，进一步规范政府行为，提高办事效率，对项目征地、手续办理实行全程服务，以最快的速度为客商提供最优质的服务。通过加强招商引资宣传、落实服务承诺、开展社会评议、落实优惠政策、强化社会治安综合治理等措施，营造良好的舆论环境、政务环境、法制环境，全区上下形成重商、亲商、富商和安商的浓厚氛围。

第二节　重大招商活动及成果

参加山东莱芜钢铁招商大会（中国钢铁博览会）

2003年9月16日至17日，在山东莱芜钢铁招商大会上，钢城区共邀请到来自包括香港在内的18个省、市、自治区以及省内10余个地(市)的客商100余人，共签约项目101个，签约额51.49亿元。

2004年10月16日至17日，在山东莱芜第二届钢铁招商大会上，钢城区共邀请到来自全国20个省、市、自治区和香港、台湾地区以及美国、日本、韩国、澳大利亚等国家的客商160余人，共签约项目168个，签约额为96.56亿元。

2005年10月16日至17日，在第三届中国(莱芜)钢铁博览会上，钢城区共邀请海内外客商100余人，签约项目150个，签约额为100亿元。

赴韩招商

2004年8月14日至8月21日，区长李灿玉带领全区4个镇(街道)和开发分区、区政府办公室、招商局和经贸局的主要负责人共12人，赴韩国进行招商活动，举办大型招商推介会1次。小型洽谈会4次，接洽拜会客商40余人，签订友好协议1份，签订意向投资项目12个，意向投资额4120万美元。

2004年10月17日，山东莱芜第二届钢铁招商大会召开

2005年5月17日至23日，再次组团赴韩国进行为期7天的招商推介活动，共签约项目16个、总签约额5500万美元。同时邀请12批共计50余名韩国客商到钢城区考察、洽谈，举办中韩项目签约仪式，先后签约1亿美元。其中，由韩国森奥株式会社与钢城宏强企业集团投资的山东韩莱新型建材有限公司当年开工建设。

企地联合招商

2001年区委、区政府把厂地联手招商引资作为工作重点来抓；至年底，全区招商引资项目(投产营业和开工建设类)150个、投资总额5.01亿元，其中，莱钢等驻地大型企业及其职工自办或引进项目58个，占项目总数的38.70%，投资额3.71亿元，占总投资额的74.10%；投资1000万元以上的项目7个，全部由莱钢等驻地大型企业引进。抓住莱钢、新汶矿业集团发展非钢、非煤产业的机遇，厂地共商发展大计，实施重点突破，以点带面。围绕非煤生产，新汶矿业集团、莱芜电业局、莱芜发电厂三方联合组建汶源热电有限公司，总投资1.20亿元，注册资金3000万元，年内到位资金3000万元。围绕莱钢非钢产业发展，引进投资9800万元的4万吨水雾化钢铁粉末生产线项目，年内征地近400亩，做好开工建设准备。至2005年，引进4万吨水雾化钢铁粉末、智能车库、汶源热电、万力型钢、京华焊管、天元气体等投资过亿元项目，引进特种钢生产、60万吨氧化球团、云通物流等投资过千万元项目。

2005年6月28日至7月3日，钢城区与莱钢集团公司联合赴浙江温州、萧山市开展招商活动，共举办大型招商推介会2次，签订以粉末冶金制件、钢结构加工等钢铁深加工项目为主的项目13个，总签约额6亿元。杭州包氏车业有限公司投资6000万元的轧辊堆焊项目，主要生产修复各类轧辊，年可生产轧辊8000吨，修复轧辊1000吨，实现产值1.20亿元，利税达到1600万元。

主要成果

2005年钢城区严格按照招商引资“一号工程地位不变、优惠鼓励政策不变、考核奖惩办法不变”的要求，认真实施“6263”计划（即确保完成内资6亿元，实际利用外资2000万美元，开展6次大的招商活动，引进30个投资过千万元的项目），全区年内共引进项目162个，到位外来资金9.69亿元，实际利用外资1402万美元。至2005年，全区共引进项目910个，到位外来资金43.62亿元，形成外来固定资产31.13亿元。共引进过亿元的项目10个，过千万元项目51个。

第三节　经济园区建设

2001年5月，区委、区政府制定出台《关于加快民营经济园（区）、专业村、产业镇（处）的实施意见》，通过统筹规划，在205国道和韩莱路沿线，规划建设莱芜经济开发区钢城分区和钢城民营经济园、银山工业园、艾山、颜庄、黄庄、里辛和潘西民营经济园8个民营经济园区。

2003年投资4000余万元用于开发分区及各类园区基础设施建设，提高项目承载能力，增强项目积聚效应。严把入园企业筛选关，积极引进投资规模大、科技含量高、生产效益好的项目，严格控制投资小、效益差、有污染的项目，确保项目质量和投资效益，先后引进天元气体、特种钢生产、60万吨氧化球团等投资过5000万元的大项目。2005年不断拓展新的发展空间，使园区的规模、档次和承载能力有了明显提升。钢城民营经济园完成投资2300万元，发展投资过千万元的项目15个；艾山街道规划建设总面积1万亩的艾山工业园，投资1200万元，初步搭起园区框架，并引进4个投资过千万元的项目；颜庄镇与潘西煤矿联合规划建设4.60平方公里的潘西工业园，建设占地465亩的建材城，扩建钢材大市场，并依托园区引进3个投资过亿元的项目；里辛镇投资2500万元，建成园区4.60平方公里。2005年各园区引进在建规模企业项目68个，其中，进入区民营经济园区19个、镇（街道）园区49个，项目总投资5.10亿元，投资1000万元以上的25个，实现销售收入40亿元、税金4570万元。

第四节　莱芜经济开发区钢城分区

2001年5月21日，莱芜经济开发区钢城分区成立，行政管理机构为管理委员会，为科级单位；28日挂牌办公，内设办公室、招商局、规划建设局、财政局和社会事务局等副科级单位。

区域范围

2001年开发分区西起寨子村东，东至小上峪村，北起府前大街，南至卞家泉社区，规划面积10平方公里。

2001年5月，艾山街道的傅家桥村、宋家庄村、高家庄村、卞家泉村和黄庄镇的小上峪村划归开发分区管理，经济开发区钢城分区总人口5822人。

规划建设

自钢城分区成立后，坚持以经济建设为中心，实施招商引资和“富民强村”工程，突出工业、农业、民营经济和环境建设4个重点，力争建成产业特色明显、基础设施完善、环境优美的现代化工业园区。经济发展的主要目标是建成以钢铁生产、加工、销售为主的钢铁产业链。开发分区管委会对园区实行封闭式管理，采取“一个窗口对外、一站式办理、全过程服务”的方式办理有关手续。

至2005年，已建成并投入使用面积4平方公里。累计完成投资1.50亿元，建成“二纵四横”的道路格局，实现“水、电、路、通讯、排污”五通。功能区分为居住办公区、高新技术工业园区、钢材炉料市场园区、机械加工园区、民营经济园区和莱钢工业园区6个功能区。入园企业168家，实现工商税收2185万元，完成地方财政收入1139万元，安置从业人员1700余人；累计完成招商引资2.20亿元，引进企业84家，其中产值过亿元的企业2家，过千万元的16家。

第十三编

政党 群团

ZHENGDANG QUNTUAN

共青团钢城区委员会
莱芜市金开经贸有限公司
“新春送暖”贫困生捐助仪式

莱芜市钢城区妇女第八次代表大会

残 联

第一章　中国共产党钢城区地方组织的建立与发展

第一节　基层党组织的建立与发展

1937 年 7 月，抗日战争全面爆发；11 月鲁中工委派董琰（新泰工委书记）到黄庄区（蒙阴七区）开展党的活动，发展抗日武装力量。1938 年 3 月 12 日，董琰、边裕鲲及进步人士杨荆石、刘子升等人，组织发动黄庄抗日武装起义，在省内外产生了很大的影响；5 月中共苏鲁豫皖边区省委派苏杰、杨士敬到黄庄组建中共蒙阴县委。苏杰、杨士敬先后介绍房聿良、马化海、房振东和房照水等人入党；7 月中共蒙阴县委移驻坦埠，黄庄村设党支部，由房聿良任书记；9 月中共蒙阴县黄庄区委成立，马子成任书记。同年，颜庄区（莱芜四区）的党组织也迅速建立和发展；6 月中共莱芜县委书记刘莱夫批准组建中共莱芜四区党支部，陈明达任书记，王秉孝、李兰滋（后脱党）任支部委员。随后发展党员扩建支部，在唐家宅村以张子超、曹建告为主，在埠东村以吴修玮为主，在桑梓峪村以王秉孝为主，分别建立了党支部；8 月在四区党支部的基础上，成立中共四区区委，由陈明达任区委书记，王秉孝任组织委员，张子超任宣传委员。1939 年春至 1940 年，根据中共中央关于“大力发展党”的指示，境内党组织发展较快，区、乡、村抗日民主政权组织不断发展壮大，莱芜四区区委先后建立颜庄、黄花店、郑王庄、清泥沟、玥庄、棋山等 8 个乡总支，87%的村庄建立党组织，发展党员 1077 人。各级党组织秘密发展党员，壮大组织力量。同时在人民群众中开展“抗日救国十大纲领”和武装斗争的宣传教育，贯彻中共中央关于“建立抗日民族统一战线”的政策，在区乡组建抗日民主政权，开展抗日救亡运动。

1941 年 5 月，日伪军在颜庄、清泥沟等村安设据点，在境内疯狂进行“清剿”“扫荡”，并实行“自首”政策，大肆捕杀抗日军政人员及其家属，党组织受到极大破坏。为适应抗日斗争形势需要，县域区划进行调整，境内分属莱东县黄花、棋山区，莱南（后称新甫）县南冶、清泥区，蒙阴县黄主区，共有清泥、黄花、棋山、黄庄 4 个区委。各级党组织带领广大人民群众建立抗日武装工作队，开展反“扫荡”、反“蚕食”、反“伪化”、反“自首”斗争，经受严峻考验。

1938 年 5 月，中共蒙阴县委在黄庄成立　（1980 年　摄）

抗日战争胜利后，颜庄区委辖村党支部78个、党小组7个。黄庄区委辖20余个村党支部或党小组。寨子一带有10个党支部或党小组。各级党组织的活动由秘密逐渐转向公开，一边组织生产救灾、重建家园，一边围绕争取和平民主，保卫胜利果实，大力开展工作，组织开展以“减租减息”“反奸诉苦”为中心的群众运动，进一步发展巩固了党组织。

1946年6月，境内党组织认真贯彻中共中央、华东局关于土地改革的指示，“一手拿枪，一手分田”，进行土地改革运动。在莱芜战役、孟良崮战役、南麻战役、兖州战役、济南战役、淮海战役、渡江战役中，境内人民全力以赴支援前线。此间，境内各级党组织更加健全，围绕参军支前、土改和发展生产，及时教育党员发挥模范带头作用，并进行“三查三整”(查阶级、查思想、查作风，整顿组织、整顿思想、整顿作风)，使党员保持良好的精神状态。

1948年3月，境内全部解放。1953年贯彻党中央关于“积极慎重、大量发展党员”的指示，境内各级党组织重点在党员少或空白乡的农业生产合作社中发展贫农积极分子、优秀干部入党，并注意发展产业工人、机关干部和学校师生入党。

1957年境内有颜庄、黄庄区委2个，乡总支14个(颜庄8个、黄庄4个、寨子2个)，村党支部149个(颜庄100个、黄庄27个、寨子22个)、党员2000余人。此间，各级党组织的主要工作是宣传贯彻党在过渡时期的总路线，激发广大人民群众建设社会主义新中国的热情。

1958年3月，莱芜县撤区建乡，撤销颜庄区，建立颜庄、郑王庄2个乡党委，黄庄区未变；10月贯彻中央《关于在农村建立人民公社的决议》，境内建立颜庄、郑王庄、黄庄3个公社党委，辖149个村级党支部(颜庄100个、黄庄27个、寨子22个)。

1959年3月，颜庄和郑王庄公社合并为颜庄公社，境内有颜庄和黄庄公社党委。

1962年春，农村建立“三级所有、队为基础”的经济体制，村改称生产大队，村党支部改称为大队党支部。公社下设管理区，管理区设党总支。此时，境内有公社党委2个、管理区党总支13个和大队党支部149个。

1965年境内党组织注重在阶级斗争、生产斗争和科学实验“三大革命”运动和社会主义教育运动中发展党员，并注重吸收妇女和具有较高文化的优秀团员入党；年底，境内有党员2926人。

1966年5月，“文化大革命”开始后，公社、管理区和大队各级党政机构受到冲击。1967年3月开始，各级陆续被“造反派”夺权，党政组织处于瘫痪状态。1968年7月，公社、大队先后建立革命委员会。1970年2月，根据中央关于“实行党的一元化领导”的指示，公社、管理区先后建立党的核心领导小组，党的组织生活逐渐恢复。

1971年2月至8月，颜庄公社、黄庄公社先后召开第五届党代会，选举产生新一届公社党委，随后，管理区党总支和大队党支部逐步健全。1976年境内有公社党委2个、管理区党总支14个、大队党支部164个、党员4118人。

1984年4月，境内进行体制改革，公社改称办事处或区，以管理区为基础建立乡镇，大队称村；同年，境内有颜庄办事处和黄庄区2个处(区)党委，12个乡、镇党委(颜庄7个、黄庄3个、寨子2个)，164个村支部。

1985年10月，境内撤并为颜庄镇、城子坡镇、黄庄镇、里辛乡、寨子乡，共有乡镇党委5个、村支部164个。同时，各乡镇设立纪律检查委员会，在乡镇党委的直接领导下，及时对党员进行党风党纪教育。

第二节　中共莱芜市钢城办事处工作委员会

1991年1月，莱芜市钢城办事处挂牌办公，为莱芜市政府的派出机构，隶属莱芜市领导。主要任务是:在市委、市政府统一领导下，领导管理所辖乡镇的全面工作，协调地方与莱钢的关系，加强为莱钢建设的服务工作，搞好莱钢驻地的城镇规划建设，为莱钢发展创造良好的条件。

行政区域范围和驻地

钢城办事处行政区域范围包括城子坡镇、颜庄镇、黄庄镇、里辛乡和寨子乡，辖164个行政村、21万人、总面积339.34平方公里，办事处驻地设在城子坡镇。办事处管辖范围还包括莱芜市第二实业有限公司。

机构编制

莱芜市钢城办事处为副县级单位，设立“中国共产党莱芜市委员会钢城办事处工作委员会”“莱芜市人民政府钢城办事处”。总编制50人，工委定编10人，办事处定编40人。配备副县级领导干部4人，由莱芜市增配3名副县级领导干部，另一名由莱芜钢铁总厂调入，分别任工委书记、副书记、办事处主任。李德鑫任中共莱芜市委钢城办事处工作委员会书记、孙业富任中共莱芜市委钢城办事处工作委员会副书记、办事处主任；何立元、张柏成任中共莱芜市委钢城办事处工作委员会副书记。其余46名干部逐步配齐，人员主要从莱芜市现有业务部门中抽调，由莱钢选调的干部户籍、工资、党团关系转入莱芜。工委办公室和办事处办公室为正科级单位。考虑到工作需要，工委办公室配备主任、副主任各1人，办事处办公室配备主任1人、副主任2人。设公安、城建、税务、工商4个分局，为副科级单位，暂配2人~3人。办公地点设在第二实业有限公司办公楼。办事处不单独建立一级财政，莱芜市对办事处实行全额上交、支出包干的统收统支办法。

乡镇交接

按照省政府会议《纪要》的要求，黄庄镇和寨子乡的交接，分别由沂源县、新泰市同莱芜直接办理，人、财、物（包括市、县驻乡镇的派出机构）实行整建制移交，一次交清。

自1990年8月20日省政府《纪要》印发之日起，至交接期间，黄庄镇和寨子乡在此期间发生的人、财、物变动不予承认。有关人员变动可在交接完成后按正常手续办理。黄庄镇和寨子乡应立即对其乡镇固定资产、债权、债务和乡镇企业进行认真清理登记造册，做到财物与交接清册相符。沂源县在黄庄镇和新泰市在寨子乡的企、事业单位应同时移交，2个乡镇所属的乡镇企业（包括寨子乡在翟镇境内的黄泥庄煤矿和纸厂）也应按照《纪要》中关于整建制移交以及《山东省乡（镇）村集体工业管理条例》中关于“各级人民政府和各部门、各单位都不得侵犯企业依法享有的经营自主权，不得随意改变企业的隶属关系将企业上收划走”的规定，一次整体移交给莱芜市，继续归2个乡镇所有。莱芜市第二实业有限公司隶属钢城办事处管辖之后，其所属企业仍归城子坡、颜庄和里辛3个乡镇所有，由第二实业有限公司实行统一管理。

莱芜市、新泰市和沂源县分别成立交接小组，协调会议结束后，上级有关业务部门和交接双方有关部门指定专人负责，在上级业务部门的指导和监督下，实行对口交接。具体步骤为：可以先交人、再交物。即首先将黄庄、寨子2个乡镇的干部和职工，由组织、人事、公安、劳动等部门将其党团、行政、户口、工资、粮食等关系，先办理交接手续，对口转入莱芜市相应单位。在此基础上，由莱芜市对口部门派员帮助清产核资，办理财产交接手续。

第二章 中国共产党莱芜市钢城区委员会

1992年11月，莱芜市升格为地级市，设立钢城区。1993年1月15日，钢城区委正式挂牌办公；3月，中共莱芜市钢城区第九次代表大会（延续县级莱芜市的届次）召开，选举产生中共莱芜市钢城区区委和区纪委领导班子。

第一节 中共莱芜市钢城区历次代表大会

根据中共山东省委的指示，钢城区党代会延续县级莱芜市党代会的届次。1993年1月建区后至2005年，共召开3次党代会。

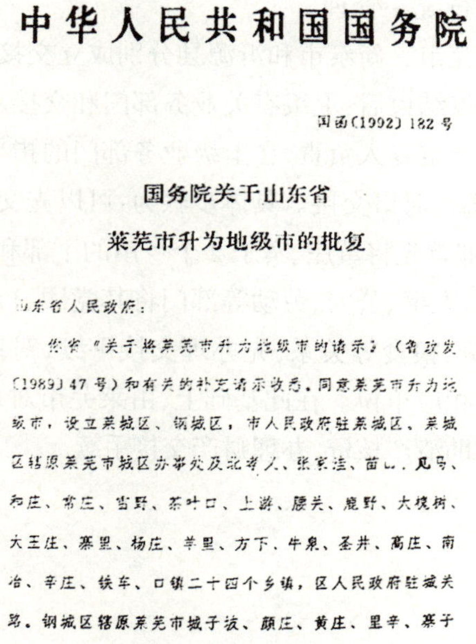
中华人民共和国国务院

国函〔1992〕182号

国务院关于山东省
莱芜市升为地级市的批复

山东省人民政府：

你省《关于将莱芜市升为地级市的请示》（鲁政发〔1989〕47号）和有关的补充请示收悉。同意莱芜市升为地级市，设立莱城区、钢城区，市人民政府驻莱城区。莱城区辖原莱芜市城区办事处及孝义、张家洼、苗山、见马、和庄、常庄、雪野、茶业口、上游、腰关、鹿野、大槐树、大王庄、寨里、杨庄、羊里、方下、牛泉、圣井、高庄、南冶、辛庄、铁车、口镇二十四个乡镇，区人民政府驻城关路。钢城区辖原莱芜市城子坡、颜庄、黄庄、里辛、寨子

莱芜市升为地级市的批复文件

中共莱芜市钢城区第九次代表大会

1993年3月7日至9日，在钢城区召开，出席会议代表126人。大会听取、审议并通过《中共莱芜市钢城区委员会工作报告》《中共莱芜市钢城区纪律检查委员会工作报告》；选举产生中共莱芜市钢城区第九届委员会，委员17人、候补委员3人、常委7人。刘焕立任书记，李德鑫、张柏成和张作平任副书记，刘训德、胡兴起和许长淮任常委。选举产生中共莱芜市钢城区纪律检查委员会，委员12人、常委5人，张作平任书记。选举产生出席市党代会代表42人。

中共莱芜市钢城区第十次代表大会

1998年5月26日至29日，在钢城区召开，出席会议代表150人，列席代表21人。大会听取、审议并通过《中共莱芜市钢城区第九届委员会工作报告》《中共莱芜市钢城区纪律检查委员会工作报告》。选举产生中共莱芜市钢城区第十届委员会，委员21人、候补委员4人、常委11人。尹贻明任书记，张柏成、张作平、陈灿群任副书记，朱致存、苏延广、朱振波、刘延才、秦立刚、陈峰和吕玲任常委。选举产生中共莱芜市钢城区纪律检查委员会，委员15人、常委5人，秦立刚任书记。选举产生出席市党代会代表55人。

中共莱芜市钢城区第十一次代表大会

2003年1月18日至20日，在钢城区召开，出席会议代表150人、列席代表35人。大会听取、审议并通过《中共莱芜市钢城区第十届委员会工作报告》《中共莱芜市钢城区纪律

检查委员会工作报告》；选举产生中共莱芜市钢城区第十一届委员会，委员25人、候补委员4人、常委11人。张作平任书记，李灿玉、栾健、朱振波和武树华任副书记，吕玲、葛敬彪、卢炳书、李志强、王纪青和贺伟任常委。选举产生中共莱芜市钢城区纪律检查委员会，委员15人、常委7人，朱振波任书记。选举产生出席市党代会代表55人。

1998年5月26日至29日，中共莱芜市钢城区第十次代表大会召开

1993～2005年中共莱芜市钢城区历届委员会书记、副书记、常委一览表

表13－2－1

届　次	职　务	姓　名	任职时间	籍　贯
第九届委员会	书　记	刘焕立	1993.03～1995.07	宁阳县
		尹贻明	1995.07～1998.05	肥城市
	副书记	李德鑫	1993.03～1995.01	莱城区
		张柏成（正县）	1993.03～1998.05	艾山街道清泥沟村
		张作平	1993.03～1998.05	肥城市
		刘训德	1995.05～1997.08	高新区
		陈灿群（正县）	1997.12～1998.05	莱城区
	常　委	刘焕立	1993.03～1995.07	宁阳县
		尹贻明	1995.07～1998.05	肥城市
		李德鑫	1993.03～1995.01	莱城区
		张柏成	1993.03～1998.05	艾山街道清泥沟村
		张作平	1993.03～1998.05	肥城市
		刘训德	1993.03～1997.08	高新区
		陈灿群	1997.12～1998.05	莱城区
		胡兴起	1993.03～1998.05	泰安市岱岳区
		许长淮	1993.03～1994.11	枣庄市薛城区

续表 13－2－1－1

届　次	职　务	姓　名	任职时间	籍　贯
第九届委员会	常　委	朱致存	1997.12～1998.05	新泰市
		苏延广	1995.05～1998.05	泰安市泰山区
		朱振波	1996.04～1998.05	莱城区
		刘延才	1996.04～1998.05	莱城区
		秦立刚	1996.04～1998.05	莱城区
		陈　峰	1997.12～1998.05	莱城区
		吕　玲（女）	1997.12～1998.05	莱城区
第十届委员会	书　记	尹贻明	1998.05～1999.03	肥城市
		张柏成	1999.03～2003.01	艾山街道清泥沟村
	副书记	张柏成	1998.05～1999.03	艾山街道清泥沟村
		张作平	1998.05～2003.01	肥城市
		陈灿群（正县）	1998.05～2002.12	莱城区
		朱致存	1999.03～2003.01	新泰市
		栾　健	2002.02～2003.01	河北省遵化县
		秦立刚	2002.02～2003.01	莱城区
	常　委	尹贻明	1998.05～1999.03	肥城市
		张柏成	1998.05～1999.03	艾山街道清泥沟村
		张作平	1998.05～2003.01	肥城市
		陈灿群（正县）	1998.05～2003.01	莱城区
		朱致存	1999.03～2003.01	新泰市
		苏延广	1998.05～1999.04	泰安市泰山区
		朱振波	1998.05～2003.01	莱城区
		刘延才	1998.05～2002.12	莱城区
		秦立刚	1998.05～2003.01	莱城区
		陈　峰	1998.05～2003.01	莱城区
		吕　玲（女）	1998.05～2003.01	莱城区
		张志建	1999.04～2000.01	临朐县
		王建瑞	2000.10～2002.04	牟平市
		亓京云	2001.01～2002.02	莱城区
		栾　健	2002.02～2003.01	河北省遵化县
		李志强	2002.04～2003.01	莱城区

续表 13－2－1－2

届　次	职　务	姓　名	任职时间	籍　贯
第十一届委员会	书　记	张作平	2003.01～	肥城市
	副书记	李灿玉	2003.01～	莱城区
		栾　健	2003.01～	河北省遵化县
		朱振波	2003.01～	莱城区
		武树华	2003.01～	东平县
	常　委	张作平	2003.01～	肥城市
		李灿玉	2003.01～	莱城区
		栾　健	2003.01～	河北省遵化县
		朱振波	2003.01～	莱城区
		武树华	2003.01～	东平县
		吕　玲(女)	2003.01～	莱城区
		葛敬彪	2003.01～	里辛镇石头湾村
		卢炳书	2003.01～	莱城区
		李志强	2003.01～2004.12	莱城区
		王纪青	2003.01～	莱城区
		贺　伟	2003.01～	莱城区
		谭金海	2004.12～	临朐县

第二节　组织机构

区委组织机构

1993 年 1 月,设立区委办公室、区纪律检查委员会;2 月设立区直机关党委。

1994 年 11 月,增设工作机构 4 个:区委组织部、区委宣传部和区委统一战线工作部、区委政法委员会(与社会治安综合治理办公室合署办公)。

1997 年区乡机构改革,区委工作机构有:区纪律检查委员会、区委办公室(区委政策研究室与其合署办公)、区委组织部、区委宣传部(精神文明建设委员会办公室与其合署办公)、区委统一战线工作部(台湾工作办公室与其合署办公)、区委政法委员会(社会治安综合治理办公室与其合署办公)、区委直属机关工作委员会、区委信访办公室和区委党史研究室(区地方史志办公室与其合署),直属事业单位有:区档案局(馆)。至 2005 年,区委工作机构未变。

基层组织机构

1993 年全区有党委 8 个、党总支 6 个、党支部 338 个、党员 6784 人,全年发展党员 211 人。之后,党的基层组织不断发展,机构更加健全,党员数量逐渐增加;特别是党员的文化素质进一步提高,女党员人数逐年上升。1996 年具有大专以上文化程度的 554 人、高中和中专文化程度的 1816 人、女党员 650 人。2000 年具有大专以上文化程度的 1046 人、高中和中专文化程度的 1897 人、女党员 842 人。

党员学习活动

里辛镇农村党员干部培训班开学典礼

至2005年，全区有党委14个、党总支25个、党支部366个、党员9058人，其中，女党员939人、少数民族党员2人、大专以上文化程度的1682人、高中和中专文化程度的2464人、35岁以下的2069人，全年发展党员236人。

1993～2005年钢城区基层组织机构情况统计表

表13－2－2　　单位:个、人

年份	党委	党总支	党支部	党员	发展党员
1993	8	6	338	6784	211
1994	8	18	345	7032	235
1995	10	20	345	7318	309
1996	10	24	363	7548	293
1997	11	25	372	7085	279
1998	12	25	381	7876	269
1999	12	25	364	8041	277
2000	12	25	369	8240	241
2001	13	24	369	8454	206
2002	14	24	369	8584	234
2003	14	24	362	8605	234
2004	14	25	364	8822	217
2005	14	25	366	9058	236

第三节　区委主要决策

1993年1月7日，区委召开第一次常委扩大会议，确立“扎根钢城、艰苦奋斗、团结实干、争创一流”的钢城精神和“为莱钢服务、靠莱钢发展”的基本工作思路。

1993年9月23日，区委制定《关于贯彻落实中央、省委和市委近期反腐败斗争工作部署的实施意见》,县级领导干部在廉洁自律方面要率先垂范；坚决刹住党政机关及其下属单位工作人员利用职权乱收费、乱罚款、乱摊派、乱集资、卡拿索要、无偿占用企业人、财、物,以及用公款大吃大喝、变相旅游等不正之风;集中精力查处违法违纪案件。

1993 年 12 月 28 日,区委制定《关于对农村基层干部和党员进行实用技术培训的意见》,用 3 年时间,对农村基层干部和党员普遍进行一次实用技术培训,使每人掌握 1 项～2 项实用技术。

1994 年 1 月 24 日,区委、区政府印发《关于进一步做好减轻农民负担工作的通知》。要求加强对加重农民负担的行为进行执法监察、监督和资金管理工作,严格把统筹提留费与乡镇财政资金区别开,做到专款专用,把减轻农民负担与发展农村经济、增加农民收入有机结合起来。

1994 年 2 月 21 日,区委确立"突出加快发展这一主题,进一步做好为莱钢服务的文章,继续大力抓好产业化农业、基础农业、第三产业、外向型经济 4 个重点,打好城市建设、小康村镇建设、科技教育 3 个硬仗,在建立社会主义市场经济体制基本框架方面取得实质性进展,保持国民经济持续高速健康发展,推进社会全面进步"的工作思路。

1994 年 4 月 20 日,区委、区政府制定《关于贯彻〈中国教育改革和发展纲要〉的实施意见》。提出到 20 世纪末,全民受教育水平明显提高;城乡劳动者的职前、职后教育有较大发展;各类专门人才的拥有量基本满足现代化建设的需要。采取的措施是积极推进教育体制改革,建立稳定有效的教育投入机制,加强对教育工作的领导。

1995 年 1 月 8 日,区委制定《关于全面加强党的建设的意见》。要求明确意义和指导思想,认真贯彻民主集中制,大力加强党的基层组织建设、党员队伍建设、全面提高领导干部的素质,认真做好年轻干部的培养选拔工作。

1995 年 2 月 15 日,1994 年总结表彰暨 1995 年工作动员大会召开,进一步明确本届区委"3343"的工作思路——正确处理好改革、发展、稳定三方面关系,继续实施"大企业带动、三强带动、科教兴区"三大战略,大力抓好产业化农业、基础工业、第三产业和外向型经济 4 个重点,打好城市建设、公路建设、小康村建设 3 个硬仗,努力把全区两个文明建设提高到一个新水平。

1995 年 4 月 28 日,区委作出《关于培养选拔优秀年轻干部的三年规划》,争取 3 年内实现各级党政领导班子年龄结构合理的梯次配备。

1995 年 8 月 19 日,区委、区政府作出《关于科教兴区的决定》,从稳定政策、增加投入、落实科教兴区方针、发挥当地优势、开辟资金来源、增加科教投入、加强成人教育和职业技术教育、稳定和完善激励政策、加强组织领导等方面制定一系列政策和措施,并出台《钢城区科教兴区实施意见》。

1995 年 12 月 13 日,区委九届四次全委会议召开,审议通过《莱芜市钢城区国民经济和社会发展第九个五年计划及 2010 年远景目标纲要(草案)》。确立 1996 年的工作思路——以邓小平理论和"一个中心,两个基本点"为指导,继续坚持"抓住机遇,深化改革,扩大开放,促进发展,保持稳

1995 年 12 月 13 日,区委九届四次全委会议召开

定”的总方针，正确处理改革发展稳定、经济增长与效益提高、经济发展与社会发展的关系，继续强化农业、工业和基础设施建设，全面推进科技进步，大力加强社会主义精神文明建设，促进经济与社会的全面进步，努力把钢城建设成一、二、三产业协调发展，城乡一体的富裕文明的现代化城市。

1996年3月22日，区委制定《关于加强农村思想政治工作的意见》。提出以培养有理想、有道德、有文化、有纪律的社会主义新型农民为根本目标，紧紧围绕深化农村改革，发展社会主义市场经济这一主题，对农民加强有关党的路线方针政策、党的宗旨、国家集体个人三者利益关系、社会主义道德法制、科学文化技术、文明市民等方面教育。

1997年6月24日，区委制定《莱芜市钢城区中国共产党机关参照试行〈国家公务员暂行条例〉的实施意见》。确定区委工作部门和管理机构干部、区纪委（监察局）机关干部、乡镇（街道）从事党务工作的人员参照试行《国家公务员暂行条例》。

1998年5月28日，区委召开第十次代表大会，确立全区跨世纪发展的指导思想和目标任务。指导思想是“高举邓小平理论的伟大旗帜，全面贯彻党的十五大精神，牢牢把握经济建设的中心，继续实施大企业带动、工业立区、科教兴区和可持续发展战略，积极推进经济体制和经济增长方式的根本转变，突出农业调整、工业改革、三产发展，加大培植支柱产业和科技进步力度，认真解决好经济和社会发展中的热点、难点问题，推动全区经济和社会各项事业快速健康发展”。目标任务是到2002年全区国内生产总值年均递增12%，其中区属国内生产总值年均递增14%，财政收入同步增长，社会各项事业全面发展。

1998年10月23日，区委、区政府制定《关于进一步做好信访稳定工作的意见》，进一步强化基层信访工作，继续实行区五大班子领导公开接访，各乡镇（办事处）党政领导，公、检、法、司和信访“五部门”主要负责人联合接访制度和“分级负责、归口办理”制度，把信访工作纳入法制化轨道。

1998年12月16日，区委十届二次全委（扩大）会议研究通过《中共莱芜市钢城区委关于贯彻〈中共中央关于农业和农村工作若干重大问题的决定〉的实施意见》。提出继续稳定完善党在农村的基本政策；积极发展农村合作经济组织，推进农业产业化经营；调整优化农村产业结构，推进山区农业综合开发，加快建立生态农业；实施科教兴农战略；大力开拓市场，搞活农产品的流通；加快小城镇建设，提高农村城市化水平；加强民主和法制建设、精神文明建设、农村基层党组织和干部队伍建设。

1999年1月23日，区委、区政府出台《关于贯彻落实市委、市政府〈关于鼓励个体私营经济发展的决定〉的意见》，确定1999年为全区“个体私营经济发展年”。

2000年12月28日，召开区委十届五次全委会议，审议并通过《莱芜市钢城区国民经济和社会发展第十个五年计划纲要（草案）》。

2001年2月2日，区委在全区经济工作会议上确立“13152”的工作思路和发展规划。即：围绕保持一个较快发展速度，继续实施大企业带动、工业立区、科教兴区三大战略，加大改革力度，突出抓好高新技术项目产业化发展、农业结构调整、个体私营经济规模化、外向型经济发展、城乡一体化建设5个重点，切实抓好党的建设和环境建设两项保证措施，努力开创各项工作的新局面。

2001年5月21日，区委十届（2001）第十三次常委会议研究通过《关于全民招商引资搞好莱芜经济开发区钢城分区建设的决定》，建立招商引资、开发区建设指挥部，成立开发区工委、管委。

2001年6月至7月，区委决定在全区开展以“创优良环境，做招商功臣”为主题的大讨论活动。

2001年10月19日，区委、区政府印发《关于在全区实施“富民强村工程”的意见》。提出自2002年开始，用3年时间，在全区农村实现“四大目标”：村两委班子建设明显加强，党员队伍整体素质全面提高，农民人均纯收入较快增长，村集体经济实力不断壮大。

2002年1月21日，十届区委（2002）三次常委会议研究通过《中共莱芜市钢城区委工作规章》，

主要内容为会议制度、工作制度、学习调研制度、廉洁自律规定。

2002 年 2 月 4 日，区委在全区 2001 年总结表彰动员大会上确立“12431”的工作思路和发展规划。即：牢牢把握加快发展这一主题，大力实施招商引资和富民强村“两大工程”，突出抓好工业发展、农业调整、民营经济、载体建设四个重点，认真落实党的建设、环境建设、深化改革三项保证措施，努力实现发展速度、人均占有指标和整体工作水平的新突破，促进全区国民经济快速健康发展和社会全面进步，以优异成绩迎接党的十六大胜利召开和建区十周年。

2002 年 3 月 11 日，区委、区政府制定《莱芜市钢城区村级规范化管理实施细则（试行）》，共 10 章 54 条。

2002 年 5 月 14 日，区委、区政府印发《关于选派区、镇（办事处）机关事业单位第一批人员轮岗从事民营经济的通知》，一是轮岗范围：区、镇（街道）机关及全额事业单位工作人员（不含学校、工勤人员）；二是轮岗比例：行政编制数、事业实有人数的 20%以上，行政单位的缺编人数可抵顶轮岗指标；法院、检察院按实有人数的 5%确定轮岗人数；区直机关局级领导干部职数 4 人以上的，第一批轮岗人员中要有 1 名领导干部；三是轮岗时间：一年半，最长不超过 5 年；四是选派方法：个人报名、组织决定。

2002 年 6 月 2 日，区委、区政府出台《钢城区农村税费改革（试点）实施方案》。明确税费改革的主要内容是“三取消、两调整、一改革”，即：取消乡统筹费、农村教育集资和屠宰税等专门向农民征收的行政事业性收费、政府性基金和集资项目，逐步取消劳动积累工和义务工；调整农业税，农业特产税政策；改革村提留征收使用办法。

2003 年 1 月 18 日，中共莱芜市钢城区第十一次代表大会召开，会议确立“12432”的工作思路和发展规划。即：紧紧围绕全面建设小康社会的奋斗目标，把加快发展作为第一要务，继续以招商引资、富民强村两大工程总揽全局，突出工业、农业、民营经济和载体建设四个重点，抓好改革创新、优化环境、企地共建三项措施，大力加强精神文明建设和党的建设，促进全区经济快速发展。

2003 年 2 月 13 日，区委、区政府制定《关于实行专业招商的意见》，全区抽调 150 名人员专门招商，专业招商人员不再单独分配招商引资任务。从 2003 年开始区、镇（街道）两级财政每年安排 150 万元专项资金作为招商经费，其中，区财政筹措 110 万元、镇（街道）各筹措 10 万元，并逐年有所增加。

2003 年 6 月 21 日，区委、区政府印发《关于培植壮大钢铁优势主导产业的意见》，发挥背靠莱钢的优势，建设开发分区、银山工业园、钢城民营园，培植炉料供应、钢材加工、粉末冶金研发生产、钢材销售 4 个钢铁产业群体；实施大企业带动战略，围绕莱钢，发展“服务、配套、联合、延伸”项目，拉长钢铁产业链。

2003 年 7 月 11 日，区委、区政府印发《关于在全区兴起学习贯彻“三个代表”重要思想新高潮的通知》。要求从 7 月 11 日到年底，在全区集中进行“三个代表”重要思想学习。

2003 年 12 月 29 日，区委作出《关于建设“平安钢城”的决定》。要求努力保持全区为全市最平安区的位置；政法机关要按照“谁主管谁负责”的原则，充分发挥主力军作用。

2004 年 5 月 20 日，区委、区政府印发《关于在全区实施“百千万”农民致富行动的意见》。提出自 2004 年，每年扶持和培育 100 名带头致富的农村干部，1000 名带头致富的农村党员，带动 1 万个农户发家致富。

2005 年 5 月 15 日至 16 日，区委十一届七次全委（扩大）会议研究制定《关于加快“绿色钢城”建设的实施意见》《关于深化全区城乡环境综合整治活动的意见》。提出要以牟汶河改造为契机，加快“绿色钢城”建设步伐；按照“八个一”“五个一”要求，全力加快镇村发展步伐。

2005 年 12 月 31 日，区委十一届八次全委（扩大）会议审议通过《钢城区国民经济和社会发展第十一个五年总体规划纲要》。

第四节 组织工作

农村党建

1993年起，区委、区政府推行目标实绩考核制度。每年初，区委与各镇（街道）党委领导班子和成员签定目标实绩考核责任书，实行平时督查与年终考核相结合的办法，把目标完成情况作为提拔、奖惩的重要依据。以乡镇党委“五个好”为目标，严格按照《党政领导干部选拔任用条例》的要求，坚持重实绩、论真才、凭公论的原则，选拔“想干事、能干事、会干事、干成事”的优秀干部进入镇（街道）党委领导班子。2002年艾山街道党委被评为莱芜市先进基层党组织。2003年颜庄镇、里辛镇党委被评为莱芜市“五好”乡镇党委。至2005年，全区31名镇（街道）党委委员平均年龄为35.60岁，其中36岁以下的18人，占58%；大学以上文化程度的19人，占61.30%；颜庄镇、黄庄镇被评为市级目标考核先进乡镇。

1993年至2005年，区委、区政府先后制定完善《四民主一公开》《村级规范化管理实施细则（试行）》《村级班子目标实绩考核》《村级招待费零制度》《村干部报酬补助》5项规章制度。2004年在全市率先推行农村会计财务制度改革，在各镇（街道）建立农村会计服务中心，实行农村账目、现金“双代管”和电算化管理，出台对经济薄弱村主职干部进行每人每年不低于3000元定额补助的政策，当年为343名村干部发放定额补助金83.30万元。

1995年上半年，区委制定印发《关于加强农村基层组织建设的三年规划》，用3年时间对软弱涣散或瘫痪状态的村级组织进行集中整顿。区委派驻工作组重点整顿长期混乱的黄庄镇北金水河村，其工作经验在全市推广。1998年根据省、市委关于再用3年时间对农村基层组织进行集中整顿的要求，开展对农村后进班子的整顿工作。每年排出10%左右的后进村，逐村派驻工作组限期集中整顿。黄庄镇科技副镇长李树林被中共山东省委授予“三年集中整顿驻村工作先进个人”。

2004年村“两委”换届，共选出“两委”成员481人，其中，党组织成员411人，村委会成员463人，交叉兼职393人，支部书记、村主任一人兼127人，“两委”成员交叉兼职，书记、主任一人兼比例分别达到81.70%和91.40%，“两委”成员平均年龄41.90岁，“两委”成员中，大专文化的占10.70%，高中文化程度的占52.40%，“双带双强”型村干部占“两委”成员总数的77%，村村都充实女干部，其中，女支部书记2人、女村委会主任2人。

2001年7月，区委在区、镇、村党组织中开展“三级联创”活动。区委与镇（街道）党委、镇（街道）党委与村党支部层层签订《农村基层党组织建设领导责任书》，每年都进行严格考核。至2005年，先后表彰农村基层组织建设先进党委5个、基层满意的区直部门25个、“五好”村党组织94个和群众满意的乡镇站所24个。

企业、社区党建

1993年1月建区之初，全区企业有莱芜市第二实业股份有限公司党委和莱芜市钢城企业集团公司党委；4月莱芜市第二实业股份有限公司党委更名为山东九龙集团有限公司党委。2001年6月，莱钢集团粉末冶金有限公司党委成立。2003年1月，莱钢万力型钢有限公司党委成立；6月钢城企业集团公司党委更名为莱芜市钢城宏强企业集团公司党委。

1998年区委组织部、统战部联合印发《关于开展私营企业党建工作的意见》，凡符合条件的私营企业都建立健全了党组织。寨子工贸小区、城子坡物资公司、黄庄鹏程清源公司、鑫兴粉末冶金厂等建起个体私营企业党支部。至2000年，全区私营企业党支部8个、党小组12个，参加活动党员101人。

2001年3月，区委组织部印发《关于进一步加强社区党建工作的意见》，配合村改社区，开展社区党组织的建立健全工作。至2004年，建立社区党支部24个。

2005年，全区共有企业党委4个，企业党支部82个（其中非公有制经济组织党支部28个），社区党支部24个。

干部教育与管理

干部培训　1993年1月建区后，区委制定干部教育培训五年规划，先后制定1996年至2000年规划和2001年至2005年规划。1994年至2003年，通过选调学员参加上级培训学习、自办专题培训班等形式，每年培训干部800余人次。2003年后，把大规模干部培训与干部平时考察相结合，通过自办食堂、自请教师的方法开办局级干部培训班，每年举办3期～4期，培训科级干部200余人次。至2005年，共培训局级干部600余人次。

干部任用　1995年区委组织部开始落实《干部任用暂行条例》，坚持群众公认原则民主推荐考察对象、坚持全方位考察全面掌握干部德才表现、坚持充分酝酿并按民主集中制原则研究干部、坚持依法推荐提名和公示任命，干部选拔任用工作不断规范。1999年在全区实行选拔科（股）级干部竞争上岗制度。2001年6月，在全区实行选拔任用领导干部公示制、试用制和聘任制；11月在全区实行干部考察预告制，并实行试用期满任职考核制度，对确定任职后的干部，要进行为期1年的试用，试用期满还要进行严格考察。2003年在差额考察法和票决制上作了有益探索，采取针对1个领导职位全面考察2名以上人选，择优使用1名的方法考察干部，进一步拓宽了选人用人视野。

钢城区2004年第二期局级干部培训班开学典礼

干部考核　1999年1月，实行干部实绩考核制度；当年实施考核，考核范围包括镇（街道）、区直各部门单位、经济开发分区领导班子和局级干部，以及中央、省和市驻钢城各单位领导班子。2000年因乡镇合并，对4个镇（街道）考核时，领导班子未定等次。至2005年，全区考核领导班子508个次，评定实绩突出班子178个次，实绩比较突出班子319个次，实绩一般班子6个次；考核领导干部1659人次，评定优秀领导干部264人次，称职领导干部1375人次、基本称职领导干部13人次、不称职领导干部3人次和不定等次领导干部4人次。

知识分子工作

1993年区委开始安排党外知识分子担任副科级以上领导职务。1994年从莱芜九龙实业公司选聘科技副区长1人；区委开展选聘科技副乡镇长（街道科技副主任）工作。1996年7月，全区首次开展专业技术拔尖人才的推荐选拔工作。1996年起，区委、区政府先后出台《科技进步奖励试行办法》《关于选拔专业技术拔尖人才的意见》《专业技术人才管理办法》等一系列政策。1997年实行知识分子工作分工负责制。1999年和2000年，先后分别命名和表彰两批区级专业技术拔尖人才和乡村优秀科技人才。2003年从莱钢粉末冶金有限公司选聘科技副区长1人；9月建立党政领导干部及组织部门联系专家和优秀人才制度。至2005年，共选聘科技副区长2人、科技副镇长15人次，共安排12名党外知识分子担任副科级以上领导职务。

老干部工作

1993年7月，市委组织部移交钢城区委管理的离休干部72人，由区委办管理。1994年11月，由区委组织部管理。1997年6月，成立区委老干部局。至2005年，全区有离休干部32

老干部活动室　　(2002年　摄)

人。1996年在乡镇(街道)逐步建立离退休干部党支部。2005年全区建立离退休干部党支部4个,过组织生活的离退休干部118人。1995年12月至2000年1月,离休费分期分批纳入社会养老保险,实行社会化发放。2002年5月,对离休干部医药费实行单位统筹,对破产、单位无力缴纳医药费统筹金的由区财政帮助解决。1999年区政府投资20万元兴建区老干部活动室。2003年区委老干部局被省委、省政府授予“全省老干部工作先进集体”称号。2004年7月,成立区老年大学。2005年8月,成立区委老干部党校;10月投资50万元对老干部活动室进行改扩建。

包村工作

1997年7月18日,区委、区政府制定《关于进一步加快贫困村、户经济发展的意见》。实行领导干部、部门包村蹲点责任制。首批帮扶村是曹庄、沈家崖、胡家桥、灰菜峪、东峪等村,驻村干部20人,时间3年。1998年8月,包村点扩大到20个,包村干部增加到80人,时间为2年。2002年5月至2005年6月,采取“一带四、四帮一”的方式,由1名区级党政领导干部带领4个区直部门帮扶1个较有发展潜力的村,15名区级党政领导干部和60个区直各部门结对帮扶15个村。3年中结合实施“百千万”农民致富行动,15个村的集体收入由2001年的95万元增至2004年的145万元,增长65.50%。各包村工作组先后协调款物折合资金283.60万元,其中自筹资金43.20万元,协调款物折合资金240.40万元,帮助所包村引进招商引资项目9个,铺开道路、水利和电力等工程50多项,开发土地353.87公顷,解决一大批群众关心的热点难点问题。包村期间,15个区直部门和15名区直机关干部被区委、区政府授予包村工作先进单位和先进个人,16名包村干部得到提拔重用,其中副县级干部1人、正科级干部2人和副科级干部13人。

学习教育活动

1999年8月,按照中央和省委、市委的部署,领导干部开展“三讲”(讲学习、讲政治、讲正气)学习教育活动,首先在区级领导班子和领导干部中进行,然后在区直部门中进行,年底结束。2001年2月,农村“三个代表”重要思想学习教育活动开始,首先在区级领导干部中进行,然后在镇(街道)、区直部门领导班子和党员干部中进行。2002年6月,活动结束。2001年8月起,在村级全面展开。两次教育活动都分为动员发动、集中学习、对照检查和整顿提高4个阶段,突出富民强村、转变作风、保持稳定3个重点,达到“使干部受教

张庄居委会“三个代表”学习教育活动动员大会　　(2002年　摄)

区民政局保持共产党员先进性教育活动动员大会　(2005年　摄)

育，让群众得实惠”的目的。活动中各级为群众办实事970件，整修、新修道路275公里，架设桥涵42座，打井43眼，改造危房640间，资助特困生141人，引进各类农、林、牧新品种20多个，举办农业实用技术培训班40期，累计培训8000人次，帮助群众上致富项目260个。

自2005年，全区保持共产党员先进性教育活动分3批进行；至年底，共开展2批。第一批时间安排为2005年2月至5月，参与单位主要包括区党政群机关和事业单位，共53个单位69个党支部957名党员；第二批时间安排为2005年7月至10月，主要是镇(街道)和企业。活动中，制定“一加一”帮教措施，明确专人与退休、轮岗、常年有病党员结成帮教对子，参学率达到100%；探索建立“1310”监督机制，即设立1部公开监督电话和3个征求意见箱，聘请了10名监督员，对活动的开展情况进行监督；开展“百千万”农民致富行动、“莱钢过千万、我们怎么办”大讨论、争创模范“党员岗”“结穷亲、解民忧、受教育、促发展”等主题实践活动。编印《真诚服务共建双赢》《恪尽职守干事创业》《立足本职竭诚服务》先进性教育活动系列丛书3套，编发工作简报56期。

第五节　宣传教育与思想政治工作

理论学习

1993年1月建区后，区委制定区、镇(街道)两级党委中心组集体学习制度、全区局级干部和农村党支部书记每年集中培训制度、区直各单位每周半天集中学习等制度，建立和规范乡镇(街道)基层党校及村党员活动室。至1995年，在全区领导干部中开展学习建设有中国特色社会主义理论活动，学习《邓小平文选》第三卷和中共十四届三中全会通过的《中共中央关于建立社会主义市场经济体制若干问题的决定》。区委九届二次全委会通过《中共莱芜市钢城区委关于加强学习的决定》，印发《关于在全区党员中广泛开展建设有中国特色社会主义理论和党章学习活动的三年规划(1993~1995年)》。1996年至1998年，学习贯彻中共十四届六中全会通过的《中共中央关于加强社会主义精神文明建设若干问题的决定》和江泽民总书记《领导干部一定要讲政治》《在中央党校省部级干部进修班毕业典礼上的讲话》和中共十五大报告。在全区各镇(街道)举办为期3天的理论骨干培训班，培训镇(街道)机关党员干部和村“两委“成员2000人次。举办全区学习建设有中国特色社会主义理论和党章知识竞赛，评出一等奖1名、二等奖3名、三等奖6名、组织奖3名。1999年至2000年，在全区共产党员中每年集中开展一次以学习《崇尚科学破除迷信》为主要内容的学习教育活动。2000年初开始用2年时间，在区直部门、乡镇(街道)、村领导班子和党员干部中先后开展“三个代表”重要思想教育活动。区委制定《2001~2005年莱芜市钢城区干部教育培训规划》。集中开展中共十六大精神教育活动，区委组成宣讲团下基层进行宣传。

2004年至2005年，全区学习贯彻《中共中央关于加强党的执政能力建设的决定》《中共中央关于制定国民经济和社会发展第十一个五年规划的建议》，全面落实科学发展观，促进城乡区域协调发展，建设社会主义和谐社会。

社会宣传和思想教育

1993年起，为实现中共莱芜市第九次代表大会提出的“三步走、翻三番”的目标，全区共产党员开展“经济翻三番，我们怎么办”大讨论活动；12月举办毛泽东诞辰100周年纪念活动。1993年冬至1994年春，在全区农村开展以学习科学技术、反对封建迷信为主题的社会主义思想教育活动。1994年组织开展向见义勇为青年英雄徐洪刚学习和“党团支部献爱心，失学孩子返校园”宣传教育活动；为庆祝中华人民共和国成立45周年，举办“闯市场，讲道德，做主人，多贡献”全区职工演讲比赛；12月为落实《爱国主义教育实施纲要》，在全区进行“爱党、爱国、爱钢城、爱厂、爱岗、爱家乡”的“六爱”教育活动。1994冬至1995年春，在全区农村开展以学习科学技术、反对封建迷信为主题的社会主义思想教育活动。

1995年全区开展“领导干部学孔繁森、基层干部学王廷江、群众学韩素云”的“三学”活动，以文艺演出、书画展等多种形式开展纪念中国抗日战争和世界反法西斯战争胜利50周年活动。1996年在全区开展“忆传统、干翻番、创一流”教育活动。开展纪念莱芜战役胜利50周年教育活动，全区干部职工和各界群众为莱芜战役纪念馆建设捐款18万元。1997年全区举办“庆七一·迎回归”歌咏比赛和演讲比赛，庆祝党的生日和迎接香港回归。1998年为落实中共中央办公厅、国务院办公厅联合印发的《关于做好当前思想政治工作的意见》，突出“邓小平理论和十五大精神、形势和改革开放、解放思想和加快发展、党的方针政策、民主法制”5个方面的教育。至1998年，连续4个冬春进行以学习中共十四届四中、五中全会和十五大精神为主题的集中教育活动。

“爱心救助小吴楠”捐款仪式

1999年全区开展“展望新世纪、争创新业绩”党员主题教育活动；举行钢城区第五届青年文化艺术节及革命歌曲大合唱比赛等活动，纪念“五四”运动80周年和庆祝中华人民共和国成立50周年；举办“建行杯”迎澳门回归演讲比赛及诗歌朗诵比赛；确定1999年为“企业文化建设年”，大力发展企业文化，创造企业品牌。1999年冬至2000年春，在全区农村集中开展以解放思想、破除迷信、坚定理想、发展经济和法制教育为主要内容的社会主义教育活动。2000年全区深入开展“致富思源、富而思进”教育活动，并举办“今日钢城”成就展；以中国加入世界贸易组织为契机，在全区开展实施经济国际化大讨论。2000年冬至2001年春，在全区农村集中开展以解放思想、破除迷信、坚定理想、发展经济和法制教育为主要内容的社会主义教育活动。2001年为纪念中国共产党成立80周年，在全区开展“党在我心中”教育活动，举办庆祝建党80周年歌咏比赛及新世纪文化艺术节，开展“创优良环境、做招商功臣”大讨论活动。2001年冬至2002年春，在全区城乡集中进行以“三个代表”重要思想和学习贯彻十六大精神为主要内容的社会主义教育活动。2002年12月31日，区委宣传部与莱钢工会联合举办企地共庆建区十周年文艺汇演。2002年冬至2003年春，全区城乡集中进行以“三个代表”重要思想和学习贯彻十六大精神为主要内容的社会主义教育活动。2003年组织开展“两学两创”（学习“三个代表”重要思想，学习市场经济知识，在发展中创业，在岗位上创新）教育实践活动和“培育市场经济精神，加快富民强区步伐”主题教育活动；为防治“非典”，进行“依靠科学、战胜非典”科普宣传及“两手抓、两不误、两胜利”集中学习讨论活动。2003年底至2004年春，集中进行以学习贯彻中共十六大和十六届四中全会精神为主要内容

农村社教活动学习班　　　　　　　　　　　　　（2003年　摄）

的社会主义教育活动。2004年冬至2005年春，集中进行以学习贯彻中共十六大和十六届四中全会精神为主要内容的社会主义教育活动。2005年在全区开展“莱钢过千万，我们怎么办”主题教育活动；编印《企地共谋发展建设美好家园》农民教育读本；年初，在4个镇（街道）举办全民读书暨形势任务报告会，在全区营造真诚服务、共建双赢的良好氛围；推行“一线工作法”（领导在一线指挥、问题在一线发现、办法在一线研究、措施在一线落实、作风在一线转变），“一线工作法”获得莱芜市第二届思想政治工作创新奖。

精神文明建设

1993年区委成立区精神文明建设工作委员会。1995年成立区精神文明建设委员会办公室和争创全省精神文明建设先进区工作领导小组。先后印发《1993～1995年精神文明建设规划》《精神文明建设“九五”规划（1996～2000）》《关于在全区深入开展精神文明创建活动的意见》《委员单位责任制度》和区级文明单位的评比标准、管理条例等；同年，在全区农村开展“创十佳、奔小康”活动，进行“十佳”文明户评选。至1996年，全区共评出“十佳”文明户8454户，占农村总户数的18%，对获得“十佳”的户在其大门口挂光荣牌。按照《莱芜市1995年至2000年“百里文明带”创建活动试行意见》，把全区5个乡镇（街道）纳入“百里文明带”建设区域。积极参与在全市开展的“百佳”人物评选活动，全区有12人入选。1996年在城区开展“城市管理绿化年”活动，在农村开展“创建卫生村”活动和“96农业科技年”活动。

1997年至1998年，全区开展“讲文明、树新风”活动，与莱钢联合开展“告别脏乱差、携手建文明”活动；在全区开展“百城万店无假货、争创货真价实满意店（市场）”活动；在农村开展“孔府家杯”全省农村倡新风活动；在中小学校开展“文明新风进校园”活动。1999年在全区范围内开展政策、法律、道德、科技、文化、卫生“六进家”活动；举办创建文明城市大讨论活动。2000年至2001年，钢城区与莱钢联合开展“共创文明街区、共创文明市场、争做文明公民”活动，在主要街道创建现代文明示范带，以《文明公民读本》为基本教材，开展文明公民集中教育活动，并举办文明公民知识竞赛；区文明委印发《钢城区文明单位评选和管理办法》《钢城区文明行业评选和管理办法》《钢城区文明村镇评选和管理办法》；组织开展“跨入新世纪、树立新风尚”公民素质教育和“讲精神文明、比科学生活、建科普文明小区”活动，进一步增强公民的文化素质。

2002年全区落实《公民道德建设实施纲要》，在全区进行“信用企业”“信用村”“信用户”的评选，共评出信用企业2个、信用村9个、信用户14户。在全区广泛开展“树立新形象、形成新理念、展示新服务”公民道德教育活动；开展科教、文体、法律、卫生“四进社区”活动。2003年各级文明单位参加在全省开展的“与时俱进，全面建设小康社会”大讨论活动；与莱钢联合开展“企地共谋发展、建设美好家园”主题活动。2004年在全区农村实施精神文明建设“五个一”工程——建1条文明街、1个小康（电子）书屋、1套家政档案、1套村庄资料、1个科技示范基地。区文明委制定《关于进

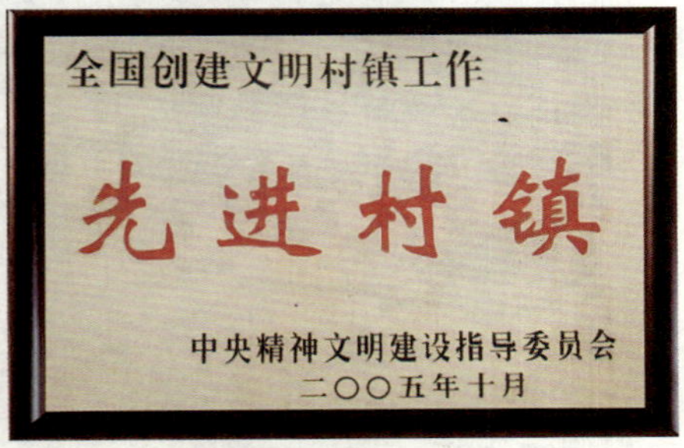

2005年10月，南朱家庄村被评为全国创建文明村镇工作先进村

一步加强和改进未成年人思想道德建设工作目标任务分工》，各级各单位按照任务分工开展工作。2005 年在全区开展“文明城市”创建工作，协调有关部门开展城市环境、交通秩序、市场秩序综合整治活动；3 月启动全民读书活动，有 30 个村(社区)建立书屋，区直机关干部捐赠图书 5000 余册；10 月 12 日，举办“地税杯”农民读书知识竞赛；继续实施农村精神文明基础设施建设“五个一”工程，全区 15 个省、市文明单位与“五个一”试点村结成共建对子；南朱家庄村被评为全国创建文明村镇工作先进村，李传斌被评为莱芜市“十佳文明市民”，安晋泽被评为莱芜市“十大创业人物”，张侠和李学民被评为“感动莱芜明星”。

至 2005 年，全区有全国文明村、镇 2 个，省级文明单位 5 个、文明村 2 个，市级文明单位 34 个、文明村 3 个、文明乡镇 2 个。钢城区连续四届被省委、省政府授予“全省精神文明建设工作先进区”称号；连续 8 年被省委宣传部授予“基层党校先进单位”“党员教育先进区”“全省先进县级党委（党组)理论学习中心组”等称号。

对外宣传

1973 年至 1975 年，双龙峪村村民刘大名(国民党军投诚人员、省民革成员)为中央人民广播电台“海峡两岸之声”节目供稿，并给台湾的亲友写信，宣传家乡大好形势和国家对台政策。

《鲁中钢城》画册 （2004 年 摄）

1997 年日本的某文化新闻代表团采访张庄居委会，对张庄居委会精神文明建设进行报道。2002 年区委宣传部邀请《大公报》(中国香港)、《走向世界》杂志社(中国新闻社山东分社)、《山东侨报》等媒体对钢城区进行采访报道。2004 年为招商引资和参与筹办莱芜市钢铁招商大会，制作大型画册《鲁中钢城》及电视专题片《走进钢城》，介绍钢城区的区位优势和资源、人才、环境等情况。“桃花节“期间，邀请《大众日报》《山东画报》《山东侨报》《文汇报》(香港）驻山东办事处以及《莱芜日报》、莱芜电视台、莱芜人民广播电台等多家新闻媒体的 20 多名记者到钢城进行采访，先后发表有关稿件 24 件；同年 4 月 6 日，中新社山东新闻网以《钢城果农要交“桃花运”》为题，以图文并茂的形式宣传了钢城区注重生态建设，造福果农的做法。2005 年区政府在中国新闻网站制作钢城招商网页。

第六节　统战工作

1993 年建区之初，统一战线工作由区委办公室负责。1994 年 11 月，区委统一战线工作部设立，编制 5 人。1997 年 6 月，区台湾工作办公室(区政府台湾事务办公室)成立，与区委统一战线工作部合署办公。2005 年 12 月，区台湾工作办公室(区政府台湾事务办公室)独立办公。

多党合作与政治协商制度

2001 年 9 月起，区委先后印发《关于加强新时期统一战线工作的意见》《关于加强统一战线工作的决定》《关于加强和完善共产党领导的多党合作和政治协商制度的意见》等文件。在区政协的历次换届工作中，统战部与组织部密切配合，及时研究制定考察方案，协商人选，保证委员

人选的广泛性和代表性。

1996 年至 2005 年，发展民主党派成员 6 人，其中，民盟成员 4 人、农工民主党成员 2 人，民主党派成员参加莱芜市或莱钢民主党派支部的活动。在历次区党代会和人大、政协会召开前，区委都召集或委托统战部召集由民主党派、工商联成员和无党派人士参加的情况通报会，广泛征求对区委重大决策和两会报告的意见和建议。利用庆祝香港澳门回归、邓小平诞辰 100 周年、人民政协成立 50 周年以及春节、中秋节和国庆节等重大节日或传统节日，组织各界人士参加座谈会和学习参观。1993 年至 2005 年，各界人士为全区的改革开放建设提出意见建议 300 余条，先后有 10 余名政协委员等各界人士担任工商、税务、公安、电力和保险等行业的行政执法和行风监督员。

服务经济建设

1995 年至 2005 年，区委统战部组织民主党派成员和党外知识分子，围绕农村产业结构调整、企业改革改制、民营经济发展、招商引资等多项议题进行调研，提出合理化建议 60 余条。2000 年在非公人士中开展“致富思源、富而思进”的“双思”教育活动，向全区广大个体工商业户发出《致富思源、富而思进倡议书》。2000 年至 2005 年，区委统战部联合区委组织部，以寨子民营小区为试点开展了私营企业党建工作，先后建立 28 个私营企业党组织，参与活动党员 120 余人。1996 年至 2005 年，全区有 120 家民营业户与 260 个农村贫困户结成帮扶对子。各民营企业踊跃献身光彩事业，积极参与招商引资，主动安排下岗职工实现再就业，共吸纳社会剩余劳力 1.50 万余人，先后资助失学儿童、社会弱势群体 380 人次，资助钱物及向社会公益事业捐款 100 余万元。

党外知识分子和非党干部工作

1993 年建区后，区委统战部制定并落实党外知识分子联络员制度，保证与党外知识分子的联系。按照“政治上关心、工作上支持、生活上关怀”的原则，及时反映党外人士意见和要求，协调解决工作生活中的实际问题，有针对性地做好思想政治工作，为人尽其才、才尽其用创造条件。对素质好、贡献大、威信高的，列入党外后备干部培养对象。2002 年对新纳入统战工作对象的自由择业知识分子进行了专题调查，区委制定《党外干部培养使用规划》《关于培养选拔党外干部工作的意见》，及时确定、认真培养人选，有计划地选派他们到市委党校进行培训。至 2005 年，区委先后安排 14 名党外干部担任各级领导职务——副县级 7 人（区政府副区长 2 人、区人大常委会副主任 2 人和区政协副主席 3 人）和副科级 7 人。

对台工作

1998 年区委统战部成立由 5 名台属代表组成的台属联谊小组，每年都对台属重点走访或召开座谈会，叙亲情、话统一。至 1999 年，先后有 5 名台胞到区内探亲访友，对台胞的到来，都做到户户登门、人人见面，宣传政策，扩大影响。2000 年以中、小学校为主开展“祖国宝岛在我心中”主题教育活动，并开展涉台知识竞赛，参与受教育 2 万人次。至 2005 年，区内共有去台人员 27 人，共有台胞 260 余人，涉及台属 81 人。

第七节　政法工作

1994 年 11 月，中共莱芜市钢城区委政法委员会成立，与区社会治安综合治理委员会办公室合署办公，下设办公室、指导科和政工科，配备书记 1 人、副书记 2 人，其中一名副书记兼任综治办主任。

执法督查工作

区委政法委制定完善一系列关于加强执法监督工作的意见和办法，围绕全区工作中心，组织开展执法大检查和案件评审活动，解决执法过程中存在的突出问题。逐步建立完善涉法涉诉问题定期排查化解工作机制、集中排查化解机制、来信来访办理机制，主动摸排各类涉法涉诉信访问题，超前疏导化解涉法涉诉信访隐患。实行政法机关联合公开接访，现场帮助来访群众解决实际问题。围绕社会影响较大和群众反映强烈的案件，包括涉法上访和久拖不决的案件、党政领导和上级政法委批转的案件以及政法部门之间有争议、确需政法委协调的重大疑难案件，深入开展重大疑难案件的协调、督办工作。

社会治安综合治理

参见第十六编《公安　司法》

第八节　党史工作

1983年10月至1985年12月，颜庄公社史志办公室编写《颜庄史志资料》(党史、史志)5期，征集整理党史资料20余万字。1985年4月至1988年8月，在中共莱芜市组织史资料编辑委员会统一组织下，颜庄镇、里辛乡和城子坡镇组织史资料编辑委员会编写出版《中国共产党莱芜市颜庄镇、里辛乡、城子坡镇组织史资料(1938—1987)》，共15万字，印发至各基层党支部。1986年中共沂源县党史资料征集委员会征编《沂源党史资料》，黄庄镇提供杨荆石、刘子升、左太传和桑洪文等人物资料和其他有关史料。

主要党史著作　　　　(2005年　摄)

1995年12月，中共莱芜市钢城区委党史研究室成立，与区地方史志办公室合署，为副科级事业单位。2001年12月，升格为科级事业单位。

党史资料整理

1995年12月至2000年2月，区委党史研究室编写出版《中共莱芜市钢城区党史大事记（1992—1998)》。2001年9月，获莱芜市第六次社会科学优秀成果三等奖。2002年1月，获山东省党史系统2000年至2001年度优秀成果三等奖。

2000年1月至2001年9月，区委党史研究室与区委组织部共同编写出版《中国共产党莱芜市钢城区组织史资料(1992—2000)》。

2004年12月，区委党史研究室编写出版《中共钢城历史人物(第一集)》。主要收录1949年10月1日前参加革命工作、有较大影响的钢城籍或在境内工作过的党史人物资料，全书18万字，分人物传、人物简介和革命烈士名录3部分，其中，人物传23篇、人物简介57篇，革命烈士名录收录烈士725人。

党史研究

2000年8月，唐广源、陈建新撰写的《新形势下如何加强和改进党的农村基层组织建设》一文被山东省中共党史学会评为“执政党执政规律研讨会”优秀论文。2003年12月，陈建新撰写的《毛泽东同志的调查研究思想及其现实意义》一文被山东省委党史研究室评为“纪念毛泽东同志诞辰110周年”优秀论文。2004年5月，唐广源撰写的《如何加强和改进县级党史队伍建设》一文在《山东党史》刊物上发表。2004年区委党史研究室撰写约3万余字的文稿《宏强崛起之路》收入山东省委党史研究室主编的资政专著《“三农”现代化之

浙江新四军历史研究会成员参观莱芜战役指挥所

路》丛书第一卷上册。2004年12月，刘志东撰写的《大众化与先进文化的前进方向》一文，被中共山东省委党史研究室评为“中国共产党与中国现代化研讨会”优秀论文。

党史宣传教育

1993年至2005年，区委党史研究室面向全区发行《中国共产党简史》《中共山东八十年简史》《光辉的历程》《时代先锋》《中共山东年鉴》《中共山东大事记》《山东党史》等书刊10余种千余册，其中《“三农现代化”丛书》480册、《山东党史（2004）》100册、《中共山东年鉴（2004）》20册、《中共山东历史大事记（1978.12～2002.06）》45册，协同有关单位，充分利用报刊、电视等新闻媒体开展党史宣传教育，发挥党史资政育人的作用。

第九节　信访工作

信访工作机构

1993年6月，区委信访办公室设立。1994年11月，改称区信访室，属副科级行政单位。1997年6月，更名为区委、区政府信访办公室，设办信接访科和秘书科，有工作人员3人，为科级行政单位。1994年贯彻全国和省、市三级信访工作会议精神，区委、区政府成立由区委分工副书记任组长、区五大班子领导任副组长、区直各有关部门主要负责人任成员的信访工作领导小组，各乡镇也成立由党委分工副书记任组长的信访工作领导小组，建立信访工作办公室，配信访助理员。各乡镇设信访民事调解组织和专兼职工作人员。区直部门都有专（兼）职信访员，受理信访案件较大的部门设有信访科（室）。2002年设立钢城区信访服务中心，信访办公室增加编制2人。

信访法规宣传教育

1993年认真宣传贯彻国务院《信访工作条例》《山东省信访处理暂行规定》《山东省人民政府上访程序》《山东省信访规定》《莱芜市委市政府（关于落实山东省信访规定）的通知》等政策法规。1994年将有关政策法规编印成册，发至乡镇、村和区直部门。1999年宣传贯彻区委、区政府印发的《关于进一步加强信访工作的规定》。2001年落实市委、市政府《关于开展信访法规宣传活动月的通知》精神；3月集中开展信访法规宣传月活动。至2005年，全区举办镇（街道）分工书记和信访干部参加的学习班6次。各镇（街道）多次举办村信访调解干部参加的学习班，或采取以会代训的形式，对信访工作人员进行政策法规教育。

信访制度建设

1993年区信访办公室制定一系列规章制度，主要有信访联席会议制度、来信来访通报制度、签订责任书制度、信访信息报送制度、对集体上访进行联合接访制度、每周分析会制度、书面答复意见制度等。1995年制定实施收取乡镇稳定保证金和信访工作双向责任制度，得到市委、市政府的充分肯定。1997年区委办公室制定印发《关于处理信访问题实行分级负责归口办理的暂行规定》。1998年实行区五大班子领导接访制度；区委常委、区人大各主任以及区政府各区长、区政协各主席轮流值班，每天有1名处级领导干部接待来访群众。区级领导共接见来访者210人次，共阅批群众来信299件。1999年对基层信访工作实行目标化管理和百分制考核制度。

区信访工作会议　（1998年　摄）

信访案件受理

全区信访工作本着“分级负责，归口管理”的原则，依靠基层组织开展“三无”（无集体上访、无越级上访、无信访积案）乡镇活动，做到大事不出镇（街道）、小事不出村（居、社区）；采取“三定一包”（定案件、定办案人员、定结案时间、一包到底）的方法，实行区五大班子领导包案责任制，及时化解矛盾，为人民群众排忧解难，创造人民满意的社会环境。

宣传《信访工作条例》（2004年 摄）

1994年城子坡镇党委、政府与村“两委”签订信访工作责任书，其做法得到市里的充分肯定；7月市委、市政府在城子坡镇设现场，召开“莱芜市实行逐级上访经验交流会”；同年，钢城区被省委、省政府命名为“全省信访工作先进单位”，区委办公室副主任、区信访办公室主任吴希富先后被评为省、市“先进工作者”“优秀共产党员”，被区委、区政府记大功1次，被市委、市政府记二等功1次。

1996年至2005年，全区共受理群众来信392件，接待群众来访922起，均做到事事有回音、件件有结果，市级以上要结果的案件共计75件，结案率达到99.54%。

1996～2005年钢城区受理信访案件统计表

表13-2-3　　单位：件、%

项目/年份	立案		结案	结案率
	信	访		
1996	34	85	119	100
1997	38	92	128	98.70
1998	42	75	115	99
1999	41	73	114	100
2000	25	87	112	100
2001	42	64	104	98.10
2002	39	90	129	100
2003	42	114	156	100
2004	38	107	145	100
2005	51	135	186	100
合计	392	922	1308	99.54

第三章　中共莱芜市钢城区纪律检查委员会

第一节　区纪委组织机构

1993年1月，钢城区设立区纪律检查委员会。1994年3月，设立监察局，与区纪律检查委员会合署办公。下设办公室、纪检监察室（区国家行政机关工作人员违法违纪举报中心、信访室）、案件审理室、党风廉政建设室（区纠正不正之风办公室）。

第二节　区纪委主要工作

党风廉政建设

1993年区纪委对党政机关所办经济实体进行清理，全区25家经济实体与本单位脱钩。

1994年区纪委对个人借欠挪用公款进行清理，共清理借欠挪用公款5.44万元；对党政机关占用企业钱物问题进行专项清理，对查出占用的127万元进行退还。

1995年区纪委对党政机关、事业单位办公用车进行清理，对60辆不符合规定的办公用车进行处理；对全区局级干部和基层站所负责人进行廉洁自律民主测评，评议正局级干部51人，副局级干部173人，基层站所负责人68人，对存有问题的24名干部进行调查核实；狠刹公车迎亲不正之风，对11辆公车迎亲的单位进行了处理。

1996年区纪委狠刹用公款吃喝玩乐的歪风，对4个单位进行通报批评，同时把“刹风”工作向农村基层延伸，制定《关于严禁在农村用公款吃喝、挥霍浪费的补充规定》。

1997年区纪委开展以清理住房和通讯工具为主要内容的“双清”工作，对5户占有2套住房的按要求限期进行清退。

1998年区纪委对全区党政机关事业单位通讯工具进行清理，全区共清理检查党政机关、事业单位公费移动电话75部，公费住宅电话175部，退还收缴处理移动电话22部，公费住宅电话转自费2部。

1999年区纪委狠抓楼房控建工作，取消5个区直部门的扩建、装修办公楼计划，节约经费200万元。对公务电话费报销情况进行专项检查，督促27个单位、63名人员补交电话费19410元。

2000年区纪委加强对公车使用的管理，对6起公车迎亲事件分别作严肃处理。

2001年区纪委对全区各镇（街道）、党政机关事业单位的电话管理情况进行专项检查，督促个人支付话费3.20万元；对新购车辆严格审核把关，取消新购车计划4辆，节省开支50万元。

2002年区纪委对党政机关、事业单位工作人员借用公款进行集中清理，共检查4个镇（街道）、61个区直部门，核查出借款人数106人，督促归还借欠公款39.69万元。

2003年区纪委对全区党政机关、事业单位用公款为个人购买的商业保险进行清理、清退。

2004年区纪委进一步加强办公用车管理，建立办公用车配备审核联席会议制度；制定《农村干部公务通讯费用补贴管理办法》，规范农村干部的通讯费用。

2005年先后对全区党政机关、事业单位干部

钢城区纪委案件公开审理

职工虚报冒领工资补贴、拖欠公款、投资入股煤矿和违规建购干部职工住房问题进行集中清理；认真执行领导干部离任审计制度，对6名领导干部进行了离任审计。

违纪违法案件查处

1994年11月案件审理室设立后，始终把查办案件作为从严治党、惩治腐败的重要环节。至2005年，全区共立查党员干部违纪案件179起，处分党员干部190人。其中，开除党籍36人、留党察看26人、撤销党内职务6人、党内严重警告44人及党内警告46人，行政警告6人、降级1人、撤职7人、其他处分18人。受处分的党员干部中科级干部12人。

1993～2005年钢城区党纪政纪处理情况统计表

表13－3－1　　　　单位：人

年份	处分												
	人数	党纪处分					政纪处分						其他处分
		警告	严重警告	撤销（党内）职务	留党察看	开除党籍	警告	记过	记大过	降级	撤职	开除	
1993	12	3	1	—	3	5	—	—	—	—	—	—	—
1994	4	—	2	—	1	—	—	—	—	—	—	—	1
1995	17	4	6	2	1	2	1	—	—	—	—	—	1
1996	25	4	4	1	4	8	—	—	—	—	—	—	4
1997	18	7	2	1	—	2	—	—	—	—	6	—	—
1998	19	2	5	1	8	1	1	—	—	—	—	—	1
1999	10	6	1	—	—	1	—	—	—	—	—	—	2
2000	15	—	2	—	1	2	2	—	—	—	1	—	7
2001	13	4	4	—	2	1	1	—	—	1	—	—	—
2002	13	2	6	—	—	5	—	—	—	—	—	—	—
2003	14	2	4	—	1	6	—	—	—	—	—	—	1
2004	14	6	1	1	2	2	1	—	—	—	—	—	1
2005	17	4	5	—	4	3	—	—	—	—	—	—	1

廉政教育

1996年区纪委开展“学条规、守纪律、做表率”活动，组织副局级以上领导干部参加中纪委举办的党纪政纪条规知识竞赛。1997年开展以“讲学习、讲政治、讲正气”为主要内容的党性党风教育。1998年在县级干部中开展“领导干部要在党风廉政建设中以身作则、率先垂范”教育，在局级干部中开展“学理论、学条规”活动，组织22名县级干部、208名局级干部参加了党风党纪知识考试；组织开展《中华人民共和国行政监察法》知识竞赛活动，参赛人数达2707人。1999年配合区级“三讲”教育活动，对科局级干部集中进行以学习邓小平廉政理论为主的党风党纪教育，组织广大党员干部观看《警钟》《法不容情》等13部反腐倡廉电教片，观看的党员干部达5000余人次。2000年开展“学榜样、敲警钟、做表率”活动，组织党员干部观看《生死抉择》《胡长清案件警示录》等十多部反腐倡廉电教片。2001年结合“三个代表”重要思想教育活动，开展“学党章、守纪律、正党风”教育，组织县级干部参加省纪委组织的“学、守、正”知识答卷；开展“党在我心中”和向好支书郭秀明、好干部汪洋湖学习的活动；利用电视剧《一代廉吏于成龙》开展“看电视剧，写观后感，树好形象”活动，全区局级干部共写心得体会600多篇。2002年开展“理想信念、廉政纪律”教育，全区25名县级干部、327名局级干部进行党风党纪知识答卷；对全区643名村“两委”干部集中进行廉政教育。2003年利用4个月的时间开展“艰苦奋斗、廉洁从政”教育，373名局级以上领导干部参加党纪政纪条规知识考试；对全区636名村“两委“干部集中进行廉政教育。2004年开展“为民、务实、清廉”教育，组织开展以《纪律处分条例》《党内监督条例》为主要内容的党纪条规知识竞赛，13支代表队参加比赛。2005年开展“廉洁奉公、执政为民”教育，重点开展“三个一”活动（开展一次知识竞答、观看一次反腐倡廉影片、开展一次“家庭助廉”行动）。

全区党风廉政建设和反腐败责任部门负责人会议

领导干部约束制度

为全面贯彻落实《中共中央、国务院关于党政机关厉行节约制止奢侈浪费行为的若干准则》《中国共产党廉洁从政若干准则》等政策规定，1997年6月19日，中共莱芜市钢城区纪律检查委员会、莱芜市钢城区建设委员会、莱芜市钢城区计划委员会、莱芜市钢城区监察局联合印发《关于党政机关企事业单位建造、购买、装修住房的规定》，坚决管住房子、机子、筷子；建立实行纪委常委同党政负责人谈话制度、上级纪委参加下级党委民主生活会制度、个人重大事项报告制度、领导干部离任审计制度、提拔重用干部征求纪委意见制度、与区委组织部定期沟通情况制度、

反腐图片展览　　（2002年　摄）

干部竞争上岗制度、财政集中支付制度、政府集中采购制度等，规范了领导干部的从政行为。1999年8月23日，中共莱芜市钢城区委、莱芜市钢城区人民政府印发《关于落实党风廉政建设责任制的实施细则》，督促、指导各镇（街道）、区直部门、区直各企事业单位制定廉政建设责任制，将责任细化分解，进一步明确各级领导班子、领导干部应负的廉政建设责任，强化责任考核、责任追究，增强各级党政领导班子和领导干部抓党风廉政建设的责任意识，全区形成党委统一领导，党政齐抓共管，纪委组织协调，部门各负其责，依靠群众支持和参与的工作机制。2004年9月13日，中共莱芜市钢城区委办公室、莱芜市钢城区人民政府办公室印发《关于进一步加强小汽车配备管理工作的意见》。

附：中国国民党地方组织

组织机构

1939年冬，在秦启荣支持下，国民党莱芜县党部在双龙峪重新组建，书记长由吕兴国担任。1943年国民党莱芜县党部负责人刘伯戈等与日伪勾结，扩大组织，发展国民党党员，建立颜庄区分部。区分部书记由谭守忠（又名谭道恒，颜庄村人）担任。1945年5月，刘伯戈把持的国民党莱芜县党部及其武装，被八路军鲁中军区和中共莱芜县委领导的人民武装打垮；6月在泰山军分区与莱芜县敌工部的密切配合下，几经做争取工作，迫使颜庄区区长兼伪军大队长吕家林率部投诚，颜庄和平解放，国民党莱芜颜庄区分部遂瓦解。

1947年5月，刘伯戈在济南组织“还乡团”随国民党军新五军回莱芜活动，在莱城西关建立县党部，自任书记长，在颜庄设立颜庄区分部，区分部驻南下冶村，书记长由颜庄区区长谭守忠改任。

主要活动

蒙蔽群众发展组织 国民党县党部打着“曲线救国”的幌子，致使部分群众和上层人士受到蒙蔽，一度形成对其组织发展有利的局面，境内先后有谭守忠（颜庄村）、刘德甫（澜头村）、李荣贵（里辛村）、谭守达（颜庄村）、王淑成（北下冶村）、刘恩明（上河沟村）等数十人加入国民党组织，有的成员由“三青团”直接转入国民党组织。

勾结敌伪破坏中共地下党组织 国民党县党部借日伪对共产党领导的抗日根据地疯狂“扫荡”“蚕食”“铁壁合围”“强化治安”之机，与日本特务秘密勾结，并与伪军吴化文部串通一气，企图以颜庄为中心，消灭境内的中共党组织。其统治区的各村设有以区分部书记为组长，以国民党员中的反共骨干分子为成员的防共小组，小组成员一般3人—5人，负责调查各村共产党干部家属和烈军属的活动情况及社会关系，监视侦察与抗日根据地有联系来往的人员，窥探和了解村内是否有共产党活动。许多共产党员被其威逼自首、悔过，多数中共党组织遭到破坏。

配合“还乡团”残害人民抢掠钱财

参见第十七编《军事》之“罪行录”

1948年3月，国民党莱芜县党部及各区分部主要成员随国民党部队溃逃，国民党在境内的地方组织彻底瓦解。1948年3月，国民党莱芜颜庄区区党部负责人谭守忠等逃至泰安，后由青岛等地去了台湾，其余的人于1951年向人民政府登记悔过。

第四章　群众团体

第一节　工人团体

职救会

“职救会”产生于抗日战争初期，最初称职工抗日救国会。解放战争时期，称“职工救国会”，简称“职救会”。1938年至1939年，莱芜四区(颜庄)、蒙阴县七区(包括黄庄、寨子)成立职救会。同时，港里煤矿秘密组建职救会，部分村也建立职救会。1948年农村职救会并入农会，县、区和村职救会机构撤销。

在抗日战争和解放战争时期，各级职救会积极参加减租减息、增加工资、反奸斗霸、保卫根据地、巩固民主政权和参军支前等活动。

工会

1956年颜庄区建立工会组织。1957年沂源县黄庄区建立工会组织。自此，厂矿、企事业单位陆续发展建立基层工会组织。1966年“文化大革命”开始后，基层工会组织瘫痪。1977年各级工会组织相继恢复。1992年境内有基层工会组织27个、车间工会63个，工会小组201个及会员2500人。至2005年，全区共建立各级各类工会组织156个，其中，工会委员会141个、工会工作委员会15个。

工会代表大会　按照中共莱芜市委的要求，钢城区职工代表大会延续县级莱芜市工会代表大会的届次。

第八次代表大会。1995年5月18日，钢城区总工会第八次代表大会在钢都宾馆召开，出席会议代表应到80人，实到75人。刘家兴代表上届工会委员会作《抓住机遇，突出重点，团结全区职工为建设新钢城作出新贡献》的工作报告。会议听取和审议工会财务报告，选举产生区总工会第八届委员会委员15人、出席市第八次工代会的代表13人。

第九次代表大会。2001年8月9日，钢城区总工会第九次代表大会在钢都宾馆召开。出席会议代表应到89人，实到85人。吕济存代表上届工会委员会作《跨入新世纪，创造新业绩，动员组织广大职工为实现钢城“十五”发展计划而奋斗》的工作报告，会议听取和审议工会财务报告，选举产生区总工会第九届委员会委员13人、出席市第九次工代会的代表16人。

健全职工代表大会制度　1993年至1996年，全区58家企事业单位建立职工代表大会制度，其中开展民主评议干部的企业18家。1997年区总工会制定《关于新形势下强化职工民主管理工作的意见》。至2000年，全区改制企业的改制方案均经职代会讨论通过，90%以上企业与职工签订集体合同。区总工会对集体合同的签订、履约、续签工作，每年都进行检查。自2000年，区总工会每年都开展职代会资料展评活动，促进职代会的规范化。2005年5月，在全区企事业单位中开展职工代表竞争上岗和职工代表证制度，以此提高职工代表的素质、职代会质量。

维护职工合法权益　1993年区总工会采取举办培训班、座谈会、知识竞赛等形式，组织职工学习《中华人民共和国职业病防治法》《劳动保护条例》《女职工劳动保护规定》，提高职工自我保护意识。会同劳动、安监等部门多次对全区企业职工危害多发单位进行大检查。至2005年，共组织抽查

43家企业，检查场所36处，查出事故隐患32起，印发整改意见32份，事故整改率99%。为维护女职工的合法权益和特殊权益，要求企业每季度组织女职工进行查体，在月经期、怀孕期、生育期、哺乳期和更年期要特殊保护。对女职工较多的单位，建立女职工卫生室及休息室、哺乳室等设施。同时，对《女职工劳动保护规定》贯彻情况进行检查，查出违反《规定》案件8件，有6件得到妥善处理。

职工劳动竞赛　1994年在全区企业中开展“争当排头兵”“岗位创一流”活动。1996年3月，在职工中开展以“四创四降争四手”（创优、创新、创先、创最佳效益，降成本、降消耗、降积压、降亏损，争当管理能手、质量能手、科技能手、销售能手）为内容的劳动竞赛活动。钢城企业集团公司、市楔横轧制厂、市耐火材料厂等单位被评为活动先进单位。1997年5月，在全区工业企业中深入开展“六个十佳工程”（十佳先进生产者、十佳技术能手、十佳营销员、十佳财务工作者、十佳管理标兵、十佳优秀思想工作者）活动。2000年5月，成立劳动竞赛委员会，开展“安康杯”竞赛活动，在女职工中开展“女职工素质自我达标”活动。2002年6月，开展“建言献策尽主人责”立功竞赛活动，全区职工共提建议237条，被采纳146条。2003年在职工群众中开展“创新杯”（服务创新、观念创新、技术创新、管理创新）立功竞赛活动，有钢都宾馆等10个单位获竞赛先进单位奖。同时，组织举办全区金融、机械、饮食服务3大行业的职工技术比武，14个单位的48名选手，分别参加点钞、钳工、车工、餐饮服务等10个项目的比赛，5个单位、24名选手获得优胜。2004年5月，开展争创职工职业道德“双十佳”活动；7月开展争创职工“创新示范岗创新能手”活动，市粉末冶金有限责任公司被评为十佳单位。2004年钢城宏强企业集团有限公司王玉山项目部被评为“山东省‘安康杯’竞赛优胜班组”。2005年5月，开展“五一文明岗”创建活动。

职工教育　1994年7月，区总工会召开工会干部座谈会，对贯彻实施《中华人民共和国工会法》落实情况进行座谈。1999年9月，组织举办“祖国在我心中”职工演讲比赛，14名职工参加演讲比赛。2000年4月，举办庆“五一”先模人物事迹报告会，5名先模人物作事迹报告，500余名干部、职工参加报告会。2001年5月，在职工群众中开展“党在我心中”党史和工会法律法规知识竞赛，300余名职工参加竞赛考试；8月举办全区工会干部培训班，45名工会干部参加培训；10月《中华人民共和国工会法》颁布实施，通过张贴标语、出动宣传车等多种形式进行了宣传。2003年3月，举办庆“三八”先进女职工事迹报告会，来自市、区的4名先模人物作了报告，200多名女职工听取报告。2004年10月，对全区102名工会干部和企业负责人进行劳动、工会法规政策考试。至2005年，区总工会共组织举办文艺晚会、联欢会8场，篮球和乒乓球比赛6次、拔河比赛12次、演讲比赛4次、书画展1次。

区工会举办职工拔河比赛　（2005年　摄）

困难职工救助　1997年区总工会建立困难职工档案。2001年7月，对困难职工子女考取大学情况进行调查，对3户家庭比较困难的学生进行救助。2002年9月，开展发行“送温暖工程”邮资明信片活动，发行800枚，募集资金1600元；10月至11月，对全区特困、困难职工进行摸底调查，建立电子档案，在全区机关开展帮扶结对子活动，一帮3

年，使24户特困职工家庭有了常年帮扶单位。2003年5月，对全区单亲特困女职工子女就学情况进行调查，为7户单亲特困女职工子女向省总工会申请助学金3000余元;10月成立“钢城区总工会困难职工帮扶中心”“钢城区总工会劳动就业服务中心”，基层工会为困难职工帮扶中心捐款1.10万元。至2005年,区总工会累计走访困难职工、困难劳模166人次,发放救助金8.10万元。

评选劳模　1995年至2005年,共评选各级劳模70人,其中,全国级2人(全国劳模张平利、全国司法系统劳模郝维先),省级7人(赵华忠、卞新龙、苗宗河、王爱婷、司厚一、管仲君和崔建民)、市级20人(秦恒文、武玉忠、王志胜、毛发贵、苗成国、李普明、袁振芳、张庆昌、张延文、周长帅、卢桂华、苗成勇、尚现华、郑孝友、李刚、刘向东、李锋实、李全义、耿佃柱和亓晓红),区级40人。评选“山东省富民兴鲁劳动奖章”获得者6人(段元富、薛其锁、苗宗福、王佳悦、董及孟和王志武)及“山东省富民兴鲁劳动奖状”获得单位1个(莱芜市宏强企业集团有限公司)。

第二节　农民团体

农会　农民协会

1914年莱芜县农会成立,随之,在各区设立区农会。1915年颜庄区农会成立,为境内最早的农会组织。

1931年国民党莱芜县党部将农会改为县农民协会,并在各乡发展农民协会。1932年初,农民协会领导权掌握在中共地下党组织手里，农民协会组织继续向区、乡和村各级发展。

农救会

1941年至1946年,境内各区、乡、村在农会的基础上成立农救会。各级农救会与其他抗日群众组织一起,同日伪汉奸恶霸等展开斗争,农救会员经常站岗放哨,给人民军队筹给养、送情报并担负掩护共产党干部等任务。1946年下半年,境内开始土改，各级农会组织团结广大农民，积极开展土改,组织生产、参军支前等活动。

贫下中农协会

1964年10月，县级成立贫协筹备委员会,各公社、大队也筹备成立贫协。1965年1月,颜庄公社贫协成立。1965年3月,黄庄区贫协成立;寨子为新泰县翟镇公社的1个管理区,管区内22个生产大队也都成立了贫协组织。

各级贫协均设贫协主任，公社贫协指导生产大队贫协开展活动，大队贫协协助大队党支部和大队管委会清理财务账目，带动贫下中农参加社会主义教育运动，监督大队党支部和大队管委会的各项工作,开展“忆苦思甜”活动等。1969年县贫协筹委会归县革命委员会政治部群工组,各公社、大队贫协分别归各公社、大队革命委员会,参加农村中小学校管理。

1978年12月,境内贫协机构撤销。

第三节　青年团体

青救团　青年团

1938年莱芜县成立“青年抗日救国团”,简称“青救团”,随之在各区建立基层组织;8月颜庄区成立区“青救团”,随后,在所辖各乡、村建立基层“青救团”组织。1940年5月,黄庄区按照县里的要求先后建立区“青救团”组织;秋季,各级“青救团”改称“青救会”。在中共党组织的领导下,“青救会”配合其他群众团体,宣传抗日救国道理,带动青年参加抗日武装斗争。解放战争时期,团员青年积极参战,支援前线。1946年“大动参”时,仅颜庄区就有1700名青年参军。1946年下半年,支前运动中,颜庄区出动常备民工1980人、临时民工3757人。莱芜战役期间,境内颜庄区有572名青年民兵支援前线。1947年秋,各地在“青救会”的基础上,建立“新民主主义青年团”简称“青年团”。1952年各区设立青年团团区委。20世纪50年代,各级青年团组织积极开展为抗美援朝捐款活动,在“三反”“五反”运动中,广大团员青年勇敢地站在运动前列,充当党的助手和生力军。《中华人民共和国婚姻法》颁布后，广大团员青年积极宣传贯彻带头提倡婚姻自主、自由恋爱，大胆向封建婚姻观念挑战，在互助组、合作化运动中广大团员青年带头加入互助组、合作社，争做优秀农业社社员。

共青团

1957年7月，根据团中央《关于新民主主义青年团改名为中国共产主义青年团的决定》，县区团组织普遍改设为共青团委员会，农村或工厂的车间班组设共青团支部或团小组。1966年"文化大革命"开始后，各级团组织活动中断。1973年1月，各级团组织恢复活动。

20世纪60年代，各级团组织带领广大团员青年开展学雷锋活动，组成毛主席著作学习小组，争做好人好事。"文化大革命"后期，随着各级团组织的健全恢复，广大团员青年认真开展批判"林彪反革命集团""江青反革命集团"的活动，积极响应"工业学大庆、农业学大寨"的号召，争当工农业生产突击队员。1978年中共十一届三中全会后，各级团组织带领广大团员青年积极开展"争做新长征突击手""五讲四美三热爱"（讲文明、讲礼貌、讲卫生、讲秩序、讲道德，心灵美、行为美、语言美、环境美，热爱党、热爱祖国、热爱社会主义）"学雷锋树新风""学习张海迪""带头科技致富"等活动。

1993年12月，钢城区设立共青团钢城区委员会。

历次团代会　根据中共莱芜市委要求，钢城区团代会延续县级莱芜市团代会的届次。

第十三次代表大会。1994年4月20日，共青团钢城区第十三次代表大会在钢城宾馆召开。出席会议代表102人。区五大班子领导出席会议。会议听取审议并通过吕玲所作的《投身经济建设，着眼建功育人，为建设现代化新钢城贡献青春》工作报告。会议选举产生共青团钢城区第十三届委员会委员11人、候补委员2人。

第十四次代表大会。1997年5月17日，共青团钢城区第十四次代表大会在钢都宾馆召开。出席会议代表100人。区五大班子领导出席会议。会议听取审议并通过吕玲所作的《肩负起跨世纪的历史责任，为建设富裕文明的新钢城贡献青春》工作报告。会议选举产生共青团钢城区第十四届委员会委员11人、候补委员2人。

第十五次代表大会。2000年5月18日，共青团钢城区第十五次代表大会在钢都宾馆召开。出席会议代表120人。区五大班子领导出席会议。会议听取审议并通过常存杰所作的《在邓小平理论指引下，团结带领全区团员青年以新的姿态迈向二十一世纪》工作报告。会议选举产生共青团钢城区第十五届委员会委员21人、候补委员9人。

第十六次代表大会。2003年4月30日，共青团钢城区第十六次代表大会在钢都宾馆召开。出席会议代表120人。区五大班子领导应邀出席会议。会议听取审议并通过吕宝泉所作的《认真贯彻"三个代表"重要思想，团结带领全区团员青年为全面建设小康社会努力奋斗》工作报告。会议选举产生共青团钢城区第十六届委员会委员21人、候补委员9人。

思想教育活动　团区委以每年"五四"青年节为契机，组织开展全区青年文化艺术节，1994年至2005年，共举办8届。各中学团组织利用每年的暑期开学时机，举办"18岁成人宣誓仪式"，以增强中学生的社会责任感和使命感。2002年和2004年，团区委在莱钢工人文化宫举办"永远跟

2003年4月30日，共青团莱芜市钢城区第十六次代表大会召开

党走”“祖国在我心中” 两次大型青年联欢文艺晚会。以“奉献、友爱、进步”为主题，利用每年的“3·5”青年志愿者活动日、“3·12”植树节，组织团员青年开展植树护绿、保护母亲河、敬老爱老、社区服务、卫生清扫等活动。1994 年至 2005 年，开展“学习雷锋精神、服务奉献人民”“优化招商引资环境，青年志愿者在行动”“建设绿色钢城、美化生活环境”等主题志愿者活动 25 次，参与活动人数 5 万余人次。

“希望工程”助学行动

青春创业行动　1993 年起，团区委发起青春创业行动。开展“新世纪青年农民培训工程”“青年农民增收成才致富活动” 培训班 200 余期，培训青年 8000 余人。自 1994 年，连年开展“青年文明号信用建设示范行动”，重点加强窗口单位青年文明号集体的诚信建设。同时，开展“青年文明号与下岗青工‘一助一’行动”。每个青年文明号集体每年至少帮扶 1 名下岗或未就业青年，为他们提供资金、信息、技术等方面的扶持和服务。2004 年 5 月，在颜庄民营经济园成立“莱芜市青春创业基地”；年底，被命名为“全国青年创业实践基地”。至 2005 年，全区有全国级青年文明号单位 1 个、省级青年文明号单位 4 个、市级青年文明号单位 51 个和区级青年文明号单位 89 个；联系确定青春创业行动项目 8 个、提供就业岗位 895 个，有 320 名团员青年在项目单位就业。

希望工程　1993 年全区开始实施希望工程。2000 年 7 月，由山东电力集团公司投资 70 万元，在颜庄镇建成“鲁能莱芜希望小学”，团市委、莱芜供电公司、莱城发电厂等单位为希望小学捐赠微机 32 台。2003 年团区委发起 “希望工程助学行动”，共募集助学金 3.60 万余元，分年度救助贫困学生 30 人，直至其完成小学、初中和高中毕业。至 2005 年，全区累计募集希望工程资金 56.55 万元，救助贫困学生 1715 人。

青年联合会

1999 年 6 月，钢城区青年联合会成立并召开一届一次会议，选举产生区青联第一届委员会，青联主席由团区委书记担任。

“3·5”青年志愿者活动　（2005 年　摄）

第四节　儿童团体

儿童团　少先队

1938 年底，莱芜县青救团设立儿童部，对外活动中称“儿童团”。1939 年上半年，颜庄区及各村相继建立“儿童团”组织。蒙阴县七区的黄庄、寨子一带的部分村也相继建立“儿童团”组织。儿童团员一般是 8 岁～15 岁的儿童，“儿童团” 配合 “青救团”开展张贴标语、站岗放哨、盘查行人、传递情报等抗日活动。还经常帮助烈军属挑水、拾柴、扫院子等。许多村庄的儿童团员经常成群结队地在村头、会场或在抗日部队开赴前线的路旁高唱革命歌曲，振奋人心、鼓舞士气。许多儿童团员积极参与支前。莱芜战役期间，黄庄区历山一带近千名儿童团员为部队割马草，3 天割十几万斤，受到部队的高度赞扬。

1949 年 10 月，青年团中央作出《关于在全国建立中国少年儿童队的决议》。1950 年初，境内各区所属学校建立“中国少年儿童队”，吸收 15 周岁以下的优秀学生入队。1953 年根据青年团第七次全国代表大会决定，境内“中国少年儿童队”改称“中国少年先锋队”，简称“少先队”。1966 年至 1976 年“文化大革命”期间，少先队组织称“红小兵”组织。1978 年恢复少先队组织。

中华人民共和国成立初期，各级少先队组织主要开展关于土改和抗美援朝、保家卫国的宣传活动，以及“要爱护公物、要珍惜时间、要艰苦朴素，不要损人利己、不要浪费、不要贪小便宜”的“三要三不要”活动。1959 年广泛开展“学习刘文学，做毛主席的好孩子”活动。20 世纪 60 年代，主要开展“向雷锋叔叔学习，做红色少年”活动。70 年代末到 80 年代，各级少先队组织积极开展“学雷锋、树新风、争三好”“五讲四美三热爱”活动。1985 年少先队员积极参加全国少工委发起的“创造杯”少先队竞赛活动，共开展各类创造性活动 200 余项。90 年代，各级少先队组织开展“学赖宁”等活动。

少先队开展活动　　(2003 年　摄)

少先队工作委员会(少工委)

1993 年 12 月，钢城区少工委成立，由团区委书记兼任少工委主任。2005 年全区有少先大队 47 个、少先中队 299 个、少先小队 1220 个，少先队员 10814 人、少先队辅导员 236 人。

历次少代会　根据中共莱芜市委要求，钢城区少代会延续县级莱芜市少代会的届次。

第二次代表大会。1993 年 9 月 16 日，中国少年先锋队钢城区第二次代表大会在城子坡镇召开。出席会议代表 50 人，其中，辅导员代表 20 人、少先队员代表 30 人。区各大班子领导出席会议。会议听取审议并通过题为《适应新形势，造就新主人，努力开创我区少先队工作的新局面》的工作报告。大会选举产生钢城区第二届少工委委员 7 人。

第三次代表大会。1997 年 10 月 13 日，中国少年先锋队钢城区第三次代表大会在钢都宾馆召开。出席会议代表 80 人，其中，辅导员代表 30 人、少先队员代表 50 人。区五大班子领导出席会议。会议听取审议并通过题为《着眼素质教育，强化实践锻炼，努力培养跨世纪合格的社会主义事业建设者和接班人》的工作报告。大会选举产生钢城区第三届少工委委员 7 人。

第四次代表大会。2000 年 10 月 12 日，中国少年先锋队钢城区第四次代表大会在钢都宾馆召开。出席会议代表 100 人，其中，辅导员代表 35 人、少先队员代表 65 人。区五大班子领导出席会议。会议听取审议并通过题为《面向新世纪，创造新业绩，努力培养跨世纪合格的社会主义事业建设者和接班人》的工作报告。大会选举产生钢城区第四届少工委委员 7 人。

主要活动　自成立起，区少工委开展主题大队会、国旗下的讲话以及“三个了不起”(中国人了不起、做中国人了不起、做个了不起的中国人)教育活动；组织各级少先队以“自学、自理、自护、自强、自律”“雏鹰争章”为基本导向，开展“雏鹰杯”少先队员器乐大赛、“新世

纪我能行”少先队员诗歌朗诵大赛、少先队员夏令营、少年军校、“十六大特色小队”等活动。至2005年，已有312名少先队员获“三级雏鹰奖章”；结成“手拉手”对子385对，开展暑期少年军校、夏令营活动8次，参与活动400余人次；组织“三下乡”等活动3次，共组成各种科技、文化和卫生小队205个，参与活动4200人次。至2005年，全区有6名少先队辅导员受到省少工委的表彰，1名少先队员获“齐鲁小名士”称号。

第五节　妇女团体

妇救会

抗日战争初期，为适应抗日救亡运动需要，县、区普遍成立妇女抗日救国会，简称妇救会。1938年下半年，蒙阴县七区（黄庄区）及各村陆续建立妇救会组织。1939年8月，颜庄区妇救会成立。1945年下半年，境内各“妇女抗日救国会”改称“妇女救国会”。

抗日战争时期，妇救会组织带领广大妇女积极争取民主解放，开展抗日救亡运动。蒙阴县七区青冶行妇救会，积极组织妇女放足、剪发活动，同旧的势力作斗争，涌现出杨军、张士功、杜秀云、陈素娥等一批积极分子，成为境内早期的女共产党员或女战士。抗战初期，青冶行村设立中共地下情报站，蒋传英等妇女经常为情报站放哨，时常掩护革命干部和进步人士脱险。1942年一宋姓八路军战士腿部受重伤，妇女左氏将其留在家中，像亲人一样进行照顾，搜集便方为其治伤，日军来扫荡时全力掩护他转移，后来这位战士曾专程到青冶行村感谢左氏救命之恩。在抗战期间，各级妇救会广泛培养妇女干部，动员青壮年参军，组织妇女做军鞋、送给养、战场救护和慰问等，抗日救亡活动十分活跃。在解放战争时期，各级妇女组织以各种形式，积极开展“蒋军必败，我军必胜”的战争形势宣传教育，在生产备战中发挥主力军作用，并积极参加支前和对敌斗争。在1946年的“大动参”热潮中，颜庄区妇救会长刘芳美为动员1青年参军，身背幼儿，冒着严寒，连续18次登门动员，终于使其愉快地参军上前线；颜庄区埠东村妇救会长吴会梅在“动参”中，为动员1人参军，十几次登门，耐心细致地做思想工作。许传省参军后父母多病，吴会梅主动承担其家务，像亲闺女一样伺候2位老人。1947年2月莱芜战役期间，境内妇女有组织地救护伤员、筹备给养、看押俘虏、捕捉散兵，同时，积极地投入土改复查和除奸反霸运动中。

妇女联合会

1949年10月，境内“妇女救国会”改称“妇女联合会”。1952年底，境内各级妇联向广大妇女群众宣传党在过渡时期的总路线，并发动广大妇女加入互助组、合作社，参加社会生产劳动，学习宣传贯彻执行《中华人民共和国婚姻法》。随着社会主义事业建设不断发展，妇联工作更加广泛深入。1966年“文化大革命”开始后，各级妇联组织活动中断。1973年各级妇联组织陆续恢复之后，组织广大妇女积极开展批判“林彪反革命集团”“江青反革命集团”活动，积极响应“工业学大庆，农业学大寨”的号召，在工农业生产中发挥“半边天”作用。1979年各级妇联组织带领广大妇女学文化、学技

春蕾女童救助仪式

术、学科学,开展"三八红旗手"和争创"五好"家庭活动,同时向广大妇女进行"自尊、自强、自重、自爱"的"四自"教育。1982年开展"学习张海迪、为四化建设作贡献"等活动。

1993年1月,钢城区妇女联合会成立,下设妇联办公室及妇女儿童工作委员会办公室,编制3人;妇儿工委主任由区委分管副书记兼任,妇联主席兼任妇儿工委办公室主任。各乡镇建立妇联组织,专职干部5人。全区164个行政村全部建立妇代会。

2004年5月28日,钢城区妇女第十次代表大会召开

历次代表大会 钢城区妇女代表大会延续县级莱芜市妇女代表大会届次。

第八次代表大会。1994年4月19日,钢城区妇女第八次代表大会在钢城宾馆召开,出席会议的代表80人,特邀代表11人。会议听取审议并通过齐元珍所作的《全区妇女团结起来,为建设新钢城而努力奋斗》工作报告;选举产生13人组成的钢城区妇女联合会第八届执行委员会;选出出席莱芜市妇女第八次代表大会的代表17人。

第九次代表大会。1999年7月16日,钢城区妇女第九次代表大会在钢都宾馆召开,出席会议的代表80人,特邀代表11人。会议听取审议并通过齐元珍所作的《高举旗帜,再创新业,团结动员全区妇女为建设更加富强文明的新钢城而努力奋斗》工作报告;选举产生13人组成的钢城区妇女联合会第九届执行委员会;选出出席莱芜市妇女第九次代表大会的代表17人。

第十次代表大会。2004年5月28日,钢城区妇女第十次代表大会在钢都宾馆召开,出席会议的代表105人、特邀代表11人。会议听取并审议通过边秀兰所作的《与时俱进,干事创业,为建设富裕文明的新钢城而努力奋斗》工作报告;选举产生13人组成的钢城区妇女联合会第十届执行委员会;选出出席莱芜市妇女第十次代表大会的代表17人。

"双学双比""巾帼建功"活动 1993年至2005年,全区3万余名农村妇女参加"双学双比"(即学文化、学技术、比成绩、比贡献)竞赛活动,举办各类培训班136期,2200名妇女摘掉文盲帽子,2.90万名妇女掌握了1门~2门实用技术,840名妇女拿到农广校、农函大、农技校的毕业证书,1452名妇女取得绿色证书,636名妇女成为农民技术员。在"双学双比"活动中,重点实施以庭院经济开发和"三八"基地开发竞赛活动,建立15处养殖、林果基地,发展120个以棋山炒鸡和韩莱路路边经济为龙头的"妇字号"致富项目,发展以妇女为主的"三产"经营业户9000户。2005年全区有国家级巾帼文明示范岗1处、省级巾帼文明示范岗4处、市级12处、区级1处,区以上"巾帼建功"先进个人134人。

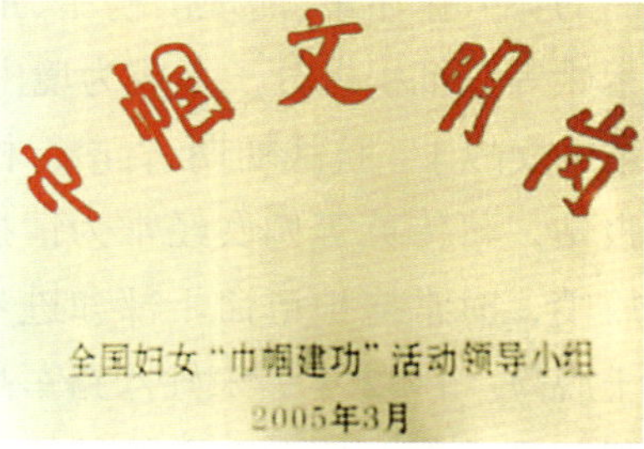

妇女干部培养 2005年全区有各级妇女干部488人,占干部总数的24.90%,其中,副科级以上女干部34人。各镇(街道)党政班子均配备女领导干部。区人大女代表所占比例达到21%,区政协女委员达到18%。全区164个行政村建立妇委会,妇委会主任进"两委"班子的达90%以上。区妇联协助区委组织部建立女后备干部档案库,多次与组织部联合举办妇女干部培训班,向区委、乡镇党委

及有关部门推荐女干部，同等条件下女干部优先提拔使用。

精神文明建设　妇女代表座谈会每年“三八”节召开，为全区妇女提供互相学习、比学赶帮的机会。1996年开展“美在家庭”创建活动。至2003年，评选省、市和区级“五好文明家庭”178户，推荐“尊老爱幼”模范38人，在各基层妇女组织建立“巾帼文明队”56个。自1996年，全区实施“春蕾女童救助计划”，区妇联对全区贫困女童进行登记造册，多方寻找救助对象。至2005年，救助春蕾女童613人、捐助现金30余万元、衣物1.74多万件、图书2.40万册，区妇联被省妇联和省儿童少年福利基金会授予“山东省实施‘春蕾计划’先进单位”荣誉称号，被省妇联授予“全省五好文明家庭创建活动先进协调组织”荣誉称号。全区创评省级“美在家庭”示范镇2个、市级示范镇2个。

第六节　工商团体

工商业联合会（商会）

1953年莱芜县工商联成立，在全县16个区成立8个区级分会，境内颜庄区分会是全县8个区分会之一。工商联组织的主要任务是，协助工商部门收缴税款、会费，维护集市贸易。在社会主义改造时期，对工商业者进行党的总路线教育，鼓励他们走社会主义道路，自觉接受社会主义改造。1956年社会主义改造完成后，工商联组织撤销。

1992年颜庄镇、城子坡镇、黄庄镇和里辛乡分别建立乡镇工商联分会，寨子乡建立工商联联络组。

1993年建区之初，全区5个乡镇的工商联分会工作归区委综合办公室管理。1994年11月，区委统战部成立，乡镇工商联分会归属区委统战部。1995年10月，乡镇（街道）进行工商联组织的换届工作，将工商联分会改称商会。各商会设有名誉会长、会长和秘书长，名誉会长由乡镇（街道）党委分工副书记担任，会长由乡镇（街道）工商所长担任，秘书长由党委宣传委员或分工统战工作的副科级干部担任。1997年5月，钢城区工商业联合会（商会）成立，隶属钢城区委，编制4人。2003年5月，增编至5人。镇（街道）基层商会工作归区工商联管理。

历次代表大会　钢城区工商业联合会（商会）延续县级莱芜市工商业联合会届次。

第四次会员代表大会。1997年5月28日，钢城区工商业联合会（商会）第四次会员代表大会召开，代表60人，区五大班子领导出席会议，区委书记尹贻明到会讲话，区工会、团区委、区妇联等群团组织负责人出席会议并致贺词。会议选举产生钢城区工商业联合会（商会）第四届执行委员会，听取并审议通过区工商联第四届执委会所作的关于今后工作意见的报告。

第五次会员代表大会。2001年12月13日，钢城区工商业联合会（商会）第五届会员代表大会召开，代表70人，区五大班子领导出席会议，区委副书记陈灿群到会讲话，区工会、团区委、妇联、区科协和区残联等群团组织负责人出席会议并致贺词。会议听取并审议区工商联第四届执委会工作报告，选举产生第五届区工商业联合会（商会）执委会，听取并审议通过区工商联第五届执委会所作的关于今后工作意见的报告。

组织建设　按照《全国工商联基层组织管理条例》，区工商联指导基层商会做好换届工作，保证非公有制人士的比例在70%以上和领导班子成员的知识化年轻化。配合区委组织部、统战部、工会、团委在符合条件的28家会员企业建立中共党组织，建立私营企业工会组织400个、共青团组织16个。在对非公有制经济代表人士的政治安排中，推选安排市工商联副会长、常委7人，市人大代表12人，市政协委员16人，区工商联副会长6人、执委21人，区人大代表22人，区政协委员28人。2002年和2004年，区工商联先后2次被省工商联评为县级工商联工作先进单位。2003年在全省工商联系统经验交流会上介绍《切实完善商会职能，竭诚为会员企业服务》的经验。自区政协五届一次会议（1996年）开始，每年都有20件以上提案上交到区政协会议上，均被立案，有15件被列为重点提案。

思想政治建设　2000年，在全区非公有制经济人士中开展"致富思源、富而思进"教育活动。2001年贯彻全国和省、市、区各级统战工作会议精神，以学习江泽民"三个结合"(自觉把自身企业的发展与国家的发展结合起来，把个人富裕与全体人民的共同富裕结合起来，把遵循市场法则与发扬社会主义道德结合起来)重要思想为契机，教育引导广大非公有制人士争做"三个结合"的模范。中共十五大、十六大等会议召开后，组织会员学习贯彻落实会议精神。

社会公益事业　1996年至2005年，全区个体私营业户为扩建莱芜战役纪念馆、抗洪救灾、防治"非典"和助残爱心"一日捐"等活动中捐款60多万元，为修路、建桥、治山、治水、学校危房改造等社会公益事业捐款1000多万元。1998年区工商联副会长、义和机械厂厂长魏佑池一次捐款4000元，与4个贫困户结对子，为2名家庭困难的优秀学生，承担从中学到大学的所有费用，其事迹在《人民日报》《大众日报》《莱芜日报》以及莱芜电视台刊载或播发。2002年至2004年，方圆制管有限公司经理高传志每年都捐出1万多元救助贫困大学新生。2005年8月，在区工商联、团区委联合组织的"献爱心"救助贫困大学新生活动中，李加振、吴坤希、杨树兴、董美玲、张翠香、任启华和张侠等民营企业家进行结对救助。全区120户个体私营业户先后与260个贫困户结成了帮带致富对子。

服务与维权　1997年至2005年，区工商联先后帮助20多家民营企业办理注册登记、企业改制、协调生产用地、疏通供销渠道；通过协调关系，帮助50家较有影响的民营企业进行招商引资联合发展；帮助46家集体企业转为民营企业，26家流通企业转型为生产经营企业。区工商联与棋山律师事务所合作，对工商联会员企业及广大非公有制经济代表人士提供法律咨询、法律培训和代理诉讼业务；举办10期WTO知识、法律知识培训班，培训会员300多人次，接待咨询人员1200人次，帮助签定合同110份、代理诉讼21起，为会员挽回经济损失620万元。2004年4月，区工商联建互联网站。至2005年，共帮助50多家会员企业融资贷款2000多万元，为会员提供各类信息420余条。

光彩事业

2004年12月17日，钢城区光彩事业促进会成立，40名会员代表参加成立大会。会议选举产生钢城区光彩事业促进会第一届理事会，选举区政协副主席、区委统战部长张敬跃为会长，办公室设在区工商联。

区光彩事业促进会引导广大非公有制经济人士树立正确的义利价值观，发扬"致富思源、富而思进、扶危济困、共同富裕、义利兼顾、德行并重、发展企业、回馈社会"的光彩精神，自觉主动地参与光彩事业活动。至2005年，通过资金、技术、信息、劳务、营销等多种形式，共实施帮带项目21个，安排就业3000多人，救助贫困户1200户，帮扶贫困学生250人。在全区村村通柏油路的建设中组织捐款200多万元。

消费者协会

1993年11月18日，莱芜市钢城区消费者协会成立。大会通过莱芜市钢城区消费者协会章程，选举产生了会长、副会长、理事会、常务理事。1994年1月，成立颜庄、里辛、城子坡、黄庄、寨子消协分

消费者为消协艾山分会赠送锦旗

会，在国营企业、民营企业和个体工商户中评选市级、区级消费单位16家。1995年推行“消协会员制”，当年发展消协会员3500人。1996年实行团体会员制，在广大企事业单位中发展团体会员18个。1996年至1997年，先后成立消费者投诉站3处、消费者联络站7处；举办《中华人民共和国消费者权益保护法》《新三包规定》培训班3期，区消协及各分会安装了尾数为“315”的投诉举报电话。1998年建立健全投诉举报网络。1999年全面建设“三站”：消费者联络站、消费者投诉站和消费者指导站。自1999年，每年开展以“安全健康消费”为主题的“3·15”国际消费者权益日纪念宣传活动。

2004年莱芜市钢城区人民政府副区长亓群，莱钢集团有限公司副总经理魏佑山被授予山东省“3·15”荣誉奖章。莱钢集团商业有限公司百货大楼、莱钢新兴商城和莱芜钢铁福来德经贸有限公司等单位，被评为山东省第五届消费者满意单位。莱芜市远征机械堆焊有限公司、莱芜市乐丰物资有限公司、莱芜市蓝星化工有限公司和山东九龙实业集团有限公司等单位获山东省“3·15”名优商品博览会优秀奖。

个体劳动者协会　私营企业协会

1983年11月，莱芜市个体工商业劳动者协会颜庄分会成立。1993年钢城区个体劳动者协会成立。1998年钢城区私营企业协会成立。2000年7月26日，莱芜市钢城区个体劳动者协会第六次、私营企业协会第二次代表大会召开，选举产生个体劳动者协会第六届理事会，选举会长1人、副会长2人；选举私营企业协会第二届理事会会长1人、副会长2人。聘请葛敬彪为名誉会长。至2005年，共有基层个体私营协会组织5个。

维权服务　2003年4月，成立区个体私营企业投诉服务中心。引导鼓励会员扩大经营规模，增强市场竞争力；组织个体私营企业大户参加省高新技术成果产品展览和产品展销订货会。2004年全区4家企业参加山东省第三届民营企业人才招聘洽谈会，共招聘各种人员40人。自2003年，每年组织开展“光彩服务周”活动，理发、修理行业的会员走上街头开展义务服务。

宣传教育　2003年3月，举办了法律法规知识培训班，参加人员为各基层分会会长、秘书长、私营企业负责人、个协理事会成员，共500人。自2003年，每年都开展《中华人民共和国劳动法》《中华人民共和国反不正当竞争法》《中华人民共和国税收征收管理法》等宣教活动，对会员开展“户户讲道德、店店无假货”活动。

培养典型　2003年全区有3家企业、15户个体户分别被评为莱芜市信用示范企业、信用示范户；同年，武玉忠被评选为山东省“文明民营企业”，高增太被评选为山东省“文明个体工商户”。2004年武玉忠、高增太分别被评为山东省“文明诚信个体工商户”。

第七节　科技团体

区科学技术协会

1984年4月，境内的颜庄办事处设立科学技术协会，与办事处科委合署办公，并由科委主任兼任科协主任。

钢城区科学技术协会第三次代表大会代表合影　（1999年　摄）

1997年6月，钢城区科学技术协会成立，与区科学技术委员会合署办公。

1999年6月，区科学技术协会第三次代表大会（沿袭莱芜市科协届次）召开，与会代表54人，选举产生由8人组成的区科协第三届常务委员会，选举科协主席1人、副主席3人。区科协为群众团体，与区科学技术委员会合署办公。2003年5月，区科协第四次代表大会召开，与会代表46人，选举产生由7人组成的区科协第四届常务委员会和科协主席1人、副主席3人，修改科协章程。2005年全区有镇（街道）科技协会4个、企业科技协会7个、机关事业单位科普工作小组6个、中小学校科普小组61个、商场农贸市场科普协会8个及农村专业技术协会20个。

科普宣传　1993年始，全区每年开展3次以上科普宣传活动。2001年区科协启动首届科技宣传周活动，与区文明办、区文体办等相关部门联手，开展“三下乡”“四进社区”“六进家”等联合宣传活动20多次。2001年钢城区被省科协命名为“全省城区科普工作先进单位”。2004年庙子、古墩、寨子、小上峪和南通香峪等村以及张庄社区被省科协命名为“全省科普先进村”。至2005年，以举办科普知识展览、科普赶大集、举办讲座、办培训班和现场咨询等形式，推广普及实用技术120项、动植物新品种80个。举办科普知识展览20次，印发科技资料明白纸100万份，赠送科技书刊5000册。

科技培训　1993年钢城区农业函授大学正式开始招生。至2000年，累计举办长期农函班10期，共招生8000人次，结业率达98%以上。1999年举办“农村党员干部实用技术培训班”4期，开展“农信杯”农村党员干部学科技、用科学技术比武活动；全区有90%的农村党员掌握1项~2项实用科学技术。至2005年，先后举办西瓜栽培、养兔、养鸡、食用菌、网箱养鱼、花卉管理和计算机应用等短期培训班100余期，培训人数达1万人次。

科普活动　1993年起，区科技部门参加省、市举办的学术交流会，提出合理化建议，并实施“金桥工程”项目。1999年根据区委、区政府《关于在全区开展讲精神文明、比科技致富、创建科普先进村镇活动的意见》，每年都开展“讲比建”评比活动，共评出科普先进乡镇4个、科普文明社区6个、科普先进村40个和科技示范户160户。举办青少年科技夏令营4次，在青少年学生中开展“科技在我身边”有奖征文活动5次，评出优秀论文一等奖5人、二等奖10人、三等奖15人。至2005年，区科协在省、地（市）学术交流会上发表论文120篇，提出合理化建议200条，实施“金桥工程”项目30多项。

科技咨询　1998年5月，区科技咨询服务中心（老科技工作者协会）成立。根据全区各行业发展的需要，采取设立咨询办公室、专家技术人员轮流值班，为群众解答生产生活中遇到的技术难题，定期到农村田间地头和工厂车间班组开展现场技术服务，推广普及新技术、新成果。

农村科普协会

钢城区永兴蔬菜协会　2002年1月成立；1月10日，召开协会第一次会员代表会议，选举会长1人、常务副会长1人和副会长3人；设有常务理事9人、理事16人和秘书长1人。协会主管单位是钢城区农业局。2005年有会员1300多人，引

“农信杯”技术比武活动　（1999年　摄）

进新品种12个，推广新技术8项，建立艾山街道清泥沟村，颜庄镇下北港、牛马庄村，黄庄镇黄庄一村、三村以及里辛镇石头湾村等蔬菜生产基地6个，建立标准化生产基地333.33公顷。

2002年在霞峰村进行果树管理技术培训

小上峪西瓜研究协会 1995年7月成立。设会长1人、副会长1人和理事14人。2005年有会员95人，协会业务主管部门是钢城区科学技术协会，协会宗旨是加强经验交流，促进科技进步，实现西瓜种植的高效益。至2005年，从山东农业大学引进推广西瓜新品种、新技术10余项，实行统一购买优良品种和优质生物肥料，统一管理模式，统一市场品牌，帮助会员瓜农扩大生产经营规模，拓宽西瓜的销售市场。

钢城区蜜桃协会 2003年1月，在黄庄镇经济林站成立。选举名誉会长1人、会长1人，副会长2人、秘书长1人、副秘书长3人、常务理事3人和理事16人，协会业务主管部门是钢城区林业局。先后引进蜜桃优良品种8个，引进技术6项；建立病虫害预测预报体系，开展促进销售等服务。2005年会员单位发展到17个、会员210人。

钢城区林果协会 1999年4月成立。选举会长1人、副会长2人、秘书长1人和常务理事10人，协会业务主管部门是钢城区林业局。协会成立后，先后引进果树优良品种40个，推广果实套袋、配方施肥和高位换头等技术16项。2005年有会员单位20个、会员240人。

钢城区养鸡协会 2001年10月成立。选举理事长1人、副理事长1人、秘书长1人、副秘书长1人和常务理事1人，业务主管部门是区畜牧局。协会团结和组织广大养鸡户，围绕养鸡业的发展，开展科技活动，促进科技成果转化，提高养鸡水平。2005年有会员80人。

钢城区养兔协会 2003年3月成立。选举理事长1人、副理事长1人、秘书长1人、副秘书长1人和常务理事1人，业务主管部门是区畜牧局。协会团结和组织广大养兔户，开展科技活动，促进科技成果转化，提高养兔水平。2005年有会员220人。

钢城区养鸭协会 2003年9月成立。选举理事长1人、副理事长1人、秘书长1人、副秘书长1人和常务理事1人，业务主管部门是区畜牧局。协会团结和组织广大养鸭户，围绕养鸭业的发展，开展科技活动，促进科技成果转化，提高养鸭水平。2005年有会员120人。

钢城区灌溉协会 2002年4月成立。开展节水灌溉、技术交流与推广，提供技术服务，业务主管部门是钢城区水务局。2004年4月，召开第一次会员大会，选举会长1人、副会长2人和秘书长1人，成立理事会并通过了《协会章程》。协会以黄庄万亩桃园灌溉基地为基础，发展农村小水库、塘坝、水池和机井的承包户为会员，举办科技讲座，普及灌溉知识。2005年有会员246人。

第八节 计划生育协会

协会组织

1994年12月，钢城区计划生育协会成立，与区计划生育委员会合署办公；年内，各行政村普遍建立计划生育协会组织。1998年4月，钢城区计划生育协会第四次代表大会（沿袭莱芜市计划生育协会届次）召开，会议选举产生会长1人、副会长1人、秘书长1人。2001年12月，钢城区计划生育协会第五次代表大会召开，会议选举产生会长 1 人、副会长 2 人、秘书长 1 人(由副会长兼任)。2003 年 5 月，钢城区计划生育协会第六次代表大会召开，会议选举产生会长 1 人、副会长 2 人、秘书长 1 人(由副会长兼任)。至 2005 年，全区有基层协会 174 个、会员小组 696 个、会员 2.40 万人、会员联系户 2.60 万户。

“少生快富互助会”捐款仪式　　(2003 年　摄)

主要活动

宣传教育　1994 年至 2005 年，共发放各类宣传材料 600 万余份，举办知识竞赛 80 余次，举办培训班 620 余期，参与人数近 100 万人次。

计生服务　重点开展为落实节育措施的育龄妇女提供术后服务，为意外妊娠的妇女提供孕后补救措施服务，为流动人口提供落实管理方面的服务，指导家长科学育儿、为中老年人提供保健服务，为“三户”(独生子女户、双女户和伤残户)和广大会员提供致富信息技术、资金、争取优惠政策服务，为困难家庭争取社会照顾服务等。

1998 年 5 月，区计生协会在颜庄镇疃里村进行计生协“少生快富基金会”成立试点工作，继之在全区推广。2002 年“少生快富基金会”更名为“少生快富互助会”。至 2005 年，全区已有 28 个村(社区)成立互助会，有 120 多户从中受益。

创先争优　1998 年全区开展“现代文明幸福家庭”争创活动。自 1999 年，先后开展“两争、两创”(争创协会先进工作者、争创协会先进志愿者，创建先进镇处协会、创建先进村居)活动和“233”(区里抓好 2 个乡镇、3 个村，乡镇抓好 3 个村)活动。至 2005 年，全区有基层协会先进单位 120 个、先进个人 1530 人。

2002 年钢城区被省委、省政府命名为“山东省优质服务先进区”，4 个镇(街道)被市委、市政府命名为“莱芜市优质服务先进镇(街道)”。

技术服务队开展下乡送温暖活动　　(2005 年　摄)

第九节　残疾人联合会

组织网络

1993 年 3 月，钢城区残疾人联合会设立；4 月 24 日，钢城区残疾人代表大会(沿袭县级莱芜市残联的届次，为第二次残疾人代表大会)召开。选举产生第二次会议主席团主席 1 人、副主席 7 人和名誉主席 1 人，以及常设机构钢城区残疾人联合会执行理事会(简称区残联，与区民政局合署)，理事会选举理事长 1 人(民政局局长兼)、副理事长 1 人。

1998 年 4 月 27 日，第三次残疾人代表大会召开，选举产生第三次会议主席团主席 1 人、副主席 7 人、名誉主席 2 人、执行理事会理事长 1 人(区民政局长兼)和副理事长2人(专职1人)。

1999年3月区残联独立,配专职副理事长1人、工作人员4人;6月配专职理事长1人。

2003年4月28日,第四次残疾人代表大会召开,选举产生第四次会议主席团主席1人、副主席8人、名誉主席2人、执行理事会理事长1人、副理事长1人和理事5人。

帮扶残疾人创业　(2002年　摄)

主要活动

至2005年,共有残疾人4300人,其中农村残疾人2745人。

政策优惠　1993年钢城区政府印发《关于对残疾人施行优惠政策的通知》。1998年2月,区政府印发《关于对残疾人实行优惠照顾的通知》,对农村残疾人的"三提五统""两工"实行减免,对从事加工服务等行业的残疾人给予税费等方面的减免照顾。2002年实行农村费税改革,区政府印发《关于农业税减免有关规定》,对农村残疾人实行农村"两税"及附加减免照顾,对一类残疾人免征农业税及附加,二类残疾人减征农业税及附加的二分之一,三类残疾人减征农业税及附加的三分之一,全区共为残疾人减免税费和社会负担6.58万元。

安置就业　全区有福利企业6家,集中安置260余名有劳动能力的残疾人就业。新艺粉末冶金制品厂、楔横轧轴类件厂、九龙耐火材料厂和宏强企业集团镁碳砖厂等,每个单位都最大限度地安排40多名残疾人就业,全区另有12个单位安置残疾人180人。

帮扶致富　1993年至2005年,全区共举办培训残疾人技术培训班35期,共1050人次。培训内容涉及种植、养殖、保健按摩、家电维修、编织和理发等十几项实用技术。工商、税务等部门在税费征收方面按政策对残疾人进行照顾。各镇(街道)和经济开发区在为残疾人提供经营场地、资金方面予以大力扶持。科技部门在技术服务方面注意向残疾人项目倾斜。至2005年,全区共发展残疾人个体私营项目198个,1200名残疾人靠致富项目脱贫,占残疾人总数的28%。

钢城区残疾人自主创业表彰工作会议

排忧解难　为解决残疾儿童上学难问题,区残联协调教育等部门对全区适龄残疾儿童按照政策规定随班就读,入学率达100%。并根据学生家庭的经济状况,对学杂费予以减免。对无依无靠、无劳动能力的"三无"残疾人,采取由村供养和纳入最低生活保障的办法,有15名孤寡老年残疾人进入村敬老院,有115名"三无"残疾人纳入最低生活保障范围。

康复活动　1994年区残联在区人民医院、莱钢医院和各乡镇医院,分别设立康复中心、指导站和康复活动室,对重点康复对象,根据家庭困难情况给予一定救济补助,并注意做好跟踪服务工作。至2005年,为302名白内障患者进行手术治疗,为18名残疾人安装假肢,并捐送轮椅9辆,为27名弱视者配送助视器。

第十节 其他团体

动委会 各救会

1938年6月,中共山东省委与国民党军10军团(由69军扩编而成)政治部部长张友渔商定,发起成立鲁南抗敌工作团。不久,以此为基础,在境内的郑王庄村成立“鲁南民众抗敌总动员委员会”,简称“鲁南动委会”,莱芜县、蒙阴县动委会成立后,区、乡两级随之成立动委会,莱芜四区(颜庄)、蒙阴县七区(黄庄)成立动委会。

1938年7月,莱芜四区(颜庄)动委会成立,由四区区委书记陈明达任主任,辖清泥、颜庄、澜头、当峪、南冶、棋山、玥庄和郑王庄共8个乡动委会。

1938年9月,蒙阴县七区动委会成立,由刘子升任主任,马子成任执行委员,张士连、李绍久任常务委员,下设大张庄、黄庄和寨子3个乡动委会。

动委会任务是宣传教育群众,组建自卫团。在揭露日军侵华阴谋,动员各界群众投入抗日救亡运动中发挥积极作用。黄庄动委会成立后,在丈八丘大庙举办由各村进步青年参加的自卫团训练班2期,为七区开展抗日武装斗争培养上百名优秀人才。

1940年8月,随着抗日救亡运动的深入开展,各级动委会改称为“各界抗日救国联合会”(简称“各救会”)。

老年人体育协会(老年体协)

2001年5月,钢城区老年人体育协会成立,选

老年体协进行健身球培训 (2002年 摄)

举首届主席团主席、副主席、委员、秘书长,与区体育综合服务中心办公室合署办公。

2004年9月12日,第二届代表大会选举增补1名副主席。2005年有主席1人、副主席4人、委员12人和秘书长1人,有基层协会4个,参加活动人员最多百余人。

老年体协团结全区老年体育工作者和体育爱好者,发展老年人体育事业,促进老年人养成科学、文明、健康的生活方式,增强老年人体质,提高老年人生活、生命质量。

老年体协成立后,培养各类体育活动辅导员30人,举办全区太极拳、太极剑、导引养生功和健身球等训练班5期,培养老年人体育骨干130人;建立门球场1个、室外活动点21个和活动室6个。购置门球、乒乓球、台球、蓝球、象棋、组合健身器材和电视机等。每年举办1次~2次老年人体育运动会,竞赛有门球、台球、乒乓球、健身球、篮球、象棋、太极拳、太极剑、秧歌舞及趣味比赛等。通过比赛,选出优秀运动员参加上级老年人体育运动会。老年体协成立后,连年被莱芜市评为先进单位。

第十四编

政权 政协

ZHENGQUAN ZHENGXIE

钢城文史
第一辑
政协莱芜市钢城区委员会编

第一章　地方人民代表大会

民国时期，境内人民代表机构是参议会。1940年6月至8月，莱芜、蒙阴两县召开各界抗战人士参加的代表大会，选举参议员，成立县参议会。随之，境内莱芜四区（颜庄）、蒙阴七区（黄庄）通过各界代表选举设立区参议会，区辖的各乡设乡参议会。参议会是中国共产党领导下的人民代表机构。区、乡参议会设有参议长和副参议长，其职能是选举出席上级参议会的参议员，组织各界代表学习时事政策，讨论研究参议会工作，提出救灾救荒、发展农村经济的议案等。

1949年至1953年，地方人民代表机关为各界人民代表会议。期间，境内各区、乡均设立各届人民代表会议机构。1954年根据宪法规定，各界人民代表会议制度改为人民代表大会制度，境内的颜庄区（莱芜七区）、黄庄区（沂源六区）、寨子乡（属新泰二区）均设立区、乡两级人民代表大会。1958年成立人民公社，境内的颜庄公社、黄庄公社均实行公社人民代表大会制度。1966年“文化大革命”开始后，各级人民代表大会不再履行职能，其职能归属公社革命委员会。1987年乡镇恢复人民代表大会制度，延续原届次召开人民代表大会。

1993年1月建区后，钢城区按照《中华人民共和国宪法》的要求，实施区级和乡镇人民代表大会制度。

第一节　区人民代表大会

钢城区建立后，区人民代表大会延续县级莱芜市人民代表大会的届次。1993年1月，召开钢城区第十三届人民代表大会第一次会议。至2005年，共召开3届人民代表大会。

第十三届人民代表大会

第一次会议　1993年1月4日至6日在钢城召开。出席会议的代表153人，区有关人员共10人列席会议。会议听取并审议《莱芜市钢城区筹建工作情况的报告》，依法选举钢城区第十三届人民代表大会常务委员会组成人员14人，主任孙业富，副主任刘广清、杜学升（不驻会）。选举产生钢城区人民政府区长李德鑫，副区长刘训德、胡兴起、吴汉奎；选举许家冉为钢城区人民法院院长；选举王延明为钢城区人民检察院检察长，会后报莱芜市人民检察院检察长提请莱芜市人民代表大会常务委员会批准。

第二次会议　1993年7月25日至26日在钢城召开。出席会议的代表160人，党群部门、区政府有关人员列席会议。会议听取并审议《政府工作报告》《莱芜市钢城区1993年国民经济和社会发展计划的报告》《莱芜市钢城区1993年财政预算的报告》，并作出相应决议。通过《钢城区城市建设规划》《钢城区人民代表大会议事规则》。受理代表议案、建议、批评和意见共12件。

第三次会议　1994年3月16日至18日在钢城召开。出席会议的代表160人，党群部门、区政府及政府系统各部门有关人员列席会议。会议听取并审议《政府工作报告》《莱芜市钢城区1993年国民经济和社会发展计划执行情况与1994年国民经济和社会发展计划的报告》《莱芜市钢城区1993年财政预算执行情况和1994年财政预算的报告》《莱芜市钢城区人大常委会工作报告》《莱芜市钢城区人民法院工作报告》《莱芜市钢城区人民检察院工作报告》，并作出相应决议。依法增选区人大常委会委员4人,受理代表议案、建议、批评和意见共4件。

第四次会议　1995年3月8日至10日在钢城召开。出席会议的代表160人,党群部门、区政府及其各部门有关人员列席会议。会议听取并审议《政府工作报告》《莱芜市钢城区1994年国民经济和社会发展计划执行情况与1995年国民经济和社会发展计划的报告》《莱芜市钢城区1994年财政预算执行情况和1995年财政预算的报告》《莱芜市钢城区人大常委会工作报告》《莱芜市钢城区人民法院工作报告》《莱芜市钢城区人民检察院工作报告》,并作出相应决议。依法选举张柏成为钢城区人民政府区长。受理代表议案、建议、批评和意见共7件。

第五次会议　1996年1月28日至30日在钢城召开。出席会议的代表158人,党群部门、区政府及其各部门有关人员、各乡镇(街道)不是代表的人大负责人列席会议。会议听取并审议区政府《关于莱芜市钢城区国民经济和社会发展第九个五年计划及2010年远景目标纲要的报告》《莱芜市钢城区1995年国民经济和社会发展计划执行情况与1996年国民经济和社会发展计划的报告》《莱芜市钢城区1995年财政预算执行情况和1996年财政预算的报告》《莱芜市钢城区人大常委会工作报告》《莱芜市钢城区人民法院工作报告》《莱芜市钢城区人民检察院工作报告》,并作出相应决议。决定接受孙业富辞去钢城区人大常委会主任职务的请求,依法选举尹贻明为钢城区人大常委会主任,姚荣辉为钢城区人大常委会副主任。受理代表议案、建议、批评和意见共16件。

第六次会议　1997年2月18日至20日在钢城召开。出席会议的代表158人,党群部门、区政府及其各部门、区直企事业单位、省市驻钢城有关单位负责人,区法院、区检察院有关人员,各乡镇(街道)不是代表的人大负责人及区政协全体委员列席会议。会议听取并审议《政府工作报告》《莱芜市钢城区1996年国民经济和社会发展计划执行情况与1997年国民经济和社会发展计划的报告》《莱芜市钢城区1996年财政预算执行情况和1997年财政预算的报告》《莱芜市钢城区人大常委会工作报告》《莱芜市钢城区人民法院工作报告》《莱芜市钢城区人民检察院工作报告》,并作出相应决议。决定接受许家冉辞去钢城区人民法院院长职务的请求,依法选举王宪源为钢城区人民法院院长。受理代表议案、建议、批评和意见共4件。

第十四届人民代表大会

第一次会议　1998年2月7日至10日在钢城召开。出席会议的代表160人,党群部门、区政府及其各部门、区直企事业单位、省市驻钢城有关单位负责人,区人民武装部、区法院、区检察院有关人员,各乡镇(街道)不是代表的人大负责人及区政协全体委员列席会议。会议听取并审议《政府工作报告》《莱芜市钢城区1997年国民经济和社会发展计划执行情况与1998年国民经济和社会发展计划的报告》《莱芜市钢城区1997年财政预算执行情况和1998年财政预算的报告》《莱芜市钢城区人大常委会工作报告》《莱芜市钢城区人民法院工作报告》《莱芜市钢城区人民检察院工作报告》,并作出相应决议。依法选举钢城区第十四届人民代表大会常务委员会组成人员15人,主任张作平,副主任姚荣辉、郭京春、魏汶、卞尊宝(不驻会);选举产生钢城区人民政府区长张柏成,副区长朱致存、常新杰、崔建民、魏春香、葛敬彪、冯兆华,选举于希信等90人为钢城区出席莱芜市第十四届人民代表大会代表;选举王宪源为钢城区人民法院院长;选举王延明为钢城区人民检察院检察长,会后报莱芜市人民检察院检察长提请莱芜市人民代表大会常务委员会批准。受理代表议案、建议、批评和意见共5件。

第二次会议　1999年4月10日至12日在钢城召开。出席会议的代表162人,党群部门、区政府及其各部门、区直企事业单位、省市驻钢城有关单位负责人,区人民武装部、区法院、区检察院有关人员,各乡镇(街道)不是代表的人大负责人及区政协全体委员列席会议。会议听取并审议《政府工作报告》《莱芜市钢城区1998年国民经济和社会发展计划执行情况与1999年国民经济和社会

发展计划的报告》《莱芜市钢城区1998年财政预算执行情况和1999年财政预算的报告》《莱芜市钢城区人大常委会工作报告》《莱芜市钢城区人民法院工作报告》《莱芜市钢城区人民检察院工作报告》,并作出相应决议。决定接受张柏成辞去钢城区人民政府区长职务的请求,张作平辞去钢城区人大常委会主任职务的请求;依法选举张柏成为钢城区人大常委会主任,张作平为钢城区人民政府区长,增选区人大常委会委员1人。受理代表议案、建议、批评和意见共6件。

第三次会议 2000年1月24日至26日在钢城召开。出席会议的代表163人,党群部门、区政府及其各部门、区直企事业单位、省市驻钢城有关单位负责人,区法院、区检察院有关人员,各镇(街道)不是代表的人大负责人及区政协全体委员列席会议。会议听取审议《政府工作报告》《莱芜市钢城区1999年国民经济和社会发展计划执行情况与2000年国民经济和社会发展计划的报告》《莱芜市钢城区1999年财政预算执行情况和2000年财政预算的报告》《莱芜市钢城区人大常委会工作报告》《莱芜市钢城区人民法院工作报告》《莱芜市钢城区人民检察院工作报告》,并作出相应决议。依法选举郭玉萍为钢城区人民法院院长。受理代表议案、建议、批评和意见共5件。

第四次会议 2001年3月6日至8日在钢城召开。出席会议的代表163人,党群部门、区政府及其各部门、区直企事业单位、省市驻钢城有关单位负责人,区法院、区检察院有关人员,各镇(街道)不是代表的人大负责人及区政协全体委员列席会议。会议听取并审议《莱芜市钢城区国民经济和社会发展第十个五年计划纲要的报告》《莱芜市钢城区2000年国民经济和社会发展计划执行情况与2001年国民经济和社会发展计划的报告》《莱芜市钢城区2000年财政预算执行情况和2001年财政预算的报告》《莱芜市钢城区人大常委会工作报告》《莱芜市钢城区人民法院工作报告》《莱芜市钢城区人民检察院工作报告》,并作出相应决议。依法选举吕升堂为钢城区人大常委会副主任。受理代表议案、建议、批评和意见共12件。

第五次会议 2002年2月28日至3月2日在钢城召开。出席会议的代表158人,党群部门、区政府及其各部门、区直企事业单位、省市驻钢城有关单位负责人,区人民武装部、区法院、区检察院有关人员,各镇(街道)不是代表的人大负责人及区政协全体委员列席会议。听取并审议《政府工作报告》《莱芜市钢城区2001年国民经济和社会发展计划执行情况与2002年国民经济和社会发展计划的报告》《莱芜市钢城区2001年财政预算执行情况和2002年财政预算的报告》《莱芜市钢城区人大常委会工作报告》《莱芜市钢城区人民法院工作报告》《莱芜市钢城区人民检察院工作报告》,并作出相应决议,依法选举亓金玲为莱芜市钢城区人民检察院检察长,会后报莱芜市人民检察院检察长提请莱芜市人民代表大会常务委员会批准。受理代表议案、建议、批评和意见共19件。

第十五届人民代表大会

第一次会议 2003年1月22日至25日在钢城召开。出席会议的代表160人,担任过副县级以上领导职务的老同志、党群部门、区政府及其各部门、区直企事业单位、省市驻钢城有关单位负责人及区政协全体委员列席会议。会议听取并审议《政府工作报告》《莱芜市钢城区2002年国民经济和社会发展计划执行情况与2003年国民经济和社会发展计划的报告》《莱芜市钢城区2002年财政预算执行情况和2003年财政预算的报告》《莱芜市钢城区人大常委会工作报告》《莱芜市钢城区人民法院工作报告》《莱芜市钢城区人民检察院工作报告》,并作出相应决议。依法选举钢城区第十五届人大常委会组成人员19人,主任张作平,副主任秦立刚、陈峰、卞尊宝(不驻会)、吕升堂、张有广、彭德生、谭乐芝(不驻会);选举李灿玉为钢城区人民政府区长,栾健、张桂爱、毕占明、亓群、刘真为副区长;选举刘富春等89人为钢城区出席莱芜市第十五届人民代表大会代表;选举郭玉萍为钢城区人民法院院长;选举亓金玲为钢城区人民检察院检察长,会后报莱芜市人民检察院检察长提请莱芜市人民代表大会常务委员会批准。受理代表议案、建议、批评和意见共13件。

第二次会议　2004年2月6日至8日在钢城召开。出席会议的代表161人，担任过副县级以上领导职务的老同志、党群部门、区政府及其各部门、区直企事业单位、省市驻钢城有关单位负责人及区政协全体委员列席会议。会议听取并审议《政府工作报告》《莱芜市钢城区人大常委会工作报告》《莱芜市钢城区人民法院工作报告》《莱芜市钢城区人民检察院工作报告》，听取关于《莱芜市钢城区2003年国民经济和社会发展计划执行情况与2004年国民经济和社会发展计划的报告》《莱芜市钢城区2003年财政预算执行情况和2004年财政预算的报告》的说明，审议《莱芜市钢城区2003年国民经济和社会发展计划执行情况与2004年国民经济和社会发展计划的报告》《莱芜市钢城区2003年财政预算执行情况和2004年财政预算的报告》，并作出相应决议。受理代表议案、建议、批评和意见共11件。

第三次会议　2005年1月10日至11日在钢城召开。出席会议的代表161人，担任过副县级以上领导职务的老同志、党群部门、区政府及其各部门、区直企事业单位、省市驻钢城有关单位负责人、区人民武装部有关人员及区政协全体委员列席会议。听取并审议《政府工作报告》《莱芜市钢城区人大常委会工作报告》《莱芜市钢城区人民法院工作报告》《莱芜市钢城区人民检察院工作报告》，审议《莱芜市钢城区2004年国民经济和社会发展计划执行情况与2005年国民经济和社会发展计划的报告》《莱芜市钢城区2004年财政预算执行情况和2005年财政预算的报告》，并作出相应决议；依法选举魏述璟为钢城区人大常委会副主任。受理代表议案、建议、批评和意见共11件。

1958～2003年境内当选省以上人民代表大会代表一览表

表14-1-1

届　次	选举时间	姓　名	性　别	籍　贯	当选时职务
山东省第二届人民代表大会	1958.05	王树森	男	艾山街道北城子坡社区	莱芜县农业社主任
	1958.05	刘大名	男	里辛镇双龙峪村	农民（民革成员）
山东省第三届人民代表大会	1963.06	刘大名	男	里辛镇双龙峪村	农民（民革成员）
山东省第九届人民代表大会	1998.02	张柏成	男	艾山街道清泥沟村	钢城区政府区长
山东省第十届人民代表大会	2003.01	李灿玉	男	莱城区	钢城区政府区长

第二节　钢城区人民代表大会常务委员会

领导成员更迭

1993年1月，莱芜市钢城区第十三届人民代表大会第一次会议选举产生钢城区第十三届人民代表大会常务委员会，为常设机构，正县级建制。设主任1人、副主任2人。至2005年，已历3届。孙业富、尹贻明、张作平、张柏成先后担任区人大常委会主任。

1993～2005年钢城区历届人大常委会主任副主任一览表

表14－1－2

届次	职务	姓名	任职时间(年月)	籍贯
区第十三届人大常委会	主任	孙业富	1993.01～1996.01	安丘市
		尹贻明	1996.01～1998.02	肥城市
	副主任	刘广清	1993.01～1998.02	莱城区
		杜学升(不驻会)	1993.01～1998.02	安丘市
		姚荣辉	1996.01～1998.02	莱城区
区第十四届人大常委会	主任	张作平	1998.02～1999.04	肥城市
		张柏成	1999.04～2003.01	艾山街道清泥沟村
	副主任	姚荣辉	1998.02～2003.01	莱城区
		郭京春	1998.02～2003.01	莱城区
		魏　汶	1998.02～2003.01	颜庄镇疃里村
		卞尊宝(不驻会)	1998.02～2003.01	博兴县
		吕升堂	2001.03～2003.01	莱城区
区第十五届人大常委会	主任	张作平	2003.01～	肥城市
	第一副主任	秦立刚	2003.01～	莱城区
	副主任	陈　峰	2003.01～	莱城区
		卞尊宝(不驻会)	2003.01～	博兴县
		吕升堂	2003.01～2004.12	莱城区
		张有广	2003.01～	莱城区
		彭德生	2003.01～	莱城区
		谭乐芝(女,不驻会)	2003.01～	莱城区
		魏述璟	2005.01～	莱城区

常委会办事机构

区人大常委会作为本级人民代表大会的常设机构，既是权力机关，又是工作机关。根据《中华人民共和国宪法》规定，区人大常委会的办事机构是区人大办公室。1993年1月，莱芜市委、市政府确定钢城区区直部门人员编制和机构设置方案，其中，区人大办公室为正科级建制，行政编制7人，配备主任1人、副主任2人，下设行政科、文秘科和综合科3个科。1993年1月12日，区人大办公室正式设立。

十五届人大常委会会议　　（2005年　摄）

第三节 区人大工作

监督工作

历届人大常委会每年定期听取并审议国民经济和社会发展计划执行情况，审查批准全区年度财政预决算，围绕相关法律、法规实施情况和经济发展中的重大问题，进行重点监督检查。1993 年至 2005 年，先后对《中华人民共和国教育法》《中华人民共和国人口与计划生育法》《中华人民共和国水法》《中华人民共和国农村土地承包法》《中华人民共和国环境保护法》等 50 余部法律、法规进行执法检查，共听取并审议"一府两院"贯彻实施有关法律、法规情况的汇报 50 余次，提出检查意见 210 条。1996 年实行"公、检、法"联席会议制度，对有重大争议的司法案件进行集中研究处理。同时，组织人大代表对区"一府两院"及其职能部门进行评议。2000 年制定并实施提请常委会任命的"一府两院"干部任命前进行法律知识考试制度。2002 年起，评议内容由评议"一府两院"部门工作情况改为评议"一府两院"部门主要负责人履行职能情况，由评议"事"转变到评议"人"。2004 年制定实行任前供职制度。

重大事项审议决定

常委会制定《钢城区人大常委会议事规则》，按照抓大事、议大事、讲实效的原则，就事关全区经济和社会发展的重大事项及时作出决议、决定。1995 年根据区政府的提请作出《关于批准〈钢城区"科技兴区"战略纲要〉和〈钢城区 1995 年至 2000 年科技发展规划〉的决定》。1998 年审议并批准《钢城区 205 国道、韩莱路规划建设管理暂行办法》。2001 年作出《关于全民招商引资加快莱芜经济开发区钢城分区建设的决议》。2003 年审议批准区政府提出的年内举债建设计划。2005 年作出《关于〈莱芜市钢城区人民政府关于贯彻落实科学发展观加快牟汶河综合治理的议案〉的决议》。

代表工作

自 1994 年起，常委会每次会议都邀请乡镇人大负责人列席。1995 年组织召开人大代表模范事迹报告会。2000 年组织开展"十佳代表"评选活动。2002 年结合区委开展的"优化软环境，促进大招商"大讨论活动，在代表中开展"争做招商功臣"活动。2003 年起，常委会每次会议或活动都邀请部分区人大代表列席参加。2004 年在全市率先开展代表联系选民和向选民述职活动。历届常委会组织代表依法履行职责，鼓励代表立足自身岗位并发挥模范带头作用，对代表中的先进人物，区人大常委会通过经验交流会、通讯报道等形式进行宣传。1993 年至 2005 年，在人代会会议期间和闭会期间，共收到代表议案和建议 1320 余件，涉及社会治安、农村经济、城建环保、教科文卫和道路建设管理等各个方面。对所有议案和建议，按照"逐件登记、汇总整理、对口转交、督促办理"的程序，及时转交区政府及有关部门办理，在办理过程中及时催办，使代表议案和建议得以落实，代表满意率达到 95%以上。

人大代表视察

人事任免

区人大常委会依照有关法律，不断完善任免程序，对人大常委会机关人员、区政府组成人员、区法院审判人员、区检察院检察人员和法律、法规规定的需要由区人大常务委员会决定任免的其他人员依法进行任免。推行任前考

法、供职,任中颁发任命书,任后定期述职等制度。1994年4月至2005年,区人大常委会共任免“一府两院”干部419人。其中,第十三届常委会任免201人,主要有:1994年9月16日,第十次常委会会议任命王华为钢城区人民政府副区长（挂职)。1995年2月28日,第十三次常委会会议决定接受李德鑫辞去钢城区人民政府区长职务的请求,任命张柏成为钢城区人民政府副区长，决定张柏成为钢城区人民政府代理区长;5月12日,第十四次常委会会议决定接受刘训德辞去钢城区人民政府副区长职务的请求，任命伊廷友为钢城区人民政府科技副区长、彭向东为钢城区人民政府副区长(挂职)。1996年1月23日,第二十一次常委会会议决定任命常新杰为钢城区人民政府副区长。1996年5月21日,第二十三次常委会会议决定聘任崔建民为钢城区人民政府科技副区长;6月26日,第二十四次常委会会议决定接受王华、彭向东辞去钢城区人民政府副区长职务的请求;9月28日，第二十五次常委会会议决定任命魏春香为钢城区人民政府副区长。1997年1月15日,第二十七次常委会会议决定任命郭京春为钢城区人民政府副区长。1998年1月6日,第三十三次常委会决定免去伊廷友的区人民政府科技副区长职务,任命朱致存为钢城区人民政府副区长。

第十四届常委会任免136人，主要有:1998年11月20日,第五次常委会会议决定免去冯兆华的钢城区人民政府副区长职务。1999年4月8日,第八次常委会会议决定任命卢炳书为钢城区人民政府副区长。2000年1月22日,第十五次常委会会议决定接受王宪源辞去钢城区人民法院院长职务的请求,决定郭玉萍为钢城区人民法院代理院长;7月7日,第十八次常委会会议决定任命栾健为钢城区人民政府副区长（挂职);10月28日,第二十次常委会会议决定免去魏春香的钢城区人民政府副区长职务,任命张桂爱为钢城区人民政府副区长。2001年1月9日,第二十二次常委会会议决定任命毕占明为钢城区人民政府副区长。2002年2月5日,第三十一次常委会会议决定接受王延明辞去钢城区人民检察院检察长职务的请求,报经市人民检察院检察长提请市人民代表大会常务委员会批准,并报莱芜市钢城区第十四届人民代表大会第五次会议备案,决定亓金玲为钢城区人民检察院代理检察长。2003年1月6日，第三十七次常委会会议决定接受张作平辞去钢城区人民政府区长职务的请求,任命李灿玉为钢城区人民政府副区长、决定李灿玉为钢城区人民政府代理区长。

第十五届常委会以来任免82人，主要有:2004年12月24日，第十五次常委会会议决定接受吕升堂辞去钢城区第十五届人大常委会副主任职务的请求，任命刁兴军为钢城区人民政府副区长。2005年12月27日,第二十一次常委会会议决定接受陈峰辞去区十五届人大常委会副主任职务的请求，决定接受亓金玲辞去钢城区人民检察院检察长职务的请求。

第四节　基层人民代表大会

基层人大工作机构

1987年2月，黄庄镇设立人民代表联络工作办公室,配备主任1人、副主任1人。1988年2月,颜庄镇、城子坡镇、里辛乡和寨子乡分别设立人大工作办公室,配备主任1人、副主任1人。1990年8月,莱芜市钢城办事处(副县级)成立后,对所辖的颜庄、城子坡、黄庄、里辛和寨子5个乡镇的人大工作机构统一为人大工作办公室，工作人员继续任职。1993年1月钢城区成立后,对各乡镇人大工作办公室工作人员进行充实;8月,实行乡镇管理体制改革，乡镇人民代表大会不再设立专门办事机构,闭会期间由乡镇党委书记兼任人大常务主席。1995年11月,乡镇设人大主席团,配主席、副主席(城子坡街道设立人大工作室,配主任、副主任)。2000年12月,乡镇区划调整,城子坡街道与寨子乡合并为艾山街道,人大机构为人大工作室。

第二章　地方人民政府

第一节　基层组织

里、保、社

明初，境内实行里甲制。明正德年间(1509年～1521年)莱芜县里改保，设保长。蒙阴县设乡和社，设乡长、社长。境内莱芜县所辖区域分属7保3社：西港、黄花店、北下冶、柳桥峪、状元沟、红埠岭一带属汶阳保，棋山、郑王庄、双龙峪、东马泉、凤凰峪一带属棋山保，东、西田庄及黄金篮一带属铁车保，里辛、疃里、潘家庄、牛马庄一带属里辛保，曹家庄、清泥沟、宋家庄、逯家庄、周家坡一带属黄山保，颜庄、野虎沟、澜头、埠东、吕家林一带为颜庄保，当峪一带为故事保，黄庄、通香峪、霞峰、龙巩峪、雕窝、马家庄、洪沟、西冶一带属西舜圣社，丈八丘、椁椤、小上峪、青冶行、卞家泉、南仓峪一带属历山社，寨子、高家庄、肖马庄、罗汉峪、施家峪、清泉岭、贤女庙一带属青平社。清代，境内基本沿袭明制。

区、乡(镇)、村公所

民国初期，县下设区、乡(镇)和村，区、乡(镇)、村的行政机构分别为区、乡(镇)和村公所，区公所配备区长、副区长，乡(镇)公所配备乡(镇)长、副乡(镇)长，村选出村长。颜庄一带为莱芜县四区，区公所驻颜庄村，辖136个村。黄庄、寨子一带为蒙阴县七区，区公所驻黄庄村，辖102个村。

1937年抗日战争爆发后，区、乡和村基层政权组织受到严重破坏。1938年7月，根据中共苏鲁豫皖边区省委指示各县建立县、区、乡抗日民主政权，机构基本沿袭旧制。1939年底，境内抗日民主政权基本建立，共有莱芜县四区、蒙阴县七区2个区公所，16个乡公所(颜庄9个、黄庄5个、寨子2个)，185个村公所(颜庄139个、黄庄24个、寨子22个)。

中华人民共和国成立后，区、乡和村行政建制仍沿用旧制。

社委会、乡人民政府

1955年村级成立农业生产合作社。大村一村一社，小村几村一社，合作社设社委会，负责人是社长、副社长。

1958年3月，撤区并乡，成立乡人民政府，设乡长、副乡长，乡辖村；同年，境内共有颜庄、郑王庄和黄庄3个乡人民政府。

公社、大队管理委员会

1958年10月，在乡人民政府的基础上成立人民公社。境内共有颜庄、郑王庄和黄庄3个人民公社。人民公社的行政管理机构是社务委员会，设社长1人，副社长2人～3人。1959年3月，小社并大社，颜庄公社、郑王庄公社合为颜庄公社，公社行政管理机构称公社管理委员会。人民公社化初期曾一度实行军事化管理，行政机构按照军事编制，公社设营，村设连。1962年实行“三级所有、队为基础”的经济管理体制，村改称生产大队，设管理委员会。

文化革命委员会

1966年“文化大革命”开始后，各基层政权组织不能正常工作。1968年秋，建立公社、生产大队革命委员会。公社革命委员会配备主任1人、副主任2人～3人，生产大队设革委会主任1人、副主任1人～2人。1970年2月，实行“党

的一元化领导”，公社建立“党的核心领导小组”，配备组长1人、副组长2人~3人。村级仍为大队革命委员会。

1980年12月，撤销各级革命委员会，公社行政管理机构恢复公社管理委员会，村级恢复大队管理委员会。

乡镇（街道）人民政府（办事处）、村（社区）居民委员会

1984年3月至6月，人民公社改设为办事处（黄庄公社改为黄庄区），下设乡、镇。办事处和乡镇设管理委员会，村级设村民委员会。期间，境内有颜庄办事处及其所辖的7个乡镇、100个村，黄庄区所辖的42个村，寨子乡、庙子乡（属新泰县翟镇办事处）所辖的22个村。1985年9月至12月，实行机构改革，撤销办事处（黄庄撤区），将办事处辖的小乡镇合并为大乡镇，乡镇行政机构为乡镇人民政府，所辖村行政机构仍为村民委员会；同年，境内有颜庄镇、城子坡镇、黄庄镇、里辛乡和寨子乡5个乡镇，共164个村。

1990年8月，莱芜市钢城办事处成立，为莱芜市派出的副县级机构，将莱芜市的颜庄镇、城子坡镇、里辛乡，沂源县的黄庄镇，新泰县的寨子乡5个乡镇组成莱芜市钢城办事处。1993年1月钢城区建立后，辖城子坡、颜庄、里辛、黄庄和寨子5个乡镇。1995年9月，城子坡镇改设为城子坡街道，行政机构为办事处。2000年12月14日，寨子乡合并到城子坡街道；19日城子坡街道更名为艾山街道。至此，全区有1个街道、3个镇、164个行政村。2001年10月，城区村开始改建社区，村民委员会改建为社区居民委员会。

第二节　钢城区人民政府

领导成员更迭

1993年1月，莱芜市钢城区人民政府经钢城区第十三届人民代表大会第一次会议选举产生，为正县级建制。配备区长1人、副区长3人。区政府领导成员任职每届5年。至2005年，区政府领导成员任职历经第十三届、第十四届和第十五届。1993年、1998年和2003年为换届年度。李德鑫、张柏成、张作平和李灿玉先后担任区长。

1993~2005年钢城区政府历届区长副区长一览表

表14-2-1

届　次	职　务	姓　名	任职时间	籍　贯
区第十三届人民代表大会期间（1993.1~1998.2）	区　长	李德鑫	1993.01~1995.03	莱城区
		张柏成	1995.03~1998.02	艾山街道青泥沟村
	副区长	刘训德	1993.01~1995.05	高新区
		胡兴起	1993.01~1998.02	泰安市岱岳区
		吴汉荣	1993.01~1996.09	莱城区
		王华（女，挂职）	1994.09~1996.08	东平县
		朱致存	1998.01~1998.02	新泰市
		彭向东（挂职）	1995.05~1996.08	不详

续表 14－2－1

届 次	职 务	姓 名	任职时间	籍 贯
区第十三届人民代表大会期间（1993.1～1998.2）	副区长	常新杰	1996.01～1998.02	莱城区
		魏春香（女）	1996.09～1998.02	莱城区
		郭京春	1997.01～1998.02	莱城区
		伊廷友（科技）	1995.05～1998.01	颜庄镇唐家宅村
		崔建民（科技）	1996.05～1998.02	文登市
	区长助理	魏春香（女）	1995.08～1996.09	莱城区
		郭京春	1996.04～1997.01	莱城区
区第十四届人民代表大会期间（1998.2～2003.1）	区 长	张柏成	1998.02～1999.04	艾山街道清泥沟村
		张作平	1999.04～2003.01	肥城市
	副区长	朱致存	1998.02～2003.01	新泰市
		常新杰	1998.02～2003.01	莱城区
		崔建民（科技）	1998.02～2003.01	文登市
		魏春香（女）	1998.02～2000.10	莱城区
		葛敬彪	1998.02～2003.01	里辛镇石头湾村
		冯兆华	1998.02～1998.11	莱城区
		卢炳书	1999.04～2003.01	莱城区
		栾健（挂职）	2000.07～2003.01	河北省遵化县
		张桂爱（女）	2000.10－2003.01	山西省临县
		毕占明	2001.01－2003.01	莱城区
	区长助理	卢炳书	1998.12～1999.04	莱城区
		刘 真	2000.07～2003.01	单县
区第十五届人民代表大会期间（2003年1月起）	区 长	李灿玉	2003.01～	莱城区
	副区长	栾 健	2003.01～	河北省遵化县
		崔建民（科技）	2003.01～	文登
		张桂爱（女）	2003.01～	山西省临县
		毕占明	2003.01～	莱城区
		亓 群	2003.01～	莱城区
		刘 真	2003.01～	单县
		刁兴军	2005.01～	莱城区
	区长助理	魏述璟	2003.01～2004.12	莱城区

政令辑要

1993年2月26日，区政府印发《关于坚决制止违章建筑违章用地的紧急通知》，要求全区所有建设必须服从城市规划要求，履行审批手续；对违章建筑、违章用地限期拆除退还。

3月16日，区政府上报《关于将部分无地农民批转为“山东省地方城镇户口”的申请报告》，申请将验货台、逯家庄、周家坡、北赵、南城子坡、北城子坡和桲椤7个村（居）的3911户（12166人）转为山东省地方城镇户口。

4月1日，区政府印发《关于加快普及九年制义务教育的实施意见》。明确“五三”学制逐步过渡为“五四”学制，凡年满6周岁的儿童必须入学接受规定年限的义务教育，义务教育实行分级办学、分工管理，校舍、教学仪器、图书资料、音体美器材和劳动器材必须在1993年前配齐，义务教育所需经费主要来源是国家拨款和教育费附加，鼓励支持中小学教师参加各种形式的进修学习，对招收16周岁以下、未接受完九年义务教育的少年、儿童务工的单位和个人进行处罚。

4月10日，区政府印发《钢城区乡镇卫生院、村卫生室一体化管理暂行办法》，确定在全区推行乡镇卫生院、村卫生室一体化管理制度。

7月21日，区政府印发《关于封山育林绿化钢城的规定》。实行封山育林，严禁在山场、林场放牧牛、羊；严禁带火种上山；严格林木采伐管理。

9月21日，区政府印发《关于钢城区乡镇企业管理费管理办法的通知》，制定11条管理办法，要求凡乡（镇）、村兴办的乡镇企业均应按照本办法向区、乡镇企业主管部门缴纳管理费。

1994年2月22日，区政府印发《关于印发〈钢城区城市建设管理规定（暂行）〉》。

2月28日，区政府印发《钢城区矿产资源补偿费征收管理暂行办法》。规定凡从事金属、非金属、能源矿产等开发的，均应按《办法》规定向矿产建材资源管理处缴纳矿产资源补偿费。

11月4日，区政府印发《关于实行分税制财政体制的决定》，对各乡镇实行分税制财政管理体制。

12月11日，区政府印发《关于筹集水利基本建设专项资金的实施意见》。提出凡在钢城行政区域内从事第二、第三产业的各类企业和经济实体，1994年起，每年都要按规定缴纳水利基本建设专项资金。第二产业的各类生产型企业和第三产业的流通、服务型企业，按上年销售额（或营业额）的千分之一缴纳；金融、保险部门及各类投资公司按上年业务收入的千分之二缴纳；私营企业和城乡个体工商户按上年销售收入（或营业收入）的千分之一缴纳。

1995年9月5日，区政府印发《钢城区1995年至2010年“科教兴区”战略纲要》《钢城区1995年至2000年科技发展规划》。

11月8日，区政府印发《关于分散按比例安置残疾人就业实施办法》。规定用人单位必须按不低于本单位在职职工总数（不含离休、退休人员）1.50%的比例安置残疾人就业。

12月22日，区政府印发《钢城区基本农田保护暂行办法》，将基本农田保护工作纳入国民经济和社会发展规划。

1996年3月15日，区政府印发《钢城区1996年国民经济和社会发展计划》。继续实施大企业带动、“工业立区”“科教兴区”战略，继续强化农业，加快发展工业，大力发展第三产业，积极发展外向型经济，推动全区国民经济和社会事业持续、快速、健康发展。

5月20日，区政府印发《关于印发〈钢城区国家公务员制度实施方案〉的通知》。要求结合机构改革，全面展开区、乡镇（街道）实施公务员制度工作。8月底前，完成过渡阶段的各项任务，然后逐步完善。

9月16日，区政府印发《关于将合格民办教师转招为公办教师的实施意见的通知》。要求在整顿考核的基础上，一次性将合格民办教师转招为地方公办教师。

11月12日，区政府印发《关于实施最低生活保障线制度的意见》。规定从1996年开始，实施农村最低生活保障制度，最低生活保障为500元。

12月20日，区政府印发《钢城区土地开发“九五”计划及2010年远景目标纲要》。明确“九五”期间开发各类土地4000公顷；其中，开发耕地1333.33公顷。至2010年，开发各类土地4866.67公顷；其中，开发耕地1400公顷，使全区人均耕地达到0.04公顷。

1997年4月15日，区政府印发《关于贯彻落实〈山东省婚姻登记管理办法〉的通知》，定于4月20日前冻结乡镇（街道）的婚姻登记。4月20日前，完成区民政局与各乡镇（街道）的婚姻登记交接工作。区婚姻登记管理处自5月1日起办公。

11月26日，区政府印发《关于推行农村合作医疗的决定的通知》。要求1997年到1998年上半年，抓好试点工作。1998年下半年至1999年，全区70%以上的农村实行不同形式的合作医疗，实行合作医疗的农业人口覆盖率达到80%以上。2000年全区实行社会化医疗保险制度。

1998年2月13日，区政府印发《钢城区1998年国民经济和社会发展计划》。

6月18日，区政府印发《关于对全区70岁以上老年人实行优待照顾的通知》。提出对70岁以上老年人发放《老年优待证》，在12个方面实行优待照顾。对90岁～99岁老人，由区政府每年发给360元的健康补贴；80岁～89岁老人的健康补贴由各乡镇（街道）自定。

7月29日，区政府印发《关于公布第一批区级文物保护单位的通知》，确定第一批区级文物保护单位10处。

10月15日，区政府印发《钢城区延长土地承包期实施方案》。确定土地承包期延长到30年，建立合理的土地承包经营权流转机制，加强承包合同管理。

11月23日，区政府印发《关于莱芜市钢城区205国道、韩莱路规划建设管理暂行办法》。要求205国道钢城段建筑红线两侧各20米内，韩莱路颜庄至齐家岭段两侧各100米内的项目建设，沿线的小城镇建设、旧村改造、个体私营区建设，都必须严格按照区建设委员会的规划组织实施。

12月12日，区政府印发《关于开展第五次全区人口普查的通知》，普查的主要内容包括人口的基本状况、迁移流动状况、文化身体素质、经济活动状况、婚姻生育状况、住房状况和家庭生活质量等7大类63个项目。

1999年8月5日，区政府印发《关于建立优抚对象抚恤补助标准自然增长机制和自然减员经费区级管理制度的通知》，抚恤补助标准年递增比例为8%，暂定3年，所需资金由市、区两级财政负担。抚恤补助对象自然减员所结余的经费，由区集中管理，统一使用。

2000年8月10日，区政府印发《钢城区水土保持监督管理办法》。

8月12日，区政府印发《钢城区黄庄河小流域水土保持工程实施管理办法》。确定整个工程建设从1999年10月开始实施，2000年10月完成。

8月16日，区政府印发《钢城区实施面向21世纪教育振兴行动计划的意见》。确定到2005年，全区小学入学率、巩固率达到100%，初中入学率100%、巩固率99%，残疾儿童入学率达到95%，基本普及高中阶段教育。到2010年，基本建成基础稳固，规模适当，结构合理，质量效益较高，多种教育形式相互衔接、协调发展的现代化教育体系。

9月21日，区政府印发《关于加强饮用水源保护区保护工作的意见》，确定丈八丘水源地、傅家桥水源地、徐家庄水源地、南城子坡水源地以及取水点中心周围500米的地域范围为饮用水地下水源一级保护区。

11月28日，区政府印发《关于公布第二批区级文物保护单位的通知》，决定将棋山后宫等3处物质文化遗产作为第二批区级文物保护单位。

12月5日，区政府印发《关于实行政府采购制度的通知》。从2001年1月1日起，实施政府采购制度。

2001年1月19日，区政府印发《钢城区农村社区卫生服务实施意见》。确定2001年全区完成农村社区卫生服务机构的基本框架建设。到2002年，建立起适应社会主义市场经济发展和群众健

康需求的卫生服务机构。

3月23日，区政府印发《莱芜市钢城区2001年国民经济和社会发展计划》。确立围绕经济建设这个中心，继续实施大企业带动、“工业立区”“科教兴区”三大战略，进一步加大改革力度，突出抓好高新技术项目产业化发展、农业结构调整、个体私营经济规模化、外向型经济发展和城乡一体化建设五个重点，大力加强党的建设和环境建设两个保证，努力开创全区经济和社会发展新局面的“13152”计划。

10月9日，区政府印发《关于对全区小铁矿进行集中治理整顿的实施意见》。确定从10月下旬开始，利用1个月时间开展对小铁矿的集中治理整顿工作。

2002年2月19日，区政府开始规划建设钢城民营经济园。钢城民营经济园建于颜庄镇至里辛镇韩莱路两侧，东起里辛河，南至莱钢50吨电炉、鲁顺公司，西至颜庄镇西沟村，北接潘西煤矿改道前的韩莱路，远景规划面积7.20平方公里。主要发展钢铁深加工、粉末冶金及制件、建筑建材和钢铁煤炭经营4个主导产业。

3月6日，区政府印发《关于清理区级行政审批及行政性收费事项的通知》。要求依法规范审批收费行为，简化手续，改进方式，建立行之有效的审批及收费监督约束机制。

4月19日，区政府制定粮食直接补贴实施方案，对种粮农民进行货币补贴，每亩麦田每年补贴14元。

5月26日，区政府印发《钢城区妇女发展纲要(2001年～2010年)》《钢城区儿童发展纲要(2001年～2010年)》。确定妇女从业人员占总从业人员的40%以上，城镇职工生育保险覆盖面达到95%以上，小学适龄女童、初中阶段女童入学率达到100%，妇女平均受教育年限与男性大体相近。

8月29日，区政府印发《关于莱芜四中和钢城一中合并组建莱芜市第四中学的通知》，莱芜四中(颜庄村)合并到钢城一中(区政府东邻)，改名为莱芜市第四中学，两校资产全部纳入莱芜市第四中学管理。

11月15日，区政府印发《钢城区农业税减免有关规定的通知》，规定纳税人全年农作物总产量比正常年景歉收不足三成的不减，歉收三成以上不足六成的酌情减免，歉收六成以上的全免。

2003年5月8日，区政府印发《钢城区行政村村村通等级柏油路实施方案》，确定围绕3年内钢城区实现行政村村村通等级柏油路的目标，计划投资5127万元，全区需新建、改建农村公路45条、170.90公里。

6月4日，区政府印发《关于深化村办企业改制实施方案》，确定通过鼓励民营经济参股、买断等形式，用2年左右的时间完成村办企业的产权制度改制，实现村办企业的民营化。

9月10日，区政府印发《关于取缔关停全区不法排污企业的通知》。要求凡属于“十五小”和“新五小”企业，一律停止建设。

2004年3月6日，区政府印发《关于城市社区范围划分意见的通知》。确立南城子坡、北城子坡、陈家庄、逯家庄、周家坡、吕家庄、陶家岭、张庄、西冶、茶峪子、洪沟、桲椤、宋家庄、卞家泉、高家庄、傅家桥、新兴、湖滨、棋山、汶水山庄、力源、云澍、动力和月季共24个社区，对社区的范围“四至”、面积等作出界定。

6月2日，区政府印发《关于钢城区行政服务中心各类事项管理暂行办法》。明确对各类审批事项实行“六件”(即:办件、承诺件、承办件、上报件、补办件、退回件)管理及“六制”(直接办理制、承诺办理制、联合办理制、负责办理制、跟踪办理制、明确答复制)管理办法。

11月1日，区政府印发《关于实施农村医疗救助的意见》，明确农村特困户、“五保”户、重点优抚对象参加农村合作医疗的个人筹资由区财政统一支付，照样享受参保农民的同等待遇。

2005年3月6日，制定《钢城区人民政府机构改革方案》，推行机构改革。

7月25日，区政府决定对失地村(居、社区)老年人实行适当生活补助。凡人均实际占有耕地

0.03公顷（含0.03公顷，以土地部门统计数字为准）以下的村（居、社区），全部纳入享受补助的范围；享受补助的人员年龄为2005年12月31日前年满65周岁以上的老年人。每人每月补助标准：65岁～69岁10元，70岁～79岁15元、80岁～89岁20元、90岁～99岁40元、100岁以上200元。90岁～99岁老年人每人每月30元健康补贴继续享受。

8月2日，区政府制定《钢城区科学技术奖励暂行办法》。确定奖项设区科学技术最高奖、区科学技术进步一等奖、二等奖和三等奖。设立区科学技术奖励委员会，聘请有关专家、学者组成评审委员会和若干个专业评审组开展评审工作。

8月19日，区政府制定《钢城区新型农村合作医疗实施办法》，实行政府资助为主的筹资机制。

9月26日，区政府制定《钢城区农村公路管理办法》。

11月4日，决定在全区开展第二次农业普查。普查内容包括：从事第一产业活动单位和农户的生产经营情况；镇（街道）、开发分区、村委会及社区环境情况；农业土地利用情况；农业和农村固定资产投资情况；农村劳动力就业及流动情况；农民生活质量情况。

12月13日，区政府印发《关于全面整顿和规范矿产资源开发秩序的通知》。明确整顿范围以煤炭、铁矿和砂石资源开发为重点。

区政府全体（扩大）会议

主要制度

区政府实行全体会议、常务会议、区长办公会议和区政府专题会议制度，区政府视情况召开全区性会议部署工作。

区政府全体会议　由区长、副区长、区长助理、各镇（街道）镇长（主任）、开发分区管委会主任和区政府组成部门的主要负责人组成。必要时召开扩大会议，吸收区直各企事业单位及驻钢城各垂直部门的主要负责人参加，视情况邀请区委有关部门、区人大、区政协以及群众团体的负责人列席。议题由区长确定，由区长或常务副区长召集和主持。原则上每半年召开一次，必要时由区长决定随时召开。会议的主要任务是传达贯彻国家、省、市和区委的重要指示和决定及会议精神，以及区人民代表大会及其常委会的决议、决定；总结和部署区政府一段时期的重要工作；讨论分析全区经济和社会发展形势，通报重要工作情况；讨论需要由区政府全体会议决定的其它事项。

区政府常务会议　由区长、副区长、区长助理和区政府办公室主任组成，由区长决定召开，区政府有关部门的主要负责人列席相关议题的讨论。根据会议内容，可邀请区人大、区政协负责人列席。会议的主要任务是传达国家、省、市和区委的重要指示和决定及会议精神，以及区人民代表大会及其常委会的决议、决定，研究提出具体贯彻意见；听取区政府重要工作情况的汇报；研究分析形势，讨论决定区政府工作中的重大问题；讨论通过由区政府制定发布的政策规定；讨论决定各部门请示区政府的重要事项；研究全区国民经济和社会发展的长远规划、年度计划和财政预决算等；讨论需要区政府常务会议决定的其它事项。

区长办公会议　由区长、副区长组成，区长助理、区政府办公室主任列席。必要时请区政府有关部门主要负责人列席。会议的主要任务是交流重要工作情况；研

究处理需提交常务会议解决的重要问题；研究区政府日常工作中的其它重要事项。

区政府专题会议　由区长、副区长或区长、副区长委托区长助理和区政府办公室主任召集，区政府有关部门负责人出席。涉及2位以上副区长分管工作的，可共同召集会议，专题会议根据需要随时召开。会议的主要任务是研究协调区政府领导分工职责范围内的专门问题；协调解决分工部门之间有意见分歧的问题；研究需提交区政府集体研究决策的有关问题。区政府专题会议（含现场办公会议）凡涉及资金、项目、机构编制安排的，严格按照规定的审批权限和程序办理。

区政府大型会议　按会议内容和出席人员分为两类：由区长、常务副区长提议，区政府常务会议研究确定，重大紧急事项来不及开会研究时，由区长或常务副区长确定会议，由区长或常务副区长主持，副区长、各镇（街道）镇长（主任）、开发分区管委会主任和区政府部门主要负责人参加，研究部署综合性重要工作；由分管副区长主持，各镇政府（办事处）、开发分区管委会及区政府各部门分管负责人参加，研究部署某一方面的重要工作。

第三章　政协地方组织

第一节　基层机构

1980年12月，首届政协莱芜县委员会成立，境内颜庄公社由党委宣传委员分工政协工作。1984年8月，新泰县在境内的寨子乡设立政协工作联络组，配备组长1人。1988年11月，颜庄镇、城子坡镇和里辛乡成立政协工作联络室，各设副主任1人。

1990年4月，黄庄镇成立政协工作委员会，设主任1人；8月莱芜市钢城办事处（副县级）成立，对所辖5个乡镇（城子坡镇、颜庄镇、黄庄镇、里辛乡和寨子乡）的政协工作机构统一为政协工作联络室，并对联络室主任或副主任进行充实。1993年8月，乡镇进行管理体制改革，不再设政协组织。

1996年5月，钢城区政协成立。1997年4月，恢复设立乡镇（街道）政协工作联络室。2000年12月14日，寨子乡合并入城子坡街道；19日城子坡街道更名为艾山街道；区内共有4个镇（街道）政协工作联络室。2001年12月，进行机构改革，镇（街道）政协工作联络室撤销，政协工作由1名党委副书记分工，党委宣传委员或1名副科级干部做具体工作。

第二节　政协莱芜市钢城区委员会

领导成员更迭

1996年5月，中国人民政治协商会议莱芜市钢城区委员会成立，延续县级莱芜市政协的届次，为政协莱芜市钢城区第五届委员会。正县级建制，配备主席1人、副主席3人。至2005年，已历3届。张柏成、胡兴起、朱致存先后任区政协主席。

1996～2005 年钢城区政协主席副主席一览表

表 14－3－1

届 次	职 务	姓 名	任职时间(年月)	籍 贯	备 注
第五届(1996.05～1998.02)	主 席	张柏成	1996.05～1998.02	艾山街道清泥沟村	
	副主席	李心福	1996.05～1998.02	莱城区	
		马学端	1996.05～1998.02	东平县	无党派、不驻会
		邹学秀	1996.05～1998.02	里辛镇南朱家庄村	无党派、不驻会
第六届(1998.02～2003.01)	主 席	胡兴起	1998.02～2001.03	泰安市岱岳区	
		朱致存	2001.03～2003.01	新泰市	
	副主席	李心福	1998.02～2003.01	莱城区	
		马学端	1998.02～2003.01	东平县	无党派、不驻会
		邹学秀	1998.02～2003.01	里辛镇南朱家庄村	无党派、不驻会
		刘周全	1999.04～2003.01	莱城区	
第七届(2003.01～)	主 席	朱致存	2003.01～	新泰市	
	副主席	常新杰	2003.01～	莱城区	
		刘周全	2003.01～2005.01	莱城区	
		张桂爱(女)	2003.01～	山西省临县	农工民主党、不驻会
		闫修学	2005.01～	莱城区	
		张敬跃	2003.01～	莱城区	
		邹 峰	2003.01～	莱城区	无党派、不驻会
		侯尚俭	2003.01～	艾山街道陈家庄社区	无党派、不驻会

政协工作机构

根据《政协章程》规定，政协各级地方委员会设常务委员会主持会务。区政协常委会的办事机构为区政协办公室，为正科级办事机构，内设人秘科、学习文史科和提案联谊科 3 个科。

第三节 区政协全体会议

政协第五届莱芜市钢城区委员会会议

五届一次会议 1996 年 5 月 3 日至 4 日在钢都宾馆召开，80 名委员全部到会。区各大班子成员及法院院长、检察院检察长出席会议。区直部门主要负责人和乡镇党委书记 51 人列席会议。市政协副主席朱应铭、苏灿华代表市政协到会祝贺。会议宣布中国人民政治协商会议莱芜市钢城区委员会成立，中共莱芜市钢城区委书记尹贻明致开幕词，区政协筹备领导小组组长张柏成作《关于区政协第五届委员会筹建情况和今后工作建议》的报告。会议按照《选举办法》以举手表决的形式，选举产生政协莱芜市钢城区第五届委员会常务委员会委员 15 人，主席张柏成，副主席李心福、马学端(不驻会)和邹学秀(不驻会)。朱应铭、苏灿华与区领导一起为钢城区政协揭牌。

五届二次会议 1997 年 2 月 17 日至 19 日在钢都宾馆召开，到会委员 78 人，列席 47 人。中共莱芜市钢城区委书记尹贻明到会讲话，区五大班子领导、法院院长及检察院检察长出席会议。会议听取并审议通过区政协五届一次会议以来常务委

1996年5月3日，区政协五届一次会议召开

员会工作报告和提案工作情况的报告，听取并通过会议提案审查委员会关于提案审查情况的报告，通过会议各项决议。与会委员列席区人大十三届六次会议，听取并讨论《政府工作报告》及其它有关报告。会议期间收到委员提案50件。

政协第六届莱芜市钢城区委员会会议

六届一次会议　1998年2月6日至9日在莱钢宾馆召开，到会委员95人。中共钢城区委书记尹贻明到会讲话。区五大班子领导、法院院长及检察院检察长出席会议，区直部门主要负责人和乡镇（街道）党委书记59人列席会议。会议听取并审议通过区政协五届二次会议以来常务委员会工作报告和提案工作情况的报告，听取并通过提案审查委员会关于提案审查情况的报告，通过会议各项决议。与会委员列席区十四届人大一次会议，听取并讨论《政府工作报告》和其它有关报告。大会选举产生政协莱芜市钢城区第六届委员会常务委员会委员14人，主席胡兴起，副主席李心福、马学端（不驻会）和邹学秀（不驻会）。会议期间收到委员提案67件。

六届二次会议　1999年4月9日至11日在莱钢宾馆召开，到会委员94人、列席58人。中共钢城区委书记张柏成到会讲话。区五大班子领导、法院院长及检察院检察长出席会议。会议听取并审议通过区政协六届一次会议以来常务委员会工作报告和提案工作情况的报告，听取并通过本次会议提案审查委员会关于提案审查情况的报告，通过会议各项决议。与会委员列席区人大十四届二次会议，听取并讨论《政府工作报告》及其它有关报告。大会选举区委统战部部长刘周全为区政协副主席。会议期间收到委员提案62件。

六届三次会议　2000年1月23日至25日在钢都宾馆召开，到会委员94人，列席59人。中共钢城区委书记张柏成到会讲话。区五大班子领导、法院院长及检察院检察长出席会议。会议听取并审议通过区政协六届二次会议以来常务委员会工作报告和提案工作情况的报告，听取并通过本次会议提案审查委员会关于提案审查情况的报告，通过会议各项决议。与会委员列席区人大十四届三次会议，听取并讨论《政府工作报告》和其它有关报告。会议期间收到委员提案72件。

六届四次会议　2001年3月5日至7日在莱钢新兴大厦召开。到会委员96人，列席62人。中共钢城区委书记张柏成到会讲话。区五大班子领导、法院院长及检察院检察长出席会议。会议听取并审议区政协六届三次会议以来常务委员会工作报告和提案工作情况的报告，听取并通过本次会议提案审查委员会关于提案审查情况的报告，通过会议各项决议。表彰优秀提案工作者13人、优秀提案11件、提案承办先进单位6个。与会委员列席区人大十四届四次会议，听取并讨论《政府工作报告》《钢城区“十五”计划纲要（草案）报告》和其它有关报告。会议同意胡兴起辞去六届区政协主席职务的请求，选举朱致存为六届区政协主席。会议期间收到委员提案64件。

六届五次会议　2002年2月27日至3月1日在钢都宾馆召开，到会委员96人，列席72人。中共钢城区委书记张柏成到会讲话。区五大班子领导、法院院长及检察院检察长出席会议。会议听取并审议区政协六届四次会议以来常务委员会工作报告及提案工作情况的报告，听取并通过本次会议提案审查委员会关于提案审查情况的报告，通过会议各项决议。与会委员列席区人大十四届五次会议，听取并讨论《政府工作报告》和其它有关报告。会议期间收到委员提案66件。

政协第七届莱芜市钢城区委员会会议

七届一次会议　2003年1月21日至24日在莱钢新兴大厦召开，到会委员95人。中共钢城区委书记张作平到会讲话，区五大班子领导、法院院长及检察院检察长出席会议，区直部门主要负责人和各镇（街道）党委书记62人列席会议。会议听取并审议区政协六届五次会议以来常务委员会工作报告和提案工作情况的报告，听取并通过提案审查委员会关于提案审查情况的报告，通过会议各项决议。与会委员列席区十五届人大一次会议，听取和讨论《政府工作报告》和其它有关报告。大会选举产生政协莱芜市钢城区第七届委员会常务委员会委员17人，主席朱致存，副主席常新杰、刘周全、张桂爱（不驻会）、张敬跃、邹峰（不驻会）和侯尚俭（不驻会）。会议期间收到委员提案75件。

七届二次会议　2004年2月6日至8日在钢都宾馆召开，到会委员94人，列席66人。中共钢城区委书记张作平到会讲话。区五大班子领导、法院院长及检察院检察长出席会议。会议听取并审议通过区政协七届一次会议以来常务委员会工作报告和提案工作情况的报告，听取并通过提案审查委员会关于提案审查情况的报告，通过会议各项决议。与会委员列席区人大十五届二次会议，听取并讨论《政府工作报告》和其它有关报告。会议期间收到委员提案75件。

七届三次会议　2005年1月9日至11日在莱钢新兴大厦召开，到会委员94人，列席65人。中共钢城区委书记张作平到会讲话，区五大班子领导、法院院长及检察院检察长出席会议。会议听取并审议通过区政协七届二次会议以来常务委员会工作报告和提案工作情况的报告，听取并通过本次会议提案审查委员会关于提案审查情况的报告，通过会议各项决议。与会委员列席区人大十五届三次会议，听取并讨论《政府工作报告》和其它有关报告。会议同意刘周全辞去区政协副主席职务的请求，补选阎修学为区政协第七届委员会副主席。会议期间收到委员提案72件。

第三节　区政协主要工作

政治协商

自1996年，区政协围绕区委、区政府的中心工作，通过召开全体委员会议、主席会议、常委会议和专题会议，就区内重大经济项目、重大行政措施和重要人事安排，以及区政协内部的重要事务等，及时进行政治协商，形成“全委会议整体协商、常委会议专题协商、主席会议重点协商和专委会议对口协商”的协商议政格局。

1998年4月，区政协召开六届二次常委会，专题协商讨论区委、区政府《关于进一步发展个体私营经济的意见》，提出修改建议5条。2000年1月，召开六届九次常委会，对《莱芜市钢城区“十五”计划纲要（草案）》进行协商讨论，提出修改建议10余条。2001年5月，专门召开六届十次常委会议，对区委、区政府《关于全民招商引资加快莱芜经济

政协委员视察　(2003年　摄)

开发区钢城分区建设的决定》进行协商讨论，提出4条修改意见。区政协主席、副主席分别列席区委常委会议和区政府常务会议，多次提出促进民主政治建设和解决实际问题的意见建议，为领导科学决策起到参谋作用。

民主监督

1996年至2005年，区政协先后19次组织有关界别的委员围绕企业改制、城建规划、农民负担、市场建设、环境保护、土地管理、农村税费改革和城乡九年制义务教育等重点工作进行视察，收到合理化建议50余条。1997年始，区政协有8名委员担任区公安分局、法院、检察院、工商局和保险公司等8家执法执纪单位的义务监督员，及时提出加强和改进工作的意见和建议70余条。1999年至2005年，区政协组织政协委员和各界人士代表参加区委、区纪委组织的对全区执纪执法部门进行的行风评议活动6次，填写行风评议测评表150余份。

参政议政

自1996年，区政协围绕企业改革改制、民营经济发展、社会治安综合治理、优化厂地关系以及“三农”问题、九年制义务教育问题、医疗卫生保健问题等诸多方面，搜集社情民意150余条，及时为区委、区政府决策提供依据。

提案办理

区政协五届一次会议至七届三次会议期间，收到委员提案667件，经审查立案665件。对所有立案提案，及时交付各有关部门承办，保证提案办复率达到100%，委员满意率达到95%以上。多次举办提案工作专题培训班，使委员在撰写提案时把握科学性和可行性，制定《提案工作细则》《领导检查督办提案工作制度》等文件，使提案的提出、审查、立案、办理、反馈、立卷和归档等各个环节有章可循。对提案办复情况及时进行督促，尤其对那些有条件或通过努力创造条件即能解决落实的人民群众关心的热点、难点问题，通过现场办案、联合办案和专题督查等多种有效形式进行跟踪督办，使所有提案都得以落实。

专题调研

1996年至2005年，区政协围绕人才引进、企业改制、山区林果业发展、畜牧业小区建设、棋山风景区开发、农村财务管理、学校危房改造、四中合班并校、葫芦山水库除险加固、牟汶河综合改造治理等事关全区发展和群众关心的热点问题，开展专题调研15次，形成调研报告15篇。1999年的《钢城人才状况》的调研报告获省政协宣传政协好新闻三等奖，《关于牟汶河综合治理的建议》《关于棋山风景区的开发管理建议》等调研报告对区委、区政府的有关决策起到了参谋作用。

团结联谊

注意加强与民主党派和各界人士的联络和交流，通过召开座谈会、联谊会等，及时听取他们反映的不同意见和要求，充分调动其参政议政的积极性。注意发挥民族宗教界委员的作用，加强与少数民族和宗教界群众的联系，促进民族团结，引导宗教活动与社会主义精神文明建设相适应。本着“广交朋友、联络友谊、争取人心、促进统一”的原则，区政协办公室联合区委统战部，多次对台属进行走访。围绕社会稳定多次开展调查摸底，发挥委员置身基层的优势，积极开展协调关系、化解矛盾、理顺情绪、凝聚人心的工作，维护安定团结的政治局面。

文史工作

1999年、2001年和2003年分别编辑出版《钢城文史》资料一辑至三辑，刊登文章115篇35万

《钢城文史》　　(2005年　摄)

字，发行6000册。《钢城文史》第三辑采取按专题征编的办法，共编发农业合作化、莱钢集团公司和知识青年上山下乡等3个专题。《钢城文史》第三辑被政协第九届山东省委员会和山东社会科学院评为优秀文史书刊，区政协被评为全省文史工作先进单位。

第十五编

政　务

ZHENGWU

钢城区农村社会基本养老保险金发放仪式

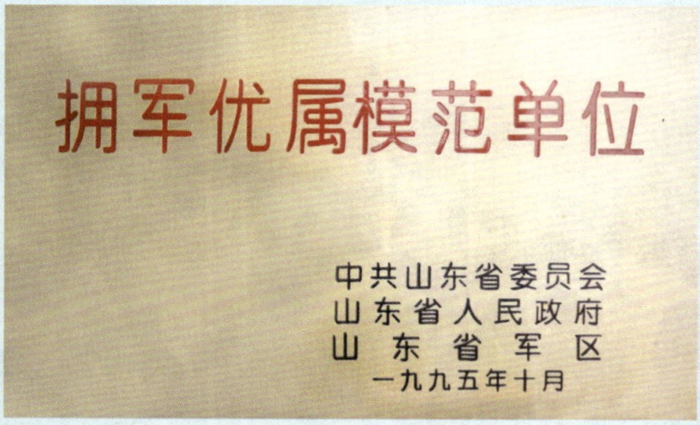
拥军优属模范单位
中共山东省委员会
山东省人民政府
山 东 省 军 区
一九九五年十月

企地共建"平安钢城"、"平安莱钢"动员大会

第一章　民　政

民国时期，境域主要是莱芜县四区（颜庄区）、蒙阴县七区的黄庄、寨子一带，区下设乡，乡辖村，各县设有民政科，分管境内各区、乡和村的民政工作。

1939年至1940年，莱芜、蒙阴县抗日民主政府相继成立，民主县政府设有民政科，所辖区公所和乡公所，均设有民政助理员1人、工作人员1人~2人，村公所则有专人分工民政工作。在抗日战争时期和解放战争时期，为适应革命斗争形势的需要，境内区划多次调整，但民政工作体制基本稳定。

1949年10月，境内所属各县政府均设民政科。1958年改称民政局，境内区、乡都配备民政工作专职人员。

1958年成立人民公社，村改称生产大队。境内颜庄公社、黄庄公社设有民政助理员，生产大队有分管民政工作的负责人。

1970年所属各县重设民政局，境内颜庄公社、黄庄公社分别于1970年至1971年间配备民政助理员，所辖各管理区和各生产大队也都明确专人分工民政工作。

1984年3月进行机构改革，撤销人民公社，改称办事处(6月黄庄公社改称区)，管理区改称乡，大队改称村。办事处(区)设有民政助理员，乡、村有人分工民政工作。1985年9月起，撤处(区)并乡(镇)，境内有颜庄镇、城子坡镇、黄庄镇、里辛乡和寨子乡共5个乡镇，民政体制未变。1989年各乡镇设民政所或民政办公室，配1名民政助理员和1名~2名工作人员。

1990年8月，莱芜市钢城办事处成立，民政工作由钢城办事处综合办公室负责，所辖5个乡镇的民政工作仍由各乡镇的民政所或民政办公室负责。

1993年1月，钢城区民政局成立，设立办公室、优抚安置科、救灾救济科、社会事务科和基层政权科5个科(室)。同时，设立地名委员会办公室和社会福利有奖募捐委员会办公室，为副科级单位。1995年12月，设立双拥工作办公室，为副科级单位，配备主任1人。1997年1月，实行区民政局集中办理婚姻登记办法，增设婚姻登记处；8月设立老龄委员会办公室和农村社会养老保险事业处，为副科级单位，配备主任1人。至2005年机构设置未变。

第一节　救灾救济与社会福利

救灾救济

抗日战争和解放战争时期，民主政府开展募捐、节粮和大生产运动，筹集粮食和被服，除支援前线外，全部用来救灾度荒和弥补人民群众的战争损失。1948年3月后，中国共产党非常重视对贫困户的救济。每年春季青黄不接时，民政部门及时做好调查摸底，各级政府为缺粮户发放粮款，并发动群众互济互助、生产自救；临近冬季，为困难户发放棉衣被；每逢春节，为特困户救济粮油、猪肉等过节物品。1958年至1960年，各生产大队动用全部公积金和公益金资助群众生活，公社发给群众生活物资。1978年后，救济工作扩展为救灾扶贫，尽量利用救济款扶持贫困户发展多种经营致富项目，对一些户还直接发放羊、兔

农民领到社会保障补助金 （2005年 摄）

和鸡种等。

在救灾工作中，各级民政部门及时查灾报灾，争取上级救灾拨款，并及时发至灾区，发到灾民手中。1994年、1996年、2002年，全区先后发生严重的风雹灾害、洪涝灾害和特大旱灾，区民政局及时上报灾情，积极争取上级救灾款150万元，在区内广泛开展救灾捐助活动。

2004年对农村特困户人员用发放救助卡的方法实行定期定量救助。2004年11月，区政府印发《关于实施农村医疗救助的意见》，确定农村特困户、"五保"户和重点优抚对象参加的农村合作医疗个人筹资部分，由区财政统一支付。对农村特困户、"五保"户实行大病救助。

养老保险

1991年开始启动农村社会养老保险工作，由各乡镇按照自愿的原则，向村民收取社会养老保险金，由民政部门具体管理。1993年设立农村社会养老保险事业处，隶属区民政局。1995年为贯彻落实《莱芜市农村社会养老保险暂行办法》，区和各乡镇（街道）分别建立健全农村社会养老保险工作机构，收取保险费118万元，参与投保人数达9000余人。自1996年，社会保障工作的重点是实施农村社会养老保险、最低生活保障制度和开展保障网络服务等三大工程。在农村社会养老保险方面，按照《莱芜市农村社会养老保险工作规程》要求，实现投保人员由重点对象向全民的转变。

最低生活保障

1995年实行最低生活保障线制度；11月区政府印发《关于实施最低生活保障线制度的意见》，对全区城乡困难户实行最低生活保障线制度，城市最低生活保障线为每月125元，农村最低生活保障线为每年550元。1997年钢城区被山东省民政厅评为"全省社会保障先进区"。至2005年，城市最低生活保障线为每月180元，农村最低生活保障线为每年700元，保障金实行社会化发放。

福利企业

1990年境内始建社会福利企业。1993年对全区10家社会福利企业进行全面调查摸底和清理整顿，通过落实区政府制定的《关于发展社会福利企业的若干规定》，建起福利企业7家，安排残疾人291人。1995年全区福利企业14家、职工491人、年产值4500万元，实现利税700万元。1996年全区福利企业总产值达5000万元，安置残疾人253人。1998年福利企业达18家，生产总值8000万元，实现利税750万元，安置残疾人351人。区民政局每年都对各福利企业按照标准进行年检认证。1995年莱芜市福利炭黑厂被评为"山东省明星福利企业"。

有奖募捐

1993年5月1日，区民政部门在莱钢百货大楼前举办全区第一次社会福利有奖募捐发行工作，历时10天，发行量为100万元，销售福利彩票2.50万张，募集福利资金5万元。随后于1994年、1995年、1997年、1998年和2001年分别在莱钢劳服大厦、莱钢东区等地举行600万元、800万元和1000万元不同等次的大奖募捐活动。其中，1995年的600万元大奖募捐活动，销售福利彩票金额达204万元；同年，钢城区被山东省委、省政府评为"销售福利彩票百万元县（市、区）"。1998年在莱钢东区举办的1000万元大奖募捐活动，销售福利彩票金额达155万元。2002年后,各级不再举办实物兑奖形式的福利彩票发行活动,改为"电脑福利彩票发行",由市民政局福彩中心负责管理。

"五保"供养

敬老院建设　始于1958年,不久中止。1983年重新建设。1993年后,全区拨款3万元,对7所敬老院进行修缮和扩建,增置家具、被服等生活用品。1993年接收入院老人23人,使全区在院老人达101人。张庄村投资250万元,建起1座占地2.67公顷、建筑面积3000平方米,集医疗、康复、娱乐和休养为一体的老年公寓,可容纳140人,村内60岁以上老人均可入住。1997年重点解决老年人安置问题,拨款5万元,把寨子敬老院与城子坡敬老院合并,扩建里辛敬老院,搬迁颜庄、黄庄敬老院。张庄敬老院追加投资25万元,建成高标准的老年服务中心。1998年给敬老院的每位老人发一件大衣。2003年拨款15万元,对各敬老院进行修缮,更新设备,添置新被服等生活用品。2004年拨款25万元提高各敬老院在院老人的生活标准,增加管理人员5人。

慰问敬老院老人　　(2005年　摄)

"五保"供养　1994年前,"五保"老人供养主要由村级负责。1994年供养经费食物实行乡镇统筹和村级负担相结合的办法。1996年1月,贯彻莱芜市《关于加强五保供养工作的通知》,"五保"供养的经费和食物全部由乡镇统筹解决。

第二节　拥军优抚

拥军

抗日战争期间,区、乡政府组织各级工、农、青、妇等群众团体,积极从人力、物力等方面支援抗日战争。境内爱国知识分子、青壮年踊跃参军,配合部队打击日伪、顽军。解放战争期间,出现很多父送子、兄带弟、妻送郎上战场的动人场景,涌现出一批拥军模范村,有力地支援莱芜战役、孟良崮战役、南麻战役、济南战役和淮海战役。在莱芜战役期间,仅颜庄区(莱芜四区)就出动担架455副、小推车696辆,送军粮熟食70余万斤,支前民兵、民夫和向导等5000余人。1947年3月21日,《大众日报》以《莲花池不愧是模范村》为题,报道拥军支前的事迹。

中华人民共和国成立后,境内人民始终发扬拥军的好传统,每逢春节、"八一"建军节均组织拥军活动,并帮助解决国防施工、生活用品供应和军队子女入学等困难。1993年后,每年都到中国人民解放军驻莱芜部队和钢城区人武部开展拥军活动。1998年开展科技拥军、智力拥军、政策拥军、法律拥军等活动,为驻莱芜部队赠送科技图书1200册。1993年至1998年,共举办优抚对象参加的科技致富培训班33期,培训优抚对象680人。1995年钢城区被省委、省政府授予"拥军优属模范单位"荣誉称号,城子坡街道被评为全省"拥政爱民拥军优属先进单位"。1999年12月,钢城区被省"双拥"工作领导小组、省民政厅评为全省"爱心献功臣行动"先进区。2000年1月,钢城区被全国"双拥"工作领导小组、民政部评为全国"爱心献功臣行动"先进区。2002年12月,钢城区被评为"全省双拥工作先进单位"。2004年1月,区人民法院、艾山街道被市"双拥"工作领导小组表彰为"拥军优属先进单位"。区武装部被市"双拥"工作领导小组表彰为"拥政爱民先进单位”。2004 年里辛镇被省政府表彰为“爱国拥军模范单位”。

优待

抗战初期，境内各区、乡、村公所都设优抚委员，具体负责优抚工作。各村为优抚对象发“优待证”，及时为烈军属挂光荣匾，送光荣灯，春节时发慰问信，送慰问品等。“八一”建军节等节日召开座谈会，为优抚对象设“光荣席”。每遇敌人扫荡，及时掩护烈军属转移。每逢人民军队过境时，群众组织起来列队欢迎和欢送。在赈灾时对优抚对象重点照顾；对战争中牺牲的军人、民兵、民工实行公费安葬，并按标准给以钱、田和粮等予以抚恤；对外地逃荒来的优抚对象，也发给一定安家粮和生活必需品；单位招工时优先安排烈军属子女。

1943 年对牺牲烈士发放公葬费和抚恤金（解放战争期间发小米），对残废者按等级抚恤，对抗属子弟免费入学。1946 年土改运动中，把没收的地主财产优先分给优抚对象。1948 年后，优抚内容增加对烈军属和荣残军人实行包种代耕制度。

1949 年以后，在优抚方面，按照国家政策标准，保证各类抚恤金及时足额发放到位。各级优先安排烈军属子女上学和招工就业，在校学生中的烈属子女享受一定数量的助学金并免收学杂费，对突遇困难的优抚对象实行临时补助。1953 年颜庄区遭遇风雹灾害，莱芜县民政局拨给境内 606 户烈军属临时补助费 8.50 万元，发放医疗补助费 3000 元，有 92 名烈军属治病免费或半免费。1954 年区、乡筹措资金，为优抚对象发放牲畜农具和生产补助款。1956 年农业合作化时期，境内农村优抚对象在合作社购买生活必需品时，享受 9 折优惠，各合作社为优抚对象优待劳动日。1958 年各生产队为优抚对象优待工分。1979 年推行联产承包责任制时，优待形式改为粮款定额补助办法。

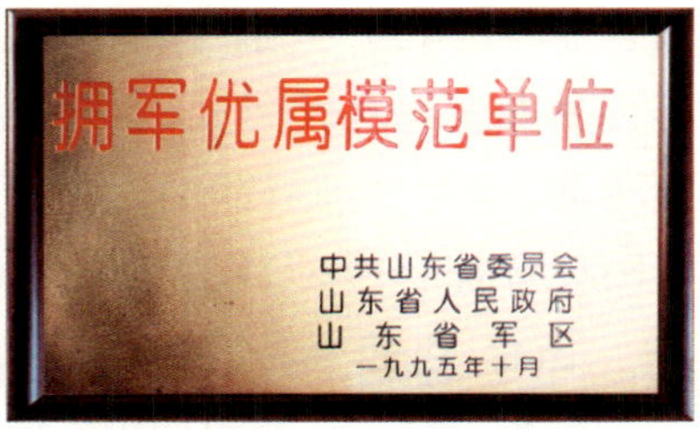

1984 年实行以乡镇为单位，采取统筹优待、平衡负担的办法落实优抚政策，烈属户年优待 290 元，军属户年优待 240 元，残废军人年优待 160 元，复员军人年优待 140 元。对孤老烈军属和特殊困难的复退军人，酌情提高补助标准。1989 年优待款实行以乡镇为单位统一评定、统一筹款、统一兑现、统一奖励的办法。1991 年 4 月，执行新的优待标准。抗日战争时期，参军的每季度补助 81 元。解放战争时期，参军的每季度补助 75 元，烈属农业户口每季度补助 117 元，非农户口每季度补助 150 元。

1995 年 12 月，印发《钢城区双拥工作实施方案》，在全区各乡镇（街道）开展健全“四个一”活动，即各建一个优抚储金会、一个优抚医疗中心、一个退伍军人劳务介绍所和一个拥军优属

慰问部队

（1999 年　摄）

办公室，帮助优抚对象解决生活生产方面的困难。1996年区民政局拨款13万元支持各乡镇（街道）优抚储金会；同年，城子坡街道优抚储金达到16万元，里辛镇达到16.50万元，黄庄镇达到8万元，颜庄镇达到10万元，寨子乡达到7万元。1998年全区储金会会员450人、储金57.50万元、年放贷50万元，为优抚对象发展经济给予支持。

自1999年，开展“一帮一”“爱心献功臣”活动。2001年区、镇（街道）两级拨款9.60万元，为28户优抚对象修缮房屋。2004年和2005年，开展“优抚结对”活动，区直29个单位均参加活动，每年都为优抚对象送去被服、猪肉、花生油和面粉等生活用品。

抚恤

1994年1月，区政府印发《莱芜市钢城区优抚对象抚恤优待办法》，对现役军人死亡的，根据死亡性质和死亡时的工资收入，发给其家属一次性抚恤金，其中属于革命烈士的，发给40个月工资；因公牺牲的，发给20个月工资；病故的发给10个月工资。并为其家属办理定期抚恤手续，发给定期抚恤金。志愿兵、军校学员和立功者，按比例增发抚恤金。

1994年6月，按照山东省民政厅、财政厅《关于提高革命烈士、因公牺牲军人、病故军人家属定期抚恤金标准的通知》精神，提高革命烈士和因公牺牲军人家属的抚恤标准，居住农村的每人每月60元，居住小城镇的每人每月70元。病故军人家属的抚恤标准为：居住农村的每人每月55元，居住小城镇的每人每月60元。1995年3月，区政府出台《钢城区优抚对象抚恤优待办法》，规定义务兵优待标准为人均1600元。1999年按照《莱芜市优抚对象优待金统筹管理暂行办法》《关于建立优抚对象抚恤补助标准自然增长机制和自然减员经费区级管理制度的通知》精神，钢城区抚恤标准以1998年为基数增加8%，所需经费由市、区两级财政负担，自然减员所节余的经费由区里集中管理，统一使用。1995年至2005年，全区共发放优抚款2323万元。其中，1995年为187万元，1996年为190万元，1997年为186万元，1998年为194万元，1999年为199万元，2000年为210万元，2001年为220万元，2002年为222万元，2003年为225万元，2004年为230万元，2005年为260万元。

“三属”定期抚恤金标准

表15－1－1　　单位：元/月

对象 / 标准 / 居住地	烈属、因公牺牲军人家属	病故军人家属
农村	105～110	100～105
小城镇	115～120	110～115
大中城市	120～125	115～120

（注：自1999年1月1日起执行。）

革命伤残人员抚恤(保健)金标准

表 15-1-2　　单位:元/年

	伤残等级	伤残性质	现行标准	提高标准	新标准
在乡	特等	因战	5340	660	6000
		因公	5180	660	5840
	一等	因战	4000	600	4600
		因公	3870	600	4470
		因病	3740	600	4340
	二等甲级	因战	2120	360	2480
		因公	2010	360	2370
		因病	1920	360	2280
	二等乙级	因战	1320	360	1680
		因公	1240	360	1600
		因病	1200	360	1560
	三等甲级	因战	900	150	1050
		因公	880	150	1030
	三等乙级	因战	780	150	930
		因公	780	150	930
在职	特等	因战	1000	180	1180
		因公	970	180	1150
	一等	因战	800	180	980
		因公	760	180	940
		因病	750	180	930
	二等甲级	因战	455	60	515
		因公	435	60	495
		因病	415	60	475
	二等乙级	因战	360	60	420
		因公	340	60	400
		因病	330	60	390
	三等甲级	因战	260	60	320
		因公	240	60	300
	三等乙级	因战	205	60	265
		因公	195	60	255

(注:自2000年1月1日起执行。)

2005 年钢城区各镇(街道)优抚对象及抚恤金统计表

表 15 – 1 – 3　　单位:人、元

对象/数额 单位	烈属、牺牲、病故军人		伤残军人		合计金额
	人数	金额	人数	金额	
艾山街道	16	2800	19	2600	5400
颜庄镇	46	8200	77	12200	20400
黄庄镇	57	10200	62	9100	19300
里辛镇	44	7900	76	10500	18400
合　计	163	29100	234	34400	63500

退伍军人安置

1946 年 4 月,境内按照山东军区颁布的《革命军人复员工作条例》,对复员人员均作妥善安置,保证就业。有特殊技能或文化水平较高者,可回乡或介绍到厂矿、机关和文教单位就业。回乡就业的免除一切差役,并帮助他们解决生产和生活中的困难,身体有病者免除部分医疗费,子女上学免除学杂费。按参加革命工作时间发放 1500 元 ~ 2500 元(或按千元折粮 200 斤)的复员费。1950 年发放安置费,适当解决土地、住房问题。1954 年 12 月,实行义务兵役制,退伍安置工作本着"从哪里来,到哪里去"的原则,对部队转业干部按照相应级别安排岗位,参军前为职工的复工复职,农村义务兵安排到村里参加生产,优先招工。1979 年农村实行联产承包责任制后,对有特长的复员退伍军人作为"两用人才"予以妥善安置,对回村的复员退伍军人实行定额定期补助,并扶持他们发展多种经营。1986 年后,对参加对越自卫反击战荣立三等功以上的退伍、伤残军人安置到机关、团体和企事业单位工作,大多数为合同制工人。1989 年退伍军人安置工作直接由各乡镇负责,复员退伍军人大部分被安排到乡镇企业工作。1991 年至 1992 年,区民政部门组织退伍军人学习汽车驾驶、家电农机维修和养殖等专业技术,使 90%以上的退伍军人凭一技之长得以就业。

1995 年钢城区成立"退伍军人劳务介绍所",专门负责退伍军人推荐安置工作。1999 年将 25 名城镇义务兵安置到区机关和企事业单位。2000 年至 2001 年,全区每年退伍军人 100 余人,对农业户口者,大部分安置在乡镇企业工作,城镇户口的安置在区属企事业单位,其中少部分享受优惠政策自谋职业。2002 年推行退伍士兵安置"四公开",即公开安置政策、安置计划、考试成绩和安置结果,形成安置工作的公平竞争、择优录用机制。同时,通过落实优惠政策,鼓励城镇退伍士兵自谋职业。

1993 年至 2005 年,先后安排"军地两用人才"30 人,退伍军人和志愿兵 922 人;其中,农业户口 649 人、城镇户口 303 人、自谋职业 84 人。

第三节　婚丧管理

婚姻登记

1950 年《中华人民共和国婚姻法》颁布,境内公民订婚,到所在区的区公所进行登记,经区公所文书审查依法发给结婚证书。1958 年 3 月,区公所改设为乡镇人民政府,结婚登记到乡镇人民政府办理;10 月成立人民公社,结婚登记到公社管理委员会办公室办理。"文化大革命"期间,结婚登记到各公社革命委员会办公室办理。1984 年 3 月,撤销人民公社,设立办事处(6 月黄庄公社改区),辖乡镇,结婚登记到

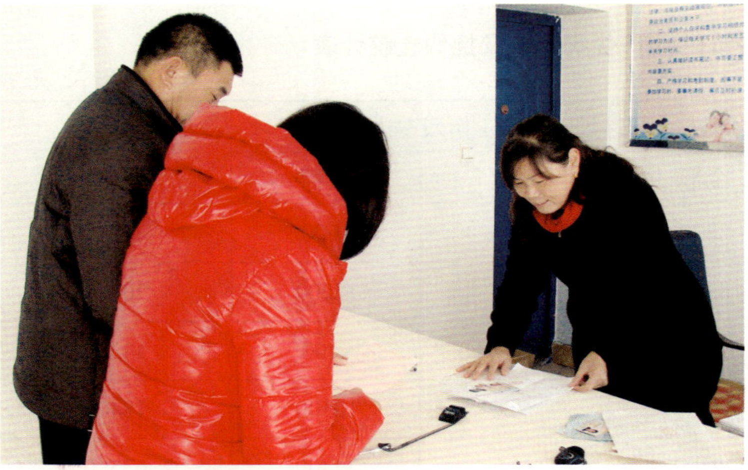

工作人员审核结婚登记手续　　　　(2005年　摄)

办事处(区)管理委员会办公室办理;9月撤处(区)并乡(镇),成立乡镇人民政府,结婚登记到所在乡镇人民政府办理。1985年12月,结婚登记由乡镇政府民政部门办理,并配有专职婚姻登记员。

20世纪50年代至70年代,按《中华人民共和国婚姻法》规定的结婚年龄,男子为20周岁、女子为18周岁。1980年根据修改的《中华人民共和国婚姻法》规定,执行男子22周岁、女子20周岁的结婚年龄标准。进入90年代后,为适应计划生育工作需要,提倡晚婚。

1997年1月1日,山东省人民政府颁布《山东省婚姻登记管理办法》,确定由县(市、区)民政局集中办理婚姻登记,要求对偏远乡镇实行定点,定期巡回登记;5月区民政局设立婚姻登记处,因区内人口少、地域小,没有设立巡回点,全区公民(包括莱钢干部职工)登记结婚统一到区民政局婚姻登记处办理。区婚姻登记处成立后,每年的结婚登记合格率都在100%,女性初婚晚婚率达到99%以上。在做好结婚登记工作的同时,按照有关法律政策规定,办理离婚登记和特殊婚姻登记工作。1993年至2005年,全区办理结婚登记27673对。

1993～2005年钢城区结婚登记对数统计表

表15－1－4　　　　单位:对

年　份	1993	1994	1995	1996	1997	1998	1999	2000	2001	2002	2003	2004	2005	合计
登记数	1030	1510	3160	2920	2876	2339	2352	1913	2419	1924	2399	1400	1431	27673

殡葬改革管理

1956年推行殡葬改革。初时,黄庄区按照沂源县的规定,以村为单位规划公墓,迁坟上山。1968年提倡火化,以县为单位建立火化场,以生产大队为单位建立骨灰堂。1968年至1974年,莱芜、新泰和沂源三县相继建火葬场,境内火化一般到就近火化场进行。火化后的骨灰放在村设的骨灰堂,未建骨灰堂的则进行深埋,自此,沿袭几千年的土葬习俗开始改变。在推行火化的同时,推行移风易俗、丧事简办,禁止指路泼汤、雇吹鼓手和披麻戴孝等陈规陋习。

1974年至1976年,境内开展平坟头活动,多数群众自觉遵守火化政策。民政部门对个别土葬者采取强制措施,最终杜绝土葬,对骨灰进行深埋不留坟头。

1993年区民政局继续推行殡葬改革,各乡镇建立殡葬服务站,各村建立殡葬理事会。1997年改革丧葬仪式,推行骨灰处理多样化,禁止骨灰乱埋乱葬,严禁留坟头。

第四节　地名勘界与社团管理

地名管理

1993年至1994年,区民政局对全区街、巷及户统一制作标牌并安装。1995年开展地名规划制定和城区主次干道的命名工作。区委、区政府组织

3次专题讨论，广泛征求人大代表、政协委员和社会各界的意见，完成《2010年钢城区地名规划》《钢城区主干道名称命名方案》。1996年区内主次干道命名工作圆满完成，共命名13条主干道，设置路标34个，城区和街道的新建居民点实现标准化，地名标志实现规范化。1995年9月，城子坡撤镇设立街道，里辛撤乡设镇。1996年1月挂牌。2003年在建成区内主要路、街安装地名标志牌，共安装标准地名标志单、双支架牌65块，沿街门牌、小区楼和单元户牌共2756个。

区域界定

1998年钢城区分别与莱城区、沂源县和新泰市对区域界线进行重新界定，签订界线协议书，界定边界线65.30公里，埋设界桩10个，其中三县、市、区界桩3个。1999年在全省地名勘界工作评比中，钢城区被评为“全省勘界工作先进区”，有1条勘界线（新泰—钢城线）被评为“全省优秀勘界线”，有2人被省、市评为“勘界工作先进个人”。

社团管理

1993年区民政局对社团组织进行规范管理。1997年贯彻全省社团清理整顿电话会议精神，对全区社团进行全面清理整顿。落实《党政领导干部不得兼任社团领导职务的通知》精神，对社团负责人进行清理和规范。1999年至2005年，登记社会团体9个。2004年在全区开展农村经济复查登记工作，共培育发展农村经济协会27个，其中登记10个、备案17个。2001年开展对民办非企业单位的登记工作。至2005年，共登记民办非企业单位4个，对另外8个不具备登记条件的民办非企业单位进行备案。

各类社团

学会协会6个　钢城区教育学会、钢城区个体劳动者协会、钢城区消费者协会、钢城区私营企业协会、钢城区计划生育协会、莱芜市国际税收研究会钢城分会。

农村经济协会12个　钢城区林果协会、黄庄镇林果协会、钢城区蜜桃协会、钢城区养鸡协会、钢城区养兔协会、钢城区养猪协会、钢城区灌溉协会、钢城区永兴蔬菜协会、小上峪西瓜协会、颜庄镇民营企业协会、黄庄镇南通香峪村林果协会、黄庄镇霞峰村林果协会。

民办非企业单位4个　钢都幼儿园、北城子坡幼儿园、张庄幼儿园、启明星早教中心。

至2005年，全区有各类社团组织22个。

第五节　村民自治与社区建设

村（居、社区）民委员会选举

1984年实行机构改革，人民公社改为办事处（黄庄公社改为区），辖乡镇，村级由生产大队改设为村民委员会，部分以非农业人口为主的村则建立居民委员会，同时，进行第一届村（居）民委员会选举。1987年通过落实《中华人民共和国村民委员会组织法》《山东省村民委员会选举办法》等政策法规，村民委员会选举工作更加规范化。1993年区政府把村民委员会建设作为一项重要工作。在选举工作中严格按照法律程序办事，确保每个环节都符合政策文件的要求。至2002年，完成全区148个村（居、社区）共七届村（居、社区）民委员会的换届选举工作，按时成功选举率在90%以上，选民参选率在85%以上，通过七届村（居）民委员会的换

村委会选举

届工作，班子成员在知识、年龄和能力结构等方面不断优化，整体素质不断提高。2004 年 10 月下旬，钢城区印发《关于做好村“两委”换届选举工作的实施意见》。落实市委、市政府提出的“村(居、社区)‘两委’成员交叉任职达 80%、书记主任 1 人兼职达 90%”的目标要求。2005 年 3 月，全区第八届换届选举工作全面结束，选出村(居、社区)“两委”成员 471 人；其中，大专文化 13 人、高中文化 231 人、初中文化 227 人；党支部书记兼村(居、社区)主任的比例达 93.20%，“两委” 成员交叉兼职的比例达 84.10%，选出村民小组长 802 人、村民代表 2245 人。通过控制村级干部职数，减少村干部 470 人，减轻农民负担。

为巩固换届成果，每届换选工作结束后，区民政局都组织对新当选的村“两委”成员进行轮流培训。至 2005 年，共办培训班 18 期，培训人员 5406 人。

村(居、社区)民自治

1993 年全区贯彻落实《中华人民共和国村民委员会组织法》，围绕“四个民主”(民主选举、民主决策、民主管理和民主监督)，以村务公开、民主管理为突破口，以实现社会主义新农村建设中的“民主管理”为目标，加强农村基层民主政治建设。在先行试点的基础上，总结推广潘家庄、张庄、洪沟、朱家庄和疃里等村(居)的经验。在换届选举基本完成后，指导各村制定《村民委员会职责》《财务管理制度》《村民自治章程》《村规民约》以及村民代表大会制度，成立村民议事会。1995 年潘家庄村委会被命名为“山东省模范村委会”。1996 年莱芜市在城子坡街道进行“乡镇规范化建设”试点，带动全区各乡镇的规范化建设工作。1997 年城子坡街道被评为全市模范乡镇，张庄居委会被评为全省社区服务先进单位。

1998 年开展 “镇村联动”“四民主一公开”(民主决策、民主选举、民主管理、民主监督和村务公开)为主要内容的村级规范化建设工作，区政府印发《健全和完善村务公开和民主管理制度的意见》，各村逐步形成“五个一”的体系——每个村有一个完善的组织、一套有效的制度、一个固定的阵地、一个有力的班子和一套过硬的措施。2005 年 95%的村(居、社区)实现村务公开，公开项目 50 余项。全区 86%的村(居、社区)达到“村民自治示范村标准”。

社区建设

2001 年钢城区政府成立社区建设工作委员会，印发《社区建设工作实施方案》《社区建设成员单位职责》《社区建设任务分解表》等文件，严格规范社区建设；10 月南城子坡居委会成为莱芜市 4 个社区建设试点单位之一。2002 年 3 月，在南城子坡居委会的基础上建立社区。2003 年南城子坡社区被评为“省级示范社区”。

2004 年 3 月，区政府制定《莱芜市钢城区关于城市社区范围划分的意见》，共划分社区 24 个，其中板块型社区 16 个、单位型社区 8 个，社区总面积 18.63 平方公里、居民 7.98 万人。社区建设突出“以人为本，服务居民，资源共享，共驻共建，管理有序，居民自治，因地制宜，循序渐进”的原则，开展清产核资、人口界定、资产改制、社区划分、建立组织、完善制度和理顺关系等各项工作。2004 年底，各社区相继挂牌办公。

钢城区城市社区一览表

表 15-1-5

序 号	社区名称	社区范围			
		东	南	西	北
1	南城子坡社区	文化路 朝阳路	宋家庄村北	磁莱铁路	钢都大街
2	北城子坡社区	永兴路	钢都大街	磁莱路以东 200 米	九龙大街
3	陈家庄社区	双泉路	九龙大街	永兴路西	黄羊山大街北 200 米
4	逯家庄社区	汶水路	府前大街	文化路	钢都大街
5	周家坡社区	双泉路	钢都大街	汶水路	九龙大街
6	陶家岭社区	新兴路	桃花路	双泉路	银山南
7	张庄社区	新兴路	长寿街 铁流路	双泉路	桃花路
8	宋家庄社区	沿河路	沿河路	永兴路	村北
9	卞家泉社区	朝阳路	与南仓峪结合部	永兴路西 500 米	与高家庄结合部
10	高家庄社区	朝阳路	与卞家泉结合部	永兴路西 400 米	汶河
11	傅家桥社区	昌盛路	至南山	汶河	汶河
12	西冶社区	新兴路	南岭大街	双泉路	钢都大街
13	洪沟社区	北丈八丘	沿河路	新兴社区	钢都大街
14	椁椤社区	新兴路	沿河路	昌盛路	南岭大街
15	吕家庄社区	双泉路	府前大街	汶水路	钢都大街
16	棋山社区	凤凰峪	凤凰峪河	新兴路	莱钢氧气站
17	茶峪子社区	东外环路西 100 米	磨石山公园	新兴路	凤凰峪河
18	新兴社区	洪沟社区	沿河路	新兴路	钢都大街
19	湖滨社区	昌盛路	沿河路	双泉路	南岭大街
20	汶水山庄社区	沿河路	宋家庄社区	朝阳路	府前大街
21	力源社区	力源小区围墙	钢都大街	新兴路	茶峪子社区
22	云澍社区	汶水路	钢都大街	永兴路	九龙大街
23	动力社区	新兴路	钢都大街	铁流路	长寿街
24	月季社区	磨石山路	钢都大街	新兴路	力源大街

第六节 老龄工作

1997 年 8 月，区老龄委员会及办事机构成立。利用召开会议、出动宣传车、印发宣传材料、订阅老龄刊物等形式，广泛宣传《中华人民共和国老年人权益保障法》等政策法规；利用老年节，举办庆祝活动。贯彻《中华人民共和国老年人权益保障法》《山东省老年人权益保障条例》，印发《关于国际老人节和九九老人节期间广泛开展敬老活动的通知》等文件，落实老年人在购物、乘车、就医、游览和娱乐等方面的优惠政策。

老年舞蹈队演出

老年书画展

1997年免除农村70岁以上老年人的“三提五统”负担。1998年6月,区政府印发《关于对全区70岁以上老年人实行优待照顾的通知》,对全区70周岁以上老年人发放《老年优待证》,在12个方面实行优待照顾。对90岁~99岁老人,由区政府每年发给360元的健康补贴,80岁~89岁老人的健康补贴由各乡镇(街道)自定。各有关部门每年都召开老年节茶话会,走访百岁老人。1998年大力开展重“为”、强“养”、兴“学”、促“医”和增“乐”活动。注重发挥老年人在农村民事调解、民主理财、道德评议、计划生育和对青少年道德教育等方面的作用。

2000年开展老年协会工作。6月7日,市民政局在张庄居委会召开全市区、乡和村三级老年协会试点工作会议,讨论制定《农村老年协会规范化建设实施细则》《农村家庭赡养老人协议书工作规范》等规章制度,张庄居委会的经验在全市进行推广。2005年区委、区政府拨款对全区失地村(居、社区)65岁以上老年人按年龄段,发放老年人生活补助,补助标准为65岁~69岁每人每月补助10元,70岁~79岁每人每月补助15元,80岁~89岁每人每月补助20元,90岁~99岁每人每月补助40元,100岁以上每人每月补助200元。各镇(街道)也积极为60岁以上老年人发放生活补贴,全区为60岁以上老年人发放生活补贴,年累计260多万元。这一规定走在全省、全市老龄工作的前列,并在全省推广,受到上级业务部门和当地人民群众的好评。钢城区被省老龄委评为“全省老龄工作先进区”。

2005年钢城区老年人情况统计表

表15-1-6　　单位:人

年　龄	60~64岁	65~69岁	70~74岁	75~79岁	80~84岁	85~89岁	90岁以上	合计
人　数	4954	4697	4040	2639	1381	696	200	18607

第二章　人事劳动和社会保障

第一节　干部管理

清代，境内行政机构是保、甲（颜庄、里辛一带）和区、社（黄庄一带），保长、区长由县衙内吏房协助知县管理，甲长、社长由保长管理。

民国时期，境内行政机构为区公所和乡公所，区长、副区长由县政府管理（1914 年后，由民政科兼管），乡长由县（民政科）、区两级共同管理，一般工作人员由区、乡公所分别管理。

中华人民共和国成立后，境内区、乡（镇）、社党政机关、群众团体的人员编制，按照山东省泰安专署、临沂专署的编制委员会的规定，由所属县级职能部门下达。干部来源主要是招收录用在土地改革、抗美援朝、镇压反革命和社会主义改造等各个时期涌现出来的工农积极分子和安排军队转业干部。人事管理沿袭民主革命时期的方法。

1985 年乡镇干部由所属县（市）委、组织部和人事局管理。各区、乡（镇）所属单位的干部和工作人员，由各区、乡（镇）自行管理。

1993 年 1 月，区人事劳动局成立，与机构编制委员会办公室合署，区内干部分别由区委、区委组织部、区人事劳动局和乡镇（街道）分级管理。2001 年 11 月，区人事劳动局更名为区人事劳动和社会保障局，履行人事劳动管理和劳动保障等职能。

干部队伍

1993 年全区干部 1193 人，其中，党员干部 561 人，占 47.02%；妇女干部 164 人，占 13.75%。大专及以上文化程度的 429 人，占 35.96%；中专文化程度的 615 人，占 51.55%；高中文化程度的 96 人，占 8.05%；初中及以下文化程度的 153 人，占 12.82%。由于大中专毕业生和军队转业干部逐年增多，以及引进各类人才、“以工代干”和转干等原因，干部数量逐年增多。2005 年全区干部 2099 人；其中，党员干部 697 人，占 33.21%；妇女干部 698 人，占 33.25%。本科及以上文化程度的 492 人，占 23.44%；专科文化程度的 927 人，占 44.16%；中专文化程度的 669 人，占 31.87%。党政机关干部 134 人、事业单位干部 1965 人。

干部录用

钢城区干部录用分行政干部和事业干部录用两部分。行政干部录用是根据区上报录用计划，由市人事部门批准，下达录用指标。录用事业人员则由区委、区政府自行决定。自 1993 年，实行新的干部录用制度，按照公开、平等、竞争、择优的原则，面向社会公开招考，择优录取，其主要程序是发布招

全区事业单位全面推行人员聘用制度工作会议

考公告、公开报名、资格审查、组织笔试、面试、考察、体检、审批、试用和正式录用。1993年至2005年，根据上级有关文件精神，先后为人大、政协和教育局等区直机关和镇(街道)机关招考行政人员29人，从乡镇聘用制干部中录用干部17人，为审计、经贸和执法等区直部门招考事业干部19人。

为解决乡镇干部中部分人员年龄偏大、文化偏低，一时难以补充的问题，根据上级有关补充乡镇干部实行聘用制的规定，从社会青年中为乡镇党政机关、教育和农业等行业选聘合同制干部。2005年各镇(街道)有聘用制干部36人。

军转干部安置

1993年至2005年，全区共接收军队转业干部24人，其中，团级6人、营级11人、连排级6人，技术干部1人。安置去向主要是机关事业单位。团级干部按低于地方职务两级安排，营级以下干部不再安排相应职务。2002年为离退休的4名企业军转干部解决养老保险金1943.93元、医疗保险费70033.92元，报销医疗费3.37万元。

毕业生分配

1993年至1998年，全区的大中专毕业生人数较少，基本上按照专业特长，有计划地分配到教育和农、林、水等部门。1999年随着毕业生人数的增长，社会需求相对饱和以及毕业生择业观念的变化，毕业生分配工作采取计划分配和推荐就业相结合的方法。2001年至2003年，全区共接收报到的大中专毕业生312人；其中，本科5人、专科74人、中专233人，推荐就业198人。

干部调配

按照有关文件规定，凡属区委、区委组织部管理的干部，分别由区委、组织部研究决定后，由区委组织部直接办理调动手续，其他干部由人事劳动局研究办理调动手续。1993年建区时，区直机关干部由莱芜市机关和有关乡镇调入。1998年底，全区调入干部153人，调出干部59人，区内调整干部86人。1999年严把党政事业单位人员入口关，调入干部5人，调出4人。2000年至2005年，全区调入干部20人，调出干部15人。

干部任免

按照干部任免程序，区委管理的干部，由区直部、委、办、局党组织和镇(街道)党委提出意见，统一由区委组织部考察，并向区委汇报。区委审定后，分别由区委、区人大常委会、区政府和区政协决定任免；组织部、人事局管理的干部，由各单位党组织将干部任免呈报表和考察材料分别送组织部、人事局，由组织部、人事局办理任免手续。法院审判委员会委员、审判员，检察院检察委员会委员、检察员，均由法院、检察院党组织提名，并将干部任免呈报表和考察材料分别送区委和区委组织部审定后，提交区人大常委会任免。

1997年至2000年，按照中共中央《党政领导干部选拔任用工作程序》《关于严格政府部门事业单位中层干部选拔任用程序的意见》的规定，干部使用引入竞争机制。区委组织部、区人事劳动局联合印发《关于区直党政群机关事业单位选拔科(股)级干部实行竞争上岗的意见》《关于进一步完善选拔科(股)级干部实行竞争上岗有关问题的通知》等文件，干部任免工作实行以职务分类为基础，以人员选取为突破口，大范围组织竞争上岗、岗位轮换、双向选择、任职回避和考试考核录用等新的选人用人机制。至2005年，先后有25个单位

区学习贯彻《党政领导干部选拔任用工作条例》工作会议

实行竞争上岗,涉及105个职位,参与竞争上岗者308人次,任免科(股)级干部128人。

公务员过渡与轮岗

1996年4月,区委、区政府根据莱芜市机构改革暨推广公务员制度动员大会精神,组织力量对区直部门编制分配、职能界定等进行深入细致的调研,拟订关于部门职能及内部机构设置的意见。1997年4月,区委、区政府制定《钢城区国家公务员制度推行实施意见》,全区共设置国家公务员(机关工作者)职位401个(区直256个、乡镇145个);其中,国家公务员职位220个(区直160个、乡镇60个、领导职位89个、非领导职位131个),机关工作者职位181个(区直96个、乡镇85个、领导职位98个、非领导职位83个),组织全区334名过渡人员参加公务员过渡考试,一次合格率达到99.40%。

2002年以培养锻炼干部为目的,推行以机关干部轮岗为主要内容的干部人事制度改革,首批有104名机关事业单位人员轮岗,有的从事民营经济,有的领办、创办示范服务基地或经济实体,轮岗期限为2年~5年。

干部培训

对1996年招考录用的国家公务员(机关工作者)实行初任培训。至2004年,共有29名人员参加初任培训。1998年贯彻《国家公务员行为规范》,制定《钢城区1998年至2000年国家公务员培训规划》,每年对机关公务员进行培训。2002年至2004年,每年对机关工作人员进行专业知识培训。2002年有219人参加依法行政知识培训。2003年有208人参加行政许可法培训。2004年有138人参加英语培训,72名一般行政人员分2批参加更新知识培训。各种培训结束后,都分别组织考试,合格率均达到100%。

第二节　机构编制管理

编制管理

1993年钢城区机构编制委员会成立,下设区机构编制委员会办公室,区编办与区人事劳动局合署,负责全区的机构编制管理工作。根据中央和省、市关于加强机构编制管理的文件精神和区委、区政府的规定,全区党政机关、事业单位及企业行政单位的管理实行机构发文、编制发条的管理制度,控制编制人数,制止机关事业单位从企业调入人员或超编配人。

1999年为减少财政供养人员,减轻财政负担,开展清理清退临时人员工作,全区清理清退临时人员和借调人员577人;其中,区直168人(临时工158人、借调10人),乡镇(街道)409人(临时工376人、借调17人及自行调入16人)。2001年对全区229个事业单位职责范围分类,全额拨款事业单位187个、差额拨款事业单位12个、自筹自支事业单位29个和企业化管理1个,达到科学分类、动态管理的目的。2003年根据上级要求对事业单位进行登记,其中52个登记为事业法人单位,141个为事业单位。

机构改革

1993年前,全区乡镇有行政机构109个、事业机构83个、干部职工405人、临时工149人;同年,乡镇管理体制改革后行政机构减少64个,降低58.70%;事业机构减少33个、减少39.80%,清理清退全部临时人员和借调人员,108名机关工作人员走向市场兴办经济实体。

1997年进行全区党政机构改革,组建8个一级机构,4个部门管理机构,分设2个二级机构;全区共设党政机构30个(不含按《党章》规定设置的纪律检查委员会);其中,区委工作机构6个、区政府工作机构24个,另设部门管理机构4个,完善区级机构设置,健全区级行政职能。

2001年11月,进行以压缩区党、政、群机关人员编制和区政府工作机构为主要内容的改革,区委工作人员编制由66个(含待分配编制2个)精简到58个,精简12%;区政府工作机构由26个(含2个部门管理机构)精简到17个,精简34.60%,其中,保留的8个,更名的4个、撤并的11个、转体的3个。人员编制由162个(含待分配编制9个)精简到122个,精简25%。区人大、区政协人员编制由20个(含待分配编制1个)精简到18个,精简12%。群团机关人员编制由9个精简到8个,精简15%。政法、司法专项编制由86个(法院37个、检察院34个和司法专项15个)精简到77个(法院33个、检察院31个和司法专项13个),精简10%。镇(街道)综合性办公室由6个精简到4个,精简33.30%,人员编制由150个精简到120个,精简20%。区直党政领导职数由84个精简到78个,精简7.10%。镇(街道)党政领导职数由55个精简到44个,精简20%。

第三节 人才管理

专业技术人员管理

职称评审 1993年建区初,全区共有专业技术人员817人,其中高级职称19人、中级职称259人、初级职称539人。按事业单位岗位及聘任相统一双控制的要求,成立教育、卫生、工程和农业等初级评审委员会,负责推荐评审专业技术人员任职资格的工作。1998年实行评聘分开的机制,专业技术职务的评审实行个人自愿申报、单位审查和相应评审委员会推荐上报的办法。聘任实行竞争上岗,即在岗位设置数目内,采取个人申请,由单位统一组织竞争上岗、领导聘任等程序予以聘任。根据乡镇企业发展的需要,按照莱芜市人事局的安排,重新成立乡镇企业工程技术职务初审评审委员会,具体负责乡镇企业工程技术人员初级职务的评审和中级职务的上报推荐工作。2001年将相应评审委员会推荐上报改为由主管部门直接报送。自2004年,全区所有事业单位全部实行专业技术职务竞争上岗,聘期为1年~2年。自建区以来,企业中的专业技术人员一直实行自主设岗、自行聘任的办法。

培养高新技术人才 1996年区委、区政府出台《选拔专业技术拔尖人才的意见》《专业技术人才管理办法》,在全区开展专业技术拔尖人才的选拔工作,选拔出的专业技术人才由区委、区政府表彰命名,享受每人每月60元的技术津贴。

第四节 劳动管理

民国时期,境内的劳动务工管理先后由县劝业所、实业局负责,劳动者务工就业主要靠自谋职业。

1951年按照有关规定,用人单位雇用临时工人时,双方需协商订立有关待遇、工时、职责和解雇办法以及因工伤亡处理等方面的契约,且受雇期限不超过3个月,连续工作半年以上即转为正式工。1952年颜庄区实行劳动就业登记,下半年组织部分在乡知识分子通过考试选拔参加教育工作。1953年按照政策要求,境内个体商业、手工业者走互助合作道路,自此,境内实行劳动工资计划管理,有关企业招工由各区政府编制计划,上报县政府批准后执行。

1978年6月起,按照国务院《关于工人退休、退职的暂行办法》,工人退休退职后,家庭生活有困难的,或多子女且就业少的,招收1名符合招工条件的子女参加工作。1983年9月9日,按照山东省人民政府规定,离休、退休和退职干部不再招收其子女参加工作。1986年9月,废除工人退休子女顶替制度。为妥善处理遗留问题和适当照顾部分老工人,按照山东省人民政府规定,凡1986年9月30日前已符合退休条件,并有符合招工条件子女的工人,仍按原规定办理子女顶替,执行到1986年底。

1990年乡镇设立劳动服务站,配站长1人,工作人员1人~2人,具体负责本乡镇的劳力资源调查统计、劳动就业培训、劳务输出和管理等工作。1993年3月,区劳动服务公司设立,主要负责城镇劳动力就业安置,劳务输出(派遣),就业再就业培训、管理和指导,服务各类劳服企业的生产和经营,失业保险费的收缴与发放,社会劳动力调查摸底,以及职业介绍和劳动力市场建设等各项工作。

1993年1月,钢城区人事劳动局成立,负责区内劳动就业管理工作,各乡镇设有劳动服务站。1994年3月,区人事劳动局增设劳动监察科与劳动争议仲裁委员会办公室(合署)。1997年设劳动监察大队。

劳动就业

1993年1月建区后，随着城镇规划建设不断加快和企业改革的不断深入，区内农转非人数、下岗职工和自由择业人员不断增多。为缓解就业压力，区劳动服务公司引导下岗失业人员转变择业意识和就业观念，采取鼓励自主创业、协调民营企业吸纳就业、对城镇剩余劳动力进行优化配置及按照市场化运作模式实行双向选择公平竞争就业等一系列就业措施，使失业率控制在2.50%以内。同时，引导农村劳动力向城镇转移。2002年至2005年，共实现农村劳动力有序转移48628人次，其中组织市外劳务输出12389人次。

“春风行动”启动仪式暨首期创业培训班开班

2002～2005年钢城区劳务输出及劳动力转移统计表

表15－2－1 单位：人

年份	劳务输出		劳动力转移	合计
	农村	城镇		
2002	1314	129	3219	4662
2003	2529	231	5875	8635
2004	3695	298	8906	12899
2005	3774	419	18239	22432

劳动服务企业

1992年至2005年，全区共发展劳动服务企业15家，建立劳服企业网点15个。按照“依托莱钢求发展、服务莱钢上项目”整体思路，各劳服企业不断扩大生产经营规模，共完成固定资产投资5100万元，年利润200余万元，安置城镇失业人员500余人。

区劳动就业招聘会 (2005年 摄)

劳动就业培训

1993年区劳动服务公司设立劳动就业培训中心。1994年3月，首批开设电工、商品经营和钳工3个专

区劳动服务公司举办就业培训班　（2005年　摄）

全市创建和谐劳动关系工作会议在钢城召开

业培训班，历时3个月，186名待业培训人员经培训合格后走上工作岗位。同时，协助钢城企业集团公司、九龙集团公司等区直企业对所招聘的256名合同制工人进行业务培训，为市劳动技工学校输送学员120人。2001年至2005年，对全区1786名失业人员进行免费培训，并帮助实现再就业。2004年区职业培训中心被确定为省级劳务培训基地。

劳动力市场建设及职业介绍

1996年区劳动服务公司投资20万元，建立钢城区劳动力市场，开展档案代理、推荐大中专毕业生就业等工作。2005年投资60余万元对劳动力市场进行扩建，更名为人力资源市场，业务主要涉及劳动就业管理和人力资源开发储备以及人事代理三大类。至2005年，共代理人事档案2600份，免费职业介绍6812人次。

劳动保护

劳动争议仲裁　1994年3月，钢城区劳动争议仲裁委员会成立，配备专职和兼职仲裁员，下设办公室，具体负责处理劳动争议、劳动合同的签订、续订、修订、变更、解除和终止等事宜。1995年1月1日，《中华人民共和国劳动法》实施后，钢城区各用人单位普遍实行劳动合同制度。至2005年，共签订劳动合同48097份，同时加强对企业劳资干部、工会干部和企业法人代表的职工劳动争议知识培训工作，控制并减少企业劳动争议案件的发生。共审理劳动争议案件67件，结案67件，结案率100%。

劳动监察　1994年3月，区人事劳动局设立劳动监察科，与劳动争议仲裁委员会办公室合署办公。1997年8月，设立劳动监察大队，主要对用人单位和劳动者执行劳动法律、法规和规章等情况进行监督检查，对违法行为进行制止，责令改正，并予以处罚。1995年按照劳动系统“三五”普法规划的要求，全区开展《中华人民共和国劳动法》《社会保险征缴条例》宣传，加强劳动监察执法力度，实行巡视检查和专项检查相结合，建立健全一年一度的劳动年检制度，对用人单位遵守《中华人民共和国劳动法》、劳动纪律的情况逐项进行检查，维护企业和职工的合法权益。至2005年，共检查企业单位280家，查出各类违法案件23起，限期整改18起，保证劳动法规的贯彻落实。

第五节　工资福利

工资制度

清代，官员实行俸银制。民国时期，职官实行薪金制，区长、副区长的全年薪金160元~110元（当时货币），办事员100元~80元，勤杂人员50元左右。抗日战争和解放战争时期，地方党政机关、人民团体所有工作人员实行供给制，标准有多次变动。1940年一般为每人每月粗粮60斤、细粮15斤、青菜30斤、食油7两半、食盐3两半及猪肉1斤等。每人每年发单衣一身、布鞋5双，两年发棉衣一身。

1951年12月1日起，工作人员实行工资分

制，每一分工资可领取粮食0.40公斤、白布6.60厘米、植物油1.50克、食盐0.60克及煤1公斤。自1955年7月，改为货币工资并实行职务等级工资制，区级国家工作人员从19级到27级。1956年全国规定十一类地区工资标准，境内颜庄区执行三类地区工资标准，1963年8月，改为四类地区，1985年改为五类地区，1986年改为六类地区。1959年下半年至1982年，对干部职工工资进行多次改革调整。1983年对企业职工实行工资与企业效益和本人劳动成果挂钩。1985年国家机关、事业单位人员工资由等级制改为结构工资制（包括基础、职务、工龄和奖励四部分），教师和护士享受教龄和护龄补贴。1993年10月起，机关事业单位由结构工资改革为职级工资；事业单位实行分类管理，分别执行专业技术人员工资和管理人员工资。执行职级工资的机关工作人员，按工龄套入相应的职务工资标准和级别。执行事业单位工资的工作人员的标准为：一是按工作年限及职务套入相应职务工资标准；二是按1993年9月份实际执行的结构工资额加上64元，再加上工龄工资，就近就高套入相应职务工资档次，两者相比较执行档次高的工资额。

基本工资　机关事业单位每2年在考核称职（合格）的基础上晋升1个职务工资档次，1994年为第一个晋升职务工资的考核年限。执行职级工资的工作人员，每连续5年（或连续3年优秀或4年中有3年考核优秀，1年称职）考核称职以上，晋升1个级别，1993年为晋升级别的第一个考核年。1993年工资制度改革后，根据国民经济社会发展和人民生活水平，分别于1997年7月、1999年7月、2001年1月、2001年10月和2003年7月，调整工资标准，增资额分别为20元、120元、100元、80元和50元。

津（补）贴　1995年12月起，增加第三次职务补贴（人均约增70元）和误餐费60元。1998年1月起，简化归并各种津补贴（含误餐费60元、自行车补助10元、粮食补贴8元、洗理费15元或17元，和开放城市补贴中的15元）为125元，人均增资15元。2000年1月起，增加地方补贴36元，按本人基本工资的20%发放住房补贴。2001年1月起，按25%发放住房补贴。2003年1月起，按35%发放住房补贴。2004年1月起，水电补贴15元调整为水电暖综合补贴90元，取消每年发放的24元取暖费，增加考勤奖每人每月100元和目标管理奖每人每月40元。2005年1月，增加岗位津贴，每人每月平均约增190元，交通补贴每人每月50元，并调整水电暖综合补贴，由90元调整到每人每月150元。

年终奖　从2001年起，执行发放年终一次性奖金，标准按本人当年12月份基本工资计发。2003年起，按本人当年12月份工资金额发放。

1993～2005年钢城区机关事业单位人员、企业职工年均工资统计表

表15－2－2　　单位：元

工资＼年份	1993	1994	1995	1996	1997	1998	1999	2000	2001	2002	2003	2004	2005
机关事业人员平均工资	2998	3694	4337	6091	6459	7114	7971	9156	9951	11309	13245	15619	19254
企业职工平均工资	3500	3761	3904	5765	6005	6917	8357	10888	12819	14096	15548	19292	18282

职工工资

1993年建区初，钢城区职工执行工资标准按一类产业最高月工资164元，二类产业最高月工资160元，三类产业最高月工资153元。1994年全区推行技能工资制，由等级工资套改为技能工资，一类产业十级套改为技能工资十九级，由164元增至321元；二类产业由160元增至305元；三类产业由154元增至288元。区属企业职工套改后与原工资比较，平均月增资96元。1996年全区所有企业执行岗位工资，全区企业岗位工资人均月增80元以上。1993年1月起，企业职工均增加工龄工资，执行标准为每年工龄月增资1元。1997年起为规范各乡镇企业合同制职工档案工资管理，有利于职工合理流动，全区执行档案技能工资，执行标准以产业中档，具体标准为：1997 年为 90 元起点，1999 年为 105 元起点，2001 年为 130 元起点，2003 年为 160 元起点。

福利

全区干部职工享受的假日主要有节假日、探亲假、婚丧假、女工产假等。因公负伤后，可享受病假待遇；因公致残的，根据残疾程度和工作年限，分别享受病假、退职、退休待遇。

第六节　社会保险

养老保险

企业职工养老保险　1993 年 1 月，区社会保险事业处成立，隶属区人事劳动局，负责辖区内合同制职工养老金和固定工社会统筹金的筹集和管理，支付企业离退休职工的离退休费用等。1993 年 1 月，全区企业固定工开始办理统筹金缴纳手续，具体标准为：全民所有制单位按上年度固定职工工资总额的 18%缴纳，集体所有制单位按上年度固定职工工资总额加统筹项目内的离退休费用之和的 23%缴纳，个人承担工资总额的 2%。

养老保险手册　　（2005 年　摄）

1994 年贯彻《莱芜市城镇集体企业、私营企业职工和个体劳动者社会保险办法》，境内私营企业职工和个体劳动者也可以按照政策规定参加社会保险。1995 年 1 月，固定工和合同制职工实行统一缴费，具体标准为：单位按工资总额的 18%缴纳、个人按工资总额的 2%缴纳。1995 年 12 月，离、退休职工及其遗属的养老保险金实行社会化发放。1996 年 1 月，实行社会统筹与个人账户相结合。2004 年 1 月，个人缴费比例按 7%计。2005 年个人缴费比例按 8%计，全区享受企业养老保险的离、退休职工及其遗属共 292 人，养老金的社会发放率为 100%。

1993～2005 年钢城区企业城镇职工基本养老保险金缴纳比例统计表

表 15－2－3　　单位：%

年份＼项目	单位缴纳比例	个人缴纳比例	合　计
1993～1996	18	2	20
1997	18	3.50	21.50
1998	18	4	22
1999～2000	18	5	23
2001.01～2001.03	18	5	23
2001.04～2001.12	18	6	24
2002	18	6	24
2003	18	7	25
2004	18	7	25
2005	18	8	26

机关、事业单位职工养老保险　1993 年 1 月至 1997 年 7 月，乡镇聘用制干部和合同制职工办理养老保险基金缴纳手续，规定单位按工资总额的 18%、个人按工资总额的 2%缴纳，干部和固定工不缴费。1997 年 7 月，机关事业单位实行全员养老保险制度，规定单位按工作人员月工资总额的 16%缴纳、个人按工资总额的 2%缴纳。2000 年 1 月，离休、退休、退职人员的离退休费和遗属困难补助费实行社会化发放。至 2005 年，全区享受养老保险的离休、退休、退职及其遗属人员共 863 人。

农村养老保险　自 1999 年 7 月，农村社会养老保险工作由区人事劳动局管理。农民自主交费实行社会发放，基金收支实行两条线管理。1993 年至 2005 年，全区农民参保人数 6310 人，共收取保费 482 万元，发放人数 212 人，共支付保费 101 万元。

失业保险

自 1999 年 1 月，开始实施失业保险制度。机关事业单位失业保险金缴纳，单位按工作人员月工资总额的 2%缴纳，个人按月工资总额的 1%缴纳。2000 年将下岗职工基本生活保障并入失业保险。至 2005 年，全区参加失业保险人数 5473 人，其中，参加失业保险的企业有 27 家，参加失业保险人数 2474 人；参加失业保险的事业单位有 40 家，参加失业保险人数 2999 人。2005 年享受失业保险待遇 67 人。对于停产、半停产企业中不能用工资维持基本生活的特困职工，区政府每年对其进行生活补助。

生育保险

1996 年 1 月，在全区企业范围内实行生育保险制度，规定单位按上年度职工工资总额的 1%缴纳，个人不缴费。1996 年至 2005 年，共为 153 名女职工发放生育保险金。

医疗保险

2000 年 12 月，设立医疗保险事业处。2001 年 1 月，在区直机关实行医疗保险制度，基本医疗保险缴费率为 8%，单位按工资总额的 6%缴纳、个人按工资总额的 2%缴纳，退休人员个人不缴纳医疗保险费。

职工个人缴纳的医疗保险费全部计入个人账户，用人单位缴纳的基本医疗保险费按下列比例计入个人账户：在职职工以本人缴纳工资作为计算基数，45 岁以上（含 45 岁）按 1.50%划入个人账户，45 岁以下按 1%划入个人账户，退休人员按本人上年度退休费总额的 5%划入个人账户。

统筹基金主要用于支付住院医疗费用和部分特殊慢性疾病门诊医治费用，个人账户主要用于支付门诊医疗费用和规定由个人负担的其它医疗费用。基本医疗保险统筹基金支付住院费设置起付标准，支付标准为 500 元 ~ 700 元，年度最高支付限额为 3 万元。住院费用在起付标准以上，最高支付限额以下部分，主要由统筹基金支付，个人按分段的方式负担一定比例。

按年人均 60 元的标准建立大病医疗救助金，由用人单位和职工个人（含退休人员）共同缴纳，其中用人单位和职工本人各缴纳 24 元和 36 元。公务员医疗补助制度的缴费率为 4%，由单位全额缴纳。至 2005 年，全区参保单位 130 个，参保职工 5315 人，收缴医疗基金 1100 万元，为参保患者报销医疗费 300 余万元。

第三章 法治 监察

1994年3月，区监察局设立，配备局长1人，副局长1人，与区纪律检查委员会合署办公。

1997年8月，区政府法制局设立，为二级事业单位。2001年12月，改设为区政府法制办公室，为区政府办公室内设机构。

第一节 行政监察

减轻农民负担

1994年落实中央和省、市关于减轻农民负担的一系列方针、政策，实行农民负担预决算、农民负担合同书和农民负担卡制度，推行涉农价格收费公示制、村级报刊费用限额制，取消向农民征收的乡统筹、农村教育集资等行政事业性收费和基金，清理废止涉及加重农民负担的不合理规定105项，全区农民负担所占上年纯收入的比例始终控制在5%以内，并逐年下降。

紧密配合农村税费改革，加强对各项工作的监督检查，确保税费制度改革各项政策落到实处，农民负担明显降低，减负率达到40.99%。取消特产税和公益金，2004年农业税降低3%，2005年全部取消。加强对粮食直补政策落实的监督，2004年全区共发放粮食直补款56.56万元，2005年发放66.70万元。

减轻企业负担

1994年坚持不定期对企业负担情况进行监督检查，通过采取挂牌保护、交费登记卡和企业负担月报等措施，先后对15家集体企业、15家个体私营企业进行重点保护，实行《收费批准通知书》制度，对企业负担进行监督，使企业“三乱”现象得到有效遏制。

2001年区监察局严肃查处影响、干扰企业发展的行为，成立区招商引资投诉办公室，制定《区招商引资投诉办公室工作规范》，明确工作职责、权限、受理范围、保护对象和工作程序等，做好企业投诉的受理工作。落实《关于进一步加强环境建设的规定》《关于对损害经济发展环境行为的处理规定（试行）》《行政效能投诉处理暂行办法》等一系列规定，制定《关于对损害经济发展环境行为的处理规定》，开展行政效能监察，加大对损害经济发展环境行为的处理力度；全区31个执法部门和窗口单位实行承诺服务公示制度，对外公开承诺服务事项、内容、办事程序、标准时限、投诉办法、举报电话和违诺责任追究等内容；开展百家企业调查活动，对发现的区直部门在行政效能、承诺服务、环境建设等方面存在的问题，责令有关部门及时进行整改；制定印发《钢城区区直服务承诺部门单位社会评议暂行办法》。2003年起，每年对全区35个服务承诺部门单位在依法行政、履行职责、规范服务行为和提高服务质量等方面的情况进行社会评议，对35个区直服务承诺部门和有关单位进行社会公开评议，根据评议结果对部门进行记分排队，评议结果排名末3位的，由区领导与部门主要负责人进行谈话，促进行业作风的转变。

治理中小学乱收费

2000年区监察局印发《关于加强学校收费管理的规定》，实行收费卡和收费公示制度，对收费实行双向监督。落实“一费制”收费政策，坚持每年对全区中小学收费情况进行一次集中检查，先后治理中小学乱收费项目13项，涉及违规金额49.30万元。

纠正医药购销中不正之风

2004年区监察局对药品实行集中招标采购，对区医院药品招标采购合同履行情况和价格执行情况进行监督。对医疗卫生单位和个体诊所进行检查，取缔无证或证照不全的非法经营药点19处，涉及违规金额135.73万元，清理销毁假劣和过期药品、医疗器械，总价值为1.50万元。

治理公路“三乱”

1994年区监察局开展在公路上“乱设卡、乱收费、乱罚款”的专项治理，坚持社会舆论监督、举报制度、明察暗访和定期不定期上路巡查等办法，强化监督检查，及时纠正处理发现的问题，先后对13起违规上路查车问题进行严肃处理，处分有关人员8人。

预算内外资金管理

1994年至2005年，区监察局在全区清理银行账户153个，撤销账户125个，将43个行政事业性收费和罚没收入的单位全部纳入财政专户，查处违规资金298.70万元；围绕“三项政策、一项改革”，对粮食流通体制改革情况进行专项检查，发现纠正问题4个，涉及违规资金17万元；通过对住房制度改革情况检查，清退多占住房32套。区监察局在对“收支两条线”执行情况检查时，共查47个部门，发现有问题的部门30个，查处违规违纪金额269.68万元；检查企业基本养老保险资金、企业下岗职工基本生活保障资金、企业失业保险资金、城镇居民最低生活保障资金等4项社会保险资金644万元，查处违规资金46.10万元。

专项监察

1994年至2005年，区监察局在全区先后对农村财务管理、中小学收费、计划生育收费、农民负担、征地补偿资金管理使用、行政事业性收费、收支“两条线”、建设工程项目、社会保障基金、医药购销中的不正之风、城市规划执法、计生系统落实“一法三规一条例”、国债资金管理、治理整顿土地市场秩序、征用农民集体所有土地补偿费使用以及经营性土地招标拍卖挂牌出让等开展专项执法监察。

第二节 政务公开 行政执法

政务公开

1996年区政务公开领导小组成立，设立办公室，明确提出“三个要”“四个一”的公开要求。“三个要”——推行政务公开的面要广、公开的内容要全、公开的形式要活；“四个一”——要求各单位要做到选定一个固定的公开场所，在醒目的地方设立公开栏；要求编印一本《政务公开手册》，将公开的事项汇集成册；要求建立一本公开档案，及时搜集整理公开的内容，便于群众查阅；要求确立一个专门的工作班子，各单位由党政主要负责人任组长，明确专人负责政务公开工作。区政府、5个乡镇（街道）和56个区直部门都全面实行政务公开，全区共设立政务公开栏92个、政务公开意见箱54个和监督电话112部，向社会公示有关单位的情况300余项，包括承诺服务事项、内容、办事程序、标准时限、投诉办法、举报电话和违诺责任追究等，政务公开面达到100%。

行政执法

1993年1月建区后，区政府法制办制定《钢城区规范性文件制定程序规定》《钢城区规范性文件备案审查办法》，按照条件成熟、突出重点、

农村干部法律培训班

统筹兼顾及少而精的原则，科学合理制定政府立法工作计划。制定《钢城区依法行政第二个五年规划》《钢城区依法行政第三个五年规划》，对全区的依法行政工作进行严格规划。至2005年，共举办各类培训班、讲座20次，培训各类人员5000余人，申领、审验和换发行政执法证件1000余个。

共办理行政复议案件21起，行政应诉案件11起。2001年区政府法制办公室被省法制办、省人事厅评为“全省依法行政二五规划先进单位”。

第四章　企地协作

20世纪60年代至70年代，境内先后建起新华机器厂、莱芜钢铁厂、莱芜硫酸厂、潘西煤矿及西港煤矿等国家、省、地属国有企业，在各公社均有分布。1990年8月，莱芜市政府成立驻钢城办事处，办事处专门负责企地协作。

1995年12月，区厂地协作办公室（工农共建办公室）设立，为科级事业单位，定编3人，隶属区政府办公室。区委、区政府适应企地共建的新形势，确立“真诚服务、共建双赢”的共建理念，并作为企地协作的长期指导思想，建立“高层战略协商、中层对口联系、基层全面融通”的互动机制。通过定期召开企地联席会、座谈会等多种形式，加强企地沟通，做到“莱钢的困难都知道，莱钢需要的都支持”。组织开展“莱钢过千万，我们怎么办”大讨论活动，全区上下达成“企地一家、发展一体”的共识。通过与莱钢等驻地企业探索“企地合作、互惠互利、双赢共兴”的新思路，大力发展钢铁配套项目、产品延伸项目和企地联办项目。自2001年，开展企地联手招商引资活动，推动区域经济的发展。区直各部门分别从业务角度出发，探索企地协作的新途径，形成思想教育联控、环境卫生联治、社会治安联防、移风易俗联抓、城市道路联修、基础设施联用、文体活动联办及互利企业联建的企地协作机制。

第一节　协调服务

1993年至2001年，钢城区先后参与莱钢东泉供水管线、清泥沟供水管线及潘西煤矿东泉水源地等建设工程的服务协调工作。

自2002年底，开展为莱钢“十五”技改、大型H型钢项目（银山工业园）建设、银山前区建设、双泉路拓宽改造、新兴公园建设和金鼎花园生活住宅建设等20余项重点工程建设的服务协调工作。为及时有效地提供服务，区委、区政府推行

工作组人员到现场协调服务

"一线工作法",按照一个项目、一套班子、全程服务的要求,相继成立银山型钢、银山前区、冷煤电、冶金矿山、金鼎花园南区和粉末冶金扩建等6套协调服务班子,共有10余名县级干部、300余名区镇机关干部、200余名村(居、社区)干部靠在一线开展协调服务工作。先后为企业征地1万余亩,拆迁住户2000余户,拆迁地方企业300余家,砍伐树木6.5万株,迁移坟头1900个,关闭采石场223处,动用地方建筑队伍数千人次,协调解决各类矛盾纠纷3000余起,确保莱钢重点项目建设的顺利进行。

围绕莱钢关心的政策、用地、用水和交通等问题,落实市委、市政府《关于支持莱钢新上重点项目的意见》,给予银山型钢等重点项目优惠低价、财政奖励和贷款贴息等优惠政策。

2003年实施从莱芜雪野水库为莱钢调水工程。工程涉及颜庄镇和里辛镇的11个村庄,铺设管道13390米,补偿土地青苗款72.80万元。工程施工期间,有关镇、村做了大量服务协调工作。2004年4月26日,调水一期工程竣工,调水量达每小时2500立方米。

2004年区政府贷款借债5000万元,用于莱钢征地、修路、储水以及保障失地农民生活。

2005年钢城区结合葫芦山水库除险加固兴建向莱钢供水工程,投资1500万元,建泵房1处,铺设管道7600米,为莱钢年供水600万立方米,当年供水150万立方米。

第二节 企地共建

共建基础设施

对每年的城市重点工程,企地统一研究、统一规划、统一建设。自1994年,企地联手投资7亿多元,修建改造钢都大街、友谊大街、银山路、双泉路和桃花路等道路18条、40余公里。配套完善自来水厂、污水处理厂等设施。建成南湖公园、艾山公园和牟汶河公园等一批市政重点工程。2001年莱钢集团公司出资598万元与钢城区联手实施牟汶河改造治理工程,至2005年修建拦河坝9处、橡胶坝5处,增加蓄水量270万立方米。工程为莱钢涵养了水源,又改善了钢城的环境质量。

发展配套经济

区、镇、村各级紧紧围绕莱钢原料需求、产品延伸和循环经济三大环节,大力发展配套经济。至2005年,全区钢铁配套企业900余家,培植起粉末冶金、泰达车库和京华焊管等一批骨干龙头企业,逐步形成以钢铁生产和深加工、钢材销售、新材料及物流配送于一体的钢铁主导产业体系。钢铁产业实现产值和利税均占全区工业总产值、利税的70%。

联合招商引资

2001年5月,钢城经济开发区成立后,区委、区政府与莱钢集团公司多次联合组团赴上海、浙江等地招商引资。2002年企地联手招商项目达到100个,总投资3.19亿元,累计形成固定资产1.47亿元,分别占全区招商引资总数的44%、32%、51%。2003年全区完成招商引资项目176个;其中,企业联手引进投资项目占到50%。2004年由莱钢或依托莱钢引进项目102个,其中"钢字号"项目62个,过千万元的项目10个,大型物流配送项目5个。2005年企地联手在浙江省温州、萧山等市开展招商活动,举办大型招商推介会2次,签订以粉末冶金制件、钢结构加工等为主的钢铁深加工项目13个,总签约额6亿元。

共建精神文明

1993年至2005年,企地联手组织47个获得省、市、区级文明称号的单位和8个莱钢二级企业,与55个村(居、社区)结成城乡文明、企地文明共建对子,组织开展"百户困难家庭得帮扶""万册图书送乡村"等活动。多次举办"钢之魂、桃之韵"宣传文化周活动。开展送一场文艺演出、扶持建设一条文明街等"十个一""告别脏乱差、携手建文明""共创文明街区、争做文明公民""企地共谋发展、建设美好家园"等主题活动。多次联合举办文艺汇演、体育竞赛以及环境卫生、市场整顿等活动。

共建平安钢城

区司法公安部门每年都与莱钢联手开展“平安钢城”创建活动，坚持教育联抓、活动联创、治安联防、问题联结和纠纷联调，形成“平安钢城”建设的强大合力。每年都联手开展重点项目治安秩序集中整治等专项活动，为区域经济发展创造安全稳定的治安环境。

企地共建“平安钢城”“平安莱钢”动员大会

2005年《莱芜日报》、莱芜电视台和莱芜人民广播电台等新闻媒体以《钢城人是怎样过年的》《钢城上下干事创业的氛围是怎样形成的》《水乳交融的企地关系是怎样形成的》等为题，进行集中报道。《经济日报》《大众日报》《山东通讯》等报刊进行多次宣传报道。

第五章　外事　侨务　宗教

1993年6月，区政府办公室设立秘书科，同时挂外事侨务民族宗教办公室牌子。1997年8月，区外事侨务民族宗教办公室（同时挂旅游局牌子）设立，为二级事业单位，人员编制3人，隶属区政府办公室。

第一节　外事　侨务

外事

1993年至2005年，全区共接待外商400人，主要来自韩国、美国、日本等国家和中国香港特区；其中，经贸团组31个、非经贸团组9个。通过召开推介会、钢铁招商大会、城市智能停车国际论坛及参加各类经贸洽谈会等形式，接待外国团组，并引进国外专家10余人次，签订利用外资协议350余个，协议利用外资额近6亿美元。签订利用外资合同200余个，合同利用外资额1.20亿美元。批准外资或合资企业31家，实际利用外资5500多万美元。1998年、1999年荷兰磁性材料专家特奥斯泰因斯到莱芜磁性材料厂指导磁性材料生产工艺。2001年4月，邀请日本专家远藤中光到黄庄镇开展为期4天的技术指导，培训人员500余人。2004年8月和2005年5月，区政府先后2次组团共20余人赴韩国招商引资。

侨务

全区居住在加拿大等国家和中国香港特区的钢城区籍的华侨华人共8人。有华侨眷属20人，分布在颜庄镇的颜庄、西沟、下河沟、马官庄、唐家宅、埠东6个村。海外留学人员11人，分别在美国、加拿大、德国、新西兰等国家攻读硕士或博士学位；留学生眷属35人，分布在艾山街道逯家庄社区、陶家岭社区，黄庄镇仙人桥村，颜庄镇澜头、北官庄等村，里辛镇茶峪子社区、三岔河等村。

1993年起，加强宣传、落实《中华人民共和国归侨侨眷权益保护法》等侨务工作的方针政策，使各级提高对侨务工作重要性的认识，坚持对归侨、侨眷“一视同仁、不得歧视、根据特点、适当照顾”的原则，维护其合法权益，关心支持华侨眷属工作和生活，给予尽量多的尊重和照顾。通过加强联系，宣传党和国家有关“一国两制、和平统一”的方针政策，鼓励引导华侨、华人、归侨、侨眷通过各自的优势为祖国和平统一做贡献。

向中小学生进行反对邪教宣传教育 （2005 年 摄）

第二节 宗 教

至 2005 年，全区有基督教、天主教和伊斯兰教 3 种宗教组织，信教人数 803 人，其中基督教 394 人（包括莱钢、潘西煤矿职工家属约 120 人）、天主教 13 人和伊斯兰教 396 人（包括莱钢职工家属 380 人）。分布在境内天主教、基督教活动点 6 处，其中依法登记 2 处（陈家庄活动点、潘西煤矿活动点），家庭聚会点 4 处（上历山后村、张庄居委会、颜庄村、玥庄村）。

在宗教工作中，宣传落实宗教信仰自由政策，实行“三定”（定点、定片、定人）管理和“三自”（自传、自治、自养）方针，帮助确定活动点，建立活动领导组织和制度，对符合条件的活动点依法进行登记，防止境外渗透；引导宗教信众与邪教组织划清界限，参加生产劳动和两个文明建设，使宗教活动与社会主义制度相适应。2003 年 1 名宗教活动点负责人担任区政协委员。

第六章 机关事务管理

1993 年 6 月，钢城区机关事务管理处设立，属副科级事业单位，隶属区政府办公室。1997 年 6 月，区机关事务管理处更名为区机关事务管理局，升格为正局级事业单位，配备局长 1 人、副局长 2 人，内设 4 个科（室），人员编制 18 人。2005 年底，有局长 1 人、副局长 3 人，设有办公室、保卫科、综合科、房产科、区公文交换中心，有工作人员 25 人。

区政府办公大楼 （2000 年 摄）

第一节 基本建设

府前路社区卫生服务站门诊楼

政府办公楼

1993年1月，区政府办公地点设在莱钢机修厂家属区东邻的平房里；5月征购土地20公顷，筹建区政府办公大楼。1994年5月18日，办公大楼交付使用。区委、区纪委、区人大、区政府及已建立的部(委、办、局)迁至新楼办公。办公大楼建筑面积4905平方米，共有6层。同时，建起2层的车库楼1座，建筑面积1500平方米，1层为车库，2层为办公室，安排部分单位在2楼办公。

机关宿舍

1993年3月，为解决机关干部职工住房问题，征购土地8.46公顷(分4次征购)，筹建2幢宿舍楼，建筑面积5282平方米；5月动工。1994年5月竣工，安置住户56户。随着区机关机构的不断完善，人员逐步增加，住房逐步扩建。1997年建6号、7号宿舍楼2幢，建筑面积4897平方米，安置住户56户。1998年建5号、9号、10号宿舍楼3幢，建筑面积9304平方米，安置住户104户。2000年建1号、4号宿舍楼2幢，7号宿舍楼加盖1个单元，建筑面积7480平方米，安置住户88户。在兴建办公楼和机关宿舍的同时，兴建机关食堂，建筑面积320平方米。

机关招待所

1993年征购土地2公顷，筹建钢都宾馆(区机关招待所)；5月动工。1994年10月，竣工投入使用，建筑面积5147平方米，内设多功能厅1处，小型会议室5个，一次容纳150人左右就餐餐厅1处、包间餐厅10间、住宿房间58套及床位100个。2004年对钢都宾馆客房楼内外进行装修，内部设施进行更换。

机关门诊和老干部活动中心

2000年在机关生活区内修建252平方米的房舍1处，设立机关门诊和老干部活动中心，方便机关干部职工就医和老干部进行活动。

区机关宿舍

机关幼儿园

2000年，为方便机关干部职工子女入托，在机关生活区北邻筹建钢都幼儿园。2002年6月1日，建成开园。占地2.06公顷，教学楼建筑面积2050平方米，供幼儿活动的户外场地2600平方米；年内，被评为“莱芜市级示范幼儿园”。2005年有8个班，入园幼儿350人，教职工32人；其中，园长2人、教师16人、保育教师6人。

钢都幼儿园　　（2004 年　摄）

第二节　管理服务

房产管理

区机关事务管理局制定并落实《办公楼管理规定》《消防安全制度》《安全保卫制度》《卫生管理规定》等各项管理制度，保证办公楼管理的规范化。利用办公楼投入使用的契机，确立“新起点、高标准”的服务目标，组织专门班子负责办公会务、接待、安全、卫生，以及中央空调、通信设施的正常运行。1998 年改造办公楼的通信网络，保证内部通话不收费。2002 年进行楼道顶棚改造。2004 年设立机关公文交换中心，每天收发报刊千余份，节约通信邮资；下半年，开始对办公楼进行楼顶防水、厕所改造以及供电线路更换。对车库楼进行供暖设备改造、楼顶防水处理以及供电线路更换等。

1999 年起，实行房屋确权手续。制定落实《钢城区机关宿舍住户管理办法》等管理规定。保证水、电、暖正常供应，落实房屋修缮计划。2002 年完成 2 号、3 号楼楼顶防水、上下水管道更换、女儿墙返修及外墙粉刷。2004 年完成 6 号楼楼顶防水、上下水管道更换和 7 号楼供暖系统改造，并着手对 5 号、9 号楼上下水管道进行更换。

1998 年区政府出台《莱芜市钢城区机关公有住房出售管理办法》；6 月住房改革全面启动。经过申请、测量、评估、计价、收款及填表等程序，先后为 340 户机关工作人员办理购房手续，填写房地产审批表 340 份，房款收回率达到 100%。此后，机关分房、调房均按房改的要求办理。制定实施房改后房产管理的新方案，保证机关住房管理工作的规范化、科学化。

环境美化

1994 年机关办公楼投入使用后，楼前空地栽种冬青、银杏、杏梅、五角枫、垂柳和垂槐等花木，绿化美化面积 1.10 万平方米。随着机关宿舍区的建设，逐步栽种雪松、冬青等树木花卉 1 万余株，空地全部绿化。为加强管理，成立专门绿化队伍，实行严格的岗位目标责任制，使绿化美化水平不断提高。1997 年区政府大院被命名为市级“花园式单位”。2002 年建起垃圾中转站 1 处，方便居民，保证卫生。

安全保卫

1994 年 5 月至 2001 年 12 月，区保安公司承担机关门卫、宿舍区夜间值班巡逻等安全保卫工作，按照《区政府机关安全保卫责任书》的要求，保证机关安全。2000 年增加宿舍区门卫 1 处。2002 年 1 月，为加强治安管理，机关事务管理局成立保卫科，从社会招聘保安人员 8 人，严格值班巡逻制度，保证机关良好的社会治安秩序。

接待服务

钢城区本着主动热情、细致周到、确保安全、有利公务、勤俭节约、避免浪费的原则，接待工作一般都安排在钢都宾馆进行。钢都宾馆不断完善服务功能，增加服务项目，做到接待工作的规范化、科学化，树立钢城接待行业的良好形象。

生活服务

1993 年建区之初，对机关食堂加强内部管理，严格成本核算，调剂饭菜花样，保证职工生活。随着形势的发展，积极探索食堂管理的新路子，采取分级负责、定岗定员、严格成本核算、收入效益挂钩等措施，逐渐改革管理体制。2002 年实行承包经营。2003年对机关餐厅进行改造，扩大餐厅面积，增设高档次单间，方便机关干部职工的生活。

财务管理

2000年12月前，区机关事务管理局承担着区机关工作人员的工资发放和行政经费支付工作。严格执行《财务经费包干制度》《会议接待管理规定》《车辆电话管理规定》等规章制度。严格执行水、电及房租等管理制度，加大各种费用的收缴力度，入户收缴率达100%，每年都基本完成收缴任务。对国有资产进行登记建档，做到底数清、去向明。建立较为完善的资产评估制度，切实发挥当家理财的作用。2001年1月，区机关所有部门的包干经费支付和工资发放工作移交区财政局。

车辆管理

区机关事务管理局对区机关所有车辆都建档立卡，制定落实机关车辆定编、购置、落户、年审、更新和报废等管理制度和工作程序，及时对驾驶员进行教育培训。至2005年，全区共举办驾驶员安全警示教育培训班20余期，培训驾驶员600人次。

第十六编

公安 司法

GONGAN SIFA

“12·4”全国法制宣传日宣传站

书记员

钢城区颜庄镇公益法律服务工作者聘书颁发仪式
颜庄会场

第一章　社会治安综合治理

20世纪80年代至钢城区建立前，境内的社会治安综合治理工作由各分属县（市）政法委、综合治理委员会办公室分别管理。1993年建区之初，全区社会治安综合治理工作由区委办公室负责。1994年11月，钢城区委政法委员会成立，与区社会治安综合治理委员会办公室合署办公，下设办公室、指导科和政工科，配备书记1人、副书记2人，其中1名副书记兼任综治办主任。综治办配备专职副主任1人。

1997年钢城区被中央社会治安综合治理委员会和中华人民共和国人事部表彰为“全国社会治安综合治理先进单位”。1998年被命名为山东省“社会治安综合治理模范区”。2003年被省委、省政府授予“全省社会治安综合治理先进集体”称号。

第一节　社会治安综合治理目标管理

1994年区委、区政府贯彻落实中央“五部委”《关于实行社会治安综合治理领导责任制的若干规定》，健全领导责任制，坚持打防并举，标本兼治，重点治本，把打击、防范、教育管理、建设和改造有机结合起来，加强社会治安综合治理工作。区委印发《关于实行社会治安综合治理领导责任制考核奖惩的意见》《关于实行社会治安综合治理一票否决制的试行规定》，层层签订社会治安综合治理责任书，形成以领导责任制为核心的全方位、多层次、纵向到底、横向到边的责任制体系。全面加强村级治保、调解、巡逻、普法和帮教5支队伍以及“五位一体”的综合治理办公室建设，充实和完善区、乡、村三级联防队伍，并采取发放工资、误工补贴等办法，合理解决巡逻队员的报酬，做到人员、工作、责任、制度和报酬“五落实”。同时，加强内部单位保卫组织建设，维护内部单位治安秩序。区委、区政府以“破大案、挖团伙、打流窜、追逃犯、反盗窃、反抢劫”和打击村霸、市霸为重点，实行专项斗争，重点治理，集中清查，先后组织打击盗窃摩托车，打击盗窃破坏铁路、电力、通信设施，打击严重刑事犯罪，扫黄打非，收缴非法枪支，整治治安落后村等9项专项斗争和统一行动，共破获各类刑事案件35起，打击处理犯罪分子28人，立查经济案件10件，清查文化市场7处、路边店68处、娱乐场所47处，整治治安落后村8个，摧毁盗窃团伙5个。

钢城区获“全国社会治安综合治理先进单位”称号　（1997年　摄）

1998年11月，区委、区政府实行涉法信访案件联合接访新闻发布会，出台《钢城区政法机关涉法案件“五部门主要负责人联合接访”实施细则》，健全完善各项规章制度，严格工作程序，坚持每双月举行一次联合接访。至2005年，先后对全区12个单位实行一票否决，对13个单位实行重点管理、对8个单位进行黄牌警告、对14个单位进行责任查究。

2002年钢城区针对新形势下社会治安综合治理工作特点，强化领导目标责任制，深入开展“严打”整治斗争，加强治安防范工作，取得显著成效，被省委、省政府授予“全省社会治安综合治理先进集体”称号。按照“谁主管、谁负责”“属地管理”的原则，层层签订责任书。注重在落实一票否决、重大案件责任查究、黄牌警告、重点管理等措施方面下功夫。年内，对 1 个单位进行重点案件责任查究，对 5 个村(居、社区)实行黄牌警告。

第二节　治安防范机制建设

警务制度

自 1995 年，钢城区对警务制度进行改革，推行派出所弹性工作制，把主要警力放在案件多发以及群众最需要的时段和地段。同时，建立各级巡逻组织与治安防范承包等多种防范形式有机结合的工作机制。2005 年在各居民小区抓“七小”(防盗门、防盗窗、防盗栅栏、看车棚、楼道灯、值班室、门卫)工程建设，推行封闭式管理和楼长负责制。

队伍网络建设

2002 年深入开展“严打”整治斗争，牢牢控制治安大局。以“破案件、追逃犯、挖团伙、打流窜、促防范”为主线，认真落实“严打”整治各项措施。全年破获刑事案件 174 起，打击处理各类犯罪嫌疑人 195 人，抓获在逃犯 7 人，缴获赃款及赃物折款 60 余万元；3 月初，“创安” 活动在艾山街道进行试点；4 月初，召开现场会在全区推广；年内，有 80%的村(居、社区)和企业落实责任制。加强派出所巡逻中队、警务区巡逻分队及村(居、社区)、企事业单位巡逻小队建设，深入开展门店联防、厂地联防、铁路护路联防和联户联防等群防群治活动，既抓面又抓点，搞好情况控制。在颜庄镇验货台居委会、黄庄镇仙人桥村、艾山街道南仓峪村分别建立融 110 报警、治安堵截、治安服务为一体的治安检查站，增强防范和服务功能。加大对公共复杂场所、出租房屋、流动人口的管理力度。继续开展“创安”活动，年内，又有 18 个单位(村、居、社区)成为“创安”先进单位(村、居、社区)。结合机构改革，加强镇(街道)综治办公室建设。结合农村“两委”班子换届选举，调整充实村(居、社区)“五位一体”(治保、调解、巡逻、普法、帮教)综治组织，提高基层综治办的工作能力和整体水平。2004 年结合治安实际状况对 14 个警务责任区进行调整，在已有的“一区一警”的基础上，推行“一区多警，一区多能”的警务模式。2005 年 8 月，成立巡逻防暴大队，配备警力 50 人，巡逻防暴警车 1 辆，警用摩托车 6 辆，警务防暴器材 30 套。在验货台、仙人桥和南仓峪等村(居)建立融 110 报警、治安堵截和治安服务为一体的治安检查站 3 处，加强对全区进出口要道的管理。至 2005 年，共设立警备区 14 个，治安办公室 2 处，充实人员 84 人。全区新建居民楼院物防措施落实率达 100%，旧民宅物防、技防覆盖面达 100%。全区新安装电视监控系统 3 套，报警器 525 台，形成以公安局、派出所和警务区为主的密集防御体系。全区受教育者达 12 万人，占应受教育面的 95%。75%以上的村(居、社区)、85%以上的企业实现了依法治理。

治安后进村及重点区域整治

区委政法委、区综治办加强对治安后进村(居、社区)、单位、治安混乱区域的排查，对排查出的单位和问题，责成有关镇(街道)及其它单位派驻工作组，进行整治。先后 5 次开展学校及周边地区治安秩序集中整治活动，重点清理整顿学校周边的餐饮娱乐场所和网吧。对群众反映强烈的 9 个治安突出部位和重点路段进行集中整治。

2002 年 3 月，出台《关于实行治安防范承包责

莱芜市公安局钢城分局指挥中心　（2005 年　摄）

任制的实施意见》。2005 年全区 75%的村（居、社区），80%的企事业单位实行治安防范责任制。至 2005 年，对全区的公共娱乐场所、重点要害部位进行 45 次集中检查和清理整顿，整改各类隐患 467 处；对 64 个治安后进村（居、社区）、20 处治安混乱区域和 3 个治安突出问题单位进行集中整治。

第二章 公 安

1940 年 4 月，伪莱芜县警察总所在颜庄区设立颜庄派出分所。1945 年 9 月，撤销颜庄派出分所。

1960 年 7 月，莱芜县公安局设立城子坡派出所。1966 年 5 月，撤销城子坡派出所，设立颜庄派出所。1975 年重设城子坡派出所。1984 年 6 月，黄庄派出所设立，隶属沂源县公安局。1985 年 11 月，莱芜市公安局设立里辛派出所；同月，设立寨子派出所，隶属新泰市公安局。由于区划调整，1991 年 1 月，黄庄派出所、寨子派出所划归莱芜市公安局管理。

1991 年 1 月，莱芜市公安局钢城分局成立，副科级建制。内设办公室、刑侦科和治安科 3 个科（室），负责协调、指导钢城办事处辖区内 5 个派出所的业务工作。

1993 年 3 月，莱芜市公安局钢城分局升格为正科级行政公安机关，分管颜庄、城子坡、里辛、黄庄和寨子 5 个派出所，共有民警 47 人；6 月设刑警大队（副科级）、治安巡警大队（副科级）、政工科、办公室、治安科、预审科、行政装备科、政保科、内保科、治安拘留所和自行车管理所 11 个科（室）。1994 年 11 月，增设法制科；年底，增设铁铜沟派出所、西冶派出所。1995 年 12 月，增设计算机通信室，刑警大队内设办公室、一中队、二中队和三中队。

1997 年 11 月，侦审合并，预审科撤销，刑警大队增设机动中队，刑警大队内设办公室、一中队、二中队、技术中队、情报资料中队和机动中队。

莱芜市公安局钢城分局办公楼

1998 年 6 月，钢城区公安分局增设户政科、审计科、督察室和经济侦查队。2002 年 3 月，对内设科（室、队）重新设置：刑警大队（下设 6 室、队）、治安巡警大队（下设 2 个中队）、政工科、指挥中心（与秘书宣传科、指挥调度科合署办公）、案件诉讼大队、户政科、出入境管理科、督察队、国内安全保卫大队、反邪教侦查大队、经济犯罪侦查大队、法制科、行政装备科、治安拘留所和信访科共 17 个科（室、队）（不含现役编制的消防大队）。

2005 年全区在职警务人员 107

人，其中局长1人、政委1人、副局长2人、副政委1人。下辖政工科、秘宣科、指挥调度中心、法制科、信息通信科、户政科、出入境管理科、行政装备科、刑警大队、治安大队、警务督察大队、案诉大队、经侦大队、巡逻防暴大队、反邪教侦查大队、国内安全保卫大队、治安拘留所、颜庄派出所、城子坡派出所、里辛派出所、黄庄派出所、寨子派出所、铁铜沟派出所和西冶派出所。

第一节　治安管理

1993年6月，莱芜市公安局钢城分局成立治安科，具体负责治安工作。

基础防范工作

1993年钢城公安分局先后制定治安信息员队伍管理办法，建立情报信息收集、分析、报告等制度。配合有关部门开展矛盾纠纷排查调处活动，最大限度地把不安定因素解决在萌芽状态。同时，根据山东省公安厅《关于加强安全技术防范工作的实施意见》和莱芜市公安局的部署，在全区范围内普遍建立起“人防”“物防”“技防”全方位的立体防范网络体系，对辖区内的乡镇和企事业单位进行分片包干，在颜庄百货大楼等单位安装CK电视监控器，对全区300处经济重点部位和20余处公共复杂场所安装有线报警器，按照“谁主管、谁负责”的原则，督促各重点部位的工作人员加强“物防”工作。

1993年7月，治安巡警大队成立，配备12名巡警。在各交通要道和公共复杂地段设立3个值班室、10处治安报警点。

2005年8月，巡逻防暴大队成立，配备警员50人。至2005年，全区形成“三防”（人防、物防、技防）配套“一条龙”的安全防范体系。

公共场所治安管理

1993年下半年，钢城公安分局根据《山东省公共场所治安管理办法》，多次集中时间、力量对全区的公共场所进行彻底清理整顿。各派出所对辖区内的253处公共场所进行调查摸底，其中，3处影剧院、文化宫，20处录像放映点、卡拉OK厅、舞厅，1处风景旅游区，5处大型商场；对不符合要求的限期整改，逾期不整改的责令停业整顿，对16处违法经营及严重不符合安全要求的公共场所依法予以取缔。

对辖区内的253处公共场所全部建档立卡，建立健全各项规章制度，统一印制《山东省公共场所治安管理办法》，制作6000余块警示牌悬挂在各个公共场所，明令禁止公共场所打架斗殴、寻衅滋事等扰乱公共秩序的行为。

枪支弹药爆炸物品管理

1993年9月至2005年，钢城公安分局先后印发《钢城公安分局关于清理收缴爆炸物品的实施方案》《钢城公安分局关于清理收缴爆炸物品、枪支弹药的通告》等文件，多次在全区范围内进行清理收缴爆炸物品、枪支弹药工作，对生产、销售、使

巡逻防暴大队进行训练　（2005年　摄）

单警装备及反抢劫演练　（2005年　摄）

工作人员清理收缴的枪支弹药和管制刀具

（2005 年　摄）

用、储存和运输爆炸物品等存在不安全因素的单位进行彻底整改。组织 7 个派出所及厂矿企业保卫科的公安保卫干部、治安联防人员 3000 余人，深入到全区 164 个村（居、社区）和 20 余个企业单位进行全面清理检查，共收缴炸药 3000 余公斤、雷管 2000 余发及导火索 4000 余米。

特殊行业管理

1993 年至 2005 年，钢城公安分局先后对全区 37 家旅店、17 家印刷、刻字业户进行全面检查整顿，逐单位落实“三防”措施，严格检查各项安全责任制。对 17 家印刷、刻字业户加强经常性管理，督促帮助业户制定管理措施。根据区情把整顿废旧金属收购业作为特种行业管理的重点。全区 71 处各类收购站点中，绝大部分没有营业执照，区公安分局专门成立清理整顿废旧金属收购业领导小组，依法取缔无照非法收购站点 47 处，查获一批非法物资，对触犯刑律且构成犯罪的依法移送起诉。根据清理整顿的情况，按照《山东省旅店、刻字、旧货业管理办法》规定，制定《钢城区废旧金属收购业管理办法》，严格废旧金属管理，核发备案证书，规范经营活动。

西冶派出所严厉打击“两抢”“两盗”专项行动退赃大会

（2005 年　摄）

第二节　户政管理

户籍管理

1939 年境内户籍管理工作开始启动，各分属县民主政府公安局与各区、乡、村的盘查站配合，办理民商迁移、居住、出行手续。1946 年境内分属的莱芜、新泰、沂源各县公安局均建立户口登记、迁居和签报制度，户口管理由各区公所负责。1951 年起，按照《城市户口管理暂行条例》进行管理。1958 年按照《中华人民共和国户口登记条例》，县公安局户籍股始设户口登记簿，对出生、死亡、迁出和迁入的人口进行登记。1960 年后，各派出所陆续成立，户籍管理遂由各派出所负责。

1993 年 6 月，钢城公安分局治安科，负责全区的户籍管理。1998 年 6 月，设户政科，专门负责户籍管理。2000 年山东省地方城镇户口和全国城镇居民户口并轨。2001 年建立人口信息查询系统，实现市局、区局和派出所三级联网。2004 年取消农业、非农业户口，统一登记为居民户口。

暂住人口管理

1995 年钢城公安分局成立“暂住人口管理领导小组”，按照《山东省暂住人口管理办法》，制定出台《钢城区关于外地劳务团体、暂住人口租赁房屋管理工作意见》，各辖区实行“三级管理制”，派出所建立“暂住人口管理站”，警务区和大中型企业保卫科为二级管理站，各乡镇（街道）、企业和村（居）为三级管理站，基层暂住人口管理员负责本单位的暂住人口申报和注销。

居民身份证管理

根据《中华人民共和国居民身份证条例》，钢城公安分局对辖区内年满 16 周岁的公民颁发居民身份证。1999 年开始建立公民身份号码制度，进行 18 位数字的居民身份证升位工作。2004 年

1月1日，实施《中华人民共和国居民身份证法》。2005年6月，开始换发第二代居民身份证。各警务区和保卫科暂住人口管理员负责区域内暂住人口的日常管理。

消防队员进行火灾扑灭演习　　(2005年　摄)

第三节　刑事侦查

1993年3月，莱芜市公安局钢城分局成立时设刑警大队，有民警18人，负责全区的刑侦破案工作。先后侦破野虎沟村的“三王”流氓团伙，潘西煤矿边某盗窃团伙，黄庄桑某某盗窃团伙，罗汉峪朱某某流氓团伙及刘某某、桑某某恶势力团伙等重大案件。至2005年，共破获重大案件725件。对破坏通信电缆、电力设备等犯罪行为，进行多次专项行动，捣毁仉某某、卢某某和秦某某等破坏电力设备团伙，追捕各类逃犯51人。至2005年，检察机关每年对此类犯罪的批捕率都达到95%以上。

第四节　消防管理

火灾预防

区公安消防大队在重大节假日、重大活动，特别是“119”消防宣传日活动时间，广泛开展消防宣传教育活动，认真履行消防监督管理职责；向社会开放消防站，在电视台播放典型火灾案例；向广大市民普及消防知识、增强消防意识，预防火灾事故的发生。

消防监督

区公安消防大队对不具备消防安全条件的单位和场所，责令其整改直至隐患消除；对拒不整改的，依法予以处罚，直至停产停业；同时，有针对性地加大对易燃易爆物品，易发生事故场所，装饰、装修等行业的监督检查工作力度。对全区重点消防单位及时备案，并与法定代表人签订责任书，督促落实防火责任制，确定防火责任人，建立防火档案，制定灭火预案。

2002年根据省公安厅、建设厅的要求加强对小城镇消防规划及公共消防建设，建立以颜庄为中心镇的消防规划区，自2004年，开展以疃里村为试点的农村消防工作。

至2005年，全区共确定消防安全重点单位43家。

重大火灾

1952年6月21日，国营颜庄酒厂工人向燃烧的锅炉灶内泼水，借水蒸气消除烟囱灰尘，冷水激火，

全区消防工作会议

迸出火花引燃天棚，火借风势迅速蔓延，颜庄村的民房被点燃，在全村 621 户、3225 人中，受灾者 311 户、1354 人，烧毁房屋 1721 间、大农具 368 件、粮食 4.25 万公斤；酒厂损失 18.82 万元；邻近的茧厂烧毁蚕茧 1500 余公斤，损失 3730 元。泰安专署和莱芜县人民政府及时组织救灾，发动周边村村民，在 20 天内每天送煎饼 1500 公斤，捐助木料、麦秸等为灾民每户搭起 1 间临时草房。国家拨款 6 万元，粮食 5 万公斤，全县群众捐粮 5 万公斤。经过 3 个月努力，灾民生活、生产基本恢复正常。

第五节 交通车辆管理

1990 年 7 月，莱芜市公安交通警察大队二中队成立，负责城子坡镇、颜庄镇、里辛乡 3 个乡镇的交通管理。

1993 年 3 月，莱芜交通警察支队直属第二大队成立，有民警 10 人。至 2005 年，有正式干警 38 人，下设办公室、政工科、财务科、宣教科、车管所、交管科、事故科 7 个科（室、所）和颜庄中队、棋山中队、莱钢中队、岗勤中队 4 个交警中队，担负辖区内的交通管理、交通事故处理、宣传教育和车辆及驾驶人员管理。管辖道路总里程 143.31 公里，其中，省道 803 线 19.87 公里、332 线 25.34 公里。

交警执勤

交通管理

建区前后，交通部门主要依托岗勤对交通秩序进行管理。1994 年设立城子坡路口固定交通信号岗。2001 年增设莱钢单身公寓路口和莱钢炼钢厂路口 2 个交通信号岗。2002 年增设钢城区劳服大厦交通信号岗。2003 年增设莱钢总厂路口交通信号岗。2005 年增设省道 803 线府前路口岗。

1996 年 4 月，全区在公路沿线村庄开始创建“交通安全村”活动。至 2005 年，全区共有 24 个“交通安全村”，其中，验货台居委会、颜庄村和南朱家庄村被评为“省级交通安全村”。2000 年开展创建平安大道和实施城市畅通工程活动。2001 年 8 月，开展创建交通安全社区活动。至 2005 年，全区共创建交通安全社区 3 个，其中，莱钢紫竹园社区、新兴社区和月季园社区被评为省级交通安全社区。2002 年设立颜庄中队警务工作站。2003 年设立棋山中队警务工作站。2004 年车载“电子警察”投入使用，加大对交通违法行为的纠查力度。

车辆管理

1995 年摩托车管理工作由交警二大队车管所负责。1999 年 12 月 29 日，成立莱芜市机动车驾驶协会钢城区工作委员会。2004 年 3 月，货运汽车注册登记业务下放至钢城车管所。

2005 年 5 月，根据公安部《关于加强三轮汽车、低速载货汽车及其驾驶人道路交通管理工作的通知》要求，车管所与区农机办顺利完成变型拖拉机的档案移交工作，共交接变型拖拉机档案 1221 份。至 2005 年，全区有各类机动车辆 5.60 万余辆，其中，轻便、二轮和三轮摩托车 3.95 万辆、三轮汽车及低速载货汽车 4016 辆、货运汽车 3800 余辆和小型客车 8300 余辆。车辆管理工作主要包括车辆检验、发放牌证、驾驶员考核和年度检审等。

第三章 检 察

1993年2月，钢城区人民检察院成立，设办公室、反贪污贿赂局、审查批捕科、审查起诉科、法纪检察科和控告申诉检察科，共有检察干部20人，其中，检察长1人、副检察长2人。1993年4月，成立检察委员会。1994年10月，设民事行政检察科和监所检察科。1996年增设纪检组、工会、政工科和检察技术科。1997年法纪检察科更名为渎职侵权犯罪检察科，并增设行政装备科。1999年审查批捕科更名为侦查监督科，审查起诉科更名为公诉科，渎职侵权犯罪检察科更名为渎职侵权犯罪侦查局。2001年渎职侵权犯罪侦查局更名为渎职侵权犯罪检察科，并增设纪检监察室、司法警察大队。2004年增设人民监督员办公室。

2005年共有检察干部41人，其中，检察长1人、副检察长3人和纪检组长1人。

1997年7月1日，钢城区人民检察院办公楼建成

第一节 刑事检察

审查批捕

1993年2月19日，钢城区人民检察院受理首起批捕案件。在办案中实行专人审查、集体讨论、检察长决定的办案制度，执行"依法从重从快"的方针，对提请逮捕的案件在3日内办结，坚持以事实为依据、以法律为准绳的原则，阅卷与调查相结合，严把材料关、定性关和证据关，有效地防止错案发生。

至2005年，共受理案件641件、1019人；批捕案件571件、969人；不捕案件59件、93人。

1993～2005年钢城区审查批捕案件统计表

表16－3－1

单位：件/人

年 份	受 理	批 捕	不 捕
1993	41/91	39/86	0/3
1994	48/88	46/85	2/3

续表 16－3－1

年　份	受　理	批　捕	不　捕
1995	42/80	38/75	3/4
1996	60/102	55/93	4/8
1997	42/53	37/47	5/6
1998	28/42	27/40	1/2
1999	38/54	35/48	1/4
2000	45/80	33/61	10/15
2001	55/69	47/57	7/11
2002	50/87	46/80	4/7
2003	54/89	47/80	6/7
2004	66/108	57/94	8/10
2005	72/136	64/123	8/13

审查起诉

1993 年 2 月，钢城区人民检察院开始受理区公安分局移送的起诉案件；至年底，共受理起诉案件 58 件、126 人，决定起诉案件 44 件、82 人，免于起诉 7 件、26 人，退回公安分局补充侦查案件 3 件、6 人，补查后决定起诉案件 3 件，出庭支持公诉案件 47 次。

1993 年 3 月 1 日，山东省人民检察院检察长臧坤（中）到钢城区检察院考察

1997 年修订后的《中华人民共和国刑事诉讼法》开始实施，人民检察院的免诉权改为不起诉，庭审方式也改为控辩式，对公诉人的要求也相应提高；年内，共受理起诉案件 70 件、85 人，决定起诉案件 48 件、57 人，决定不诉案件 6 件、7 人。

2000 年检察系统实行主诉检察官办案制度。至 2005 年，共受理起诉案件 1148 件、2073 人，起诉案件 927 件、1582 人，不起诉案件 13 件、26 人。

1993～2005年钢城区公诉案件审查起诉情况统计表

表16－3－2　　单位：件/人

项目 年份	受理	起诉	不起诉	免予起诉
1993	61/126	44/82	—	7/26
1994	62/129	42/86	1/1	13/30
1995	66/149	53/105	—	9/22
1996	91/181	67/123	—	20/56
1997	70/85	44/52	4/15	—
1998	57/88	41/62	1/1	—
1999	88/158	70/120	—	—
2000	102/135	78/100	5/7	—
2001	93/150	68/99	—	—
2002	93/157	83/130	1/1	—
2003	97/173	92/159	1/1	—
2004	114/226	100/162	—	—
2005	154/316	145/302	—	—

监所检察

1994年10月，钢城区检察院设监所检察科专管监所检察业务；驻所人员重点检查纠正体罚虐待犯人、无证关押及超期羁押等问题，促进看管人员的文明管理；定期对监外执行罪犯进行考查，对执行机关和帮教组织进行检查。

1998年莱芜市检察院在莱芜市看守所设立驻所检察室后，钢城区检察院监所部门人员由市检察院驻所检察室统一调配，负责区检察院监所检察工作。

2005年办理外执罪犯又犯罪案件1件、1人。

刑事诉讼监督

1997年区检察院受理首起立案监督案件，通知侦查机关立案。2004年重点纠正侦查机关不应立案而立案的案件，全年共办理立案监督案件10件，其中纠正侦查机关错误立案7件。2005年共办理立案监督案件5件，其中监督不应当立案而立案案件2件。

第二节　反贪污贿赂

1993年6月，钢城区人民检察院立案侦查首起贪污案件，12月底，初查经济案件10件，立案侦查7件、起诉5件，为国家挽回经济损失34万余元。

1996年贯彻执行高检院“严格执法，狠抓办案”方针，严惩严重破坏经济犯罪和“三机关一部门”的严重经济犯罪，共受理经济案件37件，立案侦查18件、起诉11件、免诉5件。

1997年10月《中华人民共和国刑法》(1997年3月修订)实施，规定检察院反贪污贿赂部门不再对偷、抗税等犯罪案件立案侦查，区人民检察院立足于服务国有大型企业，严惩贪污、侵占、受贿及挪用公款等严重职务犯罪，全年立案侦查19件、拘留5人、逮捕7人，为国家挽回经济损失48万余元。

2005年突出查办发生在党政领导机关和领导干部中的贪污贿赂犯罪案件，查办司法人员和行

政执法人员贪污、贿赂、挪用公款等司法腐败犯罪案件，金融、土地管理及重大工程项目建设等领域的贪污贿赂犯罪案件，以及国有企业在改组、改制、破产和经营活动中的贪污、贿赂、挪用、私分国有资产犯罪案件等，共立案侦查5件、拘留6人，为国家挽回经济损失20万元。

1993～2005年钢城区办理贪污贿赂案件统计表

表16－3－3　　单位：件、人

项目 年份	受理	立案	贪污	贿赂	挪用公款	偷抗税	其他	拘留	逮捕	起诉	免诉	撤案	挽回经济损失（万元）
1993	10	7	0	6	0	1	0	0	4	5	1	1	34
1994	11	9	5	4	0	0	0	0	0	3	4	2	13
1995	39	13	7	4	1	1	0	2	3	5	4	4	108
1996	37	18	10	5	2	1	0	0	8	11	5	2	190
1997	20	19	4	13	1	0	1	5	7	10	0	3	48
1998	43	14	6	6	2	0	0	3	2	6	0	3	25
1999	32	15	4	9	2	0	0	2	1	11	0	2	30
2000	20	15	1	13	1	0	0	3	3	14	0	0	67
2001	21	16	6	10	0	0	0	5	0	11	0	5	93
2002	26	18	2	11	5	0	0	6	3	16	0	1	164
2003	18	10	2	8	0	0	0	5	2	10	0	0	44
2004	15	10	0	3	0	0	7	150	15	10	0	0	279
2005	10	5	1	3	1	0	0	6	0	1	0	3	20

第三节　技术检察

渎职侵权犯罪

1993年区人民检察院设法纪科专管法纪检察业务，全年查处重大责任事故案件5件，非法拘禁案件1件。

1995年加大违法乱纪案件的查处力度，共查处徇私舞弊案1件、玩忽职守案3件、重大责任事故案2件、非法侵宅案1件、非法拘禁案1件、盗窃案1件及销赃案1件。

1997年修订后的《中华人民共和国刑事诉讼法》开始实施，对检察院侦查立案的管辖范围作了调整，原属检察院法纪科管辖的重大责任事故、重婚等案件归属公安机关管辖，检察院法纪科专管国家机关工作人员渎职、侵权犯罪案件，全年查处玩忽职守案件3件。

1993年至1998年，共受理各类渎职侵权犯罪案件111件，立案侦查37件。至2005年，查处渎职侵权案件122件。

民事行政

1995年区人民检察院设民事行政检察科专管同级人民法院民事行政裁决的检察监督业务，受理首起申诉案件，经审查依法建议提请抗诉。1996年依法提请抗诉3件，一审判决获得改判1件。1997年依法提请抗诉4件，一审判决获得改判2件。1999年狠抓民事行政监督案件质量，全年依法提请抗诉11件、改判8件。2002年依法提请抗诉6件，建议提请抗诉2件、改判4件。2003年民事行政检察部门遵照上级检察院规定，把防止国有资产流失作为行使检察权的一部分，为建设银行钢城区支行支持起诉2件，挽回经济损失14.26万元。2004年探索实现民事行政监督的新方式，先后以检察建议形式，对艾山街道陈家庄社区承包合同欠款纠纷案件2件提请法院进入再审程序，为集体挽回经济损失17万元。2005年依法提请抗诉5件，建议提请抗诉2件、改判2件。

控告申诉

控告申诉检察科负责受理控告、申诉和信访工作。区人民检察院举报中心、信访接待室等设在控告申诉检察科。1993年4月，统一受理控告、申诉和举报案件，并相应作出分流。控申部门配合打击刑事犯罪和经济犯罪斗争，利用信访窗口，及时发现案件线索，依法惩处犯罪分子。

至2005年，在自行初查的82件举报线索中，立案查处12件、15人。

检察技术

1993年检察技术业务工作归属法纪科负责。1997年成立检察技术科以后，负责全院的检察技术业务和信息化工作，承担现场勘验、检验鉴定、物证检验鉴定和文证审查及视听技术等工作，同时负责计算机网络的维护和管理工作。

至2005年，共受理各类技术案件559件，其中，法医鉴定案件137件、文证审查案件222件、技术协助案件46件、现场勘验案件41件及视听技术案件113件。

第四章 法 院

1993年3月10日，钢城区人民法院成立，设立刑事审判庭、民事审判庭、经济审判庭、执行庭、行政审判庭和告诉申诉庭。1997年8月，内设办公室、政工科、研究室、技术室、民事审判庭、经济审判庭、行政审判庭、刑事审判庭、立案庭（同时挂审判监督庭牌子）和执行庭（同时挂司法警察大队牌子）。编制68人（含工勤人员），配备院长1人、副院长2人。2000年7月，设立司法警察大队、审判监督庭和监察室。2001年12月，内设机构调整为办公室、政工科、立案庭（同时挂技术室牌子）、刑事审判庭、民事审判庭、行政审判庭、审判监督庭、执行局（内设执行一庭、执行二庭）、研究室（同时挂审判委员会办公室牌子）和法警大队。编制53人（其中中央政法专项编制33人），配备院长1人、副院长2人、政工科科长1人（由法院副职兼任或副职干部专任）、执行局局长1人及科（室、庭）级职数21人。

2002年7月，莱芜市钢城区人民法院机关后勤服务中心设立，为科股级事业单位，经费由财政拨款，所属人员从区法院内部调剂。

2004年12月，司法科学技术鉴定中心设立，为科股级事业单位。

第一节 刑事审判

1993年3月，刑事审判庭设立后，年内共审结刑事案件47件。至2005年，共审结刑事案件1036件。

刑事审判依照《中华人民共和国刑法》《中华人民共和国刑事诉讼法》审理刑事案件，坚持以事实为依据，以法律为准绳，对杀人、抢劫、强奸、重大盗窃和拐卖人口等严重刑事犯罪和团伙犯罪，坚决从快审理，重点打击。为更加有力地震慑犯罪，教育人民，选择典型案件进行公开宣判，共召开大型宣判会5次，宣判罪犯45人，旁听人数2万余人。

钢城区境内企业多，人员流动量大，成分复杂，充分发挥审判机关的职能作用，突出打击重点，依

公开审理刑事案件

法从重从快打击盗窃团伙。2005年，共受理盗窃案151件，审结154件，宣判犯罪嫌疑人302人。

第二节　民事审判

1993年3月，民事审判庭成立，全年受理各类民事案件190件，审结169件。经济审判庭当年受理各类经济案131件，审结114件。主要涉及婚姻、债务、财产和抚养、继承等纠纷案件。

2001年12月，民事审判庭与经济审判庭合并称民事审判庭；年内，共受理各类民事案1052件，审结1039件。

为减少民事纠纷，结合钢城区实际，采取登门服务，定期深入到企业进行法制宣传，就案讲法，提供法律咨询等形式，增强企业负责人和员工的法治观念。在特殊钢厂、金刚石工具厂等6个单位建立联系点，配备12名经济司法联络员。至2005年，共受理各类民事案8668件，审结8471件。

第三节　行政审判

1995年起，在受理的行政案件中，涉及行政机关有公安、城建、交通、公路、劳动和社会保障等行政部门。至2000年，共受理各类行政案件146件，审结143件。2001年后，行政案件增多，案件审理难度增大。至2005年，共审理行政案381件，审结378件。

第四节　审判执行

1993年3月，执行庭有工作人员4人。至1995年，收案66件，执结案件22件。

1998年面对“执行难”的问题，调整充实执行队伍，改进执行方式，加大执行力度，对涉及抚养费、赡养费和劳动报酬等案件，优先予以执行，全年收案389件，执结447件，执行难的被动局面得到缓解。

2001年12月，执行局成立，下设2个执行庭，人员11人，实行审判与执行分离、立案与执行分离、执行与收费分离；当年执结案515件、标的额1390.13万元。至2005年，共收案3585件，执结案3585件。

第五节　审判监督

2000年7月以前，审判监督工作一直由立案庭负责；7月单独设立审判监督庭，主要职责是案件再审，工作范围是审理申诉、申请再审上级法院

执法人员到现场送达执行书　（2005年　摄）

送达执行款　　　　(2005 年　摄)

指令复核案件。至 2005 年，共受理再审案件 74 件，结案 68 起。对全院各类案件严格评查，把好质量关口，确保案件质量。

第六节　人民法庭

1961 年莱芜县人民法院城子坡法庭成立，业务地域范围为山东省生产建设钢铁厂(即莱钢前身)和颜庄公社。1966 年莱芜县人民法院颜庄法庭成立，取代城子坡法庭。1968 年颜庄法庭撤销。1973 年 5 月，重新设立颜庄法庭，业务地域范围由颜庄公社扩大到辛庄公社等地区。1975 年复设城子坡法庭，业务地域范围为城子坡管区和莱芜钢铁厂。1982 年 5 月，设立黄庄法庭。1985 年 11 月，设立里辛、寨子法庭。

1993 ~ 2005 年钢城区人民法院各类案件收结统计表

表 16 - 4 - 1　　　　单位：件

项目 年份	刑事案件		民事案件		经济案件		行政案件		执行案件		再审案件		小计	
	收案	结案	收案	结案	收案	结案	收案	结案	收案	结案	收案	结案	收案	结案
1993	47	47	190	169	131	114	—	—	—	—	—	—	368	330
1994	35	35	183	181	240	215	—	—	—	—	—	—	458	431
1995	64	57	151	148	153	143	30	29	66	22	—	—	464	399
1996	71	78	237	182	204	182	11	11	16	24	—	—	539	477
1997	65	61	313	330	255	233	16	16	88	37	—	—	737	677
1998	64	57	587	589	447	502	25	24	389	447	—	—	1512	1619
1999	80	70	1014	1010	560	540	29	28	324	332	13	11	2020	1991
2000	84	89	639	619	276	318	35	35	431	419	10	16	1475	1496
2001	83	98	1052	1039	—	—	33	34	515	515	12	10	1695	1696
2002	103	92	1004	1013	—	—	33	33	544	548	13	11	1697	1697
2003	99	106	1114	1123	—	—	99	100	390	412	11	10	1713	1751
2004	99	92	1042	947	—	—	32	30	437	459	7	5	1617	1533
2005	151	154	1142	1121	—	—	38	38	385	370	8	5	1724	1688
合计	1045	1036	8668	8471	2266	2247	381	378	3585	3585	74	68	16019	15785

工作人员上街宣传《中华人民共和国国家赔偿法》（2005 年　摄）

1993 年 3 月，钢城区人民法院成立，下辖城子坡、颜庄、里辛、寨子和黄庄 5 个法庭。1998 年 6 月，颜庄法庭、里辛法庭、黄庄法庭合署办公，办公地点设在里辛法庭；寨子法庭、城子坡法庭合署办公，地点设在城子坡法庭。2000 年 5 月，两处法庭合并为一处，办公地点设在城子坡街道，名称为城子坡人民法庭。2005 年 9 月，城子坡人民法庭变更为颜庄人民法庭。

2000 年至 2005 年，共受理各类案件 2103 件，审结案件 2125 件。

第五章　司法行政

1980 年 10 月，颜庄公社配备司法助理员。1985 年黄庄镇配备司法助理员。1986 年始，颜庄镇、城子坡镇、里辛乡、黄庄镇和寨子乡先后设司法所和法律服务站并配备司法助理员。

1993 年建区之初，司法行政工作由区政府办公室负责。1994 年 11 月，钢城区司法局成立，设办公室、基层科、公律科和宣传科，辖 5 个乡镇司法所，初与区政法委合署办公。1997 年 7 月，钢城区司法局独立办公。1998 年设“148”指挥中心。2000 年 10 月，设法律援助中心。

至 2005 年，司法局共有工作人员 41 人，其中，局长 1 人、副局长 2 人。有艾山街道、颜庄镇、黄庄镇、里辛镇 4 个司法所，城区、振东、钢源、鼎力、正海 5 个法律服务所以及棋山律师事务所、钢城区公证处，有律师 6 人、公证员 1 人、基层法律工作者 19 人。

“全民创业”法律知识巡回讲座　（2005 年　摄）

第一节　普法宣传教育

1950 年 4 月 30 日，首部《中华人民共和国婚姻法》颁布实施，境内颜庄区、黄庄区和寨子一带在所属县委、县政府的组织领导下，利用演讲、图片展览和文艺演出等形式，开展婚姻法的宣传教育。1954年9月，第一届全国人民代表大会第一次会议通过《中华人民共和国宪法》，境内机关、厂矿、学校和农村掀起宣传和学习热潮。此后，学习、宣传、贯彻执行《中华人民共和国宪法》《中华人民共和国婚姻法》等法律成为境内各级党团组织、人民政府、社会团体的经常性活动。

1966年至1976年"文化大革命"运动中，法律宣传中止。1978年境内在党政机关、厂矿、企业、学校和农村生产大队广泛开展《中华人民共和国全国人民代表大会和地方各级人民代表大会选举法》《中华人民共和国刑法》《中华人民共和国刑事诉讼法》等7部法律法规的宣传和学习。1983年开展学习贯彻第四部《中华人民共和国宪法》为中心内容的法制宣传教育活动。

"一五"普法

1986年至1990年，境内贯彻《全国人大常委会关于深入开展法制宣传教育的决议》《山东省人民代表大会常务委员会关于在全省公民中进行第一个五年法制宣传教育的决议》，实施第一个全民五年普法（"一五"普法）规划，有计划、有步骤地组织干部群众学习《中华人民共和国宪法》《中华人民共和国刑法》《中华人民共和国刑事诉讼法》《中华人民共和国民事诉讼法（试行）》《中华人民共和国婚姻法》《中华人民共和国经济合同法》《中华人民共和国森林法》《中华人民共和国兵役法》《治安管理处罚条例》等法律法规。"一五"普法宣传教育的对象是干部、工人、知识分子、学生、农民、个体劳动者和城镇居民中一切有接受教育能力的公民。重点对象是各级领导干部、执法人员（包括司法人员和行政执法人员），宣传教育工作者，青少年尤其是中小学在校学生和社会闲散青少年。在宣传教育方法上，通过演出法制文艺节目、放映法制电影、举办法制展览、法律咨询、模拟法庭、法制演讲、法律知识竞赛和法制宣传日，以及制作橱窗、画廊等，使法制宣传教育活动更加准确、形象、具体、生动。

"二五"普法

1991年至1995年，境内实施"二五"普法规划，在各级各单位开展以《中华人民共和国宪法》为核心，以专业法为重点的法制宣传教育。普及《中华人民共和国行政诉讼法》《中华人民共和国义务教育法》《中华人民共和国集会游行示威法》《中华人民共和国国旗法》《中华人民共和国婚姻法》《全国人民代表大会常务委员会关于禁毒的决定》《全国人民代表大会常务委员会关于惩治走私、制作、贩卖、传播淫秽物品的犯罪分子的决定》等法律基本知识。结合各单位的实际情况，重点组织公民学习《全国人民代表大会和地方各级人民代表大会选举法》《中华人民共和国土地管理法》《中华人民共和国环境保护法》《中华人民共和国水法》《中华人民共和国森林法》《中华人民共和国矿产资源法》《中华人民共和国食品卫生法（试行）》《中华人民共和国文物保护法》《中华人民共和国军事设施保护法》等法律的有关内容以及《山东省人口与计划生育条例》《山东省未成年人保护条例》等地方性法规。

"12·4"全国法制宣传日普法宣传（2005年　摄）

"三五"普法

1996年至2000年，境内开展"三五"普法活动。开展以基本法律和社会主义市场经济法律知识为主要内容的法制宣传教育，开展"普法一条街"和中小学生送法上门等学习宣传活动。

“四五”普法

2001年至2005年，全区开展“四五”普法活动，开展《中华人民共和国宪法》《中华人民共和国村民委员会组织法》《中华人民共和国行政复议法》《中华人民共和国婚姻法》《中华人民共和国合同法》《中华人民共和国产品质量法》《中华人民共和国土地管理法》《中华人民共和国预防未成年人犯罪法》《中华人民共和国刑法》《全国人民代表大会常务委员会关于取缔邪教组织、防范和惩治邪教活动的决定》《WTO法律知识》为主要内容的宣传教育。结合开展“法德结合、文明理家”活动，把公民常见常用的法律法规编写成“普法五字歌”，使法律法规易懂易记。律师、基层法律工作者利用集市、“12·4”全国法制宣传日等形式走上街头，散发宣传资料，解答群众的法律咨询。共举办各类法制培训15期，举行科级以上干部普法考试1500人次，制作宣传车48辆次，制作各类宣传栏牌200余块，印发普法宣传资料20万份，全民受教育人数12万人次。

第二节　公　证

1992年8月以前，境内在土地承包、企业资产租赁、赡养老人、分家晰产和继承遗嘱等民事事务方面的公证行为，均需到所属县公证部门办理。1992年8月至1996年5月，境内公证业务由莱芜市公证处负责办理。

1996年6月，钢城区公证处设立，为副科级事业单位，编制6人，下设民事科、涉外科和秘书科，业务受区司法局领导，负责办理全区的公证业务。区公证处建立之初，有1名公证员，公证业务量较小。1999年重点围绕服务莱钢积极开展借贷合同公证、证据保全和招投标现场监督，公证业务2100件，其中，为山东九龙集团公司办理还款协议公证1000余件。2000年区公证处人员达到5人，当年办理公证业务2125件，包括为莱钢集团公司办理融资2.30亿元的上千笔贷款借款合同公证。此后，公证业务范围逐渐扩大到融资、企业改制、开奖销售、政府采购、房屋买卖租赁和车辆转让等十几项，业务量逐年增大。至2002年，共办理公证业务3563件。2003年5月，区内公证处业务工作由莱芜市公证处托管，对外称莱芜市公证处钢城业务部。公正业务进一步拓宽，涉及更名、亲属关系、声明书、委托书、曾用名、学历、学位、工作经历、印鉴属实、文书文本相符、继承、收养、解除收养、遗嘱、赡养协议、婚前财产协议、人身损害赔偿协议、交通事故赔偿协议、婚姻状况声明书、分家析产、房屋买卖、租赁、机动车转让、有奖活动、财产清点及保全证据等公诉事项。

第三节　人民调解

1950年至1954年，境内各行政村先后设立调解委员会。此后，区乡机构虽然多次调整，但基层调解机构基本稳定。1980年公社配有司法助理员。1986年各乡镇均成立司法所，生产大队（村民委员会）均设有基层人民调解委员会和调解员。

各级调解组织坚持“调防结合、以防为主、多种手段、协同作战”的调解工作方针，以防止民间纠纷激化为重点，开展集中排查、重点调处和专项治理，把大量的矛盾纠纷消化在萌芽状态。

法律工作人员到基层进行法律咨询　　（2005年　摄）

1994 年 11 月，区司法局成立后，基层科具体指导基层人民调解委员会的调解业务。各行政村均设立 3 人～5 人的人民调解委员会，受同级村民委员会的领导和乡镇司法所的指导监督。

2000 年各乡镇均设立社会矛盾调解中心，任务是协调派出所、司法所、民政办、劳动服务站和妇联等有关部门共同参与调解工作，动员各方面的力量对民间纠纷齐抓共管，尽量化解。村民小组也设立调解信息员。村调委会主任享受村委副主任待遇，调解员和信息员享受误工补贴。

2002 年 10 月，各镇（街道）均设立人民调解委员会，人员在 15 人左右；村级调解委员会由 3 人以上人员组成，设主任 1 人，人口多的村设 1 名～2 名副主任。乡镇和村调解员均经统一培训后，颁发人民调解员证；乡镇人民调解委员会和村调委会调解成功的民事纠纷订立书面协议，经当事人签名并加盖人民调解委员会公章后即具有法律效力。同时，对人民调解委员的申请书、调解笔录、通知书和调解协议书等文书资料进行统一规范。

至 2005 年，全区有镇（街道）调解委员会 4 个，村（居、社区）、企业调委会 165 个、调解员 512 人。1995 年至 2005 年，共调解民事纠纷 1530 件。

第四节　律　师

1996 年 10 月，钢都律师事务所挂牌办公，编制为 3 人，为国资律师事务所。2002 年 11 月，因管理不善，事务所被注销。

2000 年 9 月，经山东省司法厅批准，成立山东棋山律师事务所，为合伙制律师事务所，有注册律师 6 人，全部为大学本科学历。建所后逐步开展刑事辩护、民事、经济、行政诉讼代理及非诉讼代理业务。2003 年棋山律师事务所被市司法局评为“B级律师事务所”，被市妇联、团市委确定为“妇女儿童维权中心”“青少年维权中心”。2004 年为农民工索回 6 万元工资款，为 1 家台商独资企业追回拖欠 2 年的借款。至 2005 年，共为当事人避免或挽回经济损失 3000 万元。

至 2005 年，在为死刑犯进行的刑事辩护中，其中有 5 人的辩护意见部分或全部为法院采纳，分别对被告人做出死缓、无期和有期徒刑的改判。

第五节　法律援助和法律服务

1986 年境内各乡镇均陆续成立法律服务站，后改称法律服务所，人员实行聘任制，每所人员一般为 1 人～2 人。法律服务所与乡镇司法所合署办公，一个机构挂两块牌子。

1995 年法律服务所与司法所分离。1998 年 3 月，按照《山东省法律服务所登记管理办法（试行）》的要求，乡镇法律服务所由乡镇政府组建。

2000 年 10 月，钢城区法律援助中心成立，编制为 3 人，属区司法局下属的科室之一。至 2005 年，共受理、审查法律援助 142 起，为 142 名符合法律援助条例规定的公民提供无偿的法律援助。

2000 年 12 月，按照山东省司法厅《关于基层法律服务机构脱钩改制的实施意见》，全区 5 家基层法律服务所在人员、财务、业务等方面均与乡镇政府脱钩，并转制为合伙制法律服务所。

2002 年 7 月，根据山东省司法厅《关于组织全省法律服务工作者执业资格考试和考核工作的通知》，全区有 20 名法律服务工作者报名参加考试，经考试和考核，有 19 人被省司法厅授予基层法律服务工作者执业资格。

至 2005 年，全区有基层法律服务所 5 家，基层法律服务工作者 19 人。

第十七编

军 事

JUNSHI

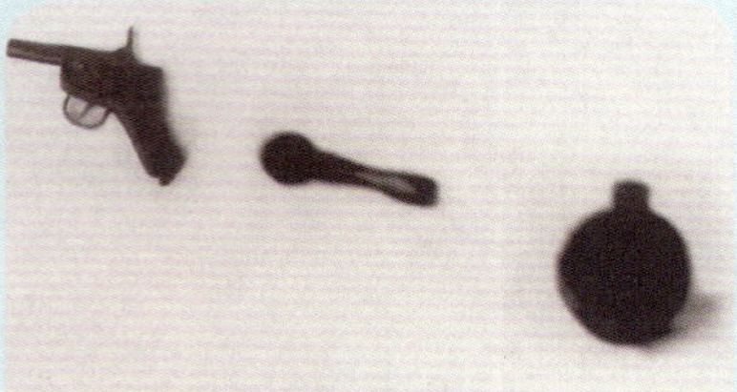

抗日武装使用的手枪、手榴弹、地雷和其它武器

第一章　地方武装

第一节　保卫团　保安大队

保卫团

1918年至1921年，莱芜县四区（颜庄区）、蒙阴县七区（黄庄区）相继建立保卫团，配备团长1人、团丁12人～20人。1929年后，先后改称人民自卫预备团。1931年夏，相继改称联庄分会。颜庄区保卫团团长先后由吕顺曾、许之芳、栾思永、石兆祥、谭世禄、张成谟担任。其中，栾思永于1927年由颜庄区保卫团长升为莱芜县保卫团团总，1929年改任自卫团队长，1931年任莱芜县联合总会副会长。

黑旗会、红旗会

20世纪20年代，境内常有匪患，村民依靠修筑的村圩山寨，以土炮、大刀、长矛为武器自卫。1926年黑旗会从卞家泉村传入。1927年农历九月，红旗会在颜庄设坛，而后发展到里辛、郑王庄、棋山观等60余村、1000余人。黑、红旗会配备会长，吸纳18岁以上男性入会，供奉玉皇大帝、三官诸神，每人配长矛1杆、腰刀1把作为防匪武器，早晚跪香念咒，并坚持集训操练。黑旗会与红旗会以会旗、会员肚兜、腰带不同颜色区分。其中，颜庄区有会员6100余人。1932年后，匪情得以缓解，黑旗会、红旗会自行解散。

县保安大队

1938年7月，梁竹航任国民党莱芜县长后，莱芜县成立县保安大队，梁竹航兼任大队长，中共党员苏云辉任副大队长，辖2个中队，200余人。日军侵占莱城时，第一中队撤逃郑王庄一带，队伍溃散；第二中队在城内与日军遭遇，20余人战亡，被俘的9人遭杀害，其余溃散。

1940年刘伯戈任国民党莱芜县长后，县里成立保安大队，共70余人，同时，成立56人的武装宣传队，活动于铁车区人和乡及颜庄、汶南区北部；成立50人的交通队。后勾结伪“和平建国军”第三方面军活动于郑王庄一带。

第二节　区中队　区武工队

1939年蒙阴七区（黄庄）、莱芜四区（颜庄）区抗日民主政府相继建立后，先后组建地方抗日武装，区建立区中队，乡建立乡分队，村建立自卫团。解放战争时期，颜庄区、黄庄区成立武装工作队。

四区（颜庄）区中队

1939年秋建立，区委书记任指导员，区长任中

新甫县委遗址　(2005年　摄)

队长。建立之初，只有10余人，后在斗争中逐渐发展壮大。区中队经常与乡分队、村自卫团联合作战，以土枪、土炮、大刀、长矛为武器，负责站岗放哨、配合部队作战，运送伤员，并为主力部队送情报、弹药、给养等。1940年春，一次就为主力部队输送兵员30余人。1941年春，区中队被编为莱北县独立营4连。

棋山区中队

1941年上半年成立，区委书记兼任指导员，区长兼任中队长，开始有队员30余人。积极配合抗日武装部队开展对敌斗争，利用骚扰、突袭等方式巧妙消灭敌人的有生力量。1942年7月下旬，配合莱东县大队拔除玥庄日伪炮楼，俘敌12人，缴获步枪12支，子弹千余发，手榴弹2箱，并放火烧了炮楼，前后只用了半小时。还有一次为筹集公粮，一面派出部分队员到颜庄敌伪据点进行骚扰，一面派人到南下冶村召集附近部分村长开会，当夜就筹措粮食价值约5万元、茶叶百余斤、鞋子80余双、土布400余尺。1942年下半年，境内对敌斗争进入极其残酷的阶段，棋山区中队有一副队长叛变投敌，但区中队仍然在区委书记毕奎芳、区长田志轩的带领下坚持开展地下斗争。1945年队伍发展到60余人。至抗战胜利，先后对日伪军作战120余次，毙、伤、俘日伪军150余人，缴获枪械120支，子弹2000余发。抗战胜利后，接受部队改编，部分人员回家务农。

七区（黄庄）常备队

1939年5月，黄庄区抗日民主政府成立。民主政府在小上峪等村组织抗日武装，发展30余人，成立七区常备队，常备队由刘子升兼任队长，徐斌任副队长。区下设黄庄、张庄和寨子3个乡，各乡建立30余人的乡分队，乡长兼任队长。后常备队被编为山纵一支队一大队七中队。

张黄区中队

1942年9月，张庄区（今沂源县大张庄镇）、黄庄区合并为张黄区（寨子区划归新甫县），区中队合并为张黄区中队，40余人（枪），张绍恭任中队长；2个月后，编入鲁中军区主力部队。张黄区重新组建40余人的武装，由吴子山任中队长。

历山大队

1939年11月，山纵驻黄庄工作团成员刘某人、洪凌动员房连三组建一支抗日队伍，房连三组织起30余人的队伍，号称“历山大队”，后编入山纵一支队一大队七中队。

抗日警卫连

1941年伪军陈三坎部在张家兰子村和寨子村安设据点，经常到附近村催要粮物，村民稍有迟缓，便遭毒打、绑架、抢劫，百姓不堪亘负，逃离很多。为保家护民，高峪、肖马庄和罗汉峪等十几个村的村民联合起来，酝酿成立抗日游击队，取名警卫连。刘云任连长，徐敏胜任指导员，有队员60余人，步枪3支、土炮5门、土枪几十支，与胡家宅游击组联防，防守大龙门、双杨桥、高峪和胡家宅等村的山口，打击张家兰子、寨子2个据点的伪军，使陈部不敢随便进村劫掠。1942年形势恶化，警卫连被迫解散。

颜庄区武工队

1947年初建立；同年2月，国民党第二绥靖区副司令李仙洲率3个军攻占莱城及南北公路沿线。为支援前线，保卫人民胜利果实，组建颜庄区武工队，区委书记黄宝恒兼任指导员，区长孟雪峰兼任大队长，队员由区干部和从村里选拔的基干民兵组成，共计120余人，武器装备有步枪、机枪和手榴弹等。按斗争需要，武工队分三大片活动。东片（颜庄以东里辛、郑王庄一带）由武装部长陈合静和区干部吕子仁、李学玉率领，有队员48人，因这片区域大，多数由吕子仁、李学玉各率领部分人员活动；西片（颜庄以西澜头、港里一带）由武装干部吴希彬、复员军人吴希连带领，有队员48人；南片（颜庄以南）由区委组织委员赵子生和武装干部赵祥带领，有队员26人。武工队积极配合部队作战，采用机智灵活的战术与国民党部队及还乡团作斗争，镇压地方反动势力，保卫人民胜利果实。1948年春，全境解放，活动终止。

第三节　人民武装部

基层武装部

1945年9月，境内成立莱芜县颜庄区人民武装部和沂源县黄庄区人民武装部。1958年3月，撤区并乡，境内颜庄乡、郑王庄乡（属莱芜县）、黄庄乡（属沂源县）、寨子乡（属新泰县）均建立乡人民武装部；10月乡改称人民公社（其中寨子乡并入翟镇人民公社），乡武装部改称人民公社武装部。1959年3月，颜庄公社与郑王庄公社合并为颜庄公社，2个公社武装部合并为颜庄公社武装部。1965年黄庄公社与徐家庄公社合并为黄庄区，2个公社武装部合并为黄庄区武装部。1971年5月，撤区并社改设黄庄人民公社，境内有颜庄、黄庄2个人民公社武装部。

1984年3月，颜庄公社改设为办事处；6月黄庄公社改设为黄庄区，公社武装部遂改设为办事处（区）武装部。1985年9月起，境内撤处（区）并乡，颜庄镇、城子坡镇、黄庄镇、里辛乡、寨子乡武装部成立。

1993年8月，第二实业公司、钢城建安公司等4个企业设立武装部。1996年6月，设立区直机关武装部。

至2005年，全区有艾山、颜庄、黄庄和里辛4个镇（街道）武装部和1个区直武装部、3个企业武装部，武装干部总人数25人，其中现役干部12人、专职武装干部13人。

钢城区人民武装部办公楼　　（2005年　摄）

钢城区人民武装部

1993年5月，钢城区人民武装部成立；8月28日挂牌，为副县级单位，设军事科、政工科和后勤科。

1996年4月，区人民武装部收归部队建制，改称中国人民解放军钢城区人民武装部，为正团级，内设科（室）未变。2005年辖8个基层武装部，其中镇（街道）4个、区直机关1个、企业3个，武装干部25人；其中，现役干部12人、专职武装干部13人。

1993～2005年钢城区人民武装部部长政委任职情况表

表17－1－1

机构名称	职　务	姓　名	任职时间
钢城区人民武装部	部长	李乃俊	1993.06～1996.04
	政委	苏延广	1993.06～1996.04
钢城区人民武装部	部长	张建国	1996.04～2001.03
		张义祥	2001.03～2003.12
		包　立	2003.12～
	政委	苏延广	1996.04～1999.01
		张志建	1999.01～2000.01
		王建瑞	2000.01～2002.01
		李志强	2002.01～2005.01
		谭金海	2005.01～

第二章 寨 圩

清末民初，为防匪患护村保家，境内不少村庄大兴土木修建山寨村圩。特别是民国初期，军阀混战，社会动荡，土匪更加猖獗，并有了枪支弹药，一般的村圩难以抵挡土匪的袭扰，于是在山顶上凭险修筑山寨，有的一村自建，有的几村合建，一遇匪情，村民便进入寨圩进行防御。至1927年，仅颜庄区修筑的圩寨就达27个，其中，村圩11个、山寨16个。

民国《续修莱芜县志》载："民国以来，吾莱之所遭匪患，次数不能计，惨苦不忍言。以元年六月初九日，匪首于三黑劫掠颜庄始，直至二十三年二月，刘黑七率悍匪数千，窜扰全境止，此二十三年中，所有土圩攻破，山寨夺占，未有一片不受焚杀掳掠之地。患之最巨者，莫如庞子周、于三黑于七年九月间，率匪数万，盘据蒙阴寨子村，毗连县境清泥沟庄一带数十村，一面将溃退于萧马庄之警团及陆傅军包围不令活动，一面暗遣匪万馀图攻县城，幸陆军陈团长截击于野虎沟，患始未至扩大。惨之极者，莫如十六年三月间，刘黑七率匪数千破红山等八山寨而据之。红山一寨死者一千三百余人（实为398人——今注），掳去男妇无生还者。他寨可想。次则若澜头、清泥沟、水北、吴家岭、南冶、王大下诸土圩，韭菜崮等诸山寨，被破時死亡动辄数十百人不等，各掳架男女若干，去至无圩寨之村，更不待言……"。

第一节 山 寨

境内主要有仙人山、韭菜崮、北斗山、艾山、三尖崮、黄羊山、银山、棋山、双泉山、历山、红山、磨盘顶、露心顶、螃蟹顶、裂劈山、黑牛山、王子山、凤山、双峰山、天宝山、青杨崮和西当峪等山寨20余处。

历山山寨遗址 （2005年 摄）

历山山寨

山寨位于上历山后村南历山山顶，绵延800米，占地1万平方米。寨房1000余间，分大寨、二寨、三寨。

凤山山寨

清咸丰年间，境内双杨桥村、大龙门村和新泰县的魏家峪、麻岭、张家兰子、小龙门等十几个村的村民在凤山山顶上修筑山寨。山寨东西长约200米，南北宽约100米，寨墙宽3米、高5米；南有100米悬崖，北面以巨石筑成寨墙，墙上建有垛口哨楼（炮楼），建有东、西2个寨门，寨内有草房100余间，并置有碾、磨及其它生活用具，因能容纳周围十几个村庄的避难群众，被称为"十庄院"。此寨壁垒森严，易守难攻。

高峪天宝寨

1924年高峪村与庙子村、纸坊村为防匪患，在北山筑起山寨，名为"天宝寨"。山寨东西长约293米，南北宽约45米，筑有西门、东门和北门，东西寨墙各有4个垛口哨楼，沿寨墙建环形路，寨内建房300间。

韭菜崮山寨遗址 (2005年 摄)

韭菜崮山寨

清末，为防匪患，东南峪村、孙家庄村、柳桥峪村的村民捐资，在韭菜崮山顶凿石修建房屋，筑圩墙，修成坚固的山寨。山寨南门地势险要，寨内筑有2座炮楼，土匪来袭时，村民上山躲避。

银山山寨

1926年陶家岭村民刘俊卿率村民捐资修筑山寨，很快修起寨墙，即将竣工，恰匪徒云集而来，附近村民进寨避难，数千人幸免于难。1929年9月，土匪分两路进攻银山山寨，村民在寨主刘训秀带领下，凭借“灰筒子炮”（又称“五大环炮”）对土匪进行猛烈反击，土匪连攻7天未能攻破。不久，两千多土匪从西面而来抢劫陶家岭，村民上山据寨防守，奋勇冲杀，村民伤亡数十人，但山寨安然无恙。

红山山寨

红山原名鸿福山。民国初年，高家庄、后朱山、双龙峪、黄崖、西马泉等村民众捐资在鸿福山修筑山寨，山寨墙南北长220米，东西宽150米，高2米～3米，并设有炮口、房屋等设施。1927年4月22日，匪首刘桂堂率土匪5000余人占据棋山一带二十几个村庄，次日土匪进攻鸿福山寨，村民据寨拼死抵抗，终因寡不敌众，山寨被攻破，400人左右惨遭杀害。为纪念这一惨案，村民将鸿福山改名为红山。

双泉山山寨

位于里辛镇小庙村的双泉山上。双泉山与红山仅1里之隔，西、北两面山势陡峻，易守难攻，小庙村村民筑圩墙自卫，在山顶修筑圩墙，形成山寨。1927年农历三月，土匪围攻山寨，躲藏在山寨中的小庙村青壮年在圩墙顶以石击敌，土匪怕白天过于暴露，于夜间背扛着门板避挡石击，待土匪接近圩墙时，民众一齐用大石砸下，匪徒阴谋不能得逞。东、南两面山势稍缓，有牧羊人和枪炮手数人把守，待土匪靠近便用火枪、土枪猛打，匪徒久攻不下，便改为围困。农历三月四日夜，村民乘匪不备，悄然离寨；次日，待众匪窜入山寨时，已人去寨空。

西当峪山寨

位于颜庄镇西当峪村西的山上。清咸丰十二年（1862年），为防匪扰，痒生陈纪康建起石岩房，高筑围垣，制造枪炮兵刀，村民共推陈纪康为防匪团长。1919年9月12日，土匪刘黑七部多次洗劫周围村庄，村民在张云孝、田振卜、戴京帮3位寨主的率领下重修寨墙，筑石屋200余间、炮楼3个，村民凭险固守，多次击退土匪进攻。后寨墙石屋坍塌，只剩北门和东山头炮楼。

旋崮山寨

清末，由附近村民依山而建。寨墙高约2米、

红山山寨南岗楼遗址 (2005年 摄)

旋崮山山寨遗址 (2005年 摄)

青杨崮山寨遗址 （2005 年 摄）

宽约 1 米，全为石砌，墙上留有垛口，并安设寨门。每逢战乱，周围村民入寨避难，因地势险要，易守难攻，多次幸免于难。

青杨崮山寨

初建于明代。清末，为防土匪侵扰，西丈八丘周围村庄联合进行重修，建有南、北寨门，石墙房屋，瞭望台等。抗战时期，山寨曾成为八路军和抗日游击队的烽火台。

第二节 村 圩

清末民初，境内的肖马庄、颜庄、清泥沟、东丈八丘、澜头、寨子、中施家峪、里辛、郑王庄、玥庄、棋山观、张庄、逯家庄、黄庄和官庄等村建有村圩，圩墙主要是石墙和外壁砌石、内里夯土的墙体。

肖马庄村圩

建于清同治年间，由村内主事的举人李应翰联合本村徐、李两姓大户的代表共同主持，以村民按地亩凑钱粮、按人口出工的方法修建。圩子墙东西长 400 米，南北宽 250 米，外侧砌石，内里以土夯成。建有南门（正阳门）和大东门、小东门，大西门、小西门 5 个门洞。墙体上面建有垛口，可供藏身、射击，四周建有 8 个炮楼。墙下四周挖有护圩河。圩子建成后，村民排班轮流站岗放哨，发现匪情便以此为阵地打击来犯之敌。有一年土匪刘桂堂部 200 余人来犯，肖马庄村民在寨主指挥下，用石块、滚木往下猛砸，并点放土炮，土匪伤亡惨重，丢下 27 具尸体狼狈逃窜，村民无一伤亡。1938 年为适应抗日战争需要，村圩大部分被拆除。

清泥沟村圩

清咸丰八年（1858 年）动工修建，历时 4 年建成。圩墙呈不规则圆形，外侧用石垒砌，内里用土夯成，墙上建有垛口，周长 2500 米，地基宽 6 米、顶宽 3 米。四周有护圩河，西北段为人工开挖，其余为自然河流整治而成，深约 3 米，宽约 5 米。东、西、南、北设有“顺天寨”“迎启门”等 4 个门，门高 4 米、宽 3.50 米，建有门楼，砖石结构，小瓦起脊。四周寨墙上建有 12 座炮楼，每座炮楼安有土炮 24 门。1925 年 6 月 25 日，土匪刘桂棠部 200 余人攻破清泥沟村圩，县警备队分队长李玉声及 10 余名队员阵亡，120 余名百姓被杀，40 余人被掳走。抗日战争时期，为适应战争需要将寨墙拆除多半；解放战争时期，又对剩余部分进行了拆除，后只剩部分残墙。

东丈八丘土圩

1927 年修建。全部用土夯成，围村一圈，周长约 2.50 公里，墙高 4 米，底宽 5 米、顶宽 2.50 米。建

肖马庄村圩遗址 （2005 年 摄）

青泥沟村圩遗址 （2005 年 摄）

有东、西、南、北4个门,4个门之间建有4个炮楼,炮楼之间每隔2米设一垛口,供瞭望、射击之用。

澜头村石圩

民国初年兴建。圩墙用石头垒砌,高约4米,宽约3米,建有东、西、南、北4个门。1940年3月13日,日伪军袭击澜头村,驻村的八路军战士、区中队队员、区干部等20余人组织村民利用圩墙工事抗击敌人,在击退敌人后,部队安全转移。

澜头村石圩遗址　　(2005年　摄)

第三章　驻　军

第一节　清　军

《蒙阴县志》(1992年)载:"自康熙二年(1663年),因蒙系驿路,国税由此运,王命由此宣,恐有疏虞,宜加捍御,复请抚督再设防兵(顺治年间曾设防),以为之卫。由事日则巡缉,夜则城守,三月一换,不致扰民,颇称便焉。沂镇标下分委将领官把总一员,拨马步兵共一百四十三名。兵防分汛地方:在城八十八名,各路五十五名"。在55名兵防中,分配至黄庄2人、寨子2人。

第二节　北洋政府军　国民政府军　伪军

北洋政府军

1926年12月3日至13日,张宗昌部陆军94团的2个营来境内剿匪驻扎颜庄。后张部93团、94团又由新泰剿匪入莱,途经颜庄。

国民政府军

陈调元部　1928年国民革命军第一集团军第二军团在陈调元率领下进驻莱芜;5月指挥部进驻颜庄,不久撤离。

石友三部　1938年6月,国民党69军(后改为10军团)入鲁,留在敌后进行游击战,军团长石友三率部万余人驻郑王庄、颜庄一带。其军团部驻郑王庄;同年冬,日军侵占莱城,为保存余力,石部于12月12日不战离境。石部驻郑王庄期间,中共干部张友渔担任军团政治部主任,做统战工作,石部曾一度表示抗日,宣传抗日,受共产党的影响,有一批热血青年跟随入伍,如西田庄韩逢霞、苗胜本等,后因石部不抗日,改投八路军。

秦启荣部　1938年12月8日,国民党军别动总队游击第五纵队司令秦启荣率部入境,纵队司令部(辖八大处)及第六梯队刘凤岐部300人驻双龙峪村,第三梯队司令于惠民率300人驻郑王庄村,第一

梯队司令李庆爵率200人驻黄金篮村，第二十五梯队司令李国麟率500人驻颜庄村，第二十六梯队70余人由吕岱峰带领驻小官庄村（后编入二十五梯队移驻颜庄）。1939年8月9日，秦启荣部撤往莱北。

颜继光部　1938年冬，国民党苏鲁战区新编第一师颜继光部千余人驻扎莱芜四区的高家庄一带。1939年春，颜部离去。

李仙洲部　1947年2月，国民党军第二绥靖区（济南）副司令李仙洲率3个军入境；中旬，韩练成率46军经颜庄、城子坡和宋家庄进入新泰，李仙洲率总部及73军2个师进驻颜庄、黄花店、郭家台等一带村庄，霍守义率12军3个师经莱城至颜庄。旋即，46军撤至颜庄至莱城一线，李率总部及73军2个师、12军3个师，撤至莱城及以北地区。李总部及46军、73军在莱芜战役中被全歼。

王敬久部　1947年5月，国民党新编5军75师入境，驻扎在境内新莱公路沿线村庄；6月25日离境。随后，整编73师187旅入驻境内。1948年3月离境。

伪军

1943年3月，伪"和平建国军"山东方面军（7月改称第三方面军）司令吴化文率部进驻境内，司令部驻郑王庄村。

第三节　人民军队

在抗日战争和解放战争时期，八路军和中国人民解放军以游击战和运动战的形式经常在境内开展对敌斗争，曾有多支人民武装部队在境内短期或长期驻扎。

八路军第四支队

1938年1月1日，中共山东省委在徂徕山领导武装起义，成立"八路军山东抗日游击第四支队"。2月起，四支队司令部曾在红埠岭村驻扎。3月12日，在黄庄武装起义后，起义部队到达红埠岭归建，编为第十二中队。

八路军第四支队一大队

1938年1月1日，中共山东省委在徂徕山领导武装起义，成立"八路军山东抗日游击第四支队"；12月，一大队由从延安派来的吴瑞林任大队长，一大队曾在境内南部一带活动。

泰山军分区十团

1939年8月，泰山军分区十团进驻桑梓峪村。

八路军山东纵队第一旅

1940年12月，组建后即以沂蒙山区为根据地经常活动于境内东部山区，山东纵队副指挥王建安兼任旅长，周赤萍任政治委员，廖容标任副旅长，辖10、11、12团。1941年12月，改辖1、2、3团和1个独立支队。1942年8月1日，改称山东军区1旅。后编入八路军115师，称教导1旅。1旅2团团长吴瑞林，政治委员李伯实率部在境内抗战，1941年7月7日，山东纵队1旅"抗日阵亡烈士纪念碑"在棋山观落成，由徐向前题碑名，全旅将士千余人举行了落成典礼。

济南军区某营

1959年春，沂蒙生建铁厂建立后，济南部队某部1个营在境内逯家庄、南城子坡、徐家庄建营房驻扎，维护厂区生产建设和地方治安。1970年5月，"七〇一"钢铁会战指挥部建立后撤离。

第四章　民　兵

第一节　组织建设

1939 年境内颜庄区、黄庄区在各所属县委领导下，公开组织抗日自卫团、青年抗日救国团等，并组织自卫团基干队、游击小组。1942 年 9 月 1 日，按照中共山东分局、山东军区《为发动人民武装保卫家乡告同胞同志书》《人民武装自卫委员会条例》要求，境内“青抗先”“基干队”和游击小组统称民兵，与村自卫团编为两套组织。1946 年为适应大规模支援解放战争需要，对支前民兵实行统一定员的班、排、连、营、团序列编制。

1952 年按照《中华人民共和国民兵组织暂行条例》规定，即凡年满 16 岁～40 岁符合条件的男性公民均编为民兵，其中 16 岁～25 岁政治纯洁、身体强壮、家庭劳动力充裕的青年为基干民兵，其余为普通民兵。境内颜庄区、黄庄区均建基干民兵营，村组建基干民兵连。1958 年响应毛泽东“全民皆兵”和“大办民兵师”的号召，境内颜庄人民公社、郑王庄人民公社和黄庄人民公社成立民兵团，以下分片建民兵营，村建民兵连，各级党组织一把手分别兼任团政治委员、营教导员、连指导员，各级民兵指挥员兼任同级生产组织第一副职。将 16 岁～50 岁的公民组织起来，实行全民皆兵。1959 年境内颜庄人民公社（颜庄、郑王庄 2 个人民公社合并）、黄庄人民公社、翟镇人民公社成立民兵师。其中 18 岁～25 岁青年为野战民兵，16 岁～17 岁和 26 岁～30 岁为基干民兵，31 岁～50 岁为普通民兵。1964 年境内分属各县建立民兵师，各公社改建民兵团，管理区改建民兵营，生产大队改建民兵连。后随着行政区划调整，民兵组织相应变动。

1981 年公社民兵团改称民兵营，大队仍称民兵连。1984 年公社改设办事处，设民兵营，村设民兵连。1985 年 11 月，撤处并乡，乡镇设民兵营，村设民兵连。

1993 年 1 月钢城区建立，全区有颜庄镇、城子坡镇、黄庄镇、里辛乡、寨子乡 5 个民兵营、164 个村民兵连，随着乡镇机构调整，民兵组织相应变化。

2004 年钢城区在镇（街道）、开发区组建基干民兵连 5 个，共 1530 人。突出民兵“三队”（应急分队、对口专业分队、专业技术分队）建设，其中民兵应急分队建设，建民兵应急独立连 1 个、94 人，民兵应急独立排 1 个、40 人；组建对口专业分队和专业技术分队 12 个、536 人，包括车辆维修分队 20 人、医疗救护分队 40 人、油料运输分队 20 人、水电气抢修分队 10 人、卫生防疫分队 10 人、伪装分队 40 人、通讯分队 40 人、安全警戒分队 100 人、森林防火分队 80 人、军械装备分队 36 人、维修专业分队 40 人和装卸分队 100 人。

至 2005 年，全区辖艾山街道、颜庄镇、黄庄镇、里辛镇和经济开发区民兵营 5 个、基干民兵连 5 个，164 个村（居、社区）民兵连、基干民兵总人数 2200 人。

第二节　武器装备

抗日战争时期，境内民兵（自卫团）主要武器是大刀、长矛、土枪、土炮和少量的步枪、手榴弹、

民兵造地雷 （1947 年 摄）

民兵使用的地雷 （1947 年 摄）

地雷等。解放战争时期，普通民兵支前，一般无武器装备，基干民兵配发部分步枪、手榴弹、地雷等，少数村的民兵配发少量轻机枪、冲锋枪等。中华人民共和国成立后，民兵的武器装备在种类、数量和质量上都有很大改善。1968 年全部装备国产新式武器。1980 年武器和通讯装备主要有“五四式”手枪、“六三式”全自动步枪、“五六式”半自动步枪、“五六式”冲锋枪、“五六式”班用轻机枪、10 门电话交换机、65-1 电话机等通讯器材和探雷器、常规工兵作业器材等，有严格的武器使用管理制度和保管维修基地。1982 年 8 月，武器收缴，公社统一保管。1985 年分别收缴各分属县（市）人武部武器，统一入库保管。

第三节 政治教育

抗日战争时期，境内各级民兵组织以“冬学”、夜校等形式，向民兵进行抗日救国教育。解放战争时期，在复查、土改等运动中，向民兵进行阶级教育；在支前参战中，对民兵进行保卫胜利果实，保家保饭碗，打倒蒋介石解放全中国、将革命进行到底等教育。1951 年 7 月，按照人民解放军总政治部《关于民兵政治工作的指示》，境内各分属县向民兵进行以抗美援朝、镇压反革命、取缔反动会道门为中心的阶级、爱国主义、革命英雄主义教育。1953 年以《民兵入队誓言》《民兵守则》为教材，进行“怎样当好民兵”的教育。中共十一届三中全会后，按照人民解放军总政治部《关于加强民兵政治教育的意见》，境内普建“民兵之家”，以 10%的训练时间，对基干民兵进行国防教育和坚持“四项基本原则”，做“四有”新人的教育。

1993 年 1 月建区以后，区人民武装部以马列主义、毛泽东思想、邓小平理论和“三个代表”重要思想为指导，多形式、多渠道地对民兵进行新形势、新任务的教育。1994 年区人武部印发《关于在民兵基层开展“六个一”活动的通知》，号召广大民兵积极参加“六个一”活动：建立一支服务组织，建立一个科普小组，建立一支社会治安巡逻队伍，建立一个民兵活动阵地，承建一项民兵工程，兴办一个以劳养武项目。济南军区政治部主办的《黄河民兵》杂志撰文介绍这一做法和经验，莱芜军分区、钢城区委对开展“六个一”活动也给予充分肯定；6 月钢城区成立国防教育委员会，下设办公室，组织协调国防教育工作。1998 年至 2005 年，区直部门以上领导干部过军事日 62 天，全区累计上国防教育课 128 小时。

第四节 军事训练

抗日战争和解放战争时期，民兵的军事训练一般是根据战时需要开展射击、投弹、刺杀和埋地雷等科目训练，多以村或组为单位进行，现用现学，边学边干，不搞统一训练。中华人民共和国成立后，民兵军事训练不断加强。1951 年 5 月，按照中共中央、中央军委《关于加强民兵建设的指示》，

陈现义“一家七口爱武装” （1964年 摄）

民兵国防教育课

坚持不违农时、不误生产的原则，各区在农闲季节采取小型、就地、分散方法进行训练，主要内容是步枪射击、投弹、站岗放哨和利用地形地物训练等。1964年开展民兵“大比武”活动，境内民兵掀起群众性练兵高潮；7月～10月，陈现义带领4个儿子、1个女儿和1个儿媳共7人，参加县、地区和省民兵比武大会，在山东省民兵比武大会上荣立集体三等功，受到贺龙和罗瑞卿等领导的接见并合影留念，《大众日报》以“一家七口爱武装”为题报道了陈现义一家的事迹。20世纪70年代，按照总参谋部先后颁发的《1973年～1975年民兵军事训练纲要》《1977年～1980年民兵军事训练纲要》，境内民兵以公社为单位，从现有武器装备和现代战争特点出发，采取集中训练方法，对专职武装干部、民兵排以上干部、武装基干民兵和专业技术分队进行技、战术训练，在规定时间内完成纲要规定课目，经考试合格，均完成训练任务。

民兵队列训练 （2005年 摄）

1985年山东省军区批准民兵免训3年，积蓄资金进行经济建设。1989年恢复正常军事训练；同年，莱芜市、新泰市、沂源县均建成民兵集中训练基地，从此民兵训练由分散改为集中到县（市）统一训练。

区人民武装部成立后，全区的基干民兵训练独立进行。每年严格按照上级要求实施训练，合格率100%。企事业职工，主要是训练民兵干部、基干民兵、民兵应急分队、民兵对口专业分队，每年分批集训，每次15天（含政治教育2天），主要进行队列、射击、投弹、单兵战术、盾牌警棍术、擒敌拳等课目训练。高中学生入学先军训7天，主要进行队列训练、内务整理、国防教育等。初中学生军训，在城子坡、寨子中学试点的基础上，逐步推开，每年训练人员1200人以上。

第五节 参战 支建

抗日战争时期，境内民兵积极组织自卫团、武工队开展破袭活动和歼敌斗争。1939年12月5日夜，颜庄区民兵自卫团千余人在鲁中主力部队1个连的掩护下，将莱新公路颜庄至南冶段10公里路段彻底毁坏，并将沿路敌电线杆全部砍断，使日伪军的交通、通讯瘫痪。1941年黄庄区成立以左太传为队长的30人地雷爆破队，利用地雷战打击敌人。

解放战争初期，境内民兵踊跃参军，并涌现出许多“母送子、妻送郎、兄弟相争”的动人场面。1946年11月，境内“大动参”运动中，颜庄区参军人数

飞行爆破大王左太传及所获山东军区颁发的奖章

（1946年　摄）

1218人，其中，属于干部带头参军的人数为93人，父母送子参军的人数为16人，妻子送郎参军的人数为14人，兄弟争相参军的人数为6人。

1946年下半年，国民党军进攻解放区，为阻击敌人，鲁中军区将10个有名的爆破队集中于博山县，左太传爆破队被列为前线第一队；同年，爆破队受到鲁中军区通令嘉奖，被命名为“飞行爆炸队”，全队立功。解放战争期间，爆破队共埋设地雷180次750颗，炸死敌人221人，炸伤多人；缴获敌人汽车6辆，炸毁汽车4辆、炮车1辆、马车4辆，战利品数宗。左太传多次受到沂源县委、鲁中军区、山东军区的嘉奖，荣立特等功2次，一等功4次，荣膺“飞行爆破大王”“特等民兵爆炸英雄”称号。爆破队被命名为“鲁中区左太传爆炸大王队”，队员全部被评为“爆炸模范”，其中56人次立功，89人次受表彰。青冶行村民兵陈现义共参加大小战斗37次，缴获长短枪100余支，击毙俘虏敌人29人，曾荣立一等功3次，2次被评为战斗模范。1947年被鲁中南军区授予“神枪手”称号。

在莱芜、孟良崮、济南、淮海、渡江等多次重大战役中，民兵踊跃参战。1947年2月莱芜战役期间，颜庄区有572名民兵参战；7月南麻战役期间，青冶行民兵队坚持斗争40多天，参加战斗96次，消灭敌人125人，缴获长短枪40余支。1948年10月，在淮海战役中，仅颜庄区有500名民兵参战。

中华人民共和国成立后，广大民兵带头参加土地改革、镇压反革命、“三反五反”、互助合作等历次政治运动。在农业学大寨、学习雷锋等活动中发挥骨干带头作用。1965年在葫芦山水库修建过程中，颜庄公社民兵营组织会战民兵早出晚归，敢于承接急难险重工程，出色完成指挥部分配的会战任务，受到莱芜县委、县政府的多次表彰。

1993年1月建区后，全区民兵适应新形势新任务的要求，积极参加地方经济建设。1996年寨子乡2000余名民兵预备役人员参加“卧牛山综合治理”工程，共开垦整修梯田200公顷，修盘山公路20公里、涵桥12座，铺柏油路12公里，修500立方蓄水池1个，种植各种果树12万株，总投工35万个。区人武部被省政府、省军区表彰为“民兵富民工程先进单位”。

至2005年，全区修民兵路18条，总长26公里，营造民兵林533公顷，开发荒山333.33公顷，修民兵渠7100米，修桥涵130孔，修建民兵街18条，引进开发科技项目14个，累计增加效益560万元。

民兵修建的军民连心桥

（2005年　摄）

第五章　兵　　事

第一节　清末民初时期兵事

幅军是清朝末年活动在兰、郯、费、峄四县山区的一支农民起义军。自咸丰三年(1853年),发动武装起义。同治二年(1863年),幅军失败,期间,幅军的活动波及境内。

肖马庄歼匪战

1919年11月5日(农历九月十三日),匪首于三黑率匪徒二、三万人劫掠蒙阴、莱芜交界处肖马庄一带的村庄,驻莱芜的直鲁联军陆军、警队、团丁约五、六百人前去会剿。土匪一面将会剿部队围困于肖马庄,一面派数千人于夜间进逼莱城,在南港一带与前去救援的陆军相遇。土匪折回逃窜,在野虎沟一带被陆军击毙无数,生俘数十人,收缴马牛骡驴上千匹(头),肖马庄之围被解。

北伐军追歼直鲁联军

1928年4月,国民革命军第二次北伐,北伐军尾追直鲁联军7军5师94团入境。直鲁联军94团驻肖马庄"天府寨"。北伐军驻庙子村,两军隔河对峙。第二日夜间,直鲁联军连夜北逃,北伐军尾追出境。

红旗会抗匪斗争

1929年农历正月十八日,数百名土匪窜至银山、铁山一带抢掠,红旗会各坛号令齐发,会员冒着严寒迅速集结,对土匪形成包围之势。土匪负隅顽抗,会员奋力拼杀,直至将土匪击溃。战斗中红旗会员阵亡9人,伤十数人。为纪念此次战斗和牺牲的会员,棋山乡的各村于1933年正月在棋山观村建立抗匪烈士纪念碑。

国民党军攻破颜庄寨

1930年春,爆发冯、阎、蒋大战,战事波及境内,农历六月初十,晋军1个连守莱城,国民党中央军骑兵1旅、步兵1旅,由新泰入境,经过颜庄区,骑兵旅攻破颜庄寨,抢掠一空,并枪毙吕姓村民1人。

第二节　抗日战争时期兵事

黄庄武装起义

1937年11月,中共山东省委派刘其人、新泰工委书记董琰到黄庄区小上峪村一带活动,与刘子升、杨荆石取得联系,共商抗日事宜,为发动黄庄武装起义提供了组织保障和群众基础。

1938年3月初,代理省委书记、八路军四支队政委林浩派边裕鲲到小上峪,与刘子升等建立"黄庄革命秘密小组"。接着召开秘密军事会议,宣布八路军四支队关于在黄庄举行武装起义建立十二

黄庄武装起义遗址　　(1984年　摄)

中队的命令,成立起义军军事委员会。边裕鲲任主任,刘子升、房连三任副主任,将起义时间定于3月12日。12日上午,120余名队员在黄庄南小学集会,宣布八路军山东抗日游击队四支队十二中队成立。边裕鲲任中队长,刘子升、房连三任副中队长,刘其人任指导员;15日起义队伍查封黄庄盐店,缴获食盐7500公斤,将大部分分给贫苦百姓,小部分低价出售用作军费。十二中队很快发展到179人、枪99支;后参加四支队整编,十二中队被编为2团2营7连。

庙子战斗

1939年农历七月十五日,八路军山东纵队四支队一大队在大队长吴瑞林带领下驻高峪村,吴瑞林决定利用葫芦崆这一有利地形伏击莱城之敌。这一天风雨交加,战士们全身被淋湿,但仍坚守阵地。至农历17日,未见日军来袭,吴瑞林命令孟继冉中队在沈家崖附近高地警戒,而后带部队进驻庙子村休整。由于中队长孟继冉思想麻痹,就把岗哨撤回,恰在此时,日军已开进沈家崖村,后直扑高峪村。部队撤回庙子村后,战士们将衣服挂在村口晾晒,日军走到村边后,突然看到了晾晒的军服,便断定驻有八路军。一场遭遇战打响了,战斗一直持续了三、四个小时,最后将日军赶到村外的赵家林坟地。这时新泰的敌人也开过来了,占领了庙子村南的高地,向村里炮击,并用轻重机枪疯狂扫射。鉴于腹背受敌,且敌我力量悬殊,吴瑞林当机立断,布置少部分兵力掩护,大部分兵力向西北卧虎山方向转移。途中,一颗子弹击中吴瑞林的大腿根部,被警卫员背起后,仍指挥战士们边打边撤,从罗汉峪附近进入卧虎山,敌人不敢再追击。这次战斗除吴瑞林受重伤外,还牺牲了7名战士。

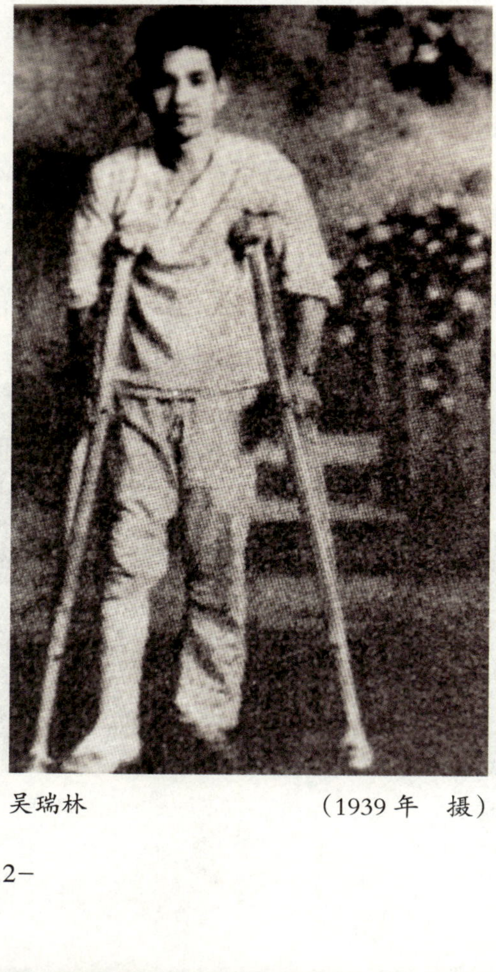

吴瑞林　　（1939年　摄）

许家寨战斗

1939年冬,八路军第四支队一大队十二中队30余人驻埠东村,日伪军自莱城赶至偷袭。敌人到村外时被八路军岗哨发觉,随即鸣枪报警,副指导员段明坤立即组织部队转移,顺村南泉水峪撤至山顶许家寨。日伪军尾追而至。此时,颜庄区区长刘子元率区中队也赶到山寨,2个中队密切配合,凭借山寨与日伪军展开激战,从早晨至下午连续打退日伪军3次冲锋。八路军武器差,弹药少,不能继续坚持,由段明坤带6名战士阻击敌人,掩护其他人员转移。激战中5名战士先后中弹牺牲,段明坤中弹负伤,通讯员小岳将其护送至山后石棚里隐蔽,日伪军跟踪追击,2人打完最后一颗子弹壮烈牺牲。

澜头战斗

1940年3月13日,八路军某部供给处7人,颜庄区抗日民主政府13人、区中队26人进驻澜头村,当晚被300余名日军和100余名伪军(陈三坎部)包围。区中队副队长张东成带队出圩子墙迎击,出北门仅150米,张东成壮烈牺牲。刘梅岑(澜头村人)主动担任指挥,以村圩子墙为工事,全力组织抵抗。八路军战士、区中队队员、区干部20人首先登上圩墙向敌人开火。村自卫团员和群众300余人抬出几十门土炮架在圩墙上。14日上午8时,东门圩墙被日伪炮火击倒,老百姓冒着生命危险迅速垒起来继续严密防守。敌人久攻不下,天黑

时退踞埠东村，部队和群众安全转移。

南城子坡反抢粮斗争

1940年7月，驻扎在莱芜的颜继光部到南城子坡一带抢粮，南城子坡的30多名青年组织起来打击敌人。他们抬出23杆土炮，在方家庄的南岭上设好埋伏，与敌人展开激战，战斗中，方家庄的30余名青年也奋勇参加，同时，驻扎在新泰边界的八路军四支队8人也来参战，敌人遭到痛击逃回李家寨。

大崖伏击战

1942年春，为掠夺新泰、莱芜的煤炭资源，日军修建新（泰）莱（芜）铁路，派一小队日军在南仓峪村东的大崖口勘探线路。新蒙县抗日民主政府决定由县大队打击敌人并粉碎敌人的计划；5月5日，新蒙县大队独立营连夜急行军一百多里悄悄潜伏在卧牛山下距大崖口数百米的山沟里。拂晓9名日本兵来到大崖口，把枪架在一起坐下来休息。营长张绍恭趁机带领战士们冲了上去，几十枚手榴弹在沟底爆炸，日军见状纷纷去拿枪企图冲上沟西的制高点顽抗，在南仓峪村东的一片开阔地上，8名日军被当场击毙，1名日本兵装哑巴逃跑。在这场战斗中，独立营缴获步枪7支、短枪2支、战刀1把和子弹200发。

讨吴战役

1944年4月18日，鲁中军区发起讨吴（化文）战役，其中，在郑王庄一带歼伪"和平建国军"第三方面军4个团，俘少将处长以下800余人，攻克黄庄至铁车一带据点、炮楼多处。

和平解放颜庄

从1944年春至1945年秋，莱城工委书记尚克东配合地委和军分区，通过和平谈判，最后争取了颜庄和南冶日伪两据点700人全部武装起义。为争取和平解放，泰山地委组织部副部长陈明达即通过关系与伪颜庄区区长兼伪区中队队长吕嘉林取得联系，做争取工作。而后，莱城工委的尚克东带泰山军分区司令廖容标的信交吕嘉林并与之谈判；6月20日，司令员廖容标、军区参谋长刘国柱、政治部主任欧阳平及陈明达、夏俊卿（莱东县敌工部副部长）、尚克东把吕嘉林和副区长谭道恒约到东泉村再次做教育协商工作，从上午一直谈到下午4点，吕、谭答应交出伪政人员和武器。吕、谭回据点后，为预防有变，刘国柱、欧阳平带1个营，尚克东带区中队，包围颜庄据点。大军压境，吕交出全部伪政人员和武器。夜里，吕嘉林随部队到南冶据点劝降，南冶随之解放。但由于县委对部分起义人员未按起义政策处理，给党的敌工工作造成了不应有的损失。

第三节　解放战争时期兵事

半壁店子战斗

莱芜战役期间，华野7纵司令部设在桑梓峪村。1947年2月20日晚，华野副司令员粟裕命令4纵、7纵插入莱城和颜庄之间，切断国民党46军的退路，从20日晚到21日拂晓，2个纵队未完成切断莱芜、颜庄之敌的任务，于是，白天不顾敌机的空袭，继续开进，下午3时，7纵19师于东西盘龙至北冶一线作战，黄昏后攻占半壁店子。22日上午9时，向红埠岭出击，将敌人压迫至莱城。

葫芦山伏击战

1947年9月17日，国民党军新5军40辆汽车在1个营掩护下，从新泰到莱芜接运留守人员和弹药，"还乡团"近300人趁机搭车由新泰到莱芜。人民解放军鲁中军区警备1团在颜庄区武工队的配合下在葫芦山至颜庄的公路两侧设伏截击。上午8时，车队进入伏击圈，警1团设在黄羊山顶的指挥所发出信号，埋伏在牛马庄村南的连队截住退路，埋伏在岱山的1个连击毁第一辆汽车堵住进路，两侧连队奋起冲入车队，敌军弃车四处逃命。1个小时内结束战斗，除未进入伏击圈的十多辆汽车逃跑外，其余全被截获，共截获汽车28辆，毙伤敌人30余人，俘200多人，缴获步枪200余支。战斗结束后，被俘"还乡团"全部交地方政府处理，所有汽车由颜庄区武工队烧毁。

颜庄区武工队游击战

1947年颜庄区武工队120余名指战员积极配

葫芦山伏击战发生地遗址 (2004年 摄)

合部队作战。在莱芜战役前,国民党部队进攻并占领境内时,以游击战、麻雀战、地雷战等多种形式有力地开展对敌斗争,并针锋相对地开展与“还乡团”的斗争,保卫人民的生命财产。年内,打死打伤敌人约62人,俘敌44人,缴获步枪94支、子弹2000余发、手榴弹210枚、战马2匹及物资大宗。

附:匪、日、伪罪行录

附一:土匪罪行

红山血案

1927年4月22日,匪首刘桂堂率5000余匪徒,占据棋山一带20余个村庄。村民扶老携幼上鸿福山寨避匪。第二天,土匪围攻山寨,村民居高临下,凭险据守,连战数日。26日拂晓,山寨东南角楼炮手不慎将点炮香头丢进火药罐引起爆炸,角楼坍塌,匪徒乘机蜂拥而入,村民见状纷纷后撤。匪徒一边狂叫:“要斩草除根,杀个孩伢不留!”一边向人群猛烈射击,顿时血流遍地,尸体成堆。匪徒还用刀劈、棍打、石砸、火烧等毒辣手段对付手无寸铁的村民,把18名妇女赶在一块,把她们的头发结在一起,泼上煤油用火活活烧死,场面惨不忍睹。土匪从早8点一直洗劫到12点,村民当场惨死400人左右、伤150人左右。被掳走20人左右,除少数重金赎回外多数未生还。在这次惨案中,后朱山村遭难最重,全村215人,遭杀害的153人、受伤的16人,全村113间房屋,烧毁111间,仅剩张家1间、于家1间。为纪念这一惨案,人们将鸿福山改名为红山。

清泥沟惨案

顺天寨是清泥沟村圩寨,建于清咸丰年间。1925年6月25日,匪首刘桂堂带领匪徒200余人窜犯清泥沟一带,莱芜县警备队分队长李玉声(外号沙六)带队员60人拒敌,队员10余人阵亡。土匪破寨,枪杀百姓120人,掳去40余人,并放火烧毁民房32间,掠去财物一大宗。被掳人员后经家人花2万块大洋才被赎回。

澜头惨案

1926年8月18日,匪首景德泉率匪300余人围攻澜头圩子,村民坚守一夜,终因弹药耗尽,圩墙被攻破。土匪进村,枪杀村民68人、掳掠200人,抢掠财物不计其数。被掳人员中经家人花重金赎回的有140人,其余因传染伤寒病丧生。

附二:日伪军罪行

日伪军据点

1941年至1943年,日伪军先后在境内安设据点和碉堡60余处,对抗日根据地进行分割蚕食。

颜庄据点。1941年5月,在颜庄北门里安设,占地0.53公顷,围墙高6米、宽3米,总长1040米。据点驻扎日军1个中队、100余人。武器有轻机枪4挺、小炮5门、三八步枪70支,1944年3月,日军撤走。伪军颜继光部1个支队、500人,队长杜林生,武器有机枪、小炮和步枪等,1942年4月撤走。伪区公所及伪区队3个小队、120人,驻守在东门里孙家场的2户民房里,筑围墙高6米、宽2米,武器有机枪1挺、短枪6支、步枪100支,并在颜庄村西岱山顶筑围墙修1个小据点,驻伪区队30人;颜庄南门外西侧设碉堡1座,驻伪军1个班、步枪10支。1945年6月20日,颜庄和平解放。

郑王庄据点。1942年6月,在郑王庄北岭安设,占地1.73公顷,围墙高6米、宽3米、炮楼4

座，四周有壕沟，深3米、宽5米，沟外设有铁蒺藜、木寨。据点驻扎日军1个小队30人，队长加滕。武器有小炮1门、重机枪1挺、掷弹筒1个、步枪20支和短枪1支；伪区队1个小队25人、步枪22支。

郑王庄据点安设后，沿南北交通线，北至辛庄，南至黄庄15公里范围内，在北田庄北岭、北田庄东岭、黑牛山、东小王庄、玥庄东岭、三岔河南岭、凤凰峪南岭分设炮楼7座，各驻伪县大队1个班、步枪10支。

1944年3月，驻郑王庄据点的日伪军撤离后，吴化文率部2000余人接防据点和沿交通线7座炮楼。1943年1月，国民党军苏鲁战区新编4师吴化文部投降日军，被编为“和平建国军”山东方面军；7月改称“和平建国军”第三方面军。吴化文部进驻郑王庄据点后，增设西圩子据点，占地2公顷，围墙高6米、宽3米，4座炮楼，四周设暗堡4座，中间修3层炮楼1座。总部、军部驻据点内，大部分士兵驻民宅。1945年6月9日，吴化文部撤走。

柳桥峪据点。1943年1月6日，在柳桥峪村南2座民宅里安设，圩墙方形，2个炮楼。据点驻扎日军1个小队30人，队长早川加滕。武器有掷弹筒1个、轻机枪2挺、步枪20支；伪区队70人，驻围墙外民宅。在村周围山顶安设5座炮楼（卧虎山、韭菜崮、花雨山、辔头崮、朱石崮），各有伪军1个班把守。1944年3月，日伪军撤走。

清泥沟据点。1941年5月，在村西门内安设，占地0.53公顷，圩墙方形，炮楼4座。周围壕沟深3米、宽4米，外设木寨。颜继光部二支队队长杨明洲率300人驻防，1942年4月，颜部撤走后，伪县大队、区中队40余人驻防，沿南北交通线6公里内加修6个碉堡，即葫芦山、古墩、清泥沟东门外、西门外、南城子坡和艾山等碉堡，每个碉堡驻伪军1个班。1944年至1945年，伪军先后撤离。

寨子据点。1941年在圩寨的基础上加固圩墙，增设炮楼，由伪军陈三坎部1个大队驻守。因驻防伪军大多是本地人，八路军敌工人员和游击队做了大量瓦解工作，1944年大部分当地人遣散回家务农，少数撤走。

高家庄据点。1941年建于村东小山包上，位于寨子据点以东。常住日军1个小队30余人，伪军1个中队70余人。1945年撤走。

黄庄据点。1942年12月，日军在黄庄安设据点，建炮楼，黄庄街半数民房被拆毁。初由日军1个小队把守，后撤走，继由日军分队长滕田率部驻守。1944年4月，第三次讨吴（化文）战役后撤离。

日伪军制造的惨案

抗日战争时期，日伪军在境内实行“三光”（杀光、烧光、抢光）政策，先后制造数起骇人听闻的惨案。

血洗桑梓峪。1939年日伪陈三坎常到桑梓峪一带抢劫。为保家护民，桑梓峪村民以王秉孝为首组织自卫团和游击小组，以土枪、土炮开展对敌斗争；8月泰山军分区10团驻桑梓峪村，在游击小组配合下，陈团受到沉重打击。10团调走后，陈部趁机对桑梓峪村进行疯狂报复。1940年1月15日（农历1939年腊月初七），陈部营长刘文贞率170余名伪军突然包围桑梓峪村，用枪封锁主要街道和出口，游击小组在突围时，吴兆年等6名队员受伤落入敌手。伪军把群众集中到村外，刘匪一声令下，机枪对准6名游击小组队员疯狂射击，每人身中十几弹，当场牺牲。刘匪逼问谁是游击队员，群众怒火中烧无人回答，刘匪吼叫：“留着何用，统统枪毙！”伪军朝人群开枪，无辜百姓吴维前、刘景洲、陈茂国等7人当即倒在血泊中，对在血泊中挣扎的1名村民，用刺刀捅死，致使当场有19名群众吓得昏死过去。屠杀后，刘文贞下令把青壮年绑走。村民刘开圣跳起来叫骂：“你们这些日本走狗，坏事做尽，杀人还不够，还要带走人，我和你们拼了！”说着，向刘文贞扑去。这时，村民段登财、孙守德、李文秀等也和敌人撕打，被当场打死。刘文贞下令：“放火，将房子统统烧光！”霎时，全村一片火海。敌人还将奄奄一息的刘开圣抛进大火烧死。这次血洗，全村17人被残杀，45人被抓走，因受伤惊吓先后死去9人，饿死7人，烧毁房屋30间。抓去的45人，后用重金赎回。

火烧胡家宅。1940年3月29日上午，驻张家兰子伪军陈三坎部下魏希三派1名伪军化装成老百姓，潜入胡家宅村西南角地主孙敬俭的柴园内，将柴垛点着。正刮西南风，火借风势很快席卷全村，大火烧了3天3夜，烧毁房屋1183间，烧死耕牛6头、猪350头，粮食家具全烧光，村民马宗龙被烧死。

白冶子沟惨案。1941年4月21日，日伪军集结千余人来棋山东麓白冶子村一带“围剿”。天刚亮，附近村民和驻高家庄的八路军及驻白冶子村的兵工厂、贸易局（属泰山专署）的干部职工听到枪声后即组织隐蔽转移。当集结到白冶子沟时，东山顶已被日伪军占领，并突然向沟内人群开枪。面对突如其来的袭击，八路军和兵工厂的干部职工寡不敌众，当场有不少人被打死打伤。敌人冲下山来继续枪杀、逮捕，并将部分死伤者连同贸易局的纸张、布匹、棉花等垛在一起，浇上煤油纵火焚烧，大火从早上烧到中午。这次惨案有100余人遇难，80余人被抓走。泰山贸易局所有物资和北海币全部被烧毁，工厂的机器设备及原料都被毁坏。

三岔河惨案。1942年4月12日（农历二月二十七）拂晓，潘炳（叛变投敌分子）带领颜庄据点伪军200余人包围三岔河村。当众枪杀村民吴守明、任可木，捕去泰山军区10团合作社干部任可贤、老魏、王荣耀等5人，捕去区参议长任明堂、盘查站长任明夫、村长任明德、青年团团长任明玉及村民30多人，还牵走耕牛7头，抢去粮食、衣物不计其数。10团合作社的5名干部，除负责人任可贤是本村人未暴露身份幸免一死外，王荣耀等4人均被日伪军活埋。敌人对捕去的30余人一边审讯、动刑，一边要三岔河交纳20把（每把合11.5斤）蚕丝赎人，否则全部活埋。4月29日夜，在任明玉、任可贤组织下集体逃出，幸免于难。

附三：国民党反动派军队、“还乡团”暴行

1947年至1948年，国民党军2次入境。期间，“还乡团”疯狂“反攻倒算”，对抓到的干部及家属、抗属及进步群众等，先施以吊梁毒打、坐老虎凳、灌辣椒水、烙铁烙体、手指插签等酷刑，然后砍头、枪毙或“水种”（投井下石）、旱种（活埋）、放天花（将人土埋到脖，刀戳头盖）。国民党军与“还乡团”共残杀革命干部和民众129人，另用炮炸死14人、伤残8人，烧、炸、拆毁民房2443间。

李学玉武工队遇难

1947年8月13日，国民党军进犯棋山一带。颜庄区武装干事李学玉带5名武工队员在西马泉村西掩护群众转移时与敌遭遇，突围中，李学玉与邵怀其牺牲，秦光利负伤后，与吴式乔、刘训仁、刘训诗一起被俘。国民党军为获取共产党基层组织和武装情况，恫吓群众，将李学玉、邵怀其头颅砍下，挂在刘训仁、刘训诗的脖颈上到黄庄村示众。第二天，将秦光利等人及附近村庄的群众带到前朱山村，在刑场上摆上铡刀，威逼群众说出谁是共产党员谁是武工队员，但一无所获。恼羞成怒的敌人将秦光利等3人用铡刀杀害，将头颅挂在高杆上示众3天。1951年人民政府曾一度将棋山乡易名学玉乡，以示纪念。

白冶子沟惨案遗址 （2004年 摄）

还乡团“反攻倒算”

1947年5月至6月，“还乡团”李荣贵带部分人员进犯里辛村，将民兵李绍

祥捕去，酷刑后活埋。把共产党员王庆永抓去，在鄂庄枪杀。捕去荣军李孔笃，将其割舌、挖眼、拔肋条、剖腹致死。还将民兵吕爱昌之母、荣军王逢孝之父、烈士李实笃之母、李桂芳之祖母拴在一根绳上，摆上铡刀进行恐吓折磨，致使吕爱昌之母、王逢孝之父因恐吓而亡；7月驻南冶"还乡团"由队长段明元带领先后捕去南港村农救会长郝维孔、东当峪村农救会长王述堂、验货台村长王信美以及王港和东红埠岭等村民兵段元恺、吴守长、刘相永、段明梓，对其残酷折磨后，枪杀、活埋、填窑坑；10月20日，埠东村妇救会长吴会梅在双龙峪村被"还乡团"抓走，受尽酷刑后壮烈牺牲；11月9日，李荣贵带领国民党军及"还乡团"400余人包围高家岭，捕去干部、民兵和群众31人，农会会长高化纪当场被枪杀，其弟高曾纪中1枪弹、1刺刀负重伤，其余被捕人员关押在南冶牢房里，受尽酷刑，后经家人分5批花3600元赎回；11月某夜，段明元率"还乡团"200余人包围孙家庄、柳桥峪，捕去烈军属、干部、民兵及群众73人。其中，在孙家庄的澜头村烈军属吴式径、吴维生当场被枪杀；11月22日，孙家庄民兵毛进利，柳桥峪民兵王述法、姜元水、吴式生、王述经，莲花池民兵杨守部6人在港里集上被集体枪杀。其余被捕群众经家人花重金才被赎回；12月，"还乡团"捕去东红埠岭农会会长高占禹、民兵队长吴守常、公安员刘向永、民兵班长高太池，押到南冶，施以割舌、吊梁头和烙胸脯等酷刑后枪杀填窑坑。

1948年1月，"还乡团"一部捕去柳桥峪村干部王淑进、李兆宣，途中先用刺刀将2人剖腹，再用石头砸死；2月1日晚，段明元率19名"还乡团"成员，到当峪、柳桥峪一带，捕去干部、民兵郑建栋等5人，第二天，在南毛家庄准备集体枪杀时，得悉驻莱城新5军已撤回济南，驻南冶"还乡团"也已连夜逃往泰安，便仓皇南逃翟镇一带，被捕5人幸免于难；10日夜，段明元带"还乡团"返回瓮山子、后坡一带，包围村公安员、共产党员曹墨冉的家并将其一家4口全部杀害，抓捕曹墨田等2名党员，将1人投井1人枪杀。捕去群众5人，后经家人用实物和重金赎回。

第六章　兵　役

第一节　募兵　抽丁　抓丁

募兵

清光绪二十五年（1899年），袁世凯督鲁后，为扩充绿营和编练新军，曾3次在各州县募兵。民国初年，地方军阀部队仍实行募兵制。20世纪30年代，各派系军队入境插旗募兵，兵贩子走集串乡挂旗定点叫喊募兵者屡见不鲜，应募者多为地痞流氓、无业游民和"兵油子"等，也有为谋生的贫苦农民及寻求出路的青年学生。

抽丁

民国初年，县警备队、人民自卫团、区保卫团、联庄会等地方武装，均实行按人丁或地亩抽丁法。1933年境内实行"拔富兵"抽丁法——按地亩家产，谁富谁出兵。富家子弟不愿当兵，因此盛行买丁替役，富人出资，穷人当兵。境内颜庄、里辛、郑王庄等村富户多以2～3大亩地（1大亩折4市亩）加部分现金买一壮丁替役。一般是到县军训时先兑现一半，正式抽拔时全付清。冯家庄村李明树替凤凰峪村一尚姓富户当兵，得2大亩洼地，80块大洋，第二年，李明树开小差回家。

抓丁

1946年国民党军用抓丁法补充兵源。1947年6月25日(农历五月初七),新5军围剿境内东部山区,在黄金篮以东马蹄沟,抓去东田庄16岁村民吕子纯,强迫换上国民党军服,吕子纯在淮海战役中投诚,参加人民解放军后,由于表现突出,后晋升人民解放军某团团长。1947年6月27日(农历五月初九),里辛村21岁村民王逢友、17岁村民李平实在黄金篮村逃难时,同时被抓去当兵,1个月后,王逢友开小差回家,李平实在淮海战役中被解放过来。

第二节　志愿兵　义务兵　预备役

志愿兵

抗日战争爆发后,中国共产党积极组织抗日武装,广大青年志愿加入中国共产党领导的人民军队,境内开创史无前例的志愿兵役制度。抗日战争期间,颜庄区参加人民军队累计2058人,占总人口的4.30%。

在解放战争和抗美援朝时期,人民政府动员青年踊跃参军,保证部队对兵源不断扩大的需求,俗称为"动参"。1946年至1951年,境内进行过多次"动参",其中以1946年冬季和1951年抗美援朝时动参规模最大。1946年冬,境内掀起大规模的参军热潮。其中,颜庄区参军人数为1218人,黄庄区623人,寨子乡160多人。其中,仅颜庄区干部带头参军人数为93人,父母送子参军人数为16人,妻子送郎参军人数为14人,兄弟争相参军人数为6人。

新兵入伍　　(2000年　摄)

义务兵

1955年7月30日,国家颁布《中华人民共和国兵役法》实行义务兵役制;同年冬,境内征集首批1956年度义务兵。此后,每年的义务兵征集均在上年冬季进行。县、乡(区、公社)两级成立征兵临时领导机构和工作班子,协助人民武装部做好征兵工作。征兵名额下达后,经过深入宣传发动,适龄青年争相报名应征,按照征一报二或三的比例,经体格检查和政治审查,选优录征。1978年3月,国务院颁布《关于兵役问题的决定》,实行义务兵与志愿兵相结合的制度,服役满6年以上的专业技术兵骨干,根据部队需要和个人志愿可以转为志愿兵,服役期为15年以上,退役后国家安排工作。

1994年全区的征兵工作在市征兵办公室的指导下,区乡(镇)两级人民武装部以国务院、中央军委的征兵命令为依据,以确保新兵质量为核心,严把政审、体格、年龄、文化关,保质保量地向部队输送合格兵员,做到了连续11年无责任退兵。1995年、1997年、1999年和2002年区人民武装部分别被省、市征兵办公室评为征兵工作先进单位,先后有31人受到省、市表彰。

预备役

1955年《中华人民共和国兵役法》颁布后,境内开始建立预备役制度,实行预备役登记。1978年后,实行民兵与预备役相结合的兵役制度。1984年颁布新的《中华人民共和国兵役法》,实行义务兵与志愿兵、民兵与预备役相结合的制度,规定应征公民未服现役的服士兵预备役,年龄为18岁~35岁,预备役分为预备役士兵和预备役军官两种。

预备役士兵　包括基干民兵和经过预备役登记的28岁以下的退伍士兵,与军事专业对口技术人员,普通民兵和经过兵役登记的29岁~35岁的男性公民,36岁后退出预备役。

预备役军官　包括退出现役转入预备役的军官,确定服军官预备役的退出现役的士兵,适合担

任军官职务的专职人武干部、民兵干部，确定服军官预备役的非军事部门的干部和专业技术人员。各类预备役军官按规定服预备役已过最高年龄者，即退出预备役。

第七章　拥政爱民　人民防空

第一节　拥政爱民

1939年秋，中共泰山特委与八路军代表经做工作让伪区长王子笃答应交出武器和政权，在此基础上，帮助组建了四区第一届抗日民主政府。此后，相继组建部分乡、村政权。1943年春，境内出现历史上罕见的大歉年，鲁中军区号召驻境部队每人每天节约2两粮食救济群众。部队实行劳武结合，自力更生，开荒种地，减轻民众负担。还帮助群众开展大生产运动，与群众共度春荒。1944年夏，鲁中军区主力部队与境内地方武装配合作战数十次，保卫群众麦收。1946年鲁中第一军分区抽调大批干部，帮助境内开展土地改革。

中华人民共和国成立后，部队逐渐住进营房，仍与人民群众保持血肉联系，视为民排扰解难为己任。1982年夏，莱芜驻军1个团帮助颜庄公社支农1个月，清挖葫芦山水库灌渠10公里。1983年4月25日，境内颜庄一带、潘西煤矿遭龙卷风袭击，莱芜驻军派出1个团参加救援。

1994年韩莱路工程建设中，武装部长任副总指挥。2001年区人民武装部政委王建瑞任牟汶河水域综合治理副总指挥，与省水利厅联系，争取资金200余万元。支援颜庄镇三岔沟村价值7000余元的钢管，捐款3000余元，帮助该村修建扬水站1座，使全村6.40公顷山岭旱田变成水浇田，还帮助植桑1公顷，育各种优质果树苗2公顷。支援黄庄镇南金水河村水泥10吨固堤防洪，支援1200余元的办公用品改善村级办公条件。在几次干旱和洪涝灾害中，区人民武装部为受灾群众累计捐款1560元，捐物1970件(套)。

指战员进行救火训练　（2005年　摄）

部队参加抗洪救灾

第二节 人民防空

机构

2004年7月，钢城区人民防空办事处组建，工作人员3人，办公地点设在区规划局。

设施

2000年前，建防空地下室4处，建筑面积5395平方米；单建人防工程10处，建筑面积8755.60平方米。2000年后，增加人防工程总建筑面积2万多平方米。莱钢设立警报控制系统，与地方共用。全区范围内共有15台警报器，其中莱钢7台、钢城区8台。2004年10月29日，成功举行防空试鸣活动，此后，这项活动每年10月29日举行。报警鸣响率和音响覆盖率均达到100%。

执法宣传

规范结建防空地下室审批管理，完善报建联审制度。依法收取防空地下室易地建设费累计800多万元。推进人防教育进机关、学校、社区、企业和网络的“五进”活动。在全区11所中学开展人防教育，受教育人数达3.50万余人。

2005年6月6日，与区教育局联合在艾山一中二年级学生中组织了一次人防教育知识竞赛；10月29日，在钢城区城区及颜庄、里辛、黄庄镇驻地举行“集中宣传日活动”。宣传车在城区及颜庄、里辛、黄庄镇驻地巡回播音宣传。在府前大街、钢都大街、永兴路悬挂条幅20条，印制宣传单1万份。向机关干部和居民发放《人民防空知识读本》《防空防灾应急救援知识》等手册，在社区设宣传栏。

第十八编

科学技术

KEXUEJISHU

第一章　机构与队伍

第一节　管理与科研机构

1954年颜庄区、黄庄区各配备1名农林专职科技干部。1959年颜庄公社、黄庄公社先后设立农技站、林业站和畜牧兽医站。20世纪70年代初，设立水利站、经管站和拖拉机站。此后随着行政、事业机构的不断健全，科技管理人员不断充实。1976年6月，黄庄公社成立科技站。1983年颜庄公社成立科学技术普及协会，共有科技干部26人，农民科技人员130人。1985年颜庄办事处、黄庄区配备科协副主任、科委副主任。1985年9月至12月，撤处（区）并乡后，境内颜庄镇、城子坡镇、黄庄镇及里辛乡、寨子乡设立科委和科协组织，配备科技干部1人～2人。80年代末至90年代初，各乡镇相继选配科技副乡（镇）长。1993年1月，钢城区科教文卫体办公室成立；6月改称科教文卫体委员会。1994年11月，区科学技术委员会成立，行政编制6人。1997年6月，区科学技术协会成立，与科学技术委员会合署办公。1999年6月，区科协第三次代表大会（沿袭莱芜市科协届次）召开，选举产生主席1人、副主席2人。2001年11月，区科学技术委员会更名为区科学技术局，与区科学技术协会合署办公，内设办公室（挂科普科牌子）、计划成果科（挂高新技术办公室牌子）2个职能科（室）。至2005年，共有干部职工17人（含离岗人员1人），其中行政人员7人，配备局长（主席）1人、副局长1人、副主席2人。

1993年3月，钢城区科学技术开发中心成立，直属区科教文卫体办公室，为副科级事业单位，编制8人。2005年有工作人员6人，配备主任1人，由副局长兼任。

1998年3月，成立区专利局，为科学技术委员会二级单位，全额事业编制2人，配备局长1人。2005年9月，更名为知识产权局。2005年底，有工作人员1人。

1998年3月，成立区地震局，为科学技术委员会二级单位，全额事业编制2人，配备局长 1 人。2005年底，有工作人员2人，其中局长1人。

1995年至2005年，全区各企业共成立厂办科研院（所）14家。其中，九龙集团公司及下属企业6家，宏强企业集团公司及下属企业3家，泰达智能车库、蓝星化工公司等企业5家。各企业科研院（所）均配3名～5名技术人员，负责企业技改与科研开发工作。

第二节　专业队伍

1994年全区有专业技术人员817人，其中高级职称19人、中级职称259人、初级职称539人。随着大中专毕业生分配人数的逐年增加，职称评审工作的逐步完善，引进人才工作的深入开展，全区专业技术人员数量不断增长。

2005年全区有专业技术人员2878人，其中，高级职称188人、中级职称1200人、初级职称1490人。

1994～2005 年钢城区专业技术人员统计表

表 18－1－1 单位：人

年份 职称	1994	1995	1996	1997	1998	1999	2000	2001	2002	2003	2004	2005
高级	19	25	36	44	48	49	63	88	123	145	176	188
中级	259	301	366	401	478	517	604	728	918	1047	1145	1200
初级	539	605	811	991	1250	1451	1577	1485	1477	1389	1483	1490
合计	817	931	1213	1436	1776	2017	2244	2301	2518	2581	2804	2878

第三节 群众队伍

1976 年颜庄公社、黄庄公社加强科技建设，生产大队建立农业科技队，生产队建立农业科技组，主要任务是试验、示范、推广优良品种，开展群众性科学实验活动。

1976 年黄庄公社科技示范实验基地人员统计表

表 18－1－2 单位：亩、人

分布村庄	科研面积	科技人员	分布村庄	科研面积	科技人员
台　子	10	8	西丈八丘	50	16
杨大峪	20	7	洪　沟	30	10
南通香峪	40	15	西　冶	15	5
北通香峪	40	15	椊　椤	21	7
桑家庄	30	10	青冶行	80	18
王家庄	40	14	小上峪	50	16
沙岭子	20	8	大上峪	50	14
茄子峪	8	3	东　峪	10	3
黄花峪	8	3	灰菜峪	10	3
霞　峰	50	18	河　东	20	7
东　风	40	13	柿子峪	20	7
八大庄	30	10	三大队	50	16
幸福村	10	4	北金水河	60	20
尚家峪	18	6	刘家庄	20	7
下历山后	40	14	一大队	50	16
上历山后	40	13	胡家桥	20	7
仙人桥	30	10	长胜村	10	3
李家峪	10	5	洼子峪	50	18
官　庄	70	20	南金水河	20	7
东丈八丘	50	16	马家庄	30	10
北丈八丘	50	16			

1993 年 1 月钢城区建立后，科技职能管理部门与区直有关部门积极开展多种形式的实用技术培训，培养一批农民专业技术人才。同时，建立农村专业技术协会，使农村科技队伍不断发展壮大。2005 年全区共有各类农村专业技术协会 82 个，其中，区直专业协会 7 个，镇(街道)专业协会 8 个，村级专业协会 67 个，各级协会会员 1 万余人，服务领域涉及种植、养殖、加工、贮运、销售等行业。清苑花卉协会、艾山养鸡协会是山东省“先进农村专业技术协会”。

第二章　科普活动

第一节　科普宣传

1986 年 9 月，山东省科协在莱芜市举办科学致富展览，市科协采用“科普赶集”的形式，先后在颜庄、里辛、城子坡等集市进行巡回展出。1993 年至 2005 年，区、镇(街道)两级先后举办科普知识展览 20 余次，印发科技资料明白纸 100 余万份，赠送科技书刊 5000 余册，推广普及实用技术 120 余项、农作物和饲养畜禽新品种 80 余个。1996 年至 1998 年，区科协从山东省科协购买农业科技录像带 40 余盘，在区内农业生产重点村播放 80 余场，观看人数 1 万余人次。1997 年区政府相关部门为贯彻执行国家《关于开展科技、卫生、文化三下乡活动的通知》精神，在城子坡街道举办科技卫生下乡及科普赶集活动。1999 年区委宣传部和区科协联合组织开展“崇尚科学、破除迷信”活动。2001 年启动区首届科技宣传周活动，区科委科协与区文明办、文体办等相关部门广泛开展“三下乡”(文化下乡、科技下乡、卫生下乡)“四进社区”(科技进社区、文化进社区、卫生进社区、法律进社区)“六进家”(道德教育进家、城市管理进家、拥军优属进家、卫生健康进家、科技教育进家、文化活动进家)等大型联合宣传活动；同年，钢城区通过全省科普示范城区验收，区科协被省科协命名为“全省城区科普工作先进单位”。2004 年钢城区顺利通过“全国科普示范县(市、区)”验收。

2004 年，钢城区被授予“全国科普示范区”

1993 年至 2005 年，庙子、古墩、寨子、八上峪、南通香峪和张庄 6 个村(社区)先后被省科协表彰为“全省科普先进村(社区)”。

2001 年至 2005 年，全区投资 3 万余元在府前大街集中建立科普长廊，在钢都大街建科普专栏

2001 年，“四进社区“活动在艾山街道举行

10组，在其它街道设置科普专栏4组。4个镇（街道）均建立1处科普画廊及部分科普专栏，城区各社区普遍建立科普专栏或橱窗，全区各中小学校也都建立科普宣传栏。全区70%以上的村（居、社区）建立科普文化大院，每个科普文化大院都建有图书室、阅览室、文体活动室等。张庄、南城子坡、北城子坡等社区建立科普专栏或壁报栏。区机关生活区及莱钢紫竹园、樱花园等生活区均设立科学健身小广场。2005年区科协在全区开展“科普村村通”工程，在每个村（居、社区）及部分学校建立科普宣传栏，共创立宣传栏192块，并配发科普挂图5000张。

第二节　培训咨询

培训

1993年1月钢城区建立后，区科技部门每年都举办农村科普培训班，先后组织60余名企业负责人参加山东省知识产权局举办的知识产权函授培训班；区科委（科技局）与区委组织部联合举办10余期由各镇政府（街道办事处）科技副镇长（副主任）、科委主任参加的培训班；与区委组织部、区林业局联合组织区级乡村优秀科技人才送科技下乡活动，先后举办200余期林业管理技术培训班；与区妇联、团区委等单位联合开展“青年科技创新”“争创市级创新能手”“争创区级青年星火带头人”等活动。

1993年至2005年，先后举办西瓜栽培、养兔、养鸡、食用菌、网箱养鱼、花卉管理、计算机等短期培训班100余期，培训1万余人次。1993年区农函大招生。至2000年，累计举办10期长期农函班，共招收学员8000人，结业率达98%。1999年配合区委组织部、区农委举办“农村党员干部实用技术培训班”4期，联合举办钢城区“农信杯”农村党员干部学科技、用科技技术比武活动，占全区较大比例的农村党员都掌握1项~2项实用技术。

1991年，里辛乡开办玉米高产栽培技术培训班

咨询

20世纪80年代初期，颜庄公社和黄庄公社设立科技咨询窗、集市科技服务站，介绍作物良种、新型农药、化学肥料、微量元素及种植、养殖、加工等科学知识。

1986年颜庄镇、城子坡镇、黄庄镇、里辛乡均设立科技咨询服务站。各乡镇均在重点村队和企业设立信息户。科技咨询服务领域以农业科技为主，渐拓展为服务乡镇企业发展。

1993年1月建区后，区科技职能部门通过与各乡镇（街道）和重点企业签订技术服务协议书和成立区科技咨询服务中心等形式，不断提高科技咨询服务的效果。

1997年区科委与各乡镇政府（街道办事处）签订“技术服务协议书”，由区科委提供相关技术资讯服务。年内，在提高冬暖蔬菜大棚种植效益，提高黄金桃、寒露蜜桃等果品质量以及提高蛋鸡产蛋率，缩短肥猪育肥期等方面，提供科技咨询服务信息技术400余条。

1998年区科技局与莱钢科协联合成立钢城区科技咨询服务中心（老科技工作者协会）。至2005年，先后吸收260名企地离退休科技人才为骨干会员，开展技术论证、技术转让、技术咨询服务等方面活动60余项。

第三节　示范基地

1993年至2005年，全区建成林果、蔬菜、养殖方面的科普示范基地10处，即：里辛镇中华寿桃示范园、黄庄镇黄金蜜桃示范基地、金水河流域汶源蟠桃示范基地、施家峪寒露蜜桃示范基地、棋山林果科普示范基地、下北港蔬菜示范基地、小上峪西瓜示范基地、清泥沟养兔示范基地、方家庄莱芜黑猪和野猪养殖示范基地、庙子粉皮加工基地。

示范基地坚持“政策引导、自我管理”的原则，规模不断发展壮大，发挥对科学技术的引进、试验、示范、推广、服务的功能，每年成功推广种、养、加工等方面新技术20余项，各基地的农业新技术覆盖率达到85%以上。

汶源蟠桃科普示范基地（2003年　摄）

至2005年，施家峪寒露蜜桃示范基地、里辛中华寿桃示范园、棋山林果科普示范基地、汶源蟠桃示范基地4个科普示范基地均被评为省级科普示范基地。

第三章　科技推广和研发

第一节　工业科技推广和研发

1993年1月建区后，区委、区政府制定科技兴区战略，支持引导各企业成立科研机构，引进新技术新工艺，研发自主创新项目产品，争取科技经费支持，不断提高企业市场竞争力。

高新技术人才培植

1994年区委、区政府印发《关于加快发展高新技术及产业的意见》，明确钢城区发展的重点领域和重点产业、主要任务及工作措施；同年，莱芜市磁性材料厂被省科委列为山东省高新技术产业增长点。

1996年区委、区政府出台《选拔专业技术拔尖人才的意见》《专业技术人才管理办法》，在全区开展专业技术拔尖人才的选拔工作，选拔出的专业技术人才由区委、区政府命名表彰，享受每人每月60元的技术津贴。

1997年区委、区政府印发《关于命名表彰专业技术拔尖人才、乡村优秀科技人才的决定》。至2005年，共命名表彰区专业技术拔尖人才6人、乡村优秀科技人才6人。

科技进步奖励政策

1995年区政府印发《莱芜市钢城区科学技术进步奖励试行办法》《关于科教兴区的决定》，规定凡在科学技术工作中取得的成果，均可受到奖励。至2005年，共出台科技进步奖励政策10余项。

2000年举办第二届区科技进步奖评审活动，评出一等奖1项、二等奖3项、三等奖4项。上述奖项由区政府予以表彰奖励，对获奖单位和个人分别授予奖状和证书，并对获奖成果的主要完成人员进行物质奖励：一等奖现金6000元、二等奖4000元、三等奖2000元。

2003年区政府印发《关于进一步加快民营经

济发展的政策规定》，规定对被认定为国家级、省级高新技术项目的，分别给予一次性1万元和5000元的奖励；对发明专利授权并利用该项成果进行转化的企业，给予一次性1万元的奖励；凡被列入国家“863”计划、国家中小型企业技术创新基金、省级以上科研攻关项目并通过鉴定的，给予一次性5000元的奖励。

2005年区政府印发《科技奖励暂行办法》，并设立科学技术奖、科学技术最高奖和科技进步一、二、三等奖，最高奖每两年评审一次，科技进步奖每年评审一次，一、二、三等奖奖金分别为8000元、4000元和2000元。

国家科技支持项目

1993年至2005年，全区各企业共引进研发新产品300余项，经申报，被批准成为区级以上“星火计划”“火炬计划”“攻关计划”“中小型创新基金计划”“新产品试制计划”“科技成果推广计划”等科研项目219项，其中国家级31项、省级38项、市级55项、区级95项，争取科技支持资金5137万元。全区参与科研项目人员达到600余人次。

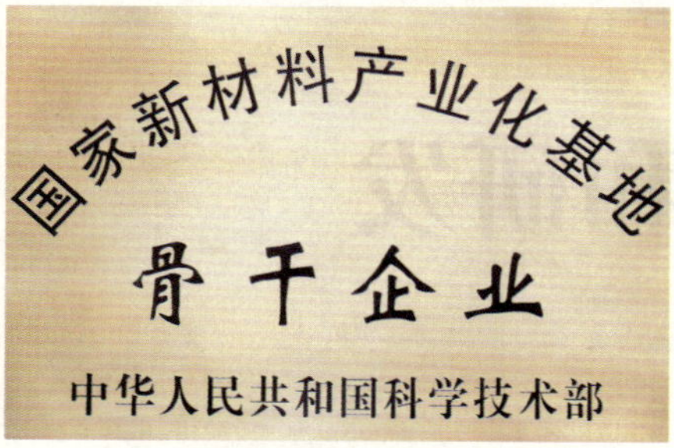

粉末冶金厂被评为国家新材料产业化基地骨干企业

1997年磁性材料厂的“R12K高性能磁导率磁粉、磁件”项目争取省级科技经费80万元，省高新技术产业化开发基金350万元。

1998年粉末冶金厂的“水雾化钢铁粉末”项目被列入国家“863”计划，争取国家科研经费80万元。磁性材料厂的“R12K高性能磁粉、磁件”被列为国家级重点新产品，争取补助经费100万元，并享受减免税优惠政策；“1500吨磁粉、300吨磁件”工程项目被列为全省高新技术产业化开发首批启动项目，争取科技贷款2000万元。

1999年“高性能磁粉、磁件”争取省十大高新技术产业研究开发经费45万元，年内通过省政府验收，完成省科委下达的山东省高新技术发展计划；“R5KB高饱和磁感应强度磁粉、磁件”项目被列入省重点攻关计划，争取省科技三项经费70万元；“水雾化钢铁粉末”项目被省科委列为重点攻关项目，争取经费200万元。

2000年“R12K高性能磁粉中试”项目争取国家中小型创新基金70万元。

2001年“水性金属防锈剂”“高效节能免烧粉煤灰钢渣砖”项目被批准列为国家级星火计划。“水性金属防锈剂”被评为国家级新产品。“水雾化合金钢粉中试”项目争取国家中小型企业技术创新基金无偿资助资金85万元。

2002年“4万吨水雾化钢铁粉末生产技术”项目被批准为国家“863”计划项目，匹配资金60万元。

2003年“轿车用高性能温压成型零部件中试开发”项目争取国家中小型企业技术创新基金75万元、省科技型中小型企业专项扶持资金25万元；4月“水雾化纯铁粉”“高性能粉末冶金齿轮泵”被列入国家级新产品，其中，“水雾化纯铁粉”被列为国家重点新产品，匹配无偿资金35万元。

2004年组织申报的“CBN-E306高性能粉末冶金齿轮泵”项目被列入国家火炬计划；“高性能温压格力森齿轮”被列入国家重点新产品计划。

2005年新艺粉末冶金制品有限公司申报的“高性能弧齿锥齿轮温压技术研究项目”被列入省优秀中青年科学家科研奖励基金项目。

1999年11月19日，山东莱芜粉末冶金厂国家“863”计划工程项目竣工投产庆祝会

1993～2005 年钢城区实施科研项目统计表

表 18－3－1　　　　单位：项

年份	国家级	省级	市级	区级	年份	国家级	省级	市级	区级
1993	2	1	5	—	2000	3	4	4	—
1994	3	6	4	10	2001	4	1	4	—
1995	3	3	3	16	2002	2	2	4	—
1996	1	1	2	16	2003	3	3	4	—
1997	2	2	5	19	2004	2	4	6	—
1998	2	4	4	17	2005	1	3	5	—
1999	3	4	5	17	合计	31	38	55	95

第二节 农业科技推广和研发

1967 年霞峰村民从沂源县引进黄金桃新品种，年内种植 1.33 公顷，获得可观效益。自 20 世纪 70 年代至 80 年代，黄庄公社在全社范围内大力推广。90 年代初，种植面积达到 666.67 余公顷。

20 世纪 80 年代，颜庄公社推广“旱田麦开发试验”“小麦、地瓜新品种高倍繁殖”“三十烷醇利用”等新技术。引进山楂新品种 58 个，并进行选育优良品种和薄膜覆盖快速育苗以及密植丰产试验，在北官庄村取得山楂年产量增产 1 倍多的成果。

1993 年 1 月建区后，大力实施科教兴农战略，区科技部门指导镇（街道）、村各级在种植、养殖领域积极开展新技术、新品种的引进推广，走技术开发和推广相结合的道路，推动科技成果的转化，提高农业生产效益。

引进优良品种

1993 年至 1995 年，里辛镇、黄庄镇引进了山花 2000、鲁花 14、15 号和花育 16 号花生新品种，连续 3 年推广种植 666.67 公顷。1996 年至 1998 年，全区从山东省农科院引进推广泰山系列优质小麦品种 5 个。1999 年至 2000 年，引进推广中华寿桃、油桃、布朗李子、余粮大枣、红提黑提葡萄等优良品种，从天津蔬菜研究所引进推广脱毒微型薯，引进荷兰 7 号、荷兰 15 号、津引薯 8 号等优良马铃薯品种。2001 年至 2004 年，从山东农业大学引进光叶楮等绿化苗木 13 个及白花丹参新品种，从山西农业大学引进推广吨谷 1 号谷子、黑皮西葫、黄色西葫、高产辣椒和长豆角等 10 余个品种。2005 年区政府组织人员参加第六届中国（寿光）国际蔬菜科技博览会，引进“黑皮冬瓜王”“彩色甜椒”“黄色西葫芦”“赛丽一号早熟甜椒”“冬棚丰冠黄瓜”“新世纪油豆王” 等 10 余个新作物品种。至 2005

引进推广的脱毒济薯 10 号　　（2002年 摄）

年，全区共引进农作物优良品种60余个，共建成科技含量高、品质优良，具有一定示范、辐射带动作用的养殖示范园区12家。引进推广瘦肉型种猪2400头、波尔山羊22只、肉兔3.50万只。

推广先进技术

1993年至1995年，在下北港、黄庄三村、小上峪、北城子坡等村引进推广蔬菜、草莓、西瓜冬暖大棚栽培技术和大棚养鸡、天源生化液肥施用等技术，参与承担莱芜市冬暖大棚高效栽培技术及天源生化液肥使用技术等课题的研究。黄庄镇引进花生种植薄膜覆盖技术，播种期提前10余天，产量提高20%~30%，很快在全镇推广。1997年区科协与城子坡街道签订大棚技术服务合同，先后指导建设大棚105个，从中国农科院引进推广大棚绿色豆芽栽培技术；同年，黄庄镇从莱城区方下镇引进种菜、养猪、沼气、照明"四位一体"大棚养殖新技术。1996年至1998年，区科技开发中心及农林水牧等单位在全区推广大棚西红柿矮丰灵试验、脱毒地瓜栽培、苹果丰产配套、网箱养鱼、暖圈养猪等技术。2004年"200公顷名优桃节水灌溉示范"项目被列入山东省可持续发展十大科技示范工程项目，争取补助经费10万元。2005年从第六届中国(寿光)国际蔬菜科技博览会上引进南国生物微肥、氨基酸叶面肥、生态改土肥等新型肥料在全区推广。区畜牧局先后引进利木赞、西门塔尔牛及其冻精吸管5000份。至2005年，全区共引进推广农业先进技术30余项。全区猪、兔、羊、牛改良面分别达到98%、90%、92%和90%。

大棚蔬菜种植 (2005年 摄)

培植名优产品

黄庄镇桃农认真总结黄金桃的栽培经验，总结出薄膜覆盖、配方施肥、周年修剪、高接换头、具实套袋等一系列生产技术，培育出的黄金桃个大色艳、酸甜可口，被誉为"黄金蜜桃"，远销黑龙江、上海等十几个省、市和地区。至2005年，全镇桃园面积1691公顷，成为全镇特色产业。里辛镇在棋山领域大力引进发展中华寿桃，艾山街道在中施家峪、清泉岭一带大力发展寒露蜜桃，形成特色产业。2000年12月，钢城区被山东省林业厅、省经济协会命名为"山东黄金桃之乡"。2002年"汶源"牌黄金桃和"贤女"牌寒露蜜桃被认定为"山东省无公害农新产品"。

从1994年起，培育的鲁莱黑猪，具有高繁殖能力和肉质优良的特性，胴体瘦肉率53.20%、肌内脂肪7.26%。2000年通过省级鉴定。2005年通过国家品种审定，被山东省确定为"十一五"期间主导推广品种。至2005年，全区选育、培育改良畜禽品种10个，改良母猪1.20万头、羊3.40万只、牛200头。

第四章　科技成果

第一节　区级科技进步项目

1998 年至 2005 年，钢城区共举办三届科技进步奖评审活动。

钢城区第一届科技进步奖

1998 年钢城区举办第一届科技进步奖评审活动，评出奖项是：一等奖 2 项（高性能磁粉、磁件，完成单位：磁性材料厂。粉末冶金用还原铁粉，完成单位：粉末冶金厂）；二等奖 4 项（高性能粉末冶金锥形齿轮，完成单位：粉末冶金制品厂。暖圈养猪及配套技术推广，完成单位：区畜牧局。脱毒地瓜技术推广，完成单位：区农业局。苹果丰产配套综合技术推广，完成单位：区林业局）；三等奖 6 项（多功能薄壳钢网复合结构板，完成单位：南朱家庄结构板厂。医疗保健碘蛋，完成单位：城子坡街道科委、城子坡养鸡协会。大棚西红柿矮丰灵试验，完成单位：区科技开发中心。涝洼地水稻种植试验，完成单位：城子坡街道科委。网箱养鱼技术推广，完成单位：区水利水产局。小麦精播施肥机推广，完成单位：区农机局）。

钢城区第二届科技进步奖

2000 年钢城区举办第二届科技进步奖评审活动，评出奖项是：一等奖 1 项（R12K 高磁导率磁粉、磁件，承担单位：磁性材料厂）；二等奖 3 项（高性能铁基滑动轴承，承担单位：新艺粉末冶金制品股份有限公司。N220 炭黑试制，承担单位：炭黑厂。“四位一体”生态农业良性循环种植、养殖模式技术推广，承担单位：区农业局）；三等奖 4 项（高性能汽车减振器活塞研制，承担单位：新艺粉末冶金制品股份有限公司。大棚绿色豆芽栽培技术推广，承担单位：区科技开发中心。大棚养肉鸡及配套技术推广，承担单位：区畜牧局。杂果园丰产栽培配套技术推广，承担单位：区林业局）。

钢城区第三届科技进步奖

2005 年钢城区举办第三届科技进步奖评审活动，评出奖项是：一等奖 1 项（钢渣环保资源化工艺研究，完成单位：厚泽钢渣环保工程有限公司）；二等奖 3 项（正五负三型 8 层升降横移停车设备，完成单位：莱钢泰达车库有限公司。秸秆生物反应堆技术研究应用，完成单位：区农业局。高性能离合器从动盘温压中心盘毂，完成单位：新艺粉末冶金制品股份有限公司）；三等奖 5 项（电炉炉外精炼钢包用刚玉—尖晶石浇注料，完成单位：九龙耐火材料厂。机械化生产线生产水泥基轻质隔墙板，完成单位：宏强企业集团有限公司。高性能轿车发动机用温压正时齿轮，完成单位：新艺粉末冶金制品股份有限公司。吨谷一号谷子新品种引种及栽培技术研究，完成单位：区科技开发中心。液压型 2 层升降横移停车设备，完成单位：莱钢泰达车库有限公司）。

第二节　国家及省市级科技进步项目

至2005 年，境内有 37 项科研成果获市级以上科技进步奖，其中国家级 13 项、省级 8 项、市级 16 项。

1985～2005 年境内获国家、省、市级科技进步奖项一览表

表 18－4－1

年 份	成果名称	获奖单位	奖项	获奖等级
1985	电煤钻侧式供水	颜庄煤矿	山东省煤炭局成果奖	三
1992	冶金用还原铁粉	粉末冶金厂	山东省科技进步奖	三
1993	共沉锰锌铁氧体磁粉技术开发	磁性材料厂	山东省星火奖	二
			全国星火计划奖	优秀
1994	抗剥落电炉顶用高铅砖	耐火材料厂	农业部科技进步奖	三
	冷轧带肋钢筋	冷轧螺纹钢厂	莱芜市科技进步奖	三
	楔横轧轴类件毛坯	楔横轧制厂	莱芜市科技进步奖	一
			中国金榜技术与产品博览会	金奖
	高磁导率铁氧体磁粉、磁件	磁性材料厂	莱芜市科技进步奖	二
	R8k 磁粉	磁性材料厂	中国金榜技术与产品博览会	金奖
	高性能齿轮结构件	粉末冶金制品厂	中国金榜技术与产品博览会	金奖
	双缸双作用转子活塞泵	钢城企业集团公司秦鲁机械厂	第八届全国发明展览会	铜奖
1995	炼优质合金钢用海绵铁	粉末冶金厂	莱芜市科技进步奖	一
	楔横轧精轧工艺	楔横轧制厂	莱芜市科技进步奖	三
	楔横轧轴类件毛坯	楔横轧制厂	山东省星火奖	二
	双缸双作用转子活塞泵、无钴触媒合金材料、高性能箱式过滤机	钢城企业集团公司秦鲁机械厂	全国第三届科技人才技术交流大会科技成果奖	金奖
	高耐磨炭黑	炭黑厂	中国质量检验协会	
1996	双缸双作用转子活塞泵	钢城企业集团公司秦鲁机械厂	莱芜市科技进步奖	三
	矽卡岩矿伴生金综合回收	钢城金矿	莱芜市科技进步奖	二
1997	粉末冶金系列产品技术开发	粉末冶金制品厂	莱芜市科技进步奖	一
1998	高性能粉末冶金锥形齿轮	粉末冶金制品厂	莱芜市科技进步奖	二
	粉末冶金系列产品技术开发	粉末冶金制品厂	山东省星火奖	三
	多功能薄壳钢网复合结构板	铁铜沟新型结构板厂	农业部科技进步奖	三
	医疗保健碘蛋	钢城区城子坡养鸡厂	莱芜市科技进步奖	三
	R12K 高性能磁粉、磁件	磁性材料厂	莱芜市科技进步奖	一
	高磁导率磁粉、磁件	磁性材料厂	科技部	火炬奖
1999	R12K 高性能磁粉、磁件	磁性材料厂	山东省科技进步奖	三
2001	水性金属防锈剂	蓝星化工有限公司	山东省科技进步奖	三
	轿车用高性能水雾化粉末材料的规模化生产技术	粉末冶金厂	山东省科技进步奖	一

续表 18－4－1

年　份	成果名称	获奖单位	奖项	获奖等级
2003	轿车用高性能水雾化粉末材料的规模化生产技术	粉末冶金厂	国家科技进步奖	二
	YJD—12 粉末冶金齿轮泵	新艺粉末冶金股份有限公司	山东省科技进步奖	三
	YJD—12 粉末冶金齿轮泵	新艺粉末冶金股份有限公司	莱芜市科技进步奖	一
2004	多层平面移动智能车库	莱钢泰达车库有限公司	莱芜市科技进步奖	一
	电炉炉外精炼钢包用刚玉—尖晶石浇注料	九龙耐火材料厂	莱芜市科技进步奖	二
	温压成型格力森齿轮	新艺粉末冶金股份有限公司	山东省科技进步奖	二
2005	钢渣环保资源化工艺	厚泽钢渣环保工程有限公司	莱芜市科技进步奖	二
	正五负三型 8 层升降横移停车设备	莱钢泰达车库有限公司	莱芜市科技进步奖	三

第三节　重点科技成果

轿车用高性能水雾化粉末材料的规模化生产技术

1998 年 1 月，技术项目被列入国家“863”计划，由莱芜市粉末冶金厂、中国钢铁研究总院、中南工业大学、中国一汽散热器总公司共同研制，粉末冶金厂厂长崔建民担任课题组负责人。研究开发出 3 大系列的水雾化钢铁粉末。1999 年顺利通过项目专家评审组验收。经过 3 年多的建设，建成中国第一条年产 8000 吨高性能水雾化钢铁粉末生产线。2001 年 9 月 3 日，粉末冶金厂被科技部认定为国家“863”计划产业化基地。

高性能磁粉、磁件

项目由莱芜市磁性材料厂承担完成，1995 年被列入国家攻关计划。通过研究选择合理的配方组份，进一步提高材料的初始磁导率，采取相应的工艺达到降低损耗、提高饱和磁化强度 BS 值及居里温度，通过对模具的设计、真空烧结工艺选择，使其达到 ui=10000 ± 30%、BS≥400MT，T℃（摄氏度）≥130℃（摄氏度）。

高性能铁基滑动轴承研制

项目由莱芜市粉末冶金制品厂承担完成。采用高性能粉末冶金铁粉，研制适用于低转速、大载荷的矿山、水泥机械设备的滑动轴承，替代传统的青铜瓦轴。主要技术指标达到沉没在水泥粉尘环境中日工作 16 小时，使用寿命达到 1 年。轴承尺寸精度 IT8 级，径向压溃≥40kg/ 平方厘米，压制密度≥7g/ 立方厘米，硬度达到 80–110（HB）。

水性金属防锈剂

项目由蓝星化工公司承担研制。通过研究确

粉末冶金厂生产车间　　（1999 年　摄）

泰达车库有限公司承建的智能车库　　（2005 年　摄）

定最佳的主要成分配比和工艺路线并添加水性介质阻化剂和水性表面活化剂使介质水干燥快，不对钢材产生浮锈作用，使钢材在露天内存放 1 年不生锈。该产品替代传统的油介质防锈剂，在生产过程中无“三废”排放，主要技术指标达到固含量（%）：18-20；粒径（um）：0.02-0.05；粒度（厘帕）：40-80；耐水性：露天存放 1 年无锈；耐酸碱性：5%酸碱泡 24 小时干后无异常。

钢渣环保资源化工艺研究

项目由莱芜厚泽钢渣环保工程有限公司自行研制。将炼钢后的废渣经破碎、递进式磁选除铁，用改进的管式磨磨粉、选粉、集料、除尘等工序生产钢渣微粉。干渣粉磨过程在密闭状态下进行，没有二次污染，做到环保型生产。生产的钢渣微粉产品经有关部门检测，经实际工程应用，证明是一种活性很好的建材、混凝土混合材。

高性能轿车发动机用温压正时齿轮

项目由莱芜新艺粉末冶金制品股份有限公司承担完成。其基本原理是将预合金化的优质水雾化钢铁粉末与需要的合金元素混合，以特别设计的聚合物润滑剂进行黏结化处理，并通过温压加热压制而成。成果填补国内空白，技术和工艺具国际同类产品先进水平。

多层平面移动类智能车库

项目由莱钢泰达车库有限公司自行研制。采用升降机与搬运机器人结合在一起的形式，并应用激光测距定位技术，是集光、电、机、自动化控制为一体的全自动化立体停车车库。与同类产品相比较，车库实现无车板交换，提高存放车辆的安全性、通用性、可靠性，技术达到国际同类产品先进水平。

第五章　科技交流与争优创先

第一节　科技交流

1993 年 1 月建区后，全区充分利用各种展览会，选送科技产品，提交科技论文，与省内外科研机构、大专院校、企业等进行科技交流。其中，1994 年区政府组织各企业参加在杭州举行的中国星火技术和产品展示会以及第八届全国发明展览会、全国人才交流会和名优产品展览会等科技交流活动，3 项成果获得金奖；9 月在青岛举行的第八届

全国发明展览会上，参展的 2 个项目获得一金、一铜的好成绩。

2000 年 9 月至 10 月，先后组织 10 家企业参加西安项目对接会、深圳高新技术交易会，签订协议项目 25 项。

全区各有关学会、协会结合自身特点，定期或不定期地开展学术交流活动。至 2005 年，先后向省、地(市)学术交流会提交论文 120 篇，提出合理化建议 200 条，实施金桥工程项目 30 余项。

第二节　科技争创活动

1995 年开展创建全国科技工作先进区活动，完成科技投入、科技规划、科技培训和科技体系建设等指标，顺利通过国家验收。1996 年 3 月，国家科学技术委员会授予钢城区“全国科技工作先进县(市)”称号。

1996 年全区开展“争创科技四先”活动，制定《关于争创科技工作先进乡镇、企业、村、户活动的意见》，统一印发“科技先进村标准”“科技先进户标准”。1997 年张庄、南城子坡、北城子坡、颜庄、南下冶、验货台、下北港、黄庄二村、小上峪、冯家庄、南朱家庄、高家岭、潘家庄、石头湾、西施家峪、肖马庄等 25 个村(居)被命名为“科技先进村”。

1997 年区政府在全区继续深入开展“争创科技四先”活动；3 月城子坡街道、里辛镇、颜庄镇和寨子乡被市政府命名为“科技工作先进乡镇”；5 月召开全区科技奖励大会，对 20 个科技工作先进村予以授牌，对创建全国科技工作先进区活动中的先进单位及个人给予表彰。

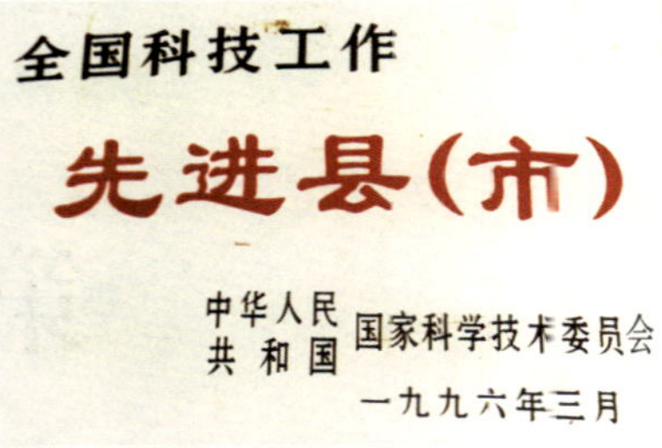

1996 年 3 月，钢城区被评为“全国科技工作先进(县)市”

1998 年区政府印发《关于落实全国科技工作先进县（市）评价指标新体系的通知》，对创建全国科技工作先进县工作标准实施细则和考核指标作重要修订。

1999 年区政府制定《关于各乡镇科技进步考核的标准》，强化对各乡镇(街道)科技工作的考核。印发《关于在全区开展精神文明、科技致富、创建科普先进村镇活动的意见》，组织开展评比活动。

2000 年区政府对获得第二届区科学技术进步奖的单位及个人进行通报表彰；6 月配合山东省第六届优秀学术论文评选工作，区科委组织全区 9 家区直学会开展钢城区第一届优秀学术论文评选活动。

2001 年区政府印发《关于开展“讲精神文明、比科学生活、建科普文明小区”活动的意见》，在全区广泛开展特色创建活动，并通过省科协组织的“全省科普示范城区”验收。

2004 年通过省科协代表中国科协组织的“全国科普示范区”验收。

2005 年 1 月 23 日，钢城区通过 2003 年至 2004 年度国家科技进步考核，获国家科技进步奖牌。

至 2005 年，全区共评出科普先进镇(街道)4 个、科普先进村 40 个、科技示范户 160 户。

第六章 专利管理

第一节 政策措施

自1993年,区科技职能部门帮助有关企业培植申报专利项目。区专利局成立后,加强对《中华人民共和国专利法》《中华人民共和国专利法实施细则》的宣传,在各镇(街道)、各企业建立专利管理机构,配备及培训专、兼职工作人员,全区专利申请量逐年提高。1998年组织全区5个乡镇(街道)科委主任、10个厂办科研所所长参加市科委举办的专利成果培训班。1999年将黄庄镇村民于天国的专利项目“机动偏心轮式喷雾泵”进行转化实施。于天国与钢城企业集团公司达成联合开发的意向。2000年组织全区有关企业负责人40余人参加省专利局组织的知识产权基础知识培训班。

区专利局贯彻执行《中华人民共和国专利法》《中华人民共和国专利法实施细则》,印发《钢城区专利技术成果奖金和报酬提取办法及分配原则的暂行规定》,充分调动广大职工发明创造的积极性。2002年各企业都配齐专职或兼职专利工作人员,专利管理机构更加健全。采取送科技下乡等多种宣传方式对《中华人民共和国专利法》进行宣传。2003年区专利局与国家知识产权局实现联网,拓宽技术服务领域,提高为企业、个人进行专利检索及申请的服务效率。

区专利局与区教育局联合转发《关于鼓励中小学生开展发明创造,积极申报专利的工作意见》,规定中小学生根据获得的专利种类和数量,可享受中考予以适当加分的激励政策和奖励政策;专利年申报量超过30件的学校享受一次性奖金3000元,年专利申报量超过50件的,享受一次性奖金6000元。

第二节 专利成果

1998年莱芜市磁性材料厂、钢城企业集团公司加入山东省专利协会。2004年区专利局被山东省专利局命名为全省专利工作先进单位。

1993年至2005年,先后有4家企业被省科技厅、知识产权局联合命名为山东省专利明星企业:1998年钢城企业集团公司被山东省科委和山东省专利局命名为山东省专利明星企业。2001年莱芜市粉末冶金厂、莱芜市楔横轧制厂被山东省科委、专利局命名为山东省专利明星企业。2004年莱钢泰达车库有限公司被山东省科技厅、山东省知识产权局命名为山东省专利明星企业。

至2005年,全区共申请专利298项,批准授权专利190项。

1993~2005年钢城区专利申请统计表

表18-6-1

单位:项

年 份	1993	1994	1995	1996	1997	1998	1999	2000	2001	2002	2003	2004	2005
数 量	2	2	4	8	12	14	18	31	39	48	31	36	53

第七章　防震减灾

第一节　检测预报

钢城区位于中国东部最大的地震构造带—郯庐（郯城—江西庐江）强震带的西侧，铜冶店—孙祖断裂（苗山镇铜冶店—沂南县孙祖镇）作为郯庐大断裂的一个分支横穿全区，处于莱芜—新泰6.5级潜在震源区，是省政府确定的38个省级地震重点监视防御县（市、区）之一，全区地震基本烈度为7度。

1998年至1999年，建立健全区、镇两级地震监测预报网络，各乡镇（街道）明确1名副镇长（副主任）具体负责防震减灾工作，各乡镇（街道）的科委主任兼地震监测预报联络员。1999年建立黄庄镇八大庄水库、里辛镇高家岭养鸡场、颜庄镇南下冶村水井3处地震监测点。2005年将3处地震监测点调整为里辛镇中马泉村水井1处监测点，委派专人进行管理，每年与监测人员签订监测合同，定期发放劳动报酬，定时上报监测记录，区地震局对上报的监测记录作好统计分析。每年举办一次监测人员培训班，提高监测人员的监测水平。为了规范管理，制定《钢城区地震监测点管理制度》，使地震监测工作走上制度化、规范化轨道。

第二节　震害防御

区地震局利用“3·1”《中华人民共和国防震减灾法》颁布实施纪念日、“7·28”唐山地震纪念日等，结合“送科技下乡”“四进社区”等活动加强防震减灾知识宣传。至2005年，进乡村入集市宣传18次，进商场入摊位宣传8次，进企业入车间宣传4次，巡回宣传普及18个社区，辅导宣传遍及全区58处中小学校；共悬挂宣传横幅9幅，散发宣传明白纸2万余份，制作巡回地震宣传展板29块，现场解答咨询6000余人，分发防震减灾知识折叠小册子4万多册，刻录防震减灾宣传光碟2000张，举办防震减灾科普知识讲座2次。利用区科普画廊举办防震减灾知识宣传栏，每季度举办一期，系统宣传防震减灾知识。以地震科普示范学校为宣传阵地，将防震减灾科普知识纳入中小学校安全教育计划，安排专门课程授课，使青少年学生较早地了解掌握防震减灾知识。各学校先后开展地震科普知识优秀征文、绘画比赛和知识竞赛答题等活动，有47篇文章分别被省、市地震局表彰奖励，17名学生在知识竞赛中获省、市奖励。区地震局与司法局协调将《中华人民共和国防震减灾

2005年6月18日，地震科普知识培训班在钢都宾馆举办

防震减灾知识宣传活动 (2005年 摄)

法》等法律法规列入区“四五”“五五”普法规划。在机关普法教育中，积极提供相关内容，提高公务员在防震减灾工作中的社会管理和公共服务意识。

坚持“预防为主，防御与救助相结合”，贯彻落实防震减灾法律法规，加强防震减灾三大工作体系建设。1998年7月，钢城区成立由区长任组长，分工区长、人武部部长为副组长，47个部门领导组成的防震减灾领导小组，具体负责防震减灾工作的组织领导，地震发生时即转为抗震救灾指挥部，组织领导全区的抗震救灾工作。2002年、2005年对钢城区防震减灾工作领导小组人员进行两次调整。2002年制定《莱芜市钢城区破坏性地震应急预案》，该预案中明确区抗震救灾指挥部的职责、震后救灾的主要目标和地震应急行动方案。2002年根据区防震减灾领导小组成员单位的情况制定《钢城区地震应急联络方案》，2005年进行修订，并要求各部门负责人保证24小时通讯畅通，以保证地震应急时与各部门及时联系。2004年至2005年，分别将颜庄中学和黄庄中学建为省级“地震科普示范学校”，作为地震科普宣传阵地。各学校制定《地震应急避震演练方案》，在每年秋季开学初开展一次全校师生参加的地震应急演练，并形成制度化，逐步提高各校师生的自救互救能力。

2000年钢城区委、区政府制定《钢城区地震安全性评价实施细则》，将建设项目的设防标准审核工作纳入工作日程，先后为区机关宿舍楼、区计生局综合服务楼、区武装部办公楼等建设工程进行抗震设防审核。对粉末冶金厂扩建和莱钢大型H型钢2个重大建设项目作了地震安全性评价。加强了对乡村民居抗震设防工作，结合科技下乡，在各镇（街道）集市街头张贴《农村住宅建设防震减灾抗震知识挂图》，散发农村住宅建设抗震设防宣传册，提高农村居民防震抗震意识。

2004年钢城区被山东省地震局表彰为全省防震减灾工作先进单位。

第十九编

教　育

JIAOYU

一切为了学生的

挥洒青春激情

全国人文教育研讨会暨山东省
莱芜市钢城区艾山街道中心小学

第一章　私塾学堂与科举考试

第一节　私塾　学堂

民国以前，境内的教育形式主要是私塾，私塾有家塾、村塾和义塾3种。家塾仅大户人家兴办，数量较少；较有影响的义塾只有颜庄公立义塾1家；村塾是私塾的主要形式，由一村自办或由多村合办，清代境内私塾约有100余家。

清光绪二十七年（1901年），澜头村建立学堂，称"洋学堂"。1910年至1911年，黄庄、肖马庄建立初等小学堂。此后，公立或私立学堂在较大村庄相继发展并取代私塾，至20世纪30年代，私塾完全停办。

第二节　科举考试

学生在私塾完成学业后参加科举考试。明、清代，境内通过科举考试考取进士4人、举人6人，其中武举4人，秀才数量较多。明代，南港村的吴来朝以岁贡任山西省荣河县知县，其次子吴鸿洙、三子吴鸿功和孙子吴暐3人考取进士，有"一门三进士，父子五登科"的美誉。清同治十年（1871年），清泥沟村的栾少海，考取进士，钦赐翰林院检讨。肖马庄村的李应翰由恩贡生考取正黄旗教习，后中举，曾在皇宫授业多年。清道光和咸丰年间，东丈八丘村的周承惠、高家庄村的刘洪刚、南港村郝姓2人先后考中武举。

第二章　幼儿教育

第一节　园所建设

概况

1958年境内开始兴办幼儿园，共有幼儿园78所，园舍多是借用闲宅，设施简陋，有幼儿教师84人。1960年至1962年"三年经济困难时期"，境内幼儿园全部停办。1963年幼儿园恢复办学。1965年境内有幼儿园27所，入园儿童476人，幼儿教师29人。"文化大革命"期间，幼儿教育发展缓慢。1970年幼儿园改称"育红班"。1978年公社成立托幼领导机构，并配有专职干部，各管理区和生产大队都有1名干部分管；同年，幼儿园有87所、幼儿教师96人、在园幼儿2475人。1984年有幼儿园113所、在园幼儿3328人；同年，颜庄办事处、黄庄区配备1名幼教辅导员。1985年撤处（区）并乡后乡镇均配备幼教辅导员。

1993年1月建区后，区教育委员会开始设幼教

颜庄镇启明星幼儿园

钢都幼儿园

辅导员，全区有幼儿园 179 所，在园幼儿 4283 人，学前一年入园率达到 46%。1996 年随着全区中小学布局的调整，幼儿园开始走“大村独办、小村联办”的路子，园所逐渐减少，规模、档次逐渐提高。

2000 年全区幼儿园缩减为 114 所，在园幼儿 3980 人，3 岁～5 岁幼儿入园率达到 89%，学前一年入园率 95%。区教育委员会出台《钢城区幼儿教育分类验收标准》，幼儿园开展创建市、区级示范园和一类园活动，同年创建市级示范园 1 所、市级一类园 2 所，区级一类园 6 所。

2002 年区政府投资 400 万元建成区直机关幼儿园，并成功改制为国有民办幼儿园。至此，全区幼儿园 97 所，在园幼儿 4320 人，教职工 197 人，3 岁～5 岁幼儿入园率达到 86%，学前一年入园率达到 100%。

2005 年全区共有各类幼儿园 87 所，在园幼儿 4929 人，教职工 220 人；其中，私营幼儿园 5 所、教师 60 人、在园幼儿 880 人。幼儿学前一年入园率达到 100%，教师学历达标率在 90%以上。先后创建市级示范园 2 所、一类园 13 所、区级一类园 8 所。

幼儿园简介

钢都幼儿园　2002 年 6 月，建成开园，由区政府投资 400 万元，承办者投资 60 万元合资创建，是莱芜市第一家国有民办实验幼儿园。位于区政府以北，占地面积 1.10 万平方米，教学楼建筑面积 2050 平方米，户外活动场地 2600 平方米。分为保育区、娱乐区和生活区，设有教研室、医务室、隔离室、档案室和资料室，教师全部实行聘任制。幼儿园以“培养孩子的学习兴趣、动手动脑的协调能力、良好的做人品质、良好的生活习惯”为宗旨，寓教于乐。设舞蹈、音乐和美术特长班，采用蒙特梭利教学和“双语教学”法，使幼儿得以全面发展。2003 年被评为市级示范园。2005 年被评为省级示范幼儿园、市首批“十佳”幼儿园，有大、中、小共 19 个班，入园幼儿 340 人。有教职工 33 人；其中，大专 10 人、中专 22 人。

第二节　课程设置与教学

1958 年幼儿园主要以看管幼儿为主，辅以简易识字教学和音体活动。1970 年幼儿园一般招收 5 岁～6 岁儿童，且只在农闲时办班，对幼儿除看管外辅以教唱“革命歌曲”等。1977 年起，贯彻全国《幼儿园教育指导纲要》，逐步建立上课、备课制度，开设写字、计算、常识、音乐、美术、体育和品德教育等课程，通过各种活动寓教于乐，开发幼儿智力。1984 年使用全国统编教材进行教学，主要教授汉语拼音、简单汉字、20 以内加减法、简单绘画、幼儿体操和歌舞等。1992 年使用全省统一教材，课程有语言、计算、美术、常识、体育等。1999 年至 2001 年，使用整体优化课题实验教材，以综合课为主。

1993 年 1 月钢城区建立后，区教育委员会多次开展幼儿教师培训，使幼教质量得到保证。2000 年结合开展创建规范化幼儿园活动，多次开展幼教优质课评选和 5 项专业技能（普通话、声乐、美术、舞蹈、键盘）大赛活动，不断提高幼儿教师的业务技能和幼儿园的教学水平。2002 年起，使用省编

教材，分6科教学。2004年8月，开始使用省编新课改教材，以主题教学为主，把6科教学有机融为一体，教学内容包涵科学、语言、健康、社会和艺术等，为幼儿的全面发展奠定基础。

第三章　小学教育

第一节　学　校

发展概况

1912年境内学堂改称学校，有初等、高等之分。1914年境内有小学59所、学生627人。1917年大黄庄初等小学改为高等小学。1918年颜庄高等小学成立。1925年至1929年，因战乱多数学校停办。1929年后，教育有所恢复和发展。1933年颜庄区增设黄家洼和丰和峪2所初级小学。1935年颜庄区有小学29所，在校学生900余人。

1935年颜庄区小学分布情况统计表

表19－3－1

校　名	建校时间	在校生数(人)	教员人数(人)
棋山观小学	1914.03	34	1
黄家洼小学	1913.12	18	1
二郎庙小学	1914.02	32	1
逯家庄小学	1914.03	48	2
城子坡小学	1918.02	—	1
宋家庄小学	1918.02	—	1
清泥沟小学	1912.03	30	1
沈家崖小学	1915.05	20	1
唐家宅小学	1911.02	32	1
埠东小学	1911.02	48	2
桑梓峪小学	1911.02	22	1
柳桥峪小学	1914.02	—	1
南下冶小学	1914.02	40	1
黄花店小学	1914.02	40	1
丰和峪小学	1933.04	23	1

续表 19－3－1

校　名	建校时间	在校生数(人)	教员人数(人)
东港(南港)小学	1915	60	2
澜头小学	1911	36	1
官庄小学	1911	—	1
野虎沟小学	1911	—	1
颜庄北校	1912	45	2
颜庄南校	1914.02	34	1
潘家沟(庄)小学	1914.02	28	1
清泉官庄(小官庄)小学	1914.02	32	1
黑牛山小学	1914.04	52	2
双龙峪小学	1914.02	24	1
舜皇庙小学	1912	26	1
白家庄小学	1914.04	—	1
红埠岭小学	1914	42	1
郑王庄小学	1913.02	30	1

1937年12月，日军飞机轰炸颜庄、里辛等地，颜庄高小及临近村庄小学部分停办。1939年颜庄区抗日民主政府在玥庄举办教师培训班，有30余名教师参加，训练班结束后，建立42处抗日小学。1940年9月，颜庄区抗日民主政府在里辛建立颜庄完小，招收1个班、40余名学生，后为避战乱流动到东部山区，坚持办学到1941年秋。在抗日战争最艰难的1942年至1943年秋，境内绝大多数学校停办，抗日根据地的民主政府仍然坚持在官庄、小上峪、北通香峪、青冶行等村兴办抗日小学。之后，形势好转，部分学校陆续恢复。

抗日战争胜利后，学校逐渐恢复和发展。1946年底，境内学校恢复到50多所、在校生1500余人。1947年多数学校停办。1948年全境解放后各学校陆续恢复。1949年颜庄小学增设高小班。1950年有小学66所、在校生1751人。

1958年贯彻中共中央提出的“两条腿走路”的方针，境内小学发展到141所，教师375人，在校生5918人；其中，民办小学学生1996人，占学生总数的30%。1961年国民经济困难时期，精简教师压缩学校，境内学校减少了14所。1965年贯彻全国农村半工半读教育会议精神，实行全日制和半工半读“两条腿走路”的方针，普及小学教育，同年小学发展到147所、在校生8099人，入学率达70%；教职工688人，其中，民办教师592人。1966年至1976年，受“文化大革命”影响，学校教学秩序不正常。1976年后逐步恢复。1980年小学发展到164所，在校生达12320人、教职工682人，其中，民办教师579人。1991年，针对境内适龄儿童减少的现状，为集中力量办学并保证教育质量，开始对中小学进行布局调整，合班并校。1992年有小学118所、在校生15067人。

1993年1月钢城区成立后，继续对中小学校进行以合班并校为主的调整。至2005年，全区有小学40所、在校生9203人、教职工人数641人，适龄儿童入学率100%。

卞家泉联小　　　　(2005年　摄)

2005 年钢城区小学基本情况统计表

表 19－3－2　　　　单位:人

校　名	校　址	在校生数	教职工人数
艾山街道中心小学	钢城区永兴路育才巷 1 号	1250	65
艾山街道张庄小学	艾山街道张庄居委会	74	10
艾山街道逯家庄小学	艾山街道逯家庄村	110	11
艾山街道陶家岭小学	艾山街道陶家岭村	84	10
艾山街道寨子联小	艾山街道寨子村	261	25
艾山街道施峪联小	艾山街道中施峪村	165	13
艾山街道育才联小	艾山街道庙子村	305	28
艾山街道双龙联小	艾山街道双阳桥村	64	6
艾山街道卞家泉联小	艾山街道卞家泉村	167	16
艾山街道双峰联小	艾山街道胡家宅村	287	22
颜庄镇中心小学	颜庄村	520	29
鲁能希望小学	颜庄镇吕家林村	248	20
颜庄镇南下冶小学	颜庄镇南下冶村	248	18
颜庄镇北莲小学	颜庄镇北下冶村、莲花池村交界处	149	10
颜庄镇疃里小学	颜庄镇疃里村	97	9
颜庄镇澜头小学	颜庄镇澜头村	471	28
颜庄镇当峪小学	颜庄镇中当峪村	118	10
颜庄镇柳桥峪小学	颜庄镇柳桥峪村	155	15
颜庄镇南港小学	颜庄镇南港村	169	11
颜庄镇西港小学	颜庄镇西港村	174	12
颜庄镇红埠岭小学	颜庄镇东红埠岭村	98	8
黄庄镇中心小学	黄庄镇黄庄二村	589	38
黄庄镇丈八丘联小	黄庄镇东丈八丘村	310	19
黄庄镇上峪联小	黄庄镇大上峪村	279	18
黄庄镇东王庄联小	黄庄镇东王庄村	216	15
黄庄镇通香峪联小	黄庄镇北通香峪村	154	10
黄庄镇西冶联小	黄庄镇西冶村	133	10
里辛镇中心小学	里辛镇里辛村	381	23
里辛镇黄羊山小学	里辛镇南赵家峪村	272	17
里辛镇玥庄小学	里辛镇玥庄村	199	12

续表 19－3－2

校　名	校　址	在校生数	教职工人数
里辛镇三岔河小学	里辛镇三岔河村	97	6
里辛镇南朱家庄小学	里辛镇南朱家庄村	125	10
里辛镇凤凰峪联小	里辛镇凤凰峪村	107	7
里辛镇茶峪子联小	里辛镇茶峪子村	106	7
里辛镇田庄联小	里辛镇西田庄村	201	13
里辛镇潘家庄联小	里辛镇潘家庄村	164	10
里辛镇杨家楼联小	里辛镇杨家楼村	174	14
里辛镇马泉联小	里辛镇西马泉村	99	8
里辛镇郑王庄联小	里辛镇郑王庄村	223	16
里辛镇大庙联小	里辛镇大庙村	160	11

主要小学简介

颜庄高等小学　1918年9月，由武中和、许子翼创立，校址在颜庄北门里，学校设2个班，学制3年。每3年2次招生，每次招收1个班60人，在校生120人。1925年因匪患停办，1929年恢复办学。1937年12月，因日军入侵，高小停办。1918年至1937年，共招收学生11级670人、毕业450人、肄业130人。一级毕业生魏绍谦（字仲扮）、三级毕业生黄克仁（字星南）分别考取北京大学和中国大学，是境内早期大学毕业生。三级毕业生李粹笃（字半残）北平美术学院毕业，是20世纪著名画家、书法家齐白石弟子，齐鲁知名画家。境内参加革命较早的“亓氏三兄弟”——亓宗书（亓仲文）、亓宗禹（陈明达）、亓宗文（苏克强）都是该校早期培养的学生。

颜庄完小（中心小学）　1948年境内解放后恢复教学。1949年秋，颜庄小学从全区招收1个高小班40人，始称颜庄完小，校址在村北武氏家祠。1951年春，高小班迁往西沟亓家油坊，因址在西沟，亦称西沟完小。1951年至1954年，学校改春季招生为秋季招生，后均改为秋季招生，学制2年。1954年有高小班4个，四年级班1个、在校生184人、教师7人；其中，校长1人。学校制度健全，治校严谨，教学质量高。1956年7月，七年级3个班、112名学生毕业，考入莱芜一中30人、莱芜师范7人，升学率在全县名列前茅，成为全县名校之一。

1958年11月，以西沟完小为依托在西沟村兴办颜庄公社第一共产主义小学，扩至32个班、学生720人、教职工120人，办集体食堂。1959年3月停办，后恢复西沟完小办学规模。1965年秋，西沟完小与颜庄小学合校，校址选在颜庄南首公路

颜庄中心小学　（2005年　摄）

以东，占地0.40公顷，新建砖瓦房40间、800余平方米。在校生20个班、600人，教师35人，其中，8个高小班280人，初小班分设4个分校、12个班、320人。1969年初小改为五年一贯制，高小停办，学校改称为颜庄联中。

颜庄完小一直是全区（公社）的中心校，是全区（公社）教师学习、教研和集会的活动中心，校长兼任全区（公社）教育的负责人，配合文教助理员管理全区（公社）教育工作。

1976年颜庄完小分设为4处，共有15个班、450人、教师22人。1983年建起东岭和铺园2处校舍，集中为2个教学点。

1994年结合"双基"达标，颜庄村采取多种形式集资130万元，在村南建起颜庄中心小学，学校占地1万平方米，建教学楼1座、建筑面积1084平方米，教室、办公室及室内配套齐全，将2个教学点、15个班同时迁入新校。2005年有教学班13个、在校生540人、教师32人。学校教师队伍合格学历达到100%、大专以上学历20余人、中级以上职称25人，区级以上学科带头人和教学能手9人、省级骨干教师1人、市级"十佳"标兵1人。

2000年学校被命名为"市级规范化学校"，先后承担国家级"小学评议字词能力评价与研究""多元智能理论在语文教学中的应用"等实验课题。2004年9月，被命名为"全国教育科学教育部十五规划课题《小学科学教科书（青岛版）开发与应用》实验学校"，多次被评为市、区教学工作先进单位。

大黄庄高等小学 清宣统二年（1910年），黄庄设立初等小学堂。1917年8月，扩招1个高等班，更名为大黄庄高等小学，学制为初小4年、高小3年，设初、高级班各1个，学生60人，校舍教员均不足。蒙阴县第七区区长房连三为解决学堂校舍紧张问题决定将"清源观"（群众称其为"大庙"）改建成学校，拆除庙中神塑，督促房舍整修。1919年大黄庄高等小学迁入"清源观"，迁校后，由蒙阴县增派教员，当年学生过百名，设有3个教学班。1922年根据国民政府颁布的"壬戌学制"，大黄庄高等小学改为6年学制（初小4年，高小2年，简称"四二"制）。所学课程初小设修身、国文、算术、图画；高小设修身、国文、算术、中华历史、中华地理等。清末秀才、民主人士刘子升曾多年在学校执教，学生受到良好的爱国主义教育。1938年3月，以从学校毕业的青年为主体，在中国共产党的领导下组织发动了百余人参加的黄庄抗日武装起义；12月因日军入侵，学生辍学避难。1940年学校被迫停办，后校舍毁于战火。

艾山中心小学 1993年1月，城子坡镇中心小学建立，占地1.34公顷，由城子坡镇14个村集资300万元兴建。建筑面积2450平方米；其中，4层教学楼、2层办公楼连为一体，设有12个教学班。1994年8月，竣工并投入使用。1996年由邵逸夫投资40万元港币，区政府拨款及城子坡街道办事处筹措部分资金，在校址东边新征地0.80公顷，增建3层教学楼1座，办学规模扩至16个班，建有语音室、微机室，各班均配"三机一幕"等设备。2001年8月，城子坡镇中心小学改称艾山街道办事处中心小学。2001年建成2000平方米教学楼1座，学校规模进一步扩大。

至2005年，全校有25个教学班、在校生1250人、教职工65人。学校连续多年被评为莱芜市教书育人先进单位、莱芜市文明单位和莱

艾山中心小学教学楼 （2005年 摄）

芜市花园式单位，先后被命名为山东省素质教育实验学校、山东省尝试教育试验基地、山东省办学水平优秀单位。1998年被评为省级规范化学校。

第二节　学制与课程

民国初年，境内小学执行“壬子学制”（1912年教育部颁布），学生修业7年，即初等小学修业4年，高等小学修业3年。初等小学设修身、国文、算术、游戏、图画、唱歌、体操、裁缝等课目。1917年至1918年，兴办高等小学，课程增设中华历史、中华地理、博物、理科、体操、手工、外语、农业、商业等。1922年黄庄区小学修业期限改为6年，实行“四二”制——初小4年、高小2年。

颜庄区小学仍执行“壬子学制”修业七年——初小4年、高小3年。1928年初级小学设三民主义、公民、国语、算术、历史、地理、卫生、自然、乐歌、体育、童子军、图画、手工等，高级小学增设职业课。1936年初等小学设公民训练、国语、常识、算术、劳作、美术、体育、音乐，高等小学将常识分为社会、自然两科，教科书均由教育部审定，由中华书局、商务印书馆印刷。期间，短期义务教育，小学课程只有国文、算术和珠算。

1939年抗日民主政府兴办的抗日小学教学内容以抗日救国为主体，课程主要有抗日三字经、国语、算术，教材多由地方政府教育部门或各校自编。国统区的小学仍沿用旧教材。1940年12月后，学制实行“二二二”制——小学分为初、中、高年级各修业2年。1942年颜庄日伪小学，初小设国文、算术、常识、音乐、体育、修身等课目，高小增设地理、历史、自然、经书、日语、武术等课目。

1946年9月，境内实施《山东省战时国民教育实施方案》中规定的“四二”学制——初级小学修业4年，高级小学修业2年。1948年教育恢复正常后，小学均采用山东省文教厅编审的教材，初小设国语、算术、常识、图画、唱歌、体育，高小增设中国地理、中国历史、自然、政治。

1949年10月中华人民共和国成立后，境内依据教育部和山东省教育厅颁布的教学计划开设课程，小学实行春季始业，寒假结业。1952年实行秋季始业，暑假结业。初小设国语、算术、常识、体育、图画、音乐，高小增设自然、历史、地理。1955年初小、高小均增设劳动课。1969年小学全部实行五年一贯制。20世纪70年代，学校开设课程情况：一至三年级设语文、算术、音乐、体育、美术，四年级增设自然，五年级增设政治。

1981年境内小学一、二年级设思想品德、语文、数学、体育、音乐和美术，三年级增设自然和劳动课，四年级增设地理，五年级增设历史课。1987年各年级均增设说话课。1990年后小学阶段取消地理、历史课，增设思想品德与社会课。

1998年8月，钢城区各小学增设写字课，并采用回宫格教学法。2000年增设健康教育课。2002年三年级以上开设信息技术课，是年秋，三年级以上增设英语课，开设综合实践活动课。2003年8月，小学一年级开始实行新课程改革，小学阶段以综合课程为主，低年级开设品德与生活、语言、数学、体育、艺术（或音乐、美术）等课程，高年级开设品德与社会、语文、数学、科学、外语、综合实践活动、体育和艺术（音乐、美术）等课程。

第三节　教学与考试

教学

20世纪50年代初，境内教育学习推广苏联教学经验，执行“五项”教学原则（直观性、系统性、巩固性、量力性、循序渐进性），实行“五步”教学法（组织教学、检查复习、讲授新课、复习巩固、布置作业）。1957年推行毛泽东提出的“十大教授法”，提倡“少而精”“启发式”，反对“满堂灌”“注入式”。1966年至1976年，实行“走出去，请进来”的办学方法，学生走出校门，学工、学农，工人、农民走上讲台给学生授课。学校教育偏重实践，文化课教学质量严重下降，学校教学秩序不正常。1978年后，学校教育

多媒体教室　　（2005 年　摄）

开始步入正轨，文化课教学恢复主导地位，课堂教学提倡“精讲多练”。加强“双基”（基础知识的教学和基本技能的训练）教学。1978 年至 1985 年，莱芜县（市）教育局、沂源县教育局、新泰县（市）教育局陆续出台指导本地教学的一系列文件，教研室也编印许多指导性教材和教学参考资料。境内学校根据所在县（市）教育局的安排部署分学区成立中心教研组，举办专题业务讲座和观摩教学，发现和培养骨干教师，发挥骨干教师的带动作用，推动教研活动的开展，提高教学质量。1986 年至 1992 年，小学强化学科基础教育——严格要求、严格管理、教学力量统一配备、教学工作统一部署及教学质量统一检查，乡镇教委总结推广重视基础教育的经验，基础学科教育普遍加强。期间，各校在教学方法上继续提倡“少而精”“启发式”，注意对学生加强“双基”训练，在教学过程中贯穿“以教师为主导，以学生为主体，以训练为主线”的原则，变“注入式”为“启发诱导式”，变重知识轻能力为加强“双基”“双力”（能力、智力），由重传授轻自学向加强培养自学能力训练良好的自学习惯转变。

1993 年后，全区部分重点小学配备“两机一幕”。1999 年始组织全体教师分批学习现代信息技术的理论与操作，并经考试获取证书。2003 年小学全面开展新课改试验，大力推进课堂改革，教师实行“通识”培训，持证上岗，由重目的教学改变为重过程的教学，倡导“自主、合作、探究”的教与学方法，全力培养适应新时期要求的创新人才。自 2003 年，特别强调应试教育向素质教育的转化，在应试教育中被弱化的课程如音乐、美术、信息技术、综合实践活动等逐步被强化。

至 2005 年，全区小学皆开全课程，开足课时，基本普及“两机一幕”，增设语音室、微机室及多媒体教室等设施。

考试

民国时期，境内学生考试类型有月考、期考、年考、毕业考试、升学考试，采用百分制。

20 世纪 50 年代初期，境内学生考试有：单元考试（单元测试）、期中、期末、毕业、升学考试。1953 年至 1962 年，平时考试采用苏联的“五级”分制——5 分、4 分、3 分、2 分、1 分，相应等级为优秀、良好、及格、不及格、劣等，升学考试采用百分制。1962 年后，平时考试和升学考试均采用百分制。初小升高小，由县统一命题考试，高小升初中由省统一命题考试。“文化大革命”期间，教学考试制度受到破坏。1976 年“文化大革命”结束后，考试制度恢复正常，小学阶段平时有单元测试和期中、期末考试，毕业时举行毕业考试，升学时参加升学考试。毕业考试和升学考试由县教育局统一命题。

1993 年 1 月建区后，期末统考和升学考试由区教育局教研室统一命题，由乡镇教委统一安排考场和监考人员，统一组织阅卷评分。考试成绩上报区教育局教研室，区教研室及乡镇教委均按分数高低排列学校和任课教师的名次，作为“评先树优”的重要依据。

2005 年后，停止全区统考，不再按分数高低排列学校名次。

第四章 中学教育

第一节 学 校

发展沿革

1958年莱芜县第四中学在颜庄建立，每级招2个初中班，共6个班、班额56人，是境内最早的公办初中。1969年莱芜四中改设为高中，年内招收1个班、56名学生。1960年沂源五中在柿子峪村建立，年内招收3个初中班、156人，1962年学校停办。1966年沂源六中在黄庄筹建，1967年建成，1968年招生。1968年沂源六中改设为高中，年内招收1个班50名学生。1967年新泰十二中在寨子村建立；同年建成招生。1969年改设为高中，年内招收2个班110名学生。1969年小学全部实行五年一贯制，以完小为基础成立联办中学，有少数村办小学设初中班。1970年有联中和设初中班的小学37所、71个班、学生2800人、教职工146人。1976年有公办高中3所、18个班、学生806人；民办高中（初级中学设的高中班）3所（里辛、郑王庄和丈八丘）、4个教学班、学生210人；联办初中32所、160个教学班、在校生5200人。中学（尤其是初中）的大量发展，导致经费、校舍不足和师资、设备短缺。1979年对中学数量、布局、规模进行压缩和调整。1980年沂源六中改为初中，1984年新泰十二中改为寨子农业中学，只有莱芜四中1所高中。1986年联办中学调整为`17所（里辛乡4所、颜庄镇3所、城子坡镇1所、黄庄镇5所、寨子乡4所）。1991年有初中11所、在校生6226人，高中1所、在校生1400人。

1993年1月建区后，全区继续对中学进行调整。1997年6月，钢城第一中学建立，与钢城职业中等专业学校合校办学。2002年8月，莱芜市第四中学与钢城第一中学合校，2004年全部完成，校名定为“莱芜市第四中学”，校址在钢城第一中学。

至2005年，全区有高中1所（莱芜市第四中学），在校生60个班、3700人，专任教师200人，其中，研究生学历的16人、高级教师64人。初中6所（艾山街道2所、颜庄镇1所、里辛镇2所、黄庄镇1所）、在校生6032人、专职教师947人，学生入学率达到100%。

主要中学简介

莱芜市第四中学　1958年8月，在颜庄建校，校名为莱芜县第四中学，当年招收2个初中班，每班56人。1966年班级达到8个、在校生400人、教职工28人。1966年至1968年，受“文化大革命”干扰，3年未招生。1969年恢复招生并取消初中班改为高中班，年内招收1个高中班学生56人。1978年兼招2个初中班、班额56人，班级达到12个。1980年建成容纳18个班规模的教学楼1座。1984年改称莱芜市第四中学并建起办公楼。1987年停招初中班。1989年进行校舍改造，拆除平房，并征

莱芜市第四中学　（2005年　摄）

地1.04公顷，相继建成办公楼、教职工宿舍楼、学生宿舍楼、食堂各1座，将办公楼改为实验楼。

1994年1月，划归钢城区管理。1996年学校占地达到5.36公顷，班级达到30个、学生1800人、教职工130人。1997年至2001年，投资1000余万元建成2座教职工宿舍楼、2座学生宿舍楼、1座图书实验楼，对厕所、操场进行改造，硬化篮球场400平方米。2002年8月，莱芜市第四中学与钢城第一中学（1997年6月钢城第一中学建立，与钢城职业中等专业学校一校二牌）复称莱芜市第四中学，校址在钢城区政府所在地，占地11.20公顷。2003年至2005年，投资2000万元新建成教学楼1座、学生公寓楼2座、职工宿舍楼3座及学生餐厅1座，学校建筑总面积达到59244平方米。2005年投资200余万元，建起校园信息网，并在每个教室配置多媒体设备，实现教学手段的信息化。1980年至2001年，连续21年被评为“莱芜市级文明单位”。1995年被评为“山东省教书育人先进单位”。1997年被评为“山东省教育系统关心下一代工作先进集体”。2001年被评为“山东省教育工会先进集体”。2002年被命名为“山东省规范化学校”。

至2005年，共培养初、高中毕业生16500人，为高校输送合格新生4320人。1983年考取大中专院校153人，升学率位居泰安地区第一。1994年至1998年，高考本科上线人数连续5年超过百人，考入北京大学6人，考入清华大学3人。

黄庄中心中学　1966年沂源县在黄庄公社驻地建沂源六中，占地1.60公顷，1968年建成，年内招收初中班1个、学生54人，高中班1个、学生33人，学制均为2年。1970年停招初中班。1976年沂源六中改称黄庄中学，扩至8个教学班。1980年改为初中，学制3年。

1993年黄庄镇政府投资40万元建成黄庄第二中学，黄庄中学改称黄庄第一中学。2003年，黄庄一中、二中合并为黄庄中心中学，校址在原黄庄镇第二中学。合校后黄庄中心中学占地4.17公顷，有教学楼2座、办公实验楼1座、学生公寓楼1座，建筑总面积15866平方米，建有较高标准400米6跑道操场。至2005年，有教学班31个、教职工91人，其中高级职称6人、中级职称38人、在校生1039人。学校先后被评为市级规范化学校、市级实验教学规范化学校、市级文明学校。2005年10月，被确定为“山东省社会科学规划重点课题《中小学生人文素质的培养与研究》实验基地”。

黄庄中心中学　（2005年　摄）

艾山街道第二中学　1967年6月，新泰十二中建成，校址在寨子村，年内招1个初中班。1968年改设为高中，年内招1个高中班。1971年学校招至4个高中班，教职工16人。1981年改为初中。1984年4月，改设为寨子农业中学。1986年8月，改设为寨子乡初级中学。1990年新建校舍60间，扩大办学规模，班额扩大到12个。1992年寨子乡投资120万元对学校进行2次扩建，建成能容纳16个班的教学办公楼1座，完善室内配套设施。1997年8月，接受邵逸夫捐款20万元港币，寨子乡政府投资48万元，新建逸夫教学楼1座。2000年12月，寨子乡与城子坡街道合并后改称艾山街道，寨子中学更名为艾山街道第二中学。2002年获

艾山二中　（2005年　摄）

莱芜市人民政府"振兴莱芜体育突出贡献奖"。

2005年，全校有教学班24个、教职工92人，其中，高级职称3人、中级职称31人、在校生1029人。教学设备齐全，配有规范的微机室、多媒体室、语音室、图书室、阅览室，音乐、美术教室，物理、化学和生物实验室等，仪器图书配备达省一类标准。学校先后被评为莱芜市规范化学校、莱芜市实验教学规范化学校；同年1月，被中国高等教育学会、中国教育学会等5家学会组织确定为"中国西部教育顾问单位"；10月被确定为"山东省社会科学规划重点课题《中小学生人文素质的培养与研究》实验基地"。

里辛镇第一中学 1970年2月，里辛完小改建成里辛联中，年内招一个初中班54人。1971年2月，招2个初中班、学生104人、教师7人。1976年至1977年，招2个高中班，学制2年，扩大到4个班。1978年七六届高中班毕业后，七七届高中班并入郑王庄中学，停招高中班。1980年北赵联中并入，学制改为3年，学校规模增到6个教学班。1985年改称里辛中学。1990年12月，二郎庙联中并入里辛一中，教学班扩大到18个。1990年至1991年，投资200余万元新建教学楼、实验楼各1座。1994年中学布局调整更名为里辛乡第一中学。1996年撤乡建镇称里辛镇第一中学。2000年国家督学杨海榕为学校题词："育人之地，状元之乡"。

至2005年，学校占地3公顷，建筑面积6000余平方米，有教学班20个、在校生688余人、教职工66人，其中，本科学历占39%，大专学历占54%，教师达标率96.90%；有中学高级教师4人，其中，全国优秀教师1人，地市级以上教学能手、学科带头人及优质课获得者2人。共培养学生4000余人，为高一级学校输送合格新生2200人，有6年高中录取率列钢城区榜首。学校被授予《国家体育锻炼标准施行办法》先进集体，山东省交通安全学校，莱芜市办学水平优秀单位、素质教育先进单位、实验教学规范化学校、教学工作先进单位（6次）和文明单位（5次）等荣誉称号。

里辛一中 （2000年 摄）

第二节 学制与课程

1958年境内始招收初中班，学制3年，课程设置有语文、代数、平面几何、俄语、物理、化学、历史、地理、政治、植物学、动物学、劳动、体育、音乐等。1966年"文化大革命"开始后，中学停课。1968年下半年复课，期间停授历史课；政治、语文以毛泽东著作为基本教材，辅以忆苦思甜、开展"革命大批判"等活动；音乐、美术合为"革命文艺"课；数学课侧重测量、会计、制图常识等；物理、化学主要学习"三机一泵"（发电机、柴油机、拖拉机、水泵）、电工、农药、化肥等知识。1968年至1969年，沂源六中、莱芜四中、新泰十二中先后招收高中班。中学实行"二二"制——初、高中均修业2年，改秋季招生为春季招生。1970年中学设政治、语文、数学、工业基础知识、农业基础知识、体育、革命文艺和劳动等误。1973年高中增设英语课。1975年恢复秋季招生。1978年按照教育部规定，初、高中均设政治、语文、数学、物理、化学、英语、历史、地理、生物、生理卫生、体育和基本生产技术教育课，初中设有音乐、美术课。1979年初中恢复3年制，高中仍为2年制。1980年高中二年级增设技术教育课。1981年中学恢复"三三"制——初、高中均修业3年，增设初中每年2周、高中每年4周的劳动技术课。1991年高中增设人口教育课。

1994年全区中学设置信息技术课。1996年增设劳动技术教育课。1997年开设健康教育课。

学生进行体操表演 （2005 年 摄）

1997 年至 2000 年，初中由三年制向四年制过渡基本完成。1998 年 8 月，增设写字课，采用回宫格教学法。2000 年 8 月，设置活动课。2003 年开设以礼仪教育为主的校本课程，做到国家课程、地方课程、校本课程的合理配置。2004 年秋，新一轮基础教育课程改革启动。自此，全区初、高中年级执行国家教育部确定的新课程标准。初中设置分科与综合相结合的课程，包括思想品德、语文、数学、外语、科学（或物理、化学、生物）、历史与社会（或历史、地理）、体育与健康、艺术（或音乐、美术）以及综合实践活动。高中课程共包括语文、数学、外语、思想政治、历史、地理、物理、化学、生物、艺术（或音乐、美术）、体育与健康、技术等 12 门～13 门科目，其中技术、艺术是新增设科目。“新课改”后，高中课程由必修和选修两部分构成，通过学分评估学生的学习状况。

第三节 教学与考试

教学

1958 年至 1966 年，境内的莱芜四中、沂源六中成立中心教研组，开展教学研究与改革。教学方法上推行毛泽东提出的“十大教授法”，提倡“少而精”“启发式”教学，反对“满堂灌”“注入式”教学方法。“文化大革命”开始后，教学研究与改革停顿。1968 年复课后，采取“走出（学校）去”“请

2005 年钢城区高中课程科目及相应学分表

表 19－4－1

学习领域	科 目	必修学分（共计 116 学分）	选修学分Ⅰ	选修学分Ⅱ
语言与文学	语文	10	根据社会对人才多样化的需求，为适应学生不同潜能和发展的需要，在共同必修的基础上，各科课程标准分类别、分层次设置若干选修模块，供学生选择。	学校根据当地社会、经济、科技、文化发展的需要和学生的兴趣，开设若干选修模块，供学生选择。
	外语	10		
数学	数学	10		
人文与社会	思想政治	8		
	历史	6		
	地理	6		
科学	物理	6		
	化学	6		
	生物	6		
技术	技术（含信息技术和通信技术）	8		
艺术	艺术（或音乐、美术）	6		
体育与健康	体育与健康	11		
综合实践活动	研究性学习活动	15		
	社区服务	2		
	社会实践	6		

（工农兵）进来（进学校）”的“开门办学”方法，搞“开门办学”，请工农兵登坛讲课，偏重于实践，降低了文化课的教学质量。1972年学习外地先进经验，重视课堂教学，教学质量有所回升。1973年批判“修正主义教育”路线回潮，使刚刚恢复的教学秩序重遭破坏。

1976年境内中学始恢复各项规章制度，学校工作转向以教学为主。1978年中共十一届三中全会后，教育工作全面恢复，中学的教学研究工作逐步正常开展，在所属县教研室的指导下，学校根据自身的实际情况制定教研计划，研究教材、教法，组织开展公开课教学和各种听课活动，总结推广教学经验，提高教学质量。1980年中学开展课堂教学竞赛。1983年始每两年进行一次教学能手评选，激发教师教学的积极性。1985年推广“最优中学教学方式实验法”，教育学生自己动手动脑运用科学的学习方法和思维方法进行独立学习。1986年莱芜市教育局制定《中小学课程教学常规要求》，沂源县教育局、新泰市教育局也相继出台加强中学教育的一系列措施。1987年后，组织学习布鲁姆教育思想及其教学改革实践，调动后进生的学习积极性，“让绝大多数学生都能学好”。

1993年后，全区各校全面执行新课程计划，深化教学改革，着力培养学生的创新精神和实践能力。1998年组织开展课堂教学达标活动。1999年组织全体教师分批学习现代信息技术的理论与操作并考取证书，提高教师的计算机使用能力。2003年全面开展新课改实验，组织教师培训，提高业务素质。此后，每学年通过学科培训，组织开展新教材分析、教学示范、公开课课堂教学观摩等活动。期间，建立备课组说课制，开展形式多样的教学研究活动，组织观摩省、市级优质课和课件评选活动多场次。改革传统的课堂教学模式，通过课堂教学渗透以人为本的教育理念，培养学生的创新意识和实践能力。2004年启动钢城区“书香校园工程”。

莱芜四中图书室一角　　（2005年　摄）

2001年莱芜四中在全校推行“诱思探究教学”法—以“掌握知识、发展能力、陶冶品德”为内容的三维教学目标论，以“老师为主导、学生为主体、训练为主线、诱导思维为主攻目标”的“四主”诱思教学理念。分管教学副校长带领教研组长到安徽太和中学进行考察学习，编印《四中教研》刊物，共印发两期。2004年学校全面推行新课程改革。期间，全校共申报省级课改研究课题4项，莱芜市课题2项，编写《数学思想与方法》《物理解题方法》等校本课程10套。2005年学校牢固树立“教科研兴校”的思想，坚持走“以教改带动教研，以教研指导教学”的路子，编印《莱芜四中教研》《莱芜四中班级管理》2种校本学术刊物，还承担《高中化学促进学生素养发展的实施研究》《敏特英语》等国家级、省级科研课题。

考试

平时考试和升学考试　中学考试主要有单元测试和期中、期末、毕业、升学考试，考试一律采用闭卷式。20世纪50年代至60年代初，学习苏联经验，单元测试采用“五级”分制记分，其他考试均采用百分制。50年代，初中招生实行全省统一命题招生。60年代以后，实行全县统一命题招生。1964年对中学生的期中、期末、毕业、升学考试，只考政治、语文、数学、化学、物理等主要学科。“文化大革命”期间，彻底否定以前的考试制度。

1968年以后，初、高中招生，改为推荐与考试选拔相结合，即实行“群众推荐，领导批准，学校复

审”相结合的办法，可以先进行文化考试，作为推荐的基本条件，也可以不进行文化考试即可升入高一级学校学习。1977 年大、中专招生和初、高中招生均恢复“通过考试，择优录取”的制度。初中升高中、中专由省统一命题，高中升大专由全国统一命题。初中升学考试科目有语文、数学、物理、化学、历史、地理、生物（史、地、生合为一门，称为“小三门”）。高考科目分文理两科，1977 年至 1978 年，理科考生考语文、数学、物理、化学、政治，文科考生考语文、数学、历史、地理、政治。1979 年理科加试生物，文、理两科加试外语。1991 年高中实行会考制度，高一到高三每年会考 1 门～3 门必修科目，会考成绩合格者方准毕业，会考试题由省统一命题。高考科目有所改动，理科考生考语文、数学、外语、物理、化学、生物，文科考生考语文、数学、外语、政治、历史。2004 年取消会考制度，高考仍由国家命题，高考课目实行“3+X”模式，即理科考生考语文、数学、外语加理科综合科目；文科考生考语文、数学、外语加文科综合科目。

竞赛考试　20 世纪 80 年代后，境内中学增加竞赛考试。90 年代，竞赛科目分单科、“三科”“五科”竞赛等。单科竞赛是指英语或数学单科赛，“三科”竞赛是指英语、数学和物理同时组织的竞赛，“五科”竞赛指数学、英语、物理、化学、生物同时组织的竞赛。竞赛级别有国家级、省级、县级和校级等。其中，国家级是指 90 年代以后由国家教委组织的初、高中数学、英语、物理、化学和生物等学科的奥林匹克竞赛，省级指由山东省数学竞赛委员会组织的初、高中数学竞赛，县（市）级和校级主要是指 80 年代县（市）教育局教研室和学校为检验教学成果和选拔学科学习尖子而组织的竞赛考试。参与竞赛考试的学生，是少数学科学习尖子生；参赛时间，多安排寒假前；竞赛方法，逐级考试选拔，参加全国奥林匹克竞赛，必须按全国竞赛的部署和要求进行，先经学校和县级考试选拔选出参加省赛（奥林匹克竞赛赛区）选手，再按统一命题参加奥林匹克山东赛区的竞赛，按竞赛成绩，确定各科获得特等奖、一等奖、二等奖、三等奖名单。竞赛考试的目的主要是选拔学科优秀尖子生，为高一级重点学校输送人才。2001 年在全国初中数学、物理、化学竞赛中有 110 余人次获省级以上奖励。

1993 年 1 月建区后，为减轻学校和学生负担，县级以下竞赛考试停止举办。至 2005 年，境内中学所参加的竞赛考试只有“五科”（数学、物理、化学、生物、信息）全国奥林匹克竞赛。

第五章　职业教育

第一节　农业中学

1958 年 10 月，颜庄公社在西沟村、郑王庄公社在郑王庄村各建 1 所农中，每校各招 1 个班、40 名学生，各有 2 名教师。1959 年颜庄公社、郑王庄公社合并为颜庄公社后，于暑假前将 2 所农中合并为 1 所，1 个班 50 人，校址在里辛摩天岭，校舍利用煤矿的旧房屋，校名为“颜庄公社农业中学”，当年招收 2 个班、教师 6 人，除 1 人是代课教师外，其余均为民办教师。1960 年学校迁至东泉石料厂，1961 年 2 月停办。1965 年贯彻国家关于“两种教育制度、两种劳动制度”的指示，颜庄公社在颜庄、东田庄、城子坡各建农中 1 所，黄庄公社在黄庄建农中1所，翟镇公社(属新泰县)在寨子建农中1所，各招收1个班30名～40名学生。1968年农中停办。1984年4月，新泰十二中改设为寨子农业中学。1986年8月，改为寨子初级中学。农中学制3年。招生对象是高小毕业生，招生时间安排在县办初中招生之后，从落榜生中考试选拔，教师选聘具有高中学历的民办老师，经费由公社和管区自筹，由公社教育行政统一管理，业务由所在县教育局管理。教学内容是全日制初中的主要文化课。20世纪80年代，所办农中，招生对象是初中毕业生，学制3年，经费、行政管理归公社，业务管理归县教育局。课程设置是全日制高中主要文化课——语文、政治、数学、物理、化学等，在教学过程中，根据需要注重加强应用知识技能教学和训练，语文课增加合同、总结、报告、新闻报道、黑板报宣传、农村常用杂字和毛笔字练习等内容，数学增加珠算、会计和测绘知识等内容。根据当地特点开设农、林、牧等专业课。颜庄、里辛农中根据当地以种粮为主的特点办班，将小麦、玉米等农作物栽培和病虫害防治作为重点学习内容。黄庄、寨子等地的林果面积较大，农中重点开设林果班，把桃、苹果等果树栽培技术和病虫害防治作为重点教学内容。畜牧业是农村的重要养殖业，各农中普遍开设畜牧兽医课，每届都培养一批畜牧兽医员。各专业还设补充课，介绍当代一些新科学技术知识和有关科研成果。各专业都注重安排教学实习和生产劳动，使教学与实践紧密结合。

1964年至1986年，各农中共招收12个班，培养学生440人。“文化大革命”前，农中毕业生“队来队去”，有的成为农业技术员、会计，有的当民办教师或畜牧兽医。“文化大革命”时期，有的被推荐选拔上了大学、中专。20世纪80年代，农中毕业生大多数到生产第一线，极少数升入大学、中专。

第二节　职业中专

1994年11月，钢城职业中等专业学校设立，为副科级单位，临时借用南城子坡小学和北城子坡小学校舍办学。1996年6月，升格为正科级单位；同年，建成主体为7600平方米的办公实验大楼1座，于年底入驻。2002年8月，钢城第一中学与莱芜市第四中学合校后，复称莱芜市第四中学，钢城职业中等专业学校仍与莱芜市第四中学合校办学。

钢城职业中等专业学校根据当地经济发展需要，本着有利于学生就业的原则设置专业。各专业学制一般为3年。招生范围以区内为主，兼顾周边县(市)考生。建校当年设机电、机械2个专业，每个专业招收1个班，每班50人。1995年增加工民建和电器专业，招收4个班、200人。1996年增加微机和文秘专业，共设5个专业，招收9个班、487人。1997年至2001年，因毕业生就业困难、考生量少而减少招生。2002年至2005年，采取注册双学籍的方式，每年招生200人。前两年统一学习高中课程，第三年分流，一部分升高三，一部分学习职业中专专业课程。

毕业生可参加高考继续升学深造，也可自谋职业就业。1994年至2002年，学校共培养毕业生733人，其中有2人升入省劳动局高级技校，15

寨子农业中学　　(1985年　摄)

人升入对口的高等职业院校。2002 年至 2005 年，毕业生少数升入高职，绝大多数靠自谋职业进入境内国营、集体或私营厂矿企业就业。学生毕业后可参加莱芜市劳动和社会保障部门举行的职业技能等级考核，取得职业资格证书。在 1996 届至 1999 届毕业生参加的莱芜市职业技能等级考核中，有 351 人获高、中级资格证书，136 人获初级资格证书。

第六章　成人教育

第一节　农民教育

民校扫盲

20 世纪 30 年代，境内开始兴办民众学校。1931 年在寨子一带开展识字宣传，催办民众学校，寨子等村办起民校，但不久即停办。抗日战争时期，响应县抗日民主政府号召，境内区、乡、村利用冬闲季节组织村干部和积极分子等学习文化知识，称“冬学”。1940 年 10 月，《大众日报》发表题为“普遍开展冬学运动”的社论，“冬学”很快遍及各村。1941 年清泥区、棋山区、黄花区民主政府都配有专职干部，在农村大办冬学，组织妇女参加识字班，利用冬季农闲季节的晚上(妇女识字班有时利用白天)组织 16 岁以上农民学文化，并要求每人识字 1000～2000 个。利用“冬学”和识字班组织学习宣传时事与政策。

抗日战争胜利后，区、乡、村利用“冬学”和识字班向群众进行“翻身求解放”等方面的宣传教育。1945 年至 1946 年，黄庄区很多村的学员除学习文化外，还学习秧歌、戏剧等文艺表演，在拥军优属、动员参军支前时经常表演。《鲁中大众》报曾多次报道黄庄区的“冬学”消息。

中华人民共和国成立初期，境内区、乡、村组织开展扫盲运动，利用民校、夜校、妇女识字班等形式组织农民学文化。1950 年办得较好的青年夜校有 30 处，妇女识字班 9 处，成年夜校 2 处。1952 年推行“速成识字法”，编有专用课本，除组织学习文化外，还学习时事政治，村村都办夜校和扫盲班。1954 年的农业合作化运动中，采取互助组、合作社办学等形式，境内参加夜校、民校、识字班学习的有 1.20 万人，占文盲、半文盲总数的 40%。期间，小官庄村扫盲工作出色，受到省政府表彰。不少村民的学习积极性很高，不仅脱盲，还学到很多知识，有的担任村里的会计，有的成为国家干部。1958 年扫盲运动再掀高潮，境内推行“民教民，能者为师”，并实行公办教师包村，学生包人，划片包干的文化教学活动。办起 2 所“红专学校”。1965 年大队建立文教委员会，村村办民校，有的村办起半农半读学校（半日干农活半日读书）。“文化大革命”期间，农村业余学校统称“政治夜校”，主要学习毛泽东语录，组织“毛泽东思想宣传队”和开展“大批判”活动。1978 年 3 月，国务院发出扫盲通知，再次开展扫盲活动。1981 年县政府成立农民教育委员会，县教育局设立业余教育办公室，各公社教育组设 1 名业余教育辅导员，各村有 1 名村干部负责扫盲工作。

1993 年 1 月建区后，农民教育继续抓好扫盲和科技教育工作。1993 年至 1995 年，为迎接“两基”(基本普及九年义务教育、基本扫除青壮年文盲)达标验收，全区再度掀起扫盲热潮，各乡镇都设有专职扫盲干部，各村都成立民校配备扫盲教师。1995 年通过了国家教委的“两基”达标复评验收,全区青壮年非文盲率达到 97%以上。

科技培训

人民公社时期,各生产大队成立科技队,组织农民学习农业科学技术,进行农业科学实验,如繁育良种、推广先进种植技术等。20 世纪 80 年代初,人民公社成立科委、科协机构,各级科技机构建立健全,科技培训范围扩大到生产大队、生产队干部和科技骨干。80 年代至 90 年代初,种植业、林果业、养殖业等各种专业户、重点户大量涌现,参加科技培训的人员更广泛,科普宣传入户到人。

1995 年“双基”达标复评验收合格,农民教育工作重点转到实用技术培训上,各乡镇(街道)发挥农业广播电视学校和乡镇农民技术文化学校的作用,加强农民的科技培训教育,组织农民参加农广校招生学习。区直农、林、水、畜牧、计划生育、经贸、审计等部门采取对口方法对农村“两委”干部、农民技术骨干、企业负责人等进行种植、养殖、优生优育、财会、信息技术等方面的知识培训。至 2005 年,每年举办各类培训班 10 余期,培训人员 500 人次,并推广 10 余项实用科学技术;2004 年至 2005 年,各镇(街道)成教中心与劳动部门联合,对向连云港、青岛等地进行劳务输出的 1600 名劳动力进行了有关知识培训。

成人教育学校 (2005 年 摄)

第二节 职工教育与自学考试

职工教育

1981 年县级设立职工教育委员会,下设职工教育办公室,境内颜庄公社、黄庄公社各有 1 名管委副主任分管职工教育,文教助理员具体负责职工教育的管理落实。1985 年 500 人以上厂矿企业均建立起职工教育科,500 人以下企业配备职工教育专职干部。职工教育主要进行形势任务、思想道德教育,组织专业技术学习和业务进修。1986 年莱芜市第二实业公司和一些规模较大的企业成立后,对人才、技术培训需求增强,职工教育在普及的基础上逐步提高。20 世纪 90 年代,发展成为以高校为依托,以业余高等教育为重点的职工教育。2005 年全区参加大专班学习的人员为 650 人,毕业 480 人,大部分成为企业管理人才和技术骨干。

中国农村致富技术函授班　1989 年 7 月开始,参加学习 35 人,主要培训对象为副厂长、副矿长、副经理、科长等,由中国科协中国农村致富技术函授大学教授授课,授课地点设在实业公司,面授时间每月 10 天;学习课程主要有政治经济学基础、经济法基础、乡镇企业管理、农户经营常识等;学习期满成绩合格,颁发结业证书。1990 年 7 月结束。

营销专业大专函授班　1990 年春开始,学习人员 40 人,主要培训对象为各企业供销科长,面授地点设在岱山煤矿,授课单位为山东经济管理干部学院,学习主要课程有经济管理、营销专业基础知识等,采取面授与自学结合的学习方法。经考试合格,颁发岗位职务培训证书。1990 年秋结束。

山东工业大学企业管理班　1995 年 7 月开始,参加学习人员

56人，主要培训对象为厂长、矿长、经理及公司科长，授课地点设在九龙实业公司，半脱产学习，每月面授10天，学习课程主要有企业管理、经济管理、机械工业与制造、工业统计、工业会计、工程力学、电学与应用、微机等。经考试合格，颁发山东省干部业余大专班学业证书，承认大专学历。1998年7月结束。

成人高等教育企业管理班 1990年9月开始，参加学习人员40人，主要培训对象为副厂长、副矿长、副经理，授课单位是山东工业大学经济管理系，授课地点设在实业公司，半脱产学习，课程主要有工业企业管理学、管理原理与组织、乡镇经济学、工业企业经济活动分析、工业企业财务管理、生产技术管理、经济法规和工业外贸等。学习期满成绩及格，颁发成人高等教育专业证书。1991年12月结束。

自学考试

1986年至1987年，境内各乡镇设成教办公室，负责成人教育组织发动、办理自学考试报名等事宜。至1992年底，参加高校自学考试的人数达376人，分16个专业，学习期满成绩及格颁发大专毕业证书者55人。

1993年1月建区后，由区教委负责组织自学考试报名工作。1994年由每年1次改为2次，时间定为每年的6月和10月。2003年改为4次报名，4次考试。至2005年，全区共有21368人参加自学考试，参加考试52169科次，其中，本科毕业1405人、专科毕业3162人。

第七章 教 师

第一节 教师队伍

发展概况

清末民初，境内私塾老师称为先生。之后，小学教师称教员。1914年境内有初等小学教员86人。1918年有2所高等小学教员7人，初等小学教员97人。

在抗日战争和解放战争期间，境内不能正常办学且师资缺乏，民主政府从乡村中原教员或部队、地方政府、救国团体的干部中选拔教师，包括“精兵简政”时精简下来的乡、区干部。

1952年境内为适应教育发展需要，实行群众推荐、组织审查、择优录用方法，从在乡知识分子和业余教育教师中招收了部分教师。1953年小学教职工129人，多为高小和初小毕业生，少数为初师毕业生。此后，逐年有速师、初师、中师毕业生充实小学教师队伍。1958年始办幼儿园，有幼儿教师84人。1965年有幼儿教师29人，1978年增至96人。1958年莱芜县第四中学建立，始有教师6人。1967年有初中3所、教师39人。20世纪70年代，小学、联中迅速发展。1976年有小学147所、教师538人，公办高中3所、教师46人，联办初中32所、教师216人。80年代，中小学布局调整。1984年有高中1所、教职工63人，初中17所、教职工136人。

1993年1月建区后，全区教师队伍结构更加合理，业务水平和素质不断提高。1994年全区有中小学教职工1359人，其中，公办教师860人、民办教师499人；专任小学教师716人、中学（初中、高中、职业中专）教师591人。2005年，全区有专任小学教师664人，中学教师947人。至2005年，全区评选出教学能手340人，其中市级60人（高中4人、初中40人、小学16人）、区级280人

(高中28人、初中140人、小学112人);有205人被评为优秀教师和优秀教育工作者,其中,国家级2人、省级5人、市级23人和区级175人;有2名教师获得曾宪梓、李信麟教育基金奖。

1993~2005年钢城区专任教师人数统计表

表19-7-1　　单位:人

年　份	1993	1994	1995	1996	1997	1998	1999	2000	2001	2002	2003	2004	2005
小　学	729	716	652	685	667	746	719	707	652	635	616	629	664
中　学	447	591	576	623	642	785	809	811	777	828	874	753	947

师资培训

中华人民共和国成立初期,境内90%的小学教师只有高小和初小文化程度,初中以上学历的仅占10%。1950年至1953年,颜庄区、黄庄区先后成立星期学校,开设语文、算术课,进行教师业务培训。1954年至1955年,莱芜县、沂源县、新泰县先后成立初级函授师范学校,在境内所分管的颜庄区、黄庄区及翟镇区(辖境内寨子等22村)设初师函授班,开设语文、数学课,利用星期日和寒暑假,由各县函校教师到区函授班巡回面授。1959年至1960年,县级初师函授学校相继改称函授师范学校,开设中师函授。颜庄公社、黄庄公社、翟镇公社先后招收中师函授班学员,开设中师重点课程,采取面授和函授相结合的方式。至1965年,各公社(区)举办初师函授班2~3期,累计毕业6个班、175人;举办中师函授班1~2期,毕业4个班、128人。学校均颁发中、初师毕业证书,并承认学历。

教师培训　　(2005年　摄)

"文化大革命"时期,境内的函授教育停止。1978年各县函授师范相继改称教师进修学校。1979年至1992年,小学教师到县(市)进修学校离职培训时间为20天至5个月,累计20期、650人次;初中教师离职培训时间1周至3个月,累计25期、780人次;参加中师函授7届(4年1届),毕业240人;参加中师离职进修班7届(2年1届),毕业60人;参加泰安师专、临沂师专、省教育学院、曲师大和电大等院校的函授或代培学习,包括专科或本科2个层次,涉及10余个专业,其中专科毕业105人,本科毕业35人。

1993年1月建区后,全区中小学教师学历达标率的情况为:1994年高中22%、初中70%、小学98%;1996年高中60.10%、初中80.20%、小学100%;2005年高中94%、初中96%、小学100%。1996年全区小学校长持证上岗率达到100%,学历水平不断提高,基本实现校长队伍的知识化、年轻化。

至2005年,参加各类高校函授和自考中小学教师,专科毕业582人、本科毕业603人、在校学员156人。

民办教师

1948年境内大力兴办教育并开始招用部分临时教师,被招录的教师是最早的民办教师。1958年发展民办学校,招用民办教师262人,超过了公办教师的人数。1959年至1961年"三年困难时期",部分公、民办教师被精减。1965年普及小学教育,民办教师达到592人。1968年11月,公办小学由生产大队办学，户籍不属境内的公办小学教师迁回原籍任教，教师空缺由大批招用民办教师填补，时有民办教师468人。1980年民办教师达579人。1983年对民办教师进行整顿，辞退不合格民办教师197人。1984年有27名符合条件的民办教师转为公办教师。1987年至1988年，民办教师按一定比例转为公办教师。1990年师范学校招收民师班，区内考取13人。

1996年9月，区政府印发文件，要求将经考核合格的民办教师转招为公办教师。1997年6月，全区符合条件的435名民办教师全部转招为地方公办教师。

第二节　教师待遇

境内私塾时期，塾师的薪俸大都由学生承担，部分来自学生所在村的庙产、公产。

1910年至1937年，官立学校的小学教员分为4级，薪水为20～50元。抗日战争时期，民主政府办的抗日小学，教师实行供给制，薪俸以粮代款，月薪为120～160斤粮食。日军占领区的小学教员月薪30～40元。解放战争时期，小学教师的薪俸仍是以粮代款，一般月薪是300斤高粱或谷子。1948年境内解放后，小学教师仍实行供给制，月薪为餐票60斤，柴票90斤，教师持票轮流到学生家吃饭，另外每月发3元(北海币)津贴费。

1949年教师工资实行薪粮制，小学教师月薪为120斤至170斤粮食。1951年教师增薪，高级小学教师月薪210～260斤，初级小学教师120～220斤，非本籍教师每月增加3～5斤。1952年10月，教师实行工资分制，高小教师一般为110分，初小教师一般为100分，试用教师85分。非本籍教师每月加5～10分。工资分值以当月《大众日报》公布的为准，一般每分合人民币2300元（旧币，折新币2角3分)左右。1956年进行工资改革，小学教师人均增资10元左右。1963年教师再次增资，颜庄公社60%中小学教师升1级，个别升2级，黄庄公社小学教师升级面为44.60%，平均工资增加到37.38元。1968年11月，公办小学由生产大队办学，非本籍公办小学教师迁回原籍任教，小学教师工资改为由生产队记工分另加国家适当补贴的方法。1971年11月，根据山东省革委《关于农村人民公社收益分配工作的指示》，公办教师的工资、口粮陆续改为由国家供给；同年，教师工资进行低薪调整，分别为1957年前、1960年前、1966年前参加工作的低薪者增1级工资。1977年和1979年，两次提资，增1级工资者占80%，部分增2级。1981年教师普提1级工资。1985年实行工资套改，建立新的增资机制。1988年10月，教学第一线的教职工提高10%的行业工资。1989年1月，实行职称工资。

1993年至2005年，全区中小学教职工的工资、福利经过多次调整，都有较大幅度的增长。2005年1月，全区教师月平均工资达到1787.70元。

民办教师的薪酬实行民筹公助的办法，以民筹为主，公助为辅，公助部分逐年增加。1950年前后，有的村庄组织村民为民办教师代耕土地，称“以智力换劳力”，这一时期国家对民办教师的补助不定期也不定量。1959年后，由生产队对民办教师实行工分补贴，每天记10分工左右，男女同工

钢城第一中学教师宿舍楼　　（1998年　摄）

同酬，保证其收入稍高于同等劳动力。1970 年公助部分有所增加，小学民办教师每月 6 元，中学民办教师每月 10 元。1973 年后，公助费不断增长。1982 年增加到小学教师每人每月 19 元，中学教师每人每月 22 元。1982 年农村实行土地承包制度后，取消对民办老师的记工分制度，工资为国家补助加地方财政补贴，境内各公社对民办教师每月补助 10～20 元。1985 年至 1986 年，国家两次增加民办教师补贴。1986 年民办教师享受国家补贴，小学教师每月为 21.50 元，中学教师每月为 24.50 元。1988 年各乡镇对民办教师的补贴增加到 20～40 元，使其月平均工资为 50 元左右。

1996 年全区民办教师工资达到 160～220 元；同年 9 月，民办教师转招为公办教师；12 月起，工资发公办教师的 60%，以后每年递增 10%，至 2000 年，工资待遇与国家公办教师标准统一。

1993～2005 年钢城区教师月均工资统计表

表 19－7－2　　单位：元

年　份	1993	1994	1995	1996	1997	1998	1999	2000	2001	2002	2003	2004	2005
工　资	326	427	457	488	519	556	816	878	969	1055	1109	1421	1787

第八章　教研与督导

第一节　教研教改

20 世纪 50 年代，境内各校的教研、教改工作在县教育局教研室的指导下进行。针对大多数教师未受过正规师范教育，文化水平、教学水平都较低的实际，组织教师学习文化、研究教材。每周日，以学习组为单位组织教师学文化、通研教材。县教研组不定期到各学校进行教学指导，检查各科教学计划、备课、作业批改，入课堂听课，搞统考和抽考。1959 年、1962 年，省教育行政部门在烟台召开了两次教育工作会议，对境内的教研教改起到了很大的推动作用。1963 年开展社会主义教育运动，学校批判“白专道路”“分数挂帅”，教研教改工作受到冲击。1964 年学校的教研工作重点不再是研究教学方法，而转为“阶级教育”“活学活用”毛主席著作。1966 年“文化大革命”开始后，正常的教学秩序被打乱，教研教改工作也随之停顿。

钢城区小学语文主题学习研讨会　　（2005 年　摄）

中共十一届三中全会以后，教育工作得以全面恢复，教研教改工作也随之重新开展。在县教研室的指导下，境内各校制定详细的教研教改计划，认真通研教材、研究教法、交流信息、推广经验，组织开展公开课教学及各种听课活动，促进了教育工作，提高了教学质量。自1985年，莱芜、沂源市（县）教研室有计划地推广了“最优中学教学方式实验法”等，教育学生自己动手动脑运用科学的学习和思维方法进行独立学习。1987年始，学习布鲁姆教育思想及其教学改革实践，调动后进生的学习积极性，“让绝大多数学生都能学好”。

1993年3月，钢城区教学研究室成立，为副科级单位。以推进素质教育为宗旨，全面贯彻新课程计划，向教学研究要质量，向师资建设要效益，深化教学改革，着力培养学生的创新精神和实践能力。1998年组织开展课堂教学达标活动。1999年组织全体教师分批学习现代信息技术的理论与操作并考取证书，提高教师使用计算机的能力。2001年组织各类教研活动15次，承担了小学数学创新学习实验、小学小班化教学实验和综合实践活动课研究等新课题，并将“三快、两好、一创”（快速识字、快速作文、快速阅读，写好字、读好书，创新教育）的语文教学、初中语文尝试教学、小学数学自主能力培养等3个课题申报了省级实验课题。2002年实施“科研兴教”工程。坚持以教学为中心，在全区推广尝试教学、训练组教学、张思中英语教学等教改实验，承担了小学小班化教学、小学数学创新学习实验、综合实践活动研究和“三快、两好、一创”大语文教学等课题的研究。2003年至2005年，全面开展新课改实验，建立说课制，开展形式多样的教学研究活动，组织观摩省、市级优质课和课件评选活动。通过改革传统的课堂教学模式，课堂教学渗透以人为本的教育理念，培养了学生的创新意识和实践能力，教学质量不断提高。

第二节 督导评估

1949年后，境内的教育督导工作由所属县（市）教育局教研室负责。1994年11月，区科教文卫体委员会成立教育督导室，为科股级事业单位，编制3人。1995年12月，隶属区教育委员会。1998年1月，更名为钢城区人民政府教育督导室，配备主任、副主任各1人，定编3人。

全面督导

1995年5月，钢城区科教文卫体委员会下发通知，对中小学教育实施督导评估。督导室以创建规范化学校为督导重点，先后在中学、小学、幼儿园等不同类型学校设点，总结经验，推动面上的督导评估工作。在创建规范化学校中，存在的突出问题是教育经费投入不足，信息反馈后，引起区委、区政府重视，1996年全区各级累计投资1000万元用于学校标准化建设，投资180万元用于配套设施建设，全年创建市级规范化学校10处。1998年规范化学校达31处，其中市级13处、区级18处。

1999年《山东省中小学幼儿园办学水平督导评估方案》开始实行，城子坡镇中心小学被确定为山东省小学督导评估试点单位；同年，全省小学办学水平督导评估现场会在城子坡中心小学召开，全省17地市及省属企业的教育督导室负责人及有关人员50多人参加，城子坡中心小学以875分的成绩被省政府教育督导室命名为“全省小学办学水平督导评估优秀学校”，经验在全省推广。结合推广城子坡中心小学督导评估的先进经验，10月区政府出台《钢城区中小学幼儿园办学水平督导评估实施方案》，对全区中小学幼儿园的办学（园）水平进行督导评估。2000年初，区政府制定印发《关于建立教育执法目标责任制的意见》《钢城区教育督导规定》，聘用20名兼职教育督导员定期组织巡回督导；同年，全区有7所中小学被命名为市级办学水平督导评估优秀单位。自2000年，区委、区政府与乡镇（街道）党委、政府（办事处）及25个与教育关联密切的区直单位签订《年度教育执法目标责任书》，年底，由区委组织部会同区人民政府督导室对各单位的教育执法情况进行全面考核，作为“评先树优”和表彰奖励的重要依据。

专项督导

自2002年，区政府制定《钢城区关于教育专项督导评估工作的有关规定》，全面开展对教育收费、义务教育实施水平、危房改造、课程设置、新课改等教育热点和难点问题的专项督导，发现问题及时解决。

综合评估

2003年山东省对市、县级政府教育工作综合督导评估活动启动。活动中，钢城区自评得分为发展水平446.78分（满分600分），年度发展水平222.30分（满分330分）。2004年4月，钢城区2003年度教育督导工作顺利通过省政府复评，省政府对全区教师工资的发放、中小学危房改造及布局调整工作给予高度评价。2005年4月，在省政府对2004年度教育综合督导评估复评工作中，钢城区以863分(满分960分)排名全省第二位。

第九章　教育行政

第一节　学校管理

清末，县衙署设劝学所专管教育。公立、私立学堂由学董管理。

民国初年，境内教育分属莱芜县、蒙阴县教育局管理，颜庄区、黄庄区设视学和事务员。1922年劝学所改称教育局。抗日战争时期，县抗日民主政府设民教科，境内颜庄区、黄庄区配备文教助理员管理教育。

1949年后，境内教育分属莱芜、沂源、新泰县教育局管理，颜庄区、黄庄区配备文教助理员。1956年底，文教助理员改称学区主任，1958年复称文教助理员。1968年境内农村中小学实行“贫下中农管理学校”，每校有1～3名贫下中农代表组成管理小组。1971年各公社成立教育组，配备文教助理1人、组长1人、成员2人。公社区域内管区设学点，颜庄公社设颜庄、里辛、郑王庄、棋山、城子坡、澜头、港里7个学点，每个学点配备组长1人；黄庄公社设黄庄中心中学、中心小学各1所，每个中心学校配备正、副校长各1人，事务教师1人，同时设丈八丘、东王庄、历山后、大上峪、西冶5个学点，每学点配备组长1人；寨子片(属新泰县翟镇公社)设寨子、施家峪、庙子3个学点，每学点配备组长1人。1983年黄庄公社教育组撤销，改由公社中心小学、中心中学校长管理中小学教育。1984年3月，公社改设办事处(6月黄庄公社改设区)，下辖乡镇，办事处(区)设教育委员会办公室，配备主任、副主任。1985年9月至12月，撤处(区)并乡，境内有颜庄镇、城子坡镇、黄庄镇、里辛乡、寨子乡，各乡镇设教育办公室；年底，乡镇教育办公室改称乡镇教育委员会(简称教委)。1986年8月，国家改革教育管理体制，中小学均交给乡镇管理。1988年境内乡镇成立成人教育办公室。

1993年3月，钢城区科教文卫体办公室成立，下设人秘、科技、教育、文卫体4个科(室)，定编7人，由教育科分管全区教育工作；6月科教文卫体办公室更名为科教文卫体委员会。1994年11月，分设为科学技术委员会、卫生局、教育委员会和文化体育委员会，教育委员会和文化体育委员会合署；区教育督导室同时设立，为股级事业单位，定编3人。1998年1月，更名为区人民政府教育督导室，升格为科级事业单位。1997年7月，区教育委员会独立办公。1998年各乡镇撤销学区。2001年

11 月，区教育委员会更名为区教育局，配备局长 1 人、副局长 2 人，下设教学研究室（二级单位）、办公室、教育科、成人职业教育工作站、学前职业教育工作站、电化教学仪器管理勤工俭学工作站、招生考试办公室等科（室）；同年，乡镇教委改称乡镇教育办公室。2001 年区教育局设成人教育工作站，各镇（街道）成教办改称成教中心，设学前教育工作站，镇（街道）教育办公室配备幼教辅导员。

微机室　　(2005 年　摄)

2005 年，区教育局共有干部职工 40 人，其中，局长兼党委书记 1 人、专职党委副书记 1 人、副局长 2 人。

第二节　设施建设

民国时期，境内学校校舍由地方政府出资修缮，部分学校借用民房、庙堂等。1914 年有小学 59 所，其中，改用寺庙 10 处，借用民宅 15 处、家祠 10 处，校舍简陋，运动场地多以校内庭院代替。

20 世纪 50 年代至 70 年代，少数新建学校和重点学校教育设施相对齐全，多数小学仍沿用旧校舍，设施无大的改善。60 年代后，入校生班数成倍增加，借用民房和旧办公用房更多，桌凳不足，用砖石或土坯垒砌台子作课桌，学生自带板凳。1964 年后，村村增办简易小学班（工读班），教室、设备简陋。70 年代后，靠近厂矿的部分富裕村先后新建学校，增添课桌凳等设备。1978 年按照“谁办学谁建校”的原则，社队集资改造校舍，增添设备。1981 年开展农村中小学校舍、课桌、大门、院墙、厕所、操场“六配套”达标建设。1985 年颜庄办事处有小学 65 所，有中学 8 所。小学占地面积达到 113414 平方米，增加 65114 平方米；建筑面积达到 13555 平方米，增加 76550 平方米。中学占地面积达到 89537 平方米，增加 62355 平方米；建筑面积达到 11466 平方米，增加 6846 平方米。小学有 95%以上的学校用木质课桌凳代替土坯台。中心小学、学区小学、重点联中的图书室、仪器室、实验室等学习设备实现配套。1986 年达到校舍改造“六配套”标准的学校占到总数的 95%；同年 8 月，境内校舍改造工作通过省政府检查验收。

“两基”达标与规范化建设

1994 年 3 月，钢城区开展教育“两基”（基本普及九年制义务教育，基本扫除青壮年文盲）达标活动；年内，全区筹集资金 2653 万元，其中，用于校舍建设 2127 万元，建教学楼 15 座、平房 740 间，建筑面积 35324 平方米。学校内部配套投入 257 万元，购置各类教学仪器 8.10 万件、图书 31 万册，达到省级二类配套标准；9 月 8 日，在全省教师节表彰暨教育工作会议上，区政府被省政府表彰为全省尊师重教先进单位；10 月 22 日至 23 日，全区教育“两基”工作通过省政府评估验收团的评估验收，钢城区成为全国首批实现“两基”达标的县（市、区）之一。1995 年贯彻《中华人民共和国教育法》，启动以“教育思想现代化、办学条件标准化、教育管理科学化、学生素质优良化”为主要内容的创建规范化学校活动。

1996 年全区各级政府累计投资 1000 余万元用于学校标准化建设，建成面积 7600 平方米的区职业中专（钢城一中）教学实验大楼，在四中建成 3840 平方米的教职工宿舍楼和标准操场，在逸夫实验小学建成 1680 平方米的逸夫教学楼。投入 180 万元用于创建规范化学校，购置微机 238 台，语音系统 7 套

353座及大批教学仪器；同年，全区创建规范化学校21所，其中市级10所、区级11所。

1999年钢城区申报全省实验教学普及县。2001年6月，进行达标验收。期间，投资1675万元，建起教学实验楼12座、平房60间，建筑面积3.44万平方米，维修校舍3417平方米。投资624万元购置设施，包括实验桌、凳、仪器、图书书架和音、体、美器材。另购置31.50万册图书和劳技、卫生器材。莱芜四中建成语音室、微机室及多媒体教室。各中学和中心小学“四机一幕”（电视机、录音机、投影机、放像机、幕布）班配备率达到80%，一般小学“两机一幕”班配备率达到90%。2001年改造薄弱学校12所，4个镇（街道）投入217万元，增加校舍面积2850平方米，维修校舍面积3417平方米；青壮年非文盲率达到99.65%，脱盲人员巩固率达到96%以上，钢城区被省委、省政府表彰为全省“两基”工作先进区，4个镇（街道）全部创建为市级义务教育示范镇。

2005年区政府为全区中小学招标配备信息技术设备，资金由区、镇（街道）共同承担，总投资420万元，建起微机室42个、多媒体教室24个，安装网络中心功能服务器3台、微机939台，建成钢城教育局域网，构建高标准教育网络中心，实现区域内资源高速共享和交换；年底，全区学生用机达到1420台，其中，中学生每12人用1台微机，小学生每18人用1台微机。

第三节　经　费

民国之前，境内私塾、学堂费用官府不予拨款，由办学者自筹，主要来自于学堂公产、学田岁租、各种杂捐等。塾师的束修由学生家长承担，清末，以粮代款；民初，以粮代款或使用现大洋。塾师的伙食，多由学生家长轮流供饭解决。

民国时期，学校教育经费主要来源于地丁附捐，另有学田租金、契纸附捐、基金生息、酒税附捐等多项捐款。1929年后，小学经费主要来源于农户按地亩摊款。

抗日战争时期，抗日民主政府办的完小教育经费由区政府统拨，初小则由学生所在村庄负担。对贫苦学生免费供给教材。老师实行柴粮供给制，以粮代薪。颜庄日伪完小的办学经费以学田租金、地丁附捐和基金生息为主要来源。

解放战争时期，政府统拨教育经费，每年由专署从当地上交公粮中扣留。社会教育经费由每个村每年按秋粮200斤支付。教师则尽义务，不拿报酬。

1949年后，境内公办中小学的经费正式纳入国家财政预算，境内公办学校经费部分来自政府拨款，部分来源于学生所缴学杂费。集体办学校（农中、联中、民办小学、幼儿园等）则实行民办公助。1979年开始集资办学，由农村生产大队筹集资金担负学校教育经费（先由学校制定初步方案，交由办学单位负责人会议讨论，最后由办学单位负责人集体决定年度集资总额和各单位按比例分摊数额；大队办的学校由大队党支部研究决定）。1981年按照国务院规定，提取职工工资的1.50%作为教育经费。1985年1月，颜庄办事处、黄庄区开始统一集资，重点支付民办中小学教师的工资。1986年按照国务院规定境内各乡镇征收教育费附加，缓解教育经费不足的困难。

1993年1月建区后，随着区、乡（镇）财政收入的增长，财政投入逐年增加，1993年财政投入355万元，2005年增至4987万元。1995年教育费附加为3万元，2005年为447万元。

1993～2005年钢城区财政性教育投入情况统计表

表19－9－1　　单位：万元

年　份	1993	1994	1995	1996	1997	1998	1999	2000	2001	2002	2003	2004	2005
财政投入	355	556	630	882	959	1195	1362	1526	1887	2321	2855	2736	4987

第二十编

医疗卫生

YILIAOWEISHENG

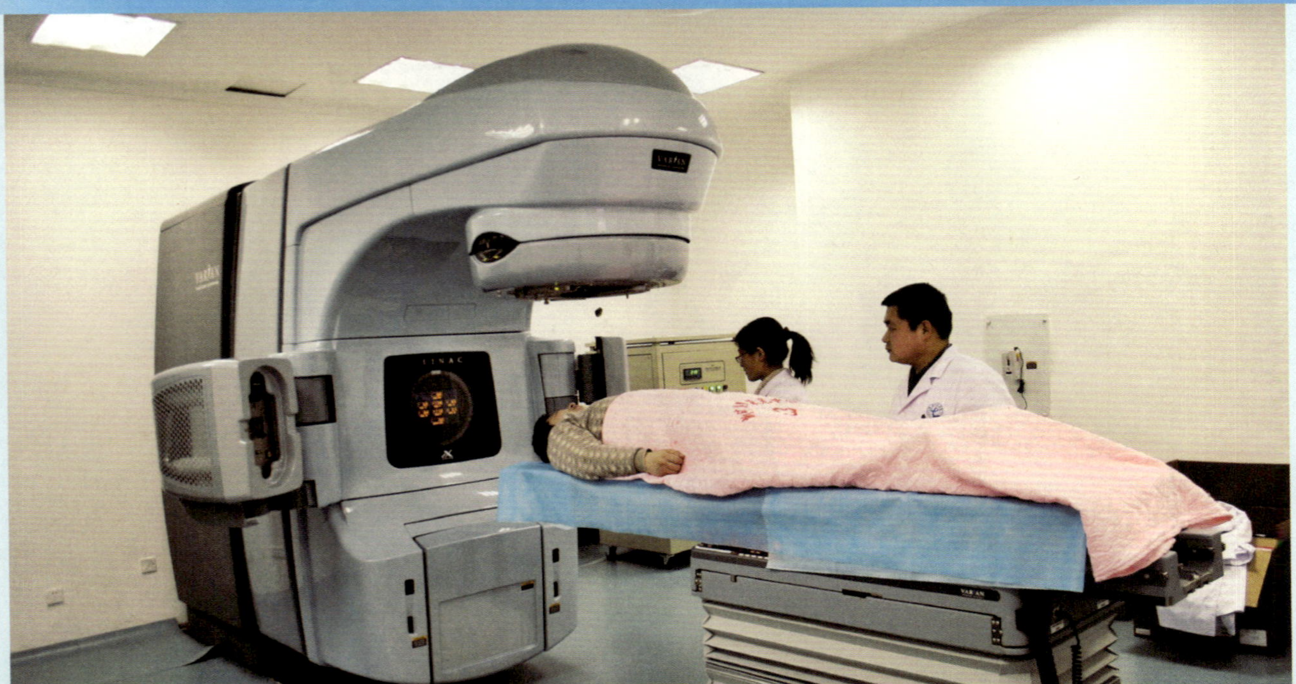

钢城区人民医院
以人为本 真诚服务
缔造健康 追求卓越
团结严谨 诚信奉献
科学求实 创新发展

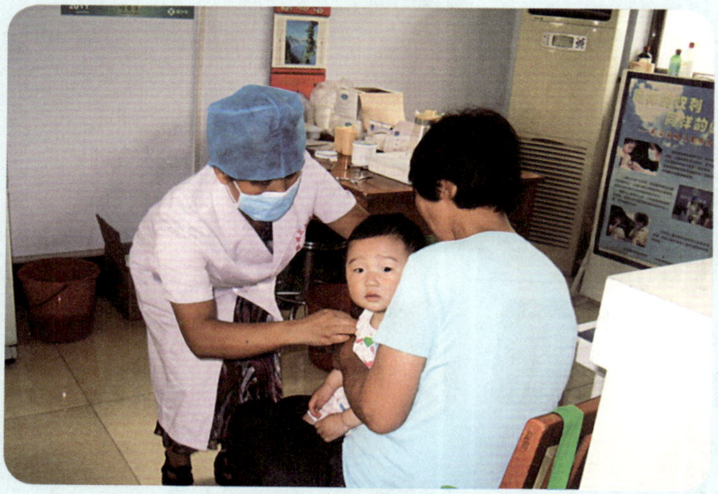

第一章　医疗机构与队伍

第一节　管理机构

民国时期，境内卫生行政工作由各所属县(莱芜、新泰和蒙阴)政府民政科管理。1946年3月，境内卫生管理工作由各所属县(莱芜、新泰、沂源)的卫生科负责。1950年3月，改设医政合一的卫生院，既是医疗机构，又负责区域内卫生行政管理工作。

1993年1月，钢城区设区科教文卫体办公室；6月改设为科教文卫体委员会。1995年12月，区卫生局成立，定编8人，配备局长1人、副局长2人，设办公室(同时挂人事政工科牌子)、财务科、医政科(同时挂中医科、区公费医疗办公室牌子)和药政科。2001年12月，区卫生局定编7人，配备局长1人、副局长2人，职能科室有办公室、医政科和红十字会办公室。1993年12月，食品卫生监督检验所成立，为股级单位，编制7人。2002年区妇幼保健所、药品检验所和健康教育所成立，隶属区卫生局；4月妇保所人员划归区计划生育局管理，由卫生局指导其业务。2004年食品卫生监督检验所更名为钢城区卫生局卫生监督所，为股级全额事业单位，编制7人；年底，区药检所划归省药品管理局垂直管理，成为独立单位。2005年12月，区卫生局配备局长1人、副局长2人，下设办公室、医政科、红十字会办公室、疾病预防控制中心和卫生监督所，干部职工45人。

1993年8月，卫生防疫站成立，编制20人，为局属副科级全额拨款事业单位，办公地点在南城子坡村建筑队院内。1994年底，防疫站迁至城子坡镇卫生院。1996年2月，迁至卫生局北山宿舍。1999年5月，迁至区卫生局综合办公楼。2004年11月，卫生防疫站更名为疾病预防控制中心，编制23人。2004年底，疾病预防控制体系、传染病救治体系建设完成。2005年2月，疾病控制中心各科(室)明确划分，设立办公室、职业病防治科、传染病防治科、免疫预防管理科、环境卫生管理科、营养与养生保健科和检验科。

钢城区卫生局办公楼　(2005年　摄)

第二节　诊　所

1911年澜头村刘延龄在莱城开办私营诊所，为境内较早私营诊所。1952年莱芜县第七区(颜庄区)卫生所成立，人员总数8人。其中，治疗人员1人、护理人员3人、助产人员1人、药剂人员1人和行管人员2人。1953年民间个体医生响应中共中央和政府的号召，组织起来走集体化行医道路，成立小联合诊所，共有7处，从业人员21人，其中，中医13人、西医8人。

1950年境内诊所一览表

表20－1－1

名　称	地　址	店主姓名	建所年份
增生堂	颜庄	尚怀圣	1949
天和堂	颜庄	李方成	1920
义和堂	颜庄	顾西茂	1937
仁寿堂	黄庄区公所	—	1945
同德堂	黄庄	李同德	1931
增寿堂	丈八丘	葛丰照	1935
同济堂	上历山	张文祥	1937
刘训秀	陶家岭	刘训秀	1937
刘延龄	澜头村	刘延龄	1911
闫少孔	南下冶村	闫少孔	1937
卢仲云	石头湾村	卢仲云	1937
郝道中	西港村	郝道中	1937
侯观文	陈家庄	侯观文	1937
高洪山	北城子坡	高洪山	1937
狄振义	张家庄	狄振义	1937
邹连亭	朱家庄	邹连亭	1937
闫润九	颜　庄	闫润九	1911
李化堂	张家庄	李化堂	1937
郑宪臣	郑王庄	郑宪臣	1937
石子营	冯家庄	石子营	1937

1953年境内小联合诊所统计表

表20－1－2

名　称	地址	建所年份	负责人	行医人员(人)		
				总数	中医	西医
颜庄联诊所	颜庄村	1953	尚怀胜	2	2	—
王庄联诊所	郑王庄	1953	尚焕章	4	3	1
澜头联诊所	澜头村	1953	吴维圣	2	1	1
逯家庄联诊所	逯家庄	1953	张继盛	2	1	1
王港联诊所	王家港	1953	姚玉荣	2	1	1
黄庄联诊所	黄庄二村	1953	高立远	2	1	1
寨子联诊所	寨子	1953	梁云亭	7	4	3

1956年小联合诊所发展成为以区为单位、统收统支、共负盈亏的大联合诊所。地方所有医药卫生人员（包括有一技之长的人员）全被吸收参加大联合诊所。境内组建颜庄和黄庄2处中心联诊所，组织开展境内各管辖区域的医疗工作。

1956年境内中心联诊所（大联合诊所）及分所人员统计表

表20-1-3

名称	地址	负责人	行医人员（人）			
			总数	中医	西医	其他
颜庄中心联诊所	颜庄村	尚焕章	7	3	3	1
颜庄分所	颜庄村	尚庆鹏	4	2	2	—
郑王庄分所	郑王庄村	吕春成	5	2	2	1
朱家庄分所	朱家庄村	尚庆修	3	2	1	—
里辛分所	里辛村	赵继德	4	2	1	1
城子坡分所	北城子坡村	—	4	2	1	1
澜头分所	澜头村	吴维盛	5	2	2	1
港里分所	西港村	邢念海	3	1	1	1
黄花分所	黄花店村	刘家福	6	3	1	2
棋山分所	高家庄村	李常笃	4	2	1	1
黄庄中心联诊所	黄庄一村	白正甫	13	6	4	3
王家庄联诊所	王家庄村	刘淑俊	3	1	1	1
肖马庄分所	肖马庄村	刘继孔	5	3	1	1
寨子分所	寨子村	梁云亭	6	3	2	1

第三节　医　院

历史沿革

1958年春，境内中心联诊所改为中心保健站，各联诊分所改为以驻地命名的保健站；同年秋，黄庄中心联诊所与供销社医药部合并成立黄庄公社卫生院。1959年春，颜庄中心保健站与卫生所合并，建立颜庄公社卫生院。卫生院的行政业务工作及人、财、物由公社卫生院统一管理。1962年农村卫生组织下放，公社卫生院人员精简，基层卫生所撤销，其人权、财权和管理权下放给生产大队，建立生产大队保健站或联合保健站。1964年上半年，卫生人员又收归公社卫生院统一管理。1965年黄庄公社卫生院改称沂源县人

钢城区人民医院

民医院黄庄分院。1984 年 4 月，颜庄公社卫生院改称莱芜市颜庄卫生院。1985 年 11 月，改称颜庄镇医院，1987 年改称颜庄中心医院，1993 年改称颜庄中心卫生院。1990 年 8 月，建立寨子乡卫生院。

自 20 世纪 60 年代初，随着省、地厂矿的建立，境内陆续建立起潘西煤矿、硫酸厂、新华机器厂、莱芜矿务局、莱钢“六二〇”等省、地厂矿医院 6 处。

1993 年黄庄分院改称黄庄中心卫生院。1994 年城子坡镇卫生院同时挂钢城区人民医院牌子，履行区医院的职能。2000 年 12 月，艾山街道成立，城子坡镇卫生院更名为艾山街道卫生院。1993 年至 2005 年，境内的乡镇医疗机构基本完善，颜庄中心卫生院、黄庄中心卫生院被评为一级甲等医院。三级预防保健网农村卫生室覆盖率达到 100%。2005 年区内有区医院 1 所、镇卫生院 4 所、厂矿企业医院 8 所、机关事业单位卫生所（室）7 个、私营个体卫生所（室）13 个及村级卫生所（室）145 个。

颜庄中心卫生院 （2005 年 摄）

钢城区人民医院（艾山街道卫生院）

1986 年 6 月，城子坡卫生所设立，有工作人员 7 人。1988 年 6 月，城子坡卫生所改设为城子坡镇卫生院，设床位 30 张，在编卫生技术人员 45 人。1994 年 8 月，以城子坡镇卫生院为基础成立钢城区人民医院，同时挂城子坡镇卫生院牌子。2000 年 12 月，艾山街道成立，城子坡镇卫生院更名艾山街道卫生院。医院占地面积 0.80 公顷，医疗用房 3800 平方米，行政办公室用房 600 平方米，职工生活用房 5600 平方米，基本建设总投入 500 万元。卫生院负责 16 个村级卫生室的业务指导工作。

乡镇卫生院

颜庄中心卫生院 1952 年莱芜县第七区公立卫生所建立。1956 年下半年，卫生所与区中心联合诊所合署办公，挂 2 个牌子。1959 年春，建立颜庄公社卫生院，院址在西沟村。1960 年 4 月，迁至颜庄村。1964 年建立病房、伙房及办公室 20 间。1966 年改称颜庄地区医院。1972 年 3 月，更名为莱芜县人民医院颜庄分院，属全民所有制单位。1974 年建 2 层门诊楼一幢。1985 年 11 月，下放颜庄镇政府管理，改称颜庄镇医院。1987 年 8 月，改称颜庄中心医院，职工 57 人，其中，卫生技术人员 49 人。医院占地面积 12447 平方米，建筑面积 3572 平方米，其中，医疗用房 2228 平方米，占建筑面积的 72.4%。编制床位 40 张，实用 26 张。1995 年被评为一级甲等医院。2005 年在编人员 62 人。卫生院负责颜庄镇 3 个卫生所、27 个卫生室的业务指导工作。

里辛镇卫生院 1986 年 8 月，建立里辛乡卫生所，有房屋 14 间、人员 13 人，其中，卫生技术人员 9 人，由颜庄医院转来固定资金 7728 元，周转资金 4930.23 元，另有少部分医疗办公器材，条件艰苦，设备简陋。1988 年 4 月，选址建起里辛乡卫生院。1989 年筹集资金 170 万元（其中包括全乡人均集资 50 元），建起门诊病房楼 1 层，共计 30 间、面积 1000 平方米。1995 年接盖 2 层楼 25 间 950 平方米。1996 年撤乡设镇，卫生院更名为里辛镇卫生院。2002 年医院房屋建筑面积达 2500 平方米，其中，业务用房 1540 平方米。2005 年确定为新型农村合作医疗定点单位，实行一体化管理。在编医疗技术人员 48 人，其中，大专以上学历 6 人，副高级职称以上职务 1 人、中级 12 人。设有

内科、外科、妇产科以及五官、中医和防疫等临床科(室),化验、B超、心电图和放射等医技科(室),配有B超机、半自动生化分析仪、血流变和牙科综合治疗仪等医疗设备,设病床20张,固定资产230万元,能开展普外、剖宫产和子宫肌瘤切除等手术。卫生院负责里辛镇的42个卫生室的业务指导工作。

黄庄中心卫生院 1953年西医大夫高立远在黄庄二村建立小联诊所,并任所长。有业务用房4间,医疗工作人员2人,固定资产不足千元。1956年黄庄中心联诊所建立,由二村迁至一村,人员增加到13人,医院开设中医、西医、妇幼保健等临床科室,设立中医、西医药房、财务科和后勤科等。1958年8月,联诊所与供销社医药部合并成立黄庄公社卫生院,院址仍在原处。1959年卫生院迁至洪沟煤矿的20间房子,另在黄庄原址设门诊1处。1962年迁回黄庄,租民房9间。1965年医院迁至黄庄二村,改称沂源县人民医院黄庄分院,建筑面积500平方米,设中、西医和妇产等科(室),共有职工24人。1993年称莱芜市钢城区黄庄中心卫生院。2005年医院占地0.67公顷、建筑面积2900平方米、业务用房1500平方米,设病床20张,设有内科、外科、妇产科、小儿科和中医科等临床科(室)。医技科设有化验室、B超室、心电图室和放射科等科(室),配有B超机、线机、心电图机,双目显微镜、尿液分析仪、半自动生化分析仪、电动吸引器和洗胃机等医疗设备,固定资产300余万元,能开展普外、泌外和产科等中小难度手术。医院负责黄庄镇40个卫生室的业务指导工作。

寨子卫生院 1953年由西医大夫梁云亭在寨子村建立小联诊所,办公地点设在供销合作社。1956年成立寨子联合诊所,负责人梁云亭,另有崔志远等乡村医生6人,办公地点在寨子村北油坊,后搬至寨子供销社南和家油坊。招纳部分知识青年和转业军人在肖马庄建立联诊分所,工作人员有刘继孔等5人。1964年由新泰县拨款在寨子村供销社西南兴建办公室、病房和药房10余间,以及少数医疗设施、药品等,在联合诊所基础上,成立新泰县翟镇公社医院寨子分院,除负责人相对固定外,其他人员与翟镇医院实行流动,科(室)主要有医疗和护理。1985年新泰县翟镇公社医院寨子分院更名为新泰市寨子乡医院,地址迁到寨子管理区院内。1990年8月,寨子乡划归莱芜市后,医疗机构人、财、物全部撤回新泰,莱芜市卫生局抽调人员重新组建寨子乡卫生院;9月工作人员到位,流动资金1万元,建房屋30余间,建立完善内部科(室)。1993年1月,寨子乡卫生院更名为钢城区寨子卫生院,有床位20张、在编卫生技术人员18人、流动资金5万元。医院设有内科、外科、妇产科、小儿科和中医科等临床科(室),医技科设有化验室、心电图室、B超室和放射科等科(室)。卫生院负责33处卫生室的业务指导工作。

驻地厂矿医院

1962年潘西煤矿医院成立。1966年莱芜硫酸厂医院成立。1968年新华机器厂医院成立,1997年随厂迁至泰安市。1970年山东省“七〇一”工程指挥部医院成立。1971年新汶矿务局莱芜中心医院成立。1974年莱钢第一铁厂医院成立。1978年莱钢第一钢厂医院成立。1982年西港煤矿医院成立。

莱芜钢铁集团有限公司医院

参见第八编《莱芜钢铁集团有限公司》

新矿集团莱芜中心医院 1958年建立潘东诊所,有医护人员10余人。1971年3月,在颜庄镇验货台村东选址建设。1972年9月15日,正式开诊,医院名称为“莱芜矿务局中心医院”。1980年7月,莱芜矿务局并于新汶矿务局,医院改称新汶矿务局莱芜医院。1998年4月,新汶矿务局改制为新汶矿业集团,医院改称为新汶矿业集团莱芜医院。期间,新汶矿务局潘西煤矿医院、西港煤矿医院、鄂庄煤矿医院、南冶煤矿医院和矿山门诊5家单位归属其统一管理。2002年10月,医院更名为新汶矿业集团莱芜中心医院,是国家综合性二级甲等医院、国家级爱婴医院,是泰山医

新矿集团莱芜中心医院 （2005 年 摄）

学院等 6 所医学院校的教学医院，交通事故定点医院，山东省“物价收费信得过单位”。2005 年医院开放床位 480 张。下设 19 个临床科（室）、10 个医技科（室）、8 个治疗中心（创伤急救、骨科、糖尿病、碎石、白内障、肿瘤、精神卫生、产科生育）和 1 个糖尿病医院。先后引进美国 CE 螺旋 CT 机、磁共振、DR、西门子大型 C 臂 X 光机、彩超、数字胃肠机、超高倍放大成像系统、腹腔镜、人工肾、体外冲击波碎石机、母婴网络监护系统、全自动生化分析仪等先进设备。配有全套放疗设备（直线加速器、模拟定位机、后装机、X 头刀、X 体刀和肿瘤放疗自动计划系统）和肿瘤超声热疗仪；同年，与北京 301、309 医院，首都医科大学宣武医院，上海长征医院，山东大学齐鲁医院，山东省立医院等单位建立长期合作关系。骨科、创伤急救、肿瘤放疗热疗、精神病治疗和糖尿病治疗等在省内有一定知名度。

第四节　医疗队伍

清末民初，境内仅有少量中医人员。1925 年始有少量西医人员，均为自由行医者。1927 年许子翼等召集地方绅董及热心公益事业的 180 余人，组织成立莱芜颜庄卍字分会，在颜庄街一吕姓住宅，聘请一些西医、中医坐诊，为境内较早的医疗团体。中华人民共和国成立后，随着卫生事业的发展，医疗队伍不断扩大。1968 年境内各大队普遍建立卫生室并配备卫生员，卫生员被称为“赤脚医生”。1981 年 2 月，“赤脚医生” 经考核合格者发给 “乡村医生”证书。1985 年 2 月，停止使用“赤脚医生”名称。1992 年境内有医务人员 158 人。2005 年区医院和 5 处镇（街道）医院的医务人员总人数为 247 人，其中，具有高级职称的 3 人、中级职称的 63 人。

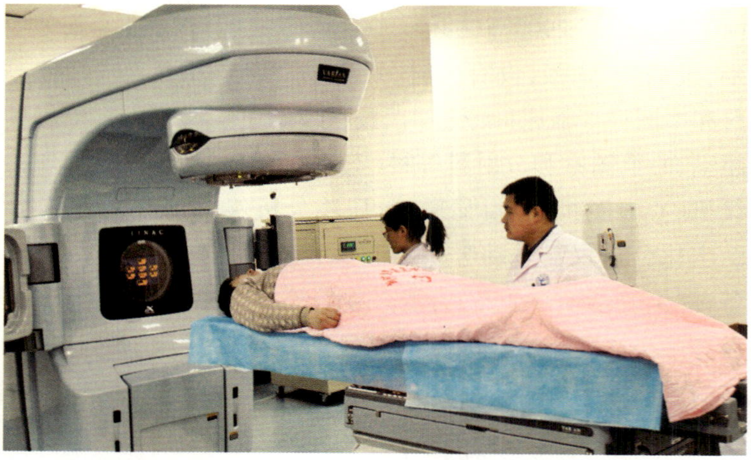

新矿集团莱芜中心医院配置的肿瘤放疗 15 兆伏直线加速器 （2005 年 摄）

1991～2005 年境内部分年份医务人员统计表

表 20－1－4　　单位：人

年份	职工总数	医疗人员	护理人员	药剂人员	防疫人员	后勤管理	医师		
							高级	中级	初级
1991	110	46	23	20	5	16	—	13	47
1993	158	56	28	27	9	38	—	13	71
1996	215	76	37	29	9	64	—	27	115
1998	262	94	44	49	10	65	—	37	148
2000	293	110	49	53	10	71	3	41	186
2002	297	111	48	54	13	71	3	58	187
2004	253	127	48	32	23	23	3	68	182
2005	247	124	47	32	22	22	3	63	182

第二章　医疗技术与设备

第一节　知名中医及验方

刘延龄及验方

刘延龄（1869～1927），字鹤年，澜头村人。自幼聪慧好学，喜读医书，16 岁粗通医理，通读《伤寒》《金匮》等名医专著，20 岁在乡里应诊，求医人络绎不绝，名扬新泰、莱芜、蒙阴等地，后被莱城“广生堂”药铺聘为坐堂先生。县令陈恩启的母亲病重，经多方诊治不见好转，刘延龄为其开了 3 剂中药就治愈，自此名声大振。县令亲自宴请他，并赠送亲笔绘“松鹤图”1 幅，在图上题写了一幅对联，上联为“一樽相共如今雨”，下联为“万事无求德古风”，对其深表谢意和赞扬。

刘法孔及验方

刘法孔（1855～1925），字效周，陶家岭村人。自幼勤奋好学，博览名家医书，擅长妇科，善用本地药物医病，处便方较多，疗效显著。一名妇女怀孕 8 个月，突然患病，多方求医用药无效，请诊治，他让孕妇回家在地上撒 1 把黄豆，然后猫腰逐粒捡起，捡完后再模仿青蛙爬行，让其丈夫拽其一条腿，随后跟行，爬行以 3 丈为度，每日 2 次，连作 3 日，1 日见效，2 日病大减，3 日病愈。其行医近 50 年，怜贫惜苦，有求必应，医德高尚，四方求医者甚多，在当地享有盛誉。

谭守身及验方

谭守身（1885～1971），颜庄村人。其父曾行医 30 年，家藏医书较多，受其父影响，自幼热爱医学，熟读《伤寒》《金匮》等医学著作，擅长妇科。有一富豪，经营药铺，有坐堂先生，其母病重，坐堂先生久治不愈，请谭守身诊治，开方“用大柴胡汤加量一剂”。病人及其家属畏药量大，改减半服用；第二天，谭守身见病未除，询问用药情况，病人家属以实相告，谭让其仍用原方又服一剂，药到病除。1956 年参加颜庄大联合诊所，后转入颜庄卫生院工作。1971 年病逝，终年 86 岁。

第二节　医疗技术

钢城区人民医院和各镇(街道)医院能诊治常见病、多发病,并在皮肤病防治、中医治疗疑难杂症、外科手术和急诊急救等方面有独到之处。

皮肤病防治

1998 年 3 月,钢城区人民医院设立皮肤科,用多功能电离子手术治疗机、双简生物显微镜施行真菌镜检、疥虫镜检、皮肤活检等一系列诊疗技术。并对一些少见疑难病乳白塞氏病、系统性红斑狼疮诊治效果良好。对一些性传播病——淋病、尖锐湿疣等能作出及时诊断与治疗。2002 年尝试将中医中药用于皮肤病的诊疗中,效果良好。

中医科治疗疑难杂症

钢城区人民医院运用中医中药正确处理常见病和疑难病症、妇科病、不孕症、泌尿结石症等。其中,刘家祓、赵勇等中医知名度较高,对一些妇科病、儿科病等有独特治疗方法,不少患者慕名前来就医。黄庄中心卫生院中医科使用中药治疗中风病、肝胆疾病、泌尿系统结石病、风湿、类风湿性关节炎、妇科带下病、不孕症等,颜庄中心卫生院中医科使用中药泡酒治疗坐骨神经疼痛都有独特疗效。

外科手术

黄庄中心卫生院外科长于呼吸系统、循环系统、消化系统、泌尿系统等常见、多发外科疾病的诊断和治疗技术,对由各种原因所致的小面积和较大面积的外伤出血、破损进行清创缝合技术较高,对危重病人,能及时抢救处理;在专家指导下,能做阑尾切除、疝气修补、前列腺摘除、鞘膜积液排除、鞘膜反转、胃大部切除、甲状腺次(全)切除、消化道穿孔修补、大隐静脉剥脱、肠梗阻部分切除等各种外科手术。

急诊急救

里辛镇卫生院对各科急诊急救如中毒、服毒、出血、休克、心脏骤停、外伤等抢救成功率高,疗效良好。

第三节　医疗设备

1993 年 1 月建区后,随着卫生医疗事业的发展,钢城区人民医院和各镇(街道)卫生院医疗设备逐步增加,功能日趋完善,医疗技术水平不断提高。

钢城区人民医院医疗设备

钢城区人民医院建立后,通过区政府投资及医院创收等途径购置医疗设备,至 2005 年,各类医疗设备齐全,基本满足全区医疗工作需要。

镇医院医疗设备

颜庄中心卫生院　医疗器械、辅助设备主要有生化分析仪、分析天平、光电纤维镜、恒温水浴箱、离心器、恒温培养箱、B 超机、心电图机、TDP 神灯、医用 X 光机、新生儿恒温箱、蓝光治疗仪、妇康治疗仪、牙科治疗机和洗牙机等。

黄庄中心卫生院　医疗器械、辅助设备主要有 B 超机、心电图机、X 光机、尿液分析仪、生化分析仪、II 血糖仪、双目显微镜、电动吸引器、透视机、多功能手术床、离心沉淀机、自动血液细胞分

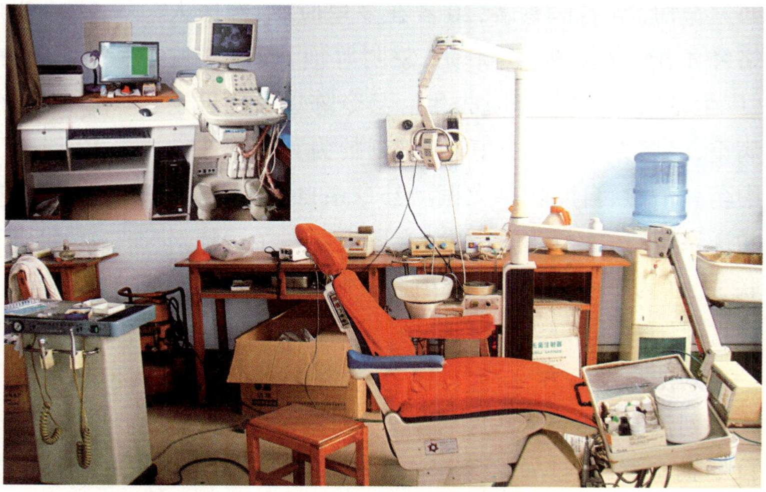

钢城区人民医院配置的连体式牙科治疗机　(2005 年　摄)

析仪(XF9030C)、高频电刀(POER-420M)、救护车、多参数监护仪 87-3000 型等。

里辛镇卫生院 医疗器械、辅助设备有心电图机、B 超机、X 光机、涡轮钻、生化分析仪、台钻、双目显微镜、超声洁牙机、万能手术床、子母手术灯、救护车、轿车、牙科综合治疗椅和冰箱等。

寨子卫生院 医疗器械、辅助设备主要有 X 光机、B 超机、双目显微镜、单边心电图机和多功能手术床等。

2005 年钢城区人民医院医疗设备情况表

表 20－2－1

品　名	规　格	产　地	单　位	数　量
心脏检测工作站	SXG－7000	泰安医学仪器研究所	套	1
连体式牙科治疗机	AM8000	上海齿科医械厂	台	1
脑电地形图仪	DYD500(AB)	中国北京市北科医疗器械新技术公司	台	1
宽荧幕尿液分析仪	CLZNZTGK100	美 国	台	1
生化分析仪	KEDY－Ⅲ	荷兰施莱德公司	台	1
血球分析仪	F－820	日本东亚医电子株式会社	台	1
双目显微镜	XSP2C(4C)(2＜Ⅱ.2V)	上海待卡显微镜有限公司	台	1
单道心电图	XD－7100	上海医用电子仪器厂	台	1
B 型超声诊断仪	XTN2031	江苏雷声电子设备厂	台	1
手术无影灯	冷光十二孔母子吊式	山东医疗器械厂	台	1
综合手术床	3008A	江苏南通医疗器械厂	台	1
X 光机	F2.X03－200/100	沈阳医疗器械厂	台	1
胎儿监护仪	CTJ－P－22	上海工业大学电子仪器厂	台	1
光固化治疗仪	HY－Ⅱ型	杭州新亚仪表器材厂	台	1
洁牙机	KD800	佛山市敦厚齿科厂	台	1
微型低噪音空气压缩机	—	上海医城实业有限公司	台	1
三星彩色显示器	SYNCMASTER500B.P2L97	天津三星电子显示器有限公司	台	1
打印机	STAR//AR3200＋	香港得实发展有限公司	台	1
救护车	YJ5021	中国人民解放军第三四〇一工厂制造	辆	1
空调	—	青 岛	台	—
B 型超声诊断仪	SJN2031	—	台	—
血流变测试分析仪	HT－sh100	—	台	—
血磁疗仪	XCL－800	—	台	—
彩色颈颅多普勒	F708C	—	台	—
救护车	金杯面包	—	辆	—

第三章 医疗制度

第一节 自费医疗 合作医疗

自费、减免医疗

中华人民共和国成立前至20世纪50年代，境内居民医疗全靠自费，治疗费用由行医者根据药品价格、患者病情及家庭经济状况等自行确定。1958年在部分农业生产合作社实行保健(合作)医疗，社员医疗费用大部分由集体负担，超出部分由个人负担。1977年实行社、队两级管理的合作医疗，参加者交纳定量经费，医疗时，分全部免费、50%减免和免收诊疗费3种办法。1978年农村卫生室实行承包责任制，医疗费全部由个人负担。

新型农村合作医疗(新农合)

2001年1月，区政府印发《关于农村合作医疗卫生服务实施意见》，农村合作医疗制度在全区初步推行。2004年3月，钢城区被列为全省新型农村合作医疗试点单位，区委、区政府将新型农村合作医疗列入全区为民办十件实事之一；7月1日，通过调查研究，反复研讨实施方案，正式确定医药费报销程序。2005年1月，修改完善，付诸实施。农村新型合作医疗的资金筹集分个人缴费和政府补助两部分，个人缴费，以家庭为单位每人每年缴纳10元；政府补助额度为省、市、区三级每年补助每位参保农民20元，补助标准逐年提高。经费列支分个人账户和统筹基金两部分，个人所缴费10元，其中的8元划入个人家庭账户，用于个人在定点卫生院、村卫生室的门诊费用报销，其余2元连同政府补助部分一并作为统筹基金。住院报销，按乡镇、区、市及以上医院等级和住院费用分段按比例报销，报销比例大致在60%～35%之间，每人每年最多可报销2万元；并建立大病统筹补助制度，对规定范围内的大病患者，每年最多补助15万元；对老年人、妇女和儿童，由镇(街道)卫生院对其进行规定项目内的健康查体，建立健康档案，费用从大病统筹经费中支出。

新型农村合作医疗报销费用 (2005年 摄)

第二节 公费医疗 医疗保险

1952年8月，国家机关工作人员开始实行公费医疗，境内公职人员的医疗费用每人每月2

元，凭证件免费到公费医疗机构或政府委托的联合诊所就诊。1953年黄庄区公费医疗列入国家财政预算。1959年5月，颜庄公社公职人员医疗费用每人每月1.10元。1978年1月后，实行医疗费用分口包干系统管理。1984年5月，实行公费医疗证就医制度。1985年10月，实行医疗经费单位包干制。

1993年1月建区后，公费医疗本着保证基本医疗需要和财力可能的原则，实行医疗费用和个人利益挂钩、到定点医疗单位就医和大病转诊制度。经费由财政局通过公费医疗办公室拨入定点医院。外出就诊人员，单据由公费医疗办审核，报财政局批准后报销。报销比例严格按照财政有关规定执行。2001年1月，实行医疗保险制度，具体业务由区人事劳动局保险事业处办理；1月1日，区机关干部换发基本医疗保险证；7月，离休人员公费医疗不纳入城镇职工基本医疗保险范围，其医疗待遇不变。2003年1月，乡镇干部职工发放基本医疗保险证。保险费用由用人单位和职工双方共同负担，用人单位以本单位在职职工上半年度工资总额为基数，按6%的比例缴纳，职工本人以上年度工资收入为基数，按2%的比例缴纳，退休人员个人不缴纳。职工个人所缴2%全部划入个人账户，用人单位所缴纳医疗保险费根据不同年龄段按1%和1.50%划入个人账户，退休人员按本人上年度的退休费总额的5%划入个人账户，支付门诊医疗费用和规定由个人负担的其它费用。用人单位所缴医疗保险费剩余部分作为统筹基金，用于住院基本医疗费用和部分慢性疾病门诊医疗费用，按有关规定执行。2004年钢城区职工医疗保险参保人数4835人，全年共收缴基金341万元，累计支出84万元，享受待遇者为164人次。2005年钢城区职工医疗保险人数5353人，全年共收缴基金361万元，累计支出92万元，享受待遇者为182人次。

第四章　医政药政管理

第一节　医政管理

区卫生局医政科主管全区医疗机构、医技人员依法执业登记注册，农村卫生室业务监督指导以及医疗事故鉴定等医政管理活动。

1993年3月20日，区政府印发《莱芜市钢城区2000年人人享有卫生保健目标规划》；10月，区政府制定《钢城区乡镇卫生院、村卫生室一体化管理暂行办法》，确定在全区推行乡镇卫生院、村卫生室一体化管理，以加强农村卫生三级医疗、预防、保健网络建设，充分发挥乡镇卫生院的网络枢纽作用，稳定和加强农村卫生室建设，规范医疗秩序。之后，乡镇卫生院、村卫生室一体化管理制度在各乡镇逐渐推行。1994年1月24日，通过了省卫生厅组织的对全区初级卫生保健工作达标验收，提前7年实现“2000年人人享有初级卫生保健”目标。1996年6月，区委、区政府制定钢城区《关于加强农村卫生工作的意见》，提出“九五”期间全区农村卫生工作的指导思想和目标任务；8月，全区开展整顿医疗秩序、加强药品管理工作，重点解决乱行医及药品质量问题，净化医药市场。1997年11月，全区推行农村合作医疗制度，不久即中断。

2001年1月，全区开始推行农村社区卫生服务工作;7月10日,在黄庄镇召开现场会。2004年3月，钢城区定为全省新型农村合作医疗试点单位,通过一段时间的发动准备,新型农村合作医疗自7月1日在全区启动运行。2005年1月,完善制度付诸实施。

第二节　药政管理

1993年1月建区后，区卫生局药检所按照《中华人民共和国药品管理法》和相关的法律法规开展药检工作,重点抓好药品经营单位、各医疗机构的药品监督管理及抽验、快检工作。强化监管力度，对特殊药品的管理实行专人负责制。结合国务院关于实施“食品药品放心工程”的要求，开展农村药品监督网络和供应网络建设工作。按照“市场主导、多方参与、政府引导、政府扶持、法律规范”的原则,在4个镇(街道)设立药品质量协管站，聘任乡镇药品质量监管协管员、农村药品质量监管信息员,形成市、区、镇和村药品监管网络体系。2005年区卫生局药检所独立办公,为省垂直单位。

至2005年，累计查办假劣药品案117件、非法销售药品案21件，计120个品种，价值32万元,查处游医药贩74人,没收贩卖非法药品收入16.20万元,净化了医药市场。

第三节　区红十字会

1997年起，区红十字会组织无偿献血。2000年起,组织成分献血,平均年献血260人次,献血量达5.30万毫升。1998年9月30日,全区无偿献血工作总结表彰会议召开，后每年召开全区无偿献血总结表彰会议。2001年8月4日,钢城区突遇暴雨袭击,颜庄东泉村南铁路大桥被冲断,里辛镇黄金篮村、东峪村的山体滑坡,部分房屋倒塌,区红十字会争取省红十字会下拨棉被120床、面粉120袋等救灾物资。2005年1月,区红十字会在全区组织捐款3万余元支援印度洋灾区;1月21日，在全区组织较大规模的无偿献血活动。

药品检查

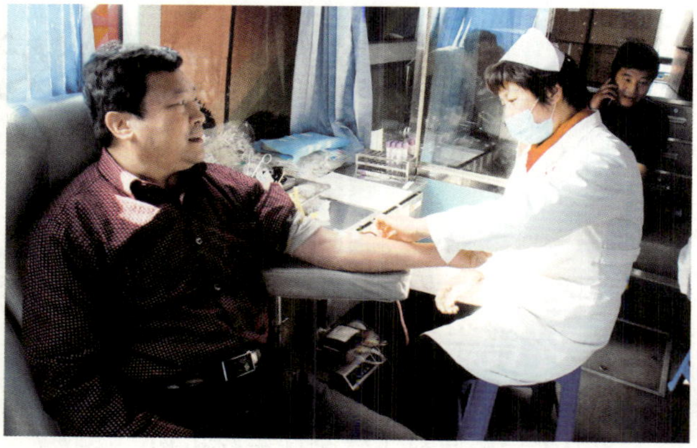

区红十字会组织无偿献血

第五章 疾病预防 妇幼保健

第一节 预防接种与计划免疫

预防接种

1993年建区之初，因接种器材及冷藏设备不足，儿童的疫苗接种率相对较低。1994年起，逐步推广使用一次性注射器。1995年全区预防接种均使用一次性注射器进行接种，杜绝疫苗注射引起的医源性感染；12月，以巡回方式在5处乡镇卫生院对乡镇、村计划免疫工作人员开办5期专业人员培训班，培训人员360余人。实行定期督导、检查、考核，提高计划免疫工作质量。1998年12月，区卫生局印发《关于在全区实行集中式门诊接种工作的通知》《钢城区预防接种工作制度和技术操作规程》，在全区推广以乡镇（街道）为单位对适龄儿童采取集中式门诊接种，改变过去分散式接种方式，提高了接种质量。

2001年底，艾山街道率先创建省级示范预防接种门诊并通过验收。2002年11月，里辛卫生院预防接种门诊被命名为省级示范预防接种门诊，

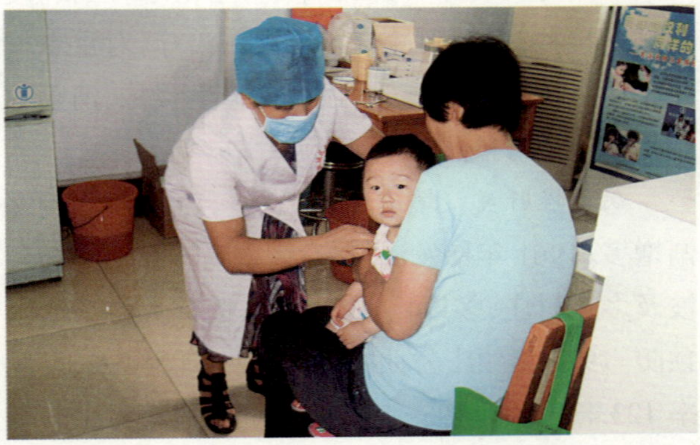

医务人员为儿童预防接种 （2005年 摄）

颜庄中心卫生院和黄庄中心卫生院达到市级规范化门诊标准，寨子卫生院达到合格预防接种门诊标准。1998年至2005年，每年常规免疫接种率保持在95%以上，基础免疫实际接种17350人次，接种率为95.02%，加强免疫接种11774人次。

计划免疫

自1993年始，开展4岁以下儿童脊髓灰质炎强化免疫工作，强化免疫率均达95%以上，消灭脊髓灰质炎的各项技术指标均达到85%以上。2000年10月，世界卫生组织宣布中国进入无脊髓灰质炎状态，全区也同时进入无脊髓灰质炎状态，提前实现消灭脊髓灰质炎目标。

1999年1月，区卫生防疫站创造条件，实现与省卫生防疫站的疫情报告联网，使用拨号连接，传输疫情报告信息，分为旬报和月报。2001年12月，省级更新系统为NDRS-GN2001，自动安装NDRS-GN2001软件，输入疫情资料，通过电话线拨号连接传输数据。2004年7月，卫生部创建“传染病信息报告系统”网站，通过宽带，直接登录网站，对有关疫情资料输入后，实现信息的传输和反馈，由旬报、月报改为按法定传染病报告时限及时报告。2005年4月，卫生部为加强保密程度，创建传染病疫情信息专用隧道（VPN），区内通过隧道实现疫情的传输，增加了保密程度和安全性。

第二节 地方病与传染病防治

地方病防治

境内是地方性甲状腺肿等多种地方病区，发病历史无考证。1992年黄庄镇和寨子乡定为地甲

病区。1994年省地病办确定莱芜市为地甲病区。

自1993年，全区落实《莱芜市消除碘缺乏病规划纲要》，采取以食盐加碘为主，特需人群补服碘油丸为辅的综合服务措施。1997年8月27日，区政府召开全区消除碘缺乏病会议。2000年6月14日，省卫生防疫站到钢城区检查消除碘缺乏病工作情况，认定全区提前两年实现消除碘缺乏病目标。

传染病防治

1994年开展传染病执法大检查，解决乡镇卫生院疫情报告率低和村卫生室疫情无人报的问题，疫情报告工作逐步走向正规。1999年与市疫情网络联网，疫情报告做到准确、快捷。2005年3月，区疾病控制中心内部成立传染病科。

霍乱、副霍乱　1919年境内发生霍乱传染病；7月至8月，死亡人数较多。1946年夏秋，再次流行。1950年始，开展霍乱疫苗注射。1962年开展疫源检索。1982年莱钢焦化厂一名教师外出探亲受染副霍乱，带病返回，病情得到及时控制，其后未发现传染病菌携带者。1984年7月，在省、地肝炎和副霍乱防治工作检查中，颜庄医院获得全市办事处级医院第一名。1988年黄庄医院在副霍乱疫源检测中发现患者50人。

1998年7月6日，中保财产保险公司莱芜分公司组织人员去聊城参观学习，返回后出现多例腹泻病人，市卫生防疫站得知后立即采集病人粪便进行检验；7月9日，共查出霍乱病人及疑似病例10例、带菌者1例，其中，钢城区4例，均为财产保险公司钢城公司职工，经细菌学检验，流行菌型为小川型。区卫生防疫站立即采取住院隔离措施，疫点消毒灭菌、对密切接触者进行医学观察、采便检验和预防服药，并加强霍乱防治科学知识的宣传，有效控制疫源的传播。其中，消毒灭蝇处理宿舍区2处，面积为2500平方米；办公区1处，面积为1.20万平方米，消毒各种物品300余件，对密切接触者采集粪便21份、预防服药25人次。最后一例病人于7月18日康复，宣布疫点解除。

天花　1953年以前，境内不断发生和流行。死于本病者甚多，“麻面者”随处可见。1923年始种痘预防。1950年起，每年春秋两季为群众免费种痘。自1953年，未再发现天花病人。自1982年后，遵照国家规定停止为居民种痘。

白喉　1960年8月，颜庄、黄庄公社有大批发病者。政府成立防治机构，省、地、县抽调大批医务人员进行防治。1972年后，无疫情报告。

流行性脑脊髓膜炎　1959年境内有疫情报告，局部暴发流行。1963年发病率较高，发病年龄在3个月至58岁，5岁至14岁发病率占64.58%。1975年推行流脑菌苗接种。1984年、1985年和1986年流脑发病人数分别为53人、31人和25人，经血清菌鉴定，发病人群均未接受过预防注射。1996年后，无疫情报告。

百日咳　1950年起，境内始有疫情报告。1960年应用“百白破”二联疫苗接种。1972年应用“百白破”三联疫苗接种。1978年起，将“百白破”三联疫苗作为儿童的基础免疫药物，发病率逐年降低。

麻疹　1950年2月，颜庄区麻疹流行，东田庄、西田庄和北田庄3个村死亡8人，危重者40余人，民众产生恐慌情绪。1959年和1965年，均暴发流行。1966年起，用麻疹疫苗预防。1978年麻疹疫苗注射作为儿童基础免疫措施。自1987年，病例渐少。

猩红热　1952年起，有病例报告。1973年颜庄等公社发病多例。自2001年，无疫情报告。

流行性感冒　境内每隔几年就有一次流感高峰。1957年境内发病率高。自2000年，对流行性感冒进行疫苗接种。

伤寒与副伤寒　1956年起，用伤寒“三联”疫苗预防接种，发现阳性者给予服药治疗，对重点村庄采取对饮用水消毒、加强饮食卫生宣传、消灭蚊蝇等措施进行预防。

病毒性肝炎　境内流行已久。1958年病例逐渐增多。1961年暴发流行，发病率为159.08/10万，波及多个村庄，多以杨枝大枣汤、茵陈大枣汤饮服预防。1977年颜庄公社内流行，发病1241人、发病率123.43/10万。1989年颜庄镇北官庄等村甲肝暴发，有扩散趋势，后经积极防治，疫情得到控制。

1992年和1993年，都有疫情暴发。2001年推广注射甲肝疫苗，有效遏制疫情的扩散。

脊髓灰质炎　1957年有疫情报告。1966年颜庄公社发病较多。自1978年，疫情逐渐减少。自1982年，无疫情病例报告。

痢疾　自20世纪50年代初，境内按照政府要求把此病列为法定传染病进行防治，主要采取“把住病从口入”的措施，注重饮食卫生、饮水卫生、消灭蚊蝇及加强粪便垃圾处理等。自1980年，爱国卫生运动广泛开展，饮水卫生、环境卫生不断改善，居民卫生知识水平和医疗保健条件有所提高，发病率不断下降。

急性腹泻　1983年2月上旬至4月上旬，颜庄公社以及莱钢二铁等单位1567人发病，无死亡，经电子显微镜检查确诊病人体内存有52毫微米的病毒颗粒。1986年莱钢职工中有相似腹泻病发生。1987年2月4日至17日，疾病再次流行，莱钢总厂的一铁、二钢等14个厂矿发病1306例，城子坡镇8个村发病150例，里辛乡发病1例。经山东省卫生防疫站镜检，病原体为轮状病毒。此后没有大的疫情发生。

流行性乙型脑炎　境内流行已久。1956年有疫情报告。1958年起，用乙脑疫苗预防。1985年起，列入计划免疫程序。通过疫苗预防，发病率逐年下降。2001年后，无疫情报告。

炭疽　民间称“疔毒”。1953年在玥庄村发病，迅速蔓延整个村庄，有86人染病、31人死亡。省、县和区各级政府派人抢救，及时对疫区进行处理。

钩端螺旋体病　1977年三岔河、玥庄、冯家庄村发病流行，发病率分别为居民的1.68%、0.42%、0.41%。经流行病学调查，均为雨水型钩体病。临床分型为流感伤寒型，血清分型为犬热群型。传染源主要是猪、牛、狗等家禽。传染途径，主要是雨后接触家禽粪便污染的水体。病发后，随即用钩体疫苗接种，后未发现此种病。

狂犬病　境内流行悠久，因无特效疗法，病死率几乎是100%。1956年境内发生14起，死亡率达100%。1958年开展“打狗运动”，家犬几乎被打光。1981年实施狂犬疫苗接种预防。后无疫情报告。

流行性出血热　20世纪80年代中期至90年代，境内有病例发生，未形成流行趋势。

斑疹伤寒　自1990年，每年有少量病例发生。

黑热病　境内流行时间不详，但危害严重，民间有“大肚子痞缠身，阎王拴住脚后跟”“得了大肚子痞，十人就有九人死”等说法。因缺医少药，药价昂贵，又无特效疗法，多数病人因治不起病而听天由命。1951年境内建立区、乡黑热病防治站。自1952年，黑热病治疗一律免收药费。后无疫情报告。

钩虫病　境内常见的寄生虫病。1962年11月，颜庄公社澜头大队社员吴连彬，从集市上买回游医的驱虫药片，内服后身亡。1980年在南城子坡村调查204人（涂片镜检），感染率为2.96%。后随着卫生条件的改善，发病率逐年降低。

抗击“非典”　2003年春，全区开展抗击“非典”（SARS）工作；4月26日，区政府召开全区防治“非典”工作会议，成立防治“非典”领导小组和指挥部，由区长李灿玉任领导小组组长，下设防治检疫、后勤保障、农村、宣传、治安交通、教育和市场管理7个工作组和办公室，各镇（街道）、开发分区、村及企业等单位均成立相应工作班子。全区设立由54人组成的交通检查站3个、疫情检测点438个，在区、镇两级成立43人组成的流行病学调查队伍，村以卫生室为主成立164人组成的流动调查协助队伍，同时成立由4人组成的督查组。将莱钢医院、新汶矿业集团莱芜医院作为定点医院，

卫生人员下乡义诊

投资208万元改扩建房屋和购置设备，培训医护人员600余人次，并由两定点医院成立2个医疗救护队，由18名队员组成；建立1个预备队、队员20人。设置发热门诊7个。实行24小时疫情报告制度、零报告制度和责任追究制度。围绕“非典”“可防、可控、可治”开展系列科普宣传活动，共印发宣传材料9万份，张贴《通告》1800张，接受群众咨询4000人次。在全区广泛开展爱国卫生运动。全面清理垃圾污物，养成良好卫生习惯，按照“小型分散多样”的原则，大力开展健身活动。严格把好路口关、镇门村口关、各单位门口关及家门关，对全区3840人（莱钢3229人）外出返乡人员进行登记造册、健康查体。经严密防范，境内无疫情发生。

1993～2005年钢城区传染病发病统计表

表20－5－1　　人数：人　发病率：十万分之一

年份	人数及发病率	肝炎	痢疾	伤寒副伤寒	淋病	麻疹	百日咳	猩红热	斑疹伤寒	乙脑	梅毒
1993	人数	262	25	1	13	—	1	4	9	1	—
	发病率	19.63	11.42	0.46	5.94	—	0.46	1.83	4.11	0.46	—
1994	人数	129	135	1	3	2	3	3	4	2	—
	发病率	58.61	61.34	0.45	1.36	0.91	1.36	1.36	1.82	0.91	—
1995	人数	87	96	3	15	8	—	3	11	4	1
	发病率	39.35	43.42	1.36	6.78	3.62	—	1.36	4.97	1.81	0.45
1996	人数	57	55	—	1	—	—	4	12	—	—
	发病率	25.73	24.82	—	0.45	—	—	1.80	5.41	—	—
1997	人数	88	51	2	—	—	—	3	4	—	—
	发病率	40	23.18	0.91	—	—	—	1.36	1.82	—	—
1998	人数	127	137	4	12	—	—	2	7	1	1
	发病率	55.12	59.46	1.74	5.21	—	—	0.87	3.04	0.43	3.47
1999	人数	138	144	2	30	—	—	3	—	11	3
	发病率	59.54	62.13	0.86	12.94	—	—	1.29	—	4.57	1.29
2000	人数	79	123	1	9	—	—	1	—	3	8
	发病率	33.95	52.86	0.43	3.87	—	—	0.43	—	1.29	3.44
2001	人数	66	93	—	14	—	—	—	—	1	3
	发病率	28.37	39.96	—	6.01	—	—	—	—	0.42	1.28
2002	人数	66	93	—	14	—	—	—	1	—	3
	发病率	28.75	40.51	—	6.09	—	—	—	0.43	—	0.13
2003	人数	53	72	4	4	—	—	—	3	—	1
	发病率	22.75	30.94	1.71	1.71	—	—	—	1.28	—	0.13
2004	人数	116	93	5	8	—	—	1	4	—	6
	发病率	47.47	38.06	2.05	3.27	—	—	—	1.63	—	2.45
2005	人数	146	44	—	17	1	—	1	3	—	8
	发病率	59.58	17.95	—	6.94	0.41	—	0.41	1.22	—	3.26

1993～2005年钢城区传染病发病统计表

表20－5－2　　　　人数:人　发病率:十万分之一

年份	人数及发病率	出血热	肺结核	布鲁氏菌病	流腮	淋菌性尿道炎	其它感冒性腹泻	尖锐湿疣
1993	人数	—	—	—	—	—	—	—
	发病率	—	—	—	—	—	—	—
1994	人数	—	—	—	—	—	—	—
	发病率	—	—	—	—	—	—	—
1995	人数	—	—	—	—	—	—	—
	发病率	—	—	—	—	—	—	—
1996	人数	15	—	—	—	—	—	—
	发病率	6.77	—	—	—	—	—	—
1997	人数	12	1	—	—	—	—	—
	发病率	5.45	0.45	—	—	—	—	—
1998	人数	60	8	—	—	—	—	—
	发病率	26.04	3.47	—	—	—	—	—
1999	人数	71	35	—	—	—	—	—
	发病率	30.63	15.10	—	—	—	—	—
2000	人数	27	17	—	—	—	—	—
	发病率	11.60	7.31	—	—	—	—	—
2001	人数	22	27	1	—	—	—	—
	发病率	9.45	11.60	0.42	—	—	—	—
2002	人数	22	27	1	—	—	—	—
	发病率	9.58	11.76	0.43	—	—	—	—
2003	人数	6	39	—	—	—	—	—
	发病率	2.57	16.76	—	—	—	—	—
2004	人数	11	42	—	166	5	2	1
	发病率	4.50	17.18	—	67.93	2.05	0.28	0.40
2005	人数	5	66	—	—	—	3	—
	发病率	2.04	26.93	—	—	—	1.22	—

第三节 职业卫生监测与健康检查

1993年区政府成立“钢城区职业病防治工作领导小组”，加强对全区职业病防治工作的领导；9月山东省卫生厅组织检查验收团到钢城区检查验收职业卫生监测和职业健康检查情况，颜庄卫生院、北城子坡村分获同类第二名，受到省卫生厅表彰、嘉奖。2004年11月，从省卫生厅聘请专家，对企业法人和管理人员进行为期2天的有关劳动卫生与职业病防治工作的业务培训。至2005年，每年都开展以粉尘、噪音和有毒物质为主要内容的职业卫生监测工作和职业健康检查工作。

1993～2005年钢城区职业卫生监测统计表

表20－5－3　　单位：个

年份	应监测单位数	实监测单位数	粉尘		噪音		毒物	
			监测点	合格点	监测点	合格点	监测点	合格点
1993	23	21	58	28	21	15	13	7
1994	24	23	62	33	24	17	10	6
1995	24	24	68	41	20	15	17	12
1996	32	30	54	42	17	11	16	9
1997	37	34	59	47	23	15	16	8
1998	31	28	72	38	18	11	21	16
1999	33	33	70	34	21	15	16	9
2000	29	29	74	35	25	19	18	8
2001	30	27	70	36	21	15	19	11
2002	35	32	37	28	20	18	14	6
2003	48	41	50	37	12	11	17	7
2004	37	35	61	46	8	8	19	11
2005	37	37	50	41	18	13	15	14

1993～2005年钢城区职业健康检查统计表

表20－5－4　　单位：个、人、%

年份	企业数	应体检人数	实体检人数	职业病发病率
1993	23	708	0	0
1994	24	715	505	0
1995	24	774	404	0
1996	32	890	560	0
1997	37	948	304	0
1998	31	545	210	0
1999	33	427	285	0
2000	29	405	215	0
2001	30	585	125	0
2002	35	420	243	0
2003	48	603	251	0
2004	37	530	309	0.30
2005	37	718	486	0

第四节 妇幼保健

婚检

1996年6月,区政府印发《钢城区婚前健康检查的通知》并召开动员会;7月此项工作启动。至2005年,区妇幼保健所对11796对育龄夫妇进行婚前检查,查出内科病107例、传染病201例、遗传倾向性疾病13例及生殖道畸形97例。对查出的疾病均给患者以科学化的医学指导和相应的治疗意见。

孕产期保健

自1993年,区医院指导、监督乡镇卫生院开展工作,对孕产期妇女加强管理。2002年至2005年,孕产期保健率达100%,住院分娩率达98.80%,孕产妇死亡率为零。

妇科病检查

自1993年,区妇保所每年为区直机关女性、托幼女教师和部分农村妇女进行妇科病查治。至2005年,共检查10125人次,妇科病多为附件炎、阴道炎、宫颈糜烂、子宫肿瘤和卵巢囊肿等,患病率占查体者的19.70%。对查出的病情,针对具体情况进行分析、咨询,并给患者作相应的治疗。

儿童保健

1993年12月,全区通过省级初级卫生保健达标。1996年5月1日,开展出生医学证明卡管理使用工作;7月创建爱婴医院活动;9月5个乡镇卫生院全部达到爱婴医院标准,全区顺利通过爱婴区的验收。2002年5月,配合市保健院开展新生儿疾病筛查工作,使全区新生儿"两病"筛查率达89%以上。开展在托儿童健康查体工作,查体建档率100%。

妇保计生技术服务工作

2002年至2005年,区妇保所对育龄夫妇及时开展避孕节育、生殖保健和优生优育等宣传工作。妇保所设有婚姻保健科、妇幼保健科、儿童保健科、妇产科、B超心电图室、放射科、化验室和手术室等科(室),在做好全区妇幼保健业务指导的同时,开展剖宫产术、卵巢囊肿摘除术以及妇科常见病的诊治。

第六章 卫 生

第一节 食品卫生

境内居民历来有喝开水、吃熟食的习惯,能甄别出某些可食用的蕈(菌)类、野菜,忌用霉变的食物。中华人民共和国成立前,因食品卫生知识缺乏,食物中毒、肠道传染病常有发生。中华人民共和国成立后,随着文化水平的提高,境内居民对食品卫生日益重视。1993年建区后,区卫生局制定落实食品卫生许可证验发制度。1993年成立食品卫生监督检验所,食品卫生工作逐渐规范。

1993年起,每年开展一次食品卫生许可证验发、食品从业人员健康查体、食品从业人员卫生知识培训工作,每季度开展一次食品卫生餐具消毒效果评价工作和各种食品采样工作。至2005年,共验发卫生许可证9873件次,对从业人员进行健康查体21745人次。

1993～2005 年钢城区卫生许可证验发和从业人员健康查体统计表

表 20－6－1　　单位：个、人

年　份	卫生许可证验发数	从业人员查体数
1993	757	1408
1994	888	1706
1995	1127	1705
1996	931	1673
1997	932	1679
1998	982	1689
1999	950	1524
2000	750	1290
2001	793	1649
2002	421	1103
2003	435	2109
2004	456	2112
2005	451	2098
合计	9873	21745

第二节　爱国卫生

建区前，境内的爱国卫生工作由所属县级卫生部门管理，乡镇由分工副乡镇长负责，乡镇卫生院为职能部门。1993 年 8 月，区爱国卫生运动委员会成立，主任、副主任分别由区长、分工副区长兼任，常设机构爱卫会办公室，为副科级单位，隶属区科教文卫体委员会，编制为 5 人。1997 年 5 月，区爱国卫生运动委员会办公室升格为科级事业单位，定编 8 人，设综合科和公共卫生监督检查科。2005 年区爱卫办工作人员 8 人。

爱国卫生运动

境内居民有许多良好卫生习俗，如改良水井，建房向阳，生病后在门口撒石灰消毒，逢年节进行室内、院落、街道卫生大扫除等。1952 年响应毛泽东关于“动员起来，讲究卫生，减少疾病，提高健康水平”的号召，掀起声势浩大的爱国卫生运动，发动群众消灭苍蝇、蚊子、跳蚤、虱子和老鼠。1956 年至 1960 年，再次掀起开展“五洁”(室内、院内、厕所、厨房、街道)、消灭“四害”(蚊子、苍蝇、老鼠、麻雀，1960 年后改麻雀为

爱国卫生宣传活动　　(2005 年　摄)

臭虫)为重点的爱国卫生运动。1961 年至 1965 年,在农村开展以“两管五改”为中心的大规模爱国卫生运动。20 世纪 70 年代初,农村推行“两管五改”(即:管理污水、粪便,改造厕所、畜圈、鸡窝、水井、炉灶)活动。1981 年爱国卫生运动纳入“五讲四美”文明礼貌月活动之中,开展以治脏为突破口,以除害灭病为中心的爱国卫生运动。1984 年城镇卫生达标活动实行“门前三包”。

农村改水改厕技术员培训　(2005 年　摄)

除“四害”

1993 年 11 月, 区政府召开除四害工作会议,区政府印发《钢城区开展蚊蝇消杀活动实施方案》《关于在全区开展争创“除四害”先进单位活动通知》等文件,采取突击性和经常性相结合的办法,坚持每年春、冬季集中灭鼠,重点行业常年灭鼠。1994 年 6 月,全国爱卫办副主任施妈麟一行 4 人, 对钢城的创建工作进行调研,评价钢城的“除四害”工作基本达到国家标准;9 月正式通过了省级鉴定;年底,钢城区被市政府命名为“灭蚊蝇先进单位”。1995 年 6 月,全国爱卫会到钢城进行“除四害”工作调查;9 月通过全国爱卫会考核鉴定。1996 年至 2005 年,主要围绕巩固和提高“除四害”达标成果展开工作,“四害”密度控制在标准之内。

农村改水改厕

1993 年区政府统一部署各乡镇开展以改建双瓷漏斗式厕所为主要形式的农村全面改厕活动,卫生厕所普及率达 80%。2002 年钢城区被全国爱卫会命名为“全国卫生厕所普及先进单位”,南朱家庄村被省爱卫会命名为“全省改水改厕先进单位”。1994 年区政府组织实施以村村通自来水为重点的农村改水工程,2002 年钢城区被全国爱卫会命名为“全国自来水普及先进单位”,2005 年全区自来水普及率达 86%,安全卫生水达标率 98%以上,改水受益覆盖率达 100%。

公共卫生监督检查

1993 年区公共场所卫生监督站建立,始开展监督检测工作。自 1994 年,区爱卫办对辖区内公共场所的卫生监测频率逐步增加。1997 年区爱卫办设立公共卫生监督检查科,对公共场所的卫生监测改为每年 3 次,年监测单位 400 余户次。1999 年有钢都宾馆、钢城宾馆两家单位被评为“山东省公共场所卫生工作先进单位”。

第三节　创建国家卫生城市

1993 年 8 月,开展创建国家卫生城市活动,区政府制定印发《关于贯彻落实市政府关于创建国家卫生城市决定的通知》,成立“区创建国家卫生城市指挥部”。1994 年 8 月和 1995 年 3 月,先后进行 2 次调整,指挥部成员扩大到 28 人。1994 年 8 月,制定印发《莱芜市创建国家卫生城市钢城区实施方案》《钢城区创建国家卫生城市目标任务分解意见》,实行领导干部分工包重点路段、包重点项目,并制定奖惩制度,本着“边建城、边创建、以创建促城建”的总体思路,在城市框架尚未形成的情况下展开创建活动。

1994 年 9 月, 区创建国家卫生城市工作通过省爱卫会考核。1995 年 9 月 18 日,通过全国爱卫会组织的专家组考核鉴定;12 月 25 日, 全国爱卫会命名莱芜市(含钢城区)为“国家卫生城市”。1996 年区政府制定《关于巩固发展国家卫生城市的规定》,以巩固国家卫生城市为新起点,进一步

1997 年 5 月 27 日，国家卫生城市复核检查组到钢城进行复核检查

完善城市卫生基础设施，强化城市各项管理，全面提高城市卫生档次，强化和发展国家卫生城市成果。1997 年 5 月，通过全国爱卫会组织的国家卫生城市明查暗访复核。2001 年区政府办公室印发《钢城区城市卫生暨爱国卫生长效管理考核细则》《奖惩办法》，实行城市卫生暨爱国卫生“一票否决”制度。在创建国家卫生城市过程中，爱国卫生由城市向农村辐射，农村卫生重点抓组织制度建设、容貌治理和基础设施建设，自来水普及率达 86%。1998 年 9 月，全区通过第四次全国城市卫生大检查。2002 年全区城乡开展优美环境建设年活动，实行城市环境综合整治。2004 年张庄居委会被山东省爱卫会命名为“山东省卫生村”。

第二十一编

文化 体育 旅游

WENHUA TIYU LVYOU

元宵文艺演出队

第一章 文化艺术

1958年至1959年，境内颜庄公社、黄庄公社相继建立文化站，各配1名不脱产的文化站长。1962年撤销文化站。1975年10月和1979年，颜庄、黄庄公社重设文化站，各配1名不脱产的文化站长。1986年至1992年，颜庄镇、城子坡镇、黄庄镇、里辛乡和寨子乡分别设立文化站，各配站长1人、工作人员1～2人。

1993年1月，设钢城区科教文卫体办公室；同年6月，更名为科教文卫体委员会，由1名副主任分管文化、体育工作。1994年11月，区文化体育委员会成立，与教育委员会合署，由1名副主任分管文化、体育工作，下设文化、体育工作站和文化稽查办公室，有干部、职工4人。1997年6月，区文化局、体育运动委员会成立，二者合署。2001年区文化局和体委改设为区文化体育综合服务中心。2005年区文化体育综合服务中心配备主任1人、副主任2人，下设2个科（室），编制15人。

第一节 文学创作

古诗文

清宣统《莱芜县志·艺文志》载“莱邑为古文者，始于吴来朝”。明代南港村人吴来朝，出生耕读世家，是境内文学创作较早者，其文集已散轶，仅存《重修莱芜县志序》《忠贤祠记》《郭公祠碑记》《族田碑记》等零散文章、碑记。其三子吴鸿功，进士，升至山西提学道，后升迁为陕西参政。吴鸿功一生“治绩文章卓著”。1598年其兄去世东归奔丧时，创作了近30首诗，结集为《东归吟草》。其中，《登魁星楼》两首展示了诗人宽广的胸襟：

（一）

浩荡文明地，光茫灿上台。
远山当槛落，近水抱城回。
下界千家合，天风万里开。
仙袅留胜迹，登眺意悠哉！

（二）

一峰横瑞色，百代辟人文。
海岳窗中见，青齐镜里分。
村村含皓月，树树拥晴云。
长啸风尘外，停杯日已昕。

清末，举人李应翰以文章见长，著有《墨林集》等，存有其光绪戊子科（1888年）《顺天乡试朱卷》1册。

中华人民共和国成立后，境内一些文学爱好者利用工作之余进行古诗词创作，原籍高家岭村的离休干部杨维屏，先后在《诗刊》上发表作品80余首，在结集出版的《诗书文摘辑》中，选录诗词270首，其中古体诗《咏牛篇》在《齐鲁当代诗词选》刊载。

神话 传说

境内民间神话与传说颇多，如棋山柯烂传说、贤女庙的传说以及黑牛山、花雨山、黄羊山的传说等。田茂泉对棋山当地的民间传说进行搜集整理，2000年10月出版《棋山传说》一书，全面介绍有关棋山的各种神话和传说，挖掘棋山的历史文化内涵。

棋山柯烂　相传东晋建元年间，樵夫王质到棋山砍柴，来到棋子垭，见参天大树下面有两位老者对弈，便放下砍柴斧站在旁边观看。久之口渴，便随

《棋山传奇》开机仪式

《棋山传奇》剧照

手喝了老者的一碗水。喝后顿觉眼前忽明忽暗，有昼夜交替、四季轮换之感。待看完一局，回身拿斧时，只见斧柄已腐烂。他只好空手回家，路遇村人，个个皆不认识，原来他已离开人间百年了。明朝嘉靖《莱芜县志》载："晋建元间，一樵子采薪，见二人弈，其一人授之药一丸，随久观其弈，至斧锈烂，及归，无复时人"。并收录有关这个传说故事的一首诗：流水行云世代殊，石棋山上有樵夫。至今传说樵柯烂，不识当年柯烂无。

歌谣　诗歌

抗日战争时期，有关抗日的歌曲在境内流传较广，有《动参歌》《自卫团歌》《好男要当兵》《打死汉奸》《反正歌》《烈火燃烧在沂蒙山》《送情郎》《搬小姑》《王二姐卖鞋》等50余首。这些歌谣和小调大部分由部队传播到当地。

《山中猎手》封面　（2005年　摄）

1958年颜庄、黄庄人民公社文艺领域掀起"浮夸风"，要求"粮满仓，诗满庄"，号召人人写诗、赛诗，村村建立赛诗台，仅顺口溜、诗歌就有几千首。1959年黄庄公社成立文艺创作委员会，指导文艺爱好者创作很多诗词等文艺作品。

小说　散文　剧本

青冶行村的全国民兵英雄左太传在撰写革命回忆录的基础上，创作中篇小说《山中猎手》，曲延坤、任孚先等进行艺术加工。1961年9月，由山东人民出版社出版。小说主要记述：1947年7月南麻战役前夕，左太传带领一支由7人组成的黄庄区工作队，在县委的领导下，插入敌人心脏，在黄庄、棋山一带同国民党军和还乡团进行的一系列斗争，小说塑造了左太传、赵红秘、李保增、张西顺、陈现英、杨守祥和杨守诚等英雄群像，富有故事性和传奇性，全书共12.90万字。1978年11月，再版印9万册，在境内外流传很广，影响较大。

20世纪80年代，境内文学爱好者不断增加，有60余件各类文学作品在市级以上文学征文或大奖赛中获奖。自2003年，乔化军开始创作电影文学剧本《棋山传奇》，数易其稿，于2005年6月定稿，经北京电影制片厂、国家广电总局电影管理局审核，立项备案，于10月10日核发摄制许可证，在棋山举行开机仪式，填补了莱芜电影事业的空白。

2005年全区有省作家协会会员4人、省散文学会会员2人。

第二节 文化活动

民间舞蹈

境内民间舞蹈主要有花鼓锣子、玩龙灯、跑旱船、耍狮子、踩高跷、跑驴、扭秧歌和抬芯子等，一般在春节和元宵节期间串街演出，其中颜庄村的“花鼓锣子”历史较久。

花鼓锣子　清光绪末年，颜庄天和村的穷人因生活所迫，各择生路，有击鼓沿街乞讨的，有打伞卖药的，有打夹板磨刀的，有敲着小锣卖艺的等。有一说书艺人张奉祉组织部分艺人，融会各行唱词，并将击鼓的动作、敲锣的艺术、卖药人打伞的技巧以及磨刀人打夹板的节奏等进行艺术加工，编排出融多种艺术于一体的完整舞蹈动作，取名“花鼓锣子”。后又经过多次排练修改，使其艺术性不断提高。初始演员只有5名(三男二女，女由男扮)，分别持花鼓、小钹子、手锣子、长板和雨伞等道具进行表演，后演员逐步增多。因演员表演自然优美，唱词活泼新颖，故深受百姓喜爱。

1956年和1959年，两次组织力量进行挖掘加工。1959年曾与杂技、魔术表演老艺人李建业(艺名李傻子)代表莱芜县到济南演出，获省“挖掘奖”。“文化大革命”期间，经常进城演出。1990年6月，颜庄镇从市文化馆聘请2名指导老师再次进行艺术指导，在演出阵容上，由10余人扩大到40余人；9月代表莱芜市参加在泰安举办的第四届国际登山节暨全国登山活动开幕式，山东电视台等新闻媒体作了专题宣传报道。

1993年建区后，文化部门组织力量在编排舞蹈动作、唱词内容和演出阵容等方面多次改编。1996年10月，“花鼓锣子”代表莱芜市参加在山东省老干部活动中心举办的全省文艺汇演，获银杯奖；参加全国舞蹈家协会举办的全国中老年健身舞蹈比赛，获“梅花奖”。1997年4月，获全国群众文化创作作品评选一等奖。2004年9月，获全国第十二届群星奖山东省选拔赛三等奖。“花鼓锣子”这一艺术样式被载入《中国民间舞蹈集成·山东卷》。至2005年，每年元宵节都在钢城区或莱芜市进行表演。

戏剧

境内庄户剧团始建于清末，或一村自办，或几个村合办，以自娱自乐为主。农闲季节排练，一般于春节后在本村或到外村演出，有时在物资交流会上演出。东王家庄村的山东梆子剧团建于清末，寨子村的山东梆子剧团、西当峪村的莱芜梆子剧团建于1935年。

1950年后，境内有西当峪、徐家庄、东王家庄等村的山东梆子和莱芜梆子剧团，仙人桥、南金水河等村的京剧团，高峪、寨子等村的豫剧团，官庄、北金水河等村的京剧团。演出的剧目主要有《二进宫》《连环计》《空城计》《斩英盖》《牛头山》《两狼山》《拾玉镯》《打銮驾》《打金枝》《红娘》《李双双》《买鸡蛋》《朝阳沟》等。此外，也自编自演一些小剧目。

“文化大革命”期间，各庄户剧团主要演出《红灯记》《沙家浜》《智取威虎山》等“革命样板戏”。

村剧团涌现出一些演出人才。北官庄村魏育升，起初在村剧团演戏，后成为莱芜梆子剧团的国家一级演员，主演的《送猪记》《三定桩》《借闺女》《红柳绿柳》参加了全省和全国文艺汇演和调演，《借闺女》《红柳绿柳》被拍成电影。

1993年1月建区后，有高峪村豫剧团、西当峪村莱芜梆子剧团和钢城(宏强)企业集团豫剧团。

西当峪村莱芜梆子剧团　成立于1935年，由老艺人李学孝、郑建文和张京臣等发起，戏班人员凑钱和村民捐资置办道具，最初上演《王小赶脚》《双拐骗》等小短剧。后受到莱芜梆子剧团的指导，剧团得到发展，演出水平不断提高。1955年演职人员30余人，上演《对金抓》《反西唐》《反徐州》《斩英盖》等40余出剧目。1959年参加山东省地方戏文艺汇演，自编剧目《龙女下凡》获山东省创作一等奖、表演二等奖。自编自演的短剧《买鸡蛋》在莱芜、新泰和沂源等地有一定影响。1984年停办。

西当峪剧团在农村演出　　（1998年　摄）

1992年恢复演出。至2005年，先后6次参加莱芜市戏剧比赛、文艺汇演等。

东王家庄村山东梆子剧团　始建于清末，起初仅唱些民间小调或玩杂耍，乐器以锣鼓、二胡为主，形式单调，唱法简单。后经请师传艺，外出观摩，演出技艺逐渐提高，演出剧种不断丰富，起初排演莱芜梆子，后来排演山东梆子。20世纪40年代至50年代，演员达到40余人，主要剧目有《秦琼征西》《包头山》《长寿山》《长坂坡》《麒麟山》《铡美案》《五虎泉》《敬德大朝》等40余部。除在村内演出外，还到寨子、城子坡、北徐家庄、大张庄等村演出。1947年7月南麻战役期间，剧团曾去慰问演出。50年代初，在沂源县民间艺术汇演中曾获二等奖。1958年沂源县田庄水库修建时，曾两次专程前往演出。“文化大革命”期间，禁演古装戏，改唱“样板戏”。1986年沂源县和黄庄镇组织力量对剧团的演出剧目挖掘整理，编出20余部剧目的剧本，作为传统剧目保留。

高峪村豫剧团　1935年富户刘嘉谟捐资组建村剧团，起初演出山东梆子，后改演豫剧，经多年发展，至1964年，剧团发展到50余人，上演20余个剧目。至2005年，剧团先后6次代表区参加莱芜市戏剧、文艺汇演比赛。

宏强企业集团豫剧团　1998年7月以前，为新泰市豫剧团（新汶豫剧团）；7月后，钢城企业集团公司出资买下剧团的服装、道具等，招聘原剧团30名演职人员，充实企业文艺骨干，演职人员达42人，定名为钢城企业集团豫剧团，成为山东省首家专业性企业剧团。2003年随着企业更名，剧团更名为宏强企业集团公司豫剧团，上演的古装戏有《打金枝》《西厢记》《穆桂英挂帅》《墙头记》《花枪缘》等60余部。2000年自编自演的现代戏《金匾情》，在全国计划生育文艺汇演中获一等奖，剧团受到国务委员彭佩云和山东省副省长吴爱英的接见。1998年至2005年，先后在江苏、河南、山西、河北省各地和省内泰安、曲阜、莱芜、淄博、新泰、沂源等地演出2600余场。

文艺汇演

1994年至1999年，钢城区庄户剧团先后5次参加莱芜市举办的文艺汇演活动并获奖。多次与莱钢集团公司的文化部门密切配合，利用节假日开展多种形式的文企联姻和文化下乡活动，先后举办“元旦文艺汇演”“民间艺术调演”、庆“七一”、庆“国庆”“迎香港回归”等文艺汇演，共演出百余场次。

首届元宵灯会　　（2004年　摄）

宏强豫剧团演出剧照

第一届桃花节开幕式　　(2004年　摄)

桃花节

2004年4月3日至9日，黄庄镇举办第一届桃花节,中心会场在黄庄镇霞峰村,莱芜梆子剧团到会演出7场;4月3日晚，在莱钢炼铁厂礼堂举办文艺晚会，黄庄镇和莱钢艺术团等组团到会演出。2005年4月1日至7日,举办第二届桃花节;4月1日，开幕式暨招商推介会在莱芜会展中心举行，当晚在莱钢工人文化宫举办文艺晚会，蒋大为、李光羲、付笛声、任静、江涛、吴琼和王璐瑶等歌唱家及演员到会表演献艺。

获奖节目

境内文艺团体和机关、学校等多次参加莱芜市、泰安市、山东省以及国家有关部委组织的舞蹈、戏剧等文艺调演、汇演活动,并获得13个奖项。

境内获市(地)以上舞蹈戏曲演出奖项一览表

表21－1－1

年份＼项目	表演单位	表演节目	获得奖项
1959	颜庄公社	民舞《花鼓锣子》	山东省挖掘奖
1959	颜庄公社 西当峪村	莱芜梆子《龙女下凡》	山东省创作一等奖、表演二等奖
1975	颜庄公社	小戏《钢镢》	泰安地区演出奖
1990	颜庄镇	民舞《花鼓锣子》	泰安市演出奖
1996	颜庄镇	民舞《花鼓锣子》	全国中老年健身舞蹈比赛梅花奖
1996	颜庄镇	民舞《花鼓锣子》	山东省银杯奖
1996	寨子乡高峪村	豫剧《朝阳沟》	莱芜市一等奖
1997	颜庄镇	民舞《花鼓锣子》	全国群众文化创作作品一等奖
2000	钢城企业集团	豫剧《金匾情》	全国计划生育文艺汇演一等奖
2004	颜庄镇	民舞《花鼓锣子》	全国第十二届群星奖山东省选拔赛三等奖

钢城区参加市文艺汇演获得奖项一览表

表 21－1－2

项目 年份	表演单位	参演事由	获得奖项
1994	钢城区	莱芜市庆祝中华人民共和国成立45周年文艺汇演	一等奖
1995	钢城区	莱芜市纪念抗日战争胜利50周年文艺汇演	一等奖
1997	城子坡街道	莱芜市庆“元旦”“春节”群众文艺汇演	一等奖
1998	城子坡街道	莱芜市“迎香港回归”文艺汇演	一等奖
1999	钢城区	莱芜市庆祝中华人民共和国成立50周年文艺汇演	一等奖

第三节　工艺　美术　书法

民间工艺品

锡制工艺品　清道光年间，泰安人杨纯到颜庄村落户，发展制锡业，后代代相传。主要制品有：大型锡锅，中型酒壶、水壶和烛台，小型随葬品桌椅条凳等十几个品种。造型构思精巧，富有观赏价值。20世纪50年代前半期，其工艺制品远销泰安、新泰、博山、周村和章丘等地。后因铝、白铁和不锈钢制品的发展，锡制品业逐渐萎缩。

银制工艺品　清咸丰年间，颜庄村兴办银炉业，盛时发展到四五家，其中李家的银炉业一直延续。银炉工艺，主要有银头饰、耳坠、项链和戒指等饰品。头饰有叉子针、尖头针、疙瘩针、海棠针、旋花针和藕形针等，耳坠有南瓜种子形、豆皮碗子形、龙头形等，项链有麒麟送子锁、长命百岁锁和龙凤呈祥锁等，戒指有牡丹花形、蝴蝶花形、七星形和八宝形等。“文化大革命”期间，银炉产品一度被定为“四旧”，炉业停办。20世纪80年代，李家重操旧业，手艺不断提高，银制品“四连环”戒指颇有名气。

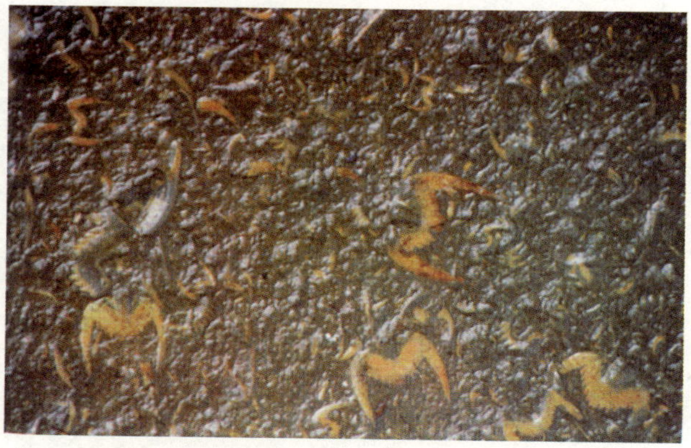

燕子石原石　（2005年　摄）

石制工艺品　20世纪80年代，颜庄公社埠东村南九龙山下的泉水峪中，发现古生物时期的三叶虫化石(燕子石)。1983年10月，埠东村青年农民许明光创办红艺燕石工艺品厂，加工生产燕子石工艺品。产品分实用观赏和艺术观赏两个系列，共120余个品种，年产数万件。实用观赏品主要是文房诸宝，包括笔架、笔筒、笔洗、镇尺、砚台、章料和印泥盒等10余个品种；艺术观赏品包括人物、动物以及花鸟虫鱼等6大门类，有石币刻盘、花瓶、台灯座、茶具、地图、屏风、扇面、宝塔、帆船、荷花、腊梅、观音菩萨、寿星、孔雀开屏、雄鹰展翅、鸳鸯戏水、金龟叼鱼、钱豹跳涧和下山猛虎等80余个品种。每件工艺品上都配有相应的书法诗画。编印汉、英、日3国文字说明书，客户遍及北京、天津、西安、南京、曲阜和青岛等地，在青岛、泰安和济南设有专卖店。1987年泰山国际登山节时，制作的精品“鸡心坠”等被泰安市和莱芜市作为贵重礼品赠送给50余个国家和地区的代表队。20世纪90年代，产品打入国际市场，销往德国、日本、韩国、新加坡等国家和中国香港、台湾地区，先后有十几个品种获山东省名优新特产品荣誉证书。产品多次被市、区、镇政府以及省市企业等单位作为贵重礼品赠送给国际国内友人或客商，赢得高度赞誉。

绘画　书法

杨荆石木刻绘画　杨荆石，名玉珍，字荆石，黄庄镇青冶行村人。20世纪30年代初，加入左翼美术家联盟，从事新兴木刻运动。1930年春，考入上海新华美术专科学校，拜画师名流俞剑华为师，俞先生为杨荆石亲题“造化在手”四字。主要作品有《晴峦迭屋碧溪流》《舜耕遗迹》《试看千山云起时》《深林访友》。抗战时期，曾任山东鲁迅艺术学校教务主任，绘制“贩丁图”“抢牛图”“野驴陷蹄图”等作品，反映抗日现实，发挥艺术的宣传作用。

桑子中绘画作品　黄庄镇南金水河村人，曾任四川美术学院副教授，擅长水彩画。20世纪30年代，在济南任教时，与著名画家李苦禅组织山东艺术学会，任绘画组长。1936年作为发起人创办海岱美术社。1934年出版《桑子中画集》，著名作家老舍为画集作序。

杨荆石画作　　（2005年　摄）

刘汉勤绘画作品　1975年黄庄公社官庄大队刘汉勤编绘的连环画《雏燕展翅》《一张奇妙的药方》由山东人民出版社出版。

书　法　境内书法爱好者颇多，以毛笔书写为多。有省书协会员5人。流世作品多是

杨荆石画作　　（2005年　摄）

石刻，多见于墓碑。境内有一定影响的有刁士林、杨宇祥、吕友程、吴式琢等人。刁士林擅长书写墓志铭，被称为“城（莱城）东乡一支笔”。杨宇祥手抄《尔雅》9卷、16万字，小楷作字，严整雅致，存于莱芜市档案馆。

第四节　电影　图书

电影

解放战争时期，黄庄区青冶行村人杨守先在鲁中行署任干事时曾到沂源县放电影，是境内最早的放映员。1952年春，山东省文教厅农村巡回电影放映队到颜庄放映。1958年颜庄公社成立社办电影队，多在较大的村庄放映，每年放映20余场。“文化大革命”期间，大部分影片停止放映，只放映“样板戏”和《地道战》《地雷战》《南征北战》等十几部影片。20世纪70年代，社办电影队逐村制定放映计划，偏僻的山庄也能“村村挂银幕，人人看电影”。

1978年实行分级收费和按人口推行1元钱收费标准。1985年各乡镇均成立电影管理站。自20世纪90年代初，随着电视机的普及，电影市场逐渐萧条，部分放映队停业。

2005年全区电影放映队20余人，共7个放映队，有放映机12部、影剧院4处，农村电影放映实现“2131”的目标。

区文化馆图书阅览室 (2005年 摄)

图书

1992年境内有颜庄、黄庄、寨子和莱钢4处书店经营图书。1993年建区后,文化部门采取多种途径对公益图书馆、室、箱建设进行业务指导。1994年乡镇文化站均建立图书室,藏书总量约3万册。1995年一些村的文化大院先后建成,所设图书室藏书均在2000册以上。个体经营图书的书屋、书报亭增多。2005年区文化馆有图书室3间,藏书千余册;有乡镇办图书室5个,公益书店、室、箱20处,藏书10万余册,年借阅量为8万册次。

第五节 文化大院建设与文化市场管理

文化大院建设

1986年境内始建村级文化大院,年内建成颜庄、北下冶、北城子坡、张庄、南朱家庄和里辛等村文化大院10余处。文化大院建有图书室、电视室、老年活动中心、文化广场、乒乓球室和篮球场,部分村利用文化大院办农民夜校。每年元旦和春节期间,文化大院成为民间文艺活动中心。1987年颜庄、北城子坡、张庄和南朱家庄村4处村文化大院被评为首批市级文化大院。至2005年,全区建成文化大院110个,占村(居、社区)总数的67%,全区文化大院达到省级标准的4个:颜庄、南朱家庄村文化大院和张庄、南城子坡社区文化大院;达到市级标准的12个:北下冶、澜头、黄庄三村、上历山后、徐家庄、里辛、寨子、玥庄、双杨桥村文化大院和北城子坡、逯家庄、椁椤社区文化大院;达到区级标准的94个。

1987年开展"社会文化先进乡镇"争创活动;同年,颜庄镇被评为市级"社会文化先进乡镇"。至2005年,全区4个镇(街道)均被评为"莱芜市社会文化先进乡镇"。

文化市场管理

1994年10月,区文化市场管理办公室成立。当年对全区5个乡镇的8个录像放映点、30个书摊和音像销售点进行检查,收集销毁非法出版物1000余册、录像带3000余盘和录音带300盘。不定期地组织巡查小组对图书市场明查暗访,查获并销毁一批内容不健康的书刊、光盘等。整治放像、电子游戏厅和网吧等场所。2004年10月,钢城区被山东省文化厅评为文化市场管理先进单位。至2005年,累计取缔非法经营摊点50个,没收销毁违法音像制品数万盘(张),全面取缔了电子游戏市场,网吧的经营行为得以规范。

村民在村文化广场健身 (2005年 摄)

第二章　媒体　报道

20世纪50年代，境内新闻宣传工作由各所在县的宣传部门负责，颜庄区、黄庄区由党委宣传委员和秘书兼管。1971年颜庄公社、黄庄公社设专职通讯员，成立通讯报道组，建立广播站，由党委宣传委员分管，广播站长负责通联工作。1986年至1992年，颜庄镇、城子坡镇、黄庄镇、里辛乡和寨子乡均设专职新闻干事。

1993年1月建区之初，新闻宣传工作由区委办公室负责，并设宣传办公室。1995年底，钢城区委宣传部成立。1996年6月，区新闻中心成立，隶属钢城区委宣传部，为副科级事业单位，编制3人。2005年，定编5人。各镇(街道)的新闻宣传由党委宣传委员负责，并设有新闻干事、专职通讯报道员。

第一节　媒　体

有线广播

1957年前后，境内各地所属县开始建立有线广播站。1959年颜庄人民公社始建广播放大站，公社范围内在集体场所开始安装广播喇叭。20世纪60年代至70年代初，颜庄公社、黄庄公社广播站架设入村专线(与电话线同杆)发展入户有线广播。至70年代初，有线广播入户率达到60%。80年代发展广播事业，有线广播入户率达到90%以上，成为城乡主要的宣传工具。同期，半导体收音机逐渐兴起和普及。90年代初期，有线广播逐步被电视所代替。

电视

1984年莱芜、新泰和沂源等县(市)建大功率电视差转台，能有效覆盖所辖区域，境内能收看中央电视台和山东电视台2套节目。1986年开始接收通过卫星转发的电视信号，有些单位安装闭路电视系统，电视信号接收的质量不断提高，接收的电视频道和节目增加。20世纪90年代初，黑白电视机和部分彩色电视机进入百姓家中。1994年在颜庄、寨子建起电视差转站，使山区群众都能观看电视节目。1996年开通莱芜有线广播电视网，干线采用光缆传输，入户端采用同轴电缆传输，形成以乡镇(街道)为主要站点的有线电视网，城区基本普及收看有线电视节目，部分村庄接通有线电视。90年代后期，彩色电视机基本普及，并逐步向大屏幕发展。

区新闻中心配备2台摄像机，制作《走进钢城》《走向现代文明》《走莱芜看变化——钢城篇》等电视专题节目。

莱钢集团公司设立的莱钢电视台，采用无线和有线传播，覆盖全区近一半区域。

第二节　新闻报道

解放战争时期特别是莱芜战役期间，《大众日报》《鲁中大众》等报刊多次报道境内对敌斗争、参军和支前的模范事迹，主要有《莲花池不愧为模范村》《支前模范村桑梓峪》等篇。

1975年山东人民广播电台台长段文山到颜庄公社考察工作，而后派记者刘仁香、李春利、李崇尧和王希荣等到颜庄公社采访农田基本建设情况，山东人民广播电台以消息、通信、评论等形式对颜庄公社的经验做法进行宣传报道。

1994年12月9日至10日，由大众日报社主办的94’山东省新闻摄影研讨会在钢城召开，来自

1997～2005 年钢城区在省以上新闻媒体刊发稿件一览表

表 21－2－1

时　间	作　者	媒体名称	题　目	级别
1997	张天卫	大众日报	《顺水推舟》	省
1998	张天卫	大众日报	以专版报道建区 5 周年成就	省
1999	张天卫	大众日报	《钢城区服务拉长农业短腿》	省
1999.02	魏述波	大众日报	《张庄居委会精神文明建设常抓不懈》	省
2000.06	许辰星	山东电视台	《当代愚公毛发贵》	省
2000.06	张天卫 张学波 吕　玲	大众日报	《文明进万家，花开遍钢城》	省
2001.09	张天卫	大众日报	《钢城区与钢共“舞”得双赢》	省
2002.09	刘玉文 魏述波	大众日报	《钢城紧扣“钢”字巧招商》	省
2003.05	刘玉文 武宗义 张学波	大众日报	《从“借荫”到“造林”》	省
2004.06	刘玉文	大众日报	《钢城“连心工程”惠两家》	省
2005.02	姜弘建 魏述波	大众日报	《闫修学“梦里都在找水”》	省
2005.02	—	山东电视台	《钢城区百名干部上一线 服务莱钢促发展》	省
2005.04	刘玉文 康与民 魏述波	大众日报	《不请领导请客商 花开香岛卖桃时》	省
2005.05	康与民 刘玉文	大众日报	《政府出学费 农民跳龙门》	省
2005.07	张环泽 杜　峰	大众日报	《结婚三天拆新房》	省
2005.08	高留声	人民日报	《科学种桃 农民增收》(图片)	国家
2005.08	高留声	大众日报	《黄金蜜桃喜丰收》(图片)	省
2005.02	李　伟 张学波 刘玉文	大众日报	《钢城区确保失地农民利益》	省
2005.09	刘玉文 魏述波 张金宝	大众日报	《寸土掘金建项目》	省
2005.12	华伟丽	支部生活	《三个亮点助腾飞》	省

全省 17 家市地报、部分县市报的 60 余名摄影记者参加会议。

1995 年 5 月 30 日至 6 月 1 日，由《人民日报》(海外版)、中央人民广播电台组成的“沂蒙、鲁南行”采访组到莱芜访问，考察张庄老年公寓和莱钢总厂。

1998年《大众日报》以专版的形式,《莱芜日报》以连续报道的形式进行建区5周年成就宣传。2001年在《莱钢报》上开辟“钢城新闻”专版。2002年借泰达智能车库在钢城开发分区奠基的时机,邀请《人民日报》、中央电视台、山东电视台和《中国房地产报》等多家新闻单位到钢城区采访。2003年在《莱芜日报》开辟“服务莱钢谋发展”专栏,刊发钢城区支持莱钢发展,带动地方经济发展的好经验、好做法。1997年至2005年,省级以上新闻媒体宣传钢城区的新闻稿件共20件。

第三章　史志　档案

第一节　史　志

1993年建区初,地方史志工作由区政府办公室管理。1995年12月,区地方史志办公室成立,与区委党史研究室合署,为副科级事业单位,编制5人。2001年12月,区地方史志办公室升格为正科级事业单位,编制增加为7人。2005年钢城区地方史志办公室被评为全省史志工作先进集体。

年鉴供稿

自1993年,区政府办公室、区地方史志办公室及时收集整理每年的区情资料并立卷保存,按时完成《莱芜年鉴》供稿任务。至2005年,共为《莱芜年鉴》供稿122篇。

库馆建设

2003年地情资料库启动并开始搜集资料。2004年9月,区政府将方志馆与地情资料库的专业用房列入区宣传文化中心的规划项目,其中2间用作方志展室,2间用于方志借阅和地情资料库室,总使用面积138平方米。并为方志馆与地情资料库配备2名专职管理人员。至2005年,方志馆和地情资料库配置了联网微机、复印机、扫描仪、数码相机和数码摄录一体机等硬件设施,方志馆馆藏资料达到1499种,其中图书1030种、报纸32种、刊物258种、录像带157种及光盘22种;境内各类年鉴收藏率、出版的各级各类地情资料征集收藏率达到100%,重要报刊、政府公报、各级统计资料及区域研究专著、电子类出版物等,年度收藏率也达到100%,实现借阅利用率85%以上。搜集、整理大量基础资料,不断加强数字化建设,完成境内旧方志等41种资料的数字化,形成地情资料多媒体光盘4种,逐步达到主页设计美观大方、朴素凝重。内容分类合理,资料翔实丰富,并做到图文并茂,文字、图片、音频和视频综合利用。

区方志馆阅览室

乡镇(街道)史志资料征集

1983年《莱芜市志》编纂工作开始,颜庄公社成立史志办公室,有工作人员4人;同年,《沂源县

全区修志工作会议　　(2002 年　摄)

颜庄史志资料　　(2003 年　摄)

志》编纂正式启动，沂源县黄庄公社成立史志办公室，有工作人员 5 人。人员多由教育系统借调。1983 年至 1985 年，颜庄公社史志办公室编写《颜庄史志资料》5 期，征集整理史志资料 20 余万字。1985 年随着机构变化，公社史志办改称为镇史志办，阶段性工作转为经常性工作。1993 年 1 月建区后，每个乡镇都设有史志办公室，主要工作是及时完成区党史、史志办部署的有关资料征集、调查任务。自 2005 年，主要做为《钢城区志》提供基础资料等工作。

第二节　档　案

1994 年 10 月，区档案局、档案馆建立并合署办公，为副科级事业单位。1996 年 6 月，升格为科级事业单位。1997 年区档案馆(局)事业编制 6 人，配备馆长(局长)1 人、副馆长(副局长)1 人，内设秘书科（同时挂编研科牌子）、法规科(同时挂业务指导科和档案管理科牌子)2 个科(室)。2001 年机构改革，区档案馆(局)编制 7 人，配备馆长(局长)1 人、副馆长(副局长)2 人，内设秘书科(同时挂编研科牌子)、法规科(同时挂业务指导科、档案管理科牌子)2 个科(室)。

档案密集架

档案管理员队伍　全区各部门、各企事业单位、各镇(街道)、经济开发分区都明确档案工作分管领导，配备专(兼)职档案工作人员。至 2005 年，全区共有 400 余名专兼职档案员，其中具有大专以上文化程度的占 60%，参加过各类档案专业培训班的人员占 80%，先后有 2 名区档案馆(局)负责人和 19 名档案干部被授予省、市档案工作先进个人荣誉称号。

档案设施建设　1993 年至 2005 年，全区用于档案基础设施方面的投入累计达 300 余万元，拥有库房 3069 平方米，密集架 219 组，档案专用微机 51 台、空调 43 台、去湿机 23 台、吸尘器 78 台、灭火器 198 台及温湿度记录仪 74 个，配有档案专用打印机、扫描仪及传真机等设施设备。

档案管理　按照“统一领导，分级管理”的原则，统筹规划，组织协调，统一制度，监督指导，建立健全档案工作管理制度。贯彻落实《中华人民共和国档案法》《中华人民共和国档案法实施办法》《山东省档案条例》，按照各项档案法规的要求，坚持依法治档，科技治档，指导各镇(街道)、行政村、区直各部门、各企事业单位建立健全档案收集、保管、保密、借阅、统计及重大活动档案登记等规章制度。按照档案法律法规的要求，严格业务标准，

收集、整理和保管好档案资料。2005年底，全区各级各类档案室共存有档案72596卷（件），其中文书档案50042卷（件）、科技档案1182卷（件）、照片档案863册、行政村档案32371卷。档案资料由单一的文书档案发展成为以文书档案为主，科技、会计、照片、基建、音像和电子等多种载体，包括小城镇、行政村、社区和民营企业等多种门类的综合档案。各镇（街道）档案室达标率为100%，机关档案室达标率为90%，行政村档案达标率为87%。

1995年至2005年，全区各级各类档案室共接待档案利用者达13511人次，提供利用档案资料3.10万卷（册）。

1999年钢城区被省政府、省档案局评为“全省农业和农村档案工作先进单位”。1997年至2005年，区直机关共有18个单位的档案管理工作晋升规范化目标管理省一级先进，56个单位晋升规范化目标管理省二级先进，1个企业的档案管理工作达到国家二级标准。

第四章　古迹　文物

第一节　古遗址

西冶冶炼遗址　位于黄庄镇西冶社区西部，尚存烧土、矿石、炉渣和生铁块等，为唐代冶炼遗址。

铁山铁矿遗址　位于里辛镇银山子村西铁山上，南北长约1公里，宽10～20米，深1～20米，为狭长的露天铁矿，中部有6个矿井。唐初大将尉迟敬德带兵在此开矿，清代又继续开挖，为唐、清代铁矿遗址。1998年被确定为区第一批重点文物保护单位。

银山银矿遗址　位于里辛镇银山子村东的银山西侧，南北长约300米，宽1～15米，深1～20米，为狭长露天矿，内有多个矿洞，有竖井和斜井。唐初大将尉迟敬德带兵在此开矿，清代又继续开挖，为唐、清代银矿遗址。1998年被确定为区第一批重点文物保护单位。

炒铁岭矿冶遗址　位于艾山街道宋家庄社区东北的炒铁岭处，北有矿井，东西长200米，南有冶炼及生活遗址，为唐代至清代矿冶遗址。

青冶行冶炼遗址　位于黄庄镇青冶行村东，面积2000平方米，尚存一冶炼炉，内有炉砖、炉渣和木炭等，为明、清冶炼遗址。

潘西煤矿遗址　位于颜庄镇颜庄村东北，为清代煤矿遗址。

第二节　古建筑　古树木

古建筑

九堂行宫　位于艾山街道宋家庄社区西南角，建于明代万历三十三年（1605年）。占地南北长32米、宽20米。存有门阁和大殿。门阁东西长4.20米、宽4.20米、高3米。门洞为石拱，高2.50米，宽1.50米。阁顶是平台，门阁前置一对石狮子，蹲坐、昂首。大殿坐落在院北部，3间，东西长8.10米，宽5.12米，砖石墙，小青瓦。因不用梁、檩，所以百姓又称其为无梁殿。院内存一石匾，长1.13米、宽0.46米、厚0.15米，中阴刻“九堂行宫”4个大字，右刻“万历三十三年岁次”，左刻“乙巳孟春吉日立”，字体为楷书。

宋家庄九堂行宫及碹顶　　（2005 年　摄）

后宫庙　位于里辛镇棋山观村东南棋山之阴，始建明正德八年(1498 年)，后四次重修。占地南北长 50 米，东西宽 22 米。原有三部分建筑：元君殿居中，老母殿居南，阎君庙居北。20 世纪 50 年代，建筑物被毁。现有建筑只有元君殿 3 楹，为 1999 年仿古新修，东西长 10.86 米、宽 6.75 米、高 7.55 米，四梁八柱，砖石墙，硬山顶，小黑瓦，门匾为“慈航普渡”4 个行书大字，门联的上联是“门口通天仰观碧空星辰近”，下联是“路承绝顶俯瞰翠微峦屿低”。院内立庙碑 4 块。2004 年被确定为莱芜市文物保护单位。

棋山后宫庙　　（2000 年　摄）

罗汉峪观音庙　位于艾山街道罗汉峪村东，始建年代不详，乾隆四十四年（1376 年)重建。院占地南北长 12 米、宽 9 米，观音堂位于院北部，共有 3 楹，东西长 9 米、宽 5 米，高 6 米，四梁八柱、砖石墙、硬山顶、小黑瓦，门匾为“南海大士”4 个字，正前方有一大门，保存较好。

南仓峪观音庙　位于艾山街道南仓峪村，明万历三十年（1602 年）修建。观音庙占地南北长 20 米，宽 15 米；西房 2 间，已坍塌；南大门 1 座，石基砖墙，小黑瓦，前出厦，后经翻修，保存较好。

李应翰故居　李应翰，字墨林，号西园，清正黄旗教习、举人，曾在北京恭亲王府中执教。其故居位于艾山街道肖马庄村，分南、北二院，南院为住所，原为四合院，现剩北屋 3 间，石墙，小黑瓦。故居由其后人居住，现存有李应翰用过的衣架、笔筒、手炉、锡壶、《孙真人养生铭》一书等器物。

澜头村明清瓦房建筑群　位于颜庄镇澜头村，建于明清代，存有房屋 70 余间。其中吴茂林古民居，建于明代，占地东西长 50 米、宽 40 多米，有房十几间，东南大门一间，砖石墙、小黑瓦。大门外有 2 棵大槐树，其一株周长 3.50 米。大门外两侧置放石凳子。观花楼，位于东北角，有 3 楹 2 屋。楼南有东西屋各 3 楹，石基、砖石墙、小黑瓦，曾为李姓后花园。2003 年 9 月，被山东省建设厅、文化厅公布为第二批山东省历史优秀建筑。

肖马庄圩子墙　位于艾山街道肖马庄村。清同治年间修建，用于抵御匪盗。围墙绕村一周，顶

南仓峪观音庙　　（2000 年　摄）

肖马庄李应翰故居遗址　　　　　　　　（2000 年　摄）

建雉堞，建有 5 个大门，分别为南门、大东门、小东门、大西门、小西门，南门是正门，石匾额为“天府寨”3 个大字(李应翰书)，大东门匾额为“兼山”，大西门匾额为“丽泽”，村东、北、西三面环水，疏河成池；南面无水，挖壕沟灌水成池。1940 年扒掉南门、南墙，填平南城池。1958 年至 1964 年，扒掉东门、西门，现仅剩大东门和小东门之间一段残墙，长百余米、高 0.70 米、宽 2.60 米，石砌而成。

吴氏家祠　位于颜庄镇南港村。明末，吴来朝家族修建。庭院南北长 20 米，东西宽 15 米，有南大门、正阳门、迎壁墙，1958 年拆除。现存祠堂 3 楹，东西长 11 米、宽 15 米、高 7 米，四梁八柱结构，石基，里生外熟墙，小黑瓦，屋面为五脊六兽。

葫芦山寨　葫芦山又名葫芦堆、葫芦崄、葫芦关，位于大回家庄村北。清宣统《莱芜县志·地理志》载：“在县东南四十里，形如葫芦，故名。牟汶出焉。《水经注》云：牟汶出牟县西南阜下，俗谓之葫芦堆”。山顶原建有山寨，现存寨墙高 1 米左右，始建于清乾隆年间。寨内原有文昌阁，观音堂，现存庙碑和碉堡。文昌阁建于乾隆七年（1742 年），清代重修。日军侵华时修建碉堡，现仅剩墙基。寨内有碑数块，刻文：“城东偏南有葫芦山一座，汶水环抑，秀茸特出，见东有黄羊山和煤顶山，西有九龙山三尖崮，彼此辉映，左右夹轴，城东南一胜区也”。《重修观音堂记》载：“昔年读书见《水经注》载有汶水出牟城西南阜下葫芦堆，因号牟汶，此山东北距牟城三十里，即今为芦城者是也，而此山见邑志为葫芦山，宁非《水经注》所云葫芦堆耶，梢云冠峨，汶水带绕，孤峰拔地，巍为蒙莱两邑关镇”。

范家桥　位于里辛镇高家庄西南，范姓出资修建故名。桥西接西山，中跨南北向小河，桥东西长 12 米、宽 3 米，为 3 孔石桥，每孔跨度 3.50 米，石桥墩、石桥板。桥板两边原有石栏杆，今无，为清代建筑。

清泥沟石板路　位于艾山街道清泥沟村。清顺治八年（1651 年）修建，自村内直通葫芦关，全长 1 公里多，宽近 3 米，为齐鲁通道，车马川流不息。路面用长方形青石板铺成，表面磨得光滑，中间一道车辙清晰可见。

古树木

花雨山古柏　位于颜庄镇澜头村西南的花雨山关帝庙院内，现存 2 棵。树龄 1000 多年，长势旺盛，树皮淡灰褐色，呈旋转浅纵裂，粗壮高峻挺拔。一棵高 50 米、胸围 473 厘米、冠幅 18 米；一棵高 42 米、胸围 310 厘米、冠幅 7 米。因两树距离较近，根枝相连，又称“姊妹柏”。

状元沟流苏树和古槐　流苏树，俗名柚公树，位于颜庄镇状元沟村。树高 11 米、胸围 410 厘米、冠幅 10 米。状元沟村有古槐 3 棵，树龄皆 600

状元沟古槐　　　　　　　　（2000 年　摄）

状元沟流苏树 （2005年 摄）

年以上。一棵高5米、胸围355厘米、冠幅5米，另一棵高9米、胸围270厘米、冠幅7米，再一棵高6米、胸围310厘米、冠幅11米。

第三节 石窟 碑刻

石窟

有组成棋山“佛洞子”的北、南2个石窟。

北石窟 北宋大观三年（1109年）开凿。有东、西2个石龛。东石龛门口高1.00米、宽0.80米，龛进深2.20米、高1.45米、宽1.50米，龛内北面有佛台，高0.40米，东墙上有一小龛，高0.46米、宽0.65米、进深0.20米，龛门外上方刻有水槽，水槽上方阴刻“大小”两个楷书小字。西石龛门高1.20米，宽1米，龛进深3.20米、高1.90米、宽1.70米，北墙处佛台高0.50米，东墙有一小龛，高1米、宽0.65米、进深0.36米，佛台沿阴刻“八经屋”字样。西石龛门外左侧有两处石刻，一处高1米、宽0.60米，刻有“圣宋八军守门，大观三年八月二十一日”字样；另一处高0.50米、宽1.40米，有“土石匠潘巡”等字样，均为行楷，阴刻，字不规整。

佛洞子 （2000年 摄）

东西石龛之间原有3间庙，院东、西、南三面均有庙房，原建今无。院内遗有石鼓、石佛像。石鼓较大，高0.96米，中间周长2.80米。石佛像头已无，高0.50米，结伽趺坐，手施无畏印，下有高0.54米的方形束腰花座，原为院内西石龛所供佛像。

南石窟 在院南岩石带上，分东西两处。西处有2个石龛。一个面北，高1.10米、宽0.83米、进深1.35米，佛台高0.20米。另一个面东，高1米、宽0.93米、进深0.38米。原分别置白音奶奶和观音菩萨（泥塑像）。东石龛1个，高1.25米、宽1.20米、进深2.50米，面北，原置观音菩萨像。佛台前石板凹陷两小脚形印痕。

碑刻

玄之又玄碑 位于里辛镇棋山观村西，又称雪蓑碑，建于明嘉靖三十七年（1558年）。碑亭四棱柱形。碑圆额，龟座，总高3.13米、宽1.18米、厚

玄之又玄碑 （2000年 摄）

0.42 米，碑题“玄之又玄”系雪蓑子所书，阴刻，笔法奇古。“之”字为首，一点为龙头状，一捺延至下端，如神龙掉尾，长 2.62 米。“玄又玄”三字居捺左，中杂小字碑文，另刻有两位石匠和立碑人姓名。1947 年莱芜战役中飞机将碑身炸出两条裂纹。

葛氏墓碑群　位于黄庄镇西丈八丘村。碑群主要有继氏宗脉图碑，长方体，由帽、身、座组成，总高 2.50 米，帽高 0.40 米，碑身高 2.10 米、宽 0.94 米，中阴刻继世宗脉的葛氏姓名，边阳刻“继往开来作千古之佳兆，承先传后为万代之芳名”字对，康熙五十八年（1719 年）刻石，楷书；另有清代墓碑 20 余块，保存较好，为葛氏墓群碑。

牛道碑　位于艾山街道高峪村和双杨桥村之间，碑呈长方体形，高 1.35 米、宽 1.12 米、厚 0.24 米。碑文载：“新甫山之东南隅有两村而比邻者，即县志所谓桃花峪、高峪庄，因两庄之间有泉时出，系高峪饮牛之所……”，因高峪庄无水，村民到桃花峪东泉饮牛时，牛常踏坏桃花峪的地和庄稼，所以两村发生官司，蒙阴县令划出路宽二杆，村民刻此碑以志，光绪十七年（1891 年）立，楷书，阴刻。

鲍立相墓碑　位于艾山街道西施家峪村。碑螭首，方座，高 2.63 米，帽高 0.98 米、宽 0.81 米、厚 0.37 米，浮雕二龙戏珠图，碑身高 1.65 米、宽 0.73 米、厚 0.30 米，碑阳中竖刻“奎文阁典籍鲍四公之讳立相字廷辅暨德配赵氏之墓”大字，两边有碑文 9 行，每行 5 字，楷书，阴刻，光绪二十九年（1903 年）刻立。

抗日阵亡烈士纪念碑　位于里辛镇棋山观村西。1941 年 5 月 28 日动工修建，7 月 7 日建成。碑呈亭状，总高 3.35 米，碑身正四棱柱形，高 2.08 米，每面宽 0.76 米，碑帽用石刻成重檐亭帽形，高 1.27 米，四檐角飞翘，角梁端部有龙头，面饰瓦纹，顶浮雕有四个左右相接且两相对称的五角星；碑台方形，每边长 3 米，高 0.80 米。碑正面刻有“抗日阵亡烈士纪念碑”9 个阴刻楷书大字，下款为“徐向前题”；碑背面刻有山东纵队第一旅司令部的撰文；碑左右两面刻有纵队政委黎玉的

抗日阵亡烈士纪念碑　（1999 年　摄）

题词和烈士姓名，楷书，阴刻。此碑是山纵第一旅为纪念全旅在抗日战争中牺牲的 165 名指战员而建，其中，有洪涛等旅团级干部 6 人、营级干部 11 人、连级干部 63 人、排级干部 85 人。

颜庄烈士纪念碑　1949 年 5 月，颜庄区公所主持刻立于颜庄村铺园，后迁于莱芜烈士陵园内。碑面呈长方形，碑底座长 1.80 米、 宽 0.52 米、高 0.15 米；碑身宽 1.37 米、高 1.22 米、厚 0.25 米，碑正中竖刻着 “为人民尽忠气壮山河”9 个阴刻楷书大字，碑背面正中竖刻着“为国捐躯浩气长存”8 个楷书大字，碑两面的大字两边刻有在抗日战争和

颜庄烈士纪念碑　（2005 年　摄）

解放战争中牺牲的吴修玮等247名烈士的姓名；其中，有营级干部4人、连级干部20人、排级干部26人、班级干部33人和战士164人。

第四节 古墓与出土文物

古墓

下古墩墓群 位于下古墩村西的亓家林地。占地东西长约250米、宽约100米。1976年村民在墓地东南侧土堰上挖土时发现小坑竖墓9个，内有铜剑、铜戈等器物。墓地东沿北侧发现一中型土坑墓，墓室距地表约5米，长宽各约7米，挖出两筐青铜胄。1993年10月，在此墓内挖出铜剑、贝巾、骨贝等，后被山东省博物馆收藏。

1993年11月，村民在墓地东南侧用土时，挖到一个棺椁墓，墓室距地表约5米，呈长方形，南北长6米、宽5米，棺椁已腐烂，为一棺两椁，存有朱红漆，漆上绘有几何纹，墓壁上有夯层，较光滑，并有火烧痕迹，墓室已扰乱，底南侧有南北长近1米的一层红土，上置随葬的部分器物，墓内有5具人骨和1具马骨，另有青铜器、陶器等一宗。据考证此地为春秋战国墓群。

金水河墓群 位于黄庄镇北金水河村东高地，东西长180米，南北宽78米，为土坑竖穴墓，东部南部墓穴暴露，出土有陶罐、陶豆、铜戈和铜剑等器物，为战国墓群。1998年被确定为区第一批重点保护文物。

北门外墓群 位于艾山街道清泥沟村北，东西长150米，南北宽60米。20世纪60年代，村民修水渠挖土时发现，墓室有的为砖室墓，出土的有汉砖等文物，为汉代墓群。1998年被确定为区第一批重点保护文物。

下古墩古墓群遗址 （2000年 摄）

肖马庄墓群 位于艾山街道肖马庄村，已被破坏，遗有较多的汉砖，为汉代墓群。

清泥沟西墓群 位于艾山街道清泥沟村西700米的砖瓦厂处，墓地东西长100米，南北宽约50米，为砖室墓，出土器物有里花四单罐、瓷碗和石砚等，为元代墓群。

马家庄将军墓 位于黄庄镇马家庄村南的河中间高台地上，为一石室墓，保存较好，出土物有铜箭、镞等，为明代墓。

出土文物

主要由下古墩古墓群出土。器物有青铜器、乐器、陶器和工艺品等。

青铜器物 有饮食器、水器、车马器等，饮食器有鼎、豆、盆。

铜鼎7件。Ⅰ式1件。圆顶盖，上有环形捉手，两附耳，鼓腹，圜底，三粗矮兽蹄足，腹中部饰有一周凸棱，盖、腹、足3处饰蟠、螭纹，底无纹饰，但有火烧灰层。通高25.50厘米，耳高7厘米，足高10厘米，口直径21.50厘米；Ⅱ式6件。直口，平缘，厚大的斜立耳，深腹，矮兽蹄足，除耳、足外，均碎；铜豆1件，盘直口，深腹，圜底，两环耳，足已无，素面。豆盘高8厘米，口直径18厘米；铜盆1件，已成碎片；铜舟1件，敛口，圆肩，瘦腹，平底。扁腹两侧有环耳，素面，高7.50厘米，口呈椭圆形，长13.50厘米，宽11.30厘米，底长8厘米，宽7厘米。

乐器 有钮钟、石磬。钮钟5件，腔已碎；石磬2组11件，有的已断，中脊处有孔，磨制平整、光滑。

陶器 有鼎、罐、杯。陶鼎1件。较大，腹壁已碎，兽蹄形足，高15.50厘米，足底直径5.50厘米，灰黄色；陶罐1件。敞口，圆唇，斜肩，直腹，平底，器高23.50厘米，口直径14厘米，腹围90厘米，底直径12厘米，腹饰布纹，土黄色；陶杯1件。直口圆唇，直腹，平底，三锥状足。器高15.50厘米，口直

径 10.50 厘米，足高 2 厘米，腹上部有一单环耳。器表饰白粉，上有红、黄色彩绘痕迹。

工艺品　有骨梳、串珠、管、指錾等。骨梳 2 件，已残。串珠为俗称的滑石制成。管和指錾多件，均为水晶石质。

第五节　文物保护

1995 年区文物管理办公室建立，负责全区范围内的文物调查、发掘、维修和收藏工作。2005 年推荐和公布区以上文物保护单位 18 处。

自 20 世纪 90 年代，全区共投资 260 万元，维修棋山后宫，建立通往山顶的石阶路、凉亭和棋山柯烂雕塑群。文物收藏品有青铜器、乐器、陶器、工艺品、骨器、车马器、瓷器、食器、水器、货币、古籍、碑刻和纪念地 13 种门类，其中，国家一、二级文物 8 件，三级以上藏品 30 件。2001 年为文物收藏室安装钢筋门、窗和保护箱，对古籍、碑刻、古遗址、古建筑、古墓群和纪念地实行专人保护。

钢城区区级重点文物保护单位一览表

表 21－4－1

文物名称	所在地	建造年代	备注
铁山铁矿遗址	里辛镇银山村西铁山上	唐、清	1998 年 7 月公布为区第一批重点文物保护单位
银山矿遗址	里辛镇银山村东银山上	唐、清	1998 年 7 月公布为区第一批重点文物保护单位
金水河墓群	黄庄镇北金水河村东	战国	1998 年 7 月公布为区第一批重点文物保护单位
北门外墓群	艾山街道清泥沟村北	汉代	1998 年 7 月公布为区第一批重点文物保护单位
三岔河佛洞子	里辛镇三岔河村南	宋代	1998 年 7 月公布为区第一批重点文物保护单位
九堂行宫	艾山街道宋家庄	明代	1998 年 7 月公布为区第一批重点文物保护单位
花雨山王母阁、关帝庙	颜庄镇澜头村西南	王母阁：不详。关帝庙：不详，清嘉庆十二年由山之东麓迁入。	1998 年 7 月公布为区第一批重点文物保护单位
丈八丘墓碑群	黄庄镇丈八丘村南	清代	1998 年 7 月公布为区第一批重点文物保护单位
牛道碑	艾山街道双杨桥村	清光绪十七年	1998 年 7 月公布为区第一批重点文物保护单位
抗日阵亡烈士纪念碑	里辛镇棋山观村	1941 年	1998 年 7 月公布为区第一批重点文物保护单位
棋山后宫	里辛镇棋山阴面山腰	清康熙初年	2000 年 11 月公布为区第二批重点文物保护单位
棋山柯烂	里辛镇棋山山顶	—	2000 年 11 月公布为区第二批重点文物保护单位
雪蓑洞	里辛镇棋山西面山腰	—	2000 年 11 月公布为区第二批重点文物保护单位

第五章　体　育

1993年设立科教文卫体运动委员会，由1名副主任分管体育工作。1994年11月，成立区教育文化体育运动委员会，由1名副主任分管体育工作，下设文体工作站，干部职工2人。1997年7月，成立区体育运动委员会，配备主任、副主任各1人。2001年成立文化体育综合服务中心（文体办公室），配备主任1人、副主任2人。

1997年9月，区老年人体育协会成立，与区体委合署办公，配备主席1人、副主席3人、委员12人和秘书长1人。至2004年，基层协会发展到4个镇（街道），有会员100余人。

第一节　场地器材

场地

20世纪50年代，境内仅学校有体育场地，且面积小，设备简陋。70年代前后，部分中心小学和中学始建较高标准的活动场所，设施日渐齐全。省、地厂矿都建有专用体育场所。2005年区内机关、学校、厂矿和镇（街道）共有篮球场78处（其中灯光球场4处）、田径场20处、足球场10处、排球场30处、羽毛球场16处和乒乓球室36间。

区老年门球场

器材

1950年后，机关、学校、企事业单位等逐步添置篮球架、乒乓球台、单杠、双杠和跳箱等体育器材。

2005年区内建有乒乓球台200副、体操器材208套、篮球架78副、排球架60副和全民健身组合器材2套，区业余体校有杠铃3套、垫子46块，武术、田径器材相应齐全。

第二节　群众体育

概况

清代至民国时期，境内民间有二月风筝、三月踏青、六月游泳和九月登山等风俗，农闲时许多村有习武打拳、耍棍和舞刀的习惯。

20世纪50年代，境内体育活动均是群众自发的业余体育活动，传统项目有跑步、广播体操、乒乓球、拔河和象棋等。农村青少年多喜爱跳绳、跳方、摔跤、踢毽子、捉迷藏、打蹦、拾子和下棋（四周、五虎、六周、拿王林、鸡毛蒜皮）等。街头巷尾、田间地头、场院等处为活动的主要场所。

“文化大革命”期间，公社机关、厂矿和农村组织青年民兵开展军事训练，经常举办射击、投弹练习，有条件的村庄还开展乒乓球、篮球、游泳和拔河等活动。

自20世纪80年代，群众体育活动项目和运动队伍逐渐增多，80%的村庄以“民兵之家”为阵地，开展各类体育活动。有篮球、乒乓球、羽毛球、走步、跑步、象棋、拔河、太极拳和太极剑等项目。1985年颜庄办事处组织代表队参加莱芜市举办的首届“万元户”农民运动会。1987年始里辛乡每年组织农民代表队与莱钢特钢厂举办春季运动会。

1993年1月建区后，先后发展单项体育协会3个，与莱钢联手开展体育赛事等活动。1995年贯彻《中华人民共和国体育法》《全民健身计划纲要》，全区群众体育活动日益增多。2005年全区有乒乓球队40个、队员400余人；篮球队30个、队员450余人。

群众体育活动

有农民参加的篮球、乒乓球、象棋、拔河、气功、扑克和民间传统体育活动；城镇居民参加的太极拳、太极剑、气功、门球、台球、扑克、钓鱼和导引养生功；妇女、儿童参加的家庭趣味运动会等。

群众体育赛事

1995年8月，区体委在区交通局举办第一届“交通杯”乒乓球比赛。乡镇、区直机关、学校和企事业单位17支代表队的150名运动员参加比赛；9月，区体委在区交通局举办第一届“交通杯”象棋比赛。乡镇、机关、学校和企事业单位15支代表队的90名运动员参加比赛。1996年6月，举办全民健身运动会。分别在城子坡中学、交通局、交警二大队、公安分局和检察院举办篮球、乒乓球、羽毛球、象棋、拔河5个项目的比赛，分为乡镇和区直机关企事业单位2个组，共16支运动队的460名运动员参加比赛。1997年6月，举办“义和杯”篮球比赛，乡镇(街道)、区直机关和企事业单位16支代表队160余名运动员参赛；10月1日，莱芜市第一届农民篮球比赛，里辛镇农民篮球队代表全区参赛，获得亚军；10月18日，区体委举办第一届“汇源杯”象棋比赛，乡镇(街道)、机关、学校、企事业14支代表队62名运动员参加比赛。1998年8月22日，举办第三届“洪举杯”篮球比赛，分乡镇和机关企事业单位2个组，12支代表队140名运动员参加比赛，里辛镇获农民组冠军。1999年区选送的运动员刘纯豪、刘守太参加山东省第三届残疾人运动会，分别获得男子组100米第二名和举重银牌。1999年9月，区体委、区工会、区机关工委承办迎澳门回归登山比赛，来自区直机关、企事业单位13支代表队共100余名运动员参加艾山登山比赛。至2005年，全区举办各类体育竞赛100余次，参赛1.60万人次。

老年体育

1997年9月，区老年体协成立后，组织参加山东省和莱芜市举办的太极拳、太极剑等培训班，培养辅导员30人。全区建立门球场地1个、室外活动点21个和活动室6个，争取资金2万元，购置门球、乒乓球、台球、象棋设施及组合健身器材和电视机等。每年举办1~2次老年人体育运动会，通过比赛，选出优秀运动员参加市老年人体育运动会。2000年9月9日，在区政府宿舍广场举行首届老年人运动会，各镇(街道)和区直机关、学校、企事业单位共11支代表队的110名运动员参赛，共6个比赛项目，分别决出镇(街道)组和区直机关组前三名，评出1个精神文明代表队。至2005年，在全区举办太极拳、太极剑和导引养生功训练班5期，培训100余

老年门球比赛 (2004年 摄)

人。区老年体育协会多次被评为莱芜市老年体育工作先进单位。

第三节 学校体育

学前体育

1958年境内始办幼儿园，园内设有简易少儿体育设施，并组织幼儿开展简单体育活动。“文化大革命”期间，农村幼儿园活动不正常。自1979年，学前教育恢复，各类体育项目如吊船、转椅、双头摇马、杂技和小篮球等也逐渐恢复。1985年75%以上的村建起幼儿园，体育教学内容除游戏外还有走步、跑步、滑梯、压板、跳绳、扔沙包、踢皮球、童车和小武术等。

1993年1月建区后，全区各幼儿园注重素质教育，寓学习于游戏活动中，体育设施又增添键盘、舞蹈、韵律健身操等。至2005年，全区幼儿园共举办各类幼儿体育运动会20余次。

小学体育

清末民初，澜头小学、黄庄小学和肖马庄小学等一批初级学堂内设有以兵式操为主要内容的体育课。20世纪30年代，多数小学设体育课，教学内容除体操外，开设跳高、跳远和赛跑等项目以及武术、跳绳和踢毽子等民间传统体育活动。1948年境内小学体育课每周2课时，因条件限制，内容以各种游戏为主，有走步、跑步、跳绳、踢毽子、拉羊羔和抓俘虏等，条件较好的学校开展一些简单的田径项目，如跳高、跳远、短跑、投掷、体操、武术和拔河等。

中华人民共和国成立后，体育课列为小学必修课。1953年5月，黄庄区在丈八丘村举办全区小学运动会，开创境内学校体育竞赛的先河。1954年小学推行“少年广播体操”，按照教学计划，每周设两节体育课，并设课间操和课外活动。1960年在小学推行“少年劳卫制”锻炼活动，除病残者外，要求学生全部参加锻炼并达到一、二级标准。“文化大革命”期间，体育课改为军体课。1975年5月，《国家体育锻炼标准条例》公布，学校全面执行锻炼标准。

1993年1月建区后，体育教学内容分为理论部分和实践部分，增设攀爬、滚翻、韵律健身操、舞蹈、田径、球类等项目和体育卫生保健知识（室内授课）。各小学都建立了各类运动队，每年都举办田径、球类、健身操等运动会和体育竞赛。1995年4月，区教委、区体委联合举办钢城区第一届中小学生田径运动会，小学组以乡镇组队参赛，在区运动会举办之前，各乡镇都相应举办中小学生田径运动会，选拔运动员参加区运动会。

至2005年，全区有3所小学被莱芜市命名为“体育传统项目学校”。

中学体育

1958年境内中学施行《准备劳动与卫国体育条例》，简称“劳卫制”。20世纪60年代，中学学生除上好“两操一课”（早操、课间操和体育课）外，增加军事训练课。教学内容为篮球、排球、羽毛球、乒乓球、短跑、长跑、跳高、跳远、手榴弹、标枪、拔河、跳绳和游戏等。“文化大革命”期间，体育教学内容改为以军事训练为主，主要有刺杀、射击、投弹和野营训练等。1975年各中学恢复体育课。

自1978年，各中学全面贯彻落实《体育工作暂行规定（草案）》，全面实施《国家体育锻炼标准》，上“两操一课”，开

全区中小学生田径运动会 （2005年 摄）

中学生跳绳比赛　　（2000 年　摄）

展体育达标活动。1985 年莱芜四中被泰安市命名为“田径传统项目学校”，颜庄中学被莱芜市命名为“田径传统项目学校”。

1993 年 1 月建区后，增设球类、体操、韵律健身操、武术和体育理论知识等。各学校分别成立田径队、篮球队、乒乓球队、足球队和韵律操健身队等运动队伍，利用早上和下午课外活动时间进行训练。各学校每年都分别举办不同项目竞赛 10 余次，选拔优秀运动员参加上一级竞赛。

1994 年至 2005 年，区教委和区体委多次联合举办中学生田径、篮球、排球、足球、乒乓球和韵律健身操等运动会，选拔队员组织参加莱芜市中学生运动会。有 5 所学校被莱芜市命名为体育传统项目学校，有 2 所学校被山东省命名为体育传统项目学校，全区考入体育大专院校的学生 100 余人。

业余体校

1997 年 9 月，钢城区在城子坡中心小学建立业余体校。设田径、举重 2 个班，学生 30 人，其中，田径班 18 人、举重班 12 人、专职教练员 3 人。训练时间为早晨和下午课外活动时间，学员每年都参加区、市运动会和各类选拔赛。1999 年 10 月，被评为山东省先进业余体校。至 2005 年，共获得市级以上单项比赛冠亚军 640 个，其中世界级 1 个、亚洲级 1 个、国家级 2 个、省级 16 个、市级 620 个；向山东省和莱芜市体育院校输送学员 106 人，其中省 12 人、市 94 人。向各类大专院校输送学生 6 人，其中本科生 2 人，中专生 4 人。获莱芜市体育道德风尚奖 5 次。

体育教师

20 世纪 50 年代，境内中小学体育教师缺乏，只配兼职教师。60 年代以后，重点小学和重点初中配专职体育教师。1993 年 1 月建区后，加强对体育教师的重点培训，录用大批师范院校体育专业毕业生充实教师队伍。2005 年全区共有中小学体育专职教师 40 人、兼职教师 110 人。

第四节　竞技体育

建区前，境内各级体育比赛由所在县市负责举办，先后有 3 人次在国家和省级运动会上取得好成绩。1983 年莱芜四中学生刘常勇代表莱芜参加在济南举行的全省马拉松比赛，获男子组第一名。1989 年又代表山东省参加全国马拉松比赛，获男子组第一名。1992 年城子坡镇运动员赵红霞代表莱芜市参加山东省第十七届运动会，获女子组举重 2 枚金牌。

1993 年 1 月建区后，全区体育竞赛主要是

2005 年 9 月 30 日，孟丽丽在世界摔跤锦标赛女子 67 公斤级决赛中夺得金牌

每年春秋两季召开的各校中小学生田径运动会。1995年起,每年举办全区中小学生田径运动会,先后共参加莱芜市各届运动会和比赛8次,先后有6人次在省以上运动会取得好成绩。1999年,出自城子坡街道的运动员孟丽丽、出自颜庄镇的运动员南开军、出自黄庄镇的运动员陈伟和陈峰,代表莱芜市参加山东省运动会,分别获得摔跤、射箭、举重和柔道冠军。1999年9月,莱芜四中女子篮球队代表莱芜市参加在临清市举行的山东省篮球比赛获亚军和体育道德风尚奖。2000年孟丽丽代表国家队参加亚洲摔跤锦标赛,获女子组亚军。2002年艾山街道选送的运动员栾召超、吴会月和安鹏代表莱芜市参加山东省"希望杯"运动会,分别获得摔跤、举重和柔道3个项目的冠军;孟丽丽代表国家队参加世界杯摔跤比赛,获女子组亚军。2004年孟丽丽代表国家队参加在雅典举办的奥运会。2005年9月,孟丽丽代表国家队参加世界摔跤锦标赛,在女子67公斤级决赛中获得冠军。

境内运动员参加省以上比赛获奖情况一览表

表21-5-1

姓名	性别	代表单位	赛事名称	参赛项目	参赛年份	参赛地点	获奖名次
刘常勇	男	莱芜县	山东省马拉松	长跑	1983	济南	1
刘常勇	男	山东省	全国马拉松	长跑	1989	北京	1
孟丽丽	女	莱芜市	山东省第十七届运动会	摔跤	1994	济南	1
孟丽丽	女	山东省	全国少年女子柔道	柔道	1996	北京	1
孟丽丽	女	莱芜市	山东省第十九届运动会	柔道	1998	潍坊	1
孟丽丽	女	国家	亚锦赛	摔跤	2000	—	亚军
孟丽丽	女	山东省	全国锦标赛	摔跤	2000	—	冠军
孟丽丽	女	国家	世界杯	摔跤	2001	—	亚军
孟丽丽	女	国家	世锦赛	摔跤	2001	—	冠军
孟丽丽	女	国家	世界杯	摔跤	2002	—	亚军
孟丽丽	女	山东	全国女子自由式摔跤冠军赛	摔跤	2003	—	冠军
孟丽丽	女	国家	奥运会	摔跤	2004	雅典	—
孟丽丽	女	山东	全国女子自由式摔跤锦标赛	摔跤	2004	—	冠军
孟丽丽	女	山东	全国女子自由式摔跤锦标赛	摔跤	2005	—	冠军
孟丽丽	女	国家	世锦赛	摔跤	2005	布达佩斯	冠军

第六章　旅　游

1997 年 8 月，钢城区设外事侨务民族宗教办公室（旅游局）。2000 年区委、区政府成立分工副书记、分工副区长任组长的棋山旅游区规划建设领导小组。2002 年里辛镇成立棋山风景区旅游管理处，为副科级事业单位，定编 10 人。2001 年 3 月 25 日至 31 日，里辛镇在棋山风景区举办第一届棋山文化旅游节，先后共举办 5 次。至 2005 年，区内建成棋山森林公园、花雨山、卧虎山、九龙山、万亩桃园景区，以及牟汶河十里水带、莱钢工业园等景区景点 10 余处。全区有新兴大厦（三星级宾馆）、钢都宾馆（二星级）、新世纪大酒店、莱钢宾馆等旅游宾馆酒店 26 家。有蓝天、新天地、钢城和天马等 4 家旅行社。

第一节　旅游资源

境内旅游资源丰富。主要有棋山“省级森林公园”以及棋山柯烂、佛洞子、雪蓑碑、抗日阵亡烈士纪念碑等文物古迹和人文景观；“中国蜜桃之乡”为代表的金水河流域、霞峰流域和施家峪流域“万亩桃园”和旅游观光生态农业；名列“沂蒙七十二崮”的青杨崮、旋崮峰峦景色；绵延 10 余公里的九龙山、花雨山和卧虎山山林风光；以“钢铁是怎样炼成的”为题材的莱钢工业园景区；以南湖水上公园为中心的牟汶河十里水带等。

第二节　景区景点

棋山森林公园

位于钢城区东部里辛镇与黄庄镇交界处，距区政府 13 公里。占地面积 12 平方公里。2000 年 4 月，批准为“省级森林公园”。山上有松树、刺槐和果树等 0.13 万余公顷，森林覆盖率达 80%以上。各种植被 100 余种，各种动物、鸟类 40 余种。景区有棋山柯烂、一线天、双猴山、老鹰石、雪蓑洞、佛洞子和后宫庙等历史人文景观 10 余处。自 2000 年，区政府和里辛镇政府对棋山进行进一步开发，把景区建设与发展观光旅游农业相结合，在棋山流域规划建成苹果、桃、杏、枣、李子和葡萄等规模果园，果树有 6 大系列 20 余个品种，果园面积 400 余公顷。修建从棋山前到后宫延伸至棋山观村约 20 公里的环山路及 25 公里营林路，开辟 3 条游览路，铺设 4 条 2 米宽的登山石阶 4000 米。为景点旅游服务的特产销售部、酒水冷饮服务点和风味小吃“棋山炒鸡”店达 200 余家。至 2005 年，年接待游客 10 余万人次。

棋山人文景观

棋山自古就是莱芜八景之一，山上有棋山柯烂、雪蓑洞等景点 10 余处。

棋山柯烂　根据“棋山柯烂”传说中的故事情节，2003 年里辛镇定制“棋山柯烂”人物雕塑群，以

棋山柯烂雕塑　（2005 年　摄）

栩栩如生的人物造型再现当年的神话故事情节。雕塑群置于山峰下面的棋山广场。

雪蓑洞　位于棋山之阴的半山腰上，相传当年雪蓑子曾在此驻足。

佛洞子　建于宋代。位于里辛镇棋山观村南岭，东邻棋山，占地东西长约100米、宽约50米，分南北两组石窟。

后宫庙　位于棋山背阴，为佛、道教合一的寺观。始建于明正德八年(1498年)，后于明天启五年(1625年)、清康熙十六年(1677年)、乾隆九年(1744年)、同治八年（1869年)4次重修，1949年被毁，1999年再次重建。前院为碧霞元君殿，后院为观音殿，分别供奉碧霞元君、观音菩萨等塑像。设有阅台，为上香、祭祀的场所。

桃花　（2005年　摄）

花雨山景区

位于钢城区西北部，距区政府15公里。花雨山，又名万花山、花峪山，相传因每年有72场浇花雨而得名。花雨山庙，修建年代不详，现存庙宇建筑多为重修或由别处迁入。王母阁和观音庙，清康熙二十一年重修；关帝庙，清嘉庆十二年由花雨山的东麓迁入；玉皇大帝庙，1995年3月重修。山坳有古柏2棵，有“齐鲁柏王”之称。近山顶处，有一“石大夫洞”，面积20平方米。花雨山庙会为每年农历三月初三。

九龙山景区

2005年颜庄镇修通东起埠东村西至孙家庄村的环山公路，行程15公里，串联形成以九龙山的山、水、泉、林和石为主体的九龙山风景区。主要景点有泉水峪山泉瀑布、沿途林海松涛和卧虎山奇石果园等。卧虎山有元宝石、神仙碾石、三人打坐石、海豚望月石等奇石景观10余处。山麓有水库2座，植有花椒、苹果、板栗和杂果等果园千余亩，并有农家乐风味小吃。

万亩桃花园

黄庄镇霞峰流域、金水河流域和艾山街道施家峪流域的万亩黄金桃、寒露蜜桃桃园，每年桃花盛开之时，吸引周边数万人前来赏花踏青。自2004年，黄庄镇举办每年一度的桃花节，届时7天，每天赏花游客数千人。

牟汶河十里水带

东起金水河，西至寨子大桥，全长10公里。建有溢流坝10座，岸边遍植垂柳、泡桐、花卉等。中心地带莱钢新兴公园，建有游乐场、钓鱼岛等景观。2005年莱钢集团公司在游乐场对面的南山上建9级观光塔1座。

花雨山庙　（2005年　摄）

莱钢景区

“十五”期间莱钢进行“十五”技改项目建设，建成银山型钢工业园。工业园集“钢铁是怎样炼成的”和厂区绿化美化于一体，连同不断改造升级形成的新兴公园及与济青高速公路连接的莱钢大道等形成莱钢景区，自2003年，每年接待游客数千人。

第二十二编

社会生活

SHEHUISHENGHUO

第一章　居民收入与消费

第一节　居民收入

农村居民收入

中华人民共和国成立后，由于农村实行集体经营，农民家庭经营性收入较少。进入20世纪80年代，农村实行家庭联产承包责任制，通过搞多种经营，农民收入渠道增多，收入增加。通过发展乡镇企业和个体经济，一大批农民走上务工经商的道路，工资性收入在家庭收入中占较大比例。1993年1月建区后，农业产业结构不断调整优化，农民收入稳定增长。区、镇、村(居、社区)各级以提高农民收入为目标，引导农民调整农业产业结构和农村经济结构，发展优质高效农业、绿色农业，使第一产业的产值持续增长。同时，通过发展民营经济，兴建工业园区，促进农村剩余劳动力向二、三产业转移，工资性收入在家庭收入中所占比例日益增大。2005年全区农民人均纯收入4760元。

城镇居民收入

城镇居民收入主要来源于职工工资。1993年全区职工平均工资为2216元，之后，通过多次调整，职工工资标准、档次及增幅均有较大变化。2005年全区职工平均工资为15267元。

自20世纪90年代，城镇在职职工利用节假日从事第二职业者渐多，一些无固定工作的居民、职工家属也积极从事经营或务工劳动，增加收入。2000年统计部门开始开展城镇居民收入调查，结果显示，全区城镇居民年平均可支配性收入为6532元。2005年达到10786元。

居民在储蓄所办理业务　(2005年　摄)

1993～2005年钢城区农民人均纯收入统计表

表22－1－1　单位：元

年份	1993	1994	1995	1996	1997	1998	1999	2000	2001	2002	2003	2004	2005
收入	1121	1616	1960	2434	2680	2950	3092	3292	3496	3667	3923	4271	4760

1993～2005 年钢城区职工平均工资及城镇居民人均可支配收入统计表

表 22－1－2 单位：元

年 份	职工平均工 资	城镇居民人均可支配收入	年 份	职工平均工 资	城镇居民人均可支配收入
1993	2216	—	2000	6600	6532
1994	3023	—	2001	7253	7176
1995	3196	—	2002	8090	7425
1996	4173	—	2003	8914	8469
1997	4934	—	2004	13784	10132
1998	5500	—	2005	15267	10786
1999	6089	—			

第二节　居民消费支出

20 世纪 70 年代前，境内居民消费水平低，主食以粗粮为主，许多家庭处在“糠菜半年粮”的生活状态；服装面料以粗布为主。70 年代后，居民的生活状况有所改善，但面粉等细粮只是逢年过节或招待客人时才食用，衣着颜色单调，款式单一，“的确良”为高档衣料；只有经济条件好的男女青年结婚时才置办自行车、手表、缝纫机和收音机（俗称“四大件”）等高档消费品。进入 80 年代，主食逐渐由以粗粮为主转向以细粮为主；衣料时兴化纤织品，服装款式、颜色日渐多样化；自行车、手表、缝纫机、收音机、电风扇、黑白电视机、沙发、写字台和衣柜等日用消费品逐渐进入普通家庭。自 90 年代，主食结构更加丰富，肉、蛋和奶逐步成为居民常用食品；衣料讲究时尚、美观，毛料等高档面料受欢迎；彩电、影碟机、电话、摩托车和农用三轮车等成为家庭必备的家用电器或运输工具；家庭经营性支出增多，拖拉机等农业机械、农村用电量、化肥施用量较快增长。2000 年后，汽车、电脑、空调、数码相机、各种款式手机及高档 DVD 机和微波炉等开始进入部分家庭。

20 世纪 90 年代，普通农村家庭摆设　（1997 年　摄）

1993～2005 年钢城区农民人均消费性支出统计表

表 22－1－3 单位：元

年 份	1993	1994	1995	1996	1997	1998	1999	2000	2001	2002	2003	2004	2005
消费性支出额	658	1251	1431	1625	1972	1890	1997	1654	1925	1930	2149	2155	2643

第二章　衣食住行用

第一节　衣料服饰

衣料

清末至民初，境内服饰衣料多以手工织布为主。20世纪20年代，机织布(俗称洋布)始渐流行，丝织品、毛制品只有少数富户绅商穿用。70年代，机织布逐渐成为主要衣料，品种有平纹、斜纹、咔叽、平绒和条绒等；同时，化纤布料逐渐流行，的确良、涤卡最受欢迎。80年代起，衣料品种迅速增多，化纤及毛呢衣料盛行。

服装

清代，官员及进士、举人等有功名者，皆有规定服装，公务、接待及参加典礼等均着官服，不得违反。中华民国成立后，官服制度被废除，书香门第原已流行的内穿长袍、外套马褂、头戴帽垫、脚穿布鞋布袜仍沿袭盛行，部分官绅豪门巨商将帽垫改为礼帽，有的将马褂改为西式大衣，以示中西兼备。20世纪50年代，境内男性夏、秋多穿对襟褂、裹腰长裤、圆脸布鞋，农民多穿“铲鞋”；冬季穿对襟棉袄或大襟棉袄、长棉裤，脚穿布棉鞋、棉袜，头戴帽垫或“毡帽头”，一些农民还穿“衩裤”。女性多穿大襟上衣，长腿裤，常年系腿带(俗称扎腿)，只有冬棉夏单之分。另外成年人有穿坎肩的习惯；不论男女老幼，内穿衬衣和短裤者极少。

随着人民生活水平的提高，服饰逐步讲究。20世纪80年代，绒衣、绒裤、短大衣、长大衣、蝙蝠衫、面包服、西服以及各式各样的布鞋、皮鞋、胶鞋、塑料鞋等普遍流行。

发型　饰品

20世纪50年代之前，境内未婚女性将头发梳成辫子，已婚女性均将头发拢起向后梳髻，俗称“纂”，佩以簪、钗和网等，耳垂穿孔戴坠子，还戴手镯、戒指和项链等，一般多为铜、银制品，富裕者用金制品。1949年后，已婚妇女梳髻者日渐减少。60年代，新婚女性全部剪短发，簪和钗等饰物随之停用。今绾纂者除个别老年妇女外已不多见，代之以烫发、佩戴耳环、戒指和项链等。男性除手表外，极少有佩戴饰物者。

20世纪50年代之前，境内男性多数剃光头，少数高龄老年人沿袭过去习俗留有发辫或较长发型，青少年学生和公职人员，普遍留往两边分的发型，称为“留分头”。随着时间推移，高龄老年人相继去世，留发者逐渐消失。至70年代，“留分头”者较为普遍，剃光头者渐少。自80年代初，“分头”逐渐被“平头”代替。90年代后，发型日趋多样化，既有“分头”，又有“平头”，还有“老年头”“背头”“青年头”“烫发头”等等。

男性有长期戴帽子的习俗，除夏季外，一年三季都戴帽子，冬季戴棉帽，包括皮帽、绒帽，春、秋季，老年人戴毡帽，年轻人戴单帽。自20世纪80年代后，除冬季戴棉帽外，其余季节戴帽者逐渐减少。

第二节　食　品

饮食

境内居民日常饮食为一日三餐。中华人民共和国成立后，境内居民平时吃玉米、谷子、高粱和地瓜等粗粮，以地瓜面煎饼最为普遍，此外还有窝窝头、稀粥、小豆腐、小米饭和米面糕等多种食品。细粮(小麦面粉)的吃法多种多样,有馒头(馍馍)、卷子、面条、水饺、蒸包、煎包、油饼、锅饼、单饼、烧饼、火烧、挂面和油条等,还有最简单的食品叫馉饳,俗称面疙瘩。20 世纪 80 年代后,面食已成为普通居民的主食,在一些家庭,小米煎饼成为改善生活的食品。

副食历来是粉皮、粉条等地瓜制品,豆腐、豆芽、豆腐干和豆腐皮等豆制品。蔬菜以白菜、萝卜、菠菜、芹菜、韭菜、葱、姜、蒜、蒜苔、苦瓜、莴苣、番茄、马铃薯(地蛋)、茄子、辣椒、藕和黄花菜等为主,还有瓜类(南瓜、冬瓜、北瓜、倭瓜等)和豆类蔬菜(芸豆、眉豆、豆荚)等;干菜有海带、蘑菇(松蘑)等;果品有桃、梨、杏、山楂、苹果、枣和核桃等。20 世纪 80 年代,随着人民生活的提高,一些过去逢年过节、待客、有重大喜庆事才食用的食品如鸡、鱼、肉、蛋及其加工制品,以及竹笋、木耳、海米等干菜制品,均成为家庭日用菜肴食品。

筵席菜肴

境内自古有好客传统,接待来客,力求酒菜招待。普通来客的招待,视来客人数,炒 4 个菜、6 个菜、8 个菜或 10 个菜,要双数不能单数,菜的档次视家庭条件而定。如遇婚筵等喜庆大事,则按规格办席,多采取 4 碟 8 碗或 4 碟 10 碗,招待贵客则另加整鸡整鱼 2 个"大件",名曰"抬头席"。讲究排场者,则安排三汤三饭,让客人先喝茶,吃点心;中午吃水饺,饭后再饮茶,并由陪客陪同客人外出散步活动消食,约下午 3 点左右正式开筵。宴席顺序为先喝茶并上 4 个果碟,而后上酒和 4 个小菜碟,再按抬头席的顺序上菜,先整鸡、整鱼,再依次上 8 个菜,第八个菜是丸子,上丸子的同时由主人向客人劝酒,最后再上 2 个菜吃饭。在部分村庄,此习沿袭至今,唯菜碗改用盘。20 世纪末,到宾馆、饭店举办婚宴或家庭宴会的人渐渐增多,根据家庭条件、客人规格等确定宴席标准。一般按约定俗成的"婚宴标准"置办。

回民忌食猪肉,以食牛、羊肉为主,不食动物血和自己死亡的动物。

第三节 居 住

20 世纪 50 年代前,因贫富悬殊,居住条件差别很大。官宦及富有之家,宅舍规模庞大,建筑豪华,料石砌基,磨砖清缝垒墙;厅堂四梁八柱,滚檩方椽,厅房的木质隔扇、窗扇雕花剔透,方砖铺地;屋顶用苇笆、荆笆或薄砖铺面,小瓦盖顶,上置哈巴狗、张口兽等饰物;大门宽阔高大,多是垂珠连龙,黑漆门扇,内有山屏门。中等家庭多是三合院或四合院,有正房(北屋)、厢房(东西屋)、下房(南屋),东(西)南大门,西(东)南栏;房屋多为石基坯墙,多用麦秸、个别用小瓦盖顶。贫穷人家的房舍多以乱石打基用土坯垒墙, 山区多用乱石干碴缝垒墙,木料单细质劣,麦秸或谷草盖顶,既矮又小,十分简陋,有些家庭成员较多的,仅有草房 3 间,大男大女同室,勉强栖身;不少人家连院墙大门也无力修建。

20 世纪 70 年代,农村兴建新房,多为三合院或四合院,石基坯墙草顶,个别砖墙瓦顶,男女老少一般都分室居住。进入 80 年代,多数村庄均统一规划,宅舍排列有序,整齐美观。结构形式多为 4 间或 5 间正房,另有厨房、栏圈、大门,多用料石砌基,红砖垒墙,木质或水泥檩条,苇箔或苇笆覆面,红瓦盖顶,开扇玻璃门窗,有的墙基装饰水刷石图案花纹。自 90 年代末,随着人民生活水平的提高,建房标准不断提高。4 间或 5 间的前出厦带耳屋十分普遍,少数户盖起 2 层以上楼房。屋内多为瓷砖铺地,水泥地面渐少;门窗有木制窗、钢窗、铝合金窗、塑料钢窗等;墙壁粉刷,多用仿瓷涂料或乳胶漆;窗台、墙裙多用水刷石或瓷砖、马赛克等;在水电配套齐全的同时有的还安装土暖气、太阳能等。

20 世纪 90 年代前,厂矿、机关和学校住房,多为石基砖瓦平房,90 年代后多为楼房。商店、旅馆、饭店等建筑不断更新。

20 世纪 70 年代的草房

20 世纪 80 年代的瓦房

20 世纪 90 年代的前出厦房

21 世纪初的农村楼房

第四节 出 行

境内地形为山区丘陵地带。20 世纪 50 年代前，道路狭窄崎岖，行走困难，交通工具主要是木轮手推车，部分富裕者以驴、骡、马和牛等畜拉木轮车辅之，山区则靠人背驴驮。

20 世纪 50 年代，随着公路、铁路建设的发展，交通工具增添木轮平板车、地排车、马拉车和为数极少的自行车。50 年代末，木轮车改为胶轮车。70 年代，公路、铁路建设快速发展。进入 80 年代，汽车、拖拉机和自行车数量剧增。90 年代初，普及自行车，并时兴摩托车，远途旅行乘坐火车、汽车，走亲访友、赶集、进城务工、职工上下班多骑摩托车，田间干活、学生上学多用自行车。90 年代后，公共交通发展迅速，基本达到村村通。2004 年基本实现村村通柏油路，普通小轿车逐步进入一般百姓家，有的家庭购买了高档轿车。

第五节 用 具

境内居民日常生活用品变化较大，主要用具为炊事、饮食、居室用具以及灯具和取暖用具等。

炊事、饮食用具

主要有锅、碗、瓢、盆、盘、勺、筷、案板、刀、剁墩、鏊子、壶、水桶、水缸、水舀、暖壶、茶壶、茶盘、茶碗(杯)、酒壶、酒盅(杯)、火炉及瓶罐等，质量不断提高，样式不断更新，品种日益增多。旧时，多为铁制品或陶制品，后逐步改用铝、塑料、细瓷制品或搪瓷品，土垒煤炉改为铁炉或蜂窝煤炉。20 世纪 80 年代以后，逐步增加液化气炉、暖气炉等，普遍用上暖水瓶。进入21世纪，家用电冰箱、电热锅与日俱增，少数富裕户用上微波炉、电烤箱。

居室用具

旧时，富有之家备有桌、椅、杌、凳、箱、柜、橱和床等，贫苦家庭仅有粗劣品几件，甚至睡地铺，在灶台炕沿上吃饭。20世纪80年代，大部分家庭均将土炕改制为铁、木质板床或棕榈床；室内摆设沙发、躺椅和茶几，箱柜改为大衣橱、木箱、条箱和皮箱等，有的用组合橱，同时多以衣架、写字台、墙角橱及抽屉小方桌等配合使用。铺床除褥子外，增加线毯、毛毯及花被单等。电视机、收录机、电风扇、洗衣机、缝纫机等，成为中等以上家庭必备品。进入21世纪，很多家庭买上高档席梦思床，少数户用上空调，一般家庭都配上沙发；家用电视机不断更新，先后有黑白电视机、彩电和直角平面大彩电等。

灯具

清末民初，居民多用灯碗燃豆油或花生油照明。20世纪30年代，始用煤油灯，富裕人家用玻璃罩子灯，或用蜡台燃蜡烛，后用煤油灯具。部分人用手电，公共场所用上汽灯。60年代，农村开始用电灯。80年代，普及电灯。90年代后，各种节能装饰灯、台灯进入百姓之家，广泛应用。

取暖用具

20世纪50年代前后，境内贫困户多用瓦火盆燃谷糠碎草取暖，中等以上户多用土坯垒砌煤炉烧无烟煤取暖，后逐步普及无烟煤取暖。70年代后，逐步普及用铁煤炉烧烟煤取暖。80年代中期，农村始兴安装土暖气。90年代，半数以上的户安装土暖气，部分户仍以铁煤炉取暖，少数富裕户安装空调。部分厂矿、机关、学校和集体宿舍实行集体供暖。

第三章　方　言

1993年1月钢城区建立，由莱芜市的颜庄镇、城子坡镇、里辛乡，沂源县的黄庄镇和新泰市的寨子乡组成。居民的语言，在语法方面，绝大部分符合现代汉语，少部分具有地方特色。在声调方面，西部、北部和东北部的颜庄、里辛一带，属莱芜口音，东部黄庄一带接近沂源口音，南部寨子一带接近新泰口音。1956年推广普通话，只是在学校师生中取得一定效果。自20世纪80年代，部分工商服务行业的营业人员逐渐使用普通话。进入90年代，随着教育、广播和电视等事业的发展和居民文化素养的提高，学校师生和干部职工，大型超市、商店和服务行业的营业人员普通话水平越来越高，农村居民仍然使用地方语言。在词汇方面，境内有许多具有地方特色的方言词汇，随着普通话的普及，许多旧的词语逐步被新词语所代替。

第一节　语　音

声调

境内语音声调与普通话略有差异。普通话的阴平声境内多读上声，如“方桌”“飞机”；普通话的阳平声境内多读阴平声，如“人民”；普通话的上声境内多读阴平声，如“手表”；普通话的去声境内也读去声，如“战斗”。

声母

部分字音的声母境内话与普通话差异较大，主要有：

(1)普通话以 r 作声母,境内话以 l 作声母。

例字	普通话	境内话
如入乳褥	ru	lu
若弱	ruo	luo
瑞锐	rui	lui
软	ruan	luan
荣茸容绒	rong	long

(2)普通话没有声母,境内话有声母。

例字	普通话	境内话
鹅蛾愕饿恶	e	wo
哀唉哎碍爱	ai	n ŋ 作声母 ai 作韵母
欸	ei	n ŋ 作声母 ei 作韵母
熬袄奥傲	ao	n ŋ 作声母 ao 作韵母
呕欧偶沤	ou	n ŋ 作声母 ou 作韵母
安鞍俺暗岸	an	n ŋ 作声母 an 作韵母
恩摁	en	n ŋ 作声母 en 作韵母
骯昂盎	ang	n ŋ 作声母 ang 作韵母

(3)部分以 j、q、x 作声母的字,境内读作舌尖音,常见的有:

ji　跡迹绩积勣唧疾蒺嫉脊瘠鹡籍楫
　　辑集即济挤荠祭稷鲫际

jian　煎尖剪翦箭渐间践贱溅剑

jiang　将浆蒋奖桨酱

jiao　椒焦蕉礁醮

jie　节疖接截捷睫婕姐褯借

jin　津尽进晋缙烬荩

jing　旌精菁睛晶井净静靖婧

jiu　揪酒就

ju　聚

jue　爵嚼绝

jun　浚竣峻俊骏

qi　漆戚嘁七栖妻凄齐脐砌

qian　签千钎仟阡前潜虔钱浅倩茜

qiang　枪戗呛戕墙蔷樯嫱抢炝

qiao　悄憔谯蕉樵瞧俏鞘俏

qie　切且妾窃

qin　亲侵秦嗪寝沁

qing　青清蜻情晴氰请

qiu　秋揪囚泅

qu　蛆趋取娶趣

quan　全痊诠荃泉

que　鹊雀

xi　昔惜膝西析淅锡悉蟋息熄螅夕汐
　　矽犀樨席袭媳习洗徙玺细

xian　仙先鲜纤冼藓羡腺线

xiang　襄镶相湘厢箱庠详祥翔想象橡像

xiao　肖消逍霄硝销嚣潇萧箫小筱笑啸

xie　些楔斜写亵泻泄卸谢榭屑

xin　心芯辛锌新薪信

xing　星惺腥猩醒省性姓

xiu　羞馐休修袖岫秀锈绣

xu　需须戌胥徐叙酗恤序絮绪续蓿

xuan　宣煊喧旋漩选绚

xue　薛雪

xun　循旬询荀巡寻鲟殉逊巽

(4)部分字的读法与普通话不同

例字	普通话	境内话
缩所	suo	shuo
从	cong	qiong
俗肃宿	su	xu

足	zu	ju
瑞	rui	shui
嫩	nen	lun
牛	niu	you
堆	zui	dui
踏	ta	zha
暂	zan	zhan
拯	zheng	cheng
踩	cai	chai
逆	ni	yi
(接)洽	qia	xia
酿	niang	rang
凝	ning	ying
触	chu	zhu
松颂诵	song	xiong
损笋	sun	xun
翁	weng	gong
捆	kun	qun
倾	qing	qiong
(茅)厕	ce	si
浸	jin	qin
咀	ju	zu
跄	qiang	cang

(5)部分字在一定用途上读法与普通话不同，主要是：

“着”作尾词时读 dao，如拿着、吃着、看着等。“死”作宾语时读 she，如冻死了、吓死了、踩死了等。“里”作尾词时读 ni，如家里、城里等。“折”作动词时读 che，如折断、使劲折等。

韵母

部分字音的韵母境内话与普通话差异较大。

(1)部分字普通话以 ou、ong 作韵母，境内以 u 做韵母：

例字	普通话	境内话
牟谋某	mou	mu
农	nong	nu

(2)部分字普通话以 e 作韵母，境内以 a 作韵母；个别字普通话以 a 作韵母，境内以 ai 作韵母：

例字	普通话	境内话
蛇	she	sha
喝	he	ha
疙割	ge	ga
磕	ke	ka
(山)崖	ya	y 作声母，ai 作韵母

(3)部分字普通话以 e，ao 作韵母，境内以 uo、o、ue 做韵母：

例字	普通话	境内话
哥歌戈各阁	ge	guo
苛柯科棵可渴课	ke	kuo
郝	hao	huo
何荷河和合盒贺	he	huo
勺芍	shao	shuo
凿	zao	zuo
药	yao	yue
薄	bao	bo

(4)部分字普通话以 ie 作韵母，境内以 iai 作韵母；普通话以 ue 或 iao 作韵母，境内以 uo 作韵母；普通话以 uo 作韵母，境内以 uai 作韵母。

例字	普通话	境内话
阶皆街解介界届	jie	j 作声母 iai 作韵母
鞋懈械蟹	xie	x 作声母 iai 作韵母
脚角	jiao	jue
获	huo	huai

(5)部分字普通话以 e 或 ai、i、o 作韵母，境内以 ei 作韵母，只有“供给”和“一定得去”中的“给”和“得”读法例外。

例字	普通话	境内话
得德	de	dei
克刻客	ke	kei
革格隔	ge	gei
责泽择	ze	zhei
摘宅翟窄	zhai	zhei
册策厕测(拆)	ce(chai)	chei
色啬涩	se	shei
色(落色)	shai	shei
笔彼	bi	bei

白掰柏百	bai	bei
悖	bei	be
魄迫	po	pei
拍	pai	pei
墨默	mo	mei
脉麦迈	mai	mei
(供)给	ji	ji
(一定)得(去)	dei	dei

(6)部分字普通话以 uo、ei 作韵母，境内以 ui、ou 作韵母。

例字	普通话	境内话
或惑	huo	hui
勒雷垒泪类累	lei	lui
做	zuo	zou

(7)部分字普通话以 ou、e 作韵母，境内以 ao、iao 作韵母。

例字	普通话	境内话
否	fou	fao
了(放学了)	le	liao

(8)部分字普通话以 un、eng 作韵母，境内以 en、un、in 做韵母。

例字	普通话	境内话
(囫)囵	lun	len
横	heng	hun
讯汛迅	xun	xin

(9)有些字如儿、耳、而、饵、乐、尔、二，境内读时音以 l 作声母 er 作韵母。还有些字在一部分用途上境内读法与普通话不同。

“的”“得”“地”作副词时读 di，“的”作尾词时读 die，如快到的、你的、我的等。

“去”作尾词时读 qi，如回去、家去等。“吧”作尾词时用 e 作韵母，如走吧、睡吧等。“生”有时读 shen，如生炉子、生火等。“尾”(巴)有时读 yi，如马尾巴、猪尾巴等。

音韵

(1)境内有些话不带 er 话音，听起来不如普通话柔和。

例字	普通话	境内话
(木头)板儿	banr	bai
(地瓜)干儿	ganr	gai
(靠)边儿	bianr	biai
(茶)盘儿	panr	pai
(摆)摊儿	tanr	tai
(过)年儿	nianr	niai
(洗)脸儿	lianr	liai
(快)点儿	dianr	diai
(慢)慢儿	manr	mai
(转)圈儿	quanr	quai
(茶)碗儿	wanr	wai

(2)韵母是 en 的字，境内读 er 化音时读成 ei 化。

例字	普通话	境内话
(书)本儿	benr	bei
(小)村儿	cunr	cui
(有没有)准儿	zhunr	zhui
(杏)仁儿	renr	rei

(3)有些字境内读 er 化韵时丢掉 i，把 r 读成 ei。

例字	普通话	境内话
侄儿	zhir	zhei
(有)事儿	shir	shei
(鸡)子儿	zir	zei
(粉)丝儿	sir	sei

(4)b　p　m　n　j 与韵母 i 相拼读 er 化音时，境内把 r 读成 ei。

例字	普通话	境内话
(扣子)鼻儿	bir	b 作声母 iei 作韵母
(枕头)皮儿	pir	p 作声母 ir 作韵母
(小)米儿	mir	m 作声母 ir 作韵母
(大)妮儿	nir	n 作声母 ir 作韵母
(小)鸡儿	jir	j 作声母 ir 作韵母

(5)境内读音不习惯发卷舌音 er，因而没有 er 化音，普通话读 er 化音的字，境内大部分只读原来的字音。

例字	普通话	境内话
(一)霎儿	shar	sha
(小)孩儿	hair	hai

(茶)缸儿	gangr	gang
(铁)锤儿	chuir	chui
(小)锯儿	jur	ju
(小)曲儿	qur	qu
(小)鱼儿	yur	yu

第二节 词 汇

名词

1. 用具

钢城方言　　现代汉语

鲁壶子——茶壶
茶缸子——茶杯
棉条——被里、被面、床单
豆枕——枕头
裤衩子——短裤
汗溜子——汗衫
污盆子——尿盆
电棒子——手电筒
绿珠——碌碡
布袋——口袋
条羹——汤匙
把棍子——木棍
爆仗——鞭炮
茅厮栏——厕所

2. 食品

钢城方言　　现代汉语

渣豆腐——小豆腐
糊豆——粥
包子——水饺
饽饽——煎饼
馍馍——馒头
嘎渣——糊在锅底的食物
饭——米汤或泛指吃饭时喝的水
大油——猪油

3. 动植物

钢城方言　　现代汉语

牛(you——牛
叫驴、草驴——公驴、母驴
马虎——狼
狗黑子——熊
鹁鸽——鸽子
老�——老鹰
黄鼬——黄鼠狼
家雀子——麻雀
花子——猫
掺打木子——啄木鸟
扁嘴、巴巴子——鸭子
曲缠——蚯蚓
老鸹——乌鸦
滴滴水——燕雀
长尾巴郎——灰喜鹊
野鹊(qiao)——喜鹊
檐片户子——蝙蝠
疤拉牛(you)——蜗牛
长虫——蛇
舌虫子——蜥蜴
咬咬——小虫
麻匹——水蛭
梢钱子——蝉
梢钱狗子皮——蝉蜕
蚁羊——蚂蚁
山石蚰——蝗虫成虫
蛟蝈——蝈蝈
棒槌子——玉米
黍秫——高粱
地蛋——马铃薯
洋柿子——西红柿
洋白菜——大头菜
朝阳花——向日葵
野苏子——丹参
黑蒿——茵陈
萋萋菜——小蓟
金针——黄花菜
生——莴苣
车辙子——车前子

姜良子——牵牛花
草珠珠——芡实
波波丁——蒲公英
星石榴、酸楂——山楂
狗奶子——枸杞
老鸹枕头——半夏
槐拉蛋——槐角

4. 时间、方位

钢城方言　　现代汉语

这一么子——这段时间
将才——刚才
扪年——往年
年时——去年
过年——明年
今们——今日
夜来——昨天
早寝起来——早上
头晌午——上午
过晌午——下午
晌午头——中午
后晌——晚上
一盼子——小段时间
埝(niai)儿——地方、位置
这窝眉——这地方
当中——中间
屋当门——屋内地面
天井——院子
崖头——陡坡
旮旯幽、哈拉幽——角落
窝不哋(dei)——矮地方

5. 数目、称谓

钢城方言　　现代汉语

俩——两个
仨——三个
四阿——四个
五啊——五个
六哦——六个
七也——七个
八呀——八个
九哦——九个
十阿——十个
阿——娘
爹、爷、大——爸爸
亲亲——亲戚
当家的——丈夫
家里——妻子
客(kei)——客人
伙计——古指长工，今指同事

6. 其他

钢城方言　　现代汉语

月明——月亮
雨嘎啦——预示阴天下雨的日晕或月晕
风嘎啦——预示要起大风的日晕或月晕
贼星——流星
天河——银河
打呱啦——打雷
饭不拉子——霰(雪珠)
冬冬——冰
土鼓堆——土丘
页拉盖——额头
下颏(hai)——下巴颏(ke)
眼扎毛——眼睫毛
耳碎——耳屎
鼻子——鼻涕
牙花子——牙床
斜涎——口水
妈妈、口子——乳房
卜脐——肚脐
腰子——肾
腚垂子——屁股、臀部
脚(jue)丫巴子——脚丫
干腿子——小腿
拨拉盖——膝盖
底狗子——内部奸细
二指先生——阴阳先生
(小)掐捻——小偷

八股的、啥子的——什么的
营生——东西
皮寒——疟疾
症瘊——疾病、毛病
大肚子皮——黑热病
黄病——不健康
痨病——哮喘
隆过——有空
嘲巴——傻瓜
半调子、二杆子——不聪明
结拉巴子——结巴、口吃
嘎巴——污垢
嘎拉——圆圈
魃子——冰雹
干渴——渴
饥荒——乱子
耳巴子——巴掌
生鉌——铁锈
够呛——不行、可能性不大

动词

钢城方言　　现代汉语

搁下——放下
掺(一刮子)——用巴掌打
吃烟、收烟——吸烟
啦呱——讲故事、闲谈、聊天
打仗——吵架
睏觉——睡觉
打盹——睏、打瞌睡
打个麻拉——睡一小觉
趄下——躺下
攊痒痒——挠痒痒
倒菜——夹菜
提(di)溜——提着
拽——扔掉
拽住——拉住
葬弄——损伤
旮拉起来——围起来
割(ga)肉——买肉
装酒、打酒——买酒
打油——买油
骑拉——骑
卷人——骂人
迈(mei)拉——越级办事、不尊重之意
过睬——看见、看管
哈拉——含化
照望——关照
扒水——游泳
澡洗——洗澡
打出溜——滑冰
打螃连——侧滚翻
竖zheizhei——倒立
翻腚瓜——前滚翻
把骨搂——摔跤
藏捂眼——捉迷藏
格登——单腿跳跃
打秩玩——闹着玩
查伙——结合
扯伙——合伙
捂弄——凑付、欺骗
瞄划、照伙、眯伙——用眼粗略估计
瞭瞭——看看
担过——误事
趋拉——用脚擦掉
古捣、古精——侍弄
咋呼、喊蹬——呼喊
吃口子——幼儿吃奶
扎扎——儿童学走步
把把——抱幼儿大小便
鼓堆——蹲下
下腰、锅腰——弯腰
歇歇——休息
作登——闯祸
够把、舔腚——巴结、奉承
屈荒、加枉——无中生有地冤枉人
斗搂——较量
除祸——暗算、害人

告讼——背后言论他人是非

吵伙——多指长辈批评晚辈

抬杠——故意说不在理的话斗嘴

呲答——训斥

圆成——协调、说和

愿慰——祈求保佑

恶(wo)发——严重发炎、化脓

不吱(zi)声——不说话

收收——藏起来

照应——服侍、关照

挨伙——靠拢

合摸——估算

招呼到、谋量到——威胁、警告语，后果自负之意

打信——寄信

窜圈——逃跑

扎裹——穿衣打扮或治疗疾病

喃——吞

划拉——写字不认真

倒登——搬登、更换

对伙——寻找

刷过、敛伙、攒伙——凑集

唆——批评、教训

不搁少的——舍不得

锛开——锯开

崴伙、移崴——拖延时间

堕懒——懒

存喃——忍耐

不松欢、不愉发、不大得劲——生病、不舒服

发痨病——感冒

涨钱——物价上涨

擦钱——物价下跌

坠鞋——修鞋

别耳他——别理他

使作——耍脾气

扒瞎话——说谎

嘎叽——嘀咕

形容词

钢城方言　　现代汉语

精——精明、会算计

鬼——狡猾、心眼多

不二虎——不害怕、不含糊

稀罕——喜欢、珍爱、在意

好生到——小心、注意

诈煞——自高自大

佯包、烧包、佯晕、扎里不呆——不安分、得意忘形

迷糊——不清楚、迷路、神志不清

虚张拉失——言过其实、不实在

虚荣——不实在

迂磨——不紧凑、磨蹭

稀达拉松——很少或形容人素质差

魔道——神志不清、装神弄鬼

旺相——壮实

犯恶——讨厌

促狭——毒辣

皮——顽皮

大马哈——不在乎

局局溜溜——局促不安

炸手舞掌、猴毛哆嗦——举动轻佻

嘎古、丝粘、加挤、小取半见、厌恶人——办事小气

啁声不拉气——说话尖刻

曰嚼——口吃不清或说话水平不高

狂气——高傲

戏而玩之——不当回事

酸毛湿苦、百木留石、拿捏——说不上怎么才好

装么作势——装腔作势

渣里不待、屁臭呱淡——说话随便且水平很差

喜下下的——笑容满面

疤拉留什——疤多、表面不光滑

样发——漂亮

急气——熬煎

眼生——多指儿童面对生人局促
客——打扮讲究
凋残、疵毛——表现不好
难为——为难
邪古——执拗
得劲——合适
饥睏——饿
撅达——使性子、赌气
虚惑——虚张声势
撅溜——生气溜走
指甲长——好占便宜
胡嘮、胡诌——说话不负责任
瘆头皮——很害怕
阿咂——窝囊、反悔
侮苏——委屈、内疚、熬煎
瞒不的——怪不得
拐古——心眼多
瓦古——委屈
安稳——安分、本分
愉发——舒服
离把——外行
虚惊——怕
憋鼓——赌气、不痛快
不咋地——不要紧
胡打秧——做了不该做的事
胡作噔——乱来
丧——说话粗暴
歪歪倒——歪、不正当
斜里倒——斜
弯弯倒——有弯曲
花花黎黎——花花绿绿
稀里懈晃——不稳当
暴、埠土降天——尘土飞扬
挤束——时间抓得紧或物品堆放紧凑
小头狭脸——身体瘦小、长相猥琐
花里胡哨——眼花缭乱、不庄重之意
一大下子——东西很多
一大伙子——大群人

卤笨——愚笨、笨拙
利争——干净利落
见忘、唆——多指儿童好动、调皮
大样——大方潇洒
腼偏——害羞、腼腆
好家伙山——好厉害
抠——过分地会算计
挺托——结实耐用
庄户——朴素、老实巴交
细详——仔细
窄住——住房狭窄
艰窘(jun)——生活困难
整壮——均匀
零碎——杂乱
横(hun)立——发坏、捣乱
拉巴子涩(shi)——非常涩
暄和——松软
枝生——植物枝叶水灵、舒展
叶焉——植物枝叶打蔫

副词

钢城方言　　现代汉语
甭家——不用
值格——仗义
草鸡——说话不算话、作弊
这户的——这样的
余缝——余地
噱人——骗人
争(白)——很(白)
精(嫩)——很(嫩)
怪(饥睏)——很(饥睏)
瞎——浪费、失败
邦八不离十——八九不离十
正格的——真的
当不住——也许
这么等——这样吧
乔(难受)——很(难受)
不捣古、不啰啰——不愿干
不抓他——不理他

莫不 zhei——猛然

济他——由他

(累的……)慌——(累的……)很

差不离——差不多

刚当好——很好

挺大方——很大方

竭声地——别说话

顶顶(点点)嘎——很少

忒展好——很好

一旦——时间还没到就……

这才——刚才

第三节 语 法

境内方言在语法上很多不符合现代汉语语法规范,有的增加成分,有的词汇用法特殊,有的语序颠倒,主要有:

(1)将副词“不”作连词用。如知不道。

(2)将尾词“啊”当连词用,表示疑问,如去啊不? 累啊不? 行啊不? 等。

(3)用“连……加……带……”表示连接。如:连吃加喝带拿,连唱加说带表演等。

(4)用“了”把一个词分开表示肯定。如着了急,上了当等。

(5)用“唉”“可是”表示另一个意思。二人对话常见,甲正说此事,乙想起另一事,就用“唉”或“可是”表示转换作表述。

(6)境内呼唤畜禽有特殊的语法结构。如:勾……勾勾——唤鸡。巴……巴巴巴巴——唤鸭子。唠唠……唠唠唠唠——唤猪。噢……噢——唤狗。花花……花——唤猫。嘎……嘎嘎嘎嘎——唤羊。嚎示……嚎示——趋狗追猎物。呕示——赶鸡。哈(ha)——赶牛。

第四节 谚语 俗语 歇后语

谚语

节气、农时

一九二九不出手,三九四九冻死狗,五九和六九,顺河看杨柳,七九六十三,路上行人把衣袒,九九八十一,家里做饭坡里吃。

九九加一九,耕牛遍地走。

春打六九头,穷汉也不愁;春打五九尾,神仙也难鬼。

一百五,燕子来到济南府;一百八,燕子来到家。

立春最喜清明日,大雪纷飞是旱年。

谷雨前后,种瓜种豆。

春争日,夏争时。

栽树莫要过“清明”,种上棒槌也发青。

枣芽发,种棉花。

雷打“清明”前,高山好种田;雷打“清明”后,平坝种上豆。

四月“芒种”割前,五月“芒种”割后(农历,麦收)。

有钱难买五月旱,六月连阴吃饱饭(农历)。

蛤蟆打哇哇,六十天吃骨渣。

蚕老一时,麦熟一晌。

蚕从东老,麦从西熟。

麦过“芒种”谷“立秋”,豆过“寒”露用镰勾(成熟)。

六月六,看谷秀。

头伏萝卜,末伏荞麦。

豆子入了伏,打着有和无。

“处暑”十日无生谷。

“立秋”十八天寸草结籽。

立秋草,棒打倒。

七月十五红鼻枣,八月十五打罢了。

七月核桃八月梨,九月里柿子乱赶集。

三秋不如一麦忙,三麦不如一秋长。

“白露”早,“寒露”迟,“秋分”种麦正适宜。

待吃面泥里沾,待吃米坷垃里挤。

麦收八十三(农历八、十、三月)场雨。

立冬不倒股(分蘖),不如土里捂。

一九一场雪,打的粮食没处搁。

五九六九雪一场,麦季多打百斤粮。

该冷不冷,不成年景;该热不热,五谷不结。

冷在三九，热在中伏。

气象

刮下春风下秋雨。

春刮东南夏刮北，六月里北风到不了黑（下雨）。

夏至东南风，十八天才搬兵（下雨）。

六月里北风当日雨，胜似亲娘搬闺女。

淋了伏头旱伏尾。

立秋下雨，百日无霜。

八月初一下一阵，旱到来年五月尽。

八月十五云遮月，正月十五雪打灯。

“重阳”不下盼十三，十三不下一冬干。

不怕初一阴，就怕初二下，过来初三才不咋（初二初三下雨半月无好天）。

春寒有雨，夏寒无雨。

旱刮东南不下雨，涝刮西北不晴天。

雷打天边，大雨连天；雷打头顶，有雨稀松。

今日鲤鱼斑，明日晒场不用翻。

乱绞云下满盆。

疙瘩云下满盆。

早晨下雨一天晴，饭时下雨不透明。

先下牛毛没大雨，后下牛毛不晴天。

开门风闭门雨（风大雨大）。

云似鱼鳞天，不下风也颠。

云来接，淹死鳖；接漏了，晒透了（傍晚看云预报天气）。

大雾不过三，过三十八天（下雨）。

东虹（jiang）呼喽（打雷）西虹雨，南虹出来卖儿女。

早晨烧，晚上浇（雨）。

早看东南，晚看西北（阴天，下雨）。

雷雨三场。

冷雨温雪。

下雨先刮风，必定一场空。

早哇阴，晚哇晴，半夜里蛙声到不了明（下雨）。

雪打高山，霜打洼。

干冬湿年，落雪过年。

腊七腊八，冻死叫花。

生产生活

靠山吃山，靠水吃水，靠着阎王吃小鬼。

多种经营，人不受穷。

秋上下下腰，强似春上走一遭（拾柴）。

早起三光，晚起三慌。

种地不上粪，等于瞎胡混。

人靠地长，地靠粪养。

人勤地不懒。

人哄地皮，地哄肚皮；人哄地皮一时，地哄肚皮一年。

锄头响，庄稼长。

种子换一换，多收一两担。

一翻二不收，三翻到了秋。

春耕深一寸，顶上一遍粪。

春里拨牛蹄，秋里没处籴。

春地如翻饼，秋地如穿井（耕地深度）。

间苗如上粪。

麦子选好种，一垅赶两垅。

麦子不怕草，就怕坷垃咬。

麦喜胎里富，人怕老来穷。

谷锄八遍没有糠，棉锄八遍白玉霜。

棉花不劈杈，疯了就别骂。

谷上垛，麦上仓，豆子抗到肩膀上（丰收到手）。

男采桑，女养蚕，四十五天就见钱。

种菜你别问，勤浇水多上粪。

种瓜没有巧，边边角角找。

识字要念书，种田要喂猪。

养猪养羊，本短利长。

河边插柳，堤坝长久。

树林连片，不怕天旱。

桃三杏四梨五年，枣树当年就换钱，老爷栽下核桃园。

桃养人，杏伤人，李子树上挂死人。

饱了拿干粮，热了带衣裳。

人不到八十八，不能笑话人家耳聋眼花。

人心要实，火心要虚。

话不说不知，木不钻不透。

一百个补锅的，当不了一个铸钟的。

众人是圣人。
不做亏心事，不怕鬼叫门。
吃饭穿衣量家当。
庄稼人三件宝：丑妻、薄地、破棉袄。
饿的是闲人，冻的是懒人。
人在时里，鳖在泥里。
疮怕有名，病怕无名，人怕出名。
老要精神少要板，年轻就怕死羊眼（没精神）。
十里路去赶嘴，不如在家喝凉水。
穷的不能穷到老，富的不能扎下根。
人穷朋友少，衣破虱子多。
争着不足，让着有余。
吃饭先喝汤，强起开药方。
娇儿生分子，棍头出孝郎。
不怕零花钱，就怕总算账。
越吃越馋，越困越懒。
吃不穷，穿不穷，算计不到就受穷。
穷廓落，富水瓮。
人是铁，饭是钢，一顿不吃饿得慌。
远亲不如近邻，近邻不如对门。
灰不如火热，酱不如盐咸，一拃不如四指近。
明白人好说，糊涂人难缠。
春捂秋冻，捂冬凉秋。（穿衣）。

俗语

管头不顾腚。
五渣六豆腐。
嘴里多起肚里。
醉死不认半壶酒钱。
是骡子是马牵出来遛遛。
待要好，大敬小。
一物降一物，车伙子降豆腐。
有啥费啥。
做啥说啥，卖啥吆喝啥。
赚了便宜卖乖。
拔了萝卜栽上葱。
一个萝卜顶个窝。
一鸡去了一鸡鸣，小鸡叫得更中听。
土地爷担不得大香头。
跟着好人学好人，跟着姑子会下神。
三头不出，两头不冒，三脚踹不出个屁来。
贼不打三年自招。
树身子不动弹，树梢子瞎摇晃。
手大捂不过天来。
会说的不如会听的。
巧嘴说不过潼关去。
套鹁鸽还得个红豇豆。
君子不和牛治气。
紧走不如不歇歇。
死狗撮不上南墙去。
野鹊窝里抱（孵化）不出凤凰来。
不见兔子不撒鹰。
逮不住兔子扒狗吃。
光棍不吃眼前亏。
十个指头咬咬个个疼。
骡子马大了值钱，人大了不值钱。
针鼻里算出铁来。
县官不如现管。
舌头板子压死人，唾沫星子淹死人。
寡妇门前是非多。
不碰南墙不回头。
是非之地不可留。
舍了肚子顾脊梁。
家有黄金万两，邻家有戥子秤。

歇后语

棘针窝里拴驴——没处插嘴
张天师叫鬼架了去——神人不信
玩藏掖的跪下了——没了咒念
河流子腌咸菜——一言（盐）不尽（进）
狗爪子埋在蒜地里——装洋蒜
老鼠放屁——疵了毛（猫）
老虎屁股——摸不得
兔子尾巴——长不了
羊羔子吃奶——跪下
燕子垒窝——全凭嘴
蚂蚱头摆碟子——光嘴
黄鼠狼钻葱沟——不照算（蒜）路

张倒碾砸倒磨——实(石)打实(石)

屎克郎钻筛子——净门

老鸹飞到猪腚上——光看见人家黑，看不见自己黑

六月六的炒面——正办(拌)

灶王爷唱戏——胡闹锅台

粮食市里摆手——不抵(籴)

老鼠拉木锨——大头在后头

肉包子打狗——有去无回

姥娘哭儿——没了救(舅)

上鞋不用锥子——真(针)好

家雀子吃麻种——客(嗑)起来了

风箱道里的老鼠——两头受气

磨眼里插竹竿——顶天的仇(筹)

砂锅子捣蒜——锤子买卖

井里的蛤蟆——见不了多大的天

茶壶里下包子——肚里有倒(道)不出来

秃子跟着月亮走——沾光

西北风刮蒺藜——连风(讽)带刺

屎壳郎搬家——滚蛋

二十一天不出鸡——坏蛋

背着儿媳妇过河——费力不讨好

来了客不装酒——有一壶

卖鸡蛋的翻跟斗——完(玩)蛋

亚兰子吃青杨叶——够了菜

四五十天不拉屎——有一股子

大闺女嫁太监——享福又能受罪

戴着乌纱帽弹棉花——有功(弓)之臣

路上拾了个乌纱帽——捡了个官衔

吹鼓手下乡——找事办

第四章　习　俗

第一节　节日习俗

传统节日

春节　俗称过年。境内农历正月初一为春节，是一年中最盛大的传统节日，过节内容在不同历史时期有所不同。旧时，居民生活悬殊，富庶人家过年隆重奢侈，穷苦人家只简单从事，赤贫户则视“过年”为“过关”。对普通家庭来说，一般是节前置办年货，准备年饭，做新衣服，扫除房舍庭院。腊月三十日(小进年二十九日)，家家户户贴对联、门神和年画，挂家堂轴子，摆供桌、请家堂(祖先)。并在大门、屋门口横放一木棍，称拦门棍，防止其他鬼神进来。晚饭家人团聚，吃顿丰盛的团圆饭叫“辞岁”。夜晚“守岁”，俗称“熬五更”。儿童们放鞭炮、结伙玩耍，妇女先包水饺，成人围坐火炉，守着家堂，或随意叙谈，或打牌玩乐。午夜后至朔日清晨，各家陆续“发纸码”(烧纸、香、元宝等)，放鞭炮，祭奉天地诸神，迎来新年第一天。年初一早饭，家家吃水饺。饭后，男女老少穿新衣拜年。先拜长辈并在供桌前给祖先磕头，此时，主人家往往根据辈分陪着拜年者给祖先磕头；然后依家族亲疏与邻里交往情况互相拜年，有的磕头，有的只请安问好；至亲长辈分给晚辈儿童“压岁钱”或糖果。初二下午送家堂，少数村或姓氏正月初一送。从初三到正月十五，亲戚朋友携带礼物互相走亲戚拜年，有些邻里互请节酒，有条件的村镇举办龙灯、杂耍、说书和唱戏等娱乐活动。中华人民共和国成立后，提倡破除迷信，厉行节约，春节习俗逐渐弱化，节日之际，家人团聚，亲朋相会，并开展丰富多彩的文体娱乐、拥军优属等活动。“文化大革命”期间，提倡过“革命化的春节”，过节形式内容单调。自20世纪80年代，大多数户已不

灯会　(2005年　摄)

再供奉灶王和门神，互请节酒之风也渐少。自90年代，一般将看电视作为“熬五更”的主要内容，拜年、走亲戚习俗延续至今。

正月十五　元宵节，又名灯节。20世纪80年代前，主要将此节日作为灯节。80年代后，因有元宵及制作技术引进，成为名副其实的元宵节。民间习惯食用水饺或元宵，并用杂面蒸灯12盏，取月月光明之意。入晚，以面灯、萝卜灯和纸灯分别置于大门口、路口、院内和屋内等处(自20世纪80年代，面灯、萝卜灯渐被蜡烛代替)，家家户户在街头、庭院点放花筒、钻天猴和鞭炮等。有些大村镇表演花鼓锣子、玩龙灯、摇花船和踩高跷，称为“闹元宵”。90年代，蒸灯(面灯)和野外玩火的风习渐废，置灯仅限于室内、门口，放烟火和玩龙灯等活动较多。特别在莱钢驻地周围，已成为企地联欢的重要节日。正月十六日，素有吃水饺、闺女回娘家的习俗，与元宵节连为一体。

二月二　打囤、炒蝎豆、搬闺女。当日凌晨，农家用簸箕盛草木灰，以擀面杖或小木棍敲打簸箕边沿使灰颠出，先将宅房围起，再在庭院、室内及场院里，围成大小不等的圆圈，叫“打囤”。囤内压上少量杂粮和零钱，以求“五谷丰登”“金银满柜”。炒蝎豆子，称炒“蝎子爪”，有防蝎蜇之说，这天闺女走娘家。自20世纪60年代，“打囤”的习俗逐渐消失，余习仍沿用。

寒食　清明　“清明”前一天称为“寒食”。民间有“寒食一百五，坟头去添土”之说。早晨去祖坟添土整修坟墓(闰月年不添土)。“清明”家家门口插柳枝，并备酒菜、纸和香到祖坟祭祖，有家庙祠堂者则家族集体祭祀。中华人民共和国成立后，家庙逐渐废除，20世纪70年代，实行丧葬改革，平掉所有的坟头，废除土葬，实行火葬，添土之俗已废，上坟祭祖仍沿袭。清明节有“踏青”之习，至80年代，已发展成为人们以春游、健身为目的的文体活动。为悼念革命先烈，机关、学校等组织人员于清明节期间到烈士陵园扫墓并开展革命传统教育。

端午节　五月初五为端午节，民间有吃粽子，门上插艾蒿，妇女儿童佩带五香荷包等习俗。此节为纪念爱国诗人屈原而形成的传统节日。在端午节，境内娘家拿粽子看闺女的习俗一直延续。

六月六　“六月六拌炒面”，农家有尝新麦、吃炒面的习俗，即选用最好的小麦炒熟，磨成面粉，用糖水拌匀当饭吃。“六月六”还是敬山神的日子，炒面同时为供奉山神之用。据说“山神”能管辖山中的野兽和坏人，供奉他以保护人畜和山林。解放后，敬山神的习俗逐渐废除，吃炒面的习俗仍存。六月百姓素有“敬天”的习俗，一般是在雨后敬天，以求上天保佑人口平安、风调雨顺、五谷丰登。

七月十五　中元节，农历下半年第一个节日是祭祖的日子，故又称“鬼节”。境内素有摆供桌、请家堂的习俗，其仪式同于春节，时间为一天。

八月十五　中秋节，也称仲秋节，凡在外人员，只要条件允许都回家过节，故又称团圆节。节前有看闺女之俗，所带礼品月饼是必备之礼，另配以馒头点心之类。当晚，全家老幼欢聚一堂，饮酒赏月，吃水饺，品月饼。

重阳节　农历九月初九。重阳节源于西汉初年，至今已有2200多年的历史。《易经》中把“六”定为阴数，把“九”定为阳数。九月九日，日月并阳，两九相重，故而叫重阳，也叫重九。“九九”重阳与“久久”同音，九在数字中又是最大的数，有长久长寿的含意，而且秋季也是一年收获的黄金季节，寓意深远。人们对此节历来有特殊的感情，历代诗词名句中有不少贺重阳、咏菊花的佳作。1989年国家把每年的农历九月九日定为老人节。

十月一　农村上坟祭祖的节日。旧时，凡有家庙祠堂者，家族成员参加集体祭奠仪式，显示族旺。中华人民共和国成立后，祭祖仪式被废，上坟祭祖的风俗尚存。

腊八日　腊月初八俗称腊八日，传统“过年”从此开始，当天吃“腊八粥”欢庆丰收并预祝来年五谷丰登。腊八粥用粘米或黍子米加入红枣煮成，除全家共餐外，有的还送邻居、亲友品尝。自20世纪80年代，人们常以水饺、面条、大米或小米稀饭代替腊八粥。90年代，用食醋腌制“腊八蒜”，以便春节期间食用。

小年　腊月二十三日称为“小年”。当晚，农家均在灶王神前供奉糖瓜、山楂、柿饼和红枣之类，并焚香烧纸以求灶君“上天言好事，下界降吉祥”，称为“辞灶”。有一个神话传说，大意是这一天当晚灶君到天宫向玉皇大帝奏报，供奉糖瓜是要粘住灶王的嘴，防其乱说。“辞灶”之举，需全家团聚后进行，有外出不归者不能进行，意为不将家人辞在外边。“文化大革命”期间，“辞灶”的风俗被废，后又逐渐在农村老年人中兴起。

现代节日

元旦　1月1日，俗称阳历年。境内机关、学校和企业等单位升国旗，干部、职工和师生放假一天。居民以改善生活为过节的主要内容。

妇女节　3月8日，简称“三八”妇女节。期间，境内各级妇联组织开展表彰“三八红旗手”、好媳妇和好婆婆等纪念活动，女职工放假半天。

幼儿园庆祝儿童节

植树节　3月12日，这一天，各级党政机关和群众团体组织群众开展植树活动。

劳动节　5月1日，节日期间，由各级工会举行“表彰劳模”等庆祝活动。自1950年，职工放假一天。自2000年放假三天。

青年节　5月4日，这一天，由各级共青团组织举行表彰先进或文体娱乐等活动，许多青年从事志愿为民服务活动。

儿童节　民国时期，4月4日为儿童节。自1949年，改为6月1日。这一天由学校和少工委组织少年儿童开展文化娱乐等纪念活动。

建党纪念日　7月1日为中国共产党成立纪念日。这一天，由中共各级组织举行表彰先进、组织新党员举行入党宣誓和党员教育等活动。

建军节　8月1日为中国人民解放军建军节。这一天，各级党政机关开展拥军优属活动，驻军开展拥政爱民活动。

教师节　民国成立至中华人民共和国成立初

莱芜四中学生庆祝教师节艺术表演

期，6月6日为教师节。自1951年，“五一”同为教师节。1985年国务院规定每年9月10日为教师节。这一天，党政机关走访慰问教师，教育部门和学校举行表彰优秀教师和优秀教育工作者等纪念活动。

国庆节 10月1日，境内机关、学校和企业等单位升国旗、张贴标语庆祝。自1950年职工放假一天。自1999年后，每年国庆节放假三天。

少数民族节日

开斋节 是伊斯兰教的三大节日之一，是回族的重大节日。教历每年9月为斋月，最后一天看月，次日10月1日为开斋节。穆斯林门贴都阿，沐浴新装，到清真寺举行会礼，互相祝贺，赠送礼品。

古尔邦节 又称宰牲节、忠孝节，回族称“过大年”。教历12月10日，按照传统规矩，穆斯林古尔邦节这天沐浴更衣，到清真寺做礼拜，缅怀先人。这一天穆斯林宰牛羊献祭，并以之待客赠友，亦称小开斋。

圣纪节 亦称圣忌节。伊斯兰教历太阴年3月12日，为教主穆罕默德诞辰。穆斯林集合诵经，称为圣会。

其它节日

自20世纪90年代末，一些西方国家的节日如圣诞节、情人节等日渐成为境内部分人群喜过的节日，在部分青少年中，其节日气氛不亚于中国传统节日。

第二节 礼仪习俗

称谓

旧时称谓繁琐，中华人民共和国成立后，有的废止，有的仍相沿使用。书面称谓基本沿用汉民族共同语的通用称谓，口头称谓则按地方方言。

直系亲属之间 称父母为爷、娘，称祖辈为老爷(爷爷)、奶奶，称曾祖辈为老老爷(老爷爷)、老奶奶。长辈称子女辈为儿(孩子)、闺女(妮子)、媳妇子、侄子、侄媳妇，称孙辈为孙子、孙女、重孙、重孙女等。

同族之间 按高祖、曾祖、祖、父、自身“五服”分亲疏，定服制。以直系和旁系的亲疏关系依据，“五服”以内为近族，旁系亲属按行辈称呼，冠以“堂”字，如同一曾祖的兄弟，称堂兄、堂弟，晚辈称长辈堂伯、堂叔，长辈称晚辈堂侄等；“五服”以外为远族，俗称出了“五服”，在称呼上则冠以“族”字，如族叔、族婶、族兄、族侄等。

亲戚之间 丈夫对妻子的亲属，当面随妻称呼，不当面时，对妻子的父母称岳父、岳丈、丈人，岳母、丈母娘；兄弟冠以内字，称内兄、内弟，或称舅子，姊妹称他姨，或称姨子。妻子对丈夫的亲戚，一般随丈夫称呼，对外个别冠以“婆婆”二字，如姑婆婆、姨婆婆等。对父亲的姊妹和母亲的父母兄弟姊妹，有的口头和书面相同，如舅舅、姑姑等，有的不同，如称外祖父、母，为姥爷、姥娘或姥姥，称姑母、舅母，为姑、妗子等。

结拜干亲者，口头互叫爷、娘，互称兄弟(姐妹)，对外称呼则冠以“干”字，如干爷、干娘、干兄弟等。

友邻之间 一般都按行辈采用通常称呼，年轻人对老年人多称大爷、老大爷、大娘、老大娘；儿童对老年人多称爷爷、奶奶、老爷爷、老奶奶；年龄相当的互称老兄、大哥、大嫂，老弟、兄弟、弟妹。

干部、职工、同事之间 称呼不按辈分。称呼领导，一般在其职务前冠其姓氏，如张局长、王科长等；同事之间称呼，一般在被称呼者的姓氏前面加以老或小字如老张、小王等。

其他称呼 旧时学生称老师为先生、恩师，自称门生或弟子；老师称学生为贤契、高徒，自称友生。同学间互称同窗，尊称砚兄(弟)，同年参加科举者称年兄(弟)。社会上对年长者，男的称老翁，老先生，女的称女士、老太太。平民称官员为大人、老爷、长官，称士兵为老总、军爷，自称下民、小人。官兵称民众为老乡。

中华人民共和国成立后，称谓趋向简明化、大众化、平等化。师生之间称老师、同学，对老年人多称大爷、老大爷、大娘、老大娘。儿童对老年人多称爷爷、奶奶、老爷爷、老奶奶。年龄相当的互称同志，尊称老兄、大哥、老嫂、大嫂。幼儿园的儿童称辅导员为老师，个别称叔叔、阿姨，辅导员对儿童称小朋友，对幼小的称小宝宝、小宝贝。

回族称叔父为达达，姑母为妈妈，今已逐渐改称为叔、姑；过去对熟人和朋友多称呼哥们，现已逐渐改称老兄、大哥。

钢城区选出十大孝星

礼节

境内深受儒家文化的影响，一向重视礼节。通常，初次见面者首先问"贵姓""请问""请教""劳驾"等。得到帮助或关心时则连说"谢谢"或"多谢"。邻居之间相遇，一般要问"上哪去？"或"做啥去？"，若正值饭前饭后时间则问"你吃了？"，路遇熟人首先热情打招呼，骑自行车时要下车或招手致意，与长辈同行时让长辈在前。窄路上遇熟人则站在一旁道声"请"字，让对方先过。在闹市区需要别人让路，则口喊"借光"。有时不小心影响了别人，则马上说"对不起""请原谅"等。

境内居民好客，每逢客人来，主人即向前热情迎接，一边问好，一边接过所带礼品，把客人让进屋，并根据辈分安置在合适的座位，然后，一边寒暄，一边敬烟、沏茶，摆上果品或瓜子等。农村待客先喝茶，后吃"点心"(根据家庭经济条件，或吃面叶、面条，或泡油条，煮荷包蛋等)。酒饭招待时菜肴4个～10个，若招待贵客还要找人作陪。客人走时主人要热情送出大门并根据情况远送出一段距离，然后或握手告别，或嘱咐"路上慢走"或"以后常来"等。

第三节　家庭习俗

家庭结构及生活方式随社会变革而演变。20世纪50年代及之前，境内家庭结构是以父母为核心的大家庭。80年代农村实行联产责任制到户后，大家庭逐渐解体，分为三、四口人的小家庭，即农村家庭不仅是生活单位，也是基本的生产单位。

家庭结构

区内家庭结构大体有3种，主要是由一对夫妻与未成年子女构成的核心家庭、由一对夫妇与父母和未婚子女生活的主干家庭、由父母和几个子女以及孙子女组成的联合家庭，单亲家庭、断代家庭、单身家庭等属特殊情况不成主流。

"大家庭"主要由几代人一起生活而形成的家庭，一般有十几人甚至几十人，四世同堂、五世同堂的并不罕见。从明朝起，一个大家庭里只要父亲活着就不能分家。清末民初，追求"家大业大，人多财旺"，家庭结构仍延续旧制。抗日战争胜利后，大家庭逐渐解体。经过土地改革，大家庭的经济基础遭解体，老年人除一部分尚能独立生活分居外，大部分跟随已婚的孩子生活，或由子女轮流赡养。20世纪70年代后，核心家庭已成为主要模式。

家庭继承

中华人民共和国建立前，境内家庭严格按父系宗祧继承，继承权只限于男子，并强调长子长孙立嫡。继承财产时，须先扣除长子应得的一份，然后按兄弟人数平均分配。个别家庭收有养子者，养子也可继承，但须宗族认可，方相安无事。年老无子者，一般将其兄弟之子立为嗣子，称为"过继"，如其兄弟只有一子时，亦可兼祧继承2支以上，也有过继其叔兄或堂叔兄弟之子者。嗣子有继承家产的权利和赡养继父母的义务，女子

一般无继承权。只有女孩的家庭，可选择其中一名女孩招“养老女婿”（史称“入赘”）继承家产，所养育子女可随父姓，也可随母姓，所生男孩有家庭继承权。《中华人民共和国婚姻法》颁布后，凡配偶、子女和养子养女均可根据情况依次享受继承权。兄弟分家时，多数采用将财产先留出父母养老部分，其余平分的办法。直至21世纪初，非直系子女继承和寡妇带产改嫁等在个别地方仍有阻力。

家庭权力和行为规范

20世纪50年代前，在父权、夫权思想支配下，多数家庭由长辈男子掌权。家长有管教家庭成员和主婚及财产支配权，以传统伦理道德约束每位家庭成员，子女一切唯命是从，出门先禀告，回家再面见长辈；凡事须经父母允许方能办理。姑娘和少妇不得轻易出门，亲友至时请安问好后即退避。特别是做儿媳的，不仅在公婆面前唯命是从，善事伺候，还得谨慎处理好各方面的关系；稍有过失，即遭婆婆责骂，或丈夫殴打，因不堪虐待而上吊、投井和服毒自杀者时有所闻。一般家庭，公媳不能同桌共餐，大伯哥与弟媳不能轻易讲话，新婚夫妇白天也不能随便交谈。就餐落座，长辈在上首，晚辈在下首；大家庭男女分餐；外出赴宴，父子不能同席。有条件的家庭子女成年后不与父母同居一室，尤其女孩更早分室；儿子成婚后，父亲一般不进其居室。长辈与外人谈话，子女晚辈不能随便插话。晚辈在长辈面前说话声音要低，要站有站相，坐有坐相，站不能背手，坐不能跷二郎腿等等。

父系血系（男性）属于家庭成员范畴，视为宗亲，可以传宗接代；母系血系属“姻亲”，不属家庭成员范畴，不能传宗接代。

20世纪50年代后，反对封建专制，解放思想，提倡男女平等，家庭行为规范不断更新。女子与男子、晚辈与长辈在家庭有平等的权利，尊老爱幼、有事商量、民主平等、团结和睦的新型家庭成为主流。

第四节 婚丧习俗

婚嫁

旧社会儿女亲事，须恪遵父母之命、媒妁之言。选择配偶要门当户对。家长决定孩子的终身大事，孩子未出生就定亲，叫“指腹为婚”；有的几岁就定亲，叫“娃娃亲”；有的两家将女儿交换成亲，叫“换亲”；有的几家将女儿辗转交换成亲，叫“转亲”；有的子女多养不起，把未成年的子女送到婆家过活，叫“童养媳”，俗称“团圆媳妇”；有的女儿出嫁后去世，次女再嫁给女婿叫“续亲”。只有女孩的户招“养老女婿”，史称“入赘”。

相亲　媒人介绍男女双方的情况，双方认为条件基本可以后，便约定时间、地点由男女双方见面，观察双方的身材、相貌，此为明相。还有的暗相，即由媒人事先安排一方暗中观察另一方，一般是女相男，若男方条件较好，对女方的要求较高，则安排男相女。一般是先暗相再明相，双方满意后再安排定亲。

定亲　包括“合宫”“送柬”等环节。定亲之前，男女双方父母请算命先生“合宫”（即测算用天干地支表示的男女出生年、月、日、时“八字”是否相合），“合宫”无妨碍，叫“划着”，此时双方可择吉日正式定亲。定亲又叫“送柬”，即由男方2名至亲与媒人一起，持事先找人写好的“柬”（在大红纸上写上男女姓名、生辰八字，以及“恭恳金诺”等内容）和比较厚重的礼物送到女方，女方找上德高望重的家庭成员作陪盛宴招待，并在席间由事先安排的专人书写“谨遵均命”的回帖装入拜盒，并视男方的文化程度押回墨、笔、纸、砚或衣帽鞋袜等，表示婚姻正式确定。

1950年《中华人民共和国婚姻法》颁布后，实行男女平等，婚姻自主。男女双方自行恋爱或经人介绍，双方及家庭都同意时，女方到男方家中去看看家庭情况，认识一下对方的父母，男方设宴招待，送给女方见面钱或见面礼，叫“小见面”。经双方协商，约定日期正式“定亲”，届时，由媒人联系女方派人到男方家中，男方筹备2桌酒席，由德高望重的人士作陪盛宴招待女方男女客人，喝酒时男女双方最具有代表性的人士互相交换酒杯称为“换盅”，表示正式成为“亲家”，算是“定亲”又叫“换盅”。宴席结束后，男方为女方押上衣物、糖果、点心和“见面钱”。以后每逢春节后和麦收后，男方到女方家看望，女方可随意到男方住些时日，条件成熟并达到法定年龄（后提倡达到晚婚年龄）后，领取结婚证书，即成为法定夫妻。

结婚准备 送（要）“年命”。结婚前先由男方请族人中德高望重者到女方家商定婚期，然后，男方父母便请人按“柬”上所载的双方“八字”测算结婚日子及梳妆、上下轿、坐床、下床的方向、时辰，并把这些连同禁忌事项写在帖上送到女方，叫“送年命帖子”，女方即按照“年命帖子”的要求准备结婚事宜。中华人民共和国成立后，“送柬”仪式逐渐废除，为确定婚期，结婚前，由男家派人到女家询问女方的准确出生年、月、日、时，称为“要年命”，然后找人按双方“八字”测算具体婚期及梳妆、上下轿、坐床、下床的方向、时辰，并把这些连同禁忌事项写在帖上送到女方，叫“送年命”，此后，双方即按照测算的时间作结婚准备。

衣物服饰 男方要请夫妇双全的女亲属做被褥，并在被褥内放些带籽棉，被角缀上铜钱，被头一端不缝合，意为“多子、多财、白头到老”。褥下要放成双的栗子和红枣，祝愿“早（枣）立（栗）子”。在选好的被子上压一条扁担，以示“床铺不空”。婚期既定，男方要“还愿开锁”，即请人在脖子上挂五色线，并锁一纸条再行打开，宣告从此已为成年。女方要“开脸”，即用丝线将脸上之绒毛绞尽，将发辫绾成纂，插戴婆家送来的首饰，标志着年已及笄，少女时代已结束。中华人民共和国成立后，“开脸”“开锁”习俗逐渐废弃。

嫁妆 女方要办嫁妆，叫“陪送”。陪送多少以家庭贫富而定。富有之家，置办“大八件”“小八件”，即桌、椅、箱、柜、杌、橱和衣架等十几件或几十件家具，并在箱柜内塞满衣物。一般家庭仅陪送桌子、杌子和柜，生活贫困者甚至什么“陪送”也没有。“陪送”物品有的于婚礼前送到男方，叫“送圆房”，有的在结婚当日陪新娘一起送去。

送催妆 为催促女方操办婚事，男方还要到女方“送催妆”，一般由男方的兄长带上一件事先备好的大红棉袄叫“催妆衣”，以及鱼、肉、糕点、酒和鸡等礼品，在约定的时间内送到女方，女方尽收礼品，并在酒坛内换灌河水，俗称“长流水”，并押回宽面条，叫“宽心面”，备作新娘的“随身饭”。

结婚仪式 有钱人家大娶大嫁，新郎乘坐花轿，在锣鼓声中到女方家迎接新娘；一般人家只能小娶，新娘由娘家送，视家庭条件，有的坐轿、有的坐小推车，嫁妆也一块送去。不论大娶小娶，娘家均派员“送亲”，人员一般为四男三女，男的叫“送女客”，女的叫“送女婆”。新娘着催妆衣，头带蒙头红，按既定时辰起程，无论路程远近均不能与外面接触，直至男方大门口。落轿（停车）之后，等一会儿叫“定定性”。接着，鞭炮齐鸣（个别大户雇有乐队奏乐），随之小姑子搬米面糕，放在轿子或车子前，让新娘踩着下轿（车），接着新娘在2名伴娘的搀扶下慢慢下轿子或车子。新娘下轿和进家时脚下不能沾地，为此，由2名长兄在其脚下铺席，两领席倒替着向前铺，称为“倒席”。新娘两旁还有2

农村青年举行结婚仪式 （2005年 摄）

名孩童为其“打火把”，火把一般用麻秆做燃料。新娘在看媳妇的人流拥簇下走进家门，在一片欢乐声中拜天地、拜父母、入洞房。到床前时，脚踏放在“升”上的糕上床，意为“步步升高”，并按年命帖上指定的方向坐床。其婆婆或婶、嫂用擀面杖将蒙头红挑去，插在粮食囤内，叫“挑福”。然后新人同吃用“长流水”煮的“宽心面”，又叫“义和面”。上午，还要吃娘家在同村的亲友送来的水饺、面条等，叫“小饭”。晚上夫妇双方喝“贺婚酒”，众人闹洞房。第二天清晨，新娘向家庭及近族长辈一一叩拜，上午与新郎同去祖坟祭祖。第三天，女方家派人接新娘回娘家住两天，叫“搬对日”。“对日”满后回婆家住6天或10天后，再到娘家住同样的时间，叫“住对日”。至此，结婚仪式才算完成。

中华人民共和国成立后，结婚仪式逐步简化。20世纪50年代，送新娘多用小车推。80年代，逐渐改为新郎用汽车接新娘，婚礼上的“大拜天地”改为鞠躬。

进入21世纪后，婚礼大都由婚庆礼仪公司操办。婚期的前一天，婚庆公司着手布置婚礼场地，一般直接选在举行婚宴的酒店大厅，门口及大厅悬挂“喜”字灯笼及各式花篮，营造出喜气洋洋的气氛。婚期当日，新郎按照预定时间带着迎亲队伍去迎接新娘，返回时一般不走来时路（不走回头路），按照另一条路线直接到婚礼场地。在城镇繁华路段，车队一般放慢速度摄像拍照。新娘到达时，鸣放礼炮、彩花，亲戚朋友鼓掌相迎，在婚礼进行曲中，新郎新娘脚踩红地毯，相携步入婚礼殿堂，由司仪主持结婚仪式，主要仪式有：一拜天地，二拜高堂，然后夫妻对拜，再向所有参加婚礼的人鞠躬致谢；主婚人、证婚人分别致辞；父母提希望，新娘改口称新郎的父母为爸爸妈妈，父母喜送红包等。仪式完成后，婚宴开始。次日，新郎新娘携带礼品一起回门，看望新娘父母。有条件的家庭，新郎新娘在回门后一起旅游度蜜月。为提倡节约办婚礼的风尚，部分机关干部和企业职工在单位举行集体婚礼或利用假日旅游结婚，形式更加简化。

婚宴　对前来护送新娘的“送女客”和“送女婆”（新郎家称其为“大客(kei)”）要专门安排陪人盛情招待，男席凑够8人，女席凑够6人。一般在早晨新娘入洞房之后进行，散席后“大客”即返回。对贺喜的亲朋好友，男女双方分别于结婚前一两天或当天举行答谢喜宴。自20世纪90年代，逐渐改变为“大客”也参加婚礼，并一道赴婚宴，只是“大客”坐“正席”以示重视。婚宴一般为8人一席，鸡、鱼、丸子、炸藕合、蜜汁山药和红烧肉等菜是必须有的，最后上丸子，以示菜上完（丸）了。菜肴一般10个以上，但必须是双数。

丧葬

坟墓　棺椁　境内有看风水，择墓地的习俗。旧时，除贫困户外，一般都有建寿坟、打寿器（棺材）、做寿衣的习惯。寿坟多为石质结构，包括石雕厅堂、厅柱和神门等，堂壁上面雕刻或绘制花卉、草虫等图案。有的用砖质结构，盖顶则用砖发碹。寿器，一般用杨木，富有之家一般用柏木制作。按使用木板的厚度说，富有之家用六寸或四、五、六寸（底、帮、盖）厚木板，上置天花板，前雕垂珠连龙；一般人家用二、五（2.5寸）或“二、五破”薄木板。贫困家庭无力打造寿坟置办寿器，便对死者用薄斗子、席床子，甚至席裹箔卷草草葬于临时垒砌的墓穴中。

灵堂　灵棚　传统丧葬仪式繁琐。病人垂危时，将病人移至居室明间灵床上，以免隔梁断气。病人一旦咽气，趁尸体未僵硬便穿衣整容移入棺材叫“停灵”。子女亲属哭号致哀，更换孝服披麻戴孝，叫“成服”。子女跪仆灵堂两侧，叫“守灵”。院内设灵棚，安供桌，置灵位。供桌上摆小米饭1碗，直插竹筷1双，名叫“倒头饭”；用长30厘米左右、数量与死者年龄相等的谷秸扎住一端笼罩碗上，叫“隐身草”，上面置招魂幡，再上搭黑布1块，意即人虽死但其灵魂还在此享用。还要高搭司书、鼓乐、更衣、彩、祭等灵棚，有的从家门延至墓地，长达数里。

内柜　外柜　死者亲属请族人或村政人员共议丧事，请总执事主持一切。一般设内、外两柜，内柜负责写讣告、报丧、安排勤杂人员、购置出丧用品等;外柜负责吊丧亲友登记及招待、临时收存钱物、引奠等。

丧期　报丧　成年人死后，其家族根据其年龄、身份、亲戚远近、死亡季节等因素确定丧期,年长、资历高且在冬季死亡的丧期一般为3天至5天,年龄小、亲戚近且死在夏季的则丧期较短一般为当日丧。根据丧期,内柜安排专人逐家通知逝者亲友,以便亲友根据丧期安排奔丧吊唁等事宜。

祭品　奠礼　至亲包括女死者的娘家（男死者的岳父家),出嫁闺女家,儿媳妇娘家等,需置办酒席祭品。女婿送铭旌,孙女婿送挽联,挚友送祭幛。其他亲朋好友可置办祭品,也可送花圈、奠礼(现金)。街坊邻居一般送一刀火纸。

指路　泼汤　门祭　开丧先“指路”,意为指引死者去“西方极乐世界”;“指路”后,为死者烧纸人纸马,随之子女、亲属举行“泼汤”仪式。此后,亲友在灵棚前进行“门祭”,即各摆各的祭品依次进行祭奠。女死者娘家的祭品叫“顶灵祭”首先进行,祭奠过程中有向遗体告别的环节。

殓棺　路祭　顶墓祭　门祭之后即盖棺殓钉叫“殓棺”。棺盖上面撒麦麸,根据孝子个数放置“福馍馍”。灵柩行在路上要进行一次“路祭”,至墓时进行一次“顶墓祭”。

安葬　顶墓祭结束后，由一名孝子入墓穴安置陪葬器具,并对墓穴进行打扫后焚化“纸钱”,完成后孝子即离墓地返家，参加吊唁的亲友监视专门人员对死者进行安葬，在放入棺材的墓穴上面加封盖石,堆土成坟。

圆坟　“烧五七”　“烧百日”　出殡后第三天,子女亲友至坟前祭祀,将坟堆整理一番,叫“圆坟”。圆坟后开始“烧七”,即自死者咽气之日,每逢七天祭奠一次,“一七”至“四七”在家祭奠,“五七”时,子女、亲友携祭品,娶嫁女儿送彩纸扎制的“摇钱树”“柜子”“黄牛”等,到坟前焚烧祭奠叫“烧五七”。“五七”前死者卧铺原样不动,“五七”这天将卧铺打扫清洁并将衣物送到河边、坟前焚烧。“五七”前未参加吊丧的亲友可补送纸、钱,“五七”后停止吊礼。死后百天举行祭祀谓“烧百日”,至此孝子才可理发。因有“长五七、短百日”之说,故一般“五七”为35天,“百日”不过五、六十天。父母去世后,子女持3年重服不参加娱乐活动与喜庆酒宴。每到死者去世周年,携带祭品到坟前祭祀,叫“烧祭日”。

持服　丧期内死者的晚辈在鞋面上裱缝白布,孝子在上衣襟和帽子边沿缝白布边为持服。丧期过后,则穿白布鞋继续持服。根据亲属远近,有一至五服之分,直系亲属要持头服,期限为3年,其余则为2年、1年或半年。

20世纪60年代，提倡移风易俗节约办丧事,传统丧葬习俗逐渐革除,仪式也大为简化。1967年废除土葬,实行火化,境内分属各县先后建立火葬场。人死后,成立治丧委员会,亲友送花圈、开追悼会。其子女以青纱或“孝”字袖章代替披麻戴孝。有的衣帽仍用白线或白布沿边。有些村(队)建有骨灰堂,以存放骨灰盒。多数村(队)在山岭择墓地砌坟埋骨灰盒。

20世纪90年代，传统丧葬习俗不同程度的有所恢复,如指路、泼汤、披麻戴孝、扎扎彩、请奠客、送盘缠、圆坟、“烧五七”“烧百日”等习俗又沿用。20世纪末,为先辈打寿坟或为亡灵立碑者日渐增多。

第五节　喜庆禁忌

喜庆

境内居民好客,每逢亲友、邻居有喜庆之事,即备礼品祝贺。

祝寿　又称“拜寿”或“上寿”,俗称“过好日子”或“过生日”。中华人民共和国成立前,境内因贫富悬殊,祝寿方式内容差别很大。富贵人家在寿诞前几天便购置鸡鸭鱼肉、烟酒糖茶等,并聘厨师,布置寿堂,挂金字寿匾。寿诞之日,被祝寿者父母在世的要跪拜叩头,去世的要置办祭品到坟前祭祀。亲属晚辈到齐后,先共同向被祝寿者磕头致敬,再行饮宴。特别是70岁和80岁整旬

大寿，更为隆重。贫者家庭也欢聚一堂，吃顿饭庆贺。一般人过寿辰，若父母健在，则让父母坐上首，并先给父母敬菜敬酒；若已去世，则于饭前去上坟祭奠，以此体现忘不了“孩生日，娘苦日”和父母的养育之恩。

中华人民共和国成立后，过生日的习俗逐渐演变成尊老爱幼的新传统。老年人生辰，子孙晚辈置办酒席，亲友携带礼品祝贺，共进寿宴，晚辈向老人敬酒，祝愿老人健康长寿。有“六十六，吃闺女一刀肉”的习俗，老人66岁生日时，出嫁的女儿割上10斤猪肉送去，祝福老人长寿，欢度晚年。中老年人过生日，则略备酒菜与家人欢聚以示庆贺。小孩过生日，通常煮几个鸡蛋或做点好饭菜，以表示父母疼爱。进入21世纪后，为婴、幼儿过周岁生日的习俗日盛。

望月子　已婚女子在生孩子的当天，其丈夫即到女子的娘家“报喜”。娘家在3天至5天内携带米、面、鸡蛋、红糖、衣物及见面钱等去看望，叫“望月子”。产妇家置办丰盛酒席相待。满月后，娘家搬去住一段时间，叫“搬满月”。平时有来往的邻居及至亲好友也多以鸡蛋、红糖、油条或衣物前去看望。计划生育实行一对夫妇一个孩子以后，一些至交好友相约集体送现金祝贺，产妇家均设宴答谢，叫“喝喜酒”。

恭喜　男子结婚时，亲友邻居以礼品、现金祝贺称为“恭喜”。20世纪50年代前后，有的送贺幛，亲戚多用“一担篼子”，内置挂面、馍馍等，叫“送饭”，邻居好友多赠喜钱。60年代后，除赠喜钱外有的赠送毛毯、被面、被单，脸盆等。90年代后，有的赠送字画、工艺品和细瓷茶具等。21世纪后，贺礼以喜钱为主，受礼者需下请帖置酒宴答谢。

送路　女子出嫁，亲友邻居送现金、礼品祝贺称为“送路”，也叫“上路”。多数送“喜钱”。主家对送礼较重的亲友邻居设宴招待。此风俗一直沿袭，只是随着经济发展，礼金渐多。

温锅　居民乔迁新居或兄弟分家，亲友邻居携带酒肉礼品或锅、盆、壶等生活用具前去庆贺，称为“温锅”。主人设宴招待。自20世纪80年代，建新房迁新居者日增，“温锅”习俗盛行不衰。

饯行　居民外迁或远行时，亲友携礼品或“盘缠”前往送行，称为“饯行”，俗称“送行”。有参军、升学、出远门和工作调动者，也多饯行。

开张贺喜　商号开业，亲友邻居赠送礼品祝贺，称为“开张贺喜”，又称“贺号”或“开张志喜”，开业者宴请宾客，此习俗一直延续。

禁忌

正月初一，不打水（井里有龙王，让其歇一天），忌食肉馅水饺（意为一年素净）。

正月里男不剃头，女不绞脸，以免伤元气、去鸿福。

正月十三“杨公祭”（相传杨公13个儿子，一年死光，正月十三第一个儿子死，为第一个杨公祭，最不吉利），不出远门，不兴办公事。

一般情况下，农历单日和下午不探望病人。

借用别人的药锅不能送回，让主人去取。

孕妇和寡妇不能当送女客，不能陪女客坐酒席。

产妇坐月子，家有病人或养蚕户，忌生人入室，在门帘上缀一红布条为忌。

访亲探友携带成包礼品忌用单数。

祝寿及举办婚丧大礼忌用白公鸡和母鸡。

给孩子起名，忌与家族长辈名字同字或同音。

父母丧，百日不理发，三年不贴红对联。

已出嫁的女儿不能在娘家过春节，女儿女婿在娘家不得同床。

在异地死亡者，尸体或棺柩不能进入家院。

建房时，主房不得高于后邻居的主房，以防因“压倒邻居的家运”而引起纠纷。配房不得高过主房。

第六节　信仰习俗

祭祖

春节和农历七月十五日，将高祖以下去世者写成牌位排列在供桌上，以酒、菜、果品祭祀，春节祭祀3天，七月十五祭祀1天，俗称“请家堂”。清明、十月一、死者周年日及死者男儿的生日，携带酒、菜、纸、香去坟前祭祀,叫"上坟"。此习俗含有敬宗悼念祖先之意,故一直沿袭。

求神拜佛

在几千年来旧思想影响下,农村求神拜佛活动较为普遍,主要敬奉的神佛有:

玉皇大帝　俗称"天爷爷",每逢春节、祈雨等大典,均烧香献礼,祷告求福。

碧霞元君　俗称"泰山奶奶",又称"泰山老母",认为她掌管人间祸福,凡欲求福祈子、灭灾消祸或祈求搭救者均向她焚香磕头。

关圣大帝　即关羽,俗称"财神爷爷"。部分村建有关帝庙供奉,以求招财进宝。

城隍　按季节去城隍庙烧香跪拜,以求死后取得保佑。

土地　旧时,境内几乎村村有土地庙,供奉土地爷,每逢丧葬,必去土地庙"泼汤",祈求为亡人放行并进入西天极乐世界。

龙王　旧时,境内沿河村庄几乎皆有龙王庙,庙内供奉龙王爷,保佑一方不受旱涝灾害。每逢久旱不雨,人们须烧纸焚香求拜"龙王爷爷"快下雨,并择期联庄"抬龙王"求雨。一旦降雨,便杀"贺雨猪"庆贺,用以敬天,所杀猪由各户凑钱"随份子"。

灶君　又称灶王老爷,是一张画有灶王及八仙的画,上有农历节气,贴于锅灶左方墙壁,逢年过节祭祀,以求"上天言好事,下界降吉祥",保佑平安。

此外,不少人认为天地万物皆有神灵,山有山神、河有河神,每逢初一、十五,老妪、神婆焚香烧纸,祈求祷告。

随着社会发展进步,求神拜佛习俗逐渐减少。

持斋　有些忠实神佛的信徒,逢初一、十五吃素不吃荤,不食生灵,个别终生吃素不吃荤,称为持斋。

查日子看风水

查日子　查"黄道""黑道",看是否吉日。吉日为"宜",否则为"不宜"。惟吉日方可婚嫁、许愿、还愿、出门、开工和设宴等。常有急事因查日子贻误时机,造成损失或灾害。

看风水　境内历来有盖房、修坟须占好风水地才能使一家人得安祥、享富贵的习俗,因而动工前先请"风水先生"查看风水,确定"阳宅"或"阴宅"的位置及朝向等。

第七节　行业习俗

随着社会的发展,境内百业兴隆,有铁、石、泥、木、塑、窑以及染织、缝纫、理发、说书、唱戏等多种行业。各行有各行的行规,也有些共同的行规习俗。

拜师学徒

无论从事哪种行业,先得拜师学徒。拜师,要有人介绍,先征得老师同意后,宴请并磕头认师,请老师收徒。一位老师可以收多个徒弟,学徒一般3年出师。徒弟按拜师先后分为大徒弟、二徒弟和三徒弟等。徒弟又有门里徒、门外徒之分。门里徒,老师管吃管住,除了从师学艺,还要给老师干家务活;门外徒,只从师学艺,吃住自理。学徒期间,挣了钱归老师,如果挣的钱较多,老师高兴分给徒弟一些钱,那是老师的照顾,不分给不得张口要。出徒时,老师设宴欢送,并赠送从业工具一套。出徒后,可以再跟着老师干,也可以自己干或插帮干。

行业规矩

严师高徒　"严师出高徒"是行业古训。在行业内师傅是最高权威,说一不二。老师怎么要求,徒弟就得怎么干,不得有任何差错。有些技术活不是坐在屋里教,而是在现场学,如木匠的锛、凿、锯和刨等基本功,泥瓦匠走檐、瓦澥和起脊等技术活,老师只传授一下基本要领,重点是跟在老师后边学边干,老师只教一遍最多两遍,再学不会就要挨老师的训斥甚至打骂。再如唱戏,对一些高难度动作和唱腔必须在老师规定的时间内学会,学不会就要挨板子,因此再苦再累也得苦练。无论老师多么严厉,徒弟必须洗耳恭听,不得有任何不敬的表现。

辈分等级　在行业内部,有严格的辈分等级。徒弟之间称师兄、师弟,对老师的同行兄弟称师

伯、师叔；对老师的上一辈师傅要称师祖。有些收徒多的行业如戏曲，收徒以后，在姓氏以下按戏班子的辈分统一更名，如20世纪20年代招收的一批学徒，统一按“庆”字辈更名，30年代招收的学徒统一按“兴”字辈更名，通过姓名就知道行业辈分，平时说话，以及端茶敬酒时都来不得半点马虎。

就餐规矩 无论哪种行业，就餐都有一定成规。首先是座次有序，师傅在上，依次是大徒弟、二徒弟和三徒弟，最小的徒弟坐下首并负责倒茶、斟酒和递饭等，服务顺序也是先师傅，依次大徒弟、二徒弟。吃菜，由老师领吃，老师伸筷，徒弟跟着伸筷，老师未伸筷的菜，徒弟不得抢先伸筷。吃饭时，徒弟们要随时注意老师手中的筷子，老师一旦放下筷子，就表示是吃完饭了，徒弟们就得立即停筷，不能再吃了。一般情况下，老师总是吃得稍慢一些，让多数徒弟吃饱再放筷子。如遇开工酒，完工酒（指两三天以内的短活），还有一些说法，开工酒上的鸡，不得吃了头；开工酒上的鸡蛋饼包咸鱼，只吃去蛋皮不得吃了鱼，鸡头和鱼留到完工酒时吃，以求“吉庆有余”。

从业尊师 出徒从业后，不能忘了恩师，逢年过节要去看望。平时如遇有一些技术难题，要随时请老师指教，有时请老师到场，有时老师主动到场，都要热情接待，并要付给老师全天的报酬。

无师不从业 旧时，有许多行业不经师就不得从业，否则就会受到行业干预。

行业信仰

各个行业均有自己的行业信仰，并供奉本行业信奉的神像，如木匠、石匠和泥瓦匠供奉鲁班，铁匠、黑白窑匠供奉太上老君等。逢年过节，均焚香烧纸虔诚跪拜，以求保佑行兴业盛。

中华人民共和国成立后，行业习俗多数被革除，师徒之间平等相处，互相尊重，形成团结友爱的新型师徒关系。

第八节 娱乐习俗

在长期的社会实践活动中，境内人民逐步形成丰富多彩的游戏、健身运动及棋牌类娱乐活动形式，并相沿成俗。

游戏

捉迷藏 俗称藏捂眼。分藏，找对方，藏者可以3人~5人，还可以更多，找者（看家者）一般1人，也可以2人。活动开始之前先选定一个地方（比如碾盘）为“家”，活动开始，藏者找地方千方百计藏好，找者问一声“藏好了吗？”，等藏者无回应时，找者一边看“家”，一边去找人，藏者瞅准找者离开“家”的机会，迅速跑出来“收家”。期间，若被找者捉住，则为找者胜，不被捉住则为藏者胜。此活动也可为哄孩子的游戏，小孩藏起来让大人找。

叼小鸡 有一人扮演老雕，一人扮演母鸡，多人扮演小鸡。小鸡藏在母鸡后面，分别抓住前一个人后衣襟，一个一个连成串。老雕左攻右攻来叼小鸡，母鸡左挡右挡保护小鸡。若老雕连叼走几个小鸡，是老雕胜；若一个也叼不去或叼去的很少，则为母鸡胜。

瞎子摸瘸子 一人用布或毛巾捂眼当瞎子，一人把一只胳膊和腿捆在一起当瘸子，多人结成圆圈当观众，把瞎子和瘸子围在里面。瞎子与瘸子在圆圈以内周旋，瞎子静听，估摸瘸子的方位，不时猛扑；瘸子静观瞎子的动向，伺机转到其背后偷袭引起围观者哄笑。如在短时间内瞎子摸着并捉住瘸子，是瞎子获胜；如长时间捉不住瘸子，连续3次挨“偷捶”，则是瘸子获胜。一局之后，可另换瞎子、瘸子继续游戏。

掷手巾 属儿童游戏。众人围成圆圈向内而蹲，一人持小手巾围着圆圈跑，趁围坐者不注意时将小手巾轻轻丢于一人之后，如果这人不发现，被丢手巾者转过来后捉住，就要受罚；如果发现手巾，则立即拿起手巾接力，依次下推，直到终止。

健身运动

踢毽子　一般为妇女、少儿的娱乐活动，一般在冬季穿棉鞋时进行。有多种踢法：可以用一只脚踢，可以用双脚轮流踢，可以脚着地踢，可以一只脚不着地连续踢，还有一些花样踢法。可以单人随便踢，可以几人用同一种踢法比赛，还有踢毽子表演赛。

附：毽子制作方法：取10厘米以上公鸡尾部或颈部鸡毛一束，用两根布条裹住根部缠紧，将布条连同根端穿入方孔钱，然后把布条折回束紧，再用线在根部缠好即成。为了让毽子有一定的重量，多用2个~3个制钱。

跳房子　适宜2人~3人的娱乐活动。活动方法是：先划房子。即在平坦硬地上划出宽约2米、长约4米~5米的一块地，横分成2格，纵分成3格~5格，总的划成6个~10个方格，每个方格约1平方米，并按一、二、三、四·····的顺序依次编号。掷手石。取一平面瓷瓦片作手石。站在房子的纵向一侧，手拿手石首先掷向第一号房格，如手石落在预定的房格内，即取得跳房子的资格；如手石出界、压线等，视为犯规，需下轮重掷。跳房。以单脚跳进掷进手石的房子（另一只脚不得落地），让脚尖逐步挨近手石，并调整好方向，然后使劲一脚将手石从掷进的方向踢出房外，此时人跳出房外双足落地，即算跳完一格。紧接着将手石掷向第二个房格，并以单脚途经第一格跳入第二格，重复第一次的动作将手石先踢进第一格，再由第一格踢出房外。此后依次类推，直至将所有房格全部跳完，为胜一局。跳房过程中若出现双脚着地、踏线或手石压线、出界等情况视为犯规，需等下轮重跳。割地。每胜一局，可任意选择割地一块（其中一个房格）。在这块地里，本人享有特权，可以双脚落地休息；他人连同手石在此地内只能越过不得落脚。胜负。某人若连割两块地以上，他人再跳时很难越过，某人即获胜。

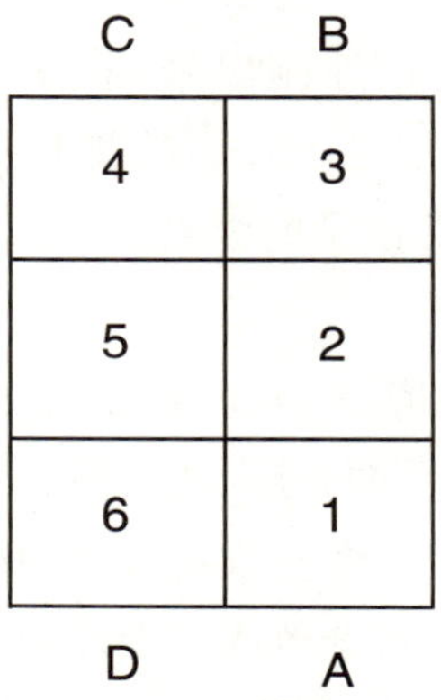

图22-4-1“跳房子”图示

打行头　农闲季节女孩子的一项娱乐活动。行头，用棉线缠制成直径4厘米~5厘米的圆球，拍下去有一定弹性。农闲季节尤其春节前后，女孩往往围着碾盘打。打时边打边唱数，每打到整五或整十时，身体就转个花，为了赶上转花的节拍，唱数时多有重复，比如：一个俩啊三个四个五个来，六啊七啊六啊七啊八呀九啊十啊来……一打就是一、两个小时，有的打得汗流满面。还有的比赛个数，看谁一次性打的个数多。

棋类

拿王林　多见于田间地头的一种棋艺活动，老少皆宜。小子24口，按每组6口分置于4处；大子2口，分置2处。比赛方法，一方选用小子，一方选用大子，大子先走。大子吃小子的方法是在同一直线上跳越吃子；小子对付大子的方法是散子、走子堵住大子的跳路。如果小子被大子轮流吃得过多，无力堵住大子的跳路被大子吃光，即大子一方胜。小子每次走一步，如通过散子、走子，最终堵住大子的跳路，再无路可走，即小子一方胜。

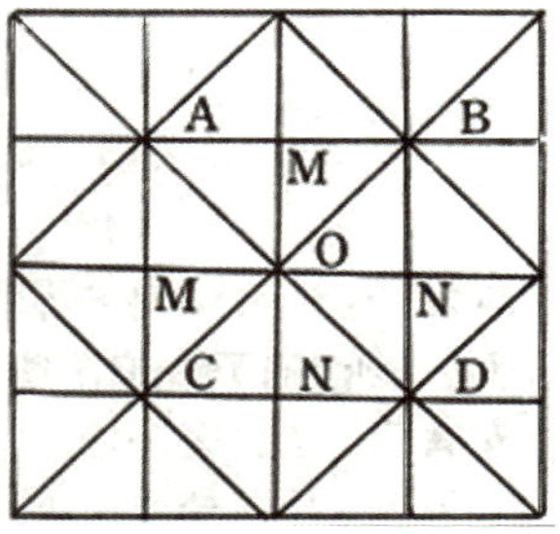

图22-4-2“拿王林”图示

安连　田间地头的棋艺活动。凡两线或三线相交处置1子，共置24子。甲乙双方对弈，各置12子，先置者后走，后置者先走。下棋时你置1子我置1子随意选位，每当有3颗子连成一线即为成“连”，如有成“连”即可吃对方1子。走时，一次只能走一格，走的过程即成“连”、吃子的过程，成“连”多者吃子多，即为胜者。

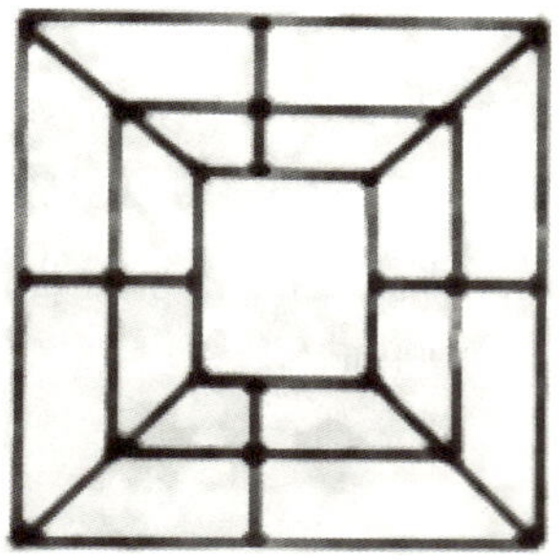
图22-4-3“安连”图示

安周　周有四周、五周、六周之分。以六周为例，六周方形，纵横各6行，同样，五周各5行，四周各4行。对弈方法：置子。两线相交处可置1子，每行置6子共36子，双方各置18子。先置者后走，后置者先走。吃子。双方均以“周”“通天”“五斜”“四斜”“三斜”“方”吃掉对方子。在一条直线上，连着6子都是自己的为“周”；沿对角线6口子都是自己的为“通天”；沿“通天”一侧，二格、三格和四格划平行线，一方分别置5子、4子和3子，即为“五斜”“四斜”“三斜”；在方框内4子相连为方。“周”“通天”每次吃2子，其它方斜等每次吃1子。输赢。多吃子的一方为赢，被多吃掉的一方为输。“五周”“四周”“六周”对弈方法相同，不同的是“五周”只有“三斜”“四斜”，“四周”只有“三斜”。

以上习俗，仅是体育娱乐习俗常见的一部分，还有说书、唱戏、猜谜语、讲故事、变魔术、玩杂耍和玩猴子等。

中华人民共和国成立后，民众的娱乐活动更加丰富多样。一些旧有娱乐习俗仍沿用，有些习俗逐渐消失，代之以新的习俗。打扑克、下象棋较普及，打扑克又有升级、保皇和够级等多种打法。电脑入户，网上浏览、阅读、聊天和游戏等丰富了人们的生活。

第九节　社会新风

男女平等

旧时，男尊女卑的习俗根深蒂固。中华人民共和国成立后，实行男女平等，不论是在社会上还是在家庭中，女子同男子享受同等权利。

接受教育　自20世纪50年代初期，境内不让女孩上学的观念开始转变。至50年代末，女孩与男孩享受同等受教育的权利。在小学阶段，男女生人数基本持平，中学阶段女生略微减少。2004年里辛一中有学生766人，其中女生366人，占40%。

参加工作　20世纪50年代初期，女性参加工作的极少，后逐渐增多。2005年全区职工总人数5363人，其中女性1630人，占30%。

参加劳动　旧时，妇女一般不参加田间劳动。自农业合作化以后，妇女同男子一样参加劳动，且同工同酬。自20世纪80年代，实行家庭联产承包责任制后，妇女成为种责任田、搞家庭副业的主力军，有的经商办企业，社会地位明显提高。

享受权利　在旧时，境内存在大男子主义和重男轻女现象，女子在社会上不能出头露面，不得进入仕途，在家庭中不能当家，有“嫁出去的闺女泼出去的水”的说法，无家庭财产继承权，不能为生身父母养老送终等。特别是妇女自幼缠足，严重摧残了妇女身心健康。

中华人民共和国成立后，提倡男女平等，妇女在社会和家庭中的地位大大提高。1952年7月1日，境内响应上级号召，彻底禁止妇女缠足，要求25岁以下已缠足的妇女一律放足，使妇女得到进一步解放。自20世纪60年代，出现结婚后男方到女方落户的现象。自90年代，大多数人逐渐形成生男生女一个样的生育观念，男女平等得到进一步体现。

道德新风

中华人民共和国成立后，境内各分属县(市)重视对辖域人民进行革命传统教育和共产主义道德教育，大力培养公民的新道德新风尚。20世纪50年代，开展热爱共产党、热爱社会主义祖国、拥护社会主义制度等教育活动，大力倡导“我为人人、人人为我”的道德风尚。60年代，开展学习毛主席著作、学雷锋、学张思德和学白求恩等活动，大力弘扬全心全意为人民服务、人人争做好人好事的社会风气。1981年3月，按照中宣部等单位印发的《关于开展文明礼貌月活动的通知》，境内开展以“五讲四美”(讲文明、讲礼貌、讲卫生、讲秩序、讲道德，心灵美、语言美、行为美、环境美)为主要内容的“文明礼貌月”活动，并发展成为经常性的全民精神文明建设活动。1987年3月，境内开展学习《邓小平文选》、

“做四有新人”(有理想、有道德、有文化、有纪律)等活动,人民精神面貌不断改观。

1985 年 3 月 25 日,中当峪村村民靳启庆,在去市水泥厂的路上拾到装有人民币 13330 元的手提包 1 个,交到市公安局,及时送还了失主,受到中共莱芜市委的表彰。

1987 年颜庄村、北城子坡村、张庄村和冯家庄村首批被评为莱芜市(县级)文明村。

1993 年设立钢城区社会主义精神文明建设委员会。1995 年设立钢城区社会主义精神文明建设委员会办公室。先后组织开展“创十佳、奔小康”“讲文明、树新风”“文明礼貌月”“争做文明市民”等活动,每年都开展评优树先活动,社会主义新道德、新风尚不断弘扬光大。

自 1989 年,莱芜市义和金属有限公司经理魏佑池带头兴办个体民营企业,致富不忘报效社会。1993 年为寨子村小学建教学楼捐资 4 万元。自 1994 年,承担起村小学和幼儿园卫生取暖等方面的费用,每年开支近万元。1995 年市工商联组织扶贫活动,魏佑池一次捐款 6000 元。1996 年颜庄镇发生水灾,他路过区政府门口见有捐款箱,当即掏出身上仅有的 2000 元捐上;出资 2 万元,帮助寨子乡把寨子村至 205 国道的公路拓宽铺成柏油路,资助李宗军等 20 余名贫困学生;每年两次携带礼品看望敬老院老人,每年都于春节前看望资助本村及周围村 10 余户贫困家庭,先后安排生活困难或有残疾的 60 余人在他的公司就业。魏佑池被选为区政协常委、莱芜市政协委员、市工商联执委,其家庭被评为山东省“百佳文明户”,本人被山东省授予“民营十佳个人”。

20 世纪 90 年代,徐家庄村村民吴希兵,立足本村毗邻火车站的区位优势,多方筹资 10 万元上钢渣处理项目。2002 年投资 300 万元成立莱芜市乐丰物资有限公司,形成了生产、供销、安装一条龙的产业链。2003 年 10 月,被共青团山东省委、省综治办等评为山东省第二届进城创业优秀青年;同年底,当选为村委委员。为回报乡亲,出资 2 万元为村里修路,出资 5 万元为村民安装自来水。2005 年在所经营的公司安排 78 人就业,其中下岗职工 20 人,受到社会好评。

至 2005 年,全区有全国文明村、镇 2 个,省级文明单位 5 个、文明村 2 个,市级文明单位 34 个、文明乡镇 2 个和文明村 3 个。

人 物

RENWU

抗日阵亡烈士纪念碑

第一章 传 略

吴鸿洙(? ~1598) 字文衢，号凤城，吴来朝次子，今颜庄镇南港村人。少年即留心世道，讲求经济之学。明万历十四年(1586年)，考取进士，任工部主事7年，主持过3项大工程，节制谨严，不让当事人从中谋利，节省水衡钱数万。万历十九年(1891年)，在四川主持典试，后升任浙江参议，主督漕运。此时倭寇经常骚扰浙东，浙东告急，两台备兵备战，并奏请朝廷晋升吴鸿洙为兵备副使，带兵抵御倭寇。面对倭寇的猖獗与挑衅，朝中兴起对倭寇的封贡之议，主张与倭寇讲和并对其封赏，还许倭寇从宁波通商，吴鸿洙在数千里之外上万言书，与朝臣争辩，朝廷遂罢此议。在任3年间，重视海防，选拔精锐，训练士兵，昼夜防备，倭寇不敢骚扰。本当升迁异地，皇帝因其熟悉海防，特增秩留任，升为浙江布政司参政。光禄大夫、柱国、少保兼太子保、吏部尚书、文化殿大学士的朱赓在为其撰写《送大参吴凤城入贺序》中，对其推崇备至："浙不可一日无公也"。万历二十六年(1598年)去世，卒后崇祀为乡贤。万历二十六年(1598年)，因其子吴暐之功而诰封为中宪大夫。

吴来朝(1537 ~1620) 字义庵，世称封君，今颜庄镇南港村人。明万历三年(1575年)，考取贡生，万历二十年至万历二十三年，以岁贡任山西省荣河县(今临猗县)知县。荣河县濒邻黄河，有大片土地因茅草、荆棘覆盖而荒芜。吴来朝到任后，即号召百姓垦荒种田，并采用以工代赈、官府出钱收购茅根的办法激励农民挖茅垦荒，月余，草场茅根堆积如山。为支付茅草款，他把自己全部积蓄也用上。部分百姓对此举不解，甚至嘲讽说："糊涂老爷糊涂官，雪花银子买草山。价格不断涨，茅少更值钱。人家买卖为赢利，知县收草光赔钱。"吴来朝号召民众间苗，还让妇人段氏教当地妇女养蚕缫丝，纺线织布。鼓励百姓植树造林，栽桑种棉。引进谷物品种，改良种植方法。设立塾馆，兴办教育，并多次到塾馆讲授经文。走访乡间贤士，倾听他们治理县政的建议。年近八旬告老还乡，县民选派代表，以衣伞、匾额相赠并送至故里，在莱城东门外购地建起"吴公生祠"，祠堂门上高悬题有"荣河遗爱"的匾额，在祠内墙壁上彩绘壁画并附文记述其政绩，主要内容有：过秤收茅、扬鞭耕地、执尺间苗、汲水浇田、养蚕缫丝、纺线织布、巡视农桑、拜贤访老、讲经课士、攀辕送行等。荣河百姓每年雨季到来之前，都自发编制草苫，到当年草场披苫盖草，以示保护他的恩泽永存，此风俗一直延续至清末民初。回归故里后，将先人400余亩遗产作为义田赡养贫穷族人，自己生活依然俭朴。一生博览群书，取法圣贤，勤于写作，据清宣统《莱芜县志·艺文志》载："莱邑为古文者，始于吴来朝"。其文留存有《族田碑记》《忠贤祠记》《郭公祠碑记》《重修莱芜县志序》等。次子吴鸿洙、三子吴鸿功、孙子吴暐皆中进士，孙子吴曙、吴晖同年中举，乡里有"一门三进士，父子五登科"之说。因子孙显贵，诰封中宪大夫、浙江按察司副使、宪副等。因屡受封典，乡人称颂为"吴封君"。万历四十八年(1620年)病逝，后葬于陈盘龙村吴家林。

吴鸿功(生卒年不详) 字文勋，号凤歧，晚号净明居士，吴来朝三子，今颜庄镇南港村人。明万历十六年(1588年)，参加乡试中解元，第二年考中进士。初为翰林院庶吉士，授任吏科给事中，转任兵科右给事，后升任山西提学道，晋人以其为政公明，为其立祠祭祀，称其“治绩文章一时卓著”。后迁任陕西参政。其一生文治武功兼备，擅长古诗文。万历二十六年(1598年)，其兄吴鸿功去世东归奔丧时，写了近30首诗，结集为《东归吟怀》。全诗沉郁悲凉，文采飞扬，多抒发思亲、报国及边塞羁旅之情，卒后崇祀为乡贤。

吴暐(1577～1642) 字中阳，号瞻城，吴鸿洙之子，今颜庄镇南港村人。明万历二十五年(1597年)，考中举人，第二年考中进士，年仅21岁。初任归德府推官，因仗义执言触犯巡按御史而被弹劾，搁于部议，调任镇江理道。万历三十三年(1605年)，皇帝发布勅命，授其为文林郎，并增其父吴鸿洙为中宪大夫。后调任户部曹郎，分管密云仓库粮储。在任3年，节约7万余金上缴国库。后调任河南守道，又转任湖广按察副使，多行惠政。此后任肃州兵备副使，至任后，从严治军，加强监督，一切收支严禁裁扣。时值张掖、酒泉战事不断，为保证粮草供应，设妙计安全护送粮草到前线，对边疆的安定做出贡献。3年后，调任靖远兵粮道。又先后任陕西布政司参政。后任山西守宁道副使、大同分巡道。因政绩显著，受到总制卢象升的器重。秉性刚正不阿，得罪大宦官陈贵，遭其诬陷，愤然辞官。还乡后，接替亓诗教负责明万历《增修莱芜县志》的后期编纂印刷等事宜。《增修莱芜县志》序曰：“计部公(对户部曹郎吴暐的尊称)实受成事锓勒之役”。崇祯十五年(1642年)去世，礼部尚书王铎为其撰写墓志铭。后被崇祀为乡贤。

李应翰(1826～1902) 又名李墨林，字西园，又字翰卿，今艾山街道肖马庄村人。出生于书香门第，官宦世家，自幼受到良好的教育，从县学到府学，学业优异。后由恩贡生考取正黄旗官学汉教习，在此期间拜吏部尚书徐桐、前礼部尚书延煦、兵部尚书潘祖荫、理藩院左侍郎恩堂等为师。清光绪十四年(1888年)，参加顺天府乡试，考取举人。同年，留有《顺天乡试朱卷》一册，内有《赋得杨柳读书堂》等诗。曾在北京恭亲王府中授业，告老还乡时，太子赠其半朝銮驾。一生累授为五品奉直大夫。李应翰以文章见长，著有《墨林集》。还乡后，为防匪患，保护乡民的安全，主持修建肖马庄村圩，并题写正门“天府寨”、大东门“兼山”和大西门“丽泽”等石匾额。光绪二十八年(1902年)去世。

许子翼(1865～1938.09) 字辅之，今颜庄镇唐家宅村人。清宣统纪元孝廉方正科、己酉科拔贡，补用直隶州州判6品顶戴。民国初年，历任莱芜县议会议长、教育会会长、县农会会长兼劝业委员、劝学员、地方财政管理员，新泰县公署总务科、民政科科长，新(泰)泰(安)莱(芜)蒙(阴)四县自治联合会会长，山东省临时省议会议员等职。宣统三年二月(1911年2月)，与举人张壬弼在莱芜县文庙创办县立单级教授养成分所（县立师范讲习所前身）；同年，与吕鸿德创办唐家宅初级小学。1917年任莱芜县农会会长。1918年9月，与武中和在颜庄北门里创办颜庄高等小学。1921年元月，与李增裕、亓仲璐等5人在旧考院建立莱芜中学。1923年1月，在县长王肇杰的倡导下，与本地绅董邀集农商学各界200余人，组织成立了中华红卍字会莱芜分会，发展莱芜的慈善事业。1927年春，土匪(刘桂堂部)攻破鸿福山等山寨，寨民伤亡惨重，许子翼积极奔走，使卍字会莱芜分会在颜庄北设立临时治疗所，聘请中西医救治受伤者120余人。1935年作为主要成员编纂《续修莱芜县志》。1938年3月12日，黄庄抗日武装起义后，为保释被秦启荣部扣押的刘子升、桑洪文等8人做了大量工作；同年农历八月初九因病离世。

杨荆石(1902～1943.11) 名玉珍，字荆石，今黄庄镇青冶行村人。9岁读私塾，1916年黄庄高等小学毕业。1921年省立第二师范毕业。1922年考入上海新华艺专，拜画师名流俞剑华为师学习绘画。1927年参加北伐，在北伐军任职至少校团副，后脱离北伐军。后又至上海，期间，参加共产党外围

组织——互济会，与上海各界学生一起，在租界内进行反帝宣传和罢课斗争。1931年创作国画《深林访友》;次年,经同学王绍洛介绍加入左翼美术家联盟,从事新兴木刻运动,年底回山东青州，任省立第四师范美术劳作主任教员兼级主任。1935年转入省立第一乡村师范任美术劳作教师。1936年任省立乡村建设专科学校艺术导师,兼山东图书学社董事。1937年春,资助乡师学生地下党员丁之夏、尤维武20块银元奔赴延安参加革命。抗日战争爆发后,回家乡开展抗日活动,共产党员刘其人、董琰、王绍洛、景晓村等相继登门拜访,更加坚定了杨荆石的革命意志。之后,与刘子升、房连三、吴兴灵一起,开办民众夜校,教唱抗战歌曲,发挥自身的艺术专长,随时随地作画宣传抗日。1938年3月,参与组织黄庄武装起义;4月调四支队政治部宣传科工作;6月到石友三的10军团司令部做统战工作。1939年3月,山东鲁迅艺术学校在沂水夏蔚成立,任教务主任。学校迁至沂水麦坡时,由霍士廉(曾任山东分局秘书室主任)介绍加入中国共产党。

1940年7月11日,当选蒙阴县抗日民主政府县长。利用反"扫荡"间隙,全县在一年内开荒千余亩;每年组织代耕队,为烈军属耕田犁地。为完成动参任务,县、区、乡成立扩军委员会,发起挑战竞赛,组织开明绅士参加巡回动员团,到各村开动员大会，月内完成千余人的动参任务。创办《人民报》,为报纸作画。积极发展教育事业,至1941年2月,全县创办抗日小学57处,培养学生1640人;夜校74处,培养学员3132人。1942年春,调任鲁中文教处社会教育科科长。1943年11月,在沂南县沂汶修械所被流弹击中,在安乐庄医院去世,时年41岁。1988年12月1日,杨荆石烈士的骨灰移葬于南麻烈士陵园。

吴修玮（1915.02～1945.05）字魁轩，今颜庄镇埠东村人。1932年考入济南建国中学，在校期间,与6名进步学生共同组织了学生自治会,组织同学阅读进步书刊,宣传革命理论,参加学生运动。1935年毕业后到桑梓峪小学当教员。1938年10月,加入中国共产党并任埠东村党支部书记;12月调任泰山军分区任连指导员。1940年春,任军分区政治部秘书科科长。1943年任泰历县委敌工部部长。为加强对敌斗争的组织与领导,他在基层设立敌工站，并配备得力干部，对敌展开政治攻势,在一年多的时间内策反敌伪军60余人。1945年5月,日伪军3万余人对鲁中根据地实行大"扫荡",其所在的泰山军分区一部在泰安、莱芜边界反"扫荡"中取得重大胜利。为进一步打击敌人,上级派他做敌人的策反工作。一次,他入黄前伪军据点,争取伪军起义时，不幸被日军发现，遭到敌人的严刑拷打,仍坚贞不屈,后英勇就义。

刘汉明（1904～1947.06）今黄庄镇官庄村人。幼年放牛、打短工,家庭非常贫困。1938年参加革命,同年加入中国共产党。1939年同刘汉林等在家乡秘密发展党员,建立官庄村党支部。而后,刘汉明任区公安员、除奸大队长,活动于寨子、黄庄一带,侦察敌情,铲除伪顽奸细,镇压反动势力。1941年4月,任中共蒙阴县委委员、公安局局长;10月某日,接到龙廷区中队报告,有十几个日军和30多名伪军押着100多辆载有粮食和弹药的小车从新泰城向龙廷方向前行。刘汉明与新泰县大队联系,在龙廷的有利地段设伏,敌人到达土门后遭到伏击,立即抢占土圩子固守待援,刘汉明指挥队员打了一场漂亮的伏击战，击毙日军4人，伤2人,伪军伤亡更多,大部分粮食和弹药被缴获。土门战斗后,调任鲁中军区侦察大队大队长。1945年入山东公安干校学习,期间,患严重肺病,仍顽强地坚持工作。1947年4月，经组织批准回家休养，期间协助黄庄区委做工作；6月国民党部队占领黄庄，刘汉明被捕，在敌人面前，毫无惧色，严守党的秘密，表现出共产党员的英雄气概，后英勇就义。

李学玉（1925.10～1947.08） 今里辛镇西马泉村人。1945年8月，加入中国共产党。1946年6月入伍，任中共颜庄区委组织干事。1947年7月，国民党部队占领棋山、郑王庄、黄庄一带。为打击敌人，保护群众，组织委派他带领区中队第二分队（后称为李学玉武工队）在棋山周围开展对敌斗争。他利用对棋山一带地形比较熟悉的有利条件，带领13名武工队员，采用灵活机动的游击战术，在一个月的时间里，与敌人战斗13次，打死打伤敌人20余人，俘虏83人，缴获步枪3支、子弹58发、马车1辆、军用物资一宗。8月13日晨，当他带领5名队员在西马泉村西黄沟执行任务时，被国民党部队包围，面对危险处境，临危不惧。战斗中，为掩护战友突围，冲在最前面，不幸中弹牺牲。敌人惨无人道地用铡刀铡下其头颅，先是让人挑着，后又挂在3米高"节孝牌"上"示众"。为了让后代永远记住这位英勇的革命烈士，1950年莱芜县人民政府将棋山乡更名为"学玉乡"。

吴会梅（1927～1947.11） 女，今颜庄镇埠东村人。自幼父母双亡，跟随祖母逃荒要饭。1946年任村妇救会长；4月加入中国共产党。她积极参加土地改革运动，斗地主、分田地，发动妇女开展拥军优属，支援解放战争。1946年在"动参"运动中，为动员一人参军，几次甚至十几次地登门宣传革命道理，青年许某参军后家庭有困难，她主动承担起他家的家务，像亲闺女一样伺候两位老人。国民党部队占领莱芜后，吴会梅就地坚持斗争。1947年8月，"还乡团"偷袭埠东村，抓走11名革命军人家属，吴会梅针锋相对，发动群众把"还乡团"的家属抓起来，作为交换的条件，迫使敌人放回军属。10月"还乡团"包围埠东村，吴会梅带领群众配合武工队与敌人打巷战，队员张炳文被敌人紧追不舍，吴会梅急中生智，把敌人引开，张炳文得以脱险。10月中旬，"还乡团"连续袭击埠东村，为保护群众的生命安全，吴会梅带领部分群众转移到双龙峪一带。由于叛徒出卖，20日深夜遭敌人逮捕，敌人用铁丝穿住她的锁骨，并脱下她的鞋子和棉衣，拉着游街。吴会梅趁机向群众揭露敌人的罪行，教育群众坚持斗争就是胜利。后被押送南冶牢房，连续遭受吊梁头、坐老虎凳、锥刺大腿、烙铁烙乳房等酷刑，她仍义正词严，坚贞不屈。敌人无计可施，又劝诱她说："你这样年轻，来日方长，只要说出实话，保你一辈子荣华富贵。"吴会梅斩钉截铁地说："要杀就杀，要砍就砍，少来这一套！"；11月27日，吴会梅被敌人押到安仙后，被推进9丈多深的煤井里壮烈牺牲，年仅20岁。1950年吴会梅被莱芜县人民政府追认为革命烈士。

怀玉法（1917.04～1948.04） 今艾山街道贤女庙村人。自幼靠讨饭、做佣工为生，其性情豪爽，不畏强暴，富有反抗精神。1938年陈三坎部驻新泰县张家兰子村，经常到清泉岭、东施家峪、中施家峪、西施家峪、贤女庙等村抢掠。为保卫家园，这几个村联合建立保卫组织，怀玉法带头参加，并自制武器同其他队员一起站岗放哨，多次打击敌顽的骚扰活动。由于工作积极，对敌斗争勇敢，1941年3月，加入中国共产党。1945年担任村党支部书记兼自卫团指导员，多次配合地方武装，开展对敌武装斗争和支前活动。1947年夏，国民党重点进攻山东解放区，"还乡团"进行反攻倒算。怀玉法参加翟镇联防队，与"还乡团"展开针锋相对的斗争；10月怀玉法参加区武工队，多次给"还乡团"以迎头痛击，打击了敌人的嚣张气焰。1948年4月18日，怀玉法回家，不料被"还乡团"获悉，"还乡团"出动30多人包围他。怀玉法通知几位战友安全转移后，向村北突围，但终因寡不敌众被俘，被押解到中施家峪村。夜里，"还乡团"对怀玉法严刑拷打，威逼利诱，他一字未吐。敌人扒去他的上衣和鞋子，在他背上捆上40多斤小麦，押往新泰县"还乡团"总部菜园村。路经后上庄时将他毒打一顿，他的四肢多

处骨折，背部和腹部被烟头、香头烧成蜂窝状，强行30多里崎岖山路后至菜园村，“还乡团”兽性大发，用鞭子抽、杠子压、烙铁烙，还将他的手腕、脚腕、胯骨、膝盖的韧带挑断，百般折磨后继续审讯，妄图获知周围一带共产党员的下落。怀玉法始终只有一句话：“不知道！”，惨无人道的“还乡团”割掉他的耳朵、鼻子，挖出双眼，砸光牙齿，剜出舌头，捣断肋骨，剖开小腹，将他腰间绑上石头扔进废井中。怀玉法在井中继续反抗，最后被活活砸死。后来怀玉法的家人找了7天7夜，才从废井里打捞出他的遗体。

李荣贵（1919～1951）　又名李应兴，绰号红毛子，今里辛镇里辛村人。自幼品质恶劣，好逸恶劳。1941年初，到莱芜县大队当兵，1942年环境恶化脱逃回家，1943年投敌并任伪玥庄乡副乡长。期间，铁心事敌，利用各种手段威逼各村党员“悔过”，致使玥庄乡12个村的党员全部被迫自首。残酷迫害革命家属，将里辛村烈属李振芳（革命烈士李万笃之父）捕押，用压杠子、灌辣椒水、吊打等酷刑进行折磨，还将其17岁的女儿奸污致死。1944年调伪颜庄区中队任职。1945年秋，颜庄解放后潜逃济南。1947年夏，在济南组成“还乡团”随国民党部队回乡任玥庄乡乡长，变本加厉地残害人民；5月将民兵李绍祥捕去，在郑王庄施以酷刑后活埋，又将党员王庆永抓到鄂庄枪杀；6月捕去荣军李孔笃将其割舌、挖眼、剖腹致死，24日带领“还乡团”10余人将民兵吕爱昌之母、荣军王逢孝之父、烈士李实笃之母、李桂芳之祖母拴在一根绳上带到铡刀前进行恫吓：“要铡死你们！”，经恐吓折磨，吕爱昌之母、王逢孝之父3日后死去，农会会长曹登科之妻产后20天即被关押，幸被党组织设法救回，幸免一死；8月17日，李荣贵带领“还乡团”捕去郑王庄村的党员、民兵郑孝胜，带到南冶填入窑坑；9月李荣贵带国民党军、“还乡团”400人包围高家岭，捕去民兵、干部和群众31人，农会会长高华纪当场被枪杀，其弟高曾纪中一枪弹、一刺刀身负重伤，其他被捕人员押往南冶牢房，受尽折磨，后经家庭分5次花重金方赎回；11月带“还乡团”到龙王沟将军属吕继友之母痛打逼供，烧房13间，烧谷垛1个。1947年下半年，李荣贵带领“还乡团”去凤凰峪抢粮1000余斤、蚕丝14块（每块10多斤）；到西田庄、里辛等村抢政府存棉800斤、粮食4000斤、耕牛5头；去高家岭、石家岭等村抢粮1000余斤、耕牛21头及大宗衣物。1948年春，随国民党部队溃逃泰安、徐州，在战斗中被俘，编入九纵当战士。1949年5月，在上海战役中负伤，后转业到济南火车站包机段干炉灰工。1951年“镇反”时被清查，由当地人民政府在郑王庄公审处决，受害人民得以报仇雪恨。

孟继胜（1922.03～1952.03）　今艾山街道贤女庙村人。自幼家庭贫困，性格爽直而刚强。1940年8月，参加新（泰）莱（芜）蒙（阴）游击大队，后编入八路军山东纵队八支队；10月参加“百团大战”，在一次白刃战中刺杀2名日军，荣立三等功，被任命为班长，当年加入中国共产党。1943年冬，日军对沂蒙山根据地进行大“扫荡”，为掩护后方机关、医院、学校、兵工厂安全转移，所在连队奉命坚守岱崮。经过数昼夜激战，胜利完成牵制2000余敌人的任务，山东军区给予通令嘉奖，孟继胜被任命为排长。后转战泰莱沂山区，多次立功，升为副连长。1947年2月，在莱芜战役中参加围歼国民党军第77师的和庄战斗，所在连坚守一无名高地，一天一夜击退敌人的十几次冲锋，连长牺牲，他被任命为连长；5月孟良崮战役打响，奉命带领1个排冲在部队的最前面，身上多处负伤，荣立一等功，晋升为营长。在攻克沙土集、土山集、洛阳等战斗中，因作战勇敢，敌军闻风丧胆。1948年春，在开封战役中奉命带1个加强营主攻开封城，战后华东野战军司令部授予所在营锦旗1面，上写“奖给23师69团3营：首先突破开封城”，孟继胜被授予"一级战斗英雄"称号;11 月在淮海战役中所在团执行强行军穿插任务,迅猛地歼灭被隔在运河东岸的国民党军近 1 个师。战斗中一颗子弹穿透了他的右手掌，另一颗子弹擦破了他的前额。战友们劝他下去包扎,他坚决不肯,忍着剧痛,组织通讯员、炊事员和轻伤员趁着夜黑抢回伤员,然后左手握枪、右臂托枪,带领战士们向残敌冲击。当把残敌歼灭后,因失血过多,昏倒在地。十余年的戎马生涯中，孟继胜参加大战役十几次，大小战斗数百次,先后负伤数十次,因伤重导致右臂残废。因身体原因,部队让其转任纵队警卫营营长(副团级)。1952 年 3 月,孟继胜因右胸一块弹片嵌入肺脏,经救治无效离世,年仅 30 岁。

乔英（1915.02～1958.07） 原名乔学忠,今艾山街道清泥沟村人,黄庄高等小学毕业。抗日战争爆发后，不顾家庭阻挠,卖地 2 亩买 1 支步枪。1938 年 3 月,参加了黄庄抗日武装起义。1939 年 1 月，任中共莱芜县四区区委组织委员。1940 年 12 月,任四区区委书记兼区中队指导员。1941 年 12 月,任中共泰宁县蒙边分区区委书记。在艰苦的反"扫荡"斗争中,带领区中队转战沂蒙山区。1944 年 11 月,调任中共徂徕山工委组织部长。先后 2 次负伤,躺在担架上参加了抗战胜利后的庆祝大会。1945 年 11 月,奉命支援东北,任东北局牡丹江特委运输队大队长,带领 60 多人,经常冒着严寒,用马车从朝鲜往鸡西、佳木斯、鹤岗等地运送军用物资。一次过绥芬河,遭遇土匪,腿部被打伤。伤愈归队后任中共穆棱县县委副书记兼宣传部部长。1953 年 1 月,被任命为黑龙江省行政干部学校校长。1955 年 6 月,任黑龙江省委党校副校长兼中共嫩江地委常委。1958 年病逝,葬于齐齐哈尔烈士陵园。

吕祖诚（1902.03～1966.02） 字志轩,今里辛镇小官庄村人,生于书香门第,从小就被家庭送往省城济南就读，在北京中国大学毕业。1928 年 1 月,供职于莱芜县教育局,负责培训教职员,济南"五·三"惨案后,参加国民党莱芜县县党部组织成立的反日会，并帮助各区成立分会,开展反日宣传;同年,组织成立民俗委员会,指导民众破除封建迷信,向民众宣传放足、剪发辫、掀神位、毁神像等反封建思想,年内应聘至招远县立中学教书。1930 年春,任国民党莱芜县党部委员会保管委员、常委并兼任县立中学教员;9 月随亓含英院长任惠民县地方法院主任秘书。1933 年奉调国民党山东省政府任职。1937 年"七·七"事变后,返回莱芜,任国民党莱芜县政府民政科科长,后任县参议会参议长辅佐县政。闻讯日军将占领莱芜，随国民党莱芜县党部逃离莱城,先后活动于沂水县的南石臼村,莱芜的鹏山泉、鲁西、张里、水北、冷家庄、高家店等村镇。1939 年冬,在秦启荣的支持下,在双龙峪重新组建国民党县党部。1945 年 5 月,随县党部县政府人员迁至安徽省阜阳市国民党山东省政府所在地,抗战胜利后随国民党省政府返回济南。1947 年 2 月,随李仙洲部回莱城,莱芜战役后逃往济南,期间,在济南组织"难民同乡会"并出任理事;5 月以后,国民党部队再次进驻莱城,协助刘伯戈以"难民同乡会"为基础组织"还乡团"约 300 人,分 6 批回莱芜,建立县党部和政府,继任参议长。1948 年春,国民党部队最后撤离,莱芜全境解放,从此"还乡团"失去依附,吕祖诚伙同党部政府成员随军逃离；同年，携家眷逃往台湾。1966 年在台湾去世。

董琰(1914.08～1968.02) 今山东省新泰市人。1929 年夏,考入济南山东省立第一中学。1932 年加入中国共产党。1933 年 2 月,因叛徒出卖被捕入狱。1937 年 11 月,出狱后,任中共新泰县工委书记、县委书记兼八路军新泰办事处主任。之后,受中共山东省委的委派，到黄庄一带酝酿宣传组织

抗日，联系回乡抗日知识分子杨荆石、进步人士刘子升等人，先后3次到黄庄，奔波在大上峪、小上峪、青冶行和黄庄等村之间，积极发动群众，为武装起义做准备。1938年3月10日晚，主持成立军事委员会；12日与边裕鲲等成功发动了黄庄武装起义，成立八路军山东游击第四支队十二中队；11月主持组建蒙阴县七区区委，加强了黄庄、寨子一带的基层组织建设。在境内工作期间，发展了一大批优秀分子入党，创建以七区为中心的第一块根据地。1939年1月，任中共泰山区特委委员、宣传部长后，积极指导境内的抗日工作，重视党员的思想建设，支持各区举办各种形式的党团训练班以及工、农、青、妇、小学老师等训练班，培养了大批干部。1950年7月后，历任中共济南市委副书记、市委书记、中共山东省委副书记兼组织部长及中共江西省委委员、副省长。期间，因受向明错案的牵连，被长期隔离审查。1968年2月，含冤逝世。1977年11月22日，江西省委为其举行骨灰安葬仪式。1983年5月5日，中央纪律检查委员会决定给予董琰彻底平反。

刘子升（1885.10～1968.12）名兴让，字子升，今黄庄镇小上峪村人。13岁中秀才，清末民初，以教私塾为业。20世纪20年代至30年代，境内匪患不断，刘子升率领乡亲们在青杨崮修筑圩墙抵御土匪，因此结怨于匪。20年代末，被迫漂泊异乡，逃难中了解到中国共产党的主张，接受了革命思想。30年代初，回乡继续执教，曾在黄庄南小学任教多年。1937年11月，与杨荆石一起探讨在家乡抗日问题；此时中共山东省委特派员刘其人、新泰工委书记董琰到蒙阴县七区（即黄庄区）小上峪村，联系刘子升参加抗日救亡运动，先以同村刘鸿轩等人为骨干，以护村保乡为由，在黄庄、青冶行、小上峪等村组织了联庄会。1938年3月初，参与八路军四支队在黄庄发动的武装起义筹备工作，任军事委员会副主任，12日参加武装起义，后任八路军山东抗日游击第四支队十二中队副中队长；3月中旬，带领部分起义人员奔赴四支队驻地红埠岭村，在途经南冶村时，突遭秦启荣部扣押，后被营救保释归队，组织上考虑其在家乡声望，仍派他回七区开展工作；9月蒙阴七区动委会成立任主任委员。1939年2月，当选为蒙阴县七区第一任抗日民主政府区长；5月七区在小上峪村成立常备队任队长，常备队改编为山东纵队一支队一大队七中队后任中队长；11月率领七中队配合八路军四支队二营围歼驻守东、西、中施家峪村的陈三坎部，迫使陈三坎部南逃新泰，打开寨子乡的局面。1941年2月，到蒙阴县经建科工作。1944年1月，当选蒙阴县副参议长。1945年春节期间，受到中共山东分局书记、山东军区政委罗荣桓的慰问。

1950年3月，刘子升出席山东省各界人民代表会议并当选各界人民代表会议协商委员会委员；8月担任山东省鲁山林场场长。1952年2月，调任泰安专区泰山示范林场场长。1957年退休回家定居。“文化大革命”初期，因遭受不公正待遇含冤去世，草草落葬。1972年9月，沂源县革命委员会到小上峪村为其补开追悼会，对其一生作了公正的评价。

陈现义（1911～1978）今黄庄镇青冶行村人，全国民兵英雄。贫苦农民出身，从小喜爱打猎，练就一手好枪法。1939年加入中国共产党。1941年参加村自卫团。1943年春，国民党军新编第四师一个连到青冶行村捕去中共地下党员包升亮等3人，陈现义带领民兵到村口阻截，他用仅有的5颗子弹打死敌指挥官1人、机枪手2人，缴获机枪2挺，救回包升亮等人。1947年2月，莱芜战役期间，陈现义参加民兵支前，肩负押送俘虏的任务。一次，他押送俘虏行至颜庄时,俘虏见押送人员少,遂产生逃跑的念头,这时恰好一只野兔从路边跑过,陈现义大喊一声"哪里跑?",话音未落,一枪击中野兔。他这一枪震慑了俘虏,从而圆满完成了押送任务。同年,国民党军新编11师从新泰运送军需物资,当车行至龙巩峪时,他连发5枪击毙4个敌人。从抗日战争到解放战争,陈现义参加大、小战斗37次,缴获长、短枪100多支,毙、伤、俘敌29人,荣立一等功3次,被评为战斗模范2次。1947年被鲁中南军区授予"神枪手"称号。1964年7月至10月,陈现义率儿女、儿媳6人参加县、地区、省民兵比武大会。在省民兵比武大会上,陈现义全家以优异成绩荣立集体三等功,受到贺龙元帅、罗瑞卿大将接见并合影;10月12日,《大众日报》以《一家七口爱武装》为题报道了陈现义一家的事迹。"文化大革命"期间,陈现义受到陷害。1978年病逝。

高元良(1916~1979.04) 字太柏,今颜庄镇东红埠岭村人。1932年考入莱芜师范讲习所;10月由刘仲莹介绍加入中国共产党。1935年毕业后任小学教员。1939年弃教从戎参加八路军,历任战士、班长、连指导员,鲁中一、三地委组织干事等职。1943年冬,调新甫县开辟敌占区工作,先后任中共南冶、颜庄区委书记。期间,在白色恐怖下秘密发展党员,恢复建立被日伪蚕食、严重破坏的党组织,重新组建抗日武装开展对敌斗争。1945年10月,调入山东省益临县,先后任县委组织部部长、副书记。1952年调东北工作,先后任鞍钢筑炉厂厂长,鞍钢基建机关党总支书记、政治处主任,鞍钢机关党委第一副书记,中共本溪市监委委员,交通部公路四局党委书记,松辽运河辽宁工程局党委书记,沈阳市城建局副局长,城建公用局党委常委、革委会副主任,城市建设局党委副书记等职。1979年4月1日,在外出途中心脏病复发,抢救无效离世。

赵乐周(1921.11~1979.06) 今艾山街道九龙庄村人。8岁入小学,14岁考入黄庄高等小学。徂徕山起义后,八路军第四支队一部常到九龙庄一带

开展革命活动。接受第四支队的抗日宣传,思想觉悟提高很快。1939年3月,在第四支队的帮助下,组建"民兵基干团";同年,加入中国共产党。1941年1月,"基干团"骨干编入山东纵队第一支队第一大队七中队,任政治指导员,在带领七中队在张家旁峪与顽军作战时头部负伤,成为"三等甲级残废军人"。1942年8月,担任中共蒙阴县高都区委书记,时值日伪军疯狂"扫荡""蚕食",抗日战争最艰苦的年代,赵乐周带领干部群众积极开展反"蚕食"的斗争。1945年3月,任中共蒙阴县常路区委书记;10月任中共高都分区区委书记。期间,充分发动群众壮大武装力量,成立武委会,以区中队为骨干,组织训练民兵爆破队,配合主力部队消灭日伪军的残余势力。他遵照上级指示动员党员、村干部带头参军,区内涌现出父送子、妻送郎、兄弟争相参军的动人场面。1945年10月,高都区成立剿匪委员会,兼任主任,带领区中队及精干民兵,剿灭数股土匪,处决了3名匪首。1946年9月,任蒙阴县各界救国联合会主任,不久,担任华东局五莲土改实验县洪凝乡支部书记从事土改试点工作。中华人民共和国成立后,历任中共山东分局直属机关党委委员、组织科长、副书记、书记,中共山东省委机关党委书记。1958年在"青岛会议"上,提意见批评当时党内存在的"浮夸风",呼吁党员干部坚持"实事求是"的思想路线。会后,受到了"左"倾路线打击,被下放到长山水泥厂、南定电厂、黄台发电厂等单位,分别任代厂长、厂长等职。1963年3月,调任济南汽车厂(后改为济南汽车总厂)党委书记。"文化大革命"期间,改任济南市工业办公室党组副书记、副主任等职。1973年任济南黄河汽车制造厂党委书记。1979年6月病逝。

徐勤文(1922.04~1981.02) 今艾山街道中施家峪村人。1938年3月,在刘子升的引导下参加

黄庄抗日武装起义，后任第四支队十二中队小队长(班长)。1939年8月，参加庙子战斗；10月加入中国共产党。1940年5月，受组织委派到家乡施家峪一带发展队伍，组建新莱蒙游击大队三中队，队员由14人扩至134人，任中队长。1941年9月，任山纵1旅2团特务连连长。1942年12月，任山东军区1旅教导团副团长兼1营营长。期间，在与吴化文部的战斗中2次负伤。1945年10月，编入山东野战军第3师，从烟台登船赴东北战场，海上遇暴风，幸被苏军军舰救起；到东北后任辽东军区参谋处作战参谋(处长为吴瑞林)。1946年3月，任东北民主联军丹东军分区独立师2团团长；10月任辽南军区独立师2团团长。1947年3月，奉辽南军区司令员吴瑞林的命令带领一个连和几十名连排干部深入农村建立独立团，部队一边剿匪除奸，一边帮助工作队建立民主政权，进行反奸诉苦、土地改革等工作，使南满根据地逐渐巩固，翻身农民踊跃参军，组建南满独立团的任务胜利完成。1948年1月，独立团编为东北野战军第5纵队15师43团后任团长；9月率部参加辽沈战役攻克彰武、新立屯、义县等重镇。东北解放后参加平津战役。1949年4月至5月，参加渡江战役，之后随部队千里追歼白崇禧部，一直打到雷州半岛。1950年3月，被选送到中国人民解放军军事学院学习。1953年2月，任武汉驻军独立师副师长。1956年3月，任武汉警备区副司令员。1981年2月病逝。

黄孝孔（1924～1982.06） 原名黄学冉，今颜庄镇黄花店村人。1939年4月，在家乡组织地方抗日队伍。1940年1月，参加八路军。1942年加入中国共产党。在抗日战争和解放战争期间，历任连队文书、军需会计、财粮股股长、供应训练队队长。先后参加莱芜、孟良崮、淮海等战役。1951年冬，参加抗美援朝。期间，患有严重胃病，首长劝他回国修养，他坚持留部队作战。1952年9月10日，被中国人民志愿军司令部、政治部记三等功。回国后，历任中国人民解放军26军后勤财务处主任、二区财务处副处长，师后勤部副部长，军财务处处长、战勤处处长，后任青岛警备区党委常委、后勤部党委书记兼部长等职。1982年6月病逝于青岛。

张子超（1918～1983.12） 原名张绪生，又名张志超，今颜庄镇唐家宅村人。1936年济南建国中学肄业，回家后在野虎沟村任小学教员。1937年抗日战争爆发后积极参加抗日宣传活动。1938年7月，由陈明达介绍加入中国共产党，与曹建告等组建唐家宅村党支部，任支部书记；8月任中共莱芜四区宣传委员；12月任区委书记。期间，积极发展党员，扩大党组织，组建抗日武装。1939年春，调任莱芜县委敌工部副部长。1941年5月，调任新甫县县委委员、宣传部部长等职。1943年任南冶区区委书记，在异常恶劣的斗争环境中开展工作。1945年11月，参加支援东北干部大队到黑龙江省，历任富锦县工作队长、中共富锦县委副书记、中共绥滨县委副书记、中共富锦中心县委书记等职。1952年后，先后任松江省林业厅、黑龙江省林业厅副厅长，黑河地委第二书记，东北林业总局党委副书记、副局长等职。1983年12月病逝。

吴子诚(1919.09～1984.12) 原名吴式信，曾用名胡光，今艾山街道徐家庄村人。少年时期，曾受教于清末秀才刘子升，受到良好的革命思想教育和熏陶。1940年3月，加入中国共产党；8月参加八路军，动员父亲变卖家产，买一支枪带到部队去，不久转地方工作。抗日战争时期，曾任新甫县西周区副区长，新泰县翟镇区区长等职。1942年至1943年，带领区中队转战莲花山区，开展对敌游击战争。其中1942年11月，在上河战斗中他不畏艰险，坚守阵地，歼敌数名，受到中共新甫县委的表彰。解放战争时期，任翟镇区区长、北海银行办事处主任。1950

年至1956年，任滕县人民银行办事处主任，沂水中心支行副行长、行长，浙江省台州、温州中心支行行长，中国农业银行浙江省分行副行长等职。1957年调舟山地区工作，历任中共舟山地委委员，地委财贸部部长，中共舟山县委书记处书记、县长，中共舟山地委常委、行政公署副专员等职。在舟山地区长期分管财贸等项工作，经常深入基层，调查研究，了解群众生产和生活中的实际问题，组织协调各职能部门做好后勤保障工作。20世纪80年代初，主动退居二线。1984年12月，在舟山病逝。逝世后，按照他的遗愿，丧事从简，不发讣告，不通知亲友，不举行遗体告别仪式，不召开追悼会，把骨灰全部撒在普陀洛伽山附近莲花洋大海里。

孙守功（1962～1984.12） 今颜庄镇孙家庄村人。1982年加入中国共产主义青年团。1983年1月，参加中国人民解放军。1984年5月，患肝炎住院接受治疗；7月中旬，得知部队开赴中越边界参加防御作战的消息，硬缠着医生要求出院，医生不得已在出院通知书上写道："病未愈，继续休息2个月"听到连部决定要他留守，又缠着指导员恳求说："我出院就是为了上前线，上不了第一线，帮战友压子弹也行啊！"，并咬破手指写下"坚决上前线，愿把热血洒南疆！"的血书，同时递交入党申请书，要求党组织在战火中考验自己；12月20日，与全班战士坚守116阵地。激战中左手2个手指头被弹片削掉，右腿多处负伤，他一声不吭，只简单包扎一下，又投入战斗，连续打退越军3次冲击；21日越军向阵地冲击时，强忍伤口剧痛，将敌击毙、击伤各2人，并冒着炮火，协助卫生员抢救7名伤员，送回35名牺牲的战士。经过2天战斗，全班只剩下他自己，几次拒绝首长要他下阵地治疗的指示，坚定地说："只要还有一口气，我就要战斗到底。"；24日战斗更为激烈，他的双腿被炮弹炸断，仍趴在地上一边以猛烈射击掩护战友冲锋，一边以惊人的毅力用双臂支撑着身体向前移，在即将移到一个制高点时，发现附近有几个越军正负隅顽抗，他立即投出一颗手榴弹，此时一颗炮弹正好落在他身边爆炸，孙守功壮烈牺牲。战斗结束后，孙守功被部队党委追认为中共正式党员，追记一等功，被南京军区授予"钢铁战士"称号。

段文山（1924～1984） 原名段登学，今颜庄镇柳桥峪村人。7岁入小学，11岁考入颜庄高等小学。1937年学校停办，辍学回家。1939年8月，任四区青救会会长。1940年5月后，先后任颜庄乡宣传委员、四区宣传委员。1941年6月，任中共新甫县委文书、干事。1943年冬，调颜庄区委任组织委员，协助高元良开辟敌占区工作；期间，常常夜间出其不意闯入敌穴，做伪乡长、伪保长的教育转化工作，曾2次遇险，由于机智应对，化险为夷。1946年任鲁中二地委宣传部教育干事。1949年任济宁县委宣传部副部长。1951年到山东分局党校当教员。1959年后，任中共山东省委宣传部理论教育处副处长、处长。1970年到山东人民广播电台工作。任职期间，曾多次派记者到颜庄公社采访，报道颜庄公社治水改土、扩大耕地面积的经验。1978年任山东省广播局副局长、党组副书记。1983年任山东省广播电视厅副厅长。1984年在济南病逝。

陈振业（1920～1984） 曾用名陈守文，今艾山街道中施家峪村人。9岁入私塾学习4年，后入黄庄高等小学学习。1938年8月，参加抗日游击队。1940年5月，与徐勤文一起从八路军第四支队回家扩军，在一个多月内动员14人，成立新莱蒙游击大队三中队，徐勤文任中队长，他任分队长；10月底，队伍扩大到134人，编入八路军山东纵队1旅1团。此后,又被派回家乡继续扩军。1941年1月,扩军28人,与原队合编并任班长。1942年1月,所在连队守卫瞭阳崮,因日军大“扫荡”,连队分散隐蔽转移,留下他与战友蹇家训2人坚守阵地,坚持7天7夜,后被团部表彰为“守崮模范”。1943年7月,任连副指导员;11月参加岱崮保卫战,苦战18个昼夜,牵制敌人2000余人,以7伤2亡的代价创造了毙伤日伪军300余人的战绩。山东军区通令嘉奖陈振业所在8连,授予“岱崮连”的光荣称号。1944年1月,任沂水三中队政治指导员;4月调至鲁中62团任敌工员。1945年4月,任鲁中第三军分区联络部联络员;9月带领部分战士去益都接受日军投降。1946年1月,组建回民大队并任大队长。1947年8月,任益都独立营副营长;11月调鲁中军区第3军分区司令部任作战科教育参谋。1948年1月,任益都独立团1营副营长。1949年4月,任昌潍特区警卫营副营长。1950年1月,任昌潍特区教导营营长,后随部队调入空军锦州第三航校工作,历任三航校司令部管理科科长、三航校阜新某团副参谋长等职。1954年调山西临汾第十二航校,历任团参谋长、副团长兼参谋长,第一副团长兼参谋长等职。抗日战争和解放战争时期,立三等功2次、集体三等功1次。1955年被授予少校军衔,荣获三级独立自由勋章和三级解放勋章,被评为三级残废军人。1958年9月,转业到地方工作,历任山西省晋南地区交通局第一副局长、山西省交通厅侯马汽车运输公司党委书记、冶金部中条山有色金属公司运输处党委书记、冶金部中条山有色金属公司发电厂党委书记、山西省运城地区磷肥厂党委书记、山西省交通厅运城汽车运输公司书记兼经理、山西省交通厅临汾汽车运输公司顾问等。1983年离休,享受副厅级待遇。1984年病逝于山西临汾。

尚根和(1965.08~1985.02) 今里辛镇双龙峪村人。其父尚孝良14岁就参加革命,从小受到家庭的良好教育和熏陶。1981年加入中国共产主义青年团。1982年11月,参加中国人民解放军。1984年12月,所在部队奉命赴老山前线参加云南边防保卫战。

1985年2月10日,所在的5连3排担负松毛岭地区140阵地主攻分队的救护任务。全排分成7个小组,他担任第一小组组长。11日6时15分,攻占140阵地的战斗打响了,尚根和带领第一救护组扛着弹药,紧紧跟在主攻分队后面。敌人猛烈的炮火压来,阵地上弹片横飞不时有战士受伤。他爬到伤员身边,为伤员包扎好伤口,然后一个一个往下运送。突然敌人的一排炮弹袭来,有8名战士被炸伤,这时他的小组现场只他自己。他冒着滚滚浓烟把伤员全部包扎好,然后抢运。他先背起重伤员汤永久在山坡上爬行,没爬多远,敌人的炮弹打来,他把伤员藏在附近一条只能容纳一个人的小石缝里,自己用身体挡住石缝作掩护。又一发炮弹在附近爆炸,他被气浪推出了很远,顿时失去了知觉。醒来后,首先想到的是救战友,立即投入抢救伤员的队伍。当他背着1名伤员,穿过敌人的火力密集区行到救护所附近时,敌人的一排炮弹从头顶呼啸而过,他急忙卧倒,用身躯护住伤员,这名伤员得救了,他的右臂却负伤,顾不上包扎,忍着疼痛,终于艰难地把伤员背到了救护所。经过一个多小时的奋战,带领救护组把伤员全部送到救护所,圆满完成了这次艰巨任务。2月12日凌晨,越军在强烈炮火的掩护下,再次向140高地反扑。他负伤不下火线,带领救护组重返阵地抢救伤员,给3名伤员止血包扎,把他们及时送到了临时救护点。在140高地连续3天的争夺战中,他奋战32小时,只身抢救和护送负伤和牺牲的战友28人,送弹药15箱;下午2时,带领救护组参加541高地的战场抢救任务,当他把最后一名烈士背到541高地连指挥所附近时,敌人的一发炮弹在他附近爆炸,弹片击中了他的头部、胸部和右手,夺去了他年轻的生命。部队党委追认尚根和为中国共产党党员,并追记一等功。1985年9月19日,尚根和的亲属根据烈士遗愿,代他向党组织一次性交了40年的党费。

刘专一（1916～1985.12） 今颜庄镇澜头村人。1939年2月入党，同年参加革命。1940年任莱芜县公安局侦察队队长。1941年春，莱芜实行三县分治以后，继任莱北县公安局侦察队队长。1942年口镇伪镇长死心塌地为日军效力，周围群众民不聊生。为了铲除这一祸首，莱北县公安局决定活捉这个伪镇长。接受任务后，刘专一带领侦察队员深夜潜入口镇，到伪镇长家中将其抓获，并把事先写好的布告贴在伪镇长家的大门口，在此震慑下，伪政人员不敢轻举妄动。1943年为铲除日军情报网，带领3名队员潜伏到大渔池村伪保长家里，向他了解了日军情报员的具体活动情况，将该村“情报员”擒获，几天后在猪食槽据点附近村将另1名“情报员”生擒。除掉这两个汉奸“情报员”后，其他“情报员”再也不敢兴风作浪；同年春，寨里伪警察所所长石玉磬，肆意逮捕中共干部，杀害抗属，破坏地下党组织，上级决定除掉他。刘专一带领队员化装成赶集的农民进入寨里镇。在集上发现了石玉磬后秘密跟踪，寻找战机，当石玉磬走到一个叫“万人坑”的地方时，刘专一果断开枪射击将其击毙，此举轰动了寨里镇，从此驻寨里的日伪军再也不敢贸然出动。1943年秋，抗日民主政府行政科长程某等人，经不住白色恐怖的考验，一起叛变投敌，到大王庄据点当汉奸，给抗日工作造成很大破坏，组织上决定除掉他。一天，刘专一带6名队员在于家庄蹲点守候，等到上午11点时，见有3个穿绸缎衣服、手摇扇子的人出现在于家庄，刘专一认出走在前面的程某，当即冲上前将其抓获，其他队员一起动手活捉了另外2个人。经审查，其中1人是叛徒李某。1949年2月，刘专一作为南下干部到浙江工作。1978年退休（后改离休）。1982年起享受副师级待遇。1985年12月在泰安病逝。

刘大名（1907.06～1986.08） 原名刘新德，字镜民，今里辛镇双龙峪村人。自幼勤奋好学，1921年2月，考入颜庄高等小学。1925年应聘到小官庄小学任教。1926年秋，在济南考入东北陆军讲武堂。1929年10月，讲武堂第十期毕业。1932年参加“一·二八”淞沪抗战。1933年10月，调江西执行军务。1937年赴上海参加“八·一三”淞沪会战，战地上升任营长；11月任整编8军40师135团2营营长。1938年1月，参加兰封会战，夏季参加德安会战；11月调至广东保安1旅任少校参谋。1939年1月，加入国民党。1940年2月，任暂编8师第2团中校副团长。1941年4月，任暂编8师第2团上校团长。1944年12月，参加粤北及长沙会战。1946年秋，到东北任长春市政府秘书兼人事室主任。1947年12月，在长春任新7军暂编56师参谋长。1948年10月，在辽沈战役中，在东北“剿总”副总司令郑洞国的率领下投诚。1949年2月，由哈尔滨迁至抚顺军官教导团学习；6月回到原籍。1951年1月至1952年2月，先后在口镇东街小学、龙角村小学任教；9月被资遣回家务农。1957年4月，应邀列席政协山东省一届三次会议并在大会上发言；5月在济南参加山东省民革组织，后任民革泰安支部副主委。1958年、1963年先后当选为山东省第二、三届人民代表大会代表。1959年9月，出席在天津召开的“民革”会议；10月1日发行的《团结报》上，以《刘大名的道路》为题对他潜心教学、务农的事迹作长篇报道。1977年12月，当选政协山东省第四届委员。1980年12月至1984年7月，任政协莱芜县第一届副主席。1986年8月病逝。

陈明达（1916.05～1990.04） 原名亓宗禹，今颜庄镇西沟村人。1925年至1937年，先后在颜庄高小、莱芜县立师范讲习所、长山中学、济南市立一中读书。1938年3月12日，参加黄庄抗日武装起义；6月由刘莱夫介绍加入中国共产党。随后发展张子超、曹建告、亓仲文、吴修玮等人党，成立四区党支部，任支部书记；8月组建中共莱芜四区区委并任区委书记，是颜庄区第一任区委书记；9月调任中共莱芜县委宣传部部长。1939年3月，任中共泰山特委直属县县委书记。

1939年11月至1945年9月，历任中共山东分局七区党校总支书记，中共鲁中区党委—地委(泰山地委)委员、组织部副部长等职。在任组织部副部长期间，积极开展瓦解伪军工作。1945年6月，利用关系与颜庄伪区长吕嘉林取得联系，与泰山军分区司令员廖容标、参谋长刘国柱、政治部主任欧阳平一起做工作，敦促颜庄伪区长吕嘉林、副区长谭道恒交出全部伪政人员，使颜庄、南冶和平解放。解放战争时期，历任中共鲁中区党委—地委民运部长、中共淄川县委书记、中共淄博地委委员等职。1949年后，任中共淄博地委委员、工委书记兼工会主席。1954年任山东省委工业部、地方工业部副部长。1958年8月，任山东省轻工业厅厅长、党组书记。1961年8月，调任中共济南市委书记处书记。1963年4月，当选为中共济南市委第二届委员会常委、书记处书记。1965年5月，赴上海任第八机械部华东内燃机拖拉机公司经理。1968年5月，任济南市"五七"干校校长。1971年4月，当选为中共济南市第三届委员会委员；6月任中共历城县委副书记。1972年5月，任中共济南市委常委。1973年12月，任中共济南市委副书记、革命委员会副主任兼中共历城县委书记、县革命委员会主任。1980年4月，任山东省总工会副主席、党组副书记。1983年7月，在中共山东省第四次代表大会上当选为中共山东省顾问委员会委员。曾当选为山东省总工会第三届执行委员会委员，第七届执行委员会常委、副主席。1985年4月离休。1990年4月病逝。

刘汉一（1926～1990.06）　今颜庄镇澜头村人。1947年3月，参加革命。1951年2月，加入中国共产党。1947年3月至1949年4月，为县、区土改工作队工作员并任支前担架连副连长。1949年5月至1949年11月，在华东荣校第三分校学习，后支援西南。1949年11月至1952年3月，历任四川省万县某区民政助理员、农会副主任、县委工作员等职。1952年4月至1956年10月，任万县农校副校长。1959年11月至1972年1月，任万县地区农水局、林业局副局长。1972年2月至1986年7月，任万县地区农机局副局长、党组成员、顾问等职。1986年8月离休，享受副地级待遇。1990年6月病逝。

吴式愈（1918.08～1991.01）　字干琳，曾化名于彪，今艾山街道徐家庄村人。少年时期读过私塾。1938年3月，参加黄庄抗日武装起义。1939年加入中国共产党。历任山东纵队政治部一科电报收发员、鲁中沂南区中队副政治指导员、鲁中军区三分区电话局政治指导员、鲁中军区9师政治部组织科干事等职。解放战争时期，先后参加莱芜、孟良崮、济南、淮海、渡江等战役，8次荣获军功章。历任8纵23师直属队总支书记、26军77师直工科副科长、科长等职。中华人民共和国成立后，历任南京军区政治部组织科科长、南京军区后勤部建筑工程队政治委员、建筑工程222部队政治委员、后勤部14分部副政委。1955年荣获"三级独立自由勋章""三级解放勋章"，被授予少校军衔。1960年晋升中校军衔，进北京政治学院深造。1964年晋升上校军衔；同年，毛泽东到南京视察工作，接见南京军区师以上优秀党务工作者，吴式愈参加了这次接见。1991年1月病逝于南京。

吴呈露（1931.04～1991.07）　今颜庄镇南港村人，幼年在本村上小学。1946年10月，参加革命工作。1952年6月，加入中国共产党。1946年8月至1952年1月，为鲁中南兵工厂一厂、山东化工局制酸厂工人。1952年1月至1953年4月，在山东博山电池厂任调度员。1953年4月至1954年1月，在第一机械工业部干部学校学习。1954年1月至4月，任博山电池厂车间副主任。1954年4月至12月，在淄博党校学习。1955年1月至1964年10月，历任车间党支部书记、厂党委组织委员、党委副书记等职。1964年10月至1967年4月，在青岛、淄博"四清"工作团任材料组组长。1967年5月至1969年8月，下放车间劳动。1969年8月至1972年1月，任车间党支部书记。1972年2月至10月，在山东省委党校学习。1972年11月至1975年4月，任四八一厂革委会主任、党委副书记。1975年5月至1985年8月，任四八一厂党委书记。1985年退居二线，享受副师级待遇。1991年7月在淄博病逝。

陈秀夫（1914～1992.02） 原名陈洪俊，今艾山街道中施家峪村人。幼年在黄庄高等小学读书，师从思想进步的清末秀才刘子升。1935年任村小学教师。1940年调南仓峪村任抗日小学教师；6月经董玉彬、陈克东介绍加入中国共产党；10月被推选为蒙阴县七区施家峪乡乡长。在他的影响下，大哥陈占奎、二哥陈洪春、四弟陈洪杰及弟媳先后参加革命，被誉为一家"四子五八路"。1941年10月，任新蒙县张黄区副区长。1942年10月，任新甫县寨子区区长。1944年6月，到鲁中南党校学习；10月任圣井区区长兼区中队长。1946年6月，调章丘县任司法科科长。1947年被评为二等工作模范；12月参加泰安地委工作队。1948年8月，任中共莱芜县茶业区委书记；12月任莱芜县粮食局局长。1950年在山东分局党校和泰安地委党校学习；12月任泰安地委工作组组长。1951年11月，任平阴县县长。1956年6月，任中共平阴县委书记；7月任平阴县委副书记。1959年10月，任平阴县委书记处书记。1965年3月，调任中共章丘县委副书记。1971年任章丘县革委会生产指挥部副指挥。1974年12月，任章丘县革委会副主任。1980年9月，任中共章丘县委顾问。1985年12月离休，享受副地级待遇。1992年2月病逝。

吕岐山（1920.03～1994.11） 今黄庄镇黄庄二村人。1939年6月参加革命；10月加入中国共产党，随后参加攻打东、中、西施家峪战斗。曾任八路军一支队一大队排长；1940年3月，任蒙阴县七区代理区长；7月参加南通香峪战斗；10月当选为区长。1943年初，参加攻克黄庄、上峪敌伪据点的战斗，铲除汉奸兰瘤子和伪乡长。1943年秋，任博莱县张黄区区长。1944年2月，调昌潍工作，任安丘县六区及南部区区长等职。中华人民共和国成立后，历任昌潍专署秘书、济南市人民委员会副主任兼统计局局长、济南市人民委员会秘书长、济南市副市长兼济南市计划委员会主任、济南市计划委员会顾问等职。1994年11月病逝。

吴瑞林（1915.07～1995.04） 原名吴尚德，曾用名杨崑，今四川省巴中市人。1932年10月，参加中国工农红军，任红四方面军政治部通讯兵；12月加入中国共产党。1934年参加二万五千里长征。1936年6月起，任大金川省干部大队大队长兼政治委员。1937年1月起，为延安中共中央党校学员。抗日战争爆发后，被党中央从延安派到山东从事地方抗日领导工作，在境内的颜庄、寨子、黄庄、辛庄一带战斗工作多年，期间，宣传发动群众，团结社会各阶层人士，创建了莲花山抗日根据地。1939年1月，任中共泰山地委军事部部长兼第一大队大队长，不久，带领300多队员从莲花山出发隐秘行军，到桑梓峪集结后兵分3路奔袭丈八丘据点，毙伤俘顽军几百人；8月在庙子突围战中，右胯、腹部受伤，因治疗条件差，落下残疾，当时群众敬称为"瘸子司令"，敌人则闻之丧胆。后任山东纵队1旅2团团长。1940年4月、10月、12月先后指挥第一、二、三次杨家横战斗，分别毙伤日伪军200、700、900余人。解放战争时期，先后任辽东军区参谋处处长、东北民主联军安东军区司令员、辽南军区司令员兼独立师师长、东北野战军第五纵队副司令员、第四野战军42军军长。中华人民共和国成立后，任中国人民志愿军42军军长、中国人民解放军海南军区司令员、海军南海舰队司令员、广州军区副司令员兼南海舰队司令员、海军常务副司令员。1955年被授予中将军衔。吴瑞林是中

国共产党第七、八次全国代表大会代表，第九届中央委员。1995年4月21日在北京逝世。

左太传（1923.12～1996.05） 今黄庄镇青冶行村人。6岁丧母，仅上一年小学。1939年7月，任村儿童团团长，不久任青救会会长。1941年到鲁中军区学习埋地雷技术，后回根据地挑选30多人组成爆破队并任队长。1942年2月，寨子据点的日伪军扫荡小上峪村，左太传带领爆破队员连夜在小上峪村布下地雷阵，炸死日伪军4人，伤十几人。

1946年下半年，国民党军进攻解放区，为阻击敌人，鲁中军区将10个有名的爆炸队集中于博山县，“左太传爆炸队”被列为前线第一队。一次，他化装侦察，智擒了国民党特务队长闫万江，获悉了敌人将到某地抢粮的情报，遂制定作战方案，组织爆破队设下地雷阵，在主力营和博山县大队前后夹击下，毙敌300多人，粉碎了敌人的抢粮计划。同年，左太传受到博山县县长毛梓材的慰问祝贺和鲁中军区通令嘉奖，左太传爆破队被命名为“飞行爆炸队”。1947年3月，按照鲁中军区的部署，“左太传飞行爆炸队”活跃在新（泰）蒙（阴）莱（芜）3个县边缘区阻击敌人。期间，左太传带领队员们埋设地雷，打击敌人。左太传飞行爆炸出了名，敌人称他是“左阎王”。当时国民党52军中流传着这样一句话：“天不怕，地不怕，就怕左阎王地雷炸。”敌人对左太传又怕又恨，绘制了许多他的大幅画像，张贴在南麻、新泰、莱芜的城头及公路沿线，悬重赏缉拿。抓住左太传赏黄金1000两，抓住左太传的父亲、弟弟分别赏800两，抓住一个爆炸队员赏700两。但在人民群众的支持掩护下，敌人对他们毫无办法。据不完全统计，左太传带领队员们共埋设地雷180次，计750颗，炸死日伪、国民党军221人，其中军官14人，炸伤敌人不计其数；炸毁敌汽车4辆、炮车1辆、马车4辆；还缴获了大批物资。先后受到鲁中军区通报嘉奖6次，山东军区嘉奖1次，荣立特等功2次，一等功4次。1947年5月25日，鲁中军区授予左太传“鲁中飞行爆破大王”称号，所带领的爆破队被命名为“鲁中左太传爆炸大队”，除分别给队员记功外，还记集体一等功1次。《大众日报》《鲁中大众》多次刊登了其英雄事迹和鲁中军区颁发的嘉奖令。

中华人民共和国成立后，历任沂源县历山区区委书记、抗美援朝时期的教导总队教官、蒙阴县民政科科长、人事局局长和文化馆馆长等职。1950年9月，出席全国战斗英雄代表会议，受到毛泽东、刘少奇、周恩来、朱德等党和国家领导人接见，朱德在其笔记本上签名留念。1995年8月，受到中共中央政治局常委胡锦涛接见，并合影留念。1957年在其撰写革命回忆录的基础上，创作了中篇小说《山中猎手》，后由曲延坤、任孚先进行艺术加工，于1961年出版。1963年退休（后改离休）。1996年5月病逝于沂源。

亓仲文（1908.12～1996.09） 原名亓宗书，曾用名刘化民，今颜庄镇西沟村人。1938年8月，加入中国共产党。1924年1月，颜庄高等小学毕业，考入莱芜中学。在中学读书期间，受进步思想影响，参加“五卅”惨案的宣传活动。1928年考入曲阜师范学校，在校长张郁光的影响下，主动结识革命学友，阅读大量进步书籍，思想受到更大启发。1929年学校掀起一场反封建思想的革命热潮，亓仲文与全校师生一道，经过顽强的斗争取得胜利，迫使当局接受在学校内开设新学科的要求。1931年“九·一八”事变后，亓仲文随师生南下请愿，要求南京政府停止内战，抗日救国。1932年4月，师范毕业回家后，到莱芜六区高小任教。1938年1月，日军占领莱芜，学校停办，他组织爱国青年开展“反逃避”“誓死不当亡国奴”的斗争，同陈明达、苏克强、王秉孝等人筹措枪支，组建起一支40余人的抗日武装；3月12日，亓仲文参加黄庄武装起义，后第四支队主动转移外围作战，经组织安排，就地坚持斗争；8月由刘莱夫、陈明达介绍加入中国共产党，任区动委会主任；9月任莱芜四区区委书记。1939年1月，任中共莱芜县委组织部部长；8月任中共泰山特委组织部组织科科长；10月赴章丘开展抗日工作；11月任中共章丘县委书记。1940年2月，任莱章县县大队政委，组织抗日军民，粉碎了2000余日伪军围剿，对境内反动势力进行坚决镇压，指挥章丘县大队，配合山东纵队四支队1个营及莱芜县大队，彻底消灭"无极道"反动武装。同时重视培养地方干部，吸收青年积极分子入党，加强乡村基层党组织建设，及时揭穿土顽势力为调拨两县关系在民众中散布的"莱芜抗战，章丘管饭"的蜚语，使两地干部更加团结。1941年6月，调任滨海地委组织部组织科长兼地委机关总支书记，后任中共莒中县委副书记、书记和中共竹庭县委书记。解放战争时期，先后任五莲土改实验县分区区委书记、山东分局农委工作团团长。1950年5月，任青岛市劳动局局长、青岛市工会主席。1953年10月，任山东省劳动局副局长兼省技工师范学院党委书记。1983年12月离休。1996年9月5日在济南病逝。

邵东海（1921～1997.05） 曾用名邵东甲，今里辛镇棋山观村人。1939年8月参军。1942年5月，加入中国共产党。1939年8月至1947年2月，历任战士、班长、排长、副连长、连长等职，其中1940年3月，在蒙阴县参加朱德青年队，多次参加与日军及讨伐吴化文战斗。1947年2月，在莱芜战役中因指挥有力取得歼灭敌人1个连的战绩，在团庆功大会上受到表扬。后参加孟良崮战役、济南战役、开封战役、鲁西南战役、淮海战役、渡江战役和上海战役等战役，在淮海战役中负伤成为二等残废。1948年在华野8纵22师66团3营因射击优良受到物质奖，历任华野8纵22师12团3营副营长、1营营长，26军76师226团1营营长、团参谋长，26军高炮51团团长、团党委副书记、书记等职，曾在高级炮兵学校学习。1950年11月，参加抗美援朝战争，先后参加第二次战役、第三次战役、第四次战役并多次立功受奖。1955年6月，济南军区授予"独立自由奖章""三级解放勋章"；9月被授予少校军衔。1960年4月，被授予中校军衔。1964年5月，被授予上校军衔。1965年7月，任济南市人民武装部副部长。1970年3月，任济南警备区副司令员。1973年7月，任济南市革委国防工办主任。1980年10月离休。1997年5月病逝。

葛宪勋（1922.06～1997.07） 今艾山街道卞家泉村人。幼年仅读两年私塾，即随父种田、开饭铺。1938年6月，国民革命军10军团开进境内后，葛宪勋被69军某营营长看中，去当勤务兵。1939年任国民革命军10军团某部连副。所部被日军击溃，葛宪勋解甲归田。1941年1月，参加中共领导的蒙阴县黄庄区中队；2月加入中国共产党；4月任区中队排长。1944年6月，任蒙阴县独立营1连副指导员；8月到鲁中军区第2军分区整风轮训队、鲁中军区教导营学习。1945年9月，任鲁中军区俘训团3连连长，负责俘训团的警卫工作；11月任鲁中军区兵站10分站副指导员，负责部队物资供给、转运工作。1946年12月，任鲁中军区兵站6分站指导员，负责华东野战军的物资供应、调配等工作。1947年4月，任华东野战军8纵队供给部押运连指导员；5月参加孟良崮战役，负责打扫战场、押运俘虏等工作；6月调任华东野战军8纵队供给部政治处宣传教育干事负责对俘虏的改造教育工作。1948年2月，改任政治处组织干事，带领工作队到莱芜、新泰等地，发动群众支援前线。1949年9月，任解放军26军后勤部政治处组织股股长。1950年10月，参加抗美援朝任志愿军26军后勤部政治处组织股股长。1952年4月，回国前金日成授予金质勋章。1953年1月，任解放军26军78师283团干部处副处长。1955年3月，被授予少校军衔，荣获"三级独立自由勋章"、"三级解放勋章"。1961年2月，调任中国人民解放军哈尔滨军事工程学院第五系一科副政委。1964年晋升中校衔。

1965年7月，任解放军军事工程学院第六分院政治部主任。1979年12月，任军工学院601所政治部主任。期间，利用早年在国民党10军团69军的关系，通过书信等联系方式积极开展统战工作，促成去台人员6人回大陆探亲或投资经商，多次受到中共中央统战部的嘉奖。1983年10月离休（正师级），享受副军级待遇。1997年7月病逝。

徐斌（1909～1997.12） 曾用名徐勤学，今艾山街道中施家峪村人。1938年3月，在舅父刘子升影响下，参加黄庄抗日武装起义，编入第四支队十二中队，十二中队改编为2团2营7连后任排长；10月奉命赴蒙阴桃墟、坦埠组建独立营，任2连指导员。1939年5月，在小上峪村组建七区（即黄庄区）常备队任副队长，常备队随八路军第四支队后防司令部转战鲁山、黄庄等地，多次给予顽军秦启荣部、伪军陈三坎部以沉重打击，稳定了新、莱、蒙边界地区的局势。期间，徐斌的姑夫刘玠拉队伍投靠陈三坎，被八路军俘获将要处决，陈部派人找徐斌说情，遭严词拒绝，敌人气急败坏，要杀徐斌全家。徐斌一家被迫背井离乡，房宅被烧成废墟。1939年12月，徐斌回到四支队。1940年1月，加入中国共产党；5月任八路军第四支队后方司令部军需股股长。1942年8月，任鲁中军区第一军分区司令部供给部副部长。他利用当地人熟、亲友多的有利条件，为八路军筹措粮油、被服、枪弹，并带领小分队到地主、富商家中借款或组织捐款，为抗战部队解决军需困难。在抗日战争最困难的年代，有人传话给徐斌，为了他全家免于遭难，劝他脱离革命队伍返乡当个"顺民"，徐斌坚定表示，为了不当亡国奴，坚决跟随中国共产党抗战到底，就是牺牲全家也在所不惜。解放战争期间，历任淄博兵工厂生产科长、副厂长、厂长及山东兵工局建设科科长。

1949年10月，徐斌被选派支援四川的兵工建设。先后任西南局川东兵工厂、川西兵工厂、重庆兵工三厂厂长，为兵工建设培养了大批骨干。后任兵工部二九六厂（重庆）总务处处长（正团级）。1979年10月离职休养，享受副师级待遇。1997年12月病逝。

吕得成（1924～1998.03） 今颜庄镇颜庄村人。1945年6月，任村农会主任。1946年3月，加入中国共产党。1947年5月，历任颜庄区武装部文书、区农会干事、莱芜县委工作组组长等职。期间，积极带领民兵、担架队支前。1948年支援兖州战役荣立一等功。1949年2月，随军南下；5月宁波解放后，先后在奉化、慈溪、新昌、嵊县等地任县委干事、区委副书记、书记，副县长、县委副书记等职。1962年12月，任宁波地区农林局副局长。1975年11月，任宁波地区广播局党组书记、局长。1978年2月，任宁波地区盐业局党组书记、局长。1979年1月，任宁波地区水利局党组书记、局长。1983年9月，任宁波市水利局正局级巡视员。1985年11月，离职休养，享受副厅（局）级待遇。1998年3月病逝于宁波。

张学信（1925.05～1998.05） 今里辛镇里辛村人。1934年9月，在本村小学读书。1937年7月，抗日战争爆发后辍学。因生活所迫，12岁到南冶煤矿当童工。在南冶煤矿，中共地下党组织秘密组建煤矿儿童团，张学信被任命为儿童团团长。1942年初，积极参与煤矿工人秘密开展的革命斗争，在与毒打工友的工头斗争中，在要求减少工作时数、增加工资的罢工中，总是冲在前头，据理力争，得到地下党组织的信任和工友们的敬佩。1946年加入中国共产党。1947年报名参军，不久，任华东野战军某部排长兼任连队政治辅导员。1948年11月，任连指导员，参加淮海战役。在一次战斗中连队担负攻坚开道的重任，战斗中连长牺牲，张学信兼任连长，带领全连战士攻破敌人的防线，为主攻部队铺平了前进的道路。战斗中，2处负伤，其中1处伤在头部，经简单包扎后继续指挥作战，后与连队均立一等功。1949年4月，参加渡江战役，他身先士卒，带领全连战士冲锋在前，被授予"渡江英雄"勋章。1950年10月，参加抗美援朝，任志愿军某部加强连指导员，首批跨过鸭绿江，后参加著名的上甘岭战役，被志愿军总部授予二级英模勋章和物质嘉奖。1953年回国后，到湖南长沙军官学校学习。1955年任某部独立二分队独立营教导员。1968年任济南军区54723部队某团副政委。期间,团英模人物盛习友的英雄事迹在济南军区乃至全国各大军区广为传颂。1969年至1970年,先后到惠民地区、省建八三电厂任军管会主任,执行"支左"任务。1971年任济南军区第一建设兵团政委,因工作突出,受到军区党委的肯定与表彰。1974年后,先后任中国人民解放军某师政治部副主任、主任。1988年从部队离休。离休后,被张店区人民政府聘为城市花卉管委会顾问,先后被区内几所中、小学聘为校外辅导员,多次到学校作报告对学生进行革命传统教育。1998年5月病逝。

葛长善(1924.08~1998.10) 今黄庄镇西丈八丘村人。1937年"七·七"事变后辍学务农。1939年7月参加八路军。1939年7月至1940年8月,先后在蒙阴县公安局保卫队、沂蒙专署公安部(局)保卫队任班长。1943年8月,因其母病故请假回家料理丧事,逾期未归,脱离部队。1944年加入中国共产党。1945年8月参军,重回革命队伍。1945年10月至1947年4月,任鲁中军区第一军分区警1团政治处民运工作队员、政治侦察员。期间,先后3次单独出发到沂源、莱芜、临朐、博山等地,做动员归队工作,依靠政府,以现身说法动员123名落伍人员重新归队。1947年5月,任华东野战军第八纵队247师72团3营机枪连文化干事;8月任3营9连(迫击炮连)副指导员、指导员。开封战役期间,带领部队冲锋陷阵,荣立三等功。1948年8月,任华野26军78师234团政治处组织股干事。1950年10月,任志愿军26军政治部组织科党务干事,荣立二等功2次(回国后按新标准改评为三等功)。1952年6月,历任26军政治部组织科党务干事、76师政治部组织科副科长、科长。1958年11月,到北京政治学院学习。1961年3月,任26军政治部组织处副处长。1962年9月,任26军国防工程建筑指挥部党委办公室主任。1963年10月,任26军步兵某团副政委兼政治处主任。1964年5月,任26军步兵某团政委。1970年5月,任26军施工办公室副政委。1978年5月,任26军某师副政委。1980年8月离休。离休后参加老干部宣讲团,作传统教育报告,被许多学校聘为校外辅导员。葛长善爱好盆景、根艺、奇石创作,先后选送100多件作品参加国家、省、市级的展览50余次,获全国二等奖1次、三等奖1次,山东省特等奖1次、三等奖1次。《中国奇石、盆景、花卉、根艺大观》一书对葛长善和他的作品作了介绍。为中国盆景艺术家协会会员,山东省花卉盆景艺术家协会理事、山东省花卉协会根艺会会员、烟台市花卉协会理事。1998年10月病逝。

桑洪文(1910.07~1999.02) 今黄庄镇北金水河村人。7岁入私塾,好使拳弄棒,练就一身好武艺。青年时期,组建红旗会、黄旗会等群众武装组织抵御匪患,在当地影响很大。1937年4月,蒙阴县国民党缴枪队在大队长刘剑泉的带领下,到寨子、黄庄一带收缴枪支,桑洪文率领肖马庄、黄庄、北金水河等村联庄会会员打跑了刘剑泉的收枪队,保住枪支400多支、子弹4万多发,为以后发展黄庄抗日武装打下基础。1938年3月初,积极参与筹备黄庄武装起义,任军事委员会宣传委员,12日带领北金水河部分青年参加黄庄抗日武装起义,15日参加了查封黄庄盐店斗争,缴获食盐7500公斤;下旬,与刘子升带领部分起义人员行至南冶附近时,遭秦启荣部扣押,后经营救获救;7月调八路军驻蒙阴办事处工作,后派回七区成立抗日救国民众动员委员会,任七区动委会常委兼黄庄乡动委会主任。1939年2月,任七区民政助理,而后在小上峪村组建七区常备队并任突击队队长;5月中旬,侦知国民党溃兵逃到某村,带领40余人,缴获正在鼾睡的溃兵的全部枪支弹药;次日夜里,带领突击队员赶到霞峰村包围秦启荣部特务团团长刘福航部残余溃兵30余人,迫使刘福航交出所掌握的全部枪械。常备队被编为八路军一支队一大队七中队后,桑洪文任下设分队的二分队指导员;8月14日晚,率七中队40余人转移时,在陈家庄村南活捉秦启荣二十四梯队司令徐伯启,搜出陈三坎到新泰与日军商议共同"扫荡"沂蒙山抗日根据地重要情报。1942年8月,献出治痢疾的祖传秘方,秘方在《大众日报》上刊登,并在兄弟部队推广；秋天某日，七中队驻庙子村，得悉100余名伪军在曹家林休息，与张绍恭各带领2个排分路合击，缴获步枪119支、轻机枪3挺、子弹1万多发、手榴弹400多枚、指挥刀1把。1943年初，调任张黄区武委会主任兼民兵训练大队支部书记、大队长，筹钱筹物建起小型修枪厂，后被调到县武委会任修械所所长，负责全县乃至有关部队的枪支修理工作。1948年7月，调第二军分区后勤部兵工厂任厂长。1950年在第二军分区兵工厂工作，后随兵工厂整编到鲁中军区。抗美援朝开始，被调到沂蒙军分区任兵工修械所所长。1956年1月，因病被送到山东军区第二康复医院治疗，康复后复员回家。1957年黄庄区公所曾聘请他担任黄庄区保健站站长，负责筹建保健站。1999年2月9日病逝。

苏克强（1918.08～2000.03）　原名亓宗文、曾化名文英奇，今颜庄镇西沟村人。家中兄妹7人，父亲亓芝忠勤劳朴实、爱国热情很高，因受文盲之苦，立志供二子亓仲文和四子亓宗文读书。1928年3月，入本村临时小学读书，年底因匪患，学校停办。1929年春，入颜庄高等小学初级部。1932年考取山东省立第三中学（泰安）。1934年秋，因积极参加学潮而被开除学籍，后入济南正谊中学学习。1935年考入山东高级农业职业学校。1937年12月，日军攻占济南辍学返乡。1938年2月，八路军山东人民抗日游击队第四支队进驻红埠岭，与陈明达（亓宗禹）找到四支队六中队队长武中奇、指导员李平，听他们讲关于抗日救亡、武装斗争的报告，深受教育，之后，两人回到家乡发展抗日武装；3月12日，参加黄庄抗日武装起义，不久起义部队与四支队汇合，编为山东人民抗日游击第四支队2团2营7连；8月1日，由韩玉玺介绍加入中国共产党，入党后受组织派遣到莱芜县任县保安大队中队指导员。1939年1月，调任泰山特委宣传部干事；3月任泰山特委直属县委宣传部部长；6月任组织部长；10月泰山特委改称泰山地委后，任地委巡视团团长。1940年1月，调任泰山地委社会部组织科科长；3月入山东分局党校学习。1941年3月，分配任鲁中区公安局一科科长。1942年8月，调任泰山区公安局局长。1944年10月，调任济南至王村段铁路工委书记。1945年8月，泰山地委为开辟新解放区决定成立章历县，调任县委书记，到任后着重开展武装斗争，在主力部队的支援下，几天时间内就俘获历城县大队170余人。后全歼顽敌岳伯芬中队，鼓舞了军民斗志。同时广泛开展“反奸诉苦，减租减息”运动，亲自在臼军包点，积累经验，然后在全县推广，继而建立村政权及群众组织，积极发展党员，在部分村建立中共支部，为取得对敌斗争的全面胜利奠定坚实的群众基础。1946年10月，苏克强到渤海干部疗养所疗养。1947年10月，调渤海区党委土改工作团。1950年5月，任中共渤海区委组织部组织科科长；6月任华东局组织部组织处科长。1951年1月，在青岛疗养所疗养；11月任烟台市委组织部部长。1952年11月，调山东师范学院政治辅导处任副主任、党委副书记、书记等职。1957年11月，任山东省交通运输工作部办公室主任、部委委员。1960年7月，调省邮电管理局任副局长、党组成员。1970年10月，调省交通邮政局任党委书记。1971年11月，下放章丘“五七”大队。1972年春，在平阴县铝厂任党委书记。1974年10月，调山东省交通局（厅）任副局（厅）长、党组成员、副书记。1983年6月离休。2000年3月在济南病逝。

房聿良（1920～2000.08）　今黄庄镇黄庄一村人。1938年5月，中共蒙阴县委（对外称八路军驻蒙阴办事处）在黄庄成立。期间，房聿良思想活跃，工作积极，为当地的青年才俊；6月经县委书记苏杰与杨士敬介绍加入中国共产党；7月中共黄庄党支部建立，房聿良任支部书记，1939年1月，任中共蒙阴县七区区委书记，接着带领区委成员建立青冶行村党支部，以黄庄党支部和青冶行党支部为中心，积极在七区做好发展党员和建立支部的工作，先后在倭家铺子、霞峰、肖马庄等20多个村发展党员，在保安庄、张家峪、小上峪等10余个村成立党支部，使中共党组织在七区迅速发展壮大。1940年7月，出席中共蒙阴县委在梭庄召开的第一次代表大会。1942年夏，任蒙阴县抗日民主政府文教科科长。1943年3月，调费北县大庄区任区长。1944年2月，任费北县大庄区区委书记、区长。1946年春，调华东军政大学先后任指导员、教导员、组织股股长等职。1953年调福州军区后勤医院，历任副政委、政委、师政治部主任，军区学校副政委、顾问等职。1985年离职休养。2000年8月病逝。

黄宪标(1937.01～2000.01) 今颜庄镇黄花店村人。1960年9月，山西农学院毕业，毕业后参军，成为海军大连指挥学校训练队学员；12月在海军后勤部军需部(供应部)生产处(生产科)，先后任排级至副团级助理员。1980年12月，加入中国共产党。1983年3月，任海军后勤部军需部生产处处长。1987年1月，任海军农业技术推广站站长兼总农艺师。1988年8月，晋升上校军衔、7级高级农艺师(副师级)。1990年3月，晋升海军技术大校军衔，多次获得部队农业科技推广进步奖，被评为全军农副生产先进工作者。他身体力行，多次赴海军驻岛(礁)部队考察论证，查阅大量蔬菜生产调研报告，成功在海南三亚、西沙、南沙部队进行“三防菜地”建设和蔬菜无土栽培试验，开创了海军驻岛(礁)部队进行蔬菜生产的先例，解决了高温、高湿、高盐地区及高山岛屿部队官兵吃菜难的问题，受到部队官兵的欢迎，得到海军总部首长的肯定。1992年8月，任海军农业技术推广站6级农艺师(正师级)。期间，坚持钻研农副业生产先进技术，先后在部队标准化生产作业、现代化养殖设备推广、海上网箱养鱼等方面进行大量试验和探索工作，取得较好的效果，得到部队的认可。1988年至1996年，连续9年担任全军和海军军需及农业技术系列高级专业技术职务评审委员会委员，为海军部队培养一大批农副业生产技术骨干。1996年1月退休，退休后仍关心部队生产建设，多次带病到有关农场和试验站指导工作。2000年1月18日在北京病逝。

陈宗元(1920.10～2001.01) 今黄庄镇灰莱峪村人。1938年3月12日，参加黄庄抗日武装起义，队伍改编后任四支队2团2营7连1排副排长。1942年2月，调新蒙县黄庄区工作任武装助理员。1943年9月，任博莱县张黄区副区长。1944年2月，任张黄区区长；4月撤销张黄区恢复张庄区、黄庄区，陈宗元任黄庄区区长、代理区委书记。1945年9月，调任青龙区任区长。1946年8月，任沂源县政府司法科副科长。1947年2月，兼任支前大队大队长跟随华东野战军参加莱芜、孟良崮等战役。1949年1月，调任安丘县县长。1952年7月，任昌潍地区专署实业公司经理。1953年8月，任昌潍地委工业交通部副部长。1956年4月后，任工业交通部部长、地委委员、常委。1962年4月，任山东省煤炭工业局副局长。1964年8月，任山东省纺织工业局副局长、副书记。1967年9月，任青岛市纺织局革委主任、党的核心领导小组组长。1978年9月，任中共青岛市委副书记。1980年7月，任青岛市副市长。1983年4月，在青岛市第九届人民代表大会当选为市人大常委会副主任。1986年7月离休。2001年1月病逝。

边裕鲲(1909.07～2001.03) 原名边贤培，曾用名边鹏翔，今莱城区边王许村人。1932年曲阜二师毕业后从事教育工作。1938年2月，同本村边秀培、边恩培等7名爱国青年到红埠岭参加八路军四支队四中队，月底被派往黄庄开展扩军工作，参与组织发动黄庄武装起义,建立了四支队十二中队;11月任八路军六支队政治部宣传科科长。1939年2月,加入中国共产党;4月调任泰西地区宁阳县六区动委会主任;7月任泰安(西)县抗日民主政府财政科科长。1940年4月,任鲁西区运西专署财政科科长。1944年4月,任冀鲁豫行署财政处处长。1945年6月,任冀鲁豫水东行署财政处处长。1949年4月,随军南下至江西省任赣东北行署秘书长;8月随军西进。

中华人民共和国成立后，历任贵州省人民政府委员、财政厅长,财政部行政财务司司长,吉林省财政厅厅长、党组书记。1981年被国务院任命为吉林省人民政府顾问。1982年任吉林省人大常委会财经办公室主任、常委、财经委员会副主任。1985年7月离休。离休后积极撰写党史资料,先后被吉林省人大机关党委、省直机关党工委、中共吉林省委、吉林省人民政府授予先进离休老干部称号。2001年3月11日在长春病逝。

李璧笃（1924～2002.01） 今艾山街道张庄社区人。1940年10月,加入中国共产党。1945年5月,任颜庄区委宣传干事。解放战争期间,主要负责民运工作,带领小车队、担架队先后参加莱芜、孟良崮、南麻、济南、淮海等战役的支前工作。1949年4月,被选派为南下干部,后任浙江省奉化县溪口区区长。溪口区是蒋介石的老家,国民党的"模范区",潜伏下来的国民党特务与国民党军队的残余势力以及土匪相互勾结,蓄意搞破坏,给在这一地区开展工作带来了极大困难。李璧笃不顾个人安危，决心"要把最黑暗的白色溪口变成红色溪口"，带领1个小分队深入农村开展宣传教育,分化瓦解小股土匪,配合大部队剿灭大股土匪,在各乡、村建立民主政权和民兵、妇女、儿童组织,仅半年时间就打开局面。期间,2次负伤，多次历险。1953年3月后,历任中共奉化县委委员、奉化县副县长,上虞县县长。1957年11月,任宁波地区中级人民法院副院长。1980年7月,任萧山县政协主席兼统战部部长。1984年5月离休，享受副地级待遇。2002年1月病逝于浙江萧山县。

曹杰（1926.02～2002.03） 原名曹化祥，今艾山街道纸坊村人。1933年入罗汉峪小学读书,后因生活所迫,只读5年小学便辍学回家。1938年2月，八路军部队进驻曹杰家乡，因受到八路军的抗日宣传影响，与族叔曹伟(原名曹思昆,后任北京309医院政委)一起参加八路军;6月调四支队政治部宣传队任宣传员。1940年7月，四支队与一支队合编为八路军山东纵队1旅,调旅政治部宣传队任宣传员。1941年1月，加入中国共产党;8月转为正式党员;9月调旅司令部任机要员。担任机要工作期间,严守保密纪律,工作认真负责,出色完成各项任务,多次被评为模范党员。1947年1月,调到3纵队8师司令部任机要股长。1949年1月,到华东随军学校学习,3个月后调中国人民解放军22军司令部机要科，先后任副科长、科长。1949年5月后,先后参加渡江战役和解放宁波、大榭岛、金塘岛、舟山群岛的战斗。1955年荣获三级独立自由勋章、三级解放勋章。1958年4月,22军改编为中国人民解放军舟山要塞警备区,任要塞警备区司令部机要处处长。1964年11月,任岱山守备区副政委;同年,晋升上校军衔。1973年9月,任舟山军分区政委。1980年2月,调南京军区杭州疗养院任政委、正师级顾问。1983年2月离职休养。1988年荣获中国人民解放军独立功勋荣誉勋章。1990年8月1日,获军委总参谋部"从事机要工作25年以上,为党的机要事业作出贡献,予以表彰"荣誉证书。在中央军委机要局召开的全军机要工作会议上受到表彰。先后3次荣立三等功。2002年3月病逝。

李萍(1925.06～2002.05) 原名李平,今艾山街道张庄社区人。1942年6月,参加革命。1943年8月,加入中国共产党,任鲁中军区政治部宣传队班长。1945年3月，任鲁中军区政治部宣传干事。1947 年 1 月,所在部队编入华东野战军,在 8 纵队 24 师 56 团 3 营 7 连任副政治指导员。先后参加鲁南、莱芜、孟良崮、淮海和渡江等战役。在孟良崮战役中,肩部负伤,荣立三等功,升任连政治指导员。淮海战役时,任 8 纵队 24 师 56 团副政治委员。渡江战役中,所在 6 团取得一次缴获敌坦克 12 辆的显著成绩,被编入特种兵部队任坦克团政治委员。中华人民共和国成立后,曾任中国人民解放军装甲兵技术研究所政治部主任、顾问等职。荣获三级独立自由勋章、三级解放勋章。1982 年 5 月离休。2002 年 5 月病逝。

彭效武(1921～2002.08) 今里辛镇郑王庄村人,初中文化。1945 年 3 月起,历任村长、颜庄区检查站检查员、县公安局侦察员等职。1946 年 12 月,加入中国共产党。1948 年 1 月,参加中国人民解放军,为华东局社会部学员、华东警官学校干事。1949 年 9 月起,先后任福建警备干校人事科干事、福建省边防保卫局人事股长、中华人民共和国涵江边防站站长、福州边防站副站长。1959 年 11 月,转业到福州大学工作,历任保卫部干事、电机系总支书记、保卫科科长、机械厂厂长、矿冶系总支书记、总务处处长、校党委常委等职。1984 年 1 月离休,享受副厅级待遇。2002 年 8 月病逝于福州。

王希和(1922.11～2002.12) 今黄庄镇大上峪村人。1930 年入本村私塾读书。1935 年到小上峪从师刘子升住读。1938 年参加了联庄会,同年参加了抗日基干团。1940 年 1 月,到山东纵队供给部财训队参加培训;同年,加入中国共产党。1941 年 5 月,被分配到蒙阴县政府金库任主任。1942 年调沂南县垛庄、崖子区先后担任武委会主任、武装部长等职。1944 年任沂南县武装部参工股长。1945 年冬,调沂蒙军分区政工科任干事兼教导队指导员。1946 年春,任沂源县武装部代理部长。1946 年 12 月至 1947 年 1 月,带领民兵团配合主力部队参加鲁南战役。1948 年调沂蒙军分区司令部任科长。1949 年夏,调山东滨海军区司令部参谋处任处长后任军区参谋科长。1952 年 8 月,调任中央军委测绘学校第二大队大队长。1953 年 4 月,改任学校物资保障部部长。1959 年中央军委测绘学校改称测绘学院,任院务部副部长。1960 年被授予上校军衔。1965 年 9 月,参加农村“四清”工作队,“文化大革命”中受冲击。1969 年 12 月,任测绘学院副院长。1983 年 5 月,被中央军委任命为测绘学院正军级顾问。1985 年 11 月离职休养。2002 年 12 月病逝于郑州。

董仲和(1926.02～2003.03) 今艾山街道南仓峪村人。1944 年 2 月,参加革命;4 月加入中国共产党。抗日战争时期,在鲁中军区第三军分区后方医院工作。解放战争时期,先后在东北民主联军第 3 纵队后方医院、中国人民解放军第四野战军 40 军后方医院工作,参加过辽沈战役和平津战役。1951 年参加抗美援朝,回国后在上海中医院工作,历任军医、军医队长和师部医务主任等职。3 次负伤(三等乙级残废军人),10 次立功,2 次被评为省级工作模范。1971 年任医疗队长,率领由 55 名专家、医师组成的中国医疗队赴阿尔及利亚工作 2 年零 8 个月,圆满完成援外任务,受到卫生部表扬。1987 年离休,享受正师级待遇。2003 年 3 月病逝。

刘子玉(1912～2003.11) 原名刘清璞,今里辛镇黄金篮村人。1920 年春,在村国民小学读书。1926 年起在家务农。1938 年 8 月,参加革命,先后任抗日小学教员、村长;同年,加入中国共产党。1941 年 5 月起,先后任莱东县公安局和泰山专区公安局侦察员。1946 年起,历任淄博地区公安局文书、博山县公安局秘书科代理科长。1947 年 2 月,随军南

下，后在保康县公安局任审讯科科长、秘书科科长。1951年11月，在襄阳专署公安处任预审科科员、秘书科科长、劳改科科长。1956年5月，转入中等专业学校，历任襄阳医师学校校长、襄阳卫生干部进修学校校长、襄阳地区卫生学校校长等职。"文化大革命"中受到不公正的待遇。1974年11月退休（后改离休），享受副地（专）级待遇。2003年11月病逝于襄樊。

吴凤林（1925～2005.07） 曾用名吴丰林，今颜庄镇桑梓峪村人。幼年在本村上小学。1937年1月，考入颜庄高等小学；12月因日军入侵辍学。1940年3月，参加革命，任区儿童团干事。1945年7月，任公派抗日教员。1948年10月，任颜庄区文书，参加泰山地委工作组。1949年1月，加入中国共产党。1949年随军南下；6月任宁波市财政局秘书。1951年8月，任宁波市江北区区长。1952年8月，任江北区区委书记。1953年9月，任宁波市搬运公司经理、党总支书记。1955年9月，任宁波市交管局副局长。1957年4月，任宁波市粮食局副局长、党委成员。1967年2月，"文化大革命"中受审查参加劳动。1973年6月，任宁波市粮食局饲料科办事员。1978年12月，任宁波市粮食局副局长、党组成员。1983年9月，任宁波市粮食局副局级巡视员。1985年10月离休，享受副地级待遇。2005年7月病逝于宁波。

张心纯（1913.10～2005.08） 今里辛镇里辛村人，幼年在本村上小学。1933年考入莱芜县师范讲习所。1935年参加中共地下工作。1936年毕业。抗日战争爆发后，与同学李万笃等组织民众开展抗日宣传教育活动。1939年6月，参加革命。1940年2月，加入中国共产党。1939年7月至1945年抗战胜利，历任四支队一大队十一中队分队长、中队长，四支队2营6连连长，四支队特务营侦察连连长，区长、分区区委书记和县独立营副营长等职。1946年至1954年，历任莱芜县独立团参谋主任，鲁中南军区队列科科长，临沂军分区参谋处长，山东省军区军务处科长、副处长等职。1955年任山东省军区队列处处长；同年，被授予中华人民共和国三级独立自由勋章、三级解放勋章。1962年任济南军区司令部军务部副部长。1963年任济南军区天津防汛救灾部队副指挥、党委常委。1965年任菏泽军分区副司令员。"文化大革命"期间，曾任菏泽地区革命委员会主任、生产指挥部指挥等职。1976年任泰安军分区副司令员。1979年离休，享受副军级待遇。1988年被中央军委授予独立功勋荣誉勋章。2005年被中共中央、国务院、中央军委授予抗日战争胜利60周年纪念章。2005年8月在泰安病逝。

张同本（1925.04～2005.09） 今里辛镇小庙村人。1931年入小学读书。1936年考入颜庄高等小学。1937年因学校停办辍学。1939年6月，参加八路军编入山东纵队警备1团。1940年3月，加入中国共产党。后所在部队改称山东纵队1旅2团，随部队转战泰沂山区，因作战勇敢，很快由战士、班长提升为连副指导员，并被授予"一等战斗模范"称号。1945年9月，随部队进军东北，先后参加了四平保卫战、四保临江、辽沈战役，立功三次。1948年冬，辽沈战役胜利后，留纵队留守处，后调到辽宁省公安大队任大队长。1950年10月，朝鲜战争爆发，为加强中朝边防，部队组织临江边防团，任代团长。1951年调任辽宁省公安总队军法处处长。1954年7月，到南京军事学院学习。1958年9月，毕业后回辽宁省军区任军务处处长。1963年调营口军分区任参谋长。1968年9月，调任抚顺军分区副司令员。1979年调回营口军分区任正师职顾问。1982年离休。2005年9月病逝于营口。

第二章 烈士表

一、艾山街道

表 23－2－1

姓名	性别	籍贯	生卒年月	参加革命年月/入党年月	牺牲时所在单位、职务或身份	牺牲战役或地点	备注
吴式胜	男	古墩	1915～1948.6	1946.4	华野8纵24师战士	开封战役	
王洪申	男	古墩	1916～1939	1938	山东纵队4支队2团班长	沂源姬家峪	
王洪儒	男	古墩	1920.1～1948	1942 1938	华野8纵24师连长	蚌埠战斗	
何桂忠	男	古墩	1922～1941	1938	山东纵队4支队2团战士	岱崮战斗	
孙淑俊	男	回家庄	1922.6～1947.12	1946.12 1945.2	华野7纵21师排长	莱阳	
栾曰胜	男	南于家庄	1906.3～1939	1938.9	莱芜县大队战士	双龙峪	
赵光明	男	清泥沟	1909.12～1949	1940	三野31军92师276团战士	福建龙西县	
张新成	男	清泥沟	1916.2～1941	1940 1938	清泥区副区长	棋山	
栾曰相	男	清泥沟	1918.10～1944	1942 1938	鲁中军区战士	清泥沟病故	
张等贤	男	清泥沟	1920.12～1948.3	1940 1939	辽东军区后方医院院长	四平战役	著名烈士
伊书茂	男	清泥沟	1920～1949	1939 1939	沈阳市公安局科长	沈阳市	著名烈士
张庆春	男	清泥沟	1924.7～1947	1946.7	华野7纵战士	寿光	
张志成	男	清泥沟	1925～1947	1941	渤海军区后方医院军医	渤海战斗	
张瑞法	男	清泥沟	1928～1949	1948	三野21军61师182团战士	浙江登步岛	
张永成	男	清泥沟	1928～1949	1948	三野21军61师182团战士	浙江登步岛	
栾尚祯	男	清泥沟	1929～1949	1947	三野31军92师276团战士	福建龙西县	
张学伦	男	清泥沟	1931～1949	1948	三野21军61师182团战士	浙江登步岛	
秦淑营	男	徐家庄	1918～1947.12	1946.11 1945	华野7纵20师60团战士	莱阳王格庄	

续表 23－2－1－1

姓名	性别	籍贯	生卒年月	参加革命年月/入党年月	牺牲时所在单位、职务或身份	牺牲战役或地点	备注
吴希坤	男	徐家庄	1920～1947.12	1946	华野7纵20师60团战士	莱阳县	
展庆秋	男	南城子坡	1911～1948.11	1940	华野8纵24师战士	淮海战役	
王其永	男	南城子坡	1924～1943	1942 党员	泰山军分区战士	峪门战斗	
赵　福	男	南城子坡	1925.3～1947.7	1946 1946	华野7纵21师班长	南麻战役	
高京臣	男	北城子坡	1909.7～1941	1941	山东纵队4支队班长	沂水	
高京奎	男	北城子坡	1921～1947.2		支前民工	莱芜战役	
高京荣	男	北城子坡	1926.4～1947	1945	莱芜县独立团战士	新泰战斗	
魏尚德	男	北城子坡	1927～1947	1946.11	鲁中军区通讯连通讯员	历城	
高界生	男	北城子坡	1928～1947	1946.11	鲁中军区通讯连战士	文字现	
魏银德	男	北城子坡	1928～1953	1948.11 1953	志愿军21军63师187团3营9连班长	朝鲜	三等功二次
张汝才	男	北城子坡	1930～1948.9	1946.12	华野7纵21师63团1营3连副班长	济南战役	
高占魁	男	宋家庄	1900.2～1941	1941 党员	新泰县大队班长	岱崮战斗	
崔明元	男	宋家庄	1906.3～1941	1941	新泰县大队战士	岱崮战斗	
高开勇	男	宋家庄	1920.2～1947	1942.8	莱芜县独立营班长	西上庄战斗	
张东成	男	傅家桥	1911.8～1940.2	1938.7 党员	颜庄区区中队长	澜头战斗	
傅成来	男	傅家桥	1921.3～1944	1942 1942.10	鲁中军区10团连长	新泰龙廷	
傅成信	男	傅家桥	1922.6～1948.11	1946 1947.10	华野8纵24师警卫连班长	淮海战役	
傅西恒	男	傅家桥	1929.1～1947.7	1946.11 1946.10	华野7纵21师61团战士	南麻战役	著名烈士
王华新	男	逯家庄	1916.4～1945	1943	鲁中军区卫生队卫生员	费县	
李勇勤	男	逯家庄	1921～1949.4	1946	26军77师战士	渡江战役	
周曰举	男	逯家庄	1924.6～1948.6	1946 1947.9	华野8纵23师战士	开封战役	
李学礼	男	逯家庄	1926～1951	1946 党员	志愿军26军77师副排长	朝鲜	三等功一次

续表 23－2－1－2

姓名	性别	籍贯	生卒年月	参加革命年月/入党年月	牺牲时所在单位、职务或身份	牺牲战役或地点	备注
刘佐周	男	周家坡	1920～1947.9	1945	华野8纵24师班长	沙土集战役	
周俊荣	男	周家坡	1926～1947.2	1946	鲁中军区警备旅战士	博山	
吕士刚	男	张庄	1915～1945	1945	鲁中军区兵工厂班长	瓦泉战斗	
李忠实	男	张庄	1915～1947	1946 1945	颜庄区农救会长	口镇	
李干笃	男	张庄	1918～1948.3	1946 党员	华野班长	四平战役	
李兴功	男	张庄	1929～1948.11	1948	华野8纵23师战士	淮海战役	
赵文胜	男	陶家岭	1908～1946	1938.6	山东军区特务连连长	不详	
柳孟纯	男	陶家岭	1909.5～1956.1	1939.1	福建军区南安兵役局局长	福建	
吴义希	男	陶家岭	1920.5～1939	1938.12	莱芜县大队班长	澜头	
秦丙胜	男	陈家庄	1905.8～1941	1941 1939.10	颜庄区中队战士	马泉	
杨玉环	男	陈家庄	1911.4～1943	1938.9 1942.3	八路军115师686团排长	清泥沟	
杨玉成	男	陈家庄	1915.2～1943	1943	颜庄区中队战士	逯家庄	
陈沛荣	男	陈家庄	1918.8～1948.11	1943.7 党员	华野8纵23师连长	淮海战役	
王恒顺	男	陈家庄	1919～1947.2	1946.11 1945	华野7纵21师战士	莱芜战役	
王成武	男	陈家庄	1920.5～1948.3	1946.9	华野7纵21师班长	淄川战斗	
侯继本	男	陈家庄	1920～1957	1938.9 1942.3	杭州警备区后勤部干部	杭州病逝	
王孝善	男	陈家庄	1921.4～1947.2	1946.9	华野7纵21师战士	莱芜战役	
王恒善	男	陈家庄	1921.5～1947.2	1946.9	华野7纵21师班长	莱芜战役	
王加昌	男	陈家庄	1925.4～1947.2	1945.8	华野8纵22师战士	莱芜战役	
杨玉祥	男	陈家庄	1926.8～1948.11	1945.2	华野8纵23师班长	淮海战役	
和进军	男	寨　子	1912.3～1947	1937.8	华野8纵连长	河北省	
李心春	男	寨　子	1912.4～1940	1939.7	蒙阴县大队战士	岱崮	

续表 23-2-1-3

姓名	性别	籍贯	生卒年月	参加革命年月/入党年月	牺牲时所在单位、职务或身份	牺牲战役或地点	备注
阚绍文	男	寨子	1915.2～1947.2	1941.3 1943	山东军区1旅1团2营6连班长	章丘	
张玉来	男	寨子	1917.7～1948.4	1940.3	东野120师358团1营战士	四平	
刘廷汉	男	寨子	1917.12～1947	1945.9 1947	华野8纵23师班长	孟良崮	
陈守业	男	寨子	1919.8～1940	1939.5	蒙阴县大队警卫2连班长	莱阳	
阚顺吉	男	寨子	1920.9～1940	1939.7	蒙阴县独立营战士	蒙阴	
崔兰田	男	寨子	1921.1～1953	1940.8 1948.2	南麻兵工厂科长	沂源	因工殉职1953年批烈
李之俭	男	寨子	1926.2～1950	1946.9 1949	26军78师232团战士	海南	三等功一次
李之爱	男	卞家泉	1915.3～1945.5	1942.4	蒙阴县独立营排长	沂蒙	
袭建普	男	卞家泉	1920～1944	1942.5 1942.3	蒙阴县独立营排长	大汶口	
陈振海	男	卞家泉	1922.9～1944	1942.11	蒙阴县独立营战士	沂蒙	
李之生	男	卞家泉	1926.7～?	1942.12	蒙阴县独立营战士	失踪	
张绍文	男	卞家泉	1927～1945	1944.4	蒙阴县独立营战士	周村	
刘法先	男	高家庄	1907.7～1940	1939党员	颜庄区中队战士	南冶	
刘淑生	男	高家庄	1914.7～1938	1938.5	八路军9旅25团3营排长	开封	
赵义明	男	高家庄	1918.3～1947.2	1941.1	华野8纵23师69团班长	莱芜战役	
刘训礼	男	高家庄	1918.9～1943.5	1942党员	棋山区中队战士	杨家横战斗	
刘训增	男	高家庄	1918～1947.7	1946.10 1946	华野7纵21师战士	南麻战役	
刘加胜	男	高家庄	1920.4～1944	1940.7	山东军区1团3营8连排长	沂水县	
刘训孝	男	高家庄	1922.7～1947.2	1945.4	华野8纵23师68团战士	莱芜战役	
郑锡寅	男	高家庄	1924.5～1947.12	1946.6党员	华野7纵20师60团班长	莱阳战斗	
刘佃孔	男	高家庄	1927.7～1945.6	1944.3	鲁中军区兵工厂战士	南麻	
刘学香	女	高家庄	1930.4～1945.8	1944.2	鲁中军区兵工厂战士	棋山战斗	
王道德	男	南仓峪	1910.8～1940	1939.3	山东纵队4支队1团1营战士	蒙山	
董玉丙	男	南仓峪	1915.5～1947.2	1941年入党	村干部	新泰	

续表 23－2－1－4

姓名	性别	籍贯	生卒年月	参加革命年月/入党年月	牺牲时所在单位、职务或身份	牺牲战役或地点	备注
吕伟都	男	南仓峪	1917.7～1941	1937.3	山东纵队4支队1团1营战士	莱芜	
方德岱	男	南仓峪	1920.4～1941	1938.1	山东纵队4支队1团1营1连排长	蒙阴县	
董玉礼	男	南仓峪	1920.6～1951.4	1939.2 1945.6	志愿军排长	朝鲜	三等功一次
董玉柱	男	南仓峪	1924.3～1948	1945.8 1946.4	华野8纵23师67团排长	河南省	
尹品成	男	东施家峪	1903.2～1944.8	1942.4	山东军区9旅25团1营3连战士	安丘	
林维孝	男	东施家峪	1916.12～1941.4	1939.3	新泰县区中队班长	东施家峪	
尹奎元	男	东施家峪	1920.6～1945.1	1938.5 1941.8	泰山地委敌工站科长	新泰	
徐敏乾	男	东施家峪	1926.5～1951.3	1946.8	志愿军26军78师232团班长	朝鲜	
陈洪友	男	东施家峪	1928.10～1947.11	1945.3	华野8纵23师60团战士	河南省	
李光兴	男	中施家峪	1915.4～1948.11	1943.2	华野战士	淮海战役	
陈占圣	男	中施家峪	1918.4～1947.11	1945.8 入党	村干部	翟镇	
王成和	男	中施家峪	1919.1～1943.6	1942.7	鲁中军区9团战士	蒙阴	
徐希堂	男	中施家峪	1921.2～1942.11	1941.1 1940.3	新甫县翟镇区中队战士	新甫县翟镇	
王功财	男	中施家峪	1957.3～1977.4	1975.3 1975.6	80512部队战士	宜杨县	因公殉职1977年批烈
鲍圣业	男	西施家峪	1912.4～1947.2	1939.2 1940.3	鲁中军区4师12团2营排长	莱芜战役	
徐志进	男	西施家峪	1916.8～1942	1938.6 1939.1	山东军区9旅25团2营5连连长	临沂	
徐勤连	男	西施家峪	1916.8～1947.2	1938.6 1939	山东军区9旅25团2营5连排长	太行山	
许玉德	男	西施家峪	1918.3～1948.11	1946.8	华野8纵23师67团战士	淮海战役	
曹心堂	男	清泉岭	1901.4～1940.8	1939.12	山东纵队4支队1团1营战士	新泰	

续表 23－2－1－5

姓名	性别	籍贯	生卒年月	参加革命年月/入党年月	牺牲时所在单位、职务或身份	牺牲战役或地点	备注
曹心汶	男	清泉岭	1905.1～1945.3	1943.8	鲁中军区9团战士	新泰	
武明力	男	清泉岭	1908.2～1942	1940.10	山东纵队4支队1团3营战士	沂蒙	
曹庆祥	男	清泉岭	1914.3～1948.11	1947.10	华野8纵23师67团班长	淮海战役	
曹心力	男	清泉岭	1917.1～1944	1939.7	山东纵队4支队1团3营战士	蒙山	
孟继宝	男	贤女庙	1909.11～1945.7	1940.8	鲁中军区9师27团3营9连连长	蒙阴	
陈振圣	男	贤女庙	1913～1947	1940.3	鲁中军区9师27团2营5连排长	沂水	
孟继学	男	贤女店	1916.5～1950	1944.4	志愿军26军78师232团班长	朝鲜	
怀玉法	男	贤女庙	1917.4～1948.4	1938 1941.3	翟镇联防队指导员	新泰县	著名烈士
陈洪刚	男	贤女庙	1918.6～1942.12	1942.5	鲁中区军9师27团3营战士	新泰 几家峪	
刘冠合	男	贤女庄	1919.1～1946.11	1940.8	鲁中军区9师27团班长	泰安	
孟西若	男	贤女庙	1919.9～1948	1939	鲁中军区9师27团2营战士	安丘	
孟继梅	男	贤女庙	1920.3～1944	1939	鲁中军区9师27团2营5连连长	章丘	
孟光泉	男	贤女庙	1920.5～1942.7	1940.5	鲁中军区9团班长	平阴县	
孟继胜	男	贤女庙	1922.3～1952.3	1940.8 1940	鲁中军区警卫营营长	在徐州病逝	著名烈士
王西录	男	贤女庙	1922.3～1943.10	1940.8	鲁中军区9师27团3营8连班长	蒙阴县	
怀传德	男	贤女庙	1924.2～1947.3	1946.6 1946.2	华野8纵23师67团战士	平邑县	
孙淑文	男	方家庄	1915.10～?	1942.10	东野119师355团3营4连	辽沈战役	
吴士全	男	方家庄	1916.9～1955	1939.2 1938.4	沂源县公安局公安队长	方家庄	伤口复发病故1961年批烈
杨永昌	男	方家庄	1920.8～1947.5	1939.7 1941.6	华野8纵23师60团排长	孟良崮战役	
张汝德	男	方家庄	1921～1950.1	1940 1944	永川县公安局股长	四川	

续表 23－2－1－6

姓名	性别	籍贯	生卒年月	参加革命年月/入党年月	牺牲时所在单位、职务或身份	牺牲战役或地点	备注
张文福	男	方家庄	1922.7～1949	1947.7 党员	63 军 189 师 56 团 2 营班长	太原市	
杨玉义	男	方家庄	1923.6～1945	1943.8	四野 120 师 358 团 2 营 5 连排长	四平	
伊方银	男	卧龙港	1914.5～1946	1940.3	鲁中军区 1 团班长	莱芜	
沈长春	男	卧龙港	1921.4～1947	1939.7	华野 8 纵 23 师 67 团排长	福山县	
伊书永	男	卧龙港	1926.4～1948.11	1946.5	华野 8 纵 23 师 69 团战士	淮海战役	
吴希杨	男	胡家宅	1900.3～1945	1940.1 1940.1	山东纵队 4 支队 1 团班长	淄川	
娄成益	男	胡家宅	1914.9～1942	1940.2	鲁中军区 9 师班长	沂南县	
朱义文	男	胡家宅	1918.6～1948	1940.3	华野 8 纵 23 师 67 团班长	沂源县	
赵灿福	男	胡家宅	1919.3～1948	1940.1	华野 8 纵 23 师 67 团 3 营 9 连班长	沂源县	
娄和节	男	胡家宅	1920.3～1947	1940.1 1940.1	华野 8 纵 23 师 67 团连指导员	临淄	
孟兆益	男	胡家宅	1921.4～1942	1940.7	鲁中军区 9 师班长	沂南县	
吴希瑞	男	胡家宅	1922.7～1941	1940.3	鲁中军区 9 师战士	南蒙山	
马会远	男	胡家宅	1927.9～1949	1946.4	26 军 77 师 229 团战士	长江北二坝	
段登吉	男	肖马庄	1912.3～1947	1946.5	华野 8 纵 23 师 65 团班长	莱阳	
赵现文	男	肖马庄	1917.2～1948.11	1946.5 1947	华野 8 纵队 23 师 65 团战士	淮海战役	
吴茂商	男	肖马庄	1918.11～1947.1	1941.4 1943	中野 1 团 1 营 1 连班长	鲁南战役	
李之峰	男	肖马庄	1920.3～1948.11	1941.4	华野 1 纵 1 师 1 团战士	淮海战役	
李广路	男	肖马庄	1922.6～1944	1941.4	鲁中军区 1 团 1 营 2 连班长	蒙阴	
李颂泮	男	肖马庄	1925.10～1947	1944.5 1945	华野 8 纵 22 师 65 团战士	新泰	
刘自奎	男	肖马庄	1926.3～1950	1947.8 1948	志愿军 26 军 76 师 227 团班长	朝鲜	
李志友	男	肖马庄	1927.8～1947.2	1946.5 1947	华野 8 纵 23 师 65 团战士	莱芜战役	
臧敦学	男	北楼	1923.10～1952	1948.12 1949	志愿军 26 军工兵团 2 营 4 连排长	朝鲜	
葛来修	男	北楼	1936.4～1961	1959.5 1955.11	09772 部队班长	日照县	1961 年批烈

续表 23－2－1－7

姓名	性别	籍贯	生卒年月	参加革命年月/入党年月	牺牲时所在单位、职务或身份	牺牲战役或地点	备注
赵现隆	男	庙子	1915.2～1942	1940.3 1941	鲁中军区1团1营3连排长	蒙阴县	
赵乐英	男	庙子	1920.2～1947	1939.2 1939.1	华野1团1营连指导员	泗水县	
赵乐田	男	九龙庄	1916.2～1947.5	1938.4 1939	华野1团1营1连连长	孟良崮战役	
许青龙	男	罗汉峪村	1911.3～1947	1938.4	新泰独立营战士	蒙阴县	
徐敏贤	男	罗汉峪村	1913.9～1948	1937.2 1938	泰安专署财政科科长	南麻	著名烈士
徐志华	男	罗汉峪村	1918.8～1947.2	1938.8 1938	华野1团1营营长	莱芜战役	著名烈士
王京文	男	纸坊	1913.10～1949	1939.7 1937	华野1纵1师1团排长	莱芜	
曹新太	男	纸坊	1921.5～1947	1940.9	华野8纵23师排长	济南	
曹化祯	男	纸坊	1923.7～1945		鲁中军区9师27团3营9连指导员	安丘	
刘加胜	男	高峪	1920.4～1944	1940.7	山东军区1团3营8连排长	沂水县	
刘洪模	男	高峪	1927.3～1948.11	1946.2	华野8纵23师69团战士	淮海战役	
邓立本	男	高峪	？～1944		鲁中军区战士	蒙阴	
赵乐义	男	双杨桥	1912.1～1948	1937.9 1937	翟镇区区中队排长	莱芜徐家庄	
周学亭	男	双杨桥	1918.2～1948.11	1945.2 1944	华野8纵23师69团战士	淮海战役	
周学仁	男	双杨桥	1919.3～1941	1938党员	八路军班长	蒙阴县	
宋传明	男	大龙门	1918.12～1948	1938.10 1939	华野8纵23师67团排长	安丘县	

二、颜庄镇

表 23－2－2

姓名	性别	籍贯	生卒年月	参加革命年月/入党年月	牺牲时所在单位、职务或身份	牺牲战役或地点	备注
张新会	男	颜庄	1912.7～1945.3	1940党员	山东军区4师11团连长	临沂战役	
魏朝海	男	颜庄	1914.10～1943	1939.6 1940	莱芜县县大队班长	陡沟战斗	

续表 23－2－2－1

姓名	性别	籍贯	生卒年月	参加革命年月/入党年月	牺牲时所在单位、职务或身份	牺牲战役或地点	备注
李丙敬	男	颜庄	1919～1940	1938	莱芜县大队战士	新泰战斗	
张凌发	男	颜庄	1919～1939	1938 1938	山东纵队4支队战士	蒙阴战斗	
王玉召	男	颜庄	1919～1948.7	1945.2 党员	26军78师233团1营排长	江苏省	
王显门	男	颜庄	1920.7～1948.11	1938.5 党员	华野8纵战士	淮海战役	
谭业文	男	颜庄	1920.12～1948.6	1946.12 1947.9	华野8纵司令部战士	开封战役	
武明法	男	颜庄	1920～1945.3	1945	鲁中军区战士	蒙阴战役	
张庆贞	男	颜庄	1920～1951	1948	志愿军26军副班长	朝鲜	
吕德胜	男	颜庄	1921.7～1942.10	1939.3 1940	泰山军分区特务连战士	吉山战斗	
张家义	男	颜庄	1921～1951.9	1949.1 1951	志愿军27军81师241团战士	朝鲜云水岭	
徐家首	男	颜庄	1922～1945.8	1939 党员	泰山军分区侦察连班长	仪封战斗	
魏瑞祥	男	颜庄	1924.1～1948.11	1946.5 1940	华野6纵17师战士	淮海战役	
段明珠	男	颜庄	1924.5～1947.9	1946.12	华野7纵20师60团战士	沙土集战役	
朱光武	男	颜庄	1925～1948.11	1946	华野8纵24师战士	淮海战役	
王顺成	男	颜庄	1926.1～1948	1946.12 1946.5	华野8纵战士	河南泌阳	
张家善	男	颜庄	1926～1948.11	1946	华野8纵24师战士	淮海战役	
张福具	男	颜庄	1927.8～1948.11	1945.7 1945	华野8纵24师战士	淮海战役	
王福财	男	颜庄	1928.6～1947.5	1946.11 1947	华野战士	孟良崮战役	
武玉生	男	颜庄	1928.7～1948.7	1946	华野7纵21师63团战士	兖州战役	
刘奎英	女	颜庄	1928～1950	1947	山东军区军医	在颜庄因伤病故	1950年批烈
孙心恒	男	颜庄	1928～1947.2	1946	华野7纵20师60团战士	莱芜战役	
巩须祥	男	颜庄	1929.2～1947.5	1946.5 1947	华野7纵20师60团战士	沂南青驼寺战斗	
葛现财	男	颜庄	1929.6～1953	1948.12 1950.4	21军63师187团战士	在淮安病故	三等功一次 1953年批烈

续表 23－2－2－2

姓名	性别	籍贯	生卒年月	参加革命年月/入党年月	牺牲时所在单位、职务或身份	牺牲战役或地点	备注
任可山	男	颜庄	1929.11～1947.7	1946.10	华野7纵20师60团战士	南麻战役	三等功一次
魏振荣	男	颜庄	1930.6～1951.6	1946	昆明部队战士	云南剿匪战斗	
王汉达	男	颜庄	1930.11～1952	1946.11 1947	35军104师通讯连战士	在浙江建德病故	三等功一次 1952年批烈
刘克广	男	南下冶	1921.5～1948.7	1946.11	华野7纵20师60团1营战士	兖州战役	
吕奉刚	男	南下冶	1921.11～1947.7	1946.10	华野7纵20师59团战士	南麻战役	
陈沛坤	男	南下冶	1923.12～1947.7	1946.11 党员	华野7纵20师59团战士	南麻战役	
孙守明	男	南下冶	1924.1～1950	1948.12	21军63师187团战士	浙江舟山岛剿匪战斗	
吕公之	男	南下冶	1926～1951	1946.11	志愿军26军炮兵团战士	朝鲜	
赵继成	男	南下冶	1928.8～1951	1945.7 1947	志愿军12军34师侦察连副班长	朝鲜	
亓宗汉	男	西沟	1905.3～1947.12	1937 党员	西沟村长	莱芜鄂庄	2014.5山东省人民政府批烈
赵恒相	男	西沟	1925.11～1957.9	1946.11		一等残废在西沟病故	1958批烈
董志弟	男	黄花店	1912～1941	1939	山东纵队4支队便衣队班长	沂源战斗	
黄加珍	男	黄花店	1917.4～1950	1946.11 1946	21军61师战士	浙江舟山岛剿匪战斗	
黄宪松	男	黄花店	1921～1947	1945 1940	华野某团参谋长	沂源青龙战斗	著名烈士
黄加章	男	黄花店	1922～1942	1938 党员	颜庄区中队战士	黄花店	
董元祯	男	黄花店	1924～1947.5	1946.11 1946	华野7纵20师机枪连班长	孟良崮战役	
吕化实	男	郭家台	1910～1943	1939.10	鲁中军区战士	寿光战斗	
郭爱群	男	郭家台	1912～1951	1948.8	志愿军27军81师241团战士	朝鲜	

续表 23－2－2－3

姓名	性别	籍贯	生卒年月	参加革命年月/入党年月	牺牲时所在单位、职务或身份	牺牲战役或地点	备注
郭庆爵	男	郭家台	1918～1947.2	1946.10	鲁中军区警备旅班长	莱芜战役	
郭俊雨	男	郭家台	1920～1942.4	1942.2	鲁中军区班长	泗水战斗	
黄宪良	男	北下冶	1916.5～1947.2	1939.7 1945.2	鲁中军区警备旅战士	莱芜战役	
李子科	男	北下冶	1916～1944	1940 党员	颜庄区区长	颜庄战斗	
王敬圣	男	北下冶	1921.5～1945	1938.8 党员	泰山军分区骑兵连连长	章丘战斗	
黄宪民	男	北下冶	1922.4～1947.12	1946.11 1946.10	华野 7 纵 21 师 61 团班长	莱阳战斗	
黄宪尧	男	北下冶	1925.2～1947.6	1946.11 1946	华野 7 纵 21 师班长	淄博战斗	
黄宪周	男	北下冶	1925.8～1946	1944.5	鲁中军区 2 团 3 营战士	沂水战斗	
杨守法	男	莲花池	1925.6～1947.5	1946.11	华野 7 纵 21 师战士	孟良崮战役	
李玉其	男	莲花池	1926.9～1948	1946.11	华野 8 纵战士	莲花池病故	1950 年批烈
黄宪瑞	男	莲花池	1930.9～1947.6	1947.1	华野 8 纵 24 师战士	曹县魏家庄战斗	
吕义圣	男	疃里	1923.9～1947.8	1946.11 党员	鲁中军区警备 2 团班长	淄博洪山战斗	曾用名吕义福吕义增
魏继贤	男	疃里	1924.2～1944.9	1942	鲁中军区 10 团 2 营 5 连战士	大王庄战斗	
魏绍传	男	疃里	1924.4～1951.6	1946.1	志愿军 26 军 77 师 230 团班长	朝鲜鸡雄山	
曹殿法	男	疃里	1925.1～1947.7	1946.11	华野 7 纵 21 师战士	南麻战役	
程明申	男	疃里	1925～1947.2	1946	华野 8 纵 23 师战士	莱芜战役	
吴钦荣	男	疃里	1925～1948.11	1946.10 党员	华野 7 纵 20 师班长	淮海战役	
屈仕孝	男	疃里	1929.12～1951.4	1946.10 党员	志愿军 26 军 77 师 229 团参谋	朝鲜	
王玉珍	男	三岔沟	1919～1945.8	1939.8 党员	泰山军分区通讯连排长	莱芜鲁西	
胡家雨	男	三岔沟	1926.10～1948.4	1946.11	华野 8 纵 22 师战士	潍县战役	
胡家胜	男	三岔沟	1927.11～1946	1946.6 党员	鲁中军区 4 师 12 团 2 营战士	章丘埠村	
胡家其	男	三岔沟	1928.8～1947	1945	华野 8 纵战士	邹平青杨店	
乔仁成	男	牛马庄	1916.9～1947.9	1942.1	华野 8 纵 22 师战士	沙土集战役	

续表 23－2－2－4

姓名	性别	籍贯	生卒年月	参加革命年月/入党年月	牺牲时所在单位、职务或身份	牺牲战役或地点	备注
赵绪德	男	牛马庄	1919.5～1949.4	1946.9 入党	支前民工	渡江战役	
徐钦友	男	牛马庄	1921.7～1947.7	1946	华野 7 纵 21 师战士	南麻战役	
刘印海	男	上河沟	1917.2～1942.9	1938.7 1940	泰山军分区排长	莱芜郭家沟	
刘国志	男	上河沟	1931.3～1950.10	1948.7 1949.10	三野 21 军 62 师战士	浙江三门战斗	
王守信	男	下河沟	1925～1950.12	1947.1 党员	志愿军 26 军 77 师 230 团 3 营 7 连指导员	朝鲜	
李广笃	男	曹庄	1923.3～1947.7	1946.11	华野 7 纵 21 师战士	南麻战役	
徐增远	男	曹庄	1923.3～1947.7	1946.11	华野 7 纵 21 师 62 团战士	南麻战役	
吕平和	男	沈家崖	1915.12～1949	1948.12	二野集训队战士	云南军训伤亡	1949 年批烈
张成和	男	吕家林	1914.5～1950.11	1946.12	志愿军 27 军 81 师 242 团战士	朝鲜	曾用名张桂亭
吴式虎	男	吕家林	1916.2～1943	1938.3 1938	鲁中军区 10 团 2 营 4 连指导员	博山战斗	
刘兴良	男	吕家林	1926.2～1947.9	1946.12	华野 8 纵 23 师 68 团战士	沙土集战役	
丁慎言	男	吕家林	1927.6～1947	1946.12	华野 8 纵 23 师 68 团战士	陇海路破袭	
吴式寅	男	吕家林	1928.3～1948.11	1946.12	华野 8 纵 23 师 67 团战士	淮海战役	
刘树迎	男	吕家林	1930.7～1948.11	1946.12	华野 8 纵 23 师 68 团战士	淮海战役	
伊开春	男	唐家宅	1900～1945.3	1939	颜庄区中队战士	新泰战斗	
曹建告	男	唐家宅	1905～1943	1938 1938.10	鲁中军区 10 团 1 营 3 连连长	徐家店战斗	
许芝昌	男	唐家宅	1905～1961	1936 1938	福建太宁县武装部长		病故著名烈士 1961 年批烈
曹振芳	男	唐家宅	1911～1942	1938 党员	山东纵队 4 支队战士	土屋战斗	
吕德祥	男	唐家宅	1912～1943	1940	鲁中军区战士	新泰松树林战斗	
曹兴龙	男	唐家宅	1913～1947.8	1946	华野 7 纵 21 师战士	淄川洪山	
张绪和	男	唐家宅	1916～1947.9	1939 党员	莱芜县独立团战士	鄂庄	1947 年批烈
曹振勇	男	唐家宅	1917～1943	1939	鲁中军区 10 团班长	徐家店战斗	

续表 23－2－2－5

姓名	性别	籍贯	生卒年月	参加革命年月/入党年月	牺牲时所在单位、职务或身份	牺牲战役或地点	备注
曹振慧	男	唐家宅	1920～1943	1939	鲁中军区 10 团排长	陡沟战斗	
吴学忠	男	唐家宅	1920～1945	1940	泰山军分区战士	新泰 上汪战斗	
伊开文	男	唐家宅	1920～1947.2	1940	华野 7 纵 21 师 61 团战士	莱芜战役	曾用名 伊开发
段明法	男	唐家宅	1922～1948.11	1942	华野 7 纵 21 师战士	淮海战役	
亓宗友	男	马官庄	1924～1947.5	1946	华野 8 纵 22 师战士	孟良崮战役	
陈修业	男	澜头	1900.3～1941	1938 党员	山东纵队 4 支队 1 团战士	南冶战斗	
李荣亭	男	澜头	1903～1940.2	1939	颜庄区中队战士	澜头战斗	
吴仲希	男	澜头	1906～1941	1939 1938	莱芜县训练班	南冶战斗	
吴守希	男	澜头	1906～1941	1939 1938	章丘县公安局公安员	章丘战斗	
高富太	男	澜头	1909～1942	1939.8 1939	鲁中军区班长	颜庄战斗	
吴维兴	男	澜头	1910～1947.2		支前民工	莱芜战役	
毕坤德	男	澜头	1914.5～1943	1939.7 党员	鲁中军区 10 团 1 营 3 连连长	鲁村战斗	
刘荣耀	男	澜头	1916～1941	1939 党员	莱芜县训练班指导员	南冶战斗	
王振禄	男	澜头	1919～1947	1939 党员	鲁中军区班长		因伤 病故
王丙芹	男	澜头	1920.3～1940.2	1939	颜庄区中队战士	澜头战斗	
高丰太	男	澜头	1920～1940.2	1939	颜庄区中队战士	澜头战斗	
李庆法	男	澜头	1920～1947.7	1945.2	华野 4 纵 10 师 28 团战士	南麻战役	
吴延希	男	澜头	1920～1953	1945 1939	铁道兵团司务长	病故	1953 年 批烈
李荣华	男	澜头	1921～1940.2	1939	颜庄区中队战士	澜头战斗	
孙宗照	男	澜头	1922.4～1947.7	1946 1946	华野 8 纵 24 师 71 团战士	鲁村战斗	
孙宋高	男	澜头	1922～1947	1945 1946.2	华野 8 纵 24 师 71 团战士	蒙阴战斗	
许士谦	男	澜头	1922～1940.2	1939	颜庄区中队战士	澜头战斗	
刘荣增	男	澜头	1923.1～1942	1939.4	山东纵队 4 支队班长	博山战斗	
吴凤勉	男	澜头	1923.5～1948.11	1945.8 1946	华野 9 纵 25 师 73 团通讯员	淮海战役	

续表 23－2－2－6

姓名	性别	籍贯	生卒年月	参加革命年月/入党年月	牺牲时所在单位、职务或身份	牺牲战役或地点	备注
毕玉义	男	澜头	1923～1947.7	1946	华野7纵21师战士	南麻战役	
吴体孔	男	澜头	1924～1942	1939 1939	山东纵队1旅2团指导员	蒙阴战斗	
吴维茂	男	澜头	1924～1947	1939	鲁中军区警备2团战士	鲁村战斗	
刘宗一	男	澜头	1926～1948.11	1946党员	华野8纵24师战士	淮海战役	
崔保庆	男	澜头	1927.5～1947.9	1945.8	华野8纵24师71团3营战士	沙土集战役	
刘　轩	男	澜头	1927～1948.11	1946	华野7纵21师63团2营战士	淮海战役	
吴体言	男	澜头	1929～1949	1945 1946	26军78师233团1营班长	藤县病故	1950年批烈
吴文希	男	澜头	1929～1951.4	1948			残废军人病故1953年批烈
吴淑泽	男	野虎沟	1900～1947	1939 1946	莱芜县县大队干部	大槐树战斗	
王玉杰	男	野虎沟	1921～1947.9	1946.11 1946	华野8纵23师战士	沙土集战役	
许隆绍	男	埠东	1901.3～1941	1938 1938	颜庄区区长	南冶战斗	
吴希讷	男	埠东	1911.6～1947.2	1938.5党员	鲁中军区警备旅排长	莱芜战役	
吴修玮	男	埠东	1915.2～1945.5	1938.2 1938.10	泰历县敌工部部长	泰安县黄前战斗	著名烈士
吴式苗	男	埠东	1920.3～1948	1945	华野1纵班长	滕县战斗	
许开绍	男	埠东	1921.10～1942.10	1938.5 1939	泰山军分区警卫连副连长	吉山战斗	
吕金明	男	埠东	1921～1948.7	1946.12	华野7纵20师60团战士	兖州战役	
李德实	男	埠东	1921～1948.11	1943	华野8纵炮兵团战士	淮海战役	
许端绍	男	埠东	1924～1947.2	1946.10	华野7纵20师60团战士	莱芜战役	
高占山	男	埠东	1925～1947.2	1946.12 1946	华野7纵20师60团副排长	莱芜战役	
吴茂先	男	埠东	1925～1947.7	1946.12	华野7纵20师60团战士	南麻战役	
李宝盛	男	埠东	1926.7～1948	1947.1 1948	华野8纵24师排长	河南泌阳	

续表 23－2－2－7

姓名	性别	籍贯	生卒年月	参加革命年月/入党年月	牺牲时所在单位、职务或身份	牺牲战役或地点	备注
赵功起	男	埠东	1927.7～1947.2	1946.10	华野7纵20师60团战士	莱芜战役	
吴会梅	女	埠东	1927～1947.11	1945 1946.4	村妇救会会长	南冶	著名烈士
许岱绍	男	埠东	1927～1946	1943.8	鲁中军区9师25团战士	章丘文祖	
李佃富	男	埠东	1929～1948.11	1945.7 1946	华野8纵24师71团副排长	淮海战役	
王绪先	男	桑梓峪	1907.8～1947	1947	颜庄区武工队员	唐家宅战斗	
陈茂秋	男	桑梓峪	1919.2～1947.5	1941 党员	华野8纵23师班长	孟良崮战役	
国庆和	男	桑梓峪	1920.3～1947	1947	颜庄区武工队员	唐家宅战斗	
李文寅	男	桑梓峪	1920.4～1941	1940	山东纵队4支队战士	大王庄战斗	
张文亭	男	桑梓峪	1922.4～1947.9	1946.10 1946.11	华野8纵24师连长	沙土集战役	
王丙五	男	桑梓峪	1922.7～1949.4	1945 1945	26军77师炊事员	渡江战役	三等功一次
于明海	男	桑梓峪	1922.12～1948.11	1946.12 1948.10	华野7纵21师战士	淮海战役	
张京顺	男	桑梓峪	1924～1948.11	1946.4	华野7纵21师战士	淮海战役	
李文夏	男	桑梓峪	1928.3～1948.11	1945.12 1948.10	华野8纵24师战士	淮海战役	
国洪德	男	桑梓峪	1928.5～1948.6	1946.4	华野8纵24师70团战士	睢杞战役	
吕瑞汉	男	东南峪	1920.12～1949	1945 1941	26军77师230团班长	镇江	
毛发达	男	孙家庄	1923.5～1947.5	1938.8 党员	华野8纵22师班长	孟良崮战役	
孙书孝	男	孙家庄	1923.10～1950	1948.10 1946	21军63师187团战士	浙江玉环	
孙书宝	男	孙家庄	1924.1～1947.7	1946.11	华野7纵20师60团战士	南麻战役	
孙守敬	男	孙家庄	1924.2～1947.5	1946.3	华野7纵21师战士	孟良崮战役	
孙书贵	男	孙家庄	1926.8～1948.11	1946.11 党员	华野7纵20师60团连长	淮海战役	著名烈士二等功1次
孙守功	男	孙家庄	1963～1984.12	1983.2 1984 追认	解放军战士	越南	著名烈士追记一等功

续表23-2-2-8

姓名	性别	籍贯	生卒年月	参加革命年月/入党年月	牺牲时所在单位、职务或身份	牺牲战役或地点	备注
史敬斋	男	柳桥峪	1916.8~1946	1944.2 党员	鲁中军区4师12团排长	章丘	
蒋佃银	男	柳桥峪	1917.5~1947	1946.10 1946	华野7纵21师班长	章丘枣园	
王淑才	男	柳桥峪	1921.2~1942.10	1939.5 党员	泰山军分区排长	吉山战斗	
段登新	男	柳桥峪	1222.3~1951	1946.1	志愿军25军战士	朝鲜	
王玉华	男	柳桥峪	1927.3~1948.7	1946.1	华野7纵21师战士	兖州战役	
田发胜	男	柳桥峪	1928.6~1947	1946.11	华野7纵21师战士	沂水战斗	
李夫臣	男	东当峪	1907.8~1940	1940	山东纵队受训班	蒙阴岱崮战斗	
王玉杰	男	东当峪	1924.6~1941	1940.3	山东纵队1旅2团战士	堂子庙	
李朴实	男	东当峪	1925.3~1947.7	1946.10	华野7纵20师60团战士	南麻战役	
李夫成	男	东当峪	1928.3~1947.12	1946.11	华野7纵21师62团战士	莱阳战役	
李学水	男	中当峪	1928~1947.4	1946.8	华野7纵21师战士	南麻战役	
陈沛泉	男	中当峪	1964~1982.12	1983.1	陆军41师(甲)1团战士	越南	
张京全	男	西当峪	1919.2~1949	1948.9	解放军战士	浙江桃花岛	
郑维明	男	西当峪	1928.3~1949	1948	解放军战士	麦子山战斗	
刘化元	男	木头山	1920.5~1941	1941	山东纵队4支队班长	大王庄战斗	
尚庆武	男	状元沟	1920~1943	1941	颜庄区委区中队情报员	南冶	
杨登元	男	状元沟	1924.2~1948.11	1944 党员	华野8纵炮兵团连长	淮海战役	
何贵之	男	状元沟	1924~1948.7	1947 1947	华野8纵24师班长	河南泌阳战斗	
张延法	男	北官庄	1904.3~1941	1939.3	莱芜县大队战士	白冶子沟战斗	
段伦星	男	北官庄	1913.8~1941	1939.3	莱芜县大队战士	白冶子沟战斗	
李荣锡	男	南官庄	1911.12~1948.11	1945 1946.8	华野8纵24师营长	淮海战役	
韩廷美	男	南官庄	1924.11~1953	1946	志愿军班长	朝鲜	
李自学	男	南官庄	1924~1949	1946 1947	三野20军副连长	海南岛	曾用名李自守
韩传勤	男	南官庄	1925.7~1947.7	1946	华野8纵23师班长	南麻战役	
韩凡增	男	南官庄	1964~1985.1	1979	陆军41师(甲)1团战士	越南	

续表 23－2－2－9

姓名	性别	籍贯	生卒年月	参加革命年月/入党年月	牺牲时所在单位、职务或身份	牺牲战役或地点	备注
段登方	男	上北港	1929.2～1970	1946.11 1946.11	村民	上北港因伤病故	著名烈士一等功1次
段伦雨	男	下北港	1910.6～1949.4	1948	三野25军73师战士	渡江战役	
段学廷	男	下北港	1918～1947.7	1946.11 1946	华野7纵20师战士	南麻战役	
段警察	男	下北港	1923～1947	1946.11 1946	华野7纵20师通讯员	淄川洪山	曾用名段明善
段伦义	男	下北港	1924～1949.4	1948.10	三野30军89师战士	渡江战役	
段义来	男	下北港	1926.12～1947.7	1946.11 1946	华野7纵20师战士	南麻战役	
段伦茂	男	王家港	1926.2～1947.7	1946.11	华野8纵战士	南麻战役	
王京明	男	王家港	1927.7～1952	1946.11	山东省荣军医院工作人员	济南因伤病故	1952年批烈
杨圣典	男	南港	1917.6～1941	1938.5	山东纵队4支队战士	南冶战斗	
段宪德	男	南港	1920.4～1944.8	1938.9	鲁中军区11团班长	沂水	
段宪鸿	男	南港	1923.8～1953	1945.7	志愿军26军77师战士	朝鲜	
谭守业	男	南港	1924.5～1947.9	1945.8	华野8纵23师战士	沙土集战役	
殷沛和	男	南港	1926.3～1947	1946.10	华野8纵战士	河南睢县战役	
吴宪珠	男	南港	1926.7～1950	1948.10	三野22军战士	浙江宁波	
郝尔佐	男	南港	1927.11～1947.7	1946.10	华野7纵20师战士	南麻战役	
李宝来	男	南港	1928.6～1953	1946.10 1946.12	志愿军51师副指导员	朝鲜	
亓乐清	男	南港	1929.6～1947.7	1946.11	华野7纵21师战士	南麻战役	
陈耐业	男	半壁店子	1928～1949.12	1948	二野15军44师司务长	四川	
谭　丑	男	西港	1909.5～1940.5	1939.6	莱芜县大队战士	杨家横战斗	
段登申	男	西港	1929.6～1947.9	1947.5	滨海军区战士	连云港	
王学明	男	窑货厂	1924.8～1945.3	1944.3	鲁中军区11团班长	蒙阴岱崮	
李学博	男	窑货厂	1928.4～1951	1945.7	志愿军26军77师班长	朝鲜	
高占云	男	东红埠岭	1891.6～1941.2	1938.7入党	当峪乡参议长农救会长	南冶	
高寿岩	男	东红埠岭	1913～1947	1939	圣井区长	徂徕山	

续表 23－2－2－10

姓名	性别	籍贯	生卒年月	参加革命年月/入党年月	牺牲时所在单位、职务或身份	牺牲战役或地点	备注
吴怀珍	男	东红埠岭	1916.8～1940	1939.2	莱芜县大队战士	大崮山	
高占尧	男	东红埠岭	1919.7～1947.7	1944	华野8纵22师战士	沙土集战役	
高太丰	男	东红埠岭	1919～1940	1939 1939	莱芜县大队排长	嘶马河	
高占补	男	东红埠岭	1920.5～1948.11	1946	华野8纵23师战士	淮海战役	
高占修	男	东红埠岭	1920.5～1948.11	1946	华野8纵23师战士	淮海战役	
刘希贵	男	东红埠岭	1923.3～1948.11	1946.11	华野8纵23师战士	淮海战役	
高占崮	男	东红埠岭	1924.1～1948.6	1946 1946	华野8纵23师通讯员	开封战役	
高祥太	男	东红埠岭	1924～1947.2	1944	华野8纵24师战士	莱芜战役	
段明坤	男	西红埠岭	1918.1～1939	1938 1938.7	泰山特委第一大队12中队副指导员	埠东战斗	
段明德	男	西红埠岭	1918～1947.5	1939党员	华野8纵23师排长	孟良崮战役	
段登利	男	西红埠岭	1919～1942	1938党员	鲁中军区12团排长	大王庄战斗	
吴成来	男	西红埠岭	1925.10～1951.9	1946.1 1948	志愿军26军77师班长	朝鲜	著名烈士一等功二等功各1次

三、黄庄镇

表 23－2－3

姓名	性别	籍贯	生卒年月	参加革命年月/入党年月	牺牲时所在单位、职务或身份	牺牲战役或地点	备注
马传珍	男	黄庄一村	1910.5～1939	1939	黄庄区中队战士	黄庄战斗	
周业起	男	黄庄一村	1911.12～1942	1941 1940	鲁中军区1旅1团战士	沂蒙山区	
马传茂	男	黄庄一村	1915.7～?	1935.5 1938	华东军区24师连长		1947年鲁南战役失踪
马传江	男	黄庄一村	1919.6～1942	1941	鲁中军区班长	泰沂地区	
房成润	男	黄庄一村	1924.5～1952	1946.1 1947.12	志愿军76师炮兵团连长	朝鲜	
房聿俊	男	黄庄一村	1925.8～1950	1946.9 1948.1	河南军区警卫连战士		病故
房聿奎	男	黄庄一村	1928.7～1951	1946.12 1948.10	志愿军234团2营6连班长	朝鲜	

续表 23-2-3-1

姓名	性别	籍贯	生卒年月	参加革命年月/入党年月	牺牲时所在单位、职务或身份	牺牲战役或地点	备注
侯印田	男	黄庄一村	1928.5～1952	1946.11 1948.1	河南军区警备团连长	安阳	病故
吕其深	男	黄庄二村	1908.11～1943.2	1927 1939.10	黄庄区委农会会长	黄庄煤矿	
李宝南	男	黄庄二村	1914～1965	1939.6 党员	宁波军分区后勤部副部长		病故
王道圣	男	黄庄二村	1919.6～1949	1938.9 1938.9	华野 8 纵战士		病故
李照锡	男	黄庄二村	1922～1951	1946 1947	志愿军 26 军 78 师 224 团机枪连指导员	朝鲜	
李照荣	男	黄庄二村	1927～1945	1941 党员	鲁中二军分区战士	临沂	
房聿亮	男	黄庄三村	1919.6～1947	1945.12	鲁中军区 1 旅 1 团战士	蒙阴	
房聿爱	男	黄庄三村	1920.3～1950.12	1945.8	志愿军76 师炮兵团5 连排长	朝鲜	
房聿田	男	黄庄三村	1921.8～1950	1945.12	志愿军76 师炮兵团5 连战士	朝鲜	
张树现	男	黄庄四村	1919.6～1940.3	1938 党员	鲁中南 1 旅 4 团班长	蒙阴	
李本都	男	黄庄四村	1920.4～1940.3	1938 党员	鲁中南 1 旅 4 团战士	蒙阴	
房聿云	男	黄庄四村	1920.5～1942.3	1938	鲁中南 1 旅 4 团班长	黄庄	
干玉信	男	柿子峪	1910～1944	1938.10 党员		沂水县	
赵洪密	男	柿子峪	1923～1947	1944 1945	黄庄武工队员	金水河战斗	
董科教	男	长胜	1920.1～1940	1939.2	新莱蒙游击队战士	蒙阴战斗	
董科举	男	长胜	1926～1953	1946.10	志愿军 181 团 3 连班长	朝鲜	著名烈士二等功1 次
谭书堂	男	南金水河	1916～1947.7	1943	沂源县独立营排长	南麻战役	
谭书才	男	南金水河	1920～1941	1940	山东警备旅战士	大岗山战斗	
张玉柱	男	南金水河	1920～1948.6	1940	华野 8 纵战士	开封战役	
张玉选	男	南金水河	1925～1947	1945	华野 8 纵 24 师战士		病故
赵明珍	男	北金水河	1917～1943.3	1939.3 1942.2	八支队连长	新泰	

续表 23－2－3－2

姓名	性别	籍贯	生卒年月	参加革命年月/入党年月	牺牲时所在单位、职务或身份	牺牲战役或地点	备注
张玉庆	男	北金水河	1920～1940.10	1938 1940	蒙阴县大队班长	大岗山	
张立芬	男	北金水河	1922～1947.5	1945.5	华野战士	河南省	
张成春	男	北金水河	1926～1947.12	1940.10 1945	华野营长	临沂	
刘文生	男	北金水河	1929.7～1946.3	1945.8	华野8纵战士	蒙阴	
张明存	男	北金水河	1929.10～1947.9	1945.8	华野战士	沙土集战役	
马仲俊	男	马家庄	1905.7～1946	1938	沂源县税务局局长		病故
孙兆才	男	马家庄	1918.9～1947.7	1947.5 1946	20军59师173团班长	鲁西南战役	
孙孝峰	男	马家庄	1923.4～1946.12	1945.8	山东军区警备旅战士	章丘	
马夫利	男	马家庄	1928.1～1947.7	1945.8	华野8纵24师战士	南麻战役	
马仲才	男	马家庄	1929.3～1948	1946	华野后勤卫生队战士	淮海战役	
刘增福	男	刘家庄	1918.10～1966.7	1938.5 1939.5	福建程溪农场书记		病故
刘增祥	男	刘家庄	1921.3～1946.12	1945.8 1946	山东警备旅战士	章丘	
刘　英	男	刘家庄	1927.10～1947.2	1945.8 1944.6	山东警备旅1团骑兵连班长	寿光	
刘训全	男	幸福村	1916～1945	1938.9	鲁中军区警备旅排长	张庄 石柱战斗	
齐家乾	男	仙人桥	1916～1947	1938.9 1940	华野8纵78师234团排长	曹县	
齐家田	男	仙人桥	1922～1948.9	1938.9 1941	华野8纵78师师组织干事	济南战役	
高庆来	男	上历山后	1915～1943	1942	黄庄区中队战士	王家庄战斗	
高庆松	男	上历山后	1916～1942	1939	鲁中军区警备旅连长	沂源 狗泉战斗	
高明才	男	上历山后	1926～1947	1947	华野8纵排长	沙土集战役	
高明增	男	上历山后	1928～1950	1946	志愿军排长	朝鲜	
高明远	男	上历山后	1929～1948.3	1946	华野8纵战士	洛阳	
高信长	男	上历山后	1935～1957	1956	6085部队班长		因公殉职
刘相韩	男	下历山后	1918～1947.7	1946.8	华野8纵战士	南麻战役	

续表 23－2－3－3

姓名	性别	籍贯	生卒年月	参加革命年月/入党年月	牺牲时所在单位、职务或身份	牺牲战役或地点	备注
郑彬远	男	下历山后	1946～1965	1965.12	8195 部队战士	河南密县	
杨西策	男	八大庄	1923～1947.5	1946.10	华野 8 纵排长	孟良崮战役	
李墨诗	男	李家峪	1918～1946	1945 1944	华野 8 纵战士	淄川	
李常实	男	李家峪	1925～1950	1946.10	志愿军 26 军 78 师 234 团战士	朝鲜	
尚庆玉	男	尚家峪	1919～1946	1945	华野 8 纵战士	淄川	
杨西水	男	尚家峪	1924～1947.5	1946	华野 8 纵 18 师战士	孟良崮	
董昌夫	男	龙巩峪	1921.6～1947	1947	华野 8 纵战士	鲁西南战役	
董科街	男	龙巩峪	1923.3～1947	1946	华野 8 纵 24 师 72 团战士	鲁西南战役	
刘敬桃	男	龙巩峪	1925.2～1947.2	1945	华野 8 纵 24 师战士	莱芜战役	
董树修	男	龙巩峪	1926.5～1948	1945	华野 8 纵 24 师班长	淮海战役	
董继玉	男	龙巩峪	1926.6～1948	1945	华野 8 纵 24 师副连长	淮海战役	
董昌增	男	龙巩峪	1927.5～1948.9	1945	华野 8 纵战士	济南战役	
刘居铭	男	沙岭子	1920.8～1942.4	1940.2	张黄区中队战士	沂源 涝坡战斗	
刘文生	男	沙岭子	1927.2～1947.2	1944	华野 8 纵战士	莱芜战役	
张夫田	男	霞峰	1919.7～1960.9	1938.3 党员	武汉军区科长		病故
于天成	男	霞峰	1920.5～?	1938.9	鲁中军区		1938 年失踪 1950 年追烈
张成礼	男	霞峰	1920.9～1945	1943.12 党员	鲁中军区 11 团战士	临沂	
于明朝	男	霞峰	1921.2～1947.9	1945.8 1944	26 军 78 师 234 团 3 营班长	沙土集战役	著名烈士二等功 1 次，三等功 2 次
张守祥	男	霞峰	1921～1948	1946 1945.9	浙江永康县区指导员	浙江 永康县	
张夫顺	男	霞峰	1922～1945.8	1940.9	鲁中军区 2 团 3 营通讯班班长	安昌战斗	
张志福	男	霞峰	1925.5～1945	1940.6	255 团 6 连战士	马圈战斗	
李庆才	男	霞峰	1928.7～1948.6	1946.10 1946	华野 8 纵 78 师 232 团战士	三堂村战斗	

续表 23-2-3-4

姓名	性别	籍贯	生卒年月	参加革命年月/入党年月	牺牲时所在单位、职务或身份	牺牲战役或地点	备注
纪贵贞	男	茄子峪	1912.10～1939	1938.4	黄庄区中队战士	金水河战斗	
刘文功	男	茄子峪	1917.4～1944	1940.5	蒙阴县独立营连长	章丘	
刘文保	男	茄子峪	1927.12～1952	1946.7	志愿军排长	朝鲜	
桑守富	男	东王家庄	1911～1945.5		支前民兵	益都	
桑守礼	男	东王家庄	1912～1946	1946.4	沂源县大队战士	新泰	
桑敬城	男	东王家庄	1915～1947	1947	华野8纵战士	临沂	
李绍乾	男	东三家庄	1916～1946	1938.3	华野8纵11团3营9连排长	章丘	
李照德	男	东王家庄	1917～1948	1943党员	华野8纵连长	淮海战役	著名烈士特等功1次
桑守恒	男	东王家庄	1925～1960.12	1943.8党员	山东省教育厅处长		病故著名烈士
葛来富	男	桑家庄	1923～1945.5		支前民兵	益都	
桑　冲	男	台子	1914.4～1951	1946.8	26军24师70团司务长	江苏鲁高县	
桑子木	男	南通香峪	1913～1942.11	1939	抗大一分校学员	白沙战斗	
桑贵文	男	南通香峪	1917～1947	1939	华野8纵战士	鲁西南战役	
桑元才	男	南通香峪	1918.11～1944	1940党员	蒙阴县大队连文书	司马寨战斗	
桑运通	男	南通香峪	1922.5～1944	1940.9	鲁中军区11团战士	临朐县九山战斗	
桑元淮	男	南通香峪	1923～1945	1943	张黄区中队战士	沂源宋家峪	
桑运宝	男	南通香峪	1926～1947	1945.9	华野8纵69团班长	河南野鸡岗	
桑运来	男	南通香峪	1929.5～1947.9	1946.9	华野8纵24师70团战士	沙土集战役	
杨守成	男	北通香峪	1911～1947.6	1943.5	民兵	金水河	
杨守祥	男	北通香峪	1913～1946	1943.5	民兵	黄庄	
桑守镇	男	北通香峪	1924.5～1947	1943.5	华野8纵战士	蒙阴县李家寨	
李学志	男	北通香峪	1927～1948.11	1946	华野8纵21师73团警卫营战士	淮海战役	
杨守明	男	北通香峪	1928～1948	1948	华野8纵战士	淮海战役	
杨守选	男	北通香峪	1930～1948.10	1946	华野8纵战士	淮海战役	
朱新田	男	北通香峪	1931.10～1947.5	1947.1	华野8纵战士	南麻战役	

续表 23－2－3－5

姓名	性别	籍贯	生卒年月	参加革命年月/入党年月	牺牲时所在单位、职务或身份	牺牲战役或地点	备注
杨文法	男	杨家大峪	1921.10～1948	1938.2 党员	华野 8 纵 23 师 67 团连长	淮海战役	著名烈士一等功3次
杨文成	男	杨家大峪	1925.8～1948	1946.10	华野 8 纵 23 师 67 团班长	淮海战役	著名烈士战斗模范
薛西良	男	西冶	1901～1947	1946	华野 8 纵战士	张庄战斗	
王秀堂	男	西冶	1909～1962	1938 1940	沂源县招待所所长		病故
宋贯武	男	西冶	1910～1945	1938	辽宁省区长	辽宁省	
王秀法	男	西冶	1915～1945.11	1940.3 1941	东北民主联军 3 纵 8 旅排长	沈阳	
王元友	男	西冶	1918～1947	1941 1941	民兵	艾山战斗	
王遂林	男	西冶	1919～1947.2	1946	华野 8 纵战士	临沂	
薛其栋	男	西冶	1919～1947.2	1946 党员	华野 8 纵战士	莱芜战役	
董玉美	男	洪沟	1919～1944	1940.9	山东军区警备 2 团战士	岱崮战斗	
董科武	男	洪沟	1926～1952	1947	志愿军战士	朝鲜	
董玉宝	男	洪沟	1928～1947	1946.10	鲁中军区警卫营战士	沂源 牛郎官庄	
王庆永	男	椁椤	1910～1947	1943 党员	村长	椁椤村	
杜宝富	男	椁椤	1926～1947		民兵	椁椤村	
周宝富	男	椁椤	1926～1953.3	1942	中南军政大学广西第五大队排长		病故
鞠东信	男	椁椤	1927～1946	1944	蒙阴县独立营排长	蒙阴	
鞠东弟	男	椁椤	1928～1947		支前民兵	安徽省	
王道元	男	椁椤	1928～1952	1946	第三要塞炮团战士		病故
苗宗圣	男	吕家庄	1922～1952	1947	山东公安分局战士	沂源县 公安局病故	
刘汉明	男	官庄	1912.4～1947.6	1938.6 1938.2	蒙阴县公安局局长	蒙阴	
刘志法	男	官庄	1914～1941	1938	鲁中军区 11 团班长	蒙阴	

续表 23－2－3－6

姓名	性别	籍贯	生卒年月	参加革命年月/入党年月	牺牲时所在单位、职务或身份	牺牲战役或地点	备注
刘汉青	男	官庄	1918～1940	1938	蒙阴县政府工作人员	官庄	
刘志田	男	官庄	1918～1945	1941	鲁中军区 11 团战士	张庄	
赵丙山	男	官庄	1918～1940	1938	张庄区区长	蒙阴	
刘志云	男	官庄	1919～1947.2	1939	鲁中军区 11 团战士	莱芜战役	
初立明	男	官庄	1921～1948	1944	华野 8 纵班长	淮海战役	
刘　才	男	官庄	1921～1944	1940	蒙阴县张黄区中队战士	张庄战斗	
邱怀成	男	官庄	1922～1947.2	1944	华野 8 纵排长	莱芜战役	
初立行	男	官庄	1924～1941	1938	蒙阴县张黄区中队班长	张庄战斗	
刘汉增	男	官庄	1924～1948	1945	华野 8 纵排长	淮海战役	
王德合	男	官庄	1924～?	1942	鲁中军区 11 团战士		1943 年失踪 1950 年追烈
张子清	男	官庄	1924～1950	1938	志愿军连长	朝鲜	
刘明亮	男	官庄	1925～1947.2	1945	华野 8 纵战士	莱芜战役	
张子春	男	官庄	1925～1947.2	1946	华野 8 纵战士	莱芜战役	
李志存	男	东丈八丘	1905.5～?	1940	蒙阴县大队战士		1944 年失踪 1950 年追烈
周培义	男	东丈八丘	1905.10～1942	1941	鲁中军区独立团战士	蒙阴	
周境申	男	东丈八丘	1906.7～1940.12	1939	蒙阴县大队战士		病故 1950 年批烈
周培武	男	东丈八丘	1907.5～1951	1945	志愿军司务长	朝鲜	
周大庆	男	东丈八丘	1909.3～1943	1941	鲁中军区独立团连长	蒙阴	
周业成	男	东丈八丘	1916.5～1948		支前民工	新泰	
阚少春	男	东丈八丘	1917.8～1946	1940	沂源县大队排长	山东八陡战斗	
周培杨	男	东丈八丘	1918.2～1947.2	1940.8	山东警备旅 3 团副连长	莱芜战役	
丁善厚	男	东丈八丘	1918.10～1945	1944	鲁中军区警备团 3 营 8 连班长	蒙山战斗	
丁善秋	男	东丈八丘	1919.4～1947.10	1947.8	华野 8 纵 3 师战士	鲁西南战役	
周业连	男	东丈八丘	1919.4～1944	1941	鲁中军区班长	安丘	
张环玉	男	北丈八丘	1914～1947.6	1945 入党	民兵	丈八丘战斗	
安明武	男	北丈八丘	1916～1944	1939	鲁中军区警备旅班长	章丘	

续表 23-2-3-7

姓名	性别	籍贯	生卒年月	参加革命年月/入党年月	牺牲时所在单位、职务或身份	牺牲战役或地点	备注
张成玉	男	北丈八丘	1921～1945	1944 1944	鲁中军区警备旅班长	章丘	
张汝山	男	北丈八丘	1922～1943	1942	鲁中军区战士	蒙阴	
张永玉	男	北丈八丘	1923～1949.10	1939 1939	26军连指导员	云南省	
董现富	男	北丈八丘	1924～1947.6	1943 党员	华野8纵连指导员	丈八丘战斗	
董现士	男	北丈八丘	1926～1948	1947.8	华野8纵战士	淮海战役	
张太和	男	北丈八丘	1928～1948	1946	华野8纵班长	淮海战役	
葛长泉	男	西丈八丘	1911～1941.5	1941 1940	山东纵队4团副班长	新泰双山	
葛延春	男	西丈八丘	1914～1943	1940	鲁中军区11团战士	南岩村战斗	
袁友银	男	西丈八丘	1918～1944.10	1940	鲁中军区11团战士	莒县城战斗	
葛长聚	男	西丈八丘	1920～1941	1940	鲁中军区排长	蒙阴	
葛长成	男	西丈八丘	1920～1947	1945	华野8纵战士	曹家庄战斗	
葛敬新	男	西丈八丘	1922～1946	1944	华野8纵战士	章丘	
葛延宝	男	西丈八丘	1922～1951	1945	志愿军26军指导员	朝鲜	
葛长会	男	西丈八丘	1923～1948	1945.6	华野8纵排长	淮海战役	
葛长水	男	西丈八丘	1924～1947	1943 1944	华野8纵班长	南麻	
陈元德	男	大上峪	1908～1945	1943	蒙阴县独立营班长		病故
陈文进	男	大上峪	1923～1942	1940	鲁中军区2团战士	沂南	
郭兴文	男	大上峪	1923～1942	1940	张黄区中队战士	黑山战斗	
沈家俊	男	大上峪	1955.9～1976.12	1976.2	55043部队战士		因公殉职
刘慎敏	男	小上峪	1912.8～1942.7	1938	村文书	小上峪	
吴修田	男	小上峪	1919.3～1939	1939	山东纵队4支队警卫员	新甫战斗	
吴希纯	男	小上峪	1919.9～1942.7	1938 入党	村支部副书记	小上峪	
褚学忠	男	小上峪	1920～1942	1940	鲁中军区4团战士	新泰	
刘长英	男	小上峪	1921.4～1945	1940.5 1939	吉安县区委书记	吉安县	
石玉增	男	小上峪	1922.3～1947.7	1940.3	华野8纵排长	涝坡战斗	
吴修业	男	小上峪	1927.9～1947.2	1942	鲁中军区11团战士	莱芜战役	
陈学文	男	青冶行	1882～1943	1940.6	民兵	青冶行	

续表 23-2-3-8

姓名	性别	籍贯	生卒年月	参加革命年月/入党年月	牺牲时所在单位、职务或身份	牺牲战役或地点	备注
杨文灿	男	青冶行	1898～1947	1942.10	新海公安局股股长	连云港	
杨荆石	男	青冶行	1902～1943.11	1938 1939	蒙阴县县长	沂南	著名烈士
陈现增	男	青冶行	1908～1964	1943.4 1941	临沂地区税务局局长		病故著名烈士
左太亨	男	青冶行	1912～1941	1938 1939	黄庄区委组织干事	青冶行	
桑守柱	男	青冶行	1915～1943	1940	蒙阴县独立营战士	蒙阴	
杨守义	男	青冶行	1916～1947	1938 1938	蒙阴县区委书记	蒙阴	
陈现可	男	青冶行	1919～1947	1938	沂源县民兵团副指导员	安徽四大王庙战斗	
陈万新	男	青冶行	1920～1961	1939 1939	章丘县县长		病故著名烈士
李相友	男	青冶行	1920～1943	1940	蒙阴县独立营通讯员	蒙阴	
杨文秀	女	青冶行	1920～1948	1945 1946	沂南	沂南	
李宝增	男	青冶行	1922～1947	1947	黄庄区武工队员	金水河	
陈现京	男	青冶行	1923～1947	1943 1944	东野连指导员	四平街	
陈现英	男	青冶行	1923～1947	1947.6 1944	黄庄区武工队班长	金水河	
左效忠	男	青冶行	1923～1941	1940 1939	山东纵队4支队副连长	莱芜嘶马河	
陈万义	男	青冶行	1924～?		支前民工		失踪
段明轩	男	青冶行	1926～1947.7		支前民工	南麻战役	
方效忠	男	青冶行	1926～1947	1946	华野8纵战士		1947年莱芜战役失踪

四、里辛镇

表 23-2-4

姓名	性别	籍贯	生卒年月	参加革命年月/入党年月	牺牲时所在单位、职务或身份	牺牲战役或地点	备注
李京笃	男	里辛	1908～1948	1945	华野8纵24师战士	河南永城战斗	
张学书	男	里辛	1912～1948	1945.7 1946.9	华野8纵炮兵团1营战士	安徽无为县	

续表 23－2－4－1

姓名	性别	籍贯	生卒年月	参加革命年月/入党年月	牺牲时所在单位、职务或身份	牺牲战役或地点	备注
李孔笃	男	里辛	1913～1947	党员	民兵	南冶战斗	
李万笃	男	里辛	1918～1940.11	1938 党员	莱芜县公安局政卫队队长	莱芜陡沟	著名烈士曾用名李干卿
李现增	男	里辛	1919.12～1947.7		村民兵队长	城子坡战斗	
张学斋	男	里辛	1921～1942	1939	泰山军分区连长	泰安大林庄	
王秀银	男	里辛	1922.5～1951	1947	志愿军26军77师战士	朝鲜	
亓学祥	男	里辛	1924.7～1947.7	1946.11	华野7纵21师61团战士	南麻战役	
李文玉	男	里辛	1924～1948.9		支前民工	菏泽	
李实笃	男	里辛	1926～1947	1947	华野8纵24师战士	诸城	
赵玉德	男	里辛	1926～1948.9	1946	华野8纵24师战士	济南战役	
李克忠	男	里辛	1927.3～1947.7	1946	华野8纵22师战士	南麻战役	
李元庚	男	里辛	1927～1947.7	1946.11	华野7纵20师60团战士	南麻战役	
王学增	男	里辛	1927～1948.11		支前民工	淮海战役	
赵　才	男	里辛	1928～1948.11		支前民工	淮海战役	
李京传	男	里辛	1930～1947.7	1945	华野7纵20师60团战士	南麻战役	
于丙军	男	里辛	1931.2～1953	1948	25军74师战士		病故
郭德全	男	玥庄	1910～1938	1938	新泰县大队战士	玥庄	
段明文	男	玥庄	1912～1945	1938	新泰县大队战士	龙廷战斗	
吕永贵	男	玥庄	1912～1943	1940	泰山军分区战士	陡沟战斗	
段明恒	男	玥庄	1922.5～1947		民兵	玥庄	
刘振兰	男	玥庄	1926～1951	1946 党员	志愿军排长	朝鲜	
利成孟	男	玥庄	1928.8～1947	1946.5	华野7纵21师战士	安徽蚌埠	
冯永章	男	玥庄	1928～1948.11	1946.12	华野8纵24师战士	淮海战役	
赵学富	男	玥庄	1928～1948.11	1945	华野8纵22师65团战士	淮海战役	三等功一次
吕荣美	男	玥庄	1929～1948.11	1946	华野8纵22师65团战士	淮海战役	
高华计	男	高家岭	1904.8～1947.11	1945 1946	村农救会长	高家岭	
黄文等	男	高家岭	1910～1947		民工	高家岭战斗	
高寅长	男	高家岭	1912.10～1939.3	1938.4	山东纵队4支队2团战士	沂南战斗	

续表 23－2－4－2

姓名	性别	籍贯	生卒年月	参加革命年月/入党年月	牺牲时所在单位、职务或身份	牺牲战役或地点	备注
高儒继	男	高家岭	1919.3～1939	1938.7 1939	山东纵队4支队排长	沂南后印子战斗	
高庆永	男	高家岭	1922.8～1948.7	1945.10	华野2纵4师10团班长	兖州战役	
任连富	男	三岔河	1919～1941	1940 1939	山东纵队1旅2团班长	岱崮战斗	
亓金业	男	三岔河	1923.4～1941	1939.3	新泰县大队战士	岱崮战斗	
高计柱	男	三岔河	1924.3～1949.11	1946.7 1947.7	三野21军61师战士	舟山岛	
尚庆平	男	涝洼	1929.1～1947.12	1946.11	华野7纵21师战士	莱阳王格庄	
尚庆杰	男	涝洼	1929.7～1947.12	1946.11 1947.8	华野7纵21师班长	莱阳王格庄	
李玉恒	男	冯家庄	1918～1946	1945	鲁中军区4师11团战士	安丘	
李文忠	男	冯家庄	1928.1～1946	1945.8	鲁中军区4师10团战士	明水战斗	
邹夫勇	男	南朱家庄	1910.1～1939.1	1938.4党员	山东纵队4支队连长	颜庄战斗	
邹学雨	男	南朱家庄	1919.8～1941	1938.8 1939	山东纵队4支队2团连长	岱崮	
崔言超	男	南朱家庄	1921.1～1948.11	1945.8党员	华野8纵22师64团副连长	淮海战役	
邹学敬	男	南朱家庄	1924.4～1949.11	1948.7 1949	三野21军61师182团排长	舟山岛	
亓忠孝	男	凤凰峪	1921～1947	1943.6党员	颜庄区区中队班长	泰安	
尚怀献	男	凤凰峪	1922～1947	1945.7	华野7纵20师战士	莱芜口镇	
尚庆安	男	凤凰峪	1924～1947.7	1945.8	华野7纵20师战士	南麻战役	
尚怀安	男	凤凰峪	1927～1948.11	1945.8	华野7纵21师战士	淮海战役	
尚怀敬	男	茶峪子	1914～1945	1943	鲁中军区11团战士	博山西河	
陈沛友	男	茶峪子	1918～1939	1938	山东纵队4支队战士	大崮山	
陈沛良	男	茶峪子	1918～1947.7	1938党员	华野7纵21师连长	南麻战役	
陈胜业	男	茶峪子	1920～1948.9	1945.8党员	华野8纵24师营教导员	济南战役	著名烈士
陈爵业	男	茶峪子	1925～1948.11	1945	华野8纵24师班长	淮海战役	
张汝全	男	茶峪子	1926～1948.4	1945	华野8纵22师排长	潍县	
吴式申	男	南赵家峪	1925.9～1947	1945.12	鲁中军区战士	胶南张家楼战斗	
吴水希	男	南赵家峪	1927.5～1948.3	1947.5	华野8纵24师战士	洛阳战役	

续表 23-2-4-3

姓名	性别	籍贯	生卒年月	参加革命年月/入党年月	牺牲时所在单位、职务或身份	牺牲战役或地点	备注
吴式训	男	北赵家峪	1920.3～1948.9	1945	鲁中军区警备旅战士	济南战役	
王则善	男	北赵家峪	1920～1941	1940	山东纵队4支队战士	岱崮战斗	
王则城	男	北赵家峪	1922～1947.7	1944 党员	鲁中军区警备四团班长	南麻战役	
王则俞	男	北赵家峪	1928～1946	1944	泰山军分区战士	井峪战斗	
赵明信	男	石家岭	1916.3～1943	1940 党员	山东纵队4支队战士	陡沟战斗	
王书则	男	石家岭	1920.1～1943	1940 党员	山东纵队4支队班长	陡沟战斗	
石金武	男	石家岭	1920.1～1943.1	1939	鲁中军区战士	道托战斗	
石金兴	男	石家岭	1923～1942	1939	山东纵队1旅2团战士	高桥战斗	
石洪蒙	男	石家岭	1929～1948.6	1947.5	华野8纵24师战士	睢杞战役	
刘宗孔	男	张家岭	1913.3～1941	1938.2 党员	山东纵队4支队连长	莱芜上崮	
陶守全	男	张家岭	1923.5～1946	1940 1942	淮安县委书记	淮安	著名烈士
郑锡堂	男	郑王庄	1912～1942	1940	颜庄区中队战士	莱芜战斗	
郑学兰	男	郑王庄	1914～1948.6	1946 党员	华野8纵23师战士	开封战役	
郑宝吉	男	郑王庄	1916.4～1942.10	1942 党员	山东纵队4支队排长	吉山战斗	
郑孝明	男	郑王庄	1920.5～1940.5	1939	莱芜县大队战士	杨家横	
郑希福	男	郑王庄	1921.10～1948.11	1945	华野7纵21师战士	淮海战役	
李参笃	男	郑王庄	1922～1948.11		支前民工	淮海战役	
郑星梓	男	郑王庄	1922～1947.8	1945 1946	华野7纵21师连指导员	泰安负伤在部队医院病故	
郑孝胜	男	郑王庄	1923.7～1947	1945 党员	颜庄区区中队战士	南冶战斗	
郑孝海	男	郑王庄	1924.1～1948.4	1946	华野7纵21师战士	潍县	
郑孝信	男	郑王庄	1924.5～1948.4	1946.11	华野7纵21师战士	潍县	
郑孝礼	男	郑王庄	1924.5～1948.11	1948	华野7纵21师班长	淮海战役	
郑梅友	男	郑王庄	1927～1949	1946	三野25军74师班长	杭州余杭	
彭孝胜	男	郑王庄	1928.4～1948.7	1946 党员	华野7纵21师战士	兖州战役	
李学敏	男	石头湾	1905.2～1950	1939	三野28军82师战士	福建大旦岛	
赵义道	男	石头湾	1908～1940.5	1940	山东纵队4支队战士	杨家横战斗	
卢皆书	男	石头湾	1909.1～1947		支前民工	八陡战斗	
葛宪松	男	石头湾	1916.8～1942.10	1941	泰山军分区连长	吉山战斗	

续表 23－2－4－4

姓名	性别	籍贯	生卒年月	参加革命年月/入党年月	牺牲时所在单位、职务或身份	牺牲战役或地点	备注
刘俊明	男	石头湾	1924.5～1947.2	1941	华野8纵24师战士	莱芜战役	
卢珍书	男	石头湾	1925.2～1948.7	1946.11 1946	华野7纵21师排长	兖州战役	
刘海明	男	石头湾	1928.1～1948.3	1945.12	华野7纵21师班长	淄川战斗	
吕好贤	男	东日庄	1911～1947	1946	鲁中军区4师12团排长	章丘埠村战斗	
吕登岚	男	东田庄	1922～1948.1	1946	民兵	郭家台	
吕士奎	男	东田庄	1924～1946	1945	鲁中军区4师11团2营通讯员	益都战斗	
吕子财	男	东田庄	1928.9～1947.7	1946	华野7纵20师60团3营班长	南麻战役	
吕爱新	男	东田庄	1947～1969.7	1968.3	6409部队战士	杭州	
刁兴堂	男	西田庄	1921.6～1947.5	1945 1946	华野8纵24师班长	孟良崮战役	
魏述梅	男	西田庄	1921～1947.7	1946	华野7纵21师战士	南麻战役	
魏玉德	男	西田庄	1924.3～1947.5	1941	华野8纵24师71团副连长	孟良崮战役	
刁华堂	男	西田庄	1924.11～1948.11	1946 1946	华野7纵21师班长	淮海战役	
鹿加佐	男	西田庄	1925.7～1947.5	1946	华野8纵24师战士	孟良崮战役	
李明笃	男	西田庄	1928.8～1948.6	1946 1947	华野8纵24师战士	开封战役	
李振绪	男	西田庄	1930～1947.7	1946	华野7纵21师战士	南麻战役	
魏绍圣	男	北田庄	1921～1947.12	1946.7党员	华野7纵21师班长	莱阳战役	曾用名魏荣华
侯继尧	男	北田庄	1922.6～1948.3	1939党员	东野副连长	四平战役	
魏绍伦	男	北田庄	1927.3～1948.11	1946.9 1947.6	华野7纵21师班长	淮海战役	
魏绍臣	男	北田庄	1927～1947.2	1946	华野7纵21师战士	莱芜战役	
张丰年	男	潘家庄	1915.3～1947		支前民工	新泰东都战斗	
袭建恂	男	潘家庄	1917.3～1947.2	1946.11	华野8纵23师战士	莱芜普通战斗	
武玉富	男	潘家庄	1922.8～1947.5	1938.10	华野7纵21师战士	孟良崮战役	
袭著明	男	潘家庄	1923.4～1947.9	1946.12 1947	华野8纵23师战士	沙土集战役	

续表23－2－4－5

姓名	性别	籍贯	生卒年月	参加革命年月/入党年月	牺牲时所在单位、职务或身份	牺牲战役或地点	备注
王敬先	男	潘家庄	1924.1～1947.5	1946.11	华野8纵22师战士	孟良崮战役	
王茂昌	男	潘家庄	1924.5～1947.5	1946.1	华野7纵21师战士	孟良崮战役	
巨科勤	男	潘家庄	1927.4～1947.2	1946.10	华野8纵23师战士	莱芜普通战斗	
苏登迎	男	潘家庄	1928.4～1948.11	1946.10	华野8纵24师战士	淮海战役	
亓玉华	男	小官庄	1921～1948.11	1945	华野8纵23师68团排长	淮海战役	
吕祖绍	男	小官庄	1922～1947.9	1946	华野8纵23师战士	沙土集战役	
亓润华	男	小官庄	1922～1948.11	1945	华野8纵23师战士	淮海战役	
吕勤昌	男	小官庄	1923.1～1947.9	1945.11党员	华野8纵23师班长	沙土集战役	
吕祖远	男	小官庄	1923～1947.7	1946.11	华野7纵21师战士	南麻战役	
吕祥曾	男	小官庄	1924.5～1951	1946.9	志愿军12军35师战士	朝鲜	
尚庆瑞	男	双龙峪	1915.3～1943	1939	山东纵队4支队战士	水营战斗	
刘尊孔	男	双龙峪	1918.9～1947.7	1946.11	华野7纵21师战士	南麻战役	
朱司明	男	双龙峪	1919.5～1948.11	1939.7党员	华野8纵22师连指导员	淮海战役	
李兆实	男	双龙峪	1920.10～1943	1939.7党员	鲁中军区11团1营2连连长	寄母山战斗	
刘德孔	男	双龙峪	1925.5～1947.7	1946.11	鲁中军区警备队战士	南麻战役	
尚根和	男	双龙峪	1965～1985.2	1982.11	济南军区战士	越南	著名烈士追记一等功
刘丰顺	男	黄金篮	1927～1952	1948	志愿军15军战士	朝鲜	著名烈士二等功1次
李越笃	男	黄金篮	1927～1952.7	1948.12 1947	志愿军15军警卫营战士	朝鲜	
刘加顺	男	黄崖	1921.4～1948.9	1945.7	华野8纵23师战士	菏泽战斗	
刘加田	男	黄崖	1925.7～1948	1946.11	华野8纵23师战士	河南泌阳战斗	
李禄益	男	黄家洼	1904～1947.12	1946.11 1946.11	华野7纵21师61团班长	莱阳战斗	
李丰雏	男	黄家洼	1910～1947	1947	华东野战军战士	费县战斗	
李雨义	男	黄家洼	1922～1942.10	1940.11	泰山军分区战士	吉山战斗	

续表 23-2-4-6

姓名	性别	籍贯	生卒年月	参加革命年月/入党年月	牺牲时所在单位、职务或身份	牺牲战役或地点	备注
李明益	男	黄家洼	1927～1948.7	1946.11 1946.11	华野7纵21师61团班长	兖州战役	
吴文广	男	焦家庄	1930.8～1949.9	1946.11	21军61师138团战士	浙江桃花岛	
李贵先	男	棋山观	1911～1948		支前民工	郯城战斗	
陈希禄	男	棋山观	1919～1941	1940.6 党员	山东纵队1旅2团连指导员	沂水战斗	
郑星永	男	棋山观	1920～1948.11	1939.6	华野8纵23师战士	淮海战役	
邵怀启	男	棋山观	1924～1947.6	1942.4 1943	颜庄区区中队班长	西马泉战斗	
吴茂绪	男	圈里	1913.3～1949.4	1945.8	35军105师314团排长	渡江战役	
吴希东	男	圈里	1920.1～1950.11	1946.12 党员	志愿军26军班长	朝鲜	
郑允和	男	圈里	1921～1938.11	1938.3	4支队战士	吴小庄	
郑玉义	男	圈里	1925.4～1948.6	1945.8 党员	华野8纵23师副排长	开封战役	
吴式桥	男	圈里	1926.3～1947.6	1946.3 党员	颜庄区区中队战士	前朱山	
李孝笃	男	杨家楼	1959～1982.5	1978	54714部队战士	所在部队	
段登元	男	前朱山	1910～1949.4	1945.8	25军74师战士	渡江战役	
李丰发	男	前朱山	1914.2～1941	1939.8 党员	莱芜县大队班长	柳桥峪	
赵兴信	男	前朱山	1914.10～1947.2	1945.2	颜庄区区中队战士	新泰战斗	
秦光恒	男	前朱山	1920.4～1946	1942.7 1939.2	鲁中军区警备旅排长	博山战斗	
刘训良	男	前朱山	1920.5～1941	1939.7 1939.2	山东纵队4支队连指导员	清泥沟战斗	
秦光利	男	前朱山	1921.8～1947.6	1945.2	颜庄区区中队战士	前朱山战斗	
秦宝建	男	前朱山	1922.7～1940	1939.7	莱芜县大队战士	沂源战斗	
秦宝贵	男	前朱山	1922.9～1942.10	1939.5	泰山军分区战士	吉山战斗	
刘训仁	男	前朱山	1924.1～1947.6	1945.2	颜庄区区中队战士	前朱山战斗	
程英林	男	后朱山	1917～1944	1940	鲁中军区9师班长	益都战斗	
陈修德	男	后朱山	1924.2～1948	1945.7	华野8纵23师战士	衡水战斗	
吕德常	男	后朱山	1925.12～1947.9	1946.1 1945.7	华野8纵23师68团副班长	沙土集战役	
孙守田	男	后朱山	1926.10～1948.11	1945.5	华野8纵23师战士	淮海战役	
王爱华	男	大庙	1920～1940.8	1939.7	莱芜县大队战士	小张庄	

续表 23－2－4－7

姓名	性别	籍贯	生卒年月	参加革命年月/入党年月	牺牲时所在单位、职务或身份	牺牲战役或地点	备注
郑玉山	男	大庙	1921～1948.11	1944	华野8纵23师战士	淮海战役	
王爱尧	男	小庙	1929.7～1947.7	1944.3	华野7纵21师战士	南麻战役	
宓来德	男	中马泉	1917～1947	1944	颜庄区区中队战士	南冶战斗	
刘训强	男	中马泉	1921～1945.10	1944	莱芜县独立营战士	莱芜松崮战斗	
刘训祥	男	中马泉	1923～1947.6	1946 1944	鲁中军区警备2团班长	大汶口	
狄秀三	男	东马泉	1910～1941	1939.3 党员	山东纵队教导队队长	蒙阴	著名烈士
张洪恩	男	东马泉	1911～1942.10	1939.2	泰山军分区排长	吉山战斗	
艾宪珍	男	东马泉	1914～1942	1939.2	山东纵队4支队班长	沂水	
李京笃	男	东马泉	1915～1941	1939.1	山东纵队4支队排长	蒙阴	
狄会忠	男	东马泉	1964～1985	1983.1 1985.1	济南军区战士	越南	追任中共党员追记三等功
李志海	男	西马泉	1926.9～1948.7	1946.8 1947.9	华野7纵21师61团战士	兖州战役	
李学玉	男	西马泉	1926.10～1947.6	1946.6 1945.8	颜庄区委组织干事	西马泉	著名烈士

辛庄镇特记

XINZHUANGZHENTEJI

辛庄镇地处莱芜市东部，钢城区东北部，北纬 36° 08′ ~ 36° 17′，东经 117° 44′ ~ 117° 58′。镇政府驻地辛庄村位于钢城东北 15 公里，镇域面积 181.76 平方公里，辖 68 个行政村。2006 年全镇总人口 49094 人，工农业总产值 10.34 亿元，其中，工业总产值 8.40 亿元，农业总产值 1.94 亿元。农村经济总收入达 64728 万元，农民年人均收入 4848 元，地方财政总收入 1072 万元。

商代属牟国地，西周至春秋时期属牟子国。汉初至隋大业三年（607 年），属牟县。唐武德元年(618 年)后，基本归属莱芜县。明清时期，属莱芜县东乡。民国初年，为莱芜县第五区(铁车区)。1941 年 5 月，属莱东县，分为铁车区、辛庄区、鹏山区。1942 年 7 月，为博莱县铁车区。1945 年 10 月，属莱芜县，铁车区、辛庄区、鹏山区 3 个区合并为铁车区。1950 年改称为莱芜县第八区。1955 年 10 月，为莱芜县辛庄区。1958 年 3 月，分为莱芜县辛庄乡、铁车乡；同年 10 月，合并为莱芜县辛庄人民公社。1984 年 4 月，改称为莱芜市辛庄办事处。1985 年 10 月，分为莱芜市辛庄镇、铁车乡。1992 年 11 月，为莱芜市莱城区辛庄镇、铁车乡。2000 年 12 月，撤销铁车乡，将其行政区域并入辛庄镇。2006 年 6 月 23 日，由莱城区划归钢城区，为莱芜市钢城区辛庄镇。

辛庄镇地势东高西低，北高南低。东部属山区，大小山 51 座，海拔在 400 米 ~ 630 米之间，约占全镇总面积的 40%。大山海拔 623.10 米，是域内最高山峰。中部属丘陵地带，海拔在 150 米 ~ 250 米之间，约占全镇总面积的 50%。西南部地势平坦，属小平原，约占全镇总面积的 10%，可利用土地面积 3321.30 公顷。寄母山林场面积 2066.60 公顷。域内盛产花生，2006 年种植面积 1528 公顷，总产 3621 吨。黄烟为特色种植业，2006 年栽植面积 373 公顷，总产 710 吨。莱芜杂优猪、莱芜黑鸡和黑耳长毛兔为特色养殖业，其中，莱芜杂优猪是莱芜黑猪与长白、大约克夏杂交而成的新猪种，是镇兽医站与山农大合作研制开发的国家星火计划项目。2006 年母猪存栏量 1.20 万头，年产仔猪 15 万头。

辛庄镇属暖温带大陆性气候。受季风影响，四季分明。春季干旱多风，易形成春旱。夏季炎热多雨，易形成夏涝。秋季天高气爽，雨水较少，易形成秋旱。冬季严寒少雪。年平均气温 12℃。7 月份最热，月平均气温 25℃，最热时达到 39℃。最冷为 1 月份，月平均气温 -4℃，极端最低气温 -22.5℃。全年无霜期一般在 170 天左右。全年降雨量约 700 毫米，最多年份达到 1629 毫米，最少年份达到 350.80 毫米。主要自然灾害有旱、涝、风、雹、虫和霜冻。

域内主要河流有 2 条：辛庄河源于大山和砟峪村北山，流向由东至西，全长 29.30 公里；盘龙河源于南北围东岭，从杨家横村入域内，从北至南全长 22 公里，为牟汶河的主要支流。两河相汇于丘山和鹏山脚下，后汇入大汶河出域内。有中型水库 2 座，杨家横水库建于 1959 年，总库容 1289 万立方米；乔店水库建于 1965 年，总库容 2799 万立方米。

矿产资源丰富，交通便利。矿产资源有煤、铁、铝等。辛庄煤矿建于 1958 年，总储量 3000 万吨，年生产能力 21 万吨。济青高速公路南线在域内长 15.30 公里，省道莱麻路在域内长 23 公里。2005 年 10 月，村村通柏油路、通汽车。

辛庄镇历史文化悠久。牟子国建于周宣王时期，距今已有 2800 多年历史。牟子城遗址位于赵家泉村，1992 年确定为省级

辛庄镇小城镇建设　　（2006 年　摄）

文物保护单位。侯家台古墓群，为春秋战国墓群。玉皇宫遗址，在辛庄村锦龙山半山腰，始建于唐，重修于明，毁于清末，现存有明正德元年（1506年）孟秋重修玉皇宫碑。莱芜战役指挥所遗址位于石湾子村，1977年确定为省级文物保护单位，1984年确定为莱芜市革命传统教育基地，2004年确定为莱芜市红色旅游景区。

莱芜战役指挥所遗址 （2002年 摄）

辛庄人才辈出。清光绪十二年（1886年），纸坊村村民任开东考中武举。清光绪二十六年（1900年），大官庄村村民亓因培考中举人。20世纪，有知名画家李半残，音乐家丁鸣；教育家田佩之，曾任山东大学副校长、山东师范大学第一任校长、北京师范学院副院长。在抗日战争时期和解放战争时期，李维一、池玉贵等270名烈士为国捐躯。1965年辛庄供销社主任李维孝因发明水车，被评为全国劳动模范。团圆坡村因山、水、林、田、路综合治理成绩斐然，1996年被林业部授予造林绿化“千佳村”荣誉称号，党支部书记侯学法被评为全国劳动模范。

第一章 人口 村落

第一节 人 口

人口规模

元末明初，域内人口约2000人。1910年人口约为15110人。中华人民共和国成立后，人口增长速度加快。自20世纪80年代，实行计划生育，人口的增长速度减缓。至2006年，人口总数开始下降。

1950～2006年部分年份域内人口情况统计表

表辛庄镇特记－1－1

项目 年份	户 数（户）	人 口（人）			农业户口		非农业户口	
		合 计	男	女	户数（户）	人口（人）	户数（户）	人口（人）
1950	6009	26951	—	—	6009	26923	—	28
1955	6712	29859	15016	14843	6712	29751	—	108
1960	7628	33337	17431	15906	7628	33186	—	151
1965	8792	38741	19700	19041	8788	38367	4	374
1970	10073	44346	22235	22111	10066	43931	7	415
1975	11009	47989	24013	23976	11001	47531	8	458
1980	12448	49663	24838	24825	12440	49121	8	542

续表辛庄镇特记 - 1 - 1

项目 年份	户数 (户)	人口(人)			农业户口		非农业户口	
		合计	男	女	户数(户)	人口(人)	户数(户)	人口(人)
1985	14419	52299	26238	26061	14403	51726	16	573
1990	15334	53675	26868	26807	15318	52923	16	752
1995	16508	53197	26971	26226	16243	51549	265	1648
2000	16784	53503	26900	26603	16485	47345	299	6158
2005	16635	52671	26077	26594	16166	46163	469	6508
2006	16807	49094	25047	24047	15262	46740	1545	2354

人口变动

元代至清代，域内人口增加的主要原因是移民迁入,减少的主要原因是战乱和灾荒。元末,域内只有 14 个村庄,人口约 2000 人。明初,有较多移民从河北枣强、淄川、山西等地迁入,村庄发展到 50 余个。此后,陆续有人迁入居住。至清末,域内人口达到 1.50 万余人。

民国初年,部分百姓死于战乱灾荒。1942 年大旱,冻饿而死 278 人,外出谋生 1056 人。20 世纪 40 年代至 60 年代,鼓励生育,人口快速增长。自 70 年代末,实行计划生育。至 80 年代末,人口增长速度受到遏制。

1985 ~ 2006 年部分年份域内人口变动情况统计表

表辛庄镇特记 - 1 - 2　　单位:人

项目 年份	人口总数	自然变动			机械变动	
		出生	死亡	自然增长率(‰)	迁入	迁出
1985	52299	597	270	6.25	73	285
1990	53675	696	300	3.37	98	315
1995	53197	547	365	3.42	105	363
2000	53503	632	372	4.85	123	335
2006	49094	389	349	0.80	131	205

年龄构成

域内人口年龄构成的资料记载始于 1953 年。按照 0 岁 ~ 6 岁为学龄前儿童,7 岁 ~ 11 岁为学龄儿童,12 岁 ~ 17 岁为青年段,18 岁 ~ 60 岁为劳动年龄,61 岁以上为老年年龄的划分标准，至 2006 年,人口年龄结构情况如下。

1953～2006年部分年份域内人口年龄结构情况统计表

表辛庄镇特记－1－3　　单位：%、人

年份＼项目	人口总数	其中									
		学龄前		学龄段		青年段		劳动年龄段		老龄段	
		人数	占总人口比例	人数	占总人口比例	人数	占总人口比例	人数	占总人口比例	人数	占总人口比例
1953	28311	6027	21.29	4649	16.42	4759	16.81	11865	41.91	1011	3.57
1964	40341	7495	18.58	5998	14.87	6087	15.09	19085	47.31	1676	4.15
1978	49451	7249	14.66	6468	13.08	6997	14.15	25991	52.56	2746	5.55
1982	51092	5487	10.74	5747	11.25	7592	14.86	28805	56.38	3553	6.95
2006	49094	4345	8.85	4816	9.81	6171	12.57	28685	58.43	5077	10.34

文化结构

根据1953年至2006年全国五次人口普查结果，域内人口文化结构情况如下。

1953～2006年部分年份域内人口文化结构情况统计表

表辛庄镇特记－1－4　　单位：%、人

年份＼项目	总人口	其中	文盲、半文盲		小学		初中		高中		大学	
		12岁及12岁以上人口	人数	占12岁以上人口比例	人数	占总人口比例	人数	占总人口比例	人数	占总人口比例	人数	占总人口比例
1953	28311	17734	12378	69.80	2474	8.74	257	0.91	25	0.08	—	—
1964	40341	25273	16770	66.36	4893	12.13	681	1.69	73	0.18	4	0.01
1978	49451	30976	17679	57.07	9914	20.05	7814	15.80	4729	9.56	12	0.02
1982	51092	40496	18052	44.58	16014	31.34	8615	16.86	2715	5.31	21	0.04
2006	49094	30752	12925	42.03	12658	25.78	8493	17.30	5572	11.35	981	2

第二节　村　落

辛庄村

位于钢城区政府驻地东北15公里。始建于唐朝，初名新庄，后演变为辛庄，后又为避重名改称大辛庄，1982年定名为辛庄村。有17姓，李姓最多，张姓次之。农历四、九逢集，曾为莱芜县八大集市之一。有玉皇宫、龙王庙和钓鱼台3处古迹。2006年全村共有1496人，有土地面积290.35公顷、耕地面积165.85公顷。有民营企业125家、个体经营业户120户，经济总收入660.90万元，人均收入4705元。

百嘴红村

位于辛庄镇政府西2公里处，莱麻路从村中穿过。村有8姓，李姓最多。据《张氏族谱》记载：

百嘴红村塑编产业　（1997 年　摄）

明洪武年间，张姓由河北省枣强县迁此建村。相传古时鹏山常有成群红嘴老鸦栖息，由此得名百嘴红，原址在鹏山东麓，1964 年因水患毁村而迁今址。村域内的鹏山、鹏山云洞和鹏山泉为当地自然景观。20 世纪 90 年代初，村民李英章带动全村 91 户从事塑编产业，被誉为“齐鲁塑编第一村”，自此，塑编成为全村的主要经济来源。2006 年全村有 339 户、1215 人，有土地面积 333.97 公顷、耕地面积 183.99 公顷，全村人均收入 7350 元。

北王家庄村

位于辛庄镇政府西北 2 公里处。明洪武初年，王姓兄弟 2 人从河北枣强县迁来定居。以姓氏定村名为王家庄，因重名，1940 年改称北王家庄。村有 6 姓，杨姓最多，侯姓次之。2006 年全村有 240 户、851 人，有土地面积 144.73 公顷、耕地面积 100.03 公顷。

侯家台村

位于辛庄镇政府北 1 公里处。颜苗路从村中穿过。清朝乾隆年间，侯姓由百嘴红迁此建村，因此处地势较高，冠以姓氏，故名侯家台。有侯、张和杨 3 姓，侯姓居多。地处丘陵，沙质地较多，种花生是村民的主要经济来源。1977 年发现侯家台古墓群，位于村北的高台地上，属春秋战国墓群。墓群东西长约 150 米、宽约 100 米。墓无封土，室为土坑竖穴。出土文物有石器、青铜器、兵器和工艺品等。是莱芜市文物重点保护单位。2006 年全村有 1289 人，有土地面积 255.16 公顷、耕地面积 100.03 公顷。

纸坊村

位于辛庄镇政府东 2 公里处，莱麻路从村中穿过。据村碑记载：明朝洪武年间，赵姓从淄川迁此建村，原名“址坊”，后因多户从事小作坊造纸，演变为“纸坊”。贾姓早居，后赵、任、李、纪、张、池姓相继迁入。村有 7 姓，赵姓最多，任姓次之。2006 年全村有 616 人，有土地面积 142.85 公顷、耕地面积 97.72 公顷。

东辛庄村

位于辛庄镇政府偏东南 4 公里处。明朝中期，贺姓从邹家埠迁此建村，因与辛庄村相距较近故取村名小辛庄。1982 年定名东辛庄。村有 7 姓，贺姓最多。2006 年全村有 163 户、618 人，有土地面积 180.71 公顷、耕地面积 125.78 公顷。

培峪村

位于辛庄镇政府东 5 公里处。明朝中期，邹家埠贺姓为租种刘姓土地而定居此处建村。因从事培育枣树苗曾取名“培育”，后因村南一条“风水宝峪”直冲村中，故将“育”改为“峪”，培峪因此而得名。有 3 个自然村、4 姓，贺姓居多。2006 年全村有 165 户、537 人，有土地面积 126.73 公顷、耕地面积 110.35 公顷。

东宋家庄村

位于辛庄镇政府偏东南 7 公里处。明朝洪武年间，宋姓由河北省枣强县迁此建村，定名宋家庄。为避重名，1982 年定名东宋家庄。村有 4 姓，韩姓居多。2006 年全村有 535 人，有土地面积 145.02 公顷、耕地面积 107.63 公顷。

天井峪村

位于辛庄镇政府偏东南 6 公里处。清道光年间，池姓由临朐县迁此建村。因四周山岭环绕，中间低平，犹如井底，故名天井峪。村有 3 姓，池姓最多。2006 年全村有 214 户、626 人，有土地面积 302.67 公顷、耕地面积 138.66 公顷。

后峪村

位于辛庄镇政府东7公里处。清乾隆四十年(1775年)池姓由天井峪迁此建村。因位于乔店村北山和老牛头山所夹的大峪下首,故名"后峪"。村有3姓,池姓最多。2006年全村有433人,有土地面积238.33公顷、耕地面积152.39公顷。

乔店村

位于辛庄镇政府东6公里处,最早由乔姓建村,因其在村南大道旁开一客店,以姓、店定村名,为乔店。村有11姓,卓姓最多,董姓次之。乔店水库建于1965年,1968年竣工。2006年全村有1026人,有土地面积332.29公顷、耕地面积217.68公顷。

坡庄村

位于辛庄镇政府东4公里处。明朝洪武年间,刘姓由河北省枣强县迁此建村。因附近村庄稀少,址在沙岭坡上,故名坡庄。有12姓,李姓最多。2006年全村有1089人,有土地面积296.70公顷、耕地面积191.29公顷。

前城子村

位于辛庄镇政府东北3.50公里处。明朝洪武年间,王姓由河北省枣强县迁此建村,因四周环岭,宛如城池,曾名城子,因与后城子村相对更名冠以"前"字。村有7姓,王姓居首,卓姓次之。2006年全村有436人,有土地面积155.04公顷、耕地面积78.29公顷。

后城子村

位于辛庄镇政府东北4公里处。明朝洪武年间,卓姓由河北枣强县迁此建村,东靠大山,北、西和南是丘陵,宛如城池,村南是前城子村,故名为后城子村。村有6姓,卓姓居首。2006年全村有981人,有土地面积270.34公顷、耕地面积169.65公顷。

大徐家庄村

位于辛庄镇政府北2公里处。明朝洪武年间,徐姓由河北省枣强县迁此建村,以姓定村名为徐家庄村。因重名,1982年定名为大徐家庄。村有6姓,李姓居首,秦姓次之。种植花生、生姜和黄烟,植桑养蚕和培植果园是村民主业。2006年全村有276户、833人,有土地面积242.97公顷、耕地面积177.47公顷。

东铁车村

位于辛庄镇政府东12公里处。元朝元统年间,张姓由淄川迁此定居建村,因村东有一铁栏杆围着的水池,故名铁池,后演变成铁车,因村庄在"土龙"以东,故名东铁车村,农历一、六逢集。村有8姓,魏姓居多。主要经济作物有花生、生姜、黄烟和板栗等。2006年全村有417人,有土地面积220.11公顷、耕地面积136.96公顷。

西铁车村

位于辛庄镇政府东11公里处。元代元统年间,张姓由淄川迁此定居。因村南有铁栏杆围着的水池,故名铁池,后演变成铁车,因村庄在"土龙"以西,故名西铁车村。经济作物有花生、姜、黄烟、苹果和板栗等。农历一、六逢集。村有8姓,李姓最多,蒋姓次之。2006年有174户、556人,有土地面积280.31公顷、耕地面积210.31公顷。

南宝台村

位于辛庄镇政府东8公里处。据村碑记载:明朝万历年间,李姓由河北枣强县迁到牟汶河北岸一弯道处建村,相传此地为一风水宝地,故名为宝台。1965年因建乔店水库将村分为两处,居牟汶河南者为南宝台。村有4姓,李姓居多。2006年全村有186人,有土地面积98.59公顷、耕地面积51.51公顷。

北宝台村

位于辛庄镇政府偏东北7公里处。明朝万历年间,李姓由河北省枣强县迁到牟汶河北岸一弯道处建村,相传此地为一风水宝地,故名为宝台。1965年因修建乔店水库分为两处,居牟汶河北岸者为北宝台。村有4姓,吕姓最多。2006年全村有62户、198人,有土地面积250.67公顷、耕地面积110.35公顷。

城岭村

位于辛庄镇政府东12.50公里处。清初,赵姓由新泰迁此建村,因址在3条河交汇之处,曾名三包河村,因村庄被山岭环绕如城,后来更名为城

城岭村　　　　　　　　　　　　　　　　　　　　　（2006年　摄）

岭。村有4姓，赵姓最多。2006年全村有264人，有土地面积147.83公顷、耕地面积79.03公顷。

团坡子村

位于辛庄镇政府东14公里处。据《狄氏族谱》记载：清初，狄姓由清泥沟迁此建村，因址在团山前坡，故名团坡子。村有狄、栾2姓。2006年全村有70户、227人，有土地面积255.59公顷、耕地面积89.23公顷。

桃科村

位于辛庄镇政府东北15公里处。据村碑记载：清康熙年间，吕姓由临朐县迁此建村，因村旁遍植桃树，曾名为桃棵，后演变为桃科，分为上桃科和下桃科2个自然村。村有3姓，吕姓最多。2006年全村有77户、241人，有土地面积207.81公顷、耕地面积110.77公顷、山林面积106.60公顷。

旋车沟村

位于辛庄镇政府东北18公里处。据《刘氏族谱》记载：明朝洪武年间，刘姓由河北枣强县迁居岔道村，再迁三山村，后迁此定居。在迁居此地时因小推车陷于沟中，曾名陷车沟，后因谐音成旋车沟。村有4姓，刘姓居首，洪姓次之。2006年全村有171户、489人，有土地面积334.34公顷、耕地面积214.30公顷、山林面积173.30公顷。

石湾子村

位于辛庄镇政府东偏北15.50公里处。据《徐氏墓碑》记载：清朝初年，徐姓由张里街迁此建村。因村东河中有一碗状巨石，曾名“石碗子”，后演变为石湾子。村有9姓，徐姓最多。村内有莱芜战役指挥所遗址。村东有寄母山，海拔594米，为“莱芜十大名山”之一。2006年全村有596人，有土地面积323.16公顷、耕地面积187.10公顷、山林面积133.30公顷。

傅宅科村

位于辛庄镇政府东10公里处。据《傅氏家谱》载：明朝永乐年间，傅姓由安仙村迁此建村，因地处丛林，林中有一空地，形似宅院，取名宅棵，后演变成宅科。1982年地名普查时，为避重名，更名为傅宅科村。村里只有傅姓。2001年被莱芜市委、市政府表彰为“农业结构调整先进村”。2006年全村有820人，有土地面积583.29公顷、耕地面积266.76公顷。

郎郡村

位于辛庄镇政府东北18.50公里处。据《路氏族谱》记载：明朝洪武年间，路姓由临淄县迁此建村。因建村者为10兄弟，曾名十郎郡，后简化为郎郡。村里只有路姓。2004年村党支部被莱芜市委表彰为“先进基层党组织”。2006年全村有169户、506人，有土地面积396.77公顷、耕地面积181.4公顷、山林面积266.60公顷。

红崖村

位于辛庄镇东偏北15公里处。据《吕氏墓碑》载：明朝洪武年间，由吕姓迁此建村，因村南有一处红石悬崖，高10余丈，故名红崖村。村有11姓，吕姓、白姓居多。2006年全村有162户、503人，有土地面积215.97公顷、耕地面积140.03公顷。

桃峪村

位于辛庄镇政府东15公里处。明洪武年间，侯姓由河北省枣强县迁此建村，因址在山峪中，峪中多桃树，故名为桃花峪。清朝康熙年间更名为桃峪。村有19姓，李姓最多。2006年全村有290户、970人，有土地面积416.95公顷、耕地面积148.95公顷。

团圆坡鞭炮厂

团圆坡村

位于辛庄镇政府东18公里处，据村碑记载：明朝万历年间，赵姓由临朐县迁此建村，迁居途中亲人失散，后又在此坡得以团圆，故名团圆坡。村有5姓，赵姓、侯姓居多。1977年被评为全省农业学大寨红旗单位，村支部书记侯学法被评为全国劳动模范。1996年被林业部授予造林绿化“千佳村”。村有鞭炮厂1家。2006年全村有204户、715人，有土地面积239.13公顷、耕地面积183.77公顷、山林面积140公顷，人均纯收入4033元。

裴家庄村

位于辛庄镇政府东20公里处。唐代就有人居住，因址在汶河源头，曾名汶源庄。后裴姓迁此，人丁兴旺成了大户，改称为裴家庄。有24姓，尚、李、杨和曲为大姓。农历三、八逢集。种植花生、黄烟和生姜，养殖牛、羊和兔，栽植经济苗木为村民主业。为辛庄镇第一大村。2006年全村有1862人，有土地面积628.55公顷、耕地面积254.53公顷，人均纯收入4973元。

砟峪村

位于辛庄镇政府东北28公里处。据《张氏家谱》载：明末，张姓由河北枣强县迁此，有一巨石状似凤凰，曾名凤凰峪，后巨石炸裂，改称砟峪。有张家砟峪、齐家砟峪、路家砟峪和段家砟峪4个自然村，村委会设在齐家砟峪。村有9姓，张姓最多。2000年全村种植黄烟千余亩，被莱芜市政府评为“农业结构调整先进村”。2006年全村有956人，有土地面积628.70公顷、耕地面积317.90公顷。

西泉村

位于辛庄镇政府东16公里处。据村碑记载：清顺治年间，田姓由河北省枣强县迁此建村。因村北有泉，曾名西北泉。清康熙年间，以沟为界，分为北泉和西泉，因村在泉西，故名西泉村。村有4姓，魏姓最多。2006年全村有70户、218人，有土地面积61.55公顷、耕地面积49.81公顷。

北泉村

位于辛庄镇政府东17公里处。据《莱芜县志》记载：清顺治年间，田姓由河北枣强县迁此建村，因村北有泉，曾名西北泉。清康熙年间，以沟为界，分为北泉和西泉，因村居泉北，故名北泉。村有8姓，张、冯姓居多。2006年全村有100户、312人，有土地面积113.14公顷、耕地面积52.91公顷。

大沟村

位于辛庄镇政府东16公里处，据《任氏族谱》记载：清朝道光年间，任姓由任家庄迁此建村，因址在大沟内，故名大沟村。村有5姓，尚姓最多，任姓次之。2006年全村有60户、180人，有土地面积89.39公顷、耕地面积51.75公顷。

大官庄村

位于辛庄镇政府东南6公里处。据村碑记载：大官庄村建于明洪武年间。清雍正八年(1730年)改称招抚庄。道光二十二年(1842年)改称招抚官庄。光绪十五年(1889年)改为官庄。民国初年，为与颜庄区小官庄区分，改称大官庄。村有25姓，亓姓居多。2006年全村有555户、1532人，有土地面积314.37公顷、耕地面积259.89公顷、山林面积137.60公顷。

簸箩村

位于辛庄镇政府东南5公里处。据朱氏墓碑记载：清顺治八年(1651年)朱姓由蒙阴县迁此建村，因地形似簸箩故名。村名曾写成柈椤，1987年立村碑时定为簸箩。村有4姓，朱姓居多。2006年

全村有 165 户、490 人，有土地面积 97.24 公顷、耕地面积 71.43 公顷。

上田庄村

位于辛庄镇政府南偏东 4 公里处。明洪武年间，田姓由河北枣强县迁此建村，以姓取村名田家庄。因重名，1982 年由莱芜县人民政府统一定名为上田庄村。为 1 姓村。2006 年全村有 502 人，有土地面积 109.83 公顷、耕地面积 73.49 公顷。

南王家庄村

位于辛庄镇政府南 3.50 公里处。明洪武年间，王姓由河北省枣强县迁此建村，以姓取村名王家庄。因重名，1940 年改称南王家庄村。村有 10 姓，蒋、段姓居多。2006 年全村有 213 户、587 人，有土地面积 111.12 公顷、耕地面积 89.13 公顷。

赵家庄村

位于辛庄镇政府南 3 公里处。据村碑记载：明洪武年间赵姓由河北枣强县迁此建村，以姓名村赵家庄，后有秦姓迁入。地处丘陵。2006 年全村有 94 户、280 人，有土地面积 82.50 公顷、耕地面积 58.55 公顷。

苗家庄村

位于辛庄镇政府南 3.50 公里处。明洪武年间，苗姓由河北省平原县迁此建村，以姓取村名苗家庄。村有 4 姓，苗姓居多。2006 年全村有 96 户、286 人，有土地面积 62.77 公顷、耕地面积 54.51 公顷。

北蛇沟村

位于辛庄镇政府南 4 公里处。明朝末年，邹姓由河北枣强迁此建村，村邻一黄沟，自北向南，弯曲如蛇，故名蛇沟，又居沟北，故名北蛇沟。村有 5 姓，杜姓最多。2006 年全村有 83 户、261 人，有土地面积 42.25 公顷、耕地面积 35.51 公顷。

南蛇沟村

位于辛庄镇政府南 4.50 公里处。明朝末年，邹姓由河北枣强县迁此建村。村北有黄土沟，蜿蜒如蛇，故名蛇沟，因居沟南故名南蛇沟。村有 6 姓，李姓居多。2006 年全村有 163 户、435 人，有土地面积 64.78 公顷、耕地面积 53.44 公顷。

于家官庄村

位于辛庄镇政府南偏西 4 公里处。清乾隆年间，于姓由益都迁此建村。因望子成龙，求取官名心切，故名于家官庄村。村有 4 姓，陈姓为首。2006 年全村有 276 人，有土地面积 31.95 公顷、耕地面积 26.01 公顷。

朱家沟村

位于辛庄镇政府南 5 公里处。明朝万历年间，朱姓由河北省枣强县迁此建村，定址在黄土沟内，冠以姓氏，故名朱家沟村。1998 年因煤井塌陷迁村到墨埠村东岭。2006 年新址又处在塌陷区，旧址又充填如初，故又迁回旧址。村有 4 姓，亓姓最多。2006 年全村有 323 人，有土地面积 48.73 公顷、耕地面积 35.29 公顷。

西照临村

位于辛庄镇政府南偏西 6 公里处。明朝中期，陈姓由陈盘龙村迁此建村。因村南小岭有一悬崖，西临小河，似一镜台，故名照临，又因村在镜台以西故名西照临。村有 3 姓，陈姓最多。2006 年全村有 281 户、903 人，有土地面积 124.27 公顷、耕地面积 81.94 公顷。

东照临村

位于辛庄镇政府南 6 公里处。明朝万历年间，李姓由新泰朱家店迁此建村。因村西南小岭头如镜台，岭下小河水平如镜而取名照临村，又因村在镜台以东故名东照临。村有 5 姓，李姓居多。2006 年全村有 276 户、803 人，有土地面积 105.45 公顷、耕地面积 75.01 公顷。

东涝坡村

位于辛庄镇政府南 7 公里处。明洪武年间，刘姓迁此建村。因址在涝洼地，故名涝坡。为避重名，1982 年由莱芜县人民政府统一定名东涝坡。因旧址处潘西煤矿，矿井地面塌陷，1978 年迁到现址。村有 19 姓，刘姓最多。2006 年全村有 831 人，有土地面积 143.51 公顷、耕地面积 117.26 公顷。

赵家泉村

位于辛庄镇政府西南 3 公里处，位于牟子故城，据清宣统《莱芜县志·地理志·古迹》载："在县治东二十里，牟汶曲中"。民国《续修莱芜县志·疆域·沿革》载："桓公十五年，牟人、郳人、葛人来朝。”明嘉靖年间，仍称牟城庄。后因村旁有泉，以泉名村赵家泉村。农历一、六逢集。村有7姓，赵姓最多。植桑养蚕、养殖和大棚蔬菜为村民主业。2006年全村有360户、1152人，有土地面积148.79公顷、耕地面积107.56公顷，人均纯收入5292元。村有古牟城遗址。

墨埠村

位于辛庄镇政府西南6公里处。据村碑记载：明洪武年间，陈、吴两姓由河北冀州枣强迁此居住，此前即有孔姓居住。相传古为港口，村西北有墨山，由此得名墨埠村。农历五、十为集日。村有5姓，陈姓最多，吴姓次之。村有墨埠寺，又叫船山寺。据明嘉靖《莱芜县志·古迹》载：“船山寺在县东南二十里”。形状像船，东北、西南方向两头翘，东北河水，西南流，围寺转，船到此卸货，曾名卸货台。墨，本色黑，寺上有钢石，称豆青蛋，此种石头仅河南省贵德埠有；埠，是码头，故称墨埠寺。2006年全村有508户、1554人，有土地面积266.32公顷、耕地面积155.51公顷。

兴隆村

位于辛庄镇政府西南4公里处。始建于春秋时期，属牟子城的粮仓，曾用名卸米庄，后演变成为斜里庄，因村庄人丁兴旺，经济繁荣，清光绪年间，改称兴隆庄。村有6姓，李姓最多。种植花生、养殖生猪、个体运输为村民主业。2006年全村有386户、1302人，有土地面积224.10公顷、耕地面积169.59公顷，人均纯收入4183元。

芦城村

位于辛庄镇政府南2公里处。据《魏氏族谱》记载：明洪武二年(1369年)，迁此建村。因村西有芦苇丛，远望如城墙，故名芦城村。村有4姓，魏姓最多。2006年全村有325户、1006人，有土地面积173.64公顷、耕地面积139.58公顷。

崖下村

位于辛庄镇政府西南2公里处。明洪武年间，刘氏兄弟3人迁此建村，因村址在一土崖下，故名崖下村。村有8姓，刘姓最多。2006年全村有305户、855人，有土地面积153.13公顷、耕地面积114.59公顷。

桑园村

位于辛庄镇政府西3公里处。明洪武年间，谢姓迁入此地建村，因村西是片大桑园，故名桑园村。村有11姓，秦姓最多。2006年全村有272户、821人，有土地面积140.63公顷、耕地面积100.83公顷。

南埠子村

位于辛庄镇政府南3公里处。明万历年间，李姓由河北省枣强县迁此，艾、魏两姓已在此居住。因村北有土崖，村南有岭，陡峭难行，曾名难步。后演变成南埠子村。村有2姓，李姓居多。2006年全村有156户、475人，有土地面积86.61公顷、耕地面积73.74公顷。

徐家店村

位于辛庄镇政府北5公里处。明末，徐姓由河北枣强迁此建村。因近靠通往博山的大道，徐姓在大道边以开店为业，由此得名徐家店村。农历二、七逢集。村有19姓，孙和吕姓居多。种植花生、植桑养蚕、发展林果为村民主业。2001年被莱芜市委、市政府表彰为“农业结构调整先进村”。2006年全村有415户、1238人，有土地面积291.97公顷、耕地面积206.99公顷。

蔡店村

位于辛庄镇政府西北3公里处。据村碑记载：元朝末年，蔡姓迁此居住，此前已有人家居住。因近靠通往博山大道，蔡姓以开店为业，故名为蔡店村。村有9姓，谢姓最多。2006年全村有459户、1348人，有土地面积367.21公顷、耕地面积273.45公顷。

下陈村

位于辛庄镇政府北3公里处。明洪武年间，陈姓兄弟2人由山西省迁此，在盘龙河东西两岸分建两村。村庄居西，曾名下陈家庄，1949年后简称下陈村。村有6姓，韩、吕、张姓居多。种植花生、发展林果业、养殖生猪、养鸡为村民主业。2006年全村有232户、764人，有土地面积197.01公顷、耕地面积145.54公顷。

上陈村

位于辛庄镇政府北 3.50 公里处。明洪武年间，陈氏兄弟 2 人由山西省迁此，在盘龙河东西两岸分建两村，村庄居东，曾名上陈家庄。1949 年后，简称上陈村。村有 5 姓，张姓最多。2006 年全村有 359 户、990 人，有土地面积 343.30 公顷、耕地面积 244.83 公顷、山林面积 220 公顷。

上河村

位于辛庄镇政府东北 4 公里处。明朝末年，张、陈 2 姓来此建村。因在河上游，故名上河。与涝洼岭为一个行政村，村委会驻地上河村。村有 4 姓，张姓居多。2006 年全村有 169 户、492 人，有土地面积 232.45 公顷、耕地面积 179.73 公顷。

刘响泉村

位于辛庄镇政府东北 4.50 公里处。清朝末年，刘姓由博山迁此建村。因当时杂草丛生，故名草场子。村南有一眼泉，泉水哗哗作响，又因村中刘姓占多数，故名刘响泉。村有 3 姓，刘姓居多。2006 年全村有 83 户、230 人，有土地面积 130.69 公顷、耕地面积 93.17 公顷。

桑响泉村

位于辛庄镇政府东北 4.50 公里处。据《桑氏族谱》载：清代中叶，桑姓由石湾村迁此建村，因当时杂草丛生，曾名草场子。又因村北有泉，泉水作响，以姓取村名为桑响泉。为 1 姓村。2006 年全村有 247 人，有土地面积 68.55 公顷、耕地面积 47.37 公顷。

王响泉村

位于辛庄镇政府东北 5.50 公里处。据《王氏家谱》记载：清顺治年间，王姓在此建村，此地杂草丛生，曾名王家草场子。村南有泉，水有响声，故名王响泉。1978 年因修水库村庄迁于此址。为 1 姓村。2006 年全村有 138 户、515 人，有土地面积 267.78 公顷、耕地面积 166.01 公顷、山林面积 133.30 公顷。

下三山村

位于辛庄镇政府北偏东 6 公里处。明万历年间，刘姓由河北枣强县迁此建村，因村东南有 3 座小山故名三山，又为避重名冠以“下”字称下三山村。村有 4 姓，刘姓最多。2006 年全村有 218 户、645 人，有土地面积 347.93 公顷、耕地面积 264.92 公顷。

上三山村

位于辛庄镇政府北偏东 7 公里处。据村碑记载：明万历年间，刘姓由河北枣强迁此建村，因村西南有 3 座小山故名三山，又为避重名冠以“上”字称上三山村。村有 4 姓，刘姓居多。2006 年全村有 177 户、526 人，有土地面积 185.94 公顷、耕地面积 135.63 公顷、山林面积 186.60 公顷。

岔道村

位于辛庄镇政府北 7 公里处。据《吕氏家谱》载：明朝初年，吕姓迁此，洪姓早居此地。因址在通往苗山和博山的岔路口，故名岔道村。村有 5 姓，吕姓最多。2006 年全村有 860 人，有土地面积 362.82 公顷、耕地面积 264.92 公顷。

杨家横村

位于辛庄镇政府北偏东 8.50 公里处。据杨氏墓碑载：元代元统年间，杨姓由河北省迁此建村。以牧羊为生，为求兴盛，以“横”示佳，取名为杨家横。村有 10 姓，亓姓最多。2006 年全村有 420 户、1299 人，有土地面积 603.84 公顷、耕地面积 454.78 公顷。

下朱家店村

位于辛庄镇政府北 8.50 公里处。明朝初年，朱姓由河北省枣强县迁此建村。因近靠通往淄博的大道，朱姓以开店为业，曾名朱家店，后为避重名，冠以“下”字称下朱家店村。村有 7 姓，吕姓最多，韩姓次之。2006 年全村有 203 户、620 人，有土地面积 167.19 公顷、耕地面积 100.58 公顷。

吕家峪村

位于辛庄镇政府北 6.50 公里处。据《吕氏族谱》记载：明朝万历年间，吕姓由大芹村迁此建村，因址在峪中，冠以姓氏，故名吕家峪村。村有 4 姓，吕姓最多。2006 年全村有 170 户、500 人，有土地面积 224.57 公顷、耕地面积 148.81 公顷。

第二章　经　济

域内历来以农业经济为主。自20世纪80年代，开始发展工商服务业。进入90年代，把发展高高效农业和工商服务业作为富民强镇的重要举措，二、三产业在区域经济收入中所占比例日益提高。

1950～2006年部分年份域内一二三产业收入情况统计表

表辛庄镇特记－2－1　　单位：万元

项目 年份	产业收入						
	合计	第一产业	所占比例%	第二产业	所占比例%	第三产业	所占比例%
1950	902.60	886.90	98.26	11.50	1.27	4.20	0.47
1956	1067.50	1043.70	97.78	17.30	1.62	6.50	0.61
1966	1532.80	1501	97.93	22	1.44	9.80	0.64
1976	2303.30	2269.90	98.55	21.40	0.93	12	0.52
1986	2842	2115.20	74.43	366.60	12.90	360.20	12.67
1996	87000	29109	33.46	46703	53.68	11188	12.86
2006	63189	27040	42.79	29298	46.37	6851	10.84

第一节　农　业

生产关系变革

土地私有制　清末至民国时期，域内土地主要为少数地主、富农所有。大官庄村的地主亓章文土改前家有7口人，拥有上等好地34公顷，占全村总耕地面积的24%，其庄院就占地3.60公顷。广大贫苦农民只占有少量土地，且多为山岭薄地，收成不能满足口粮，只好靠扛活度日，一遇灾荒便四处逃荒要饭。1942年发生百年不遇大旱，因无粮冻、饿而死278人。

1946年域内土地占有状况统计表

表辛庄镇特记－2－2

项目	合计	其中					
		地主	所占比例（%）	富农	所占比例（%）	中农及贫下中农	所占比例（%）
户数(户)	5785	183	3.16	156	2.70	5446	94.14
人口(人)	25916	920	3.55	799	3.08	24197	93.37
耕地(亩)	40283	15809	39.24	11325	28.11	13149	32.64

1946 年春至 1947 年 1 月，域内开展土地改革运动，共改出土地 1897.50 公顷，有 2931 户贫农分得了土地。1950 年秋至 1951 年春，贯彻《中华人民共和国土地改革法》，向农民颁发《土地证》。

互助合作制　1951 年 9 月，辛庄村首先成立域内第一个互助组。至 1952 年春，域内组织起互助组 560 个，占全区（莱芜县八区）总农户的 67.83%。1954 年组织成立初级农业生产合作社，先在辛庄村试点。至 1955 年，68 个村全部建社，入社户数达 91.20%。入社农民将土地、耕畜和农具等一并交初级社统一使用，初级社统一经营土地，统一调配劳力，统一筹备种子、肥料。实行民主管理，社委会由社员民主选举产生。资金来源先以社员入股资金为主，分配形式按地、劳“五五”分成。

社会主义改造和集体所有制　1956 年 3 月，域内开始农业社会主义改造；7 月，68 个初级社经过合并升级，改建成为 45 个高级农业生产合作社；当年入社户数达 95%，基本完成了农业社会主义改造。土地除每人 0.10 亩 ~ 0.15 亩自留地外，其余全部归集体所有，牲畜及大中型农具、荒山和水面全部归集体。设管理委员会，下设生产队，统一制定实施生产计划，对各生产队实行包工包产，决算时超产奖励，减产受罚。年终农业总收入扣除生产费用、公积金和农业税后，按“人六劳四”分配。

1958 年 10 月，辛庄人民公社成立。1962 年确立“三级（公社、生产大队、生产队）所有，队（生产队）为基础”的经济管理体制。生产实行计划管理。劳动管理推行“四小”制度：即小组作业、小段包工、小段计酬、小段评比。分配在“各尽所能，按劳分配”的原则下，实行“以人定量”“人五劳五”“人六劳四”“人七劳三”等方式。1961 年根据中共中央关于“调整、巩固、充实、提高”的八字方针，生产队的生产权、使用权、分配权得到有机统一，农村经济体制进一步稳定、完善。

家庭联产承包责任制　1979 年域内实行联产到组责任制。1980 年对作业组实行“五定一奖”（定地块、定产量、定费用、定报酬、定奖惩、超产奖励）措施；同年，全社粮食每亩单产 422 公斤，比 1970 年增长 69.37%，创历史最高水平。

1981 年实行联产到劳责任制，年内粮食每亩单产达到 452.50 公斤，总产达到 1539 万公斤，人均口粮 256.50 公斤，人均分配 485 元，分别比 1980 年增长 7.18%、9.56%、11.30%和 15.47%。

1982 年实行家庭联产承包责任制。其具体内容是：土地按人口或人劳比例分户经营，签订承包合同，以地定产，农产品除上交国家任务和集体提留外全部归承包户。集体耕畜、农具作价到户，定期收回价款。果园、山林和荒山、荒坡、荒滩分片承包给专业户，集体按年份收取承包费。

1984 年颁发土地使用证，并将土地承包期延长至 15 年。1999 年，实行第二轮土地承包，期限延长至 30 年。

自 2002 年，实行税制改革。自 2005 年，又对小麦和良种种植户、购买大型农机具户实行补贴。至 2005 年，全部免除“三提五统”和农业税。2006 年全镇粮食总产达到 12956 吨，农村经济总收入 64728 万元，农民人均纯收入 4848 元。

水利建设

1958 年域内开始修建水库和灌渠。到 1978 年，共建起中型水库 2 座、小（一）型水库 2 座、小（二）型水库 14 座、塘坝 78 座，总蓄水量 4826.70 万立方米；配套渠道 145 条、总长 11561 米。

小麦收割　（2006 年　摄）

乔店水库

乔店水库　位于辛庄河上游乔店村东。1965年3月11日，一期工程动工，从本县调集民工8000人，从泰安县调集3257人支援施工两个月，同年7月结束。1965年8月，二期工程动工，1968年5月竣工。总库容2799万立方米，其中兴利库容1400万立方米，死库容90万立方米。淹占农田1190亩，迁移村庄4个，移民144户、690人。控制流域面积85平方公里，设计灌溉面积3.86万亩。按万年一遇洪水核算、百年一遇洪水审定，可削减洪峰24%。大坝为黏土心墙沙壳坝，全长810水，最大高度26.2米，顶宽5米，坝顶高程286.2米，坝基打入木板桩防渗。南北两个放水洞均为钢筋混凝土压力管。南放水管直径0.90米，进口高程271.2米，设计流量4.35立方米/秒。北放水洞管径1.50米，进口高程264.95米，设计流量13.67立方米/秒，为启闭式闸门。溢洪道位于大坝北端，开敞式，宽48米，高程279.75米，设计最大泄洪量1480立方米/秒。共动用土石117.79万立方米，用工141.60万个，国家投资262.27万元。

灌区配套工程由南北干渠组成。南干渠总干长6.83公里，1968年11月动工。1970年春，驻军9662部队参加施工，7月竣工。1973年10月，南干支渠、西干渠动工，修建北田庄至椁椤村3000米渠道，开凿王子山隧道800米。1975年1C月，用水泥块石砌护渠道，1976年12月竣工。1977年11月，始建北干渠，由北放水洞口向西至辛庄北岭，长12.50公里，打通山洞6处，长700米，建筑物以乔店渡槽为重点，长789米，最大跨度20米。共动用土石58.75万立方米，用工103.96万个，国家投资110.40万元。

1978年和1984年，分别进行帷幕灌浆和高压喷射灌浆，渗漏量减少87%至92%。1993年3月，乔店水库保安全工程开工，1995年11月竣工，达到优良工程标准。2002年5月，国家计委和水利部批准实施水库除险加固工程，工程投资8066万元。工程建设防洪标准50年一遇洪水设计，1000年遇洪水校核。主要建设：主坝坝体上部翻压，上游坝脚压重，坝基帷幕灌浆防渗，上游干砌石护坡，坝顶砌防浪墙，南北放水洞改建，新建长160米、高4.80米的黏土心墙副坝并用基础帷幕灌浆，新建4孔溢洪闸，溢洪道开挖护砌及新建消能设施，安设大坝工程安全监测、水文监测及预报系统等。2005年，工程全部完成，水库总库容达到2799万立方米，兴利库容达到2000万立方米，其中增加兴利库容600万立方米，库区上游淹没耕地400余亩、山地200余亩，涉及村庄5个，无迁移人口。

1970年，解放军某部指战员参加乔店水库配套工程建设

1994 年 8 月至 1995 年 6 月，建成乔店水库向莱城供水一期工程，日供水量 2 万立方米，工程总投资 460 万元。

1971 年，杨家横水库渡槽揽索吊装

杨家横水库　位于盘龙河上游，杨家横村北。1959 年 11 月 3 日动工修建，6000 名民工施工。1960 年 9 月 20 日竣工。控制流域而积 39 平方公里。总库容 1289 万立方米，其中兴利库容 710 万立方米，死库容 20 万立方米。淹占农田 541 亩。迁移村庄 1 个，移民 13 户、65 人。按万年一遇洪水核算，达到 500 年一遇防洪能力，可削减百年一遇洪峰 33%。设计灌溉面积 1.84 万亩。大坝为黏土心墙沙壳坝，长 320 米，最大高度 29.50 米，顶宽 7 米，坝顶高程 307.10 米。放水洞为钢筋混凝土压力管，直径 0.68 米，进水口底高程 282.16 米，设计流量 3 立方米 / 秒，设有坝后闸阀。溢洪道位于大坝东端，开敞式，宽 28.50 米，堰顶高程 298.70 米，最大泄洪量 758 立方米 / 秒。共动用土石 53.80 万立方米，用工 115.19 万个。为扩大水源，分别于 1978 年 10 月至 1980 年春、1982 年冬、1987 年 10 月至 1989 年底三次实施从淄河调水补源工程，取水口位于崮山村附近，共建成输水渠 4660 米，动用土石 12.24 万立方米，用工 213.28 万个，国家投资 148 万元。2001 年 2 月至 6 月，对调水工程进行维修、清淤、续建，完成投资 276.30 万元。经多次施工，年调水量达到 533 万立方米。

灌区配套工程于 1970 年 10 月，从全县调集 1.20 万名民工修建，莱芜驻军 500 名指战员参加施工。1972 年底，建成长 13.80 公里的总干渠。1972 年冬，由受益区的矿山、辛庄两公社调集民工 1000 人，修建分干渠 3 条，总长 14.45 公里，1973 年 12 月竣工。共动用土石 54.28 万立方米，用工 122.03 万个，国家投资 233.17 万元。

裴家庄水库　小(一)型水库。1972 年秋季动工，1973 年 7 月竣工。总库容 264 万立方米，有东、西 2 条渠道，全长 1.30 万米。东渠道由裴家庄村施工受益，保浇面积 48.06 公顷。西干渠全长 1 万米，铁车等 7 个村受益，灌溉面积 113 公顷。

杨家横水库

黑石涧水库　1976 年初动工。1977 年 6 月竣工。总库容 114 万立方米，是域内自建的第二座小(一)型水库。水库渠道长 5000 米，1978 年修建，1979 年竣工通水。上三山、下三山、徐店、王响泉、桑响泉和刘响泉 6 个村受益，灌溉面积 200 公顷。

为尽量扩大灌溉面积，先后建扬水站 69 座。

丘山扬水站　是域内建立的第一个扬水站。建于 1956 年，扬程 10 米，渠道长 250 米，崖下、芦城 2 个村受益，灌溉面积 6.67 公顷。扬水站最初用一台 24 马力的烧木炭的锅驼机做动力带动抽水机抽水，后改装为 60 马力的柴油机。1976 年改为 10 千瓦电机带动。

王子山扬水站　包括王子山隧洞、引水渠道和扬水站共 3 项工程。于 1974 年春动工，1975 年竣工，开挖土石 15 万立方米，总投资 56 万元，投工 19.85 万个。3 项工程中，隧洞工程最为艰巨，全长 760 米，地质呈黏土夹五花孤石结构，无明显顶板石，施工难度格外大。官庄管区民工与煤矿技术工人分三班轮流施工，采用采煤技术南北对开的方法加快施工进度。引水渠道总长 6729 米，15 个单位受益，灌溉面积 233.30 公顷。

1985 年至 1995 年，铁车乡共维修水库 4 座、塘坝 8 座，建拦河坝 6 座、扬水站 2 座，打机井 3 眼；垒砌 2000 立方米以上大蓄水池 3 个；闸谷坊 96 个；垒砌防渗水渠 25 公里。1996 年至 1998 年，共垒砌大小水池 11 个，埋设地下管道 2.65 万米，安装移动式微喷灌 186.70 公顷。打机井 2 眼，建扬水站 3 座，闸谷坊 46 座。

2006 年全镇有效灌溉面积 1.50 万公顷，占总耕地面积的 58%，占粮田面积的 86%。

治山整地

整地造地　1955 年至 1956 年，域内整平土地 39.13 公顷，占耕地面积的 8.50%。

1969 年公社组织会战，顺直盘龙河道。沿河的杨家横、岔道、吕家峪、徐店、下陈和侯家台等村，把改道后河滩的沙地改造成良田，总面积 60 公顷。1970 年至 1980 年，域内改河造地、改滩造地和闸沟造地 305.50 公顷。

1974 年至 1976 年，公社组织人力物力将赵泉、芦城洼、官庄西洼和裴家庄以南的大片粮田进行整平，3 年共计投工 26 万个，搬运土石 12 万立方米，治理面积 237.90 公顷，治理后扩大面积 20.20 公顷，建成高标准大寨田 246.80 公顷。组织治理裴家庄东南岭，总面积 48.10 公顷。通过闸坝填沟，削高填低，调向砌堰，把 986 块大小不等的地块变成旱能灌、涝能排的丰产田。

1977 年 8 月，对官庄洼进行治理，5000 名劳力上阵，10 天内深翻整平土地 84.20 公顷。

治理"猪脸地"　1992 年秋冬，全镇会战对莱麻路辛庄段沿线两旁的"猪脸地"进行治理，涉及纸坊、坡庄、乔店和后峪 4 个村，突击 20 天完成 133.30 公顷的治理任务。1996 年再次会战，30 天内治理猪脸地 300 公顷。

1997 年铁车乡组织 19 个村会战 15 天，将南宝台和北宝台村的 33.30 公顷荒山和低产田全部治理一遍，投资 18.60 万元，增加耕地 10 公顷。随后，砟峪村投资 25 万元，投工 1.50 万个，开发土地 40 公顷，增加耕地 14 公顷。郎郡村投工 9600 个，投资 12 万元，开发土地 20 公顷，增加耕地 6.67 公顷。1996 年至 1998 年，全乡（镇）共开发土地 266.70 公顷，增加耕地 80 公顷。

1999 年，铁车乡动用 D85 挖掘机 6 台，以宅科村为主，治理土地 313.30 公顷，增加耕地 93.30 公顷。2000 年动用大型工程机械 4 台，以郎郡村为主，治山整地 200 公顷。1999 年至 2006 年，域内累计开发治理土地 800 公顷，增加耕地 305.70 公顷。

经济结构及调整

域内长期以种植业为主。自 20 世纪 80 年代，开始发展林、牧、副和渔业。进入 90 年代，发展高产高效农业，农业收入逐年提高。

1950～2006 年部分年份域内林牧副渔业收入情况统计表

表辛庄镇特记－2－3　　单位：万元

项目 年份	各业收入								
	合　计	林业	所占比例%	牧业	所占比例%	副业	所占比例%	渔业	所占比例%
1950	195.90	82.70	9.32	95.30	10.75	15.80	1.78	2.10	0.24
1966	643	195.60	13.03	425.10	28.32	18.70	1.25	3.60	0.24
1976	1228.50	325.40	14.34	887.20	39.09	12.20	0.54	3.70	0.16
1986	951.10	479	18.81	461.90	18.14	8.80	0.35	1.40	0.06
1996	19940	1848	6.35	16034	55.08	2031	6.98	27	0.09
2006	20948	658	2.43	20206	74.73	—	—	84	0.31

种植业　20 世纪 50 年代初，域内农作物主要是小麦、玉米、谷子、高粱等粮食作物和花生。部分地块种植棉花、芝麻和大豆，少量种植蔬菜。1955 年郎郡、宅科、旋车沟、砟峪、徐店和蔡店等村花生种植面积占种植业的 70%。

1956 年高级社成立后，开始实行计划种植。1960 年贯彻“以粮为纲”的方针，90%的耕地种植粮食作物。1982 年实行家庭联产承包责任制后，农民种田有了自主权，逐步打破了单一的传统种植模式。20 世纪 90 年代，乡（镇）、村把调整农业产业结构作为发展农村经济的重要举措，经济作物的比重日益提高。进入 21 世纪后，加大了产业结构调整的力度。2001 年赵家泉村三分之一的耕地种植了蔬菜，东部山区大面积发展林果、花生、黄烟、生姜和桑园等。2006 年全镇耕地面积 3464.20 公顷，种植花生 1528 公顷、生姜 122 公顷、大蒜 200 公顷、黄烟 373.10 公顷，建起蔬菜大棚 200 余个，桑园种植面积达到 118 公顷，经济作物占总耕地面积的 60%，粮经比例为 4:6。

黄烟烘焙

1950～2006 年域内种植业收入情况统计表

表辛庄镇特记－2－4　　单位：万元

项目 年份	种植业收入						
	合　计	粮　食	所占比例%	经济作物	所占比例%	瓜果蔬菜	所占比例%
1950	1016	357.90	51.79	297.10	43	361	5.21
1966	857.90	402.10	46.87	374.90	43.70	80.90	9.43
1976	1051.30	442.60	42.10	479.40	45.60	129.30	12.30
1986	1595.20	650.80	40.80	772.10	48.40	172.30	10.80
1996	18309	15921	401	1950.20	491	437.80	11
2006	24839.50	20831	34.20	3228.80	531	779.70	12.80

1993～2006年部分年份域内主要经济作物面积产量统计表

表辛庄镇特记－2－5　　　　单位：公顷、吨

名称 年份	花生		瓜类(西瓜)		蔬菜							
					生姜		大蒜		土豆		大白菜	
	面积	总产	面积	总产	面积	总产	面积	总产	面积	总产	面积	总产
1993	654	1548	1	7	30	1039	15	380	9	485	20	1158
1998	964	2285	13	921	107	3705	79	2075	21	922	70	4058
2003	1003	2377	12	851	319	11052	129	3391	54	3120	80	8745
2005	1460	3461	5	354	175	6064	183	4809	57	3294	60	3551
2006	1528.10	3621	4.60	244	122	4227	200	5257	57.30	3311	60	3558

林果业　域内农户长期有在住宅旁院内栽植果树的习惯，但不成规模。1956年大面积栽植苹果树，北泉村在村西路北、路南划出果园0.72公顷，在林业站技术人员的指导下，从外地购买苹果树苗238棵栽植，主要品种为金帅、大国光和小国光。1957年西泉、团圆坡等村也建起苹果园，面积分别为0.58公顷和1.29公顷，栽植金帅、国光、红星、红玉和伏奎等品种。

杏树管理

1958年后，各村成立林业专业队，并配备技术员，重点发展果园。至1960年，68个村全部建起果园，面积在0.30公顷～1.50公顷。

1980年后，部分农户承包荒山、荒坡发展果园，原有的集体果园也承包到户，果园面积得到巩固发展。2006年全镇林果面积765.70公顷，有果树49.90万株、总产量3200吨。

1956～2006年部分年份域内林果面积产量统计表

表辛庄镇特记－2－6　　　　单位：公顷、吨

项目 年份	总计			其中											
	面积	株数(万株)	总产	苹果		梨		桃		葡萄		山楂		干果	
				面积	总产	面积	总产	面积	总产	面积	总产	面积	总产	面积	总产
1956	53.72	1.90	18.60	0.72	—	—	—	—	—	—	—	—	—	53	18.60
1966	141.50	11	201.30	52	100.90	2.30	5.10	11.30	32.70	1.80	34.80	—	—	74.10	27.80
1976	386.80	15.50	1085.80	102.30	198.50	18.50	48.70	29.70	85.80	12.80	207.40	35	415.60	188.50	129.80
1986	453.30	21.40	2046	107.60	208.70	21.30	46.80	30.50	88.10	14	270	88.20	884	191.70	549
1996	539.30	27.10	2375	174.40	338.30	25.60	56.30	35	101.10	16.30	315	70	940	218	624.30
2006	765.70	49.90	3200	321.70	624.70	75	165.50	83.10	240.30	38.90	752	67.20	903	179.80	515

养殖业 域内历来有养殖猪、牛、羊及家禽的传统。20世纪80年代后，发展特色养殖和规模养殖，养殖业迅速发展。

莱芜杂优猪。1993年5月，镇兽医站引进“大莱母猪”进行推广，这种母猪含大约克夏与莱芜猪各50%的血统，具有明显杂交优势。1999年镇兽医站以山东农大动科院为技术依托，承担了“莱芜杂优猪良种繁育与生产技术开发”的国家级星火计划项目，开发莱芜杂优猪养殖项目。这种猪是以莱芜黑猪与长白、大约克夏杂交而成的猪种。它不仅具备莱芜猪产仔多、肉质好、耐粗饲等特点，而且生长快、瘦肉率高。

莱芜黑鸡。自1998年5月，镇畜牧兽医站历经5年时间，完成“优质莱芜黑鸡新品系选育与开发”课题的研究。2002年12月，项目通过山东省科技成果鉴定，结论为“在国内率先进行地方优质蛋鸡和黑羽小型肉鸡选育，总体研究水平居国内领先，具有广泛的推广应用价值”，填补国内两项空白。2004年被科技部列为“国家级星火计划项目”。

黑鸡养殖

2006年全镇共有畜牧养殖大户1241户、畜牧小区36个，牛存养量592头、猪存栏量80706头、羊22344只、家禽250738只，肉类产量4581吨、禽蛋产量1415吨，畜牧业总收入20206万元。

1950～2006年部分年份域内养殖业收入情况统计表

表辛庄镇特记－2－7　　单位：头、只、吨、万元

项目/年份	年末大牲畜存栏数		年末生猪存栏	年末羊存栏	年内家禽出栏	肉类产量	蛋类产量	牧业总收入
	总计	其中：牛						
1950	1825	1741	3948	1835	2578	32.50	40.10	95.30
1956	1958	1904	4392	2109	3586	48.72	56.30	157.50
1966	2035	1976	5107	2287	4439	55.50	58.76	425.10
1976	2167	2123	5583	2450	5087	67.40	62.50	887.20
1986	5238	5238	60823	42438	171126	81.60	71.80	461.90
1996	5490	5490	111465	46838	322765	148.70	122.20	16034
2006	592	592	80706	22344	250738	4581	1415	20206

第二节　工商服务业

集市贸易

20世纪20年代至30年代，域内商号、商铺达到90余家，主要分布在辛庄、徐家店、裴家庄、赵家泉4个集市和大官庄等几个靠近大路的村。至2006年，全镇集贸市场有裴家庄、铁车、乔店、徐店、蔡店、赵泉、官庄和大辛庄等8处。

辛庄集是莱芜八大集之一，清雍正年间开市，农历每月四、九逢集日。清末民初，集市分11个市口，其中牲畜市每个集日猪、牛、羊和驴等成交量

800余头，河北省和省内昌乐、滕县、费县、淄博和沂源等地的牛商都来此交易，是仅次于莱城东关集的有名牛市。集市所在的东西大街上，有刘姓开的“富盛”骡马大店，章丘人开的“会源昌”酒店、“合盛杂货店”，另有油坊2家、饭食店12家。

徐家店集开市于清乾隆年间，农历二、七逢集日。民国初期，街面上有“春盛泰”杂货店以及骡马大店、糕点店、火烧铺和油果店等，还有油坊4家、饭食店5家。

大官庄集开市于清末民初，街面有店铺13家，其中有经营土布、丝绸的“富春永”商号，有经营油坊的“福园”“广盛恒”商号，有酒、油兼营的“隆盛恒”商号等，不仅在当地生意兴隆，而且将生意做到周村、青岛等地。

20世纪30年代初，乔店集市有9家商号，其中有董家钱庄，花色铺子兼营的“汇丰”商号，以及油坊、抽丝店、染坊等，董家东西两院开的“全祥”酒店，每年酿酒几万斤。另外还有卓家饭店、亓家饭店和卓家染坊等，生意也很红火。

裴家庄集分7个市口，街面上有杂货店2家、酒店1家、骡马店1家和饭食铺1家。

纸坊村虽小，但因交通方便，又靠近辛庄大集，也有数家商号，其中有仁姓钱庄等，此外跑马道、练武场等颇有名气。

另有部分中小行商和坐商，资本都不很大，活跃在乡村、集镇，或设点收购季节性农产品，或长途贩运批发零售，或走街串巷肩挑叫卖，或依门摆摊等。

1939年日军侵占辛庄，在重要的集市或战略要地安设据点或碉堡，受战乱影响，域内市面萧条，商户大多停业。

供销合作商业

1949年秋，由辛庄乡的李维孝、岔道乡的吕玉管、墨埠乡的陈茂清组织发动社员入股筹备成立辛庄、岔道和墨埠3个乡的村联社。1952年秋，其他乡也相继成立村联社，配备营业员。联社资金来源于社员股金，进货靠肩挑和小车推，主要经营棉花、煤油、食盐和火柴等生活用品，供应原则是按人分配。

1951年各乡的村联社联合成立联村社。1952年在联村社的基础上成立辛庄供销合作社。最初的业务经营范围是推销群众自产的手工棉线、粗布，供应食油、食盐、农具和布匹等生活必需品，后逐渐发展为经营五金、土杂、化肥、农药和煤炭等，并为群众供应副食品和日用百货。1972年辛庄供销社年销售额206万元、从业人员69人。1977年销售额317.80万元、从业人员70人、利税6万元。1981年销售额439.60万元、从业人员75人、利税9.70万元。1993年实行租赁承包经营。2000年改制为民营企业。

社办和乡镇企业

1953年至1956年，域内以从事红炉、木工等小手工业者为主，成立铁业社、木业社。1958年后，铁、木业社转为社办企业。自20世纪50年代，辛庄公社大力发展社办企业。1985年改设乡镇，社办企业改称乡镇企业。

莱芜市辛庄煤矿有限公司　建于1958年，矿址在涝坡村。1959年建成投产，总投资750万元。1967年迁至朱家沟村。煤种为烟煤，地质储量740万吨，可开采量563万吨，服务年限30年。1987年年产量15.40万吨，被煤炭工业部命名为

辛庄煤矿　（2003年　摄）

标准化矿井。1994年投入300万元，进行单体液压支柱试验成功。1995年投入使用，回采率由65%提高到93%，年节约坑木费用50万元。1997年被煤炭工业部授予“部级质量标准化矿井”。2005年6月，改制为民营企业，更名为莱芜市辛庄煤矿有限公司，有职工1200人。2006年年产量25万吨，实现销售收入6600万元、利润1460万元，上缴税金1350万元。

涝坡煤矿　　（2002年　摄）

辛庄农机厂　建于1958年。1986年改名为辛庄玛钢厂，成为全省第二个玛钢生产厂家。1994年实现产值350万元。1995年从建设部聘请一名玛钢铸造专家到厂指导技术改造。在生产玛钢脚手架扣件的基础上，开发生产花兰螺丝，年产值170万元。2002年由辛庄煤矿兼并。

辛庄焦化厂　建于1959年，有干部职工150人，主要生产焦炭。1993年采取“滚动式”发展生产，由单一生产焦炭逐步发展成为生产精煤、铁精粉、铁球团和苯酚等多种产品的镇办骨干企业。1994年实现产值560万元。1995年1月，与莱钢和山东工业大学联合，建起化工厂，生产甲苯、苯酚，二甲酚和三混甲酚，由莱钢出原料，山东工业大学出技术，焦化厂提供人员、场地和设备。产品由济南包销，当年实现产值260万元。2002年辛庄焦化厂由辛庄煤矿兼并。

辛庄建筑公司　建于1959年。1985年设乡镇时，更名为铁车乡建筑公司。1994年有职工500人。1995年投资200万元，新购进塔吊、井字架、搅拌机等设备，并投资近百万元建起预制厂、涂料厂和木器加工厂，年收入达1000万元。2002年以流动资产转让承包的形式，进行企业改制。

莱芜市涝坡煤矿有限公司　建于1986年。1992年改装了提升设备，年产量翻一番。1993年投资40万元，新上电瓶厂1处，增加产值160万元。1995年投资60万元安装使用摩擦支柱，产量大幅度上升。2005年12月，改制为民营企业，更名为莱芜市涝坡矿业有限公司，有职工260人。2006年实现销售收入1174万元、利润90万元，上缴税金117万元。

1978年至1992年，域内先后办起莱芜丝织厂、辛庄福利洗煤厂、辛庄釉面砖厂、辛庄泰鹏服装厂和铁车福利化工厂等社（乡、镇）办企业。村办企业有南埠、上田庄、大官庄、兴隆庄和西照临等13个村办砖厂，以及赵家泉弹簧厂，芦城村造纸厂，墨埠硫化碱厂、船山文教厂和建筑公司，上田庄建筑公司，团圆坡鞭炮厂、造纸厂、纸箱厂、印刷厂，西泉鞭炮厂，另有芦城学校印刷厂等共39家。

1998年至2005年4月，域内乡（镇）村企业逐步改制为民营企业。

个体私营企业

百嘴红村塑料编织业　1980年百嘴红村村民李英章、李登海和李登昌等率先办起钢箔厂、塑料拉丝和塑料编织厂，带动全村个体经济迅速发展。至1991年，全村个体工商户发展到23户。1995年全村塑料拉丝和塑料编织户发展到130户，占全村总户数的三分之一，达到固定资产3500万元、从业人员1200多人、年产值1.10亿元、年利税1100万元，成为莱芜市塑料编织专业村。编织业带

青屏山庄饭店

野人谷饭店

动全村发展各类服务业31家，与其配套的塑料编织袋成品加工户180户。2006年全村人均纯收入7350元。

生态旅游饭店　1997年莱麻路拓宽改造后，后峪村的池振明在公路边建起全村第一家饭店，年内纯收入2万元。1998年沿公路两侧发展起"富土""铁车保""良晓""宴婴"等11家饭店。2000年路边饭店达到43家。至2006年，生态旅游饭店达80余家，其中"野人谷""鳄鱼山庄""栗子园""青屏山庄""玉石棚"等饭店年收入皆10余万元。

2006年全镇私营企业109家、个体工商户997户、从业人员11472人，年产值9.50亿元、利税8335万元。

经济园区

2002年建立辛庄镇工业园，位于博莱高速路以东莱麻路两侧，涉及秦家洼、桑园和百嘴红3个村。聘请山东省城乡建设规划设计院进行规划，包括工业区，编织区和生活服务区，总规划面积2.70平方公里，有效利用面积186.70公顷。至2006年，基础设施投入630万元；其中，水务投资88.70万元，埋设地下管道5600米，建起1500立方米蓄水池1座；用电投资225万元；修路投资169.85万元，修筑宽20米的道路4条，总长2800米，全部硬化、绿化和美化；土地整平投资39.66万元。2006年入园项目达20个，有千榕板业、格莱威混凝土制品有限公司、爱地高分子材料有限公司、三洋木业有限公司、康金金属制品有限公司等，形成固定资产2.80亿元。年创产值1.20亿元，实现税收600万元。

辛庄工业园区一角　　（2006年　摄）

第三节　交通邮电

公路建设

1963年修建的省道329线（莱麻路），路经秦家洼、桑园、百嘴红、北王庄、下陈、蔡店、刘响泉、城岭、东铁车、西铁车、石湾、红崖、大沟和裴家庄等村。1993年改建，路经秦家洼、桑园、辛庄、纸坊、坡庄、乔店、后峪、北宝台、东铁车、西铁车、石湾、大沟和裴家庄等村，全长23公里。

辛庄至沂源县乡公路　建于1942年。路经纸坊、坡庄、乔店、宝台、东铁车、西铁车和桃峪等村。

乡村公路　1967年涝坡煤矿迁至西照临村北后，修建西照临至下陈村的公路，途经辛庄和侯家台村。

1993年修建的县乡路颜（庄）苗（山）路，自东涝坡村入境，途经南蛇沟、苗家庄、辛庄和徐家店

村，自朱家店村出境，全长15.80公里。原路面宽10米，1995年至1996年，按照三级公路的标准加宽路面至14米。

1993年至1998年，修筑和拓宽连村路29条、83公里。

至2005年，全镇68个行政村有60个村通公路，通车里程91公里，基本实现村村通公路。

运输业

清末至民国时期，域内运输工具主要靠木轮手推车，少量木轮马车。1955年开始有胶轮手推车和胶轮马车。自20世纪70年代，随着农业机械化程度的提高，农用汽车、拖拉机和三轮车逐步增多。1993年全乡（镇）有拖拉机505台、农用汽车203辆和柴油三轮车250辆。1996年增至拖拉机846台、农用汽车312辆和柴油三轮车620辆。1999年有拖拉机960台、农用汽车405辆和柴油三轮车1200辆。2006年全镇有拖拉机740台、手扶拖拉机146台、小型农用汽车650辆、大型运输汽车458辆、农用三轮车7500辆和客货两用小面包车1206辆。

邮政、电信

1942年以前，域内无邮政机构也无邮差人员，外来邮件均由莱城步班邮差送至辛庄大集上，再找人捎给收件人。1942年辛庄成立邮政代办所，有所长、邮差各1人。

1955年上半年，改设为辛庄邮政所，有所长1人、投递员5人，设辛庄、官庄、赵泉、徐店和铁车5个点。1957年改名为辛庄邮电所。1958年邮电所下放到公社管理，更名为辛庄人民公社邮电局；同年，按照“社社安总机，队队通电话”的要求，设60门磁石交换机1台，电话20部，配备话务员4人、维修员2人。1960年结合通有线广播，采用“一线两用”（即电话、广播合用）的形式，全社实现村村通电话。1962年邮电局体制变化，更名为莱芜县邮电局辛庄支局。1975年邮递员吕尚仁被邮电部评为全国邮政工作先进个人。

1978年管理区设总机，每个管理区安装20门磁石交换机1台，配备话务员1人。1979年实行半自动播号，各村都安装了半自动播号电话机。1985年撤处并乡，辛庄邮电支局分为辛庄、铁车2个邮电支局。1991年辛庄邮电大楼建成并投入使用。1995年辛庄邮电支局更新设备，开通程控电话。辛庄邮电支局将RB交换机扩容，铁车进行电话改造，实现电话程控化，共有接入网机房14个（铁车5个），话机总容量1.70万部；同年，域内邮政业务总收入33.20万元，其中，邮政储蓄纯收入28.50万元，报刊流转额6.30万元，纯收入1.50万元。1995年至1999年，域内建设移动电讯发射塔9座。2003年邮政支局又改为邮电支局。2005年莱芜市电信局辛庄支局改为莱芜网通公司辛庄营业部。

2006年邮政业务总收入165.16万元，其中，邮政储蓄纯收入136.20万元，报刊流转额11.70万元、纯收入3.60万元。有固定电话11898部、移动电话9196部，电信业务年收入410.60万元。

第三章 政 治

第一节 中国共产党地方组织

民主革命时期

1933年郭家沟村的徐登庆，在中共莱芜县委举办的响水湾培训班入党，成为铁车区早期党员。

徐登庆回村后，秘密发展了谢元儒、徐克宽入党。

1937年底，地下党员陈克（又名朱暑东）和田希平（女）受中共莱芜县委派遣，秘密深入铁车区辛庄一带发展党员，先后建立侯家台村党支部、蔡店村党支部和赵家泉村党支部。

1938年2月，陈克、尚克东、刘振东和卓宇明（又名卓增才）在鹏山泉寺成立中共铁车区委，陈克任区委书记，区委设在鹏泉寺和鹏泉高小；同年春，地下党员吕子宜到铁车区保安乡徐店村任教。期间，经常以动委会的名义或以走访学生为名到下三山一带活动，宣传马列主义和“抗日救国，匹夫有责”等思想，先后在下三山、徐店、上三山、下朱家店、团坡子、桃科、城岭、东铁车、西铁车等村发展刘子周、刘效文（又名陈克光）等10余名党员；年底，辛庄乡成立铁车区最早的第一个乡党支部，卓宇明任书记。随着抗日战争环境日趋恶化，区委被迫解散，卓宇明到保安乡一带单独活动，于1939年建立了保安乡第一个村支部——下三山村支部。

1939年春，区委重新在郑家王庄成立，孙耀任区委书记，一方面继续秘密发展党员，一方面在各村建立起农会、工会、妇救会、青救会、自卫团和儿童团等救亡群众团体。

1940年域内党员发展至30多人，建立了朱店、三山和徐店3个村党支部和保安乡党支部。

1941年日伪军在境内安设6处据点、21座碉堡。叛徒刘伯戈、周茂森率部入境，65%的党组织遭到破坏；5月境内分为辛庄、铁车和鹏山3个秘密小区，各秘密小区区委开展宣传教育，坚定党员群众抗战到底的信心和决心，同时打击“坏中坏”，尽快处决罪大恶极的“抗协”头子田树业，枪决叛徒吴宪明。组织群众毁公路，割电线，破坏封锁沟，粉碎敌人“蚕食”计划。同时，积极恢复、整顿党的组织，发展壮大地方武装。

1942年7月，铁车、辛庄两小区合并为铁车区（后称第五区），纪中一任区委书记。1945年9月，区委充分发动群众，开展减租减息运动；进行反奸诉苦教育，提高群众的阶级觉悟；培养积极分子，发展党员，建立和健全基层党、政和群团组织，巩固发展抗战胜利果实。

1946年域内82个村党支部全部恢复活动，党员总数737人；10月大动参，域内82个村动员415名青年入伍参军。

1939年至1949年，域内党组织和党员队伍不断发展壮大，村村建立党支部，全区党员总数达到804人。

社会主义改造和建设时期

1949年10月1日后，域内党组织开始带领干部群众投身于社会主义改造和建设。

1950年抗美援朝，域内有500名青年参加志愿军，捐款10367元，捐粮5.75万公斤，做军鞋4521双；11月区委发动群众开展镇压反革命运动。到1952年，全区共逮捕罪大恶极反革命分子

49人，处以极刑7人、判刑38人，交村管制4人。

1951年3月，域内为莱芜县第八区，辖芦城、墨埠、鹏山、辛庄、乔店、铁车、寄母、上河、上三山和赵泉10个乡。黄宝恒任区委书记，赵宪笃、吴守连、谢加德、魏仲和、侯传凯、赵益旺、谢加珍、吕永照、李洪先和袁福利分别担任乡党总支书记。各级党组织把整顿组织、发展党员作为重要任务，特别注重发展妇女党员。1954年全区党员人数1228名，其中，女党员达269人，占党员总数的12.10%。

1955年10月，域内为辛庄区，区委辖10个乡党总支、70个村党支部。区委的主要任务是组织成立初级社。1956年又在初级社的基础上建成58个高级社。

1958年10月，辛庄人民公社成立。党委带领党员和群众响应党的号召，开展拥护总路线、大跃进、人民公社“三面红旗”和大炼钢铁、吃食堂等运动。1960年开始纠正浮夸风，组织群众度过三年经济困难时期。

1961年域内设有铁车、辛庄、官庄、赵泉和徐店管理区党总支5个，农村党支部70个，社直部门（辛庄煤矿、供销社）党支部2个。1964年因修乔店水库，将宝台村分为2个行政村，辛庄公社辖71个农村党支部。

1966年6月，“文化大革命” 运动开始。1967年2月，公社党委陷于瘫痪、半瘫痪状态；1970年2月，辛庄公社革命委员会成立，行使党委职能，配备主任1人、副主任1人。各管区总支和社直单位、社办企业及农村党组织也相继建立。

1971年2月，辛庄公社革委会召开第三次党代会，选举产生了由15人组成的辛庄公社委员会，公社革命委员会即行撤销。1976年“文化大革命”结束，各级党组织加强对党员的思想教育，制定完善管理制度，使各项工作日益走向正规。在此基础上，各级党组织带领干部群众开展兴修水利、封山育林和改河造地等农业学大寨运动，使生产条件得到了很大改善。

改革开放时期

1978年中共十一届三中全会后，辛庄公社党委根据中共中央确定的“解放思想、实事求是，团结一致向前看”的指导思想，落实为右派分子平反和为地主、富农分子摘帽等政策，巩固和发展安定团结的政治局面；坚持把工作重点转移到社会主义现代化建设上来，大搞农业基本建设，积极发展乡镇企业。1980年至1982年，全面推行联产承包责任制，推动域内经济发展。

1984年公社改设为办事处，设办事处党委，辖裴家庄、铁车、徐店、辛庄、官庄和赵泉6个乡党委。1985年11月，撤处并乡，有辛庄镇、铁车乡2个镇、乡党委。辛庄镇党委辖徐店、辛庄、官庄和赵泉管理区党总支4个，村支部52个；铁车乡党委辖裴家庄、铁车管理区党总支2个，村支部19个。镇、乡党委不失时机地引导农民发展商品经济，调整产业结构，发展特色农业，人均收入年年递增。

2000年12月，镇党委辖管理区总支6个，村支部71个。镇党委牢固树立“发展就是硬道理”的指导思想，开展调整和优化产业结构，加强工业园区的建设，招商引资等工作，使镇域经济又好又快发展。2006年全镇农村经济总收入达64728万元，农民人均纯收入4848元。

第二节 政权机构

清末，莱芜分四乡四十二保，域内归城东乡，分为鹏山保、芦城保和铁车保，保设保长。

民国初年，撤保设区，域内为莱芜五区（铁车区），区级政权机构为区公所。区下设乡（镇），行政机构为乡（镇）公所。

1939年3月，莱芜县抗日民主政府在区、乡建立抗日民主政权，其机构沿袭旧制，域内有铁车区公所，下设义安、义和、保安、辛庄和铁车乡公所。区公所配备区长、副区长各1人，乡公所配备乡长1人。

1941年5月至1945年10月，为适应抗日战争形势需要，域内区划多次调整变化，但区、乡行政体制基本稳定。

1950年6月，区公所改设为区人民政府，所辖乡公所改设为乡人民政府。区人民政府配备区长、副区长各1人,乡政府配备乡长、副乡长各1人。

1958年3月,全县设乡镇28个,域内为辛庄乡、铁车乡,每乡配备乡长1人、副乡长2人。

1958年10月,辛庄、铁车两乡合并建立辛庄人民公社,行政机构称公社管理委员会,配备主任1人、副主任2人~3人。1959年3月,主任,副主任改称社长、副社长。

人民公社建立后,党委、管委合署办公,下设农业、工业、林业、水利、民政、文教、财政和公安8个部,每个部配部长1人。1959年10月,党委、管委分署办公,办公室配备文书1人,下设民政、公安、统计、会计、户籍、农业、林业、水利、文教、卫生、工业和财政各部门。1970年2月,成立党政合一的公社革命委员会,配备主任1人、副主任1人。下设政工组、生产指挥部。1972年增设教育组。1975年增设计划生育办公室。1978年5月,辛庄人民公社召开第八届人民代表大会,选出辛庄公社第八届革命委员会,配备主任、副主任各1人。增设支援"三线"生产办公室、知青办等股室。1980年8月,第九届人民代表大会将公社革命委员会更名管理委员会,配备主任1人、副主任5人。

1984年4月,辛庄人民公社改称辛庄办事处,办事处配备主任1人、副主任2人。办事处以下设乡,辛庄办事处辖裴家庄乡、铁车乡、辛庄乡、官庄乡、赵泉乡和徐店乡。乡配备乡长、副乡长各1人。

1985年10月,撤处并乡镇,分为辛庄镇、铁车乡,配备镇(乡)长1人、副镇(乡)长3人~4人。2000年12月,辛庄镇、铁车乡合并建立辛庄镇。镇政府配备镇长1人、副镇长2人~3人。

第三节 群众团体

农民团体

农救会 1939年4月,铁车区"农民救国会"(简称"农救会")成立,闫兴民(又名闫学全)任会长。区"农救会"成立后,相继在各乡和村建立"农救会"。组织农民抗日支前,担负抬伤兵、运弹药、当向导、破袭公路等任务。1942年域内有各级"农救会"组织124个、会员8381人;3月"农救会"与其他群团组织一起,配合区中队打进伪区公所粮仓,缴获粮食1.20万公斤;4月徐店村农救会带领60多名会员,配合区中队破坏了姜庄到故事的公路,切断地理沟伪警备队电话线路4.50公里。1943年11月,600多名农救会会员配合县大队夜袭宝台据点,缴获粮食5万余公斤。1947年2月,莱芜战役期间,组织派出民工8264人。中华人民共和国成立初期,"农救会"积极参与土地改革、镇压反革命和抗美援朝等活动。

贫下中农协会 1964年11月,辛庄公社贫下中农协会成立。各行政村相应建立贫协组织,配备主任1人、成员3人~5人,其主要任务是对行政管理进行参与并监督。"文化大革命"期间,参与管理学校。1978年12月撤销。

青少年组织

共青团 1939年秋,域内"青年抗日救国会"(简称"青救会")建立。1946年改称"青年救国会",全区共有青救会组织104个。1950年建立"中国新民主主义青年团八区委员会"。1957年7月,改称"中国共产主义青年团辛庄区委员会",并召开第一届团代表大会。1966年下半年,团的活动被"红卫兵"组织代替。1971年团组织活动恢复。2006年全镇有团支部96个、团员5763人。中华人民共和国成立后,在社会主义改造和建设中,各级共青团组织和广大团员青年都发挥了先锋模范作用。

抗日战争时期,各级团组织带领团员青年积极投入抗日救国运动。1942年参与破坏敌占区公路18公里,割断电话线5325米,缴获粮食6200公斤。在解放战争时期,团结带领广大青年积极投入参军参战、反奸诉苦和土地改革等运动。1947年莱芜战役派出的8264名民工中,有70%是青救会会员。在"大动参"和抗美援朝中,有856名青年走上抗击敌人、保家卫国之路。

儿童团 1939年辛庄区"儿童自卫团"(简称"儿童团")建立。1940年域内儿童团发展到232个,有团员3500人。其主要任务是:配合青救会、

妇救会和农救会，站岗放哨盘查行人，传递情报，宣传抗日主张。

少先队　1950年域内各学校普遍建立少年儿童队组织，建制分为大队、中队和小队，配备大队辅导员28人、中队辅导员362人。1953年少年儿童队改称“少年先锋队”。1958年少先队员人数达2284人，占在校适龄学生总数的80%。“文化大革命”开始后，少先队组织活动中断。1978年恢复少年先锋队组织。2006年全镇有小学12所、在校学生3064人，适龄儿童全部为少年先锋队员。

中华人民共和国成立初期，少先队员积极参加检举反革命残余分子等活动。1960年前后，广泛开展学习“草原英雄小姐妹”“学习刘文学、做毛主席的好孩子”活动。1963年响应毛主席号召开展“学雷锋、做好事”活动。进入20世纪80年代后，参加创建“十佳文明户”和“争当优秀少先队员”等活动。

妇女团体

妇救会　1939年4月，铁车区“妇女抗日救国会”（简称“妇救会”）成立。1941年铁车区分为秘密小区后，各小区均成立妇救会，各乡和行政村都相继建立妇救会组织。至1942年，域内有村级妇救会58个。

妇联　1945年10月，“妇女抗日救国会”改称“妇女联合会”（简称“妇联”）。中华人民共和国成立后，区、乡均设有妇女联合会。1957年4月，召开辛庄区首届妇女代表大会。“文化大革命”期间，妇联停止活动。1973年妇代会活动逐步恢复。

在抗日战争时期，妇救会积极组织妇女开展抗日救亡运动，动员青壮年参军支前，参与抢运粮食、破坏敌占区公路、封锁沟等，不少人为此献出了生命。解放战争时期，动员带领妇女在生产和拥军、支前工作中发挥主力军作用。在莱芜战役期间，域内妇女共做军鞋15681双，碾米、磨面6134.50公斤，摊煎饼、蒸馒头2837.50公斤。其中，石湾子村以孟光英、侯学英为首的51名妇女（大部分是裹脚妇女）组成的支前小组，两人一抬，爬山越沟，摸黑奔波50多里路，一夜之间将2000多斤小麦送到了部队集结地。莱芜战役打响后，伤员撤往设在上三山村的前方医院，石湾子村的妇女立即拿着小米、花生、鸡蛋、新衣和新鞋前去慰问伤员。

20世纪50年代初，域内妇联组织发动带领广大妇女积极参加互助组合作、放足和识字学习等活动。60年代至70年代，积极参加农业基本建设。80年代，积极响应号召勤劳致富，并带头学科学用科学，不少人成为科技能手、致富能手和“三八”红旗手等，涌现出许多好媳妇、好婆婆、遵纪守法光荣户等典型。2006年辛庄镇郎郡村妇女联合会主任傅德花获“全国农村双学双比女能手”荣誉称号。

第四章　军　事

地方人民武装

抗日游击队和区中队　1939年各村成立游击小组。1941年村游击小组发展到83个，游击队员905人。

1941年组建辛庄区中队，由区委书记任区中队长；同年，区中队有队员15人，在一次战斗中不幸被敌包围，激战中，除1名队员有幸脱险外，其余均牺牲。1942年县委调池玉贵到铁车区任区中队长，重新组建区中队。1943年区中队发展到45人、3个班。1944年春，配合八路军1个连在地理沟截击吴化文手枪营的战斗中，池玉贵胸部中弹光荣牺牲。池玉贵牺牲后，王玉成任中队长，他带领区中队继续浴血奋战。1945年区中队发展到67人。1942年至1945年，区中队共参加大小战斗30多次，在拔除敌据点的历次战斗中发挥了重大作用。

民兵组织　1938年秋，铁车成立抗日救国团，由区武装委员任团长，并逐步建立乡、村自卫团和民兵基干队、游击小组、爆破小组。1942年秋，基干队、游击小组和爆破小组统一改称民兵，与村自卫团编为2套组织。1946年为适应大规模支援解放战争需要，对外出执行任务的民兵实行统一定员的班、排、连、营和团序列编制。

1952年按照《中华人民共和国民兵组织暂行条例(试行)》规定实行民兵制度；同年，域内建成6个民兵中队、25个分队、195个小队，其中基干民兵480人。1953年区成立民兵营。1954年7月，民兵整组，成立区民兵团，乡以下按营、连、排和班编制。域内有6个民兵营、46个连、121个班，共有民兵6019人。

1958年9月，响应"大办民兵师"的号召，辛庄公社组建1个民兵师，有6个营、12个连、36个排，民兵总人数11368人。公社、管区和大队书记分别兼任政治委员、教导员和指导员。

1964年公社改建民兵团，管区改建民兵营，生产大队改建民兵连。经过整顿，民兵人数锐减为3459人。

1981年公社民兵团改称民兵营，大队称民兵连。随着行政区划的调整和政治形势要求，民兵组织相应变动。至2006年，全镇有基干民兵300人。

张文政反动武装

1938年上半年，中央道首张文政（上三山村人)组织500余名道徒成立"抗日自卫团"；9月投奔驻蒙阴的国民党第三区专员张里元，改编为"鲁南人民抗日自卫团"，张文政任副总团长；10月被国民党别动队第五纵队秦启荣部改编为抗敌自卫团，专同八路军搞"摩擦"，破坏抗日斗争。1939年5月，在旋车沟被日军打散，求助八路军第四支队，收容后改编为"莱蒙独立营"。1941年7月，被山东省政府主席沈鸿烈整编为保安九旅，张文政任旅长，沈鸿增任副旅长，下设2个团，其中1个团为其嫡系部队。保安九旅成立后，公开与八路军对抗，曾在崮山前与八路军第四支队作战，被击溃后逃到莱芜投降日军，被改编为"剿共治安军"，张文政任司令，司令部设在口镇，莱城设有办事处，下设3个营，近2000人、1000支枪，在山口、枣园、杨家嘴和片家镇等10几个村安设据点，"剿共治安军"与日军勾结在一起，先后逮捕乡村抗日干部、中共党员300余人，杀害党员干部数10人，摧垮村支部20多个，胁迫100余名党员悔过自首。在山口村偷袭八路军，一次就杀伤200余人。1945年日寇投降后，张在安丘被八路军生俘，送交莱芜县民主政府。1946年在口镇公审后枪决。

驻军

1938年1月，徂徕山抗日武装起义后，八路军山东抗日游击队第四支队经常活动于域内。1940年前后，四支队一大队(1938年12月，改称山东纵队四支队一大队。1940年9月，整编为山东纵队1旅2团)，在团长吴瑞林率领下驻杨家横一带。1940年至1941年，在小山子、杨家横等战斗中取得了重大胜利。

1938年12月，秦启荣率警卫梯队600余人驻大官庄村，第二十一梯队300余人驻大辛庄村。1940年冬离域。

1944年伪"和平建国军"第三方面军174团2营驻下三山村。

1947年2月，国民党73军一部进驻大官庄、东照临、西照临和墨埠一带，后被华东野战军全歼于莱城至口镇一带。

1947年2月，人民解放军华东野战军司令员兼政治委员陈毅、副司令员粟裕，副政治委员谭震林率1、2、4、6、7、8、9、10、15纵队24个师，4个炮兵团，1个骑兵团入境莱芜，在辛庄区石湾子村指挥了莱芜战役。

1970年12月，部队组建，代号为55527部队。1986年12月，进行编制调整，代号为55260部队。

1998年12月，代号为72351部队。至2006年，部队先后出动人员帮助驻地村民开山挖渠、引水浇田、铺路架桥，支援地方基础设施建设。安排军事骨干到驻地学校为新生军训，开展国防知识讲座，同时，建立第二课堂，开展“军营一日游”活动，邀请驻地学生到部队参观，体验部队生活，接受爱国主义教育。组织篮球友谊赛、军民联欢晚会等一系列活动。

重大战事

小山子战斗 1940年4月11日凌晨，驻博山日伪军500余人抵达杨家横和下朱家店村，企图围剿活动于域内的八路军山东纵队四支队1团。敌军一部首先占据制高点小山子，其余到村里烧杀抢掠，村民亓文常一家4口惨遭杀害。根据事先得到的情报，四支队1团早已在附近埋伏。10点多钟，400多名八路军战士在团长吴瑞林指挥下，向敌军猛烈射击，但因日军装备精良，未能将其击退。夜晚10时许，八路军战士分三路包抄敌军，展开殊死搏斗，激战2个多小时，敌军被击毙200余人，其余狼狈逃窜。这次战斗八路军战士牺牲37人，共缴获迫击炮2门、机枪5挺、战马3匹、子弹1万发及长短枪400余支，还有钢盔、布鞋等物资一宗。

一次杨家横战斗 1940年5月19日，驻博山、淄川和莱芜的日伪军700余人进犯常庄、文字现一带抗日根据地，八路军山东纵队四支队1团诱敌深入到杨家横伏击圈，发起围歼战斗，从下午7时激战至次日拂晓，歼灭日伪军300余人，缴获迫击炮2门、重机枪1挺、轻机枪10挺、掷弹筒8具和步枪100支，残敌逃回博山。

二次杨家横战斗 1940年11月11日，日军从泰安调4个中队700余人、日伪军2个大队1000余人向杨家横进犯。八路军山东纵队1旅2团在团长吴瑞林率领下，给敌人以迎头痛击，掩护了泰山地委、专属机关、医院和兵工厂的安全转移。共毙敌伪700余人，其余狼狈逃窜。战斗中团长吴瑞林受重伤，教导员钟林牺牲，营长岳进负伤，百余名战士伤亡。

三次杨家横战斗 1940年12月25日，敌人从张店、周村调集日伪军2000余人，分三路向杨家横地区扫荡。山纵1旅2团在莱芜、博山县区武装的配合下，以7个连的兵力与日军激战，毙伤日军400余人、伪军500余人，八路军伤亡100余人。这次战斗受到八路军山东纵队的嘉奖。

支前事迹

石湾子村民支前 莱芜战役期间，石湾子村民踊跃参加支前小组，除100余名男基干民兵跟随部队执行支前任务外，还组成了51名妇女参加的妇女支前队。战役前夕，妇女支前队在孟光英和侯学英的带领下，日夜不停地碾米、磨面、缝衣、做鞋。战斗打响后，驻沂源的部队给养不足，上级要求石湾村筹备送粮，当天，50多名妇女（大部分是裹了脚的）肩挑人抬，翻山越岭奔走在崎岖的山路上，终于把2000多斤小麦及时送到指定地点。部队向南进发后，一批伤员留驻在上三山村，女队员们带着小米、花生、鸡蛋和衣物等前去慰问照料。莱芜战役结束后，石湾村妇女因支前有功受到鲁中行署的表扬。

上三山村民支前 1947年2月，莱芜战役打响，战役指挥所设在辛庄区石湾子村。解放军华东救护医院前方医院安设在辛庄区上三山村。上三山村是临山傍沟，树木掩映，村前溪常流，不易被敌人发现的小山村，全村60余户、250余人，村民腾房100余间，献席300余领、铺草2万余斤。治疗室设在观音菩萨庙里（6间屋），为了保证伤员的安全，干部群众自愿为伤员站岗放哨。300余名伤员和20余名医务人员住进上三山村后，妇女主任宋尊莲、刘其莲带领全村妇女夜以继日蒸馍馍，擀面条，做稀饭。为了使伤员早日康复，全村杀掉200余只鸡。

杨家横村民支前 支前司令部设在辛庄区杨家横村。区委广泛组织干部群众，全力以赴支援莱芜战役。在莱芜战役中，域内共成立支前队268个，派出干部105人、支前民工5695人、担架1057副、车辆966辆，筹军粮44.61万斤、柴草83.67万斤，做军鞋15681双。

附录:敌伪罪行

日伪据点碉堡

1941年2月至1942年6月,为蚕食、分割抗日根据地,日伪军先后在辛庄域内的辛庄、下三山、宝台、铁车、旋车沟和裴家庄村安设据点6处,并以辛庄为中心,在北至下三山、东至裴家庄、南至转山子、西到秦家洼的交通要道和咽喉地带,先后修建了转山子、于家官庄、芦城北山、辛庄北岭、徐家庄北岭、陈北岭、徐家店东岭、王子山顶、宅科、寄母山顶、百嘴红河东、桑园和秦家洼等地安设碉堡21座。1942年至1943年,这些据点碉堡或被攻克,或自动撤离。

辛庄据点日伪罪行

1940年5月,日军占领铁车区鹏山泉(铁车区机关驻地)。接着,逼迫上千民工在铁车区的中心大辛庄村侵占土地20亩修筑据点。1941年2月7日,驻莱芜日军的1个中队和县保安大队的1个中队进驻据点。日伪进驻辛庄后,即与当地土豪劣绅、地痞流氓、伪区乡政权人员等相互勾结,共同谋划修筑围墙和碉堡工事,所有工料,按地亩强行向群众摊派征收,有些村民因生活困难交不上,敌人就把村长逮捕关押,待粮款交足后方可放回。稍有反抗即遭残杀。在修筑围墙、碉堡等工事过程中,附近村庄有20人惨遭杀害。东辛庄村的贺夫兴之父因未交粮款,被敌人杀害后埋在了猪圈里。敌人还大肆砍伐树木,强拆民房,辛庄方圆5公里以内的树木全部被伐光,大量民房被拆毁。

“四·一二惨案”

1944年4月,博莱县地方武装对驻下三山据点的日伪军进行了一次伏击。敌人恼羞成怒,遂对附近的徐家店和下陈村进行报复。5月13日(农历四月十二日),下午1时许,盘踞在下三山村的日伪军百余人,突然包围徐家店村和下陈村,见房就烧,遇人就杀。村民四散奔逃,逃跑不及者,或被枪杀,或被砍死,有的被推进水井活活淹死。抗日积极分子张西立是铁车区参议员,敌人将其枪杀后又碎尸数段。敌人把16岁的吕英杰抓住后填进井里,并搬起大石块往井里砸,幸好吕英杰将身体紧靠井壁未被砸死,但因惊吓过度被捞出后医治无效而死。徐家店村孙配成一家被残杀5口人。这次惨案两村共被残杀41人,受伤百余人,被烧毁房屋1500余间,被抢走粮食1000余斤,被烧死生猪70多头,耕牛大都被烧死烧伤。

第五章　社会事业

第一节　教　育

私塾

清道光三十年(1850年),大官庄村亓姓在本村办起域内第一家私塾。咸丰二年(1852年),乔店村董姓办起第二家私塾。至清光绪二十六年(1900年),域内共有私塾7家、塾师7人。塾师称先生,随主家吃住,报酬用小米支付。学制无规定,教材为《四书》《五经》等。

小学教育

清光绪三十年(1904年),刘明德、刘卓孔和邓汉公在辛庄创办第一所农民初级小学,李明德任校长,有教师1人、学生13人。无固定学制,教材以《三字经》《百家姓》《四书》《五经》为主。教师采取复式教学,待遇全部由学生承担。

1915年亓因培等12人在鹏山泉寺创办了域内第一所高级小学,有5名教师、2个班。每年县拨

津贴400元，收学田税12担（粮食）、花生捐600元。学制为3年，教材设有国文、算术、地理、历史、修身、理科、手工、图画、唱歌和体操等。1911年至1935年，域内共有辛庄、芦城和乔店等乡立初级小学22所，有教师43人、在校学生千余人，学制为4年。经费来自“学童捐”“地亩捐”“中金捐”。学生毕业后通过考试，成绩优者升入高级小学学习，落榜者自行就业。

抗日战争时期，学校不能正常举办。解放战争期间部分学校时办时停。至1948年，域内解放后学校秩序才恢复正常。

中华人民共和国成立初期，域内校舍多利用寺院、庙宇房舍和土改时没收的地主、富农宅院等，办学条件十分简陋。1951年域内有小学44所、教师67人、学生1438人，入学率60%。

1952年纸坊中心完小建立，有2个班、学生100人。依据教育部和山东教育厅颁布的教学计划开设课程设置学制，初小设国语、算术、体育、图画和音乐，高小增设自然、历史和地理。1954年秋季，开始实行小学“四二”制；同年，小学发展到52处、教职工75人、学生2348人。此后，百嘴红、墨埠、赵家泉、东铁车、裴家庄、徐家店和岔道相继建起完小。

1963年部分学校试行五年一贯制。初小开设语文、算术、体育、美术和音乐课，高小开设语文、算术、珠算、历史、地理、自然、农业常识、体育和生产常识，四年级以上学生每年劳动半个月。1969年起，域内小学全部实行五年一贯制。

1981年起，一、二年级设思想品德、语文、数学、体育、音乐和美术，三年级以上增设自然和劳动课，四年级以上增设地理，五年级增设历史课、作文课。1983年有小学73处、教师392人，适龄儿童入学率98%。1984年部分小学合并。1987年后，各年级均增设说话课。小学阶段的地理、历史课取消，增设了思想品德与社会课。1998年8月，增设写字课，采用回宫格教学法。

1991年域内有小学30所。1992年为28所。1993年为22所。1994年开展“两基”（基本普及九年制义务教育，基本扫除青壮年文盲）建设，学校再次合并，布局更加合理，适龄儿童入学率巩固提高，学校内部配套设施得以完善，通过了省市达标验收；同年，域内有小学18所、教学班87个、学生14395人。2000年增设健康教育课。2002年三年级以上开设了信息技术课、英语课和综合实践活动课。2003年8月，小学一年级开始进入新课程改革，小学阶段以综合课程为主，小学低年级开设品德与生活、语文、数学、体育和艺术（音乐、美术）等课程；小学高年级开设品德与社会、语文、数学、科学、外语、综合实践活动、体育和艺术（音乐、美术）等课程。

至2006年，全镇有小学10所、在校生2124人，适龄儿童入学率100%。

中学教育

学校建设　1959年辛庄公社在纸坊村办起第一所初级中学即莱芜县第十二中学，当年招生1个班43人。1960年赵家泉、大官庄村分别办起民办中学。1965年农中发展到5所、在校生281人、教职工12人。1967年10月，十二中改为高中，当年招收高中班1个。1973年联中发展到13所、27个班、在校生1108人、毕业生495人，升学率35%。民办高中2所、招生74人。1979年有中学教

辛庄中学　（2005年　摄）

师70人，其中，公办43人、民办27人、教学班27个、戴帽班34个，共有学生2939人。1978年建芦城联中。1980年联中并为9所，在校生2339人。1986年十二中迁址到辛庄镇政府驻地，改办职业学校，更名为莱芜市第四农业技术中学。1987年更名为莱芜市第三职业高中。1990年，辛庄镇实行校舍改造和合班并校，将纸坊联中、官庄联中合并建立辛庄镇中心中学。1994年又将墨埠中学并入中心中学。2001年建立铁车中学。2002年莱芜市第三职业高中改办培训学校，更名为莱城区教师进修学校。2005年8月，赵家泉中学、徐店中学合并到辛庄中心中学。2006年6月，辛庄镇划归钢城区，莱城区教师进修学校更名为钢城区教师进修学校。域内共有初中2所(辛庄中学、铁车中学)，在校生1471人、教职工168人。

课程设置　1959年至1968年，初中设语文、代数、几何、物理、化学、生物、历史、地理、政治和体育等课。1969年设"天天读"(读毛主席著作)、政治、语文、数学、工业基础知识、农业基础知识、体育、革命文艺和劳动课等。1973年高中设英语课。1975年恢复秋季招生。1978年高中设政治、语文、数学、物理、化学、英语、历史、地理、生物、生理卫生、体育和基本生产技术教育，初中增设音乐、美术。

1994年8月，开始设置信息技术课。1996年开设劳动技术教育课。1997年开设健康教育课。1998年增设写字课。2000年设置活动课。2003年开设以礼仪教育为主的校本课程。

2004年秋，新一轮基础教育课程改革启动，全镇初中从起始年级执行国家教育部确定的新课程标准，初中阶段的课程，主要包括思想品德、语文、数学、外语、科学(物理、化学、生物)、历史与社会(历史、地理)、体育与健康、艺术(音乐、美术)以及综合实践活动。

学制　1959年初中学制实行三年制。"文化大革命"中，实行两年制。1979年恢复三年制。1981年中学恢复"三三"制。2000年由三年制向四年制过渡基本完成。

高中学制，"文化大革命"时期，实行两年制。1981年起，实行三年制。

成人教育

1950年前后，各村都相继办起冬学、夜校或识字班，以识字为主，兼做政治宣传工作。任课教师从村民中选定，无报酬。1949年域内有冬学13处、学员261人，夜校19处、学员516人，识字班35处、学员804人。

1953年后，实施扫盲教育。1965年扫盲班发展到144个、学员2464人、教师85人。1973年有业余学校71处，5279名文盲中有3677人脱盲。1981年中央农业广播学校招生，有87人参加了学习。

1984年成立辛庄镇、铁车乡成人教育中心。1994年各村均成立了民校，农民教育由以扫盲为主转到以实用技术培训为主。镇成教中心与有关业务部门联合，每年举办由农村"两委"干部、农民技术骨干等参加的培训班，集中推广花生地膜覆盖、黄烟种植、黑猪和黑鸡饲养等农业实用技术。2004年起，成教中心与劳动部门联合，开展就业培训和农村劳动力的转移工作。

幼儿教育

园所建设　1958年各村相继办起幼儿园、托儿所，不久即解散。1977年重新启动幼儿园建设。至1983年，共有村级园所58处、教师66人，入园儿童2456人。1984年幼儿教师的工资实行乡镇统

农村幼儿园

筹、村里补助的形式，保证及时兑现；同年，域内有幼儿园62所，在园幼儿3258人。1985年后，因计划生育幼儿减少，幼儿园所缩减，并开始走“大村独办、小村联办”的路子，规模、档次均有提高。2000年全镇共有幼儿园58所，在园幼儿2894人，3岁～5岁幼儿入园率为89%，学前一年入园率为95%。2004年幼儿教育纳入基础教育的整体范畴进行统筹管理，基本形成以镇中心幼儿园为骨干示范，村办园为主体的发展格局。2006年镇中心幼儿园按省示范园的标准重新修建，全镇共有幼儿园20所；其中，市级示范园2所，区级示范园13所，在园幼儿930人、教职工83人。

课程设置　1958年至1975年，幼儿教育以看护为主。1977年起，逐步向幼儿进行思想品德教育，教授初浅的自然和社会常识。1984年起，使用全国统一教材，设有语言、美术、常识、体育、音乐和计算等内容。1992年使用省编教材，课程包括语言、计算、美术、常识、音乐和体育6科。1999年至2001年，使用整体优化课题实验书，以综合课为主。

教师队伍

1911年域内有教师3人。1937年增加到62人。1951年实行教师公派，域内有公办教师11人。自1958年，实行民办教师制度。1960年有教职工203人。1970年发展到255人，其中，公办教师101人、民办教师154人。1983年公社管理的教师392人（不包括十二中、十九中），其中，公办教师119人、民办教师273人。1996年民办教师全部转为公办。至2006年，全镇中小学教师学历全部达标，全镇共有在职教师446人，其中，本科学历212人、专科学历196人、中专学历38人。

教学设施

中华人民共和国成立前后，域内校舍多利用寺院、庙宇房舍和土改时没收的地主、富农宅院等，办学设施简陋。

1983年公社、管区和大队三级投资60万元用于校舍改造。1985年95%以上的学生使用木质课桌凳。1994年中心小学、学区小学和重点联中的教室、图书室、仪器室和实验室等达到泰安地区的配套标准。

1997年墨埠村建起教学楼1座。1998年田家庄村建起教学楼1座。2001年在中心小学建立“八一”希望小学。2003年乔店小学建立；各中学都建起微机室和多媒体教室，并接入宽带网，辛庄中学还建起高标准的校园网；同年，莱城区在辛庄镇召开全区信息化建设现场会。2005年各中小学建起高标准的微机室，微机数量达到小学每15人1台，中学每12人1台，从小学一年级开设信息技术课。

教育经费

中小学教育经费，1985年前，由县级财政下拨。自1985年，实行集资办学，教师工资和办学经费通过农村集资解决。1996年民办教师全部转为公办教师，经费由区、乡财政支付。2002年实行“以县为主”的管理体制，中小学教师工资与预算经费全额纳入区财政预算。

幼儿教育经费，1983年前，农村园所由村自筹。1984年后，由乡镇统筹发放。厂矿、企业园所由本单位自行解决。

职工教育经费，1981年前，由各单位自筹。1981年按照国务院规定，提取职工工资总数的1.50%作为经费来源。

钢城教师进修学校

第二节 文 化

文物古迹

牟城遗址 始建于商代,位于赵家泉村。整体呈长方形,西南角和西北角呈弧形。南北长620米,东西宽520米。城墙用黏土夯筑而成,高12米、顶宽4米。1929年城墙保存尚好,高约8米。1946年后,三面城墙被破坏,只剩北墙。1978年用墙土造地,北墙又遭破坏,遗址只剩北墙和西北一段残墙基,高约2米、上宽1米~2米。村民在用土时,挖出部分石器、陶器和铜器等残片,据考证多为春秋时期器物。1979年被确定为莱芜县文物保护单位。1992年被确定为山东省第二批重点文物保护单位。

侯家台墓群 位于侯家台村北的高台地上,为春秋战国墓群,1977年村砖厂取土时发现。东西长150米、宽100米,为土坑竖穴,葬品有石器、青铜器、玉器等。石器有石凿等。青铜器有兵器和饪食器,兵器有戈、镞。玉器有玉镯。工艺品还有串珠和角雕葫芦。1998年公布为莱城区第一批重点文物保护单位。

莱芜战役指挥所 位于石湾子村,其遗址是一座由普通瓦房组成的四合院,1917年修建,建筑面积450平方米。1947年2月,华东野战军陈毅司令员等在此指挥了莱芜战役。1977年搬迁出院内的住户,将住房改造成展览室。北房3间,陈列毛泽东主席关于莱芜战役的3封电报影印件、作战方案以及地形图等实物;西屋2间,张贴敌我参战将领简介;南屋2间,用版面介绍整个莱芜战役经过。大门照壁书有陈毅《莱芜大捷》一诗手迹。1977年公布为全省重点文物保护单位。1984年对外开放,并被定为革命传统教育基地。2004年确定为莱芜市红色旅游景点。

文化活动

春节文艺活动 清末直至20世纪60年代初,较大村庄以庄户剧团演古装戏为主,或由村内大户请外地戏班子到村里演出,春节期间一般3天~5天。"文化大革命"期间,由村"毛泽东思想宣传队"演出文艺节目。1979年后,春节期间演出传统戏剧。

元宵节灯会 主要活动是赏灯,玩火把,燃放烟花爆竹等。1983年至1999年,辛庄镇、铁车乡每年都举办一次灯会,在灯展的同时,燃放焰火,组织表演腰鼓、秧歌、龙灯和旱船等传统节目。1997年为庆香港回归扎制的花灯《欣欣向荣》,被评为莱芜市彩灯制作一等奖和最佳设计奖。

木偶戏和庄户剧团 民国初期,侯家台、杨家横两村开始表演木偶戏。20世纪40年代至50年代,坡庄、大官庄、裴家庄、兴隆庄、杨家横、徐家店、郎郡、东铁车、西铁车和东宋家庄等村都有民间剧团,剧种有豫剧、莱芜梆子。"文化大革命"期间,剧团停止活动。70年代,庄户剧团被"毛泽东思想宣传队"代替。1979年后,庄户剧团逐步恢复,演出传统戏和自编剧目。至2006年,庄户剧团发展到4个:蟠龙梆子、杨家横村剧团、徐家店村剧团和郎郡村剧团,有业余演员256人。演出剧目有传统戏《墙头记》《王小赶脚》《刘秀访纪昌》等,自编自演剧目《养个儿子不成器》等。

侯家台墓群遗址 (2001年 摄)

电影拍摄取景 1975年12月,八一电影制片厂拍摄彩色故事片《南征北战》,片中的火车站和大沙河镜头,在大石家火车站和赵家泉附近河滩拍摄,参拍的解放军某部1个团驻扎在赵家泉村。

1995年中共莱芜市委宣传部、莱芜

辛庄镇举办新春文化下乡活动

广播电视局与首都影视中心联合摄制4集电视剧《莱芜大战》，于2月23日在北京开机；3月22日在莱芜封镜。片中需拍莱芜战役指挥所镜头，因石湾子战役指挥所已经修缮和布展不适宜入镜头，恰好赵家泉村范秀瑞家保存完好的一处旧四合院与其十分相像，被导演选中。3月15日，摄制组到赵家泉村进行了拍摄，并让数百名村民做了群众演员。

民间传说

鹏山泉传说　相传商朝时期，鹏山常有大鹏栖息。商王为了吉祥，便把牟国封于鹏山一带。一日，牟国国王带领人马前来选择建都地址，只见鹏山俊秀，周围风景怡人，气候独特，甚为满意，便于山下驻扎下来。但美中不足的是水源不足。正在惋惜之际，只见有大鹏盘旋不止，众人不知吉凶。天近五更时分，忽狂风大作，出外观看，又有大鹏盘旋空中，继而，只见大鹏用巨翅朝一座小山丘猛扑，随着巨响，山丘沉没，随之涌出桶口般粗的泉水，国王大喜，传令工匠将泉砌为方池，并定名为鹏山泉。

庄户剧团演出剧照　（2004年　摄）

第三节　科学技术

机构队伍

20世纪70年代初，公社有1名副社长分管科技工作，各管区配备1名科技网长。有条件的村成立科技队。1973年公社有科技人员464人。进入80年代，科技队解散。1985年辛庄镇、铁车乡分别成立科协办公室，科协主任由科委主任兼任，并且成立了几个协会，铁车乡有养猪协会、生姜协会、葡萄协会和林果协会；辛庄镇有养猪协会、桑蚕协会和蔬菜协会。同时大力发展科技示范户，同年，铁车乡有科技示范户8个，辛庄镇有科技示范户28个。2006年全镇有科技示范户69户。

科普活动

科普宣传　20世纪70年代初，公社科普宣传主要是订阅科普读物，以及运用讲座、展览、幻灯和电影等形式进行。进入90年代，增加举办培训班、发放宣传材料、科普赶集等形式。1997年至2000年，铁车乡共举办生姜、葡萄、苹果、黄烟和养殖等培训班36期，接受培训5000人次。辛庄镇共举办桑蚕、养鸡、养猪和蔬菜等各类培训班40期，培训1.54万人次。两乡镇开展科普赶集活动30场次，发放科技明白纸3万份。2001年至2006年，共举办各类培训班72期，培训2.10万人次，开展各类科技赶集活动40场次，发放明白纸5万份。

科技推广　20世纪50年代，域内推广了新型农药防治病虫害和化肥的使用，引进、试种农作物优良品种，学习和推广先进的种植、管理技术。1958年人民公社成立后，大搞技术革新，不断推广更新农机具；同年，辛庄村李维孝发明的新型水车，被称为“水龙王”，轰动一时。还推广玉米人工授粉技术，提高单位面积产量。1970年公社建立“三站一场”（即农技推广站、种子站、测报站、良种繁殖场），68个村成立了专业科技队，自己培育玉米良种，对小麦泰山1号、4号、5号和泰岳16号、18号、19号品种进行试种，引进推广花生清墩技术。1979年开始推广花生地膜覆盖种植技术，2000年在全镇普及。

科研成果　1995年铁车乡化工厂的从河沙中获取铁精粉项目被列为区级科技项目，课题获莱城区科技成果三等奖。1997年《金蜜椤的药用和推广》被列为莱城区科技推广项目。2001年《藕鱼高效立体生态模式研究与示范》项目被市、区列为科研项目，项目获莱芜市科技进步三等奖，莱城区科技进步二等奖。2003年金石粉末冶金厂的“铁精粉的提纯与利用”项目被莱城区列为科研项目。

第四节　医疗卫生

卫生防疫

1952年辛庄区卫生防疫领导小组成立，开展了大扫除，消灭老鼠、蚊子和苍蝇的群众运动。1956年区、乡和村分别成立“爱国卫生运动委员会”。1958年莱芜县下达“除四害，讲卫生”的通知，要求村村达到“五洁、四无”（“室内洁、院内洁、街道洁、厨房洁、院外洁，无苍蝇、无蚊子、无老鼠、无麻雀”1960年改麻雀为臭虫）；8月采取烟熏捕打、药物喷洒、挖蛹、填平污坑和扫除垃圾等方法消灭蚊蝇。采用鼠夹、鼠坯、水缸诱杀和药杀的方法捕杀老鼠；单位、学校以收鼠尾检验灭鼠成果；各村还成立积肥专业队，建起了公厕，利用泥封发酵无害化处理粪便以保持环境卫生，加高饮水台，以保护饮水源清洁卫生。1963年全公社开展以管水、管粪为内容的“两管”工作，后又在“两管”的基础上进一步开展“五改”工作（改厕、鸡窝、栏圈、水井和环境）。1980年开展“五讲四美”活动，以后各厂矿、机关、学校和农村围绕“讲究卫生、美化环境”统一规划，综合治理，卫生面貌进一步改观。

疾病预防

1952年域内开始施行免费预防接种牛痘，辛庄卫生所对全区儿童进行了牛痘普种，此后，每年于春秋两季为新生儿童和前次漏种者种痘，同时开展伤寒三联疫苗、霍乱疫苗等注射防疫工作。1953年开始接种白喉疫苗。1956年开展结核素试验，阴性者接种卡介苗以预防结核病，之后相继增加“百白破”三联疫苗、麻疹、脊髓灰质炎糖丸、炭疽，乙型脑炎、流脑等疫苗和菌苗。1970年天花、黑热病已在域内根除。1982年对12岁以下儿童以百白破三联疫苗、脊髓灰质炎糖丸、卡介苗和麻疹疫苗作为基础免疫，建立卡片，定期接种，基础免疫率达到90%。1988年辛庄镇在卫生院成立防保站，主要负责传染病防治与计划免疫。1992年全镇初级卫生保健工作实现省级达标，年内获市政府初级卫生保健达标先进单位。2003年4月，全面抗击“非典”，成立专门领导小组，由党委书记任组长，各村都有机关干部、医务人员与村干部组成的领导班子，全镇上下按照“堵住源头不输入，一旦输入不扩散，隔离医护不感染，及时救治不死亡”的工作要求，周密部

上陈村卫生室

署，精心组织，科学安排，圆满地完成了非典防治任务。2004年至2006年，在禽流感、霍乱、人猪链球菌病、手足口病、流感和麻疹等传染病防控工作中，各项措施得力，实现“确保不发生重大疾病流行”的目标。

卫生院所

镇卫生院　1952年国家投资500元，在纸坊村建立莱芜第八区卫生所。1959年与辛庄乡中心保健站合并，成立辛庄公社卫生院。1976年卫生院迁至下陈村，半年后迁回辛庄村西，有房屋面积2927平方米，设有内科、外科、中医科、妇产科、中医骨科、小儿科、牙科、五官科和放射、检验、心电图、超声波等医技科（室）。1986年隶属辛庄镇管理。1996年改称辛庄中心卫生院。2006年共有医护人员66人；其中，医疗38人、护理8人、药剂7人、防疫8人、后勤5人。有高级医师1人、中级14人、初级46人。医院建筑面积1413平方米，固定资产49万元。主要医疗设备有20MAX光机、B超仪、心电图机、自动洗胃机等共24台。行政科（室）设办公室、财务和药库、后勤；医疗科（室）设内科、外科、妇产科、中医科和护理科；医技科（室）有放射科、B超室和化验室；社会防疫设防保科。全年总诊疗41971人次，其中，门诊41546人次、手术193人次、住院425人次、治愈304人、好转101人。病床使用率7.30%，业务收入50万元。

镇卫生院中医整骨科采用中医中药治疗疑难杂症等技术在周边地区颇有影响。

村级卫生室　清末民初，域内有私人药铺12家、中医11人。团圆坡村的赵京海是治疮疖的祖传名医，沂源、淄博等地来看病者每年不下千余人。

20世纪30年代至40年代，域内私人诊所26家，全靠中医中药治病。下三山村蒋佃忠用祖传秘方治疗妇女产后疾病，一般三、五付药即可治愈，治愈率达99%以上。

1953年各村诊所组建为13个联合诊所。1974年各村普遍建立卫生室，村卫生室有“赤脚医生”116人。

农村合作医疗

1974年公社推行农村合作医疗制度，不久即停办。2004年全镇推行实施新型农村合作医疗。至2006年，全镇“参合”人数37182人，“参合”率为73%。合作医疗经费按个人10元，镇、区、市各10元共40元的数额统筹。资金分为个人账户和大病统筹两部分，住院报销比例分别是：在镇卫生院就医，3000元以下的报45%，3000元~5000元报50%，5000元~1万元报55%，1万元以上报60%，报销最高限额3万元。在区医院，按乡镇卫生院报销标准的80%报销，在市级以上医院按乡镇卫生院报销标准的60%报销。

第五节　体　育

学校体育

1956年始，域内学校按照教学大纲设体育课。1966年至1975年，改称军体课。1970年后，按照体育教学大纲组织教学。1975年后，贯彻《中小学体育暂行规定》，各校广泛开展“两课”（每周两节体育课）“两操”（每天做广播体操、眼睛保健操）“两活动”（晨间活动和课外活动）。

城岭村文化体育广场

群众体育

清末民初,群众体育多为自发的武术、跳绳等活动。1970年至1976年,以孙可义为首的下乡知青与复员军人赵奎一等组织成立辛庄篮球队,经常参加莱芜县和泰安地区的比赛,并获过冠军和亚军。20世纪80年代初,发展起群众篮球队6个、乒乓球队11个、象棋队8个。1983年后,每年由文化站在“五一”“五四”期间组织大型的体育比赛。1988年9月,郭家沟村18岁女青年谢芳在全国首届农民运动会上夺得田径400米、800米2枚金牌,并获得“全国最佳女运动员”称号。

第六节 镇村建设

镇驻地建设

1958年辛庄人民公社成立,驻辛庄村,占地1.33公顷,始建平房26间。1961年增建平房12间和礼堂8间。

1977年4月,公社机关迁往下陈村,占地4公顷,建2层小楼两栋8间、平房17间、礼堂10间。1980年10月1日,公社机关复迁辛庄村,建起前出厦平房20间、一般平房40间、礼堂10间、伙房4间,总占地面积2.13公顷。

1994年辛庄镇从省建委聘请技术人员对镇驻地建设进行规划,规划面积5.20平方公里,分为工业、商业、文化和生活4个小区;同年,拆除镇政府部分平房建4层办公大楼,同时建起镇中心中学教学楼、国税局辛庄分局办公楼、市第三职业高中商业楼和辛庄卫生院门诊楼。1998年至2003年,镇中心小学教学楼、镇机关宿舍楼、教委宿舍楼和15栋商业楼也相继建成并投入使用。

2002年山东省第一测绘院城乡规划分院再次为辛庄镇制定2001年至2015年的总体建设规划:人口规模2万人,规划用地227公顷,人均114平方米。镇域规划形成“一个中心(镇驻地)、2个副中心(原铁车乡政府驻地和墨埠工业小区)、2条经济发展带(莱麻路和颜苗路两侧)”。

村庄建设

自1958年,村民建房须经村里划宅基地,部分村开始制定实施村庄建设发展规划。20世纪70年代后,多数村实施村庄建设规划,街道从“4尺为道”“6尺为街”改成主街6米、副街4米,或主街8米、副街6米。

2003年全镇开展新农村建设,首先在团圆坡、大辛庄、城岭、徐家店、涝坡和朱家沟等村试点,对街道进行拓宽、水泥硬化并安装了路灯,对旧房进行改造,对部分墙壁进行粉刷。朱家沟村于2005年整体搬迁,村庄规划由莱芜市设计院制定,房屋样式统一,宅舍排列有序,主街宽12米,副街宽8米,安装了路灯,街道两边是排水沟和1米宽的绿化带,实现了净化、绿化、美化和亮化。

村镇街景

第七节 居民生活

衣

清末至中华人民共和国成立,域内一般农户以家织布为衣料,少数富户穿绸缎衣料。生活贫困户冬季穿不上棉衣、棉裤者屡见不鲜,有的全家人共盖一床棉被,特困者甚至衣不遮体。

20世纪50年代,穿“洋布”(机织布)。进入60年代,“洋布”开始普及,卡其、国呢和华达呢等布料开始流行。70年代,流行的确良、涤卡和凡尼丁等

居民室内装修

布料及针织品。80 年代后，补丁衣服基本消失。90 年代，开始穿西装。进入 21 世纪后，人们穿着开始讲究时尚。

食

清末至中华人民共和国成立，域内口粮以地瓜、玉米、高粱和谷子等为主，不足部分用糠菜补充，细粮(面粉)只是过年过节或招待客人时用。部分居民农闲时日食两餐。菜以咸菜为主。20 世纪 50 年代初，生活水平有所提高，但仍以粗粮为主。1959 年至 1961 年三年经济困难时期，多数农户以地瓜叶、地瓜秧、树叶、野菜和水草等代替粮食。1964 年后，居民可以“吃粗吃饱”。70 年代起，面食比例加大。90 年代后，以面食为主，且每餐有菜吃。进入 21 世纪，人们饮食开始讲究营养搭配，肉、蛋、奶、反季节蔬菜和饮料等逐步普及。

住

清末和民国时期，域内居民居住条件简陋。富户住砖瓦房、四合院，贫困户则住土坯草房，不少户全家数口人住在一间房子里。

中华人民共和国成立后，居住条件不断改善，但仍住土坯草房。20 世纪 70 年代，村民大规模建造砖瓦房四合院。90 年代，流行前后出厦住房，每村只有极少数土坯房。2006 年，全镇人均居住面积 36 平方米，有许多户住上了楼房。

行

20 世纪 60 年代之前，域内道路均为土路。进入 60 年代，开始有自行车，道路条件随之改观。1970 年全公社有自行车 750 余辆。自 80 年代初，流行摩托车，不少人出行乘坐拖拉机、农用汽车。1989 年全镇有汽车 405 辆、柴油三轮 1200 辆、拖拉机 960 台、摩托车 164 辆。2004 年实现村村通汽车。2006 年全镇轿车 650 辆、柴油三轮车 7500 辆、拖拉机 146 台、摩托车 1.80 万辆、电动车 9060 辆。

用

炊、饮用具　清末民初，农村多用生铁、粗瓷和木制品炊具，炉具用土火炉。20 世纪 50 年代，用细瓷或搪瓷品。60 年代，用铝、塑料制品。70 年代，用铁制炉具。80 年代至 90 年代，普及蜂窝煤炉。进入 21 世纪，逐步使用液化气、电锅、电壶、高压锅、电磁炉、微波炉和电烤箱等。

居室用具　清末民初，农村居民用木制家具，富有人家备有桌、椅、杌、凳、箱、柜、橱和床等，贫苦人家仅有吃饭桌和矮板凳，装衣服用木柜，睡土炕。中华人民共和国成立后，家具逐渐增多。自 20 世纪 80 年代起，土炕逐步被铁、木制板床，席梦思或棕榈床代替。自 90 年代起，开始普及沙发、茶几、大立橱。进入 21 世纪，富裕家庭大都使用组合橱、高档沙发、珍贵木质家具等。

灯具　20 世纪 50 年代以前，用豆油灯。60 年代至 70 年代初，用煤油灯。70 年代，开始用电灯。80 年代至 90 年代，用日光灯。21 世纪，开始用节能荧光灯。

家电　20 世纪 60 年代，听广播喇叭。70 年代，听收音机。80 年代，看黑白电视、用电扇。90 年代，看彩电。进入 21 世纪，开始用上 VCD、DVD，看数字电视、有线电视，部分家庭用空调器。2006 年后，个别户用上平板液晶大屏幕电视机、电脑等家电。

第六章　人　物

第一节　传　略

池玉贵（1917～1944）　今辛庄镇后城子村人。自幼家贫，只上过2年小学。1938年参加青年抗日救国会。1940年末，参加民主政府的公安工作；同年加入中国共产党。1941年春，接受上级交给的任务，率领1个班夜间插入伪乡公所驻地，带1个战斗小组越墙入室将伪乡长击毙，缴获长、短枪10支，摧毁了辛庄伪乡公所，除掉了伪乡长。不久，鬼石村吴某拜日军驻辛庄的队长为干爹，横行霸道，为所欲为，民众要求除之。池玉贵摸准吴某逢集必上市敲诈的规律，化装成农民混入辛庄集，趁吴某在一个樱桃摊前边拣边吃时将其打死。1942年任铁车区区中队长后，立即着手扩充人员，筹措武器。区中队很快发展到50多人，并且装备整齐，能征善战。一次，带通讯员穿越敌人层层封锁线，深入腹地，伏击每天下山作恶的敌连长，缴获手枪1支。1942年5月的一天晚上，与区文教助理员分别化装成日军和翻译官，潜入辛庄抓捕伪村长，通过教育，使其接受为民主政府秘密缴公粮、送情报任务。经过艰苦复杂的工作，使大部分伪乡政权表面上应付日伪军，暗中为抗日军民做事。同时，经常伪装大部队，夜间包围伪据点开展政治攻势，对作恶多端的汉奸指名道姓进行警告，使伪军惶惶不安，纷纷为抗日军民做事赎罪，辛庄、铁车一带的抗日斗争局面很快扭转。

1943年刘伯戈派遣20余人的武装进驻南蛇沟村。在区中队全部出发执行任务的情况下，池玉贵当机立断，乘其立足未稳，带领司务长夜袭，将刘伯戈部赶出去。又一次，在南埠子村与刘伯戈部遭遇，池玉贵率先出击，一阵冲杀把刘伯戈部赶到颜庄伪军据点。从此，刘伯戈的人马再不敢轻易进犯。

1944年春，池玉贵带领铁车区中队配合主力部队伏击伪军吴化文部一个营，负担左翼侧击，伪军受主力部队正面攻击，拼命向左翼突围。池玉贵迎着5倍于己的敌群猛力冲杀，激战中胸部中弹负伤，转送医院途中牺牲。5年革命工作中历经30多次战斗，被称为“孤胆英雄”、模范区中队长，多次受县委的表彰。

张文政（1910～1946）　今辛庄镇上三山村人，小时在家放牛羊，文化程度很低。1928年加入黑旗会，后为会首。1930年张文政率大部分黑旗会会员加入中央道，后成为莱芜中央道首。此时辛庄区中央道有道徒3000多人，分布在60个村。1938年张文政以道徒为骨干，组织500余人的抗日自卫团；9月勾结驻蒙阴的国民党山东省第三区行政督察专员张里元成立由中央道组建的鲁南人民抗日自卫团，下设2个团，王寿枕任总团长，张文政任副总团长；10月被国民党军委会别动队第五纵队秦启荣部改编为抗敌自卫团，专同八路军搞“摩擦”，破坏抗日斗争。1939年5月，部队在旋车沟被日军打散，其部下求助于八路军4支队收容失散人员，组建了莱蒙独立营。

1941年7月，莱蒙独立营被国民党山东省政府主席沈鸿烈整编为保安9旅，张文政任旅长；此间曾在崮山前与八路军作战，被打垮；2个月后，回莱芜投降日军，任“剿共治安军”司令，司令部设在口镇南街，莱城设有剿共办事处，在山口、

枣园、杨家嘴、片家庄等十几个村安设据点，下设3个营，近2000人、1000多支枪。他们与日军勾结在一起，清巢扫荡比日军更加地道，先后逮捕中共党员及村抗日干部300多人，在山口村偷袭八路军，杀伤指战员200余人，毁民房500多间。并极力破坏地下党组织，摧跨村支部20余个，胁迫100多名共产党员悔过自首。他们奉行日军的“三光政策”，到处烧杀掠抢，配合日军蚕食扫荡抗日根据地。1942年春，得知将被日军整编去太平洋当炮灰，张文政率部逃到沂源、诸城一带，先后任张部云部5旅旅长、吴化文部4旅旅长，后又投靠张天佐三营长。1945年日本投降时，张文政部在安丘一带被八路军打垮，被俘后送交莱芜县民主政府。1946年春，在口镇西北围墙内公审枪决。

亓因培（1861～1953）

字养斋，一字荇孙，今辛庄镇大官庄村人。清光绪五年(1879年)中秀才。清光绪二十年(1894年)中举人。曾任巨野县书院山长，1904年，书院改为县高等小学堂，任堂长，1908年3月去职。中国同盟会会员。1914年后任山东省立六中国文教员。与司事丛琏珠、范明枢、张雪门等制定校训：习勤、喜勇、敬业、乐群。支持自治会组织各种研究会，并为“心学会”指导者之一。自刻闲章曰“实行家”。

1918年起任职山东省政府参议署。1919年，被泰、莱、新、费、蒙、沂、肥七县推选为赴广州非常国会护法议员，补选为第一届国会众议院议员，参与制定各项法令。1922年6月16日，陈炯明叛乱后，与山东的6名议员共同起草并向全国发出《广州非常国会声讨陈炯明宣言》。后越海经越南回云南，辗转四川等地，1924年回到莱芜；同年在鹏山泉创办高级小学校。1928年12月，出任博山县县长。1929年夏，在全省县长会议上因仗义直言得罪省政府主席孙良诚，引退回乡。1932年秋，在鹏山泉创办民众学校。1934年秋末，与许子翼、王希曾应县长李钟豫之邀编纂莱芜历史上部头最大的志书《续修莱芜县志》。

日军侵占莱城后，派汉奸拉着人力车登门请他去效力，遭严词拒绝，后被汉奸追踪胁迫，毅然拄杖出走，去沂蒙山抗日根据地，与李澄之、范明枢、彭畏三、耿光波任教第四联中。日军大扫荡中，与范明枢隐蔽在一老中医家中为其子女讲课。常夜宿山野、羊栏，历经艰辛，仍坚定乐观，被称为“抗战老人”。1940年2月，在鲁南山东省宪政促进会成立大会上当选为会长；8月26日，在山东抗日根据地各界人民代表大会上，被选为国民大会代表和山东省临时参议会参议员；9月，当选为山东省国民党抗敌同志协会监委。1941年秋，当选为泰山区参议长。1946年春，回到家乡，85岁高龄，任县参议员。1948年，动员家族伐祖茔大批柏树支援胶济铁路修复工程，余资建立了东关医药合作社及其它慈善事业。1953年4月病逝。

李半残（1907～1978）

原名李粹笃，字子纯，笔名思健、奋发、向众、辛木，今辛庄镇东照临村人。1950年加入中国共产党。1934年毕业于国立北平艺术专科学校。李半残尤擅山水，《泰山名胜图》为其代表作。李半残是早期省美协会员，省文代会代表。1921年2月，考入颜庄高小。1924年2月，考入莱芜中学。期间，不但功课学得好，音、体、美更为突出。他会识谱唱京剧，能用京胡伴奏，当篮球队长。他的美术老师在写意花鸟方面有造诣，求画者甚多，李半残代师作画，老师题款加章赠人，足见其美术功底。1928年2月，考入济南爱美艺术师范学校。1930年1月，毕业后回莱芜中学任教；同年，考入国立北平艺术专科学校山水画系(后改为北平美术学院)。校内大师云集，如陈半丁、齐白石、于非闟、徐衍分等，他潜心学问，不论山水、花鸟，还是临摹、创作都日益精进，打下了坚实的艺术创作功底。1934年暑假毕业后，到惠民中学任美术教员。1937年抗战爆发后回到莱芜，到国民党省政府第三巡回宣传队工作，毅然奔赴抗日前线。1939年农历五月初八，在沂源县东里店的一次敌机轰炸中受伤，被公沛义救起，送往一教堂医院治伤，后由在医院工作的八路军地下工作人员徐树华的帮助下回家养伤。康复后，改名半残，笔名思健。解放战争期间，他先后在鲁中大众画报社、鲁中军区政治部文工团等单位任美术编辑，创作了不少反映现实斗争的连环画、年画等。1949年李半残到泰安一中任教。1965年退休。期间，培养了大批美术人才，同时进行了大量的艺术创作，以连环画、宣传画等形式，为宣传增产节约、抗美援朝、《中华人民共和国婚姻法》、“三反”“五反”“三大改造”等党的中心工作做出了贡献。1973年泰山管委会聘李半残为泰山作画，他历时两年半，踏遍泰山的每个角落，几易其稿，绘制出代表作《泰山名胜图》。李半残工山水，擅花鸟，风格独特，俏丽潇洒，造型准确，笔墨精到，其画作有齐白石风韵。

侯学英（1928~2003） 今辛庄镇团圆坡村人。自幼家境贫寒，14岁就被送到石湾子村婆家当童养媳。抗日战争后期和解放战争中，任村妇救会长。1943年域内在抗日战争最为残酷的时期，说服公婆，送丈夫吕文增参加八路军。带领妇女参加减租减息，反奸诉苦，积极开展土地改革，并举办妇女识字班。

1946年配合副村长孟光英成立石湾子村支前领导小组，后又组建一支由51名妇女参加的支前小分队；11月中旬，上级要在石湾子村储备军粮和备战物资，需挖窖掩埋收藏。她带领支前小分队，在北沟、东山脚下、西岭墓区挖窖，奋战二十几个昼夜终于挖好地窖，收藏4.21万公斤粮食和其它物资。

1947年莱芜战役前夕，部队粮食一时接济不上，侯学英带领她的支前小分队，2人一抬当夜出发直奔沂源。她们都是小脚，走路多了就痛，肩上还有八九十斤的重负，忍痛摸黑赶路，攀上红崖岭，登上“三瞪眼”，翻越寄母山，趟过裴家庄河，天亮前终于将粮食送到了沂源县王村部队手中。

莱芜战役打响后，侯学英带领她的支前小分队的部分人员将做好的煎饼、馒头和单饼等饭食送到前沿阵地侯家台村。当第一批伤员撤下来住进上三山村前方医院时，侯学英又带上支前小分队，带着花生、鸡蛋、新衣和新鞋等慰问品，立即赶往上三山村慰问伤员。为伤员擦洗伤痕，换衣换裤，端屎端尿。并亲切与伤员交谈，安慰伤员安心治疗。30多名姐妹，在冰冷的河水里为伤员洗衣，为医护人员洗纱布。

1947年铁车区在宅科村召开反奸诉苦大会，斗争地主曲江田、张大牛。侯学英率小分队参加斗争会，并用她的血泪史控诉了地主恶霸盘剥农民的罪行。在这次大会上，19岁的侯学英被批准加入中国共产党。中华人民共和国成立后，任村妇联主任、副村长。20世纪80年代，任村党支部副书记。先后被选为中共莱芜县（市）第三届、第七届党代会代表和莱芜县第十届人民陪审员。

1991年担任村调委会主任。工作12年，共调解大小民事纠纷37起，防止民转刑案件5起。1993年被莱芜市评为“模范调解员”。

董文德（1925.07~2005） 今辛庄镇乔店村人。1940年3月，参加革命。先在邻村后峪八路军举办的短期民运训练班学习，后因年龄小，被分配到县公立中学学习；10月转入泰山专署公立中学学习；12月转入山东省公立中学学习。1941年参加借粮运动、减租减息运动。1949年2月，随军参加南下干部大队任中队秘书；5月任浙江省余杭县人民政府文教科副科长；12月任科长。1949年冬，董文德发动全县小学教师大办冬学，受到嘉奖。1950年5月，任省法院临安分院秘书科科长。1953年任舟山地委

宣传科副科长。1953 年 10 月，调舟山中学任支部书记。1959 年 5 月，任浙江省直属县舟山县文教局党委书记、局长。1962 年 5 月，调任定海县委常委、宣传部部长。1973 年 8 月，任舟山地区科技局副局长并主持工作。1975 年任舟山地区文教局党委书记、局长。1984 年任舟山地区高等教育自学考试办公室副主任。1985 年 8 月离休，享受副地(厅)级待遇。

第二节　烈士表

表辛庄镇特记－6－1

姓　名	性别	籍　贯	生卒年月	参加革命年月/入党年月	牺牲时所在单位、职务或身份	牺牲战役或地点	备　注
侯曰仁	男	北王家庄	1893～1942	1940	山东纵队 1 旅 2 团战士	莱芜北冶庄战斗	
侯汉川	男	北王家庄	1921～1940	1939	山东纵队 1 旅 2 团战士	莱芜鹏山战斗	
杨京恩	男	北王家庄	1921～1940	1939	山东纵队 1 旅 2 团战士	莱芜鹏山战斗	
杨君秀	男	北王家庄	1921～1942	1939	山东抗大分校学员	蒙阴县	
杨君科	男	北王家庄	1921～1940	1939	山东纵队 1 旅 2 团班长	莱芜鹏山战斗	
杨君笃	男	北王家庄	1923～1947	1945 党员	鲁中军区警备 7 团班长	泰安大汶口战斗	
侯贵勤	男	北王家庄	1926～1947.12	1945	华东野战军 7 纵 21 师	莱阳战斗	
贺庆玉	男	东辛庄	1925～1948.11	1942	36 军 106 师 317 团班长	淮海战役	
池守会	男	天井峪	1921～1942	1942 党员	辛庄区工作员	莱芜坡庄战斗	
李学章	男	百嘴红	1908～?	1938	鲁中军区		1943 年失踪 1950 年追烈
闫学美	男	百嘴红	1918～1948	1947	西北野战军战士	甘肃	
李会章	男	百嘴红	1920～1947	1945 党员	历城县独立营干事	历城	
张西文	男	百嘴红	1921～1943	1938	泰山军分区侦察连指导员	泰安黄前战斗	
李庆章	男	百嘴红	1921～1943	1938 党员	鲁中军区 1 团 1 营 1 连指导员	沂水拉山战斗	
张瑞成	男	百嘴红	1928～1948.11	1946	华东野战军 8 纵 22 师	淮海战役	
杨烈臣	男	侯家台	1904～1948.12	1939	华东野战军 8 纵医院军医	淮海战役	
张洪儒	男	侯家台	1905～1942	1939 党员	鲁中军区 4 旅 10 团司务长	莱芜颜庄战斗	
刘加宝	男	坡庄村	1914～1947.7	1938	华东野战军 7 纵连长	南麻战役	
刘延民	男	坡庄村	1920～1947.5	1939 党员	华东野战军 8 纵	孟良崮战役	
李儒本	男	坡庄村	1920～1947	1945	历城县独立营战士	莱芜石家河战斗	
张元夫	男	坡庄村	1926～1965	1946 党员	海军南海舰队	广东大勤岛战斗	

续表辛庄镇特记－6－1－1

姓　名	性别	籍　贯	生卒年月	参加革命年月/入党年月	牺牲时所在单位、职务或身份	牺牲战役或地点	备　注
张元禄	男	坡庄村	1928～1951	1948	志愿军25军74师221团3营排长	朝鲜	二、三等功各一次著名烈士
王子昌	男	前城子	1920～1947	1942 1945	华东野战军排长	章丘埠村战斗	
贺庆明	男	培峪村	1924～1948.9	1946	鲁中军区警备3团战士	济南战役	
王学思	男	东宋家庄	1914～1939	1938	山东纵队4支队	莱芜苏家庄战斗	
王学让	男	东宋家庄	1922～1949	1946	三野21军61师183团	厦门战斗	
王丰杰	男	东宋家庄	1928～1948.6	1946	华东野战军7纵21师62团1营2连排长	开封战役	
李言香	男	大徐家庄	1928～1951	1949	志愿军	朝鲜	
池发文	男	纸坊村	1907～1940.5	1940 党员	山东纵队4支队排长	莒南	
任玉和	男	纸坊村	1922～1947	1946 1945	辛庄区武工队队员	莱芜纸坊战斗	
魏中利	男	乔店地	1895～1940	1939	八路军情报站通讯员	莱芜铁车战斗	
董学远	男	乔店村	1918～1947.2	1945	鲁中军区司令部通讯连	莱芜战役	
李月祥	男	乔店村	1923～1948.11	1946 1947	华东野战军7纵21师62团1营	淮海战役	
卓连峰	男	乔店村	1925～1947	1946 1946	华东野战军7纵21师62团1营战士	诸城	
池发孟	男	后峪村	1915～1942	1939	山东纵队4支队2团	沂源	
池发明	男	后峪村	1917～1942	1940 1941	辛庄区文书	莱芜后峪战斗	
吕增胜	男	后城子村	1900～1941	1939	辛庄区交通员	莱芜口镇战斗	
池发贵	男	后城子村	1920～1947		后城子村党支部书记	莱芜矿山被敌杀害	1950年批烈
池玉贵	男	后城子村	1920～1945	1941 1939	辛庄区中队队长	莱芜地理沟战斗	
李会文	男	后城子村	1920～1944	1942 1942	辛庄区中队班长	莱芜地理沟战斗	

续表辛庄镇特记－6－1－2

姓　名	性别	籍　贯	生卒年月	参加革命年月/入党年月	牺牲时所在单位、职务或身份	牺牲战役或地点	备　注
池玉香	男	后城子村	1923～1947	1943	辛庄区中队班长	莱芜辛庄战斗	
卓安建	男	后城子村	1923～1946	1943	鲁中军区4师	沂源石沟战斗	
卓计禄	男	后城子村	1925～1948.7	1945	华东野战军8纵22师65团3营战士	济宁滕家庄战斗	
李会友	男	后城子村	1925～1943	1942	辛庄区	泰安被敌杀害	1950年批烈
卓俊法	男	后城子	1925～1947	1946	鲁中军区警备旅	莱芜庞家岭战斗	
李爱敬	男	后城子	1925～1946	1946	泰山军分区	莱芜文字现战斗	
李步德	男	辛庄村	1905～1942	1938 党员	莱芜县敌工部部长	莱城战斗	
王者兴	男	辛庄村	1913～1942	1939	山东纵队4支队7中队战士	莱芜颜庄战斗	
尹敬祥	男	辛庄村	1920～1941	1939 党员	山东纵队4支队侦察连战士	莱芜辛庄战斗	
李明安	男	辛庄村	1920～1948.7	1945 党员	华东野战军7纵21师63团排长	兖州战役	
张太元	男	辛庄村	1920～1942	1941	辛庄区中队	莱芜北王庄战斗	
王京华	男	辛庄村	1920～1942.10	1939 1940	山东纵队4支队第9中队	莱芜吉山战斗	
李言敬	男	辛庄村	1922～1947	1945	华东野战军7纵21师61团战士	淄博周村战斗	
李爱宣	男	辛庄村	1926～1947.2	1945	莱芜县独立营战士	莱芜虎口崖战斗	
秦孝雨	男	辛庄村	1927～1947.2	1946	鲁中军区警备旅战士	莱芜战役	
李绍勤	男	辛庄村	1930～1949	1946	21军61师183团	浙江舟山岛剿匪	
吕庆信	男	下朱家店	1917～1951	1945	志愿军	朝鲜	
谢加荣	男	蔡店村	1902～1940	1938	山东纵队战士	滕县	
王子国	男	蔡店村	1916～1942	1939 1939	山东抗大分校学员	沂南县	
张书坤	男	蔡店村	1919～1945	1939	鲁中军区	安丘战斗	
谢京达	男	蔡店村	1921～1947.8	1946	华东野战军7纵21师62团1营机枪连班长	高密官庄战斗	

续表辛庄镇特记－6－1－3

姓　名	性别	籍　贯	生卒年月	参加革命年月/入党年月	牺牲时所在单位、职务或身份	牺牲战役或地点	备　注
谢京册	男	蔡店村	1923～1944	1940	鲁中军区侦察员	莱芜双龙峪战斗	
王子仁	男	蔡店村	1924～1947.12	1946	华东野战军7纵21师62团1营2连	莱阳战斗	
杨君祥	男	蔡店村	1924～?	1939	鲁中军区		1946年失踪 1981年追烈
吕守延	男	吕家峪	1911～?		支前担架队民工		1947年失踪 1981年追烈
李振英	男	吕家峪	1917～1941	1941 党员	辛庄区中队	莱芜后城子战斗	
徐登文	男	郭家沟	1915～1944	1938	莱芜县县大队班长	蒙阴岱崮战斗	
徐祥林	男	郭家沟	1916～1941	1938	山东抗大分校学员	沂水岸堤战斗	
宋信昌	男	上三山	1905～1943	1938	辛庄区职工会会长	莱芜口镇战斗	
张儒春	男	上三山	1918～1952	1946	志愿军26军班长	朝鲜	
沈永言	男	上三山	1919～1949	1947 1947	浙江省温岭税务局税务员	浙江温岭被敌杀害	1949年批烈
张学禄	男	上三山	1919～1941	1938	山东纵队4支队战士	蒙阴	
姜文学	男	上陈村	1915～?		支前民工队民工		1947年枣庄失踪 1957年7月追烈
张其忠	男	上陈村	1916～1947.8	1941 1938	鲁中军区警3团战士	淄川洪山战斗	
张其功	男	上陈村	1917～1947	1946	华东野战军	泰安大汶口战斗	
张其芳	男	上陈村	1922～1943	1943	山东纵队4支队2团	章丘埠村战斗	
吕金庆	男	杨家横	1908～1940	1938 1939	山东纵队4支队2团战士	莱芜小山子战斗	
吕永高	男	杨家横	1913～1948	1938 1938	鲁中军区警备4团政委	淄川洪山	著名烈士
亓文记	男	杨家横	1918～1947.2	1943	鲁中军区战士	莱芜杨家横战斗	
亓文茂	男	杨家横	1921～1942	1939	辛庄区中队战士	莱芜姜庄战斗	

续表辛庄镇特记-6-1-4

姓名	性别	籍贯	生卒年月	参加革命年月/入党年月	牺牲时所在单位、职务或身份	牺牲战役或地点	备注
尚近忠	男	杨家横	1921～1944	1939	泰山军分区	历城	
尚怀厚	男	杨家横	1921～1948.3	1938 1939	东北野战军排长	四平战役	
尚化忠	男	杨家横	1923～1944	1939	鲁中军区战士	章丘胡台战斗	
亓文选	男	杨家横	1925～1947.2		莱芜县杨家横村民兵队队长	莱芜战役	
王丙贞	男	杨家横	1929～1948.4	1947	华东野战军8纵战士	潍县战役	
刘富林	男	刘峒泉	1911～?		支前民工队民工		1947年失踪 1960年追烈
吕品儒	男	岔道村	1918～?	1946	华东野战军7纵21师62团副班长		1947年失踪 1950年追烈
吕元经	男	岔道村	1920～?	1942	鲁中军区警2团3营9连		1947年失踪 1950年追烈
吕永忠	男	岔道村	1922～1947.7	1943	华东野战军7纵21师	南麻战役	
吕自范	男	岔道村	1924～1946	1943	鲁中军区4师11团战士	张店	
吕星银	男	岔道村	1924～1947.7	1945	华东野战军8纵23师69团班长	菏泽	
吕玉先	男	岔道村	1921～?	党员	支前民工队民工		1948年淮海战役失踪 1950年追烈
吕玉现	男	岔道村	1926～1947.12	1946	华东野战军7纵21师	莱阳战斗	
张德福	男	上河村	1922～1948.11	1946	华东野战军9纵	淮海战役	
张印堂	男	上河村	1923～1946	1942	中共安丘县委组织部部长	安丘病故	1950年批烈著名烈士
张元荣	男	上河村	1928～1948.11	1946	华东野战军9纵战士	淮海战役	
刘德广	男	下三山	1902～1944	1938 1937	辛庄区委干事	莱芜南冶战斗	
刘效贞	男	下三山	1915～1944	1940 1937	辛庄区公所公安员	莱芜口镇战斗	

续表辛庄镇特记－6－1－5

姓　名	性别	籍　贯	生卒年月	参加革命年月/入党年月	牺牲时所在单位、职务或身份	牺牲战役或地点	备　注
刘其现	男	下三山	1917～?	党员	支前民工队民工		1948年淮海战役失踪1981年追烈
刘登东	男	下三山	1917～?	1938	山东纵队4支队2团		1940年失踪1950年追烈
刘其耀	男	下三山	1919～1948.9	1946	华东野战军8纵23师战士	济南战役	
刘登言	男	下三山	1920～1946	1938 1938	莱芜县司法科科长	莱芜口镇战斗	
蒋庆明	男	下三山	1921～1948.4	1944	鲁中军区警备旅排长	潍县战役	
韩元善	男	下陈村	1903～1947	1945 党员	华东野战军8纵22师65团	泰安斗母宫战斗	
吕玉保	男	下陈村	1917～1944	1938 党员	鲁中军区4师12团战士	费县郭家泉战斗	
韩元真	男	下陈村	1918～1948.6	1945	华东野战军8纵23师69团2营排长	开封战役	
韩克珍	男	下陈村	1920～1947.2	1945 党员	华东野战军8纵23师69团2营战士	莱芜苗山战斗	
吕玉豪	男	下陈村	1920～1943	1941 党员	山东纵队4支队2团2营战士	莱芜下陈战斗	
卓洪选	男	下陈村	1920～1947	1946	鲁中军区警备旅战士	淄川合石屋战斗	
韩相民	男	下陈村	1922～1948.11	1945 党员	华东野战军8纵副连长	淮海战役	
吕永干	男	下陈村	1924～1948	1945 党员	华东野战军8纵22师64团机枪班班长	河南永城战斗	
韩克顺	男	下陈村	1924～1947	1946 党员	鲁中军区警卫连	章丘埠村战斗	
吕永瑞	男	下陈村	1924.2～1947	1946	鲁中军区警备旅战士	泰安大汶口战斗	
孙洪功	男	徐家店	1903～1945	1938	莱芜县敌工部部长	莱芜响水湾战斗	
吕英照	男	徐家店	1912～1941	1940	山东纵队4旅战士	沂源迎昌峪战斗	
孙洪儒	男	徐家店	1917～1947	1945 党员	中共蒙阴县委青年书记	惠民因公	1950年批烈
孙学成	男	徐家店	1919～1949	1946	23军69师战士	南京	
狄圣奎	男	徐家店	1920～1941	1938 党员	莱芜县独立营文化教员	莱芜沈家庄战斗	

续表辛庄镇特记-6-1-6

姓　名	性别	籍　贯	生卒年月	参加革命年月/入党年月	牺牲时所在单位、职务或身份	牺牲战役或地点	备　注
孙银成	男	徐家店	1922～1948.11	1945	华东野战军7纵21师63团2营5连排长	淮海战役	
孙洪章	男	徐家店	1925～1947	1945	莱芜县独立营战士	莱芜崮山战斗	
王会增	男	王呵泉	1909～1951	1944 1947	志愿军66军班长	朝鲜	
王会胜	男	王呵泉	1920～1943	1940	鲁中军区2团3营7连班长	沂源小张庄战斗	
王发利	男	王呵泉	1924～1951	1943	志愿军66军战士	朝鲜	
王发春	男	王呵泉	1928～1948	1946 1948	鲁中军区2团1营3连战士	泰安大汶口战斗	
蒋佃贵	男	东涝坡	1905～1940	1938	山东纵队4支队排长	莱芜柳子河战斗	
付兴武	男	东涝坡	1914～1947	1946	华东野战军8纵特务连排长	莱芜陈林战斗	
李洋笃	男	东涝坡	1917～1943	1939	辛庄区中队战士	莱芜东照临战斗	
刘仲文	男	东涝坡	1918～1940	1940	山东纵队4支队班长	莱芜崮山战斗	
李臣奎	男	东涝坡	1922～1948.6	1946	华东野战军8纵23师班长	开封战役	
刘呈孔	男	东涝坡	1927～1947.7	1946	华东野战军7纵战士	南麻战役	
陈学美	男	东涝坡	1928～1978.9	1945.8 1946.6	陆军98医院副院长	浙江病故	一二三等功六次著名烈士1978年11月批烈
张焕成	男	东涝坡	1928～?	1946	支前民工队民工		1948年失踪1981年追烈
李玉笃	男	东涝坡	1927.2～1947.11	1947.6	莱芜县汶阳区武工队		
刘成彬	男	东涝坡	1930～1948.3	1946	东北野战军卫生员	四平战役	
段伦常	男	南蛇沟	1918～1946	1945	鲁中军区4师	益都王母宫战斗	
于安栾	男	于家官庄	1924～1947	1946 党员	华东野战军8纵班长	泰安战斗	
侯安孔	男	于家官庄	1927～1948.11	1946	华东野战军8纵22师排长	淮海战役	
陈茂价	男	西照临	1919～1948.11	1946	华东野战军8纵23师战士	淮海战役	

续表辛庄镇特记－6－1－7

姓　名	性别	籍　贯	生卒年月	参加革命年月/入党年月	牺牲时所在单位、职务或身份	牺牲战役或地点	备　注
陈成业	男	西照临	1920～1946	1945 1946	鲁中军区4师11团战士	章丘埠村战斗	
陈茂昌	男	西照临	1921～1947	1946 党员	莱芜县工商支局经济员	莱芜常庄战斗	
陈茂顺	男	西照临	1921～1947.7	1945	华东野战军8纵22师战士	菏泽沙土集战役	
陈茂文	男	西照临	1927～1948	1946	华东野战军8纵23师战士	徐州战役	
李香亭	男	东照临	1910～1950	1938	广西省苍梧县粮局局长	广西苍梧病故	1950年批烈
张会文	男	东照临	1926～1952	1946	志愿军26军班长	朝鲜	
郭信笃	男	东照临	1928～1947.7	1946 1946	华东野战军8纵23师班长	菏泽沙土集战役	
李真实	男	东照临	1930～1956	1949	济南航空学校飞机场	济南因公	1956年部队批烈
亓书辛	男	朱家沟	1917～1947	1940	鲁中军区战士	莱芜红岭子战斗	
邹庆武	男	朱家沟	1922～1942	1940	山东纵队4支队2团	丁家崮战斗	
亓书真	男	朱家沟	1924～1947.5	1946	华东野战军8纵22师65团	孟良崮战役	
周文祥	男	朱家沟	1924～1951	1946	志愿军26军76师警卫连战士	朝鲜白山峰	
贾福祥	男	朱家沟	1926～1948.3	1945	4野3旅2团指导员	四平战役	
田瑞申	男	上田庄	1917～1946	1945	鲁中军区4师11团战士	益都王母宫战斗	
田怀春	男	上田庄	1920～1948.11	1945	华东野战军8纵22师指导员	淮海战役	
田树松	男	上田庄	1921～1947.7	1946	华东野战军7纵21师战士	南麻战役	
田敬明	男	上田庄	1944～1967	1965 党员	3942部队战士	越南	援越抗美中牺牲1967年部队批烈
苗增礼	男	苗家庄	1921～1947.7	1946 党员	华东野战军7纵21师	南麻战役	
朱云祯	男	簸箩村	1912～1942	1940	山东纵队4支队2团	莱芜鹏山战斗	
李宪笃	男	簸箩村	1925～1949.4	1946 党员	25军排长	渡江战役	
赵学圣	男	赵家庄	1927～1951	1946	志愿军26军76师炮团排长	朝鲜	

续表辛庄镇特记-6-1-8

姓名	性别	籍贯	生卒年月	参加革命年月/入党年月	牺牲时所在单位、职务或身份	牺牲战役或地点	备注
杜元苓	男	北蛇沟	1921~1948	1945 1947	华东野战军8纵22师65团班长	济宁战斗	
杨永思	男	大官庄	1914~1940	1939 党员	山东纵队1旅2团战士	沂南马牧池战斗	
魏瑞祥	男	大官庄	1914~1949.4	1947	27军	渡江战役	
亓功田	男	大官庄	1917~1942.10	1939	山东纵队4支队3团2营战士	莱芜吉山战斗	
孟宪俊	男	大官庄	1918~1940	1939	山东纵队1旅2团战士	沂水战斗	
亓奉珠	女	大官庄	1919~1943	1939	泰山军分区	莱芜文字现战斗	
亓春刚	男	大官庄	1924~1948.11	1942 党员	华东野战军8纵23师68团排长	淮海战役	
孟广泽	男	大官庄	1925~1947	1946	华东野战军8纵22师65团	菏泽沙土集战役	
石成俊	男	大官庄	1928~1947.2	1945	华东野战军8纵23师69团	莱芜战役	
伊方玉	男	大官庄	1928~1948.11	1946	华东野战军8纵22师	淮海战役	
纪明珠	男	大官庄	1928~1947	1946	华东野战军8纵	巨野战斗	
张敬圣	男	桑园村	1909~1952	1943	志愿军26军78师234团排长	朝鲜西方山	三等功一次
司保章	男	桑园村	1919~1942	1939	山东纵队排长	莱芜老鸦峪战斗	
秦元贵	男	桑园村	1920~1942.10	1940	山东纵队12中队	莱芜吉山战斗	
秦一恒	男	桑园村	1928~1948.3	1946	华东野战军8纵战士	洛阳战役	
刘丙伍	男	崖下地	1908~1947	1946 党员	莱芜县崖下村民兵队队长	莱芜南冶战斗	
司明珠	男	崖下村	1915~1946	1946	莱芜县汶阳区区中队战士	莱芜北孝义战斗	
李植亮	男	崖下村	1963~1985	1982.1 1985.1	炮12师1团指挥连排长	麻粟坡	
李庆角	男	兴隆村	1900~1948	1945 1940	莱芜县汶阳区武工队队员	莱芜鄂庄战斗	
周成振	男	兴隆村	1913~1945	1942	辽宁人民自卫军2团2营	东北	
李顺实	男	兴隆村	1914~1943	1941	汶阳区工作员	莱芜辛庄战斗	
王宝栾	男	兴隆村	1919~1945	1940	鲁中军区	章丘	
李华笃	男	兴隆村	1922~1948.6	1945	华东野战军8纵22师65团	开封战役	

续表辛庄镇特记－6－1－9

姓　名	性别	籍　贯	生卒年月	参加革命年月/入党年月	牺牲时所在单位、职务或身份	牺牲战役或地点	备　注
李志绪	男	兴隆村	1925～1947.2	1945	华东野战军8纵22师65团	莱芜战役	
李庆实	男	兴隆村	1926～1951	1945	志愿军26军76师227团1营班长	朝鲜	
李宝春	男	兴隆村	1926～1947.2	1946	鲁中军区警备旅	莱芜庞家岭战斗	
李京绪	男	兴隆村	1927～1948.11	1945	华东野战军3纵8师22团	淮海战役	三等功一次
李延春	男	兴隆村	1927～1946	1945	鲁中军区4师11团战士	章丘埠村战斗	
李永春	男	兴隆村	1928～1947.2	1946	鲁中军区警备旅	莱芜庞家岭战斗	
李维一	男	南埠村	1914～1944	1938 党员	中共沂南县委书记	蒙阴战斗	曾用名李铎 著名烈士
李振远	男	南埠村	1921.2～1948.3	1946			
李振铎	男	南埠村	1926～1948.11	1946 1947	华东野战军8纵23师	淮海战役	
李聚胜	男	南埠村	1926～1952	1946 1946	志愿军26军77师229团2营排长	朝鲜	
吴曰笃	男	大石家村	1918～1945	1940	历城支队连长	历城	
刘训友	男	大石家村	1920～1947.5	1945 党员	华东野战军8纵23师副排长	孟良崮战役	
刘善林	男	大石家村	1920～1947	1946	华东野战军8纵23师67团	菏泽独山集战斗	
孙兆义	男	大石家村	1921～1947	1946	华东野战军8纵23师69团战士	菏泽独山集战斗	
孙兆瑞	男	大石家村	1924～1947.12	1946	华东野战军8纵22师66团	莱芜燕子山战斗	
吴叔德	男	大石家村	1924～1947	1946.2	华东野战军8纵23师67团	菏泽独山集战斗	曾用名吴书德
杨守举	男	大石家村	1925～1946	1945	鲁中军区4师11团3营	益都王母宫战斗	
侯学贞	男	大石家村	1925～1947.12	1946	华东野战军7纵战士	莱阳战斗	
侯明礼	男	大石家村	1928～1947	1946.1	华东野战军8纵23师67团通讯员	菏泽独山集战斗	曾用名侯明孔
陈茂云	男	墨埠村	1921～1947.7	1946	华东野战军7纵21师61团战士	南麻战役	
陈茂兴	男	墨埠村	1921～1947.5	1945	华东野战军8纵23师	蒙阴岱崮战斗	

续表辛庄镇特记－6－1－10

姓　名	性别	籍　贯	生卒年月	参加革命年月/入党年月	牺牲时所在单位、职务或身份	牺牲战役或地点	备　注
陈茂祥	男	墨埠村	1922～1950	1946 1946	志愿军9兵团	朝鲜新兴里	
陈茂吉	男	墨埠村	1922.1～1951	1946	志愿军9兵团战士	朝鲜新兴里	
吴召业	男	墨埠村	1924～1951	1945 党员	志愿军9兵团	朝鲜新兴里	
郑德青	男	墨埠村	1924～1948.11	1945	华东野战军8纵23师67团班长	淮海战役	
陈茂松	男	墨埠村	1929～1949	1947	解放军	广西予次	
张福三	男	秦家洼	1912～1941	1940 1937	铁车区公安局	莱芜战斗	曾用名张夫三
秦孝禄	男	秦家洼	1918～1940	1939 1938	山东纵队4支队2团战士	莱芜青泥沟战斗	曾用名秦孝儒
李福东	男	秦家洼	1921～1947	1947	鲁中军区警卫团战士	博山战斗	曾用名李夫东
陈沛现	男	秦家洼	1926～1950	1946 1947	志愿军25军74师221团排长	朝鲜	曾用名陈沛宪
张敬周	男	秦家洼	1926～1952	1946 1948	志愿军25军74师221团班长	朝鲜	
秦佃振	男	秦家洼	1928～1948.11	1946 1947	华东野战军8纵23师班长	淮海战设	
李会一	男	芹城村	1922～1947	1947	华东野战军13纵37师109团给养员	新泰孙村战斗	
魏庆和	男	芹城村	1923～1946	1945	莱芜县独立营	莱芜小山子战斗	
魏兰梓	男	芹城村	1926～1947.9	1946	华东野战军8纵23师战士	菏泽沙土集战役	
魏传富	男	芹城村	1926～1947.5	1946	华东野战军8纵23师班长	孟良崮战役	
赵洪钧	男	赵家泉村	1907～1943.4	1942 1938	辛庄区公所文书		
赵玉祥	男	赵家泉村	1916.7～?	1946	鲁中军区战士		1947年失踪 1957年追烈
范青洋	男	赵家泉村	1918～1938	1936 党员	中共莱芜县委宣传部干事	莱芜温家庄战斗	
亓代川	男	赵家泉村	1923～1948.11	1946	华东野战军8纵22师战士	淮海战役	
赵连玉	男	裴家庄	1910～1943	1941	辛庄区中队战士	莱芜颜庄战斗	

续表辛庄镇特记－6－1－11

姓　名	性别	籍　贯	生卒年月	参加革命年月/入党年月	牺牲时所在单位、职务或身份	牺牲战役或地点	备　注
尚夫红	男	裴家庄	1910～1947	1945	鲁中军区警备旅卫生员	泰安道郎战斗	
尚元三	男	裴家庄	1910～1943	1941	辛庄区公所区长	莱芜裴家庄战斗	
杨丰章	男	裴家庄	1912～1943	1941 1939	辛庄区文书	莱芜裴家庄战斗	
杨信章	男	裴家庄	1919～1947.2	1944 1945	华东野战军8纵22师65团副排长	莱芜鹁鸽楼战斗	
刘得志	男	裴家庄	1923～1947	1942	鲁中军区警备旅副连长	沂源歪头崮战斗	
郭中得	男	裴家庄	1924～1943	1941 党员	鲁中军区独立营排长	蒙阴	
赵京永	男	裴家庄	1927～1948.11	1945 1947	16军46师137团3营8连战士	淮海战役	
杨元昌	男	裴家庄	1929～1946	1945	历城县独立营战士	历城葛尔庄战斗	
路沛君	男	砟峪村	1918～1942	1940 1942	辛庄区中队战士	莱芜后城子战斗	
齐立楷	男	砟峪村	1922～1949.05	1946	26军炮兵团班长	上海战役	
魏夫祯	男	砟峪村	1922～1943	1940 1939	山东纵队4支队	黄县东南岭战斗	
魏夫儒	男	砟峪村	1926～1948	1946 1946	华东野战军8纵23师67团	河南永城战斗	
张敬礼	男	砟峪村	1927～1948	1946 1946	华东野战军8纵23师67团班长	河南永城战斗	
张敬爱	男	砟峪村	1928～?	1945	鲁中军区		1947年失踪 1981年追烈
白立增	男	红崖村	1921～1947.09	1945 1944	华东野战军8纵22师65团指导员	菏泽沙土集战役	
赵传友	男	红崖村	1923～1942	1941	辛庄区中队战士	莱芜后城子战斗	
刘登奎	男	旋车沟	1910～1941	1938 党员	铁车区中队指导员	石沟战斗	
刘得章	男	旋车沟	1918～1949.05	1945 党员	25军75师224团连长	上海战役	
刘登秀	男	旋车沟	1922～1947.09	1946	支前民工队民工	菏泽沙土集战役	
刘登文	男	旋车沟	1925～1948.04	1945 1947	鲁中军区警备7团3营7连班长	泰安大汶口战斗	
魏汝刚	男	西泉村	1911～1949.05	1943 党员	上海警察总队2团班长	上海战役	
吕顺亭	男	西泉村	1921～1948.11	1945 1945	华东野战军8纵22师65团指导员	淮海战役	

续表辛庄镇特记-6-1-12

姓　名	性别	籍　贯	生卒年月	参加革命年月/入党年月	牺牲时所在单位、职务或身份	牺牲战役或地点	备　注
王奎生	男	西铁车	1921～1942	1941 党员	辛庄区区中队班长	莱芜后城子战斗	
马为庆	男	西铁车	1922～1948.11	1946 党员	华东野战军7纵21师62团班长	江苏镇江战斗	
傅成告	男	宅科村	1918～1940	1938 党员	山东纵队1旅2团排长	蒙阴张庄战斗	
尚庆对	男	大沟村	1925～1942	1942	辛庄区中队战士	莱芜后城子战斗	
单常龙	男	桃峪村	1910～1940		桃峪村民兵队民兵	辛庄被敌杀害	当时区政府承认为烈士
李永秋	男	桃峪村	1916～？	1938	山东纵队4支队战士		1940年失踪 1950年追烈
伊贯田	男	桃峪村	1917～1947.04	1941	支前民工队民工	宁阳战斗	
赵永胜	男	埠岭村	1918～1948.11	1938 1940	25军73师217团副团长	淮海战役	著名烈士
赵永富	男	埠岭村	1920～1942	1940 1940	辛庄区中队	莱芜后城子战斗	
张德祥	男	北泉村	1920～1950	1945	40军直属团2营副班长	安徽濉溪病故	1950年 部队批烈
李克功	男	北泉村	1923～1946	1945	鲁中军区4师11团2营7连	章丘姚庄战斗	
卢曰利	男	上泉村	1924～1946	1945	莱芜县独立营	章丘埠村战斗	
张心夫	男	北泉村	1926～1949	1946	35军105师班长	浙江杭州	
路光和	男	耶郡村	1920～1945	1944	鲁中军区4师11团1营3连副班长	临沂	
路光君	男	耶郡村	1921～1942	1938	鲁中军区4旅通讯员	莱芜北崖战斗	
赵连玉	男	王圆坡	1913～1942.10	1942	泰山军分区排长	莱芜吉山战斗	
魏书柏	男	团圆坡	1917～1948.11	1942	鲁中军区兵站排长	淮海战役	
卢元存	男	团圆坡	1918～1942	1941	辛庄区中队战士	莱芜后城子战斗	
赵义山	男	团圆坡	1921～1947	1946	辛庄区中队	莱芜蔡店战斗	
侯学坤	男	团圆坡	1923～1948.07	1945	华东野战军七纵战士	兖州战斗	
卢曰仁	男	团圆坡	1924～1942.10	1942	泰山军分区排长	莱芜吉山战斗	
魏光平	男	团圆坡	1925～1949.04	1945	28军82师战士	渡江战役	
李传祥	男	宝台村	1920～？	1946	华东野战军7纵21师62团		1947年失踪 1981年追烈

续表辛庄镇特记－6－1－13

姓　名	性别	籍　贯	生卒年月	参加革命年月/入党年月	牺牲时所在单位、职务或身份	牺牲战役或地点	备　注
亓玉祥	男	宝台村	1920～1942	1941 1940	辛庄区区中队	莱芜南冶被敌杀害	当时区政府承认为烈士
徐克迎	男	石湾子	1921～1943	1943 1940	辛庄区区长	石湾被敌杀害	当时区政府承认为烈士
李庆禄	男	石湾子	1922～1944	1943	莱芜县独立营战士	莱芜团坡战斗	
徐华英	男	石湾子	1923～1944	1944 党员	鲁中军区战士	河北香河县	
徐太会	男	石湾子	1925～1947	1946 1946	华东野战军7纵21师战士	章丘战斗	
边振兴	男	东铁车	1917～1942	1938 党员	山东纵队4支队2团连长	沂源张庄战斗	
李修笃	男	东铁车	1917～1942	1942	辛庄区中队战士	莱芜上陈战斗	
魏汉东	男	东铁车	1918～1942	1942	辛庄区中队战士	莱芜后城子战斗	
王得奎	男	东铁车	1921～1946	1938	鲁中军区4师10团2营4连指导员	泰安北集坡战斗	
吕登富	男	东铁车	1925～1948.11	1946	华东野战军8纵23师战士	淮海战役	
狄立和	男	团坡子	1925～1947.2	1947 1943	辛庄区中队战士	莱芜西铁车战斗	

附 录

FULU

区划调整文件

山东省人民政府
关于设立莱芜市钢城办事处的批复

(90)鲁政函81号

泰安、淄博市人民政府:

泰政发〔1990〕93号和淄政发〔1990〕133号文悉。为加强莱钢驻地区域的行政管理,促进经济和社会事业的发展,同意设立莱芜市钢城办事处(副县级),为莱芜市政府的派出机构。将莱芜市颜庄镇、城子坡镇、里辛乡和新泰市寨子乡、沂源县黄庄镇等五个乡镇划归莱芜市钢城办事处管辖。

一九九〇年八月二十日

国务院关于山东省莱芜市升为地级市的批复

国函〔1992〕182号

山东省人民政府:

你省《关于将莱芜市升为地级市的请示》(鲁政发〔1989〕47号)和有关的补充请示收悉。同意莱芜市升为地级市,设立莱城区、钢城区,市人民政府驻莱城区。莱城区辖原莱芜市城区办事处及北孝义、张家洼、苗山、见马、和庄、常庄、雪野、茶叶(业)口、上游、腰关、鹿野、大槐树、大王庄、寨里、杨庄、羊里、方下、牛泉、圣井、高庄、南冶、辛庄、铁车、口镇二十四个乡镇,区人民政府驻城关路。钢城区辖原莱芜市城子坡、颜庄、黄庄、里辛、寨子五个乡镇,区人民政府驻城子坡镇。

一九九二年十一月二十二日

山东省人民政府
关于同意设立莱芜市钢城区城子坡
街道办事处和里辛镇的批复

鲁政函民字〔1995〕46 号

莱芜市人民政府：

你市《关于城子坡镇撤镇改街道办事处的请示》（莱政函〔1995〕第 47 号）、《关于里辛乡撤乡改镇的请示》（莱政函〔1995〕第 48 号）均收悉。经研究，同意：撤销钢城区城子坡镇，设立城子坡街道办事处，管辖范围和机关驻地不变；撤销钢城区里辛乡，设立里辛镇，撤乡设镇后，行政区域和人民政府驻地不变，其行政区域边界以莱政函〔1995〕48 号文附的 1∶5 万地形图上标绘的界线为准。

一九九五年九月十五日

山东省人民政府
关于同意莱芜市莱城区钢城区
调整部分乡镇行政区划的批复

鲁政函民字〔2000〕75 号

莱芜市人民政府：

你市《关于调整莱城区钢城区乡镇（办事处）行政区划的请示》（莱政发〔2000〕84 号）收悉。经研究，同意：

撤销莱城区北孝义乡，将其行政区域并入城市街道办事处；撤销南冶镇、高庄镇，以原南冶镇和高庄镇的行政区域设立高庄街道办事处，办事处机关驻原高庄镇人民政府驻地；撤销张家洼镇，以原张家洼镇的行政区域设立张家洼街道办事处，办事处机关驻原张家洼镇人民政府驻地；撤销其铁车乡，将其行政区域并入辛庄镇；撤销常庄乡、见马乡，将其行政区域并入苗山镇；撤销莱城区腰关乡、茶业口乡，以原腰关乡和茶业口乡的行政区域设立茶业口镇，镇人民政府驻原茶业口乡人民政府驻地；撤销鹿野乡、上游镇、雪野乡，以原鹿野乡、上游镇、雪野乡的行政区域设立雪野镇，镇人民政府驻原上游镇人民政府驻地；撤销大槐树乡，将其行政区域并入大王庄镇；撤销圣井乡，将其行政区域并入牛泉镇。

撤销钢城区寨子乡，将其行政区域并入城子坡街道办事处。

二〇〇〇年十二月十四日

莱芜市人民政府关于莱城、钢城两区调整乡镇(办事处)行政区划的通知

莱政发〔2000〕91号

各区人民政府,市政府有关部门:

为搞好乡镇(办事处)行政区划调整工作,根据省政府的批复意见(鲁政函民字〔2000〕75号),现将有关事项通知如下:

一、撤销莱城区北孝义乡,将其行政区域并入城市街道办事处;撤销南冶镇、高庄镇,以原南冶镇和高庄镇的行政区域设立高庄街道办事处,办事处机关驻原高庄镇人民政府驻地;撤销张家洼镇,以原张家洼镇的行政区域设立张家洼街道办事处,办事处机关驻原张家洼镇人民政府驻地;撤销铁车乡,将其行政区域并入辛庄镇;撤销常庄乡、见马乡,将其行政区域并入苗山镇;撤销腰关乡、茶业口乡,以原腰关乡和茶业口乡的行政区域设立茶业口镇,镇人民政府驻原茶业口乡人民政府驻地;撤销鹿野乡、上游镇、雪野乡,以原鹿野乡、上游镇、雪野乡的行政区域设立雪野镇,镇人民政府驻原上游镇人民政府驻地;撤销大槐树乡,将其行政区域并入大王庄镇;撤销圣井乡,将其行政区域并入牛泉镇。

二、撤销钢城区寨子乡,将其行政区域并入城子坡街道办事处。

希望两区接此通知后,迅速开展乡镇(办事处)行政区划调整工作,并采取有力措施,及时妥善处理调整过程中的有关问题,确保乡镇(办事处)行政区划调整工作的顺利进行。

二〇〇〇年十二月十九日

莱芜市人民政府关于同意钢城区城子坡街道办事处更名的批复

莱政字〔2000〕138号

钢城区人民政府:

你区关于城子坡街道办事处更名的请示(钢城政发〔2000〕16号)收悉。根据国务院《地名管理条例》和省政府《地名管理办法》有关规定,经研究,同意:

钢城区城子坡街道办事处更名为艾山街道办事处。

二〇〇〇年十二月十九日

山东省人民政府
关于同意将莱芜市莱城区辛庄镇划归钢城区管辖的批复

鲁政字〔2006〕168 号

莱芜市人民政府：

你市《关于将莱城区辛庄镇划归钢城区管辖的请示》（莱政发〔2006〕29 号）收悉。经研究，批复如下：

同意将莱城区辛庄镇划归钢城区管辖。调整后，辛庄镇行政区域不变，镇政府驻地不变，辖 68 个行政村，分别是辛庄、东辛庄、下朱家店、杨家横、吕家峪、岔道、上三山、下三山、王响泉、桑响泉、刘响泉、徐家店、上陈、下陈、上河、北王家庄、蔡店、侯家台、前城子、后城子、桑园、百咀红、崖下、大徐家庄、纸坊、坡庄、乔店、后峪、天井峪、赵家泉、兴隆庄、芦城、南埠子、赵家庄、苗家庄、南王家庄、上田庄、培峪、东宋家庄、朱家沟、墨埠、东照临、西照临、于家官庄、北蛇沟、南蛇沟、簸箩、大官庄、东涝坡、东铁车、西铁车、桃科、旋车沟、郎郡、团坡子、傅宅科、砟峪、城岭、石湾子、大沟、裴家庄、南宝台、北宝台、红崖、团圆坡、西泉、北泉、桃峪。

二〇〇六年六月二十三日

区委、区政府重要文件辑存

中共莱芜市钢城区委
莱芜市钢城区人民政府
关于加快发展高新技术及其产业的意见

钢城发〔1994〕16 号

为贯彻落实省委、省政府和市委、市政府关于加快高新技术发展的一系列政策规定，加快钢城建设的步伐，确保“提前三年翻三番”目标的实现，现就我区发展高新技术及其产业问题提出如下意见：

一、发展高新技术及其产业的战略意义

当今世界科学技术飞速发展，高新技术成果大量涌现，科技在经济发展中的比重越来越大。许多国家都在竞相发展现代科学技术，抢占高新技术制高点，把增强科技实力作为重要国策。党中央国务院和省、市对发展高新技术及其产业十分重视，要求大力发展高新技术，有计划、有组织地发展高新技术产业，用高新技术改造传统产业，提高市场竞争能力。到 1997 年我区经济翻三番，意味着工农业总产值需以每年 51.57%的速度递增，实现这一速度，单靠拼资源、拼设备和低水平的量的

扩大是不可能的，这就要求我们必须走依靠科技，发展高新技术及其产业振兴经济的路子，这既关系到提前三年翻三番战略目标的实现，也关系到本世纪末、下世纪初我区经济建设和长远发展。

目前我区主要是以钢铁机械加工业为主，近几年一批符合国家产业政策，科技含量高、市场前景好的项目脱颖而出，为发展高新技术产业提供了较好的产业基础，而且拥有几个高新技术领域的技术力量和科研成果，基本具备了发展高新技术及其产业的条件。因此只要我们加强领导，充分发挥优势，发展我区高新技术产业是大有希望的。

二、发展高新技术及其产业的指导思想和奋斗目标

发展高新技术及其产业的指导思想是：从现有的基础条件出发，以国内外市场为导向，坚持有限领域、重点突破、由点带面、滚动发展的原则，大力开发高新技术和拳头产品。加快培植高新技术生长点，并嫁接改造传统产业，大力发展高新技术企业，孵化创办高新技术产业群体和产业集团，实现“三带动，三促进”，即发展高新技术及其产业，带动全区产业结构和产品结构的优化调整，带动传统产业的技术改造，带动支柱产业产品的更新换代，促进科技与经济在更深层次上的紧密结合，促进科技与其它生产要素的优化组合，促进经济建设尽快转到依靠科技进步和提高劳动者素质的轨道上来。

根据上述指导思想，我区高新技术及其产业发展的主要奋斗目标：

高新技术产业的产值，1995年达到2.5亿元，出口创汇比例不低于10%；到2000年达到16亿元，出口创汇比例不低于15%；产值平均每年递增45%，占工农业生产总值的比重，1995年达到10%，2000年达到18%；

高新技术产业生长点，高新技术企业，1995年认定3家，2000年认定6家；

高新技术项目产品，1995年达到10项，2000年达到20项；

用高新技术嫁接改造传统产业试点企业，1995年认定5家，2000年认定10家；

从事高新技术产品研究与开发的厂办科研机构，民办技术开发机构，1995年达到4个，2000年达到10个左右；

引进和培养从事高新技术产品研究和开发的高科技人才，1995年增加到30人，2000年增加到100人；

到1995年，直接还原铁粉，高性能粉末冶金制件，磁性材料，双缸双作用转子活塞泵等高新技术产品，上规模，上水平，形成整体优势和整体效益；

高新技术在农业生产中得到有效应用；

到本世纪末，高新技术及其产业，在重点领域形成气候，形成特色。在重点行业由点到片，形成产业群体或企业集团，使重点产品形成系列，创出名牌，逐步把我区建成以钢铁、原材料、机械工业为龙头，以高层次的新技术开发和基础加工业为主体，具有钢城特色的高新技术开发基地。

三、“八五”后两年及到本世纪末发展的重点领域、重点产业和主要任务

(一)重点领域和重点产业

根据省、市要求，结合我区实际，确定高新技术及其产业发展的重点技术领域：

1.新材料技术：主要包括粉末冶金还原铁粉，直接还原铁、磁性材料等。

2.高效节能节材技术：主要是指楔横轧制技术。

3.高性能机械加工技术：主要包括双缸双作用转子活塞泵，压缩机系列产品开发。

4.电子信息技术：主要包括通讯仪表、计算机应用，微电子与基础电子元器体等。

5.其它在传统产业基础上应用的新工艺、新技术。

在上述五个领域，重点培植和发展以下几个高新技术产业群体。

1.粉末冶金及制件：以粉末冶金厂和粉末冶金制件厂为骨干，开发生产海绵铁、铁精粉和粉末冶金制件，形成4万吨还原铁粉和1万吨配套加工能力，建成全国首家直接还原铁生产基地。“八五”

末新增高新技术产品产值1亿元，到2000年达到3亿元。

2.磁性材料：以市磁性材料厂为基础研制开发生产R8K、R10K、R2KW等系列高性能磁粉、磁件和高频低损耗功率电源变压器。“八五”末新增产值2000万元，到2000年达到1.5亿元。

3.双缸双作用转子活塞泵和冷冻压缩机：以秦鲁通用机械厂为龙头，瞄准国内外机械业发展方向，不断研制开发生产具有国内先进水平的油泵和压缩机，同时搞好系列产品的开发，辐射带动传统机械加工业产品结构的调整，“八五”末高新技术产品产值将达到400万元，到2000年产品产值将突破亿元大关。

4.新型建材：以钢城新型建材技术研究所为骨干，进行新型建材的研究开发，从而带动整个钢城建材业的发展。新型建材研究所“八五”末要推出一批课题，并逐步形成产业化。

5.畜禽养殖：根据钢城实际情况，重点发展奶牛和养鸡业，要以大专院校、科研单位为技术依托，充分发挥农民研究会的作用，引进开发新品种，力争“八五”末使我区品种良种化。

6.蔬菜和林果业的发展要上一个新台阶：努力扩大蔬菜生产规模，确保“一条线三大片”战略的实施，要以下北港、牛马庄、于家庄、冯家庄、黄庄村为骨干，大力发展压膜线式冬暖型大棚，要不断更新和推广于家庄的钢城棚，提高种菜效益，促进结构调整。果树要以黄庄镇果树研究会为骨干，引进开发新品种，扩大规模，使之成为当地经济作物的支柱产业。

（二）主要任务

1.加强高新技术及其产业，必须从钢城区实际出发，依靠现有工农业基础，充分发挥基础优势和资源优势，创造条件，克服不利因素，以先进技术装备、管理手段为先导，以现有区直企业为骨干，以国内大专院校、科研单位、莱钢为依托，走内联外引之路，内联打基础，相对形成人才密集、知识密集、技术密集的产业群体，不断提高企业自身的高新技术产品的研究开发能力，强化中试环节，促进科研、设计、生产、经营一体化；外引上水平，采取多种形式，多种渠道引进高等院校、科研单位，已达到应用阶段的高新技术成果和国内外先进的技术装备，使我区高新技术及其产业高起点高起步，在应用与开发中创新，在发展中形成特色。

2.大力发展高新技术企业，精心培植高新技术产业生长点。高新技术产业生长点是高新技术企业的源泉，高新技术企业是发展高新技术产业的基础。近期要重点培植两种类型生长点：一是近几年出现的以高新技术项目为起点，科工贸一体的科技型企业，对这部分高新技术产业生长点，要积极引导，大力扶持，使其在市场竞争中尽快形成规模并逐步发展成为相应的产业群体和产业集团。二是发展高新技术的三资企业，引进国外的先进技术和设备，尽快使国外的先进技术在我区落户，并消化吸收，开发出一批拳头产品。

3.运用高新技术嫁接改造传统产业，推动企业技术进步。传统产业是国民经济的主体，运用高新技术嫁接改造传统产业是发展高新技术及其产业的一项重要任务。当前，可以山东九龙实业集团公司部分企业为试点，以点带面，带动全区企业的嫁接改造。

四、加快发展高新技术及其产业的主要措施

发展高新技术及其产业涉及面广，任务艰巨，需要各级政府、各部门甚至全社会共同努力，当前要重点落实好以下几项措施：

（一）抓好舆论宣传，增强全社会的高科技意识。要利用广播、电视、报纸等新闻媒介，采取灵活多样的方式，广造舆论，大力宣传上级有关发展高新技术及产业的基本知识，宣传高新技术及其产业在国内竞争及其发展的意义作用，通过宣传，进一步提高广大干部群众的高科技意识，使发展高新技术及其产业成为全社会的自觉行动。

（二）建立激励机制，调动发展高新技术及其产业的积极性。高新技术企业、高新技术产业生长点和运用高新技术嫁接、改造传统企业的试点企业（简称“三高”企业）以及开发高新技术产品，享

受以下优惠政策：

1.“三高”企业从被认定之日起，符合鲁政发〔1992〕16号文件规定的，可分别享受高新技术开发区，培植高新技术产业生长点，运用高新技术嫁接改造传统产业的优惠政策。

2.属于火炬计划开发范围的高新技术新产品，凡符合新产品减免税条件的，按规定报批，可给予减免税照顾，其减免的税款专项用于高新技术开发。

3.用于高新技术开发和生产的仪器设备，用于生产国家规定的火炬计划重点领域及产品项目的产品所使用的仪器设备，经财税部门批准，可适当增提折旧费，折旧费全部留给企业。

4.“三高”企业的生产、经营性基本建设项目，按照统一规定安排建设，优先纳入当地固定资产投资计划，土地使用费和出让金享受莱发〔1993〕的有关规定，金融部门应尽力安排其开发和生产建设所需资金。

5.“三高”企业可以免购国家重点建设债券，自筹资金新建技术开发、生产经营用房的经批准，减或免缴城市基础设施配套费。

6.“三高”企业根据需要引进人才、技术、项目、资金可享受莱发〔1993〕19号文件规定的有关优惠政策。

7.开发高新技术产品，使企业达到强企业标准的，享受强企业的有关鼓励政策，尚未达到强企业标准而年新增税后利润300万元以下的可提取8%；300万元(含300万元)以上的提取10%；500万元(含500万元)以下的可提取12%，一次性重奖企业的厂长(经理)和有功科技人员。

(三)加强宏观管理，确保高新技术及其产业健康发展。

1.区科教文卫体委作为区政府发展高新技术及其产业的主管部门，要认真组织好火炬计划的实施，做好对“三高”企业的认定、考核工作。

2.“三高”企业要严格按照鲁政发〔1992〕16号文件及其它有关文件规定的条件报批，区科教文卫体委要会同区经贸委、计统委做好运用高新技术改造传统产业样板企业的报批和管理工作。

3.企业每年至少要开发一项新产品或运用一项新技术、新工艺，并纳入企业发展目标和厂长(经理)任期目标责任制。

4.列为高新技术产品的期限一般为五年，技术周期较长的高新技术产品，经批准可延长到七年。

(四)增加投资，为发展高新技术提供资金保证。高新技术具有高投入、高效益、高风险的特点。要合理调整投资方向，优化投资结构，注重向高新技术及其产业倾斜。要认真贯彻落实省委、省政府《关于加速高新技术发展，促进山东经济振兴的决定》(鲁发〔1990〕23号)精神，广辟渠道，建立多元化的科技投资机制。区经贸委每年要保证将技改经费的15%—20%，用于运用高新技术改造传统产业；各专业银行每年要拿出当年流动资金贷款余额的2%—3%用于火炬计划的实施及高新技术产业的发展；按鲁发〔1992〕26号文件规定，区财政每年按财政预算总收入的1%—2%安排科技三项经费，并纳入当年度预算，主要用于高新技术项目的开发研究，建立科技发展专项基金，区财政每年从新产品减免税额中提取10%，区财政专户储存，专款专用，区科技部门统筹安排低息有偿、滚动使用，用于扶持高新技术重点攻关项目、火炬计划的实施和“三高”企业的发展。要积极吸引、利用外资兴办“三资”企业。广泛吸引聚集社会闲散资金用于发展高新技术及其产业。

(五)大力培训和引进高科技人才，解决发展高新技术人才不足的问题。采用多种有效途径培养一批懂技术、会管理、善经营的科技指挥人才和企业家，并帮助他们不断提高经营管理水平。举办不同层次的培训班，不断提高高新技术企业职工的素质。采取多种方式，加大措施，大力引进国内外高科技人才，搞好与大专院校、科研单位和大中型企业(如莱钢)联合与协作寻找合作伙伴和技术靠山，促进高新技术及其产业的发展。

(六)加强领导，为高新技术的发展提供组织保证。各级党委要进一步树立“抓经济不抓科技就是没抓住关键，抓科技不抓高新技术就是没抓住要领”的观点，充分认识发展高新技术及其产业的重要意义，切实加强领导，把发展高新技术及产业摆到重要议事日程，主要负责同志，要亲自抓，区直有关部门，要确定一名负责同志，具体抓好本行业、本系统的组织实施工作。乡镇要建立健全科技管理机构，指定专人负责科技工作并纳入领导干部任期目标责任制。各部门、各单位都要高度重视发展高新技术及其产业，在人力、物力、财力等方面给予积极支持。要加强部门之间的相互配合，财税、金融、组织、人事、工商、物价等部门要研究提出有关政策措施，为高新技术及其产业的发展创造良好的环境。要充分发挥厂办科研、民办科技开发企业和农民研究会等科研组织的作用，注重抓好典型，不断总结经验，推动我区高新技术及其产业发展。

一九九四年四月九日

中共莱芜市钢城区委
莱芜市钢城区人民政府
关于加快经济发展的有关政策规定

钢城发〔2000〕2号

为进一步落实区委、区政府确定的今年的重点任务，实现跨世纪经济发展目标，全面加快我区经济发展步伐，在认真落实好国家、省、市各级政策规定的基础上，依据上级有关政策，借鉴外地有关经验和做法，结合我区实际，特制定如下政策规定。

一、农业发展政策

1.鼓励生姜发展政策。每新发展一亩生姜，除落实市里每亩补助25元的政策外，区里再补助10元；对新发展2000亩以上的乡镇一次性奖励10万元。

2.鼓励山区开发政策。(1)按照区里确定的规划标准，凡连片开发土地1000亩以上的乡镇，每新增一亩耕地除市里补助300元外，区里再补助100元，该项资金由区里组织有关部门严格按“五成”标准验收合格后兑付，凡水利配套和结构调整没有按规划目标完成的，实行一票否决。对规模大、效益好的工程，先预支部分启动资金，验收后从补助资金中抵扣。(2)鼓励扶持发展“三灌”工程，凡连片发展1000亩以上的，每亩区里补助100元。(3)对开发后新增土地，一律按承包期至少30年的政策承包给农民经营。(4)鼓励支持农户或联户承包、租赁或买断小型水利设施经营权；鼓励支持农户、联户或集体采取独资和股份合作形式开发建设水利设施；莱钢等驻地企业富余人员、退休职工参与农林牧副渔加工等，搞农业开发经营的，在土地承包、经营设施、技术服务等方面给予优惠。

3.鼓励创办机关示范服务基地政策。从2000年开始，区里组织部分区直部门在棋山流域创办示范服务园。每个部门至少承包土地30亩，承包期为15年，土地由有关乡镇负责调整，期满后愿意继续承包经营的，可重新续签合同。具体政策：(1)各单位示范园有一名副局级领导干部带队，选择部分有一定技术特长的专业人员进行开发经营。示范园经营人员原则上与原工作完全脱钩，在享受待遇上实行“五不变”，即编制和级别不变、政治待遇不变、工资、福利待遇及发放渠道不变、正常晋级不变、工龄计算不变；“两优先”，即在同等条件下，优先提拔重用，优先评定职称。(2)示范园投入，从建立示范园当年起，由区财政每年每亩投入400元，连续投入三年。三年形成规模，达到规模效益，经验收后一次性奖励给承包单位10000元。(3)已经创办的乡镇机关示范园，参照区里的做法规范运作。

4.鼓励发展蚕茧政策。每新发展一亩桑园,由区丝绸公司补助乡镇40元，连片发展50亩以上的村，由丝绸公司配备一名技术员，月工资100元,100亩以上的,月工资150元。

二、区直部门包企业政策

1.包企业的范围:粉末冶金厂、磁性材料厂、轧辊厂、炭黑厂、镁碳砖厂和耐火材料厂。

2.主要工作目标和责任要求。工作目标:(1)完成企业改革改制任务;(2)完成年度计划指标;(3)建立科学规范的企业管理制度。对联系企业的区领导及包企业部门负责人的责任要求:(1)指导帮助企业搞好改革,增强发展活力;(2)指导帮助企业搞好管理创新,提高管理水平;(3)指导帮助企业完成年度计划指标;(4)指导帮助企业解决好改革发展中遇到的实际问题，为企业创造良好的外部环境;(5)指导帮助企业搞好新产品开发,加快人才培养与引进,推进科技进步;(6)指导帮助企业领导班子搞好自身建设,增强凝聚力、战斗力;(7)处理好与所包企业的关系,做到指导不干预,帮助不包揽,支持不添乱,服务不增加负担。

3.考核奖惩办法:由区企业工作领导小组具体负责考核,对所包企业,实行一季度一调度,半年一次总结检查,年终进行全面考核,对包企业的部门落实奖惩兑现。经考核,完成任务目标的,根据情况,奖励包企业部门1—3万元;超额完成目标任务的,酌情给予重奖;对完不成目标任务的,不予奖励,并通报批评;对因工作不利,造成经济损失的,酌情给予处罚。并将包企业的工作情况列入年度岗位考核目标,作为重要考核内容。对企业负责人的奖惩,另行规定。

三、个体私营经济发展政策

1.对全面完成个体私营经济发展目标的乡镇(办事处)奖励10万元,其中,对销售收入或营业额、上缴税金两项目标,实行一票否决;其他工作目标,以年度目标为基数,每减少一个百分点从基数10万元中扣减10%。

2.各乡镇(办事处)个体私营经济上缴税金,以1999年实际完成数为基数,超额完成任务的,按财政入库超额部分的10%给予奖励。

3.对在个体私营经济发展中做出贡献的有关职能部门和个人,给予表彰奖励。

4.对纳税10万元以上的个体私营大户大张旗鼓地进行表彰奖励。

四、鼓励招商引资政策

鼓励支持各级各部门各企业或个人争取资金、争取项目。凡争取到无偿资金的,按实际到位资金的4%给予奖励，凡争取到有偿使用资金的,按实际到位资金的1%给予奖励。

五、鼓励科技进步和人才引进政策

1.继续认真落实好国家、省、市、区各级已经出台的关于鼓励扶持科技进步的各项政策规定。

2.经区科学技术进步奖评审委员会评审,对获区科学技术进步奖的,按等级给予奖励,特别奖10万元，一等奖6000元，二等奖4000元，三等奖2000元。

3.引进国内外高层次专家和学科带头人,由用人单位提供科研启动资金，并创造优良的科研环境。国内外科技人员来我区创办企业的,除享受个体私营业户的所有政策外,在住房、资金扶持方面给予特别优惠。

4.留学人员来我区创办或领办企业的,经区人事劳动行政部门进行身份认定,区外经委批准,并经工商管理部门按外商投资企业注册登记，享受外商投资企业的各项优惠政策。

六、城乡建设政策

完成区委、区政府确定的考核目标任务,经考核验收后,对有关乡镇及部门给予奖励。

附:2000年重点项目考核目标量化表(略)

区领导联系企业及区直部门包企业目标责任表(略)

二〇〇〇年三月二十二日

中共莱芜市钢城区委
莱芜市钢城区人民政府
关于在全区实施“富民强村工程”的意见

钢城发〔2001〕17号

为进一步贯彻党的十五届六中全会精神，落实江泽民同志“三个代表”的重要思想，全面提高我区农民收入水平和富裕程度，不断发展壮大村级集体经济，促进全区农村经济持续快速健康发展，加快富民强区步伐，根据市委、市政府部署要求，区委、区政府决定，从2002年开始，用三年时间，在全区实施“富民强村工程”。为此提出以下意见。

一、指导思想

实施“富民强村工程”，是现阶段我区农村生产力发展水平的客观要求；是落实区十届六次全委会精神，促进全区农民共同致富，全面提高小康水平，实现经济发展速度、人均占有指标和整体工作水平有一个大的突破目标的现实需要；是新形势下加强和改进农村基层党组织建设，具体实践“三个代表”重要思想的有效载体；是全区人民的共同愿望和迫切要求。各级要增强使命感、紧迫感和自觉性，把实施“富民强村工程”作为当前和今后一个时期全区农村工作的总抓手，牢牢抓在手上，切实抓出成效。

实施“富民强村工程”，要以“三个代表”的重要思想为指导，紧紧围绕增加农民收入和发展壮大村级集体经济，坚持富民与强村相统一，扶强与扶弱相结合，经济与班子一起抓，全面贯彻执行党在农村的路线方针政策，不断增强农村基层党组织的凝聚力、战斗力和创造力，努力实现两委班子、党员队伍“双强”和农民、集体“双富”目标，为推进全区农村改革发展稳定，把钢城建设成为富强、文明的新兴工业城市，提供强有力的物质基础和组织基础。

当前，正在全区开展的村级“三个代表”学习教育活动，要把实施“富民强村工程”作为根本出发点和落脚点，把实施“富民强村工程”的实效作为第一检验标准，紧紧围绕如何富民强村，统一认识，查摆问题，积极想点子、找路子，把心思和干劲引导到干实事、求发展上，为“富民强村工程”的顺利实施奠定思想基础，创造良好开端。

二、目标任务

按照“一年打基础，两年有变化，三年见成效”的总体要求，通过三年的不懈努力，在全区农村实现四大目标。

（一）村两委班子建设得以明显加强。全区多数两委班子能够在促进农村改革发展稳定，特别是在发展壮大集体经济，增强为农民生产经营服务的能力，带领群众共同致富方面，发挥坚强的战斗堡垒作用。发挥作用好的班子比例达到35%以上，发挥作用差的班子比例控制在10%以下。每个镇（处）培养出3—5个在区内外有一定影响、具有时代特点的村级组织的先进典型。

（二）党员队伍整体素质得以全面提高。70%以上党员能够在完成各项任务，特别是在自身带头致富、带领群众致富中充分发挥先锋模范作用，涌现出一大批致富大户或致富能手。所有有劳动能力的党员掌握1—2门先进实用技术，30%以上的党员达到高中以上文化程度，70%左右的党员在农业产业结构调整中成为致富能手，20%以上的党员在从事非农产业中成为带头人。35%以下党员在新发展的党员中所占比例不少于75%，在全体党员中所占比例力争达到20%。

（三）农民人均纯收入得以较快增长。以2001年为基数，年增长力争6%到8%，农民人均纯收入1万元以上的富裕户所占比例提高到5%，人均4000—10000元的较富裕户提高到60%，基本解决

人均收入2500元以下的户，使低收入群众尽快脱贫致富。

（四）村集体经济实力得以不断壮大。以2001年为基数，全区村级集体经济总收入年增长力争10%。年集体经济收入10万元以上的村所占比例达到30%，5—10万元的村所占比例达到60%。争取基本解决5万元以下的薄弱村和无集体统一经营收益的村。

三、发展思路

把招商引资作为富民强村的总抓手、重中之重来抓，把家庭分户经营与集体统一经营紧密结合在一起，鼓励和引导农民群众广开致富门路，积极探索集体经济新的实现形式，千方百计拓宽发展路子。

（一）大力推进全民招商引资。要拓宽招商领域，充分发挥好当地的资源、区位、环境等优势，跑项目、筹资金、抓建厂，吸引外地企业参与当地产业开发。围绕促进当地农业产业结构调整、山区综合开发、小城镇建设、市场建设等工作，全方位招商引资。要将招商引资任务完成情况与政绩考核、评先树优、奖惩任免、工资福利等直接挂起钩来，严格考核奖惩。各镇（办事处）、村也要坚持因地制宜，认真贯彻落实好市、区制定的一系列优惠政策，推动招商引资任务的落实。

（二）加大农业产业结构调整和山区开发力度。把推进农业产业结构调整，作为当前和今后一个时期农业增效、农民增收最现实、最直接、最有效的途径，面向市场，提质增量，调大调优。通过调整，加快培植壮大三大主导产业：种植业，重点发展姜、菜、瓜等经济作物，力争3年内生姜、菜瓜种植面积达到6万亩。养殖业，把猪、鸡、兔生产作为重点，积极接受鲁中六合公司、得利斯集团莱芜公司的龙头带动作用，引导农民进行规模养殖。林果业，大力发展寒露蜜桃、黄金桃及干杂果产业，力争每年新发展“两桃”1.5万亩，到2004年使全区经济林面积（含桑园）达到15万亩，尽快把规模做大，把优势做强，真正把林果业建设成为山区群众脱贫致富的主导产业。大力发展农副产品加工项目，千方百计培植龙头企业。认真探索“公司+农户”和“订单农业”等产业化经营模式，推进贸工农一体化发展。坚持大搞山区综合开发，力争全区每年治理开发面积不少于1.5万亩，不断改善农业生产条件，为加快农业结构调整、实现农民增收创造条件。

（三）积极盘活集体存量和增量资产。根据不同类型资产的特点，搞好资产运营，努力做到“资源性资产抓开发、经营性资产抓增值、非经营性资产抓保值、福利性资产抓保护”，实现村级集体经济量的增长和质的提高。加快对“四荒”的拍卖，对路旁可栽树路段、河道及河堤，在确保通行、行洪的前提下拍卖使用权，使闲置的自然资源发挥效益。对通过开发新增的土地可以实行拍卖、租赁等形式，增加集体收入。对现有中小型水利工程、山场、林地，要本着有利于发展的原则，能拍卖的拍卖，能出租的出租，所得收入要主要用于水利、林业建设。对闲置的厂房、厂地、设备，可以通过作价入股、租赁、拍卖尽快盘活。

（四）加快各类企业改革和发展步伐。对未改制企业，通过股份合作、拍卖、租赁等形式进行改制。鼓励外来客商参股、控股、兼并、收购现有企业，鼓励现有企业嫁接改造或与外来投资者共同创办企业。特别是充分发挥背靠莱钢大企业的优势，本着以服务促合作、以服务求发展的指导思想，加强与驻地企业的联系，千方百计发展联办联营和服务配套项目，不断发展壮大村级经济实力。大力发展农产品储藏、运销、加工和其他类型的企业。积极研究推行农业标准化、有机食品生产、农产品保鲜贮存和精深加工技术，努力提高我区农产品的附加值和市场竞争力。按照“有偿、微利”的原则，围绕农民产前、产中、产后服务环节，积极兴办各类服务经营实体、科技示范区，开展中介服务，在服务中增加集体收入。

（五）放手发展民营经济。要把发展民营经济作为富民强村的重要措施，作为招商引资的重点，加大宣传力度，突出抓好政策落实，为民营经济发展创造良好的外部环境。开发民智，动员民力，利用民资，从投入少、见效快、简便易行的项目抓起，鼓励兴办各类实业。坚持内挖外引,吸收外商到当地投资办企业。选择一批有规模、有发展潜力的个体业户和民营企业加大投入，扩张总量，提高质量,促进个体私营经济向规模化、特色化、园区化发展，争取3年内全区农村新增有一定规模的个体私营企业200家以上,民营经济经营收入(或销售额)和纳税额年均递增不低于20%。

(六)抓好小城镇和各类园区建设。充分发挥镇(办事处)驻地的辐射带动作用,加快小城镇规划和建设步伐,使其成为经济发展的“隆起点”。把小城镇建设与招商引资结合起来,坚持“谁投资、谁受益”的原则,运用市场机制,激活社会投资,吸引外地投资,鼓励集体、个人和外商投资建设小城镇,形成多元融资体制。进一步完善规划,搞好旧村改造,加快中心村建设。具备条件的村特别是城郊村和镇(办事处)驻地村,要积极建立各类经济园区,投资建设各类市场,促进集体增收,农民致富。

(七)积极促进劳务输出。大力强化以区职业介绍所和各镇(办事处)劳动服务站为主体的劳动力市场建设,不断完善服务功能,在积极开展向莱钢等驻地企业劳务输出的同时,进一步拓宽区外、境外劳务输出的路子,有计划、有组织、多渠道、多形式引导农民进行劳务输出。建立农村劳动力资源库和劳务输出回乡人员资源库，纳入劳动力信息网,为农村劳动力转移提供信息和服务。制定优惠政策,鼓励、扶持外出务工人员返乡创业,促进就业。加快改革现行户籍管理制度,鼓励农民离土离乡进城镇落户，促进农村剩余劳动力向非农产业转移。大力发展劳动密集型乡镇企业,扩大农民就业和增收渠道。

四、班子建设

把村两委班子建设作为实施“富民强村工程”的关键来抓,按照“五个好”的目标,抓住有利时机,找准突出问题,采取有效措施,推动后进班子整顿转化，中间班子升级进步，先进班子巩固提高,促进全区村级班子建设再上新水平。

(一)抓住今冬明春村两委班子换届的时机,全面推行村干部交叉任职，尽量减少村干部职数。大力推行村党支部书记依法兼任村主任做法,力争换届后两委班子成员交叉兼职率达到70%以上，党支部书记兼任村主任的村达到80%以上。拓宽选人用人渠道,积极推行“两推一选”(党员推荐、群众推荐、支部大会选举)公开招考等办法,公开选拔农村党支部班子成员。

(二)结合乡镇机构改革,本着充实、加强基层的原则,对没有合适人选的后进村,采取个人报名和组织委派相结合的办法,选派素质好、能力强、热心农村工作的区直、乡镇(办事处)机关干部到村任职。任职期间,原编制身份、职务级别、工资待遇、技术职称“四不变”,同时享受村干部的工资报酬。鼓励大中专毕业生和转业军人到村任职。对完成干部实绩目标任务的,优先提拔重用,成绩特别突出的,可以破格提拔。

(三)对村级班子的考核评估,实行集体经济发展“一票否决制”。村级集体经济年收入人均达不到100元的不能列为发挥作用好的班子,集体经济年收入人均达不到50元的一律划为发挥作用差的班子。凡是村级集体经济收入达不到指标要求的,不能列为“五个好”合格村;不合格村超过10%的乡镇,不能参加“六个好”合格乡镇党委评比。

(四)建立健全农村干部激励机制。继续推行和不断完善农村干部养老保险制度。探索和实行农村干部工资待遇“三职(支部书记、村主任、村会计)统筹”。农村两委干部工资一般不低于本村农民人均纯收入水平,并确保及时足额发放。把村干部的收入与发展村集体经济情况相挂钩，逐年提高农村干部的报酬。各级党政要切实关心、理解、帮助、支持农村基层干部的工作,积极为基层干部创造良好工作环境。

五、制度保障

把建立健全各项规章制度作为实施“富民强村工程”的重要保障来抓,坚持实事求是,积极探索,不断总结、规范、推广、落实各类规章制度,着力解决“无章可循”、“有章不循”的问题,切实做到“有章理事”,促进农村工作有序运行。

(一)全面落实"四民主一公开"制度,积极推行村民代表议事和民主评议村干部制度。特别是要坚持财务公开制度,定期向村民公布财务收支情况,让群众进行有效监督。对村干部的评议结果,要作为奖惩和工资发放的重要依据。对评议不称职票三分之一以上的,要给予批评教育予以诫勉;对问题严重、诫勉无效或连续两年评议不称职的,是党支部成员的给予免职,是村民委员会成员的,按照《村民委员会组织法》及有关规定,予以罢免。

(二)切实加强村会计队伍的建设和管理,积极推行村会计职业化和镇(处)委派制。逐步实行"面向社会、公开考选、择优录用、易村任职"的村会计选拔机制,不断提高全区农村财务管理水平。

(三)高度重视对村级债务的管理,加强审计监督,通过清欠还债、拍卖还债、核销减债、划转债务等形式,使村级组织卸下历史形成的债务负担,并坚决防止产生新的不良债务。进一步落实村级财务"双代管"制度,把村级经济纳入制度化、规范化管理轨道。

六、组织领导

实施"富民强村工程"是一项长期任务、系统工程,各级要树立常抓不懈和"一盘棋"思想,真正把这项工作摆上重要议程,切实加强领导,形成强大合力,认真抓好落实。

按照"指导在市级,责任在区级,关键在镇级,落实在村级"的原则,全面落实领导责任制。区里以区农村工作领导小组为依托,成立专门领导班子和工作班子,具体组织指导这项工作。各镇(办事处)也要成立专门班子,实行严格责任制,确保工作扎实稳妥开展。各级都要把实施"富民强村工程"的情况作为考核工作实绩的主要内容,纳入干部任期目标责任制和年度目标责任制,进行严格考核。

区里继续实行'一带三、三包一"制度。由一名区级领导干部带领3个区直部门或中央、省、市驻钢城单位的各1名干部,组成工作组,包扶1个具有一定基础和发展潜力的村,一包3年,重点帮助所包村整顿班子,理清思路,发展经济,改善所包村的生产生活条件,促进农村两个文明建设。区、乡机关实行驻村蹲点和联系薄弱村、贫困户制度。区、乡每名干部每年都要拿出一定时间驻村,每个村每年都有机关干部来驻,做到"人人都驻村,村村有人驻"。区直部门和镇(办事处)领导干部每年驻村时间一般不少于1个月,乡镇其他干部每年驻村时间一般不少于4个月。驻村干部要重点帮助村里加强村级班子和党员队伍建设,发展集体经济,开展好各项工作, 特别是要同群众一道落实增收措施,确保每年农民人均纯收入增长300元以上。每名驻村干部还要联系2—3个贫困户, 做到为贫困户提供一项实用技术,送一条致富信息,落实一个致富项目。同时,积极引导农村党员和专业大户实行结对帮扶,帮助解决贫困户生产生活中的实际问题。

各级要坚持"两手抓",做到"两手都要硬"。要切实加强精神文明建设,不断加强思想政治工作,全面提高农民的思想道德和科学文化素质, 为实施"富民强村工程"提供强大的精神动力和智力支持。要大力加强民主法制建设,加大社会治安综合治理力度,为实施"富民强村工程"创造一个稳定的环境。各级各部门要密切配合,各司其职,齐抓共管。宣传舆论部门,要搞好宣传发动、疏导引导工作,及时宣传"富民强村"中涌现的先进典型。政法部门继续开展好"法德结合、文明理家"等活动。农业、林业、水利、畜牧、交通、科技、民政、城建、工商、税务、财政、电力、电信、金融等部门,要发挥部门、行业优势,拿出具体的富民强村措施。共青团、妇联等组织也要发挥好自身作用,广泛参与"富民强村"的实践。

各镇(办事处)要根据本意见,制定具体实施细则, 并将工作进展情况及时向区 "富民强村工程"工作领导小组汇报。各级"富民强村工程"领导小组及其办公室,要切实负起规划、指导、协调、服务的责任。

二〇〇一年十月十九日

中共莱芜市钢城区委
莱芜市钢城区人民政府
关于培植壮大钢铁优势主导产业的意见

钢城发〔2003〕11号

为认真贯彻落实市委、市政府作出的建设山东钢铁生产和深加工基地的决策部署，加快培植壮大我区的钢铁优势主导产业，进一步调整优化全区经济结构，提高区域经济核心竞争力，加快招商引资，推进钢铁产业立区战略的实施，特制定本意见。

一、培植壮大钢铁优势主导产业的总体要求和发展目标 总体要求是，“发挥一个优势，建设三个平台，培植四个群体，实现三化发展”，即充分发挥背靠莱钢的优势，建设开发分区、银山工业园、钢城民营园三个平台，培植炉料供应、钢材加工、粉末冶金研发生产、钢材销售四个钢铁产业群体，拉长钢铁产业链条，提升钢铁产业层次，提高规模化、专业化、精细化发展水平。发展目标是：力争到2005年，炉料供应份额占到莱钢需求量的50%以上，钢铁加工能力在现有40万吨的基础上达到100万吨以上，钢材销售在现有100万吨基础上达到200万吨以上，整个钢铁产业链创造的产值突破50亿元，增加值占新增GDP的比重达到60%以上，实现利税突破6亿元，新安排劳动力5000人，基本实现钢铁产业立区的目标。

二、高起点、高标准搞好各类园区规划建设，为培植壮大钢铁优势主导产业搭设发展平台 集中力量加快开发分区建设，按照规划面积扩大到10平方公里的要求，进一步修订完善总体规划和详控规划，实行政府投入与市场化投入相结合，全面加快道路、供排水、供电、通信管网建设，扩大“四通一平”面积，增强载体带动功能。按照建设省内一流现代化工业园区的要求，举全区之力加快银山工业园规划建设，按照规划面积扩大到10平方公里的要求，搞好园区总体规划和详控规划，为莱钢尤其是大型H型钢建设留足发展空间；加快路、水、电等配套设施建设，协调处理好项目建设遇到的问题；为大型H型钢项目建设创造良好条件，确保项目如期投产达效。统筹规划，搞好协调，加快钢城民营经济园规划建设，认真抓好控制面积10平方公里的规划，进一步加大基础设施投入，大力引进发展“专、精、特”钢铁加工项目，尽快培育形成具有一定规模优势的钢铁产业群体，努力建设成为钢铁加工集中发展区。大力加强艾山民营经济园、黄庄民营经济园两个镇级园区以及陶家岭、朱家庄等村级工业园建设，鼓励有条件的村发展钢铁产业园区。

三、实施大企业带动战略，拉长钢铁产业链 充分发挥背靠莱钢的优势，围绕莱钢产前、产中、产后服务配套，发展服务、配套、联合、延伸项目，加快培植壮大钢铁优势主导产业。一是加快培植壮大现有钢铁骨干项目。对4万吨水雾化钢铁粉末、泰达车库、万力型钢、京华焊管等投资近亿或过亿元的钢铁企业加大扶持力度，使其在实现设计生产能力的基础上，进一步推进技术创新，加强管理，开拓市场，膨胀规模，尽快做大做强。二是加快发展新上钢铁企业。要紧紧抓住莱钢膨胀发展钢铁主业、大力发展非钢产业的机遇，充分发挥莱钢的投资主体作用，优化服务质量，落实优惠政策，优化发展环境，支持莱钢发展新上钢铁产业项目，千方百计把莱钢新上项目留在钢城，建在钢城。要借助莱钢这一招商载体，充分发挥莱钢的集聚吸引功能，厂地联手大力开展招商引资，加快引进一批“吃钢咽铁”的重点项目。要充分挖掘民间及莱钢职工投资潜力，特别是大力挖掘民营大户投资潜力，鼓励引导社会力

量发展钢铁锻压、铸造、机械配件加工等项目，发展石灰、球团烧结、耐火材料等炉料供应项目。三是加快发展钢材销售项目。突出抓好鲁中钢材炉料市场、颜庄、黄庄三个钢材销售专业市场建设，推进规模化、专业化经营，逐步培植形成鲁中规模较大、品种齐全的钢材销售集散地。

四、切实加强领导，形成全社会重视、支持、参与钢铁优势主导产业发展的浓厚氛围 各镇（办事处）、开发区都要成立培植壮大钢铁优势主导产业工作领导小组和工作班子，紧密结合各自实际，研究制定加快钢铁产业发展的目标和措施，加强服务协调和督查考核，确保各项目标任务落到实处。各级各部门各单位要进一步优化服务质量，提高行政效能，制定落实更加优惠的政策，努力营造推动钢铁产业发展的良好环境。要加强宣传发动，教育引导广大干部群众进一步认清形势，抢抓机遇，迅速在全区掀起加快发展钢铁优势主导产业的热潮。

二〇〇三年六月二十一日

中共莱芜市钢城区委
莱芜市钢城区人民政府
关于进一步加快民营经济发展的政策规定

钢城发〔2003〕12号

为进一步推动全区民营经济的快速发展，根据省、市关于加快民营经济发展的有关精神，在认真落实上级加快民营经济发展有关政策的基础上，结合我区实际，特制定如下政策：

一、财政奖励政策。区内民营业户（下同），投资新上工业企业，固定资产投资100万元（含100万元）以上的，耕地占用税自上缴之日起，年度内由区财政给予上缴数额30%的奖励。新址、新建工业企业自投产之日起，3年内根据固定资产投资数额大小，由同级财政给予当年上缴地方部分不同比例的奖励：投资100—500万元（含100万元）的奖励30%，投资500—1000万元（含500万元）的奖励40%，投资1000万元（含1000万元）以上的奖励50%。投资兴办旅游业、娱乐业项目，固定资产投资100万元（含100万元）以上的，自开业之日起，5年内由同级财政给予上缴所得税地方留成部分同等数额的奖励；固定资产投资1000万元（含1000万元）以上的，3年内由同级财政给予上缴营业税地方留成部分、城建税、教育费附加100%的奖励。以上奖金按新上企业受益地，由区、镇（办事处）财政分级负担（一事一议或另有约定的除外）。

二、固定资产投资奖励政策。新上、扩建工业企业，固定资产投资100万元（含100万元）以上的，待项目竣工投产营业后，按实际形成固定资产额的1%予以一次性奖励；新上、扩建工业企业，固定资产投资1000万元（含1000万元）以上的，按实际形成固定资产额的1.5%予以一次性奖励。

三、纳税表彰奖励政策。区委、区政府每年对依法经营、照章纳税，纳税额在200万元以上（含200万元）的民营经济大户，给予5万元的物质奖励；纳税100—200万元（含100万元）的，给予3万元的物质奖励；纳税50—100万元（含50万元）的，给予1万元的物质奖励；纳税10—50万元（含10万元）的，给予5000元的物质奖励（上年被区委、区政府表彰奖励的民营业户，当年纳税额增幅要不低于全区民营经济纳税额的增幅，方可具备再次受奖的资格）。

四、科技创新奖励政策。认真落实市委、市政府《关于加快发展民营科技企业的意见》(莱发〔2002〕19号),同时,区委、区政府对创建成国家、省级技术中心的民营企业,分别给予一次性1万元和5000元的奖励;对被认定为国家级、省级高新技术项目的分别给予一次性1万元和5000元奖励;对发明专利授权的企业并利用该项成果进行转化的给予一次性1万元的奖励;凡列入国家级技术创新产品、重大装备的项目、国家863计划、国家中小型企业技术创新基金、省级以上科研攻关项目,鉴定完成后,给予一次性奖励5000元。

五、名牌奖励政策。民营企业创出国家级名牌的,区政府一次性奖励现金1万元;创出省级名牌的,奖励5000元。对创出省著名商标和全国驰名商标的民营企业,按纳税渠道由财政分别一次性给予1万元和4万元的奖励。

六、出口创汇奖励政策。对出口创汇民营企业,在享受国家、省、市奖励的基础上,以外汇管理部门年度外汇核销数额为依据,对企业每年度出口额比本企业前三年出口额平均数的增量部分进行奖励,出口创汇每增1美元,区财政奖励0.05元人民币。

七、对投资数额较大,技术含量高、效益好、符合国家产业政策的项目,采取一事一议的办法给予奖励和支持。

本规定自发布之日起实施,由区民营经济发展办公室负责解释。

二〇〇三年六月二十一日

中共莱芜市钢城区委
莱芜市钢城区人民政府
关于在全区实施“百千万”农民致富行动的意见

钢城发〔2004〕4号

为进一步深化建设“双带双强”农村干部队伍工作,促进农村经济快速健康发展,经区委、区政府研究决定,在全区组织实施“百千万”农民致富行动,现提出如下意见。

一、指导思想

坚持以“三个代表”重要思想、科学发展观、党的十六大和十六届三中全会精神为指导,认真贯彻落实区委十一届五次全委(扩大)会议精神,进一步深化建设“双带双强”农村干部队伍工作,让更多的农民有参与发展的欲望,让更多的农民有参与发展的能力,让更多的农民有参与发展的机会,让更多的农民有参与发展的岗位,激发农村党员干部干事创业的积极性,努力形成党员干部带头富、帮民富,千家万户奔康致富的局面,加快我区全面建设小康社会步伐。

二、目标要求

自2004年开始,每年扶持和培育100名带头致富的农村干部,到2006年底,“双带双强”村干部达到全区村(居)“两委”干部总数的70%以上,其中“双带双强”村支部书记占全区行政村(居)支部书记总数的90%以上;每年扶持和培育1000名带头致富的农村党员,到2006年底,家庭年收入在2万元以上的党员致富能手达到全区农村党员总数的60%以上;通过党员干部带头富、带领富,每年带动10000个农户发家致富,到2006年底,家庭年收入2万元以上的致富户达到全区农村总户数的50%以上。

三、方法步骤

1. 宣传发动　各级要充分利用各种宣传舆论

阵地，组织广大农村党员干部和群众深入学习市委、市政府关于建设“双带双强”农村干部队伍的精神以及区委、区政府关于在全区实施“百千万”农民致富行动的意见，学习各级党委、政府关于解放思想、干事创业、加快发展、致富奔康的指示精神和政策，使广大干部群众充分认识实施“百千万”农民致富行动的重大意义、指导思想、目标任务、方法步骤和具体措施，冲破小富即安、畏难发愁、贪图安逸、不思进取等陈旧观念，积极投身全民创业的具体实践。

2.调查摸底 各镇(办事处)、开发分区要组织专门力量，搞好各村自然条件、资源、交通、优势产业等情况调查，摸清农户的人口数量、劳动力状况、生活状况、致富项目以及每名党员、干部的致富情况，逐村逐户建档立卡，为推进“百千万”农民致富行动打好基础。

3.逐村逐户制定致富计划，认真落实帮扶措施 各镇(办事处)、开发分区要按照“因村制宜、尊重民意、一户一策”的原则，指导各村尽快确定主导产业和发展方向，排出重点扶持和培育对象，逐村逐户制定致富计划。要加强对农村党员干部群众的培训，精选培训内容，创新培训手段，充分利用农村党员干部科技示范服务基地、现代远程教育、举办培训班等形式，对广大农村党员、干部和群众进行市场经济知识和实用致富技术的培训，增强他们的致富本领。实行党员干部联系户制度，每名农村干部和有劳动能力的党员在带头致富的基础上，分别联系部分农户，结成帮扶对子，帮助群众致富。实行区直机关局级领导干部联村联户制度，积极向所联系的村、户提供致富信息和技术服务，努力帮助他们解决生产经营中遇到的困难和问题，使所联系村户户有项目，人人能致富，农民人均纯收入增长幅度高于全区平均水平。区直部门包村工作组要把“百千万”农民致富行动作为包村工作的首要任务来抓，积极协助镇村开展工作，帮助所包村党员、干部和群众制定翔实的致富计划，落实好帮扶措施，争取把所包村建成“百千万”农民致富行动的示范村。

4.评比表彰 每年底，采取自下而上、上下结合的方式，对“百千万”农民致富行动中涌现出来的先进典型进行考核评比，并以区委、区政府的名义进行表彰。一是支部推荐。由村党支部召开党员、村民或村民代表会议，评选出本村“百千万”农民致富行动先进典型，报镇(办事处)党委和开发分区工委。二是党(工)委审核。镇(办事处)党委和开发分区工委对各村(居)推荐的名单，逐一进行审查考核，并填写申报表，上报区委。三是命名表彰。区委根据各党(工)委的上报情况，评选出一定数量的先进典型进行表彰，分别授予“百千万”农民致富行动模范村干部、“百千万”农民致富行动模范党员和“百千万”农民致富行动模范农户称号，并对在“百千万”农民致富行动中做出突出贡献的区、镇机关干部予以表彰。对受到命名表彰的人员，给予一定的物质和精神奖励。

四、主要措施

1.统一思想，提高认识 全区各级党组织要从立党为公、执政为民的高度，充分认识实施“百千万”农民致富行动的重大意义，切实把这一行动纳入重要议事日程，认真抓好组织实施，真正把党员干部和广大群众的心思凝聚到干事创业上来，把本领体现到富民强村上来，把精力投入到奔康致富上来，促进全区经济和社会各项事业的快速发展。

2. 搞好结合，增强效果 各级在制定工作方案、落实帮扶措施时，要切实结合党员干部和群众的实际，在求实效上下功夫。要把组织实施“百千万”农民致富行动与开展“三级联创”活动、实施“富民强村工程”、争创“五个好”党员等工作有机结合起来，特别是与建设“双带双强”农村干部结合起来，使“百千万”农民致富行动取得实实在在的效果。

3.培养典型，以点带面 要多角度、多层次、全方位地发现和培植在“百千万”农民致富行动中涌现出的先进典型，及时总结推广先进经验，充分发挥典型的示范引导和带动作用，推动“百千万”农民致富行动的深入开展。

4.*加强领导,落实责任* 区里成立由区委书记任组长的领导小组。全区各级各单位也要层层成立相应的领导机构和工作班子,明确责任,狠抓落实。各镇(办事处)党委、开发分区工委要发挥好龙头作用,按照区委、区政府的要求,制定切实可行的工作方案。党(工)委书记要认真履行直接责任人的职责,认真抓好"百千万"农民致富行动的组织实施和督促检查。区直各部门各单位要把实施"百千万"农民致富行动作为创建基层满意的区部门的有效措施来抓,充分发挥职能作用,以帮民致富的实际行动树立机关的良好形象。区委组织部要发挥牵头抓总的作用,认真做好调度、检查、考核等工作,把"百千万"农民致富行动列入各级领导班子和领导干部的实绩考核目标,把帮扶情况作为考核领导班子、领导干部工作实绩的重要内容,严格进行考核奖惩。

二〇〇四年五月二十日

中共莱芜市钢城区委
莱芜市钢城区人民政府
关于进一步加强环境保护工作大力推进
生态区建设的意见

钢城发〔2005〕10号

为加快全面小康社会和"绿色钢城"建设步伐,现就加强环境保护工作,推进生态区建设,提出如下意见。

一、明确目标任务和基本原则

(一)*总体目标* 到2007年底,全区环境污染状况进一步好转,生态环境恶化的趋势得到有效控制,主要污染物排放总量控制在省、市规定的指标以内,流域和城区大气环境质量有较大改善,牟汶河流域地表水水质达到水污染防治规划目标;到2010年,全区水环境质量进一步改善,大气环境质量优于国家二级标准,生态环境进一步优化;到2018年,实现生态区建设目标。

(二)*基本原则* 坚持预防为主、防治结合,大力推广清洁生产,发展循环经济。坚持以人为本,把让人民群众喝上干净的水、呼吸上清洁的空气、吃上放心的食物、在良好的环境中生产生活作为工作的出发点。坚持环境优先,在制定规划和政策、开展区域国土整治、实施重大开发和建设项目时,优先考虑对环境的影响,实施环境保护一票否决制。坚持统筹兼顾,实现污染防治与生态保护协调发展,城市环境整治与农村环境保护统筹考虑,工业、生活污染治理与农业、农村面源污染防治整体推进。坚持走新型工业化道路,紧紧抓住产业调整这一核心问题,加快老企业改造,严格建设项目审批。坚持科学发展观和正确政绩观,不断强化各级党委、政府的环保责任,完善政绩评价制度,综合考核经济、社会和环境指标,切实把环境保护工作落到实处。

二、加强重点区域流域水污染治理

(三)*理顺城市污水处理运营机制* 按照《山东省人民政府办公厅关于提高污水处理费征收标准促进城市污水处理市场化的通知》要求,调整城市供水价格,提高污水处理费征收标准。加大污水处理费尤其是自备水源污水处理费的征管力度,确保污水处理费足额征收、专款专用,依法严肃查处不作为、乱作为等违法违纪行为。加快污水处理设施建设,2005年开工建设钢城污水处理厂,并配套截污管网、氮磷脱除系统和水质

在线监测设施，全区污水处理率达到60%以上；至2010年，颜庄镇要建成城镇污水集中处理设施，全区污水处理率达到70%以上。加快推广中水回用，明确中水收费标准，鼓励发展污水处理产业化，在有关行业和场所强制节水和使用中水，促进节水型社会建设。

（四）实行定额供水、超定额加价制度　定额用水量以内的执行到户综合水价，超定额用水量部分按综合水价的5倍收取水费。严格落实《山东省水资源费征收使用管理办法》，确保水资源费按标准足额征收。对目前城市和企业用自备井取水的，水资源费要高于公共供水的征收标准，并逐步取消城市供水管网覆盖范围内的地下自备水井。

（五）实施水污染物总量核定制度　按照我区水功能区的要求，严格核定各个排污单位的排污总量指标，依法组织发放排污许可证，严禁无证或超量排污。所有工业污水处理设备要保证正常运转，对偷排直排污染物的企业要严加查处。处于城市污水处理厂覆盖之内的工业污染源，达标后一律进入城市污水处理厂，经处理后实行污水资源化；范围之外的工业污染源，一律实施稳定达标工程，对2005年前沿河两岸不能稳定达标的治理无望的重污染企业予以坚决关停。

（六）加强水源地保护　加强徐家庄水源地的保护，把寨子水源地作为城市生活用水备用水源地严加保护，确保水质不受污染，保障城市居民饮水安全。

三、全面开展大气污染治理

（七）彻底清理土小企业　进一步巩固土小企业关停成果，全部、彻底地拆除土小企业生产设施并爆破烟囱。对因工作不到位、措施不得力，导致土小企业死灰复燃的有关责任人，依法追究行政责任。

（八）加强城市烟尘治理　环保部门要认真制定城市烟尘治理规划，按照市政府《关于防治大气污染的通告》要求，积极推广煤气、液化气、电等清洁燃料。对钢城城市建成区范围内不符合要求的燃煤设施，特别是小宾馆、小饭店、小澡堂及沿街饮食摊点的燃煤设施，坚决予以拆除取缔。严格控制露天烧烤点，防止出现新的污染源。按市政府划定的高污染燃料禁燃区要求，严禁任何单位和个人燃用散煤、秸秆等高污染燃料。严格控制工业企业的燃煤煤质，城市规划区内所有燃煤设施的燃煤含硫量控制在0.8%以内，其它燃煤单位的含硫量控制在1%以下。对城市规划区内及边缘污染严重又难以根治的企业，经贸、环保等部门要制定规划，限期关停或搬迁。公安部门要加强汽车尾气的治理，将汽车尾气的监测与安全监测同步进行，凡尾气不达标的汽车一律不予年检，不准上路；经取得相应资质的机动车维修单位维修或安装经环保部门认证的尾气净化器后仍不能达标的，要强制报废；2007年底前，彻底淘汰城市建成区内运营的“面的”。城建、林业部门要按照分工，加强城市及周围的绿化，增强防尘隔音能力。逐步改善道路保洁方式，减轻地面扬尘污染。

（九）加快脱硫治理步伐　对二氧化硫超过排放标准和排放总量的单位，依法责令其限期治理，并进行处罚。对未按时完成国家和省脱硫计划的单位，追究其主要负责人的责任。对已上脱硫设施擅自停运的，依法查处。新上机组脱硫设施要做到同步设计、同步施工、同时使用。

四、深入开展生态环境保护

（十）加强农村各项污染治理工作　各级要按照统筹城乡发展的要求，逐年增加对农村环境和农业面源污染整治的投入。要制定和实施农药、化肥减量使用和加强秸秆综合利用的措施，2006年前彻底改变我区六六粉等高残留农药使用量大的局面。大力发展节水农业、生态农业和有机农业，推广农业标准化和安全食品，从农田生产环节减少和消除污染。加强农村沼气建设，搞好人畜粪便污染治理。严格控制规模化畜禽养殖场建设。搞好“白色污染”防治工作，推广可降解地膜，限制使用并鼓励回收不可降解地膜，保护土壤。

（十一）加大生态环境建设力度　加强水土保持和封山育林、平原绿化、绿色通道建设，搞好生态恢复和堤岸、区域防护林网带建设，形成河、水库、堤岸和山区、平原、城镇道路绿化体系，增加植被，涵养水源。加强河流、水库的蓄水能力建设，增加环境容量，提高自然净化能力。搞好小流域治理，加快大汶河源头生态功能区建设，尽快完成规划，认真组织实施。

（十二）加快产业结构调整步伐　制定完善有利于产业结构调整的扶持政策，大力发展技术含量高的钢铁深加工、新材料生产及其他低能耗、效益高、无污染行业和产品，以高新技术和先进实用技术改造传统产业，严格控制高消耗、高污染行业的市场准入。通过市场运作、政策推动等方式，培育一批具有竞争力的、以环保机械加工为龙头的环保骨干企业，把环保产业做大、做强。

（十三）推进循环经济和清洁生产审核　搞好分类指导，建立以企业、行业和社会区域为单元的小、中、大三个层次推进循环经济发展的模式，实现资源的循环利用。按照《中华人民共和国清洁生产促进法》的要求，加强清洁生产审核，定期公布重点工业点源主要污染物排放情况，推动企业走新型工业化道路。加强城镇垃圾等固体废物减量化、资源化、无害化处理的配套设施建设。深入开展绿色社区、绿色学校、环境优美乡镇等活动。

五、大力提高环境监管水平

（十四）加强环境保护队伍建设　各级要建立健全环境保护机构，加快环境保护队伍建设，提高环境管理的规范化和现代化水平。区政府按照上级规定和工作需要与市政府合理划分事权、分别投资、分级管理，增加人员编制，加快环境管理能力建设，提高环境监督执法装备水平。

（十五）建立多元化投融资机制　各级应根据经济发展和财力情况，逐步增加环保投人，安排专项资金用于污染防治、科研经费和监管能力建设。各级政府要把环境保护重点项目列入经济和社会发展计划，并在各部门年度计划中统筹落实资金。按照“谁治理、谁开发、谁受益”的思路，运用市场化方式经营环境，实现环境保护自我积累、自我发展的良性循环。在生活垃圾处理、城市集中供气、供热和污水处理等环境基础设施项目上，大力吸引外商进行投资和经营。加强对排污收费的征管，严格实行“收支两条线”，做到依法、及时、足额征收，确保专款专用。凡达不到排放标准和总量指标的排污企业，其自有资金要优先用于污染治理。推动企业在工业污染防治、清洁生产等方面，积极与国外合作，引进更多的资金。

（十六）建设和完善城市环境监测网络　逐步建设城市空气质量自动监测系统，实现环境空气质量监测数据采集自动化和数据传输网络化，逐步建立环境空气污染预警系统，实现实时监管和预报。加快城市污水处理厂和重点工业污染源的污染物在线监控设施建设，逐步完善流域水质监测网络，完善和提高辐射安全监测能力和环境污染应急监测能力建设。

六、切实加强对环境保护的组织领导

（十七）建立长效工作机制　各级要将环境保护列入主要议事日程，纳入重大事项督查范围。要层层建立环境保护目标责任制，实行党政一把手亲自抓、负总责，一级抓一级、一级带一级。要建立健全党委领导、政府负责、环保监管、部门配合、市场引导、舆论监督、公众参与、依法治污的长效工作机制，全面落实政府对辖区环境质量负责的法定职责。

（十八）完善综合决策机制　进一步健全和完善环境保护联席会议制度，对重大政策、重大项目、重要区域发展规划等与环境有关的决策进行会审。在制定区域开发、城市建设、行业发展、资源配置等重大计划规划、政策措施及确定重大项目时，都应进行环境影响评价。严把建设项目环境保护审批关，合理划分审批权，切实落实建设项目环保第一审批权和一票否决权，从源头上杜绝新污染源的产生。对环境与发展中的重大决策事项，要主动接受人大、政协和社会舆论的监督；对直接涉及群众切身利益的环境与发展决策，要通过召开公众听证会等形式，听取意见和建议，提高公众参与程度。

（十九）实行行政和企业法定代表人问责制　对有法不依、执法不严、违法不究及行政不作为的，

依法追究有关人员经济、行政和刑事责任。对治污不力、恶意排污的，责令企业停业整顿直至关闭，对公有制企业的法定代表人按有关程序进行罢免。对造成重大以上环境污染事故的，依法追究当地党政主要领导、有关行政责任人和企业负责人的行政和刑事责任。对违法排污企业的经济处罚，责任人必须承担相应的处罚数额，并不得摊入企业成本。深入开展环保执法专项行动，严肃查处各类环境违法行为。

（二十）落实严格考核机制　加快制定我区单位 GDP 能耗、电耗、水耗、产污强度等指标，将资源环境成本计入发展成本。各有关部门要制定相关的配套政策和具体实施办法，层层签订并严格落实目标责任书。要强化各级政府环保工作的量化考核，将环境保护工作完成情况与领导干部业绩考核和当地经济工作考核相结合，务求实效。

二〇〇五年四月十八日

中共莱芜市钢城区委
莱芜市钢城区人民政府
关于印发《钢城区牟汶河上游综合治理行动纲要》的通知

钢城发〔2005〕11 号

各镇（街道办事处）党委、政府（办事处），区委各部委，区政府各部门，经济开发分区工委、管委会，各人民团体，区直各企事业单位，区人武部：

现将《钢城区牟汶河上游综合治理行动纲要》印发给你们，请认真贯彻执行。要结合城乡环境综合整治、建设文明钢城，加大宣传力度，凝聚人心，鼓舞干劲，调动全社会的力量投入综合治理工作。要认真落实责任制，各司其职，各负其责，密切配合，通力协作，切实形成企地联手、区镇村三级联动的工作机制。要完善监管措施，加强行政执法，加大打击力度，保持对污染破坏牟汶河行为的高压态势。要加强组织领导，搞好协调调度，严格督促检查，确保综合治理的各项工程顺利推进、按期完成。

各级各部门各单位要及时总结牟汶河上游综合治理的经验做法，贯彻执行中的有关情况和问题要及时向区委、区政府报告。

二〇〇五年四月十八日

钢城区牟汶河上游综合治理行动纲要

为加快生态区建设，美化绿色钢城，特制定牟汶河上游综合治理行动纲要。

一、综合治理的重要意义和思路目标

牟汶河是莱芜人民的母亲河。牟汶河上游是大汶河的源头，是国家重要的生态功能保护区。自 2001 年开始，区委、区政府对牟汶河部分河段进行了综合治理，目前共完成投资 1.3 亿元，治理河道 5600 米，建橡胶坝 3 座，溢流坝 7 座，跨河大桥 1 座；完成了葫芦山水库的除险加固和清淤工程，整个牟汶河上游蓄水能力达到 800 万方，地下水补源 1800 万方，有效地补给了地下水源，极大地改善了区域生态环境，牟汶河城区段已成为城市建设的亮点工程，取得了良好的经济、生态、社会效益。但是，牟汶河上游的治理还仅是局部的、初步的，全长33公里的河段仍有大部分没有得到有效治理。这些河段由于多年来河道内乱采河砂、工矿企业污水的大量排入，以及人为倾倒垃圾等，造成河道水质普遍污染，沿河林带砍伐殆尽，河堤桥梁损毁严重，抗洪能力大大降低，直接威胁人民群众的生命财产安全，综合治理已迫在眉睫。

实践证明，牟汶河上游综合治理工程，不仅是蓄水护砂、固堤防洪的水利工程，增水增绿、净化环境的生态工程，也是构建景观廊道的城建工程，服务工农业生产、带动服务业发展的经济工程，更是建设绿色钢城、构建和谐社会的民心工程，实践党的先进性、落实科学发展观的政治工程。全区上下必须充分认识牟汶河上游综合治理的重要性、必要性和紧迫性，增强责任感和使命感，全党动员，全民动手，迅速行动起来，大打一场牟汶河上游综合治理的攻坚战。

牟汶河上游综合治理，要坚持“统一规划、分步实施，社会参与、市场运作，加强监管、综合治理，合理开发、以河补河”的原则，坚持与城市规划建设相结合，围绕同时具备防污抗洪、涵养水源、净化环境、服务生产、休闲娱乐等多种功能，立足今年，突出三年，集中抓好拦河蓄水、生态绿化、道路建设、污染治理、开发利用“五大工程”，建设橡胶坝6座、溢流坝105座，两侧建设50米宽的林带，同时搞好道路建设、污染治理、开发利用等工程，切实达到“堤防牢固、绿树成林、水带相连、水质达标、开发有序、群众满意”的要求。在此基础上，经过进一步的保护、治理和开发，最终把牟汶河上游建成一条集生态经济、生态环境、生态景观、生态文化于一体的绿色景观带和特色产业带，推动全区经济社会持续、快速、协调、健康发展。

二、实施综合治理“五大工程”

（一）拦河蓄水工程。按照兴利蓄水与防洪减灾、拦河建坝与保护河砂、加固堤防与道路建设相结合的路子，对河道层层拦蓄、节节治理。沿河建设6座橡胶坝、105座溢流坝、配套建设1座跨河大桥、10座支流桥涵。总工程量191.1万方，总投资6890万元，形成4600亩水面，蓄水700万方，涵养地下水1600万方。在管好已建工程的同时，对其它工程按照先急后缓的原则分期分批建设。由区水务局牵头组织实施。

1.验货台至葫芦山水库段：河道按50年一遇防洪标准设计，河槽为梯形断面，平均底宽170米，河堤平均高4米，部分浆砌石护岸，堤顶宽18米。新建2座橡胶坝、3座溢流坝。2005年建成颜庄橡胶坝，2006—2007年建成三岔沟橡胶坝以及下北港、郭家台、黄花店3座溢流坝。

2.葫芦山水库至寨子大桥段：以河道清淤、河岸治理、拦水治污为重点，河道按50年一遇防洪标准设计，河槽为梯形断面，平均底宽100米，河堤平均高4.5米，实行浆砌石与生物护岸相结合。新建4座溢流坝。2006年、2007年分别建成2座溢流坝。

3.寨子大桥至黄庄大桥段：河道按50年一遇的防洪标准设计，河槽根据地形设计为矩形或梯形断面，平均底宽100米，河堤平均高4.5米，部分浆砌石护岸，堤顶宽18米，沥青路面12米。新建橡胶坝3座，跨河大桥1处。2005年建成北丈八丘橡胶坝，2006年建成黄庄大桥下游200米处橡胶坝，2007年建成北丈八丘跨河大桥和西丈八丘橡胶坝。

4.黄庄大桥上游段：河道按20年一遇防洪标准设计，河槽为梯形断面，平均底宽80米，河堤平均高3.5米，实行浆砌石与生物护岸相结合。新建橡胶坝1座，溢流坝98座，2008年全部完成。

（二）生态绿化工程。本着“生态建设优先、绿化美化与产业体系建设相结合”的原则，按照两岸各栽植50米宽林带的标准要求，计划投资3495万元，绿化3495亩，栽植以杨树、黄金柳、侧柏为主的各类苗木25.43万株。由区林业办牵头组织实施。

1.验货台至葫芦山水库段1500亩，其中防护林1400亩，颜庄镇驻地园林绿化100亩，2006年完成。

2.葫芦山水库至寨子大桥段，营造生态防护林600亩，栽植苗木3.3万株，同时对葫芦山水库沿岸进行生态绿化，2007年完成。

3.寨子大桥至新兴公园段，河南岸营造生态防护林225亩，栽植苗木7.43万株，2006年完成。

4.新兴公园东端至北金水河段，营造生态防护林1050亩，栽植苗木5.78万株，2006年完成。

5.北金水河至台子村段，营造生态防护林90亩，栽植黄金柳0.5万株，2006年完成。

6.沙岭子至霞峰段，营造生态防护林30亩，栽植黄金柳0.17万株，2006年完成。

对绿化工程，按照分期建设、政府补助、村户造林的办法实施；涉及景观园林绿化的，采取政府租地建设的办法；对沿河已绿化林地，由有关镇(处)、开发分区、村负责补植完善和抚育管理。

(三)道路建设工程。牟汶河钢城段道路建设工程，自黄新路起，至葫芦山水库，全长6.8公里，目前，新兴公园至寨子大桥4100米路段已完成；重点建设黄新路至新兴公园段，全长2700米，设计主路面宽12米，路两侧建设18—20米宽的绿化带，概算总投资1382.1万元，其中道路工程621万元，桥涵工程80万元，亮化工程77.5万元，绿化工程453.6万元，拆迁补偿150万元。

其它河段，根据地理条件和群众生产生活需要，规划建设部分生产路。

道路建设工程由区交通局、区城建局等部门组织实施。

(四)污染治理工程。本着“先急后缓，重点突破，全面治理，不留后患”的原则，进一步加大工业污染源治理力度，加强污水和工业固体废物处理，力争三年的时间，全面完成牟汶河流域污染治理任务。由区环保局牵头组织落实。

1.加大工业污染源治理力度。(1)2005年，重点完成对国家明令禁止的16家土小企业的关闭工作。(2)2006年，重点清理整顿违法建设项目。对符合国家产业政策，通过治理外排污染物能够达标排放，未办理环评等行政许可手续、私自生产排污的企业，限期补办环保手续；对符合国家产业政策、外排污染物严重超标并通过治理达标无望以及不符合国家产业政策和环保要求的企业，依法实施停产关闭。(3)2007年前，重点对不能稳定达标的5家企业实施限期治理工作，确保达到国家和省、市规定的排放标准。

2.加快污水处理步伐。(1)加快污水处理设施建设。2005年开工建设污水处理厂，确保2007年前投入使用。(2)加大污水处理力度，2005年基本遏制住污染势头，2006年基本达到IV类水质标准，2007年基本实现水质变清。

3.加强冶炼废渣为主的工业固体废物处理。研究制定《钢城区工业固体废物污染环境防治规划》《钢城区工业固体废物定点处理方案》，加快组织实施。加强治理整顿，搞好对现有工业固体废物处理单位的排查、规范，具备处理能力，并达到污染治理要求，外排污染物稳定达标，经环保部门验收合格后方可投入运行；坚决杜绝非法转移，造成二次污染。

4.积极治理河道垃圾。严禁倾倒工业、建筑和生活垃圾等各类废弃物，定期清除河道内淤积物，提高河流自净能力。

(五)开发利用和保护工程。按照城市建设总体规划要求，抓好房地产、旅游、水资源和无形资产四类开发工程，努力实现经济效益、社会效益和生态效益的多赢。由钢城规划分局、区城建局、区水务局、区旅游局等部门组织实施。

1.房地产开发。按照城市总体规划，抓好御龙湾花园和汶水小区南段建设，着力搞好柠椤村、傅家桥村、宋家庄村的旧村搬迁改造工作。

2.旅游开发。在继续抓好新兴公园、牟汶河沿河绿化带建设的基础上，着力抓好黄庄10万亩黄金桃生态旅游区、葫芦山水库风景区、青杨崮风景区的规划建设工作。

3.水资源利用。选择部分河段，将用水权、水面经营权向企业有偿转让，并赋予相应的河道和治理管护责任。在保证生态和景观用水的同时，向企业、城镇有偿供水。

4.无形资产经营。有偿出让沿河水利工程冠名权、服务项目经营权、广告发布权。

5.加强砂石资源的保护和监管。严格采砂采石审批程序，依法有序开采利用。各级各有关部门要继续保持高压态势，进一步加强监控和打击力度，对私采盗挖砂石行为严惩重处；对沿河1000米及可视范围内乱采滥挖山石的一律取缔关停；对增加库容而清出的河砂，由区政府采取适当形式予以处理。

三、健全完善综合治理的保障措施

(一)加强组织领导。建立钢城区牟汶河上游综合治理工程领导小组(名单附后)，负责牟汶河综合治理的决策、协调工作。领导小组办公室设在区水务局，负责对综合治理保护的规划、监督、督办等工作。对整个治理工程，继续实行企地联手、三级联动，由企地统一规划，共同建设；沿河各有关镇(处)、开发分区及各村(居)，要在搞好辖区范围内各项治理任务的同时，积极做好群众工作；区直各职能部门要充分发挥职能作用，做好综合治理中承担的各项工作任务，各级教育、工会、团委、妇联等部门和团体，要以“保护母亲河”为主题，组织开展各种形式的社会实践和志愿者活动，各级宣传部门要大力宣传牟汶河综合治理的重大意义和政策措施，调动社会各方面的力量参与治理。

(二)坚持以规划为指导。把牟汶河上游治理列入全区经济和发展“十一五”规划。以水利工程规划为主，兼顾城市和镇村重点地段以及道路、绿化、环保、开发利用等各项规划，制定牟汶河流域综合治理规划。划定牟汶河治理保护范围，沿河两岸河堤脚外侧100米控制红线范围内严禁任何违反规划的建设活动，所有建筑必须通过规划审批。

(三)多渠道筹集资金。树立市场化运作和经营牟汶河的理念，坚持“谁投资、谁受益”，采取联合投资、独资开发、股份经营等多种方式，凡能通过招商引资建设的项目一律对外招商，努力形成政府引导、市场推进、社会参与、多元投入的投融资体制。对重点工程抓紧立项，用足用好各类政策，积极向上争取资金。坚持取之于河、用之于河，将牟汶河开发经营的各项收益专项用于河道治理。

历届钢城区地方史志编纂委员会成员名单

关于成立莱芜市钢城区地方史志编纂委员会的通知

钢城政办字〔1999〕11号

各乡镇人民政府(办事处)，区政府各部门，区直各企事业单位：

为加强对我区史志工作的领导和组织协调，保质保量地完成各项工作，及时总结经验，弘扬钢城精神，以史鉴今，促进全区各项事业的顺利开展，经区政府研究，成立区地方史志编纂委员会。现将组成人员名单公布如下：

名誉主任：张柏成　区委书记
主　　任：张作平　区委副书记、区政府区长
副 主 任：刘延才　区委常委、区委办公室主任
　　　　　卢炳书　区政府副区长
　　　　　魏述璟　区政府办公室主任

成　　员：张明业　区委办公室副主任
　　　　　　　　　区委政策研究室主任
　　　　　张明三　区纪委副书记
　　　　　　　　　区监察局局长
　　　　　李荣实　区人大常委会办公室主任
　　　　　葛敬玉　区政府办公室副主任
　　　　　张金贵　区政协办公室主任
　　　　　郭业涛　区人民武装部政工科科长
　　　　　亓中彪　区委组织部副部长
　　　　　　　　　区人事劳动局局长
　　　　　葛效盈　区委宣传部副部长
　　　　　　　　　区精神文明办公室主任
　　　　　刘家兴　区委统战部副部长
　　　　　　　　　区台湾事务办公室主任
　　　　　王治光　区委政法委副书记
　　　　　　　　　区综治办主任
　　　　　孔庆文　区计委主任、统计局局长
　　　　　彭德生　区财政局局长
　　　　　吕升堂　区经贸委主任
　　　　　吕志云　区农委主任
　　　　　亓云波　区建委主任
　　　　　张有广　区教委主任
　　　　　宿殿荣　区科委主任
　　　　　孙守连　区计生委主任
　　　　　魏育江　区外经委主任
　　　　　杨进华　区体委主任、文化局局长
　　　　　伊方荣　区民政局局长
　　　　　吴柱广　区土地管理局局长
　　　　　董继喜　区环保局副局长
　　　　　谢新木　区交通局局长
　　　　　鞠利修　区乡镇企业局局长
　　　　　郝慎滨　区审计局局长
　　　　　康颂国　区档案局(馆)局(馆)长
　　　　　张水清　区机关事务管理局副局长
　　　　　张延华　区经协办主任
　　　　　唐广源　区地方史志办公室主任

区地方史志编纂委员会下设办公室，办公室设在区地方史志办公室，唐广源兼任办公室主任。

一九九九年七月五日

中共莱芜市钢城区委
莱芜市钢城区人民政府
关于调整莱芜市钢城区地方史志编纂委员会
组成人员的通知

钢城委〔2002〕38 号

各镇(街道)党委、政府(办事处)，区委各部委，区政府各部门，经济开发分区工委、管委会，各人民团体，区直各企事业单位，区人武部：

根据人员变动情况和工作需要，区委、区政府决定，对莱芜市钢城区地方史志编纂委员会组成人员进行调整。现将调整后的成员名单公布如下：

名誉主任：张柏成　区委书记
主　　任：张作平　区委副书记、区政府区长
副 主 任：刘延才　区委常委、区委办公室主任
　　　　　卢炳书　区政府副区长
　　　　　魏述璟　区政府办公室主任
成　　员：张明三　区纪委副书记
　　　　　　　　　区监察局局长
　　　　　崔方春　区委办公室副主任
　　　　　　　　　区党史、史志办公室主任
　　　　　李荣实　区人大常委会办公室主任
　　　　　葛敬玉　区政府办公室副主任
　　　　　　　　　区厂地协作办公室主任
　　　　　张金贵　区政协办公室主任
　　　　　赵振国　区人民武装部政工科科长

亓中彪　区委组织部副部长
　　　　区人事劳动和社会保障局局长
葛效盈　区委宣传部副部长
　　　　区文明办主任
李光来　区委统战部副部长
　　　　区台湾事务办公室主任
王治光　区委政法委副书记
　　　　区综治办主任
刘纯真　区计划统计局局长
鞠利修　区经济贸易局局长
　　　　区外经贸局局长
张有广　区教育局局长
宿殿荣　区科学技术局局长
李智笃　区民政局局长
吕明义　区司法局副局长
彭德生　区财政局局长
张延华　区国土资源局局长
何如利　区城乡建设局局长
谢新木　区交通局局长
闫修学　区水务局局长
吕志云　区农业局局长
郇　戈　区卫生局局长
吕守泰　区计划生育局局长
郝慎滨　区审计局局长
董继喜　区环境保护局局长
康颂国　区档案局(馆)局(馆)长
唐广源　区党史、史志办副主任
张水清　区机关事务管理局副局长
曹凤英　区爱卫办主任
田清元　区砂资源管理办公室主任
李全义　区招商局局长
高龙军　区民营办副主任
管仲君　区林业综合服务中心(林业办公室)主任
张义举　区畜牧综合服务中心(畜牧办公室)主任
刘臣元　区农业机械综合服务中心(农业机械办公室)主任
杨进华　区文化体育综合服务中心(文化体育办公室)主任
孙晓河　艾山街道办事处党委副书记、艾山街道办事处主任
卞良彪　颜庄镇党委副书记、颜庄镇政府镇长
张春修　黄庄镇党委副书记、黄庄镇政府镇长
常存杰　里辛镇党委副书记、里辛镇政府镇长

区地方史志编纂委员会下设办公室，办公室设在区地方史志办公室。崔方春兼任办公室主任，唐广源兼任办公室副主任。

二〇〇二年五月二十九日

莱芜市钢城区人民政府
关于调整莱芜市钢城区地方史志编纂委员会
组成人员的通知

钢城政字〔2005〕14号

各镇人民政府(办事处),区政府各部门,经济开发分区管委会,区直各企事业单位:

根据人员变动情况和工作需要,区委、区政府决定，对莱芜市钢城区地方史志编纂委员会组成人员进行调整。现将调整后的成员名单公布如下：

名誉主任：张作平　区委书记、区人大常委会主任

主　　任：李灿玉　区委副书记、区政府区长

副 主 任：武树华　区委副书记

葛敬彪　区委常委、区委办公室主任

张桂爱　区政府副区长、区政协副主席

葛敬玉　区政府办公室主任

成　　员：崔方春　区委办公室副主任、区委党史研究室（区地方史志办公室）主任

李荣实　区人大常委会办公室主任

李淮河　区政府办公室副主任

葛效盈　区政协办公室主任

苏有建　区纪委办公室主任

赵志文　区人民武装部政工科科长

亓中彪　区委组织部副部长

区人事劳动和社会保障局局长

张学波　区委宣传部副部长

郭本忠　区委政法委副书记

区 610 办公室主任

李光来　区委统战部副部长

区台湾事务办公室主任

刘纯真　区发展和改革局（区统计局）局长

鞠利修　区经济贸易局（对外经济贸易合作局）局长

王子象　区教育局局长

宿殿荣　区科技局局长

李智笃　区民政局局长

吕明义　区司法局局长

苗传东　区财政局局长

常存杰　市国土资源局钢城分局局长

谢新木　区城乡建设局局长

何如利　区交通局局长

吕志云　区农业局局长

王正让　区水务局局长

郇　戈　区卫生局局长

吕守泰　区人口和计划生育局局长

郝慎滨　区审计局局长

董继喜　区环境保护局局长

康颂国　区档案局（馆）局（馆）长

唐广源　区委党史研究室（区地方史志办公室）副主任

张水清　区机关事务管理局副局长

曹凤英　区爱卫会办公室主任

亓东永　区砂资源管理办公室主任

高龙升　区招商局局长

高龙军　区民营经济发展办公室主任

吕德东　区林业办公室主任

张义举　区畜牧办公室主任

田清元　区农机办公室主任

杨进华　区文体办公室主任

吕宝泉　艾山街道办事处党委副书记、办事处主任

卞良彪　颜庄镇党委副书记、镇长

桑红军　黄庄镇党委副书记、镇长

秦　蕾　里辛镇党委副书记、镇长

孙秀梅　经济开发分区工委副书记、纪委书记

区地方史志编纂委员会办公室设在区地方史志办公室，崔方春兼任办公室主任，唐广源兼任办公室副主任。

二〇〇五年七月十四日

莱芜市钢城区人民政府办公室
关于调整莱芜市钢城区地方史志编纂委员会
组成人员的通知

钢城政办字〔2008〕14号

各镇(街道)人民政府(办事处),区政府各部门,经济开发区管委会,经济开发区分区管委会,区直各企事业单位:

根据人员变动情况和工作需要,经区委、区政府研究决定,对莱芜市钢城区地方史志编纂委员会组成人员予以调整。现将调整后的组成人员名单公布如下:

名誉主任:李乃俊　区委书记、区人大常委会主任

主　　任:栾　健　区委副书记、区政府区长

常务副主任:张桂爱　区政府副区长

副 主 任:葛敬玉　区人大常委会副主任

吕守泰　区政协副主席

魏育江　区政府办公室主任

崔方春　区委办公室副主任、区委党史研究室(区地方史志办公室)主任

唐广源　区委党史研究室(区地方史志办公室)副主任

成　　员:吕济存　区人大常委会办公室主任

李淮河　区政府办公室副主任、主任科员

葛效盈　区政协办公室主任

苏有建　区纪委常委、办公室主任

亓中彪　区委组织部副部长、区人事劳动和社会保障局局长

管冉军　区委组织部副部长、区远教中心主任

陈海涛　区委宣传部副部长、区文明办主任

李光来　区委统战部副部长,区委台湾工作办公室、区政府台湾事务办公室主任

郭本忠　区委政法委副书记

齐运祥　区直机关工委书记

康颂国　区档案局(馆)局(馆)长

张兆万　区委党史研究室(区地方史志办公室)副主任

刘纯真　区发展和改革局(区统计局)局长

鞠利修　区经济贸易局(区对外经济贸易合作局)局长

王子象　区教育局局长

吕爱廷　区科技局局长、区科协主席

李智笃　区民政局局长

吕明义　区司法局局长

窦金贵　区财政局局长

谢新木　区城乡建设局局长

何如利　区交通局局长

王正让　区水务局局长

吕志云　区农业局局长

郇　戈　区卫生局局长

李福海　区人口和计划生育局局长

管仲君　区环境保护局局长

苗传东　区机关事务管理局局长

赵宪峰　区城市管理行政执法局局长

杨进华　区文化体育局局长

吕德东　区林业办公室主任

吴　涛　区畜牧办公室主任

田清元　区农机办公室主任

高龙军　区招商局局长
任维水　区民营经济发展办公室主任
亓东永　区砂资源管理办公室主任
苏国华　市公安局钢城分局局长
常存杰　市国土资源局钢城分局局长
崔树兴　市城市规划局钢城分局局长
刁永新　市工商行政管理局钢城分局局长
张　军　区人武部政工科科长
刘汉兵　艾山街道党委副书记、办事处主任
毕泗柏　颜庄镇党委副书记、镇长
高学常　黄庄镇党委副书记、镇长
郑光和　里辛镇党委副书记、镇长
魏　靖　辛庄镇党委副书记、镇长
孙秀梅　钢城经济开发区工委委员、纪委书记、管委会副主任
亓俊峰　钢城经济开发区分区管委会副主任

区地方史志编纂委员会办公室设在区地方史志办公室，崔方春同志兼任办公室主任，唐广源同志兼任办公室副主任。

二〇〇八年六月五日

莱芜市钢城区人民政府办公室关于调整莱芜市钢城区地方史志编纂委员会组成人员的通知

钢城政办字〔2011〕7 号

各镇（街道）人民政府（办事处），区政府各部门，经济开发区管委会，高新技术工业园管委会，区直各企事业单位：

根据工作需要和人员变动情况，经区委、区政府研究，决定对莱芜市钢城区地方史志编纂委员会组成人员进行调整。现将调整后的人员名单公布如下：

名 誉 主 任：李乃俊　区委书记、区人大常委会主任
主　　　任：栾　健　区委副书记、区政府区长
常务副主任：李秀芳　区政府副区长
副　主　任：刘　真　区委常委、区委办公室主任
葛敬玉　区人大常委会副主任
吕守泰　区政协副主席
魏育江　区政府办公室主任
唐广源　区委党史研究室（区地方史志办公室）主任
成　　　员：吕济存　区人大办公室主任
史秀卫　区政府党组成员、区农业局局长
张明三　区政协办公室主任
曹卫锋　区委办公室副主任、区委农工办主任
苏有建　区纪委常委、办公室主任、派驻第三纪检组组长
刘方永　区政府办公室副主任、区政府金融证券工作办公室主任
管冉军　区委组织部副部长、区远教中心主任
杨京坤　区委宣传部副部长、区文明办主任
亓俊峰　区委政法委副书记、区

综治办主任
李光来 区委统战部副部长、区台办主任
李学谦 区直机关工委书记
陈海涛 区档案局(馆)局(馆)长
王正让 区编制委员会办公室主任
刘纯真 区发展和改革局(区统计局)局长
鞠利修 区经济和信息化局(商务局)局长
许文武 区委组织部副部长、区人事劳动和社会保障局局长
李智笃 区民政局局长
闫声永 区审计局局长
吕爱廷 区城乡建设局局长
何如利 区交通运输局局长
李福海 区人口和计划生育局局长
任维水 区科学技术局局长
王子象 区教育局局长
窦金贵 区财政局局长
张其超 区卫生局局长
张旭东 区水务局局长
吕明义 区司法局局长
刘永泉 区安全生产监督管理局(区煤炭工业局)局长
李继平 区机关事务管理局局长
张学波 区文化体育新闻出版局局长
高龙军 区招商局局长
管仲君 区环境保护局局长
赵宪锋 区城市管理行政执法局局长
齐书祥 区旅游局(区外事侨务民族宗教办公室)局长(主任)
张之林 区林业局局长、市森林公安局钢城分局局长
亓东永 区畜牧兽医局局长
田清元 区农业机械管理局局长
亓学亮 区砂资源管理办公室主任
高龙升 区行政服务中心主任
崔方春 区中小企业办公室主任
井润中 区服务业办公室主任
李淮河 区供销合作社联合社(商业供销集团总公司)主任(经理)
杨明星 区爱卫会办公室主任
任维营 区人武部政工科科长
苏国华 市公安局钢城分局局长
温永全 市国土资源局钢城分局局长
高　吉 市城市规划局钢城分局副局长
赵建秋 市工商局钢城分局局长
何建平 艾山街道党委副书记、办事处主任
孙秀梅 颜庄镇党委副书记、镇长
田　波 黄庄镇党委副书记、镇长
张晓龙 里辛镇党委副书记、镇长
魏　靖 辛庄镇党委副书记、镇长
刘永祥 钢城经济开发区工委委员、纪委书记、工会主任
亓成华 钢城经济开发区工委委员、高新园党组副书记、管委会副主任

区地方史志编纂委员会办公室设在区地方史志办公室,唐广源兼任办公室主任。

二〇一一年四月二十八日

索　引

SUOYIN

本索引共设要目索引、人物索引、图表索引三部分。

要目索引、人物索引以标题首字汉语拼音字母顺序排序。同音字按声调，首字相同者按第二个字的音序排列，以此类推。图表索引以图表在本志中的页码顺序排列。人物索引只收入“人物编”的人物姓名。

相同标题的索引按标题在本志中的页码顺序集中排列。

要目索引

A

B

C

D

G

H

J

M

N

P

Q

R

Y

Z

人物索引

图表索引

图

表

编后记

《钢城区志》是在中共莱芜市钢城区委领导下，由区人民政府主编，区地方史志办公室编纂的境内首部综合性志书。编修工作自 2001 年 10 月启动，2015 年 11 月付梓。整个编修工作历经五个阶段。

筹备启动 2001 年 10 月，根据省、市关于开展第二轮修志的意见和要求，区委、区政府决定启动区志的编纂工作，并成立编纂委员会，制定印发了《〈钢城区志〉编修工作纲要》，对区志编修工作提出了具体要求。2002 年 4 月，召开《钢城区志》编修工作动员大会，进行全面部署，确定此次志书内容上限至事物发端，下限至 2005 年末。《钢城区志》编修工作正式启动。

培训供稿 《钢城区志》编修工作动员会议之后，区史志办公室两次召开专题业务会议，先后对全区 150 余名修志工作人员进行了培训。制定印发了《史志资料行文规范》《村居资料征编要求》《人物资料征编要求》等系列修志规范文件。培训结束后，各承编单位成立了由主要领导任组长的编纂领导小组，确定了 2 至 3 名有一定写作能力、责任心强、了解本单位(行业)情况的人员承担此项任务。为加快供稿进度，我们采取电话催要、会议调度、上门指导、树标立杆和样稿引路等多种形式进行督促指导，对一些任务重、力量弱、资料难以搜集整理的单位，派专人帮助搜集资料、撰写志稿。数次组织人员到沂源、新泰、蒙阴、泰安等周边地区搜集资料，同时借鉴志稿编纂的经验和做法。为达到征集资料的全面性、系统性、准确性，多次到区统计局、区档案局、区新闻中心等单位搜集资料，同时还采取走访老同志、召开座谈会、通话通函、发电子邮件等多种方式收集资料。2005 年 12 月，资料搜集工作基本完成。

初稿编写 面向社会聘请了六名责任心强、文字功底深、热心修志事业的同志充实到修志队伍中，协助编辑人员进行编写。根据区志编目和编辑人员熟悉领域进行分工，提出统一要求，严格明确责任，规定时间，规定质量。总编负责组织协调工作，编写人员对所征集的资料反复修改，直至满意为止。2006 年 6 月，辛庄镇划归钢城区。为使境内首部志书能够完整地反映全貌，钢城区地方史志编纂委员会决定，增设“辛庄镇特记”一编。我们帮助辛庄镇制定了详细的工作方案和修志篇目，每周一次到镇上进行指导，及时协调解决修志中遇到的实际问题和困难，保证了该镇修志工作的顺利进行。至 12 月底，形成了“辛庄镇特记”初稿。至此，《钢城区志》初稿编写完成。

志稿总纂 2007 年 5 月，《钢城区志》进入修改总纂阶段。针对初稿存在的问题，采取定期汇总、集体研讨解决的方法，逐一统一认识，化解难题。对志稿的章节、篇目进行了调整修改，对有疑问的事项进行了考查，对各编所缺资料进行了补充征集。总纂一稿完成后，向各单位征求意见。根据各单位反馈的问题，又进行二稿总纂，整合了部分重复交叉的内容。2010 年 10 月，志稿总纂完成。

评审完善 2010 年 12 月 22 日至 23 日，《钢城区志》稿评议会在钢都宾馆召开。省史志办原副主任王文恒、市县基层志编纂指导处副处长徐尉、主任科员曲婉倩、主任科员罗毅，市史志办主任刘霞、副主任亓玉胜、副调研员张清斌、方志科科长毕泗国(现任副主任)，莱钢集团有关领导及区内有关人员 50 余人参加会议。与会领导及专家对区志评议稿给予高度评价，同时提出了许多宝贵的意见和建议。会后，我们根据专家提出的建议着重对“农业”“工业”“钢铁”“经济管理”“财税金融”等编进行了调整和修改。2012年3月，区史志办领导班子调整后，加快了区志编修进程，又一次从志书篇目设置、记述内容等方面作了系统的补充修改。增设“社会生活”“莱钢集团”编，进一步突出了时代特色和地方特色。同时依据《山东省新编各级地方志书行文规定》，对文字认真推敲，使行文更加严谨朴实，语言更加流畅，内容更加言简意赅。安排专人对数据进行多次核对、修改，筛选可用图片600多幅，通过进一步的修改完善，大大提高了志稿的质量。2014年1月，修订稿形成，送区有关领导和市史志办及方志出版社审阅，后又进行了多遍加工校正。2015年11月，经莱芜市地方史志编纂委员会审核批准出版。

《钢城区志》编纂出版，得益于省、市主管部门的指导，得益于区委、区政府的领导和全区各界的共同努力。在志书的编修过程中，期间的历任区委书记、区长，都给予了热情关心和支持。区委书记胡文朴、区长张钊，经常过问修志工作，并分别为区志撰写了序文。历任分工副区长卢炳书、张桂爱、李秀芳时常调度工作进展情况，协调解决修志中的具体问题。区史志办原主任崔方春、唐广源依次主持了区志编纂的前期工作。2012年3月，亓圣勇调任史志办主任，重点抓了队伍建设、工作协调、经费争取、文稿内容修改把关及图片筛选等工作。唐广源、刘志东依次承担了统编总纂的主要任务。魏超负责了终审阶段志稿修订。刘周全、吕克勤对志稿的前期把关、修改做了大量工作，并承担很多编目的编辑工作。陈建新、邹学秀、唐庚源、秦宝文、桑成果、史修辉、曹丙慈、刘欣、刘茂玲等分别参与了部分篇章的资料收集和编辑工作。各镇（街道）、区直部门单位都对区志的编纂给予了大力配合与协作。区新闻中心等单位提供了部分照片。对采用的图片大部分没有署名，对供稿单位及供稿人也没有署名，敬请谅解。值《钢城区志》付梓之际，谨向所有关心、支持这项工作的领导、专家、编辑及社会各界人士表示谢忱。

《钢城区志》的编修是在第二轮修志的形势下进行的，有着自己的特殊性。一是《钢城区志》是首部区志，跨越年限长，涉及内容广，纵向资料较少；二是钢城区境域区划调整频繁，历史上分属三县（市）管辖，区划变动频繁使志书编纂完整性的难度加大；三是钢城属新建区，各项事业的发展、各部门和机构的设置、人员的配备都经历了从无到有的过程，史志机构及史志资料更是如此。这些客观问题的存在更增加了修志工作的难度，加之编者水平有限，书中疏漏和错误在所难免，敬请读者批评指正。

编　者

2015年11月

图书在版编目（CIP）数据

鹰潭年鉴．2017 / 《鹰潭年鉴》编辑委员会编．--
北京：方志出版社，2018.2
ISBN 978-7-5144-2978-7

Ⅰ．①鹰… Ⅱ．①鹰… Ⅲ．①鹰潭-2017-年鉴
Ⅳ．①Z525.63

中国版本图书馆CIP数据核字（2018）第037851号

鹰潭年鉴（2017）

编　　者：《鹰潭年鉴》编辑委员会
责任编辑：王海荣

出 版 人：冀祥德
出 版 者：方志出版社
地址　北京市朝阳区潘家园东里9号（国家方志馆4层）
邮编　100021
网址　http://www.fzph.org
发　　行：方志出版社图书经销中心
电话（010）67110500
经　　销：各地新华书店
印　　刷：鹰潭市大可彩印有限公司

开　　本：889 × 1194　　1/16
印　　张：28.75
字　　数：1023千字
版　　次：2018年2月第1版　　2018年2月第1次印刷
印　　数：001～500册

ISBN 978-7-5144-2978-7　　定价：200.00元

鹰潭年鉴

（2017·总第十六卷）

鹰潭市人民政府 主办
《鹰潭年鉴》编辑委员会 编

方志出版社
Publishing House of Local Records

《鹰潭年鉴》(2017卷)撰稿单位主审名单

（大体按类、分目顺序排列）

市委办	上官新亨	社联	彭新华	公路局	洪晓明
市人大办	江　鸿	科协	程美华	航务分局	周进同
市政府办	席志新	残联	李荣生	鹰潭火车站	李业贵
市政协办	杨亮太	侨联	朱黎明	财政局	裴克瑞
市纪委办	童团水	红十字会	黄小红	国税局	吴晨阳
鹰潭军分区	龚文峰	武警支队	李细中	地税局	蔡志敏
组织部	褚小涛	公安消防支队	刘顺科	人行市中心支行	左慧玲
宣传部	王　俊	人防办	陈兴宏	工行市分行	程芦跃
文明办	任江华	公安局	赖家辉	建行市分行	吕昌富
统战部	张洪堂	检察院	邹晓春	农行市分行	毛毅峰
政法委	舒云东	法院	范　超	农发行市分行	罗　俊
政研室	桂闰华	司法局	杨谷喜	中行市分行	何园生
农工部（农办）	谭永忠	工信委	杨　琦	鹰潭农商银行	周建平
机关工委	周佐明	供电公司	盛江南	银监分局	罗小明
接待办	姜华菁	鹰潭高新技术产业开发区管委会	刘晓华	人保财险市分公司	罗　伟
保密机要局	黄国宏	招商引资服务中心（招商局）	林伏昌	人保寿险市中心支公司	俞夕云
信访局	郑秀榕	农业和粮食局	陈　强	中国人寿市分公司	周雍房
老干部局	陈小丽	林业局	吕国南	太平洋财险市中心支公司	郭丽萍
台办	邵治国	水利局	徐可喜	太平洋人寿市中心支公司	朱　明
党校	王家茂	商务局	余红艳	平安财保中心支公司	张　琛
党史办（方志办）	况建军	供销社	李　怡	气象局	齐永胜
档案局	刘汉斌	盐业公司	邹　飞	环保局	张　浩
驻北京招商引资办公室	刘泓光	烟草专卖局	吴新华	科技局	刁谷辉
驻上海招商引资办公室	王琍宁	中石化鹰潭石油分公司	操德平	教育局	林江文
驻深圳招商引资办公室	刘秋声	中石油鹰潭销售分公司	喻　晓	鹰潭日报社	袁　因
驻厦门招商引资办公室	刘秋声	龙虎山景区管委会	蔡湘芬	文广新局	黄顺茂
驻南昌招商引资办公室	宋旭文	天师府管委会	张金涛	广播电视台	吴春一
法制办	徐军华	建设局	艾　农	道文化研究中心	夏维纪
外事侨务办	谢　雯	城管局	江东生	卫计委	李恩福
物流委	曾凡忠	规划局	吴　强	体育局	何晓春
发展研究中心	胡志开	国有资产经营（集团）有限公司	吴　岩	民政局	黄正清
行政服务中心	杨华春	信江新区管委会	朱来清	贵溪市	陶　然
民族宗教局	祝发太	发改委	黄　忠	余江县	吴发财
人保局	曹建彬	国资委	熊新乐	月湖区	胡梦莉
编办	左真香	安监局	揭润年	四冶建设公司	李　健
统计局	徐略英	市场监管局	吴世平	江西六国化工	郑风华
旅发委	刘文致	国土资源局	彭　伟	中电（江西贵溪）发电有限公司	李学军
民革市委	王　军	审计局	叶国琼	十五冶二公司	黄清平
民盟市委	周志燕	国家统计局鹰潭调查队	应建敏	邓家埠水稻原种场	喻杭华
民建市委	林小芳	房管局	雷丽虹	有色地勘一队	李毅民
民进市委	祝光进	住房公积金管理中心	张秀萍	二二三地质队	胡忠民
农工党市委	陈建东	信息中心	潘伟华	二六一地质大队	吕　勇
九三学社市委	徐文艺	邮政管理局	林卫东	二六五地质大队	杨　光
总工会	张赣北	电信分公司	阮文革	九一二地质大队	曾水龙
团市委	方　璐	移动分公司	杜　俊	界牌枢纽管理处	黄明红
妇联	薛　葵	联通分公司	叶清江	一八四医院	汪　海
工商联	张洪堂	无线电管理局	吴利民	中铁十一局集团桥梁有限公司	祝光德
文联	徐双文	交通局	齐群策	江西天施康中药股份有限公司	严建良

编辑说明

一、《鹰潭年鉴》以年度为单位，全面记载鹰潭市政治、经济、文化和社会发展的概貌，是地方政府公报性资料。《鹰潭年鉴》以马克思列宁主义、毛泽东思想、邓小平理论、“三个代表”重要思想、科学发展观、习近平新时代中国特色社会主义思想为指导，坚持辩证唯物主义立场、观点和方法，与时俱进，真实、客观地反映鹰潭市改革开放和现代化建设的新思路、新举措、新成就、新经验和新发展，以期发挥“存史、资政、教化、兴利”的作用。

二、年鉴由《鹰潭年鉴》编辑委员会组织编辑，市委党史办公室（市政府地方志办公室）具体承办。稿件由市直各单位、各县（市、区）、中央和省属驻鹰潭各单位提供。各撰稿单位主审人列名单于正文之前，撰稿人姓名括注于条目之后。

三、年鉴主要收录的是2016年鹰潭市各条战线和各个方面的情况，部分条目因内容需要涉及2016年度前后的情况。年鉴设类目、分目和条目，条目为年鉴内容的基本记述单位，其标题用黑体字加“【 】”标示。

四、年鉴基本内容分为综合情况、动态信息和辅助资料三大部分。综合情况设特载、大事记、专记、市情概览4个类目。动态信息设中国共产党鹰潭市委员会、鹰潭市人民代表大会常务委员会、鹰潭市人民政府、中国人民政治协商会议鹰潭市委员会、中国共产党鹰潭市纪律检查委员会、民主党派、社会团体、军事、法治、工业、工业园区、农业·林业·水利、商贸与经济合作、龙虎山景区建设与旅游、正一道教与嗣汉天师府、城乡建设、非公有制经济、经济管理与监督、信息化建设、交通、财政·税务、金融、气象、环境保护、科技、教育、文化艺术、新闻出版、卫生和计划生育、体育、居民生活、民政、劳动就业与社会保障、县（市、区）、驻鹰潭单位、人物36个类目。辅助资料包括主要统计资料和附录2个类目。

五、年鉴中的数据如有不一致处，一律以“统计公报”“统计工作”和同年的《鹰潭统计年鉴》的数据为准。为方便阅读，农业计量单位仍使用市制“亩”（1公顷=15亩）。

六、年鉴内容层次设置是为方便分类编辑和读者系统阅读的，不反映严格的科学分类体系，机关、企事业单位等排序和层次并不表示其地位和规格。所载新任市领导指2016年就任的新一届市委、市人大、市政府、市政协和市法院、市检察院副地级以上领导人。县（市、区）主要领导人、市直及条管和驻鹰潭等单位领导人名录列于相关分（条）目末尾，方便查阅。所有人物（含名录）均由人物所在单位提供。

鹰潭市行政区划图

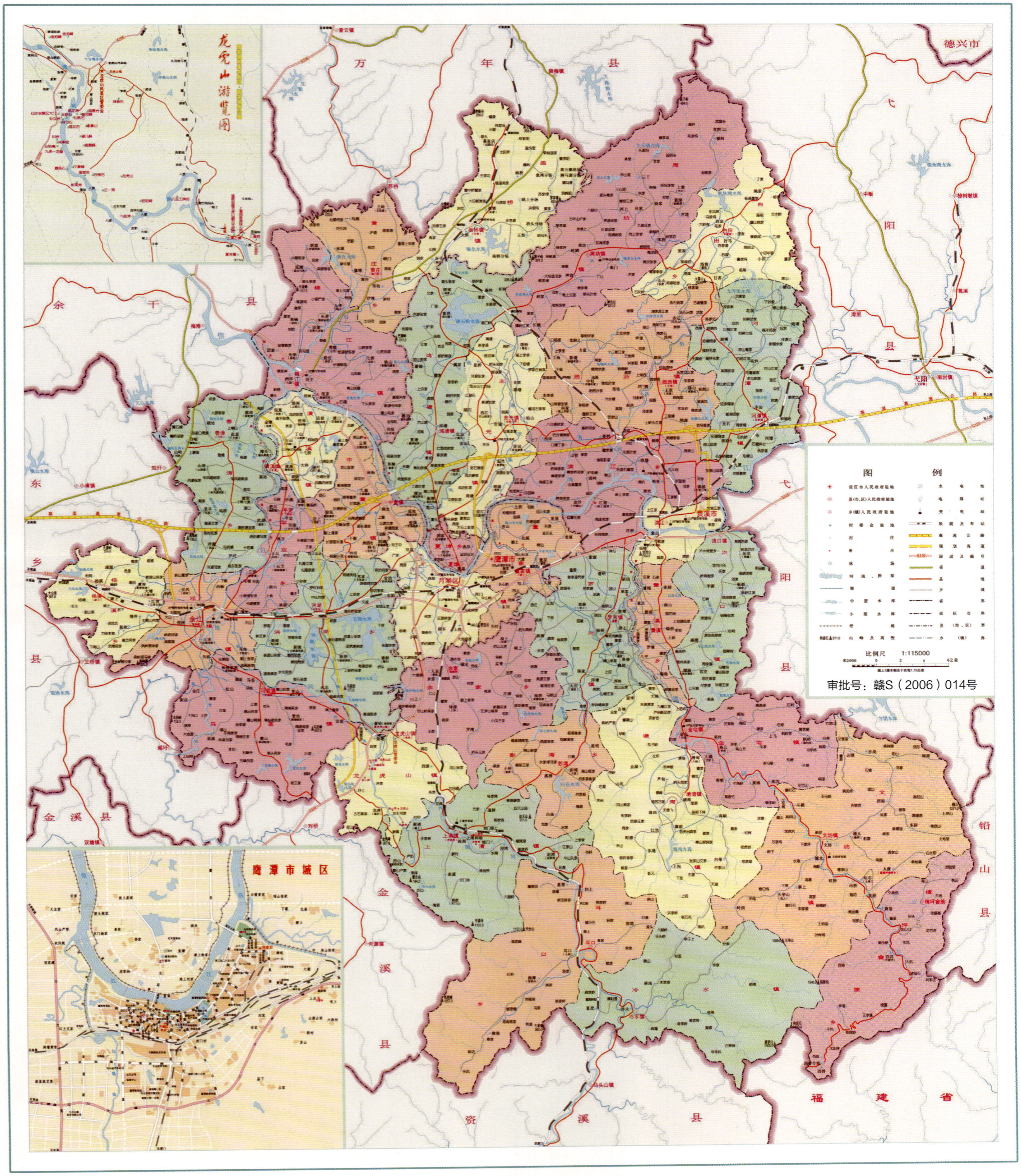

龙虎山游览图
万年县
德兴市
余干县
弋阳县
东乡县
贵溪市
鹰潭市
月湖区
余江
金溪县
资溪县
铅山县
福建省
鹰潭市城区
图例
比例尺 1:115000
审批号：赣S（2006）014号

鹰潭市旅游示意图
周坊老革命根据地
白鹤湖
塔桥
四门山炮台
锦江古镇
农业观光休闲游
鹰潭 眼镜产业园景区
市政府
趋奋故里游
北极阁
余江雕刻一条街
铜锣湾国际旅游文化城
送瘟神纪念馆
九龙峰
城市休闲文化游
花语世界
道教文化游
寻梦龙虎山
天师府
樟坪畲族村
大上清宫遗址
正一观
大上清宫
少数民族风情游
竹博园
圣井山
塘湾古镇
鬼谷洞

4月6日，省委副书记刘奇（前左一）在余江县邓埠镇西坂村调研 刘 红 摄

4月26日，出席江西省旅游产业发展大会的殷美根（前左二）等省市领导参观龙虎山逍遥城
刘 红 摄

9月24日上午，中国共产党鹰潭市第八次代表大会举行，图为开幕式现场　许志平　摄

10月31日上午，鹰潭市第九届人民代表大会第一次会议在华侨饭店会议中心召开，图为开幕式现场　许志平　摄

10月30日上午，中国人民政治协商会议鹰潭市第九届委员会第一次会议在沁庐道苑召开，图为开幕式现场　刘　红　摄

4月27日，江西省旅游产业发展大会在鹰潭市龙虎山景区召开，图为会议现场　　刘 红 摄

6月30日上午，鹰潭市庆祝中国共产党成立95周年大会在华侨饭店会议中心举行，图为大会现场

徐 蓉 摄

4月11日上午，“互联网+”鹰潭发布会暨智慧鹰潭服务平台、腾讯城市服务上线仪式举行，图为仪式现场　　刘　红　摄

4月29日，鹰潭市在上海举行产业升级创新发展合作恳谈会并举行鹰潭特色产品展　夏东华　摄

5月3日，2015鹰潭经济年度人物评选颁奖典礼在沁庐道苑酒店举行，图为10位经济年度人物　　徐　蓉　摄

3月18日，鹰潭海关在贵溪工业园区召开2016年首场政策宣讲会，助力“鹰潭制造”健康发展，图为海关人员在江铜集团专访服务　　徐　蓉　摄

3月9日上午，月湖区开出全市首张增值税电子发票，标志鹰潭市增值税电子发票推行工作正式展开　　张维民　摄

3月28日，贵溪市首笔农村土地承包经营权抵押贷款发放仪式举行

陆传和　摄

鹰潭西湖湿地公园历时3年建成，图为5月所摄公园一角　　刘志琨 摄

3月，市民进入新建成的北极阁参观
严米金 摄

4月26日，鹰潭沁庐道苑酒店建成正式开业运营

4月，鹰潭市45个智能电子公交站牌投入使用，方便市民乘车“心中有数”
徐蓉 摄

4月7日，为提高创建国家森林城市参与率，鹰潭市在第九小学开展万人签名活动
张维民 摄

5月4日，鹰潭市城管局向两家装饰装修建筑垃圾清运公司颁布首批建筑垃圾运输服务许可证
张维民 摄

11月11日，市长曹淑敏参加“聚焦党代会 全域旅游看江西”访谈活动，图为曹淑敏（右）在中国江西网接受记者访谈　　夏东华 摄

12月4日，中国旅游小姐全球大赛鹰潭赛区总决赛在鹰潭市第一中学礼堂举行，图为分获鹰潭赛区冠、亚、季军选手　　刘红 摄

4月18日，中国·鹰潭观赏石博览会暨月湖区首届黄蜡石文化旅游节开幕，图为开幕式会场　　严米全 摄

5月，龙虎山景区圣井山全球首创4D漂流开业，图为游客在花架廊中漂流
夏东华 摄

11月，中央电视台财经频道《中国财经报道》栏目摄制组到龙虎山景区对铁皮石斛生长进行采编 刘志琨 摄

贵溪市塘湾镇挖掘古镇旅游资源，打造特色文化旅游一条街 刘小中 摄

6月15日，鹰潭市举行庆祝中国共产党成立95周年大型群众歌咏比赛　　刘志琨　摄

5月10日，由鹰潭市与乐平市联合出品的大型原创现代赣剧《青山作证》在乐平市进行首场彩排演出

徐　蓉　摄

鹰潭日报

社会主义核心价值观基本内容：
富强、民主、文明、和谐，
自由、平等、公正、法治，
爱国、敬业、诚信、友善。

习近平主持召开中央全面深化改革领导小组第二十八次会议强调
坚决贯彻全面深化改革决策部署
以自我革命精神推进改革
刘云山张高丽出席

习近平在全国国有企业党的建设工作会议上强调
坚持党对国有企业的领导不动摇
开创国有企业党的建设新局面
刘云山讲话　王岐山张高丽出席

赣东北红军游击队一进三县岭建立游击根据地

市政府召开《政府工作报告》征求意见座谈会

"双创活动周"今日启动

为纪念红军长征胜利80周年，鹰潭市史志办公室与鹰潭日报社联合开辟专栏发表纪念文章

6月16日上午，在缉捕歹徒中身受重伤的贵溪市公安局刑警程永林从上海转院回到贵溪市，图为战友、市民夹道欢迎英雄回家　　夏东华 摄

7月6日，鹰潭市市直机关工委组织开展“两学一做”学习教育知识竞赛活动　　黄 越 摄

3月5日，龙虎山景区上清古镇女子消防志愿服务队进行灭火训练　　许志平 摄

9月1日，江西师范高等专科学校在新校区迎来首批报到新生，图为新生在体育馆办理报到手续　　张俊娟　摄

11月18日，鹰潭市公共自行车便民服务系统启动仪式举行，图为启动仪式志愿者们试骑公共自行车　　徐　蓉　摄

5月28日，鹰潭市市直机关公车改革取消车辆首场拍卖会在市区沁庐道苑举行，图为拍卖会现场　　许志平　摄

6月20日，鹰潭市在老码头举行“文化遗产日”活动，展演非遗项目，图为市民在观看元宝篮制作　　黄　越　摄

4月15日，2016年“三川智慧杯”李宁全国男子篮球青年锦标赛（龙虎山赛区）首场比赛在鹰潭市体育馆举行　　徐　蓉　摄

6月5日，鹰潭市公安消防支队人员操作无人机侦查市区信江水情，此为鹰潭市首次投入无人机侦查汛情　　徐　蓉　摄

5月18日，江西省第五届全民健身运动会（月湖赛区）暨月湖区第三届职工运动会举行　　祝文平 摄

4月17日上午，鹰潭市政府组织相关部门在老码头广场举行政府购房奖励政策及住房公积金宣传咨询活动　　刘 红 摄

6月18日，“寻找鹰潭国宝”大型公益鉴宝活动举行，图为鉴宝现场

徐 蓉 摄

鹰潭市公安局驻村工作组人员向扶贫对象了解养鸭子情况　　严米金 摄

1月9日，解放军第一八四医院与信江新区夏埠乡卫生院举行“军民共建医疗联合体”签约挂牌仪式并进行义诊活动　　徐 蓉 摄

2月17日上午，月湖区童家镇举行农村文化运动会，图为村民们正在进行打麻糍比赛　　刘 红 摄

鹰潭市国土资源局

中共十八大以来，鹰潭市国土资源局深入贯彻市委、市政府及省国土资源厅决策部署，努力构建适应“五大发展”理念的土地管理新格局。先后获得“全省耕地保护先进设区市”“全国国土资源节约集约模范市”“全国土地利用和管理形势观测分析工作成效突出观测点”“全国国土资源管理系统推进依法行政先进单位”等称号。

市委书记曹淑敏（左二）到贵溪市检查指导地质灾害防范工作

国土资源改革进一步深化。余江县农村土地制度改革三项试点工作取得新成效。国土资源部在余江县召开了全国试点推进会，省委、省政府在余江县召开了“一改促六化”余江样板现场推进会。农村宅基地管理试点工作进展较快。全市（除余江外）387个列为2017年度新农村建设的自然村已退出危旧空闲房宅基地0.85万宗73.29万平方米，拆除围墙20.17万米，退出院子多占宅基地40.41万平方米。农村房地一体不动产登记发证工作进展顺利。全市已完成农房外业测量20.15万幢，占需调查总数的72%；内业资料整理11.08万件，占需调查总数的39.6%，质量检查和数据库建设正在同步开展。

服务发展能力进一步提升。精准调规报批，保障项目用地。2012年至2016年，全市调整土地规划面积近2万亩，报批建设用地4.88万亩。土地供应与储备强劲有力。2012年至2016年，全市收储土地1.81万亩，供应土地5.34万亩，成交价款117.74亿元，为城建提供充足用地资金保障。

资源利用水平进一步提高。推进土地节约集约利用。探索工业园区“先租后让、租让结合”等供地方式，推进工业多层标准厂房建设节地模式，开展闲置土地清理专项行动。2013年，鹰潭市被评为“全国国土资源节约集约模范市”，获1000亩用地指标奖励，是全国首批、全省唯一获此殊荣的地级市。提高矿产资源节约集约利用。编制全市矿业权设置方案，严格矿山企业“三率”考核。江西银海矿业有限公司获得矿产资源节约与综合利用奖励资金1000万元，被列入国家级绿色矿山试点单位。

农村土地管理进一步加强。耕地保护水平全面提高。探索村民事务理事会等基层耕地保护新模式。余江县列入国家基本农田保护示范区，贵溪市列入省高标准基本农田建设示范县。全面实现耕地占补平衡。推进土地开发复垦补偿耕地项目、“旱改水”项目、增减挂项目建设，开展高标准农田建设和永久基本农田划定工作。农村建房规范管理成效显著。形成一批规范性文件，省国土资源厅将《鹰潭市农村住房建设管理问责规定》全文刊发予以推广。开展“三清理一整治”专项治理和巩固行动。全市共清理违法违规建房1.07万宗、面积0.27万亩。健全耕地长效管理机制。建立农村建房月报制度和重点地区实地核查制度，强化动态巡查。

国土民生得到进一步改善。土地征收管理规范高效。两次对征地统一年产值标准进行调整，完善征地补偿安置机制，推进被征地农民实行货币、留地、养老保险安置等多元安置方式。落实征地信息公开制度。地灾防治工作扎实有效。编制实施《鹰潭市地质灾害防治规划（2010—2020）》，提高预警和应急救灾实效性。开展鹰潭市地质灾害“北斗＋窄带”自动监测预警系统建设，成为全国首例利用该产品进行地质灾害监测预警的试点单位。

工业新城强势崛起

2016年5月17日，江西省委书记鹿心社（右五）调研余江宅改工作

2017年6月29日，国土资源部部长姜大明（主席台左五）调研余江宅改工作并召开座谈会

余江宅改制度办法征求群众意愿

余江县春涛镇洋源村邓家小组宅改空闲宅基地退出前后对比

农村宅改后空闲宅基地进行绿化美化

目　录

特载

大事记

专记

市情概览

中国共产党鹰潭市委员会

鹰潭市人民代表大会常务委员会

鹰潭市人民政府

中国人民政治协商会议
鹰潭市委员会

中国共产党鹰潭市纪委查检委员会

民主党派

社会团体

军事

法治

工业

工业园区

农业·林业·水利

商务与经济合作

龙虎山景区建设与旅游

正一道教与嗣汉天师府

城乡建设

非公有制经济

经济管理与监督

信息化建设

交通

财政·税务

金融

气象

环境保护

科技

教育

文化艺术

新闻出版

卫生和计划生育

体育

居民生活

民政

劳动就业与社会保障

县（市、区）

驻鹰潭单位

人物

主要统计资料

附录

江西省实施《地方志工作条例》办法

特载

编辑、校对：况建军

在全市县处级主要领导干部学习贯彻党的十八届五中全会精神专题研讨班上的讲话

市委书记　陈兴超

（2016 年 3 月 16 日）

市委举办这次专题研讨班，主要任务是深入学习领会党的十八届五中全会精神，深入学习领会习近平总书记系列重要讲话精神特别是视察江西省重要讲话精神，深入学习领会省委主要领导在全省市厅级主要领导干部学习贯彻党的十八届五中全会精神专题研讨班上的讲话精神，坚决把思想和行动统一到中央和省委要求上来，坚决以新发展理念引领发展行动，努力实现鹰潭市“十三五”时期经济社会发展良好开局。

一、认真学习领会十八大以来习近平总书记经济战略思想

党的十八大以来，习近平总书记把握时代脉搏、洞察发展大势，提出了一系列治国理政的新理念、新思想、新战略，从重申“两个一百年”奋斗目标到提出实现中华民族伟大复兴“中国梦”，从统筹实施“五位一体”总体布局到协调推进“四个全面”战略布局，从适应和把握经济发展新常态到牢固树立五大发展理念，等等这些，形成了风格鲜明、科学务实的治国理政战略思想体系。其中，基于新常态的经济战略思想是重要组成部分，为大家在新的历史条件下深化改革开放、推进社会主义现代化建设提供了理论指导和行动指南。而这其中有三个关键词，就是“经济发展新常态”“五大发展理念”和“供给侧结构性改革”。

（一）关于经济发展新常态

1.经济发展新常态战略思想的提出

2012 年中央经济工作会议上，习近平总书记分析国际国内形势，作出了中国经济已经进入个位数增长阶段的重要判断。2013 年中央经济工作会议上，作出了中国正处于增速换挡期、结构调整阵痛期、前期刺激政策消化期三期叠加的科学判断，强调中国已经进入了中高速增长阶段。2014 年 5 月，习近平总书记在河南考察工作时首次提出新常态理念，强调从当前中国经济发展的阶段性特征出发，适应新常态，保持战略上的平常心态。

2014 年 11 月在北京亚太经合组织工商领导人峰会上，习近平总书记深入分析了新常态下经济发展三大特点：一是从高速增长转为中高速增长；二是经济结构不断优化升级；三是从要素驱动、投资驱动转向创新驱动。2014 年中央经济工作会议上，习近平总书记进一步系统阐释了新常态下四大特征和九大趋势性变化。四大特征：一是速度变化，从高速增长转向中高速增长；二是方式转变，从规模速度型粗放增长转向质量效率型集约增长；三是结构优化，从增量扩能为主转向调整存量、做优增量并举；四是动力转换，从传统增长点转向新的增长点。九大趋势性变化，即消费需求、投资需求、出口和国际收支、生产能力和产业组织方式、生产要素相对优势、市场竞争特点、资源环境约束、经济风险积累和化解、资源配置模式和宏观调控方式发生变化。特别第一次明确强调，认识新常态、适应新常态、引领新常态，是当前和今后一个时期中国经济发展的大逻辑。

2.深刻认识到新常态是经济发展的必然规律

经济发展新常态是习近平总书

记从经济发展的基本规律出发，深刻洞察中国经济发展态势，从全局性、方向性和战略性的高度进行的科学判断。从新常态提出到今天，大家可以发现这一判断是完全正确的，经济下行、市场需求变化、产业结构亟需调整，经济增长速度从高速向中高速转变，这些客观事实都印证了中国已经进入了新常态。那么，大家要如何认识新常态？有些干部在抓发展的过程中明显感觉到，这一两年企业效益下降，不少企业遭遇了市场瓶颈、资金瓶颈，发展态势不如前些年好了，就认为这是经济发展新常态所导致的，认为新常态是件坏事，谈到新常态就如临大敌、一筹莫展。

从事物发展规律上看，有高峰也有低谷，经济发展也是这样，有高速增长就有低速滑行，但是大家也要看到，事物的发展总是呈现螺旋式上升的态势，新常态的出现也是符合这种运动规律的。习近平总书记在辅导报告中拿人长个子举例，说10~18岁个子长得最快，18岁以后就长得慢了。这个浅显的道理运用到经济规律上也是这样，在发展初级阶段，市场需求旺盛，资源投入往往会带来较快的经济增长；但是到了中高级阶段，各类资源要素的边际产出小了，边际效益也自然下降，粗放式发展已经行不通了，那么经济发展必然会转向以创新和资源高效利用为主的新阶段，这就是新常态。

从国际上看，西方发达国家从工业革命到20世纪中后期以创新为动力的经济转型，也符合这种经济发展规律。从中国看，新常态下经济发展深度调整，有效需求下降，再工业化、产业回流本土的进口替代效应增强，原先依赖的出口驱动已经难以奏效，特别是传统劳动密集型产品出口竞争力不断削弱，而高科技、高附加值产品优势尚未形成，经济增速下降也是必然。2015年，江西省出口增幅比上年回落7.4个百分点；鹰潭市GDP增速下降0.8个百分点，这也从侧面印证了中央的科学判断。

2015年中央经济工作会议上，习近平总书记分析了三种认识，第一种是认识逐步深入、适应更加主动、引领已经开始，这种情况在不断增加；第二种是认识还不到位，一知半解，适应不太主动，引领基本无为，流于口号化，这种情况还比较普遍；第三种是很不适应，没有摆脱“速度情结”“换挡焦虑”的思维定式，结果行动上自觉不自觉逆向而行。2016年初省部级主要领导干部专题研讨班上，又从中国发展历史和国际空间两个维度，深刻阐明了经济发展进入新常态的内在必然性，强调注重克服三种倾向，其一，新常态不是一个事件，不要用好或坏来判断；其二，新常态不是一个框子，不要什么都往里面装；其三，新常态不是一个避风港，不要把不好做或难做的工作都归结于新常态。

习近平总书记对于新常态的一系列论述，目的就是告诉大家，新常态并不可怕，只是原先的发展模式需要作出调整，不能再一味地追求发展速度，忽视发展质量；从某种意义上讲，新常态就意味着新机遇，只要大家清醒地认识到新常态下用创新推动发展的必要性，积极转变发展思路，主动适应新常态的变化，就能掌握主动和先机，更好地推动鹰潭市经济发展。

3.如何适应并引领新常态

既然新常态是经济发展的必然规律，那么大家应当如何适应新常态？习近平总书记在2015年中央经济工作会议上指出，适应新常态需要做到“三个必须”，即必须统一思想、深化认识；必须克服困难、闯过关口；必须锐意改革、大胆创新。对于如何引领新常态，需要做到“十个更加注重”，即更加注重提高发展质量和效益，更加注重供给侧结构性改革，更加注重引导市场行为和社会心理预期，更加注重加减乘除并举，更加注重以人为核心，更加注重人口经济和资源环境空间均衡，更加注重促进形成绿色生产方式和消费方式，更加注重对特定人群特殊困难的精准帮扶，更加注重使市场在资源配置中起决定性作用，更加注重推进高水平双向开放。“三个必须”和“十个更加注重”阐明了适应和引领新常态的方法论问题，实际上就是告诉大家应该怎样做、重点做什么。

从发展态势看，要想打赢发展升级攻坚战，就必须主动适应新常态、引领新常态，将经济发展的换挡期变为更好提升发展质量和发展效益的冲刺期。省委主要领导在2016年2月的全省市厅级主要领导干部专题研讨班上指出，见势早、行动快是国内发达省份适应新常态的主要特征，这些省份和城市主动腾笼换鸟、机器换人、空间换地、电商换市等做法，使得产业逐步向中高端发展，有效促进了土地等资源的集约节约利用，可以说在新常态中找到了新的发展方向，步入了新的发展平台。但是也有一些省份和地市见势晚、行动慢，适应和引领新常态的主动性差，发展局面不容乐观。省委主要领导指出的这些现象充分表明，新常态只是一种客观的经济环境，适应得好，就能变挑战为机遇，变劣势为优势，变被动为主动。

拿铜产业打个比方，大家都知道，这些年来鹰潭大力发展铜产业，努力打造世界铜都，虽然取得了可喜的成果，铜企业规模和铜产业结构都发生了明显的变化。但是大家也要清醒地认识到，新常态下，作为金属粗加工行业的传统铜产业正在逐渐失去市场活力，2015年12月份的铜价跌到了3.9万元/吨，而市场总供给仍然过剩了37万吨，这就意味着2016年铜价还可能进一步下跌。什么是新常态，这就是新常态，传统行业面临落后产能的淘汰，如果不清醒地认识到这种变化，就会在新常态中失去发展方向和后劲。所以，大家要大力实施创新驱动战略，鼓励铜企业向高端铜产业转型，增加铜产品的技术含量，去主动适应市场的需要。

针对这一点，省委要求，要始终坚持中高速增长取其高、稳中有进求其好，坚定不移以新型工业化为核心，更加注重创新驱动，更加注重"两化"融合，更加注重集聚集群集约发展。只要大家坚定信心、保持定力，主动作为、科学应对，就一定能够推动发展迈上新台阶。

（二）关于"五大发展理念"

1."五大发展理念"的提出

2015年10月，党的十八届五中全会首次提出创新、协调、绿色、开放、共享的发展理念。习近平总书记系统阐述了五大发展理念的基本内涵和实践要求，强调创新发展注重的是解决发展动力问题，协调发展注重的是解决发展不平衡问题，绿色发展注重的是解决人与自然和谐问题，开放发展注重的是解决发展内外联动问题，共享发展注重的是解决社会公平正义问题；要求全党一定要提高贯彻五大发展理念的能力和水平，不断开拓发展新境界。牢固树立并切实贯彻"五大发展理念"，是关系中国发展全局的一场深刻变革，关系到"十三五"乃至更长时期中国发展思路、发展方式和发展着力点，是党认识把握发展规律的再深化和新飞跃，丰富发展了中国特色社会主义理论宝库，成为全面建成小康社会的行动指南、实现"两个一百年"奋斗目标的思想指引。

2.充分认识"五大发展理念"的创新意义

"五大发展理念"立足于中国特色社会主义实践和全面建成小康社会新的目标要求，科学回答了关系中国长远发展的许多重大理论和实践问题，集中体现了习近平总书记系列重要讲话对中国特色社会主义发展理论的创新，开拓了中国特色社会主义发展理论的新境界。

发展目标的创新。"五大发展理念"更加突出发展的全面性，现行贫困标准下的7000多万群众"一个不能少、一个不能掉队"，全部实现脱贫；更加突出发展的均衡性，经济、政治、文化、社会、生态文明五大建设全面推进；更加突出发展的公平性，从制度安排上为社会公平正义提供保障。

发展动力的创新。"五大发展理念"要求通过经济结构性改革找动力，促进供给端和需求端协同发力，增强经济持续增长动力；要求通过拓展空间增动力，积极拓展区域发展空间、产业发展空间、基础设施建设空间、网络经济空间、蓝色经济空间，以空间换动力；要求通过厚植优势育动力，把发展基点放在创新上，激发创新创业活力，打造发展新引擎。

发展方式的创新。"五大发展理念"表明，加快转变发展方式仍然是"十三五"时期经济社会发展的主线。在经济发展方面，由主要依靠增加物质资源消耗和低水平劳动力转向主要依靠科技进步、劳动者素质提高和管理创新。在社会发展方面，要实现从主要依靠政府向政府和社会协同发力转变，真正实现发展人人参与、成果全民共享。

发展格局的创新。"五大发展理念"要求不断提高发展的均衡性、包容性、可持续性，促进区域协同、城乡一体发展；构建科学合理的城市化格局、农业发展格局和生态安全格局；坚定走生产发展、生活富裕、生态良好的文明发展道路，形成人与自然和谐发展的现代化建设新格局。

发展路径的创新。"五大发展理念"既是发展的思路和要求，也是发展的路径和举措。五大发展"五位一体"，主题主旨相通、目标指向一致，统一于"四个全面"战略布局中，统一于坚持和发展中国特色社会主义的伟大实践中，统一于实现"两个一百年"奋斗目标、实现中华民族伟大复兴中国梦的历史进程中，构成了新时期推动我国经济社会发展的根本路径。

3.坚持用"五大发展理念"实现新常态下新作为

"五大发展理念"是针对中国经济发展进入新常态、世界经济复苏低迷开出的药方，把握了发展速度变化、结构优化、动力转换的新特点，顺应了推动经济保持中高速增长、产业迈向中高端水平的新要求，点明了破解发展难题的新思路。发挥好五大发展理念的引领作用，才能够更好适应和把握新常态，推动发展方式转变，提高发展质量和效益，实现新常态下新作为。

2016年初，在省部级主要领导干部专题研讨班上，习近平总书记着重从理论上、宏观上对深入理解新发展理念阐述分析，提出了"五个着力"的要求，即着力实施创新驱动发展战略，着力增强发展的整体性协调性，着力推进人与自然和谐共生，着力形成对外开放新体制，着力践行以人民为中心的发展思想。这次在江西省视察时，习近平总书记又强调，坚持用新发展理念引领发展行动，如果形势变了发展理念却固化不变，刻舟求剑，守株待兔，发展理念就会失去引领性，甚至会对发展行动产生不利影响。

经济发展新常态下，大家必须要用新理念解决新问题。"五大发展理念"为大家指明了发展的新思路，对鹰潭市而言，能够有效破解发展动力不足、发展不平衡、发展成果没能更好惠及全体群众的问题。坚持"五大发展理念"，按照习近平总书记提出的"五个着力"要求，就能够使鹰潭的发展思路豁然开朗，发展前景更加光明。

（三）关于供给侧结构性改革

1.供给侧结构性改革的提出

2015年11月，中央财经领导小组第11次会议上，习近平总书记提出"供给侧结构性改革"。2015年底的中央经济工作会议上，习近平总书记对推进供给侧结构性改革进行全面部署，强调实施相互配合的五大政策支柱，即宏观政策要稳，为结构性改革营造稳定的宏观经济环境；产业政策要准，准确定位结构性改革方向；微观政策要活，完善市场环境、激发企业活力和消费者潜力；改革政策要实，加大力度推动改革落地；社会政策要托底，守住民生底线。同时，具体部署了“三去一降一补”任务，即去产能、去库存、去杠杆、降成本、补短板。2016年初，在省部级主要领导干部专题研讨班上，习近平总书记深刻阐述了供给侧结构性改革的科学内涵，论述了供给侧和需求侧的关系，强调需求侧管理重在解决总量性问题，供给侧管理重在解决结构性问题，主要通过优化要素配置和调整生产结构来提高供给体系质量和效率。

习近平总书记指出，中国面临的困难和问题，确实同国际金融危机这一外因的影响有直接关系，但是内因是起决定性作用的，内因就是大家正面对着有深刻的供给侧、结构性、体制性矛盾。推进供给侧结构性改革，是应对国内国际经济发展形势作出的重大决策，也是贯彻落实“五大发展理念”的具体实践。只有加大结构改革力度，促进过剩产能有效化解，促进产业优化重组，大力发展新产业、新业态、新产品，才能推动社会生产力水平整体跃升。

2.深刻认识供给侧结构性改革的必要性

从产业角度看，中国部分传统产业已经严重过剩，而与新装备制造业相关的核心技术、高端产品等还需要大量依赖进口，这就是需求和供给之间的严重不平衡。比如说，中国粗钢产量占全球约50%、产能利用率仅为67.17%，但是精钢产量只占世界的2.2%左右，每年仍需进口超过千万吨钢材；平板玻璃严重不足甚至不能生产；风电设备总体过剩，但控制系统和不少零部件还需要进口。低端的产品已经陷入同质化竞争难以自拔，高端产品却止步不前、缺乏有效供给，严重制约了产业发展质量的提升。

从消费角度看，2015年，81%的消费者进行过网购，网购消费者中又有35%的人曾以海淘方式购物。中国人的海淘也成就了日本新的流行语——爆买。中国每年涌向海外市场的购买力超过万亿元，从买珠宝首饰、名包名表到电饭煲、马桶盖再到奶粉、药品、化妆品等普通日用品；2015年“双十一”购物日，江西省消费者单日在网上消费了22亿元，而江西省电商卖出去的零售总额为14.7亿元。这反映出江西省的供给能力不足，出现“需求外溢”。从产业和消费两个方面看，中国供给端结构性缺失的问题已经十分明显，从供给侧发力，用一系列改革措施刺激产品供给朝着高、精、尖、新的方向发展，是未来经济结构调整的必然趋势。

3.怎样推进供给侧结构性改革

习近平总书记提出供给侧结构性改革的时间不长，但已经把其科学内涵、主要任务、操作办法讲得很清楚了，充分体现了打赢这场攻坚战的坚定决心和鲜明态度。2016年1月，中央财经领导小组第12次会议上，习近平总书记对制定供给侧结构性改革方案提出了“五个要”的具体要求，一是情况要摸清，搞清楚现状是什么；二是目的要明确，搞清楚方向和目的是什么；三是任务要具体，搞清楚到底要干什么；四是责任要落实，搞清楚谁来干；五是措施要有力，搞清楚怎么办。这次在江西省视察时习近平总书记强调，推动结构调整，是推进供给侧改革的基本功课，要加法减法一起做，做强做大优势产业，主动淘汰落后产能。

在这一点上，省委、省政府总的要求就是，以结构性改革统领经济体制改革，以优化企业发展环境专项行动推进五大任务的落实，集中力量化解落后产能，集中资源培育壮大新兴产业，不断提高江西省经济发展质量和总体竞争力。下一步，鹰潭市也要认真研究如何推进供给侧结构性改革的问题。

总之，习近平总书记经济战略思想，高屋建瓴、思想深刻、内涵丰富，既讲清了怎么看，又讲清了怎么办，回应了社会关切，澄清了模糊认识，体现了深邃的历史眼光、开阔的国际视野和深厚的理论思维，是中国共产党认识把握发展规律的新飞跃，是全面建成小康社会的行动指南、实现“两个一百年”奋斗目标的思想指引。省委在深入贯彻习近平总书记经济战略思想和中央一系列决策部署基础上，制定了“发展升级、小康提速、绿色崛起、实干兴赣”十六字方针，省委“十三五”规划建议提出一个总目标、“四三”布局、七大战略和三大保障，这些发展理念和措施既符合新常态下全省经济发展实际，又符合“五大发展理念”的本质要求，大家要始终做到崇尚创新、注重协调、倡导绿色、厚植开放、推进共享，努力使新发展理念在鹰潭落地生根。

二、紧密结合鹰潭实际，贯彻落实习近平总书记视察江西重要讲话精神

2015年3月全国两会期间，习近平总书记提出了“一个希望、三个着力”的重要要求。“一个希望”，就是希望江西主动适应和把握经济发展新常态，以提高经济发展质量和效益为中心，锐意进取，攻坚克难，奋力取得新的更大成绩；“三个着力”，就是着力推动老区加快发展、着力推动生态环境保护、着力推动作风建设。

2016年2月，习近平总书记亲临江西省视察，对江西工作提出了新的希望和“四个坚持”的更高要求。新的希望，就是希望江西树立和贯彻新发展理念，主动适应经济发展新常态，向改革开放要动力，向创新创业要活力，向特色优势要竞争力，着力加强供给侧结构性改革，着力做好稳增长、调结构、促改革、惠民生、防风险各项工作，努力实现“十三五”时期经济社会发展良好开局。“四个坚持”，就是坚持用新发展理念引领发展行动，坚持做好农业农村农民工作，坚持把共享理念落到实处，坚持弘扬井冈山精神。

省委将习近平总书记这两次重要指示精神，概括为新的希望和“三个着力、四个坚持”的总体要求，并指出这是江西省推动“十三五”发展、实现“五年决战同步全面小康”的总方针和总遵循，也是做好各项工作必须长期坚持的根本行动指南；要求全省上下深入学习宣传贯彻习近平总书记系列重要讲话特别是视察江西重要讲话精神，感恩奋进、真抓实干、开拓进取，努力把各项工作做得更好，实现“十三五”良好开局，以优异成绩回报党中央和习近平总书记的亲切关怀。大家必须不折不扣按照省委要求，把贯彻落实习总书记视察江西重要讲话精神，作为当前首要的政治任务抓紧抓实。就此讲两个方面的意思：

一方面，认真总结2015年落实“一个希望、三个着力”指示要求取得的工作成绩，进一步坚定贯彻落实好习近平总书记重要讲话精神的信心和决心。从“一个希望、三个着力”到“新的希望、四个坚持”，习近平总书记对江西工作的要求和期望，是一以贯之、深化拓展、持续升级的。所以，全面总结2015年以来鹰潭贯彻落实“一个希望、三个着力”重要要求的工作成绩，有利于大家更好地贯彻落实习近平总书记这次视察江西重要讲话精神。

按照习近平总书记重要指示要求和省委统一部署，鹰潭市2015年着力抓好了四个方面工作。

*一是主动适应和把握经济发展新常态，坚定不移推动发展升级。*习近平总书记要求，以提高经济发展质量和效益为中心，锐意进取，攻坚克难，奋力取得新的更大成绩。省委要求千方百计稳增长、积极有为调结构。鹰潭坚持政策扶持、项目带动、创新创业三措并举稳定增长，制定出台“稳增长40条”，全力推进“8+1”重点项目建设。坚持把产业升级作为发展升级的核心内涵，全力打造沿320国道产业集聚升级带，做好铜产业、旅游业、物流业“三篇文章”。铜产业围绕打造“世界铜都”，构建了集原料、冶炼、加工、贸易、研发、检测、文化为一体的产业体系，铜现货交易市场、铜期货交割仓库顺利运营，铜拆解加工区口岸作业区试行“三个一”通关模式，铜产业循环经济基地成功申报国家级“城市矿产示范基地”；旅游业围绕打造“中华道都”，初步构建“南有龙虎山、中有月湖城、北有白鹤湖”全域旅游框架，龙虎山形成“一廊三区、四核多片”格局，被评为国家AAAAA级旅游景区；寻梦龙虎山公演反响热烈，成功承办第三届国际道教论坛，叫响“龙虎天下绝”，白鹤湖现代农业示范区加快建设，旅游业与现代农业融合发展，“游在鹰潭、乐在鹰潭”品牌进一步打响；物流业围绕打造“区域物流中心”，以生产资料大宗货物为主的现代物流园区和以生活资料为主的国际商贸园加快建设，其中，现代物流园被评为全国优秀物流园区；打造了汽车、眼镜、机电五金、建材家居、农资农机等十大专业市场。坚持把城区、园区作为推动发展升级的主战场，中心城区形成“一江两岸”城市格局，贵溪、余江、月湖同城发展步伐加快，鹰潭市列为全国新型城镇化综合试点城市，城镇化率达55.53%；围绕“决战工业5000亿”打造“千亿园区、工业新城”，鹰潭高新区晋升国家高新技术产业开发区。坚持以深化改革扩大开放加速发展升级，开展10项国家级、14项省级改革试点，在全省率先完成农村土地确权登记颁证工作，建成市县乡三级共享土地承包信息管理平台，农村宅改试点走在全国前列，行政审批制度改革、“三单一网”建设成效显著；积极融入“一带一路”、赣南等原中央苏区振兴发展战略，进一步提升对外开放水平。2015年，鹰潭市GDP同比增长9%，财政总收入增长10.6%，一般公共预算收入增长13.1%，规模以上工业增加值增长9%，固定资产投资增长14.5%，城乡居民人均可支配收入分别增长9.6%和9.1%，市属工业增加值占全市规上工业比重突破60%，实现了经济总量和发展质量双提升。

*二是坚持以脱贫攻坚为重点，持续保障和改善民生。*习近平总书记要求，立下愚公志、打好攻坚战，让老区人民同全国人民一起共享全面建成小康社会成果。省委要求牢记历史使命，紧紧扭住扶贫攻坚不放松，坚决打赢产业扶贫、保障扶贫、安居扶贫“三大攻坚战”。大家紧密结合鹰潭实际，大力开展扶贫开发工作，召开全市精准扶贫工作推进会，制定《关于全力推进精准扶贫工作的实施意见》，对全市1.23万户3.13万名贫困人口，进行产业扶贫、搬迁扶贫、教育扶贫、就业扶贫、保障扶贫和基础扶贫，启动教育卫生等行业扶贫计划，落实医疗费用二次补偿制度，实施“交钥匙”安居保障工程，加大“互联网+”扶贫力度，做到建档立卡贫困村和贫困户驻村干部工作组结对帮扶全覆盖，全市2015年减贫7365人，为鹰潭市在2018年提前两年消除绝对贫困现象打下了坚实基础。同时，认真做好普惠性民生事业，实施小街小巷综合改造，加强小街小巷日常管理，惠及群众8万余人，新型农村和城镇居民社会养老保障工作、“阳光医药”工作获国务院高度肯定，法治鹰潭建设成效初显，群众的获得感和幸福感进一步增强。

*三是围绕打造生态文明先行示范区，大力推进生态文明建设。*习近平总书记强调，环境就是民生，青山就是美丽，蓝天也是幸福；嘱咐要像保护眼睛一样保护生态环境，像对待生命一样对待生态环境，把不损害生态环境作为发展的底线。省委要求全力抓好生态文明先行示范区建设，走出一条经济发展和生态文明相辅相成、相得益彰的路子。大家坚持把绿色崛起作为2015年工作主攻方向，

深入推进生态文明先行示范区建设，优化生态空间布局，科学规划生产、生活、生态空间，落实主体功能区规划，科学划定用地、产业、生态等管控边界红线；实施重点生态工程，“森林城乡、绿色鹰潭”工程完成造林绿化4.64万亩，高标准建成滨江公园、梅园公园、鹰西湿地公园，打造了“十里绿色滨江长廊”，鹰潭市成功创建国家园林城市，空气质量基本保持在Ⅱ级以上，主要河流断面100%达到三类水质，贵冶周边重金属污染土壤修复项目通过环保部审查评估，鹰潭列入国家工业绿色转型发展试点城市和国家第二批资源综合利用“双百工程”示范基地；开展生态创建活动，余江县列为全省首批生态文明先行示范县，龙虎山风景区获批创建国家可持续发展实验区，鹰潭市拥有国家级生态乡镇6个，跻身中国绿色城镇化指标环境排名前20名，绿色崛起持续取得新的成效。

*四是深化风清气正政治生态建设，营造实干兴市浓厚氛围。*习近平总书记教导全党，党要管党丝毫不能松懈，从严治党一刻不能放松；自然生态要山清水秀，政治生态也要山清水秀；要着力净化政治生态，营造廉洁从政良好环境。省委要求坚持党要管党、从严治党不放松，坚决按照总书记的要求，持续推进风清气正的政治生态建设。大家坚持把抓党建作为最大的政绩，认真履行加强和改进党的建设的重大政治责任，落实从严治党“两个责任”，扎实开展“三严三实”专题教育，实施“连心、强基、模范”三大工程。深入推进基层党建标准化项目建设，全面解决村级组织无活动场所的问题，近90%的村和社区实现“六个统一”标准化，完善了乡、村、组三级便民服务平台，基层组织服务群众、带动发展能力进一步提升。驰而不息抓好作风建设，出台《加强作风建设营造良好从政环境的意见》，抓好中央“八项规定”落实，持续反对“四风”，认真做好“把纪律挺在前面”先行先试工作，深入开展“红包”问题、“违插”问题和干部赌博问题专项整治，层层开展巡察工作，有力整治群众身边的腐败问题，全市干部作风明显好转。

取得的这些成绩，是全市上下坚决贯彻习近平总书记重要讲话精神和中央、省委决策部署的结果。只要大家按照习近平总书记指引的方向去努力，认认真真抓好省委决策部署落实，2016年全市各项工作就一定能够取得更大更好的成绩。

另一方面，准确把握总体要求的核心要义，进一步提升贯彻落实习近平总书记重要讲话精神的自觉和实效。习近平总书记视察江西省重要讲话，全面体现了“五大发展理念”。比如，强调紧紧扭住创新这个“牛鼻子”，推进科技创新、产业创新、产品创新、品牌创新，体现了创新发展理念；强调做好农业农村农民工作，加减法并举推动结构调整，体现了协调发展理念；强调做好治山理水、显山露水的文章，走出一条经济发展和生态文明水平提高相辅相成、相得益彰的路子，体现了绿色发展理念；强调加强开放平台建设，积极参与“一带一路”建设和长江经济带发展，以大开放推动大发展，体现了开放发展理念；强调像抓经济建设一样抓民生工作，像落实发展指标一样落实民生任务，坚决打赢脱贫攻坚战，体现了共享发展理念。总之，新的希望和“四个坚持”是“五大发展理念”的集中反映，“五大发展理念”是新的希望和“四个坚持”的核心要义。创新创业促进创新发展，改革开放促进开放发展，发挥生态优势促进绿色发展，做好“三农”工作促进协调发展，落实共享理念促进共享发展。贯彻落实好习近平总书记视察江西重要讲话精神，归根结底还是要贯彻落实好“五大发展理念”。这里，结合鹰潭发展，按照“五大发展理念”的顺序，具体阐述一下如何贯彻落实好习近平总书记视察江西重要讲话精神。

*一是发展的基点在创新，要大力实施创新驱动战略，培育经济增长的新引擎。*五中全会上，习近平总书记指出，必须把创新作为引领发展的第一动力，把创新摆在国家发展全局的核心位置，不断推进理论创新、制度创新、科技创新、文化创新等各方面创新。

抓创新就是抓发展，谋创新就是谋未来。回顾近代以来世界发展历程，可以清楚看到，一个国家和民族的创新能力，从根本上影响甚至决定国家和民族前途命运。16世纪以来，每一次科技和产业革命都深刻改变了世界发展面貌和格局。一些国家抓住了机遇，经济社会发展驶入了快车道，综合实力迅速增强。英国抓住了第一次产业革命机遇，走上了世界霸主地位；美国抓住了第二次产业革命机遇，赶超英国成为世界第一，并且一直占据世界第一的位置，这是因为美国在科技和产业革命中都是领航者和最大获利者。中华民族发展的兴衰史从正反两面印证了创新对国家发展的重要性。16世纪以前，世界上最重要的300项发明和发现中，中国占173项，远远超过同时代的欧洲，因而在历史上长期处于世界领先地位；16世纪以后特别是近代以来，中国错失了多次科技和产业革命带来的发展机遇，逐渐由领先变为落后。再来对比一下沿海发达地区和鹰潭的发展。2014年以来，本人先后随江西省党政代表团到浙江、江苏、福建等地学习考察，发现他们对创新都非常重视。在浙江宁波，考察了几个园区，其中有一个宁波研发园，他们通过创新税收、审批等政策，推进管理体制改革，吸引200多家研发机构落户，让创新创意在园区集聚。这些年，沿海发达地区通过科技、体制等各方面创新推动经济发展，基本完成了由投资驱动向创新驱动转型。而鹰潭市经济实力不强，根源上是创新能力不强，先天气血不足。如果不在创新上迎头赶上，鹰潭将会被越甩越远。

这次视察江西，习近平总书记又强调，要紧紧扭住创新这个“牛鼻子”，让创新成为驱动发展新引擎。要实现发展升级，就必须大力实施创新驱动发展战略，努力在理念创新、产业创新、机制创新、科技创新上取得新的突破。要推进理念创新。理念创新是引领，只有思想解放了、理念创新了，其他各类创新活动才有了坚实基础。虽然这些年来鹰潭一直强调要解放思想、与时俱进，但有些干部的思想理念还不能完全适应形势变化，有的对新常态一知半解，习近平总书记指出的理解新常态内涵的三种不良倾向在鹰潭市干部中也不同程度存在；有的对供给侧结构性改革认识不足，转型升级的自觉性不够强，依然片面强调做大总量而不注重质量，这些说明干部思想还有一定保守性，必须下大气力扭转，通过学习领会习近平总书记重要讲话精神，树牢新发展理念，跟上时代发展。要推进产业创新。近年来，鹰潭市围绕铜产业、旅游业、物流业等重点产业，加大创新攻坚力度，特别是铜产业方面，鹰潭市建成了国家铜及铜产品质量监督检验中心、国家铜冶炼及加工工程技术研究中心等平台，铜精深加工占比提升8个百分点，淘汰落后产能20万吨。今后，要继续提升产业创新能力，比如，在铜产业方面，继续引导铜企业加速供给侧结构性改革步伐，研制出能够引领市场、拥有市场的铜产品；促进铜文化和旅游产业结合，研发融入道教“文化符号”的铜工艺品，补齐铜文化创意产品这块短板。旅游业、物流业、水工、节能照明等产业发展，也要紧跟市场需求，加快创新步伐，注重发挥科技、人才在产业创新中的关键作用。要推进机制创新。换句话说，就是要全面深化改革，通过改革创新体制机制，打破条条框框的约束，为经济发展松绑给力、清除障碍。牢固树立“改革就是创新”理念，推进供给侧结构性改革，落实“三去一降一补”五大任务；深入推进行政审批制度改革，抓实抓好“三单一网”改革，规范运营“中介超市”，进一步提高简政放权的含金量；深入推进大众创业、万众创新，营造良好的创新生态，促进全民参与、全民推动的创新。

*二是发展的支撑在协调，要着力推动城乡统筹发展，增强发展的整体性和协调性。*五中全会上，习近平总书记强调，要正确处理发展中的重大关系，不断增强发展整体性。

中国共产党在带领人民建设社会主义的长期实践中，非常重视发展的协调性和整体性。比如，毛泽东提出了统筹兼顾、“弹钢琴”等思想方法和工作方法，撰写了著名的《论十大关系》，指导如何协调发展中的重大关系。邓小平针对新时期的新情况新问题，指出“现代化建设的任务是多方面的，各个方面需要综合平衡，不能单打一”，提出一系列“两手抓”战略方针。江泽民提出了在推进社会主义现代化建设过程中必须处理好12个带有全局性的重大关系。胡锦涛提出了全面协调可持续发展。党的十八大提出了中国特色社会主义事业五位一体总体布局，以习近平为总书记的党中央提出了“四个全面”战略布局。这些都体现了党对协调发展认识的不断深化，对于解决发展中的不平衡问题具有重要的方法论意义。

这次视察江西，习近平总书记又强调，贯彻新发展理念，必须增强发展的均衡性和整体性。要下好“十三五”时期发展的全市“一盘棋”，协调发展是制胜要诀。之所以这么说，是因为鹰潭市的发展还存在着诸多不平衡的问题。比如，产业发展不平衡。大家经常说鹰潭“一铜独大”，有的人还形象地称：铜产业、铜企业咳嗽，鹰潭的经济就感冒。这深刻体现了鹰潭市产业发展不平衡的突出问题，调整产业结构大家也一直都在努力。再如，鹰潭市与全省、全国一样，也存在城乡发展不平衡的问题。大家必须着力处理好城市与农村的关系，重点是按照中央和省委部署，全力做好农业农村农民工作，在统筹城乡发展中增强发展后劲。要坚持对农业再认识、促农业再出发，扎实推进农业供给侧结构性改革，加快白鹤湖国家级现代农业示范区建设，提升农业现代化水平。要用好农村土地确权登记颁证和农村宅改成果，积极稳妥地探索多种规模经营方式，培育家庭农场、专业大户、农民合作社等新型农业经营主体，为现代农业发展创造良好条件。要把培育绿色农产品品牌摆在重要位置，运用现代技术进行生产、管理，运用现代理念进行包装、宣传和营销，打造一批以“道教龙虎山、绿色农产品”为主题的知名品牌。要推进以人为核心的新型城镇化，深化户籍制度改革，促进有能力在城镇稳定就业和生活的农业转移人口举家进城落户，加快农业转移人口市民化进程。

*三是发展的希望在绿色，要发挥生态环境优势，加快打造美丽江西的“鹰潭样板”。*五中全会上，习近平总书记强调，必须坚持节约资源和保护环境的基本国策，坚定走生产发展、生活富裕、生态良好的文明发展道路，加快建设资源节约型、环境友好型社会，推进美丽中国建设。

讲绿色发展，就是要解决好人与自然和谐共生的问题。人类发展活动必须尊重自然、顺应自然、保护自然，否则就会遭到大自然的报复。这样的例子国外国内都不少见。比如，上个世纪，美国洛杉矶光化学烟雾事件，先后导致近千人死亡、75%以上市民患上红眼病；英国伦敦烟雾事件，1952年12月首次暴发的短短几天内，致死人数高达4000人，随后2个月内又有近8000人死于呼吸系统疾病；日本水俣病事件，从工厂直接排放到水俣湾中含有甲基汞的废水，患及沿岸群众2万多人。再如，中国黄土高原曾是森林遍布，因滥砍乱伐而被严重破坏；塔克拉玛干沙漠的蔓延，湮没了盛极一时的丝绸之路；科尔沁、毛乌素沙地的蚕食，侵占了富饶美丽的蒙古草原；等等。所以恩格斯曾深刻指出："我们不要过分陶醉于人类对自然界的胜利。对于每一次这样的胜利，自然界都对我们进行报复。"中国古代的老子、孔子、荀子等先人们，早就认识到生态环境的重要性，他们提倡不用大网打鱼，不滥射飞鸟，不竭泽而渔，不滥砍乱伐。鹰潭致力推崇和传播龙虎山道教文化，就是讲究道法自然，与先人们顺应自然、保护自然的思想是一致的，都是追求人与自然的和谐共生。

这次视察江西，习近平总书记指出，绿色生态是江西最大财富、最大优势、最大品牌，勉励打造美丽中国"江西样板"。客观地讲，绿色生态也是鹰潭的最大优势和最大品牌。这次习近平总书记在讲话中着重提了江西三座名山，龙虎山是其中之一，称之为"龙虎天下绝"。这是对江西、也是对鹰潭良好生态环境和自然美景的肯定。大家要珍惜总书记的鼓励，抓住机遇，进一步扩大生态这个优势，打响绿色这个品牌。要发展绿色低碳循环经济，大力发展智能环保水工、节能照明电器、新材料新能源、机械装备制造等战略性新兴产业，着力培育壮大蔬菜、毛竹、油茶、茶叶、休闲农业等特色生态产业，加速发展旅游业、物流业和文化创意、电子商务等服务业。要加强生态环境保护，加快主体功能区建设，落实生态、水资源、耕地"三条红线"，深入推进"净空、净水、净土"行动，落实"河长制"等绿色制度，弘扬绿色生态文化。要全力打造全省最干净的城乡，抓好《关于推行城乡生活垃圾一体化处理打造全省城乡最干净城市的实施意见》落实，把鹰潭打造成干净整洁有序和宜居宜业宜游的田园城市，打造成美丽江西的"鹰潭样板"。

*四是发展的空间在开放，要用好政策机遇和区位优势，全方位提升开放型经济水平。*五中全会上，习近平总书记深刻指出，现在的问题不是要不要对外开放，而是如何提高对外开放的质量和发展的内外联动性。

在经济全球化的大背景下，对外开放的重要性不言而喻。中国30多年来的发展成就正是得益于对外开放。改革开放初期，也有人曾满怀疑问，面对占据优势地位的西方国家，中国能不能做到既利用对外开放机遇而又不被腐蚀或吃掉？现在看来，大胆开放、走向世界无疑是正确的方向。所以，实践告诉大家，要发展壮大，必须主动顺应经济全球化潮流，坚持对外开放，通过开放整合运用先进科学技术成果和有益管理经验。从江西省来讲，省委积极向中央争政策、争项目、争资金，江西省是赣南等原中央苏区、鄱阳湖生态经济区等多个国家战略叠加区域；多次组织党政代表团赴沿海发达地区考察招商，促进省内区域间开放合作，落实《赣东北扩大开放合作加快发展的若干意见》等，省委、省政府的这些举措，为鹰潭主动开放、扩大开放提供了很好的机遇和条件。

这次视察江西，习近平总书记指导江西，加强开放平台建设，构建开放大通道，以大开放推动大发展。鹰潭是毗邻沿海发达省份的内陆城市，对外开放、借力发展是实现后发赶超的重要路径，也是实现区位优势的重要途径。大家必须坚持"对内靠改革、对外靠开放"，以扩大开放带动创新、推动改革、促进发展。要以更加积极的姿态，融入"一带一路"、长江经济带、赣南等原中央苏区振兴发展等国家战略，充分利用国家和省里的政策机遇，在更高层次更宽领域汇聚资源要素，为鹰潭市发展增添后劲和动力。要加快构建现代综合交通运输网络体系，高位对接长江经济带、沪昆高铁经济带等重大区域战略，积极推动鹰梅铁路、鹰潭机场、贵溪—资溪高速公路、信江河道整治等项目落地，参与分享重大区域战略带来的发展红利。要加大力度打造大开放平台，抓住鹰潭市列入全省国际贸易"单一口岸"试点的有利时机，加快口岸公共信息平台建设，抓紧规划建设集保税物流、保税加工、保税服务为一体的综合保税区，进一步优化投资环境，真正让鹰潭市成为外商投资的福地。

*五是发展的目的在共享，要持续保障和改善民生，不断增进广大人民群众福祉。*五中全会上，习近平总书记强调，让广大人民群众共享改革发展成果，是党坚持全心全意为人民服务根本宗旨的重要体现；全面小康覆盖的领域要全面、覆盖的人口要全面、覆盖的区域要全面。

共享理念实质就是坚持以人民为中心的发展思想，体现的是逐步实现共同富裕的要求。共同富裕自古以来就是中国人民的一个基本理想，比如，孔子说"不患寡而患不均，不患贫而患不安"；孟子说："老吾老以及人之老、幼吾幼以及人之幼"；等等。新中国成立后，毛泽东指出："现在我们实行这么一种制度，这么一种计划，是可以一年一年走向更富更强的，一年一年可以看到更富更强些。而这个富，是共同的富，这个强，是共同的强，大家都有份。"改革开放时期，邓小平多次强调共同富裕。江泽民强调："实现共同富裕是社会主义的根本原则和本质特征，绝不能动摇。"胡锦涛也要求"使全体人民共享改革发展的成果"。习近平要求"着力践行以人民为中心的发展思想"，提出共享发展。总之，共享发展是中国人民自古以来的追求，是党全心全意为人民服务根本宗旨的集中体现。

这次视察江西，习近平总书记再次强调，全面小康是全民共享的小康，必须人人参与、人人尽力、人人享有，更不能让老区人民掉队；在经济下行压力加大和社会矛盾问题增多的情况下，大家尤其要做好保障和改善民生工作。这些年，大家积极践行"宁愿少修一条路、少盖一栋楼、少增一点GDP，也要把与群众生产生活息息相关事情办好"的理念，认真抓好各项民生实事，经过全市上下的拼搏实干，人民群众生活水平得到显著改善，脱贫开发也取得了重大阶段性成效。下一步，必须持之以恒保障和改善民生。要全力推进脱贫攻坚，打好产业扶贫、安居扶贫、保障扶贫三大攻坚战，加快实施教育扶贫工程，深入推进党政机关、企事业单位定点扶贫和党员干部结对帮扶，确保2018年提前两年消除绝对贫困现象。要做好就业、教育、医疗、社保等普惠性民生事业，办好十大惠民共享工程70件实事，确保全年一般公共预算支出中民生支出比重在70%以上。要深入推进法治鹰潭、平安鹰潭建设，确保社会大局稳定、人民安居乐业，让人民群众有实实在在的获得感、安全感和幸福感。

三、以弘扬井冈山精神为引领，凝聚加快建设富裕秀美宜居和谐鹰潭的强大力量

井冈山精神是中国革命精神的起源，中国共产党高度重视对井冈山精神的弘扬与传承。毛泽东1965年5月重上井冈山，感慨万千地告诫：日子好过了，艰苦奋斗不要丢了，井冈山的革命精神不要丢了。邓小平1972年11月来到井冈山，语重心长地教导：井冈山精神是宝贵的，应当发扬。江泽民2001年6月在江西考察时，意味深长地指出：井冈山精神，最重要的方面就是坚定信念、艰苦奋斗，实事求是、敢闯新路，依靠群众、敢于胜利。胡锦涛2009年1月视察井冈山时提出，在新的历史条件下，要始终忠于理想、坚定信念，勇于应对挑战、战胜困难，矢志励精图治、艰苦创业，使井冈山精神始终成为激励广大干部群众为全面建设小康社会、发展中国特色社会主义而不懈奋斗的强大精神力量。

这次习近平总书记视察江西时指出，要结合新的时代条件，坚定执着追理想、实事求是闯新路、艰苦奋斗攻难关、依靠群众求胜利，让井冈山精神放射出新的时代光芒。习近平总书记的论述，赋予了井冈山精神新的内涵，为大家树立看得见、摸得着的标准，提出了弘扬井冈山精神的更高要求。

鹰潭是一块浸润着烈士鲜血的红色土地，鹰潭人民有着光荣的革命传统。早在第二次国内革命战争时期，这里就是赣东北革命根据地的重要组成部分，曾先后建立了以周坊为中心的贵溪县苏维埃政府和以冷水为中心的贵南县苏维埃政府。朱德、方志敏、邵式平等老一辈无产阶级革命家在这里留下了光辉足迹。在革命战争年代，先后有7000多名鹰潭儿女为中国革命献出了宝贵生命、奉献了自己一生，用鲜血和生命谱写了一首首气壮山河、惊天动地的壮丽诗篇。回想过去峥嵘岁月，大家要向革命先烈表示崇高的敬意，更要传承好他们的红色基因，努力在弘扬井冈山精神上走在前列，凝聚加快建设富裕秀美宜居和谐鹰潭的强大力量，为江西实现“五年决战同步全面小康”奋斗目标作出更大贡献。

*一是要用井冈山精神铸牢“我自岿然不动”的革命理想信念。*习近平总书记强调，对马克思主义的坚定信仰，对社会主义和共产主义的坚定信念，是井冈山精神的灵魂，也是共产党人立身、处世、干事的精神支柱。在井冈山时期及以后的革命年代，老一辈无产阶级革命家，怀抱马克思主义解放全人类的崇高信仰，以“革命理想高于天”的高尚境界，视艰难险阻若等闲，视凶残强大的敌人如纸老虎，有力打消了“红旗到底能打多久”的疑问，在艰难困苦中将革命不断推向胜利。这种为信仰而奋斗的伟大精神，始终是中国共产党人攻坚克难、克敌制胜的强大利器和法宝。

和平年代和革命战争年代相比，对理想信念的考验和检验虽然内容和方式有别，但标准和要求无异。今天，那种血与火的生死考验没有了，但是糖衣炮弹未必比真枪实弹更好防守，金钱美色的诱惑未必比敌人当前的杀伤力小，碌碌无为的生活也许对精神意志的消解力更大。

不忘初心，方得始终。弘扬井冈山精神，就要像省委指出的那样，永远坚守信念，永远跟着党走，毫无私心把自己一切献给党和人民，真正成为铁一般信仰、铁一般信念、铁一般纪律、铁一般担当的党员干部。要始终对党的领导充满信心，深入学习贯彻习近平总书记系列重要讲话精神，坚决拥护党的方针政策，坚决与以习近平为总书记的党中央保持高度一致，不断增强政治意识、大局意识、核心意识和看齐意识。要始终对国家前途命运充满信心，善于观大势谋大事，善于运用历史思维和辩证法看问题，新常态下更加坚定信心、保持定力，毫不动摇地按照中央和省委决策部署干下去。要努力掌握马克思主义立场、观点和方法，不断提高对共产党执政规律、社会主义建设规律、人类社会发展规律的认识，始终对社会主义、共产主义充满信心。

*二是要用井冈山精神激发“敢叫日月换新天”的开拓创新胆识。*习近平总书记强调，实事求是、敢闯新路，是井冈山精神的核心。井冈山斗争是在革命处于低潮时期开始的。在历史关键时刻，党坚持实事求是、调查研究，把马克思主义与中国革命实际相结合，开辟了农村包围城市、武装夺取政权的革命道路，提出和发展了“思想建党”、“党指挥枪”、“支部建在连上”、“官兵平等”等建党建军思想，在武装斗争、土地革命、根据地建设等方面进行了一系列成功实践。如果没有实事求是、敢闯新路的精神，中国革命就不可能迅速走出低潮，走向“燎原”之势。

革命如此，建设和改革也如此，都必须从实际出发，敢于开辟前人没有走过的路。从鹰潭市来看，发展的每一步，都是得益于立足鹰潭实际，用改革的思路和办法解决前进中的各种问题。比如，市铜产业发展平台不断升级，龙虎山景区成功摘取世界地质公园、世界自然遗产、国家AAAAA级旅游景区桂冠，高新区从无到有、从有到强最终成为国家级经济技术开发区，都是不断改革创新的结果。

省委指出，要紧密结合实际，把解放思想落实到推动发展上来，落实到推动改革创新上来，落实到破解发展难题上来。当前，鹰潭面临产业结构不优，粗铜加工比重过高，服务业占GDP比重偏低，产业竞争力不强等诸多问题，对这些问题的认识和解决，唯一的原则，就是坚持弘扬井冈山精神，坚持实事求是、敢闯新路，用改革的办法破解发展难题，用创新的思维探索发展新路。大家务必要进一步激发改革创新的勇气，以新的发展理念为指导，变中求新、变中求进、变中突破，奋力闯出新常态下的发展新路。尤其是各级领导干部要在其位谋其政，有其权尽其责，敢于担当作为，敢于开拓创新。市委也一直强调，只要是为了事业，为了发展，对于改革失误者，只要他自己未谋取私利，将旗帜鲜明地保护，不做任何负面的评价。“明者防祸于未萌，智者图患于将来。”敢闯新路也要少走弯路，在改革创新中允许失误但要最大程度地减少失误；在探索新路中会遇到风险，但要最大程度地防控风险。为此，各级领导干部要自觉加强学习，增强领导能力，提高管理水平，不断增强做决策、做工作、抓管控的原则性、系统性、预见性、创造性。

*三是要用井冈山精神永葆“有盐同咸、无盐同淡”的艰苦奋斗本色。*习近平总书记指出，艰苦奋斗是党的政治本色和优良传统，也是井冈山精神的基石。井冈山时期，从领袖到士兵，大家“有盐同咸、无盐同淡”，靠着红米饭、南瓜汤度过艰难岁月，取得了一次又一次胜利。

历览前贤国与家，成由勤俭败由奢。鹰潭明代有位先贤叫徐九思，提出了“勤、俭、忍”的“为官三字经”，他认为能勤，一定不会衰败；能俭，就不可能浪费；能忍，则会变得谦让宽容。在任江苏句容县令时，徐九思在大堂石屏上刻画了一丛青菜，写着“为民父母，不可不知此味；为吾赤子，不可令有此色”，为官期间，徐九思始终以此自勉，特别节俭，平时极少吃肉，都是蔬菜配以糙米饭。由于他勤政廉洁，爱民如子，深受老百姓爱戴，逝世时，句容百姓来到他的祠前祭奠的超过万人，那时徐九思已离开句容36年。反观很多腐败分子的蜕化轨迹，都是从丢掉了艰苦奋斗的精神开始，慢慢滋生享乐主义，催生奢靡之风，最终导致思想堕落、腐败变节。这样的例子不胜枚举。

无数事实反复证明：艰苦奋斗必得善果，骄奢淫逸必遭祸端。个人的事业成败如此，党的建设也是如此。推进全面从严治党，仍然要大力弘扬艰苦奋斗的精神，严格执行中央“八项规定”，坚决防止铺张浪费，坚决克服享乐主义，坚决杜绝奢靡之风，彰显共产党人的本色。特别是当前在复杂的国内外形势下，遇到的困难不比以前小，市“十三五”时期，加快产业转型升级、提质增效的任务十分紧迫，补齐民生短板，打好精准脱贫攻坚战，确保全面建成小康社会的目标顺利实现，仍有很多工作要做。各级领导干部一定要做好长期艰苦奋斗的准备，发扬拼命三郎的作风，拿出愚公移山的精神，把全部的心思和精力用到工作中，关键时刻更要挺身而出、敢于豁出去，不断创造新的业绩。

*四是要用井冈山精神密切“鱼水相依、血肉相连”的党群干群关系。*习近平总书记强调，紧紧团结群众、依靠群众，是井冈山革命根据地创建和发展的重要法宝。当年，党和红军始终把广大工农民众团结在自己周围，相信群众、关心群众、同群众打成一片，建立了水乳交融的党群关系，首创一切为了群众、一切依靠群众的工作路线，形成了党的生命线。

群众路线在革命战争年代是胜利之本，在和平年代同样是胜利之本。但是，也有些人抱怨，现在群众工作难做了，群众的心思摸不透了，群众的胃口更大了，等等。其实不是群众工作难做了，而是一些干部群众观念还不够强，群众工作的方法落伍了。这几年，在践行群众路线、做群众工作上想了不少办法，也取得一定成绩。如，大力推进小街小巷综合改造、保障房建设、棚户区改造等民生工程，用具体举措服务群众，让群众看到了成效、得到了实惠，受到了群众的支持和拥护。事实证明，只要对群众常怀赤诚之心，采取符合实际的办法服务群众，就能赢得群众的认可。

大家一定要增强宗旨意识，把实现好、维护好、发展好最广大人民根本利益作为开展一切工作的出发点和落脚点，把人民群众是否满意作为评价一切工作的根本标准。特别是要深入分析研究新形势下群众工作的特点，注重运用新经验、探索新办法，既实实在在帮群众解难题、为群众增福祉，赢得群众信任和支持，又注意加强舆论引导，积极传递正能量，把群众更好地团结起来、凝聚起来；既用好上门入户等传统办法，真诚倾听群众呼声，又用好大数据技术，通过微博微信和手机客户端等新型工具搜集、分析社情民意；既要建立健全畅通有序的诉求表达、矛盾调处、权益保障等机制，帮助群众解决合理诉求，又要引导支持群众通过法定程序表达意见，运用法律武器维护权益。

省委指出，弘扬井冈山精神，最重要是落到加强党的建设、巩固党的基层基础上来。大家要始终坚持以“党建+”为引领，牢固树立正确的选人用人导向，认真贯彻习近平总书记“20字好干部标准”，不断加强领导班子和干部队伍建设，特别是要持续抓住各级领导干部这个“关键少数”不放，形成一级促一级、一级带一级的良好局面。要认真落实基层党建工作责任制，策应省委“连心、强基、模范”三大工程，深入开展“四进三改两覆盖”“四进四联”活动，大力推进党的基层组织活动场所和工作全覆盖，基层党组织负责人培训全覆盖，便民服务站点全覆盖，推动党的基层组织建设全面进步、全面过硬。要抓好党风廉政建设“两个责任”落实，认真贯彻“一准则、两条例”，坚持“把纪律挺在前面”，严格执行中央“八项规定”，持续反对“四风”及其“新变种”，推进作风持续好转，建设风清气正的良好政治生态。

*五是要用井冈山精神凝聚“万众一心、众志成城”的强大合力。*无论是在井冈山时期，还是在后来的革命建设时期，党始终坚持全心全意为人民服务的根本宗旨，这次党的十八届五中全会又提出了以人民为中心的发展思想，特别指出要全面调动人的积极性、主动性和创造性，为各行业各方面的劳动者、企业家、创新人才、各级干部创造发挥作用的舞台。习近平总书记在江西省视察期间，也多次强调发挥人的作用、调动人的积极性。大家要牢固树立以人民为中心的发展思想，把尊重人、关心人、培养人、提高人放在重要位置，努力促进人的全面发展，努力壮大各类人才队伍，以弘扬井冈山精神为引领，汇聚起建设富裕秀美宜居和谐鹰潭的强大合力。

干部队伍是党执政大厦的钢筋铁骨。党的干部是党的事业的骨干。总的看，鹰潭的干部队伍素质不断提高、结构明显改善，总体适应事业发展需要，但是当前干部队伍也存在种种复杂情况，一个突出问题就是干部思想困惑增多、积极性不高，存在一定程度的“为官不为”。在“为官清廉”和“为官有为”之间、“廉政”和“勤政”之间还有一段距离、一个空间，要切实做到“为官清廉”，又要防止“为官不为”的问题。关于这个问题，再举一例子说明。鹰潭历史上出了一个有名的好官，就是前面提到的徐九思的儿子——徐贞明，他为了能在北方兴修水利、充实边防，惹恼了权贵，几次被贬，又几次被起用。无论担任什么官职，徐贞明都不计较个人得失，而是以国计民生为重，白天跋山涉水，晚上就睡在河堤、古庙。他的水利思想当时虽未被采用，但是至今惠泽后人，被誉为“终明代良策无有逾此者，终明代名臣无有能及之者”。古风长存，古情犹在，这就是“为官有为”的一面镜子。针对“为官不为”的问题，习近平总书记深刻剖析了三种情况：一是能力不足而“不能为”，二是动力不足而“不想为”，三是担当不足而“不敢为”。全市党员干部尤其是各级领导干部要紧密结合自身实际，对照习近平总书记指出的三种情况，认真查摆自己身上存在的问题，深挖思想根源，切实加以克服。各级党委也要不等不拖、辩证施策，坚持思想引导与制度约束相结合，坚持严格管理与激励保障相结合，推动形成想作为、敢作为、善作为的良好风尚。

劳动队伍是党执政大厦的坚实根基。以前，党“唤起工农千百万”，把广大贫困人民变成革命的先锋队，实现了民族独立和人民解放。今天，要实现建设富裕秀美宜居和谐鹰潭的目标，也要造就一支走在时代前列的劳动大军。在这方面，省委要求重点培育新型职业农民和现代产业工人。现在，农业人口减少是必然趋势，不能寄希望所有的农二代、农三代都来种地，但也有很多有知识、有办法、有兴趣的青年人愿意投身现代农业，不少已经尝到了甜头。一定要抓住这批人群不放，为他们提供学习进修的条件，提供科技、信贷方面的支持，让他们在现代农业领域得到更好的回报。要认真总结他们的经验，不断探索培育新型职业农民的有效途径，让农民成为体面的职业，切实解决“以后谁来种地”的严峻问题。

高素质的产业工人是现代化工业强国的基石。二战后的原联邦德国，一直把提高产业工人的职业技能作为经济腾飞的“秘密武器”；日本把提高劳动者技术素质喻为“技术立国”的基石；韩国与新加坡的振兴无不与他们拥有一支素质高、技术能力强的产业工人队伍有关。随着鹰潭市产业结构的优化升级，迫切需要一大批掌握专业技能的一线工人。要高度重视职业教育，深化与高等院校的对接，打造高等院校、职业院校与鹰潭市铜产业等重点产业企业的实训基地，从源头上保证产业工人的数量和质量。要在工厂企业广泛开展技能竞赛、岗位练兵和技术创新为主要内容的全员创新活动。更要提高优秀产业工人的待遇，在全社会营造尊重劳动、崇尚技能、鼓励创造的良好风尚。

科技人才队伍是党执政大厦的重要支撑。习近平总书记指出，人才是科技创新最关键的因素，创新的事业呼唤创新的人才。省委强调要以更大的力度，进一步加强推进科技人才队伍建设。南京江宁开发区在新一轮发展中，立足将智能电网产业培育成支柱产业，聘请了代表中国电力系统顶尖级水平的4个院士，或做客座教授，或做领军人物，确保开发区成为行业科技创新的“领跑者”。这个例子充分说明，创新的关键在人才，谁牵住了科技人才这个“牛鼻子”，谁走好了科技创新这步先手棋，谁就能占领先机、赢得优势。有的人说，现在的鹰潭就是缺“两个人”，一个是人才，一个是人气。人才引领发展，发展兴旺人气，所以，归根结底还是人才的问题。为此，一定要坚持内育“永久”和外引“凤凰”相结合，一方面，要充分释放已有研发平台在吸引人才、留住人才方面的“磁场”效应，同时建立利益回报机制，使科技人才才有所用、才尽其用。另一方面，要“种好梧桐树，引得凤凰来”，在“种树”上舍得投入、不怕花钱，着力引进高等院校，蓄积和培养一大批创新型科技人才。

企业家是党执政大厦的有益补充。企业是市场的主体，企业家是推动经济社会发展的重要力量。在元明时期，江西的江右商帮曾鼎盛一时，以其人数之众、操业之广、实力和渗透力之强称雄工商业，1500多座江西会馆和万寿宫遍布全国，在湖广有“无江西商人不成市”，在云贵川有“非江右商贾侨居之，则不成其地”之说。江右商帮的壮大，极大地带动了江西经济社会的发展，史料记载元初至元二十七年（1290年），江西的在册户、人口数分别占全国的20.2%和23.3%，成为全国经济文化的先进地区。要充分发挥企业家推动经济发展的重要作用，在优化发展环境的基础上，加大对企业家创业精神的正面宣传，对作出重大贡献的企业家，授予功勋市民、荣誉市民等称号，通过这些措施，增强企业家的荣誉感和归属感，努力营造全社会尊重企业家、支持企业家的良好氛围。尤其是要按照习近平总书记提出的“亲”“清”要求，着力构建新型政商关系，既坦荡真诚同企业家接触交往，特别是在企业遇到困难和问题情况下更要积极作为、靠前服务；又同企业家保持清白、纯洁的关系，不能有贪心私心，不能以权谋私，不能搞权钱交易。

鹰潭的发展站在了新的起点，让大家更加紧密地团结在以习近平为总书记的党中央周围，以十八届五中全会精神和习近平总书记视察江西重要讲话精神为指引，开拓创新，扎实工作，为实现“十三五”良好开局、与全国全省同步全面建成小康社会而不懈奋斗！

政府工作报告

——在鹰潭市第九届人民代表大会第一次会议上

代市长 曹淑敏

（2016年10月31日）

一、过去五年工作回顾

五年来，在省委、省政府和市委的坚强领导下，全市上下深入贯彻习近平总书记系列重要讲话精神和治国理政新理念新思想新战略，紧紧围绕“主攻项目、决战‘三区’，凸现特色、实现跨越”总体要求，统筹做好稳增长、促改革、调结构、惠民生、防风险各项工作，全力推进“8+1”重点工作，顺利完成“十二五”规划目标任务，实现“十三五”良好开局，连续三年位列全省市县科学发展综合考评二类市第一，在建设富裕秀美宜居和谐鹰潭的生动实践中迈出了新的步伐。

（一）过去的五年，是经济平稳较快增长、综合实力显著增强的五年。2015年，全市实现生产总值639.26亿元，是2011年的1.5倍，年均增长10.3%；财政总收入112.43亿元，是2011年的1.6倍，年均增长12.1%；一般公共预算收入83.01亿元，是2011年的2.1倍，年均增长20.9%；规模以上工业增加值358.61亿元，是2011年的1.6倍，年均增长12%；固定资产投资531.56亿元，是2011年的1.9倍，年均增长17.7%；社会消费品零售总额171.71亿元，是2011年的1.7倍，年均增长13.5%。2016年，预计全年实现生产总值688亿元，财政总收入121.3亿元，固定资产投资611亿元。

（二）过去的五年，是结构调整力度加大、发展方式加快转变的五年。三次产业结构由2011年的8.9∶64.6∶26.5调整为2015年的7.7∶59.4∶32.9。工业转型发展。“七位一体”铜产业体系①初具雏形，内陆首家铜期货交割库、铜现货市场和中江国际商品交易中心顺利运营，2015年铜精深加工占比较2011年提升25个百分点，规模以上铜企业主营业务收入达3091亿元。水工、节能照明、大健康、眼镜等非铜特色产业产值实现4年翻番，2015年市属工业增加值占规模以上工业增加值比重达61.5%，较2011年提高19个百分点。鹰潭高新区升格为国家高新技术产业开发区，并与贵溪经开区双双跻身全省工业园区十强。鹰潭市列入国家工业绿色转型发展试点城市和国家第二批资源综合利用“双百工程”示范基地，高新区列入国家循环化改造示范试点，贵溪市列入国家首批创建循环经济示范县。旅游业集群发展。鹰潭市列入国家级旅游业改革创新先行区和国家全域旅游示范区创建单位，龙

① “七位一体”铜产业体系：铜原料、铜冶炼、铜加工、铜贸易、铜研发、铜检测、铜文化为一体的产业体系。

虎山跻身国家AAAAA级旅游景区。寻梦龙虎山、花语世界、圣井山漂流、逍遥城综合体等精品旅游项目建成运营，成功承办第三届国际道教论坛和全省旅游产业发展大会，连续举办八届“海峡两岸道文化艺术交流论坛”。全市接待国内游客年均增长30.4%，旅游总收入年均增长35.1%。商贸物流业加快发展。汽车、机电五金等一批专业市场和鹰潭电商创新孵化园、贵溪电商生态产业园等一批电商集聚区建成运营。2015年货运业销售收入达60.49亿元，电子商务产业交易额达196亿元。市现代物流园被评为全国优秀物流园区。现代金融业稳步发展。在全省率先完成农信社改制并组建鹰潭农商银行，江西银行、九江银行、上饶银行、兴业银行在鹰潭设立分支机构，4家企业在“新三板”、5家企业在上海股交中心挂牌，市工业控股有限公司和中小企业信用担保有限公司组建运营。五年来发行企业债券、中期票据等直接融资规模达100亿元。现代农业集约发展。成功创建贵溪国家级现代农业示范区，雷溪、杨溪列入省级现代农业示范区。建立了市县乡村四级土地流转服务体系，土地流转面积36.2万亩、流转率达40.2%。2015年，全市粮食总产达72.99万吨，市级以上农业产业化龙头企业达179家，农民合作社达2007家，家庭农场达420家。

（三）过去的五年，是新型城镇化步伐加快、城乡面貌明显改观的五年。国家新型城镇化综合试点和省级“多规合一”[①]试点建设稳步推进，全市建成区面积由2011年的62.9平方千米拓展到2015年的77.2平方千米，城镇化率达55.78%，较2011年提高6.34个百分点。基本完成市城乡总体规划暨“多规合一”（2014—2030年）和新型城镇化规划（2014—2020年）编制。信江新区30平方千米内的主干路网全面贯通，建成区面积达8平方千米，形成了“一江两岸”城市格局。沪昆高铁鹰潭段、320和206国道升级改造、市民服务中心、高教园区、高铁北站、市民广场、北极阁、信江浮桥等一批重大项目建成启用，累计完成棚户区和城中村改造1.41万户，完成主城区30余条主次干道改造，小街小巷改造惠及群众8万余人。新改建信江两岸十里绿色景观长廊、西湖湿地公园等一批特色公园，信江湿地公园列入国家湿地公园试点，成功创建国家园林城市和江西省文明城市。鹰潭市列入国家信息惠民城市和国家智慧城市试点，成为全省首个上线运行“智慧城市服务平台”城市和“全光网城市”。贵溪东城区、余江城东新区、月湖新城建设步伐加快，中心镇标准化和秀美乡村建设全面铺开，新开通城市（际）公交线路11条，新改建农村公路1725.2千米，4个乡镇列入国家重点镇，建成秀美乡村点1151个。

（四）过去的五年，是改革开放纵深推进、创新活力不断增强的五年。重点领域改革稳步推进。综合行政执法体制、贵溪和余江深化县城基础设施投融资体制等10项改革列入国家试点，政府购买公益性岗位等14项改革列入省级试点。政府机构改革和“放管服”改革成效明显，政府部门权责清单公布实施，累计取消行政审批项目115项、下放77项，非行政许可审批事项全部取消。建立了市县乡村四级便民服务体系，联审联批系统上线运行。164家中介服务机构入驻“中介超市”。“12345”政务服务热线运行顺畅。市县两级不动产统一登记中心挂牌成立。农村土地承包经营权确权登记颁证工作基本结束，国有林场改革全面完成，余江国家农村宅基地制度改革试点工作成效明显。全方位开放力度加大。累计引进省外5000万元以上项目实际进资906.77亿元、利用外资8.17亿美元，分别年均增长18.3%、13.3%。关检合作“三个一”[②]改革不断深化，开通宁波至鹰潭转检通道，累计实现外贸出口35.91亿美元、年均增长11.8%，连续七年被评为全国外贸百强城市。创新创业加速推进。创建国家级、省级科技创新平台33个，铜检中心取得国家认证认可资质，高新区获批筹建国家知名品牌创建示范区，连续十四年被评为国家科技进步先进市。商事制度改革成效明显，实行“五证合一、一照一码”[③]，累计新登记企业3927户，增长31.25%。

（五）过去的五年，是绿色发展取得实效、生态环境更加宜居的五年。五年来，空气质量优良率保持在85%以上，主要河流断面水质、城市集中饮用水水源地水质达标率均为100%，“十二五”减排任务全面完成。国家城乡生活垃圾第三方治理试点建设加快推进，城南、信江新区、龙虎山等污水处理厂竣工投运，规模化畜禽养殖场污染整治和标准化改造全面推开，贵冶周边修复治理重金属污染土壤2075亩，打造全省城乡最干净的城市取得明显成效。境内所有河流和水库四级“河长制”组织体系实现全覆盖，全市92%以上水库水质达III类以上标准。累计完成造林绿化27.92万亩，森林覆盖率达58.2%，成功创建国家森林城市，建成阳际峰国家自然保护区，贵溪市列入全国造林绿化先进县（市），余江县列入全省

①多规合一：将国民经济和社会发展规划、城乡总体规划、土地利用规划和生态环境保护规划中有关内容统一起来，最终形成一本规划和一张蓝图。

②关检合作“三个一”：关检“一次申报、一次查验、一次放行”。

③“五证合一、一照一码”：“五证合一”，指将企业依次申请的工商营业执照、组织机构代码、税务登记证、社会保险登记证和统计登记证合为一证。“一照一码”，指在“五证合一”的基础上，通过“一口受理、并联审批、信息共享、结果互认”，实现由一个部门核发加载统一社会信用代码的营业执照。

首批生态文明先行示范县。

（六）过去的五年，是民生保障持续改善、人民幸福指数不断提高的五年。连续三年实施十大惠民共享工程，一般公共预算支出中民生支出比重达70%以上。城乡居民人均可支配收入分别年均增长11.4%和13.1%。累计新增城镇就业13.7万人，转移农村劳动力8.41万人，连续五年城镇登记就业率稳定在96.5%以上。社会保障制度实现了城镇职工、城乡居民全覆盖，连续八年提高基本医疗保险和大病补充医疗保险待遇水平，连续十二年提高退休职工养老金待遇，在全省率先建立“多险合一”[①]社保信息系统，全市3.5万名被征地农民纳入城镇职工养老保险，新型农村和城镇居民社会养老保险工作获国务院表彰。城乡低保标准较2011年分别增长33.3%和45.8%，累计发放城乡低保资金6.3亿元。累计建成保障性住房6.7万套，中心城区保障性住房覆盖率达25%，居全省前列。完成农村危房改造0.87万户、渔民上岸安居工程177户。全力推进脱贫攻坚，2015年减贫0.78万人。各类教育均衡发展水平进一步提高，江西师范高等专科学校新校区正式开学，完成市直中职教育“三校合一”整合。国家城市公立医院综合改革试点成效明显，村级卫生计生服务室标准化建设实现市域全覆盖，“阳光医药”工作获国务院充分肯定。鹰潭市评为全国国土资源节约集约模范市。全民健身活动蓬勃开展，体育健身场所覆盖100%的社区和62.9%的行政村。创作了《七彩畲乡》《青山作证》《道之韵》等一批文艺精品，对台千人专场授箓活动影响深远，大上清宫遗址考古发掘获国家文物局批复。全面二孩政策稳步实施。推动军民融合发展，首次荣获全国双拥模范城。平安鹰潭、法治鹰潭建设扎实推进，食品药品安全、安全生产和治安信访形势持续平稳，“六五”普法规划全面完成，连续三年被评为全省社会治安综合治理目标管理先进市，首次荣获全省“平安杯”。政府廉政建设卓有成效，履行党风廉政建设主体责任意识显著增强，反腐倡廉制度建设不断创新，全面落实中央“八项规定”精神和国务院“约法三章”及省市各项规定，严肃查处了各类违纪违法案件。认真办复人大代表建议、政协提案，代表、委员满意率100%。统计、档案方志、广播电视、外事侨务、气象、防灾减灾、人防民防、妇女儿童、老龄、残疾人等工作取得了新的成绩。

各位代表，五年发展的历程极不平凡，取得的成绩来之不易，积累的经验弥足珍贵。这是省委、省政府和市委坚强领导的结果，是历届班子真抓实干、务实推进的结果，是市人大法律监督、市政协民主监督的结果，是全市人民锐意进取、顽强拼搏的结果。在此，谨代表市人民政府，向全市广大干部群众，向各位人大代表、政协委员、各民主党派、工商联、无党派人士和社会团体，向驻鹰潭单位、人民解放军、武警官兵、公安民警和离退休老同志，向所有关心、支持、参与鹰潭经济社会发展的各界人士，表示衷心的感谢，并致以崇高的敬意！

在看到成绩的同时，也应清醒地认识到，鹰潭市经济社会发展还存在不少矛盾和问题，主要表现在：经济总量偏小，城市人气不旺；产业结构不够合理，转型升级任务艰巨；城乡基础设施和公共服务配套还不完善，城市管理和社会治理水平有待加强；创新意识和创新能力不足，人才资源较为缺乏；发展环境仍有待加强，服务型政府建设还需进一步加快。对这些困难和问题，应高度重视，采取有效措施，认真加以改进和解决。

二、今后五年工作的总体要求和奋斗目标

今后五年，是鹰潭市同步全面建成小康社会的决战期、实施“十三五”规划的重要期和推进“四个鹰潭”建设的关键期。市第八次党代会描绘了今后五年鹰潭发展的宏伟蓝图。立足新起点，必须把握新要求、担当新使命、实现新作为。

今后五年政府工作的总体要求是：高举中国特色社会主义伟大旗帜，以马克思列宁主义、毛泽东思想、邓小平理论、“三个代表”重要思想、科学发展观为指导，全面贯彻党的十八大和十八届三中、四中、五中、六中全会精神，深入贯彻习近平总书记系列重要讲话精神和治国理政新理念新思想新战略，统筹推进“五位一体”总体布局和协调推进“四个全面”战略布局，牢固树立“五大发展理念”，紧紧围绕省委、省政府决策部署和市第八次党代会精神，突出“全域一体”，做好铜产业、旅游业、物流业“三篇文章”，更加注重改革开放，更加注重创新创业，更加注重城乡统筹，更加注重绿色发展，更加注重民生保障，不断提升世界铜都首位度、中华道都知名度、田园新城宜居度，为建设富裕秀美宜居和谐鹰潭、同步全面建成小康社会而不懈努力。

今后五年鹰潭市经济社会发展的主要奋斗目标是：

——经济综合实力进一步增强。到2021年，生产总值突破1000亿元，财政总收入突破200亿元，规模以上工业增加值突破500亿元，固定资产投资突破1000亿元，社会消费品零售总额突破300亿元。

——产业转型升级进一步加速。深入实施创新驱动发展战略，三次产业结构调整为5∶55∶40，市属工业增加值占规模以上工业增加值的比

①多险合一：将养老、医疗、工伤、生育、失业、失地农民保险等多项社会保险信息数据进行整合，实现参保人员各项社会保险“同人同城同库”。

重达66%，铜精深加工、铜基新材料产品产值占比80%以上，非铜特色产业主营业务收入突破1000亿元，高新技术产业产值年均增长12%以上，科技进步贡献率达60%以上。大众创业、万众创新蓬勃发展，非公有制经济健康发展。

——城乡统筹步伐进一步加快。市域空间发展格局进一步优化，"多规合一"深入实施，城乡公共资源配置更为均衡，城镇化率达63%。中心城区集聚和辐射能力显著增强，市本级持续快速发展，县域经济均衡发展，中心镇培育成效明显，建成2000个左右的秀美乡村点。

——脱贫攻坚力度进一步加大。到2018年，现行标准下的2.31万名个贫困人口全部脱贫，34个贫困村全部退出。到2020年，力争使鹰潭市农村最低生活保障标准超过国家贫困标准的40%，贫困村基本公共服务主要领域指标接近全市平均水平。

——群众幸福指数进一步提升。民生支出占一般公共预算支出的比重达75%，城乡居民人均可支配收入分别年均增长9%左右，城乡基本养老保险和医疗保险参保率分别达95%、98%以上，义务教育巩固率达到99%以上。

——生态环境优势进一步凸显。单位GDP能耗年均下降2.7%，主要污染物排放量控制在省政府下达的指标范围内，主要河流监测断面100%稳定达到或优于Ⅲ类水质，空气质量优良率稳定在90%以上，森林覆盖率稳定在58.2%左右。

做好今后五年经济社会发展工作，实现上述目标，必须把握以下方面：

一是坚持"全面小康"这个主线。同步全面建成小康社会，强调的不仅是"小康"，更重要的是"全面"。大家要紧扣同步全面建成小康社会这一主线，千方百计在调整产业结构、完善基础设施、落实生态保护、缩小城乡差距、健全社会保障体系、提升公共服务水平上下功夫、补短板，推动鹰潭在更高起点、更高标准上实现全面小康人口全覆盖、区域全覆盖、领域全覆盖。

二是坚持"全域一体"这个导向。鹰潭在全域统筹方面具有得天独厚的优势。必须牢固树立同心同向发展意识和全市"一盘棋"思想，在产业空间布局、新型城镇化、公共服务供给等方面突出全域一体化发展理念，突破行政区划，立足全域谋划，在资源共享中聚优势，在整体联动中凝合力，推动鹰潭在全省全国大发展格局中赢得应有的位置。

三是坚持"四化同步"这个路径。协同推进新型工业化、信息化、城镇化、农业现代化，必须坚持走一二三产联动发展之路，走信息化与工业化深度融合之路，走工业化与城镇化良性互动之路，走城镇化和农业现代化相互协调之路，通过"四化同步"，进一步优化经济结构、产业结构，提升发展质量和效益，抢占未来发展的主动权和制高点。

四是坚持改革创新这个动力。唯改革者进，唯创新者强，唯改革创新者胜。在新一轮大发展面前，必须坚持向改革开放要动力，向创新创业要活力，向特色优势要竞争力，优化提升开放平台，健全完善市场体系，推动政府职能转变，理顺体制机制，破除发展障碍，进一步累积后发优势，培育经济发展新动能，为建设"四个鹰潭"提供强劲动力。

三、今后五年工作的主要任务

围绕上述总体要求和奋斗目标，今后五年重点抓好以下六个方面的工作：

（一）聚力转型融合升级，构建现代产业新体系。深度对接"中国制造2025""互联网+"行动计划，按照创新引领、龙头带动、完善链条、集群发展的思路，以新型工业化为核心，协同推进现代服务业和现代农业加快发展，促进产业结构向中高端迈进。

1.深入实施工业强市战略。推进绿色世界铜都建设。不断完善"七位一体"铜产业体系建设，打造新型铜材产学研一体化基地、铜基新材料创新孵化器、铜文化创意产业园等新载体，繁荣铜贸易市场，做旺铜拆解加工区，加大铜产业科研和重点企业绿色技改投入，力争铜行业能效水效及资源综合利用率达到全国先进水平，铜产业实现主营业务收入突破5000亿元。打造千亿级非铜特色产业集群。加快推进以绿色水工、机械装备为主导的智能制造业，积极导入智慧水务、无人机、可穿戴设备、物联网、智能交通硬件、智能家居以及相关云配套服务，逐步向"智造鹰潭"转变。加快推进以节能照明和新能源为核心的光电新能源产业，着力培育智能化远程控制、智慧节能、新一代太阳能光伏等产品。加快推进以绿色食品和医药为重点的大健康产业，基本建成集中医医疗、养生保健、康复养老、健康旅游为一体的中医药健康服务体系。做大做强雕刻、眼镜、微型元件等特色产业基地。建设现代工业新城。加快沿320国道产业集聚升级带建设，构建"东部绿色铜都、中部高新服务、西部健康创意"三大产业集聚区，形成错位发展、布局合理、整体协调的市域产业格局。夯实园区平台，着力把鹰潭高新区打造成国家生态工业示范园区，加快贵溪经开区创建国家经济技术开发区步伐，支持余江工业园区扩区调区，力争全市工业园区拓园10平方千米以上，主营业务收入50亿元以上的企业达30家，市属工业园区主营业务收入达3000亿元。促进产城融合发展，推进园区和城镇基础设施、产业发展、市场体系、基本公共服务和社会管理、生态环保一体化建设，实现由功能单一的工业园区向多元布局的工业新城转变。

2.大力发展现代服务业。打响"龙虎天下绝"旅游品牌。围绕建设华东地区重要旅游节点城市，大力实施旅游产品多元化、旅游体验智慧化、旅游服务标准化、旅游合作区域化四大工程，进一步强化景区市场化运作功能，推动旅游产业园区建设，加大旅游产品宣传营销力度，不断增强龙虎山景区的市场竞争力和品牌影响力。围绕建设国家全域旅游示范区和旅游业改革创新先行区，壮大南北中三大旅游产业集群，大力发展休闲游、乡村游、自驾游、森林游等旅游新业态，促进旅游业全区域、全要素、全产业链发展，着力形成以龙虎山景区为龙头，以贵溪市、余江县为两翼，城景互动、城乡互补的大旅游框架。围绕建设“中华道都”，按照“中心城区做足元素、龙虎山景区做浓氛围、全市呼应发展”的布局，建设一批道文化标志性建筑，打造一批道文化产业基地，形成一批道文化产品。力争全市旅游总收入、旅游接待人次分别年均增长30%、25%以上。加快区域物流中心城市建设。健全现代物流体系，发展制造业物流、城乡商贸物流、口岸物流、电子商务物流四大重点领域，形成“三组团、多园区”[①]的物流发展格局。完善市现代物流园、鹰西商贸园、国际物流中心功能，提升繁荣一批商贸物流专业市场，建成第四方物流[②]信息平台、公铁联运基地、公路港、快递产业园等一批重点项目，打造全方位、立体式现代物流体系。积极发展电子信息产业。坚持创新驱动、应用引领、项目支撑、产业集聚，建设电子信息产业园区，发展云计算、大数据、物联网等新一代信息技术、产业和应用，打造有特色的电子信息产业基地。提升现代金融业。加大股份制商业银行的引进力度，引导金融机构进行组织创新、产品创新和服务创新，大力引进天使投资、创业投资、风险投资等投资基金，加快企业上市步伐，不断提升直接融资占社会融资的比重。培育文化创意产业。深度挖掘拓展铜、黄蜡石、角山遗址、鬼谷子洞等文化内涵，建设一批文化休闲娱乐精品示范街和文化创意产业特色市场，逐步形成专业分工清晰、集群效益明显、功能配套完整的文化创意产业集群发展格局。

3.加快推进现代农业。大力实施藏粮于地、藏粮于技战略，落实最严格的耕地保护制度，建成高标准农田60万亩，确保基本农田面积稳定在113.15万亩以上，粮食总产量稳定在65万吨以上。大力发展规模农业，重点打造白鹤湖、雷溪、杨溪三个现代农业示范园区核心区，整合涉农资金，完善园区基础设施，积极引导新型农业主体向园区集中、先进农业生产要素向园区集聚。大力发展特色农业，加快农业结构调整，推进林下经济“12233”[③]工程建设，做精做强八大特色农业产业[④]，打造十个特色农业生产基地[⑤]，到2021年农产品加工业产值占农业总产值40%以上。大力发展品牌农业，精准扶持一批农业龙头企业，培育发展种养大户、家庭农场、农民合作社等新型经营主体，实施绿色生态农业十大行动[⑥]，着力打造一批以“道教龙虎山、绿色农产品”为主题的知名品牌。大力发展智慧农业，深入对接“123+N”工程[⑦]，力争农村电商覆盖全市所有行政村，现代农业示范园区核心区基本实现物联网应用。

（二）加速新型城镇化进程，形成城乡统筹新格局。坚持全域发展理念，全力推进国家新型城镇化综合试点城市建设，积极争创国家文明城市和国家卫生城市，加快形成布局合理、功能互补、智慧共享、城乡一体的城镇发展格局，走出具有鹰潭特色的新型城镇化道路。

1.全面实施“多规合一”。围绕省级“多规合一”试点建设，全力实施市城乡总体规划暨“多规合一”（2014—2030年），建立全市统一的“多规合一”信息管理平台，开展项目生成和业务审批协同作业，实现“一本规划管全域，一张蓝图干到底”。按照“一核两带四区”[⑧]城市发展布局，优化区域快速通道，建成余信贵大桥和余信贵大道，推进全域公共交通、公共服务设施一体化建设，加快贵溪西进、余江东拓和月湖新城建设步伐，形成全域一体、同城发展格局。

2.增强中心城区带动作用。繁荣发展信江新区，以中央商务区、高铁经济圈“双核”驱动为主导，推进信

①“三组团、多园区”：“三组团”，指鹰潭市区、贵溪市、余江县三个组团。“多园区”，指鹰潭现代物流园、鹰潭国际商贸园、鹰潭国际物流中心（无水港）、贵溪市物流园区、余江国际物流园、余江电商物流园、月湖新城物流园等物流园区。

②第四方物流：帮助企业降低成本和有效整合资源，并依靠第三方物流供应商、技术供应商、管理咨询以及其他增值服务商，为客户提供独特和广泛的供应链解决方案。

③林下经济“12233”：一苗、二茶、二竹、三养、三游。

④八大特色农业产业：绿色大米生产加工、优质生猪生产加工、绿色商品蔬菜、龙虎山道茶、优质特色果业、水产健康养殖、优质油料、休闲观光农业。

⑤十个特色农业生产基地：10万亩苗木花卉基地，30万亩毛竹丰产林基地，15万亩油茶产业基地，2万亩雷竹产业基地，生猪标准养殖基地，万亩高标准茶园建设，标准化蔬菜基地建设，家禽养殖基地，牛、羊、兔和蜜蜂养殖基地，泥鳅、淡水澳洲龙虾、棘胸蛙等特色水产养殖基地等项目。

⑥绿色生态农业十大行动：绿色生态产业标准化建设、“三品一标”农产品推进、绿色生态品牌建设、化肥零增长、农药零增长、养殖污染防治、农田残膜污染治理、耕地重金属污染修复、秸秆综合利用、农业资源保护。

⑦“123＋N”工程：1个数据云，江西农业数据云；2个中心，农业指挥调度中心、“12316”资讯服务中心；3个平台，农业物联网平台、农产品质量安全监管追溯平台、农产品电子商务平台；N个系统，涉及种植业、养殖业及OA无纸化办公、农业综合执法、农业技术服务等子系统。

⑧一核两带四区：“一核”，以信江新区、月湖区、高新技术产业开发区为主的核心城区；“两带”，沿320国道产业集聚升级带和龙虎山至白鹤湖的旅游休闲观光带；“四区”，以贵溪为主的东部高科重工城片区，以龙虎山为主的南部旅游片区，以余江为主的西部品质健康城片区，以白鹤湖为主的北部生态农业示范区。

江北区路网等基础设施建设，完善文教卫等公共服务功能，大力发展金融商贸、旅游休闲、健康养老等产业，促进城市要素向信江新区集聚，着力把信江新区打造成为宜居宜业的核心城区。推进老城区提升改造，基本完成城镇棚户区和城中村改造，加快推进海绵城市建设，完善市区人行道升级改造、中心城区停车场等一批市政基础设施，贯通提升一批休闲街区、城市绿道、骑行公园和慢行系统，打造市民15分钟“健身圈”。推进城市服务网格化、精细化、数字化，及时整治影响市民生活的“城市病”，让城市生活更方便、更舒心、更美好。

3.打造国家新型智慧城市。全面实施国家信息惠民和国家智慧城市双试点工程，加快推进基础设施、应用服务和产业发展。积极采用云计算、大数据、物联网等新一代信息技术，不断提升城市光网能力，实现4G全覆盖、村村通宽带，构建先进的信息通信基础设施。大力推动“互联网+政务服务”，加快实施社会保障一卡通工程，率先建成一体化网上政务服务平台，实现“一号申请、一窗受理、一网通办”。落实“互联网+”行动计划，实现互联网与铜产业、物流业、旅游业、特色农业等产业深度融合，实现供需精准对接，提升综合效益。

4.推进城乡发展一体化。把握新型城镇化发展的战略机遇期，通过放宽户籍政策、提高医疗教育文化养老等公共服务水平、鼓励创新创业、引进大型企业和高等院校等举措，进一步做旺城市人气。以上清镇入选第一批中国特色小镇为契机，推进基础设施和公共服务设施建设，打造一批旅游、商贸、烘焙等特色小镇，进一步提升中心镇集聚能力。加速国道、省道升级改造，新改建农村公路2700千米，完善农村公路管理养护体系，加快镇村公交发展，全面推进“三安全一保障”[①]水利体系建设，推动秀美乡村建设向纵深发展。

（三）强化发展动力支撑，打造提速发展新引擎。坚持把改革推动、开放促动、项目带动、创新驱动作为加快发展的强力支撑，为转型升级、提速发展注入新动力、激发新活力、拓展新空间。

1.推进重点领域改革。加大供给侧结构性改革力度，认真落实“去产能、去库存、去杠杆、降成本、补短板”五大重点任务，提高全要素生产率，努力培育和形成新供给、新动力。持续推进“放管服”改革，深化商事制度改革，放开中介服务市场，建立完善中介服务平台。全面完成公车改革，加快事业单位分类改革。稳步实施全口径政府预算管理等财税体制改革，落实清费降价减税政策，推进财政资金统筹、安全、高效使用。整合公共资源交易平台，完成不动产登记制度改革。积极推进余江国家宅基地制度改革、农村改革试验区等重点改革和贵溪全国农村土地承包经营权抵押贷款试点，努力在全省乃至全国形成可复制、可推广的经验做法。实施供销合作社综合改革。深化全国综合行政执法改革试点，推进重点领域综合执法，实施行政检查“双随机”工作制度[②]。

2.推进全方位开放。深化区域协作，策应国家“一带一路”、赣南等原中央苏区振兴发展和赣东北扩大开放合作战略，加强与南昌都市圈、长江中游城市群和沪昆高铁经济带在市场要素整合、产业分工协作、公共信息共享等领域合作，努力打造长江经济带南翼重要战略支点。大力培育开放主体，创新承接产业转移模式及服务方式，积极承接东部地区加工贸易产业转移，实施招大引强攻坚计划和“央企入鹰、鹰商回归”提升工程，开展专业化招商、全端产业链招商和代理招商，着力引进一批行业领军企业、科技先导企业，力争全市引进省外2000万元以上项目资金、实际利用外资分别年均增长15%和9%。积极争取设立鹰潭公用性保税仓库，全面推进省口岸“单一窗口”试点建设。大力开拓新兴市场，建立健全外贸互联互通机制，力争外贸出口累计突破50亿美元。

3.推进项目带动战略。五年计划实施大中型建设项目544个、总投资3647亿元，加快推进信江航道渠化、鹰梅铁路、鹰潭机场、城市有轨电车等一批关系鹰潭长远发展的重大项目，力争建成花桥水利枢纽、贵溪—资溪高速公路、皖赣线电气化改造等项目。深化投融资体制改革，完善国有资产管理体制和国有资本投资运营机制，加快设立政府产业引导基金和高新技术产业发展基金，推广政府和社会合作项目PPP模式[③]，形成渠道畅通、成分多元、成本更低的项目融资机制。精准对接国家、省重点投资领域，积极争取国家政策、项目、资金支持。

4.推进全民创业创新。策应全省创新驱动“5511”工程[④]，积极开展与知名高校和科研院所合作，增强铜加工、生物工程、LED、先进制造业等领域协同创新力度，实施100项以上重大科技项目和重点创新项目，支持企业建设企业技术中心和重点工程实验室，力争市级以上科技创新平台达到100家以上。发展电子商务生

①三安全一保障：供水安全、防汛安全、水生态安全和水利行业管理保障能力建设。

②“双随机”工作制度：指随机抽取被检查对象、随机选派检查人员的抽查机制。

③政府和社会合作项目PPP模式：指政府与私人组织之间，为了提供某种公共物品和服务，以特许权协议为基础，彼此之间形成一种伙伴式的合作关系，并通过签署合同来明确双方的权利和义务，以确保合作的顺利完成，最终使合作各方达到比预期单独行动更为有利的结果。

④全省创新驱动“5511”工程：建设50个国家级创新平台和载体、培养50个国家级创新人才和团队、实施100项重大科技专项、培育1000家高新技术企业。

态体系，制定电商发展中长期规划，构建电子商务公共服务平台，培育一批骨干企业和领军人物，做大做强电商产业集聚区，争创国家级电商进农村示范县（市），力争全市电子商务年交易额突破1000亿元。加快构建众创、众包、众扶、众筹等大众创业万众创新支撑平台，推进创业创新资助工程、大学生创业引领计划，培养“互联网+”新业态新模式。实施人才强市战略，制定人才行动计划，采取“送出去”与“引进来”相结合的方式，完善政府津贴、人才公寓和子女就学等优惠政策，采用校企合作和异地委培等模式，培育一批创新型人才和“鹰潭名师工匠”。积极推进质量兴市战略。

（四）推进生态文明建设，构筑绿色宜居新家园。围绕打造全省城乡最干净的城市，积极融入国家生态文明试验区建设，把生态文明建设贯穿经济社会发展各方面和全过程，加快建设天蓝、地绿、水净的家园，努力形成美丽江西“鹰潭样板”。

1.加强环境治理。开展大气污染综合防治，实施工业废气、建筑扬尘、机动车尾气专项治理，进一步提升环境空气质量。开展水污染综合防治，加大以信江及其支流为重点的中小河流与水库水质综合治理力度，中型水库和列入饮用水源的小型水库均达到II类水标准。抓好污水处理设施建设和运营，实现工业污水全面达标排放、城镇生活污水处理设施全覆盖和稳定运行、农村污水处理设施逐步完善。开展土壤污染综合防治，加强农业面源和规模化畜禽养殖污染防治，推进国家城乡生活垃圾第三方治理试点建设，建成生活垃圾焚烧发电厂二期，实现城乡生活垃圾全域无害化处理。

2.加强生态保护。实施新一轮造林绿化“六大工程”①，加强阳际峰国家自然保护区等重点区域管理，扩展森林生态功能区域。加强信江国家湿地公园和白鹤湖、白塔河等湿地公园保护力度，增强湿地生态系统能力。强化水生态保护，全面落实“河长制”，大力开展“清河行动”，加强饮用水源保护区等重点区域保护。深入推进国家工业绿色转型发展试点城市建设，突出做好链条延伸及产业协同、绿色改造及循环经济、绿色制造技术创新及产业化、构建绿色制造体系四大任务。推行绿色低碳生活方式，积极倡导居民绿色消费、绿色出行、绿色家居。

3.加强制度建设。实施严格的环境保护监管制度，制定生态环境保护地方性法规，将生态文明建设纳入法治化轨道。实施严格的污染物源头控制制度，落实新建项目环保准入机制和污染物排放许可制度。实施严格的土地资源管理制度，确保耕地占补平衡。完善绿色发展指标体系，建立健全领导干部任期生态文明建设责任制度、自然资源资产离任审计制度、保护发展森林资源目标责任制及生态环境损害责任终身追究制。

（五）倾力保障改善民生，共创幸福美好新生活。坚持民生优先、公平正义、共建共享，倾力办好一批民生实事，让改革发展成果更多、更实在地惠及广大人民群众，不断提升人民群众获得感和幸福感。

1.深入实施脱贫攻坚工程。做好保障扶贫，全面实施政策兜底，推进大病医疗救助、政府代缴养老保险和新农合等措施，有效衔接低保政策和扶贫政策，实现应保尽保。加强产业扶贫，推广“四位一体”产业扶贫模式②，支持贫困村“一村一品”特色扶贫产业发展，增强群众致富能力。开展安居扶贫，加强宜居贫困村基础设施建设和危房改造、村庄整治，到2017年基本解决建档立卡贫困户的安居问题，2020年建立覆盖全市农村的住房保障体系。实施智力和劳务扶贫，强化家庭贫困学生教育资助和职业培训，优先提供扶贫小额信贷支持创业扶贫，全面改善贫困地区义务教育薄弱学校基本办学条件。推进基础设施扶贫，加大财政扶贫投入，优先给予贫困村专项建设基金项目扶持，确保脱贫攻坚取得全面胜利。

2.加速城乡公共服务均等化。健全就业服务体系，推进千人创业万人就业工程，做好农村转移劳动力、城镇困难人员等重点群体就业工作，每年新增城镇就业1.96万人，城镇失业登记率控制在4.5%以内。健全社会保障体系，推行全民参保计划，强化以养老、医疗、失业、工伤、生育社会保险为重点的基本保障，全面实施统一的城乡居民基本养老保险制度，大力发展职业年金、企业年金、商业养老保险，鼓励发展补充医疗保险和商业健康保险。健全教育服务体系，深化教育领域综合改革，统筹城乡义务教育资源均衡配置，推进优质教育资源共享，完成教育信息化试点建设任务，加快普及学前教育和高中阶段教育，加强职业教育、特殊教育和老年教育，积极创建本科层次高等院校，打响“学在鹰潭”品牌。健全医药卫生服务体系，推进健康鹰潭建设，全面深化城市和县级公立医院综合改革，建成启用市妇幼保健新院、人民医院信江新院等一批专科医院，实现基本公共卫生服务均等化全覆盖。健全文化体育服务体系，积极实施文化精品、文化品牌、文化阵地、文化保护工程，建成启用“四馆”③

①造林绿化“六大工程”：森林资源培育工程、森林资源保护工程、林业深化改革工程、林业产业发展工程、森林灾害防控工程、法治林业建设工程。

②“四位一体”产业扶贫模式：通过构建脱贫的责任追究机制、考核激励机制、资金筹措机制和审查监督机制，凝聚政府、企业和社会的合力，共同打赢扶贫攻坚战。

③四馆：市博物馆、科技馆、文化艺术中心、青少年活动中心。

项目，丰富群众精神生活。深入开展全民健身活动，大力发展健身休闲产业。健全养老服务体系，支持社会力量兴办养老服务机构，加快居家服务网点建设，基本建成以居家为基础、社区为依托、机构为补充，医养结合、功能完善、规模适中、覆盖城乡的养老服务体系。

3.增强公共安全保障水平。深化法治鹰潭建设，全面实施“七五”法治教育规划，形成全社会尊法学法守法用法自觉。加快建设以信息化为支撑的立体化社会治安防控体系，完善社会治安综合治理目标管理责任制，严密防范、依法惩治违法犯罪活动。推行“阳光信访”，引入第三方力量参与信访维稳和纠纷化解，实行网上受理办理，妥善化解矛盾纠纷。建成市级公共信用信息平台，着力打造“信用鹰潭”。实施食品安全战略，努力创建国家食品安全城市。坚持最严格安全生产制度，强化安全生产主体责任落实，坚决遏制重特大安全事故。强化防灾减灾指挥能力建设，健全突发公共事件应急处置体系，保障人民生命财产安全。

同时，深入推进军民融合发展，加强国防教育、人防民防、民兵预备役建设，进一步做好统计、档案方志、广播电视、民族宗教、外事侨务、涉台事务、气象、老龄和残疾人等工作，支持各民主党派、工商联、知识分子联谊会和工会、共青团、妇联等人民团体的工作。

（六）切实加强自身建设，塑造执政为民新形象。面对经济发展新常态，必须加快转变政府职能，加强创新型、服务型、法治型、廉洁型政府建设，为同步全面建成小康社会提供坚强保障。

1.开拓进取，建设创新型政府。始终把“五大发展理念”贯穿于经济社会发展各个环节，更加重视科学性研判、前瞻性考虑、可行性分析、系统性运作，善于向市场要资源、要活力、要手段。坚持把改革创新作为政府工作的永恒主题，以改革攻坚破除体制机制羁绊，在严峻挑战中抓住机遇，在激烈竞争中争取主动。推进学习型政府建设，增强互联网思维，加快提高网络管理水平，学网、懂网、用网，推进政府决策科学化、社会治理精准化、公共服务高效化，用信息化手段更好感知社会态势、畅通沟通渠道、辅助决策施政。

2.转变作风，建设服务型政府。强化进取意识、担当意识，把“马上就办、办就办好”作为基本准则，完善政府决策制定、工作推进、沟通协调三大机制，多做打基础、利长远、惠民生的实事好事。加快转变政府职能，精简办事程序，缩短办理时限，打通服务企业、联系群众的“最后一公里”。始终保持“一着不让抓落实”的紧迫感和责任感，加强对重大决策部署落实情况的督促检查，建立健全工作台账机制、绩效考核机制，真正把精力用在抓落实上、把功夫下在见实效上。

3.依法行政，建设法治型政府。严格依照法定权限和程序行使权力，自觉接受人大及其常委会法律监督，积极执行人大决议决定，坚持重大决策出台前向人大报告，认真办理人大代表的议案和建议。主动接受政协民主监督，认真办理政协委员提案，广泛听取各民主党派、工商联和无党派人士意见。健全政府信息发布制度，推进决策公开、执行公开、管理公开、服务公开、结果公开。健全政府法律顾问制度，完善重大事项依法决策机制、重大执法决定依法审查机制和政府立法机制，确保政府的一切工作在法律的框架下进行。

4.严守纪律，建设廉洁型政府。始终坚持不忘初心，把纪律和规矩挺在前面，认真履行党风廉政建设主体责任，强化“一岗双责”，完善惩治和预防腐败体系，推进反腐倡廉制度创新，加强行政监察和审计监督，坚决查处各类违法违纪案件。全面落实中央“八项规定”精神和国务院“约法三章”及省市各项规定，坚决抵制“四风”，厉行节约、反对浪费，严控“三公”经费支出。巩固拓展党的群众路线教育实践活动、“三严三实”专题教育和“两学一做”学习教育成果，推动作风建设常态化、长效化。

各位代表，新的目标激励人心，新的任务艰巨光荣，新的征程催人奋进。全市应紧密团结在以习近平总书记为核心的党中央周围，在省委、省政府和市委的坚强领导下，紧紧依靠全市人民，坚定信心、鼓足干劲，开拓创新、扎实工作，为顺利完成“十三五”规划确定的各项目标任务，为建设富裕秀美宜居和谐鹰潭、同步全面建成小康社会而努力奋斗！

政府工作报告

——在鹰潭市第九届人民代表大会第二次会议上

市委书记、市长 曹淑敏

（2017年2月14日）

一、2016年工作回顾

刚刚过去的2016年，是“十三五”的开局之年，也是全面建成小康社会进入决胜阶段的第一年。在省委、省政府和市委的坚强领导下，全市上下深入学习贯彻习近平总书记系列重要讲话精神，特别是对江西工作提出的“新的希望、三个着力、四个坚持”重要要求，坚持以新发展理念为引领，牢牢把握稳中求进工作总基调，统筹做好稳增长、促改革、调结构、优生态、惠民生等各项工作，较好完成了市八届人大六次会议确定的目标任务，实现了“十三五”良好开局。

——稳增长态势良好。全市完成生产总值695.35亿元、增长8.8%，财政总收入116.82亿元、同口径[①]增长10%，一般公共预算收入81.62亿元、同口径增长5%，规模以上工业增加值330.87亿元、增长8.4%，固定资产投资604.16亿元、增长13.7%，社会消费品零售总额194.66亿元、增长12.8%。

——调结构扎实推进。三次产业结构由7.7∶59.4∶32.9调整为7.6∶58.2∶34.2。市属工业增加值占比达66.3%、提高4.8个百分点。铜精深加工产品产值占比达41%、提高1.1个百分点。第三产业增速快于GDP增速2.5个百分点。民间投资占比达69.2%，提高1.8个百分点。

——新动能持续成长。创新驱动能力增强，新增国家级科技创新平台2个、省级科技创新平台8个，科技进步对GDP的贡献率为56%，提高了1个百分点。互联网与各行业加速融合，电子商务交易额达400.9亿元，增长105%。大众创业万众创新蓬勃开展，建成各类创业孵化基地9个，孵化企业255家，新登记市场主体增长15.3%。

——惠民生取得实效。集中办好了十大惠民共享工程70件实事，重点民生支出占财政总支出比重超过七成。居民消费价格指数上涨2%，控制在3%的调控目标内。城镇居民人均可支配收入2.91万元、增长8%，农村居民人均可支配收入1.35万元、增长9.3%，群众生活水平进一步改善。

一年来，全市坚持以全力做好“三篇文章”[②]为抓手，加大产业转型升级力度，发展的质量和效益进一步提高。工业经济增量提质，全市新增规模以上工业企业35户、总数达270户。贵溪深能等61个亿元以上工业项目投资建设，保太集团等17家企业增资扩产，养元“六个核桃”等27个项目投产见效，新增产能280亿元。铜期货交割仓库、中江国际商品交易中心运营平稳，全市铜贸易额突破600亿元。智能制造、光电新能源产业主营业务收入分别增长16.2%、13.3%。旅游产业不断壮大，国家级旅游业改革创新先行区建设和国家全域旅游示范区创建工作全面启动，成功承办全省旅游产业发展大会，逍遥城综合体、花语世界、圣井山景区、北极阁正式运营，智慧旅游体验中心、道学院投入使用，新增2个国家AAAA级旅游景区，全市旅游接待人次和旅游总收入分别增长28%、35%。现代物流园被评为全国优秀物流园区和全省首批物流示范园区，专业市场形成集群发展态势，货运业销售收入达63.41亿元。农业产业化进程加快，粮食总产量73.72万吨，现代农业核心示范区建设规模达22.5万亩，入驻省级农业龙头企业10家。新增市级以上农业龙头企业20家。

一年来，全市坚持以人为核心，以国家新型城镇化综合试点建设为统揽，城乡统筹发展加快推进。全市城镇化率达57.48%，提高1.7个百分点。省级“多规合一”试点建设扎实推进，市城乡总体规划纲要成果及“多规合一”技术报告通过评审，“多规合一”信息管理平台基本建成。城市建设协调推进，信江新区路网四

①同口径：财政总收入同口径是指考虑营改增减税等因素；一般公共预算收入同口径是指考虑营改增减税及中央与地方增值税收入分成体制调整等因素。

②“三篇文章”：铜产业、旅游业、现代物流业。

期、生态公园、污水处理厂基本竣工，江西师范高等专科学校新校区、市十一小投入使用，余信贵大桥、信江菜市场、市二中信江校区、“四馆”等项目稳步推进。老城区1110户棚改任务全部开工，320和206国道升级改造、龙虎山高速公路连接线改造、林荫西路改造、白鹤湖大道等项目建成通车，中心广场人防工程除险加固项目有序推进，公共自行车系统投入使用，城市功能和品质不断提升。“智慧城市”建设加快推进，行政村4G网络覆盖率99%以上，在全省率先建成全光网城市。窄带物联网[①]建设全面启动，鹰潭市纳入中国移动窄带物联网业务试点城市及中国电信集团级物联网试点城市，与华为公司、江西移动签署窄带物联网战略合作框架协议。“互联网+”城市服务、智慧鹰潭服务平台、政务服务网上线运行，国家电信普遍服务试点启动。鹰潭市被评为中欧绿色和智慧城市先行奖、中国智慧城市创新奖。镇村联动建设有序推进，上清镇入选第一批中国特色小镇，塘湾镇列为国家新型城镇化标准化试点，樟坪乡樟坪村、罗河镇陈家村、龙虎山镇鱼塘村入选全国第四批美丽宜居小镇和村庄示范名单，文坊镇车家村列为中国第四批传统村落，210个新农村建设点任务全面完成，农村面貌进一步改善。

一年来，全市坚持以深化改革为动力，着力推动一批重点领域改革，将改革新红利转化为发展新动能。始终把供给侧结构性改革作为经济工作主线，打好“三去一降一补”[②]攻坚战，在落实省降成本优环境“80+20条”的基础上，出台市“28条”举措，为企业直接减负16.8亿元。实施以购代建、购房奖励、放宽公积金政策、以房抵税等去库存措施，商品房库存去化时间由2015年底的21个月降至9.2个月。以“三单一网”[③]建设为载体，稳步推进“放管服”[④]改革，取消行政权力45项、调整197项，164家中介服务机构入驻“中介超市”。“五证合一、一照一码”全面实施，不动产统一登记在全省率先实现“新开旧停”。全国综合行政执法体制改革试点和“双随机一公开”[⑤]监管工作进展顺利。向社会发布49个总投资达362.4亿元的PPP试点项目。市投资公司19亿元中期票据和龙虎山景区11.5亿元企业债成功发行。第一批公车改革基本结束。“营改增”全面推开。余江国家农村宅基地制度改革试点在全县73%的自然村实施，召开了全省建设美丽乡村、打造“一改促六化”[⑥]余江样板现场推进会，农村宅基地管理试点在全市铺开，得到了国土资源部和省委、省政府充分肯定。农村土地承包经营权确权登记颁证工作在全省首个全域通过验收。农民住房财产权抵押贷款试点稳步实施。全年引进省外项目资金316.27亿元、增长12.5%，实际利用外资2.65亿美元、增长10.2%。

一年来，全市坚持以打造全省城乡最干净城市为目标，加大生态环境保护治理力度，绿色发展水平明显提升。单位GDP能耗下降2.7%，主要污染物排放量控制在省政府下达的指标范围内，主要河流监测断面100%稳定达到或优于Ⅲ类水质，集中式饮用水水源地水质达标率100%，空气质量优良率达88.2%，优于全省平均水平。国家城乡生活垃圾第三方治理试点城市建设取得实效，市生活垃圾焚烧发电厂建成试运行。全市85%的生猪规模养殖场实施排污标准化改造，十强中心镇污水处理设施建设启动。全面实施“河长制”，积极开展12个专项“清河行动”，组建市河湖保护管理综合执法支队。花桥水利枢纽工程项目前期加快推进，省政府已签发库区停建令。成功创建国家森林城市，完成人工造林4.44万亩，全市森林覆盖率和中心城区绿化覆盖率分别为58.2%、15.9%。九牛岗土壤修复示范项目通过验收。加强环保执法，立案查处环保案件46起，中央环境保护督察组反馈的问题正在抓紧整改。

一年来，全市坚持以保障改善民生为根本目的，千方百计增进民生福祉。全面打响脱贫攻坚战，完善贫困家庭、贫困人口帮扶救助体系，建立了贫困村与新农村建设衔接机制、贫困户大病医疗“二次补偿”机制，全年减贫0.91万人，退出贫困村7个。全市新增城镇就业2.46万人。积极实施全民参保登记计划，连续十二年提高企业退休人员养老金标准，整合城乡居民医疗保险制度工作有序推进。全市城乡低保保障标准提高到每人每月480元和270元，发放城乡低保资金1.58亿元。成功创建江西省文明城市，程永林获全国公安系统一级英模荣誉称号，黄水标获全国特级优秀人民警察光荣称号。全省教育信息化试点建设稳步推进，完成中职教育“三校合一”整合。市县公立医院综合改革全面实施，实现“三升三降”[⑦]。全面推行二孩登记制度。成功举办中

①窄带物联网：是物联网领域新兴技术，支持低功耗设备在广域网的蜂窝数据连接，具有覆盖广、连接多、速率低、成本低、功耗低、架构优等特点，适用于智能家居、智能城市、智能生产等各个领域。

②“三去一降一补”：去产能、去库存、去杠杆、降成本、补短板。

③“三单一网”：政府权力清单、责任清单、市场准入负面清单和政务服务网。

④“放管服”：简政放权、放管结合、优化服务。

⑤“双随机一公开”：监管过程中随机抽取检查对象，随机选派执法检查人员，抽查情况及查处结果及时向社会公开。

⑥“一改促六化”：以农村宅基地制度改革试点为统领，围绕农业发展现代化、基础设施标准化、公共服务均等化、村庄面貌靓丽化、转移人口市民化、农村治理规范化建设，科学统筹推进农业生产、农村生态和农民生活融合发展。

⑦“三升三降”：诊疗人次上升、医院收入增幅下降，医疗劳务性收入占比上升、药品收入占比下降，医保基金实际报销比上升、次均费用下降。

国·鹰潭第四届黄蜡石交易博览会暨月湖区首届黄蜡石文化旅游节。《青山作证》等一批文艺精品反响热烈，第六届政府优秀文艺作品奖公布。市编办荣获全国机构编制工作先进集体称号。全民健身活动蓬勃开展。推动军民融合发展，首次荣获全国双拥模范城。全面治理拖欠农民工工资问题成效明显。平安法治鹰潭建设扎实推进，安全生产、食品药品安全形势平稳，全年未发生一起较大及以上安全生产事故，连续三年被评为全省社会治安综合治理目标管理先进市，首次荣获全省“平安杯”。

一年来，全市坚持以开展“两学一做”学习教育为契机，着力加强政府自身建设，行政效能和服务水平得到提高。坚持科学民主依法决策，完善《市政府工作议事规则》，深入推进依法行政，法律顾问制度实现党政机关、企事业单位和村（居）委会全覆盖。办理人大代表建议165件、政协委员提案221件。认真履行全面从严治党主体责任和“一岗双责”，全面落实中央“八项规定”精神和国务院“约法三章”以及省委、市委规定要求，大力推进廉洁政府建设，认真做好中央巡视组“回头看”反馈意见的整改，集中整治和查处侵害群众利益不正之风和腐败问题，严肃查处了各类违纪违法案件。

各位代表，一年来的成绩和进步来之不易。这是省委、省政府和市委坚强领导、科学决策的结果，是全市人民攻坚克难、砥砺奋进的结果，是社会各界关心支持、鼎力相助的结果。在此，谨代表市人民政府，向在各个岗位上贡献智慧、付出心血和汗水的全市人民，向各民主党派、工商联、无党派和社会各界人士，向驻鹰单位、人民解放军、武警部队官兵和离退休老同志，表示衷心的感谢，并致以崇高的敬意！

需向代表说明的是，受经济下行压力较大等因素影响，工业、投资、居民收入等指标略低于预期目标。同时，大家也应清醒地看到，经济社会发展还存在不少困难和问题，主要是：经济稳增长的基础还不牢固，新动力不足和旧动力增长乏力的结构性矛盾比较突出。铜精深加工比重和非铜产业比重偏低，现代服务业发展相对滞后，转型升级任务艰巨。缺乏产业引导基金，金融支撑保障作用有待增强。制约发展的体制机制障碍依然存在，全面深化改革还面临不少难啃的“硬骨头”。社会治理和城市管理能力有待加强，教育、医疗等基本公共服务与人民群众期待还有差距。人才资源较为缺乏。少数干部思想保守、理念落后、缺乏担当，政府行政效能还需进一步提升。对此，将以对党和人民高度负责的态度，不回避、不懈怠，采取更加积极有效的措施，切实解决。

二、2017年主要工作

2017年是党的十九大召开之年，是全面落实省第十四次党代会和市第八次党代会决策部署的开局之年，做好政府各项工作至关重要。今年政府工作的总体要求是：以党的十八大和十八届三中、四中、五中、六中全会精神为指导，深入贯彻习近平总书记系列重要讲话精神和治国理政新理念新思想新战略，特别是对江西工作的重要要求，紧扣中央、全省经济工作会议和省“两会”部署，按照鹿心社书记对鹰潭市提出的 “把铜产业做精、把旅游及相关服务业做靓、把新经济做特、把城乡做美，争当全省产业转型升级先行者、美丽中国江西样板排头兵”的新要求，坚持稳中求进工作总基调，牢固树立和贯彻落实新发展理念，主动适应经济发展新常态，坚持以深化供给侧结构性改革为主线，突出全域一体发展，注重改革开放创新，着力振兴实体经济，着力培育壮大新动能，着力改造提升传统动能，着力打好脱贫攻坚战，迈出决胜全面建成小康社会、建设富裕美丽幸福鹰潭新步伐，以优异成绩迎接党的十九大胜利召开。

今年全市经济社会发展的主要预期目标是：生产总值增长8.6%左右，财政总收入增长6%，一般公共预算收入同口径增长6%，规模以上工业增加值增长8.5%左右，固定资产投资增长14%，社会消费品零售总额增长13%，城镇居民人均可支配收入增长8.6%，农村居民人均可支配收入增长9%，居民消费价格总水平涨幅控制在3%以内，完成省下达的节能减排计划任务。

围绕实现上述目标，重点抓好六个方面：

（一）突出全域一体，构建区域统筹联动发展新格局。坚持把“全域一体”贯穿在经济社会各领域工作中，包括市域规划布局、产业发展、基础设施、公共服务等，推动形成资源共享互补、产城融合互动、经济社会一体发展格局，努力做到小城市大作为，小城市大亮点。

空间布局统筹谋划。按照“一核两带四区”空间结构和发展格局，强化《鹰潭市城乡总体规划（2015—2030）》引领作用，深入实施“多规合一”，建成全市统一的“多规合一”信息管理平台，推动中心城区与县城之间、城区与园区之间、乡镇与乡镇之间以及市域内产业发展、重大项目、基础设施和土地利用等规划有效对接融合，统筹各组团内分工协作，实现“一本规划管全域，一张蓝图干到底”，增强市域集聚和辐射带动能力。

产业集群联动推进。围绕打造沿320国道产业集聚升级带，优化全市产业空间布局。推进鹰潭高新区物联网园区和产业联盟建设，以高新区为支点，辐射带动全市物联网发展。努力建设智能终端产业园，加快贵溪经开区创建国家经济技术开发区步伐，推动余江工业园虎山片区拓园建设，统筹各园区扩容提质和配套设施提升。围绕推进国家级旅游业改革创新先行区建设和国家全域旅游示范区创建工作，坚持把整个鹰潭作为一个大景区来打造，以龙虎山景区为龙头，以贵溪市、余江县为两翼，推进中华道都显性化、旅游产品多元化、旅游体验智慧化、旅游服务标准化、旅游合作区域化，构建全域旅游新布局。围绕建设现代农业示范区，立足市域整合涉农资金，重点推进白鹤湖、雷溪、杨溪三个现代农业核心示范园区建设，打造一批有产业特色的乡镇和休闲农业示范点，培育若干个知名农业品牌，促进农业规模化发展。

基础设施一体建设。加速新型城镇化进程，推进中心镇标准化建设，开展旅游、商贸、烘焙等特色小镇培育行动，将公共设施不断向集镇和农村延伸。推进余信贵大桥、余信贵大道、320国道刘垦—余江大桥段改造、余江境内206国道改线、贵塘公路改造提升等项目建设，新改建农村公路300千米，构建中心城区30分钟交通圈。实施镇村公交试点，建设鹰南公交枢纽站和公交智能调度中心，促进公交一体化。加快推进月湖南、志光220千伏输变电项目，启动新一轮农村电网升级改造，提升电力保障能力。实施小农水项目县、中小河流治理、圩堤和病险水闸除险加固等一批水利工程，进一步完善水利设施。

公共服务均等覆盖。深化户籍制度改革，扎实开展户口一元化登记工作，全面推行居住证制度。实行统一的城乡居民基本医疗保险制度。统筹城乡义务教育资源均衡配置，推进义务教育学校标准化建设，改善农村地区薄弱学校基本办学条件，加快教师编制改革试点工作，推行县域内公办学校校长、教师交流制度，建成启用全省教育信息化试点“三通两平台”[①]。推进健康鹰潭建设，深化市县公立医院综合改革，加快构建分级诊疗体系，建立健全家庭医生签约服务制度，积极推进省内异地就医即时结算工作，完善村级卫生计生服务室运行机制。完善覆盖城乡的公共文化设施网络，广泛开展文化惠民活动，提高文化供给能力。

（二）*加快新旧动能接续转换，争当产业转型升级先行者。*集中力量和资源，努力改造提升传统产业，培育壮大新经济业态，实现新旧动能协同发力，用“双引擎”协调拉动经济平稳健康发展。

深入实施工业强市战略。以创建“中国制造2025”试点示范城市为契机，推动制造业与互联网融合发展，加速传统产业转型升级和新兴产业发展，促进工业增速平稳、总量扩大、结构优化。积极发展智能终端、天馈线、智慧水工、智能照明等新产业，推动制造业数字化、网络化、智能化，实现绿色发展，产业迈向中高端。全面加强质量管理，实现以质取胜、质量兴市。做精铜产业，围绕“七位一体”铜产业体系建设，深化与中国信息通信院、北京有色金属研究总院等科研院所的合作，探索铜合金废料溯源系统[②]建设，共建政产学研用协同创新示范基地。实施红旗铜业等22个铜精深加工项目，依托铜期货交割仓库做活铜现货贸易，支持贵溪冶炼厂实施智能化改造试点，推动国家铜检中心与市属铜企业建立设备资源共享机制，推进铜拆解加工区延伸发展再生铜、再生铝和再生塑料产业，规划建设铜科博苑和铜文化创意产业园，力争铜精深加工比重提高1.5个百分点，铜贸易额突破1000亿元。促进非铜特色产业集群发展，采取有力措施，重点推动眼镜、雕刻、微型元件等特色产业加快发展，力争市属工业比重、非铜特色产业比重均提高2个百分点以上。

做靓旅游及相关服务业。深入发掘道文化内涵，将道文化元素融入城市，加快大上清宫二期、道学院二期、天师林等项目建设，形成一批道文化产品，促进文化和旅游深度融合。加大古镇和文化遗产保护力度。做旺寻梦龙虎山、圣井山漂流等成熟景点，提升完善国际眼镜城、铜锣湾、白鹤湖、阳际峰等新兴景区，培育更多的休闲度假产品。完善主城区骑行公园、绿道系统、旅游标识标牌等旅游配套，启动上清—饶桥、白鹤湖—周坊等旅游公路建设。完善旅游经营市场化模式和营销手段，加快龙虎山旅游文化集团市场化改革，规划建设天禄特色旅游小镇，大力发展智慧旅游，进一步唱响“龙虎天下绝”旅游品牌，力争全市旅游接待人次、旅游总收入分别增长20%、25%以上。围绕制造业物流、城乡商贸物流、口岸物流、电子商务物流做活物流市场，通过完善基础设施、发展多式联运[③]、提升标准化水平、应用互联网新技术，加快公铁联运中心、第四方物流平台、快递产业园等重点项目建设，大幅提升物流业的辐射力和带动力。制定电子商务中长期发展规划和扶持政策，促进新型制造业、现代服务业、现代农业与互联网融合发展，推进农村电子商务、跨境电子商务发展，引进和培育一批电商龙头企业，推动电商企业和品牌企业发展，支持贵溪、余江争创国家、省级电子商务进农村示范县。推动金融产品创新，加大股份制商业银行的引进力度，引进天使投资、创业投资、风险投资等投资基金，鼓励发展稀有金属等大宗商品交易平台、第三方支付、网络小额贷款公司等互联网金融。支持养老、健康、文化创意产业发展，满足多层次、多样化消费需求。

做强现代农业。围绕“稳粮、优

①“三通两平台”：“三通”是指宽带网络校校通、优质资源班班通和网络学习空间人人通；“两平台”是指教育资源公共服务平台和教育管理公共服务平台。

②铜合金废料溯源系统：综合运用条码标签、RFID电子标签等物联网识别技术，基于“一物一码”，实现对铜合金废料的原始厂家、生产过程、加工历史、金属成分等各环节信息的可追溯管理系统。

③多式联运：从装运地到目的地的运输过程中，由两种及其以上的交通工具相互衔接、转运而共同完成的运输过程。

供、增效”，深化农业供给侧结构性改革，加快培育农业农村发展新动能。实施藏粮于地、藏粮于技战略，增强粮食等主要农产品供给保障能力。积极发展特色农业、生态农业、品牌农业，优化农产品品种品质结构，大力发展特色水果、设施蔬菜、茶叶等高效园艺作物，积极发展中药材种植，推进油茶、毛竹、苗木花卉、铁皮石斛等林业产业发展，全力支持休闲农业和乡村旅游发展，推动“一二三”产业融合发展，培育一批新型农业经营主体和服务主体，力争市级以上农业龙头企业销售收入100亿元以上。深化农村集体产权制度改革，全面完成余江国家农村宅基地制度改革试点和农村集体经营性建设用地入市、农村土地征收制度改革试点任务，开展农村房地一体的不动产登记发证工作，加快农村综合产权交易市场建设，推进农村集体资产股份权能改革。

强化创新要素保障和平台支撑。主动对接全省创新驱动“5511”工程和重点创新产业化升级工程，实施全市科技创新“四个一”工程计划①和科技金融试点工程，搭建市级以上科技创新平台15家，新增2至3个省级工程技术研究中心、10家以上高新技术企业。推进国家新型智慧城市建设，强化顶层规划，打造全省领先的宽带网络基础设施，统筹实施信息惠民、智慧城市、电信普遍服务等国家试点工程，促进物联网、云计算、大数据等新兴信息技术深度融入工业、旅游、农业、教育、医疗、社会保障、平安建设等多领域，形成新模式、新业态、新产业。以开展窄带物联网业务试点建设为契机，建立物联网产业集聚区，重点在物联网研发平台、测试平台、云平台、应用平台、终端侧产品研发制造等领域聚焦发力，打造区域性物联网产业发展联盟，力争物联网产业纳入全省新兴产业发展的核心布局，形成有突破、可复制、可推广的示范标杆应用。加快推进市、县城区“多表合一”②。加快建设智慧鹰潭云服务中心，依托市公共信息平台，构建全市统一的数据共享交换体系。推进大众创业万众创新，积极开展“一址多照、集群注册”等改革，放开中介服务市场，完善创业服务体系，扶持创业孵化基地等创业载体发展。制定实施人才强市政策，积极引进和培养一批高层次创新创业人才。

（三）加大改革开放力度，增强发展内生动力和活力。坚持以深化供给侧结构性改革为主线，深入推进改革攻坚，提升开放发展水平，实施项目带动战略，以改革开放的新突破增强发展的新后劲。

深入推进“三去一降一补”。抓好粗铜企业落后产能淘汰工作，引导企业技术改造和转型升级，提高产品附加值。鼓励农民进城及市民自住性和改善性购房，从供需两端促进房地产健康发展。严格控制各类高杠杆带来的金融风险，降低企业杠杆率，有效化解防范地方政府债务风险。着力振兴实体经济，充分释放降成本优环境政策效应，加大减税降费力度，落实高新区直供电试点等优惠政策，有效降低企业制度性交易、物流、人工、用电等成本。加快设立产业发展引导基金，强化市工业控股公司和市中小企业信用担保有限公司融资服务，推广“财园信贷通、财政惠农信贷通、科贷通”等融资模式，完善倒贷基金制度，积极推动企业直接融资，发挥好金融支持实体经济振兴的重要作用。

深化重点领域改革。加快“放管服”改革步伐，基本完成市本级行政许可标准化建设，加快编制市县公共服务事项清单，推行乡镇权责清单制度，推动便民服务中心向基层延伸。推进“互联网+政务服务”，率先建成一体化网上政务服务平台，编制网上政务服务事项目录，优化政务服务流程，建立电子证照库，初步实现政务服务“一号申请，一窗受理，一网通办”。深化全国综合行政执法体制改革试点，加大“双随机一公开”监管工作力度。推进预算管理改革。理顺招商、物流园区、白鹤湖等管理体制机制，加快市国资公司市场化改革步伐。启动经营类事业单位分类改革，稳步推进事业单位及国有企业公务用车制度改革。推进出租车行业改革。加快推进小型水利工程管理体制改革，深化林权制度配套改革，抓好供销社综合改革。

提升开放发展水平。创新区域合作机制，积极参与长江经济带、长江中游城市群、赣东北扩大开放合作等国家、省重大战略分工协作，加速融入南昌都市圈和沪昆高铁经济带，构筑全方位、宽领域、多层次的开放合作新格局。围绕铜精深加工、电子信息等重点产业，实施招大引强攻坚计划和“央企入鹰、鹰商回归”提升工程，依托各产业承接平台组建产业招商小分队，举办鹰潭（深圳）电子信息产业推介会等重大招商活动，开展专业化招商、全端产业链招商和代理招商，力争在引进一批龙头项目上取得突破，全市利用省外2000万元以上项目资金348亿元、增长10%，实际利用外资2.89亿美元、增长9%。

推进重大项目建设。全年计划安排大中型建设项目306个，其中新开工161个、计划建成63个，完成投资240亿元。推进一批事关鹰潭长远发展的重大项目，推动贵溪—资溪高速公路、现代有轨电车、通用机场、信江新区金融中心等项目前期工作，争取花桥水利枢纽工程等项目获国家立项。切实加大“三争”工作力度，对应国家和省“十三五”规划及重点

①科技创新“四个一”工程计划：“十三五”末，市级以上科技创新平台突破100家，实施100项重大科技项目，全市高新技术企业突破100家，专利拥有量突破1万件。

②“多表合一”：电网企业、供水企业、供气公司等多家合作，在同一个系统内，实现水、电、气等多表统一远程数据采集与应用。

支持领域，制定全市项目谋划争取清单，确保更多项目落地鹰潭。强化资金保障，启动超短期融资债券及第四期企业债发行工作，推广运用PPP模式并启动建设一批示范项目，引导和鼓励民间投资。强化集约用地，加强闲置低效土地清理处置，着力推进重点项目征地拆迁。

（四）扬优成势做美城乡，争当美丽中国江西样板排头兵。积极融入国家生态文明试验区建设，继续打造全省城乡最干净城市，做优中心城区品质环境，扎实推进美丽乡村建设。

提升中心城区宜居度。繁荣发展信江新区，出台扶持政策，积极引导总部经济和公共服务机构进驻中央商务区，建成天虹商场、信江菜市场、龙虎山北路延伸工程、示范性综合实践基地和公共职业教育实训基地，加快推进“四馆”、老年大学等项目建设。改造提升老城区，继续推进白马李家、朱埠杨家夏家刘家、中原彭家、麒麟大道一期等城中村改造，以及223地质队、防腐厂片区、东湖片区等棚户区改造项目，完成2.56万平方米改造任务。建成环城东路延伸、院里路贯通等道路工程，实施城区排水系统升级、东川河综合治理、林荫西路立面改造、步行街整体改造、小街小巷综合改造、东湖整治等改造提升工程，新建和提升一批街边小花园，让城市“显山露水”。加强城市管理，进一步理顺城市管理行政执法体制，探索市场化运营、智慧城管等城市治理新模式，开展城区道路交通秩序、违法建筑、户外广告专项整治，营造干净整洁有序的城市环境，让城市更加宜居宜业宜游。

推进美丽乡村建设。深入实施“整洁美丽、和谐宜居”新农村建设行动，用三年时间完成全市所有新农村建设村点任务，今年完成1000个左右。强化农村环境综合整治，全面推开城乡生活垃圾第三方治理。全面整治农业面源污染，力争在化肥零增长、农药零增长、养殖污染防治等方面取得实效。统筹做好“一改促六化”工作，推进全市农村宅基地管理试点，构建农村建房规划管理长效机制，基本实现农村建房规范有序。加强农村精神文明建设，充分发挥村规民约的教化、约束作用，推动移风易俗，树立文明乡风。加强和创新农村基层治理，给农村留守儿童和老人更多关爱，让他们感受到党和政府的温暖。

巩固提升绿色发展新优势。按照保护优先、源头控制、综合治理的原则，深入实施大气、水、土壤污染防治行动计划。推进燃煤锅炉淘汰和能源结构调整，全面完成黄标车和老旧车辆淘汰任务。打造“河长制”升级版，深入开展“清河行动”，重点抓好河湖水域及岸线专项整治、入河排污口集中整治，继续抓好水库水质专项治理，确保考核断面水质、集中式饮用水水源地水质达标。切实加强耕地保护。推进森林质量提升工程，巩固国家森林城市创建成果，完成植树造林任务2.57万亩。推进国家工业绿色转型发展试点城市建设，深入实施绿色生态农业十大行动和绿色有机农产品示范市建设，加快民用建筑节能和绿色建筑发展。完善覆盖全市、统一规范的全流域生态保护补偿机制。加大环保督察问题整改力度，加强环境执法监管，对一切环境违法行为做到“零容忍”。

（五）切实保障改善民生，提高群众获得感和幸福感。持续加大民生投入，织密扎牢民生保障网，扎实办好一批实事，把发展成果更多用于保障和改善人民生活。

纵深推进脱贫攻坚。按照“核心是精准、关键在落实、确保可持续”的要求，举全市之力打好精准脱贫攻坚战。大力发展产业脱贫，制定贫困村特色产业发展规划，积极探索产业扶贫新模式，培育一批扶贫龙头企业，采取“合作社＋基地＋农户”等多种形式，形成贫困村“一村一品”特色产业。全力打造“互联网+扶贫”工程，建立16个电商精准脱贫服务站和一批电商精准脱贫示范村，完成0.23万人户村级光伏电站建设任务。着力推进安居扶贫，搬迁贫困户55户118人，完成747户贫困家庭的危旧房改造任务。严格做好兜底保障脱贫，重点完善城乡居民基本医疗保险、大病医疗“二次补偿”和商业补充保险、大病医疗救助三条保障线，努力改善城市贫困人口待遇，确保实现脱真贫、真脱贫、不返贫。

协调发展民生事业。着力促进创业就业，新增城镇就业1.96万人。深入推进机关事业单位养老保险制度改革。完善全民健身基础设施及服务网络，举办鹰潭市第八届运动会暨第二届体育文化节，促进群众体育、竞技体育、体育产业协调发展。扎实推进国家食品安全示范城市创建工作，让广大人民群众吃得放心安心。深入推进军民融合发展，加强国防教育、人防民防、民兵预备役建设。进一步做好统计、档案方志、民族宗教、计划生育、外事侨务、涉台事务、气象、防灾减灾、老龄和残疾人等工作，支持各民主党派、工商联、知识分子联谊会和工会、共青团、妇联等人民团体的工作。

各位代表，人民群众对美好生活的向往，就是大家的奋斗目标。今年，市政府在完成省民生工程目标任务的同时，重点办好十件民生实事：实现0.82万人脱贫、省市贫困村全部退出；实施社会保障“一卡通”①工程；完成棚户区改造0.42万户、农村危房改造0.24万户；推动创建一所本科院校，市二中信江校区开学；托管运营

①社会保障“一卡通”：通过社会保障卡实现本地或跨地区就医、购药、待遇领取、交缴规费、信息查询、身份认证、刷卡消费的“一卡多用、一卡通用”。

市人民医院信江新院，开工建设市妇幼保健新院；实现无线4G、窄带物联网网络全域覆盖；新建30个公共自行车服务站点，新投放运营600辆自行车；打造4个特色公园、实施10处路段及节点景观提升；完成市食品安全检（监）测能力建设项目，运营豆制品和米粉集中加工区；建成使用信江新区、月湖新城、龙虎山等污水处理厂，城乡生活垃圾一体化处理率达95%以上。

加强和创新社会治理。深入推进平安法治鹰潭建设，扎实推进“七五”普法和相对集中行政复议权工作，推动公共法律服务平台建设。完善“12345”政务服务热线运行机制，推进阳光信访、责任信访、法治信访，积极推进及时就地解决群众合理合法诉求。大力推进立体化、信息化社会治安防控体系建设，依法打击各类违法犯罪行为。加强社会诚信建设，构建市公共信用信息平台。始终坚持把安全生产放在首要位置，落实“党政同责、一岗双责，齐抓共管、失职追责”制度，持续开展安全生产隐患排查治理和重点行业领域专项整治行动，提升应急处置水平，防范和遏制重特大安全事故。

（六）加强政府自身建设，提高施政能力和服务水平。团结带领政府一班人，保持昂扬向上、奋发有为的工作激情，踏石留印、抓铁有痕的工作力度，锲而不舍、一抓到底的工作韧劲，善始善终，善作善成，确保各项工作落地有声。

坚持科学施政，树牢发展为要的工作导向。牢固树立新发展理念，围绕既定目标，突出重要领域、重大项目和重点工作，打好改革创新“组合拳”，提高引领新经济、推动新发展的工作水平。始终牢记肩负的职责和使命，坚持和践行党的群众路线，多做打基础、利长远、惠民生的实事好事，切实把好的蓝图绘到底。

坚持务实理政，健全精准高效的推进机制。强化实干为先理念，大力弘扬“马上就办、办就办好”的作风，做到雷厉风行、立说立行。加大重点工作统筹协调力度，强化重点项目调度推进机制，确保项目推进有力有效。推进智慧政务建设，强化效能监察，完善绩效考核，健全督查激励问责机制，营造狠抓落实的浓厚氛围，不断提高政府的执行力、操作力和公信力。

坚持依法行政，打造法治阳光的政务环境。坚持把政府工作全面纳入法治轨道，健全重大事项决策规则和程序，严格按照法定权限和程序行使权力、履行职责。自觉接受人大的法律监督和工作监督，主动接受政协的民主监督和社会各界的监督，充分听取和吸纳各民主党派、工商联、无党派人士及各人民团体意见。加强政务公开和政府信息公开，让权力在阳光下运行。

坚持从严治政，树立清正廉洁的政府形象。严格落实全面从严治党主体责任，锲而不舍落实中央“八项规定”精神，严格执行国务院“约法三章”以及省委、市委各项规定。深入推进政府系统廉洁建设，严肃财经纪律，严控“三公”经费，加强行政监察、审计监督和行政问责。各级政府公务人员都要严格要求自己，勤勉尽责、秉公用权，涵养正气、弘扬清风，努力实现干部清正、政府清廉、政治清明。

各位代表！全面小康前景无限美好，梦想成真需要同心创造。全市应紧密团结在以习近平总书记为核心的党中央周围，在省委、省政府和市委的坚强领导下，凝聚全市人民的智慧和力量，撸起袖子加油干，扑下身子抓落实，为决胜全面建成小康社会、建设富裕美丽幸福鹰潭而努力奋斗，以优异成绩迎接党的十九大顺利召开！

大事记

编辑、校对：况建军

1月

6日 市委召开务虚工作会议，深入学习贯彻中共十八届五中全会、中央经济工作会议和省委十三届十二次全会、全省经济工作暨扶贫开发工作会议精神，集思广益谋划2016年工作和“十三五”时期发展。市委书记陈兴超主持会议并讲话，市长熊茂平出席会议并讲话。市领导彭世东、杜德春、潘赞海、蔡厚勇、王家林、郭清、戴春英、周世敏、杨金红、陈宏、辜清、张荣先、李力、徐云、吴文戈、刘诚等出席会议并先后发言。市国税局、市地税局、市建设局、市民政局等单位领导也分别发言。市人大、市政府、市政协领导出席会议；市中级法院、市检察院、市四套班子秘书长，市委有关部门、市直有关单位主要负责人参加会议。

7日至8日 省总工会党组书记、常务副主席傅卓成一行到鹰潭市督导考核工会工作。市领导陈兴超、熊茂平、彭世东、卢越明等分别陪同或参加工作情况汇报会。

8日 全市经济工作会议暨扶贫开发工作会议召开。会议的主要任务是，学习贯彻中央经济工作会议、扶贫开发工作会议和全省经济工作会议、扶贫开发工作会议精神，分析总结鹰潭市2015年经济工作和扶贫开发工作，研究部署2016年经济工作和扶贫开发工作。市委书记陈兴超主持并讲话。市委副书记、市长熊茂平全面总结2015年全市经济工作，对全市经济工作和扶贫开发工作进行部署；市委副书记彭世东传达学习全省经济工作会议和扶贫开发工作会议精神。杜德春、潘赞海、蔡厚勇、王家林、郭清、戴春英、张福庆、陈宏、陈云等市四套班子领导出席会议。会上，贵溪市、余江县、月湖区、鹰潭高新区、龙虎山景区、信江新区党政主要负责人签订了脱贫攻坚责任书。

9日 鹰潭（义乌）电子商务产业招商推介会在浙江省义乌市举行。市长熊茂平出席推介会并致辞。市委常委、贵溪市委书记张福庆出席推介会；副市长徐云作产业推介，市政府秘书长吴炳生主持推介会。

同日 市长熊茂平在义乌会见出席电商产业招商推介会的九江学院党委书记郑翔及客商代表，就进一步加强在电子商务领域合作进行深入交流。市委常委、贵溪市委书记张福庆，副市长徐云，九江学院副校长吴桃娥，市政府秘书长吴炳生参加会见。

11日至14日 中国人民政治协商会议鹰潭市第八届委员会第六次会议在鹰潭市第一中学大礼堂召开。中国人民政治协商会议鹰潭市第八届委员会第六次会议应出席委员298人，实到273人，符合政协章程规定。市政协主席潘赞海，市委常委、市政府常务副市长、市政协党组书记王家林，市政协副主席刘国富、官金福、吴细美、张金涛、黄占共、吴泉水，秘书长杨亮太和常务委员在主席台就座。市政协副主席杨建保主持开幕大会。应邀出席开幕大会并在主席台就座的有：陈兴超、熊茂平、彭世东、杜德春、蔡厚勇、郭清、戴春英、张福庆、杨金红、杨海林、杨晓群、卢越明、刘育虹、徐晓年、程芦山、辜清、李力、吴文戈、陈仁生、李莉安、刘诚、周瑛等。潘赞海代表政协鹰潭市第八届委员会常务委员会作工作报告。大会通过潘赞海、吴细美辞去政协鹰潭市第八届委员会主席、副主席职务的决定；选举王家林担任政协鹰潭市第八届委员会主席。住鹰潭省政协委员，县（市、区）统战部主要负责人，部分中央省属驻鹰潭企业分管统战工作的负责人，驻鹰潭条管单位的主要负责人和市委有关部门、市直有关单位负责人应邀列席了会议。

12日 鹰潭市第八届人民代表大会第六次会议在华侨饭店会议中心召开。本次会议应到代表276名，实到代表265名，符合法定人数。大会执行主席陈兴超、熊茂平、彭世东、杜德春、郭清、杨晓群、卢越明、刘育虹、徐晓年、程芦山、江鸿、张福庆在主席台前排就座。在主席台前排就座的还有潘赞海、李保民。在主席台就座的有：蔡厚勇、王家林、戴春英、陈宏、陈云、辜清、李力、徐云、吴文戈、杨建保、刘国富、官金福、吴细美、张金涛、黄占共、吴泉水、陈仁生、胡庆文、刘诚、周瑛、李莉安和大会主席团其他成员。大会执行主席、市人大常委会主任杜德春主持会议。市委书记陈兴超在闭幕大会上讲话。市长熊茂平代表市人民政府向大会作政府工作报告。大会还表决通过了《关于设立鹰潭市人民代表大会法制委员会的决定》《市八届人大六次会议选举和通过人选办法》，大会表决通过了《关于政府工作报告的决议》；表决通过了《关于鹰潭市国民经济和社会发展第十三个五年规划纲要的决议》；表决通过了《关于鹰潭市2015年国民经济和社会发展计划执行情况与2016年国民经济和社会发展计划的决议》；表决通过了《关于鹰潭市2015年市级预算执行情况和2016年市级预算的决议》；表决通过了《关于鹰潭市人大常委会工作报告的决议》；表决通过了《关于鹰潭市中级人民法院工作报告的决议》；表决通过了《关于鹰潭市人民检察院工作报告的决议》。选举吴炳生担任鹰潭市人大常委会副主任；选举李莉安担任市人民检察院检察长；在鹰潭的全国、省人大代表，出席市政协八届六次会议的市政协委员和其他列席人员列席了会议。

18日 市委召开2015年度县（市、区）委书记抓基层党建工作述职评议会。市委书记陈兴超主持会议并讲话。市领导熊茂平、杜德春、王家林、蔡厚勇、郭清、张福庆、杨金红、陈宏、陈云等出席会议；省委组织部相关处室负责人到会指导。市委党建工作领导小组成员，各县（市、区）、龙虎山景区、鹰潭高新区、信江新区组织部部长或分管领导人，以及来自基层的“两代表一委员”、党员干部和群众代表参加了会议。会上，贵溪市、鹰潭高新区、余江县、月湖区、龙虎山景区、信江新区等地的党（工）委书记先后作了述职发言，市直机关工委等29个市直单位和驻鹰单位党委书记作书面述职，并接受现场民主评议；与会市领导对各地述职情况逐一作了点评。

19日 市委召开专题学习会议，学习中共中央总书记习近平在中央政治局“三严三实”专题民主生活会上的讲话，以及十八届中央纪委六次全会精神。市委书记陈兴超主持会议并讲话。熊茂平、彭世东、杜德春、王家林、蔡厚勇、戴春英、张福庆、杨金红、陈宏等在鹰潭市的市四套班子领导，市中级法院院长、市检察院检察长、市四套班子秘书长等参加学习。

19日至20日 省编委副主任、省编办主任李春燕到鹰潭市调研指导机构编制管理和各项重大改革进展情况。市领导陈兴超、熊茂平、王家林等分别陪同。

20日 市委书记陈兴超带领市民政、水利、农业、市委农工部等部门负责人，到余江县锦江镇范家村，调研精准脱贫工作。调研中，陈兴超强调，要齐心协力、精准发力，坚决打赢脱贫攻坚这场硬仗。市委常委、市纪委书记蔡厚勇等陪同调研。

同日由省委宣传部、省文明办、省文联联合举办的第四届江西省道德模范先进事迹巡演鹰潭专场在华侨饭店会议中心举行。市委副书记彭世东出席并致辞。市人大常委会副主任刘育虹等现场观看了演出。巡演共讲述了张秀桃、钟永清、蒋新东、毛秉华、柯善梅、邹德凤、宁宏昌7位第四届江西省道德模范的感人故事和事迹。

21日 市长熊茂平调度部署应对雨雪冰冻天气和保障春节期间安全生产工作。市人大常委会副主任、市政府秘书长吴炳生，副市长吴文戈，市政府副巡视员刘诚参加调度。

△ 九江学院党委书记郑翔率飞天麦光光集团、杭州葫芦娃网络技术有限公司等电子商务企业到鹰潭市考察电子商务产业发展情况，沟通交流搭建合作平台等事宜。市委书记陈兴超、市长熊茂平、市委副书记彭世东在华侨会议中心会见了郑翔一行。九江学院副校长王万山、副市长徐云陪同考察并参加会见。

22日 鹰潭市在鹰潭经济大厦负一楼1号会议室设分会场，组织收听收看中国共产党江西省第十三届纪律检查委员会第六次全体会议。市委书记陈兴超，市委常委、市纪委书记蔡厚勇在南昌市主会场参会。市长熊茂平，市委副书记彭世东，市人大常委会主任杜德春，市委常委、组织部部长郭清，市委常委、统战部部长戴春英，市委常委、副市长陈云等市四套班子领导在鹰潭分会场参加收听收看。

同日 市长熊茂平主持召开市政府常务会议，讨论通过《鹰潭市人民政府关于公布工程项目有关规范性文件清理结果的决定》《2015年度鹰潭市科学技术奖励项目名单》；听取关于全国全省安全生产电视电话会议、全省农村工作会议、全省工业和信息化暨工业园区工作会议、全省财政工作会议、全省环境保护工作会议、全省政府秘书长和办公厅（室）主任会议主要精神及贯彻意见的汇报。

24日 出席省十二届人大五次会议的鹰潭代表团召开全体会议。陈兴超、熊茂平、杜德春、刘育虹、程芦山等鹰潭代表团成员出席会议。会议传达了省十二届人大五次会议各代表团第一召集人、临时党支部召集人会议精神；推选了鹰潭代表团团长陈兴超，副团长杜德春、熊茂平；审议了大会主席团和秘书长名单（草案）；审议了大会议程（草案）。

25日 省委常委、省委统战部部长蔡晓明，省人大常委会副主任马志武，副省长李贻煌到出席省十二届人大五次会议的鹰潭代表团，与代表们一起审议省长鹿心社作的政府工作报告。陈兴超主持，熊茂平、杜德春、刘育虹、程芦山等鹰潭代表团成员参加审议。

27日 鹰潭市人民政府、南昌大学战略合作协议签约仪式在南昌大学举行。市委书记陈兴超出席签约仪式并讲话，南昌大学党委书记胡永新致辞。市长熊茂平、市人大常委会主任杜德春等出席签约仪式，南昌大学党委副书记徐求真主持。副市长辜清等出席签约仪式。仪式上，副市长辜清与南昌大学副校长谢明勇代表双方，签订了战略合作协议。

29 日 省委以电视电话会议的形式召开中心组理论学习扩大会议，邀请中纪委宣传部部长陈小江对新修订的中国共产党“一准则两条例”进行解读。陈兴超、熊茂平、彭世东、杜德春、王家林、蔡厚勇、郭清、戴春英、贺喜灿、陈宏、陈云等市四套班子领导在鹰潭市分会场参加会议。

2 月

1 日 市委书记陈兴超亲切会见刚刚载誉归来的 2015 年度“江西十大法治人物”获奖者、市人民检察院反贪污贿赂局副局长王江明。市领导杨金红、邓伟，市人民检察院代检察长李莉安，市委秘书长胡高堂参加会见。

2 日 中共鹰潭市第七届纪律检查委员会第六次全体会议召开。会议的主要任务是，深入学习贯彻中共十八大，中共十八届三中、四中、五中全会和十八届中央纪委六次全会、十三届省纪委六次全会精神，回顾总结 2015 年全市党风廉政建设和反腐败工作，研究部署 2016 年任务。市委书记陈兴超出席会议并讲话。市领导熊茂平、彭世东、杜德春、王家林、蔡厚勇、郭清、戴春英、贺喜灿、张福庆、杨金红、陈云等出席会议。市委常委、纪委书记蔡厚勇主持会议。省纪委有关领导到会指导。

同日 全市农村工作会议召开。市委书记陈兴超作出批示，对全市农村工作提出明确要求；市长熊茂平出席会议并讲话。市委常委、统战部部长戴春英主持会议，副市长李力作工作部署；市人大常委会副主任徐晓年，市政协副主席官金福出席会议。

同日 市委书记陈兴超、市长熊茂平与江铜集团董事长、党委书记李保民，副董事长、总经理龙子平一行进行了座谈。地企双方共话发展，共谋深度融合。双方一致表示，齐心协力，共同推进绿色“世界铜都”建设。市领导彭世东、杜德春、王家林、张福庆、吴炳生、徐云等参加座谈。

4 日 鹰潭市举行 2016 年迎新春茶话会。市委书记陈兴超致辞，市长熊茂平主持茶话会。彭世东、杜德春、王家林等在职市级领导；鹰潭军分区、73861 等驻鹰潭部队军政主官；江铜集团等驻鹰潭企业领导，在鹰潭市的十八大党代表，十二届全国人大代表，省人大、省政协常委；鹰潭军分区副师以上军政领导和驻鹰潭部队副师以上单位军政主官、团级单位主官；正厅（师）级离退休老干部和老红军；市四套班子秘书长；市纪委副书记；中央、省属驻鹰潭单位、驻鹰潭企业主要负责人；市各界代表等出席茶话会。

同日 鹰潭市举行 2016 年老干部迎新春茶话会。市委书记陈兴超出席并讲话。市长熊茂平通报 2015 年全市经济和社会发展情况。市委副书记彭世东主持茶话会。市人大常委会主任杜德春，市委常委、组织部部长郭清，老干部刘祖三、倪贤伍、邵奇生、李东堂等出席茶话会。

5 日 市委召开常委扩大会议，深入学习传达中共中央总书记习近平视察江西重要讲话精神和省委书记强卫在全省领导干部会议上的讲话精神，动员全市上下迅速兴起学习宣传贯彻中共中央总书记习近平重要讲话精神的热潮，以更加昂扬向上的精神风貌做好鹰潭市各项工作。市委书记陈兴超主持会议并讲话。市领导熊茂平、彭世东、杜德春、王家林、蔡厚勇、郭清、戴春英、贺喜灿、张福庆、杨金红、陈宏、陈云、辜清、李力、徐云、吴文戈、邓伟、刘诚等出席会议，并围绕学习贯彻中共中央总书记习近平重要讲话精神和省委书记强卫讲话主要精神，结合各自工作实际谈了学习体会和工作打算。

春节前 陈兴超、杜德春、熊茂平、彭世东、王家林等市四套班子领导分别走访慰问企业、困难群众、老红军、老党员、敬老院老人、和春节期间坚守岗位的干部职工。

14 日 省政协副主席胡幼桃到鹰潭市三川集团，看望慰问广大干部职工并调研企业发展。市委书记陈兴超，市长熊茂平，市政协主席、市委常委、常务副市长王家林等陪同走访调研。

同日 市委书记陈兴超，市长熊茂平，市人大常委会主任杜德春，市政协主席、市委常委、常务副市长王家林，看望了鹰潭市各民主党派、工商联和无党派人士。

15 日 鹰潭市召开全省旅发大会筹备工作推进会，对各项筹备进行统一调度，对下一阶段工作进行部署。市长熊茂平出席并讲话。副市长辜清主持推进会，市政协副主席张金涛等出席会议。

18 日 市长熊茂平先后到鹰潭高新区、余江、贵溪走访调研重点企业，向企业家和员工们送去新春的祝福，并认真听取企业发展意见和建议，勉励企业家坚定信心，抢抓机遇，创新发展，不断提高产品的竞争力，把企业做大做强，为鹰潭经济发展作出新的更大贡献。市委常委、贵溪市委书记张福庆，鹰潭高新区党工委书记周瑛等陪同走访。

19 日 全市政法工作会议召开。市委书记陈兴超出席会议并讲话，市长熊茂平主持会议并下达 2016 年度综治目标管理责任书，市委常委、贵溪市委书记张福庆出席会议，市委常委、政法委书记杨金红作工作报告，杨晓群、邓伟、吴泉水、陈仁生、李莉安、周瑛、李恩平、孙琦及市四套班子秘书长出席会议。

21 日 鹰潭市召开专项建设债项目申报工作调度会。市长熊茂平出席会议并讲话。市委常委、副市长陈云主持会议。会议通报了鹰潭市 2016 年专项建设债项目申报工作情况，并传达了国家发改委有关工作要求；各县（市、区）政府、管委会负责人和市直各有关单位负责人汇报了各自项目申报、实施情况及项目推进中存在的困难和问题。

24日 全市“8+1”重点工作项目调度推进会召开，市长熊茂平出席会议并讲话。副市长李力、徐云、吴文戈，市政府副巡视员刘诚，鹰潭高新区管委会主任李卫国，省国土资源厅副巡视员、市国土资源局局长彭伟等出席会议。市政府秘书长俞奇主持会议。会议通报了2015年“8+1”重点工作完成情况，并就2016年的工作进行安排部署。

同日 市长熊茂平主持召开市政府常务会议，讨论通过《市本级2016年度经营性用地储备计划》；听取关于全省国资监管暨国企改革发展工作会议、全省卫生和计划生育工作会议主要精神及贯彻意见的汇报。

26日 全省厅级主要领导干部学习贯彻中共十八届五中全会精神专题研讨班在井冈山开班。省委书记强卫作专题辅导报告，省委副书记、省长鹿心社主持报告会。陈兴超、熊茂平在井冈山主会场参加学习。杜德春、王家林、蔡厚勇、郭清、张福庆、杨金红、陈宏等在鹰潭市的市四套班子领导，市中级人民法院院长，市人民检察院检察长，市级副厅级以上领导干部在鹰潭分会场聆听报告。

3月

1日 市长熊茂平深入现代物流园和信江新区，调研“8+1”重点工作项目建设。熊茂平强调，各地各部门要按照市委、市政府的部署，加快建设进度，打造精品工程，提升整体形象，全力以赴推进“8+1”重点工作项目建设。副市长吴文戈，市政府副巡视员刘诚，市政府秘书长俞奇分别陪同。

同日 经市委、市政府同意，并报经省公务用车制度改革领导小组批准，《鹰潭市公务用车制度改革实施方案》正式出台并实施，标志着鹰潭市公车改革进入全面实施阶段。

2日 鹰东连接线出口西侧白鹤湖大道，一派热火朝天的劳动场面。陈兴超、熊茂平、杜德春、王家林、蔡厚勇、郭清、戴春英、贺喜灿、张福庆、杨金红、陈宏等市四套班子领导，与市直机关、贵溪市的干部群众一起参加义务植树活动，以实际行动为“秀美鹰潭”再添新绿。

2日至3日 省旅发委主任丁晓群一行到鹰潭市调研指导省旅发大会筹备工作。省旅发委副主任余晓明、胡海，省旅发委巡视员屈乾娜一同参加调研。市委书记陈兴超、市长熊茂平、副市长幸清、鹰潭高新区管委会主任李卫国、市委秘书长胡高堂、市政府秘书长俞奇等陪同调研。

3日 市政府与市总工会第十四次联席座谈会召开，通报交流工会工作情况，协商解决工会工作相关问题。市长熊茂平出席会议并讲话。市政协主席、市委常委、常务副市长王家林出席会议并就具体工作安排提出要求。市人大常委会副主任、市总工会主席卢越明通报市总工会2015年工作情况、2016年工作安排及第十三次联席座谈会精神贯彻落实情况。副市长徐云主持会议。鹰潭高新区管委会主任李卫国、市政府秘书长俞奇出席会议。

同日 全市公务用车制度改革工作动员大会召开，通报全市公车改革工作情况，部署下一步工作。市长熊茂平出席会议并讲话。市政协主席、市委常委、常务副市长王家林主持会议。市公车改革领导小组成员，市直各部门主要负责人，各县（市、区）、鹰潭高新区、龙虎山景区、信江新区车改领导小组主要负责人参加会议。

4日 全市生态文明先行示范区建设领导小组第一次会议暨市级“总河长”第一次会议召开。市委书记陈兴超主持会议并讲话。陈兴超强调，建设生态文明先行示范区，保护好青山绿水，是中共中央总书记习近平的殷切嘱托和全市人民的共同期望。一定要牢记使命、振奋精神，开拓创新、埋头苦干，奋力打造美丽江西的“鹰潭样板”，为“五年决战同步全面小康”提供更加坚实的生态保障。市长熊茂平出席并讲话。市领导王家林、戴春英、张福庆、陈云、李力、吴文戈、官金福，鹰潭高新区党工委书记周瑛、鹰潭高新区管委会主任李卫国，市委秘书长胡高堂、市政府秘书长俞奇出席会议。

7日 全市各界妇女代表满怀激情，欢聚一堂，喜迎第106个“三八”国际劳动妇女节。市委书记陈兴超出席活动并为先进典型代表颁奖。市委常委、宣传部部长贺喜灿宣布2016年鹰潭市寻找“最美家庭”活动启动。市委常委、政法委书记杨金红，市人大常委会副主任杨晓群，市政协副主席吴泉水，市人民检察院负责人李莉安，鹰潭军分区政治部主任潘阿平，老同志黄知慧、汪当时、桂江萍出席活动。副市长徐云致辞。活动表彰鹰潭市三八红旗手（红旗集体）、城乡妇女岗位建功和“最美家庭”等先进典型。

8日 市委全面深化改革领导小组第六次全体会议召开。市委书记陈兴超主持会议并讲话。陈兴超强调，要坚定改革决心和信心，增强推进改革的思想自觉和行动自觉。市委副书记、市长熊茂平，市人大常委会主任杜德春，市政协主席、市委常委、常务副市长王家林，市委全面深化改革领导小组全体成员出席会议。

同日 副省长郑为文到鹰潭市，就鹰潭市新型城镇化建设进行实地考察调研。省住建厅副厅长吴昌平随同调研。市领导陈兴超、熊茂平、吴文戈、邓伟，鹰潭高新区党工委书记周瑛、管委会主任李卫国，省国土厅副巡视员、市国土资源局局长彭伟，市政府秘书长俞奇分别陪同调研。

10日 2016年省、市《政府工作报告》任务分工暨市政府系统省、市人大代表建议和省、市政协提案交办工作会议召开。市政协主席、市委常委、常务副市长王家林出席会议并讲话，市人大常委会副主任杨晓群、市政协副主席杨建保出席并就相关工作提出要求。

11日 全市组织部长会议召开，深入学习贯彻中共十八大及中共十八届三中、四中、五中全会和中共中央总书记习近平系列重要讲话精神，贯彻落实全省组织部长会议和市委七届十二次全会精神，回顾总结2015年组织工作，研究部署2016年工作。市委书记陈兴超对全市组织工作提出要求。市委常委、组织部部长郭清出席会议并讲话。

15日 鹰潭军分区隆重召开党员大会。市委书记、军分区党委第一书记陈兴超出席会议并讲话。市委常委、军分区党委书记、政委陈宏代表军分区第六届党的委员会向大会作工作报告，军分区党委副书记、司令员杨海林主持会议并宣布大会开幕。军分区党委常委、参谋长翟小忠，政治部主任潘阿平，后勤部部长沈贵元等出席会议。党员大会结束后，军分区还召开了新一届纪委会议和党委七届一次全会，选举产生新一届纪委书记、副书记，军分区第七届党委常委、第一书记、书记、副书记。

同日 全市宣传思想文化工作会议在华侨饭店会议中心举行。市委书记陈兴超出席会议并讲话。市委常委、宣传部部长贺喜灿作工作部署。副市长辜清主持会议。

同日 全省旅发大会筹备工作调度会召开，调度筹备进展情况，讨论相关工作方案，安排部署下一步工作。市长熊茂平主持会议并讲话。市领导王家林、贺喜灿、辜清、吴文戈、邓伟，鹰潭高新区管委会主任李卫国，市委秘书长胡高堂，市政府秘书长俞奇出席会议。

同日 市长熊茂平主持召开市政府常务会议，讨论通过《鹰潭市农村贫困人口大病医疗保障工作实施方案（试行）》《鹰潭市中小企业转贷基金管理办法》《鹰潭市人民政府关于表彰2015年度全市招商引资工作先进单位的决定》《2016年鹰潭市招商引资工作意见》；听取关于全省教育工作会议主要精神及贯彻意见的汇报。

16日 全市领导干部学习贯彻中共十八届五中全会精神专题研讨班开班。市委书记陈兴超出席并作辅导报告。陈兴超强调，要坚决把思想和行动统一到中央和省委要求上来，坚决以新发展理念引领发展行动，努力实现鹰潭市“十三五”时期经济社会发展良好开局。市委副书记、市长熊茂平主持报告会。杜德春、王家林、郭清、贺喜灿、张福庆、杨金红、陈宏、陈云等市四套班子领导，市法院、市检察院主要负责人及鹰潭市在职的县处级以上领导干部出席报告会。

同日 全市领导干部学习贯彻十八届五中全会精神专题研讨班第一期圆满结束。市长熊茂平作总结讲话，杜德春、王家林、郭清、贺喜灿、张福庆、杨金红、陈宏、陈云等市四套班子领导，市法院、市检察院主要负责人及鹰潭市在职的县处级以上领导干部出席总结会议。市委常委、组织部部长郭清主持会议。

17日 为进一步深入学习中共十八届五中全会精神，更好地贯彻落实开放发展理念，提升鹰潭对外发展水平，市委中心组举行集体学习（扩大）会，邀请外交部政策规划司副司长黄峥作专题辅导报告。陈兴超、熊茂平、杜德春、郭清、张福庆、杨金红、陈宏等在家的市委中心组成员参加学习。市委常委、宣传部部长贺喜灿主持会议。各县（市、区）、市委各部门、市直各单位、驻鹰潭各单位主要负责人，以及全市领导干部学习贯彻中共十八届五中全会精神专题研讨班第一期全体成员参加学习。

18日 全市工业开放型经济工作会议召开，总结2015年工作，表彰先进，部署2016年任务。市委书记陈兴超出席会议并讲话。市长熊茂平主持会议。市委常委、贵溪市委书记张福庆，市人大常委会副主任卢越明，副市长徐云，市政协副主席杨建保，鹰潭高新区管委会主任李卫国，市委秘书长胡高堂，市政府秘书长俞奇等出席会议。徐云就2016全市工业开放型经济工作进行了具体部署。会议表彰了2015年度市属十强工业企业和全市招商引资工作先进单位。

同日 市政府出台《鹰潭市中小企业转贷基金管理办法》，并和鹰潭农商银行共同出资5亿元设立鹰潭市中小企业转贷基金，切实帮助中小企业解决银行到期贷款周转困难，缓解转贷难、转贷贵问题。

同日 经过住房城乡建设部、工业和信息化部、民政部、中国残联、全国老龄办严格考评，鹰潭市贵溪、余江、月湖3个县（市、区）获得全国无障碍建设市县称号。

20日 龙虎山花语世界正式开园。市长熊茂平出席开园仪式并宣布花语世界正式开园。省林业厅巡视员魏运华，市人大常委会副主任、市总工会主席卢越明，市政协副主席杨建保，鹰潭高新区管委会主任李卫国等出席开园仪式。

21日 全市统战工作会议召开，学习贯彻全国、全省统战部长会议精神，总结2015年全市统战工作，研究部署2016年统战工作任务。市委书记陈兴超对全市统战工作提出要求。市委常委、统战部部长戴春英出席会议并讲话。

同日 市长熊茂平调研推行城乡生活垃圾一体化处理、打造全省城乡最干净城市工作。熊茂平强调，要进一步提高思想认识，狠抓责任落实，广泛动员宣传，开展专项整治，切实做好城乡生活垃圾一体化处理，进一步改善城乡人居环境，着力打造全省城乡最干净城市。市领导吴文戈、邓伟，市政府秘书长俞奇陪同调研。

同日 市委书记陈兴超会见省女企协会长李亚平一行。陈兴超对李亚平一行到鹰潭考察指导表示热烈欢迎，并简要介绍了鹰潭市情。

22日 省女企业家协会六届三次执行副会长会议在鹰潭市举行。省女企协会长李亚平出席会议并讲话。

23日 市委书记陈兴超在华侨饭店会议中心会见上海胜华电缆集团有限公司董事长张胜飞一行。陈兴超对该公司在当前经济下行压力持续加大的情况下到鹰潭投资表示感谢，对落户鹰潭高新区胜华金属年产22万吨铜杆项目将竣工投产表示祝贺。省政府驻上海办事处副主任温浙兴、副巡视员唐晓东，绿宝电缆集团董事长张胜利，市委常委、副市长陈云，鹰潭高新区党工委书记周瑛，鹰潭高新区管委会主任李卫国，市委秘书长胡高堂等一同参加会见。

同日 全市人力资源社会保障工作会议召开。市委书记陈兴超，市长熊茂平分别对全市人社工作提出明确要求，市政协主席、市委常委、常务副市长王家林出席并讲话，市政协副主席吴泉水出席。

同日 市八届人大常委会第三十九次会议举行。市人大常委会主任杜德春，副主任杨晓群、卢越明、刘育虹、程芦山、吴炳生，秘书长江鸿出席会议。会议由市人大常委会副主任徐晓年主持。市政府副市长吴文戈，市中级人民法院院长陈仁生，市人民检察院负责人李莉安，市政府秘书长俞奇，市人大机关县级干部，县（市、区）人大常委会负责人及3名市人大代表列席会议。

同日 全市教育工作会议召开，传达贯彻全省教育工作会议精神，总结2015年工作，部署2016年工作任务。市长熊茂平对全市教育工作作出批示。市委常委、宣传部部长贺喜灿，副市长辜清出席会议并讲话。

同日 法治江西建设领导小组办公室常务副主任、省司法厅厅长、党组书记沙闻麟到鹰潭市调研法治鹰潭建设情况。市委书记陈兴超，市长熊茂平，市委常委、贵溪市委书记张福庆，市委常委、政法委书记杨金红，副市长邓伟，市委秘书长胡高堂，市政府秘书长俞奇等分别陪同调研。

24日 胜华集团年产22万吨SCR铜杆项目竣工投产点火庆典仪式举行。市长熊茂平出席仪式并致辞。省政府驻上海办事处副主任温浙兴、副巡视员唐晓东，市委常委、副市长陈云，鹰潭高新区党工委书记周瑛、管委会主任李卫国，上海胜华电缆集团董事长张胜飞，绿宝电缆集团董事长张胜利等出席仪式。

同日 市委书记陈兴超在调研鹰潭北极阁时强调，要高品位、谋长远，科学规划设计好北极阁的文化陈展，把北极阁建成为鹰潭地标式文化景观，让北极阁更好地留住城市记忆，传承城市文脉，提升城市品位。副市长吴文戈、市委秘书长胡高堂等陪同调研。

同日 由鹰潭市组织起草的江西省黄蜡石两项地方标准——《黄蜡石检验规则》和《黄蜡石质量等级划分与评定》颁布，这将对鹰潭乃至全省创建江西黄蜡石品牌起到积极促进作用。

29日 市委书记陈兴超深入月湖、余江、龙虎山景区等地，调研全省旅发大会重点旅游项目。陈兴超强调，各级各部门要按照各自分工，各司其职，抓紧抓实督察调度，加速推进项目建设，以良好的工作成效和饱满的精神状态确保旅发大会圆满成功召开。市委常委张福庆，副市长辜清、吴文戈，市政协副主席张金涛，鹰潭高新区管委会主任李卫国，市委秘书长胡高堂等分别陪同调研。

同日 市长熊茂平到市信访局，接待群众信访，为群众排忧解难。熊茂平强调，要以对人民群众高度负责的态度，认真倾听上访群众诉求，及时解决群众反映的合理需求，维护群众的合法权益。市政府秘书长俞奇陪同接访。

同日 市政府召开廉政工作会议。市长熊茂平出席会议并讲话。熊茂平强调，各地、各部门要认真贯彻落实中共中央总书记习近平对江西工作提出的新的希望和“三个着力、四个坚持”的总体要求，深入贯彻落实国务院、省政府第四次廉政工作会议和省纪委十三届六次全会、市纪委七届六次全会精神，紧紧围绕建设法治政府、创新政府、廉洁政府和服务型政府的目标，全面落实党风廉政建设责任制，用改革的办法和法治的思维推进政府廉政建设，坚决打掉权力寻租空间，坚决遏制贪污腐败现象，坚决整肃懒政庸政怠政，不断提高政府系统廉政建设水平。市政协主席、市委常委、常务副市长王家林主持会议，市委常委、市纪委书记蔡厚勇应邀出席会议。市领导陈云、李唐、李力、吴文戈、邓伟，市政府副巡视员刘诚，鹰潭高新区管委会主任李卫国，省国土厅副巡视员、市国土资源局局长彭伟，市政府秘书长俞奇出席会议。

同日 市长熊茂平主持召开市政府常务会议，学习《中华人民共和国立法法》，讨论通过《关于化解房地产库存的实施意见》《关于进一步提高住房公积金个贷率的几项具体举措》。

30日 全市“双创”工作暨科技奖励大会召开。会议的主要任务是，深入学习贯彻中共中央总书记习近平视察江西省重要讲话精神，以及全省“双创”现场推进会精神，交流各地“双创”工作经验，部署下一步“双创”工作。市委书记陈兴超出席会议并讲话。陈兴超强调，要敢于担当，奋力拼搏，以改革释放创新活力，以创新助推发展升级，加快建设创新型城市。市长熊茂平主持会议。市领导杜德春、王家林、蔡厚勇、郭清、贺喜灿、张福庆、杨金红、陈云、辜清，鹰潭高新区管委会主任李卫国，省国安厅副巡视员孙琦以及市四套班子秘书长出席会议。

同日 由省新闻工作者协会主办，鹰潭日报社承办的第十八届江西报刊网络新闻奖评选会在鹰潭市拉开帷幕。江西日报社巡视员欧洋、省委《当代江西》杂志社社长刘元敏出席评选会，市委常委、宣传部部长贺喜灿出席并讲话。

31日 全国人大环资委副主任委员王鸿举率调研组到鹰潭市，就土壤污染防治立法工作开展调研。全国人大环资委委员张兴凯，全国人大环资委法案室副主任王凤春，环境保护部土壤环境管理司副巡视员周志强，国土资源部政策法规司副巡视员赵久田等参加调研。省人大常委会副主任冯桃莲，省人大环资委主任委员陈尚云、副主任委员屠永发，省人大常委会办公厅副主任李金秋，省环保厅副厅长陈荣等随同调研。市长熊茂平，市人大常委会主任杜德春，市委常委、贵溪市委书记张福庆，市委常委、副市长陈云，市人大常委会副主任程芦山、秘书长江鸿等陪同调研。

同日 全市防汛工作会议召开。会议的主要任务是贯彻落实全省防汛工作会议精神，科学研判防汛和地质灾害防治形势，部署2016年防汛减灾工作，确保全市安全度汛。市委书记陈兴超对全市防汛工作提出明确要求，市长熊茂平出席会议并讲话。市防汛指挥长、副市长李力主持会议。市防汛副指挥长、鹰潭军分区参谋长翟小忠，鹰潭高新区管委会主任李卫国，省国土资源厅副巡视员、市防汛副指挥长彭伟出席会议。

同日 全市民兵预备役整组工作任务部署会召开。市政协主席、市委常委、常务副市长王家林出席会议，鹰潭军分区司令员杨海林作工作部署，市委常委、鹰潭军分区政治委员陈宏，鹰潭军分区参谋长翟小忠、政治部主任潘阿平、后勤部部长沈贵元出席会议，市政府秘书长俞奇主持。

4月

1日 市委常委扩大会议召开。会议的主要任务是，学习传达《省委办公厅关于以苏荣"造绿工程"为反面教材进一步树立正确政绩观的通知》等文件，并交流学习心得体会，深刻总结反思，吸取教训、引以为戒。市委书记陈兴超主持会议并讲话。熊茂平、杜德春、蔡厚勇、郭清、张福庆、陈宏、李唐等市四套班子领导出席会议。

同日 为向抗日战争阵亡将士暨殉难同胞表示哀思，鹰潭市在鹰潭公园的铭思亭开展清明公祭活动。市委书记陈兴超，市长熊茂平，市人大常委会主任杜德春，市委常委、鹰潭军分区政委陈宏，市政协副主席杨建保，市委秘书长胡高堂参加公祭活动。

同日 鹰潭市在华侨会议中心举行鹰商回乡创业合作恳谈会。市委书记陈兴超出席并讲话，市长熊茂平、副市长徐云、市政协副主席吴泉水、鹰潭高新区管委会主任李卫国、市委秘书长胡高堂、市政府秘书长俞奇等出席恳谈会。

同日 市委、市政府在华侨会议中心举行鹰商回乡创业项目推介及签约仪式。市长熊茂平出席并致辞，副市长徐云、市政协副主席吴泉水、鹰潭高新区管委会主任李卫国、市政府秘书长俞奇等出席项目推介及签约仪式。项目推介及签约仪式由副市长徐云主持。签约仪式上，各县（市、区）、鹰潭高新区、龙虎山景区、信江新区作了招商引资推介。

同日 鹰潭市出台《关于化解鹰潭中心城区房地产库存的实施意见》《关于引导鼓励农民和农民工进城购房落户的意见（试行）》，并下发《关于化解我市房地产库存，进一步提高住房公积金个贷率的通知》等一系列利好优惠政策。

6日 省委副书记刘奇到鹰潭市，深入贵溪市、信江新区、鹰潭高新区和余江县等地调研。刘奇强调，要全面贯彻落实"五大发展理念"，落实省委、省政府决策部署，发挥优势，抢抓机遇，提升质量，促进赣东北地区加快发展。市委书记陈兴超，市委副书记、市长熊茂平陪同调研。省委副秘书长、农工部部长毛祖逊，省委办公厅副主任李能等随同调研。市委常委、贵溪市委书记张福庆，市委常委、副市长陈云，副市长吴文戈，鹰潭高新区党工委书记周瑛，市委秘书长胡高堂陪同调研。

同日 鹰潭市出台《鹰潭市农村贫困人口大病医疗保障工作实施方案（试行）》。方案以加大农村建档立卡扶贫低保户、低保户、五保户等贫困人口大病医疗保障为目的，着力减轻贫困家庭医疗负担，切实解决"因病致贫、因病返贫"的突出问题。

7日 市人大常委会举行宪法宣誓仪式。市人大常委会主任杜德春主持宣誓仪式，市人大常委会副主任杨晓群、卢越明、刘育虹、徐晓年、程芦山，市人大常委会党组成员应祥，市人大常委会秘书长江鸿出席。新批准任命的市人民检察院检察长李莉安宣誓就职。市人民检察院领导班子、市人大部分专工委主任等参加宣誓仪式。

7日至8日 省总工会党组书记、常务副主席傅卓成率调研组到鹰潭市，就加强工业园区工会组织建设开展调研。市委书记陈兴超，市委常委、副市长陈云，市人大常委会副主任、市总工会主席卢越明，鹰潭高新区党工委书记周瑛陪同调研。

8日 省人大常委会副主任谢亦森到鹰潭市调研"河长制"落实情况。省人大农委主任委员陈毓平，省水利厅副厅长廖瑞钊、副巡视员隋晓明，省环保厅总工程师曹永琳、副巡视员段惠民，省工信委副巡视员左银宝陪同调研；市委书记陈兴超，市长熊茂平，市人大常委会副主任徐晓年，副市长李力，市政府秘书长俞奇分别陪同或出席汇报会。

11日 鹰潭市举行"互联网+"鹰潭发布会暨智慧鹰潭服务平台、腾讯城市服务上线仪式。鹰潭市成为全省首个上线运行"智慧城市服务平台"和腾讯"城市服务"的城市，标志着鹰潭市新型智慧城市建设迈出坚实的步伐。市委书记陈兴超，市长熊茂平，省住建厅总工程师章雪儿，省发改委副巡视员李接福，市委常委、副市长陈云，腾讯公司区域拓展部总监魏巍，广通公司董事长王淑英出席上线仪式，并上台共同启动上线。市委秘书长胡高堂等共同见证上线，市政府秘书长俞奇主持上线仪式。

12日 市委书记陈兴超到市防汛抗旱指挥部，检查指导全市防汛工作。陈兴超强调，全市各地要坚决贯彻落实省委书记强卫对防汛工作的重要指示精神和全省防汛工作会议精神，科学研判防汛和地质灾害防治形势，强化防御措施，突出防守重点，科学防汛、科学抢险、科学救灾，努力夺取2016年防汛抗洪斗争的全面胜利。市防汛指挥长、副市长李力，市防汛副指挥长、鹰潭军分区参谋长翟小忠，省国土资源厅副巡视员、市防汛副指挥长彭伟，市委秘书长胡高堂等参加检查指导。

同日 市委书记陈兴超到鹰潭高新技术产业开发区，深入企业生产车间实地调研，了解企业生产经营情况，并听取企业的意见和建议，帮助企业解决目前存在的资金、用工等难题，为企业发展增信心鼓干劲。副市长徐云、鹰潭高新区党工委书记周瑛、鹰潭高新区管委会主任李卫国、市委秘书长胡高堂等陪同调研。

同日 《鹰潭市水污染防治工作方案》正式出台。方案提出，重拳防治水染污，到2020年，全市信江和白塔河水域列入国家和省级考核的8个断面综合水质优良率为100%；列入国家和省级考核的3个城市集中式饮用水水源水质达标率为100%；完成上级规定的城市建成区黑臭水体治理目标。

13日 全市市场和质量监督管理工作会议召开。会议深入贯彻中共十八届三中、四中、五中全会，省委十三届十一次、十二次全会和市委七届十二次全会，全省工商和市场监管、食品药品监管暨党风廉政建设、质量技术监督工作会议精神，回顾总结2015年工作，部署2016年重点任务。市委书记陈兴超，市长熊茂平分别对全市市场和质量监管工作提出明确要求。副市长徐云出席会议并讲话。

同日 省委教育工委书记黄小华率调研组到鹰潭市，就鹰潭市教育改革发展和中小学党建工作进行调研。市委书记陈兴超、市长熊茂平分别陪同。省委教育工委委员、省教育厅副厅长肖志华参加调研。市委常委、宣传部部长贺喜灿，副市长幸清，市政府秘书长俞奇分别陪同或参加座谈。

15日 全国手机媒体鹰潭见面会在龙虎山举行。市委书记陈兴超致欢迎词，市长熊茂平进行新闻发布。江西日报社社长王晖在会上致辞。市委常委、宣传部部长贺喜灿主持会议，青海省网信办副主任李积科、市委秘书长胡高堂、市政府秘书长俞奇等出席见面会。

同日 市长熊茂平深入龙虎山景区，调度全省旅发大会项目建设。熊茂平强调，各级各部门要对照时间表、路线图，高度重视、全力冲刺，倒排时间、抢抓进度，以只争朝夕的精神、更加务实的态度，扎实做好旅发大会项目建设各项筹备工作。市政府秘书长俞奇陪同。

17日 “龙虎天下绝”全国青年论坛在道源山庄举行，来自北京大学、清华大学、浙江大学、上海交通大学、复旦大学、南京大学、东南大学、中山大学、南开大学、武汉大学、中南大学、对外经贸大学、重庆大学、南昌大学、江西财经大学全国15所高校的专家学者、青年代表济济一堂，带着“龙虎天下绝”的“课题”前来，与鹰潭市有关部门领导、专家等一起探讨如何进一步挖掘龙虎山旅游资源、丰富龙虎山旅游产品、做响龙虎山旅游品牌。

18日 中国·鹰潭观赏石博览会暨月湖区首届黄蜡石文化旅游节在月湖新城铜锣湾国际旅游文化城隆重开幕。国土资源部原副部长、中国观赏石协会会长寿嘉华出席开幕式并为月湖区授牌，市委书记陈兴超宣布开幕，市长熊茂平致辞。市委常委、宣传部部长贺喜灿主持开幕式。

同日 中国·鹰潭观赏石博览会黄蜡石产业高峰论坛在月湖区经济大厦举行。国土资源部原副部长、中国观赏石协会会长寿嘉华，中国观赏石协会副秘书长钟长海等中石协应邀嘉宾500余人出席论坛。副市长幸清致辞。

同日 《江西日报》B3版刊登了市委书记陈兴超《倾力打造“龙虎天下绝”旅游品牌》署名文章。

19日 省委召开全省“两学一做”学习教育动员部署会，深入学习贯彻中共中央总书记习近平关于“两学一做”学习教育重要指示精神和全国“两学一做”学习教育工作座谈会议精神，对在全省党员中开展“两学一做”学习教育进行部署。陈兴超、熊茂平、王家林、蔡厚勇、戴春英、贺喜灿、杨金红、陈宏、李唐等市领导在鹰潭分会场出席会议，市领导郭清、李保民在南昌主会场出席。

同日 全市庆“五一”万人健步走暨第四届职工运动会开幕式在市民广场举行。市委书记陈兴超出席开幕式并宣布运动会开幕。市长熊茂平，市人大常委会主任杜德春，市政协主席、市委常委、常务副市长王家林，市人大常委会副主任杨晓群、徐晓年、程芦山，市政协副主席杨建保，省国土厅副巡视员、市国土资源局局长彭伟，市委秘书长胡高堂，市政府秘书长俞奇出席仪式。市人大常委会副主任、市总工会主席卢越明主持开幕式，副市长幸清致辞。

20日 鹰潭市政府和社会资本合作（PPP）项目推介暨战略合作协议签订会举行。市长熊茂平，省发改委党组成员、副主任赖南京出席签约仪式并分别致辞。市政协主席、市委常委、常务副市长王家林代表市政府与41家合作单位就鹰潭市基础设施、公共服务、生态建设等项目签约。市人大常委会副主任卢越明，市政协副主席杨建保等出席签约仪式。副市长吴文戈主持签约仪式。

21日 国家土地督察南京局在鹰潭市召开土地例行督察启动会，正式启动鹰潭市2016年土地例行督察工作。南京督察局副局长章昌华出席会议并作动员讲话。市委书记陈兴超、省国土资源厅执法监察总队总队长蔡建平出席启动会并讲话。市委常委、副市长陈云汇报鹰潭市土地利用和管理工作情况。

22日 省委书记强卫深入省防总调研防汛工作，并主持召开防汛工作调度视频会。市委书记陈兴超在鹰潭分会场出席会议，并就贯彻落实会议精神提出要求。鹰潭高新区党工委书记周瑛、市委秘书长胡高堂等在鹰潭分会场出席。

同日 市长熊茂平主持召开市政府常务会议，讨论通过《关于加强鹰潭市主要交通要道两侧村民建房规划控制的意见》《鹰潭市城乡生活垃圾一体化处理实施方案（试行）》。

同日 市八届人大常委会第四十次会议举行。市人大常委会主任杜德春，副主任杨晓群、卢越明、刘育虹、徐晓年、吴炳生，秘书长江鸿出席会议。会议由市人大常委会副主任程芦山主持。市委常委、副市长陈云，副市长辜清，市中级人民法院、市人民检察院、市文广新局等部门负责人，市人大机关县级干部，县（市、区）人大常委会负责人列席会议。新任职的市人民政府副市长李唐面朝国徽，向宪法郑重宣誓。

23日 市长熊茂平在市防汛办调研指导防汛工作时强调，要坚决贯彻落实省委书记强卫、省长鹿心社对防汛工作的重要指示精神和全省防汛工作会议精神，时刻保持清醒的认识，牢固树立防大汛、抗大灾、救大险的思想，以临战状态做好防汛各项工作，确保全市安全度汛。省国土资源厅副巡视员、市国土资源局局长彭伟、市政府秘书长俞奇参加调研。市国土、水利、气象、城建、交通、民政等部门负责人分别作情况汇报。

24日至25日 省委书记强卫到鹰潭市调研。强卫强调，鹰潭市上下要深入贯彻中共中央总书记习近平新的希望和“三个着力、四个坚持”的总体要求，主动适应新常态，牢固树立新理念，以“五大发展理念”为引领，以供给侧结构性改革为主线，以创新创业为动力，持之以恒做好“铜”“山”“城”三篇文章，奋力打造“世界铜都”“中华道都”“田园新城”，在“十三五”时期交出一份跨越赶超的优秀成绩单。省委常委、秘书长朱虹，副省长殷美根，市委书记陈兴超，市长熊茂平，市委常委、副市长陈云，副市长辜清，市委秘书长胡高堂等陪同调研。

26日 出席全省旅发大会嘉宾分成两个组，观摩考察鹰潭市重点旅游项目。省人大常委会副主任冯桃莲、副省长殷美根、省政协副主席孙菊生参加考察。市委书记陈兴超、市长熊茂平等一同考察。

同日 2016中国旅游小姐全球大赛江西赛区暨“江西旅游文化形象大使”选拔赛在鹰潭国际眼镜城启动。中国旅游协会妇女旅游委员会执行会长熊玉梅，省旅游发展委员会巡视员屈乾娜，省文联副主席鄢平原，市委常委、宣传部部长贺喜灿出席活动。此次大赛选拔出的优秀选手将代表江西，向全世界展示江西女性风采，唱响“江西风景独好”品牌。

同日 鹰潭沁庐道苑酒店正式开业运营。省旅发委主任丁晓群，市长熊茂平出席开业揭牌仪式，并为酒店揭牌。市委常委、副市长陈云，江西旅游集团公司副总经理熊锋分别致辞。

27日 省委、省政府在龙虎山召开全省旅游产业发展大会，深入贯彻落实中共中央总书记习近平系列重要讲话精神和中央关于旅游业改革发展的决策部署，回顾总结江西省“十二五”旅游业发展情况，谋划安排“十三五”全省旅游改革发展工作，推动全省旅游产业在新的起点上实现新发展。省委书记强卫出席大会作重要讲话，并为2017年旅发大会承办地九江市授旗。省长鹿心社讲话，省领导朱虹、龚建华、冯桃莲、孙菊生等出席会议，副省长殷美根主持会议。市委书记陈兴超、市长熊茂平等出席会议。

同日 全省推进旅游强省战略、决战旅游产业一万亿动员会在龙虎山召开。副省长殷美根出席会议并讲话。省旅游产业领导小组成员单位负责人，各设区市分管领导，重点旅游县主要领导，各设区市旅发委主任，重点旅游景区和部分旅游企业主要负责人出席会议。

28日 全省精神文明建设工作表彰大会在南昌召开。省委书记、省文明委主任强卫出席会议并讲话，省委副书记、省长、省文明委第一副主任鹿心社主持会议，省委常委、宣传部部长陈俊卿宣读表彰决定。会上，鹰潭市被省委、省政府授予“江西省第五届文明城市”荣誉称号。市委副书记、市长熊茂平代表市委、市政府接受省委书记强卫授牌。市委常委、宣传部部长贺喜灿出席会议。

同日 市委召开全市“两学一做”学习教育动员部署会，学习贯彻中共中央总书记习近平关于“两学一做”学习教育重要指示和全国“两学一做”学习教育工作座谈会精神，以及全省“两学一做”学习教育动员部署会议精神，认真落实省委书记强卫在鹰潭调研时的重要讲话精神，部署全市“两学一做”学习教育工作。市委书记陈兴超出席会议并讲话。市委常委、市纪委书记蔡厚勇出席会议，市委常委、组织部部长郭清主持会议。鹰潭高新区党工委书记周瑛，省国安厅副巡视员孙琦，市委秘书长胡高堂，市人大常委会秘书长江鸿，市政协秘书长杨亮太出席会议。

同日 副省长尹建业到鹰潭市调研防汛工作。市委书记陈兴超，省政府副秘书长宋雷鸣，省水利厅副厅长朱来友，市委常委、统战部部长戴春英，副市长李力，省国土厅副巡视员、市国土资源局局长彭伟分别陪同调研。

29日 鹰潭市在上海举行产业升级创新发展合作恳谈会。市长熊茂平出席并作市情及产业政策推介。上海市工商联巡视员金亮、省商务厅副厅长陶莉萍、省工商联副主席洪跃平出席并分别致辞。副市长徐云主持会议，上海人民企业集团总裁余顺龙，鹰潭高新区管委会主任李卫国出席会议。

5月

3日 2015鹰潭经济年度人物评选颁奖典礼在沁庐道苑酒店举行，表彰优秀企业家们在全市经济发展中作出的突出贡献。2015鹰潭经济年度人物评选活动历时一年多，以“创新驱动、产业支撑”为主题，以“责任、创新、推动、影响”为标准，最终评选出2015年鹰潭市十位经济年度人物。

4日 “五一”小长假，龙虎山景区阳光明媚，到景区旅游观光的游客络绎不绝。据不完全统计，龙虎山景区三天共接待游客36.18万人次，同比增长22%；门票收入2364.3万元，同比增长20%。

同日 鹰潭市举行纪念五四运动97周年大会暨青年助力脱贫攻坚启动仪式。市委书记陈兴超出席会议并讲话，陈兴超勉励全市广大青年争当信念坚定、理想远大的先锋，争当刻苦学习、锤炼品德的先锋，争当解放思想、创新创业的先锋，争当服务大局、建功立业的先锋，在建设“四个鹰潭”的具体实践中，做走在前列的奋进者、开拓者、奉献者，努力书写好中国梦的鹰潭篇章。市委常委、统战部部长戴春英主持会议。

同日 市人大常委会机关召开“两学一做”动员部署会，传达省委书记强卫在鹰潭市调研工作时的重要讲话精神，对市人大常委会机关开展“两学一做”学习教育进行动员部署。市人大常委会主任杜德春出席会议并讲话。市人大常委会副主任杨晓群主持会议，副主任卢越明、刘育虹、徐晓年、程芦山、吴炳生，党组成员应祥，秘书长江鸿和机关全体党员干部出席会议。

同日 市政协召开“两学一做”学习教育动员部署会议，传达省委书记强卫在鹰潭调研时的重要讲话精神，对市政协机关开展“两学一做”学习教育进行动员部署。市政协主席、市委常委、常务副市长王家林出席会议并讲话。市政协副主席杨建保主持会议，副主席刘国富、官金福、张金涛、黄占共、吴泉水，秘书长杨亮太和机关全体干部职工参加会议。

5日 全省降低企业成本优化发展环境专项行动动员大会在南昌召开。省委书记强卫、省长鹿心社出席并讲话。会上，省委常委、常务副省长毛伟明宣读了省委、省政府《关于表彰2015年度市县科学发展综合考核评价先进市、县（市、区）的通报》。鹰潭市在全省市县科学发展综合考评中连续三年列二类市第一，荣获全省科学发展综合考评先进市。市委书记陈兴超在南昌主会场出席，并代表市委、市政府上台领奖；熊茂平、杜德春、王家林等市四套班子领导在鹰潭分会场出席。

6日 市委召开常委会议，学习传达省委书记强卫在鹰潭调研时的重要讲话精神及贯彻意见；听取全省旅游产业发展大会和推进旅游强省战略、决战旅游产业一万亿动员会精神及贯彻意见的汇报；听取全省降低企业成本优化发展环境专项行动电视电话会议精神及贯彻意见的汇报等。市委书记陈兴超主持会议。

6日至7日 全省人大外侨民宗台旅工作座谈会在鹰潭市召开。省人大常委会副主任洪礼和出席会议并讲话。市委书记陈兴超致辞，市长熊茂平会见与会代表。省人大常委会秘书长魏民主持会议，市人大常委会主任杜德春、副主任刘育虹、秘书长江鸿出席会议。

7日 鹰潭市四川商会在华侨会议中心召开第一届第一次会员大会暨成立大会。市委书记陈兴超、市长熊茂平致信祝贺。市委常委、统战部部长戴春英出席并讲话，市人大常委会副主任卢越明，市政协副主席杨建保，市政协副主席、市工商联主席吴泉水，市委秘书长胡高堂等出席。四川省政府驻厦门办事处主任徐朝晖、四川省投资促进局副巡视员张树华等到会祝贺。

8日 参加第八届全国网络媒体江西游的记者在龙虎山花语世界采风。记者们先后到龙虎山仙水岩、逍遥城、圣井山等地采访，并观看《寻梦龙虎山》，用文字和镜头传播龙虎山道教文化和秀美风光。

8日至9日 国家安监总局监管二司副司长黄智全率国务院消防工作考核组到鹰潭市，对鹰潭市2015年度消防工作进行检查考核。重庆市公安消防总队总工程师刘梅梅随同检查；省公安厅副厅长叶国兵，省安监局副局长汪少舟，省消防总队防火部部长肖纯栋陪同检查。市长熊茂平会见考核组一行，市委常委、贵溪市委书记张福庆，副市长、市公安局局长邓伟，市政府秘书长俞奇分别陪同。

同日 全国绿化委员会下发了《关于表彰全国绿化模范单位和颁发全国绿化奖章的决定》，对在国土绿化事业中作出突出成绩的城市（区）、县（市、区）、单位和个人予以表彰。贵溪市荣获“全国绿化模范单位”称号。

9日 第15届赣港经贸合作活动“金融·资本·绿色发展”合作交流会在香港会展中心盛大举行。省委书记强卫作主旨演讲，市委书记陈兴超出席交流会。交流会上，鹰潭市签约项目4个，签约金额1.2亿美元。副市长徐云，鹰潭高新区管委会主任李卫国出席交流会。

同日 国家土地督察南京局在鹰潭市召开土地例行督察情况通报会。国家土地督察南京局副专员刘兴广在会上作了土地法律、法规和政策宣讲。市长熊茂平出席并作表态发言。省国土资源厅执法监察总队总队长蔡建平，市委常委、副市长陈云，省国土资源厅副巡视员、市国土资源局局长彭伟出席会议。

同日 市委书记陈兴超考察香港华润燃气控股有限公司，双方就进一步加强推进鹰潭地区城乡管道合作进行了洽谈。华润集团有限公司副总经理、华润燃气控股有限公司董事局主席王传栋陪同考察。

10日 市委书记陈兴超考察香港鼎丰集团控股有限公司，副市长徐云一同考察。香港鼎丰集团控股有限公司董事局名誉主席蔡华谈陪同考察。

11日 大型原创现代赣剧《青山作证》彩排演出在乐平市文化艺术中心上演。省委宣传部副部长朱民安，省文联主席叶青，省文化厅副厅长任永新，省委讲师团团长、省委宣传部文艺处处长黄小蓉；市政协主席、市委常委、常务副市长王家林，景德镇市委常委、乐平市委书记吴龙强，景德镇市委常委、组织部部长李镇发，以及来自省内外的专家、乐平当地市民近千人观看了演出。

11日 教育部科技司司长王延觉到鹰潭市就鹰潭市教育信息化工作进行调研。市长熊茂平，省委教育工委委员、省教育厅副厅长杨慧文，市委常委、副市长李唐，市政府秘书长俞奇分别陪同调研或出席座谈会。

同日 全市“8+1”重点项目及专项建设基金项目调度会召开，市长熊茂平出席会议并讲话。熊茂平强调，要进一步强化思想认识，抓紧时间，以更加担当的精神，更加有力的措施，更加务实的作风完成2016年“8+1”重点项目工作任务。副市长吴文戈主持会议。市政府副巡视员刘诚，市政府秘书长俞奇出席会议。

同日 副省长李贻煌到鹰潭市调研铜产业发展情况。省政府副秘书长张小平，省工信委副主任刘煜，省国资委副主任李晓刚，省电力公司副总经理张志立参加调研。市长熊茂平，市政协主席、市委常委、常务副市长王家林，市委常委、贵溪市委书记张福庆，市委常委、副市长陈云，江铜集团总经理龙子平，鹰潭高新区党工委书记周瑛，市政府秘书长俞奇等分别陪同调研。

同日 市委书记陈兴超考察香港信义光能控股有限公司，就推进项目合作进行深入沟通。副市长徐云一同考察，香港信义光能控股有限公司执行董事兼行政总裁李友情陪同考察。

同日 省高级人民法院党组书记、院长葛晓燕一行到鹰潭市调研指导法院工作。市长熊茂平会见了葛晓燕一行。省高院党组成员、政治部主任勒世标，市委常委、贵溪市委书记张福庆，市委常委、政法委书记杨金红，市中级人民法院院长陈仁生陪同调研。

12日 鹰潭市“民企帮村”精准扶贫行动启动仪式在鹰潭宾馆举行。市委书记陈兴超、市长熊茂平分别对开展“民企帮村”精准扶贫行动作出批示。市委常委、统战部部长戴春英讲话。副市长吴文戈出席仪式。市政协副主席、市工商联主席吴泉水主持启动仪式。

同日 市委书记陈兴超在深圳开展招商引资，推介投资环境，加强交流合作。副市长徐云参加活动。中国科技开发院投资中心副理事长、广东省综合改革发展研究院副院长陈松，深圳LED产业联合会副会长兼秘书长李洪成，深圳创维照明电器有限公司总经理查朝云，深圳市齐普光电有限公司副总经理杨英明等陪同考察。

同日 鹰潭市浙江商会在华侨会议中心召开会员大会，总结2015年工作，部署2016年工作。市长熊茂平出席，市委常委、统战部部长戴春英出席并讲话；市人大常委会党组成员应祥，市政协副主席、市工商联主席吴泉水，全国人大代表、江西省浙江总商会会长陈志胜，市政府秘书长俞奇等出席。

12日至13日 省人大常委会副主任冯桃莲率队到鹰潭市，就鹰潭市贯彻实施《江西省机动车排气污染防治条例》情况开展执法检查。省人大常委会委员、省人大环资委委员李广振，省环保厅副巡视员段惠民参加检查。市委书记陈兴超，市长熊茂平，市委常委、贵溪市委书记张福庆，市委常委、副市长陈云，市人大常委会副主任程芦山分别陪同或出席汇报会。

13日 市长熊茂平深入红旗集团江西铜业有限公司，就“降低企业成本，优化发展环境”进行专题调研。市委常委、贵溪市委书记张福庆参加调研。副市长徐云主持座谈会。

同日 市长熊茂平主持召开市政府常务会议，听取市审改办关于全国、全省推进简政放权放管结合优化服务改革电视电话会议，市发改委关于全省降低企业成本优化发展环境专项行动电视电话动员大会主要精神及贯彻意见的汇报。

14日 鹰潭市在市残疾人综合服务中心开展第二十六个“全国助残日”活动。市长熊茂平，市人大常委会副主任杨晓群，副市长李力，市政协副主席吴泉水，市政府秘书长俞奇等参加活动。

16日 省政协副主席钟利贵率督察组到鹰潭市，就鹰潭市贯彻落实省委政协工作会议精神和《中共江西省委关于进一步加强政协工作充分发挥人民政协在发展协商民主中重要作用的意见》情况进行专项督察。省政协经济委副主任谢斌、专职副主任尹小明，省委办公厅督察二处相关负责人参加督察。市委书记陈兴超陪同督查，市政协主席、市委常委、常务副市长王家林主持情况汇报会；市委常委、组织部部长郭清，市政协副主席杨建保、秘书长杨亮太陪同督察或出席汇报会。

同日 鹰潭市制定出台《加强农村低保与扶贫开发制度衔接的实施意见》。

19日 市委中心组集体学习会召开。会议的主要任务是学习研讨省委书记强卫在鹰潭考察调研时的重要讲话精神。市委书记陈兴超主持会议并讲话。陈兴超强调，要深入学习贯彻讲话精神，切实把思想行动统一到讲话精神上来，把智慧和力量落实到践行“一个希望、三篇文章”要求中去，持之以恒做好“铜”的文章、“山”的文章和“城”的文章。熊茂平、王家林、蔡厚勇、郭清、戴春英、张福庆、杨金红、陈宏、李唐等在家的市委中心组成员参加学习。

22日 鹰潭市河南商会在华侨会议中心召开第一届第一次会员大会暨成立大会。市委书记陈兴超、市长熊茂平致信祝贺。市委常委、统战部部长戴春英出席并为商会授牌，市人大常委会副主任卢越明，副市长徐云等出席，市政协副主席、市工商联主席吴泉水出席并讲话。江西省河南商会负责人到会祝贺。

23日至24日 省人大常委会调研组到鹰潭市，就降低企业成本优化发展环境开展专题调研。省人大常委会秘书长魏民，省人大财经委主任委员谢碧联、副主任委员王曼萍，省人大农委副主任委员刘永思，省人大环资委副主任委员甘筱青，省人大常委会办公厅副主任陈洪生等参加调研。省民政厅厅长刘金接，副厅长饶建明一同调研。市委书记陈兴超，市长熊茂平，市人大常委会主任杜德春，市委常委、贵溪市委书记张福庆，市委常委、副市长陈云分别陪同调研。

同日 省科协党组书记、常务副主席罗莹一行到鹰潭市调研。市委书记陈兴超会见调研组一行，市委常委、统战部部长戴春英陪同调研。

24日 全市降低企业成本优化发展环境动员大会召开。市委书记陈兴超出席并讲话。陈兴超强调，要把开展好此次专项行动作为破解当前企业发展困境的关键举措，积极作为、勇于担当，各级领导干部要全心全意服务企业，当好“宣传员”“协调员”“勤务员”“护航员”，把专项行动抓出实效，为实现“十三五”良好开局、“五年决战同步全面小康”作出新的更大贡献。 市长熊茂平作动员部署。杜德春、王家林、蔡厚勇、郭清、戴春英、张福庆、杨金红、陈云、李唐等市四套班子领导出席会议。市政协主席、市委常委、常务副市长王家林主持会议。

同日 鹰潭市人民政府与江西中医药大学合作框架协议签约仪式在鹰潭市举行，标志着市校双方正式建立战略合作伙伴关系。市委书记陈兴超、江西中医药大学校长陈明人出席仪式并致辞。西藏自治区教工委委员、西藏藏医学院党委书记周阳光、江西中医药大学副校长杨明、西藏藏医学院党委委员、副院长陶晓华等出席仪式。副市长徐云主持签约仪式。

25日 省教育厅厅长叶仁荪率调研组到鹰潭市，就教育部门如何贯彻落实全省降低企业成本优化发展环境专项行动电视电话动员大会精神，深化校企合作，服务地方经济社会发展进行专题调研。市委书记陈兴超会见调研组一行。副市长幸清陪同调研，市委秘书长胡高堂参加会见。

27日 由省科技厅、市政府联合主办的江西省（鹰潭）科技创新成果在线对接会在鹰潭市召开。省科技厅厅长洪三国出席会议并讲话。市委书记陈兴超、市长熊茂平看望了与会领导和嘉宾。省科技厅副厅长赵金城主持会议，市委常委、副市长李唐致辞。省纪委驻省科技厅纪检组长邓季芳，江西理工大学副校长邱廷省和浙江大学、复旦大学、天津大学、天津工业大学、中南大学、北京有色金属研究总院、南昌大学、江西理工大学等技术供给方的高等院校、科研院所代表以及140多家技术需求方企业负责人参加会议。

同日 全省深化医药卫生体制改革工作电视电话会召开。市长熊茂平，鹰潭高新区管委会主任李卫国，市政府秘书长俞奇在鹰潭分会场出席会议。

28日至30日 外交部原副部长、中国前外交官联谊会会长、中国宋庆龄基金会副主席吉佩定率队到鹰潭市考察，并与市委书记陈兴超亲切会谈。原驻纳米比亚大使忻顺康等参加考察。市长熊茂平、副市长徐云、市政府秘书长俞奇等分别陪同考察。

30日 省委常委、省军区司令员张晓明深入鹰潭高新区调研，出席在鹰潭高新区召开的“降低企业成本优化发展环境”专项行动动员、座谈会并讲话。市委书记陈兴超陪同调研并主持动员会；省国资委主任陈德勤在动员会上作政策宣讲；市长熊茂平，市委常委、鹰潭军分区政委陈宏，市委常委、副市长陈云，鹰潭高新区党工委书记周瑛、鹰潭高新区管委会主任李卫国，市委秘书长胡高堂，市政府秘书长俞奇等陪同调研或出席动员、座谈会。

同日 全球豫商发展论坛在鹰潭市举行。河南省政协经济委员会副主任、豫商联合会副会长兼秘书长张正林，河南省政协经济委员会副主任徐金柱，江西省人大财经委副主任、省工商联副主席谭文英，市政协副主席、市工商联主席吴泉水出席论坛开幕式。副市长徐云致辞。

同日 省总工会副主席林玉华率省委督察组到鹰潭市，就贯彻落实中央和省委群团工作会议及有关文件精神情况开展调研督察，并组织召开督察座谈会。市委书记陈兴超陪同，市委常委、宣传部部长贺喜灿主持座谈会，市人大常委会副主任、市总工会主席卢越明陪同，市委秘书长胡高堂作工作汇报。

同日 市长熊茂平主持召开市政府常务会议，讨论通过《鹰潭市城市规划区征地补偿标准》；听取市城乡建设局关于全省城市工作会议暨城市工作现场推进会议、市旅发委关于全国旅游业改革创新先行区工作会议和全国全域旅游创建工作现场会议主要精神及贯彻意见的汇报。

31 日 市委中心组围绕“坚定执着追理想”主题，举行“两学一做”集体学习。市委书记陈兴超主持会议并讲话。陈兴超强调，要把弘扬井冈山精神和当前“两学一做”学习教育结合起来，进一步坚定信念，增强力量，在坚守共产党人的精神追求上作表率、树标杆。熊茂平、杜德春、王家林、蔡厚勇、贺喜灿、张福庆、杨金红、陈宏、陈云、李唐等在家的市委中心组成员参加了学习。

同日 市委书记陈兴超以普通党员的身份，到市委办公室第一党支部参加“两学一做”学习教育专题学习。

6月

1 日 鹰潭市在余江县召开“一改促六化”美丽乡村建设现场推进会，贯彻落实全省建设美丽乡村打造“一改促六化”余江样板现场会议精神，确保工作按要求稳步有序推进。市长熊茂平出席会议并讲话。熊茂平强调，推进“一改促六化”、建设美丽乡村余江样板意义重大。要切实强化担当意识、攻坚意识、协作意识，以更大的决心、更强的力度、更有效的举措打好攻坚战，不断把“一改促六化”工作引向深入。市委常委、副市长陈云主持会议，省国土资源厅副巡视员、市国土资源局局长彭伟，市政府秘书长俞奇出席会议。

同日 市长熊茂平以普通党员身份参加市政府办公室第一党支部“两学一做”学习教育专题学习。

2 日 龙虎山旅游文化发展（集团）有限公司和北部湾旅游股份有限公司合资签约仪式举行。签约双方将在促进龙虎山文化旅游发展（集团）公司混合所有制企业改造、推动龙虎山景区旅游产业转型升级上开展深入合作，并推动整体开发天元健康养生园、马祖岩景区和龙虎山旅游产业园等旅游项目。市委书记陈兴超出席签约仪式，市长熊茂平、新奥集团董事局主席王玉锁分别致辞，副市长辜清主持仪式，北部湾旅游股份有限公司总裁赵金峰，市委秘书长胡高堂，市政府秘书长俞奇等出席仪式。

同日 市委书记陈兴超、市长熊茂平在龙虎山景区会见新奥集团董事局主席王玉锁一行，就拓展合作空间等举行深入交谈。副市长辜清，北部湾旅游股份有限公司总裁赵金峰，市委秘书长胡高堂，市政府秘书长俞奇参加会见。

2 日至 3 日 省委常委、省纪委书记周泽民到鹰潭市调研。周泽民强调，扶贫工作是一项艰巨政治任务，要配强贫困村党支部领导班子，大力发展富民产业，帮助贫困群众早日脱贫；要改革创新，加快推进县级纪委派驻机构全覆盖。省纪委常委、秘书长汪爽一同参加调研。市委书记陈兴超，市长熊茂平，市委常委、市纪委书记蔡厚勇，市委常委、贵溪市委书记张福庆，市委秘书长胡高堂等分别陪同调研。

3 日至 4 日 省委常委、宣传部部长陈俊卿一行到鹰潭市，调研宣传思想文化工作。陈俊卿强调，要深入学习贯彻中共中央总书记习近平系列重要讲话精神，积极践行社会主义核心价值观，唱响主旋律，传播正能量；要充分发挥历史人文和地域资源优势，进一步拓展思维，改革创新，推动宣传文化事业繁荣发展。省委宣传部副部长朱民安随同调研。市委书记陈兴超，市长熊茂平，市委常委、宣传部部长贺喜灿，市委常委、贵溪市委书记张福庆，市政协副主席张金涛，市委秘书长胡高堂，市政府秘书长俞奇分别陪同调研。

6 日 全省集中整治和查处基层侵害群众利益不正之风和腐败问题电视电话会议召开，传达学习省委书记强卫近期关于抓好“集中整治”工作的讲话精神，对“集中整治”工作进行了动员部署。市委书记陈兴超，市政协主席、市委常委、常务副市长王家林，市委常委、市纪委书记蔡厚勇，省国土厅副巡视员、市国土资源局局长彭伟在鹰潭分会场出席会议。

同日 市委书记陈兴超到挂点的江铜集团贵溪冶炼厂和鹰潭高新区调研，开展“降低企业成本、优化发展环境”专项行动政策宣讲。陈兴超要求，各地各部门要针对省里出台的“80 条”政策措施，从降低成本和优化发展环境两个方面抓好落实，把政策红利转化为企业红利，推动企业持续健康发展，为实现“十三五”良好开局作出新的更大贡献。市委常委、贵溪市委书记张福庆，副市长徐云，鹰潭高新区党工委书记周瑛等分别陪同调研。

同日 鹰潭市举行繁荣信江新区招商对接会。市长熊茂平出席会议并致辞。副市长徐云，市政协副主席吴泉水出席对接会。

7 日 鹰潭市召开公立医院综合改革工作调度会，通报工作进展情况，分析差距和不足，部署下一步工作。市长熊茂平出席会议并讲话。副市长辜清主持会议。市政府秘书长俞奇参加会议。

同日 2016 年普通高考举行，鹰潭市 0.73 万名考生参加考试。

13 日 全市“两学一做”学习教育宣讲报告会召开。省委组织部副部长、省委非公有制经济组织与社会组织工委书记、省委党建工作领导小组办公室主任周训国，在报告会上作“两学一做”学习教育专题宣讲。市委书记陈兴超主持并讲话。熊茂平、杜德春、蔡厚勇、郭清、戴春英、贺喜灿、张福庆、陈宏、陈云、李唐等市四套班子领导出席会议。

同日 市委书记陈兴超会见赴各县（市、区）、高新区、龙虎山景区、信江新区及市直机关开展“两学一做”精神宣讲的市委“两学一做”学习教育宣讲团成员。市委常委、纪委书记蔡厚勇，市委常委、宣传部部长贺喜灿，市委秘书长胡高堂参加会见。

同日 鹰潭市召开全市防汛工作视频会议，研究部署全市防汛抢险救灾各项工作。市委书记陈兴超提出明确要求。市长熊茂平考察指导部分地段防汛工作并在视频会议上讲话。市委常委、鹰潭军分区政委陈宏，市人大常委会副主任程芦山，副市长李力，市政协副主席官金福、吴泉水，鹰潭高新区党工委书记周瑛，省国土资源厅副巡视员、市国土资源局局长彭伟，市政府秘书长俞奇参加考察或出席会议。

14日 全省农垦国有土地使用权确权登记发证培训班在鹰潭市举办。各设区市农业局分管领导、农垦办（科）负责人、相关县（市、区）分管领导、各垦殖场负责人共130余人参加了培训。

15日 鹰潭市"跨越时空的井冈山精神"庆祝中国共产党成立95周年大型群众歌咏比赛在鹰潭市第一中学大礼堂举行。市委书记陈兴超，市委常委、宣传部部长贺喜灿，市委常委、贵溪市委书记张福庆，市委常委、军分区政委陈宏，市人大常委会副主任刘育虹，市政府副市长李力，市政协副主席杨建保，鹰潭高新区党工委书记周瑛，市委秘书长胡高堂等观看了比赛并为获奖团队颁奖。

同日 内蒙古自治区赤峰市市长孟宪东率考察团到鹰潭市考察。市委书记陈兴超，市长熊茂平，市政协主席、市委常委、常务副市长王家林，市委常委、贵溪市委书记张福庆，市委常委、副市长陈云，副市长吴文戈，鹰潭高新区管委会主任李卫国，市政府秘书长俞奇分别陪同。

同日 省人大农委副主任委员陈永华率督察组到鹰潭市督察《关于加强市县乡人大建设的若干实施意见》贯彻落实情况。市人大常委会主任杜德春主持座谈会，副主任徐晓年作工作汇报。

16日 《鹰潭政商通》商务信息采集工作座谈会召开。市委书记陈兴超、市长熊茂平分别就做好《鹰潭政商通》商务信息采集工作作出重要批示。市委常委、宣传部部长贺喜灿出席座谈会并讲话，市委秘书长胡高堂出席。

同日 《新四军与鹰潭》《抗战在鹰潭》发行仪式举行。市人大常委会主任杜德春出席，市委常委、宣传部部长贺喜灿讲话，市委常委、副市长李唐，市政协副主席杨建保，老同志黄知慧、张鲁年出席仪式。

同日 国家防总工作组和省防总工作组到鹰潭市指导防汛工作。

17日 市长熊茂平在"降低企业成本，优化发展环境"专项行动调研座谈会上强调，要充分认识开展专项行动的重大意义，落实责任，形成合力，确保实效，打响产业发展攻坚战，推动经济实现新跨越。副市长徐云主持座谈会。省国土厅副巡视员、市国土资源局局长彭伟，市政府秘书长俞奇出席座谈会。

同日 市长熊茂平主持召开市政府常务会议，讨论通过《鹰潭市人民政府关于贯彻落实粮食安全省长责任制的实施意见》《鹰潭市统筹整合财政涉农扶贫资金实施方案》《鹰潭市人民政府行政应诉工作规定》。

21日 市委书记陈兴超到"两学一做"学习教育联系点——贵溪市罗河镇陈家村，指导联系点开展"两学一做"学习教育、讲党课，为陈家村全体党员上了一堂生动的党课。陈兴超强调，抓好"两学一做"学习教育，重点是在学和做上下功夫、走前列。要充分发挥好党支部战斗堡垒和党员先锋模范作用，做遵纪守法的规矩人，在讲规矩守纪律上见行动；做脱贫致富的带头人，在谋发展奔小康上有作为；做群众利益的守护人，在优服务惠民生上出成效；做淳朴乡风的引路人，在转作风树新风上作表率。市委常委、贵溪市委书记张福庆，市委秘书长胡高堂一同深入联系点。

同日 市长熊茂平到"两学一做"学习教育联系点余江县洪湖乡苏家村，调研指导"两学一做"学习教育，并为全村党员干部上党课。市政府秘书长俞奇陪同。

同日 "七一"前夕，市委书记陈兴超到贵溪市走访慰问老党员和生活困难党员，代表市委为他们送上亲切问候并致以崇高敬意，感谢老党员们为党的事业和经济社会发展作出的贡献。市委常委、贵溪市委书记张福庆，市委秘书长胡高堂陪同走访。

同日 市长熊茂平深入余江县洪湖乡苏家村，走访慰问老党员和生活困难党员，为他们送上党和政府的关心和问候。市政府秘书长俞奇陪同走访。

22日 全市集中整治和查处基层侵害群众利益不正之风和腐败问题动员部署暨作风建设推进会召开。市委书记陈兴超出席会议并讲话。市长熊茂平，市人大常委会主任杜德春出席会议。市政协主席、市委常委、常务副市长王家林主持会议。蔡厚勇、郭清、戴春英、贺喜灿、张福庆、杨金红、陈云、李唐等市四套班子领导，市法检两长，市四套班子秘书长出席会议。

同日 林安物流建设、公铁联运建设及物流产业发展会议召开。市长熊茂平出席会议并讲话。市委常委、副市长李唐，市政协副主席杨建保，鹰潭高新区管委会主任李卫国，省国土厅副巡视员、市国土资源局局长彭伟，市政府秘书长俞奇参加会议。市政府副巡视员刘诚主持会议。

同日 市人大常委会主任杜德春深入高新区白露街道，走访慰问部分老党员和困难党员代表，向他们送去党的温暖和关怀。

23日 市政协举行双月协商座谈会，就"推进我市大健康产业发展"开展专题协商讨论。市政协主席王家林主持座谈会并讲话；副市长徐云到会听取意见建议；市政协副主席黄占共，秘书长杨亮太参加座谈会。

24日 市委中心组举行集体学

习（扩大）会。陈兴超、熊茂平、杜德春、王家林、蔡厚勇、郭清、戴春英、贺喜灿、张福庆、杨金红、陈宏、陈云、李唐等在家的市委中心组成员，各县（市、区）、市委各部门、市直各单位、驻鹰各单位主要负责人参加了学习。市委常委、宣传部部长贺喜灿主持学习会。学习会邀请省国税局“营改增”工作领导小组办公室综合业务组组长邵世清作题为《营业税改征增值税——相关税收政策解读及影响分析》的专题辅导报告。

同日 鹰潭市首届创业创新大赛在贵溪市电商生态产业园举行，30余名创业者参加角逐。

26日 国际禁毒日，市、区禁毒委联合在时代广场举行“无毒青春，健康生活”主题禁毒宣传活动。市长熊茂平现场参观指导禁毒宣传活动。市委常委、政法委书记杨金红宣布销毁毒品。副市长、市公安局局长邓伟讲话。市、区禁毒委委员，市、区禁毒委各成员单位负责人以及禁毒志愿者代表、学生代表等数百人参加了活动。

27日 全市老干部工作会议召开。市委书记陈兴超对全市老干部工作作批示要求，市委常委、组织部部长郭清出席会议并讲话。

同日 市委、市政府出台《关于降低企业成本优化发展环境的若干政策措施》，共提出28条政策措施，进一步让利企业发展。

27日至28日 最高人民检察院、湖南省人民检察院邀请部分在湖南的全国人大代表到鹰潭市视察检察工作。李湘岳、朱国军、阳祖耀、傅莉娟、圣辉等16名全国人大代表参加视察。市委书记陈兴超陪同视察。最高人民检察院案件管理办公室副主任刘志远陪同视察并主持见面会。市人大常委会主任杜德春致辞。湖南省人大常委会办公厅巡视员姚伟，湖南省人民检察院党组副书记、副检察长卢乐云，江西省人民检察院党组副书记、副检察长李智，市委常委、贵溪市委书记张福庆，市委常委、政法委书记杨金红，市人大常委会副主任杨晓群，市人民检察院检察长李莉安，市委秘书长胡高堂陪同视察或出席见面会。

28日晚 “感动鹰潭”十年致敬暨2015年度“感动鹰潭·十佳新人新事”颁奖典礼在鹰潭市第一中学大礼堂举行。市委书记陈兴超出席颁奖典礼并致辞。省文明办主任张天清，市委常委、宣传部部长贺喜灿，市委常委、贵溪市委书记张福庆，市人大常委会副主任卢越明，副市长辜清，市政协副主席杨建保，市委秘书长胡高堂出席颁奖典礼。

同日 市博物馆、科技馆、文化艺术中心、青少年活动中心开工典礼举行。市委书记陈兴超下达开工令。市人大常委会主任杜德春出席开工典礼。市政协主席、市委常委、常务副市长王家林讲话。市委常委、宣传部部长贺喜灿，省国土资源厅副巡视员、市国土资源局局长彭伟，市委秘书长胡高堂出席开工典礼。开工典礼由副市长吴文戈主持。

同日 2016中国（鹰潭）互联网+双创高峰论坛暨鹰潭颐高互联网+创业园开业仪式举行。市长熊茂平出席仪式并致辞，市委常委、副市长陈云，鹰潭高新区党工委书记周瑛出席，鹰潭高新区管委会主任李卫国主持仪式。开业仪式上，熊茂平、陈云、周瑛及颐高集团董事长翁南道等共同触摸显示屏，为创业园启动开业。

同日 江西省第五届全民健身运动会鹰潭赛区启动仪式暨庆祝鹰潭市老年人体育协会成立30周年大会在鹰潭体育馆举行。省老年体协主席张逢雨、省体育局副局长李小平、副市长辜清出席大会。

28日至29日 省文明办主任张天清一行先后深入月湖区、贵溪市、余江县，对鹰潭市精神文明建设、家风建设、社会诚信体制建设等进行考察调研，并召开座谈会。市委书记陈兴超，市委常委、宣传部部长贺喜灿，市委常委、贵溪市委书记张福庆，副市长邓伟分别陪同。

30日 全市庆祝中国共产党成立95周年大会在华侨饭店会议中心隆重举行。市委书记陈兴超出席大会并讲话。市委副书记、市长熊茂平主持大会。杜德春、王家林、蔡厚勇、郭清、戴春英、贺喜灿、张福庆、杨金红、陈宏、陈云、李唐等市四套班子领导；市法院院长、市检察院检察长；其他市级领导；副厅级以上老同志代表；市四套班子秘书长出席会议。市委常委、组织部部长郭清宣读市委表彰决定；市领导为全市优秀共产党员、优秀党务工作者和先进基层党组织代表颁奖。

同日 市政府与中国农业科学院茶叶研究所发展合作协议签约仪式举行。市长熊茂平会见中国农科院茶叶研究所副所长鲁成银一行。市人大常委会副主任徐晓年，副市长李力，市政协副主席官金福，市政府秘书长俞奇出席仪式或参加会见。

7月

1日 市委书记陈兴超、市长熊茂平担任主编，市委宣传部具体负责编撰的《接力奋进 砥砺前行——富裕秀美宜居和谐鹰潭建设这五年》和《改革鹰潭》，由江西人民出版社正式出版发行。

5日至6日 省人大常委会副主任马志武率调查组到鹰潭，就鹰潭市食品小作坊、小餐饮、小摊贩和小食杂店管理开展特定问题调查。市委书记陈兴超、市长熊茂平、市人大常委会主任杜德春分别陪同。副市长辜清作有关工作情况汇报。

6日 市委中心组集体学习会召开，专题学习研讨中共中央总书记习近平在庆祝中国共产党成立95周年大会上的重要讲话。市委书记陈兴超主持会议并讲话。陈兴超强调，全市上下要以学习贯彻习近平“七一”重要讲话精神为新的动力，进一步激发干事创业的精气神，把对党的忠诚融入“四个鹰潭”建设的具体实践，不断把鹰潭改革发展稳定各项事业推向前进。熊茂平、杜德春、蔡厚勇、郭清、贺喜灿、张福庆、杨金红、陈宏等出席会议。

7日 全省防汛抗洪紧急部署视频会召开。市委书记陈兴超，市委常委、鹰潭军分区政委陈宏，省国土资源厅副巡视员、市国土资源局局长彭伟，市委秘书长胡高堂在鹰潭防汛指挥部参加会议。

8日 市委书记陈兴超在雷迪森山庄会见中国摄影家协会主席、党组书记王瑶一行。省文联党组成员、副主席鄢平原一同参加会见。

同日 市长熊茂平在全市防汛防台风紧急部署会议上强调，全市各级、各有关单位要高度重视2016年第一号台风“尼伯特”来袭，把形势看得更紧些，把困难想得更大些，把措施做得更实些，积极应对台风袭击，努力夺取2016年防汛抗洪工作的全面胜利。鹰潭军分区司令员杨海林，省国土资源厅副巡视员、市国土资源局局长彭伟出席会议。

同日 市长熊茂平在城建系统工作推进会上强调，要提高认识，敢于担当，形成合力，切实加快城市重点项目建设步伐。副市长吴文戈主持会议。市政府秘书长俞奇及城建系统有关单位、重点城建项目责任单位主要负责人参加会议。

同日 全市宣传文教系统学习贯彻中共中央总书记习近平重要讲话精神座谈会召开。会议学习了习近平在庆祝中国共产党成立95周年大会、哲学社会科学工作座谈会、网络安全和信息化座谈会上发表的重要讲话精神，研究部署了下一步的学习贯彻工作。市委书记陈兴超就关于学习贯彻中共中央总书记习近平在网络安全和信息化工作座谈会上的重要讲话精神作批示，市委常委、宣传部部长贺喜灿出席座谈会并讲话。

9日 省政协副主席、省科协主席李华栋一行到鹰潭市调研科协科普工作。市长熊茂平，市政协副主席杨建保分别陪同。

11日 市政府党组召开集体学习会，专题学习中共中央总书记习近平在庆祝中国共产党成立95周年大会上的重要讲话。市长熊茂平主持学习会并讲话。市委常委、副市长陈云传达习近平“七一”重要讲话精神。市委常委、副市长李唐，副市长辜清、李力、徐云、吴文戈、邓伟，市政府副巡视员刘诚，市政府秘书长俞奇等参加学习会。

同日 市长熊茂平主持召开市政府常务会议，讨论通过《鹰潭市专业市场管理办法》《鹰潭市人民政府关于贯彻落实全省创新驱动“5511”工程的实施意见》；听取市科技局关于全省创新驱动“5511”工程推进会议、市文化广电新闻出版局关于全省文物工作会议主要精神及贯彻意见的汇报。

12日 副省长谢茹到鹰潭市，就公立医院综合改革工作进行实地调研。谢茹强调，要把深化医改作为全面深化改革的重要内容，力求在重点难点问题上有新突破，着力增强群众对深化医改的“获得感”。省政府副秘书长陈敏、省卫计委副主任曾传美一同参加调研。市委书记陈兴超陪同调研，市长熊茂平参加座谈会并致辞。副市长辜清陪同调研并在座谈会上汇报了鹰潭市公立医院综合改革工作情况，市政府秘书长俞奇参加座谈会。

14日 中央第四环境保护督察组督察江西省工作动员会在南昌召开，中央第四环境保护督察组组长李家祥、副组长赵英民就做好督察工作分别讲话，省委书记鹿心社作动员讲话，省委副书记、代省长刘奇主持会议。陈兴超、蔡厚勇、郭清、戴春英、贺喜灿、张福庆、杨金红、陈云、李唐等市领导在鹰潭分会场出席会议。

15日 程永林先进事迹报告会在华侨会议中心举行。陈兴超、熊茂平、杜德春、贺喜灿、张福庆、杨金红、邓伟、杨建保等市四套班子领导，鹰潭高新区管委会主任李卫国、省国土资源厅副巡视员、市国土资源局局长彭伟出席报告会。

同日 市委书记陈兴超在华侨会议中心会见程永林及其先进事迹报告团成员。市委常委、宣传部部长贺喜灿，市委常委、贵溪市委书记张福庆，市委常委、政法委书记杨金红，副市长、市公安局局长邓伟，市委秘书长胡高堂一同参加会见。

同日 国泰安教育技术股份有限公司董事长陈工孟率考察团到鹰潭市考察职业教育情况。市长熊茂平会见考察团一行。副市长辜清，市政府秘书长俞奇一同会见。

同日 鹰潭市出台《关于建设生态文明先行示范区的实施意见》。坚持用严格的制度保护生态环境，着力构建“六大体系”，保护和建设好天蓝、地绿、水净的美丽家园，努力使鹰潭市成为江西绿色崛起先行区，形成具有鹰潭特色的生态文明建设典型模式。

18日 市委中心组集体学习（扩大）会召开，邀请中共中央党史研究室原副主任章百家，就《肩负着人民的希望——结合党史学总书记“七一”讲话》为大家作专题辅导。陈兴超、熊茂平、杜德春、蔡厚勇、郭清、戴春英、贺喜灿、张福庆、杨金红、陈宏、陈云、李唐等市委中心组成员出席会议。市委常委、宣传部部长贺喜灿主持学习会。

18日至19日 省总工会党组书记、常务副主席傅卓成率调研组一行到鹰潭市调研工会干部“进园区、强基层、惠职工、促发展”行动开展情况。市委书记陈兴超，市委常委、贵溪市委书记张福庆，市人大常委会副主任、市总工会主席卢越明，鹰潭高新区党工委书记周瑛分别陪同调研。

19日 鹰潭市铜行业协会成立大会暨一届一次会员大会召开。市委书记陈兴超出席会议，市长熊茂平出席并讲话。省工信委副主任刘煜，市委常委、统战部部长戴春英，市人大常委会副主任程芦山，副市长徐云，市政协副主席杨建保，鹰潭高新区管委会主任李卫国出席会议。

同日 鹰潭市在华侨饭店会议中心举办铜行业宏观形势分析及铜期现货实务专题知识讲座。市委书记陈兴超，省工信委副主任刘煜，市委常委、统战部部长戴春英，市人大常委会副主任程芦山，副市长徐云，市政协副主席杨建保，鹰潭高新区管委会主任李卫国等出席。

20日 全国安全生产电视电话会议召开。会议传达贯彻中共中央总书记习近平、国务院总理李克强关于加强安全生产和汛期安全防范工作的重要指示批示精神，总结上半年工作，深入分析面临的形势和问题，安排部署当前汛期和下半年安全生产重点工作。市长熊茂平，市政府副巡视员刘诚在鹰潭分会场出席。

20日至21日 鹰潭市与乐平市联手精心创排，江西省唯一一台参加由中宣部、文化部联合举办的2016年全国基层院团戏曲会演的优秀剧目——大型原创现代赣剧《青山作证》，在北京长安大戏院成功演出两场，赢得社会各界广泛好评。文化部原副部长、中国艺术研究院院长王文章，中国文联原副主席、中国文艺评论家协会主席仲呈祥，《人民日报》（海外版）副总编辑刘玉琴，文化部艺术司副司长伍皓，中国文联国内联络部副主任杨发航；省政府副秘书长、驻京办主任江枝英，省委宣传部副部长朱民安，省文化厅副厅长任永新，省政府驻京办副主任高延平；市人大常委会主任杜德春，市委常委、宣传部部长贺喜灿，副市长辜清；景德镇市委常委、乐平市委书记吴龙强，景德镇市委常委、宣传部部长汪剑平等领导现场观看了演出。

21日 由省委宣传部、省新闻广电出版局、省新闻工作者协会组织开展的全省新闻战线第一批“学讲话、走基层、出精品、强队伍”主题实践活动走进鹰潭，中央、省属媒体采访团在鹰潭市进行了为期3天的集中采访活动。

22日 市委书记陈兴超亲切看望慰问奋战在高温下的一线工作者，带去市委、市政府的关怀，送上一份清凉。市人大常委会副主任、市总工会主席卢越明，副市长徐云，鹰潭高新区党工委书记周瑛，鹰潭高新区管委会主任李卫国，市委秘书长胡高堂等一同参加看望慰问。

同日 市长熊茂平主持召开市政府常务会议，讨论通过《鹰潭市“十三五”综合交通运输体系发展规划》；听取市安全生产委员会办公室关于全国安全生产电视电话会议主要精神及贯彻意见的汇报。

25日 鹰潭市召开征兵工作会议，总结2015年征兵工作情况，分析当前征兵形势，部署2016年征兵工作任务。市政协主席、市委常委、常务副市长、市征兵领导小组副组长王家林，鹰潭军分区司令员杨海林，市委常委、鹰潭军分区政委陈宏，鹰潭军分区参谋长翟小忠、政治部主任潘阿平、后勤部部长沈贵元出席会议。

26日 联合国教科文组织世界地质公园执行局委派地质学专家戈兰·帕维奇和安塞尔·里巴斯到鹰潭市，对龙虎山世界地质公园的建设进展情况进行第二次中期评估实地考察。市委书记陈兴超在沁庐道苑会见评估专家。副市长辜清，省国土资源厅副厅长候克常，省国土资源厅副巡视员、市国土资源局局长彭伟等参加会见。

27日 市委常委会召开会议，学习《中国共产党问责条例》，研究部署鹰潭市贯彻落实意见。同时，会议还听取了全国安全生产电视电话会议精神及贯彻意见的汇报。市委书记陈兴超主持会议并讲话。

28日 第二届“中国创翼”青年创业创新大赛“鹰潭农商银行杯”江西赛区比赛圆满结束。市政协主席、市委常委、常务副市长王家林，人力资源社会保障部全国人才流动中心副主任谢瑗，省人力资源和社会保障厅副厅长刘滇鸣，省纪委驻商务厅纪检组长杨远林、省科技厅副厅长卢福财、团省委副书记廖良生、省妇联副主席饶冬梅等为获奖项目团队颁奖。

29日 市委中心组围绕中共中央总书记习近平“七一”重要讲话精神，并就“实事求是闯新路”主题，进行“两学一做”集体学习。市委书记陈兴超主持并讲话。陈兴超强调，贯彻落实习近平“七一”重要讲话精神，聚焦“实事求是闯新路”，要在思想认识上有新提升、在谋划发展上有新理念、在攻坚克难上有新作为。杜德春、郭清、戴春英、贺喜灿、张福庆、杨金红、陈云等在家的市委中心组成员参加了学习研讨。

同日 全国双拥模范城（县）命名暨双拥模范单位和个人表彰大会在京举行，鹰潭市被全国双拥工作领导小组、民政部、中央军委政治工作部授予“全国双拥模范城”荣誉称号。这是鹰潭市首次获得这一殊荣。

8月

1日 鹰潭市召开庆祝建军89周年座谈会。市委书记陈兴超出席会议并讲话。市人大常委会主任杜德春，市政协主席、市委常委、常务副市长王家林，鹰潭军分区司令员杨海林，73861部队长周济雄，市委常委、鹰潭军分区政委陈宏，副市长李力，鹰潭军分区政治部主任潘阿平，73861部队政治部主任林思平，市委秘书长胡高堂等出席座谈会。

同日 中共鹰潭市委作出向程永林学习的决定，号召全市各级党委（党组）在“两学一做”学习教育中，紧密结合实际，扎实组织开展好向程永林学习活动，特别是全市政法系统的广大干警，要以程永林为榜样，开拓创新、锐意进取，奋发有为、无私奉献，关键时刻冲得上，急难险重敢担当，勇做人民的忠诚卫士，为把鹰潭打造成“世界铜都、中华道都、田园新城”作出应有的贡献。

1日至2日 省促进非公有制经济发展领导小组办公室专职副主任朱琤率省委统战工作领导小组调研组到鹰潭，检查指导鹰潭市贯彻落实中央、省委统战工作会议精神情况。市委书记陈兴超听取调研组反馈。市委常委、统战部部长戴春英，市委常委、贵溪市委书记张福庆陪同调研；市人大常委会副主任刘育虹，市政协副主席张金涛、黄占共、吴泉水，市委秘书长胡高堂参加座谈会。

3日 市委书记陈兴超会见到鹰潭市考察访问的法国巴黎市二十区副区长施伟明一行。副市长徐云、市委秘书长胡高堂一同参加会见。

3日至5日 省委常委、统战部部长蔡晓明到鹰潭市，与各民主党派省委会主委开展谈心活动，省领导马志武、李华栋、汤建人、刘晓庄、郑小燕、孙菊生，省委统战部常务副部长刘金炎等参加。活动期间，省领导分组调研鹰潭市乡村旅游、文化产业、城市建设等工作。市领导陈兴超、熊茂平、杜德春、王家林、戴春英、刘育虹、辜清、徐云、张金涛、黄占共、吴泉水，市委秘书长胡高堂等分别陪同。

4日 省人大财经委到鹰潭市开展城市管理情况专题调研。省人大财经委主任委员谢碧联，省人大财经委副主任委员伍再谦，省人大农委副主任委员陈永华，省人大法制委副主任委员肖仟根参加调研，省住建厅副厅长吴昌平随同调研。市委书记陈兴超，市长熊茂平，市人大常委会主任杜德春，市人大常委会副主任程芦山，副市长吴文戈分别陪同或参加座谈会。

5日 全市第十三次法治宣传教育工作会议召开。市委书记陈兴超出席会议并讲话。陈兴超强调，深入开展法治宣传教育，是实现“十三五”经济社会发展目标任务的有力保障，是实现社会治理体系和治理能力现代化的必然要求，是全面推进法治鹰潭建设的重要基础。全市上下要以改革创新精神和务实进取举措，不断开创法治宣传教育工作新局面，为全面推进法治鹰潭建设、五年决战同步全面小康作出新的更大贡献。市长熊茂平出席会议。市委常委、宣传部部长贺喜灿宣读《关于我市荣获2011—2015年全国、全省法治宣传教育先进集体和先进个人表彰的通报》和《鹰潭市普法教育工作领导小组关于表彰2011—2015年全市法治宣传教育先进集体和先进个人的决定》的表彰决定。市委常委、政法委书记杨金红主持会议。市人大常委会副主任杨晓群，副市长、市公安局局长、市普法教育工作领导小组副组长邓伟作工作报告。市政协副主席吴泉水出席会议。

10日 省人民检察院党组书记、检察长刘铁流到鹰潭市，重点调研“加强生态检察，服务绿色崛起”专项监督活动和未成年人刑事检察工作，深入走访部分全国人大代表，听取和征求对检察工作的意见建议。省人民检察院党组成员、副检察长罗晓泉，市委常委、政法委书记杨金红，市人民检察院检察长李莉安陪同调研。

同日 中国共产党鹰潭市第七届委员会第十三次全体会议召开。全会审议并表决通过《关于召开中国共产党鹰潭市第八次代表大会的决议》。全会决定，中国共产党鹰潭市第八次代表大会定于2016年9月下旬在鹰潭市区召开。全会由市委常委会主持。市委书记陈兴超作重要讲话。熊茂平、杜德春、蔡厚勇、郭清、戴春英、贺喜灿、张福庆、杨金红、陈云、李唐等出席会议并在主席台就座。

同日 市委召开新一届县（市、区）领导班子成员集体谈话会。市委书记陈兴超出席会议并讲话。陈兴超强调，新一届县（市、区）领导班子成员要以这次集体谈话为新的起点，不忘初心、继续前进，尽快转换角色，以更加饱满的热情、更加昂扬的斗志、更加扎实的作风，推进“四个鹰潭”建设取得更大胜利。市委常委、纪委书记蔡厚勇出席会议并作廉政谈话。市委常委、组织部部长郭清主持集体谈话会。

11日至12日 全省检察长座谈会在鹰潭市召开，学习贯彻全国司法体制改革推进会和第十四次全国检察工作会议精神，总结上半年工作，部署下半年任务，研究推进江西省检察机关司法体制改革工作，对为期一年的“加强生态检察，服务绿色崛起”专项监督活动进行总结。省人民检察院检察长刘铁流出席会议并讲话。市委书记陈兴超致辞，市委常委、政法委书记杨金红，市人民检察院检察长李莉安出席会议。

16日 市人大常委会组织召开立法专家论证会，邀请鹰潭市部分法律专家和法律实务工作者、涉及地方立法三大领域行业专家及语言文字专家，对《鹰潭市地方立法条例（草案）》中的条例框架结构、立法依据、立法原则、立法权限范围、法规解释、法规备案审查及立法评估等问题，进行专题研究讨论。这是鹰潭市获准2016年4月1日开始行使地方立法权以来召开的首次立法论证会。

19日 全市招商引资工作调度会召开。市委书记陈兴超出席会议并讲话。市政协主席、市委常委、常务副市长王家林主持会议，副市长徐云，鹰潭高新区管委会主任李卫国，省国土厅副巡视员、市国土资源局局长彭伟出席会议。

23日 市委召开全市领导干部会议，宣布中共江西省委关于鹰潭市政府主要领导人职务调整的决定。省委决定，曹淑敏任鹰潭市委委员、常委、副书记，提名为鹰潭市政府市长候选人；熊茂平不再担任鹰潭市政府市长职务。市政府市长的任免需依法办理。省委组织部副部长、省人大常委会选任联工委主任龚绍林出席并讲话；市委书记陈兴超主持会议并讲话；省委组织部部务委员、干部一处处长邹绍辉宣布省委任免决定。曹淑敏、熊茂平分别讲话。杜德春、王家林、蔡厚勇、郭清、戴春英、贺喜灿、张福庆、杨金红、陈宏、陈云、李唐等市四套班子领导出席会议。

24日 中航直升机万里行走进鹰潭活动暨鹰潭市与中航工业昌飞公司直升机通航合作框架协议签约仪式在龙虎山举行。市委副书记曹淑敏，中航工业昌飞公司董事长、党委书记周新民出席并分别致辞；省国防科工办副主任郑正春，中航工业昌飞公司总经理徐德朋，副市长辜清，市政府秘书长俞奇等出席启动仪式。

25日 市委副书记曹淑敏走访看望部分老干部。曹淑敏指出，老干部是党和国家的宝贵财富，为鹰潭的发展打下了坚实的基础，作出了重要贡献。希望老干部们一如既往地关心支持市政府工作，继续贡献宝贵的经验和智慧。

同日 省委宣传部、省公安厅组织《江西日报》、江西电视台等10多家省直新闻媒体的记者，走进贵溪，集中采访英雄民警程永林先进事迹。

26日 市八届人大常委会第四十三次会议举行。会议任命曹淑敏为市政府副市长，作出了曹淑敏代理鹰潭市人民政府市长职务的决定。市人大常委会主任杜德春主持会议，副主任杨晓群、卢越明、刘育虹、徐晓年、程芦山、吴炳生，秘书长江鸿出席会议。市委常委、常务副市长王家林，市中级人民法院院长陈仁生，市人民检察院检察长李莉安，市人大机关县级干部，县（市、区）人大常委会负责人和2名市人大代表列席会议。市委常委、组织部部长郭清作关于人事任命情况的说明。

27日 市委副书记、代市长曹淑敏深入江西师范高等专科学校和市博物馆等地，调研指导鹰潭市教育文化事业发展情况。曹淑敏强调，要增强江西师范高等专科学校综合办学实力，努力实现在全省同类院校中有为、有位；要深入挖掘地方特色文化，集中力量打造亮点，提升城市形象品位和影响力。市委常委、宣传部部长贺喜灿，副市长辜清，市政府秘书长俞奇陪同调研。

同日 市委副书记、代市长曹淑敏在龙虎山景区调研时强调，要深入挖掘道教文化，唱响“龙虎天下绝”品牌，打造一流旅游目的地。副市长辜清、市政府秘书长俞奇陪同调研。

30日 副省长刘昌林到鹰潭市调研统筹城乡居民基本医疗保险制度工作。省政府副秘书长王亚联，省人社厅副厅长侯仲华一同参加调研。市委副书记、代市长曹淑敏陪同调研，市委常委张福庆作工作汇报。

同日 全省农村宅基地管理工作现场会在余江县召开。省国土资源厅党组书记、厅长刘定明出席会议并讲话。市委书记陈兴超，市委副书记、代市长曹淑敏陪同考察。市委常委、副市长陈云作工作汇报。省国土资源厅领导许建平、彭伟、蔡建平、罗光华出席会议。

31日 市委副书记、代市长曹淑敏深入鹰潭高新区调研。市委常委、副市长陈云，鹰潭高新区党工委书记周瑛，鹰潭高新区管委会主任李卫国，市政府秘书长俞奇陪同调研。

同日 省工信委主任胡世忠率全省工业园区“双看双促”活动考察团到鹰潭市，深入贵溪经开区和鹰潭高新区现场观摩考察工业园区和园区内项目建设情况。市委书记陈兴超，市委副书记、代市长曹淑敏，副市长徐云，鹰潭高新区党工委书记周瑛，鹰潭高新区管委会主任李卫国分别陪同考察。省商务厅副厅长陶莉萍参加活动。

9月

2日 市委副书记、代市长曹淑敏主持召开市政府党组会议。曹淑敏强调，要保持奋发有为的精神状态，形成共促发展的强大合力，树立务实高效的政府形象，切实加强政府班子建设。王家林、陈云、李唐、辜清、李力、吴文戈、刘诚、俞奇及市政府党组其他成员参加会议。

同日 市委副书记、代市长曹淑敏主持召开市政府常务会议，讨论通过《鹰潭市气象事业发展“十三五”规划》《2016年鹰潭市招商引资质量和效益综合考核办法》《第六届鹰潭市文学艺术政府奖获奖作品名单》。

6日 市委副书记、代市长曹淑敏在贵溪调研时强调，要咬定全年目标任务，加快产业转型升级，积极推进新型城镇化，抓项目，扩投资，实现贵溪经济社会更好更快发展。市政协主席、市委常委、常务副市长王家林，市政府秘书长俞奇陪同调研。

7日 市委副书记、代市长曹淑敏在月湖区调研时强调，要发挥优势，培育特色，持续做大做强产业；要敢于担当，勇于破难，加速推进棚改项目建设；要狠抓项目，扩大投资，着力培育发展新动能；要保民生、保稳定、保安全，让老百姓有安全感、幸福感。市委常委、副市长李唐，市政府秘书长俞奇陪同调研。

同日 市委副书记、代市长曹淑敏深入信江新区调研。曹淑敏强调，要承担鹰潭城市转型的历史使命，以更大的担当、更大的作为，充分发挥同城全域核心作用，实现好全市人民的新期待。市政府秘书长俞奇陪同调研。

7日至8日 省政协副主席郑小燕率视察组到鹰潭市，就推进平安景区创建及高速公路服务区安全防范情况开展专题视察。省政协社会和法制委员会主任张莉、副主任张传发一同视察。市委书记陈兴超，市委副书记、代市长曹淑敏，市政协主席王家林，市政协副主席杨建保、吴泉水，市政府副巡视员刘诚分别陪同。

8日 市委召开党代会报告征求意见座谈会，邀请部分市厅级离退休老干部、各县（市、区）委书记、各民主党派、无党派、工商联主要负责人及基层党代表等，就市第八次党代会报告（征求意见稿）向他们征求意见、建议。市委书记陈兴超主持会议并讲话。

同日 市委副书记、代市长曹淑敏在余江县调研时强调，要发挥特色优势，持续做大做强特色产业；要向“试点”要动力，加速新型城镇化进程；要完成好全年目标任务，谋划好长远发展；要保民生，保稳定，增强老百姓的幸福感、获得感。副市长李力，省国土资源厅副巡视员、市国土资源局局长彭伟，市政府秘书长俞奇陪同调研。

同日 鹰潭市举行2016年教师节表彰大会。市委副书记、代市长曹淑敏出席并讲话。曹淑敏强调，要力求突破，打造队伍，强化保障，奋力打造“学在鹰潭”教育品牌。市委常委、宣传部部长贺喜灿主持会议。市人大常委会副主任刘育虹，副市长辜清，市政协副主席杨建保，鹰潭高新区管委会主任李卫国，市政府秘书长俞奇等出席会议。

9日 市委中心组举行集体学习（扩大）会，邀请军事科学院研究员、军委科技委兼职委员杜文龙作专题辅导报告。陈兴超、曹淑敏、杜德春、王家林、蔡厚勇、郭清、戴春英、张福庆、杨金红、陈宏、陈云等在家的市委中心组成员参加学习。市委常委、宣传部部长贺喜灿主持学习会。

10日 市委副书记、代市长曹淑敏在现代物流园调研时强调，要正确处理好区位优势和发展优势的关系、物流和产业的关系、局部和全局的关系，变区位优势为发展优势，把物流业打造成有实力和竞争力的产业。市委常委、副市长李唐，市政府秘书长俞奇陪同调研。

同日 鹰潭市新兵入伍欢送仪式在鹰潭火车站二楼候车室举行。市政协主席、市委常委、常务副市长王家林出席欢送会并致欢送辞。市委常委、军分区政委陈宏，军分区参谋长翟小忠，军分区政治部主任潘阿平，鹰潭军分区、鹰潭市公安局、鹰潭市卫计委、鹰潭车站等相关单位负责人出席欢送会。

10日至11日 上海对外经贸大学副校长聂清率考察团一行在鹰潭市考察。市委副书记、代市长曹淑敏，市委常委、宣传部部长贺喜灿，市政府秘书长俞奇分别陪同考察。

12日 由省委宣传部和省公安厅共同举办的程永林先进事迹报告会在省公安厅礼堂举行。副省长、省公安厅厅长郑为文出席会议并讲话，省委宣传部副部长黎隆武主持报告会。副市长、市公安局局长邓伟等出席报告会。

12日至13日 省人大常委会外侨民宗工委主任聂道宏率调研组到鹰潭市，就乡村旅游提升、旅游扶贫和民族工作情况进行调研，市人大常委会副主任刘育虹，副市长辜清分别陪同或出席座谈会。

14日 市委副书记、代市长曹淑敏深入部分市“8+1”重点项目施工现场，调研指导重点项目建设工作。

19日 国家森林城市建设座谈会在延安召开，鹰潭市被国家林业局正式授予“国家森林城市”称号，再添一张“国字号”城市名片。

同日 2016第七届环鄱阳湖国际自行车大赛第七站比赛在龙虎山景区开赛。省政府办公厅副主任徐松柏，大赛组委会常务副主任、省体育局局长晏驹腾，市委副书记、代市长曹淑敏等出席开幕式并为比赛鸣笛发令。副市长吴文戈主持开幕式。

同日 市委副书记、代市长曹淑敏到贵溪市人民医院，看望慰问正在这里接受康复治疗的英雄民警程永林，为英雄民警送上鲜花和祝福，祝愿他早日康复。市委常委张福庆，市政府秘书长俞奇一同慰问。

21日 中共鹰潭市委七届十五次全体会议召开。会议决定中国共产党鹰潭市第八次代表大会于2016年9月23日至26日召开。全会由市委常委会主持，市委书记陈兴超在全会结束时讲话。曹淑敏、肖良、杜德春、蔡厚勇、郭清、贺喜灿、张福庆、杨金红、陈宏、余正琨、李唐在主席台就座。出席会议的市委委员37人，候补委员6人，符合党章的有关规定。市委副书记肖良作《市委工作报告》起草情况的说明，市委常委、市纪委书记蔡厚勇作《市纪委工作报告》起草情况的说明；会议审议并表决通过《市委工作报告（审议稿）》和《市纪委工作报告（审议稿）》；市委常委、组织部部长余正琨作八届市委委员、候补委员和市纪委委员候选人预备人选产生情况的说明；表决通过了八届市委委员、候补委员和市纪委委员候选人预备人选名单。

同日 代市长曹淑敏主持召开市政府常务会议，讨论通过《鹰潭市实行“五证合一”登记制度改革工作实施方案》。

22日 市委中心组举行集体学习会，学习《中国共产党问责条例》，并就“两学一做”学习教育第三个专题“艰苦奋斗攻难关”进行深入研讨。曹淑敏、肖良、杜德春、蔡厚勇、郭清、贺喜灿、张福庆、杨金红、陈宏、余正琨等在家的市委中心组成员参加了学习。

同日 全省“清河行动”启动暨灾后水利建设动员电视电话会召开。会议的主要任务是：总结2016年全省防汛抗洪工作；动员部署加快全省灾后水利建设进度，提升全省防汛减灾能力；动员部署全省“清河行动”集中统一行动。市委副书记、代市长曹淑敏，市委常委张福庆，副市长李力，市政协副主席官金福，鹰潭高新区管委会主任李卫国在鹰潭分会场参加会议。

23日 中央统战部副部长、全国工商联党组书记、中央统战工作领导小组第六调研检查组组长全哲洙率调研检查组到鹰潭市，就鹰潭市贯彻落实中央统一战线重大决策部署情况开展实地调研检查。省委常委、统战部部长蔡晓明主持调研座谈会。

市委书记陈兴超，市委副书记、代市长曹淑敏，市委常委、统战部部长戴春英，市政协副主席张金涛分别陪同调研。

同日 中国共产党鹰潭市第八次代表大会预备会议在华侨饭店举行。陈兴超主持会议。省人大常委会选任联工委副主任公艳萍率省换届选举现场督导组到会督导。曹淑敏出席并讲话。

同日 市第八次党代会主席团举行第一次会议，会议由陈兴超主持。主席团成员 38 人参加会议。

23 日至 25 日 2016 江西旅游产业博览会在南昌举行，省委常委、省委秘书长朱虹，副省长殷美根先后参观了鹰潭展馆。

同日 国家土地督察南京局督导组到鹰潭市，就土地例行督察整改、永久基本农田划定、闲置土地清理等工作进行检查督导。国家土地督察南京局副专员刘兴广率队督察，市委书记陈兴超，市委副书记、代市长曹淑敏，市委常委张福庆，省国土资源厅副巡视员、市国土资源局局长彭伟，市委秘书长胡高堂，市政府秘书长俞奇分别陪同或出席汇报会。

24 日 中国共产党鹰潭市第八次代表大会在华侨饭店会议中心隆重开幕。省委对鹰潭市第八次党代会召开非常关心和重视，专门委派以省纪委驻省委组织部纪检组组长宋斌为组长的省委换届工作指导组，和以省人大常委会选任联工委副主任公艳萍为组长的省换届选举现场督导组，进行全程指导和督导。出席大会的代表应到 330 人，实到 319 人，符合有关规定。曹淑敏主持大会并宣布大会开幕，陈兴超代表中国共产党鹰潭市第七届委员会，向大会作题为《坚持发展新理念，推进鹰潭新跨越，为同步全面建成小康社会而努力奋斗》的报告。

同日 在"职工龙卡杯"江西省第十六届灯谜锦标赛上，鹰潭市代表队荣获团体电控抢猜第一名，1 名队员获个人笔猜第一名，并被授予"十佳射手"称号。

25 日 市委书记陈兴超在华侨饭店会见了美国江西联合总会会长熊亚伟一行。副市长徐云、邓伟，市委秘书长胡高堂参加会见。

26 日 中国共产党鹰潭市第八次代表大会在圆满完成预定的各项议程后胜利闭幕。大会选举出新一届中国共产党鹰潭市委员会和鹰潭市纪律检查委员会及出席省第十四次党代会的代表，通过了《关于中共鹰潭市第七届委员会报告的决议》和《关于中共鹰潭市第七届纪律检查委员会工作报告的决议》。大会闭幕式由陈兴超主持。大会应到代表 330 名，实到代表 321 名，符合规定人数。

同日 中国共产党鹰潭市第八届委员会第一次全体会议在华侨饭店会议中心举行。全会选举产生了新的市委领导机构。出席会议的市委委员应到 53 名，实到 52 名；候补委员应到 10 名，实到 10 名，符合有关规定。省换届选举现场督导组组长、省人大常委会选任联工委副主任公艳萍到会指导。陈兴超受中国共产党鹰潭市第八次代表大会主席团委托，主持中国共产党鹰潭市第八届委员会第一次全体会议。全会通过了《中国共产党鹰潭市第八届委员会第一次全体会议选举办法》；就中国共产党鹰潭市第八届委员会常务委员会委员、书记、副书记候选人建议名单作了说明；通过了八届市委常委、书记、副书记候选人建议名单；通过了监票人名单。全会以无记名投票方式，差额选举陈兴超、曹淑敏、肖良、蔡厚勇、贺喜灿、张福庆、杨金红、陈宏、徐云、余正琨为中国共产党鹰潭市第八届委员会常务委员会委员。全会选举陈兴超为中共鹰潭市第八届委员会书记，曹淑敏、肖良为副书记。全会通过了中国共产党鹰潭市第八届纪律检查委员会第一次全体会议选举结果的报告。蔡厚勇当选为八届市纪委书记，李美珍、江瑜为副书记。全会审议并通过了《中共鹰潭市委关于加强自身建设的决定》。全会结束时，市委书记陈兴超作了重要讲话。

27 日 出席省十二届人大六次会议的鹰潭代表团召开全体会议。陈兴超、杜德春、刘育虹、程芦山、周瑛、李卫国等鹰潭代表团成员出席会议。会议传达了省十二届人大六次会议各代表团第一召集人、临时党支部召集人会议精神；推选了鹰潭代表团团长、副团长；审议了大会主席团和秘书长名单（草案）；审议了大会议程（草案）。与会代表一致推选陈兴超为鹰潭代表团团长，杜德春为副团长。

同日 市委副书记、代市长曹淑敏深入部分企业，调研指导安全生产工作。曹淑敏强调，要认真贯彻落实省委、省政府和市委、市政府安全生产工作各项部署，牢牢绷紧安全生产这根弦，警钟长鸣，常抓不懈，确保国庆和全国综治"南昌会议"期间安全生产形势总体稳定。市政府副巡视员刘诚，市政府秘书长俞奇陪同调研。

29 日 鹰潭市人民政府与恒源泰控股集团有限公司举行鹰潭市"源·创客"科技孵化器项目投资意向签约仪式。签约仪式前，市委书记陈兴超，市委副书记、代市长曹淑敏分别会见了恒源泰控股集团有限公司董事长肖强武一行。曹淑敏、肖强武等出席签约仪式并致辞。副市长吴文戈、恒源泰控股集团有限公司副总裁王剑分别代表双方签订鹰潭市"源·创客"科技孵化器项目投资意向书。市政府秘书长俞奇主持签约仪式。

同日 市委中心组举行集体学习会，主要任务是集中学习国务院总理李克强考察江西重要讲话精神及省委书记鹿心社重要讲话精神，中共中央办公厅关于部分中管干部违反中央"八项规定"问题及其教训警示的通报、省委书记鹿心社在《通报》上作出的重要批示，中宣部《关于湖北省委严肃处理恩施州委、利川市委中心组学习突出问题的通报》的通知，省领导关于全国综治工作“南昌会议”有关指示精神。市委书记陈兴超主持会议并讲话。市委副书记、代市长曹淑敏讲话。肖良、杜德春、蔡厚勇、戴春英、贺喜灿、杨金红、徐云、余正琨、李唐等在家市委中心组成员参加学习。

30日 “信仰的力量——纪念中国工农红军长征胜利80周年”展览在市博物馆开展。市委书记陈兴超出席开幕式并宣布展览开幕。市委常委、宣传部部长贺喜灿主持展览开幕式；市委常委、鹰潭军分区政委陈宏讲话，鹰潭军分区政治部主任潘阿平出席开幕式并与各行业的代表一同参观了展览。

10月

6日至7日 中国邮政集团公司总经理、中国邮政储蓄银行董事长李国华率领调研组到鹰潭市调研。市委书记陈兴超，市委副书记、代市长曹淑敏会见调研组一行。中国邮政集团公司江西省分公司总经理李金良、副总经理黄君仲，中国邮政储蓄银行江西省分行行长肖天星一同调研。市委副书记肖良，市委常委、副市长李唐分别陪同调研。

7日 市委副书记、代市长曹淑敏到市交警支队调研指导道路交通管理工作。曹淑敏强调，要进一步提升道路交通管理水平，实实在在解决群众反映强烈的突出问题，增强群众满意度和幸福感。副市长、市公安局局长邓伟，市政府秘书长俞奇参加调研。

8日 全市工业及开放型经济运行调度会召开。市委副书记、代市长曹淑敏出席会议并讲话。曹淑敏强调，要全面贯彻落实市第八次党代会精神，咬定年度目标，不折不扣地完成好2016年各项任务。鹰潭高新区管委会主任李卫国参加会议。

9日 全市抓项目扩投资稳增长暨民间投资推进会召开。市委副书记、代市长曹淑敏出席会议并讲话。曹淑敏强调，要抓住民间投资、重大项目、资金来源、有效投资、服务保障“五个重点”，把好环境保护、投资效益、质量安全“三道关”，全力稳定经济增长，确保完成全年各项目标任务，努力实现“十三五”良好开局。市委常委张福庆主持会议。鹰潭高新区管委会主任李卫国参加会议。

同日 全市灾后水利建设暨“清河行动”动员会召开。市委副书记、代市长曹淑敏出席会议并讲话。市委常委张福庆，市政协副主席官金福，鹰潭高新区管委会主任李卫国出席会议。副市长李力主持会议。

9日至10日 省委组织部副部长、省委非公有制经济组织与社会组织工委书记、省委党建工作领导小组办公室主任周训国一行到鹰潭市，就基层党建工作情况进行专题调研。市委书记陈兴超，市委副书记肖良，市委常委、市委组织部部长余正琨，鹰潭高新区党工委书记周瑛，市委秘书长胡高堂等分别陪同调研。

11日 市政府召开《政府工作报告》征求意见座谈会。会议就《政府工作报告》听取老干部、市人大代表、企业代表及基层代表的意见和建议。市委副书记、代市长曹淑敏主持会议并讲话，市委常委、副市长李唐出席。

12日 市委书记陈兴超就进一步推进全面从严治党、认真落实“两个责任”，深入推动党风廉政建设和反腐败工作，集体约谈了县（市、区）委书记、纪委书记。陈兴超强调，要认真抓好党委主体责任落实，深入推进党风廉政建设和反腐败工作，以实实在在的工作成效取信于民，赢得群众好评。市委常委、纪委书记蔡厚勇主持集体约谈会。鹰潭高新区党工委书记周瑛，市委秘书长胡高堂等出席会议。

同日 市政协召开八届三十次常委会议。市委副书记、代市长曹淑敏应邀出席会议听取委员意见和建议。市政协主席王家林主持会议并讲话，市政协副主席杨建保、官金福、张金涛、黄占共、吴泉水，秘书长杨亮太出席会议。

13日 市政府全体会议召开，通报前三季度全市经济运行情况，讨论《政府工作报告（讨论稿）》。市委副书记、代市长曹淑敏主持会议并讲话。市委常委张福庆通报前三季度全市经济运行情况。副市长李力、吴文戈，市政府副巡视员刘诚及市政府党组其他成员出席会议。鹰潭高新区管委会主任李卫国，省国安厅副巡视员孙琦参加会议。

同日 代市长曹淑敏主持召开市政府常务会议，讨论通过《鹰潭市防汛能力提升工程总体方案（2016—2018年）》《鹰潭市“十三五”能源发展专项规划》《鹰潭市整合城乡居民基本医疗保险制度工作实施方案》。

16日 第十四届赣台经贸文化合作交流大会在南昌开幕。市委副书记、代市长曹淑敏，副市长李力及鹰潭代表团成员出席开幕式及其他相关活动。

同日 台湾永磁电子股份有限公司董事长洪明清等出席第十四届赣台（南昌）经贸文化合作交流大会的部分嘉宾到鹰潭考察。市委副书记、代市长曹淑敏出席欢迎晚宴并致辞。

17日 市委书记陈兴超深入省级贫困村——贵溪市志光镇湖石村，调研扶贫工作，看望慰问贫困户。副市长吴文戈，市委秘书长胡高堂等陪同调研。

18日 市委副书记、代市长曹淑敏深入江铜集团贵溪冶炼厂调研。曹淑敏强调，要进一步深化地企一体化合作，共同推动鹰潭和江铜集团在新的起点上实现新发展。市政府秘书长俞奇陪同调研。

18日至19日 省人大常委会副主任冯桃莲率队到鹰潭，就鹰潭市城乡生活垃圾分类、收集、转运、处理情况进行专题调研。省人大常委会委员、省人大环资委副主任委员屠永发，省人大环资委副主任委员杨泽民，省住建厅副厅长李道鹏陪同调研。市委书记陈兴超，市委副书记、代市长曹淑敏，市人大常委会主任杜德春，市委常委、组织部部长余正琨，市人大常委会副主任杨晓群、程芦山，副市长吴文戈分别陪同或出席汇报座谈会。

同日 省人大内司委主任委员胡宪率省人大内司委调研组到鹰潭，调研司法公开工作。省人大内司委副主任委员刘和平、段景来、陈友锦，省高级人民法院副院长夏克勤，省人民检察院副检察长徐胜平参加调研。市委书记陈兴超，市委副书记、代市长曹淑敏，市委副书记肖良，市人大常委会主任杜德春、副主任杨晓群，市中级人民法院院长陈仁生，市人民检察院检察长李莉安分别陪同调研。

19日 市委书记陈兴超到市人民医院住院部，看望慰问生病住院的老红军白有明，为他发放"中国工农红军长征胜利80周年"纪念章，并送去鲜花和慰问金。市委副书记肖良、市委秘书长胡高堂等一同参加。

21日 鹰潭市召开农村土地承包经营权确权登记颁证扫尾与验收工作推进会。市委副书记、代市长曹淑敏对做好农村土地承包经营权确权登记颁证工作作出重要批示，副市长李力出席会议并讲话。

同日 鹰潭市组织党员干部、各界群众收听收看纪念红军长征胜利80周年大会实况直播。陈兴超、肖良、杜德春、王家林、余正琨等在家的市四套班子领导，市法、检两长以及市直单位主要负责人等，在市经济大厦负一楼会议室集中收听收看了大会电视直播。

27日至28日 省委组织部副部长、老干部局局长肖洪波率领调研组到鹰潭调研。市委书记陈兴超会见调研组一行，市委副书记肖良，市委常委、组织部部长余正琨分别陪同调研。

29日 市委常委会召开，传达学习中共十八届六中全会精神，以及全省领导干部会议精神，就抓好全市学习宣传贯彻十八届六中全会精神进行部署。市委书记陈兴超主持会议并讲话。市委副书记、代市长曹淑敏传达十八届六中全会精神。

30日 中国人民政治协商会议鹰潭市第九届委员会第一次会议在沁庐道苑开幕。出席市政协九届一次会议的委员应到274名，实到263名，符合政协章程规定。省委对市政协这次换届会议十分重视，专门委派以省纪委驻省委组织部纪检组组长宋斌为组长的省委换届工作指导组，和以省人大常委会选任联工委副主任公艳萍为组长的省换届选举现场督导组，进行全程指导和督导。八届市政协主席王家林作政协鹰潭市第八届委员会常务委员会工作报告，市政协九届一次会议主席团常务主席戴春英主持会议，八届市政协副主席刘国富作政协鹰潭市第八届委员会常务委员会关于提案工作情况的报告。市委书记陈兴超在开幕大会上讲话。

同日 市委副书记、代市长曹淑敏主持召开市政府党组集体学习会，专题传达学习中共十八届六中全会、全省领导干部会议和八届市委第四次常委会精神。市委常委、市政府党组副书记张福庆作会议精神传达。市委常委、统战部部长、副市长徐云，副市长李力、吴文戈、邓伟，市政府副巡视员刘诚，市政府秘书长俞奇及市政府党组其他成员参加学习。

同日 市九届人大一次会议主席团第一次会议在市华侨饭店会议中心举行。市九届人大一次会议主席团应到47人，实到45人，符合法定人数。会议由陈兴超主持。

31日 鹰潭市第九届人民代表大会第一次会议在华侨饭店会议中心开幕。省委对鹰潭市这次人大会议召开非常关心和重视，省委赴鹰潭换届指导组组长、省纪委驻省委组织部纪检组组长宋斌，省委赴鹰潭换届选举现场督导组组长、省人大常委会选任联工委副主任公艳萍到会指导。此次会议应到代表277名，实到代表270名，符合法定人数。大会有两项议程：听取代市长曹淑敏作政府工作报告；表决市九届人大一次会议选举和通过人选办法草案。

同日 市委书记陈兴超到市政协九届一次会议中共、民革、民盟、民建、民进、农工党、九三学社界别讨论组，亲切看望委员，听取大家的意见建议，共商鹰潭发展大计。市政协九届一次会议主席团常务主席戴春英、汪桂昌，八届市政协副主席杨建保参加讨论。

同日 市政协九届一次会议分组讨论政府工作报告。市委副书记、代市长曹淑敏到无党派、共青团、工会、妇联、工商联界别组，亲切看望委员，听取大家的意见建议，共谋鹰潭发展大计。市政协九届一次会议主席团常务主席官金福，八届市政协副主席杨建保参加讨论。

11月

1日 市九届人大一次会议在市华侨饭店会议中心举行第二次全体会议。市八届人大六次会议应到代表277名，实到代表268名，符合法定人数。主席团常务主席、大会执行主席程芦山主持大会。大会共有三项议程：市人大常委会主任杜德春作市人大常委会工作报告；市中级人民法院院长陈仁生作市中级人民法院工作报告；市人民检察院检察长李莉安作市人民检察院工作报告。

同日 市委书记陈兴超到市九届人大一次会议贵溪代表团，与代表们一起审议政府工作报告。陈兴超强调，要坚持以目标和问题为导向，进一步解放思想、勇于担当，以更加昂扬的斗志和更加饱满的精神，奋力决胜同步全面小康。

2日 中国人民政治协商会议鹰潭市第九届委员会第一次会议完成各项议程，胜利闭幕。大会应到委员

274名，实到委员256名，符合政协章程规定。省委对市政协九届一次会议召开非常关心和重视，省委赴鹰潭换届选举现场督导组组长、省人大常委会选任联工委副主任公艳萍到会指导。会议通过政协鹰潭市第九届委员会提案审查委员会关于九届一次会议提案初步审查情况的报告；通过政协鹰潭市第九届委员会第一次会议决议。市政协主席戴春英主持闭幕大会并讲话。

同日 市政协九届一次会议举行选举大会，选举产生政协鹰潭市第九届委员会主席、副主席、秘书长、常务委员。省委赴鹰潭换届选举现场督导组组长、省人大常委会选任联工委副主任公艳萍到会指导。会议由官金福主持。大会应到委员274名，实到委员256名，符合政协章程规定。大会以举手表决的方式通过了市政协九届一次会议选举办法和市政协九届一次会议选举大会总监票人、监票人名单。根据选举办法的规定，选举以无记名投票方式进行。经过选举，九届市政协主席、副主席、秘书长和常务委员共52名候选人，得票均超过全体委员总数的50%。戴春英当选政协鹰潭市第九届委员会主席；官金福、张金涛、吴泉水、周瑛、吴南平、汪桂昌、聂玲娜当选政协鹰潭市第九届委员会副主席，杨亮太当选政协鹰潭市第九届委员会秘书长。

3日 市九届人大一次会议在华侨饭店会议中心举行第三次大会。会议应到代表277名，实到代表273名，符合法定人数。省委对鹰潭市这次会议的召开非常关心和重视，省委赴鹰潭换届选举现场督导组组长、省人大常委会选任联工委副主任公艳萍到会指导。大会主席团常务主席陈兴超主持会议。大会以举手表决的方式通过了总监票人、监票人名单。大会以无记名投票方式选举市九届人大常委会组成人员，郭清当选为市九届人大常委会主任，程芦山、刘育虹、李力、周永江、杨森、胡高堂当选为副主任，江鸿当选为秘书长；选举市人民政府市长、副市长，曹淑敏当选为市人民政府市长，张福庆、黄占共、吴文戈、邓伟、蔡江、张子建当选为副市长；选举市中级人民法院院长、市人民检察院检察长，陈仁生当选为市中级人民法院院长、李莉安当选为市人民检察院检察长（需经江西省人民代表大会常务委员会批准）。大会表决通过了市九届人大各专门委员会主任委员、副主任委员、委员人选。市九届人大一次会议主席团举行新当选人员集体向宪法宣誓仪式。

同日 市九届人大一次会议完成各项议程，在华侨饭店会议中心闭幕。市九届人大一次会议应到代表277名，实到代表273名，符合法定人数。省委对鹰潭市这次大会的召开非常关心和重视，省委赴鹰潭换届选举现场督导组组长、省人大常委会选任联工委副主任公艳萍到会指导。大会由主席团常务主席郭清主持。大会以举手表决的方式通过了《关于政府工作报告的决议》《关于鹰潭市人大常委会工作报告的决议》《关于鹰潭市中级人民法院工作报告的决议》《关于鹰潭市人民检察院工作报告的决议》。市委书记陈兴超在会上作了重要讲话。市长曹淑敏代表新一届市人民政府讲话。市人大常委会主任郭清代表新一届市人大常委会讲话。

同日 国家林业局副局长刘东生率资源司副司长徐济德、林业工作站管理总站站长潘世学、驻福州专员办副专员吴满元等到鹰潭市，就林政资源管理工作进行调研。省林业厅厅长阎钢军，省林业厅党组成员、总工程师胡跃进参加调研活动。市委书记陈兴超，市长曹淑敏，市委常委、统战部部长徐云，副市长黄占共、蔡江陪同调研。

3日至4日 全省教育信息化推进工作电视电话会议在鹰潭市举行。副省长殷美根出席会议并讲话。省委教育工委书记黄小华主持会议，市长曹淑敏出席会议并作经验介绍。省政府副秘书长刘晓艺，省委教育工委副书记、省教育厅厅长叶仁荪，省发改委副主任熊毅，省工信委副主任王亦斌，省教育厅副厅长杨慧文、肖志华，副市长蔡江及设区市分管教育副市长出席会议。

4日 市长曹淑敏主持召开新一届市政府第一次常务会议，讨论通过《鹰潭市人民政府工作规则》《关于建立健全重点项目推进机制的通知》；研究部署加强新一届政府班子自身建设和当前有关重点工作。

同日 省教育信息化推进工作座谈会在鹰潭市召开，省教育厅厅长叶仁荪主持会议并讲话，省教育厅副厅长杨慧文、肖志华出席会议，副市长蔡江和各地市副市长参加会议。

5日至6日 以光彩中国实业集团董事长、中国光彩事业日本促进会会长姜维为团长，瑞典华人工商联合总会会长王建荣、澳门广兴集团贸易有限公司董事长黄天水为副团长的江西海外联谊会考察团到鹰潭市考察。市长曹淑敏出席座谈会并致辞，市委常委、统战部部长徐云主持座谈会，副市长张子建出席座谈会。

7日 市长曹淑敏主持召开第二次市政府常务会议，学习《信访工作责任制实施办法》；讨论通过《鹰潭市城市建成区违法建设专项治理工作行动方案》《鹰潭市提升招商引资质量和效益实施方案》。

同日 省委改革工作第六督察组到鹰潭市，就2016年全面深化改革工作及省委第二批七个重点改革督察项目进行督察指导，并举行座谈会。市委副书记肖良主持座谈会。市人大常委会副主任、市委秘书长、市委改革办主任胡高堂陪同。

7日至9日 省政协副主席孙菊生率省政协调研组到鹰潭开展“河长监督行”活动及水环境保护跟踪调研。省政协人资环委主任朱荣辉，人资环委专职副主任樊欣，省邮政管理局局长彭志先，省鄱阳湖水利枢纽工程建设办公室副主任刘超参加调研；

市委书记陈兴超，市长曹淑敏，市政协主席戴春英，市政协原主席王家林，副市长黄占共，市政协副主席汪桂昌，市政协秘书长杨亮太分别陪同或出席座谈会。

8日 市委中心组举行集体学习会，传达学习中共十八届六中全会精神。市委书记陈兴超主持会议并讲话。他强调，学习宣传贯彻中共十八届六中全会精神是当前和今后一个时期的重要政治任务。全市上下要更加紧密地团结在以习近平为核心的党中央周围，全面深入贯彻中共十八届六中全会精神，深刻领会党中央治国理政战略布局的新发展，深刻领会全面从严治党的新要求，牢固树立政治意识、大局意识、核心意识、看齐意识，坚定不移维护党中央权威和党中央集中统一领导，更加扎实地把党中央的各项决策部署落到实处，奋力推动鹰潭市各项事业发展迈上新台阶，以优异成绩迎接省第十四次党代会和党的十九大胜利召开。曹淑敏、肖良、戴春英、蔡厚勇、贺喜灿、杨金红、陈宏、徐云、余正琨、李唐等在家的市委中心组成员参加了学习。

同日 全市现代服务业座谈会召开，分析研究发展现状，安排部署年内及2017年工作。市长曹淑敏出席座谈会并讲话。市委常委、常务副市长张福庆主持座谈会。市政府秘书长俞奇出席会议。

9日 中央宣讲团中共十八届六中全会精神报告会在南昌举行。中央宣讲团成员、最高人民法院副院长姜伟作宣讲报告。省委书记鹿心社主持报告会。陈兴超、曹淑敏、肖良、戴春英、蔡厚勇、贺喜灿、张福庆、杨金红、徐云、余正琨等在家的市四套班子领导在鹰潭分会场收看报告会。

同日 全市信息化工作座谈会召开。市长曹淑敏出席会议并讲话。市委常委、常务副市长张福庆，市政府秘书长俞奇出席会议。市委常委、副市长李唐主持会议。

10日 省委书记鹿心社，省委副书记、省长刘奇，省委副书记姚增科等省领导到出席省第十四次党代会的鹰潭市代表团会场，亲切看望陈兴超、曹淑敏、肖良、蔡厚勇、余正琨、李卫国等鹰潭代表团全体代表。

同日 出席省第十四次党代会的鹰潭代表团举行全体会议。市委书记陈兴超主持会议。市长曹淑敏传达省委书记鹿心社在各代表团召集人会议上的讲话精神。市委副书记肖良，市委常委、市纪委书记蔡厚勇，市委常委、市委组织部部长余正琨，鹰潭高新区党工委书记李卫国等鹰潭代表团代表出席会议。市人大常委会副主任、市委秘书长胡高堂参加会议。会议传达学习了《中共中央关于辽宁拉票贿选案查处情况及其教训警示的通报》和《中央纪委机关中央组织部关于加强换届风气监督的通知》；传达了各代表团召集人会议精神；观看了衡阳、南充“两案”警示教育片《镜鉴》；选举陈兴超为鹰潭代表团团长、曹淑敏为副团长；酝酿了大会主席团成员、秘书长、代表资格审查委员会成员建议名单和大会议程（草案）。

11日 在南昌出席省第十四次党代会的鹰潭代表团组织代表收听收看纪念孙中山先生150周年诞辰大会实况。市委书记陈兴超，市长曹淑敏，市委副书记肖良，市委常委、市纪委书记蔡厚勇，市委常委、市委组织部部长余正琨，鹰潭高新区党工委书记李卫国等鹰潭代表团代表参加收听收看。

同日 全市党委办公室主任（秘书科长）会议召开。会议传达了全国、全省党委秘书长会议精神，市委书记陈兴超作出批示，提出了明确要求。市人大常委会副主任、市委秘书长胡高堂出席会议并讲话，市政协秘书长杨亮太出席会议。

同日 正在南昌参加省党代会的市长曹淑敏，做客中国江西网，在江西日报全媒体演播中心接受“聚焦党代会 全域旅游看江西”访谈活动记者的访谈。

12日 出席江西省第十四次党代会的代表分组讨论鹿心社代表中共江西省第十三届委员会向大会作的报告。毛伟明参加了鹰潭代表团的讨论。陈兴超主持讨论会，曹淑敏、肖良、蔡厚勇、余正琨、李卫国等代表参加讨论。

13日 参加省第十四次党代会的鹰潭代表团全体成员认真讨论鹿心社代表中国共产党江西省第十三届委员会所作的工作报告。毛伟明、陈兴超、曹淑敏、肖良、蔡厚勇、余正琨、李卫国等代表参加讨论。

13日至14日 出席省第十四次党代会的鹰潭市代表团代表，围绕省纪委工作报告进行热烈讨论。陈兴超、曹淑敏、肖良、蔡厚勇、余正琨等与代表们一起进行讨论。大家表示，省纪委工作报告通篇体现一个“实”字，总结成绩实，提炼经验实，工作建议实，完全赞同和拥护这个报告。

16日 由中央政研室、中央改革办农村局局长朱泽率领的调研组在鹰潭市余江县调研农村宅基地改革试点工作。省委政研室副巡视员林毓敏陪同调研，市委常委、常务副市长张福庆出席汇报会。

同日 下午5时30分许，中共江西省第十四届委员会常委鹿心社、刘奇、姚增科、李炳军、孙新阳、赵爱明、毛伟明、尹建业、殷美根、陈兴超、刘捷、赵力平，与参与采访省第十四次党代会的中央驻赣新闻媒体和省内主要新闻媒体的记者亲切见面，接受采访。

17日 中央第四环境保护督察组督察江西省情况反馈视频会在南昌召开。省委常委、市委书记陈兴超在省主会场参加会议。市领导曹淑敏、肖良、蔡厚勇、贺喜灿、张福庆、杨金红、徐云、余正琨、黄占共、吴文戈、邓伟、蔡江、张子建，省国土资源厅副巡视员、市国土资源局局长彭伟，市政府秘书长俞奇在鹰潭分会场参加会议。

同日 全省“十三五”残疾人精准康复工作部署会暨残疾人康复业务培训班（第一期）在鹰潭市举行。省残联党组书记、理事长陈卫华，省纪委派驻省民政厅纪检组组长刘英诚，副市长吴文戈参加会议，省残联党组成员、副理事长邹晓辉主持会议。

18日 市委召开全市领导干部会议，传达学习贯彻省第十四次党代会精神。省委常委、市委书记陈兴超出席会议并讲话。他强调，要深入学习宣传，结合实际贯彻落实，切实把全市干部群众的思想和行动统一到省党代会精神上来，以省党代会精神为指导，不断开创全市经济社会发展新局面。市委副书记、市长曹淑敏主持会议，并传达省委常委、常务副省长毛伟明参加鹰潭代表团分组讨论时的讲话精神。市委副书记肖良传达省党代会主要精神。郭清、戴春英、蔡厚勇、贺喜灿、张福庆、杨金红、徐云、余正琨等在家的市四套班子领导，市法检两长以及其他市级领导，副厅级以上离退休老同志，各地、各部门、各单位主要负责人，部分副县级干部参加会议，并集体观看了《不忘初心，继续前进》专题教育片。

同日 市委召开常委会议，传达学习贯彻省第十四次党代会精神；传达学习省委常委、常务副省长毛伟明在参加鹰潭代表团讨论时的讲话精神；学习《关于新形势下党内政治生活的若干准则》《中国共产党党内监督条例》。省委常委、市委书记陈兴超主持会议。

21日 市长曹淑敏主持召开第三次市政府常务会议，讨论通过《鹰潭市“十三五”生态环境保护规划》《鹰潭市邮政业发展“十三五”规划（2016—2020年）》

同日 市长曹淑敏深入余江县洪湖乡官坊村和苏家村，调研精准扶贫和新农村建设工作，看望慰问贫困户。调研时，曹淑敏强调，要按照中央和省市扶贫开发工作要求，将精准扶贫工作摆到更加突出的位置，找准切入点、提高精准度、确保实效性，全力打好精准扶贫攻坚战。市人大常委会副主任周永江，市政府秘书长俞奇等陪同调研。

24日 中能建控股集团有限公司董事长、党委书记王莉明率中能建集团江西访问团抵达南昌，参加25日至28日举行的第四届世界绿色发展投资贸易博览会。当晚，市长曹淑敏会见了访问团一行。中铁二十五局集团有限公司董事长、党委书记张建国，中信证券股份有限公司投资银行委员会董事、总经理金剑华，中能建股权投资基金（深圳）有限公司总裁董兴江，副市长张子建，市政府秘书长俞奇等参加会见。

同日 市长曹淑敏会见参加第四届世界绿色发展投资贸易博览会的台湾光宝集团大陆区执行长张国扬、中国光大国际有限公司副总裁王云刚、香港恒发光学有限公司总经理郭茂群。副市长张子建，鹰潭高新区管委会主任杨鹏，市政府秘书长俞奇参加会见。

25日 全省安全生产电视电话会议在南昌召开，传达学习贯彻中共中央总书记习近平对江西丰城电厂施工平台倒塌事故作出的重要指示精神和国务院总理李克强的重要批示精神，通报有关情况，部署全省安全生产工作。省委常委、市委书记陈兴超在南昌主会场出席会议；曹淑敏、肖良、郭清、戴春英、蔡厚勇、张福庆、杨金红、余正琨等在家的市四套班子领导，市法检两长等在鹰潭分会场收听收看了电视电话会议。

同日 市政府与上海对外经贸大学在沁庐道苑宾馆举行战略合作框架协议签约仪式。上海对外经贸大学校长孙海鸣、市长曹淑敏出席签约仪式并签约。市委常委、宣传部部长贺喜灿主持签约仪式。上海对外经贸大学副校长聂清、副市长蔡江分别致辞。市政协副主席张金涛、市政府秘书长俞奇出席签约仪式。

同日 上海对外经贸大学国际学生中国文化体验基地揭牌仪式在龙虎山老子学院举行。揭牌仪式前，市委副书记肖良会见了上海对外经贸大学校长孙海鸣一行。上海对外经贸大学校长孙海鸣出席揭牌仪式并致辞，市委常委、宣传部部长贺喜灿主持揭牌仪式，上海对外经贸大学副校长聂清、副市长蔡江共同为基地揭牌，市政协副主席张金涛出席揭牌仪式。

同日 第四届世界绿色发展投资贸易博览会绿色发展主旨论坛在南昌举行。全国政协副主席王正伟出席并致辞。省委书记鹿心社作主旨演讲。省领导姚增科、黄跃金、毛伟明、尹建业、殷美根、陈兴超、刘捷、赵力平等出席论坛。世界自然保护联盟总裁兼理事会主席、中国教育国际交流协会会长章新胜，国家发改委副秘书长程建林，苏宁控股集团董事长张近东等嘉宾分别发表演讲。副市长张子建，鹰潭高新区管委会主任杨鹏，市政府秘书长俞奇出席论坛。

同日 跨国公司投资江西合作交流会在南昌举行。省长刘奇出席会议并讲话。国家发改委副主任张勇主持会议。省商务厅厅长王水平作主旨推介。市长曹淑敏，鹰潭高新区管委会主任杨鹏参加交流会。

26日 赣商发展大会在南昌前湖迎宾馆举行。省委常委、市委书记陈兴超出席并致辞。省政府副秘书长王亚联出席会议。省商务厅厅长王水平主持会议。副市长张子建，鹰潭高新区管委会主任杨鹏参加会议。

27日 鹰潭市认真组织收听收看全国安全生产电视电话会议。市长曹淑敏，副市长张子健，市政协副主席、市人保局局长吴南平，鹰潭高新区管委会主任杨鹏，市政府秘书长俞奇，各县（市、区）、各有关部门负责人在鹰潭分会场参加会议。

29日 全市安全生产工作会议召开。会议的主要任务是，学习贯彻全国全省安全生产工作电视电话会议精神，安排部署下一阶段安全生产工作任务。省委常委、市委书记陈兴超出席并讲话。陈兴超强调，全市上下要坚决贯彻落实党中央、国务院和省委、省政府的决策部署，迅速行动，狠抓落实，全力以赴打赢安全生产隐患排查治理攻坚战，为推进全市安全生产形势持续稳定、建设富裕美丽幸福鹰潭，作出新的更大贡献。市长曹淑敏主持会议。肖良、郭清、戴春英、蔡厚勇、贺喜灿、张福庆、杨金红、陈宏、徐云等市四套班子领导，市中级法院院长、市检察院检察长等出席会议。

29 日至 30 日 省委第二督导组到鹰潭市，就深入学习贯彻落实中共中央总书记习近平对江西工作重要要求的情况进行督察指导，并主持召开座谈会。省委常委、市委书记陈兴超陪同。省委组织部部务委员邹绍辉参加督导。市委副书记肖良汇报鹰潭市工作情况。市人大常委会副主任、市委秘书长胡高堂参加座谈会。

30 日 学习贯彻中共十八届六中全会精神省委宣讲团在鹰潭宣讲中共十八届六中全会和省第十四次党代会精神。省委常委、市委书记陈兴超主持报告会并讲话。省委宣讲团成员、省委组织部部务委员俞银先作宣讲报告。曹淑敏、郭清、戴春英、蔡厚勇、贺喜灿、张福庆、杨金红、陈宏、徐云、余正琨等在家的市四套班子领导，市中级人民法院院长、市人民检察院检察长，以及其他市级领导等出席报告会。

同日 省委常委、市委书记陈兴超会见到鹰潭市宣讲中共十八届六中全会和省第十四次党代会精神的学习贯彻中共十八届六中全会精神省委宣讲团成员、省委组织部部务委员俞银先一行。市领导曹淑敏、戴春英、蔡厚勇、贺喜灿、张福庆、杨金红、陈宏、余正琨、邓伟、张子建等参加会见。

同日 鹰潭市城区道路交通秩序综合整治工作动员会召开。市长曹淑敏出席并作动员讲话。曹淑敏强调，要把交通秩序综合整治作为当前一项重中之重的工作来抓，全力以赴，齐心协力，打好这场攻坚战，努力把鹰潭建成一个和谐、舒适、宜居、文明的美丽新家园。副市长邓伟主持会议。市政府秘书长俞奇宣读《鹰潭市城区道路交通秩序综合整治工作实施方案》。

12 月

1 日 全省深化落实全面从严治党“两个责任”视频培训会举行。省委书记鹿心社出席会议并讲话。省长刘奇主持会议。曹淑敏、肖良、郭清、戴春英、蔡厚勇、贺喜灿、张福庆、杨金红、陈宏、徐云、余正琨等市四套班子领导，法检两长，副厅级领导干部，市四套班子秘书长，鹰潭高新区、龙虎山景区、信江新区党政主要负责人、纪工委书记，市委各部门、市直各单位、驻鹰各单位有关负责人参加了会议。

同日 市委中心组召开集体学习会，就“两学一做”学习教育第四个专题“依靠群众求胜利”和学习贯彻中共十八届六中全会、省第十四次党代会精神进行深入学习研讨。受省委常委、市委书记陈兴超委托，市委副书记肖良主持会议并讲话。郭清、戴春英、贺喜灿、张福庆、杨金红、陈宏、徐云、余正琨等在家的市委中心组成员参加学习会。

2 日 省水利厅厅长罗小云到鹰潭市调研水利重点工作。市委副书记肖良会见罗小云一行，市委常委、统战部部长徐云，副市长黄占共陪同调研并出席座谈会。

6 日 市委副书记肖良主持召开分管部门领导班子全面从严治党工作座谈会。他强调，要进一步统一思想认识，强化责任担当，认真落实“两个责任”和“一岗双责”，持续推进风清气正的政治生态建设。

6 日至 7 日 市委副书记肖良在贵溪双圳林场、樟坪乡、文坊镇、金屯镇、塘湾镇调研时强调，要坚持发展第一要务，做强特色产业，带动群众致富；要加强基层服务型党组织建设，助力经济加快发展。

11 日至 12 日 市委副书记肖良在余江县画桥镇、高公寨营林场、黄庄乡、锦江镇调研时强调，要坚持全面从严治党，抓实党建促发展，让人民群众有更多的获得感和幸福感。

15 日 省高级人民法院副院长胡淑珠到鹰潭市，与在鹰潭市的部分省人大代表进行座谈并听取意见建议。市人大常委会副主任程芦山、副市长张子建、鹰潭高新区党工委书记李卫国等参加座谈。市中级人民法院党组书记、院长陈仁生主持。

17 日 信江新区集体验、销售和服务功能为一体的首家大型家电实体店——忠旺家电格力旗舰店盛大开业，迎来正式开业后的首批消费者。市政协主席戴春英，市政协副主席、市工商联主席吴泉水，市政协秘书长杨亮太等出席开业仪式并启动开业球。

17 日 中国东方礼仪研究院鹰潭分院成立仪式在龙虎山雷迪森庄园举行。新余学院院长史可，市委常委、统战部部长徐云出席仪式。市人大常委会原副主任、市总工会主席卢越明致辞。

19 日 市长曹淑敏主持召开第七次市政府常务会议，听取市统计局关于鹰潭市市第三次全国农业普查工作有关情况的汇报；讨论通过《鹰潭市教育事业发展“十三五”规划》。

20 日 市委召开市委常委扩大会议，传达贯彻中央经济工作会议和全省领导干部会议精神，深入研究鹰潭市市经济形势，安排部署下一步经济工作。受省委常委、省委统战部部长、市委书记陈兴超委托，市委副书记、市长曹淑敏主持会议并讲话。市委副书记肖良传达中央经济工作会议和全省领导干部会议精神。郭清、戴春英、蔡厚勇、贺喜灿、张福庆、杨金红、徐云、余正琨、李唐等在家的市四套班子领导出席会议。

同日 全市城市工作会议召开。市长曹淑敏出席会议并讲话。她强调，要按照中央、全省城市工作会议的重大部署，坚持以“五大发展理念”为引领，突出问题导向，突出全域一体，加快转变城市发展方式，优化城市空间布局，改善城市生态环境，创新城市管理体制，努力建设功能完善、集约高效、特色鲜明、生态宜居的现代化城市。市委副书记肖良主持会议。市人大常委会主任郭清，市政协主席戴春英，市人大常委会副主任、市委秘书长胡高堂，市政协副主席吴南平，省国土资源厅副巡视员、市国土资源局局长彭伟，鹰潭高新区管委会主任杨鹏，市政府秘书长俞奇出席会议。副市长吴文戈作工作部署。

同日 省军区政委杨笑祥少将、副司令员兼参谋长方建华少将、副政委罗晓东少将、政治部主任李晓亮少将、后勤部部长张韬大校全体在职常委和副参谋长苏明宗大校在南昌接见余江武装工作党政领导。副市长张子建和余江县领导代表地方党委和政府答谢省军区对余江武装工作的关心厚爱，并呈请省军区批准余江县征兵工作上报军委国防动员部转呈国防部授予“征兵工作先锋模范县”称号。

21日 省委常委、省纪委书记孙新阳深入扶贫点余江县锦江镇范家村，实地调研指导精准扶贫工作，走访慰问生活困难群众。他强调，要按照精准扶贫规划，进一步把帮扶工作做实、做细、做到位，与村民齐心协力，坚决打赢脱贫攻坚战。省纪委常委、秘书长汪爽，省纪委组织部部长郑志军随同调研。市长曹淑敏，市委副书记肖良，市委常委、市纪委书记蔡厚勇，市人大常委会副主任、市委秘书长胡高堂陪同调研。

22日 副省长谢茹到鹰潭市调研指导基层市场监管规范化建设工作。省政府副秘书长陈敏，市长曹淑敏，省质监局副局长张龙飞，省工商局副局长刘建华，省食药监局副局长曹麒，副市长张子建，鹰潭高新区党工委书记李卫国，市政府秘书长俞奇陪同调研。

同日 全市人民防空工作会议召开。省委常委、省委统战部部长、市委书记陈兴超对全市人民防空工作提出明确要求。市长曹淑敏、鹰潭军分区司令员杨海林出席会议并讲话。副市长吴文戈主持会议。鹰潭军分区参谋长翟小忠宣读表彰决定。市政府秘书长俞奇出席会议。

同日 全市卫生与健康大会召开。省委常委、省委统战部部长、市委书记陈兴超提出明确要求。市长曹淑敏出席会议并讲话，市委副书记肖良主持会议，市委常委、常务副市长张福庆作工作部署。市领导郭清、蔡厚勇、张福庆、杨金红、徐云、余正琨，鹰潭高新区管委会主任杨鹏，市人大常委会秘书长江鸿，市政府秘书长俞奇出席会议。

23日 全市农村宅基地管理试点工作现场会暨动员部署会召开。省委常委、省委统战部部长、市委书记陈兴超对农村宅基地制度改革试点工作提出明确要求。市长曹淑敏，市委常委、统战部部长徐云出席会议并讲话。副市长吴文戈主持会议。省国土资源厅副巡视员、市国土资源局局长彭伟解读试点工作文件。鹰潭高新区党工委书记李卫国、鹰潭高新区管委会主任杨鹏、市政府秘书长俞奇出席会议。

同日 省科技厅党组书记郭学勤率调研组，到鹰潭市调研窄带物联网试点和科技创新工作。省科技厅党组成员、知识产权局局长熊绍员参加调研。市长曹淑敏，市委常委、副市长李唐，鹰潭高新区管委会主任杨鹏，市政府秘书长俞奇陪同调研。

同日 江西师范高等专科学校召开“十三五”事业发展规划论证座谈会。省委常委、省委统战部部长、市委书记陈兴超，市长曹淑敏分别提出明确要求。省教育厅副厅长杨慧文，市委常委、宣传部部长贺喜灿，市委常委、常务副市长张福庆，市人大常委会副主任周永江，市政协副主席聂玲娜参加座谈会。

25日 市长曹淑敏主持召开第八次市政府常务会议，学习《党政主要负责人履行推进法治建设第一责任人职责规定》；讨论通过《鹰潭市人民政府拟定地方性法规草案和制定规章程序规定》《鹰潭市安全生产“十三五”规划》《鹰潭市人民政府关于进一步加强食品安全工作的若干意见》。

27日 全省“扫黄打非”进基层工作现场推进会在鹰潭市召开。省新闻出版广电局巡视员、省“扫黄打非”工作领导小组副组长兼办公室主任刘平出席会议并讲话，省新闻出版广电局副巡视员、省“扫黄打非”工作领导小组专职副主任郑德明主持会议并传达了全国“扫黄打非”进基层工作推进会精神，市委常委、常务副市长张福庆致辞。市政协副主席聂玲娜陪同参观。

28日 市政府召开2017年《政府工作报告》征求意见座谈会。市长曹淑敏主持会议并讲话。老同志刘祖三、李东堂，部分党代表、人大代表和企业代表参加座谈会。

29日 市委召开常委扩大会议，传达贯彻全省经济工作会议精神，深入研究当前鹰潭市市经济形势，安排部署下一步经济工作。受省委常委、省委统战部部长、市委书记陈兴超委托，市委副书记、市长曹淑敏主持会议并讲话。郭清、戴春英、蔡厚勇、张福庆、杨金红、陈宏、余正琨、李唐等在家的市四套班子领导出席会议。市委常委、常务副市长张福庆传达全省经济工作会议精神。

30日 鹰潭市推进国家级旅游业改革创新先行区建设和国家全域旅游示范区创建工作动员大会召开，研究部署旅游“双创”工作和全市旅游发展。省委常委、省委统战部部长、市委书记陈兴超，省旅发委主任丁晓群出席会议并作重要讲话。市长曹淑敏主持会议，市委副书记肖良，市人大常委会主任郭清，市政协主席戴春英，市委常委、常务副市长张福庆，市人大常委会副主任、市委秘书长胡高堂，副市长蔡江，鹰潭高新区党委书记李卫国，省国土资源厅副巡视员、市国土资源局局长彭伟，市政府秘书长俞奇等出席会议。

同日 鹰潭市政府与南昌航天科技集团有限公司合作办学签约仪式在沁庐道苑举行。省委常委、省委统战部部长、市委书记陈兴超出席签约仪式。市长曹淑敏，南昌航天科技集团董事长、南昌理工学院校长邱小林出席仪式并致辞。市委副书记肖良，市委常委、常务副市长张福庆，南昌理工学院决策咨询委员会副主任周绍森，南昌航天科技集团总经理、鹰潭教育投资有限公司（筹）总经理邱震钰等出席。市委常委、宣传部部长贺喜灿主持签约仪式，并宣读了中国科学院院士、中国月球探测工程首席科学家、嫦娥之父欧阳自远发来的贺信。市人大常委会副主任、市委秘书长胡高堂，副市长蔡江，市政府秘书长俞奇等出席签约仪式。

同日 市九届人大常委会第二次会议举行。市人大常委会主任郭清出席会议并讲话，副主任程芦山主持会议，副主任刘育虹、李力、周永江、杨森、胡高堂，秘书长江鸿出席会议。市长曹淑敏宣读《关于提请任命俞奇等同志职务的议案》并讲话，市委常委、组织部部长余正琨作市政府秘书长和工作部门主要负责人职务安排情况的说明。市中级人民法院院长陈仁生，市人民检察院检察长李莉安列席会议。

同日 市长曹淑敏到市国税局走访慰问财税金融系统干部职工，并代表市委、市政府向全市财税金融系统的全体干部职工致以新年的美好祝愿。市委常委、常务副市长张福庆，市政府秘书长俞奇等随同走访。

国家森林城市建设——信江新区为古樟让路

市林业局 供稿

专记

编辑、校对：况建军

中国共产党鹰潭市第八次代表大会召开

中国共产党鹰潭市第八次代表大会，是在鹰潭市进入全面建成小康社会决战阶段召开的一次重要会议。会议的主题是：高举中国特色社会主义伟大旗帜，以邓小平理论、“三个代表”重要思想、科学发展观为指导，深入学习贯彻中共中央总书记习近平系列重要讲话精神，动员全市广大党员和干部群众，统筹推进“五位一体”总体布局，协调推进“四个全面”战略布局，坚持发展新理念，推进鹰潭新跨越，为同步全面建成小康社会而努力奋斗！

鹰潭市第八次党代会于2016年9月23日至26日召开。会议议程有五项：（一）听取和审查中国共产党鹰潭市第七届委员会工作报告；（二）审查中国共产党鹰潭市纪律检查委员会工作报告；（三）选举中国共产党鹰潭市第八届委员会；（四）选举中国共产党鹰潭市纪律检查委员会；（五）选举鹰潭市出席中国共产党江西省第十四次代表大会代表。

2016年9月24日上午，鹰潭市第八次党代会在华侨饭店会议中心开幕。中共江西省委对鹰潭市第八次党代会召开非常关心和重视，专门委派以省纪委驻省委组织部纪检组组长宋斌为组长的省委换届工作指导组，和以省人大常委会选任联工委副主任公艳萍为组长的省换届选举现场督导组，进行全程指导和督导。出席大会的代表应到330人，实到319人，符合有关规定。陈兴超代表中国共产党鹰潭市第七届委员会作了题为《坚持发展新理念，推进鹰潭新跨越，为同步全面建成小康社会而努力奋斗》的工作报告。报告分四个部分：一、富裕秀美宜居和谐鹰潭建设阔步前进的五年；二、同步全面建成小康社会的总体要求；三、同步全面建成小康社会的主要任务；四、以改革创新精神全面加强和改进党的建设。

报告认为：市第七次党代会以来，在省委、省政府的坚强领导下，七届市委总揽全局、协调各方，团结带领全市人民，紧紧围绕建设富裕秀美宜居和谐鹰潭目标，按照“主攻项目、决战‘三区’，凸现特色、实现跨越”总体要求，在迎接挑战中砥砺奋进，在抢抓机遇中阔步前行，圆满完成市第七次党代会确定的目标任务，在鹰潭发展史上谱写了浓墨重彩的崭新篇章，为全面建成小康社会奠定了坚实基础。主要表现为：这五年，着力推进富裕鹰潭建设，推动经济发展在新常态下实现新跨越；着力推进秀美鹰潭建设，打造生态文明先行示范区迈出新步伐；着力推进宜居鹰潭建设，广大人民群众的幸福感得到新增强；着力推进和谐鹰潭建设，安定团结的社会局面得到新巩固；全面加强党的建设，风清气正的政治生态呈现新气象。五年的奋斗，五年的探索，得出深刻的启示：必须坚持扬优成势，做好“三篇文章”显特色；必须坚持问题导向，找准工作症结求突破；必须坚持务实落实，做到真抓实干敢担当；必须坚持以人为本，实施工程惠民生；必须坚持全面从严治党，抓好党建工作强保障。

报告指出：未来五年，是全面建成小康社会的决胜阶段，也是可以大有作为的重要战略机遇期。站在新的历史起点上，要用更加宽广的视野、更加高远的目标，更加昂扬的斗志、更加务实的作风，谋划和推进鹰潭未来的发展。今后五年全市工作的总体要求是：高举中国特色社会主义伟大旗帜，以邓小平理论、“三个代表”重要思想、科学发展观为指导，深入贯彻落实中共中央总书记习近平系列重要讲话精神，特别是对江西工作提出的“新的希望、三个着力、四个坚持”总体要求，遵循“五位一体”总体布局和“四个全面”战略布局，坚持发展第一要务和“五大发展理念”，统筹推进改革、发展、稳定各项工作，持之以恒做好铜产业、旅游业、物流业“三篇文章”，深入推进富裕秀美宜居和谐鹰潭建设，持续营造风清气正的政治生态，全面提升党的建设科学化水平，为同步全面建成小康社会而努力奋斗。今后五年的主要目标是：经济增速持续高于全省平均水平，经济总量突破1000亿元，财政总收入突破200亿元，实现新型工业化、城镇化、信息化、农业现代化、绿色化水平大幅跃升，市属铜产业、旅游业、物流业主要指标实现翻番，世界铜都首位度、中华道都知名度、田园新城宜居度显著提高；脱贫攻坚取得全面胜利，公共服务体系更加健全，社会文化事业繁荣发展，人民生活更加幸福；改革开放取得重大成果，法治鹰潭建设成效显著，社会更加平安和谐；党的建设取得新进步；确保同步全面建成小康社会。实现上述奋斗目标，必须紧密结合鹰潭实际，认真贯彻落实中共中央总书记习近平治国理政新理念新思想新战略和省委决策部署，解放思想、开拓创新，始终做到坚持解放思想增先导力，深化改革开放增动力，推进创新创业增活力，彰显特色优势增竞争力，加强党的建设增凝聚力，推动鹰潭发展不断迈上新台阶。

报告强调，同步全面建成小康社会的主要任务，一是全面实施创新驱动发展战略，推动经济建设实现新跨越。二是全面落实依法治国基本方略，努力开创社会主义民主法治建设新局面。三是推动文化大发展大繁荣，进一步扩大鹰潭文化影响力。四是坚持以人为本加强社会建设，增强人民群众幸福感。五是深入实施绿色崛起战略，进一步提升生态文明建设水平。

报告明确，要以改革创新精神全面加强和改进党的建设。党的建设关乎事业兴衰成败。要坚持不忘初心、继续前进，持之以恒落实好党要管党、从严治党政治责任，保持党的先进性和纯洁性，着力提高执政能力和领导水平，着力增强抵御风险和拒腐防变能力，不断把党的建设新的伟大工程推向前进，为全面建成小康社会提供坚强保证。要加强党的思想建设，始终保持理论清醒政治坚定；要加强党的组织建设，有效增强各级党组织创造力凝聚力战斗力；要加强党的作风建设，进一步密切党同人民群众的血肉联系；要加强党风廉政建设和反腐败斗争，持续营造风清气正的政治生态；要加强党的制度建设，强化全面从严治党制度保障。

根据大会安排，蔡厚勇所作的中共鹰潭市纪律检查委员会的工作报告《不忘初心 忠诚履职 实干担当 不断把党风廉政建设和反腐败斗争引向深入》以书面形式提交大会审议。报告认为，市第七次党代会以来的五年，是全市锐意改革、争先发展、各项事业取得辉煌成就的五年，也是深入开展党风廉政建设和反腐败斗争并取得明显成效的五年。五年来，在市委和省纪委的正确领导下，全市各级纪检监察机关深入学习贯彻中共中央总书记习近平系列重要讲话精神，坚持党要管党、从严治党方针，按照中央、省、市关于党风廉政建设和反腐败工作的部署和要求，忠实履行党章赋予的职责，强化监督执纪问责，保持坚强政治定力，踩着不变的步伐，推动党风廉政建设和反腐败斗争不断取得新成效。报告指出，未来的五年，是鹰潭市决战同步全面小康的关键时期，做好党风廉政建设和反腐败工作，意义重大，任务艰巨。为此，今后五年全市党风廉政建设和反腐败工作的指导思想和总体思路是：深入学习贯彻中共中央总书记习近平系列重要讲话精神，落实全面从严治党要求，按照中央纪委、省纪委和市委的安排部署，保持坚强政治定力，忠实履行党章赋予的职责，把纪律挺在前面，聚焦监督执纪问责，强化党内监督，深化政治巡察，持之以恒落实中央“八项规定”精神，保持惩治腐败高压态势，建设忠诚干净担当的纪检监察队伍，努力营造风清气正的政治生态，推动党风廉政建设和反腐败斗争不断取得新成效，为持之以恒做好铜产业、旅游业、物流业“三篇文章”，深入推进富裕秀美宜居和谐鹰潭建设提供坚强的政治保障。

会议选举产生了中国共产党鹰潭市第八届委员会。中共鹰潭市八届委员会由53名委员、10名候补委员组成。会议选举产生了中国共产党鹰潭市第八届纪律检查委员会。中共鹰潭市八届纪委会由30名委员组成。会议选举产生了鹰潭市出席江西省第十四次党代会代表14名。

（夏东华）

鹰潭市第九届人民代表大会第一次会议召开

2016年10月31日至11月3日，鹰潭市第九届人民代表大会第一次会议在华侨饭店会议中心召开。

10月31日上午，大会听取和审议了市人民政府代市长曹淑敏所作的政府工作报告。报告分三部分：过去五年工作回顾、今后五年工作的总体要求和奋斗目标、今后五年工作的主要任务。

曹淑敏说，五年来，在省委、省政府和市委的坚强领导下，全市上下深入贯彻中共中央总书记习近平系列重要讲话精神和治国理政新理念新思想新战略，紧紧围绕“主攻项目、决战‘三区’，凸现特色、实现跨越”总体要求，统筹做好稳增长、促改革、调结构、惠民生、防风险各项工作，全力推进“8+1”重点工作，顺利完成“十二五”规划目标任务，实现“十三五”良好开局，连续三年位列全省市县科学发展综合考评二类市第一，在建设富裕秀美宜居和谐鹰潭的生动实践中迈出了新的步伐。

曹淑敏说，过去的五年，是经济平稳较快增长、综合实力显著增强的五年，是结构调整力度加大、发展方式加快转变的五年，是新型城镇化步伐加快、城乡面貌明显改观的五年，是改革开放纵深推进、创新活力不断增强的五年，是绿色发展取得实效、生态环境更加宜居的五年，是民生保障持续改善、人民幸福指数不断提高的五年。曹淑敏指出，今后五年，是鹰潭市同步全面建成小康社会的决战期、实施“十三五”规划的重要期和推进“四个鹰潭”建设的关键期。市第八次党代会描绘了今后五年鹰潭发展的宏伟蓝图。立足新起点，必须把握新要求、担当新使命、实现新作为。今后五年政府工作的总体要求是：高举中国特色社会主义伟大旗帜，以马克思列宁主义、毛泽东思想、邓小平理论、“三个代表”重要思想、科学发展观为指导，全面贯彻中共十八大和中共十八届三中、四中、五中、六中全会精神，深入贯彻中共中央总书记习近平系列重要讲话精神和治国理政新理念新思想新战略，统筹推进“五位一体”总体布局和协调推进“四个全面”战略布局，牢固树立“五大发展理念”，紧紧围绕省委、省政府决策部署和市第八次党代会精神，突出“全域一体”，做好铜产业、旅游业、物流业“三篇文章”，更加注重改革开放，更加注重创新创业，更加注重城乡统筹，更加注重绿色发展，更加注重民生保障，不断提升世界铜都首位度、中华道都知名度、田园新城宜居度，为建设富裕秀美宜居和谐鹰潭、同步全面建成小康社会而不懈努力。曹淑敏指出，做好今后五年经济社会发展工作，实现上述目标，必须坚持“全面小康”这个主线，坚持“全域一体”这个导向，坚持“四化同步”这个路径，坚持改革创新这个动力。重点抓好以下六个方面的工作：一、聚力转型融合升级，构建现代产业新体系。二、加速新型城镇化进程，形成城乡统筹新格局。三、强化发展动力支撑，打造提速发展新引擎。四、推进生态文明建设，构筑绿色宜居新家园。五、倾力保障改善民生，共创幸福美好新生活。六、切实加强自身建设，塑造执政为民新形象。

大会听取和审议了市人大常委会主任杜德春所作的市人大常委会工作报告。杜德春说，市八届人大常委会依法选举产生以来，在市委坚强领导下，高举中国特色社会主义伟大旗帜，坚持以邓小平理论、“三个代表”重要思想、科学发展观为指导，认真贯彻中共十八大及中共十八届三中、四中、五中全会精神和中共中央总书记习近平系列重要讲话精神，牢固树立创新、协调、绿色、开放、共享的发展理念，坚持党的领导、人民当家作主、依法治国有机统一，紧紧围绕全市改革发展稳定大局，认真履行宪法和法律赋予的职责，圆满完成各项工作任务，为推进经济社会发展和民主法治建设，发挥了地方国家权力机关的积极作用。

杜德春说，市八届人大常委会已完成历史使命，市九届人大常委会将依法选举产生。党中央关于统筹推进“五位一体”总体布局、协调推进“四个全面”战略布局的重大决策和中共中央总书记习近平系列重要讲话，为坚持和完善人民代表大会制度、做好新形势下人大工作、进一步发展社会主义民主政治指明了方向。市第八次党代会对建设鹰潭美好明天作出全面部署，并描绘了未来五年的发展蓝图。深入贯彻党中央大政方针，全面落实市党代会确立的发展目标任务，不断开创鹰潭市人大工作新局面。

杜德春说，新的蓝图已经展开，新的征程已经起步。可以坚信，在市委坚强领导下，市九届人大及其常委会一定能够谱写鹰潭市社会主义民主法治建设的新篇章。大家应更加紧密团结在以习近平为核心的党中央周围，以昂扬精神状态、饱满工作热情、务实工作作风，认真履行宪法和法律赋予的职责，为同步全面建成小康社会而努力奋斗！

大会听取和审议了市中级人民法院院长陈仁生所作的市中级人民法院工作报告。陈仁生在报告中说，五年来，市中级人民法院以“努力让人民群众在每一个司法案件中感受到公平正义”为目标，紧紧围绕省委“十六字”方针和市委“主攻项目、决战‘三区’，凸现特色、实现跨越”总体要求，始终坚持司法为民公正司法工作主线，依法履行审判职能，努力服务发展大局，稳步推进司法改革，全面加强自身建设，各项工作取得新的进步，为建设富裕秀美宜居和谐鹰潭作出了应有的贡献。今后五年是鹰潭市全面实施“十三五”规划，决战同步全面小康的关键时期。

全市法院工作的总体思路是：高举中国特色社会主义伟大旗帜，以邓小平理论、“三个代表”重要思想、科学发展观为指导，深入贯彻落实中共中央总书记习近平系列重要讲话精神，遵循“五位一体”总体布局和“四个全面”战略布局，按照市第八次党代会和此次大会要求，坚持发展新理念，顺应人民新需求，充分发挥审判职能，大力加强自身建设，稳妥推进司法改革，不断提高司法水平，为促进鹰潭新跨越、实现同步全面建成小康社会提供更加有力的司法保障。

大会听取和审议了市人民检察院检察长李莉安所作的市人民检察院工作报告。李莉安在报告中说，市八届人大一次会议以来，全市检察机关围绕中心，服务大局，忠实履行法律监督职责，各项检察工作取得新成效，为建设富裕秀美宜居和谐鹰潭作出了应有贡献。今后的五年，是全面建成小康社会的决胜阶段，也是检察工作深度改革、加快发展的关键阶段。全市检察工作的总体思路是，高举中国特色社会主义伟大旗帜，以邓小平理论、“三个代表”重要思想、科学发展观为指导，深入贯彻落实中共十八大，中共十八届三中、四中、五中、六中全会和中共中央总书记习近平系列重要讲话精神，牢固树立新发展理念，紧紧围绕“五位一体”总体布局和“四个全面”战略布局，牢牢把握“三个强化”总要求，以司法办案为中心，以深化司法改革为动力，忠实履行宪法法律赋予的职责，抓作风、强队伍，抓规范、强监督，抓短板、强基础，抓创新、强发展，切实维护社会大局稳定、促进社会公平正义、保障人民安居乐业，为同步全面建成小康社会提供有力司法保障。

大会通过无记名投票表决，选举郭清为鹰潭市九届人大常委会主任，程芦山、刘育虹、李力、周永江、杨森、胡高堂为副主任，江鸿为秘书长。选举曹淑敏为鹰潭市人民政府市长，张福庆、黄占共、吴文戈、邓伟、蔡江、张子建为副市长。选举陈仁生为鹰潭市中级人民法院院长。选举李莉安为鹰潭市人民检察院检察长（需经江西省人民代表大会常务委员会批准）。大会还表决通过了市九届人大各专门委员会主任委员、副主任委员、委员人选。

市委书记陈兴超、新当选的市人大常委会主任郭清、新当选的市政府市长曹淑敏在会议结束时分别作了讲话。

（夏东华）

政协鹰潭市第九届委员会第一次会议召开

2016年10月30日至11月2日，中国人民政治协商会议鹰潭市第九届委员会第一次会议在市区沁庐道苑举行。

10月30日上午大会开幕。会议应到委员274名，实到263名。中共江西省委对市政协这次换届会议十分重视，专门委派以省纪委驻省委组织部纪检组组长宋斌为组长的省委换届工作指导组，和以省人大常委会选任联工委副主任公艳萍为组长的省换届选举现场督导组，进行全程指导和督导。

八届市政协主席王家林作政协鹰潭市第八届委员会常务委员会工作报告，市政协九届一次会议主席团常务主席戴春英主持会议，八届市政协副主席刘国富作政协鹰潭市第八届委员会常务委员会关于提案工作情况的报告，市政协九届一次会议主席团常务主席官金福、吴泉水、周瑛、吴南平、汪桂昌、聂玲娜和大会秘书长杨亮太在主席台前排就座；八届市政协副主席杨建保、黄占共和主席团其他成员也在主席台就座。

应邀出席开幕大会并在主席台就座的有：陈兴超、曹淑敏、肖良、杜德春、郭清、蔡厚勇、贺喜灿、张福庆、杨金红、陈宏、徐云、余正琨、杨海林、杨晓群、卢越明、刘育虹、应祥、程芦山、吴炳生、李力、吴文戈、邓伟、陈仁生、李莉安、刘诚、李卫国、彭伟、孙琦；老同志刘祖三、邵奇生、李东堂、潘赞海、姜芳树、桂江萍、李振雨、王中俊、陈厚西、孙世全、周水凤、权荣、黄文锦、严振东。

市委书记陈兴超在开幕大会上讲话。他首先代表中共鹰潭市委对大会的召开表示热烈祝贺。陈兴超说，市政协八届一次会议以来，全市政协组织和广大政协委员始终高举爱国主义、社会主义旗帜，牢牢把握团结和民主两大主题，深入贯彻落实中共中央总书记习近平系列重要讲话精神，自觉服从服务于全市工作大局，充分发挥优势，切实履行职能，同心同德谋发展，群策群力献智慧，为推进“四个鹰潭”建设、全面建成小康社会作出了重要贡献。对八届市政协工作，市委是满意的，也是充分肯定的。在这里，谨代表中共鹰潭市委，向八届市政协全体委员表示衷心的感谢和崇高的敬意。

陈兴超指出，市第八次党代会提出了今后五年同步全面建成小康社会的奋斗目标，实现这一目标，需要包括全体政协委员在内的社会各界人士和广大干部群众齐心协力、奋力拼搏、扎实工作。新一届政协委员来自社会的各行各业，汇集了方方面面的代表人物和精英人才，是政协工作的主体，是全市发展的重要力量。希望新一届市政协和广大委员，全面贯彻中共十八大和中共十八届三中、四中、五中、六中全会精神，更加紧密地团结在以习近平为核心的中共中央周围，深入贯彻中共中央总书记习近平系列重要讲话精神和治国理政新理念新思想新战略，认真落实省委决策部署和市第八次党代会、市两会精神，不忘初心、继续前进，继承优良传统，发挥自身优势，履职尽责、不辱使命、不负重托。

陈兴超对政协工作提出了五点希望，一是坚持中国特色社会主义制度，发挥人民政协在协商民主中的重要作用；二是始终围绕中心服务大局，为鹰潭改革发展献计出力；三是突出团结民主两大主题，为鹰潭和谐稳定集聚智慧和力量；四是推进履职能力建设，不断提高政协工作科学化水平；五是加强党对政协工作的领导，为政协履职提供保障。

王家林代表政协鹰潭市第八届委员会常务委员会作工作报告。他说，八届市政协任期的五年，是鹰潭经济社会发展取得重大成就的五年，也是鹰潭市政协事业开拓创新的五年。五年来，八届市政协在中共鹰潭市委的坚强领导下，高举爱国主义、社会主义旗帜，以邓小平理论、“三个代表”重要思想、科学发展观为指导，全面贯彻落实中共十八大，中共十八届三中、四中、五中全会和中共中央总书记习近平系列重要讲话精神以及省委、市委政协工作会议精神，牢牢把握团结和民主两大主题，坚持“议党委所谋、帮政府所干、呼群众所盼”的工作理念，自觉服从和服务于全市工作大局，动员和组织各参加单位、全体委员以奋发有为的精神，争创一流的干劲，竭智尽力谋发展，团结各界促和谐，创新举措增活力，扎实履职树形象，为促进鹰潭市经济社会发展作出了积极贡献。一是服务发展，关注民生，协商建言更加富有成效；二是创新方式，提升质量，民主监督更加扎实推进；三是精心组织，注重实效，参政议政更加广泛深入；四是凝心聚力，合作共事，团结民主氛围更加浓厚；五是内强素质，外树形象，自身建设更加具有活力。

王家林说，回顾八届市政协的工作实践，得到了许多有益的启迪，形成了一些基本认识和体会，需要在新的实践中继续坚持、完善和发展。一是必须坚持党的领导，在履行职能中坚定政协工作的政治方向；二是必须坚持围绕中心，在服务大局中体现政协工作的价值；三是必须坚持与时俱进，在改革创新中提升政协工作的水平；四是必须坚持高扬主题，在团结合作中展示政协工作的优势；五是必须坚持加强自身建设，在优化机制中增添政协工作的活力。

刘国富作政协鹰潭市第八届委员会常务委员会关于提案工作情况的报告。他说，提案是人民政协履行职能的重要方式。在中共鹰潭市委领导下，八届市政协常委会切实运用提案履行职能，始终使提案工作与市委、市政府在总体目标上一致、在任务部署上对接、在工作推进上合拍。五年来，政协委员、政协各参加单位，围绕经济建设方面提出提案 384 件，为保持鹰潭市经济平稳健康较快发展建言献策；围绕科教文卫体方面提出提案 195 件，为推动鹰潭市社会事业进步和民生改善献计出力；围绕民主、法治及其他方面提出提案 157 件，为促进鹰潭市社会和谐稳定贡献力量。

出席会议的委员列席了市九届人大一次会议，听取和分组讨论了政府工作报告和其他重要报告；举行了换届选举：戴春英当选政协鹰潭市第九届委员会主席，官金福、张金涛、吴泉水、周瑛、吴南平、汪桂昌、聂玲娜当选为副主席，杨亮太当选为秘书长。大会同时选举产生了 43 名政协鹰潭市第九届委员会常务委员。

市政协主席戴春英主持闭幕大会并讲话。她指出，市第八次党代会强调要支持人民政协履行政治协商、民主监督、参政议政职能，不断巩固和发展最广泛的爱国统一战线。希望大家不辜负市委和全市人民的期望，按照“谋党政之所需、呼群众之所盼、尽政协之所能”的工作理念，把思想凝聚到促进发展上，把精力集中到干事创业上，把行动落实到为民服务上，以良好的精神风貌为实现市第八次党代会提出的奋斗目标，汇聚力量，奉献智慧，做出成绩。

戴春英指出，要维护核心，把握正确履职方向。做好政协工作，最根本的是要坚持党的领导。要深入学习贯彻中共十八大及中共十八届三中、四中、五中、六中全会和中共中央总书记习近平系列重要讲话精神，充分认识国情、省情和市情，准确把握市第八次党代会精神，始终坚持正确履职方向。要把对党忠诚、对人民负责放在最高位置，始终不渝坚持党的领导，坚决贯彻执行党的基本理论、基本路线、基本方针和各项决议，坚决贯彻落实市委的决策部署，积极支持市政府的各项工作，始终与党委、政府同心同向、同频共振。

戴春英强调，要服务中心，助推全市发展升级。政协工作是党的全局工作的重要组成部分，必须坚定不移地围绕中心、服务大局。市第八次党代会明确提出了坚持发展新理念、推进鹰潭新跨越，为同步全面建成小康社会而努力奋斗的主题，科学部署了今后五年的奋斗目标、工作任务和战略举措。这些重大决策部署，契合中央和省委精神，与新的“五大发展理念”相吻合，是全市工作的根本大局。全市政协组织要充分发挥人才荟萃、智力密集的优势，紧紧围绕市党代会提出的目标任务，找准政协工作与中心工作的结合点、共振点和切入点，多做实地调查，多谋发展大计，多想务实之策，积极开展协商议政，提高建言献策质量，在不断推进鹰潭发展的过程中实现政协事业持续进步。

戴春英要求，要贴近民心，努力增进民生福祉。人民政协来自人民，履职工作为了人民。要始终把实现好、维护好、发展好最广大人民群众的根本利益作为履职尽责的出发点和落脚点，常怀爱民之心，常思为民之道，常献富民之策。要大力发扬求同存异、体谅包容、团结各方、合作共事的优良传统，多做沟通思想、释疑解惑、化解矛盾、理顺情绪、协调关系的工作，为全市改革发展传播“好声音”，增添“正能量”。要积极开展和参与社会公益活动，力行服务社会的善举，真心实意为人民群众办实事、解难事、做好事。要积极践行群众路线，深入基层，倾听群众呼声，体察群众疾苦，充分利用调研、视察、提案、反映社情民意等形式，加强民主监督，提出务实有效的意见、建议，帮助党委、政府破解民生难题。

戴春英强调，要突出重心，推进协商民主建设。要充分发挥人民政协作为协商民主重要渠道和专门协商机构的作用，以《中华人民共和国宪法》《中国人民政治协商会议章程》及有关法律为依据，准确把握人民政协在协商民主中的定位、特征和原则，在继承的基础上勇于创新，敢于担当，探索协商民主的多种实现形式。要推动协商于决策之前和决策实施之中，强化提案协商、界别协商、专题协商，探索协商座谈会制度，定期邀请各界别委员和有关部门负责人座谈交流，听取意见和建议，增强协商的针对性。要推进协商民主的制度化、规范化、程序化建设，努力做到协商内容靠制度来明确、协商程序靠制度来规范、协商成果靠制度来落实，不断提高协商民主的制度化水平。

戴春英强调，要不忘初心，开拓创新政协工作。不忘初心，方得始终；不忘本来，才能开拓未来。在今后的工作中，每位委员都要牢记自己进入政协“服务大局、履职为民”的初心，要遵守章程，认真履职；坚持真理，勇于直言；实事求是，客观公正；遵纪守法，克己奉公。固本强基，才能扎实履职。面对“十三五”发展的新征程，协商民主的新使命，小康建设的新任务，全市政协组织要努力促进党派合作，突出界别特色，发挥委员主体作用，全面加强政协自身建设，提高政治把握、调查研究、联系群众、合作共事四种能力，切实增强履职实效。

（张国旗　徐　欢）

“十二五”期间鹰潭市经济社会发展成就综述

时光荏苒，白驹过隙，又一个五年匆匆而去。蓦然回首，豪情满怀，这一个五年让大家深深铭记。回望五年的鹰潭发展之路，既有坦途顺境，也有坎坷荆棘，更有迎难而上的智慧和魄力。

2011年9月，谱写鹰潭发展新篇章的接力棒交到本届市委、市政府手中。五年来，市委、市政府深入贯彻落实中共中央总书记习近平系列重要讲话精神、中央大政方针，遵循省委决策部署，紧盯建设富裕秀美宜居和谐新鹰潭的宏伟目标，围绕“主攻项目、决战‘三区’，凸现特色、实现跨越”的总体要求，带领全市人民稳中求进，克难攻坚，真抓实干，砥砺前行，蹄疾步稳抓改革，全力以赴谋发展，尽心竭力惠民生，在鹰潭33年的发展史上写下了浓墨重彩的一笔，为鹰潭市与全省、全国同步建成小康社会奠定了坚实的基础。

荣誉最能见证辉煌。

——鹰潭市连续三年在全省市县科学发展综合考评中列“四小设区市”第一，荣获全省科学发展综合考评先进市。

——鹰潭高新区升格为国家高新技术产业开发区。

——铜产业已形成集铜原料、铜冶炼、铜加工、铜贸易、铜研发、铜检测、铜文化为一体的现代产业体系，成为鹰潭在全国最具竞争优势的支柱产业，鹰潭市先后荣获国家新型工业化铜产业示范基地、国家工业绿色发展试点城市、国家“城市矿产”示范基地称号。

——鹰潭先后被评为首批国家级旅游业改革创新先行区、首批国家全域旅游示范区创建单位；龙虎山相继获评国家AAAAA级旅游景区、国家可持续发展实验区；先后成功承办第三届国际道教论坛、2016年全省旅游产业发展大会，唱响“龙虎天下绝”旅游品牌。

——国际商贸园和十大专业市场建设有序推进，集聚发展态势日益显现，现代物流园被评为全国优秀物流园区。

——累计实现外贸出口35.91亿美元、年均增长11.8%，连续五年被评为全国外贸百强城市。

——成功创建国家园林城市、省级文明城市，荣获全国双拥模范城、全国国土资源节约集约模范市等称号，国家森林城市创建工作如火如荼。

——在全省社会治安综合治理目标管理中被评为先进市，在全省党风廉政建设社会评价工作中位列前五名。

……

一个个璀璨的勋章，是对改革弄潮儿殚精竭虑创新创业的崇高礼赞。五年来，国家新型城镇化综合试点、全国农村宅基地制度改革试点等10项国家级改革试点，“多规合一”改革、教育信息化改革、医疗卫生体制改革等14项省级试点先后落户鹰潭。本着对鹰潭历史负责、对全市人民负责的高度责任感，市委、市政府带领全市人民，举全市之力，蹄疾步稳、以点带面，有力推进各项改革举措，切实种好改革“试验田”，在创造经验、探索路子、作出示范等方面取得了阶段性成果，为鹰潭经济社会发展提供了不竭的动力源泉。

数字最能反映发展。

——2015年，全市实现地区生产总值639.26亿元，是2011年的1.5倍，年均增长10.3%；财政总收入112.43亿元，是2011年的1.6倍，年均增长12.1%；一般公共预算收入83.01亿元，是2011年的2.1倍，年均增长20.9%；固定资产投资531.56亿元，是2011年的1.9倍，年均增长17.7%。

——五年来，全市固定资产投资累计达1994.61亿元，社会消费品零售总额、出口总额分别比“十一五”末增长99%、162%。

——铜产业主营业务收入突破3000亿元，水工、节能照明、大健康、眼镜等特色产业产值实现四年翻番，2015年市属工业增加值占全市规上工业比重突破60%，较2011年提高19个百分点。

——全市接待国内游客年均增长30.4%，旅游总收入年均增长35.1%。

——2015年，全市货运业销售收入60.49亿元；电商产业交易额196亿元，增长63.3%。

——全市建成区面积由58.9平方千米拓展到77.2平方千米，城镇化率达55.78%；信江新区30平方千米内的主干路网全面贯通，建成区面积达8平方千米，“一江两岸”城市格局已经形成。

——2015年农民合作社达1800家，家庭农场达386家，农业产业化市级以上龙头企业200家，其中国家重点龙头企业1家、省级龙头企业39家，实现销售收入82亿元，比2010年增长40亿元，增长95%。

——2015年全市粮食总产达70万吨，比2010年增加6.01万吨，增长9.39%，实现“十二连丰”。

……

一串串喜人的数据，是鹰潭五年来跨越发展不凡历程的历史见证。五年来，全市上下一心，狠抓落实，沉着应对结构性矛盾突出、经济下行压力加大、工业品价格大幅下滑、资源环境约束趋紧、各类风险隐患增多等严峻挑战，统筹推进稳增长、调结构、抓改革、优生态、惠民生等各项工作，努力探索出一条加快发展和转型升级相统一、经济社会与生态环境相和谐的新路子，各行各领域展现出一幅幅扬帆远航、欣欣向荣的生动画卷。

老百姓最有发言权。

——全市共取消、下放行政审批项目92项，变审批事项为行政服务或公共服务事项46项，固化105个小项联审联批项目，行政审批精简率达79.6%。

——连续三年实施十大惠民共享工程，一般公共预算支出中民生支出比重达70%以上。

——2015年，城乡居民人均可支配收入分别达2.7万元和1.24万元，比“十一五”末分别增长72.4%和99.8%，增速稳稳跑赢GDP。

——五年新增城镇就业13.7万人，城镇就业率达97.2%；转移农村劳动力29.8万人。

——累计建成保障性住房6.2万套，中心城区保障性住房覆盖率达25%，居全省前列。

——城乡低保保障标准分别提高到450元和240元，社会保险“多险合一”信息系统互联互通覆盖率达100%。

——完成棚户区和城中村改造1.41万户，完成城市30余条主次干道和老城区85%的小街小巷改造提升，完成“秀美乡村”建设点1151个，全面实施“河长制”，打造全省城乡最干净城市深得民心。

——全市精准识别扶贫对象3.09万户已建档立卡，2015年完成减贫7365人。

……

一张张甜美的笑脸，是130万鹰潭人民幸福生活的最美体现。保障改善民生，是全面深化改革的出发点和落脚点。五年来，鹰潭市坚持“保基本、兜底线、促公平、可持续”的原则，推进以保障和改善民生为重点的社会建设，稳步推进义务教育、就业服务、基本养老、基本医疗卫生、住房保障等相关制度改革，加快完善基本公共服务体系，努力提升人民群众的幸福感和满意度。按照江西省提出的“五年决战同步全面小康”的要求，坚守底线、突出重点、完善制度、引导预期，切实增强人民群众的获得感。

潮平两岸阔，风正一帆悬。五年的探索实践、五年的辉煌成就，不断推动鹰潭经济社会发展迈向成熟与自信。鹰潭所经历的、所奋斗的、所收获的，正在化成一块块基石，在全面建成小康社会的光辉道路上铺展。

（张国旗）

鹰潭市成功创建国家森林城市

经过三年的不懈努力，鹰潭市成功创建国家森林城市。国家森林城市建设座谈会在延安召开，鹰潭市被国家林业局正式授予“国家森林城市”光荣称号，再添一张“国字号”城市名片。

“国家森林城市”是一座城市生态文明建设的最高荣誉，也是对城市生态建设成就的最高评价。近三年来，鹰潭市围绕创建国家森林城市目标，努力打造出一座森林围城、碧水穿城，林水相依、空气清新的森林之城，全市森林覆盖率达58.21%，各项指标达到或超过国家森林城市建设标准。

在创建过程中，鹰潭市注重顶层设计，在凝聚创建合力上下功夫。始终坚持市委书记、市长负总责的领导机制，将创建工作纳入全市“8+1”重点工程督察督办。高规格成立创森办公室，从人力、物力、财力予以全力支持和保障。规划先行，秉承全域创森理念。高标准规划森林城市四大体系，大手笔开展“一体两翼、一江两岸、八大组团”林网绿化，全方位推进县(市)省级森林城市同步创建，率先成为全省首个辖区县(市)100%成功创建省级森林城市的设区市。多措并举，构建多元化投入机制。通过财政投入、部门整合、项目争取、市场运作等多方筹措资金，三年累计整合创建资金35.6亿元，其中市、县两级财政投入达20亿元，有力保障了创森工作顺利推进。全民参与，引导市民投身创建。从市领导带头参加义务植树，到市民踊跃认建认养树木绿地，从市树市花评选、古树名木挂牌保护，到举办生态摄影展、万人健步走、万人签名等活动，为全民创森营造了浓厚的氛围。

注重工程带动，在提升绿色增量上做文章。一是森林进城，做好“城”的文章。采取规划建绿、腾地兴绿、拆墙透绿、见缝插绿等措施，全面推进森林进城，建设城市“绿肺”，中心城区绿化覆盖率达42.64%，人均公园绿地面积达15.91平方米，城区建设了16个大型公园，10个大型绿地广场，美化改造了40多个小游园。如今的城区美如画卷、林木葱郁、花草繁盛、百米一景，市民出门即赏景，推窗即见绿，生活悠乐美 。二是森林围城，做好“林”的文章。克服丹霞地质构造不利于造林绿化的困难，坚持以工程造林为引领、以社会造林为补充，三年累计完成人工造林13.8万亩。同时，秉承“林城合一”的理念推进城乡绿化一体化。全市村庄绿化率达30%以上，农田林网绿化率达80%以上，通道绿化率达90%以上，水岸绿化率达86%，基本形成了以乡镇、村庄绿化为点，通道水岸绿化为线，山上、平原绿化为面的“森林围城”格局。三是森林护城，做好“水”的文章。充分发挥鹰潭市水系发达优势，注重用好水元素，开展河流、水库、滩涂专项整治，高标准进行水岸绿化，新建了一批以信江国家湿地公园为代表的城市“绿肾”。根据环保部发布的权威数据，鹰潭市城区PM2.5指数近两年在全省地市排名最低，全市19个负离子监测点采集数据显示鹰潭市空气质量大部分达到“非常清新”等级。

注重产业撬动，在发展绿色经济上求突破。为加快林下经济发展，鹰潭市按照“一县一品、一乡一特”产业发展格局，扶持培育毛竹、雷竹、油茶、白茶、苗木花卉、珍稀树种等各类林业基地100余万亩，规模企业100余家。为拓展森林旅游产业，鹰潭市依托龙虎山国际旅游品牌和丰富的森林资源，打造森林旅游“三线一圈”精品旅游线路，建成了省级以上乡村旅游示范点18个，年吸引游客1800万人次。为催生林业新兴产业，鹰潭市建成了集组培、种植、加工、销售等为一体的全产业链的万亩铁皮石斛产业基地；新建了集丹霞观光、花卉观赏、生态科普为一体的龙虎山“花语世界”主题公园；引进了华东地区最大多肉植物和藏红花种植基地，成为了鹰潭市绿色经济新亮点。

注重文化拉动，在弘扬生态文明上增内涵。在创建过程中，鹰潭市将森林生态文化与道教文化、红色文化、历史文化紧密结合，构建具有鹰潭特色的生态文化体系。新建了龙虎山国家生态文化教育基地、中心城区森林生态展示馆、贵溪上山竹博园、余江木雕文化一条街等30多个生态文化基地，建设了一批“青年林”“国防林”“巾帼林”“企业家林”等文化传承林。先后举办了世界道教生态文化节、中国根石艺博览会、龙虎山中华秋沙鸭形象标识征集等大型生态文化传播活动，开展了创森进社区、进学校、进公园、进机关等“四进”活动，营造全民爱绿、植绿、护绿的良好社会氛围。

（夏东华）

鹰潭市首次荣获“全国双拥模范城”称号

2016年7月29日，全国双拥模范城（县）命名暨双拥模范单位和个人表彰大会在北京举行，鹰潭市被全国双拥工作领导小组、民政部、中央军委政治工作部授予“全国双拥模范城”荣誉称号。这是鹰潭市首次获得这一殊荣。这个成绩来之不易，是历届党委、政府和部队打下的基础，凝聚了驻鹰潭部队官兵和全市人民的心血和汗水，是鹰潭市军民政治生活中的一件大喜事。此前，鹰潭市已连续7次获得“省级双拥模范城”称号，是全省唯一所有县（市、区）均被评为省级双拥模范的设区市。

鹰潭市素有拥军优属、拥政爱民的光荣传统，人民群众对部队有着很深厚的感情，历届市委、市政府高度重视双拥工作，始终把双拥工作作为事关国家长治久安、事关和谐社会发展稳定、事关国防和部队建设的政治任务来抓，坚持把双拥工作纳入军地建设的总体规划，纳入重要议事日程，纳入各级党委、政府工作责任目标管理，有力保障了双拥工作健康发展。特别是2012年以来，鹰潭市认真贯彻落实中央关于加强新时期双拥工作的决策部署，将双拥工作纳入经济社会发展和部队建设的总体规划，列入党政军领导考核重要内容，完善党委议军会议、军地联席会议、军地定期走访等一系列制度。制订《鹰潭市创建全国双拥模范城工作实施方案》《关于推进军民融合深度发展的意见》等文件，建立双拥工作目标决策机制、责任执行机制和效能监督机制。紧紧围绕加快军民融合深度发展目标，深入推进全市双拥工作创新发展。

强化宣传教育，营造双拥工作浓厚氛围。鹰潭市着力推进教育制度化，将双拥宣传与国防教育纳入全民教育和部队政治教育规划。积极创新宣传方式，市新闻媒体开设了双拥专题专栏，组织播发报道双拥稿件180余篇；编印双拥简报28期；在重要场所设置永久性双拥标语牌8块；组织双拥文艺演出24场次；开展国防教育进学校、进机关、进企业活动，在银鹰少年军校创造性地开展了军事知识和野外生存训练相结合的“军事夏令营”活动，中小学生参加国防教育10万课时；市、县两级领导每年定期参加军事日活动，2000多名公务员和3000名企业员工参加了“军营一日”活动。

落实政策措施，做好拥军优抚安置工作。一是支持部队基础设施建设。鹰潭市将援军建设经费列入财政预算，无偿划拨军事机关新营院建设用地。近几年来，全市投入国防和军队建设经费9000万元、划拨土地2.25万平方米。在基础设施建设中兼顾军事需求，投资近百万元对市军供站进行改造，日保障人数达2000余人，被南京军区总部誉为“江西省一流，全国少有”的接待站。二是协助部队开展征兵工作。鹰潭市扎实做好政策宣传和思想发动工作，动员优秀适龄青年踊跃参军。余江县自1958年以来，创下56年无责任退兵的纪录，获得“全国征兵工作先进单位”“全省征兵工作模范县”等殊荣。三是开展多种形式拥军服务。鹰潭市在火车站、汽车站设立军人售票专窗、军人候车室（区），开设军人绿色通道。公园、景区、停车场等地免费向军人、军车开放。全市重点中小学校对部队子女就读随到随收；社会各界甘当部队义务服务员，涌现出一批几十年拥军如一日的“兵妈妈”洪凤珠式的拥军模范。四是帮助驻地部队排忧解难。认真做好军人军属安置工作，2011年以来，全市接收安置转业干部82名，安置转业士官（义务兵）138名。探索开创了随军家属“专岗对口安置、专项考试录用、专场市场招聘”新模式，这一做法被全省推广。开展“三联三助”活动，为全市1800余名鹰潭籍官兵建立联系档案，并逐户登门走访。五是全面落实各项优抚政策。认真落实《鹰潭市加强重点优抚对象“解三难”工作的实施意见》文件，近年来，全市挂扶结对优抚对象3168户，为658户住房困难户解决了住房难题；从医疗减免、大病救助、医疗补助三个层面完善重点优抚对象医疗保障体系，1~6级残疾军人和在乡退伍红军老战士基本医疗费用保障达100%，其他重点优抚对象达到80%以上。

驻军拥政爱民，促进驻地经济社会发展。驻鹰潭部队积极支援鹰潭城市建设，主动让出土地47.96亩。在鹰潭市重大活动期间，各驻鹰潭部队积极配合，参与宣传、卫生、安保工作；在抗洪抢险中，驻鹰潭部队不畏艰难，勇挑重担。积极开展“双拥在基层”扶贫济困活动，驻军部队与贫困村挂钩扶贫点13个，结对帮扶家庭1863户，帮助216名贫困学生重返校园。

实施军民共建，推动军民融合深度发展。鹰潭市制订实施《推进鹰潭市应急应战能力一体化建设方案》，统筹全市应急救援、国防动员、防卫作战、人民防空资源，实现指挥军民联动、力量军民统用、平台军民共载、信息军民共享、物资军民共储。深入推进科技拥军，全市141个单位与驻军签订协议结成26个科研对口组，常态化开展活动；充分考虑国防和军事需求，做到重大项目征求军事机关意见。广泛开展军民共建活动，驻鹰潭部队和地方单位、学校、社区、村委会发挥各自优势，建立军民共建点141个，实现共建共赢。全市100多个军民共建单位被评为“文明单位”，军地文明建设得到极大发展，文明之花遍布城乡。

（夏东华）

鹰潭市成功创建江西省级文明城市

龙虎山旁，人间仙境；文明花开，香满鹰城。

鹰潭市荣膺江西省第五届文明城市称号，全市上下自豪喜悦之情油然而生。自鹰潭市深入开展创建文明城市活动以来，基础设施更加完善，生态环境更加优美，人民生活更加富裕，鹰潭正以蓬勃的朝气、崭新的面貌，焕发新的活力，散发新的魅力。

在鹰潭人的眼里，城市正越变越美；在外地客人的心里，鹰潭正成为一方充满活力的投资热土。如今，一个山灵水秀、政通人和、文明开放的新鹰潭已展示在世人面前。

创建，具体化为每个市民的行动

鹰潭市坚持把创建文明城市作为社会主义精神文明建设的“龙头工程”和推进“四个鹰潭”建设的重要载体，摆上重要位置，作出周密部署，市县两级联动，扎实有序推进。特别是2016年以来，市党政主要领导高度重视、高位推动，市创文办健全体制、完善机制、加强协调，各级各部门统一思想、迅速行动，有效提升了城市文明程度和群众幸福指数，精神文明建设各项工作亮点频现、成果丰硕。从城市到乡村、从部门到行业，文明新风扑面而来。

古人云：“骐骥一跃，不能十步；驽马十驾，功在不舍。”创建文明城市非一日之功。继2013年获得“创建江西省文明城市工作先进城市”称号之后，鹰潭市瞄准创建第五届江西省文明城市目标，珍惜来之不易的创建共识、创建氛围、创建成果，持续加大创建工作力度，建立起一套以中心工作的方式促进文明城市创建的工作机制。2015年以来，特别是市委、市政府明确提出争创江西省第五届文明城市的奋斗目标后，鹰潭认真总结历年来创建文明城市工作的经验教训，进一步完善工作机制，明确全市文明城市创建工作协调部门的责任，建立健全文明委例会制度、日常事务处理制度等工作制度，有效开展工作，指导、协调基层创建活动；各文明委成员单位及相关职能部门在文明委统一协调下，明确职责，合力创建，组织落实各项创建任务，形成齐抓共管工作机制。同时，为落实责任，强化督察，建立健全创建文明城市工作“周查月评”制度，市领导亲自点评，并发动人大代表、政协委员、民主党派人士、新闻记者等从不同层面、不同角度督察点评鹰潭市创建工作中存在的突出问题，提出解决办法。各部门、各单位认真落实督察点评责任制，自我加压，狠抓落实，对督察点评过程中提出的问题进行全面整改，建立和形成了一套“人人有责任、处处抓落实”的创建工作新机制。

为强化督察问责，市委、市政府专门出台《鹰潭市创建江西省文明城市工作问责办法》，强化责任追究，确保创建工作落到实处。各部门、各单位按照测评工作要求，将任务逐项分解落实到具体岗位和人员，形成一级抓一级、一级对一级负责的工作推进机制。市“创文明城”领导小组建立每周一调度制度，市领导针对创建工作中的重点难点问题，及时研究解决。

群众是文明创建的主体。在文明城市创建过程中，鹰潭市始终把全民参与作为创建工作的基础性工程来抓。市文明委通过召开动员大会、组织启动仪式、印发宣传资料、出黑板报、做宣传栏、出动宣传车、设置公益广告宣传牌等多种形式，大张旗鼓开展宣传活动；市属媒体共开辟“创建文明城市　共建美好家园”“文明监督岗”等专题、专栏8个，刊播相关稿件500余篇（条），并通过发布创城公益广告、制作播放电视专题片等形式，浓墨重彩、密集厚重开展新闻宣传活动；市创文办组织编制并发放《鹰潭市文明手册》《致市民的一封信》宣传折页、张贴画等宣传资料6万余份，在重要街道、公共场所通过建筑围挡、LED显示屏、户外公益广告牌等载体发布创建文明城市公益广告近2万平方米，极大提升了社会各界对创城工作的知晓率、支持率和参与率。同时，鹰潭市通过持续开展各类活动，不断吸引群众自发参与到文明城市创建工作中来，市文明办开展“争做文明市民、争创文明城市”志愿者活动，组织全市800余名志愿者分别深入社区、走上街头、进入家庭，开展文明知识宣传、便民为民服务，纠正不文明行为；市教育局充分发挥广大学生连动万千家庭的作用，在学校开展“小手拉大手，共创文明城”文明劝导活动；各社区分别开展“树文明新风，创文明城市”等系列活动，吸引群众踊跃参与，在全社会形成了人人参与创建、支持创建的浓厚氛围。

创建，提升综合实力

近年来，鹰潭市围绕建设富裕秀美宜居和谐新鹰潭的宏伟目标，按照“主攻项目、决战‘三区’，凸现特色、实现跨越”的总体要求，坚持物质文明、精神文明、政治文明、社会文明、生态文明统筹协调发展，把文明城市创建工作作为培育和践行社会主义核心价值观有效载体、创新社会管理的重要抓手、提升市民素质的良好途径、造福人民群众的好事实事，上下一心、持之以恒，有力地促进了全市经济社会平稳健康发展。鹰潭市在全省市县科学发展综合考评中连续三年列二类市第一，荣获全省科学发展综合考评先进市。

增长态势进一步凸显。鹰潭市坚持以政策扶持和项目带动稳增长，对接国家“七大类工程包”争项目，贵溪、余江列入全国深化县城基础设施投融资体制改革试点，申报落实2016年第一批国家专项建设基金项目21个；按照“五个一”模式推进“8+1”重点项目建设，全市在建项目158个、同比增加11个，其中亿元以上项目18个，同比增加10个；完成投资53.27亿元，增长8.5%；新开工亿元以上项目17个，同比增加14个。以创业创新稳增长，落实“双创”36条举措，降低企业运营成本，扶持实体经济发展，梅园众创空间建设扎实推进，全市新登记企业数增长59%。2016年一季度，全市GDP增长8.5%，财政总收入增长6.34%，一般公共预算收入增长10.4%，固定资产投资增长14.6%，社会消费品零售总额增长13.46%，城乡居民人均可支配收入分别增长8.4%和10.1%。

产业转型进一步加快。鹰潭市全

力打造沿320国道产业集聚升级带，推进铜产业、旅游业、物流业等重点产业转型升级。同时，推动水工、节能照明、眼镜制造、微型元件等特色优势产业和新能源新材料、大健康、创意制造等新兴产业集群发展。2016年一季度，铜企业主营业务收入600亿元，市属规模以上工业增加值增长15%。旅游业围绕打造“中华道都”，借力“龙虎天下绝”赞美定位，抢抓全省旅发大会契机，落实省委“像抓工业化城镇化那样抓旅游”要求，推进国家全域旅游示范区和国家旅游业改革创新先行区建设，构建“南有龙虎山、中有月湖城、北有白鹤湖”全域旅游格局。物流业围绕打造“区域物流中心”，加快现代物流园区、国际商贸园，以及汽车、眼镜等十大专业市场建设，现代物流园被评为全国优秀物流园区，赣东北货运配载中心投入运营，启动公铁联运中心项目，形成以物流园区为基础、物流专业市场为重点、配套服务为支撑的现代物流体系。一季度，全市物流企业销售收入增长21.1%，上缴增值税增长13.1%。抢抓“互联网+”机遇，加快发展电商产业，全市电商企业6000余家，一季度电商交易额80亿元，贵溪市被列为省级电商进农村综合示范县。

开放水平进一步提升。积极融入赣南等原中央苏区振兴发展战略，对接上海、福建、广东自贸区发展，促进双向全面开放。鹰潭市保税仓项目建设纳入省“十三五”口岸发展规划；鹰潭港、鹰潭机场等项目纳入省长江经济带实施意见；鹰潭现代物流园区规划设立保税功能区。一季度，全市2000万元以上省外项目实际进资增长11.7%，鹰潭市连续五年被评为全国外贸百强市。

通过文明城市创建，鹰潭市先后荣获了“国家园林城市”“全国科技进步示范市”“中国最具幸福感城市”“中国优秀旅游城市”“中国最宜居休闲城市”等诸多称号。

创建，提升市民素质

在创建文明城市工作中，鹰潭市始终坚持以人为本，紧紧围绕培育和践行社会主义核心价值观，深入推进《公民道德建设实施纲要》的贯彻实施，坚持一年一个主题，强化顶层设计，精心组织实施，成功开展了“弘扬雷锋精神、创建文明城市”“喜迎国际道教盛会、争树文明城市形象”“加强职业道德、提升服务效能”“加强诚信建设、提升窗口形象”等系列主题实践活动。将社会主义核心价值观和《公民道德建设实施纲要》的重要精神细化、量化为覆盖全市各行各业的具体工作要求，推动社会主义核心价值观融入各行各业的实际工作、融入老百姓的日常生活。同时，鹰潭市还充分运用道德讲堂、巡展巡演、故事展播等各种具体化、形象化、生活化的方式，全面推进社会公德、职业道德、家庭美德、个人品德教育，引领广大群众积极从自我做起，践行道德规范、增强道德意识、养成良好习惯，有效提升了市民文明素质。

鹰潭市以公民道德基本规范为基础，编制了“鹰潭市民文明公约”“鹰潭市民‘三管九不’行为规范”，教育广大市民遵守公民文明道德规范，争做文明鹰潭人；充分利用市民文明学校开展思想道德教育，使科学理论、公民基本道德规范进家入户，深入人心；充分利用各种文化教育设施，普及市民文明教育，全市图书馆、博物馆、群艺馆实现全部免费向市民开放，使“遵德守礼”的观念在潜移默化中深入人心。

为顺应新形势和新要求，鹰潭市还不断深化群众性创建活动，努力拓展精神文明创建活动的广度和深度。鹰潭市以开展文明行业、文明村镇、文明单位“三大创建”为重点，筑牢群众性创建工作的基础。出台《关于推进诚信建设制度化的实施意见》，统筹推进社会信用系统建设。围绕乡风文明建设，开展“美丽乡村”活动和“生态文明村”创建活动，努力解决农村环境脏、乱、差问题，促进农村人居环境明显改善，农民生活质量显著提高；广泛开展“文明村镇”、“文明信用户”“最美家庭”等系列创评活动，引导和激发农民群众投身精神文明创建的积极性、主动性，先后涌现出余江县潢溪镇等3个全国文明村镇、贵溪市塘湾镇等10个全省文明村镇。鹰潭市以全面提升文明形象为目标，把推动和督促创评文明单位作为精神文明建设的基础性工作，坚持标准、加强指导、动态管理，促进群众性创建活动的蓬勃开展，全市涌现出全国文明单位10个，省级文明单位62个，评选出市级文明单位122个。

为不断丰富广大群众的文化生活，鹰潭市大力实施文化精品创作工程。以参评中央和省精神文明建设“五个一工程奖”为目标，切实做好题材规划，不断完善文艺创作生产的激励机制，推出了一批体现时代精神、具有浓郁地域特色、经得起时间检验的优秀作品。大力实施“文化惠民”工程。鼓励和支持广大群众积极开展健康向上的文化体育活动，认真抓好传统节庆文化宣传活动，组织开展“欢乐舞台”等具有鹰潭地域特色的群众文艺演出，引导民间群众性文化团体健康发展，不断满足人民群众精神文化需求；广泛深入开展送电影、送戏、送图书等活动，不断丰富农村群众的精神文化生活。大力实施文化阵地建设工程。对博物馆、图书馆、群艺馆进行全面改造升级，并实现了“三馆”全部免费对外开放；积极推进农村文化站和农家书屋等系列文化惠民工程建设；广泛深入开展广播电视由“村村通”向“户户享”延伸工作，进一步改善基层人民群众的文化条件。

创建，共享发展成果

让人民群众从城市发展中分享更多成果，是创建文明城市工作的生命线。

群众满意是创建文明城市的检

验标准。在创建过程中，鹰潭市将日常管理与专项整治相结合，真抓实创，下大力气解决群众关注、反映强烈的各类热点难点问题，使创建过程成为解决多年积累的矛盾和问题的过程，成为推动城市文明程度整体提高的过程，成为造福百姓的过程。持续开展火车站周边环境集中整治、违法违规小广告清理打击、整治和规范客运市场秩序、餐饮市场集中整治，取得了阶段性成果。同时，对步行街、集贸市场、长途汽车站、学校周边等关键部位，针对群众反映强烈的突出问题，紧紧扭住不放，组织力量，反复抓、抓反复；落实“门前三包”责任制度，推行精细化、网格化城市管理制度，城市脏、乱、差现象得到有效治理，既解决了城市管理中长期存在的一些痼疾、顽疾，又得到了市民群众的普遍赞许和欢迎，使人们群众真正在创建工作中得到实惠。

在文明城市创建中，充分发挥各级党委、政府在文明城市创建工作中的主导作用，建立完善城市建设管理的各项规章制度，坚持“创建为民、创建惠民、创建靠民”的理念，让文明创建推动城市发展，让群众共享发展成果，精心打造现代文明城市。

为加快城市建设建设步伐，鹰潭市围绕建设“田园新城”，扎实推进国家新型城镇化综合试点和全省“多规合一”试点，初步构建了以中心城区为核心，以贵溪、余江、龙虎山景区为骨干，以锦江、塘湾、上清等十强中心镇为支撑的“1+3+10”市域城镇体系。按照“一江两岸、三城同创、城乡联动”思路，中心城区形成“一江两岸”城市格局，老城区基础设施进一步完善，信江新区成为鹰潭“城市客厅”，建成鹰潭高铁北站，市区建成面积是建市初的5倍，集聚辐射功能显著增强；贵溪现代工业新城、余江产城一体化示范试点区加快建设，鹰贵余实现“同城发展”，推进公共服务基础设施向镇村延伸。全市城镇化率达55.78%。

与此同时，鹰潭市对沿街建筑和配套设施进行了综合改造，建成了“千米都市景观路”，与滨江公园浑然一体、交相辉映，成为一道靓丽的风景线；先后新建提升改造了11个公园以及一批社区小游园、街头绿地，成为市民休闲、健身的理想场所。不断加大老城区改造提升品质，全面完成小街小巷改造项目，大力实施城市管网改造和道路贯通工程，市民期盼多年的四海路和环城东路延伸工程、林荫西路贯通工程全线通车，站江路升级改造工程全面完成，极大地方便了市民群众生活、出行。2015年全市城镇就业率达97.2%，社会保险“多险合一”信息系统互联互通覆盖率达100%，新型农村和城镇居民社会养老保险工作、“阳光医药”工作获国务院充分肯定。

文明创建是一座城市的奋斗目标，更是脚踏实地的民心工程。一件件得民心、顺民意的实事好事落到实处，广大群众的生活质量和幸福指数越来越高。

文明提升没有终点，群众幸福没有穷期，鹰潭市的文明城市创建之路也将一路向前。

（夏东华）

鹰潭市首次荣获江西省“平安杯”

在2015年度全省社会治安综合治理表彰大会上，鹰潭市以11个设区市总分第四、4个小设区市第一的考核成绩，被评为2015年度全省综治工作（平安建设）先进市。至此，鹰潭市已连续三年获得全省综治先进荣誉。同时，鹰潭市还荣获了江西综治工作的最高荣誉——“平安杯”（2013—2015年），成为4个小设区市唯一获此殊荣的城市，也是鹰潭市建市以来首次获得该项荣誉。

压实综治责任，平安建设常抓不懈

市委、市政府将综治工作、平安建设作为贯彻落实中央、省委决策部署和市委“主攻项目、决战‘三区’，凸现特色、实现跨越”总体要求的保障工程，摆到“和谐鹰潭”建设和决战同步全面小康的大局中统筹安排，并纳入全市“8＋1”重点工作内容，实行项目化管理，做到与全市经济社会发展同谋划、同部署、同落实。

鹰潭市先后制定出台了《鹰潭市维护社会稳定工作规定》《和谐鹰潭建设实施意见》《关于深化平安鹰潭建设实施方案》等系列文件，对综治工作、平安建设进行全面系统部署。

市委、市政府主要领导带头履行“第一责任人”职责，对重大综治维稳问题做到亲自交办、亲自督促、亲自处理。全市各级党政领导坚持守土有责、守土尽责，逐级签订综治责任书，全面实行“一岗双责”，推动综治责任落实全覆盖。

鹰潭市还不断健全矛盾纠纷、社会风险预防化解和涉稳问题处理的分析评估、实战指挥、部门联动、社会协同等机制。市综治委建立了目标细化、责任分解、工作限时、任务包干等工作制度和协调调度、督察落实、述职考评、社会评价、考核奖惩等工作机制，推动综治工作、平安建设有效落实。

坚持源头预防，化解矛盾主动出击

鹰潭市综治工作坚持源头预防、事中管控和末端处置相结合，牢牢把握综治工作主动权，打好维稳工作主动仗，保持社会大局平安稳定。

在余江县，划龙舟是端午节习俗，以往常有不同村庄因划龙舟产生的斗殴、打架等矛盾纠纷。为让群众过一个安乐喜庆的端午节，余江县开创性地运用安全稳定风险评估体系，将稳定安全责任压实到个人，有效杜绝了以往的弊端，既保持了民俗，又增添了节日气氛。余江县龙舟竞划大型群众活动安全稳定风险评估被评为全省十大精品案例。

近年来，鹰潭市按照“宁愿少修一条路、少盖一幢楼、少增一点GDP，也要把与群众生产生活息息相关的事情办好”的理念，用真心真情解决事关群众切身利益和可能引发矛盾纠纷的实际困难和问题，以改善和保障民生有效减少社会矛盾；以规范行政行为和稳评工作有效预防社会矛盾；以风险管控和底线思维健全工作体系和运行机制，有效排查化解社会矛盾。

各种有效体制机制运行有条不紊，使矛盾纠纷得以早发现、早化解、早处置，基本实现小事不出村、大事不出乡、难事不出县、矛盾就地解决，重复访、越级访得到有效遏制，“老大难”信访积案得到有效化解。

打防控管结合，公共安全保障有力

鹰潭市始终把群众对平安的新需求、新期待作为努力方向，坚持严打、严治、严防、严控、严管多措并举，切实保障社会公共安全。

为解决电动车、摩托车经常被盗等群众反映强烈的治安问题，月湖区创建“政府补贴、运营商承办、公安机关管理、保险公司承保、销售商推广”的机制，全面推进电动车、摩托车物联网防盗系统建设，安装电动车物联网防盗系统8065台，其中被盗车辆23台，成功找回21台，找回率达91.3%，为市民挽回经济损失6万余元，有效增加了破案效能，解决了追赃难，返赃难问题，提高了群众安全感知和满意度。

与此同时，鹰潭市深入推进治安防控体系建设，强化公共社会面、重点行业、重点人群、乡村（社区）、机关企事业单位、信息网络等治安防控“六张网”建设，落实公安民警定时分片包街道、包社区、包路段巡防机制，实行“1+N”社区警务管理模式和网格化、动态化、流动式巡防，对治安复杂、案件高发部位，实行蹲点守侯、驻点设卡、闪亮警灯，最大限度将警力摆上街面、沉入社区。通过政府购买服务、义工志愿服务、楼（院）长守点、邻里守望、居民互助等方式，广泛开展群防群治。大力推进手机联防、电话报警、住宅门禁系统、电动车摩托车物联网防盗系统等示范工程建设，惠及市民15万多户。

创新社会治理，提升综合执法效能

鹰潭市始终坚持把解决影响社会和谐稳定的突出问题作为突破口，以提高运用法治思维和法治方式化解矛盾、维护稳定的能力水平为着力点，积极探索，务实创新，推动社会治理取得实效。

一方面大力深化执法司法体制机制改革。整合市场监管、检验检测、城市管理、文化市场等综合执法力量，规范行政执法行为，提升行政执法效能；实施“轻案快办”机制试点，实行未成年人刑事案件集中管辖，推进涉法涉诉信访和立案登记制改革，建立健全司法责任和司法救助制度，强化执法司法监督管理等，有效保证了执法司法权依法规范行使，办案质量和执法司法公信力得到提升。

另一方面，着力提升社会治理精细化水平。对治安重点人员全部纳入列管对象，落实管理措施；对服刑、强戒人员开辟帮教新渠道，建设5个远程会见中心，与全省21个监狱、戒毒所实现无缝对接，为他们及其家属打造了“近在咫尺、身临其境”的亲情帮教平台，也为社会和服刑、强戒人员架起了“感情桥梁”，全市刑满释放人员安置帮教率达100%，无一重新违法犯罪；对社区矫正对象，全部实行GPS定位监管，无一脱管漏管；对有严重不良行为的青少年，送入“阳光学校（班级）”进行法治教育、技能培训和行为矫治，有效减少了社会危害。

加强基层基础，夯实长治久安根基

坚持强基层、打基础、谋长远，着力提升基层服务管理水平，不断夯实平安鹰潭建设基层基础。

切实推进“三项建设”。在持续实施综治“六化”并取得明显成效的基础上，大力推进综治“三项建设”：高标准推进市、县、乡、村四级综治中心建设，搭建以网格化管理为基础、信息化建设为支撑、组团式服务为载体的社会治安综合治理工作平台，建立健全“一个‘窗口’服务群众、一个平台处置反馈、一套制度议事管事”的运行机制和“五联五统”工作机制，实现资源力量整合在基层、工作合力形成在基层、服务管理水平提高在基层；抓好综治信息化建设，采集录入综治组织及综治业务、实有人口、特殊人群、重点青少年、“两新组织”、社会治安、矛盾纠纷排查化解、校园及周边安全、护路护线等9大模块信息近170万条，对各类人群做到数据全、信息准、底数清、情况明；全面实施网格化管理建设，科学划分城乡网格，配备网格管理员，实行定格定人定责，提高了社会治理精细化水平。

分类实施平安创建。分类制定基层、行业平安创建标准和考评、命名、表彰办法，分别明确创建牵头责任单位，并通过量化指标、定点定位、统一要求和重点督导、经验交流、以奖代补，以及组织市、县近500个综治责任单位与44个乡镇（街道）、434个村（社区）挂钩结，提供政策、信息、人力、物资、经费支持等方式，打造平安建设精品社区、精品线路，推动平安创建上档次、上水平。该市平安生态、平安交通、平安边界创建等做法在全国、全省推广。

大力促进法治养成。牢牢抓住领导干部这个"关键少数"，完善各级党委（组）中心组学法制度，对全市县级领导干部进行法治轮训，对行政执法部门、政法系统分类进行专题培训，开展党政领导法治访谈，督促引导各级领导干部在法治建设中发挥示范带头作用。以"法治县（市、区）""法治乡镇""法治机关""法治行业""民主法治示范村（社区）"等创建为载体，通过全面建立法律顾问制度、培养法律"明白人"、组织开展"法律六进"、法治警示教育、法治人物评选等系列活动，以及在媒体开辟法治专题专栏、在学校建立法治教育基地等形式，形成尊法学法守法用法的社会氛围。

（张国旗）

江西省旅游产业发展大会在鹰潭市召开

2016年4月27日，江西省委、省政府在鹰潭美丽的龙虎山，召开全省旅游产业发展大会，深入贯彻落实中共中央总书记习近平系列重要讲话精神和中央关于旅游业改革发展的决策部署，回顾总结江西省"十二五"旅游业发展情况，谋划安排"十三五"全省旅游改革发展工作，推动全省旅游产业在新的起点上实现新发展。

省委书记强卫出席大会作重要讲话，并为2017年旅发大会承办地九江市授旗。省长鹿心社讲话，省领导朱虹、龚建华、冯桃莲、孙菊生等出席会议，副省长殷美根主持会议。市委书记陈兴超、市长熊茂平等出席会议。

强卫在讲话中指出，要做大旅游品牌效益。中共中央总书记习近平视察江西省时称赞"庐山天下悠、三清天下秀、龙虎天下绝"，为江西旅游业发展作了最大的广告，也作了最有价值的宣传。现在，国内外对江西的关注度不断上升，绿色生态江西的美誉度越来越好。大家要抓住机遇，借势而上，进一步提升做大"江西风景独好"的品牌效益。要针对"悠、秀、绝"三个字做文章，进一步提炼江西风景的特点，丰富"江西风景独好"品牌内涵。

强卫强调，要做大旅游集群效益。各地各部门要始终坚持"抓点、连线、扩面、健体"的思路，促进旅游产业集群更好更快发展。要坚持创新驱动，依靠推进业态创新、体制机制创新，用好"双创"政策优势，推动产业集群发展由粗放型向质量效益型转变，由产业链低端向中高端转变；要坚持龙头带动，把做大做强龙头企业作为重中之重，强化合作共赢理念，完善产业链条，大力实施旅游龙头企业促进计划，通过兼并、重组等方式，培育一批有实力的本土龙头企业，为集群发展提供支撑；要坚持服务推动，游客满意是旅游业发展的生命，要着力营造便捷、安全、舒适、文明的旅游环境，让游客食有特色、住有选择、行之方便、游之尽兴、购之丰富、娱之快乐。

强卫强调，要做大旅游综合效益。旅游业是融合一、二、三产业的综合性产业，具有产业关联度高、带动作用大等特点。各地各部门要转变旅游发展思路，强化"旅游+"理念，进一步发挥好旅游的综合效益。要着力推动"旅游+产业发展"，坚持农业围绕旅游增价值、工业围绕旅游出产品、服务业围绕旅游成规模的思路，推进旅游业与相关产业深度融合发展，培育旅游新业态；要着力推动"旅游+新型城镇化"，把旅游思维贯穿于新型城镇化全过程，将整个城市作为一个旅游目的地来打造，推动江西省旅游从景点旅游向全域旅游转变；要着力推动"旅游+农村发展"，各地各部门要认真落实"乡村旅游提升年"的要求，把发展乡村旅游放在更加重要的位置，下大力气提高乡村旅游品质、内涵、标准、水平，推动乡村旅游由观光经济到体验经济、访客经济的转型升级，以乡村旅游促进农村发展、农业增效、农民增收。

鹿心社部署了下一步全省旅游重点工作。他强调，要进一步坚定旅游强省建设的信心和决心，以新理念为引领，扎实推进旅游强省建设。要抓改革创新促转型发展，盯住重点领域和关键环节抓改革求创新，推动体制机制创新，推动资源整合，推动发展模式转型，不断激发旅游产业发展的动力、活力；要抓产业对接促融合发展，充分发挥旅游业渗透性强、关联性强的特点，大力发展"旅游+文化、+信息、+健康"，促进旅游与相关行业产业融合发展；要抓薄弱环节促协调发展，坚持问题导向，加快补齐全域旅游、全产业链发展中的短板，以薄弱环节的突破促进整体发展、协调发展；要抓旅游扶贫促共享发展，充分发挥国家旅游扶贫示范区建设的示范效应，以大力发展乡村旅游为突破口，加强专业指导，夯实发展基础，强化人员培训，促进旅游与扶贫的深度对接；要抓内涵建设促品质提升，在进一步扩大旅游规模的同时，将质量建设、品牌建设作为旅游工作的重点，加快创建高等级旅游景区，完善旅游标准体系，着力提升服务水平，切实适应旅游消费品质发展趋势。

鹿心社要求，各地各部门要强化组织领导、强化规划和政策引导、强化考核督导，抓好旅游强省建设的落实，把旅游产业打造成绿色崛起的重要支撑，奋力开创旅游强省建设新局面。

会上，对12家江西旅游强县、10家优秀旅游企业进行了授牌；鹰潭市政府、上饶婺源县政府、宜春明月山管委会、吉安井冈山管理局、南昌万达文化旅游城等单位作了交流发言，并播放了旅游专题片；九江市对承办2017年旅游产业发展大会作了承诺发言。

熊茂平在交流发言中代表鹰潭市委、市政府和全市人民，向到会指导的各位领导和参会者表示诚挚的欢迎和衷心的感谢，并简要介绍了2015年鹰潭市旅游产业发展情况。熊茂平表示，鹰潭市将以“庐山天下悠、三清天下秀、龙虎天下绝”的赞誉为鞭策，按照做好“铜、山、城”三篇文章的发展定位，认真贯彻此次大会精神，虚心学习借鉴兄弟市的成功经验，突出改革创新、提升服务、深度融合，努力打造旅游强市，建设“中华道都”。

会前，与会领导嘉宾、媒体记者还观摩了“旅游强省进行时——2015年旅游成果展示”。“十二五”以来，特别是旅游强省战略实施以来，全省上下紧紧围绕省委十六字方针，像抓工业化、城镇化一样抓旅游，坚持高位推动，狠抓改革创新，着力塑造品牌，促进多元发展，全省旅游产业呈现规模扩大、转型加快、品牌彰显、活力增强的良好态势。

（夏东华）

程永林荣获全国公安系统一级英雄模范称号

2017年5月26日，江西省委、省政府举行程永林全国公安系统一级英雄模范命名表彰大会暨先进事迹报告会。

贵溪是红色的，绵延的红土地上，流淌着红色的基因。一方水土养育一方百姓，一种信仰延续一种传承。贵溪市公安局刑侦大队刑警程永林就是这个传承的延续。从警15年7次荣立三等功，数次历经生与死的考验，他用行动让人民群众见证着一个共产党人信仰中坚不可摧的力量。

英雄无悔

2016年4月25日，一个平常得不能再平常的日子。下午3时，贵溪市公安局刑侦大队四中队队长匡向东叫住刑警队员汪志明和张雯，准备前往位于该市郊区的雷溪派出所带一名犯罪嫌疑人。“队长，让我去。”坐在办公室最里间的程永林主动请缨。“你能吃得消？”匡向东知道他身患感冒，最近又为一个公安部正在督办的大案连续开夜车，手上有着一大堆的材料。“没事，让我出去走走，就当放松放松。”

三名队友很快上路了。张雯驾车，程永林坐副驾驶，汪志明坐在后排。劳累的程永林并没有休息，刑警职业让他习惯性地留心着窗外的一切。3时20分许，车进入该市雷溪镇境内，前方左面路边从山上下来的一个背长形背包的男子进入了程永林的视线。附近没有河，也没有大的水塘，那包里不可能是钓具。那是什么呢？有可能是枪。程永林马上把这名男子与局里正在侦办的网上贩卖枪支案联系起来。

三人简单沟通后，果断将车子掉头堵在了已跨过马路的男子前方。为不引起嫌疑人注意，未穿警服的程永林和张雯先行下车。狡猾的男子见势不妙，赶紧将包扔进了路边的沟里掉头想跑，程永林与张雯双双上前将男子摁倒在地。经现场核实身份，该男子确为涉枪犯罪嫌疑人曾某凯，并从其丢弃的背包内查获一支“秃鹰”气枪。此时，离抓捕现场约20米的一辆白色轿车迅速往雷溪方向逃离。突然窜逃的车辆引起了程永林的警觉，程永林等人继续盘问曾某凯，但曾某凯矢口否认窜逃的车辆与他存在关联。

就在程永林三人准备押解嫌疑人上车时，刚刚逃离的白色轿车已经折返，并加足马力，疾速撞向程永林等人。生死瞬间，程永林用力将汪志明推开，自己被重重地撞倒在路边的旱沟里。汪志明由于被推了一把，只受了轻伤。张雯站位靠左得以幸免。撞人车辆随即迅速逃离。为防止逃离车辆再次返回，张雯赶紧将嫌疑人带到安全地带，并迅速拨打了120急救中心及单位领导电话。几分钟后，汪志明醒来，程永林却躺在沟里不省人事。

下午4时左右，程永林与汪志明被送到贵溪市人民医院。经医院诊断，程永林全身20多处骨折，内脏出血不止。正在医院上班的妻子接到通知赶到急诊室时，能认出老公的唯一依据只是他身上穿着的衣服。据程永林主治医生、贵溪市人民医院ICU主任张建军介绍：程永林送到医院急救室时，脸因为无法呼吸被憋成了酱紫色，切开气管时喷涌而出的有血、有牙齿、还有模糊状的碎肉。第一天抢救时，程永林输血2.7万多毫升，相当于4个成年人的血量。如果再晚几分钟，便不会再有生还的可能。另一刑警汪志明手脚受伤，掌部缝了30多针。

一时间，三名刑警抓捕涉枪嫌疑人却遭歹徒驾车恶意撞击的英勇事迹迅速传遍贵溪城乡。身受重伤的程永林更是成了焦点中的焦点。一个共同的心声在贵溪城头响起：决不让英雄流汗流血又流泪。

贵溪市委、市政府对受伤民警的救治和案犯追逃工作进行了全面部署。当晚11时许，驾车逃窜的犯罪嫌疑人曾某红被抓获。4月27日，鹰潭市委常委、贵溪市委书记张福庆刚结束外地学习返回贵溪，第一时间到医院探望，当看到满身缠满绷带、脸部肿得变形的程永林时，他俯下身子，在程永林耳边动情地说："永林，你是英雄，是贵溪人民的骄傲。"鹰潭、贵溪两级工会分别授予程永林"五一劳动奖章"。5月26日，中共贵溪市委办公室印发了《中共贵溪市委关于开展向程永林同志学习活动的决定》，6月24日、7月27日和7月28日，鹰潭市公安局、鹰潭市委、江西省公安厅先后作出向程永林学习的决定。在各方的协调下，程永林和汪志明救治工作有条不紊。4月29日下午，贵溪市人民医院为程永林实施了右侧股骨骨折切开复位内固定术。5月9日凌晨，程永林平安转院至上海交通大学医学院附属第九人民医院进行后续治疗。5月11日，程永林进行第一次头部手术，医生用了13个小时对程永林全脸15处骨折部位使用了98个钛钉进行复位。5月24日下午，程永林接受左腿髌骨肌腱断裂施行手术。至此，程永林进入全面康复阶段。

"4·25"案发后，英雄受伤的消息刷屏当地微信公众平台，程永林这个本来陌生的名字成了全市干群关注的对象。事发当晚，得知程永林因出血不止，急需大量A型血做手术，全市各界群众自发献血。鹰潭市血站工作人员彭志芳依然清晰记得，4月25日晚她值夜班，从6点多钟起值班室的电话就一直没有停过。仅是上门拿血浆的人员就有三批，电话咨询怎么献血的人员更是不计其数。4月25日，贵溪献血车上的护士杨彩依然记得，当天她们比平时提前半小时到达工作地点时，献血车前已聚集了好多排队等待献血的人群。当天贵溪点采血量是平时采血量的20多倍。远在上饶信州的童加清也打来电话支援。程永林被转到上海交通大学医学院附属第九人民医院后，该院护士得知英雄的事迹后，争相为英雄服务。贵溪上海商会也轮流派出代表看望慰问家乡英雄。中国美术家协会会员、中国书法家协会会员、上海宝山画院院长蒋英坚获悉英雄壮举后深受感动，专门书写了"英雄永林"四个遒劲大字，用笔墨诠释了他对英雄民警程永林的崇敬之情。

全社会给予程永林高度赞誉。6月16日，在上海手术治疗38天的程永林回到贵溪。当日上午，贵溪市政府为他举行了欢迎仪式，1000多名群众自发赶到现场迎接，以表达对英雄的敬意。中共鹰潭市委、省公安厅先后分别作出了向程永林学习的决定。贵溪市成立了程永林先进事迹报告团，先后进行了8场巡回宣讲。鹰潭市委书记陈兴超会见了程永林及其先进事迹报告团成员，并聆听了先进事迹报告。中国警察网、《人民公安报》、新华每日电讯等媒体大篇幅报道程永林的先进事迹。8月18日，江西省委书记鹿心社对程永林的先进事迹作出批示：大力宣传程永林的先进事迹。8月25日，省委宣传部、省公安厅组织《江西日报》、江西电视台等10多家省直新闻媒体的记者，走进贵溪，集中采访英雄民警程永林先进事迹。

程永林也始终没为自己的受伤后悔过。在ICU病房第一次见到妻子时，他牵挂的竟是两个尚未到案的嫌疑人。从上海治病回来第二天，他就躺在病床上与接他案件的同事谈起了案件侦破思路。问他最想干的事是什么时，他回答的是："尽快康复，回到战友们身边一起战斗。"

担当无畏

干警察就要干刑警。这是程永林入职时与同事们说的话。程永林出生在赣东北红色革命根据地周坊，爷爷是南下老干部，自小的耳濡目染培育了他钢铁般的意志信仰。高中毕业时，他毫不犹豫地报考了警校。做一名合格的刑警，时刻保护人民群众的安康是他永恒的追求。

熟悉警察职业的人都知道：由于直接面对违法犯罪，一线刑警最苦最累最危险。然而程永林并不畏惧危险。从身穿警服的第一天起，他便站在了打击违法犯罪的最前沿。

刚进入警队是在贵溪市塘湾派出所。有一年集镇漾会（赶集），该镇芦甸邓家有个年轻人带着两把菜刀，在闹市中将仇家砍伤。正在值勤的程永林和队友黄有青接到报案，迅速赶到现场。面对持刀案犯，程永林不顾生命危险，迎面冲上去将凶手擒获。

考入信州区刑警大队后，刚进重案二组的程永林跟着当年组长、现在信州区公安局副政委童加清办的第一件案件的主犯便是一个身藏枪支的亡命之徒。当看到组长童加清临危不惧、与歹徒斗智斗勇，最终将案犯捉拿归案时，程永林从童加清身上明白了如何做一名合格刑警的真谛。

2005年上饶市区发生系列摩托车盗窃案。程永林与童加清伪装成销赃人员前往德兴和犯罪分子接头。警觉的犯罪嫌疑人一直骑在摩托车上，与同样骑着摩托的刑警们围着街道转圈圈。此时一有风吹草动将前功尽弃。当童加清载着程永林再次与犯罪嫌疑人相向而行时，程永林抓住双方摩托车交会这一稍纵即逝的机会，从后座一跃而起，将两米外快速行驶的摩托车及抓捕对象一同扑倒在地。正是程永林这奋不顾身的一次扑擒，让犯罪嫌疑人最终乖乖就范。

听过这故事的人都认为这样的抓捕太过危险。可在程永林十多年的从警生涯中，这样的奋不顾身一点也不足为奇。2012年贵溪市发生系列盗窃案。经过一番侦察，锁定犯罪嫌疑人为新余市分宜县绰号叫“天涯豹”的黄小运。抓捕时，黄小运正在外地作案。此人凶残狡猾，要成功实施抓捕极为不易。为防止案犯逃窜，两地警方决定在高速路口进行设卡堵截，并在缴费的瞬间，拉开驾驶员车门将驾驶员拖出。程永林主动请缨，穿上了收费站的工作服，站在收费窗口下面静候“天涯豹”及其团伙成员的到来。谁知嫌疑车辆还未驶进收费站，狡猾的“天涯豹”便对警方行动有所察觉，在前后均被车辆堵截的情况下，迅速加大油门冲上收费站台阶，擦着程永林的身体跃到另一通道窜逃。就在其他民警为程永林是否受伤担心时，程永林已直接跑上警车追了上去。最终将四名嫌疑人当中的两名成功抓获，一个以“天涯豹”为首，在浙江、江西等地作案近百起，涉案价值数十万元的盗窃团伙被成功打掉。

大多数嫌疑人在被捕后都不解：我玩了命地逃是为了自己，他这般不要命地追，到底图啥呢？

答案只有一个：信仰，正是坚定的信仰让程永林毫无畏惧，勇往直前。

卓越无限

程永林的起诉书永远是最漂亮的；只要一有大案要案，程永林是领导眼里的第一人选；当15年警察立了7个三等功，2015年被评为江西省优秀人民警察。从一名农村娃到一名优秀的人民警察，从一个“新兵蛋子”成为一个人人称道的英雄人物。人们常常会情不自禁地探寻程永林的成长道路。

用最高的标准要求自己，用最严的态度完善自己。从进警队的那一天起，程永林就一直在不懈地努力。没有节假日，没有星期天；程永林总是在忙碌着。在信州区5年，程永林为了方便工作，租住在距公安局不到500米的出租屋里。为了尽快掌握刑警工作，他白天跟老刑警们学，晚上就在办公室看卷宗，很快成长为组里的办案尖子。

2005年，上饶市信州区豆芽巷发生一起骇人听闻震惊当地的“敲头案”。一对母女在骑车回家的路上被人敲打头部，致一死一伤，被抢走一枚戒指和几百元现金。由于现场没有留下有效证据，案件一时陷入僵局。负责外围调查人员无意中听伤者说起她家隔壁曾有过一外地人租房客，不过很久前就搬走了。程永林没有放过这一不被同事看好的线索，对这名房客展开调查，发现其曾在一锁厂打工，并创造性地将锁厂工人用锤子做工具的习惯与“敲头案”联系起来，进一步对线索进行深挖。最终从案犯女朋友手中找到案件被抢戒指，将犯罪嫌疑人绳之以法。

做事认真，遇事有股子钻劲。几乎所有接触过程永林的人都有这感觉。2006年景德镇“7·10”黑社会性质组织案专案组常务副组长、现任省公安厅副厅长胡满松对程永林印象特别深。由于案件主要犯罪嫌疑人王某狡猾凶残，团伙成员沆瀣一气，审讯工作时常陷入困境。正是程永林通过一遍又一遍的梳理，最后在堆积如山的案宗中找出的一个看似与王某团伙无关紧要的人物，成为整个案件的突破口。该案成功侦破后，被公安部列为精品案例印发各省市。

2012年贵溪市系列盗窃案发生后，程永林用了整整3天时间看事发小区监控摄像头，最终在一个隐蔽角落发现一辆特殊颜色的小汽车的影子。并根据这辆特殊颜色的小汽车跟踪到了新余市分宜县。在分宜县城用3天时间在20多家租车行的1000多辆小汽车找到涉案车辆，并最终顺利破案。

2015年的一天，程永林接手一起盗窃案。案发现场仍没有丝毫线索。不甘放弃的程永林回队后调集各处监控仔细查找，看到案发前现场边有一疑似嫌疑人在抽烟，并将烟头丢在地上。程永林立刻赶回现场，在地面仔细地一遍又一遍查找，最终通过这个烟头做了DNA鉴定后将嫌疑人抓获。工作中这样的案例不胜枚举。正是凭借着这股永不言弃的钻劲，程永林每到一处，都成为警队炙手可热的人物。在上饶信州区公安局5年，他有一半多时间都被抽调到省厅或市局办理专案。为此他博得了“专案王子”的雅号。在贵溪刑侦大队，由于常常办理大案要案，他被同事亲切地称为“办案专业户”“出差专业户”。

2015年3月2日晚7时，贵溪市雷溪镇雷溪村胡某骑摩托车外出被撞后，生不见人，死不见尸。目击者只有一名6岁的小男孩。程永林接案后，调集周边乡镇金屯、塘湾、罗河和流口等地的监控摄像，从一辆形迹可疑的面包车着手，让一场预谋已久的凶杀案件最终大白于天下。2015年7月30日，中央电视台《今日说法》栏目将该案作为典型案例，制作了时长60分钟的访谈节目分上、下两集连续播出。

着力创新，追求卓越。程永林从未满足过自己已有的办案水平。工作之余，他最喜欢逛公安内网的刑侦技术论坛，借鉴一些好的工作方法，琢磨一些新鲜东西。话单海量分析便是其中一个。程永林在论坛发现有一种可以实现智能比对的话单分析软件，便自费购买了下来。经过一段时间的实战运用，程永林熟练掌握了这款软件的使用方法，不但为自己侦办案件节省了大量时间，更实现了对犯罪嫌疑人轨迹的精准化分析。

程永林独创的以送快递为名抓捕犯罪嫌疑人的方法也在同事间广为使用。他设计的打群架抓嫌犯的故事更是在同仁中广为流传。2004年贵溪市塘湾镇相继发生了多起寻衅滋事案件。局里抽调治安大队和塘湾派出所警力组成专案组，犯罪嫌疑人闻风而逃。有一天，程永林接到线报：团伙头目龚某辉潜回贵溪了。为了抓捕龚某辉，程永林安排几名朋友坐在龚某辉邻桌吃饭，并借机与龚某辉制造纠纷。乘机让早就埋伏好的巡警将两桌人一同带回，悄无声息地实现对龚某辉的抓捕。

此外，他设置定位跟踪器智擒盗贼的故事在群众中反响很大。2012年，盗窃摩托车、电动车案件突然在贵溪城区高发，广大市民也纷纷吐槽。程永林经过苦思冥想之后，自掏2400元钱买了8个微型定位产品，免费给车辆经常停放在发案区域的车主装上。没过几天，这个办法果然将盗贼的全部行踪掌握得一清二楚，从而一举打掉了一个流窜5省7地市的特大盗窃摩托车、电动车团伙。

不放弃一丝线索，不放过一个坏人。2015年，程永林破获一个贩毒案，破纪录地缴获毒品7.6千克。就在大家争相为他庆功的时候，他对吸贩毒人员的口供及外围关系进行了重新梳理。并根据从中发现蛛丝马迹，发现了一起更大的贩毒案件。2016年3月中旬，经过7个月的调查取证和一周多的跟踪蹲守，程永林成功在深圳将“林某、郑某特大贩毒案”的嫌疑人抓获并押回贵溪，此次缴获的毒品数量达11千克，再次刷新了他自己创造的鹰潭禁毒史的纪录。

“他送来的起诉书从来都是最厚最工整的。”鹰潭市检察院起诉科科长王冠对程永林特别深刻。要办就得办成铁案。2013年1月21日，程永林接手一起强奸案。侦察期间，程永林详细侦查案件发生经过，认真核实目击证人证言，并通过现场勘验检查，证实了案件发生的地点及现场痕迹物证；对犯罪各项要素一一进行认真核查，最终让企图蒙混过关的犯罪嫌疑人认罪伏法。该案因案卷完美无瑕，被评为当年的江西省十大优质案卷。就在程永林受伤后，民警在移交案件时，还发现程永林所写的一份工作计划，里面竟然写满整整30页纸。

大爱无垠

立警为公，执法为民。程永林深爱着警察这一职业，始终坚守着人民警察为人民的最高宗旨。

塘湾镇古塘村70多岁的村民杨某仍然记得：2002年8月下旬的一个炎热的周末中午，他赶了20多里山路到派出所给孙子办入学户籍证明，却不知当天是周末，户籍警不上班。正当他无可适从的时候，当天值班正打算去食堂用餐的程永林主动与他搭讪。了解情况后，程永林二话没说，立即拿起电话向所长请示，并在户籍民警的电话指导下办了结业务。从那以后，老人家逢人便说：所里来了个为民办事的好后生。

还有一次，该镇芦甸村一户人家建房时因房屋基地与邻居发生纠纷。接到报案后，程永林白天黑夜蹲点在两家来回地跑，最后让两个人由冤家变成了“亲家”。建房户心里记着程永林的好，瞒着家人偷偷买了两条普通金圣香烟，送到程永林办公室，程永林坚辞不受。建房户不甘心，偷偷躲在门外趁程永林上卫生间的空档，留下香烟就走。可谁知才过两天，香烟又经村委会干部给送了回来。

2004年，程永林破获一桩拐卖妇女案，解救了两名湖南女子。事后，他自己掏钱为她们买了回老家的车票和一大袋食品，并亲自送她们上火车。临别时，两名女子望着面前这位民警小弟弟，哽咽着说不出话来。

无论在哪个地方，程永林对人的好都让人称道。在塘湾派出所，他是周末值班最多的；在刑侦大队，他是晚上加班最多的。上饶信州区民警陈龙还记得，当初自己分到乡下。每逢年节时分，程永林总会邀上几个外地的同事去他的出租屋“加餐”。贵溪市文坊派出所所长侯福祥也记得，一次中午他一人在城区遇到一要抓捕的犯罪嫌疑人，回所里调人最快也得一个小时。于是他打电话向程永林求援。程永林二话没说，协助其将犯罪嫌疑人抓获。可事后才知道，为了帮助他，他让过5周岁生日的女儿一个人挨饿在家。

“为人民办事是我作为一个人民警察义不容辞的职责。”程永林是这样说的，也是这样做的。为了做好这一职责，他常常忘记了自己，忘记了亲人。同事们都知道，程永林对吃穿是最不讲究的。身上经常是一身警服，偶尔穿一次便装也很随意。工作15年来，在程永林名下的唯一财产，就是结婚时候老丈人帮助买的一辆几万块钱的长安轿车。在撞伤之后，他抽屉里还有仍未报销的一万多元发票。

妻子张微红是个护士，有时要值夜班，可结婚8年，程永林从未接送过一次。2015年8月31日是程永林夫妻结婚8周年的日子，从未过过结婚纪念日的张微红提前一个月预约一起烛光晚餐。当两人面对面坐进一家西餐厅，正准备品味一番爱情的甜蜜时，一个电话打来：有紧急任务，马上归队。看到程永林远去的背影，张微红心里充满了落寞，但她努力控制住情绪，用微微抖动的手指为丈夫发了这样一条短信：“不用担心我，出任务注意安全。”

程永林多次赴沿海办案，妻子几次让他带点水果，可程永林总是因案件耽误没有做到。一次，程永林好不容易托外出的朋友帮他买了几斤水果作为对妻子的弥补。可水果还来不及提回家，程永林就外出执行任务。当他再次回来时，一大袋水果已腐烂并发出难闻的臭味。

丈夫真的有那么忙吗？由于刑侦大队离家直线距离不到500米，张微红常会在饭后去悄悄看一看。当每次都看到丈夫挑灯夜战时，张微红心疼了。于是她常常带上一些点心晚上来看丈夫，可次数多了，程永林就说，这样不好，同事见了笑话不说，还影响工作。张微红多想告诉他，自己只是心疼他。可她没有说出口，这么多年，习惯了。

这次从死亡线上挣扎了四天四夜醒来，张微红第一次进重症监护室探望，她简直不敢相信自己的丈夫伤成这样，他脸部因为粉碎性骨折已经肿胀成球形，鼻子、嘴里、喉咙处插满了管子，手上、脚上到处缠着绷带。程永林看到妻子过来了，努力地想说些什么，但由于颌骨粉碎性骨折，无力张合，手术中已切开气管，他的努力只发出了些"呼哧呼哧"的声响。程永林的眼神透着一份执着，他没有停止想要表达的意思，抬出受伤较轻但仅能半伸的左手在妻子掌心轻缓地划动出一组数字，然后伸出两个指头。张微红感觉那是一个电话号码，她记录下来后问程永林是不是要号码叫人来看他，他艰难地摇了摇头。张微红又问这是不是与他近期经常在外出差办理的案件相关，程永林已经没有力气点头了，他只能在妻子的手心里轻轻地扣了两下。电话号码是刑侦大队教导员的，尽管程永林告诉妻子张微红要抓的两个人在他昏迷期间已经归案，但是此刻，被嫌疑人驾车撞成重伤，昏迷四天四夜经抢救醒来的程永林，想到的第一件事便是手头的案件，现场听到的同事和亲友都忍不住眼圈红了，有的甚至偷偷来到走廊擦拭泪水。

程永林女儿就读的幼儿园离家不到500米，距程永林办公室也只隔一条公路，可幼儿园的老师总觉得奇怪：怎么从未见过孩子的爸爸接送孩子上学。有一次程永林母亲生病，高烧到起床的力气都没有，程永林的妻子又在单位值班，赶上孩子放学的时候下起了大雨，母亲只好打通程永林的电话，叫他赶紧回来。可得到的只是程永林一句回复：娘呀，我在工作，忙完了我就去接孩子，给你买药。那一次，孩子是自己冒雨跑回家的； 那一晚，也是这个懂事的孙女一直陪伴着生病的奶奶。

程永林有多么热爱这份公安事业，她的母亲就经受过多么痛心的煎熬。她的煎熬不是自己生病儿子为了工作不能尽孝，她的煎熬不是拖着多年腰椎间盘突出照顾孙女的辛劳，她的煎熬不是没日没夜见不到儿子的思念。母亲的煎熬是不忍心看到儿子为了打击犯罪没日没夜地在侦查办案，母亲担心儿子身体会垮。程妈妈记得有一回，程永林在外地办案出差十多天，回到家后，胡子拉茬，浑身酸臭，饭也不吃，衣服鞋子也没脱，倒在床上便呼呼大睡。看着儿子这副模样，程妈妈别提多心疼了，怕程永林着凉，就想帮他脱掉鞋袜盖上被子。她小心翼翼地帮儿子脱掉鞋袜，却被眼前的这双脚惊呆了，儿子的一双脚掌竟然起了好几个血泡。儿是娘的心头肉哇，看着儿子的辛苦和带着血泡的脚掌，母亲赶紧走了出去，她怕自己控制不住哭出声来吵醒了永林。她赶紧到楼下柚子树上找了一根柚针，上楼后一面用热毛巾给儿子敷脚，一面用柚针挑破血泡。程永林也太困了，柚针一针针地扎在了血泡上，程永林却始终都在呼呼酣睡，甚至在挤血水时他的脚都没缩一下。

刀光剑影之中，有一种微笑叫勇敢；熠熠警徽之下，有一种选择叫无悔。从警15年来，程永林用忠诚践行誓言、用行动诠释信念、用执着演绎着精彩的刑警人生。他时刻不忘自己的党员身份，始终不忘初心，永葆本色、果敢善行、勇于担当。他是一名忠诚为民、执法公正、努力践行人民警察核心价值观的典型代表，也是"两学一做"学习教育中涌现出来的杰出典范。

（张国旗）

7月21日，鹰潭市公安局举行程永林先进事迹报告会

市公安局　供稿

市情概览

编辑、校对：况建军

历史沿革

鹰潭早在公元前16世纪至前11世纪的商代中晚期已成为中国陶瓷生产的一个重要基地（月湖区童家镇角山窑址群的发掘曾在中国考古界引起巨大反响）；市境西周以前属《尚书·禹贡》中的扬州之域，春秋为百越之地，战国先属越、后属楚，秦时属九江郡。西汉至唐代一直由余汗县（今余干县）管辖（中间曾一度划入晋兴县管辖），唐代称鹰潭坊。唐永泰元年（765年），置贵溪县，鹰潭划为贵溪县辖地。明万历初，在鹰潭设巡检司。清乾隆三十年（1765年），在鹰潭设司。同治三年（1864年），改设鹰潭镇，直至1956年。1957年1月，升格为上饶地区直辖县级镇，1958年4月，又降格为贵溪辖县级镇。1960年7月，再次升格为上饶地区县级镇。1979年3月，经国务院批准，升格为上饶地区所辖的县级鹰潭市。1983年7月，经国务院批准，升格为省辖市，原县级鹰潭市区域改为市辖月湖区，同时辖贵溪县（1996年撤县设市）、余江县。

地理与自然气候

鹰潭市位于江西省东北部，信江中下游。地处北纬27° 35'~28° 41'，东经116° 41'~117° 30'，面向珠江、长江、闽南3个“三角洲”，是内地连接东南沿海的重要通道之一。辖区东接弋阳县、铅山县，西连东乡县，南临金溪县、资溪县，北靠万年县、余干县，东南一隅与福建省光泽县毗邻。境域南北长约81千米，东西宽约38千米。距省会南昌市143千米（铁路里程）。全市总面积3556.7平方千米，占江西省总面积的2.15%。市委、市政府坐落在市区信江新区。

辖区属南岭准地槽边缘的信江拗陷带，地势南北高，中间低。南边的崇山峻岭与武夷山脉相连，最高点为贵溪樟坪乡的浪港山阳际坑峰，海拔1541米；北端系怀玉山脉绵延之丘陵。中部为信江中游丘陵盆地，是良好的农业区，盛产稻谷，素有“赣东粮仓”之称。最低点为信江河谷，海拔16米。地表以酸性红壤为主，地震烈度小于6度，地基土承受力每平方米为20吨~50吨。

辖区属亚热带季风性湿润气候，雨量充沛，光线充足，无霜期长，四季分明，平均气温18℃，极端最低气温-9.3℃，极端最高气温41.0℃，相对湿度为76%，常年主导风向为东风、东北风。年均降雨量为1750毫米，最大日降雨量为214.4毫米。无霜期长达262天。

人口

2016年，全市人口出生率13.28‰，人口死亡率6.18‰，人口自然增长率7.1‰，年未常住总人口115.93万人（其中女性55.82万人，城镇人口为66.63万人），人口密度每平方千米326人。年未农村劳动力资源总数46.77万人，比2015年增长1.21%；城镇非私营单位在岗职工人数14.71万人，比2015年下降0.61%。家庭户32.51万户。

2016年国民经济和社会发展状况

【概述】 2016年，面对复杂多变的国内外经济形势，在市委、市政府的坚强领导下，全市上下深入贯彻中共中央总书记习近平系列重要讲话特别是对江西工作提出的“新的希望、三个着力、四个坚持”重要要求，坚持“五大发展理念”，着力“五大任务”，全力抓投资、稳增长，抓转型、调结构，抓改革、惠民生，经济社会持续稳步发展，大部分经济指标基本完成年度计划。全年实现生产总值695.35亿元，完成年计划的102.3%，同比（下同）增长8.8%；三次产业结构比调整为7.6∶58.2∶34.2；财政总收入116.82亿元，完成调整预算的99.8%，同口径增长10%；一般公共预算收入81.62亿元，完成调整预算的96.0%，同口径增长5%；城镇居民人均可支配收入2.91万元，完成年计划的99.2%，增长8%；农村居民人均可支配收入1.35万元，完成年计划的98.5%，增长9.3%。

【“三农”工作呈现平稳发展之势】 现代农业提质增效。全市粮食种植面积182万亩，粮食总产达73.72万吨，实现“十三连丰”；经济作物规模壮大，新增果园面积3000亩，茶园2000亩，商品蔬菜1600亩；白鹤湖示范区总体规划及控制性详规全面完成，现代农业核心示范区建设规模达22.5万亩，入驻省级农业龙头企业10家；白鹤湖大道建成通车。农村改革扎实推进。余江国家农村宅基地制度改革在全县73%的自然村实施，农村宅基地管理试点在全市铺开；农村土地承包经营权确权登记颁证工作在全省首个全域通过验收；农民住房财产权抵押贷款试点稳步实施；市农村综合产权交易网上交易平台建设完成；累计流转土地面积36.2万亩；210个新农村建设任务基本完成。农民增收再创佳绩。新增转移农村劳动力1.4万人，新增农民合作社312家，新增家庭农场126家；市级以上农业产业化龙头企业达199家，销售收入达102亿元，增长9.6%；农村居民人均可支配收入达1.35万元，增长9.3%。

【“三驾马车”渐入协调发展之境】 有效投资稳步推进。积极拓宽投融资渠道，贵溪市城投公司、龙虎山旅游集团29.5亿元企业债成功发行；争取国家专项建设基金支持项目39个，资金达14.16亿元；鼓励和吸引社会资本参与投资、建设、运营，向社会发布PPP试点项目49个，总投资达362.4亿元；27个项目列入省2016年大中型建设项目计划，23个项目纳入全省重大项目融资对接联席会。全市累计完成固定资产投资604.16亿元，增长13.7%。消费需求快速增长。消费环境逐步优化，核心商圈和品牌商业网点布局进一步完善，天虹商场主体完工，逍遥城旅游综合体顺利开业；信息消费等五大消费不断升温，全年实现电子商务交易额400.9亿元，增长105%；全市实现社会消费品零售总额194.66亿元，增长12.8%。外贸出口企稳向好。关检合作“三个一”改革不断深化，开通宁波至鹰潭转检通道；省内首个陆路口岸“单一窗口”检验检疫辅助系统在鹰潭市成功上线试运行；鹰潭铜拆解加工区口岸作业区进口固体废物890标箱，开行鹰潭（上饶）至宁波海铁联运天天班列236趟，发送集装箱1.61万标箱（鹰潭站2174标箱），增长41%。全市完成外贸出口8.04亿美元，连续七年被评为全国外贸百强城市。

【“三篇文章”展现稳中向好之态】 铜产业上层次。围绕绿色世界铜都建设，着力构建“七位一体”铜产业体系。胜华集团22万吨铜材加工等9家铜企业新上精深加工项目顺利投产；积极化解过剩产能，江铜集团化解产能8万吨，超全国铜行业去产能总量的20%，降幅同行业第一。铜产业转型加快，贵溪冶炼厂智能制造工厂建设正式启动，江南铜业自主研发业界先进冷镦工艺；铜产业平台建设加速推进，国家铜及铜产品质量监督检验中心成功获批国家级资质，铜期货交割仓库、中江国际商品交易中心运营良好，全市铜贸易额突破600亿元。全年实现铜产业主营业务收入3272.17亿元。旅游业上水平。全市旅游产业发展总体规划和龙虎山片区旅游概念性规划编制完成，规划建设面积达731.5平方千米，鹰潭市列入国家级旅游业改革创新先行区和国家全域旅游示范区创建单位；“龙虎天下绝”品牌进一步打响，成功承办全省旅游产业发展大会，开通散客直通车线路77条；旅游产业集群集聚发展，龙虎山、白鹤湖成功列为全省35个旅游重点产业集群；旅游总体接待能力显著提升，沁庐道苑、枫丹白露等一批高档酒店相继开业；生态旅游产品进一步做强，白鹤湖、阳际峰等景区有序开发，新增鹰潭（余江）眼镜产业园、铜锣湾国际旅游文化城2个国家AAAA级旅游景区和塔桥园艺场、青茅境2个国家AAA级旅游景区。全年旅游接待人次和旅游总收入分别增长28%、35%。物流业上规模。重大物流项目加速推进，大三江电商物流港、赣东北盐业仓储配送中心、丰华源冷链物流、双林冷链物流投入运营，公铁联运项目获国家专项建设债券支持，林安智慧物流园项目启动建设；全市新增AAAA级物流企业1家，实现货运业销售收入63.41亿元，上缴增值税4.84亿元。

【三区建设彰显田园新城之美】 做强园区。沿320产业带建设稳步推进，214家企业实现主营业务收入937.4亿元，增长7.9%；电商园区加速推进，鹰潭电商创新孵化基地等8个电商园建成营运；现代物流园被评为全国优秀物流园区和全省首批物流示范园区；鹰潭高新区铜及铜合金循环利用产业集群被工业和信息化部确定为全国第三批产业集群区域品牌建设试点区，鹰潭铜产业循环经济示范区被评为全省重点产业类A类平台。非铜产业升级加速，小微企业孵化基地一期投入使用，云露食品等项目进展顺利，养元“六个核桃”等27个项目投产见效，智能制造、光电新能源产业主营业务收入分别增长16.2%、13.3%。做优城区。信江新区方面，江西师范高等专科学校新校区、鹰潭市第十一小学投入使用，信江生态公园、龙潭公园二期、污水处理厂主体基本竣工，余信贵大桥、信江路网四期、信江菜场、鹰潭市第二中学信江校区、垃圾中转站有序推进，信江植物园、“四馆”项目开工建设。老城区方面，223地质队、防腐厂等片区棚改项目全面启动，月湖白马李家、朱埠杨家夏家刘家等城中村改造项目抓紧实施；环城东路延伸段改造加快推进，320和206国道升级改造、龙虎山高速公路连接线改造、林荫西路等项目建成通车；中心广场人防工程除险加固项目有序推进，标志性道教文化建筑北极阁建成开放，主城区公共自行车系统投入使用。做美景区。中华道都魅力不断彰显，大上清宫遗址考古发掘工作有序推进，龙虎山道教学院建成使用，天师林文化旅游景点开发动工；旅游新业态不断丰富，华泉小镇基本建成，龙虎山花语世界运营开园，圣井山景区正式营业；智慧旅游风生水起，龙虎山智慧旅游体验中心建成运行，龙虎山景区微信成为江西省第一大公众微信号，在“全国AAAAA级景区双微使用排行榜（周榜）”中位列前茅；上清镇入选第一批中国特色小镇，塘湾镇列为国家新型城镇化标准化试点；成功举办马拉松、自行车赛、台湾美食节等营销活动；龙虎山景区获批省级旅游度假区，全年共接待游客1604.12万人次，增长21%，旅游直接收入6.2亿元，增长19.7%。

【三大领域绘就和谐发展之貌】 改革开放全面深化。供给侧结构性改革全面推进，出台“降成本优环境”28条举措，全市34位市领导、66个对口市直部门深入98家挂点联系企业帮扶，共解决企业实际问题285项，办结率达99%，直接为企业减负16.8亿元。实施以购代建、购房奖励、放宽公积金政策、以房抵税等去库存政策，全市库存总面积同比减少了36.92万平方米。针对创新不足的短板，出台“创新创业36条”，建成各类创业孵化基地9个，孵化企业255户；针对民生不足的短板，全力推进十大惠民共享工程70件实事，启动实施了一批教育、文化、卫生、养老等专项建设；针对金融信用较为薄弱的情况，建成投运了企业信用监管警示系统。“三单一网”建设深入推进，行政审批“破冰提速”。共取消行政权力45项、调整197项，164家中介服务机构入驻“中介超市”。全面实施“先照后证”“五证合一、一照一码”改革，新登记市场主体0.99万户，新增注册资本182.72亿元。“多规合一”深入实施，市城乡总体规划纲要成果及“多规合一”技术报告通过评审，“多规合一”信息管理平台基本建成。“智慧城市”建设加快推进，行政村4G网络覆盖率99%以上，率先在全省建成全光网城市；窄带物联网建设全面启动，鹰潭市纳入中国移动窄带物联网业务试点城市及中国电信集团级物联网试点城市。鹰潭市先后获评中欧绿色和智慧城市先行奖、中国智慧城市创新奖。不动产统一登记在全省率先实现“新开旧停”，第一批公车改革基本结束。融资渠道进一步拓宽，整合组建市融资担保公司，设立市中小企业转贷基金，累计为215户企业提供周转资金11.88亿元，市国资公司19亿元中期票据获批。招商引资成效明显。举办鹰潭市承接上海产业转移招商推介会等系列重大招商活动，新增签约项目119个，投资额达273.97亿元。实际利用外资2.65亿美元，增长10.2%，引进省外项目资金316.27亿元，增长12.5%。生态环保全面加强。围绕打造全省城乡最干净城市，融入国家生态文明试验区建设。贵溪市樟坪乡、龙虎山地质公园被评为全省第一批生态文明示范基地；全年完成人工造林4.44万亩，森林抚育11.3万亩，全市城区绿化覆盖面积达3471.83公顷，全市生态保护红线总面积达1013.8平方千米，成功创建国家森林城市。大力实施“净空、净土、净水”专项行动，贵电1号、2号机组超低排放改造、贵冶天然气替代改造项目建成投运，六国化工自备1号机组脱硫、除尘改造进展顺利，全市共淘汰燃煤锅炉132台、黄标车、老旧车3000辆；环境污染第三方治理试点正式启动，7个乡镇垃圾中转站建成投运，6个乡镇场垃圾中转站在建，市生活垃圾焚烧发电厂建成试运行；修复治理贵冶周边九牛岗等区域重金属污染土壤面积2075.6亩；全市85%的生猪规模养殖场进行排污标准化改造；市城南等4个生活污水处理厂、鹰潭高新区龙岗等3个工业污水处理厂建成投运，贵溪城东等5个污水处理厂正在建设。落实“河长制”，开展12个专项“清河行动”，组建市河湖保护管理综合执法支队，主要河流监测断面100%稳定达到或优于Ⅲ类水质，集中式饮用水水源地水质达标率100%，空气质量优良率达88.2%。鹰潭市被《生态城市绿皮书：中国生态城市建设发展报告（2016）》评为“健康城市”。社会民生全面发展。大众创业万众创新蓬勃兴起，全年新增小额担保贷款4.6亿元，新增担保基金1100万元，直接扶持个人创业2630人，带动就业1.3万人，新增城镇就业2.46万人；余江县、贵溪市相继获批国家级新型城镇化支持农民工等人员返乡创业试点县（市）。科技创新平台建设稳步推进，获批省级科技协同创新体4个。社会保险待遇稳步提升，连续十二年调整提高企业退休人员养老金标准，共为6万名离退休人员发放养老金11.8亿元，养老金直发率达100%。城乡居民基本社会养老保险、城镇基本医疗保险、城镇失业保险和工伤保险人数分别达46.78万人、34.37万人、8.05万人和15.1万人。劳动保障全面加强，查处各类违反《中华人民共和国劳动法》案件371件，为7843名劳动者追回工资1.25亿元。住有所居得到改善，摇号分配廉租房1452户，发放廉租房补贴3851户、455.5万元；积极推进“以购代建”，共采购654套商品房作为公租房。城市公立医院综合改革正式启动，县级公立医院改革全面深化，建成村级卫生计生服务室322所，在全国率先实现100%行政村覆盖；全面两孩政策平稳落地；军民融合加快发展，首次荣获全国双拥模范城；“三校合一”整合基本到位，完成招生1436人；成功举办中国·鹰潭第四届黄蜡石交易博览会暨月湖区首届黄蜡石文化旅游节；圆满承办了“三川杯”全国篮球青年锦标赛（龙虎山赛区）、“中国龙虎榜”世界搏击功夫盛典系列赛等重大赛事。平安鹰潭、法治鹰潭建设加快推进，信访维稳、应急处置、安全生产、食品药品安全进一步加强，社会保持和谐稳定。

（余清华）

2016年精神文明创建工作

【概述】 2016年，鹰潭市精神文明建设工作以创建第五届江西省文明城市为主抓手，以培育和践行社会主义核心价值观为主线，大力推进思想道德建设，广泛开展精神文明创建活动，凝聚社会正能量，倡导时代新风尚，精神文明建设各项工作亮点纷呈，获得“江西省第五届文明城市”等荣誉称号，为建设富裕美丽幸福鹰潭提供了强大的精神力量和丰润的道德滋养。

【文明城市创建取得历史性突破】 2016年4月，在全省精神文明建设工作表彰大会上，鹰潭市被省委、省政府授予“江西省第五届文明城市”荣誉称号，全市上下为之奋斗十年的目标终告实现。自2007年启动文明城市创建工作以来，鹰潭市始终坚持“创建为民、创建惠民、创建靠民”的理念，全力营造优美环境、优良秩序、优质服务，传递正能量，树立新风尚，有效地提升了市民幸福指数和文明素质，促进了城市的文明进步。

【特色志愿服务组织摘取国家级奖牌】 2016年2月，龙虎山上清古镇女子消防志愿服务队在由中宣部、中组部、中央文明办等13个部门联合开展的全国志愿服务“四个100”先进典型推选活动中荣获全国最佳志愿服务组织称号。这支特色志愿服务队伍是全国首支古镇女子消防志愿服务队伍，在全国率先启动了文物古建“爱心认领保护”工作。成立两年多以来，该服务队成功探索出一条志愿者参与古城、古镇、古村（尤其是文物古建）消防安全保护的新路子，常态化开展消防宣传志愿服务活动，取得了显著成效，《人民日报》《经济日报》等中央、省直媒体报道了其先进事迹。

4月28日，市长熊茂平（右）接受“江西省第五届文明城市”奖牌

许志平 摄

【道德典型选树跻身全省前列】 鹰潭市坚持以群众身边的先进典型引领社会道德风尚，不断拓宽道德典型选树的覆盖面和影响力，“身边好人榜”发布工作在全市企事业单位、村镇、社区、校园全面铺开，“身边好人”移动线索推荐长期占据全省榜首位置。基于广泛的群众基础和持续开展的道德典型评选活动，涌现出了程永林、李华彪等一批在全国、全省具有广泛影响的先进典型。2016年，鹰潭市共有7人荣登“中国好人榜”，上榜人数排名全省第三，占常住人口比位居全省首位。

【“扫黄打非”工作排名全省第一】 2016年12月，全省“扫黄打非”进基层工作现场推进会在鹰潭市召开，这标志着鹰潭市“扫黄打非”工作正式迈入全省先进行列。2015年以来，鹰潭市大力推进“扫黄打非”工作，创造性地将“扫黄打非”作为文明单位（社区、村镇）等群众性精神文明创建的重要内容，同部署、同推进、同考核，为优化社会文化环境提供了新的抓手。2016年，鹰潭市“扫黄打非”工作综合考评排名全省第一，并喜获全国“扫黄打非”工作先进集体。

【少儿文艺精品创作荣登全省榜首】 2016年，鹰潭市少儿文艺精品创作再次喜获丰收。在成功举办2016年鹰潭市“唱响中国梦•庆‘六一’”原创少儿文艺节目会演的基础上，精选8个节目参加“唱响中国梦”全省少儿文艺作品电视大赛并全部获奖，其中一等奖1个、二等奖4个、三等奖3个，获奖节目数量、质量跃居全省第一，“鹰潭代表队”荣获组织工作奖，创下建市以来原创少儿文艺精品创作的最好成绩。

【“爱心驿站”建设顺利起步】 2016年12月22日，鹰潭市“爱心驿站”建设工作首个试点社区——九一二社区“道德银行（爱心驿站）”正式挂牌成立，这是鹰潭市在深化公民道德建设之路上的又一次探索和创新。“爱心驿站”将对市民的善行义举进行评价、记录和嘉许、激励，引导和鼓励普通群众形成良好的社会道德风尚，为倡导“好人好报”观念和“崇德向善”之风提供机制保障，使之成为凡人善举的“扬声器”和“加油站”，让鹰潭道德建设的拼图更加丰满、更加完整。

【《青山作证》进京演出喜获成功】 2016年7月21、22日，大型原创现代赣剧《青山作证》作为江西省唯一代表剧目参加由中宣部、文化部联合主办的全国基层院团戏曲会演，在北京长安大戏院成功演出两场，赢得首都各界广泛好评，打响了江西赣剧品牌；12 月 29 日，该剧参加第十届江西玉茗花戏剧节演出取得圆满成功，喜获“玉茗花大奖”，剧本创作及导演一等奖，表演一、二、三等奖，舞美设计、灯光设计三等奖，乐队伴奏、灯光制作单项奖。《青山作证》是鹰潭市与乐平市联合精心创排的主旋律文艺精品，成功入选国家艺术基金 2016 年度资助剧目、江西省优秀舞台艺术剧目、中共江西省委宣传部重点资助剧目、江西省文艺创作与繁荣工程资助剧目和江西省纪念中国共产党成立 95 周年优秀展演剧目。

【道德模范礼遇帮扶实现制度化、规范化】 2016 年 7 月 14 日，《鹰潭市道德模范和身边好人礼遇帮扶实施办法（试行）》出台。根据实施办法，历届道德模范、“中国好人”、“感动鹰潭”人物等，将在庆典活动、参观游览、医疗保健、公共交通、劳动就业等多个方面受到礼遇和帮扶。这是鹰潭市首次从制度层面对道德模范、“身边好人”帮扶工作进行顶层设计，标志着对道德典型的礼遇帮扶步入了制度化、规范化的轨道，向全社会清晰地传递了“好人好报、德行天下”的价值信号。

【群众性精神文明创建工作全面深化】 2016 年 4 月，新一届江西省文明单位、文明村镇评选揭晓，鹰潭市 62 家单位、4 个村镇榜上有名。近年来，鹰潭市不断创新文明单位、文明村镇的申报、评选方式，测评工作做到高效有序、公平公正，同时坚持年度复查、动态化管理，极大地调动了各地各部门参与文明创建的积极性，申报参评单位和村镇数量屡创新高，创建工作水平大幅提升。鹰潭市已有全国文明单位 10 家，江西省文明单位 61 家，市级文明单位 117 家；全国文明村镇 3 个，江西省文明村镇 10 个，市级文明村镇 12 个，市级文明社区 16 个。

【志愿服务工作水平持续提升】 2016 年，鹰潭市通过完善体制机制、培育壮大队伍、打造特色品牌，志愿服务不断“升级”。全市共有志愿服务组织 1687 个，志愿服务注册人数达 14.5 万人，志愿服务时间达 464 万小时，注册志愿者人数比例和人均志愿服务时间均位列全省第二，鹰潭市志愿者、中国好人张自远个人志愿服务时间在全省数百万志愿者中排名首位。各级各类志愿服务组织充分发挥自身优势，开展了一系列有影响、有实效的志愿服务活动，使“奉献、友爱、互助、进步”的志愿服务精神得到大力弘扬。

（万 禹）

4 月 28 日，鹰潭市领导参加全省精神文明建设工作表彰大会并与省领导和受表彰的典型代表合影

许志平 摄

中国共产党鹰潭市委员会

编辑、校对：陈志敏

综 述

2016年，在省委、省政府正确领导下，鹰潭市高举中国特色社会主义伟大旗帜，认真贯彻中共十八大及中共十八届三中、四中、五中、六中全会和习近平总书记系列重要讲话精神，特别是对江西工作提出的“新的希望、三个着力、四个坚持”重要要求，积极落实中央“五位一体”总体布局、“四个全面”战略布局和“五大发展理念”，遵循省委、省政府决策部署，持续推进“8+1”重点工作，全力打造富裕美丽幸福鹰潭，保持经济社会平稳健康发展，实现“十三五”良好开局。

一、自觉向党中央和省委看齐，牢牢把握正确的政治方向

市委始终坚持同以习近平为核心的党中央保持高度一致，始终坚持与省委同心同德，切实增强政治意识、大局意识、核心意识、看齐意识，做到党中央和省委有号召、积极响应，党中央和省委有部署、坚决执行，牢牢把握全市工作正确的政治方向。

坚持自觉向党的理论和路线、方针政策以及省委、省政府决策部署看齐。一年来，先后召开市委常委会会议16次、中心组理论学习会22次，带头深入学习领会习近平总书记系列重要讲话精神和治国理政新理念新思想新战略，以及对江西工作的重要要求，带头深入学习领会中共十八届六中全会关于全面从严治党的新部署新要求，带头深入学习领会中央经济工作会议关于做好2016年经济工作的战略部署，带头深入学习领会省第十四次党代会关于决胜全面小康、建设富裕美丽幸福江西的决策部署等，切实统一思想和行动，增进共识共举。在此基础上，紧密结合鹰潭实际，精心研究制定贯彻措施，从严从实狠抓工作落实，推动党中央和省委、省政府重大决策部署在鹰潭落地生效。在市委常委会的引领带动下，全市各级党政组织和广大党员干部，对党的理论和路线方针政策、习近平总书记系列重要讲话精神和省委、省政府决策部署的理解更深入，贯彻落实的行动更坚定。

二、坚持发展第一要务，全力推动经济发展总量质量双提升

鹰潭市始终坚持发展第一要务不动摇，切实加强对经济工作的领导，紧紧抓住重点领域和关键环节，推动全市经济发展实现量质齐升。

千方百计稳增长。坚持项目带动稳增长，争取国家专项建设资金达13.9亿元，鹰梅铁路等项目纳入省“十三五”规划；向社会发布49个总投资达362.4亿元的PPP试点项目。扶持实体经济稳增长，扎实开展降成本优环境专项行动，全力抓好省惠企“80+20”条政策措施落实，出台28条惠企政策措施，把政策红利变成企业红利；完善市级领导分级挂点帮扶企业机制，帮助企业解决实际困难和问题；拓宽企业融资渠道，整合组建市融资担保公司，设立市中小企业转贷基金，帮助企业解决融资难问题。全年生产总值增长9%，财政总收入增长10%，规模以上工业增加值增长8.5%，固定资产投资增长14%，城镇、农村居民人均可支配收入分别增长8.6%和9.8%。

多措并举谋转型。围绕推动产业迈向中高端，全力做好铜产业、旅游业、物流业“三篇文章”，协同推进现代农业和现代服务业发展。聚焦“世界铜都”做精铜产业，构建“七位一体”产业体系，铜精深加工产品产值占比达41%，铜期货交割仓库、铜现货交易中心、中江国际商品交易中心运营平稳，全市铜贸易额突破600亿元，铜企业主营业务收入增长10%。大健康、水工、节能照明等产业发展迅速，智能制造、光电新能源产业主营业务收入分别增长15%和11%。聚焦“中华道都”做靓旅游业，借力“龙虎天下绝”赞美定位，全力推进国家全域旅游示范区和国家级旅游业改革创新先行区建设，加速构建龙虎山、月湖城、白鹤湖三大旅游板块，逍遥城综合体、花语世界、圣井山景区、北极阁正式运营，智慧旅游体验中心、道学院投入使用，成功承办全省旅游产业发展大会，全市旅游总收入增长35%。聚焦“区域物流中心”做大物流业，加快两园十市场建设和电子商务发展，大三江电商物流港等6个物流项目基本建成，鹰潭电商创新孵化基地等8个电商园建成营运；市现代物流园连续两年被评为全国优秀物流园区。加快推进现代农业发展，白鹤湖和雷溪、杨溪现代农业示范区建设快速推进，全市现代农业示范园区建设规模达30万亩，新增市级以上农业产业化龙头企业20家，专业合作社312家，农业产业化、规模化水平进一步提升。

持之以恒抓创新。积极策应省创新驱动“5511”工程，深入实施创新驱动发展战略。着力抓好重点产业创新，围绕铜产业、旅游业、物流业等产业发展，强化与江铜集团、中国人民大学、江西理工大学等企校合作，组建一批科技协同创新平台，国家铜产品质量监督检验中心取得国家实验室认证认可资质，鹰潭铜产业工程技术研究中心建设进展顺利，龙虎山景区建成全省首家具备完整OTO旅游微信服务能力的智慧旅游体验中心。加快推动创新要素集聚，科技投入、科技管理、科技资源配置和科技评价体系不断完善，高新区获评省级知识产权示范园区、获批筹建国家知名品牌创建示范区，新增国家级、省级科技创新平台10个，连续十四年被评为国家科技进步先进市。持续推进大众创业、万众创新，落实“双创”36条举措，建成鹰潭颐高“互联网+”创业园、信江新区电商众创空间，建成各类创业孵化基地9个、孵化企业255余户；全面实施“五证合一、一照一码”，新登记市场主体增长15.29%。

蹄疾步稳促改革。深入实施10项国家级和14项省级改革试点。全国综合行政执法体制改革试点工作进展顺利；以“放管服”为重点的行政管理制度改革纵深推进，政府部门权责清单公布实施，取消行政权力45项、下放行政权力4项，调整197项。建立了市县乡村四级便民服务体系，新版政务服务网上审批系统上线运行。第一批公车改革基本结束，公务用车服务平台顺利运营。农村宅基地制度改革成效突出，全省建设美丽乡村打造“一改促六化”余江样板现场会顺利召开。农村承包土地经营权和农民住房财产权抵押贷款试点稳步实施。全力推进供给侧结构性改革，特别是抓好省“去房地产库存20条”政策落实，综合采取“以购代建”、购房奖励、放宽公积金政策、“以房抵税”等措施“去库存”，全市商品房库存去化时间比2015年底减少9个月。

坚定不移扩开放。积极融入“一带一路”、赣南等原中央苏区振兴发展战略，主动对接沪闽粤自贸区发展和港澳台、国际重点区域，扎实开展对台交流交往，加快开放平台建设和“引进来、走出去”步伐。加大招商引资、招才引智力度，坚持引资引智引技并举，成功举办产业升级创新发展（上海）合作恳谈会，与上海松江、嘉定、石洞口三个开发区达成产业整体转移战略合作协议，央企入鹰、赣企入鹰、鹰商回归创业工程深入实施。积极复制推广自贸区改革试点经验，主动对接自由贸易协定标准规则，对外开放的体制机制不断健全，开放型经济发展水平明显提升。全年引进省外项目资金增长12.4%，实际利用外资增长9.2%。

三、积极践行以人民为中心的发展思想，群众幸福感和获得感进一步增强

坚持把人民幸福作为最高追求，在推进改革发展的同时，积极回应人民群众关切，加大力度保障和改善民生，群众幸福感和获得感进一步增强。

新型城镇化进程持续加快。深入推进全国新型城镇化综合试点，城乡总体规划纲要成果及“多规合一”技术报告通过评审，“多规合一”信息管理平台建设基本完成，初步构建“1+3+10”市域城镇化体系，实现中心城区、县城、中心集镇、中心村四级联动发展。中心城区“一江两岸”格局不断完善，老城区棚户区和城中村改造取得阶段性成效；信江新区主干路网全面贯通，高铁北站周边、中央商务区、高校园区三大片区建设基本完成，余信贵大桥、信江菜场、新二中等项目稳步推进，鹰潭第十一小学顺利开学，鹰潭“城市客厅”形象明显提升。高新区工业新城、贵溪现代工业新城、余江产城一体化示范试点和月湖新城加快建设，鹰贵余实现同城发展，“全域鹰潭”初具雏形。大力推动镇村联动和秀美乡村建设，上清镇入选第一批中国特色小镇，文坊镇车家村列入第四批中国传统村落名录，210个新农村建设点任务全面完成。强化城市经营管理，健全城市服务功能，“互联网+”城市服务、智慧鹰潭服务平台、政务服务网上线运行，国家电信普遍服务、窄带物联网（NB-IOT）试点全面启动。户籍制度改革全面铺开，全市城镇化率达57.1%。

脱贫攻坚成效明显。按照“核心是精准、关键在落实、确保可持续”的要求，认真落实各项脱贫政策措施，完成扶贫对象精准识别，大力实施产业发展扶贫、就业扶贫、教育扶贫、健康扶贫、安居扶贫、基础扶贫、社会保障扶贫和村庄整治工程，建立市级领导及市直单位挂点结对帮扶贫困户和定点扶持贫困村工作机制，实现定点扶贫工作全覆盖，扶贫工作合力明显增强。建立贫困村与新农村建设衔接制度，强化扶贫工作考核和扶贫资金监管，精准脱贫质量进一步提高。全年完成减贫9141人，退出省级贫困村3个、市级贫困村4个。

惠民共享工程进展顺利。持续加大民生投入，全面完成十大惠民共享工程70件实事。推进义务教育均衡发展，贵溪市、月湖区通过全国义务教育发展基本均衡县国家认定；完成职业教育“三校合一”整合，江西师范高等专科学校新校区揭牌启用，成功引进南昌航天科技集团投资筹建赣东科技学院。全面实施国家城市公立医院综合改革，试点医院运行、病人医药费用、医保基金实现“三升三降”，标准化卫计服务室在全国率先覆盖所有行政村；全省社会保险“多险合一”信息系统互联互通覆盖率达100%；城市和农村低保保障水平分别提高到每人每月480元和270元。市科技馆、博物馆、文化艺术中心、青少年活动中心“四馆合一”项目集中开工。

四、持续推进生态文明建设，争做美丽中国“江西样板”排头兵

抢抓建设生态文明先行示范区机遇，加强生态建设和环境保护，大力发展绿色循环经济，争做美丽中国“江西样板”排头兵，生态文明建设取得新成效，鹰潭市成功创建国家森林城市。

空间开发格局不断优化。结合国家森林城市创建工作，将国土空间开发格局与市域总体规划有效衔接，科学布局生产空间、生活空间、生态空间，空间规划体系进一步完善。精心编制并稳步实施“十三五”生态环境保护规划。加快建设主体功能区，科学划定用地、产业、生态等管控边界红线，严格落实空间管制措施，全面推进耕地保护，认真做好永久基本农田保护工作，持续加强土地节约集约利用，提升土地资源利用效率，实现耕地保护与土地资源开发利用的良性发展。

生态环境质量持续改善。加强生态建设和环境保护，深入推进“森林城乡、绿色鹰潭”工程，人工造林4.44万亩，建成鹰西湿地公园，加快建设阳际峰国家级自然保护区，贵溪市被评为全国绿化模范单位。大力开展“净空、净水、净土”行动，全面推进大气、水、土壤、重金属和固体废物污染防治，大力开展“清河行动”，主要河流断面Ⅱ～Ⅲ类水质达标率100%，规范信江河道采砂秩序取得显著成效。贵冶周边九牛岗土壤修复示范项目通过竣工验收，修复污染土壤面积2075.6亩。集中开展“美丽中国‘江西样板’排头兵”环境综合整治，推广“户分类、村收集、乡转运、市处理”城乡垃圾一体化处理模式，打造全省城乡最干净城市工作得到省委充分肯定。

绿色循环经济成效明显。大力发展低碳循环经济，推进工业废气、废水、废物综合治理和回收再利用，加快推进光伏发电、垃圾焚烧发电步伐，市生活垃圾焚烧发电厂建成启用，十强中心镇污水处理厂建设步伐全面加快。推广多种形式的种养结合循环农业模式，全市85%的生猪规模养殖场进行了排污标准化改造。大力发展绿色工业和现代服务业，鹰潭高新区国家循环化改造试点深入推进，贵溪国家循环经济示范城市和“城市矿产”示范基地建设进展顺利；扶持新型旅游业、现代物流业、健康服务业、电子商务服务业等八大服务业态，建成省级现代服务业集聚区6个。深入开展全民节约行动，推行绿色生活方式，绿色环保公共自行车系统投入使用，绿色政绩观、绿色生产观、绿色消费观进一步深入人心。

生态文明制度体系日益完善。创新生态文明体制机制，健全生态建设考核评价制度体系，完善市县科学发展综合考核评价办法，加大生态文明建设考核权重。健全生态利益公平分享制度体系，探索研究合理化的生态补偿机制、市场化的资源交易机制和法治化的监督管理机制。健全生态资源保护管理制度体系，开展《鹰潭市海绵城市专项规划》编制工作，建立市县乡村四级“河长制”组织体系，明确对辖区内河流污染治理的责任制。认真执行环境保护“党政同责、一岗双责”制度，促进环保工作任务和责任有效落实。

五、大力加强民主法治和思想文化建设，团结奋进的政治局面进一步巩固

深入推进依法治市，切实加强思想舆论引导，充分汇集各方合力，形成了上下一心、团结奋进、和谐稳定的生动局面。

充分发展社会主义民主。加强和改进对人大、政协工作的领导，坚持和完善人民代表大会制度，支持人大有序开展地方立法工作；推动人大常委会组成人员联系代表和代表联系群众的“双联系”制度落实。坚持和完善中国共产党领导的政治协商和多党合作制度，支持政协履行政治协商、民主监督、参政议政职能，发挥政协在推动经济社会发展中的重要作用。圆满完成各级人大、政协换届工作。切实抓好《中国共产党统一战线工作条例（试行）》落实，推进协商民主广泛多层制度化发展，进一步巩固和发展最广泛的爱国统一战线。重视和加强党外代表人士队伍建设。加强对民族、宗教工作的领导，扎实推进“同心•民族地区发展示范区”建设和民族村精准扶贫工作，做好宗教领域稳定工作。加强党管武装工作，积极开展双拥共建，成功创建全国双拥模范城。

持续做好思想舆论引导工作。坚持团结稳定鼓劲、正面宣传为主，持续开展中国特色社会主义、中国道路、中国梦宣传教育。认真组织学习习近平总书记在中国文联十大、中国作协九大开幕式和全国高校思想政治工作会议上的重要讲话精神。扎实开展中国共产党95周年系列纪念活动，举办大型群众歌咏比赛，加强中共十八届六中全会、省第十四次党代会和市第八次党代会精神宣传宣讲，巩固了全市人民团结奋斗的共同思想基础。大力弘扬和践行社会主义核心价值观，深化群众性精神文明创建活动，鹰潭市被评为省级文明城市。认真落实意识形态工作责任制，加强意识形态领域的管理和引导，强化网络文化建设管理，全国手机媒体看江西活动走进鹰潭。推进文化强市建设，深化文化体制改革，建成国家级文化产业示范基地1个，大上清宫遗址发掘、认证、规划工作进展顺利，成功举办中国•鹰潭观赏石博览会，大型原创现代赣剧《青山作证》获江西省优秀舞台剧目奖，鹰潭地标式文化景观北极阁正式对外开放。

深入推进依法治市。认真落实《党政主要负责人履行推进法治建设第一责任人职责规定》。坚持把法治鹰潭贯穿“五位一体”建设，抓好保障社会公正、促进社会诚信、维护社会秩序“三大重点任务”落实。推进依法行政，深化综合行政执法，强化行政监督，推进政府信息公开。深化司法体制改革，加强行政执法司法监督，推进执法司法规范化。加强社会信用体系建设，完善行政复议、仲裁、行政诉讼等群众利益表达、协调、保护机制。全面推行法律顾问制度。加强普法教育，启动“七五”普法工作，深入开展党政领导法治访谈活动，尊法学法守法用法风尚日益浓厚。将法治鹰潭建设与平安鹰潭建设有机结合，深化综治（平安）建设和维稳信访制度改革，深入推进立体化治安防控体系建设，充分运用法治思维法治方式化解社会矛盾和治理信访治安突出问题，继续实现全国“两会”期间赴京零非访；严格落实安全生产责任制，强化属地监管，安全生产形势稳定。全市公众安全感、满意度稳步提升，鹰潭市首次荣获全省“平安杯”。

六、认真履行全面从严治党政治责任，决胜同步全面小康的保障更加坚实

坚持不忘初心、继续前进；坚持党要管党、从严治党。自觉带头履行主体责任，全力支持纪委履行监督责任，认真落实全面从严治党各项要求，促进党的建设全面加强，持续拓展了风清气正的政治生态，决胜同步全面小康的保障更加坚实。

思想理论武装不断加强。坚持市委常委会带头，结合“学党章党规、学系列讲话”，不断加强思想政治建设，注重教育广大党员干部始终坚定理想信念、坚守精神追求，自觉用中国特色社会主义理论体系特别是习近平总书记系列重要讲话精神武装头脑，切实增强“四个自信”、树牢“四个意识”，始终在思想上政治上行动上同以习近平总书记为核心的党中央保持高度一致。精心组织开展“两学一做”学习教育，创新学习教育载体，深化“先锋创绩”制度，深入开展“三亮三融”活动，从严从实查找整改突出问题，引导广大党员进一步增强党章意识、党性观念，大力弘扬井冈山精神，自觉做“四讲四有”合格党员。

领导班子和干部队伍建设扎实推进。胜利召开市第八次党代会和市九届人大一次会议、市政协九届一次会议，成功选举新一届市级领导班子，制定出台《中共鹰潭市委关于加强自身建设的决定》《中共鹰潭市委常委会工作规则》，进一步健全市委领导体制和工作机制，市委总揽全局、协调各方的领导核心作用有效发挥。认真抓好县乡领导班子换届工作，严格落实中央“九严禁”和省委“十严禁”纪律要求，选出了忠诚干净担当的好干部，配出了结构优功能强的好班子，换出了心齐气顺劲足的好面貌，进一步激发了发展的活力动力。坚持正确选人用人导向，认真贯彻习近平总书记好干部20字标准和《党政领导干部选拔任用条例》，把“五大发展理念”体现到干部考核评价工作当中，扎实推进领导干部能上能下体系建设，着力整治“为官不为”，大力支持、保护和激励领导干部改革创新、担当作为。严格管理监督干部，扎实做好领导干部报告个人有关事项工作，认真开展干部档案专项审核，规范干部选拔任用管理。严格落实中央关于对领导干部进行提醒、函询和诫勉的实施细则，巩固选人用人突出问题专项整治成果。

基层党组织生机活力充分激发。扎实推进基层党组织建设，建立抓基层党建主体责任清单。认真落实基层党建7项重点任务，党员组织关系排查、党代会代表和党员违纪违法处理情况清理、基层党组织按期换届专项检查和党费收缴工作专项检查、非公有制企业和社会组织“两个覆盖”等工作按期完成；党建促脱贫攻坚工作、领导机关党员干部学习教育工作扎实推进。认真学习贯彻《关于新形势下党内政治生活的若干准则》和《中国共产党党内监督条例》，严肃党内政治生活，强化党内监督，基层党建工作进一步严起来、紧起来、硬起来。深化“四进三改两覆盖”活动，推进“四进四联”；开展新一轮基层党组织“星级评定”工作，持续整顿软弱涣散基层党组织；创新党内激励关怀帮扶机制，有效增强党员的归属感和责任感。深入推进基层服务型党组织建设，创新“党建+”工作内容、形式和载体，基层党组织的战斗堡垒作用和党员的先锋模范作用进一步增强。

作风建设持续深化。出台关于落实把纪律挺在前面要求的实施办法，进一步巩固“把纪律挺在前面”先行先试工作成果。锲而不舍抓好中央“八项规定”精神落实，紧盯“四风”新动向、新表现，加大监督执纪力度，查处问题39起，给予党纪政纪处分62人，通报曝光127人次，持续释放监督执纪越往后越严的强烈信号。深化“红包”“违插”“微腐败”问题专项治理，查处市公安交警系统、市公路系统等违规收受“红包”问题7件95人、江西师范鹰潭高等专科学校副校长“违插”等问题14件14人、“微腐败”问题119件132人。

党风廉洁建设和反腐败斗争纵深推进。夯实全面从严治党主体责任和监督责任，持续强化压力传导，落实问责条例，用好问责“杀手锏”，查处落实责任不力的问题9起、处理16人，以问责常态化压紧压实责任。加大党内监督力度，发挥巡察监督作用，市、县巡察组发现党员领导干部违纪违规问题线索95条，其中立案38件，给予党政纪处分27人；强化派驻监督，实现向市一级党和国家机关派驻监督全覆盖。践行监督执纪“四种形态”，重点在落实第一种形态上下功夫，及时运用约谈、函询、诫勉谈话等方式开展监督执纪，实施约谈317人次，函询152人次，诫勉谈话92人次。坚持无禁区、零容忍、全覆盖惩治腐败，保持执纪审查力度不减，强化持续震慑，全市纪检监察机关共处置问题线索642件，立案315件，给予党政纪处分335人，其中处分县处级干部14人。

一年来，全市各项工作取得较好成绩和变化。这是省委、省政府坚强领导的结果，是市四套班子群策群力的结果，也是全市各级党政组织和广大党员干部群众共同努力的结果。同时，市委清醒看到工作中存在的不足和问题，主要是：经济总量不大，产业层次整体不高，创新能力较弱，结构调整任重道远；城市发展人气不足、中心城区辐射带动能力不强；社会管理和公共服务体系还不够健全；干部的创新精神和工作作风与新形势新任务的要求还不适应，等等。对于这些问题和不足，鹰潭市将高度重视，认真研究，采取有力措施，在今后工作中切实加以解决。下一步鹰潭市将按照省委“创新引领、绿色崛起、担当实干、兴赣富民”工作方针和省委鹿心社书记对鹰潭市提出的“把铜产业做精、把旅游业做靓、把新经济做特、把城乡做美，争当全省产业转型升级先行者、美丽中国‘江西样板’排头兵”的要求，突出全域一体，坚持改革创新，持续优化生态，实现小市大为，着力打造世界铜都、中华道都、智慧新城，在全省率先全面建成小康社会，建设富裕美丽幸福鹰潭，不辜负省委的期望和全市人民的重托。

重要会议

【全省旅游产业发展大会】 4月26日至27日，全省旅游产业发展大会在龙虎山召开。会议的主要任务是贯彻落实中央、国务院和省委、省政府加快发展旅游产业的决策部署，总结一年来全省旅游工作，考察旅游产业发展项目，研究部署下一步推进旅游强省建设工作。出席这次会议的省领导有省委书记强卫，省委副书记、省长鹿心社，省委常委、省委秘书长朱虹，省委常委、南昌市委书记龚建华，省人大常委会副主任冯桃莲，副省长殷美根，省政协副主席孙菊生。参加会议的有各设区市主要领导、分管领导，省直部门、高校、旅游重点县、重点景区主要领导等，鹰潭市委书记陈兴超，市委副书记、市长熊茂平，副市长辜清参加会议。4月26日下午，与会人员观摩了鹰潭市重点旅游项目，晚上观看了大型实景演出《寻梦龙虎山》。4月27日上午，大会正式召开；下午召开了推进旅游强省战略、决战旅游产业一万亿动员会，副省长殷美根出席会议并作动员讲话；晚上，观看了道教音乐剧《道之韵》演出。省委书记强卫在讲话中指出：这些年来，省委坚持像抓工业化、城镇化一样抓旅游，大力实施旅游强省战略，把旅游业作为江西省“最大特色、最大优势、最大亮点”和绿色崛起的“第一窗口、第一名片、第一品牌”来打造，取得了明显成效。旅游接待人次连上台阶；旅游总收入大幅增长；旅游景区品牌创建实现突破；旅游改革走在全国前列。强卫就当前和今后一个时期的旅游发展，提出了要做大旅游品牌效应；做大旅游集群效益；做大旅游综合效益。省委副书记、省长鹿心社在讲话中指出：“十三五”是江西省旅游产业转型的攻坚期和加快发展关键期。全省上下要深入贯彻中共十八届五中全会和习近平总书记系列重要讲话特别是对江西工作的重要指示精神，牢固树立和贯彻落实“五大发展理念”，主动适应经济发展新常态，紧紧抓住服务业加快发展的良好机遇，加快推进旅游产业转型升级，更加坚定地向旅游强省迈进。市委副书记、市长熊茂平代表鹰潭市委、市政府作了大会发言，并指出：要注重规划引领，构建全域旅游新格局；注重品牌支撑，增强核心景区新优势；注重配套跟进，提升旅游城市新形象；注重创新驱动，培育发展升级新动力。

【鹰潭市庆祝中国共产党成立95周年大会】 6月30日，鹰潭市庆祝中国共产党成立95周年大会在华侨饭店会议中心召开。市委书记陈兴超出席会议并讲话。参加这次会议的有市四套班子领导；市法检两长；其他市级领导；副厅级以上老干部代表；市四套班子秘书长；市委各部门、市直各单位、驻鹰各单位党政主要负责人；各民主党派、工商联负责人，无党派人士及社会各界代表；受表彰的全市优秀共产党员、优秀党务工作者和先进基层党组织负责人。陈兴超在讲话中指出：中国共产党95年的历史，是一部克服艰难险阻、不断奋斗的历史，也是一部不断加强党的自身建设、永葆党的生机和活力的历史。尤其是十八大以后，我们党在作风建设上持续发力，对全面从严治党作出一系列重大部署，制定实施“八项规定”，出重拳下猛药、治积弊整顽疾，特别是以县处级以上领导干部为主开展党的群众路线教育实践活动和“三严三实”专题教育，取得显著成效，党风政风为之一新，党心民心为之一振。2016年年初，党中央要求通过开展“两学一做”学习教育，激励广大党员做讲政治、有信念，讲规矩、有纪律，讲道德、有品行，讲奉献、有作为的合格党员，掀起了作风建设的新高潮。最后，陈兴超就围绕做合格党员讲了三点意见：（1）为什么要做合格党员？历史已经无数次证明，不强调“合格”标准，党的纪律就会涣散，党的组织就会松散，党的执政根基就会动摇；党员规模的不断扩大，导致党员素质良莠不齐，不强调“合格”标准，党员队伍战斗力就会下降，党的肌体健康就会受到不利影响；随着全面从严治党的不断深入，作风建设的抓手已经从“关键少数”向全体党员拓展，不强调“合格”标准，风清气正的政治生态就无从营造。(2)什么是合格党员?讲政治、有信念，强调的是政治合格，就是要对党忠诚、坚定理想信念；讲规矩、有纪律，强调的是守纪合格，就是要严守党的政治纪律和政治规矩；讲道德、有品行，强调的是品德合格，就是要筑牢共产党人的道德基础；讲奉献、有作为，强调的是履责合格，就是要践行党的宗旨、敢于担当、善于作为。(3)如何做合格党员？要坚持以上率下；强化问题导向；始终常抓不懈。

【市委七届十三次全体会议】 8月11日，市委七届十三次全体会议在华侨饭店会议中心召开。这次市委全会的主要任务是根据《中国共产党章程》和《中国共产党地方组织选举工作条例》规定，以及《中共江西省委关于认真做好设区市领导班子换届工作的通知》(赣发电〔2016〕3号)精神，作出关于召开中国共产党鹰潭市第八次代表大会的决议。市委常委、组织部部长郭清作关于召开中国共产党鹰潭市第八次代表大会决议草案的说明；二是表决通过《关于召开中国共产党鹰潭市第八次代表大会的决议》。市委书记陈兴超主持会议并讲话。陈兴超书记在讲话中指出：一方面，要继续加强领导，精心组织，高标准、高质量做好换届工作，确保通过换届，换出团结务实的新班子，换出加快发展的新局面。另一方面，要坚持做到换届工作与经济社会发展两不误、两促进，凝心聚力做好当前各项工作，确保完成或超额完成全年目标任务。

【市委七届十四次全体会议】 9月8日，市委七届十四次全体会议在华侨饭店会议中心召开。这次市委全会的主要任务是圈选确定鹰潭市出席省第十四次党代表大会代表候选人预备人选。市委书记陈兴超主持会议，市委副书记、代市长曹淑敏出席会议。市委常委、组织部部长郭清作鹰潭市出席省第十四次党代表大会代表候选人初步人选酝酿推荐情况和预备人选建议名单情况的报告；通过《鹰潭市出席省第十四次党代表大会代表候选人预备人选圈选办法》；通过监票人名单；圈选鹰潭市出席省第十四次党代表大会代表候选人预备人选。

【中国共产党鹰潭市第八次代表大会】 9月23日至26日，中国共产党鹰潭市第八次代表大会在华侨饭店会议中心召开。大会的主题是：高举中国特色社会主义伟大旗帜，以邓小平理论、“三个代表”重要思想、科学发展观为指导，深入学习贯彻习近平总书记系列重要讲话精神，动员全市广大党员和干部群众，统筹推进“五位一体”总体布局，协调推进“四个全面”战略布局，坚持发展新理念，推进鹰潭新跨越，为同步全面建成小康社会而努力奋斗。9月24日，市委书记陈兴超作了题为《坚持发展新理念　推进鹰潭新跨越为同步全面建成小康社会而努力奋斗》的党代会报告。陈兴超在报告中指出：(1)富裕秀美宜居和谐鹰潭建设阔步前进的五年。这五年，我们着力推进富裕鹰潭建设，推动经济发展在新常态下实现新跨越；这五年，我们着力推进秀美鹰潭建设，打造生态文明先行示范区迈出新步伐；这五年，我们着力推进宜居鹰潭建设，广大人民群众的幸福感得到新增强；这五年，我们着力推进和谐鹰潭建设，安定团结的社会局面得到新巩固；这五年，我们全面加强党的建设，风清气正的政治生态呈现新气象。五年的奋斗，五年的探索，给了我们深刻的启示：必须坚持扬优成势，做好“三篇文章”显特色；必须坚持问题导向，找准工作症结求突破；必须坚持务实落实，做到真抓实干敢担当；必须坚持以人为本，实施共享工程惠民生；必须坚持全面从严治党，抓好党建工作强保障。(2)同步全面建成小康社会的总体要求。今后五年全市工作的总体要求是：高举中国特色社会主义伟大旗帜，以邓小平理论、“三个代表”重要思想、科学发展观为指导，深入贯彻落实习近平总书记系列重要讲话精神，特别是对江西工作提出的“新的希望、三个着力、四个坚持”总体要求，遵循“五位一体”总体布局和“四个全面”战略布局，坚持发展第一要务和“五大发展理念”，统筹推进改革、发展、稳定各项工作，持之以恒做好铜产业、旅游业、物流业“三篇文章”，深入推进富裕秀美宜居和谐鹰潭建设，持续营造风清气正的政治生态，全面提升党的建设科学化水平，为同步全面建成小康社会而努力奋斗。今后五年的主要目标是：经济增速持续高于全省平均水平，经济总量突破1000亿元，财政总收入突破200亿元，实现新型工业化、城镇化、信息化、农业现代化、绿色化水平大幅跃升，市属铜产业、旅游业、物流业主要指标实现翻番，世界铜都首位度、中华道都知名度、田园新城宜居度显著提高；脱贫攻坚取得全面胜利，公共服务体系更加健全，社会文化事业繁荣发展，人民生活更加幸福；改革开放取得重大成果，法治鹰潭建设成效显著，社会更加平安和谐；党的建设取得新进步；确保同步全面建成小康社会。(3)同步全面建成小康社会的主要任务。全面实施创新驱动发展战略，推动经济建设实现新跨越；全面落实依法治国基本方略，努力开创社会主义民主法治建设新局面；推动文化大发展大繁荣，进一步扩大鹰潭文化影响力；坚持以人为本加强社会建设，增强人民群众幸福感；深入实施绿色崛起战略，进一步提升生态文明建设水平。(4)以改革创新精神全面加强和改进党的建设。加强党的思想建设，始终坚定中国特色社会主义理想信念；加强党的组织建设，有效增强各级党组织创造力凝聚力战斗力；加强党的作风建设，进一步密切党同人民群众的血肉联系；加强党风廉政建设和反腐败斗争，持续营造风清气正的政治生态；加强党的制度建设，强化全面从严治党制度保障。

【市委八届一次全体会议】 9月26日，市委八届一次全体会议在华侨饭店会议中心召开。市委书记陈兴超主持会议并讲话，市委副书记、代市长曹淑敏出席会议。会议选举了中国共产党鹰潭市第八届委员会常务委员会委员和书记、副书记；通过了中国共产党鹰潭市第八届纪律检查委员会第一次全体会议选举结果；审议通过了《中共鹰潭市委关于加强自身建设的决定》。新当选的市委书记陈兴超在讲话中指出：（1）坚定信念、顾全大局，努力打造绝对忠诚的领导班子；（2）加强学习、提升能力，努力打造善谋实干的领导班子；（3）牢记宗旨、关注民生，努力打造勤政为民的领导班子；（4）坚持原则、和谐共事，努力打造团结奋进的领导班子；（5）修身养德、干净干事，努力打造清正廉洁的领导班子。

【市委常委会议】 年内，中共鹰潭市委召开了24次常委会议，以下列出其中22次。

1月5日上午，市委书记陈兴超主持召开七届市委第60次常委会议。（1）学习传达全省经济工作会议、全省扶贫开发工作动员部署会议精神；（2）研究《鹰潭市国民经济和社会发展第十三个五年规划纲要》；（3）研究《市政府工作报告》；（4）研究2015年市国民经济和社会发展计划执行情况与2016年国民经济和社会发展计划草案的报告及有关项目计划安排；（5）研究2015年全市和市级预算执行情况及2016年全市和市级预算草案的报告及有关资金预算收支安排；（6）研究召开市八届人大六次会议有关事宜；（7）研究召开市政协八届六次会议有关事宜；（8）研究2015年度全市落实党风廉政建设责任制检查考核工作实施方案；（9）研究深化市属企业负责人薪酬制度改革的意见。

1月7日晚上，市委书记陈兴超主持召开七届市委第61次常委会议。（1）学习《中国共产党地方委员会工作条例》；（2）传达学习省委强书记在市委书记抓基层党建工作述职评议会议上的讲话精神；（3）研究干部人事问题。

2月1日下午，市委书记陈兴超主持召开七届市委第62次常委会议。（1）传达学习习近平总书记在省部级主要领导干部学习贯彻中共十八届五中全会精神专题研讨班开班式上的重要讲话精神；（2）传达学习省十二届人大五次会议和省政协十一届四次会议精神；（3）听取省纪委十三届六次全会精神及贯彻意见的汇报；（4）听取全省政法工作和社会治安防控体系建设工作会议精神及贯彻意见的汇报；（5）听取全省农村工作会议精神及贯彻意见的汇报；（6）讨论《关于加快推进“8+1”重点工作项目的通知》；（7）讨论《关于进一步加强值班工作的通知》；（8）研究干部违纪处理问题；（9）研究干部人事问题。

3月8日上午，市委书记陈兴超主持召开七届市委第63次常委会议。（1）学习习近平总书记在江西视察工作结束时的重要讲话精神；（2）学习强卫书记关于学习贯彻习近平总书记在江西视察时的重要讲话精神的讲话、在全省市厅级主要领导干部学习贯彻中共十八届五中全会精神专题研讨班上的讲话、在省委全面深化改革领导小组第六次全体会议上的讲话、在法治江西建设领导小组第二次会议上的讲话精神和鹿心社省长在全省市厅级主要领导干部学习贯彻中共十八届五中全会精神专题研讨班上的讲话、在省委全面深化改革领导小组第六次全体会议上的讲话精神；（3）听取全省统战部长会议精神及贯彻意见的汇报；（4）听取全省组织部长会议精神及贯彻意见和全省县乡领导班子换届工作会议精神及贯彻意见的汇报；（5）听取全省宣传部长会议精神及贯彻意见的汇报；（6）听取省生态文明先行示范区建设领导小组2016年第一次会议精神及贯彻意见的汇报；（7）听取省级“总河长”第一次会议精神及贯彻意见的汇报；（8）听取省妇联十一届三次执委（扩大）会暨全省乡镇妇联组织建设现场推进会议精神及贯彻意见的汇报；（9）讨论市委、市政府《关于推行城乡生活垃圾一体化处理打造全省城乡最干净城市的实施意见》；（10）研究江西省龙虎山旅游文化发展（集团）有限公司与北部湾旅游股份有限公司合作有关事宜；（11）审议《中共鹰潭市委全面深化改革领导小组2016年工作要点》；（12）听取省委巡视动员部署会议精神及贯彻意见的汇报；（13）研究干部违纪处理问题；（14）研究干部人事问题。

4月21日上午，市委书记陈兴超主持召开七届市委第64次常委会议。（1）学习习近平总书记参加全国政协十二届四次会议民建工商联界联组会时的重要讲话；（2）学习习近平总书记在中央政治局常委会会议审议“两学一做”学习教育方案时的重要讲话和全国“两学一做”学习教育工作座谈会精神，听取全省“两学一做”学习教育动员部署会议主要精神及贯彻意见的汇报；（3）听取全省对台工作会议主要精神及贯彻意见的汇报；（4）听取全市一季度经济运行情况暨下一步工作安排的汇报；（5）听取2015年度全市落实党风廉政建设责任制检查考核情况的汇报；（6）研究干部违纪处理问题；（7）研究干部人事问题。

5月6日下午，市委书记陈兴超主持召开七届市委第65次常委会议。（1）学习传达省委强书记在鹰潭调研时的重要讲话精神及贯彻意见；

（2）听取全省旅游产业发展大会和推进旅游强省战略、决战旅游产业一万亿动员会精神及贯彻意见的汇报；（3）听取全省降低企业成本优化发展环境专项行动电视电话会议精神及贯彻意见的汇报；（4）听取全省宣传、网信系统学习贯彻“习近平总书记在网络安全和信息化工作座谈会上的重要讲话精神”会议精神及贯彻意见的汇报；（5）听取全省精神文明建设工作表彰大会精神及贯彻意见的汇报；（6）听取全省设区市市委政法委书记座谈会精神及贯彻意见的汇报；（7）讨论《关于加强全市社会治安防控体系建设的实施意见》；（8）学习传达《全省“四风”问题新动向、新表现调研报告》；（9）听取1—4月份全市纠正“四风”工作情况汇报；（10）学习传达《关于从严从实加强换届风气监督切实营造风清气正换届环境的通知》；（11）听取《关于深化供销合作社综合改革的实施意见》的汇报；（12）听取《鹰潭市驻外招商机构及市招商局直属小分队招商引资目标考核办法》的汇报；（13）听取全市县级领导班子和领导干部2015年度考核情况的汇报；（14）研究干部人事问题。

6月8日上午，市委书记陈兴超主持召开七届市委第66次常委会议。（1）学习传达关于鹿心社等省领导在鹰考察调研和省人大常委会副主任洪礼和在鹰参加全省人大外侨民宗台旅座谈会的情况通报；（2）学习传达了习近平总书记在农村改革座谈会上的讲话精神；（3）学习传达了强卫、鹿心社在全省降低企业成本优化发展环境专项行动动员大会上的讲话精神；（4）听取全省集中整治和查处基层侵害群众利益不正之风和腐败问题电视电话会议精神及贯彻意见的汇报；（5）听取全省学习贯彻习近平总书记在哲学社会科学工作座谈会上重要讲话精神工作会议精神及贯彻意见的汇报；（6）听取全国旅游业改革创新先行区工作会议和全国全域旅游创建工作现场会会议精神及贯彻意见的汇报；（7）听取全省城市工作会议暨城市工作现场推进会会议精神及贯彻意见的汇报；（8）听取省委全面深化改革领导小组第七次会议和全省改革办主任会议精神及贯彻意见的汇报；（9）研究干部违纪处理问题；（10）研究干部人事问题。

6月21日下午，市委书记陈兴超主持召开七届市委第68次常委会议。（1）学习传达关于一起在民主推荐领导干部中违反换届纪律的通报；（2）听取全省老干部工作会议精神及贯彻意见的汇报；（3）讨论《中共鹰潭市委关于落实把纪律挺在前面要求的实施办法》；（4）讨论《关于集中整治和查处基层侵害群众利益不正之风和腐败问题的实施方案》；（5）讨论《关于深入推进全市农村社区建设试点工作的实施方案》；（6）研究干部人事问题。

7月14日下午，市委书记陈兴超主持召开七届市委第69次常委会议。（1）学习传达习近平总书记在庆祝中国共产党成立95周年大会上的讲话主要精神；（2）学习传达省委鹿书记在第146次省委常委会会议上的讲话主要精神；（3）听取全省纪检监察工作半年调度会会议精神及贯彻意见的汇报；（4）听取2016年上半年全市党风廉政建设和反腐败工作情况的汇报；（5）听取省协助筹备全国综治工作“南昌会议”领导小组（全体）会议精神及贯彻意见的汇报；（6）听取第十三次全省法治宣传教育工作会议精神及贯彻意见的汇报；（7）讨论《鹰潭市普法教育工作领导小组关于在全市公民中开展法治宣传教育的第七个五年规划（2016—2020）》；（8）听取中央第四环境保护督察组督察江西工作动员会会议精神及贯彻意见的汇报；（9）研究干部人事问题。

7月27日下午，市委书记陈兴超主持召开七届市委第70次常委会议。（1）学习《中共中央关于印发〈中国共产党问责条例〉的通知》《省委办公厅关于认真学习贯彻〈中国共产党问责条例〉的通知》；（2）讨论《关于加强市纪委派驻机构建设的实施意见》；（3）讨论《关于开展向程永林同志学习的决定》；（4）听取关于委托深圳国泰安教育技术股份有限公司管理鹰潭职业技术学院的情况汇报；（5）听取全国安全生产电视电话会议精神及贯彻意见的汇报；（6）研究干部违纪处理问题。

8月10日上午，市委书记陈兴超主持召开七届市委第72次常委会议。（1）研究市县召开党代表大会有关事宜；（2）听取全省换届和换届风气监督工作推进会会议精神及贯彻意见的汇报；（3）听取鹰潭市第九届人民代表大会代表名额分配建议的汇报；（4）听取2016年上半年全市经济社会发展情况和下半年工作安排；（5）学习传达省纪委《关于张某某、徐某某顶风违纪插手政府采购项目问题的通报》；（6）听取当前鹰潭市意识形态领域有关情况的汇报；（7）研究中共鹰潭市委关于贯彻《党委（党组）意识形态工作责任制实施办法》的实施细则；（8）听取全省农村精神文明建设工作推进会会议精神及贯彻意见的汇报；（9）听取鹰潭市环境保护督察工作的情况汇报；（10）研究关于坚决打赢脱贫攻坚战的实施办法；（11）研究干部违纪处理问题。

9月2日上午，市委书记陈兴超主持召开七届市委第73次常委会议。（1）学习传达《中共中央关于辽宁拉票贿选案查处情况及其教训警示的通报》、省委书记鹿心社在通报上作出的批示精神；（2）学习传达省委书记鹿心社在省委十三届十三次全体（扩大）会议结束时的讲话精神；（3）学习传达省委书记鹿心社对协助筹备全国社会治安综合治理创新工作会议的要求精神；（4）学习传达省委书记鹿心社在会见全省人民防空工作会议代表时的讲话精神及省委副书记、代省长刘奇在全省人民防空工作会议上的讲话精神；（5）学习传达《省委办公厅关于深入学习贯彻习近平总书记对党办工作系列重要要求进一步提升“三服务”工作水平的通知》；（6）研究召开鹰潭市第九届人民代表大会第一次会议有关事宜；（7）研究召开市政协九届一次会议有关事宜；（8）听取省第十四次党代表大会代表选举工作会议精神及贯彻意见的汇报；（9）研究市政协换届有关工作；（10）听取全省贯彻落实党委（党组）意识形态工作责任制座谈会会议精神及贯彻意见的汇报；（11）研究干部人事问题。

9月5日下午，市委书记陈兴超主持召开七届市委第74次常委会议。听取了关于鹰潭市出席中国共产党江西省第十四次代表大会代表候选人初步人选推荐情况的汇报。

9月18日上午，市委书记陈兴超主持召开七届市委第75次常委会议。（1）听取关于全省党委秘书长会议精神及贯彻意见的汇报；（2）讨论召开中国共产党鹰潭市第八次代表大会有关事宜；（3）讨论中国共产党鹰潭市第七届委员会工作报告（讨论稿）；（4）讨论中国共产党鹰潭市第七届纪律检查委员会工作报告（讨论稿）；（5）研究关于圈选确定鹰潭市出席省第十四次党代表大会代表候选人预备人选的有关事宜；（6）听取关于终止江加斌等八名鹰潭市第七次党代表大会代表资格的报告；（7）听取关于鹰潭市领导班子换届候选人的汇报；（8）研究干部人事问题。

9月19日下午，市委书记陈兴超主持召开七届市委第76次常委会议。（1）研究召开市委七届十五次全体会议有关事宜；（2）研究市第八次党代会领导机构、工作机构的人事安排和列席人员建议名单；（3）听取市第八次党代会代表选举和代表资格初步审查情况的汇报；（4）听取全市党费收缴、使用和管理情况的报告；（5）听取关于八届市委委员、候补委员和市纪委委员候选人预备人选建议名单的说明。

9月29日下午，市委书记陈兴超主持召开八届市委第1次常委会议。（1）传达学习国务院李克强总理视察江西时的重要讲话精神；（2）传达学习省委鹿书记在省委常委会会议上关于贯彻李克强总理视察江西时的重要讲话精神的讲话精神；（3）传达学习中共中央办公厅关于部分中管干部违反八项规定问题及其教训警示的通报、省委鹿心社书记作出的重要批示；（4）传达学习中宣部《关于湖北省委严肃处理恩施州委、利川市委中心组学习突出问题的通报》的通知；（5）传达学习省领导关于全国综治工作“南昌会议”有关指示精神；（6）传达学习省十二届人大六次会议会议精神；（7）研究市委书记、副书记和常委分工有关事宜。

10月14日上午，市委书记陈兴超主持召开八届市委第2次常委会议。（1）听取纪念省关工委成立25周年暨全省关心下一代工作表彰大会精神及贯彻意见的汇报；（2）听取关于江西省双拥模范城（县）命名表彰大会会议精神及贯彻意见的汇报；（3）研究召开九届人大一次会议有关事宜；（4）研究《2016年度鹰潭市落实党风廉政建设责任制检查考核工作方案》和《2016年度鹰潭市落实党风廉政建设责任制日常检查评分细则》；（5）讨论《关于进一步完善领导干部处理维稳信访突出问题责任制的通知（讨论稿）》；（6）研究干部人事问题。

10月19日上午，市委书记陈兴超主持召开八届市委第3次常委会议。（1）研究召开市政协九届一次会议有关事宜；（2）研究干部人事问题。

10月29日下午，市委书记陈兴超召开八届市委第4次常委会议。（1）传达学习中共十八届六中全会精神和全省领导干部会议精神；（2）听取全省宣传部长培训会会议精神及贯彻意见的汇报；（3）听取全省政法委书记会议精神及贯彻意见的汇报。

11月18日上午，省委常委、市委书记陈兴超主持召开八届市委第5次常委会议。（1）传达学习贯彻省第十四次党代会精神；（2）传达学习省委常委、常务副省长毛伟明在参加鹰潭代表团讨论时的讲话精神；（3）学习《关于新形势下党内政治生活的若干准则》和《中国共产党党内监督条例》；（4）讨论《关于建立健全重点项目推进机制的通知》；（5）讨论《关于加快构建现代公共文化服务体系的实施细则》；（6）讨论《鹰潭市提升招商引资质量和效益实施方案》；（7）研究干部违纪处理问题；（8）研究干部人事问题。

11月25日上午，省委常委、市委书记陈兴超主持召开八届市委第6次常委会议。研究了关于筹建赣东科技学院有关事宜。

12月14日上午，省委常委、省委统战部部长、市委书记陈兴超主持召开八届市委第7次常委会议。（1）学习传达《中共江西省委关于苏荣案及涉苏荣案相关人员违纪案处理情况及其教训警示的通报》；（2）学习传达全省深化落实全面从严治党“两个责任”视频培训会和市县纪委书记培训班精神及研究贯彻意见；（3）讨论《中共鹰潭市委常委会议事决策规则》；（4）讨论《关于进一步严肃会风会纪的通知》；（5）听取中央、省委全面深化改革领导小组有关会议精神及贯彻意见的汇报；（6）听取关于全省卫生与健康大会会议精神及贯彻意见的汇报；（7）讨论《鹰潭市县级脱贫攻坚工作成效考核办法》《鹰潭市市直帮扶单位结对（挂点）帮扶工作管理考核办法》；（8）讨论《鹰潭市推进国家级旅游业改革创新先行区建设实施方案》《鹰潭市创建国家全域旅游示范区总体工作方案》；（9）讨论《关于构建和谐劳动关系的实施办法》；（10）讨论《关于加快推进价格机制改革的实施意见》；（11）讨论《关于完善矛盾纠纷多元化解机制的实施方案》；（12）讨论《关于完善法律援助制度的具体实施意见》；（13）讨论《关于开展农村宅基地管理试点工作的通知》；（14）讨论《关于改革城市执法体制改进城市管理工作的实施意见》；（15）听取关于部署推荐提名江西省出席中共十九大代表候选人工作会议精神及贯彻意见的汇报；（16）研究干部人事问题。

重大决策

【建设生态文明先行示范区】 为全面贯彻中共十八大，中共十八届三中、四中、五中全会和省委十三届十一次、十二次全会精神，深入落实省委、省政府《关于建设生态文明先行示范区的实施意见》（赣发〔2014〕26号），逐步推进《鹰潭市生态文明先行示范区建设实施方案》（以下简称《实施方案》），探索鹰潭生态文明建设的有效模式，努力走出一条具有鹰潭特色的生态文明建设新路子，提出如下实施意见。

一、提高认识，全面把握生态文明先行示范区建设的总体要求

（一）充分认识重大意义。鹰潭市生态环境优良，开展生态文明先行示范区建设，不仅是建设山更绿、水更清、天更蓝、生态环境更优美、人与自然更和谐的秀美鹰潭的内在要求，更是把鹰潭建成生态屏障更安全、绿色产业更发达、人居环境更优美、生态文化更繁荣的生态强市的必然要求。生态文明先行示范区建设有利于提升发展质量，加快全面建成小康社会进程；有利于加快产业转型升级，提高资源能源综合利用效率，实现经济与生态协调发展；有利于提升城市形象和品味，提高鹰潭市的综合竞争力；有利于培育崇尚人与自然和谐的文化，增强全社会绿色生态文明建设理念；有利于创新生态文明建设体制机制，率先走出一条绿色循环低碳发展的新路。

（二）准确把握实施重点。以邓小平理论、“三个代表”重要思想、科学发展观为指导，深入贯彻习近平总书记系列重要讲话精神，坚持“五位一体”的总体布局，坚持节约优先、保护优先、自然恢复为主的根本方针，坚持绿色循环低碳发展的基本途径，坚持用严格的制度保护生态环境，着力构建“六大体系”，推进“十大工程”建设，努力使鹰潭市成为江西绿色崛起先行区，形成具有鹰潭特色的生态文明建设典型模式。

（三）努力实现各项目标。有步骤、分阶段推进生态文明先行示范区建设，努力实现一年开好局、两年见成效、五年大进展。

一年开好局：2016年，《实施方案》确定的各项任务分解落实到位，生态文明先行示范区建设领导和组织协调机构建立健全，专项规划和配套政策制定出台，先行工程全面启动，全市上下形成推进生态文明建设的共识与合力。

两年见成效：《实施方案》提出的到2017年各项目标顺利实现，部分领域和区域取得阶段性成果。生态建设和环境保护工程全面实施，生态环境质量继续位居全省前列，生态产业体系初步形成，生态文明制度体系基本形成。

五年大进展：到2020年，生态文明先行示范区建设取得重大进展。符合主体功能区定位的开发格局全面形成，产业结构明显优化，绿色生产、生活方式普遍推行，在若干生态文明重大制度建设上形成可复制、可推广的典型模式。

二、突出重点，构建生态文明建设的“六大体系”

树立“既要金山银山、更要绿水青山、绿水青山就是金山银山”的理念，正确处理生态环境保护与经济社会发展的关系，坚持预防为主、源头严控、过程严管、责任追究，努力形成节约资源和保护环境的空间开发格局、产业结构、生产方式、生活方式，保护和建设好天蓝、地绿、水净的美丽家园。

（一）构建定位清晰的国土空间开发体系

1.尽快完善主体功能区配套政策。按照国家和省主体功能区规划定位，鹰潭市划分为重点开发区、限制开发区、禁止开发区。重点开发区：主要指资源环境承载能力较大、经济开发需求较高、适宜进行较大规模工业开发和城市建设的区域，主要包括中心城区、贵溪城区和余江城区、鹰潭高新技术产业开发区（龙岗）、贵溪经开区、铜拆解加工区、鹰西国际商贸园。禁止开发区：具有极高生态保护价值和历史文化保护价值的区域，包括水源地及其汇水的水源涵养区域、自然保护区、森林公园、滩涂湿地、生态廊道等，主要包括龙虎山风景名胜区、阳际峰自然保护区、上清国家森林公园等具有特殊保护价值的地区。其余区域为限制开发区。结合预算管理制度改革，加大财政对禁止开发区域的均衡性转移支付和奖励补助力度，增强地方公共服务供给能力。研究制定针对不同功能区的产业指导目录，进一步明确不同区域的鼓励类、限制类、禁止类产业，对不同区域的投资项目实行不同的资源消耗、土地利用和生态保护等管理措施。探索实行城镇建设用地增加规模与吸纳农业转移人口落户数量挂钩政策，引导产业、人口等要素向重点开发区集中。

2.全面落实主体功能区空间管制措施。加快推进国家生态红线划定试点工作，将禁止开发区和重要江河源头、主要山脉、重点湖泊等生态功能极重要地区划入红线范围。严守耕地保护红线，将耕地林地保有量、基本农田保护面积列入市县科学发展综合考核评价体系。严格执行矿产资源规划分区管理制度。强化城乡规划约束力，划定城市禁建区、限建区、适建区，严格“绿线、蓝线、紫线、黄线”四线管制，坚决制止城镇建设用地盲目无序扩张。

3.建立健全河湖管理与保护制度。建立以信江为核心，以泸溪河、罗塘河、泗沥河、白塔河为纽带，干支流、上下游市县政府共同参与的河湖管理制度，加强跨界流域水质及水量断面监测，建立跨行政区的水环境保护奖惩机制。在环境敏感区、生态脆弱区、水环境容量不足的区域，落实国家和省最严格的水污染排放标准。市县生活、工业污水处理设施必须配套建设脱氮除磷设施。严格划定规模化畜禽养殖禁养区和适养区。修订完善涉河、涉湖规划制度，制定和完善技术标准。建立流域规划治导线管理制度，落实水域岸线用途管制，合理划分岸线保护区、保留区、限制开发区和开发利用区，严格分区管理。创新河湖管理模式，探索建立政府一把手负责的“河长制”，对河湖的生命健康负总责。“十三五”末全面完成河湖水域岸线登记、河湖管理范围划定、水利工程确权划界工作。建立以河湖水环境、岸线管理、河道采砂等为重点的综合管理信息平台，开展联合执法，严厉打击破坏河湖水环境的违法违规行为。

4.推动市县空间规划改革创新。积极推进国民经济社会发展、城乡建设、土地利用、环境保护等规划的“多规合一”试点，形成一个市县、一本规划、一张蓝图。探索整合相关规划的空间管制分区，科学划定并落实用地、产业、生态等管控边界红线，形成合理的城镇、农业、生态空间布局。探索建立市县空间规划协调工作机制，形成“多规合一”常态化管理。搭建统一的“多规合一”空间信息管理服务平台，整合项目审批流程。积极推进全国新型城镇化综合改革试点。

（二）构建环境友好的绿色产业体系

1.促进产业集聚发展。大力发展产业集群，重点培育10个重点工业产业集群和4个省级工业示范产业集群，发展壮大 2个农业产业集群、2个旅游产业集群、3个现代物流产业集群，扶持一批现代服务业集聚区。加大龙头企业培育扶持力度，打造一批优强工业企业、销售收入超亿元的绿色食品企业和省级服务业龙头企业。

2.加快产业转型升级。发展特色生态农业。大力推进农产品规模化、标准化、生态化生产，实施现代农业示范园区建设工程，积极创建一批国家级现代农业示范区和国家有机产品认证示范区。实施农产品注册商标和地理证明商标保护工程，打响绿色农产品品牌，打造一批全国知名的绿色食品原料基地。发展绿色工业。突出发展有色稀贵金属、智能环保水工、节能照明电器、新材料新能源、机械装备制造等战略性新兴产业，扎实推进重大新兴产业高端项目建设。推进传统产业绿色转型升级，重点推进一批技术改造和结构调整的重大项目建设，着力延伸产业链条，促进传统产业向高端高质高效方向发展。严格执行产能过剩行业项目禁批限批政策。发展现代服务业。围绕发展物流产业，加快物流项目建设，鼓励物流业态创新，完善现代物流运作平台和信息平台，推动第四方物流、仓储物流等新业态发展，努力建设鄱阳湖生态经济区物流中心城市和全国区域性物流节点城市。围绕发展金融业，加快信江新区金融商务区、贵溪金融产业园、高新区泛金融服务中心建设，吸引金融机构入驻，形成集聚效应。围绕发展养老服务业，依托鹰潭特有的文化和自然资源，推动养老服务业向投资主体多元化、服务对象公众化、服务方式多样化、服务队伍专业化的方向发展。围绕发展电子商务，着力打造一批产业聚集度高的电子商务产业园区（基地），努力培育一批大宗商品期现货交易电子商务平台和电子商务龙头企业。围绕发展旅游业，大力实施生态旅游示范工程，创新旅游营销模式，努力建成国际道教文化旅游中心、丹霞奇观旅游胜地、全球养生旅游示范区和全国著名休闲旅游目的地城市。

3.完善绿色产业政策规划体系。抓紧编制现代农业建设规划，加快制定完善新型农业经营体系、农村产权制度等方面的政策意见。认真落实关于深入实施工业强省战略加速推进新型工业化的意见、十大战略性新兴产业规划等政策，进一步制定支持新能源汽车、智能装备等产业发展的措施。抓紧出台促进健康服务业、生产性服务业、旅游产业、体育产业发展的政策措施，编制全市电子商务发展、文化创意和设计服务与相关产业融合发展等专项规划。

4.推进循环经济和清洁生产。加快高新区国家工业园区循环化改造步伐，推进贵溪国家循环经济示范市和国家“城市矿产”示范基地建设，推动国家第二批资源综合利用“双百工程”示范基地建设。实施工业清洁生产促进工程，重点在重金属污染防治重点防控行业、产能过剩行业实施一批清洁生产项目。全面推广农业清洁生产技术，推动农业生产循环化改造，加快创建一批“猪—沼—果”、“秸秆—食用菌—有机肥—种植”、林药禽渔立体复合种养等模式的循环型生态农业示范园。

5.着力优化能源结构。继续做好鹰潭铁山岭核电厂址论证工作。加快电网建设，推进老城区和农村电网改造。推进天然气建设工程，加快完善天然气管网，确保天然气消费总量翻番。加快光伏发电应用。积极有序推进风电、生物质发电项目建设。加大火电清洁化改造力度。

（三）构建节约集约的资源能源利用体系

1.推进节能降耗。加强能源消费总量和能耗强度双控制，严格节能标准和节能监管。加快推进有色、水泥、化工等行业企业节能降耗技术改造。

大力推广应用可再生、绿色建筑材料。大力倡导和推行公共交通出行，推广节能与新能源汽车，推进“车船路港”低碳交通运输专项行动。公共机构领域，制定城市综合体、公共机构办公场所等能源使用定额标准和效能标准，推行街道和楼宇能源智能管理系统。

2.加强水资源节约。深入落实“节水优先”方针，全面推进节水型社会建设。实行最严格的水资源管理制度，加强“三条红线”管理，落实用水总量控制制度、用水效率控制制度、水资源管理责任制度和考核制度，进一步推进和完善阶梯水价制度。加快城乡供水管网改造和水资源管理监测系统建设。制定完善重点行业节水标准，推进一批企业节水技术改造项目，制定出台推广节水技术、产品和鼓励非常规水源开发利用的激励政策，严格计划用水管理。实施一批农业高效节水灌溉重大项目。

3.节约集约利用土地。实行最严格的耕地、林地保护制度，支持赣南等原中央苏区开展农村土地综合整治，对损毁建设用地和未利用地开发整理成园地，经认定可视作补充耕地，验收后用于占补平衡，在非农建设占用时除需按照法律程序报批外，仍要实行“占一补一”。继续抓好城乡建设用地增减挂钩、工矿废弃地复垦利用、低丘缓坡荒滩等未利用地开发利用等试点工作。严格执行土地使用标准和投资强度要求，推进项目入园和标准化厂房建设。深入开展建设用地专项清理，依法收回闲置土地，切实提高土地利用率。

4.促进矿产资源合理开发利用。在矿山分布相对集中的地区推进建设一批绿色矿业发展示范区。通过复垦还绿、绿色矿山建设等方式，引导和鼓励社会资金投入矿山环境治理。加强市场准入管理，强化矿产资源和矿山环境保护执法监察，坚决制止乱挖滥采。

（四）构建安全可靠的生态环保体系

1.强化生态建设。加强对水源涵养区、江河源头区和湿地的保护，加快推进河道整治。编制全市水生态文明建设规划，积极构建四级联动水生态文明建设体系。大力实施人工造林和封山育林，加大中幼林抚育力度，加快实施低产低效林改造和珍贵阔叶林培育工程，调整和优化林分结构，提高森林资源质量。抓好商品林采伐管理，严格控制森林消耗，确保森林蓄积量和覆盖率稳步增长。加强生态公益林保护，启动水源涵养林建设，开展公益林生态效益监测，完成省下达的林地和湿地保有量任务。提升森林火灾和林业有害生物综合防控能力，适时开展人工增雨作业，确保全市森林资源安全。推进生物多样性优先区域物种资源调查、监测、预警和评价体系建设，实施国家级自然保护区生物廊道建设，打造国际生物多样性科普教育和研究基地。

2.严防土壤污染。以保护耕地和饮用水水源地土壤环境、严格控制新增土壤污染和提升土壤环境保护监督管理能力为重点，有针对性地开展保护和治理。严禁施用高毒禁限用农药，大力推广绿色防控技术和专业化统防统治，科学施用化肥，提高肥效、减少施用量，禁止使用重金属等有毒有害物质超标的肥料。

3.加强自然生态修复与环境保护。积极推进污水处理设施建设，大力实施污水配套管网工程，促进污水再生水利用，到2020年，实现全市工业园区污水处理设施建设全覆盖，城镇生活污水集中处理率达95%以上，再生水利用率达20%。着力推进农村人居环境综合治理，积极推广农业面源和农村生活污水与垃圾处理适用技术，按照“户分类、村收集、乡转运、市处理”的模式，加大农村生活垃圾收运和无害化处理力度。严格入河湖排污口监督管理，抓紧制定监督管理细则。建立以限制入河排污总量为控制核心的水功能区限制纳污制度，实施跨流域、跨市（县）水质联防联控考核制度。实施土壤重金属污染修复工程，推进江铜周边区域重金属污染修复治理，积极开展农村重金属污染耕地农业结构调整试点。实施历史遗留废弃矿山和国有老矿山地质环境恢复治理工程。加大农业面源污染防治力度，建设一批重要农产品产区病虫害安全用药示范区。

4.推进大气污染防治和应对气候变化工作。实施重点行业脱硫、脱硝、除尘设施改造升级重点工程，积极开展PM2.5数据实时监测和负氧离子数据实时监测。加强温室气体排放制度建设，建立温室气体监测网。在主导风向走廊通道上建设区域环境空气质量自动监测站。大力倡导低碳生产生活，积极推动企业参与低碳领域的国际互惠交易活动。完善防灾减灾系统，加快灾害调查评价、监测预警、综合治理、应急救援等体系建设。

5.着力改善城乡人居环境。以“净化、绿化、美化”为重点，全面推进城乡人居环境综合整治，努力在全省率先打造城乡最干净的城市。保护和扩大城市绿地、水域、湿地空间，着力推动城镇湿地公园和绿化工程建设，提升人居生活环境绿化质量，到2020年全市城市建成区绿地率达42%。统筹城乡环保设施建设，推动城镇污水收集管网、垃圾收运体系向城乡接合部延伸。推进美丽乡村建设，努力建成一批美丽宜居村镇。

（五）构建崇尚自然的生态文化体系

1.倡导生态文明行为。深入开展保护生态、爱护环境、节约资源的宣传教育和知识普及活动，增强全社会践行生态文明的凝聚力。全面推行生态文明教育，将生态文化知识和生态意识教育纳入国民教育、继续教育、干部培训和企业培训计划，大力开展生态文明教育进机关、进企业、进社区、进农村、进学校活动。积极开展“绿色回收”进机关、进商场、进园区、进社区、进学校“五进”活动，促进资源循环利用。积极推行绿色出行“135”计划，倡导公众1千米步行、3千米骑自行车、5千米乘坐公交车。积极推动家庭垃圾分类处理计划，开展家庭垃圾分类处理试点。积极引导绿色消费，鼓励使用节能节水节材产品和可再生产品。推进政府绿色采购，推行无纸化和绿色节能办公。组织好世界环境日、世界水日、全国节能宣传周等主题宣传活动。

2.传承发展生态文化。充分挖掘、保护和弘扬优秀传统生态文化，推进生态文化创新。充分利用各类媒体、活动中心、规划展示馆以及其他文化科技场馆等传播生态文化，努力建设生态文化保护区。办好龙虎山道教文化论坛，提升文化品牌影响力。做大做强生态文化产业，建设一批特色生态文化产业示范园区、基地，培育一批生态文化企业、产品和品牌，引导实施一批生态文化产业项目。

3.开展各类生态创建行动。实施生态家园创建工程，创建一批国家级生态县和生态乡镇。大力推进余江县省级生态文明先行示范县建设，积极支持贵溪市创建省级生态文明先行示范市、龙虎山景区创建省级生态文明示范景区。加快推进生态文明村、美丽乡村创建示范工程，建成一批宜居宜业宜游的生态文明示范村和秀美示范乡村。大力开展绿色示范单位创建活动，建设一批绿色机关、绿色学校、绿色社区、绿色企业和绿色家庭，打造一批以绿色示范单位为主体的生态文化宣传教育基地。积极创建国家级文明城市、森林城市、卫生城市。

（六）构建科学长效的生态文明制度体系

1.完善体现生态文明要求的考评机制。建立科学完整的生态文明建设考核评价体系，把生态文明建设工作纳入领导干部年度述职重要内容，引导形成节约资源和保护环境的政绩观。进一步完善市县科学发展综合考核评价实施意见，逐步提高资源消耗、环境损害、生态效益等指标权重，形成与主体功能区相适应的考核评价制度和奖惩机制。探索自然资源资产负债表编制工作，实行领导干部自然资源资产离任审计，实施与生态环境质量监测结果相挂钩的领导干部约谈制度，建立生态环境损害责任终身追究制度。

2.建立自然资源资产产权管理制度。在开展自然资源调查的基础上，对水流、湖泊、森林、荒地、滩涂等自然生态空间进行统一确权登记。整合不动产登记职能，统一不动产登记信息平台，构建统一的自然资源监管体制机制。争取有条件的地区纳入国家公园体制试点。全面推行矿业权评估、挂牌、交易制度。加快完成农村土地承包经营权确权登记颁证工作。鼓励农户采取多种形式自主流转土地承包经营权，完善农村宅基地管理制度。

3.探索建立生态补偿机制。制定出台建立健全生态补偿机制的实施意见，建立财政转移支付与地方配套相结合的补偿方式，通过对口支援、产业园区共建、增量受益、社会捐赠等形式，探索建立多元化的生态补偿机制。健全矿产资源有偿使用、矿山地质环境保护和恢复治理保证金制度，建立矿产资源开发生态补偿长效机制。研究探索产业生态补偿机制，对企业生产过程中产生的资源消耗和环境污染承担相应的生态补偿责任。

4.建立健全市场化机制。加快推进阶梯气价、水资源价格等制度改革，推动建立重要矿产资源开采回采率、选矿回收率、综合利用率激励约束机制。大力推进环境污染第三方治理，逐步开展排污权交易，在城镇污水垃圾处理和工业园区污染集中治理等重点领域开展特许经营试点。创新碳排放权交易平台，探索推进碳汇造林和碳减排指标有偿使用交易。探索建立水权交易制度，鼓励和引导地区间、用水户间的水权交易。

5.严格环境保护管理制度。加强生态环境保护立法工作，完善建设国家生态文明先行示范区的有关地方性法规。实行严格的污染物源头控制制度，严格落实新建项目环保准入机制，严格执行污染物排放许可制度。制定重点流域、区域的环境容量及总量控制标准，实行企事业单位污染物排放总量控制制度，落实建设项目主要污染物排放总量指标管理办法。加强环境损害鉴定评估能力建设，推动开展环境损害司法鉴定，对造成生态环境损害的责任者严格实行赔偿制度，依法追究刑事责任。加强环境执法能力建设，完善环境举报投诉受理处置机制，制定突发环境事件调查处理办法。创新环境公益诉讼制度，健全法律援助机制，推进环保法庭建设，鼓励公众参与环境违法监督。

三、狠抓落实，确保生态文明先行示范区建设取得实效

推进生态文明先行示范区建设是一项战略性系统工程，各地各部门要大力弘扬实干精神，加强组织领导，注重协调配合，抓好推进实施，确保各项工作落到实处、取得实效。

（一）加强组织领导。市委、市政府成立鹰潭市生态文明先行示范区建设工作领导小组，负责统筹推进生态文明先行示范区建设，研究解决重大事项；领导小组办公室设在市发改委，负责日常组织、协调和推进工作。各地要成立相应机构，把生态文明建设列入重要议事日程，与经济建设、政治建设、文化建设、社会建设同部署、同推进、同考核，确保生态文明建设各项工作部署落到实处。

（二）强化统筹协调。市直单位承担行业责任主体，要积极争取国家和省政策支持，加强对各地的业务工作指导，组织开展试点示范。各县（市、区）、龙虎山景区、鹰潭高新区、信江新区承担区域责任主体，主要负责人是第一责任人、负总责，要确保该地区目标任务如期完成。构建市直单位与各县（市、区）之间的协调沟通机制，协调推进重大政策落实、重大资金争取和重大项目建设。

（三）加大政策支持。积极落实国家节能减排、资源综合利用和环境保护等有关税收优惠政策。对接落实中央和省资金支持鹰潭市生态文明先行示范区建设。大力发展绿色信贷，加大对产业转型升级、资源节约、生态建设等项目的信贷投放力度，在符合规定的情况下，实施优惠利率并适当延长贷款期限。优先支持符合条件的节能环保企业上市及在"新三板"挂牌，推动生态环保项目利用国际金融机构优惠贷款。加大金融创新力度，完善林权、采矿权抵（质）押贷款制度，试行污水处理收费权等抵（质）押贷款，探索碳金融业务。各地各部门要结合实际，抓紧研究出台具体配套政策措施，完善生态文明先行示范区的政策体系。

（四）增强科技支撑。加强低碳与生态环保技术公共协同创新平台建设，在资源环境领域大力支持申报设立国家和省级工程（技术）研究中心、企业技术中心，培育一批生态领域科技创新团队。组织开展能源节约、资源循环利用、新能源开发、污染治理、生态修复等关键技术攻关。建立和完善生态文明建设科技创新成果转化机制，形成一批成果转化平台、中介服务机构。

（五）广泛宣传动员。集中开展系列宣传活动，大力宣传生态文明先行示范区的重要意义和重大举措，营造全社会合力推进生态文明建设的良好氛围。

（六）加强督促落实。各地各部门要根据该实施意见，研究制定具体工作方案，认真抓好各项工作的落实，于每年年底前向市发改委报送工作进展情况。市发改委要组织对该实施意见的落实情况进行检查，并向市委、市政府报告。

【全面实施创新驱动发展战略加快建设创新型城市】 为贯彻落实《中共中央 国务院关于深化体制机制改革加快实施创新驱动发展战略的若干意见》（中发〔2015〕8号）、《中共江西省委 江西省人民政府关于深入实施创新驱动发展战略推进创新型省份建设的意见》（赣发〔2016〕5号）等文件精神，全面实施创新驱动发展战略，加快创新型城市建设，现提出如下意见。

一、重大意义、总体要求和主要目标

（一）重大意义

创新是全要素、全系统、全方位的变革，是引领发展的第一动力。中共十八届五中全会提出以创新为首的"五大发展理念"，明确要求把创新摆在国家发展全局的核心位置，不断推进理念创新、制度创新、科技创新、文化创新等各方面创新。当前，经济发展进入新常态，鹰潭市资源、环境、劳动力成本等制约日益加剧，依靠大量资本投入、低成本劳动力和大规模消耗土地、能源的粗放型发展方式已难以为继。面对新形势、新挑战，鹰潭必须适应国情、市情的新变化，依靠创新驱动打造发展新引擎、开辟发展新空间，以科技创新引领全面创新，大幅度提高科技对经济增长的贡献率，实现经济保持中高速增长和产业迈向中高端水平"双目标"。各地各部门要充分认识全面实施创新驱动发展战略、加快建设创新型城市的重要性和紧迫性，把创新驱动发展作为立足全局、面向未来的核心战略，贯穿到"四个鹰潭、同步小康"建设的整个进程中，不断开创鹰潭创新发展、科学发展的新局面。

（二）总体要求

实施创新驱动发展战略、加快创新型城市建设，要充分发挥市场配置资源的决定性作用，更好履行政府职能，坚持重点领域创新与大众创业万众创新结合，坚持企业主体与协同创新融合，坚持创新链与产业链、资金链整合，以科技创新为核心带动全面创新，以体制机制改革激发创新活力，以高效率创新体系支撑创新型城市建设，推动经济社会发展动力根本转换，为开创"发展升级、小康提速、绿色崛起、实干兴市"新境界注入强大动力。

（三）主要目标

力争到2020年，区域创新体系逐渐完善，全市全要素生产率明显提高，科技创新能力显著提升，符合创新要求的体制机制更加健全，创新成为驱动经济增长的主要动力，加快迈向创新型城市行列。到2020年的具体目标是：

——创新型经济格局初步形成。若干重点产业进入国内价值链中高端，培育形成一批具有较强竞争力的创新型企业和产业集群。科技进步贡献率提高到60%。高新技术产业增加值比2015年翻一番，占规模以上工业增加值的比重达25%。

——创新能力明显增强。科技综合实力保持全省前3位、年专利申请和授权量比2015年增长100%。

——创新投入显著加大。财政科技投入稳定增长，引导、带动企业和全社会科技投入持续加快，全社会研发经费投入占生产总值比重达4%。

——创新人才队伍不断壮大。从事研发活动的人员超过2千名。引进和培养5个国家级创新人才和团队，培养8名以上省级青年科学家。

——创新平台体系更加完善。重点围绕鹰潭市"1+3+2"产业组建产业技术创新联盟，建设工程（技术）研究中心、企业技术中心、重点实验室、研发中心和科技成果转化中心等省级以上重大创新平台40个，争取8个国家级创新平台，把梅园众创空间打造成省级众创空间，市、县建设一批孵化机构，形成点多面广、便利开放的创新创业平台体系。

——创新型企业体系更加健全。培育50家市级高新技术企业，争取打造3家国内领先的科技型企业，拥有10家科技型上市企业、150家科技型中小微企业。"十三五"期末，高新技术企业总数达100家以上。

——创新成果转化水平显著提升。争取年技术合同成交金额达到3.2亿元。

——创新环境更加优化。激励创新的体制机制更加健全，知识产权保护更加严格，形成崇尚创新创业、勇于创新创业、激励创新创业的价值导向和文化氛围。

二、聚焦聚力重点，优化重大创新布局

（一）突出重点领域创新

把数字化、网络化、智能化、绿色化作为提升产业竞争力的技术基点，推进各领域新兴技术跨界创新，构建结构合理、先进适用、开放兼容、具有较强竞争力的现代产业技术体系。

引进和发展新一代信息、智能绿色制造等技术，推动工业向价值链高端攀升。在新材料方面，围绕电力电子、交通、航空航天等行业用铜需求，主攻铜基新材料和高性能硬质合金等方面关键技术，加强与国内外科研院校产学研合作，力争达到国内一流水平，争取把鹰潭打造成有色稀贵金属新材料国家区域集聚发展试点和全国铜研发及技术检测的科技高地。在智能装备制造方面，围绕打造“中国水工业之都”的战略定位，拓展智慧水务产业链，重点发展远程监控智能水表、特种泵阀、绿色高效管材、水暖卫浴和太阳能热水器等产品，逐步向电磁阀等高端泵阀产品、水工行业通用设备、基于膜技术的水处理、净水、海水淡化等专用设备方向拓展；支持三川股份与华为在智慧水务行业的应用合作，加快智慧水务建设。依托现有微型元件、汽摩配产业基础，积极发展无人机、工业机器人、服务机器人、可穿戴设备、智能交通硬件、智能家居以及相关云配套服务等方面技术，不断提升工业两化融合水平。在光电新能源方面，重点打造节能照明产业基地，结合传感器、网络技术、无线通信等技术，实现智能化远程控制、智慧节能等产品；引进国内外太阳能光伏应用系统关键部件（如逆变器）以及太阳能应用产品制造等先进技术，加快发展薄膜太阳能等新一代太阳能光伏产品，大力发展风电设备涉铜关键零部件，特别是发电机涉铜关键零部件，培育发展新能源汽车关键零部件研发、制造。在大健康产业方面，以道教养生文化为载体，致力于发展中药饮片、保健品和药妆品技术，做精中药饮片和中成药的生产，研发、生产内涵型道教养生保健产品，形成较为完善的中药生产研发体系和医药专业市场；积极发展绿色有机食品、休闲食品的加工生产及交易市场。在创意制造业方面，依托木雕、石雕、玉雕、铜雕等为主的特色雕刻技术，加快文化创意产业基地建设和龙头企业引进力度，打造国内独具特色的创意制造产业基地。在精细化工产业方面，依托硫磷化工生产技术优势，完善硫酸产业链，适度发展精细化工，开发精细化工日用品、医药中间体、染料中间体等化工新产品，打造现代化绿色精细化工基地。同时，加快推进传统产业改造创新，推动高新技术和先进适用技术在建材、眼镜等传统优势产业中的推广应用，显著提高传统产业设计、工艺、装备、能效水平。

发展生态绿色高效安全的现代农业技术，加快转变农业发展方式。大力实施藏粮于地、藏粮于技战略，大面积推广粮食丰产、中低产田改造等技术，深入开展节水农业、循环农业、有机农业和生物肥料等技术的引进和研发，加快生物育种、智慧农业、农业机械等领域的科技创新，重点发展绿色大米生产加工、优质特色果业等八大农业产业工程，加快发展苗木花卉、毛竹等六大林业特色产业。发展适度规模经营，加快鹰潭白鹤湖、贵溪雷溪、余江杨溪三个现代农业示范园区建设，积极引导农户流转承包地，发展多种形式的农业适度规模经营。提升农业产业化水平，建立线上线下相融合的鹰潭绿色农产品销售网络，推动农业向一二三产业融合，实现全链条增值和品牌化发展转型。

发展支撑商业模式创新的现代服务技术，全面提高服务业发展水平。大力推进互联网与服务业深度融合，积极发展现代服务业技术基础设施，主攻物联网、大数据、移动互联等关键应用技术，着力发展电子商务、工业设计、智慧旅游、智慧城市、文化创意、现代物流等方面的新业态、新模式，推动生产性服务业向专业化和价值链延伸、生活性服务业向精细化和高品质转变。

（二）大力建设新兴产业集聚区

坚持集聚集群集约发展。依托现有工业园区和物流园区，择优择强建设一批创新优势突出、产业配套完备、区域特色明显、规模效益显著的新兴产业集聚区，在集聚区内建设一批国家、省级和市级创新平台，建立一批具有持续创新能力的产业联盟，培育一批具有国际影响力的领军企业，打造一批鹰潭制造的知名品牌。研究出台支持新兴产业集聚区发展政策措施，引导项目、资金、人才、技术等向集聚区倾斜。创新体制机制，支持集聚区争创省级全面创新改革试点。坚持产城融合，着力提升集聚区公共服务水平。建立优胜劣汰的管理机制，对集聚区实行定期评价、动态管理、滚动支持。

（三）构建高效创新平台体系

着力打造重大创新平台。强化与省内外科研院所的对接合作，探索建设集研发机构、高端人才、创投资本、成果转化为一体的产业技术研究院，打造鹰潭市LED、铜基新材料研究中心等重大创新核心平台。巩固提升和新增建设一批国家、省重点（工程）实验室、企业技术中心、工程（技术）研究中心等重大创新平台。鼓励企业通过各种方式到国内外设立、兼并和收购研发机构，增强企业科技创新能力。支持市内重点企业联合省内高校、科研院所建立高水平研发平台。

发展多种形式的技术研发、成果转化和产业孵化机构，实行多元化投资、多样化模式、市场化运作。

建立健全大众创业、万众创新平台。大力发展梅园众创空间，扶持高新区科技孵化器等创业载体发展，鼓励创建“创业咖啡”“创新工场”等多种形式的众创空间，研究制定专门扶持政策，打造一批新兴产业“双创”示范基地。发展灵活高效的众筹融资，设立面对大众创业的投资引导基金，建立大众创业公益众筹平台，为大众创业提供融资支持。积极推广众包、用户参与设计、云设计等新型研发组织模式和创新创业模式。营造互助互扶的众扶生态，推动设立创业培训、创业服务、创新扶持等服务平台，完善创业创新服务体系。

（四）实施重大创新升级项目

实施战略性新兴产业倍增工程，重点围绕新材料、绿色水工、光电新能源、生物医药等有基础、有优势、能突破的产业，启动一批重大科技创新项目；重点围绕大数据、智能机器人等潜力大、前景好的产业，实施一批引进、消化、吸收和再创新项目。实施传统优势产业提升工程，重点围绕有色、化工、眼镜、微型元件等传统优势产业领域，启动一批重大技术改造项目。实施“腾笼换鸟”工程，重点围绕高污染、高能耗、高安全风险、低产出效益的“三高一低”企业，启动一批搬迁转移、兼并重组项目。每年重点扶持5个左右有市场推广需求、有产业化前景、有生产主体牵头的重大科技研发专项和3个左右重点产业领域创新成果产业化项目。

三、突出企业主体，推进科技协同创新

（一）加大企业创新扶持

全面落实鼓励企业创新的“稳增长40条”“创新创业36条”“降成本优环境80条、28条”等一系列惠企政策，加大对科技创新平台的政策扶持力度。争取更多企业纳入省科技计划（专项、基金）财政资金后补助试点和龙头企业创新转型试点。更多运用财政后补助、间接投入等方式，支持企业自主决策、先行投入，开展重大产业关键共性技术、装备和标准的研发攻关。

（二）培育壮大创新型企业

鼓励大型企业开展核心关键技术重点攻关，加快形成自主知识产权和核心竞争力，培育一批科技创新领军企业。着力实施科技重大专项、重点研发计划和技术创新引导类计划等。引导创业投资机构和社会资本投资，培育一批具有比较优势的科技创新型中小企业。培育创新型小微企业，适应小型化、智能化、专业化的产业组织新特征，推动分布式、网络化创新，推动小微企业向“专精特新”方向发展。对于入驻省级以上园区的高新技术企业，由园区给予一定的补助奖励。

（三）加快推进产学研协同创新

围绕产业链部署创新链，推动创新要素整合和技术集成，逐步构建按市场机制运行的协同创新体系。积极推进企业、高校和科研院所以产权为纽带、以项目为依托、以产业技术创新战略联盟、技术创新平台等为载体，围绕产业需求确定创新需求，建立合理的利益分享机制，培育组建一批科技协同创新体，突破一批产业关键、核心和共性技术，形成一批具有较强市场竞争力的重大战略产品。

鼓励企业采取委托研发、技术入股、投资入股等方式，提前主动介入高校、科研院所早期研发。支持企业申报设立院士工作站、博士后科研工作站，鼓励院士、博士生导师带领团队参与鹰潭市企业协同创新，对工作站和人才团队安排专门的津补贴。鼓励高校、科研院所、检验检测机构和大企业将大型科学仪器设备等重要科技资源对全社会开放，提供咨询、检验、标准等服务。

四、坚持需求导向，推动科技成果转化

（一）加快科技成果使用、处置和收益分配改革

以产业化为导向，加快推动科技成果转移转化体制改革。尽快将财政资金支持形成的，不涉及国防、国家安全、国家利益和重大社会公共利益的科技成果的使用权、处置权和收益权，全部下放给符合条件的项目承担单位。单位主管部门、财政部门对科技成果在境内的使用和处置不审批、不备案。科技成果转移转化所得收益全部留归单位所有，纳入单位非税收入预算，实行收支两条线管理。

（二）提高科技人员科技成果转移转化收益比例

着力激发科技人员创新活力。在利用财政资金设立的大专院校、科研院所中，将职务发明成果转让收益在重要贡献人员和团队、所属单位之间合理分配，用于奖励科研项目牵头人、骨干技术人员等重要贡献人员和团队的收益比例不低于60%。国有企事业单位一定时期内未实施转化的成果，成果完成人或团队拥有优先处置权。转化收益用于人才和团队激励的支出部分，不纳入绩效工资管理。

（三）加大科研人员股权激励力度

完善科技人员股权激励机制。鼓励和引导高校、科研院所以职务科技成果作价入股企业，不再限制科技成果作价份额占注册资本的比例，放宽股权奖励、股权出售对企业设立年限和盈利水平的限制，并依法可在职务科技成果形成的股份或者出资比例中提取不低于60%的比例，奖励对完成转化职务科技成果作出重要贡献的人员。探索实施国有企业股权激励和员工持股激励方式，开展国有企业重要科技人员和管理人员股权和期权激励试点。

（四）支持创新产品推广应用和市场拓展

加强对创新产品的支持。在政府采购和公共资源交易中，依法依规不断提高鹰潭市自主创新产品应用比重。加强对首台（套）产品的支持。依托省级和市级重点工程，通过首台

（套）重大技术装备试验、示范和推广应用项目等方式，推进鹰潭市企业新技术、新产品、新工艺和新材料的广泛应用。建立首购首用风险补偿机制，支持保险机构开展自主创新首台（套）产品的推广应用类保险。支持创新产品“走出去”开拓国际市场，抓住“一带一路”战略机遇，积极推进企业参与国际合作，支持创新产品赴境外参展。

（五）积极发展科技中介服务

积极探索“互联网+科技大市场”，搭建科技成果转化的开放式合作平台。鼓励高校、科研院所联合企业整合科研资源、创新组织模式，组建从事技术转移的服务机构，面向市场提供专业化服务。重点支持和大力发展工业设计、研究开发、技术转移、第三方检验检测认证等专业科技服务，以及创业孵化、知识产权、科技咨询、科技金融等综合科技服务，构建专业化、市场化、网络化科技创新服务平台。培育一批知名科技服务机构和骨干企业，形成覆盖全市重点产业的科技服务产业链。依法落实国家、省关于科技服务企业的税收优惠政策，将科技服务纳入政府购买服务范围。

五、深入实施“三大”工程，打造创新发展高地

（一）深入实施“引智”工程

大力培养引进创新人才。调整优化鹰潭市大中专院校专业设置和学科建设，支持骨干企业与高校开展联合招生、联合培养的模式试点，培养一大批面向鹰潭的复合型、应用型高技能创新人才；支持社会资本举办创新人才培训机构，培养鹰潭市重点产业发展急需人才。实施领军人才、创新团队等创新创业高层次人才引进计划，根据全市重点产业发展方向，着力引进一批高层次创新创业人才团队，重点引进带项目、带成果的人才团队。鼓励鹰潭籍在外有资金、有技术、有项目的能人回乡创办各类经济实体。

推动科研人员双向流动。鼓励高校、科研院所等事业单位科研人员“走出去”到科技创新企业兼职兼薪或定期为企业开展科技咨询服务。对离岗创办科技创新型企业的，经原单位同意，可在三年内保留人事关系，与原单位其他在岗人员同等享有参加职称评审、岗位等级晋升和社会保险等方面的权利。允许高校、科研院所吸引有创新实践经验的企业家、高级工程师担任“产业教授”。探索“双导师制”培养模式，选聘企业、行业高层次人才担任高校硕士研究生兼职导师或指导教师。

（二）深入实施“引资”工程

大力发展创业类投资。整合各类产业发展资金设立市创业投资引导基金，引导社会投资人和基金管理团队与引导基金共同参股设立各类基金。创新国资创投管理机制，建立国有创投企业跟投机制，并按照市场化方式确定考核目标。积极支持社会资本到鹰潭发展天使投资、创业投资等风险投资。

支持企业通过多层次资本市场融资。积极支持创新型企业在主板、中小板、创业板上市或在“新三板”、江西联合股权交易中心挂牌。支持上市企业通过增资扩股进行业务重组，购买创新成果或企业，推动产品结构优化和企业转型升级，扩大市场份额。稳步推动债权融资，鼓励创新型企业通过发行公司债、短期融资券、中期票据、集合债、集合票据、集合信托等方式融资。

拓宽创新的间接融资渠道。探索设立市级创新创业风险补偿基金，推动商业银行、商业保险机构在依法合规、风险隔离的前提下，设立全资控股的投资管理公司、科技型中小企业服务专营机构，与创业投资机构建立长期合作，发展投贷联动、投保联动等新模式。鼓励各类金融机构开展专利、版权和商标等知识产权质押融资业务。支持保险机构开展科技保险产品创新，开发科技企业创新产品研发责任保险、专利保险、营业中断保险等险种。

（三）深入实施“健制”工程

完善政府科技投入和绩效评价机制。优化经费投入结构，集中支持产业应用研究和科研成果转化。创新财政科技投入方式，对市场需求明确的技术创新活动，以风险补偿、创投引导、后补助、梯级贴息等间接支持方式为主，促进科技成果加快转移转化。将科技项目成果的突破性和对产业发展的实质贡献作为政府绩效评价指标。

完善科技计划管理机制。探索建立依托专业机构管理科研项目的机制，逐步实现政府部门不再直接管理具体科技项目。建立跨部门的财政科技项目统筹决策和联动管理制度，协调推进项目监管、科技研发、成果转化等工作。改革应用型科研项目和经费分配模式，重点向产学研结合项目倾斜。

健全知识产权信用管理和资助奖励制度。将符合条件的侵权假冒案件信息纳入全市公共信用信息服务平台，强化知识产权失信惩戒。完善知识产权资助奖励政策，重点资助奖励发明专利的授权、有效发明专利的维持。

继续推进行政审批制度改革。进一步简政放权，加大涉及创新创业领域的行政审批清理力度。加快推进“宽入严管”的商事制度改革。开辟工商登记“绿色通道”，为创新企业提供“一站式”服务。整合精简检验检测服务行政审批事项。

六、强化责任落实，形成创新发展合力

（一）加强组织领导

成立市推进创新型城市建设领导小组，由市政府主要领导任组长，分管副市长任副组长，市直有关单位为成员，负责重大问题协调和重大政策决策。同时下设若干个工作推进小组，由市政府分管副市长牵头，具体负责创新型城市建设以及督导考核工作；各地要加强对创新驱动工作的组织领导，切实加大资金投入、政策支持和条件保障力度，确保创新型城市建设的目标任务落实到位。

（二）完善创新政策

创新型城市建设领导小组要加强政策、规划、改革举措的统筹协调和有效衔接，形成政策合力。各工作推进小组要分别制定配套政策文件，形成可操作的具体实施计划和工作方案，积极开展试点示范。对重点创新项目纳入市重大项目调度会进行调度，或按照“一事一议”原则，在用地、用能、用工等要素保障上依法依规给予倾斜。建立创新政策协调审查机制，组织开展创新政策清理，及时废止阻碍新兴产业和新兴业态发展的政策条款，对新制定政策是否制约创新进行审查，避免政策打架，形成政策合力。建立创新政策调查和评价制度，定期对政策落实情况进行跟踪分析，并及时调整完善。

（三）强化督导考核

创新型城市建设领导小组要加强指导与调度，对各地各部门推进创新型城市建设落实情况定期考核、定期通报，适时开展中期评估工作，褒奖先进、问责问效。各工作推进小组要合理设置各项任务的阶段性目标，以及示范工程的建设标准和工作进度，强化考核督导，切实推动工作落实。完善市、县创新能力评价制度和评价指标体系，完善国民经济核算体系，探索将反映创新活动的研发支出纳入投资统计，突出创新活动的投入和成效；将创新驱动发展成效作为重要考核指标，逐步提高考核权重，不断增强广大干部创新意识。

【推行城乡生活垃圾一体化处理打造全省城乡最干净城市】 为贯彻省委、省政府建设生态文明先行示范区的战略部署，落实《中共江西省委办公厅江西省人民政府办公厅关于印发〈江西省改善农村人居环境行动计划（2014－2020年）〉的通知》（赣办发〔2014〕21号）和《江西省人民政府办公厅转发省新农村建设办公室省住房城乡建设厅关于江西省农村生活垃圾专项治理工作方案的通知》（赣府厅发〔2015〕21号）及全省城乡生活垃圾专项治理工作现场推进会议精神要求，加强城乡环境卫生综合治理，改善鹰潭市城乡人居环境，市委、市政府决定在全市范围内，开展推行城乡生活垃圾一体化处理、打造全省城乡最干净城市活动。提出如下实施意见：

一、总体要求

1.指导思想

全面贯彻中共十八大，中共十八届三中、四中、五中全会、中央城市工作会议和中央农村工作会议精神，按照“政府主导、因地制宜，科学治理、注重长效”的总体要求，全力推行城乡生活垃圾一体化处理，进一步改善城乡人居环境，实现城乡服务均等化，切实把鹰潭建设成为“干干净净、漂漂亮亮、井然有序、和谐宜居”的美丽家园，着力打造全省城乡最干净的城市。

2.基本原则

政府主导、条块结合。始终坚持“上下联动、条块结合，以块为主、属地管理，统筹推进、集中处理”的原则，各县（市、区）政府为该辖区推进城乡垃圾一体化处理工作的第一责任主体，要切实承担起该辖区垃圾处理的清扫、压缩、清运等职责，做好组织领导、财力支持、政策扶持、宣传发动等工作。同时，群众是城乡生活垃圾一体化处理的直接受益者，要充分调动群众参与的积极性，发挥村（居）民理事会作用，鼓励广大群众捐款筹资，实现自我教育、自我监督、自我管理，发挥好主体作用。市城管部门要切实发挥部门职能作用，承担对城乡生活垃圾清扫、收集、转运、处置全过程的组织协调、监督考核、垃圾焚烧发电等职责。

统一标准、市场运作。采取PPP模式，引入“政府购买服务+第三方治理”机制，按照“五个统一”的要求，即：统一特许经营模式、统一规划建设标准、统一设施配置标准、统一作业质量标准、统一检查考评标准，利用社会资本参与治理城乡生活垃圾，不断完善管理制度，创新管理措施，健全长效管理机制。

以城带乡、城乡一体。顺应城乡一体化发展大趋势，建立和完善城乡环卫一体化生活垃圾收集、转运、处置体系，推动城市环卫设施、技术、服务等公共产品、公共服务向农村延伸覆盖，实行“一把扫帚扫到底”，实现环境卫生“一家管”、全覆盖、无盲区。

3.工作目标

以推行国家城乡生活垃圾第三方治理试点为主抓手，运用市场化运作方式，加大城乡环卫经费投入，加强城乡环卫基础设施建设，组建稳固环卫作业队伍，建立“户分类、村收集、乡转运、市集中处理”的城乡环卫一体化垃圾清扫、收集、转运、处置体系，推进城乡生活垃圾处置无害化、减量化、资源化，实现“四个洁净”：道路洁净、河道洁净、沟渠洁净、庭院洁净，打造全省城乡最干净城市，让“美丽江西、鹰潭样板”独具特色、可以复制、值得推广。

二、重点任务

1.编制城乡环卫一体化工作规划。各县（市、区）政府要按照“城乡一体、区域统筹，适度超前、经济适用，一次规划、分步实施”的原则，科学编制县域城乡环卫一体化工作规划及年度工作方案，分年度确定环卫基础设施布局、规模、用地和城乡生活垃圾处置规划，落实工作责任和保障措施。

2.加快城乡生活垃圾一体化处理设施建设。着力推进各县（市、区）垃圾收集点、中转站等基础设施建设，形成配套紧密、功能齐全的环卫设施链条。市级采取BOT模式引进企业投资、建设、运营生活垃圾焚烧发电厂，全域接收、统一处置全市城乡生活垃圾。各县（市、区）按照属地管理的原则，分别对现有垃圾中转站进行升级改造，按照统一标准规划新建22座乡镇垃圾中转站及其配套污水收集池，并科学布局垃圾收集、中转等设施。

3.统一开展城乡生活垃圾第三方治理。各县（市、区）按照“政府购买服务+第三方治理”的路子，通过PPP模式，引入第三方企业，在全域开展城乡生活垃圾第三方治理工作，负责全市城乡生活垃圾的清扫、收集、中转等过程，第三方企业对所有垃圾中转站实行租赁运营，并配置转运车等必要的环卫作业设备。统筹全市各地第三方企业引入方式、特许经营权限、政府补贴费用标准及支付方式、环卫设施建设标准及收购方式，实行全市统一标准、统一模式，实现治理一个模式运作，垃圾一体化处理。

4.集中开展农村存量生活垃圾清理整治行动。以县（市、区）为责任主体，第三方企业为实施主体，农户为参与主体，广泛动员、集中力量，在全市乡村开展声势浩大的存量生活垃圾集中清理整治行动，利用1个月左右的时间，集中清理城乡道路、河道、沟渠沿线及村庄内积存的垃圾，彻底消除垃圾围城、垃圾围村的现象。

三、保障措施

1.强化组织领导。成立市城乡生活垃圾一体化处理工作领导小组，由市长任组长，分管副市长任副组长，各县（市、区）政府、市城管局、市农工部等部门的主要负责人为成员。领导小组下设办公室，办公室设在市城管局。各地各部门要把城乡生活垃圾一体化处理当作市委、市政府当前一项重中之重的工作来抓，成立相应的领导机构，在工作部署、人员组织、财力保障等方面加强统筹，加大支持，强力推动。建立全市城乡生活垃圾一体化处理工作定期协调调度机制，协调解决工作中遇到的重大问题，形成工作合力，为打造全省城乡最干净城市奠定坚实基础。

2.强化经费保障。各县（市、区）以区域人口为基数，按统一标准将城乡生活垃圾处理设施建设和运行经费纳入财政预算，保障政府购买第三方治理、垃圾焚烧等服务经费。同时，按照“谁污染谁付费”和“有偿服务”的原则，建立生活垃圾处理费征收机制，可参照医保代收代缴模式，按照规定程序相应收取农村生活垃圾处理费，收取的农村生活垃圾处理费统一缴由各县（市、区）财政管理，专项用于城乡生活垃圾一体化处理工作。

3.强化督察考核。市城乡生活垃圾一体化处理工作领导小组负责制定督察考评及奖惩制度，对全市城乡生活垃圾一体化处理工作进行定期巡查和不定期督查。建立第三方治理责任体系、约束机制，通过加强污染源在线监测、执法监管及社会监督等措施，重点对垃圾第三方治理进行全程监管。层层签订工作推进责任状，建立“一把手”责任制，定期对各县（市、区）、各乡镇城乡生活垃圾一体化处理工作进行考核，特别是对各乡镇日产生活垃圾保有量、转运量进行量化考核，实行奖优罚劣。为加强对各地农村生活垃圾处理工作的考核，建立市级挂牌通报乡镇工作制度。

4.强化宣传引导。加强组织动员，广泛发动各级党政机关、社会团体、基层组织和广大干部群众积极参与其中，并与新农村建设、挂点帮扶、精准扶贫、“四进三改两覆盖”等活动紧密结合起来，统筹兼顾，协调推进。通过媒体报道、开设专栏、印发传单以及短信、微信、政务微博等方式，广泛宣传推行城乡生活垃圾一体化处理，打造全省城乡最干净城市工作的重要意义、典型做法、成功经验，积极引导广大干部群众转变思想观念，增强环卫意识，在全市上下形成全民参与、共同治理，携手共建全省城乡最干净城市的浓厚氛围。

【加强全市乡镇（街道）妇联组织建设】 为切实落实党建带妇建制度，进一步强化乡镇（街道）妇联组织的枢纽功能，汇聚建设富裕秀美宜居和谐鹰潭的强大正能量，结合实际，就加强全市乡镇（街道）妇联组织建设工作提出如下意见：

一、指导思想

以中共十八大精神和习近平总书记系列重要讲话精神特别是关于加强新时期妇女工作的重要指示精神为指导，认真贯彻党中央和省委关于加强和改进党的群团工作的决策部署，进一步加强党对妇联工作的领导，以党建带妇建、妇建服务党建为抓手，把妇联组织建设纳入党的建设总体规划，改进和完善妇联基层组织建设，使其成为妇女群众可信赖依靠的“妇女之家”和党开展妇女工作最可靠最有力的助手。

二、基本原则

——坚持党委对妇联工作的领导。各级党组织要加强对妇联组织的政治领导、思想领导、组织领导，把党的理论和路线、方针、政策贯彻落实到妇联工作的各方面、全过程。

——坚持发挥桥梁和纽带作用。各级党组织要重视依靠妇联组织推动党的理论和路线、方针、政策在妇女群众中的贯彻落实，妇联组织要经常深入群众，倾听群众呼声、反映群众意愿，把党的决策部署变成广大妇女的自觉行动，把党的关怀送到群众中去。

——坚持围绕中心、服务大局。各级党组织要指导妇联组织围绕大局，找准工作结合点和着力点，妇联组织要坚持在大局下思考、在大局下行动，促进改革发展、维护社会和谐稳定。

——坚持服务群众的工作生命线。各级党组织要为妇联组织服务群众创造条件，妇联组织要增强群众观念，多为群众办好事、解难事，维护和发展群众利益，不断增强自身影响力和感召力。

——坚持与时俱进、改革创新。

各级党组织和妇联组织要把握时代脉搏，适应社会发展变化，不断推进妇联组织建设和妇女工作理论创新、实践创新、制度创新。

——坚持依法依章独立自主开展工作。各级党组织要支持妇联组织发挥优势、体现群众特点，创造性开展工作，妇联组织要积极作为，依法依章开展活动、维护群众利益，最广泛吸引和团结群众。

三、工作目标

加强乡镇（街道）党委对妇联工作的组织领导，推进乡镇（街道）妇联组织建设，着重解决乡镇（街道）妇联有人干事、有阵地做事、有钱办事的问题。努力实现乡镇（街道）妇联“五个好”目标，即领导班子好，队伍建设好，工作机制好，工作业绩好，妇女群众反映好。促使乡镇（街道）妇联组织服务意识明显增强、服务能力明显提高、服务成效明显提升。

四、主要任务

（一）加强思想建设，进一步强化党的领导和重视

切实将妇联工作与党建工作同步规划、同步研究、同步部署、同步实施、同步考核。乡镇（街道）党委每年要听取1~2次妇女工作的专题汇报，集体研究妇联和妇女工作；乡镇（街道）妇联专职副主席应列席乡镇（街道）党委有关工作会议；指导妇联组织围绕党的中心开展工作，把服从服务于改革发展稳定大局作为工作的首要任务，建立并畅通妇女利益表达的渠道，提高宣传群众、教育群众、组织群众和服务群众的能力，把党的要求渗透到妇女群众之中。

（二）加强组织建设，进一步健全服务网络体系

指导和支持妇联按照《中华全国妇女联合会章程》按时换届选举、配齐配强妇联干部队伍。坚持“党的基层组织建到哪里，妇联基层组织就建到哪里；妇女群众聚集到哪里，基层妇联组织就覆盖到哪里”，积极支持乡镇（街道）妇联在巩固和完善自身组织体系的基础上，进一步健全组织网络，拓宽工作领域，扩大组织覆盖面。纵向把妇联组织体系扎根到农民专业合作社、专业协会、产业链等基层最小的生产生活单元，畅通“毛细血管”，激活“神经末梢”；横向广泛联系各行各业优秀妇女人才和社会组织，加强与她们的交流合作，把不同层面的妇女凝聚起来，夯实党执政的妇女群众基础。

（三）加强班子建设，进一步配齐配强乡镇妇联班子

高度重视乡镇（街道）妇联组织的班子建设，在乡镇（街道）党委换届中，对妇联组织进行同步换届。全市所有乡镇（街道）妇联要严格按照程序，于2016年第二季度进行集中换届。推进妇建格局创新，改进班子组成结构，乡镇（街道）妇联应设主席、专职副主席各一名，设兼职副主席若干名，打破地域、行业、身份和体制的局限，编制内、外和专、兼职相结合的方式，组建7人以上的乡镇（街道）妇联执委会。乡镇（街道）妇联主席由同级党委中的女性成员兼任；领导班子中没有女性成员的，可优先选拔条件比较成熟、各方面表现比较突出的女干部进入党委领导班子；专职副主席应由乡镇（街道）在编在岗的公务员担任，做到专人专职专岗，享受乡镇（街道）机关中层正职待遇，一般应作为副科级后备干部人选。要积极吸纳各行各业优秀女干部和女性人才，以及有一定参政议政能力的先进模范人物、基层一线代表、社会组织带头人等到乡镇（街道）妇联组织中来，担任兼职副主席或执委，将基层妇女人才资源转化为基层妇联工作资源。每名执委应对应一个村民小组（社区），固定联系一定数量的妇女儿童与家庭。

（四）加强队伍建设，进一步提高妇联干部服务能力

把乡镇（街道）妇联干部的教育培训纳入党委组织部门培训的总体规划，落实培训经费，注重培训实效，帮助乡镇（街道）妇联干部、妇女工作骨干提高解决实际问题、化解社会矛盾、服务妇女群众的专业化水平；要建立选拔任用制度，把综合素质高、奉献精神强、善于做群众工作的优秀女干部选配到乡镇（街道）妇联领导岗位上，把年轻有为、工作能力强、有发展潜力的乡镇（街道）妇联干部选派到重要岗位，形成女干部流动的良性循环，使乡镇（街道）妇联成为培养和输送女干部的重要基地；要建立干部协管制度，在推荐或提名乡镇（街道）妇联领导班子人选、对班子成员进行调动时，应事先征求上一级妇联组织的意见。

（五）加强阵地建设，标准化建设“妇女之家”

各级党委、政府要高度重视和支持乡镇（街道）妇联组织的活动阵地、教育阵地和服务阵地建设，统筹城乡基层党组织和群团组织工作资源的配置和使用，标准化建设乡镇（街道）“妇女之家”，为乡镇（街道）妇联组织更好地服务妇女儿童创造良好的工作条件。

（六）加强经费保障，落实妇女工作专项经费

市、县两级妇女工作专项资金要通过项目扶持、以奖代补、定点资助等多种形式向基层倾斜，乡镇（街道）财政要以上年度该辖区妇女儿童人口数为基数，按照“人均一元钱”的标准落实妇女儿童工作专项经费，将妇女儿童工作经费列入财政预算，并随着经济社会发展水平提高而相应增加。

五、组织保障

（一）明确责任。各级党组织要切实加强对妇联和妇女工作的领导，将推进乡镇（街道）妇联组织建设纳入服务型党组织建设的总体格局，同步健全组织体系、同步强化服务功能、同步创新活动载体、同步夯实基础保障。党组织书记要切实担负起第一责任人的职责，同时要明确一名分管领导具体负责。

（二）层层落实。各地要把乡镇（街道）妇联组织建设列入重要议事日程，形成一级抓一级、一级带一级、一级促一级、层层抓落实的党建带妇建工作格局。

（三）加强考核。各级党组织要对加强乡镇（街道）妇女组织建设的工作情况进行考核。要以党建带妇建的高度加强对不同地区的分类指导，不断研究新情况，探索新途径，树立新典型，推广新经验。各级党委要定期表彰党建带妇建工作成绩突出的单位及个人，发挥先进典型的示范作用。

【出台降低企业成本优化发展环境的若干政策措施】 为贯彻落实省委、省政府《关于开展降低企业成本优化发展环境专项行动的通知》（赣字〔2016〕22号）精神，进一步降低企业成本、减轻企业负担，优化投资环境、增强发展信心，促进全市经济平稳健康发展，在落实好省降成本优环境80条的基础上，结合鹰潭市实际，提出如下政策措施：

一、降低企业成本

（一）降低涉企收费

1.降低部分行政事业性收费和涉企经营服务性收费标准，完善目录清单并向社会公布。特种设备中场内机动车辆和电梯定期检验检测费按规定标准的90%收取；低温汽车罐车和低温储罐检验收费按规定标准的80%收取；住宿餐饮业计量器具检定收费按规定标准的60%收取；免收社会公用计量标准证书费、标准物质定级证书费、国内计量器具新产品型式批准证书费、修理计量器具许可证考核费、计量考评员证书费、计量授权考核费等6项费用。社会、企业、个人委托产品（含铜及铜产品）质量检验业务，一律按收费依据90%收取检验费，免收加急费、报告邮寄费。

2.自该意见下发之日起三年内，除商品房和商业用地外，免收各类产业用地交易服务费，免收土地登记权属调查、地籍测绘费和房屋登记费及工本费。

3. 对企业出口环节交纳的地方税收及其附加税费，自2016年5月1日起，三年内按地方实得部分的80%予以奖励。

（二）降低企业融资成本

4.对诚信纳税小微企业推广“银税互动”产品，缓解小微企业融资难、融资成本高的问题，促进小微企业发展。

5.凡在市国资委下属市产权交易管理中心（市股权托管登记机构）进行了股权登记托管的股份制企业，可以股权向有关银行申请办理质押融资。

6. 支持政银保合作，设立“两权”银保贷，创新开展农村土地承包经营权、农民住房财产权等资产抵押贷款。

7.建立健全市、县两级政府出资的融资担保机构，整合现有财政出资担保公司，组建鹰潭市融资担保股份有限公司，提升担保实力。

8.探索设立铜供应链发展基金，解决铜企业融资难题，降低企业财务成本，促进铜产业转型升级。

9.以债权人委员会为平台加强金融机构大额授信管理，各债权成员综合研判企业资产、负债、融资、关联担保、生产经营等情况，按照区别对待、扶优限劣的原则，实施授信额度和利率的动态分类管理。对支持类客户，提升金融综合服务功能；对维持类客户，避免“一刀切”式的抽贷、停贷、压贷；对限制类客户，加强风险防控，积极维护债权，保护企业和各金融机构的稳健发展。

（三）降低企业人工成本

10.阶段性降低城镇职工基本医疗保险费，在2015年降低失业、工伤、生育保险费率的基础上，从2016年5月1日起两年内，将城镇职工基本医疗保险单位缴费比例由现行的7%降至6%。

（四）降低企业要素成本

11.自2016年5月1日起，三年内对规模以上工业企业新增用电量每千瓦0.06元由受益财政给予奖励；单个企业最高奖励金额不超过80万元。

12.土地出让竞买保证金按出让最低价的20%确定；土地出让金首付款按出让价款的30%在土地成交后一个月内缴纳，余款一年内付清。

13.将标准厂房用地纳入各地年度土地供应计划。优先利用批而未用土地及城镇低效用地建标准厂房。对按省定标准建标准厂房的，由受益财政按100元/平方米予以补贴。鼓励标准厂房微利出租或按土地出让合同约定分割转让。

14.对符合城市规划及环评要求的低效工业用地，在不改变土地用途及用地主体的前提下，允许土地使用权人利用存量土地及厂房兴办教育。

（五）降低企业物流成本

15.按照“老企业老办法、新企业新办法”的原则，对2014年有纳税基数的物流企业，核定基数到户，在基数范围内保持原有奖励政策不变，并按原奖励标准和期限兑现。对2014年之后新落户物流企业纳税和原有企业超基数纳税地方实得的50%部分，各地要根据实际情况，研究制定奖励政策。该奖励政策暂定2~3年。

16. 积极开展物流标准化试点工作，对开展智能仓储、1.2×1.0标准托盘、管理信息系统等标准化建设试点的商贸流通企业一次性予以项目投资总额30%的资金扶持，扶持资金总额最高不超过100万元；支持电子商务与快递物流协同发展，对自建村级电商快递物流网点覆盖40%以上的行政村、有固定频次和运营路线的企业，每年每条线路给予10万元资金扶持。所需资金由受益财政承担。

二、着力优化发展环境

（一）提高服务效率

17.以江西政务服务网鹰潭分厅（yt.jxzwfww.gov.cn）阳光政务栏目行政权力清单公布的事项为准，对保留的行政许可事项和与企业生产经营群众生活相关的其他权力事项，进一步精简材料和手续，对影响办事效率的复杂材料和繁琐手续一律采取简化。进一步加强对保留、取消下放事项的事中事后监管工作，加快实施企业投资在线网上审批平台建设，推进网上审批，公开各环节核准时限和进度。

18.缩短企业土地登记办结时限，由规定的30个工作日缩短为10个工作日。为企业不动产登记开辟绿色通道，对中小企业“转贷通”项目2个工作日办结。

19.允许企业、个体工商户将住宅依法作为住所登记注册。对一般经营项目的市场主体，允许按规定实行“一址多照”和“一照多址”。

20.对进出口货物实行24小时预约报检，窗口签证不超过1小时，对装运时间紧迫的出口产品，节假日不休息，随报随检。积极支持贵溪铜拆解园进口废料拆解产业做大做强，对园区进口货物“全天候”受理报检、“5+2”实施检验检疫，切实加快通关速度，降低商务成本。

21.对场所、设施、设备等有前置要求的行政许可，免费提供图纸审查、现场指导等服务，避免申请人因选址、装修、采购设备不当造成损失和浪费。

22.进一步规范物流企业转让、车辆挂靠管理行为。新受让方应对挂靠车辆履行原协议，不得单方面增加挂靠车主的成本，不得擅自提高挂靠车辆管理费用。如要改变挂靠协议，应协商一致。不能达成一致的，车主要求解除挂靠关系，提出在鹰潭市范围内转移车辆的，经企业所在地的县（市、区）物流主管部门审核同意，交警、交通部门应予以办理车辆转移手续。

（二）完善市场监控体系

23.建设市公共信用信息平台，实施信用信息分级管理，对诚实守信者，实行“绿色通道”，提供优先办理、简化程序等服务政策；建立失信“黑名单”制度，对违法失信者，实施跨领域、跨部门联合惩戒。

24.对连续三年在旅游经营过程中，诚信经营且没有违法行为的企业和单位，列为市场监管部门优先服务对象，公示为“旅游消费诚信示范单位”，并通过银企信用平台为企业贷款、融资提供扶持。

（三）支持企业内部挖潜

25.设立工业发展专项资金，用于支持工业转型升级。对被认定为国家级、省级智能制造示范项目的项目，分别按固定资产投资额的10%、5%予以补助，最高分别不超过200万、100万元；对主攻领域重大技术成果产业化项目，实行“一产一策”，予以重点支持。对被认定为国家级、省级制造业创新中心的，分别按重大研发机构新增研发仪器设备实际投资额的20%、10%予以补助，最高分别不超过200万元、100万元。所需资金由受益财政承担。

（四）帮助企业开拓市场

26.鼓励政府机关和企事业单位采购市产装备、市内产品。对鹰潭市企业年采购市外转为市内无关联的中小微企业配套产品金额累计在500万元以上的，按新增采购额的0.5%给予奖励，单户企业最高奖励金额不超过100万元。所需资金由受益财政承担。

27.降低企业参加展销会的展位费，对企业参加江西省商务厅、中国贸促会及其行业协会、江西省贸促会、江西省对外贸易促进中心、江西省国际经济合作促进会等单位重点组织和推荐的国内展会予以展位费补贴。所需资金由市财政、受益财政和企业分别按1:1:1承担。

（五）打造良好营商环境

28.健全企业负担联系监测机制。加强企业负担联系监测点建设，不定期调度企业负担状况。

市委办公室工作

【概述】 2016年，在市委正确领导和市直各单位大力支持下，市委办公室深入贯彻习近平总书记对党委办公厅（室）提出的“五个坚持”的基本要求，紧紧围绕市委决策部署和全市发展大局，按照“在全市机关作表率、在全省同行争一流”的目标，认真履行“前哨”和“后院”职责，圆满完成各项任务，全办工作进入了历史最好时期之一。公文处理、信息、督察等工作在全省继续保持领先；市委机关被评为全省文明单位；办公室党总支被评为全市优秀基层党组织；办公室被评为全省旅游产业发展大会承办工作先进单位、全市新农村建设先进单位、全市计生工作先进单位、全市法治宣传教育先进单位；党建、综治、节能减排等工作有望继续保持全市先进。

【秉持绝对忠诚的政治品格，确保政治上思想上行动上与中央、省委和市委保持高度一致】 一是强化理论学习，坚实忠诚履职的思想基础。坚持把理论学习作为与中央、省委和市委保持高度一致的先导性工作，以习近平总书记系列重要讲话精神和治国理政新理念新思想新战略特别是对江西工作的重要要求为重点，结合学习宣传贯彻中共十八大，中共十八届三中、四中、五中、六中全会及省委、市委党代会精神，不懈地强化理论武装工作，积极引导全办干部职工自觉更新思想“储存”、持续“补钙”“加油”，真正把上级指示精神溶化在血液里、落实到工作中。一年来，在坚持周五学习制度不动摇的基础上，组织专题辅导12次，集体学习36次。二是狠抓工作落实，确保上级各项决策部署落地生根。自觉把推动中央、省委和市委决策部署贯彻落实作为办公室工作的核心职责，上级一有部署，市委办就立即行动。工作中，坚持围绕中心、聚焦职责、创新提能，积极发挥“牵头”“汇总”作用，以一股狠劲、拼劲、实劲、巧劲、韧劲，狠抓上级决策部署、工作要求、领导批示和重大专题活动等工作落实，确保了市委各项工作与中央、省委跟得上节奏，合得上节拍，踩得准节点，在保证上级政令畅通以及决策部署落地生根上取得明显成效。

【增强高度自觉的大局意识，认真履行市委参谋助手的重要职责】 一是围绕中心当参谋。牢牢抓住影响全局的关键点、市委领导的关注点，深入开展调查研究，力求参在点子上，谋在关键处。积极围绕推动深化改革、落实省委及省政府决策部署、推进富裕美丽幸福鹰潭建设、加强和改进作风等关系鹰潭经济社会发展的重大问题，主动想大事、谋全局、献良策。一年来，在市级以上重要刊物发表反映鹰潭市经济社会发展成果的文章46篇，其中在省级以上重要刊物发表22篇；编发《综合调研》5期，撰写有份量、有见地的调研报告20篇，多数调研成果进入市委决策视野。二是着眼全局搞协调。以“推动发展”为目标，坚持对内统筹和对外协调相结合，充分发挥运转中枢作用，做到市委工作重点摆布到哪里，协调服务就跟进到哪里，有力保障了市委各项决策的顺利实施。以“凝心聚力”为目标，坚持每月召开一次市四套班子秘书长联席会议，沟通工作情况，协调重大活动、重要会议、重要接待等，有力促进了市四套班子工作步调一致、同心协力，推动全市进一步巩固了心齐气顺劲足的浓厚发展氛围。三是突出重点强服务。牢牢把握市委工作的主旋律，积极参与中心工作，为市委站好岗、值好班、尽好责。一年来，围绕承办好全省旅游产业发展大会、推动精准扶贫、打造全省城乡最干净的城市、降低企业成本优化发展环境等重点工作，抓学习贯彻、抓督促检查、抓情况反映、抓综合协调，有力推动了相关工作的扎实有效推进。同时，在任务重、人手紧的情况下，带头落实市委部署，积极组织干部参加新农村建设挂点帮扶、防汛抗旱、招商引资等中心工作，并取得明显成效。积极开展“党建+精准扶贫”，结对帮扶贫困户12户，为困难群众解决实际问题10个。

【弘扬极端负责的工作作风，规范高效做好办公室政务工作】 一是公文办理高效规范。坚持“不让上级精神停留片刻，不让基层情况耽误一秒”的标准，结合实际完善了文件办理、重要便函、市委领导重要批示登记传送等制度，文件传递做到了规范、高效、安全。处理各类文电1899份，没有出现一次差错，确保了上级精神第一时间传达下去、基层情况第一时间反映上来。积极贯彻上级精简文件的要求，可发可不发的文件一律不发；严把公文制发时的政治关、政策关、文风关，共计制发文件442份，各类文件的科学性、有效性进一步增强。二是以文辅政质量提升。文稿起草按照“短、实、管用”要求，力求“不出产品，多出作品，力出精品”。共起草领导讲话、情况汇报、工作报告等各类综合文稿350余篇，共计170余万字，文稿质量得到市委领导充分肯定和基层单位广泛好评；其中，获得省级领导批示的文稿1篇。特别是市委党代会工作报告，耗时三个多月精心打磨、数易其稿，终使报告成为统一思想、鼓舞人心、描绘蓝图、催人奋进的纲领性文件，得到与会代表的一致好评。三是信息服务准确及时。牢牢抓住为党委提供优质高效信息服务这条主线，通过构建大信息格局，促使信息收集更加准确及时。收集做到“内外情况结合”，分析做到“情况建议兼备”，为市委提供全方位、多领域、广角度的信息服务。全年编发《信息汇要》和《专供信息》34期、《快报》36期，向省厅上报反映鹰潭工作的信息310余条，其中被中办采用3条，被省厅采用115条，强化了鹰潭的声音。四是督察工作有力有效。采取明查与暗访结合、面上督察与专项查办结合等方式严督严查，盯住不落实的事，追究不落实的人，敢于较真碰硬，狠抓工作落实。全年开展督察活动100余次，其中协助上级督察组开展督察5次，提出督察意见120余条，确保了督查工作有力度、有实效、有权威。编印《重要工作督查》6期、《市委常委会议精神落实情况督查专报》15期。坚持“亲民、为民、爱民”宗旨，认真做好群众反映问题的督察办理工作，全年共收到省委民声通道工作室下发的群众反映件、人民网网友涉鹰潭留言80余件，其中省委民声通道督（转）办件26件，受(办)理率100%，做到了件件有着落、事事有回音，受到群众广泛好评。

【传承无怨无悔的奉献精神，严谨细致做好办公室事务工作】 一是精心做好会务协调及后勤保障工作。严格按照中央“八项规定”、省委若干规定及市委实施办法要求，坚持勤俭节约、安全高效、精益求精要求，精心做好会议服务、财务管理等后勤工作，保障了市委高效运转。全年共筹办各类会议46场次，指导部门承办会议50余场次，协调领导公务活动40余次，均做到了严谨周密高效，会议费、接待费同比均有所下降。二是扎实做好办公自动化工作。坚持节约成本与提高效能相结合，在经费十分紧张的情况下，优先保障办公自动化设备运行、维护及更新，基本做到了办公电脑人手一台、打印机每科(室)一台，有力提高了工作效能，保证了机关政务信息网络及党政机关电子公文传输系统的正常高效运转。同时，着力做好计算机保密工作，注重完善保密管理规定，切实加强保密管理检查，圆满完成省委办公厅、省委保密机要局联合对办公室涉密电脑的检查工作，没有发生一起失泄密事件。三是严格规范人事值班工作。紧密结合新形势下办公室职能的变化，对全办科室设置及职能进行了大调整，并新增设了机关专用通信局，各科室配置及其职能更加符合工作实际，运行更加合理顺畅。全面完成办公室人事统计数据、公务员统计管理系统、人才及工资统计系统等数据的微机录入工作，干部管理数据更加完善和规范。注重健全值班值守工作制度，明确值班工作要求，采取突击检查、电话抽查等形式加强对基层值班工作的检查，全力落实好省委总值班室各项值班工作要求，坚决为市委站好岗、放好哨。四是全力承办好市第八次党代会。2016 年是全市换届之年，党代会规模大、时间紧、任务重。从 2016 年 7 月起，市委办集中全办人力、物力筹备市第八次党代会。尤其是大会秘书处成立后，市委办全面承担秘书组、材料组、会务组的工作以及组织组、宣传组、安保组的协调推进工作。经过两个多月精心组织、周密安排和昼夜奋战，确保党代会各项工作有条不紊进行，做到大会期间 46 场次会议安排和近 700 人的食宿保障不出疏漏，总计 130 份 56 万字的文件起草校核、审查把关、印发收存不出差错。同时，全力以赴做好省第十四党代会鹰潭代表团的服务保障工作。其间，起草各类会议材料、简报 8 篇，承办大小会议 10 场次，组织代表参加各类活动 3 次，确保鹰潭代表团各项任务顺利完成，得到省委办公厅领导和有关处室一致好评。

【坚守廉洁自律的道德操守，扎实抓好办公室自身建设】 一是抓思想政治建设。紧紧抓住思想政治建设这个根本，积极引导干部职工切实增强政治意识、大局意识、核心意识、看齐意识，特别是核心意识、看齐意识；自觉传承“红色基因”，争做有铁一般信仰、铁一般信念、铁一般纪律、铁一般担当的表率。加强党章党纪学习教育，引导干部职工模范践行社会主义核心价值观，树牢正确的政绩观、权力观、事业观，以及非利不取的名利观、健康文明的交往观、实干立身的进步观，以实际行动维护市委办公室良好形象。二是抓工作作风建设。认真落实“中央八项”规定和省委、市委加强干部作风建设的各项部署，按照规定动作做到位、自选动作创特色的要求，精心组织开展“两学一做”学习教育，努力争做“四讲四有”的合格党员。同时，积极开展作风“庸、懒、散”以及“红包”、“违插”、党员干部赌博问题等专项整治活动，通过反面典型，教育警示干部职工严格自律，做到心有所畏、言有所戒、行有所止。通过各项作风建设活动的开展，特别是市委主要领导带头参加党支部组织生活会时对党员的面对面教育，使全办干部职工反对和抵制“四风”的态度更加坚决，为民务实清廉的党员身份意识更加清醒。三是抓领导班子建设。自觉坚持民主集中制原则，遇事集体商量，落实齐心协力；认真做好党风廉政建设各项工作，坚决执行“两个责任”和“一岗双责”制度，全力支持市纪委派驻纪检组开展工作，自觉接受纪检组的监督，全面从严治党工作取得新成效；严格按规章制度办事，敢于正风气、严于带队伍，特别是在贯彻上级作风建设规定方面，班子成员率先垂范，吃苦在前、享受在后，形成了心齐劲足、勤勉敬业、苦干实干的良好氛围。四是抓干部队伍建设。业务和理论学习上，坚持请进来讲、走出去学和坐下来谈相结合，强化干部理论思维、辩证思维、创新思维和逻辑思维，扎实开展“四提升”促“三服务”大讨论，邀请省委办公厅和市委宣讲团有关方面专家授课，进一步提升全市各级党委办公室公文处理、信息、督察业务水平。工作实践中，围绕建设一支提笔能写、张口能说、遇事能谋、办事能成的“四能”干部队伍，组织开展“每月读一本好书”、“每月写一篇调研文章”、“两学一做”专题教育知识竞赛、演讲比赛等岗位大练兵活动，激励全办干部职工自我加压，不断提高工作能力。

五是坚持公道正派用人。坚持“20 字”好干部标准和德才兼备、以德为先的用人要求，着眼于事业需要，从工作出发，公正、公开、透明地选贤任能。坚持正确的选人用人导向，全年向市委推荐并获提拔、重用县级干部 2 人，提拔、重用、调整科级干部 12 人，进一步激发干部干事创业激情，增强了办公室工作生机和活力。

一年来，市委办做了一些工作，也取得了一些成绩。但面对新形势新任务新要求，市委办还存在许多问题和不足。如，抓落实的水平有待进一步提升；参谋助手的能力有待进一步加强；“三服务”的理念、方式、手段有待进一步创新，等等。今后的工作中，市委办将正视存在的问题和不足，深入学习贯彻习总书记对江西工作提出的“新的希望、三个着力、四个坚持”重要要求和上级党委决策部署，锐意进取、开拓创新，不断提升办公室工作科学化水平，努力为建设富裕美丽幸福鹰潭作出新的更大贡献。

（戈新华）

【中共鹰潭市委书记、副书记、常委和秘书长、副秘书长名录】

书记：陈兴超

副书记：熊茂平（~2016.8） 曹淑敏（女，2016.8~） 彭世东（~2016.3） 肖良（2016.9~）

常委：王家林（~2016.9） 蔡厚勇 郭清（~2016.9） 戴春英（女，~2016.9） 贺喜灿（2016.1~） 张福庆 杨金红 李保民（~2016.9） 陈宏 陈云（~2016.9） 徐云（女，2016.9~） 余正琨（2016.9~） 李唐（2016.3~）

秘书长：胡高堂

副秘书长：叶剑 周佐明 杨芳（女，~2016.12） 彭元龙（~2016.12） 上官新亨

【市委办公室副县级以上干部名录】

主任：叶剑（2016.8~）

市纪委派驻市委办公室纪检组组长：

林雅靖（女，2016.12~）
副主任：王清和（~2016.8） 李 勤（女） 刘长根 吴国柱（2016.2~）
副县级督查员：张 平

机关事务管理工作

【概述】 2016年，市机关事务管理局在市委、市政府的正确领导下，坚持以习近平总书记系列重要讲话精神为指导，全面贯彻落实中共十八大和中共十八届三中、四中、五中、六中全会及省第十四次、市第八次党代会精神，真抓实干、攻坚克难，重点做好公务接待、公车管理、公共机构节能、机关后勤保障四篇文章，为全市各项工作高效有序运转提供了有力保证。

【着力提升接待工作服务水平】 一是不断提升接待服务水平，实现“优质”接待。全年接待保障上级各类检查、督导、调研、考察、考核、巡视等工作组140余批次，同时还保障了赣台经贸洽淡会受邀嘉宾到鹰潭考察、全省旅游产业发展大会、“百家银行进千企”政银企对接会、鹰潭市政府和社会资本合作项目推介会等大型重要活动10余批次。面对这一系列重要任务和大型接待任务，该局在坚持从严从俭的同时，突出特色化、人性化服务，确保了各项接待任务的服务质量。4月下旬，全省旅游产业发展大会在鹰潭市召开，作为大会接待工作主力，该局提前介入，精心准备，全力以赴，为大会的顺利举行提供了优质的后勤服务保障，获得与会领导及嘉宾的一致好评。省委常委、省委秘书长朱虹对该局的一对一接待服务给予了高度评价。二是大力培养“敬业、专业”接待团队，实现“高效”接待。该局着力打造一支政治坚定、业务精通、作风优良的接待队伍。8月，组织全市接待系统干部开展业务培训，围绕接待手册制作规范、随车服务礼仪、席位卡摆放等内容进行系统学习，有针对性地提高接待人员实际操作能力。与此同时，抓作风建设不松劲。大力倡导和发扬团结协作、快速高效、务实奉献的工作作风，在工作中注意搞好协调配合，使各个环境衔接妥当，确保接待工作无失误、零差错。6月，赤峰市政府考察团到鹰潭市考察，由于工作需要，考察过程中来宾先后更换三次食宿地点，为此，该局科学分工，充分协作，做到考察、用餐、住宿等各环节的无缝对接，让来宾深受感动。赤峰市市长孟宪东对接待工作的细致用心更是赞不绝口。三是继续加强公务接待管理，实现“规范”接待。对照中央“八项规定”及《党政机关国内公务接待管理规定》，继续突出“四严”：严格接待范围、严格接待标准、严格接待流程、严格经费管理。11月，该局开展了一次全市范围的公务接待专项检查，加强了对各县（市、区）及市直部门公务接待的管理力度。在加强专项检查的同时，日常工作中，针对一些市直单位对公务接待程序、范围，用餐、用房标准等拿捏不准，及时督促、指导，主动帮助把关，确保全市公务接待工作的顺利开展。

【着力推进市公务用车平台建设】 一是精心搭建平台。积极稳妥推进市级公务用车平台建设，在工作中做到了管理机构到位，成立了市公务用车服务中心；司勤人员到位，通过劳务派遣的方式择优选聘了22名驾驶员；用车保障到位，自2016年3月份平台正式运行至年底，共执行公务出行任务4153批次。二是规范管理平台。严格落实车辆派出制度，实行用车单位先审批盖章，公车平台再审核派车的管理制度，确保不踩红线，把好车辆使用程序关；严格把好司勤队伍素质关，通过组织政策时事和交通法规学习，举办交通安全知识讲座，开展户外拓展训练等，不断提升司勤队伍的整体素质；严格平台内部管理，严把车辆维修关。实行车辆和司机分离管理，维修车辆需通过提出申请、查找问题、确定故障三个环节后填写《车辆维修申请单》，并逐级审批，维修员陪同方可入厂维修；严把油卡关，与石油公司签定了油卡管理协议，实行一车一卡对车号加油，每周对用油情况进行统计、核对；严把财务关，财务人员对票据进行严格审核，购买物品实行逐级审批，每一张记账凭证必须有经手人、中心主任、分管领导、主要领导签字后方可报销；严把制度关，编印了《平台管理制度汇编》，对车辆管理、绩效考核、财务制度等均做出了明确规定。每月设立绩效考核奖，年终进行评先评优，对表现优秀的司勤人员给予奖励，对违反规定者进行处罚、严重者予以辞退。三是推进智能化平台建设。围绕公务用车“管理一体化、服务一张网”的目标，借力“互联网+公车改革”，依托现代信息技术建立了全市公务用车智能服务平台。通过手机APP和电脑两个操作入口，在线进行用车预定、审批、派车、服务、结算、监管等相关业务操作。

【着力提高公共机构节能工作】 一是加强组织领导，完善制度机制。重新调整了公共机构领导小组成员，由市委常委、常务副市长张福庆担任领导小组组长，并定期召开节能领导小组会议。将公共机构节能工作纳入市县科学发展综合考核和市直部门共性工作考核体系，通过定性评价与定量打分相结合，将考核结果与奖惩、目标管理和评先选优挂钩。同时，进一步完善了《鹰潭市公共机构节能工作考核评价办法》《鹰潭市公共机构能源资源消耗统计办法》，为全面完成鹰潭市全年节能目标提供了制度保障。二是促进日常管理，加大监督力度。建立和完善市、县市区两级公共机构名录库的基础上，强化了对公共机构能耗统计数据真实性、完整性的审核。各单位针对实际情况制定了节油、节电、节水、节气、节约办公耗材及设备、车辆管理等具体措施，节能工作逐步进入法治化、规范化轨道。市级部门设立了节能联络员和能耗统计员，能耗数据实行月报制度，并对市经济大厦办公区单位的用能情况定期检查通报，分析原因，提出整改意见。三是推进节能改造，提升节能水平。针对鹰潭市节能改造情况和用能现状，采取政府投资模式建设市经济大厦分布式光伏发电项目和综合节能改造项目，建成后可极大地降低能耗、缓解用电紧张问题，实现对市经济大厦公共机构用能的实时监测管理，也为在全市公共机构推广光伏项目的应用起到了示范带动作用。四是注重宣传培训，狠抓能力建设。3月，全省公共机构能源资源消费数据集中会审培训会议在鹰潭市成功召开，对鹰潭市能耗统计工作的开展和统计人员的业务素质的提高起到了很好的促进作用；9月，该局组织了全市公共机构节能知识竞赛，县市区和部分市直单位共62支代表队参加了竞赛。全年各级公共机构管理人员参加各类培训达100余人次，有力地促进了鹰潭市公共机构节能管理能力建设。充分利用当地主流媒体、户外载体等多种宣传方式普及节能知识和方法，积极倡导绿色办公和低碳生活方式，提高公共机构节能工作社会影响力。

【着力加强后勤服务保障工作】 一是营造安全有序的办公环境。认真落实《鹰潭市经济大厦人员出入、物品出入管理办法（暂行）》，切实抓好市经济大厦的安全保卫和车辆停放管理工作。做好经济大厦的安防、消防安全常规检查和相关设施设备维护保养工作。切实加强与大院派出所和市信访局等部门的协调沟通与合作，保障了经济大厦机关正常的办公秩序。二是提供规范高效的会务服务。围绕“零差错、优服务”目标，认真抓好会前准备、会中服务、会后总结三个重点环节，全年共承办会议408场。三是完善机关各项配套服务。新增了干洗店、理发店、药店等大厦配套服务；在大厦周边新增停车位300余个。通过一系列的配套服务，为干部职工的工作生活提供了较大便利，受到驻楼干部职工的广泛好评。四是提供营养卫生的餐饮服务。加强了对机关食堂的日常监管力度，食堂菜品不断推陈出新，做到了供应品种多样丰盛，营养科学搭配，实现了“供应及时、营养可口、安全卫生”的工作目标，每日接待就餐人员1500余人次。五是保障周转房的日常服务。坚持“高标准、高质量，细心周到、及时高效”的目标，在保障市级领导干部周转房的日常服务管理工作的基础上，重点保障了新入驻周转房市级交流干部的安全食宿问题。六是完成机关办公用房清理工作。下发了《关于市经济大厦入驻单位办公用房整改的通知》，经济大厦清理出办公用房20余间，共700余平方米；完成了全市党政机关办公用房清理整改后资源利用调查摸底统计工作，全市共清理腾退办公用房79526.72平方米。

【市机关事务管理局副县级以上干部名录】
市委副秘书长、局长：杨　芳（女）
副局长：晏路春　姜华菁（女）
董细明
纪检组长：易宏羽
副调研员：徐甜甜（女）

保密机要工作

【概述】 2016年，在市委、市政府的正确领导下，在省国家保密局、省委机要局的精心指导下，紧紧围绕中央、省委、市委关于保密机要工作的决策部署，开拓创新、锐意进取，圆满完成了各项工作任务，实现了保密机要工作安全无事故，被评为2016年度全省机要工作优秀集体。

【保密工作】 1.持续深化“三大管理”，进一步打牢保密安全基础。稳步推进定密管理、网络保密管理、涉密人员管理三大基础性工作。逐步规范全市定密管理工作，主动为机关单位提供定密解密业务指导。协助省局做好涉密网络的测评，做好机关单位门户网站保密巡查工作。完成全市涉密人员分类确定和保密审查。做好全市保密综治考核考评工作。

2.开展保密宣传教育，进一步强化保密意识。积极配合全市“七五”普法宣传教育，拟定《中华人民共和国保守国家秘密法》及相关法律条规的宣传实施方案并加以组织实施。组织各县（市、区）保密行政管理部门参加机关单位互联网门户网站业务培训，为市直及驻鹰潭单位进行保密知识宣讲，参与“百万网名学保密法”专场竞赛活动，组织全市保密系统干部参加国家工作人员分类学法考法网上考试。做好保密学刊用刊工作。

3.强化保密技术服务和保密督促检查。为涉密项目建设及重点涉密单位财务预决算公开、教育考试保密管理工作提供保密业务指导。扎实组织开展各项专项督察，先后开展了互联网门户网站保密检查、保密自查自评专项督查和重点骨干网络保密管理专项检查等。做好全市计算机的保密管控。

4.推进保密装备建设，强化保密科技手段。认真抓好省局下达的装备计划的落实。专程赴上海、济南、南昌等地考察和学习，积极做好保密业务综合平台、计算机监控平台和销毁设备的选型工作。

【机要工作】 严格执行值班制度，统筹安排值班力量保证足够人员昼夜轮班值守不折不扣完成通信报务任务。坚持特殊时段和节假日领导在岗带班制度，靠前指挥，实现了通信安全畅通、准确高效，为全市党政机关提供了优质的机要通信服务。

【市电子政务内网建设和管理】 一是积极谋划内网建设和运维长效保障机制。高质量完成了机房、内网视频会议室建设及骨干网与省与县的互联互通。积极探索内网管理长效保障机制。扎实做好内网电话升级改造工作，按时完成了130余部内网电话安装调试任务。内网横向应用建设工程已列入市政府年度投资计划项目，部分运维经费已列入财政预算。二是充实内网管理力量、从严规范日常管理。面向社会公开选聘了2名具有网络工作经验的专业技术人员。积极做好内网和专网的运维和相关协调工作。全年新增或更换财政专网终端点10余个、及时组织协调排除国土资源信息网络故障。

【机关党组织和队伍建设】 1.扎实开展"两学一做"学习教育，强化思想保障。一是高度重视，全面部署"两学一做"学习教育。二是突出学习宣传，营造"两学一做"学习教育氛围。三是开展重温入党誓词活动，加深对"两学一做"学习教育的理解认识。四是认真查摆问题，确保"两学一做"学习教育落到实处。

2.强化"两个责任"，落实党风廉政建设措施。一是积极组织党员干部学习党章党规以及中纪委、省市纪委文件精神，组织党员干部赴贵溪参观党风廉政教育中心，使全体党员牢固树立拒腐防变的思想防线，做到警钟长鸣，廉洁从政。二是组织层层签订党风廉政建设和反腐败责任书，切实做到责任明确，齐抓共管。开展集中整治和查处侵害群众利益的不正之风和腐败问题活动。三是严格执行中央"八项规定"，倡导厉行节约，勤俭办事，反对讲排场和铺张浪费。坚持"三重一大"事项决策制度。全力支持配合做好党风廉政建设社会评价工作。

3.以"党建+"为引领，进一步加强干部队伍建设。一是全面推行"党建+"，确保党建工作效能。认真履行"三会一课"、党内情况通报和党务公开制度，全面推行"党建+"工作。二是加强干部队伍建设，为发展提供组织保证和人才支撑。先后选派多名干部参加了省市党校县干班以及上级业务部门在北京、延安、厦门等地举办的学习培训，组织市、县保密部门积极参加在青岛举办的保密技术交流大会。

【市委保密机要局副县级以上干部名录】
局长：吴蔚权
副局长：洪光平　黄国宏
专职密码督查员：蒋英勘
副调研员：汤火兴

政策研究工作

【概述】 2016年，市委政研室紧扣市委、市政府决策部署，以服务大局、当好参谋为重点，全力以赴做好全面深化改革各项工作，积极参与市委重要文稿起草，深入开展调查研究，精心办好《鹰潭通讯》，较好地完成了市委和省委政研室下达的各项工作任务。

【当好市委参谋部，写好市委重头稿】 充分发挥政研室"参谋部""智囊团"作用，围绕贯彻中央、省委、市委重要会议精神、重大决策部署，紧贴市委中心工作，积极融入市委重要文稿撰写，先后参与起草《在市委务虚会上的讲话》《在市八届六次人大会议闭幕式上的讲话》等市委主要领导重要讲话稿，参与撰写《市委第八次党代会报告》《中共鹰潭市委关于加强自身建设的决定》《倾力打造"龙虎天下绝"旅游品牌》等一批重要文稿。对待每一份材料，都坚持"出精品力作"和"修改无止境"的态度，做到无任务时深学深思深议，认真学习中央、省委重大决策部署和市委会议精神，掌握政策，吃透精神，积极跟进、主动思谋、打好提前量；有任务时集中力量、加班加点，逐字推敲、反复修改，确保高质高效完成任务。虽然本室人手少，文稿任务重、时间紧、要求高，但该室接受任务从不推脱，做到"领导指示就是集结号，文稿任务就是冲锋令"，接到任务立刻组织力量、安排部署，真正做到吃得苦、熬得夜、写得好、通得过。

【打开门来搞调研，深入基层报实情】 围绕市委重大决策部署，精心选择事关全市经济社会发展的全局性、战略性、前瞻性重大课题开展调查研究，拿出了一批高质量、上水平的调研报告。根据省委政研室课题安排，形成《鹰潭特色优势及其竞争力分析与对策》刊登在省委政研室和江西财经大学联合编著的《向特色优势要竞争力——江西省特色优势及其竞争力研究》一书中，在省十四次党代会期间受到与会代表高度肯定，撰写《关于赴几个地市开展公务用车制度改革的调研报告》《"铜"亦有"道"——关于我市"道文化、铜展现"发展调研报告》《关于我市智慧消防安全远程监控大数据平台建设情况的调研报告》等一批高质量的调研报告。在开展调查研究的过程中，更加注重贴近基层，突出"调研为民"，深入乡镇、企业、社区，用更加简短清新的文体文风，零距离了解和反映基层突出问题和改革发展成果，全年共形成《走基层 报实情》专栏文章20余篇，在市委党刊《鹰潭通讯》上发表，引起了广泛的社会反响。

【加大力度办刊物，强化合作求发展】 全年《鹰潭通讯》共出刊6期，收录文章100余篇，逾25万字，发行1.26万余册，在栏目设置、文章质量、排版设计等方面得到明显提升：加强栏目策划，文稿质量明显提升。2016年编辑部对专题聚焦栏目精心策划，分别策划了新年话创新、聚焦旅发大会和鹰潭新型城镇化试点跟踪纪实等专栏。为了在全社会弘扬“全民创业万众创新”的精神，编辑部在实践探索栏目下开辟了“创业者”专栏，收到良好社会反响。此外，本着将调研成果用好、用活的理念，择优刊用2015年全市重点调研课题，全方位展示鹰潭经济社会建设成就，有效提升了调研成果的及时转化。优化设计理念，刊物排版更为精美。为进一步提升刊物排版设计质量，与《鹰潭日报》记者及鹰潭摄影家协会建立了图片供稿合作关系，在城市建设、旅游风景、新闻事件、领导动态等方面获得了大量的稿件支持，刊物图文比达到千字一幅，比2015年提高了一倍。按照“一个栏目一个设计风格”的理念，对“专题聚焦”等栏目采用与主题相契合的版面设计方式，做到每期一种设计思路、每期一个设计风格。坚持全室办刊，编刊效率显著增强。2016年完善了全室办刊制度，按照一名干部负责一个栏目的方式，严格实施了约稿、校对责任制，全室干部按照办刊栏目策划和时间节点收集稿件，确保了出刊时间不延后。在初稿完成后，要求责任编辑严格实施“三校一统”（三次分校，一次统校）校稿制度，将文字差错率严格控制在万分之一以下。突出协办合作，刊物影响力不断扩大。为了进一步巩固和扩大协办单位的支持力度和效果，坚持“你为我协办，我为你宣传”的理念，主动对协办单位上门约稿，全年共刊登协办单位稿件20余篇，让刊物成为宣传协办单位风采的有力平台和彰显鹰潭经济社会发展成果的重要窗口。《鹰潭通讯》在全国兄弟城市党刊中的知名度不断提升，再次荣获“全国城市十佳党刊”称号，大大提升了刊物的知名度和影响力，真正使《鹰潭通讯》成为宣传鹰潭的靓丽名片。

【坚持抓好党建，深入推进“两学一做”学习教育】 严格按照《关于在全市党员中开展“学党章党规、学系列讲话，做合格党员”学习教育实施方案》要求，制定《市委政研室“学党章党规、学系列讲话，做合格党员”学习教育实施方案》，集中学习《习近平总书记系列重要讲话读本（2016年版）》《习近平总书记在江西考察工作结束时的重要讲话精神》《中共江西省委关于深入贯彻落实习近平总书记对江西工作要求的决定精神》，按照四个专题学习部署，室领导班子分别对全室干部进行党课辅导。同时，组织全体党员干部参加市委政研室“两学一做”学习教育知识竞赛，丰富了学习教育的形式。通过“两学一做”学习教育，全体党员干部更加自觉尊崇党章党规，更加自觉坚定理想信念，更加自觉强化宗旨观念，更加自觉立足岗位作贡献，学习教育取得了显著的成效。干部队伍建设方面，2016年政研室新调入一名公务员，提拔一名正科级干部，有效促进了干部队伍的成长。

【扎实做好市委改革办工作】 在人手少、经费紧、时间急、任务重的情况下，认真履行改革办协调、督导改革工作的职能，有力推动鹰潭市重点领域和关键环节改革取得实质性突破，一些改革工作走在全省乃至全国前列，形成可复制可推广的“鹰潭经验”，余江县农村宅基地制度改革得到国家有关部委和省委、省政府充分肯定。一是出台方案抓谋划。认真筹备开好市委全面深化改革领导小组第8、9、10次全体会议，及时传达学习上级要求，研究部署全市改革工作。根据省委年度改革工作要点和市委年度工作要点，制定了全市改革年度工作要点和工作计划，全年共部署改革任务151项，各改革专项小组明确改革任务、牵头单位、责任单位、责任人和完成时限。结合鹰潭市实际，制定《全面深化改革工作分类考核评价办法（试行）》《全面深化改革督察实施办法（试行）》《全面深化改革领导小组成员领衔推进落实重大改革项目实施方案（试行）》《市委全面深化改革领导小组会议审议事项提交办法（试行）》《鹰潭市全面深化改革信息报送办法》等文件，完善改革工作机制，确保改革顺利推进。二是主动跟踪抓协调。建立“周报告”“月调度”常态化工作联动机制，及时了解各专项小组、各县（市、区）改革进展情况。建立健全改革工作台账，实行销号管理，主动跟踪改革进展情况，确保改革任务按时、保质、保量完成。对于鹰潭市村级卫生计生服务一体化建设、余江县农村宅基地制度改革试点、公务用车制度改革、“三去一降一补”、“放、管、服”等重点改革项目，主动介入，开展调研，形成论文报告，为进一步做好改革工作提供参考。三是及时督察抓落实。对照改革任务和工作重点，常态化开展阶段性督察、专题督察、日常督察等，并形成督察专报向市委常委会汇报，提升督察实效，有效解决改革热情层层递减和“中梗阻”现象。2016年组织开展改革日常督察12次，对农村宅基地制度改革、新型城镇化综合改革、农村土地承包经营权确权登记颁证等国家级、省级改革试点以及推进领导干部能上能下、把纪律挺在前面等突出问题导向的改革项目紧抓不放，开展专项督察2次，让群众有更多获得感。抽调人员，分3个组认真做好2016年度全市改革工作考评，全面掌握情况，推动开展工作。组织各地各部门迎接中央、省委改革调研督察组4批次，均获好评。四是多方协作抓宣传。始终把宣传改革、凝聚改革共识作为促进改革的重要抓手。及时收集全市改革工作动态，2016年编发《改革简报》47期。向省委改革办报送鹰潭市改革信息专报14篇，被《江西改革动态》《改革情况交流》等刊载4篇，有效推介鹰潭市改革工作的进展和成效。加大改革的宣传力度，在《鹰潭日报》《鹰潭通讯》开设“改革专栏”，选取鹰潭市改革工作中的亮点特色，全面总结介绍；参与编辑《改革鹰潭》一书，对鹰潭市承担的国家级、省级试点进行系统解读，有力地扩大了鹰潭市改革工作的影响。

（许 迪）

【市委政研室副县级以上干部名录】
市委副秘书长、主任：彭元龙
副主任：张卫平、桂闰华、程美亮
副调研员：刘太印

组织工作

【概述】 2016年，在市委的坚强领导和省委组织部的有力指导下，全市组织系统深入学习贯彻习近平总书记系列重要讲话精神，全面贯彻党要管党、从严治党方针，紧贴中心，服务大局，认真履职，开拓进取，各项工作取得新进步。

【"两学一做"学习教育扎实开展】 一是抓好"基础在学"。坚持以上率下，通过领导干部带头讲党课、以普通党员身份参加组织生活，中心组专题研讨，党支部、党小组集体学习，充分利用线上线下平台组织学习，推动广大党员广泛深入学习党章党规、学习系列讲话。市委组织部制作的"三字经"、动漫片在中组、省组推广；获得全省"两学一做"知识竞赛优秀组织奖，也是全省唯一一个获奖的设区市。二是抓好"关键在做"。以开展 "党员亮身份、亮承诺、亮业绩，作用发挥融入本职工作、融入服务群众、融入奉献社会"为主要内容的 "三亮三融"活动为载体，深化"先锋创绩"制度，推行"党员主题活动日"，引导广大党员围绕标准，立足本职岗位，积极为经济社会发展贡献力量。三是抓好"成效在改"。全市各级党组织查摆问题6662个，解决问题6080个。积极落实基层党建7项重点任务，全市排查失联党员386名，已取得联系280名；排查党代会代表和党员违纪违法未给予相应处理的190名，已全部予以处分、处理；未按期换届的157个基层党组织，已全部完成换届，在全省率先完成整改；非公有制企业、社会组织党组织覆盖率均为100%。

鹰潭市"两学一做"学习教育经验做法得到广泛宣传推介，在省级以上媒体上稿90余篇，其中中央媒体上稿10余篇，做到了中组部主办的共产党员网、共产党员手机报、共产党员微信等媒体宣传全覆盖。

【全市县乡领导班子换届工作圆满完成】 一是坚持把加强党的领导贯彻始终。旗帜鲜明地发挥党组织领导和把关作用，落实好干部标准，严格贯彻落实"凡提四必"，严把换届有关人选的政治关、廉洁关，既保障了党员和代表的民主权利，换届人事安排也都达到了民主推荐结果，体现了民主、公开、竞争、择优的原则。二是坚持把整体统筹贯彻始终。实现了"四套班子换届同步统筹，换届人事安排上下联动"，缩短了换届周期，保证了班子的相对稳定和工作的连续性，增强了干部选拔任用的严肃性和换届工作的科学性。三是坚持把深化党的制度建设改革贯彻始终。拓宽选人用人渠道，选拔了39名优秀乡镇事业编制干部、村干部、大学生村官进乡镇领导班子；改进民主推荐方式，在广泛个别谈话的基础上，再进行会议投票推荐，破解了"唯票"的问题；严格贯彻落实干部档案必审、个人有关事项报告必核、纪检监察机关意见必听、有关信访举报必查等制度，防止了带病提拔等问题从出现。四是坚持把正风肃纪贯彻始终。坚持教育在先、警示在先、预防在先，通过印发学习资料、观看警示片、开展谈心谈话、实行公开承诺、换届督导组和考察组跟踪督导等措施，保证了换届环境风清气正。换届期间全市没有发生一起违反换届纪律的行为。

【干部基础性工作严实有力】 一是健全选拔任用机制。在规范干部任用提名制度的前提下，加大公开选拔力度、扩大公开选拔范围、完善公开选拔方法，增强民主推荐、民主测评的科学性和真实性，不断提高干部工作的透明度和选人用人的公信度。稳妥推进领导干部能上能下，推动形成了能者上、庸者下、劣者汰的导向。二是扎实推进公务员管理工作。公务员招录、调任、登记工作进一步加强，2016年鹰潭市招录103名公务员和参照公务员法管理工作人员，为36人办理公务员调任手续，为255人办理公务员登记手续，公务员统计工作在省里作了典型经验发言。三是强化干部经常性教育培训。以市委党校、市行政学校为主阵地，全年举办各类培训12期，共培训县处级干部811人次，培训科级干部1925人次。四是加强干部管理监督。认真做好领导干部个人有关事项报告工作。建立完善了抽查核实联系工作机制，制定《鹰潭市领导干部个人有关事项报告抽查核实联系工作机制工作规则》。2016年，抽查核实429人次，其中重点抽查核实领导干部个人有关事项353人次，随机抽查核实79人次。持续深入开展超职数配备干部问题、违反干部任用标准和程序问题、跑官要官和说情打招呼问题、"裸官"问题、"带病提拔"问题等一系列专项整治行动，全市超配的副处级以上领导干部职数已消化到位。一年来，全市各级组织部门共提醒、函询、诫勉干部143人次。

【基层党组织建设稳步推进】 一是进一步提升基层保障水平。抓活动场所，在全面解决村（社区）活动场所问题的基础上，完善"党员群众活动室、便民服务站"两个功能区，334个村完成了标准化建设，占比达97%；抓服务平台，44个乡镇（街道）全部建有大厅式、一站式便民服务中心，445个村（社区）普遍设立便民服务站，组一级依托村民理事会设立1643个民事帮办点。抓经费投入，市本级安排984万元专门用于基层党建工作。村级转移支付平均达11.25万元/村，村党组织书记报酬达农民人均可支配收入1.63倍，即1700元/月，城市社区干部由1900元/月提高到2090元/月。基本养老保险覆盖村（社区）干部抓党内关怀，市本级财政每年预算200万元作为党内激励关怀专项资金。二是认真贯彻“党建+”理念。落实“九抓九覆盖”工作，推动党建自身强起来，深化党建带工建、团建、妇建，实现党群共建良性互动。在“+”方面，着眼“加得紧”“加得实”“加得好”，构建了“党建+宅基地制度改革”“党建+农业产业发展”“党建+基层社会治理”“党建+扶贫攻坚”等一系列工作机制，打造省级农村“党建+”工作典型6个。三是深化“三大工程”。“四进三改两覆盖”活动中下派机关干部5.4万人次，走访联系群众40.1万余户，提供帮扶资金1376万元。实行基层党组织“星级评定”动态管理，52个软弱涣散党组织全部整顿到位。树立贵溪市公安局刑侦大队民警程永林模范典型，得到省委主要领导的批示。四是不断增强基层党组织和党员队伍生机活力。全面落实发展党员备案制和党员管理“八严一关怀”措施，下派231名机关干部担任村（社区）第一书记；完善“四议双评三公开”工作法。村（社区）普遍建立民情理事会，整合村务监督委员会力量，建立健全并全面落实村级民主协商、议事决策、公开监督等各项民主管理制度，有效约束基层干部行使权力。

【人才工作不断加强】 一是加大高端人才培养力度。积极做好国家“千人计划”人选和省“赣鄱英才555工程”人选等国家、省重点人才工程的申报工作。全市新增享受国务院特殊津贴2人，新增享受省政府特殊津贴2人。二是实施“企业家培养工程”。成立鹰潭创业大学，与浙江大学联合办学；举办全国铜产业论坛等各类企业家论坛、举办全国企业家活动日等活动，支持帮助鹰潭企业家拓展视野、提升素质。三是大力培养本土人才。在卫生系统实施“名医生、名医院”工程，在教育系统实施“名师、名校工程”，在社会事业领域实施“名人、名家工程”。围绕铜雕、木雕、玉雕等鹰潭特色文化产业，连续两次在鹰潭市成功举办了江西省“振兴杯”雕刻行业职业技能竞赛等活动，推出一大批雕刻文化名家、工艺美术大师和高技能人才。

【组织部门自身建设成效显著】 一是强化业务培训，提高能力水平。分两期举办全市组工干部贯彻十八届六中全会精神暨组工业务培训班，邀请省委组织部七位处室领导及业务骨干进行专题讲解授课，取得良好成效。2016年以来，组织集中学习20余次，举办全市组工干部专题业务知识培训培训班10余期。二是强化实践锻炼，展示形象作为。部机关干部组成3支小分队深入挂点帮扶贫困村，了民情、解民忧。采取结对帮扶的方式，做到联系一批基层干部、走访慰问一批党员、挖掘一批先进典型、征集一批金点子、兴办一批好事实事，先后走访困难群众600余户，结对帮扶80余户。三是强化活动载体，引领机关党建标准化项目建设。按照市直机关工委部署，围绕机关党组织“六好”目标，积极开展“组织建设规范年”活动，广泛开展“模范党支部”创建活动。按照“六个标准化”要求积极做好部机关党建标准化建设工作。严格落实“三会一课”，全年共组织召开支委会12次，支部党员大会4次，党小组会30余次，党课4次。四是强化监督管理，深化作风建设。在全市组织系统推行组织工作流程、制度和组工干部言行“三个标准化”建设，先后修订完善机关规章制度和工作流程11项，统一编印《市委组织部机关工作制度汇编》，进一步规范组织部门内部管理，做到“用制度管人、按程序办事”。

（程武文）

【市委组织部副县级以上干部名录】

市委常委、组织部部长：余正琨（2016.9~） 郭　清（~2016.9）

常务副部长：舒平贵

副部长、市老干局局长：陈小丽（女）

副部长、市人力资源和社会保障局局长：吴南平（~2016.9）段建龙（2016.12~）

副部长、市委非公有制经济组织与社会组织工委书记：褚小涛（2016.8~）

市纪委派驻部纪检组组长：宋兴国（2016.12~）

市委组织员办公室主任：汪碧云（女）

部务委员：魏建君

副县级组织员：周荣光

宣传工作

【概述】 2016年，鹰潭宣传思想文化战线在省委宣传部的精心指导和市委正确领导下，全市宣传思想文化战线高举中国特色社会主义伟大旗帜，认真学习宣传贯彻中共十八大和中共十八届三中、四中、五中、六中全会精神以及习近平总书记系列重要讲话精神，按照年初确定的指导思想、工作主线、工作基调、工作布局和工作着力点，坚持唱响主旋律、打好主动仗，围绕中心，紧贴大局，狠抓各项工作落实，整个宣传思想文化工作始终保持着积极健康向上的良好态势。

【熔铸理想信念，思想理论建设跃上新高度】 市委中心组率先垂范，重点围绕学习宣传中共十八届六中全会、省第十四次党代会、市第八次党代会精神和习近平总书记系列重要讲话特别是视察江西重要讲话精神，坚持全面学和专题学、及时学和跟进学相结合，先后组织了22次集中学习。组织专兼职宣讲队伍，利用党员活动室、农家书屋、“道德讲堂”、“生态文明大讲堂”等阵地，采取“菜单式”点题宣讲、“板车式”送学上门宣讲、“互动式”进村入户宣讲、“轻快式”文艺演出宣讲、“体会式”演讲比赛宣讲等形式，开展专题宣讲90余场次，受众4万余人次。围绕七届市委、市政府五年来“四个鹰潭”建设的亮点成就和鹰潭市24项国家、省级改革试点的探索实践，编撰了《接力奋进 砥砺前行——富裕秀美宜居和谐鹰潭建设这五年》和《改革鹰潭》两书。道文化研究被列入省级三年重点支持课题。

【把握正确导向，新闻宣传工作再上新台阶】 围绕市委、市政府中心工作和重大决策部署，聚焦主题主线，推出专题专栏60余个。紧跟中共十八届六中全会、中国共产党建党95周年、红军长征胜利80周年、G20峰会等重大会议活动推出了一批重稿大稿，形成了正面舆论强势。全年在中央及省属主流媒体刊播正面宣传鹰潭稿件1251篇（条）。其中，中央主流媒体122篇（条），首次破百，较2015年全年73篇（条）增长约67%。中宣部首次两度发文，要求中央媒体对余江“宅改”典型经验及贵溪民警程永林感人事迹进行集中宣传。汉英双语城市宣传片《时光•鹰潭》，入选第六届北京国际微电影节。例行发布制度不断完善，新建鹰潭新闻发布厅，健全网上新闻发布厅，全年召开117场发布会，在11个设区市中名列前茅。

【打造清朗网络，舆论引导能力得到新提升】 “鹰潭旅游出新招・花样奶奶春游照堪比明星”、“龙虎山光影涂鸦如真似幻”、“旅发大会”系列报道、程永林英雄事迹、国际光绘展均被省委网信办认定为网络正面舆情热点。实行24小时网络值班制度，时刻关注网络舆情动态，做到第一时间发现、第一时间上报、第一时间研判、第一时间处置、第一时间发声，全年未发生重大网络安全事件。政务新媒体“两微一端”建设取得新进展，“鹰潭发布”作为本市权威发布的作用进一步提升，鹰潭日报社搭建APP移动网络平台“鹰潭政商通”，市广播电视台推出基于云视屏系统的APP“鹰视天下”。

【唱响文化惠民，文化繁荣发展取得新突破】 创排的大型原创现代赣剧《青山作证》，成功入选国家艺术基金2016年度资助剧目、江西省纪念中国共产党成立95周年优秀展演剧目、2015年度江西省优秀舞台艺术剧目、江西省委宣传部重点资助剧目和江西省文艺创作繁荣工程资助剧目；作为江西省唯一剧目，参加了在北京长安大戏院由中宣部、文化部联合举办的2016年全国基层院团戏曲会演和由省委宣传部、省文化厅主办的全省玉茗花戏剧节展演，均取得了圆满成功，喜获“玉茗花大奖”，剧本创作及导演一等奖，表演一、二、三等奖，舞美设计、灯光设计三等奖，乐队伴奏、灯光制作单项奖。新华社、中央电视台、《光明日报》《中国文化报》等重要媒体相继作了报道；11月25日在中央电视台戏曲频道《九州大戏台》栏目全剧首播，产生良好社会反响。总投资3600万元的40集电视连续剧《女匪首传奇》在鹰潭开机拍摄。《天赋鹰潭丛书》入选2016年江西省文艺创作与繁荣工程。文艺协会组织建设得到加强，信江微诗社、鹰潭女子文学社、鹰潭读书协会等特色协会创作非常活跃，推出了一批精品力作。组织了“跨越时空的井冈山精神”庆祝中国共产党成立95周年大型群众歌咏比赛；举办第五个全国交通安全日暨鹰潭市首届交通安全主题广场舞大赛。广播电视“户户通”覆盖率达100%，列全省第一。“扫黄打非”工作综合考评全省排名第一，全省“扫黄打非”进基层工作推进（现场）会首次在鹰潭市召开。推荐的8个原创少儿节目参加全省“唱响中国梦”少儿文艺节目电视大赛，获奖实现满堂红，其中一等奖1个、二等奖4个、三等奖3个，获奖节目数量、质量名列全省第一，“鹰潭代表队”荣获组织工作奖，创建市以来原创少儿文艺精品创作的最好成绩。

【弘扬主流价值，精神文明创建实现新跨越】 成功创建“江西省第五届文明城市”。推送的英雄刑警程永林先进事迹，引起全社会强烈反响，省委书记鹿心社为此作出重要批示，人民日报、新华社、《光明日报》《经济日报》、中央人民广播电台、中央电视台《新闻联播》和《焦点访谈》、《人民公安报》《中国青年报》、人民网、新华网、光明网、凤凰网等权威媒体均做了宣传报道。程永林等7人被评为“中国好人”，2016年度上榜数和累计上榜总数均排名全省第三，上榜人数与常住人口比例位居全省第一。举办了“感动鹰潭”十年致敬暨“感动鹰潭十佳新人新事”颁奖典礼电视颁奖晚会；以市委、市政府名义出台《鹰潭市道德模范和身边好人礼遇帮扶实施办法》；发布第1期“诚信红黑榜”；912社区“爱心驿站”挂牌运营，树立好人好报、德行天下的价值导向；贵溪市人民检察院控申接待室被评为第二批全省学雷锋活动示范点。全市志愿服务队伍持续壮大，注册志愿者人数比例和人均志愿服务时间均位列全省第二，鹰潭市志愿者、“中国好人”张自远个人志愿服务时间在全省数百万志愿者中排名第一。龙虎山上清古镇女子消防志愿服务队被评为全国最佳志愿服务组织。全市各级各类学校将德育贯穿于学校的教书育人、管理育人、服务育人的各个环节，广泛开展了“文明礼仪从我做起”“中华美德代代相传”“《道德经》经典诵读”等主题实践活动，以传统文化滋养学生心灵，引领品德成长；“学在鹰潭”品牌打造不断深入。

【锤炼过硬队伍，营造干事创业和谐“家”氛围】 宣传思想文化战线领导班子建设不断强化，党风廉政建设不断深入，班子的凝聚力、战斗力、带动力进一步增强，全系统形成了心齐劲足、勤勉敬业的良好氛围；文化人才队伍建设不断强化，一批行业领军人物不断成长，张怀群、黄俊军入选全省文化名家，陈静入选全省“四个一批”人才；基层基础工作不断强化，严格执行月工作例会制度，宣传思想文化工作坚持项目化推动，富有特色的机关文化不断培育形成，工作基础不断夯实。

【大型原创现代赣剧《青山作证》创排成功】 为深入贯彻落实习近平总书记在文艺座谈会上的重要讲话精神，弘扬优秀传统文化，传承并打响江西赣剧品牌，中共鹰潭市委宣传部携手中共乐平市委宣传部联手精心创排了大型原创现代赣剧《青山作证》。该剧是一部严肃的现实主义作品，由全国著名剧作家姜朝皋潜心创作，讲述了两代三任村支书带领全村父老百姓，用了整整28个春秋，用筋骨血脉顽强开通山路的感人故事，热情讴歌了党的基层干部勇于吃苦耐劳、勇于责任担当和自我牺牲的高尚品格。该剧人物栩栩如生、情节跌宕起伏、唱词优美生动、故事感人肺腑，是一部融思想性、艺术性、观赏性于一体的佳作，富有强大的艺术生命力。赣剧《青山作证》成功入选国家艺术基金2016年度立项资助项目，是“2015年江西省优秀舞台艺术剧目”、江西省为纪念中国共产党诞生95周年制作的重点剧目，也是江西省委宣传部8台重点资助剧目之一，于2016年2月4日开排，5月10日首场彩排。2016年7月20日、21日，作为江西省唯一一台参加由中宣部、文化部联合举办的2016年全国基层院团戏曲会演的优秀剧目，《青山作证》在北京长安大戏院成功演出两场，赢得社会各界广泛好评。

（孔　涌）

【市委宣传部副县级以上干部名录】
市委常委、宣传部部长：贺喜灿（2016.1~）、周世敏（~2016.1）
常务副部长：王　俊
副部长：王有金、许风成、罗群来、洪瑜君
市委讲师团团长：张敏胜（~2016.8）
文明办副主任：任江华
调研员：刘建平（~2016.11）

统战工作

【概述】 2016年，是统一战线贯彻党中央重大决策部署的“落实年”。一年来，市委统战部门迎接新挑战把握新机遇，贯彻落实以习近平为核心的党中央关于统一战线重大决策部署，抓住机遇、勇于担当，重点发力、创新突破，系统谋划、整体推进，上下一起努力，统战系统内外密切协作，推动各领域统战工作取得突破性进展，统一战线事业进入全面提升的新阶段。2016年，鹰潭市的统一战线工作在市委的正确领导和省委统战部具体指导下，紧紧围绕市委、市政府工作大局，积极开展“两学一做”专题教育，凝心聚力，开拓创新，统战工作在建设富裕美丽幸福鹰潭中作出了新贡献。

【扎实推进民主政治建设】 新时期对发挥统一战线凝聚人心、汇聚力量的作用提出了更高要求。市委统战部把广泛增进共识，深入学习中共十八届二、三、四、五、六次中央全会精神和习近平总书记系列重要讲话精神放在首位。为全面服务深化改革、建设富裕幸福美丽鹰潭提供最广泛的支持。增进思想共识。突出思想政治引领，引领全市统一战线深入学习习近平总书记系列重要讲话精神，把思想和行动统一到中央、省委、市委的要求部署上来，组织开展谈心活动，进一步增强共同思想政治基础。一是推进协商民主建设。积极开展调研，代市委起草下发《关于加强政党协商实施办法》《中共鹰潭市委2016年度政党协商计划》，完善了《市委常委与各民主党派工商联无党派知识分子联谊会联系制度》，采取民主协商会、情况通报会、座谈会等广泛进行协商，安排4次政治协商，不断推进鹰潭市政治协商、民主监督、参政议政制度化、规范化、程序化。二是做好市政协换届工作。严格执行中央、省委关于政协常委会组成人员、政协委员的结构比例等刚性规定，在安排委员人选时，充分考虑到党派、民族、地域、界别、年龄、性别等情况，注意委员的广泛性、代表性。发扬民主，沟通协商。采取自下而上，上下结合，各有关方面协商推荐的方式进行。广泛听取各县（市、区）、市直有关单位、人民团体和各民主党派、工商联意见，产生274名政协委员（党内109人，党外165人），实现市政协的平稳换届。三是开展大调研活动。依据市委、市政府下发的调研课题，组织各民主党派、工商联、无党派知识分子联谊会，按照政府出题、党派调研的方式，以市委、市政府重点工作为主要内容，结合各自优势科学选题，分领域、分专题深入开展“大调研”活动，收到调研报告20余篇。

【加强党外干部队伍建设】 一是明确目标要求，抓好选拔配备。把培养选拔党外干部纳入全市领导班子和干部队伍建设的总体规划，明确了党外干部培养选拔工作的目标任务、要求措施、培养教育和领导责任。2016年换届，在往年配备5名党外人士进入市人大、政府、政协领导班子的基础上，又积极推荐2名符合条件的市级民主党派主委进入市政协领导班子。同时，在32个市政府工作部门领导班子配备了14名党外干部。二是加强培养锻炼，提高能力素质。坚持有计划地对党外干部进行理论培训，组织60余名党外科级干部，在市委党校、上海复旦大学举办以“增进政治共识、提高履职能力”为主题的专题培训班；选调50名党外干部参加科级干部培训班等各类主体班次，并通过一批进园区挂职锻炼、一批进社区联建共创、一批到重点工程帮助工作、一批到农村挂点帮扶、一批到沿海发达地区招商引资、一批到信访部门参加信访接访“六个一批”的方式，选派党外干部到基层一线，让党外干部在实践中认清形势、熟悉民情、经受锻炼、增强责任。同时，建立了市级党员领导与党外干部联系交友机制，党员领导与所联系的对象开展不少于2次的谈心交友活动。三是完善工作机制，形成整体合力。市委组织部和市委统战部不断探索完善党外干部的选拔方法，形成了“四个联合”，即联合发文、联合推荐、联合考察和联合跟踪管理的工作机制。并召开联席会议，分析全市党外干部选配工作情况，讨论通过《干部管理有关工作程序》，研究换届中党外干部选配工作，并结合实际提出了今后五年“建立一支正县级10名左右、副县级60名左右的党外后备干部队伍”的目标任务。全年协助市委提拔7名县级以上党外干部，重用7名县级以上党外干部。

【促进非公有制经济发展“两个健康”】 一是加强思想政治引导。深化非公经济人士理想信念教育，加强对“新生代”企业家的政治引领，促进非公经济代表人士“健康成长”。主办了6次高级研修班，通过异地办学等手段，对非公有制经济代表人士进行了社会主义核心价值体系的系统培训和学习。还统筹开展全市各县市区非公经济人士综合评价工作，引导非公经济代表人士积极参与社会管理创新、新农村建设、扶贫帮困、公益慈善等光彩事业。5月举办鹰潭市“民企帮村”活动，全市40家民营企业、4家外埠商会和34个贫困村进行现场结对帮扶签约；8月鹰潭市光彩会副会长祝永进先生连续第六年捐助贫困高中生，累计资助金额达160万元，祝永进因此进入江西好人榜行列。二是促进非公有制经济健康发展。深入开展“降成本、优环境”专项行动，全力抓好省惠企“80+20”条政策措施落实，出台28条惠企政策措施，把政策红利变成企业红利；完善市级领导分级挂点帮扶企业机制，帮助企业解决实际困难和问题；拓宽企业融资渠道，整合组建市融资担保公司，设立市中小企业转贷基金，帮扶实体经济发展。引导非公有制企业把握新形势、适应新常态，加快推进产业转型升级。搭建银企合作平台，开展对外经贸合作交流。三是发挥工商联在招商引资中的平台作用。引导在外创业鹰潭籍人士回乡创业，积极对接全国工商联直属商会、协会，为招商引资牵线搭桥。进一步加强商会建设，推动鹰潭经济社会发展。协助市政府召开鹰商回乡创业合作恳谈会，与会代表160余人参加，现场签约16个项目，总额达20多亿元。配合市政府在上海市举办了“鹰潭市产业升级创新发展（上海）合作恳谈会”。协助市政府，与信江新区管委会共同承办繁荣信江新区招商对接会，30个项目成功签约入驻信江新区，协议投资金额达10.12亿元。组织非公有制经济代表人士赴深圳华为公司、深圳前海自贸区等地学习考察，扩大交流合作。积极宣传推介鹰潭，先后接待了宜春市、浙江省衢州市到和上海市虹口区工商联企业家到鹰潭考察团。支持协助江西省河南商会、鹰潭市河南商会在鹰潭市成功举办了“全球豫商发展论坛”。

【积极开展对香港、台湾地区统战工作】 一是积极做好香港等地爱国华人华侨接待工作。4月，鹰潭市接待了香港全球华侨华人总商会会长等重要的香港爱国人士代表。11月5日在江西省海外联谊会成立30周年之际，市委统战部积极争取省海联会境外理事团75人访问了鹰潭，推介了鹰潭市的经济情况，扩大龙虎山作为道教名山的国际知名度，与海外华人代表进一步搭建了桥梁纽带，联络感情。二是做好对台工作。2016年，市委台办组织4个经贸团组共35人赴台招商，1个应邀随团赴台招商。邀请8个台湾经贸团组共81人到鹰潭考察。组织3个交流团组共35人赴台交流，2个应邀随团赴台交流共3人。鹰潭台湾两地交流日益升温，对深化鹰潭与台湾的文化经贸合作、扩大民间交流往来，增进鹰潭市海外统战宣传工作，打出了一张好牌。

【深化民族宗教、理论研究工作】 一是继续开展樟坪乡民族地区示范点工作，开展精准扶贫工作。为樟坪乡应届高中毕业困难学生争取团市委、妇联等部门的助学金。市委统战部牵头扶贫组共走访樟坪乡帮扶贫困户12户56人，发放慰问金6000余元，宣传资料50份，学习用品10册；争取产业扶贫项目2个。二是做好宗教领域稳定工作。认真做好了防范“5·22中国宗教自由团结安息日”活动、2016年“佘山朝圣”活动相关工作，维护全市社会稳定。三是认真开展全市宗教工作调研活动。进一步掌握鹰潭市宗教领域基本情况，加强对宗教领域重点难点问题的研究分析，谋划针对性措施，为做好新形势下宗教工作奠定了坚实基础，防范和抵御境外势力利用藏传佛教进行渗透，指导市佛教协会主办第二届四省讲经论坛，进一步加强佛教界思想建设，协助做好市人大、政协换届民族宗教界别的代表、委员人选的考察、推荐工作。四是积极开展统战宣传工作。邀请省委统战部研究室副调研员、省统战理论研究会秘书长杨吉星到鹰潭，为全市统战系统单位工作人员和统战宣传骨干讲课。积极参与省委统战部组织的理论创新和实践创新活动，上报的《统战工作向商会组织有效覆盖问题研究》荣获省委统战部理论创新优秀成果奖，上报的实践创新成果《从市县换届看党外干部培养使用——江西省鹰潭市加强党外干部队伍建设的实践与启示》《遵循“三三三一制” 不断推进统战工作创新发展》也获得好评。

【扎实开展“两学一做”学习教育】 把开展好“两学一做”学习教育作为一项重大政治任务来抓，严格按照中央、省委和市委的部署要求，扎实有效的开展了这次学习教育。一是组织领导得力。统战部机关 “两学一做”教育在部务会领导下进行。由党支部牵头组织实施，机关全体党员积极参与，整个教育工作高效开展。二是领导带头推动。统战系统各成员单位班子成员发挥示范带头作用，带头做好关键动作，部机关领导干部率先垂范，通过班子成员上党课，谈体会的方式，勉励机关年轻党员干部立足本职岗位工作，贯彻落实好“两学一做”的要求，以务促工作，在全市统战系统积极开展“走前列、作表率”活动。三是机关作风改善。市委统战部全方位贯彻落实“两学一做”学习教育工作，通过专题党课、多方式学习研讨、组织党员活动日和党员志愿者活动，将做一名合格党员贯穿到日常的工作和学习中去，机关工作作风明显好转，整个统战系统都能形成讲政治、顾大局、讲团结、守廉洁，坚持做人底线的氛围，每个党员都能较好地做到心中有党、心中有民、心中有戒、心中有责。

（汪　宇）

【市委统战部副县级以上干部名录】
市委常委、统战部部长：戴春英（女，~2016.9）　徐云（女，2016.9~）
副部长、工商联党组书记：张洪堂
副部长：祝发太　吴镗荣
副调研员：李霞（女）　张贤军

农村工作

【概述】 全市各级党委、政府和农口部门全面贯彻中共十八大精神、中央1号文件精神和市委、市政府关于“三农”工作的决策部署，以新发展理念为引领，积极主动抓好稳粮食、调结构、抓改革、促统筹、补短板等各项工作，全市农业农村工作取得了“一个成功创建”“两个稳步增长”“三个步伐加快”“四个明显提升”的显著成效，圆满完成各项目标任务。全市粮食总产达73.7万吨，增加0.7万吨，实现“十三连丰”；肉类总产13.01万吨、水产品总产5.22万吨、蔬菜总产27.63万吨，分别增长了1.3%、4%和10.5%。农村居民人均可支配收入达13534元，增长9.3%，高于城镇居民人均可支配收入1.3个百分点。农村社会保持稳定，农村社会治安、计划生育、基层组织建设和精神文明建设取得较为明显的成效。

【社会主义新农村建设】 鹰潭市结合实际，通过“新农村建设七个结合”（一是与“党建+”相结合；二是与精准扶贫相结合；三是与农村宅基地改革相结合；四是与中心村建设相结合；五是与产业发展相结合；六是与乡村旅游相结合；七是与打造全省城乡最干净城市相结合），全面推动新农村建设发展升级。全市210个（省级村点137个、自建村点73个）新农村建设村点（涉及自然村110个、户数1.1万户、人口4.13万人）按照工作部署和时间节点的要求，扎实推进，11个中心村规划编制、“七改三网”建设、“8+4”公共服务设施建设全面完成任务；99个一般自然村“七改三网”建设、公共文化体育活动场所建设全面完成任务。尤其是罗河陈家中心村建设，在全省实现了突破、打造了亮点、创出了经验，已被列为全省中心村建设的标杆。

【农业农村改革工作】 根据《市委全面深化改革领导小组2016年工作要点》，出台《鹰潭市农业和农村体制改革专项小组2016年工作计划》，分解了五大类24项重点工作，落实到13个牵头部门，列出了工作任务表，做到重点工作每月一调度督导，进展情况每月一统计上报，确保了各项改革工作顺利进行，取得实效。农业农村改革由于多方面的努力取得了较好的成效：一是农村宅改工作得到中央多个部委和省委、省政府的充分肯定，其经验做法在1月9日召开的全省农村工作会议上作典型发言；二是农村土地确权登记工作在全省11个设区市中第一个率先完成，其经验做法将在全省推广；三是城乡生活垃圾治理一体化经验做法在全省推广。

【财政惠农信贷通试点工作】 按照《鹰潭市全面深化改革工作分类考核评价办法（试行）》的要求，加强了相关部门协调，强化工作调度，严格“财政惠农信贷通”工作风险防控，切实提高了信贷质量，降低了银行放贷风险。鹰潭市“财政惠农信贷通”工作在全省获得了通报表扬，月湖区获得了全省“财政惠农信贷通”先进单位称号。2016年全市共完成“财政惠农信贷通”贷款3.06亿元，获得省奖励资金37.6万元。

【农业综合开发】 一是2015年度农业综合开发土地治理项目全部完成。完成项目总投资3840万元，其中中央、省财政资金3482万元，建设高标准农田2.43万亩。二是精心组织了农业产业化项目的实施。完成了8个农业产业化财政补助项目建设，完成总投资2367.02万元，其中中央、省财政资金1130.16万元。三是积极争取2016年度农业综合开发项目资金。2016年争取中央、省财政资金获得大丰收，创了一个历史新高，争取中央、省财政资金7340.8万元，夺得两个第一：争取中央、省财政资金增长60%，增幅排名全省第一；争取中央、省财政资金总量在全省“四小地市”排名第一。

【一村一名大学生工程】 积极主动协调市电大、县（市、区）农工部等部门，广泛宣传发动，积极组织生源，确保按照时间节点、按照要求完成上报工作，鹰潭市招收150名“一村一名大学生工程”学员，圆满完成了2016年省下达的招生任务。

（吴青松）

【市委农村工作部副县级以上干部名录】

部长、党组书记、主任：邵方龙

副部长、党组成员、副主任：邹雪生、吴初堂、张秋德

党组成员、开发办主任：谭永忠

党组成员、副调研员：周建军、黄式平

副调研员：雷逢约

副县级干部：李忠仁（2016.4~ ）

信访工作

【概述】 2016年，市信访局认真贯彻落实中央、省、市关于信访工作决策部署，围绕“一个上升、一个巩固、三个下降、五个达到”目标，以“积案化解攻坚年”“网上信访拓展年”“基础工作提升年”三项活动为抓手，深入推进信访工作制度改革，集中化解信访积案，着力打造阳光信访、责任信访和法治信访，全年进京非正常上访18人次，同比下降53.3%；去省非访保持零纪录，去省越级访507人次，同比下降20.7%；来市访5036人次，同比下降20%，全市信访形势“稳中有降，总体向好”。余江、月湖、龙虎山、高新、信江5个县区被评为2016年度“三无”县（市、区）、开发区。2016年度全省信访工作考核中，鹰潭市各项成绩居全省前列。

【做到“两个强化”，从严落实信访工作责任制】 1.强化政治责任。一是市委常委会、政府常务会多次听取汇报、研究信访工作，并专题学习中办、国办下发的《信访工作责任制实施办法》。二是市党政主要领导严格履行信访工作第一责任人责任，亲自签发重要信访事项交办单、亲自签阅信访工作呈报件。三是市联席会议召集人从协调抓总、综合保障、依法处置等方面，强力推动信访工作责任制落实落地。其他市委常委、副市长认真履行分管工作领域信访问题处理责任，做到分管工作领域在哪里，信访稳定工作责任就落到哪里。

2.强化政治站位。一是切实增强政治敏锐性和政治责任感，始终把信访工作作为一项“暖民心、聚民心、稳民心”的民生工程和严肃的政治任务抓紧抓好。二是始终把信访工作放在鹰潭改革发展稳定的大背景中去思考，放在主动服务中心工作中去谋划，放在同步建成小康社会的实践中去推进。三是认真贯彻落实市委《关于进一步完善领导干部处理维稳信访突出问题责任制的通知》精神，围绕十七个方面的维稳信访问题，按照“谁主管、谁负责”和“一岗双责”的原则，层层压实信访工作主体责任、领导责任和首办责任。

【坚持“三个注重”，努力解决群众合理诉求】 1.注重渠道通畅。一是大力开展市县乡三级领导干部“开门接访”“下访听诉”“民情家访”等活动，全年市级党政领导接待群众来访91批1072人次。二是市信访局全年接待群众来访940批5036人次，办理网上信访1065件、网民留言11条、信电2.8万件。三是大力宣传网上信访，走好网上群众路线，实现网上办理、网下调处、一体互动，群众在家门口、掌心里就能办成事、办好事，信访工作透明度和公信力不断提升。

2.注重积案清仓。一是通过市党政主要领导集中交办，各地各部门党委（党组）“一把手”统领包案，按“五个一”要求落实专班化解积案110件，成功化解一批历时多年的“骨头案”。二是通过争取中央和省级专项信访救助资金，以及市县两级财政配套资金，撬动化解疑难信访积案57件。三是认真做好中央巡视组、省委巡视组集中转交办的6批54件信访案件办理工作，全部按要求办结，积案化解率、停访息诉率、办结率等各项指标居全省前列。

3.注重多元化解。一是组织协调华星律师事务所执业律师作为信访接待工作志愿者，实行订单模式参与接访调处20批32人次。二是在市县两级扩充建立信访监督员人才库131人，对57件信访事项开展信访监督，化解51件。三是建立信访问题分层督办机制，实行重大问题市级领导联系督办、疑难问题联合督办、重点案件跟踪督办。同时在市县两级纪委和信访部门之间，建立重大信访事项违纪线索定期通报对接机制，多渠道促进问题解决。

【抓好“四项工作”，全力促进社会和谐稳定】 1.源头治理不放松。一是从初信初访抓起，对重要的来市初信初访以“两办”名义交办，作为“鹰潭经验”在全省推广。二是依托农村“六位一体”、城镇“八位一体”网格化管理体系，构建横向到边、纵向到底、联网共享、联动高效的信访调处网络，及时就地解决群众合理诉求。三是创新和坚持“枫桥经验”，开展矛盾纠纷大排查，建立台账和周报告制度，确保“思想见面、一人不漏”“困难帮扶、一户不漏”“稳控措施、一条不漏”。四是按照“法定职责必须为、法无授权不可为”的要求，督促责任主体科学民主决策、依法履

行职责，从源头上预防和减少信访问题的发生。

2.风险研判不脱控。一是充分发挥市县乡三级情报信息分析研判预警机制，以及“三办一局+N”会商研判预警平台作用，特别是收集扬言滋事的重点上访人员情报信息，并按“三位一体”要求做好化解和稳控。二是在重要敏感时期启动情报信息每日研判和零报告制度，充分发挥公安机关在情报信息预警上的主导作用，主动加强与公安、国安、铁路等部门的协调对接，确保各项工作不脱节、重点人员不脱控。三是推动各地各部门把信访稳定风险评估纳入决策程序，督促建立风险评估领导责任制，完善应急处置预案，做到项目推进和信访稳定风险评估“两不误、两促进”。

3.依法治访不含糊。一是做好“访诉分离”工作，建立健全将涉法涉诉信访问题导入政法机关依法处理的体制机制。二是做好依法逐级走访和按法定途径分类处理工作，督促职能部门梳理制定责任清单，引导群众逐步形成办事依法、遇事找法、解决问题用法、化解矛盾靠法的社会氛围。三是贯彻落实省委组织部、省信访局《关于发挥党员作用维护信访秩序的意见》，引导党员在信访活动中自觉维护信访秩序，做到“三个不准”“六个禁止”。四是按“三到位一处理”的要求，在市政法委的重视推动下，各级政法机关加大对涉访违法行为处理力度。此项工作在全省领先，省里也多次借鉴鹰潭的做法。

4.信访稳定不出事。一是全力做好全国“两会”、中央巡视组驻赣期间、“G20”杭州峰会、全国综治“南昌会议”、中共十八届六中全会、省市党代会、“两会”等重要敏感时期的信访稳定工作，实现“北京不能去、地方不能聚、全市保平安”的目标。二是圆满完成各类会议、活动期间控访工作任务36次，累计136天，抽调干部313人次，做到“三个没有发生”。即没有发生进京赴省聚集访、没有发生因信访问题引发的群体性事件和极端恶性事件、没有发生因信访问题处置不当引发负面炒作。三是将信访工作融入市委、市政府稳增长、促发展全过程，主动服务“8+1”重点工作，保障顺利推进。

【围绕“一条主线”，推动各项工作向前发展】 1.夯实两个责任。一是扎实开展“两学一做”学习教育，班子成员带头讲好专题党课，扎实搞好学习研讨。严肃党内政治生活，认真开好专题民主生活会，切实抓好整改落实、立规执纪。二是认真贯彻落实中央“八项规定”和省、市委若干规定，对三公经费支出、个人重大事项登记等工作进行常态化自查，做到有错必纠、有责必问。三是认真贯彻落实“一章程两准则四条例”，严明政治纪律和政治规矩，按制度规章办事，不断健全“不能腐”的制度体系。

2.强化队伍建设。一是严格执行民主集中制原则，健全工作制度和议事规则。班子成员分工不分家，自觉在大局下行动，在合作中履职。二是保持清清爽爽的同志关系、规规矩矩的上下级关系。对于事关全局性的重要工作部署，以及涉及干部职工切身利益的重要事项，始终坚持公开公正、集体决策。三是严格落实周学习制度，通过不定期举办专题辅导、赴外培训、以会代训等方式，不断提升政治业务素质。四是设身处地为干部职工着想，用心用情帮助解决实际问题，让干部职工在组织上有归属感、工作上有荣誉感、生活上有幸福感，永远充满对工作进步的渴望。市信访局一名副局长重用到月湖区任常务副区长，两名干部分别当选为市党代会党代表和市政协委员。

3.统筹各项工作。一是以“机关联系基层、干部联系群众”“寻找最美信访干部”等活动为载体，扎实推进机关党建工作，让党旗飘起来、党徽戴起来、党员动起来，不断增强干部队伍的正向力和战斗力。二是深入贵溪市河潭镇花屋村开展精准扶贫工作，做到要人给人、要力出力，通过分批分类、因人施策，该局联系点3家贫困户均已脱贫。三是认真抓好综治、计生、节能、新农村建设、工青妇等工作，圆满完成了各项任务，综治、计生、节能工作荣获全市先进单位，2016年度市县科学发展综合考评在全省11个设区市排名前列。四是省委常委、市委书记陈兴超就市信访局《网上信访的现状问题及建议——畅通网上信访渠道的几点思考》一文作出专题批示：网上信访是信息时代出现的新的现象，信访局能以问题为导向，对新形势下信访的具体问题进行深入研究和分析，有针对性地配置资源应对，是十分正确和有意义的工作方式，值得各部门学习。贵溪市在《江西日报》2016年12月8日发表《上访“专业户”变身致富“领头羊”》。余江县在江西日报2016年12月27日发表《余江以群众工作理念统领信访工作》。

（倪伍开、张驰远）

【市信访局副县级以上干部名录】

局　长：赵军荣

副局长：郑秀榕（女）　蒋国富　郑保才（2016.8～）

副县级专职信访督查员：张莉霞（女）

副调研员：祝泉水、鲁慰民

对台工作

【概述】 2016年，市台办在市委、市政府的正确领导下，认真贯彻落实中共十八大，中共十八届三中、四中、五中、六中全会和习近平总书记系列重要讲话精神及中央对台工作方针、政策，认真开展“两学一做”学习教育活动，紧紧围绕建设“四个鹰潭”工作大局，积极履行“组织、指导、管理、协调”的对台工作职能，立足市情，求真务实，较好地完成了年初制定的各项工作目标和任务。先后组织和参加“2016年赣台会”“台湾青少年鹰潭文化之旅”“台湾中南部乡里长鹰潭行”大型涉台活动3个；全年全市组织经贸考察团组4个35人次、交流团组3个35人次赴台考察，办理相关人员应邀赴台交流2起3人次；邀请台湾经贸团组8个81人次到鹰潭市考察；接待到鹰潭市交流团组8个129人次。

【突出对台招商引资】 一是外出招商。先后赴九江、昆山、北京、上海招商，接触了当地台协会、台资企业，参加了“9·8厦门投洽会”；先后拜访30余位台商。二是赴台招商。组织4个经贸团组共35人赴台招商，1个应邀随团赴台招商。三是请进来招商。邀请8个台湾经贸团组共81人到鹰潭市考察。四是全力以赴做好“赣台会”相关工作。此届赣台会，邀请到10余家公司、协会的客商约30人参会。在大会上签约项目2个，投资总额1.8亿美元。会后约有台商约40人鹰潭考察洽谈，成效显著，达成合作意向3个。

【开展两地交流合作】 一是务实开展鹰潭与台湾两地的联络交往。组织3个交流团组共35人赴台交流，2个应邀随团赴台交流共3人。二是认真做好台胞到鹰潭市接待工作。共接待到鹰潭市交流团组8个共129人。

【强化对台基础性服务工作】 一是积极服务在鹰潭台企。扎实开展“抓学习宣讲、促台企发展”主题服务活动，梳理完善了市领导挂点联系制度、台企联络员工作制度、问题台账管理制度，为台企台商办实事10余件。对2015年、2016年赣台会上签约项目进行了跟踪服务，5月份陪同省台办领导走访了2015年赣台会签约项目单位，11月份陪同省台办领导走访了2016年赣台会签约项目单位。二是做好台胞、台属服务工作。主动做好两岸上层联络，两岸婚姻、两岸青少年等对台基础工作。利用春节、端午等节假日，走访慰问定居台胞及重点、困难台属。向鹰潭旅台同乡发慰问信200余封，寄贺年卡500余张，电话联系100余次，组织台属写家信50余封。三是做好涉台信访投诉协调工作。2016年度，市台办共受理台胞台属来信来访6起，为台胞台属解决实际问题20余件，内容涉及入台奔丧、建房手续、地产争议、财产补偿、家庭纠纷、台属就业、子女就学、寻找亲人、台胞丧葬等事务。四是结合精准扶贫，精心组织台商捐赠活动。1月21日、5月31日，赣台交流服务中心蔡孟勋会长分别到贵溪市白田乡、鹰潭市第七小学及贵溪特殊学校开展捐赠活动。活动中，赣台交流服务中心向白田乡捐赠了棉被、米油和现金等，向第七小学及贵溪特殊学校留守儿童捐赠了学习用品及食品。

【创新对台宣传工作平台】 一是扎实开展对台宣传工作。2016年以来，全市对台宣传用稿130余篇，其中网络用稿85余篇、省台办及国台办刊物上用稿3篇、对台新闻媒体用稿10余篇。二是有序开展涉台教育工作。充分利用鹰潭市县级干部培训班、党课及龙虎论道大讲坛等平台，结合对台工作实际，办领导多次在党校等作“台海形势”主题讲座。

【加强“两学一做”学习教育活动载体建设】 按照“基础在学、关键在做、重点在改”的要求，力争在“学”上求突破。在开展“两学一做”学习教育活动中，市台办紧密结合实际，通过党章党规系列讲话知识竞赛、瞻仰红色遗址等丰富多彩的主题教育活动，自学与集体学、理论与实践相结合，使“两学一做”学习教育实践活动入脑入心，稳步推进，富有成效。充分发挥互联网和移动新媒体优势，通过官方网站、手机客户端、微信公众号等平台，在线定期推送学习资料，确保党员参与学习教育经常化、全覆盖、见实效。开设了台办“两学一做”微信群，推送文字、图片、视频课件等，让全体党员用最新理论武装头脑。

（宗　盛）

【市台办副县级以上干部名录】
主任：邵志国
副主任：郭卫辉
副调研员：吴祥安　胡春芬（女）

老干部工作

【概述】 2016年，是“十三五”规划的开局之年，是全面深化改革的重要一年，也是推动老干部工作转型发展、创新发展的关键之年。一年来，在市委、市政府正确领导下，在省委老干部局精心指导下，市委老干部局以深入开展“两学一做”学习教育为契机，以贯彻落实中办、国办《关于进一步加强和改进离退休干部工作的意见》和省委办、省政府办《关于进一步加强和改进离退休干部工作的实施意见》为主线，牢牢把握为党和人民的事业增添正能量的价值取向，围绕中心、服务大局，凝心聚力、扎实工作，全面完成了各项工作任务。顺利通过“省级文明单位”复查，并荣获全市社会治安综合治理、公共机构节能、计划生育等先进单位称号。

【深入贯彻《意见》精神】 中办、国办《关于进一步加强和改进离退休干部工作的意见》（中办发〔2016〕3号）（以下简称《意见》）是1982年老干部退休制度建立以来，第一次以“两办”名义印发的老干部工作综合性指导文件。《意见》出台后，该局结合实际，着力在学习培训、深度调研、完善思路、制定实施意见上抓好贯彻落实。及时下发学习贯彻《意见》的通知，全市发动近3000余名老干部收看《新闻联播》新闻通稿，组织

500余人次参加各类形式的《意见》学习座谈，推动了全市老干部工作系统对学习贯彻《意见》重要性的认识。围绕“做好新形势下离退休干部工作”“打造增添正能量活动品牌”等课题进行深度调研，召开座谈交流会14场，专题听取了16位市级老领导和广大老干部的意见建议，梳理整理意见建议20余条，为起草鹰潭市实施意见奠定了坚实基础。

【着力推进“两项建设”】 深入贯彻全面从严治党要求，强化离退休干部思想政治建设和党组织建设，引导广大老干部更加自觉地在思想上政治上行动上同以习近平为核心的党中央保持高度一致。一是扎实开展“两学一做”学习教育。全市各级老干部工作部门先后召开离退休干部党员“两学一做”学习教育动员大会，对全市离退休干部党员“两学一做”学习教育进行全面部署。该局专门印制《离退休干部党员“两学一做”学习教育笔记本》2000份，发放到市直每名离退休干部党员手中，便于日常学习记录；先后举办中共十八届五中、六中全会和省、市党代会精神辅导讲座暨离退休干部党支部书记培训班以及生态文明大讲堂，并在全市离退休干部党员中开展“我看党的建设”“我与党心连心”主题征文活动，使老干部紧跟时代步伐，做到理论常新、思想常新。贵溪市给每位离退休干部党员送上“两学一做”学习教育小书包，举办离退休干部党员“两学一做”学习教育党史知识竞赛，调动了离退休干部党员参与学习教育的积极性。余江县把“两学一做”学习教育与精准扶贫结合起来，组织离退休干部党员募捐精准扶贫款4万余元，送到扶贫对象家中，提高了“两学一做”学习教育的实效性。二是推进党组织科学化建设。认真落实全面从严治党要求，规范离退休干部党组织建设，选好配强党组织书记，严格执行各项制度规定，严肃党内政治生活，开展好党内各项活动，离退休干部党组织凝聚力不断增强。市委老干部局探索建立在职领导挂点联系离退休干部党支部网络区制度，积极创新组织设置形式，在老年大学协会、老年艺术团、老年台球兴趣小组3个涉老社团中建立党组织，方便老干部就近学习、就近活动、就近得到教育。月湖区针对单位小、离退休干部党员少的实际情况，成立离退休干部党员联合支部，丰富了党组织设置形式。三是增强思想政治工作的针对性和时效性。认真落实离退休干部理论学习、情况通报、参观考察、看望慰问等制度，召开了市直厅级离退休干部迎新春茶话会和形势通报会，市委领导与老干部亲切座谈，通报全市经济社会发展情况，诚恳听取老同志的意见建议；结合开展走访慰问，与老干部面对面地进行谈心，及时了解老干部思想动态，提高了思想政治工作的针对性和时效性。

【扎实开展增添正能量活动】 全市各级老干部工作部门积极探索，大胆创新，统筹谋划活动开展，取得明显成效。一是精心谋篇布局。市委领导多次听取并专题研究增添正能量工作，对引导老干部开展正能量活动提出明确要求。该局在深入调查研究、广泛征求意见的基础上，形成“一年起步、两年提升、三年推广、四年规模、五年常态”的工作思路，印发了《鹰潭市增添正能量活动五年（2016–2020）工作规划》，对活动开展进行统筹谋划，推动活动逐步步入科学化、体系化、制度化、规范化轨道。二是着力建好平台。各地各单位紧紧围绕中心和大局、重大时间节点，把老干部所能所愿与社会所需所盼相结合，积极搭建更能体现正能量活动主题的载体平台，为老干部发挥作用、增添正能量创造条件。一年来，全市各级老干部工作部门共组织老干部志愿服务队开展义诊、义务咨询、义务演出等公益活动60余场（次）。三是打造活动品牌。积极实施“鹰潭银发人才开发工程”，深挖老干部能人资源，抓好正能量活动品牌化建设试点工作，推动活动阵地化、品牌化和常态化，得到了省局领导的充分肯定。首届鹰潭市“最美老干部”、贵溪市滨江镇退休干部黄新发，退休后成立“黄新发工作室”，利用自身多年积累的司法调解工作经验，同时吸纳全镇有热情、有经验的退休干部和“五老”人员，构建起网格化工作模式，化解了大量基层矛盾纠纷，为党分忧、为民解难，被当地党委、政府誉为社情民意气象站、安全普法宣传站、平安创建指导站、法律政策服务站和矛盾纠纷终点站，树起了正能量活动的一面旗帜。四是注重舆情宣传。组建网络宣传队伍，引导老干部以江西网、大江网等主流媒体为阵地，通过撰写网评文章、上传图片、发布博客微博，为鹰潭经济社会发展点赞喝彩。

【全面提升服务水平】 一是始终坚持敬爱致恭服务老干部，为老干部做好事、办实事、解难事。高度重视与财政、社保、卫生、医院等涉老部门之间的良性协调关系，不断完善和保障离休干部三个机制的运行。二是全面调整提高老红军、抗战离休干部配偶生活补助标准，让老红军、抗战离休干部及其配偶及时共享改革发展成果。三是充分利用社区居家养老服务中心资源，持续推进“四就近”服务试点工作，先后建立和完善公园社区、化工厂社区居家养老服务老干部平台，为离退休干部提供多元服务、精准服务和优质服务。四是坚持在重大节日、老干部家中出现变故、老干部生病住院时走访看望老干部，一年来共看望住生病院老干部27人次，参加老干部遗体告别仪式19次，走访慰问离休干部68人、离休干部遗属17人、副厅以上老干部56人。五是认真落实老干部信访接待制度，全年接待并妥善处理老干部来信来访来电26人（次），做到事事有回音，件件有落实，赢得了老干部的理解和信任。

【坚持推进文化养老】 一是大力推进全市老年大学建设。该局联合市发改委、市规划局、市老年大学等单位开展市老年大学新校区建设项目专题调研，形成专题调研报告，加快老年大学新校区立项建设步伐。市老年大学充分利用自身优势，成功举办了以“庆祝建党95周年和纪念红军长征胜利80周年”为主题的第四届老年艺术节，展示100余个声乐、舞蹈等节目，展出书画、摄影、手工艺作品400余幅；举办了以“展银发风采，做合格党员”为主题的庆祝建党95周年文艺演出，充分展示了鹰潭市老干部积极向上的精神风貌。二是成立鹰潭市老年大学协会，选举产生了第一届协会理事会，促进了全市老年教育的发展和老年教育教学质量的提高。各县（市、区）老年大学办学规模不断扩大，办学水平不断提高，办学条件日益改善。三是全面提升老干部活动服务水平。各地各单位依托活动阵地，积极组织老干部开展科学文明、健康向上的文体娱乐活动，不断丰富老干部精神文化生活。市老干部活动中心根据老干部的爱好和特点，举办了围棋知识讲座和培训班；在节假日期间，举办了扑克、台球、象棋等项目内容的文体赛；组织引导老干部与兄弟单位举行了丰富多彩的友谊比赛，参加了全省第五届老干部乒乓球赛，取得了团体第四名的历史最好成绩。

【不断加强自身建设】 扎实开展“两学一做”学习教育，不断巩固“三严三实”专题教育成果，努力提升老干部工作队伍自身素质，全市离退休干部和老干部工作人员未发生一起违法乱纪和越级访等事件。按照“四讲四有”要求建章立制，以思想、能力、作风建设为重点，教育引导干部职工爱岗敬业、精神业务、依法办事、热情服务、无私奉献，先后涌现了一批先进典型。局长陈小丽被中组部、人社部评为“全国老干部工作先进个人”。深入开展落实“双联系”制度深化“四进三改两覆盖”活动、精准扶贫、新农村建设和防汛工作挂点帮扶活动，不断引导干部职工增强服务意识，为群众多办实事、多办好事。

（万保功）

【市委老干部局副县级以上干部名录】
市委组织部副部长、局长：陈小丽（女）
副局长：吴兵生　吴英娟（女）
副调研员：徐建国
副县级干部：楼丽娟（女）

市直机关工委工作

【概述】 2016年，在市委的坚强领导下，在省直机关工委的指导下，全市各级机关党组织深入学习贯彻中共十八届三中、四中、五中、六中全会和省、市党代会精神，认真贯彻落实中央、省市全面从严治党的各项部署，围绕中心、服务大局、开拓创新、积极作为，机关党建各项工作取得了新的进展，同时也得到了各级领导及省内外兄弟单位同仁的充分肯定。2016年省内外兄弟单位先后5次到鹰潭市参观、调研、交流党建工作，对鹰潭市机关党建工作给予了高度的评价。

【强化思想引领，着力抓好思想政治建设】 一是把学习中共十八届四中、五中、六中全会和省、市党代会精神作为首要政治任务。认真组织机关党员学习中共十八届四中、五中、六中全会和省、市党代会精神，用科学理论武装头脑，用党的前沿理论指导实践。多层次举办市直单位机关党委书记，专（兼）职副书记、支部书记、机关科以上党员干部培训班，专题学习贯彻中共十八届五中、六中全会和省市党代会精神，学习习近平总书记系列重要讲话精神，确保讲话精神及省市要求在机关落到实处。各基层党组织充分结合单位实际，采取中心组学习、专题研讨、集中培训、开设讲座、在线学习等多种方式，组织党员干部学习会议公报和专家解读，切实把思想统一到中央的要求上来，确保了机关党员干部在思想上、行动上始终与以习近平为核心的党中央保持高度一致。二是深入做好深化改革中的思想政治工作。及时了解掌握党员干部的思想动态，认真分析研判，完善反映机制，有针对性地加强思想引导，注重解决实际问题。积极组织开展向程永林等模范人物学习，用先进典型引领机关党员干部见贤思齐、从善如流。深化机关精神文明建设，继续推进志愿服务、道德讲堂实践体验活动和“感动鹰潭”评选等工作，着力加强中华传统美德教育，引导党员干部恪守社会公德、职业道德、家庭美德、个人品德，自觉培育和践行社会主义核心价值观。三是积极开展学法守法用法教育。认真学习宣传贯彻党的依法治国理念，围绕推进法治鹰潭建设，开展学法、守法、护法活动，强化党员干部法治观念，引导机关干部在学法、守法、用法上作表率，大力营造依法办事、依法行政的法治环境。切实做好防范和处理邪教的宣传教育工作，与市防范和处理邪教问题领导小组办公室联合在市直机关开展了“党建+反邪教”警示教育活动，2016年，市直机关工委被评为全市防范和处理邪教工作先进单位。

【扎实教育培训，着力提高党员干部队伍素质】 一是“两学一做”学习教育扎实开展。按照市委统一部署，通过抓方案制定和实施、抓问题整改、抓督察推进、抓领导干部带头等多种措施，不折不扣落实了教育的各个环节和步骤，确保了“两学一做”

9月3日，“恒大绿洲杯”鹰潭市市直机关运动会开幕，图为比赛现场

市直机关工委　供稿

教育时间、内容、措施和预期效果的落实，促进了学习教育在市直机关全面推进。市直各单位共开展中心组学习217次，主要领导上党课119次，县级以上党员干部上党课826次，召开支委会议、支部（党小组）集中学习会议1200余次。为丰富学习教育形式，组织了市直机关“两学一做”读书演讲比赛、知识竞赛、应知应会测试、摄影大赛等系列活动，促进了教育效果的提高。二是党务培训工作成效明显。按照市委党员干部五年教育培训计划，积级改进培训模式、丰富培训内容、增强培训实效，不断拓宽党务干部培训途径，扎实开展了各层次的党务干部培训。先后组织了市直机关基层党支部410余名书记专题学习培训班，市直各单位机关分管党建工作的领导122人“北京大学-党务干部能力提升研修班”，市直机关2100余名科级干部轮训班等。各级机关党组织也组织开展形式多样的学习、宣讲、报告会60余场、受教育党员4600余人。省直机关工委《风范》杂志以《创新形式、务求实效，持之以恒抓好机关党员思想政治教育》为题，报道了鹰潭市机关党建工作的经验作法。三是党内生活各项制度不断夯实。认真贯彻落实中央和省委、市委关于加强和规范党内政治生活的有关规定，严格落实“三会一课”、党员领导干部双重组织生活会、谈心谈话等党内生活制度，切实抓好了机关基层党组织设置、党组织班子建设、换届选举、党员发展、党员教育管理、党务干部配备等日常性工作。全年共调整党组织设置22个，调整党组织班子8个，调整党务干部30人，督促指导28个基层党组织完成换届选举，发展新党员87人。

【夯实“三大工程”，精心打造创新服务型党组织】 一是全力深化党建基础建设成果。按照市委部署和《关于全面推行“党建+”工作的实施方案》要求，结合鹰潭市“十三五规划”、四个鹰潭建设，扎实开展了市直单位“党建+”工作，力求把党建工作融入到机关建设和改革发展稳定的各方面、全过程，市直各单位纷纷结合单位实际和工作职责，进一步在党建工作与行政业务工作融合上下功夫，切实解决“两张皮”的问题，使党建工作与中心工作高度融合，无缝对接。二是夯实“连心、强基、模范”三大工程建设。进一步深化了“四进三改两覆盖”、党员志愿服务活动，着力加强“精准扶贫”的力度和水平，实现了点对点的精准帮扶和党建工作与“三大工程”的同频共振；扎实构建了党员干部“工作在单位、活动在基层、奉献双岗位”的长效机制，不断拓宽服务群众的方式和渠道，组织开展了主题为“共同携手，关爱留守儿童”“创建最干净城市”等机关党员志愿服务活动；市直各窗口单位纷纷开展“三亮三融”“党员先锋岗”等活动，党员亮身份，服务作表率，党员先锋模范作用得到加强，服务群众的意识和能力不断提高。三是开展机关党员干部春节回乡调研活动。在全市机关组织党员干部开展春节回乡调研活动，动员机关党员干部利用春节回乡探亲之机，走进基层、走近群众开展调研、了解和掌握社情民意，取得了丰硕成果，调研活动得到了市直各单位党组织的积极响应，形成87篇接地气、有较高质量、可供参考、易于应用的调研报告，在智力上提高了围绕中心、服务大局的水平。工委荣获了省直机关工委颁发的全省机关党员干部春节回乡调研活动优秀组织奖。

【落实从严治党，着力夯实机关干部作风】 一是推动反“四风”向深度和广度延伸。持之以恒反“四风”及其新变种，深入推进“红包”“违插”“微腐败”等问题专项治理，严防死守“四风”问题反弹回潮，着力“不作为、乱作为”现象整治，加大对作风问题的常态化监督，推进反“四风”向深度和广度延伸；加强了明察暗访的力度，全年组织专项检查和明察暗访10余次。二是扎实落实“两个责任”。进一步加强落实党组（党委）领导主体责任和纪委监督责任的督查察作，真正做到了把责任放在心上、抓在手上、扛在肩上；加强了对党员干部的日常监督管理，推动“两个责任”延伸落实到每个支部、每名党员。认真贯彻中央和省委、市委从严管理党员的要求，妥善处置不合格党员，疏通党员出口。2016年共处分12名机关党员干部，其中县级领导干部11人，警告8人，严重警告1人，留党察看两年1人，开除党籍2人。

【注重文化建设，努力构建和谐文明机关】 一是文体活动蓬勃开展。举办了“渥泰科技杯”市直机关拔河比赛和“恒大绿洲杯”市直机关运动会。组织机关2500余人参加了全市庆“五一” 文明健步走活动、庆祝建党95周年歌咏比赛和全市第四届职工运动会。成功在经济大厦推广第九套广播体操活动。组建了200余人的市直机关舞蹈队、腰鼓队，柔力球运动队，并出色完成了机关干部文明健步走、庆祝市老年体协成立30周年及旅发大会期间的表演任务。二是加强困难党员关爱救助活动。注重了对党员干部服务体系的建设，进一步完善和更新了困难党员档案，把做好重要节日党员走访慰问与随时提供救助相结合，及时走访慰问市直机关老党员、老劳模、困难及身患重病的党员、职工。2016年共走访慰问困难党员、困难职工87人，送去慰问、救助金28万余元；切实发挥了互助保障“保护伞”作用，对出险的党员、职工及时理赔，第一时间把组织关怀送到党员干部手中。

（李和印）

【市直机关工委副县级以上干部名录】
市委副秘书长、工委书记：周佐明
工委副书记：邓建华 许莉萍（女）
工委委员：熊爱真（女，2016.2~）
洪 都（~2016.2）

党校工作

【概述】 2016年，在市委的坚强领导和省委党校的有力指导下，党校校委一班人团结带领全校教职工认真开展“两学一做”学习教育，认真履行培训轮训党员领导干部职责，圆满完成年度干部教育培训任务，党校办学质量、科研水平、校园改造、队伍建设整体提升，各项工作上了一个新台阶。

【干部教育培训】 全年培训轮训各级各类干部3239人。其中全市县级干部学习贯彻中共十八届五中全会精神轮训班4期，轮训县级干部703人；“三区 ”科级干部学习贯彻十八届五中全会精神轮训班2期，培训180人；公务员依法行政教育培训班9期，培训1800人；党校主体班4期184人；行政学院主体班1期104人；社会主义学院主体班1期52人。此外还举办了一期公务员录用面试考官培训班，培训92人，承接了中石化中层干部理想信念教育培训班一期84人和市农业银行系统入党积极分子培训班1期40人。

【科研资政】 全年共发表论文15篇；申报各类课题13项（其中省委党校课题2项，省党建研究会课题2项，全省组织工作调研课题1项，市级课题9项）；组织5篇论文参加全省党校系统学习贯彻中共十八届五中全会精神理论研讨会，获一等奖1项，组织1篇论文参加“地方政府治理——九江论坛”研讨会。市委党校被评为鹰潭市社科工作先进社联。

【师资队伍建设】 加强对教师队伍的培养。继续选派教师到中央党校、省委党校和浙江大学等高校进行学习进修；同时建立一套完备的学习制度，把平时自学与集中学习结合起来。规定每年的读书笔记、学习记录副科级以上干部每年不得少于两万字，一般干部不少于一万字。

【校园建设】 项目建设上成绩斐然，亮点频出。综合大楼的建设正在抓紧推进当中，食堂的改建已经获得市政府批复，建成后将与综合大楼连为一体，极大提升该校办学能力；新增38亩土地的三通一平的前期工作也在紧锣密鼓推进之中。同时，市委党校着眼于长远性、整体性、全局性的改造思维，请市规划局对该校整体布局进行了重新规划。

（徐卫华）

【市委党校副县级以上干部名录】
市委副书记、校长：彭世东（~2016.3）、肖良（2016.9~）
常务副校长：祝春明
副校长、调研员：涂其新
副校长：王蒙茂 高秀英（女）
校委委员、副县级组织员：邹丽华（女） 龚剑平
副调研员：李水良

史志工作

【概述】 2016年，市史志办公室认真贯彻中共十八届六中全会和省、市党代会精神，紧紧围绕市委、市政府中心工作，贯彻落实全省党史、地方志办主任会议精神，切实履行部门职责，扎实开展“两学一做”专题教育，强化内部管理，不断开拓进取，各项工作稳步推进。

【召开县（市、区）史志工作会议】 年初，召开2015年度县（市、区）史志工作考评会议，3月份召开2016年全市史志办主任会议，传达贯彻全省党史研究室主任、全省地方志办主任会议等精神，对2015年度史志工作进行总结，并对获得市史志系统年度工作先进单位的县（市、区）史志办予以表彰。部署2016年度全市史志工作，修定下发《2016年县（市、区）史志工作目标考核实施细则》。

【完成省党研室、地方志办交办的任务】 完成省委党研室下派的中央党史研究室关于开展基层党史工作专题鹰潭地区相关调研工作并上报材料。上报《唱响龙虎天下绝》专题稿至省委党研室。完成省方志办交办的《江西年鉴（2016卷）》鹰潭部分供稿，地方志系统志书、年鉴编纂出版

统计工作，修改完善《江西省志·市县概况》鹰潭部分稿件。

【开展《鹰潭年鉴》的编撰出版工作】 一是完成《鹰潭年鉴（2015年卷）》的校印和出版工作。二是启动《鹰潭年鉴（2016年卷）》的编撰出版工作。以市委办、市政府办的名义下发《关于<鹰潭年鉴（2016年卷）>编纂工作的通知》，经收集稿件、编辑、校队后已将书稿送方志出版社审改。

【编辑《鹰潭大事记》】 按月记事编辑《鹰潭大事记》，每两月1期，出刊6期，分送市四套班子领导阅看。

【合编出版《新四军与鹰潭》《抗战在鹰潭》】 与市新四军研究会等单位合编反映鹰潭区域新四军活动和鹰潭区域军民抗战的历史，两书共70万余字，6月份举行公开出版发行会，市四套班子领导等参加了会议。

【编写《市委书记陈兴超同志鹰潭工作实录》】 按照市委办公室的要求，组织人员以大事记的形式，汇编市委书记陈兴超2011年8月26日至2016年6月30日期间在鹰潭工作的大事要事，共计7万字。

【开展《中国共产党鹰潭历史》（第二卷）和《大事记》的资料征集和编纂工作】 确定参编人员并召开编写会，到市档案局、贵溪市档案局、余江县档案局查找相关资料，进行初稿撰写。

【开展重大事件纪念活动】 为纪念建党95周年，协助市新四军研究会做好中央党研室原副主任章百家在市委中心组集体学习（扩大）会上讲授专题党史课。与市委宣传部等单位一道举办“信仰的力量——纪念中国工农红军长征胜利80周年”图片展。组织办里人员收看10月21日上午的纪念红军长征胜利80周年大会，并对习近平总书记在大会上的重要讲话进行专题学习，形成《坚定理想信念，努力走好新的长征路》体会文章在《鹰潭日报》上发表。

【开展史志宣传教育】 与鹰潭日报社联合开辟“弘扬长征精神，决胜全面小康”专栏，刊登文章共11期，2万余字。与市关工委、市新四军研究会联合开展党史、军史进校园活动，到江西师范高等专科学校、鹰潭市第一中学进行《红军北上抗日先遣队与鹰潭区域三年游击战争》专题授课，听众达1200余人。撰写《探析新形势下全面从严治党的特点和规律》等文章并在《党史文苑》《鹰潭日报》上发表。开展《党史文苑》杂志的征订工作。与北京等外省市交换志书年鉴等书籍，通过征集、交流形式充实地情资料上百册并整理上架。在省党史、地方志网站和刊物上报道本办工作动态。对该市革命遗址保护项目申报报告提出意见，为贵溪市白田乡一村小组提供其为苏区所辖的证明。

【形成《鹰潭市十三五史志工作规划》】 按照上级十三五史志工作要求，结合鹰潭市史志工作实际，形成《鹰潭市“十三五”史志工作规划》文稿，并提请市委办公室、市政府办公室以文件形式下发。

【开展省级课题研究】 专门到塔桥园艺场召开启动会议，形成《上海、南昌知青与塔桥园艺农场资料汇编》编纂方案并组织开展编写工作。

【开展史志指导工作】 办班子成员、职能科室负责人到余江、贵溪、月湖史志办就史志工作的开展情况进行调研指导，对余江县党史一卷进行最终审稿，对贵溪党史一卷、月湖区党史正本的编写工作进行专门指导。参加《贵溪市志》《鹰潭市人防志》《余江文物志》等评审会。

【加强办人员业务学习】 派人参加全国第一次方志馆工作会议、全国城市年鉴研讨会、《江西省志·市县概况》初评会等。

【开展“两学一做”学习教育】 从5月份开始，召开办领导班子会议、全体党员大会，研究部署启动办“两学一做”学习教育，成立办学习教育领导小组。通过建立办党建学习微信群和QQ群进行宣传学习、开展党课讲授、进行专题讨论、查找问题不断把“两学一做”专题教育活动推向深入，查找办机关、党员领导干部和普通党员在理想信念、实事求是、改革创新、艰苦奋斗、践行党的宗旨、联系和服务群众等方面存在的突出问题共11条，并逐一进行整改，取得一定成效。在“两学一做”学习教育中，结合本职工作和实际情况开展了丰富多彩的活动。如开展“党员活动日”学习和交流活动、组织办党员观看“永远在路上”等专题教育片、组队参加全市庆“五一”万人健步走活动、组织办里人员到鹰潭公园的铭思亭开展清明祭奠抗日战争阵亡将士暨殉难同胞活动、“七一”前后组织党员重温入党誓词、党员志愿者活动等。

【加强组织和作风建设】 一是完善制度，提高党建工作科学化水平。明确全年党建工作的目标和任务，进一步建全了党建工作目标责任制、绩效考核制，完善了民主评议党员制度、“三会一课”制度、党内情况通报制度、科级干部考核办法等制度，形成了上下贯通共抓党建的良好运行机制。注意机关党建的物质保障，支部党建所需经费都在单位经费中给予保证。推进机关党建标准化项目建设，对各项党建资料、党员档案管理实行规范化管理，开展了党员组织关系排查工作，党员名册资料齐全。二是开展“党建+”系列工作。制定《市委党史办关于全面推行“党建+”工作的实施方案》，在每月全办人员例会上，明确应做的工作和相关责任科室和人员，确保各项工作都与党建工作相融合。三是推进连心工程，做好精准扶贫相关工作。年初，办领导班子到精准扶贫对象贵溪市志光镇塔桥村和湖石村12户家中进行元旦春节走访慰问活动，在办公经费紧张的情况下，拿出2400元，用以慰问12户贫困家庭。“六一”儿童节和“七一”建党、“国家贫困日”期间到精准扶贫点看望贫困儿童和贫困户，分别送上400元和2400元、2400元慰问金。及时组织扶贫干部下到每个困难户家中进行摸底排查，确保准确了解掌握困难户的基本信息和诉求。

【完成市各项中心工作】 认真做好重大节假日以及会议期间的值班稳定工作、机关公共节能、计生、防汛、公车改革等中心工作。获2015年度综治先进单位、2015年度计生先进单位称号、保持了2015年度精神文明创建单位称号。

（杨保平）

【市史志办副县级领导干部名录】
主任：况建军
副主任：朱仕平　陈志敏
副调研员：夏永军（女）

档案工作

【概述】 2016年，在鹰潭市委、市政府领导下和江西省档案局指导下，鹰潭市档案局始终坚持以邓小平理论、“三个代表”重要思想和科学发展观为指导，以档案法治建设为保障，以档案规范化管理为抓手，以档案宣传教育为平台，深入贯彻落实中共十八大，中共十八届四中、五中、六中全会精神，扎实开展“两学一做”专题教育，在改善档案事业发展环境、档案资源建设、档案信息化建设、档案公共服务能力建设等方面取得了一定的成绩。一是为贯彻落实省两办《实施意见》，市档案局主动向市委、市政府汇报学习贯彻情况，争取重视和支持。2016年6月，鹰潭市委办、市政府办联合下发《关于进一步加强和改进新形势下全市档案工作的实施意见》。实施意见从档案工作重要性、完善体制机制、推进“三个体系建设”、强化保障支持等方面进行系统阐述，对做好新形势下鹰潭市档案工作提出了要求。二是制定《鹰潭市档案事业发展“十三五”规划》，档案事业发展列入《鹰潭市国民经济和社会发展十三五规划》。组织召开全市档案工作会议，来自各县（市、区）档案局(馆)负责人和部分档案工作者参加了会议，市政府副市长辜清对会议作了重要批示，会议总结交流工作经验，表彰先进，研究布置新时期档案工作。

【依法治档】 1.为大力宣传鹰潭市档案事业，提升档案工作者的社会意识和公众的档案意识，鹰潭市档案局及时制定并实施《市档案局“七五”法治宣传教育工作规划(2016–2020)》《市档案局2016年法治宣传教育工作计划》积极开展档案法治宣传教育工作。

2.为庆祝6·9“国际档案日”，市、县档案部门制定方案，认真策划，围绕“档案与民生”主题开展活动。一是开展“档案与民生”征文活动；二是制作“档案与民生”“名人档案”宣传画册和展板，6月8日在鹰潭公园展出，设立了咨询台，印发宣传单1200份，图文并茂的宣传板块，引得广大市民驻足观看；三是利用多种媒体宣传，在鹰潭电视台播出宣传幻灯片，在市区各大型LED显示屏滚动播放宣传标语，利用短信、微信、网站等平台加强宣传。贵溪市、余江县、月湖区通过发放宣传单、制作宣传牌和大型彩虹门等开展了一系列宣传活动。四是组织开展“法律六进”送法到企业、校园活动。贯彻国家档案局第10号令，召集市酒店集团等企业档案工作人员参加座谈，集中进行学习讲解和指导。开展档案法治宣传教育进校园活动，与江西师专联合制作“学籍档案、档案与民生”主题宣传展板，悬挂横幅，发放了宣传资料和传单。市、县档案部门开展的一系列档案宣传活动，旨在充分利用“国际档案日”这一时机，宣传档案和档案工作的特殊价值，展现档案工作“记录历史、传承文明、服务社会、造福人民”的重要作用，展示档案工作者“忠诚、敬业、创新、奉献”的精神风貌，提升档案工作者的社会意识和公众的档案意识，增强档案工作服务鹰潭科学发展跨越发展的能力。在全市“六五”普法的考核检查中，市档案局法治宣传教育工作得到了充分肯定，获全市“六五”普法先进单位荣誉称号。

3.加强档案行政执法管理，积极做好“双随机一公开”工作。一是结合档案行政权执法职能，制定随机抽查事项清单，建立检查对象名录库和执法检查人员名录库；二是组织参加江西省领导干部网上法律知识学习和考试，做到了参学率100%，参考率100%，合格率100%。三是制定档案工作随机抽查工作细则，组织开展年度档案执法检查，从11月中旬开始，对市直立档单位和县（市、区）档案部门进行了档案行政执法检查。四是积极做好档案行政审批服务窗口工作，贯彻落实市行政服务中心《关于开展简化优化公共服务流程方便基层群众办事创业工作的通知》的要求，开展公共服务事项的清理工作，完成公共服务事项清单、档案查阅利用服务流程图、档案查阅利用指南、“办事指南类”服务事项信息要素表等的制定。

【档案基础业务建设】 一是市档案馆新馆建设工作进展顺利。年初，鹰潭市政府启动新馆建设项目，6月市政府下发综合档案馆建设抄告单，确定了建设项目选址。新馆建设已经列入2017年市本级政府投资项目计划，建设内容包括市档案馆、城建档案馆、房产档案馆。余江县档案馆新馆已完成档案密集架和底图密集架的装配，同时购置办公、库房除湿机、温湿度控制仪、档案消毒柜、防磁柜、书车、书梯等设施。二是积极开展“档案资源建设年”活动。鹰潭市档案局制定实施方案，强化措施，下发《关于做好2016年度到期档案移交和报送已公开现行文件工作的通知》，积极接收到期应移交的各种门类、各种载体档案，对该地区改革开放重大决策、重大活动、重大事件、重要工作、重点项目和民生工程形成的档案资料做到了应收尽收，能收尽收。积极介入，跟踪服务，将2016年全省旅游发展大会档案（包括电子档案）全部接收进馆，市药监、工商、质监三家机构改革单位档案全部进馆。2016年，全市共接收文书、会计、科技等纸质档案1.59万卷、1.39万件进馆。全市馆藏档案442个全宗，共28.8万卷及17.2万件，资料4.01万册，照片档案1.17万张，数码照片241张，实物档案660件，底图861张。其中鹰潭市档案馆2016年接收纸质档案7319卷、4446件进馆，臭氧消毒1.17万卷（件）。馆藏档案共166个全宗，纸质档案增加至11.29万卷、8.18万件，照片档案6875张，资料2.46万册，数码照片241张，1GB，录音录像9小时，12GB。三是在做好接收、征集档案资料的同时，鹰潭市档案馆还特别注意做好国家重点档案的抢救工作和到期档案的开放工作，对62个全宗到期档案进行了鉴定开放，累计开放1.31万卷、95件，开放档案目录3900条。全市综合档案馆累计开放档案357个全宗，6.99万卷、4.16万件，开放档案目录案卷级3.04万条，文件级1.14万条。

【档案的安全保管与利用】 一是积极构筑人防、物防、技防“三位一体”综合防范体系。加强内部管理，把安全责任、安全制度和保障措施落实到实处。2016年，重新修订并严格执行大楼局领导值班、节假日值班、交接班制度。落实档案安全应急预案和安全措施，坚持24小时值班制度，规范库房用电操作行为，增加大楼监控设施2个，维护烟感探头36个，更新配备消防灭火器20个，开展消防培训和实地演练1次。在库房适时投放防虫防霉药物，完善全宗名册管理，全面落实“八防”措施，确保了档案实体和信息的绝对安全。同时，市档案馆新馆建设工作进展顺利。二是做好日常档案查阅利用服务工作。优化服务环境，提高服务质量，修订完善了《馆藏档案利用协议》《馆藏档案外借利用协议》《档案资料查阅利用制度汇编》，实行档案利用者填写鹰潭市档案局（馆）档案资料查阅利用登记表暨档案信息惠民情况登记表制度，并对档案利用者进行随机选取填写鹰潭市档案服务满意度调查问卷，为档案服务工作提供参考。完成了《鹰潭年鉴—档案工作》和《6·9“国际档案日”征文汇编》的编写，完成档案利用实例编写10个。2016年，市、县档案馆共接待查档3876人次，调阅档案1.56万卷、册、件。开放档案目录案卷级2.86万条，文件级2.6万条。其中市档案馆共接待档案查阅387人次，调阅档案5626卷、册、件，开放档案1.21万卷、件，网上开放档案目录案卷级2873卷、文件级25条。为党政机关、社会各界提供了大量的宝贵的第一手资料，充分发挥了档案的原始凭证作用。

【档案业务监督指导】 1.强化目标管理考核。制定“县（市、区）、龙虎山景区、高新区、信江新区、市直单位档案目标管理年度考核标准”，把督促考核作为推进档案工作转型升级、提质增效的重要抓手。从11月起，组织开展市直110个立档单位和县（市、区）档案工作考核检查工作，针对检查发现的问题提出限期整改要求，并跟踪督察，不断提高档案工作规范化管理水平。

2.加强机关、企事业、重点建设项目和农业农村档案工作的指导。一是下发《关于做好2015年度文件材料归档工作的通知》，积极开展机关文件材料整理归档工作。二是推进机关、企事业单位档案工作规范化管理，完成贵溪市档案馆、月湖区消防大队、余江县消防大队、白塔渠管理局、中储粮鹰潭直属库等6个单位的升级达标工作。规范市属国有企业档案基础工作，与市国资委联合印发《关于贯彻实施企业文件材料归档范围和保管期限规定》的通知，完成市属国有企业归档范围和保管期限表的审核、审批工作，对三川智慧科技有限公司(上市企业)和老字号“潭花酒业”等企业档案工作进行了重点业务指导。三是开展重大活动档案服务。积极介入跟踪服务全省旅游产业发展大会，收集汇编材料1份，电子材料1份，照片21张并全部进馆。四是开展档案队伍岗位培训和素质教育，选送档案干部参加北京大学、省档案局综合能力、信息化业务培训。开展市直机关档案工作人员培训，与浙江大学联合举办全市档案跟踪人员综合能力提升研修班，参训人员80余人。五是做好土地确权档案收集整理归档工作，指导余江县做好农村土地承包权证数据库建设工作。全面完成农地确权档案收集整理工作的乡镇已达20个。六是指导重点项目建设单位做好项目文件材料收集、整理、归档和项目档案管理工作，加强重点建设项目档案进行登记，完成了6家省重点建设项目和20家市重点建设项目档案的登记工作。七是扎实推进国家重点档案普查和国家重点档案保护与开发工作。按照省档案局的要求，做好了国家重点档案普查工作，以国家局对重点档案的定义对馆藏的重点档案进行了全面清查，全市各级档案馆共清查重点档案

7017卷，同时组织各级档案馆开展国家重点档案保护与开放项目的申报工作，积极争取中央财政支持。

【档案信息化建设】 一是努力适应大数据时代要求，继续推进新中国成立后文书档案目录数据库建设，加快馆藏档案数字化转化进度。各级档案馆按照省局“十年翻两番”目标要求，积极做到“存量数字化，增量电子化”，积极开展馆藏档案案卷级目录数据库和新中国成立后文件级目录数据库建设，推进市、县两级档案馆馆藏纸质档案数字化工作。2016年，鹰潭市档案馆目录数据库建设达6.95万条，其中案卷级3.88万条，新增0.228万条；文件级33.39万条，新增0.41万条。深入县（市、区）档案部门检查指导档案数字化业务工作，督促、指导。全市档案目录数据库建设：案卷级条目达15万条，文件级条目达101.69万条，较上年有了大幅增长。二是《鹰潭市数字档案馆建设方案一期》经由市政府批准，并列入市本级政府2017年投资项目计划，建设规模包括系统建设（数字档案馆系统硬件建设，馆藏数字档案综合管理系统），市直立档单位虚拟档案系统和馆藏档案数字化加工，概算总投资500万元，计划2019年完工，2017年实现投资260万元。积极参与全省区域性数字档案馆应用平台建设对接，推动档案纵向业务网平台应用。特藏室和计算机用房建设筹备工作进展顺利。

【档案干部队伍建设】 学习教育是永恒的课题，档案队伍是档案工作的血液，是档案工作的践行者和推动者。市档案局积极推进机关自身建设，落实党风廉政建设“两个责任”。强化政治理论和专业知识的学习，坚持集中学习和个人自学相结合，不断提高理论和专业水平；认真落实党风廉政建设责任制，深化“三严三实”专题教育成果，抓好“两学一做”、“一准则、两条例”的学习落实，自觉遵守党纪党规，始终做到一身正气、两袖清风，努力树立党员干部清正廉洁的良好形象；不断创新工作思路、方式和服务机制，提高领导班子和档案干部执行力，强化机关作风建设，遏制“慵懒散”行为；加强档案人员培训教育。开展档案队伍岗位培训和素质教育，选送档案干部参加综合能力、信息化业务培训；着力抓好机关日常管理。进一步建立健全完善贯彻各项规章制度，做到用制度管人、管事，使机关管理更加制度化、规范化。积极做好了精准扶贫、机关纪检监察、精神文明、综合治理、节能减排、抗洪抢险、计划生育和绩效管理等工作。

（李　琳）

【市档案局领导干部名录】

局长、党组书记：邓员瑛（女）

副局长、党组成员：梅绍明　胡国良

副调研员、党组成员：梁少华　刘汉斌

调研员：程　华

鹰潭市人民代表大会常务委员会

编辑、校对：夏永军

综 述

2016年，在中共鹰潭市委的领导下，市人大常委会认真学习贯彻中共十八大和中共十八届三中、四中、五中、六中全会精神，深入学习贯彻中共中央总书记习近平系列重要讲话精神和治国理政新理念新思想新战略，紧紧围绕全市改革发展稳定大局，认真履行宪法、法律赋予的职责，圆满完成市级人大换届选举，顺利完成市八届人大六次会议确定的工作任务，各项工作取得新进展。全年听取和审议市“一府两院”工作报告13项，作出重大事项决议决定7项，开展执法检查6项、视察调研10项，对36件规范性文件依法备案审查，依法任免地方国家机关工作人员75人次。

一、依法促进改革发展和民生改善，为实现“十三五”良好开局积极作为

着力推进经济转型升级。围绕督促落实“稳增长、促改革、调结构、惠民生、防风险”政策措施和“去产能、去库存、去杠杆、降成本、补短板”任务，听取审议全市2016年上半年国民经济和社会发展计划执行情况的报告，充分肯定市政府积极应对经济下行压力、推进供给侧结构性改革所做工作，并在积极培育新的经济增长点、增强内生动力、全力推进经济转型升级方面提建议、谋对策。就发展林下经济、推进土地承包经营确权颁证和有序流转等工作开展调研、听取报告、提出意见，推动政府更加注重农业供给侧改革。立足于强化创新驱动、调整产业结构，组织代表视察评议全市大健康产业发展情况，督促做好产业资源要素集聚、产业企业集群发展等相关工作。一年来，市人大常委会还围绕旅游产业转型升级、文化产业做大做强等开展系列监督活动，对推动相关产业转型升级起到积极促进作用。

着力推进全口径预算决算审查监督。依法审查批准2015年市级决算，听取审议2016年上半年预算执行情况的报告，建议政府及职能部门积极落实“营改增”政策，加强财源配置，优化支出结构，促进预算目标如期实现。按照新修改的预算法要求，督促政府进一步完善全口径预决算编制工作，对市文广新局2016年部门预算、市林业局2015年部门决算进行重点审查。支持对重点领域、重点单位、重点项目的审计监督，跟进督促抓好审计查出问题的整改落实。审查批准2016年市级一般公共预算和政府性基金预算调整方案，要求财政资金向扶贫开发、产业结构调整、公共基础设施建设倾斜，增强经济社会发展的协调性和可持续性。

着力推进生态文明建设。顺应百姓对绿色发展的新期待，积极策应生态文明先行示范区建设，连续十三年开展“环保信江行”活动，聚焦农业面源污染治理，对农药化肥减量使用、畜禽规模养殖污染等重点难点问题开展检查采访，督促推进固体废物减量化、资源化、无害化管理。高度重视水环境和水资源保护工作，继续开展水库水质污染治理专项监督，要求加强部门协作联动、推进水环境综合治理。监督推进城乡生活垃圾治理，跟踪回访城区饮用水源地保护管理问题整改情况，以久久为功的韧劲助力打造美丽中国江西样板排头兵。

着力推进民生改善。按照市委精准扶贫、精准脱贫的部署，在分专题视察产业扶贫、安居扶贫、保障扶贫工作基础上，听取审议市政府精准扶贫开展情况的报告，要求严格扶贫开发责任、加大产业扶持力度、加强扶贫资源整合，推动扶贫政策落实到位。抓住群众关心的食品安全问题，开展食品生产加工小作坊和食品小摊贩问题调查，就加强食品行业监管提出监督意见。组织代表视察城区交通畅行工程管理运行情况，督促职能部门重点在疏导路面交通、规范车辆停放方面创新举措、改进工作。将政府十大惠民工程70件实事纳入常委会监督重点，充分发挥市人大专工委职能作用，采取持续跟踪措施，支持政府将好事办好、实事办实。跟踪监督全民健身活动场所建设与管理、学前教育、便民服务工程整改落实工作情况，促进社会事业发展更多惠及广大人民群众。

二、围绕法治鹰潭建设履行职责，促进依法行政、公正司法

有序启动地方立法工作。认真贯彻省人大常委会关于确定鹰潭市开始制定地方性法规时间的决定，及时组织起草《鹰潭市立法条例（草案）》，广泛征求专家、学者、人大代表和社会群众的意见、建议，常委会会议先后进行两次审议，形成较为成熟的法规草案，决定提请本次大会审议通过。在深入调研基础上，编制全市地方立法规划项目库，并制定2017年立法工作计划。重视加强立法能力建设，组织人员参加全国人大举办的业务培训、赴省人大跟班学习，建立立法专家咨询库，制定立法相关工作制度，为鹰潭市立法工作的稳步开展奠定较好基础。

推动法律、法规有效实施。注重把法律监督和立法需求调研有机结合，成立执法检查组专项检查《中华人民共和国文物保护法》实施情况，促进相关部门依法履行职责，切实保障文物安全。抓住社会关切的毒品危害问题，开展《中华人民共和国禁毒法执法》检查，推动鹰潭市禁毒戒毒工作深入开展。此外，还就《中华人民共和国水法》、《中华人民共和国工会法》、《中华人民共和国安全生产法》、《中华人民共和国职业教育法》实施情况进行执法检查，提出加强和改进执法工作的意见、建议并跟踪落实。全面总结"六五"普法工作，作出关于开展第七个五年法治宣传教育的决议，推动全体公民自觉尊法学法守法用法。对市"一府两院"、县（市、区）人大报送备案的36件规范性文件进行认真审查，切实维护法制统一。

促进社会公平正义。在组织代表视察审务公开、检务公开的基础上，分别听取审议市中级人民法院、市人民检察院关于推进司法公开情况的专项报告，督促"两院"认真落实司法体制改革任务，以司法公开促进司法公正。结合听取审议"两院"上半年工作情况报告，组织部分市人大代表旁听人民法院庭审、参加检察开放日活动，就改进审判、检察工作提出意见、建议。坚持把信访工作作为密切联系群众、服务改革发展稳定的重要渠道，全年接待来信来访79件（次），努力维护人民群众合法权益。

三、践行人民至上理念，致力发挥人大代表主体作用

拓宽闭会期间代表履职途径。进一步扩大人大代表对常委会工作的参与，安排36名代表列席常委会会议，邀请90余名代表参加常委会组织的视察、执法检查和专题调研，引导代表在人大工作实践中提升履职水平、作出积极贡献。依托各专门委员会和工作委员会，在立法工作、监督工作中充分发挥代表作用，有力提升常委会履职的专业水平。先后组织代表围绕产业升级、重点工程建设、环境保护、宗教活动场所建设与管理等开展视察调研，并将视察情况及时反馈市"一府两院"。探索开展在乡（镇）设立人大代表联络工作站试点工作，为代表联系群众搭建平台。

加强代表建议督办工作。市八届人大六次会议期间收到代表提出的建议76件，由市政府及有关部门按程序全部办理完毕，代表均表示满意或基本满意。在经常性督办的同时，选择其中8件建议进行重点督办，起到良好示范效应。如针对"关于进一步优化企业发展环境的建议"，市政府出台《关于降低企业成本优化发展环境的若干政策措施》，进一步促进企业发展；"关于规划建设城区豆制品、米制品集中加工区的建议"得到市政府高度重视，将其列入十大惠民共享工程70件实事，项目已开工建设。为认真回应代表和群众关切，常委会还对市八届人大一次会议以来代表建议办理工作进行"回头看"，对列入规划解决的建议督促承办单位列出时间表，形成建议办理倒逼机制。市九届人大一次会议期间收到代表提出的96件建议已全部交办，各承办单位正在办理。

做好人大代表换届选举工作。按照市委统一部署，及时提出做好全市县、乡两级人大换届选举工作的实施意见，作出市九届人大代表名额分配的决定，为换届工作有序推进创造条件。就市、县、乡三级人大代表选举工作开展调研指导和跟踪督察，督促各地严格遵守相关法律、法规和换届纪律。从选举结果看，新一届人大代表结构进一步优化。根据《中华人民共和国地方各级人民代表大会和地方各级人民政府组织法》法规定，换届后于法定期限内完成新一届市政府工作部门主要负责人的任命工作。

四、适应新形势新任务，不懈加强自身建设

始终坚定正确的政治方向。深入学习贯彻中共中央总书记习近平系列重要讲话精神，突出思想政治引领，坚定"四个自信"，树牢"四个意识"，自觉同以习近平为核心的中共中央保持高度一致。扎实开展"两学一做"学习教育，严肃党内政治生活，巩固扩大党的群众路线教育实践活动和"三严三实"专题教育成果。认真学习贯彻中央和省委、市委有关精神，重要工作、重大事项主动向市委请示报告，始终把党的领导贯穿依法履职全过程。

重视加强履职能力建设。新一届市人大常委会秉承继承创新的原则，制定《关于加强市人大常委会自身建设的决定》，从六个方面就常委会依法履职提出要求、作出规范。创办"人大讲堂"，举办专题知识讲座，编印人大工作重要文件、法律法规选编，着力提升依法履职能力和水平。适应中央加强市县乡人大建设新要求，增设人大常委会法制工作委员会、备案审查工作委员会、预算审查工作委员会，并制定工作规则，规范履职行为。密切与县（市、区）人大联系，形成重要监督事项上下联动、协调推进的工作格局。坚持全面从严治党，深入推进机关党风廉政建设，共同维护风清气正的政治生态。

重要会议

【市第九届人民代表大会第一次会议】 10月31日至11月3日，鹰潭市第九届人民代表大会第一次会议在市区召开，此次会议应到代表277人，实到代表272人，符合法定人数。大会预备会议由市八届人大常委会主持，全体会议由大会主席团主持。

此次大会的主要任务是：深入贯彻中共十八大、中共十八届三中、四中、五中、六中全会和习近平总书记系列重要讲话精神，认真落实中共鹰潭市第八次代表大会精神，遵循“五位一体”总体布局和“四个全面”战略布局，坚持党的领导、人民当家做主和依法治国有机统一，按照“坚持发展新理念，推进鹰潭新跨越”要求，全面总结市八届人大一次会议以来的各项工作，确定今后五年全市经济社会发展目标任务，选举产生鹰潭市新的一届国家机关领导人员，动员全市人民进一步坚定信心、锐意进取、扎实工作，全面贯彻“五大发展理念”，扎实推进鹰潭跨越发展，为同步全面建成小康社会而努力奋斗。

根据会议的主要任务，会议听取和审议了市人民政府代市长曹淑敏所作的市人民政府工作报告，听取和审议了市人大常委会主任杜德春所作的鹰潭市人民代表大会常务委员会工作报告，听取和审议了市中级人民法院院长陈仁生所作的鹰潭市中级人民法院工作报告，听取和审议了市人民检察院检察长李莉安所作的鹰潭市人民检察院工作报告，会议表决通过了上述报告的决议。受市政府委托，市发改委向大会提交了鹰潭市2016年1—9月国民经济和社会发展计划执行情况的报告，市财政局向大会提交鹰潭市2016年1—9月预算执行情况的报告。

为严肃换届纪律，确保大会选举工作顺利进行，省委专门委派以省纪委驻省委组织部纪检组组长宋斌为组长的省委换届工作指导组，和以省人大常委会选任联工委副主任公艳萍为组长的省换届选举现场督导组，对市九届人大一次会议选举工作进行全程指导和督导。大会秘书处将换届纪律教育列入大会日程安排，要求各代表团集中学习有关换届纪律规定、组织代表中的中共党员签订遵守换届纪律承诺书、集中观看警示教育片《镜鉴——湖南衡阳、四川南充“两案”警示录》。同时，市委还召开了中共党员会议和临时党委成员会议，市委书记陈兴超、副书记肖良分别作重要讲话，就遵守换届纪律提出明确要求，着力强化代表纪律观念和规矩意识，确保换届选举风清气正。

大会采取无记名投票表决方式，选举郭清为鹰潭市第九届人大常委会主任，程芦山、刘育虹、李力、周永江、杨森、胡高堂6人为常委会副主任，江鸿为常委会秘书长，杨海林、张一鹃、徐慧、项玉林、谭国平、汤小敏、龚著宝、黎玉平、吴寿轩、吴拓宇、周赣忠、张之逊、祝光进、陈建东、徐文艺、严国安、张贵华、汪翠微、李激、舒平贵、许凤成、周佐明、李荣生、张洪堂、祝晓勤、谭建新、朱淑英、李新国、李强祖、吴建华、姚军31人为常委会委员；选举曹淑敏为鹰潭市人民政府市长，张福庆、黄占共、吴文戈、邓伟、蔡江、张子建6人为副市长；选举陈仁生为鹰潭市中级人民法院院长；选举李莉安为鹰潭市人民检察院检察长，并报经省人民检察院检察长提请江西省人大常委会批准。大会采取举手表决方式，通过了市人大法制委员会、内务司法委员会、财政经济委员会、教育科学文化卫生委员会组成人员名单。选举结束后，举行了宪法宣誓仪式。

闭幕会上，市委书记陈兴超、新当选的市人大常委会主任郭清、新当选的市人民政府市长曹淑敏分别作重要讲话。

会议期间，市委书记陈兴超和曹淑敏、肖良、杜德春、郭清、余正琨等同志一道，看望出席大会的市九届人大代表，并与全体与会人员合影留念。

【市八届人大六次会议】 1月12日至15日，市八届人大六次会议在市区召开，本次会议应到代表276人，实到代表265人，符合法定人数。会议听取和审议了市人民政府工作报告、市人大常委会工作报告、市中级人民法院工作报告、市人民检察院工作报告，并通过了上述报告的决议；审查和批准了鹰潭市国民经济和社会发展第十三个五年规划纲要；审查和批准了鹰潭市2015年国民经济和社会发展计划执行情况与2016年国民经济和社会发展计划草案的报告；审查和批准了鹰潭市2015年全市和市级预算执行情况及2016年全市和市级预算草案的报告；通过了关于设立鹰潭市人民代表大会法制委员会的决定；补选雷晓燕、甘筱青、沈建华、李友鸿为省十二届人大代表、吴炳生为鹰潭市人大常委会副主任；补选李莉安为鹰潭市人民检察院检察长，并报经省人民检察院检察长提请江西省人大常委会批准；通过了鹰潭市人民代表大会法制委员会主任委员、副主任委员、委员的人选。

【市人大常委会会议】 1月9日，市八届人大常委会第三十七次会议举行，市人大常委会主任杜德春，副主任杨晓群、卢越明、徐晓年、程芦山，秘书长江鸿和委员共28人出席会议，副主任刘育虹主持会议。市政府副市长李力，市中级人民法院、市人民检察院、县（市、区）人大常委会负责人和市人大机关县级干部列席会议。会议听取和审议了市八届人大常委会代表资格审查委员会关于终止和补选代表的代表资格审查报告；审议了市人大常委会工作报告

（讨论稿），决定提请市八届人大六次会议审议；审议了市八届人大六次会议议程草案、主席团和秘书长名单草案，决定提请市八届人大六次会议预备会议审议；审议了市八届人大六次会议日程草案、主席团常务主席名单草案、执行主席分组名单草案、副秘书长名单草案、关于设立鹰潭市人民代表大会法制委员会的决定草案、选举和通过人选办法草案、表决议案办法草案、代表提出议案截止时间的决定草案，决定提请市八届人大六次会议主席团第一次会议审议；审议并表决通过了市八届人大六次会议列席人员、邀请人员和邀请在主席台就座人员名单；审议并表决通过了关于接受罗庆华辞去市人民检察院检察长职务请求的决定；审议并表决通过了人事任免事项，决定任命李莉安为市人民检察院副检察长，代理检察长职务。

2月2日，市八届人大常委会第三十八次会议举行，市八届人大常委会主任杜德春，副主任卢越明、刘育虹、徐晓年、程芦山、吴炳生，秘书长江鸿和委员共34人出席会议，副主任杨晓群主持会议。市政府副市长陈云，市人民检察院检察长李莉安，市中级人民法院、县（市、区）人大常委会负责人和机关县级干部列席会议。会议学习传达了省十二届人大五次会议精神；审议并表决通过了人事任免事项；审议并表决通过了关于接受杨发航辞去鹰潭市人民政府副市长职务请求的决定、关于接受张荣先辞去鹰潭市人民政府副市长职务请求的决定。

3月23日，市八届人大常委会第三十九次会议举行，市八届人大常委会主任杜德春，副主任杨晓群、卢越明、刘育虹、程芦山、吴炳生，秘书长江鸿和委员共31人出席会议，副主任徐晓年主持会议。市政府副市长吴文戈，市中级人民法院院长陈仁生，市人民检察院检察长李莉安，县（市、区）人大常委会负责人，机关县级干部和3名市人大代表列席会议。会议听取了市政府关于落实2016年政府工作报告目标任务有关情况的报告；审议了市人大常委会2016年工作要点；审议了市人大常委会2016年监督工作计划；审议并表决通过了人事任免事项。

4月22日，市八届人大常委会第四十次会议举行，市八届人大常委会主任杜德春，副主任杨晓群、卢越明、刘育虹、徐晓年、吴炳生，秘书长江鸿和委员共31人出席会议，副主任程芦山主持会议。市政府副市长陈云、辜清，市中级人民法院、市人民检察院、市文广新局，县（市、区）人大常委会负责人和机关县级干部列席会议。会议听取和审议了市人大常委会执法检查组关于检查《中华人民共和国文物保护法》实施情况的报告；审议并表决通过了关于设立鹰潭市人民代表大会常务委员会法制工作委员会、备案审查工作委员会、预算工作委员会的决定；审议并表决通过了关于提请确认许可对犯罪嫌疑人柯某某采取强制措施的报告；审议并表决通过了人事任免事项。

6月29日，市八届人大常委会第四十一次会议举行，市八届人大常委会主任杜德春，副主任杨晓群、卢越明、刘育虹、徐晓年、程芦山，秘书长江鸿和委员共33人出席会议，副主任吴炳生主持会议。市政府副市长李唐，市中级人民法院、市人民检察院、市环保局、市水利局、市民宗局，县（市、区）人大常委会负责人和机关县级干部列席会议。会议听取和审议了市中级人民法院、市人民检察院关于推进司法公开情况的报告；听取和审议了市人民政府关于全市水库水质污染治理情况的报告；听取和审议了市人大常委会外侨民宗工委关于全市宗教活动场所管理情况的视察报告；审议并表决通过了人事任免事项。

7月28日，市八届人大常委会第四十二次会议举行，市八届人大常委会主任杜德春，副主任卢越明、徐晓年、程芦山、吴炳生，秘书长江鸿和委员共25人出席会议，副主任杨晓群主持会议。市政府副市长吴文戈，市中级人民法院、市人民检察院、市发改委、市司法局、市财政局，县（市、区）人大常委会负责人和机关县级干部列席会议。会议听取和审议了市人民政府关于鹰潭市2016年上半年国民经济和社会发展计划执行情况的报告；听取和审议了市人民政府关于鹰潭市2016年上半年预算执行情况的报告；听取和审议了市人民政府关于鹰潭市“六五”普法规划实施情况和“七五”普法工作安排意见的报告；审议并表决通过了市人民代表大会常务委员会关于开展第七个五年法治宣传教育的决议；审议了市中级人民法院关于2016年上半年工作情况的报告；审议了市人民检察院关于2016年上半年工作情况的报告。

8月26日，市八届人大常委会第四十三次会议举行，市八届人大常委会主任杜德春主持会议，副主任杨晓群、卢越明、刘育虹、徐晓年、程芦山、吴炳生，秘书长江鸿和委员共31人出席会议。市政府副市长王家林，市中级法院、市人民检察院，县（市、区）人大常委会负责人和机关县级干部列席会议。会议审议并表决通过了市人大常委会关于鹰潭市第九届人民代表大会代表名额分配和选举问题的决定；审议并表决通过了人事任职议案；审议并表决通过了市人大常委会关于接受熊茂平辞去鹰潭市人民政府市长职务请求的决定，决定任命曹淑敏为鹰潭市人民政府副市长，代理市长职务。

9月22日，市八届人大常委会第四十四次会议举行，市八届人大常委会主任杜德春，副主任杨晓群、刘育虹、程芦山、吴炳生，秘书长江鸿和委员共27人出席会议，副主任卢越明主持会议。市政府副市长吴文戈，市中级人民法院、市人民检察院、市财政局、市审计局、市交通局、市林业局、市公路局，县（市、区）人大常委会负责人和机关县级干部列席会议。会议审议了市人大常委会主任会议关于提请审议《鹰潭市地方立法条例（草案）》的议案；听取和审议了市人民政府关于鹰潭市2015年财政决算的报告、关于2015年度市级预算执行和其他财政收支的审计工作报告，表决通过了市人大常委会关于批准2015年市级财政决算的决议；审议了市人民政府关于2014年度市级预算执行和其他财政收支审计查出问题整改情况的报告；审议了市人大常委会城建环资工委关于交通畅行工程实施情况的视察报告；审议了市人大常委会农工委关于鹰潭市林下经济发展情况的视察报告；审议并表决通过了人事任免事项。

9月30日，市八届人大常委会第四十五次会议举行，市八届人大常委会主任杜德春，副主任杨晓群、卢越明、徐晓年、程芦山、吴炳生，秘书长江鸿和委员共28人出席会议，副主任刘育虹主持会议。市政府副市长徐云，市中级人民法院、市人民检察院、市政府办、市工信委、市公安局、市民政局，县（区）人大常委会负责人和机关县级干部列席会议。会议审议并表决通过了市人大常委会关于召开鹰潭市第九届人民代表大会第一次会议的决定；听取和审议了市人大常委会执法检查组关于检查《中华人民共和国禁毒法》实施情况的报告；听取和审议了市人民政府关于全市精准扶贫工作开展情况的报告；听取和审议了市人民政府关于市八届人大代表提出建议、批评和意见办理情况的报告；听取和审议了市人大教科文卫委关于全市大健康产业发展情况的视察报告；审议并表决通过了人事任免事项。

10月28日，市八届人大常委会第四十六次会议举行，市八届人大常委会主任杜德春，副主任杨晓群、卢越明、刘育虹、吴炳生，秘书长江鸿和委员共28人出席会议，副主任程芦山主持会议。市政府副市长李力，市中级人民法院、市人民检察院负责同志，市人大机关县级干部，县（市、区）人大常委会负责人列席会议。会议听取和审议了市第八届人民代表大会常务委员会代表资格审查委员会关于市第九届人民代表大会代表资格的审查报告；审议了市人大常委会工作报告（讨论稿），决定提请市九届人大一次会议审议；审议了市九届人大一次会议议程草案、日程草案、主席团和秘书长名单草案、主席团常务主席名单草案、执行主席分组名单草案、副秘书长名单草案、选举和通过人选办法草案、表决议案办法草案、代表提出议案截止时间的决定草案，决定提请市九届人大一次会议有关会议审议通过；审议并表决通过了市九届人大一次会议列席人员、邀请人员和邀请在主席台就座人员名单；审议并表决通过了人事任免事项。

11月29日，市九届人大常委会第一次会议举行，市九届人大常委会主任郭清，副主任李力、周永江、杨森、胡高堂，秘书长江鸿和委员共37人出席会议，副主任程芦山主持会议。市政府副市长吴文戈，市中级人民法院院长陈仁生，市人民检察院检察长李莉安，市财政局负责人，市人大常委会机关县级干部和4名市人大代表列席会议。会议审议并通过了市九届人大常委会关于加强自身建设的决定；审议了《鹰潭市立法条例（草案二次审议稿）》，决定提请市九届人大二次会议审议；审议了市人民政府关于2016年市级一般公共预算和政府性基金预算调整方案（草案）的议案，审查批准了2016年市级一般公共预算和政府性基金预算调整方案；审议并表决通过了市九届人大常委会代表资格审查委员会主任委员、副主任委员和委员名单；审议并表决通过了人事任职事项。

12月30日，市九届人大常委会第二次会议举行，市九届人大常委会主任郭清，副主任刘育虹、李力、周永江、杨森、胡高堂，秘书长江鸿和委员共38人出席会议，副主任程芦山主持会议。市人民政府市长曹淑敏提请《市政府关于提请任命俞奇等同志职务的议案》并作重要讲话，市委常委、组织部部长余正琨作了市政府秘书长和工作部门主要负责人职务安排情况的说明，市中级人民法院院长陈仁生，市人民检察院检察长李莉安，市人大常委会机关县级干部和部分市人大代表列席会议。会议审议并表决通过了新一届市政府组成部门主要负责人人事任职事项，举行了颁发任命书和宪法宣誓仪式；审议并表决通过了市人大常委会关于接受杜德春辞去江西省第十二届人民代表大会代表职务请求的决定、关于接受李新国辞去有关职务的请求的决定；补选曹淑敏、郭清为鹰潭市出席江西省第十二届人民代表大会代表；审议了市人大常委会城建环资工委关于开展2016年“环保信江行”活动情况的报告。

【全市县乡两级人大换届选举工作会议】 5月30日，全市县乡两级人大换届选举工作会召开，进一步贯彻落实省委、市委关于县乡两级人大换届选举要求，研究部署全市县乡两级人大换届选举工作，市人大常委会副主任杨晓群出席并讲话，市人大常委会副主任吴炳生主持会议，市委组织部、市委宣传部以及县（市、区）人大常委会，鹰潭高新技术产业开发区、龙虎山景区、信江新区，市人大各工委等单位负责人参加。会上，市人大常委会副主任杨晓群在讲话中阐述了这次换届选举的重大意义和目标任务，指出了搞好这次换届选举必须把握的总体要求和基本原则，对做好换届选举各项工作提出了具体明确要求。市委组织部常务副部长舒平贵、市委宣传部常务副部长王俊分别就党委组织部门和宣传部门如何做好换届选举的组织领导、新闻宣传工作提出具体意见，县（市、区）人大常委会分管领导分别汇报了各地县乡两级人大换届选举工作准备情况、存在的问题以及下一步工作打算。

重大举措

【监督工作】 1.听取和审议市中级人民法院、市人民检察院关于推进司法公开情况的报告。推进法治中国建设，促进司法公平正义是中共十八大及中共十八届三中全会的重大决定。为此，常委会将推进市法、检“两院”司法公开纳入2016年监督工作计划，由市人大内司委负责具体实施。4月20日至22日，组织部分市人大常委会组成人员、市人大代表及律师，对鹰潭市、县两级法院、检察院开展司法公开工作的情况进行专题调研。调研组通过实地察看、听取汇报、召开座谈会的形式，多层面、多角度，深入细致地了解情况，认真研究“两院”在落实司法公开工作中取得的成绩和存在的问题。市八届人大常委会第四十一次会议听取和审议了市法、检“两院”关于司法公开工作情况的报告，并提出有效提升司法公开能力、整合司法公开平台、探索建立信息共享机制、提高司法公开工作的时效性等建议，进一步推进司法公开和法治鹰潭建设。

2.听取和审议市人民政府关于水库水质污染治理情况的报告。自2012年以来，市人大常委会持续加强对水库水质污染治理工作的监督，采取执法检查、组织代表视察、听取和审议专项工作报告等手段，黏紧盯牢，一年一个行动，持久发力，始终盯住政府具体行动，促使政府制定出台了《鹰潭市水库水质保护管理办法》，成立了领导小组，组建了综合执法大队，建立了治理整理的奖惩机制，从而使得这一项事关人民生产生活的大事得以顺利解决，水库水质污染治理走上了规范化、正规化道路，水质污染状况全面改善。2016年4至5月份，常委会农工委再次组织代表现场视察，督促环保、水利等有关部门两次突击抽检，在此基础上，市八届人大常委会第四十一次会议听取和审议了市人民政府关于水库水质污染治理情况的报告，并提出审议意见交市政府研究处理，有效促进水环境持续改善。

3.听取和审议市人民政府关于鹰潭市“六五”普法规划实施情况及“七五”普法工作安排情况的报告。为进一步推动落实法治宣传教育责任，增强人民群众法治意识，提高各项事业法治化管理水平，常委会于2016年6月组织开展对鹰潭市“六五”普法规划实施情况和“七五”普法工作安排情况的调研，市政府向市八届人大常委会第四十二次会议作了专项工作报告，重点报告鹰潭市“六五”普法规划纲要实施的基本情况、“七五”普法工作安排情况以及普法工作中存在的困难。常委会对鹰潭市“六五”普法取得的成绩给予了充分肯定，全面总结普法经验，并作出了《关于开展第七个五年法治宣传教育的决议》，推动全体公民自觉尊法学法守法用法。

4.听取和审议市人民政府关于鹰潭市精准扶贫工作情况的报告。2016年是“十三五”脱贫攻坚的开局之年，也是全面建成小康社会决胜阶段的关键一年，打好脱贫攻坚年度战役，意义重大。市人大常委会紧紧围绕党委决策部署，紧贴人民群众期盼关切，将听取和审议政府关于精准扶贫工作开展情况报告列入2016年监督议题，由农工委负责实施。8月下旬，农工委组织部分市人大代表赴贵溪、余江4个乡镇6个点进行专题调研。在此基础上，市八届人大常委会第四十五次会议听取和审议了市政府专项工作报告，针对脱贫资金下拨进度慢、产业扶贫项目难选等问题，要求严格扶贫开发责任、加大产业扶持力度、加强扶贫资源整合，推动扶贫政策落实到位。

5.检查《中华人民共和国文物保护法》实施情况。为增强全市各级文物保护意识，同时策应《中华人民共和国立法法》赋予设区市立法权，3月下旬，市人大常委会成立执法检查组，对全市贯彻实施《中华人民共和国文物保护法》的情况进行检查。检查组先后听取市、县两级政府有关情况汇报，并与有关部门和部分一线文物保护工作人员进行座谈交流，实地考察角山板栗山遗址、大上清宫遗址等20余处文物单位。市八届人大常委会第四十次会议听取和审议了执法检查报告，会后，形成市人大常委会审议意见，并着重就文物保护意识整体不强、市县保以下文物安全状况堪忧、执法力量薄弱等问题，建议市政府及职能部门进一步加大宣传教育力度、强化能力建设、依法履行职责，切实保障文物安全，由市人大教科文卫委跟踪监督落实。

6.检查《中华人民共和国禁毒法》实施情况。为全面掌握鹰潭市禁毒工作有关情况，推动鹰潭市尽快成立“政府主导，部门协同，社会参与”的禁毒工作格局，8月份，市人大常委会执法检查组采取听取市政府及有关部门汇报、现场视察、人大代表评议等方式，在全市范围内就《中华人民共和国禁毒法》实施情况开展执法检查。市八届人大常委会第四十五次会议听取和审议了执法检查报告，就执法检查中发现的禁毒工作机制有待完善、禁吸戒毒工作仍需加强、社区戒毒康复工作推进缓慢等问题，要求执法主管部门深化禁毒预防教育，提高全民禁毒意识；坚持堵源截流，进一步打击毒品违法犯罪活动；加强对吸毒人员服务管理，扎实推进禁吸戒毒工作等建议，并交由市政府进一步研究处理。

【选举与任免】 2016年，市人大常委会共任免国家机关工作人员75人次，其中任免人大及其常委会工作机构负责人4人次，任命政府组成人员47人次，任免法官、检察官24人次，批准任命县（市、区）检察长3人次。接受了1名市长、3名副市长、1名检察长和4名常委会组成人员的的辞职。分别决定了1名副市长代理市长职务，1名副检察长代理检察长职务。任免工作中，继续坚持任职表态发言和颁发任命书制度，认真落实宪法宣誓制度，增强被任命人员宪法意识。选举方面，市八届人大六次会议补选市人大常委会副主任1人。2016年11月3日，市九届人大一次会议进行大会选举，选举产生了市人大常委会主任、6名副主任、秘书长和31名委员；选举产生了市人民政府市长、6名副市长；选举产生了市中级人民法院院长；选举产生了市人民检察院检察长，并报经省人民检察院检察长提请江西省人大常委会批准；大会举手表决通过了市人大法制委员会、内务司法委员会、财政经济委员会、教育科学文化卫生委员会组成人员名单。

【代表建议办理】 市八届人大六次会议期间收到代表提出的建议76件，由市政府及有关部门按程序全部办理完毕，代表均表示满意或基本满意。在经常性督办的同时，选择其中8件建议进行重点督办、推动落实，起到良好示范效应。如“关于进一步优化企业发展环境的建议”涉及6个承办部门，经协同办理，已提出解决方案；“关于规划建设城区豆制品、米制品集中加工区的建议”得到市政府高度重视，将其列入政府十大惠民共享工程70件实事，项目已开工建设。为认真回应代表和群众关切，常委会还对市八届人大一次会议以来代表建议办理工作进行“回头看”，对列入规划解决的建议督促承办单位列出时间表，形成建议办理倒逼机制。市九届人大一次会议期间收到代表提出的建议96条，常委会相关工作机构及时交市“一府两院”办理。

【立法工作】 为承接好地方立法权，在市委关心和市政府支持下，2016年1月在市八届人大六次会议上成立了市人大法制委员会，4月份设立市人大常委会法制工作委员会、备案审查工作委员会，并配备工作人员，为立法工作的开展提供组织保障。同时，为加强立法能力建设，组织人员参加全国人大举办的业务培训、赴省人大跟班学习，建立立法专家咨询库，制定立法相关工作制度，为鹰潭市立法工作的稳步开展奠定较好基础。2016年4月1日，江西省人大常委会作出关于确定鹰潭市开始制定地方性法规时间的决定，市人大常委会认真贯彻决定要求，及时组织起草《鹰潭市立法条例（草案）》，广泛征求专家、学者、人大代表和社会群众的意见、建议，先后提请市八届人大常委会第四十四次会议进行第一次审议、市九届人大常委会第二次会议进行第二次审议，形成较为成熟的法规草案，决定提请市九届人大二次会议审议通过。着眼于科学谋划鹰潭市立法工作，对涉及鹰潭市城乡建设与管理、环境保护、历史文化保护等事项开展立法需求调研，在此基础上，编制鹰潭市地方立法规划项目库，并制定2017年立法工作计划。

【代表视察】 人大代表是人大工作的主体，是党和政府联系群众的桥梁和纽带。市人大常委会不断完善和创新代表工作机制，利用好视察这一形式，为代表依法履职创造条件、提供服务。一是先后邀请90余名代表参加常委会组织的视察、执法检查和专题调研，在发现问题、提出针对性意见建议方面注重发挥代表的专业特长，提高视察调研实效。二是围绕全市经济转型升级中亟待解决的问题和百姓关注的热点民生问题，先后组织人大代表对全市宗教活动场所管理、大健康产业发展、林下经济发展、交通畅行工程开展集中视察活动，代表们通过实地察看、听取汇报等方式，对工作情况进行深入了解并进评议，提出改进工作的意见、建议，为促进经济社会协调发展起到了积极作用。三是在坚持邀请人大代表参加常委会组织开展的各项监督工作的基础上，积极向“一府两院”推荐人民监督员、人民陪审员、行风监督员，组织人大代表参加全市各类测评会、座谈会十余次，为代表发挥监督作用、反映群众诉求提供了载体、畅通了渠道。

【人大常委会大事记】 3月31日，全国人大环资委副主任委员王鸿举一行就土壤防治立法工作到鹰潭调研，省人大常委会副主任冯桃莲、市长熊茂平、市人大常委会主任杜德春陪同调研。

4月8日，省人大常委会副主任谢亦森到鹰潭调研“河长制”落实情况，市人大常委会副主任徐晓年陪同调研。

5月6日至7日，全省人大外侨民宗台旅工作座谈会在鹰潭召开，省人大常委会副主任洪礼和出席会议并讲话。市委书记陈兴超致辞，市长熊茂平会见与会代表。省人大常委会秘书长魏民主持会议，市人大常委会主任杜德春、副主任刘育虹、秘书长江鸿出席会议。

5月12日至14日，省人大常委会副主任冯桃莲率执法检查组一行到鹰潭市检查《江西省机动车排气污染防治条例》实施情况，市人大常委会副主任程芦山陪同检查。

5月23日至24日，省人大常委会调研组到鹰潭市就降低企业成本优化发展环境开展专题调研。省人大常委会秘书长魏民，省人大财经委主任委员谢碧联等参加调研。省民政厅厅长刘金接一同调研。市委书记陈兴超，市长熊茂平，市人大常委会主任杜德春，市委常委、贵溪市委书记张福庆，市委常委、副市长陈云分别陪同调研。

6月15日至16日，省人大教科文卫委副主任委员李水弟一行到鹰潭市检查《中华人民共和国职业教育法》实施情况，市人大常委会副主任刘育虹陪同检查。

6月16日至17日，省人大财经委副主任委员、省人大常委会预算工委主任周山印、省人大常委会委员、省人大财经委副主任委员高小琼率视察组深入江铜集团对部分国有企业资本经营预算执行情况开展专题视察，市人大常委会副主任卢越明陪同视察。

6月16日至17日，省人大农委副主任委员陈永华一行到鹰潭检查《江西省委办公厅关于加强市县乡人大建设的若干实施意见》贯彻落实情况。市人大常委会主任杜德春，副主任徐晓年、吴炳生陪同检查。

6月27日至28日，最高人民检察院、湖南省人民检察院邀请部分在湖南的全国人大代表到鹰潭视察检察工作。李湘岳、朱国军、阳祖耀、傅莉娟、圣辉等16名全国人大代表参加视察。市委书记陈兴超、市人大常委会主任杜德春陪同视察。

7月5日至6日，省人大常委会副主任马志武率省人大常委会“四小”特定问题调查组，对鹰潭市食品生产加工小作坊和食品小摊贩等“四小”问题进行调查，市人大常委会副主任刘育虹，副市长辜清等陪同调查。

8月4日，省人大常委会委员、财经委副主任委员高小琼，省人大预算工委主任、省人大财经委副主任委员周山印，省人大常委会委员、教科文卫委副主任委员沈建华，南昌市人大常委会副主任邹书玲，省人大常委会委员、财经委委员蔡媛媛一行到鹰潭市开展城市管理调研，市委书记陈兴超、市长熊茂平、市人大常委会主任杜德春、市人大常委会副主任程芦山、副市长吴文戈陪同调研。

8月16至17日，省人大常委会选任联工委副主任李元生到鹰潭检查指导县乡人大换届选举工作，市人大常委会副主任吴炳生陪同检查。

9月7日至8日，省人大常委会文物保护法执法检查组谢秀琦一行到鹰潭视察文物保护情况，市人大常委会副主任刘育虹陪同视察。

10月18日至19日，省人大内司委副主任委员胡宪率队到鹰潭开展司法公开工作调研，市人大常委会副主任杨晓群陪同调研。

10月18日至19日，省人大常委会副主任冯桃莲一行到鹰潭市开展城乡生活垃圾治理工作专题调研，市人大常委会副主任程芦山陪同调研。

12月7日至8日，省人大常委会预算工委主任周山印率调研组对鹰潭市预算编制情况进行调研，市人大常委会副主任刘育虹陪同调研。

12月22日，省人大财经委副主任委员王建农率调研组到鹰潭对全市2016年经济运行情况进行调研，市人大常委会副主任周永江陪同调研。

（徐　欣）

【市人大常委会副县级以上干部名录】

主任：杜德春（~2016.11）
郭　清（2016.11~）
副主任：程芦山　刘育虹（女）
李　力（2016.11~）
周永江（2016.11~）
杨　森（2016.11~）
胡高堂（2016.11~）
市人大常委会副厅级干部：卢越明
徐晓年　应　祥　吴炳生
秘书长：江　鸿
副秘书长：吴寿轩（正县）
副秘书长：杨　毅
内司委主任委员：项玉林（2016.11~）
财经委主任委员：徐　慧（女，2016.11~）
教科文卫委主任委员：张一鹃（女，2016.11~）
法制委副主任委员、常委会法工委主任：龚著宝（2016.11~）
农工委主任：谭国平（2016.11~）
选任联工委主任：汤小敏（2016.11~）
外侨民宗工委主任：黎玉平（2016.11~）
城建环资工委主任：朱少武（2016.11~）
办公室调研员：吴晓明　陈锦耀（2016.11~）
市人大常委会法工委副主任：吴勤胜（2016.11~）
市人大常委会预算工委专职副主任：艾花英（2016.11~）
市人大常委会外侨民宗工委副主任：敖仁清（2016.11~）
市人大法制委专职副主任委员：艾书广（2016.11~）
市人大常委会备案审查工委专职副主任：阮克芬（2016.11~）
市人大常委会城建环资工委副主任：桂天信（2016.11~）
市人大内司委副主任委员：楼　瑾（女，2016.11~）
市人大财经委副主任委员：熊国华（2016.11~）
市人大教科文卫委副主任委员：周　鹏（2016.11~）
办公室副主任：艾花英（女）
办公室副调研员：李增金　金武缨（女）艾书广
教科文卫委副调研员：万勇章

鹰潭市人民政府

编辑、校对：华志萍

综 述

2016年，在省委、省政府和市委的坚强领导下，全市上下深入贯彻落实习近平总书记对江西工作提出的“新的希望、三个着力、四个坚持”重要要求，以新发展理念为引领，主动适应和把握经济发展新常态，坚持稳中求进工作总基调，以供给侧结构性改革为主线，统筹抓好稳增长、促改革、调结构、优生态、惠民生等各项工作，经济社会发展总体平稳、稳中提质、稳中趋优，实现了“十三五”良好开局。全年完成生产总值695.35亿元、增长8.8%，财政总收入116.82亿元、增长3.9%，一般公共预算收入81.62亿元、下降1.7%，规模以上工业增加值330.87亿元、增长8.4%，固定资产投资604.16亿元、增长13.7%，社会消费品零售总额194.66亿元，增长12.8%；城镇居民人均可支配收入29116元，增长8%；农村居民人均可支配收入13534元，增长9.3%。

（一）产业升级步伐加快。三次产业结构由7.7:59.4:32.9调整为7.6:58.2:34.2。工业经济提质增效，市属工业增加值占比达64%、提高2.5个百分点，铜精深加工产品产值占比达41%，提高1.1个百分点。铜期货交割仓库、铜现货交易中心、中江国际商品交易中心运营平稳，全市铜贸易额突破600亿元。江南铜业等17家企业增资扩产，胜华集团22万吨铜材加工、养元“六个核桃”等29个项目投产见效，新增利税超18亿元。旅游产业不断壮大，全市接待游客3200万人次，增长27.8%；旅游总收入270亿元，增长35%。成功承办全省旅游产业发展大会，逍遥城综合体、花语世界、圣井山景区、北极阁正式运营，鹰潭市列入首批国家全域旅游示范区创建单位。商贸物流快速发展，大三江电商物流港等4个物流项目基本建成，鹰潭电商创新孵化基地等8个电商园建成运营，货运业销售收入达60亿元，电子商务交易额达405亿元，增长107%。农业现代化进程加快，粮食总产达73万吨，新增市级以上农业产业化龙头企业20家、专业合作社312家、家庭农场126家。

（二）城乡统筹力度加大。扎实推进国家新型城镇化综合试点建设，城镇化率提高1.7个百分点，达57.48%。省“多规合一”试点建设扎实推进，市城乡总体规划纲要成果及“多规合一”技术报告通过评审，“多规合一”信息管理平台基本建成。中心城区建设协调推进，信江路网四期、生态公园、污水处理厂基本竣工，江西高等专科学校新校区、鹰潭市第十一小学投入使用，余信贵大桥、信江菜市场、新二中等项目稳步推进，“四馆”项目开工建设。老城区1110户棚改任务开工率达100%，320国道和206国道升级改造、龙虎山高速公路连接线改造、白鹤湖大道等项目建成通车，公共自行车系统投入使用，城市功能和品质不断强化。“智慧城市”建设加快推进，“互联网+”城市服务、智慧鹰潭服务平台、政务服务网上线运行，国家电信普遍服务、窄带物联网试点全面启动。镇村联动建设深入推进，上清镇入选第一批中国特色小镇，塘湾镇列为国家新型城镇化标准化试点，210个新农村建设点任务全面完成，农村面貌进一步改善。

（三）重点改革稳步推进。以供给侧结构性改革为主线，集中抓好“三去一降一补”，着力推动一批重点领域改革。降成本优环境专项行动扎实开展，在落实降成本优环境省“80+20条”的基础上，出台市“28条”举措，直接为企业减负16.8亿元。综合施策“去库存”，实施“以购代建”、购房奖励、放宽公积金政策、“以房抵税”等政策，商品房库存去化时间比2015年底减少7.5个月。“放管服”改革稳步推进，取消行政权力45项、下放行政权力4项，调整197项。“五证合一、一照一码”登记制度改革全面实施，新登记市场主体增长15.29%。不动产统一登记在全省率先实现“新开旧停”。全国综合行政执法体制改革试点和“双随机一公开”监管工作进展顺利。“营改增”全面推开。余江国家农村宅基地制度改革试点工作覆盖全县116个行政村，并在全市开展农村宅基地管理试点，农村承包土地经营权和农民住房财产权抵押贷款试点稳步实施，农业农村发展活力增强。

（四）发展后劲明显增强。坚定不移抓项目、扩投资，推进实施了一批战略性、全局性重大项目，夯实了发展支撑。有效投资进一步扩大，新开工亿元以上投资项目136个、增长138.6%。争取国家专项建设基金项目39个，资金达13.9亿元。向社会发布49个总投资达362.4亿元的PPP试点项目。市投资公司19亿元中期票据和龙虎山景区11.5亿元企业债成功发行。开放型经济成效明显提升，全年引进省外项目资金316.27亿元、增长12.5%，实际利用外资2.65亿美元、增长10.2%，完成外贸出口9.74亿美元。“双创”战略深入实施，国家铜产品质量监督检验中心取得国家实验室认证认可资质，新增国家级科技创新平台2个、省级8个，建成各类创业孵化基地9个，孵化企业255余户，为大众创业万众创新提供了新的载体。

（五）绿色发展取得实效。围绕打造全省城乡最干净城市，全面融入国家生态文明试验区建设，促进生态与经济协调发展。国家城乡生活垃圾第三方治理试点城市建设加快推进，市生活垃圾焚烧发电厂建成试运行。全市85%的生猪规模养殖场进行排污标准化改造，十强中心镇污水处理设施建设全面启动。积极落实“河长制”，大力开展“清河行动”，创新河湖管理与保护机制，组建市河湖保护管理综合执法支队，开展河道采砂管理改革，全市主要河流断面Ⅱ~Ⅲ类水质达标率100%，集中式饮用水源水质达标率100%。成功创建国家森林城市，完成人工造林4.44万亩，全市森林覆盖率、中心城区绿化覆盖率分别达58.21%、15.91%。

（六）民生福祉不断增进。集中办好了十大惠民共享工程70件实事，重点民生支出占财政总支出比重超过七成。脱贫攻坚战全面打响，完成扶贫对象精准识别，完善贫困家庭、贫困人口帮扶救助体系，建立了贫困村与新农村建设衔接制度以及贫困户大病补偿和二次补偿机制，全年减贫9141人，退出贫困村7个。保障改善民生力度加大，全市新增城镇就业2.46万人，城乡低保、城乡基本养老、企业退休人员养老金等标准进一步提高。社会事业协调发展，全省教育信息化试点建设稳步推进，完成中职教育“三校合一”整合。全面实施国家城市公立医院综合改革。安全生产、食品药品安全形势平稳。法治鹰潭建设扎实推进，社会保持和谐稳定。

市政府常务会议

2016年，市政府共召开市政府常务会议21次。

2016年1月22日下午，市长熊茂平主持召开了市政府第七十九次常务会议。（1）会议讨论并原则同意《关于加快推进“8+1”重点工作项目的通知（送审稿）》《市政府工作报告相关目标任务落实情况表（送审稿）》《鹰潭市十大惠民共享工程70件实事落实进度表（送审稿）》。（2）会议听取了市林业局关于鹰潭市国家森林城市建设进展有关情况的汇报。（3）会议讨论《鹰潭市人民政府关于进一步做好为农民工服务工作的实施意见（送审稿）》。（4）会议讨论并原则同意《鹰潭市人民政府关于推进文化创意和设计服务与相关产业融合发展的实施意见（送审稿）》。（5）会议讨论并原则同意《鹰潭市“河长制”实施方案（送审稿）》。（6）会议讨论并原则同意《鹰潭市人民政府关于公布工程项目有关规范性文件清理结果的决定（送审稿）》。（7）会议讨论了《关于加快工业转型升级的若干措施（送审稿）》。（8）会议听取了市委组织部、市编办、市人力资源和社会保障局、市财政局关于将龙虎山风景名胜区、信江新区管委会等单位机关公务员列入县以下机关公务员职务与职级并行制度实施范围有关情况的汇报。（9）会议听取市科技局关于2015年度鹰潭市科学技术奖励项目推荐情况的汇报。（10）会议听取市安监局、市委农工部、市工信委、市财政局、市环保局、市政府办公室关于全国全省安全生产电视电话会议、全省农村工作会议、全省工业和信息化暨工业园区工作会议、全省财政工作会议、全省环境保护工作会议、全省政府秘书长和办公厅（室）主任会议主要精神及贯彻意见的汇报。

2016年2月24日下午，市长熊茂平主持召开市政府第八十次常务会议。（1）会议听取市水利局关于省级“总河长”第一次会议主要精神及贯彻意见的汇报。（2）会议讨论并原则同意《鹰潭市河道采砂管理改革实施意见（送审稿）》。（3）会议讨论并原则同意《市本级2016年度经营性用地储备计划（送审稿）》。（4）会议讨论并原则同意《江西省龙虎山旅游文化发展（集团）有限公司与北部湾旅游股份有限公司合作协议（送审稿）》。（5）会议听取市国资委关于全省国资监管暨国企改革发展工作会议主要精神及贯彻意见的汇报。（6）会议听取市卫计委关于2016年江西省卫生和计划生育工作会议主要精神及贯彻意见的汇报。

2016年3月15日下午，市长熊茂平主持召开了市政府第八十一次常务会议。（1）会议讨论并原则同意《鹰潭市农村贫困人口大病医疗保障工作实施方案（试行）（送审稿）》。（2）会议讨论并原则同意《余江县城区土地定级及基准地价成果（送审稿）》。（3）会议讨论并原则同意《鹰潭市市区2016年度国有建设用地供应计划（送审稿）》。（4）会议讨论并原则同意《鹰潭市中小企业转贷基金管理办法（送审稿）》。（5）会议讨论并原则同意《鹰潭市河湖管理保护综合行政执法体制改革工作方案（送审稿）》。（6）会议讨论并原则同意《鹰潭市人民政府关于表彰鹰潭市2015年度市属十强工业企业的决定(送审稿)》。(7)会议通报了全市“八大领域”招商引资考核情况;讨论并原则同意《鹰潭市人民政府关于表彰2015年度全市招商引资工作先进单位的决定(送审稿)》《2016年鹰潭市招商引资工作意见(送审稿)》。(8)会议听取了市监察局关于解除毛某某、胡某某行政警告处分有关情况的汇报。(9)会议听取了市教育局关于全省教育工作会议主要精神及贯彻意见的汇报。

2016年3月29日下午,市长熊茂平主持召开市政府第八十二次常务会议。(1)会议学习了《中华人民共和国立法法》。(2)会议讨论并原则同意《关于进一步提高住房公积金个贷率的几项具体举措(送审稿)》。(3)会议讨论并原则同意《关于化解房地产库存的实施意见(送审稿)》。(4)会议讨论并原则同意《关于引导鼓励农民和农民工进城购房落户的试行意见(送审稿)》。(5)会议讨论并原则同意《鹰潭市公务用车服务平台管理办法(送审稿)》。(6)会议听取了市监察局关于国务院第四次廉政工作会议和省政府第四次廉政工作会议主要精神及贯彻意见的汇报。

2016年4月22日上午,市长熊茂平主持召开市政府第八十三次常务会议。(1)会议讨论并原则同意《关于加强鹰潭市主要交通要道两侧村民建房规划控制的意见(送审稿)》。(2)会议讨论并原则同意《鹰潭市城乡生活垃圾一体化处理实施方案(试行)(送审稿)》。(3)会议讨论并原则同意《关于深化供销合作社综合改革的实施意见(送审稿)》《鹰潭市深化供销合作社综合改革试点实施方案(送审稿)》。(4)会议听取市综治办关于全省设区市政法委书记座谈会主要精神及贯彻意见的汇报。(5)会议讨论并原则同意《鹰潭市驻外招商机构及市招商局直属小分队招商引资目标考核办法(试行)(送审稿)》。

2016年5月13日上午,市长熊茂平主持召开市政府第八十四次常务会议。(1)会议听取了关于新建市级交流(含挂职)领导干部周转房有关情况的汇报。(2)会议听取市审改办关于全国、全省推进简政放权放管结合优化服务改革电视电话会议主要精神及贯彻意见的汇报。(3)会议听取市发改委关于全省降低企业成本优化发展环境专项行动电视电话动员大会主要精神及贯彻意见的汇报。(4)会议听取市监察局关于给予毛某某开除公职处分有关情况的汇报。(5)会议听取江西省煤田地质局二二三地质队关于江西省煤田地质局二二三地质队片区棚户区改造项目建筑限高调整有关情况的汇报。

2016年5月30日上午,市长熊茂平主持召开了市政府第八十五次常务会议。(1)会议讨论并原则同意《鹰潭市城市规划区征地补偿标准(送审稿)》。(2)会议听取市城乡建设局关于全省城市工作会议暨城市工作现场推进会议主要精神及贯彻意见的汇报。(3)会议讨论并原则同意《鹰潭市重点保卫单位周边安全环境保护技术规范(送审稿)》。(4)会议听取市旅发委关于全国旅游业改革创新先行区工作会议和全国全域旅游创建工作现场会主要精神及贯彻意见的汇报。(5)会议讨论并原则同意《鹰潭市城市公立医院财政补偿暂行办法(送审稿)》。(6)会议讨论并原则同意《江西省龙虎山旅游文化发展(集团)有限公司与北部湾旅游股份有限公司相关合作协议(送审稿)》。(7)会议讨论并原则同意《鹰潭市实施分级诊疗制度工作方案(送审稿)》。

2016年6月17日上午,市长熊茂平主持召开市政府第八十六次常务会议。(1)会议讨论并原则同意《鹰潭市人民政府关于贯彻落实粮食安全省长责任制的实施意见(送审稿)》。(2)会议讨论并原则同意《关于降低企业成本优化发展环境的若干政策措施(送审稿)》。(3)会议讨论并原则同意《鹰潭市统筹整合财政涉农扶贫资金实施方案(送审稿)》。(4)会议讨论并原则同意《关于深入推进全市农村社区建设试点工作的实施方案(送审稿)》。(5)会议讨论并原则同意《鹰潭市人民政府行政应诉工作规定(送审稿)》。(6)会议讨论并原则同意《鹰潭市PPP工程建设项目社会资本招投标实施细则(送审稿)》。(7)会议讨论并原则同意《关于2015年度市政府部门目标责任制考核结果的通报(送审稿)》。

2016年7月11日下午,市长熊茂平主持召开了市政府第八十七次常务会议。(1)会议讨论并原则同意《鹰潭市专业市场管理办法(送审稿)》。(2)会议听取市科技局关于全省创新驱动“5511”工程推进会议主要精神及贯彻意见的汇报、讨论并原则同意《鹰潭市人民政府关于贯彻落实全省创新驱动“5511”工程的实施意见(送审稿)》。(3)会议讨论并原则同意《贯彻开放发展新理念构建全面开放新格局责任分工(送审稿)》。(4)会议讨论并原则同意《鹰潭市普法教育工作领导小组关于在全市公民中开展法治宣传教育的第七个五年规划(2016—2020年)(送审稿)》。(5)会议讨论并原则同意《委托深圳国泰安教育技术股份有限公司管理鹰潭职业技术学院协议(送审稿)》。(6)会议讨论并原则同意《鹰潭市PPP工程建设项目社会资本招投标实施办法(试行)(送审稿)》。(7)会议听取关于省协助筹备全国综治工作“南昌会议”领导小组全体(扩大)会议主要精神及贯彻意见的汇报。(8)会议听取了市文广新局关于全省文物工作会议主要精神及贯彻意见的汇报。

2016年7月22日上午,市长熊茂平主持召开市政府第八十八次常务会议。(1)会议讨论并原则同意《鹰潭市“十三五”综合交通运输体系发展规划（送审稿）》。（2）会议听取市安全生产委员会办公室关于全国安全生产电视电话会议主要精神及贯彻意见的汇报。（3）会议讨论并原则同意《关于坚决打赢脱贫攻坚战的实施办法（送审稿）》。（4）会议听取市军队转业干部安置工作办公室、市人力资源和社会保障局关于全省军转安置工作会议主要精神及贯彻意见的汇报。

2016年9月2日上午，代市长曹淑敏主持召开市政府第八十九次常务会议。（1）会议听取市国资委关于全省深化国有企业改革工作会议主要精神及贯彻意见的汇报。（2）会议听取了市发改委关于全省抓项目扩投资稳增长推进会和全省民间投资形势分析会主要精神及贯彻意见的汇报。（3）会议听取市发改委关于省委、省政府领导有关服务业发展重要批示精神及贯彻意见的汇报。（4）会议讨论并原则同意《鹰潭市气象事业发展“十三五”规划（送审稿）》。（5）会议讨论并原则同意《鹰潭市重大活动餐饮服务食品安全监督规范实施细则（试行）（送审稿）》。（6）会议讨论并原则同意《2016年鹰潭市招商引资质量和效益综合考核办法（送审稿）》。（7）会议讨论并原则同意《第六届鹰潭市文学艺术政府奖获奖作品名单（送审稿）》。

2016年9月21日上午，代市长曹淑敏主持召开市政府第九十次常务会议。（1）会议讨论并原则同意《关于调整县（市、区）土地利用总体规划（2006—2020）主要规划指标的通知（送审稿）》。（2）会议讨论并原则同意《鹰潭市实行“五证合一”登记制度改革工作实施方案（送审稿）》。（3）会议听取市城乡规划局关于调整信江新区D–57地块控规主要规划技术指标有关情况的汇报。（4）会议听取市监察局关于给予彭文荣开除公职处分有关情况的汇报。（5）会议听取了市监察局关于解除李某某行政撤职处分有关情况的汇报。（6）会议听取了市综治办关于全国综治“南昌会议”协助筹备工作动员会暨2015年度全省社会治安综合治理先进表彰大会主要精神及贯彻意见的汇报。（7）会议听取市人防办关于全省人防工作会议主要精神及贯彻意见的汇报。

2016年10月13日上午，代市长曹淑敏主持召开市政府第九十一次常务会议。（1）会议讨论并原则同意《政府工作报告（讨论稿）》。（2）会议讨论并原则同意《鹰潭市2016年1—9月国民经济和社会发展计划执行情况的报告（讨论稿）》。（3）会议讨论并原则同意《鹰潭市防汛能力提升工程总体方案（2016—2018年）（送审稿）》。（4）会议讨论并原则同意《鹰潭市“十三五”能源发展专项规划（送审稿）》。（5）会议听取了市民政局关于江西省双拥模范城（县）命名表彰大会主要精神及贯彻意见的汇报。（6）会议讨论并原则同意《鹰潭市整合城乡居民基本医疗保险制度工作实施方案（送审稿）》。（7）会议讨论并原则同意《鹰潭市2016年1—9月份市级预算执行情况的报告（讨论稿）》。

2016年11月4日上午，市长曹淑敏主持召开了市政府第一次常务会议。（1）会议讨论并原则同意《鹰潭市人民政府工作规则（送审稿）》。（2）会议讨论并原则同意《关于建立健全重点项目推进机制的通知（送审稿）》。（3）会议就加强新一届政府班子自身建设从五个方面提出新的要求，会议研究部署了当前几项重点工作。

2016年11月7日上午，市长曹淑敏主持召开市政府第二次常务会议。（1）会议学习了《信访工作责任制实施办法》（厅字〔2016〕32号）。（2）会议讨论并原则同意《鹰潭市城市建成区违法建设专项治理工作行动方案（送审稿）》。（3）会议讨论《鹰潭市提升招商引资质量和效益实施方案（送审稿）》。（4）会议讨论并原则同意《关于加快构建现代公共文化服务体系的实施细则（送审稿）》。（5）会议讨论并原则同意《中共鹰潭市委鹰潭市人民政府鹰潭军分区关于深入推进人民防空改革发展的实施意见（送审稿）》。（6）会议讨论并原则同意《鹰潭市房地产开发项目土地增值税清算“四项成本”核定标准（送审稿）》《鹰潭市房地产开发项目土地增值税清算“四项成本”核定标准更新办法（送审稿）》。

2016年11月21日上午，市长曹淑敏主持召开市政府第三次常务会议。（1）会议讨论并原则同意《鹰潭市县级脱贫攻坚工作成效考核办法（送审稿）》。（2）会议听取了市人力资源和社会保障局、市财政局关于调整市直机关及县（市、区）机关工作人员规范津贴补贴发放标准有关情况的汇报。（3）会议讨论并原则同意《中共鹰潭市委鹰潭市人民政府关于加快推进价格机制改革的实施意见（送审稿）》。（4）会议讨论并原则同意《中共鹰潭市委办公室鹰潭市人民政府办公室关于完善法律援助制度的具体实施意见（送审稿）》。（5）会议讨论并原则同意《鹰潭市“十三五”生态环境保护规划（送审稿）》。（6）会议讨论并原则同意《鹰潭市市级预算公开办法（送审稿）》。（7）会议讨论并原则同意《鹰潭市邮政业发展“十三五”规划（2016—2020年）（送审稿）》。（8）会议听取了市维稳办关于全省社会稳定风险评估工作推进会主要精神及贯彻意见的汇报。

2016年11月28日上午，受市长曹淑敏委托，常务副市长张福庆主持召开市政府第四次常务会议。（1）会议学习了《江西省人口与计划生育条例》。（2）会议讨论并原则同意《关于深刻吸取丰城发电厂“11·24”事故教训贯彻落实全国全省安全生产工作电视电话会议精神进一步加强安全生产工作的通知（送审稿）》。（3）

会议听取市环境保护局关于中央环境保护督察组督察反馈意见问题整改责任分工部署会议贯彻落实情况的汇报。(4)会议讨论并原则同意《关于开展农村宅基地管理试点工作的通知(送审稿)》《关于成立农村宅基地管理试点工作领导小组的通知(送审稿)》《关于召开全市农村宅基地管理试点工作现场会暨动员部署会的通知(送审稿)》。(5)会议讨论并原则同意《关于完善矛盾纠纷多元化解机制的实施方案(送审稿)》。(6)会议听取市城乡建设局关于全省镇村建设规划管理改善镇村人居环境工作现场推进会主要精神及贯彻意见的汇报。

2016年12月5日上午，受市长曹淑敏委托，常务副市长张福庆主持召开了市政府第五次常务会议。(1)会议学习《中华人民共和国食品安全法》。(2)会议讨论并原则同意《鹰潭市推进国家级旅游业改革创新先行区建设实施方案(送审稿)》《鹰潭市创建国家全域旅游示范区总体工作方案(送审稿)》。(3)会议听取市教育局关于全省基础教育重点项目建设暨义务教育均衡发展现场推进会主要精神及贯彻意见的汇报。(4)会议讨论并原则同意《鹰潭市人民政府办公室关于推进绿色生态农业十大行动的实施意见(送审稿)》。(5)会议讨论并原则同意《中共鹰潭市委鹰潭市人民政府关于构建和谐劳动关系的实施办法(送审稿)》。(6)会议讨论并原则同意《全面治理拖欠农民工工资问题实施细则(送审稿)》。(7)会议讨论并原则同意《鹰潭市人民政府办公室关于加快推进海绵城市建设工作的实施意见(送审稿)》。(8)会议听取市监察局关于给予郭某某、王某某开除公职处分有关情况的汇报。(9)会议讨论并原则同意《鹰潭市企业军转干部医疗救助暂行办法(送审稿)》。

2016年12月12日上午，受市长曹淑敏委托，常务副市长张福庆主持召开了市政府第六次常务会议。(1)会议讨论并原则同意《鹰潭市土地利用总体规划(2006—2020年)调整完善方案(送审稿)》。(2)会议讨论并原则同意《鹰潭市矿产资源总体规划(2016—2020年)(送审稿)》。(3)会议讨论并原则同意《中共鹰潭市委鹰潭市人民政府关于改革城市执法体制改进城市管理工作的实施意见(送审稿)》。(4)会议讨论并原则同意《鹰潭市市直帮扶单位结对(挂点)帮扶工作管理考核办法(送审稿)》。(5)会议听取市卫生和计划生育委员会关于全省卫生与健康大会主要精神及贯彻意见的汇报。

2016年12月19日上午，市长曹淑敏主持召开了市政府第七次常务会议。(1)会议讨论并原则同意《中共鹰潭市委鹰潭市人民政府关于进一步加强城市规划建设管理工作加快秀美宜居鹰潭建设的实施意见(送审稿)》。(2)会议听取了市统计局关于鹰潭市第三次全国农业普查工作有关情况的汇报。(3)会议讨论并原则同意《鹰潭市教育事业发展“十三五”规划(送审稿)》。(4)会议讨论《鹰潭市惠民一卡通工程实施方案(送审稿)》。

2016年12月25日上午，市长曹淑敏主持召开了市政府第八次常务会议。(1)会议学习《党政主要负责人履行推进法治建设第一责任人职责规定》(中办发〔2016〕71号)。(2)会议听取贵溪市人民政府关于调整鹰潭(贵溪)铜产业循环经济基地拆解加工区产业布局有关情况的汇报。(3)会议讨论并原则同意《鹰潭市人民政府拟定地方性法规草案和制定规章程序规定(送审稿)》。(4)会议讨论并原则同意《鹰潭市安全生产“十三五”规划(送审稿)》。(5)会议讨论并原则同意《鹰潭市人民政府关于进一步加强食品安全工作的若干意见(送审稿)》《鹰潭市创建国家食品安全示范城市工作方案(送审稿)》《鹰潭市食品安全工作评议考核办法(送审稿)》。(6)会议讨论并原则同意《鹰潭市标准化体系建设发展规划(2016—2020年)(送审稿)》。(7)会议讨论并原则同意《中国信息通信研究院鹰潭市人民政府战略合作协议(送审稿)》。

办理人大代表建议和政协提案

【概述】 2016年，承办省人大代表建议1件，省政协提案1件，督办市人大代表建议76件，政协提案109件，全部办结，满意率100%，得到广大代表和委员的肯定。

一是高位推动。市政府非常重视建议、提案办理工作，要求通过办理工作解决问题、改进作风、推动发展。各承办单位切实履职尽责，坚持主要领导负总责、分管领导具体抓，将建议、提案办理工作纳入单位年度工作目标管理考核体系，与业务工作同部署、同考核、同奖惩，高标准、严要求地办好每一件建议、提案。

二是完善机制。市政府办公室将市政府系统建议、提案办理工作纳入年度督察计划，强化运转机制，进一步梳理完善建议、提案办理工作的登记、承办、催办、审签、答复、沟通、归档等流程。建立“回头看”机制。对办理情况进行“回头看”，查漏补缺，对代表委员不满意的要进行再面商、再办理、再落实，着力提高办理质量，提高满意率。健全总结提升机制。高度重视解决具体问题的基础上，注重“举一反三”、以点促面，进一步巩固和扩大办理工作成果。

三是强化沟通。加强与人大代表和政协委员之间沟通。强化主办单位与协办单位之间协作。强化与市人大选任联、市政协提案委沟通。做到办理情况信息共享，及时解决办理困难，提高办理工作的满意度。

市人民政府办公室工作

【概述】 2016年是“十三五”规划和全面建成小康社会决胜阶段的开局之年，也是推进结构性改革的攻坚之年。在省委、省政府和市委、市政府的坚强领导下，鹰潭市政府办公室深入贯彻习近平总书记系列重要讲话精神和治国理政新理念新思想新战略，紧紧围绕建设富裕美丽幸福江西的战略目标，坚持高标准、严要求，围绕中心服务大局，统筹协调狠抓落实，承上启下，协调各方，当好政府科学决策和施政的参谋助手，全力推进“8+1”重点工作，奋发有为建设富裕秀美宜居和谐鹰潭，实现了政府工作正常高效运转，全市经济社会发展总体平稳、稳中有进、稳中提质，完成了全年各项目标任务，开创了办公室工作新局面，拉升了标杆首位度，树立了办公室务实高效新形象。

【当好第一参谋助手，为政府科学决策施政提供强力支撑】 2016年，鹰潭市政府办公室观大势、谋大局，自觉提高发展站位，紧紧围绕建设富裕秀美宜居和谐鹰潭目标，密切关注经济发展和改革发展中的新情况、新变化，坚定信心，振奋精神，抢抓机遇，把习近平总书记系列重要讲话精神和治国理政新理念新思想新战略落实到各项工作中，围绕破解发展难题和突出矛盾深入开展调查研究，切实反映基层实情，抓住牵一发而动全身的关键环节，多谋创新办法，多提实招建议，为市政府科学决策和施政出点子、当高参。

（一）发挥千里眼作用，调研有新的深度。一是开展专题调研。围绕全市总体工作部署和重点工作，筛选出关系全市大局、有针对性的课题进行深入调研，先后对鹰潭市全面深化改革、产业集群发展、新型城镇化建设、新农村建设等事关全市经济社会发展的重大问题、重点工作进行了深层次调研，全年累计形成了《关于“营改增”后加强地税征管若干问题的思考》《我市中心城区空气质量现状污染成因及污染防治对策》等调研报告22篇，编发《调研参考》20期，供领导决策参考。二是协调市领导下基层调研。2016年，鹰潭市政府办公室协调落实市政府领导下基层调研136次。调研前做好准备工作，补充相关知识，多方了解相关情况。调研过程中，充分沟通讨论，取得真实可信、扎实有效的调研成果。调研后认真研究总结，形成可行性调研报告。通过调研，了解情况、发现问题，找准推动工作的切入点和着力点，制定科学决策，帮助解决困难，拓宽解决问题的思路，为地方发展出谋划策。三是研究兄弟地市先进经验做法。充分发挥办公室千里眼作用，紧盯先进地区发展新思想新创举，收集先进地区做法、成效，结合鹰潭实际，综合分析运用，全年编发《政务要情》10期，为领导科学决策提供了参考依据。

（二）发挥顺风耳作用，信息有新的突破。针对经济和社会发展过程中出现的新问题、新情况，办公室及时收集大量的、真实的、具有前瞻性的信息，助力市政府了解情况、制定决策、指导全局工作。一是突出上报信息质量。密切跟踪国务院、省政府召开的重要会议、出台的重大政策、部署的重点工作等，多角度捕捉苗头性、倾向性信息，及时整理报送。《今年以来粮价下跌等因素对农村土地流转的影响分析》《夏季洪涝灾害灾后恢复重建情况》等17条信息被《国办综合》和《国办要情》综合采用。全年被省政府采用信息75条，其中《鹰潭市家禽高致病性禽流感疫情得到有效控制》等43条信息被省政府《每日要情》采用。二是突出市级信息服务。围绕热点、重点工作，收集、选取材料，确保信息及时性和针对性，提高信息质量和层次，办好市级信息刊物，全年共编发《政务汇要》25期。三是突出信息采编能力。围绕“新、实、准、快、精、深”，坚持“四个不放过”原则，即信息要素不全不放过、文字不精准不放过、标题和内容不相符不放过、标点符号不对不放过，在保障“量”的基础上，实现“质”的提升，不断提高信息的收集反馈水平，提供及时、准确、全面的信息服务。

（三）发挥外脑作用，以文辅政有新的发展。一是力求精益求精。在综合文稿起草上，努力吃透上级精神，体现领导意图，反复琢磨观点，精心锤炼文字，出色地完成了政府工作报告、全市领导干部会议、市政府全体会议等政府各类综合性汇报材料300余篇、200万余字。二是力求有灵有魂。紧紧围绕全市经济社会发展大局，立足于出主意、当参谋，坚持在增强思想内涵、注重创新突破、突出文字鲜活等方面下功夫，力求让文字材料有新意、有灵魂、有活性。全年完成市领导讲话、专项汇报材料等490余篇、245万余字。三是力求内外兼修。坚持“摸、扯、分、合、评”机制，“摸”就是善于摸清市情，充分占有资源；“扯”就是材料小组每人谈写作观点，分享各自灵感；“分”就是发挥材料能手主观能动性，分别起草初稿；“合”就是聚智集力，形成质量较高的文稿；“评”就是对成稿评头论足，总结经验。

【当好大服务员，为政府转职能提效能提供强大动能】 鹰潭市政府办公室立足本职，脑藏宏观思维，身扑一线工作，清除繁文缛节，以敬民之心行简政之道，力求发管用的文、开有效的会、办务实的事，特别是按照转变政府职能、提高政府效能的要求，服务政府、服务地方和部门、服务群众，强化担当意识、效率意识，增强执行力，说办就办、马上就办、办就办好。

（一）办文力求高质管用。坚持

"从严、从精、实效"的办文原则，严把格式关、文字关和程序关，积极推进网上电子政务综合办公平台运行使用，做到了"即时收文、及时办理、准时办结"，确保了公文送签程序规范、做到了严谨高效。牵头或组织起草了《关于化解鹰潭市中心城区房地产库存的实施意见》《鹰潭市人民政府行政应诉工作规定》《鹰潭市中小企业转贷基金管理办法》《鹰潭市城区道路交通秩序整治工作方案》《鹰潭市2016年度简政放权放管结合优化服务改革实施方案》等综合性文件，为落实市委、市政府决策部署提供了制度支撑。全年办文2908件，其中发文同比减少7%，控制文件数量取得了良好效果。

（二）办会力求务实高效。一是严格控制会议数量。能不开的会议坚决不开，能合并的会议不分别召开，尽量一次性直接开到基层，避免层层开会；上级开会已形成文件下发或重要内容已见报的，不再层层开会传达，全年会议同比减少12%，会议的数量和规模得到一定程度的控制。二是高效办会。注重解决实际问题，使召开的会议都有质量，取得较好的实际效果。会前做好充分的准备，针对工作和问题开会，真正解决实际问题。会中做好细致的服务，确保会议效果。会后抓好有效的督察，对会议内容进行分解立项，把责任明确到具体单位、人头上，严格督办时限，切实使会议精神落到实处。三是会议形式有所改变。尽量利用现代通信和技术手段召开电视电话会议，多开现场办公会和工作调度会，此类会议同比增加16%，做到要求严格、部署周密、注重实效。

（三）后勤保障力求稳固有力。立足自身职能，周全办事，强化服务，在发挥运行保障作用上有新突破。服务群众方面，围绕促进社会和谐，完善了办公室接访快速反应机制，积极协调市信访局、大院派出所主动做好接访工作，全年共接待群众集体上访180余批、1900余人；热情接待群众来信来访，对上访事项、信件逐件登记并转呈批阅。全年共处理信访事项300余件，进一步密切了政府与群众之间的关系，有力维护了社会和谐稳定。依法行政方面，认真办理政府涉法事务，全年对34件由政府名义或者政府办名义出台的文件或签订的合同进行了合法性审查，保障了政府文件依法依规，处理行政复议申请60起，代理市政府应诉18件，办理信访复核案9件，进一步规范了行政权力运行。应急协调方面，严格执行24小时值班值守制度和重大事项报告制度，妥善协调处置突发性事件，进一步完善应急预案体系，指导开展防汛抢险、气象灾害、安全生产事故、森林火灾、地震逃生、综合应急救援等多项应急演练活动，应对突发事件处置能力进一步提高。防范融资风险方面，积极做好防范和处置非法集资有关工作，积极开展处非宣传及专项领域的风险排查，做好"E租宝"等案件涉及鹰潭市投资人维稳等相关协调工作，维护鹰潭市金融形势保持总体稳定。行政保障方面，进一步完善采购、财务、资产管理等行政保障事务制度，全年办公经费支出同比降低12%。

【当好高效督办员，为政府政策举措落实提供有力保障】好政策千条万条不落实等于白条，鹰潭市政府办公室紧扣中心，服务大局，围绕政府重大决策，创新工作方式，将督办落实放在日常运行更加突出的位置，求真务实、开拓创新，敢于担当、敢于碰硬，狠抓执行，推动落实，以更大的力度抓好督察工作，防止以会议落实会议、文件贯彻文件，确保政策举措落地生根，有力推动了市政府各项工作开展落实。

（一）创新工作方式，专项督察提质增效。牢牢把住专项督察这个"龙头"，大力开展专项督察，以专项督察啃下硬骨头，扎实推进工作落实，有力促进部门履行职责。2016年，共开展专项督察8次，形成专项督察通报14期。在不断总结督察经验的基础上，进一步创新工作方式，健全完善了专项督察工作机制。一是大力推行联合督察。由单一督察模式向联合督察模式转变，牵头组建联合督察组，吸纳相关职能部门人员到联合督察组，充分运用其懂具体业务、熟识相关法律、法规等专业背景，增加督察的深度和力度。同时，注重与人大、政协、新闻媒体等第三方监督部门的联合，有效推动了各项工作的落实。2016年，组织实施了4次联合督察，一批热点问题难点问题得到了打捞和解决。二是积极实施全程督察。牢固树立督察要实现从问题源头到经验总结的全程覆盖理念，创新推出全程覆盖督察法，按照"调研问题源头—分析研判原因—制定工作方案—事项任务分解—有效监控过程—开展成效督察—总结经验"的工作思路，全面规范督察工作方式方法，进一步提升督察效能。三是不断探索会诊督察。突破以往"重督察、轻服务"的传统理念，而是注重与被督察对象共同会诊，为被督察对象全面"体检"，找出真正的问题、发展的症结，以更具人性化的督察方式发现问题、破解难题。同时，对前期"会诊"发现的问题，后期将再次跟进"复查"，确保督察不落空。

（二）精确锁定目标，以台账管理促落实。按照建账、晒账、交账"三账式"督察流程，加强对重点工作和重点项目督察力度，做到了抓工作落实列账不漏项、进账要结账、烂账要追责。为确保督察工作落到实处，市政府督察室对督察工作内容进行了细化分解，明确了工作任务、责任领导、责任单位、完成时限和进度安排，建立健全8本台账，以台账管理促落实。狠抓政府工作报告的督办落实，对省政府工作报告涉及鹰潭市的工作任务和市政府工作报告明确的事项，及时进行交办，确保了82项目标任务有序推进。狠抓民生工程督办，实行分口负责，季度通报督办制度，全市70件民生实事全面落实。狠抓市领导批示件的督办落实，督办市委批转件57件、印发《市委批转件督办情况》10期；督办市长批示件214件，印发《市长批示件督办情况》12期；信访批示件49件，印发《市长批示信访件督办情况》8期。狠抓市政府常务会议、市长办公会议和有关专题会议议决事项的督办落实，印发《政务督查》30期，办结率达100%。狠抓人大代表建议和政协提案的督办落实，着力构建“四沟通、两协商、一反馈”的办理沟通新机制，全年共督办省、市人大代表建议和政协委员提案187件，办复率、满意率均为100%。

（三）把握落脚点，不断提升督察工作实效。一是抓好任务完成情况的督促检查。目标任务没有完成或完成的质量不高，就不能说抓好了决策部署的落实。对市政府各项工作目标任务的落实情况，采取跟踪督察的方式进行检查验收，做到严督实导、务求实效。二是抓好决策落实过程的督促检查。建立完善分解立项和跟踪督察制度，对重大决策和工作部署，进行立项督察；对国家大政方针和决策部署贯彻落实情况，开展经常性的跟踪督察，对重点领域、重点环节的重点工作，适时组织集中督察。三是用抓落实的成果检验督察的成效。坚持立足于解决问题，着眼于工作的效能和效率，使督察工作督在实处，查出结果，做出成效。经常深入开展调查研究，力戒主观主义、官僚主义和形式主义，力戒搞花架子，做表面文章。

【当好尽心协调员，为政府工作推进提供加速度】 鹰潭市政府办公室始终把搞好综合协调，作为服务全市发展大局的重要抓手，充分发挥承上启下、联系左右、沟通内外的作用，主动加强与各地各部门的沟通联系，协调、整合好各方面的力量，调动各方面积极性，使市政府重大会议、重大活动的组织更加有序，重点工作开展更加高效推进。

（一）健全机制抓协调。建立了秘书长主任重点工作周调度制度，形成市政府当周重点工作和重点项目安排一览表，每周一调度，每月一点评，推动省市各项决策部署有序实施、取得实效。全年召开300余次协调调度会议，落实了“营改增”、河湖综合行政执法体制改革等方面的工作近百项。每周召开市长办公会，隔周召开市政府常务会，全年共召开22次市政府常务会议和21次市长办公会，研究落实全市重大工作197项，有力推动了全市工作各项重大工作开展。

（二）围绕中心抓协调。坚持“抓大不放小”的原则，积极参与到市政府各项中心工作，在推动工作中抓协调。围绕推动发展升级，积极参与协调了中心城区棚户区和城中村改造、信江新区项目建设和重要民生工程的落实；围绕全面深化改革，坚持问题导向，参与协调了公车改革、国家级旅游业改革创新先行区建设等工作，积极协助市领导协调推进各领域各环节改革；围绕服务中心工作，协助做好了全市旅发大会等重要活动的筹办。

（三）问题导向抓协调。直面经济发展和深化改革过程中的问题、难点，积极履职，协调给予解决。在开展降成本优环境行动中企业普遍反应的融资难融资贵问题，2016年，协调九江银行、江西银行、兴业银行相继到鹰潭设立分支机构，引进民间融资登记服务中心3家，落实金融机构发放企业贷款加权平均利率为5.79%，较2015年下降1.05个百分点，直接降低贷款主体融资成本1.43亿元。举办“百家银行进千企”（鹰潭站）政银企对接会，共有省内13家银行机构与鹰潭市45个项目签订24.5亿元授信协议，已履约19.8亿元，履约率为81.1%。鼓励企业通过上市、发行企业债券进行直接融资。

【立根树魂，为事业发展提供坚实根基】 坚持把“自身硬”作为一切工作的基础，强化服务意识和保障意识，进一步加强建章立制、提高履职能力、培育机关文化、改进工作作风，为开创新形势下事业发展新局面打下坚实基础、提供有力保障。

（一）强基固本，以建章立制强化队伍内功。重点围绕改革的新要求，对现有制度进行全面梳理，结合实际做好立、改、废工作，确保各项工作有章可循、各项制度切实可行。强化制度执行，着力引导和督促干部职工在办文办会办事时讲程序，审核把关时严把程序关，杜绝图省事不走程序、发文后扯皮不断等现象。制定出台了《关于进一步提高公文处理质量和效率的通知》，对各科室公文处理工作采取日常督察和一月一通报相结合的方式，促进公文处理质量和效率的提升。

（二）凝魂聚气，以机关文化建设营造队伍精气神。抓学习，注重学理论、学专业，学以致用、学用结合。坚持了周五集中学习制度，每月开展一次“一吐为快”论坛活动，每月开展两次公文处理交流学习。全年组织集体学习20余次，邀请专家开展专题辅导12次，切实提高了干部职工理论水平和工作能力，进一步加强学习型机关建设，干部队伍综合素质得到提升。抓管理，坚持每月召开一次秘书长主任例会，严格执行民主集中制，对涉及人财物等重大事项，坚持集体讨论决定。抓活动，举办“走上台读一本书”演讲比赛活动，组织干部职工到塘湾敬老院看望孤寡老人，组织干部职工学习考察塘湾古镇建设，到塘湾水库调研水库水质治理情况，组织党员到贵溪上祝村闽坑革命烈士纪念亭开展烈士公祭活动，接受革命传统教育，组织志愿者义务献血，组织退休老党员开展特色活动。

（三）立根树魂，以“两学一做”学习教育树立队伍新面貌。以“党建+”工作理念切实开展“两学一做”学习教育为载体，充分发挥党组织战斗堡垒和党员先锋模范作用，“两学一做”联系点上党课9次，做好联系点调研、“四进三改两覆盖”、“七一”慰问困难党员。切实加强党员干部作风建设，锤炼过硬作风。坚持民主化、科学化和制度化管理，既强调统筹安排，又兼顾专业分工，基本做到了“人尽其用”。严格执行中央“八项规定”精神，全面落实《关于党政机关厉行节约禁止奢侈浪费行为的若干规定》，树立了办公室清正廉洁的良好形象。

（罗礼伟）

【市政府市长、副市长、副巡视员、市长助理、秘书长、副秘书长名录】

市长：曹淑敏（2016.11～）

副市长；张福庆（2016.11～） 李唐（2016.4～） 黄占共（2016.11～） 吴文戈 邓伟（2016.2～） 蔡江（2016.11～） 张子建（2016.11～）

副巡视员：刘诚

市长助理：李迅（2016.12～）

秘书长：俞奇（2016.1～）

副秘书长：席志新 项志成 胡志新 柯嘉（～2016.3）汪磊 李志兵（～2016.8） 吴嫦龙（～2016.12） 江东生（～2016.3） 樊全华 汪荣中（2016.3～）

【市政府办公室副县级以上干部名录】

主任：席志新（2016.12～）

党组成员：朱小平

纪检组长：王小元（2016.12～）

副主任：周峰、乐建红（2016.8～）

调研员：赵珍萍（女）

副调研员：罗丽华（女）

【市政府法制工作办公室副县级以上干部名录】

主 任：席志新（2016.12～）

专职副主任：徐军华

【市政府应急管理办公室副县级以上干部名录】

主 任：席志新（2016.12～）

专职副主任：卢勇强

【市政府金融工作办公室副县级以上干部名录】

主 任：席志新（2016.12～）

专职副主任：吴更生

市政府驻外机构工作

【概述】 2016年，鹰潭市政府驻外机构以中共十八大和中共十八届五中、六中全会精神为指导，深入学习贯彻省委第十四次党代会精神，按照市委、市政府的决策部署，精心履职、务实作为，认真开展党的“两学一做”学习教育，扎实做好政务接待、政务联络、维稳控访、服务地方经济发展等工作，为全面推进富裕秀美宜居和谐鹰潭建设作出了积极贡献。紧紧围绕市委、市政府中心工作和全市经济发展大局，主动适应经济发展新常态，结合联络处职能，不断提升服务水平，推进经济文化合作交流，各项工作正常运转。

【驻北京招商引资办公室（驻北京联络处）工作】 2016年，陪同市领导及市直有关部门拜访了国家发改委、财政部、商务部、水利部、工业和信息化部、国家旅游局、中航工业集团公司、国家民航总局、中国国际贸易促进委员会、中国国际经济合作投资公司、中国节能环保集团公司、中信建设有限责任公司等国家部委和中央企业并积极做好央企入赣的相关工作，与中国国际贸易促进委员会、中国国际经济合作投资公司、中国节能环保集团公司、中信建设有限责任公司，达成一系列合作意向：⑴与中节能合作在鹰潭（贵溪）铜拆解园区建立节能环保产业园，重点围绕铜再生资源利用进行开发。⑵中国国际贸促会将重点围绕铜产业、物流业、龙虎山生态旅游等产业与鹰潭市展开合作；关于在鹰潭举办铜产业国际博览会方面，将围绕铜技术专利引进、设备展览，举办高级别论坛、转变铜发展思路等内容上合作举办。与中国国际经济合作投资公司对鹰潭公铁联运项目功能设计进行了探讨，将贵溪物流园纳入公铁联运项目，并对合作内容进行初步细化等。

2016年，共接待国家相关部委处以上领导26批，86人次；走访国家部委和央企14个；接待市领导55批，82人次；接待市直有关部门领导和工作人员43批，112人次；接待在北京鹰潭籍老乡59批，187人次。同时做好了鹰潭市人大代表参加全国“两会”的后勤保障工作。

2016年，共向市政府报送政务信息4000余条，向省驻京办报送信息6000余条。为市领导机关及其他有关单位科学决策提供了大量有价值的参考信息。

2016年，该办加大招商引资力度，做好与驻京的国内外客商和机构的业务联系工作，先后接触和拜访川公奇点（北京）农业科技有限公司、中国土畜产进出口总公司、中国太阳城集团、中咨工程有限公司、中国铁塔集团有限公司、中信建投公司、酒鬼酒股份有限公司、北京锤子数码科技有限公司、北京百度网讯科技有限公司、北京数字政通科技股份有限公司、北京超图软件股份有限公司等企业。2016年，引进江西奔达产业化房屋有限公司，该公司主产经营工厂化房屋的制造、销售，落户余江工业园区，总投资5亿元。

2016年，积极开展党建工作，把鹰潭党组织的红旗插上鹰潭在京密集地区，11月新成立了余江（北京）流动党支部。2016年，鹰潭市共建立4个在京党支部，基本做到各县、区均在京成立流动党支部。

（孔丽华）

【驻北京招商引资办公室（驻北京联络处）副县级以上干部名录】

党组书记　、主任　：刘泓光

党组成员、副主任：舒庆如

党组成员、副调研员：童理玲

【驻上海联络处工作】 1.落实党建工作责任制，深入开展“两学一做”教育活动。联络处党组按照省委、市委统一部署，精心安排，确保把“学党章党规、学系列讲话，做合格党员”教育活动落到实处。通过在单位内部开展上专题党课、观看警示教育片、建立微信学习群等各种形式，营造浓厚的学习氛围，引导党员干部充分认识“两学一做”教育活动的重大意义，号召全体党员自觉遵守党章党规、维护党章党规，进一步提高思想认识，筑牢思想政治基础。与此同时，积极创新学习形式，提高学习质量，并结合自身工作和思想实际，将学习教育成果转化为做好工作的内生动力，取得良好效果。联络处针对驻地流动党员管理难度大等问题，因地制宜建立流动党员、企业党员QQ群、微信群，随时发送各类党内法律法规、党的历史，先进典型和系列重要讲话精神等，与流动党员、企业党员随时互动、及时交流、反馈建议、分享学习。积极走访鹰潭商会党支部，组织开展“两先一优”评选活动，不断提高党组织的凝聚力和战斗力，切实把“两学一做”学习教育落在实处。

2.及时准确报送信息、扎实做好接待服务工作。一是认真做好联络处信息报送工作。紧紧围绕全省工作大局，学习上海等发达省、市经验，围绕社会热点、重点、难点问题，及时准确地向市委、市政府等四套班子领导上报上海市和长三角地区经济、政治、社会发展信息，以便让领导及时掌握，全年共向鹰潭市政府报送信息40余条。二是努力提高接待服务水平。2016年，联络处共接待到沪公务活动市级领导40余人次，县处级领导60余人次，带往赴鹰潭考察客商20批近150人次，为100多人次鹰潭医保对象办理了异地就医的医药费报销，解决了他们在沪看病要往返鹰潭报销的后顾之忧。在接待服务工作中，联络处结合自身实际，严格执行中央“八项规定”，不讲排场，不摆阔气，量力而为，重在热情周到，体现了联络处独特的接待服务水准，受到了大家的好评。

3.营造良好工作氛围、全力维护社会稳定。一方面，联络处重视内部管理，认真加强自身建设。通过加强制度建设，签订责任状、承诺书等形式，从制度上保证领导干部廉洁自律和党风廉政建设责任制的落实，初步形成了从源头上预防腐败的制度体系。与此同时，积极参与“文明单位”“平安单位”创建活动，注重营造健康、团结向上的氛围，树立友好、合作、服务的窗口形象，被省驻沪办评为2016年度综合工作先进单位及招商工作先进单位。

另一方面，积极参与合作交流系统开展的各项公益活动。2016年，联络处多次组织机关党员、流动党员和企业党员参加上海及杭州G20峰会等志愿者活动；为加强鹰潭在沪流动人口的管理和服务，联络处在驻地设立了计生协会，将鹰潭在沪务工、经商、就学的青壮年完善登记在册，与之保持密切联系，积极宣传计生政策，及时掌握相关动态，提供力所能及的帮助与支持，把来自家乡的温暖与关爱传递给这些远方的游子。

全力维护社会和谐稳定方面，建立健全相关工作机制，明确工作职责，积极化解矛盾，及时有效应对、处置各类上访及突发性事件，推进了社会治安防控体系建设。

4.立足两地合作交流，主动出击推进招商引资。首先，为促进上海鹰潭两地合作交流，联络处紧紧围绕《赣沪合作框架协议》内容，立足两地产业基础和转型发展要求，积极参与搭建联络服务平台，推进赣沪两地重点领域、重大项目的交流合作，促进赣沪两地优势互补、联动发展。2016年，积极参与、精心做好各项办会参会工作。上海作为华东招商主战场，具有许多得天独厚的优势，举办各种形式的招商推荐会是两地合作交流的一项重要内容，联络处精心组织积极参与。一方面，作为承办单位之一，全程参与了4月29日鹰潭市产业升级创新发展（上海）合作恳谈会的前期筹备与后勤接待工作，时任市长熊茂平亲自到会推介并接待客商，并积极拜访沪杭多家知名企业，邀请10余位客商代表出席活动，促成了金恪控股集团与龙虎山景区总投资10亿元合作项目的签约，同时还谈了百成电动汽车项目，江苏维尔利环保项目等5个意向项目。另一方面，还参加了7月4日在杭州举办的江西省战略性新兴产业推介会、7月8日在上海举办的江西省与跨国公司合作（上海）恳谈会和10月10日江西省承接长三角产业转移（温州）招商推介会。

其次，把握契机，努力转化合作成果。2015年年底至2016年年初，联络处与市政府驻杭州招商引资办公室合并，人员增加一倍、招商引资的目标任务加重，招商引资的职能更加凸显。在不折不扣地完成本办机构整合、人员调整的具体实施工作的同时，积极开发现有资源的招商潜力，主动挖掘招商引资工作新的项目与新的亮点，群策群力，合力出击。2016年，联络处把招商引资工作列为重要工作之一，主动出击，拓宽信息来源，采取“走出去、请进来”的方式积极推进招商引资工作。2016年，充分利用各种信息，多次走访沪、杭及周边骨干企业及意向性签约企业，开展招商活动，洽谈投资项目。积极走出去洽谈项目。领导亲自挂帅、身先士卒、主动出击。主任戴冬英立足上海，经常拜会外地驻上海商会会长，就意向性投资项目进行沟通协调；书记王琍宁突出长三角重点，到江苏、常州、无锡、南京走访企业、到杭州、宁波、嘉兴拜见客商；其他领导也通过各种渠道主动出击、走访客商、洽谈项目。

在走访服务企业、主动宣传推介的扎实基础上，招商办趁热打铁，积极跟进后续招商工作，经过努力，2016年度努力引进并已经签约落地的实体企业有：杭州颐高电商及高新企业孵化器项目，投资5亿元；贵溪莱乾新能源有限公司，投资1.78亿元；上海金恪投资控股集团公司，总投资2亿元设立鹰潭帛仁投资有限公司；上海华颢化工有限责任公司，投资5亿元的1万吨H酸项目。完成了年度招商任务。已注册的总部楼宇项目有：鹰潭润达股权投资管理中心、鹰潭源泉企业管理咨询中心、鹰潭盛瑞投资管理中心、鹰潭小泥人工业产品研发中心、鹰潭中天科技服务中心。在谈项目还有：广东东莞市经华创艺365家俱公司城南医院二期项目，拟投资2亿元；杭州诚壹网络科技有限公司金融投资项目，拟投资1亿元。

5.充分发挥联络优势，有条不紊指导社团工作。2016年 2月4日，联络处与上海鹰潭商会企业家代表一起到鹰潭市余江县马荃镇敬老院，慰问孤寡、残疾老人54名；走访贵溪市樟坪畲族乡金屯镇13户特困户，为他们送上慰问金和慰问品。4月23至26日，联络处组织虹口区工商联、虹口区异地商会联谊会等29人赴鹰潭考察学习，举办了虹口区工商联和鹰潭市工商联友好商会10周年座谈会，虹口区工商联并与余江县政府签订了战略友好合作框架协议。9月16日，联络处领导带领鹰潭上海商会副会长以上人员拜访鹰潭在沪知名人士；11月16日，书记王琍宁亲自指导鹰潭上海商会的换届工作；12月底，联络处组织并整合在沪鹰潭籍医学专家团体，为老乡寻医治病提供服务。

（戴冬英）

【驻上海联络处副县级以上干部名录】

党组书记：王琍宁

主任：戴冬英（女）

副主任：上官兵

调研员：余 伟

【驻深圳招商引资办公室工作】 1.2016年招商引资引进以下招商项目：（1）深圳万商泰有限公司2016年4月与余江县政府签约，注册资金1000万元，在余江县注册成立了江西万商泰能源经营开发有限公司，总投资10亿元生产100兆瓦水面光伏发电项目，已开展征地设计。（2）上海国亿生物科技有限公司5月与市高新区签约，注册资金6000万元，在市高新区注册成立了江西丹霞生物科技有限公司，投资3亿元生产植物色素项目，已完成厂房建设。（3）江西寿长微生物技术开发有限公司在市高新区投资5千万微生物技术研发项目，已开工生产。（4）香港联顺眼镜、深圳佳尚眼镜各投资5000万元，韩国晶品眼镜投资300万美元分别在余江中童生产眼镜项目。（5）鹰潭诚通机动车检测服务有限公司在鹰潭国际商贸园区投资2.1亿元的机动车检测站项目，已开工建设。（6）浙江立元集团投资10亿在市高新区碧海蓝天兴建10万平方米大型商业综合体项目，第一期大润发超市已装修完工，即将开业。（7）厦门当代投资集团有限公司董事长4月已将厦门当代投资集团有限公司（集团下辖当代东方、国旅联合、厦华电子三个上市公司，市值500亿元）总部迁至鹰潭高新区，更名为鹰潭当代投资集团有限公司， 旗下已有17个公司同时随迁到鹰潭。（8）2016年已有鹰潭泓鼎投资有限公司、鹰潭和惟投资有限公司、鹰潭优衡投资有限公司等20家（楼宇经济）公司在鹰潭高新区注册落户。

2.2016年共完成了市委书记陈兴超、副市长徐云率团参加的香港赣港经贸洽谈会以及广州泛珠三角区域经贸合作洽谈会，厦门“9·8”中国投资贸易洽谈会，深圳第十八届中国国际高新技术成果交易会的筹备、客商邀请和服务接待工作。

3.注重商会组织建设，不断增强商会的凝聚力。定期组织会员到会员企业单位进行走访、交流，帮助他们解决问题，帮助他们把企业做大做强，并鼓励他们回鹰潭投资创业。现已有两位厦门鹰潭商会副会长分别在鹰潭（余江）国际眼镜产业园和江西微型（精密）元件产业基地（余江锦江）注册落户。

4.认真开展“两学一做”学习教育活动。一是及时召开了“两学一做”学习教育动员部署会，并对“两学一做”学习教育进行具体安排；二是认真进行了“两学一做”学习教育专题学习研讨活动；三是分别进行“两学一做”学习教育应知应会知识测试，开展纪念中国共产党建党95周年讲党课活动；四是结合工作实际，查找存在的突出问题，梳理问题清单、建立整改台账，即知即改、立行立改。

5.2016年市政府驻深圳招商引资办公室被市政府评为市招商引资先进单位。

（张爱萍）

【驻深圳招商引资办公室副县级以上干部名录】

主任：刘泓光（~2016.3）

主任：方 农（2016.3~）

副主任：刘秋声（2016.3~）

桂丽萍（女）

调研员 ：吴震亮（2016.2~）

巫大光（2016.3~）

【驻南昌办事处工作】 1.建设忠诚党员队伍 。办事处在党员干部中开展“学党章党规、学系列讲话、做合格党员”学习教育。一是思想上，时刻和党中央、上级党委保持高度一致。二是在行动上，促进全体党员干部争做新时代的合格党员。三是行为上，以党员先锋模范为楷模，在平凡的岗位上无私奉献。

2.助推鹰潭经济社会新发展。2016年办事处围绕市委、市政府的招商引资和发展总部经济的工作要求，先后组织外商10批次，36人到鹰潭进行考察，积极推介鹰潭“十三五”规划纲要相匹配的“1+3+2”产业项目，引进电商“南昌乐度科技”在鹰潭设立分公司，公司前期投资1500万。光大科技取代琳琅科技在贵溪投资生物质发电，首期投资10亿人民币。

3.努力建设鹰潭在南昌家园。办事处为适应南昌城市框架大，高铁经济迅猛发展，全方位服务保障好了市领导、市直单位到南昌公务活动，走访省直有关部门，举行招商引资新闻发布会、恳谈会等。采取走出去的工作方法，与贵溪同乡会、月湖、余江在南昌的企业家、商业精英征求办事处发展大计，为助推鹰潭经济社会建设提供宝贵建议。积极为鹰潭籍在外务工人员服务，服务鹰潭在南昌务工人员，主动配合务工对象争取合法权益。

（桂文进）

【驻南昌办事处副县级以上干部名录】

主　任：毛建和　（2016.11~）

副主任：宋旭文

副调研员：陈愈湛　（2016.9~）

外事与侨务工作

【概述】 2016年，在市委、市政府的坚强领导和省外侨办的精心指导下，全市外侨工作部门深入贯彻落实中共十八大，中共十八届三中、四中、五中、六中全会精神和习近平总书记关于外事侨务工作的新理念新思想新战略，认真贯彻落实中央对外事侨务工作方针和战略部署，适应外侨工作新形势新要求，紧紧围绕全市大局，立足本职、发挥优势、主动作为，外事管理有力度，对外合作交流有深度、涉外宣传有影响、涵养资源有举措、为侨服务有亮点，自身建设不断加强，完成了各项工作目标任务，得到省外侨办领导的充分肯定，在2016年度全省外事侨务工作绩效等次评定中被评为优秀。

【外事工作】 一是进一步加强党对外事工作的集中领导。提请市委外事工作领导小组审议通过了《鹰潭市2016年外事侨务港澳工作要点》《鹰潭市厅级领导干部出访计划》《鹰潭市领导干部因公出国（境）计划》。同时，提请市政府召开了鹰潭市外事侨务港澳工作会议，邀请外交部政策规划司领导在市委中心组理论学习会上作“国际形势与‘一带一路’建设”专题报告，切实把思想统一到习近平总书记关于对外事工作的新理念新思想新战略。二是进一步强化因公出国（境）管理。在因公出国（境）日常管理中，坚持因公出访计划预先审核和党政干部因公出国（境）人员总量控制，坚持因公出国团组行前行后“双公示”和出访成效“双评估”机制，坚持因公出访定期分析，及时报送出访总结等制度。2016年，全市因公出国（境）24批94人次（其中出国62人次、出境32人次），同比下降14.2%和11.2%，杜绝了公费旅游以及违反外事纪律的现象，守住了全市全年因公出国（境）总量不突破110人次这条红线。三是进一步加强涉外归口管理。制定印发《关于进一步加强外事归口管理和外事纪律的通知》，组织举办了全市外事工作暨专管员培训会议，完善外事专管员队伍，建立了外事归口管理工作机制。进一步强化领事保护工作，开展了领事知识宣传活动，着力提高市民“走出去”的海外安全防范意识和领事保护常识。四是进一步改进作风提升服务效能。一是积极做好鹰潭市领导参加江西省与外国驻港领团及商会合作交流恳谈会工作，增进了外国驻港领团及商会对鹰潭的了解和友谊，提升鹰潭的国际知名度和影响力。二是进一步规范了APEC商务旅行卡的申办程序和管理制度，制定印发了《鹰潭市关于国有、民营企业人员申办APEC商务旅行卡的实施和管理细则》，并深入全市外向型民营企业进行宣传，鼓励企业积极申办APEC商务旅行卡，为企业走出国门提供便利。累计为江西广信铜业股份有限公司、鹰潭宏吉贸易有限公司等12家企业40人办理APEC商务旅行卡。三是为企业“请进来”简化手续，提高办事效率。2016年，为企业邀请外国专家、学者、贸易伙伴到鹰潭9批18人次。

【服务经济发展】 一是充分发挥外事接待窗口作用。在外事接待中，始终坚持“六个一”接待标准，秉承“外事搭台、经贸唱戏”的理念，通过组织参观城市亮点、座谈洽谈、推介会等形式，展示宣传鹰潭良好对外形象和投资环境，讲好鹰潭故事，传播好鹰潭声音。2016年，先后接待了原外交部副部长吉佩定一行、俄罗斯联邦列宁格勒州托斯诺区代表团、德国黑森州中国合作促进中心理事代表团、韩国驻华大使馆代表团、印度尼西亚文化公司代表团、上海经贸大学留学生体验团等重要团组，累计接待76批近千人次，得到来宾及华人华侨的高度赞美，极大地提升了鹰潭市的国际知名度和美誉度。二是市领导外事活动成果丰硕。紧紧围绕经济发展，统筹资源，精心谋划市领导的外事活动，做好了9批次市领导赴美国、俄罗斯、印度等国家的出访，安排了市领导出席会见13批次重要来访代表团。通过市领导外事活动，推动鹰潭市与国外地方政府合作、民间友好交流以及招商引资等领域的务实合作。尤其是：2016年2月，时任市委常委、副市长陈云率团出访，在意大利米兰国际眼镜展签订近千万元眼镜订单，与全球最大眼镜企业意大利陆逊迪卡（Luxxottica）集团达成合作意向。3月，时任市委常委、统战部长戴春英率团出访，与西班牙微维萨

（VIVERSA）集团优质果苗培育项目达成合作协议。5月，时任市人大常委会主任杜德春率团出访，与印中友好协会签订友好合作协议，在电子信息、智慧教学、跨境远程医疗合作等方面达成合作意向。10月，作为鹰潭市“三篇文章”之一的物流业，首次组团走出国门，市委常委、市政府副市长李唐率团赴德国参加第一届中德（卡塞尔）投资贸易洽谈会，在大会上主旨推介鹰潭物流产业，拓宽了视野，学习了德国先进的物流管理理念和经验，与德国卡塞尔物流中心、慕尼黑物流公司就具体合作暨开通中欧专列事项进行了洽谈，与DGG德国货运中心有限公司签订友好合作协议。三是鹰潭中德创新技术教育中心作用凸显。2016年，加强了与德国黑森州中国合作促进中心的沟通联系，多次赴上海拜访黑森州中国合作促进中心主席、德国卡塞尔经济区驻中国代表，促进了德国黑森州中国合作促进中心中方理事代表团来鹰潭参加鹰潭中德创新技术教育中心揭牌仪式，并就双方合作进行了座谈和实地考察，达成了德国黑森州政府基金资助培养职业教师和专业技术人员、建立德国工业4.0联合实验室、推进眼镜产业升级、铜加工3D打印技术等多项合作意向。12月，鹰潭市两所高校优秀教师一行11人首次赴德国黑森州培训中心进行了为期9天的研修。江西师范高等专科学校与德国阿伦大学在建立两校友好合作关系，加强校际之间的交流与合作，促进人员往来，推进专业人才培养、教师培训等方面达成协议。四是国际友好城市建设进一步拓展。2016年，在巩固原有友好城市的基础上，积极开拓新友好城市，重点加强了与“一带一路”沿线国家和地区的交往，积极做好与欧美国家城市的结好，加大与鹰潭市国际友好城市渠道薄弱地区——澳洲、南美、非洲国家的结好力度。2016年，正式签订一对国际友好城市（月湖区与英国卡尔德达尔市），经中国人民对外友好协会批复同意缔结一对国际友好城市（贵溪市与俄罗斯联邦列宁格勒州托斯诺区），正在申报一对国际友好城市（鹰潭市与美国利文斯顿市），并与德国、西班牙、加拿大等15个国家的16个相关城市建立友好交流城市关系，友好城市工作进一步拓展。同时，贵溪市与结对友好城市日本和歌山县有田川町在贵塘公路乡村旅游示范带上共建友好城市樱花园，一期建设2500株樱花已种植到位。

【侨务工作】 一是打造侨务工作亮点。积极开展全国、全省社区侨务工作示范单位创建活动，新建月湖区胜西社区、贵溪市烧箕山社区两个社区侨务工作示范点，新建月湖区胜西社区一个侨法宣传角。积极建立社区“爱心超市”，对病困、年长的归侨侨眷给予重点帮扶，上门解决其实际困难，春节期间走访困难侨属19户次，送去6万余元慰问金。以联谊为纽带、以活动为载体，丰富归侨侨眷的业余生活。春节期间在梅园社区举办了“迎新春，暖侨心”文艺演出，邀请了韩国全罗南道国乐团到鹰潭访问演出，为鹰潭市市民奉献了一场独具特色的高水准新年音乐会。同时，端午节前夕，组织沿江社区60岁以上侨眷侨属参加包粽子比赛，让她们切实感受到节日的温馨和社区大家庭的关爱。二是创建侨务工作品牌。在连续两年成功举办鹰潭市归侨侨眷中秋联谊会的基础上，市外侨办与月湖区政府联合成功举办以“同谱侨界情·共建新月湖”为主题的2016年鹰潭归侨侨眷及留学生眷属中秋联谊会，市、县（市、区）有关领导与侨界代表共计130人参加联谊会，现场气氛融洽，节目精彩纷呈，大家欢聚一堂，畅叙侨界情，共筑中国梦，温暖了侨心，增强了侨界的凝聚力，取得了很好的社会效果。连续两年成功承办2016海外华裔青少年“中国寻根之旅”夏令营活动，来自美国、加拿大、印度尼西亚、瑞典、摩洛哥、安道尔等8个国家60余名华裔青少年在龙虎山开展了为期12天丰富多彩的夏令营活动。通过活动，这些海外华裔青少年加深了对中华文化、道文化的了解，促进中华传统文化在海外华裔青少年中的传承发展。特别是鹰潭的道文化以及龙虎山的秀丽风光，给他们留下了深刻的印象，通过他们的宣传，也将扩大鹰潭在华裔青少年以及海外华侨界的影响，提升鹰潭的国际知名度。三是广泛涵养侨务资源。努力拓展渠道，广交侨界朋友，加强了与浙江、广东、福建等省市外侨办和侨商会的联络，与美国加州江西同乡会、西班牙中华海外联谊会、阿联酋江西同乡会等15个国家近20个华人华侨组织建立了联系，侨务资源不断丰富。接待了美国江西联合总会、澳洲江西同乡联谊会、奥地利江西同乡会、阿联酋迪拜江西侨商会等海外侨商组织，以及浙江青田和广州市籍的重点华侨、侨商360余人到鹰潭考察，洽谈投资与合作。

【自身建设】 坚持落实学习制度，强化理论学习；增强公仆意识，深入开展调查研究；坚持民主集中制原则，认真落实民主生活会制度，坚持民主决策落实，坚持每周召开班子例会；立足深学实做真改，扎实开展“两学一做”学习教育，积极推动党的建设，充分发挥战斗堡垒和先锋模范作用；认真贯彻落实中央“八项规定”，推动党风廉洁建设，落实“一岗双责”职责，进一步提高拒腐防变能力。

（杨沛森）

【市外事侨务办公室副县级以上干部名录】

党组书记、主　任：谢　雯
党组成员、副主任：王　坚
党组成员、副主任：于　胜
副调研员：　李文球
副县级干部：候剑敏

物流工作

【概述】2016年，市物流委在市委、市政府的正确领导下，全面贯彻落实中共十八大，十八届三中、四中、五中、六中全会精神和习近平总书记系列重要讲话精神，紧紧围绕“十三五”规划纲要要求，按照“平台建设推动产业发展，产业发展促进平台建设”的发展理念，以建设区域性物流中心城市为目标，全力推进物流产业发展工作。

【加强物流产业发展指导】1.着力推动专业市场管理办法出台。为理顺鹰潭市专业市场管理体制，规范市场经营秩序，推动市场转型升级，促进市场繁荣发展，2016年，在对月湖区老城区、月湖新城、高新技术开发区、国际商贸园的专业市场开展实地考察的基础上，召开专题座谈会，收集整理意见、建议，借鉴其他地区发展专业市场的有益经验，拟定了《鹰潭市专业市场管理办法》报市政府印发，这是全省首部针对专业市场管理办法。明确了专业市场的管理体制、规划布局，明确了各专业市场划行归市、业态集聚的方向，提出了发展、扶持、培育专业市场的重点方向，形成了一套与之相配套的鼓励和引导政策。

2.深入研究产业发展的指导意见。在组织编制《鹰潭市物流业“十三五”专项规划》基础上，结合鹰潭市物流产业发展实际，着眼经济发展新常态，借鉴周边地区发展物流的有益经验，起草了《关于加快物流产业发展的实施意见》，明确提出“十三五”物流业目标定位、整体布局、发展重点和政策措施，把鹰潭市物流产业的发展基础和态势转化为现实的产业优势，把鹰潭市建设成为区域性物流中心城市和全国性区域物流节点城市。

3.广泛开展现代物流业学习交流。2016年，国务院及相关部委密集出台物流业转型升级政策，按照市政府工作部署，组织各县（市、区）及物流相关部门专题学习当前物流产业政策及先进地区的先进做法，总结近年来鹰潭市物流业发展工作，沟通交流各地各部门物流工作情况，加强全市产业协调指导。

【推进物流园区项目建设】按照市政府“8+1”项目工作安排，结合现代物流园区建设实际，制定并印发了《现代物流园区2016年项目建设安排表》，进一步细化了项目建设要求，明确了项目建设时间节点和人员责任分工，有计划、有措施地推进物流园区项目建设。

1.基本建成六大项目。机电五金商贸城一期运营顺利，二期正在进行墙体砌筑工程施工；大三江电商物流港管理大楼已完成封顶，正在进行砖墙施工及墙体粉刷，仓库已完成内部装饰及设备安装，春节前投入试运营；赣东北盐业仓储配送中心已完成办公楼的外墙装饰和库内安装，仓库已投入使用；丰华源冷链物流、双林冷链物流项目均已投入运营；广甸商业中心项目1#沿街和2#沿街已完成主体工程，正在进行外墙粉刷。

2.启动建设三个项目。林安公路港项目一期120亩用地已完成场地平整，施工水电已进场，待报建手续办理即可开工建设，项目正积极申报2016年第三批专项建设债券资金。公铁联运项目已申报国家专项建设基金，已与中经公司达成初步合作意向，相关拆迁摸底、土地权属调查等工作同步开展。农资配送中心项目已完成项目施工招标，即将开工建设。

3.加速贯通二期路网。天洁东路延伸及东川河改造工程项目已完成征地，正开展征地拆迁和地上附着物补偿工作。此外，园区供水、供电、交通配套项目加快建设，物流园区基础设施进一步完善，现代物流园连续两年被评为全国优秀物流园区。

【保障货运产业平稳发展】1.提出稳定货运产业的政策措施。随着“营改增”的全面推开和国家财税政策的重大调整，不少货运企业反映鹰潭市货运产业税负重、监管严、成本高，经营困难，有的难以为继，有的龙头企业已撤离鹰潭市，有的在等待观望。为解决货运业面临的突出问题，增强货运企业在鹰潭市发展的信心，及时召集县（市、区）和市直有关部门交流分析情况、研究应对措施，并在此基础上向市政府提交保持货运产业健康发展的两条措施，为税制改革环境下全市货运产业的稳定发挥了重要作用。

认真贯彻落市委、市政府《关于降低企业成本优化发展环境的若干政策措施》。结合职能工作，组织政策学习，培训学习惠企政策。结合市直单位联点企业情况和现代物流园区实际，全面落实企业帮扶挂点工作。由物流委主要领导牵头，全体人员分组挂点物流园区企业，开展机关干部下企业活动，宣讲省、市惠企政策，了解掌握企业发展情况，积极帮助企业处理解决问题。

全市共有物流企业357家，新增AAAA级物流企业1家，企业经营基本稳定。全年全市货运业实现销售收入63.41亿元，同比增长4.8%；上缴增值税4.84亿元，全年货运产业主要经济指标基本保持平稳。

【开展“两学一做”学习教育】按照”两学一做”学习教育工作要求，结合物流工作实际，研究制定了《市物流委“学党章党规、学系列讲话，做合格党员”学习教育实施方案》，成立了活动领导小组，并召开“两学一做”学习教育动员会，并将“两学一做”学习教育贯穿工作始终，结合开展“学党代会精神转观念促产业大发展”演讲活动，增强党员干部服务产业发展的意识，提高党员干部服务产业发展的能力。

（吴　丹）

【市物流委副县级以上干部名录】
党组书记（兼）：刘　诚
党组副书记、主任：吕文杰
党组成员、副主任（兼）：郑云霞（女）
党组成员、副主任：张平来　黄宗根
领导班子成员：黄东风
党组成员、纪检组长：倪震空（2016.2—2016.12）
党组成员、副调研员：曾凡忠
党组成员（兼）：桂义金

发展研究与决策咨询

【概述】 2016年，市政府发展研究中心在市委、市政府的正确领导下，认真学习贯彻中央和省、市精神，紧紧围绕全市工作大局，认真履行职责，不断提高调研质量水平，力求在有效服务领导决策、服务鹰潭科学发展上有更大作为。

【调查研究工作】 一是认真组织开展了调查研究。紧紧围绕全市中心工作，把调查研究作为提高决策参谋水平的基础性工作来抓，梳理筛选出31个重点调研课题，下发了《鹰潭市人民政府发展研究中心关于开展2016年全市调查研究工作的通知》，从认真调查研究、保证调研质量、调研成果转化等方面对协同做好2016年全市调查研究工作提出了具体要求，从而为主动适应新常态，研究新情况、提出新对策，为推进鹰潭市经济社会实现又好又快发展新跨越提供决策参考，为指导工作、解决问题、推动工作提供参谋助手服务。二是积极协同开展了重点课题调研。主要围绕适应新常态推进新发展，推进余江县农村宅基地制度试点改革、鹰潭市精准扶贫、文化产业发展等重点课题进行调查研究，通过调研思考，形成了《鹰潭市主动适应新常态，推进经济科学发展探索实践》《推进余江县农村宅基地制度试点改革调研报告》《关于推进我市文化产业发展的调研报告》《新农村建设助推我市精准扶贫工作的调研报告》《鹰潭市油茶产业发展情况调研报告》《鹰潭市学前教育发展情况调研报告》《关于着力推进我市物流业发展的调查研究》等系列专项课题调研成果，其中《鹰潭市主动适应新常态，推进经济科学发展探索实践》刊登于2016年第1期《鹰潭通讯》。

【对口园区、企业服务工作】 按照《市委办公室市政府办公室关于市领导挂点联系园区、企业的通知》精神，发展研究中心明确专门人员负责与对口园区、企业沟通衔接，6月2日，组织人员对对口企业江西征途体育用品有限公司进行了前期调研，摸清企业发展情况及存在的突出问题和急需政府帮助解决的困难，并及时将前期调研情况报告挂点市领导。6月7日，该中心负责人陪同挂点市领导到江西征途体育用品有限公司进行了调研，及时受理企业诉求，对企业反映的各类问题，建立台账，认真研究制定了解决对策。12月12日，挂点干部联系挂点企业指导帮助企业安装精准帮扶平台APP，并协调企业及时更新信息、提交诉求。

【“两学一做”学习教育活动】 在市委对全市“两学一做”活动作出安排后，该中心立即研究制定了活动方案，召开专题会议进行了安排部署，为了保证学习效果，给每位党员干部发放了《中国共产党章程》《准则》《条例》和习近平总书记系列重要讲话精神等学习资料、学习笔记，并逐一审定了学习计划。党小组采取专题研讨方式，围绕党章、习近平总书记系列讲话、精准扶贫精准脱贫的政策等内容，集中开展学习活动。

【精准扶贫工作】 按照市委、市政府精准扶贫工作要求，该中心在第一时间开会研究，组建了由中心一把手、责任领导、帮扶干部构成的3人扶贫工作小组，深入贵溪市彭湾乡小岭村、溪源村12户精准扶贫挂点农户家中调查，与贫困户谈心交心，摸清实情，掌握了解帮扶贫困户致贫的原因和表现以及贫困户对自己下一步如何脱贫的想法和打算，与彭湾乡党委政府和小岭、溪源村两委班子多次座谈了解具体情况，制定了精准扶贫工作四年发展规划和年度工作计划。2016年，扶贫工作组累计下到贫困户家中6次，积极开展了走访慰问、送政策下乡等活动，对其中一户进行了产业扶贫。挂点的贫困户中2016年将有3户摆脱贫困。

（部小安）

【市政府发展研究中心副县级以上干部名录】
主　　任：胡志开
副调研员：危世安

政府采购工作

【概述】 规范政府采购管理。根据江西省人民政府颁发的《江西省市、县（区）2016—2017年度政府采购集中采购目录及限额标准》明确了2016年度政府采购项目范围和操作程序，规范了采购单位的采购行为。依据《中华人民共和国政府采购法》《中华人民共和国政府采购法实施条例》以及江西省财政厅《关于合理选择确定采购方式和代理机构有关工作的通知》要求，并经请示市政府领导同意确定了集中采购代理机构，明确了江西省机电招标有限公司代理集中采购目录内的采购项目。

【落实简政放权，支持全民创业】 一是依据《中华人民共和国政府采购法实施条例》的释义，将采购项目预算的下达和采购方式的选择权力交给了采购人，明确了采购人是政府采购活动中享有权利和承担义务责任的主体。二是根据《财政部关于做好政府采购代理机构资格认定行政许可取消后相关政策衔接工作的通知》的安排，鹰潭市全面放开了政府采购代理机构进入门槛，由2015年的7家政府采购代理机构，增加到32家代理机构。除集中采购机构采购目录外，采购人可根据自身采购项目的特点自行选择采购代理机构。

【完成政府采购任务】 采购办紧紧围绕全市经济建设大局，全方位拓展政府采购范围，着力培育公开、公平、公正的竞争机制和市场环境，不断强化服务意识、诚信意识，全力做好全市行政事业单位的采购服务，积极认真地完成各项采购任务，服务质量和公信力不断增强。2016年采购任务完成如下：全年组织对采购办监管人员、采购人、采购代理机构业务培训3次，培训人员达480多人。政府采购信息全年共发布1058条，采购项目782项，其中由采购单位自行组织在协议供应商中进行的竞价采购项目507项；由委托采购代理组织采取非招标形式和公开招标形式采购的项目275项，采购预算金额24816.89万元，中标金额22049.41万元，节约资金2767.48万元，节约率11.15%。有效地降低了财政支出，最大限度地发挥了财政资金的使用效益，为维护国家和社会公共利益、保护政府采购当事人合法利益、促进党风廉政建设以及构建公开、公平、公正、和谐的政府采购环境作出了积极贡献。

【事后监督管理】 一是根据《关于开展全省领导干部违规插手政府采购项目问题专项治理排查工作自查“回头看”的通知》精神，采购办对2013年1月1日—2015年10月30日期间的全市政府采购项目重新进行了梳理和汇总上报，并按市里统一安排对政府采购项目进行了抽查，对存在问题的项目对照相关法律、法规进行了处理并下达了行政处罚决定书。二是接到投诉项目5个，将存在问题的项目已依照相关法律、法规进行了处理和处罚，并在政府采购网上进行了公示。三是按照财政部统一部署开展了2015年度政府采购代理机构的监督检查工作，配合省财政厅抽调交叉检查人员，在鹰潭市随机抽取了5个代理机构的18个政府采购项目进行抽查，并对检查中发现的问题，依据《中华人民共和国政府采购法》及相关法规进行了处理并下达了行政处罚决定书。通过检查使采购人、政府采购代理机构更加深入了解了政府采购相关的法律法规，规范了政府采购的行为。

【加强内部管理】 为了预防腐败现象发生，制定了《鹰潭市财政局政府采购风险内部控制办法（试行）》来加强内部管理，做好风险控制。建立了“教育为主，制度约束，多方监督”三位一体的廉政建设模式，将“依法采购”“高效廉洁”“诚实守信”“周到服务”的工作准则贯穿到工作的各个环节，做好政策的宣传，使各级领导和社会各界对政府采购工作的认可度不断提高。

行政服务中心工作

【概述】 在市委、市政府的正确领导下，市行政服务中心紧紧围绕全市发展大局，以深入开展“两学一做”学习教育为契机，坚持以“三单一网一超”（权力清单、责任清单、负面清单、政务服务网、中介超市）建设为抓手，深化行政审批制度改革，规范行政审批行为，强化窗口服务监管，全力创优发展环境。2016年，行政服务中心共办理审批事项和公共服务事项3.2万余件，提供咨询服务6万余人次，受到群众客商一致好评。

【开展“两学一做”学习教育】 结合行政服务中心工作实际，制定了《关于开展“两学一做”学习教育实施方案》，做到“五到位”（动员部署做到位、学习重点抓到位、领导带头领到位、分类辅导学到位、突出问题查到位），创新学习教育载体，实现“四个化”（学习平台智能化、学习形式多样化、窗口服务规范化、创先争优常态化），积极开展“亮身份、明职责、强服务”主题实践活动，组织全体工作人员，到贵溪市党风廉政教育基地和方志敏纪念馆接受革命传统教育，引导党员牢记党规党纪，进一步坚定共产主义理想信念，树立崇高道德追求，不断激发工作人员爱岗敬业的工作热情。将“两学一做”学习教育与学习贯彻中共十八届六中全会和省、市党代会精神紧密结合，制定了《关于认真学习宣传贯彻党的十八届六中全会和省第十四次党代会精神的工作方案》，多次召开党组会、党组中心组学习、党支部学习会、全体工作人员例会等，深入传达学习中共十八届六中全会和省、市党代会精神，做到入脑入心。4月26日，《鹰潭日报》以《市行政服务中心“党建+”擦亮服务品牌》为题进行专题报道。

【推进“两个责任”落到实处】 行政服务中心不断强化班子自身建设，严格落实“两个责任”和“一岗双责”，始终坚持把政治纪律政治规矩挺在前面。制定了《关于落实党风廉政建设党组主体责任和纪检组监督责任的实施意见》《党风廉政建设和反腐败工作任务分解表》，层层签订了责任书，按照“谁主管、谁负责”的原则，对重点任务和工作责任分解细化、责任到人，构建了完整的反腐倡廉工作运行网络，切实把“两个责任”扛在肩上、抓在手中。制定了《关于落实把纪律挺在前面要求的实施办法》，深入学习贯彻“一准则两条例”，积极开展警示教育活动，采取制作党风廉政建设宣传栏、进行革命传统教育、到廉政基地参观、观看拒腐防变的录像带、学习有关案例等方式，加强党员干部党性修养和作风建设，做到警钟长鸣，时时警醒。扎实开展党风廉政建设社会评价宣传工作，切实加强对风险岗位廉能管理工作的监督检查，切实做到风险定到岗、制度建到岗、责任落到人，实现对廉能风险有效地防控。严格落实中央“八项规定”精神，认真执行公务接待、财务制度相关规定，顺利完成公务用车制度改革，营造了良好政治生态。

【推进“三单一网”建设】 认真做好简政放权的“加减法”。一方面，围绕清理审批事项、优化审批流程做好“减法”；另一方面，围绕激发市场活力、提升服务水平做好“加法”。坚持以“三单一网”（权力清单、责任清单、负面清单和政务服务网）建设为抓手，做到以“减”促简政。严格按照国务院、省政府关于取消和下放行政审批项目的要求，及时做好窗口单位取消和下放行政审批项目的衔接工作，对省政府衔接落实国务院取消和下放的行政审批项目等事项中，涉及鹰潭市的事项已经全部予以衔接落实。通过梳理清理，累计取消行政审批项目115项、下放77项，非行政许可审批事项全部取消。同时，建立了网上办事大厅，将所有审批事项纳入政务服务网办理。

【实施“五证合一、一照一码”改革】 在现有工商营业执照、组织机构代码证、税务登记证“三证合一”的基础上，继续加大改革力度，整合社会保险登记证和统计登记证，全面实现“五证合一、一照一码”。为方便群众办事，除法律、法规明确和国务院决定保留的营业执照前置审批外，还强化组织协调，推行“三个一”服务，即：“一窗口”受理、“一表式”申请、“一条龙”审批，加快审批速度，大大降低企业注册门槛，进一步激发了市场活力。市委书记、市长曹淑敏亲临市行政服务中心，为鹰潭市首批“五证合一、一照一码”企业现场颁证。全面推行个体工商户营业执照和税务登记证“两证整合”登记制度，实现工商、税务部门的个体工商户数据信息实时共享。副市长张子建亲临行政服务中心现场颁发首批“两证整合”营业执照。

【完善“中介超市”建设】 为缩减行政审批中介环节，全面放开中介服务市场，涵盖了行政审批过程中涉及的所有中介服务事项。所有具有资质的中介服务机构实行“无门槛、零障碍”入驻。共有3批次164家中介服务机构入驻鹰潭“中介超市”。所有入驻的中介服务机构信息，包括名称、地点、联系电话、资质等，统一在“网上中介超市”挂网公示。严格规范中介服务行为，以市政府名义印发了《关于清理规范市政府部门行政审批中介服务事项的决定》等文件，出具了中介服务事项清单，保留19项，取消和调整50项。制定了中介服务办事指南和示范文本，日常管理坚持做到“五个规范”，即规范服务信息、规范收费标准、规范办理材料、规范服务流程、规范服务承诺，切实提升中介服务效率。通过建立“中介超市”，有效打破了地域和行业垄断，实现中介服务新常态，为行政审批“破冰提速”。这项改革被中央办公厅、国务院办公厅以专刊专报形式介绍工作经验。

【服务不动产登记改革工作】 对各窗口进行科学布局，集中划出一整块区域，设立不动产登记业务办理“一站式”窗口，将业务办理流程、申报材料、办理时限等信息全部对外公示，工作人员实行亮“牌”上岗、明“牌”服务，做到服务形象标准统一。同时建立上门服务机制，针对无法到场签字的老年人或残疾人在申请登记时，提供主动上门服务；对除商业、住宅以外的企业申请登记的，免收登记费和地籍调查费等费用，降低企业运营成本；优化流程设计，进一步压缩审批时限，推行“快捷式”审批，办事效率位居全省前列。

【推进联审联批、网上审批】 全面推行联审联批，并专门研发了联审联批网上运行软件，通过优化，再造审批流程，建设项目审批时限由143个工作日缩减为30个工作日，企业注册登记审批时限由原来35个工作日缩减为3个工作日，方便群众客商办事。建成“两横两纵”网上审批和电子监控系统平台，大力推进鹰潭政务服务网建设，9月26日，升级版鹰潭政务服务网正式上线运行，实现“页面风格、栏目内容、分类方式”三个统一，打造了功能齐全、高效快捷的行政服务网上办事大厅。坚持把网上审批、电子监察系统建设纳入窗口考核内容，严格责任追究，实现为客商、企业和群众提供更加规范、方便、高效的网上咨询、网上申报、网上审批服务，有效提升了办事效率。客商高度称赞鹰潭“行政服务优质，办事高效快捷”。

【打造标准化服务窗口】 强化协调，锐意创新，大力建设标准化规范化服务窗口。一是切实完善管理制度。制定了《工作人员考核评价暂行办法》等20多项制度，加强对窗口工作人员的考核管理，营造“以制度管人、以制度管事”的良好氛围。二是实行目录管理。将所有审批事项，全部纳入全市行政审批目录清单，围绕实现应进部门和项目进驻、人员进驻、窗口授权“三个到位”，不断增强“一站式”服务功能。三是切实加强窗口监管。强化与窗口单位的沟通协调，大力协调各窗口单位强化对派驻人员的监督管理，做到纪律严明，服务优质。同时不断加大日常工作巡查力度，充分发挥电子视频监控系统作用，对窗口服务情况进行全程影音同步、实时、动态监控，发现问题及时纠正。四是培育服务文化。大力弘扬“五心”服务（接待客商要热心、解答问题要耐心、受理业务要细心、提供帮助要诚心、服务百姓要真心），牢固树立 “把麻烦留给自己，把方便留给群众”的服务理念，激发服务群众的热情。在全省政务服务工作会议上，行政服务中心“五心”服务理念获省委常委、常务副省长毛伟明点赞，并向全省推广。五是强化督察问责。围绕提高审批效率，开展了进一步规范行政审批行为工作，联合相关部门，深入县（市、区）开展取消下放行政审批事项落实情况专项督察，确保窗口依法行政、服务规范、办事高效。

【实行公共资源阳光交易】 着力抓好“项目进场、业务监管、服务程序”三个规范。一是加强制度建设。建立健全了岗位责任制、评标专家守则、开标评标制度等各项制度，确保各项工作、各个环节都有章可依。二是实现公共资源网上交易。各类公共资源交易项目全部实行网上交易，最大限度地减少了人为因素的影响和控制。进一步完善了全程监控系统，对开标评标现场实行全方位、全过程的影音同步监控，并与全省视频监察系统对接，有效预防腐败现象的滋生。三是规范操作流程。在评标区建立评标专家人脸指纹门禁系统、专家自动抽取语音通知系统，增强了专家评标的权威性和评标结果的公平性。创新了投标保证金多银行多账户管理方式，有效避免了人为因素干扰，进一步防止围标串标现象发生。四是强化全程动态综合监管。出台了《公共资源交易监督管理暂行规定》，强化对标前、标中、标后的全程动态监管，构建了集行政监察机关、行业监管部门和公共资源交易中心 “三位一体”的全程动态监管体系，确保公共资源交易实现“过程阳光、细节阳光、全程阳光”。2016年，共完成各类公共资源交易项目326项，成交金额115846万元，节约资金5931万元。

【党建引领做好其他工作】 积极开展“党建+”活动，努力推动各项工作开展。扎实推进精准扶贫，专门选派1名科长到帮扶点挂职村党支部第一书记；积极开展文明创建，顺利推进“四进三改两覆盖”工作、新农村建设、防汛、安全生产、村建等市委、市政府的中心工作，认真抓好社会治安综合治理、公共节能、计划生育等工作。行政服务中心被命名为“江西省三八红旗集体”，被评为“全面深化改革工作先进单位”“全市创文明城工作先进单位”“全市学雷锋活动示范点”“2016年度计划生育工作先进单位”。

（万　毅　万林静）

【市行政服务中心管委会副县级以上干部名录】

党组书记、主任，市公共资源交易中心主任：胡志新

党组成员，纪检组长：翁淑芬（女，~2016.12）

党组成员：翁淑芬（女，2016.12~）

党组成员、副主任：黄晓明

党组成员、副主任：姜志雄

党组成员、副主任：潘有万

党组成员、副调研员：杨华春

民族宗教事务工作

【概述】 2016年，在市委、市政府正确领导下，全市民族宗教工作融进“决胜全面建成小康社会、建设富裕美丽幸福鹰潭”和“提高中华道都知名度”大局，紧扣“民族团结发展、宗教和谐稳定”主题，展现新作为、实现新跨越、取得新成绩。鹰潭市民族地区农民人均可支配收入实现1.43万元、增长12%，连续多年超过全省平均水平。鹰潭市宗教工作继2014年第三届国际道教论坛、2015年道教对台千人授箓活动之后，连续第三年受到上级重视与关注，在省委、省政府召开的全省宗教工作会议上作了经验交流发言。

【民族工作】 一是抓机制聚合力。加强联系协调，巩固深化省市县三级部门对口支援民族乡、市县两级部门对口支援民族村的帮扶工作机制。根据《中共鹰潭市委 鹰潭市人民政府关于加强和改进新形势下民族工作的实施意见》，推动促进民族地区发展的17条优惠政策措施落地生效。二是抓项目增后劲。建立了“十三五”期间民族地区发展资金项目库，涵盖85个项目、拟申请省级投入4733.45万元。2016年，上级下达鹰潭市财政扶贫少数民族资金、民族教育资金、少数民族发展资金共计222万元，市本级财政继续安排少数民族扶持发展资金16万元。三是抓就业拔穷根。指导支持民族地区举办了4期专业技能培训班。同时，扶上马送一程，协调民族地区企业和农民专业合作社，新增吸纳建档立卡贫困群众30户91人就业，帮助他们通过就业稳定脱贫。四是抓难点补短板。2015年下半年选派干部驻民族地区省级贫困村樟坪畲族乡双圳村担任“第一书记”，帮助推进基础设施建设和发展白茶、毛竹等特色产业。将市级贫困村樟坪畲族村确定为全市民族地区精准扶贫示范点，组织机关干部开展结对帮扶。2016年，为两村落实帮扶资金200余万元。五是抓硬件展新貌。在各级各有关部门大力支持下，按照“特色化、现代化”要求，基本完成民族地区30户以上自然村新农村建设任务，精心打造了5个畲族特色村寨，樟坪畲族“秀美乡村”更加成片靓丽，山外散落的店前畲族雷家村成为国道线旁的畲村明珠。

【宗教工作】 一是抓调研谋长策。开展了全市宗教工作调研活动和伊斯兰教专项调研、基督教有关情况调研、民间信仰情况调研，核对完善了全市宗教基础信息数据库，进一步摸

清底数、找准问题、提出针对性意见，为市委、市政府研究制定加强和改进新形势下宗教工作的实施办法提供决策参考。二是抓排查除隐患。就“穆斯林”标识问题进行了摸底排查，防止“清真泛化”。切实防范和制止基督教领域有关非法活动，鹰潭市未发生1起有影响事件。保持高度关注，协调联动，有效应对，鹰潭市天主教、基督教领域连续多年实现“佘山朝圣”活动期间“零朝圣”和圣诞节期间“零事故”。三是抓规范立规矩。指导宗教界深入开展了以“规范”为主题的和谐寺观教堂创建活动、培育和践行社会主义核心价值观活动。配合做好相关工作，接受市人大对全市宗教活动场所管理情况的视察。建立销号管理整改台账，指导和督促重点寺观教堂抓好整改工作，发挥示范作用。鹰潭市1名宗教教职人员获第三届全国创建和谐寺观教堂先进个人荣誉称号。指导市佛教协会主办了第二届四省讲经论坛，推动佛教界加强思想建设。

扬好特色优势，致力提高中华道都知名度。一是抓特质促提升。在省市领导重视下，积极向国家宗教事务局汇报和争取，支持龙虎山道教界维护龙虎山嗣汉天师府作为授箓活动唯一承办宫观的地位，防止道教内部思想混乱。指导龙虎山嗣汉天师府顺利承办2016年正一派内地授箓活动和海外授箓活动。指导龙虎山道教协会承办江西省第六届玄门讲经活动。龙虎山嗣汉天师府作为道教祖庭，在海内外道教信徒中的凝聚力进一步增强。二是抓平台添活力。指导龙虎山道教协会抓好龙虎山道教学院各项建设，努力帮助协调解决人员编制和经费问题，支持龙虎山道教学院打造国家级道教文化研究传播和人才培养基地。指导新增成立月湖区道教协会，这标志着鹰潭市本级及各县（市、区）、景区均已成立道教协会，道教爱国组织建设切实加强。三是抓交流扩外宣。支持龙虎山道教协会继续办好《道源教宗》刊物和微信、微博、网站“两微一网”。支持龙虎山道教界继续“请进来”和“走出去”，出访港澳台地区和东南亚国家，促进龙虎山道教文化对外宣传交流常态化，为提升中华文化在世界更大范围的影响力作贡献。

（陈今国）

【市民族宗教事务局副县级以上干部名录】

市委统战部副部长，市民宗局党组书记、局长：祝发太（2016.12~）

局 长：雷纪文（~2016.10）

党组副书记：雷纪文（~2016.9）

党组书记：杜剑玲（~2016.12）

党组成员、副局长：林传富

党组成员、副局长：彭凤牌（女）

副调研员：陈仲毅（2016.2~）

人事工作

【概述】 2016年，全市人力资源和社会保障系统认真贯彻习近平总书记系列重要讲话精神，特别是对江西工作的重要要求，在市委、市政府的正确领导及省人力资源和社会保障厅的直接指导下，牢牢把握稳中求进的工作总基调，坚持民生为本、人才优先，突出人才创新、人事规范，切实加强高层次和高技能人才队伍建设，稳步推进人事制度改革，为鹰潭市经济社会发展、构建和谐鹰潭发挥了积极作用。

【人才结构】 全市人才总量14.15万人，按全市人口总数115.93万人计算，人才密度12.2%。体制内人才3.86万人，占全市总人口的3.33%。其中：党政人才6673人，占全市总人口的0.58%；经营管理人才4512人，占全市总人口的0.39%；专业技术人才1.75万人，占全市总人口的1.51%；技能型人才1.07万人，占全市总人口的0.96%。

【公务员管理】 全市共有公务员5365人，其中行政机关公务员3848人；全市参照管理事业单位工作人员855人，其中政府口参照管理事业单位工作人员773人；全市参照管理群团机关工作人员119人。坚持公开、平等、竞争、择优的原则，做好鹰潭市2016年度公务员录用的笔试、面试、体检、考察和审批工作，阳光考录公务员165人。对全市新录用公务员进行初任培训，165名新录用公务员参加培训并顺利结业。做好了2017年度考试录用公务员的计划申报工作，申报招录计划172名。

【军转安置】 完成2016年度20名军队转业干部和3名随调家属安置工作。依据《鹰潭市安置团职军队转业干部暂行办法》，对团职干部实行考核安置；营职以下军转干部按照考试考核相结合的办法进行分配，全市计划分配的17名军转干部全部安置进入党政机关行政单位，按省里时限要求提前完成了安置任务，排名全省第二。企业军转干部解困和稳定工作扎实有效，为企业军转干部发放生活补助101万元，拨付企业军转干部医疗保险费22万元。制定出台《鹰潭市企业军转干部医疗专项救助暂行办法》，为逐步解决企业军转干部看病难的问题奠定了基础。积极开展暖心活动，在春节、“八一”期间，对因故致残、长期患病、家庭困难和担任维稳信息员的企业军转干部进行了走访慰问，发放慰问金2万余元；主动帮助企业军转干部解决困难，化解矛盾，全年无1人赴省进京上访，确保了整体稳定。做好自主择业军转干部的档案接收和管理工作，及时为他们办理基本医疗保险，核定发放退役金300余万元。为自主择业军转干部搭建创业就业平台，2名自主择业军转干部实现了创业、5名实现了就业。

【人才资源开发与交流】 2016年有档案1.06万份，其中接收4975份，个人代理3382份，代理单位1278份，事业单位907份，公务员86份。新增档案1317份（其中应历届毕业生1199人），增幅2.58%；转出档案520份，降幅5.8%；全年净增档案797份；库存档案略有增加；为40名代理人员认定、申报、评审初中级职称，较2015年持平；出具接收、调函、代理、现实表现等各类证明等材料2000余份。

人力资源市场共举办现场招聘会24场，其中专项招聘会5场，周六常态化招聘会19场，累计参会企业1000多家，共提供岗位1.10万余个，进场求职人员累计1.30万余人，达成意向人数5000余人。

【工资福利工作】 完成机关事业单位工作人员基本工资标准的调整和增加机关事业单位离休人员离休费工作，进一步完善了机关事业单位工资制度，优化工资结构，此次调标人均实际增资300元；推进全市机关公务员用车制度改革，加快建立新型公务用车制度，从2016年3月起，对市直行政和参公的82家单位约2900人，实行公务交通补贴审核发放工作；按照中央关于深化干部人事制度改革的要求，在县以下实行职务与职级并行制度，指导县（市、区）完成了对县以下机关开展职务与职级并行制度审批工作，全市1043人符合晋升职级条件，缓解了基层公务员因职务晋升难待遇得不到提高的矛盾；指导县（市、区）完成了乡镇工作补贴的发放工作，符合享受乡镇工作补贴条件的工作人员共计7994人，人均月增资325元；继续做好事业单位实施绩效工资的管理，不断完善绩效工资实施方案和绩效地考核办法，充分发挥绩效工资的激励作用，促进各行事业的有序发展。

【专业技术与专家管理工作】 全市职称申报2272人[其中：高级128人；中级2121人（其中：非国有1990人，高职、工程等综合系列131人）；初级23人]。评审通过1966人[其中：高级77人（正高12人，副高65人）；中级1866人（其中：非国有1754人，高职、工程等综合系列112人）；初级23人]。中、初级资格认定85人次；省外来赣人员资格确认2人；资格考试合格人员875人（其中：卫生447人、会计242人、经济61人、英语125人）。为加强和规范职称评委会建设和管理，对全市各系列中级职称评委专家库人员进行了全面调整、更新。经国务院批准，鹰潭市江西三川集团有限公司李建林、江西省胜富艺品有限公司童胜富2人被批准享受2016年国务院特殊津贴。经省政府批准，鹰潭市人民医院周斌、余江县林德工艺雕刻厂邹财高2人被批准享受2016年省政府特殊津贴。完成了全市享受国务院和省政府特殊津贴专家一年一度的健康体检和鹰潭市拔尖人才经费发放工作。经省委组织部、市人社厅研究决定，江西省鹰潭铜产业工程技术研究中心、江西广信新材料股份有限公司2个单位获准设立博士后创新实践基地。

【人事制度改革】 继续完善了事业单位岗位设置工作，市直99%的事业单位已经步入运行和聘用阶段，县（市、区）完成了96%。顺利完成了全省中小学教师统一招聘工作任务，招聘教师118名。坚持服务人才，为市场监管局、江西高专招聘了32名硕士；坚持服务民生，首次采取集中面向全省公开选调方式为市直学校选调了31名教师；坚持服务基层，做好了“三支一扶”招募和安置工作，共有52名大学生赴县（市、区）乡镇工作，同时2014年“三支一扶”服务期满大学生接收安置工作全面到位；坚持拥军优属，招聘15名退役大学生士兵，数量位列全省第五、四小市之首，并招聘3名随军家属；积极稳妥安置市直机关公车改革司勤人员306人，并做好公车补贴发放核定工作。认真做好事业单位职工经批停职领办创办企业备案工作，全年共备案5人。认真做好聘任调动工作，全年完成聘任320余人次、调动110余人次，完成180余家事业单位年度考核工作。

【“一村一品”工作】 对省外专局下达鹰潭市的“一村一品”产业发展项目专项资金的使用情况，进行了督促和检查，做到专款专用，支持鹰潭市的新农村建设和少数民族地区“一村一品”产业发展。围绕贵冶周边新农村建设，帮助重金属污染区域大力发展“一村一品”产业。全年共争取到6个村委会和合作社以及2家企业共计专项资金98万元。在省级“一村一品”示范村、示范企业、示范合作社进行动态调整工作中，鹰潭市19各村委会、企业、合作社获批省级“一村一品”示范村、示范企业、师范合作社称号。

【引进高端外国专家】 哈特斯金属材料有限公司的两名外国专家梁敢、汤艺杰分别获批江西省高端外国专家和江西省急需紧缺海外工程师。

【人事培训考试】 开展市直专业技术人员继续教育公需科目培训班一期，培训人数240人。组织各类专业技术资格考试网上报名现场审查工作，共19项，1530余人。完成各类人事考试共25项，累计考生1.61万人次。其中：职称外语考试，参考人数296人；经济专业考试，参考人数272人；录用公务员“四级联考”笔试，参考人数4571人；中小学教师招聘考试，参考人数2272人；选聘高校毕业生到村任职考试，参考人数432人；大学生“三支一扶”考试，参考人数1112人；全市事业单位公开招聘市、县、乡“三级联考”笔试，参考人数5392人；信江新区面向全市及全区选调教师考试，参考人数101人；市直机关选拔申报技师的笔试，参考人数 149 人；江西师范高等专科学校招聘工作人员笔试，参考人数 32 人；驻鹰部队现役军官随军家属专项招聘笔试，参考人数 33 人；机关事业单位工勤人员晋升岗位等级考试，参考人数 500 人；承办了 2 项社会化考试，参考人数 36 人。承担面试考务工作 11 项，累计参加面试人数 863 人。全年共查处违纪考生 20 人。

（徐万里）

【市人力资源和社会保障局副县级以上干部名录】

局　长：吴南平（~2016.12）

党组成员、局长：段建龙（2016.12~）

党组成员、副局长：黄丹军　桂学东　曹建彬　方　璐（女）

党组成员、调研员：韩学农

党组成员、市就业局局长：毛晓荣

副县级干部：熊征才

副调研员：胡玉兰（女）

市社保局局长：杨泉水

编制工作

【概述】 2016 年，在市委、市政府和市编委的坚强领导下，市编办深入贯彻落实中共十八大和中共十八届二中、三中、四中、五中全会和习近平总书记系列重要讲话精神，严格遵循中央“五位一体”总体布局和“四个全面”战略布局，主动适应和服务新常态，不断深化行政体制改革，持续推进“放管服”改革，扎实管住用好机构编制资源，为建设富裕秀美宜居和谐鹰潭提供了有力保障。在五年一度的全国机构编制工作先进集体和先进工作者评选表彰中，经过层层筛选评比，市编办作为全省唯一代表荣膺全国机构编制工作先进集体称号，并在表彰大会上代表全国 32 个受表彰的先进集体作大会发言，创造了鹰潭市升格为省辖地级市三十三年以来机构编制工作的荣誉记录。

【发挥保障职能】 一是强化经济发展体系建设。争取省编办支持正式批准设立信江新区管委会，解决了自 2010 年信江新区党工委和管委会正式运行以来，因没有正式“户头”而难以争取省财政补助、资金安排、项目申报，以及体制机制和人员身份等诸多问题，为加速新区开发、建设和发展奠定了体制基础。挂牌成立市大上清宫遗址保护管理中心，策应了中华道都建设需要。设立市委非公经济工委，助推了非公经济的发展壮大。在市规划局单设村镇规划科，加强了鹰潭市新型城镇化建设规划工作力量。二是强化民生保障体系建设。争取省编办支持将市医保局升格为副县级机构，整合市本级城乡居民医保管理职责，在月湖区设立医保局，适应了城镇职工医保、城镇居民医保和新型农村合作医疗的“三网合一”新形势的需要，优化了鹰潭市医保管理服务体系。增设市河长制办公室副县级职数，设立市水利工程质量安全监督站，加大了鹰潭市河湖保护管理力度。完成鹰潭职业技术学院从江西高等师范专科学校剥离单独运行组建工作，理顺了两校之间的管理体制。三是强化社会维稳体系建设。协同市纪委制定《关于加强市纪委派驻机构建设的实施意见》，制定印发市纪委派驻纪检组“三定”规定，完成市直纪检监察机构全覆盖阶段性工作任务。调整设置市公安局正县级常务副局长领导职数，加强了鹰潭市公安工作力量。增设市委网信办副县级专职副主任 1 名，强化了鹰潭市网络舆情和政务微博工作管理。组建市公务用车服务中心，助推了鹰潭市公务用车制度改革顺利进行。

【激发发展活力】 一是纵深推进“放管服”改革。加大放权力度。及时做好国务院、省政府取消下放权力事项衔接工作，分两批次取消行政权力 42 项，下放 4 项，承接 3 项，调整 197 项；5 月，对市县两级历年来的衔接落实情况开展专项督导，梳理解决了改革“不同步、不协调、不到位”和“接不住、管不好”等问题，建立了整改台账并扎实整改，保障了上级政策精准落地。做好管理文章。出台《2016 年推进简政放权放管结合优化服务改革实施方案》，提出 14 个方面 68 项具体任务，健全了工作机制，形成了改革合力。转发《江西省权责清单管理办法》，从制度层面对行政权责清单的制定、运行、监督和管理等方面作出规定和要求，尤其对行政权责清单调整情形、调整程序作了明确，促进了行政权力公开透明规范运行。提升服务水平。完成“鹰潭政务服务网”权责清单 8 千余项事项的核对修订工作，提高了清单的准确性和规范性，方便了基层和群众办事。配合完成行政审批中介服务事项清理及清单编制工作，保留行政审批中介服务事项 19 项，取消和调整 50 项，规范了中介服务行为，营造了公平竞争的市场环境。二是强力推进重点领域关键环节改革。河湖保护领域综合行政执法体制改革顺利推进。出台《鹰潭市河湖管理保护综合行政执法体制改革工作方案》，制定印发市河湖管理保护综合行政执法支队“三定”规定，整合河湖保护领域的水利、水上公安、环保、农粮、交通、海事等方面的行政处罚及相关的监督检查、行政强制职能，组建市河湖管理保护综合行政执法支队，建立了水上公安和河湖综合执法机构联合办公、交叉任职、融合执法新机制，从根本上扭转了鹰潭市河湖管理保护“散、弱、小”、监管不力的局面，为打造美丽江西“鹰潭样板”提供了坚实的体制机制保障。2016 年 12 月 27 日，《人民日报》在介绍江西省推进河长制工作中，重点介绍了鹰潭市河湖保护领域综合行政执法改革做法。全国综合行政执法体制改革试点工作顺利完成。不定期对市场监管领域综合行政执法体制改革进行督促跟进，全面掌握了改革进展情况及存在的问题。3月，完成市、县、乡三级市场监管机构更名工作，进一步规范了名称管理。这项在市场监管领域进行的改革试点于2015年9月正式启动，2016年6月基本结束，通过整合执法职能、组建执法队伍、理顺执法关系、优化机构设置，形成了“一支队伍执法，一个流程办案、一个标准执罚”的全新综合执法模式，先后在全省、全国综合行政执法体制改革推进会上作典型发言。三是稳妥推进事业单位分类改革和登记管理制度改革。会同组织、人社、财政等部门对市直第二批50家事业单位分类情况进行联审，及时印发分类批复，完成2016年度事业单位分类改革工作任务。将市卫计委下属事业单位由原15家整合成14家，规范了卫计部门事业单位机构设置。完成市直314家事业单位年度报告公示及法人证书更换工作，办理事业单位变更、设立、注销等事项151件，中文域名续费311家。及时承接组织机构代码管理职责，完成市直70家机关、群团统一社会信用代码赋码工作。

【守牢政策底线】 一是严控总量，管住机构编制。严格执行控编减编工作要求，凡行政职能类和生产经营类事业单位、各类社团组织的机构编制一律停止审批，凡满编或超编单位一律不予核编进人，军转干部、随军家属和退役士兵全部在空编单位安置，全年未超编进过1人，未超权限审批过1个机构，未违规核定过1个领导职数。同时，继续抓好机关事业单位超编整治工作，积极配合有关部门做好清理超职数配备干部、“吃空饷”等工作，8月，鹰潭市顺利通过省控编减编工作专项督察，11月，市编办参加全省总量控制创新管理推进会并做典型发言。制定出台《关于完善市直机关事业单位人员逆向调动编制审批工作的意见》，将干部调配串联审批改为并联审批，提高了工作效率。截至2016年底，全市党政群机关和事业单位整体不超编并略有空余，成为全省第一个市县乡三级各类编制数均在省下达的控制数内的设区市，牢牢守住了政策底线。二是动态调整，用好机构编制。对职能弱化或消失的机构，相应减少或取消编制，收回的编制统一作为存量用以保障国计民生的重点领域和关键环节的用编需求。单位进人，优先考虑从本地同级同类单位人员中公开遴选或调配；确需增加编制的，采取系统内部调剂、按“人随编走”原则划转。市河湖管理保护综合行政执法支队组建和市公务用车服务中心设立所用编制均在系统内调剂解决。不断完善实名制管理，全年完成系统数据维护11280人次，办理人员上编330人次，下编384人次，审核车改部门人员编制信息2169人次。

【加强自身建设】 精心组织开展“两学一做”学习教育，持续深入开展“提振精神、提高素质、提增效能、提升形象、提炼境界”主题教育实践活动。一是强化学习教育。雷打不动地坚持周一例会学习和每月干部讲坛制度，7月，举办全市机构编制工作实务培训班;10月，开展全市机构编制系统“爱阅读乐分享”读书交流活动，提高了干部职工的业务素质和履职水平。二是突出信息宣传。9月，完成《2011—2016年机构编制工作文件汇编》选编印制工作，分送市县编委领导和相关部门参阅，宣传了机构编制政策法规，提增了工作效能；全年在中央机构编制网、《江西机构编制信息》等媒体发表新闻报道10余篇，更新门户网站信息100余篇，市编办干部撰写的《1+1+1 > 3——从“三局分立”到“三局合一”市场监管体制改革成效初显》一文在中编办举办的“接地气、一招鲜、见实效”创新做法征集活动中，从900多篇稿件中脱颖而出，荣获优秀奖。此外，完成《改革鹰潭》中全国综合行政执法体制改革试点和全省机构编制总量控制动态管理试点材料的撰稿工作，多角度展示了编办的职责定位、工作动态和创新之举。三是加强作风建设。强化核心意识、看齐意识、担当意识，严格落实中央“八项规定”，提出了“不让工作事项在我手中延误，不让信息传递在我手里中断，不让工作差错在我这里出现，不让不良之风在我身上发生，不让办事人员因我受到冷落，不让编办形象因我受到损害”的工作要求和规范；倡导“多为做好工作想办法，少为做不好工作找借口”的担当精神，强化“相互补台，好戏一台，相互拆台，共同垮台”的协作意识，教育引导干部职工正确定位自己，保持乐观心态，常怀自知之明，懂得感恩惜福；对年度工作任务分解细化，及时督办，量化考核，严格奖惩，提升了机关效能和部门形象，在圆满完成各项业务的同时，综治、计生、节能、信访、党风廉政建设等中心工作也被评为全市先进。

（陈振平）

【市编办副县级以上干部名录】

主　任：左真香（女）

副主任：钱吉庆

副调研员：周林华

统计工作

【概述】 2016年，市统计局领导班子认真贯彻中共十八大和中共十八届三中、四中、五中、六中全会精神，深入开展“两学一做”学习教育，紧紧围绕建设富裕美丽幸福鹰潭总目标，按照市委、市政府和省统计局的决策部署，紧扣中心，服务大局，狠抓落实，搞好协调，恪守统计职业操守，进一步完善以一套表为核心的“四大工程”建设，扎实推进各项统计调查工作，强化统计队伍建设，夯实统计基层基础建设，加强对经济运行和社会发展形势的分析、研判和预测，为鹰潭经济社会发展提供有力统计保障，统计工作取得丰硕成果：巩固了第十四届省级文明单位成果；先后荣获全省统计报表优胜单位二等奖、全市党风廉政建设先进单位、全市先进党组织、计划生育工作全市先进单位和全市综治先进单位，为全市经济社会发展作出应有贡献。

【统计业务建设】 高质量完成日常各项统计工作。认真组织实施国家统计调查和统计报表方法制度，着力抓好GDP核算、工业、投资、能源、文化产业、农业、贸易、人口劳资、服务业、社会科技等重点统计工作，按时保质完成了各项统计专业定期报表的编报工作任务。认真抓好基层统计业务建设。完善和规范乡镇和园区等基层各项统计工作制度，进一步推动了统计基层基础工作规范化建设。

全力以赴做好第三次全国农业普查工作。2016年是第三次全国农业普查关键的一年，完成了市、县、乡、村各级普查机构组建；及时成立了鹰潭市第三次全国农业普查领导小组办公室和确定了三农普领导小组成员单位，结合鹰潭市情况，积极开展了综合试点工作；对两员进行了为期四天的封闭式业务培训；制定了《鹰潭市第三次全国农业普查宣传方案》，召开了全市三农普宣传工作会议，在政府网、新闻网、电视台开辟宣传专栏，印制三农普宣传画册，形成了较浓厚的社会舆论氛围。鹰潭农普工作得到省农普办多次表扬。

【综合国情调查】 2016年，坚持以新发展理念为引领，牢牢把握稳中求进总基调，统筹做好稳增长、促发展、调结构、优生态、惠民生等各项工作，全力推进富裕美丽幸福鹰潭建设，新常态下的鹰潭经济社会发展取得新成绩。

初步核算，全年实现地区生产总值（GDP）695.35亿元，按可比价格计算，比上年增长8.8%。人均生产总值达到60136元，增长8.2%。产业结构进一步优化。三次产业结构由2015年的7.7∶59.4∶32.9调整为7.6∶58.2∶34.2，第三产业占比提高了1.3个百分点。年末常住人口115.93万人，其中城镇人口为66.64万人，占总人口比重57.48%，比2015年提高1.7个百分点。全年出生人口为1.54万人，出生率为13.28‰，死亡人口为0.71万人，死亡率为6.18‰，人口自然增长率为7.1‰，比2015年提高0.29个千分点。全年城镇新增就业人数2.46万人，城镇登记失业率为3%，新增转移农村劳动力1.57万人，新增家庭服务业从业人员2609人，省内工业园区定向培训1.42万人。全年共新增小额担保贷款 4.8 亿元。

全年财政总收入116.82亿元，增长3.9%，其中，一般公共预算收入81.62亿元，下降1.7%；税收收入90.07亿元，增长4.7%，税收收入占财政总收入的比重为77.1%，同比提高0.6个百分点。分县（市、区）看，贵溪市财政总收入完成47.59亿元；余江县、月湖区、高新区财政总收入均超10亿元，分别完成18.05亿元、11.78亿元和19.07亿元；龙虎山景区财政总收入超4亿元，信江新区财政总收入超5亿元。

【企业一套表工作】 将联网直报不断引向深入，进一步强化名录库管理，规范“四上企业”名单，及时将够规模的新增单位纳入报表范围，稳步扩大一套表和联网直报范围，保证“四上”单位不重不漏；进一步改善硬件和网络条件。

按照全省一套表实施方案及各专业实施细则，各职能部门密切配合，强化企业统计人员培训，培训县（区）局专业负责人员和相关企业统计人员共200多人次。从数据采集、传输、汇总、审核、发布、培训、宣传等方面建立工作机制，有力地推进全市企业一套表工作制度化、规范化、常态化，切实做到一套表联网直报的任务、人员、时间、质量四落实，企业统计数据的质量和匹配性得到显著提高。

【市县科学发展综合考核评价】 全力配合做好市委、市政府年度绩效考核、节能减排考核，全面小康进程、统筹城乡、市县科学发展等各项统计综合监测评价工作。全省市、县科学发展综合考核评价工作是省委、省政府唯一一项综合性考核，统计部门尊重统计科学，积极协调，主动对接，反复调度，上门督导，在各责任部门的积极支持和密切配合下，为考评工作尽到应尽之责，连续四年荣获四小地市第一名好成绩。

【统计法治建设】 一是加强统计法制建设。将《中华人民共和国统计法》《统计违法违纪行为处分规定》纳入了市委党校教学计划，受到党政领导干部的好评，增进了群众对统计工作的认同度。同时组织人员对基层数据质量、企业原始数据质量进行全面检查，查处了一批统计违法行为。二是层层建立数据质量责任制，完善数据质量控制措施。制定了《2016年鹰潭市县（市、区）生产总值核算方案》，层层把关，保证数据的真实性和可靠性。建立了部门联席会议制度，对主要经济指标进行分析和评估。

【统计队伍建设】 巩固教育实践活动成果，深入践行群众路线，转变作风。一是坚持把领导班子建设放在首位，加强班子团结，认真开展“两学一做”学习教育，积极开展批评与自我批评；坚持局党组中心学习组学习制度，扎实推进统计局领导班子的理论学习活动，坚持和完善领导班子民主生活会和领导干部双重组织生活制度。坚持“集体领导、民主集中、个别酝酿、会议决定”的民主集中制原则。坚持不懈地抓好党风廉政建设，认真落实党风廉政建设责任制，2016年，统计局没有发生任何违反党风廉政建设和中央“八项规定”的人和事。二是多方位锻炼干部队伍。加强统计专业人员的专业技能培训和继续教育，深入开展统计职业道德教育。由于班子廉洁自律、团结求实奋进，干部队伍呈现一种人心思齐、人心思进的良好工作氛围。

加强和改进干部工作，营造风清气正的选人用人环境。重视干部成长，关心干部生活，真心实意地做到工作上支持，政治上爱护，生活上关心。2016年，提拔了1名县级干部，2名科级干部。

（黄　斌）

【市统计局副县级以上干部名录】
党组书记、局长：徐略英
副局长：刘林根
党组成员：程保太
党组成员、副局长：胡节良
党组成员、副局长：苏　俊（女）
城调队队长：罗长林
正县级干部：李春兰（女）

旅游工作

【概述】 2016年，是全省决战旅游一万亿元的开局之年，也是鹰潭推进国家级旅游业改革创新先行区和国家全域旅游示范区的启动之年。在市委、市政府的正确领导下，坚持把整个鹰潭作为一个大景区来打造，把旅游业作为凸现鹰潭发展特色的“三篇文章”之一，紧紧围绕“一个大会、两块牌子”这个中心任务扎实有效开展各项工作，全市旅游产业呈现转型升级、跨越发展的良好态势，旅游发展影响力显著提升。2016年，全市接待国内游客3200万人次，同比增长28.3%；国内旅游总收入270亿元，同比增长35%；接待境外游客40万人次，旅游创汇7000万美元。龙虎山景区共接待游客1589.26万人次，旅游直接收入6.696亿元，分别增长20%和18%。

【成功承办全省旅发大会】 通过承办全国、全省性重要活动扩大影响、提升形象，继2014年承办第三届国际道教论坛后，2016年，又成功承办全省旅游产业发展大会。省领导、省直部门、各设区市、重点旅游景区、高等院校等300多名嘉宾齐聚鹰潭、共襄盛会，省委、省政府主要领导出席了本次会议并作重要讲话。《人民日报》《新华社》《经济日报》《中国旅游报》等40多家媒体、70余名记者现场报道，有效宣传推介了鹰潭神奇秀美的自然风光、浓墨重彩的历史文化、独具特色的风土人情，进一步唱响“龙虎天下绝”，提升了旅游城市知名度和影响力。

【旅游产业集群集聚发展】 为培育旅游新业态，鹰潭市始终坚持项目带动战略，注重资源整合开发，积极发展基础型、关联型、配套型旅游产品，推进旅游产业集群集聚发展。鹰潭市共有3个旅游产业集群典型，分别是龙虎山、月湖城、白鹤湖，其中龙虎山、白鹤湖已列为全省35个旅游重点产业集群。一是提升中华道都品位。围绕“丹霞绝美、道宗绝圣、古越绝唱、阴阳绝妙”的“龙虎天下绝”内涵，建设了一批道文化标志性建筑，打造了一批道文化产业基地，形成了一批道文化产品。大上清宫遗址考古发掘工作有序推进，标志性道教文化建筑北极阁建成开放，龙虎山道教学院建成使用，天师林文化旅游景点开发动工，中华道都魅力不断得以彰显。二是做强生态旅游产品。依托绝美丹霞山水和优越自然景观，打造一批观光体验类旅游产品。龙虎山花语世界开园营业，大型山水实景演出《寻梦龙虎山》公演，白鹤湖、阳际峰等景区有序开发建设，新增塔桥园艺场、青茅境2个国家AAA级旅游景区。乘2016年“江西乡村旅游提升年”东风，围绕功能提升、业态延伸和转型升级三大主题，大力推进乡村旅游发展，积极开展生态旅游示范乡镇、旅游风情小镇等创建工作。0701山水田园农场获批市级乡村旅游点，樟坪畲族乡获评2016年乡村旅游风情小镇，龙虎山镇、樟坪畲族乡、杨溪乡获批2016年省级生态旅游示范乡镇。欧绿多肉植物公司以“现代农业+乡村旅游”的发展模式赢得省委领导充分肯定，仙水岩乡村旅游点、贵塘沿线乡村旅游带等乡旅产品日渐丰富，全市拥有AAAA级和AAA级乡村旅游点各2家。推出一批乡村旅游精品线路，实现旅游产业扶贫。三是丰富旅游新业态。为实现自然观光游向观光休闲度假游转型，推出一批旅游新业态。音乐鬼才刘家昌在龙虎山打造的华泉小镇基本建成，大型商贸旅游综合体逍遥城建成开业，圣井山第三代漂流和圣境精灵乐园开业运营，龙虎山智慧旅游体验中心建成开馆。铜锣湾国际旅游文化城、鹰潭眼镜产业园结合鹰潭特色本土文化，实现商贸旅游的融合发展，成功创建国家AAAA级旅游景区。创新特色旅游商品培育模式，开展2016鹰潭“龙虎天下绝”杯旅游商品评选和创业设计全国征集大赛。积极开发、生产、销售具有本土特色的旅游商品，打造了道文化纪念工艺品、铁皮石斛、眼镜、黄蜡石、铜雕等旅游商品系列。在2016江西省旅游产业博览会上，鹰潭市展出的旅游商品富有地方特色，深受评委好评和参观人员的喜爱，江西中鼎金属工艺有限公司的“如意银壶”获得金奖，余江荣珍铜雕工艺的“一品青莲”获得铜奖，贵溪捺菜入选“最受游客欢迎的江西十大乡村旅游美食”。一批重大旅游项目的相继建成运营，旅游新产品、新业态不断涌现，为推进旅游转型升级提供了强劲内生动力。

【构建全域旅游营销体系】 围绕唱响“龙虎天下绝”旅游品牌，着力打造立体化营销体系。一是抓好传统营销。在中央电视台、省级卫视、报刊杂志等主流媒体上进行“龙虎天下绝”品牌形象宣传。制作高速跨路广告、重要节点高炮、旅游宣传折页光盘等。开通运营旅游信息化短信平台，对到鹰潭游客发送旅游宣传短信。二是实施精准营销。策应高铁时代来临，挖掘高铁旅游潜力，对高铁沿线城市进行精准营销。开展“百城战役”营销工程，聚焦北京、杭州、苏州、南昌等重点客源城市召开推介会、博览会。三是加强活动营销。承办全省旅发大会等大型活动，借势扩大品牌影响力。举办“龙虎天下绝”杯寻梦龙虎山全国摄影大展、“龙虎天下绝”杯旅游商品评选和创业设计全国征集以及帐篷节、马拉松赛、自行车赛、台湾美食节、国际光绘展等活动，提升游客参与体验积极性和覆盖面。四是创新互联网营销。推动宣传营销与互联网新媒体全面结合，建立微信公众平台、官方微博等多个互动信息平台，运用主题连载漫画、大事件整合传播、线上线下活动推广等营销方法，在网络营销推广上成绩斐然。

【提升旅游公共服务水平】 一是完善旅游配套和基础设施。龙虎山景区旅游配套更加完善，道源山庄、雷迪森庄园、枫香山庄等接待宾馆及一批星级农家乐建成。华侨饭店、华盛大酒店、天裕豪生、锦都金源、沁庐道苑、枫丹白露等城区酒店显著提升旅游总体接待能力。新（改）建206国道、天洪公路、天师府大道、龙虎山高速连接线等旅游交通，白鹤湖大道全线通车。二是推进旅游厕所革命。坚持建管并举、注重管理的原则，重点加大对旅游景区、乡村旅游点、交通集散地等旅游节点的厕所建管力度。2015年，全市列入国家旅游局旅游厕所管理系统56座，当年年底完工45座，建成厕所标识标牌已全部悬挂到位。2016年，列入国家旅游局旅游厕所管理系统52座，完工22座，在建30座。三是提升旅游智慧服务。加强旅游官网、微信微博等互联网新媒体平台建设，“鹰潭旅游”“江西龙虎山景区”微信排名全省同类微信平台前列。龙虎山景区智慧旅游风生水起，建成“指挥调度中心”“智慧体验中心”，完成通信网络、数据平台建设，建成电子票务、观光车定位、客源地分析、门票分销等九大管理应用系统，实现导航、导览、导游、导购全方位智能服务。

【旅游市场环境全面优化】 一是积极探索旅游市场综合监管长效机制。以国家级旅游业改革创新先行区建设和国家全域旅游示范区创建为契机，通过成立全域旅游综合监管中心、设立龙虎山旅游速裁庭法庭，健全完善旅游市场监管机制。旅游投诉受办理及时高效，2016年，接到旅游投诉11起，其中本级受理1起，转办10起，所有投诉均在规定时间内处理完成。鹰潭市2015年游客满意度位于全省11个设区市第二。二是深入实施旅游市场专项整治和旅游安全工作。开展专项整治和安全隐患排查，对检查发现的安全隐患和市场违规行为，明确整改期限，实行跟踪督办。强化节前检查，以全省旅发大会、春节、国庆、“两会”等重大活动前的旅游市场综合检查为重要抓手，组织开展全方位、多部门参与的旅游市场集中整治工作，规范旅游市场秩序。三是不断提升旅游市场秩序整治工作的法治化水平。大力开展《中华人民共和国旅游法》宣贯活动，倡导文明、健康、守法的旅游理念。推进依法治旅，制定行政权力清单，推进旅游部门依法行使职权。规范行业管理，鼓励旅游中介组织发展，成立了鹰潭市导游协会，为导游执业人员搭建了一个沟通、交流、维权、展示的平台。四是全面加强旅游行业管理。加强对旅行社、星级旅游饭店的管理，加大对旅游从业人员的培训力度举办了导游年审培训班、2016年度地方导游员考试培训等。推进导游专座落实到位，改善导游执业环境。持续提升文明旅游和诚信建设水平，制作了《中国公民国内旅游文明行为公约》《中国公民出国（境）旅游文明行为指南》《文明旅游十大提醒语》等文明旅游宣传折页。

（钱强龙）

【市旅发委副县级以上干部名录】
党组书记：欧阳金焰
主任：周华爱
党组成员、副主任：刘文致
党组成员、副主任：肖桂琴
党组成员：王华光
党组成员、副调研员：黄文辉

中国人民政治协商会议鹰潭市委员会

编辑、校对：陈志敏

综　述

2016年，政协鹰潭市委员会（以下简称市政协）在中共鹰潭市委的正确领导和省政协的精心指导下，高举爱国主义、社会主义旗帜，牢牢把握团结和民主两大主题，充分发挥政协作为协商民主重要渠道和专门协商机构作用，围绕大局议政建言，聚焦中心谋策献计，紧贴民生解忧帮困，积极推进自身建设，政协工作呈现新气象，为推动鹰潭市经济社会发展作出了应有贡献。一是服务发展，关注民生，协商建言更加富有成效。紧扣发展和民生中的重大问题，丰富协商内容，创新协商方式，规范协商程序，提高了协商建言质量和效果。二是创新方式，提升质量，民主监督更加扎实推进。拓展民主监督的新领域，推动提案办理进行集中监督，反映社情民意信息进行经常监督，推荐委员进行特约监督，促进民主监督取得实效。三是精心组织，注重实效，参政议政更加广泛深入。牢固树立有为才有位的意识，找准定位，主动融入市委、市政府中心工作，发挥政协自身优势，竭尽全力为党政分忧。四是凝心聚力，合作共事，团结民主氛围更加浓厚。坚持“长期共存、互相监督、肝胆相照、荣辱与共”的基本方针，发挥政协独特优势，多种形式开展联谊活动，努力增进团结、凝聚力量。五是内强素质，外树形象，自身建设更加具有活力。务实创新加强自身建设，强化创先争优意识，以学习强素质、以规范促有序、以作为树形象，不断提升政协工作科学化水平。

重要会议

【八届六次全体委员会议】 1月11日至14日，市政协八届六次会议在市区举行。会议审议通过潘赞海所作的政协鹰潭市第八届委员会常务委员会工作报告和刘国富所作的提案工作情况的报告。委员们列席了市八届人大六次会议开幕大会，听取并协商讨论市政府工作报告、“十三五”规划纲要（草案）及其他重要报告。委员们通过大会发言、分组讨论、撰写提案、反映社情民意等形式，围绕鹰潭市经济社会发展的重要问题，积极参政议政，认真建言献策，提出了许多很好的意见和建议。会议同意潘赞海、吴细美分别辞去政协鹰潭市第八届委员会主席、副主席职务，经过无记名投票，选举王家林为政协鹰潭市第八届委员会主席。大会还表彰了政协鹰潭第八届委员会第三次会议以来优秀提案、提案工作先进单位和先进个人，审议通过了政协鹰潭市第八届委员会第六次会议决议和关于提案初步审查情况的报告。

【九届一次全体委员会议】 10月30日至11月2日，市政协九届一次会议在市区举行。会议认真学习中共鹰潭市委书记陈兴超在开幕大会上的讲话；审议批准王家林代表八届市政协常务委员会所作的工作报告；审议批准刘国富代表八届市政协常务委员会所作的提案工作情况的报告；选举产生了九届市政协领导机构；通过了提案初步审查情况的报告和会议决议。委员们列席了市九届人大一次会议开幕大会，听取、讨论并赞同曹淑敏代市长所作的政府工作报告，讨论并赞同市中级人民法院工作报告、市人民检察院工作报告和其他报告。委员们以高度的政治责任感和历史使命感，按照“五位一体”总体布局和“四个全面”战略布局，认真贯彻创新、协调、绿色、开放、共享的发展理念，围绕未来五年鹰潭市经济社会发展重大问题和涉及群众切身利益的实际问题，认真履职尽责，积极建言献策，提出许多有价值的意见和建议。会议选举戴春英为政协鹰潭市第九届委员会主席，选举官金福、张金涛、吴泉水、周瑛、吴南平、汪桂昌、聂玲娜为政协鹰潭市第九届委员会副主席，选举杨亮太为政协鹰潭市第九届委员会秘书长，选举丁忠兵等43人为政协鹰潭市第九届委员会常务委员。

【常务委员会议】 1月10日，市政协召开八届二十七次常委会议。市政协主席潘赞海主持会议，副主席杨建保、刘国富、官金福、吴细美、张金涛、黄占共，秘书长杨亮太和常务委员共48人出席会议。会议协商通过八届市政协增补委员名单，增补王家林等3人为政协鹰潭市第八届委员会委员，会议还协商通过有关人事事项。

1月13日下午，市政协召开八届二十八次常委会议，市政协主席潘赞海主持会议，副主席杨建保、刘国富、官金福、吴细美、张金涛、黄占共、吴泉水，秘书长杨亮太和常务委员共49人出席会议。会议审议通过市政协八届六次会议决议（草案）和提案初步审查情况的报告（草稿），协商有关人事事项，审议通过选举办法（草案）、选举大会总监票人和监票人名单（草案）。

6月27日，市政协召开八届二十九次常委会议，市政协主席王家林主持会议并讲话，市政协副主席杨建保、张金涛、黄占共，秘书长杨亮太和常务委员共48人出席会议，市委常委、宣传部部长贺喜灿到会听取意见和建议。会议协商讨论“关于我市道教文化传承与发展”专题，书面通报了市政协八届六次会议以来提案审查立案的有关情况，对市政协八届四十一次主席会议作出的“关于撤销高某某的政协鹰潭市第八届委员会委员资格的决定”进行说明并予以追认。委员们紧紧围绕“我市道教文化传承与发展”主题，踊跃发言、各抒己见，提出了很多具有前瞻性、可操作性的意见和建议。

10月12日，市政协召开八届三十次常委会议，市委副书记、代市长曹淑敏应邀出席会议听取委员意见和建议，市政协主席王家林主持会议并讲话，市政协副主席杨建保、官金福、张金涛、黄占共、吴泉水，秘书长杨亮太和常务委员共46人出席会议。 会议协商讨论《政府工作报告（征求意见稿）》；审议通过政协鹰潭市第八届委员会常务委员会工作报告和提案工作情况的报告及其报告人名单；听取市委办公室、市政府办公室关于市政协八届六次会议以来提案办理情况的通报（书面）；审议并通过关于召开政协鹰潭市第九届委员会第一次会议的决定。委员们围绕市政府工作报告踊跃发言，各抒己见，提出了积极的意见和建议。曹淑敏说，市政协常委们提出的意见、建议，立足起点有高度，分析论点有深度，谋划思路有广度，措施办法有力度，对修改完善政府工作报告有很大的启发和帮助。曹淑敏表示，将认真梳理综合，把大家的意见、建议充分吸纳到政府工作报告中去，修改完善好报告，使之真正成为一份老百姓听得懂、愿意听、能管用的报告。

10月21日，市政协召开八届三十一次常委会议，市政协主席王家林主持会议并讲话，副主席杨建保、刘国富、官金福、张金涛、黄占共、吴泉水，秘书长杨亮太和常务委员共46人出席会议。会议审议并通过政协鹰潭市第八届委员会常务委员会关于换届工作有关问题的决定；审议并通过市政协九届一次会议议程（草案）、日程（草案）；协商决定政协鹰潭市第九届委员会委员名单；协商通过市政协九届一次会议主席团、主席团会议主持人和秘书长建议名单，主席团常务主席建议名单，主席团常务主席会议主持人名单（草案），主席团执行主席值日名单（草案），提案审查委员会建议名单，副秘书长名单（草案）。

11月24日上午，市政协召开九届一次常委会议，市政协主席戴春英主持会议，副主席官金福、吴泉水、周瑛、吴南平、汪桂昌、聂玲娜，秘书长杨亮太和常务委员共41人出席会议。会议学习中共十八届六中全会和省第十四次党代会精神，协商通过了政协鹰潭市第九届委员会各专门委员会的设置及其负责人名单，审议通过了《政协鹰潭市委员会全体会议工作规则》、《政协鹰潭市委员会常务委员会工作规则》，书面听取了市政协九届一次会议提案审查立案情况的报告。

12月30日，市政协召开九届二次常委会议，市政协主席戴春英主持会议并讲话，副主席周瑛、官金福、张金涛、吴泉水、吴南平、汪桂昌、聂玲娜，秘书长杨亮太和常务委员共44人出席会议，市委常委、常务副市长张福庆到会听取委员意见、建议。会议协商讨论关于“推进我市精准扶贫工作”专题，审议通过《政协鹰潭市委员会关于加强委员管理发挥委员主体作用的办法》，组织市政协常委和在鹰潭省政协委员集中视察信江新区建设发展、市重点工程建设和重点企业运营情况。会上，委员们紧紧围绕“推进我市精准扶贫工作”专题，畅所欲言、各抒己见，提出了很多具有前瞻性、可操作性的意见、建议。张福庆充分肯定委员们的意见和建议，认为发言务实，既指明了路径，又提出了可行性方法，表示市政府将认真梳理和吸收大家的意见、建议，坚持问题导向，完善精准扶贫对象识别和退出机制，加大扶贫资金投入，创新产业扶贫模式，坚决打赢脱贫攻坚这场硬仗。

【双月协商座谈会】 6月23日，市政协召开双月协商座谈会，围绕“推进大健康产业发展”专题建言献策，市政协主席王家林主持座谈会并讲话，副主席黄占共、秘书长杨亮太出席会议，市政府副市长徐云到会听取意见建议。会上，徐云副市长、市直9家单位负责人与委员们就重视程度不够、产业发展缺乏规划布局、融合发展不够、制约因素较多等问题进行讨论交流，提出意见、建议。

12月28日，市政协召开双月协商座谈会，就“鼓励大学生创新创业，推进我市双创工作”开展专题协商讨论，市政协主席戴春英主持会议并讲话，市委常委、常务副市长张福庆到会听取意见、建议，市政协副主席吴泉水、秘书长杨亮太参加座谈会。与会人员围绕主题各抒己见，坦诚建言，提出了积极的意见和建议。张福庆表示，相关职能部门要进一步加强研究，做足功课，做好服务，打出一套组合拳，把协商座谈的成果运用到工作当中去，不断开创鼓励大学生创新创业，推进鹰潭市“双创”工作新局面。

【主席会议】 2016年，市政协共召开主席会议9次，主要研究决定调查、视察、协商专题等事宜，传达学习中央、省委、市委和全国政协、省政协重要会议精神，并对市政协如何参与党政中心工作提出指导性意见，确保市政协各项工作有序高效开展。

重大活动

【调查视察】 3月，市政协主席王家林率主席会议组成人员赴县（市、区）调研政协工作。

4月13日，市政协副主席黄占共率调研组深入高新区和龙虎山景区就鹰潭市大健康产业进行调研。

5月18日，省政协常委、民族和宗教委员会副主任扶名福率调研组到鹰潭市，就“加快分类推进事业单位改革”情况开展调研，市政协副主席张金涛陪同调研。

5月18至19日，在市政协副主席张金涛带领下，市政协民宗港澳台侨委组织部分常委、委员，就常委会协商课题“道教文化传承与发展”开展调研。

5月25日，市政协副主席官金福深入硬石河流域，实地察看沿岸各地贯彻落实“河长制”情况，组织召开硬石河市级“河长”会议，研究部署硬石河保护管理推进措施。

5月26日至27日，市政协经济科技委员会组织部分委员，针对“加强民间融资的扶持与监管”专题开展调研，市政协副主席杨建保参加调研。

6月2日，市政协主席王家林到“两学一做”学习教育联系点贵溪市周坊镇河上村调研，并为该村党支部党员上专题党课，市政协秘书长杨亮太陪同。

7月6日，市政协副主席吴泉水率有关委员对市政协八届六次会议第3号提案《关于加快鹰潭电子商务产业发展的建议》进行重点督办。

7月19日，市政协组织委员参加由市检察院举办的以“生态检察，阳光检察”为主题的“检察开放日”活动，市政协副主席吴泉水参加。

7月25日，市政协副主席张金涛带领部分委员和有关部门负责人，对市政协八届六次会议第97号提案《关于在市区内落实一处道教活动场所的建议》进行督办。

7月27日，市政协副主席官金福深入挂点企业进行降成本、优环境政策宣讲。

8月23日至24日，在市政协副主席刘国富的带领下，市政协提案委组织部分委员就“城乡生活垃圾一体化处理”专题开展视察。

9月9日，省政协常委、省政协提案委员会主任杨斌率调研组到鹰潭市，开展“加快发展现代物流业”专题调研，市政协副主席刘国富陪同调研。

10月10至11日，省政协常委、民族和宗教委员会副主任方娅，省政协委员、民族和宗教委员会专职副主任陈淦彬携调研组一行，对鹰潭市少数民族地区精准扶贫、脱贫情况进行专题调研，市政协副主席张金涛、黄占共陪同调研。

11月23至25日，市政协副主席官金福带领部分委员就“推进我市精准扶贫工作”专题开展调研。

11月30日，市政协副主席张金涛带领部分委员就鹰潭市服务外资企业发展专题进行视察。

12月2日至6日，市政协副主席吴泉水率市政协学文社法委及部分常委、委员就“鼓励大学生创新创业，推进我市双创工作”专题开展调研。

12月2日，市政协副主席汪桂昌率市政协经科委及部分委员就市区专业市场发展情况开展视察。

12月8日，市政协经济科技委员会举办铜产业发展座谈会，组织全市从事铜产业的市、县两级政协委员开展协商交流，并赴贵溪市实地察看铜企业生产经营情况，市政协副主席周瑛、汪桂昌出席。

12月15日，市政协主席戴春英带领主席会议成员和各专委会负责人赴贵溪市进行视察，听取贵溪市经济社会发展情况介绍。

12月15日，市政协组织委员深入市体育中心和部分城市社区、农村社区实地视察体育场地建设和体育健身设施使用情况。

12月20日，市政协副主席周瑛、汪桂昌和经济科技委员会负责人走访调研科技创新工作。

12月30日，市政协组织常委和住鹰省政协委员集中视察信江新区建设发展、市重点工程建设和重点企业运营情况。

【民主监督】 提案工作：切实运用提案履行职能，始终使提案工作与市委、市政府在总体目标上一致、在任务部署上对接、在工作推进上合拍。全年共征集提案257件，立案235件。提案内容涉及面广，问题导向鲜明，提出的意见、建议既有宏观上的思考，也有微观上的具体对策，具备较强的针对性和可行性。采取领导督办、提案摘报、联合督办等方式，全方位推动提案办理落实。

社情民意工作：召开社情民意信息工作座谈会，表彰了2014至2016年度反映社情民意信息工作先进单位和先进个人。全年共收到社情民意信息150余件，及时向市领导和有关部门报送，所提建议得到较好落实。

特约监督工作：积极推介委员担任行业和部门监督员，组织委员参与省直机关绩效管理公众评价和鹰潭土地利用总体规划调整、市区部分线路公交车调价听证会等活动。

【团结联谊】 协助省政协在鹰潭市开展“河长监督行”活动及水环境保护跟踪调研和文史资料征集工作；热情接待兄弟市政协到鹰潭学习考察，积极宣传推介鹰潭；加强对县（市、区）政协的联系和指导，重要课题调研、视察实行上下联动，发挥政协的整体优势；深入到市各民主党派、工商联和知联会机关，以及市政协委员、老干部和农村困难群众中走访慰问，加深了解，增进感情，凝聚力量。

【自身建设】 加强理论学习，深入学习中共十八届六中全会和省、市党代会精神，深入学习习近平总书记系列重要讲话精神和治国理政新理念新思想新战略，不断夯实共同思想政治基础；加强组织建设，新一届政协成立后，设置了6个专门委员会，确立了各专委会负责人和委员；加强制度建设，制定了《关于加强委员管理发挥委员主体作用的办法》《市政协全体会议、常委会议请假的规定（试行）》，完善了《市政协全体会议工作规则》《市政协常委会议工作规则》《市政协主席会议工作规则》；加强机关建设，扎实开展“两学一做”学习教育，认真做好政协宣传工作，在《人民政协报》《光华时报》《省政协每日信息》等省以上媒体和信息刊物上发表稿件200余篇。

（吴后启）

【政协鹰潭市委员会副县级以上干部名录】

主　席：潘赞海（~2016.1）、王家林（2016.1~2016.11）、戴春英（女，2016.11~）
副主席：杨建保（~2016.11）　刘国富（~2016.11）　官金福　吴细美（女，~2016.1）　张金涛、黄占共（~2016.11）　吴泉水　周　瑛（2016.11~）　吴南平（2016.11~）　汪桂昌（2016.11~）　聂玲娜（女，2016.11~）
正厅级干部：王家林（2016.11~）
副厅级干部：杨建保（2016.11~）、刘国富（2016.11~）
秘 书 长：杨亮太
副秘书长：梁东华
提案委员会主任：罗来淼（~2016.11）
专职副主任：管玉青（女）
经济科技委员会主任：祝　寿（女）
专职副主任：王　军
教育文化卫生体育委员会主任：艾　程（女）
专职副主任：李军庭
人口资源环境委员会主任：黄洪生
专职副主任：夏美林
民族宗教港澳台侨委员会主任：罗会样
专职副主任：王瑞洪（2016.11~）
学习文史社会法制委员会主任：郑　生（~2016.11）
专职副主任：陆超林
办公室副主任：束　军
办公室调研员：李赛白

5月12日，鹰潭市举行“民企帮村”精准扶贫行动启动仪式

市工商联　供稿

中国共产党鹰潭市纪委查检委员会

编辑、校对：夏永军

综　述

2016年，在中共江西省纪委和鹰潭市委的领导下，全市各级纪检监察机关深入学习贯彻中共中央总书记习近平系列重要讲话精神，按照省纪委十三届六次全会、市纪委七届六次全会部署和要求，落实全面从严治党要求，坚持党要管党、从严治党方针，忠实履行中国共产党章程和《中国共产党党内监督条例》赋予的职责，精准把握和运用监督执纪“四种形态”，保持坚强政治定力，踩着不变的步伐，不断强化监督执纪问责，全市党风廉政建设和反腐败工作取得新的明显成效。

压实管党治党责任。组织各级党委、纪委学习全省深化落实全面从严治党“两个责任”会议和文件精神，市委书记带头与市委常委签订党风廉政建设责任书，围绕群众反映强烈的突出问题和意见建议约谈县（市、区）委书记、纪委书记，持续增强各级党委、纪委责任意识。强化巡察利剑作用，实行常规巡察和专项巡察相结合，紧盯党的领导作用发挥、党的建设、全面从严治党责任落实、推进党风廉政建设和反腐败斗争、换届风气等方面，推进巡察工作常态化和巡察成效制度化。以问责倒逼责任落实，坚持“一案双查”和通报曝光制度，用好问责“撒手锏”，以问责常态化压紧压实责任。对全市落实责任不力的单位，不仅追究当事人责任，还追究有关责任领导的责任。

持续深化作风建设。召开全市集中整治和查处基层侵害群众利益不正之风和腐败问题暨作风建设工作推进会，对“两个责任”落实、作风建设、“集中整治”、换届纪律、党风廉政建设社会评价等工作进行了全面部署。紧盯“四风”新动向、新表现，持续加大执纪监督力度，深入推进“红包”“领导干部违规插手干预工程项目问题”专项整治和“集中整治和查处基层侵害群众利益不正之风和腐败问题”专项治理，协调职能部门对私人会所、市属单位食堂、培训中心突击检查。市、县两级纪委围绕落实中央“八项规定”精神开展常态化、密集式明察暗访。深挖细查执纪审查中发现的违反中央“八项规定”精神的问题线索，对不收敛、不收手的，从严查处并点名道姓通报曝光，持续释放“越往后执纪越严”的信号。

筑牢拒腐防变防线。建立市纪委、市委组织部、市委宣传部等部门齐抓共管的纪律教育机制，将党章和“两准则四条例”作为各级党组织“三会一课”、组织生活会、党员活动日等重要内容，并纳入各级党校课程；及时转发或下发典型案例通报，重要时间节点发送廉政短信，防止各级党员干部思想松懈。大力推进廉政文化建设，加强正面引导，综合运用户外广告、微电影、网站、微信、廉政文化长廊、送廉戏下乡等媒体媒介，把全面从严治党要求和正风反腐成效立体展现，营造廉荣贪耻的浓厚氛围。弘扬传统、注重家风，组织县级干部家属参加“争当廉内助、树立好家风”主题教育培训班。

积极践行“四种形态”。坚持把纪律挺在前面，出台《关于把握运用监督执纪“四种形态”的工作意见（试行）》，规范“四种形态”运用。按照“惩前毖后、治病救人”方针，始终把践行监督执纪“四种形态”特别是第一种形态作为工作重点，综合运用约谈、函询、诫勉谈话、组织处理等方式，督促各级党委学习贯彻准则、条例，加强和规范党内政治生活，落实“三会一课”、组织生活会和民主评议等制度，让“咬耳扯袖”“红脸出汗”成为常态。组织开展新提拔重用市管领导干部廉政谈话、签订廉洁从政承诺书、廉政法规知识测试，及时运用约谈、函询、诫勉谈话、组织处理等方式开展监督执纪，旗帜鲜明地支持干事者，保护改革者，宽容失误失败者，追究诬告者，惩处腐败者。

保持反腐高压态势。坚持正风反腐两手抓，坚定目标任务不动摇，持续保持惩治腐败高压态势，做到力度不减、节奏不变，坚决减少腐败存量，遏制腐败增量。重点审查不收敛不收手，问题线索反映集中、群众反映强烈，现在重要岗位且可能还要提拔使用的领导干部，三类情况同时具备的是重中之重，坚决遏制腐败蔓延势头。坚持把纪律挺在前面，突出对“六项纪律”特别是政治纪律、组织纪律问题的审查，对对抗组织审查、不按规定报告个人有关事项、在组织谈话和函询时隐瞒事实的行为严肃处理。严肃执纪审查纪律，落实审查程序，强化安全警示教育和监督检查，将审查安全责任和制度落实到调查取证、“走读式”谈话、函询约谈等各个环节，坚守“零事故”底线。

锻造监督执纪铁军。严格落实中央关于全面深化党的纪律检查体制改革部署和要求，按照“三个不增加、精简效率统一、统筹衔接和区别对待”原则，顺利完成市一级党和国家机关纪委派驻机构全覆盖工作。加强纪检监察干部教育培训，紧密结合“两学一做”学习教育，通过中心组学习、集中学习和跟班学习、抽调选调、集中培训、以会代训等多种方式，深入推进习近平总书记系列重要讲话精神和“两准则四条例”学习，全市纪检监察干部政治素质和业务水平得到明显提升。加强内部监督管理，制定《关于进一步规范纪检监察干部“八小时之外”因私离开鹰潭市请示报告的暂行规定》，严格规范干部八小时之外纪律要求；发挥纪检监察干部监督机构作用，严肃查处纪检监察干部违纪违法行为，用铁的纪律打造过硬队伍。

重要会议

【市纪委七届六次全体会议】 2月2日，市纪委七届六次全体会议召开。全会的主要任务是贯彻落实十八届中央纪委六次全会、省纪委十三届六次全会和市委七届十二次全会精神，回顾总结2015年全市纪律检查工作，研究部署2016年任务。市委书记陈兴超出席会议并作重要讲话，市委常委、市纪委书记蔡厚勇作题为《把纪律挺在前面 强化监督执纪问责 不断把党风廉政建设和反腐败斗争引向深入》的工作报告。

【全市“集中整治”动员部署暨作风建设推进会】 6月22日，全市集中整治和查处基层侵害群众利益不正之风和腐败问题动员部署暨作风建设推进会召开。会议主要任务是贯彻落实全省“集中整治”电视电话会议精神，部署全市“集中整治”工作和作风建设。会议由市政协主席、市委常委、常务副市长王家林主持，市委书记陈兴超出席会议并作重要讲话，市委常委、市纪委书记蔡厚勇传达中央纪委、省纪委有关通报精神，对全市“集中整治”工作进行动员部署。市四套班子领导、市法检两长、市四套班子秘书长、市委各部门、市直各单位、驻鹰潭各单位、各人民团体党政主要领导和县（市、区）委书记、纪委书记、常务副县（市、区）长、高新区、景区、信江新区党委（党工委）书记、纪委（纪工委）书记及市纪委相关领导、部分室主任参加会议。

【全市纪检监察工作半年调度会】 7月21日，全市纪检监察工作半年调度会召开。会议的主要任务是贯彻落实全省纪检监察工作半年调度会精神，总结交流上半年全市纪检监察工作，研究部署下半年工作。市委常委、市纪委书记蔡厚勇出席会议并作重要讲话。市直单位纪检组组长和各县（市、区）纪委书记参加会议。

【市纪委八届一次全体会议】 9月26日下午，经中共鹰潭市第八次代表大会选举产生的中国共产党鹰潭市第八届纪律检查委员会举行第一次全体会议。受中共鹰潭市第八次代表大会主席团委托，蔡厚勇主持会议。全会以无记名投票方式选举产生了中国共产党鹰潭市纪律检查委员会常务委员会委员和书记、副书记，并经市委八届一次全会通过。蔡厚勇、李美珍、江瑜、辛平、侯剑锋、陈勇、刘勇建当选为中共鹰潭市纪律检查委员会常务委员会委员。蔡厚勇当选为中共鹰潭市纪律检查委员会书记，李美珍、江瑜当选为副书记。

重大举措

【落实中央“八项规定”精神】 通过召开全市作风建设工作推进会、及时下发典型案例通报、重要节点发送廉政短信等形式，重申纪律要求，防止各级领导干部思想松懈。坚持抓早抓小，紧盯“四风”新动向、新表现，加大执纪监督力度，严防“四风”问题反弹。全年，市、县纪委先后组织开展明察暗访200余次，查处问题39起，给予党纪政纪处分62人，通报曝光127人次。

【推进“集中整治”工作】 保持“红包”问题治理常态化，重点抓好公安、交通、环保、住建系统“红包”问题治理，查处“红包”问题7件95人，重点查处了公安交警及公路系统违规收受“红包”问题窝案，市、县廉政账户收到上缴“红包”金额为223.48万元。开展领导干部违规插手干预工程项目问题专项治理，严肃查处了江西师范高等专科学校“违插”案件，省纪委主要领导专门作出批示，对鹰潭市“红包”“违插”治理工作予以表扬。集中整治和查处基层侵害群众利益不正之风和腐败问题，查处基层侵害群众利益问题119个132人，给予党纪政纪处分109人，组织处理19人。

【创新监督执纪方式】 坚持把纪律和规矩挺在前面，根据省委《关于落实把纪律挺在前面的意见》和市委《关于落实把纪律挺在前面实施办法》相关文件精神，在前期“把纪律和规矩挺在前面先行先试试点”工作基础上，积极探索实践监督执纪“第一种形态”的有效方式。全市纪检监察机关共约谈317人次，函询152人次，诫勉谈话92人次，给予党纪轻处分和组织处理335人；重处分和重大职务调整92人，筑牢抓早抓小、拒腐防变第一道防线。

【深化纪检监察体制改革】 落实中央关于全面深化党的纪律检查体制改革部署，紧跟中央、省纪委步伐，各项改革任务在市级层面基本完成。按照中央纪委、省委改革部署，推动纪检双重领导体制具体化、程序化、制度化，规范向上级纪委报告线索处置和执纪审查工作。深化派驻机构改革，推进市一级党和国家机关纪委派驻机构全覆盖工作，整合资源、内部挖潜、盘活存量、调整结构，设立21家派驻纪检组，其中单独派驻5家、综合派驻16家，监督87家单位，撤销原市纪委派（驻）出纪检组（纪工委）28家、市监察局派驻监察室45家；减少县级纪检组19个，增加行政编制21个，各派驻纪检组长人事安排全面落实到位。

【全面推进廉政巡察工作】 贯彻落实《中国共产党巡视工作条例》和省委《实施办法》，全面推进巡察工作，成立市委巡察工作领导小组，出台巡察工作意见，组建3个市委巡察组，建立健全市委定期研究巡察工作、听取情况汇报等制度机制。积极推动县（市、区）开展巡察，形成了上下联动、全市一盘棋格局。聚焦全面从严治党，落实政治巡察的要求，全市各级党委主动扛起全面从严治党政治责任，积极发挥巡察利剑作用，紧盯党的领导作用发挥、党的建设、全面从严治党责任落实、推进党风廉政建设和反腐败斗争4个方面，采取常规巡察和专项巡察相结合的方式，不断推进巡察工作常态化和长效化，夯实党内监督基础。全市各级党委共派出30个巡察组，对34个单位开展了常规巡察，发现问题线索1069条，涉及党员领导干部违纪违规问题线索95条，立案38件，给予党政纪处分27人。结合省、市、县、乡四级换届工作要求，组织3个换届风气专项巡察组对县（市、区）开展了专项巡察，各县（市、区）分别派出专项巡察组，对所辖乡镇换届风气进行了巡察，用铁的纪律保障换届风清气正。

查处违纪案件

【树立正确的执纪导向】 坚持惩治与保护相结合，旗帜鲜明地支持干事者，保护改革者，宽容失误失败者，追究诬告者，惩处腐败者，通过执纪审查为123名干部澄清了问题。正确对待受处分干部，客观公正地评价受处分人员在受处分期间表现，及时审理解除处分案件4件7人，涉及县级干部3人。重点做好“党风廉洁意见”回复工作，把好政治关和廉洁关，回复领导干部党风廉洁意见35批次、涉及党员干部512人次。

【完善反腐败协调工作机制】 充分发挥信访主渠道作用，落实纪检监察机关领导干部定期接访制度；制定《市管干部涉纪问题线索通报移送办法》，与12家单位建立问题线索互通共享机制。市纪委机关全年共接待群众来访82批次、220余人次；收到公检法等部门移送问题线索55件。坚持集体研究处置问题线索，全年市纪委机关集体研究处置问题线索5次、99件。对2014年、2015年经集体研究处置的150条问题线索进行督办，办结率达89.3%。

【保持惩治腐败高压态势】 2016年市本级共收到信访举报件625件（其中上级转入391件，市级受理234件），同比下降24.6%。全市纪检监察机关共处置问题线索642件，同比增长33.5%；立案315件，其中立案县处级干部14件；结案302件；给予党政纪处分335人，其中处分县处级干部14人。全市消灭乡镇（街办）县管干部空白点8个、乡镇（街办）自办案件方面空白点6个。加强办案基础设施建设，按照“1+1”布点模式，投资7900万元扩建市纪委办案点、新建贵溪工作基地，为执纪审查提供了有力保障。发挥反腐败协调小组职能作用，开展违法犯罪党员和国家工作人员党政纪处分情况的专项清理，排查核实人员73人，对10名未处理人员及时给予党政纪处分或组织处理。

廉政建设

【弘扬清风正气】 加大廉洁文化宣传力度，在鹰西大桥制作2块大型廉洁文化宣传栏，及时更新市区宣传栏64块，张贴悬挂横幅80余条；在市区中心位置户外LED广告屏、市区公交车车载广告屏播放廉洁文化宣传片；拍摄微电影《吴老板的烦心事》《东边日出西边雨》，在相关网站、微信等载体播放；充分发挥市纪委“两微一站”新媒体作用，发布微博微信2100余条；推进廉洁文化进校园，分期分批组织50多个中小学班级的学生到贵溪市第二中学廉政文化进校园劳动实践基地和廉洁教育展馆接受廉洁教育；开展送廉戏下乡等活动，广泛营造廉荣贪耻的浓厚氛围。

【健全工作机制】 深入推进全面从严治党政治责任落地生根，夯实各级党委、纪委责任意识。落实《中国共产党党内监督条例》，出台《关于落实把纪律挺在前面要求的实施办法》，明确相关领导和部门履行的职责及如何履职；出台《关于建立健全挺纪在前协调保障机制的配套细则》和《关于把握运用监督执纪“四种形态”的工作意见（试行）》，实施涉纪问题线索互通共享、纪律教育齐抓共管、执行纪律处分联动、纪律工作考评和问责常态化四项机制，明确相关部门职责。

【开展廉政督察】 组织各地各单位党委（党组）、纪委（纪检组）主要负责人收听收看全省深化落实全面从严治党“两个责任”视频培训会；组织8个单位党委（党组）书记向市纪委全会述责述廉，接受民主测评；在鹰潭电视台推出践行“四种形态”党委（党组）书记访谈节目3期，持续强化责任意识。组织协调市委常委带队的9个检查考核组，对全市106个单位党委（党组）落实党风廉政建设责任制工作情况检查考核；派出6个督察组，对各地各单位党风廉政建设三项重点工作开展专题督察，推动责任落地生根。

【加强廉政问责】 加强对各地各单位党委（党组）学习贯彻落实《中国共产党问责条例》的监督检查，强化有权必有责、有责要担当，用权受监督、失责必追究的氛围。出台《鹰潭市党风廉政建设党委主体责任和纪委监督责任的责任追究办法（试行）》，用好问责“撒手锏”，坚持“一案双查”和通报曝光制度，以问责常态化压紧压实责任。全市纪检监察机关查处落实责任不力的案件9起、处理16人，点名道姓通报曝光，重点对市交警系统部分民警违规收受“红包”案中的6名相关责任领导进行了问责追究。

领导考察

【省委常委、省纪委书记周泽民在鹰潭调研】 6月2日至3日，省委常委、省纪委书记周泽民在鹰潭市专题调研扶贫工作，并就市、县纪委派驻机构改革进行座谈。周泽民指出，扶贫工作是一项艰巨的政治任务，要配强村支部领导班子，推动班子成员团结一心、满怀激情地带领村民脱贫奔小康。要完善生产生活设施，改善村民居住环境，大力发展富民产业，通过发展可持续、有成效的项目，切实提高村民收入。要建立健全长效机制，注重脱贫质量，防止村民因病返贫。 周泽民强调，纪委派驻机构全覆盖是强化党内监督、确保监督无盲区的有力举措。市、县纪委要加快派驻机构改革步伐，在发挥“派”的权威和“驻”的优势的同时，解决好改革中出现的问题。要选优配强县、乡纪委书记，加大工作力度，确保各项工作紧跟全省改革步伐。省纪委常委、秘书长汪爽随同调研。市委副书记、市长熊茂平，市委常委、纪委书记蔡厚勇，市委常委、贵溪市市委书记张福庆陪同调研。

【省委常委、省纪委书记孙新阳在鹰潭调研】 12月21日上午，省委常委、省纪委书记孙新阳深入扶贫点余江县锦江镇范家村，实地调研指导精准扶贫工作，走访慰问生活困难群众。孙新阳强调，要按照精准扶贫规划，进一步把帮扶工作做实、做细、做到位，与村民齐心协力，坚决打赢脱贫攻坚战。省纪委常委、秘书长汪爽，省纪委组织部部长郑志军随同调研。市委副书记、市长曹淑敏，市委副书记肖良，市委常委、市纪委书记蔡厚勇，市人大常委会副主任、市委秘书长胡高堂陪同调研。

（吴树华）

【市纪委、市监察局副县级以上干部名录】

市委常委、市纪委书记：蔡厚勇

市纪委副书记、市监察局局长：

杨　森（～2016年9月任市纪委副书记，～2016年12月任市监察局局长）

市纪委副书记、市监察局局长：

李美珍（女，2016年12月任市监察局局长～）

市纪委副书记：江　瑜（2016.9～）

市纪委秘书长、正县级纪检员、监察员：童团水（～2016年9月任市纪委常委）

市纪委常委：辛　平（～2016年2月任市纪委组织部部长）

市纪委常委、办公室主任：万荣辉（～2016.2）

市纪委常委、第二纪检监察室主任：唐　中（～2016.2）

市监察局副局长：舒忠东

市监察局副局长：吴素华（女）

市纪委常委、纪检监察干部监督室主任：侯剑锋（2016年9月任市纪委常委）

市纪委常委、第四纪检监察室主任：陈　勇（2016年9月任市纪委常委）

市纪委常委、组织部部长：刘勇建（2016年2月任市纪委组织部部长，2016年9月任市纪委常委）

市纪委正县级纪检员、监察员：

肖国强（～2016.11）

市纪委宣传部部长：洪　卫

市纪委研究室主任、党风政风监督室主任：李　云（2016年2月任研究室主任，2016年12月兼任党风政风监督室主任）

市纪委信访室主任：陈华国

市纪委第一纪检监察室主任：陈胜春

市纪委第三纪检监察室主任：吴新华（2016.2～）

市纪委案件审理室主任：方　炜（2016.2.～）

市纪委副县级干部：刁东明

市纪委副县级纪检员、监察员：

汪建国

民主党派

编辑、校对：朱仕平

中国国民党革命委员会鹰潭市委员会

【概述】 2016年，在中共鹰潭市委和民革江西省委会的正确领导下，在中共鹰潭市委统战部的指导下，民革鹰潭市委会（以下简称民革市委）领导班子团结和带领全市广大民革党员，认真学习贯彻中共十八大，中共十八届三中、四中、五中、六中全会和习近平总书记系列重要讲话精神，认真学习贯彻中共江西省委第十四次党代会、中共鹰潭市委第八次党代会精神，锐意进取，开拓创新，各项工作取得了新进展。

【自身建设】 一是建立健全各项规章制度。面对新形势、新任务、新要求，民革市委机关注重以制度管事、以制度管人、以制度管财，先后建立和完善《民革市委机关管理考勤办法》等10余项制度，逐步建立起按规章办事、靠制度管理的工作机制，使民革市委会各项工作更加科学化、规范化和程序化，为高效有序开展工作提供了制度保证。二是完善机构设置。民革市委会自2015年12月换届以来，为更好地发挥作用，新一届民革市委设立了内部监督委员会、组织部、宣传部、参政议政部、社会咨询服务部、妇女工作部、祖统工作部、经济工作部、法律援助中心机构，其中，内部监督委员会、经济工作部和法律援助中心为新设机构。设立内部监督委员会，为开展党内监督提供了组织保障。设立经济工作部，为更好地发挥民革党员中企业家开展参政议政、志愿服务、扶贫帮困等活动提供了组织保障。设立法律援助中心，进一步突出民革届别特色，使民革党员中法律工作者的优势得到更好的发挥，通过开展法律援助努力在化解社会矛盾、维护社会稳定、促进社会和谐中有所作为。三是加强学习教育。以纪念孙中山150周年诞辰、法治教育为主题，举办了“既熟悉又陌生的孙中山”“从治国理政的战略高度深刻把握“十三五”时期法制建设”等4期中山讲堂，通过此项活动更好的团结和带领广大民革党员，坚决拥护中国共产党领导，自觉践行社会主义核心价值观，提高民革党员自身素质。组织民革市委机关干部前往上海宋庆龄故居，开展“观故居、走多党合作之路”活动，通过开展活动，增进对宋庆龄为新中国的建立和建设，为世界和平事业的奉献，有了更深入的认识。2016年，民革市委会有1名机关干部被评为民革全国机关工作先进个人。

【组织建设】 一是推进组织发展。着力把有较强参政议政能力、社会服务热情的优秀人士吸收到民革组织中来，不断优化组织结构，确保组织活力。全年共发展新党员10名。二是规范支部考评机制。民革市委不断规范支部目标管理考评办法，对各基层支部进行量化考核。通过规范支部考评机制，加强基层支部的组织管理，促进基层支部学习教育活动规范化、运行机制规范化、工作程序规范化、工作制度规范化。

【宣传工作】 一是抓好宣传队伍建设。开展多种方式培训工作，组织宣传工作人员参加上级组织的各种业务培训，通过不定期地举办基层宣传工作人员培训班及面对面的单独辅导，全面加强基层宣传工作人员新闻知识、写作技能的学习，努力提高宣传工作人员的业务素质，切实提高宣传报道的质量和水平。二是将宣传工作纳入目标管理考核，对各支部宣传工作情况实行量化考核，制定量化考核办法，完善考核制度，促进宣传工作落到实处。三是利用各种宣传阵地开展宣传工作。充分发挥民革宣传部阵地的作用。开通微信公众号，利用微信平台快捷、直观的特点反映民革市委及各基层组织的各项履职活动和党员风采。积极利用主流媒体进行宣传。在《团结报》、《人民政协报》、《江西民革》、民革中央网站和江西民革网站等报刊媒体上稿30余篇。派人参加由民革中央宣传部组织召开的《亲历者赞•民革人物报道集》（第五、六辑）丛书审稿会，获得全国先进工作者称号的鹰潭市民革党员严国安先进事迹被编入该丛书。该丛书的出版发行，对宣传鹰潭民革和优秀的民革党员代表产生了积极作用。

【参政议政】 民革市委会按照《民革中央关于进一步加强参政议政工作的意见》的要求，紧紧围绕中共鹰潭市委、市政府工作中心，坚持“利用优势，联结特色，找准切入点，打造新亮点”的工作思路，完善工作机制，扎实开展调研。配合民革江西省委会对《大力推进土壤污染防治，建设生态文明江西》和以旅游文明的精准立法的初步调研。会同市政协办公室、龙虎山管委会等部门（单位）开展调研活动。2016 年，民革市委会调研成果丰硕，参政议政工作取得新成绩。《关于发展鹰潭城际铁路建设的建议》被列为市政协九届一次会议大会发言材料，反响很大，得到市领导的充分肯定。《关于完善“一照一码”商事登记制度改革的建议》被列为市政协九届一次会议大会书面发言材料。

【精准扶贫】 民革市委会根据中共鹰潭市委、市政府统一部署，积极参加精准扶贫工作。民革市委机关主要领导多次进村入户了解情况，精准扶贫帮扶干部对精准扶贫工作中结对帮扶的9户贫困家庭入户开展细致摸底工作，对致贫原因逐户进行分析，分别制定了产业扶贫、保障扶贫、医疗扶贫等帮扶方案。利用民革优势，组织民革党员中的医务人员，到帮扶村组为村民进行内科、眼科、妇产科和血压血糖的义务诊疗，并发放健康宣传资料。同时，对 3 户贫困家庭中的 3 名儿童进行资助。2016 年，完成 3 户贫困户脱贫任务。

（熊宁宁）

【民革鹰潭市委会领导名录】

主　委：汪桂昌

副主委：艾继宗　陈党红（女）王　军

中国民主同盟鹰潭市委员会

【概述】 2016 年，在中共鹰潭市委和民盟江西省委会的正确领导下，在中共鹰潭市委统战部的指导下，民盟鹰潭市委会带领全市盟员认真学习中共十八届六中全会精神，认真学习中共江西省第十四次党代会、中共鹰潭市第八次党代会精神，以“不忘合作初心、继续携手前进”专题教育为中心，深入开展坚持和发展中国特色社会主义学习实践活动，积极履行参政议政、民主监督和社会服务职能，不断加强自身建设，取得了较好的成绩。

【思想建设】 结合纪念中国共产党建党 95 周年、红军长征胜利 80 周年和民盟成立 75 周年等历史节点，民盟市委会开展了内容丰富、形式多样的专题学习活动。举办了主委专题学习班、盟务骨干培训班和省市党代会精神通报会，系统学习了中共十八届六中全会、省市党代会精神、《中共中央统战工作条例》以及民盟与中国共产党亲密合作、风雨同舟的光荣历史，与中国社会发展一路同行的优良传统。通过专题学习和培训，坚定了广大盟员自觉接受和坚持中国共产党的领导，坚定中国特色社会主义道路自信、理论自信、制度自信、文化自信，坚定了决胜全面建成小康社会的信心。2016 年，民盟市委会被评为全省学习活动先进单位。

【组织建设】 一是及时做好基层组织换届选举工作。鹰潭应用工程学校、鹰潭市第一中学和鹰潭市人民医院支部顺利完成换届选举，实现了新老交替，政治交接。一批政治坚定、业绩突出、群众基础好、参政议政能力强、热心盟务的盟员被选拔到基层主委岗位上来。二是按照民盟江西省委会的要求，选出 15 名代表参加 2017 年民盟江西省第十四次代表大会，推荐 3 名盟员为民盟江西省第十四届委员会委员候选人。三是发展新盟员。2016 年共发展盟员 17 人，其中高级职称 2 人。四是组织开展丰富多彩的活动。腊八节组织基层盟员到天门山开展登山比赛和体验制作传统膳食；“三八”节组织女盟员们户外踏青并参观眼镜博物馆；“五四青年节”举办首届民盟乒乓球友谊赛；“教师节”邀请鹰潭文化名人叶航为广大盟员讲授鹰潭地方文化；重阳节组织老盟员参观北极阁和盟员王晖举办的菖蒲文化展；年终举办“不忘合作初心、继续携手前进”专题讲座和盟员大联欢活动。通过开展系列活动，增进了盟员之间的友谊，增强了民盟组织的凝聚力。

【参政议政】 一是召开参政议政工作会议，部署全年参政议政工作。二是举办骨干盟员培训班。邀请市委统战部领导和民盟南昌市委会参政议政骨干盟员费从鑫授课，重点培训盟员反映社情民意能力。三是加强政治协商。盟市委主要领导积极参与市委、市政府和市政协的专题协商，就事关全市经济社会发展、事关民生福祉等重大问题发表意见建议，一些意见建议得到肯定和采纳。四是加强民主监督。被聘为特约监督（检查）员的盟员，在各自被聘的岗位上认真履行职责，发挥民主监督的作用。五是开展调查研究。按照年初确定的调研课题，到有关县（市、区）及相关单位就职业教育发展、余江宅基地制度改革、“营改增”对全市经济发展影响、地方文化保护、促进全市旅游发展进行调研，形成调研报告 8 篇。2016 年，共提交集体提案 10 篇，政协委员个人提案 25 篇，累计上报社情民意近 30 条，其中《关于加大对种粮专业合作社支持力度的建议》《关于规范加油站加油行为》等社情民意被民盟中央和省政协采用。2016 年，付桂林被评为全省民盟社情民意先进

5 月 18 日，民盟鹰潭市委到农村学校开展“烛光行动”送教下乡活动

民盟鹰潭市委会 供稿

个人。

【宣传报道】 挖掘整理优秀盟员先进事迹 20 多例，在《鹰潭盟讯》和民盟省委网站等刊物和新媒体进行宣传，传递正能量，在盟员中形成了讲榜样、学榜样和当榜样的良好氛围。2016 年，叶航被评为全省民盟优秀通讯员。

【社会服务】 把精准扶贫作为社会服务的工作重点来抓。组织盟员代表到帮扶村的贫困户家中切身感受农村贫困家庭的生活，激发广大盟员积极投身到精准扶贫工作中来；成立民盟志愿者协会，通过志愿方式开展精准扶贫工作；积极捐款捐物，为贫困户家庭排忧解难，累计捐款 4 万余元；为贫困户江亚琦提供眼睛手术费 1.1 万元和维护房屋费 0.8 万元，帮助她恢复视力重进校园学习，并改善她家生活住宿条件；出资 1 万余元，帮助贫困户胡冬元、汪思样和曾昭胜家发展养殖产业，免费送去种鸡 100 只和种牛 2 头，并积极为他们争取产业扶贫资金，帮助他们脱贫致富；积极开展尊老爱老活动，民盟志愿者协会为贵溪塘湾敬老院捐赠彩色电视机 28 台，丰富老人文化生活；开展“农村教育烛光行动”，选派盟内特级教师送优质课到农村学校，帮助农村学校提高教学质量。2016 年，鹰潭市第二中学支部和综合一支部被评为全省民盟社会服务先进集体，张继红、琚志强、周小冬被评为全省民盟社会服务先进个人。

【队伍建设】 选派干部到上级有关部门学习培训。3 月，选派 1 位主委到中央社会主义学院学习；6 月，选派3位骨干盟员参加市委统战部组织的理论学习；8 月，选派 1 位副主委参加省委统战部组织的县处级党外干部政治理论培训班； 10 月；选派 2 名骨干盟员参加全省中青年盟员培训班；11 月，选派 1 位副主委参加省委组织部组织的县处级公务员任职班学习。 （周志燕）

【民盟鹰潭市委会领导名录】

主　委：周赣忠

副主委：周华爱（女） 李　激（女）

胡梦莉（女） 李峻薇（女）

周志燕（女）

秘书长：周志燕（兼）

中国民主建国会鹰潭市委员会

【概述】 2016 年，民建鹰潭市委在中共鹰潭市委和民建江西省委的正确领导下，在市委统战部的精心指导下，带领全体会员开拓进取，积极奉献，围绕全市中心工作和民建的基本任务，不断加强自身建设，切实履行参政党职能，为推动富裕美丽幸福鹰潭建设做出应有贡献。

【学习教育】 2016 年，民建鹰潭市委始终把坚持和发展中国特色社会主义作为巩固共同思想政治基础的主轴，组织支部、广大会员和机关干部，深入学习贯彻中共十八大，中共十八届三中、四中、五中、六中全会和习近平总书记系列重要讲话精神，学习中共江西省第十四次党代会、中共鹰潭市第八次党代会精神，学习新时期人民政协理论和统战知识，学习民建中央、省委文件精神，学习会章会史知识，准确把握中国现阶段实施的全面建成小康社会、全面深化改革、全面推进依法治国和民建会的工作重点，不断夯实多党合作政治共识，在思想上政治上行动上与中共中央保持高度一致。积极推荐会员参加各类培训班学习，不断提高会员的政治素质。共推荐 20 余名会员到中央、省、市各级组织的培训班参加学习。

【参政议政】 一是政治协商建净言。民建市委会领导积极参加中共鹰潭市委召开的中心组学习会、换届人事征求意见会、经济形势情况通报会，对全市经济社会发展、重大项目建设、党派工作提出意见和建议。积极参加市委统战部组织的党外人士评议市城管局座谈会，围绕城市建设要充实道文化元素、开放人行道停车位、加强菜市场管理等工作认真负责发表意见。二是“两会”献良策。在市人大八届六次会议上，提交建议 5 条；在市政协八届六次会议上，提交 2 篇调研材料，其中《关于全力推进我市精准扶贫工作的建议》入选作大会发言，《关于进一步推进绿色世界铜都建设的建议》入选作书面发言，上交提案 28 件，占提案总数的 28.3%，其中 12 件为集体提案，占集体提案总数的 30%。在九届一次市人大会议上，提交建议3条；在九届一次市政协会议上，民建市委会提交的《关于进一步加快龙虎山景区发展的几点建议》入选作大会发言，上交提案20件，占大会立案提案总数的17.7%，其中8篇为集体提案，占集体提案总数的22.9%。三是履行民主监督树形象。全市会员中有20多位各类特约监督员活跃在全市各行业被监督单位一线工作，积极参加有关检查、督察、评议、评价等活动，推动被监督单位的行政水平和服务水平的提高，有效发挥了民主监督作用。

【组织建设】 根据《鹰潭市各民主党派组织发展工作程序》和民建市委会制定的《关于入会对象标准的决议》的相关规定，全年发展了17名年轻、学历高、政治素质过硬的新会员。增强了组织活力，改善了组织结构。加大对会员的培养工作，经组织推荐，在2016年全市换届工作中，有4名会员当选为市人大代表，其中1名会员当选为市政府副市长，1名会员当选为市人大常委，有18名会员被推荐为市政协委员，其中5名会员当选为常委。

【宣传报道】 全年在民建中央网、《光华时报》、《江西省政协信息》、江西政协新闻网、《净友之声》、江西民建网、《鹰潭日报》等媒体用稿共80余篇（次），宣传全市民建各级组织的会务活动和会员风采，展示民建组织积极向上的精神风貌。

【理论研究】 按照民建中央部署，民建省委在全省各级民建组织和会员中开展以“民建如何在中国共产党领导的政党协商时发挥作用”为主题的重点理论研究，民建鹰潭市委会积极响应，形成领导带头、骨干参与的工作机制，形成3篇理论研究文章上报省委会，其中梁东华副主委撰写的《民建在政党协商中应提升的协商能力》一文，全文刊发在《净友之声》上。

【精准扶贫】 民建鹰潭市委会领导多次深入基层，走进扶贫户家中，了解他们存在的困难，制定相应的扶贫措施。实行领导干部每人挂点帮助2户贫困户，组织各支部、企联会、企业家开展助残、助学、送温暖、送医送药等活动，累计投入帮扶资金2.8万余元。11月初，民建市委会挂点扶贫的省重点贫困村余江春涛镇山涛村顺利通过了省委扶贫巡查组的考核。2016年，帮助2户贫困户实现脱贫。

【社会服务】 民建鹰潭市委充分发挥自身优势，积极开展捐资助学、送温暖等社会公益活动，先后举办了赴革命老区周坊镇团山小学“践行雷锋精神，庆祝三八妇女节”——革命老区特困乡村小学关爱活动；举办了“爱的奉献”情系“鹰潭市听力语言康复中心”大型爱心公益活动，共募集资金12661元，募集物资价值1万余元；开展“同心”关爱留守儿童活动，为童家镇里屋小学42名留守儿童赠送书包、文具、书籍等节日礼物，并带给孩子们节日的祝福；携手鹰潭市社会各界力量前往革命老区周坊镇长塘小学共同举办了“放飞童年梦想，点亮七彩人生”“六一”公益活动。据统计，2016年，民建鹰潭市委累计捐资捐物7万余元。民建鹰潭市委被评为民建江西省社会服务工作先进单位，会员齐小平被评为民建全国社会服务工作先进个人。

（冯响楠）

【民建鹰潭市委会领导名录】

主　委：黄占共

副主委：林小芳（女）　张之逊　刘林根　梁东华

中国民主促进会鹰潭市委员会

【概述】 2016年，民进鹰潭市委会在民进江西省委会和中共鹰潭市委的领导下，在市委统战部的指导和帮助下，继承传统，开拓进取，切实加强自身建设，认真履行参政党职能，为鹰潭的经济社会发展做出了积极贡献。市委会先后被评为民进江西省新闻宣传工作先进集体，被市政协表彰为社情民意工作先进集体，被市政府表彰为计划生育工作、节能工作和综治工作先进单位。

【思想建设】 一是认真开展各项学习活动。重点学习全国“两会”精神、中共十八届六中全会精神和习近平总书记系列重要讲话，学习中共江西省第十四次党代会、中共鹰潭市第八次党代会精神和中央、省、市统战会议精神。进一步坚定以党为师、立会为公的信念，增强自觉履行参政党职能的使命感和责任感。二是继承和弘扬民进优良传统。组织会员学习座谈回顾民进会史和民进老一辈的丰功伟绩，进一步加深会员对民进老一辈和民进光荣历史的认识。三是开展“我身边的先进”宣讲活动，利用身边的先进典型感染会员。四是充分利用各级组织的媒体平台大力宣传民进工作特色。全年在民进中央网、江西民进网、《江西民进》、《鹰潭日报》、鹰潭电视台刊登各类信息50余条。

【组织建设】 一是着力打造清正廉洁的领导班子。全面贯彻落实中共中央“八项规定”，深入贯彻落实中纪委和省、市纪委的重要会议精神，通过参观警示教育片、网上学习、撰写心得体会等形式开展学习教育。高度重视财务、干部人事等重点工作的制度建设，严格落实各项经费开支的事前审批、事中监督和事后审核制度，防止发生腐败现象。二是认真做好代表、委员的推荐工作。严格按照换届纪律要求，从德、能、勤、绩、廉、法着手，做好代表、委员的摸底、考察和推荐工作，确保被推荐人选思想过硬、能力过硬，素质过硬。在年度市、县（市、区）两级人大、政协换届选举中，市委会推荐的25名代表、委员人选全部当选。截至2016年年底，全市会员中担任市人大常委和市人大代表的会员有2名，担任市政协常委和市政协委员的会员有7名，担任县（市、区）人大副主任、人大常委和人大代表的会员有4名，担任县（市、区）政协副主席、政协常委和政协委员的会员有10名。三是继续稳妥发展新会员。全年共发展新会员5名。截至2016年年底，全市共有会员91人，其中教育界别占比41%。平均年龄45岁。四是积极开展支部活动。各支部全年组织学习和各类活动次数达50余次。五是认真做好基层支部考评工作。严格对照年初制定的基层支部考评细则进行考评。2016年，市直综合支部被表彰为民进江西省先进基层组织，4名会员被评为民进江西省先进个人。

【参政议政】 一是积极建言献策。在市政协九届一次会议上，提交大会发言1件、集体提案6件、委员提案5件，其中《关于创建海绵城市的建议》被市政协选用为大会发言材料，在会上进行了发言，另有2件提案被市政协表彰为优秀提案。在县区政协会议上，提交集体提案和委员提案共7件，其中2件在县区政协会议上进行了现场发言。二是加强调查研究。积极参加省委会和市委统战部组织的课题招标工作，以市委会名义向省委会和市委统战部申报的《关于创建海绵城市的建议》《关于推进互联网+智慧城市的建议》调研课题获得中标，并顺利完成调研报告。三是重视社情民意。充分利用座谈交流、考察调研之机多建睿智之言，多献务实之策。全年向会员所在单位、市县区各级政府职能部门提交社情民意信息32条。市委会被市政协表彰为社情民意信息工作先进单位。四是加强民主监督。围绕市委、市政府的重大决策和工作部署，积极参与各类民主协商和监督评议工作。并就全市政治、经济、文化、社会和生态文明建设中的重大决策、重大人事安排等方面提出意见和建议。各级人大代表、政协委员及各类特约监督员，积极参加视察调研、政风行风监督和公述民评等活动，民主监督中的作用凸显。

【社会服务】 一是认真开展精准扶贫工作。全年走访贫困户4次，为每个贫困户送去生活必需品和困难补助金3000元，并为每户家庭上学子女提供每名1000元的助学补助金。联系会内医疗、法律、农业和教育工作者走访慰问贫困户，帮助解决生活中遇到的实际问题。二是开展江西“1%工程”助学金发放活动。2016年，江西“1%工程”助学金第9次在鹰潭市举行发放活动，共为全市7所中小学的10位贫困学生发放助学金5000元。三是开展江西“1%工程”放飞足球活动。江西“1%工程”放飞足球活动在黄溪镇中心小学举行发放仪式，共为全市21所中小学发放足球310个，受益学生近5000余人。四是组织各支部先后在余江水稻原种场、鹰潭市特殊需要儿童康复中心、月湖区汪源小学、里屋小学开展医疗义诊、图书捐赠、学习用品捐赠和营养品慰问等活动，累计金额达4万余元。五是成立民进“1%工程”志愿者服务鹰潭站。组建志愿者服务站领导机构，制定服务站的各项管理规定和暂行办法。先后开展足球捐赠志愿者服务活动和景区环境美化志愿者服务活动，每名志愿者活动时间达17小时。

（陈松德）

【民进鹰潭市委会领导名录】

主　委：祝光进

副主委：戴冬英（女）　琚丽红（女）　陈　嫣（女）

中国农工民主党鹰潭市委员会

【概述】 2016年，在中共鹰潭市委和农工党江西省委会的正确领导下，在中共鹰潭市委统战部的大力支持和帮助下，农工党鹰潭市委会围绕“增强定力、激发活力、强化担当”的工作思路，团结带领全市广大农工党员和衷共济谋发展，凝心聚力促和谐，锐意进取，开拓创新，各项工作取得新进展。

【学习宣传】 市委会始终坚持以咬定青山不放松的定力，夯实理想信念基础。一是强化理论学习。召开主委会议、机关会议、委员（扩大）会议和基层组织活动传达学习中共十八届六中全会、习近平总书记“七一”重要讲话、农工党十五届五中全会以及中共江西省第十四次党代会、中共鹰潭市第八次党代会精神。二是强化舆论宣传。开通鹰潭农工党微信公众号，通过新媒体及时便捷地将多党合作的历史和理论、市委会及基层组织活动开展情况、健康知识、正能量好文章传递到党员手中。三是强化理论研究。《关于促进新一代民主党派成员发挥民主监督作用的几点思考》荣获农工党中央“理论研究优秀论文奖”三等奖。市委会被农工党省委会授予“全省理论研究工作先进组织”称号。

【组织建设】 一是加强新党员发展。市委会领导把发展优秀人才入党放在心上，亲力亲为，实行“领导出面做工作，组织部门跟进发展”的方法，营造求贤若渴的浓厚氛围。2016年，新发展党员9人，其中具有中高级职称6人，行政事业单位正科级干部1人、科员2人，平均年龄35岁。二是注重关心培养。积极推荐符合条件的党员参加农工党省委会、市委统战部举办的进修班、培训班和研讨班。吸收更多的有潜力的优秀党员参加委员扩大会议，在共同的学习、议事、决策过程中，增长智慧和才干。三是加强推荐使用。加强与各级党委、统战部门、党员所在单位的联系和沟通，积极向有关部门推荐使用农工民主党代表人士。截至2016年年底，全市农工党党员中有副厅级1人，副县级7人，科级干部42人；省人大代表1人，省政协委员2人，市人大代表7人（市人大常委2人），市政协委员21人（市政协常委2人）。

【参政议政】 市委会始终坚持以中国特色社会主义事业实践者的担当，提升履职尽责水平。一是聚焦问题，当好“发言人”。聚焦群众普遍关心的道路交通秩序、农村电子商务、农村土地承包经营权流转等社会热点问题，市委会领导班子成员领题深入实地开展调研考察。《关于加强电动自行车管理的建议》为打赢全市城区道路交通秩序综合整治百日攻坚战提供了有益参考。二是积极积极提交提案。在市政协八届六次会议和九届一次会议上，共提交大会发言4篇，集体提案10篇。三是关注民情，当好“有心人”。及时收集和反映舆情动态，全年向省委会报送社情民意信息22篇，被农工党中央采用1篇，被省政协采用3篇，市委会连续三年获省委会“社情民意信息工作先进集体”表彰。

【社会服务】 在鹰潭市特殊教育学校、贵溪市花园社区、余江县画桥镇、月湖区上桂小学和童家敬老院等地开展医疗义诊、健康讲座、文体用品捐赠、倡孝扬善送温暖等活动，受到群众好评。市委会领导和机关干部经常深入画桥村委会12户贫困户家中开展精准扶贫工作，了解贫困户的生产生活情况，并送上现金和慰问品。鼓励贫困户坚定信心，帮助贫困户解决生产生活中遇到的困难和问题，共克难关。

（乐　琴）

【农工党鹰潭市委会领导名录】

主　委：聂玲娜（女）

副主委：姜翠萍（女）寿莉蓉（女）

汪翠微（女）　陈建东

九三学社鹰潭市委员会

【概述】 2016年，在九三学社江西省委、中共鹰潭市委正确领导和市委统战部的关心指导下，在全市各级组织和广大社员的共同努力下，九三学社鹰潭市委会围绕建设“政治上坚定、履职上坚实、组织上坚强”的参政党目标，以求真务实的工作态度、以开放包容的精神面貌，进一步加强自身建设，认真履行参政党职能，积极做好社会服务工作。

【机关能力建设】 2016年，社市委被定为九三学社中央第二批机关能力建设试点单位。对此，社市委高度重视，成立了由主委徐文艺任组长的工作领导小组，召开了机关能力建设征求意见会，制定了《开展社中央机关能力建设试点单位创建工作的实施方案》，机关能力建设采取了许多新举措：一是采用社市委发展沿革、九三学社先贤照片、社市委重大活动及社员风采等为内容制作可移动展板宣传九三学社；二是社市委通过网站、微信群、微信公众号、QQ群等新媒体，让社员及时了解社务动态；三是社市委汇总编印了社员工作手册和通讯录，各社员人手一册，便于日常交流及过组织生活时使用。四是社市委开创性运用新媒体，利用网络平台，邀请社员陈真担任主播，制作了系列音频节目——《九三之声》，定期在网上开播。截至2016年年底，已播出26期，《九三之声》受到社中央及各地方组织的关注与点赞，九三学社江西省委会、九三学社上海市委会、九三学社湖南省委会、九三学社云南省委会均转载此节目。

【学习教育】 组织广大社员深入学习中共十八届六中全会精神，学习习近平总书记系列重要讲话精神和治国理政新理念新思想新战略，学习省第十四次、市第八次党代会精神，不断强化“四个意识”，坚定自觉维护以习近平同志为核心的中共中央的权威，做到政治上维护、思想上认同、行动上服从。选派骨干社员参加培训学习。推荐3名骨干社员参加省社会主义学院培训学习，10名社员参加全市党外科级干部培训班学习，组织社内政协委员参加市政协举办的政协委员培训班学习。

【参政议政】 一是加强政治协商。社市委领导班子参加中共鹰潭市委组织的协商会、情况通报会、报告会、座谈会，参加各级人大、政协组织的视察和调研活动，认真履行职责，针对全市经济建设和社会发展提出意见建议，发挥参政党作用。二是加强民主监督。四位被聘特约监督（检查）员的社员在各自被聘的岗位上认真履行职责，发挥民主监督的作用。三是提交提案议案。徐文艺主委向省政协十一届四次会议提交《加强顶层设计，促进铁皮石斛产业健康发展》的个人提案。葛菁副主委向省人大十二届六次大会提交《关于尽快建立中小企业日拆性扶持基金的建议》和《关于要求省科技厅支持鹰潭市铜产业科技协同创新体建设的建议》建议案。社市委在市八届六次政协会议提交集体提案3件，委员个人提案16件，大会口头发言1篇，书面发言2篇。在市九届一次政协会议提交集体提案2件，委员个人提案9件，大会口头发言1篇，书面发言1篇。《着力构建中小融资机构健康发展平台，推动小微企业持续发展》《关于尽快建立服务独生子女家庭的公办养老机构的建议》《整合服务热线，提升政府服务水平》获市政协八届三次会议以来优秀提案。《建议尽快完善“应收账款融资服务平台”配套机制，加快企业资金周转》和《推进城乡客运一体化遇到的困难和建议》被省政协采用，并报全国政协。四是加强调查研究。社市委积极组织开展社省委课题申报工作。对中标课题，深入调查研究，撰写调研报告。2016年，社市委向社省委递交《关于金融支持农村宅基地改革的建议》《关于加强农村生活污水治理的建议》、《关于卫生信息化助推医改工作的建议》3篇调研报告。

【组织建设】　一是社市委就班子建设、干部队伍现状等情况，专门向社省委、中共鹰潭市委及市委统战部领导进行汇报沟通，举荐社内优秀人才。2016年新提拔1名副县，2名副科级干部。二是认真做好基层组织换届工作。2016年，全市有3个基层组织需换届，社市委制定了基层组织换届工作方案，12月底完成了九三学社余江县委会换届工作。三是发展新社员。积极吸纳高中级知识分子、业务骨干，已是政协委员的无党派代表人士入社。全年共发展社员15人，其中高级职称3人，中级职称6人，科级干部3人，政协委员1人，为社组织注入了新鲜血液。四是开展组织活动。基层组织以座谈会、联谊会、郊游、参观考察等多种形式开展组织生活20余次，促进了社员间的相互联系，增进了彼此的思想交流、激发了开展社务工作的动力。新春时节，各级组织以召开茶话会、座谈会的形式走访慰问退休社员，传达社组织的关心和问候，以增强组织的凝聚力和向心力。

【社会服务】　一是社市委联合余江九三学社帮助江西盛发铜业有限公司争取到省科技厅2千万贴息借款、为九草石斛专业合作社争取到省科技厅2千万贴息贷款。在社员企业江西东瑞园林有限公司设立“产学研”社会服务基地。二是与中国科学院南京土壤研究所建立友好关系，利用科研所的人才智力优势，实行资源共享，为鹰潭的发展贡献力量。三是开展科技咨询活动4次，共服务3000余人次，印制各种资料25种，发放资料万余份。

【精准扶贫】　根据中共鹰潭市委、鹰潭市政府的统一部署，社市委带领机关干部多次深入精准扶贫点西窑村走访11户贫困户，为他们送去慰问金。帮助扶贫点争取到省科协“科普直通车”项目经费6万元。

（方晓明）

【九三学社鹰潭市委会领导名录】

主　委：徐文艺

副主委：葛　菁（女）　杨　勇（兼）

王　轩（兼）

11月1日，九三学社鹰潭市委会举行学习贯彻中共十八届六中全会精神会议

九三学社鹰潭市委会　供稿

社会团体

编辑、校对：陈志敏

市总工会

【概述】 2016年，在市委、市政府和省总工会的坚强领导下，鹰潭市总工会紧紧围绕市委、市政府工作部署和省总工会工作要求，全面贯彻中共十八大和中共十八届三中、四中、五中、六中全会精神，深入贯彻习近平总书记系列重要讲话精神和治国理政新理念新思想新战略，认真落实中央、省委、市委党的群团工作会议精神和省第十四次、市第八次党代会、市“两会”精神，不忘初心、继续前进，以服务全市大局、服务职工群众为工作出发点，深入推进建功立业、宣传教育、维权帮扶和工会组建等各项工作，团结动员广大职工在推动“四个鹰潭”、打造“世界铜都、中华道都、田园新城”建设中发挥主力军作用，全市工会工作不断迈上新台阶。市总工会多项工作位居全省前列，综合工作连续三年获评全省工会系统特等奖，市总工会班子连续三年被市委评为年度好班子。

【中心及社会工作】 切实做好思想引领工作。全市各级工会将认真学习贯彻中共十八届三中、四中、五中、六中全会精神，深入学习贯彻习近平总书记系列重要讲话精神及省第十四、市第八次党代会精神作为重要政治任务，纳入广大职工和工会干部的学习培训计划，利用举办读书会、事迹报告会、研讨会，开通微信、微博、网站等形式，在全市各级工会组织和职工群众中掀起学习贯彻高潮。教育引导广大职工在思想上政治上行动上始终同党中央保持高度一致，积极响应落实市委、市政府决策部署，在“四个鹰潭”建设中充分发挥工人阶级主力军作用。全市各级工会以“严”和“实”的作风，认真开展“三严三实”专题教育活动，认真学习“一准则、两条例”，严格贯彻落实中央“八项规定”精神和“两个责任”、全面从严治党等要求，不断改进工作作风。市总组织讲党课进基层10余场，召开专题研讨会、座谈会30余场，结合“双联系”、新农村建设和精准扶贫等活动，组织工会干部下基层200余人（次），走访企业1000余家，推动解决职工群众实际问题300多件。认真扎实推进机关思想建设、组织建设、作风建设、队伍建设和党风廉政建设，依法抓好工会经费的收缴、使用、管理工作。加大了工会资产监管力度，经费审查规范化建设得到进一步加强，审计监督工作运行有序。女职工技能素质提升工程、女职工“关爱行动”扎实开展，职工互助保障工作持续发展。

【广泛开展竞赛活动】 一是围绕“8+1”重点工作、“1+6”产业以及重点领域（铜企业、物流业、旅游业、雕刻行业、眼镜行业、金融系统、卫生系统等），组织开展“安康杯”“劳模领跑、职工追梦”“践行新理念、建功‘十三五’”等系列劳动竞赛、岗位练兵、技能比武活动，全市组织各类劳动竞赛等活动300余场（次），参赛职工11万余人。二是积极搭建职工创新创造平台。以创建劳模创新工作室、开展职工合理化建议、“五小”活动等为抓手，引导和激励广大职工学习新知识、掌握新技能，推动企业加快创新步伐、产业转型升级。新建省级劳模创新工作室2个，培育示范性市劳模创新工作室、技能大师工作室20余家，完成技术攻关30多项，获得专利20余项，形成技术创新和建议成果500余项，创造经济效益近1.2亿元。三是深入实施职工素质提升工程。深入开展“创建学习型班组、争当知识型职工”活动，不断提升职工技能素质，开展了茶艺、家政、烹饪、雕刻等职业技能培训，免费培训职工5600余人。大力推进“职工书屋”建设，新建省级职工书屋11家，国家级职工书屋2家。

【组织建设与民主管理】 一是落实《关于进一步加强党建带工建的意见》要求，组织开展“基层工会规范化建设”活动，深入推进各类企事业单位特别是非公企业、社会组织普遍建会工作。全市累计建会3360家，会员18万多名。积极落实全省“降低企业成本、优化发展环境”专项行动要求，组织开展了“进园区、强基层、惠职工、促发展”专项行动，着力加强园区企业工会组织建设，在市委、市政府的高度重视下，经市政府与市总工会第十四次联席座谈会研究，在全省率先在国家级工业园区成立了总工会，配备了专职副主席，贵溪、余江也参照市总工会的做法成立了工业园区总工会。二是持续激发基层工作活力。扎实推进“双亮双履”、“学习型工会”、职工之家创建等工作，建立完善了联系基层制度和工作调研机制，不断加大基层扶持力度，将更多的人力、物力、财力向基层倾斜，市总工会共下拨各类补助、工作经费700多万元，回拨工会经费260万元。全市职工之家建设取得新突破。贵溪市总工会率先建成全省一流的县级职工之家，余江县规划将原余江县财政局大院用于建设职工之家，市高新区管委区划拨新建房屋5000多平方米用于建设职工活动场所，贵溪、余江两个省级工业园区职工室内活动场所均在2000平方米以上。进一步做好工会干部专业能力提升工作，举办各类培训班10余期，邀请专家、学者讲学20余次，选送省以上培训150人次，累计培训专（兼）职工会干部近3000余人次，其中园区企业工会主席岗位培训累计500余人次。三是不断加强自身建设。认真开展“两学一做”学习教育，严格贯彻落实中央“八项规定”精神和“两个责任”、全面从严治党等要求，切实加强机关党风廉政建设、思想建设和作风建设，克服摒除“机关化、行政化、贵族化、娱乐化”等问题，增强政治性、先进性和群众性，不断改进工作作风、提升服务水平。市总工会组织讲党课进基层10余场，召开专题研讨会、座谈会200余场，结合三大工程、“双联系”、新农村建设和精准扶贫等活动，组织工会干部下基层500余人（次），走访企业1000余家，推动解决职工群众实际问题300多件。四是依法抓好工会经费的收缴、管理、使用工作，工会经费收缴持续平稳发展。进一步加大了工会资产监管力度，全市工会资产实现保值增值、工会资产规模不断壮大。经费审查规范化建设得到进一步加强，审计监督工作运行有序。女职工技能素质提升工程、女职工“关爱行动”扎实开展，女职工权益得到有效维护。职工互助保障工作持续发展，收缴保费520.74万元，同比增长20%，理赔310例224万余元，综治、计生、节能等其他各项工作协调统筹推进。

【弘扬劳模和工匠精神】 着力开展先进典型的选树工作，弘扬倡导社会正能量，经层层推荐、严格审核，评选表彰全国“五一”劳动奖章2名，全国工人先锋号1个，江西省“五一”劳动奖状2个，省“五一”劳动奖章5名，省工人先锋号4个，市“五一”劳动奖状5个，市“五一”劳动奖章20名。组织开展了“铜都工匠”“十大厨艺能手”等评选表彰活动，评选出铜加工、雕刻、水工、眼镜制造等行业能工巧匠20名。广泛开展了劳模精神、工匠精神的弘扬宣传工作，召开庆“五一”劳模座谈会，举办劳模事迹报告会、宣讲会50余场（次），在《鹰潭日报》开辟“铜都工匠”报道专栏，在电视、网络等可视媒体上连续播放劳模风采，通过多途径多形式的宣传，让劳模精神、工匠精神厚植于广大职工，在全市营造尊重劳动、尊重创造，争当先进、争当劳模的浓厚氛围。持续做好了劳模人文关爱工作，发放三级劳模慰问金60多万元，安排劳模疗休养130余人次。

【构建和谐劳动关系】 以建立健全职代会制度为基础，组织召开工资集体协商现场会，推进区域、行业、企业实施厂务公开、民主管理、工资集体协商，解决职工最关心的工资福利等问题，切实维护职工合法权益。全市有3397家企事业单位基本建成了职工代表大会民主管理制度，建制率93%，全市签订集体协议1867份，涵盖企业2356家、职工12.5万人，推荐表彰省级和谐企业2家，市级和谐企业5家。扎实推进“三师”（协商指导师、律师、健康工程师）进园区活动，构建和谐劳动关系。深入开展“进园区、惠职工、促发展”活动，在各工业园区、规模较大企业设立“三师”工作室近20个，市、县两级工会聘请300余名律师、70余名工资集体协商指导师、30余名心理健康咨询师进园区为企业为职工提供服务，指导1925家企业签订劳动合同，协助调处纠纷案例50余起，提供职工维权服务300余人次，职工义诊3000余人次，做到了“小纠纷不出企业，大纠纷不出园区”。

【帮扶助困行动】 一是进一步发挥社会化维权领导小组作用，完善了事前预警、事中介入、事后跟踪工作机制，开展法律援助、信访接待、“12351”职工维权热线和舆情信息调处工作，先后受理来信来访60多人（件），调处网络舆情信息2起，受理法律援助案件20余件。参加全市“安全生产月”“12·4宪法日”等各类普法宣传活动，发放宣传资料1.5万余份。会同人社、公安、城建等部门开展农民工工资支付情况专项检查和清欠工作，为农民工追讨工资200余万元。按照“会、站、家”一体化思路，深入推进工业园区、企事业单位“职工之家”建设和职工帮扶中心（站）建设，累计建成帮扶中心（站）100余个。切实做好困难职工的帮扶济困和送温暖工作。省委常委、省委统战部部长、市委书记陈兴超等市委、市政府主要领导多次亲自参加“春送温暖”“夏送清凉”“金秋助学”等活动。截至12月底，全市各级工会组织筹集发放送温暖资金681.37万元，帮扶慰问职工4300余人（次），筹集发放助学资金152万余元，资助困难职工家庭子女入学500余名，为市区在档困难职工1000余人购买“大病保险”“意外伤害保险”15万余元，投入职工互助保障资金28万元为园区企业490名在档困难职工实行二次大病保障，让困难职工切实感受到了党和政府的关心、关爱。积极争取党政支持，继续做好困难职工精准帮扶工作，对全市84户特别困难职工家庭实行长期救助，每年每户救助9600元。开展了就业援助月、“春风行动”、民营企业招聘周等就业援助活动，组织专场招聘会14场，发放宣传资料2.5万余份，提供就业服务3971人、跨地区有组织劳务输出1502人、成功介绍就业人数1886人。强化全市困难职工动态管理机制，新建档帮扶对象125户，清理近3000余户。二是职工文化建设。引导广大职工积极践行社会主义核心价值观。持续唱响“中国梦•劳动美”主旋律，围绕“践行新理念，建功‘十三五’”主题，将社会主义核心价值观融入职工喜闻乐见的文体活动，组织开展第四届职工运动会、工间操、职工书画展、送文化进企业、拍摄微电影等丰富多彩的文体活动20余项460余场（次），全市职工广泛参与其中。尤其是庆“五一”万人健步走活动，市四套班子主要领导及77支代表队5000多名职工在信江市民广场参加活动。《工人日报》《江西工人报》等媒体多次报道鹰潭市开展“中国梦•劳动美”主题教育、在职工群众中培育践行社会主义核心价值观的经验做法。

【市政府与市总工会第十三次联席座谈会议】 3月，市政府与市总工会第十四次联席座谈会举行。市长熊茂平出席会议并讲话。常务副市长王家林参加会议。市人大常委会副主任、市总工会主席卢越明通报了第十三次联席座谈会精神贯彻落实情况、市总工会2015年工作情况和2016年工作思路。市政府副市长徐云主持座谈会。会议研究支持工会深入开展困难职工精准帮扶工作，同意设立鹰潭高新技术产业开发区总工会，同意市总工会购买市民政局原办公大楼等。

【市总工会六届三次全委（扩大）会议】 2月18日，市总工会六届四次全委（扩大）会议在鹰潭宾馆三楼会议室召开。张赣北主持，卢越明作工作报告。大会替补市总工会委员、常委、经审委员。会议表彰2015年度工会工作先进，各县（市、区）、基层工会作典型发言。

（候义强）

【市总工会副县级以上干部名录】

党组书记、主席：卢越明

党组副书记、常务副主席：张赣北

党组成员、副主席、女职工委员会主任：陈晓萍（女）

党组成员、副主席：侯建国

党组成员、经费审查委员会主任：洪　波

党组成员、副调研员：胡国根

正县级干部：郑　生（2016.7~）

副调研员：吴　培（女）

共青团鹰潭市委

【概述】 2016年，团市委认真贯彻落实中央、省委、市委党的群团工作会议精神，紧扣全市经济社会发展大局，紧扣鹰潭市共青团本职工作，坚持“党政所需、青年所盼、自己所能”的工作原则，着力构建“凝聚青年、服务大局、当好桥梁、从严管理”工作格局。

【服务创新创业】 举办“龙虎天下绝”全国青年创意创业大赛，经过初赛、决赛两轮激烈角逐，鹰潭市选手李赫成最终获得第一名的好成绩。市委副书记肖良、市政府副市长蔡江、市政协副主席吴南平等市领导出席决赛比为获奖选手颁奖。举办第二届“中国创翼”青年创新创业大赛“农商银行杯”鹰潭市初赛暨鹰潭市创新创业大赛。组织55名鹰潭创业青年参加省级青年创新创业大赛。贵溪团市委等也相应开展了青年创业大赛。全市共举办青年交流论坛、青年电商培训、创业沙龙、创业技能培训、创业分享活动等共计29期（次），覆盖青年4420余人次。推进青年创业小额贷款工作，全市完成150笔小额贷款，贷款金额1680万元。实施农村青年创业致富“领头雁”培养计划，全市共培育65名农村青年致富带头人。

【服务绿色崛起】 举办“龙虎天下绝”全国青年论坛，邀请北大、清华、复旦、南昌大学等省内外15所高校专家、学者、青年代表100余人参加论坛，取得良好效果。争取项目资金16万元，支持鹰潭市4个贫困村开展省级生态文明示范村创建工作。承办2016年全省共青团联系服务农村青年月示范活动，开展法律咨询、科技指导、岗位对接、农技咨询、送春联、义诊等服务活动。围绕创建国家级森林城市，组织动员全市团员青年参与植树活动，共种植各类苗木1万余株，同时积极组织青年参加林木绿地认种认养、生态摄影展等各类实践活动。组织团员青年积极参与打造全省城乡最干净城市、保护母亲河、环保志愿行等活动10多次。

【助力脱贫攻坚】 组织引导青年参与精准扶贫。制定下发《2016年鹰潭青年助力脱贫攻坚行动实施方案》，组织动员包括各级团组织、青年文明号、鹰潭青年五四奖章集体等61家青年集体结对34个省级、市级贫困村开展精准扶贫工作。举行鹰潭青年助力脱贫攻坚启动仪式，市委书记陈兴超出席启动仪式并作重要讲话，市委常委、统战部部长戴春英出席活动。开展“精准扶贫 青春暖心”“爱在五月”等系列脱贫攻坚活动。在贵溪周坊镇、余江潢溪镇分别举办鹰潭“淘实惠”农村青年电商培训班，两地农户、农村便利店店主、扶贫对象等100余人参加培训，通过普及农村电商知识，引导农村青年投身电子商务就业创业，拓宽增收致富渠道，助力鹰潭市打赢脱贫攻坚战。同时还开展挖掘机技能培训、蛋糕制作等送岗位、送技术到贫困村就业帮扶行动。开展“青微扶贫”点亮微心愿活动，全市各级团组织帮助困难少年儿童圆梦微心愿800多个。

【青少年思想引领】 强化团属新媒体平台建设，构建“鹰潭共青团”网站、微博、微信公众号三位一体的新媒体平台，不断增强新媒体平台对青年的覆盖面和影响力，“鹰潭共青团”微信公众号在全省共青团系统及全市政务微信类排名均位居前列。重点打造“青年之声•鹰潭”互动交流平台，每名专职团干部线上回答青年提出的问题，倾听青年心声、服务青年需求，并依托“青年之声”平台开展了“‘青年之声’线上线下只为遇到你”青年交友活动等，深受青年喜爱。各基层团委、中小学校团队组织深入开展“我们是共产主义接班人”系列主题活动，不断加强对青少年的政治引领和价值引领。“五四”青年节期间，鹰潭市第一中学、鹰潭市应用工程学校团委分别举办以“青春 成长 感恩 责任”为主题的十八岁成人礼，近700名学生接受青春的洗礼。全市各级少先队组织开展“红领巾相约中国梦”主题活动，在不同年龄阶段的少先队员中开展集中学习、社会实践、分享交流等活动。

【青年社会组织】 加强对青年社会组织的联系，开展专项调研活动，召开青年社会组织负责人座谈会，走访22家青年社会组织，面对面听取了当前青年社会组织存在的困难、问题，凝聚青年社会组织参与共青团工作。组织引导青年社会组织开展各类公益活动，比如，鹰潭市义工联合会开展“花海之约”青年交友联谊活动，为青年交友搭建平台。奇迹心理咨询服务中心举办“悠悠我心”2016关爱年青母亲心理日活动，组织心理咨询师帮助指导年轻母亲克服心理障碍。鹰潭方舟城市爱心应急车队积极参与“飞翔的陪伴”助力高考考生公益服务。引导青年社会组织设计公益项目，已打造“低视力老人和儿童视力康复保健睛彩计划”等5个项目，并通过社会化运作方式募集资金支持。

【青少年权益】 积极履行预防青少年违法犯罪专项组职能，开展预防青少年违法犯罪工作。配齐全市法治副校长，在全市各大、中、小学校选聘了117名法治副校长。开展青少年安全和法治宣传教育活动月活动，暑假期间集中开展了防溺水、自我保护、防火、安全用电、交通安全、模拟法庭等安全和法治宣传活动。做好青少年社工培训考试工作，动员全市团干、青年志愿者参加青少年社工师资格考试，并对98名应试人员开展了为期3天的考前培训。推进阳光学校、阳光班级建设工作，由团市委牵头，积极协调各相关部门，在龙虎山文武学校挂牌建立“鹰潭市阳光学校”，已正式招生运营，该项工作获得团省委充分认可。同时在余江、贵溪、月湖三地开设了阳光班级。

【基层团组织建设】 新成立共青团鹰潭市委驻温州工作委员会，筹建驻义乌团工委，不断延伸鹰潭共青团的工作手臂，强化对外地鹰潭籍青年的联系服务，扩大团组织对青年的覆盖面。推动全市4万余名团员青年注册成为志愿者，并利用“3•5”学雷锋纪念日、“五四”青年节等时间节点开展常态化注册团员志愿服务活动。规范团员发展工作，全年共统筹5200名团员发展指标按区域、战线分布给各县（市、区），严格将新发展团员数控制在省级下发的团员发展计划之内。大力推进“青年空间”建设，在贵溪市东门街道办事处、花园街道办事处电商创业园，月湖区交通街道办事处、梅园街道办事处、东湖街道办事处建立街道“青年空间”5个，利用乡镇便民服务中心、大众民生电子商务运营中心建立乡镇“青年空间”20个，夯实城市街道、社区共青团工作基础。

【志愿服务】 2016年，鹰潭市青年志愿者协会围绕全市大局，主要开展以下工作：一是开展“温暖回家路”春运志愿者集中行动，组织300余人次青年志愿者在鹰潭火车站、高铁北站为旅客开展引导、搬运行李等志愿服务。“3・5”学雷锋纪念日期间开展“全城同唱雷锋歌”主题活动，组织青年志愿者在时代广场唱起《学习雷锋好榜样》《歌唱祖国》《爱的奉献》等歌曲，营造全城学雷锋的浓厚氛围。全省旅游发展大会在鹰潭召开期间，组织100余名旅游青年志愿者参与嘉宾引导、酒店接待等会务服务工作，为旅发大会顺利召开贡献了一份力量。组织100余名青年志愿者参与“五一”旅游志愿服务，在龙虎山的各个景点为旅客引导购票、介绍龙虎山。二是围绕服务困难群众，开展“光明进万家”青年志愿服务活动，为1万名老人免费检测视力并赠送老花眼镜。积极参与“精准扶贫”工作，组织青年志愿者走进贫困村，为贫困家庭、留守儿童送去慰问物资。开展志愿者与贫困儿童结对活动，青年志愿者与贫困儿童进行多对一的结对，定期开展亲情陪护、爱心捐赠等活动。开展“冬日暖阳”关爱环卫工人行动，为环卫工人送去保温杯、护手霜等“爱心温暖包”。开展“灿烂于心”助残行动，先后为5名听障儿童申请人工耳蜗，已成功完成2名听障儿童40万元人工耳蜗捐赠申请。开展帮扶尿毒症患者邹丽专项行动，联合鹰潭市余干商会爱心力量募集捐款4.1万余元，挽救年轻的生命。

（孔祥兆）

【团市委副县级以上干部名录】
书　记：苏建军（~2016.7）
副书记：陈愈湛（~2016.8）方璐（女）

鹰潭市妇联

【概述】 2016年，在市委、市政府的高度重视和高位推动下，全市各级妇联组织认真学习贯彻习近平总书记系列重要讲话精神特别是关于新时期妇女工作的重要指示精神，紧紧围绕市委、市政府工作大局，坚持以创新、协调、绿色、开放、共享“五大发展理念”为引领，较好地完成了全年工作任务，多项工作在全省处于领先地位，《中国妇女报》头版头条刊登鹰潭市成功经验。鹰潭市获2016年度全国巾帼建功先进集体荣誉称号。

【践行社会主义核心价值观】 以寻找“最美家庭”为载体，持续弘扬主流价值观。精心设计5个寻找载体，选树48户爱心、创业、书香、绿色、廉洁五类家庭。推荐杨怀周家庭荣获2016年全国“最美家庭”、王建发家庭荣获全国五好文明家庭；推荐曹有红荣获第三届“感动江西优秀母亲”称号；推荐倪长高等3户家庭获江西省“最美家庭”，4户家庭获提名奖。推荐“感动江西优秀母亲”1人、“感动江西优秀母亲”提名奖及励志奖6人。举办庆“三八”国际劳动妇女节颁奖大会暨“我爱我家”家庭情景剧展示活动，隆重表彰了一批先进典型，展示以弘扬家庭美德、培树良好家风为主题的优秀家庭情景剧。市委书记陈兴超为“最美家庭”颁奖并赠送书法作品。市委常委、宣传部部长贺喜灿宣布2016年鹰潭市寻找“最美家庭”活动启动。

以开展“主题活动”为平台，涵养核心价值观。一是启动“我爱我家·同悦书香”亲子阅读活动。以“书香飘万家”为主题，向全市广大家庭推荐亲子阅读优秀书目，开展创意阅读分享、评选“书香家庭”等系列活动。一年来，全市举办吟诵、研读讲座等各类亲子阅读活动230余场，500余个家庭参加活动，并从中受益。二是开展“传承弘扬中华优秀传统文化”系列活动。联合中国妇基会、市文联、团市委等举办“传统文化与和谐家庭公益项目”培训班、“传统与新风—好家风好家训”书法作品展、“国风·和鸣”首届婚恋与家庭文化节、“国风·雅韵”旗袍文化公益活动暨第三届中国旗袍大赛江西赛区启动仪式、“爱·慧聚”古筝独奏音乐会，传承优秀传统文化。三是开展“绿色家园、巾帼行动”主题活动。发动广大妇女参与生态文明建设，开展垃圾分类、人居环境整治、村居美化、植树造林等实践活动，创建巾帼绿色工程基地、绿化示范村、绿色庭院，引导妇女为打造美丽江西“鹰潭样板”献计出力。在活动开展中，涌现出一大批爱护环境、节能减排、热心公益、家庭文明的“绿色家庭”。成功推荐王长英等5个家庭获评江西省“绿色家庭”。

【参与大众创业万众创新】 一是多措并举促进妇女创业就业。组织下岗失业妇女参加春季招聘洽谈会和女性专场招聘会，提供女性就业岗位200余个；举办“电商”培训班，指导妇女开设网店、微店，提升妇女“互联网+”创业就业水平。2016年发放妇女小额担保贷款1.52亿元，扶持1189名妇女自主创业，带动5945余名女性就业。二是继续深化“创巾帼建功新业绩，展鹰潭女性新风采”主题实践活动。联合市国税、市地税、市卫计委开展岗位技能大赛。深入开展“双学双比”和“巾帼建功”活动，成功推荐5人被授予江西省巾帼建功标兵荣誉称号，获评江西省巾帼文明岗4个，江西省巾帼建功先进集体2个。三是打造妇联家政服务品牌。精心打造“红杜鹃”家政、“菊兰”家政服务品牌，充分发挥家政服务培训基地作用，加大培训力度，推动家政服务标准化。2016年举办家政员培训班12期，800余名妇女参加培训。

【建设幸福鹰潭】 一是实施购买公共服务项目。向省妇联和省财政厅争取到向社会力量购买妇女儿童服务项目和关爱留守儿童服务项目13个、资金119.3万元，发挥社会组织作用，延伸工作手臂，开展妇女维权、志愿服务、创新创业、精准脱贫、关爱留守儿童等服务活动。二是开展“走近慈母”活动。为1.63万农村妇女提供了“两癌”免费检查，为30名患病贫困妇女争取到专项救助款30万元。为4名优秀“慈母”积极争取到江西省福彩公益慰问金2万元。三是开展“春蕾计划”助学行动。2016年度“春蕾计划”助学活动自6月启动以来，共筹集善款41万余元，资助351名学生。积极争取上海同人学会连续三年资助鹰潭市第一中学20名贫困女生2.4万元，并将持续关注学生的学习生活，为学生提供学业指导和勤工俭学的机会；联合女企协分别在鹰潭市第一中学和余江县第一中学开设“春蕾班”，每年资助20名“春蕾班”女生每人1200元，帮助女生完成高中学业；联合市地税局结对2名贫困女童，每人每年资助800元，帮助女童完成初中学业；帮助菊兰家政服务公司结对一名初二女生，资助女生至大学毕业。三是关爱特殊困境儿童。争取省妇联20万元项目资金支持，在贵溪、余江各建立一所留守儿童快乐家园，已有70余名留守儿童入住。联合鹰潭日报社开展关爱特殊儿童、留守儿童公益活动，邀请100余名儿童一起亲手彩绘陶瓷DIY，并将所有作品义卖筹得的近3000元善款全部捐赠给特殊儿童和留守儿童。争取省妇儿基金会贝因美及“幸福启航·旗帜飘扬”公益项目，将价值14.8万余元的4158桶贝因美、旗帜奶粉发放给2053位困难家庭。四是开展巾帼志愿服务活动。组织文艺巾帼、旗袍协会巾帼志愿服务队、巾帼消防等多支志愿服务队开展“温暖春运路”“关爱老人”“感恩母亲”爱心慰问、消防知识讲座、消防户外演练等各类志愿服务活动，为弘扬和谐家庭文化、助力幸福鹰潭建设发挥了积极作用。成功推荐月湖区巾帼志愿服务队获“全国优秀巾帼志愿服务队”荣誉称号，江西省只有4支巾帼志愿服务队获此殊荣。

【做好妇女维权工作】 一是强化法治宣传。以《中华人民共和国反家庭暴力法》为重点，依托妇女之家，市、县、乡三级联动开展《中华人民共和国反家庭暴力法》万人宣讲活动和“三八维权周”活动，增强了妇女依法维权意识。推荐舒盈荣获全国法治宣传教育先进个人称号。二是创新维权机制。加强与公、检、法等有关部门的沟通联系，进一步加大妇女儿童维权力度，与公安部门联合在全省率先试行家庭暴力告诫制度取得了较好成效；《中华人民共和国反家庭暴力法》实施后，贵溪市法院在全省发出首张“人身安全保护令”；市、区检察院探索实施“未检+”工作机制，切实保护未成年人合法权益，受到最高人民检察院通报表扬。三是优化发展环境。成立鹰潭市法规政策性别平等咨询评估委员会，积极参与涉及妇女儿童权益的法规政策论证、督导，从法规政策的层面更好地保障妇女权利，推动男女两性平等和谐发展。联合市综治办、市司法局成立了鹰潭市婚姻家庭纠纷人民调解委员会，坚守调解原则，积极加强与各部门的合作沟通，婚姻家庭纠纷专业化调解工作取得良好进展。四是深化“平安家庭”创建工作。开展全市“平安家庭”创建工作先进集体（个人）和“平安家庭”标兵户评选表彰活动，在全市范围内自下而上，充分酝酿，认真推荐，层层公示，推选出10个“平安家庭”创建工作先进集体、10个“平安家庭”创建工作先进个人、20户“平安家庭”标兵户，进一步推动“平安家庭”创建活动纵深发展。五是开展维权调研。联合市总工会女职工委开展二孩政策保障调研，通过走访、座谈、发放问卷等形式，了解女职工生育二胎的意愿、制约因素及对女性发展、职业发展的影响，并在市政协九届一次会议上做了《关于完善二孩政策社会保障体系的建议》的大会发言。六是畅通维权渠道。全市有信访代理中心3个，信访代理工作室33个，工作站248个，信访代理员600余名，积极推进妇女信访代理工作。开通“12338”妇女维权服务热线，建立妇女信访代理制、信访接待首问责任制，热情接待、细心倾听、全力帮助。一年来，全市妇联共接待各类信访197批213人次，案件调处率达99%。

【强化基层组织建设】 一是强化妇联基层组织建设。以县乡党委换届为契机，争取市委名义印发了《关于加强全市乡镇（街道）妇联组织建设的意见》，对强化乡镇妇联的枢纽功能提出了加强思想、组织、班子、队伍、阵地建设和经费保障六个方面的主要任务，提出妇联组织进行同步换届；明确乡镇（街道）妇联主席由同级党委中的女性成员兼任，专职副主席应做到专人专职专岗；组建7人以上的乡镇（街道）妇联执委会；乡镇（街道）财政按照妇女儿童“人均一元钱”的标准落实妇女儿童工作专项经费。为增强换届的操作性，市妇联还配套出台了《关于做好全市乡镇（街道）妇联组织集中换届选举工作的通知》，编制了换届选举工作指导手册下发县（市、区）妇联和乡镇（街道）妇联组织。全市44个乡镇（街道）妇联完成同步换届，全市乡镇（街道）共增加399名妇联干部，工作力量由“单兵作战”变为“团体作业”。4月11日《中国妇女报》A2版头条刊登《鹰潭出实招加强乡镇级妇联组织建设》的经验文章，引起全国妇联调研室的高度关注，得到了省妇联领导的充分肯定，省内外地市纷纷索要相关材料学习借鉴。二是培育发展女性社会组织。积极培育和发展女性社会组织，并将有影响力的旗袍会、菊兰家政负责人，吸收到市妇联执委、市政协委员队伍中，为其创造更好的发展平台。鹰潭市有鹰潭旗袍会、菊兰家政、女企协、红杜鹃家政、荷之韵艺术团、市妇女儿童文化艺术发展协会、市巾帼志愿者协会、市馨缘社区服务中心8个社会团体组织，会员达万余名。在市会的精心指导下，各协会加强自身建设，建立了党支部，并积极发挥党员带头作用，开展各项公益爱心活动。全年举行公益活动50余场，免费培训600余次。每逢“六一”、“七一”、元旦、春节等重要节日都会开展爱心慰问活动，为建设幸福鹰潭发挥了积极作用。三是稳步打造示范妇女之家。2016年又成功申报15个乡镇省级示范点，每个示范点获得3万元创建经费，实现了全市33个乡镇省级示范点全覆盖的目标。四是创新妇联组织体制机制。及时调整执委结构，增替补执委8名，其中4人分别为社区居委会书记、女大学生村官、村妇代会主任和女性社会组织带头人，她们是鹰潭市妇联执委中首次出现的四类女性代表。五是提升妇女干部综合素质。举办学习中共十八届六中全会精神专题研讨班及贯彻习总书记系列重要讲话精神辅导班，让中央的最新精神、政策入脑入心。举办“半边天公益大讲堂”14期，内容涉及文明礼仪、婚姻家庭、健康养生、心理咨询等，帮助广大城乡妇女开拓视野，加强修养。联合中国妇女发展基金会举办“传统文化与和谐家庭公益项目”培训班，邀请全国知名、国学底蕴深厚的大学教授和倡导文明礼仪、雅致生活的著名培训师，采取全公益形式对在职副县级以上女干部、市直机关妇委会主任、县（市、区）妇联干部、乡镇（街道）妇联主席等120余人进行培训，让大家充分感悟传统文化的深刻内涵。召开2016年度全市妇联系统述职考评会，促进了各级妇联之间的相互学习与交流，使大家取长补短、相互借鉴、共同进步。

【强化妇联自身建设】 1. 深入开展“两学一做”学习教育活动。市妇联党组将加强自身建设作为做好妇联工作的根本来抓，扎实开展“两学一做”学习教育活动。一是创新形式“学”。市妇联坚持以党支部为基本单位，集中学习以“三会一课”为基本形式，在完成规定动作同时，探索学习新模式。启动手抄党章100天活动；邀请理论专家做专题辅导；举办“两学一做”学习教育知识竞赛；积极参加全市公共机构节能知识竞赛，并获二等奖，努力做到学“实”。拓宽学习渠道，把学习教育从现实课堂延伸到网络课堂，利用互联网及时上传党建要闻、传递学习动态、开展在线交流，努力做到学“活”。二是结合实际“做”。开展帮扶活动暖人心。先后走访慰问了贵溪市、余江县、月湖区等地的多位困难老党员、老村妇代会主任；“六一”前夕，到市特殊需要儿童康复中心开展"两学一做"爱心活动，赠送书籍、书包等学习用品，为孩子们送去节日的祝福；“七一”前夕，组织机关党员干部前往市看守所开展“巾帼心向党”警示教育活动，增强党员干部廉洁从政意识；组织巾帼志愿者到贵溪市周坊镇看望困难老党员，为老党员送去米、油、糖、豆等慰问品。三是立说立行“改”。增强问题意识、坚持问题导向。按照《市妇联关于在机关党员中开展“两学一做”学习教育实施方案》安排，每两个月召开一次党员大会，围绕所列专题，联系思想工作和生活实际开展讨论。对自身存在的问题进行认真的查找，建立台账，瞄准问题、边学边改，明确整改措施及期限，并将整改情况按时上报机关工委。

2. 创新妇联工作宣传载体。一是创建妇联组织“两微一端”服务平台，下发《鹰潭市妇联关于加强和改进网络及新媒体建设的指导意见》，整体推进妇联系统网站、微博、微信、APP等新媒体工作平台的互联互通，建立了上下联动、纵横联通、瞬时呼应的妇联网群，“两微一端”、市妇联网站全年发布信息2000余条。二是加大国家级媒体宣传力度，全国、省级新闻媒体采用稿件数创历史新高。在国家级媒体上稿36篇、省级媒体上稿78篇，获全省妇联系统宣传工作先进集体荣誉称号。三是创新市三八红旗手（集体）的评选方式。探索社会征集途径，扩大推优面和影响面。采取自荐、组织推荐相结合的方式评选出20名市三八红旗手和8个先进集体。四是对典型进行大力宣传。全年在省级以上媒体宣传各类典型55人次，培树省级以上先进16个。其中黄宝凤获全国三八红旗手荣誉称号。

3. 打造活力妇女儿童活动中心。争取省妇联、省财政厅和江西师范高等专科院校的支持，投入近500万元和优秀师资，将活动中心打造成集学前教育、体验活动、兴趣培训、拓展训练、交流展示的综合公益性活动场所。围绕“公益、服务、创新、发展”的理念，免费开展公益讲堂、心理咨询、婚姻调适、家教指导等工作，长年开设了书法、声乐、舞蹈、语言类等多种培训班，受益人群达1000余人，广受社会好评。

4. 强化机关作风建设。一是完善工作制度。编印《市妇联制度汇编》，坚持月例会制度，形成用制度管人、管事、管作风的长效机制。二是加强廉政建设。认真开展党风廉政建设社会评价工作和“违插”专项治理工作。认真落实党风廉政建设责任制，严格执行中央“八项规定”、省委、市委相关方面的规定，做到为民、务实、清廉。三是开展反腐倡廉教育。开展“巾帼心向党”警示教育活动，增强党员干部廉洁从政意识；集中学习侵害群众利益问题的反面典型案例，组织观看了《反腐警示录》《镜鉴》等警示教育纪录片，切实增强大家的责任意识和纪律意识。四是加强班子建设。认真贯彻落实民主集中制度，做到集体决策，共同协商、分工合作，坚决执行干部工作纪律，严格按照《党政领导干部选拔任用工作条例》规定的原则、标准和程序选拔任用干部。2016年，妇联党组提任正科级干部1名。

（李 芳）

【市妇联副县级以上干部名录】
主席：艾美华（女）
党组成员、副主席：臧玉华（女）
陈婀娜（女）
党组成员、副调研员：薛 葵（女）

鹰潭市工商业联合会

【概述】 2016年，鹰潭市工商联在市委、市政府的领导和省工商联、市委统战部的指导下，深入学习贯彻中共十八大及中共十八届三中、四中、五中、六中全会精神，不断推进“两学一做”学习教育，围绕全市中心工作，培育建设“五大工作体系”，促进“两个健康”工作主题，服务经济社会发展，履职尽责，各项工作得到有效落实，取得明显成效，获得全省工商联综合工作先进单位、全市招商引资先进单位称号。

【参政议政】 围绕省、市中心工作，市、县两级工商联深入基层调查研究，开展完成调研课题达7项。其中《降本增效，不断优化非公有制企业发展环境》《关于推进鹰潭特色传统产业改造升级的建议》被列入市政协大会发言，提交市“两会”议案、提案10余件。完成了《鹰潭市2014年非公有制经济发展蓝皮书》的编写工作。

【招商引资】 引进招商引资项目5个，引资金额达5.12亿元，超额完成了市政府下达的招商引资任务。4月初，举办了鹰商回乡创业合作恳谈会，叙乡情、话友情，动员鼓励在外鹰潭籍企业家回乡投资兴业，来自北京、上海、广东、四川、厦门、深圳、昆明等地鹰商和鹰潭商会代表160余人参加，现场共有16个项目进行了签约，签约项目总额达20多亿元。同时配合市政府，在上海市举办了“鹰潭市产业升级创新发展（上海）合作恳谈会”。协助市政府，与信江新区管委会共同承办繁荣信江新区招商对接会，项目签约仪式上，30个项目成功签约入驻信江新区，协议投资金额达10.12亿元。组织非公经济代表人士赴深圳华为公司、深圳前海自贸区等地学习考察，扩大交流合作。积极宣传推介鹰潭，先后接待宜春市、浙江省衢州市和上海市虹口区工商联企业家到鹰潭考察团。支持协助江西省河南商会、鹰潭市河南商会在鹰潭市成功举办“全球豫商发展论坛”。

【社会责任】 一是开展“民企帮村”精准扶贫行动，帮扶结对。5月12日，举行了“民企帮村”精准扶贫行动启动仪式。仪式上，民营企业家代表宣读了民营企业参与打赢脱贫攻坚战倡议书；40家民营企业、4家外埠商会和鹰潭市34个省、市级贫困村进行了现场结对帮扶签约。走访慰问，10月17日全国扶贫日，组织11位非公有制经济人士奔赴精准扶贫点贵溪市金屯镇枫岭村看望慰问12户精准帮扶困难户，捐赠帮扶款7200元，传递爱心，建档立卡，共谋脱贫攻坚举措。春节前夕，再次走访慰问了12户精准扶贫对象，捐款捐物8000元。帮扶发展，定期深入到新农村建设点及精准扶贫村贵溪市彭湾乡白庙村梅家调研指导，制定脱贫攻坚规划，2016年投入建设资金达128万元。二是开展感恩社会光彩行动。春节前夕，组织非公经济人士、基层商会，慰问贫困群众、军烈属、老党员、劳动模范、敬老院老人，捐赠慰问品、慰问金达5万元；与市委统战部、市教育局、市光促会联合举办了“同心·光彩行动”暨“永进助学金”发放仪式，申报“永进助学金”捐款人祝永进先生为2016年第4期“江西好人”和“感动鹰潭十佳新人”；利用微信平台，多次有组织、有计划地开展慰问辖区内大病急需救助人员等活动。

【服务非公经济】 一是联合鹰潭主流媒体开展“媒体进民企”活动。将非公有制经济“守法诚信、坚定信心”作为重要宣传内容，大力宣传遵纪守法、依法治企、诚实守信的非公有制企业和非公有制经济人士典型。深入开展以挖潜力降成本为主题的系列品牌宣传活动，打造鹰潭品牌。其中在《中华工商时报》用稿14篇，在省级媒体、网站用稿20余篇，市级媒体用稿30余篇。二是举办非公经济代表人士（浙江大学）高级研修班。5月15日至20日，市工商联在浙江大学举办全市非公经济代表人士高级研修班。此次研修班旨在增强非公经济人士理想信念，坚定发展信心，并实地参观了浙江吉利控股集团以及利尔达科技园。市非公经济代表人士共60余人参加了研修班。三是开展延安理想信念教育培训。在长征胜利80周年之际，11月9日至14日，市工商联开展延安理想信念教育培训活动，全市30余名企业家参加。通过学习，民营企业家对“艰苦奋斗、不断开拓创新、实事求是、勇往直前”的延安精神有了全新的认识和深刻的理解。在结业仪式上，学员们结合如何传承延安精神，用延安精神指导现代企业管理进行了交流发言。

【非公党建】 在省、市非公党工委的推动下，按照“抓好两个覆盖、建强两支队伍、发挥两个作用、落实两个保障”以及属地管理原则的要求，全市凡是有3名以上党员和50名以上员工的非公企业、商会协会组织均成立了基层党支部，并开展党的建设工作。市工商联直属18个商会协会中，共有党员161人，建立党支部18家，全市非公经济组织、商会协会实现党组织建设、党建工作“两个覆盖”。

【组织建设】 一是建设完成鹰潭商会大厦。鹰潭商会大厦建设项目于2013年9月1日破土动工，主体工程于2014年11月16日顺利封顶。大厦配套设施、服务设施、景观绿化等建设也于2016年上半年基本完成。各单位（企业）陆续进入内部装修，市总商会和3家企业现已完成室内装修布置，可以入驻办公。商会大厦物业管理部已进入大厦工作，全面负责大厦的管理和监督。二是加快建设基层商会协会组织。积极推进五好县级工商联建设，鹰潭市所辖两县一区：余江县工商联获得“2015年全国‘五好’县级工商联”荣誉称号；贵溪市工商联获得“2015年全省五好县级工商联”荣誉称号；月湖区工商联也正在积极申报中。加快商会协会建设力度，先后成立了鹰潭市抚州商会、鹰潭市四川商会、鹰潭市河南商会、义乌市鹰潭商会、鹰潭市江苏商会、鹰潭市新生代商会等。现有各类商会84家，其中行业商会23家、乡镇街道商会37家、市场商会3家、外埠鹰潭商会11家、在鹰潭的异地商会9家、综合类1家。

（王静莉）

【市工商联（总商会）副县级以上干部名录】

主席（会长）：吴泉水

党组书记：张洪堂

党组成员、副主席：姜华锋

党组成员、副调研员：郑茂潭

鹰潭市文学艺术联合会

【概述】 2016年，市文联在市委、市政府的领导下，在省文联、鹰潭市委宣传部的指导下，深入学习贯彻习近平总书记在中国文联十大、中国作协九大开幕式上的讲话和习近平总书记在文艺工作座谈会上的重要讲话精神，坚持“二为”方向、“双百”方针和“三贴近”原则，文联班子精诚团结，开拓创新，锐意进取，积极作为，在人手少、条件差、经费紧的情况下，做了大量卓有成效的工作。

【文艺活动】 一是联合相关组织共同举办2016中国旅游小姐全球大赛江西赛区选拔赛。4月26日，选拔赛启动仪式在鹰潭国际眼镜城举行。江西省文联副主席鄢平原出席活动，鹰潭市委常委、宣传部部长贺喜灿宣布仪式启动并致辞，全省11个地市文联主席到场出席启动仪式。此次活动以软实力宣传了鹰潭的美，以健康向上的形象传播了鹰潭的旅游文化，对鹰潭市的旅游发展是一次重要的促进和提升。二是与龙虎山风景名胜区管委会、江西龙虎山逍遥城文化产业有限公司共同举办“中国梦·逍遥情·丙申谷雨·文化艺术大漾会。”此次活动涉及太极、戏剧、书画、茶艺、诗会、舞蹈、音乐等多个艺术门类，打造了一幅富有鹰潭当地特色的“文艺清明上河图”。活动得到了文艺界和20多个社会组织的大力支持，共有千余人参与。三是与江西花之韵旅游开发公司联合举办“中国梦·花海情——丙申谷雨诗会”。此次以“龙虎天下绝”为主题，征集百余首讴歌龙虎山秀美风光，赞美鹰潭生态文明建设和旅游事业发展的诗词，由当地诗人们在会上朗颂，并与会后汇编成册，作为向旅发大会的献礼。四是“中国梦·双拥情”诗歌大奖赛。活动历时一个月，由市文联和市双拥办联合举办，大赛评出了11篇优秀作品，充分展示鹰潭市双拥工作成果，讴歌了子弟兵，吟诵鱼水情。五是与国际古琴养生学会、市委宣传部、龙虎山景区管委会等举办国际古琴养生学会年会和梦缘道都（龙虎山）古琴名家名典演奏会。10月29日，19名全国知名古琴专家学者在龙虎山游客中心品梦剧场演奏的优美古琴乐曲。

【纪念红军长征胜利80周年书画展】 此次展览的200余幅书画作品主题鲜明、题材新颖、内容向上，充分体现了鹰潭艺术家和老干部对革命先烈的深切怀念、对鹰潭的经济社会发展成果的热情讴歌。市委常委、宣传部部长贺喜灿，市委常委、军分区政委陈宏，军分区政治部主任潘阿平出席开幕仪式。

【完成第六届鹰潭市文学艺术政府奖评奖工作】 该会将停办十年之久的评奖工作重新启动，并于400余件参评作品中，评选出特别奖2件，优秀作品奖108件，这些获奖作品是鹰潭市十年来文艺新成果与理论新成就的一次集中展示。

【开展送春联进乡村、进企业活动】 1月21日至30日，鹰潭市文联认真组织文艺工作者和文艺家开展送春联进乡村、进企业活动。活动得到省文联、省书法家协会、鹰潭市书法名家的大力支持，共送出600余幅春联，为村民、员工送去春的问候。

【开展江西省第四届小白鹭少儿舞蹈比赛鹰潭赛区节目的选送工作】 鹰潭市选送的原创少儿舞蹈《守·盼·未》在江西省第四届小白鹭舞蹈大赛中获金奖并获十大观众最喜爱节目节目奖，另一少儿舞蹈《滴滴答》获白鹭新秀奖。

【举办“庆六一”系列活动】 6月，组织市文艺家走进市特教学校，为孩子们送去了“六一”节日礼物和文艺演出。在市体育馆举办“关爱特需儿童 播洒爱心阳光”“六一”大型文艺会演，活动得到了市青鸟舞蹈艺术学校、市特教学校的大力支持，收到良好的社会反响。举办书画义卖公益活动。活动共卖出书画作品100余幅，义卖所得款项将全部捐献给市特教学校。

【开展2016年全省少儿舞蹈考级工作】 通过细致有效的舞蹈考级宣传发动工作，2016年参加全省少儿舞蹈考级的人数达1300余人次，比2015年参加考级人数增加20%，达鹰潭市开展全省少儿舞蹈考级工作以来人数历史之最。

【成立鹰潭市书画院】 书画院的成立为凝聚鹰潭市书画艺术人才，组织书画家创作精品力作，开展书画批评和理论研究，促进书画艺术对外交流，提供了新的介质和平台。

【诗词楹联学会举办系列征诗征联活动】 5月，天师酒文化产业园征联活动。共征得42幅入围作品、8幅入选作品；8月，“四梦窖藏”诗词联大赛，共收到诗词作品24首，楹联作品22幅；新春茶视界“以壶留言”征诗词联、美文活动。本次活动收到诗词联、美文100余首（篇），评选出优秀作品6首（篇）、入围作品20首（篇）；11月，在北极阁举办了重阳诗会。活动得到了各方支持，反响良好。

【《青山作证》在京演出】 鹰潭市著名剧作家姜朝皋力作大型原创现代赣剧《青山作证》于7月20日、21日在北京长安大戏院成功演出两场，这也是江西省唯一一台参加由中宣部、文化部联合举办的2016年全国基层院团戏曲会演的优秀剧目，赢得社会各界广泛好评。

【“龙虎天下绝”书画展】 市青年书画名家丁忠兵“龙虎天下绝”书画展在台北故宫博物院晶华楼举行。书画展共展出丁忠兵的60余幅作品，受到两岸民众的广泛好评。书画展对宣传龙虎山道文化和文化旅游，弘扬传统书画艺术，为两岸文化艺术交流作出了积极贡献。

【编辑出版各类书籍】 鹰潭市女子文学社的散文合集《兰心集》、上官佑军的二胡音乐曲谱《龙虎道韵》已出版，此外，全年鹰潭市还出版了《星耀北极阁》《道德经新译注》《那一抹青绿》《跫音如歌》《鹰潭铁道史话》《鹰潭民俗史话》《龙虎山楹联赏析》《泸溪文虎》《南方的雪》《芦溪》等文学作品，共计200余万字。

【市文联副县级以上干部名录】

党组书记：刘正良

主　席：徐双文

副主席：纪　东

副调研员：刘丽春（女）

鹰潭市社会科学学会联合会

【概述】 2016年，在市委、市政府的正确领导和省社联、市委宣传部的关心指导下，在各级社科组织和广大社科工作者的支持配合下，市社联立足实际，不断创新工作思路，脚踏实地开展应用对策研究，大力加强对社科学会的管理和服务，努力推动全市哲学社会科学事业的繁荣发展，为建设富裕美丽幸福鹰潭作出了积极贡献。

【社科研究】 2016年，市社联以实现社科研究“出精品、出效益”为目标，积极主动做好社科研究和社科成果的转化应用工作。一是道教文化课题调研工作取得新进展。2016年，市社联将道教文化课题研究工作作为工作重点之一，除领导班子多次往返省社联、江西师范大学联系推动工作外，还多次召开省、市道教文化课题工作座谈会，邀请省、市专家座谈，交流收集各位专家的重要观点、研究成果。年末，市社联将道教文化课题研究工作前期成果《加强中华道都文化建设的战略意义及其对策思考》在《咨政论坛》上刊发，获得了市委书记陈兴超的肯定及表扬性批示。二是开展专题应用对策调研。与市委宣传部、市民政局、鹰潭日报社联合组织开展“精准扶贫在路上”主题征文活动，经过宣传、投稿、整理、评审，评出获奖文章6篇。与此同时，市社联组成联合调研组对精准扶贫工作开展专题调研，并形成了调研成果《以改革创新加快精准脱贫的步伐》，刊登在《咨政论坛》上，获得了市委主要领导的肯定及表扬性批示。三是积极申报省级重点规划课题。课题《中华道都文化理论研究及其实践运用》（含4个子课题）获批成为江西省社科规划重点课题。四是组织2015年度市级优秀课题评奖工作，经评审，共评出一等奖2项，二等奖4项，三等奖6项，激励了广大社科理论工作者以更大的热情投入社科理论研究和应用对策调研工作。

【社科普及】 一是加强社科普及宣传基地建设。加强对社科普及基地的联系指导，科普工作开展得丰富多彩。余江县春涛文化站精心编排了学习宣传习总书记系列重要讲话精神汇报演出，市博物馆开展了纪念中国工农红军长征胜利80周年展览、《中华人民共和国文物保护法》宣传等特色科普活动。市社联的科普基地建设也受到了省社联的关注和肯定，市博物馆和余江春涛文化站获批成为“第三批江西省社科普及宣传基地”，余江韬奋展览馆被评为“2016年度江西省优秀社科普及宣传基地”。二是开展“2016年鹰潭市社科普及宣传周暨学术活动周”活动。宣传周期间，市级社联和县级社联、基层社科普及基地三级联动，开展了丰富多彩的社科普及宣传活动。例如，贵溪市社联邀请《道德经新译注》作者董海胜，为中学生讲解国学《道德经》的思想，还邀请贵溪文化专家叶航讲授本土历史文化知识，增加听众热爱家乡情感；余江县社联开展“幸福余江大讲堂”走进多个乡镇开展宣讲，还安排3场乡村露天“激发内生动力 深化农村改革 建设美丽余江”专场文艺演出，通过图文宣传、文艺演出让大家了解余江县政府为建设余江作出的努力和收获的成果。科普周期间，全市社科组织共开展形式多彩的科普活动20余场，社科普及惠及近万人。

【基层建设】 一是开展评先活动。为进一步调动广大社会科学工作者的积极性和创造性，市社联开展了评选先进社联、品牌学会和先进社科工作者活动，4个基层社联、5家学会、20名社科工作者获得了表彰，市社联还召开了表彰会，社科组织的生机和活力得到进一步激发。二是认真履行管理职责。对所属学会年检、成立、换届和年会活动等工作进行指导和管理。市社联加强了对所属各学会（协会、研究会）的管理，进一步规范所属学会的活动主题和言论要求，坚决抵制不利于党的理论路线方针政策贯彻落实的言论、主张和思潮，让社科组织紧密团结在党中央周围，真正负好社联的指导责任。

【服务大局】 一是以市委名义起草下发《中共鹰潭市委关于繁荣发展哲学社会科学的意见》，为鹰潭市哲学社会科学工作夯实发展基础。二是邀请国著名社科专家杜文龙为市委中心组集体学习会作题为《我国周边安全形势与战略选择》的专题辅导报告。此次报告会让与会人员对国家安全形势有了更清醒的认识，接受了一次生动的爱国主义教育。

【自身建设】 一是坚持民主决策，营造良好氛围。领导班子严格执行民主集中制，对涉及社联的重大事项以及干部职工的切身利益，坚持集体领导、集体决策，严格工作程序，没有出现“一言堂”和独断专行等现象，促进了班子团结合作。二是扎实开展“两学一做”学习教育活动，加强作风建设。多次组织学习有关会议文件和著作，观看教育专题片；按照规定动作上好党课；丰富学习形式，除集中学习、领导领学、个人自学、撰写笔记心得外，领导班子还带领全体党员干部赴余江革命烈士陵园开展重温入党誓词活动；积极查摆自身问题，并召开2016年度专题民主生活会。三是认真落实党建工作责任制和党风廉政建设责任制。认真落实《关于党员领导干部报告个人有关事项的规定》。同时，将党风廉政建设纳入民主生活会的重要议题。

【干部选拔】 市社联在办公室和《鹰潭社会科学》杂志编辑部各有正科级职数1名，已配备正科级干部1名，副科级干部1名，没有出现超职数配备情况。

（陈思敏）

【市社联副县级以上干部名录】
党组书记、主席：宋继红
党组成员、副主席：彭新华

鹰潭市科学技术协会

【概述】 2016年，市科协团结引领全市广大科技工作者，立足“四服务”职责定位，为鹰潭市经济社会发展作出了积极贡献。余江县、月湖区成功创评国家级、省级科普示范县（区）；贵溪市樟塘养殖场科普示范基地等3家单位获评中国科学技术协会、财政部全国“基层科普行动计划”先进集体；龙虎山景区上清镇天门山茶叶种植推广协会等2个集体和1名个人获中国农村专业技术协会表彰；高新区非公企业科协组织建设获省科协肯定；2名干部获评全国科协系统先进工作者；成功申报省科协“创新驱动助力工程示范区建设”项目（全省仅3个），争取上级项目、活动经费及示范创建奖补资金160余万元，列全省前列。党务、综治等6项工作获评市级先进，多名干部获评先进个人。

【服务全市经济社会发展大局】 一是适应“新常态”，主动融入市委、市政府中心工作，提出新的工作思路，强化建设好科技工作者之家“一个目标”，推动工作方式“两大转变”，工作着重点向更好地团结带领科技工作者进军经济建设主战场的转变，“互联网+科协”工作理念、工作方式的转变；突出实施“三项重点”，即实施创新驱动助力工程，实施学会能力提升及学会承接政府转移职能工作，实施科普信息化及科技馆体系建设。二是实施“创新驱动助力工程示范区建设”项目，出台《鹰潭市科协实施创新驱动助力工程的意见》，积极探索“产业+企业+学会”模式，深入基层一线为企业提供精准服务，建立市级学会服务站15个，与13个省级以上学会开展对接，邀请行业专家20余人到鹰潭技术指导，专家团队与企业达成项目技术合作意向协议3个。三是启动专利信息推送工作，在中国科协整理的2300万项专利中筛选100多项专利信息在20多家企业进行精准推送，服务企业降低技术创新成本。四是深化“银会合作”，创新“科技+金融+农业”服务模式，以12.8万元贴息奖金，撬动银行向全市16个基层农技协、科普示范基地共发放贷款1320万元，服务农业企业、农技协降低融资成本。五是深入实施“基层科普行动计划”，加强项目培育创建，规范过程监管，项目覆盖全市各县（市、区）70%乡镇，真正发挥了“点亮一盏灯、辐射一大片”的作用。六是实施“十百千万”工程，强化农村人才培训，发挥科技人才作用，为发展产业脱贫服务。全年组织开展农村党员科技致富带头人暨农技协领办人科技培训班1期，十大农业产业科技培训班2期，短训班8期，参训人员1000余人次，受益群众上万人。

【学会工作】 一是着力建设精品学会，全力推进学会治理结构和治理方式的改革，积极开展学会目标考核，评选示范、优秀学会7个。先后出台《鹰潭市科协学会有序承接政府转移职能实施方案》《鹰潭市科协学会能力提升工作实施方案》《鹰潭市科协学会能力建设考核办法》3项学会改革提升工作意见。二是组织市级学会发挥学科和专业优势，持续发挥学术活动的示范导向作用，承办省级学术交流活动2场，举办市级科普大讲堂5场，围绕“科协会员日”“世界气象日”“世界环境日”等各种纪念日、节日等重大节点开展各类学术研讨会、学术交流活动40余场次。三是举办第四届江西省科协学术年会分会场暨鹰潭市黄蜡石文化产业发展研讨会，邀请中央美术学院副教授卓凡指导、授课，广受好评。四是组织开展“中国科协会员日”活动，宣传优秀科技工作者、倡导科学精神和创新文化，推荐2名科技工作者入选“远航工程”，推荐1名基层科技人才为中国科协九大代表，连续六年开展“五个十”评选表彰，奖励表彰优秀科技工作者和科技社团。

【科普工作】 一是科技馆体系建设有大突破，科普基础设施建设不断完善。市重点工程项目市科技馆于2016年6月正式开工建设。争取中国流动科技馆巡展活动2场、建成龙虎山博物馆等数字科技馆4个。十里滨江科普长廊已延伸至中国黄蜡石博物馆，独具鹰潭特色的科普主题公园不断充实丰富。一批具有鹰潭特色的社区科普文化宣传栏和科普体验室投入使用。二是创造性开展“龙虎天下绝”系列主题科普活动，社会反响热烈。通过科普征文、科普摄影、科普志愿服务活动，积极发挥国家级科普教育基地科普宣教功能，加强文化与科技融合，推动形成具有地域特色的科普品牌。收到全市66所中小学校科普征文投稿近千篇；全国10余个省份的科普摄影爱好者投稿1500余幅。“全国科普日”等品牌科普活动获中国科协表彰。三是与经济社会发展热点、群众关心的焦点紧密结合，突出围绕青少年、农民、城镇劳动者、领导干部和公务员等重点人群，开展全国科普日、科技活动周、科普之春、学雷锋志愿服务和百场科普报告进社区、青少年科技创新大赛、青少年高校科学营、青少年信息学奥林匹克联赛、第二届科普动漫创作大赛等特色科普活动。全年组织科普志愿者200余人次，开展各类科普活动40余场次，编印发放科普作品征文集、科普摄影作品集共3000余份。四是科普信息化步伐加快。积极打造集微科普平台、科普云终端、科普e站、互联网、电视、报纸为一体的全媒体信息化科普体系。“科普鹰潭”微信平台，每天推送至少3条科普信息，全年累计推送1100余条。定制科普云终端5台，每天根据站点实际情况，推送内容丰富的科普信息，实现科普知识线上定点传输，线下实时互动。与鹰潭电视台合作开通电视科普节目《科普大篷车》，内容涵盖科普动态、科学种养、科技人物等，每周播出2次，每月录制节目1期。与广播电视报合作开辟科普专栏，每周定期刊登最新科普资讯。

【队伍建设】 立足科协特色，创新“两学一做”学习思路，在学习习近平总书记系列讲话中，做好“科”字这篇文章，坚持常规学习与特色学习相结合，创新学习教育形式，举办“七一”大型网络区党课，组织党员重温入党誓词，传唱红色经典，观看先进事迹微视频、警示教育片，运用互联网新媒体手段，建立支部学习微信群，编印学习教育专刊，开展专题知识竞赛等，成效明显，干事创业氛围更加浓厚。切实负起团结带领广大科技工作者听党话、跟党走的政治任务，市级学会党组织和党的工作实现全覆盖。进一步延伸组织触角，全市2所大中专院校、1个国家级高新区、2个省级园区均成立了科协组织，非公领域成立新学会3家。

（李婷婷）

【市科协副县级以上干部名录】

党组书记、主席：程美华（女）

党组成员、副主席：李春华　席文涛

调研员：徐兴远

副调研员：罗德生

兼职副主席：舒平贵　曾传鸿　谭小雅　何智勇　曹建彬　孙华　冯样街、舒红群

鹰潭市残疾人联合会

【概述】 2016年，市残联全面贯彻落实中共十八大，中共十八届三中、四中、五中、六中全会和习近平总书记系列重要讲话精神，坚持“打基础、保任务、创特色”的工作思路，以“两学一做”学习教育为契机，真抓实干，开拓创新，确保残疾人事业顺利发展，圆满完成全年各项工作任务。

【残疾人组织建设】 全市县（市、区）、乡（镇、街办）、村（社区）均成立基层残疾人组织，专兼职残疾人工作者达600余名。开展全市残疾人基本服务状况和需求信息数据动态更新工作，实际调查完成2.55万人，入户调查率达97.78%，全面完成调查更新任务。

【残疾人教育】 实施“通向明天—交通银行残疾青少年助学计划”资助8名在校残疾高中生每人1000元的助学金，资助7名在校大学生每人2000元的助学金。争取上级经费4.2万元资助14名学龄前聋儿接受学前教育。通过特教学校就读、随班就读、送教上门，2016年，全市视力、听力、智力三类适龄残疾少年儿童义务教育入学率达90%以上。全市有11名残疾高考生被普通高校录取。

【残疾人康复】 全市6家残疾儿童三大抢救性康复机构均达到“江西省残疾儿童康复救助项目定点机构”标准，在康复机构康复的235名残疾儿童，有190名符合条件的残疾儿童获得国家每人每年1.2万元的救助，康复评估效果显好率达100%，已康复出院、出校入普校就读的残疾儿童达68名。全市3所残疾人社区定点康复机构为85名残疾人提供3500次康复服务。为残疾人配发辅助器具500件，为4000名残疾人进行康复需求评估和建档。通过民生工程残疾人康复项目、专项彩票公益金康复项目及残疾儿童康复“七彩梦行动计划”，鹰潭市共为5000余名残疾人提供社区康复服务和救助。2016年11月17日至18日，全省“十三五”残疾人精准康复服务工作部署会暨残疾人康复业务培训班（第一期）在鹰潭举行，省残联党组书记、理事长陈卫华，鹰潭市政府副市长吴文戈，省纪委驻省民政厅纪检组组长刘英城，省残联党组成员、副理事长邹晓辉等出席。会议由省残联副理事长邹晓辉主持。省残联康复处处长邹凯就实施“十三五”全省精准康复的战略部署、任务要求进行具体部署。

【残疾人就业】 全市按比例安置残疾人就业2111人，对未按比例安置残疾人就业的社会用人单位征收残保金1156万元，其中企业1047万元，机关事业单位109万元。通过购买公益性岗位、选聘农家书屋管理员、残保金配套等方式，全市所有乡（镇、场）、村（社区）都配有残疾人专兼职工作者。开展“全市残疾人就业援助月”活动，组织残疾人参加招聘洽谈会，入户走访登记残疾失业人员家庭580户、失业的残疾人员1562人，组织残疾人专场招聘会7次，帮助失业残疾人实现就业560人，帮助561

名残疾人享受专项扶持政策。与深圳残友集团签署淘宝“云客服”培训项目，组织 26 名肢体残疾人参加淘宝“云客服”培训，有 5 名残疾人考核合格，取得“云客服”上岗资格，15 名残疾人成为电商，实现居家互联网远程就业；举办全市乡（镇、街办）残疾人专职委员培训班和盲人电脑培训班；选送 3 名盲人参加全省盲人按摩技能培训。帮助实现校企合作，在市特殊教育学校创建服装加工培训基地。

【残疾人扶贫】 一是对残疾人贫困户进行精准识别，全市 3391 名残疾人纳入市扶贫部门建档立卡系统。认真贯彻实施鹰潭市政府《关于印发鹰潭市困难残疾人生活补贴和重度残疾人护理补贴制度实施细则的通知》，针对配套资金不足的问题，主动协调民政、财政部门向省财政、市政府争取追加配套资金，确保残疾人“两项补贴”发放到位。对 2015 年度省级、市级阳光助残扶贫（示范）基地、种养大户进行绩效考核，对 2016 年度省级阳光助残就业创业示范基地、市级阳光助残就业创业基地进行实地考核。2016 年，全市共有省级阳光助残就业创业示范基地 3 个、市级阳光助残就业创业基地 12 个、县级阳光助残种养大户 21 个，扶持总金额 139.5 万元，有效解决 102 名农村残疾人就业，从根本上脱贫。二是启动 2016 年政府购买残疾人日间照料服务试点项目政府采购工作，鹰潭市博爱家园日间照料服务中心中标，为 55 名残疾人提供日间照料服务。争取资金 15.5 万元为 30 户贫困残疾人家庭进行无障碍改造；为 495 名残疾人发放燃油补贴每人每年 260 元；为 60 户农村贫困残疾人家庭进行危房改造。

【信访维权】 2016 年 5 月，鹰潭市“12385”残疾人服务热线正式开通运行。鹰潭市为 1400 名月湖区、高新区和信江新区的残疾人办理公交车免费乘车爱心卡。市本级全年共为 100 多名残疾人提供各类咨询服务，协调处理信访件 8 件。派 3 人参加全市交通秩序整治工作，及时化解 1 起残疾人集体上访事件。有 4 名残疾人工作者和残疾人进入市、县二级人大、政协履职。

【文体宣传】 一是以“全国助残日”为契机，围绕“关爱残疾儿童，让爱洒满人间”活动主题，精心组织开展第二十六次“全国助残日”系列活动。市残联将筹集到的价值 61.48 万元的服装、药品全部免费发放给残疾人。社会各界和爱心人士也纷纷为残疾人康复机构和残疾儿童捐款、捐物达 6.62 万元。市政府领导及市残工委成员单位走进残疾人康复机构、社会福利院及贫困残疾人家庭，为残疾儿童及贫困残疾人家庭送去价值 5 万余元的慰问金、慰问品和残疾人辅助器具等。二是举办“江西省第八届残疾人文艺会演”鹰潭市汇报演出、趣味运动会等活动，为 220 名重度残疾人购买 4 万元的康复体育器材，并提供居家康复体育服务。鹰潭市有 1 件作品在全省残疾人事业好新闻评选中获全省报刊通讯类一等奖。

【中心工作】 一是扎实开展“两学一做”学习教育。通过各种学习教育方式，引导干部职工坚定“四个自信”，增强“四个意识”，自觉维护以习近平为核心的党中央权威，始终在思想上、政治上、行动上同以习近平同志为核心的党中央保持高度一致。通过学习教育，使机关全体党员干部始终保持创业干事、开拓进取的精气神，以学促行，知行合一。二是结合“两学一做”学习教育，对扶贫村 6 户贫困家庭实施精准扶贫，帮助贫困户全部脱贫，其中对一户贫困家庭实施 1 万元产业扶贫。

（刘云瑜）

【市残联副县级以上干部名录】
党组书记、理事长：李荣生
党组成员、副理事长：李应端　黄建国
调研员：张建华（ ~2016.4）
黄松云（ ~2016.4）

鹰潭市归国华侨联合会

【概述】 2016 年，鹰潭市侨联深入学习贯彻落实中共十八届六中全会，认真贯彻落实中央、中办两个意见精神，围绕“以人为本 为侨服务”根本宗旨，以推动侨联深化改革为契机，发挥优势，服务大局，凝心聚力，履行职能，努力营造有利于群团事业发展、侨联事业发展的生动局面，推动侨联组织改革创新，团结和引导侨界群众，为鹰潭市经济社会发展大局献计出力。

【深入学习贯彻中共十八届六中全会精神】 制定印发《市侨联在全会党员干部中全面开展学习宣传贯彻党的十八届六中全会精神的工作方案》，及时召开全会干部职工会议，传达学习贯彻中共十八届六中全会精神。组织党员干部全文学习《中国共产党第十八届中央委员会第六次全体会议公报》，学习好新修订的《关于新形势下党内政治生活的若干准则》和《中国共产党党内监督条例》。在认真学习领会中共十八届六中全会精神内涵的基础上，全会党员干部密切联系自身工作实际和思想实际，展开热烈讨论，实现中共十八届六中全会精神入脑入心。

【认真开展“两学一做”学习教育】 认真贯彻落实中央和省委、市委部署要求，及时组织机关全体党员干部召开“两学一做”学习教育动员会，成立“两学一做”学习教育领导小组，制定印发了实施方案和学习计划表，制定学习制度，规范学习机制，购置学习教材，召开专题民主生活会，取得了良好成效。

【贯彻落实两个意见】 深入贯彻落实中央《关于加强和改进党的群团工作的意见》和中办《关于加强和改进新形势下侨联工作的意见》精神。认真分析全市侨联当前工作中存在的主要问题，深入县区开展侨情调研，召集侨界群众代表进行座谈调研，认真制定学习宣传计划，研究提出贯彻落实相关会议文件精神的主要措施，积极向侨界群众宣传党的侨务方针政策，团结动员侨界群众投身到全面建成小康社会和实现伟大中国梦的实践中来，不断推动侨联工作创新发展。

【开展“两个拓展”】 结合侨联特点，找准定位，广泛开展对外宣传和联谊工作。一是走出去主动联谊，先后走访广东中山、浙江杭州等地侨联，加强合作，互通信息，形成合力；二是热情接待到访的侨商和侨领，先后接待柬埔寨江西商会副会长赵健一行六人，韩国中央国会中国委员会副委员长宋金子一行八人，泰国访亲团张霞仙、张美莲一行五人，会见日本侨商大池秀和、曾我胜彦等，积极推介鹰潭政治社会经济等基本情况。

【加强侨联班子建设】 2016年3月，市侨联组织召开二届八次全委会议。党组成员王蕖代表二届委员会作工作报告。根据《中华全国归国华侨联合会章程》，经举手表决，会议增补王蕖、朱长福、李茂兴、徐有兰为市侨联第二届委员会委员和常委，增补王蕖为副主席，班子建设得到不断加强。

【县区侨联全面覆盖】 2016年12月，月湖区第一次归侨侨眷代表大会隆重召开，月湖区侨联正式成立。同年11月成立的贵溪市侨联，此次月湖区归侨侨眷代表大会的召开，标志着鹰潭市县区侨联组织已经实现了全覆盖。月湖区具有开展侨联工作的良好基础，将有力促进鹰潭市侨联工作跨越式发展，使侨联工作迈上一个新的台阶。

【服务地方经济发展】 开展侨资企业基本经营情况调研活动，深入了解侨资企业运行情况和存在的实际困难，收集侨资企业的共性问题和政策需求，并向省侨联进行反馈；协办中国·鹰潭观赏石博览会暨月湖区首届黄蜡石文化旅游节，邀请秘鲁中国统一促进会会长、省侨联副主席万志新参加开幕式；以“江西旅游文化形象大使”选拔赛为契机，紧密加强与鹰潭籍眼镜侨商的联系，认真做好返乡侨商的接待服务，积极向侨商解读相关政策，做好招商引资牵线搭桥工作，主动服务国家“一带一路”倡议和鹰潭经济发展大局。

【依法维护侨界权益】 联合月湖区侨联、鹰潭市公安局等单位，面向包括侨界群众在内的广大市民，开展“6·26”国际禁毒日系列宣传活动。建立侨联委员联系群众制度，贯彻落实《中华人民共和国归侨侨眷权益保护法》，积极在侨界群众中开展法律、法规和政策的宣传。2016年，走访慰问困难侨眷18户，送去慰问金1.3万元；继续加强与澳大利亚魏基成“天籁列车”慈善机构的合作，为全市困难归侨侨眷争取到过冬棉衣200件。

【发挥参政议政职能】 全市各级侨联努力做好联络、服务侨界人大代表、政协委员工作，为侨界代表专题调查研究、表达侨情民意、参与社会事务管理创造更为便捷的条件，积极发挥侨界人大代表、政协委员表达民意、反映诉求、建言献策，参与国家和社会事务管理的主渠道作用。2016年是鹰潭市换届之年，市侨联以此为契机，积极推荐优秀的侨界人士充实到鹰潭市人大代表、政协委员的队伍之中，促使侨联组织参政议政职能得到进一步发挥。

【扩大侨联组织影响】 通过举办各类活动，提升侨联组织知晓率和影响力。一是协办“2016书香月湖——新启点”艺术作品交流展，推介鹰潭市书画艺术家的优秀作品参评中国侨联“第三届世界华侨华人美术书法展”和省侨联首届“侨心杯—江西侨界美术书法大赛”；二是联合市教育局，发动全市中小学校，组织中小学生参加第十八届世界华人学生作文大赛，促进中华文化在鹰潭市中小学校的传承弘扬。

【加大宣传工作力度】 提升新闻宣传能力水平，严格执行新闻稿件审核制度，及时向省侨联报送各项工作动态，逐步形成“全方位、多层次、宽领域”的外宣格局。以中国侨联开展向从事侨联工作20年以上的工作者颁发荣誉证书活动为契机，积极宣传侨联工作者为侨联事业积极奉献的精神，鼓励广大侨联工作者学习先进典型，不断提高自身能力水平，推进侨联事业创新发展。

【加强党风廉政建设】 严格遵守中央“八项规定”等党风廉政建设相关制度。认真学习贯彻市纪委下发的各类文件精神，通过反面事例，警示教育全会干部克服侥幸心理，自觉养成廉洁从政清风。会党组切实担负起全面从严治党主体责任，加强对党员干部的日常教育、监督和管理，严格执行日常考勤制度，做好节假日期间值班工作。

（李文静）

【市侨联副县级以上干部名录】
党组书记、主席：朱黎明
党组成员、副主席：王　蕖（女）

鹰潭市红十字会

【概述】 鹰潭市红十字会成立于1993年，为原市卫生局内设机构。2003年1月3日，市编办正式下文批复市红十字会为机关群团机构，核定全额拨款事业编制4名，配专职副会长（副县级）1名，配科级职数1名。2014年11月，市红十字会正式从市卫生局剥离，独立开展工作，为副县级参公管理事业单位，是从事人道主义工作的社会求助团体，归市政府领导联系。核定市红会机关参公编制4名、正科级职数2个（办公室、赈济服务科），下属全额拨款事业单位1家（市造血干细胞捐献者资料分库工作站），全额拨款事业编制4名、正科级职数1名。主要职责是发展组织队伍，开展备灾救灾、社会救助，举办应急救护培训，开展社区红十字服务活动，组织红十字青少年活动，组织无偿献血、造血干细胞捐献志愿者招募及遗体、器官捐献、宣传和对外交往等项工作。

【备灾救灾】 开展第八个"防灾减灾"日宣传活动。加强应急救援机制建设和应急救援能力建设，联合市（县）疾控中心、消防支队和市交警支队等单位开展各种形式的应急演练活动。成立了市红十字会水上救援志愿者队伍。积极参与灾害救援，为全市遭受洪涝等灾害的地区争取到省红会救灾物资21.73万元，并及时下发，帮助受灾群众渡过难关，恢复生产生活。

【救助工作】 一是全年募集款物314.94万元，其中：市本级共募集善款物257万余元，争取上级款物57.93万元。全年共发放救助物资 44.8万元，发放定向捐赠款物250万余元，救助人数达3277人次；争取到3名急需小天使救助的白血病患童每人5万元救助款，计15万元。二是积极开展"红十字博爱送万家"、"关爱孤残儿童（孤寡老人、白血病患儿）"等系列活动。积极做好省红十字会发起的"小小箱子 浓浓情意——给困难家庭送温暖"乐捐活动。11月，市红会与市广播电视联合开展《爱在鹰潭》电视公益栏目，帮助鹰潭市贫困群众，双方签订协议，市广播电视台具体负责寻找需要帮助的对象、线索，运用媒介进行全方位宣传，发挥媒体的作用，号召全市爱心人士、爱心单位献出爱心，所得捐款采取定向救助，由双方协商确定救助对象和资金数量。

【应急救护】 以实施"省红会彩票公益金项目"为契机，市红十字组织师资，积极开展应急救护知识进学校、进社区、进机关、进农村、进企事业单位、进军营、进景区活动，开展公益性应急救护培训40余期，受益人数1.1万余人，培训红十字救护员培训329人。争取到中国红基会项目资金30万元在龙虎山风景名胜区建立红十字救护站，为切实保障游客因突发事件或意外引发的伤害提供支持。

【红十字宣传】 一是构建"两微"宣传矩阵，积极创新文化传播平台。3月，该会创建并正式开通鹰潭市红十字会官方微博、微信平台，及时更新微博内容，力求事务公开透明。5月，开通了红十字人道服务热线电话"960508"。二是通过开展活动促宣传。精心策划红十字博爱送万家、世界红十字日、世界献血者日等主题活动，共悬挂宣传横幅12条，展示宣传版面38块，发放红会各类宣传资料1.5万余份，义诊义检1000余人次。三是充分发挥新闻志愿者的作用，不断扩大红会工作的社会知晓率和工作影响力。据统计，2016年共编发信息190余条，在《中国红十字报》《中国人道网》《鹰潭日报》、省（市）红十字会微博（信）等刊登新闻、消息120余条，在省、市电视台播放报道70次。

【开展无偿献血、造血干细胞捐献和遗体（器官）捐献宣传动员和组织工作】 一是鹰潭市第五例非血缘性造血干细胞成功捐献。4月13日至18日，市龙虎山上清林场职工艾维在市红会工作人员及其父亲的陪同下，前往长沙捐献造血干细胞。招募捐献造血干细胞志愿者390人，完成了年度血样采集任务。二是实现器官捐献5例（3肝8肾2对眼角膜），新登记遗体（器官）捐献志愿者22人，接待咨询40余人次。三是积极配合卫计部门开展无偿献血宣传推动工作，普及无偿献血知识6000余人次，参与无偿献血人次4000余人次。2016年，市红十字会被省红十字会评为"中国造血干细胞捐献者资料库江西省分库优秀工作站"。

【志愿服务】 一是新发展红会基层组织7个，团体会员单位2个，发展会员2000余名，新发展志愿者401名，其中注册志愿者228名，全市6支红十字志愿服务队定期或不定期活跃在社区、学校、乡镇等地开展敬老、助困、应急救援、无偿献血、遗体（器官）捐献等志愿服务活动100余次，志愿者服务达500余人次，受到社会各界好评和欢迎。二是6月15至16日，成功接待第六届海峡两岸红十字博爱论坛与会人员到鹰潭市考察月湖区莲花社区红十字志愿服务站志愿服务工作。三是举办2016年市红十字志愿者综合能力培训班，为60余名来自基层的红会志愿骨干培训了红十字运动基本知识、老年介护、应急救护、心理健康等知识，受到志愿者的好评。四是积极推荐市红十字心理救援队参加江西省2016年"扶持示范性重点志愿服务项目"申报工作。推荐整理上报5名红十字志愿者参评"鹰潭市第二届优秀志愿者、优秀志愿服务组织和优秀志愿服务活动项目评选表彰活动"。五是积极推荐市红十字心理救援队和3名红十字志愿者参评首届鹰潭市公益人物、爱心企业和爱心组织评选表彰活动。

【老年介护】 以实施“省红会彩票公益金项目”为契机，在红会重要纪念日、国际志愿者日积极开展老年介护知识进社区、进养老机构、进医院、进农村、进机关、进企事业单位等活动。选派14名热心红会的志愿者参加省红会举办的老年介护师资班培训，开展公益性老年介护培训9期，受益人数600余人。

【市红十字会副县级以上干部名录】
副市长、会长：蔡　江（女）
专职副会长：黄小红（女）

11月17日，江西省“十三五”残疾人精准康复服务工作部署会暨残疾人康复业务（第一期）培训班在鹰潭市举行
市残联　供稿

军 事

编辑、校对：夏永军

鹰潭军分区

【概述】 2016年，鹰潭军分区按照军委国防动员部、省军区党委决策部署，积极适应新的领导指挥体制调整改革，紧紧围绕中央军委主席习近平视察省军区时提出的“五个深入推进”重要指示筹划和推进各项工作，部队民兵预备役建设保持全面发展、稳步推进的良好势头。一是坚定自觉看齐追随，深入推进政治建军。深入抓好习近平系列重要讲话精神的学习贯彻，坚持用系列重要讲话凝聚力量、引领发展，迅速、持续兴起学习贯彻习近平接见驻赣部队领导时的重要讲话热潮，及时把领袖的关怀转化为干事创业的强大动力。紧跟习近平思想步伐，深入读原著、学原文、悟原理，坚持落实“日读5000字、月写千字文、季读一经典”，机关干部每月撰写1篇学习体会，每季度组织1次研讨交流，先后有40余篇学习调研成果被刊用，多项工作被肯定、推广。深入抓好“两学一做”学习教育，坚持问题导向，区分层次调研梳理出24个方面问题，找准问题抓、带着问题学、盯紧问题改。深入学习贯彻中共十八届六中全会精神，逐条逐句学习《中国共产党章程》《中国共产党廉洁自律准则》《中国共产党纪律处分监督条例》，认真抓好党支部书记和党小组长集训和党员承诺践诺活动，规范落实组织生活各项制度，用好批评与自我批评武器，烧旺党内生活的炉火，让党员在严肃的党内生活中加钢淬火、锤炼党性，推动“两学一做”抓在经常、严在日常、落在平常，做法被省军区政治部转发。深入抓好肃清流毒影响工作，组织党员干部一人不漏、逐条逐项开展批评与自我批评，逐级搞好对照检查、对标整改，校正认识偏差，清除陈规陋习。突出选人用人、经费开支、兵员征集、工程建设等重点领域，细化完善相关制度规定，紧盯团以上领导干部，紧盯节庆假日敏感时节，常态开展明察暗访，发现苗头及时提醒，触犯纪律较真追查，2016年，军分区行政消耗和接待性开支下降到7万元，贵溪市人武部在省军区财务工作检查中受到好评。二是顺应深化改革大势，深入推进改革强军。着力抓好思想引领。坚持用习近平改革强军战略思想，特别是在军队规模结构和力量编成改革工作会议上的重要讲话统一思想行动，深入开展改革强军主题教育和坚决拥护支持服从改革专题教育，持续深化“新体制、新职能、新使命”“政治工作发挥生命线作用”两个大讨论，努力推动思想解放、思维转变、思路拓展，梳理形成《发挥“十个作用”推动“五个当好”落地见效》被省军区政治部转发，研究提出做好落实全军政工会精神五个方面16条措施落地见效。着力抓好部队管控。始终牢记省军区党委首长提出的“落实是真正的忠诚、工作是很好的管理、细节是成败的关键、较真是宝贵的品质”，坚持主官带头、以上率下，严格执行改革调整期间“六项纪律”，针对特殊时期要求严格正规秩序，盯住重点人员、重点目标、重点部位加强管控，做到执行命令指示不含糊、昂扬精神状态不懈怠、严守纪律规矩不走样，确保了部队心神不散、干劲不减、标准不降，作战值班、车辆派遣、人员管控等“无死角”。着力抓好探索实践。紧紧围绕“塑造江西特色、打造江西品牌、进入第一方阵”目标要求，广泛开展具有鹰潭特色的“龙虎榜”群众性争先创优活动，倡导形成比学赶超的生动局面。中央军委军队规模结构和力量编成改革工作会议召开后，鹰潭军分区紧扣省军区系统“三大定位”和“五加二”职能任务，及时部署展开“国动工作大家谈”“实战化训练大研讨”“军事工作大会商”三项活动，把能干的、要干的、可干的工作筹划起来，先干起来，为改革开局打下基础、积攒后劲、争取主动。三是规范完善运行机制，深入推进依法治军。规范了基层建设。按照“聚焦保障、立足三军、压缩规模、调整结构”的思路，调整优化目标防卫力量，探索构建“三绝”新型作战力量，突出建设体系支援力量，规范建强市、县、乡三级应急力量，推动民兵力量实现“三个转变”（由陆军为主向军兵种协调发展转变、作战类分队向综合保障类分队转变、按地域编组向地域编组与依托行业系统编组相结合转变）。建立完善专武干部选拔培养激励机制，激发干事创业内动力，2016年换届全市44名乡镇（街道）专武部长提升重用36名，实现了两个100%，即符合条件的专武部长100%提升重用，专武部长调整配备100%由人武部党委提名，省军区首长先后两次批示肯定，国防报头版头条、省委办公厅《重要信息》进行了报道（刊载）。深入开展“蹲点+”活动，由县（市、区）人武部直接投入，“每年抓建一批、三年一个周期”，以点带面建强民兵“一线战斗堡垒”，涌现出了贵溪市罗河镇、高新区白露街道、贵溪电厂等不同类型民兵基层党建样板。规范了征兵工作。瞄准征兵“五率”量化考评进入第一方阵，推广运用征兵“余江经验”，研究提出五个方面15条思路举措，调研出台24条廉洁征兵措施，构建“一季征兵、四季服务”机制，健全县、乡、村三级组织动员网络，分片包干兵役登记、征兵宣传、动员应征，推进征兵政策、拥军优抚、应征公示等进村入户，落实网接网摸底、点对点发动、“一带一”体检，形成了征兵工作“书记抓书记、县长抓乡长、部长抓部长”的良好局面。2016年圆满完成407名新兵征集任务，其中大学生男兵比例40.5%。规范了安全管理。做到“四个不忘、三个纳入、一个延伸”（抓创新理论武装不忘讲安全发展，抓核心价值观培育不忘讲意识形态斗争，抓经常性教育不忘讲严守纪律规矩，抓先进典型引领不忘讲反面案例警示；把安全教育和安全常识学习纳入每周交班、重大活动、组织生活，延伸到干部职工家庭），打好政治思想的主动仗。从严落实“五个严禁”（严禁违规喝酒、严禁赌博、严禁出入不健康场所、严禁下江河游泳、严禁违规开车），不断正规“七个秩序”（战备值班、派车用车、检查督导、一日生活、请销假、财经管理、保密办公），突出重点对象、重点部位、重点时期，打好关键环节的攻坚仗。深入开展“百日安全活动”，做到年有筹划、季有分析、月有部署、周有计划，打好经常工作的持久仗，部队保持了安全稳定的良好局面。四是主业主抓主动作为，深入推进战备训练。抓实国动文化建设。着眼兴军为战，聚焦忠诚与血性，综合运用思想教育、舆论引导、环境熏陶、红色传承、典型激励、实践锤炼等多种方法途径，着力培塑听党指挥的军魂文化、矢志打赢的战斗文化、严格自觉的制度文化，熔铸官兵忠诚信仰，砥砺军人血性胆气。抓实战备工作规范化。修订完善作战方案计划，全时热备值班信息系统，严格落实“日有检查、周有行动、月有拉动”战备制度，探索构建军地应急快响机制，推进指挥军民联动、力量军民统用、信息军民共享、物资军民共储，着力提升应对突发事件组织动员力、快速反应力、支援保障力，做法被省军区司令部转发。圆满完成跨区支援鄱阳抢险任务，省军区首长称赞“行动快速、指挥高效、成效显著”。抓实针对性实战化训练。突出指挥员、专业技术骨干和任务分队重点，举办了全市冲锋舟操舟手、抢险救援突击队、新任专武干部集训和民兵情报信息员轮训，选派55人参加省军区专业骨干跨区联训。围绕提升“协防、抢修、救援、供应、运输”等能力，组织重要目标“三个现地”联训联演，举办双37高炮分队专业集训，结合保障31集团军炮兵旅过境，开展防空战术演练和保交护路、安全警戒等针对性训练，提高了部队遂行任务能力。五是发挥桥梁纽带作用，深入推进军民团结。加强全民国防教育。及时调整完善国防教育领导小组，区分层次进行国防教育调查问卷，广泛开展“巩固红色基因、共建巩固国防”主题宣传教育活动，先后邀请军事专家杜文龙、南京政治学院教授顾伟、孙文广到鹰潭，宣讲国家安全形势，解读长征精神，军地联合举办纪念红军长征胜利80周年主题展、书画展、影视周、大讲堂、知识竞赛等，开展战斗影片进农村、进社区活动，增强全民国防观念。加强动员双拥工作。深入高新区、现代物流园区、工业园区调研，摸清军民通用物资器材、专业技术、行业产业底数，与相关企业签订组建物资器材、装备技术、交通运输“动员中心”协议，走出鹰潭军民融合新路子。广泛开展“三联三助”活动，通过联系所在部队、助力培养教育，联系官兵个人、助力建功立业，联系官兵家庭、助力排忧解难，把党和政府的关怀送到每一名本籍官兵心坎上，军报右头条、《全国双拥工作简报》进行了报道肯定。积极推进军转安置和随军家属就业工作，全市正营以上转业干部都安排了实职，安置进度和质量继续在全省领先；探索完善随军家属“专岗对口安置、专项考试录用、专场市场招聘”模式，受到官兵点赞，被省人社厅、省军区政治部转发。市、县两级争创全国和省“双拥模范城”评选实现“满堂红”。加强精准扶贫参建。深化争当富裕美丽幸福鹰潭宣传员服务员战斗员活动，集中开展“喜迎全省旅发大会、打造全省城乡最干净城市”环境卫生清理整治，圆满完成扑救山火、端午龙舟赛水上救援、“G20”杭州峰会安保维稳等急难险重任务。积极打好助力老区脱贫攻坚战，协调驻鹰部队结对帮扶11个自然村6所学校，正团以上领导干部各帮扶一名贫困学生，分区本级精准帮扶“两村（贵溪市志光镇湖石村、塔桥村）一校（樟坪畲族乡民族学校）”12户贫困户、11名贫困学生，推进基础设施建设、社会保障、教育、健康四大扶贫工程，协调推动贵溪市与井冈山市拿山乡对口援建项目5个205万元落地，受到广泛好评。

（徐家炉）

【做好春节期间拥军优属10件实事】 从1月1日起，全区开展“做好春节期间拥军优属10件实事”活动，即为新入伍战士家庭悬挂“光荣军属”牌、给现役官兵寄送一封慰问信，给现役官兵所在部队政治机关寄送一封信，市县领导逐户登门走访慰问部队基层主官家庭，乡镇领导逐户上门走访慰问其他现役官兵，党政军领导结对帮扶困难军人家庭，人武部会同民政部门上门送喜报和奖金，县（市、区）举办退役士兵座谈会，市、县两级“四套班子”领导走访慰问驻鹰部队，在鹰潭市“一报两台一网”开辟“鹰潭籍官兵风采录”，宣传建功军营的先进事迹。

（徐家炉）

【省军区专武干部队伍建设调研】 2月18日下午，省军区工作组，采取听取汇报、座谈了解的方式，对专武干部队伍建设情况进行了调研，分区政治部主任、各人武部政委和政工科长和部分专武干部参加调研。

（徐家炉）

【开展“坚决服从改革大局、忠实履行职能使命”专题教育】 2月20日至22日，通过动员辅导、对照检查、形势分析、大会交流、教育小结，全区官兵职工开展“坚决服从改革大局、忠实履行职能使命”专题教育，进一步认清形势任务，梳理总结工作，理清思路，筹划2016年度工作。

（刘朝龙）

【开展“条令学习月”活动，深入推进依法治军】 为打造“四铁”领率机关，加强整风肃纪，提高军队法治化水平，3月，军分区统一计划 、两级机关同步实施，开展以“学条令、查隐患、训队列、整军容”为主的“条令学习月”活动。学条令、强意识，训队列、严标准，查问题、揭矛盾，抓整改、除隐患。通过学查训整，进一步严谨了作风，强化了条令法规意识，严整了军风军纪，正规了各项秩序。

（陈文泽）

【开展春夏季“平安国动”百日安全竞赛活动】 活动从3月1日开始至6月10日结束，共分三个阶段开展。突出“揭露问题、明确责任、形成规范”，开展群众性大讨论、人人签订责任状、全员安全大练兵、单位观摩评比等活动。3月4日上午，军分区召开动员部署大会，组织“平安国动人人有责”签名活动。

（陈文泽）

【召开军地防汛工作协调会】 为及早做好防汛准备。3月2日上午，军分区组织召开防汛工作协调会。军分区司令员杨海林、参谋长翟小忠参加了会议。会议对2016年防汛工作做了总体部署。一是快。健全军地情报信息共享机制，加强监测预报预警，确保情况预警快。二是稳。完善应对方案、建强专业队伍、编入技术专家、配齐装备器材，确保一有情况、能够稳妥处置。三是狠。狠抓各级防汛抢险队伍的技术培训和情况处置演练，做好万全的准备，切实提高遂行任务的能力。

（陈文泽）

【以实际行动学习贯彻军委主席习近平接见驻赣部队官兵时的重要讲话精神】 开展助学兴教活动，3月3日，军分区政委陈宏、政治部主任潘阿平、后勤部部长沈贵元到挂钩帮扶点，为9名贫困学生送去助学金9000元。组织参观见学点，先后组织官兵职工到核工业地质局261大队相山地质科技文化园、江西三川水务集团公司参观。开展国防教育宣讲进高校活动。邀请省国防教育专家、市委党校理论研究室主任黄建影担任主讲，在鹰潭职业技术学院进行国防教育。

（刘朝龙）

【召开军分区党员大会和党委扩大会】 3月14日至15日，召开分区党员大会，总结回顾过去六年来军分区部队民兵预备役建设和党的建设形势，研究提出今后五年的奋斗目标和主要任务，选举产生了军分区第七届党的委员会和新一届纪律检查委员会。尔后，召开军分区七届党委一次全体（扩大）会议，围绕贯彻落实习主席“五个深入推进”重大思想，按照上级党委扩大会议部署要求，抓好2016年度工作落实，认真分析形势、理清思路举措，明确目标要求，较好地达到了凝聚共识、激发动力、固本开新、引领前行的目的。

（徐家炉）

【组织展开党委机关第一季度理论学习暨“牢记领袖嘱托，建功改革强军”专题教育】 3月22日，军委国防动员部首长在中央国家机关工委网站“紫光阁”发表的联合署名文章《在新的历史起点上奋力推进国防动员事业创新发展——深入学习贯彻习主席关于国防动员和后备力量建设重要论述》，军分区迅速将内容纳入第一季度理论学习内容，专门下发通知，加强学习理解，进一步理清工作思路。3月25日，同步参加省军区学习动员和授课辅导。

（刘朝龙）

【组织民兵预备役整组方案会审】 3月23日，按照“聚集重要目标防卫力量、构建新型作战力量、共建体系支援力量”的思路，在贵溪市人武部召开民兵预备役整组方案会审会，军分区参谋长翟小忠、后勤部部长沈贵元，各人武部部长、军事科科长、军事科参谋，国动委专业办公室联络员，驻军代表、预备役工兵营、炮兵营营长参加。会议主要传达省军区民兵预备役整组指示精神，与辖区军种部队、预备役部队、国动委专业办公室对接任务，细化调整“五战”作战力量，修订完善整组方案、明确任务区分。

（陈文泽）

【召开全市民兵预备役部队组织整顿任务部署会】 3月31日下午，在军分区召开全市民兵预备役部队组织整顿任务部署会，传达上级精神、部署2016年整组工作任务，市委常委、常务副市长王家林、军分区部门以上领导，国动委专业办公室主任出席会议。

（陈文泽）

【组织协调驻鹰潭部队参与“打造全省城乡最干净城市”活动】 围绕“喜迎全省旅发大会，打造全省城乡最干净城市”，深化争当“四个鹰潭”建设宣传员服务员战斗员活动。拟制活动方案，召开驻军协调会，4月8日下午，组织驻鹰潭部队官兵集中开展环境卫生清理整治。

（刘朝龙）

【省科技动员办公室对鹰潭市科技支前保障站进行检查】 4月12日，省国防工办郑正春副主任一行4人到鹰潭市检查科技支前保障站，检查了轮式车辆维修保障站人员编组、办公室、器材室、行动方案等。

（陈文泽）

【开展首个国家安全教育日系列活动】 4月15日，结合首个国家安全教育日，传达学习军委主席习近平在会见国家安全机关总结表彰大会时的重要讲话精神。印发全区部队《当间谍卖情报泄露军事秘密是要坐牢杀头的》，人手一份学习。进一步增强官兵职工国家安全意识，提高防范、应对能力。

（刘朝龙）

【指导贵溪市人武部与井冈山市拿山乡“三联”活动】 4月17日至18日，军分区政委陈宏会同鹰潭市委常委、贵溪市委张福庆书记，到井冈山市拿山乡沟边村开展“三联”活动，拟援建井冈山革命斗争期间党群关系展览馆、村民休闲广场、村接待服务站3个项目，共约200万元。

（刘朝龙）

【组织国防教育进高校活动】 4月19日，在鹰潭职业技术学院，采取授课辅导、图片展览、现场咨询的方式，组织国防教育进高校活动。

（刘朝龙）

【召开“五战”任务分队现地对接任务现场会】 4月20日下午，在余江县召开“五战”任务分队现地对接任务现场会，进一步推进民兵整组工作，军分区司令员杨海林出席会议。

（陈文泽）

【组织第二季度理论学习】 从4月22日开始，开展 “两学一做”学习教育和“坚定改革强军意志、投身改革强军实践”主题教育，展开“新体制、新职能、新使命”和“政治工作生命线作用”大讨论。

（刘朝龙）

【出台《鹰潭市人民政府 鹰潭军分区关于加强廉洁征兵工作的实施意见》】 从3月开展，市征兵办、军分区纪检相关人员，先后与人武部主官、参谋、基层专干部、民兵营连长、主检医生、政治考核公安、教育人员共52人进行座谈，走访了村民65人，实地察看了乡（镇）、村（社区）公示栏，于4月22日出台了《鹰潭市人民政府 鹰潭军分区关于加强廉洁征兵工作的实施意见》，共24条硬性措施。

（陈文泽）

【召开鹰潭市军地应急救援快响机制建设现场会】 为统筹使用辖区应急救援资源，实现指挥军民联动、力量军民统用、平台军民共载、信息军民共享、物资军民共储，不断提高军地应对突发事件能力，5月3日，鹰潭市委、市政府、军分区在贵溪市召开了全市军地应急救援快响机制建设现场会。市、县两级联系武装工作的领导，军分区部门以上领导，各县（市、区）人武部部长、军事科长，民兵情报信息员组长共80余人参加。期间，听取了贵溪市试点经验介绍，集中研讨了军地应对突发事件指挥编成、情报搜集、力量运用、政后保障等重难点问题，观看了情报助手操作和微信群使用演示，参观了民兵应急分队规范化建设，观摩了民兵常驻应急排快响拉动课目演示，部署了军地应急救援快速响应机制建设任务。

（苏振华）

【组织全市征兵工作业务培训】 6月6日至7日，组织了全市征兵工作业务培训，市、县两级征兵办成员、乡（镇、街道）基层专武干部共80人参加，培训传达了上级精神，组织了征兵动员部署，专题学习了《江西省市县两级征兵工作“五率”量化考评实施办法》，专家解答征兵政策，组织“全国征兵网”、全国征兵体检信息化管理系统和士兵职业基本适应性检测软件操作培训，开展群众性讨论和廉洁征兵教育等等，内容丰富，形式多样。通过培训，进一步提高了基层一线征兵工作人员素质，牢固树立了“下好先手棋、打好主动仗、创征兵工作鹰潭品牌”观念，凝聚了思想认识，强化了征兵工作进入全省前列的责任感、使命感。

（陈文泽）

【协助地方做好端午节划龙舟水上救援行动】 按照拟制行动方案、搞好思想发动、严格行动纪律、周密组织水上救援行动等方法措施，在6月4日至6月9日划龙舟期间，全区共出动民兵142人，冲锋舟49艘，解救倾翻龙舟8艘及落水人员200余人，无一人伤亡，确保安全顺利圆满完成任务，受到地方党委、政府和广大人民群众的一致好评。

（苏振华）

【组织财务业务集训】 6月7日上午，军分区后勤部组织了分区机关各部报账人员、人武部后勤科长和报账员共计12人集训，传达学习了近期上级财经管理相关规定，针对省军区财务检查组在贵溪人武部检查指出的问题，研究制定了具体整改措施和整改时限，核对了各人武部往来经费账目。

（陈小朋）

【组织联合工作组下基层蹲点指导】 6月13日至19日，军分区司令员杨海林、政委陈宏、政治部主任潘阿平分别带工作组到贵溪人武部、余江人武部、月湖人武部，围绕3项主要任务、8项重点工作，采取听汇报、现地查、个别谈等方法，开展"蹲点+"活动，检查并指导人武部抓好年度各项工作落实。

（徐家炉）

【开展国防教育进高校活动并组织在校大学生集中网上报名】 6月15日，分区机关、月湖人武部联合组织联勤十七分部优秀大学生干部、士官到鹰潭职业技术学院面对面介绍部队情况，进行现场问题解答，宣传征兵政策，并设立3个网上报名站，集中组织了856名在校大学生进行兵役登记。

（陈文泽）

【组织民兵舟艇分队参与支援鄱阳抗洪抢险行动】 6月20日21时30分，接省军区支援鄱阳抗洪抢险的命令后，军分区部队视时间为生命，视灾区为战场，快速反应，迅即行动，司令员杨海林、政委陈宏迅即召集相关人员研究情况，部署任务，政委陈宏、参谋长翟小忠第一时间组织分区前指人员和抗洪抢险分队共计64人，小车8台，运输车10台，冲锋舟12艘，连夜奔赴灾区抗洪救灾。21日0时45分到达目的地后，按省军区现场指挥组指令在古县渡中心学校待命。21日上午组织民兵30人参加封堵古县渡蒲汀圩堤管涌行动，出动人员10余批次，巡堤5千米，运送沙石等60立方米，搬运沙袋500余袋，成功堵住管涌2个。21日下午组织休整和巡查堤坝。22日上午接受了省军区首长及鄱阳县委县政府领导的慰问，称赞这次救援"行动快速、指挥高效、成效显著"。22日下午17时安全返回营区，分区司令员杨海林、政治部主任潘阿平分别到贵溪、余江人武部现地慰问返回的抢险分队全体人员。

（苏振华）

【全力保障三十一军炮兵旅机动过境】 7月1日，驻闽某炮兵旅440人、96台车辆，摩托化机动至鹰潭区，在鹰潭南站装载完成后，7月2日，铁路输送至任务地域。受领保障部队机动过境任务后，军分区党委高度重视，认真贯彻省军区首长以保障部队过境任务为契机、检验部队实战化水平的决心意图，把保障部队过境任务作为政治任务来抓，按照打仗标准、实战要求，严密组织，积极协调，全力以赴做好支援保障行动。军分区及时召开任务部署会，协调184医院、铁路军代处，以及市、县两级国动委领导及相关专业办公室，市委宣传部、市公安局和国安局等相关单位和部门人员318人参加保障，协调交警支队、公路局出动警力102人做好了部队两个行军梯队的交通引导、警戒和调整，出动月湖民兵应急分队30人对南站进行外围警戒和治安维护；协调地方党委政府出资6万余元，对过境部队进行慰问；先后组织两次巡诊，发放防暑降温及日常药品；协调市国安局出动1台监测车，全程随队监测行军梯队附近异常信号情况；做好了保障期间网络舆情监控和新闻监管。确保各项保障滴水不漏，确保参演部队顺利过境，再现了老区人民拥军支前的热烈氛围，得到了过境部队官兵的高度赞誉。

（杨国华）

【深入学习贯彻习近平在庆祝中国共产党成立95周年大会上的重要讲话】 7月14日上午，召开军分区党委中心组集体学习会，专题学习研讨习总书记重要讲话精神。军分区司令员杨海林、政委陈宏运用自身学习成果作了宣讲辅导，并就持续深入抓好学习贯彻提出明确要求；军分区参谋长翟小忠领读习总书记"七一"重要讲话；6名机关干部交流了个人学习体会。

（徐家炉）

【做好战区首长赴赣检查指导抗洪抢险过境鹰潭相关协调保障工作】 东部战区首长赴九江、鄱阳检查指导抗洪抢险后，于7月15日下午从鹰潭北站乘高铁返回南京。军分区过细做好了相关协调保障工作：一是组织道路交通勤务，确保过境机动安全顺畅。二是安排重点区域警戒巡逻，增强应对突发情况能力。三是协调市党政主要领导陪同，落实相关保障。

（杨国华）

【做好防汛抗洪支援行动准备】 根据省防总和省军区部署要求，7月8日至14日，集结民兵应急分队200人（其中贵溪90人、余江70人、月湖40人）、车辆17台，分别在各县（市、区）人武部集结待命，做好一有险情、随时出动支援准备。7月15日，应急分队由集结待命改为分散待命，作为抗洪抢险机动预备队，保证一有任务，3小时内集结到位。

（苏振华）

【军地领导考察征兵体检】 8月1日，市政协主席王家林、军分区司令员杨海林率市征兵领导小组、征兵办成员到贵溪市征兵体检站检查指导，看望一线应征青年和体检医生。

（陈文泽）

【做好“八一”期间拥军优属拥政爱民活动】 8月1日，军分区司令员杨海林、政委陈宏、政治部主任潘阿平参加了鹰潭市组织的庆“八一”军政座谈会，协调鹰潭市文联、市书法家协会，到分区开展“书法进军营”活动，6名书法家为军分区官兵职工书写作品80余幅。

（刘朝龙）

【做好军分区参加二十国集团峰会安保工作】 8月20日至9月6日，军分区参加省军区统一行动，派出5名纠察人员（作训办参谋陈安带队）在上饶市广丰区东阳乡203省道开展军人军车纠察，全力做好“G20”峰会外围安保工作。

（陈文泽）

【迎接退伍老兵返乡】 各县（市、区）征兵办了解退伍老兵返乡时间，并派车接送。市征兵办印发岗位招聘、就业培训宣传单。8月31日，军地联合在鹰潭火车站举办了首批退伍老兵返乡欢迎仪式。

（陈文泽）

【圆满完成征兵工作】 按照筹划准备、宣传发动、体检政治考核、审批定兵、新兵输送五个阶段，有计划、有步骤展开征兵工作，完成了省政府、省军分赋予的征兵任务，征兵“五率”量化考评位列全省第二名。

（陈文泽）

【开展安全稳定“学习教育整顿”活动】 9月5日至12日，按照省军区统一部署，军分区同步开展安全稳定“学习教育整顿”活动。学习上级精神、安全管理规范性法规、应知应会常识、紧急避险知识等基本理论和参加“网上点兵”，组织灭火器材使用、营门处突等基本技能训练，排查整改人员管控、对外交往，公勤队、武器库等小散远直单位日常管理，官兵职工安全意识得到进一步增强，安全技能进一步提高。

（陈文泽）

【组织双37高炮分队专业集训】 9月7日至17日，鹰潭军分区组织双37高炮分队专业集训，完成了连、排、班长三级骨干培训。主要学习了高炮兵器常识和射击基础知识，组织连、排、班长指挥、战斗职责及位置姿势的学习训练。

（苏振华）

【抓好以“网络安全宣传周”为主的安全工作】 9月份第三周，鹰潭军分区在全区开展“网络安全三防”活动。1.防违规。组织官兵职工合同兵重温军队人员使用微信“十不准”，制作“十不准”卡片。2.防炒作。组织开展“严防网上涉军信息炒作，维护军人和军队形象”专题教育。3.防诈骗。组织观看网络诈骗图片展，编印“防电信诈骗你得牢记6个一律、8个凡是、48种手段”小册子。通过“三防”活动，使官兵职工合同兵时刻绷紧“网上有政治、网上有斗争、网上有敌情”这根弦。

（陈文泽）

【开展年底前“百日安全活动”】 在军委国防动员部的统一安排下，从9月15日起，军分区开展年底前“百日安全活动”，通过“六个过一遍”大讨论、大分析、大排查，消除安全隐患。学习法规。原原本本学习军委国防动员部6部法规，落实了每月第一周大交班后分区首长辅导、业务科办导读学习制，下发了口袋书自学，做到逐章逐条学习、逐个规定抽考。警示教育。军动办结合网络安全宣传周，开展“防违规、防炒作、防诈骗”活动；宣办保2次组织了官兵职工观看警示片，1次“安全工作怎么看、应该怎么办”安全大讨论，安全教育形式活、效果好，警醒了官兵，教育了部队。安全训练。修订完善了方案，落实了每周营门、武器库警卫力量单课目训练，每月1次综合演练；10月份，战勤办组织了营区消防演练。形势分析。11月份，安全委员会在隐患排查后，专题对活动开展情况、部队安全问题进行了分析。12月14日，党委又专题召开会议，梳理“百日安全活动”开展情况及安全形势分析，进一步查摆问题，制定防范措施。

（陈文泽）

【全面部署展开国防动员潜力调查工作】 9月29日，鹰潭市召开国防动员潜力调查任务部署会，传达上级精神，部署潜力调查任务。鹰潭市国动委常务副主任、军分区司令员杨海林，国动委秘书长、军分区参谋长翟小忠，军分区政治部主任潘阿平，国动委综合办主任、市政府秘书长俞奇， 国动委“八办”主任、卫计委主任、民政局长，各县（市、区）政府分管领导、人武部主官及联络员参加了会议。国防动员潜力调查从9月底开始至10月20日结束，10月份完成了综合、人民武装、经济动员（含科技动员、卫生动员）、人民防空、交通战备、信息动员、政治动员七大类数据采集录入。

（陈文泽）

【组织展开纪念红军长征胜利80周年系列活动】 9月30日上午，协调驻军17分部、武警支队、消防支队，参加了鹰潭市纪念红军长征胜利80周年主题展览开幕式活动，军分区政委陈宏出席并致辞，主任潘阿平出席，分区官兵职工约30人参加。10月13日下午，聘请南京政治学院军事历史教研室副教授孙文广，采取电视电话会议的形式，为分区两级官兵职工作了题为《政治建军与红军长征的伟大胜利》的讲座。与市委宣传部、市委老干局联系协调，组织纪念红军长征胜利80周年书画展活动。10月18日至27日，组织开展“长征杯”篮球比赛。分区机关和三个人武部组成四个参赛队，采取主客场制的形式进行循环赛，共进行了13场比赛，贵溪人武部荣获冠军，分区机关队获亚军，余江人武部获“最佳组织奖”，月湖人武部获“道德风尚奖”。10月28日上午，市委宣传部、军分区政治部、市委老干局、市文联共同举行纪念红军长征胜利80周年书画展启动仪式，驻鹰潭部队官兵、市直单位干部职工、学生代表等100余人参加了启动仪式并参观了书画展。

（刘朝龙）

【推动精准扶贫工作】 10月10日，军分区政委陈宏、政治部主任潘阿平带领市委老干局、市委党史办和地税局领导，深入志光镇塔桥村调研精准扶贫工作，并察看了帮扶学校塔桥小学和扶贫村湖石村坂上组的建设情况。10月14日上午，分区政治部主任潘阿平带机关干部，到贵溪市志光镇塔桥村召开精准扶贫推进会，与乡镇、村委会干部和村小组长，逐户分析贫困户家庭情况，按户施策制定了具体管用的帮扶措施。

（刘朝龙）

【军委国防动员部检查市征兵工作】 11月2日上午，军委国防动员部兵员征集处处长郑勇一行3人，在军分区司令员杨海林的陪同下，对月湖区大学生征集工作进行了检查调研。在听取该区2016年征兵工作情况汇报后，重点对大学生征集工作进行座谈，认真核实大学生征集的相关数据。

（陈文泽）

【解放军报社驻军委国防动员部分社社长费士廷到分区检查指导】 11月3日，解放军报社驻军委国防动员部分社社长费士廷，在省军区政治部宣保处干事欧阳春的陪同下，到军分区检查指导，对分区“三联三助”活动开展、加强专武干部队伍建设做法、随军家属“三专”安置和征兵工作“余江经验”等给予高度评价。

（刘朝龙）

【全时备勤神州十一号飞船应急着陆搜救】 10月17日7：30飞船发射以来，军分区牢固树立“宁可备而不用、绝不用而无备”思想，扎实做好了应急值班、指挥机构、人员装备的备勤工作。应急搜救先遣组保持全时在位，3个民兵应急连应急搜救队随时做好听令出动准备。树立“宁可备而不用、绝不可用而无备”思想，按照迅即能动要求组织值班备勤。17日上午，军分区司令员杨海林对月湖区人武部应急备勤情况进行检查，并对上桂村民兵情报信息员落实情况组织抽查；分区机关对市本级备勤的12台车辆组织现地点验。

（苏振华）

【从严审批现役军人驾驶地方车辆】 组织现役军人驾驶地方车辆信息核验，11月18日，军分区司令部会同市交管所，对军分区17名驾驶地方车辆的官兵驾驶证、行车证、车型、车号、保险等基本信息进行审验。依托鹰潭市三丰驾校，对副团以下16人申请驾驶的官兵进行道路驾驶技能考核。12月14日，经分区党委研究，批准16名副团以下现役军人驾驶地方车辆。

（陈文泽）

【组织党委机关第四季度理论学习暨坚决拥护支持服从改革专题教育】 12月26日至29日，全区官兵职工参加省军区统一组织的党委机关第四季度理论学习暨坚决拥护支持服从改革专题教育。

（刘朝龙）

【鹰潭军分区副团职以上干部名录】

军分区司令员：杨海林
市委常委、军分区政治委员：陈　宏
军分区参谋长：翟小忠
军分区政治部主任：潘阿平
军分区后勤部部长：沈贵元
市国动委综合办副主任：苏振华
军分区作训办主任：陈文泽
军分区组干办主任：徐家炉
军分区后勤部副部长：赵小春

中国人民武装警察部队鹰潭市支队

【概述】 2016年，武装警察部队鹰潭市支队坚持在“看齐追随保一致、聚焦中心强能力、从严治军促稳定、固强补弱打基础、转变作风抓落实”上下功夫，注重凝聚发展共识，不断夯实发展根基，支队建设取得了新进步。支队被省总队评为基层建设先进支队和正规化执勤优秀单位。

【政治引领扎实有效】 深入学习中央军委主席习近平系列讲话精神，有序推进“改革强军”主题教育、弘扬优良传统教育、经常性教育以及纪念建党95周年和长征胜利80周年等活动，官兵思想根基得到夯实。积极探索政治工作“八个基本方法”“八个到现场”，服务保障作用发挥明显。政治处干事简肖凯被总队评为新闻报道先进个人，贵溪市中队指导员廖凯、鹰潭市中队士官徐磊被总队评为“四会”优秀政治教员。

【核心能力明显提升】 以执勤安全教育整顿、隐患排查治理、“百日创安”活动为牵引，狠抓执勤各项规定落实，注重勤训结合、以训强勤，有效提升了哨兵情况处置能力，固定目标安全稳定。二中队被总队评为正规化执勤标兵中队，鹰潭市中队、贵溪市中队评为正规化执勤优秀单位。深入贯彻落实“广西集训”“辽宁会议”精神，积极探索三种执勤方式优化改革，圆满完成总队执勤工作试点任务。严密组织机关业务技能训练、新兵野营拉练、教练员集训、特勤排“魔鬼周”、特战队员集训、“卫士-16”演习和遂行任务能力检查评估等活动，在总队特战分队全要素比武竞赛中获团体第六名，圆满完成春运执勤、城市武装巡逻、武装押解、抗洪抢险、“两会”和端午节龙舟赛安保等临时勤务。

【建设底蕴逐步厚实】 认真贯彻落实武警党委1号文件和《总队经常性工作规范》，扎实开展“三帮一带”活动，落实“1+1+1”帮建制度，抓建秩序进一步正规。严密组织“纲要学习月”和“大练基本功”活动，各级按纲抓建意识和能力不断提升。狠抓“三会一线”制度落实，从源头上控制“五多四过”，确保基层运转正规有序。全年，下派蹲点工作组5批次，二中队、鹰潭市中队、贵溪市中队被总队评为基层建设先进中队。

【班子建设全面加强】 依托专题党委会、党委中心组带机关学习、总队团职干部理论集训和基层官兵理论学习等载体，跟进学习领会习主席系列重要讲话精神。围绕“两学一做”学习教育，突出抓好学习讨论、专题党课、党员承诺践诺等环节落实，强力推动党内教育由关键少数向全体党员拓展。持续抓好民主集中制学习贯彻，严督实导专题民主生活会，规范落实党内生活和党费收缴，党员意识和党组织功能进一步强化。深入学习贯彻“三条例两准则”（《中国共产党纪律处分条例》《中国共产党问责条例》《中国共产党党内监督条例》《关于新形势下下党内政治生活的若干准则》《中国共产党廉洁自律准则》），层层传导压力，压实“两个责任”（党委主体责任，纪委监督责任）。

（邹　瑜）

【武警鹰潭市支队副团职以上干部名录】

支队长：喻　勇

第一政治委员：邓　伟（鹰潭市公安局局长兼）

政治委员：贺志坚

副支队长：许文兵

参谋长：秦立军

政治处主任：李细牛

中国人民武装警察鹰潭市公安消防支队

【概述】 2016年，鹰潭市公安消防支队以中共十八届五中、六中全会精神为指导，全面贯彻全国消防工作和总队党委扩大会议精神，牢固树立部队意识、军人意识、看齐意识、规矩意识，按照“社会更满意、领导更放心、官兵更自信”的总体要求和“提振士气、补齐短板、精准发力、力争领先”的工作思路，全力夯实业务根基，奋力跻身第一方阵，科学谋划新思路，竭力破解新难题，部队建设和消防工作成效显著，确保了全市连续三十年无重特大火灾事故的良好局面。

【班子和队伍建设】 支队不断强化理论武装，严格遵守执行《关于新形势下党内政治生活的若干准则》，支队党委累计开展集中学习7次，撰写心得体会和调研文章18篇，班子成员政治素养和党性修养显著提升。强化班子核心地位，严格落实党委集体领导下的首长分工负责制，班子成员团结协作，和谐共事。强化民主监督，严格议事程序，尊重官兵主体地位，重大问题征求部队官兵和专家意见，确保党委的决策部署符合客观规律、符合基层实际、符合鹰潭消防发展需要。

【廉政建设】 鼓励支持支队纪委实体化运作，实行经费独立保障。坚持把纪律挺在前面，集体谈话55人，实施纪律处分4人，诫勉谈话3人，通报批评14人，持续释放出越往后执纪越严的强烈信号。加强纪检队伍建设，2人被选派到总队纪委跟班学习，基层大队政治主官均担任支队纪委委员。开展消防执法回访工作，出台了《执法回访实施细则》，在《江西日报》《人民公安报》等媒体刊发经验做法，时任市委书记陈兴超对执法回访工作作出重要批示，并给予充分肯定。加大审计力度，严格按标准、按规矩花钱办事。全年，共审计资金总量4142.4万元，提出意见建议32条。开展基建、零星工程预（结）算审计15项，审减金额122.9万元，审减率达11.8%，资金使用效益得到提高。

【文明创建工作】 支队连续九届被表彰为全省文明单位、连续两届被表彰为全省拥政爱民先进单位、被公安部消防局表彰为全国公安消防部队执勤训练工作先进单位，高新大队被公安部表彰为全国公安系统执法质量达标基层单位，龙虎山大队被公安部记集体三等功，高新大队和谐路中队团支部被共青团中央表彰为全国五四红旗团支部，龙虎山上清古镇女子消防志愿服务队被中宣部、中组部等13部委联合表彰为全国最佳志愿服务组织，支队和龙虎山大队被市政府记集体二等功，支队被总队党委评为2016年度“三争优”活动先进支队，支队主官被总队党委评为“一对好主官”，1人被公安部表彰为第三届全国119消防先进个人，1人被江西省委评为“全省优秀共产党员”，1人被省公安厅评为“优秀共产党员”，1人获全省龚全珍式向上向善好青年、江西好人、全省“五四青年奖章”提名奖、全省十佳消防卫士，2人被记个人二等功，是历年获表彰奖励层级最高、数量最多的一年。

【基层基础建设】 2016年，总投资2579.16万元、占地面积共54亩的战勤保障大队和应急救援训练基地全部建成并投入使用。党委、政府对消防部队高看厚爱，在全市压缩经费开支的大形势下，市委书记曹淑敏多次在公开重要场合明确指示：“市各职能部门要加强协调配合，努力创造有利条件，给予大力支持，确保消防部队工程项目顺利动工建设，确保建设投资不减少，建设用地不减反增50余亩。”

【实战练兵】 支队严格落实党委议训制度，2016年初下发全市部队执勤训练工作计划，确定总体要求，指引练兵方向。3月份组织冬训普考和比武竞赛，11月份开展了年度全市部队岗位大练兵和政府专职消防队比武竞赛，部队战斗力得到了进一步检验。此外，全市部队全年共熟悉重点单位680家，开展演练424次，在全省率先采取预案交叉评比的方式开展数字化预案制作评比工作，重点制定了“一大、一化、一高、一低”四类数字化预案144份。

【综合应急救援】 2016年，支队圆满完成了全市大型抗洪应急救援拉动演练、省政府2016年度综合性应急救援工作考评，并以建设标准高、功能齐全、战斗力强的标准，接受了各级领导的考察检阅，得到高度评价。同时，调整充实了鹰潭市综合应急救援指挥部和应急管理专家组，修改完善了各级各类应急预案260余份，市本级12个承担应急任务的单位和部门建立了应急响应联动机制。

【灭火救援】 2016年，支队作为“G20”杭州峰会主要增援支队之一，多次组织拉练，得到总队褒奖。在全国综治南昌会议期间，按照不低于“G20”峰会的标准全力做好消防安保任务，时刻保持“拿得出、冲得上、打得赢”的战斗状态。在增援上饶鄱阳的抗洪抢险过程中，支队增援力量率先达到，快速打通通道，高效的备战工作得到总队的高度赞誉。全年，全市部队共接警789起，出动车辆1124辆，出动警力7693人，抢救被困人员242人，疏散被困人员439人，抢救财产1549.9万元，成功处置了“10·12”沪昆高速危化品槽罐车侧翻泄漏事故，有效避免重大灾害事故发生。部队灭火救援安全高效、处置恰当，未发生一起因群众对灭火救援工作不满引起的信访投诉案件。

【消防监督】 支队将冬春火灾防控工作纳入2016年度全市消防工作考评内容，制定全市冬春火灾防控工作公开机制，定期通报。扎实开展了“建筑消防设施专项整治”“电气火灾专项整治”“物流仓储场所专项整治”“成品油经营场所消防安全专项治理”工作。市消委会针对鹰潭实际，制定印发了《关于加强居民区电动车火灾防范工作的通知》《住宅小区消防安全专项整治工作方案》，确保规范动作与自选动作有机结合，有效深化了夏季消防检查工作。2016年，全市消防机构共检查单位场所6427家，发现隐患4648处，整改隐患4481处，临时查封单位43家，责令“三停”单位60家，罚款127.28万元，发现和治理了大量火灾隐患，有效净化了全市消防安全环境。

【消防安全责任】 积极推动市委、市政府将消防工作统筹纳入社会建设和经济建设的各项任务中，通过下达年度目标任务书、召开消防工作会议、层层签订责任书、开展全市年度消防工作考核等方式，进一步督促各级政府落实消防安全责任。5月作为国务院考核省级政府消防工作的检查地市，鹰潭消防工作得到国务院考核组“基础工作扎实、措施机制有力、重点防控到位”的高度评价。深入贯彻学校、医院和养老机构消防安全管理规范三部地方标准，市卫计委、教育局、民政局分别以市人民医院、余江第一中学、市社会福利院分别作为试点单位召开现场会，推广经验做法。进一步督促重点单位落实消防安全“户籍化”管理和“六加一”措施，组织全市行业部门及消防安全重点单位消防安全管理人开展消防检查业务培训。2016年，全市共建成社区微型消防站20个，重点单位微型消防站371个，安装3944个独立式感烟火灾报警器，进一步落实了社会面火灾联防联控模式，极大地提升了社会单位火灾自救能力。

【全民消防宣传】 在鹰潭电视台开设了《直通119》《安全伴你行》专题栏目，定期播出专题节目，每天播放消防安全提示字幕、累计播放安全提示字幕8000余次。与鹰潭广播电台建立合作开设《信江之声》栏目，录制广播安全提示语。在鹰潭日报社开设了“人人关注消防，共筑平安鹰潭”冬春火灾防控宣传专栏及夏季消防安全检查宣传专栏。将消防安全纳入党校干部培训内容，进一步提高各级领导干部消防安全意识和消防工作组织领导水平。推动各地订购《中小学生消防安全教育教材》，全市50%的中小学校消防安全教育做到“三有”（有教材、有师资、有课时），联合市教育局开展“我是小小消防员”作文大赛活动，开展消防宣传进学校71次。全市消防部队在宣传报道工作也取得一定成绩，其中中央级媒体上稿30篇、国家媒体94篇，省、市级媒体707篇；公安部消防局内网上稿57篇（全省排名第二）、江西消防总队内网1233篇，超额完成宣传报道任务；其中宣传科在中央媒体上稿6篇、国家媒体82篇，省、市级媒体175篇；公安部消防局内网上稿27篇，总队内网193篇。

（潘俊芬）

【鹰潭市公安消防支队党委常委名录】

支 队 长：刘顺科
政治委员：宋开梅
副支队长：王晓东
副支队长：蒋建伟
副政治委员：许晓光
参 谋 长：罗定峰
政治处主任：沈志勇
后勤处处长：田大勇
防火处处长：胡智剑

人民防空

【概述】 2016年，市人防办紧紧围绕有效履行“战时防空、平时服务、应急支援”使命任务和市委、市政府中心工作，坚持人防建设与经济社会融合发展，以人防新状态适应经济发展新常态，大胆探索、开拓创新、狠抓落实，较好地完成年度目标任务。鹰潭市被评为全省人防先进城市；市人防办被评为全国人民防空先进单位，全省人防目标管理考核先进单位、人防工程质量监督先进集体，全市综治、信访、计生、节能、新农村建设、档案管理工作先进单位以及行政服务工作先进集体（最佳服务窗口）。

【人防工程建设管理】 按照“严格依法建设、应建尽建、应收尽收”原则抓好人防工程建设，完成人防工程建设面积2.7万余平方米，超额完成省人防办下达年度目标任务。强化人防工程质量监督，成立市人防工程质量监督站，开展“人防工程质量年”活动和“双随机一公开”监督检查；开展人防工程常态化维护管理，落实定期巡查制度，举办人防工程维护管理培训班，确保人防工程处于良好状态。

【完善组织指挥信息保障】 以市政府办公室、鹰潭军分区司令部文件下发《人民防空军政联合报告和通报制度》；完成人防“两室两库”项目建设；配备到位军用第三代电台；与月湖区人民武装部联合任命4个街道办人防办主任，推进人防进社区工作；组织机关、直属单位人员到浙江杭州、金华、兰溪等地开展跨区域联合拉练活动，配合湖南省株洲市人防办完成跨区域拉练；完成8支人防专业队伍的整组训练；组织“9·18”防空警报试鸣活动，并组织城区6所中学6000余名师生开展疏散演练活动。

【创新人防宣传教育载体】 增强市民人防意识。加强与市属新闻媒体的合作，与鹰潭日报社、鹰潭广播电视报联合开设“深化人防宣传教育，提升防空防灾意识”宣传专栏，共刊发人防知识专版60余期；与鹰潭广播电视台共同开办电视栏目《人防在我身边》，共播出节目50多期。结合“3·1”国际民防日、“5·12”防灾减灾日、“9·18”防空警报试鸣日开展宣传咨询活动。积极向中央、省、市媒体投稿，被采用稿件50余篇，被网站采用信息100余条。联合市、区教育部门在城区中学生开展人防知识教育，并对中学生人防知识教育情况进行年度考核；编撰完成了30余万字的《鹰潭市人民防空志》。

【深化人民防空改革创新】 推动出台《中共鹰潭市委、鹰潭市人民政府、鹰潭军分区关于深入推进人民防空改革发展的实施意见》；召开全市人民防空工作会议，贯彻落实全国、全省人民防空工作会议精神和《中共鹰潭市委、鹰潭市人民政府、鹰潭军分区关于深入推进人民防空改革发展的实施意见》；制订《鹰潭市人民防空建设第十三个五年发展规划》；深入推进人防进社区工作，全面完成月湖区5个街道办事处35个社区人防规范化建设，提前一年实现人防进社区老城区全覆盖，人防进社区工作成为鹰潭人防工作叫得响的品牌；深入推进人防进党校工作，主动将人防教育纳入市委党校领导干部常态化培训内容，邀请人防、国防等方面专家为各主体班学员授课。

【以人为本深化平战结合】 围绕“立足战备，着眼平时，服务社会，造福人民”的主题，加大人防工程开发利用力度，全市人防工程利用率达80%以上，平战结合年创收180余万元。连续第四年开放人防工程给广大市民避暑纳凉，共开放避暑纳凉点34天，接待市民约5万人次，受到社会广泛关注。江西广播电视台都市现场栏目在7月27日、7月28日连续、密集报道鹰潭市避暑纳凉情况，并在7月28日进行现场直播，引起较大反响。

【忠心履职落实中心工作】 认真落实市委、市政府“降低企业成本，优化发展环境”要求，帮扶人员深入挂点企业走访调研，帮助企业解决突出难题；响应市委、市政府“规范公务用车，降低行政成本”号召，完成机关公务用车制度改革；开展精准扶贫工作，为扶贫对象建立档案，解决实际问题。将综治、计生、防汛、拆迁安置、招商引资等工作摆上重要议事日程，党组会议专题研究，各项工作得到稳步推进。

【主动作为维护社会稳定】 主动将人防应急救援指挥中心与市政府应急指挥平台对接，着力构建省、市、县上下联动，人防、公安等相关单位平行对接的应急指挥系统，为市政府应急维稳保驾护航；充分发挥行业主管部门积极作用，做好市委、市政府的参谋助手，在加强中心广场人防工程安全巡查和监管的基础上，全力推动工程除险加固项目施工；积极协调处理工程引发社会矛盾，妥善处理数起因工程围挡对沿街商户经营造成影响而引发的投诉上访事件，累计接待上访群众30余人次，及时解决了群众合理诉求，有力维护了社会稳定。

【推进廉政教育】 深入开展警示教育和党规党纪教育，让纪律意识深入到每一名党员心中。一是召开专题会议传达学习中共十八届六中全会、习近平总书记系列重要讲话和中央纪委、省纪委、市纪委全会精神，学习《中国共产党廉洁自律准则》《中国共产党纪律处分条例》《中国共产党问责条例》《中国共产党党内监督条例》《关于新形势下党内政治生活的若干准则》，强化党员干部党纪党规意识；二是组织党员干部收看《鹰潭市党员干部违法违纪案例警示教育片》《作风建设永远在路上》等教育片，警醒党员干部不得逾越红线；三是充分发挥鹰潭人防网站、人防微信群、人防信息刊、人防宣传栏等平台作用，宣传党风廉政建设社会评价工作；四是以定时向全体党员干部发送准则、条例内容知识短信和组织党员干部开展知识测试等形式，增强党员学习准则、条例的主动性和积极性，营造浓厚学习氛围。

【推进责任落实】 办党组全面履行落实党风廉政建设主体责任，健全完善“一把手负总责，分管领导各负其责，班子成员齐抓共管、纪检部门组织协调”的体制机制。主要领导作为党风廉政建设的第一责任人，班子成员根据工作分工落实“一岗双责”。纪检组认真履行监督职能，将党风廉政建设工作任务、责任细化分解为6大类12项，落实到具体科室和个人，层层签定党风廉政建设责任书，形成“横向到边，纵向到底”的全覆盖责任体系和一级抓一级、层层抓落实的工作机制。

【推进作风建设】 深入贯彻落实中央“八项规定”精神，强化对党员干部执行党的政治纪律和政治规矩的监督检查，强化对市委、市政府重大决策部署落实和制度执行的监督检查。一是节点提醒到位。每到重要节假日都在全办干部职工微信群发送信息，明确严禁用公款相互送礼、宴请等规定，做到早打招呼、早明纪律，提醒党员干部自觉遵守作风建设各项规定。二是案例通报到位。及时组织全体党员干部学习中央、省、市纪委下发的反面典型案例，警醒党员干部要引以为戒。三是日常检查到位。采取明查暗访等多种方式，严肃查处违纪违规行为，全年开展明察暗访3次，未发现突出问题。四是制度落实到位。严格落实《关于违反中央八项规定精神行为问责办法》《差旅费管理办法》等制度，努力实现作风建设的制度化、规范化、常态化。

【推进集中整治】 按照中央、省、市部署，着力做好集中整治和查处基层侵害群众利益不正之风和腐败问题工作。一是动员部署“快”。全市集中整治和查处基层侵害群众利益不正之风和腐败问题动员部署暨作风建设推进会后，在第一时间传达学习会议精神，动员部署集中整治工作。二是学习氛围“浓”。以上党课、读原著、谈体会、看视频、听讲座等方式，组织党员干部系统学党章党规、学系列讲话，学规章制度、学先进典型。三是工作措施“实”。及时设立意见箱，公布投诉举报电话，畅通监督渠道。坚持每月一调度，对“集中整治”情况进行督导，协调解决存在的问题。

【加强思想政治教育】 坚持把学习教育摆在首要位置，结合“两学一做”学习教育，利用党组中心组学习会议、干部职工大会，重点学习习近平总书记的系列重要讲话精神，深入学习《中国共产党章程》《中国共产党廉政准则》等书目，及时学习中央、省、市重要会议、重要文件精神，组织观看电视专题片，不断强化领导班子和党员干部的思想政治素质，引导大家树立政治意识、大局意识、核心意识、看齐意识。

【凝聚班子内部合力】 认真贯彻民主集中制，充分发挥班子成员集体领导作用，大事开会碰头，小事相互通报，特别是“三重一大”事项，均实行民主决策。把开好民主生活会作为交流沟通思想、增进班子成员团结信任、增强班子凝聚力和向心力的有效方式，会前认真征求意见，会上能够开诚布公，认真开展批评与自我批评，勇于承担责任。提倡班子成员大事讲原则、小事讲风格、带头讲团结，在工作中加深了解、在相处中增进感情、在沟通中相互支持，不断增强班子的凝聚力。

【增强人防发展后劲】 加强选人用人。深化干部人事制度改革，严格按照《党政领导干部选拔任用工作条例》选人用人。坚持凭实绩用干部的原则，把“政治上靠得住、工作上有本事、作风上过得硬”作为选用干部的标准。注重根据干部的能力特长、个性特点进行安排，把干部放到合适的位置，把位置留给合适的干部，让真正想干事的人有机会，能干事的人有舞台，干成事的人有地位。

【市人防办组织人防知识教育考核】 1月19日，市人防办联合市、区教育局对6所初级中学进行人防知识教育考核。从综合考评情况看，各学校都较好地完成了年度教学任务。

【市人防办领导调研人防进社区工作】 1月20日，市人防办主任洪芬平、副主任夏忠频对城区人防进社区工作进行调研。洪芬平先后走访了月湖区江边街道办事、东湖街道办事处10个社区，详细了解人防进社区工作开展情况，对下阶段人防进社区工作提出要求。

【市人防办领导调研精准扶贫工作】 1月22日，市人防办党组副书记王瑞洪率队深入余江县春涛镇红星村调研，与镇、村干部及挂点帮扶对象进行座谈，征求镇、村干部对精准扶贫工作的意见建议，详细解帮扶对象一年来的生产生活情况以及存在的困难和问题。

【《鹰潭市人民防空志》评审会召开】 1月22日，市人防办召开《鹰潭市人民防空志》评审会。省人防办综合处处长林承杰、省方志办地方志指导处副处长毛珏珺、市委党史办（市政府方志办）主任况建军、市委保密机要局保密检查科科长张慧文及《鹰潭市人民防空志》编纂委员会成员，贵溪市、余江县人防办负责人参加评审会。与会专家对《鹰潭市人民防空志》

评审稿进行认真讨论和审议，并提出修改意见和建议。

【市人防办被评为全省人防目标管理考核先进单位】 在2月1日召开的全省设区市人防办主任会议上，市人防办被评为“全省人防工作目标管理先进单位”，这是鹰潭市人防办连续第十年获此殊荣。

【全市人防系统工作会议召开】 3月3日，市人防办召开全市人防系统工作会议，学习贯彻《中共江西省委、江西省人民政府、江西省军区关于深入推进人民防空改革发展若干问题的意见》，总结“十二五”及2015年人防工作，部署“十三五”及2016年工作任务。

【市人防办召开公车改革工作动员会】 3月4日，市人防办主任洪芬平主持召开公车改革工作动员会议，安排部署公车改革工作，提出两点要求：一是要加强组织领导，制定好本办的具体实施办法；二是严格按规定的内容、流程、时限操作，做好公务用车材料的审核，重点抓好车辆封存移交、补贴发放、司勤人员安置、公务出行保障等工作，确保公车改革取得实效。

【市人防质监组获评全省人防工程质监先进集体】 3月11日召开的全省人防工程质量监督工作会议上，市人防质监组被评为“2015年度人防工程质量监督先进集体”，质监员吴之兴被评为“2015年度人防工程质量监督工作先进个人”。

【市人防办封停8辆公车】 3月25日，市人防办正式对该单位的公车进行封停。除2辆指挥通信车外，共封停公车8辆。

【省人防工程维管中心领导检查防汛度汛工作】 4月14日，省人防工程维护管理中心副主任宋涛到鹰潭，对市人防办落实人防工程防汛度汛工作进行检查指导，现场察看了鹰西棚改房小区、滨江公园、沁家泊小区、华侨商业城改造等项目人防工程防汛度汛工作落实情况。

【市人防办召开“两学一做”学习教育动员会】 5月3日，市人防办主任洪芬平主持召开“两学一做”学习教育动员会，安排部署“两学一做”学习教育工作，提出具体要求。

【市人防办开展防灾减灾日宣传活动】 5月12日，市人防办开展防灾减灾宣传活动，在《鹰潭日报》《鹰潭广播电视报》开辟“5·12”防灾减灾专题“减少灾害风险，构建和谐社会”，以知识问答的方式向广大读者宣传普及防灾减灾知识和避灾自救互救技能；利用鹰潭市人民防空办公室微信公众号群发消息，以图文并茂的方式进行防灾减灾知识宣传与推广。

【市人防办获评全国人民防空先进单位】 5月13日召开的第七次全国人民防空会议上，市人民防空办公室被国家人民防空办公室评为“全国人民防空先进单位”。

【市人防办开展人防教育进党校活动】 5月30日，市人防办开展“人防教育进党校”活动，邀请江西省国防教育讲师团成员、南昌陆军学院教授李刚，为鹰潭市第一期县级干部理论进修班学员，作题为《我国周边安全形势分析》为题的讲课。

【市人防办领导到挂点企业调研】 6月6日，市人防办主任洪芬平深入鹰潭市金余塑胶板有限公司，就“降低企业成本，优化发展环境”进行调研，与企业领导座谈，面对面宣讲政策措施，详细了解企业在发展过程中遇到的问题。

【市人防办领导检查人防工程维护管理工作】 6月30日，市人防办主任洪芬平对全市人防结建工程维护管理工作示范点单位维护管理工作进行检查，要求示范点单位要积极协助人防主管部门做好工程维护管理工作，共同提高全市人防工程维护管理水平，确保人防工程“平时好用，战时管用”。

【市人防办领导深入基层调研人防工作】 7月6日至7日，市人防办主任洪芬平先后到余江县人防办和贵溪市人防办调研，听取余江县、贵溪市人防办上半年重点工作的开展情况及下半年的打算，并对余江县、贵溪市人防办下半年提出具体要求。

【市人防办开展街办指挥网联通演练】 7月25日，市人防办组织开展市、街办两级指挥信息系统联通演练活动，验证街道办事处人防指挥网性能和应急响应能力。从演练情况来看，指挥网适时传输的图像清晰、声音清楚，各街道办都能准确的接收指令，并按要求完成操作，达到了预期目的。

【市人防办免费开放避暑纳凉点】 7月28日，市人防办连续第四年免费开放三处人防工程给广大市民避暑纳凉。

【市委常委、宣传部部长贺喜灿检查指导人防工作】 7月26日，市委常委、宣传部部长贺喜灿在市人防办主任洪芬平的陪同下，先后到各个人防工程处指导人防工作。

【市人防办领导到贵溪调研工作】 7月31日，市人防办党组成员、总工程师舒志强到贵溪市人防办，听取工作情况汇报，并到贵溪市上城翡翠房地产项目建设基地调研。

【市人防办领导走访精准扶贫挂点村】 8月17日，市人防办主任洪芬平率队到余江县春涛镇红星村，走访慰问精准扶贫对象，了解他们的家庭成员、生产生活、收入支出等基本情况，耐心宣传国家的扶贫政策，认真听取他们的意见、建议。

【省人防办领导到鹰潭调研】 9月8日，省人防办副主任林显君到鹰潭调研。林显君指出，鹰潭人防工作积极主动，进步明显，创新性逐步增强，工作亮点逐渐显现，尤其是在早期人防工程维护管理方面比较突出；避暑纳凉工作走在全省前列；人防进社区实现城区全覆盖；人防宣传扎实有效，贴近基层、贴近实际、贴近生活。希望鹰潭市人防办继续努力，再接再厉，以更大力度、更大作为，做出更优成效，做出更大成绩。

【全市举行“9·18”防空警报试鸣活动】 9月18日，鹰潭市举行防空警报试鸣活动。副市长、市防空警报试鸣指挥部指挥长吴文戈下达防空警报鸣响命令，鹰潭军分区参谋长、市防空警报试鸣指挥部副指挥长翟小忠出席试鸣活动并讲话，市人防办主任洪芬平等参加警报试鸣活动。

【市人防办领导深入基层征求意见】 9月12日至13日，市人防办副主任黄碧江先后率队到贵溪市、余江县人防办，主持召开了座谈会，就《中共鹰潭市委、鹰潭市人民政府、鹰潭军分区关于深入推进人民防空改革发展的实施意见（征求意见稿）》、《鹰潭市人民防空建设第十三个五年发展规划（征求意见稿）》征求意见建议。

【市人防办开展精准扶贫工作】 10月11日，市人防办副主任夏忠频率精准扶贫工作组到余江县春涛镇红星村，上门入户实地了解贫困户的基本信息、家庭成员信息、致贫原因、收入情况、现实生产生活条件等情况，完成《贫困户信息采集表》登记，建立贫困户档案，开展“一对一”帮扶。11月2日至7日，市人防办党组副书记王瑞洪、副主任黄碧江、总工程师舒志强分别率精准扶贫工作小组到余江县春涛镇红星村，就精准扶贫工作开展入户走访帮扶对象对接活动。

【市人防办举办防火防灾知识培训班】 10月17日，市人防办举办防火防灾知识培训班，邀请江西省消防安全中心徐平教官，向全体机关干部职工及月湖区各社区干部100余人讲授防火防灾相关知识。

【市人防办纪念《中华人民共和国人民防空法》颁布20周年】 10月29日，市人防办举办系列活动，纪念《人民防空法》颁布20周年。一是在《鹰潭日报》、鹰潭广播电视报刊发宣传专版；二是在市人防办机关大楼悬挂宣传条幅；三是利用人防大厦、滨江公园和体育广场多媒体警报器，播放宣传标语和宣传片；四是举办一期“防火防灾”辅导讲座。

【市人防办举办冬季防火培训班】 11月23日，市人防办举办冬季防火知识培训班，邀请市消防安全中心教官向机关干部职工、月湖区各社区干部以及人防工程维护管理责任单位相关负责人100余人讲授冬季防火知识。

【市人防办举办人防工程维护管理培训班】 11月26日，市人防办举办人防工程维护管理培训班，邀请省人防工程维护管理中心副主任宋涛，就人防工程维护管理相关内容进行辅导。

【市人防办举办中共十八届六中全会精神辅导讲座】 12月2日，市人防办举办中共十八届六中全会精神辅导讲座，邀请市委党校经济学教研室主任王建刚教授作专题辅导报告。

【全市人民防空工作会议召开】 12月22日，鹰潭市召开全市人民防空工作会议，贯彻落实全国人民防空会议、全省人民防空工作会议精神和《中共鹰潭市委、鹰潭市人民不揣政府、鹰潭军分区关于深入推进人民防空改革发展的实施意见》，表彰全市人民防空先进城市、先进单位和先进个人，回顾“十二五”人防工作，部署“十三五”人防建设任务。省委常委、省委统战部部长、市委书记陈兴超对全市人民防空工作作出重要批示；市长曹淑敏、鹰潭军分区司令员杨海林出席会议并讲话；副市长吴文戈主持会议；鹰潭军分区参谋长翟小忠宣读表彰决定。

（周剑平）

【市人防办（民防局）副县级以上干部名录】

党组书记、主任（局长）：洪芬平

党组副书记：王瑞洪

党组成员、副主任（副局长）：夏忠频 黄兴平 黄碧江

党组成员、纪检组长：王晓青

党组成员、副主任（副局长）：吴要兵

党组成员、总工程师：舒志强

法 治

编辑、校对：柴靖龙

政法综治工作

【概述】 2016年，全市政法综治维稳防邪战线在市委、市政府的坚强领导和省委政法委的精心指导下，认真贯彻落实中共十八大，中共十八届三中、四中、五中、六中全会和习近平总书记系列重要讲话、省第十四次党代会及中央、全省政法工作会议精神，以和谐鹰潭建设为目标，以“两学一做”学习教育为动力，以提升公众安全感、群众满意度为立足点，以防控风险、服务发展，破解难题、补齐短板为着力点，紧紧围绕“三大任务”，扎实推进“三大建设”，在2013—2015年连续三年获评全省综治先进市并荣获“平安杯”的基础上，政法综治维稳防邪各项工作取得新的成效。一年来，全市没有发生危害国家安全和社会政治稳定事件、暴力恐怖事件、有影响的群体性事件、群众性纠纷械斗、恶性刑事案件、个人极端事件、重大公共安全事故、重大食品安全事故，为市经济社会发展实现“十三五”良好开局创造了和谐平安稳定的社会环境。

【维护社会大局稳定】 市委、市政府将政法稳定工作作为贯彻落实省委“十六字”方针和市委中心工作总体要求的保障工程，摆到“和谐鹰潭”建设和同步决战小康的大局中统筹安排，纳入全市“8＋1”重点工作内容，实行项目化管理，每逢重要敏感节点、上级出台重大决策部署，第一时间上会研究，及时解决政法稳定工作中遇到的实际问题与困难，切实做到政法稳定工作与经济社会发展同谋划、同部署、同落实。针对市、县、乡集中换届，综治维稳责任人变动较多的情况，市委、市政府及时配齐配强政法综治维稳战线干部，并及时下发《关于进一步完善领导干部处理维稳信访突出问题责任制的通知》，确保领导班子换届，领导干部的思想、干劲、责任不松。市委书记、市长带头履行“第一责任人”职责，对重大综治维稳问题做到亲自交办、亲自督促、亲自处理；党政分管领导以“100－1＝0”的危机感、责任感全身心坚守岗位；全市各级责任人逐级签订综治责任书，全面实行“一岗双责”，坚持守土有责、守土尽责，推动综治维稳责任落实全覆盖、无盲区。市委、市政府不断健全矛盾纠纷、社会稳定风险预测预警预防和涉稳问题处理的分析评估、实战指挥、部门联动、社会协同等机制。对综治“三项建设”等重要工作推动不力的地方和单位，坚决给予限期整改、黄牌警告或一票否决。

【深化平安鹰潭建设】 以防范和抵御“颜色革命”为重点，加强国家安全人民防线建设，加强基础调研、情报信息和专案侦查工作，有效防止敌对势力捣乱破坏活动的发生。市国安局上报的重要信息得到中央领导同志批示肯定。坚持开展精准打击、专案攻坚不动摇，深挖邪教幕后组织结构、指挥体系、勾连渠道，健全市、县、乡、村四级邪教防控网和情报信息网，组织开展“净网”“断网”等反制行动和“凯风”进校园活动，深化教育转化工作，召开现场会推进“无邪教创建”活动，抓好重大节假日、重大政治活动和敏感时期邪教重点人员的防控工作，邪教顽固分子教育转化工作得到副省长、公安厅长郑为文的批示肯定。进一步完善了省、市、县“三位一体”反恐工作责任体系和省、市、县三级目标单位防范工作体系，对XX个反恐防范重点目标单位进行多次督促检查。建立点、线、面“三位一体”阵地控制工作体系和特巡警、武警武装定期联合巡逻机制，加强重点单位、要害部位尤其是人员密集场所的安全防范，在重大活动和“X.X”等敏感节点，做到主动出击、全面布控，确保万无一失。推进重大决策社会稳定风险评估，建立和完善了由142名专家组成的稳评专家库和第三方稳评中心，实施重大决策稳评项目78个，做到了应评尽评。构建矛盾纠纷多元化解体系，在推进市、县、乡、村、组五级纵向到底的排调网络和十大重点领域突出矛盾纠纷调处体系完善升级的基础上，着力健全维稳、综治、公安、信访及其他相关部门参与的信息收集、分析研判机制，全面构建农村乡镇

“六位一体”、城镇社区“八位一体”综治维稳工作机制，同时，建立健全党代表、人大代表、政协委员、律师、法律工作者等第三方化解处理矛盾纠纷和律师代理涉法涉诉信访工作平台，推动形成覆盖各领域、各行业、多元化“大排调”体系。1至12月，全市共收集研判涉稳信息XXXX余条，排查各类矛盾纠纷XXXX件，成功调处XXXX件，调处成功率XX%，防止民转刑案件XX起；围绕做好全国综治创新工作“南昌会议”和杭州G20峰会期间的安全稳定工作，集中3个月开展重大矛盾纠纷排查化解攻坚，开展群体性事件专题研判，共排查重大矛盾XXX件，成功调处XXX件，教育稳控涉稳重点人员XXX余人次。完善突发群体性事件应急处置机制和应急预案，成功化解处置各类群体性苗头事件XX起。坚持开展精准打击和专项整治行动，依法严厉打击涉黑涉恶、涉枪涉暴、“两抢一盗”等严重刑事犯罪，组织开展“捕狼”追逃、“猎狐”、“禁毒会战”等专项行动，依法整治黑拐枪、盗抢骗、黄赌毒等治安顽疾，严厉打击制售假冒伪劣产品、非法集资、非法吸收公众存款、恶意欠薪、传销等涉众型经济犯罪，成立反信息网络诈骗中心，整合公安、金融、运营商等资源，建立警银联动工作机制，加大打击网络诈骗违法犯罪力度。全市共立各类刑事案件XXXX起，破案XXXX起，同比上升XX%，其中现发命案X起全破，破获电信网络新型违法犯罪案件XXX起，侦破毒品案件XX起，缴获各类毒品XX千克，抓获吸毒人员XXX名；受理各类治安案件XXXXX起，查处XXXX起，其中涉赌涉黄案件XXX起、XXX人；抓获违法犯罪人员XXXX人，同比上升XX%，其中刑事拘留XXXX人，提请逮捕XXX人；起诉XXX件XXXX人，审结XXX件XXXX人，仅公安机关为国家、集体和个人挽回经济损失近1亿元。深入推进基层综治组织建设，加强国安小组、公安派出所、派驻检察室、人民法庭、司法所、保卫机构等政法基层组织和村（社区）综治室、警务室、司法室规范化建设，公安监管医院、强制隔离戒毒所全面建成。加强综治基层基础建设，全市投入XXX余万元，全力推进综治“三项建设”：按照省综治委关于市、县、乡综治中心“综治办+信息化+组团式服务”和村（社区）综治中心“三室一窗口”建设模式要求，高标准全面建成市、县、乡、村四级549个综治中心，搭建起以网格化管理为基础、信息化建设为支撑、组团式服务为载体的社会治安综合治理工作平台；大力抓好综治信息化软、硬件建设，配备PC终端927台、手机终端1113部，建设显示大屏7个、安装不小于55英寸的液晶电视显示屏56台。全面落实相关信息采集、录入工作，共采集、录入信息170多万条，信息工作纵向贯通到底、横向集成到市、县所有综治委成员和有行政调解职能的部门，实现信息互联共享，有效提高了工作效率和精准度；按照城镇社区每200户–300户、1000左右人口，农村原则上以每个自然村为一个网格的标准，全市共划分网格3301个，选配专（兼）职网格管理员2744名，实行定格定人定责，有效提升社会治理精细化水平。分类推进平安创建工作，以“三无”小区为重点，以创建“六零”社区为目标，开展集综治、公安、社区、保险、运营商“五位一体”的平安社区创建示范活动，一大批社区和基层单位实现零犯罪、零发案、零事故、零上访、零邪教、零矛盾上交。组织市、县近500个综治责任单位与44个乡镇（街办）、434个村（社区）挂钩结对，打造平安建设精品社区，推动平安创建上档次、上水平。坚持强化宣传引导，实行平安建设日常宣传、集中宣传、专题宣传相结合，为推进平安建设营造良好的舆论氛围。健全公安机关“1+N”网格化巡防体制，优化重点要害部位、案件高发易发场所防控力量布局；推进商业网店、经营场所、集贸市场、旅馆网吧等视频监控“地网”与“天网”的融合。加强寄递物流安全管理，实地检查督导重点单位XX家，发现问题XX个，对XX个单位下发抄告单，有效推动了邮件快件100%收寄验视、100%实名寄递和100%过机安检等制度的落实。开展治爆缉枪专项行动，收缴枪支XXX支、子弹XXX余万发、管制刀具XXX把、炸药XXX公斤、雷管X万枚。加强重点行业消防安全监管，发现并督促整改火灾隐患XXXX起，保持了连续XX年无重特大火灾事故的全国罕见、全省最高记录。对XXXX名刑满释放人员、社区服刑人员、扬言报复社会人员、易肇事肇祸等严重精神障碍患者、涉邪教人员、吸毒人员等特殊人员，逐一建立档案，制作台账。强制隔离戒毒XXX人，建立社区戒毒康复站35个。全面落实易肇事肇祸等严重精神障碍患者收治管控、有奖监护和责任保险；对全市XXX名在册社区矫正对象实行GPS定位、人脸识别、指纹签到、日常报到、外出审批、点验执法、“微信+社区矫正”模式，并实行“一对一”帮扶，无一漏管、失控；全市XXX名刑满释放人员接送率100%，依托安置帮教基地打造“一站式”“七包”回归驿站，发放接送费和过渡期生活补贴60余万元；对重点青少年，送“阳光班级”“阳光学校”接受教育和训练，严格进行行为矫治。建立健全由公安派出所管理的专职治安巡防队伍，推广“邻里守望”“十户联防”等群防群治做法和“门禁系统”“手机监控”“物联网防盗”等经济实用小技防。健全涉法涉稳网络舆情导控机制，建成网安警务室5家，物建网评员203名，严格实行网上24小时、敏感时期24小时双岗巡查管理，及时发现、封堵、删除有害信息XXXX余条，上报网络情报XXXX条，开展舆情引导XXX次，落地调查XX条，查破网上传播谣言案件XX起，做到依法处置、舆论引导、社会面管控“三同步”，有效防止发生炒作现象和负面影响。

【推进法治鹰潭建设】 1.突出重点落实法治建设任务。市委、市政府“两办”印发《法治鹰潭建设2016年工作要点》和《2016年法治鹰潭建设工作任务责任清单》，明确了124项工作任务，并逐一分解到责任部门、责任领导，除待上级文件规定的事项外，已启动118项，完成98项；全面启动了“七五”普法工作。推进执法司法规范化建设，抓住容易发生执法不严、司法不公的问题和重点领域、关键环节，细化执法标准、严格执法程序、规范执法流程、完善执法制度、落实执法责任，办案质量明显提升，涉法涉诉信访下降XX%。加强执法司法监督管理，推动解决执法司法领域“六难三案”等突出问题，执法司法公信力得到提升。公安机关构建“大监督”格局，对执法活动实行全过程、全景式、全方位监控，共审核各类案件XXXXX起，发现并整改问题XXXX个。创优执法司法环境，认真开展《领导干部干预司法活动、插手具体案件处理的记录、通报和责任追究规定》的监督检查。2.增强涉稳重点问题法治效能。依法治理经济发展环境，实行公安部门、项目单位、项目属地“三位一体”的重点项目服务机制，保障项目建设顺利进行；紧紧围绕做好“铜”“山”“城”三篇文章，深入调研服务发展大局的措施办法，“生态检察”工作走在全省前列；建立健全政法部门、政法干警挂点联系服务企业和政法部门、企业定期联席会议等制度，有效预警、防范、化解企业经营风险；积极协助党委、政府妥善处理经济下行压力下产能过剩、资金链断裂、民间融资、拖欠农民工工资等引发的矛盾纠纷，依法打击恶意欠薪讨薪行为，稳妥处理房地产业等涉企矛盾纠纷和信访问题XX起；依法慎用查封、扣押、冻结等强制措施，有效维护了市场经济秩序。扎实开展“积案化解攻坚年、网上信访拓展年、基础工作提升年”活动，健全信访风险评估预警机制和“三办一局”常态化协商研判、督察落实等制度，着力从源头预防化解信访问题。对梳理出来的重大疑难复杂信访问题，实行单位主要领导统领包案、销号管理，促使一批“老大难”信访问题彻底解决，有效化解涉法涉诉信访“骨头案”XX起。认真落实《关于依法处理信访活动中违法犯罪行为的指导意见》，对缠访闹访或在信访过程中实施违法犯罪行为的人员，尤其是幕后组织者、策划者和操纵者，坚决依法处理，绝不手软。全市发生赴京非访XX次，同比下降XX%，实现赴省“零”非访；查处信访过程违法犯罪案件XX起，刑拘、逮捕X人，行政拘留XX人，教育训诫XXX人，移送起诉X案X人。依法治理“以闹取利”行为，重点开展了涉及医患纠纷、交通事故、安全生产、征地拆迁等逢死必闹、逢事必闹依法治理行动，果断处置较大医闹纠纷XX起、交通事故XX起，有效维护正常社会秩序。挂牌整治X个乡镇（街办）和X个治安重点地区，治安面貌明显改观。3.积极跟进执法司法体制改革。制订了《社会体制改革专项小组2016年工作计划》，明确了19九大项、36小项改革工作任务，部署做好调查摸底工作，为下一步改革提供数据支撑。整合市场监管、检验检测、城市管理等综合执法力量，规范行政执法行为，提升了行政执法效能。全力推进司法公开，建立健全司法责任制和司法救助制度，实施“轻案快办”机制试点，实行未成年人刑事案件集中管辖，全面实施涉法涉诉信访、立案登记和城乡居民户口一元化登记改革，组织律师参与接访、化解与代理信访案件，配合完成了省委改革办赴鹰专项督察调研活动，积极提出了有关意见和建议。同时，做好司法改革政策的解读与宣传，加强政法机关改革过程中的思想政治工作，引导司法人员树立全局观念，大力支持、积极参与司法改革，保证思想不乱、工作不断。4.努力培育全民法治意识。借势“七五”普法规划启动实施，高规格召开全市第十三次法治宣传教育工作会议。对全市县级干部进行法治轮训，对行政执法部门、政法系统分类进行专题培训，开展党政领导法治访谈，督促引导各级领导干部在法治建设中发挥示范带头作用。推动落实“谁主管、谁负责”和“谁执法、谁普法”责任制落到实处；筹建区域青少年法治宣传教育中心、百米法治宣传长廊等普法阵地。以“法治县（市、区）”“法治乡镇”“法治机关”“法治行业”“民主法治示范村（社区）”等创建为载体，通过全面建立法律顾问制度、培养法律“明白人”、组织开展“法律六进”、法治警示教育、法治人物评选等系列活动，以及在媒体开辟法治专题专栏、在学校建立法治教育基地等多种形式，推动形成尊法学法守法用法的社会氛围，市3个先进集体、1名先进个人受到全国表彰；10个先进集体、11名先进个人受到全省表彰；6个法治宣传教育先进乡镇（街办）、52个法治宣传教育先进单位、7个法治宣传教育先进普法办、5个法治创建工作先进乡镇（街办）、52名法治宣传教育先进个人、25名法治宣传教育先进工作者和3名法治宣传教育模范受到全市表彰。

【加强政法队伍建设】 1.加强思想政治建设。建立和完善思想政治教育制度，结合“不严不实”问题整改落实和“两学一做”学习教育，深入开展党的政治纪律和政治规矩教育，巩固深化“三严三实”专题教育成果。结合实际开展“增强党性、严守规矩、廉洁执法”等主题教育，将“忠诚、干净、担当”融入政法队伍建设。有针对性地开展警示教育，做到引以为戒、警钟长鸣。教育干警树立看齐意识，做政治上的明白人。切实加强换届期间的思想政治工作，选好配强政法机关领导班子特别是“一把手”，确保思想不松懈、队伍不涣散、工作不断线、责任不开溜，以良好的精神状态做好政法稳定各项工作。2.提高干警专业技能。坚持战训结合抓培训，深入开展“执法业务大培训、执法能力大评比”活动，完善长短期相结合的任职资格、岗位技能、专项业务等培训制度和考试考核等制度，提高做好政法工作的本领。分批组织全市200余名综治维稳干部赴华东政法大学脱产培训。全市公安机关全面落实“三个必训”，共举办各类业务培训班15期，累计培训民警900余人次。3.抓好纪律作风建设。坚持把党风廉政建设和反腐败工作与政法稳定工作同研究、同规划、同部署、同落实。市委政法委书记与市政法各部门和委机关班子成员签订党风廉政建设责任状，层层落实党风廉政建设“两个责任”。对政法系统贯彻落实党风廉政建设责任制和推进惩防体系建设情况进行专项检查，督促政法部门查找和解决反腐倡廉建设工作中存在的问题，查处违法违纪干警XX名，巩固、深化了反对“四风”成果。

（马晓峰）

【市委政法委副县级以上干部名录】
市委常委、政法委书记、市综治委常务副主任：杨金红
省委巡视组副组长：汪永华（2016.5～）
市委政法委常务副书记、市委维稳办主任：盛才明（2016.10～）
市委政法委副书记：费宜生　吴仁才（2016.8～）
市委610办主任：周　峰（2016.8～）
综治办副主任：熊万胜
市委610办副主任：江　敏（女）
市综治办副主任、综治科科长：夏卫东
市纪委驻政法委纪检组组长：倪震空（2016.12～）
政法委副调研员：舒云东　孙建峰（2016.02～）
政法委调研员：郑月兴（～2016.1）

法治政府建设

【概述】 2016年，市政府法制办在市委、市政府的正确领导和省政府法制办的指导下，坚持科学发展观，以全面推进依法行政、建设法治政府为奋斗目标，围绕市委、市政府中心工作，认真开展规范性文件审核及行政复议、信访复核复查工作，加强依法行政督促检查，积极办理政府涉法事务，充分发挥政府法制参谋助手作用。按照《法治江西实施意见》和《江西省2016年法治政府建设工作要点》确定的目标任务，落实责任，扎实工作，努力为市经济和社会发展营造良好法治环境。

【依法行政】 做好法治政府建设的组织协调，推动法治政府建设，做好政府得力助手，制定《2016年鹰潭市法治政府建设工作要点》。明确了2016年度法治政府建设的主要内容和目标，就依法行政理论知识学习培训、政府立法、重大行政决策、政府法律顾问、行政执法体制改革、执法方式、执法监督、执法公开、法治队伍建设、两法衔接、行政权力监督、政务公开、行政复议、行政应诉、矛盾纠纷解决、第一责任人制和考核评价机制等议题做了具体规定，同时加强了对法治政府建设进度的指导协调。

推进行政执法体制改革试点，参与审核论证。成立市场监管综合执法支队，统一行使食品药品监督管理、工商行政管理、质量技术监督等市场监管执法权，与市场监管局联合发布《关于统一全市市场和质量监督管理行政执法文书的通知》规范执法程序；组建河湖综合执法支队，统一行使全市河湖管理保护行政执法职责；成立城市管理行政执法支队，提高城市管理能力；审核出台了《关于改革城市执法体制改进城市管理工作的实施意见》，进一步理顺城市管理执法体制。整合文化市场、农业和粮食、商业、工业和信息化执法职能，搭建综合执法框架体系。

积极开展“三单一网”合法性审查工作。配合市编办等部门全面开展“三单一网”建设工作。对《鹰潭市人民政府关于取消一批行政权力事项的决定（征求意见稿）》《鹰潭市人民政府关于清理规范市政府部门行政审批中介服务事项的决定（征求意见稿）》《鹰潭市关于推进“互联网+政务服务”工作的实施方案（征求意见稿）》进行合法性审查。

完善领导干部学法制度，提高依法决策力。制定了《市政府2016年学法计划》，按照年初政府常务会学法计划，抓好组织协调督察，严格送题和讲稿的审核。组织在政府常务会议会前学习《中华人民共和国立法法》《江西省人口与计划生育条例》《中华人民共和国食品安全法》，强化了领导干部的法治思维、法治理念，加强了市法治能力建设。

【规范性文件审核】 加强规范性文件审核，提高制度建设质量。加强市政府规范性文件审核制定管理。共审核制定规范性文件11件，分别是：《鹰潭市中小企业转贷基金管理办法》《鹰潭市政府投资项目资金管理办法》《“两权”银保贷业务工作指引》《鹰潭市城市规划区征地补偿标准》《鹰潭市市级预算公开办法》《鹰潭市房地产开发项目土地增值税清算“四项成本”核定标准实施意见》《鹰潭市房地产开发项目土地增值税清算“四项成本”核定标准更新办法》《鹰潭市人民政府和社会资本合作项目工程建设招投标实施细则》。参与全省招投标类规范性文件合法性审查，做好市招投标类规范性文件清理，认真实施市政府规范性文件清理

工作，确保法制统一。

【行政复议】 加强行政复议、行政调解、行政诉讼工作，积极化解社会矛盾纠纷。一是出台《关于做好2016年全市行政调解工作的意见》，组织省市行政调解案卷评审。完善矛盾纠纷多元化解决机制。二是精心办理行政复议案，处理行政复议申请60起，受理36起，如翁某某不服市市场和质量监督管理局行政处罚案、余某某不服余江县人民政府房屋征收补偿决定案、王某某不服市发改价格投诉不作为案、周某某不服月湖区人民政府信息公开不作为案等，不予受理18件，作其他处理6件。主要涉及山林权属、食品安全、工伤认定、信息公开、房屋征收等方面。三是办理信访复核案，处理周某某对市信江新区管委会信访复核案，王某某对月湖区政府信访复核案，李某某对月湖区政府信访复核案等9件信访复核案。四是认真办理行政应诉案，起草出台了《鹰潭市政府应诉工作规则》，共代理市政府应诉18件，主要涉及山林土地纠纷、征地拆迁等方面，较好地化解了一批行政争议及矛盾纠纷。

【行政执法监督】 强化执法监督工作。一是出台《关于开展集中整治和查处行政执法不公侵害群众利益专项治理的实施方案》切实推进专项治理工作，防止行政执法不公侵害群众利益的执法行为。二是完善行政执法与刑事司法衔接制度，根据省人民检察院、省法制办《关于开展行政执法监督调研督导活动的通知》要求，建立了与检察院联席会议制度，并会同检察院对国土资源、林业、环保和水利等生态保护领域行政执法情况进行了走访调研和专项执法检查。三是制定《鹰潭市重大执法决定法制审核办法》加强重大执法决定法制审核，提高执法和服务水平。四是积极开展行政检查“双随机一公开”工作。发挥职能作用，按照国家、省里部署，代政府起草制定《深入推进行政检查“双随机一公开”工作开展通知》和《鹰潭市“双随机一公开”工作实施细则》，于10月召集全市48家行政部门开会，进行了发动、宣传和部署，会同市政府职能转变领导小组积极开展合法性审查以及督促督办。目前正在督促审查“两库一单”，按时间节点要求明年全面铺开此项工作，并组织人员对“两库一单”进行合法性审查。

夯实全市行政执法基础，培育合格执法人员。转发并认真执行《江西省行政执法证件管理办法》，做好行政执法证件监督管理。严把执法人员准入关，组织上年度考试没有通过以及各执法单位新入编人员进行考试，其中138人次考试合格，制证发证工作已经完成，另有市场监督管理局、司法局等单位48人次的制证工作已经开始，计划在短期内完成。

【政府涉法事务】 认真做好市政府涉法事务审查。一是审查市政府合同，审核《赣东科技学院投资合作框架协议》《鹰潭铜都宾馆出租合同》《委托深圳国泰安教育技术股份有限公司管理鹰潭职业技术学院协议》《智慧鹰潭建设规划编制服务采购项目合同书》《上海对外经贸大学与鹰潭市人民政府签署战略合作框架协议（讨论稿）》《江西省龙虎山旅游文化发展（集团）有限公司与北部湾旅游股份有限公司合作协议（征求意见稿）》，《市政府与中国民生银行股份有限公司南昌分行战略合作协议》等市政府合同20余件。二是处理市政府各部门涉法事务，审核《2016年“河长制”工作要点及有关工作制度》《鹰潭市河湖保护管理综合行政执法体制改革工作方案（征求意见稿）》《鹰潭市2016年生态文明先行示范区建设工作要点和任务分工（征求意见稿）》等43项文件提出反馈意见。三是参加市人防工程、碧海蓝天项目、市养老院项目、永盛百货债务安置方案、亚美汇金广场项目安置房争议、露江小区加油站群体访问题、括苍房地产破产重组问题等有关问题的审核协调及论证。严格依法把关，积极提供法律意见防患法律风险。

（汪智辉）

【市政府法制办副县级以上干部名录】
专职副主任：徐军华

公安

【概述】 2016年，鹰潭全市公安机关在省公安厅和市委、市政府的坚强领导下，紧紧围绕“一年打基础、两年有进位、三年站前列、五年创一流”的总目标，以党建为引领，以防风险、转方式、补短板为重点，以深化公安改革和建设为支撑，以大力推进全警情录入和警务机制创新为抓手，以社会面不出事、队伍不出事为底线，坚持抓班子、带队伍，全力提升公安机关的服务能力、业务能力、支撑能力、执法能力、履职能力，各项公安工作开展有序、推进有力，圆满完成党和人民交给的各项任务。

坚持情报先行，狠抓维稳工作。处置预警信息6.13万余条，圆满完成了G20峰会、全国“两会”、全国综治会议、全省旅发大会、省市党代会、“两会”、市县乡换届和“五一”、端午节、国庆节等特殊敏感时期及重大会议的安全保卫任务，全市没有发生危害国家安全和社会稳定的重大政治事件，没有发生重大群体性事件和进京上访事件。

坚持高压严打，紧盯案件侦破。充分发挥“五侦”同步上案合成作战机制和体系化打击模式的优势，破获各类案件5537起、同比上升15.6%，其中破获“两抢一盗”案件4689起，同比上升14.9%，现发命案8起全破，为国家、集体及个人挽回经济损失近1亿元。

坚持问题导向，严密治安管控。深入推进立体化治安防范体系建设，常态化开展重点要害部位巡逻防控，强力推进治爆缉枪专项行动，深入开展了涉黄涉赌突出治安问题整治，常态化排查整治治安、交通、消防安全隐患，全市连续二十九年未发生重特大火灾事故。

坚持改革创新，以人为本、服务民生。全面深化公安行政管理改革，加强网上办事大厅建设应用，全面铺开农村道路交通安全工作建设，稳步推进驾驶人网上报考工作，扎实推进户籍制度改革，有力促进了全市城镇化进程。

坚持秉公执法，深化执法规范化建设。完成所有执法场所升级改造，深入推进涉案财物管理规范化建设，全面落实刑事案件两统一制度，积极推进公安监督管理信息平台试点建设应用，强化执法办案全流程、全方位的监督，执法公信力进一步提升。

坚持固本强基，大力推进基础设施建设。市局、贵溪市局、余江县局新业务技术大楼和市公安监管医院、强制隔离戒毒所全面完成建设并投入使用；深入推进公安信息化建设和“数据强警”工程，先后投入近亿元，完成“数字天网”加密工程、新警综、网综、警务云、警务通、桌面云、PGIS警用地理信息、指挥调度平台等项目建设，为实现公安工作转型升级奠定了坚实的基础。

坚持党建引领，抓班子、带队伍。深入开展“两学一做”学习教育，扎实推进学习程永林教育实践活动，全面开展领导班子和领导干部考核测评，建立科级后备干部人才库，扎实推行督办工作，推行一库两书三谈工作机制，开展“不让一个同志掉队”活动，先后涌现了程永林和黄水标2名重大先进典型，树立了鹰潭公安良好形象。

【完成全省旅游产业发展大会安保任务】 4月26日至27日，2016年江西省旅游产业发展大会在鹰潭龙虎山景区隆重召开，鹰潭市公安机关以“精心组织、周密部署、落实责任、确保安全”为总原则，全力以赴，严格落实各项安保措施，共投入警力500余名、车辆100余台，为大会安全顺利的举行创造了和谐稳定的社会环境，圆满完成了各项安保任务。

【全力服务保障经济发展】 深入开展降低企业成本，优化发展环境专项行动，积极推进市县两级公安机关局领导和警种部门挂点重点企业和项目工作，共出动民警1700余人（次），累计走访服务企业816家（次），帮助企业解决困难和问题671个，真正实现了“警务进企业、警务进项目、警务进工地”。大力开展打击假币犯罪、涉众型经济犯罪、传销违法犯罪、涉税犯罪、商业贿赂、银行卡犯罪和“猎狐行动”等专项行动，全市共受理各类经济犯罪案件189起，立案115起，破案48起，刑拘犯罪嫌疑人70人，取保候审77人、提请逮捕38名，为国家、集体及个人挽回经济损失近亿元，有效维护了良好的市场经济秩序。

【体系化打击工作模式成效显著】 全面推行“体系化”打击模式，成立市县体系化打击领导小组，明确“案源发起、研判经营、收网移诉、总结深挖、考核奖惩”五个阶段的工作流程，制定详细的工作方案和考评细则，严格兑现奖惩，推动体系化打击常态化、精细化。2016年，依托体系化打击模式共破获团伙性、系列性侵财案件12串445起。该做法在闽浙赣皖四省十一市公安协作会上作经验交流。

【治安专项整治卓有成效】 深入开展打击黄赌违法犯罪专项行动，定期开展对城区内娱乐服务场所、隐蔽场所、旅店业、美容洗头房、洗浴中心等地进行清理整顿，有效遏制了社会丑陋现象蔓延，净化了社会风气。共查处涉赌刑事案件39起，刑事拘留51人；涉黄刑事案件12起，刑事拘留24人，起诉3人，提请逮捕1人；查处涉赌行政案件104起，行政拘留146人；涉黄行政案件40起，行政拘留83人。

【扎实开展反电信网络诈骗】 全面完成鹰潭市反电信网络诈骗中心筹建工作，协助外地查控、冻结账户183个，查询电话63个；破案86起，打掉团伙5个，抓获嫌疑人12人，收缴赃款28万；选派民警赴公安部打击治理电信网络新型违法犯罪查控中心协助工作，冻结账户8000余个，冻结诈骗款1200余万元。

【“缉枪治爆”战果辉煌】 集中开展了缉枪治爆专项行动和危爆物品专项整治工作。共出动警力3400余人次，张贴通告、发放各类宣传材料15700余份，制作、悬挂横幅180余条，收缴各类枪支577支、子弹200万余发、管制刀具621把、弩6把、炸药592千克、雷管17911枚、导火索415米、炮弹6发；办理涉枪刑事案件4起、刑拘7人，涉枪治安案件12起、行拘13人；加大危爆物品管理力度，开展了视频监控系统建设，严格落实对涉危涉爆企业定期检查制度，加强对涉危企业涉危涉爆人员业务指导。开展涉枪涉爆重点人员核查工作，落实管控涉枪重点人员36名、涉爆重点人员3名；排查整治涉枪、涉危、涉爆单位安全隐患23处。

【扎实推进户籍制度改革】 全面落实居住证制度和省外居民身份证异地受理制度，全面开展户口一元化登记工作，有力促进了全市城镇化进程。全市已完成户口“一元化”改登总人数24万余人，其中完成城镇属性区域内农业人口数20万余人。扎实有序推进跨省异地受理试点工作，已开通与浙江等26省的跨省异地受理试点工作，全市所有44个户籍派出所全面正式启动省内居民身份证异地受理工作，并提供邮寄领证便民服务，全市共受理跨省异地身份证117个，受理省内异地身份证189个。

【全警情录入工作成效初显】 大力推进全警情录入工作，取得了明显成效，警情录入率大幅上升，警情全录入的氛围基本形成，民警对“三台合一”和案事件系统的操作应用水平明显提升，警情录入促进规范执法的作用充分体现，警情引领实战的效果初步显现，促进公安工作增效转型升级。

【河湖综合执法工作成绩斐然】 紧紧抓住全市非法采砂整治的有力契机，积极争取党委、政府的支持，筹建了市河湖综合执法支队，理顺了涉水执法体制，全市河湖“河畅、水清、岸绿、景美”初见成效，赢得了市委市政府和社会各界的广泛认可。全市先后取缔非法上岸码头52处，非法卸砂桁吊45台，捣毁非法采砂船14艘，设置采砂船只集中停靠点6处，集中停靠采砂船只69艘，清理非法砂石料15.08万方，处理河湖涉水案件22起，刑拘12人。

【“大国保”工作格局初步形成】 按照“跳出国保抓国保”的思路，制定了《鹰潭市公安局“1+3”大国保工作实施方案》，推行例会和联系“两项”制度，建立情报会商、专案攻坚、工作协作、部门联勤四项工作机制，全面推进派出所国保规范化建设，扎实开展情报信息、专案侦察、基层基础三项重点工作，形成了国保牵头、相关警种参与、党政机关策应的国保工作格局，全市国保等级情报被部厅采用数、专案破获数同比分别上升了51%和26%，确保了全市政治大局的稳定。此项工作得到了省厅的肯定。

【禁毒工作水平迈上了新台阶】 紧紧围绕预防为本、综合治理，深入推进“禁毒百日会战”、“网络扫毒”、“4·14”、专案、禁毒全民宣传月活动、“6·27”工程和“缉毒会战”等专项工作，侦破毒品案件79起，破获部省毒品目标案件各1起，移送起诉毒品犯罪嫌疑人52人，缴获各类毒品约30公斤，查获吸毒人员280余人，强制隔离戒毒56人。贵溪市、余江县建成禁毒教育基地并投入使用，全市需建的34个社区戒毒社区康复工作站，27个已建成并投入运行，完成率达80%。

【公安信息化建设实现跨越发展】 不断深化公安信息化建设和“数据强警”工程，先后投入近1亿元，完成“数字天网”加密工程、新警综、网综平台、警务云、警务通、桌面云、PGIS警用地理信息、指挥调度平台、网上公安局等项目建设，为公安工作转型升级奠定了坚实的基础。

【“大督察”工作机制日趋完善】 全面推进公安监督管理信息平台二期建设，成立市县网上督察中心，理顺体制职能，规范处置流程，推行周巡察、月通报、季研判和整改纠错、警务回访工作机制，建立包干、倒逼、督查、约谈、问责督办制度，对党委确定的284项重点工作、35项重点项目和87件领导批示等重要事项全面开展督办，共下发督办通报27期，组织约谈县科级领导干部6人次，确保了各项工作的落地落实。该做法被公安部督察简报刊载。

【涉案财物规范管理日益规范】 进一步以全省试点为契机，制定保管室“六个一”的建设标准，规范涉案财物提取、登记、保管、移交、处理、监督六个环节的工作流程，探索建立县级和中心所队标准管理室，推行扣缴分开、扣管分离、保管分级三项制度，全面实行“警保先期把关、法制复查审核、督察实时跟踪”三级审核监督机制，进一步提升了涉案财物管理科学化、规范化、精细化、智能化水平，实现了全市涉案财物登记率、录入率、入库率、随案移交率四个100%。该做法得到省厅的认可，并在全省推广。

【队伍教育防范体系不断健全】 坚持党建引领，紧盯班子这个龙头，由党委班子成员带队深入各县（市、区）公安局、各警种部门，对领导班子、领导干部、党建和业务工作进行考评，建立科级干部后备库，年内择优选拔调整了24名科级干部，总结了经验、发现了问题、夯实了作风、激发了活力。严格落实教育防范三项制度，完善“一库两书三谈”工作机制，组织开展“不让一个同志掉队”活动，让“咬耳朵、扯袖子”，“红红脸、出出汗”成为常态。强化典型引领，选树了程永林、黄水标2名全国公安系统的重大先进典型，评选出10名“程永林式”的好民警，在全社会彰显了公安民警“不忘初心、忠诚为民、英勇无畏、勇于担当”的精神风貌。

【“文明交通安全杯”摄影大赛获奖作品开展】 3月28日，由鹰潭市公安文联摄影协会、市交警支队、市公安局工会联合举办的《警营的春天》——全市公安机关“文明交通安全杯”摄影大赛获奖作品展暨鹰潭公安文联摄影协会年度总结大会在滨江公园老码头处隆重召开，集中展示了全市交警昂扬向上、热爱生活、追求卓越的良好精神风貌，也展示了鹰潭公安摄影人对艺术的执着追求。

【举办全市公安系统七人制足球锦标赛】 5月30日至6月20日，由鹰潭市公安局主办的2016年全市公安系统七人制足球锦标赛在市国资公司足球场举行，贵溪市公安局、余江县公安局、月湖区公安分局、消防支队、高速交警五支队、市局机关组成的6支代表队进行了3周的激烈角逐，为全市公安民警献上了19场精彩纷呈的比赛。此次比赛为民警带来身心愉悦、压力释放的同时，进一步提升了团队意识，营造了和谐文明的警营氛围。

【“七一”表彰暨建党95周年歌咏比赛举行】 6月29日下午，鹰潭市公安局“七一”表彰大会暨建党95周年歌咏比赛在华侨饭店三楼会议厅隆重举行，20余名新入党的民警和积极分子在党旗下庄严宣誓，现场300余名党员民警也一同重温了入党誓词。会议对市公安局机关政治部党支部等6个优秀党支部、张世洪等6名优秀党务工作者、吴鸿等38名优秀党员进行了表彰。 表彰会后，全市公安机关迎“七一”歌咏大赛隆重举行，来自各县（市、区）公安（分）局的11支代表队各展歌喉，尽情抒发对革命先烈的缅怀之情，和对当前来之不易的和平的深深热爱，同时表达了维护社会稳定、赢得群众满意的决心和信心。

【举行程永林先进事迹报告会】 7月21日，程永林先进事迹报告会在华侨会议厅举行，报告会由市局党委副书记、副局长谢军主持。 报告会前，副市长、公安局局长邓伟及局党委班子成员亲切接见了程永林及事迹报告团成员。整场报告会通过领导、同事、亲属和媒体四个不同站位角度，讲述了平凡岗位上干出不平凡业绩的程永林的点点滴滴。观看聆听程永林先进事迹报告会后，民警们纷纷表示，程永林的先进事迹感人至深，催人奋进。一定会从中汲取力量，立足本职，主动作为，为推进平安鹰潭、法治鹰潭和法治公安队伍建设做出应有贡献。

【完成G20峰会安保工作】 8月20日至9月7日G20峰会期间，鹰潭全市公安机关按照公安部、省公安厅和市委、市政府的统一部署，精心组织、全力以赴，大力加强G20安全保卫工作。全市接报各类警情11260起，其中有效警情2274起、刑事警情605起、交通事故600起、治安警情423起，全市没有发生有重大影响的刑事、治安案件和交通火灾事故，实现了“六个坚决防止”的预期目标，全市社会稳定、治安秩序良好。

【举办新一代移动警务通终端配发暨应用培训班】 9月13日，鹰潭市公安局举办新一代移动警务通终端配发仪式暨应用培训班，首批新一代移动警务通终端475台现配发到位，并邀请了公安部三所和鹰潭移动分公司技术人员对民警进行了培训。新一代移动警务系统建设应用的全面开展，必将成为今后民警办公、办案、办事的必备平台，全面提高民警的信息化应用水平。

【开展“第三届国家网络安全宣传周”活动】 9月22日，鹰潭市公安局、市委网信办在鹰潭市“老码头”联合开展了主题为网络安全为人民网络安全靠人民的“第三届国家网络安全宣传周”活动，进一步增强了群众的网络安全意识，为打击网络违法犯罪形成合力，为网络环境打下了和谐、健康、稳定的基础。 此次宣传活动，悬挂横幅3条，接受群众咨询100余次，展示展板12块，并通过媒体、公安公众号、微博等进行了宣传。

【公安监管病区正式启用】 10月21日，鹰潭市公安局举行公安监管病区揭牌启用仪式，鹰潭市政府副秘书长汪磊，市委610办主任、市公安局党委委员周峰，市卫计委党委委员冯样街，市人民医院铁路分院院长张胜选，市公安局监管处处长庄绍东，全市公安监管场所分管领导、所长及监管病区全部民警和全体医务人员出席仪式。仪式由市委610办主任、市公安局党委委员周峰主持。公安监管医院的正式启用，整合了公安和卫生系统优势资源，有效解决了监管场所“收不了、治不了”的难题，进一步提升了公安监所安全文明管理水平。

【举行新业务技术大楼启用暨升旗宣誓仪式】 11月18日，鹰潭市公安局隆重举行新业务技术大楼建成启用暨升旗宣誓仪式。仪式由市局党委副书记、副局长谢军主持，副市长、公安局局长邓伟出席仪式并讲话。市局党委班子成员，市局机关、交警支队、特警支队民警代表共计260余人参加了仪式。市公安局党委委员、纪委书记赖家辉带领全体民警面向国旗进行了宣誓，再次重温了人民警察

11月18日，鹰潭市公安局举行新业务技术大楼启用暨升旗宣誓仪式

市公安局 供稿

誓词。

【组织开展反恐处突综合演练】 11月30日，鹰潭市公安局在龙虎山风景区组织开展了“2016年度反恐处突综合实战”演练。整个演练过程中，参战民警反应迅速、装备佩戴规范、配合默契，演练取得圆满成功。这次反恐应急处突演练，有效检验了鹰潭市公安局应对景区暴恐事件的综合能力，为妥善处置各类突发事件打下了坚实基础。

【首届“122”交通安全主题广场舞大赛圆满落幕】 12月1日晚，由中共鹰潭市委宣传部、鹰潭市文明办、鹰潭市公安局主办，鹰潭市公安局交警支队、鹰潭在线新闻网承办的“共享平安交通舞动文明鹰潭”首届交通安全主题广场舞大赛决赛圆满落幕。鹰潭市委常委、宣传部部长贺喜灿，市委常委、政法委书记杨金红，市人大常委会副主任周永江，市政府副市长、市公安局局长邓伟，市政协副主席吴泉水到决赛现场观看了演出并为获奖队伍颁奖。此届大赛历时2个多月，经过预赛、复赛的激烈角逐，来自月湖区、贵溪市、余江县、龙虎山景区、信江新区的11支代表队脱颖而出，在总决赛的舞台上大放异彩。经过激烈的比拼，贵溪映山红舞蹈队摘得冠军，月湖区滨江舞韵队、余江县老年大学艺术团获得二等奖，畲乡马灯广场舞队、余江县体育舞蹈协会、月湖区四青唯美舞蹈队获得三等奖。比赛还评选出了网络最佳人气奖、青春活力奖以及优秀奖。

【开展“警界先锋”系列宣传活动】 2016年5月中旬始，鹰潭电视台、《鹰潭日报》、鹰潭电台等多家媒体陆续将对市公安局7名先进个人、3名优秀集体进行采访报道。此次宣传活动按照实事求是、真实可信、群众认可、示范引导、特点突出的原则，对市县两级公安机关近年来涌现的先进典型进行集中宣传，真正做到讲好警察故事，传递公安好声音，树立起鹰潭公安的良好形象。

【全市公安局长会议召开】 2月29日，全市公安局长会议召开。会议总结了2015年工作，表彰了先进，研究分析面临的形势，全面部署2016年全市公安工作。会议由市局党委副书记、副局长谢军主持。市政府副市长、市公安局党委书记邓伟作了题为《防风险、补短板、正风纪、创一流，努力开创“十三五”鹰潭公安工作发展新局面》的工作报告；市委常委、市委政法委书记杨金红出席会议并作重要讲话。会议强调，2016年全市各级公安机关要紧紧围绕“一年打基础、两年有进位、三年站前列、五年创一流”的工作目标，以党建为引领，以防风险、转方式、补短板为重点，以深化公安改革和“四项建设”为支撑，以大力推进全警情录入和警务机制创新为抓手，以社会面不出事、队伍不出事为底线，坚持抓班子、带队伍，全力提升公安机关的服务能力、业务能力、支撑能力、执法能力、履职能力，努力建设风清气正的政治生态和营造干事创业、创先争优的浓厚氛围，为深化“平安鹰潭、法治鹰潭”建设，全面建成小康社会营造安全稳定的社会环境、公平正义的法治环境和优质高效的服务环境。市局在家的党委班子成员、各警种部门负责人及政委，各县（市、区）公安局局长、政委，以及市消防支队、武警支队主要负责人计130余人参加会议。

（谢儒亮）

【市公安局副县级以上干部名录】

副市长、公安局局长：邓　伟（2016.2～、2016.3～）
党委副书记、常务副局长：谢　军（2016.12～）
党委委员、调研员：彭继红（2016.8~）
赖家辉（2016.12～）
党委委员、副局长、调研员：张应想
党委委员、副局长：黎光明
市委610办公室主任、市公安局党委委员：周　峰（2016.8～）
党委委员、刑侦支队长：孙友生
党委委员、政治部主任：詹飞跃
党委委员、市纪委派驻纪检查组组长：陈祥荣（2016.12～）
党委委员、指挥中心主任：李　斌
党委委员、治安支队支队长：刘向阳
党委委员、交警支队支队长：肖　军（2016.8～）
党委委员、市局副调研员、月湖分局副局长：韩　斌（2016.10～）
调研员：郭远明
副调研员：徐向武
交警支队政委：王晓鹰
特警支队支队长：陈选书
刑侦支队政委：吴爱胜
特警支队政委：罗贤忠
警卫处处长：张　云
巡警支队支队长：张志宏
市公安干校校长：杨红文
市局副调研员：林　新
市局副调研员、高新分局局长：邓党和

检察

【概述】 2016年，全市检察机关在市委和省人民检察院的正确领导下，在市人大及其常委会的有力监督下，抓作风、强队伍，抓规范、强监督，抓短板、强基础，抓创新、强发展，各项检察工作取得新成效，实现了“十三五”时期检察工作良好开局。

着力优化经济发展环境。主动适应经济发展新常态，批准逮捕破坏社会主义市场经济秩序案件42件54人，提起公诉47件83人，切实维护良好的市场环境；制定出台《关于服务非公有制企业发展的实施办法》；紧贴全市“8+1”重点工作，主动服务贵塘公路改建等重大工程项目建设，提供行贿犯罪档案查询1231次，保障了政府投资安全和重大项目建设的顺利进行。

着力助推生态文明建设。围绕打造美丽中国江西样板排头兵，持续接力开展“加强生态检察，服务绿色崛起”专项监督和“生态检察工作深化年”活动。深刻把握生态检察工作在司法理念、办案方法、监督模式等方面与一般检察工作的不同，建成运行派驻金屯、锦江、平定生态检察室，探索推行“一案三查一跟进”的绿色办案方式和“专业化法律监督+恢复性司法实践+社会化综合治理+警示性预防教育”的生态检察模式，得到湖南团全国人大代表等社会各界的充分肯定，全省生态检察工作总结现场会在鹰潭召开，鹰潭市经验做法在会上推介。《人民日报》、《法制日报》、《江西日报》、《检察日报》等媒体先后60余次报道市生态检察工作，生态检察鹰潭品牌效应初步显现。

着力维护社会和谐稳定。积极参与社会治安防控体系建设，坚决打击“两抢一盗”、电信网络诈骗、非法传销等严重影响公众安全感的刑事犯罪案件，依法批捕238件524人，起诉194件245人，有效维护社会公共安全。结合办案，对涉众型经济犯罪、校园暴力伤害案件、毒品犯罪案件等涉及重点人员、重点问题形成分析报告，推动相关问题的集中整治。联合市司法局、市律师协会推行律师参与化解和代理涉检信访案件工作机制，引导信访群众理性表达诉求，推动涉检信访案件化解，李某某等刑事申诉案件有序退出司法程序。一年来，两级检察机关妥善处理群众来信来访781件，化解积案8件。

着力保障民生维护民利。深入开展民生领域专项法律监督，对疫苗使用、“禽流感”疫情防控等问题积极开展巡查整治。高度重视保障人民群众生命财产安全，依法办理了祝某某、刘某某等危害食品药品安全的刑事犯罪案件4件16人，依法查办危害民生领域职务犯罪案件9人。积极参与脱贫攻坚战，联合市扶贫办开展“集中整治和加强预防扶贫领域职务犯罪”专项活动，确保扶贫惠农资金安全。

【认真履行批捕起诉职责】 严格掌握逮捕、起诉条件，批准（决定）逮捕各类犯罪嫌疑人973人，提起公诉1355人，不批准逮捕209人，不起诉91人，无捕后撤案或判无罪案件。认真落实宽严相济刑事政策，全年运用“轻案快办”工作机制办理了64件审查逮捕案件、73件审查起诉案件，预防和减少新的社会矛盾发生。依法从快从严办理了驾车撞伤刑警程永林的曾某故意杀人案、贵溪耳口乡数百名村民聚众斗殴案等一批社会广泛关注的案件，取得良好的社会效果。

【严肃查办职务犯罪案件】 立案侦查各类职务犯罪案件43件60人，其中贪污贿赂类犯罪案件31件44人，渎职侵权类犯罪案件12件16人。依法查办了江西省质量技术监督局原副巡视员李某某受贿案，江西稀有金属钨业控股集团有限公司原副总经理崔某某受贿案、鹰潭市国资公司原副总经理王某某受贿案等县处级以上领导干部要案6人（厅局级干部2人）。加大追逃追赃力度，对潜逃5年的中国银行上饶市分行原副行长张某某依法抓捕归案。

【积极开展职务犯罪预防】 结合办案，深入查找发案原因及管理漏洞，向发案单位及其主管部门提出检察建议38份，向党委报送惩治和预防职务犯罪年度报告、专题报告10份，9份得到党委主要领导批示肯定，《关于鹰潭市涉农惠农领域职务犯罪的调查报告》在第二届全国检察机关惩治和预防职务犯罪年度报告评选活动中荣获“百优”年度报告。积极开展职务犯罪预防宣传，在全省率先开展 “预防邮路+”活动，建立法制教育基地4个，开展警示教育20余次，1000余人次受到教育。坚持抓早抓小，积极开展预防职务犯罪诫告工作，对张某某等4人进行了预防诫告。

【统筹推进诉讼活动监督】 强化对侦查活动的监督，监督立案16件，监督撤案16件；纠正漏捕55人，纠正漏诉38人；对侦查违法行为发出纠正违法通知书或检察建议17件次。强化对审判活动的监督，对认为确有错误的刑事裁判提出抗诉3件3人；对认为确有错误的民事行政生效裁判提出（请）抗诉和发出再审检察建议6件；办理诉讼违法监督案件45件，均得到采纳；继续加大对虚假诉讼案件监督力度，被评为全省检察机关虚假诉讼监督先进单位。强化对刑事执行的监督，认真开展羁押必要性审查工作，提出变更强制措施建议书40份，均被采纳；预防超期羁押，纠正久押不决，1名干警被评为全国检察机关清理纠正久押不决案件专项活动先进个人。

【加强思想政治建设】 扎实开展“两学一做”学习教育，认真组织学习贯彻中共十八届六中全会和习近平总书记系列重要讲话精神，引领全市检察干警牢固树立政治意识、大局意识、核心意识、看齐意识。制定落实《新时期思想政治工作实施方案》，创新思想政治“三六”工作法，组织开展“学党规、守党纪、做表率”主题教育活动周、录制《党啊！检察官对您说》诗歌朗诵栏目、举行“迎国庆、学标兵、创佳绩”先进事迹报告会等活动，让“忠诚、为民、担当、公正、廉洁”成为检察干警的内心尊崇和行为指引，涌现出“全省优秀共产党员”“龚全珍式好干部”和2016“感动鹰潭”年度人物等先进典型34人（次）。

【加强队伍素能建设】 大力加强领导班子建设，把创建“好班子”作为队伍建设的龙头来抓，充分发挥“关键少数”讲党性重品行作表率的引领示范作用。大力加强人才队伍建设，制定实施《人才培养方案》《关于青年干警列席检察委员会会议的具体操作办法》，推行业务培训、AB双岗锻炼、岗位练兵等制度，全面提升干警综合素质， 8名干警分别获业务竞赛标兵、业务竞赛能手、全省诉辩大赛一等奖等荣誉称号。大力加强理论调研工作，全年发表理论调研文章45篇，10篇论文在高检院征文比赛、全省理论研究年会上获奖，3名干警分别被评为全国、全省首届理论调研骨干人才，队伍专业化水平进一步提高。

【加强党风廉洁建设】 积极适应全面从严治党的新要求，深入开展“准则”“条例”学习，推行“双责”季度讲评会，狠抓“两个责任”的落实。制定实施《党员领导干部提醒、函询暂行办法》《干警诫勉谈话制度》，完善了监督执纪问责的制度体系。持续深化检务督察，组织督察10次，受理核查对检察人员举报线索7件，对2013年以来初核的16件信访件进行了再梳理，党风廉洁建设得到高检院巡视组的充分肯定。

【加强基层基础建设】 推进基础设施建设，全市检察机关办案区和指定居所监视居住点进行了升级改造，市检察院龙虎山办案工作区顺利封顶。推进检务保障建设，完成了电子证据实验室二期、检务通工程、“两网一线”工程的分级保护建设，电子数据侦查技术装备逐步配齐。推进基层院基础建设，健全人财物向基层倾斜的保障体系，年度补助基层院建设经费50万元。在贵溪、余江、月湖等基层院，涌现出“全国先进基层检察院”“全省文明单位”“全省学雷锋示范点”“全省青少年维权岗”等先进集体28个。

【自觉接受外部监督】 认真做好湖南团全国人大代表的视察工作，定期向人大及其常委会报告年度工作和专项工作，及时向政协通报检察工作情况，积极配合开展专题执法检查和调研，及时办结人大代表、政协委员建议、意见。加强与人大代表、政协委员的日常联络，开通“代表委员联络手机报”，报告工作、征求意见、邀请视察等工作实现常态化。邀请人民监督员、特约检察员参加检察机关重要会议、活动5次，组织人民监督员进行案件监督评议2次。

【加强公共关系建设】 建成一站式检务公开大厅，先后两次举行“检察开放日”活动，推动检察工作与社会公众良性互动。依托人民检察院案件信息公开网，公开案件程序性信息1735件，重要案件信息311件，生效法律文书760件，法律文书公开率达99.7%。唱响鹰潭检察“好声音”，全年召开新闻发布会3次，刊发新闻稿件380余篇，两级院全部开通“两微一端”，20多个原创新媒体作品被高检院、省检察院转发，贵溪市检察院、月湖区检察院新媒体作品在全国检察机关新媒体大赛中获奖，贵溪市检察院被评为“全国检察机关新闻宣传先进单位”。

【持续规范司法行为】 以“规范司法行为深化年”活动为抓手，依托统一业务应用系统，加强对办案程序、办案质量等案件办理全流程的内部监控，针对不规范的司法行为，共发出流程监控13件（次）并督促整改。扎实开展涉案财物管理专项检查、执法案件评查等活动，对查摆出来的8个方面、31个问题进行了重点整治，杜绝司法不规范问题的反弹。组织规范司法行为及“两大系统”业务知识竞赛和全员规范司法知识考试，进一步提升干警规范司法的意识和能力。积极构建新型检律关系，接待律师318人次，受理特别重大贿赂犯罪案件侦查阶段会见申请6次，为律师提供案卷扫描并刻录光盘300余张，切实保障律师依法执业。

【扎实推进检察改革】 按照省人民检察院和市委政法委的部署，强化改革政策理解、调研摸底测算、思想政治工作，为有序推进司法改革打下坚实基础。创新“未检+”工作机制，未成年人刑事检察集中管辖改革试点成效凸显，月湖区人民检察院未检科及未检科长分别被最高人民检察院评为突出贡献集体和个人。率先推进设区市检察院垂直管理基层院司法警察试点工作，建立健全警务保障一体化工作机制。认真落实好人民监督员制度改革的各项要求；会同国土等六家行政执法机关启动信息共享平台建设，进一步深化“两法”衔接工作机制；在余江县检察院有序推进对公安派出所刑事执法监督试点工作。

（桂江海）

【市人民检察院副县级以上干部名录】
党组书记、检察长：李莉安（女，2016.4～）
党组成员、副检察长：刘　俊 方　成 王　湖（2016.9～）
党组成员、纪检组长：江晓军
党组成员、政治部主任：刘秋有
检委会专委：邹晓春　肖志丽　（女）
机关纪委书记：魏　毅
计财处处长：宋建平
案管处处长：胡金国
侦监处处长：孙赵发
信江检察室主任：罗会来
公诉处处长：李规划
监所处处长：郭小锋
调研员：罗晓玲　（女）
正县级检察员：吴仁祥

法院

【概述】 2016年，全市法院深入贯彻中共十八大和中共十八届三中、四中、五中、六中全会和习近平总书记系列重要讲话精神，紧紧围绕“努力让人民群众在每一个司法案件中感受到公平正义”的目标，以“坚持弘扬井冈山精神，争创一流工作业绩”为抓手，坚持司法为民公正司法，各项工作取得新进展。

服务大局举措得力。深入贯彻新发展理念，出台司法指导意见，为全市经济社会发展提供精准司法服务。两级法院积极开展“降成本优环境”专项行动，为重点企业和重点项目提供挂点服务，保障经济健康发展和重大项目顺利推进。规范司法行为，审慎处理涉企案件，尽量减少诉讼活动对企业生产经营的不利影响。指导月湖区法院依法受理括苍、鑫琥等房地产企业破产重整案件，促进供给侧结构性改革。依法保障绿色发展，成立环境资源审判专门合议庭和环资法庭，探索生态修复、联动保护机制，判令破坏生态环境的刑事被告人补植复绿或承担生态修复费用。针对经济下行背景下合同违约增多，特别是借贷类涉众型案件大幅增长的情形，出台审判指导意见，加强与政府部门、金融机构的沟通协调，妥善处理矛盾纠纷，维护经济秩序和社会稳定。

执法办案成效明显。全市法院新收各类案件10435件，审结10203件（含旧存，下同），同比分别上升22.66%和37.93%。其中，市中院新收968件，审结974件，分别上升8.39%和25.52%。依法惩治刑事犯罪，维护社会和谐稳定，审结刑事案件968件，判决发生法律效力646人。实施未成年人刑事案件跨区域集中管辖，审结的一审未成年人刑事案件无一上诉或抗诉。坚持平等保护，尊重契约自由，依法审结民商事案件5232件，结案标的额45.57亿元。成立家事审判工作室，动员社会力量参与解决家事纠纷，积极运用“人身安全保护令”制度防治家庭暴力，受到社会各界关注和好评。坚持监督与支持并重、实质解决行政争议的原则，依法开展行政审判，审结行政案件152件，上升55.1%。

司法为民不断深入。全面贯彻立案登记制，深化诉讼服务中心建设，完善实体、网络、微信公众号和声讯四位一体的综合服务模式。优化服务举措，在诉讼服务中心、社区、景区设立诉调对接工作室，实现人民调解、行政调解、行业调解与法院调解无缝对接。完善案件繁简分流机制，优化司法资源配置，推行简案速裁、轻案快审。奋力攻克执行难题，保障胜诉权益。共执结案件3849件，上升171.82%，执结率为80.64%。主动争取支持，形成合力解决执行难。在全省法院率先与国土部门建成“点对点”自动查询系统，与公安检察机关联合出台《关于进一步加强执行协调配合工作的实施意见》，提高找人查物和惩治拒执犯罪工作效率。集中开展执行专项行动，依托“法媒银”平台，通过公开曝光、限制高消费或限制出境、依法追究拒执罪等形式，加大强制执行力度。

司法改革稳步推进。出台《关于落实院领导办案制度的实施意见》，改革审判委员会制度，推进以审判为中心的诉讼制度改革，认真落实司法责任制。建立律师参与化解和代理涉诉信访制度，全市共有45位律师接受指派入驻法院诉讼服务中心参与接访案件39件，接待信访人48人次，劝解息访案件10件。积极推动“智慧法院”建设，建成全市法院信息管理中心，实现远程指挥、数据分析、在线审务监督等功能。全面推行网上办案，实现诉讼档案数字化和电子卷宗随案生成，全市法院网上办案率位居全省前列。深化审判流程、裁判文书、执行信息、网络庭审四大公开平台应用，全市法院司法公开工作被省高院在全省审判管理工作会上作为经验推广。

队伍建设全面加强。扎实开展“两学一做”学习教育，不断强化“四个自信”，牢固树立“四个意识”。深入推进“坚持弘扬井冈山精神，争创一流工作业绩”活动，提振队伍精气神。坚持以上率下，狠抓作风建设，严格执纪问责，从规范会风会纪、上下班作息等小事抓起，定期组织专项督察、审务督察。结合换届，对基层法院院长担当落实“两个责任”进行集体约谈。法院纪律作风建设日益严紧硬，干警精神面貌有了明显变化，风清气正的司法生态正在形成并趋于巩固。

【鹰潭法院审判综合服务平台上线】 3月3日，鹰潭市中级人民法院审判综合服务平台上线。该平台贯穿立案、审理、结案全过程，为当事人、律师提供一站式综合诉讼服务。鹰潭市中级人民法院审判综合服务平台包括网上诉讼服务中心、审判流程信息公开平台、裁判文书公开平台、执行信息公开平台、投诉咨询等主栏目。通过该平台，公众可以直接获取开庭信息、查看网上裁判文书、了解执行动态、进行诉讼咨询。同时，还可以通过网上诉讼服务中心，进行网上预约立案、证据在线交换、材料收转、申请旁听等活动。

【葛晓燕到鹰潭法院调研指导工作】 5月11日，省高级人民法院党组书记、院长葛晓燕一行到鹰潭法院调研指导工作。鹰潭市委副书记、市长熊茂平会见了葛晓燕。省高院党组成员、政治部主任勒世标，鹰潭市委常委、贵溪市委书记张福庆，鹰潭市委常委、政法委书记杨金红，鹰潭中院党组书记、院长陈仁生陪同调研。葛晓燕在实地考察两级法院后与中院班子成员、基层法院院长和中院部门负责人座谈交流。座谈会上，葛晓燕充分肯定全市法院近年来在审判执行、队伍建设等方面取得的成绩，要求两级法院充分发挥审判执行职能作用，为鹰潭经济社会发展提供坚强的司法保障和优质的司法服务。

【首例庭审直播案件开庭】 8月

31日，市中院通过鹰潭法院诉讼服务网直播审理上诉人贵溪花园恒基建材有限公司与被上诉人江西省抚州市金巢建筑工程有限公司、黄某某、原审第三人南昌松锋房地产开发有限公司买卖合同纠纷上诉案，这是市法院首例庭审网络直播案件。庭审网络直播是推进司法公开“三大平台”之后的第四大平台，是人民法院打造“阳光法院”、“智能法院”、提升司法公信力的重要途径。市中院已出台文件，将庭审网络直播常态化，以后会不定期选择社会关注高或者具有法制宣传意义的案件在鹰潭法院诉讼服务网进行网络直播。

【联合公安、检察机关出台意见破解“执行难”】 9月19日，市中院联合市检察院、市公安局出台《关于进一步加强执行协调配合工作的实施意见》（以下简称《意见》）。《意见》从查询被执行人信息，查找被执行人，查询、查找被执行人车辆，拘留被执行人，查处拒不执行判决裁定等违法犯罪行为五大方面明确了三个部门之间的职责要求、分工和时间节点等。《意见》的施行有利于加强公检法之间的协调配合，形成执行工作合力，为解决“执行难”问题提供了制度支持。下一步，市委政法委将召开公检法联席会议，对《意见》的具体操作进一步的布置。

【推进律师参与化解和代理涉法涉诉信访案件】 9月21日，市中院与市司法局、市律师协会联合出台《关于律师参与化解和代理涉诉信访案件工作的实施办法》（以下简称《办法》）。《办法》明确了律师参与化解和代理涉诉信访案件的主要内容、工作流程、案件范围、工作纪律以及法院为律师参与信访提供的必要保障。律师代理涉诉信访案件，有助于引导信访人正确运用法律赋予的权利和救济途径表达诉求。

【成立环境资源审判庭】 继10月出台《关于加强环境资源审判促进绿色发展的若干意见》后，11月1日市中院正式挂牌成立环境资源审判庭，并从其他部门专门调配审判力量从事环境资源案件的审理。环境资源审判庭的设立，搭建了环境资源司法保护的绿色通道，有利于充分发挥环境资源审判职能作用，加大对污染环境、破坏生态的司法规制，加快推进我市生态文明建设与绿色发展，回应了人民群众对环境资源司法的新期待。

【曾某平失火案】 3月28日13时许，曾某平前往文坊镇虹桥村月形组自家板栗山场干活，途径山场脚下农田，坐在田边的堤坝上抽烟，将未熄灭的烟头随意丢弃，烟头引燃周围杂草并蔓延至文坊镇虹桥村“王家源”，引发山林火灾。经林业部门鉴定，此次火灾过火面积达192亩。贵溪市法院经审理认为，被告人曾某平的行为已构成失火罪，考虑到其已经取得被害人谅解并自愿对失火山场补种，具有从轻处罚情节，最终以失火罪判处被告人曾某平有期徒刑一年，缓刑二年，同时责令其五年内在失火山场补种树苗1.6万株。此案是贵溪市法院加强对生态环境的司法保护力度，与当地相关部门联合出台《关于办理涉林案件补植复绿协作配合工作的意见》后首次尝试在判处刑罚的同时推行补植复绿机制，实现办案的法律效果、社会效果和生态效果的统一。

【贵溪市法院首用微信开庭审理民事案件】 4月18日，贵溪市法院首次利用“微信”这一网络社交平台开庭审理了一起民事案件。使用微信庭审的是一起离婚案件，原告因身体原因无法按时参加庭审，经办法官在征求了被告的意见后，通过采用微信视频的方式进行庭审。此举是贵溪市法院顺应“互联网+”时代的要求，不断探索“互联网+审判”工作新模式的一项探索。

【贵溪市法院发出首张“人身安全保护令”】 4月22日，贵溪市法院向一离婚案件当事人发出“人身安全保护令”，这是《中华人民共和国反家庭暴力法》实施以来，江西省发出的首张“人身安全保护令”。该院在受理毛某诉张某离婚诉讼中，接到了毛某递交的人身安全保护令申请。承办法官经过调查核实，认为毛某的申请符合《中华人民共和国反家庭暴力法》的有关规定，故发出“人身安全保护令”，禁止被申请人张某威胁、殴打申请人毛某，并请公安机关、村委会和妇联等相关部门协助，确保该“人身安全保护令”畅通执行。

【市中级人民法院副县级以上干部名录】

党组书记、院长：陈仁生

党组成员、副院长：姚耀庭　王建东　张水才　邹　静（女）

党组成员、纪检组长：史国钧（～2016.12）　舒庆如（2016.12～）

党组成员、政治部主任：邓新科

党组成员：陈　文（女，2016.8～）

专职审委会委员：徐文辉　刘赛连（女）

执行局局长：陈翠英（～2016.8）

刑事审判第一庭庭长、副县审判员：赵登波

审判监督庭庭长、副县审判员：傅高煌

刑事审判第一庭庭长、副县审判员：熊胜生

民事审判第一庭庭长、副县审判员：陈华秀（女）

民事审判第二庭庭长、副县审判员：汪险峰（女）

调研员：姚江鹏

副调研员：詹寿兴　熊和国

副县审判员：廖卫星

司法行政

【概述】 2016年，全市司法行政系统深入学习贯彻习近平总书记系列重要讲话精神，按照省委和市委、市政府的部署，立足法治宣传、法律服务和法律保障的基本职能，紧紧围绕中心、服务大局，持续推进司法行政工作。

【推进普法教育和“法治鹰潭”建设】 围绕“三个着力”即着力增强全民法治信仰、着力加强法治文化建设和着力提高社会治理法治化水平，推动法宣与法建融合发展，促进法治宣传转型升级，打造法治鹰潭建设新形象。市第十三次法治宣传教育工作会议为三十年来规格最高、规模最大。至11月底，六个县（市、区）已全部高规格完成“七五”普法启动动员工作。市法建办编制、实施《2016年法治鹰潭建设工作任务责任清单》、《“谁执法、谁普法”责任任务清单》，明确全年法治建设124项工作任务、责任部门、领导、完成时限，建立60个行政执法主体的普法责任任务清单及台账资料，推动既定法建工作任务及“谁主管、谁负责”和“谁执法、谁普法”责任制落细落小落实。以全省旅游发展大会在我市召开为契机，在入城高速出入口、县区城际快速通道、旅游景区、工业园区投放商业价值超百万的21块高架炮及近万平米建筑施工围墙进行大型法治公益广告宣传。在市属媒体开辟“领导干部法治访谈”“学法在线”“龙虎山漫话”“北极阁新语”“以案释法”等专栏专题，与《新法制报》签署协议并投入25.8万元建设“法治鹰潭网、微信、微博”门户平台，总结宣传法治建设工作典型21个。推荐、评选贵溪市公安局民警程永林和滨江镇政府退休干部黄新发等法治人物、新闻人物和感动人物等25人。广推阵地建设，新建法治教育基地20个，重点推动了贵溪市禁毒教育基地、月湖区未成年人检察教育基地、龙虎山青少年法治教育中心及“农生态”“林生态”“水生态”等五个生态法治教育基地建设。坚持法治德治两结合，把尊法学法、诚信守法纳入精神文明建设考核。坚持创新引领，将贵溪市投入百万在全市29所初级中学普遍建立青少年法治教育基地，余江县紧扣全国宅基地改革试点任务“深入实施五建五促项目，积极推进基层社会治理法治化”，月湖区以社区办公室为平台打造“三点半教室”及全市普遍建立健全法律顾问制度等做法积极申报省司法厅创新基金奖励项目（其中，鹰潭市月湖区司法局报送的“社区三点半教室”获省司法行政系统创新基金奖励项目优秀奖）。

【持续规范人民调解和特殊人群管理】 突出司法所在司法行政各项工作中的最前沿作用，开展“五好司法所”规范化建设和发挥“全国先进司法所”、“全国模范司法所长”、全省“最美司法所长”等一批基层先进典型的引领示范，积极协调推动县（市、区）在换届之年尽快配齐配强副科级司法所长。用好全市51个人民调解信息管理平台，将医疗纠纷调解过程录入到平台上进行监管和统计，加强行业性、专业性人民调解组织建设，推进医患纠纷、征地拆迁、婚姻家庭等领域的矛盾纠纷调解，全市共排查调处矛盾纠纷3799件，调解成功率97.4%，防止群体性上访40起，防止群体性械斗1起，防止民转刑 62起。集中力量做好重点信访人员的稳控工作，加强矛盾纠纷排查和多调联动，严防在G20峰会和“南昌会议”、“两会”等重要时间节点发生非正常访、群体访和信访极端事件。开展社区矫正执法规范深化年活动，强化日常矫治和管控，实行“人脸识别，指纹签到”，对社区服刑人员实行移动定位监督，打造“微信+社区矫正”的监管模式。集中开展社区矫正点验执法活动，对全市社区服刑人员进行集中点名，集中核查，集中教育和集中劳动。全市在册社区服刑人员600人，累计接受2086人，累计解矫1486人，出具审前调查评估意见函269份，采信率98%。健全刑释人员安置帮教机制，开展无缝对接，做好刑释人员必接必送和远程会见工作，出监所346人，接送346人，接送率100%，及时规范发送生活补助经费和接送经费共计95万余元，全市远程会见共申请779次，成功会见3000余人次。

【逐步落实深化改革任务】 一是启动人民监督员选任方式改革，市司法局与市人民检察院联合制定了人民监督员选任工作改革方案。根据工作安排，完成20名市级人民监督员选任的推荐考察和公示。二是出台律师参与化解和代理涉诉信访案件工作制度。以“三个一”方式积极推进城乡法律服务均等化。即：以市县律师资源为“一个平台”、以律师与法律需求单位为“一个对接”、建立余江县第一个合伙制律师事务所为“一个建立”。实施“1223”工程推动村（居）普遍建立法律顾问制度的100%全覆盖。即：将担任乡镇（街道）的法律顾问同时一揽子方式担任辖区村（居）法律顾问，先行试点和分批推进两步实施，法律顾问公示牌和工作台账两个统一，以律师和法律服务工作者为主力军、司法所司法员为辅助力量、村“法律明白人”和社区综治司法干部为基础力量的“三支队伍”。三是完善法律援助制度。市委办、市政府办印发了《关于完善法律援助制度的具体实施意见》，积极改造“12348”法律援助专线，主动对接开展精准法律援助，在全省率先成立“市未成年人刑事案件法律援助辩护服务团”，全市法律援助机构共承办法律援助案件554件，法律援助咨询6520人次。四是完善司法鉴定制度。深入推进全市司法鉴定行业质量建设年活动，淘汰“小、少、散、乱”机构，实现转型升级，全市司法鉴定机构共办理涉及法医临床、建筑工程质量、资产评估等各类司法鉴定案件1200余件。五是建立全市公共法律服务平台。贯彻好省委、省政府两办《关于在全省建立公共法律服务平台的意见》，按照“万安会议”（2016年5月6日，省司法厅在吉安万安县召开的全省公共法律服务平台建设现场会）的部署和要求，做到“高标准、严规范、重协调”，积极整合普法教育、律师、公证、司法鉴定、仲裁等法律服务资源，逐步逐年推动建立覆盖县（市、区）、乡（镇、街办）的公共法律服务平台。在市本级打造“同心•法律服务中心”，县（市、区）平台建设完成率50%，乡镇（街办）平台建设完成率27.3%。

【不断完善公证、仲裁服务】 努力提升公证服务水平，按照坚持事业体制方向、依法落实公证机构独立法人地位、稳步放开执业区域限制的要求，推进公证机构体制改革，加快县域公证机构规范化建设，推进公证信息化建设，拓展公证服务领域，开展便民利民服务，全年共办理各类公证7425件，国内公证6311件，涉外公证1058件，涉港澳台56件。完善仲裁机制，扩大仲裁宣传，提升仲裁服务水平，为解决民商事争议提供有效仲裁服务，鹰潭仲裁委全年共受理各类民商事纠纷43件，涉案金额6000多万元。

（彭华为）

【市司法局副县级以上干部名录】

党组书记、局长：李　涛

党组成员、纪检组长：杨谷喜（～2016.12）　吴险峰（2016.12～）

党组成员、副局长：叶树珍　张卫中　吴泉友

党组成员、法治办专职副主任：王万春

党组成员、副调研员：李水全　黄明球

贵溪市滨江镇人民调解委员会主任：黄新发

5月11日，鹰潭市中级人民法院班子成员与江西省高级人民法院院长葛晓燕（右中）座谈

市中级人民法院办公室　供稿

工 业

编辑、校对：陈志敏

综述

2016年，全市工业系统以建设国家工业绿色转型城市为主线，突出去产能、降成本、补短板三大核心任务，大力实施工业强基、企业减负、产业升级三大工程，重点围绕“1+3+2”产业，不断优化产业结构，加速推进转型升级，工业经济实现运行平稳。

1.工业运行总体平稳。2016年，鹰潭市270家规模以上工业企业实现工业增加值330.9亿元，列全省第九位， 占全省的4.2%，增长8.4%；实现主营业务收入3633.1亿元，列全省第四位，占全省的10.2%，增长7.8%，较2015年提高7.3个百分点；实现利润总额95.3亿元，列全省第九位，占全省的4%，增长10.1%，较2015年提高了25.5个百分点。

2.产业升级步伐加快。2016年，鹰潭市着力推进以铜产业为主导的“1+3+2”产业转型提升发展，新增国家技术创新示范企业1家、省级智能制造试点示范企业2家，新增高新技术企业20家，总数达71家。铜产业受铜价回升拉动，多项指标增速领先，实现工业增加值230.4亿元、主营业务收入3283.4亿元、利润60.2亿元，分别占全市规模工业的70%、90%和63%；铜精深加工产品产值占比达41%，较上年提高1.1个百分点。保太集团、江南铜业等17户重点企业实施升级改造，三川智慧与华为公司达成NB-IoT技术应用战略合作、院士专家科技服务站正式挂牌成立。

3.市属工业稳步提升。2016年，全市市属规模以上企业实现主营业务收入1540.2亿元，占全市的42.4%，较2015年提高了1.6个百分点，增长9.46%，高出全市增速1.66个百分点；实现工业增加值219.4亿元，占全市的66.3%，较2015年提高了4.8个百分点，增长11.7%；实现利润总额77.62亿元，占全市的81.46%，增长2.45%；全市工业园区工业用电6.5亿千瓦时，增长17.1%，高出全市增幅17.08个百分点。

4.园区功能日益完善。2016年，全市工业固定资产投资总额完成351.8亿元，增长24.9%，增速列全省第三。2016年全市工业园区扩区面积10.7平方千米，新建标准厂房8万平方米，总数已达60万平方米，园区专业服务平台已有7家，铜基合金产业集群、铜产业聚群、水工产业集群、余江眼镜产业集群列入全省64个重点产业集群。

5.联点工作措施有效。一是建立了入企帮扶机制。按照省委、省政府统一要求部署，全市四套班子挂点联系4个园区，33位市领导挂点联系98家企业，每个企业安排1个部门和2名联络员对口联系，实现全市规上工业企业全覆盖。二是推动解决企业问题。先后已梳理出四批次企业反映的省、市级层面285条问题，已答复283条问题，办结率为99%。三是创新帮扶方式。借鉴赣州市经验，鹰潭市开发的精准帮扶企业APP平台已投入运营。

铜产业

【概述】 2016年，全市87家规模以上铜企业实现工业增加值230.4亿元，同比增长9.3%；累计实现主营业务收入3283.44亿元、同比增长5.91%，利润总额60.2亿元、同比增长27.37%；电解铜产量达101.54万吨，铜材产量达284.05万吨，分别占全国的12%和13.55%。

1.铜冶炼企业。2016年，江铜集团实现主营业务收入2075.68亿元，同比增长3.25%；利润17.95亿元，同比增长62.34%；电解铜产量94.81万吨，同比下降6.17%；铜材产量34.57万吨，同比下降6.67%。

2.铜加工企业。2016年，全市市属规模以上铜加工企业累计实现主营业务收入1207.76亿元、同比增长10.82%，利润总额42.25亿元、同比增长16.69%。

3.铜拆解加工企业。12月份，铜拆解园区进口固体废料45标箱，同比下降84%；废料总重755吨，同比下降84%。2016年，累计进口废料1042标箱，同比下降26%；废料合计1.71万吨，同比下降27%。

智能制造产业

【概述】 2016年，全市有规模以上智能制造企业42家，初步形成了包括绿色水工、机械制造、电子元器件产业集聚的智能制造产业集群。实现主营业务收入55.71亿元，同比增长16.16%，利润总额3.77亿元，同比增长12.02%。

光电新能源产业

【概述】 光电新能源产业主要集中在光学、节能照明以及新能源三大行业，围绕金泰新能源、水晶光电等战略性新兴产业，阳光照明、美的贵雅等节能照明龙头企业，全力扶持，抢占高端，扩大规模，增强发展新动力。2016年，全市有规模以上光电新能源企业34家，实现主营业务收入95.94亿元，同比增长13.27%，利润总额7.1亿元，同比增长20.58%。

大健康产业

【概述】 鹰潭市大健康产业有规模以上企业27家，其中医药行业8家、食品行业19家，2016年全市大健康产业发展态势良好，累计实现主营业务收入43.88亿元，同比下降5.23%，利润总额11.92亿元，同比下降12.28%；其中全市医药行业累计实现主营业务收入17.5亿元，同比增长10.02%；利润1.32亿元，同比增长2.29%；全市食品行业累计实现主营业务收入26.39亿元，同比下降13.21%；利润1.06亿元，同比下降13.81%。

创意制造产业

【概述】 依托果喜集团等龙头企业的产业、资源优势，通过与有关专业高等院校的合作，加大文化创意类生产环节产业基地建设和龙头企业的引进力度，大力发展雕刻产业，重点引进油画、绿色印刷、包装龙头和纺织企业，从而形成创意制造产业。2016年，创意制造产业规上企业45家，实现主营业务收入43.16亿元，同比增长5.99%，利润总额2.72亿元，同比增长19.3%。

精细化工产业

【概述】 精细化工产业有规模以上企业13家，2016年，累计实现主营业务收入49.4亿元，同比增长0.74%，利润总额2.66亿元，同比增长14.84%。

（吕　声）

【市工业和信息化委员会副县级以上干部名录】

党委书记：徐　慧（女）
党委副书记、主　任：高　华
党委委员、副主任、调研员：宗　培
党委委员、副主任：吴德昌　唐佐昌　孙　伟
党委委员、调研员：严细火
党委委员、纪委书记：杨　琦（女）
党委委员、总工程师：余增红
铜产业发展局专职副局长：苏鹏程
副调研员：洪新华

电力工业

【概述】 国网江西省电力公司鹰潭供电分公司是国有中一型企业，以建设、运营鹰潭电网为核心业务，现有全民职工1004人（本部498人、月湖公司58人、贵溪公司138人、余江公司310人），担负着全市工农业生产和居民生活供电任务，供区内有沪昆高铁，鹰厦、浙赣、皖赣电气化铁路等重要用户。受省电力公司委托管理月湖区、贵溪市、余江县3个县级供电公司。2016年鹰潭全社会用电量达41.44亿千瓦时，工业用电量达29.28亿千瓦时。

鹰潭电网现有火力发电厂2座（贵溪发电厂装机容量188万千瓦、生活垃圾焚烧发电厂装机容量0.6万千瓦）、水力发电站57座（总装机容量5.7万千瓦）、光伏发电站5座（总装机容量18.5万千瓦），500千伏变电站1座、220千伏变电站5座、110千伏变电站15座，110千伏及以上变电容量3005万千伏安、输电线路1032千米（不包括500千伏线路）。鹰潭电网是以500千伏为支撑点，220千伏环网运行，并与上饶、抚州、乐平等地通过500千伏及220千伏线路联网，110千伏变电站全部实现备用电源自动投入。在近两年省公司开展的“零投诉”服务竞赛获小组第二名。2016年，公司认真落实省公司“1134”工作要求，各项工作有序推进。完成全口径售电量34.69亿千瓦时，同比增长8.15%。综合电压合格率99.59%，城市供电可靠率99.94%。电网负荷三创新高，达65.95万千瓦，同比增长8.76%。截至2016年底，鹰潭电网连续安全运行5191天。同业对标获省公司区域排名第一，被授予“标杆杯”奖励。

【安全生产持续平稳】 一是提升本质安全水平。围绕“强化安全发展观念，提升全民安全素质”主题，扎实开展“安全生产月”和“安全生产万里行”活动，不断提高安全生产管理水平。每月评价通报SPMIS系统运用情况，复评合格率100%，“两票”合格率100%。严格“三种人”安规考试，取消5人“三种人”资格。明确配网线路一次接线图绘制要求，严抓配网“图实相符”及设备异动管理。认真吸取丰城电厂“11·24”事故教训，对在建工程进行安全大检查。与南铁鹰潭供电段签订《电气化铁路与电力线路安全互保协议》，联合对60处跨越杆段开展特巡。二是严格安全

监督检查。全年排查安全隐患652项，按期完成整改。扎实开展季节性安全大检查，发现问题1388项，完成整改695项。查处违章146件，下发反馈意见书41份，考核112人。完成2016年第二轮城市电网安全性评价。三是保持电网安全稳定。完成小水电运行数据接入非统调系统工作。每周对生产调度计划进行安全评估。举行地调主备调年度切换演练，提升备调实用化水平，获华中网调及省调肯定。发布电网风险预警29次、输变电工程施工安全风险预警2次。举办3次应急演练。开展220千伏线路山火易发区段通道专项治理，动态管理线路保护区内施工危险点。

【规划建设有序推进】 一是认真开展电网发展规划。常态化开展电网滚动规划研究，编制《新一轮农网改造升级规划》，绘制“一乡镇一图表”。完成市、县城区饱和年空间负荷预测及目标网架制定。编制《鹰潭市电力设施专项规划》，开展电网设施站址廊道现场踏勘，结合地方规划确定“电力黄线”。完成《35-110千伏电网规划优化专题研究》《鹰潭月湖新城新型城镇化配电网示范区建设改造方案研究》编制。二是扎实开展电网建设前期工作。完成220千伏月湖南输变电工程核准上报，取得110千伏童家、城东、五里岗输变电工程核准批复，并全部签订建设管理协议。正在编制220千伏志光扩主变工程、110千伏塔桥输变电工程、耳口风电场110千伏送出工程可研报告。取得2017年35千伏项目、2016年中心村、2016年余江“美丽乡村”配电网增补项目可研批复。三是稳步推进电网建设。建成投运110千伏中童变电站，完成220千伏洪桥扩2号主变和110千伏泉塘、鹰南主变增容改造。110千伏童家输变电工程试点的模块化建设、机械化施工设计通过评审。成立“配网办”，进一步理顺配电网建设管理职能。2015年农网升级改造工程正在进行工程审计，2016年农网升级改造资金完成率达70%。完成第一批小城镇（中心村）改造升级工程，开工建设第二批、第三批小城镇（中心村）专项工程。

【服务水平稳步提升】 一是积极推广智能用电服务。实现智能电表“全覆盖”。与自来水公司、燃气公司签订智慧鹰潭“多表合一”合作协议，率先试点使用微功率无线水表。促成2.6万只智能水表上线采集。推行购电制结算，签订费控结算协议1.14万份。实现智能扫码、远程复电和远程自助打印发票。二是严格规范供电服务行为。开展营业厅常态化明察暗访和视频监控，及时发现和纠正不规范服务行为。制定提升业扩报装服务效率和主动服务实施方案，严格业扩报装全过程管理和考核，高压客户申请资料由9种减少为4种，业扩报装办结时间减少40%以上。进一步完善投诉事件考核细则，累计考核200人次。三是有效提高供电服务质量。按照A级标准建成梅园新区营业厅。率先实现市县配调业务和“95598”业务一体化运行管理，故障抢修平均时间下降36%。客户投诉同比下降59.78%，在省公司优质服务竞赛中获B组第二名。认真落实降低企业成本、优化发展环境的要求，开展“百名干部进百家企业”活动，主动将“用心”服务深入园区。完成重要节假日、重大活动保电23次。投运沪昆高速龙虎山服务区电动汽车快充站。

【经营管理提质增效】 一是全面完成县公司“子改分”。制定下发县公司“子改分”操作方案，开展担保、诉讼等历史遗留问题清理。2月底完成分公司营业执照办理，5月份月湖区公司试点首批切换“子改分”，7月份县公司全部转入分公司模式运作。开展财产清查、税务清算、法务咨询，完成原“子公司”工商注销。二是加强精益化管理。推动营财一体化上线，进一步规范电价电费业务管理规则、账务核算规则。持续深化“业财”协同，全面开展资产清查，确保资产账、卡、物一致。推进工程标准成本应用，加强费用审核与款项支付控制。自主立项开展临时用电管理效能监察，临时用电报装时间缩短40%，纠正不规范临时用电行为585户次，增收电费114.3万元。开展县公司、集体企业资金安全专项检查，督导要求整改到位。规范集体企业会计核算。三是切实提升效率效益。优化综合计划管理流程，持续开展综合计划跟踪分析。完成电能替代项目5个，增售电量800万千瓦时。组织县公司申报电网新建项目“三免三减半”。按月开展母线电量平衡和线损分析，35千伏及以上同期线损管理系统100%上线运行。依法依规接收用户电力设施资产4146万元。

【依法治企不断深化】 一是夯实公司基础管理。完成“五位一体”要素比对。平稳实施岗位绩效工资制度，率先完成薪档晋升工作。试点开展绩效工资核定，推广班组工时积分同价计酬，上线运行一级部署管理机关考核模块、薪酬模块。开展清理“吃空饷”回头看工作。完成福利项目过程管控平台推广应用。构建全贯通、可量化的财务分级授权体系。修订完善差旅费标准。推行发票验证系统。全面实行物资集约化资金支付。认真开展物力集约化风险防控管理年活动。市县公司物资仓库标准化建设通过了省公司阶段验收。完成集体企业改制。二是提升协同监督工作效能。建立县公司“三重一大”决策常态化监督机制，纳入企业负责人年度业绩考核。建设稽核和内控诊断规则映射库。开展信息化建设内控自评价工作，整改内控缺陷。开展县公司在线交叉稽核和农网工程资金专项稽核。完成县公司、欣欣公司负责人离任经济责任审计，配合省公司开展人力资源专项审计。开展供电所“量价费损”

巡查。三是强化履责意识和责任追究。集中约谈4个部门负责人和7个基层单位党政主要负责人，提醒督促落实工作，层层压实党风廉政建设。定期开展“廉政风险我来讲”暨“主动履职我来谈”活动。

【“三个建设”持续加强】 一是加强党的建设。认真开展“两学一做”学习教育，赴瑞金召开党委中心组专题研讨扩大会，班子成员到联系点党支部讲党课。开展“唤醒党员意识，我为什么入党”主题党日活动等讨论65场次。命名公司党员先锋岗50个。常态推进党支部公推直选。开展共产党员服务队竞赛。扎实开展“四风”问题整治情况“回头看”工作。开展领导干部违规插手干预工程项目问题专项治理、集中整治侵害群众利益、损害公司形象和腐败问题专项活动。2个集体、4名党员分别受到省公司党组、鹰潭市委表彰。二是积极推进企业文化建设。开展市县公司企业文化示范点创建。深化“善小”活动，举办“孝善爱”道德讲堂，做好“身边好人榜”报送与发布工作。举办“传承红色基因、打造卓越名片”知识竞赛。加强职工文化建设，举办职工文化成果展示，举行“中国梦•劳动美”拔河比赛、健步行等活动。三是持续加强队伍建设。开展专责岗位交流，12名专责交流到新的工作岗位，选拔20名县公司青年骨干到公司本部进行岗位锻炼。2名员工参加国家电网公司《安全生产规则》调考获团体第二名。线路设计专业调考获全省团体第一名，2名参赛员工获专业第一名。新员工普考获全省团体第三名。1名员工被评为省公司劳动模范。强化岗位练兵，举办生产运动会。取得发明专利1项、实用新型专利5项。1个QC成果获全国电力行业一等奖。1个项目获国家电网公司青创赛金奖，2个项目获省公司银奖和铜奖。1个科技项目获省公司科技成果进步三等奖。12项成果分获省优秀管理创新一、二、三等奖。推进班组建设，开展工会管理人员包班调研活动。监控班获“全国青年安全生产示范岗”，变电二次运检一班获“江西省青年文明号”，电力保障与反窃电班获“江西省青年雷锋岗”，通信运检班获“省公司青年文明号”。同步推动市县公司劳模工作室的建设和完善工作。扎实开展为青年“办十件实事”活动。余江公司“安全用电进校园”志愿服务获第三届中国青年志愿服务项目银奖。切实抓好离退休工作，走访慰问了长年居住外地的部分老员工。加强不稳定因素排查和舆情监测处置。加强保密管理，开展信息系统及设备业务授权、账号权限治理，未发生任何泄密事件。

（熊欢欢）

【市供电公司领导名录】

总经理、党委副书记：
李　平（2016.12~）
总经理、党委副书记：李新国（~2016.12）
党委书记、副总经理：全华昌
纪委书记、工会主席：盛江南
副总经理：左　军　吕雪松（~2016.12）
詹瑞华　傅　林（2016.9~）
总会计师：章志坚

江西三川集团水表车间工人正在进行生产

市工信委　供稿

工业园区

编辑、校对：柴靖龙

鹰潭高新技术产业开发区

【概述】 2016年，在市委、市政府的正确领导下，高新区瞄准又高又新的发展方向，深入实施项目带动、创新驱动、产城互动、产融贸联动四大战略，突出抓好招商、安商、产城融合三篇文章，统筹做好稳增长、促改革、调结构、优生态、惠民生等各项工作，推动了经济建设、社会建设和党的建设全面发展，实现了“十三五”良好开局。全年实现技工贸主营业务收入1000亿元，增长23.5%；工业主营业务收入620亿元，增长8.8%；工业增加值94亿元，增长7.7%；利税总额49.1亿元，增长11.1%；财政收入19.07亿元，增长5%，其中地方财政收入11.61亿元，税收收入占财政收入比重达84.2%。完成固定资产投资60.7亿元，增长13%；外贸出口2亿美元，增长7.9%。引进省外资金81.8亿元，增长11.9%；实际利用外资7700万美元，增长22.9%。工业用电量达3.48亿千瓦时，增长18.1%。

【主导产业加快升级】 铜基新材料产业加快转型，实现主营业务收入470亿元，增长13.9%，一批铜企业转型精深加工，实现逆势发展，江南铜业阳极磷铜球产量居省内第一。大健康产业加快聚集，实现主营业务收入29亿元，增长8%，养元“六个核桃”、云露木耳饮料等项目建成投产。绿色水工产业加快提升，实现主营业务收入30亿元，增长6.5%，三川智慧智能表销量大幅增加，物联网水表应用及智慧水务发展战略稳步推进。

【产业项目加快推进】 引进产业项目48个，合同资金75亿元，其中亿元以上项目27个，包括华宝孔雀食品香精香料、国亿生物天然色素、晶森科技净水滤芯等产业项目。实施产业项目53个，总投资达135亿元，其中27个列入全省投资亿元以上重点工业项目。新开工项目35个，其中31个项目当年签约当年开工；建成投产32个，包括胜华22万吨无氧铜杆、新希望30万吨生物饲料、凯斯通新能源10万吨生物颗粒燃料、龙一再生资源、博兰得小微逆变器等重点项目。

【科技创新成果显著】 获评省级知识产权示范园区，全年企业专利申请量达1210件，增长105%，授权量达851件，增长72%；获得江西省科技进步三等奖2项、市科技进步一等奖1项，天施康中药“一种治疗急、慢性肠炎的药物组合物”项目荣获第十八届中国专利优秀奖。全国铜及铜合金循环利用产业知名品牌创建示范区建设深入推进，新增“江西省名牌产品”2个。新增省级工程技术研究中心和省级企业技术中心4家。新增高新技术企业9家，总数达30家。高新技术产业产值达274亿元，占比44%。

【新城建设加快推进】 白露科技园3.62平方千米、龙岗产业园1平方千米拓园正式启动，完成土地征收3300亩。实施新城项目41个，鹰西湿地公园全面建成，小微企业孵化基地一期、总部经济大楼、枫丹白露酒店投入使用，206国道拓宽工程竣工通车，白露河4000米景观提升工程全面完成，林安物流园B区竣工交付，红莲塘城中村改造完成拆迁，豆制品和米粉集中加工区开工建设，龙岗污水处理厂正式运行，城南污水处理厂前端处理设施完成调试，白露污水管网提升工程全面完工。

【平台建设全面实施】 金融服务平台日渐完善。用好融资担保平台、应急转贷资金、财园信贷通政策，帮助70家企业获得贷款8.7亿元；利用产业升级引导基金和创投基金，投向6家优质企业。推动企业股改上市，贝融实业、鸿景新材在“新三板”挂牌。商贸流通平台作用明显。大力实施“互联网+制造业”行动计划，建成颐高互联网双创基地，49家电商企业、现代服务企业入驻；网来云商、鹰潭网库电商平台作用显现，17家企业、25个网店在跨境电商平台正式上线；铜现货交易中心全年完成交易量7.3万吨、交易额28亿元，阴极铜产品在建设银行善融商务（B2B）企业商城上线交易。人力资源平台不断健全。深化校企合作，完善招工网络，创新宣传方式，拓宽招工渠道，累计帮助企业招工3700余人，有力保障了企业生产需求；建立3个创业孵化基地，孵化企业63家。

【体制机制改革深入推进】 坚持问题导向，从影响发展的体制机制问题改起，从推进发展升级的关键措施入手，稳步推进12项重点改革事项。完善投融资体制机制。按照"小政府、大企业"的思路和现代企业管理制度要求，打造炬能集团"1141"的组织管理架构，即炬能集团—龙岗资产运营公司—4家子公司—1家孙公司；国资管理、投融资、股权投资统一由公司运作。进一步将优质资产注入，公司资产达70亿元，利用公司平台，完成融资14.1亿元，充分整合资金，累计完成基础配套、市政建设等项目投资2.6亿元以上。构建招商引资新机制。充实招商力量，成立若干招商分局，强化招商合力，加大招商力度；创新招商模式，加强与商协会合作，采取委托、中介模式，实现借力招商；利用产业引导基金，撬动重大项目落户，实现金融招商。实施新市民工程。围绕推动本土农民市民化，积极引导失地农民"退郊进城、退地进园、退低进高、退农进产"，采取市场化模式、集中高层安置办法，完成湾里杨家城中村改造7.2万平方米安置房建设；围绕推动外来员工本地化，全面放开非农落户限制，建成350套公租房，落实保障性租房租赁优惠政策，解决外来务工人员住房问题。

【"两学一做"学习教育扎实开展】 按照省、市部署要求，高新区精心组织，科学谋划，推动"两学一做"在全体党员中落地见效。党工委中心组开展"两学一做"专题学习会10余次，各基层党支部采取集中培训、专题研讨、教育警示、观看视频、学习竞赛等形式组织各类学习活动120余次，查找并整改各类问题180项。

【鹰潭龙岗产业园获批省级产业园】 1月，鹰潭龙岗产业园获批为省级产业园，总体规划面积362公顷，实行现行省级开发区政策。

【开展城乡环境综合整治工作】 3月至4月，高新区开展城乡环境综合整治工作，通过集中治理脏、乱、差现象，实施绿化、亮化、美化工程，进一步提升国家高新区良好对外形象。

【"军民共建医疗联合体"签约挂牌仪式举行】 3月，高新区白露卫生院与解放军第一八四医院举行了"军民共建医疗联合体"签约挂牌仪式。

【开展降低企业成本优化发展环境专项行动】 5月，高新区启动降低企业成本优化发展环境专项行动。在省、市政策的基础上，结合自身实际和特色，出台降低企业成本优化发展环境38条政策，设立总额约2.35亿元的专项基金和专项资金，加大科技创新、品牌创建、人才引进、上市融资等方面的奖励力度以及用电、用能、社保、融资等方面的补贴力度，全年为企业减负约3亿元。深入开展"百名干部进百企"活动，加强企业服务中心建设，制定并落实一系列安商服务机制，服务效能进一步提升。

【江西贝融循环材料股份有限公司成功挂牌新三板】 5月，江西贝融循环材料股份有限公司在全国中小企业股份转让系统（新三板）正式挂牌。

【枫丹白露酒店试营业】 6月，高新区枫丹白露酒店试营业。该酒店由鹰潭中房丰华置业有限公司投资5亿元兴建，2015年9月开工建设，主体建筑面积6.6万平方米，共计23层，是集商务、会议、旅游、度假、休闲于一体的高档酒店。

【2016中国（鹰潭）"互联网+双创"高峰论坛暨鹰潭颐高"互联网+创业园"开业仪式举行】 6月，高新区管委会、颐高集团举行2016中国（鹰潭）"互联网+双创"高峰论坛暨鹰潭颐高"互联网+创业园"开业仪式。此次论坛以"连接•分享"为主题，共同探讨"互联网+双创"未来发展趋势，共商鹰潭市经济转型与发展。

【召开庆祝中国共产党成立95周年大会】 6月，高新区召开庆祝中国共产党成立95周年大会，表彰了一批优秀共产党员、优秀党务工作者、先进基层党组织以及"两学一做"学习教育知识竞赛获奖党支部。

【高新区与上海嘉定工业区签订战略合作协议】 7月，高新区与上海嘉定工业区战略合作签约仪式在嘉定工业区管委会举行，双方将在产业转移、科技平台、人力资源、技术攻关、企业供需等方面开展合作。

【成功申报"中国营养大健康产业发展示范基地"】 7月，鹰潭高新区通过中国食品工业协会营养指导委员会专家评审，成功申报"中国营养大健康产业发展示范基地"。

【郑长龙获评2015年度"感动鹰潭·十佳鹰潭新人新事"】 高新区辉煌蔬菜专业合作社理事长郑长龙获评2015年度"感动鹰潭•十佳鹰潭新人新事"。

【举办第五届职工运动会】 8月，高新区举办第五届职工运动会，运动会设置拔河、篮球、羽毛球、乒乓球、跳绳等近10个项目，高新区机关及企事业单位200多人报名参加。

【中心幼儿园正式开园】 8月，高新区中心幼儿园正式开园。幼儿园占地15亩，建筑面积5000余平方米，开设托班、小班、中班、大班等12个教学班，可容纳360名适龄幼儿就读。

【3家企业获评"2016江西民营企业100强"】 9月，高新区同心铜业、三川智慧、众鑫成铜业3家企业获评"2016江西民营企业100强"。

【农村饮水安全工程通过验收】 9月，高新区农村饮水安全工程通过验收，工程覆盖8个自然村（社区），可解决8100余人饮水安全问题。

【成功入围全国产业集群区域品牌

建设试点区】 9月，鹰潭高新区铜及铜合金循环利用产业集群成功入围全国产业集群区域品牌建设试点区，成为江西省三个产业集群区域品牌建设试点地区之一。

【举行重大项目集中签约仪式】 9月，高新区举行重大项目集中签约仪式。华宝香精公司食品香精及食品加工、广东金叶公司香料生产、尚绿科技公司净水滤芯及高能活性碳、连展科技公司食品加工等项目成功签约，总投资达20亿元，建成后预计年产值达30亿元，实现利税3亿元。

【迎接国家县域义务教育均衡发展督导评估】 9月，高新区启动迎接国家县域义务教育均衡发展督导评估工作，此项工作分宣传发动、自查自评、市省复评督导、整改提高、迎检五个阶段进行，对加快高新区教育改革和发展步伐，促进义务教育均衡发展具有重大意义。

【设立创业投资发展基金】 10月，高新区设立创业投资发展基金，首期安排基金1亿元。

【开展非公经济组织和社会组织“两个覆盖”集中攻坚专项行动】 10月，高新区开展非公经济组织和社会组织“两个覆盖”集中攻坚专项行动，调整非公企业单建支部65个，新建非公企业联建支部36个，建立293家非公经济组织和6家社会组织，实现了非公企业党的组织和党的工作全覆盖。

【获“2015年度火炬统计工作先进单位”称号】 11月，高新区被国家科技部火炬中心授予 “2015年度火炬统计工作先进单位”称号。

【党群活动服务中心建成】 11月，高新区党群活动服务中心建成，中心位于龙岗产业园，面积约2000平方米，集学习、教育、活动、交流、会议、联谊等功能为一体。

【“职工龙卡”首发仪式举行】 11月，市总工会、建行鹰潭分行“职工龙卡”首发仪式在高新区举行，8家单位接受授卡，6家企业接受授匾。

【三川智慧科技股份有限公司入选国家技术创新示范企业】 11月，三川智慧科技股份有限公司入选2016年国家技术创新示范企业，是江西省唯一一家入选的企业。

【解放思想改革创新大讨论活动启动】 12月，高新区解放思想改革创新大讨论活动正式启动，活动分宣传动员、学习调研，讨论交流、查摆问题，创新思路、明确举措，狠抓落实、形成机制四个阶段。通过开展大讨论活动，努力破除制约经济社会发展的思想观念和体制机制障碍，有效破解实际工作存在的困难和问题，为加快高新区发展升级提供强大的精神动力和思想保证。

【拓园工作启动】 12月，白露科技园3.62平方千米、龙岗产业园1平方千米拓园正式启动，完成土地征收3300亩。

【颐高万创空间获批为省级众创空间】 12月，由鹰潭颐高智慧科技发展有限公司组建的颐高万创空间获批为省级众创空间。

【三川智慧举行“院士专家科技服务站”授牌仪式】 12月，三川智慧科技股份有限公司举行“院士专家科技服务站”授牌仪式。

【年内主要落户或新投产企业选介】 机动车综合性能检测站项目：鹰潭市优通汽车技术服务公司投资。2016年4月落户高新区，总投资1亿元，占地22亩，计划2017年6月开工建设，建设综合检测线3条，预计2018年3月建成投产，建成后机动车安全检测能力约为10万辆/年，可实现年主营业务收入0.5亿元，上缴税收100万元。

豆制品和米粉集中加工区项目：江西省鸽鸽食品有限公司投资。2016年6月落户高新区，总投资8000万元，占地40亩，建设4栋厂房，包括生产区、原料库房及检验室，可容纳豆制品和米粉加工企业约50家，预计2017年建成投用。

鹰潭中投科技有限公司：广东金叶公司投资。2016年9月落户高新区，总投资5亿元，占地面积约45亩，建设香料加工项目。2016年12月建成投产，可实现年产值3亿元，税收5000万元。

鹰潭连净绿色科技有限公司：连展科技股份有限公司投资。该公司成立于1986年，是台湾上市公司，是国内专业生产计算机、通信及消费性连结器与电子零组件的制造厂。在深圳、昆山、天津设有制造研发基地，在中国香港、美国及欧洲地区设有分公司。2016年9月落户高新区，总投资4亿元，占地62亩，建设食品加工项目，达产后可实现年主营业务收入2亿元，上缴税收1250万元。

净水滤芯项目：江西晶森环保科技有限公司投资。2016年9月落户高新区，总投资1.2亿元，占地40亩，预计2017年底建成投产，达产后可实现年主营业务收入1.7亿元，上缴税金850万元。

江西省华宝孔雀食品科技发展有限公司：上海孔雀华宝香精香料有限公司投资。该公司是国内规模最大、品种最全的食用香精香料企业之一，主要生产水质香精、油质香精、水油两用香精、乳化香精等产品，适用于食品和日化领域，品种达一千种。“孔雀”品牌饮誉海内外市场已有半个多世纪的历史，被尊称为国内香精业界的“鼻祖”。孔雀产品多次被评为上海市名牌产品，孔雀商标被认定为上海市著名商标。公司曾被评为全国轻工业卓越绩效先进企业和上海市外商投资先进技术企业。2016年8月落户高新区，一期投资3亿元，占地85亩，建设食品香精香料项目，建成达产后可实现年主营业务收入4亿元，上缴税金3000万元。

江西丹霞生物科技有限公司：江西国亿生物科技有限公司投资。该公司成立于2006年11月，是江西省唯一一家从事植物源天然食用色素生产加工的现代化企业，也是国内天然色素龙头企业之一。公司与江西省科学院、南昌大学、江西农业大学等科研院所建立了牢固的产学研联合关系，产品深受国内外客户好评，并远销日本、韩国及欧美地区。2016年5月落户高新区，总投资2亿元，占地80亩，建设天然色素项目，预计2017年8月建成投产，达产后可实现年主营业务收入2亿元，上缴税金1000万元。

（严志征）

【鹰潭高新技术产业开发区副县级以上干部名录】
党工委书记：周　瑛（～2016.10）
李卫国　（2016.10～）
党工委副书记、管委会主任：杨　鹏（2016.11～）
党工委副书记、管委会副主任：饶建如（～2016.8）　周谷昌（～2016.8）
党工委副书记：黄如象　（2016.8～）
党工委委员：林伏昌
党工委委员、纪工委书记：吴初升
党工委委员、管委会副主任：刘晓华（～2016.11）范冬平　曾建芳
党工委委员、副调研员：高永祥
党工委委员、党群工作部部长：罗有文
科技和经济发展局局长：陈凌枝（女）
规划建设环保局局长：张拱慧
财政局局长：章侑福
人力资源和社会保障局局长：王　莉（女）
综治办（安监局）主任（局长）：张相生（2016.12～）
社会事业局局长：乐　辉（2016.12～）

贵溪经济开发区

【概述】 2016年来，在市委、市政府的坚强领导下，在各级领导的高度重视下，贵溪经济开发区肩负全市科学发展排头兵使命，以改革创新为主线，以产城融合为抓手，不断优化投资环境、调整经济结构，做大经济总量，经济建设和社会事业全面发展。

【经济总量和质量双提升】 认真开展降成本、优环境专项行动，抓好106条惠企政策的落实，从政策、资金、技术、人才、品牌多方面给予企业支持帮助，确实解决企业生产生活中的实际难题，企业生产热情高涨，形势大好。1.经济指标增长。全年实现主营业务收入570亿元，同比增长8.1%；利税48亿元，同比增长6.8%；工业增加值70亿元，略有增长；固定资产投资105亿元，同比增长14%；税收收入18.4亿元，同比增长69%；财政收入16亿元，同比增长81%，约占全市财政收入的三分之一；用电量2.4亿千瓦时，同比增长18%。在2016全省百强民营企业的评选中，经开区10家企业榜上有名，数量之多跻进全省94个园区前列。2.盘活“僵尸”企业资产。经济发展大潮中必然会淘汰少数经营管理不善、工艺落后、产能过剩的企业。2016年，经开区对10多家“僵尸”企业进行调查摸底，制定清理方案。经开区采取法院竞购、协议收购等方式收回资产，然后招商引资安排新的企业入驻。截至2016年12月31日，共清理僵尸企业8家，土地300亩，闲置厂房10万平方米，“腾笼换鸟”8家工业企业，当年实现产值7300万元。3.安全生产无重大事故。经开区认真贯彻上级的部署，尤其是汲取丰城电厂11·24特大事故教训，高度重视安全生产工作。一是加大安全教育培训和宣传工作力度，全年宣传教育36场，人员累计12000余人次；二是厘清责任，与116家企业签订安全生产责任书；三是全年开展安全生产检查6次，排查安全隐患17起（已整改到位），检查违规企业2家（已停止生产）。四是在信江潮消防公司举办大型消防安全应急演练。

【创新和改革双驱动】 经开区是全市经济改革创新的示范园、试验田，2016年经开区在金融、科技、物业管理等方面进行改革，创新工作机制，激活了“一池春水”，促进了经开区又快又好发展。1.金融创新解决融资难。设立了应急转贷资金、产业扶持资金、“财园信贷通”等项目，帮助企业解决融资难、融资贵的问题。一是设立了1.5亿元的铜产业发展扶持资金，为15家企业提供一定金额的贴息资金，通过扶持，15家企业创造了约9.3亿元税收；二是通过兴园投资发展有限公司筹集资金2亿元，为企业提供银行转贷资金4.65亿元，为企业提供税前应急周转资金1.56亿元；三是充分利用财园信贷通政策，为90户企业发放贷款3.832亿元。2.科技创新能力提升。大力推进科技兴企战略，与北京航空航天大学达成合作关系，力争北京航空航天大学陈懋章院士研究团队尽快落户，建立航空发动机实验室、院士工作站、博士后工作站；与上海复旦大学电光源研究所达成合作共识，建立电光源质量检验检测中心和电光源研究基地。经开区现有国家级高新技术企业31家，有省级工程技术中心6家，企业与高校长期技术合作40多起，江西凯顺科技荣获江西省科技发明二等奖，在鹰潭市尚属首次。3.物业社会化和兴园公司市场化改革。推行物业社会化管理，与城市环卫所签订卫生保洁合同，由专业的队伍负责经开区所有主干道清扫及企业生活垃圾的处理，效果良好。兴园投资发展有限公司目前正在改造升级平台，完善自我造血功能逐步推进市场化运营，2016年完成融资3亿，有效缓解经开区财政压力，同时开展应急转贷、税前转贷、企业扶持等项目，有效发挥了国有资本引导作用。

【招商安商双增效】 管委会积极发挥招商安商主体作用，主攻主导产业，突出工业企业，招大引强，同时从政策咨询、办证办照、资金，技术支持、人才、信息、品牌等要素上，满足企业的需求并给予最大的支持，打造最宜投资的“福地”。1.招商引资工作成效明显。2016年经开区管委会引进中越节能、大杰新能源等工业项

目16家，签约资金22.15亿元，招商工作位列全市之首，主要特点一是当年签约实现当年投产的4家，产值5300万元；二是铜加工企业5家，总投资额14亿元。同时有16家生产企业增资扩产，实现产值18.5亿元。2.精准扶持企业。一是为15家企业提供产业扶持资金1.2亿元；二是建立机械制造企业联盟，建立微信平台、印制企业宣传册子，开展互助活动30余次；三是支持8家企业挂牌上市，已有若邦科技、中铸科技挂牌上市；四是重视人才工作，关心、培养、推荐工业战线上涌现出来的技术人才，行业专家，给予物质和精神上的奖励，同时鼓励企业引进人才，借"智"发展。3.对外合作力度加大。与上海松江经济技术开发区取得联系，在干部交流和产业对接上加强合作；加强与广东中山古镇、深圳照明产业协会的联系，大力开展"美的+"项目建设，推进照明产业发展；与新疆阿克陶江西工业园区达成合作协议，搭建干部和企业交流、合作平台，共同推进双方发展。此外，经开区全年接待上级领导考察，国际友人、兄弟单位来访5400余人次，提高了知名度。

【规划和项目双推进】 紧紧围绕打造一个怎样的经济开发区，进行顶层设计，以规划为龙头，以项目为抓手，以产城融合为目标，以绿色生态为基调，真抓实干，稳步推进。1.地域规划逐步到位。2016年经开区实施的区域的调区扩区得到省政府批复，在原有10平方千米基础上增加了6.7平方千米，用于建设基础设施、落户企业和项目用地，为可持续发展拓展了空间；整合实施规划，配合市规划局完成多规合一，为项目落户开发区，产业集聚，功能完善，生态建设提供蓝图文本。提供强有力的土地供应保障，并同步完成经开区设施规划。对大力扶持的照明产业编制《经开区深圳产业园规划》，为申报国家级经济技术开发区拉好框架。2.稳定向南拓展推进。经开区在完善原先7.3平方千米的建设之外，向南拓展2平方千米，完成道路建设6千米，雨污管网10千米，平整场地125亩，完成土石方量17万平方米。创新创业园建成20万平方米标准厂房，在建5万平方米配套写字楼、员工公寓，目前已有三家企业入驻。该园建成后预计解决就业2万余人，落户企业200家，主营业务收入200亿元，税收20亿元，是产城融合的示范园。3.完善配套设施建设和管理。完成罗河安置点、黄丹岭生态陵园及1号污水提升泵站建设，同时启动了2号提升泵站，同时推进了半岛服务中心等产业基础的配套建设。为企业市政设施维护30余次；对行政大楼前后、青石桥公园，以及行道树进行精细化养护，将过密的树木移植空白地1000余棵；成立经开区城管中队，对违章建筑，乱停乱放，种菜养畜等现象整治，精心打造"干干净净、漂漂亮亮、井然有序、宜业宜居"的环境。

【非公党建和社会事业双融合】 经开区是非公经济组织的主要聚集地，也是非公党建工作的主要阵地。一年来经开区党工委不断夯实非公党建基础，运用"党建+"模式，引领经济建设和社会事业融合发展。1.非公党组织全覆盖。在开展"两学一做"学习教育活动中，按省市要求实行非公党组织全覆盖。通过全面摸底、分析，撤销了5个不能正常开展活动的支部。新成立了8个支部，并在43个单建支部的基础上，成立了19个"1管5"联建支部。同时党工委所属企业党委设立了4个网格党总支，重心下移，靠前指挥。组织框架形成之后对网格化党建工作实行考核管理，主要有党员发展、基层组织建设、党建服务等12项具体工作。党建网格化带来了精细化，一年来，"党建+"工作在安全生产、政策宣传、信息采集等活动中的运用显示出快捷、准确的优势。2.精准扶贫不遗余力。坚持把发展的成果与周边群众共享理念，带着真情扶贫。一是组织机关党员和热心公益的企业家与24户贫困户结对子扶贫；二是采取了"企业+贫困户"，"企业+公司+贫困户"等5种扶贫模式，投资24万为贫困户改善居住条件；捐资捐物2万元。三是在经开区的协调下，投资90万元，创办扶贫种植养殖基地，预计解决贫困人员就业20余人，产值200万元，全村37户贫困家庭分红1500元以上。扶贫基地的猪饲料来自企业食堂泔水，农产品又回销到企业之中，实现工农良性互动。2016年潜岭村已有13户脱贫，预计2017年全部脱贫。3.社会事业全面开展。一是综治维稳工作扎实，全年查处并调解各类矛盾纠纷44起，没有发生一起群体性事件和"八类"刑事案件。二是平安园区建设见成效，增强驻企警务站、治安巡逻、安全检查监督和保卫工作力度，化解工伤纠纷等突出治安问题隐患103起，消除治安隐患87起，为20家企业的160余个农民工解决800余万元拖欠的工资和材料款；全年立案108起，拘留24人，为企业发展保驾护航。三是企业文体活动开展有序，组织开展了元旦文艺活动汇演、"兴园杯"职工篮球和羽毛球比赛等文体活动，"职工之家"正式向企业职工免费开放，丰富了职工业余生活。

【文化建设和队伍建设双促进】 以"争创国家级经济技术开发区"活动为契机，以"建一流队伍、树一流作风、创一流业绩"为核心，不断加强经开区文化建设和队伍自身建设。1.发挥文化涵养的作用。一是经开区机关文化建设，为展示经开区形象，专门绘制了经开区独有特色、寓意深刻的标志；在行政大楼的石碑上明示社会主义核心价值观内容；行政大楼内以"德能勤绩廉"为主题在每层楼道设置了文化标语，提升机关文化氛围；二是经开区名片建设，在雄鹰大道行政大楼前设立了省级生态园区等9块经开区名片，为雄鹰大道、国道等主要干道两旁的10余家企业打造企业名片。2.对机关干部教育、监督、关怀。一是加强机关干部党性党纪的教育力度，采取请进来、派出去的方法，先后组织全体党员干部、副科以上领导干部、纪检监察干部学习准则、条例、有关案件通报；二是将党风廉政建设责任制纳入主要议事日程，班子成员签订党风廉政建设和反腐败工作责任书；三是加强对机关食堂监督、管理，每月对食堂食材和服务水平进行测评，就餐人员满意度提高至90%以上，保障了干部营养饮食。3.绩效管理、争先创优。一是对经开区干部职工定岗定责，做到了工作落实不越位，不缺位；对聘用干部参照公务员管理，提高薪酬待遇。二是实行网络智能考勤管理，及时对每天作息时间不准时的人员进行提醒。考勤管理采取扣分制，实行评先评优制度，月度进行通报和奖惩。三是出台绩效考核方案，定期对机关干部工作实绩和工作作风进行测评。四是对干部职工人文关怀，赠送生日蛋糕等。通过以上活动，激发了干部职工爱岗敬业的热情。

（乐英娇）

余江县工业园区

【概述】 江西省余江县工业园区成立于2003年8月，2006年被省政府批准为省级工业园区，2013年被批准为重点省级工业园区。总规划面积266.7公顷，是江西省第二批省级生态工业园区试点单位。园区主要由县城轻工产业片区、五湖铜加工产业片区、虎山综合产业片区和龙岗余江基地构成。截至2016年底，园区开发成园面积6000余亩，建成投产企业112家，规模企业总数达到77家。园区已初步形成以铜加工产业为主导，以雕刻、眼镜制造、绿色照明、新能源新材料、医药化工为特色的产业体系，构建了铜加工、眼镜、雕刻与轻工节能及新能源新材料5个特色产业基地，一批优质企业如耐乐铜业、金泰新能源、鹰潭阳光、荣嘉医疗器械等落户园区。2016年园区完成工业总产值303.2亿元，同比增长10%；实现主营业务收入303亿元，同比增长10.2%；实现利税总额29.2亿元，同比增长9.6%；完成出口创汇3960万美元，同比增长85%；完成财政收入5.01亿元。经济运行在新常态下保持了速度、效益和结构协调发展。

【平台空间快速拓展】 虎山片区：虎山片区位于311挂线两侧，东至邓原大道，南至邓埠港，西至杨溪乡夏梓村委会邹家、张家荒山排水沟，北至东乡珀玕笔村方家、熊家交界处，距县城3千米、沪昆高速2千米，规划面积约4平方千米，预计总投资12亿元。截至2016年，虎山片区征收土地5000亩，平整土地2000余亩，建设成园1500余亩，新建标准厂房3.5万平方米，竣工投产企业4家，开工新建企业3家，签约落户企业5家。10平方千米工业新城：10平方千米工业新城位于虎山片区以东，余信贵大道两侧。已完成控规的编制，确定了余信贵大道在虎山10平方千米范围内的走向及四址，启动了征地拆迁工作。10平方千米工业新城主要依托余信贵大道，分为电子信息产业园、医疗器械产业园、新能源汽车联盟产业园、余江（深圳）综合产业园，计划5年实施完成。雕刻小镇：雕刻创意文化小镇规划总面积1530亩，总投资35亿元，按照“一山、一水、一景”国家AAAA级旅游景区发展规划，创建人文气息浓厚、生态环境优美、多种功能叠加的特色小镇。小镇分三期建设，一期为马鞍岭西北侧320亩建设文创核心区，二期是一号大道两侧棚户区改造410亩（含已建成雕刻创业示范街100亩）建设返乡创业区，三期是马鞍岭西南侧800亩建设配套发展区。2016年，余江县拟先启动的一期文创区项目，已进入国家财政部第三批PPP示范项目库。项目预计投资10.67亿元，规划面积约320亩。截至2016年年底，完成概念性规划设计方案编制工作，并就河东桥选址提出5套方案供县政府决策；完成项目用地报批；启动项目征拆工作，通过竞争性磋商采购最优项目方案及社会资本方，与北京光合集团、中铁二十局、上海元亨祥基金、中铁港航局、台州核源商贸等多家公司商谈合作模式及运营方案，并取得阶段性进展。物流产业园（二期）：物流产业园二期位于邓埠镇站前村委会竹溪陈家旁边，东临物流园一期，南靠铁路，西抵雕刻南区，北至320国道，占地面积约226亩，功能定位为物流仓储、电子商务。截至2016年，物流园二期主干道路面硬化已竣工；入驻企业2家（沃尔德、申通转运中心）已运营。申通快递转运中心项目二期52亩用地已挂牌。

【项目建设扎实推进】 2016年园区实施了各类工业项目共计20个，其中竣工投产11个，主要有鹰潭万年青新型建材、申通快递转运中心项目一期、沃尔德、顺星电子、永盛服饰、舜阳照明、百洁洗涤等；新开工建设项目7个，主要有申通快递转运中心二期、节能照明孵化基地、太阳能逆变器孵化园、柒星电子、天余化肥二期等；签约项目8个，分别是百分百塑业、玮恩纺织、德全门业、福业模具、劲聪门业、雄邦科技等。鹰潭阳光LED灯具产业化项目。鹰潭阳光LED灯具产业化项目总投资2.1亿元，项目分三期建设，前两期已竣工投产，三期新建厂房于2014年11月份动工建设，占地面积6400平方米，总建筑面积3.16万平方米，生产车间根据需要建设为全空调、无尘、防静电车间。项目于2016年6月竣工投产。鹰潭万年青新型建材项目。项目占地208亩，总投资5.8亿元。主要产品有页岩煤矸石烧结多孔（空心）砖、水泥纤维板、干混砂浆等系列产品，属国家大力提倡使用的新型、环保、节能的建材产品。项目一期：页岩、煤矸石烧结多孔（空心）砖项目，总投资1.6亿元，于2014年12月开工建设，两条7.1米断面宽的隧道窑生产线已于2016年7月建成，并于8月份投产。申通快递转运中心项目。项目由江西江诚实业有限公司投资建设。该项目总投资约1亿元，位于余江工业园区物流园二期内，占地面积113亩，总建筑面积约7万平方米，项目建设共分三期。一期项目建设内容为约6000平方米快递转运中心，约3000平方米办公楼、职工宿舍、食堂及约9000平方米农产品深加工中心，年转运快件可达4000万件；二期项目计划2017年2月动工建设，续建约36000平方米仓储中心；第三期项目视前两期工程进展另行确定建设期限。项目一期45亩于2016年6月4日摘牌，6月12日正式开工建设。已完成9000平方米的厂房、宿舍楼、办公楼的建设，并于10月18日开业投入使用。该快递转运中心辐射赣东北上饶、景德镇、鹰潭、抚州4个地市、22个县（市）区，共有职工110人，每天快递转运量约为5万件。工业园区县城片污水处理厂项目。县城片日处理1000吨污水处理厂位于物流园二期，占地面积约4亩，项目总投资2000万元。项目主体建设已完成，正在进行污水处理设备安装、调试。完成县城片约4千米的污水管网铺设。孵化基地标准厂房项目。项目选址虎山片区，占地面积约100亩，分两期建设，项目一期占地面积37亩，投资2600万元，规划建筑面积约3万平方米。2016年底已完成4栋约2万平方米厂房的建设并对外招商。纺织产业园项目。项目选址虎山片区，占地面积100亩，分两期建设，规划建设20栋标准厂房，建筑面积约11万平方米。

【"腾笼换鸟"稳步实施】 2016年园区进一步加强土地节约集约利用，全面铺开"腾笼换鸟"工作。通过"割、换、收"等一系列措施，进一步加大了闲置土地的清理和盘活力度，遏制了土地闲置、低水平重复建设。截至2016年，园区共完成8家企业腾笼换鸟，盘活闲置厂房20158平方米（其中顺星电子租赁龙腾物质闲置厂房1300平方米，舜泰塑料转让闲置厂房2300平方米给余江县安仁土特产有限公司，余江县舜阳照明有限公司租赁盛源电子闲置厂房1380平方米，鹰潭玮恩纺织有限公司租赁江西中诺新型材料有限公司厂房5800平方米，余江县永盛服饰有限公司租赁鹰潭市鑫宏不锈钢管业有限公司厂房800平方米，余江县悦达服装织造有限公司租赁鹰潭市鑫宏不锈钢管业有限公司厂房600平方米，陈雪雨、朱贵有租赁鹰潭市晨宇重型机械有限公司厂房6899平方米，余江县中泰包装有限公司租赁盛源电子闲置厂房1080平方米）；处置闲置土地54亩（舜泰塑料转让闲置土地24亩给余江县安仁土特产有限公司，回收淳智工艺30亩土地）。

【招商引资成效显著】 2016年园区引进兴国新能源特种车、电子产业园、申通转运中心、百洁洗涤、淳智工艺等23个项目，引进项目资金26亿元，其中亿元以上项目4个（江西江诚实业有限公司、江西柒星电子科技有限公司、河北石家庄百分百塑材有限公司、江西亿凯佳工贸）。

【发展环境不断优化】 立足协调服务，不断优化企业发展环境。招工方面，园区全年共为企业招工1200余人；企业融资方面，通过"财园信贷通"共为107家企业发放贷款3.651亿元；大力扶持企业上市，截至2016年，天余化肥已成功上市，百盈光电、中赣新能源、佳佳福淀粉等3家企业已完成股改、受理等程序。

【机关作风不断好转】 余江工业园区坚持推进园区建设和党建工作一起抓，切实加强全面从严管党治党和队伍建设。推进"党建+"，扎实开展"两学一做"专题学习教育活动。抓好"一准则两条例"学习贯彻，落实"两个责任"，坚持把纪律和规矩挺在前面。园区党风政风进一步转变，党员干部"四个意识"进一步强化，党性观念和担当精神进一步增强，干事创业积极性主动性进一步提高。

（胡明娥）

江南铜业生产车间

鹰潭高新技术产业开发区 供稿

农业·林业·水利

编辑、校对：朱仕平

农业

【概述】 2016年，在市委、市政府正确领导下，全市农粮系统全面贯彻落实中共十八大和中共十八届五中、六中全会精神，紧紧围绕现代农业发展、农村和谐稳定的大局，以农业增产、农民增收为中心，不断强化农业的基础地位，积极转变农业发展方式，大力推进农业农村改革，精心组织，周密部署，扎实工作，农业工作富有成效，农业经济稳步发展。

【粮食生产】 全市粮食种植面积180万亩，较2015年略增。粮食总产70万吨，与2015年持平。油料种植面积16.4万亩，总产达2.41万吨，与2015年持平。全市粮食作物品种优质率达95%以上；水稻合理密植面积达130.5万亩，占水稻种植面积的79%；实施“绿色植保”农药减量提质增效面积达110万亩；水稻测土配方施肥全覆盖；主要农作物耕种收综合机械化水平达69%，水稻耕种收综合机械化水平达73%。2016年整合相关部门涉及高标准农田建设项目资金达2.11亿元，通过整合资金建设高标准粮田，提高粮食综合能力。建设高标准农田面积13.2万亩。

【畜牧业】 2016年，全市全年肉类总产13.1万吨，同比增长2%。生猪存栏68.2万头，生猪出栏135万头，同比分别增长0.1%和2.2%；牛存栏6.7万头，牛出栏3.12万头，同比分别增长0.2%和0.5%；羊存栏0.96万只，羊出栏1.8万只，同比分别增长0.2%和2%；家禽存栏519万羽、家禽出栏1025万羽、禽蛋产量2.05万吨，同比分别增长2%、1%和1%。通过扎实开展春秋季动物防疫集中行动和落实各项防控措施，高致病性禽流感、高致病性猪蓝耳病、猪瘟免疫抗体水平合格率均达100%，口蹄疫合格率达98%以上。2016年3月份对龙虎山一起高致病性禽流感疫情处理果断及时，全市动物疫情形势总体平稳。

【渔业】 2016年，全市渔业经济总产值预计24.4亿元，同比增幅2.23%，渔业产值（不含苗种）预计达10.1亿元，同比增长4.02%。全市水产品总量达5.05万吨，同比增长0.67%，其中养殖产量4.71万吨，同比增长0.7%；捕捞产量0.34万吨，同比下降0.27%；特种产量预计达1.45万吨，同比增长5.07%，特种产量占总产量的28.7%，产业结构进一步优化。全市水产养殖面积12.28万亩，同比下降2.74%，池塘面积略有增加，水库和河沟养殖面积进一步减少。

【经济作物】 全市2016年底有果园面积12.8万亩，水果总产量5.5万吨。2016年比2015年新增果园面积0.3万亩，主要发展了草莓、甜柚、油桃、蓝莓、火龙果等。全市蔬菜播种面积20万亩，产量21.5万吨，其中标准化蔬菜面积4万亩，新增标准化蔬菜面积0.2万亩。全市茶园面积为1.6万亩，比2015年增加0.1万亩，总产达240吨。2016年全市将茶文化与龙虎山道教文化相结合，开展进行茶叶品牌整合工作，大力打造“龙虎山道茶”品牌。

【农业农村改革】 一是全面完成农村土地确权登记颁证工作。全市已发放证书16.3万户，占需确权发证农户的99.3 %。率先在全省全面完成确权登记颁证各项工作。二是加强指导调度，积极推进农村集体股份权能改革试点。余江县3个试点村已全部完成清产核资、清人分类、资产评估、成员资格界定、股份设置与股权配置及股份合作社组建工作，已组建1个农村集体股份经济联合社和17个农村集体股份经济合作社。三是积极组织协调，加快建设市农村综合产权流转交易中心。鹰潭市农村综合产权交易网站及交易平台已经完成，形成了市、县、乡上下畅通、多方联动的服务平台。

【科技兴农】 开展送科技下乡活动。从2016年2月下旬开始至4月下旬结束，开展为期两个月的送科技下乡活动，并积极配合省农村政策法律法规宣讲分队在贵溪市、余江县集中开展开展农村政策、法律、法规宣讲活动服务活动。认真履行公共植保防灾减灾职能，切实做好防灾减灾公共服务。全市3个县级监测点开展了水稻螟虫、稻飞虱等农作物重大病虫害系统的灯测田查，共采集主要病虫田间数据166余份，灯下数据126余份，全市发布水稻《病虫情报》35期次，共计81万份。同时利用新闻媒体、手机短信、农技“110”、咨询服务等多种宣传方式广泛发布防病灭虫信息。据统计，2016年全市利用新闻媒体播报防病灭虫信息12次，发布有关防病灭虫信息的手机短信1.6万余个，解答有关防病灭虫的咨询电话0.4万余个，开展防病灭虫咨询服务2.8万余人次。

【农产品质量安全】 鹰潭市农产品综合检验检测中心项目已建成投入使用，提升了全市农产品质量安全监管检测能力。2016年对全市蔬菜、水果、水产、生猪、猪肉、猪肝、牛肉、禽产品等农产品进行了定期和不定期抽检检测，全年共进行快速检测3500多批次，定量检测1000批次，配合部、省农产品质量安全监督抽检150批次，合格率达98%以上。无公害、绿色、有机农产品申报工作不断推进，全年成功申报“三品”25个，全市累计拥有“三品”112个。分别组织开展了贵溪市、余江县农产品质量安全突发事件应急预练，取得了良好的社会效应。

【畜禽无害化处理】 贵溪市以政府名义出台了有地理标注的 “三区”（即禁养区、限养区、可养区）规划，余江县、龙虎山景区也制定了“三区”规划，强化了养殖污染综合治理工作，建立污染防治联动机制。全市认真开展规模养殖场的污染治理和标准化改造工作。全市452家生猪规模养殖场有401家建设了固体粪便贮存设施，400个规模猪场建设了污水处理厌氧、好氧、沉淀池、氧化塘、化尸池、储气柜、贮存池等设施，改造了排污管道，实行雨污分流、干湿分离。龙虎山镇的生猪养殖场猪粪便集中收集和处理试点工作已完成，2家有机肥厂已收集生猪养殖场猪粪便6000多吨，用于加工有机肥。

【粮食市场监测】 加强粮食市场监测，做好保供稳价工作。切实完善日常的粮油价格监测工作。按照粮情监测要求，密切关注粮油市场价格变化趋势，认真对粮食市场形势，价格趋势进行分析和预测，每周上报市场价格，并在市局网站发布。夏秋粮集中收购时期，每日调度并编制上报粮食收购进度表和价格。密切关注粮油价格和市场供求变化情况，主动与市区各大购物超市及部分个体粮油销售点建立粮油市场价格信息协作关系，并经常到各协作点实地查看粮油市场价格变动情况，适时启动粮油价格监测日报制度，随时掌握粮食市场供求变化情况，及时落实应对措施，防止粮油出现脱销断档和群众排队抢购粮油的现象。同时为进一步规范军粮质量管理工作，提高军粮质量管理水平，全市从9月开始，采取各县（市、区）自查，市局重点抽查的方式全面开展军粮质量专项检查。检查结果显示，全市军粮供应企业质量监管制度健全，库存粮食符合国家标准，驻市县部队对鹰潭市的军粮保供、保质工作给予充分肯定。

【仓储建设】 积极组织申报鹰潭市2016年粮食仓储建设项目，争取到省发改、省粮食局粮食仓储建设项目2个：一是贵溪储备粮库二期扩建项目2.5万吨仓容及配套附属设施（中央预算内投资375万元），二是贵溪泗沥粮管所1万吨仓容扩建项目及配套设施（中央预算内投资150万元）。完成了2015年上级下达的月湖区东门粮库3.3万吨仓容扩建及配套设施项目（中央预算内投资575万元），贵溪塘湾储备库2.5万吨新建仓容及配套工设施项目（中央预算内投资575万元），确保了工期及工程质量。

（潘周航）

【市农业和粮食局副县级以上干部名录】

局　长：陈　强

党组书记：毛建和（　～2016.11）

陈　强（2016.11～）

副局长：李和胜　盛辉明　张火炎　周建兵

纪检组长：徐乌金（2016.12～）

党组成员：孙　华（女）　刘长金

畜牧局局长：毛银善

总农艺师：李志荣

副调研员：许国强

农科院院长：王文明

林业

【概述】 2016年，全市林业部门围绕“美丽中国江西样板排头兵”要求，加快实施以生态建设为主的林业发展战略，林业建设硕果累累，亮点纷呈。打造了三个国字号招牌：鹰潭市成功创建国家森林城市、贵溪市成功创建国家森林公园、贵溪双圳林场获全国首批“森林康养基地”称号。贵溪市、余江县获全省国有林场改革先进县，余江县、月湖区获省春季森林防火平安县。

【植树造林】 为做好全市植树造林工作，市林业部门采取了多种行之有效的措施。一是在造林项目上求突破。强化了营造林项目申报、审批审核等管理，全市共争取到位各类营造林工程项目资金3000余万元。二是在造林增量上下功夫。如油茶造林推广“五统一分”（即统一规划、统一整地、统一购苗、统一栽植、统一抚育、分户管理和改善）、精准扶贫合作造林等模式，激发了社会各界油茶造林的积极性。三是造林模式上求创新。生物防火林带实行 “县局规划、村组供地、乡镇清杂、专业队施工”

建设模式，解决了造林用地、实施主体落实难题。四是在造林质量上严把关。“造、补、抚、改、封”多措并举，严把整地、种苗、栽植、管护“四关”，推广良种良法，保障造林质量。全年完成人工造林4.44万亩，完成低产低效林补植改造1.52万亩，森林抚育11.3万亩，封山育林1.9万亩，完成乡村风景林示范点4个。超额完成省林业厅下达的营造林任务，顺利通过了国家林业局、省林业厅营造林实绩检查。

【林业生态建设与保护】 严格贯彻落实县级森林资源保护责任制，牢守林地保护红线。补强薄弱环节，规范景区、园区、信江新区“三区”森林资源保护工作，理顺保护管理体系，防止监管“灯下黑”。抓牢湿地保护，开展全市城区湿地资源调查，完成《鹰潭市城区湿地资源调查报告》和《鹰潭市湿地保护工程规划》。严格生态公益林管理，完善林业部门和地方政府共同管理的双重管护责任制，加强公益林护林员队伍建设，开展公益林年度检查验收，严管公益林资金发放。开展专项打击行动，先后开展“除天网、护领空”专项护鸟行动、严打非法占用林地等涉林违法犯罪专项行动，将非法占用林地、破坏湿地、盗挖古树名木、乱捕滥猎野生动物等作为严打重点。2016年，共查处涉林案件26起，其中刑事案件12起，1起野生动物非法运输案件查处情况上了中央电视台《新闻直播间》，正面宣传了鹰潭。创新生态法治教育平台，市检察院、市林业局在贵溪市金屯木材检查站共同建立了一个占地600平方米林业生态法制教育基地。通过采取图片展、培训、授课等形式，打造成为集打击、保护、监督、教育为一体的生态保护教育基地。

【林业产业发展】 着力发展油茶、毛竹、雷竹、苗木花卉、铁皮石斛、森林旅游六大特色林业产业。一是油茶产业发展势头强劲。为推动油茶产业发展，市政府出台油茶造林奖补优惠政策。2016年，全市完成新造油茶林面积1.1万亩，其中集中连片200亩以上的面积占了一半，市财政发放奖补资金55.67万元。二是毛竹、雷竹产业齐头并进。贵溪市编制完成《贵溪市竹产业发展十年规划》，推进毛竹低效林改造1.6万亩，启动了贵溪市800亩竹产业园建设。雷竹产业基地全市新增0.3万亩。三是苗木花卉产业提质升级。结合国家森林城市创建和全域旅游发展，推广苗林一体化发展理念，提升了龙虎山珍贵树木植物园、杨溪东瑞园林“灵溪花谷”、贵溪欧绿多肉植物园等一批示范基地，新增苗木花卉基地面积0.2万亩。四是铁皮石斛产业做大做强，形成集组培、研发、育苗、栽植、加工、销售等为一体的全产业链，顺利实施了余江春涛1600亩铁皮石斛科技园项目，铁皮石斛产业已经成为全省龙头。五是森林生态旅游产业风生水起，依托自然保护区、森林公园、湿地公园及国有林场的森林生态资源，形成集生态、休闲、观光、娱乐为一体的森林旅游产业格局。贵溪市双圳省级森林公园成功晋升国家AAA旅游景区。龙虎山圣井山景区、“花语世界”主题花卉公园、余江县马岗岭森林公园也成为鹰潭市发展全域旅游的新亮点。

【森林灾害防控】 抓牢森林防火工作，以提升预防扑救森林火灾综合能力为目标，实行森林防火网格化和重点地段管理，严格落实野外用火“五个禁止”：禁止携带火种及易燃易爆物品进入森林防火区，禁止烧荒、烧田埂草、烧草木灰、烧秸秆，禁止吸烟、野炊和烤火，禁止焚香烧纸、燃放烟花爆竹，禁止未经批准擅自炼山。共新建集中墓地焚烧纸钱炉52个，引导群众集中在焚烧纸钱炉祭扫。开展专业森林消防队员大练兵活动，2016年7月，组织参加全省森林消防队练兵大考核，取得第一名。春节、“两会”、清明、国庆等重点时段森林防火态势平稳，全年实现了无重特大森林火灾、无人员伤亡事故、重点景区无森林火灾“三个确保”目标，获得了省森林防火年度目标考核二等奖，连续九年获春季平安行动优秀组织奖，余江县、月湖区获省春季森林防火平安县。抓实林业有害生物防控工作，松材线虫病防控实行政府、林业部门双线目标责任制管理，严管监测、预报、除治三个重点环节，在防控措施上采取了专业除治队绩效承包、释放花绒寄甲等以虫治虫的生物防治方法，成效显著，完成了年度松材线虫病防控目标任务，实现疫点乡镇、发生面积和病死松树“三下降”，获全省林业有害生物防控年度目标考核三等奖。

【深化林业改革】 全面推进林地流转改革。完善了市、县、乡、村四级林地流转管理服务体系。贵溪市、余江县均被列为省级深化集体林权制度改革试点县，贵溪市推行林地经营权流转证制度，在全省创造了林地流转“贵溪模式”。继续深化林业审批制度改革，扩大简政放权，完善“一站式”服务机制，建立了市、县、乡三级联网网上办证系统，实现了“一个窗口受理、一个窗口办理、一个窗口出件”，大大优化了审批流程，缩短了审批时限。持续推进国有林场改革后续工作，国有林场主体改革全面完成后，抓好国有林场备案登记工作，完善林场经营管理体制，提高林场森林经营水平。全面完成省林业厅下达鹰潭市60户国有林场危旧房改造任务。

【争项争资】 共争取国家级、省级重点项目25个，资金9719万元，比较大的项目包括总投资2117万元的阳际峰国家自然保护区建设项目、总投资1810万元的鹰潭重点火险区综合治理三期工程建设项目和信江国家湿地公园建设项目。2016年，市林业局全面完成了市政府下达的招商引资任务，获得全市招商引资先进单位称号。

（祝 剑）

【市林业局副县级以上干部名录】

党组书记、局长：蔡 江（女，~2016.12） 胡 斌（2016.12~）

党组成员、调研员：胡 斌（~2016.12）

党组成员、副局长：吕国南 桂希民 谢万进

党组成员、纪检组长：陈祥荣（~2016.12）

党组成员、总工程师： 夏先华

副调研员： 孙 勇

市森林公安局局长：杨 烨

市森林公安局政委：胡云平

水利

【概述】 2016年，在鹰潭市委、市政府的正确领导下，市水利局深入贯彻中共十八大及中共十八届五中、六中全会精神，按照“主攻项目、决战‘三区’，凸显特色、实现跨越”的总体要求，全面落实中央、省、市各项重大决策部署，以水生态文明为统领，扎实推进水利工程建设，不断深化水利改革，全市水利事业健康快速发展。

【防汛抗旱】 2016年，鹰潭市委、市政府高度重视防汛抗旱工作。立足于防大汛、抗大旱、抢大险，鹰潭市防汛抗旱指挥部多次召开会议部署防汛抗旱工作，全年共组织开展8次防汛抗旱检查，落实防汛应急抢险队伍3060人，组织4次防汛演练，补充145万元防汛物资，筹集2230万元抗旱资金，浇灌农田近28.64万亩次。由于各级党委、政府高度重视，上下齐心，工作措施扎实到位，全市实现了“一个中心、三个重点、五个确保”（即以保障人民群众生命财产安全为中心；以水库安全、山洪灾害防御、中小河流防洪安全为重点；在发生标准内洪水的情况下，确保全市所有水库不垮坝、确保万亩以上圩堤不溃决、确保不发生大面积的严重内涝、确保城市和交通干线不受淹、确保一旦发生山洪地质灾害不造成重大人员伤亡事故）的防汛总目标，防汛抗旱工作取得全面胜利，最大程度降低了洪涝及旱灾经济损失。

【水利改革】 1.全面实施“河长制”。建立了以鹰潭市委、市政府主要领导分别担任“总河长”“副总河长”的市、县、乡、村四级“河长”组织体系，设立鹰潭市河长制办公室。落实了专职副主任职数1名及工作经费30万元。“河长制”工作在鹰潭市全面实施。

2.组建河湖管理保护综合行政执法机构。成立了鹰潭市河湖管理保护综合行政执法支队，整合水利、水上公安、环保、农粮、交通、海事等部门有关职能，建立以信江为核心，市级抓总、分段负责的河湖综合巡查、防控、执法“三位一体”的全面监管执法新机制。开创了全省水利综合执法的先河，受到江西省水利厅主要领导的好评，多家中央、省、市主流媒体进行了专题报道。

3.实施河道采砂管理改革。制定《鹰潭市河道采砂管理改革实施意见》，各地收回属地采砂权，组建国有砂石开采经营公司，河道采砂管理更加有序规范。

4.实施水利内控机制改革。结合集中整治和查处侵害基层群众利益不正之风和腐败问题活动的开展，紧盯水利行业“微权力”，进一步健全风险防控、监督检查和责任追究机制，从源头上防止水利“微腐败”。一是规范技术审查工作。成立了“市水利局技术文件审查工作办公室”，抽调专业人员负责技术文件审查及管理日常工作；印发了《鹰潭市水利局技术审查规则（试行）》，明确技术审查的职责、内容及工作流程等内容，进一步规范技术审查工作，从源头上把好水利工程质量关。二是成立质量监督机构。2016年9月，经市编委同意，设立市水利工程质量安全监督站，归口管理全市水利质量和安全监督机构的工作，按照分级管理原则，对全市重点水利工程建设实施质量和安全监督。三是打造水利生态法治教育基地，利用身边的人和事，通过典型案例剖析，定期开展全市水利系统干部职工廉政警示教育，教育引导水利系统工作人员牢记宗旨，遵纪守法，认真履职，为打造美丽江西“鹰潭样板”作贡献。四是全面推进小型水利工程管理体制改革。制定《全市深化小型水利工程管理体制改革工作实施计划》，各地严格按照计划要求，扎实推进改革工作。五是优化行政审批，提升服务水平。按照省、市有关要求，严格依法审批，做好行政审批承接下放工作。完善“三单一网”（即政府权力清单、责任清单、市场准入负面清单、政务服务网）建设，稳步推进网上审批系统升级版的对接与改造工作，抓好全面清理规范行政审批中介服务工作，提高行政审批效率。2016年共办理网上业务60件。

【水利执法】 开展全市“清河行动”。制订《鹰潭市2016年“清河行动”实施方案》，全市集中组织开展工矿企业及工业集聚区水污染专项整治行动等12项专项整治活动，打击了多起非法偷排污水、非法电鱼等违法行为，切实维护河湖健康。开展河道采砂集中整治。全市94艘非法采砂船全面停业并集中停靠，52处非法上岸点全面取缔，非法采砂行为得到全面遏止。

【水生态文明建设】 一是加强水资源管理。严格按照水资源管理“三条红线”（即水资源开发利用控制红线、用水效率控制红线、水功能区限制纳

污红线），实行最严格的水资源管理制度；定期对全市13个重要水功能区水质进行了监测，2016年，全市集中饮用水水源地、界河等水功能区断面水质全部达标。二是继续抓好水库水质专项治理。针对2次中小型水库水质检测结果显示的小型水库水质不稳定、出现反复现象等问题，要求各地采取有效措施，加大治理力度，确保水库水质全面达标。三是推进水生态文明建设试点。完成雷溪镇、金屯镇水生态文明建设实施方案审查及批复工作。开展塘湾镇的水生态文明试点、画桥镇水生态文明自主创建及樟坪畲族乡黄思村等6个水生态文明试点村总结验收工作。四是加大水土保持综合防治力度。完成全市治理水土流失8平方千米的目标任务。

【水利工程建设】 一是加大水利建设投入，加强水利投资计划执行。编制《鹰潭市水利发展“十三五”规划》，下达了《2016—2017年水利项目前期工作计划》。各地充分利用国家发改委专项基金、农发行PSL贷款等金融政策，落实贷款资金共2.29亿元。2016年，全市完成水利总投资1.36亿元，占计划数的92.4%，其中完成中央投资8239万元、占比89.7%，完成地方投资5373.8万元、占比96.8%。全面实现了年度水利建设任务，为全市经济增长作出了应有贡献。二是推进重点水利工程建设，完成年度建设目标任务。一方面，花桥水利枢纽工程前期工作进展较为顺利，完成了项目建议书、可行性研究报告及《罗塘河流域综合规划修编报告》等编制工作，通过了《罗塘河干流梯级开发方案》，为争取项目早日审批立项、早日开工建设打下了坚实基础。另一方面，全面推进五河治理、中小河流治理、小农水项目县、山塘整治、病险水库除险加固、抗旱应急水源等水利工程建设和15个农村水电站增效扩容改造工作，4个电站安全生产标准化建设达到三级认定，基本完成年度目标任务。三是补齐水利设施短板，实施防汛能力提升工程。出台《鹰潭市防汛能力提升工程实施方案（2016—2018年）》，计划用3年时间实施完成全市现有12座万亩以上圩堤应急整治、150千米千亩以上圩堤应急除险、15座小（2）型病险水库除险加固、405座重点山塘整治，开展水毁工程修复及农村涝区应急治理，实施水利设施管理能力、防汛抗旱应急管理能力提升工程，通过实施八大工程，进一步完善水利工程管理和防洪减灾综合体系。四是完善质量安全监督体系，强化工程监督管理。设立鹰潭市水利工程质量安全监督站，主要负责管理全市水利工程质量和安全监督工作，对全市重点水利工程建设实施质量和安全监督。同时，继续坚持分片联系、督导调度、通报挂钩等做法，对重点县（市、区）和重点项目进行专项督查、挂牌督办，确保各项水利建设任务如期完成。

（汪艳芳）

【市水利局副县级以上干部名录】

党组书记、局长：龚著宝（～2016.2）
童细宏（2016.2～）
党组成员、副局长：徐可喜　方洪海
黄志勇
党组成员、纪检组长：黄小河
（～2016.12）
党组成员、副调研员：黄任发
总工程师：郝晓林
市河长办专职副主任：张业辉
（2016.8～）
调 研 员：袁松林　李宗旺
副调研员：周天生（～2016.3）

生态公益林实行全封闭管理

市林业局　供稿

商务与经济合作

编辑、校对：朱仕平

商务

【概述】 2016年，全市商务运行态势总体良好，基本保持了平稳增长势头。全市完成社会消费品零售总额194.66亿元，同比增长12.8%。实际利用外资2.646亿美元，同比增长10.2%。引进省外2000万元以上项目实际进资316.27亿元，同比增长12.49%。全市新增签约项目145个，投资总额280.66亿元，其中已注册项目120个，注册率82.76%；开工项目78个，项目开工率53.79；已投产项目38个，项目投产率26.21%。完成外贸进出口35.29亿美元。全年实现电子商务交易额400.9亿元，同比增长105%。鹰潭至宁波海铁联运天天班列共运行291趟，发送集装箱2634标箱；鹰潭铜拆解加工区口岸作业区进口废杂铜等固体废物原料1042标箱。

【对外贸易】 一是组织30余家企业参加广交会、华交会、高交会等国内展会；组织40余家次企业参加汉诺威工业博览会、米兰眼镜展、中东电力展、香港眼镜展、格鲁吉亚中国（江西）特色商品展等国外展会。累计出口成交超5000万美元。二是抓政策落实。全年争取江西省外经贸发展扶持资金617.12万元。贯彻落实省委降成本优环境80条，鹰潭市委降成本优环境28条，累计为挂点联系企业降低成本49.71万元。鼓励企业投保出口信用保险，全市63家企业投保，投保金额5000余万美元。三是建立商务、海关、国检、外管等部门参与的工作机制，对无进出口实绩、出口大幅下降的企业实行精准帮扶，生产性企业出口提高了2.65个百分点。四是加大引进外贸出口型企业工作力度，以引进加工贸易企业为切入点，支持加工贸易企业开拓市场，积极参加加工贸易（广州）推介会，加工贸易温州招商会。大力培育跨境电子商务和外贸综合服务企业，创新外贸发展业态。五是促进外贸转型创新发展。支持江铜、三川、美的、耐乐等江西省重点出口名牌企业开展品牌宣传和推广，引导其在境外设立营销网络。将昇兴包装、养元智汇等企业进口的先进设备纳入《江西省进口贴息产品目录》，推动产业转型升级。2016年，鹰潭市连续六年被海关总署评为全国外贸百强城市。

【对外经济】 积极鼓励企业“走出去”。一是组织全市6家企业参加“江西省走出去战略联盟”；建立优势项目走出去信息平台，鼓励相关产业跟进抱团走出去对接。二是鼓励、扶持和指导中铁二十四局鹰潭设备安装工程有限公司、江西省余江县第一建筑工程公司具有对外承包工程经营资质“走出去”，以融资方式承揽技术含量高、附加值高、带动能力强的境外工程项目。三是重点推动扶持江铜公司、江南铜业等铜产业在秘鲁、阿富汗、土耳其、罗马尼亚建立境外能源供应基地。鼓励和扶持以亨通眼镜企业为代表的眼镜产业在东欧、中东、南美、东南亚等区域构建营销网络建设。

【市场体系建设】 全力推进国内贸易发展。一是会同统计部门认真开展限额以上批发零售业、住宿餐饮业企业和个体工商户的情况调查。二是组织企业参加江西省地方特色商品“福州展”“广州展”“广州惠州商品南昌展”“第四届绿色发展博览会”，实现现场销售36万元，意向签约590万元。三是积极调度全市“8+1”重点项目建设，指导中童国际眼镜城、胜华五金机电城等大市场申报省厅项目，扶持包括冷链物流企业开展农产品流通基础设施建设，建设改造2个城区农贸市场、3个乡镇农贸市场。

【商贸服务管理】 推动商贸流通行业健康发展。一是做好各项示范创建工作。贵溪大众民生供销实业有限公司、中江国际商品交易中心新增为省级电商示范企业，江西鹰甬海港物流有限公司、鹰潭市太阳升物流有限公司新增为省级商贸物流重点企业，鹰潭市现代物流园新增为省级商贸物流重点园区，梅园街道新增为江西省美食街。二是组织企业参加北京电子商务大会、中美“互联网+商务”创新发展高峰论坛等活动。组织企业参加商务部组织的农产品网上购销对接会，增强企业及产品的全国知名度，拓宽企业销售渠道。组织电商创业者参加全省微电商创新创业大会，发掘培养鹰潭电商人才。三是深入大三江电商物流、大众民生供销公司、市邮政公司等电商物流企业调研，推动电商物流快递整合，引导电商与物流快递协同发展。四是成立全市家庭服务业行业协会，支持全市老字号企业加入江西省老字号联盟。

【招商引资】 强力推动招商引资工作。一是顶层设计招商，招商引资质量和效益进一步提升。以市委、市政府名义印发《鹰潭市提升招商引资质量和效益实施方案》《鹰潭市招商引资工作的意见》《鹰潭市招商引资质量和效益综合考核办法》等系列文件，顶层设计招商，在全市形成了“重招商、会招商、爱招商”的良好氛围。二是精心举办招商活动，招商成果丰硕。全年成功举办了“鹰潭市产业升级创新发展（上海）合作恳谈会”“鹰潭（义乌）电子商务产业招商推介会”等系列重大招商活动，协办江西省与跨国公司合作（上海）恳谈会、江西省战略性新兴产业（杭州）推介会等省级重大招商活动，参加第四届世界绿色发展投资贸易博览会、赣港经贸合作活动、赣台经贸文化合作交流大会等活动，成果丰硕。全年新增签约项目145个，投资总额280.66亿元。其中工业项目116个，占总项目个数80%，投资总额204亿元，占总投资72.69%。三是切实推进项目落地，招商项目开工投产率不断提高。建立了在谈及签约项目台账，每月对各责任单位招商活动和项目签约进展等情况进行考核通报，每季度对各责任单位招商引资质量和效益进行考评，实行招商项目月考核、季考评制度，每季度召开一次重大招商引资项目推进流动现场会，每月向市政府常务会议进行一次全市招商引资专题汇报，每半年向市委常委会进行一次全市招商引资专题汇报，项目开工投产率进一步提高。2016度新增签约项目145个中，已注册项目120个，注册率82.76%；已进资项目86个，进资项目比率59.31%；开工项目78个，项目开工率53.79；已投产项目38个，项目投产率26.21%。

（袁　斌）

【市商务局副县级以上干部名录】
局　长：柯　嘉（女，～2016.3）
余红艳（女，2016.6～）
党组书记：揭晓泗（2016.12～）
党组副书记、调研员：揭晓泗（～2016.12）
党组成员、副局长：张逸云（女）　周平（2016.8～）
党组成员、纪检组长：毛彩霞（女）
党组成员、副调研员：朱维治　吴云川

供销

【概述】 2016年，在市委、市政府的正确领导和省供销社精心指导下，全市供销系统认真贯彻落实中共十八大和中共十八届五中、六中全会精神，按照“改造自我、服务农民”要求，突出围绕深化供销社综合改革这一中心任务，创新发展方式，夯实发展基础，切实提升服务“三农”的能力，各项工作任务顺利完成。全年实现购销总额13.56亿元，同比增长12.41%，其中农副产品销售总额2.04亿元，同比增长15.54%；销售农业生产资料2.15亿元，同比增长25.73%；实现利润600.6万元，同比增长10.10%。电子商务销售1600万元。

【深化供销合作社综合改革】 2016年是深化供销系统综合改革的关键一年，围绕综合改革这一中心工作，5月，市委、市政府出台《中共鹰潭市委鹰潭市人民政府关于深化供销合作社综合改革实施意见》（鹰发〔2016〕11号）。7月中旬，中共鹰潭市委办公室、鹰潭市人民政府办公室印发《鹰潭市深化供销合作社综合改革试点实施方案》。12月中旬，成立了由市政府分管领导担任组长，市政府分管副秘书长和市供销社主任任副组长，市委农工部等21个部门分管领导为成员的鹰潭市深化供销合作社综合改革领导小组。12月19日，召开全市深化供销合作社综合改革动员会议，对全市深化供销合作社综合改革工作进行部署。2015年，贵溪市已率先进行深化供销合作社综合改革试点，2016年，确定在余江县和月湖区开展试点扩面工作，综合改革试点面率先达到100%实现。截至2016年底，各县（市、区）均出台了试点改革实施方案。

【发展农村电子商务】 截至2016年年底，全市供销系统有2家县级社电商企业，分别为贵溪大众民生供销实业有限公司和余江供销社成立的余江县振兴供销电子商务有限公司。2016年4月，省委书记强卫考察贵溪大众民生供销实业有限公司，充分肯定取得的成效。该公司实施的“贵溪电子商务生态产业园”一期建设基本完成，引进了30多家电子商务企业入园，建成了18个乡镇电子商务服务中心。余江县振兴供销电子商务有限公司在全县各乡镇建立了10个电子商务服务中心，组织50余种当地土特产在该县电商产业园销售。

【夯实基层组织建设】 2016年初，市供销社印发《关于推进全市基层供销合作社改造升级的实施意见》，切实加快推进基层社、农民合作社、农村综合服务社的融合发展，全面推动基层社改造提质工作。2016年全市恢复重建综合性基层社2个，升级改造基层社8个；全市创办、领办农民合作社12个，建设省级示范合作社5个；全市组建农民专业合作社联合社2个，发展农村综合服务社40个，省级规范化农村综合服务社20个。

【开展农业社会化服务惠农工程】 全市农资企业由单一的农资供应向土地托管、配方施肥服务创新。2016年全市系统土地托管面积34122亩，平均每亩节约成本近200元，为农民节约成本600万元以上；通过农资企业和庄稼医院开展测土配方施肥2000亩以上。另外，通过培训农民合作社负责人，提升他们带动能力，组织各类培训900多人次，发放科普资料2000多份。

【做好项目建设】 一是做好垃圾收运系统二期工程收尾工作。2016年，鹰潭市生活垃圾收运系统工程二期在贵溪泗沥镇、志光镇，余江潢溪、平定建设的5个垃圾中转站已竣工验收。垃圾中转站已移交到相关乡镇管理。二是做好物流园区农资配送中心建设。市农资配送中心占地43.6亩，一期建设仓库4栋，建筑面积7512平方米，总投资900万元。项目按规定立项、审批、招标前期工作全部结束。项目已于2016年9月19日正式开工，预计2017年4月竣工。三是做好全市农业综合开发项目申报。2016年，共精心筛选了46个项目纳入省社项目库。

【抓好安全生产工作】 认真贯彻落实市政府《2016年安全生产目标管理责任书》明确的各项工作任务，按照安全生产“治理隐患，防范事故”的总体要求，不断强化安全生产主体责任，市供销社与下属企业签订了安全生产目标管理责任书，进一步落实安全生产责任制。在全系统集中开展了安全生产大检查“回头看”活动，对全系统安全生产工作进行了全面检查督查，针对烟花鞭炮仓库安全检查存安全隐患进行了全面整改，更新了仓库消防水袋、监控探头等设施，完善了安全生产应急预案、安全值班制度和进出库登记制度。同时，组织烟花爆竹经营企业主要负责人、安全管理人员参加了安全培训，并经市安监部门考核合格，做到了持证上岗，确保烟花爆竹经营管理安全落到实处。实现了全年系统安全生产零事故目标。

【开展“两学一做”专题学习教育】 2016年，市供销社党组十分重视党建工作，认真抓好“两学一做”学习教育。根据市委要求，结合该单位实际，成立了主要领导任组长的“两学一做”学习教育领导小组，制定了实施方案，通过党组书记上党课、开展“党建+”、集中学习、撰写学习心得体会等活动，增强了机关干部的党性修养和宗旨意识。

（孙雪薇）

【市供销社副县级以上干部名录】
党组书记、主任：李 怡
党组成员、调研员、副主任：吴官富
党组成员、副主任：周永忠
党组成员、纪检组长：周国清
党组成员、副调研员：潘国强

盐 业

【概述】 江西省鹰潭江盐华康盐业有限公司（江西省鹰潭盐务局）在省盐业集团公司（省盐务局）和鹰潭市委、市政府的领导下，积极开展各项工作，在公司广大干部员工的共同努力下取得了较好的成绩。

【主要经济指标】 1.主营业务购、销、存情况。（1）购进9494.74吨，其中纸塑包装盐3324吨，多品种盐3615.74吨，散装加碘精制盐1313吨，散装工业盐1240吨。（2）销售包装盐6972.23吨，其中普通小包装盐销售2737.67吨，多品种盐销售4234.56吨。销售大包盐2788.88吨，小工业盐销售1387.53吨。小包装食用盐完成全年计划的89.62%。（3）库存1461.91吨，其中包装盐1351.37吨，大包装盐76.25吨，工业盐32.29吨。

2.非盐产品业务购、销情况。（1）购进非盐产品2341.13万元，其中郎酒35.18万元，食用油2230.93万元。（2）销售2511.34万元，占全年任务的96.59%。

3.财务指标完成情况。（1）销售收入5242.72万元，与2015年同期4356.96万元相比增加885.76万元，完成年预算5534万元的94.74%。（2）利润计划127万元，完成290万元。（3）非盐销售毛利计划144万元，完成71.07万元。（4）多品种盐销量计划1950吨，完成4234.56吨。

【主营业务工作】 认真落实江西省盐业集团公司《2016年度全资、控股企业年度重点工作和管理指标考核实施细则》文件精神。按照要求：（1）引进了红圈钉钉管理软件，提高了客户经理业务访销频率；（2）继续抓好公司各项规章制度的落实：一是落实好《鹰潭公司客户经理营销规范及客户分级管理办法实施细则》，对全区客户做到定期访销、定期下单配送、定期理货换货、货款现时结算、表单填制，客户建档、周、月例会记录、客户资料随机电话抽查等几方面进行了全面考核。二是落实好《鹰潭公司商品质量管理实施细则》，落实质量事故主体和责任人，确保食盐及非盐商品的质量安全，统一纳入效能监察。三是采取强化市场销售管理，调整产品销售结构，加大多品种盐的销售力度等措施，增大企业利润空间。2016年，多品种盐销售4234.56吨，比2015年增加3071.7吨。四是加大开发“连锁店”的力度。2016年，“连锁店”总数达229家，为非盐产品下伸到流通领域打开通道，同时为非盐销售任务的完成奠定了坚实的基础。

【盐政管理】 一是抓宣传，不断提高消费者食盐安全意识和抵制私盐的能力。利用“3·15”消费者权益保护日，“5·15”防碘缺乏病日和“10·8”高血压大力宣传食盐安全。

6月，积极参与市政府主办，市安办、卫计委、公安局等单位组织的食品安全月宣传活动。通过活动，使广大消费者知道如何选择购买正规渠道的食盐，提高自觉抵制私盐的防范意识，收到较好的效果。二是抓市场，开展盐业市场整顿检查。7月，由市工信委、市发改委牵头，对鹰潭销区的食盐市场进行了一次全面清理整顿。11名主要盐贩受到法律的严惩。通过清理整顿，净化了食盐市场，鹰潭市市场私盐得到有效遏制。

【公益事业】 认真做好“八一”期间拥军优属拥政爱民工作，赠送九四七二三部队慰问品：小咸人矿泉水30箱、井岗绿宝野山茶非转基因调和油5箱 。

（杜　丹）

【江西省鹰潭江盐华康盐业有限公司领导名录】

经理（局长）：邹　飞

书　记：葛庆江

副经理：张远德　金学军

烟草专卖

【概述】 鹰潭市烟草专卖局、江西省烟草公司鹰潭市公司辖月湖区、贵溪市、余江县等3个县级烟草专卖局（分公司），共有从业人员228人。2016年，鹰潭烟草紧跟行业改革发展步伐，努力攻坚克难，不断取得新成绩，顺利实现了年度各项工作目标任务。2016年，全市烟草系统卷烟销量3.46万箱，实现税利3.6亿元。截至2016年12月底，全市烟草系统共有零售户3821户。

【卷烟营销】 2016年，鹰潭市烟草专卖局、江西省烟草公司鹰潭市公司坚持稳中求进工作总基调，紧牵卷烟销售这个“牛鼻子”，坚持需求导向，持续改善供求关系，严格规范卷烟经营行为，从挖潜增量、品牌培育、网络建设等方面入手，推动卷烟营销转型升级。一是卷烟货源投放更加精准。深入分析客户业态、经营规模、市场类型、消费结构等信息，按照量随价走、稳步推广的模式推行精准投放、精准营销。二是省产品牌培育更加突出。采取强硬措施清品牌、限规格，将在销品牌规格数从130多个调减到65个左右。下定决心甩包袱，消化了30多个规格、近千箱库存滞销卷烟，为省产烟培育腾出了空间。坚持开展站点促销、婚庆及大宗消费促销等面向消费者的宣传促销活动，不断提升金圣品牌形象和知名度。开展“‘让家乡闪靓您的橱窗’——省产烟上柜出样”活动，努力提高省产烟市场占比打下了坚实基础。三是营销网建基础更加坚实。严格从“客户拜访、卷烟上柜、社会库存、新品培育、价格管理”五个方面，对客户经理工作职责落实情况进行考核评比，营销网络建设水平全面提升。

【专卖管理】 一是建立打假打私打非联合机制。主动借助公安系统的力量，严厉打击制售假烟网络，开展“猎鹰一号”专项行动，严打制售假烟、贩卖走私烟和非法渠道卷烟的违法行为。二是加大互联网涉烟违法行为打击力度。深入开展利用互联网平台非法售烟行为的治理工作，加大对利用淘宝、QQ、微信等自媒体贩卖卷烟案件线索的梳理和跟踪监控力度。三是注重重点环节监督管理。更加注重对物流寄递环节、当地案件和零售终端售假网络案的打击，对辖区名烟名酒店、重点违法大户、无证户、特殊业态经营场所等重点对象进行重点监管。2016年，共出动打假、打私、打非人员3495人次，查处了一批在当地市场具有重大影响的案件，维护了当地卷烟市场的稳定。

【基层党建】 一是充分发挥党支部的战斗堡垒作用。严格执行“三会一课”、党费收缴等制度，及时开展支部换届工作，充实支委班子，对党员活动室建设及党建工作基础资料收集管理工作进行了科学明确。二是充分发挥党员的先锋模范作用。全体党员自觉带头开展“党建+社区服务+星火服务”，营销服务职能化、客户服务亲情化、专卖服务人性化、证件办理便捷化等“党建+”工作全面推行，各条战线的工作质量和服务水平均有所提升。三是深入开展“两学一做”学习教育活动。利用党组会、党员大会、支部会等形式，组织全体党员深入学习党章党规和习近平总书记系列讲话。大力开展“党员亮身份”“春蕾计划”、爱心助学行动、“四讲四有”漫画宣讲、“敬老院温暖行”党员志愿服务等系列活动，不断增强全体党员的宗旨意识和党性观念。

【企业管理】 规范管理工作稳步推进。制定完善了规范管理考核方案、采购及办事公开目录等规章制度，加强事前、事中、事后管理，规范“小零散”采购方式，通过公开招标选定建立了多个供应商库，在招标组织过程中首次启用了全程录音录像监督手段，保障招标过程公平公正。积极开展审计发现问题的专项整改工作，保证了审计监督实效。降本增效目标基本实现。积极开展降本增收活动，招待费、燃油费、修理费、办公费均同比大幅下降，全年三项费用率5.12%，同比下降0.97%。对公务接待、公务用车、银行账户和存款管理以及私设“小金库”等方面进行了全面清查，并对存在的问题及时进行了整改。

【公益事业】 2016年，资助新农村建设支出7.8万元；包村扶贫支出7.7万元；社区共建支出400元；开展帮助困难群众、困难经营户、孤寡老人等公益性活动支出3.5万元。

（史如莹）

【市烟草专卖局（市烟草公司）副县级以上干部名录】

党组书记、局长（经理）： 刘在强

纪检组长：苏春仙（女）

副局长：陈水明

调研员：陈小平 甘鸿志

副调研员：吴新华

石 化

【概述】 2016年是“十三五”规划的开局之年，也是鹰潭石油分公司广大干部职工顺应形势，积极适应“新常态”的开元之年。受经济新常态、低油价、原油进口放开、非法经营泛滥等因素叠加影响，2016年成品油市场消费持续低迷、资源过剩加剧、竞争更加激烈，市场再平衡争夺区域不断扩大，扩销创效压力与日俱增。对此，鹰潭石油分公司认真贯彻落实中国石化集团公司和中国石化销售有限公司各项工作部署，围绕年度工作报告总体思路，以“一降一控、两提高，两满意、三确保”（即降费用、控成本，提高自营机出零售量、提高柴油及高标号汽油零售量，客户满意、员工满意，确保增量、确保效益、确保员工薪酬）为抓手，为“十三五”呈献了“效益历史最好、薪酬好于预期、销量稳中有增、网络基石稳固、党建再上台阶”的精彩开局。全年新建加油站2座，竣工投营加油站1座，改造投营加油站1座；获得中国石化销售有限公司“地市发展进步能力”工作评比第四名，创造了江西石油的历史；1人获得中国石化销售有限公司“比学赶帮超”工作个人标兵。获得中石化江西石油分公司2016年度“比学赶帮超”工作标杆单位、“零售经营管理”工作先进单位、“数质量管理”工作先进单位等荣誉。

【主动出击抢市场】 一是零售制定“一站一策”管理措施表，提高现场服务水平和加油效率。二是以“挂牌优惠”“部分站点实行普柴、车柴双运行”等营销模式开展点对点竞争，全年柴油同比增幅达14.3%，全省排名第一。三是积极开展“加油送礼”“98号汽油推广”等专题营销活动，增加客户黏性，提高客户进站率、加满率。四是开展微信营销，推动营销活动迈向信息化、电子化。五是加大与第三方合作，持续与金融、保险、电信、车行等领域商户开展交叉营销获取免费资源作为增值服务项目进行捆绑来吸引客户。全年累计引入合作伙伴6家，其中银行商户3家，参与活动的客户达1.5万人次。六是实行会员制全新营销模式，发展会员达1.2万名，稳定了重点客户群体。七是加大市场整顿力度，净化环境，稳固市场占有率。联合市成品油市场整顿领导小组，严厉打击成品油经营中出现的违法犯罪行为，积极配合有关部门联合执法，查封非法加油窝点33座、非法加油站点18座，非法配送车辆11辆、查封非法油罐61个，加油机20台，缴获柴油共计432.26吨。为后续抢占市场打下了良好的基础，并得到省公司领导高度评价。八是强化机制、兑现考核，激发员工销售热情。推行全员联量计酬机制，突出“零售量”在员工薪酬分配机制中的核心作用，全年零售线条考核兑现绩效奖励15.67万元，兑现多卖一吨油奖励28.9万元，一线员工年人均增收近1700元，激发了加油站员工多劳多得的积极性。

【深挖潜力强非油】 2016年，非油品同样面临着许多困难，任务重、压力大，重点商品销售难以打开局面，但通过分公司全体上下一心，全年完成省公司下达的全年销售任务。一是积极引入“新成员”，拓宽销售渠道。在各部门的紧密配合下，在营汽服数量达4座（其中3座为自助洗车机站点），实现了汽服门店零突破，并达成了与中国电信、江西银行以及中国邮储等第三方的业务合作。二是加强人员培训，提升综合服务素质。创新培训模式，通过增加培训课次和天数实现员工培训率100%。成立燃油宝销售示范团队，在全区选拨销售能手，采用“师带徒”的模式在市区重点站开展现场教学，实现燃油宝销售新高度。三是做大重点商品销售，优化业绩结构。利用促销、团购、电子券、油非互动、微信吸粉等活动，加大力度对重点商品的销售。活动获得中国石化销售有限公司名品进万家第一季度地市五十强称号。四是强化基础形象，奖惩考核并行。通过“微信巡店”功能，每月安排专人对全区5座加油站便利店进行检查和指导。

【多措并举保安全】 坚持“谁主管、谁负责”“党政同责、一岗双责”管理原则，牢固树立“安全高于一切，生命最为宝贵”的理念，强化安全首位意识，倡导安全基本价值观，采取多种行之有效措施，全面完成省公司HSE（即安全、环保、健康）各项考核指标。一是健全各项安全责任制度。修订完善各级QHSE（即数量、安全、环保、健康）责任制；制定鹰潭分公司安全教育培训年度计划、应急演练年度计划，教育培训6593人次，全员培训率99.47%，风险区域安全检查覆盖率100%，开展演练502次；制定《2016年度职业病防治计划与实施方案》《职业健康监护及档案管理制度》等管理制度，规范职业卫生管理流程。二是完善各类安全组织体系。成立安全分委会，坚持每季度定期召开安委会，每月召开安全专题会议，总结分析安全生产经营现状及问题，集思广益，提出解决办法，确保分公司安全生产平稳发展；分公司领导带头执行定点联系制度，分公司机关24个中层以上领导共开展定点联系504次。三是积极开展各项安全活动。积极组织开展各项主题活动。举办了以“人人讲安全，人人为安全”为主题的安全知识竞赛；开展“创建百强安全班组和百强绿色基层”活动，开展了“人人都是安全员”活动，制定下发《鹰潭石油分公司机关员工定点联系加油站帮扶工作实施方案》；开展“我为安全作诊断”活动，继续坚持隐患排查治理工作不放松，共计372人参与问题诊断登记，累计登记问题数3590条。四是强化现场管理与过程控制。以“四不两直”（即不发通知、不打招呼、不听汇报、不用陪同和接待，直插基层、直奔现场）现场督察（白天、夜间）和视频监控相结合的方式，以现场督察为重点，不定时对各作业、施工现场进行了HSE督查，全年共检查加油站、油库和各施工现场260余次。狠抓问题整改，落实整改率91%，对不能及时整改的采取防范措施，规范加油站、油库和施工现场管理，有效的改善了加油站的经营环境，使各作业现场管理工作上一个新的台阶。

【加强成本费用管理】 在降低费用方面，一是树立长期过紧日子思想和勤俭办企业的理念，明白在新常态下成本管理的重要性和紧迫性，增强忧患意识，提升管理责任心。二是要求各管理部门认真贯彻执行“一切成本费用皆可控”理念，将各项降费指标落实到相关归口职能部门，加强了各个管理部门对本部门归口费用的控费降费的管理意识。三是制定出台新的《差旅费管理办法》，规范员工出差的出行标准，改变大家“出门就打的”的习惯，树立节约费用的理念。2016年分公司公务性支出比2015年同期相比下降5%；电费支出下降6%；银行手续费下降20%。在控制成本方面，一是加快每日资金回笼，每天将各账户资金手工划账到省公司收入账，加快了资金的流转。二是积极推广银行POS机收款，确保所收资金安全、即时入账。三是严格控制预付款规模，督促非油品烟草公司预付款结算进度，降低预付款资金占用。

【加强网点建设】 网点建设是遏制竞争对手的一项重要手段。为增强发展后劲，稳固市场优势，2016年分公司加快网点建设开发工作。一是改造加油站1座（东站加油站），新建加油站2座（信江加油站、余干城东加油站），完成全部加油站油气回收改造工程，老白马油库置换的5块加油站用地已全部确认，并经网上竞拍获得，其中3座加油站已取得土地证。二是基本完成了贵溪三站和滨江加油站报建工作，为确保2017年两站建成投营打下了基础。三是和政府相关部门就成立合资公司达成意向，为下一步加快网点发展打下了扎实的基础。

【严管理创佳绩】 一是严格用工，优化资源管理。认真贯彻落实《鹰潭石油分公司岗位责任制》《鹰潭石油分公司机关员工考核办法》，规范用工招聘和退出机制，实现所有员工全部缴纳社会保险，消除用工风险，做到控制用工总量，不突破用工计划数，合理安排用工人数，提高年度员工单人薪酬。二是认真推进深化人事制度改革。委托石油技校第三方对上至中层干部、下至机关员工，进行360维度工作评价。三是加强教育培训，提高队伍整体素质。加强员工在职教育和培训工作，坚持新员工岗前培训，进行企业文化、油品安全知识和实际操作技能的教育培训。四是维护稳定，树立企业良好形象。做好群众来信来访的接待工作，接待群众来访及政策咨询21余回，30余人次。同时，上访人员的回访和下访达18人次。积极为协解人员办理养老、医疗保险资助。按照省公司规定办理了协解员工养老、医疗保险支助。五是摸清家底，规范资产处置。开展“拉网式”土地专项清查工作，对67宗42.01万平方米自有土地进行清查，大力清理利用率低、运营效益低的低效、无效资产。六是严格风险防范，确保资金安全。强化资金的日常监控，资金管理工作层层落实，从加油站资金、IC卡资金、非油资金、直、分销业务资金、银联POS机管理、加油站保险理赔、资金监管及责任追究等7个方面实现“实时、全过程、全环节”监控，明确岗位职责，强化绩效考核，防范资金风险，保证资金安全、高效归集。加大对关键岗位，关键业务环节的内控审计力度，防范经营风险。

【抓党建促发展】 落实“一岗双责”党建思想政治工作，制定《党员领导干部“一岗双责”工作规定》和20项工作清单，党员领导干部按规定填写“一岗双责”工作手册，形成党建和经营工作齐抓共管、“一岗双责”工作格局；落实班子成员基层联系点制度，在检查指导业务工作的同时督促指导党建工作，形成层层抓落实的良好氛围；深入开展“两学一做”学习教育活动，领导干部带头讲党课，及时传递学习要求、内容和上级精神及经验做法，组织党员赴井冈山接受理想信念教育，开展“爱岗位、出点子、做奉献”理想信念大讨论；开展机关与基层支部结对子活动，在基层窗口单位开展“一区一岗”创建；在全省率先开展“赛党课”活动，唤醒普通党员的身份意识，引导党员在完成全年生产经营任务中站排头、当尖兵，参加省公司举办的“赛党课”竞赛荣获一等奖；开展竞赛比武工作和“安康杯”劳动竞赛，承办“易捷杯”男子足球友谊赛鹰潭赛区比赛活动，并获道德风尚奖；开展“走基层、访万家”活动，了解基层班组和职工思想动态，解决基层突出问题和困难；以“我为零售助力加油”“服务经营党团先行”等活动为抓手，深入开展了志愿者支援高速、助力新站等活动助力经营；制定《鹰潭石油分公司严肃查处群众身边的不正之风和微腐败问题工作实施方案》、严查身边违纪违规“微腐败”行为，共处理违纪违规员工23人，其中开除15人，并在全公司范围进行通报；组织开展

"学狼性、悟狼道""转变观念、补齐短板、提质增效、扭转局面""学习江苏、对标安徽，江西怎么办？"等大讨论；积极开展新闻宣传工作，加大新媒体和外宣的力度，引领正确的舆论方向。

（李佩思）

【中石化销售有限公司江西鹰潭石油分公司领导名录】
经理：操德平（～2016.5）　檀　飞（2016.6～）
党委书记：周小龙
副总经理：刘　军（～2016.5）
方　炜（2016.7～）

石油

【概述】 2016年，成品油消费市场持续低迷，竞争更趋激烈。面对严峻的形势，中石油鹰潭分公司（以下简称分公司）新一届领导班子大力弘扬"石油精神""长征精神"，按照"坚定适应新常态、强化管理促零售"的总部署，紧紧围绕"纯枪80万吨、利润1000万元"的目标，扎实开展工作，全年实现油品销量同比增加1.19万吨，增幅23%。非油业务收入计划完成率102%，非油利润计划完成率109.7%。累计开发加油站5座，投运2座，恢复运营加油站2座。全年未发生安全生产事故、质计量事故、环境污染事故和新闻危机。领导班子未发生党风廉政问题。2016年，荣获中国石油江西销售公司2016年大预算考核综合排名第一名，荣获中国石油江西销售公司"先进集体"称号，荣获鹰潭市政府授予的"鹰潭市安全生产先进单位"称号，荣获鄱阳县政府授予的"鄱阳县2016年抗洪抢险先进集体"称号，荣获武警水电部队二总队授予的"抗洪救灾、军企连心"锦旗，荣获鹰潭市企联授予的"先进企业"称号。

【支持抗洪抢险，树立企业形象】 分公司主动参与鄱阳县"6·20"抗洪抢险、油品保供工作，积极履行政治、经济、社会三大责任。公司广大干部员工大力弘扬"石油精神"，不怕苦、不怕累，克服40℃高温炎热天气，24小时不间断供油。经过6天5夜艰苦卓绝地努力奋斗，全面完成抗洪抢险任务，得到了鄱阳县"6·20"抗洪抢险联合指挥部、武警水电二总队、鄱阳县委及县政府、古县渡镇政府等单位领导以及灾区群众的高度认可和尊重。抗洪抢险联合指挥部授予分公司总经理喻晓、鄱阳明珠加油站经理陈军等8位员工"抗洪英雄"称号。武警水电部队二总队向分公司赠送"抗洪抢险、军企连心"的锦旗。鄱阳县委、县政府授予分公司"抗洪先进集体"荣誉称号，并向江西销售公司发来感谢信。10余家媒体报道了分公司抗洪抢险、油品保供，积极履行政治、经济、社会三大责任的先进事迹。

【主动融入当地，搞好地企关系】 一是分公司领导班子先后拜访了鹰潭市委、市政府主要领导及相关政府部门的主要领导。分公司班子换届调整后，新一届领导班子第一时间向鹰潭市委、市政府汇报工作，积极争取地方党委和政府的支持，努力打造和谐政企关系、营造良好外部经营环境。二是通过争取将分公司列入市委、市政府发文单位，在鹰潭市电子政务综合办公平台上开设账户。通过争取首次将分公司及领导班子成员联系电话纳入鹰潭市领导干部手册从而建立了与当地政府长期、稳定的联系机制，实现了与当地政府各部门之间的信息互通，有效提升分公司在当地的政治地位和社会影响力。三是参与成品油专项整治活动。参与由商务局牵头，市场监督局、安监局、消防大队、公安、路政等相关部门组成联合执法小组，对非法窝点进行查处。通过5天的专项整治活动，共打掉成品油囤油窝点4个，查处并封存成品油350吨，促进油品市场有序竞争。四是与中石化进行多次会谈，谋求共同发展。通过会谈，双方就共同打击取缔非法经营网点、防止其死灰复燃，联合规范整顿成品油市场秩序，联合推价等达成共识，构建良好的竞合关系。

【深化企业改革，提升管理水平】 一是调整机关机构设置，提高运行效率。完成了机关机构改革，机关由5部1室调整为3部1室，减少部门2个，有效地提高了机关运行效率。二是设置鄱阳片区，提升加油站管理水平。根据分公司实际设置鄱阳片区，负责协调辖区加油站内外关系，组织直销客户开发与维护，组织加油站进行纯枪、非油品、卡客户开发与维护，提高鄱阳地区的整体竞争实力。三是稳步有序开展双低站治理活动。分公司开展了双低站第一阶段治理活动，站前、三联加油站通过竞标实行目标责任管理。竞标后，三联加油站日销量增幅48%，站前加油站纯枪增幅15%，同时管理更加规范，焕发出新的生机和活力。四是强化用工，优化管理。分公司扎实有序推进劳务派遣和业务外包工作，进一步提高全员劳动生产率水平。

【加快油站建设，扩大油品销量】 一是历时74天投运沪昆高速鹰潭服务区加油站，较原计划提前三个半月，实现了分公司无高速公路加油站的历史性突破。二是通过积极协调与沟通，推动锦江、明珠2座停业站提前进行改造，并恢复运营，将停业时间压缩到最短，损失降到最低。明珠加油站较原计划提前1个月投运，锦江加油站较原计划提前半个月投运。三是新开发加油站5座。沪昆高速服务区、锦江、明珠等加油站的提前投运，增加销量0.6万吨。

【加强客户联系，努力扩大客源】

组织加油站开展客户座谈会10次，组建加油站销售微信群22个，在官方公众号发布促销等信息85条。志光加油站借助江西师专教工微信群发布促销广告；明珠加油站在鄱阳县办证大厅设置加油卡发卡；与鹰潭市公交公司、铅山县安泰有限责任公司、海螺水泥等7家机构用户签约；开发外省机构客户；在鄱阳、余干、万年三地设置兼职直销客户经理。

【严守三条红线，确保经营安全】 严守安全、计量、质量三条红线，一是通过宣贯、培训提升员工的安全防范意识。开展安全培训4次，安全经验分享45次，增强员工安全意识，营造良好的安全文化氛围。二是层层签订安全环保责任书，落实安全环保责任制。三是加大安全检查力度。全年开展节日安全大检查7次，月度安全检查12次，加油站夜查10次。突出抓好工程管理及隐患治理不放松。强化施工全过程监管和承包商管理，开展施工现场专项检查14站次，严厉查处了67项安全隐患问题。四是突出抓好油品数质量管理。开展油品损耗专项整治活动，着重加强对油品接卸管理和加油站库存盘点，专项活动开展以来，鹰潭分公司损耗控制率明显提升。严格执行水溶法甲醇检测，严把油品质量入库关，并做好留样。

【抓好党的建设，提升党建水平】 深入开展"两学一做"学习教育活动，组织党员学习党章、党纪条规，学习习总书记系列重要讲话。组织观看石油精神宣传片《大庆魂》、反腐专题片《永远在路上》《打铁还需自身硬》等宣传教育片。认真做好党费补缴及支部换届工作。宣讲党费收缴的严肃性，要求全体党员要正确对待党费补缴工作，支部全体党员按时足额补缴党费2.4万元。召开党支部换届选举大会，选举产生分公司党支部第二届支委会委员。

【实施民生工程，关爱基层员工】 一是开展节日走访慰问活动。共慰问困难员工16人，发放慰问金3.7万元。二是开展"夏送清凉""冬送温暖"活动。为加油站配备97床凉席，维修空调12台、新配空调11台，确保加油站风扇、冰箱、淋浴等设施运行良好。给基层员工发放绒毯、保暖内衣、暖手袋、护手霜等保暖防护用品，及时发放新的棉衣、棉鞋，改善基层工作生活条件。三是对低效站加油员工实行保底工资，对减员加油站发放减员补贴，充分调动员工的积极性。

（杨 琛）

【中石油天然气有限公司江西鹰潭销售分公司领导名录】
总经理：喻　晓（2016.4～）
党委书记：曾和平（～2016.10）
副总经理：张安泰
总会计师：江晓华

招商引资

【概述】 2016年，市招商局领导班子在市委、市政府的坚强领导下，按照"主攻项目、决战'三区'、凸显特色、实现跨越"的总体要求，精诚团结、积极作为，克服国际国内经济下行压力加大、投资放缓、市场低迷等一系列困难，组织管理市直产业招商小分队，围绕"1+3+2"重点产业和铜、旅游、物流三篇文章，突出产业招商，突出招大引强，强化队伍建设，创新招商方式，提高招商实效，全局各项工作保持了良好发展态势。

【招商引资成效】 1.引进项目与主攻产业契合度高。引进的23个项目中，工业项目15个，占引进项目总数的65%，全部是围绕铜、智能制造、光电新能源、大健康、精细化工、创意制造等"1+3+2"产业引进的产业龙头企业及高端配套项目。一批投资强度大、品牌知名度高、高新技术型的项目成功签约，主要有：石家庄百分百塑材制造股份投资6亿元的新型地板材料项目，企业将生产欧美最新潮流的地板材料；行业龙头江苏方正集团投资3亿元的铜精深加工项目；国家电投投资4亿元的分布式屋顶发电项目；广州中海联投资5亿元的"鹰潭粤港城"项目，建设集服装配套产品贸易区域总部基地为一体的城市综合体，项目落户鹰潭国际商贸园。行业龙头企业中粮华港农牧集团投资5亿元在贵溪建设的饲料加工基地项目。

2.开工投产比例显著提高。通过抓项目落地跟踪、协调等全程服务，一批项目已正式投产，截至2016年年底，新开工项目已达到9个，项目总投资13.5亿元；新投产项目已达7个，项目总投资11.5亿元。开工投产比例分别较2015年增长34%和36%。

3.在谈项目更加多元。围绕全域鹰潭、全域招商，2016年小分队正在跟踪对接的企业不仅有世界500强（正威国际集团、中航集团、国家电投）、国内500强企业（正泰集团、安邦集团、中南集团、中信集团），还有央企（中建集团、中商集团、中农联控股、中利科技集团）、民企（汉能集团、卓达集团、传化集团）境外企业（维格集团、维创集团、远播通信）以及一批鹰商回乡创业企业等。

4.超额完成全年招商引资任务。全年共签约引进项目23个，合同投资54亿元人民币，完成市政府下达年37.5亿元目标任务的145%。

【招商引资举措】 1.加强队伍建设。一是健全制度，对小分队实行绩效管理。完善了招商安商、项目督查、信息收集、筛选评估、联络协调、考核奖惩等制度，要求每支小分队年内引进5亿元投资项目，实际进资1亿元以上，每季对接500强企业3家以上。实行招商成绩与经费挂钩，增强了工作紧迫感，调动了各方面积极性。二是学习培训，着力提高招商干部和小分队队员的招商能力和水平。按照“降成本、优环境”的新要求，2016年，组织开展招商政策水平和业务知识技能学习培训活动20批次。

2.强化招商宣传。围绕“十三五”规划提出的全市产业发展方向和目标，组织精干力量重新编制了《鹰潭产业招商指南》和《鹰潭重点产业招商指南》，更新了招商课件，完善了《产业招商地图》，新建立起“鹰潭招商”微信公众号与“鹰潭招商网”共同对外发布招商信息。

3.优化招商方式。（1）围绕重点产业开展招大引强。把世界500强、国内500强、行业前10强、央企和知名民企业作为招商重点，借助各种信息渠道和人脉资源，充分发挥招商小分队行动快、反应迅速的特点，坚持“五+二”“白加黑”，分赴“长三角”“珠三角”“京津冀”等地密集开展招商活动，只要有一丝信息和线索，都盯紧不放、全力跟踪。（2）围绕重点园区、重点项目和重大活动开展精准招商。一是积极开展联合招商。主动与鹰潭高新区、贵溪经发区等各级招商平台对接，联合开展招商，强化招商项目与各招商平台对接。二是继续实行结对招商。积极争取到上海、江苏有关单位、有关园区的支持，紧紧抓住长三角地区新一轮的产业转移和东部沿海地区加工贸易企业转移的重大机遇，建立一对一承接转移合作关系，成功承接上海及江浙企业转移项目2个，分别是江西弘利铜业项目和威泰汽配项目，总投资5亿元。三是扎实开展以会招商，借助“香港活动周”“中博会”“赣台会”“绿发会”以及鹰潭市在上海等地自行组织的招商活动，举行座谈会、宣传推介会、项目恳谈会等活动20余场，达到了广泛宣传鹰潭、推介招商项目的良好效果。四是充分发挥商会、协会等机构的招商桥梁作用，开展委托招商、以商招商。（3）围绕外资项目，拓展境外招商。2016年，市招商局牵头市外侨办、市台办等单位重新组建海外招商小分队开展境外招商。小分队把基础较好的对台招商作为重点，三次赴台，积极开展与台湾经济合作机构的对接，与台湾工业公会、商业公会等六大工商团体、行业商会建立起常态联系。“2016年赣台会”期间，组织了28名台湾企业家到鹰潭实地考察洽谈项目。11月，海外招商小分队抓住省委统战部组织江西海外联谊会180余名境外理事到鹰潭开展考察活动的有利契机，为企业家组织专场推介会，为进一步拓宽鹰潭与境外客商联系打下了良好基础。

【加强机关建设】 1.加强领导班子建设。一是强化理论武装。2016年，市招商局始终坚持把学习贯彻党的路线方针政策和习近平总书记系列重要讲话精神作为首要政治任务抓紧抓好抓实，通过“两学一做”学习教育活动、“三会一课”、中心组学习活动、报告会、培训班等多种方式，自觉运用党的最新理论武装头脑，不断提升理论素养。二是凝聚共识。坚持民主集中制原则，实行集体领导与个人分工负责相结合，事关全局的重大工作以及人事、财务等“三重一大”问题均按照“集体领导、民主集中、个别酝酿、会议决定”的原则，由领导班子集体讨论研究后作出决定。三是严格制度。严格贯彻落实党建责任制，把党建工作与中心工作同谋划、同部署、同落实，党组书记对党建工作亲自部署、重大问题亲自过问，班子成员分工负责，层层落实，不留死角，不挂空挡。

2.加强党风廉政建设。一是坚持把加强党风廉政建设列入党组重要议事日程，认真学习党内法规，深刻学习领会中央、省委、市委坚定不移推进全面从严治党、着力净化政治生态的坚定决心，经常研究党风廉政建设工作。二是坚决反对“四风”，严格落实“八项规定”。在财务管理、公务接待、安排会议等各个环节大力提倡勤俭节约之风。三是认真落实“一岗双责”。对自身从严要求，对下属从严管理。2016年，全局未发生违规违纪情况，廉洁型、效能型、节约型机关建设保持了良好发展常态。

3.加强机关作风建设。一是扎实开展“两学一做”学习教育活动。活动坚持问题导向，对照党章党规深入查找自身在作风上的问题和不足，并切实加以整改，务求取得实实在在成效。二是坚持求真务实，真正把心思用在干事业上，把精力投入到抓落实中。6名班子成员克服各种困难，全部挂帅带队招商，每人全年在外招商都在180天以上。中层干部积极参与招商，全局上下形成了招好商、服好务、谋发展的共识。三是统筹兼顾，除了抓招商工作外，村建、综治等其他中心工作也做到同步发展，综治、文明、工会、节能等工作均得到对口管理部门的表扬。

（张弋萍）

【市招商局（市招商引资服务中心）副县级以上干部名录】

党组书记、局长（主任）：林伏昌

纪检组长：许立影（～2016.12）

党组成员：许立影

副主任、副局长：余荔萍（女，～2016.8）程明华 吴勤胜（～2016.2）郑占煌

党组成员、副调研员：曲利平 徐玉乾

龙虎山景区建设与旅游

编辑、校对：柴靖龙

综述

2016年，在市委、市政府的正确领导下，景区认真贯彻中共十八大和中共十八届三中、四中、五中、六中全会和习近平总书记系列重要讲话精神，特别是“新的希望、三个着力、四个坚持”的重要要求，围绕市委、市政府着力做好“三篇文章”的总体部署，全力推进改革发展稳定各项事业，旅游经济保持了持续较快发展，全年共接待游客1589.26万人次，旅游直接收入66969.65万元，分别增长了20%和18%，增幅均列全省景区前列；2016年4月，景区成功承办了全省旅游产业发展大会，向全省旅游界展示了正在由门票经济向产业经济转型、过境游向目的地游转型、自然观光游向休闲度假游转型的发展态势；2016年11月，景区又顺利通过江西省旅游景区质量等级评定委员会验收，获评省级旅游度假区。

龙虎山景区建设

【抓项目，产业发展势头越来越好】 景区项目建设成果支撑产业转型升级成效日益显现。一方面始终坚持项目带动战略，以全省旅发大会为“拉练”平台和展示窗口，切实增强项目建设的责任感、紧迫感，树立“一天也耽搁不起、一刻也耽搁不起”的意识，挂点领导扑下身子协调调度，责任单位加班加点坐镇指挥，征地拆迁、环境整治等重点难点工作得到了各个突破，圆满完成旅发大会特色项目打造任务：龙虎山智慧旅游体验中心建成并运行；逍遥城旅游综合体顺利开业；龙虎山花语世界盛大开园；圣井山景区正式营业；仙水岩乡村旅游示范点创意凸显。另一方面已建成项目运营见成效：《寻梦龙虎山》成为景区旅游新名片和江西旅游新亮点；大型旅游综合体逍遥城吃购娱业态逐步丰富，项目内特色餐饮、冰雕世界、名人蜡像馆等一批旅游业态受到游客青睐；花语世界项目策划的四季花展获得游客一致好评，园内建成的儿童乐园、荷塘茶叙、花艺产品展示馆等提升了景区的品位；全国第一个拥有“奇幻体验4D漂流”圣井山漂流项目正式运营，其上岸区的儿童圣境乐园吸引了大批亲子游客。

【抓品牌，市场开拓能力越来越强】 坚持高端化的品牌推广路线，积极唱响“龙虎天下绝”。一是形象宣传得到加强。以“江西风景独好”大品牌宣传为主导，在中央电视台《朝闻天下》新闻栏目投入“龙虎天下绝”品牌形象宣传；在北京高铁南站候车口、省内高速公路主要省际交界处、互通区域的高炮及跨路广告上发布龙虎山形象宣传，提升了龙虎山品牌影响力。二是渠道销售有大的突破。制定了新的门票政策体系，针对旅游专列、大型自驾游、游客直通车出台了奖励政策，刺激了组团旅行社推介积极性，共签77条散客汽车及火车直通车线路，建立了稳定的客源渠道；加大了网络销售力度，与大旅行社、俱乐部平台，驴妈妈、同程网等电商平台，合作开展联营促销，旅游客源招揽取得较大突破。三是大事件传播成绩斐然。“仙女下凡地铁送花”“龙虎山光绘摄影”“龙虎山花样奶奶”3个大事件获得了央视新闻、人民网、《中国日报》、《环球时报》、新华网等300多家权威媒体报道和推荐，使龙虎山成为2016年最吸引“眼球”的景区。四是问鼎多项智慧奖牌。景区先后荣获中国智慧旅游创新项目奖和全省智慧旅游突出贡献奖，成为全国十强、江西第一的智慧旅游景区；在全国5A级景区双微使用排行榜中，龙虎山微信名列前茅；2016年7月，龙虎山景区又连获全国5A级景区官博影响力前十名和IAI金足迹国际旅游营销银奖。

【抓管理，企业活力越来越旺】 创新旅游发展机制，深化旅游管理体制改革，逐步实现由政府主导向企业运作转型的目标。一是探索建立现代企业管理制度。深入推行成本核算、绩效考核、人才培育等一系列内控机制，开展竞争上岗、员工双向选择活动，有力促进了公司运行协调规范、高效有序。二是创新企业集团化管理模式。组建了美丽目的地公司、城投公司、天道营销公司、江西智旅科技等若干子公司；与新奥集团达成合作，成立了龙虎山新绎旅游发展有限公司，利用社会资本共同开发旅游市场。三是深入推行规范管理和服务标准化。加强了旅游从业人员的规范管理，强化对旅游从业人员的培训，完善了旅游服务标准化体系，实施了第三方调查暗访，坚持奖惩并重，旅游服务水平得到显著提高。四是积极打造旅游发展投融资平台。充分整合优质资源，搭建资产运营公司，2016年3月，成功发行了11.5亿元的企业债券，成为江西省第一个发行企业债的旅游景区，为景区未来发展积蓄了强劲实力。

3月19日，举行“为中国足球加油·增添龙虎精神”活动

龙虎山景区 供稿

龙虎山景区旅游

【抓智慧旅游，旅游服务越来越优】 “江西龙虎山景区”官方微信已经拥有近40万粉丝，成为江西省第一大公众微信号，官方微博有120多万，影响力进入全国5A景区前列。一是建成了智慧旅游体验中心。其观赏性、参与性和先进性在国内处于领先水平，在2016年全省旅游发展大会中得到省领导的肯定和赞扬。二是打造了自媒体网络传播平台。微博、微信、新闻曝光超过1亿人次，其中龙虎山春季花式秀阅读量超990万人次，微博粉丝增长超过14万人次。三是建成了江西最大的智慧旅游自媒体服务平台。开发了全省第一个在线报团系统、智慧旅游统计系统和游客归属地分析系统，率先打造了集售票体验、微信连锁品牌购物、移动导游服务、文化互动游戏为一体的新营销模式。四是完善了智慧旅游服务设施。按照“方便游客，利于管理”的原则，完成了景区游客二日游管理系统的建设，实现了游客直接刷二代身份证通行，提高了游客的舒适度和便捷度。

【抓旅游富民，群众生活品质越来越高】 坚持民生为本，始终在旅游发展中注重让老百姓共享旅游红利。一是大力实施惠民工程。切实改善了文教卫生、交通、水利、农村公路等基础设施建设，2016年，文教卫生方面争取落地项目16个，投入项目资金1780.8万元。投入2041万元推进农村公路升级改造，实施了天师府大道（二期）、圣井公路拓宽、上清林场段铁路通道连接线、泸溪河治理、护坡等多项惠民工程。二是提高农村低保、医疗保险和困难救助水平。2016年共发放低保、“五保”、医疗救助、救灾、残疾人补贴资金690.5万元。抓实精准扶贫，移民扶贫投入805.9万元，保障扶贫投入422.9万元，产业扶贫投入40万元，扶贫工作成效显著。三是大力培育生态观光农业。坚持旅游促农，生态立区，采取政府引导、资金扶持等多项措施，推进旅游与农业农村工作深度融合。依托丰富的生态资源，不断扩大铁皮石斛、天师板栗、有机茶叶、有机水稻、无花果等特色农产品种植规模，形成了独具特色的景观农业带。四是大力推进“秀美乡村”建设。率先提出了“打造全省最干净景区”目标，对泸溪河两岸开展环境综合整治，农村基础设施不断完善，人居环境焕然一新。核心景区森林覆盖率达91%，空气中负氧离子含量超过正常值的15倍，被誉为“会飞的大熊猫”的中华秋沙鸭已连续九年现身龙虎山。五是大力发展乡村旅游。安排专项资金，重点扶持口上舒家、天门山熊家等生态环境和地理位置优越的自然村发展乡村旅游，全年新增规模农家乐40余家、床位达500 多张。景区原住民近50%人参与旅游业，年人均收入超2.5万元。

（吴浩亮）

【龙虎山景区副县级以上干部名录】
党委书记：毛建华（2016.6～）
党委副书记、管委会主任：毛建华（～2016.6）雷纪文（2016.10～）
纪委书记：吴红艳（女）
党委委员、管委会副主任：蔡湘芬（女）倪爱华　冯发茂
党委委员、管委会副主任、政法委书记：张明亮
党委委员、副调研员：李　斌　吴任忠
党委委员、副调研员、组织部长：邓莉霞（女，2016.8～）

正一道教与嗣汉天师府

编辑、校对：柴靖龙

综述

2016年，在党的宗教政策指引下，在各级党委、政府统战宗教部门的正确领导下，在海内外道教界同仁及社会各界人士的关心支持下，在全山道职员工的共同努力下，协会高举爱国爱教、团结进步旗帜，深入学习贯彻中共十八大及中共十八届三中、四中、五中、六中全会和习近平总书记系列重要讲话精神，认真贯彻落实全国宗教工作会议的各项任务，在加强自身建设、开展宗教活动、宫观基础建设、道教文化建设、对外交流交往、慈善公益事业等方面均取得了新的成绩。

嗣汉天师府

【加强政策与理论学习，纯正道风建设】 协会一直把加强爱国爱教教育放在学习首位，作为一项常态化工作进行，不定期学习党的宗教政策和国家宗教政策法规，稳步提升道众综合素质。3月2日，张金涛会长作为全国人大代表赴北京参加十二届全国人大四次会议，回山后及时组织会议向道众传达了会议精神，并组织道众学习有关文件。4月22日至23日，全国宗教工作会议在北京召开，这是时隔十五年后召开的高规格的一次宗教工作会议，习总书记在会上发表了重要讲话。协会第一时间组织召开了全山道众大会学习会议精神，并要求道众们撰写学习心得，便于道众能够更加全面的领会会议精髓。还分别召开会议，学习中共十八届六中全会精神和江西省全省宗教工会会议精神。

在道风建设方面，道风是道教活动的基础，协会始终将此项工作当作重点来抓。按照统一部署，协会认真组织开展了以“规范”为主题的和谐创建活动，并动员全山道众按文件要求和自身实际情况找出不足之处，积极进行整改，实行规范化管理。要求全山道众以经为师，坚持学经抄经讲经辩经，坚持早晚功课制度，使全山道众的整体道风得到很大提升。

在业务学习方面，除按照惯例坚持每月定期法事学习之外，还就道教音乐方面专门组织了定期的集体学习，力争使道众都能掌握音乐基础知识。并不定期的抽查考核，以此了解摸底道士对业务掌握的详细情况，制定有针对性的学习计划。除此之外，各宫观还不定期的组织学识渊博的老道长讲解祖师经典以及道教理论。

【加强基建力度，防范安全隐患】 首先是龙虎山道教学院工程已竣工验收并部分投入使用，广场的绿化亮化工作也已完成。正一观的扩建项目也在协会领导的关心、支持下紧张有序的建设当中。此外，防雷安防项目已获国家文物局批复列入2017年工作项目，最为重要的是，作为第七批国家级文保单位的龙虎山古建筑群的防护工作已被列入“十三五”时期国家文化和自然遗产保护利用设施建设规划项目库。

针对省内外各种突发的事故和事件，协会第一时间组织召开安全工作会议，要求各宫观负责人做好安全防范工作，将责任切实落实到个人，主要从防火、防电等方面严加防范且不能放过微小细节，做到每天巡视检查重点部位，时刻注意细小部位。并针对正一观在建项目进行了全面细致的安全检查，督促施工负责人时刻防范安全隐患。2016年全山道教宫观未出现任何安全事故，受到上级党政部门的表扬。

【积极回报社会，践行济世利人的宗旨】 济世利人历来是道教的优良传统，2016年，协会依然把慈善事业作为一项核心工作来抓，2月4日丙申年春节前夕协会副会长曾广亮道长一行受张金涛道长委托，在地方镇、村领导的陪同下，慰问周边困难群众。前后走访了上清村、府前街、桂州村、兰车刘家等地，以及张氏宗族，送上春节生活用品及红包。

经江西省有关部门批准，于2016年成立江西慈爱公益基金会，致力于扶贫以及帮助困难学生、弱势群体。此举开创了龙虎山道教协会回报社会投身慈善的新篇章，以后，协会将把慈善事业作为一项规范化、常态化的工作进行，充分发扬道教“济世利人、度人之危”的优良传统。

宗教活动

【组织开展教务活动，努力弘扬道教文化】 经国宗局、中道协批准，10月27至11月1日天师府举行了丙申年内地正一派初授箓活动，来自全国17个省、市、自治区的283名正一派道士参加。11月12至15日，丙申年下元节海外正一派授箓活动在天师府举行，来自澳大利亚、加拿大、美国、法国、日本、泰国、马来西亚、菲律宾、新加坡等国家与中国香港、澳门、台湾等地区的箓生200余人参加本次法会。两次活动均取到圆满的成功，为弘扬道教文化，传承正一道脉，扩大祖庭影响力起到重要作用。

协会2013年恢复了中断百年之久的张天师庙会以来，在社会上，尤其是在道教界取到了良好的反响。为加强传统文化的发掘及弘扬，6月22日在天师府举办了第四届张天师庙会系列活动，千余名嘉宾、信士参加了活动，取得圆满成功。同时，为使道教文化、科仪文化能够更加普及于世、深入人心，还专门成立了培训中心并开办了多期高功班以及符法班，学员遍及海内外，为今后道教学院招生开课积累了一定办学经验。此外，协会还联合龙虎山老子学院共同举办了《道德经》专修班，受到广泛的好评。

协会还于中元节分别举办了普度法会，并于春节期间，举办春节祈福系列活动，天师府内点光明灯、礼斗祈福、安太岁等活动，协会所属宫观天师府、大上清宫、正一观还坚持为来往游客信士进行道教科仪表演，逢双休日在讲经阁举行讲经活动。2016年全年，协会所属宫观为海内外信士举办各种平安、祈福、超度等科仪法事约六百余场次，提升龙虎山的影响力。

【加强对外友好交流，提高祖庭影响力】 3月22日受张金涛会长委托，道协副会长曾广亮一行四人，到马来西亚出席道教总会成立20周年暨太上道组圣诞庆典。5月11日应台湾中华大道南方聚贤会的邀请，张金涛率团赴台举办第五届在台传度大典，台湾前法务部门负责人萧天赞、无极三清总道院主委郑明辉、世界弘道复兴协会创会理事长陈再发道长、中华大道南方聚贤会理事长邵金龙道长等大德出席法会开幕式。张金涛还与郑明辉主委进行了友好交流，就祖庭天师府与无极三清总道院的深入合作进行了探讨，增进了与台湾道教界的友好往来。11月20至27日，协会派出科仪团赴台湾桃园法元宫启建开光迎祥醮典，受到台湾信众的热烈欢迎。

除对外出访交流之外，还接待了大批海内外道教同仁的参访。下元节海外授箓期间，新加坡道总陈添来会长、马来西亚道总陈和章会长、中国澳门道教协会吴炳鋕会长、中国香港儒释道功德同修会黄维溢会长、中国香港飞雁洞刘松飞道长等海外道教知名人士齐聚天师府，协会及时召开了座谈会与大家共叙道谊，增进彼此宗教感情。还接待了松山慈惠堂郭叶子堂主、高雄道德院翁太明宗师等台湾道教著名人士。

2016年，道协所属四个宫观共接待海内外善信、游客数十万人，其中来自日本、法国、新加坡、马来西亚、美国、澳大利亚等20多个国家和中国港、澳、台地区的善信、游客近20万人次。

道教文化研究

【积极开展学术研讨，致力于道教文化发掘】 2016年，在省宗教局的统一布置下，协会完成了正一派授箓科仪的专题研究，完成了《正一盟威经箓》的搜集整理工作，并于5月邀请中道协、省、市民宗局的领导及国内10余所著名大学教授在天师府召开《正一盟威经箓》初稿审议研讨会，对于整理《正一盟威经箓》尽快出版成册起到了实质性的作用。2015年完成并于年初发行的《图说道德经》一书，在社会上获得良好的评价。此外《道源教宗》季刊自2015年与省道协资源合并之后涉及面更加广泛、内容也更加的丰富多彩，在国内道教界取得了良好的反响，同时也增强了祖庭的影响力。协会一向注重网络渠道进行弘法、宣传，开办网站、微博、微信公众号以来关注量逐年上升，为广大善信深入了解道教文化提供了便利的渠道。

（熊　雄）

【龙虎山嗣汉天师府主持名录】

主持：张金涛

城乡建设

编辑、校对：华志萍

城乡建设实施与管理

【概述】 2016年，在市委、市政府的正确领导和省住建厅的大力支持下，城乡建设局深入贯彻落实习近平总书记对江西工作提出的“新的希望、三个着力、四个坚持”有关要求，紧紧围绕“美丽中国、江西样板”排头兵的目标和全省旅发大会、创建文明城市等市委、市政府重要工作部署，以全域鹰潭和城乡一体化工作为抓手，加快实施城建重点项目，着力推进鹰潭市建筑业健康发展，实现了“十三五”良好开局。

【改革创新有靓点】 坚持“你无我有、你有我优、你优我特”的工作思路。进一步完善全市规划建设管理体系，城乡建设局起草并以市委、市政府名义印发《关于进一步加强城市规划建设管理工作的实施意见》，成功组织召开建市以来第一次城市工作会议，有效推进了鹰潭市城市工作的开展。深入推进“放管服”改革。废止《鹰潭市建筑业施工企业诚信管理实施细则》，出台《关于进一步推动我市建筑市场统一开放的通知》，强化事中事后的监管，大力推广“双随机”抽查机制，进一步建立政府投资项目开工后约谈制度，依法严肃查处违法违规行为。规范保证金制度收取。印发《鹰潭市清理规范工程建设领域保证金工作方案》，除依法依规设立的投标保证金、履约保证金、工程质量保证金、农民工工资保证金外，其他保证金一律取消。对依法保留的投标、履约保证金，创新管理方式，允许建筑业企业通过银行保函方式缴纳，并与银行达成合作意向，启用农民工工资保证金银行保函。

【新型城镇化建设稳步提升】 2016年，鹰潭市新型城镇化进一步加快，城镇化率达57.18%，较2015年提高1.7个百分点，城乡基础设施进一步完善。一是强化基础设施建设。全面完成海绵城市和地下综合管廊规划编制，加快推进院里路贯通工程、龙虎山大道排水改造等项目建设，完成鹰东鹰西高速匝道亮化、鹰潭大桥涂装工程、信江大桥、龙虎山大桥、中心广场、时代广场、林荫东路沿街等非产权单位的夜景亮化维修工程。二是积极开展市政基础设施改造升级工作。完成鹰潭大桥护栏喷漆、伸缩缝修补、人行道抹面及路灯安装工作，完成梅园1~4路路面维修改造和沥青罩面及城区通道口整治工程，实施白露桥洞口雨水管道贯通工程。三是有序推进村镇联动工作。中心镇、特色镇建设工作有序推进，上清镇入选第一批特色小镇，塘湾镇被列为国家新型城镇标准化试点，上清镇和樟坪乡樟坪村、罗河镇陈家村、龙虎山镇鱼塘村入选全国第四批美丽宜居小镇和村庄示范名单，文坊镇车家村列为中国第四批传统村落。

【规范建筑市场管理】 2016年，鹰潭市实现建筑业产值138亿元，在全省四小市中建筑业排名第一。2016年，建筑企业增项升级加速，新增劳务企业18家，完成二级升一级企业4家、三级升二级企业11家、新增三级企业20余家。2016年，共发放建筑施工许可证53份，总建筑面积180.6万平方米，办理工程竣工备案49份（其中房屋工程备案192.74万平方米），办理安监手续51项，建筑面积231万元平方米，办理质监手续52项，建筑面积195万平方米，办理施工合同备案43项；工程项目招投标监管35项，共受理67项工程进场交易，进场交易成交额8.95亿元（节约资金3231.16万元），所有进场交易工程项目实现零投诉。

【强化建筑市场监管】 2016年，对全市城区64个项目，建筑面积353万平方米进行质量安全监管，全年共实施了3次全市在建项目质量安全大检查，发出工程质量安全隐患整改通知书282份，其中整改通知书193份、停工通知书26份、巡查通知书63份，对5个项目的施工单位负责人和项目总监进行了约谈，2016年，查处3起典型违法违规案件，处罚金14万元。对58家外地造价咨询企业进行了进鹰潭告知，对入围企业的办公场地、人员到位等情况进行检查；对省市外造价咨询企业2016年一、二季度在鹰潭开展工程造价咨询项目合同及成果文件开展备查工作，完成企业备案83家；办理77个造价员市内、跨市变更，发放造价员证书136本，执业章146个。

【积极开展建筑节能和绿色建筑工作】 出台了《鹰潭市民用建筑节能和推进绿色建筑实施方案》《鹰潭市可再生能源建筑应用示范项目评审暂行办法》《鹰潭市建筑节能及绿色建筑可再生能源建筑应用专家库管理办法》，组建了鹰潭市建筑节能及可再生能源建筑应用专家库，启动鹰潭市游泳馆、民政敬老院、应用工程学校等5个项目可再生能源应用工作。

【城乡环境治理有新成效】 积极开展扬尘污染专项整治。进一步推进施工现场标准化管理和扬尘治理专项行动，落实扬尘治理责任制，对监管的在建工程共进行检查282余次，下发整改通知单35份，施工现场标准化和扬尘治理工作取得成效。稳步推进雨污分流改造及黑臭水体整治工作。推进高桥、鹰西、梅园和环东湖片区雨污分流建设步伐，进一步提高污水收集率和污水进水浓度，加强城南污水处理厂运行管理，2016年，共处理污水1767万吨；同时对规划区内信江、白露河、东川河、童家河、东湖、南湖、西外湖7个主要水体取样检测，编制东湖和南湖黑臭水体整治方案，启动鹰潭市黑臭水体整治工作。稳步推进中心镇污水处理设施建设工作。加快塘湾、锦江镇、童家、龙虎山4个省级中心镇污水处理设施及运行工作，启动6个市级中心镇污水处理设施工作。

【公用事业保障有力】 一是保证城市安全供水。2016年，共完成全市安全供水量约2500万吨，新增供水管网28.39千米。二是确保天然气供给

3月，鹰潭市市政工程管理处对龙虎山中大道（原五洲路）路面进行改造提升

市城建局　供稿

保障和建设工作。全年铺设市区天然气管道14.8千米，覆盖新建小区26个，老城区进区入户改造小区12个，新增安装管道燃气入户共10471户（其中老城区天然气进社区2800余户）。三是积极做好农村危房改造工作。稳步推进农村危房改造2413户建设工作，全部开工，全部录入，基本竣工。四是保障桥梁养护安全。对所管城区桥梁进行了多次安全检查，通过更换修复设施，及时消除安全隐患，保障了桥梁运行安全。

【着力党风廉政及干部队伍建设】 始终把加强党风廉政建设和反腐败工作作为重要政治任务来抓。以市委第二巡察组对城乡建设局巡察为契机，认真履行全面从严治党主体责任和“一岗双责”，全面落实中央“八项规定”精神规定要求，制定《中共鹰潭市城乡建设局委员会2016党风廉政建设工作计划》《关于落实党风廉政建设党委主体责任和纪委监督责任清单》《中共鹰潭市城乡建设局委员会关于落实把纪律挺在前面要求的实施方案》，开展“学党章党纪、学系列讲话、做合格党员”活动，正确把握运用监督执纪“四种形态”，认真做好巡视组反馈意见的整改，积极开展集中整治和查处侵害群众利益不正之风和腐败问题，严肃查处了各类违纪违法案件。

【狠抓作风建设】 结合“两学一做”学习教育，狠抓党员干部思想作风、学习作风，制定了“两学一做”学习教育实施方案和党委中心组学习计划，开展了手抄党章、系列讲话、学习讲坛等活动，组织党员干部赴革命圣地井冈山进行了参观学习，组织全体党员干部观看“咬定青山不放松”“永远在路上”“镜鉴”、纪念建党95周年、纪念红军长征胜利80周年大会等，坚定了理想信念，增强了党员干部的艰苦奋斗意识，促进了党员干部工作能力提升。同时紧密结合城乡建设实际，认真开展拒收拒送“红包”、“违插”专项治理，每名党员干部签定了“拒收拒送‘红包’承诺书”。大力推进廉洁机关建设，持续推进改作风和党风廉政建设，增强了干事创业的精神动力，凝聚了改革发展的正能量。

【深入开展依法行政】 深入开展依法行政，推进行政检查“双随机一公

开”工作，规范行政检查执法行为，大力开展城乡建设法治文化建设，积极做好行政复议和应诉工作。同时围绕大局，强化人大建议和政协提案督办工作。2016年，共办理人大代表建议6件、政协委员提案17件，办事效率、服务质量有了新提升。

【市城乡建设局副县级以上干部名录】
党委书记、局长：艾　农
党委委员、副局长：余国龙
党委委员、纪检书记：徐瑞云（2016.12~）
党委委员、副局长：张任庆
党委委员、纪委书记：郭瑞生（~2016.12）
党委委员、副局长：揭继军
党委委员、副调研员：祝笑飞
总工程师：王　轩

城市管理

【概述】　2016年，在市委、市政府的正确领导下，市城管局以开展“两学一做”学习教育为契机，以法治为引领，以“党建+”为载体，紧扣“打造全省城乡最干净城市”这一目标，创新服务理念，强化管理措施，落实城市社会面精细化管理，积极打造“美丽江西、鹰潭样板”。

【推进城市执法体制改革，改进城市管理工作】　按照中央、省里城市工作会议精神，贯彻落实《中共江西省委、江西省人民政府关于深入推进城市执法体制改革 改进城市管理工作的实施意见》要求，在借鉴外地城市管理成功经验的基础上，结合实际，于2016年12月20日召开全市城市工作会议，出台了《关于改革城市执法体制 改进城市管理工作的实施意见》，市城管局以项目推动的方式，将《关于改革城市执法体制 改进城市管理工作的实施意见》中涉及的37项任务，细化分解，落实具体责任部门，具体责任领导，明确完成时限；把17项重点任务纳入到市政府重点工作督察调度，倒逼责任，形成了一级抓一级、层层抓落实的局面，使执法体制改革开展扎实有序，顺利推进。

【推进第三方治理，打造全省城乡最干净城市】　为深入贯彻省委、省政府建设生态文明先行示范区的战略部署，市委、市政府提出了打造全省城乡最干净城市的工作目标，并以鹰潭市列入全国城乡生活垃圾第三方治理试点城市为契机，在鹰潭市全域实行城乡生活垃圾一体化处理。此项工作任务重、责任大，使命光荣，市政府明确市城管局为责任部门。市里成立了以市长为组长的市城乡生活垃圾一体化处理工作领导小组和以分管副市长为组长的市城乡生活垃圾第三方治理（一体化处理）PPP项目工作领导小组，定期召开工作调度会，研究部署推进相关工作，建立了协调推进工作机制。出台了《关于推行城乡生活垃圾一体化处理 打造全省城乡最干净城市实施意见》《关于印发鹰潭市城乡生活垃圾一体化处理实施方案（试行）的通知》等文件，明确了工作目标、重点任务、责任分工和基本要求。市城管局积极思谋，扎实推进城乡生活垃圾第三方治理（一体化处理）PPP项目建设。该项目首期投资总额约6000万元，15年内累计投资总额约1.964亿元。届时，鹰潭市农村生活垃圾将全部纳入城乡一体化体系，无害化、减量化、资源化处理率达98%以上，从而切实把鹰潭打造成全省城乡最干净城市，打造独具特色、可复制、可推广的“美丽江西、鹰潭样板”。

【推进重点项目建设】　2016年，市城管局负责实施的龙潭公园二期、中心广场绿化提升、白鹭公园绿化养护等18个城维项目，其中北极阁门前绿化提升、垃圾填埋场进场便道等12个项目已完成，南站垃圾中转站维修、市区人行道树池改造等6个项目正有序实施。市城管局负责牵头的3个“8+1”重点项目推进顺利，其中垃圾焚烧发电项目2016年12月25日点火，2017年3月6日正式投产运营，项目二期正有序推进；信江植物园已进入全面施工阶段，完成总工程量的52%；公共自行车项目第一期新建30个站点、投放自行车600辆，遍布月湖区、信江新区八条主干道22个社区，于2016年11月18日正式运营。

【提升城市管护水平】　立足长效化、精细化管理，以改善市容环境、提高人居质量、彰显鹰潭魅力为己任，进一步改善措施，强化管理，扎实推进城市管理各项工作。

1.实施疏堵并举，规范城区市容秩序。为迎接2016年全省旅游产业发展大会在鹰潭市胜利召开，市城管局重点对杏园菜市场周边、时代广场步行街综合环境进行集中整治，整治期间共拆除破损遮阳棚5处，清除乱张贴、悬挂98处，清除乱涂写210多平方米，粉刷建筑施工围墙达300余平方米，清运各种垃圾、渣土约90吨，整治出店经营178起，取缔临时摊点37起。按照“统一规划设置、统一作业工具、统一容貌标准、统一日常管理”的模式，坚持疏堵结合，在市区部分地段合理划定摊位、夜市及季节性水果摊点，强化管理考核，实行“驾照式”计分管理，既改善了市容环境，方便了群众的生活需求，又有效疏导了部分流动摊贩，解决了部分困难群众生计问题。强化与交警协作，对违规停放在人行道上的机动车进行“贴单”处理，从而规范人行道停车秩序。同时，坚持“规划先行”原则，建立户外广告提档升级机制，启动城区户外广告总体规划和主干道户外广告详细规划编制工作，克服审批和管理的盲目性和随意性，严格执行《鹰潭市户外广告管理规定》，出台了《鹰潭市市区户外广告设施安全管理试行办法》，将户外广告设置管理纳入规范化、制度化的轨道。2016年，共拆除存在安全隐患的户外广告牌1430平方米，及时通知广告商维修更换广告画面2960平方米，灯箱画面670余个；拆除审批设置到期及破旧灯杆灯箱362个，从而营造了良好的市容环境，提升了城市形象。

2.实施精细作业，改善环卫洁净质量。进一步加大清扫保洁力度，实行分级管理，按照标准将道路划分为三个等级。一、二级道路作业全部采取机械打沙、冲洗和人工清扫保洁相结合的方式，提高了清扫保洁质量。着力完善环卫基础设施，及时更换公厕指示牌，始终做到标志醒目，全部免费按时开放，更换垃圾桶、果壳箱1800余个。严格按照“卸车—推平—压实—覆土—消毒”的工序处置进场垃圾，并实行分单元、分层作业，渗滤液经处理达标后再排放，狠抓作业质量，提高环卫作业管理水平。

3.实施“开门见绿”，提高园林绿化品位。积极开展信江两岸市容环境综合整治，对滨江公园、信江公园、鹰潭公园等信江沿岸违规种菜行为及多年积成垃圾进行了集中清理，整理信江新区道路两侧空地约8.5万平方米，回填土方近5万立方米，播种草籽花籽约8.5万平方米，新增绿地面积8.5万平方米、养护面积69.3公顷，全市城区人均公园绿地面积达14.37平方米，城市建成区绿地率达38.63％。积极探索城区垂直绿化新方式新方法，拟定爬藤植物种植规划，在滨江公园、信江大桥、鹰东大桥等市区部分公园和路段种植了美国凌霄、爬山虎等爬藤植物共1800余株。加强绿化养护，做好公园水体、景观小品、亭台楼阁、公厕的维护，提升绿化品位。试点推行开放式小区门前绿化、立体绿化、垂直绿化，拓展绿化空间，逐步实现“开门见绿”全覆盖。

4.实施“三包”管理，完善农贸市场设施。完善市场工作调度机制，将市场划分成若干责任区域，对市场管理人员实行包卫生、包秩序、包维修上报的“三包”管理模式，全年共组织1200人，清洗地面150余次。完成了赣东商城安全隐患维修改造，有效改善了市场经营环境。同时，围绕“打造全省样板菜市场”这一目标，结合“智慧城管”建设，按照“彰显专业化特色、扩张连锁化品牌、提升综合化服务”的经营理念，把杏园菜市场打造成集农产品展示、交易、零售、保鲜、贮藏、加工、分选、配送、电子商务、无公害检测等多功能为一体的新型农产品流通平台。

【**凸显活动成效**】“两学一做”学习教育开展以来，市城管局不断强化宗旨意识，改进工作作风，及时印发了专题教育实施方案，制定了集体学习、专题党课计划，明确了学习内容。以踏石留印、抓铁有痕的精神和“准、狠、韧”的劲头扎实推进各环节工作，对准问题，聚焦整改事项，细化整改措施，分步骤、按时间节点有序推进各项整改任务的落实，城管局领导班子及副县级以上党员领导干部2016年民主生活会问题已经整改到位，进一步强化了全体党员领导干部的宗旨意识和群众观念，坚定了坚持以人为本执政为民的理念，真正做到内化于心、外化于行。

【**提升服务效能**】市城管局以开展“两学一做”学习教育为契机，以“党建+”为载体，以提高干部素质、提升队伍形象为目标，把中心工作、重要任务、日常工作与党建工作有机统筹，坚持廉洁高效行政，将党建优势转化为工作成果，营造风清气正的工作氛围。

1.注重学习教育。紧扣“两学一做”，扎实推进，及时召开了动员大会，周密部署，层层动员。成立了由城管局党委书记任组长的“两学一做”学习教育领导小组，研究制定了“两学一做”学习教育具体实施方案和学习计划，坚持做到规定动作不走样，自选动作有特色。同时，党委书记、局长江东生率先讲党课，模范引领，其他班子成员以身作则，带头学习、带头讨论、带头撰写心得体会，深入一线调研，发现问题，破解难题，学做相长，做到知行合一、立说立行，有力促进了全系统学习教育的常态化。

2.注重日常警示。充分利用党委会、支部会等各种时机，在完成“两学一做”必学篇目的同时，组织观看各类警示教育专题片，及时传达省纪委、市纪委等有关部门关于违反“八项规定”的通知通报精神，引以为戒，深刻汲取教训，保持警钟长鸣。充分利用智媒体手段，适时通过“守护者”微信平台分享交流学习心得，拓展教育阵地，进一步统一思想，强化责任落实，推动“两个责任”落地生根，真正做到守土有责、守土负责、守土尽责。

3.注重执纪在前。以“两学一做”为契机，严格落实中央“八项规定”，及时认真填报《查处违反中央八项规定精神问题情况月报表》《党政领导干部问责案件统计表》《违反中央“八项规定”精神给予党纪政纪处分人员情况统计表》。切实抓好“红包”治理、违插治理工作，结合实际制定了具体工作方案，明确治理对象和范围。通过适时开展廉政约谈、自查自纠、财务检查、整治突出问题、完善规章制度等六项工作举措，主动公开监督举报电话及邮箱，接受群众监督，常态化开展领导干部违规插手工程专项治理、“红包”治理。2016年以来开展集中廉政谈话2次，对局系统进行明察暗访4次，为建设一支政治坚定、能力过硬、作风优良、奋发有为的城管干部队伍提供了强力支撑。

4.注重解决问题。市城管局始终坚持边学边改，立行立改，以群众满意为标准，切实解决社会各界最关心、最直接、最现实的问题，努力消除各种“城市病”。组织党员干部深入基层一线，访民情、找问题、化矛盾、办实事，坚持执法为民，及时解决职责范围内群众反应强烈的突出问题，探寻解决办法，制定整改措施，助推问题解决。2016 年，城管“12319”服务热线受理政务热线转办事项和市民咨询、投诉共 1551 起，办结 1551 起，办结率 100%，真正做到事事有落实，件件有回音。

（李徐佳）

【市城管局副县级以上干部名录】

党委书记：童细宏（~2016.2）
局长：童细宏（~2016.3）
党委书记：江东生（2016.2~）
局长：江东生（2016.3~）
党委委员、调研员：吴　强（~2016.12）
党委委员、副局长：邱宜临　王富生
党委委员、纪委书记：宋兴国（~2016.12）
副调研员：徐冬胜（~2016.12）
党委委员、副局长、支队长：徐冬胜（2016.12~）
党委委员、副调研员：郑水亮
党委委员：夏剑仁（2016.5~）
城管监督指挥中心主任：夏剑仁（2016.6~）
支队长：胡旗生（~2016.11）
党委委员：胡旗生（~2016.10）
市城管支队政委：滕振华

建设规划

【概述】 2016 年，市城乡规划局在市委、市政府的正确领导下，在省住房和城乡建设厅的有力指导下，按照全市总体工作部署，坚持以创新、协调、绿色、开放、共享五大发展理念引领城市发展，完成了各项工作任务。相继获得了“全省住房和城乡建设系统先进集体”“市新农村建设工作先进单位”等荣誉称号。

【不断加大规划编制力度】 （1）认真开展《鹰潭市城乡总体规划（2015—2030）》编制工作，配合中规院按时间节点完成了现状调研与踏勘、调研资料整理、现状图纸整理、中期成果汇报、各部门意见征询及总报告成果等工作，最终成果待市政府审定后上报省政府审批。（2）完成了《老城区控制性详细规划》《城市绿道设计专项规划》的编制。（3）积极开展了《鹰潭市海绵城市专项规划》《鹰潭市通信基础设施专项规划》等编制工作。

【全力提高规划审批效能】 （1）进一步优化办事流程。大力开展“优环境、降成本”活动，通过领导挂企业、科室挂项目，主动深入企业开展政策宣讲、召开现场会，协调解决企业遇到的难题。深入推进建设项目网上并联审批，促进办事效率进一步提高。2016 年共受理受理件 136 件，发放一书两证 264 件，其中选址意见书 23 件，建设用地规划许可证 24 件，建设工程规划许可证 217 件，总工程规划面积 168.94 万平方米（其中商住开发面积 148.6 万平方米，公建 20.34 万平方米），规划道路长度 12287 米。（2）着力提升规划审批速度。共筹备召开了 8 次规划委员会，审议项目 33 个，2015 年 11 月 11 日，市第七十八次规划委员会审批通过《天师酿酒文化产业园项目规划及建筑设计方案》《星河汇一期项目 1–1、1–8、1–10 地块规划及建筑设计方案》《旧城西区城中村改造 1–2、2–5 地块修建性详细规划设计方案》。2015 年 12 月 23 日，市第七十九次规划委员会审批通过《怡景苑项目规划及建筑设计方案》《夏埠供电所项目规划及建筑设计方案》《鹰西短途客运站项目规划及建筑设计方案》《信江新区污水处理厂项目规划及建筑设计方案》《东四村综合楼项目规划及建筑设计方案》《鹰潭市综合训练大楼项目规划及建筑设计方案》《鹰潭师范附小项目规划及建筑设计方案》《四青加气站项目规划及建筑设计方案》。2016 年 1 月 25 日，市第八十次规划委员会审批通过《关于书香公馆项目规划及建筑设计方案》《关于英伦名郡项目 2#、5#、9#楼建筑设计方案变更方案》《关于星河汇 1–5 地块项目规划及建筑设计方案》《关于鹰潭市垃圾焚烧发电项目规划及建筑设计方案》。2016 年 3 月 28 日，市第八十一次规划委员会审批通过《鹰潭市第二中学新建教学楼项目规划及建筑设计方案》《鹰潭市食品安全检测能力项目规划及建筑设计方案》《鹰北公路客运枢纽站项目规划及建筑设计方案》《星河汇 1–3、2–1 地块项目规划及建筑设计方案》。2016 年 6 月 3 日，市第八十二次规划委员会审批通过《关于鹰潭公共交通有限公司项目规划及建筑设计方案》《关于星河汇 1–7 项目规划及建筑设计方案》《关于鹰潭市信江新区生态湖工程景观规划设计（修改方案）》。2016 年 7 月 8 日，市第八十三次规划委员会审批通过《关于鹰潭市人民医院全科医生临床培养基地项目规划及建筑设计方案》《关于鹰东组团 B–04–02 地块（悦澜湾）项目规划及建筑设计方案》《关于鼎宏大厦建筑设计方案调整》《关于鹰潭市第六小学项目规划及建筑设计方案》《关于凯翔新天地 17#、18#、19#楼调整建筑设计方案》《关于鹰潭市城市绿道规划设计》《关于鹰潭市老城区控制性详细规划》。2016 年 7 月 19 日，市第八十四次规划委员会审批通过《关于沙塘石地块项目规划及建筑设计方案》。2016 年 11 月 7 日，市第八十五次规划委员会审批通过《关于华盛明珠项目调整及建筑设计方案》《关于中房和院项目规划及建筑设计方案》《关于月湖岩文化交流中心项目规划及建筑设计方案》。

【大力加强城乡规划管理】 （1）配合省政府派驻鹰潭市的规划督察

员在全市范围内开展了专项规划督察工作。（2）严格执行容积率管理和建设项目规划竣工验收制度，对市区范围内的各类建设活动，特别是未批先建、少批多建、改变规划用途等违法行为，坚持开展例行巡查，及时制止和处理违法违规建设。2016年，完成规划竣工核实项目52项，建筑面积199万平方米，道路12条14250米，组织规划验线项目33项，对15个违法违规项目下发了整改通知，并配合城管部门依法予以处理。

【坚持不懈抓好自身建设】 （1）扎实开展“两学一做”学习教育。以“三会一课”为基本形式，以学习培训、辅导宣讲、专题研讨等为抓手，紧紧围绕“坚定执着追理想、实事求是闯新路、艰苦奋斗攻难关、依靠群众求胜利”四个专题，认真组织开展“学党章党规、学系列讲话，做合格党员”学习教育，使广大党员更加自觉尊崇党章党规，更加自觉强化宗旨观念，更加自觉立足岗位作贡献，为推动各项工作提供坚强的思想和组织保证。（2）深入推进“党建+”工作。坚持把党建工作与中心工作、重点任务、日常工作有机统筹、深度融合，实现党的建设与规划各项工作联动发展、相互促进。大力开展“三亮三融”“先锋创绩”等多项活动，统一制作“党员示范岗”桌牌，实行党员佩带“共产党员”胸牌，进一步强化党员意识，主动亮出党员身份。（3）深入推进党风廉政建设。聚焦全面从严治党，坚持把纪律和规矩挺在前面，认真落实“两个责任”，形成一级抓一级、层层抓落实的工作格局。及时传达学习中央纪委和省纪委、市纪委关于违纪违规问题的通报，组织观看《镜鉴》《蝇贪之害》等警示教育片，组织党员干部参观廉政教育基地，开展“学党纪党规、当廉政标兵”专题活动，教育引导广大党员干部进一步加强党性修养，增强规矩意识和敬畏意识。持续强化党风廉政建设社会评价工作，深入推进领导干部违规插手干预工程项目问题专项治理，形成了风清气正的良好氛围。（4）不断深化党务政务公开。以城市展示馆和单位网站等为平台，及时发布工作信息动态，做到网站、报纸、电视、建筑现场“四公开”，深入推进“阳光规划”。城市展示馆共接待群众参观咨询12600人次。通过网站、专线电话等途径，认真受理群众来信来电咨询，解答群众关注的规划热点难点问题，共发布信息317条，接受群众咨询90余人次，答复率100%。（5）扎实抓好帮扶服务。认真落实“双联系”制度，深入抓好新农村建设挂点帮扶、精准扶贫等工作，切实解决群众生产生活中的困难和问题。先后开展了“民情家访”志愿服务等活动，对9户困难群众进行了慰问，并送上慰问金及食用油等慰问品，在自身资助新农村建设帮扶资金6万元、水泥150吨的同时，积极筹集帮扶资金30万元，加快村庄整治建设，村庄环境和村容村貌得到全面优化。（6）全面完成其他各项工作任务。按期完成了规划局承办的人大、政协建议提案5件，主办件办复率、见面率、满意率达100%。严格落实综治维稳和计生责任制，扎实推进综治、计生、信访等工作，共受理完成群众来信来访28件，回复率100%，为确保单位内部和谐稳定提供了有力保障。

（张晨红）

【市城乡规划局副县级以上干部名录】
党组书记、局长：李志兵（～2016.08）
吴　强（2016.12～）
党组成员、副局长：张海东　刘慧华（女）
党组成员、纪检组长：吴小林（～2016.12）
副局长：章平平
党组成员、副调研员：段　俊
副调研员：龙顺里

城市公共建设

【概述】 2016年，市国资公司认真贯彻落实市委全面深化改革精神，坚持以奋发有为的精神状态，狠抓落实的工作作风，勇于改革的创新精神，攻坚克难的责任担当，按照“主攻项目、决战‘三区’、凸现特色、实现跨越”的总体要求，各项工作实现了年度目标，取得了明显成效。2016年，共承担工程建设任务16项，其中：已完工项目7个，在建项目5个（含“8+1”重点工程3个），前期项目4个，全年完成工程投资5亿元。

【打通城市主动脉，压实责任促发展】 2016年，该公司承建了大量的路桥工程，是发展大物流、谱写鹰潭市物流业新篇章的重要支撑，不断自我加压，项目建设均按阶段时间节点稳步推进：余信贵大桥工程主桥、引桥和涵洞工程进展顺利，累计完成工程投资2.1亿元，占施工的进度55.3%。龙虎山北路延伸工程已完成两条道路的路基垫层和雨、污水管施工，累计完成投资4800万元，占总投资额的54.6%。路网四期工程各条道路已于2016年6月竣工并验收，累计完成投资约2亿元。

【加强协调肯担当，按时交付优环境】 铜都宾馆工程2016年4月竣工并交付省旅游集团委托经营，定名为沁庐道苑酒店。北极阁工程2016年1月竣工并移交龙虎山旅游集团，是鹰潭市新的地标性建筑。信江生态公园及道路工程已全面完工，正在办理竣工结算手续。

【聚焦关键准发力，严保质量惠民生】 民惠佳园公租房工程2016年5月竣工验收，已移交市房管局并投入使用。2013信江新区拆迁安置房项目主体工程已完工，正在进行室内配套工程施工，累计完成投资2.7亿元。民悦家园项目主体工程已全部封顶，2016年完成投资1亿元，累计完成总投资2.6亿元。信江新区生态公园足球场项目2016年9月竣工验收，并移交信江新区城管局。信江新区污水处理厂项目主体工程全部完成，正在进行设备调试工作，即将投入使用。市“四馆”工程东地块桩基施工已完成，正在进行地下室开挖，西地块待政府确定设计变更事宜。

【精益求精细谋划，夯实基础抢先机】 该公司始终坚持在做前期工作时，要把困难想在前面，要把建设需求想在前面，基本完成工作目标。林荫西路立面改造项目施工图已通过图审，正在进行施工招标。信江新区北区综合路网工程已办理项目建议书、用地预审和选址意见书，正在开展设计招标工作。绿道一期项目已办理立项审批，正在协调办理项目规划手续和委托方案编制。信江新区支六路工程已完成施工招标工作，2016年底开工。

（王力维）

城市建设投融资

【概述】 根据2016年初市政府安排，2016年，市国资公司拟完成融资任务30亿元。公司积极应对，把握有利政策和时点，全年已洽谈融资业务69.36亿元，获批资金49.36亿元。

【善谋实干、主动作为，融资数额再创新高】 一是抢抓机遇，加强银企项目合作。2016年，公司通过银行融资规模是2015年的2.5倍。已完成融资49.36亿元，实际到账融资资金30.76亿元（根据鹰潭市项目建设资金需求量情况，剩余18.6亿元融资资金尚未办理提款手续），正在审批的业务20亿元。二是突出重点，中期票据顺利发行。公司高度重视，主动加强与券商和银监部门对接，全力实现发行速度快、融资成本低的目标。2016年8月，通过发行中期票据，募集资金19亿元，年利率3.63%，为同期基准利率下浮22%，创全省同资质城投类企业最低利率。三是开拓思路，创新融资模式。为降低融资成本，减少对资产抵押物的依赖，国资公司2017年准备增加直接融资工具发行规模，通过发行永续票据、企业债券、公司债券等，争取到位资金15亿元。四是科学投资，收益逐步显现。2015年，经过多次研讨和比选，最终决定对市中、小企业担保公司和市农商行进行投资。2016年，共获得收益回报1118万元，实现了国有资产保值增值的目标，达到了合作共赢的效果。

【严守合约，规范操作，切实维护政府信用】 公司按照“统筹兼顾，量入为出、收支平衡”的原则，科学调度资金，使项目用款资金不断档、还本付息不掉链。全年已累计还本19.74亿元（全部是财政债务置换），支付利息2.53亿元，支付工程款7.98亿元。

【充实资产，盘活存量，资产聚集效应逐步体现】 一是及时足额的完成租金收缴工作。2016年管理的店面已收缴租金348.8万元，较上年提高35.2%，缴纳税收73万元。二是认真细致推进房地产抵购工作。2016年，共收抵购房1869套，总面积17.06万平方米，合同总价6.92亿元，实计支付5.25亿元。三是紧锣密鼓的推进资产处置工作。2016年已对原市科技局办公楼进行公开招租，三年租金共计99.5万元。正在进行民惠佳园廉租房店面公开招租工作，第一批23间店面及其他地段5间店面，已委托拍卖公司开展拍卖前期工作，2016年11月底可挂网招拍。

（王力维）

【市国资公司副县级以上干部名录】

党委书记、董事长、总经理：吴 岩

党委委员、副总经理：洪火明　徐堂生　陈教仁　汪思斌　孙玉平　吴继红　王国金（~2016.11）

党委委员：杨明荣

副县级纪检监察员：徐乌金（~2016.12）

信江新区开发与建设

【概述】 信江新区，是一座成立于2010年并迅速崛起的现代化滨江新城，是鹰潭市的“城市客厅”和“城市名片”，正在成为鹰潭市行政商住、文化教育、金融商贸的中心。新区为鹰潭市委、市政府派驻的正县级单位，辖区总面积38.42平方千米，设1个乡、1个街道，辖10个村（居）委会、1个场，43个村小组，共6万余人，规划至2020年人口规模达到20万。信江新区三面环水、内拥七湖，自然风光秀丽、生态环境优美、居住条件优越，自成立以来即展现出勃勃生机。

抓经济，调结构，财政收入快速增长。一是进一步理清发展思路。回顾信江新区6年的发展，大致经历了三个阶段。2016年，信江新区正处在第二阶段向第三阶段迈进，这是一个承前启后的重要阶段！也是事关新区开发建设、繁荣发展的关键阶段。为此，进一步理清发展思路，明确目标定位。努力做好从侧重拉大城市框架到繁荣做旺人气的转变，从侧重建设城市到建设管理并重的转变，从侧重依靠房地产拉动到大力发展现代服务业的转变。二是及时调整产业结构。围绕打造“四区”目标定位，及时调整产业结构，重点发展教育文创产业、现代金融产业、电商物流产业、烘焙产业、健康快乐产业、商贸流通产业“六大主导产业”，不断优化三次产业结构。三是财政收入持续快速健康发展。信江新区税源结构单一

（主要为房地产企业建安税），面对营改增带来的巨大压力，全区主动思谋，积极应对。以清缴欠税为重点，以优化税源结构为主抓手。2016 年，全区完成财政收入 5.255 亿元，占年初预算 119.4%、同比增收 2.17 亿元，同比增长 70.5%，地方财政收入完成 3.51 万元，占年初预算 96.6 %、同比增收 1.014 亿元，同比增长 40.1%。

抓招商，促繁荣，项目建设日新月异。一是做好招商宣传基础工作，着眼新区当前实际和工作需要，编制了 1 万份信江新区投资指南，着重介绍信江新区的资源优势、区位优势、优惠政策等方面的情况，让客商对新区的概况有全方位的了解。重新制作了《信江新区招商宣传片》《信江新区开发建设五年回顾宣传片》、信江新区开发建设成果宣传展板等，充分利用各种宣传渠道、资源，全力推介新区。初步构建了全新的、多形式合一的信江新区媒介宣传体系，提升了新区知名度和窗口形象，为新区实施“走出去”的发展战略打下坚实基础。二是多渠道强化招商。实施“走出去、请进来”战略。积极参加省、市举办的招商活动及接待考察客商 80 余批次，主动对接拜访了飞天麦光光、南昌理工学院、珠海新能源汽车等知名企业 50 余家。召开了“繁荣信江新区招商对接会”，邀请省内外知名客商企业达 300 余家，现场签约项目 30 个，签约资金 15 亿元。三是确保项目建设用地。签订房屋征迁协议 51 户，协议面积 1.3 万平方米，拆除房屋50栋，拆除面积1.5万平方米。安置被征迁户房屋面积2500平方米。完成了余信贵大桥项目全部房屋的拆除工作；完成了中原村城中村整体改造 86%协议签订任务；积极做好经一路两旁（君临酒楼）国有房屋征迁工作。保障了信江新区各项目的开工建设，截至 2016 年，信江新区落户项目总数 92 个，项目总投资约 300 亿元。其中社会投资项目共 33 个，政府投资重点项目共 59 个。42 个项目完工，26 个在建，24 个待建。“8+1”重点工作项目信江新区菜场、新二中、城中村改造中源彭家、以及 2 号垃圾中转站等项目按规定时间节点推进。鹰潭市第十一小学建成并投入使用，3 万平方米的鹰潭电商众创园装修即将结束投入使用，已有 50 余家电商企业确定入驻，赣东科技学院签订正式合作协议，鹰潭市金融中心即将落户，2017 年启动建设。做好烘焙梦想小镇、电商物流园等项目前期工作。已出让商住、居住用地面积约 2790 亩，完成规划审批建筑面积约 380 万平方米。截至 2016 年，余信贵大道以南的 16 平方千米规划面积已基本建成，十里滨江景观长廊、信江生态公园、中央商务区、高铁北站、市行政中心已全部建成并投入使用。

抓城管，步常态，城市品位不断提升。一是开展了城市环境集中整治。本着打造全市最干净城区的目标，在旅发大会前夕，开展了为期 2 个月的城市环境集中整治。全区发放致信江新区广大城乡居民一封信1万余份，累计出动宣传车进村入户 100 余次，设置宣传标语 100 余幅，平整城市主干道周边土地 600 余亩，拆除非法广告牌 450 余个，清除各类“牛皮癣”1.5 万余张，清理补植行道树 150 余棵，对 28 家建筑工地下发限期整改通知书，清理信江河北岸河道垃圾 40 余车，出动大型机械作业台班 500 余个，近万余人次参加到全区城乡环境卫生综合整治活动。整治取得了良好的效果，得到了领导、辖区群众的一致好评。二是构建了城市管理长效机制。城市管理是一个动态的过程，加强城市管理是一个永恒的课题，由治标转向治本，进而常态化标本兼治才是目的。为此，在巩固集中整治成果的基础上，着眼长效机制建立，出台了信江新区城市管理“1+N”系列制度，全力推动网格化城市管理，实现城市管理工作规范化、法制化、社会化、信息化、精细化，进一步提升了城市管理效能，优化了新区发展环境，提升了城市软实力。继续保持对辖区“两违两抢”行为的高压态势，坚持“露头就打，打击从严”的原则。完善了快速反应机制，做到“早发现、早制止、早拆除”。三是积极推行城市管理体制改革。在公开透明、流程规范、监管评估机制健全的前提下，按照“政事分开、管养分离，建管分离，监管分离、费随事走、养事不养人、积极稳妥”的基本原则，积极探索市场化运作机制，由政府向社会购买服务。在推行环卫保洁市场化运作的基础上，对市政、园林绿化也积极探索市场化运行机制，进一步提高了公用事业管养的质量和效率；

抓民生，增福祉，社会事业长足发展。一是加大民生资金投入。为全区 36 个村小组 1.3 万余人办理失地农民养老保险，参保率达 100%，为 35 个村小组 2800 余名已享受待遇的失地农民办理了社保年检业务，2700 余名群众已领取到失地农民养老保险金。累计发放城乡最低生活保障金、五保人员供养补助金、高龄补贴、重点优抚对象各类抚恤补助金、困难群众临时救助资金等各类民生资金共计 600 余万元。二是加大社会事业投入。投资 3500 万元高标准打造的鹰潭市第十一小学顺利开学，投资约 190 万元完成周塘小学标准化建设，投入 200 万元完成辖区中小学维修改造及装修装饰，投资约 9000 万元的新二中项目已完成主体工程建设，正在进行道路、操场、绿化工程等二次深化设计。投资约 7000 万元周塘中学九年一贯学校项目各项工作正在有序进行中。投资约 16 亿元的赣东科技学院签订正式合作协议，将彻底改变鹰潭市无本科院校的历史。加大村（社区）卫生服务室资源整合优化力度，祝家、流洪社区卫生服务室正在改造装修，江北志源村级卫生计生服务室改造装修完毕并投入使用，为夏埠卫生院购置了一套价值约 78 万元多功能数字化 X 射线摄影设备。加大农村生活垃圾治理整治工作，投入

150余万元为辖区村（组）、社区采购垃圾设施设备，有效改善了城乡环境面貌。投入300余万元，全力推进社区建设，确保村改居工作稳步推进。三是全力以赴抓好精准扶贫。制定出台了《信江新区2016年度脱贫攻坚工作考核方案》《信江新区脱贫攻坚工作督查办法》，把精准扶贫工作作为一项政治任务常抓不懈。坚持以上率下，党工委班子成员全部到辖区村任挂点领导，区直单位、驻区单位全部按照要求到挂点村结对帮扶贫困户，投入资金500余万元用于脱贫攻坚，层层签订责任状，确保全面完成2016年脱贫攻坚任务。四是确保社会大局和谐稳定。集中开展了春节、全国、全省两会、端午节划龙舟、"4·25"全省旅发大会、G20峰会期间等重点时期、重大活动的信访稳定排查稳控工作。进一步完善多元化矛盾纠纷排查化解工作机制，制定了《关于进一步落实领导干部处理维稳信访突出问题责任的通知》，充分发挥"四位一体"大排调体系作用，完善调解衔接联动工作体系，最大限度将矛盾化解在基层。排查各类矛盾纠纷66件，调处59件，调处率达90%。着力解决信访突出问题。初步建成了与江西省网上信访服务中心系统全面对接的信访工作信息平台网络，实现办理过程和结果的"可查询、可跟踪、可督办、可评价"，增加信访工作的透明度和公信力。大力开展治安环境整治。深入开展施工环境整治，确保项目建设向纵深有序推进。深入开展"夏季攻势"、打击"黄赌毒"及"捕狼"追逃等专项打击整治工作，为新区开发建设营造了良好的内外部环境。

抓党建，肃清风，党风政风风清气正。一是扎实推进"两学一做"学习教育活动。始终把"两学一做"学习教育列为工作重中之重，坚决贯彻落实中央、省委、市委的部署要求，准确把握教育活动的特点，高标准、高质量、动真格地推进教育活动，确保善始善终、善作善成。以人民群众满意为工作出发点和最高评判标准，通过"制定一套整改方案，解决一批突出问题，办好一批惠民实事，形成一套长效机制"，确保人民群众的事"事事有着落，件件有交代"，多措并举，积极推进教育实践活动向深入、纵深开展，确保活动取得实效，不断提升人民群众满意度。真正做到以专题教育促作风转变，助推新区开发建设各项工作再上新台阶。二是抓实基层党组织建设。以扎实推进党建7项重点任务和深入开展"四进三改两覆盖"活动为载体，重新调整区直挂村联组帮扶单位。对挂点帮扶娄家村选派第一书记，协调解决服务群众专项经费不足问题。改进组织活动方式，完善党内激励关怀帮扶机制，开展走访慰问老党员、生活困难党员，对生产生活贫困的党员给予扶持。完善发展党员工作制度，对发展党员工作流程进行严格把关，确保发展党员队伍素质的整体提升。三是狠抓党风廉政建设。坚持把规矩和纪律挺在前面，在全区积极组织开展《习近平关于党风廉政建设和反腐败斗争论述摘编》《中国共产党廉洁自律准则》《中国共产党纪律处分条例》《中国共产党巡视工作条例》等专项学习教育活动。加强对中央、省、市通报的关于违反"中央八项"规定精神典型案件进行集中教育学习，严格落实"中央八项"规定精神，严格执行"公职人员不准参加的二十类饭局"有关规定。严格制定信江新区国家工作人员操办、参与宴席的暂行规定，积极开展党员干部赌博问题专项整治行动。突出标本兼治，深化源头治理，大力推进惩防体系建设。深入推行风险岗位廉能管理，把风险岗位廉洁自律和勤政为民要求纳入岗位职责和业务流程。坚决查处违纪违法案件，维护党纪国法的严肃性。重点查办发生在领导机关和领导干部中贪污贿赂、失职渎职的案件，严重损害群众经济权益、政治权益、人身权利的案件。认真落实党风廉政建设责任制。全面贯彻落实《关于实行党风廉政建设责任制的规定》，全面落实"一岗双责"，营造了风清气正的政治生态。

【市领导调研信江新区开发建设工作】 1月9日上午，市政府副市长吴文戈到信江新区，调研信江新区开发建设工作。市政府副秘书长李志兵、党工委书记费尚恒等班子成员陪同调研。当天上午，吴文戈听取信江新区党工委、管委会相关工作情况的汇报，详细了解征地拆迁进展情况，对信江新区开发建设工作给予了充分肯定。他指出，市委、市政府高度重视信江新区的开发建设工作，将之摆上重要议事日程，制定出台了一系列政策措施，鹰潭"城市客厅"已具雏形。信江新区党工委、管委会和各有关部门要重塑"学生赶考、农民双抢、战士亮剑"的精神，顶住压力，迎难而上，强力推进信江新区开发建设，确保两年内完成信江新区核心区征地拆迁工作任务。对下一步工作，吴文戈提出了明确要求。他指出，要加大工作推进力度，敢打硬仗，善打硬仗，全面完成2016年征地拆迁工作任务；要制定具体实施方案，进行严谨科学的预测分析可行性认证，充分考虑到时间、地域、人力、物力、财力等制约因素；要明确落实责任，细化分解目标任务，通过各级党员干部的模范带头，推动征地拆迁工作顺利进行；要形成调度机制，根据区域规划和项目建设需要，采取控制建房与开展拆迁相结合，定期调度，快速跟进，确保拆迁工作协调有序、高效推进。

【信江新区举全区之力率先打造全鹰潭最干净城区】 3月15日，信江新区召开城区环境综合整治工作动员大会，安排部署城区环境综合整治工作。信江新区全体班子成员、机关各局（部、室）主要负责人、乡（街道）班子成员、村（社区）两委成员共计110余人参加了会议。会议明确了此次环境综合整治工作的主要内容，即：信江新区主干道两边环境整治，非法广告、“牛皮癣”整治，市政设施修复及绿化维护，滨江路沿路环境整治，学校周边摆摊设点整治，全区主干道道路卫生整治，村庄及安置区卫生整治，文明施工专项整治等。信江新区党工委书记费尚恒出席会议并强调，随着经济社会的发展，城区人口的增加，搞好环境卫生综合整治，是新区社会经济发展的必然要求，是广大市民的热切期盼，也是义不容辞的责任，2016年，全省旅游产业发展大会即将在鹰潭市召开，信江新区作为鹰潭城市核心区，是全市的窗口和名片，更应该扎实推进环境整治工作，希望大家在接下来的工作中能找准问题、突出重点、协调联动，全力以赴做好城区环境综合整治工作。信江新区管委会主任李小平在会上指出，做好城市环境整治工作，是创造优美城市环境，全力推进生态文明示范区建设的需要，事关群众的生活质量，事关新区形象品味，事关经济社会发展大局，希望全体干部职工统一思想、明确目标、落实责任，打好环境整治工作攻坚战。

【费尚恒、李小平到江北街道督察城区环境卫生集中整治】 3月24日上午，信江新区党工委书记费尚恒，党工委副书记、管委会主任李小平深入江北街道就城区环境卫生集中整治工作进行督察，信江新区党工委委员、管委会副主任徐贵华，党工委委员、副调研员杨梓龙，党政办公室、社会事业局、城管分局、夏埠乡政府、江北街道等单位负责人陪同调研。费尚恒、李小平一行先后到太上村、石鼓村、鹰东大道、信江北路、高铁北站等地。 费尚恒、李小平强调，将信江新区率先打造全市最干净城区，是党工委、管委会当前作出的一项十分重要决策部署，江北街道、机关各局（部、室）要高度重视，顺势而为，周密部署、迅速行动、狠抓落实，举全区之力努力实现率先打造全市最干净城区目标任务。加大整治力度，努力实现“打造全市最干净城区”的总目标。多方筹措资金，抢时间、赶进度、抓落实，实施好城区环境综合整治工作，创造更加干净整洁、井然有序、和谐宜居的美丽家园。

【费尚恒实地调研社区配套用房情况】 5月25日上午，信江新区党工委书记费尚恒在区规划局、房管局、社会事业局和夏埠乡等相关部门负责人陪同下，到信江大市场和恒大绿洲、恒大御景等项目单位就社区配套用房情况实地调研。费尚恒在仔细听取社区配套用房情况后指出，各部门要充分认识加强城市社区基本设施建设的重要性，加强社区管理服务用房和活动用房，是解决社区党建工作、社区居民议事、社区矛盾纠纷、开展社区组织活动的基础，是夯实党的执政能力和为社区居民服务的基本条件。各部门要高度重视，密切配合，根据项目提供的社区用房的实际情况，高起点谋划、高标准设计，积极稳妥推动信江新区社区基础设施建设步入规范化轨道。

【繁荣信江新区招商对接会召开】 6月6日，繁荣信江新区招商对接会召开，市长熊茂平出席会议并致辞。副市长徐云、市政协副主席吴泉水出席会议。熊茂平在致辞中代表市委、市政府，向前来参会的嘉宾、企业家朋友表示热烈的欢迎，并简要介绍了鹰潭市情。熊茂平说，鹰潭因路而生、因铜而旺、因道而名、因水而灵，是一座历史文化积淀丰厚且充满生机活力的城市。当前，鹰潭市正按照省委、省政府的要求，全力做好“铜”“山”“城”三篇文章，在打造世界铜都、中华道都、田园新城的征程中迈出了坚实的步伐。风景独好的鹰潭站在了新的更高起点，广大客商在鹰潭投资兴业可以说是时机独好、前景独好、环境独好。熊茂平强调，近几年来，市委、市政府按照“一江两岸、一体两翼”的战略决策，强力推进新区开发建设，一座集行政、商务、休闲等功能为一体的现代新城已渐趋雏形。当前的信江新区，得天时、居地利、享人和，广袤多姿的创新创业热土，必将为大家施展才华抱负搭建广阔的舞台。此次繁荣信江新区招商对接会的召开，目的就是把新区产业做起来，把人气做旺来，以商气聚人气，以人气促商气，让更多的有识之士投资在新区、创业在新区、成功在新区，举全市之力，汇各方之智，共同把信江新区打造成未来鹰潭发展的经济中心、行政中心、文化中心。熊茂平强调，各有关部门要以更高的目标定位、更高的规划起点，把信江新区建设成为投资兴业的福地；要以更开阔的视野、更创新的理念，加快培育文化休闲服务业、总部经济、现代金融等城市经济新的增长点；要以更开放的胸怀、更包容的心态，竭诚为广大投资者创造更加优越的发展环境。会上，信江新区就烘焙梦想小镇、健康快乐主题园、中央商务区等23个项目作了推介；项目签约仪式上，30个项目成功签约入驻信江新区，协议投资金额达10.12亿元。

【信江新区党工委召开“两学一做”学习研讨会】 6月12日，信江新区党工委召开“两学一做”专题学习研讨会，学习习近平总书记关于理想信念的系列讲话精神。新区党工委在家的班子成员及机关各局（部、室）主要负责人，乡、街道党政主要负责人，驻区单位主要负责人参加学习。会议指出，革命理想高于天，繁荣信江新区，正是当前新区党员干部的共同理想。在信江新区崛起中，广大党员干部只有做到凝心聚力争团结，加强学习长才干，不计得失勇担当，排除万难抓落实，才能实现信江新区的大发展，也才能在干事创业中体现自己的价值。会议要求，新区各级党组织要把抓好“两学一做”学习教育作为重要政治任务，以更强的韧劲、更严的措施，进一步强化组织领导责任，不断夯实“学”这个基础，紧紧扭住“做”这个关键，着力抓好规定动作的落实。各级领导干部要做学习贯彻的主导者、排头兵，要为全区广大党员干部做出示范和表率，通过开展学习教育，切实转变作风，狠抓工作落实。

【鹰潭军分区司令员杨海林到信江新区调研基层武装工作】 8月9日，鹰潭军分区司令员杨海林到信江新区调研基层武装工作。新区党工委书记费尚恒，新区党工委副书记、管委会主任李小平，新区党工委委员、副调研员杨样龙等陪同调研。在调研工作汇报会上，杨样龙代表新区党工委就信江新区社会发展及基层武装建设情况做了专题汇报。在听取信江新区人武工作汇报后，杨海林对信江新区武装工作给予了充分肯定。他指出，信江新区处于鹰潭的核心地区，应充分发挥引领作用，积极探索国防进社区的新做法，寻找军民的融合点。要认真落实基层武装工作正规化建设标准，进一步提高民兵预备役人员素质，强化民兵作用，努力探索信江新区武装工作的新途径，促进基层武装工作再上新台阶。

【鹰潭市第十一小学落成开学】 金秋九月，丹桂飘香。9月5日上午，鹰潭市第十一小学（恒大绿洲学校）开学典礼隆重举行。市委常委、宣传部部长贺喜灿出席并致辞，副市长辜清出席开学典礼。

据了解，新落成的鹰潭市第十一小学，占地40余亩、投资3000余万元，软硬件设施完善、师资力量雄厚。贺喜灿在致辞中指出，鹰潭市第十一小学，是信江新区致力“打造城市客厅、建设美丽信江”建设的配套工程，也是贯彻落实市委、市政府“城市建设教育要优先发展”战略的一项重要成果。鹰潭市第十一小学的落成，将进一步优化鹰潭市的教育资源配置，改善周边区域学生的入学环境和条件，成为一件合民心、顺民意的民生工程。 就下一步如何将学校办得更好、办得让群众满意，贺喜灿对学校提出三点希望：一要教好书，努力提升教学质量。利用自身硬件条件后发优势，从教育管理效能化、教师队伍专业化、教学管理精细化、评估考核规范化等方面不断努力，提升教学管理水平和教学质量。二要育好人，重视校园精神文明建设。要努力建设好一支师德高、作风正、业务精、能力强、精于教书、勤于育人的教师队伍。广大教育工作者要遵循教育教学规律，通过课堂先进文化的渗透实现育人目标。要将各种活动和课堂教学相结合，着眼于弘扬爱国主义教育的主旋律，建设积极、健康、向上的校园文化，形成良好的教风、学风和校风。三要保安全，紧绷校园安全这根弦。校园安全直接关系到青少年学生的健康成长，关系到千万个家庭的幸福安宁和社会稳定。要切实加强校园和周边环境综合治理，抓好校园安全的社会宣传工作，切实提高师生的安全意识，增强安全防范意识和技能。

【信江新区召开党代表选举会议】 9月18日上午，信江新区召开全体党员代表大会，选举信江新区党代表出席鹰潭市第八次党代会。会议由信江新区党工委书记费尚恒主持。此次会议应出席党员44名，实际出席44名，符合法定程序。此次党代会代表候选人的产生，是采用自下而上、自上而下的提名方式，经过充分酝酿、反复协商，信江新区党工委集中多数党组织和多数党员的意见，并报市委审批，确定党代表候选人为7名。 会议首先由费尚恒宣读信江新区出席鹰潭市第八次党代会代表候选人名单，并强调本次党代表选举要坚持公平、公正、公开、民主的原则，真正把优秀党员代表选拔出来代表信江新区出席鹰潭市第八次党代会。 会上，费尚恒宣读了此次党代表选举办法和监票人、计票人名单，并得到全体党员的一致通过。随后，按照每人一票进行无记名投票，由计票人清点选票，根据最终得票数确定了信江新区5名正式党代表出席鹰潭市第八次党代会。

【信江新区浓墨重彩建新城】 2008年，鹰潭市提出拉大城市框架、打造“一江两岸”城市新格局。2010年，信江新区成立，6年来，信江新区围绕“打造城市客厅，建设美丽信江”，积极主动应对困难和挑战，浓墨重彩，一座现代滨江新城正迅速崛起。坚持规划引领。编制完成《信江新区控制性详细规划》，规划目标将信江新区建设成为人与自然和谐共生，多层面利用生态理念和技术的生态城，鹰潭新的城市中心所在，集行政、教育、休闲、商贸等功能为一体的现代化滨江新城。结合信江新区实际，倾力打造“行政商住中心区、现代服务业聚集区、创新创业示范区、健康快乐体验区”，推动“烘焙产业、电商物流产业、现代金融产业、健康快乐产业、商贸流通产业、教育文创产业”六大产业发展。6年来，信江新区建成路网 22条，总里程约50千米，全区28平方千米范围内的骨干路网全面贯通，“南有CBD，中有生态岛，北有新天地”的城市框架已经成形。坚持项目助推。抓项目就是抓发展、抓项目就是抓落实。该区始终坚持把服务项目建设作为新区发展的生命线，作为一切工作的出发点和落脚点，大力实施项目推动战略。6年来，全区落户项目总数92个，项目总投资约300亿元。截至2016年，余信贵大道以南的16平方千米规划面积已基本建成，十里滨江景观长廊、信江生态公园、中央商务区、高铁北站、市行政中心已全部建成并投入使用，一座现代滨江新城已初步建成。坚持城市管理。“心系信江百姓，更新执法理念，强化队伍建设，精细管理城市，构建和谐新区”。该区着眼长效机制建立，出台了城市管理“1+N”系列制度，系列制度涵盖市政、环卫、园林、绿化、网格化管理等方面，推动城市管理水平质的提升。科学精细的城市管理，带来的是城市品位的不断提升，发展环境的不断优化。坚持谋划发展。信江新区加快完善城市配套基础设施。在全力推动市人民医院信江医院、鹰潭市第一中学、江西师范高等专科学校等民生项目落户建成的同时，全力推进新二中、鹰潭市第十一小学、信江新区菜场等“8+1”重点工程城市基础配套设施项目建设。着力推动周塘中学、夏埠、江北卫生院集中改造、城市公交微循环等民生项目；抓好招商引资。2016 年 1 月—7 月，全区洽谈项目 61 个，签约项目 41 个，开工项目 11 个。着力打造3万平方米鹰潭电商众创园以及占地 6500 亩的烘焙产业园。2015 年，信江新区实现财政收入 3.8 亿元。2016 年 1 月—7 月，该区实现财政收入 4.05 亿，同比增长 1.39 亿元，增幅为 83%。其中地方性财政收入 2.96 亿元，同比增加 1.27 亿元，增幅为 76.1%。

【信江新区学习贯彻市第八次党代会精神宣讲报告会举行】 10 月 15 日，信江新区学习贯彻市第八次党代会精神宣讲报告会举行。市委宣讲团成员、市委党校副校长王家茂作宣讲报告。信江新区党工委班子成员，全区副科以上领导干部，驻区单位主要负责人，各基层党组织书记共 100 余人参加了报告会。报告会上，王家茂作题为《坚持发展新理念 推进鹰潭新跨越》的宣讲报告，报告深入分析了鹰潭过去5年发展取得的成就和经验，宣讲了市委、市政府今后 5 年工作的指导思想、奋斗目标和工作任务。整场报告语言生动，事例鲜活，内容全面，解析透彻，对新区党员干部进一步统一思想认识，激发工作斗志具有很强的指导意义。报告会后，新区党员干部纷纷表示，在今后的工作中，将紧紧围绕新区建设“行政商住中心区、现代服务业集散区、创新创业示范区、健康快乐体验区”的战略目标，自觉把学习贯彻党代会精神与做好招商引资、项目建设、征地拆迁、民生改善、城市管理等工作结合起来，与做好脱贫攻坚工作、完成年度发展目标结合起来，攻坚克难、敢于担当，以更积极的姿态抢抓机遇，以更高的要求做好工作，以更快的速度、更高的质量推进发展，为深入打造“四个鹰潭”做出新的更大贡献。

（桂文艳）

【信江新区管委会副县级以上干部名录】

党工委书记：费尚恒

党工委副书记、管委会主任：李小平（2016.02—）

党工委副书记：李金忠

党工委委员、管委会副主任：徐贵华 薛建福 陈接照

党工委委员、纪工委书记：程志红

党工委委员、副调研员：杨祥龙

2016 年 4 月 21 日，鹰潭市城建局召开建设业安全生产、施工现场标准化管理暨扬尘治理工作动员大会

市城建局 供稿

非公有制经济

编辑、校对：夏永军

综述

2016年，鹰潭市市场和质量监督管理局在市场主体准入和监管工作中，以提高工作效率、服务经济发展为出发点，充分发挥登记注册与监督管理的职能作用，加强市场主体监管，严把市场主体准入关，积极推进企业注册登记制度改革，完善服务措施，不断提高监管与服务的能力水平，为市场主体健康发展创造良好的市场环境。

2016年度，全市实有市场主体66896户，注册资金11730亿元。新注册登记非公有制经济市场主体11100户，总数达64651户；新登记市场主体注册资本（金）总额为237亿元，总数达1621亿元。从全市市场主体的类型看，个体工商户数量占总量的72%，私营企业数量占总量的24%，个体户新增6775户，私营企业新增3994户。非公经济是鹰潭市市场主体发展主要增长点，是推动鹰潭市经济发展，促进经济增长方式转变、缓解就业压力的重要力量。

内资企业新增238户，增长4.1%；外商投资企业新增23家，增长11.58%。

8月11日，鹰潭市降低市场成本优化发展环境新闻发布会举行

市市场监管局　供稿

个体工商户

【概述】　截至2016年底，全市实有个体工商户约4.7万户，从业人员12.43万人，注册资金54.83亿元。其中，城镇个体工商户3.34万余户，占71.46%；农村个体工商户约1.34万户，占28.54%。全市个体工商户登记资金数额总额54.83亿元，户均资金数额11.72万元。其中：城镇个体工商户资金数额36.98亿元，占67.45%，户均资金数额10.06万元；农村个体工商户资金数额17.84亿元，占32.55%，户均资金数额13.37万元。

个体工商户行业分布依次为：批发和零售业约3.25户，占69.41%；住宿和餐饮业4923户，占10.52%；居民服务和其他服务业3895户，占8.33%；农林渔牧业2533户，占5.41%。这前四位行业的户数占全市个体工商户总户数的九成多。

个体工商户资金数额集中行业依次为：批发和零售业30.67亿元，占55.93%，户均资金数额9.44万元；住宿和餐饮业5.83亿元，占10.63%，户均资金数额11.84万元；农林渔牧业9.67亿元，占17.63%，户均资金数额38.16万元；居民服务和其他服务业4.12亿元，占7.51%，户均资金数额10.57万元。行业的资金数额占全市个体工商户登记资金总额的九成多。

2016年新登记个体工商户投资热点行业主要集中在：批发和零售业4126户、住宿和餐饮业1315户、居民服务和其他服务业618户，此三大行业的资金数额分别为5.70亿元、1.77亿元、9026万元，资金总额为

8.57亿元，占新登记个体工商户资金数额的77.31%。其中，批发和零售业居首位，占个体工商户资金数额的53.20%。

农民专业合作社

【概述】 全市实有注册登记农民专业合作社2167户，成员5.40万人，出资额36.26亿元。按行业划分：与农业生产经营有关的技术、信息等服务162户，占总数的7.47%；种殖业1617户，占总数的74.62%；养殖业553户，占总数的25.52%；其他行业50户，占总数的2.31%。全市农民专业合作社成员中，农民成员5.33万人、非农民成员436人、企业单位成员88人、事业单位成员92人、社会团体成员36人。

私营企业

【概述】 截至2016年底，全市实有私营企业1.57万家，注册资本1531亿元，登记私营企业业主3.09万人。其中城镇私营企业1.11万家，占总数的70.70%；注册资金1322亿元，占总数的86.35%；业主2.20万人，占总数的71.15%。年末，实有私营企业集团13家。实有注册资本100~500万元的私营企业5060家，500~1000万元的1272家，1000万元~1亿元的1647家，亿元以上153家。

以企业类型划分：有限责任公司1.38万家，占88.0%；独资企业1097家，占6.98%；合伙企业668家，占4.25%；股份有限公司120家，占0.76%。全年新增3994家私营企业，主要集中在有限责任公司，有限公司具备法人资格。

行业分布情况： 全市私营企业三大产业分布情况为：第一产业1128家，占7.18%；第二产业2564家，占16.32%；第三产业 1.20万家，占76.50%。2016年新登记私营企业，发展户数居前三位的行业类型分别是：批发和零售业1596家，租赁和商务服务业898家，信息传输、软件和技术服务业215家。注册资本居前三位的行业类型分别是租赁和商务服务业104亿元、批发和零售业58亿元、建筑业11亿元。2016年新发展户数居前二位的行业类型与上年基本相同，第三位略有不同，信息传输、软件和技术服务业超过了上年的交通运输业上升到第三位，交通运输业跌倒第四位。鹰潭市私营企业的行业类型结构没有发生较大变化。

内资企业

【概述】 企业户数和资金规模：全市共有内资企业2084家，注册资本70.99亿元。其中国有企业850家，占总数的40.79%，注册资本25.15亿元，占35.43%；集体企业508家，占24.28%，注册资本1.74亿元，占2.45%；股份合作企业78家，占3.74%，注册资本1.37亿元，占1.93%；公司648家，占31.94%，注册资本42.73亿元，占60.19%

企业户数相对较多行业：依次为批发和零售业714家，占34.26%、制造业316家，占15.16%、金融业223家，占总户数的10.70%、交通运输、仓储和邮政业114家，占5.47%、住宿和餐饮业90家，占4.32%。内资企业分布最多行业为批发和零售业显示出公有制经济在一般性竞争领域分布过大。

注册资本相对集中行业：依次为制造业，注册资本806.95亿元，占342.76%；电力、燃气及水的生产和供应业，注册资本300.44亿元，占15.92%；房地产业，注册资本305.91亿元，占16.21%；建筑业，注册资本258.92亿元，占13.72%；以上行业的注册资本规模占据内资注册资本总额的4/5。

新登记企业投资热点行业：主要集中在制造业、房地产业、租赁和商务服务业、金融业。

外资及港澳台资企业

【概述】 企业户数和资本规模：全市实有外资及港澳台资企业161家，其中企业法人124家、外资及港澳台资合伙企业3家、分支机构34家。按企业类型分，有限责任公司124家，占外资及港澳台资企业总数的77%（其中合资企业27家，占有限责任公司总数的25.47%，独资企业79家，占有限责任公司总数的74.53%）。全市外资及港澳台资企业投资总额10.55亿美元，注册资本6.19亿美元，其中外方认缴出资额5.46亿美元，占注册资本88.33%，其中投资总额1000~5000万美元的有12家，投资总额5000万美元以上的外资及港澳台资企业3家。

新登记外资企业投资热点行业：从外资及港澳台资企业行业分布来看，外资及港澳台资企业户数（不含分支）主要集中于制造业、批发零售业、房地产业、信息技术服务业，其户数分别占总数的51.55%、16.77%、4.96%、4.96%。制造业所占比重极大，行业均衡现状继续加重。外资企业投资总额则主要集中于制造业、电力和燃气及水的生产和供应业、批发零售业、住宿和餐饮业、建筑业，其投资总额分别占总数的50.9%、11.68%、10.98%、6.46%、4.84%。

新登记外资及港澳台资企业投资来源：在有限责任公司的各类企业类型中，台港澳自然人独资公司89家，所占比重最大，占有限责任公司的55.27%，外资及港澳台资企业分公司36家，占外资及港澳台资企业总数的22.3%，外资及港澳台资企业组织形式单一，企业类型简单。

企业主要产业分布情况：全市外资及港澳台资企业（不含分支）主要

集中分布于第二产业，共有 83 家，占企业总数的 51.55%；其次分布于第三产业，共有 27 家，占总数的 16.77%；分布于第一产业的比例略有减少，共有 2 家，占总数 1.24%，与 2015 年 12 月底相比，外资及港澳台资企业分布第一产业与上年持平，第二产业的户数减少 6.74 个百分点，而第三产业则增加 8 个百分点，第一产业企业户数比重比例下降，第二产业的企业户数比重比例下降，而第三产业比重则有所上升。

服务经济发展重大举措

【推行行政许可“三分离”改革】 行政审批坚持一个窗口对外原则，行政许可全部进驻市行政服务中心办证大厅市场监管局窗口办理，行政许可方面将实行受理、审查、审批“三分离”模式，即办证大厅窗口负责许可受理和发证；认证评审中心负责组织评审或实地核查；职能科室负责审批，有效规范行政许可和提高行政效能。

【对接开通全省“创业咨询一点通”服务平台】 做好全市市场监管部门数字地图（地理位置）信息汇总表，保证“创业咨询一点通”服务平台的开通。为小微企业提供一站式全程创业咨询服务。通过“一点通”平台的“地方创业信息发布平台”栏目，市局自行发布本地创业扶持政策、创业动态内容。

【贯彻促进就业优惠政策】 开辟了农民、下岗、复退军人、大学毕业生自主创业绿色通道，建立和发放服务联系卡，全天候服务。

【搭建劳动用工对接平台】 通过积极参加用工招聘会和举办培训、帮扶等多种形式，引导会员企业吸纳就业人员。缓解企业“用工荒”问题，努力扩大就业。鼓励、引导高校毕业生自谋职业、自主创业。

商事制度改革

【实行“三证合一”到“五证合一”改革】 将原来的原工商、国税、地税、质监的三证号码，统一在营业执照上，注明三证照号码，2015 年 10 月 1 日全面实行“一照一码”，2016 年 10 月 1 日整合社会保险登记证、统计登记证，全面试行“五证合一”，标志着商事登记制度改革工作基本完成，对大众创业万众创新起到积极的推动作用。截至 12 月底，已发放三证合一营业执照 1.14 万户，其中五证合一营业执照 906 户。

【个体工商户进市行政服务中心办理实行“两证合一”】 个体工商户向市场监管部门登记窗口递交一套申请表和登记材料，登记窗口将登记信息通过信息共享平台或电子政务平台共享给税务部门，税务部门做好“两证合一”登记信息数据的接收、分发，并由主管税务机关赋予个体工商户纳税识别号。申请材料齐全、符合法定形式的，除特殊情形外，当场核发个体工商户“两证合一”营业执照；对申请材料不齐全或不符合法定形式的，当场告知需要补正的材料和内容。

【完善市场主体退出机制】 制定下发《鹰潭市企业简易注销改革试点实施方案》、《鹰潭市企业简易注销登记程序》、《开展个体工商户简易注销改革的通知》等文件，全面开展市场主体简易注销改革工作，试行个体工商户、未开业企业、无债权债务企业简易注销登记，简化注销登记手续，减少内部审核环节，简化提交材料文书要求，对个体工商户申请简易注销的，只要求其在格式化的申请注销书上签名并提交，即可办理简易注销登记，完善个体工商户退出机制。2016 年度共注销企业 509 家、个体工商户 1204 户。

【降低准入门槛】 降低初创企业登记门槛。深化初创企业登记制度改革，推动“一址多照”“集群注册”等住所登记改革，依法依规改革公司注册资本、经营范围、住所（经营场所、营业场所）等有关登记事项。进一步简化民办非企业单位登记程序。

推动个体工商户转型为企业。对个体工商户转型为企业的，简化办理手续。对转型后企业参加失业保险的，按规定给予稳岗补贴，并在政策性担保贷款上给予倾斜支持。加强创业培训辅导，提高初创企业活跃度。

【扶持小微企业健康发展】 一是建设小微企业信用体系。依托企业信用信息公示系统，建立鹰潭市小微企业（含个体工商户）名录。通过信用贷款及知识产权质押，解决融资难等问题，促进小微企业信用体系建设。在办证窗口设立了自助窗口等方式为创业者提供便利服务。二是全程提供小微企业创业咨询服务。与江西省“创业咨询一点通”服务平台对接。归集梳理税务、金融、人保、教育等部门创业政策，对小微企业提供一站式全程创业咨询服务，提高小微企业活跃度。

企业监管

【实现企业注册登记并联审批】 推动江西网上审批系统建设，按照省、市政府《关于工业服务业等企业注册登记联审联批实施方案》要求，及时牵头与市行政服务中心相关单位的并联审批工作。各相关政府职能部门通过网上并联审批系统进行联合监管，主要分企业认领、证照管理、预警企业、未领许可名单 4 个主要功能。推动完善了鹰潭市网上审批系统建设，实现企业注册登记并联审批工作模式顺利开展。

【推行企业信息公示、年检改年报、企业公示信息抽查】 全市按照《企业信息公示暂行条例》要求，将企业注册登记基础信息和企业年报信息向全社会公示。截至2016年6月30日24时，全市企业已公示2015年度报告9673户，占企业应公示数的87.51%，个体工商户30298户，占应公示数的75.46%；农民专业合作社1115户，占应公示数60.27%。年报情况反映出相当数量的企业对自身信用的积累开始给予重视，这说明通过一段时间的工作，企业开始逐步接受并积极参与信息公示，通过信息公示累积形成自身信用的意愿不断增强。同时，认真落实企业信息抽查制度。市市场和质量监督管理局印发《开展“双随机、一公开”监管工作实施方案（试行）》，全面推行被检查企业“双随机、一公开”抽查机制。按照统一采取随机摇号方式分发了五次抽查的企业名单，抽查479家企业的即时信息、出资信息、企业年报信息，对信息公示存在异常情况的企业，纳入异常名录并予以公示。截止2016年底，全市约有1.2万户企业、农民专业合作社因未年报纳入到全国企业异常名录库中。

【开展“国家企业信用信息公示系统（江西）”鹰潭模块的建设运用工作】 按照国务院办公厅《关于推广随机抽查规范事中事后监管的通知》和江西省政府办公厅《关于推广随机抽查规范事中事后监管的实施意见》等文件要求，市政府办公室出台《关于印发实施鹰潭市“双随机”抽查规范事中事后监管工作方案的通知》，要求全市各级各有关部门要加强随机抽查监管工作的统筹协调，充实并合理调配一线执法检查力量，加强跨部门协调配合，不断提高检查水平，切实把“双随机”抽查监管落到实处。要求加大宣传力度，加强执法人员培训，转变执法理念，提高执法能力。一是明确工作任务，周密部署。省政府召开加快推进全省事中事后监管平台建设工作会议后，鹰潭市召开了“鹰潭市企业信用监管警示系统建设”工作会议，明确各单位工作任务、要求及时间，重新确定联络员采集各自部门数据信息。二是推行企业“双随机”抽查机制，探索市场监管执法新模式。市局针对原工商、质监、食药监三大领域处罚程序规定的异同，各处罚程序大方向一致、具体细节规定不同的特点，确立“对基本相同行政执法程序的进行集中规定、对完全不同的从有利于相对人的角度进行优化整合、对均无规定的依法律规定创设”的整合原则，整合行政执法程序，统一规范综合执法。一是统一执法办案系统。从案件的最初立案、调查取证、听证、作出处罚决定，到处罚决定的执行及复议诉讼的处理，最后结案归档、公示，对案件的全程操作进行详细设计规划。二是统一配套办案流程。制作违法案件查处一般程序总图和重点环节的细化流程图，对重点环节的关键要点予以释明，使办案程序更为直观、清晰。三是统一执法办案文书。在综合考虑各执法领域处罚文书格式基础上，以保障程序正确与提高执法效率相结合为原则，最大程度地实现各办案文书的统一。四是推行“随机抽取检查对象、随机选派检查人员”的“双随机”抽查机制，严格限制部门自由裁量权，创新管理方式。强化市场主体自律和社会监督，提高执法效能，降低市场主体成本。

【做好数据信息上报工作】 各行政监管部门齐心合力，采取多种方式督促各部门按时采集上报数据。至2016年年底，全市由分级归集信息的单位共上报3795条信息数据，分别是行政许可信息2916条，行政处罚119条，荣誉信息184条，抵押信息576条。全市所有企业和个体工商户的登记信息、财产抵押信息、荣誉信息、抽查检查信息、违法记录信息等都可通过江西省企业信用监管平台查询。实现了对企业的事中事后全程管理和服务。

重点企业简介

【江西三川集团有限公司】 江西三川集团有限公司前身鹰潭镇五金电镀厂始建于1971年，2004年组建集团公司，现拥有三川股份、三川水泵、三川置业、三川铜业、三川生态等5家控股子公司和1家省级工程技术中心，员工1100余人，是一家集生产、销售、研发于一体的现代企业集团。三川股份是国内水表行业的龙头企业、国内最大的水表铜配件生产企业和智能水表生产企业，是国内首家上市水表企业、省内首家在创业板上市企业、市属首家上市企业。公司主导产品三川牌水表国内市场占有率连续十二年第一，智能基表国内销量第一，市场占有率30%，水表铜配件销量名列国内同行业前茅，大中型水泵生产能力与产销量位居国内前五强。现拥有有效国家专利48项，三川牌水表为国家免检产品、中国名牌产品，“三川”商标为中国驰名商标。

2011年，该公司投资15亿元，规划用地420亩建设水工产业园，现已建成一期厂房12万平方米并投产。达产后可年产水表1200万台，实现年主营业务收入12亿元，成为中国最大的水工产业基地。公司并计划引进一批水表机芯、塑料件、铜件、元器件等配套企业，打造成为集表、管、泵、阀、净水设备为一体的中国水工业之都。

【江西省鸽鸽食品有限公司】 江西省鸽鸽食品有限公司是一家以农产品深加工为主、专业生产旅游休闲特色食品的公司，是农业产业化省级龙头企业。公司占地面积 17 亩，有员工 300 余人。公司已在上海成立“上海鸽鸽食品有限公司”，并在余江县刘家站垦殖场建成600亩的生态养殖基地。

截至 2016 年底，公司已购地 45 亩，投资 1.5 亿元，建设 1200 吨纤维果蔬醋片项目，2013 年 9 月开工建设，2014 年 6 月建成投产。全部达产后可实现年主营业务收入 1 亿元以上。2015 年实现主营业务收入 1 亿元。

【江西天施康中药股份有限公司】 江西天施康中药股份有限公司是江西省医药集团公司与香港杜比奥发展有限公司、浙江金华康恩贝生物制药有限公司等单位共同发起设立的拟上市股份公司。公司注册资本 1 亿元，拥有各类专业技术人员 120 人，其中中高级职称 47 人，先后承担了国家中药现代化产业化示范工程项目一项，国家“十五”重大科技攻关项目一项，六大主导产品（珍视明滴眼液、夏天无片、复方夏天无片、夏天无针、肠炎宁薄膜包衣片、曲安奈德鼻喷雾剂）全部获得高新技术产品论证证书。公司 2007 年被科技部认定为国家火炬计划重点高新技术企业，2010 年被评为江西省优秀创新型企业。

【江西中核铜业有限公司】 江西中核铜业有限公司是由江西省核工业地质局 261 大队投资成立。该公司 2006 年 10 月落户高新区，总投资 2500 万元，占地面积 56 亩，拥有上引连铸、拉丝、退火、复绕、检测以及电线、电缆等铜加工及配套设备 50 多台套，形成年产各种规格的无氧铜杆线 1.8 万吨、镀锡线和裸铜线 2000 吨、电线电缆 1.2 万千米的生产能力。2002 年通过 IS09001—2000 质量体系认证，其 3 毫米无氧铜线为“国家级优质产品”和“江西省免检产品”，华核牌电工圆铜线为“江西名牌产品”，电线及电源线产品获国家电工委员会安全认证和美国“U L”机构安全认证。2015 年实现主营业务收入 6.1 亿元。

【江西鹰潭养元智汇饮品有限公司】 江西鹰潭养元智汇饮品有限公司是由河北养元智汇饮品有限公司投资设立。河北养元公司成立于 1997 年，是国内产销规模最大的核桃饮品企业。“六个核桃”作为河北养元智汇的代表性产品，由著名主持人鲁豫担纲代言，销量连续多年全国领先。“六个核桃”是中国驰名商标，公司先后荣获全国农产品加工示范企业、中国食品产业最具市场（终端）竞争力品牌、中国食品产业最具成长性企业金奖等殊荣，是一家高新技术企业。

该公司于 2013 年 12 月落户高新区，总投资 10 亿元，建设年产 20 万吨核桃露项目，占地面积 196 亩，建筑面积 7.7 万平方米。2014 年 10 月开工建设，现已建成植物蛋白饮料生产线 6 条并正式投产，全部达产后可实现年主营业务收入 20 亿元。公司采用台湾进口设备生产，处于亚洲领先水平，采用公司独创、国内领先的生产工艺。

（陈少华）

4 月 13 日，鹰潭市市场和质量监督管理局举行揭牌活动

市市场监管局　供稿

经济管理与监督

编辑、校对：夏永军

综合管理与宏观调控

【概述】 2016年，在经济下行压力持续加大、经济增速放缓的复杂局面下，全市发展改革部门认真贯彻落实市委、市政府决策部署，紧紧围绕“谋划大规划、策划大项目、实施大协调、搞好大服务”的工作职责，在规划编制、项目建设、争取资金、落实政策等方面，抢抓机遇，开拓创新，勇于担当，奋力作为，各项工作取得了新的成效。

【积极出谋划策发展主题】 精心编制规划计划。《鹰潭市国民经济和社会发展第十三个五年规划纲要》、“十三五”能源发展专项规划正式发布；按照“不低于全省、略高于小市”的定位，制定并分解下达了2016年国民经济和社会发展及固定资产投资计划，并加强各项指标的协调调度。积极抓好经济运行。认真贯彻落实省委、省政府降成本优环境“80+20”条等政策举措，提出“降成本优环境28条”，稳定经济增长。将“8+1”重要工作、政府工作报告等明确由市发改委牵头或配合的各项工作按照时间表、任务书、责任人的要求进行细化分工，明确落实主体，不定期对相关工作进行专项调度，确保各项工作顺利完成。编制《鹰潭电网2016年有序用电工作方案》《鹰潭市迎峰度冬有序用气方案》，确保全市电力供应平稳有序。认真落实经济预警监测部门联席会议、重大项目调度机制制度，积极研判全市经济运行走势，适时召开全市经济预警部门联席会、项目建设调度会、区域战略推进会，并将经济运行存在的困难、出现的问题和对策建议报告市委、市政府，努力当好参谋助手。

【精心组织实施重点项目】 积极争取项目，积极组织申报国家专项建设基金项目，累计争取各类项目资金17.09亿元，其中争取到前三批次专项建设基金项目39个，落实资金14.16亿元，中央预算内投资计划资金2.93亿元。27个项目列入了省2016年大中型建设项目计划，总投资达154亿元；23个项目纳入全省重大项目融资对接联席会。余江、贵溪相继成功获批国家级结合新型城镇化开展支持农民工等人员返乡创业试点地区之一。鹰潭机场项目列入《赣闽粤原中央苏区振兴发展规划》和《江西省通用航空产业发展规划》，争取列入《全国民用运输机场布局规划》。皖赣铁路扩能改造项目列入《赣东北扩大开放合作十三五发展规划》，鹰梅铁路列入《赣闽粤等原中央苏区振兴发展规划》和省“十三五”规划纲要。积极对接长江经济带和“一带一路”倡议，鹰潭港项目纳入省“十三五”规划纲要。加快推进项目，围绕交通能源、基础设施、社会民生、旅游、商贸、工业等领域共安排重点工程建设项目60项，总投资434.4亿元，年计划投资119.1亿元。6个项目列入省重点建设项目，总投资55亿元。加强管理项目，对《鹰潭市人民政府关于印发进一步规范政府投资工程招投标活动若干规定(试行)的通知》等9个文件予以重新修订；积极牵头组织实施好全市“违插”工作，共排查工程项目2910个，查出违规项目1389个；下发2016年项目稽察计划，全年共安排稽察项目12个，进一步规范政府投资行为，确保了政府投资项目资金安全规范有序。

【加快改革调整转型发展】 推进各项重点改革，供给侧改革方面：召开了全市降成本优环境专项行动动员大会、重点企业政策宣讲大会。共发放省、市《惠企相关政策汇编》500余册。全市34位市领导、66个对口市直部门深入98家挂点联系企业帮扶，共解决企业实际问题285项，办结率达99%，直接为企业减负16.8亿元。国家新型城镇化综合试点方面：鼓励和吸引社会资本参与投资、建设、运营，共向社会发布PPP试点项目49个，总投资达362.4亿元。智慧城市建设6大重点任务和17个重点工程有序开展。“互联网+”城市服务（微信城市服务平台）、市公共信息平台、智慧鹰潭服务平台、政务服务网已上线运行；智慧鹰潭展示体验馆已启动建设；余江国家农村宅基地制度改革在全县73%的自然村实施，农村宅基地管理试点在全市铺开；不动产统一登记在全省率先实现“新开旧停”；户籍制度改革全面推进，各项配套政策均已出台。共办理居住证5000余张，完成中心城区“一元化”改登24.3万人。“多规合一”试点方面：城乡总体规划纲要成果及“多规合一”技术报告已通过评审，即将报省政府审批；土地利用总体规划大纲已完成；生态环境保护规划已正式印发；“多规合一”信息管理平台建设已基本完成。投融资改革方面：积极探索企业债券融资模式，协助贵溪市城投公司、龙虎山旅游集团成功发行企业债券29.5亿元。公车改革方面：第一批公车改革基本结束。促进产业发展，服务业方面：对2015年省级服务业发展专项资金项目进行调度；推荐大三江（国际）物流港、月湖湾颐养园申报第二批省级服务业标准厂房建设项目；8家企业申报2016年国家服务业发展引导资金项目。组织认定市级现代服务业集聚区4家、市级服务业龙头企业8家，市级现代服务业集聚区、服务业龙头企业总数分别达6家和18家。高新技术产业方面：相继在全面实施创新驱动发展战略加快建设创新型城市、加快构建大众创业万众创新支撑平台等方面出台了31 条政策措施，形成支持创新创业的政策洼地；积极组织企业申报国家企业技术中心、省级工程研究中心等创新平台，积极推荐天施康江西省中药提取精制工艺技术研究中心列入2016年江西省创新能力建设专项。全市已有国家企业技术中心2个，省级工程研究中心5个。积极引导大三元实业（集团）股份有限公司、众鑫成铜业有限公司、江西九草铁皮石斛科技协同创新有限公司等项目单位加快创新平台建设，加强与江西理工大学、江西省林科院等科研院所合作，为产业发展提供人才、技术支撑。全面加强节能工作，能评工作扎实推进，对16个项目实施了节能审查和评估，从源头遏制高耗能、高污染项目；争取到环资类项目获扶持资金3500万元。能源结构逐步优化，光伏发电、天然气应用加快。新增建成光伏发电51.6兆瓦，全市累计光伏发电装机容量达173兆瓦，月湖新城加气站建成投运，市生活垃圾焚烧发电厂建成试运行，贵溪耳口风电项目即将开工。

【抓好价格工作】 增强改进价格调控，开展了景区门票价格专项整治；加强对市公立医院医疗服务价格调整后的监管，牵头与相关部门下发《鹰潭市公立医院医疗服务价格调整监测与预警工作实施方案》。根据2015年市城区供水价格调整听证方案、公共交通新能源公交车票价听证方案，出台市城区供水价格调整标准，完成市城区新能源公交车票价批复工作。落实管道天然气价格及建立价格联动机制，居民用气价格调整为3.2元/立方米，工业、商业用气价格调整为3.1元/立方米；降低企业用电成本，自5月1日起暂缓实施季节性电价及降低临时接电和高可靠性供电费用收费标准。规范收费项目管理，继续强化涉企收费管理，对涉企收费不断进行规范。全市涉企收费项目同比减少6项，收费总额达1.46亿元，同比减少200余万元。加强市场价格监管，强化价格宣传，发放价格法律法规宣传材料1000余份，利用短信平台发送信息1万余条。加强节日期间价格检查，重点对粮食、蔬菜、食用植物油、肉禽蛋奶、液化气等与人民群众密切相关的生活必须品价格进行了市场巡查和检查；对春运期间对鹰潭—周坊、鹰潭—余干等11条短途线路车队进行了价格提醒告知；对药品价格、普通高校收费行为、涉企收费进行了专项检查，维护了市场价格秩序，规范了市场价格行为。全市共受理办结价格违法案件100件，办结率达100%。

（余清华）

【市发改委副县级以上干部名录】
党组书记、主任：黄　忠
党组成员、市纪委驻市发改委纪检组组长：贺国贤
党组成员、副主任：余战龙
党组成员、副主任：吴任华
党组成员、副主任：李　文
党组成员、副主任：杨　涛
党组成员、市价格监督检查局局长：吴任广
党组成员、市区域战略办副主任：武彪伟
党组成员、市能源局局长：欧阳爱兰（女）
党组成员、副调研员：官斌和
党组成员、副调研员：邹林峰
副调研员：张莉琴

国有资产管理

【概述】 2016年，市国有资产管理委员会（以下简称国资委）在市委、市政府的领导和省国资委的指导下，以“两学一做”学习教育活动为主抓手，突出深化国企改革和加强国资监管两条主线，扎实工作，锐意进取，国企改革发展不断取得新成绩，国有资产处置和国有产权交易的效益稳步攀升，国有企业的效益也在企稳回升。10户监管企业资产总额246.04亿元，同比增长6.4%；净资产171.69亿元，同比增长3.87%；营业总收入17.68亿元，同比增长7.21%；利润总额8.76亿元，同比增长3.46%；已交税收4.78亿元，同比增长2.17%。市国资委2016年度社会治安综合治理、公共机构节能、人口与计划生育等工作被评为先进。

【国资监管】 一是推进“三单一网”建设。推进国资委行政权力公开透明，规范行政审批程序、简化审批手续、优化审批流程，对15项行政职权，严格执行审批制度及责任依据。二是推进监管全覆盖。自2016年1

月1日起，原市公安局下属企业市保安服务公司由市国资委履行出资监管职责。原由行业主管部门管理的市属国有企业有望完成脱钩纳入国资委出资监管。三是国有产权基础性管理工作更加细致到位。为市农资连锁公司等3家企业3宗资产评估进行了备案，评估价值合计50.39万元；对市投资公司等6家行政事业单位324宗资产评估进行了备案，评估价值合计2485.47万元；为市机关事务局等5家单位无偿划转资产2764.26万元。经批准的国有产权转让行为实现100%进场交易。四是监管企业财务监督与考核分配机制日趋完善。建立和完善了覆盖市属10家监管企业的财务动态监测体系及快报系统。建立健全了对出资监管企业的考核分配制度。2015年底至2016年初，该委组织精干力量，统筹协调各企业行业主管部门，指导专项审计和政府采购工作，已形成专项审计报告，并报请市政府审定国有资本收益收缴金额。五是行政事业单位经营性国有资产管理更加规范。妥善办理了入驻经济大厦后原行政事业单位办公楼资产移交工作。为发挥空置资产的效用，该委提出的空置办公用房处置意见经市政府第十次办公会议研究通过后开始实施。六是非上市企业股权登记质押融资贷款成绩显著。2016年，通过市产权交易管理中心办理的股权质押登记43起，质押股权1.39亿股，银行发放质押贷款2.44亿元，为中小企业发展创造了有利条件。

【国企改革】 一是引进了江西省旅游集团公司下属江西沁庐酒店资产有限公司对铜都宾馆进行委托经营，在全省旅游发展大会召开前夕，酒店已正式营业，对铜都宾馆的委托经营，提升了鹰潭市酒店业整体接待水平。二是龙虎山文化旅游发展集团公司引进民营企业北部湾旅游股份有限公司，发展混合所有制，共同组建新公司经营龙虎山景区旅游项目并尝试新景点的开发建设。三是完成《江西省关于剥离国有企业办社会职能工作实施方案（征求意见稿）》意见征求工作。结合鹰潭市辖区内应移交的社区所在地的实际情况提出了建设性意见。四是全力做好降低企业成本优化发展环境工作。多次陪同领导到贵溪发电有限责任公司、江南铜业有限公司调研，了解企业在发展中需要政府协调解决的问题。同时，结合业务实际，从拓宽企业融资渠道出发，对非上市公司股权托管登记质押融资服务提供便利。

【产权交易】 2016年，市产权交易中心共完成产权交易27宗，交易金额5171.25万元，比挂牌价增长26.60%。其中市直公车改革取消车辆3批拍卖成交265辆车，成交金额1013.60万元，溢价率161.98%。产权交易工作荣获全省先进并在全省产权交易工作会上作经验交流发言。

【综治维稳】 一是联合市人保局、财政局、市教育局等部门对新增的1名国有企业职教幼教退休教师生活补贴申请进行了审核，已报省国资委备案。二是陪同原市政府副市长徐云接待市工信委原下属改制企业职工未到退休年龄因病或非因工死亡因未领丧葬费和抚恤金上访事宜。全年，市信访联席会议办公室转来涉及职工利益诉求的信访件2起，均作了妥善的答复。

【央企入赣与招商引资】 一是做好了全省央企入赣项目后期调度工作。二是做好亲商安商工作。该委招商引进的江西高盛科技有限公司于6月18日正式营业。

【精准扶贫】 通过采取“产业扶贫”模式对市级贫困村余江县黄庄乡藕塘村进行帮扶，共筹措帮扶资金33万元，为该村创办余江兴渔养殖专业合作社，带动村级集体经济发展。产业扶贫做得到市委副书记肖良的充分肯定。

（吴国政）

【市国资委副县级以上干部名录】
党委副书记、主任：陈鑫英
党委委员、副主任：郑晓斌　熊新乐
副调研员：项润茂　毛富清

安全生产监督管理

【概述】 2016年，在市委、市政府的正确领导下，全市各级、各部门、各单位认真贯彻落实中共十八大，中共十八届三中、四中、五中、六中全会精神，全面贯彻落实中共中央总书记习近平、国务院总理李克强等中央领导关于安全生产的重要批示、指示精神，牢固树立红线意识和底线思维，坚持安全发展，坚持依法治安，强化责任落实，狠抓制度能力建设，深化安全风险分级管控、隐患排查治理和重点行业领域专项整治工作，突出打非治违和达标创建行动，圆满完成了全年安全生产目标任务，实现了安全生产形势的持续稳定向好。市安监局被省安监局评为2016年度安全监管工作目标管理考核优秀单位。

2016年，全市共发生安全生产事故36起，死亡31人。其中发生生产经营性道路交通事故28起，死亡23人；工矿商贸安全事故8起，死亡8人。未发生农机安全事故、水上交通事故和校园安全事故，未发生较大及以上生产安全事故。

【稳步构建事故防控体制机制】 经过多轮意见征求和讨论修改，制订印发《鹰潭市安全生产“十三五”规划》。坚持“放管结合”，进一步明确了事中事后监管措施，按照法定事项要求制定安全生产的权力清单和责任清单。制定出台《关于加强企业安全生产诚信体系建设的指导意见》。建立“双随机一公开”监管执法随机抽查事项清单、检查对象名录库和执法检查人员名录库以及《“双随机一公开”工作实施细则》。制订下发《鹰潭市防范遏制重特大事故工作方案》等系列制度办法，进一步落实企业的主体责任，突出政府的属地责任，强化相关职能部门的监管责任。对重大危险源实施各辖区政府领导挂点制度，要求其每两个月带队进行隐患排查，协调督办重大安全隐患整改。

【持续深化隐患排查治理和“打非治违”】在深刻汲取丰城发电厂“11·24”特大坍塌等事故教训的基础上，鹰潭市于2015年11月成立了以市政府主要领导为组长的市安全生产大排查领导小组，全市上下按照企业、政府、部门三个层面，根据“全覆盖、零容忍、严执法、重实效”的总要求，扎实开展安全生产大排查活动。2016年，全市共计开展执法检查1200余次，出动执法人员2200余人次，检查企业1300余家，排查安全隐患1700余处，下达执法文书320余份；其中责令改正53家，责令停产停业11家，关闭取缔2家，有效防范遏制了各类生产安全事故发生。

【加大各重点时段的安全风险管控】市委、市政府先后多次召开安全生产工作会议，对中共十八届六中全会、元旦春节、全国“两会”等各重点敏感时段的安全生产工作进行了周密部署。市委书记、市长曹淑敏，副市长张子建等领导在各重点时段亲自带队深入基层一线，先后对中石化白马新油库、鹰潭长运客运站、鹰潭火车站等重点企事业单位的安全生产工作开展专项督察。各地政府主要及分管领导均带队深入基层一线，对道路交通、人员密集场所、烟花爆竹等重点行业领域重点时段的安全生产工作进行督促检查。市安委办也在各重点时段及时制订下发了相关文件通知，临近春节还向各地党政主要领导发送有关认真吸取近期事故教训、防范遏制重特大事故为主要内容的安全生产提示短信；同时分时段派出综合督察组，对各地、各重点高危行业领域的安全生产情况进行督察反馈。全市各类高危企业在各重点敏感时段均组织开展了全面、深入、细致的安全隐患排查治理活动，确保了重点时段的安全稳定。

【严格规范事故调查处理与责任追究】 针对2016年发生的几起一般事故，组织相关地区部门按照属地管理原则，严格按照《生产安全事故报告和调查处理条例》（国务院令第493号）的规定，坚持“依法依规、实事求是、注重实效”的要求做好事故调查处理工作，认真分析事故原因，并约谈涉事企业负责人，严肃追究有关人员的责任，起到举一反三、惩前毖后、防范事故的作用。

【有效提升安全保障能力水平】 以标准化创建为抓手，全面推进矿山、交通运输、建筑施工、危险化学品、烟花爆竹等行业领域安全生产标准化建设，全市共有2家地下矿山企业、1家危化三级标准化达标企业完成标准化复评工作，烟花爆竹批发企业三级标准化创建工作已基本完成。全面推进隐患排查治理信息系统建设，贵溪市列入全省冶金行业安全生产事故隐患排查治理信息系统首批试点县市，全市共有75家企业注册运行自查自报系统。深入推进“机械化换人、自动化减人”科技强安专项行动，贵溪鲍家矿业公司通过技术改造减少井下作业人员5%，江西百炼公司通过改选升级减少危险工艺作业人员7%，有效提升高危行业企业的本质安全水平。成立江铜贵溪冶炼厂、江西六国化工有限责任公司、海利贵溪农药有限责任公司、中石化鹰潭分公司等企业应急救援人员为骨干的安全生产应急救援专业队伍，积极开展高危行业企业生产安全事故应急预案备案和演练工作，应急救援能力水平逐步增强。2016年10月成功处置沪昆高速贵溪收费站路段31吨柴油槽罐车侧翻泄漏事故，控制了事故规模，避免了人员伤亡。

【营造安全生产宣传教育浓厚氛围】精心组织开展安全生产“六项创建”和安全文化主题“三个载体”建设，2016年3月，月湖区12个社区和贵溪市10个社区通过验收，被授予省级安全社区称号，在全省11个地级市中名列前茅；深入开展“安全生产月”活动，通过发送安全生产公益短信，深入企业开展谈心对话活动，举办安全生产有奖知识问答，参加“江西安全生产”微信答题等系列活动，进一步强化了社会各界关注支持安全生产工作的热情，广泛提升公众安全防范意识；积极推进安全生产政务信息公开。先后开通了“鹰潭安监”政务微博和“鹰潭安全生产”政务微信公众号，并及时更新发布安全生产信息，提高政务信息的时效性、权威性和影响力；安全教育培训工作取得实效，各行业主管部门共举办各类安全生产培训班8期次，培训基层安全执法人员、企业负责人、安全管理人员共计300余人。

【全面实行安全生产事故信息联网直报方式】 从2016年1月1日开始正式实行生产安全事故统计联网直报方式。由原来逐级上报事故信息改为由各级负有安全监管的职能部门直接在系统录入事故信息、系统直接生成统计数据的事故统计方式。这一方式的实行为加强事故统计分析，推进事故调查处理报告公示公开奠定坚实的基础。

【全面应用事故隐患排查治理信息系统】 以贵溪市为试点，积极推进与全省生产安全事故隐患排查治理信息系统的对接工作。组织试点地区相关人员参加了系统使用的培训，并督促开展实时监控、掌握、调度该辖区隐患排查治理情况，建立健全隐患信息管理制度和台账。贵溪市安全生产隐患排查治理信息系统试运行工作已全面启动，对创新工作机制，积累工作经验，提升全市安全生产科学监管水平有着现实而深远的意义。

（李 昕）

【市安监局副县级以上干部名录】
党组书记、局长：揭润年
党组成员、副局长：肖云东
党组成员：李江南
党组成员、总工程师：左斌祥
党组成员、副调研员：张爱琴

价格管理

【概述】 2016年是"十三五"开局之年，是深化改革的关键之年。一年来，鹰潭市价格主管部门在市委、市政府的坚强领导和省发改委的精心指导下，以稳增长、调结构、惠民生为主线，以稳定物价为基础，以加快推进价格机制改革为抓手，持续加强价格总水平调控、不断完善价格管理机制、整顿价格秩序、保障改善民生，解决党和政府关注、人民群众关心的重大价格问题，得到市委、市政府的充分肯定。2016年，全市居民消费价格总水平同比累计上涨2.0%，与上年同期相比下降了0.4个百分点，实现了市政府年初制定的控制在3%以内的预期调控目标。

【稳定价格总水平工作】 一是制定鹰潭市2016年价格工作要点。明确全市价格工作的指导思想、工作目标和工作任务。二是强化市场价格监测。每天派出工作人员对16大类、74个品种生活必需品价格进行日常监测和上报，认真做好月度、季度、年度价格形势分析，准确把握市场价格趋势，对其可能引发价格异常波动的倾向性、苗头性预警预报。三是建立维护物价稳定部门协调机制。节日期间与相关部门通力协作，积极组织物资应急调运，增加市场供应，确保商品供应不断档、不脱销，共同做好物价稳定工作。四是正确引导价格舆论。通过鹰潭市政府网站、发改委网站、手机短信平台、《鹰潭日报》、《赣东都市报》等载体及时发布市场价格信息，正面引导市场价格预期。

【深化价格改革工作】 一是以市委、市政府的名义印发《关于加快推进价格机制改革的实施意见》，紧紧围绕使市场在资源配置中起决定性作用这个核心，将全市价格改革工作任务逐一细化分解，明确时间表、路线图和责任分工，同时加强跟踪问效，监督考核，确保全市各项价格改革任务按照时间节点完成并取得实效。二是全面完成省委改革办确定的第一批督察项目——放开竞争性环节价格、承接价格管理权限等5大类7个责任事项，推动价格改革向纵深发展。三是在开展南昌公交运输集团城市公交票价调整前期调研的基础上，组织"鹰潭市城区公交车票价调整方案"听证会，广泛听取、征求社会各界听证参加人的意见，精心制做听证会纪要，为政府价格决策当好参谋助手。四是在充分调研和成本核算的基础上，核定市城区新能源公交车票价、鹰潭市1000千瓦以上~5000千瓦小水电上网电价、鹰潭公园北极阁停车场车辆停放收费、鹰潭市城市展示馆（市民服务中心）大楼地面停车场收费、高铁鹰潭北站停车场正式收费、民惠佳园物业服务收费标准，调整了市城区供水价格、管道天然气各类用气价格、九一二大队经济适用住房销售价格。

【规范市场价格秩序和价格监督检查工作】 一是加强元旦、春节、五一、中秋、国庆等节日期间粮食、蔬菜、食用植物油、肉禽蛋奶、液化气等与人民群众密切相关的生活必须品价格的市场巡查和检查，发现问题，及时处理。二是开展涉企收费检查。印发《鹰潭市发展改革委关于开展全市涉企收费政策落实情况督查的通知》，成立鹰潭市发展改革委涉企收费政策落实情况督察领导小组，对全市涉企收费进行了全面检查，并将检查情况向市政府作了专题汇报。三是放开新建住宅供配电设施（保障性住房除外）建设收费标准。按照"谁制定，谁清理"的原则，对涉及配套供电设施建设和管理的有关政策中影响市场公平竞争的条款进行清理，放开新建住宅供配电设施（保障性住房除外）建设收费标准，维护公平竞争秩序，激发市场主体活力。四是集中开展春运期间客运票价专项检查。对鹰潭—周坊、鹰潭—余干等11条短途线路车队进行价格提醒告诫，督促每个车队每条线路认真做好明码标价工作，及时查处短途客运班线乱涨价的举报，维护客运市场价格秩序。五是做好药品价格专项检查前期准备工作。围绕贯彻落实省发展改革委《关于在全省开展药品价格专项检查的通知》精神，积极开展前期调研、组织相关政策学习和技能培训、收集违法线索、确定检查重点和目标，为下一步开展具体检查工作打下基础。六是加大价格违法案件查处。2016年全年，共查处价格违法案件10件，实施经济制裁总金额44.22余万元，其中：没收违法所得金额43.07余万元，罚款金额1.15万元，为优化鹰潭经济发展环境起到积极的推动作用。

【价格公共服务工作】 一是认真受理价格举报工作。2016年全年，全市价格举报中心共受理各类举报案件100件，退还用户4066元，罚款12000元，办结率100%。二是做好价格咨询工作。认真做好市民网上价格投诉和来信、来电、来访及价格咨询工作。热心解答群众关心的价格问题，做到件件有着落，事事有回音，及时化解价格矛盾，维护社会稳定。先后对"12345"政务热线交办的鹰潭菜市场菜价贵、小区物业停车收费等，从价格政策面、市场调节供应和价格监测数据情况进行综合分析并及时回复当事人。三是做好价格宣传工作。与市委宣传部、市市场和质量监督管理局、市消费者协会联合举办“鹰潭市3·15国际消费者权益日纪念活动”，提高消费者维权意识。继续发挥价格公共服务短信平台的作用，利用短信平台共发送信息1万余条，及时向群众普及价格信息和项目信息。四是完善明码标价工作。对江西省广播电视网络传输有限公司鹰潭分公司收费情况进行明码标价公示，鹰潭市信江新区梦成超市已设计印制特色标价签并备案登记。深入亿资联百货鹰潭店、大观园广场超市、龙虎山景区开展国庆市场检查，针对景区内商店不明码标价的情况，检查人员当即指出，提醒告诫，责令限期整改。

【夯实价格基础工作】 一是加强日常价格监测工作。及时完成国家和省制定的日报、周报、月报、旬报、季报、双月报等13项监测专项任务。二是做好涉案物品价格鉴定和价格认证工作。全年共受理并完成各级公安委托案件138件，涉案金额614.25万元；完成检察院委托案件2件，涉案金额320万元；完成价格认证案件2件，认证金额2900万元。三是做好价格成本监审工作。保质保量地完成了国家和省成本局下达的农户存售粮情况、农资购买情况等农产品成本调查和民惠佳园物业服务费定价成本测算、北极阁门票定价成本测算、鹰潭市区公共汽车客运调价成本监审，为政府制定价格提供了详实的基础数据。为贯彻落实市政府部署要求，先后向市政府提出了《关于实施空调公交车夏季票价的意见和建议》、《关于污水处理费收费标准制定的说明和有关减免的建议》、《鹰潭高新技术产业开发区管理委员会关于恳请支持高新区豆制品和米粉集中加工区项目建设的建议》、市政府2016年推进简政放权放管结合优化服务改革工作任务完成情况、鹰潭高新区劳动密集型企业有关缴费情况及全市征收城乡生活垃圾处理费有关情况。对全市天然气价格进行了核算、对配气价格进行了成本监审。四是开展价格调研。围绕集中反映中共十八大以来省、市价格领域市场化程度和价格改革成果，开展了2013—2015年度全市政府管理价格项目销售收入测算调研；围绕降低企业成本、优化发展环境，开展全市大米加工企业成本价格情况调研；围绕省下达的3条重点指定监测道路客运线路：南昌—鹰潭、鹰潭—资溪、鹰潭—厦门，开展了道路运输价格运行情况调研；围绕药价改革前后药品市场价格变化，开展2015年6月1日药价改革以来的实施情况和药品市场价格情况调查，并将调研调查情况和相关意见、建议向省发改委作了反馈。五是完善价格宣传工作机制。进一步完善价格舆情监测系统，加强新形势下舆论传播规律研究，提升网络时代舆情环境下处理突发事件和应对危机的能力。畅通渠道，创新宣传方式，凡重大价格政策出台，事先召开听证会，广泛听取社会各方面意见，进行社会风险评估。六是发挥系统合力。加强系统内部上下级、各有关单位之间的相互联系，充分交流协作共同做好物价工作。加强物价队伍自身建设，开展有针对性的业务培训和学习，提高整个物价队伍综合素质。

（段苏玲）

【市物价机构副县级以上干部名录】
市发改委党组成员、副主任：吴任华
市发改委党组成员、市价检局局长：吴任广

市场监督管理

【概述】 2016年，市市场和质量监督管理局在市委、市政府的坚强领导和省工商局、省质监局、省食药监局的正确指导下，深入贯彻落实习近平总书记系列重要讲话精神和治国理政新理念新思想新战略，紧紧围绕实施食品安全战略，深化改革，强化法治，大力整顿和规范市场秩序，严厉打击食品药品、特种设备、产商品质量安全等方面的违法违规行为，强力提升服务全市经济社会发展工作能力和水平，各项工作取得明显成效。

【机构改革】 一年来，市市场和质量监督管理局以“五统一”“四综合”规范化建设为抓手，不断深化改革，积极构建市场综合监管体制。在全省率先做到了“五统一”，一是统一机构名称。4月13日，市市场和质量监督管理局举行揭牌仪式，市、县、乡三级市场和质量监管机构挂牌组建到位。二是统一执法主体、证件、文书和程序。全系统执法人员全部重新办理了市场和质量监管类别的执法证件，与市法制办联合下文规范了执法文书。三是统一标识和识别服装。按照要求配备了全省统一的市场和质量监管部门识别服装。四是统一案管系统。按照统一数据标准、适度统分结合、促进互联共享原则，全面上线运行了案件管理系统。五是统一举报投诉平台。成立了举报投诉中心，整合原工商、质监、食药监部门的“12315”“12365”“12331”3条热线，专人接听，集中受理转办。同时，积极探索创新，实行“四综合”，一是综合日常监管。按照“三定”方案和属地管理原则，重新对各级监管部门事权进行划分，并在基层实行网格化综合监管。二是综合执法办案。建立行政处罚调查、决定、法监“三分离”机制，各个环节相互监督、相互制约，有效压缩权力寻租空间，确保行政处罚公平、公正、公开。三是综合行政服务。实施行政许可受理、审查、审批“三分离”改革，各个环节各司其职，相互配合，有效规范行政许可行为，提高行政审批效能。四是综合检验检测。市综合检验检测中心有效整合各类检验检测资源，优化了资源配置，检验检测能力得到有效提升。

【重点工作】 深入推进铜检中心建设和铜产业技术平台整合。铜检中心已通过国家“三合一”现场评审，取得国家认证认可证书，具备开展铜及铜合金制品、绕组线、裸电线3大类69个产品74项参数或参数组合的检验检测能力和资质，完成总局技改项目验收1项，4个项目获市科技局立项，与SGS公司厦门分公司、安徽铜陵国检中心、国家有色产品检验中心（云南）、江西商检等单位签订了合作与检验结果互认协议，完成铜产品检验1300余批次。积极申报铜检中心国家能力验收，已通过省质监局预审，现上报国家质检总局验收。与鹰潭市生产力促进中心进行联合办公，做到人才、信息、设备等资源共享，铜产业技术平台整合不断深化，检验能力极大提升。

【食品检验检测能力提升项目】 组建食品检测一室、食品检测二室、药检室和工业产品检测室，完成粮油产品检测技术平台的建设，正积极申报国家粮食质量监测机构资格。已完成食品检验检测能力提升项目项目可研、立项批复、勘察、环评、批前公示、设计图图审和基建工程招标，现已开工建设，项目得以实质性推动。

【豆制品米粉集中加工区项目】 结合食品生产加工环境要求，向市政府和高新区提出选址、用地规模、建设要求、运行管理方式等建议。已完成平整回填土方、平面布局图和厂房地基打桩作业。

【降低企业成本优化发展环境专项行动】 在年初出台《关于优化服务促进发展的实施意见》的基础上，结合开展降低企业成本优化发展环境专项行动，制定降低市场成本优化发展环境措施90条，推行行政审批“事前服务”、缩短时限等措施，提高服务效率。全年减少行政收费260万元。

12月22日，副省长谢茹（前左二）到鹰潭市调研指导基层市场监管规范化建设工作

市市场监管局　供稿

【商事制度改革】 2016年度，全市实有市场主体6.69万户，注册资金11730亿元。新注册登记非公有制经济市场主体11361户，实行“三证合一”到“五证合一”改革。个体工商户进市行政服务中心办理实行“两证合一”。完善市场主体退出机制。全面推行企业信息公示、年检改年报、企业公示信息抽查。全市企业已公示2015年度报告9673户，占企业应公示数的87.51%，开展“国家企业信用信息公示系统（江西）”鹰潭模块的建设运用工作，全市由分级归集信息的单位共上报3795条信息数据。

【评审认证许可】 制定完善《行政许可评审专家管理办法》等制度，办理现场评审食品生产许可12家、医疗器械8家、药品经营许可7家、药品GSP认证9家、食品经营许可现场评审653家，其中餐饮许可365家、食品流通许可264家、保化食品许可24家。

【质量兴市举措】 积极配合高新区开展“全国铜及铜合金循环利用产业知名品牌示范区”创建工作，申报江西名牌产品企业申报10家，上报名牌培育企业30家。完成68家企业产品质量竞争力指数调查数据的采集和录入工作。开展2016年管理体系和食农产品认证和检验检测机构资质认定专项检查。

【商标品牌战略】 推进商标品牌建设，积极培育引导、帮扶企业争创省著名商标，协助15家企业15件的商标申报江西省著名商标。争取财政资金分别给予2014年获得江西省著名商标的3家企业各10万元的奖励。

【标准化示范项目创建】 指导帮扶贵溪市党建和余江县左氏商贸有限公司电子商务服务业标准化试点，协助贵溪市塘湾镇政府开展国家新型城镇标准化试点项目申报和《干净城镇建设指南》地方标准立项工作，协助省铜检中心加入省有色金属标准化技术委员会。对13企业26个产品标准进行审查备案，新注册商品条码成员10家，续展9家。

【计量惠民】 开展农资市场计量秩序、新闻领域落实计量单位、电子计价秤、商品包装监督检查。共检定1000余台电子计价秤，计量器具2841

台（件），强检计量器具2736台（件）。

【餐饮食品安全保障】 开展各类食堂“双随机”检查、“飞行检查”、夏季和“升学宴、谢师宴”餐饮服务食品安全监督检查，积极推进“洁厨亮灶”示范创建，已实施“六常法”和“洁厨亮灶”的餐饮单位315家；圆满完成省旅发大会、市第八次党代会等重大活动餐饮安全保障19起，开展食品快检540批次，保障就餐人次4500余人次。

【食品安全专项检查】 开展元旦、春节以及“两会”期间食品安全专项检查、“鹿龟酒”等保健酒检查、打击销售病死猪肉等违法行为活动、月饼经营企业飞行检查婴幼儿配方谷粉专项整治、“四小”整治、农村食品市场“三规范五加强”专项整治等工作。开展了白酒、米粉、糕点、肉制品、蜂产品、调味面制品等多个飞行检查。全年出动检查人员3000余人次，检查经营企业8500余家，集贸市场220个次，下发整改通知书1700余份，消除食品安全隐患150余个。

【药械安全专项检查】 开展“两会”、春节期间药械大检查、义齿生产、冷链管理、无菌和植入器械专项检查、药包材中药提取物专项检查、社会医疗机构药品流通环节“挂靠走票”专项整治等工作。持续开展药品GMP、GSP工作，全市所有药品生产企业均已顺利通过了新版GMP认证。全年安排药品GSP飞行检查25家，GSP跟踪检查35家，收回GSP证书5家。妥善处置疫苗事件，对全市疫苗接种单位进行全面检查，防止非法渠道采购的疫苗流入我市。开展两节期间保健食品、化妆品、保健食品等三类食品非法添加非法声称、保健食品生产企业明胶空心胶囊保健、食品生产企业专项检查，加强保健食品会议营销监管，完成45个品种备案初审。

【食品药品抽验和执法检查】 全年共抽验食品1188批次、药品955批次、保健食品化妆品62批次、化肥农药141批次、成品油100批次、其他产商品30批次；定检电梯、锅炉2500余台次，检定计量器具6509台；收集评价药品不良反应报告995例，医疗器械不良事件报告192例，药物滥用报告155例，化妆品不良反应报告15例。受理举报投诉1050件，办结回复率100%，挽回经济损失41万元。

【特种设备安全监察】 办理特种设备安装告知603件，电梯维保告知259件，使用注册登记690台，变更登记79件。审批气瓶充装换证许可10家。加强重要节日、“两会”及全省旅发大会的特种设备安全保障。开展电梯安全监管、燃煤锅炉节能减排、油气输送管道隐患整治“三大战役”，完成大会战中问题建档电梯整改数量40台，正在整改数量4台。油气输送管道监察单位4家，治理隐患5处。开展特种设备全面检查，共出动检查人员935余人次，检查单位158家，督促隐患整改261余处。

【“双随机”执法检查】 开展“红盾护农”行动，加强农资市场监管，全市建立“农资商品示范店”39个，“红盾护农”村级维权点19个。严厉打击侵犯知识产权及制售假冒伪劣行为，组织开展房地产广告、互联网金融广告、涉嫌非法集资广告等专项整治。加强网络交易监管，推动线上线下监管一体化。开展了汽车销售、家居装饰装修等重点消费领域消费维权工作，积极推动组建市消保委。组织开展“诚信市场”“诚信加油站”创建工作。广泛开展“守重”工作，公示2015年度“守重”单位国家级1户、省级6户、市级36户。开展“质监利剑”行动、完成儿童服装质量抽查检验20批次，合格率80%；开展鹰潭市物流货运企业不正当竞争专项抽查工作，抽查货运企业103家。开展公用企业限制竞争行为突出问题专项执法行动。受理直销企业活动报备24次，实地监管活动2次。全市累计出动执法人员3000人次，查处违法违规行为1600余起，立案300余起，罚没款800余万元。

【干部队伍建设】 以党风廉政建设和机关文化融合为保障，持续改进工作作风，稳步提升队伍的凝聚力和战斗力。开展“两学一做”学习教育，认真履行全面从严治党主体责任和“一岗双责”，全面落实中央“八项规定”精神以及省委、市委规定要求。建立健全系统内有关纪律方面的制度，出台了《市场和质量监管系统工作人员禁止性规范“十不准、十严禁”》。开展节点期间的廉政教育和纪律检查，启动为期一个月的系统内党员干部赌博问题专项整治行动，开展领导干部违规插手干预工程项目问题专项治理复查工作。开展集中整治和查处行政执法不公侵害群众利益专项治理工作。

坚持科学民主依法决策，完善局党委会、局务会、局长办公会工作制度。加强机关党的建设和精神文明建设，选举产生第一届机关党委和工青妇组织。积极开展了各项工会活动。建立健全帮扶机制，切实为困难党员解决问题，为276名干部职工参加工会互助保障投保计划。

组织干部教育培训，与南昌大学法学院进行协作共建，邀请香港城市大学教授开展法制讲座，积极开展“法治工商进基层”活动。努力改善队伍的知识结构，提升干部履职能力，强化基层监管能力建设，夯实监管履职基础。

（陈少华）

【市市场监督管理局副县级以上干部名录】

党委书记、局长、市食安办主任：夏涌波

党委副书记、调研员：廖晓林
党委副书记、副局长：王芝云
党委委员、副局长：汪茂林　吴接道
丁海峰　周宜芳　陈安平　张　远
党委委员、纪委书记：郭瑞生
党委委员、副局长：吴世平
副调研员：刘　炜
党委委员、副调研员：艾清水 王德一
铜检中心主任：陈嬿娉

国土资源管理

【概述】 2016年，全市国土资源工作以中共十八大和中共十八届三中、四中、五中、六中全会精神及习近平总书记系列重要讲话精神为指导，以"五大发展理念"为引领，牢牢把握"服务发展、保护资源、维护权益"总要求，突出重点、精准服务，依法依规、改革创新，较好完成全年各项工作任务。

【深化改革】 深入开展了国土资源领域改革，余江县农村宅基地制度改革试点工作走在全国前列。围绕建立健全"依法公平取得、节约集约使用、自愿有偿退出"体制机制，大胆探索积极创新，充分发挥群众在宅改中的主体作用和创造精神，打造了"一改促六化"美丽乡村余江样板。全县75%的自然村完成改革，共退出宅基地约1.49万宗168万平方米，收取有偿使用费516万元，第四批改革已全面启动。省委书记鹿心社对试点工作给予高度评价，全省农村宅基地管理现场会在余江召。为推广余江县农村宅基地管理制度改革试点经验，市委、市政府召开了全市农村宅基地管理试点工作现场会暨动员部署会，目前试点工作正有序开展。不动产统一登记工作开局良好。围绕"提高效率、服务民众"目标，制定落实了《不动产登记工作人员行为规则》等6项制度，组织实施了延时服务、上门服务等6项便民措施，对办事流程进行了3次优化提速，实现了"服务质量和办事效率"双提升。全市受理不动产登记业务3.32万件，办结3.28万件，办结率98.6%，办结效率全省靠前。全年收到群众表扬信30余件，锦旗12面。积极参与"多规合一"试点。修改了土地利用总体规划，并与国民经济社会发展规划、城市规划、环保规划有效契合，开发建设了"多规合一"信息管理平台，为今后规划实施提供数据和技术支撑。降成本优环境专项行动深入推进。在省厅出台降低企业成本优化发展环境16条措施后，结合实际印发了《鹰潭市国土资源局关于降低企业成本优化发展环境措施的通知》，制定了6条具体措施和规范红石开采3条措施，全年为企业减少用地、开矿成本2745万元。

【规划执行】 市、县两级土地利用总体规划调整完善方案已报省审批，第三轮鹰潭市矿产资源规划在全省第一个通过省国土资源厅评审验收。加强了土地征用、报批和供应。全市完成征地5323亩，征地补偿款1.37亿元足额到位，组织用地报批9900多亩，已下达批复3639.4亩，重点项目和民生工程用地"应保尽保"。

【用地保障】 全市供应土地3936.25亩，成交价款5.63亿元，其中市本级供应土地2208亩，成交价款3.84亿元。认真落实去库存政策，除城中村、棚户区改造项目外，停止了商品房土地供应。市本级收储土地1420亩，支付老城区、信江新区征地拆迁资金3.2亿元，盘活存量贷款资金5.5亿元，归还土地储备贷款本金14.05亿元。

【节约集约】 印发了《鹰潭市闲置土地清理和土地出让金清缴专项工作实施方案》，与市发改委联合下发了鹰潭市"十三五"单位国内生产总值建设用地使用面积下降目标，积极开展了城市建设用地节约集约利用评价，扎实推进了闲置土地和低效用地消化利用工作，全市消化闲置低效用地和批而未供土地3191亩。

【耕地保护】 严格落实了耕地保护责任制度，耕地保护责任和目标考核全面落实。完成了永久基本农田划定工作，划定永久基本农田113.16万亩。实施土地开发补充耕地5488.3亩，占任务数的109.8%，实施土地整治3.45万亩，投入资金6832.65万元；与农业、水利、农办等部门协作，投入资金1.32亿元，建设高标准农田9.73万亩，完成了省下达的任务。鹰潭市被省政府评为市县政府耕地保护责任目标考核优秀设区市，获用地指标奖励200亩。

【土地例行督察】 在市委、市政府领导的高位推动下，全市各地动脑筋、想办法，创造性开展工作。通过各级各部门的共同努力，需要整改的278个问题，整改履职到位率100%，已整改销号215个，涉及土地面积11392.11亩，资金34.28亿元，有力促进了鹰潭土地规范管理，得到国家土地督察南京局的肯定。

【执法监察】 一是违法案件制止、查处到位。全市共开展执法动态巡查580余次，发现、制止违法用地行为130余起，配合相关部门拆除违法建筑12832平方米。二是卫片执法检查履职到位。对卫片发现的26宗448.61亩违法用地全部立案查处，收缴罚没款245万元，处理相关责任人24人，其中3宗非法占用农用地案件移送司法部门。三是加强了农村宅基地管理督促检查。强化了换届和节假日期间的监管和巡查，严格实行"零"报告制度，特别是加强了对龙虎山上清镇、贵溪河潭镇、月湖区童家镇和高速高铁两侧等重点区域的农民建房情况核查，督促了整改和问责，进一步巩固了农村建房管理秩序。

【矿政管理】 深入开展了红石矿专

项治理整顿，联合公安对违法开采点进行了立案调查，下发了停产通知书，关停违法开采点4个，进一步规范了市红石矿开发秩序。完成了44个探矿权和39个采矿权的年检工作，注销市级发证到期采矿权7个，开展了余江县马荃镇坞山瓷土矿等两个矿山出让工作。全市征收追缴矿产资源补偿费598.82万元。

【地灾防治】 制定了年度防治方案，层层落实了防灾责任；加强了巡查和部门协作预警，强化了防灾工程建设。贵溪、余江开展了地质灾害应急演练。全市发放“防灾工作明白卡”和“避险工作明白卡”2900余份，发送预警预报信息8500余条；完成8个地灾治理项目建设，提升了地灾防御能力。全市发生地质灾害险情灾情14起，转移人口317户1419人，连续十八年未因地质灾害造成人员伤亡。

【信息化建设】 完成了数字鹰潭地理空间框架项目建设，构建了以“鹰潭国土云”为核心的信息技术体系，保障了全市不动产登记系统的平稳安全高效运行，鹰潭市成为全省首个全域范围不动产登记信息接入国家级平台的设区市。建立了国土资源数据共享新机制，实现了与房管、检察院、法院等部门信息共享。全市国土资源信息化工作位居全省前列。

【干部队伍建设】 扎实开展了“两学一做”学习教育。认真学习党章党规和中共中央总书记习近平系列重要讲话精神，查摆和整改了存在的问题，帮助挂点村解决了实际难题，党员合格意识明显增强。同时，深入开展了“能力建设年”活动，积极参加了部、厅能力建设培训，组织了网络法治学习，会同市委组织部对乡镇（街道）主要领导开展了国土资源知识培训，举办了全市乡镇国土所长培训班，为鹰潭市国土资源事业进一步发展提供了思想和业务准备。

【党风廉政建设】 及时组织全体干部职工学习中央、省、市纪委对各种违纪违规案例的通报，邀请市检察院专家举办了预防职务犯罪专题讲座，强化了警示教育；逐级签订了党风廉政建设责任书，强化了日常和重要时间节点廉洁教育，扎实开展“违插”专项治理和“集中整治”专项活动，完善了监督管理制度，全面落实了党风廉政建设两个责任。

【重要荣誉】 鹰潭市被评为2015年度市县政府耕地保护责任目标考核优秀设区市；该局被评为全省国土资源绩效管理工作优秀单位、全省国土资源系统政务信息网上公开执行优秀单位、全省国土资源系统社会治安综合治理目标管理先进单位、全省地理国情监测先进单位、全市计划生育工作先进单位、全市新农村建设优秀帮扶单位、全市信访工作先进单位、市政府部门目标责任制考核优秀单位、被评为职工互助保障工作先进集体、全市公共机构节能工作考核先进单位、国库集中支付工作先进单位、全面深化改革工作先进单位。

【全省农村宅基地管理工作现场会】 8月29日至30日，全省农村宅基地管理工作现场会在余江召开，省国土资源厅党组书记、厅长刘定明，鹰潭市委常委、副市长陈云，厅党组成员、副厅长许建平，省国土资源执法监察总队总队长蔡建平，厅副巡视员彭伟、罗光华出席会议。

（江道圆　刘翠玲）

【市国土资源局（不动产登记局）副县级以上干部名录】

省国土资源厅副巡视员、市国土资源局（市不动产登记局）党组书记、局长：彭　伟

调研员：韩学工

调研员：高坝根（2016.7~2016.12）

党组成员、副局长：童年茂　郑云霞（女）　杨今东

党组成员、市纪委驻市国土资源局纪检组组长：黄小河（2016.12~）

党组成员、总工程师：宋根胜

执法监察支队队长：邹振忠

市土地储备中心主任：严志强

市不动产登记中心主任：王才样（2016.5~）

鹰潭高新技术产业开发区国土资源局局长：柯愈谋（2016.5~）

副调研员、余江县国土资源局党组书记、局长：蔡国华（2016.11~）

审计监督

【概述】 2016年，鹰潭市审计局人员编制21人，实有21人。设有办公室、综合法制科、财政与金融审计科、文教与政法审计科、农业与资源环保审计科、投资建设与社会保障审计科、经贸审计科、经济责任审计科，监察室、机关党支部。下设市政府基本建设审计中心（鹰潭市审计信息中心），人员编制13人，在编9人。2016年，市审计局完成审计项目33个，出具审计报告和专项审计调查报告46篇，提出审计意见建议137条，推动完善规章制度29项。2016年以来取得工作成效明显，其中实施的新余市土地出让收支和耕地保护情况审计，被评为2015年度国家审计署表彰审计项目;实施的鹰潭市2014年度市本级财政预算执行及其他财政收支情况审计项目获得江西省审计厅2016年度优秀表彰项目;向市纪委七届六次全会述责述廉，取得测评综合得分第一的好成绩；被省委、省政府表彰为“省第十四届文明单位”；局领导班子被市委考核评为全市“优秀领导班子”。

【国家重大政策措施贯彻落实跟踪审计】 重点关注所涉及单位的各项稳增长等重大政策落实情况，通过跟踪审计基本摸清全市落实措施的具体内容、执行进度、存在问题，以及

取得的实际成效。

【财政审计】 重点关注税收征管、预算编制、专项资金分配使用、"三公经费"和会议费管理使用情况，2016年，组织实施了2015年度市级财政预算执行及其他财政财务收支审计，对市林业局、市安监局、鹰潭日报社、市广播电视台等单位部门的2015年度预算执行情况进行审计。

【经济责任审计】 重点关注领导干部遵守有关法律、法规及该部门重大政策贯彻落实情况，预算执行和其他财政财务收支情况，落实中央"八项规定"精神以及遵守有关廉政规定等情况。全年，实施了团市委原书记、鹰潭日报社原社长、市社保局原局长等19个经济责任审计项目。同时，启动开展领导干部自然资源资产离任审计试点工作，积极稳妥地探索运用。

【固定资产投资审计】 进一步规范政府投资审计的工作流程，切实强化对工程造价咨询库中19家协审单位的工作指导和检查考核，切实提高了政府投资项目审计质量和审计效率。2016年，共实施市民广场工程、铜产品检验中心等政府投资项目审计66项（含子项目），提升了政府投资绩效。

【民生资金（项目）审计】 2016年，实施全市2015年保障性安居工程跟踪审计、贵溪市、余江县2014年至2015年财政专项扶贫资金审计调查、贵溪市、余江县2015年至2016年上半年医疗保险基金审计等关系群众利益和民生改善的专项资金审计，促进发挥专项资金应有的效益。

【信息化建设】 建设了鹰潭市政府投资项目审计管理系统，完善了OA系统中审计对象与法律法规库建设，积极运用计算机辅助审计方法拓展审计成果，增强信息化环境下查找和分析问题的能力。对审计项目实施网上跟踪审理，总结提炼计算机审计方法和应用实例。

（黄晓华）

【市审计局副县级以上干部名录】
局长：吴建辉（~2016.12）、杨芳（2016.12~）
调研员：王惠斌　祝木水
副局长：王国军　李金生
总审计师：阮春玲（女）
纪检组长：叶国琼（~2016.12）
副调研员：姚美娟（~2016.11）
副县级纪检、监察员：沈美英（女）

经济社会调查

【概述】 2016年，国家统计局鹰潭调查队紧紧围绕全省统计调查工作会议精神和队党组的总体部署，开展了以下工作：（一）以提高数据质量为中心，精心组织各项常规调查工作。一是完成生产领域和消费领域各项价格抽样调查。二是认真组织开展城乡住户一体化调查。三是扎实开展劳动力调查工作。四是围绕促进经济发展方式转变，组织开展了采购经理、工业生产者价格、主要畜禽监测、粮食产量抽样、规模以下工业抽样和服务业小微企业等调查工作。五是完成了一系列专项调查任务。（二）以夯实基础工作规范化为重点，着力提升统计调查综合能力。一是健全调查管理各项制度、二是改进月度考评制度、三是落实干部业务培训制度、四是做好调查数据服务工作。（三）以加强队伍建设为抓手，为调查事业发展提供保障。一是扎实开展党"两学一做"学习教育活动。二是扎实推进"党建工作。三是扎实推进党风廉政建设。四是扎实做好文明创建和社会治安综合治理工作。

2016年，先后获"江西省第十四届文明单位""市直机关模范党支部""市综治工作先进单位""计划生育工作先进单位""党报党刊发行先进单位""鹰潭市创建文明城市工作先进集体"等称号，且1人次获市创建工作突出贡献奖，1人次获先进个人。另外，在全省调查队系统乒乓球比赛中该队荣获团体第二名，在"我为调查事业建言献策"活动中获优秀组织奖，在"做合格党员"征文比赛和"十年风雨路 共筑调查梦"征文评比中1人次获二等奖，多人次获三等奖和优胜奖。在全省调查队系统目标考评中，荣获"居民收支调查""农民工监测""限额以下贸易行业抽样调查""粮食产量（农产量）抽样调查""非制造业采购经理调查"和"消费价格调查"等多个单项奖。

【生产领域和消费领域各项价格抽样调查】 一是完善价格调查网点建设。投入大量精力，对采价网点进行了一次排查，对一些经营不善、关闭、停业、失去代表性、配合度差的调查网点及进行更换，调查网点达182个。对CPI调查方法制度的执行情况进行了一次总结，增加了新一轮基期所需的调查规格品，数量保持在900个左右。合理分配采价任务，做到每个采价点有具体负责人，有具体采价品种，有具体采价时间，分点到人、责任到人，确保每台手持数据采集器承担的采价任务能在规定时间内采集并上报。

二是确保采价质量。严格遵循"定点、定人、定时"和到采价点现场采价的原则，做到一个代表规格品分别由两个采价员在不同采价点采价，采价日期严格按照制度规定，遇节假日不顺延，所有调查规格品价格的采集、录入、发送上报都在现场完成，确保了每台手持数据采集器承担的采价任务能在规定时间内采集、上报。同时，根据价格调查方案的要求与实际工作的需要，建立了商品价格、价格指数、备用规格品、新一轮基期新增规格品、虚拟价格等五类台帐，每月编制居民消费价格指数（CPI）和商品零售价格指数，为市政府出台政策性调价措施提供参考依据。

三是开展基期轮换权数专项调查。根据总队《关于开展基期轮换权数测算有关工作的通知》精神，以“管好大类、锁定中类”为原则 ，先粗后细，对新基期权数开展初步测算，同到超市、家电、家具商场、服装专卖店、文化办公用品店、建材市场等采价点开展典型调查，作为补充资料，用以测算基本分类的权数，为新一轮基期权数的编制提供了测算依据。

【住户收支与生活状况调查】 规范调查网络，提高调查能力。严格按照有关规定，住户调查按每10户调查户配备1名辅助调查员的标准，做好辅助调查员的选用工作。已形成一支以社区居委会选派人员为依托，调查队干部为骨干，业务娴熟的国家调查员队伍。按照国家调查员工作制度，加强对辅助调查员的管理工作。通过把好招聘关、培训关、考核关，以及规范薪酬待遇，建立奖惩机制，塑造一支“责任心强、业务能力强”的辅助调查员队伍。

规范调查工作，提高数据质量。一方面，采取上门访户和电话联系相结合的访户方式，对就业、收入变化较大的调查户作重点访户。访户做到了纠正记账错误，查看账本，辅导记账的作用，特别对主要指标，易错、易漏部分进行重点核查，并通过交流取得他们对住户调查工作的理解和支持；另一方面，努力做好台账搞准统计数据。做好“基本资料台账”，详细记录该户居民重要基本情况，便于以后每月账本的错以及每户收入性质的核对。做好“家庭大笔收支台账”，家庭大笔收支台账主要记录住户大笔收入、大笔支出情况，便于查询、核实住户收入支出情况，用于评估分析数据资料。

踏实做好全省住户电子记账试点工作。江西调查总队优选在鹰潭开展电子试记账工作，鹰潭队全力以赴做好住户电子试记账工作，从人力、财力、物力上支持全省住户电子记账工作，争取调查户的最大配合。并对辅助调查员采用激励机制，年终评选优秀辅助调查员，开展电子记账户社区优先考虑并给予奖励。通过摸底调查、动员培训、正式记账、数据使用四个阶段，从7月开始共使用电子试记账数据，通过记账管理平台审核，数据衔接正常。

【农民工市民化调查】 市队以有序的工作机制，抓住工作中的重点，扎实细致的工作、高质量完成该调查工作任务。一方面，分管领导和科长详细分解调查任务，并通过市队建立的国家调查员网络迅速将调查任务分解落实。另一方面，为了提高现场调查业务水平，迅速对抽中辅调员开展调查业务培训，保证了调查的顺利开展，并由专业工作人员前往现场指导填报，确保调查流畅及数据质量。

【劳动力调查】 劳动力调查是一项重要国情国力的调查，失业率的高低不仅影响到经济增长，更关系到社会的和谐稳定。每月完成涉及5个镇（街道办）的7个调查小区，共计70户的调查任务，并按时上报数据。一是严制度，筑牢调查根基。要求辅调员严格按照劳动力调查方案上报时间入户调查，不能电话调查，必须由调查户签名，为调查打好基础；二是多培训，强化工作能力。每年三次对辅调员进行集中培训，精心准备重要指标解释，详细讲解给辅调员，提高辅调员调查能力；三是勤陪访，把控调查进程。市队专业工作人员每月调查过程中随机抽取调查点进行调查入户陪访，实时对辅调员入户调查进行指导；四是抓质量，规范数据审核。认真做好数据审核评估工作，在每月各调查小区上报数据后，对上报数据逐户进行认真审核，发现问题，及时电话联系辅调员和调查户核实，确保数据质量。

【其他各类调查】 一是采购经理调查服务力度加大。在严格执行采购经理调查制度的基础上，一方面通过年报会、QQ、远程协助以及企业回访等方式，定期对企业开展业务培训以及业务交流，向调查样本企业发送通知，告知样本企业报表的填报时间，从而搭建了业务的沟通桥梁；另一方面建立定期与企业相关负责人进行沟通交流的机制，向企业提供国家反馈的数据，让企业能够掌握最新的经济信息，判断当前生产经营形势，搭建了为企业的服务桥梁。

【其他专项调查】 相继组织开展“营改增”政策效应调查、“党风廉政建设民意调查”、“国有企业反腐倡廉满意度调查”、“体育产业调查”等专项调查活动，为应对经济社会发展中的热点、难点和重点问题提供了决策参考依据。

【调查数据服务】 每月与市统计局联合编发《鹰潭统计月报》，扩大和宣传鹰潭调查队，更好地为党政领导提供数据服务；完成2015鹰潭统计提要和鹰潭统计年鉴的编辑整理工作。2016年，市队积极参与了《鹰潭年鉴（2016卷）》编撰工作。按照鹰潭市史志工作办公室编辑《鹰潭年鉴》要求，向鹰潭市史志工作办公室提供年鉴中“居民生活”中的“居民收入与消费”和相关词条。

【基层调查网络建设】 扎实推进基层调查网络建设。2010年以来，重点加大对全市48个乡（镇、办），95个调查样本企业和50个社区共194人的统计调查基层队伍的管理。采取科学谋划、逐年落实，确定范围、明确职责，广泛动员、系统培训，创新模式、加强管理等形式，扎实推进基层调查网络建设，取得了较好成效。

【信息和分析研究工作】 2016年度，全队紧紧围绕全市工作中心，围绕经济发展的难点、社会生活的热点、领导关注的重点，开展调查分析研究。全队共完成信息、动态上报336条，采用329条，其中：江西调查网选编329条，《中国信息报》采用2条。鹰潭金融选编2篇、鹰潭市政府《政务要情》选编1篇、鹰潭市委内刊《综合与调研》选编1篇、江西调查总队329条、《鹰潭日报》、《赣东都市报》、鹰潭在线、鹰潭电视台采用26条。撰写调研分析37篇，其中：《鹰潭调查》发刊37期，江西调查网选编37篇。有6篇分析全文或部分被江西调查总队内刊《江西调查》2016年（增刊第17、18、30、37、44、46期）刊载，完成了2篇调研信息被江西调查总队内刊《江西调查》2016年分析33、41期采用。2篇被市政府调研参考全文采用。其中《减税负 优服务 打造经济发展新引擎》《把纪律和规矩挺在前面 加强廉政风险防控工作》获江西调查总队2016年度市县队中标课题二等奖。《农民工购房需求潜力大 四大制约因素有待破解》获得江西调查系统2016年的优秀调查分析二等奖，有5篇调查课题分获中标课题、优秀文章三等奖。

（汪丽萍）

【国家统计局鹰潭调查队副县级以上干部名录】

党组书记、队长：宁俊华

党组成员、副队长：应建敏

党组成员、副队长：杨 勇

党组成员、纪检组长：朱宝生

副调研员：熊联祥

房地产管理

【概述】 2016年，鹰潭市房管局在市委、市政府的正确领导下，在省住建厅的指导帮助下，认真学习贯彻中共十八大，中共十八届三中、四中、五中、六中全会和习近平总书记系列重要讲话精神，以“两学一做”学习教育为抓手，紧紧围绕鹰潭市“主攻项目、决战‘三区’、凸现特色、实现跨越”总要求，凝心聚力，团结奋进，圆满完成各项目标任务。

【房地产开发】 一是全力服务去库存。制定并经市委、市政府出台一系列利好政策，打出“政策组合拳”；通过多种媒体、海报、宣传单等将政策宣传覆盖到全市所有乡镇、村组，形成良好氛围；积极落实政府购房奖励受理、发放。鹰潭市去库存工作取得了显著成效，销售量和库存量实现一升一降。2016年，全市新建商品房合同登记备案面积234.2万平方米、住宅面积208.84万平方米，分别增长32.4%、47.8%。其中，中心城区新建商品房合同登记备案总面积128.65万平方米，住宅116.37万平方米，分别同比增长8%和27%。全市商品房总库存量为312.21万平方米、住宅库存为159.68万平方米，其中中心城区商品房总库存量为175.41万平方米、住宅库存为78.06万平方米。全市商品房和住宅房去化时间分别为16个月和9.17个月。相比较2015年底的库存量，截至2016年12月底，全市新增库存面积为-59.36万平方米，新增住宅库存面积为-88.57万平方米，其中中心城区新增库存面积为-13.57万平方米，新增住宅库存面积为-30.75万平方米。

二是不断加强市场监管力度。在日常工作中加强预售资金监管，严格预售许可。另外专门开展房地产领域非法集资广告宣传排查、房地产行业风险排查、估价机构检查、预售资金检查等一系列专项检查，切实维护市场秩序。全年共受理发放商品房预售许可证59份，总预售面积115.08万平方米，其中住宅85.62万平方米。审核办理房地产开发资质新申报、延续、变更、升级等49宗。签订预售资金监管协议14份，拨付资金319笔，共19.38亿元。

【保障性住房建设】 一是加强住房保障，提升低收入人群幸福指数。开展2016年度1452户廉租房家庭公开摇号分配，发放廉租住房租赁补贴3851户，566.1万元。中心城区保障性住房覆盖率超过25%，位居全省前列。做好保障房审计发现问题整改工作，对发现的4大类84个问题逐项列出清单，明确责任人和完成时限，认真落实，已全部整改到位，并顺利通过省综合督查组的整改督察。二是创新模式，拓宽房源。通过“以购代建”，采购了654套商品房作为公租房，主动配合有关单位做好1600套抵购房移交工作。三是落实准入和退出审查机制。通过“四查两公开”，确保分配公平公正，防止不符合条件者侵占保障房资源。同时，加强保障房信息平台建设，已配租人员、租赁补贴家庭、轮候家庭、保障房房源均已进入信息库，并与省厅信息平台数据对接，为日后保障房动态管理提供保障。四是加强保障房小区管理。推行物业服务市场化、管理人性化，在住有所居的基础上实现住得好，住得舒心，广受保障对象好评。

【房屋征收和拆迁】 中心城区223地质队片区、防腐厂片区、东湖加油站周边片区3个房屋征收项目总计被征收户1272户，约14.2万平方米，各项工作均有序进行。二二三地质队片区正全力推进二期征收工作；防腐厂片区678户被征收户已测绘554户，评估557户，设计稿初稿已完成，正报相关部门审核；东湖加油站周边片区完成了调查摸底、确定征收红线等各项基础工作。

【棚户区改造】 市房管局紧抓任务分解和项目落地，紧盯签订目标责任书，不断加大对各县、市、管委会的督导力度，确保全年棚改任务全面完成。2016年省政府下达给鹰潭市棚改开工任务共计3267户（套），开工率达到了100%。货币化安置比例

51.18%，达到了省里 50%的要求。

【物业管理】 一是加强行业管理。将企业内部管理、服务水平等情况作为资质审批、备案的重要内容进行考核，及时整改，跟踪问效，提升整体服务水平。全年共审批办理企业资质（含重新申报、资质延续）31 家，异地企业备案 5 家。二是加大招投标监管。完善了一系列招标政策，规范了企业招投标机制，充实了前期物业招投标评标专家库。全年共备案前期物业服务项目 17 个。三是做好业务指导。主动加强与街道办、社区沟通，提供法律、业务知识帮助，指导依法依规成立业主大会、选举业主委员会。全年共备案成立业主委员会5个。

【白蚁防治】 白蚁防治工作健全质量保证体系。规范操作程序，实施工程竣工验收制度和回访制度。2016 年共完成新建房屋白蚁预防面积 149.9 万平方米。

【房屋产权交易】 一是房产交易登记改革到位。完成了房产交易和登记职能改革，房产交易中心和不动产登记部门加强工作衔接，明确职能，优化工作流程。房产交易中心在改革后不断加强自身建设。一方面，加强自身管理。完善工作流程、考勤考核办法、联审联批、问责等制度，干部职工行为进一步规范；一方面，主动提升服务水平。设立“一米线”、办事指南告知栏、一次性告知单等，开通“绿色通道”、前台专人受理、上门服务、预约服务、延时服务，实行“首问责任制”和“一次性告知制”，实现程序优、环节少、时间短、服务佳。1–12 月份共办理各类房产交易约 1.63 万宗，建筑面积 337 万平方米。

【房产测绘】 房产测绘总量稳步增加。共受理了 54 个项目的房产测绘，已完成房产测绘面积 377.15 万平方米。

【房地产信息建设】 信息化建设成效显著。积极推动信息化、网络化、数字化建设工作，通过网络加大了政务信息公开，确保房产政策的公开透明。通过房产政务网向社会发布各类信息 145 条，回复政策咨询、投诉建议 277 条。2016 年共进行商品房合同网签备案约 1.08 万宗，备案面积 117.63 万平方米。

【维修基金管理】 维修资金管理进一步精细。加强维修资金项目台账、财务账的管理，以项目（物业区域）为单位设置台账，按照门户号设业主分户账。将交存维修资金作为合同备案及产权办理的必要条件实行“双把关”。全年归集住宅专项维修资金 8197.07 万元，9965 户。拨付维修费用 399.73 万元用于共用部位、设施维修。

（棣 振）

【市房管局副县级以上干部名录】
党委书记、局长：俞 奇（2016 年 2 月任市政府秘书长）
纪委书记：雷丽虹（女）
党委委员、副局长：刘志林 徐 林
党委委员：副调研员：邬筱芳 彭勇辉 赵永华

住房公积金管理

【概述】 2016 年鹰潭市住房公积金管理工作在市委、市政府和住房公积金管委会的正确领导下，在省住建厅的监督指导下，各项工作按年初考核目标稳步推进，全面超额完成各项工作任务，支持了房地产市场去库存。至 2016 年底，全市累计归集住房公积金 46.62 亿元，累计归集余额 25.85 亿元。当年归集住房公积金 8.4 亿元，同比增长 19.83%;全市累计提取住房公积金 20.77 亿元，当年提取住房公积金 6.5 亿元，同比增长 37.42%，提前完成年度提取目标在全省排第六名；全市累计发放住房公积金贷款 32.2 亿元，贷款余额为 22 亿元。当年发放 3099 笔贷款金额 10.15 亿元，同比增长 76.68%；实现住房公积金增值收益 4522.95 万元；2016 年可上交“城市廉租住房建设补充资金” 2324.41 万元。

【公积金个贷率急速上升】 全市住房公积金个贷率由 2015 年底的 57.37%上升到 2016 年底的 85.09%，目前全省平均个贷率为 101.16%，市“中心”个贷率提高幅度在全省排位第一，并且在 2016 年 8 月份就已全面超额完成省住建厅下达个贷率 70%的任务。

【加大缴存执法力度】 归集拓面新增缴存单位 77 个，新增 5431 人，新增金额 2461.97 万元。

【规范结息对账】 2016 年 6 月 30 日，为全市 6.8 万公积金缴存职工结息共计达 3514 万元，同比增长 18.31%。

【重新核定全市公积金月缴存标准】 2016 年度最高月缴额由 3052 元提高到 3458 元；最低月缴额从 202 元调整为 246 元。

【落实公积金缴存控高保低政策】 规范住房公积金缴存比例单位和职工不低于 5%，不高于 12%；对生产经营困难企业可缓缴住房公积金，经市公积金管委会批准，对各驻鹰条管单位超最高限额缴存部分必须照章纳税。

【扩大公积金收益人群】 允许农民工、农村居民、个体工商户和城市居民享受公积金政策，支持农村居民进城购房落户。全市开设农民工账 1086 户，办理公积金贷款 478 户，累计发放农民工公积金贷款约 1.23 亿元。

【邮寄个人对账单，增强管理透明

度】 2016 年 1 月邮寄个人对账单共 6.63 万份，向全市 6.8 万职工提供公积金信息告知服务。

【连续五年信贷逾期率为“零”】 市住房公积金贷款回收及财务管理保持严谨规范作风，住房公积金贷款逾期率已连续五年为“零”。

【出台史上最强力公积金系列优惠政策】 全年共出台和调整住房公积金政策 12 个，全力为服务职工购房，激活鹰潭市房地产健康繁荣发展，积极发挥公积金在鹰潭市房地产去库存中的重大作用。

【贴息贷款保障高涨的信贷需求】 2016 年向市商业银行申请全省统一的最优惠年利率短期融资 3 亿元，从增值收益中贴息保障了鹰潭市居高不下的职工公积金购房信贷。

【新增住房公积金委托贷款承办银行】 2016 年“中心”新增了市农行、江西银行、邮政银行作为市住房公积金委托贷款承办银行，使公积金职工更加便捷。

【改变公积金偿还贷款提取资金划款方式】 将按年提取住房公积金偿还贷款提取的资金由“直接划个人账户”修改为“直接划入职工本人公积金贷款还款账户”。

【实行“一体化”制度】 实行“鹰、贵、余”三地公积金“一体化”调配制，切实提高住房公积金个贷率和使用效益，实行定期存款统一解冻、统一调配，确保公积金资金使用和效益最大化。

【公积金热线并轨】 公积金“12329”热线与市政府“12345”政务热线并轨，并聘专人接听热线，为缴存职工提供公积金业务咨询答疑服务。

【开展“两学一做”学习教育】 严肃认真地开展“两学一做”学习教育活动。全面推进领导班子思想、组织、作风和制度建设。

【荣誉】 继 2015 年荣获“全国文明单位”之后，通过 2016 年江西省第十四届文明单位和第四届全国文明单位复查、鹰潭市 2016 年度优秀专业服务大厅、新农村建设先进单位、2016 年度全市全面深化改革工作先进单位、党报党刊发行先进单位（优秀奖）。

（*赵欣*）

【市住房公积金管理中心副县级上干部名录】
主任：张秀萍

【小资料】 非煤矿山企业安全生产标准化创建申报流程：

（1）自评。企业应成立由其主要负责人任组长的自评工作组，对照相应标准自主开展安全生产标准化建设工作，形成自评报告并在企业内部进行公示，并每年进行 1 次运行自评，不具备自主创建条件的须聘请具有非煤矿山安全评价资质的咨询机构咨询指导。同时，要加强建设工作资料现场勘查记录影像资料及相关证明材料的归档和保管。

（2）申请。申请取得安全生产标准化等级证书的企业，在上报自评报告的同时，向评审组织单位如实提出评审申请，并对提供材料的真实性负责。申请安全生产标准化评审的企业前提条件为：取得非煤矿山安全生产许可证，且在申请评审之日的前 1 年内，无生产安全死亡事故。

（3）评审。评审单位收到评审组织单位评审通知后，应按照有关评定标准的要求进行评审。评审完成后，将符合要求的评审报告，报评审组织单位审核。评审结果未达到企业申请等级的，申请企业可在进一步整改完善后重新申请评审，或根据评审实际达到的等级重新提出申请。

（4）审查。评审组织单位接到评审单位提交的评审报告后应当及时进行审查，并形成书面报告，报相应的安全监管部门；不符合要求的评审报告，评审组织单位应退回评审单位并说明理由。

（5）公告。相应安全监管部门同意后，对符合要求的企业予以公告，经公告的企业，由相应的评审组织单位颁发相应等级的安全生产标准化证书和牌匾，有效期为 3 年。证书和牌匾由国家安全监管总局统一监制，统一编号。

信息化建设

编辑、校对：柴靖龙

综述

2016年，坚持以中共十八届五中、六中全会和习近平总书记系列重要讲话精神为指导，认真贯彻创新、协调、绿色、开放、共享五大发展理念，紧紧围绕市委、市政府中心工作，明确目标任务，完善工作机制，拓展工作思路，强化工作落实，全市信息化建设扎实、有效推进。

智慧鹰潭建设取得积极社会效果。一是顺利举办了国家新型智慧城市建设研讨会。12月27日，国家发改委、中央网信办、国家标准委等国家部委在鹰潭市召开国家新型智慧城市评价工作中部省区研讨会。会议由江西省发改委主办，鹰潭市政府承办，市信息办牵头负责会议筹备组织、编制会议方案、参会人员服务、会场设计布置等具体工作。国家发改委高技术产业司副巡视员王娜出席会议并致辞， 国家信息中心、国家新型智慧城市协调办、中国测绘科学研究院、中国信息通信研究院、中国电子技术标准化研究院领导、专家到会指导，江西省发改委副主任宋迪维和省工信、人社、国土、住建、交通、商务、卫计、测绘、信息等省直部门领导、专家出席，安徽、江西、河南、湖北、湖南、广东6省所辖设区市负责新型智慧城市建设相关人员及鹰潭市信息化工作领导小组成员单位共计230余人参加会议。会议重点听取了国家部委领导、专家深度解读新型智慧城市评价指标和系统填报要求，并进行现场交流。会议得到了国家、省发改委等领导和与会人员的高度评价，充分展示了鹰潭市城市新形象。二是国际国内智慧城市建设奖项花落鹰潭。6月19日，江西智慧城市发展论坛在新余市举行，鹰潭市作主题发言。9月29日，中央网信办等部委在福州市召开全国电子政务工作座谈会，鹰潭市作专题汇报。11月17日，在深圳高交会举办的亚太智慧城市发展高峰论坛上，鹰潭市荣获“2016中国智慧城市创新奖”。11月23日，中国社会科学院信息化研究中心与国脉互联智慧城市研究中心联合主办的“第六届（2016）中国智慧城市发展年会”上，鹰潭市荣获“2016中国智慧城市建设50强奖”。12月10日，中国城市和小城镇改革发展中心、法国展望与创新基金会举办的中欧绿色和智慧城市峰会上，鹰潭市荣获“中欧绿色和智慧城市先行奖”，在获此奖项的8个国内外城市中排名第一。三是智慧鹰潭建设为鹰潭赢得声誉。11月28日，刘奇省长视察鹰潭NB-IOT建设并给予高度评价，指出窄带物联网建设前景广阔。12月23日，省科技厅考察鹰潭NB-IOT建设，表示将在科技政策等给予鹰潭大力支持。鹰潭市政府与中国移动通信集团江西有限公司、华为技术有限公司将在鹰潭布局窄带物联网产业发展，合力建成一张鹰潭全域覆盖的NB-IOT业务网、建设一个有NB-IOT特色的智慧创业园区、打造一个有鹰潭特色的智慧制造产业示范基地和树立一批全国领先有鹰潭特色的智慧标杆应用，力争将鹰潭打造全国窄带物联网（NB-IOT）应用标杆城市。2016年，《雄鹰云上舞、智慧筑美潭》《实施“互联网+”战略促发展惠民生》《鹰潭：构建智慧城市新生活》《信息改变生活　智慧点靓城市》等报道鹰潭智慧城市建设的文章在T168、比特网、大江网等媒体上刊发，人民网、新华网等国内知名媒体在第一时间转载。河南商丘市、山东莱芜市、吉林辽源市、湖北荆门市、青海格尔木市及省内南昌市、吉安市等兄弟地市先后到鹰潭考察交流智慧城市建设作法。

国家新型智慧城市建设工作有序推进。一方面，注重顶层设计，高标准编制智慧鹰潭建设总体规划。编制了《智慧鹰潭建设规划纲要（2016—2018）》《智慧鹰潭建设行动计划（2016—2018）》，进一步明确数据资源共享开放、政府管理服务能力提升、惠民服务水平提升、产业融合创新能力提升等7方面29项重点任务；制定了《智慧鹰潭标准规范体系》，从基础、技术、服务、安全和管理5个方面规范，指导全市各级各部门和社会各行业有序开展智慧城市建设。另一方面，强化统筹协调，全力推动智慧鹰潭项目建设。按照每周一报，每半个月一调度机制，协调推进“微信城市服务、城市公共信息服务平台”等项目建设，定期向市政府、市发改委等部门报送“8+1重点项目”、《智慧鹰潭项目建设情况汇报》、《鹰潭市专项建设基金项目实施进展和投资计划情况调度表》、《2016年全省重大项目（大中型项目）推进清单》、《2016年鹰潭市本级政府投资项目调度表》等内容，完成了2017年全市重大信息化建设项目的申报工作。智慧鹰潭服务平台上线运行。基于政府公开数据搭建了面向全社会的公共信息服务平台，市人社局、市国土局、市市场监管局等10家部门接入市公共信息平台。依托腾讯公司的用户数据基础、微信社交平台、腾讯网媒体平台等优势，将医疗、社保、教育等24项惠民服务事项，打造“腾讯+鹰潭城市服务”平台，为广大民众提供更便捷的城市公共服务。4月11日上午，成功举行“互联网+”鹰潭发布会暨智慧鹰潭服务平台、腾讯城市服务上线仪式。市委、市政府主要领导和省住建厅、省发改委、省住建厅、省工信委、腾讯公司、广通公司等出席仪式。云计算中心初步形成。完善电子政务基础设施构建综合、稳定、安全的数据中心机房，依托华为云平台技术完成了768核CPU、4864G内存、65T存储容量的智慧鹰潭政务云，为鹰潭市公共信息平台、鹰潭市电子政务综合办公平台、公共资源交易系统等10多个系统提供了IAAS基础硬件服务，为实现全市各部门数据互联互通、信息共享和业务协同以及智慧鹰潭建设奠定硬件基础。大数据格局基本形成。按照住建部《智慧城市公共信息平台建设指南（试行）》标准要求，建设了鹰潭市公共信息平台，实现了跨部门、跨系统、跨网络和跨平台的数据交换、信息共享和业务协同。目前，通过市公共信息平台，建立了市场监管、人社、国土等15家部门数据资源目录88个，指标总数达1950条，并进行数据对接，实现数据实时同步，资源交换总条数42万条。鹰潭政务服务网基本建成。完成市本级网上审批系统（并联审批）升级改造，成功对接省级统一事项梳理子系统、统一身份认证系统、智能机器人问答系统。行政审批事项全部入网运行实现并联审批事项联审联批。鹰潭政务服务网已上线运行，正式对外提供358项行政许可事项、746项便民服务事项在线咨询、在线预约、在线办事等服务。完成企业精准帮扶信息系统建设。借鉴先进地市建设经验，构建了市县两级企业精准帮扶信息系统。277家企业在企业帮扶系统上进行了注册，并通过系统表达企业诉求290条，86家职能部门、34名挂点领导及时在线处理诉求，全力地帮助企业解决在发展中遇到的问题。“互联网+政务服务”有序推进。组织市发改委、市人社局等单位赴新余市、南京市、亳州市等地学习考察的基础上，对照国发〔2016〕55号和国办发〔2016〕23号文件，编制了《关于推进“互联网+政务服务”工作的实施方案》，并报市政府领导审阅。按照省电子证照系统建设要求，完成市级电子证照系统部署，并与省电子证照系统对接，初步生成5196份营业执照电子证照。启动公共信用信息平台建设。根据《关于加快推进江西省市级公共信用信息平台建设的通知》（赣信办〔2016〕47号）要求，编制了鹰潭市公共信用信息平台建设方案及可行性研究报告。

勤勉实干，全市信息化基础不断夯实。一是政务外网基础进一步巩固。全面完成电子政务外网建设，全市169个市直部门、6个县区、60个乡镇100%接入政务外网，实现全市“一张网”互联互通。确定了市经济大厦政务外网统一互联网出口服务提供商，并将互联网出口带宽费用费用纳入年度财政专项经费预算，为政务外网稳定运行提供资金保障。实施完成市经济大厦视频会议系统升级改造工程，将电信视频会议信号接入了市经济大厦，进一步提高了电信视频会议使用频率，节约了全市会议经费，提高了会议效率。进一步加强政务外网网络保障，顺利完成电子政务内网的移交工作。部署安装了安全接入平台、上网行为管理、堡垒机等网络安全设备，定期对政务外网及市政务网乡乡通工程进行巡检，聘请了安全测评公司对市政务信息网及重要应用系统开展漏洞扫描及风险评估加固等工作，网络和信息安全不断加强。二是健全和完善网络与信息安全机制。制定起草了《鹰潭市党政机关计算机网络与信息安全管理暂行办法》《鹰潭市电子政务外网数据中心机房管理办法》《智慧鹰潭云数据中心日常管理制度》，切实做好云数据中心机房的规范化管理工作。探索服务创新机制，采取购买服务的方式引进专业运维公司对数据中心机房进行托管维护。修订完善了《鹰潭市信息化项目管理暂行办法》《鹰潭市政务信息资源共享管理暂行办法实施细则》，进一步规范全市信息化项目管理和政务信息资源共享工作。

电子政务服务能力和水平不断提升。一是电子政务综合办公平台应用效果显现。制定出台了《电子政务综合办公平台使用规范》，印发《县级电子政务综合办公平台建设经费预算标准》，深入推进县级电子政务综合平台。贵溪市、月湖区、高新区、龙虎山景区、信江新区完成了平台建设，开始纸质公文和电子公文双轨运行。2016年以来，全市148个单位通过市级办公平台签发文件9133件，签收文件280777件，处理文件1854116件；县（市、区）281家单位通过县级办公平台签发文件302件，签收文件2016件，处理文件11326件。二是政务公开工作稳步推进。出台《关于印发2016年政务公开工作要点的通知》（鹰府办字〔2016〕127号），进一步明确了扶贫信息、环境保护、政策执行和落实情况等十七大方面的信息公开内容；协助召开了全市政务公开工作部署会议调度政务公开工作，不断完善信息公开情况监测机制。印发了《鹰潭市人民政府办公室关于全市2016年上半年政府信息公开情况的通报》，指导、督促各级各部门切实做好政务公开。今年，市直机关主动公开政府信息5775条，县（市、区）主动公开政府信息14299条。三是全市政府网站普查工作扎实推进。强化信息交流，紧盯国家政府网站普查动态，及时指导部门网站普查工作。坚持每半月开展一次全市政府网站抽查核查，督促各地各部门做好网站保障工作，确保政府网站不出现“四不”问题。国务院办公厅下发《关于2016年第二次全国政府网站抽查情况的通报》，鹰潭市122家政府网站暂未被通报。四是努力提升信息化服务水平。扎实做好应用系统维护工作，确保了网上行政审批、综合电子监察系统等10个大中型跨部门综合应用系统零故障运行，保证了全国综治“南昌会议”“全省教育信息化推进工作电视电话会议”等96场国家、省、市、县四级视频会议顺利召开。为市纪委、市发改委等部门解决网站、应用、网络技术问题3000余起。全力配合市纪委、市综治办、市国资公司等10余个部门完成社会综治信息化系统、政府投资项目管理等10余个业务系统的集约化建设。五是扎实开展信息咨询服务。紧紧把握鹰潭市信息化建设的相关热点问题，结合鹰潭市国家信息惠民和智慧城市双试点建设内容，分别以“大数据”、“互联网+农业”等为主题编辑了7期《信息汇要》，认真总结分析全市经济运行情况，撰写了经济运行情况分析和预测报告各1篇。

（江继亮）

【市信息中心副县级以上干部名录】

主　任：胡海俊

副主任：刘炳泉　吴美华　潘伟华

邮政管理

【概述】 2016年，鹰潭市邮政管理局在市委、市政府的领导下，坚持稳中求进工作总基调，以落实《国务院关于促进快递业发展的若干意见》《江西省关于促进快递业发展的实施意见》为主线，认真贯彻全省邮政管理工作座谈会精神，坚持“高标准、高质量、创一流”的工作理念，积极巩固发展势态，不断强化安全基础，坚持创新引领，坚持服务民生，全面加大工作措施，大力促进市邮政业迈上新台阶、实现新跨越。2016年，全市邮政行业业务收入（不包括邮政储蓄银行直接营业收入）累计完成2.16亿元，同比增长30.67%；业务总量累计完成3.32亿元，同比增长42.78%。全市规模以上快递服务企业业务量累计完成1199.51万件，同比增长62.55%。业务收入累计完成完成1.06亿元，同比增长47.03%。市快递业务量增速稳居全省前三。

【开展“两学一做”学习教育】 把“两学一做”作为“三会一课”基本内容，围绕内容和要求，结合工作实际，始终坚持问题导向，完善制度建设，查找存在问题，细化责任清单，推动学习教育与中心工作深度融合，激发党员干部干事创业的内生动力，凝心聚力。

【补建局所运营正常】 在完成全市16个空白乡镇邮政局所补建工作的基础上，加大了农村地区普遍服务达标检查力度，发现问题9个，责令达不到普遍服务标准的局所限时整改，对严重违法行为予以立案查处。通过强化监督，所有补建局所都能够正常运营，保障了农村地区居民基本通信权利，为农村经济发展提供支撑。

【快递园区正式投入运营】 为策应市政府“四个物流”（制造业物流、城乡商贸物流、口岸物流、电子商务物流）发展，市共规划了3个快递产业园，已建成一个市级快递产业园（瑞鑫快递园区）、一个县级快递产业园（余江快递园区），规划建设一个国家区域性快递产业园。12月26日，市物流委代表市政府与市局签订了第二个市级快递产业园项目投资协议，项目建成后，厂房建筑面积达15万平方米以上，年产生税款不少于1000万元，将助力鹰潭市实现建设成为赣东北地区业务规模最大、转运能力最强、辐射范围最广的邮政、快递转运枢纽的目标。

【快递四进成效凸显】 一是进社区，积极与鹰潭市恒大绿洲、海熙御龙湾两个新建小区进行对接，小区物业公司与快递企业签订合作协议，帮小区居民代收快件。二是进园区，市所有园区均已纳入企业服务范围，圆通、中通、韵达等品牌企业还设立了专门的营业门店。三是进校区，指导快递企业与江西师范高等专科学校合作，设置快递超市，企业将快件交由学生勤工俭学组织代派，实现了快递进高校全覆盖。四是进机关，通过协调快邮合作，市区所有快递企业无偿使用市邮政公司设立在经济大厦（行政中心）的智能包裹柜，解决了快件进机关的问题。现有智能投递箱19组，覆盖全市繁华商业区、集中政务区、大型社区、重点校区，形成了布局合理、使用频繁的自主收投终端体系，有效解决了“最后100米”问题。

【督导三项安全制度执行】 市邮政局牢牢扭住“收寄验视”这个关键点，严格要求各寄递企业执行收寄验视、实名收寄、过机安检三项安全制度。落实实名收寄，提出“前八位+后四位”的信息记录模式供企业参考使用，打消了消费者对信息安全的顾虑。要求快递员必须查验身份证件，严禁随意填写，严肃查处不认真履行查验义务的行为。市邮政局专门下文督导所有拥有省际班线的转运中心按时间要求配置安检机，督促企业完善安检台账，要求安检机过机安检、日常保养等台账完善、详实。规范安检标贴使用，要求所有快件必须经过安检后予以粘贴。

【加大行业执法检查力度】 全年共下达责令整改通知书15份，行政约谈4家企业，下达行政处罚决定书20份，罚款金额8.3万元，已结案20起；下达检查通报1份，收到整改报告32份。市局对余江县邮政公司触碰“两条红线”行为进行立案调查，开出了地市局成立以来全省最高额罚单，单笔处罚金额达3.5万元。

【优化行业许可审批】 按照《邮政业安全生产设备配置规范》的要求，梳理了企业核查标准，进一步强化了寄递安全生产所需设备的配备标准，强化安全准入关。及时跟进当地商事改革工作，夯实快递业务经营许可制度与商事改革工作衔接基础。按时开展年度报告、经营许可换证、许可证注销等工作。

【规划编制工作圆满完成】 11月29日，经市政府常务会议审议通过，鹰潭市政府办公室印发了《鹰潭市邮政业发展“十三五”规划》，这是鹰潭市第一次由市级人民政府发布邮政行业发展中长期规划，也是省邮政管理系统第二个以市政府名义发布的规划。

【提升行业服务能力】 实现了乡镇快递网点全覆盖。市现有乡镇网（代理）点63个，覆盖辖区内所有34个乡镇，覆盖率达100%。

【提升从业人员综合素质】 组织一线从业人员开展安全、技能、法律法规宣贯培训班10次，培训630余人。开展职鉴考试4次，175余人参加考试，超额完成省局下达的职鉴任务。

【积极开展行业法制宣传】 借助“安全生产月”及“法制宣传日”等多个平台，积极宣传邮政快递行业法律、法规。结合工作实际，突出收寄验视、禁寄物品知识等重点内容，以图片展板、发放资料、有奖问答等方式对邮政行业法律、法规进行宣传，提高群众知晓度。

【培养良好的干部作风】 树立“高标准、高质量、创一流”工作理念，克服“只求过得去，不求过得硬”的思想，倡导高效务实、严谨细致、任劳任怨的工作作风。

【新闻宣传成果丰硕】 2016年，市局在国家局主办的报刊、网站刊发稿件14篇，在省局网站刊发信息62条，分别在G20峰会和双十一期间要求当地主流媒体深入企业一线，宣传行业正能量，在《鹰潭日报》、鹰潭电视台、鹰潭发布等媒体播发稿件8篇。

（华云龙）

【市邮政管理局领导人名录】

党组书记、局长：阮亦彬

副局长、纪检组长：林卫东

电信

【概述】 2016年，中国电信鹰潭分公司在市委、市政府和省电信公司的正确领导下，牢牢抓住“信息鹰潭”建设和“互联网+”的机遇，全力拓展信息化市场，坚持份额导向，强攻七大工程，变革生产关系，激发运作活力，加快基础业务规模发展和新兴业务快速发展，奋力拼搏，全面完成各项生产经营任务。2016年，主营收入完成1.9亿元，同比增幅9.72%。百兆引领，全力以赴发展光宽带，2016年底，实现了全光网络运营，全市光宽带用户占比达99 %，其中50兆以上宽带用户出账占比达74%。电信宽带电视业务得到迅猛发展，用户规模实现翻番，用户数达7.1万户。积极拓展移动市场，截至2016年底，移动用户数达15.4万，用户份额同比提升2.23%，其中4G用户占比达64%。

【加快基础通信设施建设】 快速响应移动互联网化，积极推进移动站点建设，提供快速、高效的移动网络。截至2016年底共建有移动通信3G基站454个，4G基站956个。乡镇以上区域全面4G信号覆盖，覆盖率达99.5%，农村（含自然村）也实现了4G网络全覆盖，覆盖率达97.6%。

全面加速光网城市建设，加快实施“宽带一号工程”，构建全面承载三网融合业务的网络基础设施，着力提高网络技术水平和业务承载能力。通过全面实施“光进铜退”改造，全市光网能力覆盖突破60万户，城区光纤化率达100%，乡镇光纤化率达100%，农村行政村100%以上实现光纤宽带覆盖，同时加快建设宽带网络骨干节点、ODN、OLT网络改造，全面提升网络流量疏通能力。

【积极推进光网城市建设】 进一步加大光网城市的建设力度，扩大光网小区的覆盖范围，不断拓展覆盖各县（市、区），集IP化、宽带化、智能化为一体的城市、农村光纤宽带网络。鹰潭市作为国家级普遍服务工程试点单位，大力实施信息惠民工程，在全省率先建成全光网。截至2016年12月，全市FTTH光网覆盖用户达60万户，宽带速率打造千兆引领、百兆起步的高度体验。

【注智智慧新城构建窄带物联城市经济体】 鹰潭作为智慧城市、信息惠民、电信普遍服务和窄带物联网四个国家级试点城市，围绕鹰潭市委书记曹淑敏提出信息化建设“四个统一”和物联网建设的“四个一”要求，着力营造"互联网+"万物互联的良好发展环境，全力建设窄带物联全域覆盖的全国首个NB-IOT试点城市，精心打造具有窄带物联网特色的城市经济体，与江浙一带经济发达城市积极对接、致力形成优势互补，构建物联网产业城市集群，将鹰潭城市产业升级发展提升到NB-IOT的新高度。

鹰潭电信紧紧围绕"六个一"工程，着力打造全国首个NB-IOT综合应用商用落地行政区——"信江智慧新区"建设。"智慧新区"是一个汇聚城市公共服务、交通、能源、生产制造、商业通信、水电资源等子系统的城市生态系统，通过感知化、物联化、智能化的方式，将城市物理基础设施、信息基础设施、商业基础设施和社会基础设施连接起来，实现不同部门和系统之间的信息共享和协同作业，更合理的利用资源，做出更好的发展和管理决策。

中国电信鹰潭分公司充分发挥市窄带物联网全国试点城市的优势，以市政府经济大厦为中心，以智能路灯主要NB-IOT应用，辅以智能停车、井盖、垃圾桶消防栓等城市基础应用打造基于物联网技术"智慧新区"。

【强化责任意识，助力企业快速发展】 作为年度重点专题学习教育活动，中国电信鹰潭分公司党委自3月份起正式启动了"两学一做"专题活动，对学习教育活动进行了认真部署，制订了活动方案，召开了动员大会。先后组织开展了"两学一做"学习教育辅导报告会、"两学一做"推进会、"学河北 找差距 创业绩"专题活动、党员主题日活动日，学习身边人——计费功臣罗文珍先进事迹等活动。7月份在建党纪念活动中，党委书记带头为全体党员上了一堂题为《扎实推进"两学一做" 凝心聚力勇拼市场 努力实现鹰潭电信规模和份额发展双提升》的专题党课。各党支部严格落实"三会一课"制度，组织开展了4次专题研讨、12次集中学习，以及"两学一做"党章党规党纪知识竞赛活动，认真撰写并分享了学习心得。

通过多形式的学习教育活动，广大党员干部的使命感与责任意识得到明显提升，党员的先锋模范与旗帜作用得到充分体现与的发挥，涌现出了众多的先进集体与个人，如余江分公司领导干部身先士卒，充分发挥支部的战斗堡垒作用，带领干部员工勇拓移动市场份额；计费功臣罗文珍永葆共产党员本色在计费岗位上兢兢业业，发挥旗帜作用，影响身边人，做实本岗事，为企业挽回收入百万元。正因为一面面党员干部的旗帜感召与影响，干部员工精神振奋，激情四溢。2016年全市电信各项业务发展在全省均名列前茅，全业务收入完成进度第一，计费库收入同比增长第一，在全省率先建成"全光网"地市。

（邹　冰）

【电信鹰潭分公司领导人名录】
党委书记、总经理：刘　俭（2016.09～）
副总经理、纪委书记、工会主席：王小平
副总经理：毛新发
总经理助理：刘晓勇

移动通信

【概述】 2016年，在市委、市政府和省公司的正确领导下，鹰潭移动公司上下认真落实年初工作会议精神，按照省公司 "居安思危、扬长补短、党建反腐"等工作部署，一以贯之、持续用力，圆满地完成了各项目标任务。

【持续能力有提升】 一是收入"双超"目标实现。一是全年完成运营收入4亿余元，同比增幅17.8%，超全省平均增幅，列全省第一；二是收入超行业增幅3.57%，进一步巩固了区域市场主导地位。二是资源"双储备"目标实现。2016年在资源的全面统筹和规划下，实现收入和成本的双储备，为可持续发展奠定基础。2016年，公司继2015年之后，又被评为江西公司劳动竞赛优胜单位，为列全省第三。

【客户感知有提升】 公司秉承"客户为根、服务为本"的理念，一方面主动发现并解决网络问题，开展全员网络感知"啄木鸟"行动，共收集和解决有效问题188个，解决率达95%以上；另一方面主动发现并解决业务问题，推进服务督导体系建设，推动一线营销触点影响客户感知问题解决，全年累计督办问题204个，解决率98%。2016年标准客户满意度领先较2015年提升2个百分点，网络质量满意度领先较2015年提升0.1个百分点，全年客户感知指标进入全省前5，获得全省服务优胜单位三等奖，取得历史性突破。

【运营体系有提升】 1.渠道体系。创建"智慧生活广场"商圈品牌，完成核心商圈6家自控物业合作商的引入，商圈竞品终端销售份额超过60%；4G连锁运营模式走上正轨，核心业务承载达40%以上，乡镇4G连锁终端销售承载达70%以上。2.乡镇体系。开展弱势区域攻坚和乡镇摘牌，鹰潭移动公司内部大力推广"杨少辉工作法"，全年农村市场新增份额、宽带渗透率、4G套餐渗透率均跻身全省前三。贵溪公司乡镇统包经理杨少辉获全省"十佳乡镇统包经理"荣誉称号。3.网格体系。以宽带、小微视频业务为抓手全力拓展商铺市场，全市商铺市场份额超过70%；开展"滴滴专车/外卖"市场的专项攻坚行动，外卖市场份额达80%。4.集客体系。集团专线规模达3000余条，累计收入800余万；人人通计费用户达5万余户，列全省第六；打造三川物联网卡等特色信息化业务，物联网用户数达35万，盈利1404万元；启动全国首批窄带物联网（NB-IoT）外场试验网建设，与鹰潭市人民政府、华为技术有限公司就鹰潭窄带物联网（NB-IoT）试点城市全面合作项目正式签约。5.电渠体系。三大入口能力不断提升，线上线下融合能力显著加强。官微粉丝数达7万，环比提升60%，粉丝阅读量同比提升90%；和我信达39万，位列全省第5，日均活跃率15%；HUI买平台已从原来的3家扩建到150家线上服务店，HUI买店铺差异化开店的雏形基本形成。

【基础管理有提升】 一是预算管理有提升。在深化预算PDCA管理的基础上，实现了五大费用项目化的管理，市场口、网络口资源使用达成全年目标，在保证收入和重点业务居全省前列的基础上，营销费用占收比下降4.6%。二是稽核管理有提升。业务稽核上，在全省范围内率先按省公司标准实现业务稽核，获得了省公司检查组及各兄弟单位的一致好评；资金稽核上，资金代扣成功率全省第四，实体渠道欠缴率全省最低，风险管控能力得到进一步提升。三是嵌入式廉洁风险管理有提升。扎实推进嵌入式廉洁风险防控。查找和审定廉洁风险点515个，梳理了1360项嵌入式风险防控措施，汇编形成《鹰潭移动公司嵌入式廉洁风险防控分册》。并形成每月部门自查、纪检抽查、通报问责相结合的常态化管理机制。四是流程与创新管理有提升。在全省率先完成权力运行全景图梳理，使权力运行更加制度化、透明化；创新方面，取得历史性突破，2项微创新成果进入全省50强，其中1项成果被评为全省十佳微创新，成果主创人王文入选全省员工荣誉殿堂。

【组织活力有提升】 队伍建设方面，加强“人才池”“专家线”等核心骨干人员的培养，9名见习助理和人才池员工在区县关键岗位上进行双向交流，提升了他们的综合岗位胜任能力。薪酬激励方面，制定了区县一线员工“薪酬包”激励制度，同时针对超大型乡镇和弱势乡镇开展了乡镇统包“摘牌夺旗”。员工满意度方面，实施了包括“绩效、薪酬、职位发展和员工关爱”在内的“4项满意在行动”活动；公司实施“暖心工程”，为一线员工提供了良好的健身、减压环境。2016年鹰潭移动员工满意度位居全省第二。

【从严治党有提升】 一是认真组织开展“两学一做”学习教育。实现党建工作和业务工作同部署、同落实、同考核；大力实施“强基工程”，实施支部规范化建设，7个党支部实现了规范化达标，1个支部被评为全省规范化建设示范点，1个支部升级为五星支部、1个支部升级为四星支部。二是积极配合做好集团公司巡视工作。完成了“四风问题”回头看自查自纠；深化巡视整改工作，构建整改长效机制，共查摆6个方面55项问题，提出整改具体措施68条。三是狠抓主体责任落实。全面实施三级经理主体约谈，全年约谈近400人次；抓早抓小，严防四风反弹，对7名责任人进行了提醒谈话，2名责任人进行了诫勉谈话。

（欧阳效宏）

【移动鹰潭分公司领导人名录】
总经理、党委书记：杜　俊
副总经理、纪委书记：张曰雄
副总经理、工会主席：章爱青（女）

联合通信

【概述】中国联合网络通信有限公司鹰潭市分公司在市委、市政府及江西联通省分公司的领导下，2016年定位为品牌年，围绕分公司“强队伍、拓渠道、抓协同、树品牌”整体工作思路，以存量保有、重点行业推进、流量经营、渠道建设、协同发展为中心，着力提升生产力、组织效率，实现规范管理。

【加强品牌文化建设】 网络、员工、渠道协同前行，促品牌体系化发展。2016年作为品牌年，公司以网络感知、员工能力提升、渠道双赢三方面为总体思路，推进品牌建设；以双鹰文化（双鹰讲堂、知识库、亲子汇、读书汇、故事汇）为抓手，以NPS为评价标准，通过网络、员工、渠道铁三角稳固协同，促品牌体系化发展。

【助力智慧城市建设】 聚焦重点行业，促进教育信息化、农业信息化发展。教育信息化在市分公司各部门的积极参与下，学前教育实现了试点信息化幼儿园建设；全省同步推进的智慧课堂同步答题卡项目，实现7所学校突破，105个班级，体验用户数4122户，项目综合评价全省第一；中标708万元的市直学校在线视频互动教学项目，完成全省性示范项目的建设；中标308万元高教园区的视频监控项目，正式进军高等教育市场；与鹰潭市农业局正式签署农业信息化建设战略合作协议，中标124万元江西省水稻原种场农业物联网建设项目，实现农业信息化的有效突破。

【加强党建工作】 以抓党建工作为切入点，以“两学一做”为抓手做好党建工作，积极营造鹰潭联通“小而美”的企业文化。先后完成了党委换届、基层党支部换届调整、团委换届调整，发展预备党员2名，入党积极分子13名；大力推行“党建+”活动，结合公司业务每月开展党员日活动。公司管理人员严格按照《国有企业领导人员廉洁从业若干规定》要求，遵守廉洁从业行为规范，落实党风廉政建设责任制相关要求，严格遵守中央“八项规定”，自觉接受群众监督，严控廉政风险点，全年未发生廉政方面的问题。

（王旻超）

【联通鹰潭分公司领导人名录】
党委书记、总经理：朱玲红（女）
副总经理、工会主席：邓永辉
副总经理：廖　俊
集客大区经理：戴　敏（女）

无线电管理

【概述】 2016年，鹰潭市无线电管理局在市委、市政府和省工信委党组的正确领导下，切实做好无线电管理工作，以开展无线电频谱使用情况评估专项活动为契机，履行无线电行政管理职责，规范全市设台用频行为，较好地完成了各项任务，在全省无线电管理工作评比中，被评为台站管理先进单位。

【无线电频谱使用情况评估专项活动】 2016年6月至10月，在全市开展了无线电频谱使用评估专项活动，实地核查卫星地球站3座，监测采集数据时长300小时，数据采集量30GB，行程400余千米，分析整理各类业务频段26个。在数据采集工作的基础上，运用“频谱估计”“占用度分析”等功能对全市采集数据进行了一系列统计和分析。重点对全市公众移动业务、700兆赫兹广电频段、450–470兆赫兹频段及国家已规划未指配的频段进行了时域分析、频域分析和空域分析。撰写了《鹰潭市公众移动通信频谱使用评估报告》，主要分析了25个频段在全市范围内的频段占用度、信道占用度和信号覆盖率等情况，并对市三大电信运营公司2G、3G、4G频段使用情况进行了全方位评估。通过分析评估，得出了3家公司均趋向于使用低频段进行网络覆盖，高频段作为辅助之用等结论，为今后频率指配及提高频率利用率提供了参考依据。

【服务NB–IOT业务】 为推进市“两化”深度融合，服务社会经济发展，主动对接市政府窄带物联网工程建设。一是积极做好窄带物联网基站设置审批工作。及时受理市移动公司窄带物联网基站的设台申请，对申报的NB–IOT基站的技术资料表进行了审核，并将基站技术资料录入全国无线电台站管理数据库。二是认真开展保护性监测工作。将窄带物联网基站使用频率列入了监测月计划的重要内容。通过固定站、小型站对月湖、贵溪、余江、龙虎山等地进行了全域监测，利用移动监测车和可搬移系统对鹰潭高新区的电磁环境进行了测试，确保市NB–IOT开放实验室周边的电磁环境良好。三是切实做好对有害干扰排查的准备工作。制定了窄带物联网基站干扰排查应急预案，成立了由副局长任组长，业务骨干为成员的干扰排查应急小组，全天候受理窄带物联网基站干扰申诉，随时准备排查有害干扰。

10月26日，鹰潭市无线电管理局派员参加全省无线电监测竞赛
市无线电管理局　供稿

【无线电安全保障】 一是认真做好全国两会、中共十八届六中全会等重要会议以及春节、国庆等节假日期间的24小时监测值班工作，共安排专项监测值班10次，监测时间1400小时，严防了不法分子利用无线电进行干扰破坏和反动宣传，确保了公安指挥、广播电视、航空导航、列车调度等重要无线电通信业务的安全。二是做好各类国家和省级考试的无线电安全保障工作。2016年共参加各类考试保障10次，过程中发现作弊信号3个，实施压制3起，顺利完成了考试保障工作。三是做好第七届环鄱阳湖国际自行车大赛期间无线电安全保障工作。为确保大赛期间赛事指挥调度、安全保卫等无线电安全畅通，赛前即做好比赛区域的电磁环境测试，对大赛组委会提交的比赛使用频率进行保护性监测，消除干扰隐患。比赛当天，派出技术人员到比赛现场进行实时信号监控，随时应对可能出现的无线电干扰。通过精心保障，大赛使用的3个频点未受到任何干扰，80多部无线电台通信畅通，无线电安全保障任务圆满完成。四是做好G20峰会期间的无线电安保工作。在G20杭州峰会期间，按照江西省无线电办公室的工作部署，认真做好无线电安保工作。8月上旬，组织人员对航空无线电专用频率开展保护性监测，特别是加大了对高山台、“黑广播”等

干扰源监测查处力度。同时对高铁沿线进行了保护性监测。走访辖区内大功率无线电台站设台单位，对台站设置情况进行摸底排查，言明厉害关系，必要时将进行管控。从 8 月 20 日起，认真做好 G20 峰会期间 24 小时监测值班。值班人员在岗在位，克服麻痹大意思想和松懈畏难情绪，增强责任意识，认真履行工作职责。

【无线电行政执法】 将行政执法工作同频谱使用情况评估专项活动相结合，查处了一起非法设置“伪基站”案件。1 月 14 日上午，接到市移动公司干扰申诉，称从 1 月 12 日起，多次发现“伪基站”在市中童工业园附近向用户发送垃圾短信，严重干扰公众通信网络，请求局帮助排查。接到投诉后，经局领导批准，工作人员立即携带手持测向设备赴现场进行排查。达到现场后，很快将信号源定锁定在一辆桥车内，随即同市移动公司工作人员一道，将正在发送垃圾短信的王某抓获。按执法程序对犯罪嫌疑人王某进行罚款，并处没收伪基站设备的行政处罚。

【人才队伍建设】 参加了在抚州乐安举行的 2016 年赣东南（北）区域无线电应急管控演练暨监测技术培训，同南昌、九江、赣州、抚州局一道，演练了“突发”信号排查和处理、徒步查找多个间发性信号源。在培训过程中，还同南昌局一道查处了一起设在乐安县城城郊的黑广播，在实战中得到了锻炼。参加了在新余举办的 2016 年江西省监测技术演练培训竞赛，并取得了团体、黑广播查找和个人徒步信号源查找三等奖的好成绩，通过参加竞赛锻炼了队伍，提高了实战能力。

【无线电宣传】 通过多种途径广泛宣传无线电管理工作，有效拓展无线电管理工作宣传面，努力提升无线电管理工作在全社会的影响力和认知度。同时，充分调动各协管办的积极性和主动性，使他们借助政府办公室的优势，动员县、市、区各方力量参与到宣传工作中来。

（李　响）

【市无线电管理局副县级以上干部名录】

局长：胡培新

副局长：吴利民

6 月 7 日，鹰潭市无线电管理局运用无线电为高考提供保障

市无线电管理局　供稿

交 通

编辑、校对：朱仕平

地方交通建设与管理

【概述】 2016年，全市交通运输系统聚力攻坚克难、积极主动作为，全力加快交通运输升级提速步伐，较好地完成了全年各项工作目标，实现了“十三五”良好开局。

【基础设施建设取得新成绩】 农村公路全年完成335千米，新建和改造桥梁18座，完成投资4.6亿元，新增通水泥路自然村276个，全市通水泥路自然村达2836个，占自然村总数比例提高至96%。四个客运站场项目进展顺利，鹰北公路客运枢纽站具备临时候车、发车功能，鹰北公交枢纽站满足高铁旅客运输与道路旅客运输无缝接驳，鹰西短途客运站完成初步设计，鹰南公交枢纽站完成约80%的场地平整工作，完成枢纽站设计方案。旅游综合码头建设公开招商选择了开发商投资建设，积极协调国土部门出具了用地预审意见并通过市发改委建设项目备案批复。完成并验收贵溪市4个渡口标准化建设项目，在建8个渡口标准化建设项目，渡口人员素质、硬件设施和软件管理得到加强，基本满足群众安全过渡需求。根据市政府要求，重新进行鹰潭港建设规划编制及鹰潭港建设规划环境评估工作。市政府已拨付工作经费，正在开展招投标准备工作。

【交通建设规划迈上新台阶】 编制了《鹰潭市“十三五”综合交通运输体系发展规划》和《鹰潭市“十三五”期农村公路建设项目库》以及“十三五”期贫困地区县道升级改造建设项目库。

【行业服务管理得到新强化】 完善农村公路管理养护体系，县（市、区）政府分别出台农村公路管理养护有关政策，将农村公路日常养护补助资金列入地方财政预算，全市已初步形成“县道县管、乡道乡管、村道村管”的公路养护管理体系。推进城市公交优先发展，开通高铁北站至贵溪、余江、龙虎山公交专线，实现了高铁站与鹰潭各县（市、区）的无缝对接，同时完善优化城区公交线路，相继投入78台混合动力或纯电动新能源公交车上线运行，建成投入使用75座电子站牌、40座公交候车亭，建设5个新能源公交车充电柱，贵溪市镇村公交发展试点县（市）顺利通过省厅考核验收并取得全省第二名的好成绩。加大运输市场整治力度，查处违法经营“黑车”106 辆、出租车各类违规269台次，开展联合治超工作，出动执法人员1400余人次，检查源头重点运输企业和维修企业600余次、源头出站车辆960 余辆，查处非法改装车辆83辆。推进交通质监机构标准化建设工作，市交通质监站标准化建设顺利通过省厅考核验收。

【交通行业改革取得新突破】 积极稳妥推进出租汽车行业改革，完成改革文件制定、审核、评估、公示、收集群众意见，改革工作进度在全省持续居于前列。行政审批改革不断深化，全年办理行政许可事项19项、物流企业新办道路运输经营许可证147本、年审6399辆，个体新办运输证825本、年审972辆。提升驾驶员培训服务质量，倡导全市驾校推行“按学时收费，先培训后付费”驾驶员培训服务新模式，已在17所驾校试点开展，为市民提供多层次、多样化培训服务模式。

【安全应急能力获得新提升】 一是强化落实安全生产责任。制定《关于印发市交通运输局各单位、各部门安全生产监督职责规定及目标管理考核标准的通知》，在系统内全面落实“一岗双责”，形成纵向到底、横向到边的安全责任网络体系。二是保障重点时段稳定。“春运”、全国“两会”、汛期、G20等重点时段及节假日，采取严管措施，加大巡、检查力度，排查消除隐患，保障了全市交通运输秩序稳定，未发生一起安全生产责任事故。三是开展“安全生产月”活动宣传。成立相应的组织机构，抽调专人组成宣传队伍，投入必要的宣传工作经费，深入基层和一线进行宣传活动，确保《中华人民共和国道路交通安全法》宣传月活动的全面开展。四是排查安全生产隐患。深刻汲取丰城发电厂“11·24”特别重大事故教训，深入开展安全生产大排查，及时整改安全隐患，交通运输安全形势总体平稳。

【党的建设取得新进展】 扎实开展“两学一做”学习教育，突出抓好党员组织关系排查、党员党代会代表等违纪排查、党费专项检查、基层党组织按期换届、非公性社会党组织党建工作全覆盖、抓党建促脱贫攻坚和机关党员干部学习等7项党建重点任务，全面推行“党建+”工作，党的建设不断增强。深入开展巡查整改工作，扎实推进机关纪律作风、基层侵害群众利益不正之风和腐败问题、“红包”问题3项专项治理工作，保持惩治腐败高压态势，全面从严治党主体责任不断强化。深入开展行业文明创建活动，一大批先进单位和个人受到表彰，文明创建持续深化。

【编制《鹰潭市“十三五”期农村公路建设项目库》】 根据省交通厅的要求，2016年，市交通局编制了《鹰潭市“十三五”期农村公路建设项目库》，全市预计县道升级改造建设里程198.657千米，乡道双车道拓宽改造建设里程699.341千米，建制村优选通达路线窄路面公路拓宽改造建设里程356.407千米。

【鹰潭市县乡道网规划调整】 鹰潭市县乡道网规划调整方案已通过省公路管理局的行业审查。1月11日，经市政府常务会讨论通过并正式实施。调整后，全市县道共计25条，总里程511.014千米，占普通公路总里程比例为12.8%。

【开展全市县乡道网电子地图数据更新工作】 2016年，鹰潭市公路管理所根据市政府批复的县乡道网规划，组织开展全市县乡道网电子地图数据更新工作。全市县乡道网电子地图数据更新后，全市县、乡道线路将达232条，路线里程1740.233千米，较原县乡道里程增加了24%，其中：县道25条，线路里程511.014千米，乡道207条，线路里程1229.219千米。此次更新工作将进一步完善全市农村公路基础数据库和电子地图，为今后农村路网规划、建设及管理养护提供数据支撑和依据。

【白鹤湖大道竣工通车】 7月1日，由鹰潭市城区通往白鹤湖国家级现代农业示范区的快速通道白鹤湖大道竣工并正式通车。白鹤湖大道起点位于沪昆高速公路鹰潭东互通出口约500米，向西北延伸，经志光镇上汪村后上跨沪昆高速，直通白鹤湖国家级现代农业示范区，终点止于圣农实业公司处，全长11.985千米，共设置7座公路桥涵。公路设计标准为双向四车道一级公路，宽25.5米，行车速度每小时80千米。该大道的建成通车，进一步完善了市域交通网络，极大改善当地群众出行条件，促进农业示范区和旅游业的发展。

【加强公路桥梁检查和养护】 一是强化日常巡查。对示范路段加大监管力度，保持道路安全畅通，行车舒适；定期清除边沟和涵洞，确保边沟、桥涵畅通；加大巡查密度和考核力度，保证日常养护到位。二是加强桥梁日常检查和养护，组织对全市120座危桥进行了全面的检查，重点检查桥梁的基础、上部结构、支座、排水设施和附属设施，对排查出的安全隐患进行登记，并制定出合理的整修方案上报待予以修复。三是及时治理水毁。汛期共抢通断道20处，局部断道100余处。在抢险保通中，由于及时启动应急抢险预案，合理安排部署，与各相关职能部门相互协调、配合，在最短的时间内恢复了道路的畅通，受到了驾乘人员和广大人民群众的高度评价。

（艾年宗）

【市交通运输局副县级以上干部名录】
党委书记、局长：齐群策
副局长：白剑魁　占志平　阮亦彬　张爱民
纪委书记：邱雪成
运管处处长：许智先
调研员：李星勇
副调研员：廖乡兴

公路管理

【概述】 2016年，市公路局按照“主攻项目、决战‘三区’，凸现特色、实现跨越”的总体要求，主动适应发展新常态，克服各种压力和困难，全面加快公路基础设施建设步伐，大力提升各项管理水平，努力营造“畅安舒美”公路出行环境，推进鹰潭公路事业持续健康发展，实现了“十三五”良好开局。

公路建设实现新跨越。加快推进城市道路建设。完成济广高速公路龙虎山连接线改造工程、信江新区路网四期工程，开工并完成林荫西路改造工程，推进环城东路延伸段道路工程，启动余信贵大道（月湖段）前期工作。抓好交通出行惠民工程，加快推进公路建设。320国道月湖区段拓宽工程完成右幅沥青下面层通车，完成320国道余江大桥至西大道改建工程。完成S206贵溪象山至金屯公路改建工程的前期工作，并于2月份移交给地方政府具体实施，S207画桥饶家至皇桥何家、S206圣旨山至港黄、S422港黄至皇桥何家、S422梁上燕至邓埠、S206港黄至九牛岗改建工程完成可行性研究。完成县道余山线、里神线、老206国道（下桂村至天禄村）、梁余线平定街段水泥路面和沥青路面改造，开工建设红卫桥、童二桥、黄港渡甲、乙桥4座危桥。

公路服务保障能力得到新提升。继续开展“畅安舒美”示范路建设，加快杨家道班便民服务区、前山道班公路驿站建设。切实做好汛期水毁抢修工作，清理320国道、里神线、金文线等公路边坡塌方1.5万立方米，恢复路基3500立方米，恢复路面1.4万平方米。完成路网平台监控余江分中心建设，稳步推进公路养护市场化改革。强化安全应急管理，深入开展“平安公路”建设，实施公路生命安全防护工程20千米，加大应急抢险保通队伍和应急物资储备中心建设，提高应急保障能力。切实抓好预防性养护与日常养护，提升路况和路容路貌，至2016年年底，全局公路优良路率达82.3%，国省道公路优良路率达87.9%。

依法治路工作取得新成效。进一步加大联合治超工作力度。根据全省和全市统一部署，3月份开始在全市范围内开展集中治超行动。市政府召开了动员会，印发《全市深入开展货运车辆超限超载治理工作方案》。开展源头治超，严厉打击非法改装企业，严查大吨小标车辆，严防非法超限超载车辆出场、出站、上路。开展路面集中整治，严格落实“一超四罚”（即对违法超限载运输行为的货运车辆、车辆驾驶人、运输企业、货运场所经营者进行处罚）和“四个一律”（即超限超载车辆一律卸货、非法改装车辆一律恢复原状、超限超载驾驶员一律罚款记分、扰乱治超执法秩序一律依法处理）措施，采取固定治超和流动治超相结合的方式，相继在206国道、320国道重点路段及城区重点出入口进行流动治超，全市车辆超限超载率控制在7%左右。进一步加大路政执法工作力度。办理行政许可案件20起，处理路产损坏赔（补）偿案件16起，集中开展路域环境整治，重点治理公路沿线违法搭建、违法采挖、违法堆放、违法占道经营等“四违”现象，逐步实现路域环境“八个无”（即交通标志前后200米无非法广告、无违法搭接道口和占用挖掘公路、无违法跨越和穿越公路设施、无违法非公路标志、路基路肩边坡无非植物、无摆摊设点和打谷晒粮、公路用地范围内无堆积物）目标。

行业管理得到新强化。推进实体做强做大。推进公路企业改革，实施创新驱动，扩大开放合作，支持公路企业积极参与PPP项目、养护工程招投标和建设。鹰潭公路工程公司承建的东乡至昌傅高速公路C7标段年底实现竣工通车。全面从严治党。接受市委第一巡察组对市公路局党委的政治巡察，扎实开展“两学一做”学习教育，与复旦大学联合举办鹰潭市公路干部综合能力提升培训班，落实党建工作责任制，开展“党建+”活动，严格落实“两个责任”，运用好监督执纪“四种形态”，强化对落实中央八项规定、公车私用、公款吃喝、公款送礼、收送“红包”、工程建设项目、物资采购、公路“三乱”的监督，开展领导干部违规插手干预工程、“小金库”、“吃空饷”等专项治理，查处1起公路“三乱”问题，党纪政纪处分8人，进一步优化了发展环境。深化行业文明创建。组织开展“公路杯”征文、拔河、定点投篮等比赛活动，举办了“迎新春”联欢会，积极参加全市和上级部门组织的羽毛球、乒乓球等比赛活动，取得较好成绩。进一步深化行业文明创建活动，市公路局被评为“全市创建江西省文明城市工作先进单位”，袁军辉被评为“全国公路系统职工教育先进个人”，朱早芳被评为全市“优秀共产党员”。

【全市公路工作暨廉政安全职代会召开】 2月25日上午，全市公路工作暨廉政安全职代会召开，局长洪晓明作工作报告，局纪委书记兼工会主席何丽华作廉政工作报告和工会工作报告，局党委委员、总工程师吴跃贤作安全生产工作报告，局党委副书记、副局长许俊宣读表彰决定，会议由局党委书记吴长开主持。参加会议的有市公路局副科级以上干部、先进个人和职工代表共80余人。会议对“十二五”时期全市公路工作给予了充分的肯定，分析了存在的不足，对“十三五”时期和2016年的公路工作做全面部署。会上表彰先进单位3个、先进科室2个、先进个人12人、先进道班6个、先进公路执法大队2个、优秀养路工6人、优秀公路执法者2人。

【全市深入开展货运车辆超限超载治理工作会召开】 3月11日，全市深入开展货运车辆超限超载治理工作会议召开，动员部署开展货运车辆超限超载治理工作。会议决定自2016年3月至2017年6月在全市深入开展货运车辆超限超载治理工作，通过综合运用法律、行政、经济等手段和各种科技措施，努力将全市治超站点路段超限超载率控制在1%以内，促使治超长效机制健全巩固、治理能力和水平明显提高、货运市场环境更加有序、道路安全形势持续好转。

【济广高速公路龙虎山连接线改造工程完工】 4月9日，济广高速公路龙虎山连接线改造工程完工，长5.7千米，宽12米，由原水泥路面改造为沥青路面，并在两边各10米范围内进行绿化提升，为全省第二届旅游产业发展大会在鹰潭市召开提供了优美舒适的道路通行条件。

【开展庆祝建党95周年暨“两学一做”学习教育实践活动】 6月29日，市公路局开展庆祝中国共产党成立95周年暨“两学一做”学习教育实践活动，组织机关在职党员、基层单位党组织负责人和优秀共产党员共40余人，赴贵溪市周坊革命烈士纪念馆参观，让广大党员更好地接受红色教育，进一步增强广大党员的理想信念、宗旨意识和党性意识。

【X330县道贵溪至志光段路面改造工程完工】 7月10日，鹰潭市X330县道里神线贵溪至志光段路面改造工程完工并通车。该工程长15.4千米，道路等级为三级，路面宽7米，于2016年2月中旬开工建设。

【林荫西路改造工程开工建设】 7月20日，林荫西路改造工程开工建设，起于站江路交岔口，止于交通路交岔口，长480米，宽22米，主路面宽11米。

【市委第一巡察组巡察市公路管理局党委工作】 8月10日，市委第一巡察组巡察市公路管理局党委工作动员会召开，市委第一巡察组成员、市公路局副科级以上干部共60余人参加会议。此次巡察时间为8月10日至9月28日，按照政治巡察的要求，聚焦全面从严治党，紧盯“三大问题”、紧扣“六大纪律”，着力发现：违反政治纪律和政治规矩，存在违背党的路线方针政策的言行，有令不行、有禁不止，阳奉阴违，拉帮结派等问题；违反组织纪律，违规用人、拉票贿选、买官卖官，以及独断专行、软弱涣散、严重不团结等问题；违反廉洁纪律，以权谋私、贪污贿赂、腐化堕落等问题；违反群众纪律、工作纪律、生活纪律和中央“八项规定”精神，搞形式主义、官僚主义、享乐主义和奢靡之风等问题。中共十八大后不收敛、不收手，问题线索反映集中、群众反映强烈，现在重要岗位且可能还要提拔使用的领导干部。利用重大事项决策权、重要干部任免权、重大项目安排权、大额资金使用权等方面存在的问题和资金管理、资产处置、资源配置、资本运作和工程项目等方面反映突出的具体事项。

【路网监控平台余江分中心建成】 8月15日，路网监控平台余江分中心建成。该中心是鹰潭首个建成的路网监控县级分中心，建成后可与省、市路网监控中心联调联试，及时上报交通量调查和监控公路重点路段运行情况。

【举办公路干部综合能力提升培训班】 8月20日至22日，市公路局与复旦大学联合举办了为期3天的鹰潭市公路管理局干部能力提升培训班。这是该局连续第二年跨省与高等名校举办的干部培训班，全局副科级以上干部共50余人参加了此次培训。

【曹淑敏调研指导公路重点项目建设】 9月14日，市委副书记、代市长曹淑敏深入公路重点项目施工现场，调研指导公路重点项目建设工作。副市长吴文戈、市政府副巡视员刘诚、市政府秘书长俞奇陪同调研。曹淑敏先后到320国道改建项目贵溪经济开发区至童家镇段、童家镇至鹰潭职业技术学院段，环城东路延伸工程，林荫西路改造项目等重点项目建设施工现场，实地察看项目进展情况，听取有关工作情况汇报，了解项目推进中存在的困难和问题。曹淑敏对公路重点项目建设取得的成绩给予了充分肯定，并对下一步工作提出了明确要求。她强调，要坚持问题导向，严格落实责任，形成工作合力，注重科学施工，确保各项重点项目建设顺利推进。要切实增强工作的自觉性和主动性，进一步凝心聚力，攻坚克难，确保各项重点项目建设取得新突破、新进展、新成效。

【学习贯彻市第八次党代会】 10月9日，市公路局召开党委中心组扩大会议，专题学习市第八次党代会精神。会议强调，要精心组织、主动配合，先学一步、学深学透，在宣传上作表率，在落实上作先锋，迅速掀起学习贯彻党代会精神热潮。

【X315县道余山线路面改造工程完工】 11月13日，鹰潭市X315县道余江邓埠水稻农场至山岭村段路面改造工程完工。该工程长18.806千米，为三级公路，路面宽6米，于2015年12月开工建设。

【320国道红卫桥改建工程开工】 11月16日，320国道红卫桥改建工程开工。该桥位于国道320线鹰潭市月湖区童家镇境内K647+206处，建成于1996年，此次对老桥进行拆除重建，总投资约330万元。

【320国道余江大桥至西大道改建工程完工】 11月28日，320国道余江大桥至西大道改建工程完工通车，该工程全长2千米，宽29米。

【东乡至昌傅C7标段工程建设完工】 11月31日，由市公路局下属的鹰潭公路工程公司中标承建的东乡至昌傅高速C7标段完工。该工程全长7.49千米，于2015年底开工建设。

【320国道月湖区段拓宽工程右幅沥青下面层通车】 12月底，320国道月湖区段拓宽工程右幅沥青下面层通车。该工程长7.975千米，宽24.5米，于2015年3月开工建设。

（袁军辉　李国平）

【市公路管理局副县级以上干部名录】
局　长：洪晓明
党委书记：吴长开
党委副书记、副局长：许　俊
党委委员、纪委书记：何丽华
党委委员、副局长：李福德
党委委员、总工程师：吴跃贤
副调研员：彭耀华

航务

【概述】 2016年，鹰潭港航管理分局（鹰潭市地方海事局、鹰潭市船舶检验局）领导班子深入学习中共十八届三中、四中、五中、六中全会精神和习近平总书记系列重要讲话精神，立足职能发挥，聚焦港航主业，在港航基础建设、航道维护管理、水上安全监管等方面取得显著成效，各项工作均迈上新台阶。

【航道维护和航标维护】 始终坚持

把保障辖区航道畅通作为分局的工作重点，切实加强航道的管理维护，依法依规维护好辖区的通航环境和通航秩序，为水上交通运输、水上交通安全奠定坚实的基础。坚持抓好航道维护工作。认真做好了红卫坝至乐安村129千米主航道、潼家滩至三江口55千米季节性经济航道的水深维护工作，保持维护水深0.7米以上，通航保证率达95%以上。

坚持加大航标维护力度。按规范设置、检查、维护航行标志，确保航标正常率达90%以上，为过往船舶提供了一个安全、畅通的良好通航环境。2016年3月至5月，分局集中开展了航道专项巡查活动，成立工作组深入航道管理一线，对辖区沿线航标的布设和航道情况行详细检查排查，对每座岸标、浮桥进行了逐一检查和记录。通过检查，共发现损毁岸标19座，逐一进行了恢复和加固，保证了中洪水期航船的航行安全。

【道政管理】 加强道政管理，保障通航环境。加大了桥梁航标维护责任的落实，一是落实了德昌高速新增2座航标的责任和景鹰高速2座大桥续签的航标维护工作；二是经过多次协商，马背嘴大桥维修和扩建工程落实了施工通航航标设置和永久性桥梁航标建设；三是在随道政802船巡查过程中发现梨温高速界牌大桥上下通航孔的方牌标志遗失，给船舶通航安全带来隐患，分局及时向梨温高速界牌大桥管理单位通报情况，经过督促协商后，重新安装了新的通航孔方牌标志，清除了安全隐患，保障了船舶通航和大桥的安全；四是由于5月至6月降雨增多，河水反复上涨，给余信贵大桥施工工程及设施带来了严重威胁。应大桥项目办的请求，分局立即调派道政802船进行施救，将四组施工工程浮箱拖离了危险区，确保了大桥施工设施的安全渡汛，并得到了鹰潭市大桥项目办的好评。

【水上安全监管】 牢固树立安全监管责任意识，切实做好辖区水上交通安全监管工作。规范辖区船舶、船员管理，认真做好船舶登记和船舶签证工作，严格实行船舶登记三级审批制度，严把船员适任考试、发证管理工作关，杜绝违规登记行为。。2016年，共对辖区内27个渡口（正常营运渡口17个），21艘渡船（562客位）、34艘旅游船（536客位）、130组竹筏（1040客位）进行了严格的安全监督检查和隐患排查。严格按照船舶法定检验质量管理体系和检验程序做好船舶的质量监督检验，全年检验营运船舶137艘（其中小型船舶检验56艘），总吨位10472，检验竹筏170组。所有经过检验的船舶没有一艘因检验质量问题引发机海损事故，确保了水上交通安全。

【安全生产、综治工作】 鹰潭港航管理分局高度重视内部安全生产工作，牢固树立“安全第一，预防为主”的思想，加强对安全生产工作的领导。制定安全生产手册，发放给每一位职工，要求大家认真学习，严格遵守。以“安全生产月”活动为契机，深入开展安全生产宣传教育活动，加强安全生产检查，特别是对安全管理制度及其落实情况、生产设备的技术状况等进行重点检查，及时发现、整改、消除事故隐患，提高了安全生产的水平，稳定了分局安全生产形势。实施社会治安综合治理目标管理和领导责任制，2016年初与各基层单位签订了责任状，使综治工作横向到边、纵向到底、条块结合，推行“谁主管、谁负责”的目标管理和领导责任制，做到了无政治案件、无重大刑事案件、无职工违法犯罪案件、无火灾责任事故发生、无违法违纪的行为发生。2016年，鹰潭港航管理分局先后被江西省交通厅、江西省港航管理局评为社会综合治理目标管理先进单位。

【精神文明建设】 鹰潭港航管理分局积极开展文明单位和文明行业创建活动，坚持“两手抓、两手都要硬”的方针，以“执法为民、服务社会”为宗旨，以创建文明行业、文明单位为目标，力促三个文明建设在团结向上，干事创业的大环境中协调发展。内强素质，外树形象，创建一流的队伍、一流的作风、一流的窗口、一流的业绩、一流的行业，精神文明建设取得较好的成绩。截至2016年底，分局先后荣获第九、第十届、第十一届、第十二届、第十三届、第十四届省级文明单位、交通部海事达标单位、全省交通运输系统文明创建先进单位；龙虎山海事处先后荣获部海事局文明达标示范窗口、全省交通运输系统文明执法示范窗口、全国交通运输系统文明执法示范窗口；鹰潭市地方海事处、鹰潭航道段被评为市级文明单位。通过开展形式多样的精神文明创建活动，树立了港航部门良好的执法、服务形象。

（洪安良）

【鹰潭港航管理分局副县级以上干部名录】

局　长：周进同

党委书记：李国才

铁路

【概述】 鹰潭车站地处沪昆普速、鹰厦、皖赣线的交汇处，中心里程为沪昆普速线K662+618处，担负着客、货运输和列车编组工作。车站等级为特等站，下辖鹰潭站、鹰潭南站、鹰潭北站、贵溪站、贵溪北站、童家站。鹰潭站为路网性编组站，由编组站和客场组成，编组站纵列三级三场，由到达场、编组场、到发场组成，负责芜湖东、乔司、武昌南、株洲北、向塘西、福州东和来舟7个方向货物列车的解编任务。

2016年，在路局、路局党委的正确领导和路局相关处室的帮助指导下，全站干部职工深入学习贯彻路局改革发展战略部署和各项要求，团结拼搏、奋力攻坚，以风险管控为抓手，坚持市场导向、创新经营管理，开创了安全工作基本平稳、运输效率稳步提高、经营效益明显提升的新局面。

【加强安全生产管理，努力实现运输安全】 坚持把安全工作作为重中之重，安全管理基础进一步夯实。一是健全完善管理制度体系。制定完善《鹰潭车站安全职责与工作标准》《鹰潭车站安全管理细则》《鹰潭车站安全监督管理细则》《鹰潭车站安全风险管理评估（价）办法》等文件，进一步明晰安全管理职责，明确干部履职标准。二是加强专业技术管理。积极推进一场CTC调度集中系统(即调度中心对某一区段内的信号设备进行集中控制，对列车运行直接指挥、管理的技术装备）启用，重点整治CTC使用不规范行为；开展《车站管理细则》深度整治，全面清理“土政策”、宽于上级规章的规定；明确技术统计科为车号统计的专业管理部门，提高车号统计管理质量；制定客货运调度命令管理办法，明确签收、交接、传递等各项工作流程和要求。三是大力整治安全突出隐患。以安全突出隐患为重点，深入开展安全专项整治，集中力量整治施工干部盯控不到位、调车作业推进前端无人瞭望、二场密码制度落实不力、作业人员手机管理混乱、货检检车质量下滑、南站货场红牌管理不到位等突出问题，严肃干部履职问责，彻底纠正不良管理行为和作业习惯。四是认真吸取事故教训。2016年6月5日车站值乘的X752次发生延误列车一般D类事故，该事故暴露出快运列车车门管理交接问题。对此，车站立即在全站范围内开展“反疲劳、反违章、灭事故、打好安全翻身战”和货物快运安全专项整治，全面修订完善快运列车管理有关制度办法，采取更换门锁、明确车门照片拍照检查职责来抓好问题整改。2016年7月21日，鹰潭Ⅲ场发生调车作业挤岔一般D类事故后，车站狠抓调车联控，积极协调解决三场调车联控干扰问题，花大力气推进三场信号楼“小四班”（即白班、下半夜、上半夜、休两天，避免夜班长时间作业）制。截至2016年12月31日，车站实现运输安全2006天，顺利实现了2016年安全年目标。

【加强运输协调配合，努力确保运输组织畅通】 一是加强工作协调配合。突出上一道工序为下一道工序服务，编组站为中间站服务，运转部门为客货运部门服务；出台《鹰潭车站优化小运转编组考核办法（试行）》并下发专项通知，明确编组站开往南站小运转列车编组要求，以减少南站货场内平面调车翻勾作业次数，有效缓解南站作业难度和卸车紧张压力；完善客运、运转、行包各工种间作业联系，强化联劳协作，保证了旅客列车开行顺畅。二是优化快运列车运行秩序。针对“5·15”调图（即从2016年5月15号开始，对全路列车运行图进行新一轮调整）后快运列车大范围晚点问题，通过添乘、跟班检查等形式开展现场调研，从优化快运列车舱位、货物信息交换、装卸组织等作业环节入手，协调解决影响班列运行的各种因素；加强劳力组织，根据班列单趟出乘时间和职工月度定额工时核算出乘作业人员乘务报酬，下发车站参加赣闽快运列车乘务工作报酬的通知，在运行秩序混乱的一个月还抽调机关干部充实到乘务组担当乘务作业，有效缓解了人员紧张压力；此外，做好快运列车改造、设施设备完善、送餐联系等后勤工作，改善作业条件和出乘环境。三是努力提高运输效率。教育引导干部职工进一步提高大局意识，强化运输组织纪律，发挥调度集中指挥作用，合理运用股道，优化调车作业计划质量；抓好卸车组织工作，紧盯卸车进度，加大夜卸比例，积极引流上线，加快车辆周转，努力压缩货车中停时。充分运用好机、辆和车站合署办公平台，强化兄弟站段联系协调；同时，加强站内各车间、各工种间的协作，定期召开相关会议，做精做细运输组织工作。2016年车站日均办理辆数为10325辆，完成年计划104.1%，同比增加1012辆；中时完成6.4小时，比计划压缩0.5小时，同比压缩0.5小时；停时完成16.1小时，比计划压缩1.0小时，同比压缩0.8小时，中停时指标完成均较为理想，运输效率得到进一步提高。

【加强运输经营管理，努力创造良好效益】 2016年，鹰潭车站以深化客运服务质量年、践行“三个出行”（即安全出行、方便出行、温馨出行）常态化为目标，以深化货运组织改革、加快推进物流基地建设为抓手，着力提升客货运服务软硬件质量，取得良好经济效益和社会效应。全年完成运输收入8.592亿元，完成年计划102.2%，同比增加957.9万元，增幅1.1%。同时，车站荣获“2016年全路客货运输窗口用户满意单位”称号。客运方面，全面开展深化服务质量年活动，改进并践行各项温馨服务举措，自筹资金优化鹰潭北站进站流线，扎实开展厕所卫生达标专项整治，增加11台自动售取票机设备，积极改善服务设施条件；加强客运营销宣传，充分发挥高铁效应，加大堵漏保收力度，努力增运增收。全年完成客发511.37万人，完成年计划97.8%；实现客运收入5.12亿元，完成年计划108.5%，同比增加4729.2万元，增幅10.2%。货运方面，车站班子成员分工负责，划区攻坚，各自带领队伍深入市场营销；车站党政主要领导坚持定期召开货运组织例会，加快推进鹰潭南站物流基地建设，以灵活的运价下浮政策来强化营销，积极开发35吨敞顶箱新产品，培育新市场；密切与两厂联系，稳住大宗货源，拓展白货市场，大力推动货运上量，结果好于预期。全年货物发送量完成341.1万吨，完成年计划92.9%；完成货运收入3.34亿元，完成年计划93.8%。零散快运共发送77318吨，实现收入1612万元，较2015年多创收110万;完成“门到门”两端接取送达38.56万吨，实现收入606.5万元，较2015年多创收90.5万元。多元方面，加强资产资源管理，积极盘活闲置资产，推进客站公铁联运新项目实施；规范管理、不断提高经营品质，争取效益最大化。全年其他业务收入完成1292.47万元，综合效益1158.12万元，分别超路局任务目标76.47万元和72.12万元。

2016年鹰潭车站主要指标完成情况一览表

表1

项目	单位	计划	实际	完成
旅客发送量	万人	523.0	511.8	97.8%
货物发送量	万吨	367.0	341.1	92.9%
运输收入	万元	82800.0	84592.6	102.2%
日均装车数	车	182.0	160.0	87.9%
日均卸空车数	车	–	287.0	–
货车中时	小时	6.9	6.4	压缩0.1小时
货车停时	小时	17.1	16.1	压缩1.0小时
日均办理车数	辆	9919.0	10325.0	104.1%
日均有调中转车数	辆	–	6691.0	–

【加强精细化管理，努力提高综合管理质量】 面对严峻的经营形势，全站上下牢固树立“精细管理、精打细算”“过紧日子”的思想，科学规范劳动工资、劳动组织、成本预算管理，全面提升精细化管理水平。一是全面落实预算管理。抓住责任分解、预算编制和过程控制，杜绝无预算、超预算现象；严格控制成本支出，以鹰潭北站提前开启照明案例为契机，集中开展节能监督检查，严肃整治了货场无作业照明、客运水井漏水等问题。2016年，车站成本支出较路局下达预算减少144.83万元，实现了年度盈亏目标；加大债权债务清理力度，年末应收款项合计241.21万元，比路局下达债权目标减少163.79万元。二是加强劳资管理。继续清理全站管理和作业人员，合理核定生产定员和管理定员并以文件公布，严格考勤和加班费审批、核实和发放工作，实施分配导向一线、导向苦累脏险岗位，有效调动了干部职工的工作积极性。三是进一步优化生产力布局。调整了机关业务科、技术统计科、信息管理科机构。平稳有序完成了货运车间货运和装卸管理的内部整合，贵溪装卸划归贵溪站管理，以及停止向贵溪北站化专线派驻调车人员等生产组织改革，减少了管理的结合部和降低了安全风险。采取兼岗并岗等手段，改进生产方式，关闭了普速站软席候车室，合理消化劳动力冗余，全年解除、终止劳动合同71份，优化生产岗位6个，转岗分流32人，进一步提高了劳动生产率。四是坚持抓好党风廉政建设。深入开展专项监察，坚决纠正汽车管理、业务接待、办公用房及周转用房、婚丧喜庆等方面存在的不足。坚持抓好车站两级班子、六管人员的廉洁教育，落实逢会必讲制度、采取集中学习案例、签订廉保责任书等形式压实责任，树立风清气正的政治生态。

【加强能力作风建设，努力提升队伍素质】 努力适应铁路改革发展的新任务、新要求，以“管理能力强、技术业务精、综合素质好、工作作风实”为目标，大力加强干部职工队伍建设，为车站改革发展提供有力支撑。一是加强干部队伍建设。组织专业管理干部交流学习，突出专业管理、综合协调能力的培养，采取强化培训、现场锻炼、轮岗交流等措施，进一步提升干部业务素质。综合运用通报批评、行政处分、组织处理等手段，严肃追究作风不实、庸懒怠政、有位不为的干部责任，不断加强和改进干部作风建设。二是落实全员培训。全年车站以提高职工业务知识、实作技能、应急处置能力为重点，落实好岗位适应性和资格性培训要求，抓好年度职教培训计划兑现，举办覆盖全员和委外人员的各类培训班共计190期，共计培训12443人天，职工综合素质有了进一步提高。三是抓好职业技能竞赛。组织22个工种的164名职工参加路局职业技能竞赛，选送参赛选手获车站调度员竞赛第一名、第四名，调车长竞赛第二名，制动员竞赛第三名，货运值班员竞赛第三名，货检员竞赛第二名、第五名的好成绩。在路局青工职业技能竞赛中，选送参赛选手获综控员竞赛第一名，售票员竞赛第三、五名，货运员竞赛第二、三名，制动员竞赛第二、五名的可喜成绩。

【加强职工保障措施落实，努力维护企业和谐稳定】 落实民主管理。始终把广大干部职工作为车站改革发展的力量源泉，落实各项民主管理要求，认真倾听职工群众的意见和建议，引导职工群众参与企业管理，车站十五届三次职代会确定的十件实事全部落实。坚决维护职工利益。持续改善职工生产生活条件，解决好关系职工群众切身利益的问题。始终坚持收入分配向生产一线倾斜，倾力维护好职工劳动收益的公平、公正性，主动关心解决新入路职工生活问题，化解历史遗留积案等信访矛盾，增进干部与职工的理解，努力为职工群众办实事、办好事。

（冯超　李业贵）

【鹰潭车站领导名录】
站长：周茂安
党委书记：余忠民
副站长：吴　平　乐锋华　王　学　陈　刚（2016.1～）　何　志（～2016.1）
党委副书记：张卫东
党委副书记、纪委书记：陆德海
工会主席：林　志

财政·税务

编辑、校对：夏永军

财政管理

【概述】 2016年，市财政局在市委、市政府的正确领导下，紧紧围绕建设富裕秀美宜居、和谐鹰潭的总体目标，按照“主攻项目，决战‘三区’，凸现特色，实现跨越”的总要求，积极应对复杂多变外部经济环境带来的各种不利因素，以组织收入为核心，创新工作思路，深入推进改革，突出保障民生，较好地完成了各项工作目标，有力地促进了全市经济和各项社会事业健康发展。

【财政收支】 2016年，全市财政总收入完成116.82亿元，完成调整预算的99.8%，比上年执行数增长（以下简称增长）3.9%；剔除营改增减税因素，同口径增长10%。全市一般公共预算收入完成81.62亿元，完成预算的96.0%，下降1.7%；剔除营改增和中央与地方增值税收入分成体制调整因素，同口径增长5%。2016年，全市一般公共预算支出完成128.03亿元，完成调整预算的121.7%，增长0.2%。一般公共服务支出9.14亿元，增长27.0%。

【市大本级预算执行情况】 2016年，市大本级财政总收入完成39.40亿元，完成预算的99.4%，增长8.1%。市大本级一般公共预算收入完成25.94亿元，完成预算的90.6%，下降2.6%。2016年，市大本级一般公共预算支出完成40.37亿元，完成调整预算的112.3%，下降8.7%。一般公共服务支出3.23亿元，增长18.5%。

【综合实力】 一是财政总量稳步增长。全市财政总收入完成116.82亿元，比上年增长3.9%。二是收入质量进一步提升。坚持以“拓税基、稳税源、细分解、强征管”为抓手，切实强化收入组织工作。全年税收收入完成90亿元，税收收入占财政收入的比重为77.05%。三是地方财力进一步壮大。全市一般公共预算收入剔除营改增和中央与地方增值税收入分成体制调整因素，同口径增长5%，顺利完成“保工资、保运转、保民生、保重点”工作任务。同时，市级财政安排14.74亿元设立预算稳定调节基金，提升财政抗风险能力。

【服务发展】 2016年，全市取得上级转移支付资金44亿元，争取地方政府债券额度58.38亿元。向197家中小企业发放“财园信贷通”资金7.86亿元，同比上年增长17%。向432户农业经营主体发放“财农信贷通”贷款资金3.06亿元，同比上年增长9.3%。筹集拨付项目建设资金12.88亿元支持全市棚户区改造、320产业集聚带、市高校教育园区等全市重点项目建设。年初预算安排“精准扶贫”专项资金5000万元，养老保险资金2900万元，公车补贴2400万元等资金支持全市机关养老保险、公车改革、医疗卫生、精准扶贫各项改革重点工作。

【公共财政】 2016年，全市教育、社会保障、就业、医疗卫生和计划生育、农林水、住房保障等涉及民生类支出88.76亿元，占财政总支出的比重达69.33%，为顺利完成全市70件民生实事提供了有力资金保障。筹集下达社会保障就业资金15.38亿元，城镇企业退休人员养老金、新农合、城镇居民基本医疗保险、城乡低保、城乡居民基本养老等社会基础保障财政补助标准较上年提高了3%~10%。筹集下达医疗卫生补助资金12.43亿元，积极推进全市公立医院改革、取消药品加成、实施基本药物制度和基本公共卫生服务均等化等医改工作。筹集下达教育补助资金18.58亿元，惠及全市义务教育学校学生15.30万人，贫困寄宿生9528人。筹集下达支农资金11.1亿元，支持精准扶贫、农田水利基础设施建设、现代农业产业发展升级、国家森林城市、秀美乡村等工作。

【财政改革】 严格按照市委全面深化改革的总体部署，扎实推进各项财税改革。以推改革为动力，围绕提升财政科学化、精细化的管理目标，持续推进深化各项财政体制机制改革，不断完善财政管理制度和运行机制。一是预算体制改革不断深化。全口径预算体系初见成效，部门预算体系日趋完善，财政中期规划管理稳步推动，政府和部门预决算全面向社会公开。预算绩效评价改革稳步推进，盘活财政存量资金管理水平不断提高，2016 年市本级清理财政结转资金 6877 万元、部门结余结转资金 1929 万元、政府性基金 4817 万元，盘活存量资金 13.12 亿元。二是国库管理体制逐步完善，国库集中支付改革全面实行，公务卡改革全面铺开，公务消费网络监管平台上线运行，公务支出实现“阳光”操作。三是政府购买服务改革稳步推进，政府采购、政府投资项目评审等改革持续深化，财政管理更加规范严谨，各项工作流程更加阳光透明。2016 年，全市政府投资评审核减项目资金 3.62 亿元，政府采购节约采购资金 2767.48 万元。

【依法理财】 牢固树立科学化、精细化管理理念，着力完善体制机制，切实强化财政监管。一是财政监督成效明显。对全市保障性安居工程专项资金、农村危房改造专项资金和节能专项资金进行了全面检查，查处违规资金 2389.55 万元，追究相关责任人 5 人。同时开展了彩票公益金支持项目检查、会计信息质量检查、预决算公开检查、“三公经费”专项检查、市直单位财务违规违纪自查季报暨财务检查“回头看”、财政内部监督检查等多项监督检查。二是财政内控稳步推进。根据《江西省财政厅转发〈财政部关于加强财政内部控制工作的若干意见〉的通知》（赣财监〔2016〕1 号）文件精神，成立了鹰潭市财政局内部控制委员会，印发了《鹰潭市财政局内部控制建设工作方案》和《鹰潭市财政局内部控制基本制度（试行）》并及时转发传达文件精神，督促各县（市、区）财政局做好内部控制工作，督促各科室紧扣时间节点，做好有关内部控制工作。三是管理机制逐步完善。出台了市直党政机关国内公务接待、会议费、培训费、差旅费等相关管理制度，细化了省外出差住宿费标准，开展了公务消费网络监管平台上线运行，执法执勤用车编制核定，进一步规范公务支出行为，2016 年，全市“三公”经费同比下降 17.61%。切实加强土地出让金征管，累计催缴入库以前年度土地收入 3.73 亿元。完善“一卡通”工作机制，发放排名持续保持全省前列。建立健全财政暂付款管理长效机制，财政暂付款持续控制在低风险区域。三是工作流程阳光透明。对财政项目资金申报信息全部在网站予以公开，全年发送项目资金申报信息 1.12 万条。对政府采购、投资评审等中介委托业务，全部采取随机抽号（摸球法）的方式确定中介机构。制定出台《关于进一步加强财政投资项目委托评审监督管理的意见（试行）》等系列文件，规范评审业务，促进阳光运行。

【会计管理】 1.全国会计专业技术初级资格无纸化考试。考试报名人数 877 人，参加考试人数 529 人，出考率 60.32%，及格人数 211 人，及格率 24.06%；2.全国会计专业技术中级资格无纸化考试。考试报名人数 373 人，分科目参加考试人数为财务管理 29 人，经济法 327 人，中级实务 329 人，其中，财务管理实际考试人数为 145 人，出考率 48.49%，经济法实际考试人数为 147 人，出考率 44.95%，中级实务实际考试人数为 143 人，出考率 43.46%，考试及格人数为 31 人，及格率 8.31%；3.全省会计从业资格无纸化考试。共计 3728 人报名，参加考试人数为 2724 人，出考率 73.07%，考试通过人数 1487 人，及格率 39.89%；4.按照江西省财政厅转发《财政部关于开展行政事业单位内部控制基础性评价工作的通知》（赣财会〔2016〕23 号）要求，在全市范围布置、开展行政事业单位内部控制基础性评价工作。鹰潭市市直、月湖区、贵溪市、余江县、龙虎山景区、高新区、信江新区共计 510 个单位上报了鹰潭市行政事业单位内部控制基础性评价指标评分表，90%的单位完成了内部控制的建立与实施工作。

【政府采购】 1.规范政府采购管理。根据江西省人民政府颁发的《江西省市、县（区）2016~2017 年度政府采购集中采购目录及限额标准》明确本年度政府采购项目范围和操作程序，规范采购单位的采购行为。依据《中华人民共和国政府采购法》《中华人民共和国政府采购法实施条例》以及江西省财政厅《关于合理选择确定采购方式和代理机构有关工作的通知》的通知要求，并经请示市政府领导同意确定集中采购代理机构，明确江西省机电招标有限公司代理集中采购目录内的采购项目。

2.落实简政放权。一是依据《中华人民共和国政府采购法实施条例》的释义，将采购项目预算的下达和采购方式的选择权力交给采购人，明确采购人是政府采购活动中享有权利和承担义务责任的主体。二是根据《财政部关于做好政府采购代理机构资格认定行政许可取消后相关政策衔接工作的通知》的安排，鹰潭市全面放开政府采购代理机构进入门槛，由 2015 年的 7 家政府采购代理机构，增加到 32 家代理机构。除集中采购机构采购目录外，采购人可根据自身采购项目的特点自行选择采购代理机构。

3.强化服务，高效完成政府采购任务。2016 年全年组织对采购办监管人员、采购人、采购代理机构业务培训 3 次，培训人员达 480 多人。政府采购信息全年共发布 1058 条，采购项目 782 项，其中由采购单位自行组织在协议供应商中进行的竞价采购项目 507 项；由委托采购代理组织采取非招标形式和公开招标形式采购的项目 275 项，采购预算金额 24816.89 万元，中标金额 22049.41 万元，节约资金 2767.48 万元，节约率 11.15%。有效地降低了财政支出，最大限度地发挥了财政资金的使用效益，为维护国家和社会公共利益、保护政府采购当事人合法利益、促进党风廉政建设以及构建公开、公平、公正、和谐的政府采购环境作出了积极贡献。

4.事后监督管理取得一定成效。一是根据《关于开展全省领导干部违规插手政府采购项目问题专项治理排查工作自查“回头看”的通知》精神，对2013年1月1日至2015年10月30日期间的全市政府采购项目重新进行了梳理和汇总上报，并按市里统一安排对政府采购项目进行了抽查，对存在问题的项目对照相关法律、法规进行了处理并下达了行政处罚决定书。二是接到投诉项目5个，将存在问题的项目已依照相关法律、法规进行了处理和处罚，并在政府采购网上进行了公示。三是按照财政部统一部署开展2015年度政府采购代理机构的监督检查工作，配合省财政厅抽调交叉检查人员，在鹰潭市随机抽取5个代理机构的18个政府采购项目进行抽查，并对检查中发现的问题，依据《中华人民共和国政府采购法》及相关法规进行处理并下达行政处罚决定书。通过检查使采购人、政府采购代理机构更加深入了解政府采购相关的法律法规，规范政府采购的行为。

5.加强内部管理，强化廉政建设。为了预防腐败现象发生，制定《鹰潭市财政局政府采购风险内部控制办法（试行）》来加强内部管理，做好风险控制。同时建立了“教育为主，制度约束，多方监督”三位一体的廉政建设模式，将“依法采购”“高效廉洁”“诚实守信”“周到服务”的工作准则贯穿到工作的各个环节，做好政策的宣传，使各级领导和社会各界对政府采购工作的认可度不断提高。

（晁阳）

【市财政局副县级以上干部名录】

市政府副市长，财政局党组书记、局长：吴建辉（2016.12~）　吴文戈（~2016.12）

党组成员、副局长：何智勇

党组成员、副局长：裴克瑞　徐志生

党组成员、纪检组长：程爱玲（女，2016.12~）

党组成员：杨坚平

副调研员：辛　勤

国家税收

【概述】 2016年，鹰潭市国税局在市委、市政府和省国税局的正确领导下，紧紧围绕提升税收治理能力和水平的既定目标，“稳增长、促改革、强法治、防风险、铸铁军”，全面推开“营改增”试点、金税三期推广上线、深化国税地税征管体制改革等多项改革顺利推进，各项工作取得新成效，实现“十三五”良好开局。市局获“全国文明单位”称号，全系统再次实现省级文明单位“满堂红”。

【税收收入】 面对经济下行压力、企业效益下滑和政策性减收等严峻形势，积极应对，主动作为，坚持组织收入原则，强化组织收入领导，深入开展税收调查，切实强化税源监控，着力加强税收征管，构建系统上下通力协作组织收入工作格局，牢牢把握组织收入工作主动权。2016年，累计组织各项税收收入53.7亿元，同比增收3.58亿元，增长7.1%，收入总量列全省第八位。其中，完成地方财政口径收入46.76亿元，同比增收8.01亿元，增长20.7%。

【税收改革】 认真按照税务总局、省国税局和市委、市政府工作部署，整装出发，统筹兼顾，协调推进。全力以赴抓好了全面推开“营改增”试点改革，以“咬定青山不放松”的工作韧劲，发扬精益求精的“工匠”精神，在“开好票”“报好税”“分析好”“改进好”等各个阶段连战连捷，顺利实现税制转换。蹄疾步稳推进了深化国税、地税征管体制改革，积极提请市政府成立领导小组，制定实施方案，明确目标任务，确保了改革任务的逐项落地，2016年已完成第二类改革8项、第三类改革26项，部分完成第三类改革30项。上下联动完成了金税三期推广上线改革，确保了金税三期如期成功上线运行。持之以恒深化行政审批制度改革，对行政审批目录和权力清单进行动态管理，确保改革措施执行到位；落实事中事后管理责任，推动取消审批事项的业务纳入日常税收管理；扎实开展税收规范性文件清理，全年共清理并废止规范性文件28个。

【依法治税】 牢牢把握法治税务建设生命线，树立法治思维，规范执法行为，运用法治力量凝聚改革发展共识。加强法律宣传学习，举行贯彻落实《江西省税收保障条例》新闻发布会，制定《领导干部学法制度》，全年组织召开依法行政工作领导小组会议2次，组织领导干部学法4期。推动法治税务示范基地建设，加快法律人才培养，积极推行法律顾问和公职律师制度。深入开展“降成本优环境”专项行动，全面落实税收优惠政策，减免税22.45亿元，主要做法先后被省、市新闻媒体专题报道。加大税收执法督察力度，纠正税收执法过错，强化责任追究。有效规范税收秩序，扎实抓好风险管理系统试点推行和税收风险自查自纠；加强综合治税平台建设，深化第三方涉税信息共享，通过信息比对增收4362万元；积极开展风险应对，加大稽查打击力度。全年评估入库税款9777万元，稽查查补入库税款1亿元，移送公安部门侦办案件及线索41件。

【便民服务】 创新服务方式，优化服务环境，提高办税效率，推动纳税服务在改革发展中淬炼升级。持续开展“便民办税春风行动”，全面推行纳税服务规范，合理简并纳税申报次数，积极推行“省内通办和同城通办”、办税无纸化免填单。抓好纳税信用管理，深入推进信用体系建设，扩大“税银互动”范围，率先在全省实现市、县两级“税银互动”全覆盖。深化“互联网+服务”，倾力打造“鹰潭国税 12366”微信公众号，全面启动增值税电子普通发票推行工作，积极推广办税事项二维码、网上办税服务平台、手机 App 和税企交互平台，完善“走出去”企业清册，加强“走出去”企业基础信息管理，全面推行网上审批。用好纳税人学堂载体，全年举办培训 70 余期，培训纳税人 5000 余户次。深化国地税合作，为纳税人提供更加方便快捷的办税服务；加强国地税合作县级示范区建设，1 个单位被总局评为“全国百佳国税地税合作县级示范区”；在全省率先试点“一窗一人一机一系统”办税模式，主要做法获得总局领导批示，并在总局网站宣传报道。

【队伍建设】 坚持人才兴税战略，落实严格管理，注重倾情带队，在实践中锻造税务铁军。有效落实党建责任，围绕“党建+”工作，持续加强党的建设。精心组织开展“两学一做”学习教育，围绕“四个”专题，深入开展学习，从严从实查找整改突出问题，引导党员干部争做“四讲四有”合格党员，市局机关党的组织被市直机关工委评为先进基层党组织，1 人被评为全市优秀共产党员。大力提升干部素质，加强网络学院学习，强化人才库建设，组织人员积极参加全省国税系统体育运动会，扎实开展“岗位大练兵 业务大比武”，全系统 6 人入选省局素质提升“115”工程专业骨干和岗位能手，1 人代表省局参加总局竞赛。广泛开展主题演讲比赛、有奖征文、“最美国税家庭”评选等活动，3 户家庭荣获鹰潭市“最美家庭”称号。严密组织数字人事信息系统上线，积极开展国地税干部交流挂职，稳步实施职务职级并行。深入开展精神文明创建，全系统再次实现省级文明单位“满堂红”。

【作风建设】 按照全面从严治党的要求，绷紧作风之弦，织密监督之网，加大执纪问责力度，驰而不息加强作风建设。落实主体责任，认真贯彻落实党风廉政建设责任制，全面逐级开展主体责任约谈，召开反腐倡廉形势分析会，扎实开展深化巡视整改和全面自查自纠。深化廉政教育，通过组织观看廉政警示教育片、前往洪都监狱现场教学、发放《家庭助廉倡议书》、发送廉政提醒短信、签订不出入私人会所承诺书、对家属在涉税中介就职的干部集中开展专项约谈等，筑牢干部职工思想防线。强化监督责任，认真落实领导干部婚丧喜庆和个人有关事项报告制度，全面开展落实“八项规定”自查和实地督查，积极推进“红包”治理常态化，扎实开展集中整治和查处基层侵害纳税人利益不正之风和腐败问题，认真开展“一案双查”，促进了作风建设明显好转。

【行政效能】 围绕税收工作中心，凸显服务保障职能，提高行政运转效率。统筹协调抓好行政管理，强化督察督办，全年共组织开展系统全覆盖督察 2 次，专项督察 8 次，迎接上级督察和落实自查整改 15 次。严谨规范抓好财务管理，进一步健全和完善会议费、培训费、差旅费等制度和管理办法，扎实开展规范津贴补贴自查自纠，稳妥有序推进公车改革，深入开展审计、专项检查和办公用房清理。有条不紊抓好后勤管理，积极开展“健康食堂”创建，大力开展节能减排，先后获 2015 年度“全市公共机构节能减排优秀单位”“全市社会治安综合治理先进单位”“市政府部门目标责任制考核优秀单位”等荣誉称号。

（潘佳慧）

【市国税局副县级以上干部名录】

党组书记、局长：吴晨阳

副局长：程南俊　汪康平　祝太有　吴　静（女）

纪检组长：柯亚平

总会计师：何肇龙（2016 年 12 月任副局长）

稽查局局长：肖忠卫

副调研员：桂渡太（~2016.12）　崔松彪（~2016.5）　赖日高

稽查局局长：肖忠卫

地方税务

【概述】 2016 年，鹰潭市地税局在省局和市委、市政府的正确领导下，深入学习贯彻习近平总书记系列重要讲话精神和治国理政新理念新思想新战略，改革攻坚、奋发有为，实现鹰潭地税“二次创业”的良好开局，为建设富裕美丽幸福鹰潭作出了应有贡献。全年先后获得全国文明单位等地厅级以上荣誉 15 项，各项工作得到了省局和地方党政的充分肯定。省局张和平局长在批示中指出，鹰潭地税“小局有大作为”，当“样本”、有“特质”、出“特色”。

【“两学一做”学习教育】 在组织集中学习 60 余次、上党课 50 余场、撰写学习心得 350 余篇的同时，开展了系列特色活动，包括开展“增添老干部正能量”活动、创建“党员先锋闪亮”模范党支部、拍摄微电影《东边日出西边雨》。全系统有 3 个单位荣获全市优秀志愿服务组织称号，3 个单位荣获全市“春蕾计划”爱心集体，市局机关党委连续十三年被市直机关工委评为先进基层党组织。此外，基层党组织领导班子建设进一步加强，3 个基层党支部按照程序进行了换届选举；阵地建设进一步加强，3 个基层党组织按照党建标准化项目要求设立了党建活动室；制度建设进一步加强，建立健全了《党建工作领导小组工作规则》等制度。

【收入任务圆满完成】 面对经济下行等诸多不利因素，鹰潭地税聚焦税收主业，强化税源税种管理，牢牢把握收入主动权，圆满完成了组织收入任务。全年组织各项收入46.93亿元，其中地方税收43.27亿元，为鹰潭经济社会发展提供了坚强财力保障。在组织收入的过程中，“两业”清理持续深入，房地产业实现税收10.3亿元，同比增长7.3%；风险管理成效明显，全年推送银行业和保险业等风险纳税人486户，入库税额4.11亿元；单项税种征管高效，全年入库企业所得税7.5亿元，同比增长31%，入库个人所得税3.9亿元，同比增长21%，入库房产税和土地使用税2.4亿元，同比增长16%；稽查刚性显著增强，查处千万元以上案件1个，百万元以上4个，查补入库税款、滞纳金及罚款3815万元。

【税收治理迈向现代化】 “营改增”圆满收官。全年移交纳税人8957户，清理入库税款6.05亿元，清理发票99万份。在4月份省局召开的营改增推进会上，鹰潭地税做清税工作的经验介绍。在向市政府呈送的《关于营改增工作情况报告》上，原市委副书记、市长熊茂平给予了表扬性批示。“金三上线”试点成功。3月7日成功开出双轨运行的第一张税票，7月8日单轨上线运行成功并保持了平稳顺畅，为此鹰潭地税被省局授予“集体三等功”。“国地税合作”全面升级。率先在全省实行了国税代征地方税费的“一窗一人一机一系统”征收模式，经验做法获总局副局长孙瑞标和省委常委、原市委书记陈兴超批示肯定。“综合治税”合力显现。开通了以地税部门为核心的数据采集专网，制定了涵盖80张数据采集模板、1093个业务数据采集项的数据采集标准，全年生成涉税信息116万条，征收税款较往年大幅提高。

【服务发展有为有位】 服务党政措施给力。对重点行业、重点税种和重点税源进行深度分析，从税收角度向市委市政府提出工作建议20余条，其中收购商品房作为保障房、安置房源，所得款项优先保障“两业”税收入库以及联审联批管控政府工程项目的意见建议得到市政府采纳，土地增值税清算“四项成本”核定标准得到市政府高度认可并发文在全市范围内施行，该创新项目还在省局评比中获得第二名的好成绩。惠企政策落地生效。全面贯彻落实鹰潭“降成本优环境28条”和省局“降成本优环境30条”，全年依法为7300余户纳税人减免地方税收4.76亿元。纳税服务创新优化。协助金融机构先后推出“税易贷”“税银通”等系列金融贷款产品，全年为139户纳税人提供信用贷款2.8亿元；全面实施了“五证合一、一照一码”等商事制度改革工作；深入开展“便民办税春风行动”“税收专家伴你行”等活动。

【干部队伍活力迸发】 人才培养成绩斐然。建立了依托龙虎山培训基地、市局电教中心和纳服局、直属局及稽查局现有资源的“一个基地+一个中心+三个实训单位”的实训构架，2016年在全省“业务大比武”中勇夺团体第一名，另有12人入选省局人才库。文化引领凝聚士气。在组织学习焦裕禄、龚全珍等优秀党员先进事迹的同时，挖掘、继承和发扬鹰潭地税“营改增”“金三上线”勇于担当的精神，积极开展“最美地税人”评选和宣传工作，2016年2名党员干部上榜“中国好人榜”和“最美江西地税人”，3位同志上榜“感动鹰潭十佳新人新事”。绩效管理保障有力。制定下发了《2016年绩效管理考评办法》，将省局考核指标、市局重点工作全部分解落实到部门和个人，做到了单位、部门和个人绩效三级联动考核。市局连续二年以条管单位第一名的成绩荣获市政府部门目标管理考核优秀单位，连续三年荣获省级绩效考核先进单位。

【廉政建设扎实推进】 主体责任落实到位。制定《党风廉政建设主体责任清单》，列出党组班子、党组书记及班子成员主体责任清单13大项41条。监督责任落实有力。制定《党风廉政建设及惩治和预防腐败工作任务分工表》，列出了纪检监督责任清单4大项19条。同时，正确运用监督执纪“四种形态”，全年处置问题线索11件，纪律审查6起，诫勉谈话9人，通报批评2人。专项治理扎实深入。持续开展了侵害群众利益、违规插手工程项目、违规收受“红包”和党员干部参赌涉赌、违规借贷等问题的专项治理，特别是针对“红包”问题，在全市地税系统分层次开展“红包”问题治理专项约谈，层层传导“红包”治理高压态势。

【基层工作亮点纷呈】 高新区局被总局评为全国百佳国地税合作县级示范区；纳服局蝉联十一届全市最佳服务窗口和五届优秀专业服务大厅；月湖区局荣获全省基层建设先进单位称号；贵溪市局荣获全省依法行政先进单位称号；龙虎山局在打造“女子支教志愿服务队”品牌方面，余江县局在大要案稽查方面，信江区局在绩效管理方面，稽查局在联合惩戒方面，直属局在保险业税收征管方面都取得了很好的成绩。

（徐青辉）

【市地税局副县级以上干部名录】

党组书记、局长：钟　胜

党组副书记、调研员：贺春景

党组成员、副局长：周庆华　孙军样　陈　军

党组成员、纪检组长：王国庆

党组成员、总经济师：梅　兵

党组成员：吕宜芹

副调研员：艾华英（女）　江云勇（2016.12~）

稽查局局长：刘新民

金融

编辑、校对：杨保平

综述

2016年，全市金融业发展整体呈现平稳发展态势。银行业平稳运行，证券业持续低迷，保险业发展良好，典当业萎缩，担保业两极分化，小贷公司业务收缩，住房公积金业务攀升。

2016年，全市金融运行总体良好。至12月末，金融业综合统计58家机构本外币资产总计977.98亿元，负债总计932.86亿元，所有者权益45.13亿元，金融净资产31.85亿元，按可比口径（2015年度住房公积金未纳入统计）较年初分别增长18.38%、19.74%、-3.45%、3.25%，资产负债率95.25%，同比增加1.07个百分点。

银行业平稳运行。2016年末，全市银行业资产总计876.83亿元，比年初增长20.14%；负债总计851.18亿元，比年初增长20.72%；资产负债率97.07%，同比增加0.47个百分点。全市银行业全年实现营业收入23.63亿元，营业支出12.83亿元，税金及附加和所得税共计1.92亿元，净利润9.46亿元，同比分别增长0.89%、4.73%、-17.90%、-6.25%。

2016年末，全市金融机构本外币各项存款余额684.78亿元，比年初增长14.56%。住户存款和非金融企业存款增长较快，两类存款增量分别为36.49亿元、42.34亿元，分别同比多增3.32亿元、56.67亿元。2016年末，全市银行业本外币各项贷款余额531.74亿元，比年初增长17.67%。

证券业持续低迷。2016年末，全市证券业资产总计6.60亿元，比年初下降33.80%；负债总计5.93亿元，比年初下降30.82%；资产负债率89.85%，比年初增加3.89个百分点。2016年，证券业处在2015年股市暴跌后的自我恢复阶段，沪深股市盘整上涨乏力、交易萎缩、资金外流，全市证券机构实现营业收入0.78亿元、代理证券5.92亿元、上缴税费264.78万元、实现净利润0.51亿元，分别同比下降62.71%、30.75%、78.90%、68.10%。

保险业发展良好。2016年末，全市保险机构资产总计31.64亿元，负债总计38.91亿元，比年初分别增长13.36%、15.06%；资产负债率122.98%，比年初增加1.80个百分点。2016年，全市保险机构实现营业收入14.12亿元，同比增长7.55%；保费收入14.66亿元，同比增长9.56%，其中寿险公司营业收入9.96亿元、保费收入9.86亿元，同比分别增长6.41%、9.31%；财险公司营业收入4.16亿元、保费收入4.79亿元，同比增长10.34%、9.86%。

典当业风险凸显。2016年末，全市典当业资产总计0.74亿元，负债总计170.63万元，比上年末分别下降37.91%、34.60%。资产、负债总计同比分别下降19.96%和27.17%；单位及个人贷款余额5113.56万元，同比下降37.35%。2016年，全市典当业实现营业收入421.36万元，同比下降53.98%；净利润-344.70万元，同比减少416.3万元。

担保业两极分化。2016年末，全市担保机构资产总计5.70亿元，同比下降7.59%；负债总计0.41亿元，同比下降11.83%；资产负债率7.19%，比上年末减少0.27个百分点。2016年，全市担保公司实现营业收入1880.86万元，上缴各项税费167.08万元，净利润764.20万元，同比分别增长46.09%、49.18%和219.74%。

小贷公司业务收缩。2016年末，全市小额贷款公司资产总计23.76亿元，比年初增长1.42%，其中发放各项贷款余额19.92亿元，比年初下降4.87%；负债总计3.91亿元，比年初下降3.05%。全市小贷公司全年实现营业收入12855万元，营业支出4814万元，上缴税费1272万元，实现净利润7230万元，同比分别下降29.87%、6.39%、59.60%和33.50%。

住房公积金业务攀升。2016年末，住房公积金中心资产总计32.72亿元，比一季度末增长19.42%，其中发放购房贷款的委托贷款及委托投资基金22.00亿元，比一季度末增长51.37%；负债总计32.72亿元，比一季度末增长19.42%，其中委托存款及委托投资基金25.85亿元，较一季度增长5.22%。

（董　薰）

中国人民银行鹰潭市中心支行

【概述】 2016年，人民银行鹰潭市中心支行在上级行和市委、市政府的正确领导下，着力践行“三严三实”要求，以“从严治行、强固基础、创新驱动、务实增效、和谐安稳、争先进位”为目标，认真贯彻稳健货币政策，努力维护辖内金融稳定，不断提升金融服务水平，大力创建和谐平安中支，有力促进了全市经济金融平稳较快发展，较好地履行了基层央行职责。

【信贷政策执行效果有效提升】 积极策应鹰潭发展战略，制定并经市政府批转了全市信贷工作指导意见。认真执行宏观审慎评估政策，引导银行机构调整优化信贷结构，合理把握信贷投放节奏，实现信贷稳步增长，2016年全市本外币各项贷款余额比年初增加79.86亿元，增长17.67%。加大对薄弱环节的信贷支持力度，2016年末，全市涉农贷款、小微企业贷款分别比年初增长10.7%和26.12%。加大脱贫攻坚金融服务，推动市级银行扶贫工作主办行制度，指导出台了金融精准扶贫计划和方案，创新了“财政担保+农业经营主体+贫困户”的金融扶贫模式以及“财政助保”贷款特色产品。稳步推进“两权”抵押贷款试点，完善了试点工作推动协调机制，与市金融办、银监局共同研究推出了“银保贷”产品，2016年末，全市“两权”抵押贷款余额为3124万元，较年初增长346%。辖内开展农房抵押贷款业务的做法被《金融时报》推介。

【优服务降成本支持企业发展取得实效】 下发了《关于进一步优化金融服务环境 降低企业融资成本的通知》，将银行机构优化小微企业融资服务的措施、降低企业融资成本的效果纳入“两综合两管理”评价体系，引导金融机构创新推出“转贷通”产品，为中小企业提供低成本“过桥融资”，该做法得到南昌中支行领导的肯定批示。联合市工信委印发了《鹰潭市金融业支持铜产业转型发展的指导意见》，引导金融机构综合运用传统和创新手段支持57家帮扶铜企业发展。切实降低社会融资成本，2016年全市金融机构贷款发放加权平均利率为5.72%，同比下降1个百分点。继续推广应收账款融资服务平台应用，全市已注册用户94户，成交总量40.70亿元，帮助企业盘活了应收账款。

【金融稳定大局得到有效维护】 做好存款保险制度在辖内的顺利实施，对辖内投保机构进行了存款保险现场评级。继续做好铜产业特色监测，取得了较好的监测效果，完成的铜产业统计监测季度分析报告被总行调统司、省委及省政府采用，有关工作在全省特色监测工作座谈会上进行了交流，并被南昌中支《参阅信息》推介，获南昌中支行领导的肯定批示。强化“两综合两管理”，对辖内31家金融机构2015年度执行人民银行政策和管理规定情况、金融消保工作情况进行了综合评价，对3家金融机构开展了综合执法检查，对13家金融机构开展了6项专项执法检查，促进金融业稳健发展。强化反洗钱监管，构建与司法侦察机关会商机制，与市公安局经侦支队签订了“反洗钱工作协调机制合作备忘录”，对7份重点可疑交易报告进行了调查分析，并向市侦察机关移送3份可疑线索。强化征信业管理，制定并经市政府批转了《全面推进鹰潭市中小企业和农村信用体系建设实施方案》，积极开展信用评价和信用创建，评定信用乡镇4个、信用村45个、信用农户3.76万户。切实保护信息主体权益，受理信用查询2.6万次，处理异议申请28户。强化外汇业务管理，建立了大额购付汇和异常购付汇约谈制度，对3家企业和新开办结售汇业务的金融机构进行了约谈。开展了货物贸易“控流出”专项核查、流出类专项检查以及货物贸易外汇管理现场核查，对2家企业发放风险提示函，对1家企业违反国际收支统计申报规定的行为进行了立案查处。

【金融服务质效得到有效增强】 督促村镇银行落实电信诈骗风险交易事件管理平台建设和行内业务核心系统改造，辖内村镇银行已完成管理平台的建设和使用，并实现了业务核心系统内对账户有效区分和标识。组织研发并推广运用了国库电子验印系统，有效提升了国库监管效能。针对支行国库同级监督职能分散、同级监督乏力的问题，创新了上下级国库异地监督服务模式。加强与市公交公司和中行的沟通与联系，成立“硬币兑换服务中心”，该中心自2016年5月份成立以来，共清分硬币近1200万元，实现了辖内硬币流通自循环。加强对金融机构信息安全工作的监督指导，开展了江西银行鹰潭分行和兴业银行小微支行机房及网络环境确认检查、恒通村镇银行金融城域网技术环境安全检查、鹰潭农商行人民币跨境收付信息管理系统现场验收技术检查。规范金融机构信息管理，加入该管理系统的机构有44家，覆盖面97.8%。加强金融消费者教育，探索金融普法宣传银校合作模式，组织制定的江西师范高等专科学校“金融普法宣传示范点”建设三年规划得到南昌中支行领导的肯定批示，开展的相关活动得到总行及南昌中支消保部门的认可。

【内控安全屏障得到不断夯实】 推动内审转型与发展，组织开展5个审计项目，有关做法在2016年总行参事赴赣审计调研座谈会上和全省内审工作联席会上进行了交流。扎实做好了“四风”问题整治“回头看”和巡视发现问题专项整治工作。深化风险防控，制定了风险防控责任清单，对6项职能16个业务领域进行了风险评估，开展的贵溪支行岗位（廉政）风险防控工作效能监察，被评为分行2016年度优秀执法监察项目。规范财务管理行为，开展了辖内预算执行和财务收支、中央“八项规定”精神贯彻落实情况监督检查。加强集中采购管理，创新制定的《集中采购评审人员管理办法》被南昌中支会计财务处转发推行。严格保密制度落实，开展涉密人员保密审查，审定14个岗位13名员工为涉密人员。做好后勤保障日常巡查和安全生产检查，全年共开展枪弹检查、安全生产检查等30次，确保了辖内安全无事故。

【央行履职能力有效提高】 切实加强全体党员“两学一做”学习教育，组织开展专题学习讨论、“两学一做”知识竞赛以及主题实践活动。做好了2015—2016年度基层党组织考核、党支部换届选举、党员组织关系集中排查、党费倒查补缴以及中支“一先双优”和党员标杆、党员能手评选表彰活动。修订了中支科级领导干部任免实施细则，2016年按程序提拔任用7人，完成8名提任科级干部试用期满考核、2名聘用制干部聘期满考核续聘以及4名新行员试用期满考核。加大员工教育培训力度，自主举办培训班8期，参训近200人次，组织业务骨干赴外轮训12期，参训90余人次。强化“两个责任”落实，印发了党风廉政建设“两个责任”责任清单以及责任追究实施办法，使各项任务定人、定位，便于问责。制定的《纪委委员履职尽责发挥作用暂行办法》被南昌中支《纪检监察工作信息》全文刊发、《党风廉政建设联络员工作实施办法》获分行及南昌中支纪委书记的肯定批示，相关做法被南昌中支《参阅信息》《中国纪检监察报》推介，其中：强化纪委委员履职的做法还获得南昌中支纪委书记的肯定批示。组织中支副科以上干部参加廉政知识测试活动，取得江西辖内第三名的好成绩。加强辖内意识形态工作管理，做好正向引导，开展了社会主义核心价值观小故事征集、“履职宝典”征稿、“最美央行人”纪实摄影以及各类先进选树工作。深入推动文明单位创建，完善了职工之家活动室、书香文化活动室建设，中支加强职工之家建设的做法得到南昌中支分管行领导的肯定批示。制定“健康央行”创建活动实施方案，组织开展了10余次主题活动，组队参加全省人行系统首届职工运动会，有8人次获得名次，辖内干部职工的健康水平和精神面貌有了较大改善。

（董　薰）

【中国人民银行鹰潭市中心支行领导名录】

党委书记、行长：孙文金

党委委员、副行长：安月婷　陈律旺　吴国华

党委委员、纪委书记：戴桂英（女）

助理调研员：徐权生　徐永锋

中国工商银行股份有限公司鹰潭分行

【概述】 2016年，工商银行鹰潭分行围绕“业务发展互联化、风险防控全员化、考核管理积分化、人力资源效能化”的“四化”发展战略，外拓市场，内激活力，创新驱动，积极拓展互联网金融，做大大零售、大机构、大公司，优化资产质量，提升效益贡献，夯实内部管理，加强党建文化，各项工作实现良好预期，推动了稳健和谐发展。

至年末，各项存款余额105.08亿元，较年初增加5.31亿元；各项贷款余额84.2亿元，较年初增加1.86亿元，累计发放各项贷款537.03亿元，其中，累计发放小企业贷款7.37亿元；实现净利润1.52亿元，净利润增速排全省工行第三位。荣获首届“鹰潭市20强企业”“服务鹰潭高新企业经济建设先进单位”省工行“内控案防管理先进单位”“综合治理工作先进单位”“全省金融机构金融消费权益保护工作先进单位”等荣誉。贵溪支行、四海支行双双进入全省工行综合先进支行10强。

至年末，鹰潭分行辖贵溪、余江2个县级支行，月湖、江铜2个城区支行和13个二级支行、1个分理处共18个物理网点，同时，有47个离行式自助银行、85个助农取款点、127台自助设备。本部内设11个部室中心。全行在职员工488人。

【加大多方融资，支持实体经济】 2016年，鹰潭分行认真落实国家产业和上级行信贷政策，紧密跟进市委、市政府打造“世界铜都、中华道都、田园新城、智慧新城”的战略部署，积极调整优化业务结构和信贷投向，通过项目贷款、票据、投行等业务产品，加大文化旅游、先进制造、新兴产业领域和重点项目支持，重点支持省级著名商标企业、市级龙头产业以及财园通企业，制定对接服务方案，开展小微信贷“百家银行进千企”对接活动，积极争取省行对口政策支持和现场指导。2016年，累计发放各项贷款537.03亿元，其中，累计发放小企业贷款7.37亿元。发放园区项目贷款4亿元，同时，通过票据融资2.83亿元支持51家小微企业发展。

【升级内控管理，筑牢安全屏障】 2016年，鹰潭分行建立“纵向到点、横向到边”的内控案防体系，完善内控合规闭环管理机制，加强典型案例巡展、“内控合规大家谈”等合规文化建设，内控案防基础不断夯实，风险事件稳步下降。完成了金库、物理网点、自助银行等安防设施升级改造，建立了1个微型消防站，配备了31名兼职安全员。成功防堵外部诈骗

等风险107件（笔），协助公安部门抓获2名冒名开户犯罪嫌疑人，有效防止了外部欺诈等案件发生，确保了印章、机要保密、档案管理等无失泄密和声誉风险发生，安全保卫、消防和综合治理居同业第一。

【持续创新驱动，推进多极发展】 2016年，鹰潭分行坚持创新驱动发展，开展了青年员工创新产品营销“龙虎榜”竞赛、全员和客户融e联体验竞赛活动；创新了工银信用卡Apple Pay具体操作流程；设计了自动投资和周末理财模板，首次开办了客户投资、存款转存、现金管理、工银e商贸等多项新产品；完成了供电、联通、电信等开放式通用缴费平台投产应用；推进了全国系统内第三家、全省首家“工银e商贸”企业——中江国际商品交易中心项目成功上线并投入正常运营，填补了江西分行“e商贸”业务空白，推动了新兴产品各项业务的稳步发展。

【落实从严治党，建设特色文化】 2016年，鹰潭分行认真落实全面从严治党和从严治行，建立了党建工作联系点制度，增设了5个基层党支部，建立了11个“党员之家”。开展了3个一级支行巡察工作和“两学一做”学习教育、“三亮三比创五优”活动，基层党组织的战斗堡垒作用和党员的先锋模范作用得到了较好发挥。加强特色企业文化建设，组织开展了送教上门、送文化进网点活动，四海支行被评为全省工行系统企业文化建设十佳支行。建起了为女员工哺乳的首家“妈妈小屋”，举办了系统内红歌赛，主办了鹰潭市“工行杯”乒乓球友谊赛，并获得男子团体冠军，参加并获得全省工行系统第三届网球比赛团体第一名。

（刘红东）

【工商银行鹰潭分行领导人名录】
党委书记、行长：朱　葵
党委副书记、副行长：邓　洪
党委委员、纪委书记：徐宏海
党委委员、副行长：李忠华　涂文华　潘俊琪（女，～2016.8）
高级经理：陈芦跃　鄢建林（2016.3～）

中国农业银行股份有限公司鹰潭分行

【概述】 2016年，中国农业银行股份有限公司鹰潭分行积极应对复杂的内外部发展环境和经济下行压力，全面落实省、市分行党委提出的发展战略和各项部署，抓转型、促发展，抓管理、控风险，业务经营稳中有进，较好完成了各项工作任务。至年末，全行各项存款时点余额跨过70亿元大关，达73.07亿元，较年初增加6.17亿元；各项贷款（含转贴现）余额64.03亿元，较年初增加16.67亿元，剔除转贴现后净增8.1亿元；创造拨备前利润1.07亿元。

【党的建设有了新加强】 2016年，农行鹰潭分行以党建统领全局，从严从实抓思想、管干部、转作风、严执纪，为改革发展提供了坚强保障。一是认真开展“两学一做”学习教育，全行各级党支部累计组织集中学习40余次，市县两级行领导都以普通党员身份参加了2次以上所在支部集中学习，举办“两学一做”专题党课3次，邀请多位省、市委党校教授到行授课，教育形式多样、学习成果显著。二是着力提高党组织覆盖面，17个二级支行全部建立独立党支部。三是持续加强作风建设，全面落实从严治党、从严治行的各项要求，聚焦主业，挺纪在前，共对77人违规责任人员进行了责任追究。四是从制度着手，反“四风”篱笆越扎越紧，“三公”经费下降17.12万元，压降25.74%。2016年，党风廉政建设工作获得了上级行的充分肯定，被评为全省农行落实党风廉政建设责任制先进单位。

【市场营销快速发展】 2016年，农行鹰潭分行始终坚持价值创造，市场营销有了新突破。一是抓产品。成功营销智动贷、国内发票融资、票据置换三个小微特色产品，外币资本金开户、汇款项下人民币参融通二项国际业务实现零突破。二是抓项目。以政府购买项目作为大项目营销的重点，通过省、市、县三级行共同努力，成功发放月湖区、贵溪市两个政府购买项目贷款1.25亿元。三是抓扩户。新开对公人民币结算账户663户，新增对公客户614户，现金管理折效客户新增432.5户，有效收单商户较年初净增188户。

【风险防控有了新局面】 2016年，农行鹰潭分行始终坚持精细化管理，风险防控进一步加强。一是风险底线不断筑牢。牢牢抓住风险管理不放松，保证了业务发展数量与质量的协调发展。到年末，全行不良贷款率0.59%，较年初下降1.03个百分点，继续保持下降。二是基础管理不断夯实。坚持落实好安全生产“一岗双责”的要求，“三化三铁”和“平安农行”创建成效突出，实现了平安经营。常态化“三化三铁”创建及运营条线考评工作，有效减少了违规事件发生。三是内控管理不断提升。结合“两加强、两遏制”检查及回头看工作，深化内部监督体系建设，提高了检查质量和整改效果。

【行风行貌有了新转变】 2016年，农行鹰潭分行以形式多样的评优评先活动为主轴，创先争优氛围更浓厚。全年有4名基层员工获得省农行“十佳”荣誉称号，1名员工获得全省农行“十佳感动人物”荣誉称号，1名员工荣获鹰潭市五一劳动奖章。以正能量为主旋律，企业文化建设进一步深化。全年在中央及媒体刊登稿件46篇，4篇调研论文获得省分行级表彰奖励，原创歌曲《鹰潭农行梦》获得全省农行“大美农行”歌曲创作二等奖。以青年突击队为主要工作载体，青年员工队伍更有活力，青年员工成长平台进一步拓宽，战斗力显著提升。

（桂　忠）

【农行鹰潭分行领导名录】
行长：王昌斌
副行长：朱建威　王秉瑞　胡新宇
李炜（2016.12～）
副行长、纪委书记：李云台

中国农业发展银行鹰潭市分行

【概述】 2016年，中国农业发展银行鹰潭市分行党委面对加快发展、加强党建新要求，深入贯彻总行“一二三四五六”发展战略，坚持“守正创新、守善发展”理念，紧紧围绕“支持粮棉油收储、支持脱贫攻坚、专项建设基金投资”三大政治任务和“发展第一、党建并重、科学管理”经营思路，强营销抓对接，夯基础化风险，扎实开展“两学一做”学习教育和“加快发展大讨论、加强党建大家谈、全面风险大排查”三项活动，以“两个从严”推进党的建设和稳定队伍建设，各项工作取得了新成绩、迈上了新台阶。

【经营发展开创新局面】 一是重点业务实现了新发展。年末贷款余额71.4亿元，增加9.68亿元，增长15.69%，贷款总量首次迈上了70亿元台阶。全年投放贷款28.71亿元，投放基金8.79亿元，基金余额15.28亿元，贷投总额37.5亿元；日均存款20.65亿元，增加8.83亿元，增幅74.8%。办理国际结算业务426万元美元。二是经营效益实现了新提升。全年完成账面利润9363万元，与上年基本持平，账面利润扣除省行代缴税收后的利润在利差收窄、让利于农的情况下仍实现8958万元，增加1303万元，增长17.02%。三是外部经营环境有了新改善。注重加强与党政主要领导联系，深化与发改委、扶贫办、交通局、水利局等政府部门和银行同业全方位多层次合作，积极配合落实监管部门工作要求，营造了有利于发展的难得的良好局面。各项工作围绕“五年工作规划目标”迈好了步、开好了局。

【信贷支农成效更加突出】 围绕“三大政治任务”，扎根“农”域，在服务“三农”及国家战略中加快自身业务发展，全年投放贷款及基金36亿元。一是紧扣信贷政策，融合区域特色，大力支持基础设施建设和脱贫攻坚。全年共营销项目13个、金额62.13亿元；发放贷款19.58亿元，支持项目5个，已批未放贷款项目5个、金额35.36亿元。中长期贷款余额46.5亿元，比上年增加6.19亿元。二是服务国家战略，及时做好专项建设基金项目对接。全年实际完成2批、23个、8.79亿元基金投放任务，比上年增加2.3亿元，发挥了政策性银行逆经济周期的调节作用。三是全力支持以托市粮为主的粮食收购。共发放粮食收购贷款8.07亿元，同比增加2.84亿元，收购粮食3.585亿千克，同比增加1.025亿千克。其中最低收购价贷款4.31亿元，同比增加1.66亿元，收购粮食1.585亿千克，同比增加0.625亿千克；中储粮轮换贷款、国有购销企业及产业化龙头加工企业收购贷款2.46亿元，收购粮食0.925亿千克。不折不扣落实了国家粮食调控政策，维护了粮食安全和粮农利益。四是着力提高金融服务水平。提前2~3个月启动办贷程序，提供银企直联服务，夏秋粮收购期间延长结算时间，不断优化办贷结算效率。

【风险化解取得成效】 在经济下行压力及企业经营风险加大的形势下，坚持风险防控和化解“两手抓”，风险化解取得重要进展。全年清收不良贷款328万元，促成中童米业完成江西省首家粮食加工企业混合所有制改革，化解了贷款风险；同时还做了大量的清收协商工作，为下步清收打下了扎实基础。严防新增不良，稳定国有购销企业及龙头加工企业信贷支持，累计发放2.08亿元收购贷款。全面完成5.67亿元平台贷款置换债券工作。早稻贷款2000万元、中晚稻贷款800万元本息全部实现“双结零”。加强日常风险监测、分析、分类、报告和处置，及时开展了粮棉油类客户风险排查、2次清仓查库、全面风险大排查。严格融资担保和评估中介机构准入，强化押品核查，全年法律审查文本146件。还充分利用银监局债委会平台，以主席行身份牵头组织2次债权人委员会议，增强债权银行共同防控和处置风险的能力。

【内部管理得到加强完善】 立足抓长常抓，从薄弱环节入手，在“实、细”上发力，把加强基础管理作为一项事关长远发展的根本性工作加以推进。一是综合完善条线管理。在二季度集中开展了“精细化管理攻坚季”活动，结合全面风险大排查、“两个加强、两个遏制”回头看、“雷霆行动”等活动和“四个一检查”，查找和分析自身存在的问题，统筹整改薄弱点，提升了各部门科学化、精细化管理水平。二是补强信贷管理短板。扎实开展“贷后管理年”活动，认真做好信贷基础全面“回头看”检查工作。突出抓好贷后管理，严格执行“四个三”核查及库存现场检查制度，严格库存远程监控，首次实施异地库存核查；对中储粮委托租赁粮食库存全部补办了浮动抵押。三是强化财会管理。节约成本费用，建立财务费用预算管理制度，严控招待费、差旅费和会议费等开支。夯实财会基础和内控管理，全面完成营改增工作；重点抓好财会自查和问题整改；组织开展全辖3个机构财会岗位突击对接检查；认真开展反洗钱工作；继续坚持大额支出集体审批、银企对账等各项财会制度。四是提高行政后勤服务水平。加强档案、声誉、用印、保密、食堂管理和安全保卫工作，提高办文办会及督办质量，扩大对外宣传，树立了良好外部形象，营造了平安和谐内部环境。

【从严管党治行强力推进】 持之以恒抓好“两个从严”，全面加强党的建设和队伍建设。一是强党建稳队伍。认真落实从严治党“两个责任”。思想建设上，扎实开展“两学一做”学习教育和省行“三项活动”，重点学习党章、新准则新条例及系列重要讲话，在全行开展“手抄党章和撰写心得一百天”活动，创新了微信平台学习方式。党委书记及成员2次送党课下基层，3次讲微党课，外请专家2次作专题讲座。开好了以学习贯彻“中共十八届六中全会精神”为主题的民主生活会；组织建设上，全辖从原来4个党支部增加到9个党支部，选派能力强的党员任书记；制度建设上，细化55项党建目标任务，出台9项从严治党制度和办法；党风廉政及作风建设上，深入贯彻中央“八项规定”，加强“四风”整治和监督执纪问责，制定“机关作风建设十条规定”，组织员工到教育基地接受廉政爱国教育。二是立制度严管理。完成了机构改革及支行班子人员调整，建立修改各项管理制度和考核办法26项。加强劳动纪律检查，加大对重要人员和关键岗位的管理和监督。严格执行行务和党务公开，及时向员工公开费用开支、经营发展和党建情况。三是强素质提能力。先后开展了信贷调查评审、信贷流程标准化管理、资金支付、消防、营改增试点、反洗钱等各类业务培训15期，培训人次320人次，基层员工的业务素质得到了较大提升。四是兴文化凝力量。积极开展企业文化大讨论活动。丰富文体活动，开展了户外健步走和拓展训练，举办了青年演讲比赛和计算机录入技能竞赛，组织员工参加系统内外各种评比和竞赛。为员工办实事，落实职代会提案35条，走访慰问困难职工和老干部，全面完成庭院改造，抓好食堂餐间、院门、办公楼顶的修缮，改善员工办公条件、食堂伙食及卫生管理，让员工有更多的获得感，建立起“进取、担当、崇实、友善”鹰潭农发行新形象。

（汤样生）

【农发行鹰潭市分行领导名录】
行　长：江训清（～2016.3）
罗俊（2016.3～）
副行长：陈友华（～2016.4） 万洪

中国银行股份有限公司鹰潭市分行

【概述】 2016年，中国银行鹰潭市分行认真贯彻落实省分行年初、年中工作会议战略部署，深化“负债业务、资产业务、中间业务”三大转型，坚持“两个前提”（在依法合规的前提下经营，在防范风险的前提下发展），对标“三高标准”（高质量、高效率、高效益），深化“三大战略”（产品带动战略、服务拉动战略、创新驱动战略），围绕省分行“三个最佳”（最佳服务、最佳形象、最佳业绩）发展目标和鹰潭分行“四优银行”（资产优质、效益优良、队伍优秀、环境优美）奋斗目标，把握“增效益，稳质量，重合规，抓党建，强队伍”21字工作方针，努力实现我行经营管理各项事业的全面发展。

【“三大战略”促业绩】 以“三个抓手”促个人存款稳中有升。一是管理抓手，实行了三支队伍绩效排名制。二是产品抓手，大力拓展商贸结算客户和公务员群体。三是厅堂抓手，提升网点“四个层次”服务（标准化的形式服务、高效率的内涵服务、增值性的代客理财服务、主动性的柜面营销服务）。以“产品带动”助推公司金融业务提升，以省行“七个一把手”工程为指引，结合鹰潭区域经济特点，实施重点产品突破和重点项目管控，公司业务产品销售创佳绩。以轻资本业务为发力点，向同业市场要效益，中国银行鹰潭市分行全力拓展同业业务，先后与当地农商银行、农发行、九江银行、上饶银行、邮储银行及异地的交行、招行、兴业银行、北京银行、上海银行建立同业合作渠道，寻求业务机会。2016年，中国银行鹰潭市分行经营管理综合绩效考核排名稳居全省十家地市行第四位，创历史最佳名次。

【“两大前提”强保障】 持续强化“在依法合规的前提下经营，在防范风险的前提下发展”的经营理念，全力以赴抓风控、保平安，为业务发展提供强有力的保障。一是抓合规文化建设，做到人人明底线、知敬畏、受警醒，确保案件与重大操作风险事件“双零”目标。举办“合规我行 党团争先”内控合规案例展示大赛，以活生生的身边案例要提升和警示员工内控合规意识。二是抓制度执行。中国银行鹰潭市分行全面深入开展内控案防专项治理、“雷霆行动”专项排查、防范非法集资综合治理三项排查活动，狠抓柜面业务操作风险“20条”、总行基层网点风险管控“新50条”等制度的贯彻落实。各条线开展了总行50条专项检查问题“回头看”、省行运营风险十五条治理、征信自查、票据业务、柜台代办业务、“双十禁”等内容专项检查；分行领导挂点责任网点，每季对挂点网点执行十大重点必做、“双十禁”、“新50条”、“新15条”进行督导检查，有效预防操作风险。

【强化资产质量管控】 中国银行鹰潭市分行不良贷款余额控制在省行下达目标的67.6%，较好地完成省行下达的稳质量要求。一是控制新不良发生，即“稳质量”；二是加大清收处置力度，压缩不良。分季度制定了不良清收及稳质量方案，明确各条线和各机构不良余额控制和清收化解任务目标。全方位开展不良授信项目清收处置“攻坚战”，一户一策研究并化解风险，将表外清收指标落实到人，定时间、定目标，并列出公司类重点清收项目，利用法律手段，全力推进清收处置工作。

【改进工作作风】 中国银行鹰潭市分行在9月份开展为期一个月的改进工作作风，提升“四个层级”（领导为下级、机关为基层服务、基层为网点、全行为客户服务）服务水平活动。全行通过学习达到统一思想，增强大局意识、服务意识和担当意识。各机构部门从日常工作管理、相互协作、工作效率、精神面貌、服务意识、服务态度、基层和客户反响等方面，查找存在的问题，分析原因，开展批评与自我批评。通过此次活动的开展，着力解决党员队伍中存在的突出问题，补齐“短板”，着力打造“四讲四有”合格党员和“四铁”干部队伍，不断提升全行党建工作水平，不断提升全行经营管理能力，不断提升全行服务形象和质量，为全行争创“三个最佳”和“四优银行”发展目标，提供强有力的保障。

【加强党建引领发展】 中国银行鹰潭市分行将党组织向基层一线发展，在辖内9个基层机构成立了党支部，经营性支行党支行覆盖率达75%，使党组织的战斗保垒作用有了更广阔的延伸。深入开展“两学一做”学习教育活动，邀请市委党校领导到该行为全体党员开展习近平总书记系列重要讲话专题辅导，领会习总书记治国理政新理念新思想新战略，进一步明确发展方向，将“两学一做”与全行经营管理、内控案防、提升质效有机结合，为争创“三个最佳”，实现“四优银行”提供生机活力和正能量。

（彭祥宝）

【中国银行股份有限公司鹰潭市分行领导名录】

行长：张　勇

纪委书记：何园生

副行长：阮国莉（女）　朱凤平

杨　博　周艳平（2016.7～）

党委委员：邱邦玉

中国建设银行股份有限公司鹰潭市分行

【概述】 2016年，建行鹰潭市分行认真贯彻总行、省分行决策部署以及监管部门相关工作要求，加快转型发展，提升竞争能力，加强内部管控，夯实党建基础，较好地完成了各项工作任务，保持了全行安全稳定运行。

【业务发展】 围绕“4816”工程和八大业务逐项抓好落实，成效明显：对公账户总量9199户，新增1528户，总数连续三年当地四行第一；代发工资全面完成，三项指标同比增幅分别为16.54%、37.83%、35.13%，全省第五、第二、第二；资金承接率全省第三。个人贷款余额突破20亿元，新增四行占比62.18%，排名第一；二手房贷款新增98.57%，同比提升84.14个百分点，全省第二；公积金贷款余额18亿元，四行占比89.30%，新增5.8亿元，四行占比88.35%，公积金贷款余额和新增当地及全省均第一。强力推动“八大业务”，公司条线大力开展国际业务、资产入池、造价咨询，实现中收4918万元，计划完成率167%。全力打造个人客户金融生态圈系统，发行工会职工龙卡1.1万多张；通过债权类同业信托实现分行母子公司业务联动投放1.3亿元；投资托管1.3亿元；贵金属租赁实现收入1960万元；新增小企业平台1户、年金账户2户，计划完成率100%，受托规模3702万元、计划完成率170%；投管规模3702万元、计划完成率185%；理财产品销售12.79亿元，新增3.49亿元；个人保险销售4.1亿元，实现收入745万元，四行第一，网均销量全省排第一；基金中收280万元，四行占比33.43%，排名第一；贵金属中收58万元，四行第二。坚持“移动优先”，加快手机银行、微信银行发展；优化物理渠道，加快轻型网点建设。

【内控管理】 抓好信贷管理，从源头上把好项目准入关，强化贷后监控和过程管理。提升集约化水平和预警能力；强化资产质量管控，落实信贷主体责任，培育健康信贷文化，强化经济资本考核和资本约束理念；坚持依法合规经营，落实“制度建设抓条线，合规管理抓同级”，加强合规教育，完善合规体系；严格执行保密纪律，扎实开展保密管理五项禁令和“十严禁”、《员工违规处理办法》等学习教育，全面开展客户信息保密专项治理；强化员工行为管控，重点排查“黄赌毒”、非法集资、民间借贷、代客交易、挪用客户资金、与客户频繁发生资金往来等异常行为；强化财务规范性管控，确立“三铁”意识，严肃财经纪律，强化财务支出、集中采购和重大财务决策行为管理；强化安防案防，坚持“三个不放过”和“案件零容忍”，守牢案件防控和安全生产，持续开展创建“平安建行”升级达标工作。

【党建工作】 全面压实“两个责任”，制定《关于进一步加强党建工作实施意见》，强化管党治党主体责任，坚持将党建工作与转型发展同谋划、同部署、同落实、同检查、同考核，成立党建工作领导小组，建立联系会议制度，逐级签订从严治党和党风廉政建设责任书，加强党委对纪委工作领导，明确纪委监督责任任务清单、监督检查考核落实；强化制度保障基础，查缺补漏制定党委会工作议事方案、党委成员个人服务承诺、党支部党建工作达标考核等10多项制度，建立适于党支部操作的基本工作规范；抓好基层党建，推进基层服务型党组织建设，发挥基层党组织战斗堡垒和党员先锋模范作用，加强基层党支部活动阵地建设，建立党建示范点2个、“党员之家”5个，开好基层党组织专题民主生活会、党员民主评议会；深入开展“两学一做”学习教育，严守政治纪律和政治规矩，落实《中国共产党廉洁自律准则》和《中国共产党纪律处分条例》，规范选人用人权力运行；加大执纪问责，处理各类违规违纪人员6人，违规积分487人次762分，均较上年大幅增长，覆盖面54.79%。

【企业文化】 认真落实总行提出的温暖工程“十件实事”，从精神方面着手，充分尊重员工、信任员工、鼓励员工，让关爱成为培育员工主人翁意识的途径，让关爱的内容更实惠、形式更具感染力、对象更广泛。坚持“适者上”的用人理念。坚持“四有”标准，积极给那些能够主动适应转型要求的员工创造机会、提供舞台，让他们率先在主动适应中实现自身的价值。拓宽员工晋升通道。深入领会省分行党委意图，传导落实好岗位职务序列管理举措，按要求及时晋升，用足指标、用好政策。杜绝出现不按正常程序晋升、晋升指标过多结余、人才队伍梯次断档的现象。发挥薪酬导向作用。坚持薪酬分配向基层倾斜、向价值创造岗位倾斜。严格执行省分行绩效分配考核办法和“三个高于”，加强企业文化建设。大力宣传和弘扬社会主义核心价值观和建行核心价值理念，挖掘和宣传身边的先进典型，传播正能量。继续做好建行形象与产品宣传，发出建行好声音，彰显社会担当，提高社会美誉度。

（宋丽娟）

【建行鹰潭市分行领导名录】

行长：张革华

纪委书记：唐　琨

副行长：熊前进　乐小铃　钟　云

鹰潭农村商业银行股份有限公司

【概述】 鹰潭农村商业银行股份有限公司（以下简称鹰潭农商银行）是经国务院同意、中国银监会批准成立的地市级股份制农商银行，也是全省第三家地市级农商银行，是鹰潭市唯一一家具有法人资格的股份制地方性银行机构。鹰潭农商银行依据国家有关法律法规、行政规章，自主开展各项业务，实行一级法人、统一核算、分层经营、授权管理的管理体制，以安全性、流动性、效益性为经营原则。鹰潭农商银行总部设在鹰潭市信江南路1号，注册资本9.77亿元，下辖1个总行营业部、18个支行、49个分理处，共计68个营业网点，网点遍布鹰潭城乡，是鹰潭市机构网点最多、客户资源最广、业务规模最大的地方银行机构。

【业务发展】 2016年，面对经济下行、竞争加剧，经济金融进入新常态的情况下，鹰潭农商银行在省联社的关心、领导下，在鹰潭市委、市政府及各有关部门的支持、帮助下，逆势而上、迎难而上，各项业务发展一马当先，再创新辉煌。至2016年底，全行资产总额达239.78亿元，比年初增加71.65亿元，增长42.62%。存贷款总额在全市率先突破300亿，达312.77亿元，业务规模、市场份额继续稳居全市首位，并进一步拉大了与其它行的距离，其中各项存款169.84亿元，比年初增加23.13亿元，增长15.76%；各项贷款142.93亿元，比年初增加25.28亿元，增长21.49%；存、贷款增幅分别高于全省平均水平1.06和3.99个百分点。在贷款利率下调、利差收窄的情况下，全年实现各项收入11.13亿元，同比增加5258万元，增长4.96%；实现拨备前利润4.39亿元，同比增加6358万元，增幅16.94%，经营效益稳中有升；成本收入比34.91%，同比下降2.54个百分点，首次压降至监管标准之内；业务及管理费用同比减少697万元，下降2.55%。资本充足率、贷款损失准备覆盖率、贷款拨备率等主要监管指标，均高于监管标准。

【金融服务】 鹰潭农商银行始终坚持“客户至上、服务至诚”的服务理念，量身定做金融产品无缝对接“三农”服务需求，切实增强“支农支小”战略定力，持续加大信贷投放。在全市首推“两权”抵押贷款，探索破解了农村融资担保难题；推出“铜供应链融资”项目，服务“世界铜都”建设；推出“转贷通”信贷产品，累计发放15亿元，为全市中小企业节省“倒贷”成本近3000万元；创新推出“订单贷”“流水贷”“诚易贷”“银税互动”等产品，对接了客户金融需求；“信贷直通车”实现异地现场放款，积极对接服务烘焙行业和眼镜行业在外客商，加强了异地金融服务；积极策应政府创新举措，继续加大“两通”贷款投放力度，“财园信贷通”“财政惠农信贷通”贷款余额保持全市领先地位，有效满足了园区企业和新型农业经营主体的融资需求。

【改革成效】 一是坚持深化改革，推进了发展模式转型。坚持“一有三实”用人导向，大刀阔斧进行“三定”“双选”人事改革，压缩总行和支行机关人员60%，网点平均综合柜员由3.4人压缩至2.5人，增配客户经理76人，合理安置分流74人，建立了优秀人才信息库，选拔优秀青年干部26人，人力资源配置优化。全面完成公司事业部、三农事业部、清收事业部、金融市场部事业部制改革工作，实现了组织架构、资产划转和绩效考核“三个到位”，产品、区域、客户服务三个“全覆盖”。二是坚持主动作为，补齐了金融服务短板。网格化

"四表合一"开展精准"扫园、扫村、扫街、扫户"四扫活动，有效对接客户62379户，主动挖掘了客户资源；创新开办首个"百福家园"金融便民站，推广落实"村村通"金融服务"4+1"标准，真正打通了农村金融服务的"最后一公里"，被评为全省农商银行成员行十大新闻；成功发行个人理财产品，开办信用卡业务，金融服务产品更加丰富；主动参与"百家银行进千企"活动、中国创翼创新大赛项目，促成了"两权"银保贷等相关合作；深入推进文明规范服务，成立职场标准化督导小组，全年督导20次，提升了网点金融服务。三是坚持防控风险，确保了平安稳健运营。落实"合规巩固年"要求，开展系列合规教育活动，增强了全员合规意识；组织开展100万元以上贷款摸底调查、新增大额贷款回头看工作，重点对房地产贷款、担保公司贷款、关联贷款和"两通"贷款进行排查，摸清了风险底数；开展表外不良贷款"百日攻坚战"活动，收回表外不良贷款7775万元，完成任务在全省市级农商银行排名第一；强化安全保卫管理，全年未发生"四类"案件、群体性事件和重大责任性事故，实现了安全平稳运营，荣获全省综合治理工作考评先进单位。四是坚持加强党建，夯实了发展保障基础。始终坚持"党建+"的经营工作理念，组织召开全行党建工作会议，着力围绕完成任务、破解难题和规范管理抓好党建，实现党建工作与业务发展两手抓、两促进。

【社会贡献】 鹰潭农商银行始终坚持"立足市域、服务社区、支农支小"的市场定位不动摇，深入挖掘市场潜力，大力支持实体经济发展，做到了与地方发展齐头并进，与鹰潭经济并腾飞。一是紧盯支农支小破解农民贷款难题。积极策应农业供给侧结构性改革，重点投放500万元以下小微、三农贷款，着力满足小微、三农实体经济有效需求，确保实现涉农贷款"一个高于"、小微贷款"三个不低于"，确保全年新增500万元以下贷款占新增贷款总额45%以上；抓好"财政惠农信贷通"贷款的投放，尽早落实计划，提前做好授信，提高工作效率，确保市场份额保持全市领先；积极策应鹰潭市农村土地所有权、承包权、经营权"三权分置"产权制度改革，扩大"两权"抵押贷款产品影响，挖掘更多的有效需求；做好精准扶贫工作，借鉴两权"政银保"合作成功经验，创新工作方式、方法，不断加大精准扶贫贷款投放力度。二是深耕当地特色产业助力经济发展。深耕眼镜、微型元件、水工、雕刻、铜精加工、大健康、烘焙等当地特色产业，以供应链、产业集群配套的上下游客户为主要拓展目标，打造特色鲜明的金融产品，在与其他金融机构差异竞争、错位竞争中脱颖而出；锁定市工商联，汽贸城，优质小微企业、新兴产业、新兴文化产业"一优两新"行业客户，量身定制金融服务，从"卖产品"转变为"卖服务"，从"放贷款"转变为"设计金融服务方案"，切实提升服务速度快、质量优的核心竞争力；积极对接龙虎山旅游产业园、天师林等项目，发展农家乐、休闲农业同"两权"抵押相合的金融模式，打造"三农"信贷投放新增长点，打好"三农"贷款无抵押、低利率的优势牌。三是加强营销发挥农村金融"主力军"作用。以实施"深度四扫"营销为契机，树立"大三农"意识，开展全方位营销。实施条线立体化营销。三农信贷条线有效拓展了农业产业化龙头企业、新型农业经营主体、优质农户等客户群，彰显支农支小的特色亮点。小微信贷条线重点开展对各行业协会、商会、社区的贷款营销，突出"尖刀部队"的关键位置。大客户信贷条线深入推进对鹰潭高新园区、贵溪、余江工业园等园区企业的营销，增强与政府合作互动，服务"百县百园"建设，并坚持做到"抓小不放大"，主动对接全市重点项目、民生工程等。

（付俊伟）

【鹰潭农商银行领导名录】

董事长：吴建华

行长：徐晓林

监事长：朱建国

副行长：程红（女）许立新　周建平

调研员：张云浩　邹小平

银行监管

【概述】 2016年，鹰潭银监分局把握党建"根本点"、抓牢服务"着力点"、找准监管"突破点"、拧紧管理"契合点"，"四点"发力，协同推进，分局建设亮点纷呈，局风局貌焕然一新。2016年末，全市银行业金融机构资产总额814.26亿元，较年初增加120.81亿元；负债总额784.13亿元，较年初增加118.39亿元；实现利润9.13亿元，同比减少0.91亿元。各项存款余额655.17亿元，较年初增加78.74亿元，同比多增57.31亿元；各项贷款余额531.74亿元，较年初增加79.86亿元，同比多增27.69亿元；不良贷款率2.16%，较年初上升0.10个百分点。

【党建工作】 一是"立规建制"，压实党建责任。制定《党委工作规则》《党建职责分工》《党委意识形态责任制实施细则》等制度，制定和修订《党建工作考核暂行办法》考核督办制度，将党建考核与政务履职考核相结合，实现党建与监管工作同部署、同考核、同见效。二是"创新五法"，抓实"两学一做"。独创机制定位法、任务表格法、典型引导法、问责教育法、双向联动法"五法"，着力培育政治上的明白人、工作上的带头人、人格上的高尚人、规矩上的老实人、监管上的实干人"五种人"教育新方法。三是"经纬结合"，形成工作合力。制订《党支部规范化建设工作方案》，新组建14个党小组，创新推出“党建+监管职能、现场检查、EAST运用、微信”等“党建+”模式，形成了以党建为“经”，以监管为“纬”的党建工作新机制。四是“标本兼治”，推进廉政建设。制定《党员干部“八小时外”行为管理规定》，强化对干部“八小时外”行为管理，充分运用监督执纪“四种形态”，实现明责、督责、问责“三结合”，教育、清理、执纪“三推动”。

【金融服务】 一是对接重点领域，助推重大战略“落地”。坚持将国家金融方针政策与鹰潭实际有机结合起来，督促、引导、支持银行业机构在有效防控风险的同时，不断加强和改进实体经济金融服务。原中央苏区贷款余额281.29亿元，较年初增长11.15%；铜产业贷款余额35.62亿元，较年初增长15.65%。二是紧盯薄弱环节，贴近服务补足“短板”。引导各银行业金融机构加大创新力度，顺应小微企业多样化的金融需求，帮助企业“降成本，优环境”。全年小微企业贷款218.97亿元，实现小微企业“三个不低于”目标，并在全省率先实现市、县（区）“银税互动”全覆盖。打好“精准扶贫”攻坚战，找准金融支持切入点、发力产品创新着重点、探求金融服务保障点，做足基础设施线、扶持特色产业线，实现精准扶贫全面覆盖。涉农贷款余额350.86亿元，较年初增加99.47亿元，增幅39.57%。三是创新金融产品，打造服务新“品牌”。引导机构巧用“银税”大数据，首创以“金土地”“农房贷”为品牌的“两权银保贷”业务和“税可贷”产品。推动银行机构与市政府设立“中小企业转贷基金”，转贷10.2亿元，为中小企业节省财务成本近2000万元。引导银行机构创新“铜供应链融资”模式，切实降低涉铜企业融资成本。四是完善“消保”机制建设，保障措施“有力”。积极回应消费者诉求，调解各类银行业消费者投诉18起，做到消费者投诉件件有落实。扎实开展“打击网络电信诈骗犯罪活动”等三项宣传活动，增强公众消保意识。

【风险管控】 一是组合出拳，监管“长牙齿”。针对辖内1家银行违规经营、偏离主业、亏损严重的问题，责成该行更换董事长，并否决该行2名备案制高管；否决2个农村网点撤并申请，对经营亏损的1家村镇银行限制分红；围绕有效发现问题与解决问题，继续强化现场检查管理，加强资源集成，加大EAST系统应用，“两加强、两遏制”现场检查中，提出分局成立以来首次自主经济处罚30万元，警告3人；全年通过各类现场检查发现问题58个，提出整改意见50条，提出处罚建议3条，责令处罚2人。二是搭台唱戏，化险“有力度”。完善“以债委会为平台、机构在前、协会在中、监管在后”的运作机制，成功组建“债委会”14家，涉及债权银行14家，并在全省率先将小贷公司纳入债委会管理，利用债务重组、多方协调等手段维护金融债权、帮扶企业发展。《人民日报》《新华社》、中央人民广播电台、《经济日报》等9家央媒记者来鹰潭开展供给侧结构性改革调研采访，中童米业混合制改革和江南铜业转型升级的成功案例引起了央媒密切关注。三是新招叠出，控险“见成效”。加强房地产贷款“名单制”管理、持续开展铜产业信贷投放监测、把有政府背景的平台外贷款纳入“类平台”进行“全口径”管控等措施，采取重组、清收、核销、转让等手段处置不良贷款3.6亿元，同比多处置0.8亿元。

【监管联动】 一是高管“严进严管”与机构“宽进严管”联动。充分运用高管考试、谈话、履职评价等“严管”工具，共核准17名高管任职资格，备案39名高管任职资格，否决2名高管任职资格；引导机构制定科学的网点规划，扩大金融网点覆盖面，完成8个网点变更事项。二是“监管征询”与“监管部门”联动。对内利用内部联动征询回复函加强与各监管科室间的横向联动，及时提示风险、关注银行机构资金异常变动情况，下发监管意见书3份，进行监管谈话7次。三是“信息披露”与“风险监测”联动。利用大客户风险数据和EAST分析系统模型，及时披露法人客户涉及当地银行、小贷公司和省内异地银行贷款信息，对大额授信客户的信用风险预警，让“信息”与“监测”联动起来，形成合力。

【内部管理】 一是抓实督办，提升执行“责任性”。编制并落实《2016年重点工作项目表》，对7个方面、73项重点工作，逐项分解落实，形成年初建账、年中盘账、年末结账的督办机制，既抓结果，又抓过程，跟踪督办。二是加大调研，提升履职“实效性”。运用领导带头、制度推动、措施激励等手段，信息调研稿件数量、质量、采用量“三飞跃”，实现了近三年在银监会、央媒采用首次“零突破”。将青年干部培养列为“一号工程”，正向激励，推动青年干部迅速成长。一名干部参加银监会系统EAST劳动竞赛，代表江西局作汇报展示。三是完善制度，提升运转“规范性”。抓巡视问题整改不放松，严格纪律，修改完善23项制度，规范经费管理和审批流程，严格公务用车管理，严格“三公”经费开支。

（丁　俊）

【鹰潭银监分局领导名录】
党委书记、局长：李培旺（～2016.6）
党委副书记、副局长（主持工作）：谢晓（女，2016.6～）
党委委员、纪委书记：尹一鹏
党委委员、副局长：罗小明
调研员：金雨雄（～2016.9）
副处级调研员：杨四铭（2016.12～）

中国人民财产保险股份有限公司鹰潭市分公司

【概述】 2016年，中国人民财产保险股份有限公司鹰潭市分公司认真贯彻落实省公司及市委、市政府的工作部署，围绕“发展、考核、队伍”三大核心主题，紧扣年初确定的工作目标，坚定信心，众志成城，攻坚克难，整体经营呈现出“增速加快、量变质变”的可喜局面。全年实现保费收入2.245亿元，同比净增2502.24万元，增长12.54%，规模总量成功跨越2亿元新台阶。以保障社会稳定运行为抓手，扎实推进医疗责任险、大病补充保险、金彩赣鄱家财险、社会治安保险等各类民生项目保险。全年金彩赣鄱家财险增长122.00%，全省排名第一；社会治安保险完成计划101.16%，全省排名第二。

【精细化管理】 强化承保过程管理，持续优化业务结构，从源头上控制经营风险；强化理赔关键指标管控，实行人伤案件“五跟”管理，积极开展反欺诈工作，有效减少“跑、冒、滴、漏”；强化财务预算管理，合理调配财务资源，严格落实“八项规定”，从严控制包括业务招待费等重点费用科目，有效服务了业务发展。

【客户服务】 建立客户资源集中管理、常态服务高效推送、承保优惠直达客户的“一体化”服务管理模式，突出抓好柜面一体化建设、县域及新生代品牌宣传、客户信息真实率、微信俱乐部平台建设、“多快好省”理赔服务承诺等项工作。微信关注完成率和注册绑定人数率先在全省完成全年计划目标，微信平台上架的增值服务达17项，万元以下理赔周期8.17天，同比提速40.66%。

【合规经营】 坚守合规底线，层层签订合规承诺书，加强承保、财务、单证、印章等关键岗位风险的防范与排查，深入开展“两加强、两遏制”专项自查整改和“回头看”，认真贯彻落实《中华人民共和国反洗钱法》，全力配合监管部门、行业协会做好行业自律工作，带头规范保险市场秩序，全市系统做到了无违规、违纪、违法问题发生。

【党建工作】 公司党委以全面从严治党带动全面从严治司，以党风改进带动司风改善，充分发挥好了把方向、管大局、促落实的核心作用；按照“基础在学、关键在做”的要求，积极开展了“两学一做”专题学习教育活动。

【队伍建设】 聚焦基层队伍建设，进一步优化了基层班子队伍结构；加强员工技能培训，全年举办了专业技术类、销售类等各类培训班71期，参训1858人次，培训覆盖率100%，员工队伍的综合素质进一步提高；突出系统工具应用，开展“一对一”销售软装备系统操作培训，确保了员工人人会使用，个个会操作。

【企业文化】 加强企业文化建设，落实员工关爱计划和员工幸福感工程6项承诺项目，丰富员工精神生活，组织员工参加了“践行新理念、建功十三五”——鹰潭市庆“五一”万人健步走活动；组队参加了市足协组织的足球联赛，完善了职代会建设和职工食堂管理，员工的物质文化生活进一步丰富；积极推进党风廉政建设和社会管理综合治理工作，确保了公司无违法违纪问题发生，内部和谐稳定。

（艾新华）

【中国人民财产保险股份有限公司鹰潭市分公司领导名录】

党委书记、总经理：熊东升

党委委员、副总经理、纪委书记：杨今喜

党委委员、副总经理：吴志华　张美明

中国平安财产保险股份有限公司鹰潭中心支公司

【概述】 中国平安财产保险股份有限公司鹰潭中心支公司（简称平安产险鹰潭中心支公司），是中国平安财产保险股份有限公司在江西省鹰潭市设立的三级机构，成立于2003年3月17日。公司位于鹰潭市沿江大道7号信江清波雅苑临江苑01号楼，经营区域包括鹰潭市各辖区。公司具有完善的组织架构、专业化的管理团队以及综合金融服务平台，可为平安客户提供全方位的特色金融服务。公司拥有员工38人，下属四级机构贵溪支公司地址为贵溪市贵溪市浙信风华园1栋一层D22号；余江支公司地址为鹰潭市余江县帝豪国际第23栋1单元。

【业务发展】 在面对外部市场迅速发展的新形势下，平安产险鹰潭中心支公司在分析总结制度体系建设成果的基础上，及时调整了经营策略，一方面继续加强业务管控的各项措施，另一方面加大市场开拓的力度，使公司业务发展跟上市场的步伐。2016年，公司不断开发新的承保险种，现有企业财产保险、家庭财产损失保险、短期健康保险、意外伤害保险、建筑工程保险、安装工程保险、货物运输、机动车辆保险、船舶保险、能源保险、法定责任保险、一般责任保险、保证保险、信用保险、种植保险、养殖保险、代理国内外保险机构检验、理赔、追偿及其委托的其他有关事宜，经中国保监会批准的其他业务。至2016年12月底，平安产险鹰潭中心支公司2016年共计达成保费4499.6万元（本部达成保2272.6万元，贵溪支公司达成保费1600.8万元，余江支公司626.3万元），其中车险保费达成 4181.9 万元，财产险保费达成 225.5 万元，意健险保费达成 92.2 万元。中支整体 COR 也逐步得到改善。

【企业文化】 公司吸取中国平安文化，吸收了中华民族优秀传统文化和西方现代管理思想的精华，逐步形成了独具特色的企业文化，体现为中西合璧、古今贯通、知行合一的特点，定位于造就“以优秀的传统文化为基础，以追求卓越为过程，以价值最大化为导向，做一个高尚有价值的人”。根据集团战略目标，平安文化的发展观进一步描述为追求“领先”的文化，要求每个机构找寻“领先”的平台，要求在制定战略和计划时，要以“领先”为最核心的目标，在选拔人才、配置资源时，要以是否有利于实现领先为基本原则，在问责考核时，要以是否达到或靠拢“领先”为核心评判标准。另一方面公司不断加强文化建设，一是全面导入企业形象识别系统和质量认证体系。要全面导入企业形象识别系统（CIS），建立良好的企业形象，形成企业独特的自我个性，增强企业的凝聚力和竞争力。如建立富有特色的视觉形象，在营业网点设计上坚持有利于展示公司文化、有利于吸引客户、有利于客户舒适、有利于客户方便、有利于经济效益的原则。二是塑造良好的服务形象。优质服务是企业重要的无形资产，平安产险鹰潭中心支公司根据各类客户不同的服务需求，提供量身定做的特色服务。从给客户提供最佳服务的角度出发，以优质高效的服务活动和服务行为不断地争取客户。

【合规经营】 一是严格执行监管要求和自律公约。平安产险鹰潭中心支公司一直致力与维护行业健康、稳定的发展，严格执行监管要求。公司一直恪守合规的要求，积极配合监管部门的检查，并积极协助监管部门促进行业健康发展。二是加强从业队伍教育培训和管理。中支公司在职人员均有有良好的文化基础，多次组织前线人员参加分公司各项技能、专业知识以及客户服务方面的培训，培训覆盖面达到了 100%，进一步提升了前线人员保险知识水平和客户服务水平；其次中支公司全体员工积极参加分公司组织的两核知识考试，通过不断的学习，提升保险专业知识水平。三是强化内控建设积极开展合规宣传。为提高内部员工及社会公众防范洗钱意识，遏制洗钱活动，公司深入贯彻落实人民银行鹰潭市中心支行关于开展《中华人民共和国反洗钱法》颁布实施十周年主题宣传活动的工作部署，全面推进金融机构反洗钱工作，我司上下高度重视，立即成立了由总经理为组长的反洗钱法宣传领导小组，领导小组下设执行小组，执行小组设在综合管理管理部，由反洗钱管理岗具体负责组织实施开展《中华人民共和国反洗钱法》10 年主题宣传活动。《中华人民共和国反洗钱法》执行小组成立后，利用晨会时间，组织学习《中华人民共和国反洗钱》法及宣传视频，积极组织实施反洗钱宣传准备工作，同时要求四级机构余江支公司及贵溪支公司观看关于《中华人民共和国反洗钱法》10 周年主题宣传视频，并且下发《反洗钱知识问答》等有关反洗钱宣传资料，要求全员深入学习《中华人民共和国反洗钱法》。在宣传活动准备阶段，公司定制统一了“警惕网络洗钱陷阱，增强反洗钱意识”“预防洗钱活动，打击洗钱犯罪，维护金融秩序”等宣传条幅，在营业厅内电视上循环播放《中华人民共和国反洗钱》10 周年主题宣传视频，此外门店电子显示屏播放“《反洗钱法》颁布 10 周年——预防洗钱活动、打击洗钱犯罪、维护金融秩序”宣传标语，在网点营业场所柜台摆放宣传册、宣传页，向客户积极宣传反洗钱法。中支公司通过反洗钱宣导，进一步完善反洗钱各岗位人员业务规则、业务流程和单证管理制度，提高业务系统对于客户身份信息的收集能力，加强对交易活动的监测和分析，确保中支合规经营。四是在金融消费者权益保护方面，鹰潭中支切实加强制度建设，深入开展金融消费者教育，认真做好金融消费者咨询投诉受理工作，取得了明显的成效，为维护辖内金融稳定、建设和谐金融发挥了积极的作用。同时在 2016 年度鹰潭市金融机构金融消费权益保护工作中，公司荣获鹰潭市先进单位称号。五是切实做好鹰潭中支“两个加强、两个遏制”“回头看”工作。2016 年 7 月 28 日，保监会下发了《中国保监会关于开展保险机构“两个加强、两个遏制”回头看工作的通知》，公司开展“两个加强、两个遏制”回头看专项检查工作。在专项检查工作中我司坚持问题导向，以 2015 年“两个加强、两个遏制”专项检查等发现问题的整改情况为重点，聚焦跨市场、跨区域、跨行业传递风险；群体性事件风险和声誉风险；“五虚”问题及整改情况；重点领域业务经营的合规性；内控有效性风险五个方面开展工作。六是为加强互联网保险管理，促进互联网保险健康可持续发展。公司根据江西保监局《关于开展互联网保险非法经营风险整治自查工作的通知》的要求，在全辖范围内开展互联网保险非法经营风险整治自查工作。七是积极开展“两个加强、两个遏制”回头看专项检查工作。根据《中国保监会关于开展保险机构“两个加强、两个遏制”回头看工作的通知》，公司坚持问题导向，以 2015 年“两个加强、两个遏制”专项检查等发现问题的整改情况为重点，从关键制度、关键岗位、关键人员入手，紧盯违法违规问题高发、频发的薄弱环节，以及新业态、新产品等容易产生监管空白和监管套利的可能缺失环节。公司针对跨市场、跨区域、跨行业传递风险；群体性事件风险和声誉风险；“五虚”问题及整改情况；重点领域业务经营的合规性；内控有效性风险五个重点风险进行自查。此次自查公司深入贯彻国务院决策部署，聚焦重点领域、重点机构、重大问题、重大案件、重大风险，以及关键制度、关键岗位、关键人员，对2015年“两个加强、两个遏制”专项检查发现问题进行深入整改，强化问责制度，建立长效机制。通过“回头看”，进一步巩固检查成果，完善监管政策，增强保险机构责任意识和规矩意识，夯实风险防控基础，提升全行业服务实体经济能力，为“十三五”开好局起好步打下坚实基础；同时，公司将此次检查作为契机，排除公司存在的重大经营风险，堵塞管理漏洞。

【服务举措】 强化服务意识，改进服务措施，为客户提供最优的保险服务：针对“综合治理车险理赔难”工作，在省分公司的工作指导下，制作了自己的跟踪体系，并形成了跟踪表，分车物及人伤进行跟踪，定期进行滚动式清理，催促、代收或指导客户进行理赔，并周期性梳理未决及其发展金额，了解家底，未决类指标评级A精品级别。让客户体验公司售后服务。平安设立全国统一客户服务热线“95511”。平安客户可以在任何时间任何地方拨打全国统一服务热线“95511”，享受报案、查勘定损、事故救援、咨询、投诉等专业化服务。“95511”多次获得中国保险业最佳呼叫中心等荣誉称号。2015年，平安产险鹰潭中心支公司服务执行达标率名列前茅，建立当地服务口碑，实现市场标杆地位。平安以“国际领先的个人金融生活服务提供商”为目标，聚焦“大金融资产”和“大医疗健康”两大产业，“综合金融+互联网”和“互联网+金融与非金融”并重发展的模式渐趋成熟。2016年公司继续执行以下服务举措：（1）万元以下一天赔付。（2）免费道路救援。（3）平安客户专享服务。人性化关怀服务方案——赠送静电贴。 人性化关怀服务方案二赠送查勘水。（4）平安VIP客户专享服务。（5）简单快赔　先赔付再修车。（6）“时效终结者”服务、赔款“现场到账”“实时到账”。（7）人伤“安心理赔”服务，包括贴心在线和省心调解。（8）“微信快捷投保”、“微信快速理赔”。（9）“壹钱包——可花钱、可借钱、可赚钱、可聊天、可省钱”业务推出，方便客户体验综合金融服务。平安产险鹰潭中心支公司坚持规范经营，在经营理念上不断创新，竭诚为鹰潭市人民提供全方位的保险服务、金融服务，认真履行对客户“服务至上、诚信保障”的责任，为保障人民生活稳定，促进经济发展作出了应有的贡献。

（刘　欣）

【中国平安财产保险股份有限公司鹰潭中心支公司领导名录】

总经理：刘　霈

中国太平洋财产保险股份有限公司鹰潭中心支公司

【概述】 中国太平洋财产保险股份有限公司鹰潭中心支公司于1998年在鹰潭成立。内设总经理室、综合管理部、财务部、车险部、团车团队、新渠道团队、非车险部、非车险团队、农险部。下辖贵溪支公司、余江支公司。

公司严格按照“一流的公司信誉，一流的服务质量，一流的工作效益”的宗旨和“诚信天下、稳健一生、追求卓越”的企业核心价值观来适应市场，以积极创新、齐心协力、共创辉煌为指导方针，不断拓展业务，以优质、快捷的服务赢得了保户和市场，形成了业务管理体系和客户服务体系。向社会推出“全年无休”和“无微不至”两个系列，最大程度地为客户提供最快、最优的服务，充分发挥保险作为“社会稳定器”的作用，为鹰潭市经济发展作贡献。

【车险业务】 1.众志成城，顺利过度商车改革。为迎接商业车险费率改革，顺利通过保监验收，公司共组织全司员工现场培训学习12次，并现场组织测试，同时组织各条线出单员系统穿行测试培训10次，当场验收，验收数据一致后方可过关。在大家的努力下，鹰潭中支商车改革圆满成功。2.重拳出击，抢占新车业务：一是优化资源配置，合理利用送返修资源以及差异化费用政策，精准投放，确保产能最大化；二是与合作车行合作开展户外团购会、续保团购会，抢夺新车资源，巩固次新车续保；三是高位拜访，深度沟通，为新车获取做好铺垫工作。至2016年11月，累计市场份额为27.08%，新车市场份额保持全省最高。3.新技术创新，助力电网销发展：一是加强与在线沟通，做好落地配合工作，减少渠道冲突，力争双向共赢；二是深入学习并推动新技术运用，公司出台码上保等相关新技术推动的奖励方案，激励内部员工使用并推广新技术，提高时效性和客户体验度，即节省了客户等单时间，也节约车险分摊成本，累计实现码上保车险业务131.36万元，实现码上保车险业务全省累计排名第一的好成绩且率先获得码上保普及率100%；配合分公司E养车服务顺利落地，做好产品增值营销；三是与车行资源共享。2016年，公司已与华宏、东风日产、悦达起亚、易捷、瑞丰5家车行互动合作推出续保团购会，并成功已与1家较大的车友会达成合作协议，资源共享方式已成功突破。截至11月30日入账保费为2061万元，同比增长42.91%，完成分公司定下的任务指标。贵溪电网销入账330.83万元，同比增长44.49%，余江电网销入账180.2万元，同比增长129.61%。截至11月车险累计续保率为58.12%，私家车续保率为57.38%，电网销渠道续保率为65.31%，车商司内续保率为40.12%，交叉销售司内续保率为52.88%。4.术业专攻，狠抓交叉业务：一是专职专员到位，专员入驻本部寿险职场；二是强化技能培训，多次派专员前往分公司学习业务知识，也多次邀请分公司交叉销售老师到公司授课培训，并邀请分公司专业老师入驻公司，为鹰潭交叉销售助力；三是按季度召开产寿联席会，加强双向沟通。5.匠心独运，做好团车业务：一是大力发展并维护核心业务，做好江西铜业股份有限公司、南铁公安处、铁路机务段、供电段等大客户的维护工作，努力提高承保条件，确保保费充足率和续保率；二是严格按照分公司“一车队一议”的费用政策，运用正面清单机制，择优汰劣，有选择性的发展品质较好的营运车业务；三是实施目录清单制管理办法，责任到人，由专员负责跟踪清单续保，确保逐车跟踪到位。6.强化考核，做细理赔工作：一是加强队伍管理。2016年已制定鹰潭片区理赔科各岗位考核方案、未决管理办法、时效管理办法。以制度管人，通过奖优罚劣，拉开各岗位收入，形成内部竞争机制。 二是加强未决管理。责任到人，每人负责一个月，责任人对该月发生的所有案件负责至支付结案完毕。要每周例会上通报未决清理情况，分析存在的问题，提出解决方案。三是加强投诉管理。在加强一线查勘员的服务意识同时，强化监督管控。四是加强送还修管理。每日要求查勘员上报出险车辆送还修情况，落实每天事故车流向，每月15日、30日召开车商理赔联系会议，及时发现问题，及时解决。

【非车险业务】 一是全面推进中支及县城机构法客团队改革，积极部署，稳步推进。二是创新新险种业务，突破发展瓶颈。江西银行中小企业短期借款履约保证保险成功开单；诉讼财产保全责任保险业务通过专属渠道，打破全省最大单纪录；成功开单产品责任保险；三是借助新技术，推动业务新活力：如码上保非车分散型业务，实现保费12.76万元，其中整合公司车险存量客户推广驾乘人员人身意外伤害保险 实现保费11.99万元。

【农险业务】 1.农业保险中标情况。2016年贵溪市育肥猪承保权，余江县商品林林木火灾保险、水稻保险的承保权、鹰潭市月湖区、信江区和高新技术开发区政策性农业全险种保险承保权。2.农险团队建设情况。公司人力、物力已配备到位，并且已较好的掌握了全流程，在承保、理赔程序规范、单证完整和结案率高这三点上多次受到分公司表扬，在全省起到先锋模范作用。同时在贵溪市塘湾镇、鸿塘镇和余江县锦江镇、春涛乡、邓埠镇设立了5个三农服务站，为农户提供咨询、承保、理赔等相关服务，随时为农户提供全方位的保障。3.农险开展情况。公司积极走访各相关政府部门，积极召开农业保险推动大会。2016年8月，促成鹰潭市政府下发《鹰潭市人民政府办公室关于进一步加强政策性农业保险工作的意见》（鹰府办发〔2016〕20号），为公司承保政策性水稻保险打开了新局面。

【人力资源】 1.人岗匹配、工作与KPI直接挂钩。根据不同条线、不同板块制定差异性岗位KPI体系，三大渠道、法客团队、理赔条线严格按照分公司要求进行考核，其他销售团队以及中后台需严格按照岗位职责、岗位属性制定KPI核算方式，充分将工作执行情况与KPI相挂钩；2.加强技能培训，提高全员战斗力。执行总经理室针对全司学习培训制度，利用每周星期一晚上2–3个小时进行全司的培训学习。加强三大渠道以及法客团队建设，持续将深化渠道改革落地到位，进一步提高专员的综合业务素质和技能培训，规范标准动作。3.完善考核机制，增强发展业务的动力与压力。严格实施奖惩。将业务的发展状况与工资奖金放挂钩，与福利待遇挂钩。通过奖勤罚懒、奖优罚劣来推动业务的发展。4.重点培养新生代员工的综合素养和能力。随着新鲜血液的注入，老员工的退休，公司重点从“德、能、勤、绩、廉、学”六个方面对新生代力量进行培训与考核。鼓励年轻人参加各种学历考试、资格认证，鼓励年轻人参加到更多岗位竞聘中，同时积极为年轻骨干力量提高各类培训的机会，全面提高综合素质，适应各种岗位需要。同时加强年轻后备干部管理工作，适应公司的发展需要。

（涂芽青）

【中国太平洋财产保险股份有限公司鹰潭中心支公司领导名录】
总经理：郭丽萍
副总经理：喻小春　程道辉

中国人寿保险股份有限公司鹰潭分公司

【概述】 2016年，公司认真贯彻落实全省系统工作会议精神，紧紧围绕“聚焦队伍，强化对标，合规经营，争先进位”主题主线开展工作。在省公司的正确领导下，全市系统员工以坚定的信心和非凡的勇气，积极抢抓发展机遇，攻坚克难，奋力开拓，销售队伍扩量提质，基础管理明显增强，风险管控成效显著，业务快速健康发展，特别是个险渠道实现了历史性跨越。2016年，公司实现总保费3.17亿。其中：首年标保2801.73万元；新单保费1.80亿；首年期交保费5905.95万元；十年期及以上期交保费3776.04万元；短期险保费1449.16万元；新农合大病补充医疗保费3989.24万元。

【基础管理】 坚持以市场为导向，稳步推进人事制度改革，着力建设一支“想干事、能干事、勤干事、干成事、会共事、不出事”的管理干部队伍，对部分中层管理人员任职资格公开竞聘，充分调动和激发广大员工干事创业的激情。个险方面紧紧把握抓晋组这个核心，按照“千分之一”社会人口的保险就业标准规划队伍发展；新人育成关注常态增员和项目增员相结合，打造一支能征善战的销售队伍。银保方面利用基本法上线的良机，高效推进团队建设，将增员工作形成常态化，集中精力打造一支有技能，有干劲，有愿景的保险理财规划师队伍，打造鹰潭市场数量与质量均列第一的销售队伍。团险方面以团险基本法为引领，组织培训团险专业化销售团队，打造高产能的精兵团队。

【合规经营】 全面落实党风廉政建设责任制，坚持“监督从实、惩防并举、聚焦县支、夯实基础”的工作方针，紧紧围绕公司改革发展的中心任务，全面强化监督责任，持续落实“五位一体”的风控模式。扎实开展“两个加强、两个遏制”后续自查工作；深入开展非法集资风险全面排查；按时保质地做好反洗钱工作，切实履行反洗钱法律职责。制定实施了多项内部管控制度，将制度建立在流程上，使制度实施落到实处。落实了全市系统党员领导干部述职述廉工作，签订党风廉政建设责任书，对新提聘的基层公司领导班子成员进行了廉政谈话。

【作风建设】 深入落实中央“八项规定”精神、坚持不懈纠正“四风”，不断加强党的作风建设，扎实推进全面从严治党，进一步严密党的组织体系、严肃党的组织生活、严格党员教育管理、严明党建工作责任制，激励基层党组织和广大党员干事创业、开拓进取。在全体党员中开展“学党章党规、学系列讲话，做合格党员”学习教育活动，努力使广大党员进一步增强政治意识、大局意识、核心意识、看齐意识，坚定理想信念、保持对党忠诚、树立清风正气、勇于担当作为，充分发挥先锋模范作用;严格坚持“三会一课制度”，发挥党支部自我净化、自我提高的主动性，为充分体现党的温暖和关怀。走访慰问退休党员和生活困难、患有重大疾病党员。开展“立足岗位作贡献，我为党旗争光彩”主题党日实践活动。全体党员到贵溪市周坊革命烈士纪念馆，表达对革命烈士的崇高敬意和无限缅怀之情，重温入党誓词，进一步增强党员意识、宗旨意识;进一步严格考勤管理、车辆管理、办公耗材管理、严格楼院管理、严格差旅费管理、严格接待用餐管理，严格单证印章固定资产管理，使党务政务事务管理水平不断提高。

【客户服务】 建立从“服务”入手去破解“管理”难题的思维转变，将工作重点逐步由“关注作业”“关注管理”转向“关注服务”。一是严把新契约是“入口关”，把投保过程中任何一个环节、任意一个问题都要当成大事去处理、去对待，力争在最短的时间内把公司的承诺送达客户手上。二是实行客户服务的电子化服务，安装了Wi-Fi和一台电脑用作自助服务设备，对于上门办理业务进行各项电子服务的宣传及操作演示，E宝账带给客户的是暖暖的体验和全方位的呵护。三是继续做好满期给付和退保的工作，将客户的不满情绪，消除在萌芽状态，三是加强理赔服务工作。共处理理赔案件6463件，赔付金额3912.06万元；满期给付12273.03万元，退保金6603.60万元；同时开展了少年演说家、第六届少儿绘画比赛等活动，宣传了公司的品牌形象，极大提升了社会影响力。

【典型理赔案例】 1.疾病无情保险有爱。被保险人胡某，鹰潭市某局普通职工，罹患主动脉夹层，先后在鹰潭某医院、复旦某医院住院治疗，公司大病保险补偿金额为20.56万元，报销比例在基本医保基础上提高了65%。2.雪中送炭暖人心。贵溪某乡舒某某参加了新型农村合作医疗大病保险，2016年1月经鹰潭某医院确诊患恶性肿瘤，支付了高额医疗费用，她在新农合报销医疗费后，公司进一步赔付医药费15.14万元。3.扶贫救助播撒爱心。被保险人危某，余江杨溪村乡低保人群，患恶性淋巴瘤，先后在余江县人民医院、中山大学肿瘤医院、鹰潭市人民医院，共花医疗费用30.35万元，在新农合报销9.12万元，大病报销4.54万元，新农合二次补偿5.51万元，精准扶贫补偿8.33万元，合计补偿27.5万元，报销比例达90.61%，个人仅承担2.85万元。

【承担社会责任】 “成己为人，成人达己”是中国人寿双成文化，公司积极秉承这一文化理念，参与了精准扶贫，抗洪救灾活动；走访慰问了养老机构及困难老人；资助了特殊教育学校全体残联学生购置衣服和学习用品；成立了“绿丝带”公益团队。安排相关人员利用双休日到市福利院探望孤、残儿童，为社会撒播正能量贡献出绵薄之力。

（张建红）

【中国人寿保险股份有限公司鹰潭分公司领导名录】

党委书记、总经理：周雍房

党委委员、纪委书记、副总经理、工会主任：齐亚中（~2016.6）

副总经理：朱俊茂（2016.5~）

总经理助理：成竹凌（女）(2016.10~）

党委委员：李其林（~2016.5）

总经理协理：龙志华（女，~2016.7）

中国人民人寿保险股份有限公司鹰潭中心支公司

【概述】 中国人民人寿保险股份有限公司鹰潭中心支公司（简称人保寿险鹰潭中心支公司）于2008年4月

经保险监管部门验收核准，正式对外营业，是一家全国性寿险公司，公司下辖贵溪市支公司、余江县支公司2个经营单位，内设总经理室、综合部、个险部、银保部、团险部、互动部、客户服务中心7个部门。2016年，中国人保寿险鹰潭中心支公司在总、省公司领导下，围绕年度各项任务目标，以业务发展、队伍建设、费用管控、合规经营为全年的工作主体，明确经营思路，把握经营重点，积极有效地开展工作，在全体员工的努力拼搏下，取得了较好的成绩。

2016年里，公司规模保费累计达2.05亿元，较2015年同期净增保费2577万元，增幅达14.38％。其中银保渠道实现保费1.3亿元，同比保费增长5.07%；个险渠道实现保费2344万元，同比保费增长13.58%，团险渠道实现保费891万元，互动渠道实现保费953万元，续展渠道实现保费3067万元；完成期交保费2141万元，同比增长86.59%；短险保费477万元，同比增长5.92%。

【业务发展】 在个险渠道上，一是做好开门红启动和方案追踪，充分利用各阶段方案的优势，追踪营销员达成目标；二是抓住鑫享产品抢售活动，通过氛围营造鼓励营销员积极参与抢售鑫享，抢占先机赢取主动；三是运作好每一场营销答谢会，通过制定考核抓好每场答谢会的参会人数，签单率等，保证答谢会的效果；四是加强基础管理，通过早会、夕会、主管会、集中培训等，加强对营销员产品、销售技能、职业道德等各方面的培训提升他们的技能和管理；五是加强队伍建设，积极主动参加“育树成林”项目，通过该项目不但取得人力发展，更加夯实了队伍基础；六是利用新基本法的实施调动全体业务员的积极性，通过学、考、讲、会等让新基本法深入人心。在银保渠道上，一是改变经营策略，充分洞悉市场变化，在盯紧邮政渠道的同时，加强与建行、工行等其他渠道的合作，把握产品限时限量销售契机，抓住“鑫利A”、“鑫利B”、“发展一号”产品，仅用30天就一举完成全年总量任务；二是及时转型，齐心协力冲刺期交总量任务，通过幸福保产品在邮政渠道上量，银保渠道仅用时72天就完成全年期交总量任务。在团险渠道上，一是正确把握经营节奏，通过开门红契机，有效提升团险保费规模；二是理清工作思路，重点抓好学平险工作衔接，以及新项目的开拓；三是加强人员管理，努力挖掘队伍本身的潜力，做好期交产品的销售，达成团险期交任务。在互动渠道上，加强与财险公司领导班子沟通，充分利用党建协调委员会的平台，加强业务合作出台了2016年交叉销售方案，在“建党95周年”方案上，双方更是多次开会沟通，并互派人员加强双方产品的培训以及方案的追踪落实，真正实现了互动合作。在续展渠道上，一是加强续展团队的培养，通过个险的培训力量，帮助续展渠道培育队伍，同时通过开发专职单客户，提升续展人员收入，稳定队伍。二是做好续展队伍的管理，除做好日常差勤管理外，还要求续展员不仅要做好来自续收单客户的“二次开发”的工作，还要做好到前台办理业务客户的“再次开发”工作。

【社会责任】 公司向社会做出公开承诺：1.诚信销售，明白投保，销售人员100%持证上岗，做到如实告知，不虚假宣传，不误导客户；坚持使用通俗化条款、标准化保单，让客户准确了解公司产品，知悉自身权益，明明白白消费。2.温馨回访，持续服务对长期险新契约客户在犹豫期内100%电话回访，确保保单销售质量；为长期险客户指定保单服务人员，确保服务不间断。3.手续便捷，赔付无忧理赔流程公开、透明，理赔资料一次性告知，理赔报案多渠道受理；一般案件5日内结案，情形复杂的，在30日内作出核定，全国范围内通赔通付，重大紧急案件预付赔款，让客户安心享有保险保障。2016年，公司累计赔付支出160.74万元，其中疾病住院医疗赔付252.74万元，短险赔付115.67万元，批次案件赔付7.89万元；公司服务网络已遍布全市及所辖一市一县，做到了及时理赔服务、承担了保险责任、分担了政府负担、保障了经济发展、维护了社会稳定。

【服务平台】 公司追求以客户为中心的专业化经营之路，拥有一支从业经营丰富的管理团队，拥有一大批市场顶尖的业务专家和优秀人才，其中大部分在保险行业服务超过15年。公司建立了科学的集中管控体系与强大的销售支持平台，通过个人保险、银邮代理、团体保险、互动业务、电子商务等多种营销渠道，向广大客户提供咨询、出单、承保、核保、查勘、定损、理赔等全面、便捷、高效的服务，全方位满足客户的不同需求。公司通过“4008895518”客户专线、短信平台、门户网站、电子商务、客户服务门店、保单服务人员等多渠道服务网络体系，24小时全天候服务，在实现便利、快速、规范的专业化服务同时，坚持不懈地致力于满足每个客户的个性化需求。

（占文伟）

【中国人民人寿保险股份有限公司鹰潭中心支公司领导名录】

总经理：曾伟（～2016.8）

副总经理（主持工作）：俞夕云（2016.8～）

总经理助理：罗来建（2016.7～）

中国太平洋人寿保险股份有限公司鹰潭中心支公司

【概述】 中国太平洋人寿保险股份有限公司鹰潭中心支公司（简称鹰潭

太平洋寿险），是中国太平洋人寿保险股份有限公司在江西省鹰潭市设立的三级机构，成立于2002年4月。公司位于鹰潭市林荫西路金森文化广场1号楼102室二、三楼，经营区域包括鹰潭市各辖区。公司具有完善的组织架构、专业化的管理团队以及综合金融服务平台，可为鹰潭太平洋寿险客户提供全方位的特色金融服务。鹰潭太平洋寿险秉承“诚信天下，稳健一生，追求卓越”的核心价值观，以“一切以客户感受良好为标准”“以客户需求为导向”服务于鹰潭市场，成为鹰潭寿险市场一家品牌公司。公司拥有内勤管理人员20余人，营销人力700余人，下属四级机构贵溪营销服务部地址为贵溪市交通路16号三楼；余江营销服务部地址为鹰潭市余江县世际阳光大道11号西裙楼二楼。

【业务发展】 2016年，鹰潭太平洋寿险全体干部员工紧跟江西太平洋寿险的节奏、紧紧围绕其工作部署和要求，较好地实现了全年业务、人力的较大增长。业务方面：标准保费收入8560万元，同比增长79.4%；新保保费收入1710万元，同比增长70.4%；人力方面：中支总人力为738人，同比增长92%；其中主管46人，同比增长48%　。

【企业文化】 对外鹰潭太平洋寿险秉承“诚信天下，稳健一生，追求卓越”的核心价值观，以“做一家负责任的保险公司”为使命，以“一切以客户感受良好”为标准服务于鹰潭市场；推进“以客户需求为导向”的战略转型，紧密围绕转型三大目标，坚持问题导向，推动转型成果落地：在关注客户需求方面，实现精准销售和精细服务；在改善客户界面方面，积极运用新技术，确保中后台支持前端；在提升客户体验方面，大力推动产品创新，将优质、便捷的保险服务带到客户身边。对内加强建设，营造一种简单、快乐的文化和良好的工作环境来吸引和留住人才，不断激发员工的潜能和凝聚力，形成合力，让员工主动参与到公司的建设中来，把公司建设成员工快乐的地方、成长的地方、致富的地方；通过培训来提升员工的工作技能，建立员工学习制度，通过集中学习、早会学习，统一员工的思想，提升管理理念，提高员工的工作技能；进一步优化工作流程，不断提升员工的工作技能和工作效率。

【合规经营】 坚持合规经营。加强与政府等相关部门联系，营造良好的外部形象，积极参与监管单位组织的各项活动，有效的处理好与外部监管单位的关系。2016年10月，鹰潭太平洋寿险积极配合人民银行鹰潭支行对公司开展的反洗钱检查，检查为期15天，未检查出违法违规行为，守住了外部监管零处罚的底线。检查既给鹰潭太平洋寿险做了一次“体检”，同时也提高了全体员工的风险意识，起到了积极的作用。鹰潭太平洋寿险内部多次组织自查自纠工作，发现风险隐患及时改正。公司始终坚持合规是底线的原则，坚守诚信和合规经营的理念，按时完成江西太平洋寿险的工作要求：开展了加强内部管控、遏制违法犯罪、加强外部监管、遏制违规经营等“两个加强、两个遏制”，反洗钱、反欺诈、反舞弊、反垄断、防范风险案件等“四反一防范”等学习活动。以上内容有效地防范了经营中的合规风险。

【客户服务】 一是规范柜面人员的服务行为。公司要求柜面人员做到“五个一”服务：一个微笑，一声问候，一杯热茶，一个产品，一次回访，以满足客户的需求。重点推行微笑等礼仪服务，树立良好的品牌形象。二是认真做好理赔服务工作，进一步提高理赔时效和服务质量。重点推行温馨提示，对理赔过程进行短信提示，理赔时效明显提高，受到了客户的好评。三是认真做好满期给付工作。

（张群英）

【中国太平洋人寿保险股份有限公司鹰潭中心支公司领导名录】

总经理：朱　明

总经理助理：江涛（2016.4～）

气象

编辑、校对：柴靖龙

综述

2016年，鹰潭市气象局在市委、市政府的正确领导下，认真贯彻落实中共十八届三中、四中、五中、六中全会精神，紧紧围绕服务地方经济社会发展，坚持深化气象事业改革，推进气象现代化建设，在气象防灾减灾、公共气象服务、气象社会管理和党风廉政建设等方面取得了积极进展。

重要举措

【天气预警预报】 2016年，鹰潭市气象局共发布各类预警信号217次，为市委、市政府提供气象呈阅件13期，重要天气情况17期，雨情服务75次；主要领导向市委、市政府及有关部门领导发送决策气象服务短信20期，近500条。气象服务工作得到了市委、市政府领导的高度关注。

【公共气象服务】 2016年，鹰潭市气象局利用手机短信平台发布预报预警信息200万余条，在电子显示屏发布气象信息5万余屏次，并在《鹰潭日报》等主流媒体定期发布天气预报信息。同时继续做好元旦、春节、清明节、“五一”、中高考、端午节等气象服务，多形式、多渠道开展公共气象服务，收到明显社会效益。

【生态文明建设气象服务】 2016年，鹰潭市气象局努力把握气象服务生态文明先行示范区建设的新机遇，积极开展相关建设探索。建立了基于空气质量指数（AQI）的城市空气质量预报业务，并开展了霾和空气污染气象条件预报预警工作，每天6时、16时分别制作、发布未来三天空气污染气象条件等级预报，不定时发布雾、霾气象灾害预警信号。开展节能减排气象保障，积极参与了建设垃圾发电厂、建设核电站及机场等相关工作，及时提供了气象资料、气候选址意见等相关工作。

【为农气象服务】 2016年，鹰潭市气象局紧紧围绕农村防灾减灾、大宗农作物生产、特色农业生产等，积极开展为农服务。制定《农业气象服务周年方案》，完善关键农事季节的服务流程，与农业部门加强会商，增强服务的针对性。开展面向新型农业经营主体的科普宣传和“直通式”气象服务。2016年，制作服务产品70余期，发送直通式气象服务手机短信9000余人次。争取财政部、中国气象局专项资金，开展贵溪市、余江县“三农”气象服务专项建设。完成当地“知农时、懂农事、察农需、接地气”调研活动；完善气象为“三农”服务专家联盟工作联动机制；开展了村级气象灾害应急保障演练、农村防灾减灾知识培训；设立气象灾害警示牌，发放气象灾害防御卡；完善农村气象灾害预警信息发布手段，贵溪市共建立85块电子显屏、193套气象预警大喇叭。

【森林防火气象服务】 2016年，鹰潭市气象局着力加强森林防火气象预报服务，不定时地通过手机短信等形式向乡镇气象信息员、森林防火成员单位及各有关部门专题报送一周天气和森林防火等级预报，提醒各地加强对野外用火安全控制及火险监测工作。针对2016年9月市高火险等级天气，组织市县开展了3次人工影响天气作业，发射火箭弹6枚，有效缓解高火险等级。

【气象依法行政】 2016年，鹰潭市气象局认真履行气象行政管理职能，强化依法行政。加强防雷减灾安全管理，努力构建防雷减灾安全责任体系。积极推进气象行政检查“双随机一公开”工作，建立了检查对象名录库和执法检查人员名录库，出台鹰潭市气象部门“双随机一公开”工作实施细则。加大行政执法和检查力度，及时查处违法违规案件，与市安监局对中石化油库等易燃易爆场所开展了防雷安全督查，加大行政执法力度，共查处了2起未经申报擅自施放气球的行为。落实行政审批制度改革，提升行政审批能力。先后依法清理了施放气球资质证年检、施放气球资格证等行政审批和建设项目雷电灾害风险评估、新建、改建、扩建建（构）筑物防雷装置检测、防雷产品测试、防雷装置设计技术评价等行政审批中介服务事项。2016年受理施放气球活动行政许可6件，受理防雷装置设计审核和竣工验收行政许可59件。加强科技服务管理，推进制度的落实。进一步规范科技服务收费行为，从材料采购、入库、出库、发票开具、合同签订等方面入手，建立了防雷行政审批、防雷装置跟踪检测、防雷装置定期检测、防雷工程、彩球、专业气象服务等台账，努力推进科技服务制度的落实。

【气象现代化建设稳步推进】 推进气象工作法治化，鹰潭市人民政府办公室印发《鹰潭市气象事业发展“十三五”规划》，明确了“十三五”时期鹰潭气象事业的发展思路、发展目标、重点任务、重大工程和保障措施；推动气象业务现代化，全市建设3个国家级台站降水类天气现象，开展了中尺度天气分析及临近预报技术研发和乡镇精细化气象要素定量预报业务工作，“塔桥人工增雨防雹基地”建设全面竣工；推动气象服务社会化，加深与农业、水利、国土、林业、民政等涉农、涉灾部门的合作，签订部门合作协议累计13份，2016年气象与农业等部门联合发布服务产品90份，联合开展农情调查9次。

【科技创新和人才队伍建设不断加强】 2016年，通过岗位目标责任和完善奖惩办法鼓励和引导业务人员参与科技创新工作。加强科研工作。承担的省气象局项目“江西省“2013.6.26—29”连续暴雨过程综合分析”已完成项目研究，并申请省气象局验收。加强人才培养。全市气象部门有2人进入全省“业务科研骨干”队伍，有2人进入全省“一线优秀人才”队伍。1人获江西省总工会五一劳动奖章，1人获全国气象行业业务技能竞赛三等奖。加强学术交流。举办重大天气过程预报技术总结交流，有效提高了全市气象工作者的科研水平。

【党风廉政和气象文化建设】 2016年，市气象局深入开展“两学一做”学习教育，按照《全市气象部门开展“两学一做”学习教育实施方案》，积极开展各类主题活动，认真落实党风廉政建设“两个责任”，层层签订党风廉政建设责任书，部署全年党风廉政建设工作。积极开展“党风廉政宣教月”活动，修订下发年度《党风廉政建设和反腐败工作意见》等制度。以违反中央“八项规定”案例为教材，积极开展警示教育。赴怀玉山爱国主义教育基地缅怀革命先烈，接受革命传统教育。开展了“四风”问题集中检查、贯彻落实中央“八项规定”精神情况专项检查、集中整治和查处基层侵害群众利益不正之风和腐败问题专项检查，认真整改发现的问题，强化制度机制建设，堵塞漏洞，源头治理。

（刘　丰）

【市气象局副县级以上干部名录】

党组书记、局　长：戴熙敏

党组成员、副局长：宁芳跃（女）

齐永胜

党组成员、纪检组长：俞发民

正县级干部：徐建国

副调研员：李九龙

1月28日，鹰潭市气象局举办喜迎新春“趣味运动会”

市气象局　供稿

环境保护

编辑、校对：柴靖龙

综述

2016年，在市委、市政府的正确领导下，在市环境保护委员会成员单位大力支持和各县（市、区）和景区、高新区、信江新区密切配合下，全市环保工作取得重要进展。全年环境空气质量优良率达88.2%，主要河流断面水质达标率和集中式饮用水源水质达标率持续保持100%，全面完成了年度减排目标。

重要举措

【大气污染防治】 一是制定实施了《鹰潭市2016年大气污染防治实施计划》。贵溪发电有限责任公司1号、2号机组超低排放改造项目全面完成。贵溪冶炼厂天然气替代燃煤燃料技术改造项目全部完工。二是做好了G20峰会环境空气质量区域协作保障工作。紧紧围绕控源头、抓监管，圆满完成了G20峰会空气质量区域协作保障任务，保障期间我市空气质量优良率持续保持100%。三是加强黄标车管理工作。完成了全年3000辆黄标车和老旧车淘汰任务。全市3家机动车排气检测机构加快采用“简易工况法”，扩项认证工作已完成。四是完善全市大气环境监测体系建设。在确保鹰潭市城区5个环境空气质量自动监测站有效运行的前提下，贵溪、余江均已完成环境空气质量自动监测站建设，实现了环境空气质量监测体系全覆盖。

【水污染专项整治】 制定落实了《2016年鹰潭市水污染防治工作计划》，列入的工业集聚区集中污水处理设施建设工程、城镇污水处理设施建设工程、城市污水收集管网改造完善工程、规模化畜禽养殖污染防治工程、环境监管能力建设工程五大类共计13个项目已全部完成。组织对信江鹰潭段支流及排污口进行全面排查，绘制了流域排污口分布图。通过突出做好工业水污染防治、强化城镇生活污染治理、深入推进防治畜禽养殖污染等重点工作，市水环境总体质量良好，列入国家和省地表水考核8个断面水质、3个县级及以上饮用水水源地水质全部达标。

【土壤污染防治】 一是江铜贵冶周边区域九牛岗土壤修复示范项目（一期）已通过项目竣工验收，修复治理污染土壤面积2075.6亩。正抓紧实施贵溪冶炼厂周边区域重金属污染综合治理项目（二期）项目。二是严格规范危险废物管理。严把危险废物经营许可证申领关。严格执行《危险废物转移联单管理办法》，要求企业制定、报备危险废物申报表及年度管理计划，全年共安全转移2.3万吨。三是市垃圾焚烧发电项目一期已经建成投运，二期也在开始前期建设，2017年底有望全部建成，届时可实现全域垃圾无害化处理。

【中央环保督察问题整改】 迎接了中央环境保护督察和省政府环保综合督察，成立了市环境保护督察问题整改工作领导小组和中央环境保护督察组移交问题线索问责工作领导小组，制订了《鹰潭市政府关于贯彻落实中央环境保护督察组督察反馈意见的整改方案》。结合省政府环保综合督察提出的问题和举一反三梳理出共63个问题分别制定了整改方案，落实了责任单位，明确了整改时限和整改措施。各责任单位立行立改，切实推进了整改工作开展。

【环境执法监管】 一是持续加大环境执法力度。全市共排查企业953家（次），下达责令整改通知72家，责令停产整改19家，关停取缔33家。二是加大案件查处力度。全市共立案查处环境违法案件46件，处罚金额165万元。按新环保法及其配套办法查处案件15件，其中，按日计罚2件，移送拘留7件，拘留7人，移送涉嫌犯罪案件2件，查封扣押案件4件。三是切实解决环境信访问题。畅通了环境信访投诉渠道，构建信、访、网、电“四位一体”信访受理平台。市本级共受理信访件328件，已全部办结。四是加大建设项目环境保护监督管理力度。开展了违法违规建设项目清理专项整治行动，124个违法违规建设项目全部完成了整治。

【加强生态保护】 编制完成了《鹰潭市“十三五”生态环境保护规划》，划定并严守生态红线，全市划入生态红线保护的总面积为1040.2平方千米，占全市国土面积的29.21%。自然保护区管理水平不断提升，接受了省政府对自然保护区的专项督察，督察反映市阳际峰国家级自然保护区管理机构较为完善，综合管理能力较强。积极开展生态文明示范创建，有8个乡镇编制了《生态文明建设示范乡镇创建规划》，推荐上报了3个乡镇、村创建省级生态文明建设示范乡镇、村。积极开展生态文明宣传，开展了世界环境日宣传系列活动，召开了环境质量新闻发布会，调动了全社会参与环境保护的热情。

【供给侧结构性改革】 一是深化行政审批制度改革。制定公开了“三单一网”、下放了审批权限，环境影响登记表项目由审批制改为备案制管理，环评机构完成了脱钩。二是切实发挥环评源头预防作用。强化空间、总量、准入环境管理，严格建设项目环评准入，共审批建设项目93个，并及时全面向社会公示。三是制定了《市环保专项资金使用管理办法》，加强了专项资金项目监管。四是制定了主要污染物总量减排年度计划，严格考核减排目标进度，全面完成了年度减排目标。

（王 珍）

【市环保局副县级以上干部名录】

党组书记、局长：喻 霞（女）

党组成员：金雪斌

党组成员、总工程师：张 永

副局长：张红志

党组成员、副局长：陈亮泉 鄢建华

副调研员：张 浩

6月5日，鹰潭市环保局联合鹰潭市教育局举行2016年“六·五”世界环境日主题宣传活动

市环保局 供稿

科 技

编辑、校对：夏永军

综述

2016年是“十三五”开局之年，是全面深化改革的关键一年。鹰潭市科技局主动适应经济发展新常态，深入实施创新驱动发展战略，不断创新科技体制机制，大力推进协同创新，各项工作取得显著成效。据江西省科技厅、江西省统计局2016年联合发布的全省科技进步统计监测评价结果，鹰潭市列全省第二名。

重要举措

【科技政策法规实施与建设】 以深化简政放权、提高行政工作效率、优化服务水平为重点，做好行政审批事项的衔接、取消和下放工作，及时衔接落实国务院、省政府和市政府取消和下放的行政审批事项。同时，规范权责清单动态管理，及时调整在门户网站和江西政务服务网（江西政务服务网市县分厅）公布的行政权责清单。围绕“双随机、一公开”工作，制定了“一单两库”及“随机抽查工作细则”工作。坚持依法行政，依法办事，自觉履行科技部门的依法行政职责。

5月27日，由江西省科技厅、鹰潭市政府联合主办的江西省（鹰潭）科技创新成果在线对接会在鹰潭市举行

市科技局　供稿

【战略性新兴产业】 2016年有创新活动的规模以上企业104家；新认定高新技术企业31家，鹰潭市高企总数达71家；截至11月份，高新技术产业实现增加值94.6亿元，同比增长70.57%。

【科技计划及项目管理】 2016年共获江西省级各类科技计划项目立项50项，下达鹰潭市级科技计划项目82项，下达鹰潭市级科技创新补助奖励项目104项。

【科技经费投入及管理】 2016年鹰潭市本级财政共安排科技经费6636万元，占市本级财政支出的1.9%。科技经费按照引导资金（科技金融）、奖励资金、项目资金三大块进行了安排。

【科技成果】 组织科技计划项目验收和科技成果鉴定工作。2016年共组织科技成果鉴定21项，科技计划项目验收3项。实施江西省级成果转移转化项目3项，组织推荐江西省级科技成果登记26项，并全部通过江西省级审核和公告。

【科技奖励】 荣获2016年度江西省科学技术进步奖三等奖2项。评审出2016年度鹰潭市级科学技术奖获奖项目21项，其中一等奖4项、二等奖8项、三等奖9项。

【知识产权工作】 知识产权创造水平不断增强。2016年鹰潭市专利申请量达2945件，同比增幅达85.7%；授权1963件，同比增幅达64.8%。增幅列全省前列。每万人有效发明专利拥有量1.23件，增幅达0.31件。鹰潭高新区成为鹰潭市首家专利过千件园区，并荣获省级知识产权示范园区称号。贵溪市专利首次突破1000件，连续三年获得江西省“专利进步十强县”称号。执法能力稳步提升，举办了药品、超市等经营业主知识产权培训班，提升各经营业主对假冒专利产品的鉴别能力。2016年共检查各类商场12家，检查带有专利标识的商品400余件，共查处假冒专利商品76件，结案率100%。2016年，荣获“全省专利行政执法工作先进集体”称号。开展知识产权质押融资服务促进工作，开展对接活动1次，全市知识产权质押融资金额共计3050万元，获得省知识产权局专利质押融资贴息共计25万元。2016年新增省级知识产权优势企业3家，新增省级优势培育企业6家。

【科技基地园区管理】 余江农业科技园加入省农业科技园区协同创新战略联盟，余江县黄庄乡峨门村被认定为2016年省级生态文明科技示范基地，全市省级生态文明科技示范基地达3个。

【农村科技管理工作】 重大项目实施顺利。2个国家农转项目、1个科技富民强县项目和1个中央引导地方科技发展专项资金项目等重大项目进展良好。科技特派团富民强县工程成效显著。对原有的水稻、茶叶、畜牧、蔬菜4个科技特派团成员进行了调整，并新增了余江经作科技特派团，全市科技特派团增加到5个、成员增加到38人。特派团参与了挂点地区15个科技项目的实施工作，推广实用技术50余项，建设各类示范基地13个，培养技术骨干400余人，服务带动农户近2000户，促进产业增收6000余万元。农业农村创新创业工作取得新突破。“唏唏哩星创天地”“江西中药材种养星创天地”通过科技部审核，入选第一批国家级“星创天地”。

【科技企业管理】 全年共考察、审核、推荐了科技型中小企业信贷风险补偿资金贷款备选企业34家，为鹰潭市科技信贷工作走在全省的前列奠定了基础。

【科技人才】 大力实施人才培养工程。积极组织申报省优势创新团队项目，省学术学科带头人培养计划和省青年科学家培养计划项目，组建3个省优势创新团队，共获得省科技经费200余万元；开展市级优势技术创新团队和学术学科带头人培养计划，2016年确立5个市级优势技术创新团队，10个市级学科带头人给予资助培育培养，共下发资助52万元。

【科技体制改革】 围绕全面深化科技体制改革，制定下发了《鹰潭市人民政府关于改进加强市级财政科研项目和资金管理的实施意见》《鹰潭市人民政府关于贯彻落实全省创新驱动“5511”工程的实施意见》等文件。

【科技合作与交流】 组织多家企业参加第二届中国~南亚技术转移与创新合作大会。实施江西省级对外科技合作项目1项。举办了江西省（鹰潭）科技创新成果在线对接会。共实现技术对接784次，产生意向408次，达成意向90次，在线对接会还吸引21201访客的在线观摩。加强与南昌大学的科技合作，签订合作协议，召开全市LED、食品化工企业座谈会。

【社会发展科技工作】 全市共组织11家企业申报省节能减排科技创新示范企业，有5家顺利通过专家评审，获得示范企业称号，占全省60家的十二分之一；2013~2014年获认定的2家节能减排科技创新示范企业顺利通过省科技厅复核。

【科普工作与科技宣传】 通过“全国科技活动周”等科技宣传普及活动丰富了人民群众科学文化生活、普及了科学技术知识，推动了先进技术的应用和相关产业的科技创新。

【机关政务管理】 1.加强班子和干部队伍建设。注重理论学习，坚持中心组带头学习，推进学习制度化、经常化；注重执行民主集中制，坚持工作广泛征求意见，做到了重大问题决策、重要干部任免、重大项目决策、大额资金使用集体研究决定；注重践行“三严三实”，广泛开展干部进企业、下基地、联人才等科技服务活动，使干部创新、务实、接地气，形成了干部队伍心齐、气正、劲足的良好精神状态

2.严格落实党风廉政建设责任制。严格落实主体责任和监督责任，对党风廉政和反腐倡廉重点任务进行分解和细化，做到了分工清楚，责任到人。并扎实开展了“领导干部违规插手工程”“党员干部严禁参与赌博”等专项治理活动。

3.注重机关党建工作。一是党组高度重视党建。局党组把抓党建工作列入重要议事日程，与科技和防震减灾工作同部署、同安排。同时积极探索“党建+”新模式，如机关党支部将“党建+”融入科室业务工作，生产力促进中心党支部突出“党建+铜产业”工作，深入市铜产业重点区域和重点铜企业开展科技服务等等。二是夯实基层组织机构。配齐配强了基层党支部，三个局属副县级单位支部书记均由单位主要领导担任，在党支部开展活动方面也给予大力支持，确保活动有场所、有经费、有效果。三是党建活动形式多样。开展纪念建党95周年暨“两学一做”“四个一”学

习主题活动，即接受一次红色传统教育、写一篇1000字左右心得体会、为科技创新提一个合理化建议、为精准服务企业或精准扶贫做一件实事。同时坚持“党建带群团，群团促党建”的工作思路，开展了科技系统离退休老干部进行座谈、健步走、第九套广播体操、职工运动会等各类富有特色的群团活动。通过系列活动，为单位凝聚了人心，注入了活力。

【科技大事记】 1. 3月30日，全市“双创”工作暨科技奖励大会召开。会议的主要任务是，深入学习贯彻中共中央总书记习近平视察江西省重要讲话精神，以及全省“双创”现场推进会精神，交流各地“双创”工作经验，表彰2015年度市科学技术奖获奖单位和个人，部署下一步“双创”和科技创新工作。市委书记陈兴超出席会议并讲话。市长熊茂平主持会议。市领导杜德春、王家林、蔡厚勇、郭清、贺喜灿、张福庆、杨金红、陈云、辜清，鹰潭高新区管委会主任李卫国，省国安厅副巡视员孙琦以及市四套班子秘书长出席会议。各县(市、区)、龙虎山风景名胜区、鹰潭高新区、信江新区主要领导及分管领导，市及县(市、区、管委会)两级发改、人社、科技、教育部门主要负责人，各乡(镇)主要领导等出席会议。会议对2015年度市科学技术奖获奖单位和个人进行了表彰。会上，副市长辜清宣读《鹰潭市人民政府关于2015年度鹰潭市科学技术奖励的决定》。余江县、市人社局、贵溪市塘湾镇、红旗集团江西铜材有限公司作了大会发言。会前，与会人员到贵溪现场考察贵溪电子商务创业园、江西中鼎金属工艺有限公司2个创业创新项目，集体参观鹰潭市“双创”重要成果，切身感受了“双创”干劲和热情。

2. 5月27日，由省科技厅、市政府联合主办的江西省(鹰潭)科技创新成果在线对接会在鹰潭市召开。省科技厅厅长洪三国出席会议并讲话。市委书记陈兴超、市长熊茂平看望了与会领导和嘉宾。省科技厅副厅长赵金城主持会议，市委常委、副市长李唐致辞。省纪委驻省科技厅纪检组长邓季芳，江西理工大学副校长邱廷省和浙江大学、复旦大学、天津大学、天津工业大学、中南大学、北京有色金属研究总院、南昌大学、江西理工大学等技术供给方的高等院校、科研院所代表以及140多家技术需求方企业负责人参加会议。对接会期间，省科技厅厅长洪三国等领导还参观考察了鹰潭铜产业工程技术研究中心和广信铜业。

3月30日，鹰潭市全市科学技术奖励大会召开

市科技局 供稿

3. 2月24日，市科技局与市建行签订鹰潭市“科贷通”业务合作协议，标志着鹰潭市科技金融试点工作正式启动。“科贷通”是财政科技经费使用方式改革的重要举措，通过设立科技型中小企业信贷风险补偿资金(科贷补偿金)，发挥财政资金的杠杆作用，引导银行为科技型中小企业发展提供信贷支持。2016年，鹰潭市被省科技厅纳入全省首批“科贷通”试点地区。省科技厅已建立省科贷补偿金，用以配套支持试点地区“科贷通”业务。

4. 第十八届中国国际高新技术成果交易会于2014年11月16日至21日在深圳市隆重举行。鹰潭市组织三川智慧科技股份有限公司、江西水晶光电有限公司、鹰潭市天元仙斛生物科技有限公司、鹰潭江南铜业有限公司、鹰潭市众鑫成铜业有限公司、江西天施康中药股份有限公司、江西尚绿科技有限公司、江西中鼎金属工艺有限公司等10余家优秀企业的科技成果参展，展示了鹰潭市自主创新的高新技术成果与产品，重点突出了鹰潭市“8+1”主导产业的技术与成果，得到省政府、省科技厅领导及与会专家人士的高度评价和充分肯定。

(柯　科)

【市科技局副县级以上干部名录】

党组书记、局长：敖高源

党组副书记、调研员：吴敬祖

党组成员、副局长：谭小雅　万谷辉

党组成员：郑慧琴(女)

党组成员、生产力促进中心主任：吴春斌

党组成员、副调研员：孔　晖

副调研员：胡梦莉(女，~2016.7)

官国保(~2016.12)

市白蚁研究所所长：张　盛

党组成员、情报所所长：何浩兴

教育

编辑、校对：华志萍

综述

2016年，鹰潭市教育局在市委、市政府的正确领导和省教育厅的大力指导下，认真贯彻落实中共十八大，中共十八届三中、四中、五中、六中全会和习近平总书记系列重要讲话精神，按照“两学一做”学习教育活动要求，围绕提高教育质量，促进教育公平，坚持补短板，创特色，各项工作进展顺利，为实现“十三五”开局良好打下了扎实基础。

至2016年底，全市共有各级各类学校695所，其中普通高校2所，成人高校1所，职业学校12所，普通中学84所，小学256所，特殊教育学校3所，幼儿园337所。全市普通高等学校、普通中学、小学在校生分别为8607人、63365人和11.36万人，特殊教育在校生1057人，在园幼儿37864人。普通高等学校、普通中学、小学分别拥有专任教师443人、4709人和5903人。全市小学适龄人口毛入学率为104.65%，初中适龄少年毛入学率117.73%，高中阶段入学率86.16%。在2016年全省教育发展指数综合考核评价工作中，鹰潭市获得6.08分，全省排名第四，四小市排名第二。

高中特色教育成绩斐然。在2016年的高考中，全市有22名考生分别被清华大学和北京大学录取，录取人数居全省第四，录取人数占总人口数比率居全省第一，创清华大学和北京大学在鹰潭市录取人数的新高。另有2名考生被解放军航空航天大学录取。

学前教育建设与管理成效显现。全市有乡镇公办中心幼儿园19所；闲置校舍改造、增设附属幼儿园109所，完成附属幼儿园剥离28所；小区配套幼儿园投入使用21所。

义务教育均衡发展稳步推进。月湖区义务教育均衡发展通过国家验收评估。制定下发《鹰潭市农业转移人口随迁子女接受义务教育实施办法》，切实保障随迁子女就学需求，策应鹰潭市新型城镇化建设。外来务工人员随迁子女在鹰潭市参加中考，享受与当地居民同等待遇。全市进城务工人员和外来人员随迁子女20564名（小学14709名，初中5855名），全部安排到城区公办学校接受义务教育，实现了义务教育阶段中小学100%“免试划片就近入学”。

中职教育资源整合工作显成效。鹰潭应用工程学校、鹰潭职中、鹰潭技校3所公办中等职业学校资源整合工作全面结束。整合后教育资源优势集中、利用更加充分，专业设置和师资力量更加优化。在2016年的招生工作中，招生数达1436人。

教育信息化推进取得突破。全市中小学校已接入宽带511所，“班班通”覆盖学校496所，农村教学点数字教育资源实现全覆盖，开通“人人通”空间学校325所。

教育招商引资、对外合作开局良好。11月25日，市政府与上海对外经贸大学签署了战略合作框架协议，并建立了上海对外经贸大学国际学生文化体验基地。8月17日，与深圳国泰安教育技术股份有限公司合作，委托管理鹰潭职业技术学院，标志着鹰潭职业技术学院进入新的历史发展时期。加强教育外事工作，强化外籍教师队伍建设，协助学校做好外国知名专家的聘请、讲学工作（鹰潭市第一中学续聘外教1名，贵溪市第二中学续聘外教2名）。申报国际外事交流各类专家5名。

教育新闻宣传有声有色。以服务“学在鹰潭”教育品牌打造为契机，加强教育新闻宣传，开展了“学在鹰潭”系列报道，通过上重稿、大稿，在省市主流媒体全面反映全市教育工作取得的新成效、新进展，进一步提升鹰潭教育工作影响力。8月4日，《江西日报》头版头条以《桃李春风冠集英——看鹰潭市如何打造“学在鹰潭”教育品牌》为题，报道了鹰潭市教育工作。8月10日，《江西日报》以《亮学在鹰潭品牌，办人民满意教育》为题对鹰潭市教育工作进行了整版专题宣传。11月1日，《江西日报》二版头条《促均衡发展保师生平安鹰潭为教育插上信息化“翅膀”》宣传报道了鹰潭市教育信息化工作进展。8月9日《鹰潭日报》头版头条以《人民满意是唯一标准》为题刊发鹰潭市教育工作综述。11月2日，《鹰潭日报》在“两会”期间，头版头条以《共享“学在鹰潭”品牌教育成果》为题，对鹰潭市教育信息化工作进行宣传，为市“两会”召开增添氛围。

重要举措

【教育工作会议】 全市教育工作会议。3月23日上午，2016年全市教育工作会议在市经济大厦召开。会议学习传达全省教育工作会议精神，动员、号召全市教育工作者牢固树立创新、协调、绿色、开放、共享的发展理念，贯彻落实党的教育方针，全面落实从严治教要求，围绕立德树人根本任务，以深化教育改革为抓手，促进教育公平，改善教育民生，提高教育质量，维护安全稳定，不断提升全市城乡教育一体化和现代化水平。市长熊茂平对全市教育工作作出批示。市委常委、宣传部部长贺喜灿，副市长辛清出席会议并讲话。市教育局局长王碧龙作工作报告。会上，市政府与各县（市、区）、管委会签订《关于加快推进义务教育均衡发展责任状》《鹰潭市教育信息化工作责任状》。市教育局与各地教育行政部门、市直学校签订《鹰潭市2016年度中小学幼儿园安全稳定及综治工作责任书》《鹰潭市2016年度中小学教育收费治理工作责任书》《鹰潭市教育信息化工作责任状》《鹰潭市教育局2016年度公共机构节能工作目标管理责任状》《鹰潭市教育系统2016年计划生育目标管理责任书》。

全省教育信息化推进工作电视电话会议。11月4日，全省教育信息化推进工作电视电话会议在鹰潭召开，副省长殷美根出席会议并讲话。市长曹淑敏出席会议并作经验介绍。省政府副秘书长刘晓艺，省委教育工委副书记、省教育厅厅长叶仁荪，省发改委副主任熊毅，省工信委副主任王亦斌，省教育厅副厅长杨慧文、肖志华，副市长蔡江及各地市分管教育副市长、教育局局长出席会议。期间与会人员参观了鹰潭市专题课堂建设和应用情况，对鹰潭利用教育信息化均衡城乡教育发展给予了肯定。殷美根指出，鹰潭教育信息化工作党委政府高度重视，部门协同作战，整合资金有方，成效十分显著，既有经验又有成果，值得全省各地学习借鉴和推广。婺源县和赣州市滨江第二小学介绍了教育信息化推进工作经验。省教育厅分别与省电信公司、省移动公司、省联通公司三大电信运营商签订了新一轮战略合作框架协议。华东师大党委副书记任友群作了专题辅导报告。

全省学生资助工作现场会和学生资助精准扶贫研讨会。5月23日，全省学生资助工作现场会和学生资助精准扶贫研讨会在余江召开。全省11个设区市、6个省直管县、部分县区学生资助管理中心主任，江西省学生资助管理中心全体人员，鹰潭市教育局和余江县教体局主要负责人等出席会议。余江县在会上作典型发言。会议围绕学生资助精准扶贫，以及下一步为建档立卡家庭经济困难学生和残疾学生免学费工作进行了研讨。

【教育改革】 深化教育资源配置改革。编制鹰潭市教育事业发展“十三五”规划、全市教育系统2017年大中型项目建设计划、鹰潭市“十三五”足球场地设施建设规划等规划建设项目。围绕“三通两平台N个子系统”建设目标任务，大力推进信息化改革试点建设，优质教育资源覆盖面不断扩充。围绕全市义务教育均衡发展，做好进城务工人员随迁子女义务教育工作，制定了《鹰潭市消除义务教育大班额工作专项规划》。

深化教师队伍改革。落实中小学教师职称评聘改革制度，解决乡村教师职称评聘难问题，开展教师编制改革试点工作，解决师资总量紧缺矛盾。印发《关于印发鹰潭市乡村教师支持计划（2016—2020年）实施办法的通知》，开展相关政策落实工作。

深化培养体制改革。开展鹰潭市中小学“抓特色、创品牌”暨深入推进校园文化建设活动，以创建文明校园为重要抓手，不断加强师生文明教育，深入推进学校内涵建设。推动市直职业教育资源“三校合一”整合，全面完成整合任务并取得积极成效。围绕构建现代职业教育体系，继续做好中高职对接培养试点工作，鹰潭应用工程学校、市职院中专部2所中职学校已全面启动试点工作，对接8个专业；继续开展“千百名学生进园区”活动，深入推动校企合作工作。委托深圳国泰安教育股份有限公司管理鹰潭职业技术学院，实现职业教育合作办学的新突破。

深化招生制度改革。组织全市高中学校校长到浙江、上海两个高考全国试点省份，学习考察高考改革之后的高中教育教学工作。加强新高考改革制度的宣传，11月份，邀请省教育厅领导到鹰潭市就新高考改革制度进行宣讲，提升高考政策知晓率。严格落实义务教育免试就近入学政策，公开划片招生信息，实行阳光招生，按照年龄法定、片区划定、政策界定、班额限定的“四定”要求，保障城区义务教育适龄儿童免试就近入学。

【学前教育】 在修订《鹰潭市示范幼儿园评估标准》《鹰潭市达标幼儿园评估标准》的基础上，开展达标升级评估活动，提升幼儿园办园水平。贵溪奥科幼儿园已成为全市幼儿园的新亮点。8月份，举办第三期幼儿园园长培训班，参加集中培训园长90余人、安排跟岗学习60人，组织部分园长赴外省考察学习活动。开展全市学前教育管理信息系统数据采集录入工作。全市172辆合格校车全部安装监控信息系统，全力保障学生上下学安全。

【义务教育】 以月湖区迎接义务教育均衡发展督导评估国家验收为契

机，推动全市义务教育均衡发展。市师范附小迁建工程竣工投入使用；市十一小建成并于9月份投入使用；新二中项目主体完工；第三幼儿园完成装修工程投入使用。2016年，实施长效机制项目共计21个，新建、改造校舍面积43119平方米，投入资金1469万元。完成2013年度至2015年度共4批农村义务教育学校标准化建设资金建设项目学校354所，完成率99.7%。其中校舍类建设项目已完成校舍、运动场改造面积分别为80527平方米、189138平方米；装备类建设项目已完成教学仪器和生活设备采购146784台/件，完成图书采购115940册。2014年至2016年，全市“全面改薄”累计投入资金12435万元，新建和改造校舍面积总计57491平方米，建设运动场地等附属设施工程量64860平方米。推进市中小学生示范性综合实践基地建设和市公共职业教育实训基地建设。

【高中教育】 鼓励普通高中学校特色发展，着力提升高中教育教学质量。在第30届中国化学奥林匹克决赛中，江西省队共获得3金6银4铜，其中3枚金牌均由鹰潭学子获得。鹰潭获得3金4银1铜的好成绩。其中鹰潭市第一中学学生彭灿、杨劲祺，余江县第一中学学生陈子扬夺得金牌，赵俊轩、陈子昂、吴岳、吴镕凯夺得银牌，冯麟夺得铜牌。彭灿以江西省第一名的成绩夺得金牌，进入国家集训队，直保清华大学。在第25届全国中学生生物决赛中，江西队夺得2金4银2铜，其中2金均由鹰潭市第一中学夺得。

【德育教育】 开展诵读中华经典、道德讲堂进校园、法制进校园、优秀童谣征集、“唱响中国梦”少儿文艺等活动，营造良好的育人氛围。深化“廉政文化进校园”活动。开展“聚焦心灵•阳光成长”心理健康辅导专项志愿品牌服务活动，关爱特殊困境中的孩子、留守儿童等易出现的心理行为问题的未成年人，组建“阳光学校”“阳光班级”。全市教育系统通过开展“三友”自强少年、学雷锋标兵、寻找“最美孝心少年”、“学习和争做美德少年”等评先评优活动，树立学校德育教育榜样，传递正能量。素质教育。制定下发《鹰潭市进一步加强学校体育工作实施方案》，高位推进学校体育发展，强化特色体育教育管理。组织推荐学校体育管理干部和教师参加国家级、省级培训；组织申报全国第二批校园足球特色学校，其中鹰潭市第九小学等9所学校成为全国青少年足球特色学校；鹰潭市第一中学等6所学校被评为全国学校体育工作示范学校；会同体育局开展中小学生田径、足球比赛等活动。组织开展“唱响中国梦”鹰潭市少儿文艺节目电视大赛，中小学童谣征集传唱活动，组织学生参加江西省第6届“艺德杯”中小学生绘画、书法、摄影作品征集活动，以及墨香书画展示活动，纪念红军长征胜利80周年“童心向党”红色歌曲合唱比赛等活动，进一步丰富鹰潭市各中小学校文化生活。组织开展全市中小学红色文化、古色文化、绿色文化教育活动以及“老师您好，我的好老师”征文、演讲、学生书信大赛系列活动。开展国家三类城市语言文字规范化建设工作，开展全国第19届推广普通话宣传周活动。推动语言文字规范化示范校建设。

【职业教育】 加强办学行为管理、学籍管理和专业设置管理，促进职业学校管理进一步规范。加强实习实训场所建设。市财政安排808万元，支持4所职业院校加强实训场所建设，重点培育鹰潭应用工程学校国改示范校建设、2所学校开展达标能力等基础能力建设。强化“双师型”教师队伍建设。实施以企业实践为重点的教师培训制度，安排专业教师深入思创数码科技、联创电子、泰豪动漫等大型企业锻炼，提高他们专业技能和实践能力。继续实施“特聘兼职教师”项目，争取10.5万元资金资助5所中职学校实施“特聘兼职教师”项目，扶持中等职业学校面向社会聘请“能工巧匠”担任“特聘兼职教师”。教育教学进一步深化。组织实施技能竞赛，开展第11届鹰潭市中职学校学生技能竞赛，提高学生动手能力。在全省职业技能大赛中，鹰潭获得一等奖2名、三等奖8名的良好成绩。组织学生参加以“中国梦，我的梦”为主题的第6届江西省中等职业学校“文明风采”竞赛活动，全市共有5名学生的作品荣获全省一、二等奖。全市职业学校学生参加初级、中级专业技术考核“合格率”、毕业生“就业率”、为地方经济“贡献率”有提高。全市共有2000余名学生参加国家职能部门举行的职业技能鉴定，合格率达96%；为社会输送近2000名持有“学历证”和“职业技术资格证”的技能型劳动者，毕业生就业率达98%以上。

【民办教育】 制订《鹰潭市财政局、教育局关于兑现促进民办教育发展扶持政策的工作方案》，扶持民办学校发展。新增7所民办学校和教育培训机构。加强民办普通高中教育管理，明确要求各民办高中必须牢牢把握好政策红线、必须适时公布学校信息内容、必须切实规范招生行为，严肃招生纪律。进一步完善民办教育机构年检工作。在原有基础上，修订了年检工作程序、年检内容、年检评估标准，突出了资产和财务管理、招生管理、教师队伍建设、安全工作和内部制度建设。

【教师人事】 在全市教育系统开展“万师访万家”活动，进一步提升教师职业道德水平和学生思想道德水平。全市招聘中小学教师196名（其中余江县130名其中含特岗计划30名、月湖区招聘6名、龙虎山景区6

名、高新技术产业园区6名、信江新区选聘17名、市直学校选调31名)。其中用于农村教师岗位174名，占全市招聘总量89%；定向培养农村教师40名；安置接受免费师范生6人。落实安置120名农村小学（含幼儿园）定向培养农村教师毕业生，贵溪、余江落实30人/学期“三区”人才支持计划专项计划（贵溪安排4人、余江安排26人)，招聘“三支一扶”支教教师18人，95%的教师转正，与当地高校建立师范生实习基地，使用顶岗实习生102人。组织全市教师资格国考、省考认定考试，做好教师资格认定工作和教师定期注册工作。加强教师职业技能提升，开展“国培计划”“省培计划”“远程培训”并向乡村教师倾斜。建立乡村教师荣誉制度，全市获得教育部长期从教荣誉证3096人，获得省教育厅长期从教30年荣誉证349人、乡村从教20年荣誉证401人。与中国银行鹰潭市分行合作，为全市教职工办理“长城园丁关爱卡”活动，为每位中小学教职工提供最高额度20万元的关爱保障，营造尊师重教社会氛围。教职工互助保障工作实现全覆盖，全年完成保额12万余元，发放大病职工互助保障金10万余元。组织教育系统教职工健步走暨第四届教职工运动会启动仪式，开展了全市教育系统百名教职工齐聚鹰城共庆“五一”活动。

【教育督导】 对全市32所中小学校春季开学工作进行抽查。对县级人民政府教育信息化工作进行督导评估，并对6个县（市、区）下发评估意见和情况通报。对月湖区政府义务教育均衡发展工作迎接省级督导评估进行市级复评。迎接国家省人民政府教育督导委员会对月湖区义务教育均衡发展的省级督导评估和全省教育信息化工作专项督导。配合全省师德师风督察，对全市中小学师德师风进行专项督察。

【安全稳定】 健全制度机制。召开全市教育系统安全工作会议，总结学校安全管理工作，对全市学校安全工作进行安排部署。先后就学校及周边整治，食品饮食安全、交通安全、预防溺水、节假日和重点时段安全等做出了具体安排部署。针对全国各地发生多起学生溺水事故，鹰潭市教育局在转发省教育厅《全省中小学校预防学生溺水专项行动方案的通知》的基础上，对防溺水工作进行部署。

综合治理，消除隐患。调整了鹰潭市综治委学校及周边治安综合治理专项组及办公室组成人员。联合公安等职能部门，召开学校、幼儿园及周边整治工作联席会议，研究部署学校、幼儿园及周边治安综合整治工作。下发《2016年全市中小学幼儿园“护校安园”行动工作方案》，建立健全长效工作机制，增强师生的安全感，确保全市校园安全稳定。联合鹰潭市食品药品监督管理局共同开展春季餐饮安全护校行动，对全市所有学校食堂进行拉网式的排查，消除学校食堂安全隐患。启动学校及周边治安集中整治行动。通过此次专项整治，使校园及周边治安环境明显改善，学校的教育教学和生活秩序明显好转。加强学校防汛防雷工作，制订防汛应急预案，加强值班制度执行，强化防汛重点区域和地质灾害频发点的灾害预防工作，开展应急演练，做好气象预报和预警工作，督促各地教育部门和市直学校加强防范，强化防汛意识，确保安全度汛。开展“和谐平安学校”创建活动。

开展宣传教育，强化安全意识。加强师生安全教育，组织突发事件预案演习。开展“六防”教育和安全生产月宣传咨询日活动。开展以“平安建设”为主题的学校安全教育系列展板宣传活动，发放安全教育宣传资料1000余份。开展“天天安全警示”教育，通过每天课间播放有针对性的安全提醒，使学生在潜移默化中增强安全意识和防范能力，让安全教育春风化雨，入脑入心。规范校车管理，确保学生乘车安全，制作校车信息化安全管理宣传专题片。

【精准扶贫】 2016年，学前教育幼儿资助2361人次，发放资金236.1万元；义务教育阶段寄宿生生活补助资助9528人次，发放资金1098.3万元；普通高中国家助学金资助8044人次，发放资金804.4万元。普通高中国家共为348人免除学杂费12.568万元；高考入学政府资助571名贫困大学生，资助金额285.5万元；新生入学资助项目资助134名贫困大学生，资助金额10.15万元；中职国家助学金共资助788人次；发放资金78.8万元；中职国家免学费共资助788人次，发放资金78.8万元。完成生源地信用助学贷款工作，为1006名大学生办理生源地信用助学贷款业务，总计贷款金额817.2万元。全面做好普通高校应征入伍服义务兵役退费工作，全市共为26名大学生退费，金额98.8万元。2016年，鹰潭市共筹措企事业单位和爱心人士捐资助学各项资助金额30万元，资助各级各类贫困学生50人。

通过立项形式整合资金80万元，对帮扶点贵溪市河潭镇花屋小学进行全面改扩建，完成了花屋小学整体搬迁，增建了花屋小学的附属公办幼儿园。开展贵溪市河潭镇河潭村“第一书记”驻村帮扶工作。

【行政许可审批工作】 2016年，行政许可审批事项6件（行政许可审批全日制学校2个、非学历教育培训机构4个），全部进入市行政服务中心网上审批系统受理和办结。网上办结率100%，群众满意率100%。行政审批及服务事项清理规范。清理行政权力事项。共有行政权力81项，清理意见为保留81项行政权力。其中，行政许可2项，行政处罚权13项，行政征收9项，行政给付9项，行政确认9项，行政奖励9项，其他行政权利30项。清理权力流程。按照不同的权种类别，每一项权种都本着“规范权力流程、简化办事程序、提高办理效率”的原则，编制出了相应的权力运行流程。承诺件均在法定时间内压缩了50%，无一起投诉事项。

【教育系统党建】 扎实开展“两学一做”学习教育活动。召开“两学一做”专题学习动员大会，传达中央、省、市“两学一做”学习教育有关会议精神，部署市直教育系统活动开展。重点加强党章党规学习、习近平总书记系列重要讲话精神学习，特别是学习了习近平总书记视察江西时的重要讲话精神、建党95周年重要讲话精神等。开展领导干部上党课活动，邀请市委讲师团到该局上党课，收听收看电视专题片，开展四个专题学习并召开座谈会讨论。开展先锋创绩活动，动员教育系统党员干部立足岗位，履职尽责，做合格党员，推进“党建+”活动深入开展。

抓好党风廉政建设和反腐败工作任务的落实。制定下发《2016年全市教育系统党风廉政建设工作要点》《鹰潭市教育局2016年党风廉政教育工作计划》，层层签订目标管理责任书，将党风廉政建设和反腐败工作任务进行分解。

增强党员干部特别是党员领导干部的廉洁自律意识。开展警示教育。做好省纪委“一通报一通知”学习教育。深化党的群众路线教育实践活动成果，严格执行《党政机关厉行节约反对浪费条例》《党政机关国内公务接待管理规定》等各项规定。开展“红包”问题常态化治理工作，组织教育系统全体干部教师签订拒绝收送“红包”承诺书。

确保党员干部权力的正确运行。加强对县级领导干部报告个人重大事项制度执行情况督察，开展了领导干部利用职务上的便利谋取不正当利益的清理工作，开展对赠送和收受礼盒、礼卡、礼券问题的专项治理工作。开展国家工作人员防止利益冲突专项工作治理。对教材选用、各类招生考试、基建项目和教学仪器设备招投标等群众关注、社会敏感问题，加强监督，严格程序监控，确保公正、公平和规范。认真做好群众来信来访接待办理工作，加大案件查处力度。加强教育行风建设。召开多次专题会议研究部署，加强与其他责任单位的沟通与协调，坚定不移地按照“加大教育投入、规范合理收费、治理乱收费”和“教育、制度、监督并重”两个“三管齐下”的要求，坚持治理教育乱收费和优化教育发展环境两手抓，进一步形成工作合力，完善和健全惩治与预防教育乱收费的长效机制，通过明察暗访、聘请行风监督员、广泛征求意见等形式认真开展工作，切实巩固已有成果，取得了新的成效。

深入开展党风廉政建设社会评价工作。市教育局采取多种措施，从提高“重视度、遏制度、廉洁度、信心度”四个方面入手，切实抓好党风廉政建设社会评价工作，着力提升社会评价满意度。

【教育行政】 协调做好市人民政府与上海对外经贸大学签署合作协议仪式，举办鹰潭市2016年教师节表彰大会、鹰潭市教育系统第四届教职工运动会等重要会议和活动。做好教育部科技司领导，省委教育工委、省教育厅主要领导到鹰调研工作。迎接财政部驻湖北专项办对局机关津贴补贴发放情况进行调研检查。做好市委、市政府领导到市教育局考察工作。

加强政务信息公开工作，对网站保密工作、信息公开工作和运行进行自查自纠。加强正版软件使用，保护知识产权。启动国有资产清查工作。开展公共机构节能宣传教育和节能督促检查。积极稳妥地开展公务用车制度改革，该局6部公车全部取消。开展人口和计划生育宣传教育。做好了2015年部门决算和2016年部门预算、教育经费统计汇总、教育事业统计汇总等常规性业务工作。统筹了局机关全年工作经费的收支管理。协助做好人大代表建议和政协委员提案工作，督促有关科室加强与人大代表和政协委员的见面沟通，争取社会各界对教育工作的支持。做好大中专毕业生就业指导工作，及时提供就业信息，落实就业岗位。完成普通话测试站建设，普通话测试工作实现常态化。

（倪华山）

【市教育局副县级以上干部名录】

党委书记：王碧龙（2016.12~）
局长：王碧龙
党委委员：曾传鸿
鹰潭职业技术学院党委书记：曾传鸿（2016.12~）
副局长：曾传鸿（~2016.12）
党委委员、副局长：毛克　余翀
党委委员、纪委书记：程爱玲（女，~2016.12）
党委委员、市纪委驻市教育局纪检组长：叶国琼（2016.12~）
党委委员、调研员、鹰潭市第一中学校长：黄福康
党委委员、调研员：张进龙
党委委员、副调研员：林江文
调研员：范如虎
鹰潭市第一中学党委书记：余业平
鹰潭职业技术中专校长：易想春（~2016.02）
鹰潭职业技术中专党总支书记：唐三一（~2016.02）
鹰潭实验中学校长：吴光全
鹰潭实验中学党总支书记：徐海涛

文化艺术

编辑、校对：夏永军

文化艺术管理

【概述】 2016年，在市委、市政府的正确领导下，全市文化广电新闻出版各项工作有序推进，各个领域都取得明显成效。

【完成市委、市政府部署的中心工作】 一是文化体制改革工作扎实有序推进，高质量完成涉及市文广新局的四项改革任务，为全面按计划完成文化体制改革工作奠定坚实基础；二是创排道教音乐吟诵剧《道之韵》，成功完成旅发大会上的汇报演出，获得高度评价；三是大上清宫遗址发掘、认证、规划工作进展顺利；四是市文化艺术中心、市博物馆、市群艺馆等全市重点工程项目顺利开工。市美术馆即将竣工并投入使用；五是招商引资成绩喜人，共引进项目2个，引资额3亿元，实际进资8432万元，在市直社会一类10个单位中排名第一。

【提升公共文化服务】 一是公共文化基础设施日臻完善。进一步加大实施“三馆一站”、农家书屋、数字影院、“户户通”工程等基础设施建设，初步形成覆盖市、县、乡、村四级公共文化设施网络服务体系。2016年下半年，奋起直追，完成3.411万套直播卫星“户户通”工程建设任务，实现由全省工作进度排名倒数第二到全省排名第五的大转变，在全省新闻出版广播电视会议上得到了省局局长杨六华的高度肯定。二是文化惠民工程扎实推进。全市按质按量完成送戏下乡145场，送电影下乡5865场，支持乡镇自办文体活动100场的任务。全市博物馆、图书馆、群艺馆（文化馆）、乡镇文化站、美术馆、纪念馆、爱国主义教育基地全部实现免费开放。市博物馆先后举办“百世一系——苏派碑刻”名家作品展等系列专题活动。市数字图书馆推广工程实现大突破，开通馆际互借、网上目录检索和网上续借服务，获得了2016年公共数字文化服务先进单位称号及江西省2016年度图书馆征文组织奖。市群艺馆开设的《群星课堂》和市美术馆举办的“纪念红军长征胜利80周年”美术展反响强烈。这些文化惠民工程的实施使老百姓真正享受到文化惠民的实惠。三是群众文化活动蓬勃开展。鹰潭市坚持在组织开展经常性群众文化活动的基础上，依托传统节假日、庆典等举办各类群众喜闻乐见、具有浓厚地域特色和时代气息的大型群众文化活动。庆祝中国共产党成立95周年大型群众歌咏比赛、“百姓大舞台，大家一起来”等大型公益文化活动，营造欢乐喜庆、昂扬向上的浓厚文化氛围。同时，各地各部门围绕不同主题开展丰富多彩的群众文艺活动，余江县组织的廉政文化进乡村巡回演出、贵溪市组织的庆祝中国共产党成立95周年文艺晚会、月湖区组织的传承民间文化、剪纸走进社区活动等，让基层群众共享文化发展成果。

【文化产业发展】 一是全市文化产业主营业务收入再创新高， 1—6月实现41亿元，增幅22.7%，与景德镇市并列排名全省第一，全年实现主营业务收入95亿元以上，增幅位居全省前茅。二是项目申报再创辉煌，江西中鼎获得中央文化产业专业资金220万元，全省仅6家文化企业获此殊荣，在四小地市排名第二。三是文化产业示范基地评选成绩喜人，2016年全省评出12个文化产业示范基地，鹰潭市江西中鼎金属工艺和江西炫舞文化发展有限公司榜上有名。四是雕刻、黄蜡石等文化创意产业不断壮大，广播电视、手机通信和光学设备等文化用品制造产业崭露头角，有力支撑了全市经济社会的快速发展。

【文艺精品创作】 围绕“出精品、出人才、出效益”，鹰潭市大力推行文艺精品创作战略，打造一批既突出主旋律，又体现多样化，为人民群众欢迎和喜爱的精品力作。大型原创现代赣剧《青山作证》，成功入选国家艺术基金2016年度资助剧目、江西省纪念中国共产党成立95周年优秀展演剧目、江西省委宣传部重点资助剧目和江西省文艺创作繁荣工程资助剧目和第十届江西省玉茗花戏剧节展演剧目，作为江西省唯一一台参加由中宣部、文化部联合举办的2016年全国基层院团戏曲会演的优秀剧目，在北京长安大戏院成功演出两场，赢得各级领导、专家学者和广大观众的高度评价。《人民日报》《光明日报》、中央电视台、《中国文化报》等中央、省级主流媒体相继进行浓墨重彩的宣传，中央电视台戏曲频道“九州大戏台”栏目于2016年11月25日播出全剧。陈箫然参加第十一届中国青少年艺术节琵琶展演并获少年组金奖。市局党组成员郑兴云在第二届“中华情”全国诗歌散文联赛中获“最佳诗歌奖”。朱允龙的中国画《可爱的中国》、杨阳的油画《信念〈方志敏〉》入选江西省2016—2017年重大主题美术创作工程。《蕙质兰心》等4件作品在中国工艺美术“百花奖”（江西）评选中获“三金一铜”的好成绩；宋智勇、黄腰令的沉香作品《家乡美》在第十二届深圳文博会上获中国工艺美术文化创意奖金奖；鹰潭市组织的情景诗朗诵《新长征、新起点》、魔术《魔幻四射》、男生独唱《欢聚一堂》在省第六届艺术节举办的活动中荣获一等奖。

【文化遗产保护】 一是可移动文物普查工作成绩突出，市可移动文物普查领导小组办公室被省厅向国务院推荐为全国可移动文物普查先进集体。全省设区市普查办主任暨普查工作现场推进会在鹰潭市召开；二是争资金争项目有作为，通过申报“中央苏区——闽浙赣省委机关旧址”等8处文物维护项目获得国家级文物保护专项资金949万元，通过申报龙溪书院（二期）等3处文物维护项目获得省级文物保护专项资金249万元；三是文物保护单位管理进一步加强，对国家级、省级、市级、县级文物保护单位全面落实了有保护范围、保护标志、记录档案和保管机构的“四有”要求。

【繁荣文化市场】 一是集中开展打击非法卫星地面接收设施专项治理行动，辖区内“小耳朵”非法销售、非法安装使用明显减少，在全省打击非法卫星工作考评中综合排名第一。二是开展“扫黄打非”工作，通过组织“清源”“净网”“护苗”“秋风”四项专项治理行动，营造规范有序的文化市场环境，在2016年的江西省“扫黄打非”工作综合考评中成绩排全省第一。市“扫黄打非”办获得全国“扫黄打非”先进集体称号，余江县洪湖乡文化站站长刘发德荣获全国“扫黄打非”工作先进个人称号。市文化市场综合执法支队获得全省“扫黄打非”先进集体称号，副支队长申波获得全省“扫黄打非”先进个人称号。全省“扫黄打非”进基层工作推进（现场）会于12月26日—28日在鹰潭市召开。三是加强文化市场规范化建设，围绕简政放权进一步规范文化市场行政审批，全年未发生违规审批情况。规范“12318”文化市场举报电话，在规定时间内处理并办结了上级督办的举报，按要求做好文化市场日常检查及重大案件上报工作。市文化市场综合执法支队获得文化市场综合执法一等奖案卷一份、三等奖案卷一份。四是依法开展版权保护工作，打击侵权盗版行动，全力推进使用正版软件工作。

【全面从严治党有新局面】 该局党组认真履行全面从严治党主体责任，坚持把纪律和规矩挺在前面，严明“三重一大”制度、工作纪律、财务规定和用人规矩，对各地有关文化文物项目实施、资金使用进行了督导检查，对有的地方不按程序规定招投标项目进行了督导通报。结合市财政局对该局系统抽查发现的问题，举一反三，在全系统开展了财务情况大排查和整改活动。以“两学一做”学习教育活动为契机，进一步加强了基层党建和党风廉洁建设工作，全市文化系统政治生态得到进一步优化。

（费　城）

【市文广新局副县级以上干部名录】

党组书记、局长：黄顺茂
党组成员、副局长：李平春
副局长：吴建德
党组成员：郑兴云
党组成员、副局长兼市文化产业发展中心主任：张敦波
党组成员、副调研员：陈饶文
党组成员、副调研员：张怀群
调研员：徐礼丰
调研员：郑卫国

文化艺术事业发展

【概述】 2016年，全市有市级群众艺术馆、图书馆、博物馆各1个，县级图书馆、文化馆各1个。一年来，全市文化工作者认真落实中共十八大和中共十八届四中、五中、六中全会精神，以文化体制改革为动力，不断创新，在不同领域取得了可喜的成绩，并获得多个奖励。

【艺术生产创作】 艺术生产创作佳绩喜人。1.大型原创现代赣剧《青山作证》喜创佳绩。该剧是为深入贯彻落实习近平总书记在文艺座谈会上的重要讲话精神，弘扬优秀传统文化，传承并打响江西赣剧品牌，由鹰潭市会同乐平市围绕纪念中国共产党诞辰95周年这一主题，联手精心创排的重要剧目。该剧由中共鹰潭市委宣传部、鹰潭市文广新局、中共乐平市委宣传部、乐平市文广新局联合出品，乐平市赣剧演艺有限责任公司、鹰潭市演艺有限责任公司联合出演，2016年2月启动开排仪式，5月正式彩排，7月赴京参加全国基层院团戏曲会演，均取得圆满成功，得到广大观众、有关领导、国家及省内外专家的热烈欢迎和一致好评，《人民日报》、《光明日报》、中央电视台、《中国文化报》、《文艺报》等中央、省直30多家主流新闻媒体对该剧作了浓墨重彩的报道，盛况空前。

赣剧《青山作证》由著名剧作家姜朝皋潜心创作，被评选为“2015年度江西省优秀舞台艺术剧目、江西省委宣传部重点资助剧目”，被评选为江西省2016年度文艺创作与繁荣工程新创剧目之一，并作为江西省唯一一台优秀剧目晋京参加由中宣部、文化部联合举办的2016年全国基层院团戏曲会演，成功入选国家艺术基金2016年度舞台艺术创作资助项目。全国唯一一家国家级戏剧文学刊物《剧本》月刊，还特意将《青山作证》全剧文本，安排在7月庆祝建党95周年之际发表。

2.鹰潭市参加第六届江西艺术节捷报频传。在第六届江西艺术节中，选送的作品共获得各类奖项51项，其中：第十届江西玉茗花戏剧节（大型原创现代赣剧《青山作证》）共获得各类奖项19个，分别是综合奖即玉茗花大奖1个，单项一等奖4个、二等奖2个、三等奖7个，专项奖4个，组织奖1个；全省优秀舞蹈作品展演鹰潭市入选5个作品，分别是《盼归》《武道》《象山书韵》《盅·碗·筷》《遥远的爸爸妈妈》；江西省第十一届少儿艺术节获得一等奖1名（情景诗朗诵《长征路、新起点》）、二等奖2名（舞蹈《斑鸠声声》、器乐《渭水情》）、三等奖1名（美术《美丽的眼睛》）、三等奖三名（书法《故事条幅•隶书》、《古诗条幅•条幅》、《古诗条幅•楷书》）；第十三届“华东六省一市戏剧小品大赛预选赛”暨“首届江西省戏剧小品大赛”获得三等奖2名（小品：《还记得吗》《爸爸去哪儿》）；首届“讲好江西故事”之微故事征文及微故事演讲大赛活动获得二等奖1名（《最美的敬礼》）、优秀奖1名（《刑警故事》）。第二届农民工才艺大赛活动获得一等奖1名（魔术《魔幻四射》）、二等奖1名（特技表演《力吹消防栓》）、三等奖2名（舞蹈《春涛美丽的家园》、唢呐独奏《向阳花》）。

首届“百姓大舞台”群众艺术节获得一等奖1名（男声独唱《欢聚一堂》）、二等奖2名（男女声二重唱歌剧《魅影》、舞蹈《向天歌》）、三等奖2名（舞蹈《盅碗筷》、舞蹈《象山魂》）、优秀奖2名：静态艺术精品《回归》《收获》、入围参展作品2名：静态艺术精品《收获》《江湖》鹰潭市群众艺术馆荣获群众文艺优秀组织奖。

【公共文化服务建设】 公共文化服务建设稳步推进。1.11月22日，市委办公室正式印发《关于加快构建现代公共文化服务体系的实施细则》。

2.举办“百姓大舞台”等公益活动50余场，形成了欢乐舞台、群星课堂、戏曲票友演唱会等服务品牌。充分吸纳社会力量参与组织举办各类群众文化活动，如3月和鹰潭移动公司联合举办了《随手拍最美鹰潭》主题摄影巡展、与江西鹰潭养元智汇饮品有限公司（六个核桃）合作，举办了鹰潭市第二届农民工才艺大赛，与鹰潭日报社和恒大地产联合举办了“鹰潭市首届非物质文化遗产节展演”活动。精心组织、创排作品参加省艺术节取得丰硕成果。

3.各级公共图书馆开展各类读好书活动20余次，形成了“莲莲姐姐故事会”“你推荐、我买单”“手机阅读、书香鹰潭”等服务品牌。市、县两级图书馆均加入了“江西省公共图书馆讲座与展览联盟”，并积极开展讲座和展览活动12次。鹰潭市图书馆建立数字图书馆并对公众免费开放，市民们可以到馆在电子阅览室或用手机、PAD等移动设备下载客户端阅读图书，查询检索，享受电子信息的便捷。

4.全市农村文化三项活动有计划的安排省、市、县三级院团演出送戏下乡200余场，送电影5660场，支持各乡镇开展群众自办文化活动100场，完成全部任务。

5.积极组织《马灯舞》《畲族上刀山》《车仂灯》《摇扶船》等非物质文化遗产项目进校园、进社区、进乡村、进军营、进家庭，并形成了“庆元旦传统文化”“鹰潭市非遗艺术节”等非物质文化遗产展演、展示品牌。2016年新建成非遗专门网站。贵溪錾铜项目保护单位江西中鼎金属工艺有限公司被评选为“2016~2018年度省级非物质文化遗产生产性保护示范基地”。《余江摇扶船》项目2016年被列入第五批省级非遗名录。

【文化人才培养工作】 一是组织鹰潭市文化艺术工作者、文化骨干、文化志愿者参加国家、省举办的各类培训班共计50余人（次），极大地提高了鹰潭市文化队伍的业务能力和专业水平。二是开展“结对子、种文化”活动，局属各相关单位都与基层文化骨干建立结对帮扶关系并取得良好的效果。

【非物质文化遗产活动】 一是在第十一个文化遗产日期间，全市各地组织举办丰富多彩的非遗系列展示、宣传活动，市非遗中心于6月份举办了一次大型的全市性的集中展示、展演活动；10月1日~7日由鹰潭市文广新局、鹰潭日报社主办，非遗中心承办的鹰潭市首届非遗艺术节在恒大运动中心隆重举行。这是鹰潭首次举办大型的非遗成果展示展演，取得巨大成功，来自全市的近万余人次观众到现场观看表演并参予了互动活动。刀出傩舞、畲族马灯舞、摇扶船、姚河串堂等12项省、市级非遗项目的现场表演或气势磅礴，震撼人心或优美动听，情趣盎然；而錾铜雕刻、贵溪剪纸、烙画、元宝篮编制、古越婚俗等传统手工技艺、民俗的展示让观众连连赞叹、流连忘返。此次非遗艺术节集中展示鹰潭当地优秀传统文化的成果，让市民深刻体验“魅力鹰潭、美丽非遗”的非凡魅力，从而吸引普通群众了解非遗、关注非遗、保护传承非遗。

【对外文化交流工作】 根据省部合作计划安排，市文广新局协助配合省厅外联处圆满完成接待坦桑尼亚中国文化中心“合作伙伴”“奖学之旅”文化交流团一行五人到赣参观访问的任务，促进两国文化交流与合作，展现鹰潭的美好形象，得到上级部门的高度肯定和评价。

【文化产业】 2016年文化产业快速发展，在不同领域取得可喜的成绩，重点产业建设项目进展顺利：积极协助筹措资金，重点产业建设稳步推进；新建的市文化艺术中心、市博物馆、市群艺馆全市重点工程项目顺利开工，市美术馆即将竣工并投入使用；黄蜡石产业公共服务平台项目建设进展顺利。

【中央财政文化产业发展专项资金扶持】 中央财政文化产业发展专项资金扶持再创辉煌。2016年，市优秀文化企业江西中鼎金属工艺有限公司获得中央文化产业专业资金220万元，全省仅6个文化企业获此殊荣，在四小地市排名第二。

【文化产业示范基地层出不穷】 文化产业示范基地层出不穷。2016年，江西省第七批文化产业示范基地全省仅评出12个，鹰潭市占2席，分别是江西中鼎金属工艺有限公司和江西炫舞文化发展有限公司。

【市文化产业主营业务收入】 市文化产业主营业务收入再创新高。1—6月实现41亿元，增幅22.7%，与景德镇市并列排名全省第一，可实现主营业务收入95亿元以上，增幅位居全省前茅。

【文化创意产业不断壮大】 文化创意产业不断壮大。雕刻、黄蜡石等文化创意产业不断壮大，广播电视、手机通信和光学设备等文化用品制造产业崭露头角，有力支撑了全市经济社会的快速发展。

（费城）

道文化研究

【概述】 2016年度，市道文化研究中心在市委、市政府的正确领导下，在市委宣传部的直接领导下，经过共同努力，较好地完成了各项工作任务。

【立足本职扩大影响】 一是中心紧紧围绕“建立学术平台”开展工作，面临人手少、经费缺等种种困难，通过“走出去、请进来”等多种方法，主动联系国内一线的学术专家，以争取广泛的支持；同时，紧密团结鹰潭市的一些学者、编辑以及技术专家为中心的学术平台的建立出谋划策，提供支援。中心在原有“龙虎论道”网页的基础上进行了重点整改，投资扩容，增加多个栏目，并力图使内容通俗易懂、图文并茂，受到社会各界好评。截至12月底，该网页的点击率提高到5.6万余人次。中心与市企业家协会联合创办了“龙虎论道大讲堂”活动，听众来自全市各个企业，有力地促进了全市企业文化氛围的营建，受到有关部门好评。与《江西日报》合作，第一次在鹰潭举办“江西人文大讲堂”活动，影响广泛。与《鹰潭日报》、市微诗协会合作举办了“信江韵”微诗普及和推广工作。推动全市文艺工作的开展。积极配合市社联开展全市“社会人文科学普及月”活动，并在全市机关、院校、企业举办传统文化讲座数十场。

【发挥优势配合大局】 较好地完成市委、市政府指派的数十次接待任务，受到来宾好评。同时，还根据自身的优势，配合贵溪、余江以及市直招商部门接待境内外客商20余批，为全市的招商工作作出了应有的贡献。

（夏维纪）

【市道文化研究中心副县级以上干部名录】

主　任：夏维纪

6月20日，鹰潭市文广新局开展第十一个“文化遗产日”宣传活动

市文广新局　供稿

新闻出版

编辑、校对：夏永军

《鹰潭日报》

【概述】 2016年，是鹰潭日报社创新改革、推进报社实现转型升级的关键之年。一年来，鹰潭日报社全面贯彻落实中共十八大和中共十八届六中全会精神，围绕市委、市政府各阶段的中心工作，切实发挥党报的舆论导向作用，深入开展“两学一做”学习教育活动，按照“一个推进”（推进媒体转型升级）、“两个坚持”（坚持问题导向、坚持项目抓手）、“三个跳出”（跳出报纸做媒体、跳出广告抓经营、跳出鹰潭谋发展）的发展思路，加大改革创新力度，为鹰潭市发展提供强大的精神动力。在第十八届江西报刊网络新闻奖评选中位列全省设区市党报中第一，创报社获奖历史之最，获评江西省第十四届文明单位、全省报业优秀单位等荣誉称号，被评为全市综合治理、计划生育先进单位和全市公共机构节能先进单位。

【圆满完成系列重大宣传任务】 一年来，报社始终坚持以团结稳定鼓劲、正面宣传为主的方针，充分发挥了主流媒体的导向性作用，注重策划落实，精心搞好版面编辑，圆满完成了系列重大宣传任务。一是贯彻中央各项部署，及时传递中央声音。每天紧盯新华网、人民网及中央电视台等权威媒体，及时了解中央重大决策部署，刊发新华社重要电讯稿。主要内容有：中央政治局召开会议，中央全面深化改革领导小组召开会议等。同时，抓住重大时间节点，做好重大事件的宣传报道工作。如：中共十八届五中、六中全会精神的宣传贯彻，“两学一做”学习教育的深入开展，习近平总书记“七一”重要讲话，G20杭州峰会的宣传，纪念红军长征胜利80周年报道等，做到了政治上与党中央保持高度一致。二是严格按照布置要求，营造浓厚舆论宣传氛围。2016年春节期间，中共中央总书记习近平到江西视察。报社及时刊发江报记者采写的《东风送暖入赣鄱——习近平总书记春节前夕在江西看望慰问干部群众纪实》《亲切的关怀心暖如春——习近平总书记春节前夕看望慰问我省干部群众回访》，随后刊发该报记者采写的《习总书记春节前在江西看望慰问干部群众在我市引起强烈反响》一稿；同时转载江报论学习贯彻习近平总书记视察江西重要讲话精神系列评论员文章共6篇；还推出“认真学习贯彻习总书记重要讲话精神”专栏，报道县市区及市直各部门、各单位贯彻落实习近平总书记视察江西重要讲话精神的举措。三是紧贴全市中心工作，认真做好宣传报道。3月份，鹰潭市提出“努力打造全省城乡最干净城市”，报社立即浓墨重彩推出“努打造全省城乡最干净城市”专栏，报道各地各单位积极参与这一活动的行动，同时配发3篇评论员文章，还推出了问题篇、信心篇、行动篇3篇综合报道；2016年，全省旅发大会在鹰潭市召开。为宣传好此次活动，从2015年起就推出“喜迎全省旅发大会 助推旅游强市战略”专栏，2016年4月底旅发大会召开前，推出会议的筹备、活动的安排、重点项目建设进度等宣传，会议召开时，刊发大会消息、图片，还配发评论员文章，与会嘉宾考察全市重点旅游项目侧记等；扎实开展“两学一做”学习教育，推出《扎实开展“两学一做”学习教育》专栏，宣传报道市四套班子开展“两学一做”学习教育的情况和各部门各单位结合工作实际开展学习教育的有效做法。四是设置新闻专栏，发挥党报舆论导向作用。为推进供给侧结构改革，该报推出“降低企业成本优化发展环境”专栏，先后刊发稿件50余篇；稳妥做好换届宣传工作，推出《喜迎市第八次党代会》专栏稿10余篇，推出党代会宣传报道方案和两会特刊，会后又及时推出《新起点 新蓝图 新征程——深入贯彻落实市第八次党代会精神》专栏；精准扶贫在2016年宣传中是一项重要任务，该报推出“精准帮扶 共同前行”专栏，充分反映各地开展精准扶贫工作的动态、举措和经验；同时，还推出各阶段的中心工作宣传报道，如《扎实做好创建国家森林城市》《文明城市创建巡礼》《河道采砂专项整治》《唱响龙虎天下绝》《打造“学在鹰潭”教育品牌》《聚焦改革系列报道》《媒体进民企》等。

【强化管理】 一是首次实行记者考核公示制度。应广大记者要求，对记者稿件的等级评定情况每天进行公示，接受员工监督。此项制度的推行，促进了考核公开化，提升了考核透明度，得到广泛好评。二是首次通过银行转账方式支付通讯员稿费。创新稿费支付方式，由原先的邮局汇款单兑现改为直接通过银行支付。推行该项制度，简化通讯员稿费提取的繁琐形式，降低管理成本，堵住管理漏洞。三是首次建立相关授权发布工作机制。经过多次沟通协商，报社与市纪委、市国资委、市气象局达成协议，授权发布诸如纪委案件、拍卖公告、气象预警等相关资讯，凸显了党报的权威性。四是首次创建小记者俱乐部工作平台。成立鹰潭日报社小记者俱乐部，在报纸、新媒体开设专刊专栏。截至年底，共拥有小记者近千名，基本涵盖各中小学校。2016年以来，开展采访采风、各类社会实践活动30多场次，深受学校、家长、学生及社会各界好评，品牌效应日渐显现。五是首次实行采编考核动态平衡机制。2016年，多项改革创新工作都与采编人员有关，利益关系错综复杂，鹰潭日报社坚持动态平衡原则，先后三次调整编辑考核方案，三次调整记者考核方案，使其更科学化、人性化、规范化，以便在确保稳定的前提下推进各项改革工作。六是首次实行物品采购公示制度。对没有达到政府采购标准的物品采购，对其品牌、型号、价格进行公示，接受广大干部职工的监督。此举加强对采购物资的监督管理，有效降低采购成本，增强干部职工对社委会班子的信任。

【全面打造一流团队】 （1）强化新媒体业务培训。一是请进来，举办5次新媒体知识讲座；二是走出去，分派7位同志到省外学习考察新媒体发展情况；三是自学，购买4套关于新媒体方面的书供大家自学，极大提高了采编人员对新媒体的认识和运用能力。（2）树立正确的选人用人导向。本着提拔1名干部、树立一个榜样的原则，提拔了5名科级干部（正科级干部3名、副科级干部2名），测评结果百分之百“优秀”，在全体干部中发挥了很好的导向与激励作用。（3）努力提高干部队伍整体素质。一方面做好“加法”，通过提高业务素质门槛，招聘了9名“90”后人员，给报社增添了活力；另一方面做好“减法”，辞退了7名聘用人员，干部队伍整体素质得到提高。

【融媒体发展顺利推进】 一是所获新闻奖项创历史最好成绩。在2016年江西省第十八届报刊新闻奖评选中，鹰潭日报社推选的作品获一等奖3件、二等奖7件、三等奖7件、标题奖1件，其中一篇获得江西新闻奖一等奖。获奖数量和等级位列各设区市党报第一，创鹰潭日报社有史以来最好成绩。二是破解采编人员比例严重失衡的历史难题。长期以来，报社采编人员大约是2∶1（2名编辑对1名记者），高峰时达到2.5∶1。这种比例结构是严重失衡的，制约报社的发展。经过一年时间艰苦细致的工作，到2016年12月底，采编人员的结构比例出现了根本性变化，比例接近1∶2（1名编辑对2名记者）。三是形成较大规模的媒体矩阵。根据省委、市委关于推进媒体融合的指示要求，鹰潭在线新闻网、鹰潭发布微信微博划归鹰潭日报社管理。鹰潭日报社共有10个媒体，分别是《鹰潭日报》、@鹰潭、鹰潭在线新闻网、鹰潭发布微信公众号、鹰潭日报微信公众号、鹰潭在线微信公众号、鹰潭发布微博、鹰潭日报微博、鹰潭日报数字报、江西手机报鹰潭版，形成了较大规模的媒体矩阵。四是完成《鹰潭日报》改扩版工作。经市委同意，改扩版主要有3项内容：一是版型改为瘦形报；二是由周六刊改成周五刊；三是增加两期周刊，扩为8版。五是完成《鹰潭政商通》创意设计与版块搭建工作。《鹰潭政商通》是@鹰潭客户端中富有创意的移动网络平台，是全市各级党委及政府、鹰潭当地企业家和全国各地乃至世界范围内鹰潭籍企业家之间信息交流、对话合作的移动网络平台。主要有3大板块：一是“政务”，二是“商务”，三是“政商通”，3个板块包含了近200个移动网络平台。六是开展《鹰潭政商通》信息初步采集工作。2016年5月召开商务信息采集会议，市委书记、市长分别作出批示，市委常委、宣传部长出席会议并讲话。8~11月，报社新媒体工作人员加班加点，完成了政务信息初步采集任务。七是推进融媒体技术的广泛应用。大力推进融媒体技术在传统媒体与新兴媒体中的广泛应用，比如完成了4场图文直播，制作了大量音视频新闻、H5页面新闻，利用二维码技术在报纸上观看音频视频新闻以及图解政策、图解新闻等等。八是完成客户端名称征集与Logo设计工作。面向全国征集客户端名称，从800多件作品中反复筛选，最后确定客户端名称为@鹰潭；Logo设计则是报社内部组织攻关，创意是把“@”变形为高铁，寓意鹰潭是火车拉来的城市。九是做好新媒体推广各项准备工作。成立了新媒体中心，并为下年新媒体的推广运用做好充分的准备工作。

【战略发展定位清晰】 一是确立今后一个时期的总体发展思路。2016年1月初，经过2个多月的调研与思考，结合报社实际，社委会提出“一个推进，两个坚持，三个跳出”的总体发展思路。二是创建国内定位前沿的多功能客户端。这是一个全新的客户端，名称叫作@鹰潭，发展定位为“新闻+政务+商务+民生+服务”，这样一种发展定位的客户端在国内还是第一家。三是甩掉一个制约发展的历史包袱。多年来，由于印刷、制版设备陈旧老化，印刷业务单一而且量少，导致印刷质量下降，经济严重亏损，拖累报社发展。面对这种情况，报社果断与衢州日报印务有限责任公司达成协议，实行印务外包，既保证印刷质量，又减少亏损，更重要的是为报社长远发展甩掉历史包袱。四是冲破优先发展移动媒体的羁绊。《鹰潭日报》子刊《赣东都市》因没有公开发行刊号等诸多因素，十多年来一直处于亏损状态。根据市委和省文广新局的意见和指示，报社妥善处理《赣东都市》中途休刊问题，为实施移动媒体优先发展战略创造良好条件。

（余志群）

【鹰潭日报社副县级以上干部名录】

社　　长：袁　因

社委委员、副总编辑：陈玉泉　吴年荣

社委委员、纪检组长：吴　郡

社委委员、副社长：郑睦华

社委委员、副调研员：吴少杰

广播电视

【概述】 2016年，鹰潭市广播电视台深入学习贯彻中共中央总书记习近平系列重要讲话精神和中共十八届三中、四中、五中、六中全会以及省、市党代会精神，按照“新闻立台、服务兴台、产业旺台、制度管台、人才强台”的工作思路和“打牢基础、补齐短板、强化后劲、提升水平”的工作要求，牢牢把握正确舆论导向，唱响主旋律，打好主动仗，汇聚正能量，各项工作取得新进展，先后获全省旅发大会承办、省文明城市创建、新农村建设工作先进单位等荣誉称号；电视台、广播电台被评为全市外宣工作先进单位。

【新闻宣传】 紧紧围绕中央大政方针、省委及省政府决策部署、市委及市政府中心工作，加强策划，狠抓落实，打赢了一系列新闻宣传硬仗：一是完成一系列重大新闻宣传任务。开辟专栏，出色完成学习宣传贯彻落实中共中央总书记习近平视察江西重要讲话精神、学习贯彻中共十八届六中全会精神等重大主题宣传报道；开辟“喜迎全省旅发大会 助推旅游强市战略”等专栏，出色完成全省旅发大会以及省、市“两会”、市党代会等一系列重大新闻宣传战役；二是完成全市中心工作宣传任务。围绕打造全省城乡最干净城市，2016年，市台开辟“全力打造全省城乡最干净城市”专栏，派出多路记者深入农村、城市街道社区，报道全市上下齐努力打造全省城乡最干净城市的生动实践。紧贴“8+1”重点工作等全市中心工作，先后策划“回眸四个鹰潭建设”、打造“美丽江西 鹰潭样板”、“龙虎天下绝”、打造世界铜都、打造中华道都、打造田园新城、降成本优环境等主题性报道，为全市中心工作的开展营造出浓厚的氛围；三是完成“地方之窗”的宣传任务。2016年，市台在电视新闻栏目《鹰潭新闻》中开辟了《贵溪之窗》《月湖之窗》《信江之窗》《龙虎山之窗》和《高新之窗》，为加强县市区新闻宣传提供平台和窗口；对电视栏目《晚间播报》进行调整，更名为《都市播报》，同时对节目内容和形式进行创新；推陈出新，首次利用无人机航拍、制作《空中看鹰潭》系列报道，新角度、全方位展示出了鹰潭形象。

【外宣及创优工作】 为向上级台传播好“鹰潭好声音、讲好鹰潭故事”，2016年，市台强化举措，合力攻坚，取得明显成效，全年在中央电视台上稿26条，其中，《程永林：群众竖起大拇指 付出都值得》在11月24日中央电视台《新闻联播》单条播出，后又在《焦点访谈》中综合播出，首次在《新闻联播》《焦点访谈》中播出鹰潭画面、发出鹰潭声音，展示鹰潭好形象；全年在江西卫视《江西新闻联播》上稿393条，其中联播头条达37条，反映市委、市政府的特色亮点工作的单条重头稿件达17条，实现上省台总数、头条数、上中央台三个创历史；在省电台《江西新闻联播》上稿426条，头条26条，在中央台《新闻和报纸摘要》《全国新闻联播》上稿10条，总数、头条数均创历史。电台、电视台荣获2016年度全市对外新闻报道工作先进单位，电台还荣获2016年度省台上稿优秀奖。在节目创优及优稿评选方面，该台选送《家乡又听斑鸠声》参加全省“唱响中国梦”原创少儿文艺作品大赛，获一等奖。在2015年度江西广播电视奖评选中，市台也获得佳绩。《“双拐教师”黄先文》等一批广播节目获奖，电视栏目《点石成金》、消息《这一抱，他们花了27年》等一批栏目、新闻获奖，获奖作品量、质齐升。参加“美丽中国·江西样板”优秀作品评选，成果丰硕。市台有5件作品获奖，其中《鹰潭九牛岗为治理土壤环境污染提供成功实践》获一等奖，《老人路边意外摔倒市民齐帮忙》获二等奖，《“衣旧有爱”公益项目》《美丽乡村》《鹰潭市生态文明建设让百姓乐享绿色成果》获三等奖。

【服务兴台】 围绕为受众提供更多更广更好的资讯、信息、生活等服务，在认真办好原有节目的基础上，2016年，开办一批新栏目，在服务受众的内容和形式上有新拓展。新办的广播栏目有《群鹰汇潭》《诗话鹰潭》《听游天下》《天天喜洋洋》，电视栏目有《爱在鹰潭》《天天说道》《天天学太极》《一周财富》《带你去旅游》《鹰潭科普园地》等，为群众提供更多健康、理财、旅游、科普等方面的资讯服务。在此基础上，还搞好节目引进和编排，以满足市民的收视需求。2016年，按照频道的不同定位，市台对电视台新闻综合频道和公共频道两个频道的节目进行调整优化；在公共频道推出“五集剧场”，打造鹰潭公共频道“剧好看、剧过瘾”的品牌形象，同时，还引进《知音人间》等节目，制作播出《真情人间》节目达273期。探索推进新媒体建设、开通公园广播是2016年坚持服务兴台的又一亮点。该台新开通了手机App公众号，为受众提供了新闻资讯、生活消费等方面的服务，努力打造指尖上的广播电视台。公园广播的范围为滨江公园老码头至鹰东大桥，播出时间为早6点30分至8点，晚18点30分至20点30分。公园广播的开通，有效拓展了市台舆论宣传的新阵地。电台《党风政风热线》是市台的一个品牌栏目，为更吸引受众，服务好受众，2016年，市台对《党风政风热线》节目进行全面改版，节目内容、形式、跟踪问效等方面得到提升，年内各县（市、区）、市直50多个单位领导上线直播，市民反响较好。

【事业产业】 一是夯实广播电台长远发展基础。争取中央补助资金120万元，实施广播电台调频广播发射机房搬迁项目，解决了广播发射频率覆盖面积窄、信号弱问题。对电台两个频率机房全面实施数字化升级改造，解决了广播电台设备老化问题；二是严格依法办台。积极向国家新闻出版广电总局申报播出许可证获批，让已开办十五年的电台交通音乐广播有了合法身份；电视发射台机房搬迁获国家新闻出版广电总局正式批复，结束了鹰潭市电视发射台四年“黑户”历史；电台调频发射机房迁址获国家新闻出版广电总局正式批复；电台新闻综合频率、电视台综合频道、公共频道播出许可证获国家新闻出版广电总局正式颁发；依法依规关停了鹰潭电视台部分频道节目。同时，积极整改安全隐患，对电梯等安全隐患进行了整修，大楼供电消防改造列入政府投资项目。成立广电文化传媒公司、新媒体中心、广电艺术培训中心等，实施了横店影视城招募特约演员项目、与贵溪大众民生电商合作等项目。举办了跨年演唱会、百姓春晚、春季车展、《女匪首传奇》群众演员招募、“曹灿杯”诗歌朗诵比赛、我最喜爱的广播电视节目评选、主持人听（观）众见面会等一系列活动，受到各方好评，同时，还组织实施了第12届高考爱心车队活动，为爱心司机爱心送考、社会各界关爱考生搭建平台，并对高考爱心送考活动启动仪式进行直播和连线，弘扬社会正能量。

【制度管台】 一是完善规章制度并促落实。一方面，完善内部管理制度，形成全台规章制度汇编，使内部管理有规可循，做到用制度管人管事；另一方面，狠抓落实，正风肃纪，对全台干部职工工作纪律强化明察暗访，实行上下班打卡制度，强化干部职工作风建设；严格落实三级审稿、严格采编流程，确保舆论导向正确；二是从严做好安全播出。从讲政治、保安全、促发展的高度，加强日常监管，组织开展隐患排查，突出抓好重大节日、重要活动、重点时段的安全播出，确保G20杭州峰会、中共十八届六中全会等重要时期和节点的安全播出工作；严格执行制度，强化责任落实，确保全年安全播出；三是针对多年未进行财产清查核对登记工作，组织并完成全台固定资产登记核对造册工作。

【队伍建设】 一是调整任免一批干部。严格按照《党政领导干部选拔任用工作条例》《党委（党组）讨论决定干部任免事项守则》的规定，遵循民主推荐、民主测评、组织考察、任前公示等程序，根据工作需要和干部队伍现状，对办公室、影视传媒中心等部室负责人进行了轮岗，新提拔总编室主任、人事部主任、产业开发中心主任三名正科级干部，树立正确的用人导向，干部选拔任用做到在规定的职数内配备；二是积极营造干事创业环境。出台《关于鼓励创新创业探索节目栏目改革的实施意见》，鼓励全台干部职工创新创业，领办节目栏目。新办节目栏目10多个，一批人才脱颖而出；三是解决困扰台10多年的自收自支人员养老保险问题。积极筹措资金230多万元，为41名台自收自支人员补缴10多年欠缴的养老保险费，让这些人员退休后工资有着落，从而稳定干部队伍。

【党建及党风廉政建设工作】 一是扎实开展“两学一做”学习教育。始终牢牢把握党要管党、从严治党这一主线和要求，把抓党建作为最大政绩，把开展“两学一做”作为主要抓手，按照“基础在学，关键在做”的要求，扎实开展“两学一做”学习教育。利用台中心组学习会、党支部会议、周例会、全台干部职工大会重点学，利用台机关党委和各支部微信群线上学，拍摄制作微党课——《18年，一位党员新闻工作者的坚守》向身边典型学；成立党员志愿者服务队，激励党员干部在新闻宣传、技术保障、精准扶贫、公益活动中当先锋，做合格党员。二是严格落实党建工作责任制。建立了党组统一领导，一把手负总责，分管领导具体负责，各支部抓落实的党建工作责任制和党建工作格局。台党组严格执行民主集中制和“三重一大”事项党组集体决策制度，党组书记作为第一责任人，带头监督执纪，带头学习，带头讲党课。将党建工作与业务工作同谋划、同推动、同落实。三是强化基层组织建设和党风廉政建设。以“组织建设规范年”和“模范党支部”创建活动为“强基”工作抓手，切实增强基层党组织战斗堡垒作用。选举产生了新一届机关党委；根据实际需要，将机关党委下属6个支部精减为5个，并对5个支部进行换届改选，夯实了基层党组织；加强党员日常教育管理，认真开展党费收缴专项检查，引导全台党员不断增强“四个意识”。按照“一岗双责”的要求，健全单位党风廉政建设的领导机制和工作机制，将党风廉政建设和反腐败工作的目标任务落实到班子成员和各部（科）室；切实加强“一准则”“两条例”和省、市纪委相关通知精神的学习，筑牢了全台党员干部的思想防线，未发生党员干部违反中央“八项规定”精神的问题。

（余进开）

【市广播电视台副县级以上干部名录】

党组书记、台长：王有金

党组成员、副台长：陈文革

副台长：吴拓宇

党组成员、副台长： 吴建生

党组成员、副台长：徐炳德

党组成员、总编辑：吴春一

鹰潭市广播电视台党组成员、纪检组长：艾海荣（~2016.12）

鹰潭市广播电视台党组成员、总工程师：姜富文

市人大教科文卫委副主任委员（正县级）：汪白杨 （~2016.11）

鹰潭市广播电视台调研员：叶洪顺

鹰潭市广播电视台副调研员：万木辉（~2016.9）

12月17日，江西省“扫黄打非”办公室在鹰潭举行2016年江西省“扫黄打非”进基层工作现场推进会

市文广新局 供稿

出版管理

【概述】 2016年新闻出版科工作在市文广新局党组的正确领导和省新闻出版广电局的业务具体指导下，以深入贯彻落实中共十八大和中共十八届四中、五中、六中全会精神与中共中央总书记习近平系列重要讲话精神为指导，紧紧围绕局中心工作积极做好各项本科室工作，确保新闻出版科工作顺利平稳。

【“农家书屋”管理常态化】 落实“农家书屋”正常开放制度，确保正常开放，每周5天，每天4小时。书屋张贴开放时间、管理员联系方式，便于农民群众随时看书、借书。其次利用“农家书屋”的黑板、门口的橱窗开展“农家书屋”建设的意义、图书种类、重点图书简介等对“农家书屋”进行宣传；与科技部门、农业部门携手共同筹备举办“农家书屋”读书培训班和开展“万家农家书屋惠民阅读服务活动”“我的书屋•我的梦”等系列活动。全年对全市200家“农家书屋”进行了图书更新。

【推进使用正版软件工作】 采取自查和督察相结合的办法对全市机关软件正版工作机制的建立、年度工作计划制定、管理监督责任落实、软件正版化经费保障、软件采购与资产管理、软件安装使用与日常监督、信息安全及信息化工作结合，考核与责任追究等长效机制建立情况进行了全面自查，要求各地区各部门将此项工作常抓不懈，不断推进软件正版化长效机制建设，加强软件资产管理、不断完善软件资产台账，确实做好软件正版化工作。

【完成版权管理各项工作】 1. 4月21日，为迎接“4·26”世界知识产权日，鹰潭市“扫黄打非”办在市社会福利院隔壁开展2016年集中销毁侵权盗版及非法出版物集中销毁活动，市委宣传部常务副部长王俊参加活动并作讲话。此次活动共销毁盗版及非法音像制品5803余册、盗版及非法电子出版物240（233盘+7台赌博机）件、盗版及非法书刊3469余册。净化文化市场，规范了文化市场秩序，对违法违规经营单位及个人敲响警钟，进一步维护全市文化市场健康繁荣发展。

2. 组织开展“绿书签行动”宣传活动。发放绿书签及反盗版宣传资料，向学校赠送图书2500余册，统一设立“护苗2016•绿书签”书柜，将“绿书签”行动打造为有社会影响力的公益品牌。

3. 2016年全市文化市场综合执法支队、大队兵分两路，对市区的出版物市场开展地毯式检查，对书店内销售的涉及民族宗教问题出版物进行全面的审读检查，对经营业主进行宣传教育，要求经营业主要坚持马克思主义的民族观、宗教观，以党和国家的民族宗教政策和出版法规为准绳，正确对待和处理民族宗教问题，严格把握进货渠道，加强内部管理，层层把关。开展涉及民族宗教问题出版物的自查，并写出自查报告。全年共出动执法人员190人次，检查出版物经营单位50余家，检查宗教活动场所10家次，检查书店、报刊亭等经营场所40家，对10册涉及民族宗教问题出版物责令下架封存。

4. 2017年1月22日，经全国“扫黄打非”办评选、公示、通报，鹰潭市“扫黄打非”办被全国“扫黄打非”办评选为全国“扫黄打非”先进集体，鹰潭市余江县洪湖乡“扫黄打非”工作站刘发德被全国“扫黄打非”办评选为先进个人。

【大力推广全民阅读】 1. 2016年全年共接待读者13.85万人次；新办借阅证2678个；图书流通量为15.02万册；持证读者共计25804。举办各类读书活动47次；并坚持每周六上午免费为少儿放映电影，每月举行一场“莲莲姐姐故事会”。

2.4月23日举办“阅读，从图书馆出发”全民阅读系列宣传活动。包括有奖知识问答、手机阅读开启书香之旅、“网络书香”讲座直播、全民阅读“七进活动”等丰富多彩的活动。活动当天，散发宣传折页近2000份，向市民朋友赠送了250余册图书，1000张图书阅读证和精美小礼品。

3.5月31日，在老码头公园举办以“从图书馆出发，倡导全民阅读，提升国民素质”为主题的现场宣传活动，吸引大量市民参加。活动现场，摆放了以“连艺芬芳”“道教文化”“手机阅读、书香鹰潭”等主题的展架30个，开展现场办证、图书推介活动，发放宣传折页1000余份，赠送书签1000余份。

4. 2016年6月至8月举办了“你推荐、我买单”读者荐书活动，活动开展后，市馆进一步了解读者的阅读需求，提高了馆藏图书的利用率，推动了全民阅读活动的深入开展。

5. “六一”儿童节，联合鹰潭市读书协会开展“放飞童年梦想 点亮七彩童年——革命老区特困乡村小学关爱行”活动，向贵溪市周坊镇长塘小学捐赠少儿图书200册，鼓励孩子们用阅读点亮梦想。

（费　城）

大型原创现代赣剧《青山作证》剧照

市文广新局　供稿

卫生和计划生育

编辑、校对：朱仕平

综述

2016年，全市卫生计生系统紧紧围绕全市大局，立足本职，主动作为，重大改革取得新进展，重点工作取得新成效，难点焦点取得新突破。科学发展综合考评获得全省第二名，贵溪市、月湖区在全省计划生育目标管理考核中分列二、三等奖；余江县率先在全省以县为单位达到消除血吸虫病目标；鹰潭市人民医院成功通过三甲复评；深化改革、招商引资、综治、安全生产、新农村建设、信访、工会等工作获得全市先进，实现了“十三五”良好开局。

重要举措

【医药卫生体制改革】 1.健全改革推进机制，出台了涉及财政补偿、医保支付、分级诊疗、编制管理、医疗服务价格调整等系列配套文件，形成了“1+72”政策体系（“1”指总的改革方案：市政府制订的鹰潭市城市公立医院综合改革试点方案，“72”指围绕改革内容市政府办和各相关部门研究出台的72个具体文件）。

2.加大财政支持力度。落实政府“6+1”投入政策（即政府落实对公立医院基本建设和设备购置、重点学科发展、人才培养的投入，承担离退休人员费用，保障政府指定的紧急救治、救灾、援外、支农、支边和支援社区等公共服务经费，对政策性亏损给予财政补贴。对公立医院因基本建设、大型设备购置发生的银行贷款或社会融资，按照“制止新债、锁定旧债、明确责任、分类处理、逐步化解”的总体要求，由政府进行剥离并承担），市直医院的财政补助由原来的2731万元增加到5833万元，新增3102万元，增长率达113.58%。

3.理顺医疗服务价格。按照“结构调整，总量控制、分步调整、逐步到位”的原则，合理提升体现医务人员技术劳务价值的医疗服务价格，降低大型设备检查价格。共调整489项，其中，调高442项，调低47项。协调省、市、县相关职能部门，将调整后的医疗服务收费项目全部纳入医保基金报销范围，确保不增加群众负担。

4.简化医保报销流程。筹资51万元，对市、县医保信息系统、新农合信息系统与四家城市公立医院管理信息系统进行相应调整和接口调试，确保不因改革给群众就医带来任何麻烦。

5.推进支付方式改革。逐步建立以按病种付费为主，按人头付费、按服务单元付费等复合型付费方式，减少按项目付费，进一步节省医保基金支出，减轻群众就医负担。

6.加强监测与预警。规范医疗服务行为，有效控制医疗费用不合理增长，在全省率先开展二、三级公立医院医疗服务价格调整监测与预警。

7.医改效果初显。据监测数据显示，2016年与2015年相比，公立医院运行、病人医药费用、医保基金使用等方面实现了“三升三降”：门诊总人次、住院总人次分别上升了5.5%、12.5%，但医药总收入增幅却从13.5%下降至7.0%；医疗劳务性收入占比从37.8%上升至50.5%，药品收入占比从54%下降至41%；住院次均费用从9134.47元/人次下降至8633.12元/人次，平均住院天数从11.17天下降至10.32天。城镇职工、城镇居民、新农合参保（合）人员的住院费用实际报销比例分别达76.1%、52.62%、49.12%，同比分别上升0.2、3.64、2.63个百分点。

【医政管理】 1.有序管治重性精神病。认真落实《江西省精神卫生工作规划（2016—2020）》。全年完成重性精神病免费救治2068例，完成省任务数1641例的126%。同时，进一步加强国家重性精神疾病管理治疗项目的实施，截至2016年10月，全市在册重性精神病5132人，重性精神病检出率为4.47‰，管理率为96.56%，服药率98.4%。

2. 免费救治重大疾病。全年完成白内障免费手术701例，完成省任务数606例的115.7%。完成儿童白血病8例，占省任务数3例的266%。儿童先天性心脏病共筛查出34例，已实行免费手术30例，占省任务数51例的58.9%。尿毒症免费血透432

例，占省任务数354例的122%。

3. 扎实推进基本路径管理。全市有30个基层医疗机构实施了基本诊疗路径，共完成2622例，占任务数的110%，涉及65个病种。积极开展中医基本诊疗路径在基层的试点，完成病例数39例，涉及病种10个。

4.做好城乡医院对口支援工作。制定下发《鹰潭市进一步深化城乡医院对口支援工作方案》。统筹城市优质医疗资源，安排鹰潭市人民医院和鹰潭市中医院2所三级医院对口帮扶7所县级医院，其中县人民医院3所、县中医院4所，实现对口支援县级医院全覆盖。统筹安排5家二级以上医疗卫生机构开展对口支援11家乡镇中心卫生院。

5.加强院前医疗急救工作。着力强化鹰潭市急救中心职能，抓好120院前急救及指挥调度，配备救护车2辆及指挥调度系统1套，并与鹰潭市人民医院及解放军第一八四医院协作，两家合作医院分别派驻救护车4辆，共同开展急救工作。2016年，鹰潭市急救中心共接听急救报警电话21736个，院前转运病人2542人次。

6.实施医疗责任险统保工作。下发《鹰潭市医疗责任保险统保工作方案（试行）》，全面完成二级以上公立医院医疗责任险统保工作，以县为单位开展了基层医疗卫生机构统保工作。

7.扎实开展疾病应急救助工作。全年共受理医疗机构申请救助患者38人。为确保救助资金的安全、准确，坚持拨付前组织市财政局、市卫计委医政医管、财务人员到申请单位进行现场审核，受理申请资金33.93万元，经审核拨付资金23.69万元，占2016年财政安排资金71万元的33.36%。

8.着力改善群众就医体验。按照《鹰潭市进一步改善医疗服务行动实施方案（2015—2017）》，在全市二级以上公立医院开展"改善群众就医体验"主题活动。围绕群众看病就医等待、诊疗、环境、费用四个方面，积极开展预约诊疗服务，切实解决排队长问题；进一步加强抗菌药物使用干预，加强护理管理，开展优质护理，落实整体护理责任制，不断改善门急诊、住院环境，不断增加便民利民内容，实行持卡就诊实时结算。同时以创建"平安医院"为抓手，加强医院安全防范工作，畅通医患纠纷投诉，及时依法化解医患纠纷，构建和谐鹰潭。全市各级各类医疗机构共投入118.82万元，构建物防、技防和人防"三防合一"的医院安全保卫体系。加大"阳光医药"平台监管力度，有效减少、控制开大处方、高价药的行为发生，引导医生合理用药。

9.严格血液安全管理。加强无偿献血宣传工作。6月14日，在余江开展了第13个"6·14"世界献血者日活动，表彰了全市荣获2014—2015年度全国无偿献血先进个人。实施无偿献血者血费直报，避免群众"垫资"和"多跑腿"。

【农村卫生】 1.新农合保障水平进一步提高。新农合筹资标准提高到540元。全市参合农民88.3271万人，参合率达99.22%。全面推行大病保险制度，大病保险人均筹资额提高到30元。新农合大病保险实现农村地区全覆盖，全市累计有1473人获得大病保险理赔900多万元。

2. 公共卫生均等化服务质量稳步提升。人均基本公共卫生服务项目经费提高到45元。建立完善城乡居民电子健康档案101万份，建档率88.6%，为居民健康卡的发放、应用奠定了坚实的基础。免费为65岁以上老人、0~6岁儿童、孕产妇等提供健康体检23.1万人次。

3.推进村级卫生工作。出台《关于进一步加强乡村医生队伍建设实施方案》。遵循村医"县聘、乡管、村用"的原则，参照购买服务的做法，在村级卫生计生服务室实行统一人员管理、统一收入待遇、统一业务指导、统一药品采购、统一财务管理"五统一"的一体化管理模式。落实村医待遇，对在艰苦偏远地区从医的乡村医生每人每月补助300元。实行乡村医生养老和退出政策，凡年满60周岁，从医满20年的村医，自愿退出的，每人每年补助3600元；不退出的，每人每年补助960元。加强村医培训力度，多方式、多渠道培训村医570人。接收安置农村订单定向医毕业学生16人。

4.实施健康扶贫工程。出台《鹰潭市健康扶贫工程实施方案》，将精神病、糖尿病等14类疾病纳入门诊大病补偿范围。

【妇幼保健】 1.落实母婴保健法及其实施办法、计划生育技术服务管理条例等法律法规。进一步加强《出生医学证明》管理，实现全市打印签发。推进妇幼保健与计划生育服务资源优化整合。贯彻国家卫生计生委和中编办《关于优化整合妇幼保健和计划生育技术服务资源的指导意见》及省实施意见，实现资源共享、优势互补，确保全市妇幼保健和计划生育技术服务工作加快发展。

2.加强妇幼保健机构能力建设。参照国家妇幼保健机构建设标准，指导全市各妇幼保健院实施妇幼保健机构建设。根据国家《三级妇幼保健院评审标准》和细则，启动全市三级妇幼保健院评审工作。引导县级妇幼保健机构开设规范化保健门诊、开展住院服务。加强县级产科建设，全市100%县级产科急救中心通过省级评估。强化人员培训。围绕推广孕产妇危重症评审、新生儿窒息复苏、盆底功能障碍疾病防治、新生儿疾病筛查、妇女两癌筛查等适宜技术，加强妇幼保健骨干医师、计划生育技术骨干培训。支持妇幼保健与计划生育课题研究。为应对全面两孩政策后优质妇幼技术服务缺位问题，争取国家项目资金2500万元启动新建市妇幼保健院，已完成建设用地预审、规划、场地平整和勘探工作。

3.继续深入实施妇幼安康工程，制定妇幼安康工程实施方案。配合“两孩”政策实施，保障母婴安全。2016年，全市孕产妇死亡率为0，婴儿死亡率和5岁以下儿童死亡率分别为2.12‰和4.3‰，住院分娩率为99%。

4.加强国家基本公共卫生服务项目中孕产妇、儿童健康管理，努力提高孕产妇、儿童系统保健管理率。继续实施农村孕产妇住院分娩补助、农村妇女两癌检查项目。全市共有3154名农村孕产妇住院分娩补助94.62万元，为3057名农村育龄妇女补服了叶酸，妇女“两癌”免费普查6643人，免费治疗8人。推进预防艾滋病、梅毒和乙肝母婴传播项目免费筛查全省覆盖。

5.做好独生子女死亡家庭再生育技术服务，落实“再生育•天使”行动方案，进一步简化服务流程，规范人类辅助生殖技术在项目中的应用，提高服务水平，让更多失独家庭受益。

【卫生计生服务能力】 1. 卫生重点工程建设进展顺利。鹰潭市人民医院信江新院住院大楼、门急诊楼、医技楼、感染病区等主要建筑主体工程完成，装修及设备安装工程正在施工，放疗中心基本完工，精神康复中心一期工程住院楼竣工。

2.规范村级卫生计生服务室管理。为稳定乡村医生队伍，筑牢农村卫生计生服务网底，方便群众看病就医，按照“保基本、强基层、建机制”的原则和 “一村一室”的要求，全市累计投资近亿元资金新建322个标准化村级卫生计生服务室，总建筑面积74430平方米，实现市域全覆盖。对建成的村级卫生计生服务室和乡镇卫生院实行一体化管理，推行“五统一”管理体制，即：统一人员聘用、统一收入待遇、统一业务管理、统一药品（器械）采购、统一财务管理。

3. 加强市级区域卫生信息平台建设。将智慧卫生列为智慧鹰潭建设重要内容。根据全市的人口数量和地域特点，规划建设 “一网、一平台、三大基础业务系统、十二大平台应用系统”（“一网”即建设完整的覆盖市、县（市）、乡（镇）、村四级卫生行政、医疗卫生机构及相关部门的卫生专网体系；“一平台”即建立全市统一的卫生和健康数据共享与交换平台，促进全市医疗卫生机构之间以及卫生部门与相关部门之间的业务协作和信息同步；“三大基础业务系统”即基层医疗信息系统、公共卫生信息系统、基于电子病历的医院信息系统；“十二大平台应用系统”即健康一卡通系统、基本药物管理系统、临床路径管理系统、医疗协同系统、疾病监测系统、慢病管理系统、妇幼保健系统、健康档案浏览服务、卫生综合决策分析系统、卫生行政管理系统、卫生应急指挥系统、新农合信息共享服务） 市级区域卫生信息平台。2016年，平台建设已基本完成，按照统一的接入规范标准，区域卫生平台与二三级医院及乡镇卫生院、村卫生室实现信息系统对接，相关数据实时传输，实现省、市、县、乡、村五级信息系统对接。

【疾病防控】 1.传染病防控工作。努力抓好流感、霍乱、手足口、布病等重点传染病的防治，确保全市无重大传染病的流行。共监测水样391份，海水产品490份，未监测到阳性标本。开展对托幼机构手足口病等传染病防治督导，处理聚集性疫情9起，其中家庭聚集性疫情8起，托幼机构1起，处置手足口病重症病例9例。月湖区沿江社区完成登革热监测工作。在龙虎山景区开展布鲁氏菌病监测工作，处置病例1例。完成10例流行性出血热流行病学调查处置。完成全市流感监测工作，共检测样本2092份，其中鹰潭市人民医院流感监测阳性率为14.2%，较2015年同期上升6.2%；贵溪市人民医院流感监测阳性率为17.5%，较2015年同期上升了9.8%。

2.艾滋病防控工作。加强艾滋病监测检测，准确掌握疫情形势，及早发现感染者。全市各HIV（即人类免疫缺陷病毒）抗体筛查机构筛查HIV抗体117205人份，其中HIV（+） 99例。全市累计报告HIV/AIDS （AIDS即艾滋病，获得性免疫缺陷综合症）666例（按现住址统计），其中AIDS 381例；报告死亡223例，现存活443例。积极落实国家“四免一关怀”政策（“四免”即对农村居民和城镇未参加基本医疗保险等医疗保障制度的经济困难人员中的艾滋病病人免费提供抗病毒药物；在全国范围内为自愿接受艾滋病咨询检测的人员免费提供咨询和初筛检测；为感染艾滋病病毒的孕产妇提供免费母婴阻断药物及婴儿检测试剂；对艾滋病病人的孤儿免收上学费用。“一关怀”即将生活困难的艾滋病病人纳入政府救助范围，按照国家有关规定给予必要的生活救济。积极扶持有生产能力的艾滋病病人开展生产活动，增加其收入。加强艾滋病防治知识的宣传，避免对艾滋病感染者和病人的歧视），全面提高艾滋病随访管理和抗病毒治疗率，切实落实全省贫困家庭艾滋病机会性感染患者救治工作。全市累计完成免费艾滋病确证检测113人次，累计完成医疗机构机会性感染救治101人，完成有效随访管理490人，使用救治资金98.16万元，资金使用率为70.47%。多种形式宣传艾滋病防治知识，提高大众的艾滋病防治知识知晓率。中央电视台综合频道《生活圈》栏目播出的“艾滋病毒感染者骑行50天，愿不再有歧视”节目里面引用鹰潭市疾控中心“伴艾骑行”宣传视频11秒。加大高危人群艾滋病干预工作力度，进一步扩大干预覆盖面，进一步规范抗病毒治疗，全市共有3个县（市、区）设立了抗病毒治疗定点医院，累计抗病毒治疗358例，正在抗病毒治疗的有296例，艾滋病抗病毒治疗比例为93.96%，抗病毒治疗病人完成病毒载量检测比例86.96%。VCT（即艾滋病自愿咨询检测）点完成检测咨询任务1272人次，完成率为78.86%。

3.结核病防治工作。全市共收治肺结核患者825例，其中新涂阳病人417例，全市筛查耐多药肺结核可疑者23例，登记筛查涂阳密切接触者741例，发现肺结核患者6例。全市共登记TB/HIV（TB，即肺结核）双重感染患者7例，均将其纳入结核病和艾滋病治疗服药管理，并定期对其进行家庭随访。严格落实抗结核药品管理规章制度，规范药品管理工作要求与流程，顺利完成全市抗结核药品招标采购任务，保证全市肺结核患者的抗结核药品供应。全市举办规划管理、耐多药诊断与治疗、健康促进等培训班共18期，累计培训432人次。

4.免疫规划工作。全面开展儿童预防接种信息系统建设，全市各预防接种单位均能够使用统一客户端录入、上传儿童预防接种数据和预防接种证打印。所有冷库均安装了温度监控系统，实现冷库监测数据自动上传。鹰潭市疾控中心改造投入使用的全省一流五星级数字化预防接种门诊，大大改善了接种工作环境，共接种疫苗51975剂次，收入144.22万元，与2015年同期相比，门诊接种人数上升12%，使群众享受到安全、高效、便捷的预防接种服务。国家免疫规划疫苗接种率均达98%以上，全市常规免疫接种情况报告的完整性为100%，二类疫苗接种情况报告完整性为100%。全市共报麻疹、风疹疑似病例45例，其中有1例确诊麻疹病例；AFP（即急性驰缓性麻痹）病例4例；15岁以下乙肝病例1例。报告的病例均及时采样并做好了流行病学调查工作。AEFI（即疑似预防接种异常反应）系统开始正式使用，全市报告AEFI 76例，及时调查率100%，个案完整率100%，及时报告率100%。开展了4次扩大免疫规划管理工作督导，对检查督导中发现的问题及时提出整改意见。对全市预防接种门诊进行星级门诊评定工作，其中四星级5个，三星级21个，合格门诊19个。

5.慢性病和地方病工作。成功举办“江西省慢性病论坛”学术交流活动。全省各设区市及县（市、区）疾控中心和各级医疗机构共计200余人参加此次活动，论坛主办方对鹰潭市慢病工作给予了高度的评价。指导余江省级慢病防治示范区创建工作，确保通过省级考核验收。全民健康生活方式行动工作覆盖率达100%，全市共完成了5个健康社区、5个健康单位、2个健康食堂、2个健康餐厅、1个健康主题公园及1个健康步道的支持性环境创建工作。全年全市共计报告死亡病例5974例，肿瘤病例2218例，该项工作较2015年上报情况有明显提高。顺利完成省级消除疟疾的考核工作，实现《鹰潭市消除疟疾行动计划（2010—2020）》提出的消除疟疾目标。省卫生计生委消除疟疾考核评估小组对鹰潭市消除疟疾工作给予充分肯定。完成居民户碘盐监测工作，调查居民户碘盐15个乡镇共计60个村，监测900份盐样。完成重点寄生虫病监测项目工作，鹰潭市人民医院等四家医疗机构共监测病例501例。

【卫生监督】 1.积极开展卫生监督“四转”工作。一是坚持依法监督，推进体制改革，理顺执法职责，加强日常监管，强化重点监督，转变工作职能，着力提升卫生计生综合监督执法履职能力。二是创新监督模式，拓宽执法方式，推进能力建设、开展调查研究、推行网格监督，转变工作方式，着力提升卫生计生综合监督执法效能水平。三是规范执法行为，推行政务公开，强化执法稽查，严格执法纪律，转变工作作风，着力提升卫生计生综合监督执法规范化水平。四是加强教育培训、强化人才引领、加强文化建设、强化人员管理、加强社会监督，转变行业形象，着力提升卫生计生综合监督执法整体素质。全年查办案件34件，处罚金额18.8万元。

2. 加大公共场所卫生监督工作力度。2016年，对360余家公共场所进行日常卫生监督检查，规范其依法营业，增强了业主法律卫生意识。依照《公共场所卫生管理条例》及其实施细则，重点加强对就餐面积达200平方米以上的餐饮单位卫生监督，实行办理公共场所卫生许可证制度，完成25家单位办证或年度审核工作。

3.认真做好全市餐饮具消毒单位卫生监督工作。针对全市餐饮具消毒单位当前存在的突出问题，加强卫生监督和专项整治，组织开展对辖区内9家餐饮具集中消毒单位进行卫生监督检查，对违规企业进行了处罚，进一步规范餐饮具集中消毒单位的生产经营行为，有效预防食物中毒等食源性疾患的发生，保障群众就餐安全。

4.大力加强饮用水监督监测工作。进一步加强饮用水卫生监督管理，有效防范饮用水引起的重大传染病和中毒事件发生，全年共采集城饮水样24份，检测合格率为100%，结果定期公开。完成鹰潭市农村饮用水水质卫生监测工作，选择了101个水质监测点，采集202份水样，并及时将结果上报至中国疾病预防控制中心，所有调查资料和检测原始数据均按照要求保留存档。

5.加大传染病防治和医疗广告监督执法力度。2016年9月至10月，依法对15家市、区医疗机构开展传染病防治和医疗广告专项检查，有14家医疗机构传染病疫情报告、控制、消毒隔离制度执行情况良好，病原微生物实验室生物安全管理规范，未发现违规发布医疗广告的行为。有1家医疗机构医疗废物分类收集不规范，监督人员依法作出要求改正的卫生监督意见。

6.加强放射诊疗卫生监督检查。

2016年，对全市开展放射诊疗工作的医疗机构放射诊疗防护工作情况进行了监督检查，重点检查“放射诊疗许可证”持证情况、放射诊疗建设项目职业病危害评价情况、设备状态检测情况、工作人员及患者防护用品配备情况和放射工作人员职业健康监护情况等。对未进行放射诊疗建设项目职业病危害评价、未进行设备性能和防护场所检测、未建立放射工作人员职业健康监护档案的医疗机构下达了卫生监督意见书，责令限期整改。同时为进一步提高放射诊疗从业人员防护意识，8月，举办了一期由17家从事放射诊疗单位相关负责人参加的放射卫生培训班，通过培训提高其对放射卫生认识和遵守《中华人民共和国职业病防治法》《中华人民共和国放射诊疗管理条例》的自觉性。

【卫生应急】 1.加强传染病报告管理工作。加强重点传染病疫情以及突发公共卫生事件的监测、报告和管理工作。全市65家传染病诊疗机构报告传染病卡9743张，系统统计显示报告现住址为鹰潭市病例8986例，发病率为784.92/十万，乙类传染病2767例，丙类传染病6219例。全市共报告7起突发公共卫生事件，均为家庭一氧化碳中毒事件。报告2起食物安全事故，均为食用野生蘑菇导致的食品安全事故。食源性疾病监测工作覆盖到辖区所有二级以上医疗机构，全市10家机构应报告病例信息380例。

2.加强卫生应急处置能力。成立卫生应急领导小组和应急机动队，实行节假日及敏感时期24小时值班制度。加强专业人员培训，组织开展防控应急演练，全面提升专业人员的应急处置能力，开展霍乱疫情应急处置模拟演练和卫生应急野外演练。完善体系建设，建立健全卫生应急预案。根据突发公共卫生事件的特点，购置一批防护用品、消杀药械、诊断试剂及耗材、季节性疫苗、检测设备等，从人、财、物等各方面，切实增强卫生应急综合处置能力，保障全市人民的健康。

【中医药工作】 1.着力推进公立中医院医改工作。充分发挥中医药特色优势，积极开展“看中医、用中药、提疗效”活动，建立鼓励使用中医药的激励机制，在改革中强化中医药服务能力建设，规范医疗行为、减少药品收入比。

2.加强基层中医药服务能力建设。制定并下发《2015—2020年鹰潭市基层中医药服务能力提升工程重点项目目标任务分解表》，将任务分解落实到县（市、区），并明确时间节点。加强基层中医特色专科建设，开展乡村医生中医药知识与技能培训。通过提升工程，全市95%以上的社区卫生服务中心、90%以上的乡镇卫生院、70%以上的社区卫生服务站、65%以上的村卫生计生服务室能够提供中医药服务。

3.推动中医药“治未病”健康服务。加强中医药预防保健及康复服务平台建设，逐步完善“治未病”科和康复科建设，配备中医体质辨识系统、中医康复诊疗等设备（磁振热治疗仪、智能腿膝泡浴器、神经损伤治疗仪、颈腰椎牵引床、多体位手法治疗床）。制定中医药预防保健及康复服务工作记录表，实施高危人群中医预防保健服务技术指南及康复科临床路径和诊疗方案。加强中医药预防保健及康复服务人员队伍建设，丰富中医药预防保健及康复知识，推广适应当地居民的中医药预防保健及康复服务技术，提高基层中医药预防保健及健康服务整体水平，对社会性独立养生保健服务机构从业人员开展中医药预防保健调理师培训工作，强化中医药预防保健知识和技术，规范中医药预防保健服务行为，提高中医药预防保健服务人员队伍素质，2016年，共培训328人。

4.中医药人才培养工作。完成2016年度中医类别全科医师转岗理论培训工作，对8名从事中医临床工作的已注册乡村医生开展中医药知识和业务技能培训。完成传统医学师承或确有专长人员2016年报名审核和考试工作。

【爱国卫生】 1.全市农村自来水普及率达79.2%，农村卫生厕所普及率达91.89%，农村无害化卫生厕所普及率为74.02%；城市生活垃圾处理率达100%，城市生活污水集中处理率达94.33%。

2.认真贯彻落实国务院《国务院关于进一步加强新时期爱国卫生工作的意见》和相关会议精神。印发《鹰潭市人民政府关于进一步加强新时期爱国卫生工作的实施意见》，召开市爱卫会成员单位会议，组织各部门学习，要求各爱卫会成员单位认真贯彻落实，进一步加强全市新时期爱国卫生工作，促进城乡环境卫生改善，提高人民健康水平。

3.全面开展城乡环境卫生整洁行动。落实《全省城乡环境卫生整洁行动实施方案（2015—2020年）》文件精神，制定下发《鹰潭市城乡环境卫生整洁行动实施方案（2015—2020年）》，广泛宣传动员，在重点地段制作大型宣传牌6块，悬挂宣传条幅25幅；结合新农村建设，大力开展生活垃圾和污水处理，建设城乡生活垃圾一体化收运设施，推动城乡生活垃圾收集处理，大力推进农村改水改厕；鼓励学生对生活垃圾进行科学分类；结合市容环境专项治理，推行环卫精细化作业，提升环卫作业质量；部门联动，集中治理城区市容市貌，从严规范余土管理，开展物业服务监督，实施“门前卫生三包”制度，加大农贸市场整治力度，专项检查露天烧烤，加强公路日常养护和沿线环境卫生，保障城乡饮水安全，积极开展卫生城镇创建，全面建设美好家园。

4.积极开展病媒生物防治和爱国卫生月活动。结合4月“第27个爱国卫生月活动”张贴主题宣传海报，利用宣传栏、宣传册等开展爱国卫生和健康教育宣传，宣传除“四害”知识，提高群众公共卫生意识；积极开展春、秋两季病媒生物防治活动，坚持以“环境综合治理为主，药物消杀为辅”，聘请具有资质条件的除“四害”公司，根据季节科学预防控制病媒生物，统一时间，统一毒饵，统一投放，集中消杀，长期治理，布设灭鼠毒饵盒，设置防蝇、防鼠设施；开展市区卫生大清扫，清除病媒生物滋生地，有效预防和控制病媒微生物的危害。贵溪市、余江县分别获得“江西省卫生城市”称号。

【计划生育工作】 1.人口计划全面完成。2016年全市出生1.54万人，人口出生率13.28‰，自然增长率7.1‰，均在省目标值之内。

2.计划生育责任制全面落实。建立市、县、乡、村四级党政一把手“亲自抓、负总责”，分管领导具体抓工作责任制。召开专题会议部署计划生育工作，签订责任书。严格兑现计划生育目标责任制考核奖惩，对获得全市2015年度计划生育工作先进的97个单位和30名个人进行了表彰，1个乡镇被列为限期整改单位。

3.全面两孩政策稳妥有序实施。认真贯彻市委、市政府《关于贯彻落实中发〔2015〕40号和赣发〔2016〕9号文件的意见》，加强正面宣传引导，印发各类宣传单20余万份，大型户外宣传牌10个；推进生育服务改革，全面实行一、二孩生育服务登记制度。一、二孩登记6673人，生育证发放328人。生育水平未出现大的反弹，全面两孩政策在全市平稳落地。

4.综合治理出生人口性别比。全面落实人口出生性别比“一票否决”制度，规范出生人口性别比过程管理。联合计划生育职能部门对全市医疗单位、个体诊所和药品批发零售商店进行专项检查，重点检查B超使用管理、终止妊娠手术的开展和终止妊娠药物采购、使用等情况。查处“两非”案件48例，开展“圆梦女孩行动”主题活动，走访慰问女孩138人，发放资金30余万元。

5.强化流动人口服务管理。在广东、山东、上海等省市建立流动人口区域协作点16个，流动人口服务管理信息平台的反馈率、接收率持续保持在99%以上。强化流动人口基本公共卫生计生均等化服务，为7918名流入人口建立健康档案。开展走访慰问流动人口活动60余次，发放宣传资料7.16万份，发放慰问金（物资）80多万元。

6.认真落实计划生育利导政策。全市计划生育奖励扶助对象2086人，特别扶助对象474人，奖励扶助资金和特别扶助资金518万元已通过“一卡通”足额及时发放到对象手中。走访慰问计划生育特殊家庭474户，发放慰问金19余万元。

7.努力提高全员人口信息质量。对全员人口信息平台的基础信息进行核实、梳理、纠正，重点是采集和摸实育龄妇女的生育、避孕节育、联系电话及身份证等信息。

（江永红）

【市卫生和计划生育委员会副县级以上干部名录】

党委书记、主任：李恩福

党委委员、副主任：黄春和　李丽高　徐道福　黄小红（女，~2016.4）

副主任：万挺春

党委委员、纪工委书记：贺国贤

党委委员、市疾控中心主任：汪仕文

党委委员、市卫生监督所所长：徐瑞华

党委委员、市人民医院铁路分院院长：张胜选

党委委员、市医改办主任：易冬春

党委委员、副调研员：吴多清　冯样街　黄忠宗

调研员：孙　钢

副调研员：周智俊　聂美娟（女）　初国伟

12月22日，鹰潭市卫生与健康大会召开

市卫计委　供稿

体 育

编辑、校对：夏永军

综述

2016年，鹰潭市体育局深入贯彻中共十八大，中共十八届三中、四中、五中、六中全会精神，省第十四次党代会、市第八次党代会精神和中共中央总书记习近平系列重要讲话精神、国务院总理李克强考察江西重要讲话精神，全面实施《全民健身计划》《奥运争光计划》《全民健身条例》，围绕全市大局，凝心聚力发展体育事业，扎实开展“两学一做”学习教育，努力拓展群众体育发展新空间，培育竞技体育发展新动力，构建体育产业发展新体系，拓宽体育文化建设新领域，强化干部队伍建设新体制，较好地完成了年度工作目标任务，为“十三五”开好头、起好步。

群众体育

【群众体育活动】 在认真研究和草拟的基础上，经市政府常务会议审议，出台《鹰潭市全民健身实施计划（2016~2020年）》。以“计划”为纲，组织体育协会开展100余项次群体活动，并将“体育•惠民100”“五进”活动贯穿全年。以“全民健身日”为主线，在60多个健身站点组织“百城千村健身气功展示”、柔力球、瑜伽、太极拳等赛事活动和健身知识讲座，8月8日当天吸引万余名群众参与，营造了全民健身良好氛围。月湖区在时代广场举行盛大的“全民健身日”活动展示，全民健身热潮不断；高新区与企业党组织、工会合作，举办企业职工羽毛球赛、篮球赛，帮助企业开展体育活动5次，参与员工近1300人；信江新区结合节庆日举办群体活动，开展“庆三八”、母亲节文体活动、“庆重阳”健身广场舞比赛、“迎新春”农民运动会；市体育局在在鹰举办的全省旅游产业发展大会上，组织280人的太极拳表演，很好地展示了群众体育的发展成效。

【群众性体育赛事】 2016年，江西省举办了第五届全民健身运动会。第一阶段，各县（市、区）、市级相继举行本赛区启动仪式，各单项协会开展了不少于2项次的主题活动，市老年体协结合建会30周年开展了30余项系列活动，月湖区在月湖赛区暨月湖区第三届职工运动会启动仪式上组织7000余名机关干部进行工间操（第九套广播体操）展示，推广“阳光体育”取得较好反响；第二阶段，鹰潭市承办了健身气功、瑜伽比赛，并组队参加全部16个大项比赛，其中瑜伽比赛获团体总分第一、风筝比赛获团体第二、羽毛球比赛获男团第二、航模比赛获团体第三，鹰潭市共收获19金15银9铜，位列全省第五，并获得了组委会所评的全部奖项（鹰潭市政府获最佳组织奖，贵溪市、余江县、月湖区政府获贡献奖，市体育局获优秀赛区奖）。市体育局协助市总工会举办全市第四届职工运动会，协助市直机关工委举办机关运动会，协同龙虎山管委会完成第七届环鄱阳湖国际自行车大赛龙虎山站承办工作。贵溪市承办华中地区健身健美大赛暨第八届“康比特杯”全国阳光教练大赛江西站、全省青少年车辆模型锦标赛等大型赛事。以赛事活动为平台，组队参加第二届（正阳）全国太极拳精英赛，获4金7银9铜；全国第八届“久久星杯”太极柔力球比赛，获中年组全能一等奖、团体总分第二名、规定套路个人第二名；中国老年首届柔乐球培训暨邀请赛，获自选和规定套路全国一等奖；第二届中国国际健身气功交流比赛，获集体赛二、三等奖，5名参赛队员均获个人赛二、三等奖。

设施与建设

【体育健身工程建设】 新申报乡镇农民健身工程1个，行政村农民健身工程21个，社区多功能运动场3个，笼式足球场1个，争取到170万元设施器材场地建设资金，并自筹体育彩票公益金90余万元为新农村、社区等50多个点安装了全民健身路径及体育器材设施，年内建成并投入使用农民健身工程25个，超额完成市政府年初下达的 18 个的任务。全市现有全民健身中心 5 个，100%的街道、100%的社区、75%的乡镇、70%的行政村建有便捷实用的体育健身场所。贵溪市城市社区体育健身站点已实现全覆盖。

人才培养与队伍建设

【体育基层组织】　积极推进体育社团组织网络建设，各县（市、区）均建有体育总会，全市有行业协会 12 个，单项协会 33 个，2016 年新成立广场舞、微马、汽摩 3 个单项协会。余江县以“太极拳进校园”创建群众体育“一县一品”，挂牌设立陈式太极拳推广中心。

【工作人员培训教育】　全年，举办 1 期全省一级社会体育指导员培训班，4 期全市二级社会体育指导员培训班，县（市、区）组织数场三级社会体育指导员培训班，各单项协会组织 2~3 次协会骨干培训，都有力地提升了群众体育骨干科学指导群众健身的水平。截至 2016 年底，共有各级各类社会体育指导员 2043 人，占全市总人口的万分之十七，经常参加体育锻炼的人数达到总人口的 32%。

竞技体育

【体育后备人才】　坚持“体教结合”，实行“体育进校园”，耗时 40 天到全市 16 所中学、38 所小学招生，科学选材、科学训练，发挥好学校体育在体育后备人才培养中的积极作用。截至 2016 年底，市少儿体校在训 315 人（校本部 130 余人、训练网点 180 余人），其中省训 51 人；市体育中心业余训练在训 205 人，其中长训 132 人、短训 73 人。

【承办品牌赛事】　先后承办全国篮球青年锦标赛龙虎山站、省青少年田径、跆拳道锦标赛，通过承办高水平赛事积累了经验，提高了竞赛成绩。全国篮球青年锦标赛期间，每天的比赛场次都能吸引数千名观众观赛，满足了群众的体育需求，激发了群众参与体育运动的积极性。

【竞技体育基础】　认真抓好夏训、冬训工作，注重通过对比训前训后测试数据对训练效果进行有针对性的研判。经常深入基层调研分析各运动项目形势，深挖跆拳道、拳击、羽毛球、摔跤（2016 年省青少年锦标赛跆拳道获团体第三、拳击第五、羽毛球第五）等重点优势项目潜力，补强田径、游泳、水上项目等薄弱环节，查找解决项目发展中的问题困难，不断完善项目布局，为出战 2018 年省运会打下坚实基础。在鹰潭市第三中学、鹰潭市第六中学、贵溪市第二中学等地开设田径训练队；在贵溪市罗河第二中学开设拳击训练队；余江县龙虎文武学校新建武术训练馆，培养武术套路运动员；市体育中心新引进射箭项目（创鹰潭乃至全省先河），已形成约 20 人的固定训练规模；市少儿体校引进体操（跳水）项目，竞技体育发展步入良性循环。2016 年，派出 4 人参加全国青少年锦标赛，殷小毛夺得武术套路 2 金 1 银，方志杰摘得 1 铜，夏玲杰、张引分获拳击、跆拳道铜牌。组织各县（市、区）参加全省百县青少年运动会，贵溪市获男篮团体二等奖、足球三等奖，余江县获田径团体三等奖，月湖区获女篮团体二等奖、男篮三等奖、足球三等奖、田径三等奖。

【全市青少年训练】　市体育局连续九年与市教育局举办全市中小学年度系列赛，2016 年全市有 68 支代表队 1285 名运动员参加，4 人成绩达国家二级运动员标准，贵溪市在男篮、女篮、男足、女足项目上均获第一，余江县夺得田径初中、小学组团体冠军，月湖区获乒乓球、羽毛球团体第一。月湖区实施“田径、足球进校园”，全区各中小学都成立了田径业余训练队，鹰潭市第三中学、鹰潭市第六小学、鹰潭市第五小学被评为全国校园足球特色试点学校，12 月举办月湖区第一届校园足球联赛，年内还按照国家体育总局要求，完成辖区小学到高中 12 个年级共 300 名青少年儿童体育健身活动状况调查工作，学生每天都至少参加一小时体育锻炼；余江县第四小学、双语学校、余江县第二中学、韬奋学校、余江县第一中学先后获批全国青少年校园足球学校，韬奋学校还被评为全国首批学校体育工作示范学校；贵溪市重点打造市少儿业余体校田径班，在训 70 人，举办第四届全市中小学生田径运动会，年内还组织了全市少儿乒乓球比赛、羽毛球比赛、篮球联赛、足球联赛等少儿赛事；高新区所辖鹰潭市第六中学被评为鹰潭市第四批体育后备人才培养基地。鹰潭市已初步形成涵盖国家级青少年体育俱乐部，省级体育传统项目学校、省级单项基地，市（县）两级少年儿童体育学校、市级体育后备人才培养基地、业训网点的少儿业余训练网络体系。

【运动员注册工作】　全年新注册、确认运动员 564 名，选派 309 人参加省青少年 12 个项目锦标赛，达优 62 人、达良 64 人，带入 2018 年省运会 2 枚金牌。

体育产业

【体育中心日常工作】　实行企业化管理、市场化运作，不断强化竞争意识和服务意识。针对体育场馆工作人员、保安、保洁员开展消防安全知识讲座和应急演练，针对场馆内外部环境进行了安全隐患排查整治，投入 100 余万元对场馆设施进行维护，并向市城乡建设规划局争取“鹰潭市可再生能源建筑应用示范城市项目”即游泳馆温水加热系统太阳能项目，在减少场馆、健身人群“双线支出”上动脑筋、想办法，努力为群众创造安全、经济、舒适的健身环境。积极开展并完成了全国体育产业专项调查（鹰潭地区）工作，采集、核查、上报涵盖50家体育用品制造与销售、健身服务等体育企业的名录库，摸清了“家底”，为进一步发展好体育产业提供了科学支撑。

【体育场馆实施公益性】 将网球、足球、门球、篮球等项目免费或分时段免费对外开放，游泳、羽毛球等降价幅度达50%以上，尤其对学生收费大幅下降。市体育中心全年接待健身人群约40万人次，夏季高峰期日均接待健身人群超1800人次；免费推广新引进的射箭项目，已免费培训300余人；与鹰潭市第九小学合办“小泳士”培训班，为3000余名学生免费教授游泳技能，在吸引群众参与体育锻炼的同时降低了健身成本，受到群众广泛好评。

【体育彩票】 利用各类体育赛事冠名“中国体育彩票杯”，全年累计销售体育彩票6201.89万元，同比增长14.43%，其中市本级2955.24万元、贵溪市2441.73万元、余江县804.92万元，全市现有体彩销售终端机116台，年内新增35台，超额完成省下达的25台增量和6200万元年度销量任务。

【体育与其他产业融合发展】 2016年，承接“中国龙虎榜”世界搏击功夫盛典系列赛，配合完成国家体育总局领导及专家组到鹰调研“旅游+体育”产业工作，抓住道家武术踏入搏击拳坛这一亮点，以“旅游+体育”产业实地考察和研讨为契机，依托龙虎山独特的自然和人文景观资源，推动体育与旅游融合发展。龙虎山起到了排头兵作用，成功举办第七届环鄱阳湖国际自行车大赛龙虎山站和“龙虎青春、帐立天下”龙虎山第十二届国际帐篷节，提高了城市知名度和美誉，也打响了鹰潭体育品牌。

体育文化

【体育文化宣传】 奥运年，广泛宣传奥运、残奥健儿拼搏事迹，弘扬“更快、更高、更强”的体育精神和正能量，鹰潭市体育局荣获省级文明单位称号。体育宣传报道工作开展得有声有色，全年在市体育局网站发稿145篇，被省体育局网站用稿75篇（其中7篇系当日头条），在省级及以上报刊刊发12篇，在市级报社、电（视）台、网站刊播52篇，激发和带动了干事创业的热情，展示了鹰潭体育的良好形象和精神风采。

（柯　哲）

【市体育局副县级以上干部名录】
党组书记、局长：欧阳澜
党组成员、纪检组长：何晓春
党组成员、副局长：周　勇
党组成员、副局长：徐晓东
副调研员：吴旭春

7月20日至23日，鹰潭市派出运动员参加2016年江西省青少年跆拳道锦标赛

市体育局　供稿

居民生活

编辑、校对：华志萍

居民收入与消费

【概述】 2016年，在鹰潭市全市上下深入贯彻习近平总书记系列重要讲话精神，统筹做好稳增长、促改革、调结构、惠民生等各项工作，经济平稳较快增长、综合实力有所增强，社会保障工作逐渐完善，在建设富裕秀美宜居和谐鹰潭的生动实践中迈出了坚实的步伐。

【城镇居民收入稳定向好】 据2016年鹰潭市居民收支与生活状况调查显示，鹰潭市2016年城镇居民收入稳定向好，结构优化，增长有力；城镇居民消费支出稳步增长，各项消费支出均有一定程度增长，服务型消费支出增长明显。

2016年鹰潭市城镇居民人均可支配收入为29116元，增长8.0%。四项收入都有不同幅度的增长。

1.工资性收入占比大增速平稳，对拉动可支配收入增长贡献大。2016年，鹰潭市城镇居民工资性收入为16988元，同比增长784元，增幅为4.8%，对城镇居民可支配收入的贡献率为36.2%，拉动了可支配收入增长2.9%。工资性收入的增长主要依靠政策的推动，从2015年以来，增资政策不断出台，城镇职工，特别是企事业单位的不断增资，对工资收入有正向的拉动作用。但鹰潭市城镇居民增收渠道仍然单一，由2016年鹰潭市城镇居民可支配中收入四大项占比、贡献率及拉动百分比表可看出，鹰潭市城镇居民人均可支配收入最主要的拉动力仍然为工资性收入且对人均可支配收入的贡献率为36.2%，甚至超过财产性净收入和专业性净收入的贡献率总和，说明城镇居民增收主要依赖于工资性收入的增长，渠道过于单一，增收空间有限。

2.近年来，经营性净收入仍是城镇居民可支配收入的重要组成部分。据2016年住户收支与生活状况调查显示，2016年，鹰潭市城镇居民人均经营性净收入为5503元，同比增长638元，增幅为13.1%。鹰潭市加快实施创新驱动战略，点燃经济发展新引擎。认真贯彻落实好“创业创新36条”，大力推进全民创业创新。继续深化制度改革，切实降低创业创新门槛，多措并举有效的促进了个体经营户和小微企业的快速发展壮大，对居民经营性收入有较大的促进作用。

3.2016年，鹰潭市城镇居民人均财产性净收入为2600元，增长358元，增幅为四项支出首位，达16.0%。财产性净收入的增幅第一，但是由于绝对值基数低，总量不够无法有效拉动城镇居民快速增长。

4.随着鹰潭市社会保障体系的不断完善，社会保险覆盖面的不断扩大，社会保障的兜底作用加强，养老保险、低保的标准水平不断提高，再加上部分外出务工人员收入的提高，寄回、带回收入也有了小幅度的增加。2016年，鹰潭市城镇居民转移性净收入为4025元，同比增长384元，增幅为10.5%。

【城镇居民消费支出亮点突出】 2016年，城镇居民人均消费支出为18482元，同比增长1402元，增幅为8.2%，基本与城镇居民人均可支配收入同步增长。八大项支出均有不同幅度的增长，但特点明显，亮点突出，文化教育娱乐支出有较为显著地增长，领涨八大项支出。

1.教育文化娱乐支出成为城镇居民消费支出的主要增长点。根据居民收支调查显示，2016年，城镇居民人均教育文化娱乐消费支出为2556元，同比增长343元，增幅为15.5%，增幅第一，且在居民消费支出的比重超过衣着消费支出，成为城镇居民消费支出的第三大项。城镇居民人均教育文化娱乐的逐年增长，最根本的原因就是城镇居民人均收入的稳步向好，城镇居民不再愁吃愁穿，而是向生活质量、教育质量方面倾斜。外出旅游长见识，抽空出去走走成为很大一部分城镇居民休闲生活的重要组成内容，而另一方面，儿女的教育也是丝毫不落后，素质教育、全面发展的理念深入人心，课外辅导、兴趣班、特长班、运动课程、文艺课程层出不穷，大部分家长都有能力且愿意子女多参加各种课外学习，愿为孩子的教育买单。

2.2016年，城镇居民人均医疗保健支出为595元，增长55元，增幅为10.2%，增幅位于八项消费支出的第二位。平时注重医疗保健，生活才更有质量这样的思想观念已经逐渐在城镇居民心中成型，早发现、早治疗逐步取代了小病扛、大病拖，不仅仅是思想观念的转变，可以说医疗保健支出高增长的背后，还与家庭条件有着密不可分的关联。简单地说，医疗保健支出与市民家庭条件成正比。特别是保健品和药品支出的快速增长更是得益于城镇居民收入增长和保健意识的加强。

【农村居民四项收入基本情况】 2016年，鹰潭市委、市政府全面落实经济发展新常态下加大农村改革创新力度、加快农业现代化建设的决策部署，以深化农业农村改革为重点，有效促进了农村经济平稳发展，全市农村居民收入稳步增长。根据鹰潭市居民收支与生活状况调查显示，2016年，鹰潭市农村居民人均可支配收入为13534元，同比增长1151元，增幅为9.3%。

2016年，鹰潭市农村居民人均可支配收入增幅稳定，四个分项均有不同幅度的增长，经营性收入和工资性收入仍然是农村居民可支配收入的主要组成部分，经营性收入成为增长主力军。

1.工资性收入稳定。农村居民的工资性收入来源与城镇居民的工资性收入来源不同，农村居民的工资性收入主要来源是农村居民的当地务工即零工收入。由于近年惠农政策的大力实施，通村公路和新农村建设的修建以及危房改造等工程的开展，农村劳动力就近务工人员增多，劳动就业报酬保持稳定，保障了工资性收入的稳定增长且有效的拉动了农村居民人均可支配收入的增长。

2.经营性收入增长较快。除了工资性收入之外，家庭经营收入也稳步增加，非农生产经营净收入成为农民增收的重要支撑。2016年，鹰潭市农村居民人均家庭经营净收入5861元，与上年相比增加620元，增长11.8%。其中鹰潭市农民家庭经营的非农产业净收入人均2193元，同比增长12.9%，占经营性收入的比例也略有上涨。非农生产经营收入的快速增加，主要在于市政府针对农民工回乡创业存在的资金、场地、技术、人才、服务等问题，制定一系列优惠政策，全方位帮助农民工返乡创业。更多有技术优势的农民在本地创业，为农村居民提供了更多的增收渠道。同时，鹰潭市城镇化进程加快，推动了农村富余劳动力向第二、三产业转移，从而提高了农民第二、三产业经营净收入。

3.财产性净收入增速快，占比低。随着鹰潭市农村居民收入的逐渐增加，农户资产存量增多，理财保险等意识有所提高，利息、租金、分红等收入增加对农村居民财产性收入的提高起到了较大的促进作用；同时农村土地承包经营权流转，也成为农村居民财产性收入增收来源之一。但是从整体收入看，农村居民财产性收入占比低，对农村居民可支配收入的增长拉动有限。2016年，鹰潭市农村居民人均财产性净收入为294元，同比增长25元，增幅为9.3%，对可支配收入的贡献率仅为2.2%，拉动可支配收入增长0.2%。

4.农村居民转移性收入主要由外出务工寄回、带回收入以及各项农补、低保等社会保障收入构成。近年来用工难、招工难的问题一直困扰着沿海发达城市，也正是这样促进了外出务工的农民工收入的不断提高；另外粮食、良种、养殖等各项惠农补贴的及时兑现，最低生活保障标准的提高，新型农村养老保险的推广，以及农村社会保障体系的逐步完善，离退休金、养老金标准的提高，都有效的促进了农民转移性净收入的增长。2016年，鹰潭农村居民转移性净收入为2044元，与2015年同期对比增长230元，增幅为12.7%，为四项收入增幅第一。

【农村居民消费支出增幅平稳】 2016年，鹰潭市农村居民人均消费支出为10382元，同比增长751元，增幅为7.8%。其中教育文化娱乐支出、交通通信、居住支出、生活用品及服务四项支出增幅超过10%，另外四项消费基本保持平稳，略有增长。

1.教育文化娱乐支出增幅第一。随着农村居民收入水平的不断提高和教育文化产业的快速发展，加大了农村居民对教育的重视程度，农村居民对教育的重视程度和文化娱乐消费需求不断增加，参加学历教育、技能培训等成人教育日益增多，同时外出旅游也成为时尚，带动了文化娱乐消费的较快增长。2016年，鹰潭市农村居民教育文化娱乐支出为783元，增幅为15.8%。

2.交通通信支出增长成为亮点。随着手机更新换代，移动网络的不断升级换代，4G网络、宽带网络逐步进入每个农村居民家中，更快更好的网络服务也逐渐收到农民的喜爱，推动了农村居民人均交通通信支出的增长，而摩托车甚至是汽车的逐步普及，也给农村居民的出行提供了巨大的便利，成为农村居民人均交通通信支出的快速增长的支撑点。

（吴　静　祝振晨）

消费者权益保护

【概述】 2016年，鹰潭市消费者权益保护工作紧紧围绕"新消费　我做主"主题开展各项活动，采取多种方式宣传新《中华人民共和国消费者权益保护法》《江西省实施〈中华人民共和国消费者权益保护法〉新办法》，创新维权方式，进一步净化鹰潭市消费市场，提高消费和维权意识。

【借势"3·15"，唱响宣传主题】 紧紧围绕2016年的"新消费　我做主"活动主题，纪念活动内容丰富、形式多样、别具一格，积极引导广大消费者科学合理、安全健康消费。3月15日上午，由鹰潭市委宣传部、市市场和质量监管局、市消协主办，在鹰潭市滨江广场老码头隆重举行"3•15"国际消费者权益日大型宣传咨询活动，活动通过设置展板、发放宣传册、展示假冒伪劣产品、现场接受咨询投诉等方式，向市民宣传新《中华人民共和国消费者权益保护法》亮点和内涵。整个活动简朴而热烈，前来参与咨询投诉的市民络绎不绝。

活动中，各部门结合自身工作职能开展了相关法律、法规咨询服务。工作人员分发资料，积极宣传识假打假知识，认真解答和受理消费咨询申诉。向市民宣传新《中华人民共和国消费者权益保护法》亮点和内涵。此次活动共发放各类宣传资料1万余份，现场解答各类咨询2500人次，受理各类投诉、举报多件，其中工商、消协系统共接受消费者咨询300余人次，现场受理消费者投诉数起，赢得了消费者的好评。当天的活动情况在省、市电视台、广播电台及报刊都进行了充分报道。

【多线合一　提高意识】 2016年，市场监督管理局继续加大学习宣传贯彻新《中华人民共和国消费者权益保护法》工作力度，不断创新维权方式。三局合一后，该局成立举报投诉中心，将原来原三个局的举报投诉电话“12315”“12365”“12331”三个热线电话集于一体。真正做到统一接听，统一分流，统一反馈。大大提高了投诉举报的工作效率和服务消费者、服务民生的工作水平。全体消费维权人员维权意识大大增强。

【加大商品监管 净化消费市场】 为加强对流通领域商品质量监管，出台一套措施，加大了监督抽查的力度。拟定监管措施，推动了流通领域商品质量监管长效机制的建立。完成省级生活用品抽检30个批次，对不合格的3个批次产品指定辖区局立案查处。组织开展了旅游市场、服装等专项整治。

妇女儿童权益保护

【概述】 鹰潭市妇女儿童发展规划各领域主要目标执行情况良好。妇女发展规划提前达标率为82.8%，儿童发展规划提前达标率为87.8%。鹰潭市在江西省实施妇女儿童发展纲要主要目标综合评分为92.01，列全省第五，较2015年上升一位。

【优化发展环境】 成立鹰潭市性别平等咨询评估委员会，建立地方法规政策性别平等咨询评估机制，积极参与涉及妇女儿童权益的法规政策论证、督导，从法规政策的层面更好地保障妇女权利，推动男女两性平等和谐发展。

【强化法治宣传】 以《中华人民共和国反家庭暴力法》为重点，依托妇女之家，市、县、乡三级联动开展了《中华人民共和国反家庭暴力法》万人宣讲活动和“3·8”维权周活动。舒盈荣获“全国法治宣传教育先进个人”称号。继续推进实行家庭暴力告诫制度取得较好成效。《中华人民共和国反家庭暴力法》实施后，在全省发出首张“人身安全保护令”。

【争取项目资金】 争取省妇联、省财政厅和江西师范高等专科学校的支持，投入近500万元资金和优秀师资，将活动中心打造成集学前教育、体验活动、兴趣培训、拓展训练、交流展示的综合公益性活动场所。围绕“公益、服务、创新、发展”的理念，免费开展公益讲堂、心理咨询、婚姻调适、家教指导等工作，长年开设了书法、声乐、舞蹈、语言类等多种培训班，受益人群达1000余人，广泛受到社会好评。争取省级项目资金30万元，开展关爱留守儿童和家庭教育购买服务工作。争取江西省妇女儿童发展基金会贝因美公益项目，将价值3.90万元的156桶贝因美奶粉发放给52个困难家庭的1至3岁儿童。

【推进家庭教育】 组织开展“我爱我家”家庭情景剧展示活动，传递家庭教育、家庭文明建设的正能量。以“书香飘万家”为主题启动亲子阅读活动，向全市广大家庭推荐亲子阅读优秀书目，开展创意阅读分享、评选“书香家庭”等系列活动。

【创新维稳途径】 联合市综治办、市司法局成立了市婚姻家庭纠纷人民调解委员会，聘任了专、兼职调解员，明确了调解原则、调解程序、工作要求，确保婚姻家庭纠纷专业化调解工作取得积极成效。

【开展维权调研】 联合市总工会女职工委开展二孩政策保障调研，通过走访、座谈、发放问卷等形式，了解女职工生育二胎的意愿、制约因素及对女性发展、职业发展的影响，在市政协九届一次会议上做了《关于完善二孩政策社会保障体系的建议》的大会发言。

【畅通信访渠道】 热情接待每一位来访妇女，倾听妇女表达、服务妇女需求、维护妇女权益，妥善协调处理妇女信访案件。妇女信访代理服务逐步走向常态化、品牌化。全市共有信访代理中心3个，信访代理工作室33个，工作站248个，信访代理员600余名。2016年，市妇联共接待各类信访35批40人次。

【开展助学行动】 号召全市各级党政机关、事业单位、社会团体和各界爱心人士为“春蕾女童”捐资助学，共筹集善款25万余元，资助贫困女生181名。积极争取上海同人学会2.4万元资金，资助鹰潭市第一中学20名贫困女生。联合女企协分别在鹰潭市第一中学和余江县第一中学开设“春蕾班”，每年资助20名“春蕾班”女生每人1200元；联合市地税局结对2名贫困女童，联合红杜鹃家政结对1名贫困女童。

【关爱特殊儿童】 联合鹰潭日报社开展关爱特殊儿童、留守儿童公益活动，邀请部分特殊儿童、留守儿童代表与来自学校和社区的100余名儿童一起亲手彩绘陶瓷DIY，并将所有作品义卖筹得的近3000元善款全部捐赠给特殊儿童。

民 政

编辑、校对：陈志敏

综述

2016年，在市委、市政府的正确领导下，在省民政厅的精心指导下，全市各级民政部门认真贯彻落实中共十八大，中共十八届三中、四中、五中、六中全会和全国、全省民政会议精神，紧紧围绕市委、市政府中心工作，紧密结合民政实际，求真务实，开拓进取，全面完成省、市政府下达民政部门的各项民生指标任务，获得全省“民生工程”工作优秀单位、全市信访工作先进单位、全市普法工作先进单位、全市计划生育工作先进单位、全市新农村建设优秀帮扶单位等多项荣誉称号。

重要举措

【社会救助】 全面完成民政部门负责实施的市政府民生工程各项工作任务，2016年，鹰潭市城乡低保标准分别提高到480元和270元，农村“五保”集中、分散供养标准达到每人每年4380元和3480元。为全市5.49万名城乡低保对象、4798名“五保”对象发放资金1.33亿元。城乡医疗救助直接救助4.22万人次，救助资金达3226.40万元。城乡精减退职职工生活补助每人每月分别达到365元和325元。

【救灾救济】 组织开展冬春灾民救助，全市投入救助资金950万元，购制冬令棉被、棉大衣和大米、食用油等生活救济物资，救助受灾困难群众8.1万人次。精心组织全国第六个“防灾减灾日活动”。活动周期间，全市散发各类宣传资料3万多份，展出宣传展板60余块，各大媒体播发防灾减灾新闻80余条，宣传周期间每天滚动播发公益广告10多条，发送各类防灾短信2万条，解答市民咨询3000余人次。

【优抚安置军供】 优抚安置政策落实到位。严格按照各类优抚政策规定核定各类抚恤标准和义务兵家庭优待金标准，全年及时足额发放抚恤补助资金3500余万元。烈建工作有序展开，全面完成零散烈士纪念设施建设工程。加大退役士兵培训力度，积极组织各类职业技能培训。服务国防、拥军优属政策落实到位。鹰潭市首次荣获“全国双拥模范城”，贵溪、余江、月湖取得“全省双拥模范城”的荣誉，实现“满堂红”。“八一”建军节期间积极开展各类双拥活动。开展了评选表彰鹰潭市“最美军嫂”、“中国梦、双拥情”和国防知识竞赛活动。

【基层政权和社区建设】 加强农村社区建设试点工作。出台《关于深入推进全市农村社区建设试点工作的实施方案》，确定贵溪市为试点城市，并选择了5个村进行试点。按照“试点先行、全面推进”要求，在全市村（社区）全面推行民情理事会，实现民情理事会组建率100%目标。代拟《关于加强全市城乡社区协商实施意见》，下发《村（社区）民主协商工作操作手册》，制定民主议事协商制度，在各项工作中进行协商工作，产生一批议事协商案例。落实中共江西省委组织部、江西省民政厅《建立完善村（居）务监督委员会的通知》精神，认真执行《江西省村民监督委员会工作规程》大力推进村（居）务公开、丰富公开内容、扩大公开载体，抓好村（居）务监督机构建设，做到村（居）务监督机构全覆盖。

【民间组织和区划地名】 推进社会组织登记体制改革，市级新成立登记社会组织达38个，新登记的社会组织中直接登记的有6个。加强社会组织党建工作。按照市委组织部统一部署，结合社会组织管理运行实际、围绕社会组织的发展方向与目标开展“两学一做”学习教育活动，做到学习方式方法灵活，注重实效性。推进两项改革，不断激发社会组织内在活力。完成余江县撤县设区向国务院上报，继续做好材料补充完善和风险评估工作。积极做好贵溪市白田、耳口乡撤乡设镇向省民政厅沟通汇报及材料补充完善工作。完成第二次全国地名普查县级自查、设区市的审核工作。积极启动地名数据库建设工作申报，做好地名志、新版政区图的编辑出版工作准备。以全省边界座谈会在鹰潭召开为契机，积极创新平安边界创建工作。

【社会福利和社会事务】 扎实做好城市“三无”特困群众和孤儿基本生活保障标准提补工作。制定下发《鹰潭市人民政府办公室关于印发鹰潭市殡葬事业发展规划（2016—2020）的通知》，下发《鹰潭市2016年“文明祭扫、生态安葬”宣传月活动实施方案》，营造平安、文明、和谐的祭扫环境。制定下发《鹰潭市困难残疾人生活补贴和重度残疾人护理补贴制度实施细则》。贯彻落实《关于做好农村留守儿童重点对象户干预帮扶工作的通知》的文件精神，加强无人监护、残疾、患病、辍学、无户籍农村留守儿童等重点对象的予预帮扶。救助管理工作有序推进，全年救助流浪乞讨人员5000余人次，护送老弱病残返乡86人。福利彩票销售取得较好业绩，全市销售福利彩票9800余万元。开展一系列福彩公益性活动，资助患病儿童、贫困学生和困难家庭。开设慈善阳光班，开展“慈善一日捐”“慈善情暖万家”“青苗关爱工程”等系列慈善救助活动，慈善事业蓬勃发展。

【项目建设】 建立和完善了民政项目库，储备各类项目300多个，并上报省厅计财处。积极争取国家预算内项目，会同市发改委向省和国家发改委申报国家预算内项目4个，获得资助项目1个（贵溪市志光镇敬老院），资助资金286万元。会同市发改委、市老龄办申报2016年中央、省级福彩公益金项目38个。积极推进社会福利中心建设。妥善处理月湖湾颐养园项目建设存在的问题，加快推进由市民政局承建的市福利中心老年公寓楼项目建设。

【老龄工作】 积极推进养老服务事业发展，认真贯彻落实市政府《关于加快发展养老服务事业的实施意见》，推进全市居家养老服务中心、农村颐养之家服务点的建设工作。落实70周岁以上老年人免费乘坐市内公交车意外伤害保险优待政策，为全市4.4万多名70周岁以上老年人购买意外伤害险43.91余万元。

【扶贫开发和移民工作】 以市委办公室、市政府办公室名义印发《关于创新机制扎实推进全市农村扶贫开发工作的实施方案》，制订《鹰潭市扶贫开发建档立卡工作方案》，全面开展贫困人口精准识别工作和建档立卡信息在线审核工作。全面完成整村推进（村庄整治建设）年度项目计划和“雨露计划”年度培训任务。大中型水库移民后期扶持年度项目计划实施进展顺利，库区和移民安置区社会和谐稳定。

（朱　波）

【市民政局副县级以上干部名录】
党组书记、局长：周永江
党组副书记、副局长：黄正清
党组成员、纪检组长：王松泉
党组成员、市军供站站长：朱福兴
党组成员、副局长：周金爱
党组成员、副调研员：徐振火、杨寿瑶
党组成员、市扶贫办主任：邵　云
副调研员　：查列妮（女）　项文红（女）

6月16日，鹰潭市红十字会开展海峡两岸红十字交流活动

市红十字会　供稿

劳动就业与社会保障

编辑、校对：夏永军

综述

2016年，全市人力资源和社会保障局认真贯彻中共中央总书记习近平系列重要讲话精神，特别是对江西工作的重要要求，在市委、市政府的正确领导及省人力资源和社会保障厅的直接指导下，牢牢把握稳中求进的工作总基调，坚持民生为本、人才优先，全面深入地实施更加积极的就业政策，深入推进社会保障制度改革，加快构建和谐劳动关系，为鹰潭市经济社会发展、构建和谐鹰潭发挥了积极作用。

重要举措

【劳动就业】 2016年，全市劳动就业服务管理系统始终坚持稳中求进的工作总基调，以增强群众对公共就业服务的获得感为取向，以“两学一做”为支撑，坚持目标和问题双导向，坚持促进就业与鼓励创业并重、深化改革与创新服务并重，着力推动新一轮就业创业等重大政策、重大改革举措和重点工作任务的落实，就业创业工作取得新进展和新成效。全市城镇新增就业人数2.46万人，城镇登记失业率低于4.5%，“4050”（40岁、50岁）人员就业人数为2013人，新增家庭服务业从业人员2609人，家庭服务业从业人员培训2375人，省内工业区企业定向培训14154人，创业培训3674人（其中电商培训1491人），新增转移农村劳动力1.57万人，省内工业园区新增转移农村劳动力9476人，失业保险参保人数为8.13万人，失业保险金征缴3481.57万元，新增创业担保贷款4.81亿元，新增担保基金1220万元，引领大学生创业218人。按照深化改革的部署与要求，实施并完成“关于研究设立市级创业投资引导基金”“推进基层就业和社会保障服务设施建设，促进基层就业和社会保障服务，夯实“双创”基础等项改革任务。

【协调推进各项就业创业服务管理】 广泛、深入宣传贯彻新一轮就业创业政策，积极推动政策落地生效。围绕“三去一降一补”决策部署要求，支持企业降低成本增加效益，稳定和增加就业岗位。不折不扣落实降低失业保险缴费率政策，全市减征企业失业保险基金1158万元；落实失业保险基金支付稳岗补贴政策，为110家企业兑现补贴944.46万元；落实企业社保补贴政策，补贴1944人1198.22万元。这些政策的落地，对降低企业成本，尤其是人力成本发挥实实在在的作用，仅社保补贴一项，部分企业获得的补贴额便占到企业实缴社保费的35%左右，有力增强了企业的获得感，受到企业广泛好评。12月19日，省政府降低成本优化环境政策落实督导组到鹰潭督导，在高新区随机抽取20多家重点企业座谈，参会人员一致反映，就业政策等人社系统的政策措施非常实在，企业感到很实惠。此外，狠抓技能培训、求职创业、高校毕业生见习、公益性岗位补贴政策等一系列促进就业的政策落实，兑现补贴资金1614.47万元，有效地激励了广大用人单位吸纳“4050”人员、高校毕业生等就业困难群体和重点群体就业的积极性。安置了见习高校毕业生366人，公益性岗位1270人，稳定和促进了高校毕业生、就业困难人员等重点群体就业。保障失业人员权益、及时足额为1368名失业人员核发失业保险金909.15万元，代缴医疗保险费209.48万元。

【全力推动创新创业】 以举办创业大赛为先导，激发创业创新活力。发挥“中国创翼”品牌优势，组织、引导、鼓励全市青年创业者积极参赛，累计200名青年创业者参加了“中国创翼”青年创业创新大赛的各项比赛。以“大赛+”的思维，借助社会力量，成功承办了第二届“中国创翼”青年创业创新大赛江西赛区复赛，赢得了省厅领导及“风投”机构等赛事参加各方的高度评价，大赛组委会为市局颁发了“突出贡献奖”。同时，鹰潭市选送参赛的5个项目均取得骄人成绩，令人刮目相看，获得了二等奖1名、三等奖1名、优胜奖2名的佳绩，而且5个项目全部入选参加全国半决赛、决赛，其中月湖区李赫成团队黄冻玉文化馆（黄蜡石雕刻）荣获优胜奖，跻身全国前十名，并获得国家创业基金奖励。立足聚众智、汇众力，联合团市委、龙虎山景区管委会、市旅发委等有关部门面向全国高校举办的“龙虎天下绝—鹰潭龙虎山旅游”全国青年创意创业大赛，吸引了20所高校近50个项目参赛，为充分挖掘龙虎山旅游资源，丰富龙虎山旅游产品，唱响“龙虎天下绝”品牌，促进龙虎山旅游发展归集到一批好创意、好点子、好思路、好项目。

积极构建“创业担保贷款给票子、创业培训明路子、孵化服务搭台子”相互融合的创业服务体系，落实各项创业扶持措施。一是坚持一手抓发放，一手抓管理，充分发挥创业贷款扶持创业的龙头作用，增强创业带动就业的倍增效应。2016年，全市新增发放创业贷款4.8亿元，扶持创业2776个，带动就业1.56万人。二是充分发挥创业培训引导创业的基础作用，强化创业意识，提升创业能力。2016年，全市累计培训各类创业人员3674人，其中大学生创业培训667人，电商培训1491人。三是充分发挥孵化平台服务企业的支撑作用，为创业企业营造良好的成长环境和发展平台。坚持建管并重，在进一步规范塘湾镇返乡农民工创业示范街、贵溪大众民生电商生态园、余电子商务创业孵化基地、余江锦江微型元件孵化基地、中童眼镜创业孵化基地、江西师专启航大学生创业服务有限公司等9家存量市级创业孵化基地管理，增强孵化功能的同时，推动各地相继新建了鹰潭高新区扩建的电商孵化园、月湖区建设的鹰潭电商创业孵化基地、信江新区打造的鹰潭电商众创园。截至2016年底，各类孵化基地在孵企业276家，吸纳就业3727人。兑现落实孵化基地房租、水电、物业补贴资金285.78万元。

【提升公共就业服务效能】 搭建供需对接平台，强化就业服务的桥梁作用。立足信息对称对接、服务多元覆盖、政策落实到位要求，创新活动方式，丰富活动内容，扎实开展了“春风行动”、“就业援助月”、民营企业招聘周、鹰潭市大学生就业供需洽谈会、高校毕业生就业服务月（周）等公共就业服务活动，广泛开展了送岗位下乡活动，常态化开展人力资源市场招聘求职对接活动。全年举办各类招聘会118场，发布就业信息2万余条，帮助7000余人实现就业，既有效地满足企业用工需求，又畅通各类劳动者就业的渠道。

以实施公共就业服务平台向村（居）延伸为抓手，推动实现城乡公共就业服务均等化。2016年，村（居）公共就业服务网络平台建设实现全市全覆盖，已建489个村（居）服务平台，打通公共就业服务“最后一公里”，同时，着力强化村（居）就业服务功能，推行村（居）公共就业服务站标准化、规范化管理，健全村（居）平台经费补贴与工作业绩相挂钩机制，并完善考核办法。村（居）公共就业服务网络平台的建立，推动基层公共就业服务在村（居）层面实现常态化，在掌握就业创业基本情况，做实就业创业基础信息，组织引导农村劳动力转移就业创业等方面发挥了显著作用。

以完善实名制管理为牵引，促进就业服务管理精准化。以就业信息系统和信息网为载体，在进一步完善农村劳动力资源、职业技能培训、公益性岗位管理、高校毕业生见习等实名制管理机制的同时，积极争取市高招办和移民办的支持，在他们的系统数据的基础上，采取网上甄别，上户调查等方式，较准确掌握离校未就业高校毕业生和有就业需求贫困对象的情况，并实行建档立卡和信息化管理，为对他们开展针对性和实效性更强的公共就业服务奠定坚实基础。

【基本医疗保险】 全市城镇基本医疗保险参保人数达34.4万人，完成全年目标任务的105%，全年全市城镇基本医疗保险基金征缴总额达4.90亿元，其中，城镇职工基本医疗保险基金征缴3.91亿元，完成全年目标任务的150%；城镇居民基本医疗保险基金征缴9888万元，完成全年目标任务的141%，均保持了平稳增长态势。积极、稳妥推进城乡居民医保制度整合工作，8月底，新农合管理和经办的职能、编制、机构、人员等移交人社部门管理工作按期完成，10月，市政府印发《鹰潭市整合城乡居

3月30日，鹰潭市人社局举行“12333”集中宣传咨询活动

市人社局　供稿

民基本医疗保险制度工作实施方案》，到2017年在鹰潭全面建立城乡统一的居民医疗保险制度。全面落实公立医院综合改革医保补偿机制，对改革涉及的城市公立医院取消药品加成后调增的医疗服务项目价格，全部纳入了医保基金报销范围，2016年全年医保基金共支付门诊诊查费110多万元。基本医疗保险与医疗救助实现“一站式”即时结算，极大地提高了救助实效，减轻了困难群众医疗支出负担，为鹰潭市信息惠民，多部门数据共享，提高工作质量和效率提供了良好的合作典范。

【劳动关系】 深入开展和谐劳动关系创建活动，健全完善协调劳动关系三方机制，积极落实劳动合同和集体合同制度，全市各类用工单位劳动合同签订率达96%以上、集体合同覆盖率达85%以上。新增省级和谐劳动关系企业4家，市级和谐劳动关系企业6家。以行政执法和司法联动推进劳动保障监察执法，全年共查处各类违反劳动法案件371件，责令补签劳动合同2622份，督促用人单位补缴社保费116万元，为7843名劳动者追回工资1.25亿元。报市政府出台了《农民工工资实名制监管信息化办法》和《治理拖欠农民工工资问题实施细则》，建立健全预防和解决拖欠农民工工资问题的长效机制，农民工欠薪案件较2015年下降了6.3%。全市各级仲裁机构共受理劳动人事争议仲裁案件168起，结案率98.8%；全市各级调解组织共受理劳动争议案件250起，涉案金额2803万元。

【社会保险】 全市执行企业养老保险参保人数20.54万人（其中离退休人员6.05万人），较上年净增参保人数1881人，完成年目标任务的100.95%。其中：被征地农民参保人数3.5万人，完成年目标任务的116.76%。全市机关事业单位养老保险参保人数3.11万人(其中离退休人员0.9万人)，完成年目标任务的105.51%。全市工伤保险参保人数15.12万人，较上年净增参保人数5795人，较上年增长3.99%，完成年目标任务的100.12%。全市生育保险参保人数5.94万人，较上年净增参保人数1511人，较上年增长2.61%，完成年目标任务的104.22%。根据省委、省政府文件精神，对企业军转干部、1953年以前参军后在企业退休的退役士兵、参加过中越边境自卫反击战等“十四类参战人员代发生活补助。全市已有416人（次）军队退役人员纳入生活补贴范围，平均每人每月补助831.49元，累计发放生活补贴415.08万元。市社会保险事业管理局继2006年已连续十一年被评为全省社会保险系统先进单位。

【社会保险基金管理】 大力开展《中华人民共和国社会保险法》宣传工作，加强基金征缴，确保应收尽收，进一步扩大社保参保覆盖面。全市城镇职工基本养老、工伤、生育分别达23.65万人、15.12万人、5.94万人。城镇职工养老保险征缴约10.04亿元；工伤基金征缴收入2568万元；生育保险基金征缴收入1075万元，征缴金基数均创历史新高。完善基金监管制度和内控制度，规范业务流程和财务管理，强化基金运行系统建设和数据存储安全，确保了基金的安全稳定。

（陈克勤）

农村村民喜获社会保障卡

市人社局　供稿

县（市、区）

编辑、校对：朱仕平

余江县

【简况】 余江县位于江西省东北部、信江中下游，辖4个乡、7个镇，总面积932.84平方千米，其中城区面积20.96平方千米，耕地面积3.43万公顷，有林地面积3.39万公顷，总人口39.77万人，其中非农业人口8.51万人。2016年，实现地区生产总值121亿元，同比增长10%，其中第一产业增加值31.05亿元，增长5%；第二产业增加值65.21亿元，增长12.7%；第三产业增加值24.77亿元，增长10.3%。财政总收入18.05亿元，增长3.1%，税收占财政收入的比重达83.3%。公共财政预算收入12.85亿元，增长-9.9%。外贸出口1.37亿美元。固定资产投资105亿元，增长14.9%。社会消费品零售总额40.01亿元，增长14%。规模以上工业总产值322.44亿元，增长9.7%。规模以上工业增加值60.06亿元，增长10.5%。主要工业产品铜材44.72万吨，服装1119万件，眼镜成镜3227万副。农业总产值48.89亿元，增长7.1%。粮食总产量30.04万吨。花生1.29万吨。万元GDP能耗0.2196吨标煤，城市污水处理率92%。城镇居民人均可支配收入27003元，增长9.5%，农村居民人均可支配收入13534元，增长7%。全县共有47495名职工参加了基本养老保险。全县参加失业保险人数12368人，职工基本医疗保险参保人数36166人，城镇居民基本医疗保险参保人数50746人，合计86900人。城乡居民社会养老保险参保人数16.4万人，城镇居民最低生活保障人数7314人，农村居民最低生活保障人数12096人。

改革开放成效明显。国家农村宅基地制度改革试点工作走在全国前列，获得省委、省政府、国土资源部充分肯定。“一改促六化”（“一改”是指纵深推进农村宅基地制度改革试点工作，“六化”是指全面加快农业发展现代化、基础设施标准化、公共服务均等化、村庄面貌靓丽化、转移人口市民化和农村治理规范化）工作深入推进，建设美丽乡村、打造“一改促六化”余江样板现场推进会、全省农村宅基地管理工作现场会、全市农村宅基地管理试点工作现场会在余江县召开。农村土地承包经营权确权登记颁证工作通过市级验收，支持农民工等人员返乡创业试点、土地承包经营权有偿退出试点、重要农产品收入保险试点等改革试点工作有序推进。行政审批制度改革、“双随机一公开”（即在监管过程中随机抽取检查对象，随机选派执法检查人员，抽查情况及查处结果及时向社会公开）监管工作稳步推进，第一批公车改革基本完成，供销社综合体制改革正式启动。大力实施开放合作战略，主动争取项目资金支持，全年引进省外2000万元以上项目56个，争取省级以上投资项目57个、资金3.8亿元，争取国家专项建设基金项目13个，资金5.57亿元。

产业发展不断加快。三次产业结构由2015年的28.4∶49.9∶21.7调整为28∶50∶22。现代农业示范区建设初见成效，东瑞园林、神农氏、九草石斛等农业企业发展壮大，新增省、市级农业龙头企业8家。工业园区虎山片区拓园扩区抓紧推进，全县新建标准厂房5万平方米。眼镜、雕刻、微型元件、循环经济产业加速发展，果喜集团、保太集团再次位列全省百强民营企业。全年引进工业项目42个，领秀眼镜、华清眼镜等11个项目实现当年引进、当年投产。建材家居城、申通快递转运中心等项目建成运营，大唐农博城、余江物流园等项目进展顺利，智诚电商、百盈光电等电商企业快速发展。设立了产业发展引导基金，扎实开展“降低企业成本，优化发展环境”专项行动。

城乡面貌得到改善。启动中心城区控规修编、“一改促六化”美丽乡村建设规划提升工作，完成中心城区排污系统、给排水等专项规划和地下管网综合规划。实施了棚户区改造、血防纪念馆提升、中洲污水管网改造、白塔西路改造、二级客运站建设以及小街小巷改造、美化绿化亮化提升等老城区改造提升项目。经济大厦基本建成，城东生态公园提升设计，基础设施不断完善，城东新区建设加速推进。开展了非法三轮车整治、市容市貌整治提升工作，深入实施“联建共创”。206国道中童段升级改造全面结束，320国道余江大桥西段升级改造基本竣工，完成130千米县乡村公路建设和15座危桥改造。中心镇、乡镇集镇建设和管理水平逐步提升，开展了88个村点的新农村建设。

生态建设扎实推进。顺利通过全省第一批生态文明先行示范县建设考核督导。县城污水处理厂（二期）扩建工程全面完成，重点镇污水管网和污水处理厂建设有序推进。扎实开展城乡环卫一体化工作，打造全省城乡最干净城市取得实效。环境质量总体保持稳定，节能减排任务全面完成。认真落实“河长制”，大力开展“清河行动”，启动白塔渠清淤。深入开展农业面源污染、畜禽水产养殖综合治理工作，白塔河断面水体质量达到国家Ⅲ类以上标准，4座中型水库水质全部达标。严厉打击非法采砂行为，组建国有采砂公司和河湖管理综合执法大队。改造高标准农田1666.68公顷，高公寨水库等水利项目开工建设，粮食生产保持稳定增长，植树造林866.68公顷，发展林下经济186.68公顷。眼镜商贸园成功创建国家AAAA级旅游景区，杨溪乡被评为全省生态旅游示范乡镇。

民生事业发展进步。脱贫攻坚深入开展，全年减贫2660人，退出市级贫困村2个。大力推进“大众创业、万众创新”，申请专利335件，专利授权289件，新增高新技术企业8家，发放小额担保贷款1亿元，新增城镇就业5327人，新增转移农村劳动力5224人。城乡居民社会养老保险参保率达100%，整合城乡居民基本医疗保险，积极探索门诊统筹村级免费诊疗试点工作。扎实开展社会救助工作，发放低保金4353.8万元。“慈心济困、善行余江”活动取得实效。城东新区1221套保障性住房及安置房全面建成，完成农村危房改造1250户。完成余江县第四中学、12所村小附属幼儿园建设和9600平方米农村薄弱学校改造，为困难学生发放资助金403万元、办理助学贷款414万元。余江县第一中学高考再创佳绩。群众体育和全民健身蓬勃开展。卫生计生和健康养老工作水平不断提高，县级公立医院改革平稳运行。精心组织“百姓大舞台”“三下乡”活动，文物维修保护得到加强。安全生产、食品药品安全总体平稳，社会治安、公众安全保障有力。“七五”普法全面启动，法治余江建设稳步推进，科普工作扎实开展。实现了连续五十八年无责任退兵，被评为全省双拥模范县。

【余江县十五届人大七次会议】 2016年1月18日至20日，余江县第十五届人民代表大会第七次会议在县城召开。会议听取和审议了余江县人民政府工作报告；审查和批准了余江县国民经济和社会发展第十三个五年规划纲要（草案）；审议了关于余江县2015年国民经济和社会发展计划执行情况与2016年国民经济和社会发展计划草案的报告（书面）；审查和批准了2015年国民经济和社会发展计划执行情况的报告与2016年国民经济和社会发展计划；审议了关于余江县2015年县级总预算执行情况与2016年县级总预算草案的报告（书面）；审查了2015年县级总预算执行情况的报告和2016年县级总预算草案，批准了2015年县本级预算执行情况的报告和2016年县本级预算；听取和审议了余江县人大常委会工作报告；听取和审议了余江县人民法院工作报告；听取和审议了余江县人民检察院工作报告。通过了上述各项报告的决议。

【余江县十六届人大一次会议】 2016年10月23日至26日，余江县第十六届人民代表大会第一次会议在县城召开。会议听取和审议了余江县人民政府工作报告；听取和审议了余江县人大常委会工作报告；听取和审议了余江县人民法院工作报告；听取和审议了余江县人民检察院工作报告。通过了上述各项报告的决议。大会决定了余江县第十六届人民代表大会法制委员会、财政经济委员会的设立及其组成人员的人选；选举谭建新为余江县第十六届人民代表大会常务委员会主任，祝乡发、万景文、廖琳、邓样高、潘磊、张海兰为副主任，选举王春明等20人为余江县第十六届人民代表大会常务委员会委员；选举苏建军为余江县人民政府县长，黄贵开、姜翠萍、蔡立新、简华锋、谢永敬、汪凯涛为余江县人民政府副县长；选举陈翠英为余江县人民法院院长，张晓峰为余江县人民检察院检察长；选举邓伟等83人为余江县出席鹰潭市第九届人民代表大会代表。

【政协余江县十三届六次会议】 2016年1月17日至20日，中国人民政治协商会议余江县第十三届委员会第六次会议在县城召开。会议审议通过了政协余江县第十三届委员会第六次会议议程和日程；听取和审议政协余江县第十三届委员会常务委员会工作报告；听取和审议政协余江县第十三届委员会常务委员会关于十三届五次会议以来提案工作情况的报告；审议通过政协余江县第十三届委员会提案委员会关于县政协十三届六次会议提案审查情况的报告；审议通过政协余江县第十三届委员会第六次会议决议。

【政协余江县十四届一次会议】 2016年10月22日至25日，中国人民政治协商会议余江县第十四届委员会第一次会议在县城召开。会议审议通过了政协余江县第十四届委员会第一次会议议程和日程；听取中共余江县委主要领导的讲话；听取和审议政协余江县第十三届委员会常务委员会工作报告；听取和审议政协余江县第十三届委员会常务委员会关于提案工作情况的报告；选举政协余江县第十四届委员会主席、副主席、秘书长、常务委员；通过政协余江县第十四届委员会第一次会议提案审查委员会关于十四届一次会议提案审查情况的报告；通过政协余江县第十四届委员会第一次会议决议。

【开展太极拳进机关活动】 2016年12月20日，由余江县总工会、余江县教体局主办，余江县陈式太极拳推广中心承办的为期一个月的“太极拳进机关首期骨干培训班”在余江县第四小学室内篮球馆顺利开班。培训内容为太极拳基础及陈式太极拳28式。余江县太极拳协会会长、陈家沟陈式太极拳第十三代传承人熊子兴为培训班学员授课。学员由每个机关单位选送，培训人数138人。太极拳进机关活动的开展，丰富了职工工间操内容，增强了职工体质，为推动余江县全民健身事业及推进文明城市创建工作起到了积极的推动作用。

【余江县“金税三期”系统正式上线】2016年7月8日，余江县地税局“金税三期”系统正式上线运行，地税大厅窗口顺利开出了第一张“金税三期”印花税税票。“金税三期”工程属国家级信息系统工程，是国家电子政务建设的重要组成部分。该系统融合了税收征管变革和技术创新，统一了全国国税、地税征管应用系统版本，搭建了统一的纳税服务平台，实现了全国税收数据大集中，对于降低税务机关征纳成本和执法风险，提高纳税人遵从度和满意度具有极其重要的意义。余江地税用8个月的时间，完成了“金税三期”从准备阶段到双轨运行再到单轨运行的数据清理、初始化、前期宣传等准备工作。上线当天，余江县地税局业务骨干全部到地税大厅、国税大厅及二手房交易窗口等代征点严阵以待，应对上线当日的办税高峰和可能发生的突发状况。“金三”单轨运行当天，地税大厅窗口于上午8点19分顺利开出了第一张金税三期印花税税票，各代征点总共在金三系统中办理415项业务，标志着“金税三期”系统在余江县成功上线。

【余江县顺利完成“营改增”税制转换工作】 2016年5月1日，余江县顺利完成“营业税改征增值税”税制转换工作。2016年3月18日，国务院常务会议审议通过了全面推开“营改增”试点方案，明确自2016年5月1日开始，将建筑业、房地产业、金融业、生活服务业纳入试点范围，由缴纳营业税改为缴纳增值税。为做好“营改增”试点工作，余江县地税局、余江县国税局通力合作，做到数据移交完整及时，清税、清票、清户工作准确到位，政策宣传广泛普及，并立足县域经济的长远发展，围绕深化财税体制改革的内容，从税收传导机制分析预测了营改增对余江县地税收入的影响及对策，为后营改增时代做好地方税收工作提前布局。

【余江县第四中学建成】 2016年11月18日，余江县第四中学落成典礼暨揭牌仪式举行。余江县第四中学是由余江教育体育局举办、余江县人民政府批准设立的公办初级中学。座落在余江城东新区东渠大道以西，安山路以东，三山西路以南，迎洲路以北。总投资近一个亿，总占地面积约5.5万平方米，总建筑面积3.27万平方。设计规模为48个教学班，共2400名学生。

（胡明娥）

【余江县领导名录】

中共余江县委员会

书　记：张子建（～2016.7）　路文革（2016.7～）

副书记：路文革（～2016.7）　苏建军（2016.7～）　金建华（～2016.8）　吴发财（2016.8～）

常　委：张子建（～2016.7）　路文革　苏建军（2016.7～）　金建华（～2016.8）　吴发财　桂　峰　吴仁才（～2016.8）　黄贵开　李小平（～2016.2）　唐　中（2016.2～）　冯玮（～2016.8）　车显忠　程　露（女，2016.8～）　王清和（2016.8～）　吴晓娟（女，2016.8～）　余首开（2016.8～）　江新洪（～2016.8）　吴荣高　李灿刚

余江县人大常委会

主　任：杨小明（～2016.10）　谭建新（2016.10～）

副主任：祝乡发　姜翠萍（女，～2016.10）　俞浩腾（～2016.10）　杨敏慧（女，～2016.10）　简华锋（～2016.10）　万景文（2016.10～）　廖琳（2016.10～）　邓样高（2016.10～）　潘　磊（2016.10～）　张海兰（女，2016.10～）

正县级干部：杨小明（2016.10～）

副县级干部：俞浩腾（2016.10～）　杨敏慧（女，2016.10～）

调研员：孙林华（～2016.7）

余江县人民政府

县　长：路文革（～2016.8）　苏建军（2016.10～）

常务副县长：吴发财（～2016.9）　黄贵开（2016.10～）

副县长：江新洪（～2016.8）　吴荣高　李灿刚　吴晓娟（女，～2016.9）　唐金辉（～2016.9）　蔡立新　陈党红（女，～2016.9）　姜翠萍（女，2016.10～）　简华锋（2016.10～）　谢永敬（2016.10～）　汪凯涛（2016.10～）

政协余江县委员会

主　席：谭建新（～2016.10）　金建华（2016.10～）

副主席：张彩菊（女，～2016.10）　万景文（～2016.10）　廖　琳（～2016.10）　金火良　汪翠微（女）　张庆军（～2016.10）　陈党红（女，2016.10～）　杨　勇　李栋样（2016.10～）　吴建生（2016.10～）　陈丽萍（女，2016.10～）

副县级干部：张彩菊（女，2016.10～）

副调研员：邓样高（～2016.8）

中共余江县纪委
书　记：李小平（～2016.2）　唐　中（2016.2～）
余江县人民法院
院　长：陈　文（女，～2016.8）　陈翠英（2016.10～）
余江县人民检察院
检察长：王　湖（～2016.8）　张晓峰（2016.10～）

贵溪市

【简况】 贵溪市位于江西省东北部、信江中游，辖18个乡（镇）、3个街道办事处、7个林（垦殖、园艺）场。全市国土面积2492.79平方千米，其中中心城区建成区面积30.8平方千米。耕地面积3.57万公顷，有林面积13.45万公顷，森林覆盖率64.23%，城区绿化率38.02%，新增城区绿地面积5万平方米。总人口64.54人，其中非农业人口11.59万人；人口自然增长率8.65‰。年地区生产总值358.58亿元，同比增长7.6%。其中第一产业增加值20.06亿元，增长3.2%；第二产业增加值239.95亿元，增长6.3%；第三产业增加值98.57亿元，增长12%。财政总收入47.59亿元，同比增长1.8%，人均7373元。税收收入22.47亿元，同比增长0.49%，占财政总收入的47%。地方财政收入34.26亿元，增长5.45%；地方财政支出38.97亿元，增长8.61%。全市规模以上工业企业总产值1100.60亿元，同比下降12%。规模以上工业增加值186.5亿元，同比增长4.8%。全年外贸出口7.08亿美元，同比增长14.0%，外贸出口占地区生产总值的13.6%。固定资产投资377.91亿元，同比增长13.8%；实际引进市外5000万以上项目资金108.45亿元，增长13%；实际利用外商投资1.06亿元、同比增长5.1%。全市规模以上工业企业实现主营业务收入2700亿元，其中铜产业2587亿元，继续在全省县（市、区）工业“双过千亿”中领跑。市属规模以上工业主营业务收入完成617亿元，增长8.6%。主要工业产品有：精炼铜101.54万吨、铜材37万吨、农药1.78万吨、化肥26.82万吨、电光源节能灯2.74亿只、水泥193.24万吨等。农业总产值33.96亿元，同比增长5.99%。全年粮食总产量36.30万吨，同比下降0.02%。主要农产品有：稻谷36.17万吨、蔬菜16.36万吨、水果3.03万吨、油料0.71万吨、肉类总产3.01万吨。全市万元工业产值能耗0.628吨标准煤，同比下降7.5%。二氧化硫排放总量1.19万吨，城市污水处理率85.3%。城北污水处理厂、柏里集贸市场建成运营。城镇居民人均可支配收入29205元，同比增长7.1%；农村居民人均纯收入13507元，同比增长7.3%。城乡居民年末储蓄余额133.12亿元，增长11.4%。社会消费品零售总额64.3亿元，增长12.3%。城镇新增就业9833人，新增转移农村劳动力8824人。新农合筹资标准提高到570元，全市参合农民51.86万人，参合率99.56%。城、乡低保保障标准分别提高到每人每月480元和270元，累计发放低保、五保金7468万元，拨付贫困家庭学生资助金1157.4万元。城乡居民养老保险参保率100%，城乡居民基本医疗保险参保率99.6%，社会保险基金征缴总量7.65亿元。全市销售商品房5540套，销售面积63.4万平方米，同比增长122.8%，商品住宅库存去化时间由原来35个月下降到9个月。“以购代建”采购保障性住房570套，棚户区改造安置房1067套，改造农村危房477户。全年减贫5155人。

【贵溪市被命名为“江西省卫生城市”】 1月，江西省爱卫办组织专家对贵溪市创建省级卫生城市工作进行为期3天的考核验收。1月15日，省爱卫办宣布贵溪市创建江西省卫生城市工作正式通过省专家组的考核验收。2月，贵溪市被正式命名为“江西省卫生城市”。

【贵溪市五届人大七次会议】 1月20日至21日，贵溪市第五届人民代表大会第七次会议召开。此次会议应到代表221名，实到代表199名，符合法定人数。鹰潭市委常委，贵溪市委书记、市人大常委会主任张福庆主持会议。市长梅峰代表市人民政府向大会做政府工作报告，市人大常委会副主任黄冬有做市人大常委会工作报告；市法院院长童力做市人民法院工作报告；市检察院检察长杨高生做市人民检察院工作报告。大会表决通过以下决议：关于贵溪市人民政府工作报告的决议，关于贵溪市国民经济和社会发展第十三个五年规划纲要的决议，关于贵溪市2015年国民经济和社会发展计划执行情况与2016年国民经济和社会发展计划的决议，关于贵溪市2015年市级预算执行情况和2016年市级预算的决议，关于贵溪市“多规合一”系列规划的决议，关于贵溪市人大常委会工作报告的决议，关于贵溪市人民法院工作报告的决议，关于贵溪市人民检察院工作报告的决议。

【政协贵溪市五届六次会议】 1月19日至20日，中国人民政治协商会议贵溪市第五届委员会第六次会议在骏安国际大酒店召开，共有223名政协代表参加会议。大会表彰了政协贵溪市第五届委员会第三次会议以来的优秀政协委员、优秀提案、提案办理工作先进单位；审议通过政协贵溪市第五届委员会第六次会议提案审查情况的报告；审议通过政协贵溪市第五届委员会第六次会议决议。

【贵溪市成立两大国有独资企业】 1月30日，贵溪市旅游开发有限公司、贵溪市工业控股有限公司正式揭牌开业。这两家公司是由贵溪市人民政府全额出资的国有独资企业，2015

年11月开始筹建。两家公司的组建，是贵溪市大力推动产业发展升级、顺应市场管理体制的重要举措，也是贵溪市支持工业企业做大做强、开发保护旅游资源的一个重要融资平台。

【省委书记强卫到贵溪市调研】 4月24日至25日，省委书记强卫在省委常委、省委秘书长朱虹，副省长殷美根的陪同下深入贵溪市雷溪国家现代农业科技示范园和贵溪市电子商务生态产业园调研。

【贵溪市城市和农村低保标准提高】 2016年，贵溪市城市低保标准由450元提高到480元，人均补差水平增加30元达到320元，农村低保标准由240元提高到270元，人均补差水平增加30元达到195元，五保集中供养标准由305元提高到365元，分散供养标准由260元提高到290元。

【程永林先进事迹在社会各界引起强烈反响】 4月25日，贵溪市公安局民警程永林与同事汪志明、张雯在执行公务时，遭犯罪嫌疑人恶意驾车撞击，致程永林头部、腿部等多处重伤。随后被送往贵溪市人民医院救治。5月9日转院至上海交通大学医学院附属第九人民医院进行后续治疗。5月24日鹰潭市总工会为程永林颁发“鹰潭市五一劳动奖章”。5月26日，中共贵溪市委办公室印发《中共贵溪市委关于开展向程永林同志学习活动的决定》，号召在全市范围内广泛开展向市公安局刑侦大队因公负伤民警程永林学习的活动。程永林的先进事迹经中央、省、市各级媒体报道后，在社会各界引起强烈反响。贵溪市委对学习、宣传程永林先进事迹非常重视，下发《关于开展向程永林同志学习活动的决定》，并决定成立程永林先进事迹报告团。6月30日，程永林先进事迹报告团在贵溪市文博大楼开讲。7月8日，程永林先进事迹报告会在贵溪市骏安大酒店会议中心举行。7月15日，程永林先进事迹报告会在鹰潭市华侨饭店会议中心举行，鹰潭市委书记陈兴超、市长熊茂平等鹰潭市四套班子主要领导、市委各部门、市直各单位主要领导、各县市区党政主要领导和社会各界党员、群众代表600多人参加报告会。7月25日，鹰潭地区公安系统学习程永林先进事迹报告会在华侨饭店会议中心隆重举行。7月26日，受副省长、省公安厅厅长郑为文委托，省公安厅副厅长胡满松率省公安厅刑警总队总队长胡景辉，省公安厅副督察长、督察总队长吴国高，省公安厅宣传处处长肖铁军，省公安厅刑警总队协理员李第杨和省公安厅人事处副处长赵榆江等领导到贵溪市人民医院看望慰问英雄民警程永林。8月18日，省委书记鹿心社专门就学习程永林先进事迹作出批示，要求全省各级各部门加大对程永林先进事迹宣传力度。8月26日，省委宣传部组织近20家省市主流媒体的记者，组成程永林先进事迹采访团，专程到贵溪市进行采访。9月19日，鹰潭市委副书记、代市长曹淑敏到贵溪市人民医院康复中心，看望慰问正在这里接受康复治疗的程永林。11月4日，《经济日报》“中国故事”专版刊发题为《英勇的“铁面王子”》的长篇通讯，报道贵溪市英雄民警程永林的感人事迹。12月8日，程永林当选2016年度“江西十大法治人物”。12月10日，中央电视台《焦点访谈》栏目以《为人民撑起平安伞》为题，报道贵溪市公安局刑侦大队民警程永林等“公安楷模”的先进事迹，这也是《焦点访谈》第一次以大篇幅报道来自贵溪市的先进人物。

【中央、省级主流媒体记者齐聚贵溪】 7月25日，省委宣传部组织的“学讲话、走基层、出精品、强队伍”主题实践采访团到贵溪市进行采访。采集媒体有：《人民日报》、新华社、中央电视台、《江西日报》、江西广播电视台、《信息日报》、《江南都市报》、《新法制报》、《江西晨报》、《经济晚报》、中国江西网、江西网络广播电视台。采访主题是文化产业发展与生态农业发展。实地采访贵溪市江西中鼎金属工艺有限公司和雷溪现代农业核心区。

【航空发动机技术实验室将落户贵溪】 7月20日，贵溪市市长梅峰、贵溪经济开发区管委会主任黄建军以及贵溪市人社局、贵溪市科协主要负责人赴北京航空航天大学，与该校就合作建立航空航天发动机技术实验室（院士工作站、博士后工作站）和航空发动机技术工程中心进行签约。该实验室将落户贵溪经济开发区。此次签约是贵溪经济开发区引智的重要成果，对提升经开区的品牌、研发水平有着重要意义。

【中共贵溪市第六次代表大会】 8月26日至8月29日，中共贵溪市第六次代表大会召开。会议选举产生新一届中共贵溪市委员会和中共贵溪市纪律检查委员会，通过《关于中共贵溪市第五届委员会工作报告的决议》和《关于中共贵溪市第五届纪律检查委员会工作报告的决议》。大会以无记名投票方式，选举出由45名委员、8名候补委员组成的中共贵溪市第六届委员会，选举出中共贵溪市第六届纪律检查委员会委员29名。通过《关于中共贵溪市第五届委员会工作报告的决议》和《关于中共贵溪市第五届纪律检查委员会工作报告的决议》。

【贵溪市10家企业入围全省民营企业100强】 9月26日，由江西省人民政府新闻办、江西省工商联主办的“2016江西民营企业100强”发布会在南昌市召开。省工商联发布2016江西民营企业100强名单，贵溪10家企业上榜。这十家企业分别是：红旗集团江西铜业有限公司、贵溪丰茂铜业有限公司、贵溪铜材有限公司、江西兴成新材料股份有限公司、江西凯安铜业有限公司、贵溪大三元集团有限公司、贵溪正发铜业有限公司、贵溪市东升铜业有限公司、贵溪中星铜材有限公司、贵溪凌云铜业有限公司。

【贵溪集中签约 20 个重点项目】 10月14日，贵溪市招商引资重点项目集中签约仪式在骏安国际大酒店举行，现场集中签约20个重点项目，总投资42.9亿元，充分展示贵溪市2016年以来招商引资工作取得的丰硕成果，以实际行动践行中共贵溪市第六次代表大会关于提升开放型经济发展水平的要求。

【贵溪市六届人大一次会议】 10月23日至26日，贵溪市第六届人民代表大会第一次会议召开。此次会议应到代表222名，实到代表205名，符合法定人数。市委书记、大会主席团常务主席梅峰主持大会。鹰潭市委换届风气专项巡察第一巡察组和鹰潭市委换届工作指导组到会指导。会议的议程为：听取和审议贵溪市人民政府工作报告、贵溪市人大常委会工作报告、贵溪市人民法院工作报告、贵溪市人民检察院工作报告；选举贵溪市第六届人民代表大会常务委员会主任、副主任，贵溪市人民政府市长、副市长，贵溪市人民法院院长、贵溪市人民检察院检察长，贵溪市第六届人民代表大会常务委员会委员，贵溪市出席鹰潭市第九届人民代表大会代表；通过贵溪市第六届人民代表大会财政经济委员会主任委员、副主任委员、委员人选，以及法制委员会主任委员、副主任委员、委员人选。祝晓勤当选为市人大常委会主任，汪唤生、李漵、黄冬有、徐劼毅、吴黎平、徐金辉当选为市人大常委会副主任，罗东航等22人当选为市人大常委会委员；周谷昌当选为市人民政府市长，李荣德、唐金辉、詹东旺、寿莉蓉、汪建强、方东升当选为市人民政府副市长；童力当选为市人民法院院长，杨高生当选为市人民检察院检察长；选举产生了鹰潭市第九届人大代表110名。大会通过贵溪市第六届人民代表大会财政经济委员会和法制委员会主任委员、副主任委员、委员人选名单。大会表决通过关于贵溪市政府工作报告的决议、关于贵溪市人大常委会工作报告的决议、关于贵溪市人民法院工作报告的决议、关于贵溪市人民检察院工作报告的决议。

【政协贵溪市六届一次会议】 10月24日至25日，中国人民政治协商会议贵溪市第六届委员会第一次会议在骏安国际大酒店召开。本次会议应出席委员210名，实到201名，符合政协章程规定。由省人大常委会选任联工委副主任公艳萍等五位成员组成的省委换届风气第六巡回督察组和鹰潭市广播电视大学纪检组组长李永敏等四位成员组成的鹰潭市委换届风气专项巡察第一巡察组到会指导。中共贵溪市委书记梅峰，市委副书记、代市长周谷昌，市委副书记罗卫国，市人大常委会党组书记祝晓勤应邀出席会议并在主席台就座。梅峰作重要讲话，市政协党组书记李中华主持会议。会议的议程为：听取中共贵溪市委书记梅峰讲话；听取和审议政协贵溪市第五届委员会常务委员会工作报告和政协贵溪市第五届委员会常务委员会关于提案工作情况的报告；列席贵溪市第六届人民代表大会第一次会议；选举政协贵溪市第六届委员会主席、副主席、常务委员；通过政协贵溪市第六届委员会第一次会议提案审查委员会关于六届一次会议提案初步审查情况的报告；通过政协贵溪市第六届委员会第一次会议决议。

【贵溪市城市综合实力进入全国百强县行列】 11月，中国中小城市经济发展委员会、中国中小城市发展战略研究院、中国中小城市科学发展指数研究课题组等单位通过《人民日报》和《2016中国中小城市发展报告·绿皮书》联合发布2016年度全国100强县、100强区和1000强镇的排行榜。贵溪有三项齐入百强：排名2016年度中国中小城市综合实力百强县市第八十七位，2016年度中国最具投资潜力中小城市百强县市第四十七位和2016年度中国中小城市创新创业（双创）百强县市第六十四位。

【大黑熊做客贵溪市贵南山区】 11月17日，黑熊两次出现在贵溪市塘湾镇东港小学后山，18日又出现在一村民家偷吃餐桌上的蜂蜜。2011年以来，贵溪市成功创建省级园林城市、省级卫生城市，境内阳际峰成功晋升为国家级自然保护区，贵溪国家森林公园申报工作也顺利进入审批阶段。全市森林覆盖率稳定在64.2%，生态乡镇创建率达72.2%，荣获“全国生态建设突出贡献奖”。秀美的生态环境为野生动物生存繁殖提供了条件，出现野生弥猴、中华秋沙鸭、松鼠、娃娃鱼等珍贵动物。黑熊的出现更加印证贵溪生态环境的优越。

【贵溪市生物质热电联产项目签约】 12月26日，贵溪市生物质热电联产项目签约仪式在骏安国际酒店举行。这是贵溪市在央企入赣投资合作方面取得的重要成果，项目建设将成为贵溪市打造“能源新都”的生力军。贵溪市市长周谷昌，市委常委、组织部部长冯玮，贵溪经开区管委会主任黄建军出席签约仪式。中国光大集团和中国电力建设集团都是进入世界500强的大型国有企业。此次两大集团的子公司中国光大绿色环保有限公司和中国电建江西水电工程局联合在贵溪投资5亿元建设生物质热电联产项目，是贵溪市与中国光大绿色环保有限公司和中国电建江西水电工程局优势互补、互利共赢的开始，将对贵溪优化产业结构、带动产业发展、争创国家级经济开发区产生积极的推动和促进作用。

【贵溪创建国家级森林公园】 2016年12月29日，国家级森林公园设立专家评审会议在北京召开，此次共有来自16个省或森工集团的21家申报单位接受评审，江西贵溪国家森林公园凭借优越的自然条件、厚重的人文环境、扎实的创评工作，获得国家风景资源评价委员会22名专家评审的一致认可，以全票通过的成绩顺利迈过评审关。全票通过一级质量评价。江西贵溪国家森林公园位于贵溪市南部山区，武夷山西北麓，规划面积2982.71公顷，森林覆盖率高达98%，包括双圳、冷水2个独立片区，其中双圳片区2148.26公顷、冷水片区834.45公顷。贵溪国家森林公园紧邻江西阳际峰国家级自然保护区，是鹰潭市范围内除阳际峰国家级自然保护区之外森林风景资源质量最好、原生性森林生态系统保存最完整、生物多样性最丰富、地带性森林植被最典型、森林生态环境质量最佳、森林覆盖率最高的区域。公园有维管束植物198科707属1441种，哺乳动物30余种、鸟类100余种、鱼类15种、爬行类30余种，其中伯乐树、南方红豆杉、蛛网萼、香果树等国家二级以上重点野生植物14种，猕猴、松鼠、中华秋沙鸭等珍稀动物100余种，华南湍蛙、棘胸蛙等两栖动物28种，占江西省两栖动物的63.6%，是华东地区两栖动物的资源宝库。针叶林、阔叶林、毛竹林、灌草丛等自然生态保存完好，蛛网萼、蜡梅等物种群落江西省内罕见，是阳际峰国家级自然保护区最有效的外围缓冲区，武夷山各部的重要生态廊桥。区域内风景资源丰富，人文历史厚重，是美丽江西建设的生态样板。

【白鹤湖大道通过验收】 12月16日，白鹤湖大道主线公路建设工程交工验收会在在志光镇举行。贵溪市委常委、政法委书记江波，贵溪市人大常委会副主任徐金辉及参加交通验收会的专家组、相关单位乡镇、公路指挥部等出席交工验收会。白鹤湖大道工程概算总投资3.5亿元，大道起始于沪昆高速鹰潭东互通出口约500米，终点位于江西圣农实业公司处，全长11.985千米，双向4车道。全线采用一级公路、沥青混凝土路面标准建设。

（裴爱兰）

【贵溪市领导名录】

中共贵溪市委员会

书　记：张福庆（～2016.7）　梅　峰（2016.7～）

副书记：梅　峰（～2016.7）　周谷昌（2016.7～）　罗卫国（2016.8～）

常　委：张福庆（～2016.7）　梅　峰　周谷昌（2016.7～）　罗卫国　邬筱露（女）　余　伟（～2016.2）　万荣辉（2016.2～）李荣德　褚小涛（～2016.8）　冯　玮（2016.8～）　汪唤生（～2016.8）余荔萍（女，2016.8～）　倪建平　李中华（～2016.8）　张敏胜（2016.8～）　江　波（2016.8～）

贵溪市人大常委会

主　任：张福庆（～2016.8）　祝晓勤（2016.8～）

副主任：汪唤生（2016.8～）　李　澂（女，2016.8～）　黄冬有　徐劼毅　张任水（～2016.8）　吴黎平（2016.8～）　阮克芬（女，～2016.8）　徐金辉（2016.8～）

贵溪市人民政府

市　长：梅　峰（～2016.7）　周谷昌（2016.7～）

常务副市长：罗卫国（～2016.8）　李荣德（2016.8～）

副市长：肖　军（～2016.8）　唐金辉（2016.8～）　江　波（～2016.8）　詹东旺（2016.8～）　余红艳（女，～2016.8）　寿莉蓉（女，2016.8～）　汪建强（2016.2～）　方东升（2016.8～）　陶　然（2016.11～）　汪金船（2016.4～12）　木合塔尔·夏克尔（2016.4～12）

市政府党组成员、副县级干部：徐样平

政协贵溪市委员会

主席：祝晓勤（～2016.8）　李中华（2016.8～）

副主席：江　军　薛美琴　苏五德　张海燕　李　澂（～2016.8）　邵铁喜（2016.8～）　詹东旺（～2016.8）　许由华（2016.8～）　徐金辉（～2016.8）　周雨亭（2016.8～）

中共贵溪市纪委

书　记：余　伟（～2016.2）　万荣辉（2016.2～）

贵溪市人民法院

院　长：童　力

贵溪市人民检察院

检察长：杨高生

月湖区

【简况】 月湖区位于江西省东北部、信江中游，辖1个镇、5个街道办事处，总面积90.5平方千米，耕地面积1262公顷，有林面积2231公顷，森林覆盖率21.8%。总人口数18.2万人，其中非农业人口14.35万人，人口自然增长率6.01‰。全年实现地区生产总值118.5亿元，同比增长10.0%，增速高于全省平均水平。完成财政总收入11.78亿元，同比增长0.5%。规模以上工业完成增加值4.03亿元，同比增长12.5%。全区固定资产投资完成57.7亿元，同比增长11%。社会消费品零售总额89.7亿元，同比增长11.8%。城镇居民人均可支配收入32295元，同比增长9.2%；农村居民人均可支配收入14545元，同比增长9.5%。

稳增长、抓项目，经济平稳较快发展。面对经济下行压力，月湖区坚持将稳定经济增长作为首要任务，深挖经济增长潜力。全力推选89项重点工程项目建设，全年争取到上级各类资金3.06亿元，融资授信额度19.724亿元，为项目建设提供强大资金保障。月湖新城菜场、公租房供水管网、东外环路等项目全面完工；角山大道、纬一路、经四路北延伸段、东外环路南延伸段等基础设施项目进展顺利；教育园区、污水处理厂、新城加压泵站等配套设施建设稳步推动；白露港、桃李桂家城中村改造全面完成，白马李家、朱埠杨家夏家刘家、上下桂城中村和223地质队棚户区改造积极推进，累计拆迁2.7万平方米;垃圾焚烧发电、320国道拓宽改造等项目保障有力。积极开展“走出去、请进来”招商活动。赴北京、上海、深圳、杭州、香港等地开展招商活动，邀请700余位客商赴月湖区考察投资，签约引进深圳跨越速运集团、金瑞期货等项目，江西银行、九江银行等项目落户月湖区。全年引进5000万元以上项目4个，其中亿元项目3个，实际引进省外资金23.18亿元，同比增长10.33%；实际利用外商直接投资1801万美元，同比增长4.8%；完成出口总值1854万美元，同比增长6.5%。

调结构、提质量，产业发展不断升级。切实做大做强三大主导产业，产业结构进一步优化，三次产业结构由1.8：17.8：80.4调整为1.6：17.4：81。商贸物流产业不断壮大。新引进物流企业37家，实现税收2.4亿元，航空快递行业龙头企业深圳跨越集团落户月湖区，金雨圣冷链物流基地投产运营，九一二地矿产业园项目积极跟进。电子商务产业加速培育。全力打造月湖区电商创新孵化基地，为电商企业落户拓展平台，已有上海钢联、慧聪网、中江国际等50余家国内知名电商企业入驻。曜江电商产业园初步建成。全年电子商务交易额达300亿元。文化创意产业快速发展，铜锣湾入驻商户200余家，成功举办中国•鹰潭观赏石博览会暨月湖区首届黄蜡石文化旅游节，铜锣湾国际文化旅游城被认定为国家AAAA级旅游景区和“省级现代服务业集聚区”。黄蜡石文化大讲堂顺利开讲，以每月一堂课、一拍卖的形式，着力助推黄蜡石产业蓬勃发展。

促改革、激活力，深化改革稳步推进。以供给侧结构性改革为主线，着力推动一批重点领域改革。深入推进“三单一网”（即政府权力清单、责任清单、市场准入负面清单和政务服务网）改革试点，网上审批和电子监察平台升级改造工作走在全市前列。稳步推进政府机构改革和“放管服”改革，取消行政权力11项、下放行政权力38项，承接省政府下放的行政权力12项，调整4项。商事制度改革成效明显，全面实施“五证合一、一照一码”（“五证合一”指将企业依次申请的工商营业执照、组织机构代码证、税务登记证、社会保险登记证和统计登记证合为一证;“一照一码”指在“五证合一”的基础上，通过“一口受理、并联审批、信息共享、结果互认”，实现由一个部门核发加载统一社会信用代码的营业执照），新登记市场主体4312户、增长22.3%。公车改革稳步推进，公车出行保障平台投入运行。“双随机一公开”监管工作进展顺利。“营改增”工作平稳有序。电子政务公文平台顺利投入使用。未成年人刑事案件集中管辖试点工作成效显著。“财政惠农信贷通”融资试点工作在全省考评中获优秀等次。全面完成城市公立医院综合改革、户口“一元化”登记及农村土地承包经营权确权登记颁证工作。发展的内生动力和活力不断增强。

优生态、重环境，城乡面貌显著改善。围绕打造全省最干净城乡，全面推进生态文明先行示范区建设，切实提升绿色发展水平。积极落实“河长制”，深入推进“清河行动”，开展河道采砂管理改革，2016年第一批生态修复建设项目顺利实施。大力推进月湖新城建设。东外环路、经三路、经四路、纬五路、供水主管网等一批基础设施全面竣工，教育园区幼儿园、童家卫生院、月湖公园等一批配套设施投入运营，电商产业园、悦澜湾、“月湖中央”等一批产业项目扎实推进。全力推进新农村建设。坚持全域规划、镇村联动、集中整治，6个省级新农村建设点和4个自建点“七改三网”（“七改”指改路、改水、改厕、改房、改栏、改塘、改沟，“三网”指电力、广电、电信网络）工作有序进行，改房1500平方米，改厕、改水率均达95%以上；全面推广“户分类、村收集、镇转运、区处理”的生活垃圾收运模式，实现全区91个自然村农村生活垃圾收运系统全覆盖。扎实做好控违工作，拆除违章建房1.6万平方米，村民建房管理进一步规范。大力开展“森林十创”活动和通道绿化工程，完成造林绿化48公顷，山上造林和绿化苗木基地建设66.67公顷，完成创建国家森林城市相关任务。连续六年获“全省森林防火平安县”荣誉称号。

惠民生、强保障，社会事业协调推进。始终坚持把保障改善民生作为发展的根本目的，57件十大惠民共享工程实事基本完成，人民群众的获得感和幸福指数不断增强。精准扶贫工作扎实开展。为614户1704名贫困人口建档立卡，发放各类扶贫救助资金234万元，对贫困户购买种畜禽、种菇等进行补贴，让贫困群众持续增收、稳定脱贫。全年帮助410名贫困人口脱贫。创新创业扶持力度加大。大力推动“大众创业、万众创新”，营造支持创新创业浓厚氛围，月湖区青年多次在全国青年创业创新大赛中获奖。全区城镇新增就业人数6435人，城镇就业率96.5%；困难群体就业369人，实现零就业家庭就业安置率100%；创业培训510人，新增发放小额担保贷款5841万元，直接扶持277人次创业，带动就业2105人。社会保障体系逐步完善。连续十二年提高企业退休人员养老金标准，稳步推进城乡居民基本医疗保险制度整合工作。城乡低保保障标准分别提高到每人每月480元和270元，累计发放城乡最低生活保障金2425万元。实施大病救助865人，发放大病救助资金441万元。扎实推进社区居家养老服务中心建设。全年新建三角线等13个社区居家养老服务中心。顺利通过义务教育均衡发展国家评估认定，全面完成农村义务教育学校标准化建设工程，鹰潭一小星河汇分校、鹰潭六小教学楼改扩建工程和教育园区工程建设进展顺利。医疗卫生体制不断健全，组建城市公立医院管委会，开展重大疾病免费救治工作，免费救治各类疾病患者128人。认真实施全面两孩政策。获得“全国计划生育优质服务先进单位”“全国基层中医药工作先进单位”“全国无障碍建设市县”和“全省社会救助先进县（市）区”等一系列荣誉称号。

促稳定、保平安，社会治理不断加强。进一步完善区、镇（街道）、村（社区）、组（网格）、派出所五级联动和“八位一体”矛盾纠纷排查调处体系，落实领导干部“一岗双责”和涉稳突出问题领导包案化解责任机制，促使矛盾纠纷及时化解、就地化解。全年全区共排查各类矛盾纠纷183件，成功调解182件，调解率98.9%。全面落实重大决策社会稳定风险评估。稳步推进综治“三项建设”（即综治中心建设、综治信息化建设、网络化管理建设），建成一个区级综治中心和64个基层综治中心。不断深化“天网地网”、门禁系统和防盗物联网工程建设，构建了立体化社会治安管控格局。法治月湖建设扎实推进，社会保持和谐稳定。严格落实安全生产责任制，深入开展安全隐患大排查，全年无一起重大安全生产责任事故发生，12个社区被评为“全省安全社区”，安全形势总体平稳。此外，审计、统计、粮食、方志档案、民族宗教、外事侨务、应急管理、防灾减灾、民兵预备役、拥军优属、妇女儿童、老龄、残疾人等工作均取得了优异成绩。

【中共月湖区第九次代表大会】 8月29日至31日，中国共产党月湖区第九次代表大会召开。月湖区代区长李志兵主持会议，区委书记刘军生代表中国共产党月湖区第八届委员会向大会作题为《为实现五年决战同步全面小康而努力奋斗》的工作报告。会议选举产生了新一届中共月湖区委员会和中共月湖区纪律检查委员会，通过了《关于中国共产党月湖区第八届委员会工作报告的决议》和《关于中国共产党月湖区纪律检查委员会工作报告的决议》。

【中共月湖区九届一次全体会议】 8月31日，中共月湖区九届一次全会召开，会议选举刘军生、李志兵、罗金文、邵菁靓、易园平、刘东才、邓金木、刘香娥、王晓燕、潘炜、敖捷为中共月湖区第九届委员会常务委员会委员，刘军生当选为区委书记，李志兵、罗金文当选为区委副书记。刘军生主持会议并讲话。

【月湖区八届人大六次会议】 1月19日至20日，月湖区第八届人民代表大会第六次会议召开。133名区人大代表出席会议。大会听取和审议了月湖区人民政府工作报告、月湖区人大常委会工作报告、月湖区人民法院工作报告、月湖区人民检察院工作报告、月湖区国民经济和社会发展第十三个五年规划纲要。通过上述各项报告的决议。

【月湖区九届人大一次会议】 10月24日至27日，月湖区第九届人民代表大会第一次会议召开。140名代表出席了会议。会议听取和审议了月湖区人民政府工作报告、关于月湖区2016年上半年国民经济和社会发展计划执行情况的报告（书面）、关于月湖区2016年上半年预算执行情况的报告（书面）、月湖区人大常委会工作报告、月湖区人民法院工作报告、月湖区人民检察院工作报告。审议通过了《关于设立月湖区第九届人民代表大会法制委员会和财政经济委员会的决定（草案）》。大会选举朱淑英为月湖区第九届人民代表大会常务委员会主任，张银兴、熊敏、陈嫣、夏兵、王斌斌为副主任；选举李志兵为月湖区人民政府区长，易园平、韩斌、胡梦莉、聂琦、江水平、黄海有为副区长；选举毛晓文为月湖区人民法院院长；选举廖小平为月湖区人民检察院检察长；选举产生了74名月湖区出席鹰潭市第九届人民代表大会代表。

【政协月湖区七届六次会议】 1月18日至19日，政协月湖区第七届委员会第六次全体会议召开，136名政协委员出席了会议。会议审议并通过了政协月湖区第七届委员会常务委员会工作报告、政协月湖区第七届委员会常务委员会关于七届五次会议以来提案工作情况的报告、政协月湖区第七届委员会提案委员会关于七届六次会议提案审查情况的报告和决议。列席了月湖区第八届人民代表大会第四次会议，听取并讨论了区政府工作报告及其他有关报告。

【政协月湖区八届一次会议】 10月23日至26日，政协月湖区第八届委员会第一次全体会议召开，出席会议的委员139名。会议审议并通过了政协月湖区第七届委员会常务委员会工作报告、政协月湖区第七届委员会常务委员会关于提案工作情况的报告、政协月湖区第八届委员会提案委员会关于八届一次会议提案审查情况的报告和决议。列席了月湖区第九届人民代表大会第一次会议，听取并讨论了区政府工作报告及其他有关报告。选举产生了政协月湖区第八届委员会主席、副主席、秘书长和常务委员，曾文锋当选为主席，周先才、董街胜、张庆军、王能文、宋晓萍、罗赟当选为副主席，章熙锴当选为秘书长。

【月湖区法院被评选为全国优秀法院】 2016年，月湖区法院将执法办案作为“第一要务”，坚持“让人民群众在每一个司法案件中都感受到公平正义”的工作目标，2016年全年受理各类案件3442件，全院人均案件 60 件，所办案件没有一件信访问题。刑事审判方面，月湖区法院认真贯彻落实宽严相济的刑事政策。坚持依法严惩严重犯罪，积极推行刑事和解制度，对因民间纠纷引起的轻型犯罪和其他过失犯罪，依法引导当事人和解，促进社会和谐。对未成年人犯罪实行教育为主、惩罚为辅原则，帮助失足少年重归正道、健康成长。民商事审判方面，坚持平等保护，弘扬社会诚信，保障契约自由，维护公序良俗。努力杜绝以牺牲公平正义为代价的片面调解，切实做到宜调则调、当判则判、案结事了。行政审判方面，坚持监督与支持并重，化解与预防并举。坚持纠正行政违法，强力支持依法行政，积极保障群众利益，努力维护政府权威，精心协调行政纠纷，妥善化解官民矛盾，促进政通人和。执行工作方面，立足维护司法权威突出依法强制，穷尽政策法律手段，严密查控执行财产，严厉惩戒，制裁失信“老赖”，努力兑现当事人的胜诉权益。由于工作突出，2016 年，月湖区法院被全国最高人民法院评选为“全国优秀法院”，江西省 118 个三级法院仅有 3 个，月湖是其中之一。

【月湖区被评为江西省双拥模范区】 月湖区地处鹰潭市中心城区，是鹰潭市的政治文化商贸中心，虽然区域面积小，但辖区内有驻鹰潭部队 19 支，有重点优扶对象 670 余人，因此双拥工作尤为重要，区委、区政府、区人武部高度重视，高位推动双拥工作。一是建立和完善制度。通过完善党委会议、军地联席会议、军地领导共参双拥活动、军地走访信息互通等制度，逐步形成了党委、政府主导，部门协作配合，社会积极参与双拥工作的新格局。二是注重宣传发动，营造双拥工作的浓厚氛围。区委、区政府把国防和双拥宣传教育列入全民宣传教育规划，作为一项经常性重要工作来抓。通过法律法规及双拥工作的意义的宣传，提高居民群众对双拥工作认识。三是抓好政策落实，做好拥军优属工作。把优抚对象经费列入财政预算，实行专户管理，采取“一卡通”的形式，按时足额发放各类抚慰金。大力支持驻区部队建设，无偿划拨 15.6 亩土地用于区人武部新营房建设，增拨 24.6 万元经费用省高炮实弹射击演练。为困难优扶对象解决住房、看病等资金 40 余万元。四是驻区部队积极参与地方抢险救灾，支持地方经济建设，支持地方重点工程，并利用传统节日开展科技咨询、医疗服务、关爱老人等便民服务活动。通过活动的开展形成拥政爱民、拥军拥属浓厚氛围，密切了军民关系。2016 年，月湖区被江西省委、省政府、江西省军区评为双拥模范区。

【月湖区被评为全国计划生育优质服务先进单位】 月湖区委、区政府高度重视计生服务工作，严格控制政策外多孩生育，2016 年主要工作指示控制在规定范围以内，全区新出生人口 1577 人，人口出生率 8.39‰，人口自然增长率 6.10‰，低于鹰潭市下达月湖区 15.5‰、9.2‰以内的目标控制值，政策外多孩率 4.75%，控制在鹰潭市下达的 8%目标值范围内，政策外出生人数比 2015 年同期减少 53%。性别比为 115.14∶100，免费孕前优生健康检查完成 686 对，占目标任务 85.75%。由于工作成绩突出，指标控制得当，2016 年，月湖区被国家卫计委评为 2014—2016 年全国计划生育优质服务先进单位。

（雷荷莲）

【月湖区领导名录】

中共月湖区委员会

书　记：杨　鹏（～2016.8）刘军生（2016.8～）

副书记：刘军生（～2016.8）李志兵（2016.8～）黄如象（～2016.8）罗金文（2016.8～）

常　委：杨　鹏（～2016.8）刘军生　李志兵（2016.8～）黄如象（～2016.8）罗金文（2016.1～）裴克瑞（～2016.1）朱淑英（女，～2016.10）曾文锋（～2016.8）刘长根（～2016.8）张业辉（～2016.8）邓穆超（～2016.8）易园平　邵菁靓（2016.10～）刘东才（2016.10～）邓金木（2016.10～）刘香娥（2016.10～）王晓燕（2016.10～）潘　炜（2016.10～）敖　捷（2016.10～）甄秦峰（2016.12～）

月湖区人大常务委员会：

主　任：卢力新（～2016.10）朱淑英（女，2016.10～）

副主任：贺潭质（女，～2016.10）王国宁（～2016.10）余藕花（女，～2016.10）熊　敏（女）陈　嫣（女）张银兴（2016.10～）夏　兵（2016.10～）王斌斌（2016.10～）

月湖区人民政府

区　长：刘军生（～2016.8）　李志兵（2016.10～）

副区长：裴克瑞（～2016.1）刘长根（～2016.8）张银兴（～2016.10）周峰（～2016.8）寿莉蓉（～2016.8）易园平　甄秦峰（2016.12～）韩　斌（2016.10～）胡梦莉（2016.10～）聂　琦（2016.10～）江水平（2016.10～）黄海有（2016.10～）

副县级干部：夏　兵（～2016.10）

政协月湖区委员会

主　席：欧阳宝（～2016.10）曾文锋（2016.10～）

副主席：周小林（～2016.10）曾细根（～2016.10）董衔胜　邓金木（～2016.10）刘香娥（女，～2016.10）周先才（2016.10～）张庆军（2016.10～）王能文（2016.10～）宋晓萍（2016.10～）罗　赟（2016.10～）

中共月湖区纪律检查委员会

书　记：朱淑英（女，～2016.10）王晓燕（2016.10～）

月湖区人民法院

院　长：毛晓文

月湖区人民检察院

检察长：廖小平

驻鹰潭单位

编辑、校对：杨保平

中国第四冶金建设有限责任公司

【概述】 2016年，在鹰潭市委、市政府以及中国节能环保集团公司和公司董事会、党委的正确领导下，在公司监事会的指导支持下，公司全面贯彻集团工作会议精神，认真落实年度工作部署，紧紧围绕“清理、改革、发展”三大任务，积极应对内外部压力，迎难而上，努力拼搏，全面推进公司各项工作。2016年，公司实现营业收入24.29亿元，归母净利润286万元，EVA率7.73%，分别超额完成年度指标的51.81%、7.92%、7.36%，较好地完成公司主要经营指标。

【明确战略思路，梳理公司业务线条】 紧抓机遇开拓市场，经营质量有所提高。公司一方面注重外部市场开拓，一方面注重集团内部项目协同，抓大放小，量力而为，重点加强总部自营能力建设。一是提升节能环保项目、PPP项目参与度，积极参与集团内部项目的施工，提升总部自主经营能力。比较有代表性的项目有：贵州红果经济开发区5#地块标准厂房及配套用房工程，合同金额4.9亿元；贵州红果两河新区中心物流园建设项目，合同金额7.5亿元；深圳市沙井污水处理厂项目，合同金额5325万元；中国供销（宁国）国际农贸商城一期，合同金额8214.08万元。二是着力提升经营质量。2016年5月1日后，公司新签项目14项，合同总金额41.78亿元，项目数量较2015年同比大幅减少，但单个项目的合同质量较好。三是规范经营工作秩序，严格执行项目登记制度和合同评审制度。特别是在跨地区经营方面，公司通过项目登记了解和掌握分公司的跨地区经营情况，对不符合跨地区经营条件的项目，积极协调或制止，完善规范跨地区经营制度。四是整合现有资源，统筹证照管理，加强经营人才队伍建设，全力保障市场开拓工作。

【多措并举追索追偿，诉讼处理取得进展】 面对诉讼纠纷，公司做了大量扎实有效的工作，通过约谈、纪检督查、签订承诺书以及刑事报案等多种方式，2016年诉讼案件得到较好控制。一是做好诉讼纠纷登记工作，公司定期召开法务例会，全面掌握诉讼纠纷动态。二是制定下发《经济纠纷处理办法（暂行）》，形成了“约谈—协管—接管—取缔—追责”的工作机制，公司派工作组分别对赣州分公司进行协管，对马鞍山分公司进行接管。三是成立清理整顿领导小组，对问题分公司分类分批进行专项约谈和处理，加大追偿和问责力度，减少公司经济损失。2016年，公司共解除失信企业名单49起，尚有53起失信企业名单未解除。四是加大未结诉讼处理力度，积极开展追索追偿工作。对给公司造成损失的单位和个人，公司积极向法院提起诉讼，进行追偿追索，此项工作得到地方政府部门，特别是鹰潭、贵溪两级公检法的大力支持与帮助，公司的恶性诉讼逐步得到遏制。通过与分公司责任人签订还款承诺、对账确认5251万元；通过法院起诉责任人进行追偿，已生效判决金额4685万元，已立案金额1.83亿元；通过向业主追偿，已判决生效金额6060万元。五是强化风险管控，加大对违规经营的处罚力度，确保新增项目不产生新的不良诉讼和恶意诉讼。对诉讼多发且处置不力的分公司给予停业整顿，停业期间采取收回印章、营业执照等措施。六是持续开展打假工作。2016年，公司共处理涉假案件38起，标的金额0.86亿元，打击连云港分公司、赤壁分公司等6个虚假分公司。

【强化管理服务意识，基础管理持续提升】 持续开展标准化年活动。一是制定2016年度标准化活动计划，统一部署2016年度标准化工作。二是举办项目管理标准化训练营活动，通过对项目策划管理、项目合约管理、项目成本管理、项目财务管理进行梳理演练，提升项目管理标准化水平，为将标准化成果落实到项目上打下了坚实的基础。三是调整优化部门设置，梳理完善工作流程。公司将技术质量部并入工程管理部，节能环保事业部并入经营管理部，新设立信息管理部、纪检监察部，共梳理管理流程78条、表单134个。四是注重归纳总结，复制推广标准化管理工作经验，组织重庆分公司对基层生产运营企业安全管理手册进行试点推广。五是加大信息化建设力度，上线新OA办公系统，升级NC系统“营改增”模块，以信息化促进标准化管理再提升。

持续强化人力资源管理。优化总部部门职能，开展定岗定编工作；规范干部选拔任用工作流程，坚持“德才兼备，以德为先”的原则，做好干部的调整任免工作；加强干部人事档案管理，强化中层干部因私证照管理，完成领导干部个人事项的收集、录入和上报工作；开展人员岗位需求调研，加大对工程、财务和经营等专业人才的引进力度，全年共招聘录用员工38人。

持续提升财务管理水平。以“营改增”为契机，完善规章制度，组织会计培训，规范工作流程，强化总部会计核算职能。一是定期开展资产盘查，积极处置低效无效资产，摸清家底，提升资产使用效率。二是强化全面预算管理，编制2017年经营计划书和预算方案，组织全面预算评审，有效提高了预算编制的科学性和合理性。三是积极加强与银行等金融机构的合作，通过授信评级，分别取得江西银行综合授信5亿元、包商银行综合授信2亿元。四是通过全面推进合并财务报表工作，公司现金流大大增加，实现现金流有效归集。

积极开展质量创优工作。2016年，公司参加中华全国总工会和国家安全生产监督管理总局举办的“安康杯”竞赛，荣获“2015年度全国安康杯竞赛优胜单位”称号；苏州工业园区交通银行大厦项目荣获“2015年度江苏省优质工程扬子杯奖”；中国石油西宁大厦项目和西宁市海湖新区海通路桥项目通过“2016年度青海省优工程江河源杯”的最终评审；公司制定的“有色金属工业安装工程质量验收及评定系列标准”荣获“中国有色金属工业科学技术奖一等奖”等。

不断加强安全生产管理。公司坚持“安全第一，预防为主，综合治理”的安全生产方针，制定安全生产措施，落实安全生产责任，强化安全生产意识。通过逐级签订安全生产目标责任书，完善安全生产责任体系，层层落实安全生产责任；公司编制修订《中国第四冶金建设有限责任公司建设工程施工现场重大事故隐患判定标准》等5项制度，不断完善安全生产管理制度体系；深入开展“安全生产月”活动，夯实安全生产基础工作，定期组织安全生产大检查活动，查处安全隐患，杜绝重大安全事故的发生；组织基层班组安全生产培训，观看安全生产教育片，提高安全生产意识。

【强化风险防控意识，项目管控不断加强】 一是明确项目部管理职责、权限和考核体系，加大项目月报表推行力度，确保数据上报质量，强化过程管控，规范项目管理。二是加强重点区域、问题项目的管控。公司成立三个项目管理中心，实现项目管理前移，通过摸底排查，提前介入，对四川、山东、河北等重点区域的工程项目和遗留问题进行处理，确保工程项目的有序开展和风险可控。兴国纪委工作基地项目，业主多次来函，公司安排专人到项目督促指导工作，使项目运行逐渐正常；邹平项目、北海项目、艾莱依、雅居乐、盐亭鸿瑞国际城等项目诉讼纠纷、遗留问题多，公司严格要求责任单位、责任人积极处理问题，避免给公司造成更大的损失。三是成立审计中心，对四冶公司自行承揽的已完工工程、在建工程，对给公司带来重大经济损失的项目进行审计，总结经验教训，防范风险。四是严格落实“法人管项目”，强化项目人、财、物管理，新签项目全部纳入合并财务报表范围，实现签约主体、履约主体、核算主体相统一。

【扎实开展提质增效工作】 根据集团统一部署，公司积极响应，迅速行动，全面落实提质增效各项工作。一是高度重视，加强领导。公司成立提质增效领导小组和提质增效工作办公室，制定提质增效工作方案，统筹推进提质增效工作。二是突出重点，专项分析。根据集团提质增效总体目标，公司重点落实“两金”占用、亏损企业治理和“压减”工作等关键环节，梳理上报四冶公司、房地产公司、钢结构公司、测绘公司4家特困企业，针对存在的问题，明确工作计划和具体措施，确保完成提质增效目标责任。三是积极寻求政策支持，获取专项补助资金。在集团公司的大力帮助和支持下，公司申请获得2016年度国资委棚户区改造项目补助资金1228万元；利用地方政府扶持政策，申报公司住宅小区改造项目国家及地方两级政府补助资金1000多万元。四是积极推进公司家属区“三供一业”分离移交工作。根据国务院国资委与财政部下发的《关于国有企业职工家属区“三供一业”分离移交工作指导意见的通知》要求，公司制定具体工作方案，分块实施，有序推进。积极主动与地方政府沟通，确保在2018年底前完成公司家属区“三供一业”分离移交工作。五是针对自然人股东股权问题，公司通过引进战略合作伙伴，拟将公司自然人股东持有股权转让给战略合作伙伴持有，优化公司股权结构。

【持续开展作风建设，从严治党全面加强】 2016年，公司党委认真贯彻落实中共十八大，中共十八届三中、四中、五中、六中全会和全国国有企业党的建设工作会议精神，进一步加强公司党的建设，把全面从严治党的要求落到基层、落到实处。一是加强思想政治建设，深入推进“两学一做”学习教育工作。根据鹰潭市委和集团公司的要求和部署，公司党委成立“两学一做”领导小组，制定“两学一做”工作计划，召开民主生活会，开展书记讲党课等专题活动，不断巩固学习教育成果。二是加强党组织建设，完成各级党组织换届工作。公司党委对各级党组织换届情况进行摸底调查，公司党委和各基层党组织按时顺利完成换届选举工作。三是严格落实“两个责任”。年初，公司党委分别与公司领导班子成员、基层党委、机关党支部、机关职能部门及子公司签订党风廉政建设责任书，落实党委主体责任。公司纪委积极发挥作用，加强监督执纪问责，落实纪委监督责任。四是严格党员教育管理。年初，公司制定下发《2016年党员教育培训计划》，组织党员干部学习文件、专题教育片，使党员领导干部懂规矩、明底线、知敬畏；根据鹰潭市发展党员年度计划，制定下发了《2016年党员发展工作计划》，全年共发展党员9名；根据鹰潭市委组织部的安排和部署，公司积极开展党费补交工作，按比例向鹰潭市委组织部补交党费124358.5元。五是发挥工会和共青团桥梁纽带作用。参加省总工会、集团工会组织的专业培训学习，参与集团公司第二届技能大赛，成立读书协会，开展内容多样、丰富多彩的群众性文体活动，提升了工作技能、活跃了文化生活、传递了正能量和四冶文化。

（王业平）

【中国第四冶金建设有限责任公司领导名录】

董事长、党委书记：林铁生

总经理：安云龙（~2016.5）

常务副总经理、党委副书记：李　健（2016.6~）

副总经理、总工程师：徐诗祥（2016.6~）

副总经理：方忠红

总经济师：仲沭海

纪委书记、党委副书记：张中喜（~2016.5）

纪委书记：林斌飞（2016.6~）

总工程师：蒋　锋（~2016.5）

总会计师：沈继承（~2016.5）吴　杰（2016.6~）

中国十五冶第二工程有限公司

【概述】 2016年，面对国内建筑市场持续低迷、国际环境复杂多变新常态下的经济形势，公司在鹰潭、贵溪两级市委、市政府的领导下，以中共十八大和中共十八届三中、四中、五中、六中全会精神和习近平总书记系列重要讲话精神为指导，全面落实党要管党、从严治党的要求，扎实开展“两学一做”学习教育，从严要求抓作风，务实担当抓党建，紧紧围绕年度工作目标，狠抓交工结算、陈欠清收等重点工作，在激烈的市场竞争中仍保持了持续盈利。全年新签合同值1.45亿元，完成企业营业额5.66亿元，单位工程质量一次合格率100%，申请专利1项，获得省部级工法2项。此外，公司施工的云南华联都龙矿区8000吨/日选矿扩建工程荣获国家优质工程奖，菲律宾PASAR冶炼厂钢结构焊接工程获得全国优秀焊接工程奖。公司的社会形象和市场竞争力进一步提升。

【市场开发持续转型】 2016年，公司始终围绕集团市场开发战略部署，紧紧抓住央企开发、老客户稳固、海外市场拓展等重点开展工作，全年参加投标项目30个，投标值12亿元。一是落实央企市场开发目标。与中国成达、中机中联、中国地质装备集团、中国海城北京中轻设计研究院等10多家央企或设计院建立了联系机制。二是着力推进市场开发转型。进一步巩固老客户市场，加强了与江铜集团、山东金升等老客户的联系，相继承建了冶炼厂脱硫塔、西昌尾矿坝防渗等项目。积极拓展海外市场，利用厄瓜多尔米拉多铜矿的影响，跟踪了湖南黄金厄瓜多尔里奥布兰科金矿项目，并就合同条款进行了谈判。与中国成达、中机中联就孟加拉电站项目、文莱海水淡化项目进行了合作投标。三是狠抓市场营销人员管理。2016年初便与每个市场营销人员签订了责任书，每月预扣30%的绩效工资，年底根据绩效考核分数进行兑现，对扩大信息跟踪面和提高信息跟踪质量起到了一定的促进作用。

【履约能力不断增强】 缅甸蒙育瓦L矿项目复工后，工期由原来的475天缩短到365天，经过项目部全体成员的不懈努力，2016年3月12日一系列顺利投产出铜，8月30日二系列投产出铜，如期实现了既定目标。该项目的安装工程全部采用了单包模式，实行班组承包，高峰期投入国内技术工人100余人，大大加强了项目部的管控力度；同时充分利用属地化用工的优势，有效降低了人工成本。厄瓜多尔选矿项目，一标段施工稳步推进；二标段合同5月16日签订，项目建设有序推进，磨矿厂房、浮选厂房屋面已断水；粗矿堆施工完30%，矿石长胶带输送系统1#、2#转运站场平挖方基本完成；磨矿和浮选主要设备基础已施工40%。德兴五号尾矿库项目，全年主要完成了下游坝管理站、库区临时道路及下游初期坝导流隧洞、导流明渠等子项的施工任务。西昌瓦都沟尾矿坝项目，累计完成坝体填筑363万立方米，剩余筑坝量约47万立方米；尾矿坝内防渗工程的土石方清基已完成68万立方米，完成76%工作量。武夷山棚户区改造项目，B1地块1~5#、7~8#楼工程已竣工验收；B2地块6、9~13#楼除9#楼外墙面砖未完成外，其他墙面砖均完成，10、11、12#楼外架落架完成。德兴银山矿竖井项目工程2016年4月份开始正式掘进，竖井掘进已完成。在该项目上，公司重点加强了安全管理，对危险性较大的工程均编制了安全专项方案；对进场所有管理人员、工人开展了三级安全教育、培训、考试；对重点危险源（炸药及机械设备）的管理由专业人员负责、持证上岗；针对项目施工特点，要求班组全员购买了意外伤害保险；同时利用科技手段，在井下布置摄像头，随时监控井下施工情况，确保安全管理不留空白。湖州南方物流项目确保了“8月中旬熟料入库”和“9月中旬熟料出库”的总体目标。

【经营管理全面加强】 一是严格执行分包管理制度。分包合同评审面达100%，严格分包审计，审减率0.16%，增加了外审前领导审核环节；严格执行了2016版闭口分包合同范本，内部现场签证权限和计时工管理得到了有效控制。二是加强合同履行情况及项目成本监测。重点监测了在建项目主合同及分包合同的进度审批、资金回收、项目分包成本、预计结算收入等实时履约情况；每月对全公司在建项目合同履行台账进行汇总分析，及时指出存在的问题，有效规避了经营风险。三是狠抓对外结算，完成了年度结算任务。认真进行结算策划、仔细分析存在的问题，配齐力量、各个突破。全年完成结算项目41项，竣工结算值完成8.28亿元。重点完成了德兴硫铁、云南旅专、山东金升、祥光二期、国际广场等项目的结算工作，为公司资金回笼创造了条件。

【财务管理与时俱进】 一是“营改增”工作稳步推进，票据管理不断规范。自2016年5月1日建筑业实行“营改增”以来，公司先后多次组织“营改增”业务培训，使公司相关人员对“营改增”有了初步了解，为顺利推进“营改增”提供了技术支撑。进一步规范了报销流程，对不合规的票据坚决拒绝报销；认真落实票据真伪查询制度，杜绝假发票，规避了税务风险；严格执行中央“八项规定”精神，确保了财务工作的严肃性。二是落实财务集中管理要求，使财务集中管理不断深化。从制度层面规范了资金集中支付的原则和程序，明确了资金集中支付的纪律，为资金集中支付提供了制度保障；对公司银行账户进行了全面清理，所有银行账户集中管理；对财务人员的配置做了优化和调整，既满足了集中管理的需要，又保障了生产经营的正常运行。三是加强陈欠款的催收力度，保证了公司生产经营的正常运行。认真贯彻落实陈欠款清收“定人、定项目、定目标、定时间”的具体要求，全面清理核实应收债权，按项目逐个落实清收责任人。实现两年以内陈欠款清收比例29.39%；两年以上清收比例61.18%。

【人力资源管理更加注重】 一是持续加强干部队伍建设。以“三严三实”和“两学一做”学习教育为抓手，将干部队伍作风建设与“严管细抓”的要求结合起来，引导各级干部对待工作要求从严，执行制度从严，坚定维护制度权威，突出执纪监督问责。强化对干部的监督管理，全年谈话10多人，提醒谈话2人，批评和通报批评11人，扣除绩效考核分数处理10人，经济处罚7人，岗位调整2人，行政记过处分1人，有效促进了公司干部队伍作风的转变。同时注重干部的交流，全年副科级干部交流16人次、正科级干部交流12人次。严格后备干部的培养、按程序选拔干部，严把考察和考核关，通过基层推荐、民主评议等办法，选拔副科级后备干部23人，正科级后备干部7人，全年提拔重用干部4人次。二是认真开展专业技术职称评聘工作。积极开展内部职称评审和职业技能等级评定工作，认真调查摸底，积极组织申报，经评定，共有347名管理人员取得了内部职称，173名工人评定了技能等级（其中高级技师14人，中级技师13人）。申报首席工人3人，已认定3人；申报首席专家1人。三是认真组织员工培训工作。围绕职工培训计划抓落实，全年共培训了1312人次，其中公司机关开展了培训33期、基层单位组织培训26期、参加外送培训10次。

【党群共建激发活力】 2016年，公司两级党组织围绕从严要求抓作风、务实担当抓党建的整体工作思路，从“五个着力于”入手，不断促进党建工作与生产经营工作的深入融合。立足思想政治工作，强化教育引导，落实亲情管理举措，汇聚员工的思想和力量；深入学习国有企业党建工作会议、中共十八届六中全会精神，增强基层党组织负责人党要管党、从严治党的意识；严格党组织换届程序和纪律，顺利地完成了公司两级党组织的换届选举工作；坚持利用季度例会对支部书记进行培训，坚持月度点评制度和“三个一”的要求，开展支部书记质询活动，强化支部书记履行党建工作主体责任的意识；扎实推进“两学一做”学习教育，结合学习教育围绕党组织关系排查、党费收缴等六个方面开展专项治理；围绕生产经营工作的实际，着力推进党员监督岗、党员联系点等党内活动；实行党建工作分责，持续推动责任的落实，严格党支部达标考核，促进党建思想政治工作能力和水平的提升；以宣传报道为阵地，积极推进先进人物和“小人物”的宣传，传播正能量，在为公司转型发展提供坚强有力的组织保证的同时进一步激发了群团组织的活力。

（邹锦清）

【中国十五冶第二工程有限公司领导名录】
总经理：陈国华
党委书记：黄清平
副总经理：黄　浩　赵洪来　王宏林
黄超恒　张　强

江西六国化工有限责任公司

【概述】 2016年，在集团公司和六国本部的大力支持下，公司经营班子根据国家政策、行业发展趋势和自身经营特点适时调整发展思路，周密布置、突出重点、强化执行，保持了企业的平稳运行。全年生产化肥54.07万吨，同比增长9.57%；销售化肥48.6万吨，同比增长0.83%；实现主营业务收入8.4亿元。

【统筹产供销运，安全稳定运行】 生产系统：一是坚持安全第一、环保优先。大力开展安全宣教活动，加强安全检查力度，及时消除事故隐患，严防重特大事故发生，确保了安全生产；有效开展环保技改，严格落实环保责任考核，定期排查环保隐患并及时整改，减轻了环保压力。二是坚持严格管理、稳定生产。加大成本考核力度，严肃责任追究。加强各单位的沟通和监督，提升优化配矿、控制大中修费用和零配件库存等精细管理措施。三是坚持稳推技改、降本增效。磷铵装置生产复合肥及专用肥生产全水溶肥的技改，使产品结构得到进一步优化；磷铵尾气洗涤器的除水器、工艺水改用渣场回水和MAP装置增加旋风分离器的技改，既减轻了环保压力又降低了消耗；硫基肥尿素投料和稀磷酸替代MAP技改，产品降成本、提质量效果明显。四是紧跟过程控制、保证质量。通过紧抓生产队伍建设、严格控制工艺指标、提高设备精细化管理水平、提高生产员工操作水平、加强原材料管理、优化配比、加强质量考核，产品内外质量得到进一步提升。

营销系统：一是抓好产品销售。紧贴市场、适时调整营销策略，确保销售渠道的稳定和畅通；同时做到“稳增量，调结构”，尽可能扩大新型产品的销量，提升公司效益。二是搞活激励措施。全面推行营销竞赛活动，在业务员中评选“月度之星”“明星经理”，在经销商中评选“销售冠军”，有力地促进了化肥销售。三是严防经营风险。严格执行合同的签订及审批流程，避免或减少呆坏账的发生；与各经销单位签订维权协议书，杜绝各种违规行为。四是抓好副产品销售工作。在盐酸、氟硅酸、磷石膏供大于求的矛盾进一步加剧的行情下，巩固已有的销售渠道，开发新市场，把握市场节奏，及时调整价格政策，确保产销基本正常，满足了生产所需。

供应系统：一是积极保障需求。在资金严重紧张的情况下，采购以保主保重为原则，较好地保证了各装置生产所需的原材料。二是努力降低成本。加强与供应商沟通协商，争取先货后款、承兑付款的方式，提高资金利用率；国产钾的采购联合本部争取到优惠政策，并加大采购量，较去年同期增加了77%，占全年钾肥总采购量的80%，有效地降低了采购成本。

物流系统：2016年货物进出总量1065694.1吨，化肥汽车发出量293964.08吨；卸车总数9418车，同比增加376车，发生延时费39.7万元，同比减少20.6万元，降幅达34.2%。加强与铁路部门沟通，2016年获得了部份铁路运费下浮政策，节省运费59万元；通过铁海联运的方式节省运费25万元，全年共节省运费为84万元。

【完善公司治理，提高规范运作水平】 进一步完善内部控制体系建设，加强内部控制基本规范及配套指引的宣传和学习，完善公司治理、经营管理、财务控制等各项内部控制制度，通过一系列措施促进了公司运营与管控的规范化。按照《中华人民共和国公司法》等相关法律、法规的要求规范运作，制定了《江西六国化工有限责任公司关于资金审批权限的暂行办法》《江西六国化工有限责任公司财务支出审批制度》，确保相关风险得到有效控制，维护公司健康发展。

【抓好项目建设，突破公司可持续发展的瓶颈】 一是完成磷石膏干排技改项目的可行性研究报告、备案审批工作、环评批复与合作协议书的签定。二是完成精制磷酸盐节能技改和硫酸钾项目职业病危害控制效果评价与防护设施骏工验收。

【拓宽融资渠道，保障资金链安全】 一是积极拓展融资渠道。在保持原有融资渠道的基础上，新增两家银行的融资额度，保障了公司资金链的相对安全。二是加强与财政、税务等部门沟通，积极争取政策支持。全年获得各类政策支持补贴资金1585余万元。其中争取到2015年度土地使用税、房产税全额返还；2015-2016年度化肥淡季储备工作顺利结束并通过验收，化肥淡储贴息款按时到账；完成了49名特殊工种人员的提前退休工作；向贵溪市人力资源社会保障局争取到就业保险补贴、见习补贴等各项政策补贴资金；环保项目资金申报，获得环保项目治理资金等。

【加强党建和群团工作，汇聚员工力量】 全面深入开展“两学一做”学习教育，激发广大党员的内在活力。评选表彰“两优一先”，发挥先进典型的激励作用。认真落实党风廉政建设责任制，强化对公司二级单位自留资金审计监管。抓好思想引领工作，积极传播正能量。发挥群团工作独特作用，推进标杆班组创建；实施精准帮扶工作，切实为员工办好事做实事解难事，发放金秋奖助学金7.8万元，发放困难帮扶资金13.26万元，解除了员工后顾之忧，凝聚了人心，维护了企业的和谐稳定。

【公司大事记】

1. 3月30日，公司有线电视数字化整体转换工程完工。

2. 4月4日，公司电气车间员工曾志凯、物流总公司员工初小忠勇救落水乘客，被中央电视台报道。

3. 4月8日，省人大常委会副主任谢亦森到公司调研考察污水治理、达标排放情况。

4. “五一”前夕，磷铵车间分工

会获全国模范职工小家称号。

5. 5 月 8 日，公司党委召开“两学一做”学习教育动员部署会。

6. 6 月 30 日，物流总公司总经理、党支部书记杨金火荣获鹰潭市优秀共产党员称号。

7. 8 月 15 日，公司举行“施大壮”金秋奖学金发放仪式，54 名高考中榜员工子女共获得 4.64 万元奖学金。

8. 8 月 16 日，公司 4 万吨/年全水溶硫酸钾项目职业病防护设施通过竣工验收。

9. 10 月 26 日，公司两件石墨块被中国化工博物馆收藏。

10. 11 月 29 日，公司连续十二次通过质量/环境管理体系年审。

（李　敏）

【江西六国化工有限责任公司领导名录】

董事长、党委书记：何鹏程

常务副总经理：　李老柏

党委副书记、纪委书记、工会主席：胡上东

副总经理：　盛业伟　张文华

总工程师：　黄式鹏

贵溪发电有限责任公司

【概述】 贵溪发电有限公司（以下简称贵电公司）地处江西省东北部鹰潭市辖贵溪市，总装机容量 1905 兆瓦，隶属国家电投集团江西电力有限公司。贵电公司前身为贵溪火力发电厂（以下简称贵溪电厂），1978 年 4 月开始筹建，一期建设四台 125 兆瓦双水内冷燃煤发电机组，是“六五”期间重点工程，于 1984 年至 1987 年相继投产。2003 年，成立贵电公司，负责扩建二期两台 300 兆瓦亚临界燃煤发电机组，分别于 2005 年 9 月和 2006 年 1 月建成投产。2008 年贵溪电厂与贵电公司合并，实行两块牌子，一套班子。2009 年 12 月，关停一期四台 125 兆瓦机组，在原厂址上建设两台 640 兆瓦超临界燃煤发电机组，分别于 2011 年 7 月和 2012 年 12 月建成投产。2012 年 12 月，贵溪电厂两台 640 兆瓦机组资产注入贵电公司。

近年来，公司坚持走绿色发展之路、坚持走效益发展之路，突出抓安全、促改革、强管理、带队伍，企业盈利能力和综合竞争能力不断提升。2016 年，全年实现营业收入 25.92 亿元，累计完成发电量 79.32 亿千瓦时（含光伏 2571 万千瓦时），实现利润 2.01 亿元（含光伏 830 万元），上缴各项税费 7142 万元。截至 2016 年底，公司总资产 46.26 亿元（贵溪市城市建设投资开发公司占 1.29%股份，鹰潭经贸国有资产运营公司占 0.85%股份），在册职工 935 人。

【安全生产】 2016 年，公司未发生控制目标事故，截至 12 月 31 日，实现安全生产 4092 天。

【节能减排】 2016 年，相继实施的四台机组脱硝、除尘改造、300 兆瓦机组宽负荷脱硝改造、640 兆瓦机组超净排放改造项目完成，改造后各项指标优良，均低于排放控制标准。集中对外供热项目实现当年核准、当年开工、当年投产，项目建成有效降低周边化工企业生产成本，进一步改善了周边空气质量。640 兆瓦机组厂用电率、供电煤耗分别完成 3.53%，298.46 克/千瓦时，在国家电投集团公司同类型机组排名第一；#1 机组荣获中电联大机组竞赛三等奖、厂用电率指标最优奖。

【党建工作】 围绕中心，扎实推进“两学一做”教育活动。开展“五大行动”，增强公司广大党员的党性观念和党性修养，发挥党员先锋模范作用。突出党委主题责任和纪委监督责任，加强党风廉政建设，持续改进工作作风。

【和谐企业建设】 以企业文化节等活动为载体，深植“和文化”基因。坚持开展“映山红”助学活动，彰显央企责任。成立摄影、篮球等 10 个文体协会，丰富职工群众生活。实施“一盏灯、一条路、一扇门”工程，获得广泛好评。开展为一线职工送温暖、为职工生日送祝福、为困难职工献爱心等工作，凝聚人心，鼓舞士气，传承和发扬贵电公司互帮互助、团结友爱的优良传统，营造文明和谐、风清气正的企业氛围。

（胡明华）

【贵溪发电有限责任公司领导名录】

总经理、党委副书记：钟定辉

党委书记：罗东航

副总经理：陈宇翔　徐由广　熊　鹰　余贵云

纪检书记、工会主席：朱填美

总工程师：邹军男

助理调研员：张国健　李河水

江西省地质矿产勘查开发局九一二大队

【概述】 2016 年，江西省地质矿产勘查开发局九一二大队（简称江西省地矿局九一二大队）在省地矿局党委和鹰潭市委的正确领导下，坚持强化市场发展导向，进一步夯实管理基础，团结协作，奋发有为，各项工作均取得了新成绩，实现了“十三五”的良好开局。

【地质勘查工作获喜人成果】 2016 年，该队共承担实施各类地质勘查项目 29 个，其中《江西省浮梁县朱溪外围钨铜矿普查》新增钨资源量 57.7 万吨，至此该矿区累计探获钨资源量 343.7 万吨，进一步巩固了世界第一大钨矿地位；《江西省贵溪市银珠山铅锌银矿勘探》项目实施补充勘查钻孔 14 个，终孔 7 个，见矿率 79%。全年提交《江西省浮梁县铜坞—乐平市柏树坞铜多金属矿普查报告》等地质成果报告9份，其中《江西塔前—大游山地区矿产地质调查》等2个项目经过野外验收、报告评审评为优秀。九一二大队院士工作站2016年以优秀级通过省科协检查。

【队级企业发展平台建设初具成效】 按照市场发展导向倾力打造江西省天久地矿建设工程院企业平台，新成立了环境修复治理院和广西分院、云南分院等数个对外经营实体，形成了“总院+服务管理部门+生产经营实体（驻外分院）”的经营体系。完成了液体矿产勘查、水工环调查资质由乙级升到甲级和将测绘资质并入到江西省天久地矿建设工程院等工作。全队有各类专业资质24项，其中甲级资质11项，打造并壮大了一个涵盖全队地勘延伸产业的集团式企业发展平台。

【积极服务鹰潭市黄蜡石产业发展】 以该队为核心骨干完成了《黄蜡石质量等级划分与评定》《黄蜡石检验规则》两个江西省地方标准，在省科学技术厅发文同意该队成立“江西省黄蜡石工程技术研究中心”基础上，选派了工程技术人员到国家珠宝检测中心培训，6人获得钻石分级师证书、5人获得珠宝鉴定师证书，成立的江西省贵金属珠宝黄蜡石检测中心已进入试运行阶段，正在申报江西省贵金属珠宝黄蜡石检测中心资质，为服务鹰潭市黄蜡石文化产业发展开了好头、起好了步。

【土壤修复治理迈出新步伐】 为积极服务江西省首批国家生态文明试验区建设，该队与中国科学院南京土壤研究所合作共建了江西洁地环境治理生态科技有限公司分析测试中心，正式开展了样品检测工作。11月与中国科学院南京土壤研究所、江西科学院等18家科研院所、高校和企业签订了江西省土壤污染治理修复产业技术创新战略联盟协议，为今后开展土壤污染调查评价、环境监测、土壤修复治理等方面研究和项目等工作迈出了坚实的一步，也为该队拓展新的服务领域打下了坚实基础。

【积极探索地质调查新路子】 参与了武汉地调中心实施的“珠三角阳江—珠海地区海岸带1：5万填图试点”子项目地质调查，并派出5名专业技术人员现场跟班工作学习探索海岸带覆盖区的填图方法，与项目组共同开展测区资料收集和综合研究解释、冲萎幅地质调查，测制地质剖面，划分填图单元，为大队今后开展海洋地质调查提前做好人才储备，为内陆省份地勘队伍向海洋地质进军、实现新发展进行了积极探索。

【大力开展民生工作】 顺利开展了养老保险制度改革工作，实现了全队职工参加省直机关事业单位养老保险全覆盖；解决了驻设区市单位绩效工资提标财政补助问题，与南昌地区兄弟单位保持了一致。开展了“送温暖”工作惠及75户困难职工家庭，大队弱势群体帮扶委员会共帮扶21户次困难家庭。局金秋助学工作和大队扶贫助学基金会共帮助14名困难职工子女上大学。全年慰问生病住院职工35人次。组织了全队职工健康体检，改造、翻新了职工之家老旧设施，持续开展了鹰潭基地大院绿化、美化、亮化工作，投资500余万元对鹰潭基地自来水路进行了改造，使全队干部职工幸福感、获得感不断提升。

【党建和精神文明工作取得新成绩】 扎实开展“两学一做”学习教育，坚持全面从严治党，履行党委“主体责任”和纪委“监督责任”，不断加强了党风廉政建设，党员干部作风进一步转变，能力进一步提升。坚持正确的用人导向，年内提任了14名生产一线干部，一批年轻骨干走上了科级领导岗位。大队被鹰潭市委宣传部确定为首家“道德银行”试点单位，进一步推进了全队社会主义核心价值体系建设，并成为大队文明创建的一个新载体。全年实现综合治理、安全生产管理目标。大队获第十二届省直文明单位称号，地勘院被授予“江西省工人先锋号”的荣誉称号，九一二社区获“鹰潭市十大科普示范社区”，欧阳永棚获第八届鹰潭市“五四青年奖章”，熊伟、胡建兵荣登中央文明办12月“中国好人榜”，获得2016年第4期“江西好人”称号。

（李　忠）

【江西省地矿局九一二大队领导名录】

大队长：尧在雨

党委书记：曾水龙

副大队长：钟方红　吴美仁（2016.4～）王艳萍（女）　万浩章

纪委书记、工会主席：方洪华

总工程师：陈国华

总会计师：蔡　江（2016.7～）

副处级干部：龙兆实　侯生萍

江西有色地质勘查一队

【概述】 2016年，江西有色地质勘查一队在局党政的领导下，以“两学一做”学习教育为契机，深入开展“连心、模范、强基”三大工程，不断加强思想、组织、作风、人才队伍、企业文化和群团建设，团结引领全队党员干部职工齐心协力投身于经济发展的生动实践中，共促全队和谐稳定、经济逆势上扬，实现了“十三五”良好开局。荣获省第十四届文明单位，局“先进单位”“先进基层党组织”，鹰潭市总工会“先进单位”等多项荣誉，队属地质勘查院获“全国青年文明号”称号。

【产业经济逆势发展】 该队始终坚持以经济发展为中心来谋划工作，全年完成经营收入是年初计划的130%，同比增长150%，实现经营利润同比增长128%，全年签订经济合同额是2015年的1.5倍，圆满完成“十三五”开局之年的各项指标，为2017年及“十三五”的发展奠定了良好的基础。一是市场开拓成效提升，积极开拓省内外地质灾害治理、测量等业务市场，重点在地质灾害高发的西南地区寻求突破。二是地质找矿成果丰硕，崇仁县聚源钨资源储量核实和东乡千子岭铜铅锌矿详查分别获中国有色金属协会地质找矿成果一、二等奖；年内实施的三个省地勘基金项目中，东乡县骑龙庙金铅锌矿预查、金溪县仙鹤峰铜金矿预查项目找矿取得突破，为2017年续作打好了基础；大余县青石钨矿补充勘查项目和弋阳县刘家金矿补充勘查项目找矿取得突破；中标并完成贵溪、南康第三轮矿产资源规划编写，为日后开展此类业务积累了经验。三是克服地质找矿工作很不景气带来的巨大压力，签订6万米岩心钻探合同，不断创新施工工艺和方法，战胜复杂地层施工的重重困难，在江铜集团武山和银山、大余青石等多个矿区完成进尺4万多米；自主创新方法完成了ϕ250毫米的充填孔和ϕ130毫米的水文孔施工。四是建筑施工快速发展，在全国中标涵盖桥梁、公路、市政、铁路等各方面的多个项目，在鹰潭地区，施工并圆满完成了贵溪市鹰雄大道景观提升工程、余江县中洲片区管网改造工程、320国道（贵溪段）改建工程、鹰潭信江新区路网四期二标段工程等重大项目，为鹰潭市的城市建设和经济、社会发展做出了突出贡献。五是酒店管理有序平稳运行，锦都金源酒店在市场营销中推出“减压房”“啤酒节”等新型服务，取得较好的经济效益和社会效益；成功接待全国篮球青年锦标赛龙虎山赛区运动员，以优质服务树立了良好的品牌。六是测绘产业不断发展，圆满完成省内试点项目——余江县农村房屋所有权调查项目，为后期从事农村房屋所有权调查积累了经验。

【领导班子坚强有力】 一是全年按计划组织了13次中心组理论学习，队领导班子成员坚持自学与集体学习的方式相结合，认真学习“两学一做”所列书目，队属各党支部认真开展“两学一做”四个专题的学习，及时上报活动进展情况，坚持边学边查边改，共查找到个别党员进取意识淡薄等6个问题，通过加强思想教育等方式进行了整改。二是领导班子团结有力，严格执行党的组织纪律，坚持民主集中制，凡重大项目招投标等“三重一大”事项一律提交党委会讨论通过；带头执行各项制度，做遵守纪律的表率。三是领导班子成员通过自主学习不断提升对经济形势和行业前景的研判能力，增强了工作的预见性。四是12月召开第十次党代会，选举产生了新的党委委员和纪委委员，吸收年轻同志为纪委成员，为班子注入新鲜血液。

【廉政责任落实到位】 一是抓好党风廉政建设党委“主体责任”和纪委“监督责任”的落实，党政一把手认真履行党风廉政建设第一责任人职责，党政主要领导分别与领导班子成员、班子成员分别与分管部门负责人签订党风廉政建设责任书，层层落实廉政责任。二是中层以上干部严格遵守各项规定，严格执行队“八不许”，规范开展各项工作。三是严格按照上级文件要求执行廉政建设各项规定，认真开展违规插手工程项目、违规收受“红包”、侵害群众利益等自查自纠工作，认真执行婚丧嫁娶“两报告一承诺”制度。四是工程项目发包等重要事项，都由纪检监察部门介入，监督其公开公平公正性。五是审计监督落实到位，重点强调源头参与、过程监督、决算审计，做到账目清晰规范、成本真真切切，机关重点强调“三公经费”审计。六是加强廉政教育，要求党员干部深学《中国共产党廉洁自律准则》《中国共产党党纪处分条例》《关于陈阳霞、程子亮等同志在私人会所接受吃请问题的通报》，规范言行，同时通过观看电教片，对领导干部进行警示教育。

【强化管理提升效益】 一是考核机制更细化，进一步加强了市场承担任务的得分比重，以合同额为说话权，增强全员市场开拓意识、责任意识和担当意识；二是建立了长期的法律顾问制度，应收账款对外实行法律追究制度；三是管理成本不断降低，项目部以成本管理为中心，以收定支，实行《机台成本管理实施细则》减少成本的消耗，采取果断措施，以业主资金到位情况决定施工多少任务，大大减少了应收账款；四是财务管理制度逐步完善，出台了《资金支付办法》《票据审批程序》《营改增后有关事项的规定》等；五是安全生产常抓不懈，重点强调安全培训、安全意识和安全制度的完善，确保事故零发生。

【队伍建设有新成效】 一是引进人才充实队伍。2016年，通过公开招聘引进20余名本科生和研究生，充实到各生产和管理岗位上。二是组织开展地质、钻探、市场投标、法律和安全等全方面的知识培训。年内委派年轻干部参加全国性的矿山恢复治理培训、参加有色金属地质找矿的学术论坛等，不断提高青年职工的专业素养。三是通过带项目、压担子等方式促进年轻同志成长。张健、毛伟伟等多人成长为既懂技术又懂管理的一专多能型人才；付文在瑞昌通江岭复杂地层中仅37天施工完成一个904米的深孔，紧接着34天又施工完成一个856米的钻孔，打响了该队在钻探施工能力上的品牌；培养了孟阳等一批年轻机台班长。四是鼓励年轻人参加全国注册类考试，练强内功。通过注册资格考试的给予奖励，年内多名同志通过注册二级建造师考试。

【文明创建有新成果】 该队坚持惠民举措，切实增强职工群众的获得感和幸福感。首先积极与市政府相关部门对接，及时宣讲各项惠民政策，扎实做好医保代办报销、低保、困难帮扶、民政救助等相关工作，为200多名异地退休职工代办医药费报销100多万元，为30名80岁以上老人申请高龄补贴，为33户职工家属申请廉租房等。其次继续开展“温暖人心、鼓舞人心、凝聚人心”工程，深入赣南地区慰问退休职工28户；探望住院职工100人次；走访慰问职工及送温暖400多人次；深入生产一线走访慰问地质组、机台、施工项目部22个，慰问人数达180人。第三投资100多万元集中整治南站基地，拓宽消防渠道，改造下水通道及化粪池，硬化水泥路面，修缮篮球场地，亮化绿化小区，并安装监控设施，为职工群众打造一个安全、文明、整洁的居家环境。第四推动党团共建，年内承办全局第三届职工篮球决赛，组织青年开展义务献血、文明劝导等学雷锋志愿活动，组织开展首届员工趣味运动会等，积极营造健康向上的氛围。第五成绩荣誉实现丰收。崇仁聚源钨矿项目、东乡余坊铜铅锌矿项目分别获中国有色金属协会找矿成果一、二等奖，一队荣获省第十四届文明单位、局先进单位等，锦都金源酒店荣获省直机关“青年文明号”，地勘院获全国青年文明号，队长何发林获江西省五一劳动奖章。

（赵　萍）

【江西有色地质勘查一队领导名录】
队长：何发林
党委书记：王国龙
纪委书记：林　伟
副队长：何志平　陈克林　李毅民（2016.5～）
副队长、总工程师：周先军

江西省煤田地质局二二三地质队

【概述】 2016年是“十三五”的开局之年，在省煤田地质局的正确领导和关心支持下，全队干部职工积极适应经济发展新常态，直面矛盾、迎难而上，在严峻的市场形势下，确保了全队经济运营总体平稳，先后荣获江西省第十四届文明单位、省直机关第十三届文明单位、鹰潭市文明单位、鹰潭市基层工会工作先进单位等荣誉称号，队属两个青年集体被评为“省直青年文明号”。

【地勘主业着力转型】 上饶新田普查项目顺利通过省地勘基金管理中心专家组的野外验收，上饶新田和铅山新安两个省地勘基金项目的成果报告通过了专家组的评审，均被评为良好级。省科技厅重大科技专项《江西省页岩气富集规律及地质选区关键技术研究》完成全部综合研究及报告编写工作，顺利通过初审。《赣东北页岩气远景区资源调查评价项目》通过了省局组织的野外验收工作，编制的成果报告被专家组评定为良好级。

【做优实验学校】 实验学校持续加强师德师风建设，严抓教学常规管理，扎实开展丰富多彩的校园活动，提升学生综合素养，促进学生全面健康成长。2016年中考再创佳绩，全校6A人数31人，5A以上人数58人，校男、女篮球队代表市区参加省赛均斩获佳绩，良好的教育教学质量吸引了大量生源。

【推进棚户区改造工作】 工作人员主动上门上户做工作，230户私有住宅拆迁户已有210户预签房屋征收协议并搬迁，预签率达91.3%。公有店面全部完成征收搬迁，还有10户社会店面未预签协议。棚改项目已在市发改委备案，完成了建设项目环境影响、节能评估、交通影响评价等报告，规划设计方案已在市规委会上通过，地块完成了工程地质勘查，大量细致的前期准备工作，为棚户区改造下一步工作的顺利开展奠定了良好基础。

【规范管理】 坚持安全标准化、治理综合化、机制长效化加强安全生产管理，保证了良好的安全生产态势，队安全标准化建设以84.3%的得分率顺利通过复评，达到二级标准；加强制度建设，制定了《队机关公务用车管理制度》《队职工体检管理办法》，修改完善了多项适合管理需要的制度；做好人才引进工作，从省内外多所院校招聘了8名紧缺急需专业大学毕业生，完成了事业单位公开招聘工作，共招聘12个岗位31人；加强依法治队，较好完成了内部控制建设、实施和评价工作，促进管理规范化、科学化和信息化。

【优抚工作】 完成了全队事业编职工省直养老保险数据采集上报工作，通过了省社保中心严格细致的专项审核，数据成功入库。不断加强扶贫济困力度，为队困难职工发放帮扶款20余万元，给6户特困职工办理了长期救助，为16名大病职工发放救助金8.6万元。积极配合鹰潭市政府开展精准扶贫，对余江春涛港背村和贵溪畲乡西排村进行脱贫帮扶。离退休职工管理服务更加到位，为7名80岁以上的老年人办理了高龄补贴，为居住外地的离退休职工通过邮寄方式办理医药费报销70余人次。新建了一块休闲场地，安装了健身器材，将东方佳苑原物业办公室改造为老年人活动中心，丰富了老年人的业余生活。

【党建工作】 将党建工作与队中心工作、日常工作有机融合，推动“党建+”工作见实效。不断加强基层党组织建设，实现基层党支部全覆盖，项目部建到哪里，党支部就设在哪里。积极开展了庆祝建党95周年系列活动，扎实开展“两学一做”学习教育，同时利用网站、微信、QQ群等新媒体组织党员干部进行学习。强化党费收缴管理，共有84名党员补交了党费6.22万元。注重干部的培养，严格按照《党政领导干部选拔任用工作条例》等相关规定，选拔任用了6名中层干部。以执纪问责为要求，加强党风廉政建设。统筹抓好宣传、精神文明创建和综治普法等工作。

（宋　娟）

【江西省煤田地质局二二三地质队领导名录】

队长：俞宽坤

副 队 长：李平泉　汤　兴

党委书记：胡忠民

纪委书记：杨悦敏

总工程师：刘水根

总会计师：何洪明

江西省核工业地质局二六一大队

【概述】 2016年，二六一大队认真贯彻落实中央和省委的重大决策部署，遵循“四个全面”战略布局和“五大发展理念”，按照局党组“两稳、两放、两抓”工作方针，坚定实施地矿立队战略，主动适应经济发展新常态，始终把稳增长、促改革、调结构、惠民生、防风险作为首要任务，地质经济保持了总体平稳、稳中有进的发展态势。同时，该队党委围绕中心工作抓党建，抓好党建促发展，不断强化主业意识，抓实“两学一做”学习教育，扎实推进党风廉政建设和反腐败工作，彰显了大队党建工作的活力和动力。一年来，该队被江西省委、省政府授予第十四届“省级文明单位”称号，荣获鹰潭市“社会治安综合治理目标管理先进单位”，省核工业地质局“找矿工作先进单位”等称号。该队相山核地质科技文化园被江西省政府命名为第二批“江西省国防教育基地”。

【地矿主业取得新进展】 该队在抚州相山地区共承接铀矿地质项目4个和局科研项目1个，完成5个地质项目的成果报告编写及成果验收。其中，乐安县相山矿田西部铀矿普查报告评为优秀等级，估算铀资源量为1990年以来南方硬岩型铀矿床之最。商业性地质首次争取到江西弋阳县第三轮矿产资源规划项目，承接核工业北京地研院、江西省地质环境院物探项目，并继续完成2015年与局测试研究中心合作项目，落实省内矿山地质、地质灾害、环境地质等技术服务项目10个，承接云南矿山技术服务报告编制项目1个，完成福建永安大田铁路勘查等5个市场项目，全年累计完成钻探工作量9034米，完成钻孔38个，槽探1904立方米。

【地质延伸业实现新突破】 该大队下属核工业江西工程勘察研究总院全面推行“走出去、站住脚、扎住根、结好果”的战略，在全国21个省市完成备案、注册手续。全年承接桩基工程2项、岩土工程勘察工程65项，开展了岩土分析测试、地震波检测等项目，共完成桩基工作量1.92万立方米、岩土工程勘察工作量15.37万延米、岩土实验室样品检验13607个。下属江西省中核测绘院全年完成测绘项目58项，投入经费160多万元购置了电脑、软件、外业测量仪等设备，获取8个计算机软件著作权登记证书和《信息安全管理体系认证证书》，新增2个甲级资质，成功完成多项资质增项。下属江西中核建设工程有限公司全年承接地质灾害项目21个，工程勘察、地灾评估、基坑设计项目36个，新增自主分院3个，积极调整思路在地灾评估、工程勘察等方面多做工作，自主施工项目也逐渐增多，为未来发展奠定了基础。

【铜材加工业呈现新局面】 该大队下属江西中核铜业有限公司全年完成销售收入5.37亿元，实现增加值687.2万元。该公司积极适应市场经济发展，打造平台经济，转变经营方式，扩大经营范围。通过在广东东莞注册成立“东莞中核有色金属交易中心”这一平台，打通上下游企业供求渠道；购置引进一台LT-1000十三模拉丝机，有效地丰富产品经营种类，降低了经营成本，提高了利润空间；组织申报的年产1.8万吨上引连铸铜材项目，顺利通过鹰潭市环保局专家组的环评验收；与紫金矿业集团（厦门）金属材料有限公司和鹰潭炬能有色金属有限公司签署的三方合作协议，做好铜材加工，铜材贸易工作。

【党建工作展现新作为】 该队领导班子坚持中心组学习制度，全年党委中心组成员集中学习达12次。领导班子成员以身作责、带头学习，以普通党员的身份参加所在党支部的组织生活会，与支部党员交流学习体会，并为党员讲党课。深入开展“两学一做”学习教育，该队党委制定了“两学一做”学习教育实施方案，统一定制200余本学习笔记本、上千册学习资料；组织党务干部和行政负责人69人赴井冈山集中轮训，各级党组织上党课117次，举办了“七一”纪念活动、各类知识测试4次，开展了15个党支部参加的知识抢答赛；组织开展党员亮身份、亮承诺、亮业绩等活动，机关党员深入一线服务基层职工群众，后勤党员走进社区为职工群众排忧解难。落实党风廉政建设“两个责任”，明确责任分工与具体措施，立足抓早抓小，执行中央“八项规定”，反对“四风”，组织开展春节等节假日期间公款吃喝、公车私用、岗位执守等落实情况的明察暗访4次，组织开展收送“红包”、私设“小金库”等专项检查和整治，推进反腐败治理工作常态化。

【职工队伍和谐稳定】　该队扎实推进惠民便民利民工程，继续开展“三访三进三送”活动。通过春节必访、大病必访、丧后必访；进社区、进生产一线、进职工家庭；冬送温暖、夏送清凉、秋送助学，将职代会上部署多项民生工程实事落到实处，密切了党群、干群关系。全年走访职工群众1100多人，送出慰问金55.68万元；对5人进行阳光帮扶，帮扶金9500元；多渠道筹集帮扶资金，为46人申报每人1500元“大病救助”善款；对3名学生实施“金秋助学”，送出助学金1.2万元。重阳节期间，该队注重丰富职工群众文体活动，开展全民健身，召开职工运动会和社区居民趣味运动会，并组织了1030余人次参加的庆“九九重阳”离退休职工系列活动。全年为离退休职工发放长寿金、老年慰问金共计48.9万元，为18对金婚夫妇举办庆典仪式。

（包　蕾）

【江西省核工业地质局二六一大队领导名录】
大队长：刘小平
党委书记：吕　勇
常务副大队长、总工程师：陈荣清（～2016.11）
副大队长：徐宝金　张建华（～2016.6）　黄江忠　王江议　何复亮（2016.6～）
纪委书记、工会主席：朱海峰
总会计师：李楚珍（2016.6～）

江西省核工业地质局二六五大队

【概述】　2016年，二六五大队在局党组的正确领导下，坚持以中共十八届五中、六中全会精神为引领，认真落实局党组的“两稳、两放、两抓”工作部署，自觉践行五大发展理念，观大势、谋大局、促发展、惠民生，各项事业呈现出和谐共进、健康发展的良好局面。

【把“地矿立队”放在首位，推动地质工作再上新台阶】　2016年，大队坚持“地矿立队”主战略，围绕“三深一土”国土资源科技创新战略，不断拓宽项目渠道，加大了商业性地质工作力度。一是地质勘查工作有成果。承担地质调查项目若干，完成成果报告验收为良好级项目2个；二是牢固树立“大地质”观念，推动地勘工作转型升级。首次采用物探技术在江苏、浙江、福建等地区承接了多个城市地下综合管网探测和高速公路、隧道物探大地电磁测量项目。三是强化地质项目库建设。围绕国家地质调查和经济社会发展大局，收集重要成矿区带、整装勘查区和重点突破区的地质资料，完成了三个地调项目、六个省地勘基金项目的项目库建设工作。四是认真做好资质增项工作。2016年大队新增了地球化学勘查和液体矿产勘查两项乙级资质，进一步拓宽了地质勘查业务范围和服务领域。

【紧跟市场步伐，开拓地质延伸业发展】　面对2016年国内实体经济普遍下滑，竞争日益激烈，大队各生产单位克服困难，紧跟市场、调整思路、寻求发展，取得了较好成绩。大队勘察院将工作重点放在铁路勘察市场，同铁二院、铁三院和铁四院保持稳定合作，全年中标铁路工勘项目9个，实现合同产值2300余万；完成岩芯钻探项目5个，总工作量约8000米，实现产值300余万元；进一步拓展了水利勘察项目的同时签订了各类房勘项目60项。大队地环院大力拓展城市地质、环境地质业务领域，多方位承接地质灾害治理业务。年内编制完成了各类矿山地质报告百余份；承接了省司法厅“新丰新城”建设用地地灾评估及压覆矿产评估项目、余江县高公寨林场敬老院边坡护防治工程项目以及南城、乐平等地多个矿山恢复治理与复垦地灾治理项目；首次承接了东乡县孝岗镇风山片石矿复绿工程监理服务项目，实现了在地灾监理项目方面零的突破。大队测绘院先后承接了莆梅铁路补定测、黑龙江牡丹江至佳木斯铁路定测、深圳地铁14号线隧道测量、郑登洛城际铁路定测等一批铁路测绘项目和景德镇市地下管线探测、广东汕尾海丰南方电网的电力管网探测等一批地下管线测量项目，并跻身进入上海、浙江测绘市场，全年实现合同产值超千万元。大队地矿公司2016年一举入围广西来宾市唯一的外省年报、检测报告编制单位，并成功中标广西天峨县六排镇城东社区云林路不稳定斜坡与民族中学危岩体治理工程，实现地质市场服务产值超千万元。

【转变发展思路，加快产业转型升级步伐】　一是以国亿生物实施异地技改、退城进园为契机，狠抓产业技术改造与升级，打造产品业升级版。大队国亿公司在鹰潭龙岗高新区征地80亩，对贵溪分公司实施异地技改搬迁，建设全新的植物天然色素和果蔬汁系列产品产业化园区。园区地面基础、环保设施、一期厂房建设正如火如荼地进行中，实现规模产值和产品利润的双提升。在抓好园区建设的同时，公司十分注重产品工艺的改造与升级。年内完成了对可可色素等传统天然色素产品的工艺改进，圆满解决了藻蓝色素新产品的产能瓶颈问题，产品产量较之前提高了近3倍，藻蓝色素单个产品的产值已超过1000万元。

【提高管控意识，全面落实各项管理工作】　一是加强党建工作。在局党组的指导下，深入开展了“两学一做”学习教育实践活动，严抓党员干部理想信念教育不放松，进一步加强和规范了党内政治生活，切实提高了党建工作的实效性和科学化水平。二是加强党风廉政建设。大队纪委切实履行监督责任，开展了一系列党风廉政教育活动，组织全队干部职工开展了对《中国共产党党员领导干部廉洁从政若干准则》《中国共产党纪律处分条例》《中国共产党问责条例》等有关知识的学习，提高了干部职工的廉洁意识和增强其拒腐防变的能力。三是加强安全生产工作。强化了对重点领域的专项治理，全面落实上级各有关部门关于安全生产工作的决策部署；同时，大队积极配合国家科工局、环保总局、中核集团公司对铅山640矿床“核设施退役整治工程”进行了现场验收，各项指标均符合规范要求。四是加强内部管理工作。2016年先后出台了大队公务用车管理、接待管理、采购管理和日常机关事务管理等制度。切实做到以制度约束人，以制度管理人，不断地规范和推进各项工作的开展和落实。五是加强人才队伍建设。大队以“传帮带”为纽带，开展一系列的地质技能培训；开展了地质人员业务培训100余人次，聘请地质专家开展专题授课3次;派出4名工程师加入到南京地调中心地调项目学习，成功协办了华东（江西）地区铀矿勘查成果现场考查研讨会。

【落实惠民服务，圆满完成各项民生工作】 以构建和谐幸福单位为目标，把民生建设放在更加突出的位置来抓，广大职工幸福指数不断提升。一是积极筹措资金落实职代承诺。为职工家属住宅区增设了电动车统一充电场所及智能快递包裹箱，提高了职工住房公积金缴存比率，同时完成了梅枫路10号住宅小区的供电设施改造及管理的前期调研工作，职工群众满意度大幅提升。二是开展了形式多样的帮扶活动。坚持落实走访、慰问制度；积极开展“一对一帮扶”“金秋助学”活动；同时努力实现帮扶工作由“节日慰问型”向日常化“长效机制型”转变。三是积极参与和支持地方政府的精准扶贫工作。大队安排各类扶贫资金10余万元，开展了结对帮扶扶贫、爱心捐资扶贫、产业共建扶贫等多项精准扶贫工作。四是进一步增强大局意识、责任意识、服务意识，切实做好了公共机构节能、综治、信访、计生等基础性管理工作。

（熊丹华）

【江西省核工业地质局二六五大队领导名录】

大队长：曹寿孙

党委书记:杨学义（～2016.6） 赵 伟（2016.6～）

党委副书记、副大队长：赖 军（～2016.6）

工会主席、纪委书记：欧阳祖熙（～2016.2） 俞献民（2016.8～）

副大队长：王建新 张军兵 俞献民（～2016.9） 蔡乐明（2016.6～）

总会计师：柳和华（～2016.6）

总工程师：朱建林

中铁十一局集团桥梁(物资贸易)有限公司

【概述】 中铁十一局集团桥梁（物资贸易）有限公司，是世界500强、整体上市企业——中国铁建股份有限公司所辖的中铁十一局集团有限公司的下属全资子公司，集高速铁路箱梁、T梁、U型梁、轨道板、轨枕、城市轻轨PC梁、铁路公路节段梁等预制品及其配套产品生产、物资贸易、仓储、战备器材管理于一体。公司具有桥梁工程专业承包一级资质、混凝土预制构件专业承包二级资质、钢结构工程专业承包三级资质。

公司驻地为江西省鹰潭市月湖区南站路24号，1954年为修建鹰厦铁路组建，1955年称八〇部鹰潭材料总厂，1959年改称铁道兵后勤部第二基地，1965年改称解放军第152仓库（代号总字525部队），1977年改称铁道兵鹰潭仓库（代号89152部队）。1984年1月集体转业并入铁道部，改称为铁道部工程指挥部鹰潭材料总厂，1989年更名为铁道部工程指挥部鹰潭战备材料总厂，1990年10月更名为中国铁道建筑总公司鹰潭战备材料总厂，隶属于总公司物资局。在改革开放中，总厂修建起京九铁路鹰潭轨枕厂、铁路配件厂、华铁玻璃工艺品厂、制钉厂、保温厂及物资公司等经济实体，当时职工达254人。2001年11月28日划转中铁十一局集团有限公司所属，2003年7月1日注册成立中铁十一局集团鹰潭战备材料总厂有限公司，并将原“中国铁道建筑总公司鹰潭战备材料总厂”更名为“中国铁道建筑总公司鹰潭战备材料基地”，属“一套班子两块牌子”的性质。2007年8月10日，中铁十一局集团鹰潭战备材料总厂有限公司正式更名为中铁十一局集团桥梁有限公司。2012年7月6日，中铁十一局集团物资贸易有限公司正式成立，主营工业与民用建筑、商业设施及公共基础设施建设的物资综合配套供应和国际进出口贸易业务。公司从此为“一套班子三块牌子”，即中国铁道建筑总公司鹰潭战备材料基地、中铁十一局集团桥梁有限公司、中铁十一局集团物资贸易有限公司。

桥梁公司机关设15部2室（即综合部室7个，专业部室10个），下辖多种经营分公司、物业管理分公司、器材租赁分公司、设备管理中心、铁路制品分公司、抚州工业分公司、呼和浩特分公司，以及分布于全国各地的18个在建项目和25个完工收尾项目。

物贸公司机关设10部1室1中心（即综合部室7个，专业部室5个），下辖进出口分公司（武汉）、华中分公司（武汉）、西北分公司（西安）、川渝贵分公司（贵阳）、昆明分公司、广州分公司、济南分公司、华东分公司（合肥）和东北分公司（天津）9个区域性分公司。

2016年度，桥梁公司资产总额18.75亿元，流动资产15.97亿元，固定资产原值4.38亿元，固定资产净值2.41亿元，三万以上施工设备、运输设备、生产设备共计761台/套，拥有铁路专用线5条计3.747千米，料场、库房10万余平方米，年最大吞吐能力40万吨。是中国铁建重要的战备物资储备单位，华东地区最大的物流储备基地之一。

年内获省部级以上荣誉有：全国“安康杯”竞赛优秀组织单位；抚州工业分公司荣获中华全国总工会职工书屋称号、中国铁建股份有限公司“中国铁建青年文明号”称号；公司参建武咸城际铁路跨武广客运专线特大桥获“国家优质工程奖”；公司济青项目经理程爱斌荣获2016—2017年度国家优质工程奖突出贡献奖称号；公司参建的重庆市轨道交通一号线（沙坪坝—大学城段）工程被评为全国市政金杯示范工程；江西省第十四届文明单位；2015年度江西省质量管理“先进企业”称号；2015年度江西省优秀企业称号；公司执行董事、总经理兼党委副书记廖宏斌荣获2015年度江西省优秀企业家称号；中国火车头老年人健身协会“老年健身家园”称号；公司党委工作部部长苏秀琴的“两学一做，我们在行动”获共青团中央宣传部和中国青年报社举办的“指尖正能量——中国青年H5创意传播大赛”优秀创意奖；新加坡项目部团支部荣获中国共产主义青年团湖北省委企业工作委员会“2015年度省企业团工委五四红旗团支部”称号；《预制公路节段梁技术研发与应用》技术创新成果获中国公路建设行业协会公路工程科技创新成果二等奖；抚州工业分公司QC小组的成果《提高多元合金共渗渗层厚度》在江西省第三十七届质量管理小组大会上获成果发表三等奖；新加坡项目部QC小组的成果《提高双组份防水涂料一次性喷涂合格率》在江西省第三十七届质量管理小组大会上获成果发表二等奖；新加坡陆路管理局建筑领域2016年科技卓越成就奖；《预制巨型预应力盖梁U型壳模技术研发与应用》获江西省科学技术成果奖；《预制公路节段梁技术研发与应用》获江西省科学技术成果奖；公司武九铁路项目经理部党支部荣获中共湖北省国资委委员会先进基层党组织；公司30T轴重重载铁路弹性支承块研制开发荣获中国建筑总公司科学技术奖；公司总会计师祝光德荣获中国铁建股份有限公司“财务工作先进个人”称号；公司30吨轴重重载铁路弹性支承块式预制工法荣获中国铁建股份有限公司优秀工法称号；公司铁路制品公司维修班班长张太国荣获中国铁建股份有限公司党委“六好”共产党员标兵称号；中国铁建股份有限公司“中央企业档案工作评价B级”称号；中国铁建股份有限公司“宣传工作先进单位”；公司党委工作部夏琴荣获中国铁建股份有限公司“宣传工作先进个人”称号。

（吴　丽）

【铁路工程重点项目施工】 2016年度公司新上场项目4个：郑阜项目、安六项目、米攀项目、郑万项目（湖北段）。在建项目13个：新加坡项目、渝黔项目、连盐项目、成贵项目、江汉项目、黔张常项目、昌赣项目、商合杭项目、汉十4标项目、徐盐项目、济青项目、汉十5标项目、佳木斯制枕场。新增完工收尾项目4个：广清城际铁路项目、石济项目、武九项目、正镶白旗制枕场。

【安全质量】 2016年，公司按照年度安全和质量工作部署，认真贯彻“安全第一、预防为主、综合治理”的方针和“党政同责、一岗双责、齐抓共管”的原则，积极开展各项活动，取得了全年无重特大安全质量事故的成绩。面对日趋严峻的安全形势，公司领导果断作出抉择，成立更加专业的安全质量职能部门——安全质量监督部。在接下来的时间，公司要不断强化安全质量生产的管理，完善安全管理体系，制定切实可行的措施，深化隐患排查治理，逐步建立起安全生产管理的长效机制，以法治化、标准化、规范化、扎实推进企业安全生产工作，强化底线思维和红线意识，持续提升企业安全质量管理水平。

（张官兵）

【经营管理】 2016年，桥梁公司完成承揽额12.72亿元，完成集团公司下达年度任务指标的115.66%；完成产值35.84亿元，完成集团公司下达年度任务指标的102.39%。物贸公司完成承揽额34.42亿元，完成集团公司下达年度任务指标的114.73%；完成销售额22.65亿元，完成集团公司下达任务指标的125.83%。公司在主业领域持续保持稳中有升的态势，以桥枕、物贸为主的市场滚动发展；以抚州工业分公司为主的工业制造板块经营业绩实现质的突破；物贸公司重点加强局内水泥和钢材的承揽、供应，并不断拓展局外市场，积极走市场化道路，扩展现货贸易板块也初见成效。综合检查与专项监察工作持续深入，全年通过开展综合大检查、物资设备专项检查、财务监察、效能监察及经济审计等，有效推进企业经济运行安全，净化发展氛围。

【物资管理】 整章建制、规范管理制度。根据各项目的特点和实际情况，建立了一套完善且行之有效的物资管理制度。2016年公司组织物资培训3期。强化物资采购管理，促进采购公开化、合理化。主要材料采取统一公开招标，招标工作公开化，在中国铁建股份公司电子商务平台统一发布招标公告，通过网络平台，从单价、供应量、运费、售后服务等方面综合考虑成本控制，多家竞标。加强物资核算、有效节约成本。各项目严格执行月核算、季分析，严格把握材料的供应、使用情况，全面控制材料价差、量差；每月及时开展经济活动分析，查找盈亏原因，纠正过程偏差避免浪费，为项目节约了成本。成立了周转材料管理中心，通过对周转材料的集约化、规范化、标准化管理，切实的节约了项目的材料成本，提高周转材料利用率。2016 年公司开展物资管理基础工作的检查活动和信息化建设管理，加强物资基础和信息化管理，达到物资标准化的要求，为项目工作的开展指明了方向。

（吕秋萍）

【财务管理】 2016 年，国家审计署对中国铁建股份公司开展审计，公司上下高度重视，投入大量的人力，全面督导，特别是在当前从严治党、依法治企、高压反腐治庸、强化党风廉政建设的外部环境和背景下，此次审计的要求格外严格，程序更加规范，追责更加严厉。从 3 月开始，财务、审计充分调动公司各部门人员，分成多个小组，进行了为期近两个月两轮的现场监察、督导，发现的问题现场整改，并要求各单位对检查情况进行总结教训，建立健全各种管理制度，规范业务流程，为企业的健康发展保驾护航。

根据集团公司“营改增”工作部署和公司“营改增”工作进程，第一时间在全公司范围内印发了《营改增试点实施办法》（财税〔2016〕36 号）和国家税务总局 2016 年 13~19 号公告，积极组织学习、培训，为构建科学、严谨的增值税管理体系，保障公司税制改革的平稳过渡；同时，公司得到鹰潭市月湖区财政扶持政策，取得 2015 年度税收返还财政扶持资金 230 万元，充分利用增值税优惠政策，切实降低企业税负，着实、有效节省企业税金支出，最大程度为公司谋求税收效益。

启动 2016 年公司高新技术企业资格复审工作，完成财务部门研发费用归集、高新产品收入资料收集、核对并准确上报工作，为 2016 年度企业所得税税收优惠政策享受打好基础。

（李玉涛）

【人才队伍建设】 至 2016 年 12 月 31 日，公司共拥有正式员工 691 人（其中桥梁公司 570 人，物贸公司 121 人），本科及以上学历 492 人，中高级以上职称 139 人。注册一级建造师 15 人，注册造价工程师 3 人，注册会计师 1 人。2016 年，公司接收应届毕业生 51 人（其中硕士研究生 1 人，本科生 50 人）。23 名中层管理人员晋升提职（其中 15 名副科、8 名正科），14 名基层人员调入机关任职；5 名机关人员调往基层任职，促进了人才上下交流。

公司认真贯彻落实《2016 年度培训教育计划》，积极派员委外培训，各单位认真组织内部培训，员工技术技能水平不断提高。各项目坚持对进场人员实行技术交底制度、三级安全教育制度等，深刻领会“技术就是力量”、“安全就是效益”的精神，在现场抓技术，保安全，创效益。同时，项目上健全了员工培训制度、工班培训制度、干部学习制度、党团组织支部学习制度、工会学习制度等，并将这些学习制度经常化，常抓不懈，持之以恒。

（罗杨阳　尚　锋）

【科技教育】 2016 年，公司积极组织开展了各类科技工作，在研项目课题 17 项，新申请中铁十一局集团公司 A 类立项 4 项，科技经费支出达 11262 多万元。公司全年获得专利授权 5 项，申请受理专利 7 项；其中授权专利中实用新型专利 4 项，发明专利 1 项，申请受理专利中实用新型专利 5 项，发明专利 2 项，至此公司拥有的专利数已达 38 项。公司《巨型薄壁壳模结构预制施工技术》获得新加坡优秀工法，《30t 轴重重载铁路弹性支承块施工技术》获得中国铁建股份有限公司优秀工法二等奖。公司《预制公路节段梁技术研发与应用》获得集团公司科技进步奖二等奖，网评阶段获得铁道建筑总公司科技进步奖三等奖，获得中国公路建设行业协会科技创新成果二等奖；《预制巨型预应力盖梁 U 型壳模技术研发与应用》获得中铁十一局集团公司科技进步奖二等奖，网评阶段获得铁道建筑总公司科技进步奖三等奖，获得鹰潭市科技进步奖二等奖。公司《提高双组份防水涂料一次性喷涂合格率》成果获得江西省质量协会 QC 成果二等奖，中铁十一局集团公司 QC 成果三等奖；《提高多元合金共渗渗层厚度》获得江西省质量协会 QC 成果三等奖，中铁十一局集团公司 QC 成果三等奖；《改善支座板空腹声》获得湖北省市政 QC 成果奖，中铁十一局集团公司 QC 成果三等奖；《箱梁挡砟墙根部混凝土尺寸控制》获得中铁十一局集团公司 QC 成果三等奖。

（胡伟君）

【党群工作】 一是落实“四个同步”，巩固组织基础。在建立各项目部及梁、枕场的同时，同步谋划党的建设，同步成立党工委、党支部，同步配齐配强党务工作者，同步开展党内活动。二是完善制度建设，发挥助推作用。成立党群工作督导检查小组，对所属项目的各项基础工作进行督导检查；相继对《项目部、分公司党政会签制度》、《组织生活会制度》和企务公开、党务公开等相关制度进行了细化、完善，还编制了《党建工作指南》。三是深化“四好”领导班子创建。严格执行党委中心组学习制度，组织领导干部集中学习，积极搭建学习平台，定期组织学习研讨，督促理论学习向实际行动转化，落实班子成员谈心谈话制度，着力打造“政治过硬、作风踏实、能力显著”的领导集体。四是加强党风廉政建设，健全考评体系。将党委主体责任清单细化分解，两级班子成员根据分工，积极落实“一岗双责”；配齐配强基层纪工委书记、纪检员；构筑廉洁教育平台，对领导班子及关键岗位人员分别制定廉洁教育计划；开展自查自纠专项治理、检企共建活动。 建立了党建工作考核评价指标体系，把党建责任落实情况作为领导班子和领导干部考核的重要内容。五是扎实开展“两学一做”学习教育。公司党委根据上级部署，不折不扣落实好“指定动作”，确保主题教育抓铁有痕、踏石留印，取得实效。同时坚持从实际出发，创新形式和载体，制定特色“自选动作”，让党建活动与生产经营融合对接，更接地气、更有活力。六是创新树立党建品牌。公司党委通过学习教育、组建突击队、开展业务评比、成立工作室等形式，在全公司范围内培育、选树品牌亮点。七是积极丰富企业文化。抓好新理念、新战略的宣贯，落地有型理念文化，通过规范视觉识别系统、执行文化建设方案、修订宣传画册、推选先进典型、拍摄宣传片等手段，让文化上墙、上岗，入心、入脑；充分运用“互联网+”模式，新建门户网站和“桥梁魂•脊梁梦”企业微信公众号。公司全年发表省部级以上稿件81篇。八是激发群团工作活力。公司党委对接职工群众所需，带领工会、团委共建充满活力、特色鲜明的服务阵地。工会围绕改革发展中心，扎实推进各类劳动竞赛，大力开展评优评先活动；积极维护职工权益，深入一线关心慰问职工；改善生活办公设施，提高职工福利待遇，提升职工幸福指数；试点建设“劳模创新工作室”。公司团委深入开展“青年突击队”“青年文明号”创建活动，开展青年思想教育、拓展训练，建立青年网络宣传阵地，举办工地集体婚礼，开展各类文体活动，在展示职工精神风貌的同时增强了员工的主人翁意识，起到了凝心聚力的作用。

（夏　琴）

【中铁十一局集团桥梁（物资贸易）有限公司领导名录】

执行董事、总经理兼党委副书记：廖宏斌

党委书记：王荃荃

监事、副总经理：文智勇

副总经理：宋文尚　刘辉胜　顾　俭　项辉成　俞　军

总工程师、副总经理：曾　鸣

总会计师：祝光德

党委副书记、纪委书记、工会主席：何新芳

江西省邓家埠水稻原种场

【概述】 2016年，全场上下深入学习贯彻习近平总书记系列重要讲话精神，特别是对江西工作提出的“新的希望、三个着力、四个坚持”重要要求，坚持以新发展理念为引领，牢牢把握稳中求进工作总基调，统筹做好稳增长、促改革、调结构、优生态、惠民生等各项工作，全场保持了良好的发展势头，实现了“十三五”良好开局。

【农业经济稳中有进】 全场主栽万亩常规水稻取得了丰收，平均亩产达到“吨良田”目标；大棚蔬菜、火龙果种植规模分别拓展到700多亩和400余亩。产业结构持续调优，引导职工种植莲藕等经济作物400余亩，平均亩产值近1万元。全年繁育、销售水稻良种50万千克，获得了良好的经济和社会效益。

【现代农业持续发展】 开展了“籼改粳”推广示范。试种二晚粳稻700余亩，单产达700余千克；投资100余万余元建设了果蔬试验示范基地。包括1536平方米的高标准玻璃温室和近2000平方米的塑料薄膜大棚；2016年引进“台湾大红”“美龙一号、二号”等火龙果品种，火龙果试验亩产达625千克；休闲农业、家庭农场在全场得到进一步发展。2016年申报并获批了4户省级家庭农场。

【农业科研不断进步】 一是高质量地承担了国家级水稻区试工作。全年共完成了4个组别23个品种的对比试验；省级区试18个组别218个品种的对比试验。各项工作均获得国家和省内外专家、学者的好评。二是扎实做好种子生产、提纯复壮工作。对19个常规稻品种进行了提纯复壮，共生产种子50余万千克。三是扎实做好DUS项目建设的各项准备工作。经过严格筛选和考察，农业部植物新品种保护中心已经确定在场区域内建立植物新品种测试（余江）分中心。测试中心的主要任务是：承担农业部植物新品种保护办公室、各级种子管理部门，以及其他组织和个人委托的品种保护、审定、登记；开展种植物品种特异性、一致性和稳定性（DUS）测试和鉴定工作；同时也承担有关主管部门、各级司法机构或其他委托人委托的品种假冒、侵权、真实性案件的技术鉴定工作。2016年，“赣晚糯7号的繁育与高产栽培技术研究”项目获得鹰潭市科技进步三等奖。《“籼改粳”高产栽培技术》、《江西地区红心火龙果标准化高产栽培技术与示范》和《南方冬闲田优质高抗马铃薯高效安全轻简生产技术研究》等课题正在积极申报奖项。

【“三农”设施不断夯实】 一是完成了2个新农村建设点的项目建设；二是完成了2012年优质糯稻原原种扩繁基地项目建设、2013年度和2014年度标准粮田建设项目的收尾工程和验收工作；三是完成了591套危旧房改造项目工作；四是完成了申报2016年度标准粮田建设项目的手续办理；五是基本完成了场智慧农业项目平台的建设；六是做实做好了产业结构调整所涉及大棚搭建、道路硬化、电线架设、沟渠建设等基础性工作；七是完成了场属各个居民点的自来水入户安装验收工作，以及全场范围内的基建维修、改扩建、新建等工作，不断完善了农场基础设施建设。

【民生事业蓬勃发展】 一是保证了

1474名在职职工社会保险的正常缴费；二是住房公积金的缴存比例从8%提高到10%；三是继续做实了城乡居民养老保险工作；四是积极做好职工配偶及子女参保补助工作；五是不断完善了全场居民新型农村合作医疗与城镇居民基本医疗保险相结合的医疗保障体系；六是投入40万元开展了全场近40个自然村的卫生环境整治。进一步改善了职工群众的居住环境。

【场区管理井然有序】 一是重大节日，实行了领导带班、24小时值班和零报告制度。扎实推进综治“三项建设”，实行网格化管理，全场划分9个网格，开通网络专线，统一配置手机终端，加强对邪教人员、严重精神障碍患者等重点人员的管理。一年来，全场未发生重、特大治安刑事案件、民转刑案件。全场辖区秩序良好。二是严格落实安全生产责任制。强化安全生产和防火安全隐患的排查，尤其注重安全隐患的整改。一年来，全场未发生安全生产和防火安全事故。

【自身建设持续增强】 扎实开展“两学一做”学习教育，切实把全场党员干部的思想和行动统一到中央、省厅的决策部署上来。一是按照打造“忠诚、干净、担当”党员干部队伍的要求，不断强化服务功能，建立了党员干部联系服务群众制度。二是努力提高党员干部自我管理、自我教育、自我约束能力，全力推进领导班子和干部队伍建设，深入开展了“连心、强基、模范”三大工程和“访民情、办实事、转作风、作表率”“实干兴赣当先锋、为民服务作表率”“树旗帜、筑堡垒、强服务、作表率”等主题教育活动。三是结合场情开展选树“身份的好人”活动。陈党顺荣获2016“感动鹰潭”年度人物称号；艾国华获得省“最可爱的农业人提名奖”；娄文伟家庭荣获2016年度省“绿色家庭”称号；同时，荣获省“拥军优属先进单位”称号。四是严格落实了中央“八项规定”精神和党风廉政建设责任制。认真抓好了“红包”和“违插”专项治理，深刻汲取苏荣案及涉案人员违纪教训，坚持以“零容忍”态度惩治腐败。五是充分发挥工、青、妇组织的桥梁作用，群团工作开展得有声有色，在省厅组织的各项比赛（竞赛）中，均取得了较好的成绩。

（胡康民）

【江西省邓家埠水稻原种场领导名录】

党委书记：万自成

党委副书记、场长：柴晓明

党委副书记、副场长：胡启开

党委委员、纪委书记：姚美平

党委委员、副场长：钱国明　艾国华　喻杭华　赵国辉（2016.12～）　缪玉林（2016.12～）

江西省港航管理局界牌航电枢纽管理处

【概述】 2016年是“十三五”的开局之年，界牌航电枢纽管理处坚持稳中求进工作总基调，着力挖潜增效、着力做好设备改造工作，内抓管理、外树形象，狠抓全年各项目标任务的落实，综治、安全形势保持平稳，廉政建设、精神文明建设硕果累累，有效推进了枢纽持续协调发展，确保“十三五”开好局、起好步。界牌处在做好航电枢纽运营管理的同时，也充分发挥防洪、灌溉、环保、城市美化等社会效益，主动承担相应的社会公益责任。

【挖潜增效成效显著】 2016年，信江一季度信江遭遇了严重干旱，二季度降雨量集中且偏多，对枢纽处发电量影响较大。针对这一情况，界牌航电枢纽管理处多措并举，切实抓好电站经济运行科学调度，努力使发售电效益最大化。

【安全通航得到有效保障】 不断加强船闸设备检修、维护工作，完成了船闸下闸首改造及自动化监控改造，既解决了存在的安全隐患，又提升了船闸自动化监控水平；不断创新服务，努力构建和谐通航体系。针对下半年船闸大修，管理处及时发布封航通告，向船员做好宣传解释工作，积极为广大船员提供贴心服务。

【安全生产形势稳中有进】 坚持“党政同责、一岗双责、失职追责”，围绕“三杜绝、三消灭、三控制、两确保”的安全目标，狠抓责任落实、隐患治理和源头管控，枢纽安全形势保持平稳。一是扎实做好汛期安全生产工作。按照防御“98洪水”加强版的要求，进一步完善防汛应急预案、加强应急演练、强化应急保障、确保应急队伍、物资、装备等落实到位，认真做好机电设备检修保养、防汛物资补充储备等各项防汛安全工作，并获得了莅临界牌检查指导防汛工作的省防总领导的高度肯定；二是着力抓好安全教育培训。进一步加大对熟悉新设备、运行规程的培训力度，全年共举办安全技术培训课19次，应急演练6次，有效提高了职工的安全意识和安全素质。

【内部管理水平稳步提升】 一是着力加强制度建设，制定出台了涉及人事管理、安全、设备等12项制度，为制度建设顺利实施打下了基础；二是继续推进岗位设置与绩效工资改革，根据工作需要对现有岗位设置进行微调，在相关科室及基层单位增设了部分专业技术岗位，并通过公开竞聘上岗；严格绩效考核，切实加强了制度的执行力；三是认真做好固定资产清查核算工作。根据《固定资产管理办法》具体要求，结合设备技改，重点做好机电设备类、办公设备类的清查核算。

【作风与平安建设工作扎实推进】

全面落实党风廉政建设“两个责任”，加强对设备技改招、投标等项目建设活动的监督；严控“三公经费”，规范公务接待管理，加强公车管理，严禁公车私用；认真开展“红包”治理、工程违插等专项治理工作，取得党风廉政建设和反腐败工作的新成效，为枢纽发展营造风清气正的政治生态。坚持源头治理，严格落实重大事项和重大决策社会稳定风险评估，认真排查化解各类矛盾纠纷，积极应对因汛期发电运行引发的库周矛盾，妥善处置了周边部分村民因失地农民养老保险、用电等诉求多次来访事件，有效避免了冲击生产场所等群体性事件发生；针对设备技改项目施工范围广、人员复杂，认真做好外来人员管理、防火、防盗等各项综治治安管理工作，有力保障了枢纽和谐稳定。积极开展各项文明创建活动。认真做好市级文明单位年度复查工作，不断加强新闻宣传工作，营造良好舆论环境，树立良好的枢纽形象。

（董　彤）

【江西省港航管理局界牌航电枢纽管理处领导名录】

党委书记：邹小保

处　长：黄明红

副处长：王玉林　杨晓波

党委委员：雷卫佳　熊东亮

纪委书记：黄　强

解放军第一八四医院

【概述】 2016年，解放军第一八四医院紧紧围绕改革主线搞统筹、聚焦职能使命抓备战、着眼维护大局保稳定，集中精力抓大事、抓中心、抓安全，卫勤保障实现新跃升、为兵服务展示新形象、内涵发展呈现新态势、学科人才谱写新篇章。医院被江西省表彰为“第十四届文明单位”“拥政爱民先进单位”，被分部表彰为“军事训练先进单位”。

【思想政治建设】 坚持把学习贯彻习主席系列重要讲话特别是主席训词这个核心内容突出出来，扎实开展“两学一做”学习教育和“改革强军”主题教育，以第三届“强院杯”系列文体活动为抓手，通过举办“天使之恋”联谊会、组织党史军史知识竞赛、参观“信仰的力量”图片展等系列活动，立起新一代联勤人对党绝对忠诚的鲜明政治标识。加大新闻宣传力度，升级微信公众号，优秀文章多次在全省医院排行榜位列前十，500余篇新闻稿件在中央电视台综合频道《新闻联播》、中央人民广播电台、解放军报等中央级媒体和军地媒体播发，新闻突破历史。

【卫勤能力建设】 坚持把全部心思向保障打仗聚焦、各项工作向保障打仗用劲，继2008年援坦后，再次遴选2名优秀军医作为中国第20批援助赞比亚军医组成员，走出国门，扬我军威。严格常态值班备勤，狠抓野战医疗队建设，加大实战化训练力度，确保随时拉得出、上得去、保得好。积极备战野战保障课目集训比武，卫生专业取得1个团体第一、1个单项第二的优异成绩，卫勤保障能力显著提升。

【医疗内涵建设】 坚持以“三甲”为抓手，狠抓医疗内涵建设，持续解放思想更新观念，顺应医改大势，主动对接融入。积极开展“管理创新、技术创新、科研创新”活动，妇产科一项课题获国家级继续医学项目；骨科两项课题分获市级继续医学项目、原南京军区医学科技创新（重点）课题；骨科、消化内科、心血管内科、妇产科、泌尿外科顺利通过鹰潭市第一批医学领先学科建设考核验收，其中，心内科被评为市级重点学科。承办2016江西显微（手）外科骨科高峰论坛等5场学术研讨会，与龙虎山风景区卫生院等5个基层医疗机构建立“军民共建医疗联合体”，与鹰潭卫校开展教学帮带。经常深入乡村、社区、学校开展健康义诊，扶贫帮困，医院在驻地的知名度影响力持续提升。

【为兵服务工作】 坚持“姓军为兵”服务宗旨，为全面贯彻全军医院疗养院为部队服务工作精神，落实“五个零、六优先”，做到“暖兵心、稳军心”，一切了打仗、一切为了官兵。深入开展“服务在基层、健康进军营”活动，派出50余批次专家医疗队赴体系部队体检，保障过境部队演习、伞训，赴鄱阳地区为抗洪官兵巡诊。先后成功救治5名患热射病战士，特别是在抢救某部“熊猫血”热射病战士中，发起全城大献血活动，确保了血源供应，挽救了战士生命，赢得体系部队的高度赞扬。

【安全稳定工作】 坚持把安全工作作为保底工程突出出来，坚持逢会必讲、逢隙必抓、逢人必教，广泛开展“条令法规学习月”、“稳、正、保、促”和暑期安全竞赛等系列活动。严格安全形势分析，组织安全隐患排查，举办消防知识讲座和演练；建立机关巡查制度，持续强化责任意识、底线意识，始终盯住容易出事的部位、盯住容易整事的人，严防问题积弊反弹回潮。始终保持旗帜鲜明、站稳立场；面对可能出现的不良风气反弹，严防死守、坚决斗争。持续巩固深化前几年清理整顿成果，尤其对全面停止有偿服务、住房专项清理、执纪监督检查等出重拳下猛药，狠抓医德医风，医院风清气正、海晏河清。

（陈艳霞）

【解放军第一八四医院领导名录】

院　长：苏红专

政　委：刘　军

副院长：赵　敏　刘巨华

医务处主任：余维涛
政治处协理员：汪　海
院务处处长：朱见勇

江西天施康中药股份有限公司

【概述】 2016年，受国内经济形势大环境及行业发展增速放缓的双重影响，公司发展稳中有降，基本实现了预期目标。

【中药配方颗粒科研专项成功申报】 公司取得江西省中药配方颗粒科技专项首批试点资格。余江分公司完成中药饮片车间技改建设，公司获得中药饮片生产许可证及GMP证书。

【电商业务快速发展】 全年通用型、中老年型、青少年型、女士型、尊享型珍视明护眼贴在网上热销，实现了产销量的翻番增长。热敷眼罩建设立项获得公司董事会的支持。已完成了配方工艺的研究，透气膜材料筛选及涂布中试研究也获得成功，解决了诸多工艺技术难题；完成了生产线设计、设备选型及供应商洽谈等工作。

【调整优化提取布局】 全年办理了牛黄上清胶囊、抗宫炎片、肿节风系列、肠炎宁系列提取共线、提取物生产使用备案等手续，促进成本资源成本的优化配置。

【研产销取得市场成效】 盐酸左氧氟沙星滴眼液获得注册批件。尤其是复方鱼腥草滴丸工艺制法及含量测定限度修订标准获得国家药典会公示通过并即将获批，对于复方鱼腥草滴丸——这个深具市场潜力的独家品种来说意义重大。另外，珍视明滴眼液从阴凉贮存变更为常温贮存，复方硫酸新霉素滴眼液、蛇胆陈皮片、复方夏天无片效期延长等获得补充申请批件，对市场有较大促进。此外，“樟树根扩大药用部位研究”“江西特色药材钻山风及其制剂标准化技术研究与应用”分获2015年度江西省科技进步三等奖；珍视明热敷眼罩（蒸汽型护眼贴）获得江西省优秀新产品二等奖；珍视明公司被省发改委评为“江西省眼科药品及保健护理品工程研究中心”。全年获得5项发明专利授权，涉及珍视明、肠炎宁、白花蛇舌草等产品工艺制备专利保护，其中“一种治疗急、慢性肠炎的药物组合物”荣获第十八届中国专利奖优秀项目奖。

【生产经营持续合规化】 全年接受省、市药监部门数十次GMP/GSP检查、生产许可检查及各类专项监督检查。正确应对九部委组织的药品经营规范性大检查、药品工艺核对等重大核查工作。同时做好生产安全、环保等部门的沟通联系，全年未出现重大的合规性问题。

【种植采购管理】 全年自主种植夏天无、广东紫珠、香薷2000多亩，有效满足主导品种的生产需求及成本要求。通过模拟生态种植、林下套种，对地锦草、金毛耳草、枫香树叶等药材种源、育亩及种植进行了研究，取得阶段性成果。公司采购通过比价议价、中药材招标比价、产地直供等途径，将采购总成本控制在预算内，并开辟了新的药材收购片区，保障了枫香树叶、地锦草等重点原料的供应。

【企业文化活动】 全年举办哲学手册知识竞赛、主题演讲比赛、心得感悟分享、哲学故事征集等活动，弋阳组织开展了哲学手册的学习演讲比赛，余江组织了“康恩贝哲学落地分享大会”，展现了良好的精神风貌，促进康恩贝哲学落地。公司还开展了生产安全知识竞赛、消防安全知识竞赛、消防安全演练。工会组队参加市县职工运动会，康恩贝摄影比赛、走进大自然团队活动及乒乓球联赛等文体活动，加强了企业的凝聚力。尤其是年末协同销售公司年会组织的1218带客回司大型接待活动，更是密切了产销团队间的联系，加深了与市场客户的认识和交流，达到了预期目的，内外反响较好。

（邱燕玲）

【江西天施康中药股份有限公司领导名录】
总经理：张　曙
党委书记、副总经理：邓声亮
常务副总经理：吴安明
副总经理：徐立新 徐发红 （女）
总会计师：夏根花 （女）
总经理助理：余德发

人物

编辑、校对：柴靖龙

2016年新一届市委、市人大、市政府、市政协和“两院”副地级以上领导干部简介

陈兴超

1963年2月出生，浙江诸暨人，1984年11月入党，1985年7月参加工作，南京航空学院航空发动机控制专业毕业，在职研究生，工程硕士、研究员。现任江西省委常委、统战部部长，鹰潭市委书记。

1981年9月至1985年7月在南京航空学院航空发动机控制专业学习；1985年7月至1992年12月任中国航空动力控制系统研究所控制室设计员；1992年12月至1994年9月任中国航空动力控制系统研究所控制室副主任（正科级）；1994年9月至1996年1月任中国航空动力控制系统研究所控制室副主任（副处级）；1996年1月至1999年1月任中国航空动力控制系统研究所人劳处处长（正处级，其间：1998年10月至1999年1月中央党校国家机关分校航空班学习）；1999年1月至6月任中国航空动力控制系统研究所党委副书记；1999年6月至2001年10月任中国航空动力控制系统研究所党委副书记兼综合部部长（其间：1997年5月至2001年12月西北工业大学航空工程专业学习，获工程硕士学位;2001年3月至2001年7月中央党校第36期地厅级进修班学习）；2001年10月至2006年11月任中国航空动力控制系统研究所党委书记、副所长（其间：2004年2月至2006年11月挂职任江西省景德镇市委副书记）；2006年11月至2006年12月任江西省景德镇市委常委（正厅级）；2006年12月至2009年7月任江西省景德镇市委常委、副市长（正厅级）；2009年7月至2011年8月任江西省吉安市委副书记（正厅级）；2011年8月至2016年12月任江西省鹰潭市委书记；2016年12月任江西省委常委、统战部部长，鹰潭市委书记。

曹淑敏

女，1966年7月出生，河北束鹿人，1990年12月加入中国共产党，1992年4月参加工作，研究生管理学博士学历，现任鹰潭市委副书记、市政府市长。

1985年9月至1989年7月在北京航空航天大学电子工程系电磁场与微波技术专业学习；1989年9月至1992年4月在北京航空航天大学电子工程系电磁场与微波技术专业学习，获工学硕士学位；1992年4月至2001年7月在邮电部电信传输研究所历任无线室助理工程师、工程师、副主任、研究所副所长：2001年7月至2001年10月任信息产业部电信研究院第二事业部副主任；2001年10月至2002年9月任信息产业部电信研究院第二事业部副主任、通信技术体制与标准研究所所长；2002年9月至2008年12月任信息产业部电信研究院副院长；2008年12月至2011年4月任工业和信息化部电信研究院副院长；2011年4月至2014年6月任工业和信息化部电信研究院院长；2014年6月至2016年8月任中国信息通信研究院院长；2016年8月至11月任江西省鹰潭市委副书记，市政府副市长、代市长、第十八届中央候补委员，第十一届全国政协委员；2016年11月，任江西省鹰潭市委副书记，市政府市长、第十八届中央候补委员，第十一届全国政协委员。

肖　良

1968年12月出生，江西南康人，现任中共鹰潭市委副书记。

1990年7月至2001年11月在江西省委办公厅工作；2001年11月至2006年10月在江西省政府办公厅工作（其间：2003年9月至2006年7月，参加中

央党校经济学在职研究生学习并毕业）；2006年10月至2007年9月任江西省司法厅政治部副主任（正处级）；2007年9月至2012年8月任江西省司法厅党组成员、政治部主任（其间：2011年3月至2012年1月参加中央党校中青二班一年制学习）；2012年8月至2016年9月任江西省司法厅党组成员、副厅长（其间：2011年10月至2013年12月在江西财经大学高级工商管理专业学习，并取得硕士学位）；2016年9月任中共鹰潭市委副书记、鹰潭市委党校校长。

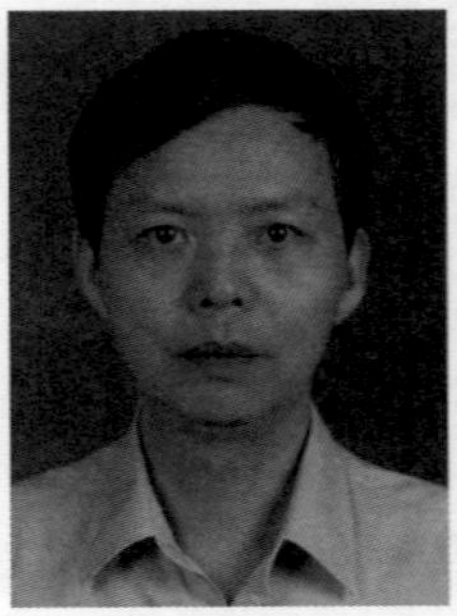

蔡厚勇

1968年1月出生，江西南昌人，在职研究生学历，1989年9月参加工作，1993年5月加入中国共产党，现任中共江西省第十四届纪律检查委员会委员、江西省鹰潭市市委常委、纪委书记。

1987年9月至1989年9月在北京电子专科学校计算机应用专业学习；1989年9月至1993年9月任江西省南昌市市委办公厅机要科机要员（其间：1989年9月至1990年10月南昌发电厂锻炼）；1993年9月至1994年9月任江西省南昌市市委办公厅机要科科员；1994年9月至1996年12月任江西省南昌市市委办公厅秘书一科副科级秘书（1993年8月至1995年12月中央党校函授学院经济管理专业学习）；1996年12月至1997年3月任江西省南昌市市委办公厅秘书一科正科级秘书；1997年3月至1999年12月任江西省委办公厅秘书处主任科员；1999年12月至2002年2月任江西省委办公厅秘书处副处级秘书；2002年2月至2007年3月任江西省扶贫办综合处处长（2001年7月至2003年12月江西省委党校经济学专业学习；2002年10月至2003年12月兼任江西省科技扶贫示范园管理中心负责人；2005年7月至2005年8月新加坡南洋理工大学人力资源管理培训班学习）；2007年3月至2009年4月 任江西省扶贫开发领导小组办公室（省革命老区根据地建设委员会办公室）副主任、党组成员（正处级）；2009年4月至2014年5月 任江西省粮食局纪检组长、党组成员；2014年5月至2016年11月任江西省鹰潭市市委常委、纪委书记；2016年11月任中共江西省第十四届纪律检查委员会委员、江西省鹰潭市市委常委、纪委书记。

贺喜灿

1965年7月出生，江西莲花人，1983年8月参加工作，1986年7月加入中国共产党，南昌大学管理学博士，教授，现任中共鹰潭市委常委、宣传部部长。

1983年8月至1997年12月，先后任江西省莲花县小学教师、教导主任、校长、莲花县委组织部干部、组织员、副部长兼县委组织员办主任；1997年12月至2003年6月任江西省莲花县政府副县长，县委常委、副县长（其间：2002年4月至2002年6月挂任上海市奉贤区胡桥镇党委副书记）；2003年6月至2004年11月任江西省萍乡市湘东区委常委、组织部长（其间：2004年8月至2004年11月借调中国井冈山干部学院人力资源部工作）；2004年11月至2008年8月任中国井冈山干部学院人力资源部副主任（正处级，主持工作）；2008年8月至2013年10月任中国井冈山干部学院人力资源部主任（副厅级）；2013年10月至2015年10月任中国井冈山干部学院人力资源部主任（副厅级）、吉安市人民政府党组成员、副市长（挂职两年）；2015年10月至2016年1月任中国井冈山干部学院人力资源部主任（副厅级）；2016年1月起中共鹰潭市委常委、宣传部部长。

张福庆

1967年12月出生，江西余干人，1988年6月加入中国共产党，1990年7月参加工作，研究生理学博士学历，现任鹰潭市委常委，市政府党组副书记、常务副市长。

1986年9月至1990年7月 在江西财经大学工业经济系企业管理专业学习；1990年7月至1992年8月 在江西省工程咨询中心综合业务部（其间：1990年10月至1992年8 月在江西省永新县锻炼）；1992年8月至2001年5月在江西省重点工程办公室历任干部、副主任科员、主任科员（其间：1998年9月至12月在江西省直工委党校第12期青干班学习）；2001年5月至2003年12月任江西省工程咨询中心主任助理（副处级）兼综合处处长（其间：2002年3月至2002年6月在江西省委党校第20期中青班学习；2000年9月至2002年7月在中国社科院研究生院经济法专业学习）；2003年12月至2011年2月任江西省工程咨询中心副主任（正处级，其间：2004年9月至2007年12月在中南林业科技大学生态学专业学习，获理学博士学位）；2011年2月至2014年2月任江西省政府投资项目评审中心主任（副厅级，其间：2011年10月至2013年9月在长江商学院EMBA专业学习）；2014年2月至3月任江西省鹰潭市委常委；2014年3月至2015年1月任江西省鹰潭市委常委，市政府副市长、党组成员；2015年1月至7月任江西省鹰潭市委常委，市政府副市长、党组成员，市国有资产监督委员会党委书记；2015年7月至10月任江西省鹰潭市委常委、市政府副市长，贵溪市委书记；2015年10月至2016年8月任江西省鹰潭市委常委，贵溪市委书记，贵溪市人大常委会主任；2016年8月至10月任江西省鹰潭市委常委；2016年10月至11月任江西省鹰潭市委常委、市政府党组副书记；2016年11月任江西省鹰潭市委常委，市政府党组副书记、常务副市长。

杨金红 1964年10月出生，江西余江人，1983年8月参加工作，1991年4月加入中国共产党，大学学历，现任鹰潭市委常委、政法委书记。

1981年7月至1983年8月在江西省万年师范普师班学习；1983年8月至1990年2月任江西省余江洪湖公社苏家小学、辅导站教师（其间：1986年10月至1989年7月在江西省高等教育自学考试大专江西师大马列专业学习）；1990年2月至7月任江西省余江县委宣传部干部；1990年7月至1993年10月任江西省余江县委办公室秘书；1993年10月至1994年9月任江西省余江县办公室秘书（副科级）；1994年9月至1995年4月任江西省余江县委办公室副主任；1995年4月至7月任江西省余江县委办公室副主任、县台办主任；1995年7月至1996年7月任江西省鹰潭市委办公室综合科副科长、正科级秘书；1996年7月至1999年4月任江西省鹰潭市委办公室秘书科科长（其间：1997年5月至9月在江西省鹰潭市委党校第六期青干班学习）；1999年4月至2000年9月任江西省鹰潭市委办公室助理调研员（其间：1996年8月至1999年8月在江西师大师资培训政治教育专业学习）；2000年9月至2001年10月任江西省鹰潭市委宣传部副部长；2001年10月至2005年7月江西省鹰潭市广播电视局党组书记、局长（其间：2004年6月至2004年7月在江西省委党校45期县处级干部培训班学习）；2005年7月至2006年12月任江西省鹰潭市龙虎山景区党委书记；2006年12月至2011年9月任江西省鹰潭市委秘书长（其间：2009年9月至2010年1月在江西省委党校第35期中青班学习）；2011年9月起任江西省鹰潭市委常委、政法委书记。

陈　宏 1966年1月出生，江苏江阴人，1987年8月加入中国共产党，1984年9月入伍，大学文化，现任中共江西省鹰潭市委常委、鹰潭军分区政治委员，大校军衔。

1984年9月至1988年7月，在张家口通信学院无线电通信指挥专业学习；1988年7月至1991年12月，任三十一集团军32525部队六连副连职排长；1991年12月至1994年1月，任三十一集团军32525部队政治部组织科干事；1994年1月至1995年3月，任三十一集团军73151部队政治部正连职干事、秘书；1995年3月至1996年7月，任三十一集团军73151部队52分队政治指导员；1996年7月至1997年6月，任三十一集团军73151部队政治部副营职秘书；1997年6月至1998年8月，任三十一集团军73152部队政治处组织股股长；1998年8月至2000年2月，任三十一集团军73151部队政治部组织科科长；2000年2月至2001年9月，任三十一集团军73152部队政治处主任；2001年9月至2006年9月，任三十一集团军政治部干部处副处长、处长；2006年9月至2008年12月，任三十一集团军73135部队政治委员；2008年12月至2010年8月，任三十一集团军73131部队副政治委员；2010年8月至2012年12月，任三十一集团军73131部队副政治委员兼政治部主任；2012年12月，任江西省鹰潭军分区政治委员（其间：1992年3月至1992年9月，在南昌陆军学院政治指导员专业学习；2009年7月至2009年8月，在西安政治学院政法委、纪委书记培训班学习；2012年11月至2012年12月，在武汉国防信息学院信息作战理论培训班学习）；2014年2月起任中共江西省鹰潭市委委员、常委。

徐　云 女，1963年7月出生，江西余干人，1991年10月入党，1981年9月参加工作，在职研究生学历，现任江西省鹰潭市委常委、统战部部长。

1979年9月至1981年10月在江西省上清师范英语专业学习；1981年10月至1984年5月 在江西省鹰潭223地质队子弟学校任教；1985年5月至1990年2月 在江西省鹰潭市二轻局工作；1990年2月至1992年12月任江西省鹰潭市手工业合作联社团委副书记（1989年9月至1992年7月在江西广播电视大学鹰潭分校财会专业学习）；1992年12月至1994年6月任江西省鹰潭市二轻局审计科副科长；1994年6至1997年6任江西省鹰潭市二轻局审计科科长兼妇女主任；1997年6月至2000年12月任江西省鹰潭市二轻局企业管理科科长（其间：1998年6月至2000年12月在企业挂职，任江西省鹰潭市三川公司经理助理；1997年5月至1997年9月鹰潭市委党校第六期青干班学习；1996年9月至1999年12月江西师大“三沟通”师资培训政治教育专业学习）；2000年12月至2002年8月任江西省鹰潭市手工业合作联社党办主任；2002年8月至2002

年11月任江西省鹰潭市劳动和社会保障局党组成员、社会保障事业管理局局长；2002年11月至2003年9月任江西省余江县政府副县长（2001年3月至2003年6月在南昌大学产业经济学专业课程进修班学习）；2003年9月至2007年2月任江西省余江县委常委、副县长；2007年2月至2007年9月任江西鹰潭工业园区党工委副书记、管委会副主任；2007年9月至2008年6月任江西省鹰潭市发展和改革委员会党组副书记、主任；2008年6月至9月任江西鹰潭工业园区党工委书记、管委会主任；2008年9月至2010年3月任江西省鹰潭经济技术开发区党工委书记、管委会主任；2010年3月至5月任江西省鹰潭经济技术开发区党工委书记、管理会主任、市招商引资服务中心党组书记、主任；2010年5月至12月 任江西省鹰潭经济技术开发区党工委书记、管理会主任、市招商引资服务中心党组书记；2010年12月至2011年9月任江西省鹰潭经济技术开发区党工委书记、市招商引资服务中心党组书记；2011年9月至2012年8月任江西省鹰潭市政府副市长，鹰潭经济技术开发区党工委书记；2012年8月至2016年9月任江西省鹰潭市委常委，市政府副市长；2016年9月任江西省鹰潭市委常委、统战部部长。

余正琨

1971年1月生，江西共青城人，1995年11月加入中国共产党，1993年7月参加工作，江西师范大学政法学院马克思主义基本原理专业毕业，在职研究生学历，法学博士学位。现任中共江西省鹰潭市委常委、组织部部长。

1989年9月至1993年7月在江西师范大学政法系政治教育专业学习；1993年7月至2001年7月任江西师范大学政法系教师（其间：2000年3月至2001年1月借调江西省委组织部研究室工作）；2001年7月至2002年4月任江西师范大学教务处办公室主任；2002年4月至2003年4月任江西师范大学基建处办公室主任兼新校区建设办公室综合事务部主任；2003年4月至2003年7月任江西师范大学基建处办公室主任兼新校区建设办公室综合部主任；2003年7月至2004年8月任江西师范大学政法学院党委副书记；2004年8月至2006年12月任江西师范大学党委组织部副部长（其间：2005年1月至2006年8月借调江西省委先进性教育办公室工作）；2006年12月至2010年7月任江西师范大学党委组织部组织员（正处级，2006年8月至2010年7月借调江西省委组织部党员教育管理处工作；2007年9月至2010年6月在江西师范大学政法学院马克思主义基本原理专业在职研究生学习，获法学博士学位）；2010年7月至2013年5月任江西省委组织部党员教育管理处调研员（其间：2012年2月至9月借调中央组织部组织一局工作）；2013年5月至2016年9月任江西省委组织部人才工作处处长（其间：2014年3月至6月在江西省委党校第44期中青班学习）；2016年9月任江西省鹰潭市委常委、组织部部长。

李　唐

1964年5月出生，湖南祁阳人，1996年11月加入中国共产党，1981年12月参加工作，研究生学历，现任中国邮政集团公司市场协同部副总经理，江西省鹰潭市委常委、市政府副市长（挂职两年）。

1981年12月至1997年3月历任湖南省津市邮电局机务员、股长、局长助理；1997年3月至1998年10月任湖南省津市邮电局副局长；1998年10月至2000年1月任湖南省津市邮政局局长、书记；2000年1月至2000年12月任湖南省澧县邮政局局长、书记；2000年12月至2003年3月任湖南省永州市邮政局副局长；2003年3月至2003年7月任湖南省邮政物流局副局长；2003年7月至2004年2月任湖南省株洲市邮政局副局长；2004年2月至2005年4月任湖南省株洲市邮政局代局长、党委副书记；2005年4月至2008年1月任湖南省衡阳市邮政局局长、党委书记；2008年1月至2011年6月任湖南省长沙市邮政局局长、党委书记；2011年6月至2012年10月任湖南省邮政公司市场部经理；2012年10月至2014年4月任湖南省邮政公司市场经营部经理兼服务质量监督监察部经理；2014年4月至2014年6月任中国邮政集团公司市场经营部副总经理；2014年6月至2016年4月任中国邮政集团公司市场协同部副总经理；2016年4月任中国邮政集团公司市场协同部副总经理，江西省鹰潭市委常委、市政府副市长（挂职两年）。

郭　清

1964年7月出生，江西崇义人，1985年7月加入中国共产党，1985年7月参加工作，省委党校在职研究生学历。现任江西省鹰潭市人大常委会主任、党组书记。

1982年9月至1985年7月在赣南师范学院体育系学习；1985年7月至1992年6月在江西省公安厅政治部工作（1988年8月至1989年8月挂职任江西省上高县公安局泗溪派出所副所长；1986年4月至1990年12月在中国刑事警察学院公安刑事侦察专业自考大专学习；1989年9月至1991年7月在江西省委党校理论班党政管理专业本科脱产学

习）；1992年6月至1994年12月任江西省公安厅政治部警体科副科长；1994年12月至1995年9月任江西省公安厅政治部警体科科长；1995年9月至1996年7月任江西省公安厅政治部人事处秘书科科长；1996年7月至2000年12月任江西省委组织部干部综合处主任科员；2000年12月至2003年12月任江西省委组织部干部综合处副处长（2001年9月至2003年12月在江西省委党校在职研究生班党建专业学习；2003年3月至7月在江西省委党校第22期中青班学习）；2003年12月至2007年11月任江西省委组织部信息管理中心（党员电化教育中心）主任；2007年11月至2010年11月任江西省委组织部办公室主任；2010年11月至2016年9月任江西省鹰潭市委常委、组织部部长；2016年10月至2016年11月任江西省鹰潭市人大常委会党组书记；2016年11月任江西省鹰潭市人大常委会主任、党组书记。

程芦山

1960年2月出生，江西鄱阳人，1978年12月参加工作，1981年12月加入中国共产党，全日制教育大专学历，江西省经济管理干部学院经济系毕业，在职教育大学学历，江西师范大学“三沟通”师资培训中文专业毕业。现任江西省鹰潭市人大常委会副主任、党组副书记。

1978年12月至1982年12月任福建省漳州市32414部队70分队卫生员、班长；1982年12月至1985年4月在江西省鹰潭市税务局月湖分局工作（1984年12月转为国家干部）；1985年4月至1989年1月在江西省鹰潭市月湖区劳动人事局工作（1986年9月至1988年9月在江西省经济管理干部学院经济系学习）；1989年1月至1990年2月在江西省鹰潭市月湖区劳动人事局工作；1990年2月至1992年10月任江西省鹰潭市月湖区夏埠乡党委副书记；1992年10月至1993年2月任江西省鹰潭市月湖区白露乡党委副书记、乡长；1993年2月至1995年3月任江西省鹰潭市月湖区白露乡党委书记、乡长；1995年3月至1997年10月任江西省鹰潭市月湖区政府副区长（1994年9月至1996年7月在江西师范大学“三沟通”师资培训中文专业学习）；1997年10月至2001年6月任江西省鹰潭市月湖区委常委、区纪委书记；2001年6月至2002年11月任江西省鹰潭市月湖区委副书记、区纪委书记、鹰潭市工业园区管委会副主任、市经贸国有资产运营公司副总经理（2000年1月至2002年7月在江西财经大学财政学研究生课程班学习；2001年3月至7月在江西省委党校中青班学习）；2002年11月至2003年4月任江西省鹰潭市月湖区委副书记、市工业园区管委会副主任、市经贸国有资产运营公司副总经理；2003年4月至9月任江西省鹰潭市月湖区委副书记、鹰潭市工业园区党委书记、管委会副主任、市经贸国有资产运营公司副总经理；2003年9月至2004年1月任江西省鹰潭市月湖区委副书记（正县级）、鹰潭市工业园区管委会副主任；2004年1月至2006年6月任江西省鹰潭市月湖区委副书记（正县级）；2006年6月至2007年3月任江西省余江县委副书记、县政府代县长；2007年3月至2011年5月任江西省余江县委副书记、县政府县长；2011年5月至8月任江西省贵溪市委副书记、市政府代市长；2011年8月至2015年1月任江西省贵溪市委副书记、市政府市长；2015年1月至2016年11月任江西省鹰潭市人大常委会副主任；2016年11月任江西省鹰潭市人大常委会副主任、党组副书记。

刘育虹

1964年7月出生，江西萍乡人，无党派，1981年9月参加工作，全日制教育中专学历，江西省商业学校物价专业毕业，在职教育大学学历，中央党校函授学院经济管理专业毕业。现任江西省鹰潭市人大常委会副主任。

1979年10月至1981年9月在江西省商业学校物价专业学习；1981年9月至1985年1月任江西省鹰潭市蔬菜公司物价员；1985年1月至1986年11月在江西省鹰潭市物价局工业品价格科工作；1986年11月至1991年6月任江西省鹰潭市物价局农副产品成本调查队副队长；1991年6月至1993年6月任江西省鹰潭市物价局工业品价格科科长；1993年6月至1995年9月任江西省鹰潭市物价局价格科科长；1995年9月至2005年11月任江西省鹰潭市监察局副局长（1996年8月至1998年12月在中央党校函授学院经济管理专业学习；2003年8月在江西省第149期无党派人士培训班学习）；2005年11月至2006年6月任江西省鹰潭市监察局副局长、调研员；2006年6月至2008年8月任江西省鹰潭市月湖区副区长（正县级）；2008年8月至2009年2月任江西省鹰潭市国资委主任；2009年2月起任江西省鹰潭市人大常委会副主任。

李 力

1962年11月出生，江西景德镇人，1979年1月参加工作，1982年6月加入中

国共产党，全日制教育大专学历，上饶师范专科学校英语系英语专业毕业，在职教育研究生学历、管理学博士，南京农业大学土地资源管理专业毕业。现任江西省鹰潭市人大常委会副主任、党组成员。

1979年1月至10月任江西省鹰潭铁路职工；1979年10月至1982年8月在上饶师范专科学校英语系英语专业学习；1982年8月至1983年10月在江西省鹰潭师范学校任教；1983年10月至1984年10月在共青团江西省鹰潭市委工作；1984年10月至1987年12月任共青团江西省鹰潭市委组织部部长；1987年12月至1990年3月任共青团江西省鹰潭市委办公室主任；1990年3月至1993年6月任共青团江西省鹰潭市委副书记；1993年6月至1999年3月任江西省鹰潭市土地管理局副局长、党组成员(1994年9月至1997年10月在江西师范大学“三沟通”师资培训中文专业学习)；1999年3月至2000年6月任江西省鹰潭市土地管理局局长、党组书记；2000年6月至2001年2月任江西省余江县委副书记，副县长、代县长；2001年2月至2002年8月任江西省余江县委副书记、县长(2001年12月至2002年1月在江西省委党校第36期县处班学习；1997年9月至2001年11月在南京农业大学土地资源管理专业学习，获管理学博士学位)；2002年8月至2007年8月任江西省鹰潭市交通局局长、党委书记；2007年8月至2008年8月任江西省鹰潭市政府副秘书长（正县级）；2008年8月至2010年11月任江西省鹰潭市审计局局长、党组书记；2010年11月至2011年9月任江西省鹰潭市财政局局长、党组副书记；2011年9月至2012年3月任江西省鹰潭市政府副市长，市财政局局长、党组副书记；2012年3月至2016年11月任江西省鹰潭市政府副市长；2016年11月任江西省鹰潭市人大常委会副主任、党组成员。

周永江

1963年3月出生，江西广丰人，1984年8月参加工作，1989年1月加入中国共产党，全日制大专学历，上饶师范专科学校数学专业毕业，在职教育大学学历，江西师范大学“三沟通”数学专业毕业。现任江西省鹰潭市人大常委会副主任、党组成员。

1981年9月至1984年8月在上饶师范专科学校数学专业学习；1984年8月至1986年5月任江西省鹰潭市教育局教研室数学教研员；1986年5月至1989年2月在江西省鹰潭市教育局招生办工作；1989年2月至1991年4月在江西省鹰潭市人民政府办公室工作；1991年4月至1993年3月在江西省鹰潭市劳动局就业培训科工作；1993年3月至1996年8月任江西省鹰潭市劳动局监察室副主任（1993年5月至1995年2月挂职任贵溪耳口乡党委副书记；1995年2月至1996年2月任贵溪彭湾乡花门村委会村建工作组副组长）；1996年8月至1999年11月任江西省鹰潭市劳动局监察室主任（1994年8月至1997年8月在江西师范大学“三沟通”师资培训数学专业学习）；1999年11月至2001年3月任江西省鹰潭市劳动局办公室主任；2001年3月至2002年11月任江西省鹰潭市劳动就业局局长（2000年9月至2002年6月在中国社科院研究生院法学系经济法专业研究生课程进修班学习；2002年9月至2002年11月在江西省第9期县处级公务员任职培训班学习）；2002年11月至2003年9月任江西省鹰潭市劳动和社会保障局党组成员、市就业局局长；2003年9月至2007年11月任江西省鹰潭市政府副秘书长、市政府驻北京办事处主任；2007年11月至2008年8月任江西省鹰潭市环境保护局局长、党组副书记；2008年8月至2009年2月任江西省鹰潭市环境保护局党组书记；2009年2月至4月任江西省鹰潭市政府外事侨务办公室主任；2009年4月至2013年4月任江西省鹰潭市政府外事侨务办公室主任、党组书记（2010年9月至10月在江西省第70期县处级干部培训班学习）；2013年4月至2016年11月任江西省鹰潭市民政局局长、党组书记；2016年11月任江西省鹰潭市人大常委会副主任、党组成员。

杨　森

1962年1月出生，内蒙古赤峰人，1981年7月参加工作，1986年3月加入中国共产党，中央党校在职教育大学学历。现任江西省鹰潭市人大常委会副主任、党组成员。

1981年7月至1983年12月任内蒙古赤峰市克旗红光造纸厂车间主任、副厂长；1983年12月至1984年10月在内蒙古赤峰市克旗红光人民公社工作（1983年12月录用为国家职工）；1984年10月至1986年4月在内蒙古赤峰市克旗新庙乡工作（1984年10月转为国家干部）；1986年4月至1987年9月任内蒙古赤峰市克旗新庙乡科员；1987年9月至1992年9月任江西省鹰潭市物资局科员、机关党支部书记；1992年9月至1994年1月任江西省鹰潭市物资总公司财务处副处长、物资局机关支部书记；1994年1月至1994年12月任江西省鹰潭市外商投资公司经理；1994年12月至1996年5月任江西省鹰潭市物资总公司一部副经理、物资局机关支部书记；1996年5月至12月任江西省鹰潭市物资局人事科副科长兼综合管理科副科长、局机关支部书记；1996年12月至1997年11月任江西省鹰潭市纪委、监察局干部；1997年11月至2000年9月任江西省鹰潭市纪委办公室副主任；2000年9月至2006年11月任江西省鹰潭市纪委办公室主任、常委（1998年8月至2000年12月在中央党校函授政法专业学习，2001年7月至2003年7月在南昌大学经管学院产业经济研究生班学习）；2006年11月至2012年11月任江西省鹰潭市纪委副书记；2012年11月至2016年9月任江西省鹰潭市纪委副书记、市监察局局长、市政府党组成员；2016年9月至11月任江西省鹰潭市监察局局长、市政府党组成员；2016年11月任江西省鹰潭市人大常委会副主任、党组成员。

胡高堂

1963年10月出生，江西余江人，1983年8月参加工作，1992年11月加入中国共产党，全日制中专学历，万年师范学校普师专业毕业，在职教育大学学历，华东师范大学汉语言文学专业毕业，南昌大学工商管理专业研究生毕业。现任江西省鹰潭市人大常委会副主任、党组成员，市委秘书长。

1981年9月至1983年8月在万年师范学校普师专业学习；1983年8月至1984年8月在江西省余江县春涛乡滩头小学任教；1984年8月至1990年3月在江西省余江县锦江小学任教（1986年9月至1989年7月在江西省教育学院中文专科学习；1987年5月至1988年7月在湖南大学日语广播函授学习）；1990年3月至7月在江西省余江县委宣传部工作（1990年3月至5月在余江县水晶厂挂职锻炼）；1990年7月至1993年11月在江西省余江县政府办公室工作（1991年8月至9月在全省首届政务信息培训班学习）；1993年11月至1995年3月任江西省余江县政府办公室副科级秘书（1991年8月至1994年7月在华东师范大学汉语言文学专业函授班学习）；1995年3月至1997年7月任江西省余江县政府办公室副主任；1997年7月至2002年8月任江西省余江县政府党组成员、办公室主任（2001年9月至2001年11月在鹰潭市第7期青干班学习）；2002年8月至2006年12月任江西省鹰潭市委办公室副主任（2001年3月至2003年7月在南昌大学经济与管理学院产业经济学工商管理专业研究生课程班学习）；2006年12月至2012年2月任江西省鹰潭市委副秘书长、办公室主任（2010年3月至5月在全省第28期县处班学习；2011年3月在全省第3期优秀中青年干部培训班学习）；2012年2月至2013年3月任江西省鹰潭市委秘书长、办公室主任；2013年3月至2016年11月任江西省鹰潭市委秘书长（2015年10月在全国机要工作专题研讨班学习）；2016年11月任江西省鹰潭市人大常委会副主任、党组成员，市委秘书长。

吴炳生

1958年4月出生，江西余江人，1979年1月参加工作，1983年1月加入中国共产党，在职教育大学学历，江西师范大学“三沟通”师资培训思想政治教育专业毕业。现任江西省鹰潭市人大常委会副厅级干部。

1976年12月至1979年1月在上饶师范学校体育专业学习；1979年1月至1982年4月在江西省余江农校任教；1982年4月至1983年7月任江西省余江县第二中学团委副书记；1983年7月至1984年3月任江西省余江县教育局干事；1984年3月至8月任江西省余江县团委副书记；1984年8月至1987年3月任江西省余江县五四三办公室副主任；1987年3月至1987年10月任江西省余江县坞桥乡党委副书记；1987年10月至1992年6月任江西省余江县团委书记；1992年6月至1993年6月在日本研修企业管理；1993年6月至1995年5月任江西省余江县二轻局局长、党委书记，二轻工业总公司总经理；1995年5月至1997年3月任江西省余江县委常委、宣传部部长；1997年3月至2001年6月任江西省余江县委常委、常务副县长（1996年9月至1999年10月在江西师范大学“三沟通”师资培训思想政治教育专业学习）；2001年6月至2002年8月任江西省余江县委副书记、县委政法委书记；2002年8月至2007年7月任江西省鹰潭市司法局局长、党组书记（2002年9月至2004年7月在南昌大学经济管理专业研究生班学习并结业）；2007年7月至2009年8月任江西省鹰潭市建设局局长、党委书记；2009年8月至2012年2月任江西省鹰潭市政府副秘书长、市政府城市建设委员会办公室主任；2012年2月至2016年1月任江西省鹰潭市政府党组成员、秘书长、办公室党组书记；2016年1月至11月任江西省鹰潭市人大常委会副主任；2016年11月任江西省鹰潭市人大常委会副厅级干部。

黄占共

1963年12月出生，江西余干人，民建会员，1985年8月参加工作，大学学历。现任鹰潭市政府副市长、民建市委会主委。

1982年9月至1985年8月在江西省水利水电学校水利水电工程建筑专业学习；1985年8月至1994年1月历任江西省鹰潭市塔桥园艺场工业科干部、农机厂干部、农机厂副厂长；1994年1月至1996年10月任江西省鹰潭市塔桥园艺场柠檬酸厂厂长；1996年10月至2000年8月任江西省鹰潭市塔桥园艺场工业科科长（其间：1997年8月至1999年6月在江西省委党校函授学院经济管理专业学习）；2000年8月至2002年

11月历任江西省贵溪市塔桥园艺场副场长、场长；2002年11月至2006年6月任江西省贵溪市政协副主席（不驻会）、塔桥园艺场场长（其间：2000年8月至2002年12月在中央党校函授学院经济管理专业学习）；2006年6月至2007年12月任江西省贵溪市政府副市长；2007年12月至2010年5月任江西省鹰潭市农业局局长；2010年5月至2011年9月任江西省鹰潭市农业局局长、民建市委会主委；2011年9月至2013年3月任江西省鹰潭市政协副主席、民建市委会主委、市农业局局长；2013年3月至2016年11月任江西省鹰潭市政协副主席、民建市委会主委（其间：2014年4月至2015年11月任鹰潭市白鹤湖现代农业示范区管理局局长）；2016年11月任江西省鹰潭市人民政府副市长、民建市委会主委。

吴文戈

1966年8月出生，江西鹰潭人，1987年11月入党，1984年8月参加工作，研究生学历，现任江西省鹰潭市人民政府副市长、党组成员。

1981年9月至1984年8月在上饶师范专科学校中文专业学习；1984年8月至1990年10月任江西省鹰潭市委党校教员（其间：1985年8月至1987年7月在江西省委党校理论班哲学专业学习）；1990年10月至1997年6月历任江西省鹰潭市政府办公室秘书、科教科副科长、科教科科长；1997年6月至2000年9月任江西省鹰潭市委办公室会议科科长；2000年9月至2004年4月历任江西省鹰潭市科委副主任，党组成员，科技局副局长、党组成员（其间：2001年9年至2003年12月在江西省委党校行政管理专业学习），2004年4月至12月任江西省鹰潭市委组织部副部长；2004年12月2006年12月任江西省鹰潭市委政法委副书记兼市综治办主任（其间：2005年10月至12月在江西省委党校第28期青年干部培训班学习）；2006年12月至2008年9月任江西省鹰潭市龙虎山景区党委书记；2008年9月至11月任江西省鹰潭市龙虎山景区党委书记、月湖区委副书记；2008年11月至2009年5月任江西省鹰潭市龙虎山景区党委书记、月湖区委副书记、市旅游局党组书记；2009年5月至2010年11月任江西省鹰潭市龙虎山景区党委书记、市旅游局党组书记；2010年11月至2012年2月任江西省鹰潭市审计局局长、党组书记；2012年2月至2015年12月 任江西省鹰潭市财政局局长、党组书记；2015年12月至2016年12月 任江西省鹰潭市政府党组成员、副市长，江西省鹰潭市财政局局长、党组书记；2016年11月任江西省鹰潭市政府党组成员、副市长。

邓　伟

1964年12月出生，江西袁州人，1988年6月入党，1985年8月参加工作，全日制教育大专学历，在职教育高级管理人员工商管理硕士。现任江西省鹰潭市人民政府副市长、党组成员，市公安局党委书记、局长。

1982年9月至1985年8月在宜春师范专科学校化学系化学专业学习；1985年8月至1989年1月历任宜春农业专科学校基础部教师、教务处学生科长；1989年1月至1993年5月任宜春农业专科学校学生处副处长；1993年5月至1996年9月任宜春农业专科学校学生处处长（副处级，其间：1992年8月至1994年12月在中央党校函授学院经济专业学习；1995年6月至1996年9月在国家化工部政法司、生产协调司跟班学习）；1996年9月至2002年5月任江西省铜鼓县委副书记（其间：1999年5月至2001年4月在江西师范大学法学专业学习）；2002年5月至7月任江西省宜春市科委党组书记（其间：2002年4月至2002年7月挂职任上海市赵巷镇党委副书记）；2002年7月至2006年6月任江西省宜春市科技局局长、党组书记；2006年6月至2011年5月任江西省宜丰县委副书记、县长；2011年5月至2016年2月任江西省宜丰县委书记（其间：2008年9月至2011年12月在华中科技大学管理学院工商管理专业学习）；2016年2月至3月任江西省鹰潭市人民政府党组成员、副市长、市公安局党委书记；2016年3月起任江西省鹰潭市人民政府党组成员、副市长、市公安局党委书记、局长。

蔡　江

女，1968年3月出生，江西贵溪人，1994年7月加入中国共产党，1989年8月参加工作，研究生学历，现任鹰潭市政府副市长、党组成员。

1987年9月至1989年8月在江西省第二林业学校林学专业学习；1989年8月至1992年11月任江西省贵溪县林业局计生主任、妇女主任；1992年11月至1995年11月任江西省贵溪县雷溪乡乡长助理、副乡长（其间：1990年7月至1993年6月江西农业大学成人教育学院林学专业函授学习）；1995年11月至1999年10月历任江西省贵溪县（市）白田乡党委副书记、乡长、党委书记、人大主席（其间：1996年8月至1998年12月在中央党校函授学院本科班行政管理专业学习）；1999年10月至2000年12月任江西省贵溪市科委党组书记、主任；2000年12月至2002

年8月任江西省余江县政府副县长（其间：2000年11月至12月在鹰潭市县级干部班培训；2002年3月至4月在江西行政学院第7期县级公务员任职培训）；2002年8月至2006年6月任江西省余江县委常委、宣传部部长（其间：2003年10月至2004年1月在上海杨浦区委宣传部挂职锻炼；2004年9月至2005年1月在江西省委党校第25期青干班学习）；2006年6月至2007年12月任江西省余江县委常委、组织部部长（其间：2003年9月至2005年12月在江西省委党校研究生班公共管理学专业学习）；2007年12月至2008年8月任江西省鹰潭市委组织部副部长；2008年8月至2013年3月任江西省鹰潭市委组织部副部长、正县级组织员；2013年3月至2013年4月任江西省鹰潭市林业局党组书记；2013年4月至2016年11月任江西省鹰潭市林业局局长、党组书记；2016年11月任江西省鹰潭市政府副市长、党组成员。

张子建

1974年1月出生，江西贵溪人，1994年6月加入中国共产党，1994年8月参加工作，研究生学历，现任鹰潭市政府副市长、党组成员。

1991年9月至1994年8月在上饶师范专科学校化学系学习；1994年8月至1997年1月在江西省贵溪县交通局历任运管所干部、党办秘书；1997年1月至1999年11月在江西省贵溪市委办公室历任信息员、秘书（其间：1995年8月至1997年12月在中央党校函授学院经济管理专业学习）；1999年11月至2001年6月任江西省贵溪市志光镇党委副书记（其间：2000年8月至12月挂职任浙江省台州市东山镇政府副镇长）；2001年6月至11月任共青团江西省贵溪市委书记（副科级）；2001年11月至2003年12月任共青团江西省贵溪市委书记；2003年12月至2006年6月任江西省贵溪市雷溪乡党委书记、人大主席团主席（其间：2003年8月至2005年12月在江西省委党校工商管理专业学习）；2006年6月至2010年12月任江西省贵溪市政府副市长；2010年12月至2012年9月任江西省鹰潭市政府副秘书长、市政府办公室党组成员；2012年9月至11月任江西省余江县委副书记、代县长；2012年11月至2014年8月任江西省余江县委副书记、县长；2014年8月至2015年1月任江西省余江县委书记、县长；2015年1月至2016年8月任江西省余江县委书记；2016年8月至11月任江西省鹰潭市政府党组成员；2016年11月任江西省鹰潭市政府副市长、党组成员。

刘　诚

1963年11月出生，江西贵溪人，1985年6月加入中国共产党，1982年7月参加工作，研究生学历，现任鹰潭市人民政府副巡视员、党组成员。

1978年8月至1982年7月在江西大学生物系淡水养殖专业学习；1982年7月至1984年6月任江西省贵溪县畜牧水产局干部；1984年6月至1986年4月任江西省贵溪县水产科学研究所副所长；1986年4月至1986年10月任江西省贵溪县农牧渔业局副局长；1986年10月至1994年3月在江西省贵溪县白田乡历任党委副书记、乡长、党委书记；1994年3月至1997年2月任江西省贵溪县（市）长助理（副县级）；1997年2月至10月任江西省贵溪市副市长；1997年10月至2001年5月任江西省鹰潭市月湖区委常委、常务副区长（其间：1998年9月至2000年12月在厦门大学法律系国际经济法专业研究生班学习）；2001年5月至2002年5月任江西省鹰潭市月湖区委副书记、政法委书记；2002年5月至7月任江西省鹰潭市政府副秘书长、市政府办党组成员，市办证中心主任（正县级）、党组书记；2002年7月至2003年1月任江西省余江县委副书记、副县长、代县长；2003年1月至6月任江西省余江县委副书记、县长；2003年6月至2004年5月任江西省鹰潭市政府副秘书长、市工业园区管委会主任、党（工）委副书记、市国有资产运营公司总经理；2004年5月至2007年2月任江西省鹰潭市政府副秘书长、市工业园区管委会主任、党工委书记；2007年2月至2008年5月任江西省鹰潭市政府党组成员、副秘书长、市工业园区管委会主任、党工委书记；2008年5月至2011年12月任江西省余江县委委员、常委、书记；2011年12月至2014年8月任江西省鹰潭市政府副巡视员、中共余江县委书记；2014年8月起任江西省鹰潭市政府副巡视员、党组成员。

戴春英

女，1962年2月出生，江西乐平人，1983年1月加入中国共产党，1983年8月参加工作，江西省委党校行政管理专业研究生学历，现任鹰潭市政协主席、党组书记。

1980年9至1983年8月在上饶师专中文系学习；1983年8月至1988年12月在上饶师专历任中文系团干、团总支副书记、书记、学生党支部书记；1988年12月至1990年10月任上饶师专团委副书记（正科级）；1990年10月至1992年2月任上饶师专德育教研室副主任（正科级）；1992年2月至1994年1月任江西省鹰潭市妇联儿童部部长；1994年1月至1997

年4月任共青团江西省鹰潭市委副书记；1997年4月至1999年3月任共青团江西省鹰潭市委书记；1999年3月至2002年7月任江西省鹰潭市计生委主任（其间：1996年9月至1999年8月江西“三沟通”师资培训政教专业学习；1998年9至1999年1月江西省委党校中青年干部培训班学习；1998年9月至2001年1月江西省委党校行政管理专业学习）；2002年7月至8月任江西省鹰潭市月湖区委副书记、代区长；2002年8月至2006年6月任江西省鹰潭市月湖区委副书记、区长；2006年6月至12月任江西省鹰潭市政府市长助理；2006年12月至2011年9月任江西省鹰潭市政府副市长（其间：2007年9月至2008年1月中央党校第七期中青班学习）；2011年9月至2016年9月任江西省鹰潭市委常委、统战部部长；2016年9月至10月江西省鹰潭市委统战部部长；2016年10月至11月任江西省鹰潭市政协党组书记；2016年11月任鹰潭市政协主席、党组书记。

周　瑛

1963年2月出生，江西余江人，1982年8月参加工作，1988年8月加入中国共产党，大学学历，现任鹰潭市政协副主席、党组副书记。

1978年10月至1982年8月在江西工学院机械系机械铸造专业学习；1982年8月至1984年7月为江西省上饶水动力机械厂职工；1984年7月至1990年5月为江西省鹰潭市计委干部；1990年5月至1992年7月任江西省鹰潭市计委工交科副科长；1992年7月至1995年3月任江西省鹰潭市计委工交科科长；1995年3月至1995年6月任江西省鹰潭市二轻局副局长、计委工交科科长；1995年6月至1997年11月任江西省鹰潭市二轻局副局长；1997年11月至2001年6月任江西省余江县政府副县长；2001年6月至2002年7月任江西省余江县委常委、副县长；2002年7月至2003年6月任江西省余江县委副书记、副县长；2003年6月至2004年2月任江西省余江县委副书记、代县长；2004年2月至2006年6月任江西省余江县委副书记、县长；2006年6月至11月任江西省余江县委书记；2006年11月至2007年3月任江西省余江县委书记、县人大常委会主任；2007年3月至2008年5月任江西省余江县委书记；2008年5月至2010年5月任江西省鹰潭市发展和改革委员会主任、党组副书记；2010年5月至2012年8月任江西省鹰潭市发展和改革委员会主任、党组书记；2012年8月至2014年1月任鹰潭高新技术产业开发区党工委书记（正县级）；2014年1月至2016年10月任鹰潭高新技术产业开发区党工委书记（副厅级）；2016年11月任江西省鹰潭市政协副主席、党组副书记。

官金福

1959年12月出生，江西余江人，中共党员，大学学历，现任鹰潭市政协副主席、党组成员。

1974年12月至1977年2月任余江洪湖公社放映队放映员；1977年3月至1979年12月在江西师范学院物理专业学习；1979年12月至1982年8月在余江县教育局、人事局工作；1982年8月至1983年10月任余江县组织部副科级干部；1983年10月至1988年4月任鹰潭市委组织部组织科副科长、科长；1988年4月至1993年5月任鹰潭市粮食局党组成员、副局长；1993年5月至1996年12月任鹰潭市团市委书记、党组书记；1996年12月至1997年5月任贵溪市委副书记（正县级）；1997年5月至1997年10月任鹰潭市月湖区委副书记、副区长、代区长；1997年10月至2001年3月任鹰潭市月湖区委副书记、区长；2001年3月至2002年8月任鹰潭市外贸局党组书记、局长；2002年8月至2009年6月任鹰潭市水利局党组书记、局长；2009年6月至2011年9月任鹰潭市林业局党组书记、局长；2011年9月任鹰潭市政协副主席、党组成员。

张金涛

1964年9月出生，江西贵溪人，无党派人士，大学学历，现任鹰潭市政协副主席、中国道教协会副会长、龙虎山全山道教主持。

1985年4月至1987年10月在龙虎山天师府工作；1987年10月至1992年12月任龙虎山天师府主持、中国道教协会常务理事（其间：1988年11月至1991年12月在江西师大“三沟通”师资培训历史专业学习）；1992年12月至1993年12月任贵溪县上清镇镇长助理；1993年12月至1994年5月任龙虎山天师府管委会副主任兼办公室主任；1994年5月至1998年5月任龙虎山道教协会会长；1998年5月至2003年1月任上清天师府主持、天师府管委会主任、龙虎山道教协会会长、江西省道教协会常务副会长（其间：1996年8月至1998年12月在中央党校函授学院政法专业学习）；2003年1月至2005年7月任鹰潭市月湖区政协副主席、上清天师府主持；2005年7月至2007年3月任鹰潭市月湖区政协副主席、天师府主持兼龙虎山景区管委会副主任；2007年3月至2008年11月任鹰潭市人大外事华侨民族宗教工作委员会主任、月湖区政协副主席、天师府主持兼龙虎山景区管委会副主任；2008年11月至2011年9月任鹰潭市人大外事华侨民族宗教工作委员会主任、天师府主持兼龙虎山景区管委会副主任；2011年9月任鹰潭市政协副主席、天师府主持。2003年2月至今任全国人大十、十一、十二届代表；2005年5月起任中国道教协会副会长。

吴泉水

1968年12月出生，江西余江人，大学学历，九三学社社员，现任鹰潭市政协副主席、市工商联主席。

1989年7月至1991年6月任余江县农牧渔业局种子站干部；1991年6月至1995年7月任余江县农牧渔业局科教站干部、经作站干部；1995年7月至2001年1月任余江县林业局果业办主任；2001年1月至2002年7月任余江县林业局副局长；2002年7月至2003年1月任余江县政协经济科技委员会主任；2003年1月至4月任余江县政协副主席、经济科技委员会主任；2003年4月至2006年6月任余江县政协副主席；2006年6月至2008年8月任余江县政府副县长；2008年8月至2010年7月任贵溪市政府副市长；2010年7月至2011年8月任鹰潭市工商联主席、贵溪市副市长；2011年8月任鹰潭市工商联主席、贵溪市副市长；2011年9月任鹰潭市政协副主席、市工商联主席。

吴南平

1963年8月出生，江西乐平人，1983年8月参加工作，1985年6月加入中国共产党，大学学历，现任鹰潭市政协副主席、党组成员。

1980年9月至1983年7月为上饶师范专科学校化学系学生；1983年8月至1985年10月历任江西省鹰潭市环保局科员、副科长（其间：1985年3月至1985年7月在湖南大学环境工程系学习）；1985年10月至1987年8月任江西省贵溪县志光乡党委委员、副乡长；1987年8月至1987年9月任江西省鹰潭市环保局副科长（其间：1987年7月至1987年8月在市第一期青干班学习）；1987年9月至1989年7月在江西省委党校理论班政治专业学习（脱产本科）；1989年8月至1990年3月任江西省鹰潭市清理干部建私房专案组组长；1990年3月至1994年1月历任江西省鹰潭市人事局干部调配科、职称科科长；1994年1月至1995年9月任江西省鹰潭市纪委常委、一室主任；1995年9月至1997年10月任江西省鹰潭市月湖区委常委、纪委书记；1997年10月至2000年7月任江西省余江县委副书记、政法委书记；2000年7月至2002年8月任江西省鹰潭市人事局党组成员、副局长；2002年8月至2007月2月任江西省鹰潭市政府副秘书长、市联合办证服务中心党组书记、主任（2001年9月至2003年7月在江西师大马列理论与思想政治教育专业研究生班学习）；2007年2月至2009年6月任江西省鹰潭市政府副秘书长、市行政服务中心管理委员会党组书记、主任；2009年6月至2010年3月任江西省鹰潭市委组织部副部长，市人事局党组书记、局长；2010年3月至2012年11月任江西省鹰潭市委组织部副部长，市人力资源和社会保障局党组副书记、局长（其间：2011年3月在江西省优秀中青年干部第三期专题培训班学习）；2012年11月至2016年11月任江西省鹰潭市委组织部副部长，市人力资源和社会保障局党组书记、局长；2016年11月至12月任江西省鹰潭市政协副主席、党组成员，市委组织部副部长，市人力资源和社会保障局党组书记、局长；2016年12月任江西省鹰潭市政协副主席、党组成员。

汪桂昌

1963年8月出生，江西婺源人，1986年8月参加工作，民革党员，大学学历，现任鹰潭市政协副主席、民革市委会主委。

1984年9月至1986年8月在江西财校审计专业就读；1986年8月至1998年5月任江西省鹰潭市审计局科员（其间：1987年10月至1993年12月江西财经学院会计专业自学考试大专班学习）；1998年5月至1999年1月任江西省鹰潭市审计局固定资产投资审计科副科长；1999年1月至2000年10月任江西省鹰潭市审计局综合法制科副科长；2000年10月至2001年10月任江西省鹰潭市审计局综合法制科副科长、民革鹰潭市委会副主委（不驻会）；2001年10月至2002年8月任江西省鹰潭市审计局综合法制科科长、民革鹰潭市委会副主委（不驻会，其间：1999年8月至2001年12月中央党校函授学院法律专业学习）；2002年8月至2004年1月任江西省鹰潭市审计局助理调研员、民革鹰潭市委会副主委（不驻会）；2004年1月至2008年5月任江西省鹰潭市审计局副局长、民革鹰潭市委会副主委（不驻会，其间：2004年5月至2004年6月江西省党外县处级干部政治理论进修班学习，2004年11月至2004年12月南京审计学院信息化审计培训班学习）；2008年5月至2008年8月任江西省鹰潭市审计局副局长、民革鹰潭市委会副主委（不驻会）、鹰潭市政协提案委员会兼职副主任；2008年8月至2010年9月任江西省鹰潭市月湖区政府副区长、民革鹰潭市委会副主委

（不驻会）、鹰潭市政协提案委员会兼职副主任（其间：2009年11月至2009年12月江西省党外县处级干部政治理论培训班学习）；2010年9月至2011年8月任江西省鹰潭市月湖区政府副区长、民革鹰潭市委会主委；2011年8月至2013年11月任民革鹰潭市委会主委；2013年11月至2015年11月任民革鹰潭市委会主委、鹰潭市财政局副局长；2015年11月至2016年11月任民革鹰潭市委会主委；2016年11月任江西省鹰潭市政协副主席、民革鹰潭市委会主委。

聂玲娜

女，1972年11月出生，江西临川人，1992年7月参加工作，农工党党员，大学学历，现任鹰潭市政协副主席、农工党市委会主委。

1989年9月至1992年9月在江西师范大学鹰潭专科班中文系汉语言文学专业学习；1992年9月至1999年9月任江西省鹰潭市工商联科员（其间：1997年3月至1999年3月挂职任鹰潭利达摩托车有限公司总经理助理）；1999年9月至1999年10月任江西省鹰潭市工商联会员工作科副科长；1999年10月至2000年12月任农工党江西省鹰潭市委会副秘书长兼办公室副主任；2000年12月至2005年9月任农工党江西省鹰潭市委会秘书长（其间：2001年8月至2003年12月中央党校函授学院法律专业学习，2001年9月至2004年7月江西师范大学公共事业管理专业本科函授班学习，2002年9月至2004年12月江西师范大学思想政治教育专业研究生班学习，2004年4月至2004年7月鹰潭市第八期青干班学习）；2005年9月至2007年12月任农工党江西省鹰潭市委会专职副主委兼秘书长（其间：2005年6月至2006年6月挂职任鹰潭市月湖区夏埠乡副乡长）；2007年12月至2012年11月任江西省鹰潭市体育局副局长、农工党江西省鹰潭市委会副主委（其间：2008年6月至2008年7月江西省行政学院第十三期县处级公务员任职培训班学习）；2012年11月至2015年11月任农工党江西省鹰潭市委会主委，市体育局副局长（其间：2013年12月参加农工党中央组织的第三期农工党市级组织主委研讨班学习）；2015年12月至2016年11月任农工党江西省鹰潭市委会主委；2016年11月任江西省鹰潭市政协副主席、农工党江西省鹰潭市委会主委。

王家林

1958年2月出生，江西玉山人，1974年9月参加工作，1978年5月加入中国共产党，八届鹰潭市政协主席。

1974年9月至1976年3月任江西省上饶饶丰农场职工、教师；1976年3月至1980年1月服兵役；1980年1月至1984年5月任江西省上饶地区饶丰农场中学教师；1984年5月至1987年12月任江西省上饶地区饶丰农场党委委员、团委书记；1987年12月至1989年4月任江西省上饶地区饶丰农场党委委员、团委书记、场长助理；1989年4月至1991年3月任江西省上饶地区饶丰农场党委委员、农场副场长；1991年3月至1992年10月任江西省上饶地区乐丰良种繁殖场党委副书记；1992年10月至1996年11月任江西省上饶地区乐丰良种繁殖场党委副书记、场长；1996年11月至1998年12月任江西省上饶地区乐丰良种繁殖场党委书记、场长；1998年12月至2002年7月任中共江西省余干县委副书记（正县级）；2002年7月至2005年7月任中共江西省波阳县委副书记、县长；2005年7月至2007年4月任中共江西省上饶县委书记；2007年4月至2009年7月任中共江西省乐平市（县）委书记；2009年7月至2010年11月任中共江西省鹰潭市委常委、贵溪市委书记；2010年11月至2016年1月任中共江西省鹰潭市委常委，鹰潭市人民政府党组副书记、常务副市长，鹰潭市行政学院院长；2016年1月至10月任江西省鹰潭市政协主席、党组书记；2016年10月至11月鹰潭市政协原主席。

陈仁生

1963年9月出生，江西吉水人，1990年7月加入中国共产党，1986年7月参加工作，武汉大学法律专业研究生学历，现任鹰潭市中级人民法院党组书记、院长、审判委员会委员、审判员。

1982年9月至1986年7月在华东政法学院学习；1986年7月至1987年12月任江西省高级人民法院干部；1987年12月至1990年12月任江西省高级人民法院书记员；1990年12月至1992年3月任江西省高级人民法院书记员（副科级）；1992年3月至1992年5月任江西省高级人民法院助理审判员（副科级）；1992年5月至1995年3月任江西省高级人民法院助理审判员（正科级）；1995年3月至1995年4月任江西省高级人民法院办公室副主任、助理审判员（正科级）；1995年4月至1999年4月任江西省高级人民法院办公室副主任、审判员(副处级)；1999年4月至2002年1月任江西省高级人民法院经济审判第二庭副庭长、审判员（副处级）；2002年1月至2007年7月任江西省高级人民法院民事审判第二庭庭长、审判员（正处级）；2007年7月至2009年5月任江西省高级人民法院审判委员会委员、民事审判第二庭庭长、审判员（正处级）；2009年

5月至2010年3月任江西省高级人民法院审判委员会委员、民事审判第一庭庭长、审判员（正处级）；2010年3月至2011年8月任江西省高级人民法院审判委员会委员、组织人事处处长、审判员（正处级）；2011年8月至9月任鹰潭市中级人民法院党组书记；2011年9月起任鹰潭市中级人民法院党组书记、院长、审判委员会委员、审判员。

李莉安

女，1964年1月出生，河南光山人，中共党员，毕业于中央党校函授学院法学理论专业，学历研究生（在职），现任鹰潭市人民检察院党组书记、检察长。

1982年9月至1984年8月在江西省政法学校检察专业学习；1984年8月至2001年1月在德安县人民检察院工作。先后担任书记员、刑检科副科长、刑检科科长、副检察长；2001年1月至2003年5月任永修县人民检察院党组书记、检察长（其间：2002年10月至2003年9月抽调江西省人民检察院办理“9·12”办案，任专案二组副组长）；2003年5月至2007年7月任九江市人民检察院党组成员、副检察长（其间在最高人民检察院挂职锻炼，任公诉厅起诉二处、抗诉处副处长；在中央党校函授学院法学理论专业研究生学习）；2007年7月至2008年5月任九江市人民检察院党组成员、副检察长、正县级检察员；　2008年5月至2013年4月任九江市人民检察院党组成员、副检察长（正县级）；　2013年4月至2016年1月任九江市人民检察院党组副书记、副检察长（正县级）；2016年1月至4月任鹰潭市人民检察院党组书记、代检察长；2016年4月任鹰潭市人民检察院党组书记、检察长。

2016年获省（省委、省政府）部级以上荣誉称号人员

杨少敏

1964年10月生，江西余江人，中共党员，1984年毕业于鹰潭农校，大专学历，1984年到白露街道办事处工作，2012年到鹰潭高新区管委会工作，现任鹰潭高新区政法委副书记、综治办副主任、国安办主任。

杨少敏一直从事社会治安综治治理工作，围绕维护社会大局稳定、促进社会公平正义、保障人民安居乐业“三大任务”，以高度的责任感和使命感，认真履行岗位职责。建立高新区法律服务中心，积极开展法律援助服务。运用法治思维和法治方式化解矛盾、维护稳定，法治园区建设稳步推进。近三年来，积极构建矛盾纠纷“大排调”体系，排查矛盾纠纷300多起，调处成功率在90%以上。全力推动信访积案的有效解决和妥善处理，成功化解40多起信访积案，切实做好重点人员和重要时间节点的信访稳控工作，有效维护了社会稳定。先后被评为高新区“先进工作者”“优秀共产党员”，鹰潭市“信访工作先进个人”“普法先进个人”。

2016年5月，杨少敏被中宣部、司法部授予“2011—2015年全国法治宣传教育先进个人”荣誉称号。

刘甜桂

女，1969年11月出生，江西贵溪人，中共党员，大学学历，1990年8月参加工作，2008年10月至今任月湖区科协主席。

在科协工作十年来，她既是领导又是办事员，所有重担一人挑，在工作中殚精竭力、任劳任怨、开拓创新，努力把科普工作“融入城市客厅、融入百姓生活、融入社区庭院、融入地方文化”，并积极开展科技工作者联谊、座谈、研讨、学术交流等系列活动，为月湖经济发展聚集大量的科技人才。全区51个社区，70%获国家、省、市区以上“科普示范社区”荣誉称号，社区科普成了月湖区一道靓丽风景和一张文化名片。由于科普成绩突出，月湖区获2016至2020年度江西省科普示范县区；先后创建了5个“全国科普示范社区”，8个江西省优秀科普示范社区；创建了江西省党员科普致富示范村、江西省优秀科普示范基地；2012年月湖区科协被评为“全国科普日活动优秀组织单位”“全省县（市、区）科协先进集体”；2013年月湖区农函大分校被评为“中国农函大优秀分校”；2014年被评为科协会员日活动优秀组织单位。她个人2009年被评为“鹰潭市三八红旗手”；2010年被评为“中国农函大优秀校长”。

2016年，刘甜桂被人社部、中国科协评为“全国科协系统先进工作者”。

郭小锋

1966年10月出生，江西余江人，中共党员，1985年7月毕业江西大学物理本科专业，工学学士。2007年3月毕业于江西广播电视大学法律本科专业。1985年8月参加工作，现任鹰潭市人民检察院检察委员会委员，副县级检察员。

郭小锋工作耐心细心，主要时间和精力都放在对看守所的监督工作中，经常与同事一道深入监舍，找在押人员谈心，了解和掌握情况，

对久押不决案件和重大疑难复杂案件的在押人员尤为关注。他深刻领会修改后刑诉法尊重和保障人权的精神，在工作中树立惩罚犯罪与保障人权并重的执法理念。在清理纠正久押不决案件的同时，充分利用监所部门“两网一线”信息平台，对办案单位的羁押期限和办案期限进行重点监督，防止新的久押不决案件和超期羁押问题发生。针对公安、检察、法院环节存在的羁押期限届满不换押和换押不及时等问题，采取先监督看守所向办案单位发出羁押期限即将届满提示函，再发出检察建议或纠正违法通知书等方式予以有效监督。2013 年以来，直接主办清理纠正久押不决案件 2 件 3 人，参办清理纠正久押不决案件 1 件 10 人，未发生新增加的久押不决案件，维护了被监管人的合法权益。先后多次被评为省、市、院先进工作者、先进个人、优秀检察官，荣获省级个人二等功一次，被市检察院记个人三等功二次。

2016 年 4 月，郭小锋被最高人民检察院评为全国检察机关清理纠正久押不决案件专项工作做出突出贡献通报表扬个人。

银涌兵

1985 年 9 月生，四川绵阳人，中共党员，2007 年毕业于成都理工大学，2007 年参加工作，现任江西省核工业地质局二六一大队地质调查院副院长，物探专业高级工程师。

参加工作以来，他一直奋斗在野外一线，先后参与完成中央基金、中核基金、省基金项目 7 个，市场项目 10 余个，项目资金总额达 2 亿多元。其中《江西省乐安县居隆庵铀矿床详查》项目、《江西省乐安县相山矿田西部铀矿普查》项目获江西省核工业地质局优秀科技成果一等奖。他撰写的《N451 型伽玛能谱测井探管的研制与铀钍伽玛能谱测井技术研究》等多篇论文在《铀矿地质》《世界核地质科学》等核心期刊上发表，曾获江西省核工业地质局“十佳青年”称号。

2016 年 9 月，银涌兵被中国地质学会授予第二届野外青年地质贡献奖—金罗盘奖。

齐小平

民建会员，现任鹰潭市香江国际大酒店董事长、鹰潭市工商联常委、民建鹰潭市委企业家联谊会常务副会长。

2009 年，齐小平在龙虎山风景旅游区开办了第一家酒店龙虎山家乐居酒店，并被龙虎山景区和旅游局设为定点接待单位。通过管理第一家酒店得到的经营理念，齐小平又陆续开了几家酒店，开一家成一家。其中鹰潭市阳光假日酒店承接了第三届国际道教论坛、2016 年全省旅游产业发展大会的接待工作，并得到一致好评。

他一直把关心支持社会福利事业作为企业经营的一项义务。在全球金融风暴给餐饮业带来冲击之时，他才刚刚开始组建第一家酒店，那个时候他就积极吸纳下岗人员到酒店就业。酒店安排了多名残疾下岗职工，为 300 多人提供了就业岗位。从 2011 年起，齐小平每年“六一”和开学，都会到抚州南城县万坊镇游家巷小学看望贫困学生、结对帮扶，为他们送去文具和衣物。五年来，捐款计 3 万余元。齐小平还积极参加所在支部的帮困活动，帮助民建会员企业寻找商机，到上清敬老院看望老人，到智障学校看望智障学生，参加大型公益拍卖活动，捐款近 5 万元。

他以谏真言献良策为己任，他提出的多个建议，涉及龙虎山老百姓旅游意识和旅游环境的提升、就业保障、支持中小企业发展等内容。对于自己从事的酒店餐饮业，他更是深入调研，提出了许多建设性的意见和建议。2013 年，齐小平担任市工商联常委，2015 年，齐小平被市纪委聘为全市特约行风监督员，2015 年，齐小平被评为民建先进会员。

2016 年 9 月，齐小平被民建中央评为民建全国社会服务工作先进个人。

刘福余

贵溪市实验中学团委书记、高中部副校长。

作为“85”后的青年老师，他硬是凭借自己的专业特长，凭借自己的吃苦耐劳，凭借自己的积极进取，从一名普普通通的体育老师成长为优秀团干。他积极发挥全体团员青年的智慧和力量，专门组建了贵溪市实验中学青年志愿者服务队，带领青年志愿者开展社会服务活动。他多次带领学生青年志愿者到贵溪福利院和鹰潭市福利院举行慰问演出及劳动，为贵溪擂鼓岭、学校周边村庄、四冶社区、贵溪火车站、城南城北汽车客运站进行文明清扫；寒冬腊月，他组织火车站春运小志愿者助力繁忙的春运，为返乡的农民工热情服务。学校团组织在他的带领下，连续多年被评为贵溪市共青团工作先进单位、鹰潭市五四红旗团委，组织师生参与上级活动多次获优秀组织奖。他连续多年被评为贵溪市共青团工作先进个人，2009 年 9 月被评为贵溪市优秀教师，2011 年 7 月被评为贵溪市教育系统优秀共产党员，2011 年和 2014 年两次被评为鹰潭市优秀共青团干部，2013 年 12 月被评为鹰潭市杰出青年卫士，2016 年 1 月当选共青团贵溪市第五次代表大会常务委员，2016 年 5 月被评为全省优秀共青团干部。

2016年度，刘福余被共青团中央评为全国优秀共青团干部。

祁建光

1990年12月生，河北保定人，共青团员。2014年6月毕业于石家庄铁道大学，本科工学学士学位。2014年7月入职中铁十一局集团桥梁有限公司藁城制梁场，现任中铁十一局集团桥梁有限公司尉氏制梁场试验室副主任。

2015年9月，祁建光父亲病重，生活不能自理，瘫痪在床。常年不能回家的祁建光请假回家带父治疗，由于病情无法根治，同年10月，祁建光带着父亲到石济项目，在项目周边村里租了一间民房，一边照顾瘫痪在床的父亲，一边坚守在项目工地上。石济项目完工，祁建光又带着父亲到河南的郑阜高铁项目尉氏制梁场。工作期间，在生活上，因父亲瘫痪在床，从吃饭、喂药到擦洗、换尿垫等，都是由他一个人来完成。为了方便照顾父亲，祁建光每天中午、晚上打两碗饭回到租住房内，与父亲一起吃，利用吃饭之际不多的时间，为他打理好生活上的一切。早上，提前起床，等父亲用过早餐，方才匆忙赶到试验室。由于父亲不能外出，逢年过节，祁建光都坚守在父亲身边，在工地上共同度过。祁建光工作踏实肯干，服从安排，照顾父亲之余，总能挤出时间学好工作知识，做好本职工作。工作不满两年，便被提拔为试验室副主任。

祁建光敢于担当，坚守责任的一面，成为现代社会家风教育的一剂良药。从桥梁公司的“感动桥梁奖”、中铁十一局集团公司的“孝老爱企楷模”，到母校的“最美铁大学子”，再到鹰潭市委宣传部的“最美鹰潭人”、共青团鹰潭市委的“向上向善好青年”、江西省五一劳动奖章，祁建光相继获得了社会各级的认可和表彰。

2016年度，祁建光被共青团中央评为“全国向上向善好青年”。

万丽华

女，1968年出生，2003年加入中国共产党，人民银行鹰潭市中心支行主任科员。

从1988年进入人民银行工作以来，她28年如一日地始终坚守在调查统计科的工作岗位上，默默耕耘、无私奉献。在其不懈努力下，所在科室先后获得“江西省人民银行系统金融统计先进集体”“江西省金融学会先进集体”“江西省社会科学先进单位”“鹰潭中支三级先进集体”等多项集体荣誉。其个人因成绩突出，先后获得中国人民银行总行2013至2014年度“巾帼建功标兵”、人民银行“创新金融服务，支持经济发展”业务竞赛总行级先进个人、武汉分行2011—2012年度“巾帼建功标兵”、“江西省优秀金融统计员”、“江西省人民银行系统征信工作先进个人”、“鹰潭中支三级先进个人”、“优秀共产党员”、“鹰潭市五一巾帼标兵”、鹰潭市“三八”红旗手等多项荣誉称号。

2016年3月，万丽华被中国金融工会全国委员会授予全国金融“五一劳动奖章”。

刘淑清

女，1966年4月出生，江西余干人，中共党员，本科学历。1985年12月参加工作，现任鹰潭市残联组联宣教科科长。

刘淑清自2002年12月调入鹰潭市残联工作以来，认真钻研业务知识，以“老黄牛”精神，践行“人道、廉洁、服务、奉献”的职业道德，全心全意为残疾人服务。“十二五”期间，她结合鹰潭市残疾人工作实际，围绕残疾人的热点与难点问题，积极推进鹰潭市残疾人扶贫、教育、就业、社会保障、托养、组织建设、宣传文体、维权等各项业务工作。在帮助残疾人脱贫致富，完成政府购买残疾人日间照料服务试点工作，开通“12385”残疾人服务热线试点工作，落实农村残疾人危房改造和残疾人家庭无障碍设施改造项目等工作中成绩突出。

2016年12月，刘淑清被国务院残疾人工作委员会授予“全国残疾人工作先进个人”荣誉称号。

郑江伟

生于1989年7月，江西余江人，2011年6月毕业于南京信息工程大学，本科学历，同年6月底在江西省鹰潭市气象局参加工作，天气预报员、综合业务观测员，工程师。

参加工作以来，一直在天气预报、测报、设备维护等第一线工作，踏实谦逊、勤奋好学、专业技术能力强，是鹰潭市气象台的骨干力量。独撰编写了《2015年6月初赣北一次暴雨过程分析》，并被选为参加江西省举办的天气预报技术交流会，且被江西省气象局《气象与减灾研究》增刊中录用。完成了《基于数值预报细网格预报产品的降雪预报方法的研究》课题研究。2014年、2016年获鹰潭市气象部门先进个人。2016年江西省第二届县级综合气象业务职业技能竞赛天气预报与服务第一名，江西省第二届县级综合气象业务职业技能竞赛个人全能第三名，“江西省技术能手”，“江西省青年岗位能手”。

2016年11月，郑江伟被中国气象局授予全国气象行业职业技能竞赛对流天气监测预警与服务单项三等奖。

刘发德

1965年12月4日出生，大专学历，1984年1月参加工作，江西省鹰潭市余江县洪湖乡文化广播站站长，2015年起兼任洪湖乡“扫黄打非”工作站站长。

上任以来，他以饱满的工作热情，务实的工作作风，认真履行“扫黄打非”办公室主任职责，不断加大打击力度，坚持把“堵源头、挖窝点”作为总抓手，及时采集涉嫌“制黄”、“贩黄”、从事非法出版和盗版出版物等经营行为信息，并通报相关职能部门，杜绝出现参与经营非法出版活动和销售违禁、非法出版物的行为。同时加强队伍建设，进一步完善工作机制，强化工作机构和网格队伍建设，加强业务技能培训，提高“扫黄打非”工作的技术含量，把“扫黄打非”工作提高到一个新的水平。

2016年，刘发德被全国“扫黄打非”工作小组评为全国“扫黄打非”工作先进个人。

李华彪

共青团员，四川绵阳人，1996年10月出生，2014年9月入伍，现任武警鹰潭市公安消防支队龙虎山风景名胜区大队龙虎山中队特勤分队一班班长，武警鹰潭市消防支队团委副书记。

入伍以来，李华彪认真践行习主席“听党指挥，能打胜仗，作风优良”总要求，不忘初心，积极践行强军目标，争做新一代四有军人。在“12·17”龙虎山云锦一路居民楼火灾扑救过程中，不顾自身安危，将消防头盔、空气呼吸器让给婴儿和被困群众，后因空气呼吸器压力不足休克，清醒后又主动请战继续奋战一线，成功将5名被困群众救出，赢得了各级党委、政府领导和广大人民群众的高度赞扬。荣立个人二等功1次， 先后被评为“全省龚全珍式向上向善好青年”、“江西好人”、感动鹰潭“十佳新人新事”、“鹰潭市最美消防员”。 荣获鹰潭青年五四奖章” 。

2016年3月， 李华彪被公安部评为“优秀士兵”。

周茂盛

1963年4月出生，江西贵溪人，中共党员，大专学历，1981年1月参加工作，现任鹰潭市中级人民法院水电技师。

作为一名普通的水电技师，他在近二十年的法院工作中，任劳任怨，兢兢业业地常年累月做小事、做好事，赢得了大家一致的赞扬。无论是疏通下水道、化粪池这种最脏最累的活，还是楼顶漏雨、电线老化这种急难杂事，他都二话不说，及时处理。尤其是在新审判大楼主体工程和装修施工期间，他以工地为家，坚守三年，皮肤晒脱好几层，浮尘吸入无数，最难受的是装修的油漆的刺鼻与通宵的现场监督施工，使他身体倍受伤害，可他从未向组织提出任何要求。更难能可贵的是，他用自己的专业技能和敬业勤奋精神为单位挽回了20多万的损失。由于表现突出，他多次荣立个人三等功，连续多年被评为全省法院、市中级法院优秀工作者和优秀共产党员，2014年被最高人民法院授予全国法院先进个人荣誉称号。

2016年6月，周茂盛被最高人民法院授予全国法院党建工作先进个人荣誉称号。

熊　伟

51岁，江西省地矿局九一二大队职工。

2016年1月31日晚6时，鹰潭市月湖区九一二队退休职工林贻金家因电视机老化发生爆炸引起大火，火势迅速蔓延，而林贻金老伴因瘫痪在床无法动弹，被浓烟呛得直咳嗽，只好用被子捂着头呻吟不止，生命受到严重威胁。在突如其来的火势面前，老大爷被吓蒙了，跑到门外大声喊人救火。这时，住在同栋楼其他单元的熊伟、胡建兵听到呼救声后火速奔向着火点，冒着浓浓黑烟，在没有任何防护措施的情况下奋不顾身多次冲进屋内，根据求救声音大致确定老人的位置，最终连抬带拖地把老人救出火场，及时挽救了老人的生命。刚脱离危险，两条汉子就瘫倒在地上，因吸入大量烟尘，和老人一起被送往医院救治。熊伟的凡人善举，深刻诠释了见义勇为的中华民族传统美德，模范践行了社会主义核心价值观，充分展示了鹰潭人优秀的品质、高尚的风貌和强大正能量。2016年12月，熊伟被评为“感动鹰潭十大爱心人物”。

2016年12月，熊伟被中央文明办授予“中国好人”荣誉称号。

胡建兵

26岁，江西省地矿局九一二大队员工。

2016年1月31日晚6时，鹰潭市月湖区九一二队退休职工林贻金家因电视机老化发生爆炸引起大火，火势迅速蔓延，而林贻金老伴因瘫痪在床无法动弹，被浓烟呛得直咳嗽，只好用被子捂着头呻吟不止，生命受到严重威胁。在突如其来的火势面前，老大爷被吓蒙了，跑到门外大声喊人救火。这时，住在同栋楼其他单元的熊伟、胡建兵听到呼救声后火速奔向着火点，冒着浓浓黑烟，在没有任何防护措施的情况下奋不顾身多次冲进屋内，根据求救声音大致确定老人的位置，最终连抬带拖地把老人救出火场，及时挽救了老人的生命。刚脱离危险，两条汉子就瘫倒在地上，因吸入大量烟尘，和老人一起被送往医院救治。胡建兵的凡人善举，深刻诠释了见义勇为的中华民族传统美德，模范践行了社会主义核心价值观，充分展示了鹰潭人优秀的品质、高尚的风貌和强大正能量。2016年12月，胡建兵被评为“感动鹰潭十大爱心人物”。

2016年12月，胡建兵被中央文明办授予“中国好人”荣誉称号。

喻　晓

34岁，大学本科学历，中共党员，政工师。任中国石油江西鹰潭分公司经理、党委副书记。

“六五”普法以来，围绕江西公司党委的中心工作，以依法治企为主题，以求真务实的精神，创造性的工作方法，积极投身于普法工作。结合工作实际，他组织制定了《鹰潭分公司“六五”普法依法治理工作考核细则》，对机关、各加油站等明确了工作内容，要求把“六五”普法依法治理工作纳入党政工作日程。积极组织各加油站，集中进行法制授课。并广泛展开各种主题宣传教育活动，在“三八”妇女节、“3·15”消费者权益保护日、“6·26”国际禁毒日、“12·4”全国法制宣传日等节日中，散发传单，宣传保护妇女儿童、预防青少年违法犯法、水土保持等专题法制宣传教育。不断提升全体职工群众的法律素质，全面提高学法、用法水平，不断将普法工作引向深入，在公司上下逐渐构成遵纪遵法和依法办事的良好风气，较好地增进了依法治企工作的开展。

2016年，　喻晓被中国石油集团公司评为“六五”普法先进个人。

黄　业

28岁，大学本科学历，中共党员，助理工程师。

在工作中，认真落实党和国家的安全生产工作政策、法律、法规和各项规章制度，以及公司各项安全工作部署及要求，树立了牢固的生产安全意识，确立“安全工作重在落实”的工作思路，加大安全管理制度，突出安全管理重点，加强过程控制和过程监督，注重安全生产文化建设，把安全工作纳入规范化和精细化发展轨道，使现场各项工程管理工作置于核定安全核工业安全的保护之下，营造了人人关心安全、人人重视安全、人人做好安全的良好氛围。杜绝了安全事故的发生，确保安全生产，为公司安全生产管理做出了很大贡献。

2016年，　黄业被中国石油集团公司评为hse管理体系推进工作先进个人。

谭国华

1962年8月出生，江西省全南县人，中共党员，大学本科学历，1983年12月参加工作，现任江西省地矿局九一二大队安全科科长。

从事安全生产管理工作以来，他始终按照国家安全生产法律、法规的要求，坚持安全生产方针，认真履行安全生产管理职责，积极开展宣传教育培训活动，大力推进和完善日常安全管理工作，坚持不断完善安全管理规则制度，坚持重要时段和特殊时期隐患排查治理，坚持安全生产费用投入等工作。在他的持续努力和大力监管下，大队实现了安全生产工作持续稳定，大队获得安全生产标准化国家二级证书，安全生产工作连续八年被省地矿局评为安全管理先进，并多次获得鹰潭市安全生产先进表彰。谭国华因工作突出先后4次受到上级部门的表彰。

2016年4月，谭国华被江西省人民政府授予“江西省‘十二五’安全生产工作先进个人”荣誉称号。

项是钧

满族，辽宁丹东人，1987年8月出生，2009年6月入伍，中共党员，现任鹰潭市公安消防支队龙虎山风景名胜区公安消防大队龙虎山消防中队政治指导员（副营级）。

项是钧工作严谨求实，以身作则，官兵评价好。从警七年来，他始终扎根基层，战斗在灭火救援的第一线，在烈火中奉献青春，把最美好的青春年华无私地献给了消防事业。在扑救龙虎山“12·17”居民楼火灾扑救过程中，他沉着冷静，靠前指挥，战术运用得当，为成功扑救火灾奠定了坚实基础。扑救战斗中，他身先士卒带领3名班长骨干进行内攻，成功营救出19名被困群众。此次灭火救援行动在中央和省直各大新闻媒体宣传报道后，受到了社会各界的广泛关注，赢得了各级党委、政府领导和广大人民群众的高度赞扬，传递了正能量，体现了当代消防部队的优良传统和精神风貌。

2016年6月，　项是钧被中共江西省委评为江西省优秀共产党员。

王江明

1969年7月出生，安徽合肥人，中共党员，2004年6月毕业于南昌大学法律专业（自学考试、本科），1991年8月参加工作，现任鹰潭市人民检察院反贪污贿局副局长，检察委员会委员、正科级检察员。

自2010年从事反贪工作以来，乐于奉献，清正廉明，刚正不阿，浩然正气，成功侦办了一起又一起大案要案，为国家挽回损失近亿元，为推进市反腐败工作做出了重要贡献。在"大家"和"小家"利益发生冲突时，王江明警毅然选择了"大家"。在查办案件中，王江明经常吃住在办案点，工作至凌晨时。有时赶回家中为生病的爱人熬药，次日早上又准点赶回办案点指挥办案。王江明在工作中经常告诫自己：权力是党和人民给的，勤政廉洁就是对党和人民的高度负责！面对人情关、金钱关和恐吓关，他毫不动摇，始终坚定信念，严辞拒绝犯罪嫌疑人亲友的吃请和钱物，经受住了来自各方面的一次又一次的考验。从检二十五年，曾4次荣立三等功，16次被评为先进工作者、优秀检察官、优秀公务员及突出贡献个人，2010年被最高人民检察院渎检厅授予"查办危害能源资源和生态环境渎职犯罪专项工作中表现突出个人"称号，2015年被评为鹰潭市优秀共产党员、先进个人。

2016年6月，王江明被中共江西省委评为江西省优秀共产党员。

付育红

女，1967年生，中共党员，大学本科学历，1986年毕业后被分配至贵溪法院工作，历任书记员、助理审判员、审判员，副庭长、庭长等职。

付育红始终扎根民事审判第一线，凭借着女性独有的细心、耐心和爱心，认真对待所审理案件的每一位当事人，用一腔热血和真情维护当事人的合法权益，诠释着一名法官司法为民的公正与责任。在日常的审判工作中，她不喜欢仅靠冷冰冰的法律来办案，她更喜欢在法律面前来点人性的温情，从而努力使枯燥、僵硬的法条变成温暖而富有人情味的法律适用。三十年来，她审理的案件无一错案，调解撤诉率超过60%。2015年，付育红带领的民事审判第一庭共审结各类民商事案件三百余件，其中她个人审结一百四十余件。多次被评为法院先进个人、优秀公务员，先后被授予"人民满意的好法官""十佳女法律工作者"等荣誉称号，荣记全国法院系统个人三等功两次。所在的庭室也荣获贵溪市"巾帼文明岗"称号。

2016年3月，付育红被江西省总工会评为"江西五一巾帼标兵"。

王　冠

女，1983年10月出生，江西余江人，中共党员，2007年7月毕业于南昌大学民商法学硕士专业，法学硕士，2007年7月参加工作，现任鹰潭市人民检察院侦查监督处处长，正科级检察员。

参加工作八年多的时间，王冠都是在平凡的工作岗位上，在点点滴滴的繁复中度过。因工作繁忙，案多人少，她总是对自己要求严格，本着对自己负责、对工作负责的态度去完成每一项工作，节假日和晚上加班成了家常便饭。在办理案件中，能够坚持办案法律效果、政治效果和社会效果相统一。17岁的贵州男孩苏某在姐夫的教唆下，与姐夫一起偷了一辆价值数千元的摩托车，很快就被警方抓获。警方报捕后，王冠对案件进行了解，发现苏某系初犯、从犯，主观恶性不大，王冠根据苏某的实际情况，将苏某纳入观护基地，并以此案为契机，推动建立了未成年人观护制度，对涉案未成年人进行观护、帮教。苏某在基地观护帮教期间表现良好，并在18岁生日时主动请检察干警陪同前往流动献血车无偿献血，用实际行动为自己送上一份特别有意义的"成人礼"。先后荣获个人三等功三次，2010年获"全省十佳侦监检察官"称号，2015年获"全省未检办案能手"称号，2016年获市院优秀党务工作者、市优秀检察官、"全省十佳公诉人"。

2016年，王冠被江西省妇女联合会授予"江西省三八红旗手"荣誉称号。

官业伟

江西省崇义县人，本科学历，1967年7月出生，1989年参加税务工作，2001年12月加入中国共产党，现任余江县地税局党组书记、局长。

他才思敏捷，行事果断，为人亲和，是一名典型的"学者型""专家型"领导。工作生活中，始终恪守共产党人艰苦朴素、求真务实的优良作风。从税二十八年来，历经征收员、管理员、稽查员、征收股股长、稽查队队长、稽查局副局长、县区局局长等多岗位历练，他把宝贵的青春、激情和智慧都献给了国家税收事业。曾先后获得全国税务系统打击发票违法犯罪活动先进个人、江西省文化事业建设费征收先进个人、江西省地税系统十年先进工作者、鹰潭市五一劳动奖章、鹰潭市地税系统优秀共产党员等荣誉称号。

2016年4月，官业伟被江西省总工会授予"江西省五一劳动奖章"。

王　萱

女，1987年5月生，籍贯江苏南京，2007年毕业于南京信息工程大学大气科学系，同年7月参加工作，现任鹰潭市气象局气象台副台长。

参加工作以来，一直工作在天气预报、测报、决策服务第一线，在预报把关、以及重要天气过程及重大社会活动的气象服务工作中发挥重要作用。主持和参与了预报业务系统以及各种灾害性天气预报方法研究等多项科研项目，并以第一作者发表和交流了多篇技术论文，专业技能竞赛成绩优异，工作业绩突出，被授予4次"全省优秀值班预报服务人员"，1次"全国优秀值班预报服务人员"，连续三年被评为"全省优秀青年气象科技工作者"，"第四届全省天气预报技能竞赛个人全能第二"，"第五届全省天气预报技能竞赛个人全能第一"，"江西省技术能手"、"江西省青年岗位能手"、"江西省巾帼建功标兵"。

2016年5月，王萱被江西省总工会授予"江西省五一劳动奖章"。

何发林

生于1962年10月，江西萍乡人，中共党员，大学学历，1982年7月毕业于长春地校，同年8月在江西有色地质勘探四队参加工作，现任江西有色地质勘查一队队长。

2005年10月，何发林临危受命，在江西有色地质勘查一队生产经营困难之际，赴一队就任。面对一无专业人才、二无设备、三无资金的困难局面，他努力整合资源，组建地质队伍，组装废旧设备，奋力开拓市场，使一队的地质产业重新回炉，并在一年内成功实现扭亏为盈。经营规模从856万元，亏损状态，到收入1.5亿元，经营效益超1000余万元；总资产从882万元，到超亿元，特别是2.28万平米的综合大楼竣工投入运营，优质资产超2亿元。在他精细的管理下，一队党建、群团等各项工作与经济工作齐头并进，先后获省直机关先进基层党组织、省直机关五一劳动奖状、第十三届、十四届省级文明单位；领导班子连续十年被局评为优秀领导班子；队属地勘院等部门先后获局、省直机关、省和全国青年文明号等多项荣誉。

2016年4月，何发林被江西省总工会授予"江西省五一劳动奖章"。

2016年新增享受省政府以上特殊津贴科技人员

李建林

1956年8月出生，安徽无为人，中共党员，中专学历，高级政工师、经济师，江西三川集团有限公司党委书记、董事长兼总经理。中国中小企业协会副会长，江西省中小企业协会会长，江西省工商联副会长，鹰潭市工商联副主席。

三川集团在李建林的率领下，经过四十多年的艰苦奋斗、创新发展，已拥有三川智慧、三川水泵、三川置业、三川铜业、三川生态园、博广农业、龙虎山庄七家控股子公司和一家国家级工程技术中心，建有国内首家水表博士后工作站和院士专家科技服务站，是一家集生产、销售、研发于一体的现代企业集团。其中三川智慧（股票代码300066）已成为国内首家以水表为主业的上市公司、江西省第一家在创业板上市的公司。三川智慧现有江西三川、山东三川南北两大生产基地和浙江温岭出口生产基地，拥有杭州三川国德物联网软件公司和上海互联网金融及爱水科技公司，产品覆盖中国大陆，远销东南亚、美洲、非洲等海外市场，国内市场占有率连续十四年保持同行业领先，2016年水表产销量突破930万台，位居国内第一、世界第三。

1991年荣获全国五一劳动奖章和江西省劳动模范，1996年以来连续15年被评为江西省优秀厂长（经理），先后荣获"中国优秀民营企业家""江西省优秀企业家""江西省优秀中国特色社会主义事业建设者""江西省第四届十大经济人物""江西省十大创业先锋"等称号。2015年被授予全国劳动模范光荣称号。

2016年，李建林 经国务院批准享受国务院特殊津贴。

童胜富

1968年7月出生，余江中童人，大学文化，1986年参加工作，艺名"公鸡"，全国雕刻行业人士称其为"花鸟雕刻第一人"。工艺品雕刻高级技师，中国根艺美术大师，江西省技术能手，国家级和省级技能大师工作室领办人，江西省"赣鄱英才555工程"领军人才，江西省余江县根石艺美术学会会长，江西省胜富艺品有限公司董事长。

从事雕刻事业20余年。2011年响应家乡号召，率领600余名能工巧匠回乡创业，并率先在余江雕刻创业示范街创办工作室，注重雕刻技能人才开发，尤其根雕技术人才培养。在其领办下，技能大师工作室不断发展壮大，人才队伍建设取得显著成绩，培养了200多名雕刻技能人才，新增取得国家高级技师职业资格人员2名、技师职业资格人员4名、高级工职业资格人员7名、中级工若干名；高级根艺师5名、中级根艺师19名。

雕刻工艺作品多次在国内外获得金奖，工作室成员在各类竞技比赛中获奖300多项。为当地经济和雕刻文化产业发展作出了较大贡献。

2016年，童胜富经国务院批准享受国务院特殊津贴。

周　斌

1973年出生，本科学历，2005年晋升检验专业主治医师，2011年晋升副主任技师（执业医师），鹰潭市人民医院细胞室主任、检验科副主任。

长期辛勤工作在临床一线，进行大量常见病多发病如宫颈癌、乳腺癌等肿瘤早期诊断，尤其是在超声引导结合液基细胞学技术对占人群发病率5%的甲状腺结节性质诊断的工作，使大量触诊不明显的甲状腺结节的性质得到明确界定，避免了良性病变的过度手术，保证了甲状腺癌病人的及时确诊早期手术治疗。病人范围广，社会影响大，业绩为国内同行所认可。2012年被评为鹰潭市优秀科技工作者，2013年入选江西省百千万人才工程。

他努力钻研业务，具有较高的科研水平，先后承担省部级重点课题2项（排名第一，基金资助），市厅级课题6项，在各级刊物发表文章10余篇，副主编《实用针吸细胞学诊断图谱》，获得多项科技进步奖，尤其在将液基细胞学技术和超声技术结合到甲状腺结节性质诊断中取得较大科研成果。

2016年8月，周斌经江西省政府批准享受省政府特殊津贴。

邹财高

1968年6月出生，余江潢溪人，大学文化。1985年参加工作，中共党员，国家高级技师（一级），江西省技术能手，江西省技能大师工作室领办人，江西省劳动模范，鹰潭市工艺美术大师，“助理工艺美术师”评委库成员，余江根艺石艺美术学会秘书长。

1985年，考入余江县雕刻厂技工学校，1988年7月，委派到深圳市宏达工艺有限公司工作，师从浙江东阳雕刻名师赵云龙，学习东阳深透雕和圆雕技法。1992年，选派到日本大阪市子子夜公司学习深造，师从日本名师林木兵次、里见政幸，系统地学习日本佛龛、古建筑和寺庙的设计方法。1994年回国，相继创办余江美亿工艺雕刻厂、鹰潭红红木家具厂、余江家隆工艺雕刻厂及余江林德工艺雕刻厂等多家企业，创办雕刻技能大师工作室，每年培训雕刻学员20多名，至今已有380多名学员。其中技师（国家职业资格二级）5名，高级工（国家职业资格三级）14名，中级工20余名，中级工艺美术师6名，助理工艺美术师22名。2010年11月，聘为余江雕刻产业招商顾问。2011年1月，成功引回童胜富等200余人返乡创业。邹财高雕刻技艺精湛，作品《牧羊》获中国十四届根艺石艺博览会精品奖；《唐塔》获中国（深圳）国际文化产业博览会铜奖；《赤壁游》获江西省第二届工艺美术“杜鹃奖”银奖；《一鸣惊人》中国十五届根艺石艺博览会金奖。

2016年8月，邹财高经江西省政府批准享受省政府特殊津贴。

2016年评定的正高级专业技术职称人员

谢国发

1963年2月出生，江西临川人，中共党员，1984年7月毕业于华东地质学院，本科学历，学士学位，1984年参加工作，现任江西省核工业地质局二六一大队副总工程师、队长助理。

先后主持完成了中央地质勘查基金、中核地勘基金、江西省地质勘查基金和中国地质调查局等多个项目的立项、续作、设计与实施。其中“江西省乐安县相山矿田西部铀矿普查”项目，取得了丰硕的地质成果，被中央地质勘查基金列为中国南方唯一的硬岩型铀矿找矿重点项目。撰写的科研论文多次在《铀矿地质》《海洋与湖沼》等中文核心期刊上发表，并参与北京地质研究院申报的中国《热液型铀矿攻深找盲技术创新与资源突破》课题的研究。该课题已申报国防科技进步一等奖，中国核工业集团特等奖。2014年，参加《我国铀矿勘查的重大进展和突破》专著编写，作为第一作者发表论文《江西居隆庵铀矿床》，并担任该书的编委。参与完成核行业标准“硬岩型铀矿探矿工程地质物探原始编录规范”的编写工作。

2016年2月，谢国发被评审为教授级高级工程师。

周玉龙

1963年2月生，江西临川人，中共党员。1983年7月毕业于天水地质学校找矿产与勘查专业，1983年7月参加工作，2010年1月取得西南科技大学土木工程专业本科学历。现任江西省核工业地质局二六一大队总工办副主任。

主要从事找矿与勘查、科研及技术管理工作，熟悉预查、普查、详查及勘探各阶段工作。30多年来，他先后主持并参与完成了国土资源部、中国地调局、中央基金、中核基金和省基金下达的10余个地质勘查、矿产调查和科学研究项目，取得较好的地质成果和经济效益。他还主持完成了商业地质市场上3个以上产值均超百万的资源储量核实、矿产调查等项目。撰写的《赣中相山矿田北部铀成矿地质条件分析》《江西相山矿田巴泉隐爆角砾岩（筒）地质特征及与成矿关系》分别获得第二届省科学技术年会优秀论文三等奖和省地质学会第八届理事会优秀论文三等奖。以主要完成人身份承担的“热液型铀矿电磁法和高精度磁法勘探技术研究”重大科研课题，获得中国核能行业协会科学技术二等奖。2011年入选“江西科技评审专家数据库”专家。

2016年11月，周玉龙被评审为教授级高级工程师。

肖茂章

1965年11月出生，江西省吉安人，中共党员，大学本科学历，1990年7月参加工作，现任江西省地矿局九一二大队主任工程师。

参加工作以来，先后从事金属矿及非金属矿普查、详查、岩矿鉴定等工作，取得了重要科研学术成果。主持完成的“冷水坑银铅锌多金属矿成矿系统及隐伏矿预测研究报告”，获国土资源科学技术二等奖。参与主持完成的大型项目“贵溪市冷水坑矿田银珠山矿区北矿段铅锌银矿详查”于2011年获江西省地质矿产勘查开发局科学技术一等奖。主持完成的“江西省贵溪市冷水坑矿田银珠山矿区南矿段铅锌银矿普查”于2012年获江西省地质矿产勘查开发局科学技术一等奖。合作完成的中国典型金属矿科学基地研究之“江西省冷水坑次火山岩热液型银铅锌矿床”项目，推动建立了集科研、教学与科普于一体的综合性科学基地，2014年中国地质出版社出版了该可研报告。

2016年1月，肖茂章被评审为地质矿产教授级高级工程师。

徐保明

江西余江县人，1963年7月出生，大学本科文化，现为贵溪市水产工作站，教授级高工。

1984年8月参加工作以来，徐保明一直在从事水产技术推广、服务、示范和研究，参与承担了江西省成果重点推广项目和国家星火计划项目——欧洲丁鱼岁引种繁育及养殖技术、江西省草鱼免疫防疫技术、水产健康养殖示范项目、农业部水生动物防疫体系建设项目、农业部农村合作经济组织示范项目、国家科协科普惠农项目等省部级以上科技推广与示范项目。取得省级科技成果两项，获贵溪市科技进步二等奖、鹰潭市科技进步一等奖、农业部丰收计划三等奖和江西省科技进步二等奖各一次，并荣获贵溪市优秀学科带头人、江西省优秀科技特派员、江西省水产工作先进个人、全国科普工作先进个人、全国科普惠农带头人、江西省百千万工程人才、全国农技推广贡献奖（等同于省部级一等奖）等荣誉称号。作为中国科协、国家财政部等国家九部委的科普专家团成员参与了江西井冈山和湖南湘西的大型科普服务活动。

2016年11月，徐保明被评审为教授级高级工程师。

于肖辉

1965年12月出生，江西东乡人，1991年毕业于中国药科大学药学专业，本科学历，现任江西天施康中药股份有限公司教授级高级工程师，技术中心主任，江西省科技进步奖评审专家，江西省科技项目评估中心专家。

先后主持复方夏天无片、牛黄上清胶囊、复方鱼腥草滴丸、肠炎宁颗粒等几十余项新药的研制开发并获得新药证书和批准文号，取得了显著的经济效益和社会效益。主持完成国家级项目“夏天无中药产品高技术产业化开发”及省部级科技项目5项，获得国家发明专利证书5项，获得江西省科技进步奖4项、省优秀新产品奖7项，鹰潭市科技进步奖6项。先后在国家级医药核心期刊《中草药》《现代中药研究与实践》等发表多篇论文，均为第一作者。

2016年11月，于肖辉被评审为教授级高级工程师。

包　健

1971年8月出生，浙江富阳，中共党员。1990年毕业于富阳职业技术学院，中专毕业，1995年7月通过甘肃工业大学机械制造专业自考专科，2015年浙江大学EMBA经济管理专业毕业。浙商鹰潭第三届副会长，鹰潭市第九届人大代表。

1998年任温州永泰电器有限公司车间主任、厂长。2002年任贵溪华泰铜业有限公司任副总经理，2009年任弋阳县凯顺机械制造有限公司董事长兼总经理，2012年任江西凯顺科技有限公司董事长兼总经理。

致力科研创新，2004年主导获得2004年国家级星火计划项目，2006年获得江西省高新技术产品，2009年获得鹰潭科技创新一等奖，2011年获得三个国家实用新型发明专利，2014年获得二个国家发明专利，2015年获得鹰潭市科技发明一等奖，2016获得鹰潭市学科带头人培养对象、江西省科技发明二等奖。2013年企业荣获贵溪市五一劳动奖状。先后荣获贵溪市优秀共产党员、鹰潭市五一劳动奖章、鹰潭市非公优秀共产党员。

2016年11月，包健被评审为教

授级高级工程师。

李　丹

女，江西余干县人，1968年7月生，中共党员，教授，现任教于江西师范高等专科学校。

1990年8月，从鹰潭师范学校毕业，留校任教；1996年9月至2000年7月在鹰潭教育学院任助教；1998年8月至2000年6月在江西师范大学研究生院进修思想政治教育专业研究生课程并结业；2000年8月至2015年7月在鹰潭职业技术学院先后任讲师、副教授。致力于高职思想政治教育教学改革与创新研究，先后在省级以上学术刊物上公开发表教研论文11篇，其中中文核心刊物3篇。2013年承担了省教育厅组织的江西省高校人文社会科学研究项目，主持市级、省级科研课题各一项，并顺利结题。

2016年10月，李丹被评审为高职教授。

吴志红

1992年分配至余江县中医院，一直从事骨伤科临床工作，2006年任骨伤科主任。

他工作认真，勤奋好学，谦虚谨慎。在当地率先开展了全髋关节置换术、下颈椎骨折前路减压植骨内固定术、微创椎弓根螺钉内固定治疗胸腰椎骨折、经皮穿刺椎体成形术、股方肌骨瓣治疗股骨颈骨折、交锁髓内钉治疗四肢骨折及骨不连（股骨干、胫骨干及肱骨干）、经尺骨鹰嘴截骨入路治疗肱骨髁间骨折、四肢骨折钢板内固定的经皮微创技术、双钢板治疗复杂型胫骨平台骨折等新技术。作为院骨伤科技术骨干及学科带头人，主持参与了院骨伤科省级重点专科建设，并顺利通过验收。取得一项科研成果，在国家级学术期刊上发表学术论文3篇。

2016年12月，吴志红被评审为主任中医师。

彭　涛

1996年6月于江西医学院医学影像学专业（五年制）本科毕业，毕业后一直在鹰潭市人民医院从事临床放射诊断工作。2003年4月至10月 在上海瑞金医院放射科进修影像诊断，2003年9月聘为主治医师，2008年11月被聘为副主任医师，2007年9月担任CT室主任。

他具有良好的职业道德与敬业精神，遵守各项规章制度及诊疗常规，始终坚持在一线工作。熟练掌握X线、CT、MR的各种操作技术与诊断技术，具有丰富的临床经验，能解决疑难病的诊断，具有较高的鉴别诊断水平。开展了CT多层面重建（MPR）、CT三维重建、全身各部位大血管动脉三维成像（CTA）、泌尿系统三维成像（CTU）、心脏冠状动脉血管三维成像及CT仿真内镜成像（CTVE）、CT下介入、MR血管造影、MR胰胆管水成像、MR泌尿系统水成像等三维成像技术，填补了鹰潭市人民医院影像技术的空白。坚持不懈钻研专业知识及相关学科知识，积极参加各类学术活动，不断充实和提高自己的业务水平，先后在国家级期刊及核心期刊上发表本专业论文3篇，参与实施市级科研课题一项。不断探索新形势下科室管理的方法，注意人才队伍的梯队建设，明确科室业务发展目标，重视科室质量管理，推行人性化服务，科室社会效益、经济效益得到全面提高。

2016年12月，彭涛被评审为主任医师。

彭长生

出生于1967年5月，籍贯江西省上饶市万年县，1990年6月毕业于江西医学院临床医学系，同年7月进入鹰潭市人民医院普外科工作，2007年晋升普外科副主任医师，2012年6月开始在鹰潭市人民医院铁路分院外科主持普外科工作。

从医30余年，擅长普外科各类疑难病例、急腹症的诊断与治疗，熟练掌握肝切除、复杂胆道及各类甲状腺疾病手术，熟练掌握乳腺肿瘤、胃及结直肠良恶性肿瘤的规范化治疗。2008年在上海交通大学附属新华医院普外科进修一年，2013年在上海市交通大学附属仁济医院学习腹腔镜结直肠手术，回院后独立开展腹腔镜胃及结直肠手术。先后开展腹腔镜下直肠癌根治术、腹腔镜下右半结肠癌根治术、腹腔镜下胃癌根治术，腹腔镜下胃十二指肠穿孔修补术、腹腔镜胆囊及阑尾切除术。每年各类腹腔镜手术百余例，均取得良好疗效。多次主持市级课题，获鹰潭市科技进步三等奖，在国家级期刊发表各类普外科相关论文多篇。

2016年12月，彭长生被评审为主任医师。

熊国营

1967年5月出生于江西省南昌市，中共党员。2000年6月江西中医药大学毕业，大学本科学历，硕士学位。2012年10月考取执业药师，2009年12月聘任医院副主任药师，现任鹰潭市人民医院铁路分院药剂科主任、兼综合党支部书记。中国药学会药事管理委员会委员，江西省医院药学专业委员会委员。

从医20多年，具有较丰富的药学工作经验，具备解决日常工作中复杂疑难问题的能力。熟悉医院制剂生产质量控制程序和操作方法，熟悉临床所用药品的药理作用、疗效、不良反应相互作用及药物应用趋势和经济学评价、储备学原则、保管要求。深入临床参与会诊、抢救工作，设计个体化治疗方案；熟悉药学专业有关的法律、法规、标准及技术规范；了解药学专业国内外现状及发展趋势，掌握新理论、新知识、新技术，并应用于药学实践与科学研究。主持完成江西省卫计委课题3项，鹰潭市科技局课题1项，在国家级以上期刊发表论文十多篇。

2016年12月，熊国营被评审为主任药师。

余纪岚

1989年毕业于江西省卫校护理专业，2000年6月毕业于江西广播电视大学高级护理，2008年7月毕业于中南大学护理系。2009年4月取得副主任护师资格。2004年10月任心血管、神经内科护士长，2008年加入中国共产党，2013年4月任大内科护士长，为该专业护理学科带头人，鹰潭市医疗事故鉴定委员会专家，鹰潭市科技成果鉴定委员会专家，国家三级营养师，国家二级健康管理师。

从事护理工作28年，多次被评为先进个人，优秀护士、十佳护士，优秀共产党员。在国家级核心期刊分别发表论文10余篇，主持和参与完成科研课题8项，其中3项获得鹰潭市科技进步二等、三等奖，一项被江西省卫计委纳入基层卫生适宜技术“星火推广计划”项目。

2016年12月，余纪岚被评审为主任护师。

王红群

1984年7月毕业于上饶地区卫生学校，1998年7月毕业于江西广播电视大学护理专业，2005年6月通过自学考试，毕业于江西医学院护理专业，学历本科。2008年11月取得副主任护师资格并被聘用。

她严格依法执业，认真履行岗位职责。经常深入临床督促、指导护理工作，经常和护士一起直接服务病人，倾听患者和护士的感受，率先垂范引领优质护理服务发展。坚持护理查房，积极参与重危病人会诊与抢救。组织修订了本院的《护士手册》《护理质控标准》《各科常见病护理常规》《护理文书书写规范》。组织开展了26项中医护理技术、血液透析、PICC、新生儿护理技术。近5年来发表了5篇论文（国家级4篇）。完成一项省级课题并获市科技进步二等奖；主持实施一项市级课题；参与实施了一项市级课题。多次担任该地区护理科研课题评审的主任委员、副主任委员、委员。

连续三届当选为区政协委员，担任了民革中医院支部的组织委员和民革市委会参政议政部副部长职务，被江西省中医学院聘请为讲师，在鹰潭卫校兼任护理学教师。2003年被中央民革评为抗击非典先进个人；先后获市“女职工学哲学演讲比赛第三名”、“市优秀护士”、“民革社会咨询服务工作先进个人”、优秀民革党员、医院优秀中层干部等荣誉称号。

2016年12月，王红群被评审为主任护师。

沈建豪

1983年8月毕业分配到贵溪一中，在教育一线勤奋工作了33个年头。担任了28年的班主任工作，担任政教副主任、主任13年。中学特级教师。

辅导学生多人多次在中学生物理竞赛中获全国、全省奖，实现了贵溪一中物理竞赛史上零的突破。2008年作为中学物理教师参加中央电视台科教频道走近科学栏目《悬棺之谜》节目，在节目中对悬棺上升原理做权威解释。2009年建立了沈建豪高中物理工作室。2010—2012年承担全省中小学教师全员远程培训。2014年、2015年连续两年受江西省人力资源和社会保障厅、江西省教育厅聘任，负责承担全省中小教师招聘考试高中物理命题工作。2015年10月通过层层考核，参加教育部主办、浙江师范大学承办，仅有49人的全国高中物理一线教师高级研修班学习。经过30年的努力建立了高中物理题库。先后荣获鹰潭市“电教新秀”、鹰潭市“优秀青年教师”、江西省优秀指导教师、“省中小学德育工作先进个人”、省“师德标兵”、省首批中小学学科带头人称号。

2016年12月，沈建豪被评审为中小学正高级教师。

李文兴

余江县第一中学化学教师，鹰潭市建市30周年“十大优秀教师”、江西省特级教师、省学科带头人、省优秀班主任、省中学化学教学教研先进工作者、省骨干教师、省化学奥林匹克一级教练、教育部课题研究先进工作者。

指导的学生参加化学竞赛有12人获全国奖；学生王如意以149分夺得2001年高考省化学单科第二；任教的毕业班理综成绩多次在全市名列前茅，学生多人被清华、北大录取，二本以上录取率高达94%；教学成绩屡夺全校第一。

主持国家级、省级课题3项，获各级奖励40余项，主编教学用书两部，创建了余江县第一中学李文兴化学工作室，2014年指导全省768名老师研修，在江西教育电视台承担了两期节目主讲工作。

2016年12月，李文兴被评审为中小学正高级教师。

2016年受省（省委、省政府）部级以上表彰的先进集体

表一

受奖单位	先进年度或受奖时间	荣誉称号	授予单位
鹰潭市	2016年2月	土地利用和管理形势观测分析工作成效突出观测点	国家土地总督察办
市中级人民法院	2016年9月	2016年度在司法新闻宣传工作中做出突出成绩的法院	最高人民法院
市人防办	2016年	全国人防先进单位	国家人防办
市公安局警务保障处	2016年6月	全国公安机关“210工程”建设先进集体	公安部
市劳动就业服务管理局	2016年12月	全国人力资源社会保障系统2014—2016年度优质服务窗口	人社部
贵溪市法院雷溪法庭	2016年1月	全国法院先进集体	最高人民法院
上饶银行贵溪分行	2016年	全国青年文明号	共青团中央
贵溪市国库集中支付中心	2016年	全国青年文明号	共青团中央
余江县工商联	2016年5月	2015年全国“五好”县级工商联	中华全国工商联
龙虎山加油站	2016年6月	“安康杯”优胜班组	国家安监总局
龙虎山公安消防大队	2016年6月	集体三等功	公安部
中铁十一局集团桥梁有限公司	2016年6月	全国“安康杯”竞赛优秀组织单位	中华全国总工会 国家安监总局
中铁十一局集团桥梁有限公司	2016年	宣传工作先进单位	中国铁建
中铁十一局集团桥梁有限公司抚州工业分公司	2016年	中华全国总工会职工书屋	中华全国总工会
中铁十一局集团桥梁有限公司抚州工业分公司	2016年4月	中国铁建青年文明号	中国铁建团委
中铁十一局集团桥梁（物资贸易）有限公司	2016年6月	中央企业档案工作评价B级	中国铁建
江西有色地质勘查一队地质勘查院	2015年至2016年度	全国青年文明号	共青团中央
南铁鹰潭车站	2016年12月	全路客货运窗口用户满意度单位	中铁企协

续表 1-1

受奖单位	先进年度或受奖时间	荣誉称号	授予单位
市财政局	2016 年 4 月	省第十四届文明单位	省委、省政府
鹰潭日报社	2016 年 4 月	省第十四届文明单位	省委、省政府
市地税局	2016 年 4 月	省第十四届文明单位	省委、省政府
市检察院	2016 年 4 月	省第十四届文明单位	省委、省政府
市体育局	2016 年 4 月	省第十四届文明单位	省委、省政府
国家统计局鹰潭调查队	2016 年 4 月	省第十四届文明单位	省委、省政府
贵溪市	2016 年 4 月	2015 年度市县科学发展综合考核评价先进县（市、区）	省委、省政府
贵溪市	2016 年 8 月	双拥模范城	省委、省政府、省军区
贵溪市地税局	2016 年 4 月	省第十四届文明单位	省委、省政府
余江县地税局	2016 年 4 月	省第十四届文明单位	省委、省政府
余江县交通运输局	2016 年 4 月	省第十四届文明单位	省委、省政府
月湖区地税局	2016 年 4 月	省第十四届文明单位	省委、省政府
龙虎山地税局	2016 年 4 月	省第十四届文明单位	省委、省政府
鹰潭高新区	2015 年度	全省先进工业园区	省政府
高新区地税局	2016 年 4 月	省第十四届文明单位	省委、省政府
江西省煤田地质局二二三地质队	2016 年度	省第十四届文明单位	省委、省政府
中铁十一局集团桥梁有限公司	2016 年 4 月	省第十四届文明单位	省委、省政府
二六一大队	2016 年 4 月	省级文明单位	省委、省政府
二六一大队相山核地质科技文化园	2016 年 7 月	江西省国防教育基地	省政府

2016 年高考文、理科状元及被北大、清华录取的新生

一、鹰潭市 2016 年高考文、理科状元

科别	姓名	性别	高考前毕业学校	考分	录取院校
理科	薛　陈	女	贵溪一中	684 分	清华大学
文科	陈莉霞	女	余江一中	616 分	复旦大学
	王　彤	女	贵溪一中	616 分	复旦大学

二、鹰潭市 2016 年被北京大学、清华大学录取的新生

科别	姓　名	性别	高考前毕业学校	录取学校
理科	李志伟	男	贵溪一中	清华大学
理科	李耀华	男	余江一中	清华大学
理科	黄国正	男	鹰潭一中	清华大学
理科	罗岚清	男	鹰潭一中	清华大学
理科	卢子纯	男	贵溪一中	清华大学
理科	周子杰	男	鹰潭一中	清华大学
理科	张俊峰	男	鹰潭一中	清华大学
理科	张子毅	男	鹰潭一中	清华大学
理科	俞星浩	男	余江一中	清华大学
理科	赵　琨	男	鹰潭一中	清华大学
理科	余强胜	男	鹰潭一中	清华大学
理科	张飞斌	男	鹰潭一中	清华大学
理科	黄　龙	男	余江一中	清华大学
理科	毕恺峰	男	鹰潭一中	清华大学
理科	卢　健	男	鹰潭一中	清华大学
理科	吴全荣	男	余江一中	清华大学
理科	章义鑫	男	鹰潭一中	清华大学
理科	李诗琪	女	鹰潭一中	清华大学
理科	薛　陈	女	贵溪一中	清华大学
理科	汤茜钰	女	鹰潭一中	清华大学
理科	汪　培	男	贵溪一中	北京大学
理科	祝奇文	男	余江一中	北京大学

鹰潭市领导通过江西省国家教育考试标准化考点视频设备进行巡考

市教育局　供稿

主要统计资料

编辑、校对：杨保平

2016年鹰潭市国民经济和社会发展统计公报

2016年，在市委、市政府的坚强领导下，全市上下深入学习贯彻习近平总书记系列重要讲话精神，特别是对江西工作提出的“新的希望、三个着力、四个坚持”重要要求，坚持以新发展理念为引领，牢牢把握稳中求进工作总基调，统筹做好稳增长、促改革、调结构、优生态、惠民生等各项工作，全市经济社会发展实现了“十三五”良好开局。

一、综 合

初步核算，全年实现地区生产总值（GDP）695.35亿元，按可比价格计算，比上年增长8.8%。其中：第一产业增加值52.8亿元，增长4.2%；第二产业增加值404.55亿元，增长8.0%；第三产业增加值237.99亿元，增长11.3%。三次产业对经济增长的贡献率分别为3.7%、54%和42.3%。人均生产总值达60136元，增长8.2%。产业结构进一步优化。三次产业结构由上年的7.7：59.4：32.9调整为7.6：58.2：34.2，第三产业占比提高了1.3个百分点。

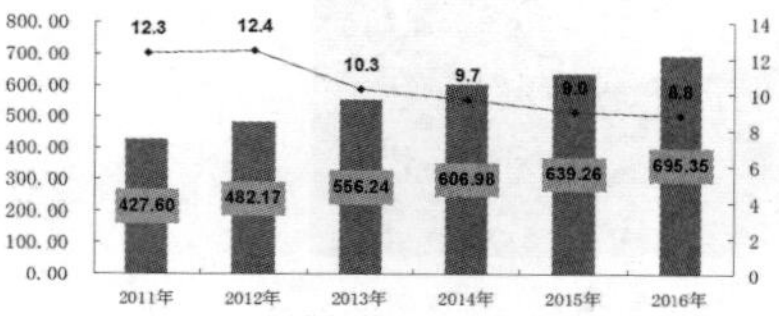

图1 2011—2016年全市生产总值及增速情况图

年末常住人口115.93万人，比上年末增加0.6万人，其中城镇人口为66.64万人，比上年末增加2.31万人，占总人口比重57.48%，比上年提高1.7个百分点。全年出生人口为1.54万人，出生率为13.28‰，比上年提高0.14个千分点；死亡人口为0.71万人，死亡率为6.18‰，比上年下降0.15个千分点；人口自然增长率为7.1‰，比上年提高0.29个千分点。

全年城镇新增就业人数2.46万人，城镇登记失业率为3%，新增转移农村劳动力1.57万人，新增家庭服务业从业人员2609人，省内工业园区定向培训1.42万人。全年共新增小额担保贷款4.8亿元。

全年财政总收入116.82亿元，增长3.9%，其中，一般公共预算收入81.62亿元，下降1.7%；税收收入90.07亿元，增长4.7%，税收收入占财政总收入的比重为77.1%，同比提高0.6个百分点。分县（市、区）看，贵溪市财政总收入完成47.59亿元；余江县、月湖区、高新区财政总收入均超10亿元，分别完成18.05亿元、11.78亿元和19.07亿元；龙虎山景区财政总收入超4亿元，信江新区财政总收入超5亿元。

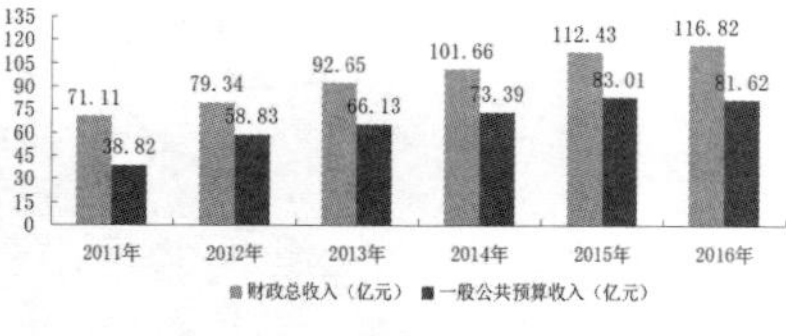

图2 2011—2016年全市财政收入情况图

全年居民消费价格上涨2.0%，控制在年度计划3.0%以内，涨幅比同期提高了0.5个百分点，其中，食品烟酒、衣着、生活用品及服务、教育文化和娱乐、医疗保健、其他用品和服务类价格分别上涨3.4%、2.7%、0.3%、2.0%、14.3%、0.6%；居住、交通和通信类价格分别下降了0.6%、3.4%。商品零售价格下跌0.2%，服务项目价格上涨3.6%。

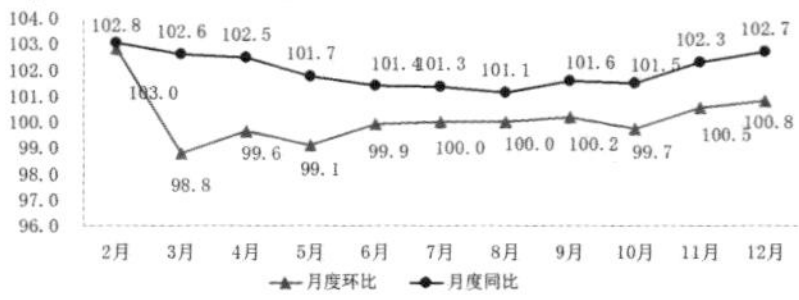

图3 居民消费价格当月指数图

2016年居民消费价格指数一览表

表1

指 标	以上年为100
居民消费价格指数	102.0
#食品烟酒	103.4
#粮食	99.7
食用油	103.3
畜肉	111.4
禽肉类	97.4
蛋	97.7
水产品	105.0
鲜菜	108.8
衣着	102.7
居住	99.4
生活用品及服务	100.3
交通和通信	96.6
教育文化和娱乐	102.0
医疗保健	114.3
其他用品和服务	100.6

二、农业

全年实现农林牧渔业总产值84.73亿元，按可比价计算，增长

4.2%。粮食产量实现“十三连丰”，全年粮食播种面积12.18万公顷，粮食产量73.72万吨，比上年增加0.72万吨，增长1.0%；其中，稻谷70.69万吨，增长1.0%。油料作物产量2.87万吨，增长4.8%；蔬菜及食用菌产量27.63万吨，增长3.1%。

全年肉类总产量12.42万吨，下降3.4%，其中猪肉产量10.41万吨，下降3.7%；禽蛋产量2.15万吨，增长5.6%。生猪出栏126.49万头，下降4.2%，家禽年末存笼501.8万只，下降1.4%。全年水产品产量5.22万吨，增长4.0%，其中养殖产量4.88万吨，增长4.3%。

2016年主要农产品产量情况表

表2

产品名称	产量（万吨）	比上年增长(%)
粮食	73.72	1.0
其中：稻谷	70.69	1.0
油料作物	2.87	4.8
其中：花生	1.83	8.8
甘蔗	2.98	9.6
茶叶（吨）	129	12.2
园林水果	5.03	2.6
蔬菜及食用菌	27.63	3.1
肉类	12.42	–3.4
水产品	5.22	4.0

三、工业和建筑业

全年规模以上工业增加值330.87亿元，增长8.4%。分企业类型看，国有企业91.85亿元，下降2.8%；股份制企业141.66亿元，增长10.1%；私营企业90.12亿元，增长19.2%；外商及中国港澳台投资企业7.24亿元，增长11.1%。分轻重工业看，轻工业59.9亿元，增长3.7%；重工业271亿元，增长9.5%。分产业看，铜产业230.4亿元，增长9.3%；非铜产业100.50亿元，增长6.3%。分行业看，在统计的28个行业大类中，有17个行业的增加值实现了增长。在六大重点行业中，有色金属冶炼及压延加工业223.57亿元，增长9.9%；电气机械及器材制造业28.55亿元，增长17.9%；电力热力的生产和供应业14.33亿元，下降12.6%；烟草制品业11.37亿元，下降13.3%；仪器仪表制造业9.85亿元，增长7.8%；化学原料和化学制品制造业6.79亿元，增长4.7%。

规模以上工业主要产品产量情况表

表3

产　品	单位	产　量	比上年增长（%）
十种有色金属	万吨	102.01	–4.9
电解铜	万吨	101.54	–4.1
硫　酸	万吨	193.39	–2.2
铜材加工	万吨	249.48	16
中成药	吨	2226.16	4.5
化学农药	吨	17816	7.6
磷　肥	万吨	15.57	–6.1
水　泥	万吨	193.24	8.8
水　表	万只	480.48	20.5
发电量	亿千瓦时	79.24	–10.2
皮革鞋靴	万双	549.57	13.2

全年规模以上工业企业实现主营业务收入3633.09亿元，增长7.8%，其中铜产业实现收入3272.17亿元，增长8.1%。实现利税167.69亿元，增长4.5%；实现利润95.30亿元，增长10.1%，其中铜产业实现利润59.87亿元，增长27.4%。

年末全市园区实际开发面积20.4平方千米，投产工业企业369家，比上年增加66家；从业人数6.74万人，增长2.7%。园区企业实现工业增加值229.40亿元，增长8.4%；实现主营业务收入1502.13亿元，增长7.9%；实现利税123.06亿元，增长3.2%；实现利润73.87亿元，增长10.5%。鹰潭高新技术产业开发区、贵溪工业园区、余江工业园区主营业务收入分别突破600亿元、500亿元和300亿元，分别达620.28亿元、576.58亿元和305.27亿元，分别增长8.8%、6.8%和7.1%。

全年具有建筑资质等级的建筑业企业40家，实现建筑业增加值34.86亿元，增长8.3%。全年房屋建筑施工面积205.9万平方米，下降3.7%；房屋建筑竣工面积134.64万平方米，增长11.0%。

四、固定资产投资

全年固定资产投资（不含农户）604.16亿元，增长13.7%。分投资主体看，国有经济投资182.78亿元，增长5.8%，非国有投资421.38亿元，增长17.5%，其中民间投资418.32亿元，增长16.8%。分产业看，第一产业投资19.34亿元，下降10.5%；第二产业投资351.82亿元，增长22.2%；第三产业投资233.01亿元，增长4.9%。分行业看，农林牧渔业投资下降4.8%，制造业增长26.6%，电力、热力、燃气及水的生产和供应业下降19.4%，交通运输、仓储和邮政业增长208.6%，信息传输、软件和信息技术服务业增长43.8%，租赁和商务服务业增长257.1%。

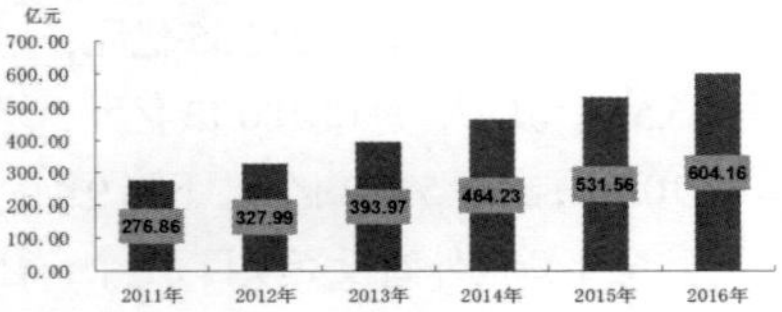

图4　2011—2016年全市固定资产投资（不含农户）情况图

全年房地产开发投资62.48亿元，增长8.2%，其中住宅投资42.77亿元，增长0.4%。房地产开发企业土地购置面积17.8万平方米，下降60.6%。房屋施工面积604.5万平方米，增长7.4%，其中房屋新开工面积202.07万平方米，增长12.7%，住宅新开工面积124.1万平方米，同比下降1.9%。商品房销售面积154.95万平方米，增长19.6%，其中住宅销售面积增长15.8%。商品房销售额61.83亿元，下降4.3%。

五、国内贸易

全年社会消费品零售总额194.66亿元，增长12.8%。其中限额以上消费品零售额65.75亿元，增长16.7%。按经营地统计，城镇消费品零售额173.99亿元，增长12.8%；乡村消费品零售额20.67亿元，增长13.1%。按消费类型统计，限上贸易单位实现商品零售额61.98亿元，增长17.4%；餐饮收入额3.77亿元，增长7.4%。全年限上单位通过网络实现零售额162.4亿元，增长204.3%。

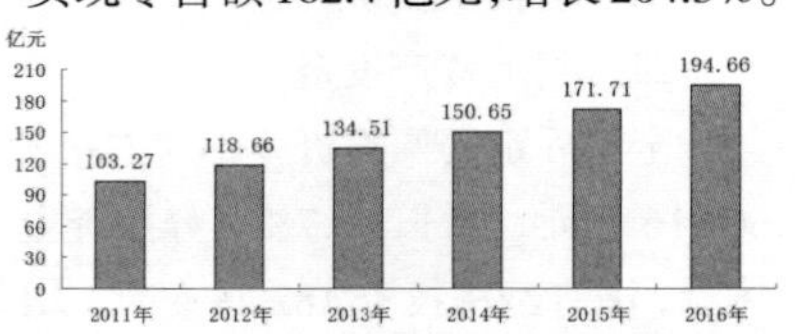

图5 2011—2016年社会消费品零售总额情况图

在限额以上企业商品零售额中，粮油、食品类零售额比上年增长38.6%，服装、鞋帽、针纺织品类增长45.4%，化妆品类增长10.8%，金银珠宝类增长6.7%，日用品类增长42.3%，家用电器和音像器材类下降6.8%，文化办公用品类增长558.8%，家具类增长16.4%，通信器材类增长32.2%，建筑及装潢材料类增长48.5%，汽车类增长19.2%，石油及制品类增长2.4%。

六、对外经济

全年进出口总额233.55亿元，增长5.5%。其中，进口180.13亿元，增长10.9%；出口53.42亿元，下降9.4%。

全年新批外商投资项目61个，合同外资金额30133万美元，下降2.6%；实际利用外资26460万美元，增长10.2%。引进省外2000万元以上项目162个，增长52.8%；实际进资316.27亿元，增长12.5%。其中，引进亿元以上项目83个，增长15.3%；实际进资297.91亿元，增长16.9%。

七、交通、邮电和旅游、物流

全年旅客运输量2524.7万人，下降0.6%，其中铁路旅客发送量511.83万人，下降0.8%；公路客运量1957万人，下降0.6%；水路客运量55.89万人，与同期持平。全年货物运输量4625.1万吨，增长4.3%，其中铁路货物发送量341.05万吨，下降9.7%；公路货运量3793万吨，增长6.4%；水路货运量491万吨，与同期持平。

年末境内公路总里程4255.36千米，比上年末增加218.36千米。其中高速公路总里程101.44千米。年末机动车保有量17.37万辆，增长5.1%，其中运营车辆2.77万辆，非运营车辆14.59万辆，校车200辆。个人汽车拥有量8.98万辆，增长20%。年末实有公共汽车运营车289辆，增长20.9%，城市每万人拥有公共交通车辆14.09标台；行政村客运班车通达率95.8%。年末实有出租车450辆，在市区投放共享单车600辆。

全年邮政业务总量3.32亿元，增长42.8%。邮政业完成邮政函件业务26.01万件，包裹业务114.92万件，快递业务量1199.51万件，增长62.6%；快递业务收入1.06亿元，增长47.0%。年末电话交换机总容量153万门，固定电话用户数12.3万户，移动电话用户88.9万户，其中3G/4G用户数54.65万户。年末固定宽带入户数14万户，增长7.8%；移动宽带入户数26.95万户，增长36.1%。

全年接待国内旅游者3200万人次，增长27.8%，其中入境旅游者37.63万人次，增长21.5%；实现旅游总收入268.1亿元，增长34.1%，其中旅游创汇6735.96万美元，增长21.5%。

年末共有物流企业357家，实现销售收入63.41亿元，增长4.8%；上交增值税4.84亿元，下降2.7%。

八、金融、证券和保险业

年末金融机构人民币存款余额681.25亿元，比年初增加91.89亿元。其中，住户存款余额363.12亿元，比年初增加36.02亿元；非金融企业存款余额205.69亿元，比年初增加47.65亿元。年末金融机构人民币贷款余额531.74亿元，比年初增加80.03亿元。其中，住户贷款余额174.8亿元，比年初增加16.59亿元；非金融企业及机关团体贷款余额356.94亿元，比年初增加63.44亿元。

全年通过“财园信贷通”发放贷款企业252户，发放贷款7.95亿元；全年通过“财政惠农信贷通”发放贷款企业432户，发放贷款3.06亿元。

年末境内实有证券机构5家。全市共有上市公司7家（含挂牌），比上年增加2家，其中A股上市1家；创业板上市1家；新三板上市5家，比上年增加2家。

年末实有保险公司17家，其中财险公司8家，寿险公司9家。全年保险公司实现保费收入14.73亿元，增长7.4%。其中财产险保费收入4.8亿元，增长10.1%；寿险保费收入9.93亿元，增长6.3%。全年各类保险赔款给付4.81亿元，下降14.3%，其中财产险赔付2.3亿元，下降2.1%；寿险赔付2.51亿元，下降23.0%。

九、教育和科学技术

年末共有各级各类学校695所，其中普通高校2所，成人高校1所，职业学校12所，普通中学84所，小学256所，特殊教育学校3所，幼儿园337所。全市普通高等学校、普通中学、小学在校生分别为8607人、63365人和11.36万人，特殊教育在校生1057人，在园幼儿37864人。普通高等学校、普通中学、小学分别拥有专任教师443人、4709人和5903人。全市小学适龄人口毛入学率为104.65%，初中适龄少年毛入学率117.73%，高中阶段入学率86.16%。

表4 2016年各类教育基本情况表

指标	学校		专任教师		在校学生	
	数量(所)	比上年增减(所)	人数(人)	比上年增长(%)	人数(人)	比上年增长(%)
普通高等学校	2	0	443	-10.3	8607	6.5
职业学校	12	0	341	-1.7	7636	1.8
普通中学	84	2	4709	1.2	63365	4.6
小学	256	1	5903	0.6	113557	0.7
特殊教育学校	3	0	32	14.3	1057	126.8
幼儿园	337	52	2096	-1.2	37864	-4.9

全年争取国家级各类科技项目立项2项，省级各类科技项目立项50项。全年荣获全省科技进步三等奖2项，市级科技主管部门鉴定的科技成果21项，评审出市级科技成果奖21项。全年专利申请量2945件，增长85.7%，专利授权量1963件，增长64.8%。年末有国家级工程技术研究中心2个，省级工程技术研究中心12个，新增2个，市级工程技术研究中心34个，新增8个。年末有国家级

科技创新平台7个，新增2个，省级科技创新平台33个，新增9个。年末有省高新技术产业化基地2个，省技术创新联盟2个。年末高新技术产业中共有规模以上企业58家，实现高新技术产业增加值104亿元，占全市GDP比重为15%，比上年提高5.4个百分点。全年科技进步对GDP贡献率达56%，较上年提高1.0个百分点。

十、文化、卫生和体育

年末共有博物馆3个，公共图书馆4个，图书藏量42.69万册；文化馆4个，文化站35个；剧场、影剧院3个。全市有广播电台3座，电视台3座；有线电视入户率30.22%；广播节目综合人口覆盖率96.93%；电视节目综合人口覆盖率97.52%。

年末拥有卫生机构（含卫生室）930个，其中医院27所、卫生院35所；诊所、卫生所、医务室、护理站807个。卫生技术人员5810人，比上年增加270人，其中执业医师2446人，注册护士2195人。卫生机构床位5229张，比上年增加213张，医院病床使用率76.4%。每千人拥有卫生技术人员5人，每千人拥有卫生机构床位4.5张（按常住人口计算）。

年末建有体育场馆22个，建有全民健身中心5个，年内建成并投入使用农民健身工程25个。全年举办全市性全民健身活动167次，全市共有各级各类体育社会指导员2043人，组队参加了全省第五届全民健身运动会全部16个大项比赛，获得19金15银9铜，位列全省奖牌榜第五。全年新注册、确认运动员564人，登记在册教练员13人。在全国青少年锦标赛中，鹰潭市派出的4名运动员共获得2金1银3铜的好成绩。鹰潭市选派309人参加全省青少年12个项目锦标赛，达优62人、达良64人。

十一、人民生活和社会保障

全年城镇居民人均可支配收入29116元，增长8.0%；农村居民人均可支配收入13534元，增长9.3%。城镇住户人均年生活消费支出18482元，增长8.2%；农村住户人均年生活消费支出10382元，增长7.8%。城镇居民人均住房建筑面积43.25平方米，增长1.8%；农村居民人均住房使用面积54.32平方米，下降1.1%。

年末城镇职工参加基本养老保险人数16.7万人，城乡居民参加社会养老保险人数46.83万人。参加城镇职工医疗保险人数15.05万人，参加城镇居民医疗保险人数19.37万人，参加新型农村合作医疗人数88.33万人。参加失业保险人数8.13万人，参加工伤保险人数15.12万人，参加生育保险人数为5.94万人。

全年新开工城市棚户区改造3267套，保障性住房基本建成2015套，城市棚户区改造基本建成443套。全年保障性住房施工面积14.3万平方米，竣工面积6.0万平方米，完成投资2.48亿元。

全年城镇居民最低生活保障人数20941人，保障标准每人480元/月，比上年提高30元/月；农村居民最低生活保障人数34476人，保障标准每人270元/月，比上年提高30元/月。全市职工工资最低标准为1430元/月。

年末共有社会福利院3个，福利院床位数360张，在院职工74人，收养人数224人。年末共有光荣院2个，光荣院床位数98张，收养人数为86人。年末共有老年福利机构51个，床位数2910张，在院人数1721人。年末实有福利企业42家，在企职工3468人，其中残疾职工1116人。

年末实有社会组织622个，基层民主参选率90.2%，城市社区综合服务设施覆盖率92%，农村社区综合服务设施覆盖率66%。

十二、环境、节能与安全生产

年末拥有自然保护区4个，其中国家级1个。自然保护区面积1.64万公顷，其中国家级1.09万公顷。野生动植物保护管理站3个，野生植物就地保护小区9个；野生动物种源繁育基地38个（不含观赏展演单位）。当年新封山（沙）育林面积1426公顷，人工造林面积1716公顷。年末城区绿化覆盖面积1611.63公顷，比上年末增加85.12公顷；绿地面积1401.07公顷，比上年末增加18公顷，其中公园绿地面积350公顷。年末拥有公园16个，公园面积350公顷。全年空气质量优良天数达323天。城市生活垃圾无害化处理率达100%，城市污水集中处理率达97.66%，主要河流断面优质水率达100%，集中式饮用水源水质达标率为100%。

全年全社会能源消费总量增长2.78%，万元GDP能耗（2010年可比价）下降5.49%，超额完成全年下降3.4%的目标任务。规模以上工业企业综合能源消费量232.88万吨标准煤（按当量值计算），比上年下降7.1%，单位工业增加值能耗下降14.3%。

全年共发生安全生产事故36起，死亡31人，受伤22人。其中发生生产经营性道路交通事故28起，死亡23人，受伤22人；发生工矿商贸安全事故8起，死亡8人。全年发生火灾357起，无人员伤亡，经济损失516.9万元；未发生农机、水上交通事故和校园安全事故。

注：

1.该公报数据为初步统计数或初步核算数。

2.地区生产总值、各产业增加值绝对数按现价计算，增长速度按可比价计算。

3.人均地区生产总值按年均常住人口计算。

4.规模以上工业统计范围为年主营业务收入2000万元及以上的企业，固定资产投资（不含农户）统计范围为计划总投资500万元以上项目及房地产。

5.农业、对外贸易、交通、邮电、旅游、物流、金融、证券、保险、教育、科技、文化、卫生、体育、居民收入、社会保障、环境、安全生产等数据均由各相关主管部门提供，其他数据由市统计局提供。

6.公报数与年鉴数不一致时，以年鉴数为准。

鹰潭市2016年与2015年国民经济和社会发展主要对比指标一览表

表5

指标	单位	2016年	2015年	增长（%）
一、年末总人口	万人	115.93	115.33	0.5
二、年末社会从业人员	万人	81.26	78.57	3.4
#职工人数	万人	14.72	14.81	−0.6
三、地区生产总值（现价）	亿元	695.35	639.26	8.8
第一产业	亿元	52.8	49.4	4.2
第二产业	亿元	404.55	379.57	8.0
第三产业	亿元	237.99	210.29	11.3
人均生产总值(现价)	元	60136	55568	8.3
四、固定资产投资				
固定资产投资额	亿元	604.16	531.56	13.7
房地产开发投资	亿元	62.48	57.76	8.2
五、财政				
财政总收入	亿元	116.82	112.43	3.9
#一般公共预算收入	亿元	81.62	83.01	−1.7
一般公共预算支出	亿元	128.03	127.72	0.2
人均地方财政收入	元	7059	7216	−2.2
六、物价指数（以上年为100）				
居民消费价格总指数	%	102.0	101.5	同比提高0.5个百分点
商品零售价总指数	%	99.8	100.3	同比回落0.5个百分点
七、人民生活				
在岗职工年平均工资	元	59595	57623	3.4
城镇居民人均可支配收入	元	29116	26952	8.0
农村居民人均可支配收入	元	13534	12383	9.3
住户存款年末余额	亿元	363.12	327.1	11.0
人均住户存款余额	元	31404	28434	10.4
八、农业				
1. 农业总产值	亿元	84.73	79.56	4.2
2. 主要农产品产量				
粮食	万吨	73.72	72.99	1.0
油料	万吨	2.87	2.74	4.8
甘蔗	万吨	2.98	2.72	9.6
水果	万吨	5.03	4.90	2.6
水产品	万吨	5.22	5.02	4.0

续表 5

指标	单位	2016 年	2015 年	增长（%）
肉类总产量	万吨	12.42	12.85	–3.3
生猪年末存栏	万头	69.73	68.24	2.2
当年出栏肉猪头数	万头	126.49	132.04	–4.2
九、工业				
1. 全市规上工业总产值（现价）	亿元	2027.1		–2.6
轻工业	亿元	161.55		7.0
重工业	亿元	1861.28		–3.4
2. 主要工业产品产量				
发电量	亿千瓦时	79.24	88.22	–10.2
电解铜	万吨	101.54	105.90	–4.1
铜材	万吨	249.48		16.0
硫酸	万吨	193.39	197.81	–2.2
磷肥（折纯）	万吨	15.57	16.57	–6.0
水泥	万吨	193.24	177.54	8.8
自来水生产量	万立方米	3253	3092.5	5.2
水表	万只	480.48	398.87	20.5
灯泡（节能灯）	万只	77166		–21.1
3. 规模以上工业主要财务指标				
工业增加值（现价）	亿元	330.87	358.61	8.4
主营业务收入	亿元	3633.09		7.8
利税总额	亿元	167.69		4.5
十、邮电				
邮政业务收入（现价）	万元	21562	16502	30.7
十一、内外贸易				
社会消费品零售总额	亿元	194.66	171.71	12.8
出口创汇	亿元	53.42	58.96	–9.4
十二、教育、卫生				
普通高等学校在校学生数	人	8607	8082	6.5
职业学校在校学生数	人	7636	7502	1.8
普通中学在校学生数	万人	6.34	6.06	4.6
小学在校学生数	万人	11.36	11.27	0.7
卫生机构数	个	930	978	–4.9
卫生技术人员数	个	5810	5540	4.9
#医生	个	2446	2346	4.3
病床数	张	5229	5016	4.2

说明：生产总值及第一、二、三产业增加值、规上工业增加值、农业总产值的增速均为可比价增速。

附 录

编辑、校对：杨保平

2016年中共鹰潭市委主要文件目录一览表

表1

文 件 名 称	发布文号
关于做好2016年全市农业农村工作的意见	鹰发〔2016〕1号
关于印发《深化市属国有企业负责人薪酬制度改革的意见》的通知	鹰发〔2016〕3号
关于认真学习贯彻习近平总书记在江西考察工作时重要讲话的通知	鹰发〔2016〕4号
中共鹰潭市委常委会2016年工作要点	鹰发〔2016〕5号
关于推行城乡一体化处理打造全省城乡最干净城市的实施意见	鹰发〔2016〕6号
关于加强全市乡镇（街道）妇联组织建设的意见	鹰发〔2016〕7号
转发《中共江西省委关于深入学习贯彻落实习近平总书记对江西工作要求的决定》的通知	鹰发〔2016〕8号
关于认真学习贯彻省委强卫书记在鹰潭考察工作时重要讲话的通知	鹰发〔2016〕9号
转发《中共鹰潭市人大常委会党组关于做好全市县、乡两级人民代表大会换届选举工作的实施意见》的通知	鹰发〔2016〕10号
关于深化供销合作社综合改革的实施意见	鹰发〔2016〕11号
关于建设生态文明先行示范区的实施意见	鹰发〔2016〕12号
关于落实把纪律挺在前面要求的实施办法	鹰发〔2016〕13号
关于全面实施创新驱动发展战略加快建设创新型城市的意见	鹰发〔2016〕14号
关于进一步繁荣发展我市哲学社会科学的意见	鹰发〔2016〕15号
转发《鹰潭市普法教育工作领导小组关于在全市公民中开展法治宣传教育的第七个五年规划(2016—2020年)》的通知	鹰发〔2016〕16号
印发《关于贯彻〈党委(党组)意识形态工作责任制实施办法〉的实施细则》的通知	鹰发〔2016〕17号
关于印发《促进县域经济发展的20条政策措施》补充实施意见的通知	鹰发〔2016〕18号
关于加强自身建设的决定	鹰发〔2016〕19号
关于贯彻落实中发〔2016〕40号和赣发〔2016〕9号文件的意见	鹰发〔2016〕20号
关于深入推进人民防空改革发展的实施意见	鹰发〔2016〕21号
关于繁荣发展社会主义文艺的实施意见	鹰发〔2016〕22号
关于改革城市执法体制改进城市管理工作的实施意见	鹰发〔2016〕23号

续表 1

文 件 名 称	发布文号
关于印发《鹰潭市推进国家级旅游业改革创新先行区建设实施方案》和《鹰潭市创建国家全域旅游示范区总体工作方案》的通知	鹰发〔2016〕24 号
关于印发《关于构建和谐劳动关系的实施办法》的通知	鹰发〔2016〕25 号
关于推进价格机制改革的实施意见	鹰发〔2016〕26 号
关于印发《中共鹰潭市委常委会工作规则》的通知	鹰发〔2016〕27 号
关于戴春英同志率团赴英国西班牙奥地利友好访问招商引资的请示	鹰字〔2016〕1 号
关于提名吴炳生等同志为鹰潭市第八届人民代表大会代表候选人的通知	鹰字〔2016〕2 号
关于提名罗庆华等同志职务任免的通知	鹰字〔2016〕3 号
关于成立中共鹰潭市第八届人民代表大会第六次会议临时委员会的通知	鹰字〔2016〕4 号
关于鹰潭市第八届人民代表大会常务委员会副主任、市人民检察院检察长候选人的推荐书	鹰字〔2016〕5 号
关于鹰潭市第八届人民代表大会法制委员会主任委员、副主任委员、委员的推荐书	鹰字〔2016〕6 号
关于鹰潭市出席江西省第十二届人民代表大会代表候选人的推荐书	鹰字〔2016〕7 号
关于吴炳生等同志职务任免的通知	鹰字〔2016〕8 号
关于龚著宝等同志职务任免的通知	鹰字〔2016〕9 号
关于提名吴炳生等同志免职的通知	鹰字〔2016〕10 号
关于提名李莉安同志任职的通知	鹰字〔2016〕11 号
关于中共鹰潭市委 2015 年度工作情况的报告	鹰字〔2016〕12 号
关于余江县信江洞门底采区违法采砂事件处置情况的报告	鹰字〔2016〕13 号
鹰潭市关于省委第七巡视组对县（市、区）巡视“回头看”反馈意见整改工作情况的报告	鹰字〔2016〕14 号
关于同意鹰潭市工商业联合会（总商会）第七次会员代表大会选举结果的批复	鹰字〔2016〕15 号
关于贺喜灿等同志职务任免的通知	鹰字〔2016〕16 号
关于提名邓伟等同志职务任免的通知	鹰字〔2016〕17 号
转发江西省人民政府关于李卫国同志任职的通知	鹰字〔2016〕18 号
关于贺喜灿等同志职务任免的通知	鹰字〔2016〕19 号
关于提名邓伟等同志职务任免的通知	鹰字〔2016〕20 号
关于提名施兆荣同志免职的通知	鹰字〔2016〕21 号
关于提名鹰潭市红十字会换届候选人的通知	鹰字〔2016〕22 号
关于提名汪建强同志任职的通知	鹰字〔2016〕23 号
关于郑月兴等同志免职退休的通知	鹰字〔2016〕24 号
关于潘赞海同志退休的通知	鹰字〔2016〕25 号
关于吴细美同志退休的通知	鹰字〔2016〕26 号
关于表彰 2015 年基层党建工作先进单位的决定	鹰字〔2016〕27 号
关于吴泰兴同志免职退休的通知	鹰字〔2016〕28 号
关于李卫国等同志职务任免的通知	鹰字〔2016〕29 号
关于鹰潭市市场监督管理局更名及提名夏涌波等同志任职的通知	鹰字〔2016〕30 号

续表 1

文 件 名 称	发布文号
关于彭世东同志免职的通知	鹰字〔2016〕31 号
中共鹰潭市委关于杜德春同志率团赴俄罗斯、印度友好访问的请示	鹰字〔2016〕32 号
关于江西师范高等专科学校党委、纪委选举结果的批复	鹰字〔2016〕33 号
关于周文崇同志免职退休的通知	鹰字〔2016〕34 号
关于李唐同志任职的通知	鹰字〔2016〕35 号
关于提名李唐同志任职的通知	鹰字〔2016〕36 号
关于刘国富同志率团赴美国、加拿大友好访问的请示	鹰字〔2016〕37 号
关于李唐同志任职的通知	鹰字〔2016〕38 号
关于汪金船、木合塔尔・夏克尔同志任职的通知	鹰字〔2016〕39 号
关于毛江水免职的通知	鹰字〔2016〕40 号
关于周天生等同志免职退休的通知	鹰字〔2016〕41 号
关于毛建华同志任职的通知	鹰字〔2016〕42 号
关于提名毛建华同志免职的通知	鹰字〔2016〕43 号
关于同意成立中国共产党中国铁塔股份有限公司鹰潭市分公司委员会的批复	鹰字〔2016〕44 号
关于表彰 2015 年度全市信访工作先进单位和先进个人的决定	鹰字〔2016〕45 号
关于 2015 年度县（市、区）县级干部考核等次评定结果的通报	鹰字〔2016〕46 号
关于市直单位县级领导班子和县级干部 2015 年度考核等次评定结果的通报	鹰字〔2016〕47 号
关于提名宋平先等同志免职的通知	鹰字〔2016〕48 号
关于吴细美同志退休的通知	鹰字〔2016〕49 号
关于印发《鹰潭市降低企业成本优化发展环境专项行动方案》的通知	鹰字〔2016〕50 号
关于交流提拔为副厅级领导干部人选的请示	鹰字〔2016〕51 号
关于夏剑仁等同志职务任免的通知	鹰字〔2016〕52 号
关于提名戴冬英、夏剑仁等同志任职的通知	鹰字〔2016〕53 号
关于杨林辉同志免职退休的通知	鹰字〔2016〕54 号
关于呈报鹰潭市领导班子换届会议推荐建议人选的请示	鹰字〔2016〕55 号
关于鹰潭市领导班子换届党外干部人选考察对象的征求意见函	鹰字〔2016〕56 号
关于呈报鹰潭市领导班子换届拟提拔人选考察对象的请示	鹰字〔2016〕57 号
关于同意余江县撤县设区的批复	鹰字〔2016〕58 号
关于呈报鹰潭市纪委换届副书记、常委继续提名和新进班子初步考察人选的请示	鹰字〔2016〕59 号
关于呈报鹰潭市纪委换届副书记继续提名和新进班子初步考察人选的请示	鹰字〔2016〕60 号
关于刘东才、邓穆超同志职务任免的通知	鹰字〔2016〕61 号
关于提名余红艳同志任职的通知	鹰字〔2016〕62 号

续表 1

文件名称	发布文号
关于提名余红艳同志免职的通知	鹰字〔2016〕63 号
关于印发《鹰潭市降低企业成本优化发展环境若干政策措施》的通知	鹰字〔2016〕64 号
关于表彰全市优秀共产党员、优秀党务工作者和先进基层党组织的决定	鹰字〔2016〕65 号
关于桂长春等同志免职退休的通知	鹰字〔2016〕66 号
关于梅峰等同志职务任免的请示	鹰字〔2016〕67 号
关于周谷昌等同志职务任免事前备案的报告	鹰字〔2016〕68 号
关于提名张海军免职的通知	鹰字〔2016〕69 号
关于张海军免职的通知	鹰字〔2016〕70 号
中共鹰潭市委常委会 2016 年上半年工作汇报	鹰字〔2016〕71 号
关于呈报《生态环境保护工作情况资料》的报告	鹰字〔2016〕72 号
关于开展向程永林同志学习的决定	鹰字〔2016〕73 号
关于梅峰等同志在任前公示情况的报告	鹰字〔2016〕74 号
关于梅峰等同志职务任免的通知	鹰字〔2016〕75 号
关于李志兵、刘军生同志职务任免的通知	鹰字〔2016〕76 号
关于苏建军、路文革同志职务任免的通知	鹰字〔2016〕77 号
关于周谷昌等同志职务任免的通知	鹰字〔2016〕78 号
关于周谷昌、李志兵同志免职的通知	鹰字〔2016〕79 号
关于贵溪市委、人大、政府、政协领导班子及法检两长换届候选人的批复的通知	鹰字〔2016〕80 号
关于余江县委、人大、政府、政协领导班子及法检两长换届候选人的批复的通知	鹰字〔2016〕81 号
关于月湖区委、人大、政府、政协领导班子及法检两长换届候选人的批复的通知	鹰字〔2016〕82 号
关于罗卫国等同志职务任免的通知	鹰字〔2016〕83 号
关于提名乐建红等同志职务任免的通知	鹰字〔2016〕84 号
关于提名王湖同志职务任免的通知	鹰字〔2016〕85 号
关于提名阮克芬同志任职的通知	鹰字〔2016〕86 号
关于提名祝晓勤等同志免职的通知	鹰字〔2016〕87 号
关于提名谭建新等同志免职的通知	鹰字〔2016〕88 号
关于提名罗金文等同志免职的通知	鹰字〔2016〕89 号
关于呈报鹰潭市人大常委会主任、政协主席换届人选考察对象的请示	鹰字〔2016〕90 号
关于张子建等同志职务任免的通知	鹰字〔2016〕91 号
关于同意召开中国共产党贵溪市第十四次代表大会的批复	鹰字〔2016〕92 号
关于同意召开中国共产党余江县第十四次代表大会的批复	鹰字〔2016〕93 号
关于同意召开中国共产党鹰潭市月湖区第九次代表大会的批复	鹰字〔2016〕94 号
关于表彰创建江西省文明城市工作先进集体和先进个人的决定	鹰字〔2016〕95 号
中共鹰潭市委关于召开中国共产党鹰潭市第八次代表大会的请示	鹰字〔2016〕96 号
关于曹淑敏、熊茂平同志职务任免的通知	鹰字〔2016〕97 号

续表 1

文件名称	发布文号
关于提名曹淑敏同志任职的通知	鹰字〔2016〕98 号
关于提名曹淑敏、熊茂平同志职务任免的通知	鹰字〔2016〕99 号
关于转发《鹰潭市人大常委会党组关于鹰潭市第九届人民代表大会代表名额分配的意见》的通知	鹰字〔2016〕100 号
关于袁财平等同志免职退休的通知	鹰字〔2016〕101 号
关于中国共产党鹰潭市第八次代表大会代表选举工作的通知	鹰字〔2016〕102 号
关于鹰潭市纪委副书记、常委换届提名人选的建议	鹰字〔2016〕103 号
关于鹰潭市纪委副书记换届拟提名人选的建议	鹰字〔2016〕104 号
关于官斌和等同志正式任职的通知	鹰字〔2016〕105 号
关于确定鹰潭出席中国共产党江西省第十四次代表大会代表候选人初步人选的情况报告	鹰字〔2016〕106 号
关于终止江加斌等 8 名市第七次党代会代表资格的决定	鹰字〔2016〕107 号
关于徐文高等同志免职退休的通知	鹰字〔2016〕108 号
关于鹰潭市新一届领导班子候选人的请示	鹰字〔2016〕109 号
关于王家林同志免职的通知	鹰字〔2016〕110 号
关于提名王家林同志免职的通知	鹰字〔2016〕111 号
关于提名雷纪文同志免职的通知	鹰字〔2016〕112 号
关于雷纪文、席志新同志职务任免的通知	鹰字〔2016〕113 号
关于中国共产党鹰潭市第八届委员会和纪律检查委员会组成人员候选人预备人选的请示	鹰字〔2016〕114 号
关于同级工会、共青团、妇联主要负责人安排市委委员、候补委员候选人预备人选情况的说明	鹰字〔2016〕115 号
关于中国共产党鹰潭市纪律检查委员会组成人员候选人预备人选的请示	鹰字〔2016〕116 号
关于召开中国共产党鹰潭市第八次代表大会的预备通知	鹰字〔2016〕117 号
关于确定鹰潭市出席中国共产党江西省第十四次代表大会代表候选人预备人选的情况报告	鹰字〔2016〕118 号
关于余正琨、郭清同志职务任免的通知	鹰字〔2016〕119 号
中共鹰潭市委关于选举产生鹰潭市出席中国共产党江西省第十四次代表大会代表的情况报告	鹰字〔2016〕120 号
关于中共鹰潭市第八次代表大会、第八届委员会第一次全体会议和市纪律检查委员会第一次全体会议选举结果的报告	鹰字〔2016〕121 号
关于徐云、戴春英同志职务任免的征求意见函	鹰字〔2016〕122 号
关于表彰 2016 年全省旅游产业发展大会承办工作先进单位、先进个人、优秀旅游志愿者的决定	鹰字〔2016〕123 号
关于省第十四次党代会报告（征求意见稿）修改意见的报告	鹰字〔2016〕124 号
关于提名陈兴超等同志为鹰潭市第九届人民代表大会代表候选人的通知	鹰字〔2016〕125 号
关于曹淑敏等同志职务任免的通知	鹰字〔2016〕126 号
关于徐慧等同志职务任免的通知	鹰字〔2016〕127 号
关于提名艾花英同志职务任免的通知	鹰字〔2016〕128 号
关于提名毛建和等同志职务任免的通知	鹰字〔2016〕129 号

续表 1

文 件 名 称	发布文号
关于提名江瑜同志免职的通知	鹰字〔2016〕130 号
关于提名陶然同志任职的通知	鹰字〔2016〕131 号
关于提名甄秦峰同志任职的通知	鹰字〔2016〕132 号
关于鹰潭市第九届人民代表大会常务委员会组成人员、市人民政府正副市长、市中级人民法院院长、市人民检察院检察长候选人的推荐书	鹰字〔2016〕133 号
关于成立中共鹰潭市第九届人民代表大会第一次会议临时委员会的通知	鹰字〔2016〕134 号
关于市委书记、副书记和常委分工的通知	鹰字〔2016〕135 号
关于刘建平等同志免职退休的通知	鹰字〔2016〕136 号
关于李卫国、周瑛同志职务任免的通知	鹰字〔2016〕137 号
关于进一步完善领导干部处理维稳信访突出问题责任制的通知	鹰字〔2016〕138 号
关于鹰潭市第九届人民代表大会各专门委员会主任委员、副主任委员、委员的推荐书	鹰字〔2016〕139 号
关于提名政协鹰潭市第九届委员会主席、副主席候选人的通知	鹰字〔2016〕140 号
关于提名政协鹰潭市委员会各专门委员会主任、副主任的通知	鹰字〔2016〕141 号
关于提名政协鹰潭市第九届委员会秘书长、常委候选人的通知	鹰字〔2016〕142 号
关于吴胜生等同志免职的通知	鹰字〔2016〕143 号
关于提名吴胜生等同志免职的通知	鹰字〔2016〕144 号
关于同意召开鹰潭市第九届人民代表大会第一次会议的批复	鹰字〔2016〕145 号
关于同意召开鹰潭市政协九届一次会议的批复	鹰字〔2016〕146 号
关于县（市、区）长选举结果的报告	鹰字〔2016〕147 号
关于徐云组团赴韩国、日本招商引资的请示	鹰字〔2016〕148 号
关于鹰潭市第九届人民代表大会第一次会议选举结果的报告	鹰字〔2016〕149 号
关于政协鹰潭市第九届委员会第一次会议选举结果的报告	鹰字〔2016〕150 号
关于贯彻落实中发〔2015〕40 号、赣发〔2016〕9 号有关情况的汇报	鹰字〔2016〕151 号
关于张福庆等同志职务任免的通知	鹰字〔2016〕152 号
鹰潭市关于中央巡视“回头看”反馈问题有关整改落实情况汇报	鹰字〔2016〕153 号
鹰潭市关于认真做好中央第十一巡视组巡视“回头看”反馈意见整改工作进展情况的报告	鹰字〔2016〕154 号
关于杨鹏、李卫国同志职务任免的通知	鹰字〔2016〕155 号
关于肖国强等同志免职退休的通知	鹰字〔2016〕156 号
关于补选省十二届人大代表的请示	鹰字〔2016〕157 号
关于杨晓群同志退休的通知	鹰字〔2016〕158 号
关于李美珍、杨森同志职务任免的请示	鹰字〔2016〕159 号
中共鹰潭市委关于鹰潭市出席江西省第十二届人民代表大会代表候选人的推荐书	鹰字〔2016〕160 号
关于李美珍等同志职务任免的通知	鹰字〔2016〕161 号
关于提名李迅等同志职务任免的通知	鹰字〔2016〕162 号
关于提名艾书广同志任职的通知	鹰字〔2016〕163 号

续表 1

文 件 名 称	发布文号
关于提名俞奇等同志职务任免的通知	鹰字〔2016〕164 号
关于林雅靖等同志职务任免的通知	鹰字〔2016〕165 号
关于印发《鹰潭市公务用车制度改革实施方案》的通知	鹰办发〔2016〕1 号
鹰潭市委全面深化改革领导小组 2016 年工作要点	鹰办发〔2016〕2 号
关于认真做好县乡领导班子换届工作的通知	鹰办发〔2016〕3 号
关于转发中共鹰潭市委宣传部《2016 年宣传思想文化工作要点》的通知	鹰办发〔2016〕4 号
关于引导鼓励农民和农民工进城购房落户的试行意见	鹰办发〔2016〕5 号
转发市委组织部《关于全市“三严三实”专题教育总结报告》的通知	鹰办发〔2016〕6 号
关于印发《鹰潭市“河长制”有关工作制度》的通知	鹰办发〔2016〕7 号
关于印发《法治鹰潭建设 2016 年工作要点》的通知	鹰办发〔2016〕8 号
关于印发《市委党建工作领导小组 2016 年工作要点》的通知	鹰办发〔2016〕9 号
印发《关于在全市党员中开展“学党章党规、学系列讲话，做合格党员”学习教育实施方案》的通知	鹰办发〔2016〕10 号
关于加强全市社会治安防控体系建设的实施意见	鹰办发〔2016〕11 号
印发《关于进一步加强和改进新形势下全市档案工作的实施意见》的通知	鹰办发〔2016〕12 号
关于深入推进全市农村社区建设试点工作的实施方案	鹰办发〔2016〕13 号
印发《关于坚决打赢脱贫攻坚战的实施办法》的通知	鹰办发〔2016〕14 号
印发《关于加快构建现代公共文化服务体系的实施细则》的通知	鹰办发〔2016〕15 号
关于印发鹰潭市提升招商引资质量和效益实施方案的通知	鹰办发〔2016〕16 号
关于完善矛盾纠纷多元化解机制的实施方案	鹰办发〔2016〕17 号
关于推动全市国有文化企业把社会效益放在首位、实现社会效益和经济效益相统一的实施意见	鹰办发〔2016〕18 号
关于完善法律援助制度的具体实施意见	鹰办发〔2016〕19 号
关于印发鹰潭市“河长制”实施方案	鹰办字〔2016〕2 号
关于表彰 2015 年度优秀公务员、先进工作者的通知	鹰办字〔2016〕3 号
关于加快推进“8+1”重点工作项目的通知	鹰办字〔2016〕4 号
关于表彰民兵基层先进单位和个人的通报	鹰办字〔2016〕5 号
关于聘用严建民、詹学茂 2 位同志为高级工的通知	鹰办字〔2016〕6 号
关于成立市委统战工作领导小组的通知	鹰办字〔2016〕7 号
市委办公室公车改革实施办法	鹰办字〔2016〕8 号
关于进一步做好市领导联系重点企业工作的通知	鹰办字〔2016〕9 号
转发《市“扫黄打非”工作领导小组办公室关于 2016 年“扫黄打非”行动方案》的通知	鹰办字〔2016〕10 号
关于成立市委换届工作领导小组的通知	鹰办字〔2016〕11 号
关于组织实施《2016 年度政治协商有关工作安排》的函	鹰办字〔2016〕12 号
关于汪建等同志职务任免的通知	鹰办字〔2016〕13 号
关于将鹰潭市旅游产业发展委员会更名为鹰潭市旅游发展领导小组的通知	鹰办字〔2016〕14 号

续表 1

文 件 名 称	发布文号
关于实行市级领导和市直部门挂点帮扶新农村建设的通知	鹰办字〔2016〕15 号
鹰潭市反恐怖工作责任制实施办法的通知	鹰办字〔2016〕16 号
印发《贯彻落实〈中共江西省委、江西省人民政府关于进一步加强反恐怖工作的意见〉重要举措分工方案》的通知	鹰办字〔2016〕17 号
关于戈新华等同志职务任免的通知	鹰办字〔2016〕18 号
关于调整鹰潭市推进电子商务产业发展工作领导小组的通知	鹰办字〔2016〕20 号
印发《关于加强政党协商的实施办法》的通知	鹰办字〔2016〕21 号
关于对 2015 年度全市落实党风廉政建设责任制检查考核情况的通报	鹰办字〔2016〕22 号
关于印发《贯彻落实学习习近平总书记对江西工作要求的责任分工方案》的通知	鹰办字〔2016〕23 号
关于调整市委副秘书长、办公室主任、副主任工作分工的通知	鹰办字〔2016〕24 号
关于设立"两学一做"学习教育协调小组的通知	鹰办字〔2016〕25 号
印发《关于建立规章和规范性文件备案审查衔接联动机制的实施意见》的通知	鹰办字〔2016〕26 号
关于市领导联系园区、企业安排的通知	鹰办字〔2016〕27 号
关于印发《扬优成势砥砺前行——富裕秀美宜居和谐鹰潭建设这五年编撰工作方案》的通知	鹰办字〔2016〕28 号
鹰潭市驻外招商机构及市直招商局直属小分队招商引资目标考核办法	鹰办字〔2016〕29 号
关于印发《贯彻落实省委强卫书记对鹰潭工作要求的责任分工方案》的通知	鹰办字〔2016〕30 号
关于加强民声通道受办理工作的通知	鹰办字〔2016〕31 号
印发《关于集中整治和查处基层侵害群众利益不正之风和腐败问题的实施方案》的通知	鹰办字〔2016〕32 号
关于印发鹰潭市信江新区党工委和管委会主要职责内设机构和人员编制的通知	鹰办字〔2016〕33 号
关于印发《市委领导同志批示件办理工作细则》的通知	鹰办字〔2016〕34 号
关于进一步做好服务保障市委日常工作高效规范运转有关事项的通知	鹰办字〔2016〕35 号
关于印发《鹰潭市道德模范和身边好人礼遇帮扶实施办法（试行）》的通知	鹰办字〔2016〕36 号
关于成立环境保护督查工作协调联络组的通知	鹰办字〔2016〕37 号
关于印发《鹰潭市深化供销合作社综合改革试点实施方案》的通知	鹰办字〔2016〕38 号
关于鹰潭市贵溪发电厂烟囱经常冒黑烟粉尘污染产生问题信访件调查处理的情况汇报	鹰办字〔2016〕39 号
关于认真学习贯彻《中国共产党问责条例》的通知	鹰办字〔2016〕40 号
关于江西六园化工有限责任公司环境污染信访件调查处理的情况报告	鹰办字〔2016〕41 号
关于江西麒麟化工有限责任公司环境污染信访件调查处理的情况报告	鹰办字〔2016〕42 号
关于贵溪市冷水银海矿业有限公司及贵溪鲍家矿业有限公司环境污染信访件调查处理的情况报告	鹰办字〔2016〕43 号
关于鹰潭市露江小区居民反映环境问题信访件调查处理的情况报告	鹰办字〔2016〕44 号
关于鹰潭市龙腾热处理有限责任公司环境污染信访件调查处理的情况报告	鹰办字〔2016〕45 号
关于月湖区露江小区环境污染信访件调查处理的情况报告	鹰办字〔2016〕46 号
关于余江县邓家埠水稻原种场五洋猪场环境污染信访件调查处理的情况报告	鹰办字〔2016〕47 号
关于贵溪市滨江镇洪塘村环境污染信访件调查处理的情况报告	鹰办字〔2016〕48 号
关于湾利贵溪化工农药有限公司环境污染信访件调查处理的情况报告	鹰办字〔2016〕49 号

续表 1

文件名称	发布文号
关于鹰潭市枕木防腐厂环境污染信访件调查处理的情况报告	鹰办字〔2016〕50 号
关于转发《关于对已办结的中央环保督察组交办环境问题信访件进行“回头看”的紧急通知》的通知	鹰办字〔2016〕51 号
关于月湖区杏南小区如意巷油烟和噪声扰民信访件调查处理的情况报告	鹰办字〔2016〕52 号
印发《关于加强市纪委派驻机构建设的实施意见》的通知	鹰办字〔2016〕53 号
关于贵溪市文坊镇环境污染信访件调查处理的情况报告	鹰办字〔2016〕54 号
关于鹰潭垃圾填埋场环境污染信访件调查处理的情况报告	鹰办字〔2016〕55 号
关于月湖区滨江广场环境污染信访件调查处理的情况报告	鹰办字〔2016〕56 号
关于月湖区东湖附近环境污染信访件调查处理的情况报告	鹰办字〔2016〕57 号
鹰潭市全面深化改革工作分类考核办法	鹰办字〔2016〕58 号
鹰潭市关于中央环境督察组交办环境问题信访件办理情况工作总结	鹰办字〔2016〕59 号
关于印发《贯彻落实讲好中国故事传播好中国声音的具体措施》的通知	鹰办字〔2016〕60 号
关于深入学习贯彻习近平总书记对党办工作系列重要要求进一步提升“三服务”工作水平的通知	鹰办字〔2016〕61 号
关于印发《做好铜产业、旅游业、现代物流业三篇文章工作任务进展情况督查表》的通知	鹰办字〔2016〕62 号
关于营造良好环境庆祝市第八次党代会召开的通知	鹰办字〔2016〕63 号
关于严防打着市委领导旗号请托办事谋取不正当利益的通知	鹰办字〔2016〕64 号
转发《关于进一步做好“南昌会议”期间维护社会稳定工作的通知》的通知	鹰办字〔2016〕65 号
关于召开中国共产党鹰潭市第八届委员会第一次全体会议的通知	鹰办字〔2016〕66 号
关于认真学习宣传贯彻市第八次党代会精神的通知	鹰办字〔2016〕67 号
关于深入学习贯彻习近平总书记对党办工作系列重要要求进一步提升“三服务”工作水平的情况报告	鹰办字〔2016〕68 号
关于印发《鹰潭市 2016 年度市县科学发展综合考核评价工作实施方案》的通知	鹰办字〔2016〕69 号
印发《关于建立贫困退出机制的实施意见》的通知	鹰办字〔2016〕70 号
关于调整市人口和计划生育领导小组成员的通知	鹰办字〔2016〕71 号
关于印发《鹰潭市深入学习贯彻李克强总理视察江西重要讲话精神的责任分工方案》的通知	鹰办字〔2016〕72 号
关于印发《鹰潭市认真做好中央第一巡视组巡视“回头看”反馈意见整改工作实施方案》的通知	鹰办字〔2016〕73 号
关于做好 2017 年度党报党刊发行工作严格规范报刊发行秩序的通知	鹰办字〔2016〕74 号
关于调整鹰潭市信息化工作领导小组组成人员的通知	鹰办字〔2016〕75 号
关于建立健全纪挺在前协调保障机制的配套细则	鹰办字〔2016〕76 号
关于建立健全重点项目推进机制的通知	鹰办字〔2016〕77 号
关于进一步推进社会稳定风险评估工作的通知	鹰办字〔2016〕78 号
关于印发《鹰潭市脱贫攻坚督查巡查工作办法》的通知	鹰办字〔2016〕79 号
关于深刻吸取丰城发电厂“11·24”事故教训贯彻落实全国全省安全生产工作电视电话会议精神进一步加强安全生产工作的通知	鹰办字〔2016〕80 号

续表 1

文件名称	发布文号
关于认真贯彻各级领导同志重要批示指示精神切实做好当前火灾防控工作的紧急通知	鹰办字〔2016〕81 号
关于印发《贯彻落实市第八次党代会工作报告决策部署责任分工方案》的通知	鹰办字〔2016〕82 号
关于印发《鹰潭市市级预算公开办法》的通知	鹰办字〔2016〕83 号
关于成立市深化供销合作社综合改革领导小组的通知	鹰办字〔2016〕84 号
关于成立 2016 年度鹰潭市科学发展综合考核评价工作领导小组的通知	鹰办字〔2016〕85 号
鹰潭市企业精准帮扶平台 APP 建设及应用工作方案	鹰办字〔2016〕86 号
关于印发省委第二轮巡视发现倾向性问题整改方案的通知	鹰办字〔2016〕87 号
关于印发《鹰潭市 2016—2020 年史志工作规划》的通知	鹰办字〔2016〕88 号
关于成立国家级旅游业改革创新先行区和国家全域旅游示范区创建工作办公室的通知	鹰办字〔2016〕89 号
关于建立市军民融合发展联席会议制度的通知	鹰办字〔2016〕90 号
关于开展农村宅基地管理试点工作的通知	鹰办字〔2016〕91 号
关于成立农村宅基地管理试点工作领导小组的通知	鹰办字〔2016〕92 号
关于印发《鹰潭市县级脱贫攻坚工作成效考核办法》的通知	鹰办字〔2016〕93 号
关于印发《鹰潭市市直帮扶单位结对(挂点)帮扶工作挂历考核办法》的通知	鹰办字〔2016〕94 号
关于成立市环境保护督察问题整改工作领导小组和中央环境保护督查组移交问题线索问责工作领导小组的通知	鹰办字〔2016〕95 号
关于做好 2017 年市党政领导干部定期接待群众来访的通知	鹰办字〔2016〕96 号

2016 年鹰潭市人大常委会主要文件目录一览表

表 2

文件名称	发布文号
关于李莉安等同志任职的通知	鹰常发〔2016〕1 号
关于出席江西省第十二届人民代表大会代表选举结果的报告	鹰常发〔2016〕2 号
关于邓伟同志任职的通知	鹰常发〔2016〕3 号
关于俞奇同志职务任免的通知	鹰常发〔2016〕4 号
关于调整市人大常委会副主任分工的通知	鹰常发〔2016〕5 号
关于请求增加有关机构和人员编制的报告	鹰常发〔2016〕6 号
关于准许对犯罪嫌疑人柯某某采取强制措施的批复	鹰常发〔2016〕7 号
关于龚著宝等同志任职的通知	鹰常发〔2016〕8 号
关于邓伟等同志职务任免的通知	鹰常发〔2016〕9 号
关于赵登波等同志职务任免的通知	鹰常发〔2016〕10 号

续表 2

文　件　名　称	发布文号
关于任命李唐职务的通知	鹰常发〔2016〕11 号
关于免去施兆荣等职务的通知	鹰常发〔2016〕12 号
关于《检查〈中华人民共和国文物保护法〉实施情况的报告》的审议意见	鹰常发〔2016〕13 号
关于任命余红艳职务的通知	鹰常发〔2016〕14 号
关于市中级人民法院、市人民检察院司法公开工作情况的审议意见	鹰常发〔2016〕15 号
关于我市水库水质污染治理情况的审议意见	鹰常发〔2016〕16 号
关于我市 2016 年上半年国民经济和社会发展计划执行情况的审议意见	鹰常发〔2016〕17 号
关于我市 2016 年上半年预算执行情况的审议意见	鹰常发〔2016〕18 号
关于开展第七个五年法治宣传教育的决议	鹰常发〔2016〕19 号
关于任命曹淑敏职务的通知	鹰常发〔2016〕20 号
关于任命阮克芬职务的通知	鹰常发〔2016〕21 号
关于免去李志兵职务的通知	鹰常发〔2016〕22 号
关于批准 2015 年市级财政预算的决议	鹰常发〔2016〕23 号
关于任免陈文等职务的通知	鹰常发〔2016〕24 号
关于任免王湖等职务的通知	鹰常发〔2016〕25 号
关于我市精准扶贫工作开展情况的审议意见	鹰常发〔2016〕26 号
关于我市《中华人民共和国禁毒法》实施情况的审议意见	鹰常发〔2016〕27 号
关于任免艾花英职务的通知	鹰常发〔2016〕28 号
关于免去雷纪文职务的通知	鹰常发〔2016〕29 号
关于免去江瑜职务的通知	鹰常发〔2016〕30 号
关于市人大常委会主任、副主任、秘书长分工的通知	鹰常发〔2016〕31 号
关于批准任命杨高生等职务的通知	鹰常发〔2016〕32 号
关于印发《鹰潭市人大常委会关于加强自身建设的决定》的通知	鹰常发〔2016〕33 号
关于批准 2016 年市级一般公共预算和政府性基金预算调整方案的决议	鹰常发〔2016〕34 号
关于补选鹰潭市出席江西省第十二届人民代表大会代表选举结果的报告	鹰常发〔2016〕35 号
关于任命艾书广职务的通知	鹰常发〔2016〕36 号
关于任命俞奇等职务的通知	鹰常发〔2016〕37 号

2016年鹰潭市人民政府主要文件目录一览表

表3

文件名称	发布文号
关于发布市政府核准的投资项目目录（2015年本）的通知	鹰府发〔2016〕1号
关于公布工程项目有关规范性文件清理结果的决定	鹰府发〔2016〕2号
批转鹰潭市审计局关于2016年审计项目计划的通知	鹰府发〔2016〕3号
关于鹰潭市河道采砂管理改革实施意见	鹰府发〔2016〕4号
关于2016年鹰潭市招商引资工作意见	鹰府发〔2016〕5号
关于印发鹰潭市2016年国民经济和社会发展规划的通知	鹰府发〔2016〕6号
关于2015年度鹰潭市科学技术奖励的决定	鹰府发〔2016〕7号
关于印发鹰潭市困难残疾人生活补贴和重度残疾人护理补贴制度实施细则的通知	鹰府发〔2016〕8号
关于化解鹰潭市中心城区房地产库存的实施意见	鹰府发〔2016〕9号
关于印发鹰潭市水污染防治工作方案的通知	鹰府发〔2016〕10号
关于印发鹰潭市市区2016年度国有建设用地供地计划的通知	鹰府发〔2016〕11号
关于加强廉洁征兵工作的实施意见	鹰府发〔2016〕12号
关于印发鹰潭市国民经济和社会发展第十三个五年规划纲要的通知	鹰府发〔2016〕13号
关于取消一批行政权力事项的决定	鹰府发〔2016〕14号
关于加强农村低保与扶贫开发制度衔接的实施意见	鹰府发〔2016〕15号
关于贯彻落实粮食安全省长责任制的实施意见	鹰府发〔2016〕16号
关于印发鹰潭市人民政府行政应诉工作规定的通知	鹰府发〔2016〕17号
关于贯彻落实全省创新驱动“5511”工程的实施意见	鹰府发〔2016〕18号
关于做好2016年度退役士兵安置工作的意见	鹰府发〔2016〕19号
关于清理规范市政府部门行政审批中介服务事项的决定	鹰府发〔2016〕20号
关于调整行政许可事项和其他行政权力事项目录的通知	鹰府发〔2016〕21号
关于印发《鹰潭市农村村民建房管理办法》等四个文件补充实施意见的通知	鹰府发〔2016〕22号
关于印发《鹰潭市人民政府工作规则》的通知	鹰府发〔2016〕23号
关于进一步加强食品安全工作的若干意见	鹰府发〔2016〕24号
关于调整县道网规划的批复	鹰府字〔2016〕2号
关于表彰2015年度计划生育工作先进单位和先进个人的决定	鹰府字〔2016〕7号
关于表彰2015年度全市招商引资工作先进单位的决定	鹰府字〔2016〕9号
关于表彰2015年度市属十强工业企业的决定	鹰府字〔2016〕10号
关于鹰潭市市本级2016年度经营性用地储备计划的批复	鹰府字〔2016〕12号
关于表彰2015年度行政服务工作先进集体的决定	鹰府字〔2016〕14号
关于做好2016年度民兵预备役部队组织整顿工作的通知	鹰府字〔2016〕15号

续表 3

文件名称	发布文号
关于同意信江新区夏埠乡“村改居”工作的批复	鹰府字〔2016〕19 号
关于印发鹰潭市城市规划区征地补偿标准的通知	鹰府字〔2016〕21 号
关于 2015 年度市政府部门目标责任制考核结果的通报	鹰府字〔2016〕22 号
关于同意申报第五批省级非物质文化遗产名录项目的批复	鹰府字〔2016〕23 号
关于印发鹰潭市土地例行督察整改工作方案的通知	鹰府字〔2016〕24 号
关于表彰 2015 年度征兵工作先进单位和先进个人的通报	鹰府字〔2016〕25 号
关于表彰第六届鹰潭市政府优秀文艺作品的通报	鹰府字〔2016〕29 号
关于印发 2016 年推进简政放权放管结合优化服务改革实施方案的通知	鹰府字〔2016〕30 号
关于鹰潭市“十三五”综合交通运输体系发展规划的批复	鹰府字〔2016〕31 号
关于贵溪市罗塘河流域综合规划修编报告的批复	鹰府字〔2016〕34 号
关于同意增补申报第五批省级非物质文化遗产名录项目的批复	鹰府字〔2016〕37 号
关于成立鹰潭市 NB-IOT 业务试点城市建设工作领导小组的通知	鹰府字〔2016〕38 号
关于解除大三江现代电商物流示范园二期项目国有建设用地使用权出让合同的批复	鹰府字〔2016〕39 号
关于解除下桂城中村改造项目地块国有建设用地使用权出让合同的批复	鹰府字〔2016〕40 号
关于《鹰潭市“十三五”生态环境保护规划》的批复	鹰府字〔2016〕41 号
关于给予鹰潭市公安消防支队、龙虎山风景名胜区公安消防大队记集体二等功的决定	鹰府字〔2016〕42 号
关于印发防腐厂片区国有土地上房屋征收与补偿方案的通知	鹰府字〔2016〕45 号
关于印发鹰潭市殡葬事业发展规划（2016—2020）的通知	鹰府办发〔2016〕1 号
关于印发鹰潭市中小企业转贷基金管理办法的通知	鹰府办发〔2016〕2 号
关于印发鹰潭市河湖管理保护综合行政执法体制改革工作方案的通知	鹰府办发〔2016〕3 号
关于印发鹰潭市农村贫困人口大病医疗保障工作实施方案（试行）的通知	鹰府办发〔2016〕4 号
关于印发鹰潭市政府投资项目资金管理办法的通知	鹰府办发〔2016〕5 号
关于印发鹰潭市中心城区购房奖励实施细则的通知	鹰府办发〔2016〕6 号
转发省政府关于江西省行政权责清单管理办法的通知	鹰府办发〔2016〕7 号
关于转发市财政局市国税局市地税局全面推开营业税改征增值税试点工作方案的通知	鹰府办发〔2016〕8 号
关于加强鹰潭市主要交通要道西侧村民建房规划控制的意见	鹰府办发〔2016〕9 号
转发人民银行鹰潭市中心支行 2016 年鹰潭市信贷工作指导意见的通知	鹰府办发〔2016〕10 号
转发市文广新局市财政局市体育局关于做好政府向社会力量购买公共文化服务工作实施意见的通知	鹰府办发〔2016〕11 号
关于印发鹰潭市重点保卫单位周边安全环境保护技术规范的通知	鹰府办发〔2016〕12 号
关于印发鹰潭市乡村教师支持计划（2016—2020 年）实施办法的通知	鹰府办发〔2016〕14 号
转发市人社局市教育局关于鹰潭市深化中小学教师职称制度改革工作实施方案的通知	鹰府办发〔2016〕15 号
关于印发落实粮食安全行政首长责任制考核办法的通知	鹰府办发〔2016〕17 号
关于印发鹰潭市专业市场管理办法的通知	鹰府办发〔2016〕18 号

续表 3

文 件 名 称	发布文号
关于印发鹰潭市 PPP 工程建设项目社会资本招投标实施办法（试行）的通知	鹰府办发〔2016〕19 号
关于进一步加强政策性农业保险工作的意见	鹰府办发〔2016〕20 号
转发市民政局等部门关于进一步加强和完善医疗救助制度实施意见的通知	鹰府办发〔2016〕21 号
关于转发人民银行鹰潭市中心支行全面推进鹰潭市中小企业和农村信用体系建设实施方案的通知	鹰府办发〔2016〕22 号
关于印发中医药健康服务发展规划（2016—2020 年）的通知	鹰府办发〔2016〕23 号
关于印发鹰潭市气象事业发展“十三五”规划的通知	鹰府办发〔2016〕24 号
关于印发鹰潭市居住证制度实施办法的通知	鹰府办发〔2016〕25 号
关于印发《鹰潭市重大活动餐饮服务食品安全监督管理规范实施细则（试行）》的通知	鹰府办发〔2016〕26 号
关于印发 2016 年鹰潭市招商引资质量和效益综合考核办法的通知	鹰府办发〔2016〕27 号
关于推进民用建筑节能和绿色建筑发展的实施意见	鹰府办发〔2016〕29 号
关于印发《鹰潭市防汛能力提升工程总体方案（2016—2018 年）》的通知	鹰府办发〔2016〕30 号
关于印发鹰潭市推进行政检查“双随机一公开”工作实施细则的通知	鹰府办发〔2016〕31 号
关于印发鹰潭市“十三五”能源发展专项规划（2016—2020 年）的通知	鹰府办发〔2016〕34 号
关于印发鹰潭市邮政业发展“十三五”规划的通知	鹰府办发〔2016〕36 号
关于印发鹰潭市安全生产事故灾难应急预案的通知	鹰府办发〔2016〕37 号
关于印发鹰潭市安全生产工作考核办法的通知	鹰府办发〔2016〕38 号
关于印发市投资公司实施政府投资项目代建制管理办法的通知	鹰府办发〔2016〕39 号
关于印发鹰潭市全面治理拖欠农民工工资问题实施细则的通知	鹰府办发〔2016〕40 号
关于加快推进海绵城市建设工作的实施意见	鹰府办发〔2016〕41 号
关于印发鹰潭市重大行政执法决定法制审核实施办法的通知	鹰府办发〔2016〕42 号
关于印发鹰潭市食品安全事故应急预案的通知	鹰府办发〔2016〕43 号
关于推进绿色生态农业十大行动的实施意见	鹰府办发〔2016〕44 号
关于印发鹰潭市涉外涉侨港澳突发事件应急预案的通知	鹰府办发〔2016〕45 号
关于印发鹰潭市教育事业发展“十三五”规划的通知	鹰府办发〔2016〕46 号
关于印发鹰潭市食品安全工作评议考核办法的通知	鹰府办发〔2016〕47 号
关于印发鹰潭市标准化体系建设发展规划（2016—2020 年）的通知	鹰府办发〔2016〕48 号
关于印发鹰潭市自然灾害救助应急预案的通知	鹰府办发〔2016〕49 号
关于印发鹰潭市粮食应急预案的通知	鹰府办发〔2016〕50 号
关于印发鹰潭市市级储备粮油管理办法的通知	鹰府办发〔2016〕51 号
关于做好 2015 年政府信息公开工作年度报告编制和公布工作的通知	鹰府办字〔2016〕1 号
关于印发鹰潭市 2015 年度县级政府耕地保护责任目标暨“耕地保护模范乡镇”创建活动考核工作方案的通知	鹰府办字〔2016〕4 号
关于印发鹰潭市饮用水水源环境保护工作方案的通知	鹰府办字〔2016〕5 号

续表 3

文 件 名 称	发布文号
关于印发鹰潭市2016年春节期间和今冬明春大气污染防治工作方案的通知	鹰府办字〔2016〕6号
关于做好雨雪冰冻天气应对工作的通知	鹰府办字〔2016〕8号
关于印发鹰潭市中心城区建筑垃圾管理专项整治行动实施方案的通知	鹰府办字〔2016〕10号
关于印发鹰潭市开展河道采砂集中整治行动工作方案的通知	鹰府办字〔2016〕11号
关于印发鹰潭市2015年度园区再造工程考核方案的通知	鹰府办字〔2016〕13号
关于印发2016年政府工作报告相关目标任务责任分工的通知	鹰府办字〔2016〕16号
关于印发鹰潭市2015年度土地矿产卫片执法监督检查工作方案的通知	鹰府办字〔2016〕17号
关于成立市文化创意产业园项目协调领导小组的通知	鹰府办字〔2016〕21号
关于印发2016年度市政府常务会议学法计划的通知	鹰府办字〔2016〕23号
关于表彰2015年度水库水质专项治理工作的通报	鹰府办字〔2016〕25号
关于印发全市河道采砂集中整治整改落实责任分工的通知	鹰府办字〔2016〕26号
关于做好2016年政务督查工作的通知	鹰府办字〔2016〕27号
关于印发2016年鹰潭市本级政府投资计划的通知	鹰府办字〔2016〕28号
关于表彰2015年度安全生产工作先进单位和先进个人的通报	鹰府办字〔2016〕30号
关于印发鹰潭市落实2016年省政府工作报告重点工作责任分工的通知	鹰府办字〔2016〕31号
关于印发全市深入开展货运车辆超限超载治理工作方案的通知	鹰府办字〔2016〕32号
关于印发2016年市政府工作报告相关目标任务计划安排表的通知	鹰府办字〔2016〕33号
转发江西省人民政府办公厅关于公布江西省省本级2016—2017年度政府采购集中采购目录及限额标准和江西省市、县（区）2016—2017年度政府采购集中采购目录及限额标准的通知	鹰府办字〔2016〕35号
关于下达鹰潭市市直2015年度转业士官安置计划的通知	鹰府办字〔2016〕36号
关于印发2016年全市综合性应急救援工作要点的通知	鹰府办字〔2016〕38号
关于调整鹰潭市地质灾害防治工作领导小组组成人员的通知	鹰府办字〔2016〕40号
关于调整鹰潭市地质灾害应急指挥部成员的通知	鹰府办字〔2016〕41号
关于印发2016年鹰潭市政府和社会资本合作（PPP）项目推介暨战略合作协议签订会工作方案的通知	鹰府办字〔2016〕42号
关于印发鹰潭市2016年法治政府建设工作要点的通知	鹰府办字〔2016〕45号
关于印发“龙虎天下绝——鹰潭龙虎山文化旅游”全国青年创意创业大赛方案的通知	鹰府办字〔2016〕50号
关于印发鹰潭市开展国家三类城市语言文字工作检查评估实施方案的通知	鹰府办字〔2016〕51号
关于印发鹰潭市迎接国家土地督察南京局2016年土地例行督察工作方案的通知	鹰府办字〔2016〕52号
关于成立鹰潭市迎接国家土地督察南京局例行督察领导小组的通知	鹰府办字〔2016〕53号
关于印发鹰潭市G20峰会环境空气质量区域协作保障方案的通知	鹰府办字〔2016〕54号
关于调整鹰潭市文明交通行动计划领导小组成员的通知	鹰府办字〔2016〕56号
关于印发鹰潭市2016年度地质灾害防治方案的通知	鹰府办字〔2016〕57号

续表 3

文 件 名 称	发布文号
关于表彰 2015 年度全市耕地保护工作和园区再造工程先进单位的通报	鹰府办字〔2016〕58 号
关于成立全面推开“营改增”试点工作领导小组的通知	鹰府办字〔2016〕61 号
关于印发鹰潭市周末弹性作息制度试行办法的通知	鹰府办字〔2016〕62 号
关于做好农村土地承包经营权确权登记颁证检查验收工作的通知	鹰府办字〔2016〕63 号
关于做好我市 2016 年城乡困难群众和部分优抚对象提标提补工作的通知	鹰府办字〔2016〕64 号
关于印发鹰潭市城乡生活垃圾一体化处理实施方案（试行）的通知	鹰府办字〔2016〕65 号
关于开展全市老楼危楼安全隐患排查整治工作的紧急通知	鹰府办字〔2016〕66 号
关于表彰 2015 年度全市政府系统信息调研先进单位和先进个人暨做好 2016 年度信息调研工作的通知	鹰府办字〔2016〕67 号
关于成立鹰潭市义务教育均衡发展工作领导小组的通知	鹰府办字〔2016〕68 号
关于下达 2016 年度耕地保护目标任务的通知	鹰府办字〔2016〕69 号
关于成立鹰潭市土地例行督察整改工作领导小组的通知	鹰府办字〔2016〕71 号
关于印发职业教育资源整合三校合一工作协调会会议纪要的通知	鹰府办字〔2016〕73 号
关于印发鹰潭市实施分级治疗制度工作方案的通知	鹰府办字〔2016〕75 号
关于印发 2016 年鹰潭市水污染防治工作计划的通知	鹰府办字〔2016〕77 号
关于成立鹰潭市城乡生活垃圾第三方治理（一体化处理）PPP 项目工作领导小组的通知	鹰府办字〔2016〕78 号
关于印发实施鹰潭市“双随机”抽查规范事中事后监管工作方案的通知	鹰府办字〔2016〕83 号
关于印发 2016 年鹰潭市本级城市维护项目计划的通知	鹰府办字〔2016〕84 号
关于印发进一步加强乡村医生队伍建设实施方案的通知	鹰府办字〔2016〕85 号
关于印发鹰潭市统筹整合财政涉农扶贫资金实施方案的通知	鹰府办字〔2016〕89 号
关于印发鹰潭市 2016 年大气污染防治实施计划的通知	鹰府办字〔2016〕92 号
关于印发鹰潭市全域旅游综合监管工作实施方案的通知	鹰府办字〔2016〕94 号
关于全市 2016 年上半年政府信息公开情况的通报	鹰府办字〔2016〕100 号
关于印发全市高速公路沿线广告设施专项清理整治工作方案的通知	鹰府办字〔2016〕101 号
关于印发鹰潭市民生资金监督检查工作实施方案的通知	鹰府办字〔2016〕102 号
关于成立鹰潭市整合城乡居民基本医疗保险制度工作协调小组的通知	鹰府办字〔2016〕104 号
关于成立鹰潭市涉企收费清理工作领导小组的通知	鹰府办字〔2016〕106 号
关于进一步严格保护耕地严守耕地红线的通知	鹰府办字〔2016〕108 号
关于印发鹰潭市农民建房“三清理一整治”回头看工作方案的通知	鹰府办字〔2016〕112 号
关于成立鹰潭市全域永久基本农田划定工作领导小组的通知	鹰府办字〔2016〕113 号
关于印发鹰潭市实行“五证合一”登记制度改革工作实施方案的通知	鹰府办字〔2016〕114 号
关于成立鹰潭市专业市场规划建设管理领导小组的通知	鹰府办字〔2016〕115 号
关于印发鹰潭市清理规范工程建设领域保证金工作方案的通知	鹰府办字〔2016〕116 号
关于成立鹰潭市化解过剩产能工作领导小组的通知	鹰府办字〔2016〕117 号
关于印发鹰潭市整合城乡居民基本医疗保险制度工作实施方案的通知	鹰府办字〔2016〕118 号

续表 3

文 件 名 称	发布文号
关于印发鹰潭市整治非法违规加油站（点）强化安全监管工作方案的通知	鹰府办字〔2016〕119 号
关于调整“8+1”重点项目市政府责任领导的通知	鹰府办字〔2016〕125 号
关于印发 2016 政务公开工作要点的通知	鹰府办字〔2016〕127 号
关于调整鹰潭市质量兴市领导小组组成人员的通知	鹰府办字〔2016〕128 号
关于调整鹰潭市食品安全委员会组成人员的通知	鹰府办字〔2016〕130 号
关于印发鹰潭市城市建城区违法建设专项治理工作行动方案的通知	鹰府办字〔2016〕132 号
关于成立鹰潭市农村产权流转交易监督管理委员会的通知	鹰府办字〔2016〕136 号
关于转发全省加快剥离国有企业办社会职能工作实施方案的通知	鹰府办字〔2016〕137 号
关于印发鹰潭市城区道路交通秩序综合整治工作实施方案的通知	鹰府办字〔2016〕140 号
关于调整鹰潭市城乡规划委员会组成人员的通知	鹰府办字〔2016〕141 号
关于下达 2016 年度营职以下军队转业干部及随调家属安置计划的通知	鹰府办字〔2016〕143 号
关于印发林荫西路立面综合改造项目实施方案的通知	鹰府办字〔2016〕144 号
关于印发全市老楼危楼安全隐患排查整治工作实施方案的通知	鹰府办字〔2016〕145 号
关于开展 2016 年度全市政府网站绩效评估工作的通知	鹰府办字〔2016〕148 号
关于印发全市政府网站信息内容建设情况通报制度的通知	鹰府办字〔2016〕149 号
关于印发鹰潭市农民工工资实名制监管信息化工作实施方案的通知	鹰府办字〔2016〕151 号
关于成立推进“中国制造 2025”城市试点示范工作领导小组的通知	鹰府办字〔2016〕152 号
关于印发鹰潭中心广场人防工程除险加固实施方案的通知	鹰府办字〔2016〕155 号
关于调整市安全生产委员会成员的通知	鹰府办字〔2016〕156 号
关于印发林荫西路改造工程实施方案的通知	鹰府办字〔2016〕158 号
关于印发鹰潭市创建国家食品安全示范城市工作方案的通知	鹰府办字〔2016〕162 号
关于成立铁路大型养护基地项目建设推进领导小组的通知	鹰府办字〔2016〕163 号

2016 年政协鹰潭市委员会主要文件目录一览表

表 4

文 件 名 称	发布文号
政协鹰潭市第八届委员会常务委员会 2016 年工作要点	鹰协发〔2016〕2 号
中国人民政治协商会议鹰潭市委员会主席会议工作规则	鹰协发〔2016〕5 号
政协鹰潭市第九届委员会常务委员会关于设置专门委员会的决定	鹰协发〔2016〕7 号
政协鹰潭市委员会全体会议工作规则	鹰协发〔2016〕9 号
政协鹰潭市委员会常务委员会工作规则	鹰协发〔2016〕10 号
市政协八届六次会议委员意见建议综合反映	鹰协字〔2016〕2 号
关于推进我市大健康产业发展的双月协商报告	鹰协字〔2016〕6 号
关于我市道教文化传承与发展的协商报告	鹰协字〔2016〕7 号
市政协九届一次会议委员意见建议综合反映	鹰协字〔2016〕10 号

2016年中共鹰潭市纪委主要文件目录一览表

表5

文 件 名 称	发布文号
印发《关于对2015年度全市落实党风廉政建设责任制进行检查考核工作的通知》	鹰纪字〔2016〕1号
印发《关于6起发生在群众身边的不正之风和腐败问题典型案例的通报》	鹰纪字〔2016〕2号
印发《关于我市4起违反中央“八项规定”精神问题的通报》	鹰纪字〔2016〕7号
印发《关于做好2016年度党风廉政建设和反腐败工作责任书签订工作的通知》	鹰纪字〔2016〕28号
转发中共江西省纪委《关于进一步深化全省“红包”治理工作的通知》的通知	鹰纪字〔2016〕30号
印发《关于鹰潭市公安局交警支队、余江县公安局交警大队、龙虎山公安分局交警大队部分民警及协警员违规收受“红包”问题的通报》	鹰纪字〔2016〕31号
转发中共江西省纪委《关于渝水区、贵溪市、浔阳区“违插”治理项目问题排查不力责任追究情况的通报》的通知	鹰纪字〔2016〕32号
转发中共江西省纪委《关于我省5起“四风”新动向、新表现典型案例的通报》的通知	鹰纪字〔2016〕42号
印发《关于6起侵害群众利益的不正之风和腐败问题典型案例通报》	鹰纪字〔2016〕47号
印发《关于我市3起违反中央“八项规定”精神问题的通报》	鹰纪字〔2016〕48号
转发《中共中央纪委关于十三起侵害群众利益的不正之风和腐败问题典型案例的通报》的通知	鹰纪字〔2016〕50号
印发《关于6起侵害群众利益的不正之风和腐败问题典型案例通报》	鹰纪字〔2016〕69号
转发省纪委《关于我省4起变相公款旅游典型问题的通报》的通知	鹰纪字〔2016〕71号
关于全市纪检监察系统认真学习贯彻《习近平总书记在庆祝中国共产党成立95周年大会上的讲话》的通知	鹰纪字〔2016〕73号
转发省纪委《关于六起落实全面从严治党主体责任和监督责任不力被问责典型问题的通报》的通知	鹰纪字〔2016〕74号
转发省纪委《关于6起基层侵害群众利益不正之风和腐败问题的通报》的通知	鹰纪字〔2016〕90号
印发《关于4起侵害群众利益的不正之风和腐败问题典型案例通报》	鹰纪字〔2016〕91号
转发中共江西省纪委《关于重申严禁党员干部出入私人会所、违规接受吃请纪律的通知》的通知	鹰纪字〔2016〕96号
关于认真组织学习中共中央纪委《关于五起执纪审查中发现的中管干部违反中央“八项规定”精神问题的通报》的通知	鹰纪字〔2016〕103号
转发省纪委《关于我省4起省管干部违反中央“八项规定”精神问题的通报》的通知	鹰纪字〔2016〕104号
印发《关于我市3起市管干部违反中央“八项规定”精神问题的通报》	鹰纪字〔2016〕106号
转发中共江西省纪委《关于5起扶贫领域侵害群众利益不正之风和腐败问题的通报》的通知	鹰纪字〔2016〕108号
印发《关于5起扶贫领域侵害群众利益不正之风和腐败问题的通报》	鹰纪字〔2016〕114号

续表 5

文 件 名 称	发布文号
转发省纪委《关于我省 6 起违反中央“八项规定”精神问题的通报》的通知	鹰纪字〔2016〕129 号
关于认真组织学习《习近平关于严明党的纪律和规矩论述摘编》的通知	鹰纪发〔2016〕1 号
关于转发省纪委《关于认真学习贯彻习近平总书记在江西考察工作时重要讲话的通知》的通知	鹰纪发〔2016〕2 号
印发《关于全市纪检监察系统认真学习宣传贯彻党的十八届六中全会精神的通知》	鹰纪发〔2016〕3 号
印发《鹰潭市纪委关于把握运用监督执纪“四种形态”的工作意见（试行）》	鹰纪发〔2016〕4 号
印发《关于 2017 年元旦春节期间做好党风廉政建设有关工作的通知》	鹰纪发〔2016〕5 号
转发《关于纪检系统认真学习贯彻习近平总书记在十八届中央纪委第六次全会上重要讲话精神的通知》的通知	鹰纪办字〔2016〕2 号
印发《关于严守审查纪律确保审查谈话安全的通知》	鹰纪办字〔2016〕5 号
印发《关于认真做好全市“违插”专项治理重点抽查工作中发现问题的整改落实工作的通知》	鹰纪办字〔2016〕6 号
关于印发《深化党的纪律检查体制改革专项小组 2016 年任务分工》的通知	鹰纪办字〔2016〕8 号
转发《中共江西省纪委关于认真贯彻省委〈决定〉以监督执纪新成效服务改革发展的意见》的通知	鹰纪办字〔2016〕11 号
印发《鹰潭市纪委监察局关于进一步规范纪检监察干部“八小时之外”因私离开鹰潭市请示报告的暂行规定（试行）》的通知	鹰纪办字〔2016〕19 号
关于切实抓好我市学习省纪委有关《通知》《通报》及召开党支部生活会情况督查的通知	鹰纪办字〔2016〕20 号
印发《关于扎实推进集中整治和查处基层侵害群众利益不正之风和腐败问题工作的通知》	鹰纪办字〔2016〕21 号
印发《关于对单位食堂、培训中心进行专项检查及对私人会所性质场所进行摸底排查的通知》	鹰纪办字〔2016〕25 号
关于印发《关于面向市直单位选调市纪委派驻纪检机构干部工作方案》的通知	鹰纪办字〔2016〕31 号

6 月 28 日，鹰潭市举行江西省第五届全民健身运动会鹰潭赛区启动仪式

市体育局　供稿

江西省实施《地方志工作条例》办法

第一条　为了规范本省地方志编纂工作，科学、合理地开发利用地方志，发挥地方志在促进经济社会发展中的作用，根据国务院《地方志工作条例》，结合本省实际，制定本办法。

第二条　本办法适用于本省行政区域内地方志的组织编纂、管理、开发利用等活动。

第三条　本办法所称地方志，包括地方志书、地方综合年鉴。地方志书，是指全面系统地记述本行政区域自然、政治、经济、文化和社会的历史与现状的资料性文献。地方综合年鉴，是指系统记述本行政区域自然、政治、经济、文化和社会等方面情况的年度资料性文献。地方志分为：省编纂的地方志，设区市编纂的地方志，县（市、区）编纂的地方志。其中省编纂的地方志书由各分志组成。

第四条　县级以上人民政府应当加强对本行政区域地方志工作的领导，将地方志工作纳入国民经济和社会发展规划。地方志工作所需经费列入本级财政预算。

第五条　县级以上人民政府负责地方志工作的机构（以下简称地方志工作机构）在本级人民政府和地方志编纂委员会的领导下，主管本行政区域的地方志工作，履行下列职责：(一) 组织、指导、督促和检查地方志工作；(二) 拟定地方志工作规划和编纂方案；(三) 组织编纂地方志书、地方综合年鉴；(四) 搜集、保存地方志文献和资料，组织整理旧志；(五) 推动地方志理论研究与宣传工作，培训地方志编纂人员；(六) 组织开发利用地方志资源。

第六条　编纂地方志应当做到存真求实，确保质量，全面、客观地记述本行政区域自然、政治、经济、文化和社会的历史与现状。

第七条　县级以上行政区域的地方志工作规划（以下简称规划）和编纂方案（以下简称方案），由本级地方志工作机构拟定、本级地方志编纂委员会审定，经本级人民政府批准后实施，并报上一级地方志工作机构备案。

第八条　以县级以上行政区域名称冠名的地方志书、地方综合年鉴，分别由本级地方志工作机构按照规划和方案组织编纂，其他组织和个人不得编纂。地方志书每20年左右编修一次；地方综合年鉴按年度编纂。

第九条　编纂地方志应当吸收有关方面的专家、学者参加。地方志编纂人员实行专兼职相结合，专职编纂人员应当具备相应的专业知识。地方志编纂人员应当恪尽职守、客观公正，据事直书、忠于史实。任何单位和个人不得要求编纂人员在地方志中作虚假记述。

第十条　地方志工作机构应当建立征集制度，及时征集和保存文字、图表、照片、音像、电子文本、实物等各种地方志资料。地方志工作机构可以采用查阅、摘抄、复制等形式，向机关、社会团体、企业事业单位、其他组织以及个人征集有关地方志资料，有关单位和个人应当提供支持。但涉及国家秘密、商业秘密和个人隐私以及不符合档案开放条件的除外。

第十一条　根据规划和方案规定承担地方志编纂任务的有关机关、社会团体、企业事业单位以及其他社会组织（以下简称承编单位），应当确定编纂机构或者人员，并在本级地方志工作机构指导下，按照方案规定的时间和质量要求完成编纂任务。承编单位的编纂任务完成后，由规划和方案确定的总纂单位负责总纂，形成初审稿。

第十二条　对以县级以上行政区域名称冠名、列入规划的地方志书实行初审、复审、验收制度。未经审查验收，地方志书不得公开出版。

第十三条　地方志书的初审会由总纂单位主持。初审会应当组织有关保密、档案、历史、法律、经济、军事等方面的专家参加，重点审查地方志书初审稿的内容是否符合宪法和保密、档案等法律、法规的规定，是否全面、客观地反映本行政区域自然、政治、经济、文化和社会的历史与现状。总纂单位应当根据初审意见对地方志书初审稿进行修改，形成复审稿后提请复审。

第十四条　省编纂的地方志书各分志的复审会由省地方志工作机构主持，设区市、县（市、区）编纂的地方志书的复审会由上一级地方志工作机构主持。复审会应当组织地方志等方面的有关专业人员参加，对地方志书复审稿进行审查。总纂单位应当根据复审意见对地方志书复审稿进行修改，形成验收稿后提请验收。

第十五条　地方志书的验收会由本级地方志编纂委员会主持，地方志等方面的有关专业人员参加，对地方志书验收稿进行验收。地方志书经验收合格后，方可以公开出版。

第十六条 以县级以上行政区域名称冠名的地方综合年鉴，由负责组织编纂的地方志工作机构报本级地方志编纂委员会审定，并经本级人民政府批准，方可以公开出版。

第十七条 地方志出版后，负责组织编纂的地方志工作机构应当在3个月内报送上级地方志工作机构备案，并向上级方志馆或者地情资料库报送地方志藏本。在地方志编纂过程中收集到的文字资料、图表、照片、音像资料、实物等以及形成的地方志文稿，由本级地方志工作机构指定专职人员集中统一管理，妥善保存，不得损毁；修志工作完成后，应当依法移交本级国家档案馆或者方志馆保存、管理，个人不得据为己有或者出租、出让、转借。

第十八条 地方志工作机构应当积极开拓社会用志途径，可以通过建设方志馆、地情资料库、网站等方式，加强地方志工作的信息化建设，为经济社会的全面发展服务。

第十九条 公民、法人和其他组织可以通过查阅、摘抄等方式利用方志馆或者地情资料库收藏、展示的地方志文献和资料。方志馆、地情资料库应当将服务范围、开放时间等服务事项进行公示。鼓励单位和个人向方志馆、地情资料库捐赠或者有偿提供地方志文献和资料。

第二十条 违反本办法，国务院《地方志工作条例》已有法律责任规定的，从其规定。

第二十一条 违反本办法规定，有关单位或者个人要求地方志编纂人员在地方志中作虚假记述的，由上一级地方志工作机构提请本级人民政府予以通报批评，追究相关责任人的责任。违反本办法规定，地方志编纂人员在地方志中作虚假记述的，由地方志工作机构依法给予处分。

第二十二条 违反本办法规定，承编单位拒绝承担编纂任务，或者不按照规定的时间和质量要求完成编纂任务的，由地方志工作机构督促其限期改正；逾期不改正的，由地方志工作机构提请本级人民政府责令其采取相应措施予以纠正，并可予以通报批评，追究相关责任人的责任。

第二十三条 需要编纂部门志、行业志、乡（镇）志且已具备编纂条件的，其编纂工作参照本办法的相关规定执行。

第二十四条 本办法自2008年3月1日起施行。